IEEE PEAC'2014 于11月5至8日在上海召开

本次会议近500人参加，图为主会场现场

2014电力电子技术及应用国际会议（IEEE PEAC’2014）

会议主席徐德鸿教授主持开幕式

会议主席李泽元教授致辞

IEEE−PELS下任当选主席Jan A. Ferreira教授致辞

会议程序委员会主席马皓教授介绍会议情况

电力电子学会(PELS)主席Don Tan先生作大会报告

台达集团董事长海英俊先生作大会报告

富士电机有限公司首席技术官Tatsuhiko Fujihira博士作大会报告

麻省理工学院David J. Perreault教授作大会报告

瑞士联邦理工学院苏黎世分校Johann W. Kolar教授作大会报告

三菱电机有限公司Gourab Majumdar博士作大会报告

2014电力电子技术及应用国际会议（IEEE PEAC’2014）

牛津大学Malcolm D McCulloch教授作大会报告

瑞尔森大学吴斌教授作大会报告

IEEE PEAC'2014分会场交流

IEEE PEAC'2014分会场交流

IEEE PEAC'2014墙报交流

IEEE PEAC'2014专题讲座

颁发优秀论文证书

颁发会议合作企业奖牌

国际交流活动

中国电源学会代表团出访美国参加APEC2014国际会议

出访期间参观GE公司并交流

中国电源学会与IEEE电力电子学会会谈
（3月 美国沃斯堡）

中国电源学会与IEEE电力电子学
会会谈（11月 上海）

徐德鸿理事长在PSMA年会中介绍
中国电源学会情况

中国电源学会与美国电源制造商协会
PSMA会谈合影

分支机构活动

第七届电磁兼容专业委员会换届会议(4月 杭州)

2014数据中心基础设施建造技术年会（5月 北京）

第六届中国功率变换器磁元件联合学术年会成功召开
(7月 青岛)

第七届磁技术专业委员会换届会议
(7月 青岛)

第七届直流电源专业委员会换届会议（8月 合肥）

国际LED驱动控制及应用技术研讨会
暨第二届照明电源专业委员会换届会议（8月 杭州）

分支机构活动

第七届标准化工作委员会换届会议（8月 东莞）

第七届元器件专委会换届会议暨元器件技术研讨会
（11月 常州）

第五届全国特种电源学术交流会
暨第七届特种电源专委会换届会议（11月 合肥）

第一届信息系统供电技术专业委员会成立会议
（11月 厦门）

第一届电源技术青年创新与发展论坛
暨第一届青年工作委员会成立会议
（12月 东莞）

2014电力电子与变频新技术学术论坛
暨第四届变频电源与电力传动专业委员会换届会议
（12月 上海）

功率变换器磁技术分析测试与应用高级研修班

功率变换器磁技术分析测试与应用高级研修班
实验演示

高功率密度电源技术：器件、保护与应用 高级研修班

高功率密度电源技术：器件、保护与应用
高级研修班颁发结业证书

光伏电源的设计与应用专题研修班

光伏电源的设计与应用专题研修班实验演示

其它活动

中国电源学会七届二次常务理事(扩大)会议胜利召开

中国电源学会七届三次常务理事会议胜利召开

863计划“十三五”项目建议研讨会在天津召开

中国电源学会常州地区会员企业座谈会

中国电源学会召开发展史编写顾问组座谈会

学会领导走访会员企业

中国电源行业年鉴 2015

中国电源学会　编著

机 械 工 业 出 版 社

《中国电源行业年鉴2015》由中国电源学会编著，对电源行业整体发展状况进行了综合性、连续性、史实性的总结和描述，是电源行业权威的资料性工具书。本年度《年鉴》共分十篇，前两篇：政策法规、宏观经济动态，主要介绍与电源行业相关领域的国家政策法规和宏观经济环境，为行业发展和各单位的决策提供指导和参考；后八篇：电源行业发展报告、电源行业新闻、科研与成果、电源发明专利、电源标准、与电源相关高等院校和科研机构简介、会员企业简介、电源新产品介绍，从各个方面介绍了2014年度电源行业的发展状况。

本年鉴可供相关政府职能部门、生产企业、高等院校、科研院所、采购单位、检测服务机构人员和电源工程技术人员参考。

图书在版编目（CIP）数据

中国电源行业年鉴．2015/中国电源学会编著．—北京：机械工业出版社，2015.8

ISBN 978-7-111-51316-2

Ⅰ.①中… Ⅱ.①中… Ⅲ.①电源-电力工业-中国-2015-年鉴
Ⅳ.①TM91-54

中国版本图书馆CIP数据核字（2015）第192439号

机械工业出版社（北京市百万庄大街22号 邮政编码100037）
策划编辑：林春泉 责任编辑：林春泉
封面设计：鞠 杨 责任校对：任秀丽 程俊巧
责任印制：刘 岚
北京圣夫亚美印刷有限公司印刷
2015年8月第1版·第1次印刷
210mm×297mm·50.75印张·24插页·1600千字
标准书号：ISBN 978-7-111-51316-2
定价：298.00元

凡购本书，如有缺页、倒页、脱页，由本社发行部调换

电话服务
服务咨询热线：010-88361066
读者购书热线：010-68326294
010-88379203

网络服务
机工官网：www.cmpbook.com
机工官博：weibo.com/cmp1952
金书网：www.golden-book.com
教育服务网：www.cmpedu.com

《中国电源行业年鉴 2015》编辑委员会

（按姓氏笔画为序）

《中国电源行业年鉴 2015》编辑部

前　　言

《中国电源行业年鉴》（简称《年鉴》）是由中国电源学会编著的电源行业权威的资料性工具书，每年出版一册，对上一年度电源行业整体发展状况进行综合性、连续性、史实性的总结和描述，为政府有关部门，为行业科研、生产、采购和应用提供服务和参考。

中国电源学会于1983年成立，是国家一级社团法人，以促进我国电源科学技术进步和电源产业发展为己任，既团结了全国电源界的专家学者和广大科技人员，也汇聚了众多的会员企业。中国电源学会经过30多年的努力和奋斗，为我国电源科技进步和产业发展做出了重要贡献，对电源行业发展状况有着深入和全面的了解，是编辑出版《年鉴》的最具权威性的单位。

本期《年鉴》共分十篇，整体内容划分为两个部分。

第一部分是前两篇：政策法规、宏观经济动态，主要介绍与电源行业相关的国家政策法规和宏观经济环境，为电源行业的发展和各个单位的决策提供指导和参考。

第二部分是后八篇：电源行业发展报告、电源行业新闻、科研与成果、电源发明专利、电源标准、与电源相关高等院校和科研机构简介、会员企业简介、电源新产品介绍，从各个方面介绍了上年度电源行业的发展状况。

科研与成果栏目包括自然科学基金、火炬计划、重点新产品计划相关项目的介绍或名单，由于自然科学基金项目结题时间较晚，因此介绍部分选择了2013年结题项目进行刊登。

电源发明专利一篇，收录了2014年授权的电源相关发明专利。为便于查找，按专利公开日期排列。

电源标准一篇，收录了现在仍在执行的各类电源相关标准，对2014年已经终止的标准做了说明，2014年新颁布执行的标准专题做了介绍，电源配套产品的标准暂未收录。

会员企业简介部分进行了调整，在原有按照地区进行分类索引的基础上，新增加了按照企业主要产品分类的企业索引，方便读者按照产品类型查找企业，也有利于从业者把握各大品类的发展态势。

在本册《年鉴》编辑过程中，中国自动化产业服务集团协助撰写了“2014年度电源行业发展报告”，同时提供了“2014年中国高压变频行业发展报告”，ICTresearch公司提供了“2014—2015年度中国数据中心基础设施产品市场报告”，许多企业、高等院校、科研院所为《年鉴》提供了大量的行业新闻和科研成果等，深圳市航嘉驰源电气股份有限公司、佛山市新光宏锐电源设备有限公司、东莞市石龙富华电子有限公司、深圳市港特科技有限公司、勤发电子股份有限公司、佛山市禅城区华南电源创新科技园投资管理有限公司等单位为《年鉴》的出版提供了经费的支持，在此一并表示衷心感谢。

《年鉴》是资料性工具书，是电源行业发展的历史记录，希望电源界各个方面，包括企业、高等院校、科研机构、标准制定和咨询服务机构等提供资料，撰写文章，使《年鉴》更全面地反映行业发展情况。

《年鉴》出版时间较短，编辑出版水平有待提高，希望社会各界多提意见和建议，对本期《年鉴》的疏漏、错误之处，敬请批评指正。

《中国电源行业年鉴》编辑部

2015年8月

中国电源学会简介

中国电源学会于 1983 年成立，是在国家民政部注册的国家一级社团法人，业务主管部门是中国科学技术协会。

中国电源学会以促进我国电源科学技术进步和电源产业发展为己任。电源科学技术是采用半导体功率器件、电磁元件、电池等元器件，运用电气工程、自动控制、微电子、电化学、新能源等技术，将粗电加工成高效率、高质量、高可靠性的交流、直流、脉冲等形式的电能的一门多学科交叉的科学技术，在经济建设和社会生活的各个方面具有广泛的应用。

电源涉及的产品范围主要包括：通信电源、不间断电源（UPS）、光伏逆变电源、风力发电变流器、LED 驱动电源、通用交流电源、通用直流电源、变频电源、特种电源、蓄电池、充电器、变压器、元器件和电源配套产品等。

中国电源学会的最高权力机构是全国会员代表大会，执行机构是理事会和常务理事会，秘书处是学会常设日常办事机构。

中国电源学会下设直流电源、照明电源、特种电源、变频电源与电力传动、元器件、电能质量、电磁兼容、磁技术、新能源电能变换技术、信息系统供电技术共 10 个专业委员会，以及学术、组织、专家咨询、国际交流、科普、编辑、标准化、青年共 8 个工作委员会。另外还有业务联系的 9 个具有法人资格的地方电源学会。

中国电源学会汇聚了全国电源界的专家学者和广大科技人员，每年举办各种类型的学术交流会。两年一届的大型学术年会到 2014 年已经成功举办了 20 届，历届会议规模 400 人以上，最近一届达到近 700 人规模，是国内电源界水平最高、规模最大的学术会议。自 2014 年开始，定期举办电力电子技术及应用国际会议暨展示会（IEEE International Power Electronics and Application Conference and Exposition，简称 IEEE PEAC），每四年举办一次，是中国电源领域首个国际性会议。此外我会每年还举办各种类型的专题研讨会。

中国电源学会汇聚了众多的电源企业，目前拥有 400 余家企业会员，其中副理事长单位 9 家，常务理事单位 20 家，理事单位 43 家，包括了国内外知名的电源企业。同时，我会与几千家企业保持着联系，形成了覆盖全国的服务和信息网络。

中国电源学会发挥学术界和企业界两大优势，促进产学研相结合，为建立以企业为主体的技术创新体系，全面提升企业的自主创新能力不懈努力。

中国电源学会的出版物有：《电源学报》《中国电源行业年鉴》，同时，中国电源学会还组织编辑出版系列丛书、技术专著以及各种学术会议论文集。

由国家科技部批准，在国家科技奖励工作办公室登记注册，中国电源学会于 2011 年正式设立“中国电源学会科学技术奖”。此奖项在全国范围内评选，是代表本行业、本专业最高水平的奖励。2013 年举办了第二届评奖活动，其最高获奖项目已向国家科技奖推荐。

中国电源学会积极开展继续教育活动，利用学会的专家资源，每年举办不同的培训班，特别结合当前的技术热点和技术难点，开展培训和服务活动，得到社会广泛关注和支持。

中国电源学会利用网络系统开拓学会服务功能，建立了网上会员注册、网上信息发布、网上技术论坛、网上培训、网上招聘、网上产品推广等，已形成国内电源行业更新最快、内容最全、最具人气的综合性网站。

中国电源学会开展一系列行业服务活动，如：编写标准、科技成果鉴定、技术服务、技术咨询、参与工程项目评标评价等。

学会地址：天津市南开区黄河道 467 号大通大厦 16 层　　邮编：300110
电话：（022）27680796 27634742　　传真：（022）27687886
网站：www. cpss. org. cn　　邮箱：cpss@ cpss. org. cn

中国电源学会组织机构名单

主要领导人名单
（按照姓氏笔画排序）

理 事 长： 徐德鸿
副理事长： 刘进军　李占师　张　波　陈成辉　周雒维
徐殿国　曹仁贤　章进法
秘 书 长： 韩家新
副秘书长： 张　磊　陈　敏

分支机构及主任委员名单

工作委员会：

学术工作委员会	马　皓
组织工作委员会	张卫平
专家咨询工作委员会	张广明
国际交流工作委员会	刘进军
科普工作委员会	章进法
编辑工作委员会	周雒维
标准化工作委员会	康　勇
青年工作委员会	耿　华

专业委员会：

直流电源专业委员会	阮新波
照明电源专业委员会	徐殿国
特种电源专业委员会	史平君
变频电源与电力传动专业委员会	阮　毅
元器件专业委员会	高　勇
电能质量专业委员会	卓　放
电磁兼容专业委员会	张　波
磁技术专业委员会	陈　为
新能源电能变换技术专业委员会	曹仁贤
信息系统供电技术专业委员会	张广明
无线电能传输技术及装置专业委员会	孙　跃

地方学会及理事长名单
（按学会名称汉语拼音顺序排列）

福建省电源学会	陈道炼
广东省电源学会	张　波
陕西省电源学会	钟彦儒
上海电源学会	汤天浩
四川省能源研究会电源委员会	蒋理平
天津市电源研究会	车延博
武汉市电源学会	林　桦
西安市电源学会	侯振义
浙江省电源学会	吕征宇

中国电源学会理事单位名单

（按单位名称汉语拼音字母顺序先行后列排列）

副理事长单位

艾默生网络能源有限公司
佛山市禅城区华南电源创新科技园投资管理有限公司
广东易事特电源股份有限公司
广东志成冠军集团有限公司
茂硕电源科技股份有限公司
厦门科华恒盛股份有限公司
深圳市航嘉驰源电气股份有限公司
台达电子企业管理（上海）有限公司
阳光电源股份有限公司

常务理事单位

安泰科技股份有限公司非晶金属事业部
北京动力源科技股份有限公司
北京中大科慧科技发展有限公司
东莞市石龙富华电子有限公司
佛山市柏克新能科技股份有限公司
佛山市新光宏锐电源设备有限公司
广东新昇电业科技股份有限公司
广州金升阳科技有限公司
合肥华耀电子工业有限公司
先控捷联电气股份有限公司
鸿宝电气集团股份有限公司
宁波赛耐比光电有限公司
深圳华德电子有限公司
深圳科士达科技股份有限公司
深圳市英威腾电源有限公司
深圳索瑞德电子有限公司
石家庄通合电子科技股份有限公司
温州现代集团有限公司
浙江东睦科达磁电有限公司
中国电子科技集团公司第四十三研究所

理事单位

北京泛华恒兴科技有限公司
北京新创四方电子有限公司
成都金创立科技有限责任公司
大连宝士达电源股份有限公司
佛山市众盈电子有限公司
广东意壳电子科技有限公司
杭州池阳电子有限公司
合肥博微田村电气有限公司
河北奥冠电源有限责任公司
江苏宏微科技股份有限公司
南通新三能电子有限公司
宁夏银利电器制造有限公司
赛尔康技术（深圳）有限公司
三科电器集团有限公司
陕西柯蓝电子有限公司
上海超群无损检测设备有限责任公司
深圳古瑞瓦特新能源股份有限公司
深圳可立克科技股份有限公司
深圳桑达国际电源科技有限公司
深圳市铂科磁材有限公司
深圳市迪比科电子科技有限公司
深圳市汇川技术股份有限公司
深圳市金宏威技术股份有限公司
深圳市京泉华科技股份有限公司
深圳市晶福源电子技术有限公司
深圳市科瑞爱特科技开发有限公司
深圳市智胜新电子技术有限公司
深圳市中电熊猫展盛科技有限公司
四川长虹欣锐科技有限公司
苏州东山精密制造股份有限公司
太仓电威光电有限公司
田村（中国）企业管理有限公司
无锡新洁能股份有限公司
西安爱科赛博电气股份有限公司
西安龙腾新能源科技发展有限公司
西安伟京电子制造有限公司
厦门埃尔华进出口有限公司
厦门市爱维达电子有限公司
英飞凌科技（中国）有限公司
英飞特电子（杭州）股份有限公司
浙江矛牌电子科技有限公司
浙江特雷斯电子科技有限公司
中国长城计算机深圳股份有限公司

目　录

第一篇　政 策 法 规

第二篇　宏观经济动态

第三篇　电源行业发展报告

第四篇　电源行业新闻

第五篇 科研与成果

第六篇 电源发明专利（2014 年授权）

第七篇 电 源 标 准

第八篇　与电源相关高等院校和科研机构简介（按单位名称汉语拼音字母顺序排列）

第九篇　会员企业简介目录（同类企业按单位名称汉语拼音字母顺序排列）

第十篇　电源新产品介绍

第一篇　政策法规

国务院关于加快科技服务业发展的若干意见
国务院关于扶持小型微型企业健康发展的意见
国务院关于创新重点领域投融资机制鼓励社会投资的指导意见
国务院办公厅关于印发能源发展战略行动计划（2014—2020年）的通知
国务院办公厅关于加快新能源汽车推广应用的指导意见
国家能源局关于进一步落实分布式光伏发电有关政策的通知
国家能源局关于印发全国海上风电开发建设方案（2014—2016）的通知
工业和信息化部关于进一步优化光伏企业兼并重组市场环境的意见
财政部、科技部、工业和信息化部、发展改革委关于进一步做好新能源汽车推广应用工作的通知
国家发展改革委　工业和信息化部关于印发重大节能技术与装备产业化工程实施方案的通知

国务院关于加快科技服务业发展的若干意见

国发〔2014〕49号

各省、自治区、直辖市人民政府，国务院各部委、各直属机构：

科技服务业是现代服务业的重要组成部分，具有人才智力密集、科技含量高、产业附加值大、辐射带动作用强等特点。近年来，我国科技服务业发展势头良好，服务内容不断丰富，服务模式不断创新，新型科技服务组织和服务业态不断涌现，服务质量和能力稳步提升。但总体上我国科技服务业仍处于发展初期，存在着市场主体发育不健全、服务机构专业化程度不高、高端服务业态较少、缺乏知名品牌、发展环境不完善、复合型人才缺乏等问题。加快科技服务业发展，是推动科技创新和科技成果转化、促进科技经济深度融合的客观要求，是调整优化产业结构、培育新经济增长点的重要举措，是实现科技创新引领产业升级、推动经济向中高端水平迈进的关键一环，对于深入实施创新驱动发展战略、推动经济提质增效升级具有重要意义。为加快推动科技服务业发展，现提出以下意见。

一、总体要求

（一）指导思想

以邓小平理论、"三个代表"重要思想、科学发展观为指导，深入贯彻落实党的十八大、十八届二中、十八届三中全会精神和国务院决策部署，充分发挥市场在资源配置中的决定性作用，以支撑创新驱动发展战略实施为目标，以满足科技创新需求和提升产业创新能力为导向，深化科技体制改革，加快政府职能转变，完善政策环境，培育和壮大科技服务市场主体，创新科技服务模式，延展科技创新服务链，促进科技服务业专业化、网络化、规模化、国际化发展，为建设创新型国家、打造中国经济升级版提供重要保障。

（二）基本原则

坚持深化改革。推进科技体制改革，加快政府职能转变和简政放权，有序放开科技服务市场准入，建立符合国情、持续发展的体制机制，营造平等参与、公平竞争的发展环境，激发各类科技服务主体活力。

坚持创新驱动。充分应用现代信息和网络技术，依托各类科技创新载体，整合开放公共科技服务资源，推动技术集成创新和商业模式创新，积极发展新型科技服务业态。

坚持市场导向。充分发挥市场在资源配置中的决定性作用，区分公共服务和市场化服务，综合运用财税、金融、产业等政策支持科技服务机构市场化发展，加强专业化分工，拓展市场空间，实现科技服务业集聚发展。

坚持开放合作。鼓励科技服务机构加强区域协作，推动科技服务业协同发展，加强国际交流与合作，培育具有全球影响力的服务品牌。

（三）发展目标

到2020年，基本形成覆盖科技创新全链条的科技服务体系，服务科技创新能力大幅增强，科技服务市场化水平和国际竞争力明显提升，培育一批拥有知名品牌的科技服务机构和龙头企业，涌现一批新型科技服务业态，形成一批科技服务产业集群，科技服务业产业规模达到8万亿元，成为促进科技经济结合的关键环节和经济提质增效升级的重要引擎。

二、重点任务

重点发展研究开发、技术转移、检验检测认证、创业孵化、知识产权、科技咨询、科技金融、科学技术普及等专业科技服务和综合科技服务，提升科技服务业对科技创新和产业发展的支撑能力。

（一）研究开发及其服务

加大对基础研究的投入力度，支持开展多种形式的应用研究和试验发展活动。支持高校、科研院所整合科研资源，面向市场提供专业化的研发服务。鼓励研发类企业专业化发展，积极培育市场化新型研发组织、研发中介和研发服务外包新业态。支持产业联盟开展协同创新，推动产业技术研发机构面向产业集群开展共性技术研发。支持发展产品研发设计服务，促进研发设计服务企业积极应用新技术提高设计服务能力。加强科技资源开放服务，建立健全高校、科研院所的科研设施和仪器设备开放运行机制，引导国家重点实验室、国家工程实验室、国家工程（技术）研究中心、大型科学仪器中心、分析测试中心等向社会开放服务。

（二）技术转移服务

发展多层次的技术（产权）交易市场体系，支持技术交易机构探索基于互联网的在线技术交易模式，推动技术交易市场做大做强。鼓励技术转移机构创新服务模式，为企业提供跨领域、跨区域、全过程的技术转移集成服务，促进科技成果加速转移转化。依法保障为科技成果转移转化做出重要贡献的人员、技术转移机构等相关方的收入或股权比例。充分发挥技术进出口交易会、高新技术成果交易会等展会在推动技术转移中的作用。推动高校、科研院所、产业联盟、工程中心等面向市场开展中试和技术熟化等集成服务。建立企业、科研院所、高校良性互动机制，促进技术转移转化。

（三）检验检测认证服务

加快发展第三方检验检测认证服务，鼓励不同所有制检验检测认证机构平等参与市场竞争。加强计量、检测技术、检测装备研发等基础能力建设，发展面向设计开发、生产制造、售后服务全过程的观测、分析、测试、检验、标准、认证等服务。支持具备条件的检验检测认证机构与行政部门脱钩、转企改制，加快推进跨部门、跨行业、跨层级整合与并购重组，培育一批技术能力强、服务水平高、规模效益好的检验检测认证集团。完善检验检测认证机构规划布局，加强国家质检中心和检测实验室建设。构建产业计量测试服务体系，加强国家产业计量测试中心建设，建立计量科技创新联盟。构建统一的检验检测认证监管制度，完善检验检测认证机构资质认定办法，开展检验检测认证结果和技术能力国际互认。加强技术标准研制与应用，支持标准研发、信息咨询等服务发展，构建技术标准全程服务体系。

（四）创业孵化服务

构建以专业孵化器和创新型孵化器为重点、综合孵化器为支撑的创业孵化生态体系。加强创业教育，营造创业文化，办好创新创业大赛，充分发挥大学科技园在大学生创业就业和高校科技成果转化中的载体作用。引导企业、社会资本参与投资建设孵化器，促进天使投资与创业孵化紧密结合，推广“孵化＋创投”等孵化模式，积极探索基于互联网的新型孵化方式，提升孵化器专业服务能力。整合创新创业服务资源，支持建设“创业苗圃＋孵化器＋加速器”的创业孵化服务链条，为培育新兴产业提供源头支撑。

（五）知识产权服务

以科技创新需求为导向，大力发展知识产权代理、法律、信息、咨询、培训等服务，提升知识产权分析评议、运营实施、评估交易、保护维权、投融资等服务水平，构建全链条的知识产权服务体系。支持成立知识产权服务联盟，开发高端检索分析工具。推动知识产权基础信息资源免费或低成本向社会开放，基本检索工具免费供社会公众使用。支持相关科技服务机构面向重点产业领域，建立知识产权信息服务平台，提升产业创新服务能力。

（六）科技咨询服务

鼓励发展科技战略研究、科技评估、科技招投标、管理咨询等科技咨询服务业，积极培育管理服务外包、项目管理外包等新业态。支持科技咨询机构、知识服务机构、生产力促进中心等积极应用大数据、云计算、移动互联网等现代信息技术，创新服务模式，开展网络化、集成化的科技咨询和知识服务。加强科技信息资源的市场化开发利用，支持发展竞争情报分析、科技查新和文献检索等科技信息服务。发展工程技术咨询服务，为企业提供集成化的工程技术解决方案。

（七）科技金融服务

深化促进科技和金融结合试点，探索发展新型科技金融服务组织和服务模式，建立适应创新链需求的科技金融服务体系。鼓励金融机构在科技金融服务的组织体系、金融产品和服务机制方面进行创新，建立融资风险与收益相匹配的激励机制，开展科技保险、科技担保、知识产权质押等科技金融服务。支持天使投资、创业投资等股权投资对科技企业进行投资和增值服务，探索投贷结合的融资模式。利用互联网金融平台服务科技创新，完善投融资担保机制，破解科技型中小微企业融资难问题。

（八）科学技术普及服务

加强科普能力建设，支持有条件的科技馆、博物馆、图书馆等公共场所免费开放，开展公益性科普服务。引导科普服务机构采取市场运作方式，加强产品研发，拓展传播渠道，开展增值服务，带动模型、教具、展品等相关衍生产业发展。推动科研机构、高校向社会开放科研设施，鼓励企业、社会组织和个人捐助或投资建设科普设施。整合科普资源，建立区域合作机制，逐步形成全国范围内科普资源互通共享的格局。支持各类出版机构、新闻媒体开展科普服务，积极开展青少年科普阅读活动，加大科技传播力度，提供科普服务新平台。

（九）综合科技服务

鼓励科技服务机构的跨领域融合、跨区域合作，以市场化方式整合现有科技服务资源，创新服务模式和商业模式，发展全链条的科技服务，形成集成化总包、专业化分包的综合科技服务模式。鼓励科技服务机构面向产业集群和区域发展需求，开展专业化的综合科技服务，培育发展壮大若干科技集成服务商。支持科技服务机构面向军民科技融合开展综合服务，推进军民融合深度发展。

三、政策措施

（一）健全市场机制

进一步完善科技服务业市场法规和监管体制，有序放开科技服务市场准入，规范市场秩序，加强科技服务企业信用体系建设，构建统一开放、竞争有序的市场体系，为各类科技服务主体营造公平竞争的环境。推动国有科技服务企业建立现代企业制度，引导社会资本参与国有科技服务企业改制，促进股权多元化改造。鼓励科技人员创办科技服务企业，积极支持合伙制科技服务企业发展。加快推进具备条件的科技服务事业单位转制，开展市场化经营。加快转变政府职能，充分发挥产业技术联盟、行业协会等社会组织在推动科技服务业发展中的作用。

（二）强化基础支撑

加快建立国家科技报告制度，建设统一的国家科技管理信息系统，逐步加大信息开放和共享力度。积极推进科技服务公共技术平台建设，提升科技服务技术支撑能力。建立健全科技服务的标准体系，加强分类指导，促进科技服务业规范化发展。完善科技服务业统计调查制度，充分利用并整合各有关部门科技服务业统计数据，定期发布科技服务业发展情况。研究实行有利于科技服务业发展的土地政策，完善价格政策，逐步实现科技服务企业用水、用电、用气与工业企业同价。

（三）加大财税支持

建立健全事业单位大型科研仪器设备对外开放共享机制，加强对国家超级计算中心等公共科研基础设施的支持。完善高新技术企业认定管理办法，充分考虑科技服务业特点，将科技服务内容及其支撑技术纳入国家重点支持的高新技术领域，对认定为高新技术企业的科技服务企业，减按15%的税率征收企业所得税。符合条件的科技服务企业发生的职工教育经费支出，不超过工资薪金总额8%的部分，准予在计算应纳税所得额时据实扣除。结合完善企业研发费用计核方法，统筹研究科技服务费用税前加计扣除范围。加快推进营业税改征增值税试点，扩大科技服务企业增值税进项税额抵扣范围，消除重复征税。落实国家大学科技园、科技企业孵化器相关税收优惠政策，对其自用以及提供给孵化企业使用的房产、土地，免征房产税和城镇土地使用税；对其向孵化企业出租场地、房屋以及提供孵化服务的收入，免征营业税。

（四）拓宽资金渠道

建立多元化的资金投入体系，拓展科技服务企业融资渠道，引导银行信贷、创业投资、资本市场等加大对科技服务企业的支持，支持科技服务企业上市融资和再融资以及到全国中小企业股份转让系统挂牌，鼓励外资投入科技服务业。积极发挥财政资金的杠杆作用，利用中小企业发展专项资金、国家科技成果转化引导基金等渠道加大对科技服务企业的支持力度；鼓励地方通过科技服务业发展专项资金等方式，支持科技服务机构提升专业服务能力、搭建公共服务平台、创新服务模式等。创新财政支持方式，积极探索以政府购买服务、“后补助”等方式支持公共科技服务发展。

（五）加强人才培养

面向科技服务业发展需求，完善学历教育和职业培训体系，支持高校调整相关专业设置，加强对科技服务业从业人员的培养培训。积极利用各类人才计划，引进和培养一批懂技术、懂市场、懂管理的复合型科技服务高端人才。依托科协组织、行业协会，开展科技服务人才专业技术培训，提高从业人员的专业素质和能力水平。完善科技服务业人才评价体系，健全职业资格制度，调动高校、科研院所、企业等各类人才在科技服务领域创业创新的积极性。

（六）深化开放合作

支持科技服务企业“走出去”，通过海外并购、联合经营、设立分支机构等方式开拓国际市场，扶持科技服务企业到境外上市。推动科技服务企业牵头组建以技术、专利、标准为纽带的科技服务联盟，开展协同创新。支持科技服务机构开展技术、人才等方面的国际交流合作。鼓励国外知名科技服务机构在我国设立分支机构或开展科技服务合作。

（七）推动示范应用

开展科技服务业区域和行业试点示范，打造一批特色鲜明、功能完善、布局合理的科技服务业集聚区，形成一批具有国际竞争力的科技服务业集群。深入推动重点行业的科技服务应用，围绕战略性新兴产业和现代制造业的创新需求，建设公共科技服务平台。鼓励开展面向农业技术推广、农业产业化、人口健康、生态环境、社会治理、公共安全、防灾减灾等惠民科技服务。

各地区、各部门要充分认识加快科技服务业发展的重大意义，加强组织领导，健全工作机制，强化部门协同和上下联动，协调推动科技服务业改革发展。各地区要根据本意见，结合地方实际研究制定具体实施方案，细化政策措施，确保各项任务落到实处。各有关部门要抓紧研究制定配套政策和落实分工任务的具体措施，为科技服务业发展营造良好环境。科技部要会同相关部门对本意见的落实情况进行跟踪分析和督促指导，重大事项及时向国务院报告。

国务院

2014年10月9日

（此件有删减）

国务院关于扶持小型微型企业健康发展的意见

国发〔2014〕52号

各省、自治区、直辖市人民政府，国务院各部委、各直属机构：

工商登记制度改革极大地激发了市场活力和创业热情，小型微型企业数量快速增长，为促进经济发展和社会就业发挥了积极作用，但在发展中也面临一些困难和问题。为切实扶持小型微型企业（含个体工商户）健康发展，现提出如下意见。

一、充分发挥现有中小企业专项资金的引导作用，鼓励地方中小企业扶持资金将小型微型企业纳入支持范围。（财政部、发展改革委、工业和信息化部、科技部、商务部、工商总局等部门负责）

二、认真落实已经出台的支持小型微型企业税收优惠政策，根据形势发展的需要研究出台继续支持的政策。小型微型企业从事国家鼓励发展的投资项目，进口项目自用且国内不能生产的先进设备，按照有关规定免征关税。（财政部会同税务总局、工商总局、工业和信息化部、海关总署等部门负责）

三、加大中小企业专项资金对小企业创业基地（微型企业孵化园、科技孵化器、商贸企业集聚区等）建设的支持力度。鼓励大中型企业带动产业链上的小型微型企业，实现产业集聚和抱团发展。（财政部、工业和信息化部、科技部、商务部、工商总局等部门负责）

四、对小型微型企业吸纳就业困难人员就业的，按照规定给予社会保险补贴。自工商登记注册之日起3年内，对安排残疾人就业未达到规定比例、在职职工总数20人以下（含20人）的小型微型企业，免征残疾人就业保障金。（人力资源和社会保障部会同财政部、中国残联等部门负责）

五、鼓励各级政府设立的创业投资引导基金积极支持小型微型企业。积极引导创业投资基金、天使基金、种子基金投资小型微型企业。符合条件的小型微型企业可按规定享受小额担保贷款扶持政策。（财政部会同发展改革委、工业和信息化部、证监会、科技部、商务部、人力资源社会保障部等部门负责）

六、进一步完善小型微型企业融资担保政策。大力发展政府支持的担保机构，引导其提高小型微型企业担保业务规模，合理确定担保费用。进一步加大对小型微型企业融资担保的财政支持力度，综合运用业务补助、增量业务奖励、资本投入、代偿补偿、创新奖励等方式，引导担保、金融机构和外贸综合服务企业等为小型微型企业提供融资服务。（银监会会同发展改革委、工业和信息化部、财政部、科技部、商务部、人力资源社会保障部、人民银行、税务总局等部门负责）

七、鼓励大型银行充分利用机构和网点优势，加大小型微型企业金融服务专营机构建设力度。引导中小型银行将改进小型微型企业金融服务和战略转型相结合，科学调整信贷结构，重点支持小型微型企业和区域经济发展。引导银行业金融机构针对小型微型企业的经营特点和融资需求特征，创新产品和服务。各银行业金融机构在商业可持续和有效控制风险的前提下，单列小型微型企业信贷计划。在加强监管前提下，大力推进具备条件的民间资本依法发起设立中小型银行等金融机构。（银监会会同人民银行、发展改革委、财政部、工业和信息化部、科技部、商务部等部门负责）

八、高校毕业生到小型微型企业就业的，其档案可由当地市、县一级的公共就业人才服务机构免费保管。（人力资源和社会保障部、工业和信息化部、工商总局等部门负责）

九、建立支持小型微型企业发展的信息互联互通机制。依托工商行政管理部门的企业信用信息公示系统，在企业自愿申报的基础上建立小型微型企业名录，集中公开各类扶持政策及企业享受扶持政策的信息。通过统一的信用信息平台，汇集工商注册登记、行政许可、税收缴纳、社保缴费等信息，推进小型微型企业信用信息共享，促进小型微型企业信用体系建设。通过信息公开和共享，利用大数据、云计算等现代信息技术，推动政府部门和银行、证券、保险等专业机构提供更有效的服务。从小型微型企业中抽取一定比例的样本企业，进行跟踪调查，加强监测分析。（工商总局、发展改革委、税务总局、工业和信息化部、人力资源社会保障部、人民银行、质检总局、统计局等部门负责）

十、大力推进小型微型企业公共服务平台建设，加大政府购买服务力度，为小型微型企业免费提供管理指导、技能培训、市场开拓、标准咨询、检验检测认证等服务。（工业和信息化部会同财政部、科技部、商务部、质检总局等部门负责）

各地区、各部门要结合本地区、本部门实际，在落实好已有的小型微型企业扶持政策的基础上，加大对政策的解读、宣传力度，简化办事流程，提高服务效率。各地区、各部门要确保政策尽快落实，并适时提出进一步措施。

国务院

2014年10月31日

（此件公开发布）

国务院关于创新重点领域投融资机制鼓励社会投资的指导意见

国发〔2014〕60号

各省、自治区、直辖市人民政府，国务院各部委、各直属机构：

为推进经济结构战略性调整，加强薄弱环节建设，促进经济持续健康发展，迫切需要在公共服务、资源环境、生态建设、基础设施等重点领域进一步创新投融资机制，充分发挥社会资本特别是民间资本的积极作用。为此，特提出以下意见。

一、总体要求

（一）指导思想。全面贯彻落实党的十八大和十八届三中、四中全会精神，按照党中央、国务院决策部署，使市场在资源配置中起决定性作用和更好发挥政府作用，打破行业垄断和市场壁垒，切实降低准入门槛，建立公平开放透明的市场规则，营造权利平等、机会平等、规则平等的投资环境，进一步鼓励社会投资特别是民间投资，盘活存量、用好增量，调结构、补短板，服务国家生产力布局，促进重点领域建设，增加公共产品有效供给。

（二）基本原则。实行统一市场准入，创造平等投资机会；创新投资运营机制，扩大社会资本投资途径；优化政府投资使用方向和方式，发挥引导带动作用；创新融资方式，拓宽融资渠道；完善价格形成机制，发挥价格杠杆作用。

二、创新生态环保投资运营机制

（三）深化林业管理体制改革。推进国有林区和国有林场管理体制改革，完善森林经营和采伐管理制度，开展森林科学经营。深化集体林权制度改革，稳定林权承包关系，放活林地经营权，鼓励林权依法规范流转。鼓励荒山荒地造林和退耕还林林地林权依法流转。减免林权流转税费，有效降低流转成本。

（四）推进生态建设主体多元化。在严格保护森林资源的前提下，鼓励社会资本积极参与生态建设和保护，支持符合条件的农民合作社、家庭农场（林场）、专业大户、林业企业等新型经营主体投资生态建设项目。对社会资本利用荒山荒地进行植树造林的，在保障生态效益、符合土地用途管制要求的前提下，允许发展林下经济、森林旅游等生态产业。

（五）推动环境污染治理市场化。在电力、钢铁等重点行业以及开发区（工业园区）污染治理等领域，大力推行环境污染第三方治理，通过委托治理服务、托管运营服务等方式，由排污企业付费购买专业环境服务公司的治污减排服务，提高污染治理的产业化、专业化程度。稳妥推进政府向社会购买环境监测服务。建立重点行业第三方治污企业推荐制度。

（六）积极开展排污权、碳排放权交易试点。推进排污权有偿使用和交易试点，建立排污权有偿使用制度，规范排污权交易市场，鼓励社会资本参与污染减排和排污权交易。加快调整主要污染物排污费征收标准，实行差别化排污收费政策。加快在国内试行碳排放权交易制度，探索森林碳汇交易，发展碳排放权交易市场，鼓励和支持社会投资者参与碳配额交易，通过金融市场发现价格的功能，调整不同经济主体利益，有效促进环保和节能减排。

三、鼓励社会资本投资运营农业和水利工程

（七）培育农业、水利工程多元化投资主体。支持农民合作社、家庭农场、专业大户、农业企业等新型经营主体投资建设农田水利和水土保持设施。允许财政补助形成的小型农田水利和水土保持工程资产由农业用水合作组织持有和管护。鼓励社会资本以特许经营、参股控股等多种形式参与具有一定收益的节水供水重大水利工程建设运营。社会资本愿意投入的重大水利工程，要积极鼓励社会资本投资建设。

（八）保障农业、水利工程投资合理收益。社会资本投资建设或运营管理农田水利、水土保持设施和节水供水重大水利工程的，与国有、集体投资项目享有同等政策待遇，可以依法获取供水水费等经营收益；承担公益性任务的，政府可对工程建设投资、维修养护和管护经费等给予适当补助，并落实优惠政策。社会资本投资建设或运营管理农田水利设施、重大水利工程等，可依法继承、转让、转租、抵押其相关权益；征收、征用或占用的，要按照国家有关规定给予补偿或者赔偿。

（九）通过水权制度改革吸引社会资本参与水资源开发利用和保护。加快建立水权制度，培育和规范水权交易市场，积极探索多种形式的水权交易流转方式，允许各地通过水权交易满足新增合理用水需求。鼓励社会资本通过参与节水供水重大水利工程投资建设等方式优先获得新增水资源使用权。

（十）完善水利工程水价形成机制。深入开展农业水价综合改革试点，进一步促进农业节水。水利工程供非农业用水价格按照补偿成本、合理收益、优质优价、公平负担的原则合理制定，并根据供水成本变化及社会承受能力等适时调整，推行两部制水利工程水价和丰枯季节水价。价

格调整不到位时，地方政府可根据实际情况安排财政性资金，对运营单位进行合理补偿。

四、推进市政基础设施投资运营市场化

（十一）改革市政基础设施建设运营模式。推动市政基础设施建设运营事业单位向独立核算、自主经营的企业化管理转变。鼓励打破以项目为单位的分散运营模式，实行规模化经营，降低建设和运营成本，提高投资效益。推进市县、乡镇和村级污水收集和处理、垃圾处理项目按行业“打包”投资和运营，鼓励实行城乡供水一体化、厂网一体投资和运营。

（十二）积极推动社会资本参与市政基础设施建设运营。通过特许经营、投资补助、政府购买服务等多种方式，鼓励社会资本投资城镇供水、供热、燃气、污水垃圾处理、建筑垃圾资源化利用和处理、城市综合管廊、公园配套服务、公共交通、停车设施等市政基础设施项目，政府依法选择符合要求的经营者。政府可采用委托经营或转让—经营—转让（TOT）等方式，将已经建成的市政基础设施项目转交给社会资本运营管理。

（十三）加强县城基础设施建设。按照新型城镇化发展的要求，把有条件的县城和重点镇发展为中小城市，支持基础设施建设，增强吸纳农业转移人口的能力。选择若干具有产业基础、特色资源和区位优势的县城和重点镇推行试点，加大对市政基础设施建设运营引入市场机制的政策支持力度。

（十四）完善市政基础设施价格机制。加快改进市政基础设施价格形成、调整和补偿机制，使经营者能够获得合理收益。实行上下游价格调整联动机制，价格调整不到位时，地方政府可根据实际情况安排财政性资金对企业运营进行合理补偿。

五、改革完善交通投融资机制

（十五）加快推进铁路投融资体制改革。用好铁路发展基金平台，吸引社会资本参与，扩大基金规模。充分利用铁路土地综合开发政策，以开发收益支持铁路发展。按照市场化方向，不断完善铁路运价形成机制。向地方政府和社会资本放开城际铁路、市域（郊）铁路、资源开发性铁路和支线铁路的所有权、经营权。按照构建现代企业制度的要求，保障投资者权益，推进蒙西至华中、长春至西巴彦花铁路等引进民间资本的示范项目实施。鼓励按照“多式衔接、立体开发、功能融合、节约集约”的原则，对城市轨道交通站点周边、车辆段上盖进行土地综合开发，吸引社会资本参与城市轨道交通建设。

（十六）完善公路投融资模式。建立完善政府主导、分级负责、多元筹资的公路投融资模式，完善收费公路政策，吸引社会资本投入，多渠道筹措建设和维护资金。逐步建立高速公路与普通公路统筹发展机制，促进普通公路持续健康发展。

（十七）鼓励社会资本参与水运、民航基础设施建设。探索发展“航电结合”等投融资模式，按相关政策给予投资补助，鼓励社会资本投资建设航电枢纽。鼓励社会资本投资建设港口、内河航运设施等。积极吸引社会资本参与盈利状况较好的枢纽机场、干线机场以及机场配套服务设施等投资建设，拓宽机场建设资金来源。

六、鼓励社会资本加强能源设施投资

（十八）鼓励社会资本参与电力建设。在做好生态环境保护、移民安置和确保工程安全的前提下，通过业主招标等方式，鼓励社会资本投资常规水电站和抽水蓄能电站。在确保具备核电控股资质主体承担核安全责任的前提下，引入社会资本参与核电项目投资，鼓励民间资本进入核电设备研制和核电服务领域。鼓励社会资本投资建设风光电、生物质能等清洁能源项目和背压式热电联产机组，进入清洁高效煤电项目建设、燃煤电厂节能减排升级改造领域。

（十九）鼓励社会资本参与电网建设。积极吸引社会资本投资建设跨区输电通道、区域主干电网完善工程和大中城市配电网工程。将海南联网Ⅱ回线路和滇西北送广东特高压直流输电工程等项目作为试点，引入社会资本。鼓励社会资本投资建设分布式电源并网工程、储能装置和电动汽车充换电设施。

（二十）鼓励社会资本参与油气管网、储存设施和煤炭储运建设运营。支持民营企业、地方国有企业等参股建设油气管网主干线、沿海液化天然气（LNG）接收站、地下储气库、城市配气管网和城市储气设施，控股建设油气管网支线、原油和成品油商业储备库。鼓励社会资本参与铁路运煤干线和煤炭储配体系建设。国家规划确定的石化基地炼化一体化项目向社会资本开放。

（二十一）理顺能源价格机制。进一步推进天然气价格改革，2015年实现存量气和增量气价格并轨，逐步放开非居民用天然气气源价格，落实页岩气、煤层气等非常规天然气价格市场化政策。尽快出台天然气管道运输价格政策。按照合理成本加合理利润的原则，适时调整煤层气发电、余热余压发电上网标杆电价。推进天然气分布式能源冷、热、电价格市场化。完善可再生能源发电价格政策，研究建立流域梯级效益补偿机制，适时调整完善燃煤发电机组环保电价政策。

七、推进信息和民用空间基础设施投资主体多元化

（二十二）鼓励电信业进一步向民间资本开放。进一步完善法律法规，尽快修订电信业务分类目录。研究出台具体试点办法，鼓励和引导民间资本投资宽带接入网络建设和业务运营，大力发展宽带用户。推进民营企业开展移动通信转售业务试点工作，促进业务创新发展。

（二十三）吸引民间资本加大信息基础设施投资力度。支持基础电信企业引入民间战略投资者。推动中国铁塔股份有限公司引入民间资本，实现混合所有制发展。

（二十四）鼓励民间资本参与国家民用空间基础设施建设。完善民用遥感卫星数据政策，加强政府采购服务，鼓励民间资本研制、发射和运营商业遥感卫星，提供市场化、专业化服务。引导民间资本参与卫星导航地面应用系统建设。

八、鼓励社会资本加大社会事业投资力度

（二十五）加快社会事业公立机构分类改革。积极推进养老、文化、旅游、体育等领域符合条件的事业单位，以及公立医院资源丰富地区符合条件的医疗事业单位改制，为社会资本进入创造条件，鼓励社会资本参与公立机构改革。将符合条件的国有单位培训疗养机构转变为养老机构。

（二十六）鼓励社会资本加大社会事业投资力度。通过独资、合资、合作、联营、租赁等途径，采取特许经营、公建民营、民办公助等方式，鼓励社会资本参与教育、医疗、养老、体育健身、文化设施建设。尽快出台鼓励社会力量兴办教育、促进民办教育健康发展的意见。各地在编制城市总体规划、控制性详细规划以及有关专项规划时，要统筹规划、科学布局各类公共服务设施。各级政府逐步扩大教育、医疗、养老、体育健身、文化等政府购买服务范围，各类经营主体平等参与。将符合条件的各类医疗机构纳入医疗保险定点范围。

（二十七）完善落实社会事业建设运营税费优惠政策。进一步完善落实非营利性教育、医疗、养老、体育健身、文化机构税收优惠政策。对非营利性医疗、养老机构建设一律免征有关行政事业性收费，对营利性医疗、养老机构建设一律减半征收有关行政事业性收费。

（二十八）改进社会事业价格管理政策。民办教育、医疗机构用电、用水、用气、用热，执行与公办教育、医疗机构相同的价格政策。养老机构用电、用水、用气、用热，按居民生活类价格执行。除公立医疗、养老机构提供的基本服务按照政府规定的价格政策执行外，其他医疗、养老服务实行经营者自主定价。营利性民办学校收费实行自主定价，非营利性民办学校收费政策由地方政府按照市场化方向根据当地实际情况确定。

九、建立健全政府和社会资本合作（PPP）机制

（二十九）推广政府和社会资本合作（PPP）模式。认真总结经验，加强政策引导，在公共服务、资源环境、生态保护、基础设施等领域，积极推广 PPP 模式，规范选择项目合作伙伴，引入社会资本，增强公共产品供给能力。政府有关部门要严格按照预算管理有关法律法规，完善财政补贴制度，切实控制和防范财政风险。健全 PPP 模式的法规体系，保障项目顺利运行。鼓励通过 PPP 方式盘活存量资源，变现资金要用于重点领域建设。

（三十）规范合作关系保障各方利益。政府有关部门要制定管理办法，尽快发布标准合同范本，对 PPP 项目的业主选择、价格管理、回报方式、服务标准、信息披露、违约处罚、政府接管以及评估论证等进行详细规定，规范合作关系。平衡好社会公众与投资者利益关系，既要保障社会公众利益不受损害，又要保障经营者合法权益。

（三十一）健全风险防范和监督机制。政府和投资者应对 PPP 项目可能产生的政策风险、商业风险、环境风险、法律风险等进行充分论证，完善合同设计，健全纠纷解决和风险防范机制。建立独立、透明、可问责、专业化的 PPP 项目监管体系，形成由政府监管部门、投资者、社会公众、专家、媒体等共同参与的监督机制。

（三十二）健全退出机制。政府要与投资者明确 PPP 项目的退出路径，保障项目持续稳定运行。项目合作结束后，政府应组织做好接管工作，妥善处理投资回收、资产处理等事宜。

十、充分发挥政府投资的引导带动作用

（三十三）优化政府投资使用方向。政府投资主要投向公益性和基础性建设。对鼓励社会资本参与的生态环保、农林水利、市政基础设施、社会事业等重点领域，政府投资可根据实际情况给予支持，充分发挥政府投资“四两拨千斤”的引导带动作用。

（三十四）改进政府投资使用方式。在同等条件下，政府投资优先支持引入社会资本的项目，根据不同项目情况，通过投资补助、基金注资、担保补贴、贷款贴息等方式，支持社会资本参与重点领域建设。抓紧制定政府投资支持社会投资项目的管理办法，规范政府投资安排行为。

十一、创新融资方式拓宽融资渠道

（三十五）探索创新信贷服务。支持开展排污权、收费权、集体林权、特许经营权、购买服务协议预期收益、集体土地承包经营权质押贷款等担保创新类贷款业务。探索利用工程供水、供热、发电、污水垃圾处理等预期收益质押贷款，允许利用相关收益作为还款来源。鼓励金融机构对民间资本举办的社会事业提供融资支持。

（三十六）推进农业金融改革。探索采取信用担保和贴息、业务奖励、风险补偿、费用补贴、投资基金，以及互助信用、农业保险等方式，增强农民合作社、家庭农场（林场）、专业大户、农林业企业的贷款融资能力和风险抵御能力。

（三十七）充分发挥政策性金融机构的积极作用。在国家批准的业务范围内，加大对公共服务、生态环保、基础设施建设项目的支持力度。努力为生态环保、农林水利、中西部铁路和公路、城市基础设施等重大工程提供长期稳定、低成本的资金支持。

（三十八）鼓励发展支持重点领域建设的投资基金。大力发展股权投资基金和创业投资基金，鼓励民间资本采取私募等方式发起设立主要投资于公共服务、生态环保、基础设施、区域开发、战略性新兴产业、先进制造业等领域的产业投资基金。政府可以使用包括中央预算内投资在内的财政性资金，通过认购基金份额等方式予以支持。

（三十九）支持重点领域建设项目开展股权和债权融资。大力发展债权投资计划、股权投资计划、资产支持计划等融资工具，延长投资期限，引导社保资金、保险资金等用于收益稳定、回收期长的基础设施和基础产业项目。支持重点领域建设项目采用企业债券、项目收益债券、公司债券、中期票据等方式通过债券市场筹措投资资金。推动铁路、公路、机场等交通项目建设企业应收账款证券化。建立规范的地方政府举债融资机制，支持地方政府依法依规发行债券，用于重点领域建设。

创新重点领域投融资机制对稳增长、促改革、调结构、

惠民生具有重要作用。各地区、各有关部门要从大局出发，进一步提高认识，加强组织领导，健全工作机制，协调推动重点领域投融资机制创新。各地政府要结合本地实际，抓紧制定具体实施细则，确保各项措施落到实处。国务院各有关部门要严格按照分工，抓紧制定相关配套措施，加快重点领域建设，同时要加强宣传解读，让社会资本了解参与方式、运营方式、盈利模式、投资回报等相关政策，进一步稳定市场预期，充分调动社会投资积极性，切实发挥好投资对经济增长的关键作用。发展改革委要会同有关部门加强对本指导意见落实情况的督促检查，重大问题及时向国务院报告。

附件：重点政策措施文件分工方案

国务院

2014 年 11 月 16 日

（此件公开发布）

附 件

重点政策措施文件分工方案

序号	政策措施文件	负责单位	出台时间
1	大力推行环境污染第三方治理	发展改革委、环境保护部	2014年底
2	推进排污权、碳排放权交易试点，鼓励社会资本参与污染减排和排污权、碳排放权交易	财政部、环境保护部、发展改革委、林业局、证监会（其中碳排放权交易由发展改革委牵头）	2015年3月底
3	鼓励和引导社会资本参与节水供水重大水利工程建设运营的实施意见，积极探索多种形式的水权交易流转方式，鼓励社会资本参与节水供水重大水利工程投资建设	水利部、发展改革委、证监会	2015年3月底
4	选择若干县城和重点镇推行试点，加大对市政基础设施建设运营引入市场机制的政策支持力度	住房城乡建设部、发展改革委	2014年底
5	通过业主招标等方式，鼓励社会资本投资常规水电站和抽水蓄能电站	能源局	2014年底
6	支持民间资本投资宽带接入网络建设和业务运营	工业和信息化部	2015年3月底
7	政府投资支持社会投资项目的管理办法	发展改革委、财政部	2015年3月底
8	创新融资方式，拓宽融资渠道	人民银行、银监会、证监会、保监会、财政部	2015年3月底
9	政府使用包括中央预算内投资在内的财政性资金，支持重点领域产业投资基金管理办法	发展改革委	2015年3月底
10	完善价格形成机制，增强重点领域建设吸引社会投资能力	发展改革委、国务院有关部门	2015年3月底

注：有两个或以上负责单位的，排在第一位的为牵头单位。

国务院办公厅关于印发能源发展战略行动计划（2014—2020年）的通知

国办发〔2014〕31号

各省、自治区、直辖市人民政府，国务院各部委、各直属机构：

《能源发展战略行动计划（2014—2020年）》已经国务院同意，现印发给你们，请认真贯彻落实。

国务院办公厅

2014年6月7日

（此文有删减）

能源发展战略行动计划（2014—2020年）

能源是现代化的基础和动力。能源供应和安全事关我国现代化建设全局。新世纪以来，我国能源发展成就显著，供应能力稳步增长，能源结构不断优化，节能减排取得成效，科技进步迈出新步伐，国际合作取得新突破，建成世界最大的能源供应体系，有效保障了经济社会持续发展。

当前，世界政治、经济格局深刻调整，能源供求关系深刻变化。我国能源资源约束日益加剧，生态环境问题突出，调整结构、提高能效和保障能源安全的压力进一步加大，能源发展面临一系列新问题新挑战。同时，我国可再生能源、非常规油气和深海油气资源开发潜力很大，能源科技创新取得新突破，能源国际合作不断深化，能源发展面临着难得的机遇。

从现在到2020年，是我国全面建成小康社会的关键时期，是能源发展转型的重要战略机遇期。为贯彻落实党的十八大精神，推动能源生产和消费革命，打造中国能源升级版，必须加强全局谋划，明确今后一段时期我国能源发展的总体方略和行动纲领，推动能源创新发展、安全发展、科学发展，特制定本行动计划。

一、总体战略

（一）指导思想

高举中国特色社会主义伟大旗帜，以邓小平理论、“三个代表”重要思想、科学发展观为指导，深入贯彻党的十八大和十八届二中、三中全会精神，全面落实党中央、国务院的各项决策部署，以开源、节流、减排为重点，确保能源安全供应，转变能源发展方式，调整优化能源结构，创新能源体制机制，着力提高能源效率，严格控制能源消费过快增长，着力发展清洁能源，推进能源绿色发展，着力推动科技进步，切实提高能源产业核心竞争力，打造中国能源升级版，为实现中华民族伟大复兴的中国梦提供安全可靠的能源保障。

（二）战略方针与目标

坚持“节约、清洁、安全”的战略方针，加快构建清洁、高效、安全、可持续的现代能源体系。重点实施四大战略：

1. 节约优先战略。把节约优先贯穿于经济社会及能源发展的全过程，集约高效开发能源，科学合理使用能源，大力提高能源效率，加快调整和优化经济结构，推进重点领域和关键环节节能，合理控制能源消费总量，以较少的能源消费支撑经济社会较快发展。

到2020年，一次能源消费总量控制在48亿吨标准煤左右，煤炭消费总量控制在42亿吨左右。

2. 立足国内战略。坚持立足国内，将国内供应作为保障能源安全的主渠道，牢牢掌握能源安全主动权。发挥国内资源、技术、装备和人才优势，加强国内能源资源勘探开发，完善能源替代和储备应急体系，着力增强能源供应能力。加强国际合作，提高优质能源保障水平，加快推进油气战略进口通道建设，在开放格局中维护能源安全。

到2020年，基本形成比较完善的能源安全保障体系。国内一次能源生产总量达到42亿吨标准煤，能源自给能力保持在85%左右，石油储采比提高到14～15，能源储备应急体系基本建成。

3. 绿色低碳战略。着力优化能源结构，把发展清洁低碳能源作为调整能源结构的主攻方向。坚持发展非化石能源与化石能源高效清洁利用并举，逐步降低煤炭消费比重，提高天然气消费比重，大幅增加风电、太阳能、地热能等可再生能源和核电消费比重，形成与我国国情相适应、科学合理的能源消费结构，大幅减少能源消费排放，促进生态文明建设。

到2020年，非化石能源占一次能源消费比重达到15%，天然气比重达到10%以上，煤炭消费比重控制在62%以内。

4. 创新驱动战略。深化能源体制改革，加快重点领域和关键环节改革步伐，完善能源科学发展体制机制，充分发挥市场在能源资源配置中的决定性作用。树立科技决定能源未来、科技创造未来能源的理念，坚持追赶与跨越并重，加强能源科技创新体系建设，依托重大工程推进科技自主创新，建设能源科技强国，能源科技总体接近世界先进水平。

到2020年，基本形成统一开放竞争有序的现代能源市场体系。

二、主要任务

（一）增强能源自主保障能力

立足国内，加强能源供应能力建设，不断提高自主控制能源对外依存度的能力。

1. 推进煤炭清洁高效开发利用。

按照安全、绿色、集约、高效的原则，加快发展煤炭清洁开发利用技术，不断提高煤炭清洁高效开发利用水平。

清洁高效发展煤电。转变煤炭使用方式，着力提高煤炭集中高效发电比例。提高煤电机组准入标准，新建燃煤发电机组供电煤耗低于每千瓦时300克标准煤，污染物排放接近燃气机组排放水平。

推进煤电大基地大通道建设。依据区域水资源分布特点和生态环境承载能力，严格煤矿环保和安全准入标准，推广充填、保水等绿色开采技术，重点建设晋北、晋中、晋东、神东、陕北、黄陇、宁东、鲁西、两淮、云贵、冀中、河南、内蒙古东部、新疆等14个亿吨级大型煤炭基地。到2020年，基地产量占全国的95%。采用最先进节能节水环保发电技术，重点建设锡林郭勒、鄂尔多斯、晋北、晋中、晋东、陕北、哈密、准东、宁东等9个千万千瓦级大型煤电基地。发展远距离大容量输电技术，扩大西电东送规模，实施北电南送工程。加强煤炭铁路运输通道建设，重点建设内蒙古西部至华中地区的铁路煤运通道，完善西煤东运通道。到2020年，全国煤炭铁路运输能力达到30亿吨。

提高煤炭清洁利用水平。制定和实施煤炭清洁高效利用规划，积极推进煤炭分级分质梯级利用，加大煤炭洗选比重，鼓励煤矸石等低热值煤和劣质煤就地清洁转化利用。建立健全煤炭质量管理体系，加强对煤炭开发、加工转化和使用过程的监督管理。加强进口煤炭质量监管。大幅减少煤炭分散直接燃烧，鼓励农村地区使用洁净煤和型煤。

2. 稳步提高国内石油产量。

坚持陆上和海上并重，巩固老油田，开发新油田，突破海上油田，大力支持低品位资源开发，建设大庆、辽河、新疆、塔里木、胜利、长庆、渤海、南海、延长等9个千万吨级大油田。

稳定东部老油田产量。以松辽盆地、渤海湾盆地为重点，深化精细勘探开发，积极发展先进采油技术，努力增储挖潜，提高原油采收率，保持产量基本稳定。

实现西部增储上产。以塔里木盆地、鄂尔多斯盆地、准噶尔盆地、柴达木盆地为重点，加大油气资源勘探开发力度，推广应用先进技术，努力探明更多优质储量，提高石油产量。加大羌塘盆地等新区油气地质调查研究和勘探开发技术攻关力度，拓展新的储量和产量增长区域。

加快海洋石油开发。按照以近养远、远近结合，自主开发与对外合作并举的方针，加强渤海、东海和南海等海域近海油气勘探开发，加强南海深水油气勘探开发形势跟踪分析，积极推进深海对外招标和合作，尽快突破深海采油技术和装备自主制造能力，大力提升海洋油气产量。

大力支持低品位资源开发。开展低品位资源开发示范工程建设，鼓励难动用储量和濒临枯竭油田的开发及市场化转让，支持采用技术服务、工程总承包等方式开发低品位资源。

3. 大力发展天然气。

按照陆地与海域并举、常规与非常规并重的原则，加快常规天然气增储上产，尽快突破非常规天然气发展瓶颈，促进天然气储量产量快速增长。

加快常规天然气勘探开发。以四川盆地、鄂尔多斯盆地、塔里木盆地和南海为重点，加强西部低品位、东部深层、海域深水三大领域科技攻关，加大勘探开发力度，力争获得大突破、大发现，努力建设8个年产量百亿立方米级以上的大型天然气生产基地。到2020年，累计新增常规天然气探明地质储量5.5万亿立方米，年产常规天然气1850亿立方米。

重点突破页岩气和煤层气开发。加强页岩气地质调查研究，加快“工厂化”、“成套化”技术研发和应用，探索形成先进适用的页岩气勘探开发技术模式和商业模式，培育自主创新和装备制造能力。着力提高四川长宁-威远、重庆涪陵、云南昭通、陕西延安等国家级示范区储量和产量规模，同时争取在湘鄂、云贵和苏皖等地区实现突破。到2020年，页岩气产量力争超过300亿立方米。以沁水盆地、鄂尔多斯盆地东缘为重点，加大支持力度，加快煤层气勘探开采步伐。到2020年，煤层气产量力争达到300亿立方米。

积极推进天然气水合物资源勘查与评价。加大天然气水合物勘探开发技术攻关力度，培育具有自主知识产权的核心技术，积极推进试采工程。

4. 积极发展能源替代。

坚持煤基替代、生物质替代和交通替代并举的方针，科学发展石油替代。到2020年，形成石油替代能力4000万吨以上。

稳妥实施煤制油、煤制气示范工程。按照清洁高效、量水而行、科学布局、突出示范、自主创新的原则，以新疆、内蒙古、陕西、山西等地为重点，稳妥推进煤制油、煤制气技术研发和产业化升级示范工程，掌握核心技术，严格控制能耗、水耗和污染物排放，形成适度规模的煤基燃料替代能力。

积极发展交通燃油替代。加强先进生物质能技术攻关和示范，重点发展新一代非粮燃料乙醇和生物柴油，超前部署微藻制油技术研发和示范。加快发展纯电动汽车、混合动力汽车和船舶、天然气汽车和船舶，扩大交通燃油替代规模。

5. 加强储备应急能力建设。

完善能源储备制度，建立国家储备与企业储备相结合、战略储备与生产运行储备并举的储备体系，建立健全国家能源应急保障体系，提高能源安全保障能力。

扩大石油储备规模。建成国家石油储备二期工程，启动三期工程，鼓励民间资本参与储备建设，建立企业义务储备，鼓励发展商业储备。

提高天然气储备能力。加快天然气储气库建设，鼓励发展企业商业储备，支持天然气生产企业参与调峰，提高储气规模和应急调峰能力。

建立煤炭稀缺品种资源储备。鼓励优质、稀缺煤炭资源进口，支持企业在缺煤地区和煤炭集散地建设中转储运设施，完善煤炭应急储备体系。

完善能源应急体系。加强能源安全信息化保障和决策支持能力建设，逐步建立重点能源品种和能源通道应急指挥和综合管理系统，提升预测预警和防范应对水平。

（二）推进能源消费革命

调整优化经济结构，转变能源消费理念，强化工业、交通、建筑节能和需求侧管理，重视生活节能，严格控制能源消费总量过快增长，切实扭转粗放用能方式，不断提高能源使用效率。

1. 严格控制能源消费过快增长。

按照差别化原则，结合区域和行业用能特点，严格控制能源消费过快增长，切实转变能源开发和利用方式。

推行“一挂双控”措施。将能源消费与经济增长挂钩，对高耗能产业和产能过剩行业实行能源消费总量控制强约束，其他产业按先进能效标准实行强约束，现有产能能效要限期达标，新增产能必须符合国内先进能效标准。

推行区域差别化能源政策。在能源资源丰富的西部地区，根据水资源和生态环境承载能力，在节水节能环保、技术先进的前提下，合理加大能源开发力度，增强跨区调出能力。合理控制中部地区能源开发强度。大力优化东部地区能源结构，鼓励发展有竞争力的新能源和可再生能源。

控制煤炭消费总量。制定国家煤炭消费总量中长期控制目标，实施煤炭消费减量替代，降低煤炭消费比重。

2. 着力实施能效提升计划。

坚持节能优先，以工业、建筑和交通领域为重点，创新发展方式，形成节能型生产和消费模式。

实施煤电升级改造行动计划。实施老旧煤电机组节能减排升级改造工程，现役60万千瓦（风冷机组除外）及以上机组力争5年内供电煤耗降至每千瓦时300克标准煤左右。

实施工业节能行动计划。严格限制高耗能产业和过剩产业扩张，加快淘汰落后产能，实施十大重点节能工程，深入开展万家企业节能低碳行动。实施电机、内燃机、锅炉等重点用能设备能效提升计划，推进工业企业余热余压利用。深入推进工业领域需求侧管理，积极发展高效锅炉和高效电机，推进终端用能产品能效提升和重点用能行业能效水平对标达标。认真开展新建项目环境影响评价和节能评估审查。

实施绿色建筑行动计划。加强建筑用能规划，实施建筑能效提升工程，尽快推行75%的居住建筑节能设计标准，加快绿色建筑建设和既有建筑改造，推行公共建筑能耗限额和绿色建筑评级与标识制度，大力推广节能电器和绿色照明，积极推进新能源城市建设。大力发展低碳生态城市和绿色生态城区，到2020年城镇绿色建筑占新建建筑的比例达到50%。加快推进供热计量改革，新建建筑和经供热计量改造的既有建筑实行供热计量收费。

实行绿色交通行动计划。完善综合交通运输体系规划，加快推进综合交通运输体系建设。积极推进清洁能源汽车和船舶产业化步伐，提高车用燃油经济性标准和环保标准。加快发展轨道交通和水运等资源节约型、环境友好型运输方式，推进主要城市群内城际铁路建设。大力发展城市公共交通，加强城市步行和自行车交通系统建设，提高公共出行和非机动出行比例。

3. 推动城乡用能方式变革。

按照城乡发展一体化和新型城镇化的总体要求，坚持集中与分散供能相结合，因地制宜建设城乡供能设施，推进城乡用能方式转变，提高城乡用能水平和效率。

实施新城镇、新能源、新生活行动计划。科学编制城镇规划，优化城镇空间布局，推动信息化、低碳化与城镇化的深度融合，建设低碳智能城镇。制定城镇综合能源规划，大力发展分布式能源，科学发展热电联产，鼓励有条件的地区发展热电冷联供，发展风能、太阳能、生物质能、地热能供暖。

加快农村用能方式变革。抓紧研究制定长效政策措施，推进绿色能源县、乡、村建设，大力发展农村小水电，加强水电新农村电气化县和小水电代燃料生态保护工程建设，因地制宜发展农村可再生能源，推动非商品能源的清洁高效利用，加强农村节能工作。

开展全民节能行动。实施全民节能行动计划，加强宣传教育，普及节能知识，推广节能新技术、新产品，大力提倡绿色生活方式，引导居民科学合理用能，使节约用能成为全社会的自觉行动。

（三）优化能源结构

积极发展天然气、核电、可再生能源等清洁能源，降低煤炭消费比重，推动能源结构持续优化。

1. 降低煤炭消费比重。

加快清洁能源供应，控制重点地区、重点领域煤炭消费总量，推进减量替代，压减煤炭消费，到2020年全国煤炭消费比重降至62%以内。

削减京津冀鲁、长三角和珠三角等区域煤炭消费总量。加大高耗能产业落后产能淘汰力度，扩大外来电、天然气及非化石能源供应规模，耗煤项目实现煤炭减量替代。到2020年，京津冀鲁四省市煤炭消费比2012年净削减1亿吨，长三角和珠三角地区煤炭消费总量负增长。

控制重点用煤领域煤炭消费。以经济发达地区和大中城市为重点，有序推进重点用煤领域“煤改气”工程，加强余热、余压利用，加快淘汰分散燃煤小锅炉，到2017年基本完成重点地区燃煤锅炉、工业窑炉等天然气替代改造任务。结合城中村、城乡结合部、棚户区改造，扩大城市无煤区范围，逐步由城市建成区扩展到近郊，大幅减少城市煤炭分散使用。

2. 提高天然气消费比重。

坚持增加供应与提高能效相结合，加强供气设施建设，扩大天然气进口，有序拓展天然气城镇燃气应用。到2020年，天然气在一次能源消费中的比重提高到10%以上。

实施气化城市民生工程。新增天然气应优先保障居民生活和替代分散燃煤，组织实施城镇居民用能清洁化计划，到2020年城镇居民基本用上天然气。

稳步发展天然气交通运输。结合国家天然气发展规划布局，制定天然气交通发展中长期规划，加快天然气加气站设施建设，以城市出租车、公交车为重点，积极有序发展液化天然气汽车和压缩天然气汽车，稳妥发展天然气家庭轿车、城际客车、重型卡车和轮船。

适度发展天然气发电。在京津冀鲁、长三角、珠三角等大气污染重点防控区，有序发展天然气调峰电站，结合热负荷需求适度发展燃气-蒸汽联合循环热电联产。

加快天然气管网和储气设施建设。按照西气东输、北气南下、海气登陆的供气格局，加快天然气管道及储气设施建设，形成进口通道、主要生产区和消费区相连接的全国天然气主干管网。到2020年，天然气主干管道里程达到12万公里以上。

扩大天然气进口规模。加大液化天然气和管道天然气进口力度。

3. 安全发展核电。

在采用国际最高安全标准、确保安全的前提下，适时在东部沿海地区启动新的核电项目建设，研究论证内陆核电建设。坚持引进消化吸收再创新，重点推进AP1000、CAP1400、高温气冷堆、快堆及后处理技术攻关。加快国内自主技术工程验证，重点建设大型先进压水堆、高温气冷堆重大专项示范工程。积极推进核电基础理论研究、核安全技术研究开发设计和工程建设，完善核燃料循环体系。积极推进核电“走出去”。加强核电科普和核安全知识宣传。到2020年，核电装机容量达到5800万千瓦，在建容量达到3000万千瓦以上。

4. 大力发展可再生能源。

按照输出与就地消纳利用并重、集中式与分布式发展并举的原则，加快发展可再生能源。到2020年非化石能源占一次能源消费比重达到15%。

积极开发水电。在做好生态环境保护和移民安置的前提下，以西南地区金沙江、雅砻江、大渡河、澜沧江等河流为重点，积极有序推进大型水电基地建设。因地制宜发展中小型电站，开展抽水蓄能电站规划和建设，加强水资源综合利用。到2020年，力争常规水电装机达到3.5亿千瓦左右。

大力发展风电。重点规划建设酒泉、内蒙古西部、内蒙古东部、冀北、吉林、黑龙江、山东、哈密、江苏等9个大型现代风电基地以及配套送出工程。以南方和中东部地区为重点，大力发展分散式风电，稳步发展海上风电。到2020年，风电装机达到2亿千瓦，风电与煤电上网电价相当。

加快发展太阳能发电。有序推进光伏基地建设，同步做好就地消纳利用和集中送出通道建设。加快建设分布式光伏发电应用示范区，稳步实施太阳能热发电示范工程。加强太阳能发电并网服务。鼓励大型公共建筑及公用设施、工业园区等建设屋顶分布式光伏发电。到2020年，光伏装机达到1亿千瓦左右，光伏发电与电网销售电价相当。

积极发展地热能、生物质能和海洋能。坚持统筹兼顾、因地制宜、多元发展的方针，有序开展地热能、海洋能资源普查，制定生物质能和地热能开发利用规划，积极推动地热能、生物质和海洋能清洁高效利用，推广生物质能和地热供热，开展地热发电和海洋能发电示范工程。到2020年，地热能利用规模达到5000万吨标准煤。

提高可再生能源利用水平。加强电源与电网统筹规划，科学安排调峰、调频、储能配套能力，切实解决弃风、弃水、弃光问题。

（四）拓展能源国际合作

统筹利用国内国际两种资源、两个市场，坚持投资与贸易并举、陆海通道并举，加快制定利用海外能源资源中长期规划，着力拓展进口通道，着力建设丝绸之路经济带、21世纪海上丝绸之路、孟中印缅经济走廊和中巴经济走廊，积极支持能源技术、装备和工程队伍“走出去”。

加强俄罗斯中亚、中东、非洲、美洲和亚太五大重点能源合作区域建设，深化国际能源双边多边合作，建立区域性能源交易市场。积极参与全球能源治理。加强统筹协调，支持企业“走出去”。

（五）推进能源科技创新

按照创新机制、夯实基础、超前部署、重点跨越的原则，加强科技自主创新，鼓励引进消化吸收再创新，打造能源科技创新升级版，建设能源科技强国。

1. 明确能源科技创新战略方向和重点。

抓住能源绿色、低碳、智能发展的战略方向，围绕保障安全、优化结构和节能减排等长期目标，确立非常规油气及深海油气勘探开发、煤炭清洁高效利用、分布式能源、智能电网、新一代核电、先进可再生能源、节能节水、储能、基础材料等9个重点创新领域，明确页岩气、煤层气、页岩油、深海油气、煤炭深加工、高参数节能环保燃煤发电、整体煤气化联合循环发电、燃气轮机、现代电网、先进核电、光伏、太阳能热发电、风电、生物燃料、地热能利用、海洋能发电、天然气水合物、大容量储能、氢能与燃料电池、能源基础材料等20个重点创新方向，相应开展页岩气、煤层气、深水油气开发等重大示范工程。

2. 抓好科技重大专项。

加快实施大型油气田及煤层气开发国家科技重大专项。加强大型先进压水堆及高温气冷堆核电站国家科技重大专项。加强技术攻关，力争页岩气、深海油气、天然气水合物、新一代核电等核心技术取得重大突破。

3. 依托重大工程带动自主创新。

依托海洋油气和非常规油气勘探开发、煤炭高效清洁利用、先进核电、可再生能源开发、智能电网等重大能源工程，加快科技成果转化，加快能源装备制造创新平台建设，支持先进能源技术装备“走出去”，形成有国际竞争力的能源装备工业体系。

4. 加快能源科技创新体系建设。

制定国家能源科技创新及能源装备发展战略。建立以企业为主体、市场为导向、政产学研用相结合的创新体系。鼓励建立多元化的能源科技风险投资基金。加强能源人才队伍建设，鼓励引进高端人才，培育一批能源科技领军人才。

三、保障措施

（一）深化能源体制改革

坚持社会主义市场经济改革方向，使市场在资源配置中起决定性作用和更好发挥政府作用，深化能源体制改革，为建立现代能源体系、保障国家能源安全营造良好的制度环境。

完善现代能源市场体系。建立统一开放、竞争有序的现代能源市场体系。深入推进政企分开，分离自然垄断业务和竞争性业务，放开竞争性领域和环节。实行统一的市场准入制度，在制定负面清单基础上，鼓励和引导各类市场主体依法平等进入负面清单以外的领域，推动能源投资主体多元化。深化国有能源企业改革，完善激励和考核机制，提高企业竞争力。鼓励利用期货市场套期保值，推进原油期货市场建设。

推进能源价格改革。推进石油、天然气、电力等领域价格改革，有序放开竞争性环节价格，天然气井口价格及销售价格、上网电价和销售电价由市场形成，输配电价和油气管输价格由政府定价。

深化重点领域和关键环节改革。重点推进电网、油气管网建设运营体制改革，明确电网和油气管网功能定位，逐步建立公平接入、供需导向、可靠灵活的电力和油气输送网络。加快电力体制改革步伐，推动供求双方直接交易，构建竞争性电力交易市场。

健全能源法律法规。加快推动能源法制定和电力法、煤炭法修订工作。积极推进海洋石油天然气管道保护、核电管理、能源储备等行政法规制定或修订工作。

进一步转变政府职能，健全能源监管体系。加强能源发展战略、规划、政策、标准等制定和实施，加快简政放权，继续取消和下放行政审批事项。强化能源监管，健全监管组织体系和法规体系，创新监管方式，提高监管效能，维护公平公正的市场秩序，为能源产业健康发展创造良好环境。

（二）健全和完善能源政策

完善能源税费政策。加快资源税费改革，积极推进清费立税，逐步扩大资源税从价计征范围。研究调整能源消费税征税环节和税率，将部分高耗能、高污染产品纳入征收范围。完善节能减排税收政策，建立和完善生态补偿机制，加快推进环境保护税立法工作，探索建立绿色税收体系。

完善能源投资和产业政策。在充分发挥市场作用的基础上，扩大地质勘探基金规模，重点支持和引导非常规油气及深海油气资源开发和国际合作，完善政府对基础性、战略性、前沿性科学研究和共性技术研究及重大装备的支持机制。完善调峰调频备用补偿政策，实施可再生能源电力配额制和全额保障性收购政策及配套措施。鼓励银行业金融机构按照风险可控、商业可持续的原则，加大对节能提效、能源资源综合利用和清洁能源项目的支持。研究制定推动绿色信贷发展的激励政策。

完善能源消费政策。实行差别化能源价格政策。加强能源需求侧管理，推行合同能源管理，培育节能服务机构和能源服务公司，实施能源审计制度。健全固定资产投资项目节能评估审查制度，落实能效“领跑者”制度。

（三）做好组织实施

加强组织领导。充分发挥国家能源委员会的领导作用，加强对能源重大战略问题的研究和审议，指导推动本行动计划的实施。能源局要切实履行国家能源委员会办公室职责，组织协调各部门制定实施细则。

细化任务落实。国务院有关部门、各省（区、市）和重点能源企业要将贯彻落实本行动计划列入本部门、本地区、本企业的重要议事日程，做好各类规划计划与本行动计划的衔接。国家能源委员会办公室要制定实施方案，分解落实目标任务，明确进度安排和协调机制，精心组织实施。

加强督促检查。国家能源委员会办公室要密切跟踪工作进展，掌握目标任务完成情况，督促各项措施落到实处、见到实效。在实施过程中，要定期组织开展评估检查和考核评价，重大情况及时报告国务院。

国务院办公厅关于加快新能源汽车推广应用的指导意见

国办发〔2014〕35 号

各省、自治区、直辖市人民政府，国务院各部委、各直属机构：

为全面贯彻落实《国务院关于印发节能与新能源汽车产业发展规划（2012—2020 年）的通知》（国发〔2012〕22 号），加快新能源汽车的推广应用，有效缓解能源和环境压力，促进汽车产业转型升级，经国务院批准，现提出以下指导意见：

一、总体要求

（一）指导思想

贯彻落实发展新能源汽车的国家战略，以纯电驱动为新能源汽车发展的主要战略取向，重点发展纯电动汽车、插电式（含增程式）混合动力汽车和燃料电池汽车，以市场主导和政府扶持相结合，建立长期稳定的新能源汽车发展政策体系，创造良好发展环境，加快培育市场，促进新能源汽车产业健康快速发展。

（二）基本原则

创新驱动，产学研用结合。新能源汽车生产企业和充电设施生产建设运营企业要着力突破关键核心技术，加强商业模式创新和品牌建设，不断提高产品质量，降低生产成本，保障产品安全和性能，为消费者提供优质服务。

政府引导，市场竞争拉动。地方政府要相应制定新能源汽车推广应用规划，促进形成统一、竞争、有序的市场环境。建立和规范市场准入标准，鼓励社会资本参与新能源汽车生产和充电运营服务。

双管齐下，公共服务带动。把公共服务领域用车作为新能源汽车推广应用的突破口，扩大公共机构采购新能源汽车的规模，通过示范使用增强社会信心，降低购买使用成本，引导个人消费，形成良性循环。

因地制宜，明确责任主体。地方政府承担新能源汽车推广应用主体责任，要结合地方经济社会发展实际，制定具体实施方案和工作计划，明确工作要求和时间进度，确保完成各项目标任务。

二、加快充电设施建设

（三）制定充电设施发展规划和技术标准。完善充电设施标准体系建设，制定实施新能源汽车充电设施发展规划，鼓励社会资本进入充电设施建设领域，积极利用城市中现有的场地和设施，推进充电设施项目建设，完善充电设施布局。电网企业要做好相关电力基础网络建设和充电设施报装增容服务等工作。

（四）完善城市规划和相应标准。将充电设施建设和配套电网建设与改造纳入城市规划，完善相关工程建设标准，明确建筑物配建停车场、城市公共停车场预留充电设施建设条件的要求和比例。加快形成以使用者居住地、驻地停车位（基本车位）配建充电设施为主体，以城市公共停车位、路内临时停车位配建充电设施为辅助，以城市充电站、换电站为补充的，数量适度超前、布局合理的充电设施服务体系。研究在高速公路服务区配建充电设施，积极构建高速公路城际快充网络。

（五）完善充电设施用地政策。鼓励在现有停车场（位）等现有建设用地上设立他项权利建设充电设施。通过设立他项权利建设充电设施的，可保持现有建设用地已设立的土地使用权及用途不变。在符合规划的前提下，利用现有建设用地新建充电站的，可采用协议方式办理相关用地手续。政府供应独立新建的充电站用地，其用途按城市规划确定的用途管理，应采取招标拍卖挂牌方式出让或租赁方式供应土地，可将建设要求列入供地条件，底价确定可考虑政府支持的要求。供应其他建设用地需配建充电设施的，可将配建要求纳入土地供应条件，依法妥善处理充电设施使用土地的产权关系。严格充电站的规划布局和建设标准管理。严格充电站用地改变用途管理，确需改变用途的，应依法办理规划和用地手续。

（六）完善用电价格政策。充电设施经营企业可向电动汽车用户收取电费和充电服务费。2020 年前，对电动汽车充电服务费实行政府指导价管理。对向电网经营企业直接报装接电的经营性集中式充电设施用电，执行大工业用电价格；对居民家庭住宅、居民住宅小区等非经营性分散充电桩按其所在场所执行分类目录电价；对党政机关、企事业单位和社会公共停车场中设置的充电设施用电执行一般工商业及其他类用电价格。电动汽车充电设施用电执行峰谷分时电价政策。将电动汽车充电设施配套电网改造成本纳入电网企业输配电价。

（七）推进充电设施关键技术攻关。依托国家科技计划加强对新型充电设施及装备技术、前瞻性技术的研发，对关键技术的检测认证方法、充电设施消防安全规范以及充电网络监控和运营安全等方面给予科技支撑。支持企业探索发展适应行业特征的充电模式，实现更安全、更方便的充电。

（八）鼓励公共单位加快内部停车场充电设施建设。具备条件的政府机关、公共机构及企事业等单位新建或改造停车场，应当结合新能源汽车配备更新计划，充分考虑职工购买新能源汽车的需要，按照适度超前的原则，规划设置新能源汽车专用停车位、配建充电桩。

（九）落实充电设施建设责任。地方政府要把充电设施及配套电网建设与改造纳入城市建设规划，因地制宜制定充电设施专项建设规划，在用地等方面给予政策支持，对建设运营给予必要补贴。电网企业要配合政府做好充电设施建设规划。

三、积极引导企业创新商业模式

（十）加快售后服务体系建设。进一步放宽市场准入，鼓励和支持社会资本进入新能源汽车充电设施建设和运营、整车租赁、电池租赁和回收等服务领域。新能源汽车生产企业要积极提高售后服务水平，加快品牌培育。地方政府可通过给予特许经营权等方式保护投资主体初期利益，商业场所可将充电费、服务费与停车收费相结合给予优惠，个人拥有的充电设施也可对外提供充电服务，地方政府负责制定相应的服务标准。研究制定动力电池回收利用政策，探索利用基金、押金、强制回收等方式促进废旧动力电池回收，建立健全废旧动力电池循环利用体系。

（十一）积极鼓励投融资创新。在公共服务领域探索公交车、出租车、公务用车的新能源汽车融资租赁运营模式，在个人使用领域探索分时租赁、车辆共享、整车租赁以及按揭购买新能源汽车等模式，及时总结推广科学有效的做法。

（十二）发挥信息技术的积极作用。不断提高现代信息技术在新能源汽车商业运营模式创新中的应用水平，鼓励互联网企业参与新能源汽车技术研发和运营服务，加快智能电网、移动互联网、物联网、大数据等新技术应用，为新能源汽车推广应用带来更多便利和实惠。

四、推动公共服务领域率先推广应用

（十三）扩大公共服务领域新能源汽车应用规模。各地区、各有关部门要在公交车、出租车等城市客运及环卫、物流、机场通勤、公安巡逻等领域加大新能源汽车推广应用力度，制定机动车更新计划，不断提高新能源汽车运营比重。新能源汽车推广应用城市新增或更新车辆中的新能源汽车比例不低于30%。

（十四）推进党政机关和公共机构、企事业单位使用新能源汽车。2014~2016年，中央国家机关以及新能源汽车推广应用城市的政府机关及公共机构购买的新能源汽车占当年配备更新车辆总量的比例不低于30%，以后逐年扩大应用规模。企事业单位应积极采取租赁和完善充电设施等措施，鼓励本单位职工购买使用新能源汽车，发挥对社会的示范引领作用。

五、进一步完善政策体系

（十五）完善新能源汽车推广补贴政策。对消费者购买符合要求的纯电动汽车、插电式（含增程式）混合动力汽车、燃料电池汽车给予补贴。中央财政安排资金对新能源汽车推广应用规模较大和配套基础设施建设较好的城市或企业给予奖励，奖励资金用于充电设施建设等方面。有关方面要抓紧研究确定2016~2020年新能源汽车推广应用的财政支持政策，争取于2014年底前向社会公布，及早稳定企业和市场预期。

（十六）改革完善城市公交车成品油价格补贴政策。城市公交车行业是新能源汽车推广的优先领域，通过逐步减少对城市公交车燃油补贴和增加对新能源公交车运营补贴，将补贴额度与新能源公交车推广目标完成情况相挂钩，形成鼓励新能源公交车应用、限制燃油公交车增长的机制，加快新能源公交车替代燃油公交车步伐，促进城市公交行业健康发展。

（十七）给予新能源汽车税收优惠。2014年9月1日~2017年12月31日，对纯电动汽车、插电式（含增程式）混合动力汽车和燃料电池汽车免征车辆购置税。进一步落实《中华人民共和国车船税法》及其实施条例，研究完善节约能源和新能源汽车车船税优惠政策，并做好车船税减免工作。继续落实好汽车消费税政策，发挥税收政策鼓励新能源汽车消费的作用。

（十八）多渠道筹集支持新能源汽车发展的资金。建立长期稳定的发展新能源汽车的资金来源，重点支持新能源汽车技术研发、检验测试和推广应用。

（十九）完善新能源汽车金融服务体系。鼓励银行业金融机构基于商业可持续原则，建立适应新能源汽车行业特点的信贷管理和贷款评审制度，创新金融产品，满足新能源汽车生产、经营、消费等各环节的融资需求。支持符合条件的企业通过上市、发行债券等方式，拓宽企业融资渠道。鼓励汽车金融公司发行金融债券，开展信贷资产证券化，增加其支持个人购买新能源汽车的资金来源。

（二十）制定新能源汽车企业准入政策。研究出台公开透明、操作性强的新建新能源汽车生产企业投资项目准入条件，支持社会资本和具有技术创新能力的企业参与新能源汽车科研生产。

（二十一）建立企业平均燃料消耗量管理制度。制定实施基于汽车企业平均燃料消耗量的积分交易和奖惩办法，在考核企业平均燃料消耗量时对新能源汽车给予优惠，鼓励新能源汽车的研发生产和销售使用。

（二十二）实行差异化的新能源汽车交通管理政策。有关地区为缓解交通拥堵采取机动车限购、限行措施时，应当对新能源汽车给予优惠和便利。实行新能源汽车独立分类注册登记，便于新能源汽车的税收和保险分类管理。在机动车行驶证上标注新能源汽车类型，便于执法管理中有效识别区分。改进道路交通技术监控系统，通过号牌自动识别系统对新能源汽车的通行给予便利。

六、坚决破除地方保护

（二十三）统一标准和目录。各地区要严格执行全国统一的新能源汽车和充电设施国家标准和行业标准，不得自行制定、出台地方性的新能源汽车和充电设施标准。各地区要执行国家统一的新能源汽车推广目录，不得采取制定地方推广目录、对新能源汽车进行重复检测检验、要求汽车生产企业在本地设厂、要求整车企业采购本地生产的电池、电机等零部件等违规措施，阻碍外地生产的新能源汽车进入本地市场，以及限制或变相限制消费者购买外地及某一类新能源汽车。

（二十四）规范市场秩序。有关部门要加强对新能源汽车市场的监管，推进建设统一开放、有序竞争的新能源汽车市场。坚决清理取消各地区不利于新能源汽车市场发展的违规政策措施。

七、加强技术创新和产品质量监管

（二十五）加大科技攻关支持力度。通过国家科技计划，对新能源汽车储能系统、燃料电池、驱动系统、整车控制和信息系统、充电加注、试验检测等共性关键技术以及整车集成技术集中力量攻关，不断完善科技创新体系建设。

（二十六）组织实施产业技术创新工程。加快研究和开发适应市场需求、有竞争力的新能源汽车技术和产品，加大研发和检测能力投入，通过联合开发，加快突破重大关键技术，不断提高产品质量和服务能力，降低能源消耗，加快建立新能源汽车产业技术创新体系。

（二十七）完善新能源汽车产品质量保障体系。新能源汽车产品质量的责任主体是生产企业，生产企业要建立质量安全责任制，确保新能源汽车安全运行。支持建立行业性新能源汽车技术支撑平台，提高新能源汽车技术服务和测试检验水平。建立新能源汽车产品抽检制度，通过市场抽样和性能检测，加强对产品的质量监管和一致性监管。研究建立车用动力电池准入管理制度。

八、进一步加强组织领导

（二十八）加强地方政府的组织推动作用。各有关地方政府要切实加强组织领导，建立由主要负责同志牵头、各职能部门参加的新能源汽车工作联席会议制度，结合本地实际制定细化支持政策和配套措施，形成多方合力。要加强指标考核，建立以实际运营车辆和便利使用环境为主要指标的考核体系，明确工作要求和时间进度，确保按时保质完成各项目标任务。

（二十九）加强部门间的统筹协调。节能与新能源汽车产业发展部际联席会议及其办公室要及时协调解决新能源汽车推广应用中的重大问题，部门间要加强协同配合，提高工作效率。要加强对各地区的督促考核，定期在媒体公开各地区任务完成情况。财政奖励资金要与推广目标完成情况、基础设施网络配套及社会使用环境建设等挂钩，建立新能源汽车推广城市退出机制。要及时总结成功经验，在全国组织推广交流活动，促进各地相互学习借鉴、共同提高。

（三十）加强宣传引导和舆论监督。各有关部门和新闻媒体要通过多种形式大力宣传新能源汽车对降低能源消耗、减少污染物排放的重大作用，组织业内专家解读新能源汽车的综合成本优势。要通过媒体宣传，提高全社会对新能源汽车的认知度和接受度，同时对损害消费者权益、弄虚作假等行为给予曝光，形成有利于新能源汽车消费的氛围。

国务院办公厅

2014 年 7 月 14 日

（此件公开发布）

国家能源局关于进一步落实分布式光伏发电有关政策的通知

国能新能［2014］406号

各省（区、市）发展改革委（能源局）、新疆生产建设兵团发展改革委，各派出机构，国家电网公司、南方电网公司、内蒙古电力（集团）有限公司，华能集团、大唐集团、华电集团、国电集团、中国电力投资集团、神华集团公司、国家开发投资公司、中国节能环保集团公司、中国广核集团公司，水电水利规划设计总院、电力规划设计总院：

《国务院关于促进光伏产业健康发展的若干意见》（国发［2013］24号）发布以来，各地区积极制定配套政策和实施方案，有力推动了分布式光伏发电在众多领域的多种方式利用，呈现出良好发展态势。但是各地区还存在不同程度的政策尚未完全落实、配套措施缺失、工作机制不健全等问题。为破解分布式光伏发电应用的关键制约，大力推进光伏发电多元化发展，加快扩大光伏发电市场规模，现就进一步落实分布式光伏发电有关政策通知如下：

一、高度重视发展分布式光伏发电的意义。光伏发电是我国重要的战略性新兴产业，大力推进光伏发电应用对优化能源结构、保障能源安全、改善生态环境、转变城乡用能方式具有重大战略意义。分布式光伏发电应用范围广，在城乡建筑、工业、农业、交通、公共设施等领域都有广阔应用前景，既是推动能源生产和消费革命的重要力量，也是促进稳增长调结构促改革惠民生的重要举措。各地区要高度重视发展分布式光伏发电的重大战略意义，主动作为，创新机制，全方位推动分布式光伏发电应用。

二、加强分布式光伏发电应用规划工作。各地区要将光伏发电纳入能源开发利用和城镇建设等相关规划，省级能源主管部门要组织工业企业集中的市县及各类开发区，系统开展建筑屋顶及其他场地光伏发电应用的资源调查工作，综合考虑屋顶面积、用电负荷等条件，编制分布式光伏发电应用规划，结合建设条件提出年度计划。各新能源示范城市、绿色能源示范县、新能源应用示范区、分布式光伏发电应用示范区要制定分布式光伏发电应用规划，并按年度落实重点建设项目。优先保障各类示范区和其它规划明确且建设条件落实的项目的年度规模指标。

三、鼓励开展多种形式的分布式光伏发电应用。充分利用具备条件的建筑屋顶（含附属空闲场地）资源，鼓励屋顶面积大、用电负荷大、电网供电价格高的开发区和大型工商企业率先开展光伏发电应用。鼓励各级地方政府在国家补贴基础上制定配套财政补贴政策，并且对公共机构、保障性住房和农村适当加大支持力度。鼓励在火车站（含高铁站）、高速公路服务区、飞机场航站楼、大型综合交通枢纽建筑、大型体育场馆和停车场等公共设施系统推广光伏发电，在相关建筑等设施的规划和设计中将光伏发电应用作为重要元素，鼓励大型企业集团对下属企业统一组织建设分布式光伏发电工程。因地制宜利用废弃土地、荒山荒坡、农业大棚、滩涂、鱼塘、湖泊等建设就地消纳的分布式光伏电站。鼓励分布式光伏发电与农户扶贫、新农村建设、农业设施相结合，促进农村居民生活改善和农业农村发展。对各类自发自用为主的分布式光伏发电项目，在受到建设规模指标限制时，省级能源主管部门应及时调剂解决或向国家能源局申请追加规模指标。

四、加强对建筑屋顶资源使用的统筹协调。鼓励地方政府建立光伏发电应用协调工作机制，引导建筑业主单位（含使用单位）自建或与专业化企业合作建设屋顶光伏发电工程，主动协调电网接入、项目备案、建筑管理等工作。对屋顶面积达到一定规模且适宜光伏发电应用的新建和改扩建建筑物，应要求同步安装光伏发电设施或预留安装条件。政府投资或财政补助的公共建筑、保障性住房、新城镇和新农村建设，应优先考虑光伏发电应用。地方政府可根据本地实际，通过制定示范合同文本等方式，引导区域内企业建立规范的光伏发电合同能源管理服务模式。地方政府可将建筑光伏发电应用纳入节能减排考核及奖惩制度，消纳分布式光伏发电量的单位可按折算的节能量参与相关交易。鼓励分布式光伏发电项目根据《温室气体自愿减排交易管理暂行办法》参与国内自愿碳减排交易。

五、完善分布式光伏发电工程标准和质量管理。加强光伏产品、光伏发电工程和建筑安装光伏发电设施的安全性评价和管理工作，对载荷校核、安装方式、抗风、防震、消防、避雷等要严格执行国家标准和工程规范。并网运行的光伏发电项目和享受各级政府补贴的非并网独立光伏发电项目，须采用经国家认监委批准的认证机构认证的光伏产品。建设单位进行设备的采购招标时，应明确要求采用获得认证的光伏产品，施工单位应具备相应的资质要求。各地区的市县（区）政府要建立建筑光伏发电应用的统筹协调管理工作机制，加强分布式光伏发电项目的质量管理和安全监督。各级地方政府不得随意设置审批和收费事项，不得限制符合国家标准和市场准入条件的产品进入本地市场，不得向项目单位提出采购本地产品的不合理要求，不得以各种方式为低劣产品提供市场保护。

六、建立简便高效规范的项目备案管理工作机制。各级能源主管部门要抓紧制定完善分布式光伏发电项目备案管理的工作细则，督促市县（区）能源主管部门设立分布式光伏发电项目备案受理窗口，建立简便高效规范的工作流程，明确项目备案条件和办理时限，并向社会公布。鼓励市县（区）政府设立“一站式”管理服务窗口，建立多部门高效协调的管理工作机制，并与电网企业衔接好项目接网条件和并网服务。对个人利用住宅（或个人所有的营业性建筑）建设的分布式光伏发电项目，电网企业直接受理并网申请后代个人向当地能源主管部门办理项目备案。

七、完善分布式光伏发电发展模式。利用建筑屋顶及附属场地建设的分布式光伏发电项目，在项目备案时可选择“自发自用、余电上网”或“全额上网”中的一种模式。“全额上网”项目的全部发电量由电网企业按照当地光伏电站标杆上网电价收购。已按“自发自用、余电上网”模式执行的项目，在用电负荷显著减少（含消失）或供用电关系无法履行的情况下，允许变更为“全额上网”模式，项目单位要向当地能源主管部门申请变更备案，与电网企业签订新的并网协议和购售电合同，电网企业负责向财政部和国家能源局申请补贴目录变更。在地面或利用农业大棚等无电力消费设施建设、以35千伏及以下电压等级接入电网（东北地区66千伏及以下）、单个项目容量不超过2万千瓦且所发电量主要在并网点变电台区消纳的光伏电站项目，纳入分布式光伏发电规模指标管理，执行当地光伏电站标杆上网电价，电网企业按照《分布式发电管理暂行办法》的第十七条规定及设立的“绿色通道”，由地级市或县级电网企业按照简化程序办理电网接入并提供相应并网服务。

八、进一步创新分布式光伏发电应用示范区建设。继续推进分布式光伏发电应用示范区建设，重点开展发展模式、投融资模式及专业化服务模式创新。在示范区探索分布式光伏发电区域电力交易试点，允许分布式光伏发电项目向同一变电台区的符合政策和条件的电力用户直接售电，电价由供用电双方协商，电网企业负责输电和电费结算。鼓励示范区政府与银行等金融机构合作开展金融服务创新试点，通过设立公共担保基金、公共资金池等方式为本地区光伏发电项目提供融资服务。各省级能源主管部门组织具备条件的地区提出示范区实施方案报国家能源局，国家能源局会同有关部门研究确定有关政策条件后指导示范区组织实施。对示范区内的分布式光伏发电项目（含就近消纳的分布式光伏电站），可按照“先备案，后追加规模指标”方式管理，以支持示范区建设持续进行。

九、完善分布式光伏发电接网和并网运行服务。在市县（区）电网企业设立分布式光伏发电“一站式”并网服务窗口，明确办理并网手续的申请条件、工作流程、办理时限，并在电网企业相关网站公布。对法人单位申请并网的光伏发电项目，电网企业应及时出具项目接入电网意见函，在项目完成备案后开展相关配套并网工作，对个人利用住宅（或个人所有的营业性建筑）建设的分布式光伏发电项目，电网企业直接受理并及时开展相关并网服务。电网企业应按规定的并网点及时完成应承担的接网工程，在符合电网运行安全技术要求的前提下，尽可能在用户侧以较低电压等级接入，允许内部多点接入配电系统，避免安装不必要的升压设备。项目单位和电网企业要相互配合，如对接网方式存在争议，可申请国家能源局派出机构协调。电网企业提供的电能计量表应可明确区分项目总发电量、“自发自用”电量（包括合同能源服务方式中光伏企业向电力用户的供电量）和上网电量，并具备向电力运行调度机构传送项目运行信息的功能。

十、加强配套电网技术和管理体系建设。各级电网企业在进行配电网规划和建设时，要充分考虑当地分布式光伏发电的发展潜力、规划和建设情况，采用相应的智能电网技术、配置相应的安全保护和运行调节设施。对分布式光伏发电规模大的新能源示范城市、绿色能源示范县、分布式光伏发电应用示范区，应同步制定相应的智能配电网建设方案，建设双向互动、控制灵活、安全可靠的配电网系统。建立包含分布式光伏发电功率预测和实时运行监测等功能的配电网运行信息管理系统，开展需求侧响应负荷管理，对区域内的分布式光伏发电实现实时动态监控和发输用一体化控制。鼓励探索微电网技术并在相对独立的区域应用，提高局部电网接纳高比例分布式光伏发电的能力。

十一、完善分布式光伏发电的电费结算和补贴拨付。各电网企业按月（或双方约定）与分布式光伏发电项目单位（含个人）结算电费和转付国家补贴资金，要做好分布式光伏发电的发电量预测，按分布式光伏发电项目优先原则做好补贴资金使用预算和计划，保障分布式光伏发电项目的国家补贴资金及时足额转付到位。电网企业应按照有关规定配合当地税务部门处理好购买分布式光伏发电项目电力产品发票开具和税款征收问题。对已备案且符合年度规模管理的项目，电网企业应做好项目电费结算和补贴发放情况的统计，并按要求向国家和省级能源主管部门及国家能源局派出机构报送相关信息。项目并网验收后，电网企业代理按季度向财政部和国家能源局上报项目补贴资格申请。

十二、创新分布式光伏发电融资服务。鼓励银行等金融机构结合分布式光伏发电的特点和融资需求，对分布式光伏发电项目提供优惠贷款，采取灵活的贷款担保方式，探索以项目售电收费权和项目资产为质押的贷款机制。鼓励银行等金融机构与地方政府合作建立分布式光伏发电项目融资服务平台，与光伏发电骨干企业建立银企战略合作关系，探索对有效益、有市场、有订单、有信誉的“四有企业”实行封闭贷款。鼓励地方政府结合民生项目对分布式光伏发电提供贷款贴息政策。鼓励采用融资租赁方式为光伏发电提供一体化融资租赁服务，鼓励各类基金、保险、信托等与产业资本结合，探索建立光伏发电投资基金，鼓励担保机构对中小企业建设分布式光伏开展信用担保，在支农金融服务中开展支持光伏入户和农业设施光伏利用业务。建立以个人收入等为信用条件的贷款机制，逐步推行对信用度高的个人安装分布式光伏发电设施提供免担保贷款。

十三、完善产业体系和公共服务。通过市场机制培育分布式光伏发电系统规划设计、工程建设、评估认证、运营维护等环节的专业化服务能力。鼓励技术先进、投资能力强、经营规范的企业按照统一标准规范开展项目设计、施工、建设、管理及运营一体化服务，建立网络化的营销和技术服务体系。完善光伏发电工程设计、施工和运行维护的从业资格认证制度，健全相关从业机构和企业的资信管理体系。建立光伏产业监测和预警机制，及时发布技术、市场、产能、质量等信息和预警预报，引导行业理性健康发展。

十四、加强信息统计和监测体系建设。国家能源局建立并完善覆盖光伏发电项目备案、接网申请、建设进度、并网容量、发电量、利用方式等情况的信息管理系统，委托国家可再生能源信息管理中心（依托中国水电水利规划设计总院）管理。各市县（区）能源主管部门按月在信息管理系统填报项目备案情况，各省级能源主管部门及时督促并汇总，国家能源局派出机构及时查询跟踪情况。国家电网公司、南方电网公司等电网企业按月进行接网申请、并网容量、发电量信息、电费结算、补贴发放等情况的信息统计，按月报送国家能源局并抄送国家可再生能源信息管理中心。各省级能源主管部门按季度在信息管理系统报送项目备案、建设和运行的汇总信息，按半年、全年向国家能源局上报发展情况的总结报告。国家可再生能源信息管理中心按季度、半年、全年向国家能源局报送全国光伏发电统计及评价报告。

十五、加强政策落实的监督检查和市场监管。国家能源局派出机构会同地方能源主管部门等加强分布式光伏发电相关国家和地方政策落实的监督检查。国家能源局派出机构负责对分布式光伏发电的并网安全进行监管，电网企业应配合做好安全监管的技术支持工作。建立对电网企业的接网服务、接入方案、并网运行、电能计量、电量收购、电费结算、补贴资金发放各环节进行全程监管的工作机制。加强对分布式光伏发电合同能源服务以及电力交易的监管，相关方发生争议时，可向国家能源局派出机构申请协调，也可通过12398举报投诉电话反映，国家能源局派出机构应会同当地能源主管部门协调解决。如电网公司未按照规定接入和收购光伏发电的电量，按照《可再生能源法》第二十九条规定承担法律责任。国家能源局派出机构会同省级能源主管部门对分布式光伏发电开展专项监管，按半年、全年向国家能源局上报专项监管报告，并以适当方式向社会公布，发现重大问题及时上报。

国家能源局

2014年9月2日

国家能源局关于印发全国海上风电开发建设方案（2014—2016）的通知

国能新能〔2014〕530 号

天津、河北、上海、江苏、浙江、福建、山东、广东、广西、海南、大连发展改革委（能源局），国家电网公司、南方电网公司，华能、大唐、华电、国电、中电投、中广核、神华、三峡，国家海洋局海洋咨询中心、水电水利规划设计总院、国家可再生能源中心、中国风能协会：

为落实风电发展“十二五”规划，做好海上风电发展工作，根据《海上风电开发建设管理暂行办法实施细则》，结合沿海地区风能资源、项目前期工作进展和海上风电价格政策，编制了全国海上风电开发建设方案（2014—2016），现印发你们，并将有关要求通知如下：

一、海上风电是可再生能源发展的重要领域，是推动风电技术进步和产业升级的重要力量，是促进能源结构调整的重要措施。我国海上风能资源丰富，加快海上风电项目建设，对于促进沿海地区治理大气雾霾、调整能源结构和转变经济发展方式具有重要意义。各有关单位要充分认识做好海上风电工作的重要性，采取有效措施积极推进海上风电项目建设，不断提升产业竞争力，促进海上风电持续健康发展。

二、列入全国海上风电开发建设方案（2014—2016）项目共44个，总容量1053万千瓦，具体项目见附表。列入开发建设方案的项目视同列入核准计划，应在有效期（2年）内核准。在有效期内尚未完成核准的项目须说明原因，重新申报纳入开发建设方案。对于今后具备条件需纳入开发建设方案的新项目，待开发建设方案滚动调整时一并纳入。

三、各省（区、市）发展改革委、能源局要加强与海洋、海事、军事等部门沟通协调，简化管理程序，认真落实项目建设条件，督促项目建设单位深化前期工作，协调解决项目建设面临的矛盾和问题，积极有序推进项目建设，保证项目建设秩序，按风电项目核准权限核准项目建设，做好监督管理。

四、电网企业要积极做好列入海上风电开发建设方案项目的配套电网建设工作，落实电网接入和消纳市场，及时办理并网支持性文件和安排建设资金，加快配套电网送出工程建设，确保海上风电项目与配套电网同步建成投产。

五、开发企业要认真做好海上风电开发建设方案内项目的建设工作，加大资金投入，制定合理工期，在保证施工安全、工程建设质量和可靠性的前提下，有序推进项目建设，要加强科技攻关，推进技术进步和降低成本，配合相关单位做好技术标准和相关政策研究工作。

六、为合理高效利用海洋资源，有效指导海上风电海域利用，经商国家海洋局，委托国家海洋局海洋咨询中心牵头，会同水电水利规划设计总院等单位研究制定海上风电海域利用管理指导意见，要求在建设、运行期间对相关数据和事项进行监测，请国家海洋局海洋咨询中心提出具体方案和要求，各开发企业做好配合和落实工作。

七、为规范海上风电设备市场秩序，开发企业选用的海上风电机组须经有资质的第三方认证机构的认证，未通过认证的设备不能参加投标。为进一步提升风电机组设计水平和整体性能，现委托中国风能协会牵头，会同水电水利规划设计总院对风电机组的可靠性和基础结构状况等进行监测和对比研究。请中国风能协会提出具体方案和要求，各开发企业做好配合和落实工作。

八、为健全海上风电技术标准和规程规范，指导海上风电开发建设，委托能源行业风电标委会风电规划设计分标委牵头，研究制定《海上风电场工程风电机组基础设计规范》、《海上风电场交流海底电缆选型敷设技术导则》、《海上升压站变电站设计技术导则》、《海上风电场工程施工安装技术规程》和《海上风电场防腐蚀技术规范》等技术标准和规程规范，风电标委会风电规划设计分标委主任委员单位应组织对风电场的建设技术方案进行咨询和审查，对各关键技术节点要组织验收，有关信息要汇总共享。请风电标委会风电规划设计分标委提出具体方案和要求，各开发企业做好配合和落实工作。

九、为开展海上风电成本影响因素和关键环节分析研究，对完善海上风电政策提供依据，委托国家可再生能源中心牵头，会同水电水利规划设计总院开展海上风电建设成本分析和政策研究工作，请国家可再生能源中心提出具体方案和要求，各开发企业做好配合和落实工作。

十、为及时掌握列入开发建设方案项目的进展情况，各项目单位要定期上报项目的各项进展情况，请国家可再生能源信息管理中心提出信息监测相关要求，各开发企业做好配合和落实工作。

请各有关单位和部门按照上述要求，认真开展相关工作，国家能源局将加强监管，定期开展检查和评估，不断完善海上风电管理和服务体系，促进海上风电产业持续健康发展。

附件：全国海上风电开发建设方案（2014—2016）

国家能源局

2014 年 12 月 8 日

附 件

全国海上风电开发建设方案（2014—2016）

省份	项目名称	项目规模/万千瓦	开发企业	场址位置
天津	中水电新能源开发有限责任公司南港海上风电项目一期工程	9	中国水电建设集团新能源开发有限责任公司	滨海新区南港工业区南防波堤
	小计	9		
河北	唐山乐亭菩提岛海上风电场300兆瓦示范工程	30	乐亭建投风能有限公司	唐山市乐亭县
	国电唐山乐亭月坨岛海上风电场一期项目	30	国电电力河北新能源开发有限公司	唐山市乐亭县
	河北建投唐山海上风电场二期工程	20	河北建投新能源有限公司	唐山市海港区
	华电唐山曹妃甸海上风电场	20	华电国际电力股份有限公司	唐山市曹妃甸区
	唐山乐亭海域五场址Ⅱ号区域300兆瓦海上风电项目	30	唐山建设投资有限责任公司、华能国际电力股份有限公司河北分公司	唐山市乐亭县
	小计	130		
辽宁	辽宁省大连市庄河近海Ⅱ号风电场	30	大连市建设投资集团公司	大连市庄河海域
	辽宁省大连市庄河近海Ⅲ号风电场	30	大连市建设投资集团公司	大连市庄河海域
	小计	60		
江苏	江苏如东10万千瓦潮间带海上风电项目	10	中国水电建设集团新能源开发有限公司	南通市如东县
	中广核如东海上风电场项目	15.2	中广核如东海上风力发电有限公司	南通市如东县
	江苏响水近海风电场项目	20	响水长江风力发电有限公司	盐城市响水县
	龙源如东试验风电场扩建项目	4.92	江苏海上龙源风力发电有限公司	南通市如东县
	江苏大丰200MW海上风电项目	20	龙源大丰海上风力发电有限公司	盐城市大丰市
	东台200MW海上风电项目	20	江苏广恒新能源有限公司	盐城市东台市
	江苏滨海300MW海上风电项目	30	大唐国信滨海海上风力发电有限公司	盐城市滨海县
	响水C1#	1.25	响水长江风力发电有限公司	盐城市响水县
	滨海北区H1#	10	中电投江苏新能源有限公司	盐城市滨海县
	大丰H7#	20	龙源大丰海上风力发电有限公司	盐城市大丰市
	东台H2#	30	国华（江苏）风电有限公司	盐城市东台市
	蒋家沙H1#	30	江苏龙源海安海上风电项目筹建处	省管区蒋家沙
	如东C4#	20	龙源黄海如东海上风力发电有限公司	南通市如东县
	如东C1#	7.6	中国水电建设集团新能源开发有限公司	南通市如东县
	如东H12#	30	华能江苏风电分公司	南通市如东县
	大丰H3#	30	上海电力股份有限公司	盐城市大丰市
	竹根沙H1#	20	国华（江苏）风电有限公司	省管区
	如东H3#	30	盛东如东海上风力发电有限责任公司	南通市如东县
	小计	348.97		
浙江	国电舟山普陀6#海上风电场2区工程	25	国电电力浙江舟山海上风电开发有限公司	舟山市普陀区
	国电象山1#海上风电项目	15	国电电力浙江分公司	宁波市象山县

（续）

省份	项目名称	项目规模/万千瓦	开发企业	场址位置
浙江	琥珀台州2#海上风电项目	15	琥珀能源有限公司	台州市
	温岭1#海上风电项目	15	浙江龙源风力发电有限公司	台州市温岭市
	舟山金塘大桥2#海上风电项目	20	浙江龙源风力发电有限公司	舟山市金塘
	小计	90		
福建	福建省莆田市南日岛一期400兆瓦近海风电项目	40	福建龙源海上风力发电有限公司	莆田市秀屿区
	福建省莆田市平海湾50兆瓦近海风电项目	5	福建中闽海上风电有限公司	莆田市秀屿区
	福建省莆田市平海湾二期250兆瓦近海风电项目	25	福建中闽海上风电有限公司	莆田市秀屿区
	福建省莆田市平海湾DE区600兆瓦近海风电项目	60	福建省能源集团有限责任公司	莆田市秀屿区
	福建省福州市福清海坛海峡300兆瓦近海/潮间带风电项目	30	华电集团公司	福州市福清市
	福建省平潭综合实验区大练300兆瓦近海风电项目	30	中广核集团公司	平潭综合实验区
	福建省平潭综合实验区长江澳200兆瓦近海风电项目	20	大唐集团公司	平潭综合实验区
	小计	210		
广东	珠海桂山海上风电项目	19.8	南方海上风电联合开发有限公司	珠海市万山区
	湛江外罗海上风电项目	20	广东粤电徐闻风力发电有限公司	湛江市徐闻县
	粤电阳江沙扒海上风电项目	30	广东省风力发电有限公司	阳江市阳西县
	华能阳江沙扒海上风电项目	60	华能明阳新能源投资有限公司	阳江市沙扒镇
	中广核阳江南鹏岛海上风电项目	40	中广核风电有限公司	阳江市东平镇
	小计	169.8		
海南	海南省东方市感城近海风电项目	35	国电海控新能源有限公司	东方市感城镇
	小计	35		
	合计	1052.77		

工业和信息化部关于进一步优化光伏企业兼并重组市场环境的意见

工信部电子［2014］591 号

各省、自治区、直辖市及计划单列市、新疆生产建设兵团工业和信息化主管部门：

光伏产业是基于半导体技术和新能源需求而兴起的朝阳产业，也是我国战略性新兴产业的重要组成部分。光伏企业通过兼并重组做优做强，是光伏产业加快转型升级、提高产业集中度和核心竞争力的重要途径，对加快光伏产业结构调整和转型升级、推动产业持续健康发展具有重要意义。为贯彻落实党中央和国务院的决策部署，根据《国务院关于促进光伏产业健康发展的若干意见》（国发［2013］24 号，以下简称国发 24 号文）要求，按照《国务院关于进一步优化企业兼并重组市场环境的意见》（国发［2014］14 号，以下简称国发 14 号文）有关精神，为进一步优化光伏企业兼并重组的市场环境，现提出以下意见：

一、指导思想、基本原则和目标

（一）指导思想

以邓小平理论和“三个代表”重要思想、科学发展观为指导，深入贯彻党的十八大和十八届三中、四中全会精神，落实国发 24 号文关于加快推动光伏企业兼并重组工作的部署，利用全球产业调整机遇，采取综合政策措施，优化光伏企业兼并重组市场环境，引导我国光伏产业加快转型升级，促进光伏产业持续健康发展。

（二）基本原则

——市场运作，政策引导。充分发挥市场在资源配置中的决定性作用，坚持市场化方式运作实施，并通过相关政策措施的有效引导，推动完善光伏企业兼并重组服务管理体系，营造有利于兼并重组工作的政策与市场环境。

——规范发展，扶优扶强。强化政策规划导向，结合《光伏制造行业规范条件》等的实施，坚持扶优扶强，推动土地、金融等资源向优势企业集中，支持企业通过兼并重组做优做强。

——企业为主，多方支持。充分发挥光伏企业在兼并重组工作中的主体作用，尊重企业意愿，引导企业自愿、自主开展或参与兼并重组。政府有关部门、科研机构、行业组织、金融及证券机构等通过各种途径予以配合和支持。

——统筹协调，综合施策。政府有关部门加强沟通协作，完善产业、投资、财税、金融、商务等政策体系，妥善解决企业兼并重组中资产债务处理、职工安置及相关税收管理等问题，推动兼并重组工作高效、有序、平稳开展。

（三）工作目标

立足产业发展特点和现状，以提升行业集中度、培育优势骨干企业、增强产业核心竞争力、优化产业区域布局为总体目标。到 2017 年底，形成一批具有较强国际竞争力的骨干光伏企业，前 5 家多晶硅企业产量占全国 80% 以上，前 10 家电池组件企业产量占全国 70% 以上，形成多家具有全球视野和领先实力的光伏发电集成开发及应用企业。

二、加强国家光伏产业政策引导

（一）鼓励骨干光伏企业实施兼并重组。严格实施《光伏制造行业规范条件》，规范光伏行业发展秩序，提高产业发展水平，引导落后产能逐步退出。鼓励符合规范条件的骨干光伏企业充分发挥资金、技术、品牌等优势，对运营状况欠佳但有一定技术实力的光伏企业实施兼并重组。支持骨干光伏企业开展跨国并购，在全球范围内优化资源配置，提高国际化经营能力和水平。

（二）引导上下游企业加强合作。鼓励光伏产业链上下游企业通过战略联盟、签订长单、技术合作、互相参股等方式，确立长期稳定的合作关系，完善产业链结构，重点推动多晶硅企业和电池及组件企业、上游制造企业和下游发电企业等建立深度合作关系。支持运营状况良好、技术实力领先的骨干光伏企业对上下游环节企业实施兼并重组，完善产业链结构，提高全产业链盈利能力。鼓励电力、化工等关联行业骨干企业与光伏企业实施兼并重组。

三、完善光伏企业兼并重组体制机制

（一）消除兼并重组制度性障碍。清理市场分割、地区封锁等限制，建立统一的光伏市场体系。完善市场运行机制，充分发挥市场对于资源配置的决定性作用，营造有利于光伏企业兼并重组的市场环境。进一步减少光伏企业跨所有制兼并重组障碍，鼓励国有企业、民营企业、外资企业等通过并购、参股等多种方式相互开展兼并重组。支持光伏企业以资本、技术、品牌为基础开展联合技术攻关、建立区域性业务合作关系或组成战略合作联盟等。

（二）优化光伏企业兼并重组审批流程。梳理光伏企业兼并重组涉及的并购重组审核核准等审批事项，缩小审批范围，优化审批流程，提高光伏企业海外并购便利化水平。取消上市公司收购报告书事前审核，强化事后问责；取消上市公司重大资产购买、出售、置换行为审批（构成借壳上市的除外）。对符合条件企业的兼并重组实行快速审核或豁免审核。光伏企业兼并重组涉及的生产许可、工商登记、资产权属证明等变更手续，相关条件未有重大变化的，可按历史继承方式从简从快办理。

四、完善落实财政税收优惠政策

（一）加强财政资金支持。统筹资源支持光伏企业通过兼并重组加快结构优化和转型升级。通过技术改造专项资金加大对兼并重组企业技术改造项目的支持力度，推动企业持续提高工艺技术水平及产品质量。地方政府统筹资金解决本地区光伏企业兼并重组中的突出问题。

（二）落实并完善相关税收政策。贯彻落实国发 14 号文精神，对符合条件的光伏企业兼并重组，按照现行税收政策规定享受税收优惠政策。企业通过合并、分立、出售、置换等方式，转让全部或者部分实物资产以及与其相关联的债权、债务和劳动力的，不属于增值税和营业税征收范围，不应视同销售而征收增值税和营业税。落实兼并重组企业所得税特殊性税务处理政策、非货币性资产投资交易的企业所得税及企业改制重组的土地增值税等相关政策。

五、充分发挥金融和资本市场作用

（一）加强金融信贷支持服务。加强产业、财政、金融等部门沟通协作，推动产业、财政政策和金融政策协同配合。鼓励银行业金融机构创新适合光伏企业需求特点的金融产品和服务方式，支持技术含量高、发展前景好、拥有自主知识产权的光伏企业通过兼并重组发展壮大。充分发挥国家各相关银行的引导作用，鼓励商业银行完善并购贷款制度，对兼并重组企业实行综合授信，可以收购标的资产或股权作担保。支持商业银行完善对光伏企业兼并重组的信贷授信、管理培训等金融服务。

（二）拓展兼并重组融资渠道。允许符合条件的光伏企业发行优先股、定向发行可转换债券作为兼并重组支付方式。对上市公司发行股份实施兼并事项，不设发行数量下限，兼并非关联企业不再强制要求做出业绩承诺。非上市公众公司兼并重组，不实施全面要约收购制度。鼓励证券公司、资产管理公司、股权投资基金及产业投资基金等向光伏企业提供直接投资、委托贷款、过桥融资等多种融资服务。

六、加强综合政策及服务体系保障

（一）落实和完善土地使用优惠政策。政府土地储备机构有偿收回光伏企业因兼并重组而退出的土地，按规定支付给企业的土地补偿费可以用于企业安置职工、偿还债务等支出。兼并重组涉及的划拨土地，符合《划拨用地目录》的，可继续以划拨方式使用。光伏企业兼并重组中涉及土地转让、改变用途的，城乡规划、国土管理部门等在依法依规前提下加快办理相关规划和用地手续。

（二）完善企业债务处理和职工安置政策。严格按照有关法律规定和政策，妥善处置企业兼并重组的债权债务关系，确保债权人的合法利益。支持资产管理公司、股权投资基金、产业投资资金等参与被兼并企业的债务处置。落实完善兼并重组职工安置政策，稳妥解决职工再就业、社会保险关系接续和转移、结算拖欠职工工资等问题。指导地方将企业兼并重组职工安置工作与保障职工权益统筹考虑，认真落实《关于失业保险支持企业稳定岗位有关问题的通知》（人社部发［2014］76 号），对采取有效措施稳定职工队伍的企业，给予稳定岗位补贴，所需资金从失业保险基金中列支。

（三）进一步加强公共服务体系建设。完善企业兼并重组公共信息服务平台，充分发挥行业协会等作用，加强兼并重组信息交流。加大区域发展指导，避免企业区域性过度集中和恶性竞争，避免并购竞争激烈导致收购成本过度提高。完善光伏企业兼并重组信息服务，加强相关信息披露，推动企业兼并重组信息服务专业化、规范化发展。

（四）建立完善兼并重组组织协调机制。充分发挥企业兼并重组工作部际协调小组的作用，统筹协调有关重大事项。各部门加强沟通协作，形成合力，提高光伏企业兼并重组工作效率，推动兼并重组工作有效开展。各地区要根据本地实际情况，建立健全协调机制和服务体系，积极协调解决本地区光伏企业兼并重组重要问题，可根据本意见和本地情况制定优化光伏企业兼并重组市场环境的具体方案，促进光伏企业兼并重组工作有序开展。有关重大事项及时报送工业和信息化部。

工业和信息化部
2014 年 12 月 30 日

财政部、科技部、工业和信息化部、发展改革委关于进一步做好新能源汽车推广应用工作的通知

财建［2014］11号

各省、自治区、直辖市、计划单列市财政厅（局）、科技厅（局、科委）、工业和信息化主管部门、发展改革委：

为加快新能源汽车产业发展，推进节能减排，促进大气污染治理，经国务院批准，2013年，财政部、科技部、工业和信息化部、发展改革委启动了新能源汽车推广应用工作。从实施情况看，各项工作进展顺利，推广数量快速增加，市场规模不断拓展，政策效果已逐步显现。为进一步做好相关工作，现将有关事项通知如下：

一、按照《财政部 科技部 工业和信息化部 发展改革委关于继续开展新能源汽车推广应用工作的通知》（财建〔2013〕551号，以下简称《通知》）规定，纯电动乘用车、插电式混合动力（含增程式）乘用车、纯电动专用车、燃料电池汽车2014和2015年度的补助标准将在2013年标准基础上下降10%和20%。现将上述车型的补贴标准调整为：2014年在2013年标准基础上下降5%，2015年在2013年标准基础上下降10%，从2014年1月1日起开始执行。

二、按照相关文件规定，现行补贴推广政策已明确执行到2015年12月31日。为保持政策连续性，加大支持力度，上述补贴推广政策到期后，中央财政将继续实施补贴政策。具体办法另行公布。

三、按现行办法规定，补助资金按季预拨、年度清算。请各生产企业于每年4月底、7月底和10月底前将上一季度的新能源汽车销售情况及相关证明材料，通过注册所在地财政、科技部门，逐级上报至财政部、科技部，财政部、科技部将根据企业销售情况预拨补助资金。每年1月底前，按上述程序提交上年度的清算报告及产品销售、运营情况，包括销售发票、产品技术参数和牌照信息等，财政部等四部委组织专家审核清算。各级财政等部门要做好中央财政预拨付资金申请及年度清算工作，并按照财政国库管理制度规定及时拨付补助资金。

财政部 科技部 工业和信息化部 发展改革委

2014年1月28日

国家发展改革委 工业和信息化部 关于印发重大节能技术与装备产业化工程实施方案的通知

发改环资［2014］2423号

各省、自治区、直辖市及计划单列市、新疆生产建设兵团发展改革委，工业和信息化主管部门：

为落实国务院印发的《“十二五”国家战略新兴产业发展规划》（国发［2012］28号）、《关于加快发展节能环保产业的意见》（国发［2013］30号），加快提升我国节能技术装备水平，培育节能产业，为提高全社会能源利用效率提供强有力的技术支撑，特制定了《重大节能技术与装备产业化工程实施方案》。现印发你们，请结合实际，认真贯彻实施。

附件：重大节能技术与装备产业化工程实施方案

国家发展改革委　工业和信息化部

2014年10月27日

附 件

重大节能技术与装备产业化工程实施方案

为贯彻落实《关于加快培育和发展战略性新兴产业的决定》（国发〔2010〕32号）、《“十二五”国家战略性新兴产业发展规划》（国发〔2012〕28号）、《“十二五”节能环保产业发展规划》（国发〔2012〕19号）、《关于加快发展节能环保产业的意见》（国发〔2013〕30号）等文件精神，加快重大节能技术与装备产业化和推广应用，特制定本方案。

一、现状与形势

（一）产业现状

加快节能技术与装备产业化是增强全社会节能能力，促进产业转型升级的重要举措。近年来，我国不断加强节能技术创新，积极推进节能技术与装备产业化，一批先进适用的节能技术与装备逐步推广应用，钢铁行业干熄焦技术普及率提高到80%以上，水泥行业低温余热回收发电技术普及率达到80%以上，高效节能家电、节能机电设备、绿色照明、节能建材等节能产品的市场占有率大幅提高，节能产品和装备制造业已初具规模，不仅对推动节能降耗、提高全社会能源利用效率提供了有力支撑，而且对培育新的经济增长点，保护生态环境，改善民生做出了重要贡献。

但总体看，我国节能技术装备产业化水平与节能挖潜需求相比仍有一定差距，主要表现在：一是自主创新能力不强。以企业为主体的节能技术创新体系不完善，产学研结合不够紧密，技术开发投入不足，一些核心技术尚未完全掌握，部分关键设备依靠进口。二是产业集中度低。企业规模普遍偏小，龙头骨干企业带动作用不强，节能产品设备成套化、系列化、标准化水平低。三是政策不完善。相关法规、标准体系以及财税、金融政策不健全，中小型节能产品制造企业融资困难。四是市场化推广体系不健全。用户与供应商之间的节能技术产品信息传播途径较少，第三方评价机制不完善，用户对新型节能技术装备认知程度低、识别成本高，合同能源管理、设备租赁等市场化推广模式没有得到普遍应用。

（二）面临的形势

当前，绿色、循环、低碳发展已成为全球发展的大趋势。许多国家都在向绿色低碳经济转型。我国正处于工业化、城镇化和农业现代化加快发展，全面建设小康社会的关键阶段。未来相当长时期，能源需求仍将不断增长，面临巨大的节能减排压力。特别是随着节能工作深入推进，进一步挖掘节能潜力的难度加大，节能的任务更加艰巨。这迫切需要在节能技术装备创新、产业化和推广应用方面，实现更大突破。

为加快节能技术与装备产业化步伐，我国先后发布了《关于加快培育和发展战略性新兴产业的决定》、《“十二五”国家战略性新兴产业发展规划》、《“十二五”节能环保产业发展规划》和《关于加快发展节能环保产业的意见》，明确把推进重大节能技术与装备产业化作为发展节能环保产业的重要内容，各项政策措施力度不断加大，这为推进节能技术创新和产业化工作营造了良好的政策环境，节能装备制造业面临重大发展机遇。

二、工程目标

强化科技创新体系建设，形成一批支撑节能技术与装备研发的高水平、基础性、战略性和前沿性机构；研发、示范30项以上重大节能技术，在高效锅炉、电机系统、余热余能利用、节能家电等领域形成一批拥有自主知识产权和核心竞争力的重大装备与产品，显著提高节能装备核心元器件、生产工艺核心技术及先进仪器仪表的国产化水平；支持、引导节能关键材料、装备和产品制造业做大做强，形成一批有国际竞争力的骨干企业；推广重大节能技术与装备，到2017年，高效节能技术与装备市场占有率由目前不足10%提高到45%左右，产值超过7500亿元，实现年节能能力1500万吨标准煤。

三、主要任务

（一）培育节能科技创新能力

加强自主创新支撑体系建设。结合国家创新能力建设总体布局，政、产、学、研、用紧密结合，培育一批以企业为主体、市场为导向，具有国际影响力的节能科技研发和产品设计队伍，打造节能科技创新的智力优势和人才高地。

加快节能领域研发创新平台建设。依托国家工程（技术）研究中心、重点实验室、工程实验室和企业技术中心，推动建立节能技术装备研发制造行业公共测试平台、基础信息数据库、专家诊断系统等，提高企业节能技术原始创新和集成创新能力。

强化协同创新能力建设。推动专业化节能研发机构、制造企业、服务公司加强上下游合作，鼓励商业模式创新，为用能单位提供“一站式”整体解决方案，提升节能技术装备产业系统集成和协同创新能力。

推动产业技术创新联盟建设。鼓励以企业为主体，围绕产业技术创新链条，运用市场机制集聚创新资源，形成技术标准合作、人才信息交流、知识产权共享的创新集群，加快节能技术创新成果向现实生产力转化。

（二）突破重大关键节能技术

围绕节能领域重大、关键、共性材料、技术和装备，加大研发投入力度，开展节能科技研发攻关，突破核心技术瓶颈，掌握专利技术和自主知识产权，为大规模推广节能产品和装备奠定科技基础。

锅炉窑炉领域，重点突破煤炭高效清洁燃烧、锅炉自动控制技术、节能高效循环流化床技术、主辅机匹配优化、锅炉智能燃烧控制技术、锅炉系统能效诊断与专家咨询系统、燃料品种适应、高效换热等关键技术。电机系统领域，集中突破高效电机新材料、绝缘栅双极型晶体管（IGBT）、高效电机专用制造设备、稀土永磁无铁心电机、特种非晶电机和非晶电抗器、特大功率高压变频、无功补偿控制系统、高效风机水泵等机电装备整体化设计等核心技术瓶颈，推动电机及拖动系统与电力电子技术、现代信息控制技术相融合。内燃机及汽车领域，重点攻克汽油直喷、涡轮增压柴油直喷、汽车轻量化、高效变速器、新型混合动力汽车机电耦合等核心关键技术，提高国产化水平。余能回收利用领域，重点攻克余热余压直接转换为机械能回收利用、中低品位余能有机朗肯循环发电、基于吸收式换热的集中供热和低浓度瓦斯安全利用等重大技术。家电照明领域，推动高效压缩机及节能控制器、高效换热与相变储能装置、家电节能自动控制、低待机能耗技术、温湿度独立调节系统、动态冰蓄冷、发光二极管（LED）用大尺寸开盒即用蓝宝石、高纯金属有机化合物（MO 源）、生产型金属有机源化学气相沉积（MOCVD）设备等关键技术和设备研发取得突破。

（三）推动形成节能装备制造产业集聚

鼓励若干具有产业基础、区位优势和智力资源优势的地区率先发展，加快形成节能装备制造集聚优势。培育一批具有自主知识产权和核心竞争力的节能技术装备大型骨干生产企业和“专精特新”中小企业，鼓励龙头企业加快实施兼并重组，提升产业集中度和市场竞争优势。

整合现有资源，在高效锅炉（窑炉）、高效电机等节能机电设备、余能回收、内燃机及汽车、电器照明等领域，推动一批有条件的地区加快形成产业链完善、竞争优势突出、协同创新能力较强的节能装备制造集聚区，提高关键技术装备国产化率和本地化配套能力。鼓励采取原始创新、技术引进、消化吸收、系统整合等多种方式，增强新一代节能装备开发能力，发挥行业示范引领作用。

（四）加快节能装备推广应用

推动高效电机等节能机电设备、节能与新能源汽车等重大节能技术装备产业化示范和规模化利用。实施能效领跑者计划，定期公布能源利用效率最高的空调、冰箱、风机、水泵、空压机等量大面广终端用能产品目录，鼓励家庭和工业用户购买高效节能产品与装备，使高效节能产品与装备市场占有率从目前的10%左右提高到45%以上。将能效领跑者指标纳入强制性国家标准，规定若干年后市场销售的同类产品必须要达到目前能效领跑者已达到的效率水平，推动产品能效持续迈上新台阶。

锅炉窑炉领域，鼓励用户采用高效煤粉工业锅炉、节能高效循环流化床锅炉，以及采用优化炉膛结构、蓄热式高温空气预热、太阳能工业热利用系统、强化辐射传热等技术的节能环保锅炉等，推动锅炉房系统节能改造，推广锅炉用煤洗选及集中供应系统。电机系统领域，重点推广达到国家 1、2 级能效标准的电动机、变压器、高压变频器、无功补偿设备、风机、水泵、空压机系统等，加快现有电机系统节能改造。余能回收领域，推广低温烟气余热深度回收、空气源低温热泵供暖等低品位余热回收利用技术，支持余能发电上网，推动能源按品质高低实现梯级利用。家电照明领域，推广达到国家 1、2 级能效标准的节能家用电器、办公和商用设备，以及半导体照明等高效照明产品。

（五）强化节能技术装备市场需求

认真落实国务院办公厅印发的《2014—2015 年节能减排低碳发展行动方案》和国务院印发的《大气污染防治行动计划》，进一步强化对用能单位的节能法规标准约束，加强节能评估审查，加快淘汰落后产能，加大万家企业节能考核力度，强化节能执法工作。加快调整能源税费价格改革，推动差别电价、峰谷电价、惩罚性电价的覆盖范围和实施力度，增强用能单位节能的内生动力，提高企业采购节能设备的积极性，进一步激发节能技术装备市场需求，实现由节能潜在需求向装备采购使用的现实市场转变。

四、年度工作

（一）2014 年

完善节能服务公司扶持政策，实行节能服务产业负面清单管理。培育一批“节能医生”、节能量审核、节能低碳认证等第三方机构。利用中央预算内资金支持 13 个重大节能技术装备产业化项目。落实《2014—2015 年节能减排低碳发展行动方案》，发布《燃煤锅炉节能环保综合提升工程实施方案》。制定能效领跑者制度。组织发布第七批重点节能低碳技术推荐目录。组织实施工业能效提升计划，开展能效对标，加强工业企业能源管控中心建设。制定发布《能效信贷指引》。

（二）2015 年

利用现有资金渠道支持 10 个左右重大节能技术产业化示范项目，支持一批技术改造和合同能源管理项目。贯彻落实节能技术推广管理办法，组织发布第八批国家重点节能低碳技术推广目录。发布一批能效领跑者目录，对能效领跑者给予奖励。组织实施燃煤锅炉节能环保综合提升工程，推广高效节能锅炉。

（三）2016 年

着力把节能减排的法规标准约束和政策要求有效转化为节能产业发展的市场需求，促进重大节能技术装备的创新开发与产业化应用。支持约 20 个重大节能技术装备产业化与推广应用示范项目，在高效锅炉窑炉、换热器、高效电机拖动系统和控制设备、余热余压回收利用等领域，培育一批大型节能装备制造企业。组织发布第九批国家重点节能低碳技术推广目录。进一步扩大能效领跑者产品范围，将一批能效领跑者标准纳入国家强制性节能标准，发挥能效标准的引领作用。

（四）2017 年

支持约 30 个节能技术装备产业化与推广应用项目。完善节能技术产品认证制度，强化节能技术产品认证采信。

扩大实施能效标识的产品范围。组织发布第十批国家重点节能低碳技术推广目录。初步建立政策引导与市场驱动并重的节能技术装备产业应用体系。

五、保障措施

（一）**严格落实目标责任**。完善节能目标责任考核制度，将重大节能技术与装备产业化工作情况纳入对地方政府节能目标责任评价考核范围；强化万家企业节能考核，严格落实企业节能任务目标；加强节能考核结果运用，强化社会舆论监督；通过加大节能目标责任考核问责力度，形成促进重大节能技术与装备产业化应用的倒逼机制。

（二）**强化政策扶持**。利用中央预算内资金加大对重点节能技术与装备产业化项目的支持。鼓励政策性银行、商业银行、融资担保机构开展金融产品和服务方式创新，加大对节能技术与装备产业化的支持；建立多元化投资机制，鼓励风险投资基金、民间投资和外资加大对节能技术研发示范和节能装备制造企业的投入；支持符合条件的节能技术装备制造企业上市融资、发行企业债券；通过完善和落实相关金融政策，建立促进重大节能技术与装备产业化的绿色融资机制。

（三）**加快推行市场化机制**。建立并实施能效“领跑者”制度，推广超高能效产品，通过评选、宣传能效“领跑者”促进先进节能技术装备应用；鼓励采用合同能源管理、设备租赁等方式，促进节能技术装备的推广应用；加强节能产品认证，扩大能效标识实施范围，及时发布能效标识产品目录；落实政府向社会力量购买公共服务的有关要求，积极培育节能服务第三方机构。

（四）**加强法规标准引导**。推动修订节约能源法，完善能评、节能监察等相关制度；加强节能标准制修订工作，健全节能标准体系，建立节能标准动态更新机制；鼓励地方制定更加严格的能效标准；严格节能执法监察，依法查处各类违反节能法律法规和标准的行为；加快落后用能工艺和设备退出市场，支撑淘汰落后、化解过剩产能。

（五）**营造良好氛围**。充分发挥舆论导向和社会监督作用，积极开展多种形式的宣传教育活动，加大节能法规政策和相关知识科普宣传，增强用能单位的节能意识，推动用能单位由要我节能向我要节能转变。加强复合型节能人才培养，为推进节能技术装备开发创新与产业化应用提供人才支撑。积极倡导节约、绿色、低碳的生产、生活方式和消费模式。加强节能技术对外交流合作，搭建多种形式的平台，鼓励引进来、走出去，提升我国节能技术装备的研发、制造水平。

六、组织实施

着力构建企业主体、地方组织、国家政策引导的实施格局。充分发挥战略性新兴产业发展部际联席会议的统筹协调作用，明确有关部门职责分工，加强协调配合，突出各自优势，推动节能技术与装备产业化工程的各项工作任务落到实处。

国家发展改革委、工业和信息化部会同相关部门依据职责共同落实本方案。地方政府有关主管部门要按照国家统一部署，加强组织领导，结合当地实际，抓好相关任务的落实。有关行业协会和中介机构要充分发挥专业技术和信息优势，配合有关部门做好技术论证、项目评审和政策咨询等工作，为企业开展节能技术装备研发、产业化和推广应用提供支持。

第二篇　宏观经济动态

2014 年国内生产总值

指　　标	2014 年第 4 季度	2014 年第 3 季度	2014 年第 2 季度	2014 年第 1 季度
国内生产总值_累计值/亿元	636462.7	435021.9	278740.4	132920.2
第一产业增加值_累计值/亿元	58331.6	36816	19143	7491
第二产业增加值_累计值/亿元	271392.4	191083.4	127357.8	59172.8
第三产业增加值_累计值/亿元	306738.7	207122.5	132239.6	66256.4
农林牧渔业增加值_累计值/亿元	60151	37996	19812	7775.7
工业增加值_累计值/亿元	227991	161958.4	110147.2	52815.5
建筑业增加值_累计值/亿元	44724.8	30065.1	17849.9	6663.9
批发和零售业增加值_累计值/亿元	62215.6	39298.7	25622.2	13045.3
交通运输、仓储和邮政业增加值_累计值/亿元	28750	22285	13462.3	6577.2
住宿和餐饮业增加值_累计值/亿元	11198.8	7530.7	4722.8	2366
金融业增加值_累计值/亿元	46953.6	36331.4	22507.3	11379.5
房地产业增加值_累计值/亿元	38166.6	28489	18868.4	9534.6
其他行业增加值_累计值/亿元	116311.3	71067.7	45748.3	22762.6

注：1. 按当年价格计算。

2. 三次产业分类依据国家统计局 2012 年制定的《三次产业划分规定》。第一产业是指农、林、牧、渔业（不含农、林、牧、渔服务业）；第二产业是指采矿业（不含开采辅助活动），制造业（不含金属制品、机械和设备修理业），电力、热力、燃气及水生产和供应业，建筑业；第三产业即服务业，是指除第一产业、第二产业以外的其它行业。

3. 行业分类采用《国民经济行业分类》（GB/T 4754—2011）。

4. 根据第三次全国经济普查年度 GDP 核算结果对各季度历史数据进行了修订。

5. 数据来自国家统计局。

2014年按经济类型分工业增加值增长速度

指标	2014年12月	2014年11月	2014年10月	2014年9月	2014年8月	2014年7月	2014年6月	2014年5月	2014年4月	2014年3月	2014年2月	2014年1月
国有及国有控股企业增加值_同比增长(%)	3.8	2.8	5.5	4.8	4	5.8	7.3	6.1	5.7	4.6		
国有及国有控股企业增加值_累计增长(%)	4.9	5	5.2	5.2	5.3	5.5	5.5	5.1	4.8	4.5	4.4	
私营企业增加值_同比增长(%)	9.5	8.7	8.7	8.8	8.7	11.5	10.9	11.3	11.2	11.3		
私营企业增加值_累计增长(%)	10.2	10.3	10.5	10.7	11	11.4	11.4	11.5	11.6	11.7	11.9	
集体企业增加值_同比增长(%)	0.9	-2.5	-1.6	-1	1.2	4.4	3.3	5	1.7	1.7		
集体企业增加值_累计增长(%)	1.7	1.8	2.2	2.6	3.1	3.4	3.2	3.2	2.7	3.1	3.9	
股份合作企业增加值_同比增长(%)	6.4	-1.6	-1.4	4.7	5.5	8.9	8.9	11.5	10	11.4		
股份合作企业增加值_累计增长(%)	7.2	7.3	8.3	9.4	10	10.6	10.8	11.3	11.3	11.7	11.9	
股份制企业增加值_同比增长(%)	9.3	8.7	9.1	9.3	8.7	10.2	10.8	10.3	10.3	10.1		
股份制企业增加值_累计增长(%)	9.7	9.7	9.8	9.9	10	10.2	10.2	10.1	10.1	10	9.9	
外商及港澳台投资企业增加值_同比增长(%)	5.4	4.4	5.7	6.4	3.8	6.3	7.4	6.5	7	7.8		
外商及港澳台投资企业增加值_累计增长(%)	6.3	6.4	6.6	6.7	6.7	7.1	7.4	7.4	7.6	7.8	7.8	

注：1. 从2011年起，规模以上工业企业起点标准由原来的年主营业务收入500万元提高到年主营业务收入2000万元。

2. 2012年起，国家统计局执行新的国民经济行业分类标准（GB/T 4754—2011），原来的工业行业大类由39个调整为41个，具体请参见 http://www.stats.gov.cn/tjbz。为便于用户使用，对于工业分大类行业增加值增速以及出口交货值数据，数据库分别提供了2003~2011年以及2012年~至今两个数据库。

3. 为了消除春节日期不固定因素带来的影响，增强数据的可比性，按照国家统计制度，自2013年起，1~2月份工业数据一起调查，一起发布，不再单独发布2月份当月数据。

4. 数据来自国家统计局。

2014 年工业企业主要经济指标

指　标	2014 年 12 月	2014 年 11 月	2014 年 10 月	2014 年 9 月	2014 年 8 月	2014 年 7 月	2014 年 6 月	2014 年 5 月	2014 年 4 月	2014 年 3 月	2014 年 2 月	2014 年 1 月
企业单位数_累计值/个	361286	361286	361287	359607	358534	357706	356768	355941	355568	369495	364974	
亏损企业_累计值/个	42970	48409	50861	52331	53248	54548	56055	57794	61431	72125	76145	
亏损企业_上年同期累计值/个	38304	44417	47916	50219	51667	53462	54809	56086	60287	70247	74767	
亏损企业_累计增长(%)	12.2	9	6.1	4.2	3.1	2	2.3	3	1.9	2.7	1.8	
流动资产合计_累计值/亿元	435017.6	441312.2	435926.2	430758.6	424999.4	419510.1	418128.4	414013.5	407863.3	403083.6	392890.51	
流动资产合计_上年同期累计值/亿元	403459.2	408472.9	401216	395541.7	388417.8	382336.8	380228.4	378565	372929.1	368351.7	358283.59	
流动资产合计_累计增长(%)	7.8	8	8.7	8.9	9.4	9.7	10	9.4	9.4	9.4	9.7	
应收账款_累计值/亿元	105168	108894.6	105569.4	103375	101519.3	99939.5	99711.7	97142.2	95046.1	93458.9	89556.85	
应收账款_上年同期累计值/亿元	95621.7	98265.3	95020.1	93096.3	91233.6	89331.7	88483.4	86281.9	84405	82611.7	79449.17	
应收账款_累计增长(%)	10	10.8	11.1	11	11.3	11.9	12.7	12.6	12.6	13.1	12.7	
存货_累计值/亿元	99565.7	101297.4	101084	100138.2	99729.4	98652.2	97449.7	97291.6	96130.4	95189.1	93736.17	
存货_上年同期累计值/亿元	93795.4	94248.5	92952.1	91921	91211	90604.2	89695.4	89544.3	88696.2	87886.1	86362.78	
存货_累计增长(%)	6.2	7.5	8.7	8.9	9.3	8.9	8.6	8.7	8.4	8.3	8.5	
产成品_累计值/亿元	37109.6	37585.3	37279.6	36837.4	36810.9	36196.2	35332.8	35193	34665.6	33887	32323.65	
产成品_上年同期累计值/亿元	32945.3	33099.8	32585.9	32002.2	31849.3	31573.5	31376.1	31270.6	30962	30605.8	29333.63	
产成品_累计增长(%)	12.6	13.6	14.4	15.1	15.6	14.6	12.6	12.5	12	10.7	10.2	
资产总计_累计值/亿元	925244.9	920280.5	908481.9	896830	885782.3	876052.6	869805.7	858940.2	848056.9	841180.4	823613.16	
资产总计_上年同期累计值/亿元	846410.8	836327.3	822508.9	810116.4	799414.1	789589.8	782500.6	776202.7	765340.4	760470.3	746396.57	
资产总计_累计增长(%)	9.3	10	10.5	10.7	10.8	11	11.2	10.7	10.8	10.6	10.4	
负债合计_累计值/亿元	525865.5	529528.7	523573.5	518353.3	512777.3	507788.7	506087.6	500992.1	494061.7	489114.6	474281.39	
负债合计_上年同期累计值/亿元	489462.2	487498.2	480183.8	474483.3	468160.9	462028.2	458523.4	455534.7	448933.8	444635.5	434610.22	
负债合计_累计增长(%)	7.4	8.6	9	9.2	9.5	9.9	10.4	10	10.1	10	9.1	
主营业务收入_累计值/亿元	1094646.5	987438.2	887921.9	790987.5	694009.6	604168	514497.8	416298.6	326416.5	239553.9	147582.69	
主营业务收入_上年同期累计值/亿元	1023395.8	920718.8	824100.6	732798.5	640842.6	555514.9	473902.5	384969.2	301059.7	221851.3	136706.75	
主营业务收入_累计增长(%)	7	7.2	7.7	7.9	8.3	8.8	8.6	8.1	8.4	8	8	
主营业务成本_累计值/亿元	937493.4	848279.8	763775.4	680564.1	597233.9	519673.2	442139.8	357605	280056.3	204973.8	125711.18	

（续）

指标	2014年12月	2014年11月	2014年10月	2014年9月	2014年8月	2014年7月	2014年6月	2014年5月	2014年4月	2014年3月	2014年2月	2014年1月
主营业务成本_上年同期累计值/亿元	872214.8	788243.2	706816.3	628828.3	550128.3	476552	405576.4	328658.5	256492.9	188509.5	115468.78	
主营业务成本_累计增长(%)	7.5	7.6	8.1	8.2	8.6	9	9	8.8	9.2	8.7	8.9	
主营业务税金及附加_累计值/亿元	16894	15316.5	13803	12371.4	10638.5	9264.7	7938.6	6591.6	5323.3	4084.3	2811.79	
主营业务税金及附加_上年同期累计值/亿元	15613.3	14105.4	12647.6	11311.2	9925.3	8635.1	7394.5	6196.7	5019.2	3896.9	2668.1	
主营业务税金及附加_累计增长(%)	8.2	8.6	9.1	9.4	7.2	7.3	7.4	6.4	6.1	4.8	5.4	
销售费用_累计值/亿元	27476.8	24401.7	21938.7	19588.4	17102.5	14856.2	12637.1	10245.2	8044.4	5931.1	3712.09	
销售费用_上年同期累计值/亿元	25321.3	22390.2	19993.3	17784.5	15537.5	13471.6	11436	9321.3	7305.3	5384.1	3385.73	
销售费用_累计增长(%)	8.5	9	9.7	10.1	10.1	10.3	10.5	9.9	10.1	10.2	9.6	
管理费用_累计值/亿元	38823	33979	30481.5	27162.1	23782.6	20708.5	17613.1	14346.8	11389.9	8499.8	5425.72	
管理费用_上年同期累计值/亿元	36353.3	31555	28139.8	25040.5	21911.7	19035	16184.9	13186.4	10442.3	7819.1	4983.82	
管理费用_累计增长(%)	6.8	7.7	8.3	8.5	8.5	8.8	8.8	8.8	9.1	8.7	8.9	
财务费用_累计值/亿元	13129.7	11979.4	10901.8	9790.4	8675.3	7583.5	6511.4	5338.5	4272.7	3219.1	2031.14	
财务费用_上年同期累计值/亿元	11808.4	10733.9	9664.2	8622.8	7569.7	6573.4	5587.2	4546.2	3640.9	2780.9	1760.51	
财务费用_累计增长(%)	11.2	11.6	12.8	13.5	14.6	15.4	16.5	17.4	17.4	15.8	15.4	
利息支出_累计值/亿元	12313.3	11101.9	10044.2	9020.7	7873.6	6887.8	5908.8	4746.7	3776.9	2831	1746.69	
利息支出_上年同期累计值/亿元	11275.5	10078.6	9127.8	8156.1	7133.7	6218.3	5314.6	4297.4	3422.5	2585.2	1597.48	
利息支出_累计增长(%)	9.2	10.2	10	10.6	10.4	10.8	11.2	10.5	10.3	9.5	9.3	
利润总额_累计值/亿元	64715.3	56208	49446.8	43652.2	38330.4	33491.6	28649.8	22764.4	17628.7	12942.4	7793.14	
利润总额_上年同期累计值/亿元	62620.5	53376.4	46322.2	40443.2	34831.8	29974.9	25726.5	20739.9	16030.5	11756.1	7121.56	
利润总额_累计增长(%)	3.3	5.3	6.7	7.9	10	11.7	11.4	9.8	10	10.1	9.4	
亏损企业亏损总额_累计值/亿元	6917.8	6171	5816.7	5355.9	4878.9	4310.2	3781.2	3342.4	2874.1	2356.3	1788.44	
亏损企业亏损总额_上年同期累计值/亿元	5649.4	5337.7	5120.2	4773.8	4438.6	4048	3487.4	3003.4	2561.4	2081.3	1598.86	
亏损企业亏损总额_累计增长(%)	22.5	15.6	13.6	12.2	9.9	6.5	8.4	11.3	12.2	13.2	11.9	
应交增值税_累计值/亿元	31507.6	27139.6	23755.6	20872.4	18314.6	15928.2	13623.1	11113.9	8754.8	6609.2	4245.37	
应交增值税_上年同期累计值/亿元	29982	25472.2	22230.3	19456.1	16960.3	14692.6	12576.1	10297.8	8145.1	6168.8	3969.84	
应交增值税_累计增长(%)	5.1	6.5	6.9	7.3	8	8.4	8.3	7.9	7.5	7.1	6.9	

注：1. 从2011年起，规模以上工业企业起点标准由原来的年主营业务收入500万元提高到年主营业务收入2000万元。

2. 数据来自国家统计局。

2014 年股份制工业企业主要经济指标

指　标	2014 年 12 月	2014 年 11 月	2014 年 10 月	2014 年 9 月	2014 年 8 月	2014 年 7 月	2014 年 6 月	2014 年 5 月	2014 年 4 月	2014 年 3 月	2014 年 2 月	2014 年 1 月
股份制工业企业单位数_累计值/个	273837	273843	273845	272349	271462	270743	245527	244782	244427	250184	246391	
股份制工业企业亏损企业数_累计值/个	28913	32807	34741	35783	36498	37316	35651	36765	39146	45635	48159	
股份制工业企业亏损企业数_上年同期累计值/个	25225	29520	32000	33751	34778	35961	34441	35293	38100	44151	47140	
股份制工业企业亏损企业数_累计增长(%)	14.6	11.1	8.6	6	4.9	3.8	3.5	4.2	2.8	3.4	2.2	
股份制工业企业流动资产合计_累计值/亿元	290282.1	294119.4	290589.9	286822.9	282950	279121.5	255509.8	252731.4	248298.3	243711.5	236738.97	
股份制工业企业流动资产合计_上年同期累计值/亿元	267324.6	270079.8	265546.9	261197.5	256690.1	252438.1	230704.5	229131.6	224880.2	220298.9	214271.35	
股份制工业企业流动资产合计_累计增长(%)	8.6	8.9	9.4	9.8	10.2	10.6	10.8	10.3	10.4	10.6	10.5	
股份制工业企业应收账款_累计值/亿元	65369.4	67844.7	65741.7	64312.7	63452.6	62361.8	57313.8	55687.4	54255.2	52882.5	50409.21	
股份制工业企业应收账款_上年同期累计值/亿元	58765.7	60211.1	58253.2	56731.3	55649.2	54531	49713.7	48316	46797.9	45091.4	43144.34	
股份制工业企业应收账款_累计增长(%)	11.2	12.7	12.9	13.4	14	14.4	15.3	15.3	15.9	17.3	16.8	
股份制工业企业存货_累计值/亿元	68180.5	69048.2	68892.3	68182	67876.4	67134.7	60996.7	61001.8	60159.9	59030.1	58124.45	
股份制工业企业存货_上年同期累计值/亿元	63858.1	64101.1	63055.2	62274.5	61572.3	61200.7	55609.4	55331.1	54786	53627	52545.58	
股份制工业企业存货_累计增长(%)	6.8	7.7	9.3	9.5	10.2	9.7	9.7	10.3	9.8	10.1	10.6	
股份制工业企业产成品_累计值/亿元	26220.4	26596.6	26460.2	26133.3	26116.8	25639.1	23301.5	23174.6	22853.2	22110.1	21018.99	
股份制工业企业产成品_上年同期累计值/亿元	23245.7	23478.6	23076.6	22638.8	22498.8	22310.6	20627.9	20496	20310.8	19802.9	18966.09	
股份制工业企业产成品_累计增长(%)	12.8	13.3	14.7	15.4	16.1	14.9	13	13.1	12.5	11.7	10.8	
股份制工业企业资产总计_累计值/亿元	634080	629538.3	621217.3	612886.7	605686.9	598487.9	532427.7	525251.1	517338.8	508382.3	496928.83	
股份制工业企业资产总计_上年同期累计值/亿元	574874.8	566276.3	557035.8	548509.2	541448.8	534484.8	474132.8	469077	461186	453828.3	444537.47	
股份制工业企业资产总计_累计增长(%)	10.3	11.2	11.5	11.7	11.9	12	12.3	12	12.2	12	11.8	
股份制工业企业负债合计_累计值/亿元	364391.9	365906.4	361807.9	358355.1	355064.7	351400.2	314243.6	310716.4	305603.7	300177.1	290506.25	
股份制工业企业负债合计_上年同期累计值/亿元	336417.3	333903.8	328970.8	324991.2	321335.2	316950.2	280905.5	278563.5	273360.4	268299.3	261901.62	
股份制工业企业负债合计_累计增长(%)	8.3	9.6	10	10.3	10.5	10.9	11.9	11.5	11.8	11.9	10.9	
股份制工业企业主营业务收入_累计值/亿元	745098	671104.8	602563.3	535746.6	469838.1	408965.1	311443.7	250860.8	196067.9	141670.3	86509.41	
股份制工业企业主营业务收入_上年同期累计值/亿元	690600.3	619836.7	553976.5	491605	429736.9	372562.2	283803.8	229758.7	179262	130157.7	79643.61	
股份制工业企业主营业务收入_累计增长(%)	7.9	8.3	8.8	9	9.3	9.8	9.7	9.2	9.4	8.8	8.6	
股份制工业企业主营业务成本_累计值/亿元	638440.7	577002.6	518780.6	461446.5	404722.7	352109.7	267805.4	215611.8	168243.8	121105.5	73565.12	

（续）

指标	2014 年 12 月	2014 年 11 月	2014 年 10 月	2014 年 9 月	2014 年 8 月	2014 年 7 月	2014 年 6 月	2014 年 5 月	2014 年 4 月	2014 年 3 月	2014 年 2 月	2014 年 1 月
股份制工业企业主营业务成本_上年同期累计值/亿元	587784.3	529978.9	474617.7	421391.4	368441.2	319097	242500.3	195715.1	152240.9	110118.7	66969.37	
股份制工业企业主营业务成本_累计增长(%)	8.6	8.9	9.3	9.5	9.8	10.3	10.4	10.2	10.5	10	9.9	
股份制工业企业主营业务税金及附加_累计值/亿元	11915.2	10770	9707.5	8707.5	7417.2	6464.6	4848	4013.8	3231.9	2459.1	1690.41	
股份制工业企业主营业务税金及附加_上年同期累计值/亿元	10922.2	9842.2	8809.1	7875.4	6931.1	6045.3	4556.3	3821	3095.6	2389.4	1643.94	
股份制工业企业主营业务税金及附加_累计增长(%)	9.1	9.4	10.2	10.6	7	6.9	6.4	5	4.4	2.9	2.83	
股份制工业企业销售费用_累计值/亿元	17644.8	15579.9	13951	12433.9	10805.1	9392.5	7331.4	5905.2	4638.9	3402	2116.84	
股份制工业企业销售费用_上年同期累计值/亿元	16009	14076.8	12520.6	11098.3	9692.5	8396.2	6508.8	5293.6	4153.2	3036.4	1909.58	
股份制工业企业销售费用_累计增长(%)	10.2	10.7	11.4	12	11.5	11.9	12.6	11.6	11.7	12	10.9	
股份制工业企业管理费用_累计值/亿元	25847.8	22596.6	20230.7	17998	15769	13741.1	10629.6	8647	6854.3	5053.6	3216.79	
股份制工业企业管理费用_上年同期累计值/亿元	24111.7	20857.1	18558.7	16489.1	14437.8	12531.4	9659.5	7871.6	6230.5	4608.9	2940.13	
股份制工业企业管理费用_累计增长(%)	7.2	8.3	9	9.2	9.2	9.7	10	9.8	10	9.7	9.4	
股份制工业企业财务费用_累计值/亿元	10437.3	9484.3	8596.9	7711.8	6804.7	5932.1	4478.9	3635.6	2888.1	2143.9	1356.08	
股份制工业企业财务费用_上年同期累计值/亿元	9362.1	8458.3	7592.3	6779.8	5953.7	5184.3	3891.7	3177.9	2533.5	1893.2	1180.29	
股份制工业企业财务费用_累计增长(%)	11.5	12.1	13.2	13.7	14.3	14.4	15.1	14.4	14	13.3	14.9	
股份制工业企业利息支出_累计值/亿元	9473.5	8573.6	7745.3	6944.6	6056.9	5308.4	4028.1	3236.5	2568.7	1903.8	1170.95	
股份制工业企业利息支出_上年同期累计值/亿元	8626	7687	6956.9	6208	5436.3	4734.6	3572.8	2889.8	2294.1	1714.7	1052.02	
股份制工业企业利息支出_累计增长(%)	9.8	11.5	11.3	11.9	11.4	12.1	12.7	12	12	11	11.3	
股份制工业企业利润总额_累计值/亿元	42962.8	37179.1	32626.5	28692.1	25328	22145.5	16930.3	13380.6	10362.6	7550.5	4456.26	
股份制工业企业利润总额_上年同期累计值/亿元	42303.2	35824	31085	27022.8	23224.4	20015.9	15276.9	12257.1	9495.1	6918.6	4170.68	
股份制工业企业利润总额_累计增长(%)	1.6	3.8	5	6.2	9.1	10.6	10.8	9.2	9.1	9.1	6.9	
股份制工业企业亏损企业亏损总额_累计值/亿元	4741.7	4237.9	3962.7	3637.3	3271.7	2880	2201	1942.4	1660.4	1330.5	1038.24	
股份制工业企业亏损企业亏损总额_上年同期累计值/亿元	3763.6	3545.9	3394.3	3153.6	2934.7	2666.5	2002.4	1723.8	1452.6	1160.9	893.22	
股份制工业企业亏损企业亏损总额_累计增长(%)	26	19.5	16.7	15.3	11.5	8	9.9	12.7	14.3	14.6	16.2	
股份制工业企业应交增值税_累计值/亿元	22022.3	18888	16525	14479.1	12701.3	11041.6	8296.2	6727.3	5278.9	3897.9	2487.21	
股份制工业企业应交增值税_上年同期累计值/亿元	20762.8	17604.8	15317.5	13394.8	11676	10134.1	7622.2	6205.2	4870.6	3621.7	2322.56	
股份制工业企业应交增值税_累计增长(%)	6.1	7.3	7.9	8.1	8.8	9	8.8	8.4	8.4	7.6	7.1	

注：1. 从 2011 年起，规模以上工业企业起点标准由原来的年主营业务收入 500 万元提高到年主营业务收入 2000 万元。

2. 数据来自国家统计局。

2014 年私营工业企业主要经济指标

指　　标	2014 年 12 月	2014 年 11 月	2014 年 10 月	2014 年 9 月	2014 年 8 月	2014 年 7 月	2014 年 6 月	2014 年 5 月	2014 年 4 月	2014 年 3 月	2014 年 2 月	2014 年 1 月
私营工业企业单位数_累计值/个	203807	203806	203790	202793	202143	201696	200144	199657	199380	206822	203788	
私营工业企业亏损企业数_累计值/个	17058	19310	20547	21177	21608	22131	22645	23216	24823	29691	31352	
私营工业企业亏损企业数_上年同期累计值/个	14658	17221	18744	19865	20560	21373	21872	22258	24122	28643	30678	
私营工业企业亏损企业数_累计增长(%)	16.4	12.1	9.6	6.6	5.1	3.5	3.5	4.3	2.9	3.7	2.2	
私营工业企业流动资产合计_累计值/亿元	106585.9	106168.6	104595.8	102985.9	101198.4	99538.4	97225.7	95193.6	93277.8	91758.2	88672.59	
私营工业企业流动资产合计_上年同期累计值/亿元	97675.1	96610	94778.6	93040.2	91047.1	89419.8	86776.4	85079.4	83023.7	81485.9	78438.58	
私营工业企业流动资产合计_累计增长(%)	9.1	9.9	10.4	10.7	11.2	11.3	12	11.9	12.3	12.6	13.1	
私营工业企业应收账款_累计值/亿元	26897.1	26805.3	26037.5	25259.3	24766.6	24276.5	23800.1	23044.8	22353.5	21986.7	21003.95	
私营工业企业应收账款_上年同期累计值/亿元	24244.7	23760.1	22919.7	22293.8	21839.4	21411.8	20825.3	20059.3	19377.7	18929.9	18157.17	
私营工业企业应收账款_累计增长(%)	10.9	12.8	13.6	13.3	13.4	13.4	14.3	14.9	15.4	16.1	15.7	
私营工业企业存货_累计值/亿元	24458.2	24450.6	24216.1	23937.4	23679.9	23440	22671.8	22355.5	21930.7	21576.8	20922.34	
私营工业企业存货_上年同期累计值/亿元	22671.4	22435.2	22073.9	21757	21353.5	21073	20252.4	19958.3	19611.5	19278.9	18647.05	
私营工业企业存货_累计增长(%)	7.9	9	9.7	10	10.9	11.2	11.9	12	11.8	11.9	12.2	
私营工业企业产成品_累计值/亿元	10981.6	11016.7	10901	10735.8	10607.6	10415.9	10099.7	9858	9546.8	9172.3	8675.23	
私营工业企业产成品_上年同期累计值/亿元	9637.8	9582.3	9439.4	9237.1	9011.2	8840.3	8562.6	8397.4	8189.6	8000.3	7627.63	
私营工业企业产成品_累计增长(%)	13.9	15	15.5	16.2	17.7	17.8	17.9	17.4	16.6	14.7	13.7	
私营工业企业资产总计_累计值/亿元	206438.8	202416.4	198486.9	194632.3	190982	187985.3	182994.3	178939.7	175089.4	172106.8	167043.85	
私营工业企业资产总计_上年同期累计值/亿元	181701.3	176174.5	172264.7	168789.2	165370	162572.7	157884.4	154706.3	151725.8	149663.1	145512.89	
私营工业企业资产总计_累计增长(%)	13.6	14.9	15.2	15.3	15.5	15.6	15.9	15.7	15.4	15	14.8	
私营工业企业负债合计_累计值/亿元	107351.2	106715.3	105007.3	103801.7	102220.4	100861.8	99264.2	97297.1	95354.9	93984.7	90403.39	
私营工业企业负债合计_上年同期累计值/亿元	97611	96255.8	94735.9	93485	92019.4	90466.2	88258.4	86422.7	84801.8	83409.6	80480.46	
私营工业企业负债合计_累计增长(%)	10	10.9	10.8	11	11.1	11.5	12.5	12.6	12.4	12.7	12.3	
私营工业企业主营业务收入_累计值/亿元	369554.1	333092.3	298279.8	264428.1	231414.5	201309.9	167848	134753.3	104891.1	75923.4	45981.6	
私营工业企业主营业务收入_上年同期累计值/亿元	338355	304025.1	270964.8	239497.2	208387.7	179998.3	150265	120754	93669.1	68182.8	41063.02	
私营工业企业主营业务收入_累计增长(%)	9.2	9.6	10.1	10.4	11.1	11.8	11.7	11.6	12	11.3	12	
私营工业企业主营业务成本_累计值/亿元	321823	291352.9	261582	232162.6	203234	176673.1	147110.3	117912.6	91627.6	66117.1	39817.1	

（续）

指标	2014年12月	2014年11月	2014年10月	2014年9月	2014年8月	2014年7月	2014年6月	2014年5月	2014年4月	2014年3月	2014年2月	2014年1月
私营工业企业主营业务成本_上年同期累计值/亿元	292093	264302.9	236337	209111.2	182060.2	157049.2	130529.1	104486.3	80893.8	58720.5	35148.94	
私营工业企业主营业务成本_累计增长(%)	10.2	10.2	10.7	11	11.6	12.5	12.7	12.8	13.3	12.6	13.3	
私营工业企业主营业务税金及附加_累计值/亿元	2480.8	2154.1	1882.6	1644.4	1429	1237.4	1042.3	836.1	654.9	482.3	297.63	
私营工业企业主营业务税金及附加_上年同期累计值/亿元	2255.3	1926.8	1662.3	1437.9	1237.7	1060.2	885.5	710.2	550.5	409	251.01	
私营工业企业主营业务税金及附加_累计增长(%)	10	11.8	13.3	14.4	15.5	16.7	17.7	17.7	18.9	17.9	18.6	
私营工业企业销售费用_累计值/亿元	7770.8	6923.7	6182.8	5470.3	4769	4139.5	3455.5	2785.1	2184.2	1611.7	1008.41	
私营工业企业销售费用_上年同期累计值/亿元	6985.1	6154.6	5446.7	4813.2	4188.8	3620.8	3008	2433.9	1892.2	1396.9	874.11	
私营工业企业销售费用_累计增长(%)	11.3	12.5	13.5	13.7	13.8	14.3	14.9	14.4	15.4	15.4	15.4	
私营工业企业管理费用_累计值/亿元	10764	9482.4	8464.7	7496.4	6550.3	5702.4	4783.1	3887.2	3075.9	2291.7	1452.36	
私营工业企业管理费用_上年同期累计值/亿元	9873.8	8569.3	7568.9	6684.1	5822.6	5035.9	4204.6	3421.6	2692.7	2004.6	1266.68	
私营工业企业管理费用_累计增长(%)	9	10.7	11.8	12.2	12.5	13.2	13.8	13.6	14.2	14.3	14.7	
私营工业企业财务费用_累计值/亿元	3649.5	3268.2	2945.6	2633.6	2295	2013.3	1697.4	1368.7	1090.5	819.1	509.66	
私营工业企业财务费用_上年同期累计值/亿元	3394	3027.1	2708	2410.1	2096.2	1827.1	1525.7	1228.5	971.7	730.3	444.75	
私营工业企业财务费用_累计增长(%)	7.5	8	8.8	9.3	9.5	10.2	11.3	11.4	12.2	12.2	14.6	
私营工业企业利息支出_累计值/亿元	2857.7	2536	2281.8	2045.4	1785.5	1553.2	1325.3	1060.8	850	637.7	388.55	
私营工业企业利息支出_上年同期累计值/亿元	2676.8	2361.7	2115.7	1874.6	1638.1	1419.8	1190.2	956.4	761.7	569.5	345.21	
私营工业企业利息支出_累计增长(%)	6.8	7.4	7.9	9.1	9	9.4	11.3	10.9	11.6	12	12.6	
私营工业企业利润总额_累计值/亿元	22322.6	19065.1	16491.7	14300.4	12462.8	10894	9104.9	7335.1	5717.6	4191.4	2603.27	
私营工业企业利润总额_上年同期累计值/亿元	21278.8	17784.1	15178.5	13040.1	11190.1	9608.1	8024	6495.4	5022.2	3668.7	2236.06	
私营工业企业利润总额_累计增长(%)	4.9	7.2	8.7	9.7	11.4	13.4	13.5	12.9	13.8	14.3	16.4	
私营工业企业亏损企业亏损总额_累计值/亿元	875.9	873.1	838.3	796.2	717.2	630.5	563.6	490	424.5	366	267.57	
私营工业企业亏损企业亏损总额_上年同期累计值/亿元	765.9	777.1	770.6	727	688.2	642	550.5	458.5	387.7	328.8	240.49	
私营工业企业亏损企业亏损总额_累计增长(%)	14.4	12.3	8.8	9.5	4.2	-1.8	2.4	6.9	9.5	11.3	11.3	
私营工业企业应交增值税_累计值/亿元	9827.7	8277.9	7126.9	6166.3	5360.6	4659.3	3915.3	3158.3	2459.2	1824.4	1144.34	
私营工业企业应交增值税_上年同期累计值/亿元	9132.4	7525.6	6405.5	5516.1	4768.8	4120.9	3470.3	2802.7	2175.1	1615.6	1001.2	
私营工业企业应交增值税_累计增长(%)	7.6	10	11.3	11.8	12.4	13.1	12.8	12.7	13.1	12.9	14.3	

注：1. 从2011年起，规模以上工业企业起点标准由原来的年主营业务收入500万元提高到年主营业务收入2000万元。

2. 数据来自国家统计局。

2014 年外商及港澳台投资工业企业主要经济指标

指标	2014 年 12 月	2014 年 11 月	2014 年 10 月	2014 年 9 月	2014 年 8 月	2014 年 7 月	2014 年 6 月	2014 年 5 月	2014 年 4 月	2014 年 3 月	2014 年 2 月	2014 年 1 月
外商及港澳台投资工业企业单位数_累计值/个	55715	55714	55713	55632	55574	55514	55837	55789	55762	57865	57509	
外商及港澳台投资工业企业亏损企业数_累计值/个	11142	12543	12964	13288	13546	13993	14662	15200	16175	18797	19951	
外商及港澳台投资工业企业亏损企业数_上年同期累计值/个	10692	12280	13091	13493	13893	14406	14910	15224	16241	18665	19817	
外商及港澳台投资工业企业亏损企业数_累计增长(%)	4.2	2.1	-1	-1.5	-2.5	-2.9	-1.7	-0.2	-0.4	0.7	0.7	
外商及港澳台投资工业企业流动资产合计_累计值/亿元	115225.7	116769.5	115295.8	114118.8	112576.9	111467.6	111263.1	110355.5	109422.5	108290	105621.02	
外商及港澳台投资工业企业流动资产合计_上年同期累计值/亿元	108727.1	109836.7	107974.2	106979.1	104965.8	103488.6	103342.2	103136.3	102671.9	101480	98928.99	
外商及港澳台投资工业企业流动资产合计_累计增长(%)	6	6.3	6.8	6.7	7.3	7.7	7.7	7	6.6	6.7	6.8	
外商及港澳台投资工业企业应收账款_累计值/亿元	35024.9	35884.6	34741.5	33989.9	33027.6	32618.7	32883.3	32294.8	31869	31160	30214.06	
外商及港澳台投资工业企业应收账款_上年同期累计值/亿元	32358.2	33278.4	32125.1	31799.5	31113.1	30405.9	30482.7	30023.5	29774.6	29254.5	28510.7	
外商及港澳台投资工业企业应收账款_累计增长(%)	8.2	7.8	8.1	6.9	6.2	7.3	7.9	7.6	7	6.5	6	
外商及港澳台投资工业企业存货_累计值/亿元	24992.3	25685.4	25733.5	25587.9	25613.4	25357.2	24933.1	24923.3	24660.7	24511.3	24221.34	
外商及港澳台投资工业企业存货_上年同期累计值/亿元	24200.2	24247	24091.7	23929.7	24007.6	23770.2	23599.9	23792.6	23698.9	23637.3	23427.99	
外商及港澳台投资工业企业存货_累计增长(%)	3.3	5.9	6.8	6.9	6.7	6.7	5.6	4.8	4.1	3.7	3.4	
外商及港澳台投资工业企业产成品_累计值/亿元	8902.6	9001.7	8907.3	8822.2	8895.2	8814.4	8552.1	8559.6	8388.2	8216.7	7890.97	
外商及港澳台投资工业企业产成品_上年同期累计值/亿元	7982	7925.7	7850.8	7721.1	7762.2	7701.5	7616.9	7658.8	7578	7544.2	7288.28	
外商及港澳台投资工业企业产成品_累计增长(%)	11.5	13.6	13.5	14.3	14.6	14.5	12.3	11.8	10.7	8.9	8.3	
外商及港澳台投资工业企业资产总计_累计值/亿元	198465.9	198165	195958	194165	191811.1	190346.2	189163.5	187234.9	185856.6	184489.7	181031.34	
外商及港澳台投资工业企业资产总计_上年同期累计值/亿元	186368.8	185337.8	182107.7	180305.9	177776.3	175575.4	175092.4	174221.6	173503.1	172339	169199.63	
外商及港澳台投资工业企业资产总计_累计增长(%)	6.5	6.9	7.6	7.7	7.9	8.4	8	7.5	7.1	7	7	
外商及港澳台投资工业企业负债合计_累计值/亿元	109983.8	111370.1	110292.8	109260.1	107785.8	107130	106887.1	105628.1	104713.6	103173.1	100272.55	
外商及港澳台投资工业企业负债合计_上年同期累计值/亿元	104612.4	104697.6	103166.8	102323.2	100692.4	99412.4	99481.8	99076.9	98955.8	97462.3	95144.4	
外商及港澳台投资工业企业负债合计_累计增长(%)	5.1	6.4	6.9	6.8	7	7.8	7.4	6.6	5.8	5.9	5.4	
外商及港澳台投资工业企业主营业务收入_累计值/亿元	254401	230004.3	207523.5	185592.5	162840.2	141980	121656.9	99425	78331.1	57582.8	35692.83	
外商及港澳台投资工业企业主营业务收入_上年同期累计值/亿元	241116.8	217405.1	195117	174236.9	152567.7	132407	113735.2	93180.1	73086.6	53735.6	33240.71	
外商及港澳台投资工业企业主营业务收入_累计增长(%)	5.5	5.8	6.4	6.5	6.7	7.2	7	6.7	7.2	7.2	7.4	
外商及港澳台投资工业企业主营业务成本_累计值/亿元	217613	197377.4	178388.7	159552.9	140022.1	122009.3	104508.5	85456.1	67377.5	49526.7	30676.14	
外商及港澳台投资工业企业主营业务成本_上年同期累计值/亿元	206496.8	187058	168293.3	150391.6	131785.9	114396.9	98181.6	80410.1	63137.7	46376.5	28625.24	

（续）

指　标	2014年12月	2014年11月	2014年10月	2014年9月	2014年8月	2014年7月	2014年6月	2014年5月	2014年4月	2014年3月	2014年2月	2014年1月
外商及港澳台投资工业企业主营业务成本_累计增长(%)	5.4	5.5	6	6.1	6.2	6.7	6.4	6.3	6.7	6.8	7.2	
外商及港澳台投资工业企业主营业务税金及附加_累计值/亿元	2215.9	1982.4	1777.8	1588.4	1409.4	1225.5	1060.7	873	689.3	508.8	319.89	
外商及港澳台投资工业企业主营业务税金及附加_上年同期累计值/亿元	2146.9	1908.6	1699.6	1507.2	1314.9	1131.7	965.1	799.6	625.3	463.7	289.11	
外商及港澳台投资工业企业主营业务税金及附加_累计增长(%)	3.2	3.9	4.6	5.4	7.2	8.3	9.9	9.2	10.2	9.7	10.7	
外商及港澳台投资工业企业销售费用_累计值/亿元	8198.2	7366.6	6678.8	5993.4	5288	4581.6	3912.1	3206.2	2512	1838.2	1156.92	
外商及港澳台投资工业企业销售费用_上年同期累计值/亿元	7757	6940.3	6247	5606	4908.4	4265.4	3639.7	2979.8	2329.6	1707.6	1069.7	
外商及港澳台投资工业企业销售费用_累计增长(%)	5.7	6.1	6.9	6.9	7.7	7.4	7.5	7.6	7.8	7.7	8.2	
外商及港澳台投资工业企业管理费用_累计值/亿元	10146.6	8944	8066.9	7213.8	6316.8	5483.1	4688.5	3821.3	3037.6	2269.2	1444.76	
外商及港澳台投资工业企业管理费用_上年同期累计值/亿元	9419.7	8253.3	7403.5	6613.2	5795.4	5040.1	4315	3506.5	2777.6	2077.4	1313.29	
外商及港澳台投资工业企业管理费用_累计增长(%)	7.7	8.4	9	9.1	9	8.8	8.7	9	9.4	9.2	10	
外商及港澳台投资工业企业财务费用_累计值/亿元	1606.4	1497.9	1396	1259.6	1150.3	1017	889.1	776.2	637.5	487.7	303.32	
外商及港澳台投资工业企业财务费用_上年同期累计值/亿元	1406.9	1321.5	1204.4	1071.9	939.5	799.7	667.3	540.4	444.1	360.6	241.5	
外商及港澳台投资工业企业财务费用_累计增长(%)	14.2	13.3	15.9	17.5	22.4	27.2	33.2	43.6	43.6	35.2	25.6	
外商及港澳台投资工业企业利息支出_累计值/亿元	1795.9	1588.9	1433.6	1292.7	1143.2	995.6	850.7	691.3	547.9	407.9	254.52	
外商及港澳台投资工业企业利息支出_上年同期累计值/亿元	1638.9	1475.4	1328.4	1194.2	1044.5	912.6	778.2	641.6	513.9	380.7	242.06	
外商及港澳台投资工业企业利息支出_累计增长(%)	9.6	7.7	7.9	8.2	9.4	9.1	9.3	7.7	6.6	7.1	5.2	
外商及港澳台投资工业企业利润总额_累计值/亿元	15971.8	13732.3	12045.3	10679.4	9276.3	8090.2	6917.6	5529.7	4223.1	3011.3	1814.98	
外商及港澳台投资工业企业利润总额_上年同期累计值/亿元	14586.7	12444.8	10698.7	9396.9	8160.9	6971.3	6000.1	4920.4	3746.1	2677.2	1585.41	
外商及港澳台投资工业企业利润总额_累计增长(%)	9.5	10.3	12.6	13.6	13.7	16.1	15.3	12.4	12.7	12.5	14.5	
外商及港澳台投资工业企业亏损企业亏损总额_累计值/亿元	1582.9	1463.8	1417.6	1317.7	1257.6	1123.6	996.6	890.8	776.4	650.2	472.29	
外商及港澳台投资工业企业亏损企业亏损总额_上年同期累计值/亿元	1462.7	1392.6	1345.9	1260.1	1184.6	1097.9	953	821.4	708.4	581.6	452.83	
外商及港澳台投资工业企业亏损企业亏损总额_累计增长(%)	8.2	5.1	5.3	4.6	6.2	2.3	4.6	8.4	9.6	11.8	4.3	
外商及港澳台投资工业企业应交增值税_累计值/亿元	6124.2	5227.9	4511.1	3978.2	3489.2	3049.5	2655.6	2183.7	1724.3	1303.9	821.48	
外商及港澳台投资工业企业应交增值税_上年同期累计值/亿元	5944.5	4928	4238.4	3700.8	3221.6	2771.2	2378.8	1951.5	1572	1183.3	747.43	
外商及港澳台投资工业企业应交增值税_累计增长(%)	3	6.1	6.4	7.5	8.3	10	11.6	11.9	9.7	10.2	9.9	

注：1. 从2011年起，规模以上工业企业起点标准由原来的年主营业务收入500万元提高到年主营业务收入2000万元

2. 数据来自国家统计局。

2014 年工业主要产品产量（摘录）

发电设备指标	2014 年 12 月	2014 年 11 月	2014 年 10 月	2014 年 9 月	2014 年 8 月	2014 年 7 月	2014 年 6 月	2014 年 5 月	2014 年 4 月	2014 年 3 月	2014 年 2 月	2014 年 1 月
发电设备产量_当月值/万 kW	1585.5	1307.5	1217.5	1566.5	1403.6	1170.1	1155.9	1319.5	1079.5	1458.1		
发电设备产量_累计值/万 kW	15360.3	13722.5	12527.7	11265.3	9691.8	8338.1	7012.8	5670.3	4046.5	2993.3	1549.8	
发电设备产量_同比增长(%)	5.7	0.2	-5.2	7.9	26.3	33.1	-33.9	-7.3	9.6	23.2		
发电设备产量_累计增长(%)	9.2	9.2	10.5	12	13.1	8.6	2.9	13.7	23.1	30	34.8	
电工仪器仪表指标	2014 年 12 月	2014 年 11 月	2014 年 10 月	2014 年 9 月	2014 年 8 月	2014 年 7 月	2014 年 6 月	2014 年 5 月	2014 年 4 月	2014 年 3 月	2014 年 2 月	2014 年 1 月
电工仪器仪表产量_当月值/万 kW	1585.5	1307.5	1217.5	1566.5	1403.6	1170.1	1155.9	1319.5	1079.5	1458.1		
电工仪器仪表产量_累计值/万 kW	15360.3	13722.5	12527.7	11265.3	9691.8	8338.1	7012.8	5670.3	4046.5	2993.3	1549.8	
电工仪器仪表产量_同比增长(%)	5.7	0.2	-5.2	7.9	26.3	33.1	-33.9	-7.3	9.6	23.2		
电工仪器仪表产量_累计增长(%)	9.2	9.2	10.5	12	13.1	8.6	2.9	13.7	23.1	30	34.8	
房间空气调节器指标	2014 年 12 月	2014 年 11 月	2014 年 10 月	2014 年 9 月	2014 年 8 月	2014 年 7 月	2014 年 6 月	2014 年 5 月	2014 年 4 月	2014 年 3 月	2014 年 2 月	2014 年 1 月
房间空气调节器产量_当月值/万台	1280.4	1142.3	1101.4	1163.5	1113.7	1231.6	1587.8	1690.5	1685.5	1749.2		
房间空气调节器产量_累计值/万台	15716.9	14516	13397.8	12296.3	11132.6	10003.9	8840.2	7252.5	5692.9	4009	2258.2	
房间空气调节器产量_同比增长(%)	0.1	8.2	8.3	7.8	12.5	7.4	23.2	16	9	12.2		
房间空气调节器产量_累计增长(%)	11.5	13.8	13.3	13.9	14.6	14.7	16.3	14.4	16.2	19.9	16.3	
程控交换机指标	2014 年 12 月	2014 年 11 月	2014 年 10 月	2014 年 9 月	2014 年 8 月	2014 年 7 月	2014 年 6 月	2014 年 5 月	2014 年 4 月	2014 年 3 月	2014 年 2 月	2014 年 1 月
程控交换机产量_当月值/万线	286.6	318.9	276.4	277	247.8	269.3	279.3	321.7	265	232.7		
程控交换机产量_累计值/万线	3123.1	2838	2518.9	2242.5	1965.6	1751	1481.7	1206.6	881.9	615	831	
程控交换机产量_同比增长(%)	-5.3	3	6.8	-1.2	2.3	13.4	6.7	90.8	23.7	51.5		
程控交换机产量_累计增长(%)	14.8	13.1	17.6	20.2	23.2	24	25.5	33.5	21.2	19.2	56.8	
移动通信基站指标	2014 年 12 月	2014 年 11 月	2014 年 10 月	2014 年 9 月	2014 年 8 月	2014 年 7 月	2014 年 6 月	2014 年 5 月	2014 年 4 月	2014 年 3 月	2014 年 2 月	2014 年 1 月
移动通信基站设备产量_当月值/万信道	3609	2464.1	2027.1	2470.9	2874.8	3770.1	3905.6	2688.9	2255.9	2884.1		
移动通信基站设备产量_累计值/万信道	35395.1	31773	29308.8	27281.7	24811.1	21899.1	17982.1	14000.3	9441.5	7176.7	4156.3	
移动通信基站设备产量_同比增长(%)	25.8	71.9	49.8	80.4	80.4	140.1	142.2	153.1	151.3	216.3		
移动通信基站设备产量_累计增长(%)	105.7	121.4	127	136.1	143.6	157.4	146	179.8	158	161.5	136.9	

（续）

移动通信手持机指标	2014年12月	2014年11月	2014年10月	2014年9月	2014年8月	2014年7月	2014年6月	2014年5月	2014年4月	2014年3月	2014年2月	2014年1月
移动通信手持机产量_当月值/万台	17098.4	16824.1	15513.4	16303.9	13642.1	13980.8	15655.7	14753.8	14159.5	14793.2		
移动通信手持机产量_累计值/万台	176444.3	158705.2	142189.3	129261.6	112258.3	98573.9	84593.9	68750.1	53591.5	38724.5	22846.7	
移动通信手持机产量_同比增长(%)	7.8	−0.3	1	7.6	−2.3	10.1	19.8	9.5	14.5	23		
移动通信手持机产量_累计增长(%)	7.5	7.4	8.4	11.1	11.2	13.5	14	12.4	14.9	14.7	5.4	
电子计算机整机指标	2014年12月	2014年11月	2014年10月	2014年9月	2014年8月	2014年7月	2014年6月	2014年5月	2014年4月	2014年3月	2014年2月	2014年1月
电子计算机整机产量_当月值/台	41161000	44211000	38451000	36474000	31279000	30978000	34688000	29629000	28739000	30959000		
电子计算机整机产量_累计值/台	405767000	364650000	320402000	281760000	245221000	215578000	184809000	148614000	113393000	84689000	55134000	
电子计算机整机产量_同比增长(%)	−10.9	−2.8	2	4.5	−10.9	1.9	15.4	7.5	2.6	1.9		
电子计算机整机产量_累计增长(%)	−0.8	0.6	1.2	0.9	0.4	4.5	5	2.6		−0.8	0.3	
微型计算机设备指标	2014年12月	2014年11月	2014年10月	2014年9月	2014年8月	2014年7月	2014年6月	2014年5月	2014年4月	2014年3月	2014年2月	2014年1月
微型计算机设备产量_当月值/万台	3408.5	3699.6	3268.8	3187.7	2674.3	2616.2	3001.7	2602.2	2580.6	2910.4		
微型计算机设备产量_累计值/万台	35090.7	31401.3	27698.2	24410.5	21216.3	18705.7	16083.1	13079	10191.3	7973.6	5204.5	
微型计算机设备产量_同比增长(%)	−13.6	−11.6	−3.8	1.1	−8.5	2.6	18.4	12.6	5.9	7.1		
微型计算机设备产量_累计增长(%)	−3.1	−0.2	1.7	2.2	2.3	6.8	7.5	5.2	2.6	2.6	2.9	
集成电路指标	2014年12月	2014年11月	2014年10月	2014年9月	2014年8月	2014年7月	2014年6月	2014年5月	2014年4月	2014年3月	2014年2月	2014年1月
集成电路产量_当月值/万块	1011760.4	943035.4	913000	935000	933000	938696.3	886303.5	858011.3	798000	746000		
集成电路产量_累计值/万块	10348295.2	9362000	8423417.7	7554000	6618000	5780000	4633449	3737351.6	2824000	2005000	1227000	
集成电路产量_同比增长(%)	25.6	14.9	14.3	9.7	7.5	11.3	6.4	10.3	15	4.5		
集成电路产量_累计增长(%)	12.9	11.8	9.5	9.1	8.8	11.2	7.4	10.8	10	4.2	5.5	
彩色电视机指标	2014年12月	2014年11月	2014年10月	2014年9月	2014年8月	2014年7月	2014年6月	2014年5月	2014年4月	2014年3月	2014年2月	2014年1月
彩色电视机产量_当月值/万台	1444.5	1394.3	1299	1704	1387.9	1165.7	1085.7	1215	1353.9	1330		
彩色电视机产量_累计值/万台	15542	14162.5	12670	11371.4	9683.6	8319.2	7065	5861.3	4522.5	3132.1	1800.4	

（续）

彩色电视机指标	2014年12月	2014年11月	2014年10月	2014年9月	2014年8月	2014年7月	2014年6月	2014年5月	2014年4月	2014年3月	2014年2月	2014年1月
彩色电视机产量_同比增长(%)	-6.7	-6.5	-5.5	7	3	14.2	7.4	18.7	15.7	19.9		
彩色电视机产量_累计增长(%)	6.2	8	9	11	11.9	14.1	12.6	13.4	11.5	8.5	2.2	
电工仪器仪表指标	2014年12月	2014年11月	2014年10月	2014年9月	2014年8月	2014年7月	2014年6月	2014年5月	2014年4月	2014年3月	2014年2月	2014年1月
电工仪器仪表产量_当月值/万台	1582	1389.9	1438.2	1488.8	1470.4	1435.8	1513.8	1271.6	919	945.6		
电工仪器仪表产量_累计值/万台	15346.7	13766.2	12377.4	11153.6	9676.4	8230	6910.4	5076.4	3513	2606.1	1364.6	
电工仪器仪表产量_同比增长(%)	3	-5.9	8.6	9.3	10	-1	-1.7	5.2	-9.5	-9.2		
电工仪器仪表产量_累计增长(%)	1.3	1.2	2.3	1.9	0.8	1	-0.2	3.1	3.2	6	11.1	
发电量指标	2014年12月	2014年11月	2014年10月	2014年9月	2014年8月	2014年7月	2014年6月	2014年5月	2014年4月	2014年3月	2014年2月	2014年1月
发电量_当月值/亿kW·h	4902.2	4487.2	4446.4	4541.7	4959.3	5047.9	4580.7	4415.9	4250.2	4527.7	3833.6	
发电量_累计值/亿kW·h	54637.6	49745.5	45233.9	40754.8	36200	31248.7	26163.3	21488.9	17026.6	12719.4	8161.7	
发电量_同比增长(%)	1.3	0.6	1.9	4.1	-2.2	3.3	5.7	5.9	4.4	6.2	16	
发电量_累计增长(%)	3.2	3.9	4.2	4.4	4.4	5.5	5.8	5.7	5.6	5.8	5.5	
汽车指标	2014年12月	2014年11月	2014年10月	2014年9月	2014年8月	2014年7月	2014年6月	2014年5月	2014年4月	2014年3月	2014年2月	2014年1月
汽车产量_当月值/万辆	225.3	232.7	219.3	215.1	184.6	185.8	203.4	212.5	220.4	236.3		
汽车产量_累计值/万辆	2389.5	2301.6	2069	1849.7	1634.8	1450.6	1266.9	1061.1	848.4	626	386.9	
汽车产量_同比增长(%)	3.7	2.6	6.8	4.5	3.1	10.5	11.2	12.2	7.9	7.3		
汽车产量_累计增长(%)	7.1	8.4	9	9.3	9.9	10.9	10.9	10.8	8.3	10.8	12.5	
轿车指标	2014年12月	2014年11月	2014年10月	2014年9月	2014年8月	2014年7月	2014年6月	2014年5月	2014年4月	2014年3月	2014年2月	2014年1月
轿车产量_当月值/万辆	114.1	118.5	117.4	117.5	101.5	102.1	110.2	114.2	114.7	120.7		
轿车产量_累计值/万辆	1253.1	1227	1108	990.3	873.3	771.5	669.6	558.1	444	329.3	206.9	
轿车产量_同比增长(%)	-1.5	-4.5	5.6	5.4	0.7	6.8	9.5	12.7	3.4	4.4		
轿车产量_累计增长(%)	3.9	5.9	7.1	7.1	7.4	8.3	8.5	7.8	3.1	6.8	7.8	

注：数据来自国家统计局。

2014 年固定资产投资情况

指　　标	2014 年 12 月	2014 年 11 月	2014 10 月	2014 年 9 月	2014 年 8 月	2014 年 7 月	2014 年 6 月	2014 年 5 月	2014 年 4 月	2014 年 3 月	2014 年 2 月	2014 年 1 月
固定资产投资完成额_累计值/亿元	502004.9	451067.58	406160.6	357787.18	305786.48	259492.91	212770.45	153716.49	107077.83	68321.71	30283.03	
固定资产投资完成额_累计增长(%)	15.7	15.8	15.9	16.1	16.5	17	17.3	17.2	17.3	17.6	17.9	
国有及国有控股固定资产投资额_累计值/亿元	161628.97	142310.55	127992.5	112369.38	95395.73	80740.89	65666.8	47318.55	32734.91	20643.7	9288.67	
国有及国有控股固定资产投资额_累计增长(%)	13	13.7	14	14.1	14.2	14.7	14.8	15.1	14.4	14.5	13.7	
房地产开发投资额_累计值/亿元	95035.61	86601.36	77220.27	68751.21	58974.51	50381.25	42018.62	30738.58	22321.56	15339.24	7955.98	
房地产开发投资额_累计增长(%)	10.5	11.9	12.4	12.5	13.2	13.7	14.1	14.7	16.4	16.8	19.3	
第一产业固定资产投资完成额_累计值/亿元	11983.16	10898.68	9828.97	8642.45	7307.65	6039.63	4820.43	3296.35	2145.65	1169.56	406.15	
第一产业固定资产投资完成额_累计增长(%)	33.9	29.9	28.9	27.7	26.3	25.1	24.1	20.8	21.2	25.8	20.9	
第二产业固定资产投资完成额_累计值/亿元	208106.86	188190.32	170260.83	150179.63	128752.08	109120.01	89185.72	64593.84	44797.28	28253.77	11705.06	
第二产业固定资产投资完成额_累计增长(%)	13.2	13.3	13.4	13.7	13.7	13.9	14.3	14	14.5	14.7	13.7	
第三产业固定资产投资完成额_累计值/亿元	281914.89	251978.58	226070.81	198965.11	169726.75	144333.27	118764.29	85826.3	60134.9	38898.38	18171.82	
第三产业固定资产投资完成额_累计增长(%)	16.8	17.1	17.4	17.4	18.2	19.2	19.5	19.5	19.2	19.6	20.8	
中央项目固定资产投资完成额_累计值/亿元	25370.78	22054.19	19405.96	16773.32	14054.48	11689.32	9553.85	6640.77	4623.46	2989.5	1489.14	
中央项目固定资产投资完成额_累计增长(%)	10.8	7.3	10.4	12.2	11.3	10.8	14.6	8.7	5.7	11.3	11.9	
地方项目固定资产投资完成额_累计值/亿元	476634.12	429013.39	386754.65	341013.87	291732	247803.6	203216.6	147075.71	102454.37	65332.22	28793.89	
地方项目固定资产投资完成额_累计增长(%)	15.9	16.2	16.2	16.2	16.7	17.3	17.5	17.6	17.8	17.9	18.3	
新建固定资产投资完成额_累计值/亿元	256425.06	232460.72	210870.69	186107.44	158385.87	134257.8	110118.28	79119.57	54381.66	33810.41	14360.96	
新建固定资产投资完成额_累计增长(%)	18.7	19.3	19.5	19.9	19.8	20.2	21	20.3	20.4	20	17.8	
扩建固定资产投资完成额_累计值/亿元	60224.08	53816.33	48593.64	42756.87	36719.06	31194.27	25106.53	18317.9	12762.39	8083.74	3393.91	
扩建固定资产投资完成额_累计增长(%)	12	9.8	9.2	9.7	10.5	12.1	10.7	10.3	10.6	15.2	16.5	
改建固定资产投资完成额_累计值/亿元	69164.55	60821.06	54048.26	46976.19	40296.69	34142.15	27812.1	20120.38	13935.19	8836.39	3633.54	
改建固定资产投资完成额_累计增长(%)	11.5	14.3	14.5	14.2	15.1	16	16.8	18	16.3	16.7	21.4	
建筑安装工程固定资产投资完成额_累计值/亿元	341412.13	307481.54	278440.94	245549.61	209701.6	178025.74	145944.19	105598.67	73804.37	47173.04	21463.2	
建筑安装工程固定资产投资完成额_累计增长(%)	18.1	17.8	18.4	18.8	18.9	19.7	20.4	20.2	20.7	20.9	21.2	
设备工器具购置固定资产投资完成额_累计值/亿元	99679.84	88907.22	78974.67	68959.83	59011.45	49778.87	40447.5	29254.33	20102.24	12638.68	5330.39	
设备工器具购置固定资产投资完成额_累计增长(%)	12.2	12.5	11.3	11	11.9	12.1	11.6	11.3	10.3	10.4	9.6	

（续）

指　标	2014年12月	2014年11月	2014 10月	2014年9月	2014年8月	2014年7月	2014年6月	2014年5月	2014年4月	2014年3月	2014年2月	2014年1月
其他费用固定资产投资完成额_累计值/亿元	60912.94	54678.82	48745	43277.74	37073.43	31688.3	26378.76	18863.49	13171.22	8510	3489.45	
其他费用固定资产投资完成额_累计增长(%)	8.7	10.1	10.1	9.7	10.6	10.8	10.7	10.6	10.5	11.5	12.5	
房屋施工面积_累计值/万 m^2	1249184.52	1206261.33	1159405.69	1115243.05	1066657.67	1008463.93	974469.31	895604.99	815936.94	753498.58	682227.23	
房屋施工面积_累计增长(%)	1.9	2.5	4.9	5.2	5.2	4.6	7	8.4	8.3	10.8	14.6	
房屋竣工面积_累计值/万 m^2	257304.82	176164.35	147554.87	124223.15	104753.57	88589.79	74517.2	57026.51	41919.39	29337.49	17094.69	
房屋竣工面积_累计增长(%)	0.4	4.3	0.8	-0.6	0.1	3	5.6	6.2	2	-3	-5.6	
新增固定资产投资_累计值/亿元	336551.08	237375.9	200112.93	165761.37	137742.61	111443.71	89381.3	64096.49	44725.35	29346.41	13692.71	
新增固定资产投资_累计增长(%)	25.4	24.2	23.8	22.3	24.4	21.3	21.5	19.3	16.7	13.7	-0.4	

注：数据来自国家统计局。

2014 年民间固定资产投资

指　标	2014年12月	2014年11月	2014年10月	2014年9月	2014年8月	2014年7月	2014年6月	2014年5月	2014年4月	2014年3月	2014年2月	2014年1月
民间固定资产投资_累计值/亿元	321576	291323	262649	231509	198388	168503	138607	100131	69540	44303	19112	
民间固定资产投资_累计增长(%)	18.1	17.9	18	18.3	19	19.6	20.1	19.9	20.4	20.9	21.5	
第一产业民间固定资产投资_累计值/亿元	9562	8615	7738	6776	5751	4755	3798	2586	1693	959	340	
第一产业民间固定资产投资_累计增长(%)	37.9	32.9	31.8	31.2	31.7	31.1	29.9	25.1	24.5	25.9	24.3	
第二产业民间固定资产投资_累计值/亿元	161731	146994	133169	117444	100750	85393	69751	50565	34859	21847	8838	
第二产业民间固定资产投资_累计增长(%)	16.7	16.6	16.6	17	17.2	17.5	17.8	17.7	18.6	19.2	19.2	
第三产业民间固定资产投资_累计值/亿元	150282	135714	121742	107289	91887	78355	65058	46980	32988	21497	9934	
第三产业民间固定资产投资_累计增长(%)	18.6	18.4	18.7	18.9	20.2	21.2	22	22	22	22.4	23.8	

注：数据来自国家统计局。

第三篇　电源行业发展报告

2014 年中国电源学会会员企业 30 强名单

序号	公司名称	主要产品
1	台达电子企业管理（上海）有限公司	通信电源及系统，UPS，计算机及网络设备用交换式电源供应器，电脑及消费电子适配器，直流模块电源，照明及背光电源，变频器及工业自动化系统，太阳能、风能变换器及新能源发电系统，新能源汽车车载电源系统
2	华为技术有限公司网络能源产品线	一次电源，二次电源，空调，UPS，逆变器
3	理士国际技术有限公司	铅酸蓄电池
4	中兴通讯股份有限公司动力产品线	通信电源，UPS，太阳能控制器，通信设备
5	深圳市航嘉驰源电气股份有限公司	PC 电源，机箱，电源适配器，移动电源，电源转换器，充电器
6	安泰科技股份有限公司非晶金属事业部	非晶带材，纳米晶带材，非晶电抗器铁心，高压电流互感器铁心，功率变压器铁心，精密电流互感器铁心，零序电流互感器铁心、共模电感铁心等铁心产品，电抗器、滤波器、纳米晶共模电感等元器件产品及稀土永磁材料，粉末冶金制品，金刚石工具，精细金属制品，高速工模具钢等
7	艾默生网络能源有限公司	UPS 电源，通信电源，空调，风能，监控，中压变频器
8	中国长城计算机深圳股份有限公司电源事业部	PC 电源，服务器电源，适配器，LED 驱动等各类电源
9	阳光电源股份有限公司	光伏逆变器，风能变流器，储能变流器等
10	深圳市汇川技术股份有限公司	变频器，伺服驱动器，PLC，HMI，伺服/直驱电动机，传感器，一体化控制器及专机，工业视觉，机器人控制器，电动汽车电机控制器等
11	广东易事特电源股份有限公司	UPS，EPS 电源，分布式发电设备，电动汽车充电桩
12	哈尔滨光宇电源股份有限公司	电池，电源柜
13	厦门科华恒盛股份有限公司	信息化设备用 UPS 电源、工业动力 UPS 电源系统设备，建筑工程电源，数据中心产品，新能源产品，配套产品
14	青岛云路新能源科技有限公司	微波炉变压器，空调电抗器，高，低频变压器，PFC 电感
15	深圳科士达科技股份有限公司	UPS 电源，精密空调，蓄电池，机柜，光伏逆变器，储能
16	深圳市英威腾电气股份有限公司	UPS 电源，EPS 电源，逆变电源及机房配套产品
17	北京动力源科技股份有限公司	通信电源，EPS，高压变频器，新能源电源
18	田村（中国）企业管理有限公司	电源，变压器，电抗器等
19	伊戈尔电气股份有限公司	变压器，电源类产品
20	许继电源有限公司	交直流电力电源，电动汽车充换电系统、电能质量控制装备、军工特种电源
21	合肥博微田村电气有限公司	变压器，逆变器，UPS 电源，PDU 电源柜等
22	茂硕电源科技股份有限公司	LED 驱动电源，SPS 消费类开关电源
23	深圳市迪比科电子科技有限公司	移动电源，充电器，电池，电芯
24	杭州中恒电气股份有限公司	通信电源系统，电力电源系统，电动汽车充电系统，电力信息化软件
25	东莞立德电子有限公司	通用开关电源，照明电源，LED 驱动电源，电子变压器
26	河北奥冠电源有限责任公司	电动汽车用、太阳能及风能发电用、电动助力车用、UPS 备用的动力型、储能型胶体电池
27	英飞特电子（杭州）股份有限公司	LED 驱动电源
28	浙江正泰电源电器有限公司	变压器，调压器，稳压电源，互感器，起动器，电抗器，开关电源
29	鸿宝电气集团股份有限公司	稳压电源，EPS 应急电源，UPS 不间断电源，蓄电池，绿色能源风光互补逆变系统，断路器，建筑电气，变频器，软启动器，充电器，变压器，低压电器等
30	四川长虹欣锐科技有限公司	标准开关电源、平板电视电源、冰箱控制板，冰箱变频板，逆变器，适配器

注：1. 此名单以会员企业提供的 2014 年企业经营数据为依据得出，未提供数据的会员企业未进行排行。

2. 同时涉及电源产品以外其它产品的会员企业，根据电源部分的经营数据进行排行。

2014年度中国电源行业发展报告

中国电源学会　中国自动化产业服务集团

一、调研背景

（一）调查对象

在承继历届电源研究及调查优势与成功经验的基础上，2014年中国电源产业调查的范围延伸到了电源市场的各个板块，包括业内专家学者、厂商、传统渠道商、IT渠道商、系统集成、电源培训与教育等企业和机构。调查对象不仅涵盖了家庭/个人用户和一般企业用户，更着力刻画了金融、电信、制造、政府等行业用户对于电源产业的基本概况。对象具体包括最终用户、产品供应商、维护与支持提供商、渠道商、系统集成商。

（二）数据来源与调查方法

本届调查主要采取了电话呼叫、问卷调查、线上调查等方式收集信息，并辅助以焦点小组讨论及专家集中评审等多种方式，以期更加全面、科学地调查和评估中国电源产业发展状况和电源产品与企业的基本状况。在抽样过程上，综合运用了双重抽样、逐次抽样、分阶段抽样、分层抽样、整群抽样、等距抽样等多种方法，以确保调查数据的精确度，综合衡量其优劣。焦点小组和专家集中评审是本届调查的方法创新所在，不但体现了厂商和用户的全程参与特色，同时也是进行收集数据、信息补充和修正的依据。

（三）样本分布（见表1）

表1　2014年中国电源调查样本区域分布

区域	比例
华北	12.3%
华东	18.1%
华南	41.2%
华中	9.0%
东北	7.3%
西南	7.5%
西北	4.6%
合计	100%

数据来源：中国电源学会，中自集团；2015，04。

（四）合作机构介绍

本报告的调研周期为2014年4月到2015年4月，本报告的内容是2014年度电源行业发展状况，涉及的专业领域主要是电子电源。研究机构为中国电源学会及中自集团。

1. 中国电源学会

中国电源学会成立于1983年，是在国家民政部注册的国家一级社团法人，业务主管部门是中国科学技术协会。中国电源学会的专业范围包括通信电源、不间断电源(UPS)、通用交流稳定电源、直流稳压电源、变频电源、特种电源、蓄电池、变压器、元器件、电源配套产品等。中国电源学会下设17个省、市、地区电源学会和交流电源、直流电源、变频电源、特种电源、变压器、元器件、电磁兼容、电能质量、照明电源九个专业分会，以及学术、国际交流、组织、编辑、科普、标准化六个工作委员会。秘书处是学会常设日常办事机构。形成了覆盖全国的组织和信息网络。

中国电源学会承办各种类型的学术交流会，特别是大型学术年会已经成功地举办了20多届，历届会议规模达到1000多人。年会的召开汇聚了境内外和国内外的专家学者来总结、交流电源技术各个领域的新理论、新技术、新成果，有力地促进了中国电源科技水平的提高。

中国电源学会出版的刊物有《中国电源资讯》《电源技术学报》《电源世界》《电源技术应用》；同时中国电源学会还编辑出版了系列丛书和技术手册及各种学术会议论文集。中国电源学会为了加速学会的信息化进程，建立了行业门户网站："世纪电源网"（http://www.21dianyuan.com）。

2. 中自产业集团服务

中自产业服务集团（简称"中自集团"）是集杂志、网站、会议、研究及数字移动媒体为一体的中国自动化产业链整合传播、营销、咨询和投资服务机构。

中自集团拥有网刊及数字移动合一的专业平台，以及政府部门、行业组织、专家学者、企业家、用户、投资机构等各种社会资源；旗下有《变频器世界》《PLC&FA》《伺服控制》等品牌期刊，以及中自网（www.ca168.com）、中自移动数字传媒（www.cadmm.com）等专业网站。中自集团在以深圳、上海、北京分别为中心的华南、华东、华北都设立了地区总部及客户服务中心，具备三大区域强大支持服务能力，能及时满足客户的全国性活动。中自集团通过传媒优势，整合各种资源，与国内外著名自动化组织、企业建立了广泛的联系和交流，每年举办数十个论坛和研讨会。其中，"变频器行业企业家论坛"、"电力电子论坛"、"自动化大会"已成为每年一度的行业盛会，对推动中国自动化行业持续发展起到了积极的作用。

二、2014年中国电源行业市场概况分析

（一）2014年世界电源行业市场概况分析

1. 2014年世界电源产业规模与特征

随着全球经济的发展、电子信息技术水平的持续提升及人们生活水平的不断提高，各种电子产品品种不断丰富，市场普及率不断提高。电源作为电子产品的重要部件，市

场规模也不断扩大。电源市场在世界范围内一直保持稳定增长，在2014年达到852.9亿美元，同比2013年增长了6.4%。

表2 2012—2014年度电源市场规模分析

年份	2012年	2013年	2014年
销售额(亿美元)	758.8	801.8	852.9
增长率	7.1%	5.7%	6.4%

数据来源：中国电源学会，中自集团；2015，04。

2. 2014年世界电源市场结构分析

开关电源主要分为消费类开关电源和工业类开关电源，从全球范围看来，工业类开关电源涵盖自动化控制、测试设备、医疗、半导体制造、电脑、照明、通信设备等领域；消费类开关电源的主要应用包括空调、冰箱、洗衣机、液晶电视等家电领域。2014年，开关电源市场规模达到363.4亿美元；预计2015年之后，全球电子市场增速将逐渐企稳，将受到医疗、照明、通信等领域的发展拉动。

表3 2012—2014年度开关电源市场规模分析

年份	2012年	2013年	2014年
销售额(亿美元)	331.2	344.8	363.4
增长率	7.5%	4.1%	5.4%

数据来源：中国电源学会，中自集团；2015，04。

在全球经济复苏的大环境下，全球UPS市场开始恢复正增长势头。2014年，全球UPS市场销售收入为60.2亿美元，比2013年小幅上涨1.6%。预计2015年之后UPS销售会呈现稳定增长态势，UPS的增长主要受益于全球云计算的快速推广和大数据应用的规模建设需求。

表4 2012—2014年度UPS市场规模分析

年份	2012年	2013年	2014年
销售额(亿美元)	58.3	59.3	60.2
增长率	1.9%	1.7%	1.6

数据来源：中国电源学会，中自集团；2015，04。

由于线性电源的体积及能耗的问题，导致线性电源只能在特定的行业和领域进行销售，整体规模不是很大，增长率也比开关电源相比要低。2014年整体销售额为30.9亿美元，同比增长1.2%。线性电源应用行业和领域有一定的限制，同时受到其它电源的替代效用影响，整体规模增长不大。

表5 2012—2014年度线性电源市场规模分析

年份	2012年	2013年	2014年
销售额(亿美元)	30.2	30.5	30.9
增长率	1.3%	1.0%	1.2%

数据来源：中国电源学会，中自集团；2015，04。

逆变器产品中的主要带动细分产品为光伏逆变器，光伏和风力发电等相关能源产业的发展使得整个逆变器产品的增速高于其它细分产品。2014年，逆变器产品规模达到137.3亿美元，主要受到全球主要国家对清洁能源和新能源产业的推动所致。

表6 2012—2014年度逆变器市场规模分析

年份	2012年	2013年	2014年
销售额(亿美元)	106.7	121.3	137.3
增长率	14.2%	13.7%	13.2%

数据来源：中国电源学会，中自集团；2015，04。

目前，低压变频器应用较多的行业为起重机械、纺织化纤、电梯、石油石化、冶金、建材电力、市政、煤炭、塑胶等众多行业。高压变频器产品主要在风机、水泵等工业领域的中高压电动机配置中使用，具有较好的节能效果。2014年世界变频器规模为181.2亿美元。

表7 2012—2014年度变频器市场规模分析

年份	2012年	2013年	2014年
销售额(亿美元)	158.6	169.2	181.2
增长率	5.6%	6.7%	7.1%

数据来源：中国电源学会，中自集团；2015，04。

其它类型和领域的电源主要为各种特种电源，为不同的行业和领域进行设计和制造。

表8 2012—2014年度其它电源市场规模分析

年份	2012年	2013年	2014年
销售额(亿美元)	73.8	76.7	79.9
增长率	5.3%	3.9%	4.3

数据来源：中国电源学会，中自集团；2015，04。

根据对世界经济和区域的研究，我们根据全球整体经济的发展情况，将全球划分为五大主要区域，分别是北美区、欧洲区、亚洲区、南美区和其它地区。从全球的电源地区细分市场来看，仍然是欧美发达国家地区的市场占据主导地位，但新兴国家的区域发展速度较快，呈现出加速增长的趋势。经济全球化和国际产业转移的新趋势，将提供给亚洲、非洲等发展中国家一个全面提升制造业的机会，提高国际竞争力及其在世界经济分工中的地位。亚洲国家中，中国工业化进程较快，同时注重改革开放的深化，中国制造业迅速成长，生产规模也急速扩大，随之而来的是技术水平不断提高，中国已经渐渐成为“世界工厂”。

表9 世界区域划分

地区	划分
北美区	美国、加拿大
欧洲区	欧盟成员国、俄罗斯
亚洲区	亚洲各国
南美区	南美洲各国
其它	包括非洲、大洋洲等国家

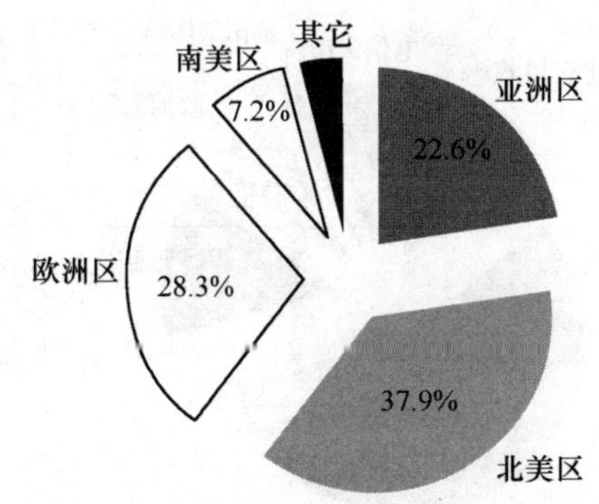

图1　2014年世界电源地区销售细分市场

数据来源：中国电源学会，中自集团；2015，04。

（二）2014年中国电源行业产业规模与特征

1. 2012—2014年中国电源行业产业产值规模分析

近年来，随着中国宏观经济的持续高速发展，中国电源产业总体来说一直保持着平稳的增长，尤其是国家对于风电、水电等新能源产业的扶持更是带动相关领域电源细分市场的发展。2014年，中国电源产业的产值规模呈现出良好的发展态势，同比年增长率为5.6%，销售额过1813亿元。中国电源行业的规模分析主要指产值，包含国内销售、出口、OEM/ODM等几个部分，本报告涉及的数值如未特意表明均指产品产值（不包含港、澳、台等地区，以下同）。

表10　2012—2014年中国电源行业产业产值规模

年份	2012年	2013年	2014年
产值（亿元）	1606	1712	1813
增长率	7.9%	6.6%	5.6%

数据来源：中国电源学会，中自集团；2015，04。

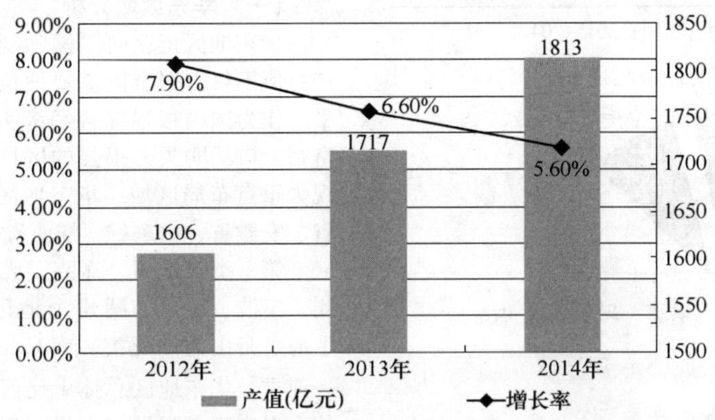

图2　2012—2014年中国电源行业产业产值规模

数据来源：中国电源学会，中自集团；2015，04。

2. 2014年中国电源行业市场特征

（1）产品特征

因为电源产品在各个行业中的应用十分广泛，所有电源产品的种类繁多，产品表现出多样性的特点。由于产品的多样性使得电源产业布局体现出一定的分散性特征，在众多电力电子相关产业中都涉及电源的研发和制造。同时，由于电源产品制造的技术门槛不高，投资也相对较小，这使得进入电源产业中的企业数量较大，产业分布比较分散。目前，国家在监管方面尚没有专门的部分来协调管理整个电源行业的发展，因此电源产品的标准和质量管理也较为分散。

（2）价格特征

从电源市场的价格特征来看，电源产品的价格主要与能源价格、基础材料、核心元器件及人工成本相关联。目前来看，电源产品的高端核心元器件，如IGBT芯片，国内还不能大规模的量产，核心元器件的进口使得电源产品的成本难以有效地控制，只有通过不断地研发投入，未来在核心元器件方面，电源产品的成本才能大幅的降低。同时，在2014年由于能源、金属及人力成本的持续走高，电源产品也面临着较大的成本压力，部分的电源产品也出现了涨价的现象。

（3）促销特征

电源产品根据其应用的行业不同，体现出的促销特征也有所不同。电源产品大部分应用于工业企业，其促销往往不是简单地进行广告与打折。电源产品的促销也体现多样性的特点，如通过给予渠道的返点来进行促销，也可以配合一些相关的展览和会议来进行产品的促销。同时，厂商在促销的过程中更加注重概念、理念、方案的宣传而不仅集中于产品性能与技术指标，更注重于长期的营销策略而不是短期的促销行为。在对产品进行促销的同时，企业也更加注重附有产品更多的附加价值，如给用户提供更多的服务来增长自身产品的吸引力。

（4）渠道特征

在电源产品市场上，不同的电源产品由于其产品的应用特性不同，往往采用的渠道策略会有较大的差别。一些标准化的产品，如UPS、通信电源等，可以通过经销商和代理商来进行分销；而一些定制化的电源产品，则往往是电源企业直接与客户建立长期的战略合作关系，来为客户提供长期的定制化的服务。不论是直销还是分销，把握住客户的需求，更好地通过渠道体系来满足客户的需求无疑就是最适合某种电源产品的渠道销售策略。

（三）2014年中国电源行业市场结构分析

1. 2014年中国电源行业区域结构分析

从中国电源产业的区域分布结构来看，目前大部分的电源仍在华南、华东两大区域生产，这些区域也正是中国制造业最为发达和集中的区域。

表 11 2014 年中国电源行业区域结构分析

（单位：亿元）

区域	产值	市场份额
东北	71	3.9%
华北	165	9.1%
华东	479	26.4%
华南	874	48.2%
华中	72	4.0%
西北	65	3.6%
西南	87	4.8
总计	1813	100%

数据来源：中国电源学会，中自集团；2015，04。

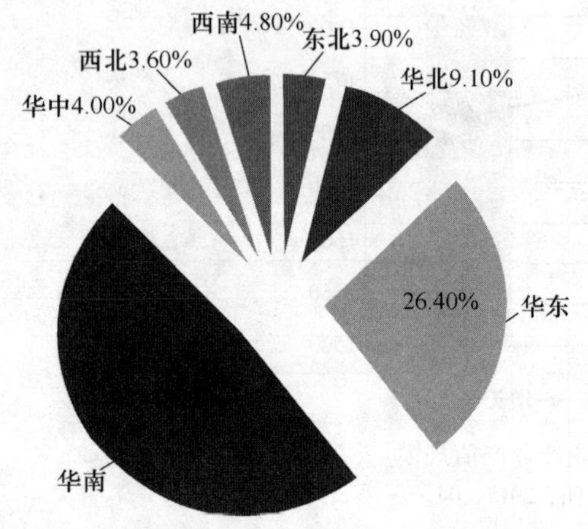

图 3 2014 年中国电源行业区域结构分析

数据来源：中国电源学会，中自集团；2015，04。

2. 2014 年中国电源行业应用市场结构分析

中自集团根据电源产品相关产品的行业应用，把中国电源行业应用市场划分为电信、金融、政府、制造、邮政、交通及能源、教育等。2014 年，从应用市场分布结构来看，除了出口的相关产品外，主要集中在制造、政府、金融及电信行业中。

表 12 2014 年中国电源行业结构分析

（单位：亿元）

	2014 年	占比
电信	103	5.7%
金融	38	2.1%
政府	136	7.5%
制造	252	13.9%
出口	1037	57.2%
其它	247	13.6%
总计	1813	100%

数据来源：中国电源学会，中自集团；2015，04。

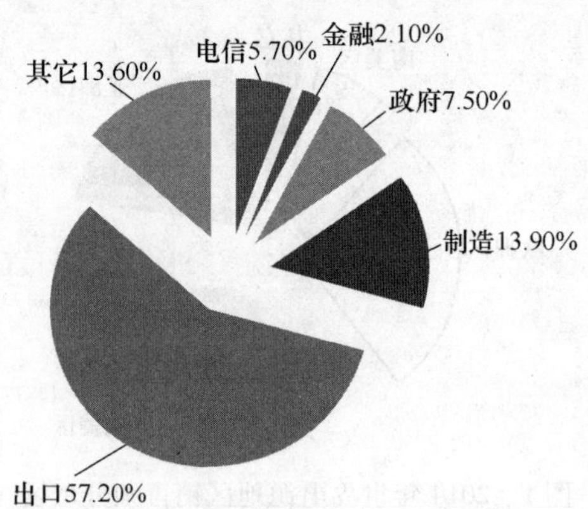

图 4 2014 年中国电源行业应用市场结构分析

数据来源：中国电源学会，中自集团；2015，04。

三、2014 年中国电源市场区域结构分析

（一）华东区域分析

华东地区正在向“国际制造业基地”发展。其工业生产总值不仅占据全国重要地位，而且增长率也高于全国水平。作为国内很强综合经济实力、很高人口密集度、比较富裕、市场购买力很强的区域之一，华东区域历来被企业视为重点布局区域。华东地区包含上海市、江苏省、浙江省、安徽省、山东省、江西省等省市。

第一类：常州、嘉兴、无锡、上海、舟山、南京、苏州、宁波、绍兴、湖州个地区，其中常州、嘉兴、无锡、上海、舟山为一亚类，南京、苏州、宁波、绍兴、湖州为一亚类。华东地区总体上已经进入工业化中期，工业化总体水平高于全国平均水平，工业化发展速度也快于全国平均速度。

第二类：泰州、杭州、扬州。导致华东地区工业化进程差异的原因是地区之间经济发展水平（指标为人均收入水平）、产业结构（指标为三次产业占 GDP 比重）依靠发展第二产业是迅速推进工业化的重要手段。

华东地区各省市的各地级市工业化进程也不均衡。从华东地区各地级市的工业化进程来看，各地级市之间的工业化进程差异也很大。上海市工业化水平最高，处于后工业化阶段，内部差异小。

（二）华南区域分析

华南地区一般包含广西壮族自治区、广东省、海南省、福建省、台湾省及香港、澳门两特区。珠江三角洲经济区，简称珠三角经济区，是组成珠江的西江、北江和东江入海时冲击沉淀而成的一个三角洲，面积大约 1 万多平方公里。一般来说它的最西点定在三水。2009 年 1 月 8 日，《珠江三角洲地区改革发展规划纲要（2008—2020 年）》的规划范围是以广东省的广州、深圳、珠海、佛山、江门、东莞、中山、惠州和肇庆市为主体，辐射泛珠江三角洲区域。

（三）华北区域分析

华北地区包括北京、天津、河北、山西、内蒙古等省市自治区。华北地区有发展经济得天独厚的条件，两大直辖市北京、天津作为华北经济圈的核心城市，130 公里的超近距离，使两者联系起来极为便利，且河北的一些城市穿

插其间，构成了区域特色。北京作为首都，是全国政治、文化中心和圈际交流中心，又是全国公路、铁路、航空枢纽，具有特殊的区位优势。北京高新技术产业发达，资金雄厚，人力资源丰富，有国内其它城市无法比拟的优越性。天津是老工业基地，轻工业比较发达，并且是国际性现代化港口城市；天津的滨海新区有120多平方公里的土地资源。河北省面积18.8万平方公里，在空间地理位置上构成了北京、天津的腹地，能提供充足的土地和劳动力等生产要素，也是北京、天津产业转移的大后方。

（四）其它区域分析

西部大开发的范围包括重庆、四川、贵州、云南、西藏、陕西、甘肃、青海、宁夏、新疆、内蒙古、广西十二个省、自治区、直辖市；面积685万平方公里，占全国的71.4%；2002年末总人口为3.67亿人，占全国的28.8%；2003年国内生产总值22660亿元，占全国的16.8%。西部地区资源丰富，市场潜力大，战略位置重要。但由于自然、历史、社会等原因，西部地区经济发展相对落后，人均国内生产总值仅相当于全国平均水平的2/3，不到东部地区平均水平的40%，迫切需要加快改革开放和现代化建设步伐。当前和今后一段时期，是西部地区深化改革、扩大开放、加快发展的重要战略机遇期。要重点抓好基础设施和生态环境建设；积极发展有特色的优势产业，推进重点地带开发；发展科技教育，培育和用好各类人才；要在项目投资、税收政策和财政转移支付等方面加大对西部地区的支持，逐步建立长期稳定的西部开发资金渠道；着力改善投资环境，引导外资和国内资本参与西部开发；西部地区要进一步解放思想，增强自我发展能力，在改革开放中走出一条加快发展的新路。

四、2014年中国电源行业产品结构分析

由于电源产品覆盖的产品种类众多，同时还大量存在各种非标准化的定制化电源产品。根据中国电源学会长期跟踪研究，对UPS、通信电源、电力电源等重要品类进行了重点的分析研究。当前，对于电源的分类，还没有形成统一的口径，我们的研究主要从以下几个维度进行细分：

按功率变换形式分类　目前的输入功率主要有交流（AC）电源和直流（DC）电源两类；负载要求也主要有AC和DC两类。所以，电力电子电源产品有四大类，AC/DC电源转换产品；DC/DC电源转换产品；DC/AC电源转换产品；AC/AC电源转换产品。

按电源产品名称和原理分类　主要有开关电源（包含通信电源，电力操作电源、照明电源、PC电源、服务器电源、适配器、电视电源、家电电源等）；不间断电源（英文缩写为UPS，包含AC UPS和DC UPS等）；逆变器（包含车载逆变器，光伏逆变器等）；线性电源（包含电镀电源、高端音响电源等）；其它（包含变频器、特种电源等）。

按照电源生产的商业模式不同分类　分为定制电源和标准电源。定制电源是利用电力电子器件、相关自动化控制技术及嵌入式软件技术对电能进行变换及控制，并为满足客户特殊需要而定制的一类电源。按照行业又可以细分为消费类定制电源和工业类定制电源两大类。标准电源是根据国内外的电源标准和要求制造的电源，标准电源针对的是所有需求的用户，是统一、标准化的产品，不是仅针对满足某些特定需求的用户而定制的产品。

电源学会的研究表明，规模较大的电源类型有照明电源、计算机电源、通信电源、UPS、变频器、逆变器等。

（一）开关电源市场分析

开关电源应用十分广泛，主要使用于工业自动化控制、军工设备、科研设备、LED照明、工控设备、通信设备、电力设备、仪器仪表、医疗设备、半导体制冷和制热、空气净化器、电子冰箱、液晶显示器、视听产品、安防、电脑机箱、数码产品和仪器类等领域。目前，除了对直流输出电压的纹波要求极高的场合外，开关电源已经全面取代了线性稳压电源，主要用于小功率场合。在许多中等容量范围内，开关电源逐步取代了相控电源，如通信电源领域、电焊机、电镀装置等的电源。

其中照明电源又可以分为镇流器、LED驱动电源、其它三类。2014年，LED驱动电源发展速度较快，成为拉动细分市场增长的主要动力。计算机电源要指传统PC电源和一体化PC电源两类。传统PC电源基本趋于饱和，增长乏力，但是一体化PC电源成长性非常好。通信类电源主要包含通信电源、直放站电源等，随着国家4G的落实，预计“十二五”期间通信电源会保持较好的增长势头。

表13　2012—2014年中国开关电源产品结构分析

（单位：亿元）

	2012年	2013年	2013年
开关电源	989	1046	1094
增长率	7.3%	5.8%	4.6%

数据来源：中国电源学会，中自集团；2015，04。

（二）不间断电源市场分析

UPS主要分为后备式、在线式和在线互动式三个种类。其中，在线式UPS占据整体规模的80%左右。UPS主要应用在数据中心、办公场所、工业生产、交通等领域和行业。随着数据中心在中国的快速发展，UPS的市场规模也会持续发展。

表14　2012—2014年中国UPS产品结构分析

（单位：亿元）

	2012年	2013年	2014年
UPS电源	75	82	87
增长率	5.6%	9.3%	6.1%

数据来源：中国电源学会，中自集团；2015，04。

（三）逆变器市场分析

逆变器主要包含光伏逆变器、便携式逆变器、车载逆变器等类型。其中，光伏逆变器随着绿色能源的兴起，在“十二五”期间将会爆炸性地增长。

表15　2012—2014年中国逆变器电源产品结构分析

（单位：亿元）

	2012年	2013年	2014年
UPS电源	93	106	126
增长率	24.0%	14.0%	18.5

数据来源：中国电源学会，中自集团；2015，04。

（四）变频器及其它产品市场分析

变频器主要分为低压变频器和中、高压变频器，当前

以低压变频器为主，但是高压变频器的市场潜力更大一些。传统的起重行业、电梯行业及注塑机等行业的增长速度虽然有所减缓，但数字城市和智能交通的高速建设和发展将带动变频器细分产品的平稳增长。线性电源主要应用在研究机构、工矿企业及其它工业领域，需求比较平稳，每年的市场规模变化不大。

表 16 2012—2014 年中国其它电源产品结构分析

（单位：亿元）

	2012 年	2013 年	2014 年
UPS 电源	449	478	506
增长率	6.7%	6.5%	5.8%

数据来源：中国电源学会，中自集团；2015，04。

五、2014 年中国电源企业整体概况分析

（一）中国电源企业数量分布

由于电源产业相关产品的多样性及产品应用的广泛性，使得电源产业中相关的电源企业数量相对较多。同时，由于电源产品制造的技术门槛及资金要求都不是太高，这也客观上导致了电源产品相关研发和生产的企业数量众多。从近几年的情况来看，自 2011 年中国电源产业由于受到全球金融危机的影响，对整个制造业产生了一些负面影响，电源企业的增幅开始放缓，2014 年中国电源企业数量为 17.6 万家，增幅仅为 1.14%。

表 17 2012—2014 年中国电源企业数量分析

（单位：千家）

年份	2012 年	2013 年	2014 年
企业数量	17.3	17.4	17.6
增长率	1.76%	0.58%	1.14%

数据来源：中国电源学会，中自集团；2015，04。

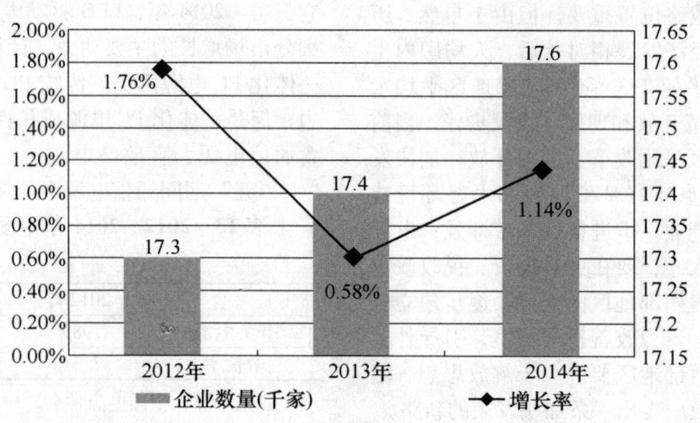

图 5 2012—2014 年中国电源企业数量分析

数据来源：中国电源学会，中自集团；2015，04。

（二）中国电源企业区域分布

目前，从中国电源企业的区域分布来看，主要还是分布在以珠三角、长三角为代表的华南及华东沿海地区，同时在北京、天津周边也有数量众多的电源相关产品的研发和生产企业。

表 18 2014 年中国电源企业区域分布分析

（单位：千家）

	企业数量	占比
华东	4.6	26.4%
华北	1.6	9.1%
华南	8.5	48.2%
其它	2.9	16.3%
总计	17.6	100%

数据来源：中国电源学会，中自集团；2015，04。

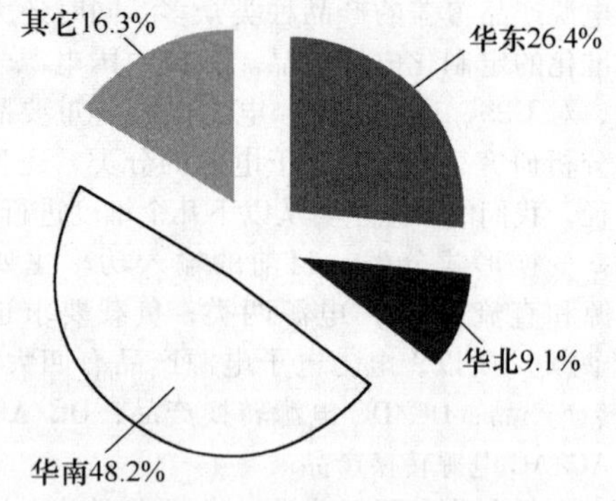

图 6 2014 年中国电源企业区域分布分析

数据来源：中国电源学会，中自集团；2015，04。

（三）中国电源企业类型分布

从目前不同类型的电源企业分布来看，研发与生产定制化电源的企业数量最多，尤其是为工业类相关设备制造定制化电源产品的数量最多。通信、医疗、交通及军工行业的相关设备对电源产品的需求都十分强劲，这无疑使得为这些行业客户服务的电源企业长期保持在活跃的状态。

表 19 2014 年中国电源企业类型分布分析

（单位：千家）

	企业数量	占比
UPS	0.9	4.8%
开关电源	10.6	60.3%
逆变器	1.2	6.9%
其它	4.9	28.0%
总计	17.6	100%

数据来源：中国电源学会，中自集团；2015，04。

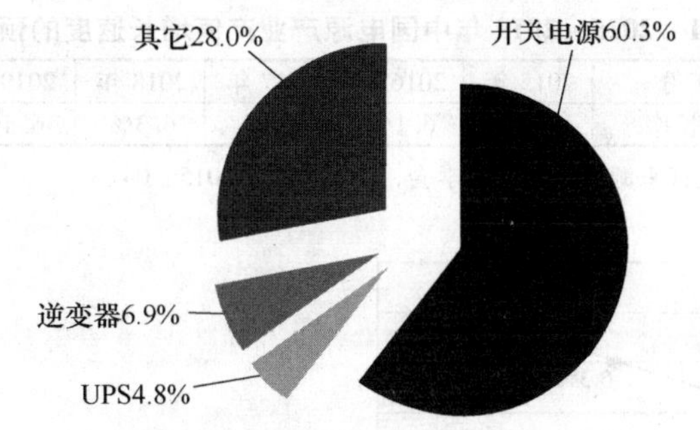

图7　2014 年中国电源企业类型分布分析

数据来源：中国电源学会，中自集团；2015，04。

六、2015～2019 年中国电源产业发展预测

（一）2015～2019 年中国电源产业发展趋势

1. 产品发展特点

因为电源产品在各个行业中的应用十分广泛，所有电源产品的种类繁多，产品表现出多样性的特点。由于产品的多样性使得电源产业布局体现出一定的分散性特征，在众多电力电子相关产业中都涉及电源的研发和制造。同时，由于电源产品制造的技术门槛不高，投资也相对较小，使得进入电源产业中的企业数量较大，产业分布比较分散。目前，国家在监管方面尚没有专门的部分来协调管理整个电源行业的发展，因此电源产品的标准和质量管理也较为分散。在电源产品市场上，不同的电源产品由于应用特性不同，往往采用的渠道策略会有较大的差别。一些标准化的产品，如 UPS、通信电源等，可以通过经销商和代理商来进行分销；而一些定制化的电源产品，则往往是电源企业直接与客户建立长期的战略合作关系，来为客户提供长期的定制化的服务。不论是直销还是分销，把握住客户的需求，更好地通过渠道体系来满足客户的需求无疑就是最适合某种电源产品的渠道销售策略。

2. 技术发展趋势

（1）短距离无线充电产品值得期待。短距离无线充电是当前研究的重点技术之一。实现无线充电主要通过三种方式，即电磁感应、无线电波及共振作用。目前，最为常见的充电解决方案就采用了电磁感应，通过一次和二次线圈感应产生电流，从而将能量从传输端转移到接收端。无线电波是另一个发展较为成熟的技术，其基本原理类似早期使用的矿石收音机。另一种尚在研究中的技术是电磁共振。

（2）高压直流（HVDC）UPS 成规模试用。伴随着对“绿色、低碳”电源呼声日益高涨，高压直流 UPS 供电系统的运用已进入到实质研发甚至是小规模试运用阶段。直流 UPS 的实际应用目前也取得了很大进展，在一些发达国家，机房采用大规模直流供电已取得了成功。经过我国科学家和工程技术人员的不断探索，工作也取得了很大成就。

（3）绿色照明电源应用前景广阔。当前主要是用新型高效的高压钠灯、金属卤化物灯替代高压汞灯、低效钠灯、卤钨灯。半导体 LED 灯适用于交通信号指示灯、汽车尾灯、转向灯、广告牌、夜景照明等。电能消耗仅为白炽灯的1/10，节能灯的1/4，而寿命是白炽灯的100 倍。要用电子镇流器、低耗能电感镇流器替代普通高耗能电感镇流器。

3. 市场发展趋势

现代电力电子技术的发展方向，是从以低频技术处理问题为主的传统电力电子学，向以高频技术处理问题为主的现代电力电子学方向转变。电力电子技术起始于 20 世纪 50 年代末 60 年代初的硅整流器件，其发展先后经历了整流器时代、逆变器时代和变频器时代，并促进了电力电子技术在许多新领域的应用。电源行业在改革开放的三十多年发展历程中，曾出现过的主要市场发展浪潮和典型的产品如下：

工业、军工浪潮下的电源市场代表，开关电源；

计算机浪潮下的电源市场代表，PC 电源、服务器电源；

便携式电子产品浪潮下的电源市场代表，便携式电源；

电信浪潮下的电源市场代表，通信电源、直放站电源等；

绿色能源浪潮下的电源市场代表，光伏逆变器、绿色照明电源、电动汽车相关的电源等。

（二）2015～2019 年中国电源产业产值规模预测

1. 2015～2019 年中国电源产业产值规模

中自集团依据中国电源产业产值的历史统计数据，分析其数据特征，选择合适的数学模型，综合定量和定性分析，对中国电源产业未来五年的产值进行预测。中自集团预计未来五年电源产业产值规模见表 20 和图 8。

表 20　2015～2019 年中国电源产业产值规模的预测

（单位：亿元）

年份	2015 年	2016 年	2017 年	2018 年	2019 年
产值	1911	2027	2153	2289	2435
增长率	5.9%	6.1%	6.2%	6.3%	6.4%

数据来源：中国电源学会，中自集团；2015，04。

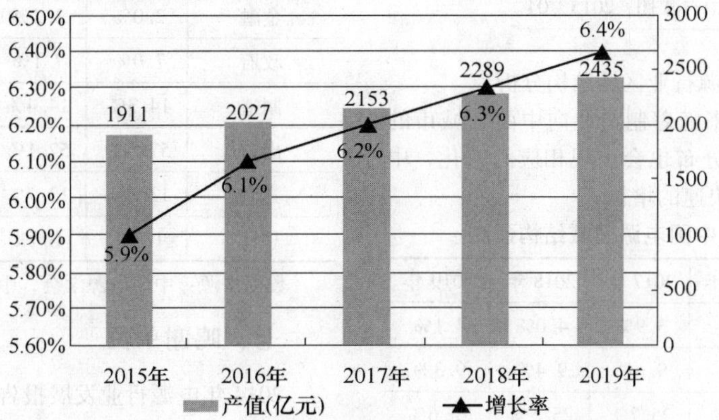

图8　2015～2019 年中国电源产业产值规模的预测

数据来源：中国电源学会，中自集团；2015，04。

2. 2015～2019 年中国电源产业产值增长速度

中自集团依据 2015～2019 年的预测结果，中国电源产业产值的增长速度见表 21 和图 9。

表 21 2015～2019 年中国电源产业产值增长速度的预测

年份	2015 年	2016 年	2017 年	2018 年	2019 年
增长率	5.9%	6.1%	6.2%	6.3%	6.4%

数据来源：中国电源学会，中自集团；2015，04。

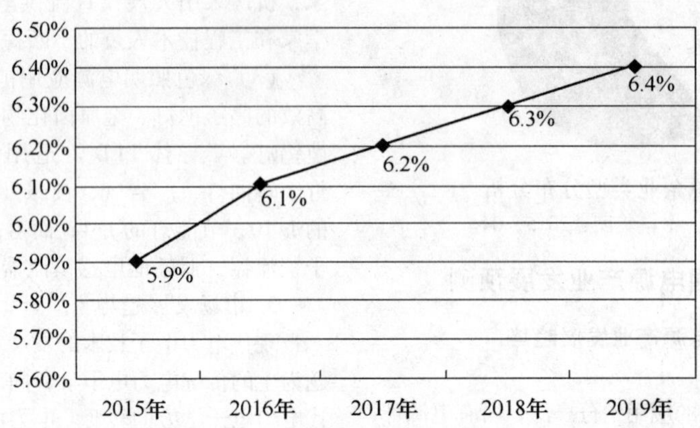

图 9 2015～2019 年中国电源产业产值增长速度的预测

数据来源：中国电源学会，中自集团；2015，04。

（三）2015～2019 年中国电源市场结构预测

1. 2015～2019 年中国电源产品结构分析

根据预测的总量结果与未来几年电源产品与市场的发展趋势，中自集团对未来五年中国电源产品结构的预测见表 22。

表 22 2015～2019 年中国电源产品成长率预测

	2015 年	2016 年	2017 年	2018 年	2019 年
开关电源	61.1%	61.8%	61.7%	61.8%	61.9%
UPS	4.8%	4.8%	4.8%	4.7%	4.6%
线性电源	2.1%	2.0%	1.9%	1.7%	1.8%
逆变器	6.2%	6.3%	6.6%	7.1%	7.2%
变频器	14.2%	13.8%	13.9%	14.0%	14.1%
其它	11.6%	11.3%	11.1%	10.6%	10.4%
总计	100%	100%	100%	100%	100%

数据来源：中国电源学会，中自集团；2015，04。

2. 2015～2019 年中国电源行业区域结构分析

在区域市场结构上，未来随着制造业向中西部城市的转移，电源产业的区域结构分布也会出现相应的变化，中西部的内陆区域将会有更加快速的增长。

表 23 2015～2019 年中国电源区域结构预测

	2015 年	2016 年	2017 年	2018 年	2019 年
东北	3.6%	3.8%	3.9%	4.0%	4.1%
华北	9.5%	9.3%	9.6%	9.4%	9.3%
华东	26.2%	26.0%	25.7%	25.5%	25.6%
华南	48.2%	47.7%	47.4%	47.4%	47.3%
华中	4.1%	4.1%	4.3%	4.4%	4.5%
西北	3.5%	3.7%	3.6%	3.7%	3.6%
西南	4.9%	5.4%	5.5%	5.6%	5.6%
总计	100%	100%	100%	100%	100%

来源：中国电源学会，中自集团；2015，04。

3. 2015～2019 年中国电源行业应用市场结构分析

未来几年，拉动电源产业的需求增长因素较多，金融行业数据灾备、电信 4G 时代的逐步来临、高端装备制造业的振兴规划及目前交通行业高铁的高速发展，这些都将对电源产品带来直接的拉动效应。

表 24 2015～2019 年中国电源行业应用市场结构预测

	2015 年	2016 年	2017 年	2018 年	2019 年
电信	5.4%	5.5%	5.6%	5.7%	5.8%
金融	2.0%	2.2%	2.3%	2.2%	2.1%
政府	7.0%	7.1%	7.0%	7.2%	7.3%
制造	14.3%	14.4%	14.4%	14.3%	14.4%
出口	57.5%	57.1%	56.7%	56.3%	56.1%
其它	13.8%	13.7%	14.2%	14.3%	14.3%
总计	100%	100%	100%	100%	100%

数据来源：中国电源学会，中自集团；2015，04。

七、鸣谢单位

2014 年电源行业发展报告鸣谢单位（按照汉语拼音排名）

艾默生网络能源有限公司

安泰科技股份有限公司非晶金属事业部
北京泛华恒兴科技有限公司
北京汇众电源设备厂
北京天创汇智科技有限公司
北京通力盛达节能设备股份有限公司
北京中大科慧科技发展有限公司
潮州市金刚眼电子有限公司
东莞立德电子有限公司
东莞市乐科电子有限公司
佛山市禅城区华南电源创新科技园投资管理有限公司
佛山市众盈电子有限公司
广东新昇电业科技股份有限公司
广东易事特电源股份有限公司
广东意壳电子科技有限公司
广东志成冠军集团有限公司
广州东芝白云菱机电力电子有限公司
广州金升阳科技有限公司
广州科欣仪器有限公司
广州市锦路电气设备有限公司
贵州航天林泉电机有限公司
杭州中恒电气股份有限公司
合肥博微田村电气有限公司
合肥联信电源有限公司
合肥通用电子技术研究所
河北奥冠电源有限责任公司
河北先控捷联电源设备有限公司
鸿宝电气集团股份有限公司
济南朗瑞电气有限公司
江苏坚力电子科技有限公司
金海新源电气江苏有限公司
雷诺士（常州）电子有限公司
理士国际技术有限公司
溧阳市华元电源设备厂
茂硕电源科技股份有限公司
南通新三能电子有限公司
宁波赛耐比光电有限公司
宁夏银利电器制造有限公司
青岛航天半导体研究所有限公司
青岛云路新能源科技有限公司
陕西柯蓝电子有限公司
上海超群无损检测设备有限责任公司
上海科梁信息工程有限公司
上海泰可金属制品有限公司
上海稳利达科技股份有限公司
深圳华德电子有限公司
深圳可立克科技股份有限公司
深圳桑达国际电源科技有限公司
深圳市迪比科电子科技有限公司
深圳市皓文电子有限公司
深圳市汇川技术股份有限公司
深圳市晶福源电子技术有限公司
深圳市巨鼎电子有限公司
深圳市科陆电源技术有限公司
深圳市锐能微科技有限公司
深圳市思凡贝特科技有限公司
深圳市威日科技有限公司
深圳市新能力科技有限公司
深圳市英威腾电源有限公司
深圳市智胜新电子技术有限公司
四川长虹欣锐科技有限公司
苏州东山精密制造股份有限公司
台达电子企业管理（上海）有限公司
太仓电威光电有限公司
田村（中国）企业管理有限公司
拓哲（广州）电子科技有限公司
温州市创力电子有限公司
温州现代集团有限公司
无锡东电化兰达电子有限公司
无锡新洁能股份有限公司
武汉泓承科技有限公司
武汉泰可电气股份有限公司
西安爱科赛博电气股份有限公司
西安龙腾新能源科技发展有限公司
厦门科华恒盛股份有限公司
厦门市爱维达电子有限公司
许继电源有限公司
扬州凯普电子有限公司
伊戈尔电气股份有限公司
英飞特电子（杭州）股份有限公司
浙江东睦科达磁电有限公司
浙江矛牌电子科技有限公司
浙江正泰电源电器有限公司
中国长城计算机深圳股份有限公司
中山市万科电子有限公司
珠海山特电子有限公司
专顺电机（惠州）有限公司
成都金创立科技有限责任公司

2014—2015 年度中国数据中心基础设施产品市场报告

ICTresearch

一、2014 年中国机房产品市场概况分析

（一）2014 年中国机房产品市场规模与特征

1. 2012～2014 年中国机房产品市场规模与增长

2014 年国内生产总值（GDP）为 636463 亿元，首次突破 60 万亿元，以美元计首次突破 10 万亿美元大关，中国成为继美国之后又一个“10 万亿美元俱乐部”成员，同时 GDP 总量稳居世界第二。分季度看，一季度同比增长 7.4%，二季度增长 7.5%，三季度增长 7.3%，四季度增长 7.3%。分产业看，第一产业增加值为 58332 亿元，比上年增长 4.1%；第二产业增加值 271392 亿元，增长 7.3%；第三产业增加值 306739 亿元，增长 8.1%。四季度国内生产总值环比增长 1.5%。

根据 ICTresearch 的研究调查，2014 年机房产品销售额达到 157.54 亿元，主要原因为金融、教育、医疗等互联网主题继续发酵，但要警惕预期兑现不利。互联网对产业端在融资、交易等环节影响更加深入，在物流与生产等环节的互联网应用开始深化，互联网物流与工业 4.0 将会成为新的“风口”。在整体收入增速层面，企业市场增速最大，但是利润相对较低，为 6% 左右。根据国家政策和导向，金融和政府是两个发展快速的行业，利润非常好，行业投资增速也保持不错。电信行业由于 4G 的投入挤占了 IT 投资资金，导致电信 IT 投资下滑。制造和能源产业的 IT 投资总量很大，但是企业由于竞争和价格的压力，导致利润大幅度下滑。

表 1 2012—2014 年产品市场规模与增长状况

年份	2012 年	2013 年	2014 年
规模(亿元)	148.21	153.40	157.54
增长率(%)	4.5%	3.5%	2.7%

数据来源：ICTresearch；2015，03。

2. 2014 年中国机房产品市场特征

（1）产品特征

随着刀片式服务器的应用越来越普及，高密度数据中心的电源和制冷问题变得更加突出。目前，50% 的数据中心的供电与制冷明显不足。以前，大多数用户首先考虑的是机房整体的制冷，认为机房整体的温度降到符合标准的水平，设备的温度也在安全范围之内，可以保证设备的安全、稳定运行。但是，由于机房中设备的密度不同，如果盲目给整个机房降温，会造成过度制冷，不仅浪费电力资源，还会增加额外支出。

（2）价格特征

在价格竞争上，大厂商综合运用自身在生产规模、制造成本、技术等多方面的优势，借助价格战来扩大自身产品影响、提高市场占有率，不但对一些实力不够的小厂商造成了压力巨大，对二线厂商也形成了相当的冲击。但同时不可忽视价格战带来的负面影响，价格战致使利润摊薄，将削弱厂商在产品研发和技术创新上的动力、能力。厂商应充分认识到，单纯的价格战对销售的促进作用已经趋于淡化，寻找新的应用领域，并且优化自身内部管理，提高物流效率，降低运营成本是重要的战略发展方向。

2014 年中国机房产品的平均销售价格由于受到宏观环境的影响，渠道和厂商为了扩大销售收入，进行了特价或者降价的处理，整体的单价下降了 1.5%。

（3）渠道特征

2014 年，渠道向加强服务能力的方向发展，系统集成商销售比例有所提高。机房产品的集成商，尤其是高端产品的集成商，关注的焦点正在由硬件产品向服务领域逐步转移。对于渠道商而言，若具备技术服务能力，则能为客户提供增值服务，获取更多利润，同时受到厂商的关注。相对于其它 IT 产品来说，机房产品中高端销售渠道的利润较高。但随着价格的下降及渠道数量的增加，利润水平出现下降。同时，2014 年具有服务和增值能力的系统集成商成为厂商合作的重点对象，系统集成商的销售比例有所上升。

（二）2014 年中国机房产品市场结构分析

1. 2014 年中国机房产品结构分析

表 2 2012～2014 年产品市场细分产品市场规模比例

产品	2012 年	2013 年	2014 年
机柜	18.6%	18.7%	18.1%
UPS	21.1%	20.3%	19.9%
电池	8.8%	8.9%	8.8%
空调	19.6%	18.3%	18.1%
服务	12.2%	12.9%	13.7%
监控	6.4%	6.7%	6.6%
KVM	5.4%	5.2%	5.2%
其它	7.9%	9.0%	9.6%
总计	100%	100%	100%

数据来源：ICTresearch；2015，03。

2. 2014 年中国机房产品区域结构分析

ICTresearch 将中国 IT 市场划分为华东、华北、华中、华南、西南、西北和东北七个区域，并针对不同的区域分别进行相关调查、研究与分析。华东、华南、华北市场是其绝对的主要市场，另外华中和东北是主要的二级市场。

区域的划分见表3。

表3　2014年中国区域市场区域的划分

华北	北京市、天津市、河北省、山西省、内蒙古自治区
东北	辽宁省、吉林省、黑龙江省
华东	上海市、山东省、江苏省、浙江省、安徽省、江西省、福建省
华中	河南省、湖北省、湖南省
华南	广东省、广西壮族自治区、海南省
西南	重庆市、四川省、贵州省、西藏自治区
西北	陕西省、甘肃省、青海省、宁夏回族自治区、新疆维吾尔自治区

数据来源：ICTresearch；2015，03。

2014年，中国机房产品市场区域结构方面出现了分散化的趋势。传统的华东、华北和华南三大IT业发达地区的市场份额仍旧排名前三，但是总体的市场份额已经有所下降；华中、西南市场等都有所上升，原来IT业较为落后的地区都体现出后发优势，市场份额都出现了增长的势头，主要是因为在经济危机期间，政府的整体投资会向不发达地区倾斜。

表4　2014年中国机房产品区域市场规模

区域	占比
东北	8.0%
华北	23.2%
华东	23.5%
华南	20.3%
华中	9.0%
西北	6.1%
西南	9.9%
总计	100%

数据来源：ICTresearch；2015，03。

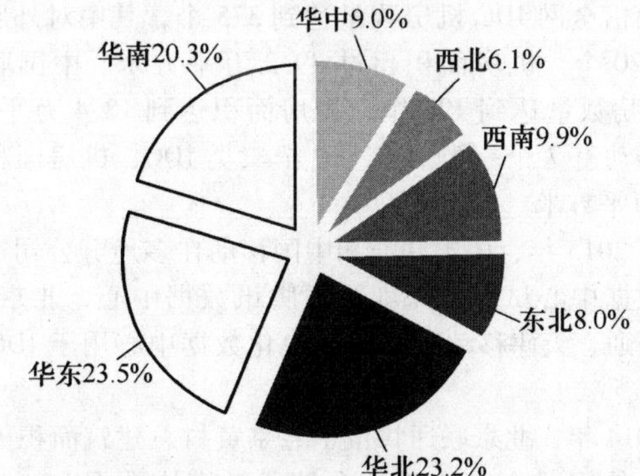

图1　2014年中国机房产品区域市场规模

数据来源：ICTresearch；2015，03。

二、2014年中国机房产品市场渠道分析

（一）中国机房产品市场渠道分析

1. 2014年中国机房产品市场渠道现状分析

2014年中国机房产品市场的销售渠道仍然以机房产品经销商（包含代理和分销渠道、总代理）、直销和系统集成商销售为主体。随着越来越多的机房产品以整体解决方案的形式销售，系统集成商的销售比重在逐步提高，同时越来越多的厂商也直接通过直销的方式来进行机房产品的销售。

数据中心的渠道包含UPS渠道、机房空调渠道、机柜渠道、KVM渠道、监控渠道、系统集成商渠道等多重复合型渠道。

表5　2014年中国机房产品市场渠道数量分析

	2012年	2013年	2014年
渠道总数量(个)	8623	8526	8466
增长率	-3.9%	-1.1%	-0.7%

数据来源：ICTresearch；2015，03。

2. 中国机房产品渠道特点分析

渠道相对复杂：涉及UPS、电池、机柜、空调、监控、服务等多重元素，渠道交叠现象比较明显，一般单一渠道（销售单一产品、代理单一品牌）相对较少，多数渠道是一个品牌为主、多个产品为辅的主要经营原则。机房渠道随着市场和产品的成熟，出现在一级城市集中、在二、三级城市分散化的趋势。由于大型UPS、机房空调都需要现场安装、调试，小渠道涉及的相对较少，多数是专业化渠道、大型渠道进行销售和后期的维护服务。

渠道多元趋势：对于如今的机房产品渠道而言，并不是简单的分销体系或者扁平化就能概括，取而代之的是多元化、细分化、实用化，而所有的这些架构都将以最终的效果作为检验的标准。在渠道担负越来越多的职能和责任的同时，机房产品厂商对渠道的控制不仅局限于简单的流程与计划管理，还要采取更高层次的手段和方法，使渠道能够有效融入企业，甚至与形成战略伙伴，不仅实现有效控制，还能形成真正的同舟共济与双赢。

渠道服务趋势：在整体IT市场发展趋势的带动下，服务市场整体增长要快过软件和硬件市场。大型渠道商和系统集成商在销售和安装完之后，多数会签订3年的售后服务合同，以期起到增值的超额回报。由于一般情况下，产品的价格会被压到很低甚至亏损，很多时候，厂商需要依靠售后服务来取得相应的补偿；同时厂商在看到售后服务的超额利益之后，也会采取相应的措施，出现了厂商和渠道争抢售后服务的趋势。如何协调之间的利益冲突，是厂商需要在未来几年面对的事情。

（二）中国机房产品代理商、分销商分析

ICTresearch根据常年对机房产品代理商、分销商的跟踪和历史统计数据，分析经销商的变化趋势，以便为厂商的渠道策略做出有价值的参考。

表6　2014年中国机房产品市场经销商渠道数量分析

	2010年	2012年	2014年
经销商数量(个)	7449	7334	7249
增长率	-4.0%	-1.5%	-1.2%

数据来源：ICTresearch；2015，03。

（三）中国机房产品集成商分析

系统集成商作为机房产品的主要出货口之一，是机房产品厂商渠道不可分割的一部分，同时由于其数量少但相对走货量大等特点，也日益受到机房产品厂商的重视。

表7 2014年中国机房产品市场集成商数量分析

	2012年	2013年	2014年
集成商数量(个)	1174	1192	1217
增长率	-2.8%	1.5%	2.1%

数据来源：ICTresearch；2015，03。

三、2014年中国机房产品市场大事件分析

（一）金融市场

ICTresearch将中国金融领域数据中心按照面积划分为三类：小型数据中心、中型数据中心、大型数据中心。

➢小型数据中心主要指，银行领域的分行、地市级支行、营业网点等；保险行业的营业网点和省级数据中心；证券公司的营业网点和省级、地区级机房。

➢中型数据中心主要指，小规模金融机构的总部或者大规模金融机构的地区性数据中心。

➢大型数据中心一般指，金融机构的总部数据中心、灾备中心、后援中心等。

2014年，银行业金融机构总资产达到168.2万亿元，同比增长13.6%。其中，商业银行总资产130.8万亿元，同比增长13%，占银行业总资产的78%。大型商业银行总资产67.3万亿元，同比增长7.4%。股份制银行总资产为31万亿元，同比增长16.3%。城商行总资产为18万亿元，同比增长19.1%。2014年，16家上市银行资产负债增长放缓，进入10%左右增速的中速增长阶段；盈利能力保持稳定，净利润约为9.6%；资产负债结构发生变化，存款占负债比例持续下降到77%左右，导致存贷比接近70%，监管压力增强；收入结构不断优化，非息占比基本达到23%左右；资本充足率稳步提升到12%，资本状况良好。

在金融行业，业务量大、业务规模增速快的商业银行和主要股份制银行大多在推进新一代核心业务系统的再造和升级，包括招行、光大、民生、中信等已经研发、部署和上线新一代核心业务系统。同时，商业银行和股份制银行在积极布局，在多地建设灾备中心和数据中心，形成比较完备的灾备体系。四大国有商业银行、全国性股份制银行数据中心建设较完善，基本完成“两地三中心”建设，城市商业银行次之，98%已设立生产中心，80%设立同城数据级灾备中心。银行数据中心规模大、等级高、数量少。

2014年，华夏银行建设异地灾备私有云项目，实现总行同城和异地灾备中心建设，“两地三中心”总体架构基本形成。灾备中心开发应用跨平台的云计算平台，可同时满足×86系列服务器和P系列小型机云计算资源管理和应用，建立起不同业务目标用途的共享云，即异地灾备私有云与准生产测试私有云的资源共享。10月，华夏银行组织实施异地灾备切换演练工作顺利完成，此次演练是华夏银行异地灾备中心自正式投产运营后首次进行的应用级灾备系统全覆盖的实战演练。

证券行业以“总部数据中心”+“各营业部数据中心”为主要建设模式，数据中心规模普遍较小，但数量较多。

保险行业数据中心采用完全集中模式，建立全国性数据中心或分区域数据中心，数据中心规模与档次基本与银行类似。

2014年，泰康人寿不断加速泰康“云中心”基础设施建设，加快完善泰康的支付体系，全面考虑业务需求与成本。在武汉光谷、北京长安街和北京中关村建设三个数据中心。其中，北京中关村数据中心是整个数据系统的“枢纽”和“心脏”。泰康中关村数据中心已全部投入使用，机房地板面积约为2300平米。未来三个数据中心的陆续投入使用将全面满足泰康业务发展的需要。2014年，太平洋保险新建的成都数据中心，基本完成网络设备等硬件设备采购招标工作，自动化运维系统平台等软件平台配套在部署应用阶段。

（二）电信市场

随着通信技术和网络技术的快速发展和升级，国家对通信网络运载和服务能力提出更高要求，政府陆续出台多项政策，鼓励和支持宽带和通信网络的发展。通信产业和宽带网络基础设施建设和发展的政策环境得到明显改善。4G增值业务进入高速发展前的预热期，增值业务种类和应用范围将进一步扩展增多，增值业务爆发的基础进一步巩固。从2G到3G、3G到4G的技术升级周期，以及通信设备投入和更新换代的时间和周期上，可以看出技术周期明显缩短，投入的人力和资金在增加。

2014年，通信行业固定资产投资规模完成3992.6亿元，投资完成额比上年增加238亿元，同比增长6.3%。

2014年，三大运营商资本性支出接近4000亿元，整体增幅达到18%左右。支出增长主要是，中国移动和中国电信4G基础设施和相关增值业务的投资。

从数据中心的建设规模看，电信行业中，三大基础电信运营商及大型IDC服务商是数据中心建设主体。其中，中国电信全网IDC机房数量达到375个，其中对外服务的约为320个，机房面积超过39.2万平方米。中国联通的IDC机房数量达到196个，机房面积达到18.4万平方米。中国移动有7个一类IDC，10个二类IDC，机房面积达到10.5万平方米。

自2013年，中国联通和中国移动在多地分公司进行模块化数据中心试点。深圳联通腾讯数据中心、北京联通、湖北联通、天津移动等试点模块化数据中心用于IDC业务运营。

2014年，北京联通将位于北京黄村总建筑面积为5600平方米的闲置仓库改造为仓储式微模块数据中心，部署IDC机架1000架以上。北京联通采用楼宇模块化数据中心+集装箱模块化数据中心防护外壳的架构来建设仓储式微模块机房，即通过将IT机柜、空调系统、散热系统、配电系统、监控系统、消防系统、安防系统、照明等封闭在一个模块化箱体内，通过冷、热通道隔离，满足IT设备运行要求。微模块数据中心年均能耗效率（Power Usage Effectiveness，PUE，数据中心总能耗/IT设备总能耗）值达到1.465，低于国内数据中心平均PUE值。

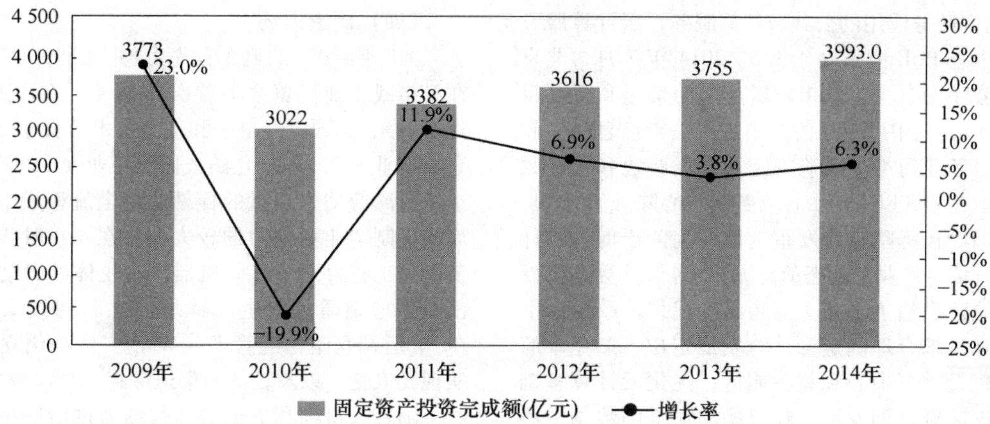

图 2　2009～2014 年电信行业固定资产投资完成情况

数据来源：ICTresearch；2015，03。

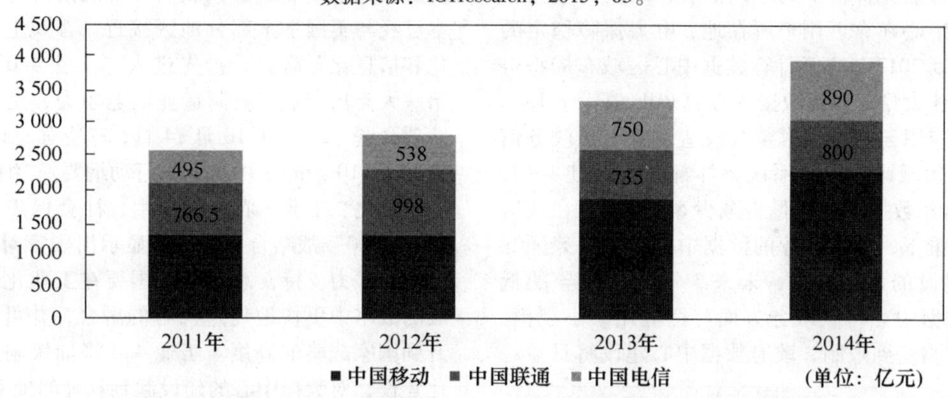

图 3　2011～2014 年三大运营商资本性支出情况

数据来源：ICTresearch；2015，03。

2014 年 1 月，深圳联通腾讯数据中心竣工验收。深圳联通腾讯数据中心总建设面积超过 15000 平方米，共计 1200 个服务器机柜，整体配电采用 2N 设计，达到 T4 等级。为在较短工期内完成建设，该数据中心采用模块化的机房建设方案。在三层共计 10000 平方米的范围内，建设 4 个模块化数据中心机房，每个机房安排 20 个微模块泊位，微模块总数为 80 个。

（三）政府市场

近几年，智慧城市的建设正在全国各地积极开展。截至 2014 年底，中国的国家智慧城市试点已达 193 个，公开宣布建设智慧城市的城市超过 400 个。智慧城市包含智能安防、智能电网、智慧交通、智慧医疗、智慧环保等多领域的应用。2014 年，以北京、上海、广州、贵州等为代表的省市政府在数据资源开放共享方面位于全国领先地位。截至 2014 年 11 月，北京市各政务部门共同建设的“北京市政务数据资源网”，收集公开了 36 个部门机构的 300 余条资源信息，内容涵盖交通、生活安全、就业、教育、社会保障等多个方面。2014 年 5 月，上海市发布《2014 年度上海市政府数据资源向社会开放工作计划》，并建立“上海市政府数据服务网”，向社会开放一批关注度高、影响面大的重点领域政府数据。2014 年 4 月正式开通运行的“上海市公共信用信息服务平台”，已实现对外可供查询数据近 3 亿条。2014 年 11 月，广州市交委发布《广州交通信息资源整合共享平台管理办法》，要求市环保局、气象局、高速公路、广铁集团等十五个单位和部门在未来三年率先进行“大数据”共享，推动大数据在交通领域的充分利用。2014 年 10 月，贵州省“云上贵州”系统正式上线，实现贵州省交通、环保、旅游等多部门、多领域的数据的统一存储，达成省级政府数据资源的互通共享与开放。

全国多省市积极进行数据共享和开放，近几年政府数据中心的建设进度随之加快，数据中心数量快速增长，这在一定程度上带来数据中心建设过剩的问题，导致资源浪费情况的发生。为避免数据中心建设过剩和资源浪费，政府对数据中心建设进行积极部署和统筹规划，纷纷采取相关措施提升和优化数据中心应用水平。

2012 年 5 月，北京市经信委发布《关于加快推进软件和信息服务业节能工作的意见》的通知，鼓励采用仓储式、集装箱式数据机房等建设方式，提高数据中心整体能效；应用优化软件架构、采用云计算等技术，提高 IT 设备利用率；利用自然冷热源、精确制冷技术、变频技术，减少空调用电量。

2013 年 2 月，工业和信息化部发布《关于进一步加强通信业节能减排工作的指导意见》，提出到 2015 年底，新建大型云计算数据中心的 PUE 值达到 1.5 以下。

2014 年 5 月，国家发展改革委、财政部、工业和信息化部、科技部发布《关于请组织申报 2014 年云计算工程的通知》，要求面向政务应用的公共云计算服务，云计算服务平台所用数据中心 PUE 值不高于 1.5。2014 年 7 月，北京市人民政府办公厅发布《北京市新增产业的禁止和限制目录（2014 年版）》，其中由市经信委制定的关于信息传输软件和信息技术服务业门类下明确规定：禁止新建和扩建数据中心，PUE 值在 1.5 以下的云计算数据中心除外。

2015 年 1 月，国务院对外发布《国务院关于促进云计算创新发展培育信息产业新业态的意见》，对云计算基础设施即数据中心的建设给予了相关的指导和建议。政府将引导地方根据实际需求合理确定云计算发展定位，避免政府资金盲目投资建设数据中心和相关园区，优化云计算基础设施布局，促进区域协调发展。政府将加强全国数据中心建设的统筹规划，引导大型云计算数据中心优先在能源充足、气候适宜、自然灾害较少的地区部署，以实时应用为主的中小型数据中心在靠近用户所在地、电力保障稳定的地区灵活部署。到 2017 年，云计算数据中心区域布局将得到初步优化，新建大型云计算数据中心的 PUE 值优于 1.5。政府将积极鼓励应用云计算技术整合改造现有电子政务信息系统，实现各领域政务信息系统整体部署和共建共用，到 2017 年政府自建数据中心数量将减少 5% 以上。在政府出台的一系列政策下，政府行业的数据中心建设将兼顾绿色环保与理性建设的发展方向，未来 3 年政府主导的低 PUE 值的大型数据中心将在政务方面广泛应用。小规模、高 PUE 值的发展将受到限制，政府数据中心建设将日益趋于理性化。

（四）制造市场

“工业 4.0”的概念首先由德国提出，2013 年 4 月德国在汉诺威工业博览会上首次发布《实施“工业 4.0”战略建议书》，德国电气电子和信息技术协会于 2013 年 12 月发布“工业 4.0”标准化路线图。工业 4.0 的终极目的是使制造业脱离劳动力禀赋的桎梏，将全流程成本降到较低，从而实现制造业竞争力的较大化。在 4.0 时代，不仅制造环节的人工将得到节省（机器人为主体的自动化生产连线），前端供应链管理、生产计划（互联网接入，实施管理订单）、后端仓储物流管理（WMS + 自动化立体仓库）都将实现无人化，以及较低的渠道库存和物流成本。

随着人口红利的消失，劳动力供给减少、人工成本上升和新一代劳动力制造业就业意愿的下降，对中国制造业的国际竞争力形成巨大制约。中国沿海地区劳动力综合成本已经与美国本土部分地区接近。客观上说，推进“工业化和信息化”融合，抢先进入“工业 4.0”时代，以保持第一大支出产业——制造业的竞争力，是中国必须面对的一项命题。2014 年 10 月 14 日，李克强总理访问德国期间，签订了 110 条的《中德合作行动纲要》，纲要涵盖政治、经济、文化、工业、农业、卫生、社会保障等领域。其中的“工业 4.0”战略合作框架，显示出国家对制造业 4.0 升级改造的强力支持，意味着中国要在工业化与信息化同步发展的战略中更快地促进两者的融合，并可能将工业 4.0 上升到国家战略的高度。工业 4.0 将加快制造业领域的信息化建设，对数据中心的建设起到利好的推动作用。

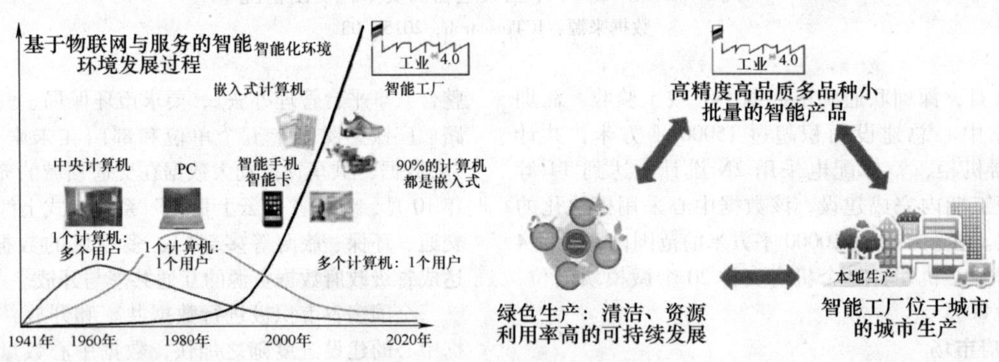

图 4 “工业 4.0”机会分析

数据来源：ICTresearch；2015，03。

四、2015～2019 年中国机房产品市场预测

（一）中国机房产品市场趋势分析

1. 产品：小型、模块、绿色、自动化

（1）IT 设备将进一步小型化，机房一体化理念成未来趋势

IT 设备将进一步小型化，所有设备都将进入机架，机架成为机房 IT 设备的主体；具有更合理的可用性设计，更高的实用性、先进性、灵活可扩展性、可管理性、可维护性，并且设备更加标准化；加强了对数据保存环境的重视，对机房建设进行更加严格的监测与监督；IT 设备的工作时间基本上是连续的，保持 24 小时不关机。随着 IT 设备的发展，机房一体化理念应运而生，并成为未来机房的发展趋势。

（2）模块化机房理念已经展开，推广需要时日

模块化数据中心（Modular Data Center，MDC）和传统数据中心好比笔记本和台式机的区别。MDC 带来了全新的可管理性和效率，通过容量扩展可以满足传统数据中心的需求，因此 MDC 已经逐渐成为满足不断增长的业务需求的解决方案之一。大多数数据中心的使用时间在 10～15 年，核心设备需要 5～8 年进行新产品更换。MDC 能以更自由地进行扩展和更换。尤其是对于中小企业来说，资金相对较少，如果未来 MDC 价格大幅度下降的话，是他们的参考选择之一。

（3）绿色化数据中心切合中国乃至全球的发展方向

所谓数据中心的“绿色”，业界标准并不统一，也没有形成可以参考的规范。ICTresearch 认为，绿色标准可以体

现在两个方面：第一，整体设计的科学合理和设备的节能环保。绿色应该体现在通过科学的机房配置建设、设计或改善，来形成动力环境配置最优化，实现初始投入最小化；在保障机房设备稳定运营的同时，达到节能降耗；同时服务器、网络存储等设备要实现最大化的效能比。第二，满足IT环境的基本运营，同时确保可扩展性。要合理规划数据中心的使用寿命，争取达到总所有成本（Total Cost of Ownership，TCO）最小化。

（4）自动化数据中心将极大节约运维成本

• 可追溯性，即数据中心中的任何一个设备都是可以进行维修、跟踪的，用以确保数据中心的易操作性。

• 动态性，即可以对数据中心进行动态且自动化的管理（能够实现工作负载移动性、自动管理及高可用性）。

• 兼容性，要求设备之间、数据群组之间、数据中心群之间完美切换、连接、通信。

• 连续性，即要求数据中心既满足短期内（5～10年）企业的需求，又要求具有可扩展性，满足企业中（10～20年）、长（20～30年）期需求。

2. 市场：以结果为导向，注重实际销售业绩

由于机房产品本身的产品特点和销售对象的原因，对渠道的要求较高。而且对于不同机房产品，分销的渠道也不尽相同，而专业化分销正是适应这一要求的选择。借助"专业化分销"，专业分销商能够对某个品牌的产品的了解做到最大化，从而使专业分销商无论是对产品的销售、售后服务或者是进行系统集成，都能够最大限度地运作代理品牌，使代理的品牌能够得到最大限度的渠道回报。从这一角度来说，渠道与品牌是逐步融合、密不可分的共生关系，而不是单纯代理关系；是与厂商共同经营品牌，而不只是经销产品，最终实现厂商与渠道的共同成长。

3. 服务：提升品牌、把握客户的利器

在机房产品市场上，服务竞争力的核心在于规范化、标准化与规模化。机房产品的维护相对复杂，只有经过专业培训的技术人员才能胜任售后服务的工作，实现产品的保养维修及部件的更换等。因此，对于不同品牌机房产品来说，优质、专业的服务将成为厂商差异化战略中最重要的部分之一。降低服务成本、提高服务的专业化水平，将是机房产品厂商在日益激烈的竞争中脱颖而出的关键，服务的品牌化也是机房产品日后发展的重要方向之一。

今后3～5年，随着机房产品竞争的日趋激烈，将有越来越多的机房产品厂商面临着巨大的压力。只有在不断提升产品质量的同时，加强对服务体系的建设，并不断降低服务成本，才能满足客户在服务方面的要求。这将是机房产品厂商取得竞争优势，迫切需要解决的问题之一。

（二）中国机房产品市场整体预测分析

1. 中国经济基本面分析

展望2015年，全球经济仍将处于从危机底部逐步爬升的状态。全球经济分化加剧，美国发展加快。美国消费和住房需求带动经济提速，欧元区推出欧洲版QE，政策加码助力内需改善；日本结构性改革低于预期，前期刺激政策效果衰减，可能重现衰退。亚洲新兴经济体增长状况和金融稳定性2014年有所改善，而中东地区和金砖中的资源型国家面临困境和一定的价格风险。预计2015年全球GDP增长3.4%左右。

美国企业投资能力强：凭借健康的资产负债表，充裕的现金流及低廉的融资成本，美国企业有着较强的投资能力。然而，需求面临青黄不接：全球人口老龄化的趋势，意味着对服务的诉求上升，对商品的诉求下降，而服务的可选特性，使整体需求可能面临下降。突破中长期需求天花板可能的路径——分饼、合作、再杠杆：在这三条路径中，"分饼"实际上将造成全球需求的进一步萎缩，而"再杠杆"无法解决需求的长期问题；"全球合作"才是最优路径。各国短期政策仍似在"分饼"，2015年全球弱需求依然是大概率。短期来看，各国采用的政策依然是"以邻为壑"的策略。

中国经济下行压力依然较大，2015年GDP增速将回落至7.2%～7.1%左右。投资地位运行，民间基建开闸，基建对冲地产的故事延续；零售增速小幅回落，消费增长点持续转向服务消费及信息消费。受人民币汇率升值影响，出口出现低增长趋势，通缩趋势显现。工业利润率企稳，预计整体工业利润增长7%，同时利润将向中下游产业集中。行业格局渐变，六大产业群可能成为新的主导力量。信息、健康、文化、高端装备制造、新能源和环保、服务六个产业将成为新的主导力量。

长周期内，认为中国经济目前是处于一个大调整、小波动、慢复苏，新老周期更替的关键时期。从1978年改革开放以来的36年时间内，我们只经历了两个经济周期，政府的干预延缓了市场出清、延长了周期。目前我们正处在第二个周期的底部，并且平稳的底部调整还将持续至整个2015年。

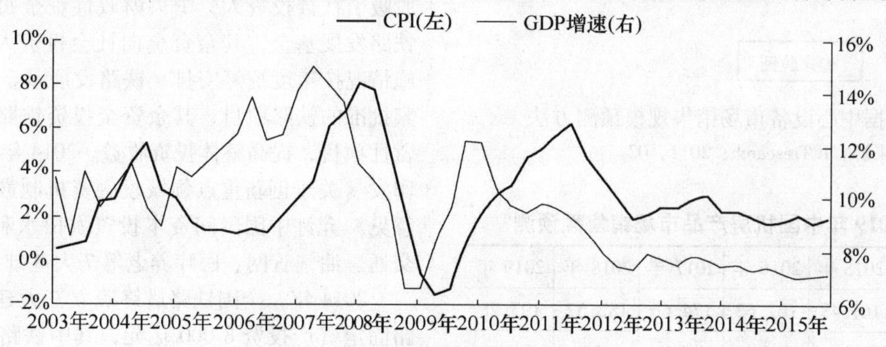

图5　中国经济现状与趋势分析

数据来源：ICTresearch；2015，03。

2. 2015～2019年中国IT市场整体预测

中国计算机市场继续保持稳定增长的主要动力在于，电信、金融、能源等重点行业信息化建设重心从资源整合转向应用系统的深度挖掘和综合利用；电子政务、教育信息化建设继续深入，网络和应用系统建设步入关键阶段；医疗、农业等传统行业信息化建设持续升温，逐步走向正轨；中小企业信息化继续凸现蓬勃的生机，成为市场发展中的亮点；家庭宽带网络的扩展、娱乐与数码产品的消费将带动消费IT市场的快速成长。2015～2019年，中国计算机硬件市场将保持6～7%的年均复合增长率，实现持续稳定的增长。

表8 2015～2019年中国IT市场投资分析

	2015年	2016年	2017年	2018年	2019年
IT市场总规模(亿元)	13939	15096	16380	17818	19401
增长率	8.0%	8.3%	8.5%	8.8%	8.9%

数据来源：ICTresearch；2015，03。

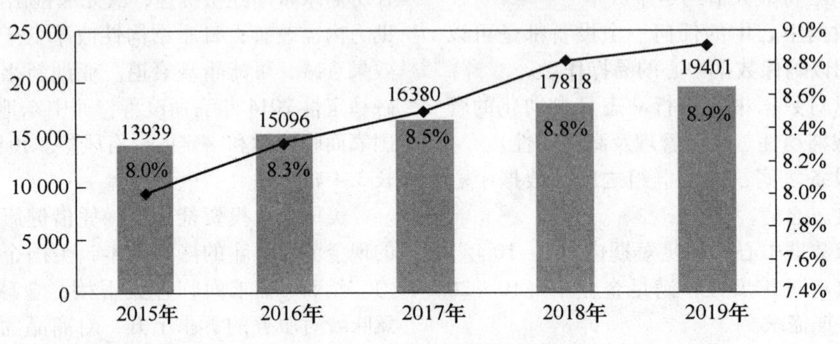

图6 2015～2019年中国IT市场投资分析

数据来源：ICTresearch；2015，03。

3. 2015～2019年中国机房产品总量规模

ICTresearch依据中国数据中心设备市场销售额的历史统计数据，分析其数据特征，对中国数据中心设备未来五年的销售额预测如下：

• 研究中国GDP增速发展趋势，数据中心行业是未来10～20年内的朝阳产业，增速将会在整体世界GDP增速之上。

• 研究数据中心所在IT行业的整体增速，因为数据中心产品和整体IT增速息息相关。

• 研究数据中心各个分产品的整体销售状况，综合得到整体数据中心的增速及趋势分析。

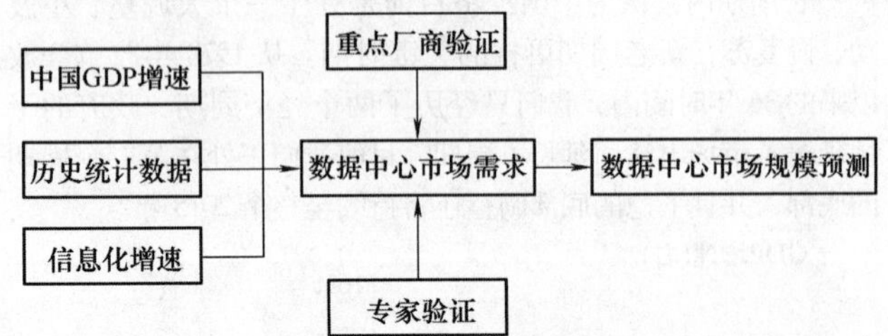

图7 中国数据中心设备市场销售规模预测方法

数据来源：ICTresearch；2011，02。

表9 2015～2019年中国机房产品市场销售额预测

年份	2015年	2016年	2017年	2018年	2019年
销售额(亿元)	161.48	167.62	174.66	182.52	193.28
增长率	2.5%	3.8%	4.2%	4.5%	5.9%

数据来源：ICTresearch；2015，03。

五、策略建议

(一) 行业进入建议

1. 铁路行业进入建议

2013年8月，中国国务院发布《关于改革铁路投融资体制 加快推进铁路建设的意见》，提出要研究设立铁路发展基金，以中央财政性资金为引导，吸引社会法人投入；向地方政府和社会资本放开城际铁路和市域铁路等的所有权和经营权；加大力度盘活铁路用地资源，支持铁路车站及线路用地综合开发。2014年4月，国务院常务会议确定要设立铁路发展基金，拓宽建设资金来源，吸引社会资本投入。2014年6月，国家发改委、财政部和交通运输部制定《铁路发展基金管理办法》，提出铁路发展基金存续期15～20年，国务院授权中国铁路总公司为政府出资人代表，中国铁路总公司作为铁路发展基金发起人，通过设立优先股吸引社会投资人，中央财政性资金每年按一定规模投入铁路发展基金，其余资金向社会投资人募集，根据项目实施情况按年度统筹安排。铁路发展基金的70%以上用于国家批准的铁路项目，其余资金投资铁路土地综合开发等经营性项目，提高整体投资收益。2014年11月，中国国务院印发《关于创新重点领域投融资机制鼓励社会投资的指导意见》允许中国民间资本投资农田水利、市政工程、铁路交通、油气管网、医疗养老等7大基础设施领域。

2014年，全国铁路最终确立三大建设目标，即全国铁路固定资产投资8 000亿元，其中铁路总公司7 300亿元、地方政府和其它社会投资700亿元；新线投产7 000公里、新开工项目64项。在国家发改委2014年计划开工的64个铁路项目中，需要国家发改委负责审批或核准的国家干线铁路项目有32个，另外32个项目属于铁路改造等配套项目，由铁路总公司和相关省进行审批。64个项目已完成前期工作的手续，陆续在2014年内开工建设。除规划的64个项目外，发改委还在继续推进一批国家干线铁路项目的前期工作。

2014年是中国高铁全面规划和发展的一年，截至2014年12月，沪昆高铁杭州东到长沙南正式开通运营；贵广铁路开通运营，计划开行动车组列车20对；南广铁路开通运营，计划开行18对D字头动车组列车。高速铁路建设具有产业链长、投资和需求拉动作用大的突出特点，不仅可以带动沿线地方建材、农副产品和日用品的消费，还可拉动与高速铁路建设相配套的机械、电子、通信、信息、环保等多个行业的发展。高速铁路建设能带动机械、冶金、建材等产业链的升级。由于高铁的经济效应较为明显，各省正在争取在"十三五"甚至"十二五"最后一年动工的"省会间"铁路成批出现。长沙到西安、重庆到西安、郑州到济南、郑州到合肥、贵阳到南宁、武汉到杭州、合肥到南昌、赣州到深圳等高铁线路，都已在各地政府的计划当中。截至2014年底，全国铁路运营总里程已突破11万公里，其中高铁运营总里程超过1.5万公里。

基于国家对高铁建设的金融政策扶持和各地高铁项目的规划，保障铁路运输平稳运行的后台IT机房和数据中心的投资也会随之加大。数据中心等建设虽然有可能会延后于项目建设，但从目前中国铁路建设的热潮看，未来2~3年，铁路行业的数据中心基础设施投入将持续增加，将成为厂商进入该行业的有利时期。

2. 金融行业进入建议

2013年7月，国务院办公厅出台《国务院办公厅关于金融支持经济结构调整和转型升级的指导意见》。其中要求，保持货币信贷和社会融资规模合理增长，坚持有扶有控，积极支持铁路等重大基础设施、城市基础设施、保障性安居工程等民生工程建设，对产能过剩行业区分不同情况实施差别化政策。进一步发展消费金融，促进消费升级。政策的出台将有利于更好地发挥市场配置资源的基础性作用，更好地发挥金融政策、财政政策和产业政策的协同作用，优化社会融资结构，持续加强对重点领域和薄弱环节的金融支持。2013年8月，国务院办公厅出台《关于金融支持小微企业发展的实施意见》，金融管理部门推动金融机构加强小微企业信贷投放，创设支小再贷款政策工具。

2014年起，国家开展民营银行试点开展民营银行试点。进入首批试点名单的10家民营企业包括，阿里巴巴与万向（浙江）；腾讯与百业源（深圳）；均瑶与复星（上海）；商汇与华北（天津）；正泰与华峰（温州）。

2014年1月，中国人民银行联合科技部、银监会、证监会、保监会和国家知识产权局等六部门发布《关于大力推进体制机制创新扎实做好科技金融服务的意见》，从鼓励和引导金融机构大力培育和发展服务科技创新的金融组织体系、加快推进科技信贷产品和服务模式创新、拓宽适合科技创新发展规律的多元化融资渠道等方面进行工作部署，要求金融机构推进体制机制创新，做好科技金融服务各项具体工作。

2014年8月，上海公布《关于促进本市互联网金融产业健康发展的若干意见》，这是全国首个省级地方政府促进互联网金融发展的意见，在公司注册、投资、纳税、人才、征信、创新容忍度方面做出相关规定。2014年12月，保监会公布《互联网保险业务监管暂行办法》，是国内首份针对互联网金融领域的监管文件。

2014年，国家在金融领域政策出台频繁，对互联网金融、民营银行等多个新领域均有政策作为发展指引，从宏观层面对金融业务创新和信息化建设提供了更规范的发展方向。随着业务的丰富和业务量的增长，信息化建设迫在眉睫，相应业务系统和支援中心等建设会为UPS厂商带来更多机会。

3. 医疗行业进入建议

2014年，国家针对医改推出大病保险试点、县级公立医院改革、网上售药等一系列举措。

1月，国务院医改办发出关于加快推进城乡居民大病保险工作的通知，2014年将全面推开城乡居民大病保险试点工作。在总结经验的基础上，逐步扩大实施范围；尚未开展试点的省份，要在2014年6月底前启动试点工作。鼓励商业保险机构利用全国网络优势，为参保人员提供"一站式"即时结算、异地结算等服务，确保群众方便及时得到大病保险补偿。

3月，国家卫计委、财政部、中央编办、国家发改委和人社部联合印发《关于推进县级公立医院综合改革的意见》，加快县级公立医院改革步伐。目标是2014年县级公立医院综合改革试点覆盖50%以上的县（市），2015年全面推开。

5月，国家食品药品监管总局《互联网食品药品经营监督管理办法（征求意见稿）》公开征求意见。意见稿取消现行管理办法中"依法设立的药品连锁零售企业"才能开展互联网药品交易的条款限制，将促进医药电商行业增长。

7月，国家卫计委、商务部发布关于开展设立外资独资医院试点工作的通知，允许境外投资者通过新设或并购的方式在北京市、天津市、上海市、江苏省、福建省、广东省、海南省设立外资独资医院。开放外资办医是促进社会资本办医的又一政策突破，引进国外医疗技术、人才、设备和管理模式，有利于进一步促进办医主体多元化。

2015年，各省两会中对医改的力度和关注重点有所不同。北京市全面推进医药分开，积极推进医疗服务价格改革，推进医疗保险付费方式改革。加快区域医联体建设，基本建成郊区县10个区域医疗中心，推进北京国际医疗服务区建设，开展中医健康乡村建设试点，推动优质医疗资源均衡配置。广东省完善药品集中交易制度，推动医保目录和非医保目录药物、医用耗材进入平台交易。推进中医药强省建设，健全中医预防保健服务网络。天津市推进中医二附院、第一中心医院等新改建项目，实施公立医院、基层医疗机构综合改革。河北省推进医疗保险异地就医即时结算。浙江省加强区域公共卫生服务资源整合，建立优质医疗资源下沉长效机制，提升基层医疗服务能力，完善合理分级诊疗模式，鼓励社会办医。江西省将启动城乡居民基本医疗保险制度整合工作。全面实施城乡居民大病保险，实现医疗保险省内异地就医双向互通。西藏实施县乡医疗卫生综合服务能力提升工程，推进远程医疗等卫生计生信息化建设，基本实现常见病、多发病不出县。积极稳妥推进公立医院改革。推行农牧民在各级医疗机构就医即时结算。

重点关注2014年的政策和2015年各省医改行动计划，异地、实时结算、社会办医、平台试点等方面的业务改革都将带来医疗信息化投资的新机会。UPS厂商密切关注国家政策和各省动态，积极把握建设进程和需求方向，将为UPS产品开拓新市场提供先机。

4. 政府行业进入建议

近几年，智慧城市的建设正在全国各地积极开展。截至2014年底，中国的国家智慧城市试点已达193个，公开宣布建设智慧城市的城市超过400个。智慧城市包含智能安防、智能电网、智慧交通、智慧医疗、智慧环保等多领域的应用。全国多省市积极进行数据共享和开放。2014年，以北京、上海、广州、贵州等为代表的省市政府在数据资源开放共享方面位于全国领先地位。截至2014年11月，北京市各政务部门共同建设的北京市政务数据资源网，收集公开36个部门机构的300余条资源信息，内容涵盖交通、生活安全、就业、教育、社会保障等多个方面。2014年5月，上海市发布《2014年度上海市政府数据资源向社会开放工作计划》，并建立上海市政府数据服务网，向社会开放一批关注度高、影响面大的重点领域政府数据。其中，2014年4月正式开通运行的上海市公共信用信息服务平台，已实现对外可供查询数据近3亿条。2014年11月，广州市交委发布《广州交通信息资源整合共享平台管理办法》，要求市环保局、气象局、高速公路、广铁集团等15个单位和部门在未来三年率先进行“大数据”共享，推动大数据在交通领域的充分利用。2014年10月，贵州省“云上贵州”系统正式上线，实现贵州省交通、环保、旅游等多部门多领域的数据的统一存储，达成省级政府数据资源的互通共享与开放。

近几年，政府数据中心的建设进度加快，数据中心数量快速增长，这在一定程度上带来数据中心建设过剩，导致资源浪费情况的发生。为避免数据中心建设过剩和资源浪费，政府对数据中心建设进行积极部署和统筹规划，纷纷采取相关措施提升和优化数据中心应用水平。

未来三年，政府将积极鼓励应用云计算技术整合改造现有电子政务信息系统，实现各领域政务信息系统整体部署和共建、共用，到2017年政府自建数据中心数量将减少5%以上。

从政府对数据中心建设的态度由积极鼓励向谨慎引导方面看，未来的政府数据中心发展将从原来的数量快速增长转向对绿色节能提出更高标准和要求。充分利用现有资源、审慎发展新建数据中心成为未来政府对数据中心建设的态度。厂商在此政策环境下，要不断提升产品的节能、性能指标，同时强化整体解决方案的节能等级，积极响应政府的导向性政策。

5. 航空行业进入建议

2013年1月，国务院办公厅印发《促进民航业发展重点工作分工方案的通知》，工作方案包括，着力把北京、上海、广州机场建成功能完善、辐射全球的大型国际航空枢纽，培育昆明、乌鲁木齐等门户机场，增强沈阳、杭州、郑州、武汉、长沙、成都、重庆、西安等大型机场的区域性枢纽功能。加大安全投入，加强安全生产信息化建设，积极推广应用安全运行管理新技术、新设备；选择部分地区开展航空经济示范区试点，加快形成珠三角、长三角、京津冀临空产业集聚区；加快航空运输系统核心信息平台的升级换代，保障基础信息网络和重要信息系统安全，增强民航装备国产化的实验验证能力。

2013年5月，工信部印发《民用航空工业中长期发展规划（2013—2020年）》，规划提出大力推进科学技术进步，全面推进数字化技术应用。大力开发产品数字定义、数字仿真、模块化制造、数据管理等技术，加快发展协同工作平台、数据中心、专用网和物联网，全面推进数字化研制生产方式，提升航空工业信息化应用水平。

2014年，民航运输总周转量为742亿吨公里，同比增长10.4%；旅客运输量为3.9亿人次，同比增长10.1%；货邮运输量591万吨，同比增长5.3%。作为国家信息安全管理体系的重要组成部分，民用航空信息安全保护被国家列为重点信息安全保护领域。

2014年，中国航信北京顺义、浙江嘉兴两大重点项目部分建设完成，2015年7月，浙江嘉兴的数据中心第一期工程即将交付使用。随后，北京顺义的第二个数据中心也将建成。两个数据中心，位置上一南一北形成联动。中国航信面向民航信息服务的公共云计算平台建设，被国家发展和改革委员会确立为国家战略性新兴产业项目，获得国家科研经费支持。

从国家发展民航的政策导向和以航信为代表的航空信息领域的应用趋势看，厂商需要深入研究国家航空业务重点发展区域和重要应用领域。针对新建机场、经济示范区、核心业务领域等方面积极跟进信息化建设进度和规划，抓住业务突破点。

（二）市场策略建议

1. 渠道

建设行业导向型渠道，拓宽渠道覆盖区域

在未来机房市场上应加快建设行业导向型渠道，一方面，厂商应该加大对区域行业的部署，加大横向发展的力度，扩大渠道覆盖的范围；另一方面，在加紧扩展区域行业市场的同时，在区域行业内部加大渠道向下纵深发展的力度，把渠道的渗透力从一、二级城市扩大到三、四级城市，充分发掘那些蕴藏着巨大潜力的市场。ICtresearch认为，随着中国市场竞争的日趋激烈，厂商渠道体系的多元化已成为必然的趋势。多元化的渠道体系不仅能够满足不同用户群对于产品与服务的需求，同时还能够最大限度地拓宽渠道覆盖区域。因此，厂商在以直销或与合作伙伴共同关注行业市场的同时，加大区域渠道的建设力度，以扩大区域销售的覆盖面，也具有重要的意义。

加强合作伙伴的合作力度，提升渠道服务能力

在机房产品的销售和服务过程中，合作伙伴扮演着越来越重要的作用。作为厂商的销售渠道，合作伙伴承担着渠道的职能，成为产品和服务与用户的直接联络者，其服务能力如何直接影响到厂商与用户之间的合作。这也是近年来美国艾默生公司、APC公司等厂商加大对中国市场合作伙伴争夺力度的一个重要原因。因此，从长远发展的角度考虑，厂商均需要强化与合作伙伴的合作关系，并在技术培训、研究开发等方面加强合作，提升合作伙伴的服务能力，这将为机房厂商的持续发展打下良好基础。

2. 产品

加强自主创新能力，密切关注前沿技术动态

在竞争越来越激烈的市场中，技术创新能力成为一种特别重要的竞争力。一个企业能否快速向市场推出产品，是获得经营差别化优势的重要内容。未来，通信技术的加速变革，更为通信电源厂商提供了超常规发展的机遇。机房厂商如果能够在新技术变革的时期，及时调整战略，主动适应新技术的要求，转变观念，在新的技术平台加强自主创新能力，迅速占领市场，就可能成为该新技术领域的领导者。

细分目标市场，提供面向细分用户的个性化解决方案

ICtresearch认为，细分目标市场、提供个性化的解决方案将成为未来厂商立足于市场的基础。目前，中国机房市场已经形成相对稳定的竞争格局，厂商应该在自身的产品线拓展、解决方案设计及客户服务等方面加大投入力度，细分目标客户，为用户提供切实可行的产品和服务，以实现市场的突破。

3. 服务

提升服务附加值

在竞争日趋激烈的未来市场，服务成为市场的又一增值点和竞争利器。提升服务能力和水平成为厂商迫在眉睫的问题。各机房厂商也纷纷意识到服务的重要性，不断加强了对服务的关注。然而由于机房本身在通信领域应用中的重要作用，用户对于其产品性能的要求普遍很高，因而在服务内容的侧重点方面与其它产品有很大的不同。单纯的硬件维修服务不是机房产品服务的重点，用户更需要的是高附加值的服务内容，包括解决方案的提供、系统的搭建、人员的培训和系统的升级等方面的服务。因此，对于机房厂商下一步的策略应重点放在提升服务附加值上，做到这一点不但能提高厂商在市场中的整体竞争力，还能创造新的市场赢利点。

实现服务主动性

随着机房产品技术的发展与成熟，产品的差异化越来越小，服务之争成为营销竞争的一个新的亮点。近年来，用户对于主动服务诉求明显，因此，厂商在服务用户的意识方面，要加强服务的主动性，因为主动服务对于深化品牌形象，增进厂商与用户之间的感情，提高用户满意度及忠诚度的作用非常显著。目前，虽然多数厂商已经具备主动服务的意识，但在实际的服务工作中，真正做好主动服务的屈指可数。ICTresearch认为，厂商为体现对用户的关怀，应该对客户定期的提供主动服务，以此联络用户，掌握用户需求，提高服务满意度。

4. 价格

提高企业运营效率，降低成本以备价格竞争

目前，机房产品价格战已经白热化，许多厂商甚至有要市场不要利润的做法。特别是低端市场的产品价格已经快要接近底线，产品同质化竞争必将引发未来残酷的价格竞争，面对市场走向过度竞争的大趋势，厂商需要重视效率提升，降低成本，以备战备荒的心态为即将到来的生存考验做好准备。

实施差异化定价策略，以灵活的价格拓展细分用户市场

在目前市场竞争日趋激烈的外部环境中，产品价格的高低在一定程度上就成为决定用户采购行为的重要因素。随着厂商目标客户市场的逐渐细分，用户需求也必将呈现日益细分的状况。用户购买力的差异，决定了厂商必须实行差异化的价格策略，以满足用户多样化的需求。厂商应当针对不同区域和行业的用户，对同一产品采取有一定差异的价格，如对于经济相对落后地区的企业用户采取比较优惠的价格；也可以根据用户的实际需求，提供定制化的产品和服务，并以适当的价格变化区间满足用户不同的需求，差异化价格策略将成为机房企业拓展新兴用户市场的重要利器。

六、报告说明

（一）研究范围（Research Scope）

ICTresearch研究范围包括机房领域、计算机、软件与IT服务、网络通信与测试测量、电子专用设备等ICT技术市场，同时包括对重点行业的追踪研究。在ICTresearch的研究范围中，还特别保持对细分行业、SMB市场、区域市场及ICT专业渠道等项目的研究。在ICT产业与投资方面，ICTresearch对活跃、及新兴的相关ICT产业、竞争环境与投资机会进行全面的研究。

（二）研究区域（Survey Region）

1. 中国整体ICT市场

将中国ICT市场作为一个整体单元考察，对不同技术市场进行整体追踪研究，帮助ICT厂商全面把握整个中国ICT市场脉搏，宏观了解整个市场现状及未来发展趋势。

2. 中国区域ICT市场

ICTresearch将中国ICT市场划分为华东、华北、华中、华南、西南、西北和东北7个区域，并针对不同的区域分别进行相关调查、研究与分析。

3. 中国城市ICT市场

ICTresearch专业调研网络对中国100个以上重点城市的IT市场进行追踪研究，最终评估当地IT市场规模、渠道及相关技术市场状况，并按本地IT市场规模进行分级。ICTresearch关于城市市场级别的定义见表9，各级城市市场如下：

1级市场包括北京、上海、广州3座城市。

2级市场包括成都、武汉、南京、沈阳、深圳、济南、天津、杭州和重庆9座城市。

3级市场包括西安、哈尔滨、青岛、长沙、苏州、东莞等21座城市；

4级市场包括徐州、泉州、中山等19座城市。

表 10 ICTresearch 关于城市市场级别的定义

市场级别	市场定义与描述
1 级市场 Tier1	该级别市场在整个中国 IT 市场中具有十分重要的地位。其本地 IT 市场规模占整个中国 IT 市场的 5% 以上,同时该市场对中国其它区域 IT 市场具有较强的辐射能力。1 级市场中集聚了绝大多数的 IT 厂商(Vendor)及渠道枢纽[分销商(Distributer)],本地经销商总量超过 2000 家
2 级市场 Tier2	该级别市场在整个中国 IT 市场中具有重要地位。其本地 IT 市场需求占整个中国 IT 市场需求的 1.5% 以上,并且该级别市场对本区域其它 IT 市场具有较强的辐射能力。2 级市场中集聚了部分 IT 厂商及渠道枢纽(分销商),本地经销商总量超过 1000 家
3 级市场 Tier3	该级别市场主要影响覆盖本省(市)或周遍地县市场。3 级市场本地市场规模占整个中国 IT 市场的 0.8% ~1.5%。3 级市场一般不包括渠道枢纽分销商,本地经销商总量一般超过 200 家
4 级市场 Tier4	该级别市场主要指除 3 级市场以外的地市级城市 IT 市场,该级别 IT 市场一般不具备对其它 IT 市场的影响和覆盖,其本地需求不超过全国需求的 0.8%。4 级市场没有相对集中的电脑城或电子一条街,其本地经销商数量一般在 150 家以内
5、6 级市场 Tier5、6	该级别市场主要指除 1 ~4 级市场以外的地市级、县级及其它 IT 市场

表 11 给出了 ICTresearch 咨询公司 2014 年中国重点城市市场级别定义。

表 11 ICTresearch 2014 年中国重点城市市场级别定义

区域	省市区	城市	城市级别
华北	北京	北京	1
	山东	济南	2
		青岛	3
		烟台	4
	天津	天津	2
	山西	太原	3
	河北	石家庄	3
		唐山	4
	内蒙古自治区	呼和浩特	4
华东	上海	上海	1
	浙江	杭州	2
		宁波	3
		温州	3
	江苏	南京	2
		苏州	3
		南通	4
		无锡	3
		徐州	4
	安徽	合肥	3

(续)

区域	省市区	城市	城市级别
华中	河南	郑州	3
		洛阳	4
	湖北	武汉	2
		宜昌	4
	湖南	长沙	3
	江西	南昌	3
西南	四川	成都	2
		绵阳	4
		攀枝花	5
	重庆	重庆	2
	云南	昆明	3
	贵州	贵阳	4
		遵义	5
	西藏自治区	拉萨	5
东北	辽宁	沈阳	2
		大连	3
	吉林	长春	3
	黑龙江	哈尔滨	3
		大庆	4
华南	广东	广州	1
		深圳	2
		汕头	4
		珠海	4
		佛山	3
		东莞	3
		中山	4
		惠州	4
		湛江	4
		江门	4
	海南	海口	3
西北	陕西	西安	2
		宝鸡	5
	甘肃	兰州	4
	新疆维吾尔	乌鲁木齐	4
	青海	西宁	5
	宁夏回族自治区	银川	5
华南	福建	福州	3
		厦门	3
		泉州	4
	广西	南宁	3
		柳州	5

（三）数据来源（Data Sourse）

ICTresearch 充分运用自身在协会、厂商、渠道、行业、区域及 ICT 专业媒体等方面的优势资源，获取有关中国信息技术市场的相关信息和数据；同时结合 ICTresearch 对中国 ICT 市场近 5 年追踪研究的信息数据积累及动态的二手资料，最终通过综合统计、分析获得相关技术市场的研究报告。以下显示了 ICTresearch 主要的信息数据渠道：

1. 行业需求信息渠道

ICTresearch 拥有众多行业协会的丰富资源。ICTresearch 定期与各个行业协会进行沟通，获取行业与区域等 ICT 应用市场方面的信息和数据。

2. 区域市场信息渠道

ICTresearch 区域调查研究覆盖了华北、华东、华南、华中、东北、西北、西南 7 个区域市场，60 个以上的重点城市。其专业分析员与调查人员定期与各地 ICT 厂商、经销商及 ICT 用户保持着直接紧密的联系，并从当地获取第一手数据与资料。

3. 厂商与经销商调研渠道

近 5 年的 ICT 研究咨询服务，使 ICTresearch 与 ICT 厂商及经销商建立了广泛密切的业务联系。基于这种联系，ICTresearch 定期通过直接面访、电话采访、问卷调查等方式从厂商与经销商获取有关市场数据和信息。

4. 媒体调查渠道

ICTresearch 拥有包括中国计算机报、电脑商报、IT168、天极集团等在内的强大媒体资源及行业媒体资源优势。依托上述媒体资源，ICTresearch 定期在媒体上刊登文章与调查，获取有关用户与市场方面的数据和信息。

5. 数据库信息渠道

通过对中国 ICT 市场近 5 年的追踪研究，ICTresearch 积累了大量有关产业、市场、厂商、渠道、用户等数据和信息，建立了丰富完整的数据库，可为客户提供包括行业信息数据库、行业信息监测数据库、行业信息化数据库等在线数据库查询服务。历史数据库资源为 ICTresearch 的持续性市场研究提供了可靠基础。

6. 二手调查

从第三方获得数据及资料，了解整个中国 ICT 市场状况与发展趋势，追踪相关重点企业或厂商在产品技术、市场与竞争策略、销售与服务等方面的信息和资料。二手调查数据和资料来源为新闻报道、行业媒介、企业年报、互联网/Web 站点及其它有利于本调研报告的资料。

（四）研究方法

1. 直接调查

1）横向调查。由 ICTresearch 对中国 7 大区域、31 个中心城市的国内外主要 ICT 厂商、分销商进行直接的电话交流与深度访谈，获取相关产品市场中的原始数据与资料。

2）纵向调查。由 ICTresearch 及第三方合作伙伴分布在中国 31 个重点城市的调研网络完成对当地主要分销商、经销商及相关渠道的数据采集与资料采集。特别包括对最终用户的调查，充分获取来自渠道及用户的底层原始数据。

2. 间接调查

充分利用各种资源及 ICTresearch 历史数据与二手资料，及时掌握关于中国 ICT 市场的相关信息与动态数据。

3. 综合分析

通过直接和间接调查所获取的数据及 ICTresearch 二手研究材料，由 ICTresearch 各级市场分析员对相关数据资料进行评估、分析，最终获得可发布的 ICTresearch 中国 ICT 市场年度研究报告。

（五）一般定义

ICT 市场：未包括中国台湾省、香港特别行政区及澳门特别行政区的中华人民共和国大陆地区信息技术市场。

整体市场：指相关 ICT 产品或技术、服务在整个中国范围的市场。

区域市场：指相关 ICT 产品或技术在中国各个区域、省市范围的市场。

单位：若非特别声明，本报告中所涉及货币单位为人民币元；产品数量为台或套。

特别定义：见相关研究报告中的定义。

（六）市场定义

1. ICTresearch 对中国 ICT 应用市场的定义

ICTresearch 将中国 ICT 垂直市场划分为，中小型企业市场、大型企业市场、政府市场、教育市场和家庭市场 5 种类型。其中前面 2 种企业市场属商用市场，又可平行划分为电信、金融、邮政、能源、交通、制造、流通、物流、建筑、媒体、卫生等行业应用市场（平行市场）；后面 3 种（包括政府、教育、家庭市场）属于非商用市场。表 12 给出了 ICTresearch 对行业应用市场的划分标准。

表 12　ICTresearch 对行业应用市场的划分标准

行业	市场界定	市场类别
金融	银行、证券、保险、基金、投资、信托	商用
制造	钢铁、机械、电子、化工、纺织、食品制造（包括航空航天、铁路、汽车等）	商用
能源	电力、水力、煤炭、石油、核能	商用
交通	公路、铁路、航空、水运、管道	商用
电信	电信运营与服务性企业（包括 ISP、ICP，但不包括研究、生产、制造电信产品的企业）	商用
邮政	中国邮政总局及其分支机构，其它开办邮政服务的企业	商用
科研	从事各行业科学研究的机构（科研院所、设计院）或企业	商用
卫生	医院、医药、卫生	商用
媒体	电台、电视台、报刊杂志、出版社、公关与广告	商用
流通	零售业、百货店及其它物流之外的商品流通渠道，包括 ICT 渠道	商用

（续）

行业	市场界定	市场类别
物流	从事运输、贮存、装卸、搬运、包装、流通加工、配送及相关信息处理的物资流通企业	商用
建筑	建筑安装、装饰装修及房地产等企业	商用
政府	非赢利性政府职能部门，包括国家机关、公检法、海关、财政、税务、军队等	非商用
教育	初、中、高等各级院校，成人教育，电视大学及相关培训机构	非商用
家庭	家庭与个人用户	非商用
其它	不包括上述行业的其它行业或企业	商用

2. ICTresearch 对企业用户市场的定义

在 ICTresearch 的研究中，根据现有企业规模、产值、员工人数及 ICT 应用状况等复合因素，将企业划分为大型企业与中小企业不同的市场段，并针对不同市场段进行相关的研究。表 13 给出了 ICTresearch 对 ICT 企业用户的定义和描述。

表 13 ICTresearch 对企业用户的定义与描述

企业市场段	定义与描述
大型企业	大型企业指资产规模或销售额 5～50 亿元的大型企业和资产规模或销售额 50 亿元以上的特大型企业
中小企业	中小企业是根据企业固定资产、年营业额、上缴利税和企业员工规模划分的一类企业形态，包括资产规模或销售额在 0.5～5 亿元的中型企业和资产规模或销售额在 5000 万元以下的小型企业 在传统行业中（主要包括制造、能源、交通、建筑、流通等行业）中小企业的计算机系统（主要包括 PC）拥有量在 500 台套以下，一般人均拥有 PC 为 0～0.3 台；年独立 ICT 产品或技术采购量为 1～299 万人民币。传统的中小企业一般没有独立的信息技术部门，但目前越来越多的中小企业，特别是中型企业开始建立自己的信息技术部门

3. ICTresearch 对中国家庭用户市场的定义

ICTresearch 将家庭用户市场定义为个人或家庭学习、办公、娱乐使用的 ICT 产品市场。

2014 年中国高压变频行业发展报告

中国自动化产业服务集团

一、研究项目概述

（一）背景及意义

我国正处于工业化、信息化、城镇化、农业现代化快速发展的关键时期，能源需求刚性增长，资源环境约束日益突出。

目前在国内，建筑业、工业、交通是三大高耗能行业。节能的重点是工业，我国工业能耗占全国总能耗的70%以上，工业上的节能潜力是十分巨大的。国内绝大部分工业企业都存在着设备性能低下、生产工艺落后、能耗指标较高及总体用能效率低的问题，节能空间十分显著。

变频器行业是个强周期行业，与国家经济周期紧密相关。高压变频器的下游客户主要集中在电力、冶金、煤炭、石油化工、水泥、造纸、市政、交通等领域，多为国有大型工矿企业。通过对国务院公布的2020 年减排目标进行针对研究和目标分解，并且考虑到国有企业的政策执行能力，这些高耗能的国有大中型企业将在未来的节能减排中扮演主要角色，相应也会享受到更多的政策扶持。

（二）项目定义

1. 时间定义

本报告所有分析数据都是基于2014 年度数据（2014 年1月1日—2014 年12月31日）的。

项目研究时间：2015 年1月1日—2015 年3月28日。

2. 产品定义

1）本报告所涉及的产品范围为可调输出频率的高压交流电动机驱动装置，包含相关的零配件，不含采用同类技术的伺服产品。

2）电压等级范围：大于1000V，如3kV、6kV、10kV 等。

3）按国际惯例和我国国家标准对电压等级的划分，供电电压大于等于10kV 称为高压，1～10kV 称为中压。习惯上也会把额定电压为6kV 或3kV 的电动机称为“高压电动机”。由于相应额定电压为1～10kV 的变频器有着共同的特征，因此本报告把驱动1～10kV 交流电动机的变频器通称为高压变频器。

4）本报告定义的高压变频器产品不包括风电变流器、光伏逆变器和铁路机车牵引逆变器，想了解这三个产品的详细市场情况，请留意中自集团2015 年出版的《2015 中国风电变流器市场研究报告》《2015 中国光伏逆变器市场研究报告》《2015 中国铁路机车牵引逆变器市场研究报告》。

3. 报告说明

1）本报告所指的市场规模及销售额仅限于在我国大陆地区销售的变频器产品，包括单独进口的产品，但不包括随设备引进的产品和出口的产品。

2）本报告所涉及的厂商销售额以2013 年度实际发生的开票金额为准，不含在2013 年度未交货的跨年度合同金额。

3）本报告所涉及销售金额均不包含增值税。

4）本报告所涉及销售金额均以人民币为单位。

5）货币换算：1 美元＝6.08 元人民币。

二、高压变频器技术发展状况

（一）国外高压变频器的技术发展现状

国外各大品牌的变频器生产商，均形成了系列化的产品，其控制系统也已实现全数字化。几乎所有的产品均具有矢量控制功能，完善的工艺水平也是国外品牌的一大特点。目前，在发达国家，只要有电动机的场合，就会同时有变频器的存在。其现阶段发展情况主要表现如下：

1）技术开发起步早，并具有相当大的产业化规模。

2）能够提供特大功率的变频器，目前已超过10 000kW。

3）变频调速产品的技术标准比较完备。

4）与变频器相关的配套产业及行业初具规模。

5）能够生产变频器中的功率器件，如IGBT、IGCT、SGCT 等。

6）高压变频器在各个行业中被广泛应用，并取得了显著的经济效益。

7）产品国际化、当地化加剧。

8）新技术、新工艺层出不穷，并被大量、快速地应用于产品中。

（二）高压变频器的未来发展态势

交流变频调速技术是强弱电混合、机电一体的综合技术，既要处理巨大电能的转换（整流、逆变），又要处理信息的收集、变换和传输，因此它必定会分成功率和控制两大部分。前者要解决与高压大电流有关的技术问题，后者要解决的软硬件控制问题。因此，未来高压变频调速技术也将在这两方面得到发展，其主要表现为，高压变频器将朝着大功率、小型化、轻型化的方向发展，向直接器件高压和多重叠加（器件串联和单元串联）方向发展。更高电压、更大电流的新型电力半导体器件将应用在高压变频器中。现阶段，IGBT、IGCT、SGCT 仍将扮演着主要的角色，SCR、GTO 将会退出变频器市场。无速度传感器的矢量控制、磁通控制和直接转矩控制等技术的应用将趋于成熟。全面实现数字化和自动化：参数自设定技术；过程自优化技术；故障自诊断技术。应用32 位MCU、DSP 及ASIC 等器件，实现变频器的高精度、多功能。相关配套行业正朝着专业化、规模化发展，社会分工将更加明显。

节能环保行业位列七大战略新兴产业之首，肩负着保增长和经济转型的双重重任。2012 年6月16日，国务院印发的《"十二五"节能环保产业发展规划》提出，我国节能环保产业发展前景广阔。据测算，到2015年，我国技术可行、经济合理的节能潜力超过4亿吨标准煤，可带动上万亿元投资；节能服务总产值可突破3 000亿元；产业废物循环利用市场空间巨大；城镇污水垃圾、脱硫脱硝设施建设投资超过8 000亿元；环境服务总产值将达5 000亿元。在2013年8月出台的《国务院关于加快发展节能环保产业的意见》也明确指出，资源环境制约是当前我国经济社会发展面临的突出矛盾。解决节能环保问题，是扩内需、稳增长、调结构，打造中国经济升级版的一项重要而紧迫的任务。另外，国务院发布的《关于加快发展节能环保产业的意见》还提出，"十二五"期间国内节能环保产业产值年均增长需达到15%以上，力争到2015年，节能环保产值达到4.5万亿元的规模，成为国民经济新的支柱产业。

和一般产业不同，节能环保产业，特别是发展初期需要依赖政府的持续投入来引导行业的发展。随着政策的高度重视、监管进一步加强，节能环保及相关产业已经成为投资者关注的热点，将进入一个高速发展期。

（三）我国高压变频器技术应用现状

高压变频器是相对于380V、660V等电压等级的低压变频器而言的。我国工矿企业把1 000V以上的交流电动机，如3kV、6kV、10kV等交流电机都称为高压电动机，对应用于这类电动机的变频器都称为高压变频器，国外则把这种电压等级的变频器称为中压变频器。我们研究的产品是将1 000V以上的变频器都称为高压变频器。

高压大容量变频器是一种技术含量高、难度大的高新技术产品，其开发和生产的难度如下：

一是高压变频器由于供电电压高，而目前世界上电力电子器件的耐压水平还不能与此要求相适应。

二是高压大功率变频器技术难度大，制造技术要求高，资金投入大，而高压变频器还主要是用于风机、泵类等负载的调速节能运行，用户需低投入，由节电费用偿还投资，故售价要便宜。

三是高性能高压变频器尚有许多技术难点有待解决。

这三个矛盾就构成了当今电气传动制造业的一大难题，也成为各国著名的电气公司竞争的热点之一。为解决这个问题，出现了多种拓扑结构和技术方案，如高-低-高式、高-高式等，高-高式的又有多种拓扑结构，目前仍在发展之中，尚未形成如低压变频器那样的统一的拓扑结构。

20世纪末以前，高压大功率变频器都采用国外进口品牌。国外产品的共性是质量好、可靠性高，但价格也很高，且对我国电网的适应能力差，用户界面差（未汉化），售后服务响应差。备品备件供应差且价格昂贵。以上因素给国内用户带来很大的不便。

进入21世纪以来，国产高压变频器企业迅速崛起，并以惊人的速度占领市场。北京利德华福公司的高压变频器销售业绩，到2011年8月份已突破6 000台套。成都东方日立（原名东方凯奇）公司，北京合康亿盛公司、山东新风光公司、北京动力源、哈尔滨九洲公司、广州智光公司、辽宁荣信电气公司、深圳科陆电子公司、烟台东方电子公司等也都先后进入这个领域，并且必然会有更多的企业加入进来。这将对我国高压变频器品牌占领国内市场起到积极和推动的作用。并为我国创建节约型社会送来强劲的东风。

国产品牌在可靠性和生产工艺上正在迎头赶上，其最大的优势是适合中国国情和用户的需要，可以进行特殊设计，用户界面友好、操作方便、价格便宜。最主要的是良好的售前、售后服务和备品备件的提供，以及操作维护人员的培训工作，更是国外品牌的产品所无法比拟的。

在20世纪末，用户是唯进口品牌是论，根本不考虑国产品牌，而现在情况正好反过来了，许多用户主动要求选用国产品牌，而不要进口品牌。国外的高压变频器生产公司为了占领中国市场，也都纷纷在国内设立组装厂，像进线变压器等也由国内配套厂提供，产品的设计也越来越适应中国用户的要求，价格也有所下降。国内的产品大多数采用单元串联多电平电路，也有少数采用三电平电路和功率器件直接串联二电平、采用交-交变频级联式多电平电路的。对于我国目前以节能为目的的用户来说，单元串联多电平电路在性能上还是占有一定优势的。随着使用领域的扩大，特别是在超大功率、高性能的高压变频器方面我国和国外著名产品还有较大差距，有待于开发和追赶。

随着技术研究的进一步深入，在理论上和功能上国产高压变频器已经可以与进口变频器相比肩，但是受工艺技术的限制，与进口产品的差距还是比较明显。这些状况主要表现在如下几个方面：

国外各大品牌的产品正加紧占领国内市场，并加快了本地化的步伐。国外许多跨国公司一直都是走集团化发展的道路，在市场开拓上，本土化一直是它们快速占领当地市场、融入地方经济的主要手段。例如，德国西门子公司、美国艾默生公司、日本东芝公司等，通过兼并收购当地厂商实现控股，或直接在当地办厂房、采购原材料进行加工生产。

研发能力和产业化规模的逐年增长。高压变频器的科技含量，直接决定着其市场价格，因此，许多公司都加大研发力量、提升产品的科技含量，有些公司还大力建设研发用的实验室，走技术路线。在开展高压变频器业务的同时，由于客户的需求不一，为了满足客户的各种需要，公司通常开发出多种产品来迎合市场，多元化的发展使其具有一定的产业规模，并根据市场发展不断调整。

国产高压变频器的功率也越做越大，目前国内最大的应用做到了20 000kW。大功率的高压变频器由于市场利润丰厚，且在未来市场前景广阔，于是备受厂商关注，许多公司也大力开发这一产品。如2012年1月，大力电工襄阳股份有限公司新研制的15 000kW高压变频软起动装置在华东某钢铁集团一次起动成功，填补了国内最大功率高压变频软起动产品的空白，打破了国内大功率高压变频软起动市场主要由国外公司垄断的局面。同时，公司已熟练掌握20 000kW以内高压变频器软起动技术，可满足部分大功率电动机的高性能起动要求。

国内高压变频器的技术标准还有待规范。近年来，各种高压变频器不断出现，高压变频器到目前为止还没有像低压变频器那样近乎统一的拓扑结构。根据高电压组成方式可分为直接高压型和高低高型。根据有无中间直流环节可以分为交-交变频器和交-直-交变频器。在交-直-交变频器中，按中间直流滤波环节的不同，可分为电压源型和电流源型。没有一个统计的结构和技术标准，比较混乱。评价高压变频器的指标主要有成本、可靠性、对电网的谐波污染、输入功率因数、输出谐波、dv/dt、共模电压、系统效率、能否四象限运行等。目前，市面上的各种高压变频器都各有侧重，技术标准有待进一步规范。

与高压变频器相配套的产业很不发达。高压变频器配套的产业很多，最基础的一个就是其各部分构件还不能自我生产，需要从国外进口。

生产工艺一般，可以满足变频器产品的技术要求，价格相对低廉。目前，国内的高压变频器能实现基本的调速变频功能，并在各个行业推广应用，得到了客户的肯定。但由于设备生产粗糙、技术含量不是很高，市面上同类产品相当多、竞争激烈、价格低廉。

变频器中使用的功率半导体关键器件完全依赖进口，而且相当长时间内还会依赖进口。目前，国内已经有部分企业在生产 IGBT 了，只是质量和国外还有差距罢了。相信随着技术的进步，国内也能实现高端的 IGBT 规模化生产。我国已有 21 家企业生产 IGBT 产品。

与发达国家的技术差距在缩小，具有自主知识产权的产品正应用在国民经济中。目前，许多高压变频器生产厂商在生产的同时，也都有研发部分，技术上日渐成熟。同时，许多自主研发的产品由于其更适合中国的使用现状而被大家普遍使用。

已经研制出具有瞬时掉电再恢复、故障再恢复等功能的变频器。目前，许多国内的厂商在变频器技术上已经成功实现了瞬时掉电再恢复、故障再恢复等功能，在技术上有了很大突破。

部分厂商已经开发出了四象限运行的高压变频器。矢量控制的高压变频器也已经在应用。

1. 变频调速技术的发展历史及现状

变频调速技术涉及电力、电子、电工、信息与控制等多个学科领域。随着电力电子技术、计算机技术和自动控制技术的发展，以变频调速为代表的近代交流调速技术有了飞速发展。交流变频调速传动克服了直流电动机的缺点，发挥了交流电动机本身固有的优点（结构简单、坚固耐用、经济可靠、动态响应好等），并且很好地解决了交流电动机调速性能先天不足的问题。交流变频调速技术以其卓越的调速性能、显著的节电效果及在国民经济各领域的广泛适用性，而被公认为是一种最具有前途的交流调速方式，代表了电气传动发展的方向。变频调速技术为节能降耗、改善控制性能、提高产品的产量和质量提供了至关重要的手段。变频调速理论已形成较为完整的科学体系，成为一门相对独立的学科。

20 世纪是电力电子变频技术由诞生到发展的一个全盛时代。最初的交流变频调速理论诞生于 20 世纪 20 年代，直到 20 世纪 60 年代，由于电力电子器件的发展，才促进了变频调速技术向实用方向发展。20 世纪 70 年代席卷工业发达国家的石油危机，促使他们投入大量的人力、物力、财力去研究高效率的变频器，使变频调速技术有了很大发展并得到推广应用。20 世纪 80 年代，变频调速技术已产品化，性能也不断提高，发挥了交流调速的优越性，广泛地应用于工业各部门，并且部分取代了直流调速。进入 20 世纪 90 年代，由于新型全控型电力电子器件（如 GTO、IGBT、IGCT、SGCT、GCT 等）的发展及性能的提高及计算机技术的发展，如由 16 位机发展到 32 位机及 DSP（Digital Signal Processor，数字信号处理器）的诞生和发展，新型控制理论的发展（如磁场定向矢量控制、直接转矩控制）等原因，极大地提高了变频调速的技术性能，促进了变频调速技术的发展，使变频器在调速范围、驱动能力、调速精度、动态响应、输出性能、功率因数、运行效率及使用的方便性等方面大大超过了其它常规交流调速方式。其性能指标也已超过了直流调速系统，达到取代直流调速系统的地步。

在 20 世纪 80 年代中期之前，我国变频器技术还主要是在低压（380V 级）变频器范围，自 20 世纪 80 年代中期，我国冶金企业引进了几套同步电动机矢量控制的交-交变频调速系统，而后冶金部自动化研究院、天津电气传动研究所等单位相继自行研制开发了交-交变频调速系统，主要应用于大容量、低转速、高过载、响应快、四象限运行等大型钢铁厂的轧机交流同步电动机主传动、矿山的大型矿井提升机传动等应用，以取代直流调速系统。这不仅有明显的经济效益，而且锻炼了队伍、鼓舞了人心，开辟了我国高压变频器研究开发的先河。

交-交变频器由于控制原理方式的制约，造成其功能和应用范围受限，交-交变频器的结构方式把电网频率的交流电变成可调频率的交流电，也称为循环变流器，属于直接变频电路。它的输出频率上限受限，如当采用 6 脉波三相桥式电路时，输出上限频率不高于电网频率的 1/3 ~ 1/2。电网频率为 50Hz 时，交-交变频电路的输出上限频率约为 20Hz。由于交-交变频器谐波污染严重、功率因数低等缺点，需要增加滤波装置，无功补偿装置等，增加了设备的投资；同时也由于可控电力电子器件的发展，它有逐步被交-直-交高压变频器取代的趋势。

20 世纪 90 年代中期，我国开始了交-直-交高压变频器的研究开发工作，由凡口铅锌矿、长沙矿山研究院、冶金部自动化研究院、清华大学共同合作开发了 6kV/800kW 同步电动机高压变频器（LCI），用于凡口铅锌矿的矿井通风机，取得了成功，节能效果显著，被国家经贸委领导称之为我国第一台自行研制的高压变频器。与此同时，国外的高压变频器产品开始进入我国市场，如美国 A-B 公司的 Power FlexTM7000 高压变频器，是采用 SGCT 功率器件串联的交-直-交电流源型变频器，与电动机的特性有关，调试比较困难；并且 du/dt 较大，对电动机的绝缘影响较大，是进入我国火电厂节能改造工程最早的产品。美国罗宾康（ROBICON）公司（已被德国西门子公司收购）的单元串联多电平变频器，采用低压 IGBT 功率器件，号称完美无谐波变频器，也是进入我国较早且使用最多的产品。它的优点是电压电流波形好，谐波含量小，对电动机影响小。瑞士 ABB 公司的 ACS1000 高压变频器，是采用 IGCT 器件的三电平变频器，最高电压到4.16kV。若用在我国6kV高压电动机上，要进行Y-Δ改换，不利于进行工频旁路切换（切换前要先进行Δ-Y改换）。德国西门子公司的SIMOVERT MV系列高压变频器，6kV电压可做到2 000kW，它实际上采用的是高-低-高方式。其核心的逆变器是采用高压IGBT器件的三电平变频器，输出电压为2.3kV，通过一个“集成升压滤波器”将电压升到6kV，并兼有滤波作用。日本东芝-三菱公司开发的采用IEGT的三电平变频器，也在我国钢铁工业等获得较多应用。在高压大功率的应用方面，如石油天然气管道输送等，要求高低压、大容量、高转速的变频器，日本东芝-三菱公司采用GCT功率器件的五电平高压变频器，在我国西气东输二线获得应用。

我国的一些科研院所、高等院校和生产厂商结合，开发出我国自己的高压变频器产品，山东新风光公司、北京利德华福公司等开发、生产出功率单元串联多电平高压变频器产品。

成都佳灵电气公司经过多年研制，解决了功率器件IGBT的直接串联技术问题，使真正无输入、输出变压器的直接高压变频器成为现实。

由北京时代金能电气科技有限公司开发生产的级联式高压交-交变频器，是高压变频技术的全新解决方案。该方案使用晶闸管作为主功率器件，无需整流滤波环节，电路简单，可靠性高，不存在大容量电容器所引起的运行寿命短问题，是高压变频调速技术的一大创新。

目前，国内高压变频器的生产厂商已有数十家，大多数厂商都是生产功率单元串联多电平电压型高压变频器，但真正有实力、技术先进、保证质量、产量，业绩已超过100台的也只有近20家，如北京利德华福公司生产的高压变频器已超过6 000台。国产高压变频器的应用范围已涵盖国民经济的各个行业。高压变频器容量已从最初的几百kW，达到现在的10 000kW，目前正在开发的高压变频器产品达到20 000kW级，如上海广电电气（集团）股份有限公司、辽宁荣信电力电子股份有限公司、北京利德华福公司等都在进行这一开发工作。

20世纪90年代，大功率变频器都采用国外进口品牌。国外产品的共性是质量好、可靠性高，但价格也很高，且对我国电网的适应能力差，用户界面差（未汉化），售后服务响应差，备品备件供应差且价格昂贵。以上因素给国内用户带来很大的不便。

2. 国内应用的高压变频器主要几种拓扑结构

下面，对国内应用的高压变频器主要几种拓扑结构作简要介绍。

（1）功率单元串联多电平电压型高压变频器

功率单元串联多电平电压型高压变频器，是我国高压变频器厂商生产最多、应用最多的高压变频器产品。

功率单元串联多电平电压型高压变频器的各功率单元由一个多绕组的隔离变压器供电，用高速微处理器实现控制和以光导纤维隔离驱动。多重化技术从根本上解决了一般6脉冲和12脉冲变频器所产生的谐波问题，可实现完美无谐波变频。

图1所示为6kV多重化变频器的主电路拓扑图，每相由5个额定电压为690V的功率单元串联，因此相电压为690V×5＝3 450V，所对应的线电压为6 000V。每个功率单元由输入隔离变压器的15个二次绕组分别供电，15个二次绕组分成5组，每组之间存在一个12°的相位差。

图1所示的每个功率单元都是由低压绝缘栅双极型晶体（IGBT）构成的三相输入，单相输出的低压PWM电压型逆变器。

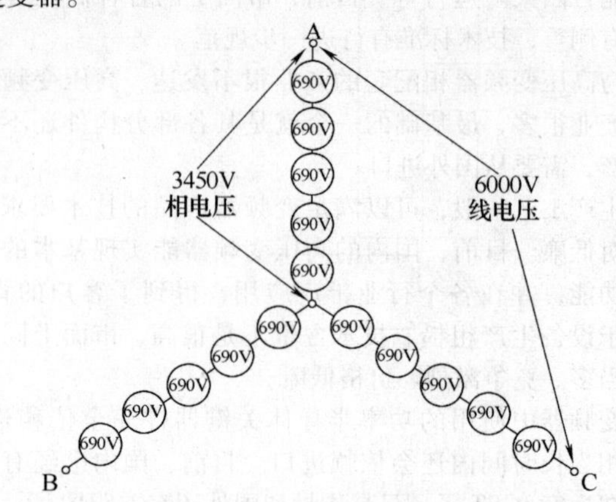

图1 6kV多重化变频器拓扑图

如图2所示，以中间△接法为参考（0°），上下方各有两套分别超前（＋12°、＋24°）和滞后（－12°、－24°）的4组绕组。所需相差角度可通过变压器的不同组别来实现。

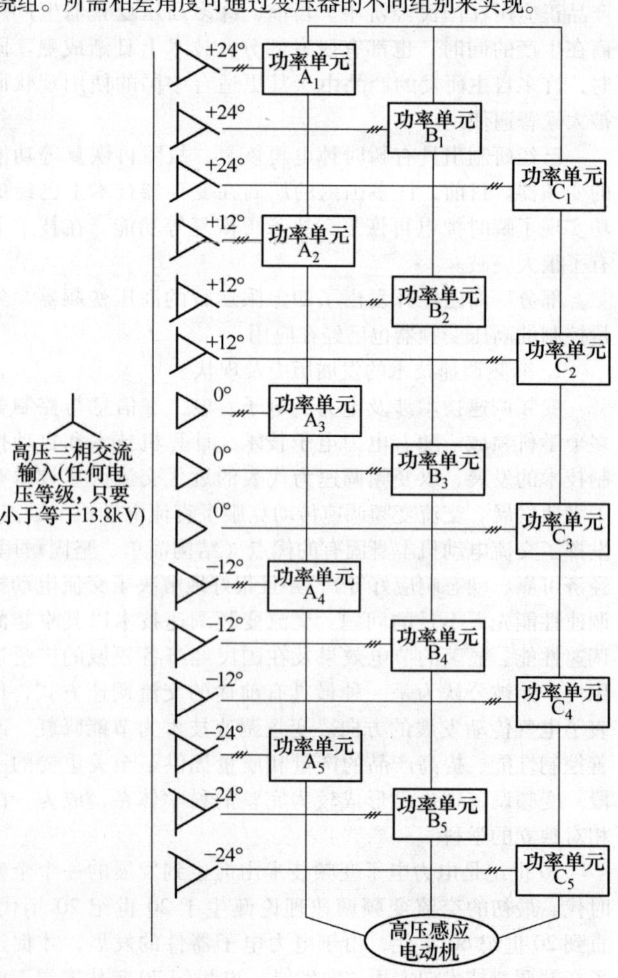

图2 五功率单元串联变频器的电气连接

功率单元电路如图3所示。每个功率单元输出电压为+1、0、-1三种状态电平，每相5个单元叠加，就可产生11种不同的电平等级，分别为±5、±4、±3、±2、±1和0。

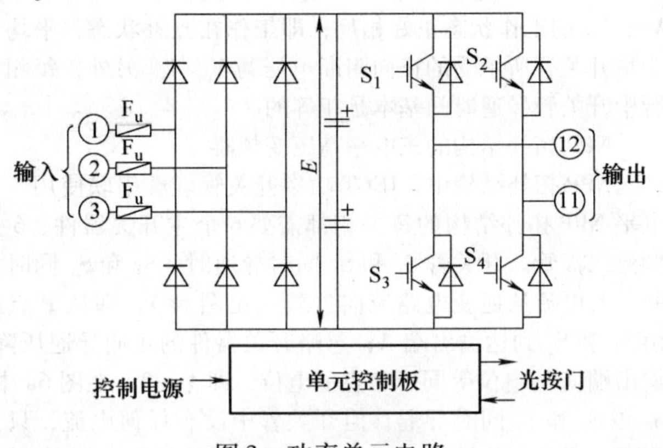

图3　功率单元电路

图4所示的电压波形是一相合成的正波输出电压波形。用这种多重化技术构成的高压变频器，也称为单元串联多电平PWM电压型变频器。

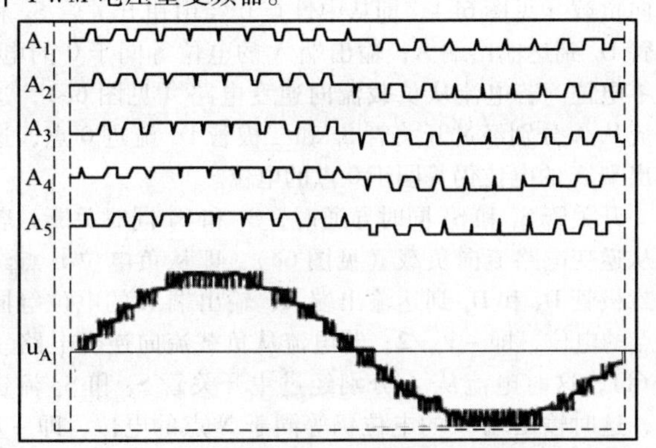

图4　五个功率单元串联输出电压波形

采用功率单元串联，而不是用传统的器件串联来实现高压输出，所以不存在器件均压的问题。每个功率单元承受全部的输出电流，但仅承受1/5的输出相电压和1/15的输出功率。变频器由于采用多重化PWM技术，由5对依次相移12°的三角载波对基波电压进行调制。对A相基波调制所得的5个信号，分别控制$A_1 \sim A_5$共5个功率单元，经叠加可得图4所示的具有11级阶梯电平的相电压波形。它相当于30脉波变频，理论上19次以下的谐波都可以抵消，总的电压和电流失真率可分别低于1.2%和0.8%，堪称完美无谐波变频器。它的输入功率因数可达0.95以上，不必设置输入滤波器和功率因数补偿装置。变频器同一相的功率单元输出相同的基波电压，串联各单元之间的载波错开一定的相位，每个功率单元的IGBT开关频率若为600Hz，则当5个功率单元串联时等效的输出相电压开关频率为6kHz。功率单元采用低的开关频率可以降低开关损耗，而高的等效输出开关频率和多电平可以大大改善输出波形。波形的改善除减小输出谐波外，还可以降低噪声、dv/dt值和电动机的转矩脉动。所以这种变频器对电动机无特殊要求，可用于普遍笼型电动机，且不必降额使用，对输出电缆长度也无特殊限制。由于功率单元有足够的滤波电容，变频器可承受-30%电源电压下降和5个周期的电源丧失。这种主电路拓扑结构虽然使器件数量增加，但由于IGBT驱动功率很低，且不必采用均压电路、吸收电路和输出滤波器，可使变频器的效率高达96%以上。

（2）三电平高压变频器

三电平高压变频器目前也是工程型高压变频器的主流产品之一，广泛应用于对调速性能要求比较高的一些场合，如船舶推进、钢厂轧机、高速压缩机等。

目前，应用在三电平高压变频器的功率器件主要包括HV-IGBT、IGCT和IEGT，通常采用NPC拓扑结构二极管钳位NPC拓扑结构，可输出3.3kV和6.6kV的额定电压，最大功率可至32MW。采用全控型功率器件钳位的NPP拓扑结构高压变频器还可以输出达10kV的额定电压，最大功率可达到64MW。例如，科孚德机电（上海）有限公司MV7000系列三电平NPC中压变频器基础之上，推出了MV7000 NPP系列三电平中压变频器。

NPC拓扑结构三电平高压变频器

三电平高压变频器又称为“中性点钳位式”高压变频器，在近几年得到了较广泛的应用。NPC三电平变频器主电路原理图如图5所示。

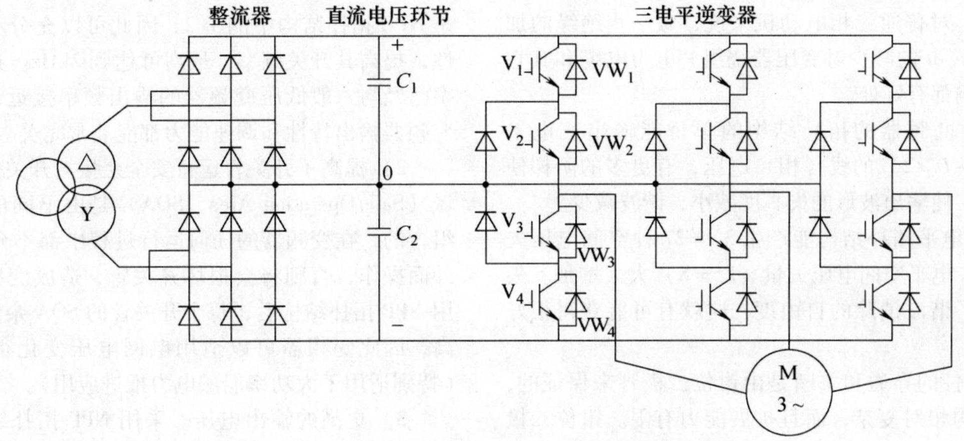

图5　NPC三电平变频器主电路原理图

如图5所示，高压电源经三绕组变压器供电给两组6脉冲整流桥；三绕组变压器二次绕组为D和Y联结，两者互差30°电角度。其目的，一是为了整流桥供电的需要，二是为了减少谐波对电位的干扰。它可以消除5次、7次等对电网影响最大的谐波。两组整流桥为串联联接，中间抽头，以获得0电位。直流滤波环节由两组电容量完全相等的电容器组 C_1 和 C_2 构成，分别接于P（正）和C（0），以及C（0）和N（负）之间。逆变桥由3个相单元组成，每个相单元有4个功率连接点：其中3个连接到直流环节的P（正电位）、C（0电位）和N（负电位）点上，另1个连接点为逆变器的交流输出点。

图5中，$V_1 \sim V_4$ 代表一相中的4个IGBT，$VW_1 \sim VW_4$ 为反并联续流二极管，这些二极管的耐压等级与IGBT相同，通过控制 $V_1 \sim V_4$ 的导通（on）和关断（off），在该桥臂上的交流输出点就可有3种不同的电压，如表1所示。

表1　三电平NPC拓扑结构开关顺序

输出电平	输出电流	V_1	V_2	V_3	V_4
$+V_{dc}/2$	+	通	通	断	断
$+V_{dc}/2$	–	断	断	断	断
0	+	断	通	断	断
0	–	断	断	通	断
$-V_{dc}/2$	+	断	断	断	断
$-V_{dc}/2$	–	断	断	通	通

由表可见，V_1 和 V_3，V_2 和 V_4 的开关状态是互反的，而且不允许它们在 $+U_d/2$ 和 $-U_d/2$ 之间变化，只允许在 $+U_d/2$ 和0或0和 $-U_d/2$ 之间变化，所以不会有上述两器件同时导通或同时关断的可能。

三电平变频器相对于传统的两电平逆变器而言，具有如下突出的优点：

1）每个桥臂上开关器件的电压值为直流侧输入电压的1/2，能有效地解决电力电子器件耐压不高的问题，无需动态均压电路就可以将低耐压的器件应用于高压大功率场合。

2）在相同的载波频率下，三电平逆变器线电压的谐波成分较二电平逆变器要小得多，且由于开关频率也成倍减小，有效地减小了开关损耗。

3）变频器输出的多级电压阶梯波减少了 dv/dt 对电动机绝缘的冲击，对普通三相电动机来说，做一些绝缘的加固处理即可；dv/dt 的减少对变压器绕组、电力电缆和其它电力设备的影响都有好处。

4）三电平变频器的拓朴结构的单桥能输出三电平（$+U_d/2$，0，$-U_d/2$）的线（相）电压，有更多的阶梯使之接近正弦波，使输出波形的失真度减小，谐波减少。

5）由于三电平拓朴结构能产生 $3^3=27$ 种空间电压矢量，较普通的二电平空间电压矢量（$2^3=8$）大大增加。矢量的增加带来了谐波消除的自由度，这就有可能获得很好输出波形。

6）功率器件的导通和关断是由钳位二极管来保证的，这使得系统结构相对复杂，而且扩展能力有限。钳位二极管的耐压要求较高，数量大；开关器件的导通负荷不一致；在变流器进行有功功率传送时，直流侧各电容器的充放电时间各不相同，容易造成电容器电压的不平衡，增加了系统动态控制的难度。

表1列出了上面分析的结果，可以看到6种工作模式的开关状态和输出端电压及电流的对应关系；V_1、V_2 和 V_3、V_4 的工作状态正好相反，即工作在互补状态，平均每个主开关管所承受的正向阻断电压为 $V_{dc}/4$。另外，每相桥臂中开关管导通时间基本是相等的。

NPP拓扑结构的三电平高压变频器

NPP拓扑结构中，IEGT功率开关管能够串联使用。三电平NPP拓扑结构的每一相都需要6个主开关器件、6只续流二极管。开关管 S_1 和 S_2 同时导通时，S_3 和 S_4 同时关断，若电流从逆变电路流向负载（见图6a），即从P点经由 S_1 和 S_2 到达输出端A；忽略开关器件的正向导通压降，输出端A的电位等同于P点的电位，即 $V_{dc}/2$。在图6a中，S_5 跟 S_1 和 S_2 同时导通，但开关管中没有任何电流，只是为下一步零电位输出做准备。若电流从负载流向逆变电路（见图6d），这时电流从A分别经过续流二极管 D_1、D_2 流进P点，这时输出端A的电位仍等同于P点的电位。

开关管 S_1、S_2、S_3 和 S_4 同时关断，若电流从逆变电路流向负载（见图6b），即从中性点0经由钳开关管 S_5 和二极管 D_6 到达输出端A；输出端A的电位等同于0的电位，即零电位。若电流从负载流向逆变电路（见图6e），这时电流从A分别经过开关管 S_6 和二极管 D_5 流进0点，这时输出端A的电位仍等同于0点的电位。

开关管 S_3 和 S_4 同时导通时，S_1 和 S_2 同时关断，若电流从逆变电路流向负载（见图6c），即从负电位n点经由钳二极管 D_3 和 D_4 到达输出端A；输出端A的电位等同于N点的电位，即 $-V_{dc}/2$；若电流从负载流向逆变电路（见图6f），这时电流从A分别经过主开关管 S_3 和 S_4 流进N点，这时输出端A的电位仍等同于N点的电位，即 $-V_{dc}/2$。在图6f中，S_6 跟 S_3 和 S_4 同时导通，但开关管中没有任何电流，表2给出了三电平NPP拓扑结构开关顺序，说明了NPP拓扑结构工作原理。

所以使用NPP拓扑结构和NPC拓扑结构的变频器相比，具有许多非常优越的特性。

1）降低了开关损耗。在NPP拓扑结构中，开关管所承受的正向阻断电压为 $V_{dc}/4$，如图6所示，其开关损耗只是NPC拓扑结构中的1/2，因此可以充分利用开关管的特性，提高其开关频率，最高可达到2kHz。这个输出开关频率已经与一般低压变频器的输出频率接近，因此使得高压变频器输出特性和调速能力都能非常完美。

2）提高了开关管运行安全余量。开关管的安区运行区域（Safe Operation Area，SOA）是由不同的电压和电流点组合的，在变频器的任何运行过程中都不允许在SOA区域外面操作，否则将会损坏开关管，造成变频器的故障。采用NPP拓扑结构后，每个开关管的SOA余量都有很大的提高，因此变频器可以适用电网电压变化很大的应用场所（特别适用于大功率船舶电力推进应用）。

3）更高的输出电压。采用NPP拓扑结构就可以很容易地输出更高的额定电压，通过IEGT功率开关管的串联，可输出6kV，最高电压可以超过10kV。

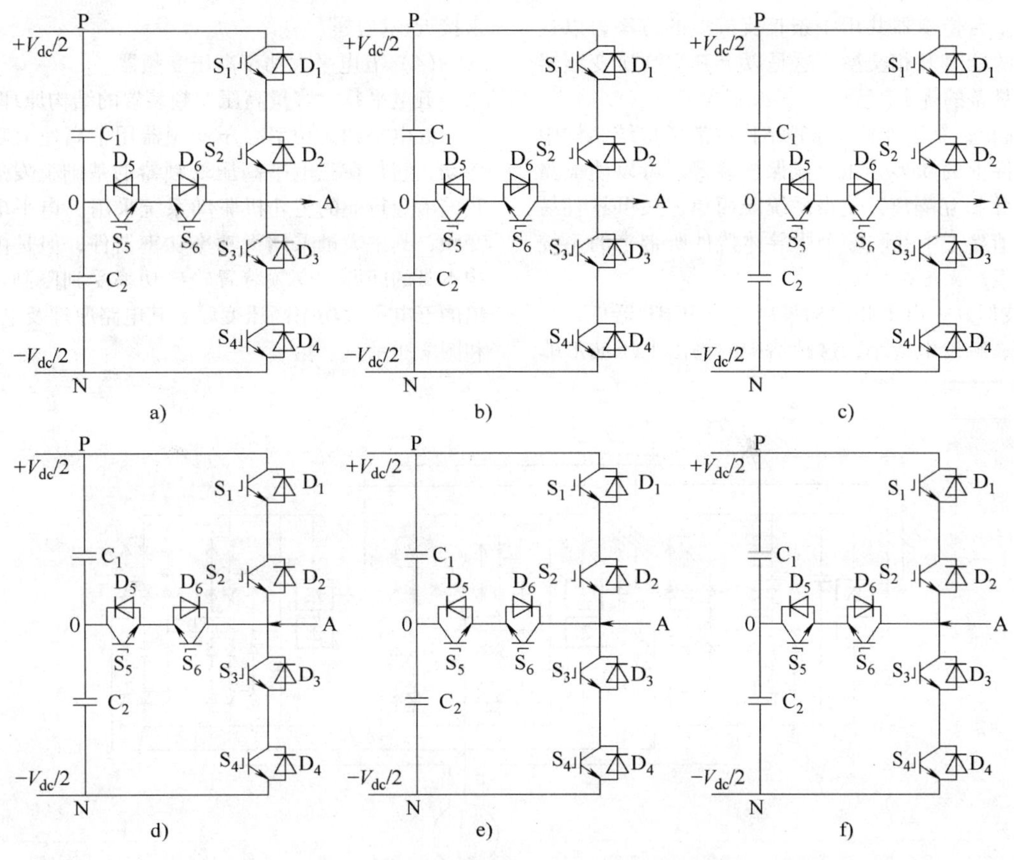

图6　NPP拓扑结构的三电平高压变频器

表2　三电平NPP拓扑结构开关顺序

输出电平	输出电流	S_1	S_2	S_3	S_4	S_5	S_6
$+V_{dc}/2$	+	通	通	断	断	通	断
$+V_{dc}/2$	−	断	断	断	断	断	断
0	+	断	断	断	断	通	断
0	−	断	断	断	断	断	通
$-V_{dc}/2$	+	断	断	断	断	断	断
$-V_{dc}/2$	−	断	断	通	通	断	通

（3）电容钳位的四电平高压变频器

四电平变频器拓朴结构的控制原理

其主回路的大功率器件的分布是以成对的方式构成的，而每一对都是基于传统的二电平的控制思想去进行控制的。从电路结构上可以看出整个电路所承受的电压为1V、2V/3、1V/3，但在每一处于阻断状态的功率器件的电压总是1V/3。这种结构技术圆满解决了各功率器件上所承受的电压动态和静态均压的问题。同时不同的一对器件的控制是在不同的时间段，也限制了dv/dt。实际上各器件上所承受的浮动电压是由各电容器来提供的，电路在换相过程中对各电容器进行充放电。

四电平高压变频器的特点

随着电平数目的增加，其电压幅值在相应地降低，这使功率元器件所承受的电压降低，更加有利于减少装置产生的dv/dt。当前的大容量高压变频器，既要保证大功率的输出，又要确保系统的可靠运行，还要保证输出波形更趋近于正弦波。

随着现代拓扑技术的发展，四电平的变频技术结构方案得以在工业系统中应用。图7所示为四电平高压变频器电路原理图。其特点如下：

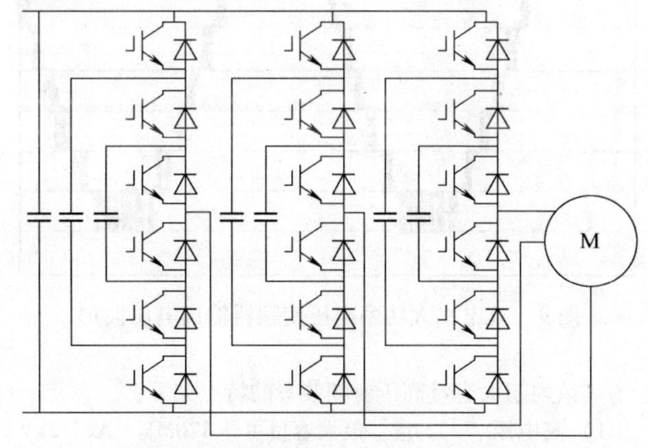

图7　四电平高压变频器电路原理图

1）模块化的结构。这种变频器的特点是保证了器件的串并联连接，同时它又不是元器件的简单的串并联而是从结构上的串联连接，它确保了电压安全和自然分配。

2）能满足不同电压等级的需要。在工业中采用的高压标准为3.3kV、4.2kV、5.5kV、6.6kV。

3）可实现共用直流母线式结构。由于这种结构特点，可普遍采用的多台逆变器共用一条直流母线的方案，以达到在系统内部的能量互相交换，这是以上其它高压变频器拓扑结构所不具备的优点。

4）系统简单，易于维护。这种结构取消了传统结构中的在各级元器件上的众多分压分流保护装置，可以使电路的各个单元彼此相互隔离，使得系统既简单，又可靠且易于维护。从而消除了串并联多个半导体器件所带来的系统可靠性差的因素。

5）输出波形好。由于此结构采用的是 IGBT 器件，它的开关频率快、触发电流小，这种结构的输出电压波形非常接近正弦波形。

（4）五电平大功率高压变频器

五电平超大容量高压变频装置的结构原理

五电平超大功率高压变频器用于高速大功率压缩机等传动，它是在三电平高压变频器的基础上发展而来的。在我国冶金行业的主轧机驱动系统采用三电平电压源型高压变频，其中大量采用大功率功率器件，但是由于三电平结构本身的问题，变频装置输出功率受到限制。一些公司推出的五电平大功率高压变频。其电路原理及电压波形如图 8 和图 9 所示。

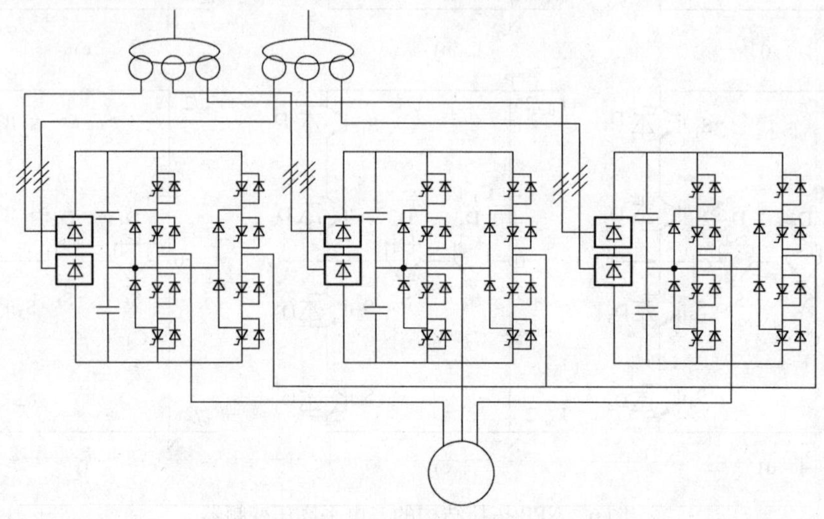

图 8 五电平大功率高压变频器电路原理图

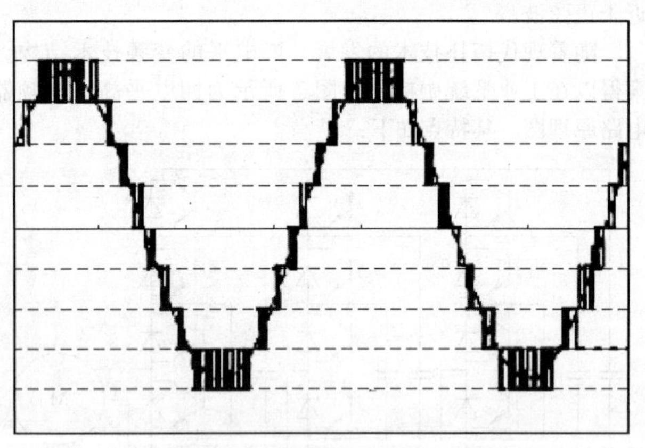

图 9 五电平大功率高压变频器输出电压波形

其系列超大容量高压变频装置的特点如下：

1）高电压、大容量，最大容量可达 120MV · A/7. 2kV。

2）高效率，典型情况下可高达 98. 6% 。

3）高功率因数，在调速范围内可达到或超过 0. 95。

4）低谐波，采用 36 脉冲输入整流，满足电网谐波的要求。

5）电动机友好，良好的五电平输出，对电动机友好，同步、异步电动机皆宜。

6）高-高结构，无需输出升压变压器。

7）长寿命，采用大功率器件的水冷变频装置，平均无故障时间（Mean Time Between Failure，MTBF）高达 20 年。

这种超大功率高压变频器已在我国西气东输二线加压站应用，单机容量为 10kV、18 000kW。

（5）级联式高压交-交变频器

级联式高压交-交变频器原理

级联式高压交-交变频原理是，通过输入变压器产生的多路浮动低压电源给各功率单元供电，各功率单元的输出经过串联后，得到了叠加后的高压输出。这和用 IGBT 作为功率器件的 PWM 交-直-交功率单元串联多电平高压变频器的拓扑结构是一样的。但它的最大特点是由晶闸管（Silicon Controlled Rectifier，SCR）作为功率器件构成的交-交逆变器作为功率单元，由此功率单元串联构成的多电平高压变频器的拓扑结构。它没有中间直流回路，没有滤波电容器，其主电路拓扑结构如图 10 所示。

级联式高压交-交变频技术采用的功率单元电路原理图如图 11 所示，SCR 作为主半导体开关器件，主电路工作在零电流软关断状态，避免了 IGBT 等器件强迫关断产生的应力，这对于工作在高电压、大电流状态的高压大容量变频器尤为重要。而 SCR 器件则具有通态损耗小、抗过电流能力强的优点，同时该方案工作在工频开关状态，因此不论是导通损耗还是开关损耗，都大大小于 PWM 交-直-交传统方案。该方案同样有别于以往的相控交-交变频控制技术。由于采用级联方式，在输出低频时，它依然可以保持高功率因数输出，且其输出频率可达到甚至超过 50Hz。

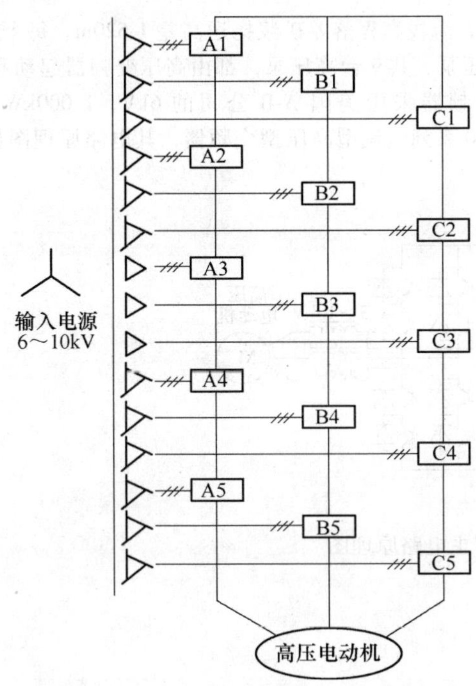

图 10　级联式交-交变频器主电路拓扑结构

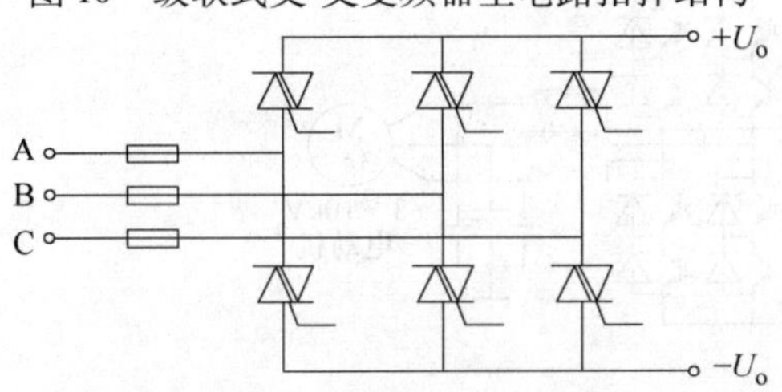

图 11　级联式高压交-交变频技术功率单元电路原理图

PWM 交-直-交方案功率单元的直流环节需要对输入交流电压进行整流、滤波，因此，其中最薄弱的环节也是最大的安全隐患所在。特别是电解电容器，由于其内部电解液的逐渐挥发，在额定工作状况下，一般长寿命产品标称额定连续工作寿命仅为 3 000 ~ 5 000h，即半年左右，通过降额使用。且在工况较好时，其连续使用寿命也只有 5 年左右。因此，在电解电容超过使用年限，或检测到性能指标下降时，必须立即加以更换。另外，大容量电容器价格不菲，占相当大比例的设备成本，体积也无法减小，致使设备价格高、体积大。

级联式高压交-交变频方案的开关器件工作于低频状态，且为零电流关断，因此 dv/dt 非常小，其对电动机及导线绝缘的影响可以忽略。同时其工作于四象限状态，避免了在电动机减速或者故障时产生反充电。

应用情况及改造后运行情况

该类高压变频器用在北京自来水集团某水厂一泵房的 4 台取水泵，变频改造采用直连 1 对 1 方式，水厂设有集控室，通过数据总线 modbus 协议与变频器连接，实现了远程操作及监控的功能。Restime 系列级联式交-交高压变频产品工作效率高、自身发热少，因此将变频器置于泵房内，不需要额外增加通风降温设施，由于变频器功率单元实现了全密封，因此也不需要采取防尘过滤等措施，不需要定期更换过滤网，日常运行实现了免维护，极大地方便了使用。

该项目调试完成并投入运行后，达到了变频改造的目的，并具有以下优点：

1）监控简便。设备运行时的所有数据及运行状态在变频器液晶界面及上位机显示屏上都有中文显示，如运行频率、输出电压、输出电流、电动机运行功率等。

2）实现了软启动。变频改造后，电动机及水泵机组实现了软启动，对机组的机械冲击大幅度减小。

3）电动机温升降低。当水泵工作于较低频状态时，电动机电流小于额定值，因此电动机温升也有所降低。

4）日常运行实现了免维护。Restime 系列级联式交-交高压变频器自身发热少，变频器功率单元实现了全密封，无需加装防尘过滤等措施，因此也不需要定期更换过滤网，日常运行实现了免维护，极大地方便了使用，同时也降低了维护费用。

5）运行费用低。级联式交-交高压变频器由于没有中间直流环节，省去了大容量电解电容器，设备寿命由此得到大幅度提升，同时也极大地降低了用户定期更换元器件的费用。

6）节电效果明显。

（6）IGBT 直接串联高压变频器

IGBT 直接串联高压变频器是采用低压变频器的成熟技术，成功设计出一种无输入、输出变压器、IGBT 直接串联逆变的高压变频调速装置。IGBT 直接串联高压变频器由于解决了 IGBT 直接串联这一难题，使其具有和低压变频器一样简单的结构。该产品成功融入 IGBT 直接串联技术、正弦波技术、抗共模电压技术和直接速度控制（GSC）技术，具有占地面积小、重量轻、系统效率高、谐波含量小等优点。

直接串联 IGBT 高压变频器主电路原理图如图 12 所示，从图中看出系统没有其它高压变频器所必需的输入变压器，它由电网高压直接经高压断路器进入变频器，经过高压二极管全桥整流、直流平波电抗器和电容滤波，再通过逆变器进行逆变，加上正弦波滤波器，简单易行地实现高压变频输出，直接供给高压电动机。

对于需要快速制动的场合，采用直流放电制动装置，如图 13 所示。

如果需要四象限运行，以及需要能量回馈的场合，或输入电源侧短路容量较小时，也可采用图 14 所示的 PWM 整流电路，使输入电流也真正实现完美正弦波。

（7）电流源型交-直-交高压变频器

电流源型变频器采用自关断器件 GTO（Symmetric Gate Commutated Thyristor，SGCT）的电流源型变频器，直流电路有大电感，可起到保护开关器件的作用，用于异步电动机的调速。电流源型高压变频器输入侧采用晶闸管进行整流，采用电感储能，逆变侧用 SGCT 作为开关器件，为传统的二电平结构。由于器件的耐压水平有限，必须采用多个器件串联。由于输出侧只有两个电平，电动机承受的 dv/dt 较大，必须采用输出滤波器。电网侧的多脉冲整流器为可选件，用户需要针对自己的工厂情况提出要求。这种变频器的主要优点是，不需要外加电路就可以将负载的惯性能量回馈到电网。电流源型变频器的主要缺点是，电网侧功率因数低、谐波大，而且随着工况的变化而变化，不好补偿。电流源型高压变频器代表厂商是美国 A-B 公司，其高压变频器产品用在大港油田采油三厂、青岛电厂等。

美国 A-B 公司的电流型高压型变频器应用在由大红山矿至昆钢 171km 的矿浆输送管道中，这条管道途经 4 县 11 个乡镇，海拔高程落差矿浆扬送高差 1 520m。每个泵站有 3 台高压泵、共 9 台高压泵，都由高压变频器起动和调速。高压变频器采用美国 A-B 公司的 6kV、1 000kW PoerwFlex7000 系列电流型高压型变频器，其电路原理图如图 15 所示。

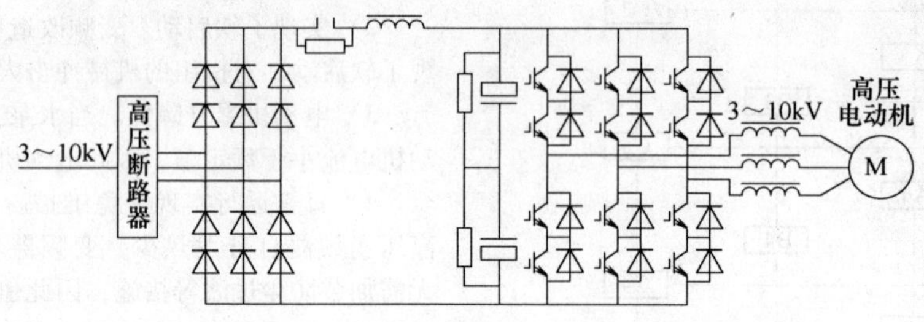

图 12 IGBT 直接串联高压变频器主电路原理图

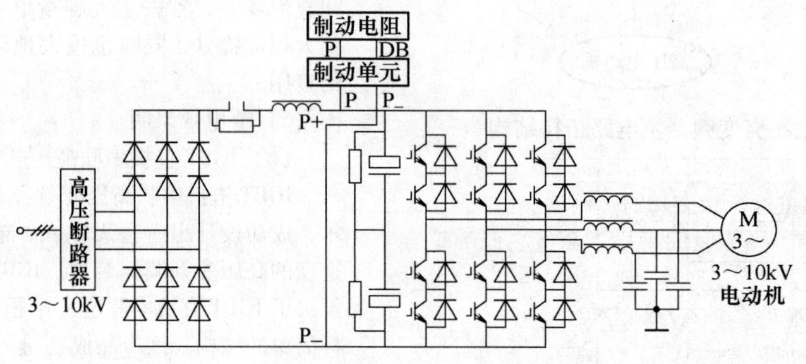

图 13 具有直流放电制动装置的 IGBT 直接串联高压变频器主电路原理图

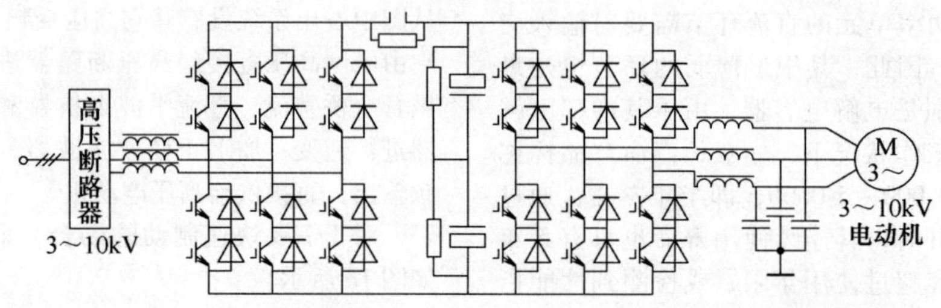

图 14 具备能量回馈和四象限运行的 IGBT 直接串联高压变频器主电路原理图

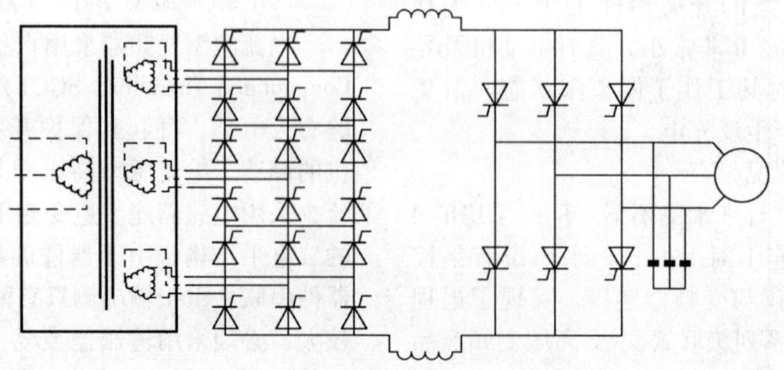

图 15 PoerwFlex7000 系列电流型高压型变频器电路原理图

国产电流源高压变频调速器未见成熟的工业产品，像四川九洲电气集团与美国罗克韦尔公司在高压变频器产品生产方面就一直有合作，主要是采用罗克韦尔公司的电源型交-直-交技术生产高压变频器产品。

（8）LCI 式同步电机高压变频器

负载换相式（Load Commutated Inverter，LCI）属于电流源型变频器，这种同步电动机直接高压变频调速装置是采用交-直-交电流型变频调速系统是自控式变频调速系统。它由变频器、同步电动机、转子位置检测器及控制系统组成。变频器主电路采用晶闸管串联组成的高压阀串作为功率器件。它利用同步电动机的交流反电势来关断逆变器的晶闸管，没有强迫换流电路，因而主电路结构简单，电路原理框图如图 16 所示。

如图 16 所示，它和普通的直流调速系统基本相同，所不同的是逆变器的 Y 角控制。同步电动机变频调速系统可分为两个部分：整流桥（电源侧变流器）和逆变器（电动机侧变流器）。整流器的控制系统由速度调节器 ST 电流调节器 LT 及整流器触发电路 CF1 组成。这和普通的直流电动机双闭环系统基本相同；所不同的是因直流母线电流的单方向性，在 ST 和 LT 之间有一个绝对值发生器，CF1 还要受到逆变桥换流的控制。图 16 所示其余部分构成了逆变器的控制系统，包括电动机运行状态判别（制动、电动）、高低速鉴别及零电流检测、换流时间采样，并将它们的综合结果送入 Y 角分配器中，将所需要的脉冲送入逆变器触发器 CF2 中，实现电动机的运行状态的变换和调速。

同步电动机变频调速系统能否可靠运行的关键在于逆变桥的可靠换流，由于 SCR 为半控型功率开关器件，一旦触发导通后，门极就失去了控制作用。若要关断，则必须给它施加反向电压，而且施加反向电压的时间要足够长，使 SCR 的电流减少到维持电流以下，完全恢复其阻断能力，才能可靠关断。可采用两种换流方法，即在高速时采用反向电动势换流法换流，在起动和低速运行时，采用断续换流法换流。因为，同步电动机在起动和低速运行时，反向电动势很小，甚至没有反向电动势，此时采用反向电动势换流法显然无法实现可靠换流，所以采用断续换法换流。这是解决在电动机起动和低速运行时逆变桥 SCR 可靠换流最简单、最经济的办法，也是对反向电动势换流法的有效补充。

LCI 这种“自控式”功能，保证变频器的输出频率和电动机转速始终保持同步，不存在失步和振荡现象。

目前，LCI 技术主要应用在超大功率场合，在冶金、西气东输一线、南水北调等有应用。但是，由于电压型超大功率高压变频器技术的突破和它在谐波、功率因数、转矩脉动、起动转矩、电动机效率等相对于 LCI 的突出优点，使得 LCI 的应用范围逐步缩小。

（9）电压型高-低-高式高压变频调速系统

这种高压变频调速系统的示意图如图 17 所示。

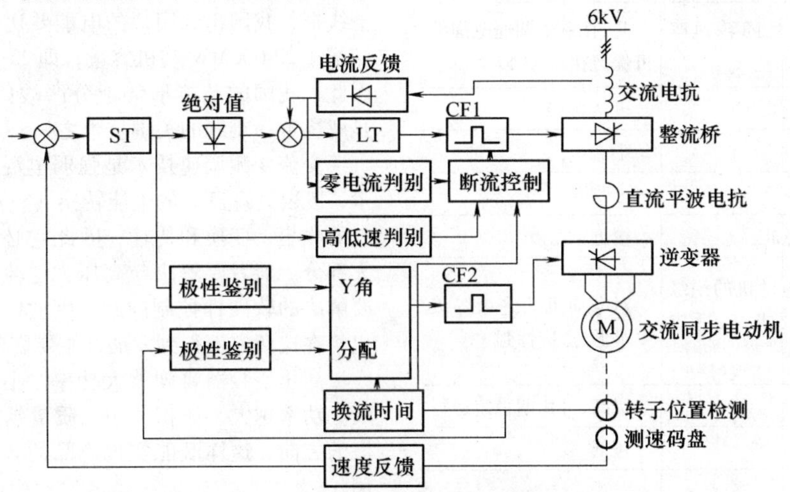

图 16　同步电动机变频调速系统电路原理框图
ST—速度调节器　LT—电流调节器
CF1—整流桥脉冲触发　CF2—逆变桥脉冲触发

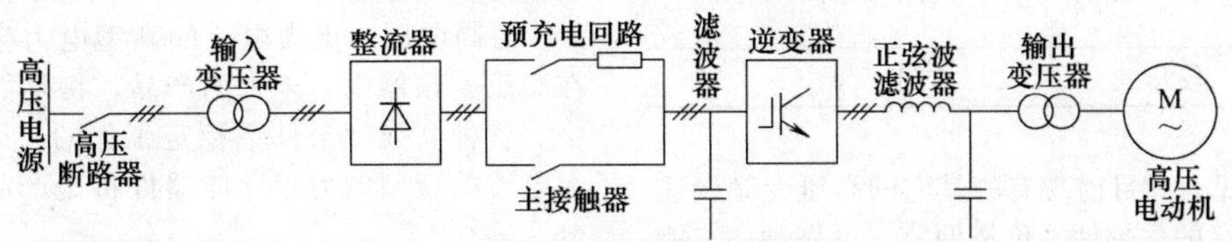

图 17　高压变频调速系统示意图

高压电源经高压断路器送至输入变压器，经输入变压器变压降至整流器允许的电压（如 690V），经整流器整流成直流电，再经预充电回路，送至滤波器，再至逆变器，经逆变器变压变频后，再经正弦波滤波器对逆变器的输出波形进行处理，使之接近正弦波后，送至输出变压器升压后，供电给高压异步电动机。

电压型高-低-高式高压变频调速系统与其它高压变频调速系统相比，仍显示出一定的优越性。它与高-高式直接高压变频器比较，具有以下特点：

1）价格便宜，约为直接高压变频器的70%左右。

2）可靠性高，由于低压电压型变频器技术已十分成熟，可靠性很高，与之配套的都是高可靠性的设备，所以整个系统可靠性高，实践也证明了这一点。

3）对电动机的绝缘要求低，可适用于原有老式电动机的运行要求，使用本变频器后不须更换电动机。

4）本系统电压不受限制，而上述直接高压变频器一般只能做到6kV、10kV，而本变频调速系统不受电源电压和电动机电压的限制。

5）效率略低，本系统比直接高压变频器多一个输出变压器，因此效率略低1.5%左右，占地面积也较大。

6）由于本系统受到低压变频器（690V）容量的限制，因而只能用在2 000kW以下的高压变频器中。

以往高-低-高式高压变频调速系统都是采用电流型变频器，国内外都是如此。国内进口了多套德国西门子公司、法国西技莱克公司等高-低-高式高压变频器调速系统都是采用电流型变频器构成的高-低-高式高压变频调速系统。电流型和电压型高压变频调速系统的比较见表3。

表3　电流型和电压型高压变频调速系统的比较

	电流型	电压型
功率因数	低，且随转速改变	高，在整个调速范围都可保持在0.93以上
效率	可达0.93	可达0.95
脉动转矩	大	小
电流输出波形	方波	正弦波
电压输出波形	正弦波	接近正弦波
对电动机的适应性	对电动机的绝缘等级要求高，适应性差	对电动机的绝缘等级要求低，适应性强
运行可靠性	一般	很高、可长期稳定运行
投资成本	较高	较低
对输入变压器的要求	有一定技术要求	有一定技术要求
对输出变压器要求	有一定技术要求	技术要求高
占地面积	较大	较小

由上述比较可见，和目前现有的其它的高压变频调速系统相比，其有一定的优越性，价格便宜、可靠性高，能适应原有老电动机的运行要求；是一种运行可靠、经济实用、极具推广价值的高压变频调速系统；和电流型变频器构成的高-低-高式高压变频调速系统相比，有非常明显的优越性。

（四）高压变频器技术发展趋势

全国电动机总装机容量已达4亿多kW，年耗电量达12 000亿kW·h，占全国总用电量的60%，占工业用电量的80%；其中风机、水泵、压缩机的总装机容量已超过2亿kW，年耗电量达8 000亿kW·h，占全国总用电量的40%左右。70%以上的风机、水泵、压缩机应调速运行，而至今仅有不到10%为调速运行。

若按风机、水泵和压缩机总装机容量的50%进行调速节能改造，则可改造容量达1亿kW。其中40%为中高压电动机，容量占60%。若按电动机平均出力为60%，年运行4 000h，平均节电率为20%～30%（平均25%）计算，则年节电潜力为600亿kW·h！整个电动机系统的节电潜力约为1 000亿kW·h，改造和更新预计需投入2 000～3 000亿元人民币。

根据国家节能计划，我国每年应节约和少用能源7 000万吨标准煤，通过基本建设项目及技术改造措施，每年可形成约3 000万吨标准煤的节能能力，而每形成1吨标准煤的节能能力需投资2 000元（约为开发等量能源费用的1/3），则每年需节能投资600亿元，“十五”期间为3 000亿元人民币，“十二五”期间更多。

由于我国经济的高速发展，发电装机仍高速发展。但电力运行的一些主要指标和装备指标与发达国家相比仍有很大差距：我国火电机组的平均煤耗为400g/kW·h，比发达国家高出约70～100g/kW·h；发达国家发电厂的厂用电率为3.7%～6%，而我国的厂用电率为4.7%～10.5%，加上线损，我国送到用户的电能要比发达国家多耗电9.5%，相当于22 000MW装机容量，即22个百万大厂的年发电量。因此，我国的节能形势十分严峻！高压变频器的大发展，是解决这一难题的关键技术之一。

交流变频调速技术是强弱电混合、机电一体的综合技术，既要处理巨大的电能转换（整流、逆变），又要处理信息的收集、变换和传输，因此它必定会分成功率和控制两大部分。前者要解决与高压大电流有关的技术问题，后者要解决的软硬件控制问题。因此，未来高压变频调速技术也将在这两方面得到发展，主要表现如下：

高压变频器将朝着大功率、小型化、轻型化的方向发展。功率越大、体积越小、质量越轻是未来高压变频器发展的方向。这样既能实现产品的各种高端功能，也方便应用。

高压变频器将向着直接器件高压和多重叠加（器件串联和单元串联）两个方向发展。直接器件高压可以简化产品结构，多重叠加则在一些特殊功能上更易实现。

更高电压、更大电流的新型电力半导体器件将应用在高压变频器中。未来的产品，将是能在各种恶劣环境中、各种高强度条件下稳定工作的，因此更高电压、更大电流的新型电力半导体器件将是产品不可或缺的一部分。

现阶段，IGBT、IGCT、SGCT仍将扮演着主要的角色，SCR、GTO将会退出变频器市场。上述提到的器件都属于功率开关器件，都属于双极器件。SCR、GTO主要用于大电流、高电压、低频场合；而IGBT、IGCT、SGCT的工作频率比普通的双极器件高，电流处理能力更强，主要应用于中高频中高压领域。随着大功率高压变频的推广，低端的SCR、GTO将逐渐退出市场。

无速度传感器的矢量控制、磁通控制和直接转矩控制等技术的应用将趋于成熟。数年之前，无速度传感器的矢量控制、磁通控制和直接转矩控制等技术，已经在高压变频器上得以应用，目前已日趋成熟。

全面实现数字化和自动化：参数自设定技术；过程自优化技术；故障自诊断技术。在未来的高压变频器产品上，智能化将进一步得以体现，人工操作将逐渐减少，全面自动化将是未来发展的趋势。

应用32位微控制单元（Micro-Controller Unit，MCU）、数字信息处理器（Digital Signal Processer，DSP）及专用集成电路（Application Specific Intergrated Circuit，ASIC）等器件，实现变频器的高精度、多功能。在业界推出基于ARM处理器的微控制器（MCU）之前，美国飞思卡尔半导体的冷火（CordFire）MCU产品一直在32位MCU领域占领导地位。现在，美国飞思卡尔半导体十分坚定地实施着ColdFire和ARM双管齐下的策略，以期巩固其在32位MCU领域的领先地位。DSP、ASIC等核心器件由于其技术更先进，能实现更高的精度而备受欢迎。

相关配套行业正朝着专业化、规模化发展，社会分工将更加明显。上游的零部件生产，下游的变频改造方案设计，都将更专业，市场也会进一步细分。

三、高压变频器国内市场状况

（一）市场规模与增长率

2014年世界及国内经济仍处在调整期，经济结构改革不到位和需求增长乏力等问题没有根本改观，金融危机的影响呈现长期化趋势。与此同时，全球产业结构调整出现新动向，发达国家重新重视制造业，以互联网、新能源为代表的第三次工业革命正在兴起。我国以稳增速、调结构、提高效率为主的宏观调控政策重点转向深化改革和结构调整，经济运行总体上保持平稳，呈现出“降中趋稳”的态势，经济环境更加错综复杂，经济既有增长动力，也有下行压力。传统行业在国家节能减排政策的推动下，高耗能企业日渐关注综合节能服务，节能、环保仍是发展最快的市场。

虽然节能改造和高端装备升级的总体政策及市场趋势不变，但由于宏观经济复苏弱于预期，煤炭、钢铁、水泥等面临行业景气度周期调整及产能调整、发展转型等压力，对新设备采购和技术改造的资本性投入有所下降，对变频器的需求也会有所延缓。

2014年中国高压变频器市场规模为7 691亿元，订单量为12 964台。销售额同比增长10.6%，订单台量同比增长4.4%，如图18所示。高压变频器市场逐步回暖，稳步前行。

销售金额（百万元）	计单台量（台/套）	装机容量（万kW）
7 691（同比增长10.6%）	12 964（同比增长4.4%）	1 183（同比增长4.4%）

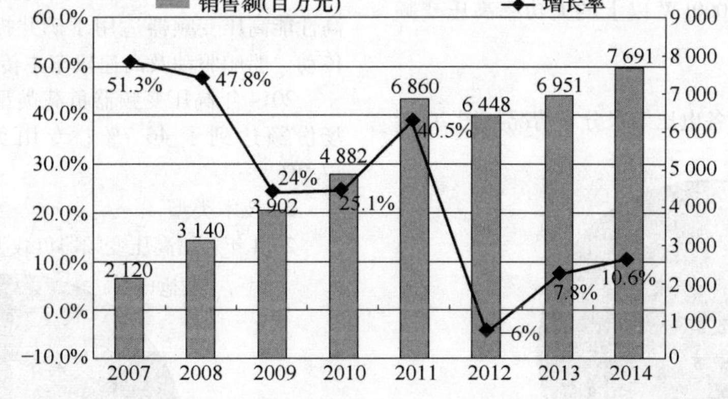

图18　2014年高压变频器市场规模与增长率

数据来源：中自集团研究部。

（二）竞争格局

2014年国产与外资产品竞争格局见表4。

表4　2014年国产与外资竞争格局

用户类型	市场规模（百万元）	市场份额（%）
国产	4244	55.18
外资	3447	44.82
总计	7691	100.00

备注：利德华福公司从2012年不算在国产之内，九洲电气集团2014年业绩算国产。

（三）市场细分

1. 行业细分

2014年高压变频器应用行业细分情况见表5。

表5　2014年高压变频器应用行业细分情况

应用行业	市场规模（百万元）	增长率（%）	份额（%）
电力	2141.34	20.3	27.84
市政	1181.8	24.4	15.37
石油石化	917.73	13.3	11.93
冶金	665.25	−11.3	8.65
采矿	572.88	−13.2	7.45
化工	843.3	31.0	10.96
水泥	566.66	−2.3	7.37
其它	801.84	4.0	10.43
合计	7,691	10.6	100

数据来源：中自集团研究部。

2014 年项目型市场整体表现依然好于 OEM 行业。冶金、采矿和水泥行业都出现不同程度的下滑，这与国家的产业结构调整有关；电力、市政、石油石化和化工相对比较稳定，出现不同程度的上涨，其中化工行业上涨幅度最大，达到了 31.0%。

2. 功率段

2014 年新增高压变频器各功率段分布情况如图 19 所示。

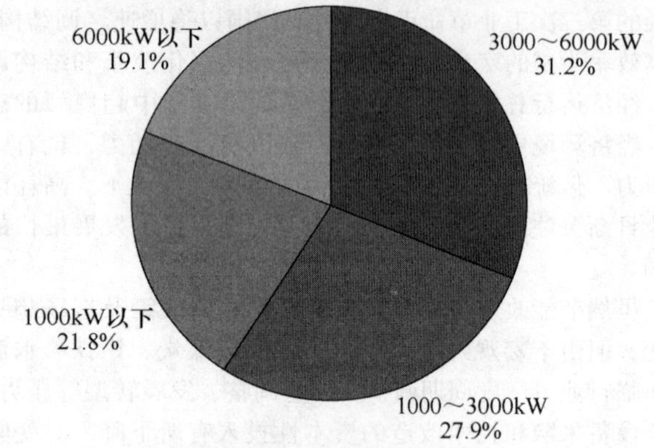

图 19 2014 年新增高压变频器各功率段分布情况（按金额）

数据来源：中自集团研究部。

2014 年，高压变频器按金额计算，1 000～3 000kW 的中功率占 27.9%，虽是占比最大的，但受到市场影响，3 000kW的下滑严重。而大功率和超大功率的高压变频器对应的市场相对稳定，所以 3 000kW 以上的大功率高压变频器的份额有所提升。

3. 电压等级

2014 年新增高压变频器各电压等级分布情况如图 20 所示。

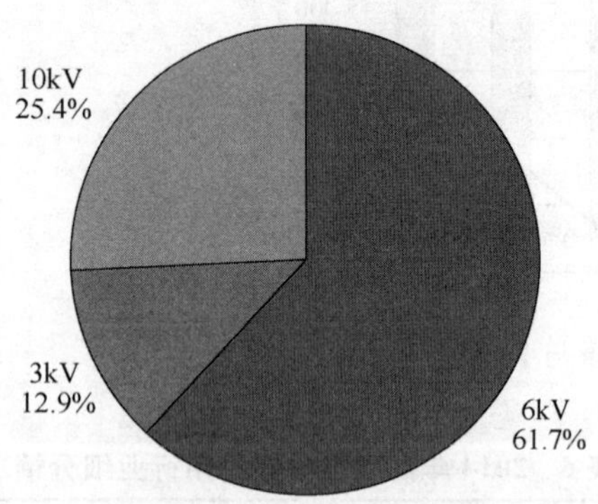

图 20 2014 年新增高压变频器各电压等级分布情况（按金额）

数据来源：中自集团研究部。

我国的电网特点决定了我国应用的高压变频器的电压等级以 6kV、10kV 和 3kV 为主，而 6kV 和 10kV 通用高压变频器市场以国产为主，外资市场主要集中在高性能高压变频器。高端 3kV 的产品线以外资为主，如瑞士 ABB 公司、日本 TMEIC 公司和德国西门子公司等。2014 年，各个电压等级的占比相对比较稳定。

4. 负载类型

2014 年新增高压变频器负载类型分布情况如图 21 所示。

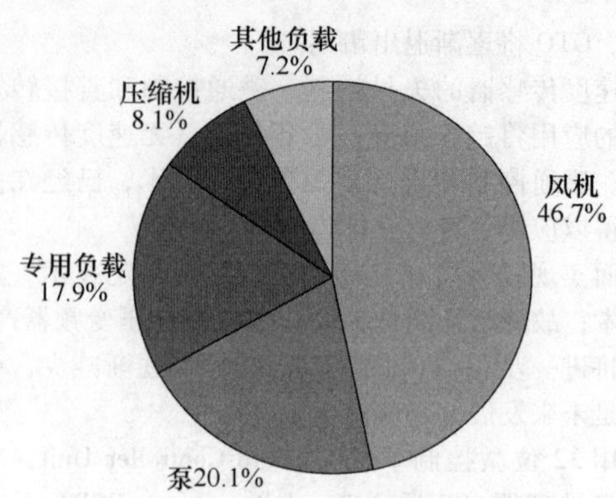

图 21 2014 年新增高压变频器负载类型分布情况（按金额）

数据来源：中自集团研究部。

高压变频器分为通用高压变频器和高性能高压变频器两大系列，应用领域涉及电力、矿业、水泥、冶金、石化等行业，可实现对各类高压电动机驱动的风机、水泵、空气压缩机、提升机、传动带机等负载的软起动、智能控制和调速节能，从而有效提高工业企业的能源利用效率、工艺控制及自动化水平。其中，通用高压变频器主要是通过调节电动机转速实现节能的目的，主要应用于电力、矿业、冶金、水泥等领域的风机、泵类传动控制。高性能高压变频器运用矢量控制及能量回馈技术，与通用高压变频器相比，具备恒转矩、动态响应快、调速精度高、调速范围宽、快速制动等特点，并且可实现负载制动时能量反馈回电网。高性能高压变频器适用于矿井提升机牵引变频、轧机变频传动、船舶驱动及高速机车主传动等高端领域。

2014 年高压变频器负载类型仍是以风机负载为主，市场份额达到了 46.7%；专用负载较去年有所下降，占 17.9%。

5. 技术类型

2014 年新增高压变频器负载类型分布情况如图 22 所示。

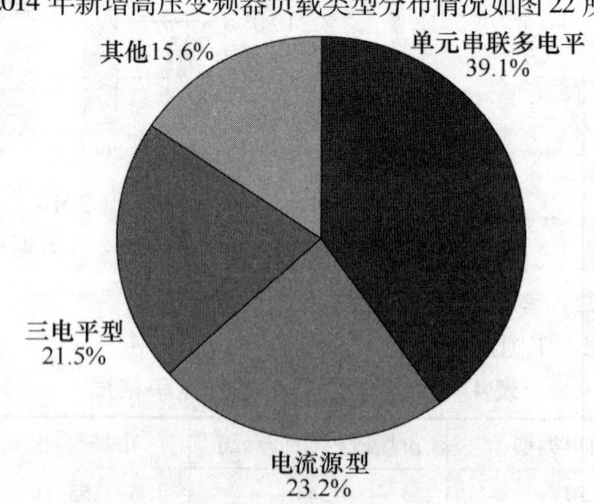

图 22 2014 年新增高压变频器负载类型分布情况（按金额）

数据来源：中自集团研究部。

2014 年单元串联多电平仍是主流，但市场份额在逐渐下滑，部分高压变频器厂商开始进军高端中低压变频器市场，扩大产品的应用范围。

6. 运用类型

2014 年高压变频器运用类型情况如图 23 所示。

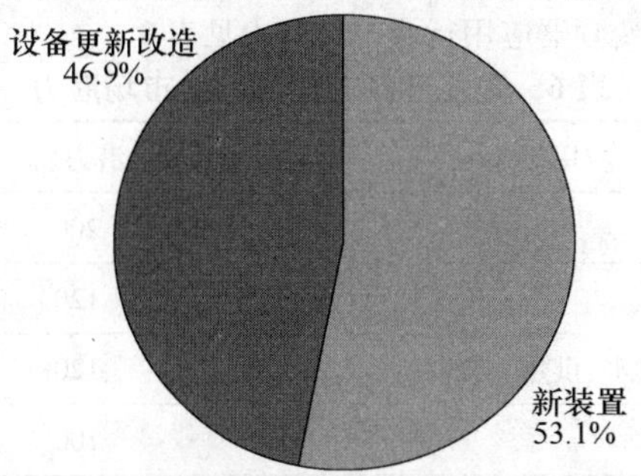

图 23　2014 年高压变频器运用类型情况

数据来源：中自集团研究部。

2014 年高压变频器市场逐步回暖，市场增量在上涨，新装置市场占比相较去年有所提升。

（四）2014 年市场表现

2014 年，全球经济形势缓慢复苏，国内宏观经济软着落预期增强，OEM 行业仍然表现低迷，大部分行业产能过剩严重，项目型市场增速放缓。在此背景下，国家出台多项政策，推动产业调整的进度，促进经济长期健康发展。

中国之前提出建设“美丽中国”的概念，对高压变频器产业是个机遇，国家继续推进“节能减排”改造工程、智能装备制造、新能源汽车等政策，全面带动了中国高压变频器市场需求，市场空间依然值得期待。

1. 节能政策有利于市场发展

我国节能环保分为两大领域：节约能源和满足可持续发展的能源供给体系。前者主要通过提高能源使用效率来实现，具体措施包括推进高能效技术和装备替代低能效技术和装备、推广建筑节能材料、推广合同能源管理等；后者通过构建高效、清洁、低碳的能源供给体系实现，包括化石能源的高效利用，可再生能源、核能等清洁能源的规模利用，以及页岩气、煤层气等非常规油气资源的有序开发。

2. 合同能源管理（Energy Performance Contracting, EMC）模式

通过对能耗结构进行分析，发现工业能耗占比近 70%，建筑耗能约为 20%，因此节能产业的重点在工业节能、建筑节能、EMC 等领域，涉及锅炉窑炉改造、电机系统节能、建筑节能、绿色照明等技术。

工业节能市场潜力最大。《工业节能“十二五”规划》提出，到 2015 年规模以上工业增加值能耗比 2010 年下降 21% 左右，预计实现节能 6.7 亿吨标煤，并明确重点行业单位工业增加值能耗下降值，如钢铁、有色金属、机械行业分别下降 18%、18% 和 22%；同时，组织实施工业锅炉窑炉节能改造、电机系统节能改造、余热余压回收利用、热电联产等九大重点节能工程，重点工程投资需求为 5900 亿元，预计实现节能 2.39 亿吨标煤。

我国现有燃煤工业锅炉为 46 万台左右，占锅炉总量的 85%，年耗煤量达到 7.3 亿吨。燃煤工业锅炉装备水平普遍较低、系统技术落后，平均容量为 8.09 吨/台，平均热效率约为 60%，比国外低 20% ~25%，计算节煤潜力约为 1.5 ~1.8 亿吨/年。同时，污染治理水平差，排放的氮氧化物、烟尘等成为城市主要大气低空污染源，总体污染仅次于电站锅炉。2014 年 5 月底，被誉为史上标准最严苛的《锅炉大气污染物排放标准》正式出台，并于 7 月 1 日开始实施。燃煤工业锅炉的节能减排改造将带来数千亿元的投资需求。

我国电动机保有量约为 17 亿 kW（2011 年底），总耗电量约 3 万亿 kW · h，占全社会总用电量的 64%，其中工业领域电机总用电量为 2.6 万亿 kW · h，约占工业用电的 75%。目前电动机系统运行效率比国外先进水平低 10% ~20%，工业领域电动机能效每提高 1%，可年节约用电 260 亿 kW · h 左右。2013 年 6 月工信部公布了《电机能效提升计划（2013—2015 年）》，预计投资 700 亿元，并提出 2014 年推广高效电动机 5400 万 kW，是 2013 年的 2 倍。在此背景下，节能电动机相关企业及上游磁材领域有较好的投资机会。

余热发电也是工业节能的重要领域之一，目前主要的模式包括两类：一是隶属于大型集团的余热发电工程公司，主要以服务本集团企业为主；二是专业的节能服务公司，即 EMC 模式。

建筑节能潜力随着城镇化发展越来越大。我国现有建筑仅有 4% 采取了能源效率措施，单位建筑面积采暖能耗为发达国家新建建筑的 3 倍以上。根据国家发展改革委公布的《绿色建筑行动方案》，2015 年新建绿色建筑达 10 亿 m^2，公共建筑和公共机构办公建筑节能改造 1.2 亿 m^2，到 2020 年末基本完成北方采暖地区有改造价值的城镇居住建筑节能改造。未来节能的重点领域集中于公共建筑、城镇住宅及农村。

EMC 是运用市场手段促进节能服务的机制。近些年国家一直加码各种政策，以促进 EMC 行业的快速发展。节能服务公司的核心竞争力是技术集成和融资能力，大型重点用能单位组建的专业化节能服务公司拥有技术优势和管理经验；未来节能服务公司通过兼并、联合、重组等方式，优化行业结构，提高企业的市场竞争力。

3. 市场格局的竞争

中国高压变频器市场长期蓬勃发展，同时也伴随着激烈的市场竞争。

从市场格局来看，在高压变频器市场上出现了“海外战技术，国内拼价格”的市场现状。

从我们的视角来分析海外企业，可以将其分成欧美企业与日资企业。它们均有着较强的研发力量，技术是发展的根本，这也是海外的企业一直处于稳步发展的原因之一。

欧美企业，以德国西门子、瑞士 ABB、美国 A-B 公司为主。在高压市场中，德国西门子公司的品牌无疑是在不考虑价格问题的时候，首选的产品。特别是在一些政策大工程的项目中，西门子公司可以说是“必选产品”。其在中国有这样的品牌地位与其对技术研发的重视是密不可分的。欧美企业有强大的技术根基，进入中国市场后，又针对中国的行业特色，做本土化的研究工作，从而欧美企业在中国高压变频器市场中以技术作为竞争手段，独霸一方市场。

日资企业相对欧美企来说，进入中国市场较晚。其销售模式也与欧美企业有所不同，所以在自动化产品的系统配套上较欧美企业没有优势。在研发方面，日资企业并没

有像欧美企业一样，更新产品线的速度较慢，所以近几年，日资企业的发展较为缓慢。

国外企业，在进入中国市场时，就已经将自己定位在为高端市场提供服务，目前大多公司将生产目标聚焦在的新兴领域上，如新能源的开发、高端装备制造等。

国内许多企业通过提高产能、加大销售力度及优化产品性价比，来抢占市场，通过价格优势吸引客户。国内的生产厂商多数生产的产品为中、低端产品，生产技术要求并不是很高，所以基本的生产能力与技术均可以达到市场要求的水平。2012 年国内经济形势较为严峻，行业需求不振，冶金、水泥等高耗能、高污染项目被停建设或者缓建，导致行业发展增长出现下滑，根据业绩公告，大部分企业出现负增长，利润率更是全线下滑。

“外+中”企业。海外的企业在中国收购中国本土企业，来发展中国市场，也是为了实现本土化生产，法国施耐德公司收购利德华福，美国罗克韦尔公司收购九洲电气，德国西门子公司也在寻求收购目标。对本土企业而言，这是真正意义上的博弈，双方都在想方设法减弱对方的力量。

当市场增量减少的时候，竞争拼的就是综合实力，部分企业的淘汰，有利于行业长期发展，如那句话说“退潮后才知谁在裸泳”。

4. 行业竞争

行业的发展带动高压变频器的发展。高压大功率变频调速装置目前已被广泛应用于大型矿泉水应用生产厂、石油化工、市政供水、冶金钢铁、煤碳矿山、电力能源等行业的各种风机、水泵、压缩机、轧钢机上，给这些设备调速节能。2013 年，高压变频器在国内各行业中应用的情况大幅好转；但由于产能过剩严重，冶金、采矿和水泥都出现不同程度下滑，电力、市政、石油石化和化工比较稳定，上涨程度不同。

2014 全国电力消费增速放缓，全社会用电量为 55 233 亿 kW·h，同比增长 3.8%，但比上年回落 3.8%。展望 2015 用电量走势，中电联发布的《2015 度全国电力供需形势分析报告》认为，全国经济将延续平稳增长态势，预计国内生产总值同比增长 7.5% 左右，相应全社会用电量同比增长 7.0% 左右，年底全国发电装机容量为 13.3 亿 kW 左右。预计全国电力供需总体平衡，东北区域电力供应能力富余较多，西北区域电力供应能力有一定富余，华北区域电力供需平衡偏紧，华东、华中、南方区域电力供需总体平衡。

近几年，电力行业的发展为高压变频器市场带来了 1/4 的市场份额，一组发电机组大概需要 8 台变频器，分别用到风机、二次风机、鼓风机、引风机、除渣泵等设备。以一家电厂正常需要 4、5 台发电机组来计算，则这家电厂需要近 40 台高压变频器，而我国电厂已达到千余家，可见对于应用于此行业的高压变频器市场潜在空间巨大。

在市政行业，随着城市化进程的不断完善，城市供水、供暖、污水处理等配套措施都采取集中处理的方式。许多城市在市政建设中，把高压变频器应用到循环水泵、鼓风机、潜水泵等设备上调速。在冶金煤矿行业，国家的节能政策要求许多采煤机、提升机、鼓风机、离心泵降低能耗、提高效率，高压变频器因此得到重视。

高压变频器应用行业市场潜力见表 6。

表 6 高压变频器应用行业市场潜力

应用行业	市场潜力（亿元）
电力	200
冶金	120
市政（供水、供热、交通）	120
水泥	100
石油 & 化工	80
采矿	60
其它	200
合计	880

数据来源：中自集团研究部。

5. 区域市场竞争

华北、东北、西北是我国主要能源输出基地，市场重要程度可见一斑，随着特高压电网项目的启动，这些区域还将继续爆发；华东和华南是能源的主要应用市场，竞争更为激烈。

从近几年一些企业的发展来看，西部地区的增速远远快于华东、华南地区，原因如下：

1）之前厂商对于西部地区的关注度不够，没有设立专门的销售机构。

2）近几年国家政策向西部倾斜，固定投资工程增加。

3）西部的地理位置，决定了电力、风能、水利等工程投资的进一步增长。

西部风电市场的大力开发，不仅能为人们的生产生活提供巨大的电力能源，也能大量节约火力发电所需的煤炭资源，如此节能的举措必将成为未来获取电力能源的主要途径之一。而且，随着国家智能电网的建设及风电并网技术的完善，拥有大量风电资源的西北地区，已成为高压变频器的主要竞争市场。

同时，国家和各级地方政府陆续出台鼓励风电开发的政策，还公布了许多实际的投资项目，这些引导了市场的发展，促进了当地风电市场的开发，也带动节能的高压变频器的市场需求。2011 年起，多家企业将西北市场作为它们的一个重要开发对象。一些厂商的营销部门甚至独立分出西北区域，独自管理，或者直接在西北的一些省会城市建立办事处，深挖当地市场。

此外，中西部地区矿产资源丰富，随着开采投入的增加将会带动设备需求的增长，这将为高压变频器在相关行业应用保持平稳发展带来机遇。

6. 销售渠道的进一步优化

一般的销售渠道有直销和代销两种方式。在高压变频器发展的前期，大多企业选择代理商来宣传自己的品牌。这是由于下游客户分布各地，不利于产品的宣传推广而致。对于企业来讲，代理商多像一个中介的平台。

但由于高压变频器的销售，从前期的方案设计，到中期产品安装调试，到后期的维护和节能计算，都需要比较专业的技术支持和服务。而代理商们在这方面的技术实力满足不了客户的要求。

随着客户对高压变频器的认识不断加深，以及市场竞争的越加激烈，许多厂商开始增加自己在全国各地的办事处，直接面对客户群体，为它们提供更专业的产品信息以彰显自身的实力，来开发市场。由于项目型市场比较集中，通过直销获得的订单比代销要多，直销的模式占主要地位。

近几年，销售的推广形式越来越多样化，厂商积极参加各种展会、研讨会、推广会，特别是一些巡演的讲座来和客户进行密切沟通，了解客户需求、开拓市场。另外，这种方式，对企业本身来说也是提高知名度的手段。

7. 利润率继续回落

从2014年上半年的市场表现来看，由于国际经济复苏缓慢，国内需求下滑，导致竞争异常激烈，严重影响了高压变频器的销售价格；而人力和固定支出成本居高不下，对产品的利润空间造成双向挤压。通用型高压变频器利润下降严重，所以部分企业研究标准化产品，达到规模生产，以求降低成本；高性能高压变频器利润率受影响较小，所以部分外资企业逐渐收缩通用型市场，加大对高性能市场的投入。

8. 研发投入减少

高压变频器作为一种高科技产品，其科技含量的多少将直接决定着市场价格。所以国内一些较有规模的变频器生产商，每年都投入一定的资金，来提升产品的科技含量，增强市场竞争力。2014年，行业毛利率平稳发展，大部分厂商增加了研发的投入，依靠新产品争抢市场份额。

国内厂商在忙着技术升级，国外厂商在忙着技术创新。高端的市场利润率丰厚，同时对技术要求也更苛刻。国外厂商的产品虽然在传统领域和新型产业上运用成熟，但它们还在积极研发试验，准备进入一些尖端领域，生产更多科技含量高的专用设备。虽然这一现状暂时还不能改变，但国内许多厂商已经加大了研发投入并加快了研发进度，通过技术提升来增强自己的竞争力，积极为未来的新兴产业开发积蓄能量。

9. 技术升级至大功率的高端机

随着风电并网项目的积极推进、大力推进智能电网建设、大型工程项目的不断开发，越来越多的社会资源被逐渐整合，低端落后的生产方式将被淡化出经济结构中，未来大型、规模化的社会生产将占主导地位。许多厂商认识到这一发展趋势，同时也发现大功率设备的利润高，都积极开发大功率的高压变频器。

2014年，国内许多企业继续把研发大功率高压变频器作为公司发展规划中的一个重要部分，并不断优化产品，在产品的稳定性、安全性、实用性上进一步测试、改进，希望能在将来实现规模化生产，满足未来将要出现的巨大市场需求。

不过随着功率的加大、产品的技术要求越来越高，国内大部分企业由于没有雄厚的经济实力和良好的技术基础，目前研发和生产出的大功率产品都比较粗糙。很多只是停留在变频器容量的扩充、功率的加大上，产品的整体性能不高。

在高压变频器市场上，由于客户的实际需求不一样，所以很多高压变频器在销售时需要结合客户的实际情况，制作专门的设计方案来改进工艺，在总体上给客户创造最大的收益。这对厂商提出了更高的技术要求：不仅提供高质量的产品，还要提供立体化的解决方案。这就需要在技术的延伸方面多下功夫。外资在这方面做得比较好，强大的技术支持可以使它们在面对客户的各种实际需求时，灵活地提出较好的方案设计，这也是外资厂商虽然订单不多，但销售额高于国内企业的主要原因。

大功率变频器固然利润丰厚，但在国内还有许多企业并没有一味地执着于研发大功率压变频器，而是把目光集中市场细分和行业开发上来。在对行业进行细分后，结合客户的实际需求及公司自身的特点，针对不同的行业开发有针对性的产品，并在技术上精益求精，培养自己的品牌和竞争力，来进一步提高自己的销售额。这是比较务实的一种发展方向，这种技术发展也是非常适合目前的市场需求的。

10. 海外市场拓展

2014年海外市场成为了国内变频器厂商重点拓展的对象，大部分变频器厂商在海外市场都实现了良好的增长率。随着俄罗斯加入WTO及南美等新兴市场需求上升，国外市场依然前景广阔。由于高压变频器主要用在项目上，所以需要技术支持，这也是我国海外市场没有做大的原因之一。但随着国内厂商技术的发展，以及考虑在当地设立办事处或者和当地系统集成商等企业强强联合，使得国内厂商在开拓国外市场越来越容易。

（五）2015年市场增长预测

“发展特高压，是保障国家能源安全、提高能源使用效率、服务清洁能源发展、促进生态文明建设尤其是解决雾霾问题的必然选择。”日前，全国人大代表、河南平高电气股份有限公司总工程师钟建英认为，应构建以特高压电网为骨干网架、各级电网协调发展的坚强智能电网，推动能源资源在全国范围的优化配置和高效利用。

特高压输电不仅是治霾的“特效药”，也是中国可持续发展的“长效药”，结合智能电网技术的应用，会成为我国在第三次工业革命中抢占战略制高点的重要支撑，也是我国为世界做出的创新贡献。

另外，新能源、新能源汽车、高端装备制造，为技术水平制定了一个高层次的目标；而国家大力的扶持政策，对此些行业的发展来说，无疑是坚如磐石的后盾。

未来，大功率产品将越来越受到青睐，这也是高压变频应用行业市场发展趋势的技术要求。

在节能减排和“美丽中国”相关政策的推动下，预测“十二五”期间，高压变频器依然稳步前行。相应环保事件将加快推动节能环保市场的发展。

我国高压变频器市场规模预测如图24所示。

	2012 年	2013 年	2014 年	2015 年	2016 年	2017 年
市场规模（亿元）	64. 48	69. 51	76. 91	92. 29	117. 21	153. 54
市场增长率（%）	-6. 0	7. 8	10. 6	20	27	31

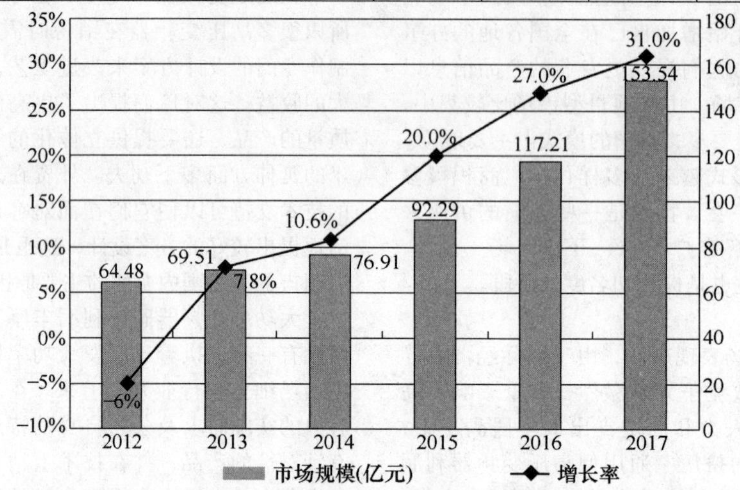

图 24　我国高压变频器市场规模预测（2012 ~ 2017 年）

数据来源：中自集团研究部。

高压变频器应用的最主要的就是风机和水泵，在 2015 年风机和水泵仍然成为主要的增长设备，但占比逐渐下滑。而压缩机和输送设备占比在逐步提升。主要的增长设备情况如图 25 所示。

未来三年，中国高压变频器市场仍保持年均 18% 左右的增长率，到 2016 年国内高压变频器的市场规模达到 117 亿元，到 2017 年市场规模将接近 150 亿元。

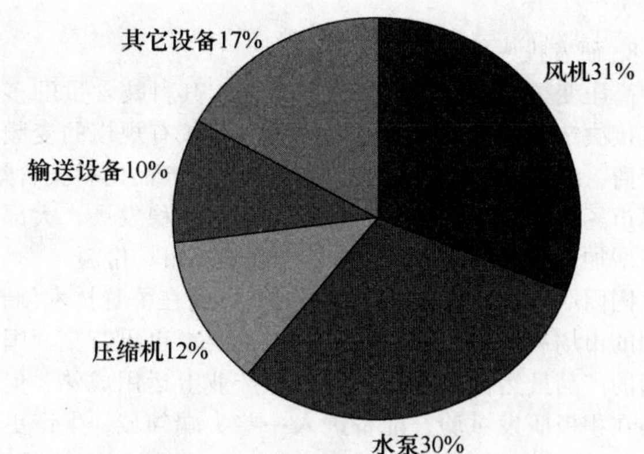

图 25　主要的增长设备情况

数据来源：中自集团研究部。

第四篇　电源行业新闻

行业动态

LED 显示屏行业抢食 DLP、LCD 市场 迎来新视界

稀土资源短缺加速 LED 照明市场发展

LED 防爆灯照明标准落地

聚焦 2014 年 LED 行业大事件

2014 年智能电网行业十大热点新闻盘点

智能电网推动集成电路国产化步伐提速

微电网等多项电力相关产业进入西部新增鼓励产业目录

《微电网接入配电网测试规范》等两项国家标准通过审查

李立涅院士：柔性直流输电需电力电子升级

我国将实施配电变压器能效提升计划

2014 年电力行业热门关键词大盘点

2014 年度电力行业十大创新产品

国家电网首次向民资开放两个市场领域

《国家集成电路产业发展推进纲要》正式公布

全球前十大半导体厂资本支出排行榜

美国可替代 CMOS 器件的低功耗隧道晶体管

固态继电器借力 移动互联突出重围

新能源创造电容行业投资新契机

变压器行业加速整合 高耗能产品将退出舞台

2014 年中国锂电池市场规模为 715 亿元 同增 21.1%

铅酸电池走出盈利低谷

美科学家找到更便宜、更高效太阳电池板材料

全球首条千吨级石墨烯生产线东莞投产

2014 年电池世界的三大奇兵：石墨烯、铝空气和纳米点

企业新闻

科华恒盛技术中心被确认为“国家认定企业技术中心”

科华恒盛承办中国电源学会信息系统供电技术专业委员会成立大会暨技术交流会

科华恒盛入选福建省知识产权优势企业

科华恒盛中标大型国际体育赛事 全力护航南京青奥会顺利举办

科华恒盛承担“数据中心机房配套设备研发及推广”项目

2014 年全球新能源企业 500 强榜单揭晓，阳光电源四度蝉联

阳光电源牵手三星 SDI 在合肥设立储能合资公司

IHS：阳光电源成为全球最受欢迎的中国逆变器品牌

跨越 99%——阳光电源大功率组串逆变器新品发布

阳光电源荣获国家级“守合同重信用企业”称号

易事特绿色矩阵变频器获评为国家重点新产品

以产品创新助建节能型社会——易事特近百款 UPS 入选国家节能产品政府采购清单

易事特领衔组建广东东莞新能源车产业技术联盟

国务院副总理刘延东莅临易事特高交会展位视察指导

台达品牌价值再度提升荣获多个国际奖项肯定

台达节能项目“兰花屋”获欧洲绿建筑奖

台达变频器连续两届荣获“设计师及用户优选十大品牌”

华南园首批进驻企业新厂房交付仪式

佛山禅城首座分布式光伏电站项目成功并网发电

广东省“千会万企金桥工程”启动仪式

艾默生 Smart Solutions 系列智能数据中心解决方案再次荣获年度大奖

艾默生网络能源折桂“用户满意品牌”大奖

艾默生网络能源荣获“2014 中国行业信息化”两项大奖

艾默生网络能源荣获“UPS 渠道维护金奖”，彰显渠道大智慧

强强联手茂硕电源与南网能源建立战略合作关系

茂硕电源携手远致富海拓展新能源汽车和机器人产业

茂硕电源获颁“最具竞争力企业”荣誉称号

茂硕电源获评为南山区国税五星级企业

茂硕电源荣获 2014 年度深圳半导体照明产业优秀企业荣誉称号

志成冠军多制式模块化 UPS 产品再获国家殊荣

委内瑞拉科技部代表团访问航嘉

航嘉获 2014 年“全国质量诚信优秀典型企业”荣誉称号

航嘉获“广东省全国名牌”荣誉称号

科士达再次通过国家火炬计划重点高新技术企业认证

科士达 ITCUBE 数据中心一体化解决方案获 2014 中国电子信息博览会创新大奖

科士达获评 2014 年度“绿色与创新企业”

华耀电子新获“国家高新技术企业”认定

华耀获“安徽省自主创新品牌示范企业”认定

华耀电子承办中国电源学会第七届直流电源专委会换届大会暨第一次全体委员会议

华耀加盟中国电源学会标准化工作委员会

华耀 2014 年知识产权申获创新高

英威腾 UPS 闪耀 2014 年度索契冬奥会

英威腾电源成功牵手双烽数据 合力打造最优质双线云计算数据中心

英威腾电源荣膺“行业十大领军人物”“满意品牌”“技术创新”三大奖项

科达磁电正式加入东睦集团

北京动力源荣获 2014 年度“北京市诚信企业”称号

金升阳起草修订 DC-DC 电源模块行业标准

恭贺金升阳 DC-DC 电源荣获 TOP-10 电源产品自主创新奖

先控电源确保“APEC 水立方国际盛宴”供电万无一失

先控与韩国合作伙伴举行签约仪式

先控自主研发创新产品荣获“2014～2015 年中国 UPS 市场年度创新产品奖”

鸿宝集团大事记

中大科慧召开产品与服务推介会

温州现代电力成套设备有限公司电源产品再次批量用于核潜艇

东莞市石龙富华电子有限公司首家获得大功率驱动电

源可靠度评定证书

安泰科技股份有限公司首次荣获中国专利金奖

安泰科技股份有限公司召开粉末冶金事业部重组大会

柏克广州生产基地动土开工

柏克大功率 UPS 电源护航绿色青奥

广东新昇电业多款产品获得高新技术产品证书

古瑞瓦特助力吉林能源人厦光伏建筑一体化项目

欧洲光伏回暖 古瑞瓦特(Growatt)逆变器连续四个月出货逾 6 000 套

博微电气顺利通过企业安全生产标准化（二级）认证

横向拓展，纵向深化——博微电气走向新高度

科瑞爱特公司获高新技术企业证书

科瑞爱特公司获 ISO900:2008 质量管理体系认证证书

科瑞爱特公司获软件企业认定证书

宏微成功承办中国电源学会第七届元器件专委会成立大会暨元器件技术研讨会

河北奥冠 50 万 kVAh/年高性能动力储能电池项目投产

山东奥冠 10 万 kVAh/年高性能动力锂离子电池项目投产

汇川技术获第 15 届中国电气工业 100 强殊荣

汇川技术 500kW 储能变流器产品通过德国 TÜV 认证

汇川技术“HD9X 系列高压变频器”被列入 2014 国家重点新产品计划

爱科赛博被评为“2014 年国家火炬计划重点高新技术企业”

爱科赛博发布首款高性能可编程交流电源

龙腾公司技术总监陈桥梁博士入选第七批陕西省“百人计划”

宁夏银利电器制造有限公司四项五柱电抗器产品专利

智胜新 2014 年度企业荣誉及政府支持项目

中国长城计算机深圳股份有限公司“3 000 W 高性能超级计算机电源”通过部级科技成果鉴定

矛牌 3 万 V 25 mA 大功率激光电源研发成功

矛牌推出 150 W 大功率 LED 路灯驱动器

宝士达电源荣获 2014 年度中国云计算数据中心首选 UPS 品牌

金宏威荣获自动化行业“新锐企业奖”

深圳迪比科获评“深圳知名品牌”，将建独立实验室深化产品线

稳利达 2014 年度总结报告

上海吉电电子技术有限公司被授予民营 100 强企业

创力股份举行新三板挂牌仪式

伊顿亚太区客户体验中心落户深圳

伊顿 93E 系列 UPS 获泰尔认证证书

伊顿全新推出模块化数据中心解决方案产品——模方™

伊戈尔电气连续八年荣获“广东省诚信示范企业”称号

湖南省委书记、省人大常委会主任徐守盛赴株洲麦格米特调研考察

厚德乐科 UPS 助力大型国际体育赛事

英杰电气荣获“中国驰名商标”

中兴通讯入选“中国企业国际化 50 强”及“中国企业国际化绩效 10 强”榜单

杭州中恒电气被确定为杭州市信息化应用示范试点企业

远方光电获“2013 中国 LED 行业年度影响力企业”荣誉

长岭光伏与德国 AEG 公司牵手合作

国家电网在充电设备招投标中奥能电源成功中标

山东华天电气公司应邀参加第八届电能质量高峰论坛

雷诺尔再度荣获“上海市著名商标”称号

行业动态

中国电源学会成功举办 IEEE PEAC'2014 国际会议

由中国电源学会发起主办的 2014 IEEE Power Electronics and Application Conference and Exposition（简称：IEEE PEAC'2014）于 2014 年 11 月 5～8 日在上海浦东盛高假日酒店成功举办。本次会议是由中国电源学会发起的首个电力电子大型国际会议。共收到投稿论文 455 篇，录用论文 284 篇，来自 14 个国家和地区的电力电子学术界和产业界的 450 余位代表参加本次会议。

本次会议由中国电源学会与 IEEE-电力电子学会（PELS）联合主办，会议得到了日本电气工程师学会-工业应用学会（IEEJ-IAS），韩国电力电子学会（KIPE），中国科学技术协会（CAST）和国家自然科学基金委员会（NSFC）等单位的支持，同时 9 家国内外知名企业作为会议合作伙伴参与了会议。美国工程院院士、弗尼吉亚理工大学李泽元（Fred C. Lee）教授，中国电源学会理事长、浙江大学徐德鸿教授共同担任会议主席。

会议围绕电力电子最新技术及应用，尤其是电源技术的发展为主题，采用大会报告、专题讲座、分会场报告和墙报等形式进行了充分的交流，涉及领域包括：开关电源技术、电能变换和控制、功率器件及应用、磁技术及被动器件、控制仿真及系统可靠性、可再生能源，以及电力传输及分配、电动汽车及轨道交通、照明及消费电子等领域中的电力电子技术应用等。

11 月 5 日，会议进行了 8 场专题讲座（Tutorial），来自美国、德国、丹麦、新西兰、中国、中国香港、中国台湾等国家和地区的专家学者就不同主题进行了报告。

5 日晚，会议欢迎酒会在假日酒店冬季花园厅举行，参会代表齐聚一堂，借此机会结识新朋友，会面老朋友。展览会也同时开幕，本次会议共有 18 家电源及相关配套产品企业参加展览会。

6 日 8:30，会议开幕式正式开始，由会议主席徐德鸿教授主持，会议主席李泽元教授、IEEE-PELS 主席 DonTan、IEEE-PELS 副主席和下任当选主席 Jan Abraham Ferreira 教授致开幕词，会议程序委员会主席、浙江大学马皓教授介绍会议基本情况。

随后进行了大会报告环节。本次会议特别邀请了包括美国工程院院士李泽元教授（Fred C. Lee），台达电子海英俊董事长，富士电机首席技术官 Tatsuhiko Fujihira 博士，美国麻省理工学院 David J. Perreault 教授，瑞士联邦理工学院 Johann W. Kolar 教授，三菱电机资深专家 Gourab Majumdar 博士，IEEE-电力电子学会主席 Don Tan 博士，英国牛津大学 Malcolm D Mc Culloch 教授，以及加拿大工程院院士、瑞尔森大学 Bin Wu 教授等 9 位国际知名专家进行大会特邀报告。

6 日下午 16:30～18:00，进行了会议墙报交流环节。共有 8 个主题的 89 篇论文在墙报交流环节发表。

7～8 日，会议设置了分会场报告，包括 35 个主题的技术分会场和 2 个工业报告会场和 2 个特邀主题会场，共计 200 场报告。

7 日晚，会议颁奖仪式及晚宴在假日酒店盛世宴会厅举行。国际指导委员会主席刘进军教授主持颁奖仪式。经过会议程序委员会及各专业主席的推荐和评选，本次会议共评选出 8 篇优秀论文，在颁奖仪式中进行了颁奖，同时会议向为本次会议提供了大力支持的 9 家会议合作伙伴企业颁发了特别贡献奖。在随后的招待晚宴中，组委会安排了具有中国特色的文艺表演，使参会人员在紧张的会议中得到了放松。

为期 4 天的会议于 11 月 8 日落下帷幕，会议的内容组织和活动安排获得了广大参会人员的一致好评。今后 PEAC 国际会议将定期在中国举办，下届会议将于 2018 年举行。

中国电源学会代表团顺利访美 并参加 APEC 2014 国际会议

为促进我国电源行业国际交流，加强对外学习与合作，2014 年 3 月 15～24 日，由徐德鸿理事长率领的中国电源学会 12 人代表团顺利出访美国，参加 APEC 2014 国际会议并访问当地的企业。本次代表团主要成员还包括：学会副理事长刘进军、副秘书长张磊以及会员企业代表合肥华耀电子工业有限公司总经理周世兴、深圳科士达科技股份有限公司总工程师延汇文、深圳市航嘉驰源电气股份有限公司副总裁段卫垠、厦门科华恒盛股份有限公司副总工程师苏先进、广东易事特电源股份有限公司副总经理于玮、昂宝电子（上海）有限公司技术副总方烈义、田村（中国）企业管理有限公司副所长邵革良、以及深圳市智胜新电子技术有限公司总经理余克壮、马松强等。

代表团于当地时间 3 月 15 日晚抵达会议举办地美国德克萨斯州沃斯堡市（FortWorth），并于 3 月 16～19 日参加了 APEC 2014 的主要会议活动。APEC 国际会议全称为 Applied Power Electronics Conference and Exposition，是目前全球电力电子领域规模最大、涉及内容最全、参会人员最多的综合性会议，主要活动包括大会报告 6 场、专题讲座 18 个、技术分会场 35 个、工业报告会场 11 个，共计录用论文 534 篇，2014 年注册参会人数超过 4 000 人。

会议期间，中国电源学会分别与美国电源制造商协会（PSMA）、IEEE-电力电子学会（PELS）进行了会谈，就今后合作进行了充分地沟通，并达成初步合作意向。中国电源学会今后将在会员互认、国际会议、展览以及媒体合作等方面与两个组织展开深入合作。PSMA 主席 Carl Blake、执行主席 Jim Marinos、秘书长 Joe Horzepa、前主席 Arnold Alderman，IEEE-PELS 主席 Don Tan、秘书长 Michael Kelly 和技术委员会专家 Michael Markowycz 等分别参与会谈。

中国电源学会代表团还参加了 PSMA 会员年会，会上徐德鸿理事长向 PSMA 会员企业代表介绍了中国电源学会的情况。

APEC 2014 会议附设展览会，就最新电力电子产品和技术进行展示和交流，本次展览会共有 243 家企业共计近 400 个展位，展品涉及开关电源、模块电源、电源设计方案、半导体控制 IC、功率器件、电源测试设备、变压器、电容、电阻和磁性材料等。众多国际知名企业均参加展会，展示的产品基本代表了目前业界发展的最高水平。

代表团3月20日前往位于普莱诺(Plano)市的GE Energy公司总部进行参观交流。代表团全体成员与GE Energy全球电力电子工程设计总监David Rosenbluth、逆变器及数字控制工程设计总监Mark A Johnson、全球DC-DC产品研发总监George M Alameel、嵌入式电源OEM总经理Karim Wassef和全球工程开发主管Lucas Clarke进行了座谈，中国电源学会理事长徐德鸿、GE Energy全球电力电子工程设计总监David Rosenbluth分别就各自情况进行了介绍，并就新能源、高压直流电源、数据中心应用、GaN和SiC等新材料应用前景等技术话题进行了富有启发性的交流。座谈后代表团参观了GE公司研发中心和实验室。GE公司完善而严格的实验设备和流程给代表团成员留下了深刻的印象。

本次出访扩大了学会在国际电力电子领域的影响力和知名度，促进了学会与国际相关组织的联系与合作，同时访问团代表通过此次出访了解了国际最新电力电子技术和最新产品的发展动态，加强了与海外技术人员的联系与交流，各位代表均表示有很大收获。

中国电源学会863计划“十三五”项目建议研讨会在天津召开

2014年8月28日，中国电源学会七届三次常务理事扩大会议在天津举行，会议同期召开了中国电源学会863计划“十三五”项目建议研讨会。会议特邀科技部高技术研究发展中心能源处陈硕翼处长，863计划“十二五”主题专家浙江大学盛况教授、国家冶金自动化研究设计院李崇坚总工程师参加会议，中国电源学会常务理事、常务理事单位代表以及国内知名高校和企业代表40余人参加会议。中国电源学会韩家新秘书长主持会议，徐德鸿理事长致欢迎词并对学会情况做了基本介绍。

各位特邀专家就863计划有关情况做了专题介绍，陈硕翼处长发言介绍了科技部高技术研究发展中心的基本情况，对863计划的申报、评审及管理情况，“十二五”计划执行情况以及“十三五”规划下一步的有关部署进行了介绍。陈硕翼处长指出目前科技部正在就863计划“十三五”规划进行调研和筹备，中国电源学会这个会议召开得非常及时，也非常有意义。陈处长同时指出中国电源学会专业领域涉及面广，在863计划中主要涉及交通、先进制造和能源等领域，希望中国电源学会在863项目的申报推荐以及计划管理过程中发挥更加积极的作用。陈处长强调中国电源学会应积极在本行业内组织产学研有关单位进行项目推荐工作，由学会组织成员单位进行申报，对项目申报工作有非常大的帮助。

863计划电力电子关键技术主题召集人盛况教授就863计划对电力电子技术方向的支持情况，863计划“十二五”执行情况，尤其是器件相关的项目情况做了详细的说明。李崇坚总工程师就电力电子技术和产业情况，863计划“十二五”电力电子装置有关项目的情况做了专门介绍。中国电源学会副理事长、863计划主题专家徐殿国教授和曹仁贤董事长分别就学会在863计划中的作用以及企业在863计划中的作用进行了专题发言。

会前学会接到了很多非常有价值的项目建议提案，会议上由于时间紧张，由浙江大学徐德鸿教授、上海海事大学汤天浩教授和中国矿业大学王聪教授作为代表，就相关提案进行了专门介绍。

本次会议之后，中国电源学会还将继续进行项目建议的征集工作，并将汇总整理有关建议，形成中国电源学会863计划“十三五”规划建议书递交科技部。欢迎各有关单位积极进行项目建议征集工作。

中国电源学会七届二次常务理事（扩大）会议胜利召开

2014年3月9日，中国电源学会七届二次常务理事(扩大)会议在河北省石家庄市召开。学会常务理事、部分常务理事单位代表和部分列席代表参加了会议。会议由中国电源学会理事长徐德鸿主持。

中国电源学会秘书长韩家新首先传达了中国科协八届五次全委会议、全国学会秘书长会议精神以及关于学会承接政府职能的有关情况，韩家新对未来科协工作的重点做了说明，并就学会承接政府职能转移工作的意义做了阐述，并强调学会应该把握目前的有利形势，谋求更大发展，同时学会上下也应保持清醒的头脑，对于承接职能工作要进行充分的调研和论证，保证承接的职能能够接得住、接得好。

会议审议通过了《中国电源学会第七届理事会四年(2014～2017)工作规划》。徐德鸿理事长指出，新一届学会理事会肩负着继往开来、再创佳绩、进一步提升学会影响力和社会职能的历史使命。随着社会和行业的发展，尤其是国家宏观政策的调整，学会工作迎来了前所未有的机遇和挑战。因此，根据内外部环境以及学会现状，新一届理事会将重点努力实现“三个提升，一个突破”，即提升学术水平和影响力，提升服务会员、服务企业的能力，提升服务国家、服务社会的能力以及实现国际交流工作新突破。同时徐理事长强调从学会自身的角度应该清楚地认识到，学会虽然已打下了一定的基础，但和其它优秀学会相比，还有很大差距，因此学会要努力加强内部结构治理、工作队伍建设以及自身能力建设，积极开拓服务领域和收入来源，进一步提升学会自身实力。

本次会议还表决通过了副秘书长人选，原办公室主任张磊以及浙江大学陈敏担任新一届学会副秘书长。会议讨论通过了学会专业委员会主任委员和秘书处换届方案，会议讨论决定调整原交流电源专业委员会变更为信息系统供电技术专业委员会，增设无线电能传输技术专业委员会和青年工作委员会。会议增补了西安工程大学校长高勇为第七届理事。

会议还就各工作委员会组建方案和工作计划、学会PEAC国际会议筹备情况和学会发展史等工作进行了审议和讨论。

会议中各位参会代表认真审议了相关文件，就相关议题积极发言讨论，提出了很多很好的意见和建议。

中国电源学会七届三次常务理事会议胜利召开

中国电源学会七届三次常务理事(扩大)会议于2014年8月28日在天津举行。学会常务理事、部分常务理事单位代表和部分列席代表参加了会议。会议由学会理事长徐德鸿主持。

学会秘书长韩家新就民政部社会组织评级工作进行了通报，对评级工作的基本情况、评级内容及下一步工作安排进行了介绍，会议就此项工作进行了讨论。会议决定学会积极筹备并在条件允许的情况下参与2015年民政部学会评级工作，成立学会评级工作领导小组总体统筹协调有关工作，秘书处设2~3人的专门工作队伍具体落实各项筹备工作，会议要求学会各分支机构及有关人员积极配合按时完成分配的工作。学会应以本次评级工作为契机，以评促改、以评促建，进一步完善和提高学会各项工作，提升学会服务能力。

学会副秘书长张磊就学会个人会员发展工作，从个人会员发展的意义、现在存在的问题及改进措施等三个方面进行了介绍。参会各常务理事就中国电源学会个人会员发展方案(讨论稿)的内容进行了讨论，并提出了各自的意见和建议。会后将继续就方案征求各界的意见，对方案进行完善和补充，在年底前形成最终方案，并于2015年1月正式实施。

学术工作委员会主任马皓就PEAC 2014国际会议前期征文工作、大会报告邀请工作及相关程序安排情况进行了介绍。本次会议共收到论文投稿456篇，经评审录用论文318篇，已落实大会特邀报告8场，会议于11月5~8日在上海召开。副秘书长张磊就会议合作单位、讲座设置、注册工作、招商招展及酒店有关情况进行了介绍。

韩家新秘书长就学会办公地点变更进行了通报，学会因工作发展需要，办公地点由原天津市南开区咸阳路60号变更为天津市南开区黄河道467号大通大厦16层。会后秘书处根据民政部及中国科协有关要求进行学会住所变更手续。

中国电源学会召开发展史编写顾问组座谈会

2014年9月17日，中国电源学会发展史编写顾问组座谈会在天津召开。编写顾问组成员葛有信、惠绍棠、季幼章、马传添、倪本来、张广明、陈坚、谭信、张乃国和赵建统出席会议。中国电源学会秘书长韩家新，副理事长李占师，副秘书长张磊，《电源学报》主编汪慧勇参加会议，会议由学会秘书长韩家新主持。

韩家新就中国电源学会发展史的编写背景、目的和意义做了介绍说明，并指出三个方面的重要意义，一是为学会保留一个完整、客观的历史资料意义重大；二是发展史对于学会发展的传承很有必要；三是对指导推动现实工作富有重大意义。此外韩秘书长也向各位老领导、老前辈介绍了学会近年来的主要工作和发展情况。李占师副理事长作为发展史执笔人介绍了发展史编写组织工作的初步想法，并表示发展史写作时间紧、任务重、意义重大，希望能够多听取顾问组人员的意见和建议。各位顾问组成员积极发言，就发展史编写的主题、编写方式、资料搜集和内容组织等方面提出了非常宝贵的建议。

学会在此次座谈会精神的基础上，正式启动中国电源学会发展史的编写工作，并向各界尤其是学会分支机构征集相关素材和稿件，望有关单位、人士尤其是学会各分支机构和理事积极配合。

第七届电磁兼容专业委员会换届会议成功召开

中国电源学会电磁兼容专业委员会于2014年4月19日在浙江省杭州市召开了第七届换届大会暨第一次全体委员会议。来自全国各地的30余家产、学、研单位的近80名会议代表参加了此次会议。

中国电源学会理事长、浙江大学徐德鸿教授，浙江大学电气学院常务副院长韦巍教授，中国电源学会副理事长、华南理工大学张波教授，以及中国电源学会张磊副秘书长等领导出席了本次会议。上午会议第一阶段是换届仪式，主持人是浙江大学电气工程学院陈恒林副教授；第二阶段是大会报告，主持人是浙江大学李尔平教授。

徐德鸿理事长在大会上致辞，他代表中国电源学会对电磁兼容专业委员会第七届换届大会的顺利召开表示热烈祝贺，并对新一届电磁兼容专委会的工作提出了重要的指导意见和期望。韦巍教授代表浙江大学电气学院对中国电源学会第七届电磁兼容专委会换届大会在杭州召开表示欢迎和祝贺，并热忱欢迎参加会议的来自兄弟院校、企事业单位的教授和专家与浙江大学电气学院开展交流与合作。张波教授代表电磁兼容专委会筹备委员会在大会上介绍了第七届专委会的筹备情况。

大会通过无记名投票的方式选举产生了新一届专委会委员和主要领导。新一届电磁兼容专业委员会由50名委员组成，其中张波任主任委员，陈恒林、李虹和裴雪军任副主任委员，黄学军任秘书长，其它任委员。

上午，第二阶段会议在浙江大学李尔平教授的主持下，浙江大学尹文言教授做了题为“强电磁辐射与传导耦合效应机理及防护方法研究”的学术报告，华北电力大学张卫东教授做了题为“电力系统电磁兼容研究的问题与方法”的学术报告，哈尔滨工业大学深圳研究生院和军平副教授做了题为“电力电子装置电磁兼容研究进展及挑战”的学术报告。

会议当天下午，在张波教授主持下召开了专委会全体委员会议，委员们审议了《中国电源学会电磁兼容专业委员会工作条例(草案)》，并就如何推动国内电磁兼容技术发展，为电磁兼容专业领域搭建学术交流平台，以及筹办国际、国内出版物，举办学术年会等工作进行了深入探讨。

本次换届大会汇聚了电磁兼容专业技术领域众多知名的产、学、研代表，对于推动电磁兼容技术的交流和发展，促进我国电磁兼容科技交流平台的搭建具有重要意义。大会的召开，增强了电磁兼容专业领域的发展信心，对我国电磁兼容的技术创新和相关行业发展，产生了积极的影响。

第六届中国功率变换器磁元件联合学术年会圆满落幕

2014年7月12日，第六届中国功率变换器磁元件联合学术年会在美丽的海滨城市山东青岛多瑙河国际大酒店盛大开幕。本届年会由中国电源学会磁技术专委会和中国电子学会元件分会电子变压器学术部联合主办，广东大比特资讯公司承办，青岛云路新能源科技有限公司赞助协办。中国电源学会理事长、浙江大学徐德鸿教授，磁技术专业委员会主任委员、福州大学陈为教授以及青岛云路新能源科技有限公司李晓雨总经理出席了开幕式，并发表了热情洋溢的致辞。

为期3天的会议汇聚了境内外磁技术领域学术界和产业界的近200名专家学者参加。本次年会议程包括开幕式、论文报告、技术交流问答、优秀年会论文颁奖和企业参观五大部分。会议收录36篇论文，并印刷出版了论文集。会议围绕近两年来功率变换器高频磁元件最新学术和技术成果、新产品、应用方向和未来发展趋势等展开深入广泛的讨论。

本次年会特邀专家评选出10篇优秀论文，由中科院研究员、原中国电源学会理事长季幼章，中国电源学会磁技术专委会主任委员、福州大学陈为教授，以及中国电子学会元件分会电子变压器技术部秘书处秘书长姜德清为获奖的论文作者代表颁发证书及奖金。

当天下午，主办方还安排大家到青岛云路新能源科技有限公司进行参观，学习国内优秀企业的管理模式及经营方式。

第二届照明电源专业委员换届会议暨技术研讨会成功召开

2014年8月23日，中国电源学会第二届照明电源专业委员会换届大会暨技术研讨会在杭州白马湖建国饭店召开，会议由英飞特电子(杭州)股份有限公司组织承办。中国电源学会徐德鸿理事长和专委会28名委员出席会议。

会议首先由第一届主任委员徐殿国教授、电源学会理事长徐德鸿教授和英飞特电子(杭州)股份有限公司董事长华桂潮博士分别作会议致辞，接着徐殿国主任做第一届照明电源专委会工作报告。经参会人员无记名投票和规范的选举程序，选举产生了由37名委员组成的第二届照明电源专业委员会，并经参会的新一届委员无记名投票选举产生了第二届照明电源专业委员会领导机构。当选后的专委会成员分别自我介绍，相互认识、加深了解。

会议第二部分由新当选的第二届照明电源专委会主任委员徐殿国教授主持，新一届专委会讨论了2014年的工作计划和未来四年的发展规划，对照明电源领域未来的研究方向进行了交流，并就专委会为行业企业提供技术服务的方式、方法进行了探讨。会议还对专委会在企业和院校的产、学、研合作中如何发挥积极作用进行了研讨。专委会成员踊跃发言，气氛热烈。

会议第三部分是技术研讨会。研讨会由远方光电科学研究院首席科学家潘建根董事长主持，中国电源学会副理事长章进法博士应邀参会并致辞。专委会副主任华桂潮博士、Lumispec Consulting机构创始人Howard Wolfman主席、南航张方华教授分别作了“LED驱动电源的发展趋势”、“标准及规范对于LED照明发展的影响”及“高性能LED驱动器的研究”的大会专题报告演讲。专委会还组织了新一届专委会委员重庆大学的罗全明副教授、哈尔滨工业大学王懿杰副教授、苏州大学陶雪慧副教授和黑龙江半导体照明产业联盟平立秘书长做了技术报告。与会专家认真聆听，就报告内容不时提问求解、互动融洽。

会议结束后，专委会一行来到英飞特电子(杭州)股份有限公司参观了LED研发中心、测试中心和展览馆，对英飞特电子在核心技术和器件开发方面的优势给予了肯定，委员们对英飞特电子的研发产品产生了浓厚的兴趣，并进行了技术交流。

第七届直流电源专业委员会换届会议成功召开

2014年8月23日，中国电源学会第七届直流电源专业委员会换届大会暨第一次全体委员会议在合肥召开，会议由合肥华耀电子工业有限公司组织承办。中国电源学会张磊副秘书长和专委会19名委员出席会议，华耀电子技术部主任列席会议。

会议由三个部分组成，第一部分是第七届直流电源专业委员会换届选举，首先由第六届主任委员阮新波教授、电源学会张磊副秘书长、华耀电子周世兴总经理分别作会议致辞，接着阮新波主任作第六届直流电源专委会工作报告。经参会人员无记名投票和规范的选举程序，会议选举产生了第七届直流电源专委会主任委员、副主任委员和委员，当选后的专委会成员分别自我介绍，相互认识、加深了解。

会议第二部分由新当选的第七届直流电源专委会主任委员阮新波教授主持，新一届专委会讨论了2014年的工作计划和未来四年的发展规划，提出诸多为行业企业提供技术服务的好的方式方法，研讨专委会在企业和院校的产学研合作中如何发挥积极作用。专委会成员踊跃发言、气氛热烈。

会议第三部分由南航阮新波教授、台达电子章进法教授、西安交大杨旭教授和北京利维能电源孙晓东总经理围绕包络线跟踪电源研究、高效电源变换器技术、新材料器件及GaN器件封装技术和电动汽车中的电力电子技术分别做专题报告演讲，与会专家认真聆听，就报告内容不时提问求解、互动融洽。

会议结束后，专委会一行来到华耀公司参观了新能源事业部、军品事业部、工业和LED事业部、研发中心及测试中心，对华耀军品及元件多年的积累和核心技术优势给予肯定，建议公司在抢占市场、产业重点及产品工艺等方面定位准确、加快步伐。

第七届标准化工作委员会换届会议成功召开

2014年8月30日，中国电源学会标准化工作委员会第七届成立大会在广东省东莞市隆重召开。中国电源学会秘书长韩家新、全国电力电子学会标准化技术委员会秘书长兼不间断电源分技术委员会主任委员蔚红旗等领导出席了会议。参加本次会议的有36个单位和企业共42位专家和委员。

会议分为两个部分：标准化工作委员会第七届成立大会和学术报告技术交流会。上午为标准化工作委员会成立大会选举和揭牌仪式，以及审议标准化工作委员会工作条例和工作计划草案。下午为学术报告和技术交流会。会议由中国电源学会标准化工作委员会秘书长、广东志成冠军集团有限公司总工程师李民英主持。

中国电源学会秘书长韩家新，广东志成冠军集团有限公司总裁周志文分别做会议致辞，接下来由中国电源学会韩家新秘书长宣读《中国电源学会关于同意召开中国电源学会标准化工作委员会第七届成立大会的批复》。然后进行了标准化工作委员会主要领导人选举环节。会议选举产生了第七届中国电源学会标准化工作委员会主任委员、副主任委员、秘书长和副秘书长。中国电源学会秘书长韩家新为新当选的主任委员、副主任委员、秘书长以及副秘书长颁发证书，随后会议上进行了中国电源学会标准化工作委员会第七届委员会成立揭牌仪式。中国电源学会标准化工作委员会主任委员、华中科技大学康勇院长发表了讲话。

随后审议和通过了标准化工作委员会的工作条例和工作计划草案。

下午全国电力电子学会标准化技术委员会秘书长兼不间断电源分技术委员会主任委员蔚红旗和中国电源学会标准化工作委员会秘书长李民英分别做了主题为"电力电子技术标准及其在储能电站领域的应用"和"标准化改革形势下的协会标准体系建设推进建设"的学术报告，通过两位专家的学术报告，加深了与会委员和代表对电源行业标准化工作情况的了解，并对今后标准化工作委员会的工作开展提供了明确方向。

随后针对电源行业标准化工作的开展，与会委员和代表进行了热烈讨论，最后中国电源学会标准化工作委员会主任委员康勇对会议进行了总结并提出了2014年下半年的工作重点。

第七届元器件专业委员会换届会议暨元器件技术研讨会成功召开

2014年11月15～16日，由中国电源学会（CPSS）元器件专业委员会主办，江苏宏微科技股份有限公司承办的中国电源第七届元器件专委会成立大会暨元器件新发展技术研讨会在常州盛大召开。

此次会议汇聚了来自国内外的150多名专家学者，其中有的是国际知名的半导体专家，有的是国内著名元器件专家，还有一些来自于不同应用领域的元器件应用专家。15日的会议上，投票选举并通过了中国电源学会元器件专业委员会第七届委员成员名单，同时投票产生了专委会的领导成员。西安工程大学的高勇教授当选为主任委员，英飞凌中国科技有限公司的高级经理陈子颖、株洲南车时代电器股份有限责任公司半导体事业部副总经理刘国友、湖南大学的沈征教授、浙江大学的盛况教授和电子科技大学的张波教授当选为副主任委员（副主任委员排序按照姓氏排序），江苏宏微科技股份有限公司总裁赵善麒博士当选为秘书长。16日的会议上，邀请了国内外知名学者为大家做了七场内容丰富精彩的专业学术报告，引起了与会代表的极大兴趣，会场反响热烈。

为了此次盛会的顺利召开，中国电源学会副理事长李占师先生、中国电源学会副秘书长张磊先生专程来到常州，关心并指导了第七届元器件专业委员会的选举工作；常州市政府领导也非常关心这次高水准的专业技术盛会，副市长王成斌先生、科学技术协会主席宋平先生参加了16日的会议，与中国电源学会领导一起为第七届元器件专业委员会的成立揭牌。

业内享有盛名的汪槱生院士、郝跃院士特为本次会议发来贺信，鼓励电源学会元器件专委会要为电源行业搭建好交流平台，促进电源产业链的上下游合作发展，并预祝大会圆满成功。

第七届特种电源专业委员会换届会议暨第五届全国特种电源学术交流会成功召开

第五届全国特种电源学术交流会暨第七届中国电源学会特种电源专委会换届及第一次全体委员会议于2014年11月20～23日在合肥召开。本次会议由中国电源学会特种电源专委会主办，中国科学院等离子体物理研究所和中国工程物理研究院流体物理研究所承办。

中国工程物理研究院、中科院合肥分院、浙江大学、华中科大和中电集团38所等近50家科研院所、高校和企业的150多名专家、学者参加此次大会。中国工程物理研究院彭先觉院士、中国电源学会副理事长李占师、副秘书长张磊、第六届特种电源专委会主任委员史平君、中物院流体物理研究所所长邓建军、中科院等离子体物理研究所副所长傅鹏等出席了大会。

在首先进行的中国电源学会第七届电源学会特种电源专业委员会换届大会暨第一次全体委员会议上，中国电源学会副秘书长张磊主持大会并宣读了《中国电源学会关于同意召开中国电源学会特种电源专业委员会第七届换届大会的批复》，史平君做第六届专委会工作报告、财务报告，中物院流体物理研究所李洪涛代表会议筹备组汇报了会议筹备情况。张磊副秘书长主持换届选举议程，来自42个科研院所、高校和企业的72名代表经投票选举产生了由52位专家、学者组成的第七届中国电源学会特种电源专业委员会。来自西安兵器集团206所的史平君高工当选第七届电源学会特种电源专业委员会主任委员，中物院流体物理研究所所长邓建军研究员、中科院等离子体所副所长傅鹏研究员、浙江大学电气工程学院副院长何湘宁教授、西安交大杨旭教授和中科院近代物理研究所高大庆研究员当选专委会副主任委员，中物院流体物理研究所李洪涛研究员当选专委会秘书长。

21日举行了第五届中国电源学会特种电源学术交流会，与会代表150余人，开幕式由第七届专委会秘书长李洪涛主持。中国电源学会副秘书长李占师宣布中国工程物理研究院流体物理研究所为中国电源学会特种电源专委会挂靠单位。大会为特种电源学会挂靠单位，中国工程物理研究院流体物理研究所以及第七届特种电源专业委员会负责人及全体委员颁发了聘书。

张磊副秘书长以“中国电源学会情况以及未来的发展规划”为题做大会特邀报告，对中国电源学会的总体概况和未来发展规划进行了系统的介绍，指出全体会员需要共同努力发展电源技术研究能力，为更好地完成国家赋予学会的职责和使命贡献智慧和力量。

彭先觉院士做特邀报告“Z箍缩驱动聚变裂变混合堆总体概念研究情况简介”，报告对国内外Z箍缩驱动聚变能源研究情况以及中物院Z箍缩驱动聚变能源研究情况做了介绍，对中物院Z箍缩驱动聚变裂变混合堆概念研究主要进展、建造成本初估和研究发展线路图设想作了详细阐述，指出电源及其相关技术对未来Z-Pinch驱动混合堆能源的经济性和可应用性影响重大，希望得到国内电源界的高度重视。

华中科技大学电气工程学院书记于克训教授受潘垣院士委托，介绍了华中科大在特种电源方面的研究成果。

随后专委会负责人、40余位专委会委员以及参会代表做了学术报告，介绍了他们在特种电源技术研究方面取得的成果。会议取得圆满成功。

第一届信息系统供电技术专业委员会成立会议成功召开

中国电源学会信息系统供电技术专业委员会于2014年11月29日在福建省厦门市召开了成立大会暨技术交流会。来自与信息系统供电技术有关的知名企业、科研院所(含总参、总装)、高等院校、检测机构和行业资情机构等单位代表参加了此次会议。

中国电源学会理事长、浙江大学徐德鸿教授，中科院研究员张广明先生，中国电源学会副秘书长张磊先生，以及会议承办单位厦门科华恒盛股份有限公司董事长兼总裁陈成辉先生等领导出席了本次会议并做指导。

会议通过无记名投票方式选举产生了中国电源学会信息系统供电技术专委会委员和领导班子。新一届信息系统供电技术专委会由35个委员组成，张广明任主任委员，陈四雄、谢少军、吕天文、何春华和陈冀生为副主任委员，赖永春为秘书长。会议现场举行了隆重的揭牌仪式和聘任书颁发仪式。

徐德鸿理事长在大会上致辞，他代表中国电源学会对信息系统供电技术专委会成立大会的顺利召开表示热烈祝贺。他指出，互联网技术的高度发展，大数据、云计算的广泛应用以及节能减排的政策导向，将给信息系统供电产业带来全新的机遇与挑战，并对新一届信息系统供电技术专委会的工作提出了指导意见并寄予厚望。会议期间，徐德鸿做了《新一代不间断电源：超级UPS》，张广明做了《数据中心供电技术现状与趋势》，吕天文做了《数据中心市场需求现状》等专题报告，现场互动热烈。

第一届青年工作委员会成立会议暨第一届电源技术青年创新与发展论坛成功召开

12月12～14日，由中国电源学会主办、广东易事特电源股份有限公司承办的中国电源学会青年工作委员会成立大会暨第一届电源技术青年创新与发展论坛在东莞顺利召开。

出席成立大会暨青年论坛的领导嘉宾有：华中科技大学电气与电子工程学院教授、中央组织部“千人计划”专家袁小明，中国电机工程学会副主任、国家电网公司输变电设备防冰减灾技术重点实验室主任陆佳政，华南理工大学电力学院教授、副院长张波，中国电科院新能源所总工程师迟永宁，南京航空航天大学自动化学院教授、副院长阮新波，上海交通大学特别研究员朱森，湖南大学电气与信息工程学院教授王俊，中国电源学会秘书长韩家新，中国电源学会副秘书长张磊，北京西电华清科技有限公司总经理卫三民，中国自动化服务产业集团董事长刘强，中国电源学会副理事长、易事特董事长何思模教授以及来自全国各地电源行业的专家学者、青年电源研发技术人员、相关行业组织、科研院所及相关企业的100余位代表。

会议分为两个部分，首先进行的是青工委成立大会。会议主要介绍了青工委的筹备情况，宣布了新当选的青年工作委员会组成成员名单并现场颁发证书和秘书处单位、合作单位牌匾。清华大学自动化系副教授耿华当选青工委主任，易事特副总经理、技术中心总经理于玮博士当选青工委秘书长，易事特公司当选为秘书处单位。中国电源学会秘书长韩家新、新当选的青工委主任耿华、中国电机工程学会副主任陆佳政、中国自动化服务产业集团董事长刘强和易事特董事长何思模教授分别在会上发表了热情洋溢的讲话并为青工委成立致贺词。何思模教授在致辞中感谢专家及青年学者们对电源行业及易事特发展的关心，并向大家介绍了易事特近几年在电源和新能源领域研发、生产的发展情况和取得的成果，并诚挚地邀请专家学者们到易事特考察指导。随后青工委委员及来宾合影留念，共同庆祝中国电源学会青年工作委员会正式成立。

成立大会之后，同期举行了第一届电源技术青年创新与发展论坛，本次论坛以电源及新能源技术产业发展、青年电源工作者的培养和创新发展为核心，袁小明、张波、迟永宁、阮新波、卫三民、朱森、王俊和于玮等电源领域的专家学者及相关机构的负责人在会上就此进行了学术报告交流。整个论坛和谐流畅，严谨而不失生动，与会电源青年才俊们发言积极，提问踊跃，针对各自关心的话题展开激烈的讨论交流，学术氛围浓郁热烈。

最后，参会人员前往易事特公司进行了实地考察，并参观了松山湖国家高新区“科技共山水一色，新城与产业齐飞”的醉人生态湖景。至此，中国电源学会青年工作委员会成立大会暨第一届电源技术青年创新与发展论坛圆满落下帷幕。

第四届变频电源与电力传动专业委员会换届会议暨2014电力电子与变频新技术学术论坛成功召开

第四届中国电源学会变频电源与电力传动专业委员会换届及第一次全体委员会议暨2014电力电子与变频新技术学术论坛于2014年12月13～14日在上海召开。本次会议由中国电源学会变频电源与电力传动专业委员会主办，上海大学承办。

中国冶金自动化研究设计院、上海电气集团、哈尔滨工业大学、同济大学、深圳汇川技术股份有限公司及上海格立特电力电子有限公司等近50家科研院所、高校和企业的150多名专家、学者参加此次大会。上海大学陈伯时教授、冶金自动化研究设计院总工程师李崇坚教授、中国电源学会副理事长李占师、上海大学机电工程与自动化学院费敏锐教授及英飞凌科技（中国）有限公司应用技术部总监江伟石等出席了大会。

12月13日，进行了中国电源学会第四届电源学会变频电源与电力传动专业委员会换届大会筹备会议，中国电源学会副理事长李占师宣读了《中国电源学会关于同意召开中国电源学会变频电源与电力传动专业委员会第四届换届大会的批复》，上海大学机电工程与自动化学院高艳霞代表主办单位讲话，阮毅教授做第三届专委会工作报告、财务报告，会议筹备组汇报了会议筹备情况。

12月14日上午，变频电源与电力传动专业委员会陈息坤秘书长主持换届选举议程，来自59个科研院所、高校和企业的119名代表经投票选举产生了由76位专家、学者组成的第四届中国电源学会变频电源与电力传动专业委员会。来自上海大学的阮毅教授当选第四届电源学会变频电源与电力传动专业委员会主任委员，冶金自动化研究设计院总工程师李崇坚、深圳汇川技术股份有限公司总工程师柏子平、同济大学中德学院院长吴志红、上海大学高艳霞、深圳市库马克新技术股份有限公司董事长李瑞常、上海电气-富士电机齐亮、哈尔滨工业大学王明彦、上海电器科学研究院吴汉熙、上海海事大学汤天浩及变频器世界杂志社刘强等当选专委会副主任委员，上海大学陈息坤当选为副主任委员兼专委会秘书长。

12月14日下午，举行了第四届中国电源学会变频电源与电力传动专业委员会全体委员大会及电力电子与变频新技术学术论坛，与会代表150余人，由第四届专委会秘书长陈息坤主持。上海大学机电工程与自动化学院院长费敏锐教授介绍了上海大学在电气工程领域教学、科研方面的情况和取得的研究成果。

李崇坚教授特邀报告“大功率电力电子变换器技术的现状与发展”，报告对国内外大功率变频器研究情况做了深入分析与介绍，指出未来MMC拓扑结构在大功率变频器中的应用前景，同济大学牟龙华教授做“微电网的黑启动问题”学术报告，对微电网的离网、并网运行状态下的一些特殊问题进行了详细分析，来自企业界的委员代表针对各自企业的大功率电力电子变流器产品及电力电子新技术在产品中的应用等进行了大会报告。会议取得圆满成功。

功率变换器磁技术分析测试与应用高级研修班圆满结束

由中国电源学会主办，福州大学电气工程与自动化学院、中国电源学会磁技术专业委员会、科普工作委员会承办的功率变换器磁技术分析测试与应用高级研修班于2014年7月5～7日在福州大学成功举办，来自全国各企事业单位代表40多人参加了本次研修班。

本课程是在梳理电磁基本理论的基础上，结合功率变换器产品中磁元件的具体分析、设计、测试与应用，使工程师能从电磁场的机理上深入认识磁元件的各项性能及其影响因素以及设计考虑点，改变传统设计方法的局限性。

中国电源学会磁技术专业委员会主任委员、福州大学电气工程与自动化学院院长陈为教授作为本次研修班的总策划及主讲专家，从电磁基本概念、磁元件绕组高频损耗分析与绕组设计、磁原件电磁干扰特性分析与设计、磁性材料及其应用等方面进行了系统深入的讲解。福州大学陈庆彬老师结合实例演示就电磁场仿真分析方法和软件使用进行了讲解授课。

在广泛征求意见的基础上，作为提升培训质量的重要手段，从2014年开始中国电源学会的全部培训课程均设立了实验教学环节。陈为教授针对工程师的实际开发情景设计了4个专题实验，包括：交流功率计法测量磁心损耗、变压器绕组交流电阻测量及损耗计算、变压器共模噪声抑制特性的评估和EMI滤波器磁场近场耦合实验。通过动手实验，使学员对于相关理论知识有了直观的认识，加深了对于相关内容的理解，提高了学员实际解决问题的能力。通过对电磁波的测试直观了解磁元件的各种特性，在实验老师的帮助下亲自动手完成课程中的实验步骤，充分体会了实验环节对于本次研修班的作用。

在正式授课时间之外，为使大家能够更加充分地交流和提问，每天课程结束后，专门安排1小时自由交流时间。陈为老师与各位学员充分交流，并针对每个学员的问题给予细致的答疑解惑。

经过三天的紧张授课，研修班圆满结束，大家对本次研修班给予了充分的认可，认为在授课内容设置上理论与实践相结合，实验教学加深了学员对授课内容的直观理解，对于工程师的实际研发工作具有很强的针对性和指导性。中国电源学会还在8月份和10月份分别开设光伏电源的设计与应用专题研修班和功率半导体器件及其应用高级研修班，欢迎广大科研技术人员参加。

光伏电源的设计与应用专题研修班圆满结束

由中国电源学会主办，合肥工业大学、新能源电能变换技术专业委员会及科普工作委员会承办的光伏电源的设计与应用专题研修班于2014年8月22～24日在合肥工业大学成功举办，来自全国各企事业单位的代表50多人参加了本次研修班。

本课程旨在帮助相关研发技术人员系统地掌握光伏电源产品的相关技术和方法，尤其是如何提高转换效率、可靠性和产品稳定性的设计思路和设计方法，从而提升有关人员分析、解决问题的能力，提升我国光伏电源产品的设计水平和技术含量。

中国电源学会常务理事、新能源电能变换技术专业委员会副主任委员、合肥工业大学电气与自动化工程学院副院长张兴教授作为本次研修班的总策划专家对课程进行了精心的设计并邀请了中国电源学会副理事长、台达（上海）电力电子设计中心主任章进法博士，清华大学电机工程与应用电子技术系教授、清华大学电力系统国家重点实验室副主任赵争鸣教授，复旦大学孙耀杰教授，英飞凌科技（中国）有限公司陈子颖博士，上海兆启新能源技术总监黄敏超博士，南京航空航天大学许津冥博士，教育部光伏系统工程研究中心副主任、合肥工业大学能源研究所所长、合肥工业大学电气与自动化工程学院苏建徽教授等知名专家授课。

专家们从国内外光伏发电技术的发展现状及面临的挑战、主电路设计及优化、漏电流及其抑制到光伏逆变电源的控制问题、关键参数与电网稳定性的关系以及光伏并网系统中高效电抗器的设计、功率器件的选择与设计、并网系统中的关键问题等多个方面系统的对光伏逆变电源做了详细的介绍，报告水平得到了学员们广泛的认可。

在广泛征求意见的基础上，2014 年中国电源学会主办的专业培训中专门加入了实验教学环节，作为提升培训质量的重要手段。本次培训针对光伏电源的实际开发情景设计了 6 个专题实验，包括：光伏多峰值 MPPT 算法实验演示、光伏并网逆变器多机并联谐振及其抑制实验演示、光伏并网逆变器防孤岛效应实验、光伏水泵系统实验演示、光伏微电网逆变器实验演示以及三电平光伏并网逆变器并联系统实验演示。通过实验演示，使学员对于相关理论知识有了直观的认识，加深了对于光伏逆变电源的理解。

8 月 24 日，安排全体学员到阳光电源股份有限公司进行实地参观，学员们参观了企业的展示厅，在许多产品模型前纷纷拍照。在组装车间看到了组装流程及许多正在安装的逆变器设备。企业接待人员对于各个产品做了详细的介绍，使大家对于光伏电源产品有了更深入的了解，表示不虚此行。

经过三天的紧张授课，研修班圆满结束，大家对本次研修班给予了充分的认可，认为在授课内容设置上理论与实践相结合，实验教学加深了学员对授课内容的直观理解，对于工程师在光伏电源设计的实际研发具有很强的针对性和指导性。

高功率密度电源技术：器件、保护与应用高级研修班圆满结束

由中国电源学会举办，上海海事大学中国电源学会元器件委员会承办的国际高端专家先进技术课程“高功率密度电源技术：器件、保护与应用高级研修班”于 2014 年 10 月 27～31 日在上海海事大学物流学院成功举办。

本次研修班是学会在上海海事大学连续第二年举办相应的活动，特邀德国科学院国际著名电力电子专家 Leo Lorenz 博士担任主讲，他曾在全球各地的著名高等学校、研究机构和国际会议讲授过该类课程，深受欢迎。同时还邀请了中国电源学会理事长、浙江大学徐德鸿教授，法国 UBO 大学教授 Benbouzid 博士，法国海军学院 J. Charpentier 博士，上海海事大学汤天浩教授以及德国英飞凌公司陈子颖博士等国内外知名学者一同授课。本次课程为了突出理论联系实际的授课方针，特别开设了实验演示的教学环节，现场演示电流波纹的变化，分析解析电路参数，进一步了解半导体器件的特性。来自全国企事业单位、高校等百余人参加了此次培训。

Leo Lorenz 博士系统地梳理了功率器件的原理，深入分析了高频开关器件的结构、参数特性以及电力电子产品设计中器件选择和保护的关键技术。徐德鸿教授、Benbouzid 博士、J. Charpentier 博士和陈子颖博士在功率器件的发展趋势、电动与混合动力汽车的电源变换、控制与能量管理、电磁系统的故障检测与容错控制、船舶上器件应用技巧和高功率密度电源系统设计等众多前沿技术方面做了精彩的报告，另外台达、英飞凌和美尔森等企业高级研发人员也对功率器件的使用和设计理念做了精彩的宣讲。课堂间隙学员们对于工作中、学习中不甚了解的问题提出了疑问，老师们则认真地回答问题，不时引起阵阵惊呼和掌声。经过 5 天的上课，与会代表纷纷表示此次活动物超所值，真正学习到了相应的技术，对于以前一些模糊不清的理念和技术难点有了茅塞顿开的感觉。

26 日下午学员们集体参观了台达电子企业管理（上海）有限公司，在讲解员的带领下参观了公司展厅，大家对电源类的产品有了新的认知，对一些产品产生了浓厚的兴趣。在国际会议厅，学员们观赏了由台达资助建设的杨家镇小学的视频影像，对于设计理念有了全新的认识。

2014 现代数据中心基础设施建造技术年会在京胜利召开

2014 年 5 月 29 日，第四届现代数据中心基础设施建造技术年会在北京隆重召开，300 多位来自数据中心领域的代表出席了会议，中国电子节能技术协会秘书长张恩惠、中国电源学会李占师、数据中心节能技术委员会执行副主任张广明以及委员会十位副主任出席了会议。此次数据中心大会就有关数据中心产业发展的关键问题，如产业形势、技术创新、市场培育和标准等方面展开了深入的宣讲与讨论，邀请了政府领导、业界专家、投资机构、企业领袖及行业用户等一起探讨了战略性新兴产业的发展走向，对数据中心的前沿理论、技术进行了精辟、深入的交流与探讨。本次大会达到了为数据中心产业服务、为数据中心企业服务的目的。

大会由数据中心节能技术委员会秘书长吕天文主持，大会首先请中国电子节能技术协会秘书长张恩惠和中国电源学会李占师致辞。张恩惠秘书长代表中国电子技能协会对大会的召开表示衷心的祝贺，对与会的各位领导和嘉宾表示热烈的欢迎。希望本次大会对数据中心基础设施建设的新理念、新技术进行广泛推广，使新技术的创新理念更加深入人心，也希望数据中心行业，在节能减排上取得更加瞩目的成就。李占师指出了数据中心产业发展需要通过对数据中心规划设计、设备、实施和使用等几方面来综合研究和推进。而这些工作单靠一家或几家企业或研究机构是很难完成的，迫切需要集中骨干企业和研发机构，尽快开展数据中心领域前沿技术的研究与推广，这也是本次大会召开的意义。

本次大会邀请到了众多数据中心领域专家，他们有太平洋保险后援中心建设办主任肖建一、工信部电信研究院互联网中心主任何宝宏、国家高性能研究中心数据中心技术研究所所长沈卫东、合肥工业大学制冷与空调技术研究所所长王铁军、同济大学机械与能源工程学院制冷与热工程研究所所

长朱彤及信息产业电子第十一设计院总工程师温晓军。专家从设计、建设、运营维护到节能技术的实际应用，在各自的领域与大家分享了他们对数据中心独特的见解。

本次大会得到了施耐德、曙光、华东电脑、伊顿、依米康、阿尔西、华为和博耳电力等十多家设备厂商的支持，涵盖了从配电、制冷、机柜及集成、运维等数据中心各个领域。依米康公司带来了高能效机房设备系统解决方案，介绍了依米康公司一直以来在数据中心节能方面所做的努力，不断提升现有产品的能效，包含房间级机房空调、行间级机房空调和基站空调。同时，依米康全面开发高能效产品，目前产品线已涵盖了制冷设备、电力设备、节能服务与管理。依米康通过整合产业链，从而开发高能效机房设备系统解决方案，可实现 PUE≤1.2。施耐德电气谢卫刚总监就预制化数据中心：随时随地云就绪的题目对高能效数据中心的现状和趋势以施耐德的角度做了完美的解答。博耳电力控股有限公司技术总监刘庚着重介绍了他们公司新一代数据中心建设解决方案，具体介绍了公司推出的微模块数据中心数汇聚的具体实践案例。华东电脑介绍了数据中心机柜及散热能效及模块化电源管理方案。伊顿公司从绿色 UPS 助力现代数据中心可靠运行的角度阐述了数据中心的节能策略。阿尔西公司从数据中心制冷角度介绍了他们公司的风冷直膨制冷系统解决方案、水冷直膨（DXW）制冷系统解决方案和行间制冷系统解决方案等数据中心绿色制冷方案。各厂商从不同角度阐述了数据中心绿色、节能的不同解决之道，为与会者带来了全新的思路。

本次大会专注于现代数据中心的发展，研究和探讨解决现代数据中心过程中的绿色成长问题，随着数据中心节能技术的进步，产品逐步成熟，节能效果及社会经济效益已不断显现。此次年会是一个务实和成功的会议，对当前的产业、技术形势做了很好的分析和认识。这次会议给行业打了一剂强心针，大家相信，通过全行业切实有效的行动，一定会迎来数据中心新的创新时代。

2014 年计算机行业发展回顾及展望

2014 年，计算机行业整体处于低迷态势，微型计算机产量和出口持续下滑，全行业效益增长放缓；产品结构不断调整，硬件移动化势头不减；重点企业转型整合，行业需要更多创新和突破。长期来看，计算机作为未来核心计算设备的功能不会改变，随着新技术的突破，计算机行业将迎来新的发展机遇。

一、运行情况

（一）产量出现下滑，销售产值增速放缓

2014 年，我国累计生产微型计算机 3.51 亿台，下滑 0.8%。其中笔记本电脑 2.27 亿台，下降 5.5%。计算机全行业实现销售产值 22 729 亿元，同比增长 2.9%，低于电子信息制造业全行业增速 7.4 个百分点，低于 2013 年 2.6 个百分点。

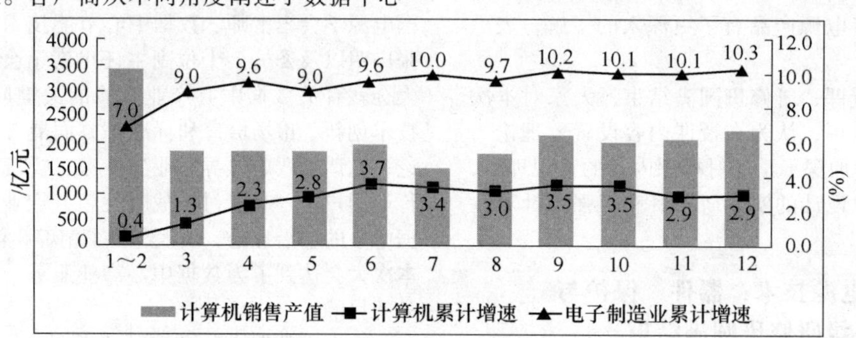

图 1　2014 年我国计算机行业销售产值增长情况

（二）出口降幅扩大，平板电脑出口数量占一半以上

据海关统计数据显示，2014 年我国微型计算机实现出口额 1 147.8 亿美元，同比下降 2.5%，降幅比 2013 年扩大 1.2 个百分点。出口的微型计算机中，平板电脑的数量比重上升到 53.8%，但出口金额比重仅占 28.6%；台式电脑的比重下降至 2.8%，比 2013 年继续下滑 0.2 个百分点。全年走势看，出口额呈缓步回升态势。

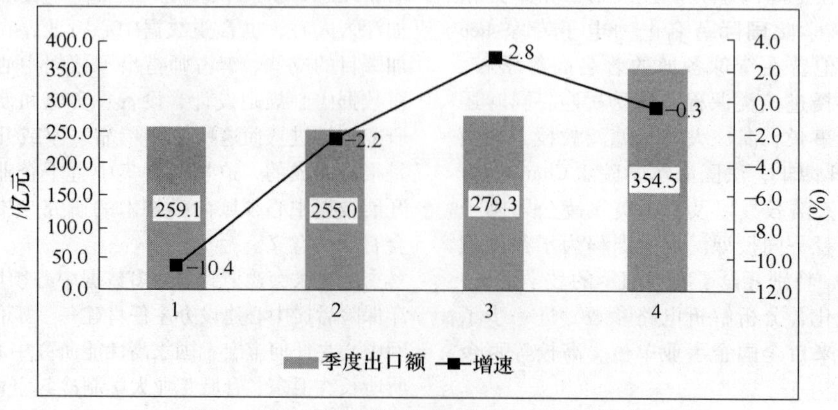

图 2　2014 年我国计算机行业出口增长情况

（三）主营业务收入成本上升，效益增长持续放缓

2014 年，我国计算机行业完成主营业务收入 23 222 亿元，同比增长 2.7%，比 2013 年下降 2.7 个百分点，实现利润总额 699.6 亿元，同比增长 5%，比 2013 年下降 7 个百分点；计算机行业每百元主营业务收入成本为 95.6 元，比 2013 年提高 2.6 元，远高于全行业 88.4 元的成本水平；销售利润率 3%，比 2013 年下降 0.2 个百分点，低于全行业 1.9 个百分点。

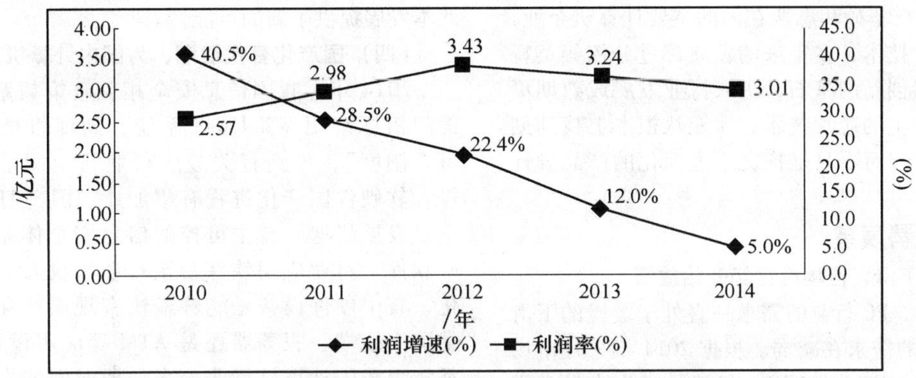

图 3　2010～2014 年我国计算机利润增长情况

（四）固定资产投资增长低迷，计算机整机下滑严重

2014 年，我国计算机行业完成固定资产投资 859 亿元，同比增长 4.3%，增速比 2013 年回升 2.5 个百分点，但仍低于全行业平均水平 7.1 个百分点。其中计算机整机领域的固定资产投资下滑严重，同比下降 34.6%；零部件制造领域的固定资产投资增长 34.1%。

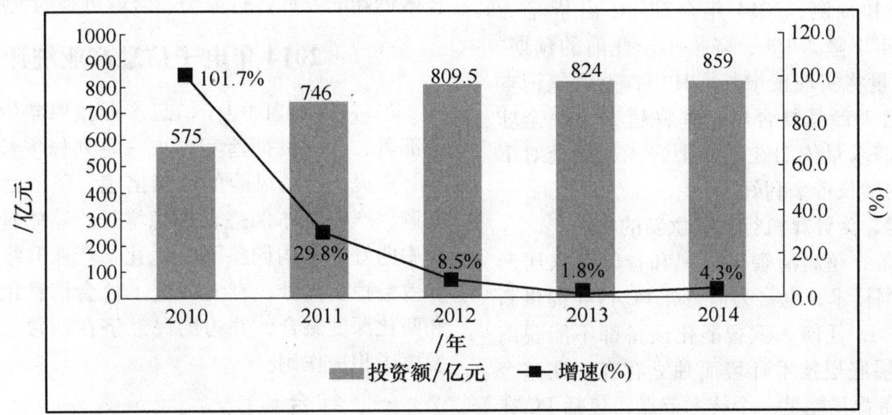

图 4　2010～2014 年我国计算机固定资产投资增长情况

（五）产品结构不断调整，移动化趋势持续

微型计算机市场中，传统的台式电脑和一体电脑，虽然市场份额有限，占比已经降至低于 20%，但仍是商用电脑市场的主力军，产销量较为稳定，根据国内零售市场的监测数据显示，2014 年台式电脑的销量同比增长超过 20%。在消费领域，便携、移动和娱乐等趋势主导市场，笔记本电脑大量取代传统台式电脑的同时，受市场饱和、创新产品不足及平板电脑的替代分流等因素的影响，笔记本电脑的产销量下跌幅度超过 5%，但在微型计算机产量中的占比仍达 65%。平板电脑的销量增长 10% 左右，但增速比 2013 年有较大下降，价格下降也较快。

二、值得注意的问题

（一）整机市场萎缩显著，重点企业加快整合转型

由于移动设备的替代，消费者对购买台式电脑和笔记本电脑的兴趣大幅降低，整机市场特别是消费类整机市场萎缩速度已超过预期。国际咨询机构 IDC 的数据显示，2008 年第四季度全球个人电脑出货量出现拐点后，这一市场已不可避免地进入下滑。从国内看，整机产量和行业收入的拐点出现在 2012 年，增速迅速下降，2013 和 2014 年则真正陷入负增长。面对不利的市场形势，国际厂商纷纷做出调整，2014 年初索尼宣布出售自己的 PC（Pevsonal Computer，个人计算）业务；惠普将个人电脑和打印机业务单独拆分出来；国内企业则出现小企业退市、大企业整合转型的情况。我国计算机整机行业的企业个数由 2008 年的 185 家，下降为 2014 年 160 家，实际有 PC 整机产出的企业不到 100 家，其中 90% 以上为代工企业；国内品牌整机企业除联想外，长城、海尔和同方等产量都在迅速萎缩，转向其它业务发展；联想正努力向利润更高也更有发展前景的移动业务、企业级和云服务业务市场转型；由于利润率不断下滑，台湾各代工厂纷纷另谋出路，投资核心业务以外的领域，如隐形眼镜生产、塑料回收等，如和硕联合（Pegatron）和纬创（Wistron）来自笔记本电脑业务的收入不到总收入的一半。

（二）企业创新不被市场认可，“缺芯”限制发展

近几年来，PC 领域创新亮点缺乏，笔记本电脑方面只有超级本得到了关注，而平板电脑只是向更轻薄的方向进行了拓展，其它一些创新如人脸识别、双显卡等都未得到市场认可，创新不足或者说创新不到位已经制约了个人计算机市场的发展，再加上智能手机、可穿戴设备的崛起，更是对PC市场形成了冲击。创新不足究其深层次原因，就在于包括联想、戴尔、华硕和惠普在内的主要计算机企业，都不掌握核心的芯片技术，多年来的发展都过分依赖英特尔。自主技术是一切创新的基石，进入行业发展成熟期更为明显。只有拥有自主的芯片技术，才能从根本上找到创新的立足点和突破点，而不只是拘泥于表面化的产品设计和简单的功能变化。

三、下一步形势展望

（一）市场仍在下滑，但幅度已经开始放缓

从市场总量上看，PC行业的需求一直处于缓慢的下滑状态，企业对新PC的需求在减弱。根据2014年9月市场研究公司TNS实施的调查，发现PC仍然是工作中最常用的设备，但是在美国雇员中PC使用量已从2011年的84%下降至2014年的71%；移动商务设备如智能手机、平板在户外工作中发挥更大作用，进一步模糊了工作和生活之间的界限。

根据IDC的分析和预测，2014年全球PC出货量为3.086亿台，较2013年下降2.1%，降幅小于此前的预期，预计2015年PC出货量将实现正增长。其中，上调笔记本电脑出货量预期，2合1产品复合增长率将超30%。全球来看，新兴市场的年需求量依旧在不断上升，无疑会对下一阶段全球PC行业的增长带来利好。

（二）智能化趋势，为计算机行业提供新的机遇

以智能化穿戴设备、超高清智能电视和智能型家居产品为主角的未来物联网技术，也将为消费类PC行业提供新的机遇和出路。实际上，任何一款智能化设备都不能脱离物联网和云计算这两层底层技术环境而独立存在，在这个应用环境下，任何设备都只能是一个技术节点，包括PC在内。由于这样的使用前景，PC反而可能以一种前所未有的姿态重新焕发生机，PC会是未来计算环境中的核心设备。

（三）游戏本发展迅猛，为整机市场带来新的亮点

在过去的一年里，新增的笔记本品牌几乎全是游戏品牌，如雷神、机械师、机械革命和战神等，都是在2014年里从默默无闻做到声名鹊起，传统板卡厂商也十分看好游戏市场，msi、技嘉都推出了自有品牌游戏本，msi更是在国内市场增长较快。在PC市场整体下滑的2014年，游戏本一枝独秀，让厂商们看到了市场的新亮点。基于游戏本的爆发式增长，英伟达推出了有利于游戏本功能改进的9系显卡，在加强笔记本显卡性能的同时，降低功耗，为游戏本发展提供了新的可能性。

（四）国产化替代浪潮，为国内计算机市场增加新动力

2014年，我国信息安全相关政策频繁推出，从重要部门招标禁用Windows8系统，到即将推出“网络安全审查制度”，再到有关金融行业将全面落实国产化替代等，软硬件国产化进程有望加速，国产IT厂商即将迎来重要发展机遇。自主可控的信息安全体系需从硬件、基础软件、行业应用软件乃至行业解决方案全面实现国产化，其中硬件设备是能够最快实现国产化的领域，无论是国产终端、服务器还是ATM等应用设备的推广应用，都将为我国计算机行业未来一段时间的发展提供新的市场与动力。

综上所述，2014年我国计算行业整体较为低迷，面临的市场环境和经营困难也较多，且短期内改善较为困难，但长期来看随着全球新兴市场的需求释放，国产化推进和技术创新的发展，行业仍蕴含着可观的发展机会。

2014年电子信息产业统计公报

2014年，我国电子信息产业按照党中央、国务院的决策部署，深入贯彻落实中央一系列稳增长、促改革、调结构、惠民生、防风险的政策措施，坚持稳中求进的工作总基调，产业整体保持了平稳增长。总体看，经济运行态势稳中向好，结构调整不断优化，产业升级势头初显，质量和效益稳步提升，有力促进了社会信息化发展水平的提高和两化深度融合，并为国民经济在新常态下保持平稳运行发挥了积极作用。

一、综合

产业规模稳步扩大。2014年，我国电子信息产业企业个数超过5万家。其中电子信息制造业企业1.87万家；软件和信息技术服务业企业3.8万家。全年完成销售收入总规模达到14万亿元，同比增长13%。其中，电子信息制造业实现主营业务收入10.3万亿元，同比增长9.8%；软件和信息技术服务业实现软件业务收入3.7万亿元，同比增长20.2%。

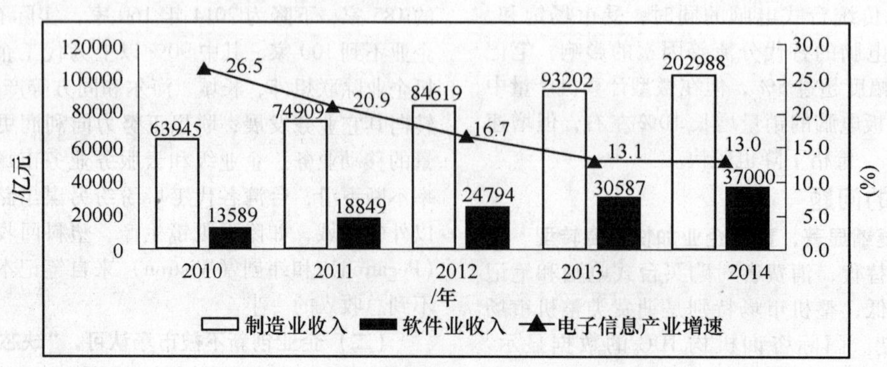

图1 2010~2014年我国电子信息产业增长情况

电子信息制造业领先于全国工业。2014 年，我国电子信息制造业增加值增长 12.2%，高于同期工业平均水平 3.9 个百分点，在全国 41 个工业行业中增速居第 7 位；收入和利润总额分别增长 9.8% 和 20.9%，高于同期工业平均水平 2.8 和 17.6 个百分点，占工业总体比重分别达到 9.4% 和 7.8%，比 2013 年提高 0.3 和 1.2 个百分点。

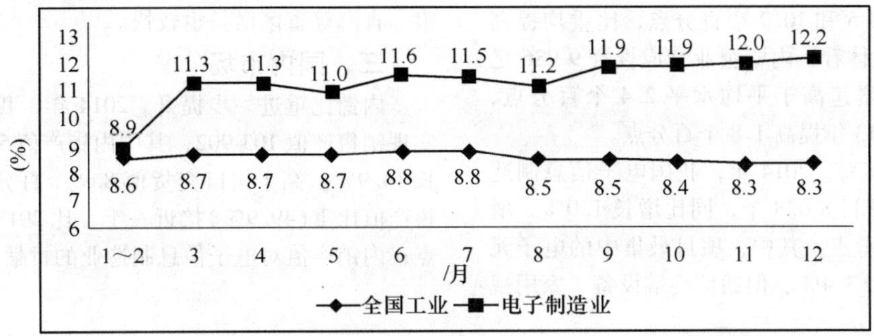

图 2　2014 年电子信息制造业与全国工业增加值累计增速对比

软件业比重持续提高。2014 年，我国电子信息产业中，软件和信息技术服务业收入增速快于电子信息制造业 10 多个百分点，软件业比重达到 26.6%，比 2013 年提高 1.6 个百分点，比“十一五”末提高 9.1 个百分点，对传统制造业的渗透带动作用进一步增强。

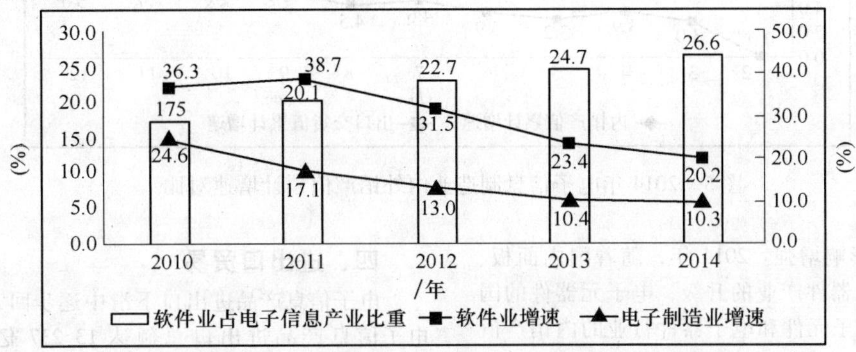

图 3　2010 ~ 2014 年我国软件产业占电子信息产业比重变化

主要电子信息产品产量稳步增长。2014 年，我国共生产手机、微型计算机和彩色电视机 16.3 亿部、3.5 亿台和 1.4 亿台，分别增长 6.8%、-0.8% 和 10.9%，占全球出货量比重均达半数以上；生产集成电路 1 015.5 亿块，增长 12.4%，增速比 2013 年提高 7.1 个百分点。

软件技术服务发展迅速。2014 年，我国软件和信息技术服务业中，信息技术咨询服务、数据处理和运营类服务收入分别增长 22.5% 和 22.1%，增速高出全行业平均水平 2.3 和 1.9 个百分点，占软件业比重分别达 10.3% 和 18.4%，同比提高 0.2 和 0.3 个百分点。

二、固定资产投资

投资总额增长放缓。2014 年，我国电子信息制造业 500 万元以上项目完成固定资产投资额 12 065 亿元，同比增长 11.4%，增速比上年下降 1.5 个百分点，低于同期工业投资增速 1.5 个百分点。

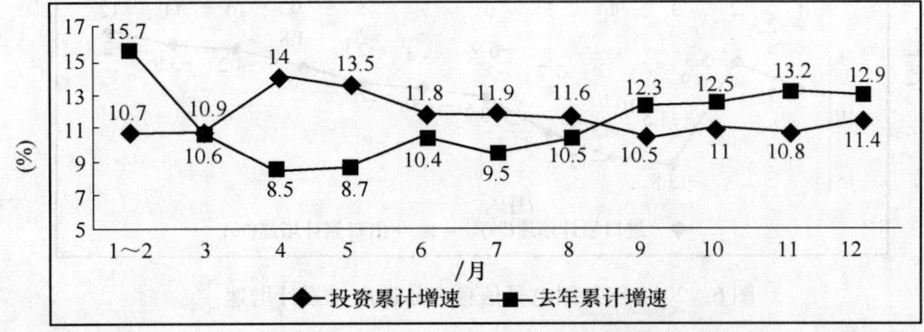

图 4　2014 年电子信息产业固定资产投资累计增速

投资结构持续改善。分行业看，在信息产业移动化趋势下，通信设备行业完成投资 1 085 亿元，同比增长 21%，成为全行业投资增速最快的领域，电子元器件、专用设备等上游产业投资增速快于全行业平均水平，特别是集成电路行业在2013年基数较高的情况下，完成投资额644.5亿元，同比增长11.4%；分地区看，中西部地区投资加速明显，完成投资3 959和2 013亿元，同比增长16.9%和22.1%，高于平均水平6.5和10.7个百分点，比重均提高1.5个百分点；从投资主体看，内资企业完成投资9 986亿元，同比增长13.8%，增速高于平均水平2.4个百分点，比重达到82.8%，比2013年提高1.8个百分点。

投资新增长点有待培育。2014年，我国电子信息制造业500万元以上新开工项目8 028个，同比增长1.0%，增速比2013年回落4个百分点。其中，项目最集中的电子元件行业新开工项目数下滑3.4%，但通信终端设备、家用视听设备行业新开工项目数增长8.2%和26.2%；分区域看，江苏仍是新开工项目最为集中的地区，增长2.1%，但广东、陕西两省新开工项目分别增长35.4%和36.8%，甘肃、青海等省区增长也较快。

三、国内市场

内销比重进一步提升。2014年，我国电子信息制造业实现销售产值103 902，其中内销产值51 883亿元，同比增长14.9%，高于出口交货值8.9个百分点；内销产值占销售产值比重(49.9%)接近一半，比2013年提高1.6个百分点；内销产值对电子信息制造业的贡献率达到69.5%。

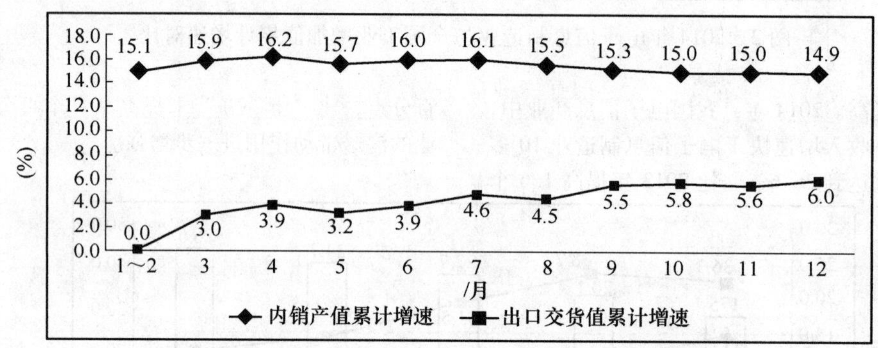

图5 2014年电子信息制造业内外销产值累计增速对比

内需市场对产业影响增强。2014年，随着国内面板、集成电路及部分电子元器件产业的升级，电子元器件的国内配套率明显提高，电子元件和电子器件行业的内销产值占比达57.5%和39.4%，分别比2013年提高2.6和2.5个百分点；整机类行业国际化竞争激烈，国内外市场对通信设备和家用视听行业的影响较为均衡，其内销产值占比分别为52.2%和53.8%；计算机行业内销产值占比仅23.6%。此外，内资企业的内销产值占比达80.7%，中小型企业内销产值占比72.2%，对国内市场的依赖度仍较高；三资企业和大型企业内销比例均有不同程度的提高。

四、进出口贸易

电子信息产品进出口下滑中逐步回升。2014年，我国电子信息产品进出口总额达13 237亿美元，同比下降0.5%，增速低于全国外贸进出口3.9个百分点。其中，出口7 897亿美元，同比增长1.2%，占全国外贸出口比重为33.5%，比2013年下降1.8个百分点；进口5 340亿美元，同比下降2.8%，占全国外贸进口比重为27.1%，比2013年下降1.1个百分点；贸易顺差2 557亿美元，同比增长10.7%，占全国外贸顺差的66%。

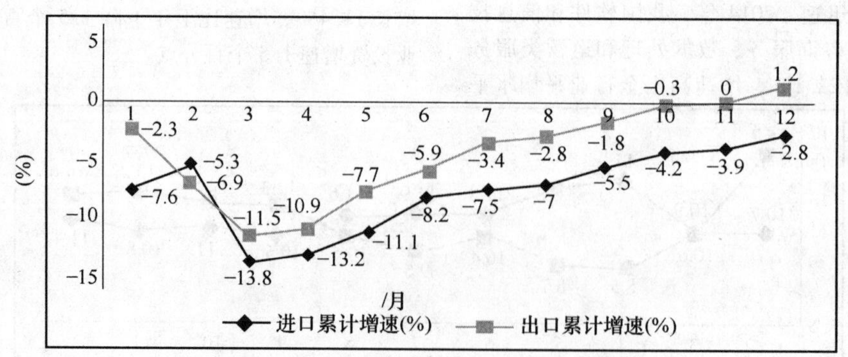

图6 2014年我国电子信息产品进出口累计增速

软件出口增速回落。2014年，软件和信息技术服务业实现出口545亿美元，同比增长15.5%，比2013年下降3.5个百分点。其中嵌入式系统软件出口和外包服务出口增长平稳，同比增长11.1%和14.9%，分别比2013年提高8.9和1个百分点。

外贸方式、市场及主体多元化发展。在贸易方式上，一般贸易比重持续提高，出口额1 784亿美元，增长17.8%，增速高于平均水平16.6个百分点，比重(22.6%)比2013年提高3.2个百分点，保税仓库进出境货物及边境小额贸易等贸易方式出口增势突出，分别增长55.6%和61.4%。在贸易主体上，内资企业出口2 136亿美元，下降0.4%，其中民营企业下降较多，但国有和集体企业保持7.2%和18.6%的增长。在贸易伙伴结构上，对主要贸易伙伴出口延续增长态势，对新兴市场的开拓速度加快，对越南、阿联酋和俄罗斯的出口增速达到25.4%、34.3%和14%。在区域结构上，部分中西部省市出口增势迅猛，重庆、陕西、安徽和江西出口增速达到24.1%、77.2%、84%和67.9%，内蒙古、宁夏和贵州等省份出口增速则超过100%。

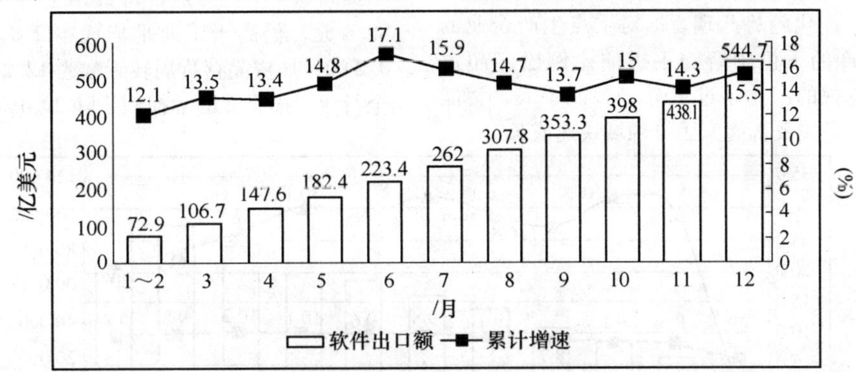

图7　2014年我国软件业出口增长

五、结构调整

内资企业贡献率提高。2014年，我国电子信息制造业中，内资企业实现销售产值38 078亿元，同比增长20.7%，高出全行业平均水平10.4个百分点，在全行业中占比提高至36.6%，对全行业贡献率达67.5%，比2013年高15.6个百分点。三资企业实现销售产值65 824，同比增长5.1%，增速低于平均水平4.7个百分点。

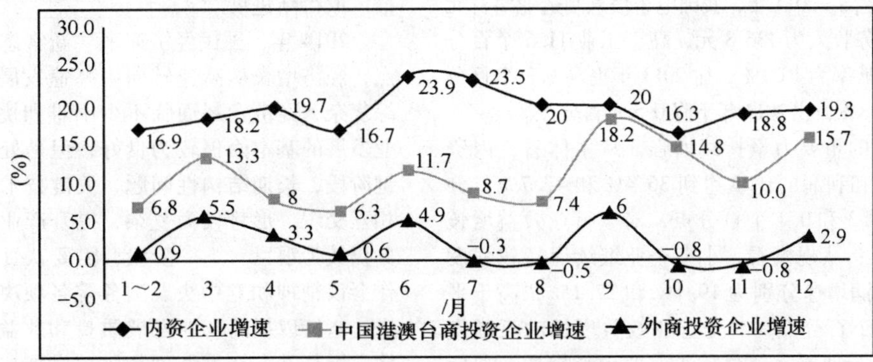

图8　2014年电子信息制造业不同性质企业销售产值分月增速对比

中西部发展持续推进。2014年，我国电子信息制造业中，中、西部地区分别实现销售产值12 574和9 376亿元，同比增长25.9%和26.2%，增速高于平均水平15.6和15.9个百分点，在全国所占总比重达到21.1%，比2013年提高2.1个百分点；中、西部地区软件业务收入增长26.7%和23.5%，增速高出全国平均水平6.5和3.3个百分点，在全国所占比重达15.2%，比2013年提高0.5个百分点。东部和东北地区电子信息制造业分别完成销售产值80 524亿元和1 428亿元，增长6.8%和0.2%，增速低于全国平均水平3.5和10.1个百分点；东部和东北地区软件业平稳增长，增速分别为20.5%和11.6%。

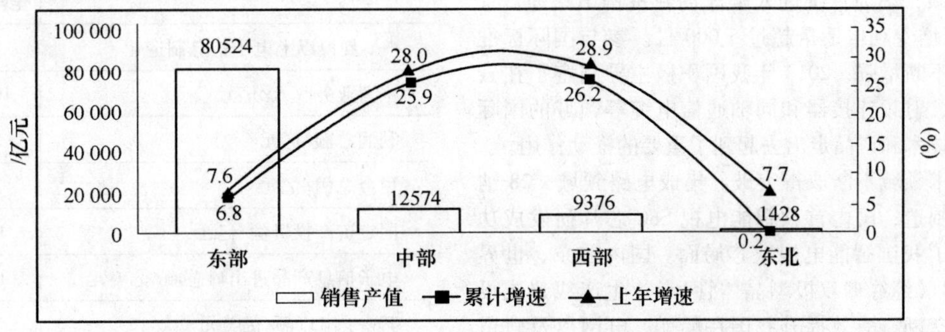

图9　2014年东、中、西及东北部电子信息制造业发展态势对比

软件业延续在中心城市集聚发展的特点。2014 年，全国 4 个直辖市和 15 个中心城市合计软件业务收入超过 3 万亿元，占全国比重达 81%，其中超过 1 000 亿元的城市已达到 11 个，比 2013 年增加 1 个。15 个中心城市软件业务收入增速达 21.1%，高于全国平均水平 0.9 个百分点。

电子信息产品智能化趋势凸现。据对重点生产企业的监测显示，国内生产的手机中智能手机的比例已经超过 70%，彩电中智能电视的占比超过 40%，智能手表、智能眼镜等新型可穿戴设备以及智能家居等领域快速成长。

六、经济效益

产业效益逐步向好。2014 年，我国电子信息制造业实现利润总额 5 052 亿元，同比增长 20.9%。产业平均销售利润率 4.9%，低于工业平均水平 1 个百分点，但比 2013 年提高 0.4 个百分点；每百元主营业务收入中平均成本为 88.4 元，仍高于工业平均成本 2.8 元，但比 2013 年下降 0.2 元；产成品存货周转天数为 12.2 天，低于工业 1.1 天。全行业亏损企业的亏损额下降 20.4%。

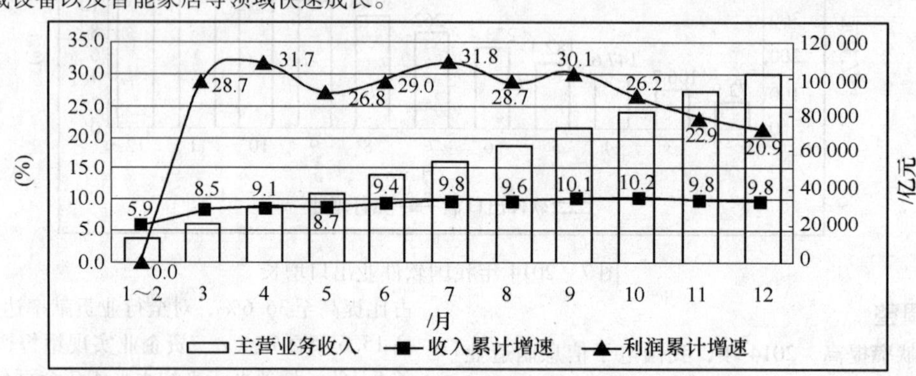

图 10 2014 年我国电子信息制造业收入及利润情况

盈利能力不断提高。2014 年，我国电子信息制造业每百元资产实现的主营业务收入为 136.8 元，高于工业 11.6 个百分点；平均总资产贡献率为 10.1%，比 2013 年提高 0.2 个百分点；资产负债率 57.8%，比 2013 年下降 0.5 个百分点。

支撑效益增长的重要力量持续增强。从主体看，内资企业占全行业收入和利润的比重达到 36.4% 和 47.7%，分别比 2013 年提高 3.3 和 0.4 个百分点，对全行业效益增长的贡献率超过 50%；从规模看，小型企业继续保持较强发展活力，收入和利润增速分别为 19.1% 和 27.1%，高于平均水平 9.3 和 6.2 个百分点，对全行业效益增长的贡献率达 30% 左右；从分行业看，部分行业效益增长较快，通信设备行业收入和利润增长达到 17.3% 和 22.6%，远超行业平均水平，电子元器件、专用设备行业效益也较为良好。

七、科研创新

企业创新意识和能力不断增强。2014 年，第 28 届中国电子信息 100 强企业和第 13 届软件业务收入前 100 家企业研发投入强度分别达 4.8% 和 6.5%，高出行业平均水平 2 和 1.5 个百分点，全年研发经费增长均超过收入增速。企业专利成果丰硕，华为首次进入全球创新机构 100 强，京东方 2014 年新增专利申请量超过 5 000 件。参与国际标准制定的话语权不断增强，2014 年我国积极主导制定了在云计算、物联网、射频连接器和同轴通信电缆等领域的国际标准，对自主技术和产品走出去起到了重要的推动作用。

在重点技术领域不断取得突破。集成电路领域，28 纳米处理器成功制造；国内首款智能电视 SoC 芯片研发成功并量产，改变了我国智能电视缺芯局面。国内首条、世界第二条 8in IGBT（绝缘栅双极型晶体管）专业生产线建成投产，打破国外垄断，有效提升我国在船舶、电网以及轨道交通车辆方面的智能化水平。自主可控国产软件系统已基本具备国产化替代能力，上下游企业"抱团"竞争，应用推广取得新进展。

2014 年，国民经济迎来"新常态"发展的历史性新起点，经济增长从高速转向中高速发展阶段，国内外环境错综复杂，经济发展面临不少困难和挑战。我国电子信息产业发展的基本面仍较为良好，但是处于加快转型升级的关键阶段，长期结构性问题、关键技术受制问题与短期困难相互交织，形势较为复杂，提升产业发展质量和效益的任务仍较为艰巨。下一阶段，需要认真贯彻落实中央经济工作会议精神和党中央、国务院各项决策部署，坚持稳中求进，坚持以提高产业发展质量和效益为中心，主动适应经济发展新常态；贯彻创新驱动发展战略，积极培育信息消费，发展智能制造，促进两化融合，为国家信息安全做好支撑；加强科学监测，做好形势预判并及时采取应对措施，推进电子信息产业持续健康发展。

预计，2015 年我国规模以上电子信息制造业增加值将增长 10% 左右，软件业增速将在 15% 以上。

附表：

2014 年电子信息产业主要指标完成情况

	全年完成额	增速（%）
一、规模以上电子信息制造业		
主营业务收入/亿元	102 988	9.8
利润总额/亿元	5 052	20.9
税金总额/亿元	2 021	9.2
固定资产投资额/亿元	12 065	11.4
电子信息产品进出口总额/亿美元	13 237	−0.5
其中：出口额/亿美元	7 897	1.2
进口额/亿美元	5 340	−2.8

（续）

	全年完成额	增速（%）
二、软件和信息技术服务业		
软件业务收入（快报数据）/亿元	37 235	20.2
三、主要产品产量		
手机/万部	162 719.8	6.8
微型计算机/万台	35 079.6	-0.8
彩色电视机/万台	14 128.9	10.9
其中：液晶电视机/万台	13 865.9	13.3
集成电路/亿块	1 015.5	12.4

2014年1～12月电子信息产品进出口情况

2014年，我国电子信息产品对外贸易在世界经济复苏缓慢，国际市场需求不振，国内经济下行压力较大的严峻形势下，整体保持平稳态势。

1～12月，我国电子信息产品进出口总额13 237亿美元，同比下降0.5%，增速低于全国外贸进出口3.9个百分点。其中，出口7 897亿美元，同比增长1.2%，占全国外贸出口比重为33.5%。进口5 340亿美元，同比下降2.8%，占全国外贸进口比重为27.1%。贸易顺差2 557亿美元，同比增长10.7%，占全国外贸顺差的66%。12月当月，电子信息产品进出口均呈增长态势，出口额807亿美元，同比增长12.6%；进口额532亿美元，同比增长8.7%。

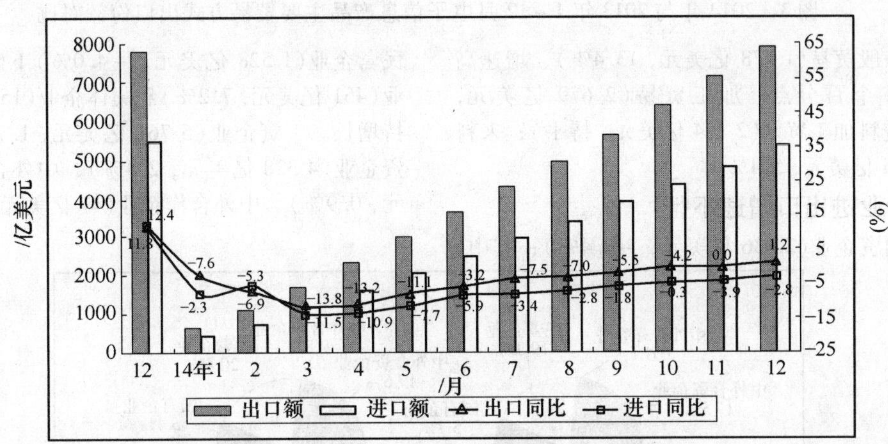

图1　2014年以来电子信息产品累计进出口额情况

一、主要产品进出口下降明显

出口方面。电子器件降幅较大，出口额1 318亿美元，同比-17.9%。其余类别均呈增长态势：计算机（2 267亿美元，1.0%）；通信设备（1 976亿美元，11.5%）、家用电子电器（1 064亿美元，3.5%）、电子元件（785亿美元，9.2%）、电子仪器设备（333亿美元，9.0%）、广播电视设备（85亿美元，15.3%）和电子材料（70亿美元，18.9%）。主要产品出口下降较为明显，出口额前五位的产品依次是：手机（1 154亿美元，21.3%）、笔记本电脑（758亿美元，-31.6%）、集成电路（609亿美元，-30.6%）、液晶显示板（318亿美元，-11.4%）和手持式无线电话用零件（311亿美元，-12.6%）。

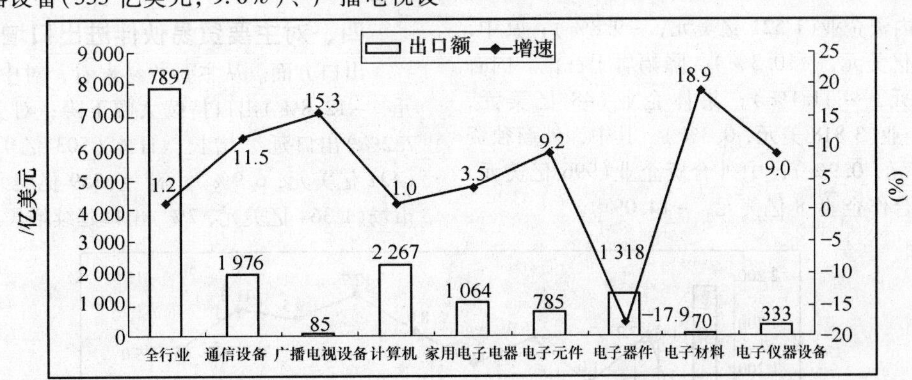

图2　2014年1～12月电子信息产品各行业出口情况对比

进口方面。电子器件（2 930亿美元，-5.6%）、计算机（610亿美元，1.8%）、电子元件（517亿美元，-0.6%）、电子仪器设备（487亿美元，12.3%）、通信设备（460亿美元，-5.6%）、家用电子电器（208亿美元，-8.6%）、电子材料（81亿美元，5.8%）、广播电视设备（46亿美元，3.4%）。主要产品进口呈下降态势，进口额排前五位的分别是：集成电路（2 176亿美元，-5.9%）、液晶显示板（438亿美元，-11.7%）、手持式无线电话用零件（308亿美元，-8.5%）、硬盘驱动器（159亿美元，-1.1%）和印制电路板（134亿美元，-1.6%）。

二、一般贸易占比提升

出口方面。一般贸易(1 784 亿美元，17.8%)，增速高于平均水平 16.6 个百分点，所占比重达到 22.6%，比 2013 年同期提高 3.2 个百分点；加工贸易(5 087 亿美元，1.4%)。其中，进料加工贸易(4 783 亿美元，2.1%)；来料加工装配贸易(304 亿美元，-9.0%)。

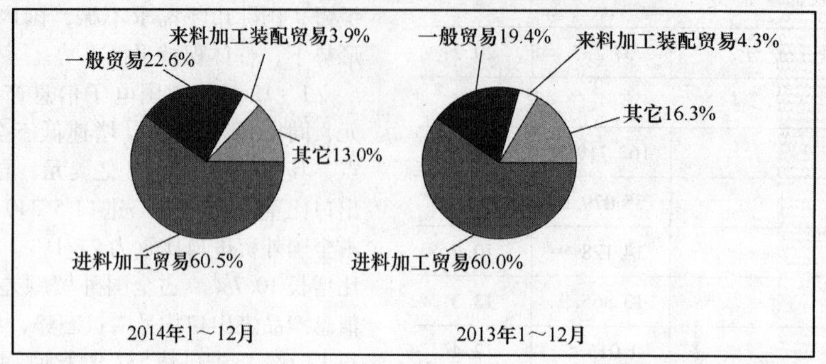

图 3 2014 年与 2013 年 1 ~ 12 月电子信息产品主要贸易方式出口份额对比

进口方面。一般贸易(1 378 亿美元，13.4%)，增速高于平均水平 16.2 个百分点；加工贸易(2 679 亿美元，0.7%)。其中，进料加工贸易(2 324 亿美元，持平)；来料加工装配贸易(355 亿美元，5.4%)。

三、民营企业进出口增速下行

出口方面。内资企业(2 136 亿美元，-0.4%)；其中，民营企业(1 528 亿美元，-4.0%)下降尤为突出；国有企业(451 亿美元，7.2%)和集体企业(155 亿美元，18.6%)保持增长。三资企业(5 761 亿美元，1.7%)；其中，外商独资企业(4 328 亿美元，2.4%)、中外合资企业(1 386 亿美元，0.9%)、中外合作企业(47 亿美元，-26.1%)。

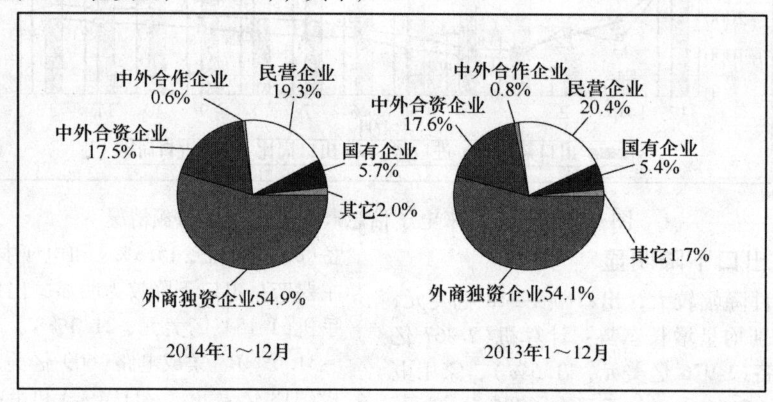

图 4 2014 年与 2013 年 1 ~ 12 月电子信息产品各类企业出口份额对比

进口方面。内资企业(1 521 亿美元，-9.8%)；其中，民营企业(1 176 亿美元，-10.3%)，降幅居于首位。国有企业(297 亿美元，-11.1%)；集体企业(48 亿美元，17.1%)；三资企业(3 818 美元，0.3%)。其中，外商独资企业(2 814 亿美元，0.9%)；中外合资企业(996 亿美元，-1.4%)；中外合作企业(8 亿美元，-14.0%)。

四、对主要贸易伙伴进出口增速出现分化

出口方面。从主要贸易来看，对中国香港(2 093 亿美元，-12.8%)出口持续大幅下降；对美国(1 485 亿美元，7.2%)出口延续增长；日本(503 亿美元，1.0%)；韩国(421 亿美元，6.9%)；荷兰(359 亿美元，3.8%)。对欧洲市场(1 364 亿美元，7%)出口延续增长态势。

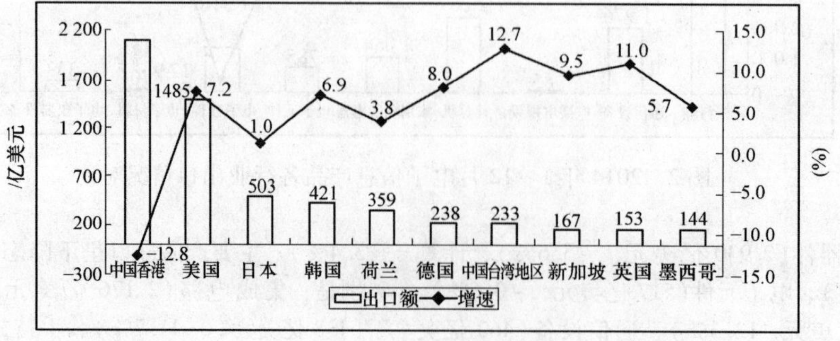

图 5 2014 年 1 ~ 12 月我国电子信息产品出口额前十位国家和地区情况

进口方面。复进口（1 166 亿美元，-9.6%），其它五大进口来源地分别是：中国台湾地区（1 062 亿美元，-3.1%）、韩国（1 037 亿美元，1.4%）、日本（545 亿美元，-0.2%）、马来西亚（355 亿美元，-8.0%）和美国（260 亿美元，-1.8%）。

五、西部地区进出口增势迅猛

出口方面。排名前五位的省市分别是：广东省（3 232 亿美元、-5.9%）、江苏省（1 439 亿美元、2.0%）、上海市（934 亿美元、-1.0%）、重庆市（310 亿美元、24.1%）和浙江省（276 亿美元、9.0%）。内蒙古、宁夏和贵州等省份出口增长较快，增速均超过 100%。

进口方面。排名前五位的省市分别是：广东省（2 088 亿美元、-12.7%）、江苏省（912 亿美元、-2.6%）、上海市（713 亿美元、-1.0%）、山东省（203 亿美元、17.3%）和天津市（197 亿美元、-12.0%）。宁夏、贵州和广西等进口增长较快，增速均超过 100%。

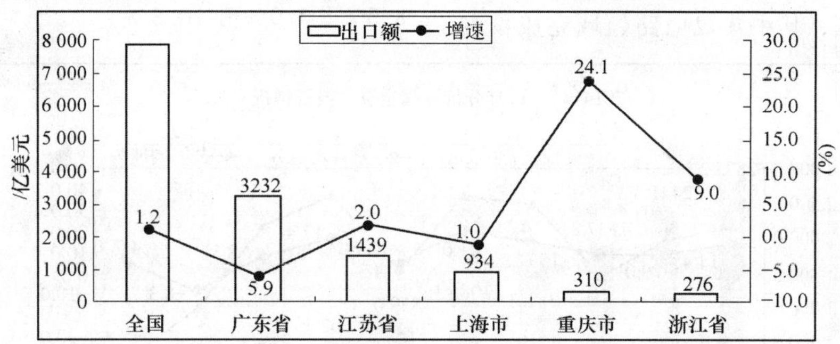

图6　2014 年 1～12 月电子信息产品出口额前五位省市情况

2014 年 1～12 月电子信息产业固定资产投资情况

2014 年，电子信息产业固定资产投资持续处于低速增长态势，主要行业如电子元器件、通信设备和计算机等行业投资持续放缓，新开工项目不足，外商投资低迷。

一、投资持续低迷，新增固定资产增速回升

1～12 月，电子信息产业 500 万元以上项目完成固定资产投资额 12 065 亿元，同比增长 11.4%，增速比 2013 年同期低 1.5 个百分点，比同期工业投资低 1.5 个百分点。1～12 月，电子信息产业新增固定资产 8 012 亿元，同比增长 18.7%，增速比 2013 年同期回升 17.4 个百分点。

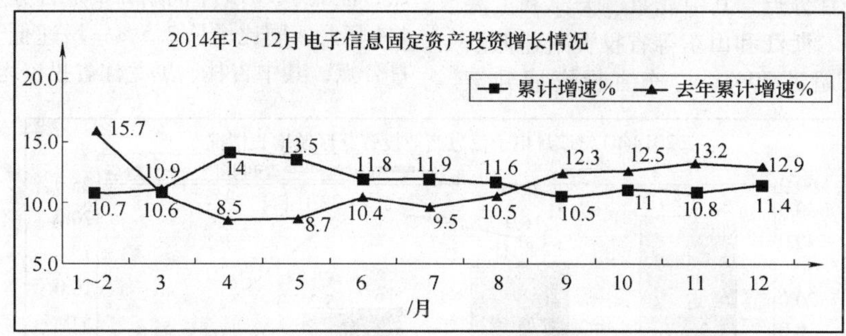

二、新开工项目小幅增长，大部分领域投资不够活跃

1～12 月，电子信息产业新开工项目 8 028 个，同比增长 1%，虽然改变了 2014 年以来多月负增长的局面，但增速比 2013 年同期下降 4 个百分点。其中，广播电视、电子元件行业新开工项目继续下滑，降幅分别为 22.9% 和 3.4%；通信设备、电子器件新开工项目增长由负转正，分别增长 0.2% 和 2.8%；计算机、电子专用设备和信息机电行业新开工项目分别增长 0.2%、6.2% 和 5.6%。

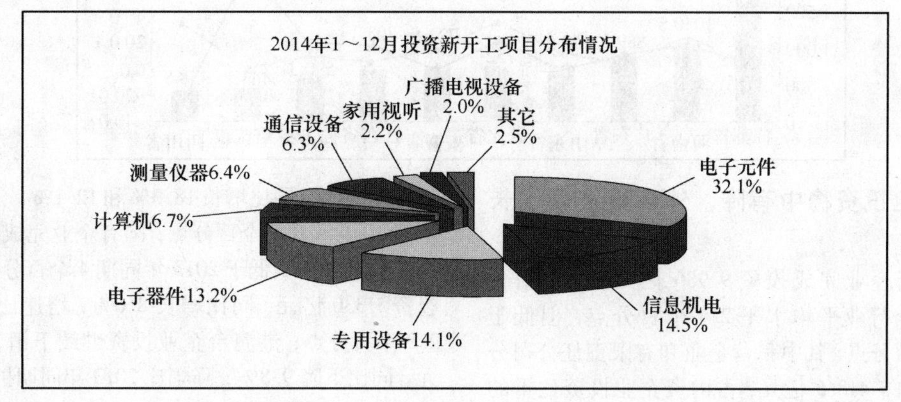

三、电子器件、计算机等行业投资连续回落，家用视听、信息材料等领域转为正增长

1～12月，通信设备行业投资回升明显，完成投资1 085亿元，同比增长21%，增速低于2013年同期16.1个百分点，但比上半年回升14.7个百分点，成为全行业投资增速最快的领域。电子器件行业投资由年初超过30%的快速增长连续回落，全年完成投资2 825亿元，同比增长14.4%，增速高于全行业3个百分点，但比上半年回落10.8个百分点；其中集成电路领域完成投资644.5亿元，增长11.4%；光电子器件完成投资1 972亿元，增长18.9%；半导体分立器件完成投资106.5亿元，同比下降6%。电子计算机行业投资逐步回落，完成投资859亿元，同比增长4.3%，增速比上半年回落6.9个百分点。电子元件行业投资稳中有降，完成投资2 441亿元，同比增长9%，增速低于2013年同期9.5个百分点。家用视听、信息材料及光伏相关行业的投资相继由负转正后，增速不同程度回升，全年分别增长8.3%、3.9%和10.8%。

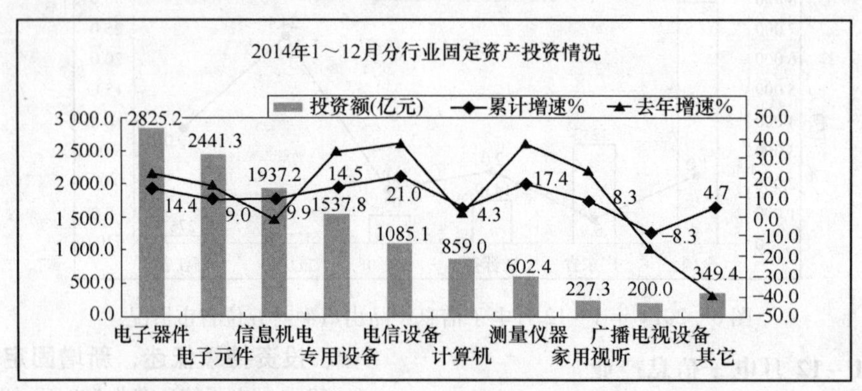

四、东部和东北地区投资低速增长，中西部地区比重逐步提高

1～12月，东部地区完成投资5 609亿元，同比增长5.4%，增速低于全国平均水平6个百分点，占全国比重46.5%，同比下降2.6个百分点，其中北京、天津和上海三市投资持续下滑，江苏、浙江和山东等省投资增速低于5%，但河北省投资增长超过30%，广东省投资回升至10%以上。西部地区完成投资2 013亿元，同比增长22.1%，增速高出全国10.7个百分点，但低于2013年同期4.7个百分点，其中重庆增长77.7%。中部地区完成投资3 959亿元，同比增长16.9%，增速高出全国6.5个百分点，但低于2013年同期2.2个百分点。东北三省完成投资484亿元，同比增长2.5%，增速低于2013年同期10.2个百分点，其中吉林、黑龙江省投资均出现下滑。

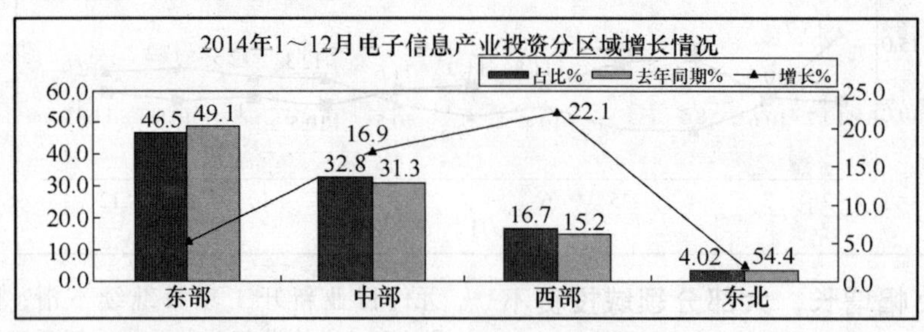

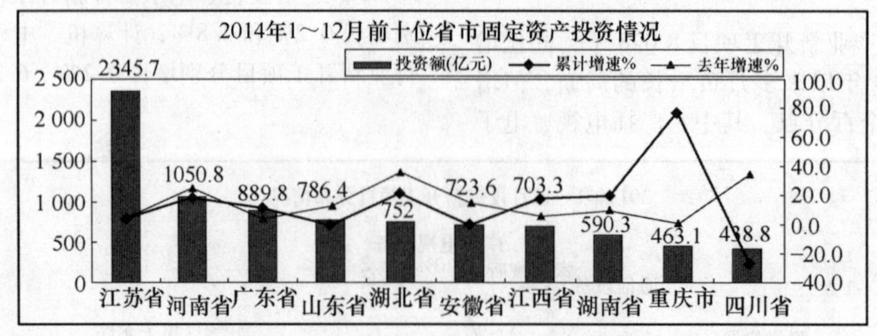

五、内资企业投资稳中有降，外商投资低增长中小幅回升

1～12月，内资企业完成投资9 986亿元，同比增长13.8%，增速高出全行业平均水平2.4个百分点，但低于2013年同期2.3个百分点，其中私营企业和有限责任公司分别完成投资4 281和3 418.5亿元，占内资企业投资比重的43%和34%，同比增长18.3%和12.1%，分别比2013年同期下降10.6和0.5个百分点；国有企业完成投资737亿元，同比增长11.9%，低于2013年同期4个百分点；外商企业完成投资1 330亿元，同比增长8.6%，增速比2013年同期提高2.3个百分点；港澳台企业投资继续下滑，完成投资749亿元，同比下降9.8%，降幅比2013年同期扩大4个百分点。

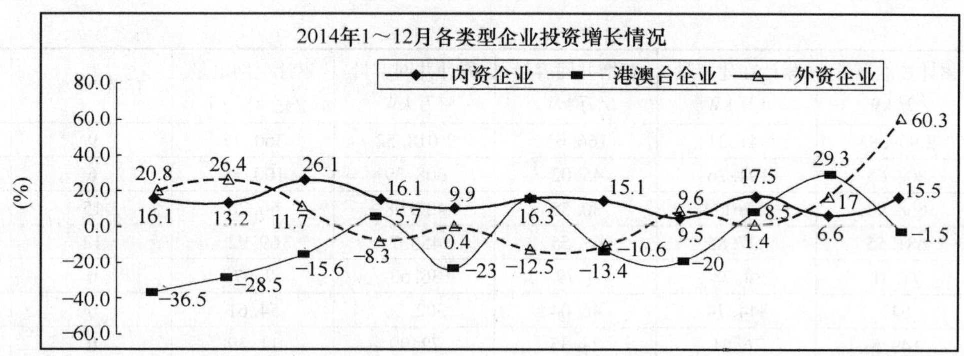

六、投资到位资金增长平稳，国家资金及社会资金对电子信息制造业关注度有所提升

1～12月，电子信息产业固定资产投资到位资金12 573亿元，同比增长12%，增速高于2013年同期3.3个百分点。其中国家预算内资金增速明显提升，到位资金73.4亿元，同比增长42.7%，增速高于2013年同期89.4个百分点，主要集中于集成电路、光电子器件及电子设备领域；国内贷款和利用外资改变下滑的局面，到位资金960和589亿元，同比增长8.5%和0.6%，增幅比2013年同期提高29和19.9个百分点；自筹资金仍是行业投资资金主要渠道，增长稳中有降，到位10 778亿元，同比增长12.9%，比2013年同期下滑3.7个百分点。

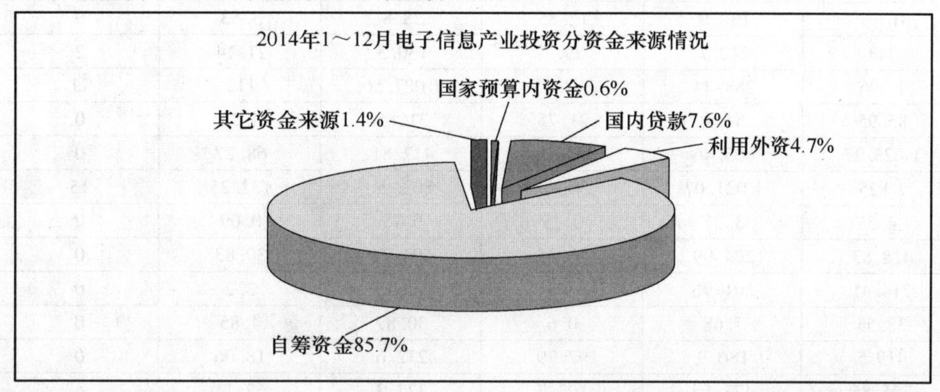

2014年风电产业监测情况

2014年，全国风电产业继续保持强劲增长势头，全年风电新增装机容量1 981万kW，新增装机容量创历史新高，累计并网装机容量达到9 637万kW，占全部发电装机容量的7%，占全球风电装机的27%。2014年风电上网电量1 534亿kW·h，占全部发电量的2.78%。

2014年，全国来风情况普遍偏小，全国陆地70m高度年平均风速约为5.5m/s，比往年偏小8%～12%。受此影响，2014年全国风电平均利用小时数1 893h，同比下降181h，最高的地区是云南2 511h，最低的地区是西藏1 333h。2014年弃风限电情况加快好转，全国风电平均弃风率8%，同比下降4个百分点，弃风率达近年来最低值，全国除新疆地区外弃风率均有不同程度的下降。

2014年，全国风电开发建设速度明显加快，新增风电核准容量3 600万kW，同比增加600万kW，累计核准容量1.73亿kW，累计核准在建容量7 704万kW，同比增加1 600万kW。风电发展“十二五”第三批核准计划完成率76%，第四批核准计划完成率56%，完成率提高明显。此外，受价格政策调整因素影响，2014年下半年各地区不同程度出现了抢装现象。

2014年，风电设备制造能力持续增强，技术水平显著提升。全国新增风电设备吊装容量2 335万kW，同比增长45%，全国风电设备累计吊装容量达到1.15亿kW，同比增长25.5%。风电产业制造能力和集中度进一步增强，8家企业风力机吊装机容量超过100万kW。风力机单机功率显著提升，2MW机型市场占有率同比增长9个百分点。风电机组可靠性持续提高，平均可利用率达到97%以上。

2014年风电产业监测数据

省(区、市)	累计核准容量/万kW	累计在建容量/万kW	新增并网容量/万kW	累计并网容量/万kW	累计上网电量/亿kW·h	弃风率(%)	年利用小时数/h
合计	17 341.31	7 704.22	1 981.3	9 637.09	1 533.86	8	1 893
北京	19.95	4.95	0	15	2.55	0	1 929
天津	47.15	18.6	5.7	28.55	5.53	1	2 250
河北	1 375.57	462.51	137.7	913.06	149.28	12	1 896
山西	929.56	474.41	139.2	455.15	73.62	0	1 853
山东	1 070.14	447.72	122.2	622.42	98.21	1	1 782

（续）

省(区、市)	累计核准容量/万 kW	累计在建容量/万 kW	新增并网容量/万 kW	累计并网容量/万 kW	累计上网电量/亿 kW·h	弃风率(%)	年利用小时数/h
内蒙古	2 959.83	941.31	166.65	2 018.52	360.75	9	2 002
辽宁	802.65	194.26	45.02	608.39	100.18	6	1 734
吉林	668.98	261	30.55	407.98	56.76	15	1 501
黑龙江	681.55	227.85	61.55	453.7	69.92	12	1 753
上海	71.31	34.78	4.79	36.53	7.07	0	2 082
江苏	647	344.74	46.04	302.26	54.61	0	2 064
浙江	149.5	76.51	28.35	72.99	11.39	0	2 202
安徽	211.38	129.1	33.08	82.28	12.63	0	1 665
福建	242.75	83.4	13.2	159.35	37.53	0	2 478
江西	147.26	110.51	6.9	36.75	5.55	0	1 873
河南	234.42	190.59	16.9	43.83	6.76	0	2 056
湖北	258.42	181.73	41.56	76.69	12.61	0	2 032
湖南	120	50.12	36.18	69.88	7.57	0	1 717
重庆	61.33	51.53	0.17	9.8	1.72	0	1 880
四川	167.7	138.9	17.85	28.8	3.53	0	2 433
陕西	343	212.7	29.7	130.3	21.14	2	1 961
甘肃	1 296	288.44	304.75	1 007.56	112	11	1 596
青海	85.95	54.1	21.75	31.85	4.29	0	1 723
宁夏	1 023.27	605.46	116.02	417.81	68.27	0	1 973
新疆	1 825	1 021.07	303.3	803.93	132.25	15	2 094
西藏	4.5	3.75	0.75	0.75	0.09	0	1 333
广东	428.83	224.09	50.35	204.74	30.83	0	1 615
广西	214.41	201.96	0	12.45	2.2	0	1 819
海南	38.55	7.68	0.6	30.87	4.85	0	1 645
贵州	419.5	186.9	97.79	232.6	18.06	0	1 575
云南	795.85	473.55	102.7	322.3	62.11	4	2 511

2014 年上半年新增光伏发电并网容量

2014 年，全国光伏产业整体呈现稳中向好和有序发展局面，全年光伏发电累计并网装机容量 2 805 万 kW，同比增长 60%，其中，光伏电站 2 338 万 kW，分布式 467 万 kW。光伏年发电量约 250 亿 kW·h 时，同比增长超过 200%。

2014 年，全国新增并网光伏发电容量 1 060 万 kW，约占全球新增容量的 1/4，占我国光伏电池组件产量的 1/3，实现了《关于促进光伏产业健康发展的若干意见》中提出的平均年增 1 000 万 kW 目标。其中，新增光伏电站 855 万 kW，分布式 205 万 kW。

2014 年，全国光伏发电呈现东、西部共同推进，并逐渐由西向东发展格局。东部地区新增装机容量 560 万 kW，占新增装机容量的 53%。江苏省和河北省新增装机容量均位居前列。

2014 年，全国光伏发电应用模式不断创新，列入国家发展和改革委员会鼓励社会投资基础设施项目中的 30 个分布式光伏发电示范区项目，充分发挥示范引领作用，目前已建成 50 万 kW，在建规模 60 万 kW，带动社会投资超过 100 亿元。其中，青海龙羊峡水光互补项目实现累计并网 60 万 kW，探索了水电和光伏电站协调运行、联合调度的创新模式；与农业相结合的光伏农业大棚、渔光互补电站逐渐成为市场热点；集合荒山荒坡治理、煤矿采空区治理和沙漠化治理的生态恢复与光伏发电建设相结合的项目不断推陈出新。

2014 年，我国光伏电池制造企业继续保持较强国际竞争力，在全球产量排名前 10 名企业中，我国占据 6 席，前 4 名均为我国企业。从光伏上游产业发展情况来看，2014 年，国内多晶硅产量约 13 万 t，同比增幅近 50%，进口约 9 万 t。光伏电池组件总产量超过 3 300 万 kW，同比增长 17%，出口占比约 68%，多数企业产能利用率提高，前 10 家企业的平均产能利用率在 87% 以上。

2014 年中国光伏产业发展权威数据

国家能源局新能源与可再生能源司副司长梁志鹏在 2014 年光伏产业发展情况通气会上表示：2014 年新增并网光伏发电容量 1 060 万 kW，约占全球新增容量的 1/5，占我国光伏电池组件产量的 1/3，实现了国务院《关于促进光伏产业健康发展的若干意见》中提出的平均年增 1 000 万 kW 的目标。其中，新增光伏电站 855 万 kW，分布式 205 万 kW。

重要数据一览

截止 2014 年底，我国光伏发电累计并网装机容量2 805 万 kW，同比增长 60%。其中，光伏电站 2 338 万 kW，分布式 467 万 kW。

光伏年发电量约250亿kW·h时，同比增长超过200%。

2014年我国光伏发电呈现东西部共同推进、逐渐由西向东发展的格局，东部地区新增装机容量560万kW，占新增装机容量的53%。

列入国家发改委鼓励社会投资基础设施项目中的30个分布式光伏发电示范区项目目前已建成50万kW，在建规模60万kW，带动社会投资超过100亿元。

青海龙羊峡水光互补项目实现累计并网60万kW，探索了水电和光伏电站协调运行、联合调度的创新模式。

与农业相结合的光伏农业大棚、渔光互补电站逐渐成为市场热点。

结合荒山荒坡治理、煤矿采空区治理和沙漠化治理的生态恢复与光伏发电建设相结合的项目不断推陈出新。

光伏上游产业发展情况：2014年，我国国内多晶硅产量约13万t，同比增幅近50%，进口约9万t。

光伏电池组件总产量超过3 300万kW，同比增长17%，出口占比约68%，多数企业产能利用率提高，前10家企业的平均产能利用率在87%以上。

我国光伏电池制造企业继续保持较强国际竞争力，在全球产量排名前10名企业中，中国企业占据6席，其中前4名均为中国企业。

能源局：三大问题待解

分布式光伏与光伏电站发展仍不协调。受制于现行电力体制，分布式光伏发电企业无法成为独立售电主体，只能向屋顶下用户低价售电，不能实现经济效益最大化；补贴申请和发放程序复杂，影响企业投资的积极性；小微企业融资难，融资成本高，程序复杂，大量项目缺少资金无法建设。

光伏电站与配套电网建设不协调，电网建设与光伏电站项目的审批方式和建设周期不匹配，造成光伏发电项目难以同步设计、施工和投运。此外，由于电源和电网规划、建设不匹配以及市场消纳空间有限等原因，甘肃河西走廊等部分地区出现较严重的弃光限电。

光伏电站项目管理方式有待改善。部分地区未建立完善的项目管理办法，特别是对年度建设规模分配缺少规范的机制。有的地方将规模层层分解，简单切块分配；有的地方甚至出现倒卖项目开发权的现象，抬高了光伏电站建设成本，也造成建设周期拖延。

国家能源局发布2014年光伏发电统计信息

截至2014年底，光伏发电累计装机容量2 805万kW，同比增长60%，其中，光伏电站2 338万kW，分布式467万kW，年发电量约250亿kW·h，同比增长超过200%。2014年新增装机容量1 060万kW，约占全球新增装机的1/5，占我国光伏电池组件产量的1/3，实现了《国务院关于促进光伏产业健康发展的若干意见》中提出的平均年增1 000万kW目标。其中，光伏电站855万kW，分布式205万kW。具体统计信息见附表。

光伏发电已呈现东中西部共同发展格局。中东部地区新增装机容量达到560万kW，占全国的53%，其中，江苏省新增152万kW，仅次于内蒙古自治区；河北省新增97万kW，居全国前列。西部省份中，内蒙古、青海、甘肃和宁夏均较大。

同时，经核实，对2013年统计数据进行相应调整，截止2013年底光伏发电累计装机容量为1 745万kW，当年新增装机容量1 095万kW。

表 2014年光伏发电统计表

省（区、市）	累计装机容量/万kW		新增装机容量/万kW	
		其中:分布式光伏		其中:分布式光伏
总计	2 807	468	1 061	205
北京	14	14	5	5
天津	10	7	8	5
河北	150	27	97	8
山西	44	1	23	1
内蒙古	302	18	164	4
辽宁	10	6	5	4
吉林	6	0	5	0
黑龙江	1	0	0	0
上海	18	16	0	0
江苏	257	85	152	57
浙江	73	70	30	27
安徽	51	25	43	18
福建	12	12	4	4
江西	39	26	26	15
山东	60	38	32	18
河南	23	16	16	9
湖北	14	6	9	1
湖南	29	29	5	5
广东	52	50	22	20
广西	9	7	4	2
海南	19	5	7	0
重庆	0	0	0	0
四川	6	1	3	1
贵州	0	0	0	0
云南	35	2	15	0
西藏	15	0	4	0
陕西	55	3	42	1
甘肃	517	0	97	0
青海	413	0	102	0
宁夏	217	0	82	0
新疆	275	4	42	0
新疆兵团	81	0	17	0

2014年中国光伏政策措施大全

2014年，我国光伏行业显然已在回暖，各路资本纷纷瞄准光伏行业，上马光伏电站，挖掘商机。造成投资热这一局面的，除了光伏电站成本降低是很大因素外，政策的扶持更是举足轻重。近几年是我国光伏政策密集制定出台的时期，在2014年显得更为突出。

2014年国家陆续出台了一系列推进光伏应用、促进光伏产业发展的政策措施，各省市也积极响应，纷纷为光伏产业保驾护航。年末之际，对2014年国家及地方出台政策措施及文号的盘点，以便了解。

一、国家

1月

13日，全国能源工作会议在京召开，能源局部署十大任务。

下旬，国家能源局印发《关于下达2014年光伏发电年度新增建设规模的通知》——国能新能〔2014〕33号。相较于11月发布的《征求2013、2014年光伏发电建设规模意见》，此次全国装机量总规模由12GW增加到14.05GW，其中地面电站由400MW上升到605MW，分布式800MW保持不变，其中浙江、江苏和山东并列分布式前三位。国家能源局正式宣布，2014年中国将新增光伏发电装机容量1400万kW(其中分布式占60%)，并公布31省市装机规模。

20日，《国家能源局关于印发2014年能源工作指导意见的通知》——国能规划[2014]38号。

2月

17日，国家认监委和国家能源局《关于加强光伏产品检测认证工作的实施意见》——国认证联〔2014〕10号。

3月

工业和信息化部办公厅国家开发银行办公厅《关于组织推荐2014年光伏产业重点项目的通知》——工信厅联电子函[2014]116号。

能源局印发《新建电源接入电网监管暂行办法》的通知——国能监管〔2014〕107号。

《国家能源局关于印发加强光伏产业信息监测工作方案的通知》——(国能新能[2014]113号)。

4月

《国家能源局关于明确电力业务许可管理有关事项的通知》。

5月

国家能源局制定印发《能源监管行动计划(2014~2018年)》。

国家能源局综合司《关于加强光伏发电项目信息统计及报送工作的通知》——国能综新能[2014]389号。

6月

3日，工信部公告第二批《光伏制造行业规范条件》企业名单(52家)。

国家能源局《关于加强新能源示范城市建设信息统计和监测工作的通知》——国能新能[2014]253号。

国家能源局下发《关于推荐分布式光伏发电示范区的通知》。

7月

《关于加强光伏电站建设和运行管理工作的通知》(征求意见稿)。

《关于进一步落实分布式光伏发电有关政策的通知》(征求意见稿)——国能综新能[2014]514号。

8月

20日，为深入实施西部大开发战略，促进西部地区产业结构调整和特色优势产业发展，中国国家发展与改革委员会发布了《西部地区鼓励类产业目录》，太阳能等产业所得税15%。

财政部可再生能源电价附加资金补助目录(第五批)——财建[2014]489号。

9月

4日，《国家能源局关于进一步落实分布式光伏发电有关政策的通知》——国能新能〔2014〕406号(即“分布式新政”)。

国家能源局正式下发《关于加快培育分布式光伏发电应用示范区有关要求的通知》——国能新能[2014]410号。

2015~2020可再生能源配额《考核办法》征求意见稿披露。

国家能源局下发《关于做好2015年中央预算内投资战略性新兴产业(能源)专项有关工作的通知》(全文)——国能综规划〔2014〕684号。

30日，工信部《光伏制造行业规范条件》企业名单(第三批)(28家)。

10月

9日，国家能源局发布《关于进一步加强光伏电站建设与运行管理工作的通知》——国能新能[2014]445号。

11日，国家能源局、国务院扶贫办《关于印发实施光伏扶贫工程工作方案的通知》【红头文件】——国能新能[2014]447号。

12日，国家能源局《关于开展新建电源项目投资开发秩序专项监管工作的通知》——国能监管〔2014〕450号。

15日，《国家能源局关于增加新疆2014年光伏发电年度建设规模的通知》。

29日，《国家能源局关于规范光伏电站投资开发秩序的通知》——国能新能[2014]477号。

11月

国务院办公厅《能源发展战略行动计划(2014~2020年)》——国办发〔2014〕31号。

28日，工信部公布《光伏制造行业规范条件》企业名单(第三批)(19家)。

12月

国家认监委《并网光伏电站性能监测与质量评估技术规范(申请备案稿)》意见征求函。

24日，国家能源局《关于推进分布式光伏发电应用示范区建设的通知》——国能新能[2014]512号。

24日，国家能源局综合司《关于做好太阳能发展“十三五”规划编制工作的通知》——国能综新能[2014]991号。

24日，国家能源局综合司《关于做好2014年光伏发电项目接网工作的通知》——国能综新能[2014]998号。

二、地方

浙江

7月，浙江省物价局、浙江省经济和信息化委员会、浙江省能源局《关于进一步明确光伏发电价格政策等事项的通知》——浙价资〔2014〕179号。

10月，浙江《关于鼓励企业自投自用分布式光伏发电的意见》——浙经信投资【2014】488号。

《杭州市人民政府关于加快分布式光伏发电应用促进产

业健康发展的实施意见》——(杭政函〔2014〕29 号)。

绍兴市政府发布《关于加快分布式光伏发电应用的实施意见》。

安吉县《关于加快推进光伏发电项目建设的通知》。

富阳市人民政府《关于加快分布式光伏发电应用促进产业健康发展的实施意见》(试行)——富政函〔2014〕58 号。

德清县政府办公室发文《关于支持太阳能光伏发电的若干意见》。

宁波市经济和信息化委员会宁波市财政局《关于印发宁波市光伏发电补贴资金管理办法的通知》——甬经信电子〔2014〕282 号。

温州市《关于扶持分布式光伏发电的若干意见》。

建德市《关于加快分布式光伏发电应用促进的若干意见》。

《乐清市人民政府关于扶持分布式光伏发电的若干意见》——乐政发〔2014〕29 号。

《丽水市人民政府关于促进光伏发电产业健康发展的若干意见》——丽政发〔2014〕27 号。

广东

《广东省人民政府办公厅关于促进光伏产业健康发展的实施意见》——〔2014〕粤府办 9 号。

《深圳市光伏制造行业规范公告管理的通知》——深经贸信息新兴字〔2014〕28 号。

深圳市发改委《关于分布式光伏发电项目管理工作的通知》。

《佛山太阳能发电应用实施意见》。

佛山市顺德区人民政府办公室下发《顺德区推进太阳能光伏产业发展总体工作方案》——顺府办〔2014〕59 号。

佛山市发改委草拟了《佛山市分布式光伏发电应用项目奖励和补助资金管理办法(征求意见稿)》。

广州市太阳能光伏发电项目建设专项资金管理办法(意见稿)。

广州市分布式光伏发电项目管理办法(征求意见稿)。

江西

《江西省人民政府办公厅关于印发加快推进全省光伏发电应用工作方案的通知》——赣府厅字〔2014〕56 号。

江西省能源局《关于下达 2014 年光伏发电年度新增建设规模的通知》。

萍乡市《关于印发加快推进全市光伏发电应用工作方案通知》——萍府办字〔2014〕142 号。

南昌市出台《光伏发电项目市级度电补贴资金管理办法》。

南昌市人民政府办公厅印发《关于鼓励促进南昌市光伏发电应用工作实施意见的通知》——洪府厅发〔2014〕94 号。

安徽

合肥市人民政府办公厅公布《关于加快光伏推广应用的通知》。

《合肥市人民政府办公厅关于进一步加快光伏推广应用的补充通知》——合政办〔2014〕24 号。

北京

北京发展和改革委员会下发《北京市分布式光伏发电项目管理暂行办法》——京发改规〔2014〕4 号。

福建

《关于印发福建省促进光伏产业健康发展六条措施的通知》。

河北

《廊坊市人民政府关于促进光伏产业健康发展的实施意见》——廊政〔2014〕49 号。

河南

商洛市出台《关于加快光伏发电产业发展的意见》。

《洛阳市人民政府关于加快推广分布式光伏发电的实施意见》。

河南省发展改革委员会下发《关于推进光伏电站建设的通知》。

河南能源监管办关于印发《河南省光伏发电运营监管实施细则的通知》。

黑龙江

《大庆市人民政府关于促进光伏产业发展的若干意见(试行)》。

湖北

湖北省发展和改革委员会、省能源局《关于促进光伏发电项目建设的通知》。

《黄石市关于支持光伏发电产业发展的意见》。

江苏

江苏省发展和改革委员会《关于推进分布式光伏发电健康发展的意见》。

苏州发展和改革委员会《关于印发苏州市分布式光伏发电项目备案操作规程及操作要点的通知》——苏发改能源〔2014〕27 号。

常州银监分局《关于进一步加强和改进光伏产业金融服务的指导意见》。

内蒙古

《内蒙古自治区人民政府关于促进光伏产业发展的实施意见》——内政发〔2014〕89 号。

青海

《青海省人民政府办公厅关于促进青海光伏产业健康发展的实施意见》——青政办〔2014〕53 号。

山东

山东省发展和改革委员会《关于 2014 年光伏发电年度新增建设规模的通知》,公布 17 市光伏电站配额。

《山东省人民政府关于贯彻落实国发〔2013〕24 号文件促进光伏产业健康发展的意见》——鲁政发〔2014〕16 号。

《菏泽市人民政府关于促进光伏产业健康发展的意见》——菏政发〔2014〕23 号。

陕西

陕西省发展和改革委员会《关于示范推进分布式光伏发电的实施意见》——陕政发〔2014〕37 号。

山西

山西省出台《关于加快促进光伏产业健康发展的实施意见》。

山西能源监管办正式印发《山西省分布式发电监管实施细则（试行）》。

《太原市人民政府关于加快推进光伏产业发展的实施意见》。

上海

4月，上海发展和改革委员会《2014年度分布式光伏发电示范应用建设规模申报工作通知》。

4月21日，上海发展和改革委员会发布《可再生能源和新能源发展专项资金扶持办法》——沪发改能源〔2014〕87号。

上海市发展和改革委员会下发2014年度分布式光伏发电建设规模。

10月，上海市发展和改革委员会正式印发《上海市光伏发电项目管理办法》——沪发改能源〔2014〕237号。

天津

天津市发展和改革委员会《关于印发天津地区光伏发电项目电力并网服务工作流程的通知》。

新疆

《兵团发展和改革委员会关于印发兵团光伏电站项目管理暂行办法的通知》——兵发改能源发［2014］134号。

吉林

吉林省《关于加快光伏产品应用促进产业健康发展的建议》——(128号)。

2014年世界能源环保科技发展回顾

美国

新型电池研究获得突破，证明惯性约束核聚变反应释放能量比燃料吸收的多。

佐治亚理工学院开发出一种直接以生物质为原料的低温燃料电池，借助太阳能或废热即能将稻草、锯末和藻类甚至有机肥料转化为电能，能量密度比基于纤维素的微生物燃料电池高近百倍。

加州大学河滨分校开发出一种主要原料是普通沙子的新型“沙基锂离子电池”，其性能和使用寿命比普通锂离子电池高三倍以上。

斯坦福大学制造出稳定的金属锂阳极电池，有望让超轻、超小和超大容量的电池成为现实。

俄亥俄州立大学研制出首款依靠光和空气工作的太阳能蓄电池，有望使成本降低25%。

德克萨斯大学奥斯汀分校科克雷尔工程学院造出迄今世界上最小、最快且运转时间最长的微型发动机，比一粒盐还小500倍，能把电能转化为机械能。

能源部SLAC国家加速器实验室和加州大学洛杉矶分校合作，用等离子体波加速电子，能有效为新一代加速器供以电力。

斯坦福大学设计出一种在稳定性和效率方面与铂比肩的廉价催化剂，通过添加硫原子，使磷化钼“升级”为硫磷化钼，能够让水通过电解作用产生纯净氢气。

罗西尼公司的“光纸”技术可在几乎任何表面打印出“一张纸那么薄的发光区域”。

美国国家点火装置(NIF)研究人员通过实验证明，惯性约束核聚变反应释放的能量比燃料(用于引发核聚变反应)吸收的能量多，所产生的能量是以前纪录的10倍左右。

英国

从咖啡渣浸中提取生物柴油；用大肠杆菌将脂肪酸转化成丙烷；获得碲化镉太阳能电池新配方。

巴斯大学成功通过一个被称为“酯基转移”的过程，利用咖啡渣浸提取出生物柴油。

伦敦帝国理工学院科学家和芬兰科学家借助太阳能，利用大肠杆菌将脂肪酸转化成丙烷。其与藻类制油技术相比，具有成本低、耗能少、易推广的特点。

利物浦大学开发出一种制造碲化镉太阳能电池的新配方，用氯化镁代替氯化镉制作的太阳能电池薄膜。

科学技术设施委员会发现，通过对氨进行分解来制造氢气成本低廉且简单高效，或为解决现场实时按需制氢所面临的存储和成本问题提供一种可靠办法。

德国

开发出千米超导电缆；离心式塔式吸热器原型机。

德国航空航天中心等在项目SOLAR JET中首次用日光、水和CO_2生产出喷气发动机燃料。德国联邦教研部资助的联合项目SUNFIRE通过可再生能源产生的电能来供给电解电池，将氧从蒸汽中去除以产生氢气，然后将氢气用于从大气中转换CO_2，再把反应生成的CO和氢通过费托合成生产出燃料。

德国可持续发展高等研究所与欧洲核研究组织联合研发出二硼化镁超导电缆传输电流可达20kA。

卡尔斯鲁厄理工学院与莱茵集团等开发的一条1km的超导电缆连入埃森市电网，顺利运行180天，输送电力达到2 000万kW·h。

卡尔斯鲁厄理工学院等联合启动“能源实验室2.0”。

德国航空航天中心等开发出名为CentRec的离心式塔式吸热器原型机，直径大约1mm的陶瓷颗粒吸收太阳热能后可升温至1 000°C。

波鸿鲁尔大学发现一种高效促进光合蛋白集成的新方法，开发出一种整合光合作用膜蛋白复合物的半人工太阳电池板。

马普学会化学能量转换研究所等研发出一种可将微藻生产氢气的效率提高5倍的新方法。

弗莱堡大学发现了固氮酶如何生成碳氢化合物。

弗劳恩霍夫陶瓷技术与系统研究所研发出一种适用家庭使用的燃料电池发电装置，可直接利用燃气发电。

材料和光束技术研究所研发出锂硫电池，可充放电超过4 000次、能量密度超过400W·h/kg。

风能和能源系统技术研究院开发出一种新的开源能源管理系统，可以综合来自不同独立子系统的数据。

弗劳恩霍夫协会推出下一代回收技术，深入到分子层面智能化进行贵金属、稀土、玻璃、木材、混凝土和磷等回收利用。

拜罗伊特大学研究了水芹植物吸收铅离子的过程，为利用植物解决铅对环境的污染提供线索。

俄罗斯

研发出利用氢气发电移动电源；启动科什-阿加奇太阳

能电站。

俄罗斯创新企业“HandyPower”公司发明一种利用氢气发电的移动电源，称其是目前世界上最环保、最耐用的充电电源。

9月4日，科什-阿加奇太阳能电站启动，将成为俄罗斯最大的太阳能发电站和南阿尔泰地区首个太阳能发电设施，是俄境内第一个5MW太阳能发电设施。

俄罗斯原子能协会网站宣布，世界首个基于液态重金属冷却剂的实验快中子反应堆项目中的发电模块将于2017年完成建造，反应堆模块2020年完成建造，核燃料生产模块及乏核燃料后期处理模块2022年完成建造。

俄罗斯联邦矿产开发署表示，俄计划在2015年第一季度向联合国提交扩大北极大陆架的申请。根据俄自然资源部的数据，其资源的总量或达50亿t标准燃料。

法国

启动“欧洲核聚变”新项目；开发出高温电解水蒸气制取氢系统。

法国和西班牙合作建设电网互联项目，将是目前世界最大采用交联聚乙烯绝缘电缆的电压源换流器高压直流输电工程，输电容量达到1 000MW。

法国原子能委员会下属的萨克莱辐射材料研究所首先将CO_2加氢合成甲酸，然后使用稀有金属钌作为催化剂，将甲酸转化为甲醇，生成率高达50%。

在法国积极推动下，欧盟委员会启动“欧洲核聚变”新项目，旨在推动聚变能技术研究，为正在法国建造的国际热核聚变实验堆提供科学和技术支持。

法国原子能及可再生能源委员会新能源技术创新实验室开发出一种通过高温电解水蒸气制取氢的系统，氢生成率超过90%。

加拿大

批准北方门户输油管线计划；启用全球首座清洁煤电厂；使用诱导氟化工艺储能技术的新型电池。

加拿大政府2014年6月16日宣布有条件批准备受争议的安桥能源公司北方门户输油管线计划，预计耗资65亿加元建设全长1 177km的输油管道。

全球首座能够捕获自身CO_2气体排放的商用火力发电厂——萨斯喀彻温省的“边界大坝”工程正式启用，旨在每年捕捉并向石油公司出售约100万t的CO_2气体。

世界首座把垃圾转化成生物燃料工厂6月于埃德蒙顿开业，预计将使当地垃圾填埋场的垃圾减少90%，同时生产的生物燃料甲醇可添加在汽油里使用，或用于制作挡风玻璃清洗液。

阿尔伯塔大学用碳纳米管材料开发的一种使用诱导氟化工艺储能技术的新型电池，其能量输出比市售锂离子电池高5~8倍。

魁北克大学国家科学研究院开发出一种由铋、铁、铬和氧气组成的“多铁性”材料，既可吸收太阳光辐射又具有独特的电和磁特性。

美铝加拿大公司和以色列Phinergy公司展示一种具有超级续航能力的电池技术，100公斤重的铝空气电池储存可行驶3 000km的足够电量。萨省大学发现氧化石墨烯或许能被用来制造性能更优异、更坚固耐用的太阳电池。

韩国

开发出新一代汽车超轻量锂离子电池；提出环保汽车中长期发展路线图。

三星SDI宣布将与美国汽车制造公司福特联手共同开发新一代汽车用超轻量锂离子电池，其重量比现有的铅蓄电池轻40%以上，而且能效更高。三星还计划开发能够与现有12V铅蓄电池一起使用的“双重电池系统”。

现代汽车和起亚汽车发布环保汽车中长期发展路线图，重点增加混合动力汽车和插电式混合动力车型、增加电动汽车行驶距离以及提高氢燃料电池汽车的技术含量。

日本

开发出用于国际热核融合实验装置的高性能超导体；蓝色发光二极管；发现四酸化三锡物质。

日本原子力机构将离子传导体作为分离膜，开发出一种既能产电又可从海水中分离锂的技术，具有低费用、时间短和可有效回收等优点。

东京大学开发出一种新型电解液，可支持锂离子蓄电池的高速充电，并在高电压环境下发挥作用。

日本原子力研究开发机构制造出用于国际热核融合实验装置(ITER)的高性能超导体，其将被用于ITER主要部件之一的电磁石中。

日本科学家赤崎勇、天野宽志和美籍日裔科学家中村修二获得2014年诺贝尔物理学奖。他们研发出一种新型节能环保型光源，即蓝色发光二极管(LED)。

物质材料研究机构发现了一种叫四酸化三锡的物质，其作为光触媒在可视光的条件下将氢从水中分离出来。

东京大学开发出具有创新意义的二次电池系统，利用正极固体内氧化物离子与过氧化物离子之间的氧化还原反应，其能量密度在理论上可达到现有锂离子电池的7倍。

东北大学开发出新型全固体锂硫磺电池，以硫磺为正极，以金属锂为负极，以错体氢化物LiBH4为固体电解质，可大幅度提高电池的蓄电性能。

巴西

发展重点转移到可再生能源领域；将投巨资扩大能源供应。

巴西政府把清洁能源列为国家发展战略，提出2030年的能源发展计划，将以清洁能源作为工业和民用主要能源替代石油。

在保持石油产能大国地位的同时，巴西已将能源发展的重点逐渐转移到以水力、风力和生物燃料等为代表的可再生能源领域。

巴西能源和矿产部的能源调查公司称，未来10年间政府将在石油、天然气、甘蔗乙醇和电力等方面投入约8 000亿美元，以扩大能源供应并提高新能源比重。

以色列

生物燃料研发获得突破；构建深海微生物模型；发现人为环境变化对动物的潜在影响；解开荧光鱼类奥秘。

因为充电电池和促进电动汽车的发展做出巨大贡献，巴伊兰大学国家电化学推进中心教授多伦·奥尔巴克获2014年国际电池协会(IBA)奖。

魏兹曼科学院发现嵌合体酶可促进生物垃圾转化成生物燃料，设计了一种融合自由浮动酶的化学反应，可快速有效地将纤维素转化成有用的糖。

魏兹曼科学院使用深海微生物构建的模型揭示地球环境的过去并预测未来，用稳定同位素并结合生化方法观察深海微生物代谢活动。

希伯来大学发现一种通过评估珊瑚礁和深海浮游生物的整体钙化率和水面化学变化来测量海水酸化变化的新方法。

本古里安大学首次在“免疫遗传学”和“网络生态学”两学科间建立联系，发现寄生虫在基因进化中的免疫反应依赖于宿主与整个网络体系的相互反应。

海法大学发现超过180种鱼类有生物荧光能力，像水母和珊瑚等有吸收、储存和发光的自然能力，并使自身呈现不同颜色。

美铝加拿大公司和以色列 Phinergy 公司开发出一种具有超级续航能力的电池技术，100公斤重的铝空气电池储存可行驶3 000公里的电量。

2014年全球安装的公共事业规模太阳能猛增65%

根据 Wiki-Solar. org 发布的数字，2014 年公共事业规模太阳能总装机容量猛增65%。

该网站跟踪全球安装量大于5 MW 的太阳能安装项目，称2014年底总计35.9 GW 的公共事业规模太阳能装机容量。总量标志着较2013年猛增14.2 GW。

根据该数字，在欧洲，英国率先在公共事业规模太阳能行业恢复增长。

Wiki-Solar 表示，装机容量相当均匀地分布在三大洲：亚洲、欧洲和北美洲。然而，2014 年标志着自 2011 年以来，在2012和2013年的下滑后，第一年欧洲公共事业规模太阳能市场经历增长。

谈及结果，Wiki-Solar 的创始人菲利普·沃尔夫（Philip Wolfe）表示：“欧洲的复苏在2012年传统强国德国的政策改变后，日前主要得益于蓬勃发展的英国市场。”

沃尔夫还预计，地面安装项目的涌现试图赶在3月31日可再生能源责任截止日期之前，将看到英国赶超印度，甚至可能是德国，成为世界第三或第四大公共事业规模太阳能市场。

沃尔夫表示，“只有美国、中国和印度可以称为一贯的长期增长。”他补充道，智利、日本和加拿大也看到“相对稳定”，并且可能成为可持续发展市场。

英国最近的政策变动迫使沃尔夫警告，英国可能继其它成熟的欧洲太阳能市场之后，在4月对于5 MW以上项目的可再生能源责任资金被撤销后，进入停滞期。着眼于在英国安装公共事业规模太阳能的开发商之后将被迫使用差价合约（CfDs）机制，在2015年只有5个太阳能光伏项目中标。根据差价合约，太阳能光伏必须与陆上风能竞争一份预算。

下表显示出排名前14位的公共事业规模太阳能市场，其占全球安装的公共事业规模光伏装机容量的94%。Wiki-Solar 预计，在表中每个市场，除了乌克兰，到2015年底超过1GW。

表 排名前14位的公共事业规模太阳能市场

国家	电站数量	装机容量 MWAC
美国	513	9,327.9
中国	306	8,556.6
德国	281	3,468.0
印度	204	2,304.6
英国	281	2,252.7
西班牙	172	1,682.4
加拿大	83	982.3
意大利	90	922.3
法国	77	900.0
南非	20	783.7
智利	19	776.0
泰国	71	757.1
日本	33	664.6
乌克兰	20	499.7

国家能源局力促分布式光伏发展

为解决分布式光伏发电融资难的问题，国家能源局在京组织召开光伏发电银企沟通会。国家能源局新能源司副司长梁志鹏指出，金融机构要与光伏企业合作，研究当前分布式光伏发电投融资风险点的识别和防范措施。国家能源局将完善银企沟通交流平台，为光伏发电的投融资提供政策保障。

据了解，此次参会包括人民银行、银监会有关司局以及国家开发银行、中国工商银行和中国建设银行等多家金融机构，还有中电投、中节能和中广核等多家光伏巨头。

会上，光伏发电企业提出的需求包括：简化审核程序，缩短时间；贷款条件优惠一些；在担保和质押方面更灵活一些，推广项目融资模式等。部分金融机构表示，对光伏设备质量、发电量的保障度心存疑虑，因此在提供贷款时有所担忧，希望找到合理的风险控制措施。

梁志鹏指出，希望金融机构设立专门部门负责光伏发电贷款业务，提出标准化的贷款条件和审核流程，积极开展相关金融创新。新能源司将继续完善银企沟通交流平台，发现问题并及时沟通解决。同时，继续协调相关部门做好电网接入、电量消纳和补贴资金发放等工作，降低光伏发电相关投资风险，为光伏发电的投融资提供政策保障。

分析人士表示，当前备受政策方重视的分布式光伏发电市场启动裹足不前，融资难问题是一大制约因素。此次国家能源局组织召开高规格会议，足显政策方推进市场扩容的决心。按照国家能源局计划，2014年国内分布式发电装机容量将达800万kW，相较于2013年300万kW增长逾一倍。

新能源十大关键词：能源比重入围

一、占一次能源比重达到15%

2014年11月19日，国务院办公厅正式发布《能源发展战略行动计划(2014～2020年)》。《行动计划》明确了

2020年我国能源发展的总体目标、战略方针和重点任务。到2020年，非化石能源占一次能源消费比重达到15%。《行动计划》指出要安全发展核电，大力发展风电，加快发展太阳能发电，积极发展地热能、生物质能和海洋能。

点评：绿色低碳是我国积极应对气候变化的必然选择。《行动计划》立足于我国以煤为主的能源结构，坚持发展非化石能源与化石能源清洁高效利用并举，逐步取消化石燃料补贴，支持可再生和清洁能源，明确提出"一降三升"的能源结构调整路径，积极应对气候变化挑战。

二、累计装机容量突破4亿kW

国家能源局2014年10月30日发布数据，截止9月底，全国可再生能源发电累计装机容量突破4亿kW。国家能源局披露，其中，水电规模以上新增装机容量1 565万kW，溪洛渡、向家坝等一批西电东送标志性大型水电项目投产运行，累计装机容量超过2.9亿kW，提前一年完成"十二五"规划目标；风电新增装机容量858万kW，累计装机容量达到8 497万kW；光伏发电新增装机容量400万kW，累计装机容量超过2 000万kW；生物质发电新增装机容量90万kW，累计装机容量超过940万kW。

点评：受一系列利好政策因素影响，2014年，我国可再生能源产业继续保持快速增长势头，截止当年9月底，全国可再生能源发电累计装机容量达4.043 7亿kW，占全部电力装机容量比例超过30%，继续保持全球可再生能源利用规模第一大国地位。

三、华龙一号

2014年11月4日，中国核工业集团公司披露，国家能源局已对福建省发展和改革委员会、中核集团的请示报告发出复函，同意福建福清5、6号机组工程调整为"华龙一号"技术方案。

点评："华龙一号"由中核集团和中国广核集团在我国30余年核电科研、设计、制造、建设和运行经验的基础上，充分借鉴国际三代核电技术先进理念，采用国际最高安全标准研发设计而成。其安全和性能指标达到了国际三代核电技术的先进水平，具有完整自主知识产权。

四、海上风电电价

2014年6月19日，国家发展和改革委员会下发《关于海上风电上网电价政策的通知》，首次明确海上风电价格政策，确定2017年以前投运的非招标的海上风电项目上网电价，并鼓励通过特许权招标等市场竞争方式确定海上风电项目开发业主和上网电价。对非招标的海上风电项目，区分潮间带风电和近海风电两种类型，确定上网电价。2017年以前投运的潮间带风电项目含税上网电价为0.75元/kW·h，近海风电项目含税上网电价为0.85元/kW·h。

点评：海上风电上网标杆电价被认为是撬动国内海上风电行业扩容的关键性杠杆，海上风电电价政策的出台将彻底扭转当前国内海上风电项目投资收益水平模糊的现状。

五、核电重启

2014年12月4日，国家发展和改革委员会秘书长李朴民表示，我国已将沿海核电工程列入国家重大工程建设包，将采用国际最高安全标准，在确保安全的前提下，启动一批沿海核电工程。

点评：现阶段，在内外部双重因素的作用下，核电重启前景明朗。对内，我国能源结构调整亟需核电出力，在对现有核电技术路线做改进融合后，国内新一代核电技术取得突破。对外，伴随着我国能源国际合作取得重大进展，核电"走出去"取得实质性进展。

六、嘉兴模式

2014年8月4日，国家能源局在浙江嘉兴市召开全国分布式光伏发电示范应用现场会，意在系统性破解当前制约分布式光伏市场的关键难题，推广嘉兴光伏经验。国家能源局准备就进一步发展分布式光伏发电下发通知，并特别提到"如果分布式项目售电不达预期，可以转地面补贴"。

点评：嘉兴模式无疑给分布式光伏项目各方提供了可实施的、系统解决问题的成套经验，值得各地借鉴、学习和推广。在分布式光伏发展中，政府、企业应发挥主观能动性，开拓思路、创新模式，把握建设分布式光伏发电的最佳时机，从而推动分布式光伏项目在我国遍地开花。

七、"双反"频袭

2014年12月17日，美国商务部公布对我国光伏产品第二次"双反"调查终裁结果，认定从我国大陆企业进口的晶体硅光伏产品存在倾销和补贴行为，裁定我国大陆企业倾销幅度26.71%～165.04%，补贴幅度27.64%～49.79%；我国台湾地区企业的倾销幅度为11.45%～27.55%。就在美国商务部发起对我国光伏产品第二次"双反"调查的同时，欧盟、加拿大等国也先后发起了对我国光伏产品的"双反"调查。

点评：面对欧、美、加发起的一轮轮的"双反"调查，我国光伏企业反应平静。事实上，国内光伏企业早已着手调整，采取开拓新兴市场、海外建厂、进入下游电站投资等方式降低损失。伴随着国内和新兴市场的需求快速增长，美国、欧盟等我国光伏产品传统出口地的份额正在明显下降。

八、雄县会议

2014年2月27日，国家能源局在河北雄县召开全国地热能开发利用现场会，会议指出，要科学规划、准确把握、积极有序推进地热能开发利用。到2015年全国地热能供暖面积力争达到5亿m^2，地热发电装机容量达到10万kW，地热能年利用量折合标煤2 000万t。

点评：现阶段，我国地热能开发利用已拥有一定基础，已经有不少地方在浅层地热能利用方面形成了较大规模，但同时还存在着一些需要着力破解的发展瓶颈。要实现2015年和2020年的发展目标，为我国能源结构调整、治理大气污染做出贡献，仍然任重道远。

九、风机倒塔

2014年7月18日，41年来华南最强台风"威马逊"登陆海南省文昌市。"威马逊"带来的强风降雨致使多家风电场出现了严重损失。据媒体公开报道，海南文昌风电场中的33台华锐风电1.5MW、叶轮直径70m的风电机组中有3台机组严重受损，其中一台倒塔；广东徐闻勇气风电场中的33台天威1.5MW、叶轮直径77m的风电机组有18台遭到重创，其中有15台出现倒塔，3台机组严重受损。

点评：台风环境下，风况条件极其复杂，要确保风机平安度过台风期需从三个方面入手，首先，风机选型必需严格符合风区类型；其次，从零部件环节确保风电机组的质量；第三，在台风风况下采取有效控制策略。

十、特斯拉

2014年4月20日，特斯拉CEO马斯克在北京亲自向第一批中国消费者交付ModelS车钥匙，正式开启了特斯拉进入中国的帷幕。从这一天起，这个引领了世界电动汽车发展新风尚的车企开始了其在中国的高歌猛进。

点评：受限于充换电基础设施不足等因素，一直以来，新能源汽车在我国的推广举步维艰。然而，特斯拉的进入，给中国新能源汽车带来一个新的理念。同时，也满足了我国特定人群、特定市场的需求。然而，在当前的发展环境中，如何使充换电设施更加完善，并消除消费者对新能源汽车使用的“偏见”，是目前最紧迫的事。

能源局重提配额制 光伏企业有望受益

配额制有望成为解决新能源消纳的新手段。国家能源局局长吴新雄在浙江嘉兴召开的现场交流会上表示，国家能源局将重点研究和落实可再生能源配额制。这一讲话被市场视为光伏、风能等新能源行业的一大利好。

据了解，早在2007年国务院就曾经提出过可再生能源配额制，之后再无消息，吴新雄的上述表态令市场对该制度出台的预期变得强烈起来。

采访业内人士和相关企业后发现，不少上市光伏企业在期待配额制兑现的同时，也对绿色证书交易机制有了更多设想。

重提配额制

2014年8月4日，国家能源局在嘉兴召开了全国分布式光伏发电示范应用现场交流会。会上能源局局长吴新雄在讲话中称，将重点研究和落实可再生能源配额制，“新城镇、新能源、新生活”行动计划，加强对重要环节的监管，要求确保全年新增光伏发电并网容量13 GW以上。

可再生能源配额制的基本思路是：国家对发电企业、电网企业和地方政府三大主体提出约束性的可再生能源电力配额要求。即强制要求发电企业承担可再生能源发电义务，强制要求电网公司承担购电义务，强制要求电力消费者使用可再生能源电力。目前国际上已有英国、澳大利亚、荷兰、日本及德国等18个国家和美国部分州实施了可再生能源配额制。

配额制的提出其实跟当下较为严重的弃风弃光现象有关。国家能源局数据显示，2013年仅甘肃弃光电量就达到3.03亿kW·h，弃光率约为13.78%。2014年上半年，全国风电弃风电量72亿kW·h，平均弃风率8.5%，造成经济损失接近35亿元。

对此，多家国内券商发布研报将这次政策变化解读为利好，普遍认为由于2014年上半年新增光伏发电并网容量只有1 GW，此次装机扩容预期将极大刺激光伏市场。

不过，北京诚晟资产的新能源研究员刘忠政的观点较为谨慎：“一方面，配额制从长远看必然利好光伏行业，将保障光伏企业的市场潜力，但政策变数较大，短期内兑现不容易；另一方面，装机容量13 GW将更多地依赖分布式光伏，因此后续政策将更多利好分布式光伏企业，比如爱康科技这类中小型的分布式光伏股。”

绿证交易受期待

据了解，早在2007年，国务院就提出了可再生能源配额制，就是强制要求能源企业在其所生产销售的能源产品中，可再生能源达到一定的比例。如对大型发电企业，配额制规定到某一时间点必须拥有一定比例的可再生能源（5%），然后逐年提高份额。对达不到标准的企业，将受到政策的制约和惩罚。

不过随后几年配额制并没有再被提出来，光伏行业对于配额制的态度如何呢？陕西一家光伏企业董秘办的工作人员表示：“配额制对于企业来说约束了市场各方，保障企业的市场需求，但额度标准能否达标我们还不知道。”

海润光伏证券部的一位工作人员则表示：“配额制在国内是否能顺利实施还需要看后续的配套政策，目前国外比较流行的就是绿证交易，让不同企业的配额实现均衡。”

可交易的绿色证书机制的具体做法是：政府对责任主体所完成的可再生能源电力生产或电量消费进行核准，并颁发相应的绿色证书，以此凭证来与配额相匹配。未完成配额的责任主体，可以购买超额完成配额的责任主体多余的绿色证书，以弥补其应尽的配额责任。

厦门大学中国能源经济研究中心主任林伯强告诉记者：“现行的光伏补贴容易导致企业骗补或者政府补贴不到位的情况，未来配额制与绿证交易结合，可以弥补补贴政策的缺陷，而其市场化的做法将抵消此前政府干预上网电价的副作用。”

全球光伏市场格局悄然生变：2014年中国新增装机容量排全球第一

“双反”贸易战之后陷入低谷的光伏产业，全球光伏市场的竞争目前步入了哪个阶段？

2015年4月15日，在第九届中国新能源高峰论坛上最新发布的《全球新能源发展报告2015》给出了答案：2014年，全球光伏市场的新增装机容量再创新高，达到47 GW，全球累计装机容量已达188.8 GW。这其中，中国增量最大，占到了全球1/4。

“全球光伏市场的竞争格局正悄然发生变化，中国市场快速升温。相比风电，我国太阳能光伏的发展要晚几年，未来更有增长空间。”汉能控股集团董事局主席高级助理、战略管理中心总监王会东表示。

全球光伏开启景气周期

2015年4月15日，在北京举行的第九届中国新能源国际高峰论坛上，汉能控股集团与全国工商联新能源商联合发布了《全球新能源发展报告2015》，该报告是一份在目前全球新能源市场上涵盖范围最广，内容最详实，数据最权威的综合性新能源产业统计年鉴报告。

报告显示，2014 年全球光伏产业已开启了新一轮的景气周期。而这也宣告，全球光伏市场的竞争格局正在悄然发生变化。中国、日本和美国光伏市场的快速升温推动本轮景气周期，快速崛起的英国等新兴光伏市场成为 2014 年全球光伏市场的新贵。原本装机量较大的德国、法国只能排在全球第五、第六位。

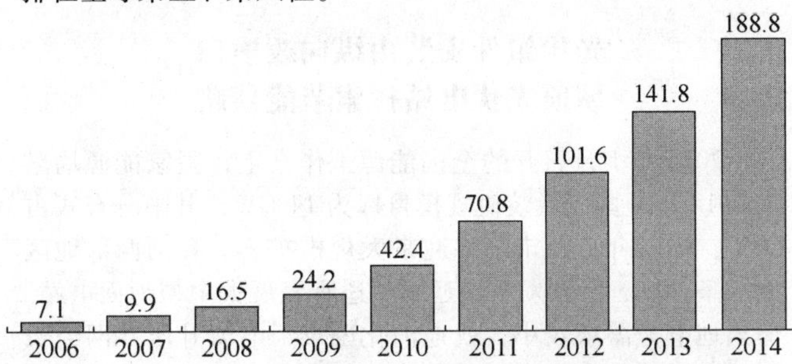

图 1　2006～2014 全球光伏累计装机容量（GW）

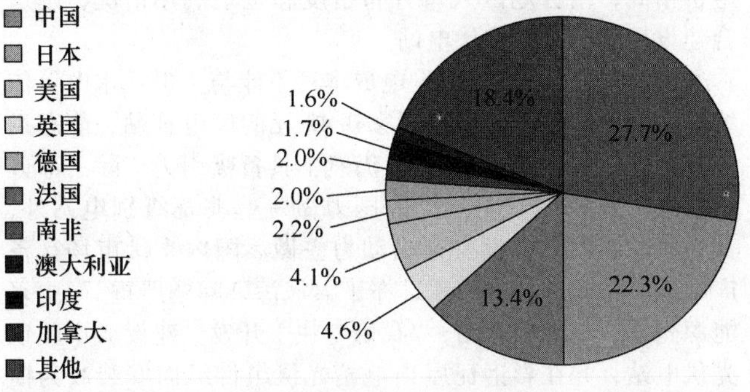

图 2　2014 年全球光伏新增装机容量排名前 10 名国家占比

受光伏装机量稳定增长的影响，全球以光伏为主力的新能源市场继续保持了较好的增长态势。2014 年，全球新能源发电量整体延续了高速增长的趋势，同比增速达到 19%。在全球总发电量结构中，新能源发电占 6.2%，在总发电量中比重上升，相对应的是化石燃料发电量比重下降。

从 2013 年新能源融资情况来看，太阳能光伏产业占整个融资量的 48.3%，但风电只占到 32.1%。报告认为，未来，在我国新能源的发展中，光伏更加具备空间和潜质，增速可能超过风电。

“2014 年国家能源局提出较高的 17 GW 光伏装机目标，这也说明国家对光伏的期望和目标较高。”王会东表示。

我国新能源发电增幅趋缓

报告显示，2014 年全球新能源发电延续了高速增长的趋势，年发电量同比增速达到 19%。但一个不容忽视的现象是，虽然中国的新能源新增装机容量和发电量也都在增长，发电增幅却在放缓。

对此，汉能控股集团董事局主席高级助理、战略管理中心总监王会东向华夏能源网解释说：这与我国经济增速放缓相关，预计未来发电量增速会进入一个相对平稳的状态。

据了解，光伏项目的并网及运行状况也会影响到光伏发电量。在光伏项目建设后，气象、光伏电站的品质和运营维护都将对光伏发电量产生影响，因而，光伏发电增长与装机规模增长趋同或差距逐渐缩小才预示着一种健康的行业运行状态。

对于未来我国的新能源的发展，王会东提出三点建议：一是国家应从减少雾霾，改善民生，增加百姓福祉的角度更加重视提高新能源在能源结构中的比重；二是新能源补贴应该更加及时到位的发放；三是新能源行业对薄膜、晶硅行业的高端装备制造，国家应纳入高端装备的专项支持。

目前，王会东所在的汉能集团已经从事薄膜光伏产业的高端装备研发和制造，是全球最大的太阳能薄膜发电企业。汉能正大力发展光伏民用市场，汉能董事局主席李河君对外宣称，2014 年的户用光伏系统销售目标是：40 万套，100 亿元。

中国多个地方版分布式光伏补贴政策汇总

据悉，2013 年 8 月 26 日，中国发展和改革委员会明确全国范围内分布式太阳能补贴标准为 0.42 元/kW（人民币，下同）时后，全国多个地方版的分布式太阳能补贴政策也相继出炉。上海市正在筹划对分布式太阳能提供 0.25 元/kW·h、为期 5 年的地方补贴，浙江、江苏等地的补贴政策也陆续推动中。

浙江省通过《关于进一步加快太阳能应用促进产业健康发展的实施意见》明确提出，太阳能发电项目所发电量，在国家规定的 0.42 元/kW·h 补贴标准的基础上，再补贴 0.1 元/kW·h。

其中，浙江嘉兴光伏产业园对建成的个人分布式项目给予 2.8 元/W 的建设补贴。嘉兴桐乡则提出，对装机容量 0.1MW 以上的示范工程项目实行“一奖双补”，首先给予投资奖励，即对实施项目按装机容量给予 1.5 元/W 的一次性奖励；其次是发电补助，建成投产前两年按 0.3 元/kW·h 标准给予补贴，第 3～5 年给予 0.2 元/kW·h 标准补贴。

浙江温州也将在 0.52 元/kW·h 的省补贴基础上，再给予商业电站和家庭电站（0.1～0.3）元/kW·h 不等的市级补贴。

其它省市中，安徽合肥市提出分布式太阳能项目最高可拿到 2.67 元/kW·h 的建设补贴。

江西省则通过专项资金对工程一次性初装给予补助，一期工程补助达到 4 元/峰瓦㊀，二期工程补助也在 3 元/峰瓦左右。

此外，陕西、山西两省对于分布式太阳能项目支持力度也较大，但具体的补贴额尚不明确。

国内光伏市场崛起厂商争相布局微型逆变器市场

如今，光伏产业在经历了一段快速发展时期之后，开始进入了产业重整时期。此时，国内光伏市场也正在崛起，那么，企业胜出的一个关键因素是高转换效率产品的比重。影响光电转换效率不能仅仅从太阳电池模组来看，还要考虑到最终的电力输出，而从太阳电池模组获得尽可能最大

㊀　1 峰瓦 = 1W/m^2，太阳能装置容量计算单位。

输出功率的重任，就落到了逆变器身上。

如果为了节省资金，在光伏项目建设前期使用便宜的产品，那么后期的运营、维护的费用将会不断增加。在光伏电站系统中，虽然逆变器的成本所占比例较低，却是发电效率的决定者。当组件等配件完全一致时，选择不同的逆变器，系统的总发电量将有很大的差别。

与传统逆变器相比，微型逆变器在很多方面有所提高，除了可以解决既有遮蔽的问题，并大幅简化了系统的线路设计，其低电流及电压的特性可保持稳定的工作环境。随着太阳能屋顶逐渐成为太阳能产业的主流，微型逆变器将是这个市场上最好的解决方案。微型逆变器发电量高，而且保证了电站的运营稳定，现在业主更容易接受微型逆变器。据统计，在美国市场有超过一半的家用屋顶使用了微型逆变器，占据了一半的市场份额，增长潜力可见一斑。

随着众多厂商瞄准微型逆变器市场这块"蛋糕"，在市场和技术准备期过后，光伏逆变器市场将迎来更激烈的竞争。

国内市场启动利好微逆

目前，我国出台了一系列的利好政策，提振了业界信心，为国内市场启动做好了政策准备工作。启动国内市场，在国家政策的利好之外，还需要清除各种障碍。并网难是我国光伏发电的桎梏之一。从并网进程来看，为加快推进分布式光伏发电，国家简化对分布式光伏发电并网的审批管理，要求在45个工作日内免费为分布式光伏电站办理并网，将全额收购光伏发电富余电量等。其它并网标准、各项细则也会随之落地。

分布式光伏发电项目迎来更广阔的市场，与之而来的是微型逆变器将更具有竞争优势。在全国范围内，已经有多家单位及家庭实现分布式光伏发电，其中微型逆变器的询问度一直很高，使用安装的项目逐渐增多。

评论：

国内光伏市场的崛起是不可逆转的事实，也是必经阶段，在这样的形势下，如何在这场"博弈"中取胜，将是众多微型逆变器企业必须面对的难题，但是对于逆变器企业而言，这个问题并不足以忧虑，他们会有很多种方法应对这一难题。

9项光伏发电并网标准获批发布

最新消息，由中国电科院新能源研究所牵头编制的9项光伏发电站并网相关标准获批发布，并分别于2014年4月1日和8月1日正式实施。

此次获批发布的9项标准包括1项国家标准：GB/T 30152—2013《光伏发电系统接入配电网检测规程》；8项能源行业标准：NB/T 32005—2013《光伏发电站低电压穿越检测技术规程》、NB/T 32006—2013《光伏发电站电能质量检测技术规程》、NB/T 32007—2013《光伏发电站功率控制能力检测技术规程》、NB/T 32008—2013《光伏发电站逆变器电能质量检测技术规程》、NB/T 32009—2013《光伏发电站逆变器电压与频率响应检测技术规程》、NB/T 32010—2013《光伏发电站逆变器防孤岛效应检测技术规程》、NB/T 32013—2013《光伏发电站电压与频率响应检测规程》和NB/T 32014—2013《光伏发电站防孤岛效应检测技术规程》。

9项技术标准为光伏电站并网和光伏逆变器运行性能指标的评判提供了依据，将促进电网接纳光伏发电的能力，同时保障光伏逆变器并网性能达标，有效推动我国光伏并网装备技术进步。

光伏组件安装由纵向改横向 屋顶光伏电站探索节能新路

2014年1月召开的全国能源工作会上，国家能源局敲定2014年全国光伏装机规模目标为14 GW，其中分布式占60%，2014年光伏市场将迎来大规模扩容。我国西部地区光照条件好，待开发土地辽阔，适宜发展大中型地面电站。但当地电力需求较小，就地消化困难，电力升压并网经长距离输送后损耗较大。中、东部地区电力需求大，电网售电价格高，结合地区人口分布密度和土地利用情况，则适合建设屋顶分布式光伏电站。

"目前，分布式光伏发电成本还不能与火电、水电等传统电力相比较，即使加上国家0.42元的度电补贴，静态投资回报期一般也要6~8年，仍然不具备吸引力。除了部分高耗能行业面临节能减排的压力做一些兆瓦级别电站外，其它工厂屋顶基本没有什么动力去做。国内光伏市场具备广阔成长空间的根本因素，在于大气污染问题严重。"中兴能源副总裁冷继明介绍，"我们专注于开发、建设城市屋顶光伏电站，并在彩钢瓦屋顶电站光伏组件纵向安装改为横向安装方面进行了有益的探索。"

目前，各种光伏电站的组件阵列安装方式多数是纵向安装的，屋面斜坡方向和光伏组件纵向保持一致。"我们对安装进行了有益的探索，将光伏电站组建列阵横向安装，使屋面斜坡方向和光伏组件横向保持一致，与光伏组件纵向垂直。"冷继明介绍，"这两种不同的安装方式将影响光伏电站效率。一般情况下，光伏电站的设计原则是在冬至日上午9时之后下午3时之前无阴影遮挡，但城市屋顶在早晨和傍晚将不可避免地会出现阴影遮挡光伏组件的现象，对电站总体效率和维护带来差异。"

目前大规模商用的多晶硅组件中，一块组件一般由60片或72片电池片串联而成。当串联支路中的一个太阳电池被遮挡时，将被当作负载消耗其它的太阳电池所产生的能量，被遮蔽的太阳电池此时会发热，称为热斑效应，热斑效应会严重影响组件的输出功率，同时会破坏太阳电池的性能。有光照的太阳电池所产生的部分能量都可能被遮蔽的电池所消耗。

"为防止太阳电池由于热斑效应而遭受破坏，可以在太阳电池并联一个旁路二极管，当电池正常工作时，旁路二极管承受反向电压，处于反向截止状态，当电池被遮挡时，旁路二极管会导通，起到分流的作用，可以避免光照组件所产生的能量被受遮蔽的组件全部消耗，同时起到保护电池的作用。"冷继明说。

冷继明进一步介绍，原则上每个电池片应并联一个旁路二极管，以便更好地保护并减少在非正常状态下无效电池片数目，但因为旁路二极管价格成本的影响和暗电流损耗以及工作状态下压降的存在，目前由60/72电池片封装成的多晶硅组件，每20/24电池可并联一个旁路二极管。

“当光伏组件被阴影遮挡50%时，纵向安装的光伏组件不仅不会输出功率，还会产生热斑效应。但在同样比例的阴影遮挡下，横向安装的光伏组件依然正常工作，功率等比例下降，无热斑效应。”冷继明介绍，经过实践证明，同一地区同等规模的屋顶光伏电站，横向阵列比纵向阵列的电站发电效率高出3%～5%左右，而且不会因热斑效应产生“蜗牛爬痕”等故障现象，从而影响光伏组件的转换效率和峰值功率。

光伏逆变器市场升温 中国企业或迎爆发期

IHS Technology公司发布最新报告，列出了2013年全球十大逆变器制造商排行榜，分析了这十家企业的发展状态与目标，同时也对目前全球光伏逆变器市场走势进行了分析。逆变器又称电源调整器，根据逆变器在光伏发电系统中的用途可分为独立型电源用和并网用两种。通常将交流电能变换成直流电能的过程称为整流，把完成整流功能的电路称为整流电路，把实现整流过程的装置称为整流设备或整流器。与之相对应，将直流电能变换成交流电能的过程称为逆变，完成逆变功能的电路称为逆变电路，实现逆变过程的装置称为逆变设备或逆变器。

逆变器有多种类型，尤其在太阳能发电系统中，逆变器效率的高低是决定太阳电池容量和蓄电池容量大小的重要因素。目前光伏逆变器行业国际领军者为德国艾斯玛(SMA)公司；国内比较有实力的并网逆变器企业包括合肥阳光电源、三晶新能源、国家电网许继集团有限公司和中达电通等。而离网逆变器的技术发展相对较成熟，国内已拥有一批技术较领先的企业。2005～2010年，全球光伏逆变器市场规模由10.7亿美元增至71.8亿美元，年复合增长率为46.3%，欧洲、亚太地区及北美地区太阳能光伏产业的发展是光伏逆变器市场增长的主要推动力。IHS报告强调，亚洲国家继续在全球最大光伏逆变器供应商排名榜上高歌猛进，其在国际市场所占的份额也进一步扩大。全球十大逆变器制造商中有四家来自中国和日本。

全球十大逆变器制造商中，2012年来自亚洲的企业只有两家，2011年则为零。如今，中日两国占据了2013年全球逆变器销售量的35%，是2011年的3倍。报告指出，由于海外进军亚洲市场的壁垒较高，亚洲逆变器制造商才得以“一家独大”，亚洲企业的成功也在很大程度上有赖于国内市场的磨砺。目前，它们在非亚洲地区的市场份额仍极为有限。但IHS认为，中国和日本在2014年将继续提升其在国际市场的地位。尤其在规模、经济、技术和品牌实力的助推下，在未来两三年内，可看到这些供应商在亚洲以外的市场中发挥更大的作用。

自2013年开始，欧盟针对我国光伏组件出口发起双反调查以来，光伏产业发展就陷于崩溃状态。逆变器市场经历了市场冷冻期，逆变器供应商面临重大挑战。

我国光伏逆变器状况

就我国而言，虽然逆变器价格较低，但是由于国家和企业的努力，尤其是政府政策的刺激，国内光伏市场的装机容量呈现大规模增长的态势，而国内光伏市场的大范围开启，对光伏逆变器的需求进一步扩大，供求影响价格，最新数据显示，国内逆变器价格已开始缓慢回升。

逆变器价格的反弹，很大程度上是来自于国内市场的需求因素，随着光伏电站抢装潮的推动和2015年分布式光伏电站建设推进，将提高对光伏逆变器的需求，价格短期内没有下行压力，逆变器国内价格目前在0.42元左右，每瓦净利不到2分钱，出货量的增加，同时伴随盈利能力的提升，企业将享受超额收益。需求拉动了价格的上升，而国家对行业发展的扶持让业界看到了光伏产业发展的前景，增强了信心。

中国的光伏市场在2014年全面开启，预计到2016年，我国光伏发电成本将会接近脱硫煤的电价，届时我国光伏产业将迎来爆发式增长。

国家能源局召开光伏发电建设和产业发展座谈会

为认真贯彻落实《国务院关于促进光伏产业健康发展的若干意见》，总结推广光伏发电建设典型经验，有效扩大国内市场应用，破解光伏产业健康发展的瓶颈和制约，推动产业持续健康发展，6月12日，国家能源局在京组织召开光伏发电建设和产业发展座谈会。国家发展和改革委员会副主任、国家能源局局长吴新雄出席会议并讲话，国家能源局副局长刘琦主持会议。

吴新雄指出，中央领导高度重视光伏产业发展，2014年以来多次做出重要批示和指示，为我们做好光伏发电建设，促进光伏产业健康发展指明了正确方向，提出了明确要求。我们一定要深入学习领会，更加深刻地把握大力发展光伏产业和光伏应用。对于优化能源结构、实现绿色低碳发展，进一步培育和壮大具有国际竞争力的战略新兴产业以及实现产业与应用的有机结合，培育新的经济增长点，促进经济持续健康发展的重大现实意义。切实统一思想，凝聚共识，把党中央、国务院的决策部署落到实处。

吴新雄强调，2013年7月以来，各有关部门、各地方密集出台相关政策措施，部分地区、企业结合实际，积极探索，开拓创新，已经取得了一些显著成效，值得学习借鉴、总结推广。一是龙头企业带动，实现光伏发电和光伏产业有机结合，鼓励光伏龙头企业向下游延伸产业链。二是政府主动协调，统一配置落实屋顶资源，企业积极参与，共同推动光伏产业发展。三是企业在系统内组织光伏应用，积极利用自有屋顶开展分布式光伏发电项目建设，成效显著。四是多渠道解决融资难题，积极利用现有融资渠道优化融资结构。五是服务创新，保障并网接入，国网公司、南网公司积极推进分布式光伏发电并网，制定机制鼓励地方电网公司积极开展分布式光伏并网服务。六是确保补贴资金及时足额发放，财政部、电网企业出台了相关补贴资金拨付管理办法，健全了补贴拨付、转付机制，不少地方也出台了进一步的激励政策。七是加强监管，督促项目建设。国家能源局各派出机构高度重视以监管促光伏应用，部分地方已先行开展专项监管，取得积极成效。这些好经验、好做法，希望各部门、各地区认真学习借鉴，总结提高，进一步探索出适合本地区、本企业发展的路子。

吴新雄要求，各部门、各地区要进一步明确目标、形成合力，共同推进光伏产业和光伏应用发展。一是要坚持完成光伏发展目标不动摇。坚持完成2014年1 000万kW的增长目标，坚持光伏产品质量标准，坚持降低光伏发电成本。二是要加强质量管理和市场监管。建立与国际接轨的产品标准和质量监管体系，强化市场监管、发布管理办法，研究拟订并组织屋顶业主与光伏发电业主签订标准化合同文本，禁止地方保护。三是各部门要加强统筹协调，加强光伏发展规划管理，积极推进各项政策落地。四是各级地方政府要发挥主导作用。建立协调工作机制，组织屋顶资源调查，编制地方开发规划和年度计划，积极探索新型商业模式和新的支持政策。

会上，来自河北曲阳县、江苏东台市和浙江嘉兴市政府的相关负责人以及中国航空工业集团、上海汽车集团、英利集团和正泰集团的多家企业代表在座谈会上介绍了各自的经验和成功做法。

国家能源局有关司负责同志，有关省市能源主管部门和部分光伏企业代表参加会议。

光伏建筑一体化让城市化建设不再一味消耗

现阶段，我国工业化、城市化发展迅速，中国经济革命正愈演愈烈。与此同时，工业化城市化过程中的能源消耗，使我国自身的能源产业缺口加大，中国也正面临着新一轮的能源革命。有专家指出，能源消耗和环境压力下，中国的城市化建设亟需实现大步跨越，从耗能单元转向产能单元。

建筑是城市建设的基础及重要承载体，而新能源更是集约型社会中节能环保的主力军，倘若二者能一体化发展，将会成为落实绿色建筑发展，实现消耗与生产融合的重要手段。事实上，这种方式已从概念化走向了实际。

就拿光能与建筑的结合来说，光能与热能结合的太阳能热水器已在日常居民生活中运用得非常广泛。而“光电建筑”却是耗能转向产能的新兴产物。光电建筑一体化在国外的发展已相当成熟，但在我国还处于初级阶段。早些年，住房和城乡建设部针对光电建筑发布了《民用建筑太阳能光伏系统应用技术规范》《光伏建筑一体化系统运行与维护规范》等标准，涉及到工程的设计、施工和维护等各个方面。但是这些准则在不同建筑构造上的应用通用性差，原因就在于光电建筑项目数量少，缺乏经验，实际性的规划仍不全面，这使得我国的光电建筑一体化仍然处于摸索阶段。

对此，光电委员会已经开展了相关标准的完善工作。据了解，光电委员会负责编制的《建筑光伏系统技术导则》构建出包括两大安装形式、6个安装部位和14项安装种类的光电建筑关系图，建筑光伏系统关系更加清晰明朗，对大多数光电建筑具有普遍指导性。另外，新编的《建筑用光伏遮阳构件通用技术条件》《建筑光伏阳台通用技术要求》也对光电建筑提出了更具方向性的要求。

国家正大力扶持光伏发电和绿色建筑，两者合一的光电建筑本已前途无限。随着更为完善的政策出台，光电建筑作为绿色建筑的落实者，定将成为建筑行业扭转高耗能现状最有效的途径之一。

光伏产业拐点来临 三主线布局投资

工信部消息显示2014年上半年，我国光伏产业发展延续了2013年下半年以来的回暖态势，总体处于调整发展状态。

数据显示，截止2014年6月底，多晶硅均价同比上涨29.3%，组件均价上涨7.3%。在产多晶硅企业由2013年初的7家增至16家，多家骨干电池企业扭亏为盈，部分重点企业实现延续盈利。

2014年上半年，我国多晶硅产量6.2万t，同比增长100%。据初步统计，上半年我国光伏制造业总产值超过1 500亿元。

《光伏制造行业规范条件》的实施受到业内多方重视，部分落后产能酝酿或开始退出，产业调整趋势明显。部分企业兼并重组意愿日益强烈，推动产业集中度持续提高，上半年，我国前10家组件企业产量全行业占比近60%，前5家多晶硅企业占比超过80%。

另外，地方扶持政策陆续出台，光伏应用向多样化方向发展，但受并网政策及商业模式尚不健全、前期市场增长过快致后期需求萎缩等影响，2014年上半年国内光伏市场环比下降明显，新增并网光伏装机量约3.3 GW，其中分布式约1 GW。

下半年随着国际产业发展变化，特别是四季度由于冲刺10 GW国内装机目标，我国光伏产业可能出现跳跃式增长，形成震荡发展曲线，产业仍保持深度调整态势。

这对A股光伏企业上市公司形成巨大的刺激，建议投资者从三条主线去遴选投资方向：

其一、多晶硅生产企业，比如海润光伏、鄂尔多斯、天威保变和特变电工等；

其二、光伏上游设备生产企业，比如京运通、奥克股份和精工科技等；

其三、太阳能电站总承包商，比如华光股份、森源电气等。

国家能源局：新增分布式光伏示范区12个

2014年12月1日，吴新雄在长三角区域大气污染防治协作小组第二次会议上，就国家能源局落实长三角区域大气污染防治工作进行了发言，汇报内容如下：

一、协作小组第一次会议以来，国家能源局所做的主要工作

（一）完善大气污染防治配套措施，加大能源领域政策支持力度。

一是制定并印发实施《能源行业加强大气污染防治工作方案》，落实增供外送电，保障天然气供应，提前供应国V油品，发展可再生能源和核电等5方面能源保障措施。

二是制定并印发实施《关于建立保障天然气稳定供应长效机制若干意见》，推进增加天然气供应，保障民生用气，推进“煤改气”和建立有序用气机制等4方面任务。

三是制定并印发实施《大气污染防治成品油质量升级行动计划》，推动京津冀、长三角和珠三角等区域限期供应国Ⅴ标准车用汽油、柴油。

四是制定并印发实施《商品煤质量管理暂行办法》，推动京津冀及周边地区、长三角和珠三角限制销售和使用高灰分、高硫分的散煤。

五是制定并印发实施《关于加快推进大气污染防治行动计划12条重点输电通道建设的通知》，增加京津冀、长三角和珠三角地区外来电力。

六是制定并印发实施《煤电节能减排升级改造行动计划(2014～2020年)》，基本目标是实现“三降三提高”，即降低供电煤耗，降低污染物排放，降低煤炭占能源消费比重。提高安全运行质量，提高技术装备水平，提高能源利用效率。

（二）坚持典型引路，推动煤电节能减排示范基地和分布式光伏发电示范区建设。

一是推动煤电节能减排示范基地和示范电站建设。韩正书记8月6日视察外高桥第三电厂时作了重要讲话，国家能源局认真贯彻落实，抓紧研究制定煤电节能减排示范基地和电站先进标准，决定将上海外高桥第三电厂作为“国家煤电节能减排示范基地”支持浙江嘉兴电厂建设“国家煤电节能减排示范电站”。

二是推动分布式光伏发电示范区建设。8月4日，在浙江嘉兴召开分布式光伏现场交流会，总结推广典型经验，在已公布的第一批18个分布式光伏发电应用示范区的基础上，新增12个分布式光伏发电示范区(江苏2个，浙江7个，安徽1个)，长三角区域分布式光伏发电示范区达到17个，列全国之首。

三是积极推动光伏扶贫。认真总结安徽金寨等地光伏扶贫经验，会同国务院扶贫办印发了《光伏扶贫工作方案》。启动首批工程项目，重点在地方积极性高、配套政策具备、已有一定工作基础的安徽等5省(区)的30个县开展首批光伏扶贫试点。

二、下一步能源局将更加积极支持长三角区域大气污染防治工作

（一）大力实施煤电节能减排升级改造行动计划。支持长三角区域各省(市)在上大压小、煤炭减量替代的基础上，结合本地区经济社会发展需要，严格按照能效、环保准入标准布局新建燃煤发电项目，实施现役燃煤发电机组升级与改造。新建燃煤发电机组平均供电煤耗必须低于300g标煤/kW·h，排放达到燃气轮机组排放水平。到2020年，现役燃煤发电机组改造后平均供电煤耗无特殊情况要低于300g标煤/kW·h，排放基本达到燃气轮机组排放水平。会同国家发展和改革委员会、工信部制定清洁、高效发电优惠政策。

（二）保障长三角区域天然气供应。支持国家大型油气企业与长三角区域各省(市)签订长期供气协议。支持长三角区域在确保民生用气长供久安的前提下，在落实气源和气价基础上，有序实施“煤改气”、燃气热电联产等天然气利用项目。推动全国天然气管网互联，支持长三角区域使用俄罗斯、中亚进口天然气。2014年计划向长三角区域安排供气总量约340亿m^3。2015～2017年规划供气总量分别达到365亿m^3、423亿m^3和446亿m^3。

（三）推动长三角区域成品油质量升级。截至目前，上海已全面执行国五车用汽油、柴油标准。江苏苏南沿江八市已执行国五车用汽油标准。浙江省杭嘉湖地区已执行国五车用汽油、柴油标准。继续支持长三角区域油品质量升级，力争2015年底前，长三角区域内重点城市全面供应国五标准的车用汽油、柴油；2016年底前，长三角区域全面供应国五标准的车用汽油、柴油。

（四）支持长三角区域新能源和可再生能源发展。2014年能源局已下达长三角区域风电装机容量共283万kW，太阳能发电规模共315万kW，并加快推动海上风电开发建设。2014～2015年，拟在全国范围内，特别是长三角等重点区域，建设120个生物质成型燃料锅炉供热示范项目。在核电示范工程成功的基础上，积极支持长三角区域发展核电。大力支持浙江创建国家清洁能源示范省。

（五）支持重点输电通道建设，增加外来电。积极推进大气污染防治行动计划12条重点输电通道建设，其中涉及长三角区域输电通道4条，新增输电容量2 400万kW，总投资870亿元，建成后每年可减少长三角区域煤炭消费超过4 000万t标煤。

（六）支持长三角区域推动能源体制机制改革。支持长三角区域稳妥推动电力体制改革，深入推进大用户直接交易，培育多元市场主体；支持长三角区域天然气价格改革，实施存量气增量气价格并轨，逐步放开非居民天然气资源价格；支持长三角区域社会资本参与油气管网、储存设施和煤炭储运建设及运营等。

国家能源局将继续坚决贯彻落实党中央、国务院有关大气污染防治的决策部署和此次会议精神，进一步转变职能，简政放权，在项目主动核准方面，搞好服务和对接；在调研和政策建议上，搞好服务和对接；在长三角区域大气污染防治的重点、难点问题上，搞好服务和对接。尽心、尽力、尽责，为长三角区域大气污染防治工作做出新的贡献！

中国电科院牵头编制的三项光伏技术国标通过审查

由中国电科院牵头编制的《光伏发电站无功补偿装置检测技术规程》《光伏发电站汇流箱检测技术规程》《储能变流器检测技术规程》三项国家标准送审稿审查会在南京召开。

审查会专家组对三项标准送审稿的技术条款、表述格式等内容进行了认真审查，一致认为三项标准总结、吸收了国内外科研成果和先进经验，涵盖了光伏发电站无功补偿装置、汇流箱以及储能变流器检测技术要求的各个方面，对光伏及储能行业的发展具有较好的促进作用，将有利于行业的健康良性发展。同时送审标准进一步完善了我国光伏发电和储能技术领域标准体系，提交的标准送审稿达到了审查要求。

随着我国新能源技术的不断发展，其关键设备(如光伏

电站无功补偿装置、光伏电站汇流箱和储能变流器等）急需相关技术标准进行质量把关。目前，国际标准方面尚无相关设备的检测标准，我国也尚未发布相关国家标准或行业标准。

本次通过审查的三项国家标准送审稿分别规定了光伏发电关键设备（无功补偿装置、汇流箱）和储能变流器应遵循检测条件、检测项目及检测方法等。三项国家标准的制定，将为我国新能源行业的快速发展提供技术保障。

逆变器的发展之路——微型光伏逆变器

太阳能微型光伏逆变器是一种转换直流从单一太阳电池组件至交流电的装置。微型逆变器的直流电源转换是从一个单一的太阳能模块交流，各个太阳电池模块配备逆变器及转换器功能，每块组件可单独进行电流的转化，所以这被称之为“微型逆变器”。微型光伏逆变器能够在面板级实现最大功率点跟踪（MPPT），拥有超越中央逆变器的优势。这样可以通过对各模块的输出功率进行优化，使得整体的输出功率最大化。

微型逆变器多用于小型民用或商用项目。一般对于大型电站而言，除了云层之外，自然遮挡物较少，并且由于经常维护，阴影遮挡对输出功率的影响相对较少；但对于小型住宅项目或是商用项目，由于多数建筑环境复杂，容易被树荫、建筑或其它杂物遮挡，受影响比例较大。根据国外研究机构结果表明，根据不同遮挡程度，输出功率可能会有高达50%以上的损失。当采用传统的集中式逆变器或组串式逆变器，因为对接入组件有一致性的要求，当某一组件因阴影遮挡降低了输出功率，则同一串联的其它组件也要降低到这一组件的输出功率，从而影响了整串组件的输出。使用微逆变器，因为每个组件单独配置一个逆变器，所以没被遮挡组件可以正常输出，从而减少了对整个系统的损失。

除了实现相对较高的系统输出效率之外，微型光伏逆变器还有节省直流线缆、寿命相对较长和可实现单个组件监测等优点，缺点是目前每瓦价格相对较高。但如果考虑在光伏发电系统的整个运行周期内，微逆变器对系统效率的提升，使用微逆变器的系统已略低于使用传统组串式或集中式逆变器的系统发电成本。

如今，逆变器的发展趋势是向两头集中：电站型大功率逆变器和微逆变器。随着技术进步和规模提高，微逆变器的成本有望降低，未来应用前景值得看好。目前，很多企业都将注意力投向了微逆变器市场。下面就以专业的逆变器厂家——苏州欧姆尼克新能源有限公司（以下简称“欧姆尼克”）为例。

作为欧姆尼克阳台发电核心技术的微型光伏逆变器产品具有高发电量、高可靠性、精细智能化、安装及安全优势等特点，最适合家庭电站使用。对比组串式逆变器，该产品可有效屏蔽局部阴影对某块或者多块电池板的遮挡，而对整体发电量的影响，或者因房顶的不规则而影响整体发电量。尤其是当房屋失火时，微型逆变器只有单个电池板的直流电压，最多40 V，不会对消防队员的人身构成威胁，但组串式逆变器却因太阳还不断照射在电池组件上，逐个电池板叠加的高压就会顺着灭火水流对人员产生危害。

2014年中国主要风电政策回顾

回顾2014年，中国风电政策看点颇丰。我国政府仍将风电发展作为能源革命、能源结构调整和国家能源安全的重要一环，加以大力支持。陆上电价进行了调整，海上电价顺利出台，陆上和海上风电的核准工作也有序进行。虽然2013年弃风限电有所缓解，但国家主管部门仍在2014年出台多项举措力图进一步减少弃风限电，同时开始实施风电整机及关键零部件型式认证，建立全国风电设备质量信息监测评价体系。

战略与计划

在核准计划或建设方案方面，2014年我国相关主管部门主要发布了三个更受关注的文件。

第一个文件是与核准计划相关的《关于印发“十二五”第四批风电项目核准计划的通知》。其中列出了“十二五”期间第四批风电核准计划的项目总装机容量2 760万kW。并明确要求电网公司做好这些列入核准计划项目的配套电网建设、并网支持性文件办理、电网接入和消纳等工作，从而确保配套电网建设与风电项目建设同步投产和运行。在此批核准的项目中，低风速地区的项目占比明显较高，弃风限电地区的项目占比更低。而在此之前，国家能源局发布了《关于加强风电项目核准计划管理有关工作的通知》，取消了纳入“十二五”第一批核准计划管理的30个项目，共计174.35万kW。原因是这些项目虽然已列入“十二五”第一批风电项目核准计划，但并未完成核准工作。

与上述两个文件有所不同的是，《关于印发全国海上风电开发建设方案（2014～2016）的通知》主要涉及了我国海上风电项目的建设计划。该“方案”涉及天津、河北、辽宁、江苏、浙江、福建、广东和海南八个省市，共44个项目，总装机容量为1 053万kW。与之前8月全国海上风电促进会上公布的“草案”相比，增加了26万kW容量。同时规定，列入此方案的项目，相当于列入了核准计划，因此需在有效期内核准。同时该方案还强调，为规范海上风电设备市场秩序，开发企业选用的海上风电机组需经有资质的第三方认证机构的认证，未通过认证的设备不能参加投标。

对于风电发展的工作计划和未来战略，2014年的不少政府文件、研究报告都有涉及，其中三个文件最受瞩目。

2014年新年伊始，针对当年的能源工作，国家能源局发布了《关于印发2014年能源工作指导意见的通知》。提出坚持集中式与分布式并重，集中送出与就地消纳结合，稳步推进风电等可再生能源发展。确定2014年的新增风电装机目标为18 GW。要求制订、完善并实施可再生能源电力配额及全额保障性收购等管理办法，逐步降低风电成本，力争2020年前实现与火电平价。优化风电开发布局，加快中东部和南方地区风能资源开发。有序推进9个大型风电基地及配套电网工程建设，合理确定风电消纳范围，缓解弃风弃电问题。稳步发展海上风电。

2014年3月24日，由国家发展和改革委员会、国家能源局和国家环境保护部联合印发《能源行业加强大气污染防治工作方案》，对能源领域大气污染防治工作进行全面部署。“方案”确定了4个方面共13项重点任务，其中2个方面与风电发展有直接关系，其一是要求通过加大向重点区域送电规模，推进油品质量升级，增加天然气供应，安全高效推进核电建设以及有效利用可再生能源等措施，大幅提高清洁能源供应能力，为能源结构调整提供保障。其二是从长远出发，加快转变能源发展方式，重点推动煤炭高效清洁转化，促进可再生能源就地消纳，推广分布式供能方式和加快储能技术研发应用，实现能源行业与生态环境的协调和可持续发展。

由国务院办公厅印发的《关于印发能源发展战略行动计划(2014～2020年)的通知》有几点涉及风电。在推行区域差别化能源政策方面，要求大力优化东部地区能源结构，鼓励发展有竞争力的新能源和可再生能源。在优化能源结构方面，要求积极发展可再生能源等清洁能源，降低煤炭消费比重，推动能源结构持续优化。在大力发展可再生能源方面，提出的发展计划与国家能源局在《关于印发2014年能源工作指导意见的通知》中所提到的内容基本相同。

以上三个文件在涉及风电的条款中，基本上都使用了“积极发展”或“大力发展”等字眼，但在《关于印发2014年能源工作指导意见的通知》和《关于印发能源发展战略行动计划(2014～2020年)的通知》中所提到的到2020年“风电与煤电上网电价相当”，仍不免引起广泛争议。有专家认为这样的目标对风电发展并非利好，意味着国家或将压缩风电上网电价。并且该目标也可能较难实现，因为电价下降的必要前提是技术进步或成本下降，风电技术在短期内很难大幅度的进步，而设备成本的压缩已经相当困难，工程、人工成本仍在不断上升。何况如果将环境污染、工人伤亡、地形改变、交通运输成本及煤电补贴等完全成本进行测算对比后，目前的风电电价并不高，其完全成本与煤电相比差不多，甚至还低。

从2014年的一些政策和报告中可以发现，国家对于风电乃至可再生能源的规划目标和发展期望较高，对于风电产业发展基本有利，这在国家能源局于1月8日发布的《关于公布创建新能源示范城市(产业园区)名单(第一批)的通知》及国家发展和改革委员会于8月20日公布的《西部地区鼓励类产业目录》中也有直接体现。《西部地区鼓励类产业目录》中部分省、区、市新增鼓励类产业涉及风能、太阳能等新能源产业。《关于公布创建新能源示范城市(产业园区)名单(第一批)的通知》所附的名单中，则确定了包括北京市昌平区等81个城市和8个产业园区为第一批创建新能源示范城市和产业园区。

管理与规范

为了促进风电产业的有序健康发展，主管部门在2014年出台了一系列规范风电市场、风电开发的管理通知。其中，国家能源局于7月29日发布的《关于加强风电项目开发建设管理有关要求的通知》和9月5日发布的《关于规范风电设备市场秩序有关要求的通知》，分别对风电项目开发建设和风电设备市场提出了要求。

《关于加强风电项目开发建设管理有关要求的通知》主要涉及了五个方面的内容，其中有三个方面的内容涉及风电消纳问题，国家主管部门对于该问题的关注可见一斑。这三个方面主要包括：

其一，电网企业要根据风电发展规划和风电项目前期安排，认真开展风电消纳市场评估，周密论证电网接入系统技术方案，加强和项目建设单位的沟通衔接，为风电开发建设提供良好的服务。其二，电网企业应根据年度实施方案，认真做好风电场项目接入以及配套送出工程建设工作，及时完成各风电项目接入系统专题评审，出具接入电网意见，将风电送出工程投资列入当年或次年年度投资计划，及时开工建设，确保与风电项目同步投产。国家能源局对项目接入和配套送出工程建设情况进行定期检查并公布结果。其三，坚持把风电运行状况作为风电开发建设的基本条件。对市场消纳能力充足，不存在弃风限电情况的省（区、市），原则上不限制新建项目规模；对局部地区存在弃风限电情况的省（区、市），应限制新建项目的建设规模，并避免新建项目在弃风限电地区的布局；对于弃风限电情况较为严重的省（区、市），原则上不安排新建项目规模。鼓励建设分散式接入风电项目。

此外，该文件还对风电项目开发建设的其它细节工作做了要求：列入年度实施方案的风电项目应有不少于一个完整年的测风资料，测风数据有效完整率不低于90%，并应落实土地使用、环境保护和水土保持等建设条件。国家能源局汇总形成风电年度实施方案，并于年初公布。列入年度实施方案的风电项目作为享受可再生能源基金补贴的依据。统筹推进重点项目和示范项目。积极支持风电供暖项目。

《关于规范风电设备市场秩序有关要求的通知》对出质保问题进行了要求：通过统一质量保证期验收的技术规范、建立质量保证期验收和争议解决机制，强化出质保验收信息公开，来规范风电设备质量验收工作。该通知也对招标工作进行了规范性要求：严禁地方政府干预招投标工作、建立规范透明的风电设备市场、充分发挥行业协会自律作用，构建公平、公正、开放的招标采购市场。同时，通知还谈到通过建立全国风电设备质量信息监测评价体系、加强风电设备质量问题分析、加强风电市场信息披露和市场监管工作来加强风电设备市场的信息披露和监管。

此外，“通知”使用了较大的篇幅，对加强检测认证，确保风电设备质量提出了三点要求，并明确指出接入电网的风电机组及关键零部件必须经过型式认证：一是实施风电设备型式认证。接入公共电网（含分布式项目）的新建风力发电项目所采用的风力发电机组及其关键零部件，需进行型式认证。2015年7月1日起实施。二是强化型式认证结果的信用。风电开发企业进行设备采购招标时，应明确要求采用通过型式认证的产品。通过认证的风电设备，任何企业应采用相应的结果，不得要求重复检测。三是加强检测认证能力建设。

除对风电设备认证工作有了更高要求外，2014年国家能源局发布的《关于下达2014年第一批能源领域行业标准制(修)订计划的通知》及其附件里，共罗列了627项能源领域行业标准制订、修订计划，其中涉及风电产业的有38项，分为风电工程建设、方法、产品和管理4类标准。

并网与消纳

在风电的并网与消纳工作上，除《关于加强风电项目开发建设管理有关要求的通知》在三个方面有所涉及外，国家能源局于4月14日出台了更有针对性的《关于做好2014年风电并网消纳工作的通知》，总结了2013年我国风电并网和消纳取得了积极成效，严重的弃风限电得到了有效缓解，内蒙古、吉林和甘肃酒泉等弃风严重地区的限电比例有所下降，全国风电平均利用小时数同比增长180h左右，其风量同比下降50亿kW·h。

该通知以附件形式将2013年度各省（区、市）风电年平均利用小时数进行了公布，同时还对2014年的风电并网和消纳工作提出了要求：充分认识风电消纳的重要性，着力保障重点地区的风电消纳，加强风电基地配套送出通道建设，大力推动分散风能资源的开发建设，优化风电并网运行和调度管理，做好风电并网服务。

在上述文件发布之前，国家能源局为了规范新建电源接入电网系统工作，确保新建电源公平无歧视接入电网提供保障，曾于2月28日发布了《新建电源接入电网监管暂行办法》。该《办法》对自发电企业与电网企业协商提出新建电源项目接入电网之日起，电网企业组织研究并出具书面答复的期限进行了规定，其中，对风电站电源项目的该期限规定为不超过30个工作日。另外还规定，电网企业、发电企业应严格执行接网协议，相互配合，确保电源电网同步建成投产。因单方原因造成投产时间迟于接网协议约定时间并给对方造成损失的，违约方应根据约定标准向对方进行经济赔偿。

关于风电消纳管理，国家发展和改革委员会在5月18日发布的《关于加强和改进发电运行调节管理的指导意见》中也有所涉及。第十一条中提到年度发电计划在确保电网安全稳定的前提下，全额安排可再生能源上网电量。第十四条提到各省（区、市）政府主管部门应积极推动清洁能源发电机组替代火电机组发电，高效、低排放燃煤机组替代低效、高排放燃煤机组发电。第十五条则要求送受电应贯彻国家能源战略规划，充分利用水能、风能和太阳能等清洁能源。第十七条要求电网企业应制定保障可再生能源全额上网的并网措施。可再生能源发电企业应满足并网运行的标准和要求，加强资源预测，保障运行平稳。第二十条要求在电网安全和供热受到影响时，可再生能源发电企业也应通过购买辅助服务等方式适当参与调峰。第三十三条则指出，电力供需形势缓和时，在优先调度可再生能源和清洁能源的基础上，对燃煤机组生产运行进行优化组合，有序调停部分机组，提高发电负荷率，减少资源消耗和污染物排放。

虽然我国政策大力支持风电并网与消纳，且对风电并网与消纳的安全要求是正确且必要的，但因需要“确保电网安全稳定”，容易成为风电并网政策消极执行的托词。而对加强资源预测的要求，在执行时造成不同程度的解读，从而使一些地区的发电企业增加了成本。此外，也有专家认为在电网安全和供热受到影响时，可再生能源发电企业应通过购买辅助服务等方式适当参与调峰的规定，似乎难以体现可再生能源全额收购或优先并网的初衷，使本应受补贴的可再生能源增加了更多负担。下表为我国政府发布的风电相关政策。

表 2014年我国政府发布的风电相关政策

发文时间	文件标题	文号	发文单位
2014.1.6	关于加强风电项目核准计划管理有关工作的通知	国能新能[2014]24号	国家能源局
2014.1.8	关于公布创建新能源示范城市（产业园区）名单（第一批）的通知	国能新能[2014]14号	国家能源局
2014.1.20	关于印发2014年能源工作指导意见的通知	国能规划[2014]38号	国家能源局
2014.1.28	关于印发《国家能源局2014年市场监管工作要点》的通知	国能综监管[2014]94号	国家能源局综合司
2014.2.8	关于印发《发电机组并网安全性评价管理办法》的通知	国能安全[2014]62号	国家能源局
2014.2.13	关于印发“十二五”第四批风电项目核准计划的通知	国能新能[2014]83号	国家能源局
2014.2.28	关于印发《新建电源接入电网监管暂行办法》的通知	国能监管[2014]107号	国家能源局
2014.2.14	关于恢复全省风电建设有关事项的通知	云发改能源[2014]250号	云南省发展和改革委员会
2014.3.24	关于印发能源行业加强大气污染防治工作方案的通知	发改能源[2014]506号	国家发展和改革委员会、国家能源局、环境保护局
2014.4.3	关于印发服务新能源企业“走出去”协调工作机制的通知	国能综新能[2014]242号	国家能源局综合司
2014.4.14	关于做好2014年风电并网消纳工作的通知	国能新能[2014]136号	国家能源局
2014.4.21	关于印发《上海市可再生能源和新能源发展专项资金扶持办法》的通知	沪发改能源[2014]87号	上海市发展和改革委员会、上海市财政局

（续）

发文时间	文件标题	文号	发文单位
2014.5.18	关于加强和改进发电运行调节管理的指导意见	发改运行[2014]985号	国家发展改革委
2014.5.18	关于发布首批基础设施等领域鼓励社会投资项目的通知	发改基础[2014]981号	国家发展改革委
2014.5.31	关于联合发布《能源管理体系认证规则》的公告	2014年第21号	中国国家认证认可监督管理委员会、国家发展和改革委员会
2014.5	关于进一步加强风电建设项目环境影响评价管理工作的通知	云环发[2014]50号	云南省环境保护厅
2014.6.5	关于海上风电上网电价政策的通知	发改价格[2014]1216号	国家发展和改革委员会
2014.6.7	关于印发能源发展战略行动计划(2014～2020年)的通知	国办发[2014]31号	国务院办公厅
2014.6.9	关于修订我省风电场并网运行管理实施细则有关条款的通知	—	山东省能源监管办

电价与扶持

刚进入2015年，有企业已收到国家发展和改革委员会价格司发布的《关于适当调整陆上风电标杆上网电价的通知》，宣告此次风电电价调整尘埃落定。该通知文号为“发改价格［2014］3008号”，发文时间为2014年12月31日。该通知同9月所发布征求意见稿中的设想方案有较大调整，下调幅度有所减小。电价政策方面，将Ⅰ类、Ⅱ类和Ⅲ类资源区风电标杆上网电价降低2分/kW·h，Ⅳ类风区维持不变。同时该规定适用于2015年1月1日以后核准的陆上风电项目，以及2015年1月1日前核准，但于2016年1月1日以后投运的陆上风电项目，从而被理解为新电价政策为2015年以前的核准项目留出了约一年时间的窗口期。

新的电价政策发布伊始，《风能》通过中国风能协会微信对该政策进行了解读，在价格下调后，一部分项目净资产收益率将低于银行基准利率，从而不再具有投资价值。而山西、安徽等一部分风能资源较好、项目存量较大的Ⅳ类资源区，由于电价未下调，将迎来发展机遇。此外，此项政策的推出，在时间节点上也可能引发抢装潮，但由于Ⅳ类资源区电价并未调整，而被核准的Ⅰ、Ⅱ和Ⅲ类资源区项目占比不大，且越来越少，使该项政策的影响范围有所降低。

2014年的电价政策看点颇丰。除了陆上风电电价调整外，2014年6月5日国家发展和改革委发布了《关于海上风电上网电价政策的通知》，对海上风电上网电价进行了规定与区分，潮间带风电项目的上网电价为0.75元/kW·h，近海风电项目上网电价为0.85元/kW·h。同时，该通知明确适用时间是2017年以前，并不含2017年投运的海上风电项目。

在海上风电电价公布后，有专家通过测算认为，此次海上风电电价标准略低，只有资源情况好，施工难度低，管理水平高的项目能够盈利。因此，地方政府如果能够给予资金扶持，会对海上风电开发起到较大的促进作用。

在全国海上风电电价公布前，上海市发展和改革委员会、上海市财政局共同发布了《可再生能源和新能源发展专项资金扶持办法》，规定对于上海市的风电项目，根据实际上网电量，对项目投资主体给予奖励，奖励时间是连续5年。奖励标准为陆上风电0.1元/kW·h，海上风电0.2元/kW·h。同时，该扶持办法也有两项限制，其一是只针对2013～2015年投产发电的项目，其二是单个项目年度奖励金额不超过5 000万元。

虽然上海市范围内的资源禀赋一般，可供风电开发的土地也并不是特别丰富，但作为较有力度的地方性扶持政策，毕竟不只是说说而已，而是迈开了扎实的一步。

一直以来，很多人看到风电获得了补贴资金，但实际情况是其补贴资金规模远远小于煤电。对于本身利润并不高，且作为国家战略性新兴产业的风电而言，电价政策的影响极大，其稳定与否对于产业发展非常重要。虽然风电在发展战略上得到了国家及法律的大力支持，但弃风限电等问题依然存在，有部门或企业仍然“说一套、做一套”，并未真正去支持风电发展，反而利用一些技术、标准和安全等理由限制风电。因此，如何使各方真正心甘情愿、脚踏实地的支持风电等可再生能源发展，或是未来仍需进一步解决的问题。

风电产业2014年度十大新闻

2014年是风电产业承上启下的一年。风能产业在经历了2012年的寒冬和装机低潮后，2013年迎来了复苏。如果说2013年的风能产业还处于复苏的初期，元气尚不充盈，大家对未来还存在一定疑虑的话，那么，2014年就是我国风能产业真正恢复元气，回到正常发展轨道的一年。

2014年，风能行业发生了数件可以对行业产生一定影响的事件，比如风电调价、海上风电价格出台。除了特定事件，还有在意识形态上引起公众、业内人士明显关注的事件。《风能产业》编辑部从中选出了十件。通过回顾这十大事件，可以梳理风能产业发展思路，认清当前发展形势，把握未来发展方向。

一、习近平：推动能源生产和消费革命

2014年6月13日，习近平主持召开中央财经领导小组第6次会议，专门研究我国能源安全战略。习近平发表重要讲话强调，能源安全是关系国家经济社会发展的全局性、战略性问题，对国家繁荣发展、人民生活改善、社会长治

久安至关重要。面对能源供需格局新变化、国际能源发展新趋势，保障国家能源安全，必须推动能源生产和消费革命。推动能源生产和消费革命是长期战略，必须从当前做起，加快实施重点任务和重大举措。

习近平强调，从国家发展和安全的战略高度，审时度势，抓紧制定2030年能源生产和消费革命战略，着力推进能源消费革命、能源供给革命、能源技术革命和能源体制革命，全方位加强国际合作，研究制定“十三五”能源规划。

习近平就推动能源生产和消费革命提出五点要求。第一，推动能源消费革命，抑制不合理能源消费；第二，推动能源供给革命，建立多元供应体系；第三，推动能源技术革命，带动产业升级；第四，推动能源体制革命，打通能源发展快车道；第五，全方位加强国际合作，实现开放条件下能源安全。

二、风电引起雾霾之辩

2014年，《中国国家地理》杂志有篇文章《谁偷了北京的风?》，认为北方的“大风口”内蒙古地区在五年内风电装机容量暴增了近32倍，这些风电机组偷走了北京的风。该文认为风电场会减小风速，大范围的风力受损则容易导致雾霾天，并在文中引用多位科学家的理论，详细地解释了这个观点。

针对《中国国家地理》杂志的上述观点，风能业内人士认为，大规模风电开发对环境的影响还有待深入研究，并列举了一系列观点反驳风电致雾霾论，这些观点有：

(1) 斯坦福研究。风能开发导致的大气层能量的损失很微小。美国斯坦福大学Maria通过建立风电机组叶片与大气相互作用的动量参数化关系，估算由于大型风电场建设带来的全球和区域大气能量的损失。结果表明，如果全部用风能满足全球对能源的需求，风能开发对1km以下大气层能量的损失大约0.006%~0.008%，比气溶胶污染和城市化对大气能量的损耗小一个量级。

(2) 丹麦科技大学研究。风电场下风向风速减弱有一定范围。丹麦科技大学Risoe实验室Frandsen通过加大中尺度数值模式中的地表粗糙度，设置了9 000 km^2 范围的大规模风电场，用数值模拟方法研究大型风电场的局部大气环境影响效应。结果表明，大型风电场下风向风速减弱的影响经过约30~60 km的距离以后就可以恢复。

(3) 国家气候中心研究。风电场建设未对整个区域的地面风速产生明显影响。国家气候中心公共气象服务中心资源环境气象服务首席专家朱蓉的研究指出，气象站地面风速减弱是长期变化趋势形成的原因，有气候变化背景的作用，也有城市化给气象站周边环境带来的影响因素。总体来看，朱蓉的团队所研究的12个气象站地面风速的变化基本上是渐进的，没有看出有外力影响下的突变。

三、对风电标杆上网电价的调整

2014年12月31日，国家发展和改革委员会下发《关于调整陆上风电标杆上网电价的通知》，明确对陆上风电继续实行分资源区的标杆上网电价政策，并将第Ⅰ、Ⅱ和Ⅲ类资源区风电标杆上网电价下调0.02元/kW·h，第Ⅳ类资源区风电标杆上网电价保持不变。

调整后的四类资源区风电标杆上网电价分别为0.49、0.52、0.56和0.61元/kW·h。

新电价政策适用于2015年1月1日以后核准，以及2015年1月1日前核准但于2016年1月1日以后投运的风电项目。

新电价政策出台后，引起短期内的抢装不可避免。中期来看，会对风电产业的发展产生一定影响。国家层面上的长期目标可能是风火同价。

四、海上风电上网价格、(2014~2016) 开发建设方案的出台

海上风电是未来风电发展的重要方向。我国“十二五”风电规划提出到2015年底，海上风电装机达到500万kW。前期特许权项目由于价格过低都没有正式进行建设。随着海上风电各项技术的进一步加强，海上风电上网价格呼之欲出。

2014年6月5日，国家发展和改革委员会下发了《关于海上风电上网电价政策的通知》。通知指出，对非招标的海上风电项目，区分潮间带风电和近海风电两种类型确定上网电价。2017年以前（不含2017年）投运的近海风电项目上网电价为0.85元/kW·h(含税，下同)，潮间带风电项目上网电价为0.75元/kW·h。

通知还指出，鼓励通过特许权招标等市场竞争方式确定海上风电项目开发业主和上网电价。通过特许权招标确定业主的海上风电项目，其上网电价按照中标价格执行，但不得高于规定的同类项目上网电价水平。

对于2017年及以后投运的海上风电项目上网电价，国家发展和改革委员会将根据海上风电技术进步和项目建设成本变化，结合特许权招投标情况研究制定。

国家能源局于2014年12月出台了《关于印发全国海上风电开发建设方案(2014~2016)的通知》。本方案共有44个项目共计1 053万kW的容量。能源局指出，列入开发建设方案的项目视同列入核准计划，应在2年内核准。

五、2014——风电后市场元年

从2008年起，我国风电产业进入了快速发展的阶段。截止2014年底，累计装机已达到1.15亿kW。由于种种原因，当前大批量运行的风电机组的现状是：质量问题频发；多数机组存在技术改造、升级的需求和空间；而整机制造商的平均出质保率只有10%~30%。

2014年是风电后市场兴起的一年。当然前期已有很多开发商、整机企业投入到风电后市场当中，但2014年是风电后市场突然爆发的一年。整个风电业界都意识到了这一点。2014年9月15日，第一届全国风电后市场专题研讨会在珠海召开。原本预计200人规模的会议，来了300位参会代表。

在2014年底或2015年初，全国有45 GW(4 500万kW)的风电机组出质保。到2020年末，全国会有120~140 GW的服务市场容量，整个服务市场的价值大概会超过800亿。

目前，风电后市场相关规范和标准尚未出台，致使有些运维服务的门槛低。无论是业主组建的运维公司、制造

商成立的运维公司还是第三方运维，在未来，后市场的发展都倾向于真正有资质、有专业技术能力的公司；朝向系统诊断、整体解决；以有计划的“预防式”保障服务为主，及时的故障修理为辅；并配有完备的数据库和服务档案的全方位一体化方向发展。

六、整机企业竞相发力低风速市场

在当前我国风能资源丰富的三北地区，大风电基地开发已逐渐饱和。三北地区风电消纳能力有限，弃风限电问题突出，外送通道建设尚不能满足风电外送需求这一背景下，风电整机制造商纷纷将目光转移到低风速风电市场，以期能够在资源条件相对较弱的四类低风速风能资源区一展拳脚。

金风科技于 2014 式发布最新开发的 GW115/2000 机型。适用于 6.5m/s 以下风区，是对超低风速的新定义和低风速市场的进一步细分，将风能资源的捕捉区域最低下探到风速 5.2m/s 的范围，使南方市场增加几千万 kW 的可开发容量。

维斯塔斯向中国市场推出其最新的低风速整机 V110—2.0MW 和 V100—2.0MW 机组。V110—2.0MW 新一代风电机组专门针对低风速地区设计，切入速度为 3m/s。V100—2.0MW 和 V110—2.0MW 风电机组有更大的风轮尺寸和更新的技术，比上一代的两兆瓦机组分别提高 17% 和 18% 的年发电量。

湘电推出了 XE93—2000 等低风速风力发电机，采用直驱永磁技术，对复杂地形、复杂气象条件适应能力较强，拥有优异的低风速段发电效益。

明阳风电集团推出了自主研发的高原型超低风速 MY2.0MW—118 风电机组。MY2.0—118 机组适用于 5.0～6.2m/s 的超低风速风场，在标准风频分布下，年满发小时数可达 1 900～2 000h。

另外，联合动力、远景、华锐风电和运达风电等企业都推出了适合低风速地区的机型。

七、风电机组质保困局亟待解决

中国目前并网运行的风电机组已达 7 万多台，其中 2012 年以前安装的机组约有 4.6 万台。按照以往市场上机组供应合同的约定，这些机组已出或接近出质保期，但实际情况却是 2012 以前安装的机组仍有将近 3.4 万台机组中的质保金被押，涉及金额超过 200 亿元。

造成质保困局的主要原因是在有些考核指标上，开发商和制造商难以达成共识。当初风电发展速度过快，买卖双方对风电机组的技术了解不够深入，当初签订合同时，对于技术条款约定的比较粗糙，有些条款甚至模糊不清。比如，目前国内大部分整机制造商都是通过的设计评估或设计认证，在认证时并未对机组功率曲线进行测试。因此，大部分制造商提供的担保功率曲线是通过设计仿真计算出来的理论功率曲线，但由于现场风况、传动链阻尼、系统测风等因素的影响，机组的实际功率曲线与理论曲线会出现差异。而机组的实际表现与合同及认证证书的差异，让开发商觉得上了当。

2014 年 3 月，受龙源（北京）风电工程技术有限公司委托，鉴衡认证中心开始对龙源雄亚（福清）风力发电公司的高山风电场二期项目进行机组“出质保”验收，目前已近尾声。

龙源希望将这个项目做成“出质保”验收的样板，以期对“出质保”验收工作进行规范化管理。此项目得到龙源方面重视的更深层次的原因，是龙源作为行业龙头开发企业，希望藉此为行业提供一个示范性的操作规程。

与此同时，国家标准《风力发电机组验收规范》也正在积极讨论中。该标准由全国风力机械标准化技术委员会组织中国船级社质量认证公司、中国农机工业协会风能设备分会、龙源电力、大唐新能源、中节能、华能新能源、国华能源、华电福新、国电联合动力、东方风电、海装风电、金风科技、浙江运达、上海电气、明阳风电、华锐风电、中国电科院、天津华测、SGS 和鉴衡认证中心等单位共同协商制定。

八、威马逊台风重创数个风电场

2014 年 7 月 18 日，41 年来华南地区最强台风“威马逊”登陆海南省文昌市翁田镇，并迅速转入广东、广西等地区。此番台风致使海南文昌风电场 33 台华锐风电 1.5MW、叶轮直径 70m 的风电机组中的 3 台机组严重受损，其中一台倒塔；广东徐闻勇士风电场遭遇重创，33 台天威 1.5MW、叶轮直径 77m 的风电机组有 18 台遭到重创，其中 15 台出现倒塔，3 台机组严重受损。台风的经过地区明阳、湘电的机组则没有受到较大的损伤。

专家表示：“风电机组倒塌的主要原因除了风电机组质量问题，还有当时风况下的控制策略。当台风来的时候，让风电机组对准台风来的方向，确保机组顺风顺桨会对机组起到一定的保护作用。台风环境下，风向变化多样，湍流强度增强，如果湍流强度设计预留的范围比较小，那么极强台风环境下的强湍流就有可能对风电机组造成致命的损伤。”

九、风电投资首度超越火电

2014 年，从电源工程投资看，风电投资 993 亿元，首度超越火电的 952 亿元。2005 年以来火电投资持续减少，2014 年火电投资 952 亿元不及 2007 年（2 205 亿元）的一半。2013 年、2014 年火电投资占电源投资均在 26%，较 2006 年下滑 44 个百分点，几乎拦腰砍断。2014 年水电、核电投资规模分别为 960 亿元、569 亿元，清洁能源投资所占比重已经超过 70%。

十、第十三届世界风能大会在上海召开

2014 年 4 月 7 日上午，第十三届世界风能大会在中国上海隆重召开。本届大会是继 2004 年世界风能大会第一次在中国举办之后，时隔十年再次回到中国。共有来自中国、德国、丹麦、瑞典、保加利亚、乌克兰、土耳其、以色列、埃及、摩洛哥、墨西哥、哥斯达黎加、委内瑞拉、哥伦比亚、古巴、印度、巴基斯坦、尼泊尔、塔吉克斯坦、日本、韩国和朝鲜共全球 22 个国家和地区的风能以及可再生能源技术领域的约 500 名代表出席了这次盛会。

大会由世界风能协会（WWEA）、中国可再生能源学会风能专业委员会（CWEA）、中国农业机械工业协会风能设

备分会（CWEEA）和国家可再生能源中心（CNREC）联合主办，并得到了金风科技股份有限公司、埃克森美孚（中国）投资有限公司、国际铜业协会（中国）、郑州奥特科技有限公司和新中贸德瑞展览公司的大力支持，以及德国联邦经济事务与能源部，国际可再生能源署，联合国开发计划署，国际可再生能源联盟21世纪，全球100%可再生能源运动，世界未来委员会的支持。

在此次大会上，世界风能协会贺德馨主席宣布了2014年度世界风能协会大奖获得者为来自印度的前世界风能协会主席Anil Kane博士，作为在印度乃至亚洲、全世界风力发电领域的先驱之一，被授予2014年世界风能协会大奖。

本届大会还形成了世界风能大会决议，大会决定下一届风能大会将在以色列召开。

2014年风电产业盘点：风机企业盈利趋稳

全球风能理事会发布报告，2014年，全球风电新增装机容量51 477 MW，同比上升44%，累计装机容量首次超过50 GW门槛。全球风能理事会秘书长Steve Sawyer据此判断，“世界风电装机回暖，发展重回正轨。”

世界风电市场走出低谷很大程度上取决于中国的表现，一方面，在世界多国削减可再生能源补贴的宏观环境下，直至2014年下半年，中国始终保持了2009年制定的风电上网标杆电价；另一方面，煤炭价格持续下跌，电企盈利上升，加快了风电整机商的回款速度和额度，摆脱低价竞争格局。

中国的风电产业驱动了全球增长。2015年2月，中国风能协会和国家能源局先后发布最新统计数据，2014年，中国风电新增装机容量2 335.05万kW，同比上升45.1%，累计装机容量达到近1.15亿kW，其中并网容量近1亿kW，占全部发电装机容量的7%。

风电产业的复苏除来自风电自身实力的增强外，煤炭价格下跌亦功不可没，燃料成本的下降，致使绝大多数电力企业的盈利创2014年新高，从而可以扩大风电建设规模并加快给付机组欠款。

风电设备制造商的业绩因此在2014年全面飘红，市场集中度进一步提升至前八大整机企业，中国风电产业基本结束了低价竞争的局面。

风电业界普遍认为，风电行业未来将进入稳定增长的新常态，今后五年，每年新增装机容量或将至少达到2 000万kW，开发商盈利提升仍存瓶颈。

全球市场走出低迷

全球风电市场2014年年新增装机容量创历史新高，这也是继2013年全球风电装机出现低谷后的一次回暖。根据全球风能理事会《2014全球风电装机统计数据》，2014年全球风电新增装机容量达到51 477 MW。这一创纪录的装机数据显示，全球市场实现了44%的年增长，这一增长表明全球风电从近两年来的缓慢前进中全面复苏。

“在全球越来越多的市场中，风电被证明为非常具有价格竞争力的发电技术，”全球风能理事会秘书长Steve Sawyer说：“风电正在快速成为成熟的技术，并且被证明越来越具有稳定性和竞争力。风电不仅具有安装成本低廉的优势，同时也为电力公司提供了一个成本稳定的选择，特别是在目前化石燃料价格巨大波动的背景下。”

中国继续驱动全球增长，2014年新增装机容量达到23 351 MW，同比增长45%。由于中国的强劲表现，亚洲也成为全球装机容量最大的区域，年新增装机容量26 161 MW，2014年印度年新增装机容量达到2 315 MW，这一不错表现让印度位列亚洲第二，印度也将迎来风电发展的新一轮高潮。

欧洲风电装机在2014年实现了小幅增长，新增装机容量达到12 820 MW，比2012年的历史最高装机纪录稍逊。德国5 279 MW新增装机容量超越了其之前的装机纪录，稳居欧洲首位；英国表现不俗，以1 736 MW装机容量位居欧洲第二；瑞典装机容量首次超过1 000 MW，达到1 050 MW；法国位列欧洲第四，装机容量达到1 042 MW。

非洲最大的风电场摩洛哥Tarfaya风电场（300 MW）并网并投入运营，南非风电起步稳健，2014年实现了560 MW的新增装机容量，使得非洲总装机容量达到934 MW。巴西以2 472 MW新增装机容量继续引领拉丁美洲。拉丁美洲总装机容量3 749 MW，其中智利506 MW，乌拉圭405 MW。

美国风电在2013年的低谷后开始回暖，年新增装机容量达到4 854 MW。加拿大1 871 MW的装机容量创历史纪录，墨西哥522 MW的装机成绩也表现不俗。

澳大利亚由于过去一年政府政策的变化对可再生能源影响巨大，然而，567 MW的装机容量依然表现不凡。

中国风电驱动全球增长

世界风电市场走出低谷很大程度上取决于中国的表现。2012～2013年，中国风电走入低迷，全球风电也进入缓慢增长阶段，2014年，中国风电装机容量创历史新高，世界风电市场随之复苏。

风电重回正轨得益于主管部门国家能源局的持续支持，在世界多国削减可再生能源补贴的宏观环境下，直至2014年下半年，中国始终保持了2009年制定的风电上网标杆电价。

但更为深层次的原因也许并非来自风电本身，而是煤炭价格的持续下跌。

在产能过剩、需求疲弱、库存较高及进口煤冲击等因素影响下，中国煤炭价格在2014年继续下行，环渤海5 500大卡动力煤均价由年初的610元/t降至年末的525元/t，2014年7～10月跌破500元/t，维持在480元/t低位。

煤炭价格下跌使得发电企业的成本大幅下降，但其上网电价却保持高位，事实上，目前的煤电上网电价仍为煤炭价格高位时制定的方案，以致电企盈利颇丰。

华电集团企管法律部主任陈宗法说：“煤价超跌是2014年经营业绩创出历史新高最重要的原因。2014年煤价出现两轮快速下跌，对下游的火电企业实属重大利好，燃料采购不同于三年前的卖方市场，普遍出现量足、质好及价低的特征。”据某发电集团分析，2014年1～10月存量火电企业煤折标煤单价同比下降59元/t，综合供电煤耗同比下降2.3克/kW·h，共计降本增收53亿元。

Wind数据统计，在36家发布业绩预告的电力上市公司中，有6家公司业绩亏损，83%的公司实现盈利，且净利润同比下滑的仅有7家公司。截止2014年10月底，五大发电集团利润总额737亿元，基本接近2013年利润总额，预计全年可能突破1 000亿元。

而发电企业盈利的上升促使其可以更大规模地建设风电，并因此加快风电整机商的回款速度和额度。

金风科技(14.71，0.12，0.82%)有关人士说："金风科技的应收账款较前两年有所降低。"据悉，华锐风电(4.34，0.08，1.88%)也通过快速处置等手段，回收了部分拖欠多年的风电机组销售款。

风机企业盈利趋稳

在制造商集中的A股风电概念板块中，主要公司业绩延续2014年上半年的增长态势，有16家已预告或发布2014年三季度业绩情况，除少数几家公司净利润同比下滑外，多数公司业绩飘红。

利润增幅最大的是龙头公司金风科技和华仪风电，分别为500%~550%和600%。金风科技2014年前三季度收入106亿多元，同比上升49.18%，净利润近12亿元，同比上升535.78%。

明阳风电2014年11月24日公布第三季度未经审计财报，2014年第三季度机组出货数据或达到524.5 MW，其中包括187台1.5 MW机组和122台2 MW机组，与2013年第三季度的290 MW出货量相比，同比增加80.9%。公司第三季度总收入17.168亿元人民币，同比增加78.7%。

零部件代表公司天顺风能（15.94，0.01，0.06%）和泰胜风能（10.680，0.00，0.00%）分别预计前三季度净利润同比下降0~10%和增长10%~40%。新股节能风电（10.70，0.14，1.33%）则预计业绩维持稳定。

风电整机企业盈利增长的原因除订单增加外，更为重要的是中国风电行业基本结束了低价竞争的格局。

2012年左右，为获取开发商订单，风电企业竞相压价，价格甚至低至3 000元/kW，造成风机质量下降。进入2014年，开发商逐渐意识到质量对于发电量的重要性，价格维持在4 000元/kW以上，风电设备制造市场的竞争趋于理性。

风电设备企业的销售毛利率水平因此形成恢复式增长。据统计，2014年上半年，风电板块整体毛利率水平为23.60%，到2014年三季度，毛利率水平进一步提升至30.29%，环比提高近7个百分点。

在此背景下，风电整机企业的集中度于2014年进一步提升。国家能源局发布的《2014年风电产业监测数据》显示，8家企业风机吊装容量超过100万kW。中国风能协会的最新排名在春节前夕公布，金风科技、联合动力、明阳风电、远景能源、湘电风能、上海电气（10.11，0.22，2.22%）、东方电气（19.47，0.13，0.67%）和中船重工八家企业的装机容量占总装机容量的73%。

未来五年维持高速增长仍存瓶颈

虽然风电整机企业在2014年表现优异，但开发商盈利提升仍有瓶颈，主要风险来自弃风限电和风资源稳定性。

《2014年风电产业监测数据》显示，2014年弃风限电情况加快好转，全国风电弃风率8%，同比下降4个百分点，弃风率达到近年来最低值，全国除新疆外，弃风率均有不同程度的下降。但业内对这一数字存在谨慎看法。

据统计，龙源电力三季度发电量环比下降25%，同比下降10%。华能新能源三季度发电量环比下降37.7%，同比下降10.5%。在风电可利用小时数指标上，两公司同比分别下降16%和10%。

上述数字的下降部分来自中国的"小风年"。从历史经验看，全国风资源在不同年份之间有所波动，一般波动幅度在10%以内，且呈现一定的周期性，一般是每4年会出现一次"小风"年，"小风"的风速会明显低于各年平均水平。2014年就可称为"小风"年，因此风电场全年发电量都有可能低于预期。

不过，风电业界普遍认为，风电行业未来将进入稳定增长的新常态。按照国家能源局规划，风电行业在未来5年仍将维持2 000万kW的新增装机规模，这无疑将为设备制造商带来持续稳定的新增订单。

至于下游开发商，交银国际预期，随着多条特高压输电线路开工及可再生能源配额制付诸实施。疏堵并举之下，风电场运行效率提升将获得有力保障，届时，风电场开发的内部收益率也在目前10%的平均水平上全面提升。

另一影响风电发展的重要不确定因素是风电上网标杆电价，该电价于2014年下调，或将在未来五年中再次下调。

国家能源局批准330项行业标准：风电14项(名单)

依据《国家能源局关于印发<能源领域行业标准化管理办法(试行)>及实施细则的通知》(国能局科技[2009]52号)有关规定，经审查，国家能源局批准《核电厂核岛机械设备材料理化检验方法》等330项行业标准，其中风电行业标准14项，如下表所示。

表　国家能源局批准330项行业标准：风电14项

标准编号	标准名称
NB/T 31051—2014	风电机组低电压穿越能力测试规程
NB/T 31052—2014	风力发电场高处作业安全规程
NB/T 31053—2014	风电机组低电压穿越建模及验证方法
NB/T 31054—2014	风电机组电网适应性测试规程
NB/T 31055—2014	风电场理论发电量与弃风电量评估导则
NB/T 31056—2014	风力发电机组接地技术规范
NB/T 31057—2014	风力发电场集电系统过电压保护技术规范
NB/T 31058—2014	风力发电机组电气系统匹配及能效
NB/T 31059—2014	风力发电机组双馈异步发电机用瞬态过电压抑制器
NB/T 31060—2014	风力发电设备环境条件
NB/T 31061—2014	风力发电用组合式变压器
NB/T 31062—2014	风力发电用干式变压器技术参数和要求
NB/T 31063—2014	海上永磁同步风力发电机
NB/T 31064—2014	海上双馈风力发电机技术条件

核准项目六成尚未开建 风电企业望迎订单潮

以国家能源局新近核准开建一批总量达2 760万kW的风电项目为由头，市场对于风电行业回暖的预期再度升温。据中国证券报记者了解，一系列行业关键驱动因素均呈现出正向变化，诸如新增装机规模提速，可利用小时数提高，弃风率下降等，并且，种种利好已反映到少数龙头企业2013年下半年以来的业绩反转上。

根据官方披露的数字，在已审核的逾1亿kW项目中，仍有近6成处于未开工或在建的状态。有业内人士指出，这意味着按照“十二五”规划提出的“2015年国内风电并网装机达1亿kW”的目标，2014～2015年国内风电装机步伐将加快，项目招标的扩容将让众多风电企业迎来订单潮。

行业回暖趋势渐清晰

经过2011～2012年连续两年的调整期，风电行业在政策强力“纠偏”下开始步入有序发展轨道，一些过去困扰行业发展的瓶颈问题渐次“融冰”。

来自国家能源局的数据显示，2013年，全国新增风电并网容量1 449万kW，累计并网容量7 716万kW，同比增长23%。年发电量1 349亿kW·h，同比增长34%。风电利用小时数达到2 074h，同比提高184h。平均弃风率11%，比2012年降低6个百分点。

中国可再生能源学会的一位专家说，尽管2013年国内新增风电并网装机规模与2012年几乎相当，但一些决定风电行业“健康度”的关键性指标同比已有明显改善，2012年全国平均风电小时数仅1 800多h，而2013年已超过2 000h。弃风率的下降更是表明风电场运营的经济效益已明显改善。

下游的改善已充分传导至上游。据悉，国内五大电力企业2013年风电项目招标的节奏明显快于以往。例如：华电集团2013年9月对总容量95万kW的风电项目进行了打捆招标，华能集团第三季度的项目招标量约为100万kW，中电投四季度也对总容量超过40万kW的项目进行了公开招标。而2012年第三季度全国新增招标量仅约140万kW，还不及华电和华能两个公司2013年第三季度的招标量。

与以往招标放量增长伴随着设备招标价格每况愈下的情形不同，一项市场跟踪数据报告显示，2013年全年风电招标项目的招标价已开始由2011年历史低位的3 600元/kW增长至3 900元/kW。

上述专家指出，从相关部门以电网规划同步核定项目建设节奏的思路转变，到开发商对设备质量的重视加强，再到风电设备商告别价格战“恶习”，这些都在印证风电行业逐渐步入健康发展正轨，行业酝酿下一个爆发期已夯实基础。

催生近3 000亿元设备市场

风电行业出现向好趋势渐成共识。权威人士指出，2013年，政府着力有序推进风电基地建设，采取有针对性的措施解决弃风限电问题，使风电产业继续保持了平稳较快发展势头。进入2014年，加快推进清洁能源替代已成既定方针，并将其纳入到当前最重要的大气污染防治工作的统筹部署中。有鉴于此，国家能源局一方面亮出2013年成绩单；另一方面也推出新一批总量达2 760万kW的新增项目核准建设计划。

这一数字被众多券商分析师解读为“超出预期”，因为此前市场普遍预计新增规模将不超过2 000万kW。从2011年至今，“十二五”风电项目审批规模已累计超过1亿kW，但按照上述国家能源局发布的数字，目前全国范围内累计在建的装机容量达6 023万kW，这些项目大部分为未招标或开工的项目。

据招商证券研究员介绍，根据相关企业提供的数据，截止2013年6月底，国家前三批核准的9 040万kW项目中约有60%的项目还没有招标或者开建，即5 400万kW。假设2013年下半年内开工1 000万kW，然后加上此次的2 760万kW，意味着到2013年底已核准但未开建的风电项目达到约7 200万kW。这一数字将在“十二五”收尾的2014年和2015年集中放量开建。

据粗略测算，如果按照目前国内风电项目平均3 900元/kW的招标价水平来计，7 200万kW的新增装机规模将意味着未来两年将由此催生出2 800多亿元的设备需求空间，这对过去大面积遭遇订单“荒”的风电设备制造商来说，无疑是久旱后的“甘霖”。

从优化布局中招标的

有关未来风电引导政策的最新提法是“将进一步优化风电开发布局”。从第四批审批项目的结构来看，呈现出两大亮点：一是华中、华东和华南等低风速地区（风能资源条件并不优厚地区）的核准规模已经达到了第四批风电核准规模的60%；二是传统的千万千瓦风电基地中唯独新疆地区获批304.5万kW的项目。

招商证券研究员分析指出，这些变化对于行业及市场来说，值得注意的是，一方面，大基地式建设风电已渐渐成为过去时，广大的中东部低风速地区将成为未来几年风电市场的赛场；另一方面，新疆在几大风电基地中一枝独秀，主要是受益哈密到郑州特高压输电通道的投运，不存在风电消纳问题。

基于此，该研究员认为，投资者应该多关注区域性风电开发商以及兆瓦以下小型风电机组产品已批量化入市的设备制造商。例如，新疆地区的大量装机获批，受益最大的整机厂商就是本地企业金风科技和在哈密地区拥有厂房的风塔企业泰胜风能。华中、华东和华南地区获批装机容量的增长将使得湘电股份、明阳、上海电气和天顺风能等风电设备厂商可利用运输成本优势获得较多订单。

印度风电市场迎来第三次爆发

六年来亚洲的年新增装机容量蝉联全球各大区域榜首。2013年更是以18.2 GW的年新增装机容量再次位居榜首，中国和印度是引领亚洲风电发展的主要国家。印度2013年风电新增装机容量1 729 MW，总装机容量超过20 GW。成为亚洲风电发展最快的国家之一，也是全球风电发展最具潜力的市场。

过去几十年，印度的风电发展经历了两个高峰。20世纪90年代中期，印度风电机组的年安装量达到了首个高峰期，在第八个五年计划期间(1992～1997)，印度风电新装机容量超过了原计划50万kW的2倍以上。21世纪以来，印度风电发展逐渐进入第二个高峰期。在2011年4月到2012年3月这一财年，印度每年新增风电装机从以前每年的几十万千瓦增长到了320万kW。据统计，印度在2012～2013财年新增风电装机容量为233.6万kW，同比下降了约100万kW，累计装机容量为1 860万kW，排列全球第四。日前，印度风电行业随着国家政策的出台，新能源投融资的完善以及对外招商引资，在经历两个高峰之后，即将迎来第三次爆发。

完善政策促发展

2013年印度风电的独立发电厂市场有所起色。政府也通过实施“发电刺激计划”（GBI）鼓励风电行业发展。但随着风电加速折旧政策的取消，使本可投放到风电领域的可用资金数量大量减少，严重影响到了风电装机成绩，这也使得原来以激励为前提的政策影响逐渐减弱。印度风能协会也正在和政府商议是否重新实施加速折旧政策。

GBI规定，风力发电进入国家电网享受税收优惠，政府将为进入电网的风电项目提供0.50卢比/kW·h的补贴，由印度可再生能源开发局予以实施。这一政策和AD都在2012年3月31日终止。

2010年，印度中央电力监督委员会发布了可再生能源证书（REC）机制，并于2011年初正式实施。REC机制施行后，印度可再生能源证书申请数量快速增长。2013年下半年，印度政府颁布法令，要求所有装机容量在10 MW以上的风电项目都要开展日前风功率预测，预测时间间隔为15min。如果实际出力与预测出力相差超过30%，风电场则需要向电网公司缴纳罚金。近年来，印度间歇性新能源发电规模在过去五年内实现翻番增长，风电和光伏装机容量已经超过2 000万kW，印度加强风功率预测管理就是为了解决大规模间歇性新能源消纳问题。

但是，在2014年印度财政部长P. Chidambaram发布的2013～2014财年财政计划演讲中，GBI得以正式恢复，大约有80亿印度卢比将拨付用作2013～2014年的补贴预算。P. Chidambaram还提到，当风电机组的费用达到1 000万卢比/MW时，补贴就会停止。在GBI政策废除后，印度的风电开发商曾一度指望通过国际货币基金组织和美国进出口银行等国际机构寻求基金支持。

虽然过去一年，风电政策的不完善使印度风电产业受到了一定打击，但是印度政府非常明确地表示将继续支持包括风电在内的可再生能源发展，而且经济不断发展的印度也需要新的电力来源。总之，经过几年的发展，印度已经在亚洲成为除了中国以外发展最快、最具潜力的风电市场。

在印度风电的金融投资方面，2010年印度成立了国家清洁能源基金会（NCEF），为清洁能源领域的技术研究和项目提供资金支持。据统计，印度25个联邦电力监管委员会的17个成员共同颁布了可再生能源采购义务法（RPO），而且有18个成员已经发布了风电上网电价机制。另外，电力监管委员会是印度的准司法性的机构，在每个邦都有分支，并确定上网电价制度，以解决投资者、开发商、公共事业部门和政府之间的纠纷。印度可再生能源开发局还设立一个政府所有的金融公司，可以以合理的利率为风电机组提供高达成本75%左右的贷款，而进一步推进印度风电行业的发展。

中国资本受青睐

印度风电行业十分渴望得到中国投资。印度的风电基础设施薄弱，目前基础设施落后问题已经开始影响风电行业。输配电电网急需升级换代，输电系统需要更完善、更严格的规划和部署，地区性电网也需要更好地互联，急需大量资金投入；另一方面，自全球金融危机以来，当地银行银根紧缩，业主从银行贷款融资十分困难。而中国外汇储备雄厚，流动性充足。在这种情况下，印度工商界自然渴望得到来自中国的投资。印度商工部部长夏尔马曾公开表示，他热切期待中国企业投资印度的电力、通信、港口和道路等基础设施部门，其中就包括风力发电行业，印度政府将投入空前的1万亿美元用于基础设施建设，对于有技术、有能力的中国企业来说，将会是一个诱人的商机。

2013年1月，随着第100台1.5 MW直驱永磁风力发电机在中国北车永济电机公司总装完成，标志着历时两个月，我国风电企业首次出口印度最大批量订单全部交付。到2月3日，最后一批风力发电机组在上海港完成装船发运。

近两年，中国明阳风电以黑马之姿闯入印度风电市场，在印度的风电市场占有很大席位。2012年，明阳风电与印度独立发电集团信实电力及其下属公司签订了一项30亿美元的合同，两家公司将在印度10个邦共同开发总容量为250万kW的可再生能源项目，中国开发银行将为该合作项目提供资金支持。目前，明阳风电在印度注资了GWP公司，员工人数超过300人，本地化率90%，明阳风电将其1.5MW风力发电机组的零部件输送到印度，然后由GWP公司组装。2014年10月，明阳风电的第一批1.5MW风力电机组已经交付给印度风电技术中心，等待审批。

当然，明阳风电也不是第一家将风电机组卖到印度的中国企业。据报道，2011年4月，上海电气与印度KSK能源公司签订了一项协议，由前者提供125台单机容量为2MW的机组，总订单容量达25万kW。

困难急需克服

2008年6月，印度在发布的国家应对气候变化行动方案中确定2020年的可再生能源目标：印度可再生能源发电占比到2015年要达到10%，到2020年达到15%。印度的第12个五年规划（2012～2017）设定的五年新增总装机容量目标是1 500万kW。目前，印度风电行业在加速发展的同时，还有极大的困难需要面临。

首先，印度的可再生能源行业主要依靠地方政府在推进，国家缺乏相应的完整法律，对新能源发电的发展产生了巨大的不利影响，某些省制定实施了高标准的可再生能源发电配额，而另一些省相对较低甚至尚未建立，同时还存在执法力度不足，导致全国的地区发展不平衡，不能保证印度风电市场持续、稳定的发展。

其次，印度输电线路的安装和基础设施建设都跟不上风电场扩展的规模。面对印度国内不断增长的可再生能源，装备陈旧的电网系统和基础设施显得力不从心。目前，印度只有80%的风电场所发电力可以输送出去，基础设施还在不断完善之中。

第三，印度可利用的风能资源预测能力不足是阻碍风电发展的一个重要问题，在某些地区，对风能资源理论预测值与风电场实际表现不符的情况频繁发生，这不仅影响风电开发商的开发信心，也使银行对拟融资项目风电场场址的资源评估提出了更高的要求。

第四，印度风电领域的融资问题非常突出，独立发电商在风电领域的成长有助于风电项目的融资，但高额的贷款成本使产业以较快步伐扩张的能力受到很大影响。风电场运营商面临资金拖欠问题，公共事业单位总是拖延支付给风电发电商的款项，导致现金流的严重紧张。除此之外，由于土地资源紧缺，在印度获得土地许可是一个非常缓慢的过程。

四部门联合推进新能源汽车推广应用工作

关于进一步做好新能源汽车推广应用工作的通知

财建[2014]11 号

各省、自治区、直辖市、计划单列市财政厅(局)、科技厅(局、科委)、工业和信息化主管部门以及发展和改革委员会：

为加快新能源汽车产业发展，推进节能减排，促进大气污染治理，经国务院批准，2013 年，财政部、科技部、工业和信息化部、发展和改革委员会启动了新能源汽车推广应用工作。从实施情况看，各项工作进展顺利，推广数量快速增加，市场规模不断拓展，政策效果已逐步显现。为进一步做好相关工作，现将有关事项通知如下：

一、按照《财政部、科技部、工业和信息化部及发展和改革委员会关于继续开展新能源汽车推广应用工作的通知》(财建〔2013〕551 号，以下简称《通知》)规定，纯电动乘用车、插电式混合动力(含增程式)乘用车、纯电动专用车及燃料电池汽车 2014 和 2015 年度的补助标准将在 2013 年标准基础上下降 10% 和 20%。现将上述车型的补贴标准调整为：2014 年在 2013 年标准基础上下降 5%，2015 年在 2013 年标准基础上下降 10%，从 2014 年 1 月 1 日起开始执行。

二、按照相关文件规定，现行补贴推广政策已明确执行到 2015 年 12 月 31 日。为保持政策连续性，加大支持力度，上述补贴推广政策到期后，中央财政将继续实施补贴政策。具体办法另行公布。

三、按现行办法规定，补助资金按季预拨、年度清算。请各生产企业于每年 4 月底、7 月底和 10 月底前将上一季度的新能源汽车销售情况及相关证明材料，通过注册所在地财政、科技部门，逐级上报至财政部、科技部，财政部、科技部将根据企业销售情况预拨补助资金。每年 1 月底前，按上述程序提交上年度的清算报告及产品销售、运营情况，包括销售发票、产品技术参数和牌照信息等，财政部等四部委组织专家审核清算。各级财政等部门要做好中央财政预拨付资金申请及年度清算工作，并按照财政国库管理制度规定及时拨付补助资金。

财政部　科技部　工业和信息化部　发展和改革委员会

2014 年 1 月 28 日

深度解读未来汽车动力源：燃料电池 VS 锂电池

特斯拉 CEO“给力哥”Elon · Musk 在德国接受外媒采访时将燃料电池(Fuel Cell)称为“傻瓜电池”(Fool Cell)，并表示：“他们非常愚蠢，就算从理论上实现燃料电池的最佳性能，也无法同今天的锂离子电池抗衡。”他还指出锂离子电池还有很大潜力没有发掘。

而另外一方面，通用汽车和丰田等多家车企巨头各自同合作伙伴签订合作开发燃料电池协议，计划未来数年内推出燃料电池车投入实用。早在 2011 年丰田就在东京车展上就亮相了 FCV – R 氢燃料电池概念车，2014 年东京车展则将展出量产型号。丰田公司同宝马签署协议在四个领域进行合作，其中就包括燃料电池。

除了丰田，通用汽车和本田汽车宣布将联合开发下一代燃料电池技术，以便 2020 年投放到市场。韩国现代汽车已经率先投产燃料电池车，福特、戴姆勒和雷诺-日产正合作开发燃料电池技术。

丰田表示，即将量产的燃料电池车售价大约接近宝马 5 系或者特斯拉 Model S，大约为 5 万美元左右，一次加注燃料续航里程高达 300 英里(483km)。因而性价比具有较高的竞争力。

那么到底是特斯拉的给力哥对，还是丰田以及一众车厂对，为什么会有燃料电池和锂离子电池之争，未来电动车的动力之源会是什么呢？下面做一个深度解读。

电动车和传统汽车

现在林林总总的电动车，其实是传统汽车的一个延续，人们做的，只是把传统汽车的动力部分、燃油部分换成了电动机和电池。

电动车的历史其实非常悠久，1839 年，苏格兰的罗伯特 · 安德森给四轮马车装上了电池和电动机，将其成功改造为世界上第一辆靠电力驱动的车辆。内燃机汽车的发明时间则要推迟到 40 余年之后的 1885 年 10 月，卡尔 · 奔驰设计制造了世界上第一辆三轮汽油汽车，同年戈特利布 · 戴姆勒也制造出了一部四轮汽油汽车。两人各自成立了自已的汽车公司，1926 年两家合并为戴姆勒 – 奔驰汽车公司。

电动车在历史上经历过三个发展期，1885 ~ 1915 年是电动车的第一次黄金时期。这一期间，由于内燃机技术相当落后，行驶里程短，故障多，维修困难，不及电动车，因此电动车在这一时期被普遍认可。当时美国总统的座驾就是电动车，而不是内燃机汽车。

第二个阶段是 20 世纪 60 年代，中东战争引发石油危机的大背景下，美国通用汽车公司与福特汽车公司分别研发了新型电动汽车。雪铁龙、标致则将现有车型改装成小型电动汽车。以此为契机，全球掀起了电动车热潮。

第三个阶段是 20 世纪 90 年代后，随着锂离子电池技术的进步，成本的降低，电动车的性能有了巨大提升。最终实现了特斯拉、日产等的量产电动车。

从电动车的历史可以看出，电动车和传统的内燃机汽车，实际上是平行发展、互相竞争的关系。当电动车的性能、成本和用户体验高于内燃机汽车的时候，电动车就有一个黄金发展期，而当内燃机技术进步，体验超过电动车时，电动车就归于沉寂。

电动车性能的关键因素：动力电池

对于电动车来说，性能、成本和用户体验能否压倒内燃机汽车，关键在于动力电池。

我们知道，汽车能跑，是因为发动机和变速箱工作给汽车提供动力，电动车能跑是电池和电动机提供动力。电动机技术经过百年的发展，已经非常成熟了。

无论是单位重量的功率，还是效率、寿命、成本和控制，都远远优于发动机。同等功率的电动机往往比发动机便宜，寿命更长，维护保养也更简单。理论上电动车应该远比内燃机汽车更有竞争力，而问题的关键就卡在电池上。

众所周知，汽车运动是需要能量的，内燃机汽车的能量来自于汽油或者柴油的燃烧，热能转化成动能。而电池通过电动机，把电能转化成动能。现在电动车遇到的问题就是同样的重量，同样的体积，电池提供的能量远远低于汽油和柴油，也就是能量密度低。

所以，同样跑300km，汽油车只需要30升的油箱，只需要20多公斤汽油，而即使采用了先进锂离子电池的电动车，也要600多公斤的巨大电池包，还不算保护电路和电池包本身的保护的重量。

如果用铅酸电池，则需要1~2t的沉重电池包，而一辆家用轿车正常的重量也不过1t多。

除了能量密度，电池还有一个功率密度的概念，动力电池能够释放的最大电流是有限的，电压是有限的。即使电动机功率很高，电池瞬间放电能力不行，也会影响电动车的性能。

动力电池的分类

目前，电动车用的动力电池种类其实非常多，但是真正实用化的并不多。因为很多电池都有这样或者那样的问题。世界上大部分厂商都选择了锂电池，细节材料上有使用三元锂电池的，有使用磷酸铁锂的，有使用锰酸锂的，但是它们都可以归结到锂电池的范畴，需要充电放电，有循环次数。

氢燃料电池和锌空气电池都不是充电电池，是靠消耗其它材料(氢气，锌)产生电能，需要添加其它材料才能维持运行，更类似传统燃油车加油的概念。

还有几种比较另类的电池，一般当作动力电池的辅助使用。下面详细说说各类电池的特点和用于汽车的优劣。

（一）氢燃料电池

首先来看被“给力哥”讽刺为傻瓜电池的氢燃料电池。燃料电池并不是一个新东西，它的历史可以追溯到1838年，德国化学家提出了燃料电池的理论。真正实现商用化则是1955年的事情，美国通用电气的工程师造出来实用化的氢燃料电池，随即就应用了到美国太空探索的双子星计划。

1991年发展出来可以应用于汽车的氢燃料电池，这就是今天氢燃料电池的来源。

相对于其它电池，氢燃料电池最大的优势是能量密度极高，实验室可以做到3kW·h/kg，比其它类型的电池都高很多。用于汽车可以以更小的体积和重量，提供更长时间的续航。

但是，氢燃料电池也存在问题：

一是价格，氢燃料电池的核心零件是质子交换膜和铂催化剂，都是非常昂贵的材料，用在不计成本的航天可以，用在汽车上昂贵的价格让氢燃料电池普及困难，即使到2015年，丰田也只敢说整车5万美元，30多万人民币。而目前的价格是150~200万人民币，远远高于燃油车和锂电池的电动车。

二是燃料的来源和储存，氢燃料电池需要氢气，氢气本身并没有产业链支撑，制造、运输、储存、加注都极不方便，成本又很高，危险还很大，相比燃油车和锂电池车成熟度太低。

从用户体验角度，氢燃料电池车还有很长的路要走。给力哥讽刺氢燃料电池为“傻瓜电池”也不是完全没有道理。

（二）锌空气电池

锌空气电池的历史也很悠久，可以追溯到1878年。锌空气电池更加类似我们所使用的干电池，实际上在很多领域，锌空气电池也在替代干电池。

锌空气电池的能量密度较高，可以达到0.3kW·h/kg，比锂电池高，并且价钱便宜，锌材料比锂便宜得多。

但是锌空气电池也有两个问题：

首先，功率密度低，使用锌空气电池的电动车虽然续航里程不逊色于锂电池电动车，但是加速、爬坡性能都很糟糕，实用性不佳。

其次，产业链不匹配，锌空气电池和氢燃料电池类似，也需要更换材料，锌空气电池需要把氧化锌更换为金属锌，这就需要从发电厂，到电解锌工厂，到锌电池制造厂，到汽车换电池站等一系列的产业链配套。这些都要从头开始，同样远不如锂电池成熟，要实用化也需要走很长的路。

（三）飞轮电池

飞轮电池是最近几十年才发展出来的新型电池，它不是传统的化学能转化成电能的化学电池，而是内部有一个高速旋转的飞轮，靠飞轮动能储存能量的电池。

飞轮电池没有化学物质，不存在爆炸燃烧之类的安全性问题，也不怕温度变化，环境恶劣，循环寿命非常长。更可贵的是飞轮电池有极高的功率密度，达到5~10kW·h/kg，远高于其它类型的电池，尽管能量密度和锂电池差不多，但是高功率密度可以带来极好的汽车加速性能，在能量回收的时候，也就可以承受更大的功率。

在保时捷918的概念车上，副驾驶位置就是一个飞轮储能系统，飞轮电池唯一的缺点就是贵，技术上、性能指标上、安全性上、飞轮电池都很适合汽车使用，但是高昂的价格注定它只可能出现在豪华车或者超跑上，而不能进入大众用汽车。

（四）锂电池

锂电池的历史可以追溯到20世纪70年代，是目前应用最广泛的电池。

汽车用的动力锂电池，其实也分好几类，特斯拉最新用的松下电池已经是三元锂电池了，三元锂电池的能量密度、功率密度和安全性比较均衡，是中庸之选。

特斯拉的优势是，用软件的办法，解决了充放电过程中的安全性问题。使得本来不偏重安全的三元锂电池可以应用于汽车。

但是特斯拉的电源管理技术解决不了穿刺问题，只能靠加强电池包的保护来解决，遇到极端碰撞，强大的冲击力击破电池包的保护，特斯拉依然会起火爆炸，只是高强度的保护给了车主逃生的时间。

磷酸铁锂(也就是比亚迪所谓的铁电池)是应用比较广泛的电池，它的优势是安全性相对比较好，尽管也有事故，但是相对其它锂电池已经是最好的了。它的功率密度比较好，可以大倍率放电，有不错的加速性能。在循环寿命方面磷酸铁锂也有优势，长期使用成本相对较低。

磷酸铁锂的缺点是能量密度相对较低，同样重量续航里程没有优势。此外，低温性能比较差，冷天电量会损失很多。

综合看，磷酸铁锂还是被一致看好的动力电池。

锰酸锂电池在日本企业中用的很多，优点是低温性能比较好，低温电量损失没有磷酸铁锂那么严重，价格也便宜，安全性不如磷酸铁锂，但是还不错。但是材料本身不太稳定，容易产生气体。

小结

从目前的技术看，氢燃料电池、锌空气电池都需要新建一个产业链来支撑，这需要很长的时间和大量的投资，而且两者都有弱点，竞争力很弱，很长一段时间不会有什么希望。

飞轮电池性能优异，但是价格昂贵，如果能找到大幅度降低成本的办法，飞轮电池是最适合电动车的，可惜目前还没有找到的迹象。这就决定未来很长一段时间，飞轮电池只能出现在一些超高价的豪华车和超跑上。

锂电池从发明以来，随着技术的进步和产业化的扩充，每年都有小幅度的降价和容量提升。

特斯拉在2012年以后火爆，并不是特斯拉的技术领先多少，日本在2005年就开发出来了性能比特斯拉 Model S 更优异的 Eliica，但是当时锂电池的高昂价格注定这个产品只是试验品。

比亚迪正在开发性能不逊色于特斯拉 Model S 的 E9，而作为电动车和燃油车过度的插电混合动力车，比亚迪秦马上上市，宝马混合动力的 i3、i8 都要上市，保时捷 918 也已经预订。这背后的原因就是2013年锂电池的价格已经降低到一个可以接受的范围。

未来几年，随着锂电池价格的进一步下降和容量的进一步提升，电动车、插电混合动力车会越来越便宜，性能会越来越好，电动车取代燃油车的进程才刚刚开始。

我国电动汽车充电技术及设施标准化筹备中

为推进《节能与新能源汽车产业发展规划(2012～2020年)》标准体系建设任务落实，支撑新一轮新能源汽车推广应用。国家标准委组织召开了电动汽车充电技术及设施标准化工作会议。科学技术部、工业和信息化部及国家能源局出席会议，中国电力企业联合会、中国电器工业协会、北京市产品质量监督检验院、南京市质量技术监督局、华北电力大学和中国汽车技术研究中心等单位派员参加会议，国家标准委员会方向副主任出席会议并讲话。

近年来，在多方面积极推动下，电动汽车充电技术及设施标准体系基本建立，一批重要技术标准先后发布，有效地规范和支撑了各地开展电动汽车充电基础设施建设。最近一段时间以来，电动汽车产业和技术快速发展，各项促进政策措施陆续出台，国外汽车产品加快进入中国市场。在这样的新形势下，为更加有效地推动电动汽车充电基础设施建设，与会代表分别从政策制定、规划设计、示范应用和设备制造等方面对电动汽车充电技术及设施标准化面临的新问题和新需求以及下一步工作计划进行了交流讨论。2014～2016年，电动汽车充电技术标准化工作将继续围绕标准体系建设，建立充换电设施标准综合体，加强充换电设施检测标准制定，开展充电设施安全、应急处理和消防等标准建设，持续跟进交流接口、交流充电通信、充电系统一致性测试、电池更换和充电电缆等国际标准制修订工作，推动我国技术成为国际标准；在无线充电、电动汽车与智能电网互动、交流大功率充电、电动汽车消防安全和充电系统一致性测试等方面，加强标准化与科研的互动，加强科研及成果转化；充分利用网络平台，全过程公开电动汽车充电技术及设施标准制订和修订信息。在条件成熟的电动汽车推广应用城市，开展基础设施建设与标准化协同推进示范。

方向副主任指出，标准的生命在于应用，电动汽车充电技术标准化工作更要立足于标准的应用需求，有关示范城市要加强标准应用实施的需求反馈，提出更加完善的技术解决方案。同时，要做好充电设施标准化服务，加强标准解读；另一方面，要为电动汽车充电技术科研成果转化为标准提供更加高效便捷的渠道，确保标准化工作能够满足快速发展的应用需求。国家标准委、科学部、工业部和国家能源局在电动汽车充电领域标准化工作机制和工作平台，是在当前电动汽车迫切的发展形势以及发展需求下形成的有效工作模式，这种工作模式将为战略性新兴产业标准化工作的开展起到很好的示范作用。今后，要更好地利用四部委工作平台以及专家组工作机制，解决电动汽车充电技术互联互通、高效有序的标准化发展问题。

国家电网电动汽车充电设备公开招标

国家电网公司发布首次电动汽车充电设备公开招标，其中整车电动汽车充电设备共计539套。业内认为，作为国网旗下公司且具备充电设备技术的国电南瑞有望最受益。

此次电动汽车充电设备等招标为国家电网首次公开招标，也为2014年第一批招标。

在此次招标中，涉及的电动汽车充换电设施有6类，分别为整车充电设备539套、换电系统8套、充电监控系统8套、电动汽车电池检测维护系统2套、车辆卫星定位系统-车载终端180台及电动汽车运营服务管理系统1套。

一位业内分析师称，综合比较，国电南瑞凭借国网旗下上市公司且在充电设备领域具有的技术优势，将成为最主要受益者。而换电方面，同在国网旗下的许继电气可能更具优势。

许继电气一位内部人士透露，公司已经积极参与此次公开招标，而且获得中标的概率性非常大。

对比国网此次充换电设备的标书，其规定在充电设备和换电设备方面，不接受国产设备代理商，对投标企业提出了明确条件：投标公司除了具备相应产品和技术能力外，必须具备一年以上成功运行的业绩。交流方面，应至少有10台充电桩销售；直流方面，至少有2台30 kW及以上的整车充电机销售。

在国网2014年第一批电动汽车充换电设备等招标项目中，除了甘肃电力系统1套电动汽车运营服务管理系统在2014年11月底前交付外，其它设备交货时间集中在三季度。

相对2013年研究完善电动汽车充换电商业运营模式的工作计划，国网公司2014年工作会议提出，2014年计划科学有序地建设充换电设施，按照主导快充、兼顾慢充、引导换电、经济实用的原则，优化充换电服务网络规划和布局，以环渤海、长三角地区和23个国家示范城市为重点，推进充换电网络建设，年内建成充换电站167座。

全球电动汽车快速发展将引爆锂电池需求

电池作为一种将化学能转化为电能的装置，从1746年的“莱顿瓶”发展至今，被大类区分近20种。近年来，得到市场关注的新型电池更是层出不穷。

例如氢燃料电池，通过分离氢气中的电子产生电流，就可以在接近零碳排放的状态下发电。众多政府以及汽车企业也十分支持氢燃料电池的发展和应用。

2014年初，美国氢燃料电池巨头Plug能源一度遭到追捧，其股价也因此跌宕起伏。“虽然氢燃料电池给予市场绿色环保的美好期待，但从实际发展的速度和推广角度来看，近几年仍属于概念阶段。”一位电池行业资深专家告诉记者。

无独有偶，这种画饼式的想象同样存在于超级电容。

作为一种介于传统电容器与电池之间，具有特殊性能的电源，超级电容具有充放电速度快，循环使用次数多等优点。同样是环保的原因，装有超级电容的公交车辆、无辫有轨电车正计划在多个城市大规模推广。有不少观点认为，随着技术的进步，超级电容将能取代电池。

超级电容专家说，外界对于超级电容的能力存在误读。以新能源汽车为例，通常超级电容能够在汽车起动和加速环节，补偿峰值功率。但决定电动汽车续航里程的关键还是锂电池。在目前的情况下，超级电容和锂电池存在的是互补关系，谁也不能取代谁。而在未来相当长的一段时间，超级电容能量密度也无法与锂电池相提并论。

长江证券研究报告认为，燃料电池与超级电容产业化程度不高，而传统干电池、铅酸蓄电池和镍铬镍氢电池存在较严重的环境污染以及使用寿命不高等问题。因此，在未来相当一段时间内，各方面表现相对平衡的锂电池仍将是未来电池领域的最佳选择。

而全球电动汽车的快速发展，将进一步引爆锂电池的需求。仅以特斯拉MODEL S一种车型为例，2013年销量为22 400辆，以平均每辆车电量70kW·h计算，2013年其总电量就达到了150万kW·h，而全球智能手机锂电池年需求量的总电量为909万kW·h，仅特斯拉一个车型的电量就占到了智能手机电池16%的份额。

Navigant研究公司发布的报告显示，锂电池稳定且可靠的表现使它们被越来越多的用于电池动力和插件混合动力汽车。未来十年，全球对锂电池的需求将激增，每年的市场价值都将增长，到2023年将增长到260亿美元。

根据我国的《节能与新能源汽车产业发展规划（2012～2020年）》，至2015年，纯电动汽车和插电式混合动力汽车累计产销量力争达到50万辆，据此计算，届时需要能量型动力电池模块将达到150亿W·h/年、功率型30亿W·h/年。2012年，中国锂电池产业规模达556.8亿元人民币，预计2015年将达到1 251.5亿元人民币，将继续呈高速发展的态势。

尽管，锂电池未来发展趋势总体向上。目前也出现了结构性的产能过剩。尤其是国产低端锂电池断杀激烈；另一方面，高品质科技含量高的锂电池供不应求。这种两极分化意味着，看似技术成熟的锂电池仍具有较大技术进步空间。

对于锂电池原料生产企业而言，除了正负极材料的突破创新，锂电池电解液或将成为另一个突破的关键点。

世界首列超级电容电车（充电仅需30s）亮相株洲

2014年5月28日，一列停放在中国南车株洲电力机车有限公司生产现场的世界首列超级电容100%低地板有轨电车正式在公众面前亮相，中国工程院院士、中国南车株洲电力机车有限公司专家委员会主任刘友梅指着这列车说，这就是答案。

据悉，2013年6月，中国南车株洲电力机车有限公司与广州市签订了广州海珠区储能式现代有轨电车项目7列车的购销合同，此次研制的列车即是应用于广州海珠线项目。

广州海珠线项目列车采用三动一拖的四模块编组，车体采用轻量化的不锈钢材料，列车最高运行速度70 km/h，结构设计寿命为30年。车辆长度约36.5m，通过最大坡度60‰，最小通过曲线半径25m，最大载客能力368人。其站内最大充电时间30s，一次充电后能连续行驶4km。

电动汽车电池梯次利用 扶持政策正在酝酿出台

国家相关部门正在酝酿出台措施扶持汽车动力电池的梯次利用，这标志着国家针对新能源汽车的扶持政策开始关注“后市场”方面。业内预计，随着中国电动汽车的大力发展，针对其核心零部件动力电池等方面的相关配套政策有望出台。

根据发展新能源汽车的相关规划，预计到2015年，纯电动汽车和插电式混合动力汽车累计产销量超过50万辆；到2020年，纯电动汽车和插电式混合动力汽车生产能力达200万辆，累计产销量超过500万辆。巨大的增量空间下，由于电动汽车的核心部件是动力电池，随着动力电池使用寿命的结束，从电动汽车上报废下来的动力电池将大量存在。业内人士说，这些报废的动力电池制造工艺先进，即使报废以后仍然保持很高的安全性和电性能，有必要采用梯次利用的方式实现废旧动力电池的资源利用最大化。

有专业技术人员解释说，当电池只能充满原有电容量80%的时候，就不再适合继续在电动汽车上使用。通过梯次利用，二次的动力电池可以有其它用途，如安装在建筑使用的太阳能光伏储能系统中，辅助可再生能源的稳定输出，利用充放功能进行调峰，可以用作备用电源及不间断电源(UPS)等。这其中存在极大的市场空间。

目前，国内已经有不少企业都在致力于动力电池的余能研究，纷纷投入资金上马了梯次利用研究项目，但是进展相对缓慢。在第五届高工锂电产业高峰论坛上，不少业内专家表示，梯次利用将是锂电池产业界一个非常有前景的视角。

获悉，部分省份在推动电动汽车梯次利用方面已经抢先起跑。以国网浙江电力公司为例，公司于2013年编制完成了《动力电池电动自行车梯次利用技术方案》，对电动汽车报废电池的电芯进行重组，改造成用于48V电动自行车的动力电源，实现节能减排。同时，国网浙江电力加强全省充换电服务网络运营监控总体规划，加快省级运营监控中心建设，计划建成全省统一的运营监控调度和数据中心。该中心将充分利用物联网、智能电网技术，实现车辆自动识别、车辆运行状态实时监测、电池定位管理和电池动态监视等功能。

超级电容器势起 电动汽车领域初显峥嵘

超级电容器，也称电化学电容器，是基于高比表面积炭电极/电解液界面产生的双电层电容，或者基于过渡金属氧化物或导电聚合物的表面及体相所发生的氧化还原反应来实现能量的储存。其构造和电池类似，主要包括正负电极、电解液、隔膜和集流体。

作为一种新型储能装置，超级电容器具有输出功率高、充电时间短、使用寿命长、工作温度范围宽、安全且无污染等优点，有望成为21世纪新型的绿色电源。传统的超级电容器体积较大，不能适应微型设备对于储能器件体积较小的要求。因此，高性能微型超级电容器的设计与制备以及在微型系统中作为能量存储单元的应用是当前研究的热点之一。

众所周知，电极材料是超级电容器的关键所在，它决定着电容器的主要性能指标，如能量密度、功率密度和循环稳定性等。截止目前，纳米结构的活性炭、碳化物转化炭、碳纳米管、炭洋葱、氧化钌、聚苯胺和聚吡咯等已经被用于微型超级电容器的电极材料，然而，它们的性能指标很难满足不断发展的微型能源系统的实际使用要求。而且，制造微型超级电容器电极需要复杂的光刻工艺，条件苛刻、周期长，因此很难降低产品的成本及价格，从而阻碍了其商业化前景。

由一层碳原子呈蜂窝状有序排列而构成的石墨烯已经被证明是一种新型且高效的超级电容器电极材料。近日，美国加州大学洛杉矶分校工程及应用科学学院理查德·卡奈尔教授研究团队开发了以石墨烯为基础的新型微型超级电容器。

该电容器不仅具有小巧的外形，更重要的是可以在极短的时间内完成充电，其充放电的速度比标准电池快数百倍甚至上千倍。

此外，这种石墨烯基微型超级电容器还具有极佳的柔性，一般的扭曲不会影响电容器的性能。更令人惊奇的是，制造这种体积很小的微型超级电容器并不需要高精尖的设备器械，利用一台普通的家用DVD光雕刻录机就可以完成整个生产过程。该研究团队能在不到30min的时间内，在一张光盘上生产出100多个石墨烯微型超级电容器，其工艺过程简单，并且所用材料都很廉价。

除了电极材料，该团队对电极结构也进行了优化和比较。与较为普遍的三明治夹层式石墨烯电极相比，光刻得到的平面石墨烯电极具有更加优越的电容性能。而且，相同面积的石墨烯，手指交叉形状的微型电极数量越多，电容器的性能就越好。

同时，该团队还首次提出了一种由纳米二氧化硅和离子液体混合构成的新型固态电解质。与传统固态电解质相比，该电解质可以数倍提高电容器的容量及耐用时间，该方面的性能甚至可以和薄膜型的锂离子电池相媲美。

因此，这种新颖的石墨烯微型电容器有望作为MEMS系统、便携式电子设备、无线传感网络、柔性显示器、电子报纸及其多种生物体内电子设备的储能器件得到应用。

汽车领域初显峥嵘

以电池驱动的电动汽车虽然具有良好的生态足迹，但也有许多特性使其无法成为传统汽车最具吸引力的替代方案，例如价格负担太重、续航里程太短、充电时间太长等。如果能以一种更好的电力储存方式取代笨重又庞大的电池，就能为电动汽车排除掉这些不太受欢迎的特性。根据欧洲一项研究计划的结果显示，高容量的超级电容器可望成为一项理想的替代方案。

在这项名为“ElectroGraph”的研究计划中，来自研究机构与业界的十位合作伙伴共同开发出一款比现有超级电容器具有更高储存性能的创新超级电容器。以德国研究机构Fraunhofer IPA为主导的研究团队们基于这样的研究前提：电容器容量的增加与电极的可用区域成正比。因此，研究人员们针对一种具有前景的纳米材料进行探索具有更高表面积/单位体积(m^2/g)的石墨烯。实际上，石墨烯由于具有高达每克(g)约2 600平方米(m^2/g)的“内部表面积”，使其成为超级电容器电极的理想材料。此外，石墨烯还具有良好的电流传导性能。

石墨烯是由碳原子的超薄单层晶格所组成，大幅增加了电极表面。电极之间的空间则在离子液体的基础上以液体电解质加以填充。“基于石墨烯的电极结合离子电解质，形成了理想的材料组合。”在Fraunhofer主导这项计划的Carsten Glanz解释说。

事实上，并不是只有Fraunhofer的研究人员在进行这项研究，目前还有几个研究计划也正深入探讨这一研究方向。

在斯图加特的研究人员选择了一种特定的方法：透过让石墨烯薄层之间以一定距离排列的方式，他们就能够建立一种制造方法让纳米材料在理论上可用面积变得实际。这种方法避免石墨烯薄层之间彼此相连而导致储存面积减少，从而影响了可储存的能量。

Glanz 表示，在这项研究中所发现的电极可提供较目前超级电容器所用的商用电极更多75%的储存容量。研究人员们深信，在未来的电动汽车中，电池将会连接到分布在整部汽车中的多个超级电容器。这些超级电容器可储存用于执行 HVAC、导航系统或电动后视镜所需的电能，有效地降低电池负载，以及作为卸除电池的缓冲储存，特别是当马达被起动时。因此，未来也能只需较小型的电池即可。

研究团队们开发出一款展示系统，这是一款位于汽车外部后视镜中的超级电容器，它可在调整汽车后视镜时供电。

政府购车，新能源车不低于30%

2014 年 7 月 13 日，国家机关事务管理局、财政部、科技部、工业和信息化部、国家发展和改革委员会联合公布了《政府机关及公共机构购买新能源汽车实施方案》，明确了政府机关和公共机构公务用车“新能源化”的时间表和路线图。

国家机关事务管理局负责人就《实施方案》的有关情况做出相关解读。

政府机关及公共机构新能源汽车购买规模逐年扩大

新能源汽车主要包括纯电动、插电式混合动力(含增程式)和燃料电池汽车。政府机关及公共机构新能源汽车购买规模逐年扩大，是《实施方案》的总体目标之一。

国家机关事务管理局负责人说，方案明确提出了新能源汽车购买的“时间表”，对购买比例和规模有明确的要求：2014 年、2015 年和2016 年，各省(区、市)政府机关及公共机构新购车辆中，新能源汽车所占比例应当分别不低于10%、20%和 30%，以后逐年提高。其中，对于京津冀、长三角和珠三角细微颗粒物治理任务较重区域的政府机关及公共机构，2014 年购买比例不低于当年的15%。

中央国家机关和已经作为新能源汽车推广应用城市的政府机关及公共机构更要发挥带头示范作用，2014～2016 年，其新购车辆中新能源汽车所占比例都要保持在30%以上。

充电接口与新能源汽车数量比例不低于1:1

《实施方案》要求，各级政府机关及公共机构，包括全部或部分使用财政资金的国家机关、事业单位和团体组织，购买机动车辆应当优先选用新能源汽车。其中，用于机要通信和相对固定路线执法执勤、通勤等车辆，一般以在城区内行驶为主，运行路线相对固定，应当使用新能源汽车。同时，鼓励在环卫、邮政、旅游和公交等公共服务领域更加广泛地购买和使用新能源汽车。

国家机关事务管理局负责人说，《实施方案》提出，要加强新能源汽车配套基础设施的建设，充分调动企业、政府及社会各方面的积极性，建成满足新能源汽车运行需要的充电设施及服务体系，要求充电接口与新能源汽车数量比例不低于1:1。同时，对于新能源汽车的购买、使用和报废回收，要制定相应的配套管理制度，逐步完善新能源汽车运行保障制度体系。

政府机关及公共机构购买新能源汽车，除按照中央和地方财政补贴政策享受一定的财政补贴外，《实施方案》还鼓励地方政府在制定和执行机动车限号行驶、牌照额度拍卖、购车配额指标和道路优先通行等制度方面，对新能源汽车适当给予政策优惠。这方面具体的政策规定，按照因地制宜的原则，由地方政府结合本地区的实际另行制定。

表明政府决心，促进大气污染综合治理

国家机关事务管理局负责人指出，加快发展新能源汽车是中央作出的战略决策，党中央、国务院高度重视，国务院先后出台了《汽车产业调整和振兴规划》《关于加快发展节能环保产业的意见》。发展新能源汽车，对于加快汽车产业转型升级，培育新的经济增长点，防治大气污染，加强生态文明建设，具有重要的推动作用。

2009 年以来，财政部、科技部、工业和信息化部及国家发展和改革委员会依托示范城市或区域，推广应用新能源汽车，发挥了积极的政策导向作用。在此基础上，国管局等五部门印发《实施方案》，旨在推动全国各级政府机关及公共机构带头购买新能源汽车，充分发挥政府机关及公共机构在新能源汽车推广应用中的表率示范作用。

政府机关及公共机构带头购买使用新能源汽车，充分表明了政府重视和大力发展新能源汽车的坚定决心，有助于提升新能源汽车产品形象和公众认知度，促进新能源汽车产业的发展；有助于减少公务用车的燃料消耗和尾气排放，促进大气污染综合治理。

扣除财政补贴后政府采购新能源轿车 价格不超过18 万元

为规范新能源汽车采购管理，方案明确指出，政府机关及公共机构购买新能源汽车享受财政补贴，其中轿车采购价格扣除财政补贴后不得超过18 万元。

我国对购买新能源车实行中央财政与地方财政共同补贴政策。18 万元加上财政补贴，可以基本满足新能源汽车生产的成本。此外，于 7 月 9 日举行的国务院常务会议决定，自 2014 年 9 月 1 日至2017 年底，国家将对获得许可在中国境内销售的新能源汽车免征车辆购置税。这样，不论是政府机构还是公民个人，每购买一辆新能源汽车将获得数量不等的财政补贴。

“这样的标准，一方面有利于政府机关及公共机构在采购时心里有数；另一方面也对新能源车生产厂家起到引导作用，让他们在生产研发以及市场策略方面选定方向。”国家机关事务管理局资产管理司负责人说。

此外，18 万元的标准也符合党政机关一般公务用车 1.8 升及以下排量，价格 18 万元以内的“双 18”标准。

万钢表示：电动汽车的“利好消息一定是层出不穷”

继国务院常务会议宣布将免征新能源车的车辆购置税后，全国政协副主席、科技部部长万钢 7 月 10 日在北京表示，关于电动汽车的“利好消息一定是层出不穷”。

万钢在当天中美战略与经济对话记者会上回答新华社记者提问时说，国务院领导十分重视电动汽车的发展，因为它不光能节约能源，更重要的是对应对大气污染有显著作用。

万钢表示，支持电动汽车发展的政策将进一步完善。目前，购置税的问题已解决，各地示范城市在充电站建设上也有很多很好的经验。这些经验总结起来会产生一个很好的解决方案。他表示，政府将研究推出更多支持措施。比如，促进在新建小区规范建设充电站，在现有充电站中增加充电设施等。此外，电动汽车发展还需要新的商业模式，比如分时租赁，发展电动出租车等。

“有国务院领导亲自协调，有多个部门的合作，以后利好消息一定是层出不穷。”万钢说。

万钢介绍，本轮中美战略对话中，双方就城镇化进程中的智能基础建设进行了充分讨论，电动汽车发展是讨论的一个重点。中美电动汽车发展都很快，美国有10多万辆电动汽车，中国也有78 000多辆。美国电动汽车以私人所有为主，而中国电动汽车多数是公交车和出租车，私人使用还较少。

“推动私人使用电动汽车的基础设施建设十分重要。”万钢说，在这个过程中，最重要的是为电动汽车使用者提供更多方便，政府还有很多事情要做。

2014年10月9日的国务院常务会议决定，自2014年9月1日至2017年底，对获得许可在中国境内销售（包括进口）的纯电动以及符合条件的插电式(含增程式)混合动力、燃料电池三类新能源汽车，免征车辆购置税。

《政府机关及公共机构购买新能源汽车实施方案》印发

为了贯彻落实《国务院关于加快发展节能环保产业的意见》(国发〔2013〕30号)和《国务院关于印发大气污染防治行动计划的通知》(国发〔2013〕37号)，推动节能环保产业发展，防治大气污染，做好政府机关及公共机构购买新能源汽车工作，我局与财政部、科技部、工业和信息化部以及国家发展和改革委员会制定了《政府机关及公共机构购买新能源汽车实施方案》

一、指导思想

深入贯彻落实党的十八大和十八届三中全会精神，按照统一部署、因地制宜、分类推进、逐步推广的原则，在各级政府机关及公共机构推广和应用新能源汽车，并逐步完善相关政策和配套设施，不断扩大应用规模，促进新能源汽车产业技术进步和优化升级，推动节能环保产业发展，防治大气污染，加强生态文明建设。

二、总体目标

（一）新能源汽车购买规模逐年扩大

2014～2016年，中央国家机关以及纳入财政部、科技部、工业和信息化部以及国家发展和改革委员会备案范围的新能源汽车推广应用城市的政府机关及公共机构，购买的新能源汽车占当年配备更新总量的比例不低于30%，以后逐年提高。除上述政府机关及公共机构外，各省(区、市)其他政府机关及公共机构，2014年购买的新能源汽车占当年配备更新总量的比例不低于10%(其中京津冀、长三角和珠三角细微颗粒物治理任务较重区域的政府机关及公共机构购买比例不低于15%)；2015年不低于20%；2016年不低于30%。以后逐年提高。

（二）配套基础设施逐步完备

按照“企业投资为主、政府鼓励引导、形成工作合力、积极稳妥推进”的原则，充分调动社会各方面积极性，加强新能源汽车充电设施建设，保障充电需求，建成与使用规模相适应，满足新能源汽车运行需要的充电设施及服务体系。充电接口与新能源汽车数量比例不低于1:1。

（三）运行保障制度逐步完善

公共机构节能管理部门应当制定新能源汽车配备更新、日常使用和处置等配套管理制度，会同有关部门建立责任明确，保障到位的工作机制。

三、实施范围

（一）机构范围

本方案所称政府机关及公共机构包括：全部或部分使用财政资金的国家机关、事业单位和团体组织。政府机关中以中央国家机关、省级政府机关为重点；其它公共机构中以教育、科技、文化、卫生和体育等系统为重点。

（二）车型范围

本方案所称新能源汽车，是指纯电动、插电式混合动力(含增程式)和燃料电池汽车。以城区内行驶为主，运行路线相对固定的公务用车，应当选用纯电动汽车。高寒地区可选用插电式混合动力(含增程式)汽车。

（三）应用范围

政府机关及公共机构购买机动车辆应当优先选用新能源汽车，其中，用于机要通信和相对固定路线执法执勤、通勤等车辆配备更新时，应当使用新能源汽车。鼓励在环卫、邮政、旅游和公交等更多领域和更广泛用途购买使用新能源汽车。

四、主要措施

（一）规范新能源汽车采购管理

1. 新能源汽车管理要严格执行现行公务用车编制管理有关规定，不得超过核定的编制数量。

2. 政府机关及公共机构编报年度公务用车配备更新计划时，应当明确购买新能源汽车的数量、比例等，公共机构节能管理部门根据新能源汽车购买比例下限要求，严格审核并统筹安排。

3. 政府机关及公共机构使用财政性资金购买新能源汽车应当执行政府采购有关规定，从工业和信息化部定期发布的《节能与新能源汽车示范推广应用工程推荐车型目录》中选择采购车辆。省级以上人民政府应当将新能源汽车纳入政府集中采购目录并优先采购。

4. 政府机关及公共机构购买新能源汽车享受财政补贴，具体补贴标准按照中央和地方财政补贴政策执行，其中，轿车(含机要通信用车)采购价格扣除财政补贴后不得超过18万元。

5. 政府机关及公共机构购买的新能源汽车应当享受本地品牌同等补贴政策。不得设置或变相设置障碍限制购买外地品牌新能源汽车。

6. 政府机关及公共机构购买使用新能源汽车，除“整车购买”方式外，各地区可根据实际情况，探索租赁等方式使用新能源汽车。

7. 2014年底前，中央国家机关完成淘汰报废黄标车工作。地方政府按照黄标车淘汰行动计划，加快政府机关及公共机构黄标车淘汰报废进度。更新黄标车时，应当优先选用新能源汽车。

（二）建立市场化充电设施服务体系

1. 地方政府应当按照适度超前、保障使用的原则，把新能源汽车充电设施作为城市公共基础设施，纳入城市建设发展总体规划中，整合社会资源，出台相关政策，鼓励具有资质的企业充分竞争，参与升级改造传统加油（气）站和新建充电设施等基础设施建设以及运营维护。

2. 政府机关及公共机构新增或改造的停车场，应当结合新能源汽车配备更新计划，充分考虑新能源汽车充电需求，设置新能源汽车专用停车位并配建充电桩。随着新能源汽车购买比例增加，在现有停车场中逐步增设充电桩。

3. 充电设施运营维护企业由公共机构节能管理部门通过政府采购方式确定。

（三）优化新能源汽车使用环境

1. 各级财政部门会同公共机构节能管理部门，制定新能源汽车充电、维护等运行费用定额标准，核定运行费用，列入部门预算。新能源汽车使用单位按照规定标准向运营企业支付费用。

2. 地方政府在制定和执行机动车限号行驶、牌照额度拍卖、购车配额指标、道路优先通行等制度方面，应当对新能源汽车适当给予政策优惠，鼓励购买和使用新能源汽车。

3. 供电企业应当积极做好新能源汽车充电设施的供电保障服务工作，采取分时电价机制引导用车单位合理安排充电时间，提高电能利用率。

4. 充电设施运营维护企业应当建立新能源汽车和基础设施信息化管理服务平台，对车辆、动力电池和充电设施进行实时管理，提高车辆故障和事故的应急处理能力，保障新能源汽车安全、高效运行。

五、工作要求

1. 国家机关事务管理局会同财政部、科技部、工业和信息化部以及国家发展和改革委员会统筹协调全国政府机关及公共机构，购买新能源汽车的政策指导、监督考核工作。各省（区、市）政府机关及公共机构购买新能源汽车工作由公共机构节能管理部门组织实施。

2. 自2015年开始，各省（区、市）公共机构节能管理部门应当按年度统计汇总上一年度本省（区、市）新能源汽车配备情况、累计行驶里程、能耗和费用等情况，于3月31日前报送国家机关事务管理局。

3. 各级公共机构节能管理部门应当加强对新能源汽车购买情况的监督检查，将执行情况纳入公共机构节约能源资源和公务用车管理绩效评价考核范围。对工作进展缓慢，未达到购买比例要求的，予以通报；对弄虚作假，造成不良影响的，责令整改，并追究有关领导的责任。

4. 即将实行公务用车制度改革的政府机关及公共机构，购买新能源汽车，应当统筹考虑公务用车制度改革进程，在核定保留车辆范围内实施；各省（区、市）将新能源汽车各年度购买比例逐级分解细化，明确责任，提出具体落实措施。

5. 深入开展宣传教育活动，提高政府机关及公共机构工作人员对推广使用新能源汽车节能环保、改善环境重要意义的认识，充分发挥政府机关及公共机构示范引导作用，形成有利于新能源汽车大规模使用的社会舆论氛围，促进新能源汽车产业发展，建设资源节约型、环境友好型社会。

国网编制2014～2020年充换电设施发展规划

国家电网公司发布，公司营销部编制2014～2020年公司充换电设施发展规划，组织相关单位快速启动高速公路城际快充网络建设，组织编制城际快充站典型设计，完成166座快充站的可研评审、批复。

国网北京电力促成北京市科委、市发改委组织召开快充网络建设专题会，共同推进快充网络建设布局。结合APEC会议，在首都机场T3航站楼国际要客登机口附近新增建设首都机场高速路充电站。

同时，国内媒体报道称，北京市科委相关负责人透露，北京市即将出台相关办法，要求新建小区要有18%以上车位配建充电桩。北京市还在探索利用路灯杆配建充电桩，将结合路灯改造和现有符合条件路灯杆建设，争取7月底8月初建成试点。

国网上海电力完善高速公路城际快充网络，推动全市充换电服务网络构建，积极参与《上海市鼓励电动汽车充换电设施发展暂行办法》修编，争取建设用地、建设运营补贴和充换电服务价格方面的优惠政策，制定公共充电网络发展规划和布局方案，2014～2015年规划建设97个公共快充点。

国网湖北电力积极对接服务区管理单位，主动将充电设施建设纳入高速公路服务区场站整体规划，帮助服务区拓展服务功能、提升服务水平。整合电网资源，开展与充电设施建设和服务区建设相关的优质服务活动。

科技部“十三五”电动汽车规划：锁定动力电池材料

2014年9月6日，在2014中国汽车产业发展（泰达）国际论坛上，全国政协副主席、科技部部长万钢透露，科技部正在制定“十三五电动汽车产业发展规划”，要在下一代电池、电机和电控系统以及新能源汽车的智能化、系统、安全、多模式充电技术重点领域开展技术攻关，以缩小与欧、美、日等发达国家和地区的差异。

万钢表示，科技部近期制定“十三五”电动汽车规划，目标就是紧跟汽车产业新信息、新能源和新产业的发展，夯实布局，把握关键布点，在下一代的电池、电机和电控系统研发以及新能源汽车的智能化、系统、安全和多模式充电技术重点领域开展技术公关。

在动力电池方面，一要加强新材料的研究与应用，如开展高电压的材料、副离层的材料和硅碳负极板等一些多元的新材料的研究和电极、电解质的研究来提高电池的性能；二是要研发高功率的极片、芯结构的电池组，尽早实现专利的布局；三是在正负极、铝离子生产方面提质量、降成本的基础关键技术的研发的目标很清晰，今天推动电动汽车还需要政府的补贴，这个补贴一定是逐步退脱的，指导意见明确了这一点。真正达到零排放的，但又是全市场竞争的时候，最终还是要靠技术进步。所以这一个五年计划就是为2020年退出补贴的时候，在全要素的竞争上面能够打下基础。

在电机方面要聚焦驱动电机、系统产业链的核心技术，要借第三代功率电子半导体的契机，研发高性能的装置，提高多系统的集成度，开发出高效、量轻的电机系统和电驱动组成，提高核心竞争力。

在整车控制和信息系统方面，要瞄准电动汽车与信息化建设相互融合的新趋势，鼓励企业将互联网技术与新能源汽车技术结合，将智能电网、移动互联、物联网和大数据信息深深的融入新能源汽车技术创新和推广应用中，大力开展智能化电动汽车、充电设施的研发与应用。

创新商业模式，优化提升电动汽车产业链和价值链，在燃料电池方面要继续加强核心部件在功率密度、低温启动和寿命试验方面下功夫。继续推进车用燃料电池在加快产业化的同时，拓展燃料电池在应急电站、备用电源、分布电源和海洋运载工具系统方面的市场化应用，降低燃料电池的生产成本。继续支持整车企业自主研发各类插电式混合动力、纯电驱动汽车，重视新型的铝镁材料、碳纤维材料等新材料在电动汽车中的应用。电动化、轻量化结合将大大改变汽车生产流程和工艺技术，为电动汽车产业的跃升提供了有利的条件。

电动汽车技术已经实现突破

万钢表示，自2001年我国确定了节能与新能源汽车的战略以来，连续三个五年计划实施了重大科技的专项，2009年又实行了促进应用推广的十城千辆。我们逐步形成以插电式混合动力、纯电动、整车、电机和电控为主的三纵三横的研发体系，构建标准、检测和实验示范三大品牌。通过十多年的持续研发，我国在三大核心部件上取得了明显的进步。2007年的时候，电池能量密度是90W·h/kg，成本是5块钱/W·h，2013已经达到140W·h/kg，电池价格已经降到3元以下，而且质量保证期间达到5～10万km以上。正负极材料、电解液隔膜都实现了国产化，开始进入国际动力电池生产企业的供应体系，也就是说我们生产的动力电池已经输往世界各地。

电机系统的研发与产品已经能够满足我国新能源商用车、乘用车和特殊用途的电驱动的需求，部分指标达到国际水平。高功率永磁驱动电机达到2.68kW/kg，在2007年是1.37kW/kg，产品功率覆盖200kW以下的范围，至少有五家企业产能达到万套级以上，并且批量出口欧美。

我国的电机企业开发出双电机同轴组成，使得公交节油、节气超过50%，燃料功率达到1 000kW/L，耐久性超过3 000h。2004年、2006年万刚曾经带着团队研发的燃料电池汽车参加必比登大赛，拉力到埃菲尔铁塔，当时我国驻法大使在塔下等着。2014年9月3日，荣威系列已经远行拉萨。

正是这些奠定了我国产业化发展的基础，产业领域的技术不断进步，电动汽车性能不断提升，市场表现越来越好。近年来，我国新能源汽车的相关产业在公交、出租和私人用车等领域推广应用节能的新能源汽车，总量已达到7万辆左右。特别是国务院发布关于新能源汽车的指导意见以后，进一步打通新能源汽车的产品、产业化和市场化的链条，市场销量迅速增长。2014年上半年我国新能源汽车销量达到2.4万辆，同比增长2.2倍，已经超过2013年全年的数量。

在整车发展的带动下，动力电池的产量也明显增长，半年产量为8.04亿W·h，远高于2013年全年3.6亿W·h，在科技进步、产业发展的进程中，我们与国际间的科技合作越来越紧密，相互之间的差距也越来越小。目前国内新能源汽车技术输出和产品输出越来越多，我国的部分品牌电动汽车和关键零部件的技术性能正走向世界前列。这些成就的取得来之不易，凝聚着一代代汽车人的辛勤汗水，承载着他们的梦想。这些有力地见证着科技进步和产业发展为我国产业水平迈上新的高度起到了强有力的支撑。

基础研究和核心技术与国际先进水平仍有差距

万钢表示，在推动技术创新，实现汽车强国梦的征程中，要时刻牢记知难行易、知易行难。我们应该看到在全球产业竞争越来越激烈，科技发展日新月异的大舞台上，尽管我们的科技产业发展取得了巨大的成就，但是很多方面尤其是基础研究和核心技术的领域，与国际先进水平还是有一定的差距。要认识到新能源汽车技术与产业发展正处于整体提速期和产业变革期，抓住就能前行，抓不住只剩下挑战。在百舸争流的时候，我们必须激流勇进、奋勇前行。

2014年全球机车产量已经超过40万辆，比2013年翻了一番。

美国在政策刺激下电动汽车保有量已经占全球总销售量的约45%，增长速度十分迅猛。日本在电动汽车的技术、产量和产能方面已然领跑全球。充电设施的充电速度在加快，电动汽车推广进展顺利。德国政府和企业联手建立了联邦级的协调平台，利用平台攻坚技术，制定政策和标准，促进电动汽车新车型先后上市。美、日、德三国企业已经在新能源领域开展跨国合作和产业合作，目标就是要依靠技术优势来占领全球市场。

相比而言，我国的电动汽车从基础研究，技术创新到产品开发，再到市场拓展，与国外电动汽车的发展仍然存在差异。比如在动力电池领域，尽管我国单体电池指标先进，但是大批量生产电池的一致性和可靠性还有待提高，技术集成还比较薄弱，安全性、耐久性是我们长期关注的问题。

在电机技术领域，尤其是在电机的电力电子器件、电力驱动控制方面，产品的集中度、可靠性和系统应用技术与国际先进水平仍有很大的差距，在燃料电池汽车的产业化方面，我们也需要加快步伐。

充电设施补贴政策待出：至少两级政府补贴

“国家对充电设施的补贴政策已经筹备了很久，其间也向我们征求过意见，应该很快就会出来了。”2014年8月25日接近相关政策制定的知情人士说。

可能采用的方式是，补贴费用“取之于燃油车，用之于电动车”，将加油站的税费收入投入到充电设施的建设中。这种模式类似于此前国务院副总理马凯在深圳提出，考虑征收燃油排污费，将这些费用用在电动车推广补贴上。“这是重大问题，要好好研究”。

有部分地方政府已经制定了充电设施地方补贴政策，但因为国家政策仍没有出台，所以并没有发布，典型代表是深圳市。“只要国家政策一出来，我们马上公布。”深圳地方政府相关人士表示。

2014年以来，国家密集出台了一系列的推广新能源汽车的政策，包括减免购置税、敲定电价、公布公务用车新能源化的具体方案、允许社会资本进入充电站建设和运营领域等措施，但最大的问题仍是充电站建设过于缓慢。

放开充换电站建设资格后，社会资本并没有“如约而来”，原因包括：一是即使回报机制逐渐清晰，但电动车保有量太少，消费市场不确定性因素很多，盈利周期仍然无法预知；二是一次性投入过大。“我们对充电设施进行补贴，就是为了吸引社会资本。但国家补贴力度还没有出来，所以社会资本也在观望。”

至少两级政府补贴充电设施

新能源汽车作为国家战略性行业已经推广五年，但前期效果并不明显。过去五年共推广节能与新能源汽车7万辆，平均每年的推广量所占的市场份额仅为0.07%。2013年，纯电动、插电式混合动力汽车销量2万辆，只占0.1%的市场份额。

2014年开始，国家启动新一轮的新能源汽车推广攻势，目前除了利用财政进行购车补贴外，也对购置税进行了减免，直接降低消费者购车成本。

但深圳新能源汽车推广相关人士认为：“以推行五年的经验看，单靠降低购车成本并不能直接拉动消费，因为即使补贴后，纯电动车的价格仍然比传统车贵，补贴额甚至赶不上传统车的降价幅度。大部分消费者不会因为环保理念买单。”

新能源车消费市场最大的忧虑是使用便利性缺失。公共充电站建设速度仍然太慢，截止2013年底，充换电站建设的主要企业国家电网已建成的充换电站只有400座，交流充电桩1.9万台。国家目标是2015年建成4 000座充换电站。

而地方政府此前立下了新能源汽车推广“军令状”。深圳2013～2015年，推广目标是3.5万辆，同期北京和上海的目标分别是3.5万辆和1.3万辆。“作为响应中央的号召，各个地方政府在暗暗‘竞赛’，目标是自己上报的，能不能完成才是中央最后对地方的看法，现在地方比中央还急。”

所以地方对于充电设施补贴很积极。在充电桩建设上，深圳计划以“桩车比”（充电桩和新能源车的比例）1:5配建出租车快速充电桩；按1:1.5配建私家车、专用车慢速充电桩，北京下了“死任务”，年底前建成1 000根充电桩。

但现实的矛盾是，已经建成的很多充电桩还在闲置，深圳重点建设小区莲花二村停车场共安装60个充电桩，目前几乎没有使用。谁会在这桩生意上投资呢？

“这是个大问题，唯一的办法就是政府先投入，具体办法就是对充电设施进行补贴，包括拿地优惠，以减少社会资本前期投入。”相关人士称。杭州政府不久前，就免费为特斯拉提供土地，在杭州建了一个充电站。

在购车补贴上，政府采用中央、省市级和区级的三到四级补贴政策，累计补贴较大。充电设施建设补贴也借鉴上述模式，采用两到三级政府补贴方式。“中央和市级补贴是定下的，省级和区级政府的补贴依照当地的地方财政实际情况自行补贴。充电设施补贴额度应该大一点，如果不撬动社会资本，推广新能源汽车就很艰难。”深圳相关人士称。

深圳的补贴政策已制定。深圳充换电站建设补贴是按照该充换电站的充电设备投资设定的，金额为充电设备投入的30%，充电设备投资纳入补贴的封顶额为100万元，也就是最高补贴30万元。

“如果中央再进行相等额度的补贴，除了拿地成本，充电设备的投入已经不大。”深圳相关人士认为，这次很可能引来社会资本，一旦规模形成，就会进入良性循环。

如果按照上述消息人士所称，用加油站的税费收入进行投入，补贴总预算将非常巨大，可能涉及千亿元资金。

体系性推广最有效

地方政府的个性化政策，对新能源汽车推广效果会产生截然不同的效果。以比亚迪为例，2014年上半年其新能源汽车产品的销量最大的城市，不是推广最积极的深圳，而是上海。

比亚迪混合动力车秦上半年销量近5 500台，未交付订单超8 000台，其中上海的销量就超过2 000台。原因是上海的补贴力度最大，除了将插电式混合动力车纳入目录，享受3万元的市级地方补贴外，区级财政再给予1.5～2万的补贴。

更具推动性的是，上海的传统燃油车牌照费用高达7万元，而购买新能源汽车可以享用专用新能源车牌，几乎不用拍牌的等候时间。

据比亚迪戴姆勒公司相关人士称，其共同打造的新能源汽车品牌腾势，第一款产品的上市第一站也选在了上海。目前，其在北京、上海、深圳、南京和杭州建立了销售店，预计车主充电主要通过私人壁挂式或充电桩解决。

深圳因为没有出台限购政策，所以没有相对上海的优势。一位深圳政府知情人士透露，深圳不排除出台限行等行政性措施。“不仅仅是因为拥堵，这也是推广新能源汽车的重要举措。使用传统车的便利性渐渐消失，但对新能源车不限行，使用便利能很大地促进消费。”

有人认为，国家该补贴的补贴了，该限制的限制了，下一步推广新能源汽车可能没有措施了。但根据深圳推广的经验，全方位体系性的推广措施，还包括利用经济手段抑制传统车消费，同时给新能源汽车相应的经济鼓励，才是真正的长效性动力。

比如，公共充电站投入大，那么先逐步完善小区、办公楼充电桩。“充电设备最大的问题是结构性问题，比如如何用大数据规划好建设密度，根据车辆和人口密度配备充电桩或壁柜式充电设备。比如新能源公务车，可以只在机关事业单位停车地库建设。”

很多城市开始制定在新建小区的配建充电设备比例，“这是长效机制，只要有车库，电动车的充电问题就可以解决。比较难解决的是大型的老式小区，没有专门停车位，本来停车就困难，建充电桩会更加拥堵。”

2014 年 3 月，国务院副总理马凯在深圳新能源汽车推广讲话中提出要完善 7 项政策体系性措施。目前包括购置税减免、电价等 4 项已经出台。接下来可能考虑的政策是新能源汽车绿色单独号牌、保险费政策、停车路桥费减免和征收燃油排污费等。

发改委新政：电动乘用车资质补录启动

2014 年 11 月 26 日，根据《国务院办公厅关于加快新能源汽车推广应用的指导意见》（国办发[2014]35 号）关于制定新能源汽车准入政策的要求，发展与改革委员会起草了《新建纯电动乘用车生产企业投资项目和生产准入管理的暂行规定（征求意见稿）》，向社会公开征求意见。该政策的出台表明业内争论多年的“低速电动车企业有望获得整车生产资质及上牌销售”、“乐视造车”成为可能。国家这一政策的推出，对于中国新能源汽车发展无疑是一个质的提升，表明国家对于传统整车厂在新能源汽车制造与销售环节“不利”的不满。

以下为意见稿全文：

新建纯电动乘用车生产企业投资项目和生产准入管理的暂行规定（征求意见稿）

根据《国务院关于印发节能与新能源汽车产业发展规划（2012～2020 年）的通知》和《国务院办公厅关于加快新能源汽车推广应用的指导意见》的有关要求，对新建独立法人纯电动乘用车生产企业（以下简称“新建企业”）投资项目和生产准入管理做出如下规定：

一、新建企业投资项目管理

（一）投资项目申请企业的基本条件

1. 具备基础能力

（1）在中国关境内注册，具有稳定业绩、收入和融资能力。

（2）有 3 年以上纯电动乘用车的研发基础，具有专业研发团队和整车正向研发能力，掌握整车控制系统、动力电池系统、整车集成和整车轻量化方面的核心技术以及相应的试验验证能力，拥有纯电动乘用车自主知识产权和已授权的相关发明专利。

（3）具有整车试制能力，具备完整的纯电动乘用车样车试制条件，包括车身制造、动力电池系统集成和整车装配等主要试制工艺和装备。

2. 完成样车试制

试制的纯电动乘用车样车数量不少于 15 辆。提供检测的样车经过国家认定的检测机构检验，符合现行汽车标准，并在安全性、可靠性、动力性、整车轻量化和经济性等方面达到规定的技术要求。

（二）投资项目的基本要求

1. 具备与投资项目建设和生产、运营相适应的自有资金规模和融资能力。

2. 投资项目建设内容。

（1）具备纯电动乘用车整车正向开发能力的研发机构。至少具备整车及动力系统匹配、整车管理系统、车载能源管理系统、车辆轻量化和车辆安全等关键技术的设计开发能力、试验检测能力以及对整车产品运行状态的监控能力。

（2）与产品结构、生产纲领相适应的车身成型、涂装和总装等整车生产工艺和装备，以及动力蓄电池系统集成等关键部件的生产能力和一致性保证能力。

（3）纯电动乘用车产品的销售及售后服务体系。

3. 新建企业生产的产品必须使用自有品牌，产品水平不低于样车的技术要求。新建企业只能生产纯电动轿车和纯电动其它乘用车（包括增程式电动乘用车），不能生产任何以内燃机为驱动动力的汽车产品。

4. 新建企业要有履行保障消费者权益等社会责任的承诺和措施，并提供担保企业和经公证的担保期不低于 5 年的担保合同。项目建成后如不能正常开展生产经营活动或企业退出、破产，无法正常履行所承诺的社会责任时，由担保企业负责承担。

（三）投资项目申请和核准

投资项目申请企业负责编制投资项目申请报告，并提供企业概况、基础能力和试制样车说明及证明材料，按政府核准的投资项目核准程序申报。国务院投资主管部门委托咨询机构对投资项目申请报告进行评估，并依托专业机构设立专家库，由专家库中的专家对投资项目申请企业提交材料的真实性和符合性进行审查，对符合要求的投资项目予以核准。

经核准的新建企业，5 年内拥有核心技术的投资主体发生重大变化或被其它企业兼并重组的，必须重新办理核准。

二、新建企业生产准入管理

（一）项目经核准后，新建企业必须按核准的建设内容和建设进度完成项目建设，按规定程序申请生产准入许可，并提交对纯电动乘用车电池、电机和电控系统等核心部件不低于 5 年或 10 万 km（以先到者为准）的质保承诺。新建企业符合《乘用车生产企业及产品准入管理规则》和《新能源汽车生产企业及产品准入管理规则》的相关要求，通过考核后，列入《车辆生产企业及产品公告》，并按单独类别管理。

新建企业列入《车辆生产企业及产品公告》的产品有效期为 3 年，到期后可提出延期申请，审查通过可以延长有效期，每次延期不超过 3 年。

（二）纯电动乘用车产品所采用动力蓄电池单体和系统必须是符合准入条件的产品。

（三）监督管理。

1. 对新建企业承诺履行情况、售后服务保障情况、产品安全性和一致性等方面开展评价，评价结果向社会公开。

2. 加强新建企业生产一致性监督管理。对企业生产未经许可或不符合标准的产品，依照《道路交通安全法》和

《车辆生产企业及产品一致性监督管理办法》有关规定进行处理。

3. 对新建企业实施退出机制。建立企业准入条件保持情况的抽查制度，对不能保持生产准入相关条件、投产后产量过低、不能履行承诺、已经破产或进入破产清算程序等情况的企业，暂停或撤销其《车辆生产企业及产品公告》。暂停期间，企业不得办理更名、迁址等变更手续。

三、其它事项

1. 现有整车生产企业新建独立法人纯电动乘用车生产企业，按照本规定执行。

2. 其它事宜按《汽车产业发展政策》及相关规定执行。

3. 本规定将根据纯电动乘用车产业发展情况进行修订和完善。

全球2014年电动汽车销量排名

经过2012和2013年的缓慢起步，全球电动汽车销量终于在2014年下半年爆发，6月和9月两个月的销量均突破3万辆，全年销量已超过30万辆大关，远远高于2012年的14万辆和2013年的20万辆，2015年，随着新车型的陆续上市，全球电动汽车销量有望达到40万辆。

中国军团异军突起

EV Sales Blog公布的数据显示，纵观2014全年车型销量排名，第1的位置仍是日产聆风(Leaf)，销量创历史纪录达到61 027辆，紧随其后的是三菱欧蓝德插电式混合动力版(PHEV)，但其销量仅比排名第3的特斯拉Model S多了66辆，鉴于未来特斯拉Model S的产销情况将有微小变化，因此三菱欧蓝德PHEV的亚军地位可能不保。

进入前5名的还有雪佛兰沃蓝达和丰田普锐斯插电式混合动力版，二者的销量分别为21 293辆和19 018辆，销售动力相比2013年日渐衰退。宝马i3排名第6，共售出16 052辆，从2013年的第20名打入前10名，销售前景持续看好。

中国新能源汽车品牌突飞猛进，在国际电动车市场越来越有存在感，比亚迪秦从2013年的第40名跃升至第7位，销量达14 747辆。康迪电动车也挤进第10名，共销售11 323辆。

福特Fusion Energi插电式混合动力车2013年售出11 719辆，位列第8，雷诺ZOE纯电动车凭借2014年12月破纪录的业绩保住了第9的位置，全年共售11 323辆。

从第11到第20位的排名中，可以看到两颗冉冉升起的中国新星——众泰和北汽，众泰E20排在第13位，销量为7 341辆，北汽E150/E200 EV两款电动汽车的合计销量为5 234辆，排名第16。奇瑞的QQ3EV和比亚迪的e6则分列第12名和第20名，二者销量分别为7 866辆和3 611辆。至此，中国共有5个品牌7款车型打进全球销量前20名。

大众e-up！电动车的排名上升到第15名，全球销售5 448辆。但也有一些品牌的排名大跳水，例如沃尔沃V60 Plug-In从第7名滑落10位至第17名，雷诺Kangoo ZE则从第10猛跌至第18名，而三菱i-MiEV的销量则处于持续下降的状态中，2012年排名第5，2013年排名第12，到了2014年，跌到了第19，也许三菱汽车是时候对车型更新换代了。

2014全年车型销量排名（前20名）

	品牌	2014年销量	市场份额(%)	2013年排名
1	日产聆风	61 027	19	1
2	三菱欧蓝德PHEV	31 689	10	5
3	特斯拉Model S	31 623	10	4
4	雪佛兰沃蓝达	21 293	7	2
5	丰田普锐斯Plug-In	19 018	6	3
6	宝马13	16 052	5	20
7	比亚迪秦	14 747	5	40
8	福特Fusion Energi	11 719	4	9
9	雷诺ZOE	11 323	4	6
10	康迪EV	10 022	3	N/A
11	福特C-Max Energi	8 705	3	8
12	奇瑞QQ3 EV	7 866	2	11
13	众泰E20	7 341	2	N/A
14	Smarf Forfwo ED	5 824	2	13
15	大众e-up!	5 448	2	19
16	北汽E150/E200EV	5 234	2	24
17	沃尔沃V60 Plug-In	5 149	2	7
18	雷诺Kangoo ZE	4 257	1	10
19	三菱i-MiEV	3 936	1	12
20	比亚迪e6	3 611	1	17
	总计	317 895		

注：沃蓝达销量包括Holden Volt、Opel和Vauxhall Ampera；三菱i-Miev的销量包括Peugeot iOn和Citroen C-Zero。

谁是最畅销车

如果将电动汽车市场置于传统汽车的细分市场中，让我们看看谁是各个细分市场的最畅销电动车。

微型车市场——康迪电动车

A级市场——大众e-up！

B级市场——宝马i3

C级市场——日产聆风

D级市场——福特Fusion Energi

E/F级市场——特斯拉Model S

SUV市场——三菱欧蓝德PHEV

MPV市场——福特C-MAX Energi

货车市场——三菱Minicab Miev

跑车市场——宝马i8

谁是最强车企

在汽车制造商的排名方面，依据市场成绩，日产汽车公司凭借20%的市场占有率傲视群雄，把排行第2和第3的三菱汽车（12%）、特斯拉（10%）远远甩开。

依据市场成绩汽车制造商的排名方面

	车企	2014 年销量	市场份额(%)	2013 年排名
1	日产	63 327	20	1
2	三菱	36 670	12	3
3	特斯拉	31 623	10	5
4	通用雪佛兰	22 509	7	2
5	福特	22 436	7	7
6	丰田	20 470	6	4
7	比亚迪	18 358	6	11
8	雷诺	18 358	6	6
9	宝马	17 793	6	14
10	康迪	11 307	4	N/A
11	大众	9 703	3	13
12	奇瑞	8 605	3	9
13	众泰	7 542	2	23
14	Smart	5 824	2	10
15	北汽	5 234	2	16
16	沃尔沃	5 182	2	8
17	保时捷	1 954	1	22
18	菲亚特	1 799	1	18
19	凯迪拉克	1 354	0	29
20	起亚	1 340	0	N/A

注：沃蓝达销量包括 Holden Volt、Opel 和 Vauxhall Ampera；三菱 i-Miev 的销量包括 Peugeot iOn 和 Citroen C-Zero。

从第 4 名开始有了一些微小变化，雪佛兰超越了福特来到第 4 位，丰田、比亚迪、雷诺、宝马的市场占比均为 6%，但是比亚迪与雷诺因为 2013 年 12 月的销量创纪录排在了宝马之前。康迪排名第 10。

同样，在第 11 到第 20 名中，可以看到众泰和北汽的崛起，二者分别排名第 13 和第 15，两家车企在 2014 年表现出了与前 10 名车企一样的市场雄心。而排在第 11 名的大众汽车已经慢慢地越来越接近前 10 名，2015 年后劲十足。名次下滑的企业又看到了沃尔沃，从 2013 年的第 8 名下降到了第 16。

展望 2015

预测始终是一个棘手问题，我们不从车型也从品牌分析，让我们看看几家主要汽车企业 2015 年的战略。

1. 雷诺日产联盟

作为电动汽车市场无可争议的领导者，雷诺日产联盟已经销售了 220 000 辆电动汽车，旗下主要车型与其它新上市的车型的竞争仍有很大优势。而且，全新一代雷诺 Zoe 的推出和日产 e-NV200/Evalia 的进一步增产应该对该联盟 2015 年的销量有所帮助。但仍有两个大大的问号：中国东风日产的启辰版聆风会从中国高速成长的电动汽车市场收益多少？全新一代 ZOE 的续航里程能否大幅增加？因此，预计雷诺日产联盟在 2015 年的电动车销量可能会从 2014 年的 82 000 辆增至 95 000 辆。

2. 三菱汽车

尽管日本汽车制造商三菱在全球汽车企业中只是一只小鱼，但却是电动汽车市场的主要参与者，凭借欧蓝德 PHEV 的高销量重拳出击，2015 年这款车型将进入世界最大的 SUV 市场——美国。但是如果没有这款车，三菱的增长前景将受到严重挑战，其它产品也开始进入“老龄化”，急需提高电池产量，推动纯电动汽车产品的发展。基于此，预计三菱汽车 2015 年将销售 50 000 辆插电式汽车。

3. 特斯拉

如果把三菱汽车比作小鱼，那特斯拉就好似刚刚出生脱壳的鳄鱼婴儿。小鳄鱼以摇滚明星的姿态震撼登场，希望有一天能吞噬电动汽车市场的那些大白鲨，这就是特斯拉的雄心。事实上，那些大鲨鱼也正在密切关注着小鳄鱼，希望能在它长大前扼杀它，但是 Gigafactory 超级电池工厂会让其幻想破灭。2015 年，特斯拉的重型新车 Model X 即将上市，小鳄鱼又多了一个可以依靠的肩膀，Model S 2014 年的销量保持在 35 000 辆左右，Model X 电动 SUV 将显著带动特斯拉的销量，但时机是至关重要的，两款车型相加的总销量在 50 000 ~ 70 000 辆。

4. 通用汽车

伴随第二代沃蓝达的到来，通用汽车有望结束销售下滑之势，在美国的插电式混合动力车市场，沃蓝达仍是最畅销的汽车，由于欧宝 Ampera 2013 年在欧洲市场停售，沃蓝达的命运几乎完全取决于在美国市场能否成功。预计老款沃蓝达 2015 年的销量为 75 000 辆，第二代沃蓝达的销量或达到 25 000 辆。

5. 福特

显而易见，在过去的几个月里，插电式混合动力车已经受到了汽油价格下跌的影响，2015 年，福特可能会采取降价手段刺激销售，预计销量在 23 000 辆。

6. 丰田

与福特一样，丰田普锐斯插电式混合动力车销量也一直在下降，甚至已经被当成是一款老龄化汽车。现在丰田的眼中只有它的新生儿——燃料电池车未来(Mirai)，如此遭弃的普锐斯插电式混合动力版 2015 年预计只能卖出 13 000辆。

7. 比亚迪

如果有人被市场忽视，后来者就会快速顶上。除了延续秦的成功故事(预计 2015 年将销售 18 000 辆)，比亚迪将在 2015 年带来唐，在这款插电式混动 SUV 之后，还有两款 SUV 蓄势待发，加上早期成功者 e6，2015 年真可谓比亚迪年，总销量可能达到 35 000 辆。

8. 宝马

现在，宝马已经尝到了插电式汽车成功的甜头，宝马 X5 将以 PHEV SUV 的形态王者归来，肯定会显著增加宝马的销量，预计 2015 年宝马 X5 PHEV 将卖出 5 000 辆，而 i 系品牌的电动汽车销量将达到 25 000 辆。

9. 吉利

基于康迪电动汽车集团的 2 座电动车的大成功，业内人士传言吉利将有四款新车型预计在 2015 年推出，即使并非如此，也可以预计2015年康迪将大卖20 000辆。此外，由于沃尔沃早已被吉利收购，也需要考虑到新XC90 PHEV的市场，预计其销量可达5 000辆，而现有的V60 Plug-In也可能会卖出5 000辆，国内国外一起算起来，吉利集团的电动车销量将达30 000辆。

10. 大众汽车

大众汽车无疑是汽车界的老大，电动汽车细分市场的日渐兴起，也让大众的财大气粗在这里发挥效应，看看他们的插电式汽车阵容已开始显著增加，特别是受欢迎的高尔夫GTE，2015年可能会销售10 000辆，加上帕萨特GTE的帮助和其余产品，大众汽车的销售额可能会加倍，总计达到25 000辆。

11. 戴姆勒

Smart电动版的市场份额一直在小幅上升，新一代Fortwo ED的推出预计会帮助销售增加到8 000辆。然而，戴姆勒的真正挑战是奔驰品牌，2014年的表现不及预期，人们不禁要问：奔驰的插电式汽车能跑多远？也许2015年即将上市的C级PHEV，可以帮助奔驰的电动车销量达到12 000辆。

整体上，2015年的电动汽车市场将继续以稳定的速度成长，全球到2015年年底时的销量有望达到约40万辆。

2014年中国新能源汽车行业十大政策

回顾2014年的新能源汽车产业，正如科技部部长万钢所说，“利好不断”。各种政策接连出台，让人有些目不暇接，并且政策的出台直接影响了新能源汽车市场，截止到11月，新能源汽车生产5.67万辆，同比增长5倍。

让我们先看看那些影响新能源车市的国家政策，2014年国家共出台了16项新能源汽车政策，其中，国务院办公厅、机关事务管理局共出台4项（包括共同签署，下同），国家发展和改革委员会出台7项，财政部出台6项，科技部出台5项，工业和信息化部出台11项。工业和信息化部成为2014年出台新能源汽车政策最多的部门。

未来，电动汽车充电设施强制标准，不限行、免过路费和可走公交车道等一揽子优惠政策或将在2015年陆续出台。届时，新能源汽车市场将更加热火朝天。

这些中央级政策连续出台，已经初步构建了新能源汽车产业完整的政策框架。各项政策各有千秋，各有侧重，影响的广度和深度各有不同，第一电动网遴选出2014年那些影响新能源车市的十大政策，并加以点评，以飨读者。

另外，《新建纯电动乘用车生产企业投资项目和生产准入管理的暂行规定》与《2016～2020年新能源汽车推广应用财政支持政策方案》这两个政策对行业非常重要，但是其均处于征求意见中，未正式出台。

一、《关于加快新能源汽车推广应用的指导意见》

时间：2014年7月21日

部门：国务院办公厅

新能源车推广意见，提出八大项30个小项的全面要求。特别是明确提出要破除地方保护，各地区要执行全国统一的新能源汽车和充电设施国家标准和行业标准，执行全国统一的新能源汽车推广目录，并提出加快基础设施建设。

这是中央政府对新能源汽车政策的一次完整阐释。在此之前，只有《节能与新能源汽车产业发展规划（2012～2020年）》覆盖面有此广度，在执行层面，则是最为实用的一份文件。也许可以称之为“马凯版”新能源汽车政策蓝图。

工业和信息化部部长苗圩曾表示，“此次扶持政策力度空前，含金量极高。”接此《意见》，新能源汽车主管部门分拆任务，各自落实，才有了免购置税政策落实、政府机关采购新能源汽车和充电基础设施奖励办法等政策的落实。

二、《关于进一步做好新能源汽车推广应用工作的通知》

时间：2014年1月28日

部门：工业和信息化部、发展和改革委员会、财政部和科技部

《关于进一步做好新能源汽车推广应用工作的通知》规定，将纯电动乘用车、插电式混合动力（含增程式）乘用车、纯电动专用车和燃料电池汽车的补贴标准调整为：2014年在2013年标准基础上下降5%，2015年在2013年标准基础上下降10%，从2014年1月1日起开始执行。

点评：此次新能源汽车补贴标准的调整距上次补贴政策不足5个月，说明国家已经充分认识到发展新能源汽车的重要性，因此此次补贴政策不仅加大了补贴力度，而且承诺补贴具有持续性，给参与研发推广的企业吃了定心丸。

据媒体报道，补贴标准的调整是在国务院副总理马凯调研新能源车企，听取车企意见之后做出的调整，显示出主管领导开门问政的姿态和践行。

三、《关于支持沈阳长春等城市或区域开展新能源汽车推广应用工作的通知》

时间：2014年2月8日

部门：工业和信息化部、发展和改革委员会、财政部和科技部

《关于支持沈阳长春等城市或区域开展新能源汽车推广应用工作的通知》，明确内蒙古城市群（呼和浩特市、包头市）、沈阳市、长春市、哈尔滨市和江苏省城市群（南京市、常州市、苏州市、南通市、盐城市及扬州市）等12个城市和区域共计26个城市为第二批新能源汽车示范城市。

点评：若再加上2013年11月，四部委公布的28个首批新能源汽车推广应用城市（区域），全国范围内新能源汽车推广应用城市（区域）的数量达到了40个，涉及的城市数量达到88个，离全国推广仅有一小步。这两批示范城市的公布事隔不到2个月，连续快速出台两批新能源汽车推广城市，反映政府推广新能源汽车的力度和决心。

四、《关于免征新能源汽车车辆购置税的公告》

时间：2014年8月6日

部门：财政部、国家税务总局及工业和信息化部

该公告决定自2014年9月1号到2017年12月31号，对购置的新能源汽车免征车辆购置税。此次免征购置税的新能源汽车包括获许在中国境内销售（包括进口）的纯电动、

混合动力和燃料电池三类车型。

点评：新能源汽车购置税的免除较大地降低了消费者的购车成本，较大地促进了新能源汽车销量的增长，最新数据显示，2014 年 1 ~ 11 月，新能源汽车生产 5.67 万辆，同比增长 5 倍，新能源汽车销量实现历史性的突破，1 ~ 11 月累计销量达 5.3 万辆，新能源汽车消费热潮似乎正迎面而来。同时，新能源汽车销量的高速增长也将会使各产业链企业受益。

五、《关于新能源汽车充电设施建设奖励的通知》

时间：2014 年 11 月 25 日

部门：财政部、科技部、工业和信息化部、发展和改革委员会

新能源汽车充电设施的指导性文件正式出台。京津冀、“长三角”和“珠三角”等大气污染治理重点区域中的城市或城市群，2013 年度新能源汽车推广数量不低于 2 500 辆，2014 年度不低于 5 000 辆，2015 年度不低于 10 000 辆；其它地区的城市或城市群，2013 年度推广数量不低于 1 500 辆，2014 年度不低于 3 000 辆，2015 年度不低于 5 000 辆。推广数量以纯电动乘用车为标准进行计算，其它类型新能源汽车按照相应比例进行折算。

点评：国家相关部门即将对各个示范城市的推广结果做“中期评估”，四部委此次下发充电设施补贴政策便是对评估的一个支持政策，是在评估的基础上进行奖励，通过奖励的办法达到优胜劣汰的目的。

六、《政府机关及公共机构购买新能源汽车实施方案》

时间：2014 年 7 月 13 日

部门：国管局、财政部、科技部、工业和信息化部及发展和改革委员会

《政府机关及公共机构购买新能源汽车实施方案》明确了政府机关和公共机构公务用车“新能源化”的时间表和路线图。方案指出，2014 ~ 2016 年，中央国家机关以及纳入新能源汽车推广应用城市的政府机关和公共机构，购买的新能源汽车占当年配备更新总量的比例不低于 30%，以后逐年提高。

点评：新能源汽车发展初期还是需要政府“买单”的模式加强引导，通过示范使用增强社会信心，引导私人购买，促进企业扩大生产，降低成本，形成良性循环。如果该方案完全执行，公务新能源车采购将大幅提升新能源车的销量。

七、《京津冀公交等公共服务领域新能源汽车推广工作方案》

时间：2014 年 10 月 22 日

部门：工业和信息化部、发展和改革委员会、科技部、财政部、环境保护部、住房城乡建设部及国家能源局

《京津冀公交等公共服务领域新能源汽车推广工作方案》提出 2014 ~ 2015 年，在京津冀地区公共交通服务领域共推广 20 222 辆新能源汽车，新建充/换电站 94 座，充电桩新增 1.62 万个。

点评：近年来，由于京津冀地区的大气治理情况最为严峻，而新能源汽车的替代工作对治理雾霾非常有效。京津冀新能源汽车基础设施将加速建设，有望推动新能源汽车的市场化应用进程。

八、《加强乘用车企业平均燃料消耗量管理的通知》

时间：2014 年 10 月 16 日

部门：工业和信息化部、发展和改革委员会、商务部、海关总署及质检总局

2014 年 10 月 16 日，工业信息化部、发展和改革委员会等五部委联合发出《加强乘用车企业平均燃料消耗量管理的通知》，力促国内乘用车企业平均燃料消耗量实现 2015 年降至 6.9L/百公里的目标外。对于达不到标准的企业，《通知》还推出了五项前所未有的惩罚性措施。

点评：根据乘用车第四阶段标准，汽车企业面临的除了 2015 年 6.9L/百公里的目标外，还有 2020 年 5.0L/百公里的平均油耗目标。为了实现更为苛刻的 2020 年 5.0L/百公里的平均油耗目标，发展新能源汽车成为多数企业做出的选择。

九、《关于电动汽车用电价格政策有关问题的通知》

时间：2014 年 7 月 30 日

部门：发展和改革委员会

《关于电动汽车用电价格政策有关问题的通知》对经营性集中式充换电设施用电实行价格优惠，执行大工业电价，并且 2020 年前免收基本电费；对居民家庭住宅、住宅小区等充电设施用电执行居民电价。

点评：对充换电设施用电的扶持，有助于加速充电设施建设，打破长期充电设施建设滞后对新能源汽车推广的限制，一定程度上降低了电动汽车的使用成本，增强电动汽车的竞争力。

十、《电动汽车用动力蓄电池箱通用要求》

时间：2014 年 10 月 29 日

部门：工业和信息化部

《电动汽车用动力蓄电池箱通用要求》等 494 项行业标准及 2 项轻工行业标准修改单。其中，汽车行业标准 26 项、化工行业标准 38 项、冶金行业标准 56 项、有色行业标准 124 项、建材行业标准 51 项、黄金行业标准 1 项、稀土行业标准 7 项、纺织行业标准 38 项、包装行业标准 2 项、制药装备行业标准 1 项、电子行业标准 33 项以及通信行业标准 117 项。

点评：该标准是国内针对动力蓄电池箱的第一个标准，为我国各类动力电池系统的设计制造、生产应用和质量检验提供了技术依据，对推动企业技术进步，维护消费者利益以及加强行业管理均有重要意义。

国务院常务会议决定免征新能源汽车车辆购置税

国务院总理李克强于 2014 年 7 月 9 日主持召开国务院常务会议，部署加快发展现代保险服务业，决定免征新能源汽车车辆购置税，围绕推进简政放权，通过相关法律修

正案草案和行政法规修改决定。

会议指出，保险业是现代服务业发展的重点，具有巨大潜力。加快发展现代保险服务业，能够帮助企业和群众应对经营和生活中的风险，增强安全感，激发社会的创业动力，有利于增加就业，促进经济结构优化，推进社会治理创新，可以一举多得。会议强调，要以改革为动力，突出重点、协调联动，加快发展现代保险服务业。一是促进保险与保障紧密衔接，把商业保险建成社会保障体系的重要支柱。支持有条件的企业建立商业养老健康保障计划。支持符合资质的保险机构投资养老产业，参与健康服务业整合，鼓励开发多样化的医疗、疾病保险等产品。二是将保险纳入灾害事故防范救助体系。逐步建立财政支持下以商业保险为平台、多层次风险分担为保障的巨灾保险制度。积极发展财产、工程和意外伤害等保险。三是通过保险推进产业升级。创新保险支农惠农方式，支持保险机构提供保障适度、保费低廉和保单通俗的“三农”保险产品。鼓励保险资金采取多种方式，支持新型城镇化、重大基础设施建设和棚户区改造等，支持股票、债券市场长期稳定发展。完善科技保险体系，发展小微企业信用保险和个人消费贷款保证保险。大力发展出口信用、境外投资等保险。四是运用保险机制创新公共服务。积极探索推进商业保险机构开展社会保险经办服务。以与公众利益密切相关的环境污染、食品安全和医疗责任等为重点，开展强制责任保险试点。鼓励发展治安保险等新兴业务。五是深化保险业改革开放。加快建设现代保险企业制度，推进保险市场准入退出机制改革。引入国外保险先进经验和技术，努力扩大保险服务出口，提高保险业对外开放水平。加快发展再保险和中介市场。加强信用信息等基础建设。强化监管，规范经营。提升全社会保险意识。用优质、丰富的保险产品和服务助推经济发展，助力民生改善。

会议强调，发展新能源汽车是我国交通能源战略转型，推进生态文明建设的重要举措。支持新能源汽车这一战略性新兴产业发展，对于实施创新驱动，促进节能减排和污染防治，拉动国内市场需求，培育新的增长点，实现产业发展和环境保护“双赢”，具有重要意义。会议决定，自2014年9月1日至2017年底，对获得许可在中国境内销售(包括进口)的纯电动以及符合条件的插电式(含增程式)混合动力、燃料电池三类新能源汽车，免征车辆购置税。有关部门要抓紧制定公布车型目录。让更多人选择绿色出行，为可持续发展增添能量。

会议指出，按照政府工作报告部署，为激发市场活力和社会创造力，促进公平竞争，2014年以来国务院又取消和下放了一批行政审批项目，其中有些涉及法律法规的修改，要及时跟进，使简政放权有法治保障。会议通过政府采购法、注册会计师法等5部法律修正案草案和国务院关于对矿产资源开采登记管理办法等21部行政法规进行修改的决定草案，确定将法律修正案草案提请全国人大常委会审议。两个草案共修改了涉及审批项目取消、下放的67个条款，并完善了政府部门事中事后监管职责。另外，两个草案还提出取消政府采购招标代理机构乙级资格认定等3项审批项目。

影响2014光通信行业的十大创新技术

一项技术可以成就一家企业，开创一个行业。这句话并不夸张。纵观光通信行业发展历史，从第一根光纤发明出来再到低损耗光纤获得突破，从当初的单载波传输到现在的100 G/400 G超高速网络传输等，科学技术发展到现在，已经不仅仅代表着生产力，更是竞争力，生存力的体现。2014年，光通信技术依旧实现了多领域突破，请注意，这些极有可能改变未来。

一、G. fast——电话线将实现千兆传输

1. G. fast标准审核完成

12月5日，国际电信联盟（ITU）终于完成G. fast标准的最后审核工作，相关芯片和设备厂商已开始着手出货中，据悉，G. fast相关产品最快可在2015年底问世。作为ITU的新版宽带技术标准，G. fast可利用电话线实现最高1 Gbit/s的传输速率，不仅能有效降低运营商对光纤到户(FTTH)技术的依赖，同时还能降低布网的投入成本。

随着超清网络视频、大数据等高带宽互联网业务的快速发展，宽带接入面临着巨大挑战。在有线接入方面，主流的宽带接入技术正逐步向千兆接入的FTTH(光纤到户)过渡。

可是现状是，在一些成熟社区推广中，由于这些地方的家庭原来普遍都是采用DSL(数字用户线路)技术接入，使用的是电话线上网。如果要采用FTTH，势必要进行光纤改造。而光纤到户往往会遭遇来自物业的阻力，无法顺利展开部署。

同时，对于装修布线已经到位的家庭来说，光纤入户和布线也是件很麻烦的事情。另一方面，对于运营商来说，光纤到户也会让已经进行了大量投资的铜线资源白白浪费掉，不利于投资保护。

而G. fast技术的出现却能有效解决上述问题。这项由国际电信联盟推出的DSL标准可以让短距电话线（30～400m）实现高达1 Gbit/s的速率。不仅如此，G. fast技术在部署成本上也要比FTTH低很多。

ITU秘书长Dr Hamadoun I. Touré表示，从标准过渡到布建，G. fast可说是近来发展最快的宽带接入技术。目前，一系列的厂商已开始着手于相关技术的芯片组和设备出货，同时网络服务供应商的实验和现场测试也在展开中。

2. G. fast宽带接入技术优势

G. fast在光纤到分配点(FTTdp)架构下，结合了光纤的速度和DSL(数字用户线路)在安装上的优点，举例来说，在400m的组网范围内，该技术可提供相当于光纤的传输速度，再加上让客户自行安装的特性，让服务供应商得以节省成本，为用户提供更好的使用体验。

另外，G. fast能和现有的VDSL2(第二代超高数字用户线路)并存，提升客户在两个技术间互换的灵活性，不必担心和现有技术的相容问题。

G. fast更增加了布网频宽密集服务的可行性，诸如支持超高画质4 K或8 K的串流服务，支持下一代网络电视(IPTV)接入，以及能进一步提升云端基础的资料储存和高

画质影音通信等。此外，G. fast 也能为中小型的宽带通道需求提供服务，同时可应用于回程(Backhaul)网络的小型无线蜂巢基站和无线局域网络(Wi-Fi)热点中。

此外，ITU-T Studt Group 15 还发起了扩充 G. fast 一系列特点的计划，目的在于提高该技术的效能表现，包括在低功耗状态的范围。这些特点最早将于 2015 年 7 月 3 日融入服务供应商的 G. fast 设备中。由此可见，未来千兆级的宽带接入，届时很可能只需利用现有电话线就能实现了，相当令人期待。

点评：高昂的网络建设成本严重阻碍了运营商全面部署 FTTH 网络。这些投入包括街道挖沟排管，为每个家庭重设室内布线等。近几年运营商在部署光纤接入网络的同时，始终制约于均衡市场需求和预算限制两者之间的矛盾。在有线通信建设中，G. fast 技术的突破令人们意识到“光进铜退”的节奏仍需把握，铜线价值仍有待挖掘。“光铜互补”可发挥即有资源的效能，也有利于运营商降低改造成本，成为运营商中期宽带建设的重要思路。

二、SDN 传统网络的终结者

光网络 SDN 化契机已至

数据流量的爆炸式增长，网络带宽的快速上升，对于整个通信网络的架构带来了巨大冲击，网络架构的变革也被产业界提上议程，以 SDN/NFV 为代表的下一代运营商网络成为未来网络变革的主导思路。虽然相对而言，数据中心、IP 网络的变革诉求更为迫切，传送网的变革仍然有较长的过渡时间，然而这种演进趋势也让一些前沿运营商积极探讨光网络架构的演进道路。以中国移动为代表，其已经与华为等系统设备商进行合作，共同研究现有网络的 SDN 化道路，SPTN 正是两家合作的重要产物。

随着 LTE 的快速上马，中国移动对于网络支撑能力的提升尤为关注，PTN 的大规模部署成为 LTE 移动回传的惟一承载方式，中国移动也在积极研究 PTN 技术的后续演进思路，而 SPTN 正是一条有效的技术演进途径。目前中国移动与华为在共同推动 PTN SDN 的标准化，充分发挥两家在国际标准组织中的影响力，另据了解，华为的 SPTN 产品已经能够全面匹配中国移动 LTE 网络的 SDN 演进，对于不同场景下的承载设备提供全面支撑。

对于 PTN 向 SDN 演进，业界也已达成一定共识，烽火通信网络产出线规划总监陈晓辉指出，PTN 技术已经发展到 SPTN 时代，SDN 化将是 PTN 技术当前的发展方向。

另外，随着光网络技术迈入新的发展阶段，各项新兴技术的测试验证成为各方关注的焦点，主流测试厂商的方案支撑也开始凸显作用。包括 400 G 的实验网测试、SDN 的测试对于测试厂商而言也提出了更高的要求，如何有效跟进这些技术进展，同时加大与设备商、运营商的合作力度，也是各测试企业重点关注的话题。目前思博伦等测试厂商已经逐步加大了面向这些新兴技术的研发投入，同时与相关设备商保持密切合作。据了解，2013 年 3 月，思博伦就率先推出了 CFP2 100 G 以太网测试模块，同时与华为、赛灵思保持密切合作，共同开展面向 100 G、400 G 的相关测试。

新兴技术的快速演进有效激发了产业的发展活力，上下游产业也因此而受益，随着高速传输技术的大规模应用，产业下游环节也将逐步受益。

链接

软件定义网络（Software Defined Network，SDN），是由美国斯坦福大学 Clean Slate 研究组提出的一种新型网络创新架构，其核心技术 Open Flow 通过将网络设备控制面与数据面分离开来，从而实现了网络流量的灵活控制，为核心网络及应用的创新提供了良好的平台。

从路由器的设计上看，它由软件控制和硬件数据通道组成。软件控制包括管理(CLI、SNMP)以及路由协议(OSPF、ISIS 和 BGP)等。数据通道包括针对每个包的查询、交换和缓存。如果将网络中所有的网络设备视为被管理的资源，那么参考操作系统的原理，可以抽象出一个网络操作系统(Network OS)的概念——这个网络操作系统抽象了底层网络设备的具体细节，同时还为上层应用提供了统一的管理视图和编程接口。这样，基于网络操作系统这个平台，用户可以开发各种应用程序，通过软件来定义逻辑上的网络拓扑，以满足对网络资源的不同需求，而无须关心底层网络的物理拓扑结构。

SDN 提出控制层面的抽象，目前的 MAC 层和 IP 层能做到很好的抽象，但是对于控制接口来说并没有作用，人们以处理高复杂度（因为有太多的复杂功能加入体系结构中，比如 OSPF、BGP、组播、区分服务、流量工程、NAT、防火墙、MPLS 和冗余层等）的网络拓扑、协议、算法和控制来让网络工作，完全可以对控制层进行简单、正确的抽象。SDN 给网络设计规划与管理提供了极大的灵活性，人们可以选择集中式或是分布式的控制，对微量流（如校园网的流）或是聚合流（如主干网的流）进行转发时的流表项匹配，可以选择虚拟实现或是物理实现。

目前，包括惠普、IBM、思科、NEC 以及国内的华为和中兴等传统网络设备制造商都已纷纷加入 OpenFlow 的阵营，同时有一些支持 OpenFlow 的网络硬件设备已经面世。

点评：SDN 是几十年来最具革命性的技术，在 10 年后，甚至更短的时间内，SDN 将会被简单地理解成为“网络”。在 2015 年，随着 SDN 在电信网络的第一个部署，该技术将会逐渐发展。这将是巨大的一步，并可能推动 SDN 实现临界点。我们预计会看到 SDN 部署在全球海底网络，以实现比过去更动态的服务。

三、超高速超大容量超长距离光传输

一根头发丝般粗细的普通光纤，可容纳 24 亿人同时通话，看似有点不可思议，但是这个由中科院牵头的项目标志着我国光通信技术取得新的突破，或将在不久的将来为网络提速奠定基础。

近日，“超高速超大容量超长距离光传输基础研究”国家 973 项目在武汉通过课题验收，在中国首次实现一根普通单模光纤中以超大容量超密集波分复用传输 80km，传输总容量达到 100. 23 Tbit/s，相当于 12. 01 亿对人在一根光纤上同时通话。

据业内权威预测，到 2030 年，全球网络数据流量、人均网络数据流量都将比 2010 年增长 1 000 倍，作为互联网和通信网基础的光传输网络将不断面临承载海量数据的压力，网络扩容已经势在必行。此次在国内首次实现一根普通单模光纤中在 C + L 波段以 375 路，每路 267. 27 Gbit/s 的超大容量超密集波分复用传输 80km，实现了我国光传输实验在容量这一重要技术指标上的突破，推动我国迈入传输容量实验突破 100 Tb 的全球前列。

本次三超实验在成功刷新我国光传输最高记录，推动我国光传输技术实现突破的同时，有效解决了“高阶调制，高谱效率实现，非线性效应抑制”等超高速、高谱效率和超长距离传输系统的关键技术问题，为超高速、超密集波分复用和超长距离传输的实用化奠定了技术基础，将为国家下一代网络建设提供必要的核心技术储备，也将为国家宽带战略，促进信息消费提供有力支撑。

这一项目是由武汉邮电科学研究院牵头承担，华中科技大学、复旦大学、北京邮电大学和西安电子科技大学共同参与的国家 973 项目“超高速、超大容量和超长距离光传输基础研究”。

点评：作为宽带接入一种主流的方式，有着通信容量大、中继距离长、保密性能好、适应能力强、体积小、重量轻、原材料来源广、价格低廉等优点，未来在宽带互联网接入的应用会非常广泛。这一技术可以用于打造超高速度、超大容量和超长距离传输网络，为下一代光传输网络进行技术储备，推动中国在光通信领域保持国际领先地位。随着光纤宽带的普及成为大势所趋，我国光纤光缆行业加速整合，这项技术或可帮助应对大数据时代的网络承载能力的要求。

四、新型光纤——“空气”光纤

一项可实现超长距离通信的技术，甚至可应用到人类未来的火星殖民地。美国的科学家正在研制一种以空气为材质的新型光纤，该光纤摆脱了固体材料自身性能的局限，能够在太空中实现超远距离的激光通信，同时还可以应用到大气污染探测、高分辨率地图和军用激光武器等领域。

光纤通信之所以是一种高效率的通信方式，在于它利用固体材质的光缆，将光信号牢牢地束缚在导波管之中，阻止光失去密度或焦点。一般情况下，光的密度会随着传播距离的增加而逐渐降低，即便是激光这种具备高度定向的光束也一样。同时，它还无法避免因为空气中其它气体的干扰而失去焦点。

据英国《每日邮报》在线版 7 月 29 日报道称，目前的光纤产品，其结构一般由透明的玻璃管芯和由低折射材料制成的包裹外皮组成。外皮的作用是当光试图逃逸出管芯时，将其反射回来。不过，固体材料有着明显的短板。一是能够控制和驾驭的能量有限；二是离不开铺设管道、安装支架等外部支持，使其无法在诸如大气层甚至太空这样的特殊环境中发挥作用。

针对这一情况，本次研究的主持者、美国马里兰大学物理学教授霍华德将目光大胆投向了无形的空气。他和自己的团队创新出一种可以让空气具备玻璃导波管一样作用的方法。据其刊发在《光学》月刊上的论文介绍，空气导波管的结构为：一个由低密度空气组成的“外壁”，包裹着充满高密度空气的内芯。而与普通光纤一样，外壁的折射率要低于内芯。这种结构的空气导波管能够长距离、无损耗地传送光信号。

霍华德团队制造空气导波管的方法，是使用超强激光脉冲。激光脉冲能够在空气中电离出很细的“光丝”，而这些光丝会提高周围空气的温度，令空气扩散，并在其经过之后留下一条低密度的、内部空气折射率低于外部气体的空洞。

与传统光纤一样，空气导波管外层的折射率要低于内部，以此引导光沿着管道传播。

光丝存在的时间短得惊人，只有约一万亿分之一秒，而空洞则可以存活几毫秒，几乎是激光脉冲的一百万倍。霍华德团队认为，正因为空气导波管能够较长时间的存在，因而单个的它就可以传导激光并收集信号。

目前霍华德的团队正在致力使空气导波管的长度达到至少 50m。凭借该技术，我们不仅可以对大气上层或核反应堆这样的极端环境进行化学分析，改进激光雷达的性能以绘制高分辨率的三维地形图，最终还能在太空中的任意地方随时交流——让人类未来的通信方式发生质的改变。

五、可见光通信——LIFI：点亮 LED 灯就能高速上网

无需 WiFi 信号，点一盏 LED 灯就能上网。复旦大学计算机科学技术学院传出消息，一种利用屋内可见光传输网络信号的国际前沿通信技术在实验室成功实现。研究人员将网络信号接入一盏 1 W 的 LED 灯珠，灯光下的 4 台电脑即可上网，最高速率可达 3. 25 G，平均上网速率达到 150 M，堪称世界最快的“灯光上网”。

可见光通信被称为 Lifi

一直以来，在一个人的头顶上画一个闪亮的灯泡，被用来象征一个发明家的灵光乍现，但是德国物理学家哈拉尔德由灯泡本身“点亮”了奇思妙想：依赖一盏小小的灯，将看不见的网络信号，变成“看得见”的网络信号。哈斯和他在英国爱丁堡大学的团队最新发明了一种专利技术，利用闪烁的灯光来传输数字信息，这个过程被称为可见光通信(VLC)，人们常把它亲切地称为“Lifi”，以示它能给目前以 WiFi 为代表的无线网络传输技术可能带来革命性的改变。

这种让人难以想象的网络技术到底离我们有多远？答案是很近，它正从复旦大学实验室中一步步向我们走来。复旦大学计算机科学技术学院教授薛向阳告诉记者，目前的无线电信号传输设备存在很多局限性，它们稀有、昂贵，但效率不高，比如手机，全球数百万个基站帮助其增强信号，但大部分能量却消耗在冷却上，效率只有 5% 。相比之下，全世界使用的灯泡却取之不尽，尤其在国内 LED 光源正在大规模取代传统白炽灯。只要在任何不起眼的 LED 灯泡中增加一个微芯片，便可让灯泡变成无线网络发射器。

可见光通信安全又经济

2013 年开始，上海市科委已在全市高校和科研院所布局这一国际前沿的无线信讯技术，由复旦大学承担的可见

光通信关键技术研究与应用取得重要进展：科研人员不仅在实验室环境中利用可见光传输网络信号，并且实现能够“一拖四”，即点亮一盏小灯，4台电脑即可同时上网、互传网络信号。课题研究人员迟楠教授指出，光和无线电波一样，都属于电磁波的一种，传播网络信号的基本原理是一致的。研究中，给普通的LED灯泡装上微芯片，可以控制它每秒数百万次闪烁，亮了表示1，灭了代表0。由于频率太快，人眼根本觉察不到，光敏传感器却可以接收到这些变化。就这样，二进制的数据就被快速编码成灯光信号并进行了有效的传输。灯光下的电脑通过一套特制的接收装置，读懂灯光里的“莫尔斯密码”。

“有灯光的地方，就有网络信号。关掉灯，网络全无。”迟楠告诉记者，与现有WiFi相比，未来的可见光通信安全又经济。WiFi依赖看不见的无线电波传输，设备功率越来越大，局部电磁辐射势必增强，无线信号穿墙而过，网络信息不安全。这些安全隐患，在可见光通信中“一扫而光”。而且，光谱比无线电频谱大10 000倍，意味着更大的带宽和更高的速度，网络设置又几乎不需要任何新的基础设施。

点评：Lifi作为一种尚在实验室的全新网络技术和产品，其未来潜力也不应被过分高估。“因为，从灯光通信控制到芯片设计制造等一系列关键技术产品，都是研究人员‘动手做’，要真正像WiFi那样走进千家万户，需要通过一系列的产业化发展，还有很长的路要走。”Lifi技术本身也有其局限性，例如若灯光被阻挡，网络信号将被切断等。因此，它并不是WiFi的竞争对手，而是一种相互补充，有助于释放频谱空间。其未来，能否产生杀手锏式的应用，还依赖人们无限的想象力，比如汽车间依靠LED车灯来“对话”，飞机客舱里乘客利用头顶的LED阅读灯来上网。

六、传输速度达255 Tbit/s的新型光纤传输技术

随着互联网的普及，社会对于通信带宽的需求越来越高。为了能够传输更多的数据，运用光纤通信无疑是很好的选择。近日，科学家成功地研制出一种新型光纤，数据传输率可达255 Tbit/s，比目前商业光纤的带宽效率高出21倍。

与普通商业光纤中只有1条核心可供传递信号不同，这种新型光纤拥有7条不同的核心，这就好比将一条1车道的道路改造成了7车道。与此同时，研究人员还在这种光纤中引入了2条额外的垂直信道用于数据传输。通过这两种方法的综合运用，有效提升了光纤传输效率。这一技术的出现将会让实现PT量级的传输效率成为可能，从而大大缓解由于带宽资源紧张而导致的危机。

光纤通信行业飞速发展

这些年，因为光纤通信技能的飞速开展，也使得光纤网络高清传输监控体系的造价大幅下降，所以光纤和光端机在高清传输监控体系中的运用越来越普及。光纤已广泛运用于家庭光纤和单位接入网，在家庭智能化、办公自动化、工控网络高清传输器、车载机载和军事通信网等范畴。关于网络高清传输带宽、网络高清传输间隔需求较高的高清视频信号叠加器流来说，光纤时代来临，完成高清传输监控不再是梦。

七、智能ODN——破解光纤资源管理难题

面对全业务时代竞争加剧的局面，运营商的资源管理能力，尤其是光纤管道资源的管理能力不足以成为全业务发展的瓶颈，亟待解决。

ODN(基于PON设备的FTTH光缆网络)作为主要的传输承载通道，是运营商固定网络的重要组成部分。随着ODN网络的不断扩展，对光纤资源信息采集、更新和录入的准确性和及时性要求越来越高。以前ODN系统主要靠手工完成，效率及准确性十分低下，已难以保障业务及网络发展的需求。传统的“哑资源”建设模式使运营商在光纤管道投资方面每年损失数亿元资金，经济效益与投资成本矛盾日益突出。

而智能ODN作为一种面向光纤资源全生命周期的解决方案，有效解决了“哑资源”的管理问题。通过电子标签对光纤(包括尾纤、跳纤等)进行唯一标识，能自动存储、导入和导出光配线设备端口资源及光纤连接关系数据，实现光纤信息自动存储、光纤连接关系信息自动识别、光纤资源信息校准等功能，大大提高了对光纤资源的管理及工程实施能力，降低光纤资源的管理成本及管理损耗，为后续光纤资源管理指明了发展方向。

准确高效的资源数据管理

在传统网络中，以人工的方式录入用户信息，用纸质标签来管理网络端口，资源数据的准确性难以保障。随着FTTH和LTE时代来临，用户信息、纤端口激增、传统管理模式下录入信息错误、光纤端口无法识别、端口限制和运维复杂等问题频繁出现。

智能ODN系统基于电子标签实现资源自动上报，通过网管可以准确地对光纤端口以及对应连接关系进行管理，可以自动生成优化且切实可行的光纤路由，通过网管工单以及现场施工工具实现现场施工状态的闭环校验，从而最终实现E2E光路准确、高效并自如地调度。相比以往冗长的、以“天”为单位计量的线路调度时间，智能ODN系统能够显著提高业务开通速度，弥补运营商目前在光纤管理上的不足，提高运营商在全业务接入环境下的核心竞争力。

从烽火通信的商用案例来看，智能ODN系统仅在普通跳纤的两端增加电子标签，实现连接关系的自动识别，无需人工读取和录入，真正实现了100%的资源信息正确率以及光纤资源利用率。

点评：对于光纤链路日常维护而言，其路由信息的有效性以及突发故障抢修的及时性至关重要。大规模的ODN网络建设使得光纤资源由原有的城域网大幅向下延伸至接入层面，整个网络部署的光纤数量数以亿计，并且基本位于较为隐蔽的位置，让无源网络基础设施，尤其是室外站点的巡检、维护工作难度十分巨大。智能ODN系统提供光路由的端到端可视化管理，具备光纤路由、网路拓扑的管理能力，通过网管的可视化呈现，帮助维护人员快速掌握全网的资源分布及业务信息，提高管理维护效率。这一模式完全区别于传统的表格式的节点管理。一旦故障发生，维护人员可以第一时间对故障节点附近的光纤链路进行排

查。而当智能 ODN 系统进一步集成 OTDR 时，运维人员可以直接在网管上获取准确的故障点地理位置以及具体路由信息，从而实现故障快速处理。

八、400 G 高速网络

近年来随着移动宽带、OTT 视频和云业务的迅猛发展，互联网流量正在呈几何式增长，对运营商网络，尤其骨干网提出了更大容量的要求。为了应对激增的流量，运营商在短时间内将核心节点的路由器升级到多框集群形态，但同时也面临着投资、运维、机房空间和耗电等一系列的建网难题，更重要的是 2+8 的集群架构已经触摸到极限。此时具有更强扩展能力，更低运维成本的 400 G 平台成为一种更优的选择。

全球运营商加速部署 400 G

随着 400 G 平台的成熟，从 2013 年开始，国内外主流运营商不约而同地选择了部署 400 G 路由器，扩容网络容量，从而更好地应对网络流量洪水的到来，给客户提供更好的业务体验提供保障。

在国内，中国移动和中国电信先后进行 400 G 平台路由器的测试，中国电信测试了 400 G 集群，移动则进行了单框测试，按照以往的操作流程，测试指标良好的 400 G 在 2014 年进入运营商路由器集采的名单中。

未来，单槽位 400 G 路由平台还将在大容量的基础上进一步考虑小型化、多业务和易部署等需求，充分适应网络解决方案的部署要求。大容量设备的演进将倾向于可用性的提升，融合业务承载能力增强以及应对业务快速变化，系统资源虚拟化和与光传输更佳的契合点等。长期来看，400 G 平台设备在目前的网络中将发挥更大的作用，支持网络长期演进发展。

点评：相比于 100 G WDM 系统所提供的 8 T 传输容量，400 G 可以提供 16～20 T 的传输容量，其应用预期场景主要包括骨干网、大型本地网线路侧和客户侧的需求及数据中心数据交互的需求等。而且，如果用 400 G 的技术来反补 100 G，还可以大幅降低运营商的建网成本。因此，面向未来，只要传输距离和价格合适，400G 速率将是更合理的选择。

九、新一代 2 800 m/min 高速光纤拉丝技术

随着光纤市场的竞争越来越激烈，光纤价格处于波谷，相对固定，给光纤生产厂家造成很大压力，只有走降低生产成本之路才能在这种微利时代生存发展。提高光纤拉丝速度能大幅度的提高设备的单位产能，提升生产效率是降低成本有效的方法之一，因此世界各大光纤制造厂家都在不断研究新一代高速拉丝技术，希望进一步提高拉丝速度，在日益激烈的市场竞争中占有一席之地。

高速拉丝主要对裸纤的冷却、涂覆和固化系统都具有较高的要求。

据了解，高速拉丝下，高温炉、冷却系统、涂覆系统和固化系统都会发生细微的变化，通过对这些变化进行不断深入的理论研究和实际检验，烽火武汉光纤基地对相关的工艺和设备进行了一系列的研发、改进和优化，成功地将拉丝速度从 2 400 m/min 提升至 2 800 m/min，掌握了一整套完善而成熟的高速拉丝技术，进一步提高了产量，降低了生产成本，在日益激烈的市场竞争中占得了先机，拉丝速度达到国内领先，国际一流水平。

解读：从某种意义来说，拉丝速度成为了衡量光纤厂家拉丝工艺的标志之一，拉丝工艺与拉丝设备都是根据拉丝速度来确定参数和性能指标，因此，在提高速度的同时必须对拉丝工艺和相应的设备进行不断优化和改造，只有形成完善的拉丝技术才能保证稳定生产，提高生产效率和产品质量。

十、WDM-PON——下一代接入网演进主流

EPON、GPON 统治的接入网终于出现变革了。不过，变革的主要推动力并非来自宽带，而是源起 4 G。

近日，中国电信北京研究院与华为公司联合宣布，双方完成基于 WDM-PON 的无线 4 G 前端回传方案测试。

中国电信北京研究院新技术办公室马亦然介绍：“当前的点对点回传方案面临光纤资源消耗严重、扩容困难、维护手段有限等不足，WDM-PON 是节省光纤、易扩容、易维护的新型前端回传方案。”

自 2009 年 FTTx 成为主导接入模式以来，EPON、GPON 先后主宰宽带接入网，两者不断在技术、产业链和价格上优胜劣汰。

此间，业内曾提出 10 G PON、40 G PON、WDM-PON 等多种演进技术，但除了 10 G EPON 得以商用之外，其余“下一代 PON”均无法撼动其前辈在接入市场上的地位。

接入网的大门紧闭，LTE 反而给 PON 技术的研发者打开了另一扇窗。

随着无线技术的发展需求，原本处于同一个基站上的 RRU、BBU 被分离，RRU 不断分裂、下沉，越来越靠近用户，而 BBU 则被池组化、虚拟化，集中部署。RRU 站点与 PON 网络数量庞大的 FTTx 站点在地理位置上的重合度越来越高，BBU 与 RRU 之间的网络拓扑越来越接近 ODN 的网络拓扑。此外，LTE 提供的百兆级移动宽带速率也接近于固定宽带速率。“PON 承载 CPRI（BBU 与 RRU 的前端回传）”设想被提出。

而与此同时，CPRI 也需要一种新的技术。“在众多 PON 技术中，WDM-PON 最适合需求。一方面可以通过波分复用节省大量光纤，同时还可以提供 CPRI 所需要的大带宽、环网保护、低时延、低抖动和长传输距离。”华为下一代光接入领域技术主任林华枫称：“WDM-PON 承载非常适合光纤资源紧张的无线 BBU 大规模集中场景。”该方案可以节省 87.5% 的光纤使用量。

回传市场，历来是商家必争之地。曾经的 PTN、IP RAN 交锋可见一斑。而 PTN、IP RAN 主要承载后向回传。如今，无线技术演进生成了“前向回传”这一新的市场，对于诸大设备商而言，这意味着新的增长空间。

需要指出的是，由于无线站点越来越多、速率越来越高，前向回传的市场规模将远远超出后向回传，其端口需求量甚至可以达到 PTN、IP RAN 的数十倍。一场盛宴引发的群雄逐鹿即将上演。

试验的同时，PTN、OTN 和 WDM 等技术也在跃跃欲试。此前，中国联通还曾与西班牙电信联合发布有关共同

推动 NGM－WDM 白皮书，该技术的主要目的也在于解决 BBU 池组化之后带来的前向回传方案。据了解，目前爱立信正在推动这一技术成熟。

赛场铺就、选手就位。预备枪何时响起只取决于 BBU 池组化、虚拟化的速度。

点评：目前三大运营商都已经开展 BBU 池组化工作，中国电信已经要求 30% 的新建基站实现 BBU 池组化，而在某些省份，已经实现所有新建基站的 BBU 池组化。中国移动曾在 2014 年年初的 MWC 期间演示过基于 vBBU、vEPC 和 vIMS 等技术的 VoLTE 业务，2014 年 6 月又在上海演示过基于浦东现网的 VoLTE 业务。

《嵌入式 LED 灯具性能要求》等多项国家标准发布

近日，国家新制订的《嵌入式 LED 灯具性能要求》等国家标准发布，标准明确要求各灯饰生产厂家严格按照符合人类生产生活的质量标准和技术规定从事灯具的研发和生产，这对于当前的灯饰照明行业起到了积极的规范和引导作用。据悉，此次新制定的相应灯饰行业国家标准还包括新制订的《灯具 IK 代码的应用》国家标准、新修订的道路灯具安全国家标准、新制订的《无极荧光灯安全要求》国家标准、新修订的荧光灯用辉光启动器国家标准以及新修订的霓虹灯控制装置国家标准等灯具生产执行标准。

其中，新制定的《嵌入式 LED 灯具性能要求》国家标准编号为 GB/T 30413—2013，自 2014 年 12 月 1 日起正式实施；新制订的《灯具 IK 代码的应用》国家标准编号为 GB/Z 30418—2013，自 2014 年 12 月 1 日起正式实施；新制订的《无极荧光灯安全要求》国家标准编号为 GB 30422—2013，自 2015 年 7 月 1 日起正式实施；新修订的道路灯具安全国家标准编号为 GB 7000. 203—2013，自 2015 年 7 月起正式实施；新修订的荧光灯用辉光启动器国家标准编号为 GB 20550—2013，自 2015 年 7 月 1 日起正式实施；新修订的霓虹灯控制装置国家标准编号为 GB 19510. 210—2013，自 2015 年 7 月 1 日起正式实施。

广东 LED 标准光组件顶层推广释放标准红利

标准决定质量。从 LED 照明行业来看，LED 照明产品质量不容乐观。据国家质检总局公布的 2013 年 LED 照明产品质量国家监督抽查结果显示，LED 照明产品抽样合格率不到 80%，不少企业更是上了 LED 照明质量黑榜。

俗话说，没有规矩不成方圆。面对 LED 照明产品规格多样、质量不合格的问题，广东开出了 LED 照明标准光组件的药方。2014 年，LED 照明标准光组件项目组加快了标准光组件推广进度，积极启动第二批标准光组件提案征集活动，加强 LED 照明标准光组件检测联合实验室认定规范性，加速代表标准光组件的 LED 蚂标产品的贴标生产与销售，扩大 LED 照明标准光组件研发及应用联盟的规模，提升联盟的影响力，强化标准认定工作的扎实稳步推进。

启动第二批提案征集，强化标准规范的持续动态优化

当前 LED 照明产业正处于技术快速发展阶段，产业标准与产品技术水平认证方法已滞后于产业发展。基于 LED 照明技术的发展日新月异，LED 照明标准光组件技术体系遵从动态更新的原则，采用优中选优的工作办法，获取已经通过市场验证的，发展成熟的 LED 技术以及畅销的 LED 产品性能和指标，进行适时动态更新。

为筹备第二批标准光组件提案征集活动，从 2013 年年底开始，项目组就组织召开了第二批标准光组件提案工作研讨会，针对第二批提案征集活动进行工作部署，随后还深入市场与企业负责人、市场部和研发部等负责人就第二批征集事宜展开讨论。

据悉，目前 LED 照明标准光组件提案征集活动正在持续进行，LED 照明标准光组件技术规范体系不断完善，标准光组件详细规范已增至 25 项，其中新增详细规范 3 项，包括雷士照明与德豪润达联合起草提案的两款主要适用于筒灯的光源模块的详细规范，由国家半导体照明工程研发及产业联盟成员单位联合起草的两款用于路灯照明模组的详细规范，待审核的 6 项，起草的有 7 项。

随着 LED 照明标准光组件的快速推进，广东省内外企业纷纷申请授权使用或提案标准光组件产品，对标准认证检测的需求迫在眉睫。为加速标准光组件认定，充分调动企业资源，经 LED 照明标准光组件认定委员会研究决定，认定委员会将联合具备相关实验室资质的标准光组件生产及应用企业，组建“LED 照明标准光组件检测联合实验室”，用于检测企业内部及联合提案企业的标准光组件产品。

当前，雷士光电、晶科电子已经成为第一批获得授权“LED 照明标准光组件检测联合实验室”的单位，而洲明科技、鸿利光电和国星光电也在积极申请“LED 照明标准光组件检测联合实验室”的资质认证，标准光组件认定委正对他们进行资格审查与现场评审。

据相关专家透露，“LED 照明标准光组件检测联合实验室”的认定审核非常严格，企业除了必须是 LED 照明标准光组件研发及应用联盟的理事单位外，每年还必须参与研制、使用或推广标准光组件。此外，在电子电器或照明方面具备中国合格评定国家认可委员会（CNAS）认可资质，或具备省级或以上的重点实验室或工程中心等相关实验室资格认证条件的企业可以优先考虑。

壮大应用及研发联盟规模，强化联盟工作的扎实稳步推进

为更好地服务企业，解决企业在应用 LED 照明标准光组件过程中的问题，拓宽 LED 照明标准光组件及其应用产品市场，LED 照明标准光组件研发及应用联盟于 2013 年 9 月 18 日正式成立。该联盟旨在引领 LED 照明标准光组件规范化应用，保障 LED 照明标准光组件规范体系动态化管理，并将在广东省 LED 标准化工作委员会的指导下开展标准光组件规范体系的修订和维护，知识产权和专利、产业信息的统计分析及平台建设等相关工作。

广东省半导体照明产业联合创新中心眭世荣博士荣任 LED 照明标准光组件研发及应用联盟第一届理事长，广东省标准化研究院徐晨、南方电网综合能源有限公司雷鸣当选联盟副理事长，国晟投资、晶科电子和三雄·极光等 27

家LED企业当选LED照明标准光组件研发及应用联盟理事会成员。

经过短短半年的时间，LED照明标准光组件研发及应用联盟已吸纳成员超150家，省内超过80%的企业对LED照明标准光组件有了初步认知，并主动申请加入联盟。未来，联盟还将不断壮大规模，以开放的心态积极吸纳更多认同标准光组件体系理念、愿为中国LED照明产业标准化做贡献的企业进来，强化联盟工作的扎实稳步推进。

推进LED产品贴标销售，强化产业标准化工作的有序开展

2013年，标准光组件总体工作着重于总体架构（技术体系、管理体系）的搭建与完善，2014年，标准光组件重点工作转向全面推广与持续性运营，这其中最为重要的就是标准落地，即LED蚂标产品的贴标销售。

据悉，雷士光电、晶科电子2家企业已通过标准光组件认定，并贴标销售标准光组件产品。其中，晶科电子作为广东省LED标准光组件层级一和层级二产品开发的带头单位，在此基础上开发了一系列方便灯具厂商应用的室内光组件产品及解决方案，有天花灯系列、HV系列和筒灯吸顶灯系列，主要用于室内照明。而雷士照明所生产销售的LED蚂标产品主要为LEDMR16B光源系列与LED天花灯系列。

截止2014年2月上旬，实现标准光组件产品贴标销售达到20万件。这为LED照明标准光组件走向市场化、规模化拉开了序幕。随着更多企业加入进来，LED照明标准光组件将在市场全面推开，并能最终实现工业中间件标准化，形成产业“事实标准”。

早春三月，百业待兴。LED照明标准光组件项目正以更为开放的心态欢迎更多优质LED企业携自身的优秀技术、成熟产品加入LED照明标准光组件研发及应用联盟，进行标准光组件提案，申请LED照明标准光组件检测联合实验室资质认定，贴标生产LED蚂标产品。

LED显示屏行业抢食DLP、LCD市场 迎来新视界

从单双色到全彩，从户外到室内，梳理LED显示屏行业的发展史，可以发现替代始终是行业发展的一条主线。我们可以将产品的替代分为两种类型，第一种类型是LED显示屏行业自身产品的升级换代，例如行业早期全彩LED显示对单双色产品的替代，目前高密度产品对低密度产品的替代；第二种是LED显示屏对一些其它行业竞品的替代，如霓虹灯、喷绘广告、广告灯箱等户外信息展示媒体以及LCD液晶屏、DLP背投等室内显示设备。可以看到，随着全产业链的努力，LED显示屏的市场边界不断被打破，应用范围越来越广，市场空间得到了巨大的提升。

争锋室内显示屏领域 LED屏抢食DLP、LCD市场

小间距LED显示屏和LED广告机的出现给DLP、LCD市场带来一次重击，相比传统LED显示屏，LED广告机屏面积小、单价低、使用范围广，有利于企业提高出货量。而从客户方面来看，LED广告机为广告运营商在中小屏市场提供了优于LCD液晶屏的显示设备。相对于室内大屏，LED小间距显示屏竞争力大，利润也较为丰厚，可以有效地改善企业的盈利能力。对于终端客户来讲，LED小间距显示屏的出现打破了DLP一统高端室内显示市场的局面，为传统会议、指挥等用户提供了新的选择。可以说，这两个产品拓宽了LED显示屏的使用范围。联诚发室内高清LED显示屏自面市以来，多数应用在军事指挥中心、煤矿行业、房地产商和政府部门。

LED显示屏升级换代 行业迎来新视界

相比替代其它行业的显示设备带来的商机，LED显示屏产品自身升级换代形成的市场空间会更具想象力。LED显示屏自身的升级换代可以分为两方面来阐述：

首先，原有产品达到使用寿命所形成的替代。据了解，受LED光衰影响，LED显示屏的寿命一般为5年左右。而过去的5年可以说是中国LED显示屏最黄金的5年，LED显示屏在广告、舞台和体育场馆等各应领域都得到了极大的普及。所以在今后几年中，将会有大量到达使用期限的LED显示屏需要被替换，这无疑给企业带来巨大的经济效益。

其次，是新技术产品对传统产品形成替代。发展至今，行业有两个发展趋势值得企业关注。

第一是全彩LED显示屏替代单双色的趋势。之前全彩LED显示屏由于价格偏高，使用不如单双色简单，厂家后期维护成本比较大，没能真正撼动单双色在门头屏市场的地位。如今随着技术的进步和成本的下降，作为单双色产品最后防线的门头屏市场，即将被全彩LED显示屏所攻破。

第二是高密度LED显示屏替代低密度产品的趋势。随着上游芯片及封装技术的进步，以户外LED显示屏为例，行业之前的主流产品P10户外全彩LED显示屏，现在P8户外LED显示屏已成新宠，不管是表贴还是直插灯工艺。联诚发还通过对直插工艺的改进，将RGB三个芯片封装到一个直插灯内，研发出户外三合一直插产品。使用这种封装方式，直插LED显示屏在不改变生产工艺的情况下就可以做到更小的密度，增加联诚发高清LED显示屏在户外市场的竞争力。

综上所述，LED显示屏的更新换代将给行业带来新的增长动力，户内外LED小间距显示屏、LED广告机都将为行业打开新的市场，除此之外，巴西世界杯举办对高端LED显示屏的需求以及美国调整公路LED显示屏的替换需求都将成为行业利好，LED显示屏将迈向更光明的未来。

稀土资源短缺加速LED照明市场发展

据中国稀土行业协会光功能材料分会专家表示，中国历年来出口稀土三基色紧凑型节能灯占全球产销总量的70%～80%，但内需市场相对滞后，且由于国外拥有知识产权，中国大部分都是贴牌生产，没有“定价权”和“话语权”，出口价仅一美元，使得中国稀土节能荧光灯行业始终处于微利时代。

中国目前以全球23%的稀土储量，满足了全球90%以上的需求，但由于知识产权问题，稀土的主要应用产品稀土紧凑型节能荧光灯主要以贴牌生产为主，“我们以宝贵的

稀土资源和人力物力，污染了自己环境，为世界的绿色照明事业付出了巨大的代价”，专家如此感慨地表示。

中国稀土荧光粉的产量在 2011 年达到最高点，为 8 000t，而随着稀土价格的大幅波动以及需求低迷等因素，2012 年产量大幅减少 43.8% 至 4 500t，2013 年为 3 600t，同比再下降 20%。

另据统计，目前中国稀土荧光粉产能已达 2.5 万 t/年，出现产量严重过剩的局面，上述协会专家表示，行业需要进一步优化组合，提高稀土深加工产品、灯用稀土荧光粉的质量和品牌意识，实现低碳经济，绿色消费，高附加值的战略目标。

LED 防爆灯照明标准落地

目前，LED 产业的相关标准已经陆续落地，参照这些标准行业做好市场规范，带动行业的发展。

国家对 LED 产业影响较大的政策主要来自两方面，一是重大的宏观经济政策为产业未来的发展提供良好政策环境；二是 LED 防爆灯相关系列标准的落地，有利于市场规范。

十八届三中全会提出深化科技体制改革，明确鼓励原始创新，建立产学研协同创新机制，强化企业在技术创新中的主体地位，加强知识产权运用和保护，整合科技规划和资源等内容，为我国半导体照明战略新兴产业的可持续发展指明了前进的方向。同时，由科技部高新司、发展和改革委员会环资司及财政部经建司主办，国家半导体照明工程研发及产业联盟承办的“半导体照明节能减排推进会”在京召开，会议肯定和强调了推广 LED 防爆灯产品和发展半导体照明产业在推动节能减排，促进经济结构转型升级方面的重要意义，并在征求各方对节能减排工作的意见的基础上，研究和部署下一阶段的半导体照明应用推广工作。

另一方面，暂停一年多的新股发行正式重新启动，已经过会的四家半导体照明相关企业艾比森、木林森、金莱特和晶方半导体在几个月内陆续完成程序并上市。可以预期未来会有更多的 LED 防爆灯优质企业加入上市公司的行列，从而借助资本市场的优势加速并购重组，实现行业的整合。

现阶段，国内外在标准方面出台了一些对行业有较大影响的文件。先是国家标准委员会等九部门制定并发布了《战略性新兴产业标准化发展规划》，明确到 2015 年要建设 60 个左右标准综合体，研制 600 项以上急需的国家标准和行业标准，制定了多项推动包括半导体照明在内的战略性新兴产业标准化工作的具体措施。

两项与半导体照明产业相关的国家标准对于规范市场、引导消费、加速 LED 照明产品渗透、促进节能环保具有重要作用。意味着我国 LED 防爆灯照明产品也可像其它家电产品一样，在不远的将来可以通过检测和认证，给自己的产品贴上能效标识，使终端用户能够简单、直观地了解产品的节能效果，在推动 LED 防爆灯照明产品能更快地被用户接受的同时，也为各项优惠补贴政策提供了量化基础。

此外，国家标准委员会还启动了三项 LED 防爆灯标准的制定计划，由半导体照明联合创新国家重点实验室承担，旨在通过技术标准的制定，在 LED 防爆灯智能照明控制、应用接口规范以及加速检测方法等领域规范市场、引导产业、促进创新。同时在标准融合与互认机制方面，业内的组织也纷纷开始做出有益尝试。

聚焦 2014 年 LED 行业大事件

2014 年，LED 行业发生了太多的事。李嘉诚投资的 LED 灯泡火了，晶电璨圆“婚”了，王冬雷、吴长江闹掰了，GTAT 破产了，蓝光 LED 获诺贝尔物理学奖了，飞利浦分家了，三星退出全球 LED 照明市场了，巨亮光电老板跑路了等。

做 LED 不容易，且行且珍惜。现以时间为序，梳理这一年来 LED 行业的重大事件。

跨界投资：李嘉诚、雷军纷纷看好 LED 照明

2014 年 3 月 16 日，李嘉诚相中一款 Nanoleaf 纳米 LED 灯泡。这款 LED 灯节能效果显著，只需 12 W 便可提供 1 600流明亮度，相当于 100 W 传统白炽灯，被誉为“史上最强省电灯”。消息传出后，港股市场多只 LED 照明概念股飙升。11 月 21 日，Nanoleaf 灯泡正式在香港开售。

无独有偶，小米也打起了照明的主意。早在 2014 年 1 月，网络上盛传小米将布局智能家居，甚至会自主开发智能照明产品。而直到 10 月，小米发布四款智能新品，其中就有智能灯泡 Yeelight。这款灯泡是由青岛 Yeelink 公司生产制造，可通过 Wifi 实现远程控制，具有 1 600 万色，可根据场景变换颜色和亮度。

采用投资已有项目的方式确实不错，可快速切入照明圈。一个是从未失手的投资达人，一个是在短短 4 年时间内成为国产手机老大的风云人物。虽然跨界 LED 行业的企业多如牛毛，但李嘉诚和雷军的加入无疑给 LED 圈注入更多兴奋剂，但兴奋剂太多恐怕也不是什么好事。

喜结连理：通过换股，璨圆成晶电全资子公司

2014 年 6 月 30 日，晶元光电与璨圆光电召开董事会，决定将以 3.448 股璨圆换发 1 股晶电，使璨圆成为晶电全资子公司。此消息一出，业界轰动。外资直指这桩并购案是双赢，晶电可用璨圆弥补当下的产能缺口，而璨圆可借力晶电转亏为盈。

不仅晶电、璨圆成为市场焦点，三安光电也备受瞩目。因为在此之前，三安光电入股璨圆并以 19.77% 的股份成为璨圆第一大股东。有业内分析师认为，三安被璨圆摆了一道，晶电此举无疑是给追赶者来了个下马威。当然，也有券商认为此举对三安有利，三安若转持晶电股份，日后台湾政策进一步开放，公司有可能进行增持成为第一大股东。

如今，璨圆已并入晶电旗下，三安持有的璨圆股份也全数转为 3.1% 晶电股权。三安和晶电这对“宿敌”因此有了共同利益的牵绊。未来他们将采取怎样的合作也是值得期待的。

“兄弟”反目：王冬雷、吴长江撕破脸

2014 年 8 月 8 日晚，雷士照明一则公告惊醒 LED 界，罢免吴长江 CEO 职务，任命王冬雷为新 CEO。随后，一系列闹剧大战轮番上演。王冬雷与吴长江爆发肢体冲突，吴、王二人隔空骂战，工厂停工总部迁址，吴被曝涉嫌刑事三宗罪等。最终王冬雷成功上任雷士照明 CEO，而吴长江则于12月16日确认被刑事拘留，涉嫌挪用资金一案。

此事看似突然，其实有迹可循。早在7月14日，雷士突然发出公告，吴系亲信全面退出雷士照明旗下11家附属公司董事会，而吴长江本人也仅担任雷士执行董事一职。当时，外界的诸多猜想都被德豪润达一句“正常交接”打了回来。但此刻想来，这次人事调动或许就是为后来的“罢免”做铺垫。

虽说雷士照明现已归于平静，但此次风波导致工厂停产3月，损失巨大，恐怕要多些时间来弥补。

互补长短：CREE 注资隆达，持13%股权

2014年8月27日，台厂隆达宣布获得美国大厂 CREE 注资8 300万美元，将持隆达13%股权。透过此次注资，隆达将获得 CREE 的 LED 芯片和器件的相关专利授权，而 CREE 将获得隆达长期提供蓝光 LED 中低功率芯片。10月14日，隆达召开股东临时会，通过 CREE 入股案。彼时，隆达股价受重挫，但 CREE 仍溢价7.52%力挺隆达，可见双方合作之决心。

LED inside 首席分析师储于超表示，LED 产业的价格竞争相当激烈，欧美 LED 厂的成本价格与亚洲 LED 厂相比，较难取得竞争优势，因而纷纷寻求 LED 代工厂合作。此次科锐出资8 300万美元投资隆达便是很好的例子。

连锁效应：苹果新机弃蓝宝石，GTAT 破产保护

2014年9月10日，苹果公司在美国正式发布 iPhone6、iPhone6 plus 及 Apple Watch。然后令果粉意外的是，此前呼声最高的蓝宝石屏幕并未出现在 iPhone 新机上，而仅仅只有 Apple Watch 采用蓝宝石保护屏。发布会后，苹果蓝宝石供应商 GTAT 应声大跌13%。此后关于苹果弃用蓝宝石的各种猜想不断，多是对 GTAT 不利。

10月6日，GTAT 突然提出破产保护申请。之后其股价一路暴跌，从10月初的11美元下挫到0.36美元，并于美国时间10月16日正式退出纳斯达克股票交易市场。随后 GTAT 与苹果公司打起了官司，并将破产原因归于苹果公司的苛刻要求。其实，GTAT 本是一家蓝宝石设备厂，并非蓝宝石玻璃制造厂，苹果找它生产蓝宝石屏幕确是一步死棋，而 GTAT 的破产也并没有带来太多意外。

在 iPhone6 真身还未揭晓之前，蓝宝石企业备受热捧。天通股份、露笑科技等纷纷扩大蓝宝石生产项目，甚至西南药业还斥巨资41.2亿元收购蓝宝石供应商奥瑞德。GTAT 出事之后，这些国内蓝宝石厂商也跟着中枪，股价纷纷大跌。恐怕他们在投资扩产之时，都是抱着苹果一定会采用蓝宝石屏幕进而带动蓝宝石市场的信心，然后苹果却让他们的希望落空了。

一分为二：飞利浦正式分家

2014年9月23日，飞利浦宣布将集团拆分为两家公司，一家从事消费品和医疗事业；另一家则从事照明业务，品牌维持不变。公司拆分有迹可寻，早在2014年6月30日，飞利浦就表示将合并旗下 LED 零组件和汽车照明部门，成为一家独立公司。子公司独力运作，与此同时也将会向第三方投资者开放。11月13日，外媒报道，飞利浦分拆照明业务的计划吸引了数家私募集团竞价角逐，报价最高达30亿欧元。

对于飞利浦拆分一事，首席执行官万豪敦表示，将照明解决方案业务独立出来能更好地拓展其全球领先地位。而 LEDinside 分析师王飞也分享了一下自己的见解，从六个角度解读飞利浦分拆照明业务的深层原因。①战略。将重心放到医疗等核心业务，分拆关联度低的照明业务，提升竞争力。②经营。通过分拆节省费用，并提升两家新公司的决策效率。③品牌。细分品牌能在各自领域巩固品牌影响力。④利润。公司盈利能力徘徊不前，需改变激励机制恢复盈利能力。⑤融资。独立新公司将获得更好的融资能力。⑥风险。亚洲厂商崛起，轻装上阵有利于改善竞争地位。

禁白再起：我国禁止进口和销售60 W 以上白炽灯

2014年10月1日，我国正式禁止进口和销售60 W 以上白炽灯。随后，国内共21市县承诺2017年前全部淘汰白炽灯，此举将禁白计划落到实处。

为了节能减排，全球多个国家包括美国、加拿大、中国和韩国等或早或晚都已经拟定了禁白计划。到2014年全球主要国家和地区的禁白计划开始批量生效，全球正式启动 LED 光源替换潮。LE Dinside 预估，与2013年相比，2014年全球 LED 球泡灯需求数量将增长86%，而 LED 灯管需求数量增长率则达到89%。

我国早在2011年就有了白炽灯淘汰计划表，按照计划进程，2014年10月1日，我国就禁止进口和销售60 W 及以上白炽灯。禁令生效之后，全国各地灯具市场上白炽灯的身影明显减少，照明产品多为节能灯和 LED 灯。随着 LED 灯的价格下降以及市场规范的完善，其取代白炽灯和节能灯指日可待。

荣耀之日：蓝光 LED 荣获诺贝尔物理学奖

2014年10月8日，日本三位科学家赤崎勇、天野浩和中村修二凭借蓝光 LED 的开发，共同获得诺贝尔物理学奖。这一天是他们的荣耀之日，也是 LED 行业的历史性时刻。

早在半个世纪以前，三原色中的红、绿光 LED 就已出现，而蓝光 LED 技术30年来一直无法攻克，因此无法形成 LED 白光照明。直到1994年，赤崎勇、天野浩和中村修二共同合作，成功研发高亮度蓝光 LED，自此开启照明技术的新革命。LED 照明灯具相较于传统照明，在节约能耗的同时减少汞污染，对人类健康和环境贡献巨大，获诺贝尔奖当之无愧。

然而这一颁奖结果却遭发明红光 LED 的美国物理学家何伦亚克“埋怨”。他认为蓝光 LED 的得奖侮辱了前期研究红光 LED 的科学家们。但业内人士也指出，虽然红光 LED 先于蓝光 LED 出现，但蓝光 LED 的重要性更甚于红光 LED，其研发难度更大，应用范围更广，且蓝光 LED 的出现才促成白色光源的产生。

重心策略：三星退出海外照明市场

2014年10月27日，韩媒报道，三星电子决定全面终止在海外市场从事 LED 照明相关事业，且已向海外顾客传达此讯息。据悉，三星在韩国国内的 LED 照明事业不会停止，但因韩国市场规模小，其实也等同三星将实质上退出

LED 照明市场。

三星退出照明市场的传闻从 10 月初就不断流传，但只是捕风捉影，并无实质证据。此次三星的回应也算是表明了自己的立场：仅退出海外照明成品市场，未来将聚焦 LED 器件。

至此，大家都知道三星 LED 业务的核心是 LED 器件无疑了，那么哪个细分市场会成为重中之重呢？LE Dinside 研究副理郭志豪认为，三星 LED 器件未来的重心需分两个层面——“现实与理想”，三星想攻照明与车用领域，但现实却只能依赖自身品牌的出海口来出背光器件。而在 LED 照明领域，因为中国本土封装器件价格极具竞争力，再加上大陆市场又不需要专利保护，大陆封装厂崛起是早晚的事情。所以，整个局面看起来“盘根错节”。

年终最大倒闭案：巨亮欠巨款老板跑路

2014 年 12 月 6 日，“巨亮光电董事长刘巨勇‘跑路’，欠供应商货款超过 2 亿元”的消息在微信朋友圈以及网络上传出。

据供应商提供的数据显示，巨亮光电及其下属子公司共拖欠供应商货款总额超过 2 亿元，仅拖欠芯片供应商的货款估计就高达 5 000 万元之高，其它供应商包括固晶设备厂、检测设备商、荧光粉、支架和胶水等均被拖欠数额不等的款项。面对这样的倒闭，围堵追款的多数供应商有苦只能往肚里咽。

跑路潮还将持续，各位还是盯紧货款，该收就收，要不然不小心也跟着成为炮灰下的“祭奠品”。

2014 年智能电网行业十大热点新闻盘点

2014 年对于智能电网行业来说是特殊的一年：国际电气巨头不约而同紧盯中国智能电网市场，全球互联网元年的大幕拉起让世界的目光融汇于一点，特高压“四交两直”千亿市场也相继开工，搁浅 12 年的新电改终于在年末之际传来即将出台的利好消息，智慧城市与智能变电站等关键市场爆发新一轮的利好等。

回顾这一年来的行业讯息，智能电网有太多的不容错过。2014 年智能电网行业十大热点新闻盘点，捕捉智能电网的精彩瞬间。

一、3 800 亿的诱惑：7 大国际巨头如何“厮杀”中国智能电网市场

国家电网公司 2014 年计划完成固定资产投资 4 035 亿元，其中电网投资 3 815 亿元，同比 2013 年完成额增长 12.9%。会议明确提出，特高压和配电网两大问题将是着力解决重点。

据悉，国家电网公司在提出特高压方面，加快“西纵”和“中纵”工程前期工作，力争“六交四直”项目年内核准并开工。配电网方面，全面推进配电网标准化，加强配电网统一规划，完成 30 个重点城市核心区配电网建设改造。

不知是恰逢其时，还是先知先觉。ABB 早就大胆尝试依托 Ventyx 品牌创建一个软件事业部；施耐德电气公司(Schneider)将重心从客户设备端移向公用事业公司；通用电气公司(General Electric)已全力推出新型的云服务；阿尔斯通公司(Alstom)正努力改造和扩展其配电管理系统；思科公司(Cisco)业已投资了数百万用于开发一个崭新的智能电网参考架构。

中国国家电网工作重点也将西门子置于与埃森哲(Accenture)、凯捷咨询公司(Capgemini)和 IBM 这些专于整合业务的中坚力量推向展开直接竞争的处境。

点评：中国的智能电网在 2014 年迎来了一个发展的小高峰，仿佛是商量好一样，在国家电网先行宣布电网投资计划之后，国际各大电气巨头也不约而同地改变战略计划开启了新一轮中国智能电网市场的“掘金”，包括智慧城市、智能变电站和智能电表的顺利建设，电网智能化得以进一步的发展。

二、电力反腐叩开国家电网大门或迎“大换血”

从年初开始，我国电力领域就相继有人因违纪被调查，电力反腐大致可以追溯至年初的广东电网电霸吴周春的落马，接着又迎来广东电网被爆 21 亿建豪华大楼。南方电网算是 2014 年电力反腐的重点企业，就在大家纷纷质疑为何国家电网迟迟没有动静的时候，国家电网反腐的大门终于被叩开。

在电力反腐逐步被推上热点话题后，随之便迎来了“国网事件”。当然，这其中也少不了不断被提起的前任国家电网董事长刘振亚，这个在过去十年带领着国家电网成就辉煌业绩的行业大佬，为何在审计署入驻国家电网之后被频频提起呢？

从 2014 年 4 月 17 日开始，国家审计署从五个特派办派出数百人进驻了国家电网公司，正对董事长刘振亚进行任中经济责任审计，这是针对国企主要领导干部的一次监督审计，也预示了电力反腐风暴的正式来袭。

点评：2014 年是电力反腐的关键一年，从审计署开查国家电网开始，到发展和改革委员会改革司的高官落马，无不带来了行业的巨大震动。电力系统反腐的第一枪打响后已经有多位地方“电老虎”被调查，可以说无论是在电力电网的哪一个层面，建设和反腐一手抓让行业的发展更加健康有序起来。

三、国家发展和改革委员会印发《深圳市输配电价改革试点方案》

11 月 4 日傍晚，为探索建立健全科学合理的输配电价形成机制，推进电力市场化改革，决定在深圳市开展输配电价改革试点。国家发展和改革委员会发布了《深圳市输配电价改革试点方案》（以下简称《试点方案》）。在电改方案呼之欲出的背景下，该消息引发了业界和舆论的高度关注。《试点方案》将终结电网依靠购销差价获得收入的盈利模式，政府可以借此摸清电网输配环节的成本，为下一步的改革积累经验。但试点能否牵一发而动全身，撬动裹足多年的电改，仍有待观察。

《试点方案》提出，试点范围为深圳供电局的共用网络输配电服务价格，按“成本加收益”的管制方式确定，总收入核定以有效资产为基础。价格结构分电压等级核定，以各电压等级输配电的合理成本为基础。

点评：在新电改方案正被业界议论得热火朝天的时候，发展和改革委员会却悄然将深圳输配电价改革提上了日程，这无疑是一个好消息。在试点方案之后，也有着诸多的质疑声。有业内人士分析，深圳供电局本次输配电价改革的积极意义在于政府可以摸清电网输配环节的成本，为下一步改革积累经验。

四、配电网迎 1 600 亿“蛋糕”众企业“蠢蠢欲动”

据媒体2014年5月报道，在“新型城镇化与一流配电网”主题传播活动中获悉，国家电网公司2014年投资约1 600亿元人民币用于配电网建设，投资额创历史最高水平。

配电网作为国家城市基础设施中的重要设施，由于其在新型城镇化建设中所具有的重要地位，自然而然在这次的城镇化建设中备受瞩目。但投资如此巨大，也让各配网建设设备厂商震惊了一把。面对前所未有的投资份额，企业间的市场竞争态势也必然是前所未有的。

早在年初，业内就有人指出，2014年的配电网市场迎来爆发年，“十二五”期间配电网(110 kV及以下)总投资将超过8 000亿元，年均超过1 600亿元，预计2014年配电网（110 kV及以下）的投资将超过1 500亿元。不出所料，在年中就已经公布了1 600亿的投资方案。

配电自动化投资2014年重启，国家电网计划未来两年配电网自动化投资400亿元，2014～2015年配电网自动化投资复合增长率超过80%。公司全程参与了国网配电自动化试点项目，其中，第二批试点项目公司供应配电终端3 000多台，占比超过55%。预计公司配电自动化业务将跟随行业发展快速增长。

点评：为配合智能电网行业的整体建设，配电网也迎来了千亿蛋糕的好消息。国家电网的巨额招标迅速吸引了众多企业的目光，一个个禁不住摩拳擦掌，蠢蠢欲动。不管是政策还是配电网建设的现实形势来看，配电网在2014年迎来了“爆发年”，各配电网企业也在2014年迎来了另一个发展的春天，在业绩上又突破了一个峰值。

五、国网开工 11 条特高压 5 000 亿电源投资井喷

为实现“以电代煤，以电代油”，中国加快了“西电东送”、“北电南供”的步伐。

11月4日，国家电网公司董事长刘振亚在北京宣布淮南－南京－上海、锡盟－山东、宁东－浙江“两交一直”特高压工程正式开工。这标志着国家电网开始落实《大气污染防治行动计划》，启动重点输电通道建设。

“2013年9月发布的《大气污染防治行动计划》提出建设12条重点输电通道，国家电网负责其中的11条，目前开工的3条线路是首批获得核准并且率先开工的一部分。”国家电网北京经济技术研究院相关负责人表示，剩下8条线路也在积极推进前期工作，获得“路条”以后于2015年开工。

国家电网已经建成“两交四直”特高压工程，在运在建特高压输电线路长度超过1.5万km，变电容量超过1.6亿kW。总投资683亿元的“两交一直”工程计划于2016年竣工投产，届时，国家电网特高压输电线路长度达到2万km，变电容量超过2亿kW。2017年，11条重点输电通道全部建成以后，国家电网将形成更大规模的特高压电网。

点评：特高压建设一直是电网规划的排头兵，而2014年的特高压工程规划与核准更是振奋人心。“西电东送”与“一带一路”的建设口号让特高压成为贯穿期间的重要连接点，无论是内网输送或是跨境输送都有了一个新的开端。“两交四直”已经推动国内相关电工设备的出口实现了较大增长，加上特高压工程的“走出去”，国内电工设备行业也将藉此大获益处。

六、“新电改方案”获国务院通过

中国能源行业2014年最大的悬念——“新版电力体制改革方案”终于揭晓。

12月24日，国务院总理李克强主持召开2014年第39次常务会议，根据新华社的通稿，此次会议主要讨论了“加大金融企业走出去”、“进一步盘活财政存量资金”以及“保障和改善残疾人民生的措施”等议题，新华社通稿最后称“会议还研究了其它事项”。

据媒体多方求证得知，本次会议讨论的“其它事项”中，重头戏即为“新电改”方案——该方案获常务会议原则性通过，将择机向社会发布。

一位参会专家透露，《关于进一步深化电力体制改革的若干意见》基调就是“四放开、一独立、一加强”，即输配以外的经营性电价放开，新增配电业务放开，售电放开，发电计划放开。交易平台相对独立，加强规划。方向是先试点总结经验，再推广。

“方案从利益格局重新分配的角度来看，就是把过去垄断的电网利益拿出来，通过竞争降低系统总成本。”该人士说。

接近决策层的人士表示，新电改方案“并无太大新意”，将不会对电网企业进行横向拆分，但明确了电网企业的公共服务属性，改变了电网“吃差价”的盈利模式，最大的亮点在于网售分开，培育多种售电主体。

点评：根据发展和改革委员会安排，深圳已率先开展电改试点，以摸清输配电成本。本轮改革标志着电网公司向输配电企业职能转型，电力价格由供求双方自主确定的可能性开启，亦是近十年来电力最接近商品属性一次。也许是期望越大失望越大，新电改的通过并未见到多少的喜笑颜开，反而多是非议与失望。但是电改踌躇12年之久，无论这个最终方案是否能皆大欢喜，都是一个新的突破。

七、“2014中国十大智慧城市”出炉“十二五”投资或超1.6万亿

第二届中国智慧城市建设创新交流大会在福建厦门召开。北京、上海、杭州、厦门、天津、温州、锦州、咸阳、威海和宁波当选为“2014中国十大智慧城市”。

从本届交流大会上了解到，“十二五”期间，全国智慧城市计划投资规模预计将超过1.6万亿元，标志着当下智慧城市试点工作已经从概念导入期步入了实质性的启动和建设阶段。

2014年8月，经国务院同意，由发展和改革委员会、工业和信息化部、科技部、公安部、财政部、国土资源部、住建部及交通运输部等八部委联合印发“关于促进智慧城市健康发展的指导意见”，为智慧城市的建设发展提供了政策扶持。

另外，建设智慧城市离不开设计规划与技术设备的支持，因此国内外企业纷纷加强了在智慧城市领域的布局，抢滩智慧城市规划和建设市场。

业内人士认为，2014年，智慧城市的发展已经从舆论引导期进入了探索应用期，各地广泛试点，重大智慧应用正在逐步推行，从单纯的智慧城市建设，到运营双轮驱动已经成为行业发展的新变化，与此匹配的灵活多变的运营模式是为了适应不同的市场需求，项目、总包切入运营。

点评：自IBM2008年提出智慧地球之后，“智慧”的概念就悄然进入中国，地方政府纷纷宣布打造各自的“智慧城市”。2011年伊始，地方“十二五”发展规划路线出台，许多城市把建设智慧城市作为未来的发展重点。智慧电力作为其中不可缺少的环节一直在为其添砖加瓦，智能电网有大好的发展前景，为新型信息化的城市电力提供便利。

八、全球能源互联网大幕将启 中国或将成为领头羊

2014年9月23日，刘振亚董事长在联合国气候峰会企业论坛上做主题发言，引起参会代表的热烈讨论与共鸣。此次气候峰会聚集了数量空前的来自政府、民间团体和私营部门的领导人，很多新的联盟在此组建，这些联盟将采取大胆措施以解决保持全球气温上升幅度在2°C以内和加强气候适应力等一系列关键问题。

2014年11月5日，联合国秘书长潘基文致信中国国家电网公司董事长、党组书记刘振亚，感谢其在2014年联合国气候峰会上做出的宝贵贡献，并充分肯定了刘振亚“构建全球能源互联网，促进绿色低碳发展”的主题发言，认为其代表了能源企业为应对全球气候变化做出的前瞻性承诺。

全球能源互联网是以特高压和智能电网为主要载体，实现洲内联网、洲际联网和全球互联，连接“一极一道”（北极、赤道）大型能源基地，适应各种集中式、分布式电源，将风能、太阳能和海洋能等可再生能源输送到各类用户，构建服务范围广、配置能力强、安全可靠性高、绿色低碳的全球能源配置平台。刘振亚董事长提出的这一战略构想，引起国际社会的热烈反响与广泛关注，国家电网公司在特高压和智能电网方面数年来的不懈探索与卓越实践，让“全球能源互联网”从概念变成现实，清晰地勾勒出人类未来能源发展之路。高压与智能电网为载体的能源网络。

点评：2014年被称为能源互联网元年，这个以电力能源等组成的新型互联互通让世界更紧密地联系在一起。在全球供用电不平衡的状态下，为了解决电力系统目前正在面临的挑战，能源互联网应运而生。有眼光、有勇气的先行者已经开始在探索能源互联网的创新技术和商业模式，业内人士十分看好中国，更有甚者表示未来的能源互联网市场将由中国引领，只是这其中仍有很长一段道路需要攀登。在技术已经趋于成熟的情况下，我们将更多的期待放在了新一轮的政策扶持上。

九、发改委明确电动汽车充换电设施扶持性电价政策

此前，国家发展和改革委员会下发《关于电动汽车用电价格政策有关问题的通知》（以下简称《通知》），确定对电动汽车充换电设施用电实行扶持性电价政策。

《通知》明确，对经营性集中式充换电设施用电实行价格优惠，执行大工业电价，并且2020年前免收基本电费。居民家庭住宅、住宅小区等充电设施用电，执行居民电价。电动汽车充换电设施用电执行峰谷分时电价政策，鼓励用户降低充电成本。

《通知》提出，要按照确保电动汽车使用成本显著低于燃油（或燃气）汽车使用成本原则，合理确定充换电服务费。在充换电设施经营企业向用户收取的电费、充换电服务费这两项收费中，电费按照国家规定的电价政策执行，充换电服务费由地方按照“有倾斜、有优惠”原则实行政府指导价管理。

2020年前，各地要通过财政补贴、无偿划拨充换电设施建设场所等方式，积极降低运营成本，合理确定充换电服务费，让消费者得到更多实惠，增强电动汽车竞争力。今后，根据市场发展情况，充换电服务费逐步通过市场竞争形成。《通知》强调，将电动汽车充换电设施配套电网改造成本纳入电网企业输配电价，电网企业不得收取接网费用，减轻电动汽车用户负担。

点评：电动汽车市场2014年一度处在近乎于止步不前的尴尬局面，其中最大的原因就是因为充电桩的问题仍未解决，充电桩标准及相关政策仍未出台，这让许多的人仍处于观望状态。但是电动汽车用电价格政策相关问题的出台则恰到好处地给业主们打了一剂定心丸，正如有业内人士所评价的那样：充电桩问题并不难解决。进一步也可以看出储能技术新升华。

十、智能电表市场口水站不断 未来“主战场”在哪？

2014年1月17日，国家电网公司电子商务平台公告了“国家电网公司2014年采集系统建设专项批次采购中标公告”，炬华科技为中标人，中标金额约为8 000万元。

炬华科技此次中标共10个包，合计总数量218 604只，其中“第一分标，2级单相智能电能表中标数量120 000只；第二分标，1级三相智能电能表中标数量10 155只；第三分标，0.5S级三相智能电能表中标数量10 000只；第七分标，集中器、采集器中标数量49 349只；第八分标，专变采集终端中标数量29 100只。根据中标数量以及报价测算，预计炬华科技此次合计中标金额约7 940.30万元。能够在众人都认为市场饱和的严峻形式下IPO上市，之后又能成功从四大电表龙头企业中成功分的8 000万元的大单，这本身就是炬华科技巨大实力的体现。

国家电网2014年计划安装新型智能电表6 000万只，

较2013年计划量翻番。国家电网公司2014年工作会议提到，2014年要高效实施电网智能化规划，启动建设50座新一代智能变电站，完成100座变电站智能化改造，安装新型智能电表6 000万只。同时，加大农村电网改造和更换力度，年内解决160万户农村“低压电”问题，加快川藏等无电地区的电力建设。

点评：巨额的订单对于炬华科技业绩的稳健增长必然有着巨大的促进作用。而另一方面，在国家电网将智能电表重心转向农网改造后，给智能电表带来了巨大的市场机遇，到了2016年之后，我国的智能电网进入到完善提升阶段，就会对一部分老、旧的电表进行升级换代，因此2016年之后我国的智能电力仪表市场仍将得到大幅度的增长。农村电网这个“主战场”地位已经基本奠定了。

智能电网推动集成电路国产化步伐提速

集成电路是现代电子设备最为核心的部分，我国作为全球电子产品消费大国，集成电路需求市场一直保持增长态势，但由于国内技术储备的不足，工业成品与国际主流存在差异，大量中高端集成电路产品依靠进口。

我国在电子产品领域，除现今的智能操作系统以外，大部分硬件设备都可以做到国产，虽然部分性能上有一定差距，但也足以替代外资产品。可唯有一点，即集成电路技术，严重受到基础技术不足的制约，设计与制造与国际主流存在代差，而集成电路的好坏，直接与电子产品信息处理能力及能耗挂钩。国内生产技术不足，将直接导致每年都要花费巨额资金从国外进口中高端集成电路产品，产业形势极为严峻。

过去10年来，我国集成电路进出口额年均复合增速分别高达15%和21%，未出现明显的减缓迹象。当前，以移动互联网、三网融合、物联网、云计算、智能电网和新能源汽车为代表的战略性新兴产业快速发展，成为继计算机、网络通信和消费电子之后，推动集成电路产业发展的新动力。

与此同时，我国已成功研制龙芯系统芯片。虽然，无芯系统芯片离全面商用还存在一定距离，但正与国际机构展开积极合作，进一步加强产品兼容性研发，以适应国际市场。

2014年作为“十二五”期间关键发展年份，不管是政府部门还是业界都给予集成电路产业重点关注，并在国家主导下制定产业发展规划。

展望2014年 集成电路产业利好频现

2014年，随着国家各项产业政策得到进一步落实，中国集成电路产业发展环境趋向良好，新型工业化、信息化、城镇化和农业现代化建设等需求不断扩大。未来几年，将是我国集成电路产业发展的重要战略机遇期和黄金发展期。

据《集成电路产业十二五发展规划》，到2015年，中国芯片设计业的销售收入将达到1 100亿元左右，2013～2015年芯片设计业销售收入年均复合增长率将达到24.2%。

“十二五”期间，中国还将积极探索集成电路产业链上下游虚拟一体化模式，充分发挥市场机制作用，强化产业链上下游的合作与协同，共建价值链，培育和完善生态环境，加强集成电路产品设计与软件、整机、系统及服务的有机连接，实现各环节企业的群体跃升，在政府、企业及产业的共同推动促进下，我国集成电路产业将得到深远的发展。作为全球贸易大国尤其是信息技术产品的生产、出口基地，中国集成电路市场快速发展，产业整体依赖进口的局面也将持续。

未来，社会将向自动化、智能化的方向不断发展。除加强物联网、云计算等一系列网络技术应用之外，提升硬件设施智能化程度也是当务之急。而智能化程度的提高，除软件系统之外，很大程度上与设备信息数据处理能力密切相关。在国内智慧城市建设大潮之下，加强集成电路国产化工作，将有力支撑智慧潮流下各行各业发展。

微电网等多项电力相关产业进入西部新增鼓励产业目录

国家发展和改革委员会网站2014年8月22日发布《西部地区鼓励类产业目录》（以下简称《目录》），多项电力能源相关产业进入新增鼓励类产业目录。

《目录》提出，为深入实施西部大开发战略，促进西部地区产业结构调整和特色优势产业发展，特制订本《目录》。《目录》包括两部分，一是国家现有产业目录中的鼓励类产业；二是西部地区新增鼓励类产业，原则上适用于在西部地区生产经营的各类企业，于2014年10月1日起施行。

《目录》中，太阳能发电系统建设及运营、风力发电场建设及运营成为鼓励产业中的重点，列入西藏、甘肃、青海、宁夏和新疆等多省区目录。与之相关的高效太阳电池组件技术开发及生产列入四川目录，依托分布式电源的智能微电网技术开发及应用列入宁夏、新疆和内蒙古目录。此外，《目录》中还有多个涉及电力设备制造的产业，例如重庆的高压输变电及控制设备的研发及制造，甘肃的电网系统节电设备制造（比同类产品空载损耗下降10%～20%，负载损耗下降5%）。

《微电网接入配电网测试规范》等两项国家标准通过审查

2014年12月8～9日，中国电力科学研究院配电研究所牵头编写的国家标准《微电网接入配电网测试规范》送审稿及工程建设国家标准《微电网接入配电网系统调试与验收规范》送审稿分别通过审查。

微电网是国际能源与电力技术发展的前沿和热点，被认为是提高分布式电源利用效率的有效方式，其在节能减排、促进可再生能源利用、提高供电可靠性和安全性以及解决偏远地区和海岛供电问题等方面扮演着越来越重要的角色。《微电网接入配电网测试规范》明确了微电网并网测试项目，规范了微电网并网测试条件、测试方法以及测试报告等内容，为微电网接入配电网的并网测试提供了依据。

《微电网接入配电网系统调试与验收规范》规定了微电网接入系统设备调试和系统调试的项目和方法，规范了并网验收、试运行以及验收报告的内容，对于验证微电网接入配电网的性能、确保并网微电网以及配电网的安全运行等起到重要促进作用。

李立涅院士：柔性直流输电需电力电子升级

继世界首个五端柔性直流输电工程——浙江舟山工程投运后，2014 年 7 月 21 日，位于福建厦门岛的厦门柔性直流输电科技示范工程开始建设。厦门柔性直流工程是世界上第一个采用真双极接线、电压和容量双双达到国际之最的柔性直流输电工程，工程额定电压 ±320kV，额定容量 100 万 kW，计划于 2015 年 12 月投产。我国在柔性直流输电领域频频绽放光彩，为推动电力电子技术升级做出了重要贡献。

高压大容量柔性直流输电技术是未来电力电子技术的重要发展方向，世界各国都高度重视。其涵盖了成套设计、阀及阀控、试验检测、动模仿真、控制保护和电子器件等系列关键技术。

李立涅介绍，柔性直流输电是基于可关断器件和电压源换流器的高压直流输电技术，换流器自换向，能够独立调节有功功率和无功功率，可控性和灵活性强，占地省、谐波小、控制灵活，被誉为新一代的直流输电技术。

采用基于模块化多电平换流器的柔性直流输电技术，具有模块化水平高、输出电压失真小、谐波含量低等突出优点。

要求有功功率、无功功率独立控制，具备四象限运行能力。

相比传统直流输电技术而言，要求全控器件，自换相、调制控制，输出电平数很高，百电平以上。而传统直流输电技术则是半控器件（晶闸管），电网换相，相位角控制，以 6 脉动为基础，通常为 12 脉动。

在电压、容量方面增长快，2015 年前后，电压和容量将接近 500kV 常规直流输电水平，能够覆盖输电网和配电网应用。

500kV 等级，桥臂功率模块数量 625 个，包含 1 250 个 IGBT，整个换流器(站)包含 7 500 个 IGBT 器件。现有器件耐压水平导致高电压情况下，串联级数巨大。控制异常复杂，一个周期多次触发，器件在不同时刻需要精确导通。随着电压等级升高，需要开发更大电流的器件和更优的均流控制技术。

“2012 ~ 2015，全世界预计将有 11 个工程；欧洲大规模风电接入、国家联网均拟采用柔性直流输电。”李立涅表示。未来，柔性直流输电技术在结构上将表现为，换流阀所需大功率电力电子器件选择多样化；换流器输出谐波含量少，无需交流滤波器；开关频率大大降低，运行损耗减少，运行成本降低；结构更加紧凑，更适合海上等不利环境下的建设、运行。

而随着风电等新型电源不断接入中低压等级电网，电力电子技术也将在中低压电网得到广泛应用，这种应用改变了传统的潮流方向，也提出了很多新的课题。

因此，李立涅期望在器件方面，创造新器件或在现有器件上功能创新。发明新的与现有的拓扑结构有本质区别的拓扑结构以及基于新的功率理论的控制系统，基于新工程应用的优良的控制系统。

我国将实施配电变压器能效提升计划

工业和信息化部、质检总局决定组织实施全国配电变压器能效提升计划（以下简称《计划》)。《计划》旨在贯彻落实“十二五”节能减排规划和工业节能“十二五”规划，推动高效节能配电变压器的开发和推广应用，促进配电变压器产业结构升级，从而全面提高配电变压器的能效水平。

能效提升势在必行

中国电器工业协会副会长、机械工业北京电工技术经济研究所所长郭振岩在阐述其重要性时明确表示，配电变压器能效的提升是实现国家节能减排战略的重要技术手段。

对于配电变压器的属性及规模，郭振岩给出了详尽的解释。配电变压器通常是指运行电压等级为 10 ~ 35kV、容量为 6 300 kV · A 及以下直接向终端用户供电的电力变压器。截止 2013 年底，我国在网运行的配电变压器总台数约为 1 530 万台，总容量约为 40.6 亿 kV · A(按平均容量 315 kV · A 计算)。其中，隶属电网公司的配电变压器总台数为 857.8 万台，其它企业的配电变压器总台数为 672.2 万台。

郭振岩介绍，我国配电变压器为高效率设备(效率达到 95% ~ 99%)，但由于其量大面广，运行时间长，且空载损耗的固有性，因此如对配电变压器的能效做微小的改进和提升，都能获得相当大的能源节约和减少温室气体排放的效益。

据了解，原国家经济贸易委员会、国家发展计划委员会在 2000 年发布的《节约用电管理办法》中就明确提出要加快变压器的更新和改造，推广节能型变压器的使用。2012 年 8 月，国务院发布《节能减排“十二五”规划》，明确要求“十二五”期间降低电力变压器损耗，其中空载损耗降低 10% ~ 13%，负载损耗降低 17% ~ 19%。

《计划》指出，随着强制性标准 GB 20052—2013《三相配电变压器能效限定值及能效等级》的发布实施，对配电变压器的能效值提出了具体的要求。按照新标准，我国现在生产的配电变压器绝大多数都不是高效的（高效配电变压器是指达到或优于 GB 20052—2013 标准中能效二级的配电变压器)，目前我国在网运行的 S13 及以上型号高效配电变压器仅占全部在用配电变压器的 9.5%。

确立指导思想及基本原则

据了解，为推进《计划》的实施，已确立指导思想及基本原则。其指导思想为：以科学发展观为指导，贯彻落实《“十二五”节能减排规划》、《工业节能“十二五”规划》等相关政策要求，从配电变压器研发、生产、使用和相关配套措施等多个环节促进高效配电变压器的推广应用；运用政策引导和市场竞争双轨机制加快淘汰高能耗配电变压器，扩大高效配电变压器的市场占有率；完善技术、认证、检验检测和质量监督等配套标准体系，逐步建立政策激励与市场引导的实施机制，全面提升配电变压器的能效水平，促进配电变压器行业的产业转型升级，推动“十二五”节能减排目标的顺利完成。

郭振岩具体介绍了推进《计划》

实施要遵循五个基本原则。一是坚持总体规划与分步实施相结合。通过对电网企业和工业用户实施全面能耗递减管理目标与分步淘汰高耗能配电变压器相结合，以奖励与处罚并存的方式，实现配电变压器能效提升。

二是坚持优化存量与提升增量相结合。在用户端，加快高耗能配电变压器的升级改造，鼓励新增需求采用高效配电变压器；在生产端，严格执行现有能效标准，淘汰高能耗配电变压器的产能，逐步提高高效配电变压器的供给能力。

三是坚持政策引导与体系完善相结合。加强宏观指导，运用财政、税收等多种政策手段促进配电变压器行业结构调整，转型升级，提升产品能效；完善配电变压器的技术、认证、检验检测和监督等配套标准体系，提高配电变压器生产的市场准入机制和加强后续监督机制。

四是坚持重点突破与全面推进相结合。以电网公司所管辖的配电变压器淘汰和推广应用为引导，以七大高能耗行业企业的高能耗配电变压器改造更新和高效配电变压器推广应用为重点突破对象，通过政府引导、能效监督、质量监管和节能奖励等多种形式并举的方式，实现高效配电变压器应用的全面推进。

五是坚持过程节能与产品节能相结合。加强节能新技术、新工艺、新装备在高效配电变压器生产过程中的使用；加强生态设计，实施绿色制造，实现高效配电变压器生产过程中的节能；从创新设计、合理选材、优化工艺等多个方面提升配电变压器的能效水平。

专家预计，到2016年底，累计推广新型高效配电变压器30 000万kV·A，保证新增二级以上能效配电变压器占所有新增配电变压器总量的80%以上，淘汰高耗能配电变压器28 000万kV·A，基本淘汰运行时间超过15年的S9型及以下高耗能配电变压器，实现电网企业配电网损耗在现有基础上下降0.5%～1.0%，工业企业单位电耗（耗电量/吨成品）在现有基础下降10%～30%；促进配电变压器的产业转型，提升高效配电变压器的产业化能力；完善配电变压器能效标准，建立健全配电变压器的检验检测、评定和认证体系，促进配电变压器市场的规范化。

2014年电力行业热门关键词大盘点

实际上，自从“十八大”报告首次提出建设“美丽中国”愿景之后，加大节能减排力度、加速推动能源生产和消费方式变革已经成为我国应对环境污染、“雾霾锁城”的有效举措。未来继续加大节能减排力度，控制能源消费总量的目标已经赫然纸上，国务院总理李克强在宣读任期内首份政府工作报告时提出，2014年能源消耗强度要降低3.9%以上，二氧化硫、化学需氧量排放量都要减少2%。如何在完成以上目标的同时，进一步提高非化石能源发电比重。下面总结一下2014年电力行业的热门关键词。

新常态

2014年5月，从习近平在河南考察时第一次提出“新常态”这个新词后，一时之间“新常态”成为最热的经济关键词。那么，究竟什么是新常态？

新常态之“新”，意味着不同以往；新常态之“常”，意味着相对稳定。针对工程机械行业而言，可以清楚地看出，在新常态下，电力行业传统的观念与模式或许已经落后，企业的心态也应该进行调整。

能源消费增速下降、绿色低碳能源占比提升、推进能源革命是我国能源发展的“新常态”。推动能源生产和消费革命”的提法首次出现在党的十八大报告中，值得关注的是，“立足国内多元供应保安全，大力推进煤炭清洁高效利用”成为能源革命的一个重要方面。国家和发展和改革委员会、环保部和国家能源局联合下发《煤电节能减排升级与改造计划》，就燃煤发电行业的节能减排提出了新的要求和升级改造“时间表”。一系列的战略举措表明，基于更加严格排放标准的超低排放将成为燃煤发电行业的“新常态”。

当前我国处于调整转型、升级发展的重要时期，为此，电力行业需要有足够的信心去应对当前所面临的“新常态”，要想有所发展必须进行产业转型、升级，研发高端位、高品质产品，依靠技术创新来推动产业发展。此外，企业还要改变管理模式，只有掌握核心技术并不断创新，企业才能走得越来越远。

一带一路

“一带一路”战略曾在2013年时提出，一经提出便受到了各行各业的强烈关注，并陆续展开了探讨。所谓“一带一路”，即“丝绸之路经济带”和“21世纪海上丝绸之路”。其中，“一带”从中国出发，经过了中亚、中东和东南欧，最终到达西欧终点；而“一路”则连缀起了东亚、东南亚诸国、南亚次大陆、阿拉伯半岛和北非等一系列国家和地区。

针对目前国内市场不理想的状况，一些企业将目光转投到了海外。而“一带一路”经济战略的提出对于国内正处于低迷态势的企业来说无疑是一个重大利好。这是国家层面通过环境的构建，通过政策的促进推动中国的电网企业走向世界。2014年11月8日，中国出资400亿美元成立丝路基金，为“一带一路”战略沿线国家基础设施、资源开发、产业合作和金融合作等与互联互通有关的项目提供投融资支持平台。同样也为中国输配电企业带来巨大的机会。企业应该紧紧抓住这个机会，利用好这个机会，发挥自己的优势，为“一带一路”建设和中国输配电企业走出去争取时间。

特高压

虽然一直在争议中前行，但仍阻挡不了国家电网建设特高压的积极性。2015年，国家电网将继续发力特高压建设，甚至规划比以往任何一年的盘子更大。

根据国家电网公司总体规划，2015年力争开工“五交八直”特高压工程。这意味着2015年将有十三条特高压纳入建设目录中。首次正式披露的“五交八直”特高压工程，分别为雅安-武汉、蒙西-长沙、张北-南昌、陇彬-豫北及榆衡-潍坊五条交流特高压线路以及酒泉-湖南、呼盟-山东、蒙西-湖北、陕北-江西、准东-四川、上海庙-山东、山西-江苏和锡盟-江苏等8条直流特高压工程。《国家电网公司“五交八直”规划》显示，在交流特高方面，国家电网的规划包括雅安-武汉、蒙西-长沙、张北-南昌、陇彬-豫北、榆衡-潍坊五条线路。

实际上，即使国家电网对2015年的特高压规划如此庞大，特高压建设在过去几年里一直伴随着争议进行，因此每年能真正实现落地的规划是低于预期的。

分布式光伏

近日，国家能源局在长三角区域大气污染防治协作小组会议上表示继续推动煤电节能减排示范基地和分布式光伏发电示范区建设和光伏扶贫，在已公布的第一批18个分布式光伏发电应用示范区的基础上，新增12个分布式光伏发电示范区，长三角区域分布式光伏发电示范区达到17个，列全国之首。

国家能源局推动煤电节能减排示范基地和分布式光伏发电示范区建设；中国电科院《分布式电源接入电网测试技术规范》等六项能源行业标准获批发布；全球分布式发电系统设备容量2023年将超过165 GW。

电改

停滞12年的电力改革正一点点揭开神秘面纱。11月26日，有消息指出由国家发展和改革委员会综合改革司等部门牵头编制的新电改方案已经正式上报决策层，该方案有望于年内获批。

这一年来，电改在各种争议声中不断向前推进。如今看来，此前业内对于电改的预期正在逐步实现。新电改方案除了延续深圳试点的基本思路，还提出要改变电网企业集电力输送、电力统购统销、调度交易一体的状况，逐步破除电网垄断。

随着11月初深圳被国家发展和改革委员会列为输配电改革试点城市，电网十年大格局基本不动的现状开始有所改观，电网改革再次加速。此次深圳独立输配电价改革，将现行电网依靠买电、卖电获取购销差价收入的盈利模式，改为对电网企业实行总收入监管，在此种电价模式下，电网运营成本将被合理确定，形成独立的输配电价，使电力生产者和消费者的直接交易成为可能。分析人士预计，电改将在2015年实质性铺开，在原来试点的基础上再进一步。电改或将大幅改变行业竞争格局并带动相关投资机会，破除电网垄断，有利于水电和火电企业发展。

充电站

为了加速推广新能源汽车的使用，激励新能源汽车产业实现规模化、市场化发展，国家密集出台相关激励政策。2014年7月9日，国务院总理李克强主持国务院常务会议，发布《关于免征新能源汽车车辆购置税的公告》。自2014年9月1日至2017年底，对获得许可在中国境内销售的纯电动、符合条件的插电式混合动力、燃料电池3类新能源汽车免征车辆购置税。2014年7月21日，国务院办公厅公布《关于加快新能源汽车推广应用的指导意见》，把发展新能源汽车提升到国家战略，以纯电驱动为新能源汽车发展的主要战略取向，重点发展纯电动汽车、插电式混合动力汽车和燃料电池汽车，以市场主导和政府扶持相结合，建立长期稳定的新能源汽车发展政策体系。

电动汽车消耗的是电能，需要建设充电站。要使新能源汽车在使用成本低上的优势显现出来，就必须大规模建设充电站、充电桩等基础设施。国家电网、南方电网、中石化和中石油等虽积极在各地建设充电网络。各个能源企业正在激烈竞争充电市场。但缺乏统一布局，且充电站、充电桩建设成本大，光靠市场的力量难以建设完整的充电网络。建议政府进一步承担基础设施的建设任务，加快充电网络布局，出台充电站接口、电池更换等标准，避免充电接口不一致、充电站不合标准等浪费资源现象，为新能源汽车的市场化铺平道路。

海上风电

2014年12月11日，国家能源局下发《全国海上风电开发建设方案》，方案涉及44个项目，总容量1 053万kW。这是继2014年电价政策公布之后，海上风电迎来的又一重磅消息。此前，“全国海上风电推进会”曾公布海上风电建设初步方案，当时目标装机容量为1 028万kW，此次明确的最终目标比前者增加了25万kW。

事实上，2014年下半年开始，“海上风电元年”的概念已让摩拳擦掌已久的风电企业兴奋不已，多项利好国内海上风电发展的政策随之出台。虽然业界对海上风电未来的总体发展趋势持乐观态度，但其当前的发展现状仍引人担忧。

智能电表

不同于传统电表，作为电网与家庭有效的连接，智能电表的使用更加人性化，安全性也更高，随着各地区相继展开智能电表替换工作展开，普及程度也将越高，量变引起质变，势必将引起电力变革。

有业内人士分析认为，2016年我国的智能电网进入到完善提升阶段，会对一部分老、旧的电表进行升级换代，因此2016年之后我国的智能电力仪表市场仍将得到大幅度的增长。目前，我国智能电表技术水平、制造水平和应用水平居世界领先地位。随着国际智能电网建设不断推进，智能电表的市场需求规模快速扩大。全球智能电网建设的需求将形成广阔的智能电表市场，为我国电能计量仪表行业发展带来新的机遇。

配网改造

配电自动化系统涉及电力系统、计算机、通信、电子技术和地理信息等多个领域。配电网设备比较分散，地理情况变化多端，覆盖面广，用户众多，且易受用户增容以及城市建设等外界因素的影响。

“十二五”期间，国家电网配电环节智能化总投资296.90亿元，根据南方电网的资产规模推算，在此期间南网的配电环节智能化投资约为74.23亿元，两网合计总投资约为371.13亿元，年均投资约为74.23亿元。随着国家加大电网投资和智能电网建设，我国配用电自动化建设正逐步从技术示范、局部地区试点阶段步入大规模建设阶段，配电自动化系统、用电自动化系统和配用电自动化工程与技术服务市场空间广阔。

2014年度电力行业十大创新产品

虽然新技术永远蕴含着风险，但积极的突破能催生创新的解决方案，帮助应对迫切的各项挑战，发现更新奇的世界。2014年，在工业4.0的浪潮下，科技革命和产业变革正在孕育兴起，全球科技创新呈现出新的发展态势和特征。让我们一起看看那些悄悄接近我们的十大新技术产品。

发电可以抵一个三峡大坝的摩擦发电机

摩擦起电效应，是自然界中最常见的现象之一，它是由两种不同材料经过相互摩擦而使其接触表面带电的现象。

2012 年 1 月以来，中科院北京纳米能源与系统研究所首席科学家王中林的科研团队设计出一系列摩擦发电机。经过两年时间，最初摩擦发电机的输出电流和功率并不理想的问题已经被成功克服。研究人员发现，摩擦发电机的两个工作部件在相互滑动的过程中，电极之间的电荷转移量可以通过材料表面有序图案化得到极大提高，并和图案密度呈准线性关系。

因此，他们设计出一种图案化阵列结构，使摩擦发电机的输出功率产生了质的飞跃。最新的摩擦发电装置由平面化的圆形定子和转子两部分组成，采用表面图案化的摩擦层和电极层，通过旋转式接触的驱动设计实现了 1.5 W 的平均输出功率，获得了高达 24% ~50% 的能量转化率。

摩擦发电机的独特结构为收集两物体间的相互滑动提供了可行甚至唯一的方案，这也是传统发电机所不能比拟的。不仅如此，摩擦发电机还具有大规模收集和转化自然界中机械能的潜力，有望成为绿色能源供给的全新途径。

“收集自然界中的机械能是摩擦发电机最大的设想。”王中林介绍，要收集海水浮动的机械能并不十分容易，随着风向的变化、潮汐的涨落，海水的流动是无法控制的。因此，虽然人们都知道海水中蕴藏着巨大的能量，但是至今仍没有一种合适的办法对其进行收集。对此，王中林认为摩擦发电机或许能够解决这个问题，在幅面 1km^2、深 5m 的海水中，每隔 10cm 放置一个球形摩擦发电机。按照每个球形摩擦发电机的输出功率为 1mW 计算，海水一天 24h 昼夜不停的流动，理论上可持续发出近 100 万 W 的电，能够点亮 10 万盏电灯。以此类推，如果大规模的将这种装置置于海中，其发电量将十分可观，当摩擦发电机的覆盖面积达到 2 万 km^2，其发电量可以与三峡大坝的发电量相媲美。海水浮动的机械能是十分稳定的，它在昼夜或季节变化时浮动不是太大。

批量生产“人体器官零件”的 3D 打印机

将人体器官变成产品，通过流水线生产，最后“飞入寻常百姓家”，这样的构想以前只能是天方夜谭。近期，俄罗斯、美国等国家在这一课题上各自取得了一些成果，为因器官短缺而无法进行移植手术的患者们带来了生的希望。

据俄罗斯网站 2 月 16 日报道，在俄罗斯乌拉尔地区首府叶卡捷琳堡，开设了一个独特的实验室。在那里，科学家们结合自身以及国外同行的经验，利用需要更换器官者自身的人体细胞进行“人体零件”的生产，通过 3D 打印技术成功印制了一块软骨和耳朵。参与实验的生物学家认为，如果他们接下来的计划——生产一个健康的肾脏能够成功的话，那么其它的人体器官生产问题也将迎刃而解。届时将有特种机器人昼夜培植人类细胞作为原材料，用以制造所有必要的人体器官——从移植烧伤的皮肤到生命重要器官。

与此同时，美国的一名科学家也利用车祸事故遇难者严重受损的肺部作为原材料，成功培育出了人造肺。据美国《休斯顿纪事报》2 月 14 日报道，负责人尼科尔斯剥离了受损肺部的全部组织，只留下胶原蛋白和弹性蛋白充当“骨架”。接着，科学家将从其它肺部中选取的健康细胞附着在“骨架”上面，再把整个结构放入营养液中，促进细胞生长发育。大约 4 周后，人造肺部竟真的被培育出来。

与俄罗斯、美国不同，法国巴黎蓬皮杜欧洲医院使用了生物活性组织与电子元件相结合的方式，制造出了一个重约 2 磅(0.9kg)，约是人类心脏 3 倍重的人造心脏，并完成了世界医学史上第一例人工心脏移植手术。目前，病人已经苏醒，各项指标反应正常，更为周密的观测正在进行之中。阿兰·卡尔庞捷表示，这颗人造心脏表面部分选用了牛的组织，心脏内部装有电子传感器，能够根据患者活动情况对血压进行调节。若它能让病人恢复正常的社会生活，在不久的将来，这一技术将会每年帮助成千上万等待器官捐赠的病人。到那时，他们会将此发展为一个行业，实现人造器官的批量生产，甚至还计划携带着成品在证券交易所上市。

尽管对于人造器官的研究尚处在初级阶段，经过几十年甚至上百年的发展，人类能否实现人造器官批量生产这一问题将会变得清晰起来。

比一粒盐小 500 倍的纳米发动机

9 月 12 日，据媒体报道，美国德克萨斯大学奥斯汀分校科克雷尔工程学院科学家造出了迄今世界上最小、最快，而且运转时间最长的微型发动机。该发动机比一粒盐要小 500 倍，能把电能转化为机械运动，达到 18 000r/min，相当于喷气式飞机上发动机的转速，而且能连续旋转 15h。而其它纳米发动机只有 14 ~500r/min，只能转几秒到几分钟。

该校机械工程副教授冬蕾·艾玛·范领导的研究小组成功设计、组装了这种高性能纳米发动机，并在非生物系统中进行了测试。纳米发动机由三部分组成，能迅速混合并泵出生化药剂，并能在液体中运动，这些特征在未来应用中非常重要。这种纳米发动机是开发微型机器的重要一步，微型机器能注入人体内，控制胰岛素以治疗糖尿病，瞄准或攻击癌细胞而不伤害其它正常细胞。

虽然微型机器尚未发明出来，但拥有大驱动功率的、超高速纳米发动机已经制造成功。

纳米发动机从各角度来量都不超过 1μm，很适合在人体细胞内工作。为了测试其药物释放能力，研究人员在它表面涂了一层生化药物纳米粒子，然后开始旋转。结果发现发动机转得越快，药物释放得越快。“我们能通过转速来制定和控制分子释放速度，这也意味着我们的纳米发动机是第一款能控制药物释放的机器。”范说，“我们认为，这有助于促进药物递送、细胞间通信的研究。”

研究人员认为，在不久的将来，他们的纳米发动机就能带来一种控制生化药物在活细胞中释放的新方法。目前，他们计划用活细胞来测试该纳米发动机，检验它们以可控方式递送药物的能力。

最新核聚变装置　简洁有效成本低

据媒体报道，目前，美国华盛顿大学工程师表示，最新设计一种核聚变反应堆，如果扩大至发电站等级，将相当于煤电厂的电能输出，但成本明显降低。

此前还没有人提出核聚变发电厂的设计，它将成为一种新型能量产生方式。华盛顿大学航空航天系的托马斯·乔博伊(Thomas Jarboe)教授将这项设计方案在国际原子能机构聚变能会议上公布，他指出，该设计方案将最有效地制造成本低廉的核聚变能量。

该设计基于现有技术，在一个放置等离子的密闭空间中建造一个磁场，完成核聚变反应，使炽热等离子反应和燃烧。这个核聚变反应堆具有自维持性，意味着它能够持续加热等离子，保持热核反应状态，实现无限能量供应。

反应堆产生的热量将加热冷却液，用于旋转涡轮并产生电流，这类似于典型的动力反应堆工作原理。研究同事德里克·萨瑟兰德(Derek Sutherland)说："这是一种非常简洁有效的能量制造方案。"

据悉，这一最新设计被称为"spheromak"，是通过驱动电流进入等离子产生磁场，这将减少需求物质的数量，使研究人员能够缩小反应堆的尺寸大小。并且目前最新设计的核聚变反应成本较低，仅是"Iter"的1/10，产生的能量却是它的5倍。

电力传送效率提升5倍的超导电缆

超导电缆使用高温超导线材的高温超导电缆损耗低，不用绝缘油，没有环境污染，使用方式灵活，可以减少电力运行成本。高温超导电缆比常规电缆所传送的电力要高3~5倍(相同截面时)，可以满足城市不断增长的电力需求。

日本研究团队开发出一种新型超导电缆。该电缆可输送275kV高压电，几乎是以往超导电缆的2倍。

据消息，日本新能源产业技术综合开发机构(NEDO)与古河电器工业等研究团队发表声明称，已研制出世界最高水准的超导电缆。使用该电缆可输送以往超导电缆约2倍的高电压。

该研究团队称：预计亚洲新兴国家用电量将增加，2020年该超导电缆可应用在亚洲新兴国家和日本国内城市。

电缆在超低温冷却情况下，会发生零电阻的超导现象，可大幅度减少输电损失。该研究团队对绝缘导体进行改良，开发出可输送以往超导电缆约2倍(275kV)的高压电。据估算，使用该新型电缆输电损失将低于普通铜线电缆的1/4。

高温耐火纸 打破"纸包不住火"的历史

自古以来，火就是纸的"天敌"，大火曾无数次"吞噬"人类宝贵的纸质文物，顷刻间将其化为灰烬。然而，这一切或将很快迎来新的"变革"。中科院上海硅酸盐研究所已成功合成出一种高柔韧性、可耐1 000℃以上高温的新型无机材料纸张——羟基磷灰石"耐火纸"。相关研究成果已在国际权威性学术期刊《欧洲化学》上发表。

据介绍，高柔韧性"耐火纸"表面呈柔和的乳白色，与普通纸张相比，"耐火纸"的制作原理相似，只是制作材料有所不同。它不仅可以作为永久和安全的信息存储介质将重要文字、文件及档案等长期保存，还可作为从废水中有效去除有机污染物的可再生吸附剂、药物控释载体、骨缺损修复材料、医用纸、阻燃材料和耐高温材料等。

易变色、易燃烧是传统纸张的致命"软肋"。为了能够制造出"360度无死角"的完美纸张，由中科院上海硅酸盐研究所研究员朱英杰带领的科研团队经过6年时间的不懈努力，终于找到了理想的制备材料——具有可控构造的羟基磷灰石纳米材料。

"羟基磷灰石是一种天然矿物质，它是脊椎动物骨骼和牙齿的主要无机成分，具有优良的生物相容性和环境友好性，本身呈现优质的白色，具有长久保存不易变色的优良特性，有利于纸质文件的长久保存。"朱英杰说。

虽然在解决变色问题上，羟基磷灰石很"奏效"，但它的弊端也非常明显——脆性很高、韧性很低，因此一个巨大的挑战就是如何提高羟基磷灰石材料的柔韧性。

通过反复实验，朱英杰科研团队最终找到了一种新的制备方法：以油酸钙为前驱体，制备出可精确调控的羟基磷灰石超长纳米线，并以此作为新型纸张的构建材料，采用简单的真空抽滤技术，制备出羟基磷灰石"耐火纸。"

朱英杰介绍，目前，这种高柔韧性羟基磷灰石耐火纸还仅限于实验室规模的制备。科研团队正考虑进一步改进和优化羟基磷灰石超长纳米线的合成方法，使其进一步向低成本和批量化方向推进，期望为未来可能的规模化生产提供技术支撑。可以预期，在不久的将来，如果高柔韧性羟基磷灰石"耐火纸"能够实现大规模生产和使用，它不仅能够大幅度减少人类对传统植物纤维素纸的依赖，使大规模森林等宝贵的自然资源得以保全，还能从一定程度上减少环境污染，从而对未来人类社会和环境产生重要而深远的影响。

全球首个完整小型化的光纤传感器

欧盟资助的一个名叫"智能纤维"(Smart Fiber)的研究项目，研制出首个完整的、小型化的光纤传感器系统，可以完全嵌入纤维增强复合材料中。

这个项目利用RFID无线通信，将数据传输到光纤传感器网络。这些光纤传感器网络嵌入在纤维增强复合材料中。这个项目旨在开发一个足够小的结构健康的监测系统——即毫米级，可嵌入到制造飞机、卫星、桥梁、石油和天然气井、风力涡轮叶片、船体和螺旋桨的复合材料中去。目标是生成一个连续的复合材料结构数据，方便技术人员进行结构健康监测，决定什么时候需要维护，并预警可能的结构失效。

该研究团队开发了一个压力传感器，包括嵌入式光纤传感器和嵌入式纤维信号应答机。通常的外部信号应答机需要采用纤维连接嵌入式传感器。这个系统消除了潜在的脆弱的纤维隐患。该系统选用光纤布拉格光栅(FBG)传感器而非其它应变监测选择技术，如经典的电子应变仪，是因为FBG系统具备紧凑、轻质、抗电磁干扰(EMI)、高耐腐蚀、高温操作和多路技术能力的优点。这种光纤布拉格光栅(FBG)传感器有一个非常小的直径，在断裂时有极端的伸长率，为尽可能减少对复合材料强度的影响而专门设计。

智能纤维项目的主要目标之一就是开发出一个可以很容易地融入工作生产环境，同时降低成本的嵌入式传感器系统。该研究团队开发的自动光纤复合材料技术是用了硅基精密加工工艺，将传感器网络嵌入复合材料。该传感器系统的核心是光子集成电路。电路中排列波导光栅作为分光计，与纤光栅传感器的信号应答机精确连接。

实现非接触式高级手势控制的新一代传感器

Silicon Laboratories(芯科实验室有限公司)宣布推出面向人机界面(HI)应用的新一代红外线(IR)和环境光传感器。Silicon Labs Quick Sense HI 产品组合的最新成员 Si114x 系列产品，为业界最高灵敏度、高效节能以及最远感应距离的接近传感器。采用极小的 2 mm×2 mm 封装，Si114x 传感器能够用于手机、电子阅读器、上网本、平板电脑、个人媒体播放器、玩具、办公设备、工业控制、安全系统、销售终端和许多其它设备，实现高级的接近感应和非接触式界面。

接近传感器的检测距离和灵敏度是由系统的信噪比(SNR)决定的。SNR 越高，距离越远。多种可变因素影响系统的 SNR，包括环境噪声/光线补偿、光电二极管灵敏度、滤波和模-数转换器(ADC)架构。虽然竞争对手的解决方案可能会克服这些因素中的一个或两个，但是专利申请中的 Si114x 架构克服了所有这些可变因素，从而使噪声最小化，性能最大化。Si114x 系列产品的联合架构优化获得了非常高的系统 SNR，从而使 Si114x 接近传感器获得了业界最远感应距离、最高灵敏度和最快数据采集速度。

Si114x 系列产品凭借其业界领先的灵敏度，使得开发人员能够在半透明的产品覆盖物后面，灵活地放置红外传感器。完备的 IR 感应架构也可在日光下工作，它包括一个环境光传感器，能够感应高达 128 kilolux 的光照度。此外，Si114x 系列产品的先进架构能够在 25 μs 内完成接近感应测量，减少了极其耗电的红外发光二极管的开启时间，从而实现了业界最低的系统功耗，相较于其它解决方案低了 20 倍。

Si114x 系列产品包括可选的最多 3 个红外线 LED 灯驱动器，开发人员可以自由地实现检测距离超过 50cm 的一维 HI 系统或检测距离高达 15 cm 的具有手势感应能力的多维系统。Si1142 和 Si1143 器件分别具有 2 个和 3 个红外线 LED 驱动器，能够实现高级动作和手势感应。通过 2 个集成的 LED 驱动器，Si1142 支持用于非接触式滑动条界面的 Z 轴和 X 轴动作感应。而 Si1143 支持 3 个 LED 驱动，能够在多维非接触式控制中实现创新的三维动作感应。

与 Silicon Labs 电容式触摸感应微控制器(例如 F700、F800 或 F99xMCU)提供的智能控制相结合，Si114x 传感器能够用于多种动作和手势检测，以及目标物体距离校准应用。Si114x 器件的感应模式提供有用信息给 MCU，用以确定背景光类型，如日光、荧光灯光或白炽灯光。这种信息在许多应用中非常有用，可改善 IR 接近感应、优化红外感应功耗、增强显示设备的背景亮度调节功能以及控制系统内的其它设备。

云机器人

美剧《超脑特工》里一个名叫 Gabriel 的特工，在自己的大脑植入了一块芯片就能够实时地和泛在地与互联网络连接，只要在没有被屏蔽的情况下，可在任何时间、任何地点进行搜索和计算。

当然这是发生在科幻影视中的情景，但现实中的机器人平台已实现。因为机器人天然的就具备控制系统和芯片，可方便地与互联网进行连接。云机器人在网络日益发达，云计算日益成熟的今天应运而生。

目前，云机器人已成为机器人领域中最前沿的技术。部分工业机器人，以及当下大热的 Nao 机器人、Kiva 机器人、谷歌的无人驾驶汽车、亚马逊的四旋翼无人机运输系统、达芬奇的手术系统及 PR2，都属于云机器人。它们身上应用了机器人领域最优秀的技术。

同时，它们身上都有接入无线网络的设备，这些机器人能实时地与互联网络进行连接。为了实现这些功能，工程师们进行了大量的技术革新。

从遥控操作机器人系统发展到网络机器人系统，多机器人可以在同一网络进行相互协作。虽然存储和计算尚发生在机器人本体，但是机器人之间可经由通信相互协调，共同完成复杂的任务，这是网络机器人技术。云计算出现后，它进化成云机器人。

云机器人出现的时间并不长，许多国家很重视对它的研究开发，直到最近一两年国内才有研究，但是不乏成功案例。在国家 863 项目的支持下，南开大学从 2012 年开始，花了两年时间，成功研制出云架构家庭服务机器人系统。

云机器人是云计算与机器人学的一个结合。如同其它网络终端一样，机器人本身并不存储所有的资料信息或具备超强的计算能力，但可在需要时连接相关的服务器，并获得所需信息。

云计算这里是针对机器人机载计算能力的限制而言。一个机器人所能装载的计算单元是有限的。而许多问题恰恰需要具备更多的计算能力才能够解决。比如说基于视频的识别、音频的互动，或对一堆混杂在一起的事物进行分类，这对机器人来说是很困难的，需要大计算量。在云环境下，机器人需要运用统计学上的一个方法——信任空间(Believe Space)进行问题的求解。它开始需要运用到概率分布的方法来对环境、传感器和运动进行建模，而 Believe Space 是一种有效的快速求解的形式。

柔性压力传感器

大面积使用，同时又具有与迄今性能最好的装置相媲美的灵敏度的柔性压力传感器，这些装置（它们制造简单、成本低）让我们离高性能柔性压力传感器在真实装置如人造皮肤中的使用更近了一步。

柔性压力传感器已受到很大关注，它们使人造皮肤（监测从关节运动到脉搏的压力刺激）成为可能。这类装置设计中很多迄今都依赖复杂的、昂贵的制造工艺，从而限制了它们在现实中的应用。Wenlong Cheng 及同事报告了由夹在两个薄聚合物电极之间，嵌入了金纳米线的棉纸构成的一种柔性压力传感器。他们证明这种传感器与迄今性能最好的传感器一样灵敏，同时也演示了其用作麦克风和用于监测心率的应用。重要的是，它们的设计使其本身能够低成本地、简单地大面积制造，同时耗电量又很低。

这些传感器使我们离实现包括柔性触摸屏显示器、人-机界面装置和人造皮肤在内的未来电子装置更近了一步。

国家电网首次向民资开放两个市场领域

中国破除国有企业垄断，发展混合所有制经济再迈一步。国家电网公司宣布，向社会资本开放分布式电源并网工程和电动汽车充换电设施两个市场领域。

此举是这家自然垄断类央企首次向社会资本开放市场。国家电网公司新闻发言人王延芳说，这是国网公司响应中共十八届三中全会发展混合所有制的决定，也是落实2014年中央政府工作报告关于电力、石油等公用事业领域向非国有资本开放一批投资项目的要求。

王延芳强调这次是“全面开放”两个市场，即社会资本尤其是民营资本可以投资、建设和运营太阳能光伏发电、风力发电等分布式电源的上网设施以及电动汽车的快充、慢充和换电等各类充换电设施。

中共十八届三中全会提出发展混合所有制，并要求国有资本继续控股经营的自然垄断行业，要根据不同行业特点实行网运分开，放开竞争性业务，进一步破除各种形式的行政垄断。这让市场对油气、电网等行业向民营开放寄予厚望。

相较于此前中石油宣布出让近千亿的西气东输管道资产、中石化宣布在油气销售业务引入不超30%的社会资本，国网公司这一步让市场有些失望。

“这两个领域未来市场空间巨大，但目前市场尚未培育起来，盈利模式不明。国网放手只是做顺水人情。”厦门大学中国能源经济研究中心主任林伯强认为，国网公司开放的并不是核心业务，其垄断的输配电业务还有待在未来电力体制改革中打破。

但开放这两个市场将带来的正效应受到业内人士肯定。国网能源研究院电网发展综合研究所所长张义斌认为，此举将推动分布式电源和电动汽车充换电设施的市场化和产业化，促进新能源发展。“社会资本若看重在新能源发电和新能源汽车领域的战略布局及未来收益，值得进入。”

王延芳说，国家电网公司选定这两个领域率先开放，是考虑到分布式电源上网设施和电动汽车充电设施的投资规模适中，技术标准明确，易于管理运行，投资方式灵活，适合社会资本投资。

国家电网公司估算这两个市场将以年均130亿元的规模增长，到2020年市场规模将达2 000亿元，同时拉动国内生产总值(GDP)增长7 800亿元。

中国近年为减少能源消耗及环境污染，着力发展太阳能、风能等可再生能源，而分布式电源是重中之重。在此要求下，国家电网公司2013年2月发布《关于做好分布式电源并网服务工作的意见》。

此次配合开放两个市场，国网发布上述《意见》修订版，扩大分布式电源适用范围，并发布《关于做好电动汽车充换电设施用电报装服务工作的意见》，承诺为社会资本进入这两个市场做好相关配套服务。

数据显示，截止2014年4月，占到80%以上国土面积的国家电网公司经营区内，分布式电源并网容量达128万kW，其中分布式光伏发电121万kW。

林柏强认为，培育这两个市场，仅有国网公司放开市场和承诺加强服务并不够，还需政府在电价补贴、税收和融资等方面出台具体政策，否则逐利的民资只会停留在观望阶段。

国家电网公司营销部副主任沈建新估算，建设运营一个包括10台快充设备的充电站，成本在500万元左右。截止2013年底，国家电网公司已建成400座充换电站、1.9万个充电桩，已投入100多亿元，仅有少数盈利。

放开充换电设施市场将使国网公司受益。林伯强说，“电动汽车市场发展起来后，国网可以增加售电。但放开分布式电源并网设施，可能增加国网成本投入，减少售电收益并增加安全隐患，不过这是政府要求和大势所趋，不得不为。”

全面开放后，国家电网公司自营的充换电设施主要布局在京津冀、长三角和环渤海等电动汽车示范城市和全国高速公路城际主干线。

沈建新透露，2014年国网公司建设重点是京沪、京港澳和青银三条高速公路，未来则将完成在“四纵四横”(四纵：沈海、京沪、京台和京港澳，四横：青银、连霍、沪蓉和沪昆)高速公路主干线上的网络布局。

此前市场猜测国网公司将向社会资本开放抽水蓄能电站和调峰调频储能项目的投资领域，王延芳表示仍在研究中，“今后将成熟一个公布一个。”

《国家集成电路产业发展推进纲要》正式公布

经国务院同意，现将《国家集成电路产业发展推进纲要》公布如下：

国家集成电路产业发展推进纲要

集成电路产业是信息技术产业的核心，是支撑经济社会发展和保障国家安全的战略性、基础性和先导性产业，当前和今后一段时期是我国集成电路产业发展的重要战略机遇期和攻坚期，为加快推进我国集成电路产业发展，特制定本纲要。

一、现状与形势

近年来，在市场拉动和政策支持下，我国集成电路产业快速发展，整体实力显著提升，集成电路设计、制造能力与国际先进水平差距不断缩小，封装测试技术逐步接近国际先进水平，部分关键装备和材料被国内外生产线采用，涌现出一批具备一定国际竞争力的骨干企业，产业集聚效应日趋明显。但是，集成电路产业仍然存在芯片制造企业融资难、持续创新能力薄弱、产业发展与市场需求脱节、产业链各环节缺乏协同、适应产业特点的政策环境不完善等突出问题，产业发展水平与先进国家(地区)相比依然存在较大差距，集成电路产品大量依赖进口，难以对构建国家产业核心竞争力、保障信息安全等形成有力支撑。

当前，全球集成电路产业正进入重大调整变革期。一方面，全球市场格局加快调整，投资规模迅速攀升，市场份额加速向优势企业集中；另一方面，移动智能终端及芯片呈爆发式增长，云计算、物联网和大数据等新业态快速发展，集成电路技术演进出现新趋势。我国拥有全球规模最大的集成电路市场，市场需求将继续保持快速增长。新形势下，我国集成电路产业发展既面临巨大的挑战，也迎来难得的机遇，应充分发挥市场优势，营造良好发展环境，激发企业活力和创造力，带动产业链协同可持续发展，加快追赶和超越的步伐，努力实现集成电路产业跨越式发展。

二、总体要求

（一）指导思想

以邓小平理论、"三个代表"重要思想、科学发展观为指导，深入学习领会党的十八大和十八届二中、三中全会精神，贯彻落实党中央和国务院的各项决策部署，使市场在资源配置中起决定性作用。更好发挥政府作用，突出企业主体地位。以需求为导向，以整机和系统为牵引，设计为龙头，制造为基础，装备和材料为支撑。以技术创新、模式创新和体制机制创新为动力。破解产业发展瓶颈，推动集成电路产业重点突破和整体提升，实现跨越发展。为经济发展方式转变，国家安全保障，综合国力提升提供有力支撑。

（二）基本原则

需求牵引。依托市场优势，面向量大面广的重点整机和信息消费需求，提升企业的市场适应能力和有效供给水平，构建"芯片—软件—整机—系统—信息服务"产业链。

创新驱动。强化企业技术创新主体地位，加大研发力度，结合国家科技重大专项实施，突破一批集成电路关键技术，协同推进机制创新和商业模式创新。

软硬结合。强化集成电路设计与软件开发的协同创新，以硬件性能的提升带动软件发展。以软件的优化升级促进硬件技术进步，推动信息技术产业发展水平整体提升。

重点突破。强化市场需求与技术开发的结合，实现涉及国家安全及市场潜力大、产业基础好的关键领域快速发展。

开放发展。充分利用全球资源，推进产业链各环节开放式创新发展，加强国际交流合作，提升在全球产业竞争格局中的地位和影响力。

（三）发展目标

到 2015 年，集成电路产业发展体制机制创新取得明显成效，建立与产业发展规律相适应的融资平台和政策环境。集成电路产业销售收入超过 3 500 亿元。移动智能终端、网络通信等部分重点领域集成电路设计技术接近国际一流水平。32/28 纳米(nm)制造工艺实现规模量产，中高端封装测试销售收入占封装测试业总收入比例达到 30% 以上，65/45nm 关键设备和 12in 硅片等关键材料在生产线上得到应用。

到 2020 年，集成电路产业与国际先进水平的差距逐步缩小，全行业销售收入年均增速超过 20%，企业可持续发展能力大幅增强。移动智能终端、网络通信、云计算、物联网和大数据等重点领域集成电路设计技术达到国际领先水平，产业生态体系初步形成。16/14 nm 制造工艺实现规模量产，封装测试技术达到国际领先水平。关键装备和材料进入国际采购体系，基本建成技术先进、安全可靠的集成电路产业体系。

到 2030 年，集成电路产业链主要环节达到国际先进水平，一批企业进入国际第一梯队，实现跨越发展。

三、主要任务和发展重点

（一）着力发展集成电路设计业

围绕重点领域产业链，强化集成电路设计、软件开发、系统集成、内容与服务协同创新，以设计业的快速增长带动制造业的发展。近期聚焦移动智能终端和网络通信领域，开发量大面广的移动智能终端芯片、数字电视芯片、网络通信芯片、智能穿戴设备芯片及操作系统，提升信息技术产业整体竞争力。发挥市场机制作用，引导和推动集成电路设计企业兼并重组。加快云计算、物联网和大数据等新兴领域核心技术研发，开发基于新业态、新应用的信息处理、传感器和新型存储等关键芯片及云操作系统等基础软件，抢占未来产业发展制高点。分领域、分门类逐步突破智能卡、智能电网、智能交通、卫星导航、工业控制、金融电子、汽车电子和医疗电子等关键集成电路及嵌入式软件，提高对信息化与工业化深度融合的支撑能力。

（二）加速发展集成电路制造业

抓住技术变革的有利时机，突破投融资瓶颈，持续推动先进生产线建设。加快 45/40 nm 芯片产能扩充，加紧 32/28 nm 芯片生产线建设，迅速形成规模生产能力。加快立体工艺开发，推动 22/20 nm、16/14 nm 芯片生产线建设。大力发展模拟及数-模混合电路、微机电系统(MEMS)、高压电路和射频电路等特色专用工艺生产线。增强芯片制造综合能力，以工艺能力提升带动设计水平提升，以生产线建设带动关键装备和材料配套发展。

（三）提升先进封装测试业发展水平

大力推动国内封装测试企业兼并重组，提高产业集中度。适应集成电路设计与制造工艺节点的演进升级需求，开展芯片级封装（CSP）、圆片级封装（WLP）、硅通孔(TSV)和三维封装等先进封装和测试技术的开发及产业化。

（四）突破集成电路关键装备和材料

加强集成电路装备、材料与工艺结合，研发光刻机、刻蚀机和离子注入机等关键设备，开发光刻胶、大尺寸硅片等关键材料，加强集成电路制造企业和装备、材料企业的协作，加快产业化进程，增强产业配套能力。

四、保障措施

（一）加强组织领导

成立国家集成电路产业发展领导小组，负责集成电路产业发展推进工作的统筹协调，强化顶层设计，整合调动各方面资源，解决重大问题。成立咨询委员会，对产业发展的重大问题和政策措施开展调查研究，进行论证评估，提供咨询建议。

（二）设立国家产业投资基金

国家产业投资基金（以下简称基金）主要吸引大型企业、金融机构以及社会资金，重点支持集成电路等产业发展，促进工业转型升级。基金实行市场化运作，重点支持集成电路制造领域，兼顾设计、封装测试、装备和材料环节，推动企业提升产能水平和实行兼并重组，规范企业治理，形成良性自我发展能力。支持设立地方性集成电路产业投资基金。鼓励社会各类风险投资和股权投资基金进入集成电路领域。

（三）加大金融支持力度

积极发挥政策性和商业性金融的互补优势，支持中国进出口银行在业务范围内加大对集成电路企业服务力度，鼓励和引导国家开发银行及商业银行继续加大对集成电路产业的信贷支持力度，创新符合集成电路产业需求特点的信贷产品和业务。支持集成电路企业在境内外上市融资，发行各类债务融资工具以及依托全国中小企业股份转让系统加快发展。鼓励发展贷款保证保险和信用保险业务，探索开发适合集成电路产业发展的保险产品和服务。

（四）落实税收支持政策

进一步加大力度贯彻落实《国务院关于印发鼓励软件产业和集成电路产业发展若干政策的通知》（国发〔2000〕18号）和《国务院关于印发进一步鼓励软件产业和集成电路产业发展若干政策的通知》（国发〔2011〕4号），加快制定和完善相关实施细则和配套措施，保持政策稳定性，落实集成电路封装、测试、专用材料和设备企业所得税优惠政策。落实并完善支持集成电路企业兼并重组的企业所得税、增值税和营业税等税收政策。对符合条件的集成电路重大技术装备和产品关键零部件及原材料继续实施进口免税政策，以及有关科技重大专项所需国内不能生产的关键设备、零部件及原材料进口免税政策，适时调整免税进口商品清单或目录。

（五）加强安全可靠软硬件的推广应用

组织实施安全可靠关键软硬件应用推广计划，以重点突破、分业部署、分步实施为原则，推广使用技术先进、安全可靠的集成电路、基础软件及整机系统。国家扩大内需的各项惠民工程和财政资金支持的重大信息化项目的政府采购部分，应当采购基于安全可靠软硬件的产品。鼓励基础电信和互联网企业采购基于安全可靠软硬件的整机和系统。充分利用扩大信息消费的政策措施，推动基于安全可靠软硬件的各类终端开发应用。面向移动互联网、云计算、物联网和大数据等新兴应用领域，加快构建标准体系，支撑安全可靠软硬件开发与应用。

（六）强化企业创新能力建设

推动形成产业链上下游协同创新体系，支持产业联盟发展。鼓励企业成立集成电路技术研究机构，联合科研院所、高校开展竞争前共性关键技术研发，引进海外高层次人才，增强产业可持续发展能力。加强集成电路知识产权的运用和保护，建立国家重大项目知识产权风险管理体系，引导建立知识产权战略联盟，积极探索与知识产权相关的直接融资方式和资产管理制度。在集成电路重大创新领域加快形成标准，充分发挥技术标准的作用。

（七）加大人才培养和引进力度

建立健全集成电路人才培养体系，支持微电子学科发展，通过高校与集成电路企业联合培养人才等方式，加快建设和发展示范性微电子学院和微电子职业培训机构。依托专业技术人才知识更新工程，广泛开展继续教育活动，采取多种形式大力培养集成电路领域高层次、急需紧缺和骨干专业技术人才。有针对性地开展出国（境）培训项目，推动国家软件与集成电路人才国际培训基地建设。通过现有渠道加强对软件和集成电路人才引进的经费保障。在“千人计划”中进一步加大对引进集成电路领域优秀人才的支持力度，研究出台针对优秀企业家和高素质技术、管理团队的优先引进政策。支持集成电路企业加强与境外研发机构的合作。完善鼓励创新创造的分配激励机制，落实科技人员科研成果转化的股权、期权激励和奖励等收益分配政策。

（八）继续扩大对外开放

进一步优化环境，大力吸引国（境）外资金、技术和人才，鼓励国际集成电路企业在国内建设研发、生产和运营中心。鼓励境内集成电路企业扩大国际合作，整合国际资源，拓展国际市场。发挥两岸经济合作机制作用，鼓励两岸集成电路企业加强技术和产业合作。

全球前十大半导体厂资本支出排行榜

全球前十大半导体厂资本支出一览

排名	厂商	2013年/百万美元	2014年/百万美元	年成长率（%）
1	三星 Samsung	11 560	11 500	-1
2	英特尔 Intel	10 611	11 000	4
3	台积电 TSMC	9 709	9 750	0
4	格罗方德 GloFo	4 500	5 500	22
5	海力士 SK Hynix	3 146	3 700	18
6	美光 Micron	1 935	3 050	58
7	东芝 Toshiba	1 630	1 950	20
8	新帝 SanDisk	859	1 600	86
9	联电 UMC	1 098	1 200	9
10	中芯 SMIC	651	880	35
	前十大合计	45 699	50 130	10
	其它	11 731	12 100	3
	全球合计	57 430	62 230	8

资料来源：IC Insights　　制表：涂志豪

图1　全球前十大半导体厂资本支出一览

市调机构ICInsights发表全球半导体厂2014年资本支出预估调查，三星、英特尔和台积电等3大厂仍是全球主要投资者，且3大厂2014年资本支出占全球资本支出总额的51.8%。业界认为，先进制程的投资快速飙升，预估至10nm时代时，可能只有前3大厂有能力进行大规模投资。

据统计，2013年全球半导体厂资本支出总额达574.3亿美元，前10大厂占比达80%，至于前3大厂占比则高达55.5%，大者恒大的态势十分明显。2014年全球半导体厂资本支出将达622.3亿元，年增率达8%，其中前10大厂占比再攀升至81%，前3大厂占比虽然降至51.8%，但仍然维持过半。

由前10大厂资本支出变化来看，2013年仅有台积电、格罗方德（Global Foundries）、东芝和中芯等4家业者资本支出较前年增加，但2014年除了三星之外，其余9家业者资本支出均高过2013年水准，其中以新帝的资本支出年增率约达86%最高，主要是与东芝合资的NAND Flash厂在2014年下半年量产，且3DNAND也开始加快研发脚步。

美光2013年并购日本DRAM厂尔必达后，2014年为了加速转进20nm时代，并提高NAND Flash产能，所以预估 2014 年资本支出将达 30.5 亿美元、年增率高达 58%，是成长率第 2 高的业者。

业界人士认为，2014 年虽然有 9 家业者的资本支出超过 10 亿美元规模，但前 3 大厂与其它业者间的差距实在太大，如三星及英特尔资本支出 2014 年仍超过 110 亿美元，台积电则略低于 100 亿美元，几乎是第 10 名中芯的年度支出的 10 倍以上。

当然前 3 大厂之所以会投入如此庞大的资金，一来是为了提高产能；二来则是因为先进制程的微缩投资花费越来越高，如 20nm 晶圆厂投资金额高达 70 亿美元，制程研发投资高达 15 亿美元，已经不是一般半导体厂玩得起的游戏。

业界认为，2015 年全球半导体厂将进入 3 D 架构记忆体及电晶体新时代，但记忆体制程微缩带来的成本效益已然有效，业者投资金额不太可能再放大，至于逻辑 IC 因进入 14/16nm 鳍式场效电晶体（FinFET）时代，需要比 20nm 投入更高资金进行扩产及研发，2017 年进入 10nm 时代后，看来只有三星、英特尔和台积电有能力进行大规模投资。

美国可替代 CMOS 器件的低功耗隧道晶体管

一种新型晶体管使更快、更低功耗的计算器件成为可能，可用于类似敏捷传感器网络、植入式医疗电子技术和高机动式计算等能量受限领域。近带隙隧道场效应晶体这种新型器件采用量子机制，电子遂穿超薄能量势垒，可以低电压产生高电流。

宾夕法尼亚州立大学、美国国家标准技术研究院以及专业晶片制造商 IQE 公司在国际电子器件会议（IEDM）上联合宣布了这一发现。IEDM 会议汇集了全部来自主要芯片公司的代表，是一个广受认可的论坛，用于报告半导体和电子技术方面取得的突破性进展。

芯片制造商正在寻找继续缩小晶体管尺寸的方法，并力图在给定的面积内封装更多晶体管。隧道场效应晶体管被认为有望替代当前的 CMOS 器件。当前面对的主要技术挑战是随着尺寸的减小，晶体管工作所需的功耗未能同步减少，结果导致电池消耗更快、产生更多热量，给电路带来不利影响。多种采用非标准硅材料的新型晶体管结构正被研究，用于克服能耗挑战。

宾夕法尼亚大学的研究生 Bijesh Rajamohanan 表示：“此前，该晶体管已在我们的实验室进行开发，用于在逻辑电路中替代 MOSFET 晶体管，可克服功耗问题。目前，我们的研究又向前迈进了一步，展示了该晶体管的高频工作能力，使其可用于功率极其受限的情况，如植入到人体中的用于处理和收发信息的电子器件。”

产生更多的功耗和热量的植入式器件会伤害被监控的机体组织，同时会更快耗尽电池，需要更频繁的电池更换手术。电子工程教授 Suman Datta 领导的研究团队利用铟镓砷和镓砷锑材料使能带接近于零——或称为近带隙，使电子能够按预期遂穿通过势垒。为改善放大率，研究人员将所有连接转移到垂直晶体管顶部的同一外表面上。

该器件的研究，是美国国家科学基金会通过纳米系统工程研究中心资助“一体化传感器及技术先进自供电系统”（NERC-ASSIST）这一更大计划的一部分。ASSIST 计划的更大目标，是发展不使用电池，由人体供电的可穿戴式健康监控系统。参与研究的单位包括宾夕法尼亚大学、北卡罗莱纳州立大学、弗吉尼亚大学和佛罗里达国际大学。

固态继电器借力 移动互联突出重围

信息技术的快速广泛传播，将人类带入了一个创新的时代。从模拟到数字化将成为电子产品的主流，继电器产品将不断扩展，技术也不断提升。继电器是具有隔离功能的自动开关元件，广泛应用于遥控、遥测、通信、自动控制、机电一体化及电力电子设备中，是最重要的控制元件之一。由于固态技术在反应时间、抗电磁干扰、工作寿命及控制方式等方面的优势可以给客户提供更加合适的产品，因此，固态技术在继电器的应用也使得继电器技术有了一个质的飞跃。而眼下最火热的模式无非是结合移动互联科技了，“固态继电器” 就是专门针对固态继电器行业的客户端，旨在为供需双方提供一个平台。

我国继电器市场规模增长迅速，尤其是固态继电器的发展，成为继电器行业市场规模不断扩大的主要原因，据国内继电器行业知名专家阮国胜介绍，2013 年继电器行业在工业市场的应用规模就超过了 10 亿元，其中固态继电器的规模超过了 1 亿元，占总体市场份额的 10%，而随着国家相关政策的深入实施，固态继电器在未来几年将保持 15% 以上的年平均增长率。这也给发展移动客户端打下了坚实的基础。

阮国胜说，一直以来，我国继电器行业的发展存在着不少的问题，例如整体技术落后、产品发展不平衡以及企业发展不平衡等。一些企业生产超过专利保护期的继电器产品，且仿制多于创新，基本无突破性发展。高技术、高附加值产品少，总体技术实力强的企业，经济效益不高。这些问题严重地阻碍了继电器行业的发展。直到固态继电器产品的出现，一些有远见的继电器厂家立足于企业实际，积极寻求突破，研发固态继电器，为国内继电器行业的发展趟出了新的发展道路。

从目前的发展态势来看，“固态继电器” 客户端无疑将成为未来继电器的发展导向，在技术上，目前固态继电器的发展特征是：从加热负载向电机负载过渡、从交流负载向直流负载转变、从简单的面板安装转向导轨安装、易插拔等方式，并且电气参数要求更高。而通信行业则将成为第一大应用市场，固态继电器运用了微电子技术，产品向智能化、模块化方向发展，市场需求稳步上升。汽车行业作为继电器应用的第二大市场，单车用量不断增加，品种扩展很快，尤其是汽车电源系统从 14V 向 42V 的转型，推动技术的不断创新。

新能源创造电容行业投资新契机

在传统化石燃料逐步枯竭的今天，节能减排是当今社会的核心议题。能源生产端，更加清洁的能量来源将是未来的方向，风能和太阳能等可再生能源占比提升将是未来的必然；能源消费端，混合动力汽车及纯电动车将逐步改变人类的出行方式。在这一趋势之下，电容器件一方面在电力转化过程中起到变频、稳压等基础电力电子功能；另外一反面因其充放电快速等特征，逐步应用在储能领域，因此，它的发展机遇从单纯的被动器件提升到新能源产业核心器件的高度。

新能源逆变器对高压薄膜电容需求旺盛

薄膜电容器因其金属膜的自愈性特点，能够耐受高电压，因此被广泛地应用在电力设备的变频、电流变换和功率校正等方面。光伏、太阳能因其输出不稳定特点，其电力电子装置变得非常复杂，电容处于其中核心需求。据了解，1 MW 新能源装机容量，即需要约 20 000 元价值的薄膜电容。随着风能、太阳能装机容量的不断提升，我们预计这一市场将呈现快速增长的态势。

超级电容引领绿色储能技术发展

超级电容由于具有功率密度大、充电时间短、终生免维护、使用寿命长、零排放等诸多优点，在新能源汽车及高铁轨道交通中具有能量回收、提供瞬时高功率，与蓄电池、锂电池配合改善电池性能，作为备用电源等功能，在太阳能、风能、工业、军工、航天和 UPS 等领域可以作为新型储能设备使用，市场潜力巨大。目前，新能源客车、出租车等领域已经开始应用，这个市场将率先迅速启动。

国内电容龙头借新能源进入新一轮成长期

电容产业是一个相对稳定的器件行业，日本、韩国、中国台湾和美国企业为这一产业的主要参与者。在新能源产业中，高压薄膜电容及超级电容应用量将激增，高端产品需求明显。因此，欧美厂商如 Maxwell、Kemet 将首先受益于这一产业机遇。国内厂商在电解电容等中低端领域正在逐步实现对日韩企业的替代，下一步将会在工程师红利及产业配套红利的基础上，逐步将产品走向高端，因此我们看好国内龙头企业在新能源背景下持续受益。我们首推电容全产品线龙头江海股份，经历多年的技术储备，公司未来将逐步量产高压薄膜电容以及超级电容，成长路径清晰；法拉电子是国内高压薄膜电容龙头，公司产品及客户均为优质，未来三年将呈现新能源方面收入高增长，业绩将迎来向上拐点。

变压器行业加速整合 高耗能产品将退出舞台

2014 年 6 月 9 日，国家标准化管理委员会发布了 GB20052—2013《三相配电变压器能效限定值及能效等级》公告，并于 2014 年 10 月 1 日起实施，同时，申请节能认证证书的工作于 2014 年 12 月 31 日前截止。

根据公告，三相配电变压器标准比旧标准增加了能效等级内容，提高了变压器能效限定值，删除对“目标能效限定值”的规定。自 10 月起，三相配电变压器将执行新的能效标准。新能效标准对产品提出了更高的能效要求，部分高能耗产品将退出市场，变压器行业因产能过剩而导致的低价竞争，质量下滑等乱象，有望通过行业整合进一步提高集中度而得以解决。

“能效等级”成重要衡量标准

“过去配电变压器以 S7、S9 和 S11 等来划分的时代即将过去，未来衡量变压器是否节能将会以能效一级、二级和三级来划分，能效标准开启了节能变压器的新纪元。”包头巨龙变压器有限责任公司总经理薛军接受记者采访时表示。我国使用的硅钢铁心变压器效率为 96% ~99.7%，由于数量众多，变压器本身消耗的电能也相当可观。目前，我国所有变压器自身消耗的电能占全国发电量的 5% ~10%，在配电网损耗中，变压器损耗占 60% 以上。

与旧版本相比，修订后的新版本进一步提升了能效标准，取消目标限定值，增加能效三级指标。在针对 10kV 三相油浸式配电变压器的损耗要求中，将 S11、S13 和 S15 系列分别定义为相应的能效三级、二级和一级。同时进一步要求降低能效一级的负载损耗。对于 10kV 三相干式配电变压器，将干式 S11 系列列为最低干式配电变压器的最低能效限定值。按照新的配电变压器能效标准，未来三级能效以上的产品方可在市场上生产销售，二级以上作为节能产品，一级作为高能效领导者指标。

作为配套推广政策，2012 年 11 月 20 日，国家财政部、工信部和发展改革委员会又联合出台了《节能产品惠民工程高效节能配电变压器推广实施细则》，对节能型变压器进行 4 ~30 元/kV·A 的财政补贴。推广产品为三相 10kV 电压等级、无励磁调压、能效等级二级及以上、额定容量 30 ~1 600kV·A 的油浸式和额定容量 30 ~2 500kV·A 的干式配电变压器。

2014 年中国锂电池市场规模为 715 亿元 同增 21.1%

从中国化学与物理电源行业协会获悉，2014 年中国锂离子电池市场规模为 715 亿元，同比增长 21.1%。

根据中国化学与物理电源行业协会统计分析，2014 年我国 3 C 市场用锂离子电池预计增长 6%，全国销售规模为 580 亿元；动力用锂离子电池：锂电电动自行车超过 300 万辆，锂离子电池需求约 20 亿元；新能源汽车销售接近 7 万辆，车用动力电池需求约 100 亿元，预计动力电池总需求 120 亿元，同比增长 200%；储能用锂离子电池，包括通信和新能源应用，预计需求 15 亿元。

中国化学与物理电源行业协会秘书长刘彦龙预计，2014 年我国锂离子电池产品销售收入 715 亿元，同比 2013 年的 590 亿元增长 21.1%。2014 年锂离子电池行业竞争激烈，破产倒闭企业超过 30 家以上，主要材料价格下降幅度大，电解液价格下降超过 30%。

铅酸电池走出盈利低谷

尽管近年来锂离子电池成为热点，但是铅酸电池作为技术成熟的化学电源，凭借其安全性高、价格低廉等优势在绝大多数传统领域和部分新兴应用领域占据着牢固的地位，除了 2011 年行业整治造成产量增速下滑以外，行业复合增速达到 22%。

过去 5 年铅酸电池行业保持了 20% 以上的复合增速，2013 年国内铅酸电池的产量仍然保持了 15% 以上的增速。

铅酸电池主要应用领域包括：汽车启动电池、通信电池和电动自行车动力电池。分析师认为 2014 年铅酸电池的投资机会主要在于动力电池和通信电池。动力电池保持 20% 的稳定增长，涨价预期较强。

通信用铅酸电池受益于 4 G 建设。2013 年 12 月工业和信息化部向三大运营商发放4 G(TD-LTE)牌照，开启了4 G投资盛宴，预计2014～2015年将迎来4G建设的高峰期。

改性铅酸电池有望成为储能市场的宠儿，储能市场有望达到1 000亿元的水平。

铅酸电池主要传统应用领域包括汽车启动电池、通信电池和电动自行车动力电池，整体行业仍保持20%以上的增长，未来两年4 G建设对通信用铅酸电池行业将有较大的带动，同时铅酸动力电池行业双寡头竞争格局确定，盈利能力将逐步恢复。

美科学家找到更便宜、更高效太阳电池板材料

宾西法尼亚大学和德雷克赛尔大学的科学家花费5年时间，联合研发出一种新型陶瓷材料，设计出一种独特的太阳电池板，比现在市场上使用的电池板更便宜，效率更高，制造时间更短，不仅能利用紫外线，而且还能利用可见光和红外线。

跟目前普遍使用的光伏材料相比，这种陶瓷材料有3个优势。一是比硅基材料薄。它是一种材料发挥两种材料的作用；二是比当今高端薄膜太阳电池材料便宜；三是这种材料是铁电物质。极性可变，能超越当今理论上的太阳能电磁材料的能源效率极限。

太阳电池效率低的部分原因是收集太阳光线的颗粒要进入太阳电池，并且向各个方向发散。为了让它们往一个方向流动，势必要穿过很多层的材料。颗粒每穿过一次，太阳电池的能效就减少一次。该团队的设计尽量减少层级。也就减少了损耗。他们用铌酸钾和铌酸钡镍合成钙钛矿型晶体。这种晶体比目前使用的太阳能薄膜电池化合物半导体吸收光线高6倍，转移密度高50倍。而且，调节材料的成分，效率还会提高。该材料廉价、无毒同时地球储量丰富。

目前该研究团队已经在美国能源部阿贡国家实验室的先进光子源上完成了早期实验。如果这种设计能从便签尺寸扩大到全尺寸的太阳电池，那么就是向太阳电池的市场化迈进了一大步。

全球首条千吨级石墨烯生产线东莞投产

作为高新科技材料，近年来，石墨烯在电子通信、锂电池和电动车等领域的应用前景在全球范围内被广泛看好。2014年2月26日，由鸿纳(东莞)新材料科技有限公司研发建设的全球首条千吨级石墨烯生产线在东莞大朗举行投产仪式。

石墨烯是由单层碳原子组成的二维材料。2010年，英国曼彻斯特大学教授康斯坦丁·诺沃肖洛夫(Konstantin Novoselov)因发现石墨烯而与安德烈·海姆一同获得当年的诺贝尔物理学奖。

石墨烯的电导率与银相似，强度为钢的200倍，导热系数好于金刚石，电子迁移率比硅快很多，得益于众多的优越性能，石墨烯被广泛看好，被认为将在电子通信、新能源、航天军工、生物医药、环保、太阳能和光电等传统领域和新能源、新材料等新兴领域带来革命性的技术进步。

据鸿纳科技石墨烯研发团队带头人、超导业的技术翘楚、中组部千人计划入选者李琦介绍，目前实现单层石墨烯生产的技术仍局限于实验室阶段，此次鸿纳科技投产的千吨级石墨烯生产线将用于生产少层石墨烯，平均厚度在2nm以下，导电率在全球的量产同行里名列前茅。鸿纳的石墨烯生产线将让石墨烯产品在更多的领域加快推广应用成为可能。

自2004年被发现以来，石墨烯迅速成为全球各国政府、科研机构和跨国企业竞相投入巨资开发的新材料。欧盟委员会将石墨烯列为仅有的两个“未来新兴技术旗舰项目”之一，提供10亿欧元用于资助石墨烯材料研究。在中国，《新材料产业“十二五”发展规划》中同样明确提出要积极开发石墨烯材料。

业内人士分析称，石墨烯作为迄今为止世界上已知材料中最薄、强度最大的材料，以其极好的导电性、导热性和透光性而具有极其广阔的产业应用空间和经济社会价值。据保守估计，未来5～10年，全球石墨烯产业规模会超过1 000亿美元。

2014年电池世界的三大奇兵：石墨烯、铝空气和纳米点

2014年以来，围绕电动汽车动力电池引发的话题一直是人们关注的焦点，石墨烯、铝空气电池和纳米点电池技术成为2014年电池世界的三大奇兵。其中石墨烯更是在2014年底引爆了电池产业，业内甚至预测这项技术或将引发电池行业的技术革命，重塑行业格局。

打破动力电池续航魔咒 石墨烯或引发技术革命

石墨烯，这个以往更多出现在实验室的材料，一夜之间成为产业界“新宠”。自2014年12月初西方媒体报道西班牙Graphenano公司和西班牙科尔瓦多大学合作研发出石墨烯电池以来，充电8min续行1 000km就成为电动汽车产业一个“重磅炸弹”，引发了持续的关注。

据悉，石墨烯基阳极材料可将现有锂离子电池的能量密度和输出功率提高3倍，随着相关技术的应用，或彻底打破电动汽车续航里程短这一窘境。以西班牙的超级电池为例，1 000km的续航里程几乎接近北京到上海的直线距离，远超出传统汽车一箱油的行驶距离。此外，据称石墨烯超级电池的充电时间仅比加一次油的时间略长一点，但续航里程则比一箱油要长很多。

据媒体报道，这种“超级电池”已在德国两大汽车巨头的汽车上进行试验，并在2015年第一季度生产上市使用。业内人士认为，“超级电池”一旦大规模应用到电动车上，对整个行业将是颠覆性的。随着相关技术的成熟并进入量产应用阶段，电动汽车商业化时代将全面到来。

金属空气电池——这一技术设想已存在了100年，而真正引起人们的关注还是一篇来自国外的关于铝空气电池的报道。据悉，2014年，Alcoa(美铝公司)和以色列Phinergy公司在位于蒙特利尔的维伦纽夫赛车场对一台电动车进行了测试，而真正惊人的是随后发布的新闻稿——该车搭载了两家公司联合开发的铝空气电池后，其续航里程可以增加到994mile(约合1 600km)。

相关资料显示，铝空气电池的理论比能量可达8 100W·h/kg，2014年的铝空气电池的实际比能量只达到350 W·h/kg，但也是铅酸电池的7～8倍、锂电池的2.3倍。采

用铝空气电池后，车辆能够明显地提高续驶里程。

然而，由于铝空气电池在放电过程中阳极腐蚀会产生氢，不仅会导致阳极材料的过度消耗，而且还会增加电池内部的电学损耗。这成为铝空气电池的商业化进程的最大障碍。而以色列 Phinergy 公司表示，这一难题已被攻克。该公司开发出的铝空气电池的空气阴极配备有专用的银基催化剂，其采用了独特的创新结构，该结构可以使氧气顺利通过，而可以将 CO_2 阻隔在外。通过该创新结构，Phinergy 铝空气电池的空气阴极可以有效避免电极的碳化问题，其工作寿命也因此可以达到数千小时。

铝空气电池的另一个优势是维护方便。按照现在的技术方案，铝空气电池主要是作为锂电池的补充电源，用户只要每 1～2 个月注入自来水以支持化学反应，每年让技术人员对它进行一次保养即可。据称该电池的寿命可达 20～30 年。

纳米点电池电动汽车计划 2016 年问世 让充电像加油一样快?

从媒体报道来看，纳米点电池的充电速度甚至快过石墨烯。2014 年 11 月路透社报道称，以色列一家公司宣布研发的纳米电池能够在数十秒内为手机充满电、数分钟内为电动汽车充满电。并表示这项技术进步将改变全球最具活力的两大消费产业。

而此前美国马里兰大学的研究人员也表示，他们研发了一种纳米电池将使电动汽车受益。该技术使用了叫作“纳米孔”的电池，可携带电解液，在纳米管电极末端之间保持电荷，数百万个纳米孔单元可容纳在一个邮票大小的电池上。这项最新研究报告声称仅在 12min 之内便能对手机完全充电，并且它可以重复使用数千次，据称这项技术的最大优势在于能够快速充电。

而以色列的这家公司也表示，其使用纳米技术合成分子材料制造的电池就像超高密度的海绵，能够更快地吸收并锁住大量电量。这种材料基于“纳米点”技术研发，“纳米点”能够改变电池的运作方式。据该项技术的研发人员表示，未来这种技术运用到电动汽车上，将能够在 2～3min 内为电动汽车充满电。

作为一个“电力饥渴”的时代，石墨烯、铝空气和纳米点这三项电池技术对人们日常生活的影响无疑是巨大的，尤其是随着燃油资源的逐渐枯竭，电力就成为最为环保的一项可再生替代资源。电动交通工具和手机这两大最具活力的消费产业也使得这三项技术有着广阔的发展空间。另外，从目前三项技术的发展来看，石墨烯或将最快被应用到电动汽车领域，有媒体猜测，特斯拉的“超级电池”计划或许就是与石墨烯技术相关的项目。

企业新闻

科华恒盛技术中心被确认为“国家认定企业技术中心”

国家发展和改革委员会、科技部、财政部、海关总署和国家税务总局联合签署 2014 年第 23 号公告，厦门科华恒盛股份有限公司（以下简称“科华恒盛”）技术中心被确认为 2014 年（第 21 批）“国家认定企业技术中心”，是国内 UPS 行业唯一获此认定的企业。这是科华恒盛技术创新与科技引领的一个重要里程碑。

国家认定企业技术中心的确认，主要面向国民经济和社会发展中技术创新能力强、创新成效显著，具有重要示范带动作用的龙头企业，且必须具备相当的技术创新能力、研究开发能力和研究开发与试验条件，必须拥有完全自主知识产权的核心技术和一定的品牌影响力，必须拥有一支能够引领行业技术的研究开发和创新管理梯队，研究开发与技术创新综合指数达到国内领先水平或国际水平。

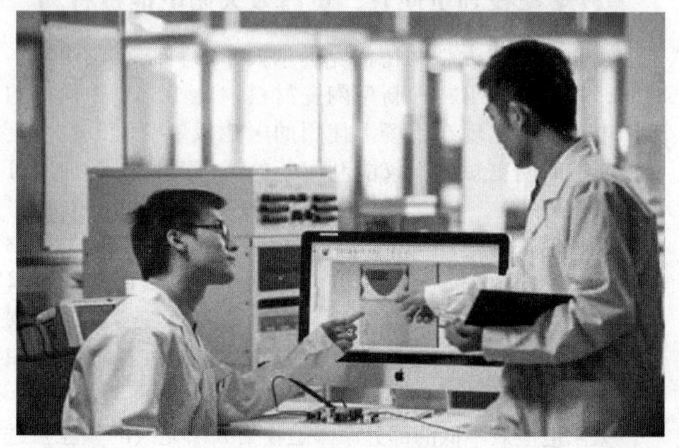

科华恒盛技术中心

科华恒盛技术中心被确认为国家认定企业技术中心，可以有效推动企业技术创新能力建设并提高企业核心竞争力。同时，科华恒盛将通过“国家认定企业技术中心”这一平台和资质，获得享受国家对企业创新能力建设项目的优惠政策和资金支持。科华恒盛将坚持以“自主创新，自主品牌”的发展思路，全力以赴加强技术创新能力建设和平台建设，全面打造生态型能源互联网企业。

科华恒盛承办中国电源学会信息系统供电技术专业委员会成立大会暨技术交流会

由中国电源学会主办、厦门科华恒盛股份有限公司(简称“科华恒盛”)协力承办的中国电源学会信息系统供电技术专业委员会成立大会暨技术交流会于厦门胜利召开。本次会议通过了协会章程(草案)和各项规定办法，并选举产生新一届的主任委员、副主任委员、秘书长和委员们。来自全国各地电源供电技术的业界专家、科研院所代表、行业用户代表、厂家的高端技术人员和管理人员代表聚集一堂，为中国的信息系统供电技术的发展共谋发展、共商大计。

出席成立大会的学会领导有：中国电源学会理事长、浙江大学教授徐德鸿先生，中国电源学会专家委员会主席、中科院计算所研究员张广明先生，中国电源学会副秘书长张磊先生，中国电源学会副理事长、科华恒盛董事长兼总裁陈成辉先生。大会由科华恒盛监事会主席、漳州科华技术公司副总经理赖永春先生主持。

赖永春宣读了中国电源学会对成立信息系统供电技术专业委员会的批复报告。东道主科华恒盛董事长兼总裁陈成辉先生发表了热情洋溢的欢迎辞，感谢专家们对行业发展的关心，远道亲赴厦门。他向大家介绍了科华恒盛近几年来在高端电源、新能源和数据中心三大业务版块研发、生产发展情况和取得的成果。

中国电源学会信息系统供电技术专业
委员会成立大会暨技术交流会合影

中国电源学会是国内电源行业唯一的全国性行业组织，拥有团体会员800余家，个人会员3 000余人。中国电源学会以促进国家电源科学技术进步和电源产业发展为己任。近几年来，中国电源学会在推动新能源、智能电网和大数据等新兴领域的发展发挥了重要作用。

在信息系统专委会成立之前，中国电源学会已经打下了良好的工作基础。在中国电源学会的直接领导下，中国电源信息供电系统技术专业委员会围绕信息供电系统技术在金融、通信、制造、数据中心、云计算和大数据领域的应用，引导中国电源行业健康发展，建设高效、节能和高可靠的数据中心工作服务。信息供电系统技术委员会将协助电源学会开展相关工作。同时，组织相关企业、高等院校、科研院所和直接用户等，开展信息系统供电方案设计与应用研究，开展新产品(新技术)、新成果交流会，收集行业新技术、新成果，为企业、高校、设计院和客户之间搭建成果对接桥梁，促进新技术推广应用与科技成果产业化，让广大用户共同分享信息系统供电技术的最新科研成果。

数据中心建设是新兴信息产业和云计算产业发展的硬件基础，其可靠性、稳定性将决定这些产业未来的发展质量。而数据中心的高质量供电技术，又是整个数据中心硬件可靠运行的前提。从整体上看，信息系统供电技术具有广阔的发展前景，将得到国家产业政策大力支持。

例如：近年来，国家有关部委对第二代、第三代功率半导体器件，对高效节能电力电子应用装置的专项支持就是典型案例。2014年6月，国家发展和改革委员会、财政部、工业和信息化部及科技部联合组织实施2014年国家云计算工程，重点支持三个领域：公共云计算服务平台建设、基于云计算平台的大数据服务、云计算和大数据解决方案研发及推广。2014年8月，厦门科华恒盛“数据中心机房配套设备研发与推广”项目列入2014年国家云计算专项计划，是国内UPS行业唯一获得国家云计算专项支持的企业。可以看出，信息系统供电技术在大数据时代的重要性可见一斑。

未来，中国电源学会信息系统供电技术专业委员会将深入贯彻落实党的十八大三中、四中全会精神以及马凯副总理在浙江乌镇国际互联网大会上提出的四点意见，坚持在中国电源学会的领导下，解放思想、开拓创新、抓住机遇、大胆探索，深入研究在新形势下如何充分发挥社团组织的作用，协同各方力量推进信息系统供电技术再上一个新台阶，为国民经济和社会发展提供有力支撑。

科华恒盛入选福建省知识产权优势企业

厦门科华恒盛股份有限公司(以下简称“科华恒盛”)入选福建省知识产权局100家2014年度福建省知识产权优势企业，有效期自2014年7月25至2017年7月25日。厦门火炬高新区园区共有7家企业上榜，厦门市共有17家。

据悉，省知识产权局将优先支持2014年度省知识产权优势企业，实施福建省专利技术实施与产业化项目和享受《福建省知识产权优势企业管理办法(暂行)》中规定的其它扶持措施。

科华恒盛中标大型国际体育赛事
全力护航南京青奥会顺利举办

第二届青年奥林匹克运动会(2014年青奥会)8月16~29日在南京成功举办。厦门科华恒盛股份有限公司依托在北京奥运会、广州亚运会和深圳大运会等丰富成功的电源保障经验，凭借科华恒盛高品质UPS电源口碑以及厂家级快速反应的服务团队，成功中标南京青奥会UPS电源项目，为保障青奥会电力不间断，提供了近百套以高端UPS为核心的电源解决方案和优质服务，成功打造又一大型综合体育赛事高端应用。

在赛事前夕，科华恒盛团队克服现场设备安装调试时间短、天气持续下雨等恶劣条件，发挥全国性厂家网点布局优势，快速抽调南京、上海、杭州、合肥和苏州厂家级技术服务团队，制定周密的项目实施方案，24h轮班实施，保质保量完成任务，并在赛事期间严格执行值班制度，圆满完成南京青奥会电源保障任务，获得组委会好评。

南京奥体中心

科华恒盛承担“数据中心机房配套
设备研发及推广”项目

国内智慧电能领导者——厦门科华恒盛股份有限公司

承担的“数据中心机房配套设备研发及推广”项目获得国家发改委批复，列入了2014年云计算项目，获得2014年中央财政战略新兴产业发展专项资金补助1000万元，用于项目建设过程中技术研发和所需的软硬件设备购置等，为促进科华恒盛数据中心事业的发展再上新台阶!

据悉，为贯彻落实《“十二五”国家战略性新兴产业发展规划》、《关于促进信息消费扩大内需的若干意见》，提升我国云计算创新发展水平，国家发展和改革委员会、财政部、工业和信息化部及科技部决定联合组织实施2014年云计算工程。本次专项重点支持三个领域：公共云计算服务平台建设、基于云计算平台的大数据服务、云计算和大数据解决方案研发及推广项目。

科华恒盛“数据中心机房配套设备研发及推广”项目就是基于数据中心机房建设需要而开发的关键配套设备，包括供配电系统、制冷系统、机柜系统和监控系统。项目符合《关于组织实施2014年云计算工程的通知》重点支持内容之三，关于云计算和大数据解决方案的研发及推广。项目产品具备对供电、制冷和网络等进行自动化监控的能力，实现节能率33.33%，可靠性达到99.999%。

科华恒盛“数据中心机房配套设备研发及推广”项目是高新技术产业化推进项目，可以提升公司的整体技术水平和市场竞争能力，增强企业发展后劲。项目顺利实施必将成为科华恒盛新的经济增长点，带动周边地区配套产业，促进地区经济的发展，为民族工业发展树立标杆，并为国家信息安全提供可靠保障。

2014年全球新能源企业500强榜单揭晓，阳光电源四度蝉联

2014年10月16日，由中国能源报社、中国能源经济研究院主办的“第四届全球新能源发展高峰论坛暨2014全球新能源企业500强发布会”在京举行，阳光电源连续第4次荣列榜单，并同时荣膺“全球新能源企业卓越贡献奖”。

公司荣列榜单“2014全球新能源企业500强”
同时荣膺“全球新能源企业卓越贡献奖”

从1997年成立之日起，阳光电源一直专注于可再生能源发电设备及系统解决方案的研究和应用，致力于让更多人享用清洁、高效、便利和经济的绿色电力。凭借在光伏逆变器、风能变流器和储能变流器等产品和系统方案领域近20年的技术深耕和应用积累，阳光电源成功挤入世界一流阵营，成为新能源行业的民族品牌领军企业。

2003年，中国第一台具有自主知识产权的并网逆变器在阳光电源诞生；同年，中国第一个屋顶光伏电站在上海奉贤成功并网，阳光电源提供系统接入方案；2009年，中国第一个大型荒漠电站在西北开始探索之路，阳光电源提供系统接入方案；2012年，国内单机容量最大的风能变流器获“十二五”国家科技支撑计划授权，在阳光电源开始研发攻关。阳光人始终以促进行业发展为己任，承担国家重点科研项目，牵头起草国家标准，广泛参与国家级应用示范项目，推动中国光伏和风电事业的健康、快速发展。

阳光电源潜心科技创新及产业化规模应用，成就客户，推动新能源“平价上网”。从全球效率最高的商业化机型，到全球应用最广的系统平台，阳光人坚持“因地制宜”的科学设计理念，携手投资人大幅推进新能源应用，降低成本，为客户打造更安全、更友好、更智能和更高效的新能源电站。

如今，阳光电源已进入全球光伏逆变器行业排名前二，并被评为“全球最受欢迎的中国逆变器品牌”。在献身于民族产业和新兴技术的同时，阳光人期待更多责任，为实现人类社会可持续发展探求更广、更深的清洁能源应用。

阳光电源牵手三星SDI在合肥设立储能合资公司

2014年11月4日，阳光电源股份有限公司与三星SDI株式会社在韩国釜山签订了合资合约，双方将在合肥建立合资公司，从事电力用锂离子电池包、储能变流器及储能系统的开发、生产和销售，共同开拓国内外电力储能市场。三星SDI社长朴商镇、首席副总裁兼储能事业部总经理金雨灿，阳光电源总经理曹仁贤、副总经理张友权等参加了签字仪式。

根据约定，双方利用各自优势、强强联合，在未来几年将投资1.7亿美元，携手开展电力储能相关产品的研制和生产，逐步扩大在中国乃至全球的市场份额，力争成为全球领先的储能产品及系统解决方案供应商。

随着清洁能源的大量使用，间歇性的太阳能、风能发电给常规的电网带来了挑战。储能系统可以解决自然能源发电的间歇性问题，使得其电能质量更加平滑，同时还可应用于电力调频、削峰填谷、微网发电等领域，市场前景广阔。

三星SDI是韩国三星集团旗下的核心成员之一，是全球锂离子电池业务的领导者，其锂电池业务多年来一直位居世界第一。

阳光电源主要从事光伏、风能和储能电源的研制、开发及生产，其光伏逆变器连续10多年稳居中国市场第一位，2013年逆变器出货量位居全球第二，其储能产品也已经在多个示范项目中成功应用。

IHS：阳光电源成为全球最受欢迎的中国逆变器品牌

在 IHS 近期针对全球光伏逆变器买家，包括系统集成商、分销商和安装商的调研中，阳光电源已成为最受欢迎的中国光伏逆变器品牌。

IHS 是一家全球领先的咨询研究公司，为各重要行业提供专业信息咨询、分析及专家意见。IHS 是光伏逆变器市场研究领域的权威机构。

IHS 在 2014 年度光伏逆变器用户倾向性调研中，通过线上调研收集了全球主要国家和区域 300 多份光伏安装商、分销商以及 EPC 公司对光伏逆变器的偏好和意见，通过按照国家和用户类型进行数据分析和研究，得出了包括购买偏好、品牌、逆变器种类、产品特点、微逆变器和电源优化器、服务和质保及价格在内的调研结论。这些结论有助于光伏逆变器供应商更好地理解全球各地用户的不同需求。

IHS 通过调研发现，在美国、德国和英国等国家，中国逆变器越来越受当地欢迎，而阳光电源是得分最高的中国品牌。

得益于近 20 年的逆变器技术创新和产业化发展经验，阳光电源在中国市场占有率超过 30%，在全球累计安装逆变器超过 7 GW。自 2008 年起，阳光电源的产品就已进入欧美市场并被广泛使用。

跨越 99%——阳光电源大功率组串逆变器新品发布

2014 年 5 月 21 日，在 SNEC2014 召开之际，中国最大的光伏逆变器专业制造商——阳光电源股份有限公司隆重举行了“跨越 99%”——阳光电源大功率组串逆变器 SG60KTL 新品发布会，面向全球隆重推出了最新一款的 60 kW 光伏并网逆变器。该产品最大转换效率超过 99%，也是全球目前最大功率的组串型逆变器，创造了行业新高度。产品一经亮相就赢得了广大客商的广泛关注，并在当天的发布会上签署了 1 500 台的订单。

随着光伏市场的发展，不同应用环境对电站系统的逆变器这个核心设备不断提出了更高的性能要求。阳光电源紧跟市场变化，秉承“因地制宜、科学设计”的理念，洞察客户需求，着力从产品的高效、可靠、轻巧与便捷等方面开展持续的优化设计和创新研制。此次推出的 SG60KTL 是全球第一款效率超过 99% 的商业化逆变器，电网友好性更好，符合最新国标 GB/T 19964 和 GB/T 29319 的规范要求。

产品额定输出功率为 60 kWp，单机功率较大，是迄今为止全球最大功率的组串逆变器。产品充分融合吸收了阳光电源领先的大功率逆变器的技术精髓，具有发电量较高、可靠性好和维护成本低等特点，同时保持了组串逆变器在设计和集成安装上的灵活性，可很好地满足大中型屋顶电站、山丘电站等分布式电站的设计和建设需求，并能最大程度地减少组串逆变器的使用数量。

“SG60KTL 是阳光电源的合肥、上海两大研发团队潜心研制的又一款全新组串型逆变器，产品性能全球一流。它的问世为客户提供了更多的产品选择，特别是当前正在快速发展的分布式光伏发电项目，并在最大程度上保证项目的稳定运行和发电收益。”阳光电源副总裁赵为博士在发布会上表示。

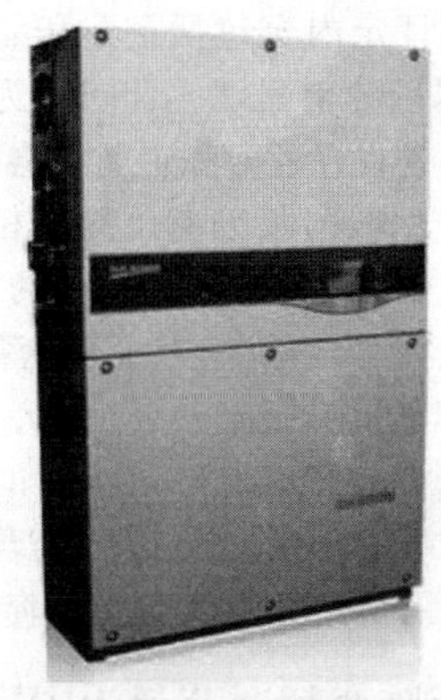

阳光电源商用型组串逆变器 SG60KTL

作为全球最大的光伏逆变器供应商之一，阳光电源始终致力于为客户提供性能更加优异的产品和一流的光伏电站解决方案，产品系列丰富，可为集中式电站、分布式电站等不同规模和设计要求的光伏应用系统分别提供恰当的产品选择。截止目前，公司逆变器在全球市场的累计应用已超过 8 GW，并连续 10 多年位居中国市场第一位。随着 SG60KTL 这一大功率组串逆变器的成功推出，将进一步提升阳光电源满足不同客户需求的能力。

阳光电源荣获国家级“守合同重信用企业”称号

国家工商总局发布了《关于公示 2012 ~ 2013 年度“守合同重信用”企业的公告》。阳光电源股份有限公司顺利通过了申报评审，被国家工商行政管理总局认定为“守合同重信用”企业。

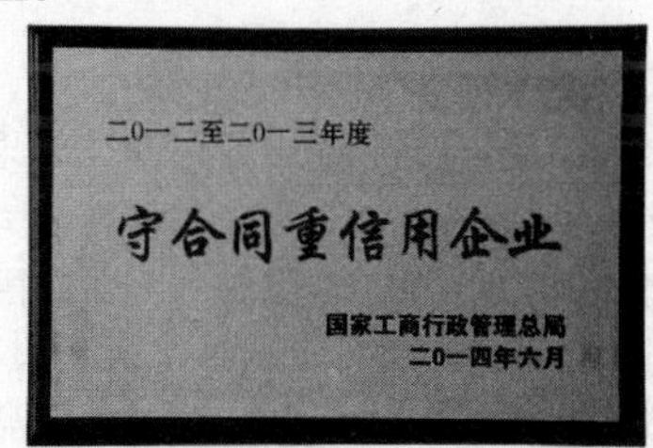

阳光电源股份有限公司被国家工商行政管理总局认定为“守合同重信用”企业

诚信是企业的生存之本，是维护市场经济秩序、确保市场经济健康发展的重要保证。自成立以来，阳光电源始终高度重视“守合同重信用”企业创建活动，在“诚恳务实、严谨开放、成就客户”核心价值观的指导下，通过建立科学的合同信用评价体系，加强信用机构和制度建设，不断健全管理制度，规范管理行为，提高信用合同的履行能力。不仅实现了与客户达成共赢，也大幅度提高了本企业的社会影响力和市场竞争力，推进了企业经营效益和社会信誉的双提升。

据了解，“守合同重信用”企业评定公示活动是国家工商部门长期以来组织开展的，旨在推进企业诚信建设的行政指导活动，是社会信用体系建设的重要组成部分。国家级“守合同重信用”企业是工商部门对企业合同信用最高级别的评价。此次评定内容包括企业和品牌具有的社会影响力、合同管理体系健全程度、合同行为规范程度、经营效益水平、社会信誉良好程度和企业社会责任等多个方面，评选程序十分严谨。在国家工商总局的相关测评中，阳光电源均达到了相关要求，取得了比较高的信用得分。

阳光电源将以此为新的起点，不断深化完善合同信用管理的各项工作，以适应新形势新要求，精心打造好企业的诚信品牌。公司将继续沿着诚信经营的道路，以“成就客户”为永恒追求，进一步增强诚信经营意识，规范生产经营行为，促进企业生产经营迈上新台阶。

易事特绿色矩阵变频器获评为国家重点新产品

广东易事特电源股份有限公司收到国家重点新产品证书，证书指出公司研发生产的绿色新型矩阵变频器经国家科技部、环境保护部、商务部和质量监督检验检疫总局联合评审，成功入选2013年度“国家重点新产品计划”，成为国家重点新产品。

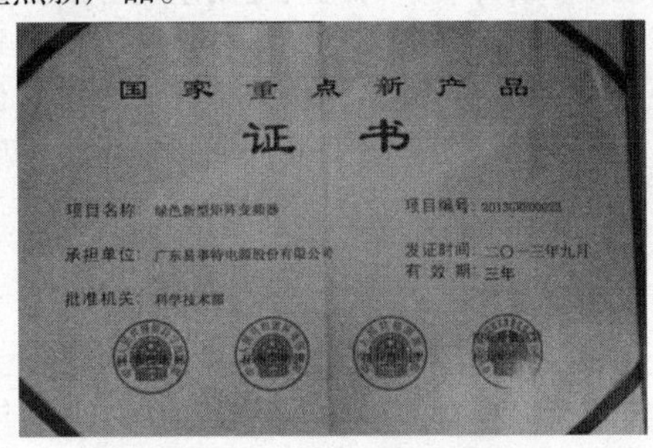

易事特绿色新型矩阵变频器
获评为国家重点新产品证书

国家重点新产品计划自1988年开始启动，旨在通过政策性引导和扶持，促进新产品开发和科技成果产业化，推动企业的科技进步并提高企业的技术创新能力，带动我国产业结构优化升级和产品结构调整，增强我国产品国际竞争力。该计划项目分为战略性创新产品和重点新产品两类，由国家科技部每年评审一次，获此殊荣的产品均为具有自主知识产权和自主品牌、技术含量高、市场应用发展前景好的高新技术产品。

正因为是在国内首次开发成功、具有自主知识产权和自主品牌，而且技术水平高、附加值高、市场竞争力强，“易事特创造”的绿色新型矩阵变频器成功被评为国家重点新产品计划项目国家重点新产品。该绿色新型矩阵变频器是一种直接变换型交流-交流电力变换装置，其5～45 kW矩阵变换器融合了多项电力电子学科与控制理论学科的关键技术，在不同负载条件及控制策略下可靠性高。系统整机效率相比传统矩阵变换器也有较大提高，可以有效地进行电流控制与电压控制，具有能量双向流动、正弦输入输出电流、可控的输入功率因数、无需中间直流储能电容、体积小和重量轻等明显优于交-直-交变频器的特性。绿色新型矩阵变频器相关技术的研究填补了国内工业产品的技术空白，可广泛应用于电梯、矿山机械、抽油机和吊车等大型机电设备的节能驱动中。

据悉，易事特坚定秉承“技术创新、自主品牌”的发展理念，其“易事特创造”也因而广受好评。“易事特创造”中已有众多产品被评为广东省名牌产品、广东省自主创新产品，并获得通信产业技术创新奖、优秀金融设备奖、十大金融科技企业用户信赖产品及中国国际金融展优秀数据中心设备奖等荣誉。

以产品创新助建节能型社会——易事特近百款UPS入选国家节能产品政府采购清单

在国务院指导下，国家财政部、发展和改革委员会联合公布了第16期节能产品政府采购清单。在该清单“电源设备：不间断电源（UPS）目录”中，广东易事特电源股份有限公司共有近百款UPS成功入选。据悉，依据我国实施的节能产品政府采购制度，中央和地方政府部门在开展采购时需优先采购入选节能产品政府采购清单的相关产品。

根据国家财政部、发展和改革委员会发布的《关于调整公布第十六期节能产品政府采购清单的通知》，新一期节能产品政府采购清单包括计算机设备、电源设备等50种产品，共101 840个型号。其中，电源设备产品目录仅有不间断电源(UPS)一类入册。国家质量认证中心经营发展处处长徐少山介绍说，节能产品政府采购清单是实施政府优先采购和强制采购的重要依据，该清单一般每半年更新一次。从2004年实施节能产品政府采购制度以来，我国至今共发布了16期节能产品政府采购清单，列入清单的节能产品由最初的8大类1 000多种发展到了现在的28类4万多种。近几年，全国节能产品政府采购金额数占同类产品采购的比重已超过80%。我国通过实施政府强制和优先采购政策，推动了我国产业结构的调整，促进了我国节能产业的发展，还调动了企业研发、制造和销售节能产品的积极性。

作为专注于行业技术创新的电能质量解决方案供应商和绿色能源制造商，易事特积极通过科技创新有效研制品质卓越、节能高效和绿色环保的高科技产品。据介绍，在新一期的节能产品政府采购清单中，易事特共有5大系列近百个型号的UPS产品成功入选，这5大系列产品是EA660系列UPS、EA990系列UPS、EA880系列UPS、EA900系列UPS和EA890系列UPS。

“可见，我们创新研制的UPS电源不仅性能稳定、品质卓越，而且其节能环保性高也得到了公认。”易事特相关负责人介绍说，以易事特研制的EA660系列模块化UPS为例，该系列产品采用全数字化控制技术、模块化和模组化设计、“N＋X”无线并联冗余技术及低谐波电流技术，既最大程度降低了UPS单点故障的概率，又使整机的可靠性设计趋于完美，同时还成功实现输入功率因数高达0.99以上、电源效率达到93%，均高于国家质量认证中心执行的UPS节能技术要求规定的输入功率因数不低于0.9、电源效率不低于90%，产品节能环保效果显著。

易事特公司董事长何思模教授表示，为“建设节能型社会”添砖加瓦是企业不可推卸的社会责任和使命，易事特把“国家、荣誉、诚信、创新”列为企业核心价值观，矢志不渝地通过持续的产品创新助力节能型社会建设。目前，易事特研发生产并销售的UPS电源、EPS电源、高压直流电源、绿色数据中心集成系统及太阳能光伏发电系统等产品，在技术处理、结构设计等方面，均采用了节能设计，使产品优于同行。未来，易事特将坚持把应用节能技术、研发生产节能型产品当作提高企业核心竞争力的有效途径，致力为社会研制更多品质卓越、节能高效和绿色环保的高科技产品。

品质卓越、节能高效和绿色环保的易事特UPS电源

易事特领衔组建广东东莞新能源车产业技术联盟

2014年7月8日，由广东易事特电源股份有限公司领衔发起组建的“广东东莞新能源车产业技术联盟”在东莞松山湖控股大厦揭牌成立。这标志着以易事特为首的企业和科研院所正式吹响抱团做大做强东莞新能源汽车产业的“集结号”，也标志着易事特强势进军新能源汽车产业迈出了实质性步伐。

东莞市科技局局长刘宁、松山湖管委会副主任李航、易事特公司董事长何思模教授、东莞中山大学研究院宗志坚院长、台湾新能源车产业技术联盟召集人袁建中博士、深圳市五洲龙汽车有限公司副总经理常弘以及联盟的其它企业代表等政府部门领导、专家学者和企业家们参加了联盟揭牌仪式，共同见证东莞新能源车产业技术联盟的诞生。

联盟主席、易事特公司董事长何思模教授主持揭牌仪式并致辞。他谈到，当前，为缓解能源和环境压力，国内外均积极鼓励和支持新能源汽车推广应用。如我国政府越发重视新能源汽车产业发展，国务院副总理马凯、政协副主席马培华、国家发展和改革委员会副主任胡祖才等领导2014年年初先后到改革开放风气之先的广东考察新能源汽车发展情况，同时广东省发展和改革委员会前不久还发布了《关于加快推进珠江三角洲地区新能源汽车推广应用的实施意见》，计划到2015年将在珠三角地区推广应用新能源汽车4.5万辆。“这意味着，作为‘朝阳产业’的新能源汽车产业将迎来‘黄金发展期’!”何思模教授表示，基于新能源汽车产业的广阔发展前景以及东莞良好的产业基础和企业抱团谋发展共赢的强烈愿望，他坚信新成立的东莞新能源车产业技术联盟定将大有可为，前途无量。

联盟的顺利组建确实反映出了企业抱团谋“新能源汽车产业发展共赢”的强烈愿望。据介绍，怀着共创市场、合作共赢的初衷，易事特积极联合东莞中山大学研究院、中汽宏远汽车有限公司、迈科新能源有限公司、东兴铝业集团有限公司、四川西部资源控股股份有限公司、深圳市五洲龙汽车有限公司、深圳市沃特玛电池有限公司和深圳巴斯巴科技发展有限公司等8家企业和科研院所共同发起组建广东东莞新能源车产业技术联盟。在不到一个月的筹办时间里，联盟即得以顺利揭牌成立，同时还吸引了东莞钜威新能源有限公司、广东戈兰玛汽车系统有限公司等20余家新能源汽车产业链上的优秀企业加盟。

“这仅仅只是开始!”何思模教授指出，联盟的成立吹响了企业和科研院所抱团做大做强东莞新能源汽车产业的“集结号”，其将吸引更多新能源汽车的配套企业、科研院所进驻松山湖，落户东莞，从而形成整车事业群、充电事业群、储能事业群、电控事业群和材料事业群和配件事业群等较为完善且庞大的新能源汽车产业集群，推动东莞新能源汽车产业做大做强并发展成为东莞高水平崛起的新亮点。

可见，联盟将可有效实现企业、科研院所与地方经济发展的共赢。而这也正是易事特积极担当联盟主要发起者和重要领导者的原因。“通过组建联盟，一方面，我们可以助推东莞经济发展；另一方面，我们可以让广大企业、科研院所共创共享‘新能源汽车产业大蛋糕’。而对于我们本身而言，它也有利于我们挺进新能源汽车产业市场。”据何思模教授介绍，易事特深耕电源行业20余年，构建起了业界领先的人才优势、科技创新优势、品牌优势。立足于此，顺应市场发展需要，易事特强势进军新能源汽车产业可助力新能源汽车解决“充电难”问题，同时可实现公司产业的优化升级。

据悉，易事特目前已初步研发出了新能源汽车智能充电系统产品，这些产品样品在联盟揭牌仪式上展示，赢得了观摩者的一致好评。未来，易事特将加快研发生产技术先进、品质卓越和迎合市场需要的新能源汽车智能充电系统，并借助东莞新能源车产业技术联盟平台，积极开拓新能源汽车市场，力争为新能源汽车产业发展做出突出贡献。

国务院副总理刘延东莅临易事特高交会展位视察指导

2014年11月16日上午，中共中央政治局委员、国务院副总理刘延东，中共中央政治局委员、广东省委书记胡春华和全国政协副主席、科技部部长万钢等领导一行，莅临第16届中国国际高新技术成果交易会(简称高交会)的易事特展位前视察工作。国务院副秘书长江小涓，国家发展和改革委员会副主任徐宪平、国家卫生和计划生育委员会副主任王国强、工业和信息化部副部长毛伟明、中国科学院副院长施尔畏、中国工程院副院长陈左宁、商务部部长助理童道驰、深圳市市委书记王荣、广东省委常委林木声、副省长陈云贤和深圳市市长许勤等国家各部委、省市领导陪同视察。

国务院副总理刘延东(前排右三)在胡春华书记(右二)、万钢部长(右一)的陪同下莅临易事特展位视察

在易事特展位前，公司董事长何思模教授向刘延东副总理、胡春华书记和万钢部长等一行详细汇报了公司自主研发制造的交直流充电机，V2G 双向充电机、充电桩和户外一体式充电机等系列新能源汽车智能充电产品的技术优势、性能特点及市场前景等相关信息。当得知公司在 2014 年积极联合中山大学研究院、中汽宏远汽车和台湾中华新能源车联盟等两岸三地的 30 多家企业、科研院所共同成立了广东东莞新能源车产业技术联盟，全力拓展新能源汽车产业并取得一系列成果时，刘延东副总理及万钢部长等领导十分高兴，高度评价了易事特在推动新能源汽车产业发展方面做出的努力和取得的成绩。并勉励易事特进一步解放思想，不断地开放创新，以科技创新为引领，走出新能源汽车产业化、商业化发展的新路子。同时继续加强高端领先人才的引进及培育，深入开发新能源汽车充电领域前沿技术，以科技进步和技术创新来带动新能源汽车以及整个产业健康快速的发展。

据悉，第 16 届高交会由中国商务部、科技部、工业和信息化部、国家发展和改革委员会等十部委和深圳市人民政府共同主办，以“坚持创新驱动，加快绿色发展”为主题，总展览面积超过 11 万 m^2，将有 50 多个国家和地区的 100 多个代表团、3 000 多家参展商、1 万多个项目参加展示、交易和洽谈。作为全球电能质量解决方案供应商和全球绿色能源制造商，近年来，易事特基于对电动车充电桩应用需求的深刻把握，从产品的安全性、可靠性和可用性出发，已研制出多款满足不同种类电动汽车充电需求的智能充电系统，并在全国多地的电动汽车推广项目中得到了很好的运用。

台达品牌价值再度提升荣获多个国际奖项肯定

全球电源管理及散热解决方案的领导厂商台达，在台湾“经济部”工业局主办的 2014 台湾国际品牌价值调查中，成绩再度往前跃进。2014 年品牌价值达一亿七千万美元，较 2013 年提升 24%，整体排名前进 4 位至第 13 名，为进步最快的企业之一，也是惟一获选的大型工业品牌。

台达从塑造独特的品牌识别开始，逐步突显台达经营理念与价值观，更进一步聚焦客户需求，整合软硬件以强化使用体验。从启动“Smarter. Greener. Together. 共创智能绿生活”品牌沟通计划，全球持续布建完整经销网络与服务平台，强化同仁对台达品牌的理解，以打造独特台达品牌体验，都获得客户及经销伙伴的高度认同。

台达在 DTE Energy 底特律总部邻近的米高梅饭店(MGM Grand)装置了 24 个充电设备，为美国密执安州最大的智慧电网电动车充电站

此外，台达积极管理运营风险、落实内部控制及稽核制度获得高度肯定。自 2011 年起，台达已连续四年入选道琼斯可持续发展指数之“世界指数(DJSI World)”，其中五项评分居全球电子设备产业之首。

在环境责任方面，2014 年国际碳信息披露项目（CDP）年度评比结果揭晓，台达从全球近 2 000 家参与 CDP 评比的上市企业中脱颖而出，不仅获得最高等级 A 级评价，更是大中华区唯一入选气候绩效领导指数的企业。

台达贯彻“环保、节能、爱地球”的经营使命，连接日常运营节能，转化气候风险为绿能商机，全方位落实气候变迁管理，多年的努力及实践结果获得国际间高度肯定。

IEEE 在中国首次举办“2014 电力电子技术及应用国际会议”（IEEE PEAC’2014）

台达董事长海英俊受邀在大会开幕式发表主题演讲，畅谈台达的“节能之旅”

台达节能项目“兰花屋”获欧洲绿建筑奖

台达在“2014 欧洲十项全能绿建筑竞赛”（Solar Decathlon Europe, SDE）中，以最新的太阳能发电、储电、电力监控管理与环境控制系统，协助参赛队伍交通大学 Unicode 团队打造永续绿能“兰花屋”的竞赛实测，整体能源管理及效益表现优异，成功地协助交通大学获得“能源效率”项目第三名。

台达协助交通大学多项能源相关整合方案，于 6 月底至法国参加“2014 欧洲十项全能绿建筑竞赛”，全球 20 所顶尖大学团队在十天的时间里在凡尔赛宫广场搭建兼具节能与舒适的绿色建筑，这是 SDE 举办有史以来台湾学校首度入围决赛，双方的合作实为产学合作的最佳范例。除了能源效率奖项，“兰花屋”也于 7 月 4 日以满分勇夺“都市设计”奖（Urban Design, Transportation and Affordability Award，简称 UDTA）第一名，这是第一次由亚洲团队获得独立奖项第一名的殊荣。

台达表示，“能源效率”（Energy Efficiency）奖项评鉴各团队的系统设计、建筑设计以及节能效果。而能源平衡系统则包含高效太阳能发电系统、储能系统、环境控制及线上管理平台。交大引述评审弗雷克（Harrison Fraker）的评论表示，这项评比不只考量能源屋本身的主动节能效率表现，更让评审注意的是各团队在被动节能方面的设计，许多队伍使用简单却高效率的方式，成功利用高端技术整合，是评审欣赏之处。

台达架构于“兰花屋”中的方案包括“台达建筑能源管理系统”（Delta BEMS, Building Energy Management System）以及“台达 BESS 电能储能与管理解决方案”（Delta BESS, Battery Energy Storage Solution）。“台达建筑能源管理系统”拥有主动感知、亲和界面和智能管理等三大特色，提供全方位的建筑能源管理解决方案，结合建筑管理的集成化、自动化与智能化，台达不仅在提升建筑能效上占有极大优势，同时也协助降低能源支出及运营成本。Delta BEMS 具备人性化智能设计，运用模糊逻辑推论技术与智能自我适应温度调控，达到室内环境舒适与节能的效果。Delta BEMS 由物联网（Internet of Things, IoT）资料处理平台 Delta IoT platform、资料收集模组 Delta Centre、智慧节能专家模组 Delta Expert 及能源在线监测系统 Delta Energy Online 组成，使用者可依其需求弹性组合其应用架构。

至于“台达 BESS 电能储能与管理解决方案”，本系统充分展现了台达整合软硬体提供整体解决方案的实力。举例来说，由台达设计的一套专属软体平台，让电源控制器监控所有的电源模块、太阳能电源转换器和锂电池组。这套系统也整合多项台达自主开发制造并领先业界的产品，如整流器模块就拥有高达 96.2% 的电源转换效率和 36.5W/in³[㊀] 的高功率密度，并已获 EMEA 地区的主要电信运营商广泛采用。这都显示台达电能储能与管理解决方案藉由可再生能源的使用最大化，大幅降低电费支出，是节能节费的最佳选择。

台达品牌长暨台达基金会执行长郭珊珊表示，兰花屋使用台达为其量身打造的创能、储能与能源管理系统，在台达团队积极的努力之下，活动正式开幕前，即率先完成电力系统设置并成功通过大会检测，而兰花屋在节能设计上，运用建筑设计及环境控制，让房屋节能效果更高。同时，台达品牌透过自身节能储能产品实力，亮相于国际舞台，为品牌理念与环境教育做一次有力推广，实为台达参与 SDE 活动的收获与价值。

㊀ $1in^3 = 1.63871 \times 10^{-5} m^3$。

台达变频器连续两届荣获“设计师及用户优选十大品牌”

台达变频器不仅以出色的稳定性能深入人心，在产品的设计创新上也是大放光彩。近日，在“能有界心无界 第三届设计师及用户优选品牌”评选中，获得“2014 设计师及用户优选变频器十大品牌”奖项。作为变频器领域的知名厂商，台达雄厚的研发实力为变频器提供了更多设计灵感空间，在设计创新方面一路领先。这是台达变频器第二次荣获这一奖项，再次彰显台达变频器产品内在性能与外在设计兼修的综合实力。

台达从 1995 年凭借变频器进入自动化领域开始一直创新求变，特别是在变频器的设计、生产制造上更是精益求精，不断给用户带来惊喜，在国内产业节能升级进程中发挥重要力量。作为后起之秀，台达发展相当惊人，多年来一直保持着中国低压变频器市场前五的位置，显示了用户对台达的信任与认可。

台达历来非常重视工业设计，集团每年投入营收 5% ~ 6% 用于研发创新，拥有 7 000 多名经验丰富、实力较强的研发人员组成的强大团队，其中包括博士后工作站，这在国内并不多见。也正因如此，台达的新产品才能不断上市，产品线日益丰富，市场应用领域广泛拓展。

出色的设计不仅可以增添变频器产品的吸引力，更是差异化竞争的重要体现。台达变频器的设计结合实用美学与用户使用习惯，在外观、内部结构等方面进行了独到的创新，将最精美的产品带给用户。这些年来，VFD 系列变频器的推陈出新正是台达变频器产品在设计上不断革新的见证。2012 年，台达推出的高防护型变频器 CT2000 系列更显其英雄本色，在设计方面也是相当考究，外观沉稳大方，内部设计选材坚固耐用，可适应恶劣工作环境。在为用户提供可靠品质和性能的基础上，台达也将再接再厉引领产品设计迈向新的发展台阶。

第三届设计师及用户优选品牌评选由赛尔传媒和设计师网主办，以“低碳、创新、发展——相信品牌的力量”为主题，该活动每届评选皆历经两年时间，通过几百场专题会议和几百万行业工程技术人员参与，以设计师专业的视角、理念和用户工程技术人员选取产品品牌角度进行优选。该活动是针对参评品牌的极致检阅，也是企业品牌价值的“试金石”。

台达资深技术专家贺海星先生(左五)代表公司领取“设计师及用户优选十大品牌”大奖

华南园首批进驻企业新厂房交付仪式

2014 年 8 月 26 日，在张槎街道党工委副书记、办事处主任何战等见证下，华南电源创新科技园在新建核心区举办了首批进驻企业新厂房交付仪式。

华南园首批进驻企业新厂房交付仪式合影

佛山禅城首座分布式光伏电站项目成功并网发电

2014 年 9 月 11 日，佛山禅城首座分布式光伏电站是由科华恒盛自主投资、设计建设和运营管理，整个光伏电站由 8 800 块电池板组成，铺设在禅西经济区华南电源创新科技园的 18 栋建筑屋顶上。

该项目装机容量 2.2 MW，每年发电量超过 220 万 kW · h，每年可减排标煤 704t、CO_2 1 830t 及 SO_2 20t，源源不断的绿色电力进入配电网络，为华南电源创新科技园区企业提供清洁能源。

佛山禅城首座分布式光伏电站项目成功并网发电

这是继科华恒盛在华南电源创新科技园购入整栋厂房，作为科华恒盛的华南总部之后，在华南探索分布式光伏发电站的第一步，具有很好的经济效益和社会效益。

广东省“千会万企金桥工程”启动仪式

2014 年 9 月 18 日，由广东省科协、佛山市人民政府主办，佛山市科协承办的广东省“千会万企金桥工程”启动仪式暨佛山市新兴产业发展论坛在佛山举行。活动上举行了“千会万企金桥工程”项目合作签约仪式，华南电源创新科技园与广东省电源学会正式签约合作，将在园区设立学会秘书处、人才培训服务中心、研究生培训基地和科研开发服务机构。双方合作搭建更加完善的平台，将为电源企业提供更加优质的服务，共同推动电源产业做大做强。

广东省“千会万企金桥工程”启动仪式

艾默生 Smart Solutions 系列智能数据中心解决方案再次荣获年度大奖

目前，由《中国计算机报》主办的“2014 年第七届中国数据中心大会”在北京新世纪饭店举行。在本届大会相关奖项的评选中，Emerson(纽约证券交易所股票代码：EMR)所属业务品牌、保护和优化关键基础设施的全球领导者艾默生网络能源凭借旗下 Smart Solutions 系列智能数据中心解决方案极具针对性的研发设计、出色的综合性能、随需满足的优异特性，一举荣获“2014 年度中国高效能数据中心优秀解决方案奖”。

目前，在云计算、大数据和移动计算等技术趋势的影响下，数据中心领域所发生的变革已经成为 IT 业界技术演进的风向标。在信息技术和应用的双重驱动下，数据中心的建设、管理和运营的方式、方法也在不断调整和改进。简化与管理成了数据中心领域技术变革的大趋势。在此背景下，“2014 年第七届中国数据中心大会”以“能效为先，管理为重”为主题，聚焦数据中心的能效和智能管理，通过多层面的探讨交流，以此为行业用户的数据中心建设提供借鉴与指导。

艾默生网络能源作为业界主流的网络能源设备和一体化解决方案供应商之一，始终在准确把握行业的发展趋势和用户实际需求的基础上，依托自身深厚的研发经验和领先的技术优势，在产品开发上不断推陈出新。在本届数据中心大会上获得殊荣的 Smart Solutions 系列智能数据中心解决方案，即是一款立足 IT 技术的发展趋势，结合物联网、大数据、云计算和 4 G 的应用需求推出的全新解决方案。该系列解决方案从供配电、制冷和监控管理三个角度进行具体实施，以全面的产品线、丰富的实施经验为数据中心运行带来了高可靠、高灵活、高经济和高协同的非凡体验。尤为值得一提的是，该系列方案涵括了多款功能完备、品质优异的高性能解决方案，能够随需适用于相应场合，可以根据特定情况满足不同规模、不同等级数据中心建设的不同需求。

在服务各领域用户的过程中，艾默生网络能源依靠先进技术的成熟运用和前瞻性的发展目光，通过紧贴市场需求进行创新研发，为各行业用户的数据中心建设带来了全新的应用体验和卓越的核心价值。不仅给客户数据中心的建设带来了较高的投入产出比，而且有效提高了数据中心运行的可靠性、可用性、节能性以及日常维护的工作效率，在实际应用中备受客户的一致赞誉和高度评价。此次 Smart Solutions 系列智能数据中心解决方案获得“2014 年度中国高效能数据中心优秀解决方案奖”这项殊荣，更是进一步证明了艾默生网络能源在业界强大的品牌影响力以及在技术研发方面的领先优势。

艾默生网络能源折桂“用户满意品牌”大奖

“UPS 供电系统技术发展与前瞻专题研讨会暨 2014 第十届 UPS 及其供电系统用户满意度调查结果揭晓大会”在北京隆重召开，并正式对外公布了相关评选榜单。其中，Emerson（纽约证券交易所股票代码：EMR）所属业务品牌，实现关键基础设施可用性、容量和效率最大化的全球领导者艾默生网络能源荣膺“用户满意品牌”这项殊荣，深刻体现出其在业界良好的品牌形象和用户口碑。

由中国计算机用户协会、北京电子学会和中国绿色数据中心推进联盟指导，业内权威杂志《UPS 应用》举办的“2014 第十届 UPS 及其供电系统用户满意度调查结果揭晓大会”活动，以其权威性强、影响力大而备受广大厂商和用户的关注。评选活动本着公平、公正的原则，通过业内资深专家的评选以及广大用户的积极参与投票，重点以用户的口碑作为评判标准，是用户对 UPS 厂商的技术创新、节能高效和产品质量等多方面的综合反映，评选结果在业内具有极高的权威性和公正性。

作为业界领先的网络能源产品和一体化解决方案提供商，艾默生网络能源旗下的 UPS 产品集高可用性、高可靠性、高节能性以及智能化于一身，在实际应用中备受客户赞誉。其为不同行业、不同用户量身定制的一体化解决方案更是具有高等级的可用性和可靠性，处于业界领先水平。目前，艾默生网络能源的 UPS 产品及其一体化解决方案在业界已经具有相当高的知名度和美誉度，并在通信、金融、电力、交通、制造、教育和医疗等各个领域有着非常广泛的应用，为用户数据中心以及其它关键用电场合提供了高可靠的保障。

在长期的发展过程中，艾默生网络能源一直秉承“创新”的发展战略，以先进的技术、完善的工艺，根据市场变化和用户需求持续推陈出新，不断研发出适应各行业用户应用需求的全新产品和解决方案，有力地保障了各行业用户核心业务的高效、稳定开展。在此次评选中，经过对产品的品质和性能以及实际运行等各方面的综合考查，艾默生网络能源从众多品牌中脱颖而出，荣获“用户满意品牌”大奖，充分证明了广大行业用户对艾默生网络能源产品和一体化解决方案的高度认可。

艾默生网络能源荣获“2014 中国行业信息化”两项大奖

在中国计算机用户协会组织的“2014 中国行业信息化”大型行业遴选活动中，Emerson（纽约证券交易所股票代码：EMR）所属业务品牌，实现关键基础设施可用性，容量和效率最大化的全球领导者艾默生网络能源，以其良好的品牌形象、高端的市场地位以及公司旗下宏睿™ Smart Aisle™ 模块化数据中心解决方案突出的性能优势，从众多参选厂商中脱颖而出，一举荣获“2014 中国行业信息化首选品牌奖”和“2014 中国行业信息化首选产品奖”两项殊荣，切实体现了各领域用户对艾默生网络能源品牌和产品的高度认可。

据了解，在此次活动中，中国计算机用户协会特别成立了专家指导委员会，在对行业用户服务需求深入调研的基础上，根据信息技术、产品、解决方案领域和行业用户分类，遴选“中国行业信息化服务商”，并予以推介。同时面向入选的服务商企业征集部分优秀 IT 产品、解决方案和创新应用案例汇编《中国行业信息化首选服务商》（2014），为用户选择优质的产品与服务提供参考。此次遴选活动的最大特色就是反映了行业信息化用户的真实意愿，对于厂商而言，此次入选是来自于市场的最大肯定。

作为业界主流的网络能源设备和一体化解决方案供应商之一，艾默生网络能源在助力行业用户信息化建设中，针对行业用户不断涌现的应用需求，基于丰富的业界实践经验和雄厚的技术研发实力，充分发挥各种资源优势，持续推出创新产品和解决方案，打造了全面的、多样化的产品架构，很好地顺应了行业用户信息化建设的发展趋势，有力地推动了信息技术与行业用户业务的深度融合，保障了行业用户业务的持续、稳定开展。

此次荣获“2014 中国行业信息化首选产品奖”的宏睿™Smart Aisle™模块化数据中心解决方案，是艾默生网络能源旗下极具代表性的一款高品质方案，集成了机柜、供配电系统、热管理系统和监控系统等数据中心优势产品，以其突出的一体化优势和领先的全局建设视角，为寻求高性能解决方案的行业用户提供了最佳选择，在各个领域得到了广泛应用。该方案把数据中心的核心信息系统与基础设施以模块化的方式进行分配，各模块按照统一的标准进行设计，不仅实现了整体快速部署，建设周期短，节省空间，降低了数据中心运维成本，而且用户可以根据业务发展需求灵活扩展，逐步升级数据中心的模块，应对更多 IT 需求。

现今，日新月异的 IT 技术正在对各行业的发展产生深远影响。艾默生网络能源始终关注各领域用户的信息化发展和 IT 建设，并致力于推动 IT 技术为行业用户创造非凡的应用价值，通过提供完美的基础设施产品以及全方位的整体解决方案，为其信息应用打造安全、高效且能够满足未来发展需求的网络基础设施平台，有力推动了行业用户信息化建设的深入开展。

艾默生网络能源荣获“UPS 渠道维护金奖”，彰显渠道大智慧

由中国 IT 领域最具影响力的渠道媒体——SP 计算机产品与流通杂志社组织的“2014 渠道选择”大型调查评选活动正式揭晓了评选榜单。其中，Emerson（纽约证券交易所股票代码：EMR）所属业务品牌、实现关键基础设施可用性、容量和效率最大化的全球领导者艾默生网络能源，凭借科学、完善的渠道策略，在“2014 年中国 IT 市场 UPS 合作伙伴满意度调查”中，成功荣获“渠道维护金奖”，充分体现了艾默生网络能源在渠道建设方面的卓越成效以及旗下 UPS 产品在渠道商中间所拥有的特殊地位。

艾默生网络能源荣获“UPS 渠道维护金奖”

“渠道维护”一直是渠道伙伴最看重的指标，涉及上游厂商的具体政策和执行。在调查中，《SP 计算机产品与流通》杂志从长期合作策略、技术培训、销售管理培训、渠道沟通、渠道激励和合作风险等六个方面，严格考察了渠道伙伴对厂商在渠道维护方面的满意度情况。调查显示，渠道激励、长期合作策略最受渠道伙伴重视。

作为一家在全球网络能源市场有着广泛影响力的跨国企业，艾默生网络能源长期以来始终坚持将渠道作为推进产品销售的主要方面，并秉承“与渠道伙伴共同成长”的宗旨，以“合作共赢”作为公司渠道战略的根本立足点，制定了稳定、高效的渠道政策和支持策略。经过多年的发展，艾默生网络能源在中国市场建立了完善的渠道体系，形成了一张覆盖众多行业的渠道网络。在合作过程中，艾默生网络能源高度重视渠道赋能，充分利用公司完善的培训与认证体系，在技术、商务和人力资源等方面为渠道伙伴提供各种培训，帮助渠道伙伴提升综合实力。此外，艾默生网络能源还从品牌宣传、市场活动等各个方面，为渠道伙伴给予全方位支持，为其市场拓展提供强力保障。

更为值得一提的是，针对不断变化的 UPS 市场，艾默生网络能源始终扎根于客户需求，深耕细耘，依托深厚的技术研发实力和敏锐的产品开发意识，不断适时推出创新产品。从打造全系列的涵盖各功率段的 UPS 到模块化新品，从定制化服务能力到一体化解决方案提供能力，不仅切实满足了各行业用户的各种需求，而且在产品、服务层面持续为渠道伙伴开拓市场提供“利器”。可以说，艾默生网络能源通过政策优化、支持提升、全面服务和有效激励等举措，为所有渠道伙伴提供了高速发展的平台和空间；同时全力倡导“以用户需求为核心”的理念，并借此深化了艾默生网络能源与渠道伙伴之间的合作，开创了用户、渠道和厂商多方共赢的全新局面，树立了渠道建设的典范。

强强联手茂硕电源与南网能源建立战略合作关系

2014 年 6 月 10 日，为了在激烈的市场竞争中开拓更大的市场，实现共同发展的合作目标，茂硕电源与南方电网综合能源有限公司（以下简称：南网能源）本着“平等自愿、互惠互利”的原则，于“2014 粤港台澳国际 LED 产业协同创新高峰论坛——LED 供应链研讨会”现场签订了《代理协议》，就 LED 路灯、隧道灯及景观亮化产品所需驱动电源和光伏逆变器代理事宜达成合作意向，相互确定为战略合作伙伴关系。

《代理协议》指出，茂硕电源与南网能源建立重要合作关系，共同建立核心战略联盟（技术共享、联合开发和战略协同等），以实现在激烈的市场竞争中开拓更大市场，达成共同发展的合作目标。合作双方将建立对口业务交流机制，成立相应的部门，负责交流合作，并将就相关合作、高层会谈，进一步深入研究，逐步实施合作项目，为互惠共赢奠定基础。

后期的合作中，茂硕电源将优先及时为南网能源提供优质、具有领先技术的 LED 驱动电源系列和光伏逆变器系列产品，此为合作的核心。同时，茂硕电源承诺为南网能源提供产品，免费为南网能源提供专业的技术支持与服务，并针对南网能源的所有项目，全面实行目标责任制、项目经理制和项目监理制的管理制度，建立一对一的项目责任制，实现最大限度的保障南网能源的利益。

通过本次合作签署，双方将共同致力于以绿色能源推动中国节能减排事业发展，为建设美丽中国贡献力量，实现强强联手，合作共赢！

茂硕电源与南网能源建立重要合作关系

茂硕电源携手远致富海拓展新能源汽车和机器人产业

为了更好地借鉴合作方的投资经验，为公司的资本运作提供丰富的经验与资源，提升公司的盈利能力，拓宽盈利渠道，茂硕电源于2014年5月20日与深圳市远致富海投资管理有限公司(以下简称“远致富海”)签订了《合作框架协议》。茂硕电源董事长顾永德先生、茂硕投资秦传君总经理以及远致富海程厚博总裁、张权勋副总裁等共同出席了签约仪式。

本次签订的《合作框架协议》主要内容是关于新能源汽车智能充电站、工业机器人自动化、高端装备自动化以及上游具有核心技术关键元器件产业方面的合作，条件成熟时可由茂硕电源与远致富海共同出资和募集成立产业基金。

茂硕电源主营开关电源、LED照明智能驱动、光伏逆变器、大功率高频变压器及移动储能设备的研发、生产及销售，此次合作协议中涉及的新能源汽车智能充电站、工业机器人自动化和高端装备自动化等方面是公司在探索新的赢利点，这些产业都是国家大力发展的方向。目前国家在鼓励发展新能源汽车产业，各地也相应出台相关政策以促进新能源汽车产业的发展，而发展新能源汽车产业最先要解决的问题之一就是充电设施的建设。工业机器人产业方面，从2010年开始我国工业机器人需求量激增，我国工业机器人市场已呈现出蓬勃发展的态势。市场研究机构IHS近日发布的一份报告显示，2012年中国工业机器人销售台数达到2.9万台，市场规模达到8亿美元。预计2017年中国工业机器人销售台数为5.2万台，将达到13亿美元的规模。

公司表示，本次签订协议是为了后期的战略部署及获取更多并购机会而进行的合作，此举将极大有助于公司进一步提升和优化产业布局。

深圳市远致富海投资管理有限公司是一家注册在深圳前海的大型并购基金管理公司。公司由深圳市国资委资本运作专业平台深圳市远致投资有限公司和中国知名民营创投机构深圳市东方富海投资管理有限公司合资成立，主要从事受托管理各类投资基金，进行资产管理、股权投资收购兼并及投资咨询等业务，重点关注战略性新兴产业的并购整合，目前基金管理规模约为人民币18亿元。

经营范围：受托管理股权投资基金；受托资产管理；股权投资及投资咨询；财务顾问服务。

顾永德董事长与程厚博总裁签约现场

茂硕电源获颁“最具竞争力企业”荣誉称号

2014年6月11日，由国家知识产权局、广东省科技厅、广东省商务厅和广东省质监局联合指导，广东省半导体照明产业联合创新中心、广东省半导体光源产业协会联手主办的“2014粤港台澳国际LED协同创新高峰论坛暨第三届LED行业风云榜颁奖典礼”在广州香格里拉大酒店隆重举行。

大会现场，业内数十企业颁出最具影响力品牌、最具竞争力企业、最具创新性品牌和技术领军企业等重量级奖项，雷士照明、勤上光电和欧普照明等众多行业知名领军企业入榜。同时，大会还颁出十大影响力人物、十大风云人物、十大领军人物和十大创新人物等奖项。茂硕电源作为国内唯一一家以LED驱动电源为主业的上市企业，凭借自身的快速发展能力、自主研发创新能力以及强大的品牌影响力，由大会组委会提名并授予“最具竞争力企业”荣誉称号。

据了解，由广东省科技厅指导、广东省半导体照明产业联合创新中心和《广东LED》杂志社等粤港台权威机构联合举办的第三届中国LED行业年度风云榜评选活动，吸引了业界大多数知名企业的积极参与。遵循公开、公正和公平的评选原则，经过入围推荐、材料申报、专家评审及结果公示等的程序，各奖项获得者本次获奖乃实至名归。

早在2012年首届LED行业风云榜颁奖盛典上，茂硕电源就凭借在LED行业的卓越表现获颁“最具技术领军企业”荣誉称号。同时，董事长顾永德先生凭借为行业做出的突出贡献获颁“十大领军人物”。茂硕电源又一次在“LED行业风云榜”榜上有名，是业内再次对“茂硕”品牌影响力、竞争力的充分认可。茂硕电源将继续秉承“科技创新，驱动未来”的发展理念，坚持以推动行业健康发展为己任而不懈努力。

茂硕电源获颁“最具竞争力企业”荣誉称号

茂硕电源获评为南山区国税五星级企业

茂硕电源接到深圳市南山区国家税务局通知，茂硕电源凭借多年来诚实纳税以及纳税额度大而获评为五星级企业。获知此喜讯，公司上下一片欢欣鼓舞。

茂硕电源作为国内一家以LED驱动电源为主业的科技含量高、纳税额度大的上市企业，一直以来秉承“科技创新，驱动未来”的发展宗旨，诚信经营，在取得良好经济效益的同时，积极承担社会责任，履行社会职责，依法纳税，由此被深圳市南山区国家税务局评选为五星级企业。

据通知书上显示，茂硕电源本次获评为南山国税五星级企业，等级有效期为2014年11月1日至2015年6月30日。本次荣誉的获得，可使茂硕电源在今后的税务、报关等业务方面享受更多国家优待服务。

纳税不仅是企业社会价值与实力价值的综合体现，还是商誉价值与诚信品格的集中展现，而纳税能力更是企业竞争力的硬指标。而早在2013年4月，深圳市南山区国家税务局就为茂硕电源颁发了“2012年度纳税100强企业”荣誉称号。此次区国税“五星级企业”等级评定的获得，再一次彰显了茂硕电源的企业实力及业绩成就，也体现了公司诚信纳税精神与强烈的社会责任感。往后，茂硕电源自当再接再厉、再创佳绩，为全面构建社会主义和谐社会出一份力量，为南山区经济发展做出更大贡献。

茂硕电源荣获2014年度深圳半导体照明产业优秀企业荣誉称号

2014年12月26日，深圳市半导体照明产业发展促进会于深圳市宝安区御景国际酒店6楼宴会大厅，召开三届二次会员大会暨半导体照明设计大赛颁奖典礼。本次大会意在更好地总结2014年深圳市半导体照明产业发展促进会全年工作，汇报换届后工作情况，部署2015年各项具体工作。

本次大会内容丰富，盛况空前，半导体照明设计大赛颁奖典礼之上也表彰了深圳半导体照明行业优秀企业。各会员单位均有代表参会，而参加全国照明电器协会联席会议的领导、嘉宾也在此次会议出席之列。茂硕电源作为深圳市半导体照明产业发展促进会的会员单位，由公司副总裁潘晓平先生、品牌管理中心王芳总监和品牌推广经理康甜桂先生代表公司出席了本次大会与颁奖典礼。

品牌管理中心王芳总监(左三)代表公司上台领奖

大会开始，首先由深圳市半导体照明产业发展促进会名誉会长王殿甫致欢迎辞，接着由市领导对半导体照明行业的发展发表了讲话。随后，关于协会2014年工作总结和2015年工作计划、2014年财务收支情况及2015财务预算的工作报告以及新增理事会成员/监事会成员/会员单位等工作事项按会议流程有序进行。

在深圳半导体照明设计大赛颁奖典礼上，茂硕电源凭借一直以来坚持以推动LED行业发展为己任，积极为行业发展出谋献策，获得业内认可，由此获得“2014年度深圳半导体照明产业电源及配套优秀企业”荣誉称号。

未来，茂硕电源将继续秉承“科技创新，驱动未来”的发展宗旨，坚持以推动LED行业发展为己任，力争为全球的节能减碳事业贡献绵薄之力。

志成冠军多制式模块化UPS产品再获国家殊荣

志成冠军公司与华中科技大学共同合作研发的“一种多制式UPS电源及其实现方法”专利，被国家知识产权局授予第16届中国专利优秀奖。继“大容量不间断电源”获得中国专利金奖后，又一次获得该项国家殊荣，成为UPS行业唯一两度获此殊荣的单位。

中国专利奖是我国专利领域颁发的最高奖项，是我国颁布实施《国家知识产权战略纲要》以来的首次评奖，旨在鼓励和表彰为技术(设计)创新及经济社会发展做出突出贡献的专利权人和发明人。中国专利奖获奖项目由国务院有关部委、直属机构以及各地方知识产权局、各中央企业和中国科学院及中国工程院院士推荐，并经国家知识产权局初审、评审选出，在国际上具有较大影响。

志成冠军高度重视自主研发和知识产权工作，为提升公司自主创新能力，公司每年都将大量资金投入到研发项目中，同时积极制定并大力实施公司知识产权战略。公司在确保专利申请数量的同时，大力提升专利申请质量及发明专利占比。经过多年的努力，公司知识产权创造、应用、保护及管理意识和能力明显提高，公司专利授权量尤其是发明专利授权量也有了快速增长。

国家知识产权局

中国专利优秀奖

北京 2014年11月

知识产权局授予志成冠军第16届中国专利优秀奖

委内瑞拉科技部代表团访问航嘉

2014年3月26日，委内瑞拉科技部部长Manuel Fernandez先生及国际合作司司长Alcides Gonzalez先生携部委成员及委内瑞拉驻北京大使馆工作人员至航嘉(深圳)工业园参观访问。航嘉总裁办领导李建国先生、孙江萱女士出席接待。

作为中国在南美洲的友好伙伴，同属社会主义阵营的委内瑞拉近年来经济持续增长，各个行业都显现出了较高的活力，相关需求不断增长。

Manuel Fernandez 先生一行参观了航嘉产品展示区、SMT 车间和研发实验室等，其来华访问主要的目标是寻求电脑产品，尤其是笔记本和平板的相关配件供应并寻求进一步合作的机会。

品牌拓展部同事为 Manuel Fernandez 先生介绍航嘉产品

科技部代表团一行参观航嘉车间

Manuel Fernandez 先生发表讲话

航嘉获 2014 年“全国质量诚信优秀典型企业”荣誉称号

2014 年 9 月，由中国质量检验协会主办的以“创新提升产品质量，诚信促进行业发展”为主题的全国“质量月”活动在全国各地开展，国内上千家知名企业参与了此次“质量月”活动。航嘉受邀参加此次活动，并荣获“全国质量诚信优秀典型企业”荣誉称号。

由中国质量检验协会主办的“质量月”活动始于 1978 年，目前已经成为全国范围的提升民众质量意识的年度群众性主题活动。2014 年全国“质量月”活动由中国质量检验协会主办，在国家质量监督检验检疫总局、中共中央宣传部、教育部等 37 个主办部门和单位的指导下开展。

航嘉获 2014 年“全国质量诚信优秀典型企业”荣誉称号获奖证书

航嘉获“广东省全国名牌”荣誉称号

2014 年 11 月 19 日，由广东省工业合作协会与南方报业传媒集团、广东广播电视台、腾讯和深圳报业集团联合主办的第二届“广东省全国名牌颁奖典礼”在深圳保利剧院隆重举行。航嘉与中集、格兰仕等 63 家企业从 1000 多家申报企业中胜出，荣获“广东省全国名牌”称号。

“广东省全国名牌”奖牌

此次评选活动作为一项公益性、专业化及社会化评奖活动，各个申报企业经过了专家现场评审、CCVI(中国价值指数)体系评价公证处公证和社会公示等一系列严谨、公平和公正的评奖环节。

航嘉与其它获奖企业登台领奖

科士达再次通过国家火炬计划重点高新技术企业认证

深圳科士达科技股份有限公司顺利通过评审科技部2014年国家火炬计划重点高新技术企业评审，再次获得科技部颁发的“国家火炬计划重点高新技术企业”证书。这是科士达继2011年入选国家火炬计划重点高新技术企业后，再次获此国家重点高新企业认证。

据了解，国家火炬计划重点高新技术企业认定是由国家科技部组织，旨在发展我国高新技术产业的指导性计划。“2014年国家火炬计划重点高新技术企业”评选工作在全国高新技术企业范围内，共评选出600余家最具创新能力的代表性企业，未来国家将重点鼓励引导“重点高新”系骨干企业利用社会各类资源做强做大、做专做精，使之成为提升自主创新能力、调整产业结构、转变发展方式、引领我国高新技术产业跨越发展的中坚力量。

作为行业领航者，科士达一直坚持以技术创新驱动自身发展，在代表下一代数据中心大容量、高功率密度模块化UPS核心技术领域取得行业历史性突破，系统功率容量率先突破2 MW，在全球高端模块化UPS市场上成功树起“中国动力”标杆，并在国内行业中率先实现基于完全自主研发生产能力推出数据中心关键基础设施完整产品线和整体解决方案。从深圳市高新技术企业、深圳市企业技术中心、深圳市创新路线图计划企业和深圳市博士后创新实践基地，到国家级高新技术企业、国家火炬计划重点高新技术企业；从UPS单一产品，到数据中心一体化解决方案，从光伏逆变系统，到电动车充电系统。科士达通过自主研发、精益制造，走出一条专注核心技术，以创新驱动发展的成功之路。此次公司再次被科技部认定为国家火炬计划重点高新技术企业，是政府对科士达长期坚持创新驱动发展的充分肯定，也为科士达未来可持续发展提供了新的支撑和契机。创新无止境，在未来，科士达将站在新的产业技术高度，进一步加强企业核心自主知识产权开发，提高科技成果转化能力，提高研发管理水平，提升企业核心竞争力和持续发展能力，用创新驱动未来，持续践行中国电源行业的中国梦。

科士达ITCUBE数据中心一体化解决方案获2014中国电子信息博览会创新大奖

2014年4月10～12日，第二届中国电子信息博览会盛大召开，工业和信息化部副部长刘利华、深圳市市委书记王荣、广东省人民政府副省长刘志庚以及本届展会主宾国韩国政府代表出席开幕式并致辞。数万名行业专家和用户参加本展会，共同见证新一代信息技术产业最新发展。在同期举办的第83届中国电子展上，数千家展商为带来了业界最新的产品和技术，此前备受业界关注的科士达ITCube数据中心一体化解决方案在本届展会亮相，并一举夺得2014 CITE创新产品与应用奖。

中国电子信息博览会(CITE)，是由工业和信息化部与深圳市人民政府联合主办，展示全球电子信息产业最新产品和技术的国家级平台，也是迄今为止亚洲最大规模的综合电子信息展览会。本届展会展出产品技术覆盖电子信息产业全产业链，面积超过10万m^2，并设立23个专业展区，吸引到了1 500家行业领军企业参展，展示产品超过十万件，共有超过10万名观众到现场。本届CITE以“促进信息消费，引领产业转型”为主题，围绕信息消费的新热点、新亮点，从全产业链角度集中展示国内外电子信息最新产品、技术、应用和服务，致力于展现当前中国电子信息产业发展趋势，引领电子信息产业向更高层次发展。

科士达数据中心业务部代表在演讲中指出，信息技术逐渐成为全球经济发展的新动力，必将对经济社会未来的发展产生更加深刻和广泛的影响。移动互联网、云计算、下一代通信技术和物联网等新一代信息技术应用不断深入，数据应用广泛渗透到各行各业，成为我国信息产业创新发展的驱动力。科士达多年来通过对用户数据中心提供360°安全可靠的环境保障，守护用户最重要的数据资产，进而助力中国的数据应用创新发展，提升中国的信息化安全水平。

本次获奖的ITCube数据中心一体化解决方案，是科士达针对数据中心市场最新推出的产品化、集成化解决方案，是以产品一体化整合、模块化设计、绿色节能为理念，集成了IT主机柜、UPS、精密空调、蓄电池、配电和监控产品，帮助客户构建新一代数据中心关键基础设施整体解决方案。根据用户场景分为IDU小微型数据中心解决方案、IDM中型数据中心解决方案和IDR大型数据中心解决方案，可满足用户数据中心快速部署、灵活扩展、高效运行、管理便捷及绿色节能等综合需求。

在本届展会上科士达共展出了包括UPS、精密空调、精密配电、蓄电池、网络服务器机柜和动力环境监控等数据中心关键基础设施产品线以及包含了光伏逆变器、智能汇流箱、防逆流箱、直流配电柜、太阳能深循环蓄电池和监控等太阳能光伏发电系统产品线，两大产品线吸引了众多参会者的关注和好评。作为太阳能和数据中心两大新兴战略产业的领军企业，科士达在未来将通过不断创新推进中国电子信息产业向前发展，致力于成为中国经济转型升级发展中的中坚力量。

科士达获评2014年度“绿色与创新企业”

2104年11月5日，由中国计算机用户协会UPS分会主办的UPS与数据中心技术发展论坛在北京新世纪日航饭店隆重举行，来自政府各部委和行业协会的主管和领导、业内专家、学者及工程师、用户代表等参加了会议，国内UPS行业领导企业科士达携领先的数据中心解决方案亮相本届大会，并荣获“绿色与创新企业”大奖。

本届论坛分享了中国计算机用户协会UPS分会的用户、厂商和投资商的相关市场数据，围绕当今国际最新技术和全球各地关于数据中心的相关创新实践，深入探讨了UPS供电和数据中心新技术及发展趋势，对当前与未来国内UPS与数据中心行业的市场特点、需求和格局进行精准的分析和预测。

会议表彰了由《UPS与机房》杂志读者反馈和编辑部评选产生的2014年表现突出的企业、产品和解决方案，科士达凭借领先的市场地位与强大的综合竞争实力摘得年度“绿色与创新企业”大奖。科士达相关参会人士表示，科士达一贯重视在新经济形势下数据中心行业的发展趋势，重视市场给 UPS 行业带来的持续发展的机遇，始终致力于创新科技的研发与应用，致力追求产品与方案的高可靠性与高能效，以满足市场全新发展的需求，这是科士达企业的核心竞争力，也是科士达品牌长期维持市场领先地位的原因所在。

华耀电子新获“国家高新技术企业”认定

2014 年 7 月，安徽省科技厅公布了 2014 年第一批认定通过的高新技术企业名单，华耀公司名列其中，顺利通过了认定。

科技部规定，高新技术企业三年一复审，六年一认定。公司 2008 年首次申请获得高新技术企业资质，2011 年顺利通过复审，2014 年获重新认定。这六年来，公司每年加大研发投入力度，持续挖掘新产品新技术，引导成果向效益转化，积极申请知识产权保护，构建各类创新平台，引进与培养科技人才，不仅推动了公司的科技创新工作进展，也有力支撑了高新技术企业认定考核的关键指标，如科技人员比重、研发投入比重、高新技术产品收入比重、核心自主知识产权量、年均科技成果转化量、科研立项项目及管理等。公司的科技创新水平在地市初审及高企专家评审中，获得了较高分值。

2014 年公司通过高新技术企业新认定后，可继续享受国家 15% 的税收优惠政策，同时为公司的品牌推广、平台建设、市场开拓和项目申报等领域提供了必备资质和良好环境。

华耀获“安徽省自主创新品牌示范企业”认定

经安徽省经信委、发改委、财政厅和商务厅等六部门审核认定，华耀公司荣获“安徽省自主创新品牌示范企业”称号，这是对 ECU 电源品牌长期以来坚持自主创新的充分肯定。

品牌的自主创新能力是企业研发创新实力和市场核心竞争力的重要表现。作为省级自主创新品牌示范企业，华耀将继续加强自主创新研发平台、研发团队和研发条件的创新能力建设，不断提升 ECU 电源产品的技术创新能力，为 ECU 电源更好更快地开拓外部市场积蓄动力。

华耀电子承办中国电源学会第七届直流电源专委会换届大会暨第一次全体委员会议

2014 年 8 月 23 日，中国电源学会第七届直流电源专业委员会换届大会暨第一次全体委员会议在合肥召开，会议由拟任专委会副主任委员单位合肥华耀电子工业有限公司组织承办。中国电源学会张磊副秘书长和专委会 19 名委员出席会议，华耀电子技术部主任列席会议。这是继中国电源学会徐德鸿理事长来访后，华耀电子与电源界专业学术组织的再次聚首。

会议由三个部分组成，第一部分是第七届直流电源专业委员会换届选举，首先由第六届主任委员阮新波教授、电源学会张磊副秘书长和华耀电子周世兴总经理分别作会议致辞，接着阮教授做第六届直流电源专委会工作报告。经参会人员无记名投票和规范的选举程序，会议选举产生了第七届直流电源专委会主任委员、副主任委员和委员，当选后的专委会成员分别自我介绍，相互认识，加深了解。

中国电源学会第七届直流电源专委会换届大会暨第一次全体委员会议

会议第二部分由新当选的第七届直流电源专委会主任委员阮新波教授主持，新一届专委会讨论了 2014 年的工作计划和未来 4 年的发展规划，提出诸多为行业企业提供技术服务的好的方式方法，研讨专委会在企业和院校的产学研合作中如何发挥积极作用。专委会成员踊跃发言，气氛热烈。

会议第三部分由南航阮新波教授、台达电子章进法教授、西安交大杨旭教授和北京利维能电源孙晓东总经理围绕包络线跟踪电源研究、高效电源变换器技术、新材料器件及 GaN 器件封装技术、电动汽车中的电力电子技术分别作专题报告演讲，与会专家认真聆听，就报告内容不时提问求解，互动融洽。

会议结束后，专委会一行来到华耀参观了新能源事业部、军品事业部、工业和 LED 事业部、研发中心及测试中心，对华耀军品及元件多年的积累和核心技术优势给予肯定，同时也对标一流电源企业，建议公司在抢占市场、产业重点和产品工艺等方面定位准确、加快步伐。

华耀加盟中国电源学会标准化工作委员会

2014 年 8 月 30 日，中国电源学会标准化工作委员会第七届成立大会在广东省东莞市召开，华耀电子凭借 20 余年国内外电源行业良好的品牌影响力加盟该委员会，周伟副总经理代表公司参会，并荣任中国电源学会标准化工作委员会委员。

中国电源学会标准化工作委员会是中国电源学会的分支机构，主要协助中国电源学会理事会工作，依照国家有关方针政策，结合电源行业发展，向国家标准委和中国电源学会提供电源领域标准化工作的方针、政策和技术措施建议，目前驻于广东省东莞市。

华耀 2014 年知识产权申获创新高

2014 年，经各领域技术部积极申请，累计申请知识产权20项，获得授权20项，其中授权发明专利2项、实用新型专利10项、外观设计专利5项及软件著作权3项，4项发明专利已进入实质性审查阶段，即将获授权。至此，公司知识产权申请量已达88项，授权量达64项，申请的类型逐渐向发明专利倾斜，由原来的追求数量逐渐向追求质量倾斜。2014年，公司与38所签署的科技创新目标责任书中，发明专利列在关键指标之一。

知识产权是“权利人对其所创作的智力劳动成果所享有的专有权利”。公司的知识产权类型主要为发明专利、实用新型专利、外观设计专利、软件著作权和商标权。每年上下半年各认定一批，由公司组织，技术部门提炼编写，专利事务所受理，国家知识产权局审查，经过多次审查意见的答复、修订和协调，最终编号认定。这些是发明人自身科研工作的成果证明，为自身奠定了职称评定、职业规划的基础，也是发明人在研发之余为公司留下的技术精华，体现了公司深厚、独创的技术优势，从法律上对公司的技术机密和商业利益形成了坚固的保护屏。

为有效维护现有知识产权，激励发明人持续创新，公司制订了《知识产权管理制度》，明确知识产权的申请流程、权利归属和动态管理各项事宜，加大了发明专利申请的激励力度。2014年，公司组织技术部对现有的专利从产业关联度、独创性和维护成本多角度进行了价值评估，梳理形成的新版专利库与公司实际和未来规划联系更加紧密，提高了无形资产的价值。

知识产权不仅作为静态的技术成果，提升着公司的品牌形象，也作为动态的技术载体，不断地转化成各样产品，应用在批量生产中。在现有的知识产权中，95%以上与现有产业密切相关。2013年，公司获“合肥市知识产权示范企业”认定；2014年，新能源事业部一发明专利入围“安徽省核心专利产业化项目”。在各类项目立项、鉴定和报奖中，在各种创新平台认定中，是否拥有自主知识产权是衡量的主要标准，这些均体现了知识产权这一无形资产在源源不断的发挥着其价值。

“世界是懒惰的，只有技术的进步才能推动世界的变革”，技术创新始终在驱动着企业可持续发展，驱动着个人的职业发展。公司将继续贯彻国家、地方知识产权战略，规范和加强知识产权管理，从制度保障和组织协调上做好服务工作，坚持布局与实施结合，数量与质量并重，推进知识产权的产业化，在市场中检验核心竞争力。

英威腾UPS闪耀2014年度索契冬奥会

2014年2月7日至2月23日，第22届冬季奥林匹克运动会在俄罗斯联邦索契市举行。英威腾电源多套UPS电源荣誉助阵，闪耀2014年度索契冬奥会赛场。

据悉，本次索契奥运会设有15个大项，98个小项。这是俄罗斯历史上第一次举办冬季奥运会。UPS电源作为高效供电的可靠性保障系统，它必须具备世界顶尖的电力技术，以支持整个场馆日常的供电需求。例如：在本次冬奥会唯美而惊艳的开幕式和闭幕式中，俄罗斯冬奥会中的“吉祥三宝”：帅气矫健的雪豹、憨态可掬的北极熊和乖巧灵动的兔子无疑是最耀眼的明星，它们惟妙惟肖的表情和动作让世界叫绝。在“吉祥三宝”流畅运行的过程中UPS电源必须为其提供高可靠性的后方供电支持，这对UPS的高质量和高可靠性要求不言而喻。

英威腾电源作为全球领先的电解决方案供应商，公司的综合实力已享誉国内外。公司对电源细分市场的洞察和需求的前瞻性把握，使得英威腾电源始终保持产品的创新性与灵活性；先进的集成产品开发管理、全面的产品研发测试与自动化信息化的作业生产保证了英威腾产品的高可靠与高性能；分布在全球各地的分支机构为用户提供解决方案、技术培训与服务支持的专业保障。

英威腾电源成功牵手双烽数据
合力打造最优质双线云计算数据中心

英威腾电源公司以“引领电源及电力电子领域科技发展，为创造更可靠、高效和节能的产品而不懈努力”的企业使命，全面考虑用户的各方面需求，最终成功牵手国内大型互联网数据中心——双烽互联网数据中心。此项目的成功，是英威腾电源在IDC数据中心等高端市场领域的又一个典型案例。

据悉，该数据中心投资共计5 100万元，完全依照电信四星级数据中心标准兴建，是目前华北地区机房设置最为完善、管理最为规范的民营数据中心之一，也是河北省第一个真正意义上的云计算数据中心。中心引进联通、电信双线路，实现了真正意义上的互联互通，满足了广大双线用户的市场需求，为繁荣当地互联网行业市场起到了不可估量的作用。

北方云数据中心

据了解，本次服务于双烽互联网数据中心的是英威腾电源明星产品，高端模块化UPS电源，此产品是业界最为领先的全数字化电源产品之一，集中了当今电力电子与自动控制领域最领先的技术成果，拥有近30项专利，使得关键设备的供电可靠性、可用性、可维护性得到了突破性的提高。

英威腾电源是全球数据中心高端电源解决方案供应商，公司提供包括UPS、蓄电池、电池柜、精密空调和精密智能配电柜等数据中心关键基础设施产品，“云数据中心”提供365×24h不间断绿色节能安全可靠的动力支持。

英威腾电源荣膺“行业十大领军人物”“满意品牌”“技术创新”三大奖项

在“UPS供电系统技术发展与前瞻专题研讨会暨2014第十届UPS及其供电系统用户满意度调查结果揭晓大会”活动中英威腾公司再次荣获2013年度“行业十大领军人物”、“行业满意品牌”和“技术创新奖”。此次获奖足见英威腾电源在用业界已获得良好的口碑及品牌形象。

英威腾电源作为国家级高新技术企业，致力于成为全球领先、受人尊敬的工业自动化和能源电力领域的产品与服务提供者，公司产品以高可靠性、高可用性和高性价比赢得了广大客户的一致赞誉。在中国大陆市场，英威腾电源是多个政府机构或大型行业系统UPS设备全国统一选型入围品牌或集中采购中标品牌厂商。在海外市场，产品已远销欧美及亚太地区中高端市场。快速为客户提供全方位、个性化的解决方案是公司的经营宗旨，持续创新是公司追求的目标。不断推出的具有竞争力的电源产品满足了各行各业用户对于供电系统高可靠性和高智能化的需求。

公司已在中国区自行建立8大销售和技术支持中心以及30多个省级、市级销售和售后服务处。分布在各地的分支机构为用户提供解决方案、技术培训与服务支持的专业保障。英威腾对品质精益求精的苛求以及为客户创造最大的价值追求。

科达磁电正式加入东睦集团

2014年9月24日，科达磁电与东睦股份在宁波签署了部分股权转让协议。

东睦股份是目前国内最大的粉末冶金机械零件制造企业，是“国家重点高新企业”。公司目前拥有十家控股子公司或全资子公司，其粉末冶金产品广泛应用于轿车、摩托车、冰箱和空调压缩机、电动工具和家用电器等行业，其中部分产品出口到美国、日本和欧洲等国家和地区。

股权转让完成后，科达磁电名称变更为“浙江东睦科达磁电有限公司”，东睦科达计划在未来几年增加投资，采用高度自动化、标准化的生产线，建造年产2万t金属磁粉芯的软磁材料制造基地，将公司打造成软磁领域行业领先、国际一流的企业。

科达磁电与东睦股份在宁波签署了部分股权转让协议

公司的经营方针、经营理念和管理团队将保持不变，KDM商标不变，同时公司将以现有平台为基础，为客户提供更优质的产品及优质的服务。

北京动力源荣获2014年度“北京市诚信企业”称号

由北京市经济信息化委会同首都精神文明办、市工商局、市人力社保局、市地税局、市质监局、市环保局和人民银行营业管理部等部门，继续开展北京市企业诚信创建活动，其目的是为了提高企业诚信意识，规范市场秩序，加快推进北京市企业信用体系建设，加快推进信用记录和信用报告应用工作，充分发挥征信市场在提供信用记录方面的重要作用，对外提供专业化的征信服务。市政府决定在2013年试点工作的基础上，继续组织开展2014年度北京市企业诚信创建活动。

公司参加了此次的“诚信企业创建活动”。通过层层筛选和各项指标的考核，公司最终成为“2014年度北京市诚信创建企业”，并纳入“诚信与信用信息良好记录”数据库，列入行业“红名单”，在社会活动中将得到政府、金融等方面支持与相关服务。

金升阳起草修订DC-DC电源模块行业标准

继2013年金升阳起草修订的行业标准《宽压输入稳压输出隔离型直流-直流模块电源》（NB/T42039—2014）获得了国家能源局的批准实施之后，2014年金升阳又起草修订了《定压输入非稳压输出隔离型直流-直流模块电源》（计划编号：能源20130817）行业标准，并于11月1日被批准实施。该行业标准的制定，将更好的规范和指导电源企业对直流-直流模块电源的开发设计、加工制造及检测验收工作。

金升阳参考相关国家标准，结合自身领先的技术实力，制定并执行金升阳企业标准，以规范产品的型号和规格、技术要求、试验方法、检测规则、标志、包装、运输和储存等。企业标准的制定和贯彻执行提高了金升阳公司的生产效率，同时也保障了电源产品的批量可靠性。

16年来，金升阳致力于磁电隔离技术和电源产品的研究与应用，并表现出了突出的技术实力。金升阳定压输入非稳压输出型直流-直流模块电源0.25～3W系列产品在轻负载效率、抗静电能力、纹波噪声和可持续短路保护方面，达到了国际水平。

凭借着雄厚的技术研发实力和规范化的管理制度，金升阳成为国内权威电源行业标准起草单位之一。金升阳将继续积极参与电源行业标准的起草修订，促进中国电源行业规范化、标准化发展。

恭贺金升阳DC-DC电源荣获TOP-10电源产品自主创新奖

2014年9月25日，第12届TOP-10电源产品奖颁奖典礼完美落幕。“TOP-10电源产品奖”由《今日电子》和21IC中国电子网联合主办，经过12年的发展，已经成为业界一个标志性奖项，评奖范围包含所有电源产品。在遵照

"在技术或应用方面取得显著进步，具有开创性的设计，性价比显著提高" 三个评选标准之下，通过编辑初选，专家组复选的流程，最终，金升阳高效节能回路取电 DC-DC 模块 HK3S03B 荣获了自主创新奖。

金升阳高效节能回路取电 DC-DC 模块 HK3S03B 通过升级传统自激推挽电路拓扑，从 4 ~ 20 mA 的 PLC 取回路电压 3.3 V DC，需求输出功率 9.9 mW，传输效率高达 72%，可以实现两线制仪表与 PLC 系统的电气隔离，减少因电势差造成的传输误差，提高系统可靠性，解决两线制与 HART 传输应用问题。目前，其它国内电源企业几乎没有针对两线制的隔离方案，大部分客户只能通过自搭方式解决电气隔离问题，金升阳 HK3S03B 的诞生填补了国内两线制与 HART 传输中信号隔离技术的空白。

金升阳无源智能变送器专用 DC-DC 模块电源

金升阳由于其创新的产品设计理念及优秀的产品性能获得了业内高度的肯定，已连续多年获得自主创新奖项。作为电源行业领导企业，金升阳将不断超越自我，以创新的技术和高品质的电源产品，促进国内电源行业发展。

先控电源确保 "APEC 水立方国际盛宴" 供电万无一失

亚太经济合作组织（APEC）是亚太地区级别最高、领域最广、影响力最大的区域性经济合作机制。历届 APEC 领导人非正式会议都受到国际社会的高度关注。2014 年 APEC 会议于 11 月 10 ~ 11 日在首都北京召开。作为亚太地区经济领域的最高规格盛会，此次会议举世瞩目。

2014 年 APEC 会议是继 2008 年奥运会后在国内主办的规模最大、级别最高的重大国际多边活动，也是继 2001 年上海举办后，时隔 13 年重回中国。中国再次举办 APEC 会议，对展现中国作为全球第二大经济体的国际地位影响力，增强话语权有重大意义。由于 APEC 会议的特殊性、重要性及实时性，中央筹委会表示：在会议期间，要严格做好会议的各项服务保障工作。

经筹委会严格评选，最终给先控电源委以重任，成为 "2014 年 APEC 会议水立方国际盛宴电力安全保障服务单位"，这是先控电源在完美服务 2008 年北京奥运会及残奥会两座标志性主场馆后的又一力作。

为实现 "零闪动、零差错、零投诉" 的目标，保证此次 APEC 会议供电万无一失。先控安排专业技术人员到 APEC 会议重要供电保障区域进行实地考察，对保电工作高度重视，先控电源借助成熟的政治保电经验，为 APEC 水立方国际盛宴量身定制了完美的一体化整体供电方案。提供了多套 CMS 系列大容量模块化 UPS 电源产品，服务于水立方各个机房及配电间。先控 UPS 电源产品具有高稳定性、高可靠性、扩容性强、效率高等诸多优势，拥有行业最低谐波，具有更强的带载能力，先控 UPS 低碳环保的品质更是契合了 APEC 会议所倡导的 "绿色" 理念。

作为全球领先的供配电系统方案解决商、UPS 电源行业的领航者，为全面保障 APEC 水立方国际盛宴的供电安全，确保 "万无一失"，先控电源提供了完善的售前、售中及售后服务。并在会议期间安排专业的现场服务团队全程保驾护航，先控电源力求把供电保障工作做细致、做完善，优化系统运行方式，确保电网安全稳定运行，牢记责任，精益求精，全力以赴，以严谨负责的态度和扎实细致的工作，全力配合做好电力安全保障服务工作。

先控电源凭借智慧的整体供电解决方案以及一流的现场服务团队，以更高的责任感以及工作热情，圆满完成了电力安全保障任务，向国家和人民上交了一份满意的答卷。这对先控电源促进产业化发展具有里程碑意义，将为先控电源巩固国内市场，进一步开拓国际市场，打造先控电源国际品牌打下坚实基础。

成为 "2014 年 APEC 会议水立方国际盛宴电力安全保障服务单位"

先控与韩国合作伙伴举行签约仪式

2014 年 12 月，先控捷联电源设备有限公司与韩国最大的 UPS 供应商在先控公司举行了合作签约仪式，先控公司与韩国公司高层领导人等出席签约仪式。双方高层领导均表示了建立长久合作的良好愿望，并现场签订了合作协议，该公司正式成为先控公司 UPS 电源产品在韩国的主要代理商，签约仪式在和谐融洽的氛围中圆满结束。

先控电源始终保持技术的前瞻性，最早推出全系列模块化 UPS 电源产品，拥有完全的自主知识产权和核心技术，先控电源产品容量范围广，具有在线快速扩容、升级和修复等功能，凭借前沿的技术、高端的产品和优质的服务等优势，不仅国内市场销量可观，也得到国际市场的高度认可，先控产品远销美国、俄罗斯、意大利、韩国、马来西亚、土耳其、新加坡、印度和也门等数十个国家和地区。

此次签约，标志着双方建立了稳固的战略合作伙伴关系，为先控全球性战略布局的持续、健康和快速发展奠定了良好的基础。

公司与韩国最大的UPS供应商举行了合作签约仪式

先控自主研发创新产品荣获“2014～2015年中国UPS市场年度创新产品奖”

先控捷联电源设备有限公司应邀出席“2015中国IT市场年会”，会议在北京召开。大会由工业和信息化部中国电子信息产业发展研究院赛迪顾问主办。

作为UPS行业领导者，一流的机房供配电系统方案解决专家，先控电源自主研发的在线补偿式模块化UPS产品荣获《2014～2015年中国UPS市场创新产品》，先控电源始终占领UPS行业技术发展的最前端，获此殊荣可谓实至名归。

此次会议聚集了政府领导、业界专家、投资机构、企业领袖以及行业用户等各方人士，通过“构筑大生态，拓展大市场”的会议主题，共同探讨、深入交流中国IT行业面对发展“新常态”，构筑产业新生态，挖掘应用新价值，把握市场新机遇的合理策略、路径。

先控捷联在线补偿式模块化UPS

荣获

2014-2015年中国UPS市场

年度创新产品

ITMC 2015 中国IT市场年会

赛迪顾问股份有限公司

二零一五年三月

公司产品荣获《2014～2015年中国UPS市场创新产品》

面对行业发展“新常态”，先控电源顺应技术发展的潮流，不断推出符合时代发展和需求的新型产品。先控电源最新推出的在线补偿式模块化UPS不间断电源系统，具有优异的性能，其整机效率大于98%，逆变电流谐波（THDI）小于3%，输入功率因数（PF）大于0.99，绿色节能，且带载能力强，电流峰值系数高于5:1，过载时间200%额定负载时可达1 min。交流补偿式变换器承担的功率强度极小，仅有15%，利用率极高。在线补偿式模块化UPS具有电能可利用率高，带载能力强，节能效果更好及可靠性、稳定性极高和扩展性强等优点，深受用户的欢迎，是当今UPS的发展方向，将引领UPS技术的新高峰。

先控电源在电源行业的贡献有目共睹，其自主创新，永攀科学技术高峰，加速了电源科技技术事业的发展。先控电源将继续以先进的技术、可靠的产品和优质的服务为广大用户保驾护航，将自身价值有机融入行业应用，携手生态伙伴，共同拓展大市场。

鸿宝集团大事记

鸿宝电气集团股份有限公司是电源领域专业从事研发、制造、销售、信息及服务为一体化的大型高新技术企业，是一个对电源技术富有前瞻性理解，以完善的工艺和对产品质量的孜孜追求，不断推出各种优质产品的电源企业；是一个致力于满足用户不断变化的需求，致力于服务用户、社会和员工，创造共赢价值，享有国内、国际市场良好形象的电源企业。

2014年1月 HOSSONI 鸿宝® 牌商标再次被延续确认为“浙江省出口名牌产品”和“浙江省著名商标”；鸿宝商标“HOSSONI®”在马德里成员国、阿联酋和巴勒斯坦成功注册。

2月，鸿宝集团荣获“乐清市明星企业”“乐清市自营出口30强企业”。

3月，鸿宝集团营销事业部获得温州市“巾帼文明岗”荣誉称号。

5月，鸿宝集团取得国家知识产权局的四项专利：小型太阳能电源系统、逆变器接线防打火电路和正反电流单向指示电流表获得实用新型专利证书，稳压电源获得外观设计专利。

9月，鸿宝电气集团股份有限公司总部迁至象阳科技园。

12月，鸿宝电气集团通过工贸行业三级安全生产标准化达标企业。

同时鸿宝电气集团获得2005年～2014年度乐清市慈善爱心奖。

鸿宝电气集团始终坚持“以科技求发展，以质量求效益”，技术、制度和管理创新体系日臻完善的高科技数字化新鸿宝，正在跨越式发展的道路上向世界名牌挺进。

中大科慧召开产品与服务推介会

2014年6月24日，北京中大科慧科技发展有限公司“产品与服务推介会”在兴海大厦隆重召开。

公司董事长赵希峰在会上发言讲述公司发展历程及未来发展方向。

公司总经理王山中向与会人员详细介绍了IDP的各项功能和功能依据，同时介绍了公司的另一项数据机房的服务产品“IDC机房动力检测”，并介绍了动力检测服务对有效排除IDC机房安全隐患的作用和意义。

会议由中国电源学会专家委员会主席张广明主持，军队各专家、领导约40余人参加了此次会议。

北京中大科慧科技发展有限公司
“产品与服务推介会”

温州现代电力成套设备有限公司电源产品再次批量用于核潜艇

公司自主研发的电源产品CVT，再次批量进入航天科工集团采购名单，应用于最新型核动力潜艇上。

东莞市石龙富华电子有限公司首家获得大功率驱动电源可靠度评定证书

UE Electronic凭借着60 W/100 W/200 W三款户外驱动电源荣获中国赛宝实验室颁发的可靠度评定证书。同时，UE Electronic是全国首家，也是唯一一家获得可靠度评定证书的企业。可靠度评定证书是根据CS/T 80001—2014《LED电源加速寿命试验评价技术规范》、GJB/Z 299C—2006《电子设备可靠性预计手册》等技术规范在65℃试验温度下2 208 h的加速试验，预期工作环境平均温度在25℃的条件下，测试产品的可靠度寿命。

UE Electronic LED驱动电源(户外)

经中国赛宝实验室测试，60 W/100 W/200 W置信度在90%时，平均故障前时间MTTF为180 334 h/86 261 h/84 392 h；置信度在80%时，平均故障前时间MTTF为258 014 h/123 412 h/120 738 h；置信度在70%时，平均故障前时间MTTF为344 906 h/164 975 h/161 398h 。

目前，60 W/100 W/200 W户外驱动电源都属于第六代标准LED户外电源，具有三合一调光功能，该三款产品性价比高，交货快。

公司产品可靠性评价证书

安泰科技股份有限公司首次荣获中国专利金奖

2014年12月12日，由国家知识产权局与世界知识产权组织联合举办的第16届中国专利奖颁奖大会在京召开，公司发明专利“一种铁基非晶合金宽带及其制造方法”获得中国专利奖的最高荣誉——中国专利金奖。公司技术总监周少雄代表公司出席颁奖大会，国家知识产权局局长申长雨亲自颁奖。

中国专利奖是我国在专利领域的最高政府奖，由国家知识产权局和世界知识产权组织联合授予，每届仅评选20项专利金奖。本次共有877项专利参评，获得金奖的项目在技术上代表了各自领域的创新水平，在运用上获得了市场的广泛应用，在管理上彰显了较高的管理水平。

颁奖现场

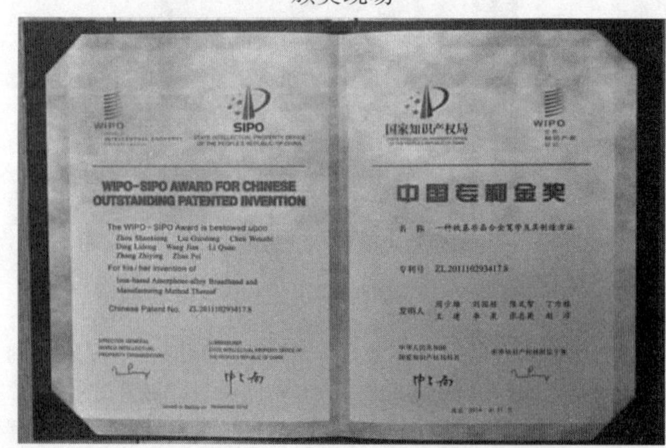

颁奖证书

“一种铁基非晶合金宽带及其制造方法”专利的入选，既是对公司在非晶合金领域的创新水平、专利保护和市场应用前景等综合实力的肯定，也是对公司知识产权工作成效的肯定。在公司改革调整、创新驱动、制造强企的战略部署下，将进一步激发创新活力，创造出更多优质专利，通过专利运营产生效益，促进转型升级，提质增效。获奖专利还向美国、韩国、印度、巴西和俄罗斯等国家提出了国际专利申请。

安泰科技股份有限公司召开粉末冶金事业部重组大会

2014年11月11日，安泰科技粉末冶金事业部重组大会在永丰产业园举行。公司总裁周武平及总裁班子其它成员出席会议，公司各管理部门负责人、难熔材料分公司和粉末冶金事业部相关人员参加了会议。会议由公司技术总监周少雄主持。

会上，首先宣读了粉末冶金事业部重组设立方案及干部聘任文件。粉末冶金事业部的重组设立，是基于公司战略和业务发展的需要，为实现公司产业规模及发展模式的转变而设立的。事业部下设难熔材料分公司、过滤材料分公司、粉末与制品分公司、薄膜材料分公司、北京安泰中科金属材料有限公司和粉末冶金研究所等单位。

公司难熔与粉末业务类型同质性较高，协同性较大，重组设立新的粉末冶金事业部有利于优化业务结构，有利于强化现有业务单元的发展，调整相关经营单位的业务关系，发挥整合优势，实现资源共享，提升核心竞争能力。

粉末冶金事业部新任总经理王铁军代表事业部全体新聘干部对公司总裁班子的信任表示感谢，表示将带领事业部全体员工在压力中迎接挑战，圆满完成公司交给的重任。随后，他对重组新设的事业部未来的发展方向及近期的重点工作做了详细介绍。

最后，公司总裁周武平在讲话中向粉末冶金事业部的重组以及所有新聘管理人员表示祝贺，并表示重组设立粉末冶金事业部既是公司新时期总体改革调整的重要组成部分，也是几代粉末人持续期盼的结果。同时指出，粉末冶金领域不仅是集团公司的优势产业，也是公司发展的战略性产业，此次重组事业部不是单纯设立事业部的管理层级，而是作为公司转变管控模式，承接管理权下放的重要层级，是公司强化产业发展、转变增长方式、优化产业布局、解决发展模式、强体瘦身的必须。最后，周总对重组新设的事业部提出了五个方面的期望与要求，要求事业部全体干部员工要有全局意识、团队意识和风险意识，要迅速提升高度、转变角色、充分融合、团结一致，充分发挥即有的技术优势和核心团队力量，共同面对困难，迎接挑战，深化改革调整，实现转型升级。

柏克广州生产基地动土开工

佛山市柏克新能科技股份有限公司“广州生产基地”开工仪式在广州市花都区项目工地成功举行。

2014年7月2日，经过阵雨洗礼的工地现场，空气格外清新。广州市花都区空港委领导、柏克股东代表、董事会成员及公司高管团队在上午9时左右先后兴致勃勃地达到了开工仪式现场。参加本次动工仪式的有董事长叶德智先生、常务副总裁罗蜂先生、总经理周发能先生、副总经理何万里先生、采购总监叶德明先生、硬件研发总监潘世高先生、软件研发总监黄敏先生、营销副总监高金全先生、营销副总监刘智先生和郭俊先生等。

开工合影

董事兼采购总监、广州生产基地建设项目总指挥叶德明先生透露，柏克广州生产基地位于广州市花都区空港工业区花东地块，距白云机场十几分钟车程，环境优越、交通便利，是广州市花都区重点园区项目。柏克广州基地总用地面积约3万m^2，总建筑面积约4.9万m^2，绿地率20%，由7栋都市型厂房和1栋高层共8栋独立建筑组成。建成后的广州生产基地将规划导入先进的管理体系，园区由实验楼区、生产区、展示接待区和办公区等主要部分构成。

广州生产基地效果图

叶德明先生表示，继签约国内首家电源主题产业园——华南电源创新科技园，认购该园核心区第一期5座都市型厂房，打造创新型研发中心之后，柏克广州生产基地的破土动工，预示着柏克产业布局再上台阶。建成后的广州生产基地将与佛山华南电源创新科技园基地共同组成柏克UPS不间断电源、EPS应急电源、太阳能光伏系统、风力发电系统装置和铁道信号电源系统等产品为核心的研发与生产中枢系统。广州生产基地的建设对于加强柏克公司的科技优势和行业竞争力，具有重大意义。

柏克实施科研战略，坚持走技术创新和自主开发的品牌发展之路，不断丰富产品，提升技术服务水准，以此来增加赢利能力，走一条稳健的，立足长远的，实实在在的自主创新之路，可持续发展之路。2011 年柏克完成了股份制改造之后，成为领先的一体化电源解决方案供应商，在中国 60 多个城市成立销售服务网络，为市政、交通、地产、电力、医疗、金融、军工和工业等数十个行业，为中华区域及 40 多个国家及地区提供源源不断的绿色电源保障。

柏克大功率 UPS 电源护航绿色青奥

国内领先的电源一体化解决方案供应商佛山市柏克新能科技股份有限公司，旗下高端电源品牌“柏克”，在国内外众多品牌中脱颖而出，成功成为 2014 年南京青奥会场馆一体化不间断电源解决方案供应商，为青奥会的成功举办提供高可靠性的电力保障，助力南京打造一场高水准、绿色环保的盛事。这是继柏克成功服务广州亚运会、深圳大运会等重大的国际大型赛事后的又一经典演绎，彰显了高端民族电源品牌柏克超群的技术实力。

据了解，2014 年南京青年奥林匹克运动会，又称南京青奥会，于 2014 年 8 月 16 日 20 时在中国南京开幕。南京青奥会是继北京奥运会后中国的又一个重大奥运赛事，是中国首次举办的青奥会，亦是中国第二次举办的奥运赛事。

本次青奥会场馆供电系统主要应用了柏克 CHP3000 系列在线式 UPS 电源，500 kVA、150 kVA、120 kVA 等大功率段几十台设备。据悉，柏克 CHP3000 系列 UPS 电源可多台并机，具有真人语音提示和报警功能，采用彩色大屏幕设计，更人性化，技术性能达到国际先进水平，已获得了多项发明专利。此外，柏克 UPS 电源整机效率高达 98%，是高端民族品牌最为节能环保的 UPS 电源产品之一，与南京青奥会秉承的“绿色节俭可持续”办赛理念完全符合，成为南京青奥会赛事安全的最佳守护神。

广东新昇电业多款产品获得高新技术产品证书

2014 年，广东新昇电业公司多款产品获得由广东省颁发的“高新技术产品证书”。此次获得高新技术产品为大功率光伏逆变器、低功耗大功率的 PWM 调光 LED 开关电源、高光效节能安全的卡式弹片导电式 LED 壁灯和新型风能发电机组控制变压器，这些产品在研发和生产上使用了新技术、新工艺，是变压器行业利用多行业在智能化领域的首次突破，是变压器行业现有产品的升级。

据悉，高新技术产品是指符合国家和省高新技术重点范围、技术领域和产品参考目录的全新型产品，或省内首次生产的换代型产品，或国内首次生产的改进型产品，或属创新产品等。具有较高的技术含量、良好的经济效益和广阔的市场前景。

古瑞瓦特助力吉林能源大厦光伏建筑一体化项目

由古瑞瓦特提供光伏逆变器的吉林能源大厦薄膜电站项目一次性并网成功，正式运行发电。古瑞瓦特三相逆变器在安装及并网过程中的优异表现受到了现场技术人员的一致好评。

从现场了解到，本次顺利并网的“吉林能源大厦项目”共计容量 18 kW，全部采用薄膜组件，是一个典型的 BIPV（光伏建筑一体化）项目。该项目将太阳电池板安装在能源大厦侧立面，在建筑自身美观、安全等方面的同时又能获得清洁的光伏电力。这种将太阳能发电与建筑材料相结合，使大型建筑实现电力自给的模式是未来一大发展方向。

吉林能源大厦光伏建筑一体化项目

作为国内一线代表性逆变器品牌，古瑞瓦特已为国内包括 BIPV 项目在内的各类分布式电站项目供应组串型逆变器超过 150 MW。而古瑞瓦特在东北地区行业内的口碑更是令人咂舌，据不完全统计自 2013 年来古瑞瓦特已先后为沈阳东北城项目、沈阳辉山农业高新区项目、锦州世博园项目、本溪建康园项目、大连科技学院项目和营口大学项目等多若干项目供应光伏逆变器。项目现场客户反馈评价极佳，尤其对在机器运行稳定性、发电量表现认可度极高。

据悉，在市场竞争日益激烈的国内逆变器市场中，行业整合迫在眉睫，以阳光电源、华为和古瑞瓦特等企业为代表的一线品牌将再次迎来发展机遇。古瑞瓦特国内负责人在多个场合中表示，“古瑞瓦特逆变器已在全球销售近 30 万套，机型系列全面、案例运行时间长、机器运行稳定、发电量高等优势体现异常明显”，以后的市场表现非常值得大家期待。

欧洲光伏回暖 古瑞瓦特（Growatt）逆变器连续四个月出货逾 6 000 套

经历 18 个月的低迷后欧洲光伏市场于 2013 年四季度开始复苏。NPDSolarbuzz 报告统计，2014 上半年欧洲季度光伏需求量达到 2.5 GW，而在下半年增长将持续。欧洲市场复苏带动了部分优势逆变器品牌销售增长，来自中国的古瑞瓦特自年初起连续四个月保持着月均 6 000 套的高出货量。

NPD Solarbuzz 分析师 Susanne von Aichberger 表示：“2012 年初以来，欧洲光伏市场需求持续下降，但 2014 年来的三个季度需求量呈稳定态势。过去的季度需求量波动将被终端市场的稳定所取代，表明欧洲光伏市场已见底回升。”德国、英国、意大利和法国将引领 2015 年欧洲光伏市场的复苏，这四个国家 2015 年的需求共计 8 GW，占到欧洲明年光伏安装量的 75% 以上。乌克兰和其它小型但稳定的市场也将继续为 2014 年欧洲光伏市场的复苏提供支持。

古瑞瓦特是国内中最早在欧洲市场获得突破的逆变器品牌，也是在欧洲销售量最大中国品牌。早在2010年，古瑞瓦特作为亚洲首款获得Photon双A认证的逆变器在欧洲市场亮相时，就树立了其以技术寻求突破的品牌形象。古瑞瓦特组串型逆变器具有高效率、高功率密度、操作简便及安全可靠等特点非常突出，客户端认可度非常高，在欧洲市场获得了众多客户的认可。

作为中国逆变器的代表品牌之一，不仅在欧洲市场，在澳洲、美洲市场古瑞瓦特都有非常强劲的表现，并且已经连续三年盘踞国内同行业出口第一的位置。据古瑞瓦特市场人员介绍，“古瑞瓦特已经拥有1 kW ~1 MW全系列逆变器，配合其自主研发的逆变器监控系统，可适用于家庭型、商业屋顶及大型电站等各类光伏项目。随着项目经验和品牌知名度的不断扩张，在未来的3 ~5年古瑞瓦特将会迎来更大的发展机遇。”

博微电气顺利通过企业安全生产标准化(二级)认证

企业安全生产标准化是指通过建立安全生产责任制,制定安全管理制度和操作规程,排查治理隐患和监控重大危险源,建立预防机制,规范生产行为,使各生产环节符合有关安全生产法律法规和标准规范的要求,人、机、物、环处于良好的生产状态,并持续改进,不断加强企业安全生产规范化建设。

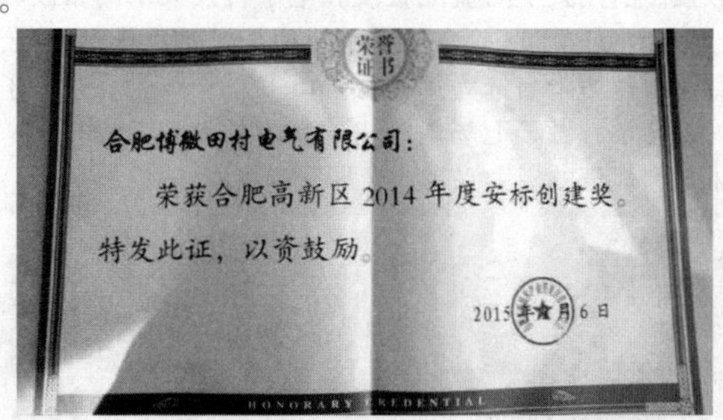
荣誉证书

合肥博微田村电气有限公司：

荣获合肥高新区2014年度安标创建奖。

特发此证，以资鼓励。

2015年★月6日

HONORARY CREDENTIAL

公司荣获合肥高新区2014年度安标创建奖

安全生产标准化

Work Safety Standardization

证书

CERTIFICATE

合肥博微田村电气有限公司

安全生产标准化二级企业

（机械）

有效期至：2017年12月

公司顺利通过安全生产标准化(二级)企业评审

在公司安全生产标准化达标工作小组统一协调下，企业安全生产标准化(二级)的工作自2014年初开展以来，各项工作有序推进。与安徽省安全生产科学研究院合作，按照规范要求对公司进行对标检查，并按时整改。于2014年7月份由安徽省安全生产监督管理局、安徽省安全生产协会、合肥市安全生产监督管理局和安徽省安全生产科学研究院等专家组成的评审组对公司进行评审，提出部分整改项目，2014年10月份顺利通过安全生产标准化(二级)企业评审，并获得高新区2014年度安标创建奖。

该项认证的通过具有重大意义，使公司安全生产工作更加的规范化、科学化、系统化和法制化，强化了风险管理和过程控制，有效提高了企业安全生产水平，降低了安全生产事故的可能性，最大程度上杜绝了人员伤亡和财产损失，推动了企业安全生产状况的根本好转。

博微电气2014年度管理工作总结暨表彰大会

横向拓展，纵向深化——博微电气走向新高度

2014年对博微电气是重要的一年，这一年公司的业绩总额突破6个亿，业务范围从单一磁性元件扩大到电气组件、配电单元和不间断电源等相结合的产业链，业务模式从传统单一格局拓展到现今电商、微商、线上线下相结合的新局面，更有成立技术联合中心，PDM产品数据管理系统成功实施，完成企业安全生产二级认证等等重要举措。

这一年，在磁性元件上确立了和世界级合作伙伴的合作战略，强化了合作深度。成为施耐德、富士电机等品牌的核心供应商；在PDU配电单元方面，加深了与GE、Philip、Siemens和Toshiba等企业的合作强度，参与对方的重大核心项目，一直走在技术的前沿；新产品UPS电源方面，成功参与了南京地铁、天网工程等重要项目，在业内崭露头角。

作为中国电科第38研究所和日本田村两大行业巨擘的结晶，博微电气走到今天，除先天优势外，更有自身的努力钻研和艰苦奋斗。过去的辉煌，不值得留恋，更美好的未来，还寄望于博微的明天！

科瑞爱特公司获高新技术企业证书

2014年底，深圳市科瑞爱特科技开发有限公司喜获深圳市高新技术企业认定证书。

深圳市高新技术企业
证 书
企业名称： 深圳市科瑞爱特科技开发有限公司 证书编号：SZ2014771
发证日期： 二〇一四年十一月一日 有 效 期：三年
发证机关：

公司喜获深圳市高新技术企业认定证书

科瑞爱特公司获 ISO900:2008 质量管理体系认证证书

2014 年，深圳市科瑞爱特科技开发有限公司获 ISO9001:2008 质量管理体系认证。

管理体系认证证书
深圳市科瑞爱特科技开发有限公司
ISO 9001：2008
北京大陆航星质量认证中心有限公司

公司获 ISO9001：2008 质量管理体系认证

科瑞爱特公司获软件企业认定证书

2014 年，深圳市科瑞爱特科技开发有限公司获深圳市软件企业认定证书，嵌入式电源监控程序软件和逆变电源人机交互程序软件获软件产品登记证书。

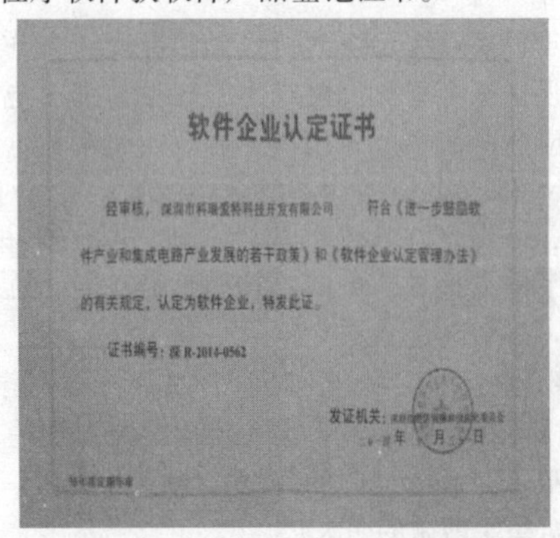
软件企业认定证书
经审核，深圳市科瑞爱特科技开发有限公司 符合《进一步鼓励软件产业和集成电路产业发展的若干政策》和《软件企业认定管理办法》的有关规定，认定为软件企业，特发此证。
证书编号：深 R-2014-0562
发证机关：
年 月 日

公司获深圳市软件企业认定证书

宏微成功承办中国电源学会第七届元器件专委会成立大会暨元器件技术研讨会

2014 年 11 月 15 ~16 日，由中国电源学会(CPSS)元器件专业委员会主办，宏微公司承办的中国电源学会第七届元器件专委会成立大会暨元器件新发展技术研讨会在常州盛大召开。

中国电源学会第七届元器件专委会成立大会暨第一次全体委员会议合影

此次会议汇聚了来自国内外的 150 多名专家学者，其中有国际知名的半导体专家，有国内著名元器件专家，还有一些来自于不同应用领域的元器件应用专家。15 日的会议上，投票选举并通过了中国电源学会元器件专业委员会第七届委员成员名单，同时投票产生了专委会的领导成员。西安工程大学的高勇教授当选为主任委员，英飞凌中国科技有限公司的陈子颖高级经理、株洲南车时代电器股份有限责任公司半导体事业部刘国友副总经理、湖南大学的沈征教授、浙江大学的盛况教授和电子科技大学的张波教授当选为副主任委员(副主任委员排序按照姓氏排序)，公司总裁赵善麒博士当选为秘书长。16 日的会议上，邀请了国内外知名学者做了七场内容丰富精彩的专业学术报告，引起了与会代表的极大兴趣，会场反响热烈。

会议现场

为了此次盛会的顺利召开，中国电源学会副理事长李占师先生、中国电源学会副秘书长张磊先生专程来到常州，关心并指导了第七届元器件专业委员会的选举工作；常州市政府领导也非常关心这次高水准的专业技术盛会，副市长王成斌先生、科学技术协会主席宋平先生参加了 16 日的会议，与中国电源学会领导一起为第七届元器件专业委员会的成立揭牌。

业内享有盛名的汪槱生院士、郝跃院士特为本次会议发来贺信，鼓励电源学会元器件专委会要为电源行业搭建好交流平台，促进电源产业链的上下游合作发展，并预祝大会圆满成功。

宏微作为中国电源学会第七届元器件专委会秘书处所在地，将继续为电源学会元器件专委会做好服务工作。

河北奥冠50万kVAh/年高性能动力储能电池项目投产

经过一年的建设，2014年8月1日河北奥冠50万kVAh/年高性能动力储能电池项目全部投产，项目设计产能为年产50万kVAh高性能电动汽车、储能胶体电池。本项目是为了更好地满足电池产品不断增长的市场需求和产业升级而设计建设的，它的落成预示着奥冠的发展又迈上了一个新台阶。

新项目设计了四条生产线，其中75%以上实现了自动化。引进了国内外尖端设备130余台/套，其中两条生产线完全按德国最新技术工艺配备，包括德国全自动合膏机、德国智能灌酸机和无镉内化成系统，生产能力和水平达到了国内一流，国际先进水平。

公司采用从德国引进的GEL胶体材料，并进行了“本土化”改良，生产的胶体电池具有超大容量、超强动力、超高耐寒和超长寿命等特点，大大提高了产品的销量和企业的竞争力。

奥冠电池循环经济产业园

奥冠集团外景

公司车间/厂房

山东奥冠10万kVAh/年高性能动力锂离子电池项目投产

2014年8月1日山东奥冠10万kVAh/年高性能动力锂离子电池项目全部投产，该项目是山东奥冠30万kVAh/年高性能动力锂离子电池产业园项目的一期项目，投产项目年产50万kVAh高性能动力锂离子电池。本项目是为了更好地促进产业升级和产品多元化战略而设计建设的，它的建成投产预示着奥冠的发展又迈上了一个新台阶。

新项目设计了两条生产线，其中80%以上实现了自动化。项目全部采用国产高端装备，技术水平达到了国内一流，国际先进水平。项目采用了圆柱电池盖帽自动焊接装置、自动清洗装置、高安全性圆柱电池和锂离子电池化成夹具等8项国家专利技术，采用新型的高效导电剂、真空搅拌和胶体磨处理的合浆工艺、变间距极耳激光成型技术及双防爆阀设计等6种非专利专有技术，生产的大圆柱动力锂电池具有容量大、安全性好和动力强劲等特点。2014年新开发的“AOGUAN40155”动力电池通过了山东省经信委组织的新产品新技术认定：项目产品达到了国内一流，国际先进水平。

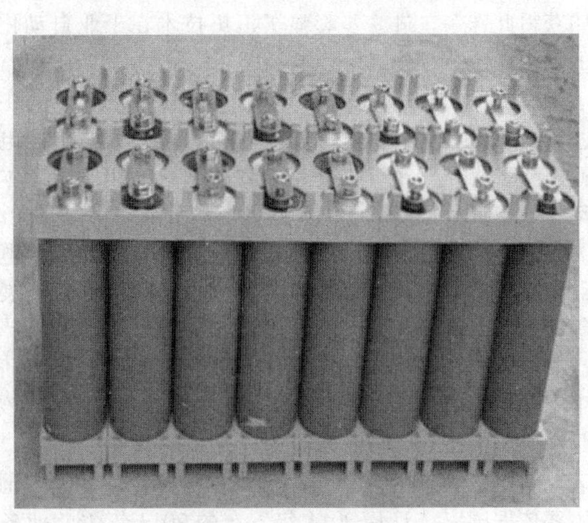

“AOGUAN40155”动力电池

山东奥冠鸟瞰图

展厅一角

汇川技术获第15届中国电气工业100强殊荣

在2014年11月27日公布的“第15届中国电气工业100强”及“2014年度中国电气工业成长力10强”榜单中，苏州汇川技术有限公司成功入选。作为国内一线工业自动化综合产品及整体解决方案供应商，汇川技术已连续两届获得此殊荣，进一步彰显了汇川技术在工业自动化领域的领先地位。

2014年11月27日，以“创新·合作·发展”为主题的“第11届中国电气业发展高峰论坛暨第15届中国电气工业100强研究发布”在北京希尔顿逸林酒店举行。本届活动深入探讨和分享电气工业发展形势及战略，以及能源、电力电网、工业节能和基础设施等热点领域的发展给电气工业带来的机遇与挑战，知名企业成功经验与创新发展策略等话题。

“中国电气工业100强”评选由中国机械工业信息研究院下属的电气时代杂志主办，至今已成功举办15届。该榜单是中国电气工业领域反映我国电气企业发展现状的“晴雨表”，已成为电气行业每年一度关注的焦点。此届入围标准主要依据国家统计局2014年发布的2013年主营业务收入数值，同时参考同期利润总额等相关指标确定。

汇川技术500 kW储能变流器产品通过德国TÜV认证

汇川技术继光伏500 kW逆变器项目IPV800T500TL完成德国TÜV认证后，日前，光伏500 kW储能变流器产品IES100T500也顺利完成德国TÜV认证，产品获准粘贴TÜV标志。

TÜV标志是德国TÜV认证机构专为特定产品定制的一个安全认证标志，在德国和欧洲得到广泛的接受。近年来，国内的光伏行业客户越来越看重TÜV机构针对光伏产品的认证，视之为产品安全质量的保证，甚至成为项目招投标的重要指标。

光伏500 kW逆变器项目的TÜV认证是公司平台产品获得的第一个第三方认证（获准粘贴第三方认证标识），而光伏500 kW储能变流器的TÜV认证则是储能行业大功率变流器国内首个TÜV认证。

这两项认证的胜利完成，为提升公司产品质量、品牌的科技含量起到了良好的推动作用，并为光伏产品进一步开拓市场创造了良好的条件。

同时标志着公司安全认证体系的构建取得了阶段性的进展，团队的整体业务能力和专业水平达到了国际认证机构的要求。这两项TÜV认证项目也为以后公司其它产品的更多国际认证积累了宝贵的经验。

汇川技术“HD9X系列高压变频器”被列入2014国家重点新产品计划

根据中华人民共和国科学技术部发布的《科技部关于下达2014年度有关国家科技计划项目的通知》（国科发计〔2014〕303号），深圳市汇川技术股份有限公司（以下简称“公司”）子公司苏州汇川技术有限公司的“HD9X系列高压变频器”被列入科技部“2014年度国家重点新产品计划立项项目”，项目编号为2014GRC10040。

HD9X系列高压变频器系统采用单元级联型拓扑结构，控制方式采用适合于高压异步/同步电机调速的无速度传感器定子磁链闭环矢量控制。该系列高压变频器可以应用在节能和工艺调速场合；节能效果显著，调速性能优异。目前该系列产品已经进入批量生产阶段，广泛应用于冶金、电力、石化、煤矿、水泥和市政等行业。

本次HD9X系列高压变频器被列入国家重点新产品计划立项项目，有利于公司发挥品牌优势，提升公司产品的核心竞争力。

爱科赛博被评为“2014年国家火炬计划重点高新技术企业”

西安爱科赛博电气股份有限公司被国家科学技术部火炬高技术产业开发中心认定为“2014年国家火炬计划重点高新技术企业”。火炬中心将在火炬高新技术产业化及环境建设体系中对国家火炬计划重点高新技术企业在信息、宣传、人才、市场和资金等方面采取有针对性的帮扶措施和政策，予以重点支持。

公司被认定为“国家火炬计划重点高新技术企业”，是持续技术创新和综合研发能力的集中体现。近年来，公司始终坚持以自主创新引领企业发展，不断加大人才、研发设备和科研经费等科技创新投入力度，每年研发投入均超过销售收入的5%，开发出了一大批技术先进、适应国内外市场需求的新产品，竞争能力不断提升，为企业可持续良性发展打下了坚实基础。

爱科赛博发布首款高性能可编程交流电源

2014年11月1~2日，中国电工技术学会电力电子学会第14届学术年会在福州召开。爱科赛博首款高性能可编程交流电源在会上发布。

公司董事长、总经理白小青作为中国电工技术学会电力电子学会常务理事，在会上作了题为《电网适应性测试及测试模拟电源发展动态探讨》的大会报告，讲述了电网适应性测试要求和测试模拟电源国内外发展动态趋势和实现方案举例，并发布了公司推出的5 kW可编程交流电源概念机。

发布的该款测试电源为国内首款5 kW可编程交流电源，主要测试指标达到国外一线品牌的水平，产品可满足谐波编程输出、谐波与间谐波叠加、任意波形输出、远程控制等技术要求。按照计划，公司研发的1~15 kV·A高性能可编程交流电源系列产品将于2015年初上市。

发布会现场，爱科赛博可编程交流电源样机受到极大的关注和好评，前来展台咨询和沟通的客户、专家和同行络绎不绝，多家企业前来询价或表达出购买意向。该产品的成功发布标志着在高性能可编程电源产品领域有了中国品牌。

产品发布展示

董事长白小青做大会报告演讲

发布展示现场

龙腾公司技术总监陈桥梁博士入选第七批陕西省“百人计划”

陕西省委组织部下发《关于印发第七批“百人计划”入选资格名单的通知》(陕组通字〔2014〕113号)，公布了陕西省第七批“百人计划”评审结果。全省共计117人，其中创新全职项目48人，创业人才8人，短期项目39人，青年项目22人。公司技术总监陈桥梁博士入选第七批陕西省“百人计划”创新全职项目。

“百人计划”是由陕西省委、省政府组织实施的与国家“千人计划”相衔接的人才支持项目，旨在鼓励和吸引海内外高层次人才来陕西创新创业，全面提升陕西省人才队伍的综合实力和科技创新能力。

宁夏银利电器制造有限公司四项五柱电抗器产品专利

宁夏银利电器制造有限公司研发成功四项五柱电抗器并取得专利，该项专利在公司占用研发人员6人，加班加点研制半年，通过公司内各项例行试验，委托铁科院做型式试验均合格通过，之后获得了此项专利。

银利成功研发四项五柱电抗器并取得专利

该电抗器克服了传统单项电抗器体积大、占用的空间大的不足。四台单项电抗器做成四项五柱电抗器，使电抗器集成化，在制造技术上符合了现代电力电子设计成三项四线制的实际需求。适用于低压电源发展的需要，适用现代电力电子领域对此类电抗器的要求，特别是涉及一种新的大功率电抗器。本实用新型产品，从结构上解决了三项电流和不为零，给零序提供了回路，对“零”线电流进行了控制，可以回收零线的电流能量，对电网正常运行提供了可靠的保障。

据了解，同行业采用四项五柱电抗器的不足8%。

智胜新2014年度企业荣誉及政府支持项目

智胜新公司于2013年和2014年分别荣获“深圳市高新技术企业”和“国家高新技术企业”称号。公司承接深圳市科创委技术开发项目——宽温、高压和长寿命新型高端铝电解电容器的研制项目。2014年企业申请发明专利一项，实用新型专利三项。截至目前，企业专利项目已超过20项。

中国长城计算机深圳股份有限公司“3 000 W高性能超级计算机电源”通过部级科技成果鉴定

2014年7月23日，中国电子学会在北京组织了对中国长城计算机深圳股份有限公司电源事业部申报的“3 000 W高性能超级计算机电源”科技成果鉴定会。

“3 000 W高性能超级计算机电源”是中国长城计算机深圳股份有限公司电源事业部配合国防科技大学“天河二号”超级计算机系统的需求而定制开发的项目。该电源型号为CDM3000，输出+12 V、250 A；+5 VSB，3 A，额定功率3 000 W。

该项目从2012年5月开始，2013年3月研发结束，在国防科技大学的严格评测下，击败国外同类产品，已经给“天河二号”稳定供货，填补了国家超级计算机电源的空白，实现超级计算机核心零部件的国产化。

本次鉴定会是部级科技成果鉴定，由中国工程院院士李伯虎领衔评审主任，评审委员有工业和信息化部科技司副司长韩俊、工业和信息化部电子司副司长胡燕、浪潮公司副总裁李金、曙光公司副总裁沙超群和清华大学电力电子研究所副教授袁立强等。

CEC集团总工程春平、中国长城计算机深圳股份有限公司于吉永副总裁、科技发展部丁紫惠总经理、侯春莹副总经理、电源事业部安彩云总经理、研发总监黄昌宾和项目工程师钟大兴出席了鉴定会。会上，于总给评审专家做了项目汇报，得到了专家团的肯定，评审委员会一致认为该项目达到国际先进水平。

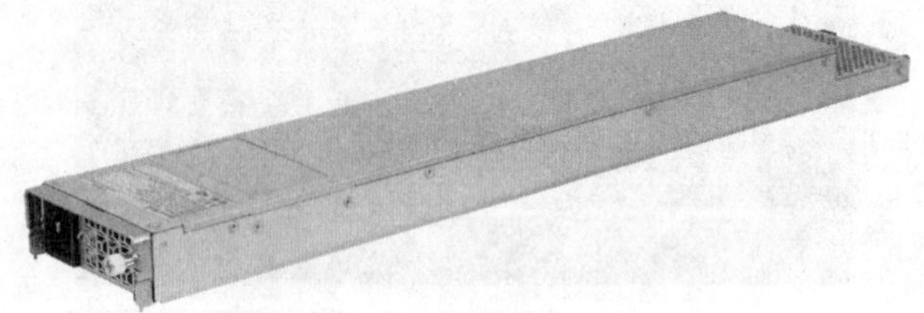

高性能超级计算机电源CDM300

矛牌3万V 25 mA大功率激光电源研发成功

浙江矛牌电子科技有限公司推出最新研发的750 W大功率激光电源。此款激光电源为输出85～264 V，输出最高直流电压30 kV，输出连续电流0～30 MA可调。主要用于激光雕刻机、切割机等中大功率激光设备中。目前此激光电源已正式进入试产阶段。

矛牌推出150 W大功率LED路灯驱动器

浙江矛牌电子科技有限公司推出最新研发150 W系列大功率LED路灯驱动器MLD150—200070D，该款路灯驱动器能够在输入电压85～277 V，频率范围在47～63 Hz的情况下工作，输出电压范围为150～200 V，转换效率在93%之上(满载)，功率因素≥0.95，接LED负载灯无频率闪烁。

已通过CCC认证。150 W系列LED路灯驱动器是一款隔离式控制装置，符合安全规范UL1310、EN61347—1和GB19510.1标准要求，具有过电压等保护特点。在70℃环境温度下，满载情况下，使用寿命可达到30 000 h。其IP67的安全防护级别则是充分考虑到室外设备——路灯对于环境的严格要求。目前，150 W系列LED驱动器现已进入生产阶段。

宝士达电源荣获2014年度中国云计算数据中心首选UPS品牌

由中国计算机报主办、中国计算机行业协会、中国计算机用户协会、中国信息化推进联盟数据中心专业委员会和中国绿色网络联盟协办的“2014第七届中国数据中心大会”在北京新世纪日航饭店会议中心隆重召开，来自业内的知名专家、厂商代表以及各行业用户代表参加了本次盛会。大会以“能效为先，管理为重”为主题，全面而深入地探讨了在大数据时代来临的背景下，数据中心在构建、运维、管控和服务等方面将面临的挑战和机遇。提高数据中心整体能效，实现有效的节能减排是所有数据中心用户的共同心愿。

宝士达公司坚持高技术与高可靠并重的原则，始终倡导引入绿色节能环保理念来开发未来的UPS产品，同时不断致力于降低UPS的生产成本，减轻用户的支付压力，并推出新一代模块化UPS，从而更好地贴近和服务市场。

在本次大会上，由中国计算机报评出的2014高能效数据中心解决方案奖、高能效数据中心样板工程奖和高能效数据中心优秀产品奖等奖项各有归属，其中，宝士达电源荣获“2014年度中国云计算数据中心首选UPS品牌”，并进行现场颁奖。宝士达围绕“能效为先、管理为重”的会议主题，针对数据中心多个方面，进行了主题演讲，宝士达的演讲题目是“数据中心模块化UPS的应用”，得到与会嘉宾的广泛好评。

宝士达电源荣获2014年度中国云计算数据中心首选UPS品牌

金宏威荣获自动化行业“新锐企业奖”

2014 年 3 月 7 日，“2014 年中国自动化年会暨第 12 届自动化年度评选颁奖晚宴”在北京开元大酒店隆重举行，凭借稳定的增长业绩以及在自动化行业上的出色表现，金宏威荣获“新锐企业奖”。

应主办方邀请，金宏威出席此次大会，与行业内各位精英共同探讨自动化行业发展方向。在大会举行的“第 12 届中国自动化年度评选颁奖盛典“环节中，经过专家评委会、网络用户以及 gongkong 综合评议，金宏威最终脱颖而出，荣获“新锐企业奖”。据悉，gongkong 自动化年度评选已成功举办 12 届，已成为中国工控及自动化领域的标杆。

深圳市金宏威技术股份有限公司主要为电力行业提供电网信息化建设解决方案、配电自动化系统解决方案、用电信息采集系统、变电站辅助监控系统和 10 kV 智能化开关设备等电网智能化产品，金宏威还提供应用于变电站、发电厂、机房的直流电源系统及动力环境综合解决方案；同时，金宏威亦为广播电视、石油石化等行业客户提供信息系统集成服务。目前，公司的自动化产品已在电网领域得到广泛应用和认可。此次获奖，证明了公司的实力，也促进公司不断创新，以提供更多契合客户需求的产品和解决方案。

深圳迪比科获评“深圳知名品牌”将建独立实验室深化产品线

深圳市迪比科电子科技有限公司成立于 2004 年，是一家集研发、生产、销售移动电源和电池等相关电子产品于一体的高新技术企业。并在 2007 年和 2009 年先后斩获了“深圳市高新技术企业”和“国家级高新技术企业”称号。迪比科旗下“DBK”品牌经过严格考核，已顺利获评 2015 年第 12 届“深圳知名品牌”荣誉称号。

据了解，早在 2010 年，迪比科就开始了品牌化运营和以品质求发展的企业之路，为此，迪比科产品先后通过了中国 CQC、欧盟 CE 和美国 FCC 等多项权威认证，产品远销欧洲、北美、日本和东南亚等各地。此外，2010 年，迪比科还建立了自己的研发团队，目前这支 150 人的研发团队已拥有了 180 多项专利。

2014 年底，迪比科实验室正式挂上了由天祥公司颁发的“ETL、GS、CB”三枚牌匾，标志着迪比科实验室资格认证工作迈入了新台阶。在移动电源行业，花巨资购买实验设备、建实验室并在实验部分进行大量投入是很难能可贵的一件事。而迪比科目前正在这条道路上孜孜不倦的努力着。

截止目前，深圳迪比科共锻造出了六大系列产品，分别为动力储能系列、消费类电池系列、电源系列、摄影器材系列、智能生活系列和可穿戴设备系列，产品总数多达 5 000多种。预计在 2015 年，深圳迪比科的年产值将达 10 亿元。相信，随着占地面积达 385 亩的江西迪比科工业园的正式开业，迪比科横跨粤赣，做大做强的百年老店之梦终将照进现实！

迪比科旗下“DBK”品牌获评“深圳知名品牌”

稳利达 2014 年度总结报告

2014 年，面对市场竞争等诸多困难，稳利达公司全体员工负重前行，聚焦项目，对标一流，付出了超常努力，在项目开发、新品研发和企业建设等方面取得了突出成绩。

2014 年 3 月，稳利达率先以绝对优势荣获西藏移动公司 300 多台订单，实现了公司销售工作的“开门红”，为完成年度目标任务奠定了良好的基础。同时公司在滤波补偿装置上，申请了实用性专利证书“低碳循环使用型抽屉式滤波补偿装置”、“环境友好型快换抽拉式低压滤波补偿模块”两项专利，再一次证明稳利达在滤波治理产品上精湛水平。紧接着起草了“斩波补偿交流稳压电源”行业标准 QB/T 1401—2014。这一系列成就无不展示了稳利达作为国内知名品牌的综合实力。岁末公司被评为“上海市高新技术企”。

自 1994 年成立发展至今，稳利达始终秉承着“稳行至远，利信达业”的发展理念，用一系列高精端的滤波补偿、稳压器和光伏逆变器等产品不断地为电源行业带来新的定义与诠释，期待“稳压器”再创高峰，为广大客户创造更多的惊喜！

上海吉电电子技术有限公司被授予民营 100 强企业

上海市企业联合会、上海企业家协会和上海市经济团体联合会于 2014 年 9 月 10 日在上海市经济管理干部学院召开“2014 上海 100 强企业发布会”，公布上海市 100 强企业名单。上海吉电电子技术有限公司被授予“上海 2014 年民营 100 强企业（第 74 名）”，“上海市民营服务业 50 强企业（第 35 名）”。大会向 100 强企业颁授了铭牌和证书。

公司被授予“上海 2014 年民营 100 强企业”

荣誉证书

上海吉电电子技术有限公司

2014上海民营服务业企业50强

（第35名）

2014年9月

公司被授予上海市民营服务业 50 强企业

创力股份举行新三板挂牌仪式

2015 年 1 月 16 日上午十点，浙江创力电子股份有限公司“新三板”专场挂牌仪式在京举行，这是温州第一家软件(IT)类高新技术企业挂牌上市。温州市科技局局长徐顺东、温州经济开发区管委会副书记郑俊、温州市金融办副主任顾威等领导协同创力股份董事长林琳敲响了开市宝钟，标志着“创力股份”（证券代码：831429）正式登陆新三板资本市场。

创力股份本次募集资金将投向孵化器基地建设项目、研发中心建设项目以及其它与主营业务相关的运营资金项目。初步预计项目建成后，公司将新增研发人员 30 人，各种系统产能 200 万台套，预计年均营业收入可达 1.2 亿元，年均净利润将达 1 500 万元左右。

浙江创力电子股份有限公司隆重挂牌

伊顿亚太区客户体验中心落户深圳

全球领先的动力管理公司伊顿宣布其位于深圳的伊顿亚太区客户体验中心已正式启用。这进一步表明了伊顿对中国市场的长期承诺和行动，以及在华业务的持续稳步增长。伊顿公司副董事长兼电气集团首席运营官托马斯·格罗斯(Tom Gross)和伊顿电气集团亚太区总裁尤伊凡(Ivo Jurek)出席了开幕典礼。伊顿亚太区客户体验中心位于深圳宝安区伊顿工厂内，全新的体验中心占地 190m^2 (2 045in^2)，投资 1 500 多万元，是伊顿全球在美国、芬兰之外的第三个测试中心，拥有亚太区最领先的测试和服务能力，由 2 台 8 25 kV·A 和 1 台 1 100 kV·A 的 9395 UPS 提供可靠绿色的动力支持。

伊顿副董事长兼电气集团首席运营官托马斯·格罗斯(Tom Gross)和伊顿电气集团亚太区总裁尤伊凡(Ivo Jurek)为中心剪彩

伊顿 93E 系列 UPS 获泰尔认证证书

伊顿 93E 系列 UPS(20～400 kV·A)顺利通过国家信息产业部泰尔认证中心 25 项严格的产品检测和工厂审查，获得了泰尔认证证书。经检验，93E 各项指标均达到 YD/T 1095—2008 通信用不间断电源(UPS)及相关标准所规定的要求。

TLC

产品认证证书

Certificate for Product Certification

伊顿电源(上海)有限公司（经销商）

山特电子（深圳）有限公司

93E 系列通信用不间断电源(380V/380V 20KVA-400KVA 在线式)

YD/T1095-2008*

特此证明

CNAS

Http://www.tlc.org.cn

伊顿 93E 系列 UPS 获泰尔认证证书

伊顿全新推出模块化数据中心解决方案产品——模方™

在数据量飞速增长的今天，在大数据时代呼啸而来的浪潮中，能耗偏高及无法迅速适应用户快速转变的需求是当今数据中心面临的两大问题。物理架构是数据中心的基础，是IT业务可靠运营的关键层。伊顿全新推出的模块化数据中心解决方案产品——模方™，无缝整合数据中心物理基础设施，提供高效绿色的模块化一体解决方案，从容应对供电、制冷、扩容及管理等几个方面带来的挑战，构建一个可靠、高效、安全的数据中心。

伊戈尔电气连续八年荣获“广东省诚信示范企业”称号

2014年4月23日，由广东省企业联合会、广东省企业家协会主办的第20届广东省企业家活动日在广州白云国际会议中心隆重举行，本次活动日的主题是“全面深化改革，发展混合所有制经济——我们的共同机遇”，广东省副省长刘志庚等领导和企业代表共400多人参加了活动。

大会表彰了2013年度广东省优秀企业、优秀企业家和诚信示范企业，伊戈尔电气股份有限公司再次被荣获“广东省诚信示范企业”称号。这是公司自2006年以来连续8年获此殊荣，更是社会各界对伊戈尔的一致认可。

公司将一如既往，以诚信发展为基石，创新改进为导向，向全球客户提供最优性价比的产品和服务，为社会创造持续增长的价值，精心打造诚信品牌，不辜负广大客户的信任，用自己的实际行动树立企业的诚信形象。

伊戈尔电气荣获“广东省诚信示范企业”称号证书

湖南省委书记、省人大常委会主任徐守盛赴株洲麦格米特调研考察

2014年8月27日，湖南省委书记、省人大常委会主任徐守盛来到株洲市调研项目建设和经济运行情况，特意来到株洲麦格米特电气调研考察。

株洲麦格米特电气公司作为沿海产业转移企业的典型代表，两年来在株洲从基建到试产，一步一个脚印，目前已经完成全球制造中心的一期建设，逐步开始走向规模化生产。公司董事长童永胜先生向徐书记汇报了麦格米特的公司发展战略，参观了公司SMT车间和PA车间，并对公司在消费电子、工业定制和工业自动化领域的产品布局和规划做了详细的介绍。站在企业经营的角度，童永胜董事长还与省、市领导探讨了公司在株洲发展中的问题以及公司的政策建议，童董事长对麦格米特公司在株洲的产业转移和长期发展充满信心。

徐书记饶有兴趣地向童董事长了解了麦格米特公司产品在工业、消费领域的应用和技术特点，交流了产业转移中的具体问题，并希望麦格米特公司立足株洲、立足湖南，带动上下游配套企业实现集聚发展。

省委常委、省委秘书长韩永文，省委派驻株洲市党的群众路线教育实践活动督导组组长谭仲池，株洲市长毛腾飞和株洲高新区工委书记谢高进等省、市、区领导参加了调研。

湖南省委书记、省人大常委会主任徐守盛赴株洲麦格米特调研考察

厚德乐科UPS助力大型国际体育赛事

国内领先的电源一体化解决方案供应商东莞市乐科电子有限公司，其旗下高端UPS电源品牌“厚德乐科”在国内外众多品牌中脱颖而出，成功服务于2014年第45届世界体操锦标赛，为世界体操锦标赛的成功举办提供高可靠性的电力保障，助力南宁打造一场高水准、绿色环保的体育盛会。

世界体操锦标赛（The World Gymnastics Championships）是国际A类体育赛事，由国际体操联合会主办及其所属的一个国家的体操协会所承办的世界性体操赛事，是除奥运会外单项项目最高级别的赛事，主要分为竞技体操和艺术体操锦标赛。

第45届世界体操锦标赛于2014年10月3~12日在南宁成功举办，是中国继1999年天津世界体操锦标赛之后，第二次承办的体操世锦赛。此次比赛设置男子八个项目（团体、个人全能、自由体操、鞍马、跳马、吊环、单杠和双杠）、女子六个项目（团体、个人全能、自由体操、平衡木、跳马和高低杠），有来自世界各地的80多个国家的运动员报名参赛。

本次世界体操锦标赛会场供电系统主要应用的是厚德乐科多制式模块化UPS电源M1系列，据悉，厚德乐科M1系列产品可在线热插拔，全数字化控制，采用5.7in大屏幕人机互动触摸屏显示界面，更人性化，技术性能均达国际水平，已获得多项专利。此外，厚德乐科 M1 系列整机效率高达 94%，输入功率因素≈1，输入电流谐波小，过载能力强，可远程监控，有效保证了锦标赛各项精彩赛事及赛事转播的正常进行。

英杰电气荣获“中国驰名商标”

2014 年 2 月，英杰电气公司申请的“英杰”注册商标被国家工商总局商标局、商标评审委员会认定为“中国驰名商标”。这是公司在取得“德阳知名商标”、“四川名牌”等荣誉后所获得的又一殊荣。

公司成立于 1996 年。作为德阳市纳税大户及知名企业，在近 20 年的企业发展进程中，公司一直高度重视商标的管理与保护、商标的经营以及品牌建设等工作的发展。公司以持续创新为核心，以质量提升为突破，优化管理方式，进一步提高自身的综合实力与核心竞争力，为客户提供优质的服务，创“英杰”品牌，立志成为国际一流的电气设备供应商。

英杰电气商标

中兴通讯入选“中国企业国际化 50 强”及“中国企业国际化绩效 10 强”榜单

2014 年 11 月 21～23 日，由中国与全球化智库主办的首届中国企业国际化论坛在海南三亚举办。本次会议的一大亮点是发布了国内首部企业国际化蓝皮书——《中国企业国际化报告(2014)》，其中包括“中国企业国际化 50 强”、“中国企业国际化新锐 50 强”及“中国企业国际化绩效 10 强”榜单。中兴通讯入选“中国企业国际化 50 强”及“中国企业国际化绩效 10 强”两大榜单，中兴通讯高级副总裁陈健洲出席了颁奖仪式，并同与会者分享了“走出去”经验。

根据“中国企业国际化 50 强”榜单，中兴通讯、中国石化、联想控股和中国工商银行等 50 家企业，以国际化规模大、国际化成效显著入选。其中，中兴通讯以其国际市场占比超过 50%，海外员工本地化比例达 70%，成为中国企业市场、人才和经营国际化的领先者。

中国企业国际化论坛以“开启中国企业国际化新纪元”为主题，在 16 个版块中对中国企业全球化发展进行讨论。11 月 23 日上午，原国家外贸部副部长、中国与全球化智库主席龙永图主持了“向成功者学习：卓越企业是如何实现海外拓展的”分论坛，陈健洲在该论坛上与众位杰出企业家分享并讨论了中兴通讯成功的重要经验，表示企业走出去最重要的是“要有自主的知识产权和技术”。

陈健洲介绍，中兴通讯在 30 年企业经营中，始终坚持自主技术，并较早开始重视知识产权。根据 WIPO 世界知识产权组织发布的统计，中兴通讯连续两年蝉联全球 PCT 专利申请第一。目前，中兴通讯全球专利资产储备超过 5 万件。也正是因为拥有这些巨大的知识产权储备，才使得中兴通讯在 2014 年赢得美国 337 调查的四连胜。可以说，知识产权的储备是整个人力资源以及人力资本积累的竞争优势。

除了具备企业核心竞争力，陈健洲认为不同的国家和地区，各方面情况差别会非常大，国际化策略需要更加灵活。中兴通讯在海外 160 多个国家和地区开展业务，面对各国差异和跨度极为复杂的情况，中兴通讯采取将自身技术产品优势与当地需求特点相结合的措施，这两方面的结合在中兴通讯国际化中被称为“全球化运作，本地化实施”。

伴随 M-ICT 万物移动互联时代的到来，全球化与移动互联网也将深度结合，陈健洲表示中兴通讯正在尝试新的国际化模式，在不同的事业群里，将可能有不同的国际化模式，根据国情与当地特点，分别制定不同的产品战略，这将是未来国际化巨大的挑战。

杭州中恒电气被确定为杭州市信息化应用示范试点企业

在杭州市工业企业信息化试点企业评比中，杭州中恒电气公司凭借多年来卓有成效的信息化建设工作，被确定为杭州市工业企业信息化应用试点企业。

公司多年来始终重视企业信息化建设，通过对信息资源的深入开发和利用，应用现代信息技术不断提高产品开发、生产与企业经营管理的效率和水平，进而大幅度提高了企业经济效益和核心竞争力。公司被确定为市企业信息化试点企业，充分肯定了公司在信息化建设中取得的显著成效，公司将在今后的信息化建设道路上不断创造更好的成绩，在本行业中发挥信息化推进的引领示范作用，争取早日跨入工业企业信息化应用示范企业行列。

远方光电获“2013 中国 LED 行业年度影响力企业”荣誉

2014 年 8 月 27 日，以“联合创新协同发展”为主题的第二届(2014)中国 LED 供应链大会暨中国 LED 行业年度评选颁奖典礼在贵阳举行。远方光电荣膺“2013 中国 LED 行业年度影响力企业”。

远方光电荣膺“2013 中国 LED 行业年度影响力企业”证书

此次大会由工业和信息化部电子信息司指导，中国半导体照明/LED产业与应用联盟和中国电子报共同主办。本次会议旨在努力打造LED供应链的信息交流平台、技术创新成果展示平台和关键元器件配套平台，通过展现LED产业链企业的技术创新成果，集聚技术创新的优势资源，为产业各环节提供最新的产品，满足市场不断提升的需求，共同创建产业链协调发展的良好局面。

长岭光伏与德国AEG公司牵手合作

长岭光伏产业引进技术对外合作传来喜讯，8月29日，长岭光伏与德国AEG公司合作生产光伏逆变器框架协议签署成功，这标志着长岭光伏将跨越国门、拓展更大的发展空间。党委书记、董事长兼长岭光伏董事长张宝会和光伏公司总经理王永昌等长岭洽谈方代表，德国AEG公司董事长Dirk Wolfertz（迪克·沃福慈）先生和副总裁Juergen Kranemann（于尔根·柯兰曼）先生等德方洽谈代表进行了为期2天的项目合作会谈。

会谈中，双方围绕长岭与AEG合作生产光伏逆变器事宜进行了商务洽谈，双方代表秉持互利共赢、优势互补的合作诚意，大家主动沟通、互相探讨、弥合分歧，最终在双方共同努力下达成了合作共识——双方董事长签署长岭光伏公司与AEG公司合作生产1 000 kW光伏逆变器的框架协议，合作期限为5年，AEG公司提供设计技术，授权许可长岭在中国独家生产销售AEG技术的光伏逆变器，5年共生产光伏逆变器2 000 MW。

此协议的签署，使得双方在太阳能光伏逆变器领域共同面对市场挑战，发挥各自特长和合作聚积优势，更好地开拓中国和国际市场。据悉，长岭与AEG在光伏逆变器上的合作模式将会推广到其它产品的技术合作上，从而为长岭今后的发展打下坚实的基础。

国家电网在充电设备招投标中奥能电源成功中标

在国家电网充电设备招投标中，公司成功中标“国网安徽省电力公司”三个充电站的采购合同。即合肥临泉路龙岗公交停保场充电站、合肥天水路瑶海公交停保场充电站及合肥蒙城北路荣城花园公交保停场充电站。

山东华天电气公司应邀参加第八届电能质量高峰论坛

2014年3月19～20日，在享有“人间天堂”美誉的杭州，由赛尔传媒主办的第八届电能质量高峰论坛及产品展览会如期举行。来自国网相关部门及公司、专业设计院、大专院校和电能质量专业公司800多专家学者、工程技术人员和市场人员参加了会议。会议就当代电能质量技术的前沿问题及未来发展趋势、电能质量产品在各行各业应用中的机遇和问题等进行了深入的研讨。在会议期间，华天电气公司董事长肖连生接受了赛尔传媒的视频专访，向广大用户介绍了华天电能质量产品在各行业的应用情况，表示华天电气将抓住历史难得机遇，在电能质量领域深耕细作，不断提高现有电能质量产品的技术水准，不断推出电能质量新产品，为客户提供更加科学合理的电能质量整体解决方案。

华天电气公司作为电能质量综合治理资深企业应邀参加了本次会议，与会期间展出了华天HTQF系列有源滤波器、HTEQ系列无功补偿装置、中低压HTSVG和HTTSVG等产品。华天电气的这些产品得到与会的专家学者、设计师、工程师及电力用户、行业用户的一致好评。在本次会议上，华天电气研发工程师王海涛针对IDC数据中心电能质量综合治理问题作专题发言。他详细介绍了华天有源滤波器等产品在IDC的广泛应用情况及其治理效果，使与会嘉宾更加深入地了解华天电能质量产品的特点和优势，这对于在业内提升华天电能质量产品品牌形象起到了重要的作用。

“微信扫描二维码”的活动在展会现场可谓赚足了人气，只要扫一下华天电气公共号微信二维码，即可获得小巧实用的礼品，参会观众积极踊跃参与扫码活动。通过关注华天微信公共账号，可大大提高用户及设计师对华天品牌的认可度，增加公司与设计师和客户的沟通互动，使广大用户和设计师及时了解到华天电能质量产品解决方案的最新进展以及业内的相关新闻。

雷诺尔再度荣获“上海市著名商标”称号

上海雷诺尔科技股份有限公司延续申报的“RENLE RENLE”商标，再次蝉联上海市著名商标。

再度荣获“上海市著名商标”的荣誉称号，是对雷诺尔产品品质、品牌价值及影响力等方面所取得成果的肯定，也从另一个角度激励雷诺尔进一步以产品的质量强化企业的品牌建设。

第五篇　科研与成果

2013 年度国家自然科学基金电源及相关专业结题项目介绍

1. 超高速柔性单晶硅电子器件及多功能电路的研究
2. 巨电致电阻效应中导电路径的形成与演变过程研究
3. 具有高压直流母线的无升压变压器大功率直驱风电系统的研究
4. 10μm 以上 GaN 基厚膜垂直结构 LED 器件的制备及相关关键物理问题的研究
5. GaN/InN（QD）量子点复合结构载流子倍增太阳电池材料与器件研究
6. LED 器件用 Zn1-xMg$_x$O/ZnO 多量子阱的界面能带结构和内电场效应研究
7. Si 衬底上 InGaP/GaAs/Ge 和 InGaP/GaAs/SiSnGe/Ge 多结太阳电池材料生长与器件制备研究
8. SOI 功率器件横向变厚度耐压新技术的机理、工艺和模型研究
9. ZnO/p-GaN 欧姆接触及其表面微结构提升 LED 光效的研究
10. 白光 LED 用新型二价铋离子掺杂发光材料的基础研究
11. 变压器绕组串—并联无级自调整组合变流器研究
12. 变压器油中纳米粒子对流注发展的影响机理研究
13. 变压器与输配电系统快速暂态相互作用建模的若干基础问题
14. 采用光激励的 LED 光电特性的非接触检测技术
15. 超/特高压电网对全球卫星导航定位信号干扰影响分析及仿真模型研究
16. 垂直结构紫外 LED 的研究
17. 磁场调制型低速大扭矩多功率端口永磁电机研究
18. 大功率 InGaN 基 LED 新型外延结构研究
19. 大规模风电接入电网的发电计划决策理论与方法的研究
20. 电动汽车电池储能特性与电网接入技术研究
21. 电网不平衡时电压型 PWM 整流器无源控制研究
22. 电网冲击下超（超）临界汽轮发电机组轴系-叶片弯扭耦合振动特性的研究
23. 电网扰动下直驱式永磁风力发电系统暂态稳定控制
24. 电线磁场能量采集及压磁/压电复合低频磁电换能器研究
25. 分段式永磁低速直线电机交流伺服系统建模与性能控制研究
26. 风机变流器电网适应性的实验室模拟与控制
27. 高 k 叠层栅 AlGaN/GaN MOS-HEMT 器件结构实现与可靠性表征
28. 高 k 介质 MOS 器件共振隧穿低频噪声模型及应用研究
29. 高导电 PEDOT 的气相聚合及其在有机光伏器件中的应用
30. 高电压输配电装备安全理论与技术
31. 高功率密度 SiC MESFETs 器件与三维电热解析模型研究
32. 高可靠 HB-LED 驱动器的研究
33. 高能量密度、高功率密度锂离子电池用纳米 Si-多孔 PPy 弹性综合体结构负极及其充、放电过程研究
34. 高频开关功率变换器中的分叉理论与应用研究
35. 高压大容量变流器 EMI 滤波器的关键技术研究
36. 功率集成电路芯片与系统电磁干扰可靠性研究
37. 光伏并网发电系统与电网间阻抗匹配关系及系统稳定性研究
38. 光热耦合电源器件建模及基础问题研究
39. 轨道电路单并发故障动态诊断的信息融合方法
40. 含风电场电网的协同建模与平稳控制
41. 毫微电网高频隔离集成变换器研究
42. 互联电网分布式电压稳定评估与控制方法研究
43. 换流变压器振动的谐波影响机理与抑制新方法研究
44. 基于 Agent 建模的多微电网系统智能调度及其实验平台研究
45. 基于 CMOS 工艺的动态电源驱动架构射频集成功率放大器关键问题研究
46. 基于 DNA 折纸术的碳纳米管分子逻辑电路研究
47. 基于 IEC 61850 与云计算的智能电网状态监测集成平台关键问题的研究
48. 基于 Tagaki-Sugeno 模糊模型的核反应堆功率控制系统的设计与分析
49. 基于电流预测控制的永磁交流伺服系统在线参数自整定控制策略
50. 基于多代理和多模型技术的智能城市电网自愈控制理论研究
51. 基于多分类器系统的智能电网安全改进
52. 基于分数阶微积分的开关功率变换器建模与控制的研究
53. 基于高频隔离和公共直流母线的电池储能电网接入系统
54. 基于功率传递电网间同期并列理论与应用研究
55. 基于功率预测的集群风电融入大电网的主动运行控制策略研究

56. 基于广域信息的电网结构脆弱性演变机理与评估方法研究

57. 基于几何图形分形与重构理论的变流器调制方法

58. 基于可靠性的电网风险评估与控制研究

59. 基于链式 CA 理论和潜在电路拓扑的谐振过电压抑制研究

60. 基于硫属化合物量子点的新型光伏器件及其能量转换特性的研究

61. 基于免疫移动多智能体系统的微电网智能控制与互动性研究

62. 基于模拟电路信号压缩采样的非线性特征核抽取与鉴别方法

63. 基于缺陷接地集成波导的新型微波电路研究

64. 基于热声效应的功率型 LED 强化散热机理研究

65. 基于碳纳米管的高性能 CMOS 器件和集成电路研究

66. 基于稳定性约束条件的空间电源功率密度优化方法

67. 基于新型变压器的电气化铁道负序和谐波统一治理的理论与方法研究

68. 基于蓄电池和超级电容器的微型电网复合储能系统研究

69. 基于植物叶脉构形设计高速集成电路电源网络

70. 基于智能算法的 MPRM 电路极性优化研究

71. 交流电机电源快速软切换控制复杂瞬态的建模与解析方法研究

72. 交直流混联大电网多直流系统间谐波相互作用机理的研究

73. 具有高压直流母线的无升压变压器大功率直驱风电系统的研究

74. 开关触发闭合时序对多级串联直线型变压器输出脉冲影响

75. 考虑随机电能变化的光伏电源电磁干扰混沌 PWM 抑制方法研究

76. 苛刻环境高可靠电子系统的电源健康状况预测机制研究

77. 可移动高能脉冲固体激光器直驱式电源系统研究

78. 利用线性叠加倍频技术实现硅 CMOS 太赫兹源单片电路

79. 脉冲驱动下蓝光 LED 的量子效率和光调制特性的研究

80. 脉冲调制射频电源激励下同轴电极中大气压介质阻挡放电的数值模拟研究

81. 面向智能电网的需求响应资源综合经济评价体系及激励机制设计

82. 纳米集成电路的量子混沌及其对电路性能的影响

83. 纳米器件的非弹性交流输运

84. 逆变型分布式电源并网孤岛检测机制研究

85. 区域电网电压控制系统模型降阶方法及预测控制算法研究

86. 软开关变换电路非线性行为分析与控制

87. 数字控制的开关功率变换器的建模、稳定性分析及其应用研究

88. 双频和多频非对称功率分配器的理论及关键技术研究

89. 图形化有源区结构 GaN 基 LED 外延及相关物理问题研究

90. 微电网变换器间交互影响及多目标协调控制研究

91. 无传感器交流伺服系统高阶非奇异终端滑模控制的研究

92. 无工频变压器级联式多电平变换器关键技术研究

93. 小型化无源元件的电热分析与功率容量研究

94. 新型高效三相交流变流器拓扑研究

95. 新型有机电致变色材料的创制及太阳电池驱动的固态有机电致变色器件的研究

96. 延迟微分代数系统的迭代算法及其在智能电网中的应用

97. 应力对硅衬底 GaN 基 LED 器件光电性能影响的研究

98. 永磁交流伺服驱动精密齿轮传动系统机电耦合振动特性研究

99. 用于太阳能光伏器件的表面等离子体理想吸收结构机理、设计与实验研究

100. 优化“基于可获得电路元件的功率电子系统”的区域敏感演化算法的研究

101. 智能电网背景下的电网风险规划研究

102. 智能电网实现自愈控制的框架体系结构研究

103. 智能电网长中短期能源优化调度基础研究

104. 智能电网知识可视化模型及知识发现策略研究

105. 智能电网中适应不稳定大规模清洁能源发电的联合智能调度管理理论研究

106. 中/强度混合动力合成系统用双功率流定子永磁型电机基础理论研究

2014 年度国家重点新产品计划电源及相关产品立项项目清单

2014 年度国家火炬计划电源及相关产品立项项目清单

2013年度国家自然科学基金电源及相关专业结题项目介绍

超高速柔性单晶硅电子器件及多功能电路的研究

1. 基本信息

项 目 名 称：超高速柔性单晶硅电子器件及多功能电路的研究

项 目 类 别：青年科学基金项目

项目负责人：秦国轩

负责人职称：副教授

依 托 单 位：天津大学

研 究 期 限：2011-01-01 到 2013-12-31

主 题 词：柔性电子；单晶硅；高速；建模；塑料衬底

2. 项目摘要

卓越的机械特性、更轻的重量以及廉价的成本等诸多独特优势使柔性电子器件的研究和应用迅速兴起。速度是柔性电子器件最重要的指标之一，速度提高将大大提升如数据传输、功率增益、功耗等各方面的性能。但由于缺乏有效的高速柔性电子科学理论基础、器件模型和设计制造方法，目前柔性电子器件的研究仍局限于低速或中等速度的范围，超高速（最大振荡频率达到Ku频带：12～18GHz）柔性电子器件及多功能电路无法实现。本项目将针对以上亟待解决的基本问题进行科学研究：探索分析制约柔性电子器件提升到超高速水平的关键机制和物理参数，为超高速柔性电子器件及其它相关高速研究领域打下理论基础；添加或修正影响超高速工作的关键参数，建立准确的器件模型；创新单晶硅器件设计制造方法。本项目将为实现超高速柔性电子器件及多功能电路提供必要条件，为各领域所迫切需要的应用及发展奠定基础，如高速电子通信，生物电子器件及高速雷达和航空航天应用等。

3. 结题摘要

柔性电子器件具有以往传统电子器件所不具备的诸多独特优势：结构轻薄，可弯曲变形，可附着于任何形状的表面上，机械稳定性高且在受外界撞击时所受的影响更小，可大面积使用，并可以方便地卷起或折叠，使得保存、运输以及使用大大简化。柔性电子学成为一门综合电子、材料、机械、力学以及生物医学等多领域的新兴交叉学科。器件速度是柔性电子器件最重要的性能指标之一，速度的提高将大大提升如数据传输、功率增益、功耗等各方面的性能。高性能柔性电子器件及电路具有非常广阔和重要的应用前景：例如WiFi可携带电子器件、高速电子通信系统、高速物联网识别及传输系统、可植入人体的生物电子器件、柔性传感器，以及军用民用高速雷达、通信天线和航空航天应用等。本项目开展的基础性科学研究重点针对高速柔性单晶硅电子器件与电路的机制模型研究与性能提升。本项目研究所取得的工作进展和成果主要包括：①对高速高频工作条件下的柔性单晶硅电子器件的各项主要物理机制和器件参数进行理论分析研究，包括分析与器件速度相关的机制及参数，分析超高速柔性单晶硅电子器件电路与传统电子器件所不同的主要工作机制、结构与参数等，并建立相关的理论分析模型。②依据分析获得的高速柔性电子器件的工作原理，建立适用于高速柔性电子器件电路的电学模型，并根据高速柔性电子器件的主要影响机制与参数对器件电路模型和仿真软件模型进行相应的物理机制和器件参数修正，通过多种类型器件电路的实验测试数据进行验证与优化。③设计制造多种类型的高速柔性单晶硅电子器件，并根据器件理论与模型进行结构、工艺等的优化，提升器件速度及其他相关性能，实现了多种高性能高速柔性电子器件（如特征频率达到Ku频带的柔性薄膜晶体管器件），并以此为基础设计制造了高速柔性功能电路。对于未来设计制造高速柔性电子器件电路具有一定的指导意义。综上所述，本项目从基础理论、器件结构工艺、模型建立、性能表征等方面对超高速柔性单晶硅电子器件与电路进行了分析与研究，加深理解了高速柔性电子器件的工作机制与关键参数，实现了多种类型的高速柔性单晶硅电子器件与电路，有效地提升了柔性电子器件与电路的速度特性，为后续对高性能柔性电子器件更加深入、全面的研究工作奠定了基础，也对提升我国相关领域科技创新能力具有促进作用。

4. 项目成果

序号	成果名称	类型	完成人
1	Dc characteristics of proton radiated SiGe power HBTs at cryogenic temperature	会议	Qin G.、Jiang N.、Ma J.、Ma Z.、Ma P.、Racanelli M.
2	Status overview: fabrication, characterization and modeling of flexible RF/microwave nanoelectronics	会议	Qin Guoxuan、Cai Tianhao、Ma Zhenqiang、Ma Jianguo
3	RF model of flexible microwave single-crystalline silicon nanomembrane PIN diodes on plastic substrate	期刊	Qin Guoxuan、Yuan Hao-Chih、Celler George K.、Zhou Weidong、Ma Jianguo、Ma Zhenqiang
4	Impact of strain on radio frequency characteristics of flexible microwave single-crystalline silicon nanomembrane p-intrinsic-n diodes on plastic substrates	期刊	Qin Guoxuan、Yuan Hao-Chih、Celler George K.、Ma Jianguo、Ma Zhenqiang

（续）

序号	成果名称	类型	完成人
5	Experimental characterization and modeling of the bending strain effect on flexible microwave diodes and switches on plastic substrate	期刊	Qin Guoxuan、Yang Laichun、Seo Jung-Hun、Yuan Hao-Chih、Celler George K.、Ma Jianguo、Ma Zhenqiang
6	RF model of flexible microwave switches employing single-crystal silicon nanomembranes on a plastic substrate	期刊	Qin Guoxuan、Yuan Hao-Chih、Celler George K.、Ma Jianguo、Ma Zhengiang
7	RF characteristics of proton radiated large-area SiGe HBTs at extreme temperatures	期刊	Qin Guoxuan、Yan Yuexing、Jiang Ningyue、Ma Jianguo、Ma Pingxi、Racanelli Marco、Ma Zhenqiang
8	Influence of bending strains on radio frequency characteristics of flexible microwave switches using single-crystal silicon nanomembranes on plastic substrate	期刊	Qin Guoxuan、Yuan Hao-Chih、Celler George K.、Ma Jianguo、Ma Zhenqiang
9	RF characterization of gigahertz flexible silicon thin-film transistor on plastic substrates under bending conditions	期刊	Qin Guoxuan、Seo Jung-Hun、Zhang Yang、Zhou Han、Zhou Weidong、Wang Yuxin、Ma Jianguo、Ma Zhenqiang
10	Investigation ofvarious mechanical bending strains on characteristics of flexible monocrystalline silicon nanomembrane diodes on a plastic substrate	期刊	Seo Jung-Hun、Zhang Yang、Yuan Hao-Chih、Wang Yuxin、Zhou Weidong、Ma Jianguo、Ma Zhenqiang、Qin Guoxuan
11	Fabrication and characterization of flexible microwave single-crystal germanium nanomembrane diodes on a plastic substrate	期刊	Qin Guoxuan、Yuan Hao-Chih、Qin Yuechen、Seo Jung-Hun、Wang Yuxin、Ma Jianguo、Ma Zhenqiang
12	On the configuration-and frequency-dependent linearity characteristics of SiGe HBTs under different impedance matching conditions	期刊	Qin Guoxuan、Wang Guogong、Jiang Ningyue、Ma Jianguo、Ma Zhenqiang

巨电致电阻效应中导电路径的形成与演变过程研究

1. 基本信息

项目名称：巨电致电阻效应中导电路径的形成与演变过程研究

项目类别：青年科学基金项目

项目负责人：尚大山

负责人职称：副研究员

依托单位：中国科学院物理研究所

研究期限：2011-01-01 到 2013-12-31

主题词：巨电致电阻；导电路径；非易失性存储；离子迁移；电致变色

2. 项目摘要

巨电致电阻（CER）效应是氧化物材料中的一种新的物理效应，基于 CER 效应而开发的阻变存储器（RRAM）是存储器件研究领域的重要发展方向。然而，CER 效应物理机制目前还不是十分清楚，这已经成为制约 RRAM 实用化发展的主要障碍。导电路径的观测与研究是 CER 效应物理机制研究中的重要内容。以往的研究由于受研究手段的限制而难以实现导电路径的原位实时观测。本项目以氧化钨材料为主要研究对象，在研究其电致电阻转变性质的同时，利用其独特的电学和光学相互关联的特性，通过器件结构设计和离子掺杂，采用光学方法原位实时观测导电路径在 CER 效应中的动态演变过程，系统研究导电路径的形成与演变过程与影响因素，为深入揭示 CER 效应的物理机制提供实验依据。

3. 结题摘要

巨电致电阻（CER）效应是氧化物材料中的一种新的物理效应，基于 CER 效应而开发的阻变存储器（RRAM）是存储器件研究领域的重要发展方向。然而，CER 效应物理机制目前还不是十分清楚，这已经成为制约 RRAM 实用化发展的主要障碍。目前较为一致的观点认为电阻转变不是材料整体变化造成的，而是在其中形成了局部的导电通道，电阻转变来自于导电道道的形成与断裂。因此，导电通道的观测与表征是 CER 效应物理机制研究中的重要内容。本项目的工作围绕导电通道这一主题开展，主要研究结果和进展体现在以下 4 个方面：①利用导电 AFM 技术实现了氧化钨薄膜中导电不均匀性观察，揭示了电阻转变区域与薄膜晶粒和晶界的关系；②利用氧化钨材料独特的电学和光学相互关联的特性，通过器件结构设计和离子掺杂，采用光学方法原位实时观测导电路径在氧化钨材料内部的动态演变过程，系统研究导电路径的形成与演变过程与影响因素；③利用微区 XPS 方法，证实了阻变过程中所伴随的银电极自身的氧化还原反应；④通过在氧化锌薄膜中引入纳米银金属颗粒，实现了对导电通道形成位置的控制，使得电阻转变参数的稳定性得到明显提高。这些研究结果为深入揭示 CER 效应的物理机制和纳米级氧化物基阻变器件的制备提供了实验依据和理论参考。

4. 项目成果

序号	成果名称	类型	完成人
1	Nonlinear dependence of set time on pulse voltage caused by thermal accelerated breakdown in the Ti/HfO2/Pt resistive switching devices	期刊	Cao M. G. 、Chen Y. S. 、Sun J. R. 、Shang D. S. 、Liu L. F. 、Kang J. F. 、Shen B. G.
2	Gradual electroforming and memristive switching in Pt/CuOx/Si/Pt systems	期刊	Wei L. L. 、Shang D. S. 、Sun J. R. 、Lee S. B. 、Sun Z. G. 、Shen B. G.
3	Improved resistance switching in ZnO-based devices decorated with Ag nanoparticles	期刊	Shi L. 、Shang D. S. 、Chen Y. S. 、Wang J. 、Sun J. R. 、Shen B. G.
4	Local resistance switching at grain and grain boundary surfaces of polycrystalline tungsten oxide films	期刊	Shang Da-Shan、Shi Lei、Sun Ji-Rong、Shen Bao-Gen
5	Visualization of the conductive channel in a planar resistance switching device based on electrochromic materials	期刊	Shang Da Shan、Shi Lei、Sun Ji-Rong、Shen Bao-Gen
6	Pulse-induced alternation from bipolar resistive switching to unipolar resistive switching in the Ag/AgOx/Mg0. 2Zn0. 8O/Pt device	期刊	Wei L. L. 、Wang J. 、Chen Y. S. 、Shang D. S. 、Sun Z. G. 、Shen B. G. 、Sun J. R.
7	Direct observation of local resistance switching in WO3 films	期刊	Dong C. Y. 、Shi L. 、Shang D. S. 、Chen W. 、Wang J. 、Shen B. G. 、Sun J. R.
8	Influence of film thickness on the physical properties of manganite heterojunctions	期刊	Gao Weiwei、Sun Xuan、Wang Jing、Shang Dashan、Shen Baogen、Sun Jirong
9	Resistance switching in oxides with inhomogeneous conductivity	期刊	Shang Da-Shan、Sun Ji-Rong、Shen Bao-Gen、Matthias Wuttig
10	Roles of silver oxide in the bipolar resistance switching devices with silver electrode	期刊	Dong C. Y. 、Shang D. S. 、Shi L. 、Sun J. R. 、Shen B. G. 、Zhuge F. 、Li R. W. 、Chen W.
11	Buffer-layer-enhanced magnetic field effect in La0. 5Ca0. 5MnO3/LaMnO3/SrTiO3:Nb heterojunctions	期刊	Gao W. W. 、Sun J. R. 、Lu X. Y. 、Shang D. S. 、Wang J. 、Hu F. X. 、Shen B. G.

具有高压直流母线的无升压变压器大功率直驱风电系统的研究

1. 基本信息

项 目 名 称: 具有高压直流母线的无升压变压器大功率直驱风电系统的研究

项 目 类 别: 青年科学基金项目

项目负责人: 曾翔君

负责人职称: 讲师

依 托 单 位: 西安交通大学

研 究 期 限: 2011-01-01 到 2013-12-31

主 题 词: 超大功率海上风力发电系统；多相永磁同步发电机；中高压全功率变流器；变速控制；低电压穿越

2. 项目摘要

在超大功率（单机功率 5MW 以上）海上风电系统中通过直驱多相永磁同步发电机和串联式多电平整流器可以将风电机组的直流母线电压等级提高到 10kV，进而直接通过该母线将风能从海上输送到陆地上的集中变流站，这是本项目提出的超大功率海上风电变换新方案。新方案采用 10kV 直驱多相脉磁同步发电机，省掉了体积庞大和笨重的变速箱及升压变压器，不仅大大减轻了机舱的重量、节省了成本、提高了效率，并且简化了传统全功率变流器背靠背的结构，在机舱内省掉了电网侧逆变器，而把中间直流环节作为输电母线直接延伸到陆地，这些改进对于海上风电要求的高可靠性和低平均维护时间具有重要意义。这里详细讨论了新方案中需要研究的几个关键的技术问题：①直驱低速多相高压永磁同步发电机的优化设计；②串联多电平整流器和网侧逆变器单元的拓扑结构选择及参数的优化设计；③单个机组的变速控制策略及其实现方案；④多机组并联系统的动态建模和故障穿越技术。

3. 结题摘要

降低风力发电成本的一个重要措施是不断提高风电机组的单机容量并不断改善其平均无故障时间（MTBF）。目前国际上正在开展 10MW 超大型风力发电系统的研究，直驱永磁同步发电机 + 全功率变流器技术方案受到普遍重视。但是在超大功率场合，必须研究新型的中高压发电机和变流器技术。本项目提出了基于直驱多相永磁同步发电机 + 高压直流母线（HVDC）的无升压变压器风电变换技术方案，并从下面几个方面对所提出的技术思想进行了研究：首先，研究了多相永磁同步发电机的优化设计问题。提出了多相永磁同步发电机的优化设计方法，并建立了发电机的结构模型、磁路模型和有限元验证模型，研制了一台功率等级为 3. 5kW 的 12 相永磁直驱同步发电机实验样机。测试表明本项目所提出的多相永磁同步发电机的结构模型和电磁设计模型是正确的，优化设计方法是有效的。其次，研究了发电机和电网侧新型大容量变流器的拓扑结构、调制方式以及中点平衡控制方法。提出了利用多相发电机串联单极性 Vienna 整流器作为发电机侧高压变流器的技术思想，利用 Vienna 整流器的鲁棒性来改善发电机组的 MTBF。对于岸上变电站中的高压逆变器，提出了利用多相变压器串联 3L-NPC VSI 逆变器的高效率技术方案。为了有效克服传统 3L-NPC VSI 的中点电位在低功率因数和低开关频率下的失衡问题，提出了具有飞跨电容辅助桥臂的四桥臂的 3L-NPC VSI 的拓扑结构，并比较了各种平衡控制策略的有效性。另外，提出了一种新型的五电平 back-to-back 中压变流器拓扑结构。新拓扑可以有效简化传统五电平 back-to-back 变流器的结构，另外又比较简单地实现了电容中点的平衡控制。第三，对新型风电机组的变速控制技术进行了研究。由于新型方案中主要采用单极性 Vienna 整流器，因此传统基于同步发电机磁场定向的思想并不适用，本项目提出了基于发电机相电流矢量定向的单位功率因数控制方法，实现了对多相永磁同步发电机的变速控制，仿真和实验验证了这种控制策略的有效性。第四，研究了包含混合连接变流器的风电机组的低电压穿越技术，利用风力涡轮机的惯性可以有效存储电网电压跌落时的过剩能量，在电网电压跌落时，发电机侧变流器从变速控制模式转入直流母线电压抑制模式，利用风力涡轮机的升速有效抑制直流母线的电压的升高。仿真验证了这种控制策略的有效性。

4. 项目成果

序号	成果名称	类型	完成人
1	微型电网的系统结构、控制技术、关键装备及其集成化研究	奖励	曾翔君
2	新型直驱风电系统中 3L-NPC 变流器中点平衡控制的研究	期刊	曾翔君、李迎、张宏韬、刘连照、杨旭
3	基于多相 PMSG 和三电平变流器的风电机组低电压穿越	期刊	曾翔君、张宏韬、李迎、杨永兵、杨旭
4	A Four-leg 3L-NPC Inverter for Offshore Wind Turbine with Light HVDC Transmission	期刊	Xiang-jun Zeng、Xiao Zhang、Fa Chen、Yong-bing Yang、Xu Yang
5	基于 MPPMSG 及混合式 3L 变流器的新型风电变换系统的设计和比较	期刊	曾翔君、张宏韬、李迎、房鲁光
6	Modelling and control of a multi-phase permanentmagnet synchronous generator and efficient hybrid 3L-converters for large direct-drive wind trubines	期刊	Xiang-Jun Zeng、Yongbing Yang、Hongtao Zhang、Ying Li、Luguang Fang、Xu Yang
7	具有飞跨电容辅助桥臂的三电平中点钳位逆变器方案	期刊	曾翔君、张晓、杨永兵、陈发、杨旭

10μm 以上 GaN 基厚膜垂直结构 LED 器件的制备及相关关键物理问题的研究

1. 基本信息

项目名称： 10μm 以上 GaN 基厚膜垂直结构 LED 器件的制备及相关关键物理问题的研究

项目类别： 青年科学基金项目

项目负责人： 孙永健

负责人职称： 副研究员

依托单位： 北京大学

研究期限： 2011-01-01 到 2013-12-31

主题词： GaN；垂直结构 LED；HVPE；激光剥离；droop

2. 项目摘要

因蓝宝石衬底的局限性，利用激光剥离技术制备垂直结构 GaN 基 LED 成为未来一段时间大功率 LED 器件的发展方向。然而，由激光剥离所带来的损伤、反向漏电的增加，以及器件在大电流注入下效率的 droop 问题成为现今大功率 LED 器件发展的首要障碍。目前，国际流行的大功率 LED 器件基本为 5μm 以下激光剥离垂直薄膜型结构芯片，其对降低激光剥离后反向漏电的增加以及减少 droop 现象都是不利的。本项目创新性（国际首次）地提出了结合 HVPE、MOCVD 以及激光剥离技术，制备 10μm 以上的厚膜垂直结构 LED 器件，并对同质外延、激光剥离影响器件特性机制以及器件效率 droop 等物理问题做深入的研究。厚膜器件可以有效地减少激光剥离过程中高温场及应力弛豫过程对量子阱区的影响，降低激光剥离带来的漏电流增加，并提高量子阱晶体质量，改善压电极化场以及阱区能带结构，降低载流子注入密度，缓解效率衰减。这些研究推动了我国高端芯片技术的发展。

3. 结题摘要

本项目经三年研究，基本达成了研究目标，取得研究成果如下：①建立了基于量子力学理论的 k. p 微扰方法的完整理论模型描述大注入下的 droop 现象；同时以此为基础建立了数值仿真计算程序，完整模拟了改变量子阱阱宽以及 In 组分时对于 droop 效应的影响机制。②通过实验和理论分析方法，验证载流子 over flow 以及量子斯塔克效应对 droop 效应的影响；同时，提出步进式电子驻留层方案，有效改善载流子 over flow 现象对 droop 现象的贡献，在 $40A/cm^2$ 注入电流下，droop ratio 只有 10. 8%。并提出了 In 组分三角分布的三角阱方案以及阶梯量子阱方案，均有效提高了大注入下外量子效率。③详细对比分析了激光剥离前后器件的 I-V 特性，并通过变温 I-V 曲线、导电 AFM 测试以及 STEM 等手段，综合分析了激光剥离过程后器件反向漏电增加的物理机制，发现激光剥离瞬时贯穿位错附近点缺陷增加，导致贯穿位错遂穿漏电能力增强。同时，建立了激光剥离瞬时温度场和应力场模型，发现了激光剥离瞬时外延层高温以及热失配、氮气压等应力瞬间不对称释放，是造成宏观和微观损伤主要原因。④开发了加热准激光剥离消除外延片残余应力的方法，以实现可控应力激光剥离实验。同时制备了完善的加热激光准剥离系统。⑤利用 HVPE 技术生长了厚度在 9μm GaN template 厚膜，同时发现其严重翘曲和表面粗糙问题，并开发利用高温长时退火方法以及 CMP 表面抛光技术，解决上述问题。开发 PGS 技术用于 GaN 同质外延生长，（002）面和（102）面半峰宽分别为 245.23arcsec 和 354.09arcsec。⑥攻克并完善了垂直结构关键技术 bonding 技术和氮面电极制备技术。制备了 11μm 厚膜 1mm×1mm 的大功率垂直结构 LED 器件。开启电压为 2.9V，工作电流从 20～700mA 甚至到 1A 以上，-5V时反向漏电 1.07×10^{-8}A，剥离前后反向漏电增加不超过 1 个量级；蓝光封装后器件 350mA 下光功率最高达 553mW，外量子效率达 53.3%。350mA 注入下，其 droop 效应改善在 58% 以上。白光封装后，其光效最高达到 130lm/W。同时项目期间团队参加国际国内学术会议做邀请报告 4 篇，口头报告 3 篇，poster 报告 2 篇。项目期间共发表 SCI 文章 7 篇，EI 文章 1 篇（已接收）。申请国家发明专利 3 项。

4. 项目成果

序号	成果名称	类型	完成人
1	Research and development of substrate materials of high power GaN based LED devices	会议	孙永健、张国义、吴洁君、代锦红、张能
2	激光剥离高功率 LED 器件的制备及相关衬底材料的研究	会议	孙永健
3	High power vertical structure LED fabricated by GaN-based homo-epitaxyand Micro-area LLO	会议	孙永健、于彤军、陈志忠
4	High power vertical structure LED fabricated by GaN-based homo-epitaxy and Micro-area LLO	会议	孙永健、于彤军、陈志忠
5	Electrical Properties of GaN-based thin film LEDs fabricated by Laser Lift-off	会议	孙永健、于彤军、陈志忠、张国义
6	高功率 GaN 基 LED 器件衬底材料的研究及发展	会议	孙永健、张国义、吴洁君
7	图形衬底 LED 的 MOCVD 外延生长	会议	张国义、贾传宇、孙永健
8	Fabrication of High Power Vertical Structure LED	会议	张国义、陈志忠、孙永健、康香宁、于彤军、杨志坚
9	图形衬底 LED 的外延生长	会议	孙永健
10	Performance improvement of GaN-based LEDs with step stage InGaN/GaN strain relief layers in GaN-based blue LEDs	期刊	Jia Chuanyu、Yu Tongjun、Lu Huimin、Zhong Cantao、Sun Yongjian、Tong Yuzhen、Zhang Guoyi
11	GaN-based LEDs with a high light extraction composite surface structure fabricated by a modified YAG laser lift-off technology and the patterned sapphire substrates	期刊	Sun Yongjian、Trieu Simeon、Yu Tongjun、Chen Zhizhong、Qi Shengli、Tian Pengfei、Deng Junjing、Jin Xiaoming、Zhang Guoyi
12	Deflection Reduction of GaN Wafer Bowing by Coating or Cutting Grooves in the Substrates	期刊	Sun Tao、Wang Ming-Qing、Sun Yong-Jian、Wang Bo-Ping、Zhang Guo-Yi、Tong Yu-Zhen、Duan Hui-Ling
13	Improvement of electrostatic discharge characteristics of InGaN/GaN MQWs light-emitting diodes by inserting an n+-InGaN electron injection layer and a p-InGaN/GaN hole injection layer	期刊	Jia Chuanyu
14	Thermo-mechanical solution of film/substrate systems under local thermal load and application to laser lift-off of GaN/sapphire structures	期刊	孙永健
15	Morphology evolution of MOCVD grown GaN epitaxial layers on nanoPSS	期刊	Xianzhe Jiang
16	Modulating optical polarization properties of Al-rich AlGaN/AlN quantum well by controlling wavefunction overlap	期刊	X. J Chen
17	GaN-Based Thin Film Vertical Structure Light Emitting Diodes Fabricated by a Modified Laser Lift-off Process and Transferred to Cu	期刊	Sun Yong-Jian、Yu Tong-Jun、Jia Chuan-Yu、Chen Zhi-Zhong、Tian Peng-Fei、Kang Xiang-Ning、Lian Gui-Jun、Huang Sen、Zhang Guo-Yi

GaN/InN（QD）量子点复合结构载流子倍增太阳电池材料与器件研究

1. 基本信息

项目名称：GaN/InN（QD）量子点复合结构载流子倍增太阳电池材料与器件研究

项目类别：面上项目

项目负责人：宋航

负责人职称：研究员

依托单位：中国科学院长春光学精密机械与物理研究所

研究期限：2011-01-01 到 2013-12-31

主题词：InGaN；InN；太阳电池；量子点

2. 项目摘要

太阳电池未来发展与广泛应用的关键是提高效率和降低成本。最新研究结果表明，在有机/无机量子点复合体系中，一个高能光子可以激发窄禁带半导体量子点产生多个激子。这一单光子激发多个激子的载流子倍增过程，将可能成为发展新型、高效太阳电池的新方案。然而如何将量子点中产生的倍增载流子取出是目前人们所面临的严峻课题。本项目提出利用无机半导体PN结内建电场强、载流子迁移率高，有利于倍增激子离化合和载流子取出的优势，开展GaN/InN（QD）体系P-I-N结构太阳电池材料的MOCVD生长研究，量子点中倍增载流子的激发机制、激子离化机制、能量转移与弛豫过程等物理规律研究，相关过程调控研究，以及载流子倍增太阳能电池原理型器件研制等。预期本项目的研究将在揭示新规律、设计新结构、发展新型太阳能电池器件等方面取得突破，并通过取得核心自主知识产权，为我国新型、高效太阳能电池的发展奠定基础。

3. 结题摘要

太阳能电池未来发展与广泛应用的关键是提高效率和降低成本。最新研究结果表明，在有机/无机量子点复合体系中，一个高能光子可以激发窄禁带半导体量子点产生多个激子。这一单光子激发多个激子的载流子倍增过程，将可能成为发展新型、高效太阳能电池的新方案。然而如何将量子点中产生的倍增载流子取出是目前人们所面临的严峻课题。本项目针对目前有机/无机量子点体系中，单光子激发量子点中倍增激子难于离化与取出等问题，提出利用无机半导体P-N结内建电场强、载流子迁移率高，有利于倍增激子离化和载流子取出的优势，开展GaN/InN（QDs）体系P-I-N结构太阳能电池研究。本项目的主要研究内容包括：GaN材料，InN量子点，GaN/InN（QDs）载流子倍增复合结构材料以及GaN/InN（QDs）太阳能电池器件结构的MOCVD生长研究；GaN/InN（QD）体系利于倍增载流子离化和取出的物理机理研究；GaN/InN（QD）P-I-N结构载流子倍增太阳能电池原理型器件研制。项目实施过程中取得的主要研究进展包括：采用“三步合并”的方法生长了高质量GaN外延层，详细研究了生长参数对GaN材料质量的影响，并将GaN材料制备成MIS型探测器，通过对探测器性能表征，验证了材料质量。优化InN量子点生长参数，获得了密度可控、大小分布均匀的InN量子点。在高质量GaN材料以及InN生长研究的基础上，生长了GaN/InN量子点复合结构并实现了GaN/InN量子点复合结构太阳电池器件结构的MOCVD生长；对GaN/InN（QD）体系利于倍增载流子离化和取出的物理机理进行了深入分析，设计并成功研制GaN/InN（QD）P-I-N结构载流子倍增太阳电池原理型器件。项目实施期间，在Advanced Materials、Applied Physics Letters、Nanoscale research letters、半导体学报等国内外学术期刊上共发表SCI、EI检索论文18篇。申请国家发明专利4项，获得授权1项。培养博士研究生4名，硕士研究生1名。

4. 项目成果

序号	成果名称	类型	完成人
1	GaSb(QD)/GaAs堆垛量子点复合结构材料的电学性能研究	会议	蒋红、孙晓娟、黎大兵、宋航、陈一仁、李志明、缪国庆
2	光谱响应峰值可调MIS结构GaN紫外探测器	会议	宋航、尤坤、黎大兵、李志明、陈一仁、孙晓娟、蒋红、缪国庆
3	直流反应磁控溅射在氮化的蓝宝石衬底上制备AlN薄膜(英文)	期刊	王新建、宋航、黎大兵、蒋红、李志明、缪国庆、孙晓娟、陈一仁、贾辉
4	初始化生长条件对a-GaN中应变的影响	期刊	贾辉、陈一仁、孙晓娟、黎大兵、宋航、蒋红、缪国庆、李志明
5	Short-wavelength light beam in situ monitoring growth of InGaN/GaN green LEDs by MOCVD	期刊	Sun Xiaojuan、Li Dabing、Song Hang、Chen Yiren、Jiang Hong、Miao Guoqing、Li Zhiming
6	An aluminum nitridephotoconductor for X-ray detection	期刊	Wang Xinjian、Song Hang1、Li Zhiming1、Jiang Hong1、Li Dabing1、Miao Guoqing1、Chen Yiren1、Sun Xiaojuan1
7	GaN-based MSM photovoltaic ultraviolet detector structure modeling and its simulation	期刊	Chen Yiren、Song Hang、Li Dabing、Sun Xiaojuan、Li Zhiming、Jiang Hong、Miao、Guoqing

（续）

序号	成果名称	类型	完成人
8	In situ observation of two-step growth of AlN on sapphire using high-temperature metal - organic chemical vapour deposition	期刊	Xiaojuan Sun、Dabing Li、YIren Chen、Hang Song、Hong Jiang、Zhiming Li、Guoqing Miao、Zhiwei Zhang
9	预通三甲基铝对 AlN 薄膜的结构与应变的影响（英文）	期刊	贾辉、陈一仁、孙晓娟、黎大兵、宋航、蒋红、缪国庆、李志明
10	Effect of asymmetric Schottky barrier on GaN-based metal-semiconductor-metal ultraviolet detector	期刊	Li Dabing、Sun Xiaojuan、Song Hang、Li Zhiming、Jiang Hong、Chen Yiren、Miao Guoqing、Shen Bo
11	Influence of threading dislocations on GaN-based metal-semiconductor-metal ultraviolet photodetectors	期刊	Li Dabing、Sun Xiaojuan、Song Hang、Li Zhiming、Chen Yiren、Miao Guoqing、Jiang Hong
12	Improved performance of GaN metal-semiconductor-metal ultraviolet detectors by depositing SiO2 nanoparticles on a GaN surface	期刊	Sun Xiaojuan、Li Dabing、Jiang Hong、Li Zhiming、Song Hang、Chen Yiren、Miao Guoqing
13	GaN 缓冲层对直流反应磁控溅射 AlN 薄膜的影响（英文）	期刊	宋航、黎大兵、蒋红、李志明、缪国庆、陈一仁、孙晓娟
14	Influence of the growth temperature of AlN nucleation layer on AlN template grown by high-temperature MOCVD	期刊	Chen Yiren、Song Hang、Li Dabing、Sun Xiaojuan、Jiang Hong、Li Zhiming、Miao Guoqing、Zhang Zhiwei、Zhou Yue
15	氮化铝薄膜的硅热扩散掺杂研究（英文）	期刊	王新建、宋航、黎大兵、蒋红、李志明、缪国庆、陈一仁、孙晓娟
16	AlN 插入层对 a-AlGaN 的外延生长的影响（英文）	期刊	贾辉、陈一仁、孙晓娟、黎大兵、宋航、蒋红、缪国庆、李志明
17	GaN 基 MIS 紫外探测器的电学及光电特性	期刊	尤坤、宋航、黎大兵、刘洪波、李志明、陈一仁、蒋红、孙晓娟、缪国庆
18	Shift of responsive peak in GaN-based metal-insulator-semiconductor photodetectors	期刊	You Kun、Jiang Hong、Li Dabing、Sun Xiaojuan、Song Hang、Chen Yiren、Li Zhiming、Miao Guoqing、Liu Hongbo
19	Realization of a High-Performance GaN UV Detector by Nanoplasmonic Enhancement	期刊	Li Dabing、Sun Xiaojuan、Song Hang、Li Zhiming、Chen Yiren、Jiang Hong、Miao, Guoqing
20	SiO_2 纳米颗粒对 a-AlGaN 金属-半导体-金属结构紫外探测器的影响	期刊	贾辉、陈一仁、孙晓娟、黎大兵、宋航、蒋红、缪国庆、李志明

LED 器件用 Zn1-xMg$_x$O/ZnO 多量子阱的界面能带结构和内电场效应研究

1. 基本信息

项 目 名 称： LED 器件用 Zn1-xMg$_x$O/ZnO 多量子阱的界面能带结构和内电场效应研究

项 目 类 别： 青年科学基金项目

项目负责人： 吕斌

负责人职称： 副研究员

依 托 单 位： 浙江大学

研 究 期 限： 2011-01-01 到 2013-12-31

主 题 词： 多量子阱；界面结构；内电场效应；Zn1-xMg$_x$O/ZnO；取向控制

2. 项目摘要

本项目针对 ZnO-LED 器件中 Zn1-xMg$_x$O/ZnO 多量子阱结构这一重要课题，致力于解决从材料结构生长到研究量子阱的一系列重要的科学问题。首先，强调将 Zn1-xMg$_x$O/ZnO MQW 的结构设计、组分调节与生长工艺过程的实验优化相结合，实现符合器件要求的多量子阱周期结构的可控生长；深入研究各种界面的能带结构，揭示载流子传输和复合的物理过程，为在后续器件研制中实现界面能带匹配，实现有效的载流子注入提供理论依据和技术参数。在极性生长（沿 c 轴）的异质结构中，因自发极化和压电极化引起的内电场会对激子发光产生负面影响，通过调节结构参数，研究量子阱中的各种量子效应的作用机制。为抑制内电场效应，本项目提出通过借助于离子注入、直接制备梯度薄膜结构，优化量子阱界面结构，提高激子发光效率；二是研究非极性薄膜量子阱结构，消除自发极化的影响，提高光学增益。本项目的完成，将为 Zn-LED 的应用打下坚实基础。

3. 结题摘要

研究工作全面展开并按计划进行，在多方面取得了一定的进展。根据研究计划，我们采用 MBE 生长方法，在蓝宝石以及 Si 基衬底表面上，采用多种缓冲层技术、高低温生长技术相结合，制备了多种周期结构、不同阱层厚度、不同 Mg 组分的 Zn1-xMg$_x$O/ZnO 多量子阱结构，对其结构和性能进行了系统研究。首先，通过对比分析，揭示了极性多量子阱中量子约束 Stark 效应（QCSE）的作用范围；其次，深入研究了多量子阱中载流子的局域、弛豫、传输、复合等机理，阐明了多种激子发射的来源、机制及其能级与量子阱参数之间的内在联系；再次，实验测定了多种异质结界面能带结构，研究了组分变化对其带阶移动的影响规律，从而为实现界面能带匹配提供了理论依据。最后，制备了多种非极性 Zn1-xMg$_x$O/ZnO 多量子阱结构，在没有内电场效应的影响下，对比研究了其界面能带结构和发光行为；其带阶变化明显不同，发光性能和量子限域效应都获得了很大的提高；此外，还拓展开展了在非晶表面利用共掺杂效应，实现对 ZnO 基材料的生长取向和性能调控研究。这些工作促进了 ZnO 基材料在光电领域的应用并部分拓展了 ZnO 材料的研究方向。

4. 项目成果

序号	成果名称	类型	完成人
1	Realization of non c-axis oriented ZnO thin films on quartz through Mn-Li co-doping	期刊	Lu Bin、Zhou Tingting、Ma Mengjie、Ye Chunli、Pan Xinhua、Lu Jianguo、Ye Zhizhen
2	Cross-like cubic ZnxMg1-xO nanostructures	期刊	Wang Feng、Chen Yong、Li Dehui、Lu Bin、Ye Zhizhen、Lu Jianguo
3	Ferromagnetic enhancement and magnetic anisotropy in nonpolar-oriented (Mn Na) -codoped ZnO thin films	期刊	Lu B.、Zhang L. Q.、Lu Y. H.、Ye Z. Z.、Lu J. G.、Pan X. H.、Huang J. Y.
4	Carrier type- and concentration-dependent absorption and photoluminescence of ZnO films doped with different Na contents	期刊	Zheng Z.、Lu Y. F.、Ye Z. Z.、He H. P.、Zhao B. H.
5	Improvement of electric properties in transparent p-Li0. 07Ni0. 93O (111) /n-ZnO (11 (2) over-bar0) heterojunction with Mg1-xZnxO intermediate layer	期刊	Zhou Tingting、Lu Bin、Ye Yinghui、Pan Xinhua、Lu Jianguo、Ye Zhizhen
6	Mg composition dependent band offsets of Zn1-xMgxO/ZnO heterojunctions	期刊	Ye Z. Z.、Pan X. H.、Lu B.、Huang J. Y.、Ding P.、Chen W.、He H. P.、Lu J. G.、Chen S. S.
7	Comparison of structural and optical properties of polar and non-polar ZnO/Zn0. 9Mg0. 1O MQWs fabricated on sapphire substrates by pulsed laser deposition	期刊	Li Yang、Pan Xinhua、Jiang Jie、He Haiping、Huang Jingyun、Ye Zhizhen
8	Orientation dependent band alignment for p-NiO/n-ZnO heterojunctions	期刊	Ma M. J.、Lu B.、Zhou T. T.、Ye Z. Z.、Lu J. G.、Pan X. H.
9	Mn concentration dependent structural and optical properties of a-plane Zn0. 99-xMnxNa0. 01O	期刊	Lu B、Zhou TT、Ma MJ、Ye YH、Ye ZZ、Lu JG、Pan XH
10	ZnCoO 薄膜的生长取向及其性能	期刊	张维广、吕斌、张利强、叶颖惠、叶志镇
11	Correlation of ZnO orientation to band alignment in p-Mg0. 2Ni0. 8O/n-ZnO interfaces	期刊	Zhou T. T.、Lu B.、Wu C. J.、Ye Z. Z.、Lu J. G.、Pan X. H.
12	Defect-induced ferromagnetism in insulating Mn-P codoped ZnO grown in oxygen-rich environment	期刊	Zhang L. Q.、Ye Z. Z.、Lu B.、Lu J. G.、Huang J. Y.、Zhang Y. Z.、Xie Z.
13	Cu 箔衬底上石墨烯纳米结构制备	期刊	葛雯、吕斌
14	Evidence for barrier-to-well injection of carriers in high quality ZnO/Zn0. 9Mg0. 1O multiple quantum wells grown on (111) Si	期刊	Pan X. H.、He H. P.、Ye Z. Z.、Lu B.、Huang J. Y.
15	Growth of non-polar a-plane Zn1-xCdxO films by pulsed laser deposition	期刊	Li Y.、Pan X. H.、Jiang J.、He H. P.、Huang J. Y.、Ye C. L.、Ye Z. Z.
16	Structure and optical properties of a-plane ZnO/Zn0. 9Mg0. 1O multiple quantum wells grown on r-plane sapphire substrates by pulsed laser deposition	期刊	Li Y.、Pan X. H.、Zhang Y. Z.、He H. P.、Jiang J.、Huang J. Y.、Ye C. L.、Ye Z. Z.

（续）

序号	成果名称	类型	完成人
17	Influence of preparation condition and doping concentration of Fe-doped ZnO thin films：Oxygen-vacancy related room temperature ferromagnetism	期刊	Zhang Wei-Guang、Lu Bin、Zhang Li-Qiang、Lu Jian-Guo、Fang Min、Wu Ke-Wei、Zhao Bing-Hui、Ye Zhi-Zhen
18	Effects of oxygen plasma treatment on the surface properties of Ga-doped ZnO films	期刊	Ya Xue、Haiping He、Yizhen Jin、Bin Lu、Hongtao Cao、Jie Jiang、Sai Bai、ZhiZhen Ye
19	Preparation and optical properties of ZnO/Zn0.9Mg0.1O multiple quantum Well structures with various well widths grown on c-plane sapphire	期刊	Ye Zhizhen、Pan Xinhua、Ding Ping、Huang Jingyun、He Haiping、Chen Wei、Li Yang、Lu Bin、Lu Jianguo
20	Pressure controlled tunable magnetic electrical and optical properties of (Cu Li) -codoped ZnO thin films	期刊	Zhang Liqiang、Lu Bin、Ye Zhizhen、Lu Jianguo、Huang Jingyun
21	Synthesis of graphene together with undesired CuxO nanodots on copper foils by low-pressure chemical vapor deposition	期刊	Ge Wen、Lu Bin、Li Wenjie、Lu Jianguo、Ye Zhizhen
22	Rational growth of semi-polar ZnO texture on a glass substrate for optoelectronic applications	期刊	Lu B.、Ma M. J.、Ye Y. H.、Lu J. G.、He H. P.、Ye Z. Z.
23	Optical properties and structural characteristics of ZnO thin films grown on a-plane sapphire substrates by plasma-assisted molecular beam epitaxy	期刊	Pan Xinhua、Ding Ping、He Haiping、Huang Jingyun、Lu Bin、Zhang Honghai、Ye Zhizhen
24	Non-polar p-type Zn0.94Mn0.05Na0.01O texture：Growth mechanism and codoping effect	期刊	Zhang L. Q.、Lu B.、Lu Y. H.、Ye Z. Z.、Lu J. G.、Pan X. H.、Huang J. Y.
25	Study on the structure optical electrical and magnetic properties of Mn-Na codoping ZnO nonpolar thin films	期刊	Ye Ying-Hui、Lu Bin 、Zhang Wei-Guang、Huang Hong-Wen、Ye Zhi-Zhen
26	p-type non-polar m-plane ZnO films grown by plasma-assisted molecular beam epitaxy	期刊	Ding P.、Pan X. H.、Huang J. Y.、He H. P.、Lu B.、Zhang H. H.、Ye Z. Z.

Si 衬底上 InGaP/GaAs/Ge 和 InGaP/GaAs/SiSnGe/Ge 多结太阳电池材料生长与器件制备研究

1. 基本信息

项目名称： Si 衬底上 InGaP/GaAs/Ge 和 InGaP/GaAs/SiSnGe/Ge 多结太阳电池材料生长与器件制备研究

项目类别： 青年科学基金项目

项目负责人： 方妍妍

负责人职称： 副教授

依托单位： 华中科技大学

研究期限： 2011-01-01 到 2013-12-31

主题词： Ge 基底；GaAs；SiGeSn；多结太阳电池；InAs 量子点

2. 项目摘要

化合物半导体多结太阳电池因其高转换效率、高可靠性等特点，有着广阔的应用前景，是目前光伏领域的研究热点。然而，传统三结太阳电池 InGaP/GaAs/Ge 还存在成本高昂、转换效率可进一步提高等问题。本课题拟采用基于特殊表面活性剂（GeH_3）$2CH_2$ 的气源分子束外延生长技术，显著降低表面自由能，有效促进 Ge 的二维生长，获得高质量且较厚的大偏角 Si 衬底 Ge 薄膜。并在其上制备 Si 衬底 InGaP/GaAs/Ge 三结太阳电池，从而达到降低成本的目的。为了进一步通过子电池数目的增加提高多结太阳电池的转换效率，采用基于超高活性 SnD4 的高真空化学气相沉积方法，以 Si 衬底 Ge 外延薄膜为基底，在热力学非平衡态下生长与 Ge 晶格匹配、带隙宽度约为 1.0eV 的 SiSnGe 子电池材料，并将其插入 GaAs 和 Ge 子电池之间，从而制备出高性能 Si 衬底 InGaP/GaAs/SiSnGe/Ge 四结太阳电池。

3. 结题摘要

本项目为解决传统 Ge 衬底 InGaP/GaAs/Ge 化合物半导体多结太阳电池存在的价格昂贵、效率可进一步提升的问题，在材料生长技术和器件结构设计上提出了以下两种可能解决方法：①在降低成本方面，采用 Si 衬底 Ge 薄膜取代 Ge 衬底。②在提升转换效率方面，可通过在 InGaP/GaAs/Ge 三结电池结构的 GaAs 子电池和 Ge 子电池中插入一个带隙在 1.0eV 左右，同时和 Ge 晶格匹配的子电池，形成四结级联结构来获得。对于前者，本项目利用 MBE 系统在 Si 衬底上制备了较高质量的 Ge 薄膜，其（004）半高宽为 180rads，表面平整度 RMS 为 0.6nm，为 Si 衬底 Ge 薄膜上的多结太阳电池的研发提供了较好的基础。对于后者，本项目进行了：①在 Ge 基底上生长制备了晶格常数与 Ge 较为匹配的、带隙约为 1.0eV 的 SiGeSn 材料；②在 Ge/GaAs 上制备了带隙约为 1.0eV 的高密度 InAs 量子点。另外，本项目还重点研究了 Ge 基底上 GaAs 极性材料的生长，结果表面通过采用 AlGaAs 插入层可以有效改善 GaAs 材料的表面形貌和晶体质量，并且可以大幅抑制 GaAs 和 Ge 之间的互扩散。在上述基础上，最后进行了 Si 衬底 Ge 薄膜上多结太阳电池的生长。

4. 项目成果

序号	成果名称	类型	完成人
1	Effect of the Al0.3Ga0.7As interlayer thickness upon the quality of GaAs on a Ge substrate grown by metal-organic chemical vapor deposition	期刊	Senlin Li、Qingqing Chen、Jin Zhang、Huiquan Chen、Wei Xu、Hui Xiong、Zhihao Wu、YanYan Fang、Changqing Chen
2	Occurrence and elimination of in-plane misoriented crystals in AlN epilayers on sapphire via pre-treatment control	期刊	Wang Hu、Xiong Hui、Wu Zhi Hao、Yu Chen Hui、Tian Yu、Dai Jiang Nan、Fang Yan Yan、Zhang Jian Bao、Chen Chang Qing
3	Effects of the AlN buffer layer thickness on the properties of ZnO films grown on c-sapphire substrate by pulsed laser deposition	期刊	Hui Xiong、Jiangnan Dai、Hui Xiong、Yanyan Fang、Wu Tian、Daoxin Fu、Changqing Chen、Mingkai Li、Yunbin He
4	Uniform InAs Quantum-dots on vicinal GaAs (100) substrates by pulsed atomic layer epitaxy via metal-organic chemical vapor deposition	期刊	Minghui Song、Yanyan Fang、Hui Xiong、Zhihao Wu、Jiangnan Dai、Changqing Chen
5	InAs/GaAs quantum dots with wide-range tunable densities by simply varying V/III ratio using metal-organic chemical vapor deposition	期刊	Yanyan Fang、qingqing chen、shichuang sun、Yulian Li、qiangzhong zhu、Juntao Li、xuehua wang、Junbo Han、Junpei Zhang
6	Improved Ohmic contacts to plasma etched n-Al0.5Ga0.5N by annealing under nitrogen ambient before metal deposition	期刊	Wei Zhang、Jianbao Zhang、Zhihao Wu、Shengchang Chen、Yang Li、Yu Tian、Jiangnan Dai、Changqing Chen、Yanyan Fang
7	The Effect of AlN Nucleation Temperature on the Growth of AlN Films via Metalorganic Chemical Vapor Deposition	期刊	Hu Wang、Senlin Li、Hui Xiong、Zhihao Wu、Jiangnan Dai、Yu Tian、Yanyan Fang、Changqing Chen
8	Effects of Al0.3Ga0.7As interlayer with pulsed atomic layer epitaxy on heterogeneous integration of GaAs/Ge grown by MOCVD	期刊	Shichuang Sun、Zhiqiang Qi、Huiquan Chen、Xuehua Wang、Wu Tian、Feng Wu、Zhihao Wu、Jiangnan Dai、Changqing Chen
9	Improved Performance of GaN-Based Light-Emitting Diodes via AlInGaN/InGaN Electron-Emitting Layer	期刊	Changqing Chen、Zhihao Wu、Yang Li、Jin Xu、Wei Zhang、Hui Xiong、Yu Tian、Jiangnan Dai、Yanyan Fang

SOI 功率器件横向变厚度耐压新技术的机理、工艺和模型研究

1. 基本信息

项目名称：SOI 功率器件横向变厚度耐压新技术的机理、工艺和模型研究

项目类别：面上项目

项目负责人：郭宇锋

负责人职称：教授

依托单位：南京邮电大学

研究期限：2011-01-01 到 2013-12-31

主题词：绝缘体上硅；横向变厚度；横向双扩散 MOS 晶体管；击穿电压；导通电阻

2. 项目摘要

本项目在半导体集成功率器件领域，提出漂移区横向变厚度耐压新技术，并从耐压机理、制造工艺和耐压模型三个方面开展创新研究。①提出漂移区横向变厚度耐压新技术，采用线性变化的漂移区厚度来获得高击穿电压、低导通电阻和大安全工作区，基于该技术的 LDMOS 的 BFOM 优值比常用的 RESURF 和 VLD 技术分别提高 1 倍和 50%。②基于局部氧化的氧化层深度是窗口宽度的强函数这一事实，提出采用多窗口 LOCOS 法实现变厚度漂移区的工艺新方案，建立用于优化设计版图形状的数学模型，设计与标准 CMOS 工艺兼容的新器件制造工艺流程，并进行器件研制。③联解非直角坐标系的泊松方程和电流密度方程，获得可同时适用于关态和开态的二维势场分布和击穿电压的统一模型，该模型包含了 kirk 效应和寄生双极效应，可用于确定安全工作区。本研究不但从理论上丰富了 SOI 功率器件耐压技术，而且对研制具有自主知识产权的功率集成电路具有实践意义。

3. 结题摘要

本项目针对半导体集成功率器件，从器件结构、制造工艺和解析模型三方面开展创新研究。对于器件结构，提

出了漂移区厚度横向线性变化（VLT）的耐压新结构。基于新结构的功率器件较常规结构相比具有高击穿电压、低导通电阻、大安全工作区、高截止频率等优点，其优值提高幅度可达1～5倍。对于制造工艺，根据局部氧化的氧化层深度、反应离子刻蚀深度以及各向异性湿法刻蚀深度都为版图窗口宽度的强函数，我们分别提出了多窗口LOCOS技术、多窗口反应离子刻蚀技术和多窗口各向异性湿法刻蚀技术三种实现变厚度漂移区的工艺新方案，并分别建立了用于优化设计版图形状的数学模型，设计了与标准CMOS工艺兼容的新器件制造工艺流程，并进行了新结构LDMOS的研制。对于解析模型，通过联立求解非直角坐标系下的泊松方程和电流密度方程获得了可同时适用于关态和开态VLT结构的二维场势分布模型，进一步地根据雪崩击穿条件获得了击穿电压模型，并且通过漂移电阻近似获得了新结构的导通电阻模型，理论结果与仿真和实验结果的一致性，验证了模型的正确性，为优化VLT结构参数、理解VLT工作机理提供了理论依据。本研究是一项国际同步的普适性基础研究，对高性能SOI功率器件的设计以及具有自主知识产权的功率集成电路的研制具有重要理论意义和实践意义。

4. 项目成果

序号	成果名称	类型	完成人
1	江苏省“青蓝工程”中青年学术带头人	奖励	郭宇锋
2	磁共振式无线能量传输的研究现状	奖励	郭宇锋、林宏、吉新村、肖建、程景清、刘陈
3	低温漂的CMOS带隙基准电压源	奖励	岳恒、吴金山、赵菲菲、徐跃
4	理想SOMOS的电容特性	奖励	李曼、郭宇锋
5	不同垂直双栅MOSFET阈值电压提取方法的比较	奖励	杨慧、郭宇锋、夏晓娟、张长春、徐跃
6	江苏省六大人才高峰	奖励	郭宇锋
7	Novel SOI LDMOS with Alternating Semiconductor and High-K Dielectric Pillars.，南京，2013	奖励	姚佳飞、郭宇锋、花婷婷、黄示、杨宏、杨慧
8	江苏省“333工程”第三层次培养人选	奖励	郭宇锋
9	理想SOMOS的电容特性	会议	李曼、郭宇锋、姚佳飞、邹杨
10	不同垂直双栅MOSFET阈值电压提取方法的比较	会议	杨慧、郭宇锋、夏晓娟、张长春、徐跃
11	漂移区部分氧化柱体硅LDMOS	会议	黄示、郭宇锋、姚佳飞、徐光明
12	P+P-top层SOI D-RESURF LDMOS高压器件新结构	会议	徐光明、郭宇锋、花婷婷、黄示
13	SOI RESURF高压器件横向线性缓变近似耐压模型	会议	张珺、郭宇锋
14	A Novel RF SOI LDMOS with a Raised Drift Region	会议	Qin Xu、Guo Yufeng
15	A three dimension analytical model of surface electric field distributions for SOI lateral super junction devices	会议	Xueguan Wei、Yufeng Guo
16	Double snapback effect in LDMOS based on non-isothermal simulation	会议	Hui Shan、Jianbao Xia、Xiangdong Luo、Yufeng Guo
17	Capacitance-Voltage Characteristics of Symmetric Stacked Bonding Structure in 3D Integration	会议	Li man、Guo Yufeng、Lin Hong、JI Xincun、Xia Xiaojuan、Wang bin
18	A Novel SOI Lateral Power Device with Gradient Buried Oxide Layer	会议	Zou Yang、Guo Yufeng、Zhang Changchun、JI Xincun、Xia Xiaojuan
19	低相位噪声电感电容压控振荡器	会议	董程宏、张长春、郭宇锋
20	一种高集成度可编程分频器	会议	郑立博、张长春、郭宇锋
21	磁共振式无线能量传输的研究现状	会议	郭宇锋、林宏、吉新村、肖建、程景清、刘陈
22	一种新型的横向变厚度射频SOI LDMOS	会议	徐琴、郭宇锋
23	A fully integrated single photon avalanche diode detector in 130nm CMOS technology	会议	Zhao Feifei、Xu Yue、Guo Yufeng
24	一种具有变漂移区宽度的新型SOI横向高压器件	会议	姚佳飞、郭宇锋、花婷婷
25	基于电荷共享效应的横向RESURF器件击穿电压模型	会议	张珺、郭宇锋
26	An analytical model of back-gate coupling effects of vertical double gate transistors	会议	Yufeng Guo、Fanyu Liu、S. -J. Chang、Jiafei Yao、Sorin Cristoloveanna

(续)

序号	成果名称	类型	完成人
27	Novel SOI Lateral Diffused Metal Oxide Semiconductor with Oxide Pillars and Triangle Trench Field Plates	会议	Jiafei Yao、Yufeng Guo、Tingting Hua、Shi Huang、Yang Hong、Hui Yang
28	Design of a Low-Phase-Noise LC Voltage Controlled Oscillator	会议	Chenghong Dong、Changchun Zhang、Yufeng Guo、Leilei Liu、Xincun Ji、Yi Zhang
29	Analysis of Si3N4 Passivation effect by Self-Consistent Electro-Thermal-Mechanical Simulation in AlGaN/GaN Heterostructure HEMTs	会议	Raunak Kumar、Abijith Prakash、Briliant. Adhi. Prabowo、Anumeha Jung-Ruey Tsai、Gene Sheu、Shao-Ming Yang、Yufeng Guo
30	A High-Performance Sigma-Delta Modulator in 0.18μm CMOS Technology	会议	Yingqi Qian、Changchun Zhang、Zhongchao Liu、Leilei Liu、Yurong Luan Yuming Fang、Yufeng Guo
31	A New Extracted Method for Estimating the Bonding Quality of Metal Bonded Wafers	会议	F. Y. Liu、L. Di Cioccio、I. Ionica、Yufeng Guo、S. Cristoloveanu
32	Numerical Simulation of Static and Dynamic Operation Performance of SOI VLT LDMOS Considering Electrical-thermal Couple Effects	会议	Jun Huang、TingtingHua、Yufeng Guo、Yue Xu、Xiaojuan Xia、Ying Zhang、Gene Sheu
33	Novel SOI LDMOS with Alternating Semiconductor and High-K Dielectric Pillars	会议	姚佳飞、郭宇锋、花婷婷、黄示、杨宏、杨慧
34	3.125Gbit/s 基于 PS/PI 型的时钟与数据恢复电路设计	期刊	邱旻韡、张长春、李轩、李卫、郭宇锋、方玉明、陈德媛
35	理想 SOMOS 的电容特性	期刊	李曼、郭宇锋、姚佳飞、邹杨
36	高速时钟与数据恢复电路技术研究	期刊	张长春、王志功、郭宇锋
37	一种新颖的正交输出伪差分环形 VCO 的设计	期刊	房军梁、张长春、陈德媛、郭宇锋、刘蕾蕾、方玉明
38	考虑到纵向掺杂分布影响的 SOI 功率器件完全耐压模型	期刊	花婷婷、郭宇锋、于映
39	0.18μm CMOS 高集成度可编程分频器的设计	期刊	郑立博、张长春、郭宇锋
40	高速Σ-△DAC 中插值滤波器的设计	期刊	张志龙、张长春、郭宇锋、刘蕾蕾、吉新村
41	Novel Silicon-on-Insulator Lateral Power Device with Partial Oxide Pillars in the Drift Region	期刊	Yao JiaFei、Guo Yufeng、Hua Tingting、Huang Shi、Zhang Changchun、Xia Xiaojuan、Sheu Gene
42	2.5Gbit/s PS/PI 型半速率时钟数据恢复电路设计	期刊	李轩、张长春、李卫、郭宇锋、方玉明
43	A 2-D Analytical Model of SOI High Voltage Devices with Dual Conduction Layers	期刊	Tingting Hua、Yufeng Guo、Ying Yu、Xiaojuan Xia、Changchun Zhang、Gene Sheu
44	基于电荷共享效应的 RESURF 横向功率器件击穿电压模型	期刊	张珺、郭宇锋、黄示、姚佳飞、林宏、肖建
45	场板 SOI RESURF LDMOS 表面势场分布解析模型	期刊	钟大伟、郭宇锋、花婷婷、黄峻、魏雪观、袁丰、周洪敏
46	SOI LDMOS 器件纵向耐压技术的研究进展	期刊	徐光明、郭宇锋、花婷婷、徐跃、吉新春
47	An unified analytical model for optimizing the RESURF LDMOS with arbitrary vertical doping profiles	期刊	Tingting Hua、Yufeng Guo、Ying Yu、Jiafei Yao、Xiaojuan Xia
48	横向超结器件衬底辅助耗尽效应的研究与展望	期刊	黄示、郭宇锋、姚佳飞、夏晓娟、徐跃、张瑛
49	Novel Bulk Silicon Lateral Double-Diffused Metal - Oxide - Semiconductor Field-Effect Transistors Using Step Thickness Technology in Drift Region	期刊	Shi Huang、Yufeng Guo、Jiafei Yao、Tingting Hua
50	An Analytical Model of Triple RESURF Device with Linear P-layer Doping Profile	期刊	Hua Tingting、Guo Yufeng、Yu Ying、Sheu Gene、Yao Jiafei
51	0.18μm CMOS 连续速率 CDR 电路设计	期刊	马庆培、张长春、陈德媛、刘蕾蕾、郭宇锋

（续）

序号	成果名称	类型	完成人
52	5Gbit/s 0.18μm CMOS 半速率时钟与数据恢复电路设计	期刊	张长春、王志功、吴军、郭宇锋
53	低温度系数高电源抑制比带隙基准源的设计	期刊	张长春、吕超群、郭宇锋、方玉明、陈德媛、李卫
54	Enhanced Coupling Effects in Vertical Double-Gate FinFET	期刊	Sung-Jae Chang、Maryline Bawedin、Yufeng Guo、Fanyu Liu、Kerem Akarvardar、Jong-Hyun Lee、Irina Ionica、Sorin Cristoloveanu
55	Analytical models of lateral power devices with arbitrary vertical doping profiles in the drift region	期刊	Hua Ting-Ting、Guo Yu-Feng、Yu Ying、Gene Sheu、Jian Tong、Yao Jia-Fei
56	Multi-channel 5Gbit/s/ch SERDES with Emphasis on Integrated Novel Clocking Strategies	期刊	Changchun Zhang、Ming Li、Zhigong Wang、Kuiying Yin、Qing Deng、Yufeng Guo、Zhengjun Cao、Leilei Liu
57	0.18μm CMOS 6.25Gbit/s 模拟自适应均衡器设计	期刊	赵宗良、张长春、李卫、郭宇锋、刘蕾蕾、陈德媛
58	0.18μm CMOS Σ-Δ ADC 用数字抽取滤波器设计	期刊	刘忠超、张长春、李卫、郭宇锋、刘蕾蕾
59	用于 UHF RFID 零中频接收机的混频器设计	期刊	冒昌银、张长春、陈德媛、郭宇锋、方玉明、李卫
60	An Analytical Model for Silicon-On-Insulator Lateral High Voltage Devices Using Variation of Lateral Thickness Technique	期刊	Yao Jia-fei、Guo Yu-feng、Li Man、Huang Shi、Hua Ting-ting、Ji Xin-cun、Xu Yue、Huang Xiao-feng
61	应用于全数字锁相环的时间数字转换器的设计	期刊	张陆、张长春、李卫、郭宇锋、方玉明
62	一种高性能盲过采样时钟数据恢复电路的实现	期刊	高宁、张长春、方玉明、郭宇锋、刘蕾蕾
63	UHF RFID 发射机用高精度可编程增益放大器设计	期刊	商龙、张长春、方玉明、郭宇锋、刘蕾蕾
64	622～3125Mbit/s 连续速率时钟数据恢复电路设计	期刊	马庆培、张长春、陈德媛、郭宇锋、刘蕾蕾
65	高锁定范围半盲型过采样时钟数据恢复电路设计	期刊	高宁、张长春、方玉明、郭宇锋、刘蕾蕾
66	UHF RFID 接收机用双模低噪声放大器设计	期刊	高申俊、张长春、方玉明、郭宇锋、刘蕾蕾
67	SOI 和体硅 MOSFET 大信号非准静态效应比较研究	期刊	程玮、郭宇锋、张锐、左磊召、花婷婷
68	Research on heart sound identification technology	期刊	Cheng XieFeng、Ma Yong、Liu Chen、Zhang XueJun、Guo YuFeng
69	A 5Gbit/s monolithically-integrated low-power clock recovery circuit in 0.18-μm CMOS	期刊	Zhang Changchun、Wang Zhigong、Shi Si、Pan Haixian、Guo Yufeng、Huang Jiwei
70	基于 RIE 技术的倾斜表面 SOI 功率器件制备技术	期刊	张锐、郭宇锋、程玮、花婷婷
71	UHF RFID 用低相位噪声正交压控振荡器设计	期刊	董程宏、张长春、郭宇锋、刘蕾蕾、方玉明
72	LDMOS thermal SOA investigation of a novel 800V multiple RESURF with linear p-top rings	期刊	Aloysius Priartanto Herlambang、Gene Sheu、Yufeng Guo、Hutomo Suryo Wasisto
73	A Method for Automatic Target Recognition Using Shadow Contour of SAR Image	期刊	Kuiying Yin、Lin Jin、Changchun Zhang、Yufeng Guo
74	0.18μm CMOS 集成时钟产生功能的 10Gbit/s 复接器设计	期刊	张长春、王志功、施思、唐路、黄继伟
75	Low Specific On-resistance SOI LDMOS Device with P+P-top Layer in the Drift Region	期刊	Guangming Xu、Yufeng Guo、Tingting Hua、Jiafei Yao、Hong Lin、Jian Xiao

ZnO/p-GaN 欧姆接触及其表面微结构提升 LED 光效的研究

1. 基本信息

项 目 名 称：ZnO/p-GaN 欧姆接触及其表面微结构提升 LED 光效的研究
项 目 类 别：面上项目
项目负责人：张建华
负责人职称：研究员
依 托 单 位：上海大学
研 究 期 限：2011-01-01 到 2013-12-31
主 题 词：氧化锌；透明电极；LED；欧姆接触；微结构

2. 项目摘要

随着 GaN 基大功率 LED 芯片/器件微纳制造向绿色、成本制造发展，寻找绿色环保的新材料新工艺替代 ITO 透明电极已成为迫切任务。ZnO 与 GaN 晶格匹配好，同时通过第ⅢA 族元素（Ga、Al、In）的掺杂后具有高透过率、低电阻率的特点。因此，ZnO 应用 GaN 基 LED 具有独特的优势，是最有希望代替 ITO 透明电极的材料之一。本项目针对 GaN 基 LED 器件，开展 ZnO/p-GaN 欧姆接触及其表面微结构的微制造技术基础研究。拟通过 ZnO 薄膜制备参数优化、GaN 表面处理、中间过渡层、退火处理等手段，降低 GaN 与 ZnO 接触势垒，实现两者间的欧姆接触。同时，通过表面微结构设计与制造，开展表面微结构微纳制造工艺的探索。预期该项目不仅对满足 LED 绿色制造、降低 LED 成本具有重要指导意义，同时也将对表面微结构提升 LED 光效的微纳制造技术提供理论指导和实践经验。

3. 结题摘要

第ⅢA 族元素（Al、Ga、In 等）掺杂制备的氧化锌具有了透明导电薄膜最基本的两个特性：高透过率、低电阻率，被认为有潜力取代 ITO 而成为 GaN 基 LED 的理想电极材料。本项目通过 GaN 发光面生长 ZnO 透明薄膜电极的工艺与生长机理研究、p 型 GaN 的表面预处理及工艺方法研究、ZnO/p-GaN 欧姆接触的制备及其形成机理研究、电极表面微结构的设计与优化研究，取得了如下主要成果：①通过溅射工艺的优化（功率、基板温度、气体流量、薄膜厚度等），获得了高质量的 GZO 薄膜，其电阻率低至 2.79 $\times 10^4 \Omega \cdot cm$，在蓝光区域（460nm 波长）的光透过率超过 95%，达到了项目的要求。②通过制备工艺的研究，发现氧分压、退火气氛、酸碱处理对于界面欧姆接触的影响规律。③研究了界面插入层对于界面欧姆接触及 LED 器件性能的影响。采用了诸如 AgO、CuS 和 ITO 等材料插入 GZO 和 p-GaN 之间，结果发现欧姆接触性能获得极大的改善，LED 器件的正向电压显著降低。④采用传统的光刻工艺在 GZO 上制作了不同图形的微结构图案，研究了不同图形尺寸以及不同图案对于 LED 出光性能的影响，并且配合光学模拟软件 TracePro 进行了模拟。

4. 项目成果

序号	成 果 名 称	类型	完 成 人
1	Effect of Thermal Annealing Atmosphere on GaN-Based LEDs with Ga-doped ZnO Electrodes	会议	Gu Wen、Shi JiFeng、Li Xifeng、Zhang Jianhua
2	退火温度和气氛对 GZO 薄膜和 LED 器件性能影响	会议	王万晶、李喜峰、张建华、张金松
3	Power enhancement of GaN-based light-emitting diodes with double roughened surfaces	期刊	Lianqiao Yang、Jianzheng Hu、Jianhua Zhang
4	薄膜厚度对 GZO 透明导电膜及其 LED 器件性能的影响	期刊	Gu Wen、Xu Tao、Shi Ji Feng、Li Xi-Feng、Zhang Jian-Hua
5	Effects of Surface Pretreatments on p-GaN/GZO Contact by rf magnetron sputter	期刊	Wang W. J、Li X. F、Zhang J. S、Zhang J. H
6	AgO_ x 界面插入层对 GZO 电极 LED 器件性能的影响	期刊	顾文、石继锋、李喜峰、张建华
7	Improved ohmic contact of Ga-Doped ZnO to p-GaN by using copper sulfide intermediate layers	期刊	Wen Gu、Tao Xu、Jianhua Zhang
8	ITO 界面调制层对 GZO 电极 LED 器件性能的影响	期刊	王万晶、李喜峰、石继峰、张建华
9	Effect of annealing on optical and electrical properties of GaN based light emitting diodes using ITO electrodes to p-type GaN	期刊	Wang Wanjing、Li Xifeng、Zhang Jinsong、Zhang Jianhua

白光 LED 用新型二价铋离子掺杂发光材料的基础研究

1. 基本信息

项目名称：白光 LED 用新型二价铋离子掺杂发光材料的基础研究

项目类别：面上项目

项目负责人：彭明营

负责人职称：教授

依托单位：华南理工大学

研究期限：2011-01-01 到 2013-12-31

主题词：Bi2+激活离子；价态稳定方法；白光 LED；红粉

2. 项目摘要

为了解决能源短缺和环境恶化这一全球性问题，迫切需要开发与利用新型清洁能源与节能技术。新型固态白光 LED 照明兼具节能环保、高效耐用等特点，引起了全世界的普遍关注。但现有白光 LED 商品的缺陷是色温高、显色指数低，克服这种缺陷的方法是引入具有蓝光吸收的橙或红色荧光粉。目前对这些荧光粉的研究皆集中在稀土或过渡金属离子掺杂的体系，而对 Bi2+作为活性离子掺杂的研究甚少。我们的前期研究表明：一些 Bi2+掺杂荧光粉具有蓝光吸收，黄、橙或红色荧光，有望实现低色温、高显色指数 LED 白光输出。因此本项目选取 Bi2+作为激活离子，系统研究其在各种晶体中的发光性质，探讨其与不同晶场环境间的相互作用行为，操控 Bi2+周围配位微环境，使吸收与荧光峰和器件匹配，开发出高效可提高白光 LED 产品性能的橙或红色荧光材料及有望替代 YAG：Ce 的黄粉，进一步探讨黄色光谱区通过直接跃迁实现激光输出的可能性。

3. 结题摘要

开发与利用新型清洁能源与节能技术是解决能源短缺、缓解环境恶化等问题的有效途径。因具节能环保、高效耐用等特点，固态白光 LED 照明获得了广泛关注。但现有白光 LED 商品色温高、显色指数低，克服这种缺陷的方法就是引入具有蓝光吸收的红色荧光粉，或者开发基于紫光芯片的白光 LED，这种方案需要开发具有紫光吸收的三原色荧光粉。目前对这些荧光粉的研究主要集中在稀土掺杂体系，而对 Bi2+掺杂潜力体系研究甚少。本工作对 Bi2+掺杂材料开展了系统研究；总结了稳定不同价态铋离子的方法，在研究中发现 Bi53+室温下具有 1~4μm 发光，这为探索新型近中红外激光材料开辟了一个新方向，发现了 Bi0、Bi+模型的近红外发光光谱证据，加深了人们对铋掺杂激光材料近红外发光本质的认识，发现了系列高效 Bi3+掺杂黄粉与红粉；提出了彭氏局域过剩正电荷模型，利用这种模型可使 Bi3+→Bi2+还原反应在氧化性合成条件下发生，这一模型可推广至更多变价离子掺杂体系；通过对铋掺杂不同氧化物体系的研究，发现了系列具有蓝光或紫光吸收的红或橙色荧光材料，其中 Bi2+在硫酸盐、硼酸盐中发光较强，在硅酸盐、磷酸盐等中较弱，发现温度对 Bi2+寿命及发光影响较小，制备了白光 LED 器件，Bi2+掺杂材料的加入可改善显色性能；确认了铋掺杂磷酸盐晶体与玻璃中的红光发射源自Bi2+，而非 Kroeger 等人认为的 Bi3+；研究发现可通过改变 Bi2+周围配位环境控制 2P1/2→2P3/2 吸收强度与峰位。在本项目的资助下，发现了系列具有紫光-蓝光吸收 Mn4+掺杂高效红粉。

4. 项目成果

序号	成果名称	类型	完成人
1	Orderly layered tetravalent manganese doped strontium aluminate Sr4Al14O25：Mn4+：an efficient red phosphor for warm white light emitting diodes	期刊	Mingying Peng、Yin Xuewen、Peter A. Tanner、Pengfei Li、Qinyuan Zhang、Jianrong Qiu
2	Morphology and phase control of fluorides nanocrystals activated by lanthanides with two-model luminescence properties	期刊	Dong Guoping、Chen Binbin、Xiao Xiudi、Chai Guanqi、Liang Qiming、Peng Mingying、Qiu Jianrong
3	Superbroad near-to-mid-infrared luminescence from Bi-5（3+）in Bi-5（AlCl4）（3）	期刊	Cao Renping、Peng Mingying、Wondraczek Lothar、Qiu Jianrong
4	Temperature dependent red luminescence from a distorted Mn4+ site in CaAl4O7：Mn4+	期刊	Li Pengfei、Peng Mingying、Yin Xuewen、Ma Zhijun、Dong Guoping、Zhang Qinyuan、Qiu Jianrong
5	Controllable fabrication and broadband near-infrared luminescence of various Ni2+-activated ZnAl2O4 nanostructures by a single-nozzle electrospinning technique	期刊	Dong Guoping、Liang Minru、Qin Huijun、Chai Guanqi、Zhang Xiaoshi、Ma Zhijun、Peng Mingying、Qiu Jianrong
6	Comparative investigation on the spectroscopic properties of Pr3+-doped boro-phosphate boro-germo-silicate and tellurite glasses	期刊	Zhang Liaolin、Dong Guoping、Peng Mingying、Qiu Jianrong
7	Flexible and thermally stable SiO2－TiO2 composite micro fibers with hierarchical nano-heterostructure	期刊	Zhijun Ma、Weibo Chen、Zhongliang Hu、Xuanzhao Pan、Guoping Dong、Shifeng Zhou、Mingying Peng、Yang Li

（续）

序号	成果名称	类型	完成人
8	Formation near-infrared luminescence and multi-wavelength optical amplification of PbS quantum dot-embedded silicate glassesFormation near-infrared luminescence and multi-wavelength optical amplification of PbS quantum dot-embedded silicate glasses	期刊	Guoping Dong、Guobo Wu、Shaohua Fan、Fangteng Zhang、Yuanhao Zhang、Botao Wu、Zhijun Ma、Mingying Peng、Jianrong Qiu
9	Spectroscopic properties of Sm3 + -doped phosphate glasses	期刊	Zhang Liaolin、Peng Mingying、Dong Guoping、Qiu Jianrong
10	Synthesis and optical properties of chromium-doped spinel hollow nanofibers by single-nozzle electrospinning	期刊	Qiu Jianrong、Xiao Xiudi、Peng Mingying、Ma Zhijun、Ye Shi、Chen Dongdan、Qin Huijun、Deng Guangliang、Liang Qiming
11	A new study on bismuth doped oxide glasses	期刊	Xu Wenbin、Peng Mingying、Ma Zhijun、Dong Guoping、Qiu Jianrong
12	Mixed Network Effect of Broadband Near-Infrared Emission in Bi-Doped B2O3-GeO2 Glasses	期刊	Na Zhang、K. N. Sharafudeen、Guoping Dong、Mingying Peng、Jianrong Qiu
13	A femtosecond hybrid mode-locking fiber ring laser at 409 MHz	期刊	Xiaoming Wei、Shanhui Xu、Huichang Huang、Mingying Peng、Zhongmin Yang
14	Preparation and optical properties of red green and blue afterglow electrospun nanofibers	期刊	Dong Guoping、Xiao Xiudi、Zhang Liaolin、Ma Zhijun、Bao Xin、Peng Mingying、Zhang Qinyuan、Qiu Jianrong
15	Luffa-Sponge-Like Glass-TiO2 Composite Fibers as Efficient Photocatalysts for Environmental Remediation	期刊	Qiu Jianrong、Chen Weibo、Hu Zhongliang、Pan Xuanzhao、Peng Mingying、Dong Guoping、Zhou Shifeng、Zhang Qinyuan、Yang Zhongmin
16	Discussion on the origin of NIR emission from Bi-doped materials	期刊	Peng Mingying、Dong Guoping、Wondraczek Lothar、Zhang Liaolin、Zhang Na、Qiu Jianrong
17	Sequential three-step three-photon near-infrared quantum splitting in beta-NaYF4：Tm3 +	期刊	Yu D. C.、Ye S.、Peng M. Y.、Zhang Q. Y.、Wondraczek L.
18	Broadband tunable near-infrared emission of Bi-doped composite germanosilicate glasses	期刊	Zhang Na、Qiu Jianrong、Dong Guoping、Yang Zhongmin、Zhang Qinyuan、Peng Mingying
19	An investigation of the optical properties of Tb3 + -doped phosphate glasses for green fiber laser	期刊	Zhang Liaolin、Peng Mingying、Dong Guoping、Qiu Jianrong
20	High efficiency Mn4 + doped Sr2MgAl22O36 red emitting phosphor for White LED	期刊	Renping Cao、Mingying Peng、Enhai Song、Jianrong Qiu
21	Photoluminescence of Bi2 + -doped BaSO4 as a red phosphor for white LEDs	期刊	Renping Cao、Mingying Peng、Jianrong Qiu
22	Excitation wavelength-dependent near-infrared luminescence from Bi-doped silica glass	期刊	Zhang Liaolin、Dong Guoping、Wu Jingdong、Peng Mingying、Qiu Jianrong
23	Superbroad near to mid infrared luminescence from closo-deltahedral Bi-5（3 +）cluster in Bi-5（GaCl4）（3）	期刊	Renping Cao、Mingying Peng、Jiayu Zheng、Jianrong Qiu、Qinyuan Zhang
24	A new study on energy transfer in color-tunable phosphor CaWO4：Bi	期刊	Fengwen Kang、Mingying Peng
25	Compact all-fiber ring femtosecond laser with high fundamental repetition rate	期刊	Xiaoming Wei、Shanhui Xu、Huichang Huang、Mingying Peng、Zhongmin Yang
26	Broadband near-infrared luminescence and tunable optical amplification around 1. 55 mu m and 1. 33 mu m of PbS quantum dots in glasses	期刊	Dong Guoping、Wu Botao、Zhang Fangteng、Zhang Liaolin、Peng Mingying、Chen Dongdan、Wu E.、Qiu Jianrong

（续）

序号	成果名称	类型	完成人
27	Ultrabroad NIR luminescence and energy transfer in Bi and Er/Bi co-doped germanate glasses	期刊	Peng Mingying、Zhang Na、Wondraczek Lothar、Qiu Jianrong、Yang Zhongmin、Zhang Qinyuan
28	Microstructural modification of chalcogenide glasses by femtosecond laser	期刊	Dong Guoping、Zhang Liaolin、Peng Mingying、Qiu Jianrong、Lin Geng、Luo Fangfang、Qian Bin、Zhao Quanzhong
29	2. 7 mu m emission in Er3 + : CaF2 nanocrystals embedded oxyfluoride glass ceramics	期刊	Wu Guobo、Fan Shaohua、Zhang Yuanhao、Chai Guanqi、Ma Zhijun、Peng Mingying、Qiu Jianrong、Dong Guoping
30	Fabrication of Silica Nano/Micro-Fibers Doped with One-Dimensional Assembly of Silver Nanoparticles	期刊	Ma Zhijun、Dong Guoping、Peng Mingying、Tan Dezhi、Zhang Liaolin、Qiu Jianrong
31	Site-specific reduction of Bi3 + to Bi2 + in bismuth-doped over-stoichiometric barium phosphates	期刊	Mingying Peng *、Jincheng Lei、Liyi Li、Lothar Wondraczek、Qinyuan Zhang、Jianrong Qiu
32	Broadband NIR luminescence from a new bismuth doped Ba2B5O9Cl crystal: evidence for the Bi-0 model	期刊	Zheng Jiayu、Peng Mingying、Kang Fengwen、Cao Renping、Ma Zhijun、Dong Guoping、Qiu Jianrong、Xu Shanhui

变压器绕组串—并联无级自调整组合变流器研究

1. 基本信息

项目名称：变压器绕组串—并联无级自调整组合变流器研究

项目类别：青年科学基金项目

项目负责人：吴新科

负责人职称：副教授

依托单位：浙江大学

研究期限：2011-01-01 到 2013-12-31

主题词：串—并联自调整；拓扑结构；交错并联控制；DC/DC 变流器

2. 项目摘要

本项目首先提出了一种能够实现变压器二次绕组串—并联平滑自调整的组合变流器，适合于宽电压范围的隔离型大功率 DC/DC 应用场合，降低大功率变压器的电压、电流应力和半导体器件的电压应力。在此基础上，归纳出一种统一的能够实现变压器绕组串—并联自调整的拓扑单元，不仅可以在二次侧，也可以变压器一次侧实现绕组的串—并联组合，并提出了一种基于该拓扑单元的构建组合变流器的组合方法——覆盖重叠组合原理。根据该原理，具有对称性的拓扑单元都可以构建组合变流器，实现宽电压范围应用。研究了针对各种组合变流器拓扑的 PWM 控制策略，能够充分发挥组合变流器的宽电压范围优点。提出了一种 PWM + 移相（PS）的新型控制方法，进一步拓展组合变流器的电压范围。

3. 结题摘要

本项目提出了一种变压器绕组随占空比的变化能够自动进行串—并联状态无级调整的新型组合变流器概念。本文提出的新型组合变流器通过控制组合变流器中的占空比和各相之间的移相角，就可以决定多个变压器绕组处于串联状态或者并联状态，从而改变了组合变流器的拓扑结构，拓展了组合变流器的稳态增益，降低了器件的电压应力，提高了变压器的利用率，并且能够减小滤波器的体积。本项目集中研究基于新型组合变流器概念的组合拓扑和相关的 PWM 控制策略。在拓扑研究方面提出了基于有源钳位正激电路、移向全桥电路、推挽电路、LLC 谐振电路等拓扑的组合型串—并联拓扑，并且在控制策略上提出了 PWM 交错并联结合移向角调节的控制方法，并且对于组合拓扑进行了小信号模型分析，优化了系统的动态特性。该组合变流器串并联的概念能够解决传统隔离型大功率 PWM 变流器拓扑在宽电压范围应用时半导体器件电压应力高、滤波器体积大、开关频率低等问题。

4. 项目成果

序号	成果名称	类型	完成人
1	无源自均流多路直驱式 LED 驱动电源的研究与产业化	奖励	吴新科
2	高增益交错并联 DC/DC 变流器多自由度协调与结构形成研究	奖励	吴新科
3	High-efficiency Quasi-two-stage Converter with Current Sharing for Multi-channel LED Driver	会议	Ting Jiang、Junming Zhang、Kuang Sheng、Zhaoming Qian

（续）

序号	成果名称	类型	完成人
4	A hybrid ZVS full-bridge Converter with Transformer Winding Series-parallel Auto Regulated Current Doubler Rectifier	会议	Chen H、Wu X. K（吴新科）、Peng F. Z
5	A hybrid ZVZCS phase-shift full-bridge converter with series/parallel auto-regulated transformer windings	会议	Hu C.、WuXK（吴新科）、Peng FZ
6	A hybrid push-pull converter with series-parallel structure in the primary windings	会议	Chen H、WuXK（吴新科）、PengFZ
7	Analysis and Design of a ZVS Boost/Buck-boost Dual Mode PFC Converter with Universal Input and Wide Output Voltages	会议	Zhang YJ.、Ge X.、Wu XK（吴新科）
8	Analysis and Design Considerations of LLCC Resonant Dc-Dc converter with Precise Current Sharing for Two-Channel LED Driver	会议	Chen Y、WuXK（吴新科）、Qian ZM
9	Variable On-Time Controlled ZVS Buck PFC Converter for HB-LED Application	会议	YangJ.、WuXK（吴新科）、Zhang JM、Qian ZM
10	Small signal modeling and analysis of interleaved active-clamp forward converter with parallelinput and series-parallel output	会议	Chen H.、Wu XK（吴新科）、Peng F. Z.
11	A primary side control Scheme for Triac dimmable LED driver based on indirect output current sensing	会议	Hulong Zeng、Ting Jiang、Junming Zhang
12	Design Considerations for Dual-Output Quasi-Resonant Flyback LED Driver With Current-Sharing Transformer	期刊	WuX. K（吴新科）、Wang Z. H、Zhang J. M
13	Two-Phase Hybrid Forward Convertor with Series-Parallel Auto-Regulated Transformer Windings and a Common Output Inductor	期刊	Wu X. K（吴新科）、Chen H.
14	Primary side feedforward control for TRIAC dimmable light emitting diode driver with Constant Power	期刊	Zhang J.、Jiang T.、Zeng H.、Wu X. K（吴新科）
15	Design Considerations of Soft-Switched Buck PFC Converter With Constant On-Time（COT）Control	期刊	Wu X. K（吴新科）、Yang J.、Zhang J. M.、Xu M.
16	Primary Side Constant Power Control Scheme for LED Drivers Compatible with TRIAC Dimmers	期刊	Zhang J.、Jiang T.、Xu L.、Wu X. K（吴新科）
17	一种新型临界模式控制的变频软开关全桥 Dc/Dc 变流器	期刊	孟培培、吴新科、赵晨、张军明、钱照明
18	新型磁集成零电压零电流软开关全桥变流器	期刊	孟培培、吴新科、张军明、钱照明
19	Series - Parallel Autoregulated Charge-Balancing Rectifier for Multioutput Light-Emitting Diode Driver	期刊	Wu X. K.（吴新科）、Hu C.、zhang J、Zhao C.
20	A Simple Two-Channel LED Driver With Automatic Precise Current Sharing	期刊	Wu X. K.（吴新科）、Zhang J. M.、Qian Z. M.

变压器油中纳米粒子对流注发展的影响机理研究

1. 基本信息

项目名称：变压器油中纳米粒子对流注发展的影响机理研究
项目类别：面上项目
项目负责人：李成榕
负责人职称：教授
依托单位：华北电力大学
研究期限：2011-01-01 到 2013-12-31
主题词：纳米变压器油；流注发展；界面特性；陷阱特性；电荷输运特性

2. 项目摘要

近年来，利用导电纳米粒子改性的变压器油在提高电绝缘性能方面显示了极大的潜力，改性后变压器油的正极性冲击电压可以达到改性前的近2倍。有人提出了导电粒子通过捕捉快电子降低流注发展速度的理论来解释此现象。最近的研究表明，非导电纳米粒子也可以显著提高变压器油的击穿电压，现有的理论无法解释这种现象。本项目针对这一问题，研究分散在变压器油中的纳米粒子（包括非导电性纳米粒子）对流注发展的作用与影响机理。通过测量脉冲电压下油中流注发展的起始电压、长度、速度和形态的变化，揭示纳米粒子对流注发展的抑制现象和规律。采用热刺激电流法和脉冲电声法，进一步研究变压器油改性前后的陷阱特性和电荷输运特性，分析纳米粒子的添加对油中积累电荷的消散作用和机理。在此基础上，提出基于纳米粒子和变压器油两相界面结构特性的油中电荷传导机理，发展纳米粒子对变压器油中流注发展的作用机理，为指导开发具有优良绝缘性能的变压器油提供依据。

3. 结题摘要

本项目针对现有理论无法解释非导电纳米粒子对变压器油改性结果的问题，以不同导电类型纳米粒子改性变压器油为研究对象，实验研究了纳米粒子改性变压器油中流注发展的过程，分析了纳米粒子对变压器油中流注发展过程的影响作用，结合对变压器油纳米改性前后陷阱特性和电荷输运特性的研究，提出了纳米粒子对变压器油的电荷输运改性机理。主要研究成果包括：①通过制备和调控纳米粒子的微观结构，制备出了不同导电类型和表面修饰状态的纳米粒子及其纳米变压器油，实现了对纳米变压器油室温分散稳定性的调控；②通过测试和对比分析纳米变压器油与纯变压器油的工频和冲击击穿强度，给出了纳米粒子导电类型与表面修饰状态对变压器油击穿性能的影响规律；③通过测试和分析变压器油纳米改性前后流注的平均传播速率，以及流注发展的起始电压、长度、速率和形态，揭示了纳米粒子对变压器油中流注发展的影响规律；④采用热刺激电流法和脉冲电声法，进一步研究变压器油改性前后的陷阱特性和电荷输运特性，给出了纳米粒子的添加对油中积累电荷的消散作用和机理；⑤综合分析上述实验结果，提出了纳米粒子和变压器油两相界面结构特性的油中电荷传输机理，很好地解释了半导体二氧化钛纳米粒子对变压器油的改性作用，发展了纳米粒子对变压器油中流注发展的作用机理。本项目的研究成果已整理发表SCI收录论文7篇，EI收录期刊和会议论文10篇；申请国家发明专利2项，培养博士研究生1名，硕士研究生5名。综上，本项目的研究任务和预期研究成果均已全面完成。

4. 项目成果

序号	成果名称	类型	完成人
1	Nanoparticle effect on electrical properties of aged mineral oil based nanofluids	会议	吕玉珍、杜岳凡、李成榕
2	Facile Synthesis of TiO2 Hollow Spheres with Enhanced Photocatalytic Activity	会议	吕玉珍、王蔚、李成榕
3	Fabrication of Superhydrophobic Films on Aluminum Foils withControllable Morphologies	会议	吕玉珍、汪乐锋、李成榕
4	Effect of Ageing on Insulating Property of Mineral Oil-based TiO2 Nanofluids	会议	杜岳凡、吕玉珍、李成榕
5	Experimental Investigation of Breakdown Strength of Mineral Oil-Based Nanofluids	会议	吕玉珍、汪乐锋、李成榕
6	Nanoparticle Effect on Dielectric Breakdown Strength of Transformer Oil-Based Nanofluids	会议	吕玉珍、王蔚、李成榕
7	Influence of Semiconductive Nanoparticle on Sulfur Corrosion Behaviors in Oil-Paper Insulation	会议	马凯波、吕玉珍、李成榕
8	Effect of Nanoparticles on Electrical Characteristics of Transformer Oil-BasedNanofluids Impregnated Pressboard	会议	周游、钟宇翔、李成榕

（续）

序号	成果名称	类型	完成人
9	半导体纳米粒子改性变压器油的绝缘性能及机制研究	期刊	杜岳凡、吕玉珍、李成榕、陈牧天、周建全、李晓欣、刘通
10	Effect of electron shallow trap on breakdown performance of transformer oil-based nanofluids	期刊	杜岳凡、吕玉珍、李成榕
11	Effect of water adsorption at nanoparticle-oil interface on charge transport in high humidity transformer oil-based nanofluid	期刊	杜岳凡、吕玉珍、李成榕、钟宇翔、陈牧天、张胜男、周游、陈政琦
12	Effect of nanoparticles on charge transport in nanofluid-impregnated pressboard	期刊	杜岳凡、吕玉珍、李成榕、陈牧天、钟宇翔、张胜男、周游
13	Insulating Properties and Charge Characteristics of Natural Ester Fluid Modified by TiO2 Semiconductive Nanoparticles	期刊	杜岳凡、吕玉珍、李成榕
14	Effect of Semiconductive Nanoparticles on Insulating Performances of Transformer Oil	期刊	杜岳凡、吕玉珍、李成榕、陈牧天、钟宇翔、周建全、李晓欣、周游
15	TiO2 纳米粒子对矿物及植物纳米变压器油中电荷输运特性的影响	期刊	杜岳凡、李成榕、吕玉珍
16	TiO2 nanoparticle induced space charge decay in thermal aged transformer oil	期刊	吕玉珍、杜岳凡、李成榕
17	油酸修饰对纳米二氧化钛在变压器油中分散性的影响	期刊	吕玉珍、张胜男、李成榕

变压器与输配电系统快速暂态相互作用建模的若干基础问题

1. 基本信息

项目名称：变压器与输配电系统快速暂态相互作用建模的若干基础问题

项目类别：面上项目

项目负责人：王赞基

负责人职称：教授

依托单位：清华大学

研究期限：2011-01-01 到 2013-12-31

主题词：电力变压器；电力系统；特快速暂态；振荡模式；宽频损耗

2. 项目摘要

近年来，变压器与输配电系统快速暂态相互作用引起变压器内部故障已经引起 CIGRE 的重视。除众所周知的短路故障、雷电冲击、GIS 开关操作等所产生的快速暂态外，随着大规模风电并网、大容量电容应用于无功补偿、大容量城市电动车充电站投入运营等，新型开关暂态不断涌现，可能激发连接变压器局部振荡，产生过电压。本项目以变压器与输配电系统快速暂态相互作用的研究为背景，着重研究建模中的若干基础问题，包括新型开关暂态源的特征，各种类型输配电变压器在低压侧开路等工况下的电压转移频率特性，变压器高压侧连接线特性在传输快速暂态及激发线圈内部电磁振荡的作用，变压器建模中线圈复合绝缘损耗的频率特性、线圈电磁耦合的频率特性、叠片铁心磁化和损耗的频率特性等，改进、优化和完善电力变压器快速暂态仿真模型，形成一套比较系统、完整的变压器与电力系统快速暂态相互作用研究的模型和工具。所提出的研究内容及预期成果具有开拓性。

3. 结题摘要

随着电网技术和电网规模的迅速发展，输配电系统中出现的暂态过电压现象变得日益复杂，对电力变压器的绝缘结构设计提出更严重的挑战。研究变压器与输配电系统快速暂态相互作用的机理具有重要的意义。本项目重点研究了特高压 GIS 系统与电力变压器之间特快速暂态过电压的相互作用、油纸复合绝缘材料和电力变压器线圈整机在 10MHz 以内的损耗特性、不同频率振荡电压在变压器线圈内的分布特性等，并计算了若干台典型结构特高压电力变压器线圈内快速暂态电压分布等，取得了若干重要成果。首先，从理论上对国家电网公司某特高压 GIS 试验系统 VFTO 测量波形的频率分布特性及传输特性进行了深入分析，得出在变压器侧的 VFTO 波形中的主要振荡分量的频率低于 10MHz 的结论。其次，用介电谱测试仪在 10MHz 范围内测量了超、特高压电力变压器常用油纸绝缘材料的复介电常数和损耗角正切的频率特性曲线，利用介电弛豫的理论确定了介电弛豫个数，选用四种典型模型函数分别对试验数据进行拟合，进而提出了适用于电力变压器特快速暂态仿真建模的定量描述绝缘介质频变损耗的有效方法。第三，提出了基于实测变压器网络函数和通过矢量匹配确定电力变压器频变衰减因子的方法。通过扫频测量获得 10MHz 范围内电力变压器电压转移函数，利用矢量匹配的方法提取该函数的极点；同时通过对大型电力变压器损耗的理论分析，建立了变压器在宽频带范围内的频变衰减因子的近似公式；然后将所提取的极点实部与频变衰减因子的近似公式进行最小二乘拟合，从而可以确定频变衰减因子近似公式的系数。第四，提出了表征各自然频率振荡分量对电压分布贡献的“响应因子”以及表征各自然频率振荡分量沿线圈空间分布的“振型”的概念和定义。对暂态电压分量在变压器线圈自然频率处的振荡特性进行了深入的分析，特别是对特高压电力变压器典型分区绝缘线圈结构进行了振型分析，从理论上论证了并不是在所有自然频率处都能激发过电压振荡的结论，揭示了低频振型和高频振型空间分布的不同规律。最后，利用国家电网公司特高压 GIS 试验系统实测和仿真的 VFTO 波形，对具有典型线圈结构的特高压电力变压器线圈内暂态电压分布进行了深入分析，得到线圈内径向匝间电压和轴向匝间电压的分布规律，为电力变压器的绝缘结构设计和采取防护特快速暂态过电压的措施提供依据。

采用光激励的 LED 光电特性的非接触检测技术

1. 基本信息

项 目 名 称： 采用光激励的 LED 光电特性的非接触检测技术

项 目 类 别： 青年科学基金项目

项目负责人： 文静

负责人职称： 副教授

依 托 单 位： 重庆大学

研 究 期 限： 2011-01-01 到 2013-12-31

主 题 词： 发光二极管；非接触检测；电特性；光特性；理想因子

2. 项目摘要

针对目前用于测试 LED 外延片或者芯片光电特性的仪器多采用接触式的电注入检测方法，存在系统复杂、成本高、检测效率低、易造成芯片损伤等不足，提出一种基于 LED 光致发光效应的非接触式检测方法和仪器系统，适合 LED 芯片大批量生产的应用。通过获取光激励 LED PN 结产生的光致发光特性，在建立了 LED 光致发光、电致发光效应之间的确切联系以及 LED 发光光谱特性与其电特性之间的对应关系的基础上，对光致发光光谱进行分析处理以同时确定 LED 的光特性与电特性参数。根据该非接触检测原理，设计针对单个芯片和外延片的检测仪器系统，对于外延片的检测，除了采用光源逐个扫描单个 PN 结的方式外，也可采用让光源同时照射到整个外延片或者选定区域，用图像传感器检测多个 PN 结的发光光谱的方式，这样可大大提高检测速度。

3. 结题摘要

针对目前用于测试 LED 外延片或者芯片光电特性的仪器多采用接触式的电注入检测方法，存在系统复杂、成本高、检测效率低、易造成芯片损伤等不足，首次提出一种基于 LED 光致发光效应的非接触式检测方法和仪器系统，适合 LED 芯片大批量生产的应用。通过研究 LED 发光光谱以及电流电压特性的影响因素，建立了在光注入与电注入下 LED 发光光谱与电压电流特性的联系，研究结果表明：影响 LED 发光光谱与电特性的主要因素是 PN 结温度，在保证 LED 结温相同的条件下，可以用光注入代替电注入实现 LED 特性参数的检测。本项目研究了 LED 发光光谱与 LEDPN 结温度的关系，建立了从 LED 发光光谱中估计 LED 结温的模型；研究了 LED 发光光谱与 LED 电流电压特性之间的关系，建立了从 LED 发光光谱中估计 LED 电流电压特性的方法；研究了 LED 理想因子的影响因素，建立了 LED 理想因子模型，从而能够从 LED 发光光谱中估计 LED 理想因子。理想因子是 LED 的重要电特性参数，它反映了晶体生长结构与外量子效率方面的特性，因此针对理想因子的研究对于检验 LED 晶体质量、提高器件的成品率具有重要意义。针对传统的 LED 归一化理论光谱与实测 LED 归一化光谱明显存在差异，会导致从模型中估计的参数存在很大误差的问题，对 LED 归一化理论光谱进行了修正。这样也可以依据修正后的谱模型，从实测光谱中比较准确地估算出结温、禁带宽度等 LED 基本参数。另一方面，在分析出自吸收谱的基本性质随温度的变化规律基础上，还可控制自吸收效应，这对于提高 LED 的外量子效率和合理选择 LED 材料及设计其结构有重要指导意义。在此基础上，通过光激励 LED，并检测其光致发光光谱来确定 LED 的光电特性，实现了 LED 的非接触检测。通过搭建的 LED 参数检测的系统样机进行实验验证，实验结果从原理上证明了估计方法的有效性，从 LED 光致发光光谱中估计得到的电流电压曲线误差小于 0.5%。该方法通过光激励和光检测实现 LED 的参数检测，实现了真正意义上的非接触，具有重大的科学技术意义和广泛的应用前景。

4. 项目成果

序号	成 果 名 称	类型	完 成 人
1	一种利用发光光谱估计 LED 正向电压的方法	期刊	马跃东、文静、文玉梅、李平、庄伟、赵雪梅
2	光/电激发方式对 AlGaInP 及 GaN 基 LED 电学特性的影响	期刊	文静、庄伟、文玉梅、李平、赵学梅、马跃东
3	采用光激励和光检测的 LED 电特性测试方法	期刊	文静、文玉梅、李平、李恋
4	封装过程中 LED 芯片理想因子的实验研究	期刊	庄伟、文静、文玉梅、李平、朱永
5	光注入与电注入下 LED 的电流电压特性	期刊	文静

超/特高压电网对全球卫星导航定位信号干扰影响分析及仿真模型研究

1. 基本信息

项 目 名 称： 超/特高压电网对全球卫星导航定位信号干扰影响分析及仿真模型研究

项 目 类 别： 面上项目

项目负责人： 尹晖

负责人职称： 教授

依 托 单 位： 武汉大学

研 究 期 限： 2011-01-01 到 2013-12-31

主　题　词： 超/特高压；全球卫星导航定位系统；无线电干扰；现场测试；电磁兼容

2. 项目摘要

超/特高压电网由于大型金属架构的电磁特性以及电晕放电效应，对空间无线电信号传播将产生一定影响，对依赖于以卫星为基础无线电导航定位系统的重要军事及导航设施，尤为敏感和关注。本项目以日益密集的高压电网与全球卫星导航定位（GNSS）信号网络的电磁兼容问题为背景，开展了超/特高压输电线路对GNSS信号干扰影响的真型观测试验，研究了超/特高压线路对GNSS信号干扰的影响规律和形成机理，建立了高压输电金属网架对GNSS信号的电磁散射高效计算模型，提出了可行的干扰防护和改善措施，为我国超/特高压工程建设和GNSS广泛而安全的应用提供了电磁兼容预测、设计和防护理论分析手段。本项目的特色和创新在于将在国际上首次开展特高压输电线路对GNSS信号干扰影响的真型现场试验研究；建立超/特高压输电线路对GNSS信号的无源干扰高效计算模型；提出GNSS接收设备在超/特高压电网电磁环境影响下合理的距离避让与防护改善措施。

3. 结题摘要

本项目以日益密集的高压电网对全球卫星导航定位信号产生的干扰问题为背景，围绕特高压示范工程“晋东南-南阳-荆门1000kV输电线路在断电检修和通电运行环境下的GNSS真型观测以及无线电干扰测试数据，研究了特高压输电线路对卫星导航定位信号干扰的影响规律和形成机理，建立了特高压金属网架对卫星导航信号的电磁散射高效计算模型，为我国特高压工程建设和卫星导航系统基础建设提供了合理的距离避让与防护等电磁兼容设计奠定理论基础。项目研究所取得的主要成果如下：①研究制定了特高压线路对GNSS信号干扰影响测试方案。②从P1和P2多路径、L1和L2信噪比、数据完好率等方面对GPS观测数据进行质量分析，结果表明特高压输电线对距离线路远近不同点位的GPS信号均未产生可观测到的干扰。③GNSS数据处理与分析结果表明特高压输电线带电与断电环境下，GNSS测得两期点位坐标整体一致，其坐标变化与距输电线距离的远近无明显关系。④GNSS测试数据频谱分析表明GNSS动态观测数据受特高压输电环境影响不明显，断电和通电的功率谱密度估计结果基本一致，与测试点到特高压输电线的距离之间没有明显规律。⑤建立了基于矩量法和多层快速多极子的无源干扰高效算法，比较了该算法相对于传统矩量法在计算复杂度以及存储复杂度上的优势，并通过实例验算和现场试验验证了计算模型的准确性。⑥高压输电线路导线电晕产生无线电干扰主要集中在10MHz以下，30MHz以上频段输电线路的干扰较小，而GPS卫星传输载波频率在1GHz以上，而输电线路在此频段无线电干扰接近背景噪声，因此不会形成有效干扰。⑦无线电干扰测试数据研究结果表明电磁干扰对GNSS信号中频率为1.023MHz C/A码和0.511MHzP码频点存在一定干扰，当频率高于10MHz以后，干扰幅值迅速下降致30dB以下，电磁干扰强度与GNSS信号中的C/A码和P码频点有距离相关性，但对测地型接收机，不形成有效的干扰影响。结合项目研究，在国内核心期刊上发表学术论文6篇，国际会议论文6篇，其中EI收录8篇。培养了博士1名，硕士3名，已有12名本科生毕业设计参与项目研究，其中《特高压环境对GPS观测数据影响分析研究》（何林）获2011年湖北省优秀学士学位论文。

4. 项目成果

序号	成 果 名 称	类型	完 成 人
1	On-site Test and Interference Analysis of GNSS Signals under Ultra High VOLTAGE (UHV) Transmission line	会议	Hui Yin、Di Zhang、Yingbing Li、Xingfa Liu、Xin Feng
2	Application of hybrid genetic algorithm in control network adjustment	会议	Chen Wei
3	Application of immune genetic algorithm in survey data processing	会议	Chen Wei
4	Deformation analysis and prediction based on fuzzy time series	会议	Chen Wei
5	Application of fuzzy least squares support vector machines in landslide deformation prediction	会议	Chen Wei、Xiao Xiao、Zhang Jian
6	Detection of semi-diurnal signal of the earth by Least Squares Spectral analysis and its Evaluation	会议	Hui Yin、Xiaoming Zhang
7	基于加权最小二乘谱迭积算法探测超导重力观测弱信号	期刊	尹晖、王艳艳
8	时序数据去噪中的小波策略及评价指标	期刊	尹晖、朱锋

（续）

序号	成果名称	类型	完成人
9	高压输电线路无线电干扰和电磁散射对 GPS 卫星信号影响测试及分析	期刊	刘兴发、尹晖、邬雄、张建功、裴春明、干喆渊
10	GPS 观测数据的仿真	期刊	周雨、李英冰
11	GNSS 观测值的压缩方法研究	期刊	李英冰、闫景仙、熊程波、陈中新
12	特高压输电线路对 GPS 观测数据质量影响分析	期刊	章迪、尹晖

垂直结构紫外 LED 的研究

1. 基本信息

项目名称：垂直结构紫外 LED 的研究
项目类别：青年科学基金项目
项目负责人：闫建昌
负责人职称：副研究员
依托单位：中国科学院半导体研究所
研究期限：2011-01-01 到 2013-12-31
主题词：紫外发光二极管；垂直结构；AlGaN；纳米图形衬底；激光剥离

2. 项目摘要

深紫外 LED 通常采用蓝宝石衬底，通过刻蚀工艺将 n、p 电极制作在同侧，这导致器件中的电流产生拥堵效应，器件效率低下，发热严重。通过设计合适的外延结构，在紫外 LED 中插入 GaN 或超晶格牺牲层，采用键合和激光剥离工艺将蓝宝石衬底去除，则 n、p 电极可以制作在 LED 的两侧，电极几乎可以垂直均匀通过有源区，消除了拥堵效应，大大提高了器件效率。同时，紫外 LED 键合在 Si、Cu 等高热导率的衬底上，器件的散热性能和可靠性大大提高。垂直结构紫外 LED 相比于普通的平面结构紫外 LED，器件的性能可以大大提高，因此成为当今紫外 LED 研究领域的热点和发展趋势。

3. 结题摘要

本项目创新开展了 AlGaN 基垂直结构紫外 LED 的材料外延、结构设计和芯片工艺研究，突破了材料结构外延和衬底剥离转移的关键技术难题，成功制备出垂直结构紫外 LED 器件。总体上完成了本项目的既定研究内容，达到了预期目标。采用自组装纳米球曝光和湿法腐蚀相结合的技术自主制备出纳米图形蓝宝石衬底，并在此基础上开展了高铝组分氮化物材料的 MOCVD 外延研究，获得快速合并、表面平整的高质量 AlN 材料，原子力显微镜表面粗糙度仅为 0.15 nm（$5\mu m \times 5\mu m$），达到了原子级平整度，（002）和（102）的 X 射线衍射摇摆曲线的半峰宽分别只有 69arcsec 和 319 arcsec，显著提升了 AlN 材料外延质量，降低了位错密度，进而突破了紫外 LED 核心 AlGaN 材料外延技术；面向垂直结构紫外 LED 的衬底剥离，设计并外延了不同牺牲层的紫外 LED 结构，对比研究了 GaN 插入层、AlN/AlGaN 超晶格、AlGaN/AlGaN 超晶格、AlN/GaN 超晶格牺牲层结构对于紫外 LED 外延片的应力和发光的影响，优化选取了 AlN/AlGaN 超晶格结构，并进一步优化紫外 LED 的阻挡层，解决了载流子溢出导致的次级发光峰问题；选择电镀铜的方法来制备转移衬底，对比研究了 248nm 和 193nm 激光器在紫外 LED 衬底剥离的应用，248nm 激光器剥离的外延片中出现了严重的裂纹问题，而 193nm 激光器则成功实现了 UVLED 两英寸外延片与蓝宝石衬底的的无裂纹基本完整剥离；我们进一步研究了紫外 LED 的缓冲层干法刻蚀和湿法腐蚀工艺，成功去除绝缘的缓冲层，实现氮面表面尖锥状起伏可控，制备出垂直结构紫外 LED 器件，峰值发光波为 282nm，最大输出功率超过 3mW。在本项目的研发过程中共计发表期刊文献 8 篇，会议报告 3 篇，申请发明专利 8 项。其中本项目创新开展的纳米图形衬底外延高铝组分氮化物技术发表于在 Applied Physics Letter 期刊上（Vol. 102 pp. 241113），并获得 Semiconductor Today 等科技网站引用评述；相关研究结果获得氮化物半导体领域最重要的国际学术会议 International Conference on Nitride Semiconductors（ICNS-10，美国华盛顿特区）口头报告。

4. 项目成果

序号	成果名称	类型	完成人
1	高性能大功率 LEDs 外延、芯片及应用集成技术	奖励	闫建昌
2	Enhanced electroluminescence of UV-LED by using semi-doped AlGaN electron blocking layer	会议	Jianchang Yan
3	高 Al 组分 AlGaN 材料和深紫外 LED 的 MOCVD 外延生长	会议	王军喜、闫建昌、曾建平、董鹏、孙莉莉、从培沛、李晋闽
4	纳米图形蓝宝石衬底上 MOCVD 外延生长 AlN	会议	董鹏、闫建昌、吴奎、曾建平、从培沛、孙莉莉、蓝鼎、王军喜、李晋闽
5	Photoluminescence properties of Al-rich AlXGa1-XN grown on AlN/sapphire template by MOCVD	期刊	Zeng Jianping1 2、Yan Jianchang1 2、Wang Junxi1 2、Cong Peipei1 2、Li Jinmin1 2、Sun Shuaishuai3、Tao Ye3

（续）

序号	成果名称	类型	完成人
6	The effect of δ-doping and modulation-doping on Si-doped high Al content n-AlxGa1-xN grown by MOCVD	期刊	Zhu Shaoxin、Yan Jianchang、Zeng Jianping、Zhang Ning、Si Zhao、Dong Peng、Li Jinmin、Wang Junxi
7	Improved hole distribution in InGaN/GaN dual-wavelength light-emitting diodes with Mg-doped quantum-wells	期刊	Li Jinmin、Wei Tongbo、Yan Jianchang、Ma Jun、Zhang Ning、Liu Zhe、Wei Xuecheng、Wang Xiaodong、Lu Hongxi
8	The effect of delta-doping on Si-doped Al rich n-AlGaN on AlN template grown by MOCVD	期刊	Shaoxin Zhu、Jianchang Yan、Yun Zhang、Jianping Zeng、Zhao Si、Peng Dong、Jinmin Li、Junxi Wang
9	Temperature-dependent emission shift and carrier dynamics in deep ultraviolet AlGaN/AlGaN quantum wells	期刊	Zeng Jianping、Li Wei、Yan Jianchang、Wang Junxi、Cong Peipei、Li Jinmin、Wang Weiying、Jin Peng、Wang Zhanguo
10	282-nm AlGaN-based deep ultraviolet light-emitting diodes with improved performance on nano-patterned sapphire substrates	期刊	Qin Zhixin、Yan Jianchang、Wang Junxi、Zhang Yun、Geng Chong、Wei Tongbo、Cong Peipei、Zhang Yiyun、Zeng Jianping
11	Improved Hole Distribution in InGan/Gan Dual-Wavelength Light-Emitting Diodes with Mg-Doped Quantum-Wells	期刊	Jinmin Li、Junxi Wang、Jianchang Yan、Yun Zhang、Yanrong Pei、Zhao Si、Hua Yang、Lixia Zhao、Zhe Liu
12	Modification of Carrier Distribution in Dual-Wavelength Light-Emitting Diodes by Specified Mg Doped Barrier	期刊	Li Jinmin、Wei Tongbo、Ma Jun、Yan Jianchang、Wei Xuecheng、Lu Hongxi、Fu Binglei、Zhu Shaoxin、Liu Zhe

磁场调制型低速大扭矩多功率端口永磁电机研究

1. 基本信息

项目名称：磁场调制型低速大扭矩多功率端口永磁电机研究

项目类别：青年科学基金项目

项目负责人：金孟加

负责人职称：副教授

依托单位：浙江大学

研究期限：2011-01-01 到 2013-12-31

主题词：永磁齿轮；永磁同步电机；多功率端口电机；低速大转矩

2. 项目摘要

随着永磁材料的不断发展，采用磁力进行高性能传动成为可能，基于磁场调制原理的永磁齿轮拓扑结构的提出，使得磁力传动的转矩密度能够与二级或三级渐开线齿轮变速器相比，而采用永磁齿轮与电机相集成的驱动可以使系统的驱动与传动更加紧凑。本项目提出的新型集成结构同时具有永磁同步电机效率高、功率密度大的特点，又具有永磁齿轮无接触传动的无摩擦损耗、低振动、低噪声、不需要润滑、固有的过载保护能力、免维护、无油污、高可靠等优点，将永磁电机与永磁齿轮相结合能高效地实现低速大转矩运行。设计从多端口下的功率传输角度出发，通过对集成系统中的永磁电机控制，实现能量在多方向上的可控流动，从而实现机械传动与电气传动的理想互补。系统电磁功率端口集成在机械传动中，从而实现具有不同能量形式的多种功率端口相连，该设计在混合动力汽车等多种能量并存的传动与控制领域具有广泛的应用价值。

3. 结题摘要

磁场调制型永磁齿轮是一种新型的传动装置，其传递转矩密度能够与二级或三级渐开线齿轮变速箱相比本项目将永磁电机和磁场调制型永磁齿轮相结合进行驱动，从而实现低速大转矩运行。项目分别针对磁场调制型永磁齿轮、低速电机和多功率端口电机三个层面内容展开，进行了相应的拓扑结构和优化方法研究，得到三种装置的基本设计规律，并依此制作了三台样机，验证了理论分析的正确性。另外，项目着重分析并建立了多功率端口电机的数学模型，在此基础上提出了针对多功率端口电机的控制策略，实现能量在多方向上的可控流动。最终，设计并制作了多功率端口电机控制器，实现了多种运行模式，结果表明多功率端口电机可以实现能量的可控多方向流动，该特性在混合动力汽车等多种能量并存的传动与控制领域很可能具有广泛的应用价值。

4. 项目成果

序号	成果名称	类型	完成人
1	Design of a multi-power-terminals permanent magnet machine with magnetic field modulation	会议	Wang L. L.、Shen J. X.、Jin M. J.
2	磁场调制型永磁齿轮的设计和实验	期刊	沈建新、王利利

（续）

序号	成果名称	类型	完成人
3	Investigation of Axial Magnetic Force in Permanent Magnet Synchronous Machines with Rotor Step Skewing	期刊	M J. Jin、W. Z. Fei、J. X. Shen
4	一种磁场调制型多功率端口电机及其建模分析	期刊	罗文、金孟加、沈建新

大功率 InGaN 基 LED 新型外延结构研究

1. 基本信息

项 目 名 称：大功率 InGaN 基 LED 新型外延结构研究

项 目 类 别：面上项目

项目负责人：刘建平

负责人职称：研究员

依 托 单 位：中国科学院苏州纳米技术与纳米仿生研究所

研 究 期 限：2011-01-01 到 2013-12-31

主 题 词：氮化铟镓；LED；新型外延结构

2. 项目摘要

传统 InGaN 基蓝光 LED 在较小的电流密度下（一般小于 10 A/cm^2）达到峰值量子效率，进一步增加电流密度，量子效率显著下降。而用于半导体照明的大功率 LED 需要在大电流密度下（大于 200 A/cm^2）保持高量子效率。提高大电流密度下工作的大功率蓝光 LED 的量子效率是实现半导体照明的关键，为此必须降低大电流密度注入下 LED 有源区的载流子密度和电子溢出。本项目拟采用新型外延结构来达到此目的。一是采用超薄 GaN 量子垒层或高 In 组分 InGaN 量子垒层，促使空穴注入到 n-GaN 侧量子阱，使载流子在多量子阱有源区分布更均匀，从而降低载流子密度，实现真正的多量子阱发光 LED。二是采用 Al0. 82In0. 18N 代替 LED 结构中传统的 Al0. 2Ga0. 8N 电子阻挡层，增加电子溢出有源区需要克服的势垒高度，以更好地限制电子，降低溢出有源区的电子浓度。

3. 结题摘要

本项目主要研究了新型外延结构氮化镓基 LED 的 MOCVD 外延生长和器件特性。研究内容包括超薄 GaN 量子垒 InGaN/GaN 多量子阱 LED 结构的 MOCVD 生长、器件制作和特性研究，以及高 In 组分 InGaN 量子垒 InGaN/InGaN 多量子阱 LED 结构的 MOCVD 生长、器件制作和特性研究。系统研究了 GaN 量子垒厚度对 InGaN/GaN 多量子阱 LED 的发光效率的影响，发光效率与注入电流密度的关系。优化了超薄 GaN 量子垒 InGaN/GaN 多量子阱 LED 的外延生长，提高了其量子效率。研究了高 In 组分 InGaN 量子垒 InGaN/InGaN 多量子阱的 MOCVD 生长，优化了其生长条件。研究了 MOCVD 生长条件对 AlInN 薄膜表面形貌的影响，通过优化生长条件，获得了表面形貌非常好的 Al0. 82In0. 18N 薄膜。在此基础上，制备了 InGaN/InGaN 多量子阱 LED，研究了其发光效率与注入电流密度的关系。总之，通过器件结构的优化设计和外延生长的优化，我们提升了 InGaN 量子阱 LED 在大电流注入下的发光效率。

4. 项目成果

序号	成果名称	类型	完成人
1	Formation of Low-Resistant and Thermally Stable Nonalloyed Ohmic Contact to N-Face n-GaN	期刊	Yang Hui、Zhang Shu-Ming、Wang Hui、Liu Jian-Ping、Wang Huai-Bing、Li Zeng-Cheng、Feng Mei-Xin、Zhao De-Gang、Liu Zong-Shun
2	Suppression of thermal degradation of InGaN/GaN quantum wells in green laser diode structures during the epitaxial growth	期刊	Yang Hui、Liu Jianping、Feng Meixin、Zhou Kun、Zhang Shuming、Wang Hui、Li Deyao、Zhang Liqun、Zhao Degang
3	Effects of matrix layer composition on the structural and optical properties of self-organized InGaN quantum dots	期刊	Yang H.、Liu J. P.、Feng M. X.、Zhou K.、Zhang S. M.、Wang H.、Li D. Y.、Zhang L. Q.、Sun Q.
4	Performance Enhancement of GaN-Based Laser Diodes With Prestrained Growth	期刊	Mei-Xin Feng、Jian-Ping Liu、Shu-Ming Zhang、De-Sheng Jiang、Zeng-Cheng Li、Kun Zhou、De-Yao Li、Li-Qun Zhang、Hui Yang
5	Thermal characterization of GaN-based laser diodes by forward-voltage method	期刊	Yang H.、Zhang S. M.、Jiang D. S.、Liu J. P.、Wang H.、Zeng C.、Li Z. C.、Wang H. B.、Wang F.
6	Thermal analysis of GaN laser diodes in a package structure	期刊	Yang Hui、Zhang Shu-Ming、Jiang De-Sheng、Liu Jian-Ping、Wang Hui、Zeng Chang、Li Zeng-Cheng、Wang Huai-Bing、Wang Feng
7	Optimization of the cavity facet coating in high power GaN-based semiconductor laser diodes	期刊	Yang Hui、Zhang ShuMing、Jiang DeSheng、Wang Hui、Liu JianPing、Zeng Chang、Li ZengCheng、Wang HuaiBing、Wang Feng

（续）

序号	成果名称	类型	完成人
8	High-efficiency InGaN-based LEDs grown on patterned sapphire substrates	期刊	Huang Xiao-Hui、Liu Jian-Ping、Kong Jun-Jie、Yang Hui、Wang Huai-Bing
9	Hillock formation and suppression on c-plane homoepitaxial GaN Layers grown by metalorganic vapor phase epitaxy	期刊	Hui Yang、Jianping Liu、Shuming Zhang、Zengcheng Li、Meixin Feng、Deyao Li、Liqun Zhang、Feng Wang、Jianjun Zhu
10	Design Considerations for GaN-Based Blue Laser Diodes With InGaN Upper Waveguide Layer	期刊	Yang Hui、Liu Jian-Ping、Zhang Shu-Ming、Jiang De-Sheng、Li Zeng-Cheng、Li De-Yao、Zhang Li-Qun、Wang Feng、Wang Hui
11	High efficient GaN-based laser diodes with tunnel junction	期刊	Yang H.、Liu J. P.、Zhang S. M.、Jiang D. S.、Li Z. C.、Zhou K.、Li D. Y.、Zhang L. Q.、Wang F.
12	Effect of Patterned Sapphire Substrate Shape on Light Output Power of GaN-Based LEDs	期刊	Huang Xiao-Hui、Liu Jian-Ping、Fan Ya-Ying、Kong Jun-Jie、Yang Hui、Wang Huai-Bing
13	Improving InGaN-LED performance by optimizing the patterned sapphire substrate shape	期刊	Huang Xiao-Hui、Liu Jian-Ping、Fan Ya-Ming、Kong Jun-Jie、Yang Hui、Wang Huai-Bing
14	Saturation of the junction voltage in GaN-based laser diodes	期刊	Yang H.、Liu J. P.、Zhang S. M.、Liu Z. S.、Jiang D. S.、Li Z. C.、Wang F.、Li D. Y.、Zhang L. Q.

大规模风电接入电网的发电计划决策理论与方法的研究

1. 基本信息

项目名称：大规模风电接入电网的发电计划决策理论与方法的研究

项目类别：青年科学基金项目

项目负责人：孙欣

负责人职称：讲师

依托单位：江苏大学

研究期限：2011-01-01 到 2013-12-31

主题词：电力系统；发电计划；风电；协调优化

2. 项目摘要

传统日前发电计划基于确定性模型，未考虑风电出力不确定性与波动性对系统安全经济运行的影响。本项目研究大规模风电接入电网的发电计划决策理论与方法：建立表征风电出力不确定性与波动性的精细化概率模型；设计量化不确定性和波动性的备用概率安全指标与调频概率安全指标，通过备用与调频动态协调优化模型形成综合概率安全指标；在此基础上进一步建立安全、经济多目标协调优化，机组组合、出力安排、备用、调频动态一体优化的发电计划模型，并精细考虑电网与发电机组运行约束；研究模型的有效约束智能辨识技术、多维协调与解耦技术以及高效综合智能算法；设计模型的误差分析机制与评价指标体系，建立模型关键参数的动态反馈修正机制，进一步提高模型的有效性。本项目的成果将为我国加强大规模风电上网与利用、提升发电计划对风电不确定性与波动性的适应性、提高发电计划的安全经济水平提供理论与关键技术支撑，具有重要的理论与应用价值。

3. 结题摘要

由于风电出力具有较强的不确定性和波动性，大规模风电接入电网对电力系统的安全经济运行产生严重的影响，对传统的电网调度运行提出严峻的挑战。为提高大规模风电资源的利用效率并保证电网的安全经济运行，本项目研究了大规模风电接入电网的发电计划决策理论与方法。主要研究成果包括：首先针对不同的分析与应用场景，建立了与之相应的表征风电出力不确定性与波动性的精细化模型。在风电出力预测精度相对较低的中短期场景中采用对模型参数要求不高的区间数理论建模，在风电出力预测精度相对较高的短期场景中建立概率模型；针对上述两类模型分别建立了安全、经济多目标协调优化，机组组合、出力安排、备用、检修全面优化的发电计划模型，并精细考虑了实际电网与发电机组运行约束；针对不确定性优化问题难于求解的情况，研究了模型的有效约束智能辨识技术。基于情景分析方法，提出了全景式的经济调度方法，提取了潮流约束的关键情景和系统平衡约束的关键情景，该方法在确保最优求解的前提下减少经济调度问题的规模，并显著提高计算效率；同时提出了备用安全可信度的评价指标用以建立模型的分析与评价机制，并结合智能电网的新发展研究了负荷弹性对系统消纳风电能力的动态反馈模型并分析其影响。算例表明，上述成果全面考虑了风电出力不确定性、电网和发电机组各类复杂约束，实现了发电计划安全与经济的多目标协调优化，提高了模型的完备性；设计的动态智能求解算法，提高了模型的求解效率；模型的评价指标与反馈修正机制，提高了模型的适应性与有效性。上述成果提高了电网日前发电计划安排水平，保证了电力系统在大规模风电接入时安全经济地运行，增强了风电场接入电网发电的能力。在上述研究成果的基础上，结合本领域的新发展，本项目拓展了研究内容，探讨了以大规模风电利用为特征的智能电网架构。本项目的开展显著增进了项目承担者和承担单位及合作单位研究能力的增长，取得了一定的研究成果，培养了一批学科人才，促进了本研究领域的交流和相关研究的开展。本项目的成果将为我国加强大规模风电上网与利用、提升发电计划对风电不确定性的适应性、提高发电计划的安全经济水平提供理论与技术支撑。

4. 项目成果

序号	成果名称	类型	完成人
1	Interval mixed-integer programming for daily unit commitment and dispatch incorporating wind power	会议	孙欣
2	农电负荷弹性对系统消纳风电能力的影响	会议	孙欣、马群、沈风
3	基于区间规划理论的农村风能优化模型与方法	会议	孙欣
4	大规模风电接入的日前调度运行方法	会议	孙欣、方陈
5	Day-ahead Power System Economic Dispatch with Large-scale Wind Power Integration	会议	孙欣
6	忽略电磁暂态对低频振荡分析的影响	期刊	陈武晖、汪旎、孙欣、刘辉、谭伦农、李正明
7	考虑需求弹性的发电检修协调方法	期刊	方陈、夏清、孙欣
8	双馈风电场故障序阻抗特征及对选相元件的影响	期刊	沈枢、张沛超、方陈、包海龙
9	考虑大规模风电接入的发电机组检修计划	期刊	方陈、夏清、孙欣
10	三阶非线性对主导低频振荡模式的影响	期刊	陈武晖、邓集祥
11	电阻参数对次同步模态阻尼影响机制	期刊	陈武晖、黄杰、陈金猛、李正明、汪旎、孙欣、谭伦农
12	月度发输电检修一体优化方法	期刊	方陈、夏清、胡朝阳、王斌
13	基于区间规划的可用传输容量计算方法	期刊	孙欣、方陈、夏清
14	水-火-风协调优化的全景安全约束经济调度	期刊	白杨、汪洋、夏清、孙欣、杨明辉、张健
15	基于自然选择粒子群算法的含DG接入的配电网无功优化	期刊	徐俊俊、黄永红、王琪、陈晖、孙欣
16	次同步谐振复杂系统同型机等值	期刊	陈武晖、毕天姝、孙欣、汪旎、刘辉、谭伦农、李正明
17	以高比例可再生能源利用为特征的智能电网架构探讨	期刊	方陈、凌平、包海龙、张宇

电动汽车电池储能特性与电网接入技术研究

1. 基本信息

项目名称：电动汽车电池储能特性与电网接入技术研究

项目类别：面上项目

项目负责人：许海平

负责人职称：研究员

依托单位：中国科学院电工研究所

研究期限：2011-01-01 到 2013-12-31

主 题 词：电动汽车充电；储能；锂离子电池；PWM整流；并网

2. 项目摘要

电动汽车接入电网构成G2V & V2G系统，充电站除了给电动汽车充电外，还可作为分布式储能，提高电网运行效率、稳定性和电能品质，在智能电网中十分重要。针对电网接入系统两大关键内容：电动汽车电池储能特性和充放电规律和高效可靠电网接入功率调节系统，本项目以电动汽车充电储能系统为主要应用目标，研究锂离子电池储能状态估计方法、电池组循环寿命预测算法，提出非对称优化脉冲动态均衡快速充电方法；解决锂离子电池储能特性与优化充放电方法问题；研究高效可靠的电网接入功率调节电路，提出宽电压范围的新型串联型阻抗源双向功率流变流器拓扑与控制方法；解决电动汽车与电网之间的双向电能传输与控制问题；揭示串联型阻抗源变流器在非线性负载、PCC电压畸变条件下的并网机理与稳定性分析，研究电流控制并网与谐波抑制，解决无谐波污染并网可靠性问题。理论与实验结合，探索电动汽车充电储能一体化系统设计开发的分析理论和方法。

3. 结题摘要

本项目以电动汽车接入电网充电储能一体化系统为主要应用目标，研究电动汽车锂离子电池组的储能特性和充放电规律以及高效可靠的电网接入功率调节系统，实现电动汽车与电网的能量双向传输与控制，为电动汽车充电储能系统提供理论分析、设计方法与控制策略。主要研究内容包括五个方面：电动汽车与电网互动充电技术；电动汽车锂离子电池储能特性与循环寿命分析；电动汽车锂离子电池充放电性能与快速充放电方法；新型宽电压范围串联型阻抗源双向功率流变流器拓扑与控制方法；电流控制串联型阻抗源变流器无污染并网与电网谐波抑制方法。项目解决的关键科学技术问题有：研究电动汽车与电网互动充电控制技术，缓解大规模电动汽车充电对电网的压力；研究锂离子电池充放电性能，实现电池储能状态的估计；分析电池循环寿命影响因素，提出了优化脉冲快速充电方法，解决了锂离子电池组储能特性与优化充放电问题。研究高效可靠的电动汽车电网接入功率调节电路，提出了宽电压范围的新型串联型阻抗源双向功率流变流器拓扑与控制方法，解决电动汽车与电网之间的双向电能传输与控制问题；揭示串联型阻抗源 PWM 整流/逆变器在非线性负载、PCC 电压畸变条件下的并网机理与稳定性分析，研究电流控制并网与谐波抑制技术，解决无谐波污染并网可靠性问题。项目取得的成果和创新点包括：①提出了电动汽车与电网互动充电控制策略，建立了基于 GPRS/ZigBee 无线网络的互动试验平台，实时测量电网频率，实现电动汽车需求侧响应充电。②建立了锂离子电池等效 Thevenin 模型及改进模型（状态滞后的一阶 RC 模型、二阶 RC 模型），提出基于递推最小二乘法的自适应观测器方法，实现电池储能状态的在线自适应估计。③拟合电池循环寿命试验的退化数据得到动力锂离子电池的容量衰减率，得到充放电应力对电池容量衰减率的影响规律；分析锂离子电池充放电特性，提出了电池优化脉冲充电方法，实现快速充电。④提出宽电压范围的新型串联型阻抗源双向功率流变流器拓扑结构与 PWM 调制方法，实现电动汽车与电网间高效可靠的双向电能传输；⑤提出新型串联型阻抗源双向功率流变流器的解耦控制方法，实现了调制系数 M 和直通占空比 D 的动态解耦控制。⑥研究串联型阻抗源 PWM 整流器/逆变器在非线性负载、PCC 电压畸变条件下的并网控制策略与控制系统设计，提出并实现了串联型阻抗源逆变器并网系统有功、无功、谐波补偿、V2G 运行的多功能协调控制策略。

4. 项目成果

序号	成 果 名 称	类型	完 成 人
1	Interactive charging strategy of electric vehicles connected in Smart Grids	会议	HanHuachun[1]、Xu Haiping[1]、Yuan Zengquan[1]、Zhao Yingjie[1]
2	A unit power factor DC fast charger for electric vehicle charging station	会议	Zhang Zuzhi[1]、Xu Haiping[1]、Shi Lei[1]、Li Dongxu[1]、Han Yuchen[1]
3	Research of interactive charging strategy for electrical vehicles in smart grids	会议	Han Huachun[1]、Xu Haiping[1]、Yuan Zengquan[1]
4	Research of Smart Charging Management System for Electric Vehicles Based on Wireless Communication Networks	会议	Zengquan Yuan、Haiping Xu、Huachun Han、Yingjie Zhao
5	The Photovoltaic Charging Station for Electric Vehicle to Grid Application in Smart Grids	会议	Lei Shi、Haiping Xu、Dongxu Li、Zuzhi Zhang
6	Application Research of an Electric Vehicle DC Fast Charger in Smart Grids	会议	Zuzhi Zhang、Haiping Xu、Lei Shi、Dongxu Li
7	Smart Charging Control for Electrical Vehicles Based on Two-level Charge Management System	会议	Zengquan Yuan、Haiping Xu、Huachun Han、Yingjie Zhao
8	Research of the Single-Switch Active Power Factor Correction for the Electric Vehicle Charging System	会议	Yuchen Han、Haiping Xu、Dongxu Li、Zuzhi Zhang
9	Design and Control of the Novel Z-SOURCE PWM Rectifier-Inverter	会议	Lei Shi、Haiping Xu、Zuzhi Zhang、Zuoran Liu
10	A novel high power factor PWM rectifier inverter for electric vehicle charging station	会议	Shi Lei[1]、Xu Haiping[1]、Li Dongxu[1]、Yuan Zengquan[1]
11	The Bi-directional Three-phase PWM Rectifier Inverter for Electric Vehicle Charging Station	期刊	Lei Shi、Haiping Xu、Dongxu Li、Zuzhi Zhang

电网不平衡时电压型 PWM 整流器无源控制研究

1. 基本信息

项目名称：电网不平衡时电压型 PWM 整流器无源控制研究

项目类别：面上项目

项目负责人：王久和

负责人职称：教授

依托单位：北京信息科技大学

主题词：电网不平衡；电压型 PWM 整流器；无源控制；存储函数；阻尼注入

2. 项目摘要

针对电网不平衡时电压型 PWM 整流器控制问题，以无源控制理论为基础，探索能够消除或抑制所有谐波的能量控制新策略。将与电磁能量相关的网侧交流电流、直流侧直流电压设为状态变量并构造能量存储函数 W，根据整流器欧拉-拉格朗日（EL）数学模型及 W，研究整流器的无源性。根据网侧交流电流正弦化、单位功率因数及直流电压恒定控制确定整流器期望的能量存储函数 $W*$。基于 EL 模型，利用新的阻尼注入方法设计能把包括期望和谐波的实时 W 快速收敛到 $W*$ 并使整流器具有优秀动静性能的无源控制器，从而实现消除或抑制谐波的目的。为提高整流器的性能，采用带通滤波器和频率自适应控制器研究一种新的同步信号获取方法。无源控制策略不同于现行的双环控制策略，直接利用电压、电流的实时值，采用无源控制器实施控制，具有很强的鲁棒性。与国内外双环控制策略相比，无源控制策略不需要各次谐波的正、负序分量检测和处理，具有易于实现、便于工程应用的优点。

3. 结题摘要

本项目根据三相电压型 PWM 整流器的拓扑结构，建立了在电网不平衡时整流器在 dq 坐标系下的 EL 模型，基于无源控制理论及阻尼注入方法设计了无源控制器。该无源控制器可整流器能量按着期望能量存储函数分布，在电网不平衡时获得网侧交流电流正弦化、UPF 及直流侧恒定直流电压；同时，可获得良好的动态及鲁棒性能。与双环控制策略相比整流器无源控制策略可提升整流器的动静性能、简化整流器控制结构及容易工程实现。为保证整流器在 dq 坐标系下的 EL 模型的准确性，确保控制性能的实现，研究出一种在电网电压不平衡、干扰、频率偏移情况下，能提取正确同步信号 ω、$\sin\omega t$ 及 $\cos\omega t$ 的方法。利用数字信号处理器 DSP28335、智能功率模块 IPM 等元器件研制成 1 台 5kW 电网不平衡三相电压型 PWM 整流器无源控制样机。通过由样机、可编程电源 SW5250A、大容量电源电子负载 MWBFP2-1040、四通道泰克隔离存储示波器 DP03034、福禄克三相电能质量分析仪 FLUKE43B 搭建的实验平台进行了实验研究，实验结果表明，电网不平衡时电压型 PWM 整流器无源控制策略是可行的。通过本项目的研究，已研究出具有消除或抑制所有交流电流和直流电压谐波的无源控制器。在电机工程学报、电工技术学报等国内外期刊和 IEEE 支持的国际学术会议、国内学术会议上发表论文 33 篇（其中包括 EI 收录 15 篇、中文核心期刊 11 篇，已录用 5 篇）（以上论文均标有 51077005）出版著作 1 部获批发明专利 1 项，培养博士研究生 1 名、培养硕士研究生 10 名，研制 5kW 电网不平衡三相电压型 PWM 整流器无源控制样机 1 台。综上，本项目已超额完成项目计划任务书规定的科研任务。

4. 项目成果

序号	成果名称	类型	完成人
1	电能变换器及其无源控制	著作	王久和
2	基于自抗扰技术和无源控制理论的光伏并网逆变器控制策略	会议	张震，王久和、马先芹
3	电网不平衡条件下电压型 PWM 整流器的无源性电流控制策略	会议	王久和
4	Research on Passivity-Based Power Control of Direct-driven Wind Power System dual-PWM Converter	会议	Yang Dongying、Wang Jiuhe
5	Research on Passivity - Based ADRC of Direct-drive Wind Power System Back to Back PWM Converter	会议	MaXianqin、Wang Jiuhe
6	The Maximum Power Point Tracking Technology of Passivity-based Photovoltaic Grid-connected System	会议	Bao Xueyu、Wang Jiuhe
7	Study on a nonlinear control strategy for three-phase voltage sources PWM DC/AC inverter based on PCH model	会议	Mu Xiaobin、Wangjiuhe、Xianghao、Yuling Ma
8	基于 ADRC 直驱风电系统双 PWM 变流器无源控制研究	会议	马先芹、王久和、董婷婷
9	光伏并网逆变器最大功率传输控制研究	期刊	王久和、慕小斌、张震、张百乐
10	三电平钳位型整流器的电流谐波畸变率改进策略	期刊	董婷婷、王久和、马先芹
11	基于无源性的光伏并网逆变器电流控制	期刊	王久和、慕小斌
12	三相四线电压型 PWM 整流器混合无源控制	期刊	王久和、张巧杰、王勉

（续）

序号	成果名称	类型	完成人
13	电网不平衡时电压型 PWM 整流器控制策略	期刊	王久和、杨秀媛
14	基于无源性的光伏并网逆变器非线性电流控制策略	期刊	慕小斌、王久和、顾问、徐升升
15	电压型 PWM 整流器数学模型及非线性控制策略	期刊	王久和
16	直驱风力发电系统网侧变流器无源混合控制	期刊	马先芹、王久和
17	直驱风电系统双 PWM 变流器非线性控制策略	期刊	马先芹、王久和
18	Decoupling Control of Three Phase Boost Type PWM Rectifiers Based on Storage Function	期刊	Jiuhe Wang、Hongren Yin
19	A Passivity-Based Power Control Strategy of VSR PWM Rectifier Under Unbalance Voltage	期刊	Ma Yu、Wang Jiuhe、Xiang Hao
20	Speed Regulation Strategies of PMSM Based on Adaptive ADRC	期刊	Wen Gu、Jiuhe Wang、Xiaobin Mu、Shengsheng Xu
21	Research on Passivity Based Controller of Three phase Voltage Source PWM Rectifier	期刊	Wang Jiuhe、Wang Mian、Zhang Li
22	Passivity Based Controller Design Based on EL and PCHD Model	期刊	Jiuhe Wang、Hongren Yin
23	基于 EL 模型的三电平电压型 PWM 整流器的无源与 PI 相结合控制方法研究	期刊	徐升升、王久和、慕小斌、顾问
24	A Study on Nonlinear Control Strategy for Three-phase Voltage Source PWM DC/AC Inverter based on the PCH Model	期刊	Xiaobin Mu、Jiuhe Wang、Xuebao Bao
25	直驱风电系统 LVRT 无源混合控制研究	期刊	马先芹、王久和
26	Three-Phase Induction Motor Modeling and Controlbased on the EL Equation	期刊	Xiang Hao、Wang Jiuhe、Ma Yuling、Yang Dongying
27	基于自适应延迟时间的软开关电源设计与实现	期刊	慕小斌、王久和、顾问、徐升升
28	Passivity-Based Control of Voltage Source PWM Rectifier Based on Synthesis Space Vector	期刊	Shengsheng Xu、Jiuhe Wang、Xiaobin Mu、Wen Gu
29	基于 EL 模型的 Boost 型 DC/DC 变换器无源控制器	期刊	王久和
30	一种新型电压型 PWM 整流器混合控制研究	期刊	马先芹、王久和
31	一种光伏并网逆变器的混合控制策略研究	期刊	张震、王久和、马先芹
32	基于自抗扰控制技术的永磁同步电机矢量控制策略	期刊	顾问、王久和、徐升升、慕小斌
33	直驱风电系统双 PWM 变流器无源混合控制	期刊	马先芹、王久和、董婷婷
34	交流异步电机 ADRC + PI 控制策略研究	期刊	冯兆磊、王久和、马先芹

电网冲击下超（超）临界汽轮发电机组轴系-叶片弯扭耦合振动特性的研究

1. 基本信息

项目名称：电网冲击下超（超）临界汽轮发电机组轴系-叶片弯扭耦合振动特性的研究

项目类别：面上项目

项目负责人：向玲

负责人职称：教授

依托单位：华北电力大学（保定）

研究期限：2011-01-01 到 2013-12-31

主题词：电网冲击；轴系-叶片弯扭振动；非线性振动；超（超）临界汽轮发电机组

2. 项目摘要

本项目提出采用混合建模的阻抗匹配法对超（超）临界汽轮发电机组轴系和叶片进行整体建模，通过理论和试验研究电网冲击下超（超）临界汽轮发电机组轴系-叶片弯扭耦合的振动特征和复杂非线性动力学行为。分析电力系统正常工况或短路故障下的冲击特性，提取冲击信号的信息；建立机组轴系扭振和叶片弯振模型及相应计算方法，以获取轴系扭振和叶片弯振模态；采用阻抗匹配法建立机组轴系-叶片弯扭耦合振动模型，计算系统耦合振动的频率、振型等特征，分析耦合振动的分岔、混沌等非线性特性；开展模拟试验研究，校验对电网冲击下轴系-叶片弯扭耦合振动的理论分析结果的有效性。本项目的研究可为超

（超）临界汽轮发电机组的故障诊断提供重要的理论支撑，对于改进机组轴系与叶片的优化设计具有重要的借鉴意义，对保障超（超）临界汽轮发电机组的安全运行也具有重要的工程应用前景。

3. 结题摘要

超（超）临界汽轮发电机组的研制、生产和发展是火力发电节约能源、改善环保、提高发电效率、降低发电成本的必然趋势。电力系统故障和一些运行方式都能引起电网振荡，激发起汽轮发电机组轴系扭振，严重威胁着机组的安全运行。而机组通常是由多级叶轮和轴所组成的复杂系统，轴的扭转振动和叶片的弯曲振动之间具有一定的耦合性。项目按照计划完成了电网冲击下超（超）临界汽轮发电机组轴系-叶片弯扭耦合振动特性的研究，主要成果如下：①本项目研究了汽轮发电机组轴系扭振和叶片模型及计算方法，应用连续质量模型的轴系模化和改进 Riccati 传递矩阵方法获得了轴系扭振的固有频率和振型，应用有限元参数化的建模及计算方法获得了叶片的特性参数。②提出了机组轴系-叶片弯扭耦合系统整体混合建模的方法，采用混合建模的阻抗匹配法对轴系和叶片进行整体建模，获得了轴系-叶片弯扭耦合的固有特性，在此基础上求得了轴系-叶片弯扭耦合振动的非线性特性。③项目基于多段集中质量模型，应用增量矩阵法将 Riccati 传递矩阵和 Newmark-β 法相结合，改进传递矩阵的算法，建立了汽轮发电机组轴系扭振瞬态响应模型，对典型电力系统冲击（如三相短路、两相短路、非同期并网等）下的轴系扭振响应进行了仿真分析，所得研究成果对于机组轴系的动态设计及进一步提高大电网、大机组的安全可靠运行具有重要的参考价值。④项目对汽轮发电机组轴系的非线性动力学行为进行了研究；以转子系统为研究对象，建立了不平衡转子-密封系统和不平衡转子-轴承-密封耦合系统的数学模型，分析了两种系统的非线性动力学特性，并研究了不平衡转子-轴承-密封耦合系统在平均周向速比常数影响下的分岔特性及动力学行为；提出并设计了汽轮发电机组模拟系统的弯扭试验，并将非线性的振动信号分析方法应用到弯扭振动信号分析中，分析结果表明电网冲击下轴系的弯振和扭振是相互影响、相互作用的，并发现扭振有抑制轴系复杂频率振动的能力，弯振三维谱图上显示出冲击时刻频率变化的痕迹，对扭振持续时间的计算有重要意义。试验填补了国内外电网冲击下汽轮发电机组弯扭振动试验的空白，所得数据对电力系统动态设计和机组轴系设计有重要意义。

4. 项目成果

序号	成 果 名 称	类型	完 成 人
1	Comparison of Methods for Time-frequency Analysis of Oil Whip Vibration Signal	会议	Ling Xiang、Hao Sun
2	不平衡转子-轴承-密封系统的非线性动力学分析	会议	向玲、王子瑞、唐贵基
3	非稳态油膜力作用下转子系统振动分岔与时频分析	会议	向玲、侯兰兰
4	Measurement and Analysis of Torsional Vibration Signal for Rotating Shaft System	会议	Ling Xiang、Shudong Li、Wei Cui
5	次同步谐振下机组轴系弯扭振动信号分析	期刊	向玲、杨世锡、唐贵基
6	汽轮发电机组轴系扭振的时频特征分析	期刊	向玲、杨世锡、唐贵基、甘春标
7	Study of Intelligence Diagnosis System for Wind Turbine Gearbox Fault	期刊	Xiang Ling、Cui Wei
8	Nonlinear Dynamic Analysis of Rub-impact Rotor System under Different Parameters	期刊	Ling Xiang、Lanlan Hou
9	Comparison of Methods for Different Time-frequency Analysis of Vibration Signa	期刊	Ling Xiang、Aijun Hu
10	New feature extraction method for the detection of defects in rolling element bearings	期刊	Xiang Ling、Hu Aijun
11	不确定转子耦合系统的经验参数研究	期刊	向玲、王子瑞、唐贵基
12	Investigation on stator vibration characteristics under air-gap eccentricity and rotor short circuit composite faults	期刊	Gui-Ji Tang、Yu-Ling He、Shu-Ting Wan、Ling Xiang
13	Torsional vibration measurements on rotating shaft system using laser doppler vibrometer	期刊	Xiang Ling、Yang Shixi、Gan Chunbiao
14	基于集成经验模态分解和峭度准则的滚动轴承故障特征提取方法	期刊	胡爱军、马万里、唐贵基
15	基于数学形态变换的转子故障特征提取方法	期刊	胡爱军、向玲、唐贵基、杜永祚
16	经验模态分解中的模态混叠问题	期刊	胡爱军、孙敬敬、向玲

（续）

序号	成果名称	类型	完成人
17	Torsional vibration of a shafting system under electrical disturbances	期刊	Ling Xiang、Shixi Yang、Chunbiao Gan
18	Bifurcation characteristics of unbalanced rotor - Bearing system	期刊	Ling Xiang、Zirui Wang、Guiji Tang
19	基于定子振动特性的汽轮发电机气隙偏心故障程度鉴定方法研究	期刊	何玉灵、万书亭、唐贵基、向玲
20	Shaft vibration modal analysis of Turbine-generating set	期刊	Ling Xiang、Hao Sun、Shudong Li
21	偏心量对转子-轴承-密封耦合系统非线性振动特性影响的分析	期刊	向玲、王子瑞、唐贵基
22	汽轮发电机组轴系扭振响应分析	期刊	向玲、陈秀娟、唐贵基
23	振动信号处理中数学形态滤波器频率响应特性研究	期刊	胡爱军、孙敬敬、向玲

电网扰动下直驱式永磁风力发电系统暂态稳定控制

1. 基本信息

项目名称： 电网扰动下直驱式永磁风力发电系统暂态稳定控制

项目类别： 面上项目

项目负责人： 史婷娜

负责人职称： 教授

依托单位： 天津大学

研究期限： 2011-01-01 到 2013-12-31

主　题　词： 风力发电系统；直驱式；永磁发电机；功率变换器

2. 项目摘要

从直驱式永磁风力发电系统运行控制角度出发，深入分析电网扰动下直驱式永磁风力发电系统的运行特性，特别是对称及不对称电网电压跌落时系统的暂态运行特性，阐明电网扰动对直驱式永磁风力发电系统的作用规律和影响机理，探讨决定系统稳定裕度的主要因素；重点研究直驱式永磁风力发电系统暂态稳定控制技术及保护策略，在电网发生故障时保持风电系统与电网的有效连接，提高直驱式永磁风力发电系统在电网故障时的运行可靠性；探讨直驱式风力发电系统的故障穿越运行对电网稳定恢复的作用，研究故障下直驱式永磁风力发电系统的整合调控模式，在实现故障穿越运行的同时对电网提供有效的无功支撑，参与电网集中调度与控制以及暂态稳定性维护，避免电网故障的进一步恶化，以适应风力发电进一步发展的需要，并使我国在该领域的研究达到国际先进水平。

3. 结题摘要

从直驱式永磁风力发电系统稳定运行角度出发，分析了系统不同拓扑结构变换器工作特性，深入研究了电网电压不平衡扰动、电压跌落等情况对系统的作用规律和影响机理，重点研究了上述情况下系统稳定控制技术。针对两电平拓扑结构，建立了不平衡电网电压下网侧变换器数学模型，提出了功率谐振补偿控制策略，引入了无差拍功率控制方法，有效抵抗了电网电压跌落、抑制了网侧电流畸变与直流侧电压波动，提高了系统稳态性能，并保证系统具有快速的动态响应特性。针对三电平拓扑结构，建立了电机侧变换器预测控制价值函数，提出了模型预测电流控制策略，在控制交流侧电流的同时有效平衡了直流侧中点电位；提出了基于滞环原理的网侧变换器改进直接功率控制方法，结果表明该方法在稳态和动态过程中对无功功率的有效控制和对有功功率的快速跟踪都优于传统方法，并能有效抵抗电压跌落。针对矩阵变换器-永磁同步电机拓扑结构，建立了全面的系统微分方程模型，分析了稳定边界的功率特性及系统参数对稳定运行区域的影响，为控制器的设计奠定了基础；针对电网扰动影响及系统本身强非线性等问题，提出了一种基于内模控制原理的新型控制策略，进行转速、电流控制器结构和参数重构，增强了系统对参数变化的鲁棒性；为抑制电网电压不平衡对矩阵变换器的影响，本项目通过将输入电流动态调制方法应用于双电压调制策略，达到同时改善输入、输出波形质量的目的；此外，本项目设计了滑模变结构电流控制器，有效地抑制了电机电流的波动，且控制器参数调节简单，具有较强的全局鲁棒性。针对多重化拓扑结构，本项目提出了一种新型电机侧级联 Boost 斩波变换器结构，拓展了发电机调速范围；针对不平衡电网电压引起的扰动，本项目建立了网侧多重化变换器统一的开关电路等效模型，提出了一种基于比例谐振控制器的电压电流双闭环控制策略，该策略不仅兼顾了集成控制的优点，而且通过增加均压补偿控制环有效抑制了线电流负序分量。本项目的研究成果能够在电网扰动、系统参数变化、电压跌落等情况下增强直驱式永磁风力发电系统运行稳定性，为不同拓扑结构变换器及控制策略的设计提供了借鉴性思路。

4. 项目成果

序号	成果名称	类型	完成人
1	Study on Independent Blade Pitch Control for Huge Wind Turbines	会议	ShiTingna、Wu Zhiyong、Gao Ruying、Song Zhanfeng、Xia Changliang

（续）

序号	成 果 名 称	类型	完 成 人
2	Integrated Control on Wind Turbine Drive-Train Torque	会议	ShiTingna、Wang Jian、Fu Debao、Song Zhanfeng、Xia Changliang
3	A Novel Direct Torque Control of Matrix Converter-Fed PMSM Drives Using Duty Cycle Control for Torque Ripple Reduction	期刊	Xia Changliang、Zhao Jiaxin、Yan Yan、Shi Tingna
4	Deadbeat Power Control of Grid-Connected Converters for Wind Energy Systems under Unbalanced Grid voltages	期刊	Chen Wei、Geng Xiujie、Liu Tao、Xia Changlian
5	Voltage Disturbance Rejection for Matrix Converter-Based PMSM Drive System Using Internal Model Control	期刊	Xia Changliang、Yan Yan、Song Peng、Shi Tingna
6	网络控制系统任务属性不确定的模糊 EDF 调度	期刊	史婷娜、陈正伟、方红伟
7	矩阵变换器-永磁同步电机驱动系统滑模变结构控制	期刊	史婷娜、刘立志、王慧敏、宋鹏、夏长亮
8	Direct Power Control for Three-Level PWM Rectifier Based on Hysteresis Strategy	期刊	ShiTingna、Wang Jian、Zhang Ce、Xia Changliang
9	Chaotic Dynamics Characteristic Analysis for Matrix Converter	期刊	Xia Changliang、Song Peng、Shi Tingna、Yan Yan
10	Robust Model Predictive Current Control of Three-Phase Voltage Source PWM Rectifier With Online Disturbance Observation	期刊	Xia Changliang、Wang Meng、Song Zhanfeng、Liu Tao
11	A Novel Cascaded Boost Chopper for the Wind Energy Conversion System Based on the Permanent Magnet Synchronous Generator	期刊	Xia Changliang、Wang Zhiqiang、Shi Tingna、Song Zhanfeng
12	An Improved Control Strategy of Triple Linevoltage Cascaded Voltage Source Converter Based on Proportional Resonant Controller	期刊	Xia Changliang、Wang Zhiqiang、Shi Tingna、He Xiangning
13	Improved double line voltage synthesis of matrix converter for input current enhancement under unbalanced power supply	期刊	Yan Yan、An Haijiao、Shi Tingna、Xia Changliang
14	永磁同步发电机与 Boost 斩波型变换器非线性速度控制	期刊	耿强、夏长亮、王志强、史婷娜
15	基于等效开关电路模型的三重化线电压级联型变换器控制	期刊	王志强、夏长亮、史婷娜、耿强
16	Improved Double Line Voltage Synthesis Strategies of Matrix Converter for Input/Output Quality Enhancement	期刊	Shi Tingna、Yan Yan、An Haijiao、Li Meng、Xia Changliang
17	End-effect of the permanent-magnet spherical motor and its influence on back-EMF characteristics	期刊	ShiTingna、Song Peng、Li HongFeng、Xia ChangLiang
18	New Sliding Mode Observer for Position Sensorless Control of Permanent-Magnet Synchronous Motor	期刊	Qiao Zhaowei、Shi Tingna、Wang Yindong、Yan Yan、Xia Changliang、He Xiangning
19	基于绕组电感变化特性的无刷直流电机无位置传感器控制	期刊	史婷娜、吴志勇、张茜、陈炜、夏长亮
20	Input-Output Feedback Linearization and Speed Control of a Surface Permanent-Magnet Synchronous Wind Generator With the Boost-Chopper Converter	期刊	Xia Changliang、Geng Qiang、Gu Xin、Shi Tingna、Song Zhanfeng
21	Three Effective Vectors Based Current Control Scheme for Four-Switch Three-Phase Trapezoidal Brushless DC Motor	期刊	Xia Changliang、Xiao Youwen、Chen Wei、Shi Tingna
22	Modeling Analyzing and Parameter Design of the Magnetic Field of a Segmented Halbach Cylinder	期刊	Shi Tingna、Qiao Zhaowei、Xia Changliang、Li Hongfeng、Song Zhanfeng

电线磁场能量采集及压磁/压电复合低频磁电换能器研究

1. 基本信息

项 目 名 称：电线磁场能量采集及压磁/压电复合低频磁电换能器研究
项 目 类 别：面上项目
项目负责人：文玉梅
负责人职称：教授
依 托 单 位：重庆大学
研 究 期 限：2011-01-01 到 2013-12-31
主 题 词：能量采集；自供电；磁电效应；电磁感应；电线磁场

2. 项目摘要

立足于电子电力技术对新原理、新材料和新元件的需求，着眼于原始科技创新，提出研究具有潜在极广泛应用价值的电线磁场能量采集技术。提出在不改变常规电器供电线结构和使用条件下，采集交流电线磁场为微电子系统提供电源。以压磁/压电复合磁电换能器（阵列）为基础，设计交流电线磁场采集器，可以采集低至1A以下，相线和中性线（地线）包裹在一起的工频交流电线产生磁场，为微电子系统提供电源。通过磁场汇聚、换能器结构变化、增加新的材料相等方法，解决复合磁电换能器低频磁电效应低这个关键技术问题。采用累积叠加电线分布磁场等技术思路设计采集器，提高磁电换能器磁场输入，降低磁场能量采集阈值，提高采集效率。能量采集技术蕴含丰富的多学科基础理论和多学科技术交叉问题的研究和应用，通过对供电线能量采集原理和关键技术的研究，提出一种新的能量采集技术，有效利用环境中的工频电磁辐射，为通用电子系统提供了一种新的电源能量供给方式。

3. 结题摘要

对压电材料、磁致伸缩材料和非晶态合金多层多相复合磁电换能器进行了研究，提出了多种新型结构，显著提高了磁电效应，为磁场能量采集器的研发奠定了基础。为了改善Terfenol-D导磁性能差等情况，采用TD和非晶态合金FeCuNbSiB复合制备了新型的性能优异的磁致伸缩复合材料。复合材料TD/FeCuNbSiB的最大压磁系数比TD提高了6%。为了提高磁电复合结构的输出电压和避免涡流损耗，对层状复合材料进行了结构优化设计和磁致伸缩材料的选择进行调整，优化后的复合材料在最优偏置磁场下低频磁电电压系数可达到125m V/Oe。即使在零偏置条件，也能产生显著磁电效应。对电磁式磁场能量采集器进行了研究：对电磁式磁场能量采集器的输出特性和充电特性进行了详细的理论推导，分析了磁心材料、磁心尺寸、线圈匝数等参数对采集器性能的影响，为电磁式磁场能量采集器的设计提供了理论指导。为了使电磁式磁场能量采集器能够同时得到足够大的输出电流和输出电压，并且两者能够进行独立调节，对多个采集器串联和并联时的特性进行了分析，讨论了不同条件下多个线圈串联或者并联的选择方法。为了减小开合式磁心的漏磁，以采集更多的能量以降低电磁式磁场能量采集器适用的最小电线电流，提出了“贴膜法”和“牙形磁心法”两种减少漏磁以降低采集器适用的最小电线电流的方法，使电磁式磁场能量采集器适用的最小电线电流分别至少能够降低13%和58%。为了使复合磁电换能器的电响应输出，可以作为驱动电源，首次提出采用复合磁电换能器的微弱能量采集的电源管理电路原理和电路实现方法。采用高效的上变频电路调升低频采集输出的频率至3.28 kHz，这样就可以大大减小传统匹配电路中变压器的尺寸，用常规器件就可以实现输出匹配。这种上变频低频采集输出的方法，适合各种低频能量采集应用。包括工频电流磁场的电磁式能量采集器的电源管理。设计实现了具有能量采集、电流/温度传感、自供电电源管理以及无线传输功能的自全式自供电无线传感器，该传感器无外部物理连线，也不需要电源维护，从被传感的交流电流磁场获得能量，为无线传感供电。发表SCI论文24篇，其中I区论文1篇，II区论文8篇；关于能量采集技术和磁电复合效应的研究分别获得重庆市和教育部自然科学二等奖，申报发明专利3项。

4. 项目成果

序号	成 果 名 称	类型	完 成 人
1	磁电机微能量采集和自供电传感	奖励	李平、文玉梅、余淼、杨进、陈蕾
2	磁致复合效应换能/传感器及致动器基础研究	奖励	李平、文玉梅、余淼、董小闵、杨进、陈蕾、卞雷祥、代显智
3	A Coil-free dc Magnetic Sensor Utilizing Magneto-mechanical Damping In Giant Magnetostrictive Material	会议	Zhang Jitao、Li Ping、Wen Yumei、Huang Xian
4	A self-powered high sensitive sensor for AC electric current	会议	He Wei、Li Ping、Wen Yumei、Lu Caijiang
5	Influence of Shape Demagnetizing Effect on Piezomagnetic Coefficient in Magnetostrictive /Piezoelectric Laminate Composite	会议	Zhiyi Wu、Yumei Wen、Ping Li
6	The magnetostrictive material effects on magnetic field sensitivity magnetoelectric sensor	会议	Lei Chen、Ping Li、Yumei Wen、Jing Qiu
7	Dynamic Magnetostriction Characteristics of Fe-based Nanocrystalline FeCuNbSiB Alloy	会议	Lei Chen、Ping Li、Yumei Wen

（续）

序号	成果名称	类型	完成人
8	A magnetostrictive/piezoelectric laminate transducer based vibration energy harvester with resonance frequency tunability	会议	Li Ming、Wen Yumei、Li Ping、Yang Jin
9	A SAW passive wireless sensor system for monitoring temperature of an electric cord connector at long distance	会议	Li Ping、Xie Hua、Wen Yumei、Wang Chuan、Huang Shiyuan、Ren Zhiwei、He Junjie、Lu Dang
10	Magnetoelectric effect in composite of ferromagnetic constant-elasticity alloy piezoelectric ceramic and FeSiB ribbon	会议	Lu Caijiang、Li Ping、Wen Yumei、Yang Aichao
11	Design modeling and performance measurements of a broadband vibration energy harvester using a magnetoelectric transducer	期刊	Yang Jin、Wen Yumei、Li Ping、Dai Xianzhi
12	Zero-biased magnetoelectric composite Fe73.5Cu1Nb3Si13.5B9/Ni/Pb(Zr1-xTix)O3 for current sensing	期刊	Caijiang Lu、Ping Li、Yumei Wen、Aichao Yang、Wei He
13	Resonance magnetoelectric couplings of piezoelectric ceramic and ferromagnetic constant-elasticity alloy composites with different layer structures	期刊	Chen Lei、Li Ping、Wen Yumei、Zhu Yong
14	Note: High sensitivity self-bias magnetoelectric sensor with two different magnetostrictive materials	期刊	Chen Lei、Li Ping、Wen Yumei、Zhu Yong
15	The magnetostrictive material effects on magnetic field sensitivity for magnetoelectric sensor	期刊	Chen Lei、Li Ping、Wen Yumei、Qiu Jing
16	一种采用频率变换的自供电电源管理电路	期刊	文玉梅、吴翰钟、李平、尹文建
17	A power supply of self-powered online monitoring systems for power cords	期刊	Wu Zhiyi、Wen Yumei、Li Ping
18	偏置电压对磁致伸缩/压电层合换能结构磁电性能影响	期刊	李平、黄娴、文玉梅
19	Piezoelectric energy harvester scavenging AC magnetic field energy from electric power lines	期刊	Yu Miao、Li Ping、Wen Yumei、Zhang Jitao、Yang Aichao、Lu Caijiang、Yang Jin、Wen Jing、Qiu Jing
20	Energy harvesting from electric power lines employing the Halbach arrays	期刊	He Wei、Li Ping、Wen Yumei、Zhang Jitao、Lu Caijiang、Yang Aichao
21	Tunable characteristics of bending resonance frequency in magnetoelectric laminated composites	期刊	Chen Lei、Li Ping、Wen Yu-Mei、Zhu Yong
22	Investigation of magnetostrictive/piezoelectric multilayer composite with a giant zero-biased magnetoelectric effect	期刊	Yu Miao、Li Ping、Wen Yumei、Yang Aichao、He Wei、Zhang Jitao、Yang Jin、Wen Jing、Zhu Yong
23	Enhanced Acoustoelectric Coupling in Acoustic Energy Harvester Using Dual Helmholtz Resonators	期刊	Peng Xiao、Wen Yumei、Li Ping、Yang Aichao、Bai Xiaoling
24	Enhancement of resonant magnetoelectric effect in magnetostrictive/piezoelectric heterostructure by end bonding	期刊	Lu Caijiang、Li Ping、Wen Yumei、Yang Aichao、He Wei、Zhang Jitao
25	Analysis of the low-frequency magnetoelectric performance in three-phase laminate composites with Fe-based nanocrystalline ribbon	期刊	Chen Lei、Li Ping、Wen Yumei、Zhu Yong
26	Design and testing of piezoelectric energy harvester for powering wireless sensors of electric line monitoring system	期刊	Jing Qiu、Wen Yumei、Ping Li、Jin Yang
27	Influence of high-permeability FeCuNbSiB alloy on magnetoelectric effect of FeNi/PZT laminated composite	期刊	Wen Yu-Mei、Wang Dong、Li Ping、Chen Lei、Wu Zhi-Yi
28	A High-sensitivity Passive Magnetic Transducer Based on PZT Plates and a Fe-Ni Fork Substrate	期刊	Li Ping、Wen Yumei、Jia Chaobo、Li Xinshen

（续）

序号	成　果　名　称	类型	完　成　人
29	Giant zero-biased magnetoelectric response with obvious hysteresis in layered homogeneous composites of negative magnetostrictive material Samfenol and piezoelectric ceramics	期刊	Jitao Zhang Ping Li Yumei Wen Wei HeAichao Ya
30	High-resolution current sensor utilizing nanocrystalline alloy and magnetoelectric laminate composite	期刊	Yu Miao、Li Ping、Wen Yumei、He Wei、Yang Aichao、Lu Caijiang、Qiu Jing、Wen Jing、Yang Jin
31	Highly zero-biased magnetoelectric response in magnetostrictive/piezoelectric composite	期刊	Chen Lei、Li Ping、Wen Yumei
32	一种振动自供能无线传感器的电源管理电路	期刊	文玉梅、叶建平、李平、代显智、尹文建、鲁彩江、杨爱超
33	An up-conversion management circuit for low-frequency vibrating energy harvesting	期刊	Ping Li、Yumei Wen、Wenjian Yin、Hanzhong Wu
34	High sensitivity magnetic sensor consisting of ferromagnetic alloy piezoelectric ceramic and high-permeability FeCuNbSiB	期刊	Chen Lei、Li Ping、Wen Yumei、Wang Dong
35	A wideband acoustic energy harvester using a three degree-of-freedom architecture	期刊	Peng Xiao、Wen Yumei、Li Ping、Yang Aichao、Bai Xiaoling
36	Enhanced Giant Magnetoelectric Effect in Laminate Composites of FeCuNbSiB/FeNi/PZT	期刊	文玉梅
37	Wide-bandwidth high-sensitivity magnetoelectric effect of magnetostrictive/piezoelectric composites under adjustable bias voltage	期刊	Ping Li、Yumei Wen、Xian Huang、Jin Yang、Jing Wen、Jing Qiu、Yong Zhu、Miao Yu

分段式永磁低速直线电机交流伺服系统建模与性能控制研究

1. 基本信息

项 目 名 称： 分段式永磁低速直线电机交流伺服系统建模与性能控制研究

项 目 类 别： 面上项目

项目负责人： 焦留成

负责人职称： 教授

依 托 单 位： 郑州大学

研 究 期 限： 2011-01-01 到 2013-12-31

主　题　词： 永磁低速直线同步电动机；建模；最佳配合；性能控制；优化

2. 项目摘要

分段式永磁低速直线同步电动机伺服系统在低速直线运行场合具有广泛的应用潜力，由于其存在强耦合非线性以及系统结构多样性等特点，目前尚无系统的理论和有效的方法解决该类系统的建模和性能控制问题。本项目拟以综合性能最优即功率（或推力）与电机系统体积之比最大和运行效率最高、波动最小等多变量为目标函数，利用模糊神经优化方法对分段式永磁低速直线同步电动机定子最佳分段和动、定子最佳配合进行研究，以磁场“五层分析模型”为基础，采取支持向量机方法，建立分段式永磁低速直线同步电动机伺服系统模型并进行动态性能分析和仿真研究。通过项目的研究，期望对永磁低速直线同步电动机伺服系统提出针对其结构特点的有效的综合优化设计理论和建模方法，对进一步研发具有自主知识产权的分段式永磁低速直线同步电动机伺服系统奠定理论基础。

3. 结题摘要

本项目对分段式永磁低速直线同步电动机伺服系统建模和性能控制问题进行了研究。利用低速永磁直线同步电机线性统一分析模型，推导出了永磁直线同步电动机各等效电路参数。通过引入分数槽“电机元”的概念实现分数槽电机简化向量分析，给出实现快速槽绕组的分配方法。本项目考虑载荷、安全、经济和可靠性等因素，以综合性能最优即功率（或推力）与电机系统体积之比最大和运行效率最高、波动最小等多变量为目标函数，采用自适应调节控制参数的改进遗传算法、人工蜂群优化算法等对单/多段低速永磁直线电机进行优化设计，确定定子最佳分段原则，研究了分段式永磁直线电机定子最佳分段模型，建立长定子最佳分段的一般方法。以定子最佳分段为基础，综合考虑动、定子的长度、极数、槽型和结构设计等因素，以综合性能最优为目标函数，利用遗传算法、改进蚁群算法和粒子群优化方法等方法对分段式永磁低速直线同步电动机动、定子最佳配合进行研究，建立了动、定子最佳配合的一般方法。在分段式永磁低速直线同步电动机动、定子最佳配合基础上，通过模型试验与计算机仿真，建立基于动、定子最佳配合的分段式永磁低速直线同步电动机伺服系统数学模型并进行相关参量的检测、测试数据的分类和处理方法及故障检测的方法进行了研究。开发了直线电机专用变频器。针对该类电机特殊工艺结构，提出了一种新型结构的磁通调制式永磁低速直线同步电动机并对其特性等相关内容展开研究。通过本课题的研究，提出了针对永磁低速直线同步电动机伺服系统结构特点的综合优化设计和建模方法，对进一步研发具有自主知识产权的分段式永磁低速直线同步电动机伺服系统奠定了理论基础。

4. 项目成果

序号	成果名称	类型	完成人
1	永磁直线同步电动机特性及控制	著作	焦留成、程志平
2	Analysis of Linear Permanent Magnet Vernier Synchronous Motors for Direct Drive System	会议	Mingjie Wang、Zhiping Cheng、Liucheng Jiao
3	Analyses of steady state parameter calculation and finite element method validation of linear permanent magnet synchronous motor	会议	Wang Ming-jie、Jiao Liu-cheng、Cheng Zhi-ping、Wei Hua-sheng
4	A Design of Inverter Drive for Permanent Magnet Linear Synchronous Motor	会议	Cheng Zhi ping、Jian Jian hua、Jiao Liu cheng
5	Maximum Torque Control of Permanent Magnet Linear Synchronous Motor Based on the Hamiltonian	会议	Cheng Zhi ping、Jiao Liu cheng
6	Evaluation of Equivalent Circuit Parameters for Permanent Magnet Linear Synchronous Motor With Low-Speed	会议	Cheng Zhiping、Jiao Liucheng、Chen Yong
7	低速直线驱动系统研究现状分析	期刊	程志平、焦留成
8	改进的蚁群算法在低速永磁直线电机设计中的应用	期刊	魏华生、程志平、焦留成、霍海娟
9	分数槽在低速直线电机设计上的应用	期刊	张晨、支长义、梁彦顺、魏华生
10	Hamiltonian Modeling and Passivity-based Control of Permanent Magnet Linear Synchronous Motor	期刊	Zhiping Cheng、Liucheng Jiao
11	永磁直线电机的稳态参数计算分析及有限元验证	期刊	王明杰、程志平、焦留成
12	低速永磁直线电机优化设计及仿真	期刊	刘金亮、焦留成、陈群、邢仁周
13	基于改进粒子群算法的永磁直线电机优化设计	期刊	魏华生、焦留成、程志平、王明杰
14	低速永磁直线同步电机的分段设计研究	期刊	梁彦顺、支长义、张晨、方向晖

风机变流器电网适应性的实验室模拟与控制

1. 基本信息

项 目 名 称： 风机变流器电网适应性的实验室模拟与控制
项 目 类 别： 面上项目
项目负责人： 张兴
负责人职称： 教授
依 托 单 位： 合肥工业大学
研 究 期 限： 2011-01-01 到 2013-12-31
主　题　词： 电网模拟；风机模拟；电网故障

2. 项目摘要

随着大规模风电场的接入，风机与电网运行的相互影响以及风机及其变流器的电网适应性问题已使风机并网及电网的可靠安全运行受到了严峻挑战，风机及其变流器与电网适应性研究已成为近来研究的热点。然而，现实风场中风机变流器的电网适应性研究与测试面临着极大困难。本项目拟开展风机变流器电网适应性的实验室模拟研究，无疑是具有重要意义和有特色的工作。主要研究包括：在建立电网动态模型基础上，提出采用复合拓扑结构及其控制策略的电网模拟新方法；在深入研究风力机脉动转矩特性以及传动机构的柔性多质量体特性基础上，提出风力机动态建模以及具有转矩动态补偿的风力机模拟方法；在变流器、发电机动态建模基础上，建立模拟系统的统一数学模型；通过风机变流器电网适应性统一控制策略以及仿真与模拟归一化研究，探索大规模风场风机变流器电网适应性的实验室研究的新方法、新理论。

3. 结题摘要

本项目的研究目标是开展风机变流器电网适应性的实验室模拟研究在建立电网动态模型基础上，提出采用复合拓扑结构及其控制策略的电网模拟新方法；在深入研究风力机脉动转矩特性以及传动机构的柔性多质量体特性基础上，提出风力机动态建模以及具有转矩动态补偿的风力机模拟方法；在变流器、发电机动态建模基础上，建立模拟系统的统一数学模型；通过风机变流器电网适应性统一控制策略以及仿真与模拟归一化研究，探索大规模风场风机变流器电网适应性的实验室研究的新方法、新理论。在自然基金面上资助下，经过三年来的持续努力和高效研究，本课题组已完全按计划完成了所有的研究内容，实现了项目申请时拟定的预期目标。本项目完整地分析并解决了典型电网故障与风力机的实验室模拟问题，并对故障条件下的风力机系统内各部分的建模做出了深入的分析；有效地提供了风力发电系统在电网故障条件下的实验室模拟与研究方法；对风机变流器电网适应性模拟系统的统一建模与仿真系统和模拟系统的归一化进行了深入的研究，提供了有效的理论支撑。该项目已资助发表（含录用）SCI/EI论文5篇，国内期刊5篇，申请发明专利2件，出版学术专著一本，取得了良好的学术成果。经此项目培养，申请人获得2011年度台达学者。在此项目基础上，申请人也获得了相关自然基金“多逆变器并网系统谐振机理及抑制策略的研究”，（批准号：51277051）。

4. 项目成果

序号	成果名称	类型	完成人
1	A laboratory grid simulator based on three-phase four-leg inverter：Design and implementation	会议	Fei Li、Xiongfei Wang、Xing Zhang
2	A Dynamic Wind Turbine Simulator of the wind turbine generator system	会议	Lei Lu、Zhen Xie、Xing Zhang、Shuying Yang、Renxian Cao
3	多功能电网模拟器研究	期刊	王莹、李洁斯、刘芳、张兴、WANG Ying[1]，LI Jie-si[2]，LIU Fang[1]，ZHANG Xing[1]
4	基于虚拟阻抗的双馈风力发电机高电压穿越控制策略	期刊	谢震、张兴、杨淑英、宋海华、曲庭余、XIE Zhen，ZHANG Xing，YANG Shuying，SONG Haihua，QU Ti
5	传动轴模型对双馈风电机组的动态性能影响	期刊	滕飞、张兴
6	电网电压骤升故障下双馈风力发电机变阻尼控制策略	期刊	谢震、张兴、宋海华、杨淑英、曹仁贤、XIE Zhen[1]，ZHANG Xing[1]，SONG Haihua[1]，YANG Shuying[1]，C
7	风力发电系统机械传动机构动态模型研究	期刊	刘胜永、张兴、谢震、李少林、Liu Shengyong～（1，2）Zhang Xing～1，Xie Zhen～1，Li Sha

高k叠层栅AlGaN/GaN MOS-HEMT器件结构实现与可靠性表征

1. 基本信息

项目名称： 高k叠层栅AlGaN/GaN MOS-HEMT器件结构实现与可靠性表征

项目类别： 面上项目

项目负责人： 刘红侠

负责人职称： 教授

依托单位： 西安电子科技大学

研究期限： 2011-01-01 到 2013-12-31

主题词： AlGaN/GaN异质结；高k栅介质；MOS-HEMT器件；界面态；漏电流

2. 项目摘要

为了进一步提高AlGaN/GaN HEMT器件的性能，满足高温、高频和大功率应用的需求，项目提出了新型的HfAlO/Al2O3高k叠层栅AlGaN/GaN MOS-HEMT结构，研究新型器件结构的优化技术和具体的实现方法，得到高k叠层栅结构的AlGaN/GaN MOS-HEMT微波功率器件的制造方法。采用全新的快速脉冲I-V和C-V方法测量高k叠栅的陷阱和退陷特性、电流崩塌、自热效应、击穿特性等典型的电性能，定量研究器件的性能增强机理、稳定性和可靠性等基本物理问题，用微观物理量的变化解释和表征器件性能退化的原因，建立新型器件结构的表征方法。制备出具有高特征频率和最大振荡频率，高击穿电压和低栅泄漏电流的高性能AlGaN/GaN MOS-HEMT器件，使该器件结构实用化。这是首次原子层淀积高k叠层栅和复合栅HfAlO/Al_2O_3的AlGaN/GaN MOS-HEMT器件结构的研究报道。

3. 结题摘要

第三代宽禁带半导体在高温高频大功率应用领域表现出巨大潜力，氮化镓（GaN）凭借着优秀的物理化学和电学性能，成为近年来发展最为迅速的第三代半导体。针对高k叠栅MOS结构的AlGaN/GaN高载流子迁移率晶体管HEMT。分析了HEMT器件工艺参数和结构变化引起的特性变化，研究了器件的工作机理与器件的物理模型，分析了器件势垒层参杂浓度、栅极金属功函数对器件的影响。增加势垒层参杂浓度、减小栅金属功函数均可增加沟道载流子浓度，结合能带论进行了分析。研究了不同栅极结构的几种HEMT器件特性。包括肖特基栅结构、MOS栅结构、高k叠栅结构及槽栅结构，分析了结构带来的特性变化。得到了器件电流、跨导、阈值电压的变化。从能带、电场、载流子分布和载流子迁移率随栅极结构变化的内在原因及器件潜在的可靠性问题，MOS结构的引入虽然能解决HEMT栅极正偏时大泄漏电流的问题，但严重影响了器件跨导特性。引入高k叠栅结构以及槽栅结构使器件跨导特性明显改善，在10nm槽栅情况下跨导已超过肖特基栅结构的器件。通过合理引入槽栅结构，HEMT器件沟道与势垒层电场分布得到了改善。通过一系列结构调整，得到了最大饱和电流1.9为A/mm、跨导为268mS/mm的高性能槽栅型高 k 叠栅 AlGaN/GaN MOS-HEMT。对比耗尽型与增强型器件，分析了增强型 HMET 器件饱和电流与跨导的退化原因。通过研究给出了原子层淀积（Atomic Lager Deposition, ALD）HfO_2/Al_2O_3 高 k 堆层栅介质 AlGaN/GaN MOS-HEMT 器件的结构设计与电学特性。在高 k 叠栅介质结构中，Al_2O_3 作为 HfO_2 栅介质与 AlGaN 势垒层之间的界面过渡层，Al_2O_3 界面过渡层与 AlGaN 势垒层之间具有很好的界面质量，起到有效的表面钝化作用。蓝宝石衬底上淀积 HfO_2/Al_2O_3 高 k 叠栅介质 AlGaN/GaN MOS-HEMT 器件，最大饱和输出电流为 800mA/mm，最大跨导为 150mS/mm，正向偏置下的泄漏电流比常规 HEMT 低 6 个数量级，特征频率 f_T 和最高振荡频率 f_{MAX} 分别为 12GHz 和 34GHz。采用 ALD 的 HfAlO 高 k 复合栅介质结构能使器件更适合在高温下工作，通过向 HfO_2 栅中掺 Al 解决了低结晶温度问题。HfAlO 作为栅介质有高的结晶温度，在高温工作条件下工作，器件中栅介质的特性不会退化。

4. 项目成果

序号	成果名称	类型	完成人
1	The influence and explanation of fringing-induced barrier lowering on sub-100 nm MOSFETs with high-k gate dielectrics	期刊	Ma Fei[1]、Liu Hong-Xia[1]、Kuang Qian-Wei[1]、Fan Ji-Bin[1]
2	Investigation of the influence of deposition temperature on ALD deposite HfO2 high k gate material	期刊	Kuang Qianwei[1]、Liu Hongxia[1]、Fan Jiwu[1]、Ma Fei[1]、Zhang Yanlei[1]
3	Two-dimensional numerical analysis of the collection mechanism of single event transient current in NMOSFET	期刊	Zhuo Qing-Qing、Liu Hong-Xia、Hao Yue
4	An analytical model of anisotropic low-field electron mobility in wurtzite indium nitride.	期刊	Wang Shulong、Liu Hongxia.
5	Monte Carlo calculation of electron diffusion coefficient in wurtzite indium nitride	期刊	Wang Shulong[1]、Liu Hongxia[1]、Gao Bo[1]、Cai Huimin[1]
6	A threshold voltage analytical model for high-k gate dielectric MOSFETs with fully overlapped lightly doped drain structures	期刊	Ma Fei[1]、Liu Hong-Xia[1]、Kuang Qian-Wei[1]、Fan Ji-Bin[1]
7	Physical properties and electrical characteristics of H2O-based and O3-based HfO2 films deposited by ALD	期刊	Fan Jibin[1]、Liu Hongxia[1]、Kuang Qianwei[1]、Gao Bo[1]、Ma Fei[1]、Hao Yue1
8	Influence of different oxidants on the band alignment of HfO2 films deposited by atomic layer deposition	期刊	Fan Ji-Bin[1]、Liu Hong-Xia[1]、Gao Bo[1]、Ma Fei[1]、Zhuo Qing-Qing[1]、Hao Yue[1]
9	A threshold voltage analytical model for high-k gate dielectric MOSFETs with fully overlapped lightly doped drain structures	期刊	Ma Fei[1]、Liu Hong-Xia[1]、Kuang Qian-Wei[1]、Fan Ji-Bin1
10	Monte Carlo transport simulation of velocity undershoot in zinc blende and wurtzite InN	期刊	Wang Shulong、Liu Hongxia、Gao Bo、Zhuo Qingqing
11	AlGaN/GaN 异质结中二维电子气多子带解析建模	期刊	刘红侠、卢风铭、王勇淮、宋大建、武毅
12	极化效应对 AlGaN/GaN 异质结 p-i-n 光探测器的影响	期刊	刘红侠、高博、卓青青、王勇淮
13	Anisotropic longitudinal electron diffusion coefficient in wurtzite gallium nitride	期刊	Wang Shulong、Liu Hongxia、Fan Jibin、Ma Fei、Lei Xiaoyi
14	Algan/Gan Ultraviolet Detector with Dual Band Response	期刊	Gao Bo[1]、Liu Hong-Xia[1]、Wang Shu-Long1
15	Influences of different oxidants on the characteristics of HfAlOx films deposited byatomic layer deposition	期刊	Fan Ji-Bin、Liu Hong-Xia、Ma Fei、Zhuo Qing-Qing、Hao Yue
16	Low leakage 3xVDD-tolerant ESD detection circuit without deep N-well in a standard 90-nm low-voltage CMOS process	期刊	Yang ZhaoNian、Liu HongXia、Wang ShuLong
17	Low-power design and application based on CSD optimization for a fixed coefficient multiplier	期刊	Liu HongXia、Yuan Bo
18	Degradation mechanism of SOI NMOS devices exposed to Co-60 gamma-ray at low dose rate	期刊	Shang Huai-Chao、Liu Hong-Xia、Zhuo Qing-Qing
19	Evidence of GeO volatilization and its effect on the characteristics of HfO2 grown on a Ge substrate	期刊	Fan Ji-Bin、Liu Hong-Xia、Fei Cheng-Xi、Ma Fei、Fan Xiao-Jiao、Hao Yue

（续）

序号	成果名称	类型	完成人
20	量子阱 Si/SiGe/Si p 型场效应管阈值电压和沟道空穴面密度模型	期刊	李立、刘红侠、杨兆年
21	Monte Carlo analysis of electron relaxation process and transport property of wurtzite InN	期刊	Wang S. L.[1]、Liu H. X.[1]、Gao B.[1]、Fan J. B.[1]、Ma F.[1]、Kuang Q. W. 1
22	AlyGa1-yN/AlxGa1-xN/GaN Double-Heterostructure Detector With Three Ultraviolet Spectral Band Responses	期刊	Gao Bo、Liu Hongxia、Fan Jinbin、Wang Shulong
23	Quantitative analysis on the influences of the precursor and annealing temperature on Nd203 film composition	期刊	Zhang Xu-Jie、Liu Hong-Xia、Fan Xiao-Jiao、Fan Ji-Bin
24	Two ESD Detection Circuits for 3xVDD-Tolerant I/O Buffer in Low-Voltage CMOS Processes With LowLeakage Currents	期刊	Liu Hongxia、Yang Zhaonian、Zhuo Qingqing
25	Two-dimensional analytical model of dual material gate strained Si SOI MOSFET with asymmetric Halo	期刊	Xin Yan-Hui、Liu Hong-Xia、Fan Xiao-Jiao、Zhuo Qing-Qing
26	Threshold voltage analytical model of fully depleted strained Si single Halo silicon-on-insulator metal-oxide semiconductor field effect transistor	期刊	Xin Yan-Hui、Liu Hong-Xia、Fan Xiao-Jiao、Zhuo Qing-Qing
27	Analysis of Off-State Leakage Current Characteristics and Mechanisms of Nanoscale MOSFETs with a High-k Gate Dielectric	期刊	Liu Hong-Xia、Ma Fei
28	Study of the SOI MOSFET characteristics of high-k gate dielectric with quantum effect	期刊	Cao Lei、Liu Hong-Xia
29	Mechanism of three kink effects in irradiated partially-depleted SOIN-MOSFET's	期刊	Zhuo Qing-Qing、Liu Hong-Xia、Peng Li、Yang Zhao-Nian、Cai Hui-Min
30	Identification of optimal ALD process conditions of Nd203 on Si by spectroscopic ellipsometry	期刊	Fan xiaojiao Liu Hongxia.
31	The total dose irradiation effects of SOI NMOS devices under different bias conditions	期刊	Zhuo Qing-Qing、Liu Hong-Xia、Yang Zhao-Nian、Cai Hui-Min、Hao Yue
32	Gate length dependence of SOI NMOS device response to total dose irradiation	期刊	Peng Li、Zhuo Qing-Qing、Liu Hong-Xia、Cai Hui-Min
33	InAlN/AlN/GaN Field-Plated MIS-HEMTs with a Plasma-Enhanced Chemical Vapor Deposition SiN Gate Dielectric	期刊	Yang Li-Yuan、Hao Yue、Yang Cui、Zhang Jin-Cheng、Ma Xiao-Hua、Wang Chong、Liu Hong-Xia、Yang Lin-An、Zhang Jin-Feng
34	A novel co-design and evaluation methodology for ESD protection in RF-IC	期刊	Li Li[1]、Liu Hongxia[1]、Yang Zhaonian[1]、Chen Linlin1
35	A two-dimensional threshold voltage analytical model for metal-gate/high-k/Si02/Si stacked MOSFETs	期刊	Ma Fei[1]、Liu Hong-Xia[1]、Fan Ji-Bin[1]、Wang Shu-Long1
36	Anisotropic Longitudinal Electron Diffusion Coefficient na mobility in Wurtzite Gallium Nitride	期刊	ShulongWang、Hongxia LIU

高 k 介质 MOS 器件共振隧穿低频噪声模型及应用研究

1. 基本信息

项 目 名 称： 高 k 介质 MOS 器件共振隧穿低频噪声模型及应用研究

项 目 类 别： 面上项目

项目负责人： 庄奕琪

负责人职称： 教授

依 托 单 位： 西安电子科技大学

研 究 期 限： 2011-01-01 到 2013-12-31

主　题　词： 高 k 栅栈；MOSFET；低频噪声；共振隧穿

2. 项目摘要

与传统的 SiO_2 介质栅 MOS 器件相比较，高 k 介质栅 MOS 器件的介质缺陷多，低频噪声水平高，因此如何检测缺陷和噪声是保证与控制此类器件质量和可靠性的关键问题之一。现有高 k 介质 MOS 器件的噪声-缺陷相关性研究，基本沿用 SiO_2 介质 MOS 器件 1/f 噪声和 RTS 噪声的直接隧穿模型。考虑到高 k 栅栈双势垒存在包括共振隧穿在内的多种隧穿机制，上述模型存在明显的欠缺。本项目将基于以共振隧穿为主的高低双势垒量子隧穿效应，研究高 k 介质缺陷与 MOS 器件沟道交换载流子的机制，建立包括各种隧穿类型的 1/*f* 噪声和 RTS 噪声的定量模型，为高 k 介质 MOS 器件低噪声化技术和噪声-缺陷表征方法提供依据。

3. 结题摘要

为了深入研究 MOSFET 高 k 栅栈中缺陷与栅漏电流 1/f 噪声的相关性，本项目基于量子共振隧穿效应，分析了高 k 栅栈中的缺陷与 MOSFET 器件沟道交换载流子的物理机制，并建立了 MOSFET 高 k 栅栈隧穿电流的 1/*f* 噪声模型。取得的具体成果主要体现在三个方面：首先，通过采用量子力学转移矩阵法，计算了沟道电子通过高 k 栅栈的透射系数，模拟得到了透射系数随电子能量变化呈现峰谷振荡的特征，并在此基础上建立了高 k 栅介质 MOSFET 中沟道与栅介质交换载流子的双势垒隧穿的物理模型。基于所得理论模型分析表明，电子能量低于高 k 导带底的透射系数峰为共振隧穿机制所产生，而能量高于高 k 介质导带底的电子透射系数峰为直接隧穿。其次，通过薛定谔方程和泊松方程求得了 SiO_2 和高 k 界面束缚态波函数并利用横向共振法得到了共振本征态，再结合用量子力学转移矩阵法求得的共振隧穿系数。针对高 k 栅介质 MOSFET 的实际结构，建立了入射电子与界面缺陷共振的隧穿模型。结果表明模拟得到的栅隧穿电流密度与实验结果一致。在此基础上还研究了 SiO_2 界面层和高 k 介质层厚度对共振隧穿系数的影响。结果表明，随着 HfO_2 和 Al_2O_3 厚度减小，栅栈结构的共振隧穿系数减小 共振峰减少。随着 La_2O_3 厚度减小，共振峰减少，共振隧穿系数却增大。随着 SiO_2 厚度增大，HfO_2、Al_2O_3 和 La_2O_3 基栅栈结构的共振隧穿系数都减小，共振峰都减少。TiN 栅电极 HfO_2、Al_2O_3 和 La_2O_3 基栅栈比相应多晶硅栅电极栅栈结构的共振隧穿系数小很多，共振峰少。最后，通过在量子逾渗理论中引入量子隧穿机制，在高 k 栅栈栅漏电流中弹性陷阱-辅助隧穿机制的基础上，提出了栅隧穿电流的量子逾渗 1/*fr* 噪声模型。利用该模型合理地解释了双层击穿和隧穿 1/*fr* 噪声幅度和指数相关性之间的关系。上述研究为高 k 栅栈的缺陷-噪声表征奠定了理论基础。

4. 项目成果

序号	成 果 名 称	类型	完 成 人
1	氮化镓基蓝光发光二极管伽马辐照的 1/f 噪声表征	期刊	刘宇安、庄奕琪、杜磊、苏亚慧
2	高 k 栅栈 MOSFET 共振隧穿模型	期刊	刘宇安、庄奕琪、杜磊、李聪、陈华、曲成立
3	Analytical threshold voltage model for cylindrical surrounding-gate MOSFET with electrically induced source/drain extensions	期刊	Li Cong、Zhuang Yiqi、Han Ru、Jin Gang、Bao Junlin
4	基于转移矩阵法确定高 k 介质中泄漏电流共振隧穿机制的存在性	期刊	曲成立、杜磊、刘宇安、庄奕琪、陈华、李晨、牛文娟
5	Quasi-two-dimensional threshold voltage model for junctionless cylindrical surrounding gate metal-oxide-semiconductor field-effect transistor with dual-material gate	期刊	李聪、庄奕琪、张丽、靳刚
6	Subthreshold Behavior Models for Nanoscale Short-Channel Junctionless Cylindrical Surrounding-Gate MOSFETs	期刊	Li Cong、Zhuang Yiqi、Di Shaoyan、Han Ru
7	Analytical model including the fringing-induced barrier lowering effect for a dual-material surrounding-gate MOSFET with a high-kappa gate dielectric	期刊	Li Cong、Zhuang Yi-Qi、Zhang Li、Bao Jun-Lin
8	Cylindrical surrounding-gate MOSFETs with electrically induced source/drain extension	期刊	李聪、庄奕琪、韩茹
9	非对称 HALO 掺杂栅交叠轻掺杂漏围栅 MOSFET 的解析模型	期刊	李聪、庄奕琪、韩茹、张丽、包军林

高导电 PEDOT 的气相聚合及其在有机光伏器件中的应用

1. 基本信息

项 目 名 称：高导电 PEDOT 的气相聚合及其在有机光伏器件中的应用

项 目 类 别：青年科学基金项目

项目负责人：吴丹

负责人职称：博士后

依 托 单 位：中国科学院苏州纳米技术与纳米仿生研究所

研 究 期 限：2011-01-01 到 2013-12-31

主　题　词：导电聚合物；PEDOT；气相聚合；功函数；掠入射 X 射线衍射

2. 项目摘要

PEDOT是一种高性能透明导电聚合物，在能源及电子领域有重要应用。气相聚合方法灵活，可获得高导电PEDOT薄膜（电导率达1000 S/cm以上），这使其具备了更佳应用前景的可能。但是气相聚合影响因素多，薄膜结构与性能难以把握，未能发挥高导电PEDOT在应用方面的潜能。本项目拟研究气相聚合条件对PEDOT薄膜结构的影响，PEDOT薄膜结构与性能之间的关系，及其在OPV器件中的应用。该研究将通过电导率、光谱检测、扫描探针显微镜、掠入射X射线衍射及散射等手段原位观察气相聚合过程中衬底、氧化剂、聚合环境等各种制备条件对于PEDOT薄膜的结构，以及薄膜的导电性、透光性、稳定性等性能的影响，将获得的高质量的导电透光薄膜制备性能优化的柔性OPV器件。本项目将实现气相聚合的可控生长，对于开拓高导电PEDOT薄膜的应用前景有重要意义。

3. 结题摘要

PEDOT是一种高性能透明导电聚合物，在能源及电子领域有重要应用。气相聚合方法灵活，可获得高导电PEDOT薄膜（电导率达1000 S/cm以上），这使其具备了更佳应用前景的可能。但是气相聚合影响因素多，薄膜结构与性能难以把握，未能发挥高导电PEDOT在应用方面的潜能。经过3年的研究，本项目研究团队成功掌握了气相聚合PEDOT薄膜的可控制备，研究了薄膜结构与性能之间的关系并成功将其应用于太阳电池等器件中。该研究通过搭建可较精确地控制聚合环境温度、气氛等条件的气相聚合反应舱，配合原位研究手段，研究各种气相聚合条件对于薄膜结构的影响，从而实现结构可控的PEDOT薄膜生长，制备出高质量的薄膜。并利用原位掠入射X射线衍射和原位导电原子力显微镜实时观察了薄膜的晶格结构以及电输运性质的变化，以温度为切入点，研究了薄膜结构对于其性能的影响。为了发挥PEDOT在太阳电池等器件中的应用潜能，该研究探索了PEDOT薄膜的功函数及电导率的调控，并结合气相聚合成膜性能好易包覆的优势，制备出有机/无机杂化的硅/PEDOT的核/壳纳米线阵列结构太阳电池，使得器件具有高光捕获率、高比结面积及高电荷收集效率，从而显著提高器件的光伏性能。同时，硅/PEDOT的核/壳纳米线阵列还可以用作光电化学水解离的光电极，经过研究表明PEDOT在硅纳米线表面的包覆具有多种功能，包括防止硅纳米线的光腐蚀，收集光生空穴和催化水氧化反应，经气相聚合PEDOT包覆后制备的光电极的光电催化性能和稳定性得到明显的增强。

4. 项目成果

序号	成果名称	类型	完成人
1	Si/PEDOT hybrid core/shell nanowire arrays as photoelectrodes for photoelectrochemical water-splitting	期刊	Li Xiaojuan、Lu Wenhui、Dong Weiling、Chen Qi、Wu Dan、Zhou Wenzheng、Chen Liwei
2	Temperature dependent conductivity of vapor-phase polymerized PEDOT films	期刊	Wu Dan、Zhang Jie、Dong Weiling、Chen Hongwei、Huang Xun、Sun Baoquan、Chen Liwei
3	A new approach to fabricating silicon nanowire/poly (3 4-ethylenedioxythiophene) hybrid heterojunction solar cells	期刊	Li Xiao-Juan、Wei Shang-Jiang、Lu Wen-Hui、Wu Dan、Li Ya-Jun、Zhou Wen-Zheng

高电压输配电装备安全理论与技术

1. 基本信息

项目名称：高电压输配电装备安全理论与技术
项目类别：创新研究群体科学基金
项目负责人：廖瑞金
负责人职称：教授
依托单位：重庆大学
研究期限：2011-01-01 到 2013-12-31
主题词：电气设备安全；监测与诊断；输配电外绝缘；过电压防护；绝缘新材料

2. 项目摘要

本研究群体是在近30年学科建设和科研工作中自然形成的，有工程院院士1人，长江学者特聘教授与杰出青年基金获得者4人，973首席科学家1人，教育部新世纪人才2人，学术成绩显著，得到国内外同行公认。围绕学科前沿科学和“西电东送、南北互供、全国联网”及特高压输电工程等国家重大需求的需要，持续开展高电压输配电装备运行安全应用基础理论及关键技术研究。创建了在国内外具有显著特色的研究设施，显示出突出的创新能力。形成了高电压设备状态监测与故障诊断理论及技术、复杂大气环境中电气外绝缘放电理论及技术、高电压输配电系统过电压防护理论及技术三个研究方向，承担了国家973项目、自然基金重点项目和国家科技支撑计划等国家重点项目50多项和大批省部级电力科技项目。近5年获国家科技进步二等奖2项，省部级一、二等奖10项，发明专利授权10项、公开30项，发表论文500余篇，论文和著作被引用3700余次。

3. 结题摘要

根据创新群体研究任务书的要求，研究群体以电气工程国家一级重点学科及输配电装备及系统安全与新技术国家重点实验室为依托，对高电压输配电装备安全理论与技术及其应用进行了系统深入的研究，在高电压设备状态监测与故障诊断理论及技术、复杂大气环境中电气外绝缘放电理论及技术、高电压输配电系统过电压防护与接地理论及技术、高电压新技术及电工绝缘材料等四个方向取得了创新性研究成果，全面实现了研究群体的科学目标。研究群体探索了变电设备内绝缘潜伏性缺陷的发展规律，研究了多因素下绝缘破坏过程与老化机理，提出了反映设备内部绝缘早期和突发性故障以及老化状态的新特征量，建立了变电设备运行状态在线监测、故障诊断、状态评估和事故预测的新方法。系统研究了复杂大气环境电气外绝缘放电特性规律和故障形成机理；同时，针对国内外目前尚未系统研究输电线路融冰问题，针对电网防冰减灾存在的关键技术和难题，深入研究了输电线路融冰、脱冰机理及影响因素。针对我国超、特高压电网电压的发展，电网过电压日趋严重的问题，研究群体对电力系统过电压形成机制分析方法、过电压监测识别方法与过电压主动防御方法与技术进行了系统研究，为电力系统的安全运行提供技术支撑。瞄准高压电脉冲治疗肿瘤的国际研究前沿，系统研究了超短脉冲（纳秒/皮秒）治疗肿瘤生物电效应及其作用机理、生物医学效应及其机理、窗口效应机理及其量效关系；在新型电工绝缘材料研究方面取得了超过预期的成果。项目实施期间获得国家科技进步一等奖（排名第二）1项、省部级一等奖3项、二等奖2项。获发明专利授权44项，科学技术成果鉴定1项，参与制订国家标准1部，在国内外重要学术期刊和国际会议上发表论文459篇，其中SCI收录145篇，EI收录428篇。成功举办2次国际学术会议、1次国内学术会议，参加19次国际国内学术会议。以首席科学家承担国家“973”项目1项、国家“973”子课题10项、国家“863”计划重大课题2项、国家重点科学仪器设备开发专项1项、面上基金项目20项，承担国际合作项目3项。研究群体培养和汇聚了一批具有创新能力的学科带头人和青年学术骨干，引进加拿大两院院士1人，引进“千人计划”特聘教授1人，入选教育部“新世纪优秀人才支持计划”1人，全国百篇优秀博士论文获得者1人，获重庆市杰出青年基金1人，巴渝学者1人，7名青年学术骨干出国深造。

4. 项目成果

序号	成果名称	类型	完成人
1	电力变压器状态监测与在线评估关键技术	奖励	陈伟根、廖瑞金、李剑、王有元、杜林、周湶
2	低气压下覆冰绝缘子（长）串闪络特性及直流放电模型研究	奖励	胡建林
3	六氟化硫在电力系统应用过程中关键技术研究	奖励	黄云光、朱立平、张晓星、王先培、余志祥、喻敏
4	植物绝缘油配电变压器研制及运行安全评估	奖励	邱武斌、李剑、韩金华、廖瑞金、王伟、姚德贵、彭勇
5	电网大范围冰冻灾害预防与治理关键技术及成套装备	奖励	陆佳政、蒋兴良、鲁先龙、吴维宁、方针、李海翔、胡建林等
6	智能化电力变压器关键技术及应用	奖励	廖瑞金、李剑、杜林、杨丽君、王有元、陈伟根、周湶
7	电网冰灾机理、防治关键技术研究及装备研制及应用	奖励	陆家政、曹志煌、蒋兴良、张红先、张志劲等
8	大型电力变压器局部放电多频带监测与远程模式识别技术	奖励	李剑、吴高林、杜林、吴彬、姚德贵、徐焜耀、杨丽君、印华、黎明
9	污秽条件下使用的高压绝缘子的选择和尺寸确定 第1部分：定义、信息和一般原则	著作	张仲秋、云涛、王绍武、吴光亚、李大楠、宿志一、叶廷路、梁曦东、范建斌
10	污秽条件下使用的高压绝缘子的选择和尺寸确定 第3部分：交流系统用复合绝缘子	著作	陆洲、宿志一、姚君瑞、杨迎建、危鹏、梁曦东、蒋兴良、肖勇、李庆峰
11	污秽条件下使用的高压绝缘子的选择和尺寸确定 第2部分：交流系统用瓷和玻璃绝缘子	著作	王云鹏、姚君瑞、舒立春、梁曦东、蒋兴良、杨迎建、吴光亚、宿志一、范建斌
12	Glass Transition Temperature and Mechanical Properties in Amorphous Region of Transformer Insulation Paper by Molecular Dynamic Simulations	会议	Wang Youyuan、Yang Tao、Li Jian
13	Gases Dissolved in Natural Ester Fluids under Thermal Faults in Transformers	会议	Liu Yu、Li Jian、Zhang Zhaotao
14	Study on aging characteristics of mineral oil/natural ester mixtures-paper insulation	会议	Liao Ruijin、Hao Jian、Yang Lijun、Grzybowski Stanislaw
15	Analysis of the pollution accumulation and flashover characteristics of field aged 110kV composite insulators	会议	Zhang Zhijin、Huang Haizhou、Jiang Xingliang、Chen Mingying、Hu Jianlin
16	Measurement and Analysis of the Leakage Current on the Surface of Polluted Suspension Ceramic Insulator	会议	Shi Yan、Jiang Xingliang、Wan Qifa、Wu Xiong、Xu Tao
17	Influence of Water Content on the Electrical Properties of Insulating Vegetable Oil-Based Nanofluids	会议	Du Bin、Li Jian、Wang Baimei、Xiang Junru、Zhang Zhaotao

（续）

序号	成果名称	类型	完成人
18	The Role of HVDC Voltage Waveforms on PartialDischarge Activity in Paper/Oil Insulation	会议	Jiang T.、Cavallini A.、Montanari G. C.、Li J.
19	Mathematical Model of Influence of Oxygen and Moisture on Feature Concentration Ratios of SF6 Decomposition Products	会议	Liu Fan、Tang Ju、Liu Yilu
20	The Design of a Sensor for Monitoring Partial Discharge within a Joint of Power Cable	会议	Wei Gang、Deng Yusheng、Tang Ju
21	Analysis of Influential Factors on the Underground Cable Ampacity	会议	Wang Youyuan、Chen Rengang、Li Jian、Grzybowski Stanislaw、Jiang Taosha
22	Detection of Partial Discharge in SF6 Decomposition Gas Based on Modified Carbon Nanotubes Sensors	会议	Zhang Xiaoxing、Yang Bing、Liu Wangting、Zhang Jinbin
23	Gas-sensing Simulation of Single-walled Carbon Nanotubes Applied to Detect Gas Decomposition products of SF6 in PD	会议	Zhang Xiaoxing、Meng Fansheng、Wang Zhen、Li Jian
24	Moisture diffusion invegetable oil-paper insulation	会议	Zhang Zhaotao、Li Jian、Liao Ruijin、Grzybowski Stanislaw
25	Moisture effect on the dielectric response and space charge behaviour of mineral oil impregnated paper insulation	会议	Hao Jian、Chen George、Liao Ruijin
26	Influence of copper on the by-products of different oil-paper insulations	会议	Hao Jian、Liao Ruijin、Chen George、Ma Chao
27	Influence of two typical mountainous terrains on impulse impedance of grounding device	会议	Sima Wenxia、Lei Chaoping、Yuan Tao、Yang Qing、Liao Lei、Zheng Haoyuan
28	Electrical Performance of Composite Insulators underIcing Conditions	会议	Yin F.、Jiang X.、Farzaneh M.、Hu J.、Liu Y.
29	Preparation of SiC/LDPE nanocomposites surface modified by KH-560 and its space charge property	会议	Zhou Quan、Sun Chao、Wu Ke、Zou Di、Liao Jingshu
30	Partial Discharge Characteristics of Electrical trees in XLPE Power Cables	会议	Zhou Tianchun、Yang Lijun、Liao Ruijin、Zhou Quan、Ye Di
31	Research for the LED optical fiber sensor for the leakage current of the insulator string	会议	Wang Jian、Yao Chenguo、Mi Yan、Zhang Ximing、Li Chengxiang
32	Line corridor grid method with lightning parameter maps for lightning parameters statistics of transmission line	会议	Li Yongfu、Sima Wenxia、Chen Lin、Yang Qing、Yuan Tao、Shi Jian
33	纳米碳化硅/低密度聚乙烯复合材料的空间电荷分布特性	期刊	周湶、伍科、廖瑞金、李剑、徐智、马小敏
34	应用弱化缓冲算子与最小二乘支持向量机的变压器油中溶解气体浓度预测	期刊	卞建鹏、廖瑞金、杨丽君
35	低介电常数绝缘纸的制备及其击穿性能	期刊	张福州、廖瑞金、袁媛、李玉森、彭庆军、刘团
36	绝缘纸无定形区玻璃转化的分子动力学模拟	期刊	王有元、杨涛、廖瑞金、张大伟、刘强、田苗
37	油浸绝缘纸局部放电损伤产物分析	期刊	严家明、廖瑞金、杨丽君、郝建、孙才新
38	Influence of electrical aging on space charge dynamics of oil-impregnated paper insulation under AC-DC combined voltages	期刊	Yan Wang、Li Jian、Wu Sicheng、Sun Peng
39	Product analysis of partial discharge damage to oil-impregnated insulation paper	期刊	Yan Jiaming、Liao Ruijin、Yang Lijun、Li Jian、Liu Bin
40	Online lightning and internal overvoltages monitoring system in 10 kV distribution networks	期刊	Yao Chenguo、Zhang Ximing、Du Lin、Mi Yan、Sun Caixin
41	Classification of Fundamental Ferroresonance Single Phase-to-Ground and Wire Breakage Over-Voltages in Isolated Neutral Networks	期刊	Chen Lin、Yang Qing、Wang Jing、Sima Wenxia、Yuan Tao

（续）

序号	成果名称	类型	完成人
42	Influence of vegetable oil on the thermal aging of transformer paper and its mechanism	期刊	Yang Lijun、Liao Ruijin、Caixin Sun、Zhu Mengzhao
43	动态时间规整算法在局部放电模式识别中的应用	期刊	汪可、杨丽君、廖瑞金、邓小聘、周天春
44	油浸绝缘纸损伤与局部放电相位分布模式演化的关系	期刊	廖瑞金、严家明、杨丽君、刘斌、孙才新
45	计及冲击电晕的输电线路雷电绕击和反击智能识别方法	期刊	杨庆、王荆、陈林、司马文霞、谢博
46	Effect of Shed Configuration on DC Flashover Performance of Ice-covered 110 kV Composite Insulators	期刊	Jiang Xingliang、Dong Bingbing、Zhang Zhijin、Yin Fanghui、Shu Lichun
47	Temperature characteristic of DC ice-melting conductor	期刊	Fan Songhai、Jiang Xingliang、Sun Caixin、Zhang Zhijin、Shu Lichun
48	标准悬式普通玻璃绝缘子的高海拔现场交流污闪特性	期刊	向泽、蒋兴良、张志劲、胡建林、董冰冰、袁耀
49	110kV 复合绝缘子串交流冰闪特性的比较	期刊	蒋兴良、董冰冰
50	基于 Zigbee 和零序电流增量法的配网单相接地故障定位方法	期刊	周渠、马小敏、陈伟根、李剑、杨柱石、伍科
51	Canonical Correlation Between Partial Discharges and Gas Formation in Transformer Oil Paper Insulation	期刊	Chen Weigen、Chen Xi、Peng Shangyi、Li Jian
52	低密度聚乙烯/纳米蒙脱土复合材料的水树枝生长特性	期刊	李剑、俸波、章华中、杨丽君、黄正勇
53	AC pollution flashover circuit model for composite insulator based on multiple arcs series	期刊	Shu Lichun、Yuan Qianfei、Zhang Zhijing、Jiang Xingliang、Hu Qin、Sun Caixin
54	Characteristics of Moisture Diffusion in Vegetable Oil-paper Insulation	期刊	Li Jian、Zhang Zhaotao、Grzybowski Stanislaw、Liu Yu
55	Optimization of UHF Hilbert Antenna for Partial Discharge Detection of Transformers	期刊	Li Jian、Jiang Tianyan、Wang Caisheng、Cheng Changkui
56	输电线路杆塔横担及斜材等效模型研究	期刊	杜林、糜翔、肖中男、于帅、杨勇、杨庆
57	高海拔地区不同伞型结构复合绝缘子短样直流冰闪性能对比	期刊	蒋兴良、巢亚锋、陈凌、毕茂强、张志劲、孙才新
58	应用小生境遗传算法优化导线钢芯断股漏磁检测传感器	期刊	夏云峰、蒋兴良、张志劲、胡建林、胡琴
59	棒—板电极直流负电晕放电特里切尔脉冲的微观过程分析	期刊	伍飞飞、廖瑞金、杨丽君、刘兴华、汪可、周之
60	直流和工频电压下油浸纸绝缘系统空间电荷特性的差异	期刊	郝建、徐瑞林、George Chen、廖瑞金、伏进、吴高林、王谦
61	纳秒脉冲电场治疗裸鼠皮下人恶性黑色素瘤模型的长期效应	期刊	姚陈果、郭飞、王建、孙才新、赵雪、唐均英
62	土壤温度特性试验及其对圆环型直流接地极发热影响分析	期刊	袁涛、骆玲、杨庆、司马文霞、王建东
63	应用时-温-水分叠加方法改进油纸绝缘热老化寿命模型	期刊	杨丽君、邓帮飞、廖瑞金、孙才新、蒲静
64	The syntactical pattern recognition for the leakage current of transmission-line insulators	期刊	Yao Chenguo、Wang Jian、Li Chengxiang、Mi Yan、Sun Caixin
65	采用分子模拟法分析变压器油纸绝缘材料的相互作用	期刊	廖瑞金、朱孟兆、杨丽君、周欣、严家明、孙才新
66	Flexible Nanodielectric Materials with High Permittivity for Power Energy Storage	期刊	Dang Zhi-Min、Yuan Jin-Kai、Yao Sheng-Hong、Liao Rui-Jin
67	Investigation on Thermal Aging Characteristics of Vegetable Oil-Paper Insulation with Flowing Dry Air	期刊	Liao Ruijin、Guo Chao、Wang Ke、Yang Lijun、Grzybowski Stanislaw、Sun Huigang
68	TiO2 Nanotube Array Sensor for Detecting the SF6 Decomposition Product SO2	期刊	Zhang Xiaoxing、Zhang Jinbin、Jia Yichao、Xiao Peng、Tang Ju
69	Partial Discharge Recognition through an Analysis of SF6 Decomposition Products Part 1：Decomposition Characteristics of SF6 under Four Different Partial Discharges	期刊	Tang Ju、Liu Fan、Zhang Xiaoxing、Meng Qinghong、Zhou Jiabin

（续）

序号	成　果　名　称	类型	完　成　人
70	基于实测数据的电力系统过电压分类识别	期刊	黄艳玲、司马文霞、杨庆、袁涛、王荆
71	基于Kerr电光效应的冲击电压下液体电介质空间电荷高速CCD测量	期刊	杨庆、廖磊、施健、司马文霞、袁涛、黄思思
72	改进网格法及其在雷电参数统计中的应用	期刊	司马文霞、李永福、杨庆、袁涛、覃彬全
73	环境参数对110kV复合绝缘子覆冰增长过程的影响	期刊	赵世华、蒋兴良、张志劲、胡建林、胡琴
74	A multiclass SVM-based classifier for transformer fault diagnosis using a particle swarm optimizer with time-varying acceleration coefficients	期刊	Liao R. J.、Zheng H. B.、Grzybowski S.、Yang L. J.
75	High performance hybrid carbon fillers/binary-polymer nanocomposites with remarkably enhanced positive temperature coefficient effect of resistance	期刊	Zha Jun-Wei、Li Wei-Kang、Liao Rui-Jin、Bai Jinbo、Dang Zhi-Min
76	硼掺杂单壁碳纳米管检测SF_ 6气体局部放电仿真	期刊	张晓星、孟凡生、任江波、唐炬、杨冰
77	SF_ 6气体分解组分红外光谱信号的去噪与背景扣除	期刊	胡耀垓、张晓星、王震、赵正予
78	碳纳米管传感器检测SF_ 6放电分解组分的实验研究	期刊	张晓星、刘王挺、唐炬、孟凡生
79	羟基修饰单壁碳纳米管对SF_ 6局部放电分解组分气敏特性的研究	期刊	张晓星、孟凡生、李锐海、廖一帆、杨冰
80	Development of infrared laser gas sensor used for detecting the acetylene content in transformer oil	期刊	Zhang Xiaoxing、Li Jian、Yun Yuxin、Liu Heng、Feng Bo
81	Sensitivity characteristic analysis of adsorbent-mixed carbon nanotube sensors for the detection of SF6 decomposition products under PD conditions	期刊	Zhang Xiaoxing、Luo Chenchen、Tang Ju
82	油浸式电力变压器动态热路改进模型	期刊	滕黎、陈伟根、孙才新
83	Influence of Insulator String Positioning on AC Icing Flashover Performance	期刊	Zhang Zhijin、Jiang Xinliang、Sun Caixin、Hu Jianlin、Huang Haizhou、Gao David Wenzhong
84	Numerical Modelling of Mutual Effect among Nearby Needles in a Multi-Needle Configuration of an Atmospheric Air Dielectric Barrier Discharge	期刊	Wang Xiaojing、Yao Chenguo、Sun Caixin、Yang Qing、Zhang Xiaoxing
85	Reciprocity of Faraday effect in ferrofluid: Comparison with magneto-optical glass	期刊	Wang Shibin、Sun Caixin、Du Lin、Yao Chenguo、Yang Yong
86	局部放电下微水对SF6分解组分的形成及其影响规律	期刊	唐炬、裘吟君、曾福平、袁静帆、张晓星
87	针-板电极局部放电光测法信号一次积分值与放电量的关系	期刊	唐炬、刘永刚、裘吟君、袁静帆
88	气隙缺陷下不同局部放电强度的SF6分解特性	期刊	唐炬、任晓龙、张晓星、刘帆
89	External sensors in partial discharge ultra-high-frequencymeasurements in gas-insulated substations	期刊	Tang Ju、Wei Gang、Zhang Xiaoxing
90	雨凇对导线起晕电压影响规律的研究	期刊	陈吉、蒋兴良、舒立春、胡建林、张志劲、张满
91	绝缘子放电区段划分及污秽预测的泄漏电流分形维数研究	期刊	陈伟根、夏青、孙才新、李立涅
92	微弱气体光声光谱监测光声信号影响因素分析	期刊	陈伟根、刘冰洁、胡金星、周恒逸、李剑
93	电力变压器故障模式重要度的模糊评定方法	期刊	王有元、周婧婧、李剑、金卓睿、李龙江
94	植物油对油浸绝缘纸老化速率的影响及机理	期刊	杨丽君、廖瑞金、孙才新、尹建国、朱孟兆
95	A New Hybrid Feature Extraction Method for Partial Discharge Signals Classification	期刊	Liao Ruijin、Wang Ke、Yang Lijun、Duan Lian、Li Jian
96	Study on microstructure and electrical properties of oil-impregnated paper insulation after exposure to partial discharge	期刊	Yan Jiaming、Liao Ruijin、Yang Lijun、Li Jian

（续）

序号	成果名称	类型	完成人
97	A Unified Approach to Chaos Suppressing and Inducing in a Periodically Forced Family of Nonlinear Oscillators	期刊	Li Huaqing、Liao Xiaofeng、Liao Ruijin
98	Selection of 2, 6-Di-tert-butyl-4-methylphenol and High Purity Alkylated Phenyl-alpha-naphthylamine and Their Synergy Antioxidation Mechanism in Insulation Oil	期刊	Liao Ruijin、Hao Jian、Yang Lijun、Liang Shuaiwei、Zhu Mengzhao
99	Local electron mean energy profile of positive primary streamer discharge with pin-plate electrodes in oxygen - Nitrogen mixtures	期刊	Sima Wen-Xia、Peng Qing-Jun、Yang Qing、Yuan Tao、Shi Jian
100	NOMEX 合成纤维绝缘介质在直流电场中的空间电荷特性	期刊	廖瑞金、李伟、杨丽君、郝建、周欣、李剑
101	植物绝缘油中含水量对其绝缘性能的影响	期刊	邹平、李剑、孙才新、廖瑞金、张召涛
102	局部放电下 SF_ 6 分解组分检测与绝缘缺陷编码识别	期刊	唐炬、陈长杰、刘帆、张晓星、孟庆红
103	智能循环电流融冰方法及其临界融冰电流研究	期刊	舒立春、罗保松、蒋兴良、胡琴、李特、兰强
104	Comparison between AC and DC flashover performance and discharge process of ice-covered insulators under the conditions of low air pressure and pollution	期刊	Shu L.、Shang Y.、Jiang X.、Hu Q.、Yuan Q.、Hu J.、Zhang Z.、Zhang S.、Li T.
105	Anti-icing Performance of a Superhydrophobic PDMS/Modified Nanosilica Hybrid Coating for Insulators	期刊	Li Jian、Zhao Yushun、Hu Jianlin、Shu Lichun、Shi Xianming
106	DC Flashover Performance of Various Types of Ice-Covered Insulator Strings under Low Air Pressure	期刊	Hu Jianlin、Sun Caixin、Jiang Xingliang、Xiao Daibo、Zhang Zhijin、Shu Lichun
107	Detecting broken strands in transmission line - Part 2: Quantitative identification based on S-transform and SVM	期刊	Xia Y.、Jiang X.、Hu J.、Zhang Z.、Shu L.
108	Effect of arc-levitating from polluted insulators´surface in the low air pressure on its DC flashover performance	期刊	Jiang X.、Chen L.、Zhang Z.、Sun C.、Shu L.、Nazir M. T.
109	Optimal design of MFL sensor for detecting broken steel strands in overhead power line	期刊	Jiang X. L.、Xia Y. F.、Hu J. L.、Yin F. H.、Sun C. X.、Xiang Z.
110	Suppression of UHF partial discharge signals buried in white-noise interference based on block thresholding spatial correlation combinative de-noising method	期刊	Zhang X.、Zhou J.、Li N.、Wang Y.
111	Electrical Aging Lifetime Model of Oil-impregnatedPaper under Pulsating DC Voltage Influenced by Temperature	期刊	Li Jian、He Zhiman、Grzybowski Stanislaw
112	SF6 局部放电分解组分光声检测信号交叉响应处理技术	期刊	唐炬、范敏、谭志红、孙才新
113	Research on fractal dimension of leakage current for discharge zones dividing and contamination forecasting of insulators	期刊	Chen Weigen、Xia Qing、Sun Caixin、Li Licheng
114	气体绝缘电器局部放电模式的多特征信息融合决策诊断	期刊	唐炬、卓然、吴晃之、陶加贵、唐阳
115	Temperature distribution calculation based on FVM for oil-immersed power transformer windings	期刊	Chen Weigen、Su Xiaoping、Sun Caixin、Pan Chong、Tang Ju
116	Synthesis and enhanced ethane sensing properties of pt-doped nio nanofibers via electrospinning	期刊	Chen Weigen、Zhou Qu、Wan Fu、Peng Shudi、Zeng Wen
117	应用频域介电谱法的变压器油纸绝缘老化状态评估	期刊	郝建、廖瑞金、杨丽君、马志钦
118	油纸绝缘的局部放电特征量分析及危险等级评估方法研究	期刊	杨丽君、廖瑞金、孙才新、汪可
119	Experimental study of carbon nanotubes gas sensor detecting SF6 partial discharge decomposition components	期刊	Zhang Xiaoxing、Liu Wangting、Tang Ju、Meng Fansheng

（续）

序号	成果名称	类型	完成人
120	Minitype quasi-TEM horn antenna for partial discharge detection in GIS	期刊	Zhang Xiao-Xing、Chen Yang、Tang Jun-Zhong、Wen Xi-Shan
121	多种外部因素对变压器油冲击击穿特性的影响	期刊	姜赤龙、司马文霞、杨庆、袁涛
122	雷击输电线路杆塔时的杆塔等效模型	期刊	杜林、糜翔、杨勇、杨庆
123	试验方式对瓷和玻璃绝缘子串直流污闪特性的影响	期刊	蒋兴良、董冰冰、张志劲、胡建林、胡琴
124	基于云理论的电力变压器绝缘状态评估方法	期刊	张镱议、廖瑞金、杨丽君、郑含博、孙才新
125	Air-gap discharge process partition in oil-paper insulation based on energy-wavelet moment feature analysis	期刊	Chen Weigen、Du Jie、Ling Yun、Xie Bo、Long Zhenze
126	考虑污秽度及伞型结构影响的110kV支柱绝缘子交流闪络电压特性	期刊	蒋兴良、董冰冰、胡建林、夏云峰、尹芳辉、周龙武
127	污秽不均匀度对XP-160绝缘子串交流闪络特性的影响	期刊	张志劲、刘小欢、蒋兴良、袁超、胡建林
128	绝缘子污秽放电泄漏电流的多重分形特征研究	期刊	陈伟根、汪万平、夏青
129	采用Kalman滤波算法预测变压器绕组热点温度	期刊	苏小平、陈伟根、奚红娟、周渠、潘翀、钱国超
130	高海拔超高压绝缘子串雷电冲击伏秒特性	期刊	司马文霞、谭威、袁涛、杨庆、罗兵、李立涅
131	试验程序差异对绝缘子污闪电压的影响	期刊	张志劲、苏永祥、蒋兴良、舒立春、胡建林
132	A ns-mu s Duration Millitesla Exponential Decay Pulsed Magnetic Fields Generator for Tumor Treatment	期刊	Mi Yan、Yao Chenguo、Jiang Chun、Li Chengxiang、Sun Caixin、Tang Liling、Liu Huan
133	An integrated decision-making model for condition assessment of power transformers using fuzzy approach and evidential reasoning	期刊	Liao Ruijin、Zheng Hanbo、Grzybowski Stanislaw、Yang Lijun、Zhang Yiyi、Liao Yuxiang
134	基于现场可编程门阵列的全固态高压ns脉冲发生器	期刊	姚陈果、章锡明、李成祥、米彦、郭飞、孙才新
135	采用冲激脉冲辐射天线实现皮秒脉冲电场生物组织聚焦的仿真分析	期刊	郭飞、姚陈果、刘泽辉、李成祥、米彦
136	ZS-126/4型支柱绝缘子的交流覆冰闪络特性	期刊	蒋兴良、董冰冰、胡琴、卢杰、尹芳辉、向泽
137	检测GIS局部放电的小型准TEM喇叭天线	期刊	张晓星、谌阳、唐俊忠、文习山
138	间插布置方式对交流绝缘子串覆冰特性影响	期刊	张志劲、蒋兴良、胡建林、孙才新
139	Effects of air pressure and humidity on the corona onset voltage of bundle conductors	期刊	Hu Q.、Shu L.、Jiang X.、Sun C.、Zhang S.、Shang Y.
140	DC positive discharge performance of rod-plane short air gap under rain conditions	期刊	Jiang Xingliang、Yuan Yao、Bi Maoqiang、Du Yong、Ma Jianguo
141	降雨对“棒-板”短空气间隙正极性直流放电特性的影响	期刊	蒋兴良、刘伟、奚思建、袁耀、毕茂强、孙义豪
142	Effect of Electrical Test Methods on DC Flashover Performance of Ice-covered Ceramic Insulators	期刊	Jiang Xingliang、Dong Bingbing、Zhang Zhijin、Hu Jianlin、Hu Qin、Shu Lichun、Yin F. H.
143	Particle swarm optimization-least squares support vector regression based forecasting model on dissolved gases in oil-filled power transformers	期刊	Liao Ruijin、Zheng Hanbo、Grzybowski Stanislaw、Yang Lijun
144	矿物油-天然酯混合绝缘油减缓绝缘纸热老化速率机理的XPS研究	期刊	廖瑞金、尹建国、杨丽君、梁帅伟、郝建
145	不同复合热稳定剂对矿物油-改性纸绝缘系统热老化特性的影响	期刊	杨雁、袁磊、王谦、廖瑞金、徐瑞林、吴高林
146	Dynamic characteristics of the corona discharge during the energised icing process of conductors	期刊	Hu Qin、Li Te、Shu Lichun、Jiang Xingliang、Luo Baosong
147	自然覆冰与衬垫的粘附特性及影响因素	期刊	毕茂强、蒋兴良、巢亚锋、陈凌、肖丹华、刘伟
148	开关柜局部放电暂态对地电压传播特性的仿真分析	期刊	王有元、李寅伟、陆国俊、王劲、熊俊

（续）

序号	成 果 名 称	类型	完 成 人
149	复杂电力网络短路电流分布及地网分流系数	期刊	文习山、胡建平、唐炬
150	Equivalent circuit for cavity discharges including controlled current source and controlled switch	期刊	Chen Weigen、Chen Xi、Xie Bo、Liu Jun
151	Hydrothermal synthesis of Pt- Fe- and Zn-doped SnO_2 nanospheres and carbon monoxide sensing properties	期刊	Chen Weigen、Zhou Qu、Peng Shudi
152	Insulation condition assessment of power transformer bushing based on cloud model and kernel vector space model	期刊	Zhou Quan、Xu Zhi、Liao Ruijin、Zhang Yiyi、Zheng Bolin
153	变压器油纸绝缘老化动力学模型及寿命预测	期刊	廖瑞金、孙会刚、巩晶、李伟、尹建国、唐超
154	采用3类特征参量比值法的铁磁谐振过电压识别	期刊	杜林、李欣、吴高林、邓帮飞
155	Studying corona onset characteristics after rime ice accumulation on energized stranded conductors	期刊	Jiang Xingliang、Chen Ji、Shu Lichun、Hu Jianlin、Zhang Zhijin、Wang Shijing
156	气压和污秽不均匀度对染污绝缘子泄漏电流的影响	期刊	司马文霞、徐康、杨庆、袁涛、汪锐、陈瑜
157	Research on the feature extraction of DC space charge behavior of oil-paper insulation	期刊	Tang Chao、Liao Ruijin、Chen George、Yang Lijun
158	Aging Condition Assessment of Transformer Oil-paper Insulation Model based on Partial Discharge Analysis	期刊	Liao Rui-jin、Yang Li-jun、Li Jian、Grzybowski Stanislaw
159	基于极限承载力分析的覆冰输电塔可靠性评估	期刊	姚陈果、李宇、周泽宏、李成祥、张磊、左周
160	Fabrication of super-hydrophobic surfaces with long-termstability	期刊	Zhao Yushun、Li Jian、Hu Jianlin、Shu Lichun、Shi Xianming
161	Experimental studies on discharge initiation from an icicle tip under DC voltage	期刊	Yu D.、Shu L.、Zhang J.、Farzaneh M.、Sima W.、Sun C.
162	基于离散隐式马尔科夫模型的局部放电模式识别	期刊	汪可、杨丽君、廖瑞金、齐超亮、周湶
163	110kV 复合绝缘子棒形并联间隙工频电弧疏导过程的试验研究	期刊	张智、杨庆、袁涛、叶轩、廖永力、罗兵、李锐海、SIMA Wenxia1
164	Numerical and experimental investigation of grounding electrode impulse-current dispersal regularity considering the transient ionization phenomenon	期刊	Li Jingli、Yuan Tao、Yang Qing、Sima Wenxia、Sun Caixin、Zahn Markus
165	基于能量累计曲线-小波变换和动态加权统计的局部放电源定位方法	期刊	杜林、赵秀娜、吴高林、逄凯
166	基于K近邻算法的换流变压器局部放电模式识别	期刊	刘凡、张昀、姚晓、彭倩、聂鸿宇、李剑、周湶
167	脉冲磁场发生器中用 Braunbeck 线圈的分析	期刊	蒋春、米彦、姚陈果、李成祥、周龙翔、何彦谆
168	Surface Streamer Characteristics in Air Based on Plasmochemical Model	期刊	Shi Jian、Yang Qing、Sima Wenxia、Yuan Tao、Peng Qingjun
169	复合绝缘子直流冰闪试验方法的比较	期刊	毕茂强、蒋兴良、周仿荣、陈凌、巢亚锋、兰强
170	Feature information extraction of air-gap discharge in oil-paper insulation and its process partition	期刊	Chen Weigen、Wei Chao、Ling Yun、Wang Youyuan
171	Pattern recognition for partial discharge in GIS based on pulse coupled neural networks and wavelet packetdecomposition	期刊	Zhou Jiabin、Tang Ju、Zhang Xiaoxing、Tao Jiagui
172	局部放电作用下油浸绝缘纸的微观结构及电气性能	期刊	严家明、廖瑞金、杨丽君、孙才新
173	Molecular dynamics study of water molecule diffusion in oilpaper insulation materials	期刊	Liao Rui-Jin、Zhu Meng-Zhao、Yang Li-Jun、Zhou Xin、Gong Chun-Yan

（续）

序号	成 果 名 称	类型	完 成 人
174	特高压交流输电线路绕击耐雷性能仿真分析	期刊	姚陈果、王婷婷、杨庆、司马文霞
175	Improved Methane Sensing Properties of Co-Doped SnO2 Electrospun Nanofibers	期刊	Chen Weigen、Zhou Qu、Xu Lingna、Wan Fu、Peng Shudi、Zeng Wen
176	Combination of Support Vector Regression with Particle Swarm Optimization for Hot-spot temperature prediction of oil-immersed power transformer	期刊	Chen Weigen、Su Xiaoping、Chen Xi、Zhou Qu、Xiao Hanguang
177	重庆地区电网覆冰的海拔高度特性	期刊	蒋兴良、杜珍、莫文强、李亚军、张志劲
178	采用时域有限差分法分析开关柜中超高频信号传播特性	期刊	姚陈果、黄琮鉴、吴彬、陈攀、陈昱、米彦
179	Partial Discharge Recognition through an Analysis of SF6 Decomposition Products Part 2: Feature Extraction and Decision Tree-based Pattern Recognition	期刊	Tang Ju、Liu Fan、Meng Qinghong、Zhang Xiaoxing、Tao Jiagui
180	电力系统暂时过电压多级支持向量机分层识别	期刊	杜林、李欣、王丽蓉、司马文霞
181	考虑土壤非线性的接地网有限元分析	期刊	李景丽、袁涛、杨庆、司马文霞、孙才新
182	变压器顶层油温预测热模型影响因素分析及其改进	期刊	陈伟根、苏小平、陈曦、周渠、钱国超
183	变压器油纸绝缘沿面放电特性及其产气规律	期刊	陈伟根、杨剑锋、凌云、陈曦
184	MOLECULAR DYNAMIC SIMULATIONS OF GLASS TRANSITION TEMPERATURE AND MECHANICAL PROPERTIES IN THE AMORPHOUS REGION OFOIL-IMMERSED TRANSFORMER INSULATION PAPER	期刊	Wang You-Yuan、Yang Tao、Liao Rui-Jin
185	架空输电线路过电压在线监测系统	期刊	叶鹏、朱峰、李建明、杜林
186	Research on multi-fractal characteristics of leakage current for contamination discharge of insulators	期刊	Chen Weigen、Wang Wanping、Xia Qing
187	A DFT study of SF6 decomposed gas adsorption on an anatase (1 0 1) surface	期刊	Zhang Xiaoxing、Chen Qinchuan、Hu Weihua、Zhang Jinbin
188	局部放电干扰评价参数信噪比的二阶估计	期刊	唐炬、李伟、姚陈果、张晓星、谢颜斌
189	SF_6 局部放电分解产生 SOF_2 特征组分的光声光谱检测	期刊	裘吟君、唐炬、范敏、刘岩、袁静帆
190	基于小波包提取算法和相关分析的电缆双端行波测距	期刊	周湶、卢毅、廖瑞金、杜林
191	电力电缆分布式测温系统取能电源研究	期刊	杜林、李欣、雷静、吴彬
192	交流电场对复合绝缘子覆雾凇过程影响研究	期刊	徐姗姗、黄斌、蒋兴良
193	Development of a Focusing Pulsed Magnetic Field System for in Vivo Experiments	期刊	Mi Yan、Jiang Chun、Yao Chenguo、Li Chengxiang
194	低气压下 XP－160 型绝缘子覆冰交直流闪络特性比较	期刊	舒立春、尚宇、蒋兴良、胡琴、袁前飞、胡建林、张志劲
195	变压器油纸绝缘频域介电特征量与绝缘老化状态的关系	期刊	廖瑞金、郝建、杨丽君、袁泉、唐超
196	Preparation and Electrical Properties of Insulation Paper Composed of SiO2 Hollow Spheres	期刊	Liao Ruijin、Zhang Fuzhou、Yuan Yuan、Yang Lijun、Liu Tuan、Tang Chao
197	Study on the relationship between damage of oil-impregnated insulation paper and evolution ofphase-resolved partial discharge patterns	期刊	Liao Ruijin、Yan Jiaming、Yang Lijun、Zhu Mengzhao、Liu Bin
198	直流瓷绝缘子长串高海拔覆冰闪络特性	期刊	胡建林、蒋兴良、孙才新、张志劲、舒立春
199	电力系统实测过电压信号的特征量提取与验证	期刊	黄艳玲、司马文霞、杨庆、袁涛、杨鸣
200	Ni-doped carbon nanotube sensor for detecting dissolved gases in transformer oil	期刊	Zhang Xiaoxing、Zhang Jinbin、Tang Ju、Meng Fansheng、Liu Wangting

（续）

序号	成果名称	类型	完成人
201	瓦型导线和普通绞线雨凇覆冰特性对比分析	期刊	舒立春、罗保松、胡琴、蒋兴良、李特、张琰
202	变压器油纸绝缘热老化过程中铜类产物生成规律及其危害	期刊	廖瑞金、郝建、杨丽君、尹建国、朱孟兆
203	Improving the sensitivity of winding deformation detection by using nanosecond pulses	期刊	Lei Xiao、Li Jian、Liu Hualin、Wang Youyuan
204	利用关键构件力学特性的覆冰塔线体系事故预测方法	期刊	姚陈果、毛峰、许道林、刘孝全、周泽宏、崔玉家
205	Forecasting dissolved gases content in power transformer oil based on weakening buffer operator and least square support vector machine-Markov	期刊	Liao R. J.、Bian J. P.、Yang L. J.、Grzybowski S.、Wang Y. Y.、Li J.
206	羟基碳纳米管吸附 SF_6 放电分解组分的 DFT 计算	期刊	张晓星、孟凡生、唐炬、杨冰
207	Gas-Sensing Simulation of Single-Walled Carbon Nanotubes Applied to Detect Gas Decomposition Products of SF_6	期刊	Zhang Xiaoxing、Zhang Jinbin、Tang Ju、Yang Bing
208	基于 ANSYS Maxwell 的 750kV 自耦变压器直流偏磁仿真	期刊	刘渝根、冷迪、田资、成文杰
209	Partial Discharge Signal Classification UtilizingTime-Frequency Representation and Two Directional 2DPCA	期刊	Liao Ruijin、Wang Ke、Yang Lijun、Yuan Lei、Li Jian
210	基于流体力学的不同型式绝缘子覆冰增长过程分析	期刊	张志劲、黄海舟、蒋兴良、胡建林、孙才新
211	电力变压器油纸绝缘可靠性与老化特征参量间的相关性	期刊	王有元、龚森廉、廖瑞金、李剑、何志满
212	电力变压器油纸绝缘热老化研究综述	期刊	廖瑞金、杨丽君、郑含博、汪可、马志钦
213	针-板缺陷模型下局部放电量与 SF6 分解组分的关联特性	期刊	唐炬、任晓龙、谭志红、裘吟君、孙才新
214	聚合物材料空间电荷陷阱模型及参数	期刊	廖瑞金、周天春、George Chen、杨丽君
215	基于云理论和核向量空间模型的电力变压器套管绝缘状态评估	期刊	周湶、徐智、廖瑞金、张镱议、郑柏林
216	Fuzzy information granulated particle swarm optimisation-support vector machine regression for the trend forecasting of dissolved gases in oil-filled transformers	期刊	Liao R. J.、Zheng H. B.、Grzybowski S.、Yang L. J.、Tang C.、Zhang Y. Y.
217	不均匀覆冰输电塔线体系力学特性	期刊	姚陈果、毛峰、许道林、刘孝全、周泽宏、崔玉家
218	Study on fog flashover performance and fog-water conductivity correction coefficient for polluted insulators	期刊	Xingliang Jiang、Shihua Zhao、Yanbin Xie、Zhijin Zhang、Lichun Shu
219	导线临界防冰电流及其影响因素分析	期刊	蒋兴良、兰强、毕茂强
220	抑制局部放电白噪声的分块阈值空域相关联合去噪法	期刊	张晓星、周君杰、李楠、文习山
221	A Transformer Partial Discharge Measurement System Based on Fluorescent Fiber	期刊	Tang Ju、Zhou Jiabin、Zhang Xiaoxing、Liu Fan
222	基于点密度加权核模糊聚类的变压器故障诊断方法	期刊	刘卫华、廖瑞金、杨丽君
223	Low voltage irreversible electroporation induced apoptosis in HeLa cells	期刊	Zhou Wei、Xiong Zhengai、Liu Ying、Yao Chenguo、Li Chengxiang
224	Experimental study of partial discharge properties for CF3I/N2 mixtures	期刊	Zhang Xiaoxing、Zhou Junjie、Tang Ju、Xiao Song、Zhang Min
225	Percutaneous ultrasound-guided irreversible electroporation：A goat liver study	期刊	Liu Ying、Xiong Zhengai、Zhou Wei、Hua Yuanyuan、Li Chengxiang、Yao Chenguo
226	高海拔 220kV 输电线路绝缘子串与并联间隙雷电冲击绝缘配合研究	期刊	司马文霞、叶轩、谭威、杨庆、罗兵、李立涅、高超
227	微水微氧对 PD 下 SF_6 分解特征组分比值的影响规律	期刊	唐炬、梁鑫、姚强、何建军、刘帆
228	Study on H_2 detection characteristics of CuO-SnO_2 nanoparticle gas sensor	期刊	Chen Weigen、Li Qianzhu、Xu Lingna、Peng Shangyi、Liu Jun

（续）

序号	成　果　名　称	类型	完　成　人
229	GIS 中典型局放缺陷的 UHF 信号与放电量的相关分析	期刊	张晓星、唐俊忠、唐炬、骆杨、谢颜斌
230	氯化镍掺杂的碳纳米管对 SF_ 6 放电分解产物的气敏响应	期刊	张晓星、冯波、张锦斌、唐炬、刘王挺
231	采用时频矩阵奇异值分解和多级支持向量机的雷电及操作过电压识别	期刊	杨勇、李立涅、杜林、李欣、司马文霞、戴斌
232	基于电网频率的数字录音真伪鉴别研究	期刊	刘育明、姚陈果、孙才新、袁智勇、Liu Yilu
233	Feature Extraction Method Based on Pulse-Coupled Neural Networks for Ultra High Frequency Partial Discharge in Transformers	期刊	Tang Ju、Zhou Jiabin、Zhang Xiaoxing、Tao Jiagui
234	考虑非标准雷电波的输电线路绕击跳闸率评估方法	期刊	李建标、杨庆、司马文霞、袁涛
235	A model for calculating deviation angle of icicle buildupon insulators and its experimental validation	期刊	Shu L.、Yang Z.、Jiang X.、Hu Q.、Sun C.、Yuan Q.
236	交流输电导线覆冰增长及临界防冰电流的试验研究	期刊	张志劲、黄海舟、蒋兴良、孙才新、胡建林
237	An S-transform and support vector machine (SVM) -based online method for diagnosing broken strands in transmission lines	期刊	Jiang Xingliang、Xia Yunfeng、Hu Jianlin、Zhang Zhijin、Shu Lichun、Sun Caxin
238	Morphology control of tin oxide nanostructures and sensing performances for acetylene detection	期刊	Chen Weigen、Zhou Qu、Su Xiaoping、Xu Lingna、Peng Shudi
239	初始电子浓度对空气中针板间隙正极性流注放电的影响	期刊	彭庆军、司马文霞、杨庆、袁涛、施健
240	一种抗老化绝缘油对绝缘纸热老化影响及原因分析	期刊	梁帅伟、廖瑞金、郝建、杨丽君
241	用于评估油纸绝缘热老化状态的极化/去极化电流特征参量	期刊	杨雁、杨丽君、徐积全、吴高林、徐瑞林、郝建
242	He-O_ 2 高气压下电容耦合辉光放电数值分析	期刊	彭庆军、司马文霞、杨庆、袁涛、刘兴华、邹立峰、李玉森
243	油纸绝缘热老化过程中热稳定剂对油的影响	期刊	张福州、廖瑞金、杨丽君、袁媛、贡春艳、张爽
244	广义回归神经网络在变压器绕组热点温度预测中的应用	期刊	陈伟根、奚红娟、苏小平、刘文
245	Simulation and analysis of surface discharge development in oil immersed paper insulation	期刊	Chen Weigen、Chen Xi、Su Xiaoping、Long Zhenze
246	Characteristic analysis of partial discharges and dissolved gases generated cavity in oil-paper insulation under AC-DC combined voltages	期刊	He Zhiman、Li Jian、Bao Lianwei、Jiang Tianyan、Wang Youyuan
247	Structure and surface effect of field emission from gallium nitride nanowires	期刊	Wang Y. Q.、Wang R. Z.、Zhu M. K.、Wang B. B.、Wang B.、Yan H.
248	Partial discharge recognition based on SF6 decomposition products and support vector machine	期刊	Tang J.、Liu F.、Zhang X.、Liang X.、Fan Q.
249	LXY4-160 型绝缘子串覆冰操作冲击闪络特性	期刊	董冰冰、蒋兴良、盛道伟、向泽、黄俊、袁耀
250	Partial discharge location based on time difference of energy accumulation curve of multiple signals	期刊	Tang J.、Xie Y.
251	基于有限体积法的油浸式变压器绕组温度分布计算	期刊	陈伟根、苏小平、孙才新、潘翀、唐炬
252	Comparative study on DC flashover characteristics of iced insulators with various test methods	期刊	Hu J.、Luo M.、Jiang X.、Sun C.、Zhang Z.、Shu L.
253	不同热老化程度油纸绝缘介质在直流电场中的空间电荷特性	期刊	廖瑞金、李伟、杨丽君、唐超、郝建、周欣
254	Theoretical calculation of the gas-sensing properties of Pt-decorated carbon nanotubes	期刊	Zhang Xiaoxing、Dai Ziqiang、Wei Li、Liang Naifeng、Wu Xiaoqing
255	Design of conductor galloping multi-points monitoring system using ZigBee PRO wireless network technology	期刊	Zhou Quan、Yang Zhu-Shi、Chen Wei-Gen、Li Jian、Ma Xiao-Min

（续）

序号	成果名称	类型	完成人
256	A new method to obtain load density based on improved ANFIS	期刊	Zhou Quan、Sun Wei、Zhang Yun、Ren Hai-Jun、Sun Cai-Xin、Deng Jing-Yun
257	Multiple SVM-RFE for Feature Subset Selection in Partial Discharge Pattern Recognition	期刊	Tang Ju、Tao Jiagui、Zhang Xiaoxing、Liu Fan
258	土壤电离动态过程对接地装置冲击散流的影响分析	期刊	袁涛、李景丽、司马文霞、杨庆、孟宪丰、田川
259	基于能量-小波矩特征分析的油纸绝缘气隙放电过程划分	期刊	陈伟根、杜杰、凌云、谢波、龙震泽
260	四分裂导线运行电流分组融冰方法与现场试验	期刊	张志劲、蒋兴良、孙才新、胡建林、胡琴
261	Diode laser-based photoacoustic spectroscopy detection of acetylene gas and its quantitative analysis	期刊	Chen Weigen、Liu Bingjie、Zhou Hengyi、Wang Youyuan、Wang Caisheng
262	覆冰圆柱形绝缘子的交流闪络特性与放电过程	期刊	舒立春、张仕焜、蒋兴良、胡琴、尚宇、邱宗奎
263	基于微分环的输电线路雷电流非接触式测量方法	期刊	姚陈果、肖前波、龙羿、李成祥、司马文霞
264	Binary Particle Swarm Optimization Selected Time-Frequency Features for Partial Discharge Signal Classification	期刊	Liao Ruijin、Wang Ke、Yang Lijun、Li Jian、Nie Shijun、Yuan Lei
265	SF_ 6 分解物 SO_ 2、H_ 2S、HF、CO 的红外吸收特性分析	期刊	云玉新、张晓星、赵笑笑、姚金霞、蒋佳音
266	基于分布反馈半导体激光器的 CO 气体光声光谱检测特性	期刊	陈伟根、彭晓娟、刘冰洁、孙才新
267	A Method to Estimate Leakage Current of Polluted Insulators	期刊	Xia Yunfeng、Jiang Xingliang、Sun Caixin、Dong Bingbing
268	变压器故障发生概率的多特征参量综合评估方法	期刊	王有元、袁园、陈伟根、杨军、何迎春
269	不同伞形结构复合绝缘子的交流污闪有效爬电距离	期刊	舒立春、袁前飞、张志劲、蒋兴良、胡琴、胡建林、孙才新
270	采用双端电压行波法的输电线路故障定位系统设计	期刊	杜林、陈宏业、陈伟根、庞军、李化
271	水分和温度联合作用时油浸绝缘纸空间电荷特性	期刊	廖瑞金、周之、郝建、杨丽君
272	天然酯-纸绝缘与矿物油-纸绝缘的热老化及工频击穿特性对比	期刊	廖瑞金、张爽、杨丽君、刘斌、郝建
273	基于小波分解尺度系数能量最大原则的 GIS 局部放电超高频信号自适应小波去噪	期刊	李化、杨新春、李剑、陈娇、程昌奎
274	地表紫外辐射对棒-板空气间隙工频放电的影响	期刊	杨占刚、舒立春、蒋兴良、胡琴、邱宗奎
275	用参数不匹配混沌系统的脉冲同步方法抑制铁磁谐振过电压	期刊	司马文霞、郑哲人、杨庆、袁涛、李永福
276	镍掺杂碳纳米管传感器检测变压器油中溶解气体的气敏性	期刊	张晓星、张锦斌、唐炬、孟凡生、刘王挺
277	CF_ 3I-CO_ 2 混合气体在针板电极下局部放电绝缘特性实验研究	期刊	张晓星、周君杰、唐炬、卓然、谌阳
278	以箱壁温度为判据的油浸式变压器绕组热点温度计算模型及试验分析	期刊	李剑、刘兴鹏、王有元、陈伟根、邓宗权
279	微氧对 SF_ 6 局部放电分解特征组份的影响	期刊	唐炬、陈长杰、张晓星、刘帆、任晓龙
280	大气压介质阻挡放电对多壁碳纳米管表面改性及其气敏特性	期刊	王晓静、张晓星、孙才新、杨冰
281	特高压复合绝缘子电场计算及基于神经网络遗传算法的均压环结构优化设计	期刊	司马文霞、施健、袁涛、杨庆、孙才新
282	Block theresholding spatial combined de-noising method for suppress white-noise interference in PD signals	期刊	Zhang Xiao-Xing、Zhou Jun-Jie、Li Nan、Wen Xi-Shan
283	1000kV/500kV 同塔混压四回输电线路反击耐雷性能	期刊	杨庆、司马文霞、孙义豪、袁涛、孙才新
284	Electrical Circuit Flashover Model of Polluted Insulators under AC Voltage Based on the Arc Root Voltage Gradient Criterion	期刊	Yang Qing、Wang Rui、Sima Wenxia、Jiang Chilong、Lan Xing、Zahn Markus
285	CuO-SnO_ 2 纳米传感器的 H_ 2 检测特性研究	期刊	陈伟根、李倩竹、徐苓娜、彭尚怡、刘军

（续）

序号	成果名称	类型	完成人
286	LIGHTNING IMPULSE BREAKDOWN CHARACTERISTICS AND ELECTRODYNAMIC PROCESS OF INSULATING VEGETABLE OIL-BASED NANOFLUID	期刊	Li Jian、Zhang Zhao-Tao、Zou Ping、Du Bin、Liao Rui-Jin
287	Infrared absorption properties of SF6 gas-decomposition products SO2 H2S HF and CO	期刊	Yun Yuxin、Zhang Xiaoxing、Zhao Xiaoxiao、Yao Jinxia、Jiang Jiayin
288	Molecular Dynamics Study of Thermodynamic Properties of Cellulose I beta Crystal	期刊	Liao Ruijin、Zhu Mengzhao、Yan Jiaming、Yang Lijun、Zhou Xin
289	A Two-Dimensional Cloud Model for Condition Assessment of HVDC Converter Transformers	期刊	Li Jian、He Zhiman、Wang Youyuan、Lv Jinzhuang、Zhao Linjie
290	Preparation of a vegetable oil-based nanofluid and investigation of its breakdown and dielectric properties	期刊	Li Jian、Zhang Zhaotao、Zou Ping、Grzybowski Stanislaw、Zahn Markus
291	A model for calculating deviation angle of icicle buildup on insulators and its experimental validation	期刊	Shu Lichun、Yang Zhangang、Jiang Xingliang、Hu Qin、Sun Caixin、Yuan Qianfei
292	紫外线对气体放电的影响及其研究方案设计	期刊	舒立春、邱宗奎、蒋兴良、胡琴、杨占刚
293	均压环安装位置对220kV复合绝缘子覆冰及其闪络特性的影响	期刊	汪诗经、舒立春、蒋兴良、胡琴、袁伟
294	变压器油纸绝缘介质在直流电场中的空间电荷输运特性	期刊	廖瑞金、李伟、杨丽君、郝建、周天春、周欣
295	防御变电设备内绝缘故障引发电网停电事故的基础研究	期刊	唐炬
296	输电线路综合荷载等值覆冰厚度预测与试验研究	期刊	蒋兴良、常恒、胡琴、胡建林、张志劲
297	用于绝缘子污秽度预测的泄漏电流分形特征	期刊	陈伟根、夏青、罗兵、李立涅
298	Study of the Characteristics of a Streamer Discharge in Air Based on a Plasma Chemical Model	期刊	Sima Wenxia、Peng Qingjun、Yang Qing、Yuan Tao、Shi Jian
299	Hydrothermal synthesis of various hierarchical ZnO nanostructures and their methane sensing properties	期刊	Zhou Qu、Chen Weigen、Xu Lingna、Peng Shudi
300	Space charge characteristics of cross-linked polyethylene with different cross-linking degrees	期刊	Zhou Quan、Wu Nengcheng、Liao Ruijin、Li Jian、Wu Ke、Cao Liping
301	Spatial load forecasting of distribution network based on least squares support vector machine and load density index system	期刊	Zhou Quan、Sun Wei、Ren Haijun、Zhang Yun、Sun Caixin、Xie Guoyong、Deng Jingyun
302	Study on AC flashover performance for different types of porcelain and glass insulators with non-uniform pollution	期刊	Zhang Zhijin、Liu Xiaohuan、Jiang Xingliang、Hu Jianlin、Gao David Wenzhong
303	Study on the Wetting Process and Its Influencing Factors of Pollution Deposited on Different Insulators Based on Leakage Current	期刊	Zhang Zhijin、Jiang Xingliang、Huang Haizhou、Sun Caixin、Hu Jianlin、Gao David Wenzhong
304	Investigation on Chaotic Characteristic of PD Magnitude Series during Propagation of Electrical tree in XLPE Power Cables	期刊	Liao Ruijin、Wang Ke、Liu Ling、Zhou Tianchun、Zhou Quan
305	变压器绕组轻微变形ns级脉冲响应分析法	期刊	李剑、夏珩轶、杜林、王有元、雷潇
306	绝缘油抗氧化剂的选择及其协同抗氧化作用	期刊	廖瑞金、郝建、梁帅伟、朱孟兆、杨丽君
307	Dielectric Barrier Discharge Characteristics of Multineedle-to-Cylinder Configuration	期刊	Wang Xiaojing、Yang Qing、Yao Chenguo、Zhang Xiaoxing、Sun Caixin
308	采用超高频法监测变电站设备局放水平及其早期预警	期刊	姚陈果、周电波、陈攀、幸琳、孙才新
309	Dielectric properties and electrodynamic process of natural ester-based insulating nanofluid	期刊	Zou Ping、Li Jian、Sun Cai-Xin、Zhang Zhao-Tao、Liao Rui-Jin
310	Kinetics Characteristics and Bremsstrahlung of Argon DC Discharge Under Atmospheric Pressure	期刊	He Wei、Liu Xinghua、Xian Richang、Chen Suhong、Liao Ruijin、Yang Fan、Xiao Hanguang

（续）

序号	成果名称	类型	完成人
311	SF6 局部放电分解组分长光程红外检测	期刊	张晓星、任江波、胡耀垓、唐炬、孟凡生
312	基于 BIC 与 SVRM 的变压器油中气体预测模型	期刊	郑元兵、陈伟根、李剑、杜林、孙才新
313	肿瘤治疗用脉冲磁场发生器中聚焦磁场线圈的研制	期刊	米彦、蒋春、姚陈果、李成祥、周龙翔
314	交流电场强度对导线雾凇覆冰特性的影响	期刊	舒立春、李特、蒋兴良、胡琴、罗保松、杨占刚
315	变压器故障特征量可信度的关联规则分析	期刊	郑元兵、孙才新、李剑、陈伟根、王有元
316	Effect of ultrasonic fog on AC flashover voltage of polluted porcelain and glass insulators	期刊	Jiang Xingliang、Dong Bingbing、Hu Qin、Yin Fanghui、Xiang Ze、Shu Lichun
317	Resonant frequency calculation and optimal design of peano fractal antenna for partial discharge detection	期刊	Li Jian、Cheng Changkui、Bao Lianwei、Jiang Tianyan
318	SF_ 6 局部放电分解组分光声光谱检测的温度特性	期刊	唐炬、范敏、裘吟君、梁鑫、袁静帆
319	油纸复合介质中水分子扩散行为的分子动力学模拟	期刊	廖瑞金、朱孟兆、周欣、杨丽君、严家明、孙才新
320	基于雷电定位数据的雷电流参数随海拔变化规律	期刊	李永福、司马文霞、陈林、杨鸣、覃彬全
321	S 变换模矩阵和最小二乘 SVM 在雷电及操作过电压识别中的应用	期刊	杜林、李欣、司马文霞、戴斌
322	Effects of Shed Configuration on AC Flashover Performance of Ice-covered Composite Long-rod Insulators	期刊	Hu Qin、Shu Lichun、Jiang Xingliang、Sun Caixin、Zhang Zhijin、Hu Jianlin
323	500kV 绝缘横担杆塔电气性能分析	期刊	张志劲、杨超、蒋兴良、胡建林、胡琴
324	铜对不同组合变压器油纸绝缘系统热老化特性的影响	期刊	廖瑞金、顾佳、郝建、杨丽君、马志钦
325	基于脉冲响应的高强度聚焦超声换能器电阻抗测量方法	期刊	廖瑞金、谭坚文、王华、曾德平、李龙、强生泽
326	变压器油纸绝缘热老化过程的中红外光谱特性	期刊	廖瑞金、周旋、杨丽君、向彬
327	Low-cost charge collector of photovoltaic power conditioning system based dynamic DC/DC topology	期刊	Long X. 、Liao R. 、Zhou J.
328	基于界面移动理论的导线覆冰过程分析	期刊	蒋兴良、肖丹华、陈凌、毕茂强、巢亚锋、奚思建
329	Flashover voltage prediction of composite insulators based on the characteristics of leakage current	期刊	Zhao Shihua、Jiang Xingliang、Zhang Zhijing、Hu Jianlin、Shu Lichun
330	细胞骨架在 ns 脉冲诱导肿瘤细胞凋亡中的作用	期刊	郭飞、姚陈果、章锡明、孙才新、肖德友、唐丽灵
331	采用回复电压法分析油纸绝缘老化特征量	期刊	廖瑞金、孙会刚、袁泉、杨丽君、刘刚、周天春
332	A Comparative Study of Physicochemical Dielectric and Thermal Properties of Pressboard Insulation Impregnated with Natural Ester and Mineral Oil	期刊	Liao Ruijin、Hao Jian、Chen George、Ma Zhiqin、Yang Lijun
333	物理改性纤维素绝缘材料亲水性行为的分子动力学模拟	期刊	廖瑞金、聂仕军、周欣、朱孟兆、袁磊、杨丽君
334	一种新型中空纤维膜的油气渗透特性	期刊	郝劢、龙震泽、陈伟根
335	羧基碳纳米管吸附 SF6 放电分解组分的仿真计算	期刊	张晓星、代自强、孟凡生、裘吟君、唐炬
336	覆冰地区交流输电线路复合绝缘子伞裙结构的电场分布优化	期刊	蒋兴良、刘毓、张志劲、胡建林、尹芳辉、向泽
337	基于分子动力学模拟的油纸绝缘系统中气体小分子扩散行为	期刊	廖瑞金、贡春艳、周欣、杨丽君、段炼
338	高海拔现场与人工气候室下绝缘子交流污闪特性的比较	期刊	张志劲、蒋兴良、孙才新、胡建林、张永记
339	Influence factor analysis and improvement of the thermal model for predicting transformer top oil temperature	期刊	Chen Wei-Gen、Su Xiao-Ping、Chen Xi、Zhou Qu、Qian Guo-Chao
340	220kV 防冰闪型复合绝缘子冰闪特性	期刊	蒋兴良、袁超、胡建林、刘小欢、黄俊、周龙武
341	局部放电对油浸绝缘纸表面损伤特性研究	期刊	廖瑞金、严家明、杨丽君、朱孟兆、孙才新
342	降雨对棒-板（棒-棒）空气间隙交流放电特性的影响	期刊	蒋兴良、奚思建、刘伟、袁耀、杜勇、肖丹华

（续）

序号	成果名称	类型	完成人
343	Relationship between UHF PD Detection and Apparent Charge Quantity of Metal Protrusion in Air	期刊	Zhang Xiao-xing、Tang Jun-zhong、Tang Ju、Chen Yang、Xie Yan-bin
344	覆冰水在自然环境下冻结过程中电解质晶释效应实验与分析	期刊	巢亚锋、蒋兴良、张志劲、胡建林、胡琴
345	水分对油纸绝缘热老化速率及热老化特征参量的影响	期刊	廖瑞金、孙会刚、尹建国、巩晶、杨丽君、张镱议
346	Quantitative Analysis Ageing Status of Natural Ester-paper Insulation and Mineral Oil-paper Insulation by Polarization/Depolarization Current	期刊	Hao Jian、Liao Ruijin、Chen George、Ma Zhiqin、Yang Lijun
347	Comparison of Ageing Results for Transformer Oil-paper Insulation Subjected to Thermal Ageing in Mineral Oiland Ageing in Retardant Oil	期刊	Liao Ruijin、Liang Shuaiwei、Yang Lijun、Hao Jian、Li Jian
348	应用光声技术的 SF_ 6 分解组分检测装置研制	期刊	唐炬、朱黎明、刘帆、范敏
349	应用人工神经网络预测棒-板短空气间隙在淋雨条件下的交流放电电压	期刊	袁耀、蒋兴良、杜勇、马建国、孙才新
350	A Pt-doped TiO_2 nanotube arrays sensor for detecting SF6 decomposition products	期刊	Zhang Xiaoxing、Tie Jing、Zhang Jinbin
351	沙尘环境下绝缘子交流闪络特性及机理	期刊	司马文霞、程浩、杨庆、袁涛、杨鸣、叶轩
352	输电线路过电压传感器波形解耦及影响其测量精度的相关因素	期刊	杜林、杨勇、常阿飞、李立涅
353	绝缘油老化对油纸绝缘介质空间电荷形成及迁移特性的影响	期刊	郝建、廖瑞金、George Chen、严家明
354	变压器油中水分对糠醛扩散及分布影响的分子动力学研究	期刊	廖瑞金、周欣、杨丽君、朱孟兆、贡春艳、李伟
355	Insulator Contamination Forecasting Based on Fractal Analysis of Leakage Current	期刊	Chen Weigen、Wang Wanping、Xia Qing、Luo Bing、Li Licheng
356	重庆地区输电线路导线覆冰特性	期刊	蒋兴良、杜珍、王浩宇、张志劲
357	基于优化 Gabor 滤波器的输电导线断股图像检测	期刊	蒋兴良、夏云峰、张志劲、胡建林、胡琴
358	土壤电阻率的温度特性及其对直流接地极发热的影响	期刊	司马文霞、骆玲、袁涛、杨庆、雷超平、姜赤龙
359	Effect analysis about impulse-current dispersal regularity of grounding device under transient ionization phenomenon of soil	期刊	Yuan Tao、Li Jing-Li、Sima Wen-Xia、Yang Qing、Meng Xian-Feng、Tian Chuan
360	Influence of natural ester on frequency dielectric responseof impregnated insulation pressboard	期刊	Hao J.、Liao R.、Ma Z.、Yang L.
361	Study on sensing properties and mechanism of pd-doped SnO2 sensor for hydrogen and carbon monoxide	期刊	Zhou Qu、Chen Weigen、Xu Lingna、Peng Shudi
362	光谱重叠峰的曲线拟合解析策略与实现	期刊	胡耀垓、张晓星、赵正予、冯波
363	伽马射线对低密度聚乙烯的空间电荷陷阱特征影响	期刊	唐超、廖瑞金、周天春、Chen George、杨丽君
364	DC flashover performance and effect of sheds configuration on polluted and ice-covered composite insulators at low atmospheric pressure	期刊	Jiang Xingliang、Chao Yafeng、Zhang Zhijin、Hu Jianlin、Shu Lichun
365	AC breakdown performance and voltage correction of rod-plane short air gap under rain conditions	期刊	Jiang Xingliang、Yuan Yao、Bi Maoqiang、Du Yong、Ma Jianguo
366	基于顶层油温的变压器绕组热点温度计算改进模型	期刊	陈伟根、苏小平、周渠、潘翀、谢波
367	A New Mathematical Model of Moisture Equilibrium in Mineral and Vegetable Oil-Paper Insulation	期刊	Li Jian、Zhang Zhaotao、Grzybowski Stanislaw、Zahn Markus
368	局部放电信号在交联聚乙烯高压电力电缆中的衰变及其检测	期刊	魏钢、唐炬、文习山、林俊亦
369	考虑土壤电离动态过程的接地体有限元模型	期刊	李景丽、袁涛、杨庆、司马文霞、孙才新、孟宪丰
370	CF_ 3I/N_ 2 混合气体局部放电特性实验研究	期刊	张晓星、周君杰、唐炬、肖淞、张敏

（续）

序号	成 果 名 称	类型	完 成 人
371	Forecasting model based on BIC and SVRM for dissolved gas in transformer oil	期刊	Zheng Yuanbing、Chen Weigen、Li Jian、Du Lin、Sun Caixin
372	采用LED光纤传感器的绝缘子串泄漏电流测量方法	期刊	姚陈果、王建、冉启华、李成祥、米彦
373	水基铁磁流体磁致凝聚行为的三维耗散粒子动力学研究	期刊	王士彬、杜林、孙才新、林森、杨勇
374	Gas sensing response of NiCl2-doped carbon nanotubes to decomposition products of SF6 gas due to partial discharge	期刊	Zhang Xiaoxing、Feng Bo、Zhang Jinbin、Tang Ju、Liu Wangting
375	110kV电压互感器瓷套交流冰闪特性及防冰闪措施	期刊	张志劲、蒋兴良、胡建林、陈凌、刘兵、黄海舟
376	基于力学分析和弧垂测量的导线覆冰厚度测量方法	期刊	姚陈果、张磊、李成祥、李宇、左周
377	热老化对纤维素绝缘纸的空间电荷及陷阱特性的影响	期刊	李伟、廖瑞金、袁秀娟、黄金、曹登焜、郝建
378	导线覆冰厚度的直径订正系数	期刊	巢亚锋、蒋兴良、毕茂强、陈凌、张志劲、舒立春
379	高强度皮秒脉冲电场诱导HeLa细胞生物电效应分析	期刊	郭飞、姚陈果、章锡明、孙才新、张玉、熊正爱
380	A New Estimation Model of the Lightning Shielding Performance of Transmission Lines Using a Fractal Approach	期刊	Li Jianbiao、Yang Qing、Sima Wenxia、Sun Caixin、Yuan Tao、Zahn Markus
381	热稳定绝缘纸抗热老化性能提升机制的量子化学研究	期刊	廖瑞金、聂仕军、周欣、汪可、袁磊、杨丽君、程焕超
382	自然条件下基于旋转多圆柱体覆冰厚度的绝缘子覆冰质量估算	期刊	陈凌、蒋兴良、胡琴、巢亚锋、毕茂强
383	自治混沌系统中抗噪声干扰的频率检测模型	期刊	舒娜、张晓星、孙才新
384	用于变压器油中乙炔含量检测的红外激光气体传感器的研制	期刊	张晓星、李健、云玉新、刘恒、冯波
385	应用圆柱体模型的绝缘子带电覆冰临界状态分析	期刊	蒋兴良、马俊
386	油纸绝缘气隙放电特征信息提取及其过程划分	期刊	陈伟根、蔚超、凌云、王有元
387	MOLECULAR DYNAMICS STUDY OF THE DISRUPTION OF H-BONDS BY WATER MOLECULES AND ITS DIFFUSION BEHAVIOR IN AMORPHOUS CELLULOSE	期刊	Liao Ruijin、Zhu Mengzhao、Zhou Xin、Zhang Fuzhou、Yan Jiaming、Zhu Wenbin、Gu Chao
388	基于双向二维最大间距准则的局部放电灰度图像特征提取	期刊	唐炬、魏钢、李伟、张晓星
389	Application of Kalman filter to hot-spot temperature monitoring in oil-immersed power transformer	期刊	Chen Weigen、Su Xiaoping
390	Numerical Simulation of Partial Arc along the Polluted insulation Surface under DC Voltage	期刊	Guo Fusheng、Sima Wenxia、Yuan Tao、Yang Qing
391	采用稳健统计与B样条函数处理频率扰动记录单元异常数据	期刊	刘育明、姚陈果、孙才新
392	基于热浮力－磁场力结合的并联间隙电弧运动模型	期刊	司马文霞、谭威、杨庆、罗兵、李立涅
393	直流短板污秽沿面放电辐射式发展模型	期刊	司马文霞、郭富胜、杨庆、袁涛、汪锐
394	导线全面工频起晕电压测量新方法	期刊	杨勇、李立涅、杜林、常阿飞、黄旭
395	A Smart Online Over-Voltage Monitoring and Identification System	期刊	Wang Jing、Yang Qing、Sima Wenxia、Yuan Tao、Zahn Markus
396	Fault diagnosis of power transformers using multi-class least square support vector machines classifiers with particle swarm optimisation	期刊	Zheng H. B.、Liao R. J.、Grzybowski S.、Yang L. J.
397	变压器油纸绝缘频域介电特征量与绝缘老化状态的关系	期刊	郭飞、姚陈果、刘泽辉、李成祥、米彦
398	干燥空气下植物油-纸绝缘老化特性	期刊	廖瑞金、郭超、汪可、杨丽君、孙会刚
399	Pd-Doped SnO_2-Based Sensor Detecting Characteristic Fault Hydrocarbon Gases in Transformer Oil	期刊	Chen Weigen、Zhou Qu、Gao Tuoyu、Su Xiaoping、Wan Fu
400	Experiments and analysis of crystallization effect during transition of freezing water from liquid phase to solid phase in natural environment	期刊	Chao Yafeng、Jiang Xingliang、Zhang Zhijin、Hu Jianlin、Hu Qin

（续）

序号	成果名称	类型	完成人
401	Life cycle assessment of the air emissions during building construction process: A case study in Hong Kong	期刊	Zhang Xiaoling、Shen Liyin、Zhang Lei
402	交联聚乙烯电力电缆电树枝生长的混沌特性分析	期刊	廖瑞金、周天春、刘玲、周湶、汪可
403	Quantitative Analysis of Ageing Condition of Oil-paper Insulation by Frequency Domain Spectroscopy	期刊	Liao Ruijin、Hao Jian、Chen G.、Yang Lijun
404	Mixed Over-Voltage Decomposition Using Atomic Decompositions Based on a Damped Sinusoids Atom Dictionary	期刊	Yang Qing、Wang Jing、Sima Wenxia、Chen Lin、Yuan Tao
405	Effect of Plasma Treatment on Multi-Walled Carbon Nanotubes for the Detection of H2S and SO_2	期刊	Zhang Xiaoxing、Yang Bing、Wang Xiaojing、Luo Chenchen
406	Calculation of the Arc Velocity Along the Polluted Surface of Short Glass Plates Considering the Air Effect	期刊	Sima Wenxia、Guo Fusheng、Yang Qing、Yuan Tao
407	改善冲击散流时地中电场分布的接地降阻试验	期刊	司马文霞、雷超平、袁涛、杨庆、樊尊金、苟智军
408	Effect of non-uniform pollution on the AC flashover performance of XP-160 suspension ceramic insulatorstring	期刊	Zhang Zhijin、Liu Xiaohuan、Jiang Xingliang、Yuan Chao、Hu Jianlin
409	Thermal uniformity of packaging multiple light-emitting diodes embedded in aluminum-core printed circuit boards	期刊	Long Xing-Ming、Liao Rui-Jin、Zhou Jing、Zeng Zhi
410	Study of DC flashover performance of ice-covered insulators at high altitude	期刊	Jiang Xingliang、Zhao Shihua、Hu Jianlin、Zhang Zhijin、Shu Lichun
411	110kV 变电站过电压在线监测系统及其波形分析	期刊	杜林、李欣、司马文霞、席世友、杨庆、袁涛
412	Shed Configuration Optimization for Ice-Covered Extra High Voltage Composite Insulators	期刊	Yang Qing、Sima Wenxia、Deng Jiazhuo、Sun Caixin、Hu Jianlin
413	雨凇冰层热导率影响因素的试验分析	期刊	蒋兴良、陈凌、赵阳、肖丹华、巢亚锋、毕茂强
414	基于单片机控制的 LED 路灯节能驱动系统设计	期刊	龙兴明、周静、廖瑞金
415	Study on the Morphology and Propagation of Electrical Treeing by Partial Discharge Patterns in XLPE Power Cables	期刊	Tang Chao、Li Jiao、Liao Ruijin、Zhou Tianchun
416	一种绝缘子超疏水防覆冰涂层覆冰初期的电气试验研究	期刊	杨洋、黄文龙、李剑、许强、陈安明
417	用于检测变压器局部放电的荧光光纤传感系统研制	期刊	唐炬、欧阳有鹏、范敏、张晓星、刘永刚
418	UHF stacked hilbert antenna array for partial discharge detection	期刊	Li Jian、Wang Peng、Jiang Tianyan、Bao Lianwei、He Zhiman
419	Gas sensitivity studies on hydroxyl modified single-wall carbon nanotube detecting SF6 decomposed components under PD	期刊	Zhang Xiaoxing、Meng Fansheng、Li Ruihai、Liao Yifan、Yang Bing
420	变压器油纸绝缘频域介电谱特性的 XY 模型仿真及试验研究	期刊	马志钦、王耀龙、赵现平、廖瑞金、郝建
421	直流陡脉冲复合电场用于变压器油净化时其脉冲波形选择	期刊	米彦、周龙翔、蒋春、王剑飞、姚陈果、李成祥
422	覆冰圆柱绝缘子起弧前电位与电场分布研究	期刊	舒立春、张仕焜、蒋兴良、胡琴、汪诗经、袁伟
423	Recognition of PD mode based on KNN algorithm for converter transformer	期刊	Liu Fan、Zhang Yun、Yao Xiao、Peng Qian、Nie Hongyu、Li Jian、Zhou Quan
424	Influence of the type of insulators connected with alternately large and small diameter sheds on AC icing flashover performance	期刊	Zhang Zhijin、Jiang Xingliang、Hu Jianlin、Sun Caixin
425	脉动直流电压下油中电晕老化过程中油纸绝缘的空间电荷特性	期刊	李剑、徐洪、王艳、杨丽君、廖瑞金
426	Assessing strategy of power transformers insulation state based on partdivision and entropy method	期刊	Liao Ruijin、Liu Bin、Zhang Yiyi、Yang Lijun、Zheng Hanbo

（续）

序号	成果名称	类型	完成人
427	Photoacoustic Sensor Signal Transmission Line Model for Gas Detection in Transformer Oil	期刊	Chen Wei-Gen、Liu Bing-Jie、Huang Hui-Xian
428	基于电路网络的绝缘子交流污闪动态模型研究	期刊	杨庆、汪锐、司马文霞、兰星、廖磊
429	Application of hydroxylated single-walled carbon nanotubes for the detection of C_2H_2 gases in transformer oil	期刊	Zhang Xiaoxing、Zhang Jinbin、Li Ruihai、Liao Yifan
430	基于支持向量数据描述的局部放电类型识别	期刊	唐炬、林俊亦、卓然、陶加贵
431	Experimental study of partial discharge insulatingproperties for CF3I-CO2 mixtures under needle-plate electrode	期刊	Zhang Xiaoxing、Zhou Junjie、Tang Ju、Zhuo Ran、Chen Yang
432	电力变压器运行状态可拓层次评估	期刊	杜林、袁蕾、熊浩、唐纲、李刚、孙才新
433	基于可拓分析法的电力变压器本体绝缘状态评估	期刊	廖瑞金、张镱议、黄飞龙、郑含博、杨丽君
434	Wavelet De-noising of Partial Discharge Signals Based on Genetic Adaptive Threshold Estimation	期刊	Li Jian、Cheng Changkui、Jiang Tianyan、Grzybowski Stanislaw
435	Hilbert Fractal Antenna for UHF Detection of Partial Discharges in Transformers	期刊	Li Jian、Jiang Tianyan、Cheng Changkui、Wang Caisheng
436	油介质中水合氢离子扩散的分子动力学模拟	期刊	朱孟兆、廖瑞金、周欣、杨丽君、孙才新
437	基于化整为零策略和改进二进制差分进化算法的配电网重构	期刊	周湶、张冠军、李剑、杨柱石
438	基于容性设备泄漏电流的电网电压分频测量方法分析	期刊	杜林、黄旭、司马文霞、席世友、陆志军
439	FPGA-Controlled All-Solid-State Nanosecond Pulse Generator for Biological Applications	期刊	Yao Chenguo、Zhang Ximing、Guo Fei、Dong Shoulong、Mi Yan、Sun Caixin
440	基于场-路复合模型的细胞内外膜跨膜电位时频特性	期刊	米彦、姚陈果、李成祥、廖瑞金、孙才新
441	Influence of Moisture on Space Charge Dynamics in Multilayer Oil-Paper Insulation	期刊	Hao Jian、Chen George、Liao Ruijin、Yang Lijun、Tang Chao
442	Electrical and thermal properties of kraft paper reinforced with montmorillonite	期刊	Liao Ruijin、Zhang Fuzhou、Yang Lijun
443	Effects of Artificial Polluting Methods on AC Flashover Voltage of Composite Insulators	期刊	Dong Bingbing、Jiang Xingliang、Hu Jianlin、Shu Lichun、Sun Caixin
444	基于主成分回归分析的SF6分解组分红外光谱定量	期刊	谭志红、张晓星、孙才新、陆国俊、杨柳
445	采用Van-der混沌振子抑制局部放电信号中周期性窄带干扰	期刊	舒娜、张晓星、孙才新、周君杰
446	交联聚乙烯电力电缆的电树枝化试验及其局部放电特征	期刊	廖瑞金、周天春、刘玲、周湶
447	纳秒脉冲处理A375细胞裸鼠皮下移植瘤的疗效评估	期刊	姚陈果、郭飞、董守龙、彭巧、唐均英
448	采用修正Cole-Cole模型提取油纸绝缘频域介电谱的特征参量方法	期刊	杨丽君、齐超亮、邓帮飞、贡春艳、廖瑞金、徐积全
449	Optimal Features Selected by NSGA-II for Partial Discharge Pulses Separation Based on Time-frequency Representation and Matrix Decomposition	期刊	Wang Ke、Liao Ruijin、Yang Lijun、Li Jian、Grzybowski Stanislaw、Hao Jian
450	Intense picosecond pulsed electric fields induce apoptosis through a mitochondrial-mediated pathway in HeLa cells	期刊	Hua Yuan-Yuan、Wang Xiao-Shu、Zhang Yu、Yao Chen-Guo、Zhang Xi-Ming、Xiong Zheng-Ai
451	Improved Bagging algorithm for pattern recognition in UHF signals of partial discharges	期刊	Jiang Tianyan、Li Jian、Zheng Yuanbing、Sun Caixin
452	Influences of corrosive sulfur on copper wires and oil-paper insulation in transformers	期刊	Li Jian、He Zhiman、Bao Lianwei、Yang Lijun
453	生物医用冲激脉冲辐射聚焦天线的设计与优化	期刊	姚陈果、龙再全、孙才新、米彦、李成祥
454	基于时频分析和2DNMF的局部放电模式识别	期刊	廖瑞金、段炼、汪可、杨丽君

（续）

序号	成　果　名　称	类型	完　成　人
455	油纸绝缘局部放电与油中产气规律的典型相关分析	期刊	陈曦、陈伟根、王有元、杜杰
456	基于聚类-小波神经网络的油纸绝缘气隙放电发展阶段识别方法	期刊	陈伟根、凌云、甘德刚、蔚超、岳彦峰
457	粒子群优化小波自适应阈值法用于局部放电去噪	期刊	江天炎、李剑、杜林、王有元、杨丽君
458	交流电场对220kV复合绝缘子覆冰及其闪络特性的影响	期刊	袁伟、舒立春、蒋兴良、胡琴、汪诗经
459	高海拔地区500kV输电线路用复合绝缘子与并联间隙的绝缘配合	期刊	杨庆、董岳、叶轩、司马文霞、张智、罗兵
460	Characteristics of the Concentration Ratio of SO_2F_2 to SOF_2 as the Decomposition Products of SF_6 Under Corona Discharge	期刊	Tang Ju、Liu Fan、Zhang Xiaoxing、Ren Xiaolong、Fan Min
461	植物绝缘油纸浸渍模型与试验研究	期刊	邹平、李剑、孙才新、陈晓陵、廖瑞金、张召涛
462	重庆库区地貌1999—2008雷电流幅值频率分布特征	期刊	李家启、王劲松、廖瑞金、申双和、李博
463	并联间隙均匀复合绝缘子电压分布特性	期刊	杨庆、谭威、司马文霞、罗兵、李锐海、袁涛
464	抑制局部放电混合干扰的浮阈值量化算法	期刊	唐炬、吴冕之、李伟、周加斌、张晓星
465	超高频扫描比较式局部放电在线监测系统	期刊	杜林、颜梁钦、甘德刚、李剑、唐平、谢奇峰
466	低气压下空气间隙电弧对覆冰绝缘子串直流闪络的影响	期刊	蒋兴良、夏云峰、张志劲、胡建林、陈凌、舒立春
467	Contactless measurement of lightning current using self-integrating B-dot probe	期刊	Yao Chenguo、Xiao Qianbo、Mi Yan、Yuan Tao、Li Chengxiang、Sima Wenxia
468	初始水分含量对油纸绝缘热老化特性的影响	期刊	汪可、尹建国、杨丽君、孙会刚、邓小聘
469	雪峰山自然环境试验站覆冰试验技术	期刊	张志劲、蒋兴良、胡建林、孙才新、舒立春、胡琴
470	The gas response of hydroxyl modified SWCNTs andcarboxyl modified SWCNTs to H_2S and SO_2	期刊	Zhang Xiaoxing、Yang Bing、Dai Ziqiang、Luo Chenchen

高功率密度 SiC MESFETs 器件与三维电热解析模型研究

1. 基本信息

项 目 名 称：高功率密度 SiC MESFETs 器件与三维电热解析模型研究

项 目 类 别：面上项目

项目负责人：邓小川

负责人职称：副教授

依 托 单 位：电子科技大学

研 究 期 限：2011-01-01 到 2013-12-31

主　题　词：SiC MESFETs；电热解析模型；多凹栅；高功率密度；双缓冲层

2. 项目摘要

本课题研究面向宽禁带半导体 SiC MESFETs 固态微波功率器件所遇到的挑战，在深入研究器件热产生机理和模型的基础上，开展 SiC 器件的电学和热学性能共同优化的设计方法研究。通过考虑各种材料热导率随温度的变化，采用基尔霍夫变换的方法建立三维稳态电热耦合解析模型。在此基础上，对器件瞬态热过程进行建模，研究不同电应力下器件的三维瞬态热响应过程，为大栅宽器件的设计和制造提供理论依据和指导。同时进行 P 缓冲层漏电机理研究，提出研制高功率密度的图形化 P 缓冲层 SiC MESFETs 器件新结构。通过抑制 P 缓冲层漏电效应，改善高频特性，获得高输出功率密度的器件。开展高功率密度 SiC MESFETs 微波功率器件热效应建模和新结构的理论与实验研究，将为我国 SiC 核心固态微波功率器件的实用化奠定理论和技术基础，对我国国防装备的现代化建设具有重要意义。

3. 结题摘要

宽禁带半导体碳化硅（SiC）材料与传统半导体材料 Si、GaAs 相比，具有输出功率高、耐高温、抗辐照等特点，能满足下一代电子装备对微波功率器件更大功率、更小体积和更恶劣条件下工作的要求，可以广泛应用于固态微波通信系统与民用无线基站、高清晰度电视发射机等。本项目针对目前大栅宽 SiC MESFETs 器件实用化过程中所遇到的热效应严重衰退微波功率的可靠性问题，在深入研究大功率 SiC MESFETs 器件产热和散热机理的基础上，结合器件热学特性和电学特性的耦合过程、数值分析以及器件红外温度测试等手段，采用拉普拉斯和基尔霍夫变换等数学处理方法，建立了大栅宽 SiC MESFETs 微波功率器件电特性和热特性相互耦合影响的三维电热解析模型。该模型克服了通过求解载流子和声子输运特性进行半导体器件电-热自洽分析和模拟需要漫长计算时间和宽禁带半导体材料计算不收敛问题，实现了高效、准确的大栅宽 SiC 微波功率器件的电-热耦合分析和器件结构热设计。利用上述模型，开展了大栅宽 SiC MESFETs 器件电学和热学性能共同优化的设计研究。通过对多栅指器件进行不均匀栅指间距设计，使得整个芯片的热分布均匀一致，从而比优化前器件结构降低结温 10℃ 以上。同时本项目开展了 SiC MESFETs 器件的 P 缓冲层（P-Buffer）漏电效应研究，提出了多凹栅、阶梯状 P 缓冲层以及双 P 型缓冲层的器件新结构。通过栅工程技术和图形化 P 缓冲层技术的应用，调制了器件表面电场分布、抑制了沟道电子注入缓冲层的漏电效应以及短沟道效应和漏极势垒降低效应，从而显著改善器件频率和击穿特性。在所建立的电热模型和新结构的指导下，通过流片实验完成了双 P 型缓冲层和多凹栅 SiC MESFETs 器件新结构的验证研究。在 3.1GHz 下，双 P 型缓冲层结构具有 94W 的脉冲输出功率，而传统结构只有 80W 输出功率。研制的 250μm 栅宽的多凹栅 SiC MESFETs 器件在 2GHz 下，脉冲输出功率密度达到 8.9W/mm，是目前国内外文献报道的最大输出功率密度值。综上所述，通过对高功率密度 SiC MESFETs 器件三维热效应、P 缓冲层漏电效应的机理与模型以及热分布与器件偏置条件、物理结构以及栅几何尺寸之间的内在联系与规律等关键技术的研究，有效提高了器件微波功率特性，为我国 SiC 核心固态微波功率器件的自主实用化奠定了理论和技术基础。

4. 项目成果

序号	成 果 名 称	类型	完 成 人
1	Fabrication Characteristics of 1.2kV SiC junction barrier schottky rectifiers with etched implant junction termination extension	会议	Xiao-Chuan Deng、Fei Yang、He Sun、Cheng-Yuan Rao
2	High voltage SiC JBS diodes with multiple zone junction termination extension using single etching step	期刊	Xiaochuan Deng、Chengyuan Rao、Jin Wei、Huaping Jiang、Miaomiao Chen、Xiangdong Wang、Bo Zhang
3	High-power density SiC MESFETs with multi-recess gate	期刊	Deng X. C.、Li L.、Zhang B.、Mo J. H.、Wang Y.、Wang Y.、Li Z. J.
4	1.2 kV 碳化硅 JBS 的设计与实验研究	期刊	吴昊、杨霏、邓小川、冯志红、张有润、饶成元
5	High-power SiC MESFET using a dual p-buffer layer for an S-band power amplifier	期刊	Deng Xiao-Chuan、Sun He、Rao Cheng-Yuan、Zhang Bo

高可靠 HB-LED 驱动器的研究

1. 基本信息

项 目 名 称： 高可靠 HB-LED 驱动器的研究
项 目 类 别： 青年科学基金项目
项目负责人： 张方华
负责人职称： 教授
依 托 单 位： 南京航空航天大学
研 究 期 限： 2011-01-01 到 2013-12-31
主 题 词： 固态照明；LED 驱动器；无电解电容；电流源；均流

2. 项目摘要

照明用电占总用电量的 18% 以上。高亮度发光二极管具有发光能效高、光学性能好、寿命长、环境友好等优点，是极具发展前景的新一代绿色照明光源。LED 驱动器是构成 LED 照明光源的三大主要部分之一，其寿命是 LED 照明光源的瓶颈。本项目以提高 AC 供电的多路输出 LED 驱动器的可靠性和整机效率为目标，主要研究：AC 供电的无电解电容的驱动方案；简洁的多路均流的驱动技术；高效率的 LED 驱动器系统架构。研究长寿命、高效率 LED 驱动器对绿色照明和节能环保具有重要意义。

3. 结题摘要

照明用电占总用电量的 18% 以上。高亮度发光二极管具有发光能效高、光学性能好、寿命长、环境友好、耐振动能力强等优点，是极具发展前景的新一代绿色照明光源。LED 驱动器是构成 LED 照明光源的三大主要部分之一，其寿命是 LED 照明光源的瓶颈。本项目以提高 AC 供电的多路输出 LED 驱动器的可靠性和整机效率为目标，主要研究：AC 供电的无电解电容的驱动方案；简洁的多路均流的驱动技术；高效率的 LED 驱动器系统架构。研究长寿命、高效率 LED 驱动器对绿色照明和节能环保具有重要意义。通过本项目的研究，提出了输出电流脉动的 LED 驱动器方案，将母线电容量减小为原来的 52.7%，实现了无电解电容的 LED 驱动器，延长了 LED 灯具的寿命；提出了电容钳位型 LED 驱动器的均流电路，具有均流效果好，均流控制器效率可达 99.5%，且均流方案不含有感性元件，易于集成。

4. 项目成果

序号	成 果 名 称	类型	完 成 人
1	High power factor low voltage stress LED driver without electrolytic capacitor	会议	Jianjun Ni、Fanghua Zhang、Yijie Yu、Chunying Gong、Xiang Deng
2	LED 照明驱动器关键技术的研究	会议	俞忆洁、张方华、陈万华、倪建军、王少永
3	Capacitor clamped current sharing circuit for multistring LEDs	会议	Yijie Yu、Fanghua Zhang、Jianjun Ni

（续）

序号	成果名称	类型	完成人
4	High Power Factor AC-DC LED Driver With Film Capacitors	期刊	ZhangFanghua、Ni Jianjun、Yu Yijie
5	Capacitor Clamped Current-Sharing Circuit for Multistring LEDs	期刊	Yijie Yu、Fanghua Zhang、Jianjun Ni
6	一种减小储能电容容值的LED驱动器	期刊	张洁、张方华、倪建军
7	无电解电容的高功率因数AC-DC LED驱动器	期刊	倪建军、张方华、俞忆洁
8	电流谐波注入型12脉冲自耦变压整流器	期刊	谢小威、王明、张方华
9	带双Buck逆变器的DC/DC变换器低频电流纹波抑制	期刊	王旭东、张方华、肖旭、陈万华
10	电容钳位型LED均流电路	期刊	俞忆洁、张方华、倪建军
11	对称跨接电容型LED均流电路	期刊	俞忆洁、张方华、倪建军

高能量密度、高功率密度锂离子电池用纳米Si-多孔PPy弹性综合体结构负极及其充、放电过程研究

1. 基本信息

项目名称：高能量密度、高功率密度锂离子电池用纳米Si-多孔PPy弹性综合体结构负极及其充、放电过程研究

项目类别：面上项目

项目负责人：周向阳

负责人职称：教授

依托单位：中南大学

研究期限：2011-01-01 到 2013-12-31

主　题　词：锂离子电池；纳米硅；聚吡咯；复合电极材料

2. 项目摘要

硅在锂嵌入时的巨大体积变化限制了其实际应用，本项目提出了一种纳米Si-多孔PPy（聚吡咯）弹性综合体结构的负极，其具有良好的伸缩性、高电导率的多孔PPy可分散地容纳活性物质纳米硅，阻止硅在电极过程中的团聚，保证负极与集流体之间的良好导电性。PPy中合理孔径孔通道的存在有益于锂离子在弹性体中的快速传输，提高材料的大倍率性能。多孔PPy采用电化学法合成，预处理过的纳米硅均匀稳定地嵌入PPy弹性体中制得新型负极。本项目还将利用各种现代物理化学表征手段与电化学测试技术，研究弹性综合体结构形成的反应机理与动力学，揭示了合成条件对负极材料理化性能的影响规律，得到了最优制备工艺；在深入研究制备工艺和电化学行为关系基础上，找到了具有优异循环性能的负极制备技术；研究锂离子在电极中传输行为与规律，阐明其储能机理，建立该新型负极在锂离子电池体系中的工作模型。本项目的研究，可为设计高能量密度、高功率密度及长寿命新型锂离子电池奠定理论基础。

3. 结题摘要

硅在锂嵌入时的巨大体积变化限制了其实际应用，针对锂离子电池用硅负极存在的问题，本项目提出了一种纳米Si-多孔PPy弹性综合体结构的负极。多孔PPy采用化学氧化法合成，预处理过的纳米硅通过高能球磨法均匀稳定地嵌入聚吡咯弹性体中制得新型负极。本项目研究了各项合成条件对负极材料理化性能的影响规律，得到了优化的制备工艺条件。对复合负极在锂离子电池体系中电化学性能的研究发现纳米Si-多孔PPy负极相比纯硅负极性能有所提高，但由于所合成PPy较低的导电率，电化学性能改善程度有限。为提高PPy的导电率，对PPy材料进行了碳化-活化改性研究，得到了形貌结构可控的PPy基碳纤维，在保持了PPy材料优点的同时大幅提高了导电率和电化学性能。通过进一步对PPy基碳纤维与多种高容量电极材料的复合改性以及电化学性能研究，证明了PPy基碳纤维由于具有高效的导电网络和稳定的结构，对硅、锡、硫等高容量锂电电极材料具有优良的改善作用，可以得到容量高、循环稳定、大倍率性能良好的复合电极材料。最后本项目研究了各复合电极结构与电化学性能的对应关系，建立起了复合电极的工作模型并阐述了其储能机理。

4. 项目成果

序号	成果名称	类型	完成人
1	Electrochemical performances of nanoporous carbon anode for super lithium ion capacitor	会议	Xiang-Yang Zhou、Shi-Ju Lou、Juan Yang、Chang-lin Li、Tai-kang Zhang
2	纳/微结构Sn-C复合负极材料的制备及其充放电性能	期刊	周向阳、邹幽兰、杨娟、唐晶晶、赖延清、李劼
3	A hierarchical porous carbon material for high power lithium ion batteries	期刊	Juan Yang、Xiang-yang Zhou、You-lan Zou、Jing-jing Tang
4	Layer by layer synthesis of Sn-Co-C microcomposites and their application in lithium ion batteries	期刊	Xiang-yang Zhou、You-lan Zou、Juan Yang、Jing Xie、Song-can Wang

（续）

序号	成 果 名 称	类型	完 成 人
5	锂离子电池用 Si-Fe 复合电极材料的制备及其性能	期刊	杨娟、唐晶晶、娄世菊、邹幽兰、周向阳
6	低温氧化-还原法制备石墨烯负极材料	期刊	杨娟、罗西希、王松灿、周向阳
7	Effect of polypyrrole on improving electrochemical performance of silicon based anode materials	期刊	Xiang-yang Zhou、Jing-jing Tang、Juan Yang、You-lan Zou、Song-can Wang、Jing Xie、Lu-lu Ma
8	Silicon@ carbon hollow core - shell heterostructures novel anode materials for lithium ion batteries	期刊	Xiang-yang Zhou、Jing-jing Tang、Juan Yang、Jing Xie、Lu-lu Ma
9	Seaweed-like porous carbon from the decomposition of polypyrrole nanowires for application in lithium ion batteries	期刊	Xiang-yang Zhou、Jing-jingTang、JuanYang、Jing Xie、Bin Huang
10	Carbon supported tin-based nanocomposites as anodes for Li-ion batteries	期刊	Xiang-yang Zhou、You-lan Zou、Juan Yang
11	锂离子电池硅基负极改性研究新进展	期刊	邹幽兰、杨娟、周向阳、唐晶晶、王松灿、谢静
12	掺杂金属对天然鳞片石墨电化学嵌/脱锂性能的影响	期刊	杨娟、赖延清、李劼、邹幽兰、唐晶晶、周向阳
13	锂离子电池纳米级硅负极的研究进展	期刊	周向阳、唐晶晶、杨娟、王松灿、谢静
14	Electrochemical Behaviors of Functionalized Carbon Nanotubes in LiPF6/EC + DMC Electrolyte	期刊	Juan Yang、Song-Can Wang、Xiang-Yang Zhou、Jing Xie
15	层次孔结构双功能碳负极材料的制备及性能	期刊	杨娟、娄世菊、周向阳、李劼、赖延清
16	超级电容电池用多层次孔双功能炭材料	期刊	杨娟、张红旭、娄世菊、周向阳
17	Study of nano-porous hard carbons as anode materials for lithium ion batteries	期刊	Juan Yang、Xiang-yang Zhou、Jie Li、You-lan Zou、Jing-jing Tang

高频开关功率变换器中的分叉理论与应用研究

1. 基本信息

项 目 名 称： 高频开关功率变换器中的分叉理论与应用研究

项 目 类 别： 面上项目

项目负责人： 周宇飞

负责人职称： 教授

依 托 单 位： 安徽大学

研 究 期 限： 2011-01-01 到 2013-12-31

主　题　词： 开关功率变换器；时间分叉；参数分叉；分叉控制；稳定性

2. 项目摘要

高频开关功率变换器是一种分段平滑（分段线性）动力系统，属于非线性电路与系统的重要研究对象，揭示其内在的非线性实质、研究电路的动力学演化过程是变换器电路与系统稳定设计和提高工作性能的有效途径。本项目将从非线性系统的分叉理论出发，提出时间分叉与参数分叉相互转换、相互结合的研究思路和研究方法，分别对电路的瞬态分叉和稳态分叉进行分析，从而得到电路全局稳定设计的理论依据；在分叉控制方面，针对单模块和多模块变换器系统，分别研究电路的结构和特性，给出电路的改进措施（对于单模块变换器系统，人为扩展为双频系统；对于多模块变换器系统，利用变换器本身电路特性来构造双频系统），然后结合“相位”的概念，提出“相位控制”和“反同步控制”方案，使得变换器系统工作稳定可靠、输入输出特性（瞬态响应特性、输入电流纹波、功率因数等）改善。

3. 结题摘要

鉴于高频开关功率变换器的开关非线性本质，本项目以非线性系统的分叉理论为基础，对变换器和逆变器电路的分叉行为及其控制、性能改善等方面进行了详细研究。主要工作包括：①结合我们提出的“基于逻辑变量化简的开关电路建模分析方法”对各种电力电子电路及电力电子电路的不同工作模式进行了建模分析与仿真计算，获得了电路稳定性分析设计结果，并对噪声导致的阵发混沌现象进行了机理性研究；②提出了时间分叉与参数分叉相互转换、相互结合的分析与应用方案，对于并联 DC-DC 变换器进行了分叉特性分析及其控制研究，获得了参数寻优的有效方法；③对于 Cuk 变换器进行了同步控制的研究，基于 Lyapunov 稳定性定理成功设计了电路的同步控制器，获得了驱动-响应系统的同步控制；④针对 DC-AC 逆变器，基于分叉理论研究了斜坡补偿的工作原理及其优化设计，获得了电路的稳定性设计和输出电能质量的提高。除此之外，我们还进行了拓展性预研工作，包括斜坡补偿的扩展思路和电力电子电路分析的弥补方法等。

4. 项目成果

序号	成 果 名 称	类型	完 成 人
1	Study of nonlinear behaviour and chaotic control in parallel-connection buck converters	会议	Wang Lili、Zhou Yufei、Chen Junning
2	Study on Chaotic Control of SPWM Inverter and Its Optimization	期刊	Naihong Hu、Yufei Zhou、Junning Chen
3	并联降压变换器的非线性行为分析与控制	期刊	汪莉丽、周宇飞、陈军宁
4	Research of Noise Induced Intermittent Chaos in Power Converter	期刊	Wei Jiang、Yufei Zhou、Junning Chen
5	开关切换非线性系统的同步方法研究	期刊	汪书林、周宇飞、陈军宁
6	Buck 变换器中的快标分叉控制研究	期刊	胡乃红、周宇飞、陈军宁
7	基于时间分岔的电路仿真分析方法的研究	期刊	张蓉、甘斌斌、周宇飞
8	基于参数共振微扰法的直流电机混沌运动控制	期刊	占萌萌、周宇飞、陈军宁
9	单相 SPWM 逆变器快标分叉控制及其稳定性分析	期刊	Hu Nai-Hong、Zhou Yu-Fei、Chen Jun-Ning
10	基于逻辑变量化简方法的 Boost 变换器建模与分析	期刊	江伟、周宇飞、陈军宁、袁芳
11	测试设备中开关功率变换器工作稳定性研究	期刊	江伟、周宇飞、陈军宁

高压大容量变流器 EMI 滤波器的关键技术研究

1. 基本信息

项 目 名 称：高压大容量变流器 EMI 滤波器的关键技术研究

项 目 类 别：面上项目

项目负责人：孟进

负责人职称：研究员

依 托 单 位：中国人民解放军海军工程大学

研 究 期 限：2011-01-01 到 2013-12-31

主 题 词：高压大容量变流器；变压器；EMI 滤波器；传输线建模；复合母排

2. 项目摘要

本项目针对大容量电能变换系统电网接口电磁兼容的设计要求，提出适用于高电压、大电流（5kV/1kA）工作场合滤波器的结构设计，满足 10kHz～30MHz 以内传导电磁干扰抑制的需求；提出消除电容寄生电感的引线布局设计方法，实现大型电能变换系统滤波电容器的性能优化；建立包含高频参数在内变压器的精确传输函数模型，研究变压器对传导干扰的影响机理。在此基础上，研究并提出新的变压器与滤波器一体化的结构设计，实现电网配电与电磁干扰抑制的性能组合；并在考虑系统电磁干扰模型及变压器、滤波器结构和参数匹配的情况下，得到一套基于功率、效率和电磁干扰性能指标相结合的定量设计理论与方法。本项目将突破传统无源 EMI 滤波器的局限性，为大容量电能变换系统电磁干扰抑制提供一种新思路，不仅可以满足军事高端领域应用的迫切需要，还可以推广到其它电力电子应用领域，具有重要的科学意义与经济效益。

3. 结题摘要

舰船综合电力系统中存在大量高功率密度的电力电子变流设备，这些设备功率等级大，干扰分布广，且强电系统与弱电设备共存于同一个平台，强弱电系统间的干扰耦合不可避免，传统干扰抑制方法受制于材料特性与体积限制，无法直接应用于综合电力系统。为满足系统的电能品质要求和强弱电设备的兼容工作要求，本项目针对大容量电能变换系统电网接口电磁兼容的设计要求，建立了包含高频参数在内变压器的精确传输函数模型，研究了整流变压器对传导干扰的影响机理；提出了中大功率多电平级联装置共模干扰抑制方法、复杂电力电子装置的多端口均衡 EMI 滤波方法、等效负电容共模干扰抑制方法和系统级互感耦合干扰对消方法，解决了多项舰船独立电力系统中电磁不兼容的技术难题；研究了大规模互联导线辐射电磁场建模方法，分析和解决了复杂系统中能量信号传输和数据信号传输的电磁兼容性和信号完整性问题；研究了超大容量电能变换装置复合母排的均流、换流回路杂散电感及电路建模等问题，为复杂电力电子设备的母排分层结构设计、EMI 预测分析及开关损耗等计算提供理论依据和解决思路。上述多数研究成果，在多型舰船电力系统及其电力电子变流设备的研制中发挥了重要指导作用，取得了良好的应用效果。

4. 项目成果

序号	成 果 名 称	类型	完 成 人
1	静止式主变流装置研制	奖励	阳习党、胡安、张磊、裴峰、郭尚芬、徐正喜、尹小恩、杨华、刘德红
2	舰船设备电源端高频阻抗在线检测方法	会议	史祥蓉
3	互联导体辐射电磁场的快速计算方法	会议	孟进
4	单相电力变压器高频传输特性研究	期刊	张元峰、孟进、张向明、赵治华

（续）

序号	成 果 名 称	类型	完 成 人
5	Performance Analysis and Optimal Design of Adaptive Interference Cancellation System	期刊	李文禄、赵治华、唐健、何方敏、李毅、肖欢
6	电流模式 Buck-Boost 变换器建模及非线性现象仿真	期刊	袁雷、沈建清、肖飞
7	模拟乘法器零漂抑制技术	期刊	李文禄、赵治华、唐健、肖欢、李毅、何方敏
8	双闭环控制的三相整流发电机数字式励磁系统	期刊	翟小飞、刘德志、欧阳斌、王东、魏克银
9	三相电力变压器高频传输特性研究	期刊	张元峰、孟进、张向明、赵治华
10	对称 PWM 减小 H 半桥型开关功放电流纹波的新方法	期刊	翟小飞、刘德志、欧阳斌、魏克银、晏明
11	移向法在 H 半桥型励磁电流开关功放中的应用	期刊	王森、沈建清、翟小飞
12	兆瓦级脉冲供电用间歇整流装置技术（一）	期刊	高强、胡安、何娜、周亮、马伟明

功率集成电路芯片与系统电磁干扰可靠性研究

1. 基本信息

项 目 名 称： 功率集成电路芯片与系统电磁干扰可靠性研究

项 目 类 别： 面上项目

项目负责人： 严伟

负责人职称： 副教授

依 托 单 位： 上海北京大学微电子研究院

研 究 期 限： 2011-01-01 到 2013-12-31

主 题 词： 芯片级；电磁兼容；电磁兼容模型；测试标准；保护电路

2. 项目摘要

功率集成电路芯片和所应用的系统存在着很强的电磁干扰环境，目前，对于功率集成电路应用系统的研究已经很多，集中在系统的层面，常常忽略了作为一个非常重要的干扰源和受扰源的高压、大电流集成电路驱动芯片内部电路的研究。我们首次从功率集成电路芯片的内部电路的角度研究其电磁辐射和抗扰度问题，研究功率集成电路驱动芯片与系统的互相作用和机理，按照集成电路电磁发射测试标准 IEC61967 和集成电路电磁抗扰度标准 IEC62132 进行芯片电磁辐射和电磁抗扰度测试，通过对测试结果的分析，提出芯片减少电磁辐射干扰和提高抗扰度的再设计方法。从而，不仅促进功率集成电路芯片的电磁兼容的发展，同时对广泛应用功率集成电路芯片的电机、家用电器、汽车等领域产品通过国家和国际上的相应认证有指导作用。

3. 结题摘要

本项目从电路芯片的内部电路的角度研究了其电磁辐射和抗扰度问题，建立了芯片级电磁兼容仿真模型，并采用按照集成电路电磁发射测试标准 IEC61967 和集成电路电磁抗扰度标准 IEC62132 进行芯片电磁辐射和电磁抗扰度测试方法，提出了分组翻转设计等系列方法减少芯片高速链路的传导噪声，增加和分析了在 LNA 的 ESD 保护电路和对电路的影响。在 LED 芯片的电磁兼容实验中，首次发现和分析了在芯片中的类似隧道电流的现象和机理，为行业提出了 LED 芯片应用于室内照明和室外照明时的电磁干扰和电磁抗扰度的两项测试标准，并完成了一部有关的著作。

4. 项目成果

序号	成 果 名 称	类型	完 成 人
1	Design and Implementation of LWIP Ethernet Based on SOPC AXI Bus	会议	Xiong Shengjiang、Dai Wenwen、Yan Wei
2	共振隧穿现象与 LED 失效模型的分析方法	期刊	袁晨、严伟
3	汽车电子芯片 EMC 测试标准研究	期刊	严伟、熊胜江、陈楚
4	LED 受 ESD 冲击前后性能的变化分析	期刊	陆海泉、李抒智、杨卫桥、严伟
5	Sitting and sizing of aggregator controlled park for plug-in hybrid electric vehicle based on particle swarm optimization	期刊	Lan Tian、Kang Qi、An Jing、Yan Wei、Wang Lei
6	基于数字受控源的高精度锂电池组储能方案	期刊	严伟、刘豫章、康琦
7	LED 静电损伤在老化过程中的变化趋势	期刊	袁晨、代文文、陈楚、严伟

光伏并网发电系统与电网间阻抗匹配关系及系统稳定性研究

1. 基本信息

项 目 名 称： 光伏并网发电系统与电网间阻抗匹配关系及系统稳定性研究

项 目 类 别： 面上项目

项目负责人： 王卫

负责人职称： 教授

依 托 单 位： 哈尔滨工业大学

研究期限：2011-01-01 到 2013-12-31

主 题 词：光伏并网发电；阻抗模型；系统稳定性；并网逆变器；微网

2. 项目摘要

面对全球环境的恶化和化石能源步入枯竭的严峻形势，光伏并网发电以其清洁可再生发电的突出优势，越来越受到各国的重视和强力推动。大量致力于提高系统效能和稳定性、降低成本的研究正加速展开。申请者在以往研究的基础上，提出从阻抗分析的角度探索光伏并网发电系统与电网之间匹配关系的完整描述和系统稳定性判断准则。在分析并网发电系统和电网的电气特性及动态性能基础上，分别建立两者的阻抗模型，以揭示在不同频段、工作状态等条件下系统结构和参数的时变性和非线性变化规律，奠定光伏并网发电系统与电网之间匹配关系的理论分析基础。在此基础上，采用数字仿真的方法进一步推出逆变器输出阻抗和电网阻抗之间的量化关系，建立基于阻抗匹配的通用分析方法，为研制高性能光伏并网逆变器提供技术支持和理论指导，为实现光伏并网系统与电网之间的协调稳定运行和快速动态响应提供科学依据。

3. 结题摘要

本项目以单相光伏并网发电系统为研究对象，从阻抗分析的角度研究光伏并网发电系统与电网之间的匹配关系和系统稳定性判断准则。在分析光伏发电系统和电网的电气特性及动态性能基础上，分别建立系统孤岛运行和并网运行两种情况下的逆变器输出阻抗模型。在此基础上，对光伏发电系统孤岛和并网两种运行模式，利用阻抗匹配原则分别建立了其阻抗稳定性判断标准，并结合逆变器输出阻抗模型分析了主电路及控制环节各参数变化对系统稳定性的影响，并通过时域方法证明分析结果的正确性，从理论上阐明了阻抗分析方法的合理性和可行性。本项目阐述了恒功率负载的负阻特性及其影响系统稳定性的原因，结合输出滤波电感变化对系统稳定性的影响，提出了虚拟电感控制方法，从孤岛和并网两种情况分别分析了虚拟电感的实现方法，并用实验验证了所提方法的正确性。虚拟电感控制作为虚拟阻抗控制方法中的一种，在提高系统稳定性基础上可降低实际元器件的体积和重量，进而提高逆变器功率密度、降低系统成本，同时该方法对于系统的动态响应速度和谐波问题也有一定改善作用。在研究单一光伏并网发电系统与电网间阻抗匹配关系及系统稳定运行控制方法的基础上，将研究内容做进一步扩展，把光伏发电系统作为微网中的微源，进一步从微网的角度对多个光伏逆变器的阻抗匹配原则和系统稳定性进行研究，提出了一种基于逆变器输出导纳域的微网系统稳定性判断方法，该方法通过对底层逆变器的输出导纳进行设计以保证并联系统具有足够的稳定裕度，实验结果证明了所提方法的正确性。在该基金资助下，共发表 SCI、EI 检索论文 15 篇，授权及申请发明专利各 1 项，培养博士 2 名，硕士 7 名。除了顺利达到预期目标外，以该基金为起点和基础，科研团队中的年轻教师成功获批两项青年基金，以新能源为切入点，课题组后续研究工作将会更加深入。

4. 项目成果

序号	成果名称	类型	完成人
1	Power Management Strategy for Microgrid with Energy Storage System.	会议	王卫
2	Design of Single-Phase Grid-Connected Photovoltaic Power System Based on Dual-Core Controller	会议	王卫
3	MPPT Algorithm under Partial Shading Conditions	会议	王卫
4	Research on Admittance Specification Stability of Microgrid at Autonomous mode	会议	王卫
5	Application of IR Digital Controller IRMCF143 in Photovoltaic Inverter System	会议	王卫
6	Energy Conversion and Control Technology of Building Integrated Photovoltaic	会议	王卫
7	Stability Control Method Based on Virtual Inductance of Grid-Connected PV Inverter under Weak Grid	会议	Guihua Liu、Yulin Yang、Pangbao Wang、Dianguo Xu、Wei Wang
8	Model Predictive Control of Microgrid Based on Mixed Logic Dynamic Model	会议	Shigong Jiang、Hongpeng Liu、Wei Wang、Dianguo Xu
9	Higher-order nonsingular terminal sliding mode dead-time compensation method in PMSM	会议	Zheng Xuemei、Li Qiuming、Wang Wei、Feng Yong
10	Analysis of power losses in Z-source PV grid-connected inverter	会议	王卫
11	基于Z源电容电压变化的并网电流控制策略	期刊	王卫
12	微网孤岛运行条件下基于导纳域的稳定性研究	期刊	王卫

（续）

序号	成果名称	类型	完成人
13	Boost 变换器混沌现象的非奇异终端滑模控制方法	期刊	何金梅、郑雪梅、王卫、任毅
14	基于单周期 Z 源电容电压调节的并网电流控制策略	期刊	王卫
15	Impedance Criterion Based Virtual Inductor Control Method for Improving Inverter System Stability	期刊	王卫

光热耦合电源器件建模及基础问题研究

1. 基本信息

项目名称：光热耦合电源器件建模及基础问题研究

项目类别：青年科学基金项目

项目负责人：刘磊

负责人职称：副教授

依托单位：河北大学

研究期限：2013-01-01 到 2013-12-31

主题词：空间能源；光热耦合电源器件；太阳热电器件；光伏电池；太阳能

2. 项目摘要

空间近日等强辐照条件下光伏电池输出功率大幅下降，为解决这一问题将光伏器件与热电器件结合起来，以 GaInP/GaAs/Ge 光伏电池和 Bi_2Te_3 热电池为基本单元，构建平板式光热耦合电源器件模型。综合考虑器件基体热辐射、热传导和热对流及光电转换等多种因素，优化 GaInP/GaAs/Ge-Bi_2Te_3 光热耦合电源器件结构，分析其特定辐射条件下的输出功率与转化效率，研究光电池和热电池电能输出耦合方式，明确这一新型器件在强辐照条件下相对于传统光伏器件的优势。本项目的完成将为光热耦合电源器件的制备提供理论基础，这对进一步提高空间太阳能利用率具有重要的科学意义。

3. 结题摘要

光热耦合电源器件也可以称作光热级联器件是将光伏电池与热电器件耦合为一个整体的新型半导体器件，能同时对太阳能进行光电与热电转化，适用于高温、空间高辐射等极端环境。本项目以 GaInP/GaAs/Ge 光伏电池和 Bi_2Te_3 热电池为基本单元，构建了平板式光热耦合电源器件模型。通过有限元计算，综合考虑器件基体热辐射、热传导、热对流及光电转换等多种因素，优化 GaInP/GaAs/Ge-Bi_2Te_3 光热耦合电源器件结构，分析其特定辐射条件下的转化效率和最大输出功率。研究发现，Bi_2Te_3 热电池的集热比、热臂长度对其工作温度与性能有显著影响，热沉对器件转化效率与输出功率影响相对较弱。Bi_2Te_3 热电池单纯作为太阳能热电器件时，其热电转化效率不低于 5.4%；作为 GaInP/GaAs/Ge-Bi_2Te_3 光热耦合电源器件的热电单元时其热电转化效率可达 2.1%。进一步的研究发现，在 600 ~ 2700W/m^2 辐射功率范围内 GaInP/GaAs/Ge-Bi_2Te_3 光热耦合电源器件的转化效率相对于 GaInP/GaAs/Ge 光伏电池有 4% 左右的提高。这一结果明确了光热耦合电源器件相对于传统光伏器件的优势，表明光热耦合电源器件在理论上是可行的，具备进一步实验与应用研究的价值。本项目的完成为光热耦合电源器件的制备提供了理论基础，这对进一步提高空间太阳能利用率具有重要的科学意义。

4. 项目成果

序号	成果名称	类型	完成人
1	平板集热太阳热电器件建模及结构优化	期刊	刘磊、张锁良、马亚坤、吴国浩、郑树凯、王永青
2	First-principles calculations on Hg-doped anatase TiO_2 with and without O vacancy	期刊	Zheng S. K.、Wu Guohao、Liu Lei
3	Electronic and optical properties analysis on Bi/N-codoped anatase TiO_2	期刊	WuGuohao、Zheng S. K.、Wu Pengfei、Su Jie、Liu Lei
4	First-principles calculations of P-doped anatase TiO_2	期刊	郑树凯、吴国浩、刘磊
5	FeS 共掺杂锐钛矿相 TiO_2 的第一性原理研究	期刊	吴国浩、郑树凯、刘磊
6	B-Al 共掺杂 3C-SiC 的第一性原理研究	期刊	周鹏力、史茹倩、何静芳、郑树凯

轨道电路单并发故障动态诊断的信息融合方法

1. 基本信息

项目名称：轨道电路单并发故障动态诊断的信息融合方法

项目类别：青年科学基金项目

项目负责人：徐晓滨

负责人职称：副教授

依托单位：杭州电子科技大学

研究期限：2011-01-01 到 2013-12-31

主题词：信息融合；证据理论；随机集理论；动态故

障诊断；高速铁路轨道电路

2. 项目摘要

轨道电路是铁路通信中重要的模拟电子系统。由于其自身结构的复杂性和工作原理的特殊性，加之在长期露天工作中受温度、湿度、雷电等环境及人为因素干扰，使得其故障模式多样，并发故障时有发生，故障状态随时间动态变化，并且从监测数据中获取的故障特征常呈现不确定性。而目前采用的多数智能静态融合诊断方法由于其理论模型的局限性以及在不确定性信息处理中的不完善性等因素，使得它们在轨道电路故障诊断中常显得适应性差且效果不佳。因此，本项目拟以随机集理论与证据理论为基础，开展典型轨道电路单发和并发故障动态诊断的信息融合方法研究：①构造同时适用于单发和并发故障诊断的故障辨识框架，在此框架中可以处理更为复杂的故障建模问题；②将随机集理论与模糊推理等方法结合，研究从不确定性故障特征中获取单并发故障诊断证据的方法；③利用随机集理论扩展原有的静态融合方法，给出同时适用于单并发故障诊断证据动态融合的递归型故障决策方法。

3. 结题摘要

轨道电路是铁路通信中重要的模拟电子系统。由于其自身结构的复杂性和工作原理的特殊性，加之在长期露天工作中受温度、湿度、雷电等环境及人为因素干扰，使得其故障模式多样，并发故障时有发生，故障状态随时间动态变化，并且从监测数据中获取的故障特征常呈现不确定性。而目前采用的多数智能静态融合诊断方法由于其理论模型的局限性以及在不确定性信息处理中的不完善性等因素，使得它们在轨道电路故障诊断中常显得适应性差且效果不佳。因此，本项目以证据理论、模糊集理论与随机集理论为基础，开展典型轨道电路单发和并发故障动态诊断的信息融合方法研究，这是对已有“基于证据理论的单故障静态融合诊断方法”功能的全面提升与扩展。本项目的特色与创新之处在于：①针对复杂模拟电子设备故障诊断中的实际需求，提出同时适用于单、并发故障诊断的故障辨识框架，在此框架中能够处理更为复杂的故障建模问题。②在对不确定性故障特征信息进行分析与处理的基础上，将动态融合的思想引入到故障诊断当中。所提出的信息融合诊断方法，不仅在“静态融合”中考虑了单、并发故障模式之间存在的演变与联系，而且在“动态更新”当中考虑了前后时刻间故障状态变化的趋势。③通过对全局融合结果的分析，不仅可以在设备失效之前预测故障，而且可以在设备失效之后及时地定位故障。在实验验证当中，采取理论研究、计算机仿真、实验验证相结合，机理分析与实际测试相结合的研究方法，对所提诊断方法进行综合性测试与评估。依托所搭建的“ZPW-2000A 无绝缘轨道电路计算机仿真模型与实物仿真模型”对轨道电路进行故障模拟，故障症候信号的采集、预处理，故障建模与分类，结合专家的建议，建立各故障模式与其特征之间的对应关系；并将仿真实验和现场实验数据相结合，对融合诊断系统进行测试与分析，对诊断算法的稳健性、实时性、实用性和精确性进行全面评估。

4. 项目成果

序号	成果名称	类型	完成人
1	多源不确定信息融合理论及应用：故障诊断与可靠性评估	著作	文成林、徐晓滨
2	Frequency-Dependent Model For Rail In Track Circuit	会议	徐嘉祥、董炜、吉吟东、徐晓滨
3	Fault Diagnosis Using Neuro-Fuzzy Network and Dempster-Shafer Theory	会议	王新、徐晓滨、吉吟东、孙新亚
4	A time management optimization framework for large-scale distributed hardware-in-the-loop simulation	会议	Dong Wei
5	基于加权差别矩阵的决策表实值属性约简方法	会议	陈卫征、董炜、吉吟东
6	考虑临近信号干扰的ZPW-2000A型无绝缘轨道电路系统的建模与仿真	会议	徐嘉祥、董炜、吉吟东
7	Combining Belief Functions based on Three Mechanisms Average Multiplication and Intersection	会议	王新、吉吟东、徐晓滨、孙新亚
8	基于不完备模糊规则库的信息融合故障诊断方法	期刊	徐晓滨、吉吟东、文成林
9	A newDSmT combination rule in open frame of discernment and its application	期刊	Wen ChengLin、Xu XiaoBin、Jiang HaiNa、Zhou Zhe
10	基于证据相似性度量的冲突性区间证据融合方法	期刊	冯海山、徐晓滨、文成林
11	基于证据理论的状态估计方法及其在液位估计中的应用	期刊	徐晓滨、史健、文成林
12	基于折扣优化的区间值信度结构归一化方法	期刊	刘平、徐晓滨、文成林
13	基于证据动态更新的信息融合故障诊断方法	期刊	徐晓滨、王玉成、文成林
14	A distributed approach for track occupancy detection	期刊	Chang Ming、Dong Wei、Ji Yindong

（续）

序号	成果名称	类型	完成人
15	基于区间值信度结构更新策略的故障诊断方法	期刊	徐晓滨、刘平、孙彦博、温成林
16	A Normalization Method of Interval-valued Belief Structures	期刊	Xu Xiaobin、Feng Haishan、Wen Chenglin
17	一种基于证据理论的工业报警器设计方法	期刊	宋晓静、徐晓滨、文成林
18	Data fusion algorithm of fault diagnosis considering sensor measurement uncertainty	期刊	Xiaobin Xu、Zhe Zhou、Chenglin Wen
19	An Information Fusion Method of Fault Diagnosis Based on Interval Basic Probability Assignment	期刊	Xu Xiaobin、Feng Haishan、Wang Zhi、Wen Chenglin
20	冲突证据融合的优化方法	期刊	周哲、徐晓滨、文成林、吕锋
21	评估诊断证据可靠性的信息融合故障诊断方法	期刊	徐晓滨、王玉成、文成林
22	基于可传递信度模型的电路成品率性能函数近似概率分布估计方法	期刊	徐晓滨、周东华、吉吟东、文成林
23	On fault predictability in stochastic discrete event systems	期刊	Chang Ming、Dong Wei、Ji Yindong、Tong Lang
24	基于LabView的钢轨阻抗特性测量系统	期刊	李元、丁万虎、王实、王智新
25	基于混合系统模型的高速列车最小能量驱动方法	期刊	Li Liang、Dong Wei、Ji Yindong、Zhang Zengke、Tong Lang
26	一种新的广义梯形模糊数相似性度量方法及在故障诊断中的应用	期刊	文成林、周哲、徐晓滨
27	误差有界下的音频驻波液位估计算法	期刊	史健、徐晓滨、文成林

含风电场电网的协同建模与平稳控制

1. 基本信息

项目名称：含风电场电网的协同建模与平稳控制
项目类别：重点项目
项目负责人：穆钢
负责人职称：教授
依托单位：东北电力大学
研究期限：2010-01-01 到 2013-12-31
主题词：网源协同建模；风电联网运行平稳控制；风电功率预测；风电联网规划；风电安全运行与控制

2. 项目摘要

我国风能资源丰富，风力发电是可再生无排放的绿色电源。风电机组联入电网是实现风能大规模开发利用的必由之路。风电机组受自然风力的驱动，其输出功率难以日前调度，且功率波动较大。当电网中的风电机组总容量较大时，风电功率的波动将对电网的功率平衡带来不利影响，可能恶化频率、电压质量甚至引发事故。大规模风电接入电网也会影响电网的动态特性和稳定性。近年来成为主流的大功率风电机组（变速恒频式或直驱式）具备在一定范围内调节有功和无功的条件。本项目将建立风电场-电网的协同模型，分析风电机组与电网间的相互作用机理；研究风功率预测方法，降低风电功率波动对电网功率平衡的不利影响；分析风电功率波动特性及其与电网运行的关系，构建与电网运行要求相协调的风电平稳控制方法；分析大规模风电接入对电网稳定性的影响。在多时间-空间尺度上形成风电联网安全运行的理论基础，为我国巨型风电基地（风电三峡）的建设和运行提供控制方法支撑。

3. 结题摘要

风能是最具开发潜能的非水可再生能源。我国资源环境约束日渐严苛，能源结构亟待改善。经过多年快速发展，我国风电装机容量已跃居世界第一位，已规划了8个百亿瓦级风电基地，大规模集中开发、联网外送消纳是我国风电的主要开发模式。风电具有随机性、波动性，大规模风电功率波动会对电网的运行带来严重的不利影响，甚至危及电网的运行安全。电网接纳能力不足会造成风电弃风，降低风电企业的经济和环境效益，制约了风电产业的持续发展。因此有必要深入研究多时空尺度下风电随机性、波动性的分析方法，研究含风电场电网的协同建模，构建与电网运行要求相协调的风电平稳控制方法，在保证电网运行安全前提下，实现风能利用的最大化。主要成果：①源网协同建模方面，分析了大规模风电场群实测运行数据，构建了描述风电功率波动时空分布的时间序列模型和物理模型，揭示了风电场群的汇聚效应并提出了评估方法；构建了反映风电对电网运行多时空尺度影响的模型并开发了仿真系统。②研究了风电机组原动机系统和电力电子连接系统的控制模型，提出了基于桨距角控制和变流器控制的平稳控制策略；开展了利用储能（超级电容器）平抑风电功率波动的研究。③构建了覆盖全国的高精度数值天气预报系统，建立了基于时间序列模型、物理模型的短期风电功率组合预测方法，开发了风电功率预测系统；预测精度已达到国际同类系统的水平，研究成果已应用于吉林、江苏、宁夏等11个省电力公司。④大规模风电的随机波动性和低功率密度特点给电网的规划和建设带来了新的挑战，研究提出了新的大规模风电基地功率汇聚外送输电容量规划方法，既可使电网在满足安全约束的条件下确保风电送出，同时可以显著提高所规划输电资产的收益。⑤研究了风电联网安全运行与控制的关键技术，揭示了近满载情况风电机群连锁脱网过程的机理，并提出了降低此类连锁脱网风险的技术措施建议。建立了计及多种运行约束的电网风电接纳能力评估方法，可在确保电网运行安全的前提下充分挖掘电网接纳风电的潜能。⑥主办“中美可再生能源并网研讨会”等国际学术交流活动4次；项目组已出版论著3部，发表学术论文66篇（SCI收录2篇，EI收录41篇）；获授权发明专利13项，公开发明专利6项；研究成果分获吉林省科技进步奖二等奖及上海市技术发明奖三等奖。已按照项目计划书要求完成全部研究任务。

4. 项目成果

序号	成果名称	类型	完成人
1	MW级双馈风电机组功率控制关键技术及应用	奖励	王志新
2	含大规模风电电力系统频率动态过程分析方法及其工程应用研究	奖励	穆钢、严干贵、郑太一、徐兴伟、安军、崔杨、等
3	海上风力发电技术	著作	王志新
4	绿色可再生能源电力系统接入	著作	王志新
5	现代风力发电技术及工程应用	著作	王志新
6	Small-Capacity Experimental Prototype of VSC-HVDC for Offshore Wind Farm	会议	Jie Wu、Zhixin Wang、Chenghui Jiang、Guoqiang Wang
7	Control Strategy of Wind Power Converter Under Unbalanced Grid Voltage Condition	会议	Chenhui Jiang、Zhixin Wang.
8	Energy Storage System Capacity Optimization Allocation Method Of Improving Wind Power Integration Capacity	会议	LIJuihui、Yan Gangui、Xie Guoqiang、et al.
9	Method of Obtaining the Sensitive Disturbances of Frequency Control System including AGC by Analyzing the Frequency-Response Trajectory Capacity	会议	YaFeng Huang、Gang Mu、Long Li
10	The Design of an Independent Power Supply Applied to the Isolated Island	会议	ChenYichen、Wang Zhixin
11	The Ultra-short Term Prediction of Wind Power Based on Chaotic Time Series	会议	Yan Gangui、Liu Yu、Mu Gang、Cui Yang、Li Junhui、Liu Jigang、Meng Lei
12	Wind farm output power regulation based on EDLC energy storage technology	会议	Guoqing Li、Jong Liu
13	Protection Scheme for Microgrid Distribution System	会议	DenLinhui、Wang Zhixin.
14	模块化多电平变流器的直接功率控制仿真研究	期刊	王国强、王志新、李爽
15	确定风电场群功率汇聚外送输电容量的静态综合优化方法	期刊	穆钢、崔杨、严干贵
16	基于等效风速的风电场等值建模	期刊	严干贵、李鸿博、穆钢、崔杨、刘玉
17	Pid neural network sliding-mode controller design for three level based vsc-hvdc converter of offshore wind power	期刊	Shuang Li、Zhixin Wang、Guoqiang Wang
18	阻抗型单相并网逆变器建模及控制策略研究	期刊	朱钦、沈贵蓉、陈一诚、王志新、徐颖晟、史莉、陆斌锋
19	双馈感应风电机组建模控制仿真	期刊	张帆、李国庆、张宇阳、张万林
20	超级电容器储能系统在风电场中的应用研究	期刊	刘金龙、李国庆、王振浩、辛业春
21	分布式电源对配电网继电保护的影响分析	期刊	王振浩、王平、李国庆、周丽滨
22	基于DPC的海上风场VSC-HVDC变流器控制策略	期刊	王国强、王志新、张华强、郑健、杨兴武、邵峥达
23	大型海上风电场并网VSC-HVDC变流器关键技术	期刊	王志新、吴杰、徐烈、王国强
24	海上风电场三电平VSC-HVDC系统仿真研究	期刊	黄川、王志新、王国强、李爽
25	基于数字低通滤波器的双重光伏控制器研究	期刊	刘文晋、王志新、史伟伟

（续）

序号	成 果 名 称	类型	完 成 人
26	基于实测数据分析的大型风电场超短期风电功率预测研究	期刊	严干贵、刘玉、刘吉钢、崔杨、孟磊
27	基于模块化多电平的光伏逆变器仿真	期刊	蒋辰晖、王志新、吴定国
28	基于改进模糊法的分布式风光互补发电系统 MPPT 控制	期刊	刘立群、王志新、顾临峰
29	三电平海上风电柔性直流输电变流器的 PID 神经网络滑模控制	期刊	李爽、王志新、王国强、吴定国
30	基于超级电容器的直流系统混合储能研究	期刊	王振浩、张延奇、李国庆、辛业春、张少杰
31	基于物理原理的风电场短期风速预测研究	期刊	冯双磊、王伟胜、刘纯、戴慧珠
32	基于改进粒子群算法的 PIDNN 控制器在 VSC-HVDC 中的应用	期刊	李爽、王志新、王国强
33	粒子群与 PIDNN 控制器在 VSC-HVDC 中的应用	期刊	王国强、王志新
34	微电网建模及并网控制仿真	期刊	李明慧、李国庆
35	Nonlinear Control of VSC-HVDC Transmission Converter for Offshore Wind Farm	期刊	Wang Guoqiang、Wang Zhixin
36	Trigger Method of Modular Multilevel converter and Application on PWM Rectifier	期刊	Wang Guoqiang、Wang Zhixin、Li Shuang、Wu Ding-guo
37	储能系统在电力系统中的应用综述	期刊	严干贵、谢国强、李军徽、王健、朱昱、丁玲
38	基于滑动模态控制的双馈风电机组低电压穿越控制策略的研究	期刊	李国庆、钱叶牛、刘旻序
39	双馈型风电机群近满载工况下连锁脱网事件分析	期刊	穆钢
40	基于带阻滤波原理的风电场功率波动平抑控制策略研究	期刊	黄亚峰、穆钢、刘嘉
41	微电网并网与孤岛运行方式转换方法	期刊	王鹤、李国庆、李鸿鹏、王波一
42	计及异步风电机组的电力系统区域间 ATC 计算	期刊	李国庆、韩悦、孙银峰、姜黎莉
43	用于松弛调峰瓶颈的储能系统容量配置方法	期刊	严干贵、冯晓东、李军徽、穆钢、谢国强、董效辰、王芝茗、杨凯
44	电压源型直流输电变流器系统中电网侧变流器的反步法控制	期刊	吴杰、王志新、王国强、陆贤锋、邹建龙
45	The Combined Fuzzy and PO MPPT Method for PV Materials under Partially Shaded Conditions	期刊	Liqun Liu、Zhixin Wang
46	飞轮储能系统用永磁无刷直流电机设计与分析	期刊	李保军、王志新、吴定国.
47	含双馈风电机组的配电网潮流分析	期刊	孙银锋、李国庆、顾黎明、韩悦
48	多功能移动应急电源的控制与仿真研究	期刊	吴杰、王志新、顾临峰
49	含多种分布式电源的微电网控制策略	期刊	王鹤、李国庆
50	Improved Predictive Direct-Power-Control of Offshore VSC-HVDC Converter without PLL Scheme	期刊	LiShuang、Wang Zhixin、Wang Guogiang
51	采用 VSC-HVDC 的海上风电场柔性直流输电系统控制策略研究	期刊	蒋辰晖、王志新、吴定国
52	基于反步法的海上风场并网轻型直流输电变流器控制	期刊	王国强、王志新、李爽.
53	风电功率波动的时空分布特性	期刊	崔杨、穆钢、刘玉、严干贵
54	飞轮储能系统充放电过程建模与仿真研究	期刊	李保军、王志新、吴定国
55	海上风电柔性直流输电变流器控制与试验系统设计	期刊	李路遥、王志新、吴定国
56	基于 PSCAD 的微型燃气轮机并网与孤岛运行分析	期刊	王鹤、李国庆、王健
57	基于 CPSO 的 PID 神经网络及偏航电机控制策略	期刊	朴海国、王志新
58	特殊运行条件下风电的“挤出效应”及风电节能减排综合效益的评估	期刊	严干贵、刘红哲、穆钢、苑田芬
59	计及分布式电源的配电网可靠性研究	期刊	李国庆、孙维连、张宇阳
60	VSC-HVDC 海上风电输电变流器预测电流控制策略研究	期刊	李爽、王志新、王国强

（续）

序号	成 果 名 称	类型	完 成 人
61	基于超级电容器储能的并网风电场功率与电压调节技术	期刊	王振浩、刘金龙、李国庆、辛业春、杨琳、于峤
62	海上风电场柔性直流输电变流器的无源性控制策略	期刊	王国强、王志新、张学燕
63	风电场功率预测物理方法研究	期刊	冯双磊、王伟胜、刘纯、戴慧珠
64	移动应急电源变流器技术及其仿真研究	期刊	吴杰、王志新
65	基于 P-DPC 的海上风电 HVDC-Light 变流器控制研究	期刊	李爽、王志新、王国强
66	基于 MMC 的海上风电场柔性直流输电变流器仿真	期刊	黄川、王志新、王国强
67	Characteristic Analysis Of Frequency Responsing of Doubly Fed Induction Generator-Based Wind Turbines	期刊	Wang Jian、Yan Gangui、Xin peng、Zou gang
68	双馈感应风电机组异常脱网及其无功需求分析	期刊	崔杨、严干贵、孟磊、穆钢
69	适用于海岛的独立供电电源规划设计	期刊	陈一诚、王志新
70	Research of SC for improving LVRT capability of FSIG	期刊	Guoqing Li、Li MengWang
71	Simulation Study of a Modular Multilevel VSC-HVDC System for Offshore Wind Farm	期刊	Wang Guoqiang、Wang Zhixin、Li Shuang

毫微电网高频隔离集成变换器研究

1. 基本信息

项目名称： 毫微电网高频隔离集成变换器研究

项目类别： 面上项目

项目负责人： 孙孝峰

负责人职称： 教授

依托单位： 燕山大学

研究期限： 2011-01-01 到 2013-12-31

主 题 词： 毫微电网；集成变换器；谐振高频链；控制；拓扑

2. 项目摘要

毫微电网（Nanogrid）比微电网的容量要小，在 2 ~ 20kW，更适合于偏远地区一类的场合应用。本项目提出研究毫微电网高频隔离集成变换器（NHIIC），可以将光伏、风电接口变换器、储能环节变换器及负载变换器集成于一体，实现一体控制，组成新型的可再生能源分布式供电系统。该课题将实现：①功率集成。将多种能源输入集成与统一变流器，应用开关或桥臂对复用技术简化电路拓扑，同时实现高频电气隔离。②调制集成。对谐振控制应用伪调幅瞬时能量控制结合等效功率密度控制，实现复用桥臂对的能量控制。③控制集成。不但控制母线电压满足性能要求，同时实现可再生能源优化利用的要求。研究中以谐振高频链技术为基础，应用双端口变压器与多端口变压器实现电气隔离，根据各种输入输出要求，研究与之相适应的集成变换器拓扑与调制控制方式，使之成为高功率密度、智能型的终端变换装置。

3. 结题摘要

毫微电网（Nanogrid）比微电网的容量要小，在 2 ~ 20kW，更适合于偏远地区一类的场合应用。本项目研究毫微电网高频隔离集成变换器，可以将光伏、风电接口变换器、储能环节变换器及负载变换器集成于一体，实现一体控制，组成新型的可再生能源分布式供电系统，围绕电路拓扑构成、系统控制实现及基础理论等内容，本项目所取得的研究成果如下：①开展了多输入变流器的拓扑研究。以三端口变压器、谐振槽为基本单元构造电流源型多输入电路拓扑，研究了其电路拓扑演变及构成，实现开关及无源元件的复用；以双向 DAB 电路为基本单元，复合 Buck/Boost 电路功能，构成基于双端口变压器的及以半隔离集成变流器拓扑；研究了具有输入共享功能的 Buck 双输入拓扑，可以在光伏等可再生能源确实的情况下维持系统正常工作；研究了具有输入共享功能 DC/AC 级联型多输入拓扑，可接入燃料电池、光伏及超级电容系统，提供交流能量输出。②针对集成 DAB 的多输入变流器研究了其多自由度控制量与系统性能的关系，尤其是效率等特性的关系，研究了无环流控制及软开关控制；研究了单周期谐振槽能量瞬时控制技术；研究了面向毫微电网分布式供电特性的端口变流器输出及最大功率跟踪混合控制；提出了分段式提高光伏 MPPT 性能的方法；总结对比相关拓扑的软开关特性，提出了能量优化控制算法。③研究了磁耦合模型及其对端口变流器拓扑复合及控制的影响，建立了包含具体磁参数的电路模型；研究了小时间常数数学模型，满足高频化控制的需求；研究了毫微电网阻抗参数识别，建立了系统在线评估模型；研究了系统能量分配的下垂控制及复合电能质量控制技术；同时，完成了实验样机 14 个。本项目发表和录用论文 19 篇，其中被 SCI 收录期刊 3 篇，EI 收录 11 篇；出版专著 1 部；申请中国专利 15 项，其中 1 项已授权。本项目为实现小容量分布式发电系统经济高效优质运行提供了理论基础，对新能源应用和可持续发展具有重要意义。

4. 项目成果

序号	成果名称	类型	完成人
1	A novel multi-port dc/dc converter with bi-directional storage unit	会议	Sun Xiaofeng[1]、Pei Guangming[1]、Yao Shuai[1]、Chen Zhe[2]
2	An improved control method of power electronic converters in low voltage micro-grid	会议	Xiaofeng Sun[1]、Qingqiu Lv[1]、Yanjun Tian[1]、Chen Zhe[2]
3	A novel control strategy of active filter for suppressing background harmonic voltage magnification in power distribution system	会议	Sun Xiaofeng[1]、Lee Zhichao[1]、Gong Lu[1]、Chen Zhe[2]
4	一种新颖的单电源级联型多电平逆变器	期刊	王宝诚、王炜、杜会元、孙孝峰
5	一种输出并联双 CUK 并网逆变器	期刊	王立乔、仇雷、王欣、孙孝峰
6	基于自调节下垂系数的 DG 逆变器控制	期刊	孙孝峰、王娟、田艳军、李昕
7	Fundamental impedance identification method for grid-connected voltage source inverters	期刊	孙孝峰
8	微型光伏分布式发电系统能量优化控制研究	期刊	孙孝峰、姜一达、王强、李昕
9	Site selection strategy of single-frequency tuned R-APF for background harmonic voltage damping in power systems	期刊	Sun Xiaofeng[1]、Zeng Jian[1]、Chen Zhe[2]
10	多 DG 并网系统基波阻抗辨识研究	期刊	孙孝峰、王娟、田艳军
11	一种改进的光伏系统 MPPT 控制算法	期刊	吴俊娟、姜一达、王强、孙孝峰
12	Adaptive decoupled power control method for inverter connected DG	期刊	孙孝峰
13	三相并网逆变器脱网运行电压控制技术	期刊	王宝诚、郭小强、梅强、关雅娟、王雷、孙孝峰
14	阻性有源滤波器分频控制位置的选择方案	期刊	孙孝峰、曾健、张芳、李昕
15	低压微电网逆变器频率电压协调控制	期刊	孙孝峰、吕庆秋
16	串联谐振变换器的扩展描述函数法建模研究	期刊	吴俊娟、孙孝峰、邬伟扬
17	一种改进的最优轨迹控制策略	期刊	吴俊娟、孙孝峰、邬伟扬
18	双串联谐振双向三端口 DC/DC 变换器解耦控制研究	期刊	孙孝峰、薛利、孟宇飞、刘飞龙

互联电网分布式电压稳定评估与控制方法研究

1. 基本信息

项目名称：互联电网分布式电压稳定评估与控制方法研究

项目类别：面上项目

项目负责人：赵晋泉

负责人职称：教授

依托单位：河海大学

研究期限：2011-01-01 到 2013-12-31

主题词：互联电网；电压稳定评估；分解协调；连续潮流；分布式计算

2. 项目摘要

当前互联电网的电压稳定评估与控制面临很多难题。由于电网分层分区调度管理与市场运营，不但造成子网电压稳定评估由于无法准确计及外网影响，结果不准确，而且造成主网无法进行电压稳定评估，也无法得到全局协调的控制策略。本项目旨在发展互联电网电压稳定评估与控制的分布式计算方法。它包括三方面的工作：一是提出基于主从协调思想的子网电压稳定负荷裕度的分布式算法，通过协调层的少量参与、与相邻分区的少量数据交换，得到全网计算的相同效果。二是提出一种分布式连续潮流技术来计算互联电网的负荷裕度、识别薄弱区域。通过主从分区采用不同参数化方法并顺序进行实现负荷增长同步性，通过迭代计算中的主分区动态更新辨识策略来保证计算的鲁棒性。三是提出互联电网电压稳定预防控制的分布式算法，采用拉格朗日松弛法处理少量线性耦合约束，采用次梯度法对乘子更新实现分区间协调。本项目的研究，为提高我国区域电网的电压稳定监视与控制水平做出了贡献。

3. 结题摘要

当前互联电网的电压稳定评估与控制面临很多难题。由于电网分层分区调度管理与市场运营，不但造成子网电压稳定评估由于无法准确计及外网影响，结果不准确，而且造成主网无法进行电压稳定评估，也无法得到全局协调的控制策略。本项目提出了一套基于分解协调思想的互联电网电压稳定评估的分布式计算方法。一是提出了基于异步迭代格式的分布式连续潮流算法，采用简化外网等值技术取代传统 WARD 等值、REI 等值模型，减轻了上层控制中心即协调层的工作量，使得多控制中心间异地分布式计算的可行性、鲁棒性大为提高。进而提出了子网电压稳定负荷裕度的分布式算法，通过协调层的少量参与、与相邻分区的少量数据交换，得到全网计算的相同效果。二是提出了一种分布式连续潮流技术来计算互联电网主网的负荷裕度、识别薄弱区域。通过主从分区采用不同参数化方法并顺序进行实现负荷增长同步性，通过迭代计算中的主分区动态更新辨识策略来保证计算的鲁棒性。此外，连续潮流技术是电压稳定评估的基本技术，本项目对此开展了深入研究，取得以下成果：①提出了一种同时计及发电机励磁电流和电枢电流约束的连续潮流模型和方法，精细化模拟了同步发电机的无功出力特性；②提出了含 STATCOM 和 SSSC 元件电力系统连续潮流模型和方法，精细化处理了 FACT 元件的无功电压特性及其各种限值约束，给出了识别由容量越限而导致的极限诱导型分岔点的方法；③提出了一种节点类型扩展连续潮流模型和算法，很好地计及了无功电压自动控制系统 AVC 对电压稳定裕度的影响；④提出了一种二维参数稳定边界追踪方法，通过对两个参数轮流进行轨迹追踪、分岔点搜索和识别，以增加少量计算点为代价，克服了传统二维参数分岔边界计算方法需要计算和因子化二阶海森矩阵、在线实用化困难的缺点；⑤提出了一种基于几何参数化方法的连续潮流算法求解交直流混联电网电压稳定极限，计及了直流系统不同控制方式与状态变量的约束条件，并考虑换流变压器分接头档位的离散调整和直流控制方式的转换。采用几何参数化的方法，有效地改变校正步计算过程中的收敛方向，有效求取负荷裕度。在上述研究成果的基础上，本项目发表了21篇学术论文，申请了5项发明专利，培养硕士研究生8名。依托本项目开发的“大电网电压稳定评估与控制软件”先后被国网电力科学研究院、南方电网科学研究院和南瑞继保公司引进作为我国电网电压稳定评估与控制的基础软件来应用推广。

4. 项目成果

序号	成果名称	类型	完成人
1	Real Time Transient Instability Detection Based on Trajectory Characteristics and Transient Energy	会议	邓晖、赵晋泉、吴小辰、门锟
2	Combining Differential Evolution Algorithm with Biogeography-Based Optimization Algorithm for Reconfiguration of Distribution Network	会议	李静文、赵晋泉
3	A Novel Bus-type Extended Continuation Power Flow Considering Remote Voltage Control	会议	赵晋泉、周超、陈刚
4	Geometric Parameterization Technique Based Continuation Power Flow and Its Applications in AC/DC Hybrid Power System	会议	关朝杰、赵晋泉、尹建华、门锟、洪潮
5	A Review on on-line Voltage Stability Monitoring Indices and Methods Based on Local Phasor Measurements	会议	赵晋泉、杨友栋、高宗和
6	A Distributed Computation Method for Voltage Stability Assessment of a sub-grid within a Large Interconnected Power System	会议	赵晋泉、徐鹏、石飞
7	Review on Transient Stability Prediction Methods based on Real Time Wide-area phasor measurements	会议	吴小辰、赵晋泉、许爱东、邓晖、徐鹏
8	Comparison of methods for the perturbed trajectory prediction based on wide area measurements	会议	门锟、徐鹏、赵晋泉、吴小辰、洪潮
9	A Real-Time Generator-Angle Prediction Method based on the Modified Grey Verhulst Model	会议	邓晖、赵晋泉、门锟、吴小辰
10	A novel real-time transient stability prediction method based on post-disturbance voltage trajectories	会议	赵晋泉、李俊、吴小辰、门锟、洪潮、柳勇军
11	基于改进灰色 Verhulst 模型的受扰轨迹实时预测方法	期刊	邓晖、赵晋泉、柳勇军、吴小辰
12	节点类型扩展连续潮流及其应用	期刊	赵晋泉、周超、陈刚
13	基于受扰电压轨迹的电力系统暂态失稳判别（二）算例分析	期刊	邓晖、赵晋泉、吴小辰、门锟、洪潮
14	基于 TPNT 和半不变量法的考虑输入量相关性概率潮流算法	期刊	刘小团、赵晋泉、罗卫华、赵军
15	基于 RTDS 的南方电网失步解列策略可靠性研究	期刊	刘庆程、郭琦、赵晋泉、韩伟强、徐光虎、王向朋
16	含 FACTS 元件的电力系统电压稳定评估	期刊	赵晋泉、孙晓明、龚成明、杨志宏
17	节能减排下含风电场多目标机组组合建模及优化	期刊	张晓花、赵晋泉、陈星莺
18	基于改进差分进化-生物地理学优化算法的最优潮流问题	期刊	李静文、赵晋泉、张勇
19	基于受扰电压轨迹的电力系统暂态失稳判别（一）机理与方法	期刊	邓晖、赵晋泉、吴小辰、门锟、洪潮
20	一种实用的二维参数静态稳定边界追踪方法	期刊	赵晋泉
21	直流潮流与交流潮流的对比分析	期刊	赵晋泉、叶君玲、邓勇
22	计及发电机励磁电流约束和电枢电流约束的连续潮流	期刊	赵晋泉、钱天能

换流变压器振动的谐波影响机理与抑制新方法研究

1. 基本信息

项目名称：换流变压器振动的谐波影响机理与抑制新方法研究

项目类别：面上项目

项目负责人：罗隆福

负责人职称：教授

依托单位：湖南大学

研究期限：2011-01-01 到 2013-12-31

主题词：感应滤波；有限元；模态分析；振动；振动实验

2. 项目摘要

高压直流输电工程中换流变压器噪声严重超标，影响环境，必须予以治理。以往的治理方法没有治本，且代价大。换流器产生的谐波和直流偏磁是换流变压器振动加剧的根本原因。新型换流变压器拟利用申请者两个发明专利（申请号：200910043186.8 和 200910311197.X）的原理，降低换流变压器铁心与绕组的振动，但需要开展如下前瞻性研究：①谐波和直流偏磁引起换流变压器电磁振动加剧的机理；②谐波主、漏磁通及谐波电流相互作用形成的复杂电磁力作用于铁心及绕组（振动模态）产生怎样的振动效果；③新型换流变压器原理样机试制和实验研究。通过本项目研究，将完成以下工作：①提出换流变压器器身电磁振动机理的理论；②得到考虑谐波和直流偏磁条件下换流变压器器身振动的计算模型；③提出通过抑制变压器谐波磁通来抑制换流变压器器身振动的方法；④研发 380V、100kVA、12 脉波低噪声换流变压器原理样机一台。

3. 结题摘要

本项目研究的感应滤波换流变压器是一种集成了感应滤波技术的新型换流变压器，旨在从谐波源处就近对谐波进行滤除，使得绝大部分的特征次谐波被屏蔽于阀侧绕组，网侧绕组中几乎没有谐波流过，从而达到抑制绕组电磁振动的作用。对换流变压器的谐波电流与绕组电磁振动的关系进行研究，揭示在谐波条件下感应滤波换流变压器对绕组电磁振动的抑制作用。围绕上述问题，本项目完成了如下研究工作：①研究了感应滤波换流变压器的接线方案和滤波机理，推导了感应滤波换流变压器的电压电流传递方程和绕组的匝比关系；②通过对毕奥-沙瓦定律和拉格朗日定理的详细比较，确定了采用拉格朗日定理对感应滤波换流变压器进行绕组电磁力计算。③建立了变压器绕组和铁心的有限元模型，确定了模态分析的方法，并分析了对感应滤波换流变压器振动模态分析的基本思路。④建立了谐波条件下绕组振动的有限元模型，经过有限元计算得到了在四种工况下绕组的振动特性，计算结果表明，感应滤波技术对各个绕组的振动有明显的抑制作用。⑤经有限元计算得到了各个绕组在两种直流侵入方式下的振动特性。⑥确定了感应滤波技术在降低换流变压器铁心振动上的理论依据。⑦完成了试验变压器的设计、制造；通过振动实验，获得了新型换流变压器各种情况下的振动测试结果，并进行了数据分析。

4. 项目成果

序号	成果名称	类型	完成人
1	基于 VB 的电力机车牵引变压器分析软件开发	期刊	罗隆福、姚新丽、许加柱、廖闻迪
2	混合型多重化工业整流系统数学模型及动态控制模式研究	期刊	宁志毫、罗隆福、李勇、许加柱、张晓虎
3	感应滤波器对新型换流变压器短路阻抗的影响	期刊	陈清玉、罗隆福、许加柱、董书大、邓建国、张志文、赵志宇
4	一种滤波整流变压器的数学模型与工作机制	期刊	赵志宇、罗隆福、许加柱、陈清玉、张志文
5	新型整流变压器及其滤波系统的运行参数特性分析	期刊	赵志宇、罗隆福、许加柱、陈清玉、张志文
6	节能滤波型变压器及其整流系统关键问题研究	期刊	宁志毫、罗隆福、张志文、许加柱、赵志宇
7	滤波器对新型换流变压器运行参数的影响分析	期刊	陈清玉、罗隆福、许加柱、董书大、邓建国、张志文、赵志宇、赵圣全
8	基于电路-磁路耦合的感应型滤波换流变压器仿真与验证	期刊	朱红萍、罗隆福
9	新型直流输电系统改善谐波不稳定的机理分析	期刊	朱红萍、罗隆福、许加柱
10	Electromagnetic Vibration Analysis of the Winding of a New HVDC Converter Transformer	期刊	Shao Pengfei、Luo Longfu、Li Yong、Rehtanz Christian
11	变压器铁心谐波磁通抑制技术及其在工业整流中的应用	期刊	宁志毫、罗隆福、许加柱、邵鹏飞、赵志宇
12	基于感应滤波的大功率整流系统原理分析及综合节能设计	期刊	宁志毫、罗隆福、李勇、张志文、Rehtanz C、张杰、赵志宇
13	基于 WSN 的农网配电台区远程监控系统设计	期刊	刘洁、罗隆福、张晓虎
14	直流调制策略改善交直流混联系统的频率稳定性研究	期刊	朱红萍、罗隆福
15	感应滤波技术应用于工业定制电力系统的运行经验分析	期刊	邵鹏飞、罗隆福、宁志毫、许加柱、李勇、Christian Rehtanz
16	基于负荷实测的配电网无功优化及其降损节能效益分析	期刊	张晓虎、罗隆福、刘洁

基于 Agent 建模的多微电网系统智能调度及其实验平台研究

1. 基本信息

项目名称：基于Agent 建模的多微电网系统智能调度及其实验平台研究
项目类别：面上项目
项目负责人：茆美琴
负责人职称：教授
依托单位：合肥工业大学
研究期限：2011-01-01 到 2013-12-31
主题词：微电网；太阳能/风能发电功率预测；智能能量管理；多 Agent；实验平台

2. 项目摘要

本项目将以包含冷热电联供（CCHP）、太阳能光伏发电（PV）、风力发电、燃料电池、蓄电池、超级电容等分布式发电设备构成的多能源微电网系统（MEMGS）及其在配电系统构成多微电网（MMGS）架构作为研究背景，在研究太阳能和风能发电单元能量预测、多微电网系统能量控制规律 基于智能 agent 理论的多微电网系统能量分层、分布控制与集中管理模型及其在线能量控制策略优化算法的基础上，进一步研究基于智能 Agent 理论的多微电网能量管理体系中 Agent 的体系结构，包括 Agent 个体的划分、组织以及实现；研究不同 Agent 个体之间的协同机制，智能 Agent 的学习算法，以集成发电单元实时功率预测、单元能量控制、微电网及多微电网能量控制与调度管理等功能，并适应微电网的复杂性以及规模的变换，最终研制出基于智能 Agent 理论的多微电网数字、物理一体化智能能量调度实验平台。

3. 结题摘要

本项目以包含冷热电联供、太阳能光伏发电、风力发电、燃料电池、蓄电池、超级电容等分布式发电设备构成的多能源微电网系统（MEMGS）及其在配电系统构成多微网（MMGS）架构作为研究背景，围绕基于多 Agent 模型的多微电网能量管理模型及其实验平台主题，重点展开了微电网内部各发电单元的能量控制模型、可再生能源发电单元的能量预测模型、多微电网系统能量调度模型、多微电网能量管理系统的 Agent 体系结构和微电网智能调度实验验证系统等方面的研究。首先在对比分析了现有预测太阳能、风能发电单元输出功率方法的基础上，提出了基于集合经验模态分解（Ensemble Empirical Mode Decomposition, EEMD）和支持向量机（Support Vector Machines, SVM）的 EEMD-SVM 组合模型预测方法，以解决光伏电站日前小时短期出力预测精度问题，采用某实际 100MW 光伏电站的 7 个月的运行数据对所提出的方法验证，计算结果表明与现有方法相比，平均绝对百分比误差减少 5%；针对短期风电功率预测问题，提出了基于脊波神经网络的风电功率预测方法，并进一步创新性地提出了不依赖于方法本身的预测误差修真方法，可减少风电短期预测功率的误差达 8%；首次提出了同时考虑风电和光伏发系统随机性的微电网联合概率分布潮流计算模型，在风力发电和光伏发电功率预测的基础上，先对微电网潮流进行确定性预测，再将马尔科夫链和拉丁超立方抽样相结合，分别对微电网潮流的条件联合概率分布和非条件联合概率分布进行预测。计算结果表明，条件联合概率分布计算方法得到的置信区间更具有参考价值，所得结论为微电网的实时能量优化管理提供了理论依据；针对微电网本地控制器输出功率精确控制，提出了适应于多逆变器系统的基于本地测量和自适应下垂控制方法以及风能太阳能主动控制输出功率的能量平衡控制方法，为微电网内部的能量分层控制打下了基础。基于上述基础工作，首次提出了基于多 Agent 模型的微电网本地层发电单元自主控制与中央层多单元间主动能量协调控制相结合的微电网系统混合能量协调控制框架（Hybrid EMS-MG HEMS-MG），并通过合同网方法，提出了 MAS 下微电网内 Agent 协作的多因子评价决策机制，并设计了相应的 Agent 协作通信协议，并将所得出的方法集成为基于智能 Agent 理论的多微电网数字、物理一体化智能能量调度实验平台。

4. 项目成果

序号	成果名称	类型	完成人
1	Design of A Novel Simulation Platform for the EMS-MG Based on MAS	会议	Mao Meiqin、Wei Dong、Chang, Liuchen
2	Improved Fast Short-term Wind Power Prediction Model Based on Superposition of Predicted Error	会议	Mao Meiqin、Cao Yu、Chang Liuchen
3	Performance Comparison of Models for Fast Short-term Wind Speed Prediction	会议	Mao Meiqin、Chen Shilong、Cao YU、Zhao Yongchao、Chang Liuchen
4	Accurate Output Power Control of Inverters for Microgrids Based on Local Measurement	会议	Mao Meiqin、Shen Kai、Chang Liuchen
5	Energy Real-time Coordination and Balance Control Strategies for Microgrid with Photovoltaic Generators	会议	Mao Meiqin、Huang Hui、Liu Yuefan、Chang Liuchen
6	Energy Coordinated Control of Hybrid Battery-Supercapacitor Storage System in a Microgrid	会议	Mao Meiqin、Liu Yuefan、Jin Peng、Huang Hui、Chang Liuchen

（续）

序号	成 果 名 称	类型	完 成 人
7	Short-term Photovoltaic Output Forecasting Model for Economic Dispatch of Power System Incorporating Large-scale Photovoltaic Plant	会议	Maomeiqin、Gong Wenjian、Cao Yu、Chang Liuchen
8	Multi-Agent Based Simulation for Microgrid Energy Management	会议	Meiqin Mao
9	基于多 Agent 的微网能量管理系统	会议	茆美琴
10	Multi-agent based simulation for microgrid energy management	会议	Maomeiqin、Dongwei、Liuchen Chang
11	Economic analysis of the microgrid with multi-energy and electric vehicles	会议	Maomeiqin、Sun shujuan、Liuchen Zhang
12	Autonomous controller based on synchronous generator dq0 model for micro grid inverters	会议	Du yan、Mao meiqin、Su jianhui
13	Quantitative analysis on economic impacts of installation at different sites on microgrids with multi-energy	会议	Mao Meiqin、Zhao Yongchao、Sun shujuan、Chang Liuchen、Sun Ming、Zhang Guorong
14	Research on SVM-DTC of speed sensorless PMSG for the direct-drive wind generation system with CSC	会议	Mao Meiqin、Liu Bin、Shen Kai、Xu Bin、Chang Liuchen
15	Optimal Allocation and Economic Evaluation for Industrial PV Microgrid	会议	Mao Meiqin、Jin Peng、ZHao Yongchao、Chang Liuchen
16	An intelligent static switch based on embedded system and its control method for a microgrid	会议	Mao Meiqin、Tao Yinzheng、Chang Liuchen、Zhao Yongchao、Jin Peng
17	基于误差叠加修正的改进短期风电功率预测方法	期刊	茆美琴、曹雨、周松林
18	基于多因子和合同网协调机制的微网多 Agent 混和能量管理方法	期刊	茆美琴、金鹏、张榴晨、徐海波、董玮
19	基于风光联合概率分布的微电网概率潮流预测	期刊	茆美琴、周松林、苏建徽
20	基于 VSI 的永磁直驱风力发电机模拟器	期刊	茆美琴、董颖、牛成玉
21	考虑风力发电随机性的微电网潮流预测	期刊	周松林、茆美琴、苏建徽
22	风电功率短期预测及非参数区间估计	期刊	周松林、茆美琴、苏建徽
23	包含电动汽车的风/光/储微电网经济性分析	期刊	茆美琴、孙树娟、苏建徽
24	工业用光伏微电网运行策略优化与经济性分析	期刊	茆美琴、金鹏、张榴晨、丁勇、徐海波
25	基于 EEMD-SVM 方法的光伏电站短期出力预测	期刊	茆美琴、龚文剑、张榴晨、曹雨、徐海波

基于 CMOS 工艺的动态电源驱动架构射频集成功率放大器关键问题研究

1. 基本信息

项 目 名 称： 基于 CMOS 工艺的动态电源驱动架构射频集成功率放大器关键问题研究

项 目 类 别： 面上项目

项目负责人： 陈晓飞

负责人职称： 副教授

依 托 单 位： 华中科技大学

研 究 期 限： 2011-01-01 到 2013-12-31

主 题 词： 射频功率放大器；动态电源；开关噪声；LDMOS；片上电感

2. 项目摘要

动态电源驱动是有效解决射频功率放大器效率和线性问题的重要方法，但在目前的应用中大多数仍然采用分立器件的实现方式，其集成化问题仍然难以解决。本项目在国内外率先开展将动态电源驱动架构射频功率放大器在标准 CMOS 工艺下集成的研究工作。项目围绕射频功率放大器的低成本集成化目标，研究在标准 CMOS 工艺下实现全集成射频功率放大器所面临的两大关键问题：DC-DC 变换器的开关噪声对功率放大器的严重影响；器件工作电压降低对功率放大器输出功率和效率的严重制约。针对开关噪声问题，研究将数字预失真技术和频谱展开技术应用于抑制 DC-DC 变换器开关噪声影响；针对器件工作电压的制约，研究基于标准 CMOS 工艺实现性能与可靠性可满足应用要求的 LDMOS 器件，同时提出 CMOS-LDMOS Cascode 组合结构以解决性能与耐压的矛盾。本项目的研究成果将为设计高性能、低成本的 CMOS 全集成射频功率放大器奠定理论与实践基础。

3. 结题摘要

动态电源驱动是有效解决射频功率放大器（RF PA）

效率和线性问题的重要方法。本项目围绕射频功率放大器在标准 CMOS 工艺下低成本集成化目标，进行了如下研究：①动态电源架构与环路带宽，以及开关噪声影响机制和噪声抑制技术研究。动态电源应能精确跟踪包络信号，同时因开关噪声通过纹波噪声和衬底耦合效应两种机制对功率放大器输出频谱产生影响，因此，动态电源需要极宽的环路带宽、极低的噪声以及大电流驱动，基于“带宽分裂”思想的线性辅助的开关电源架构是最可能的解决方案。针对此架构，提出了一套结合包络信号时域和频域分析的设计优化方法；开关环路变频率工作 Δ 调制技术结合限频率技术以实现开关噪声频谱展开和效率优化；宽带线性放大器采用局部反馈结构以减小输出阻抗，进一步降低开关纹波电压；建立衬底耦合模型，采用深 N 阱隔离等衬底耦合噪声抑制技术。设计了动态电源板级验证电路。②研究了基于标准 CMOS 工艺的 RF-LDMOS 器件结构及特性，提出了两种新结构，分别是一种栅极覆盖漂移区 STI 的 RF-LDMOS_GCSTI 器件——器件优值（击穿电压与特征频率的乘积）显著提高；一种漏极下具有埋层的射频 LDMOS_GCSTI_BL 器件——显著提高器件的漏-源击穿电压。分别采用 HJTC 和 SMIC 0.18μm CMOS 工艺进行了单独器件以及器件在 CLASS E 和 CLASS AB RF PA 中的验证流片，结果表明，提出的 RF_LDMOS_GCSTI 和 LDMOS_GCSTI_BL 器件的击穿电压相对于传统的 RF-LDMOS 器件分别增大了 52.5% 和 76.8%；器件优值分别提高了 45.9% 和 58%。③研究了 CMOS-LDMOS Cascode 结构全差动 E 类 RF PA 设计问题，提出了结合功率合成与动态负载的阻抗变换与功率控制技术，并设计了芯片流片验证。④设计了用线性辅助开关变换器做包络放大器，用 CMOS-LDMOS Cascode Class E RF PA 做相位放大器的极化调制器，芯片放大 20Mbit/s 码率的 16QAM 信号，输出 958mW 射频功率时，实现了高达 54.9% 的效率，且谐波失真小于-60dBc。⑤片上电感设计与建模研究：导出了多层电感的基本物理参数和模型，并设计了多款电路来验证提出的电感结构和模型。本项目的研究成果将为设计高性能、低成本的 CMOS 全集成射频功率放大器奠定理论与实践基础.

4. 项目成果

序号	成果名称	类型	完成人
1	A 5.8GHz fully integrated LNA with solenoid inductors in 0, 18um CMOS baseline process	会议	邹望辉、陈晓飞、邹志革、林双喜
2	An Improved Analytical Series Resistance Model for On-Chip Stacked Inductors	会议	邹望辉、陈晓飞、邹雪城
3	A new high performance RF LDMOS with vertical n + n-p-p + drain structure	会议	陈晓飞、沈亚丁、邹雪城、林双喜、邹望辉
4	A Inverting-Charge-Pump White LED Driver with High Efficiency	会议	陈晓飞、鲍清雷、林双喜、邹雪城、邹望辉
5	A 1.8mW 2MHz signal bandwidth continuous-time sigma-delta modulator	会议	Xiao-fei Chen、Jin-bo Xu、Xue-cheng Zou、Shuang-xi Lin
6	带有源巴伦的 CMOS 宽带低噪声放大器设计	期刊	陈晓飞、李小晶、邹雪城、林双喜

基于 DNA 折纸术的碳纳米管分子逻辑电路研究

1. 基本信息

项 目 名 称： 基于 DNA 折纸术的碳纳米管分子逻辑电路研究

项 目 类 别： 面上项目

项目负责人： 张勋才

负责人职称： 副教授

依 托 单 位： 北京大学

研 究 期 限： 2011-01-01 到 2013-12-31

主　题　词： 碳纳米管；逻辑电路；DNA 折纸术；纳米电子

2. 项目摘要

随着微电子器件集成度的提高，缩小芯片来改善性能所衍生的成本，是科技能否跟上摩尔定律的主要限制因素；同时也是半导体产业所共同的关切。能显著缩小晶体管尺寸的纳米电子技术尤其引人注目，其中碳纳米管因其具有独特的优良特性被视为替代硅材料的一个理想选择。采用 Rothemund 的 DNA“折纸术”，事先对 DNA 链的序列通过计算机程序进行设计；用 DNA 分子修饰碳纳米管，并“绘制”各种形状的电子元器件；利用碱基互补的原理在预定的位置上合成或生长碳纳米管，来形成碳纳米管阵列。再通过引导金属颗粒在 DNA 分子表面的聚焦，进一步构建碳纳米管分子逻辑电路，有望使目前电子线路间近乎 65nm 的最小间距缩小到 6nm 左右。这意味着，通过对碳纳米管的可控排列操作，使目前逻辑电路发展的线宽瓶颈有望再次获得突破。通过对本项目的研究，有望有效平衡芯片的性价比，同时缓解改善芯片性能的限制因素。

3. 结题摘要

随着微电子器件集成度的提高，缩小芯片来改善性能所衍生的成本，是科技能否跟上摩尔定律的主要限制因素；同时也是半导体产业所共同的关切。能显著缩小晶体管尺寸的纳米电子技术尤其引人注目，其中碳纳米管因其具有独特的优良特性被视为替代硅材料的一个理想选择。本项目对基于 DNA 折纸术的碳纳米管分子逻辑电路进行了研究，取得了初步的研究成果。主要研究内容包括：构造 DNA 编码序列数据库；研究微流控技术在 DNA 自组装中的应用；采用 Rothemund 的 DNA“折纸术”，通过对 DNA 链的序列计算机程序设计；用 DNA 分子修饰碳纳米管，“绘制”基本电子元器件；利用碱基互补的原理在预定的位置上合成或生长碳纳米管，来形成碳纳米管阵列。进一步构建碳纳米管分子逻辑电路；通过本项目的实施，获河南省自然科学优秀学术论文奖一等奖 2 项，二等奖 4 项；通过“国际先进水平”省级科技成果鉴定 2 项，发表学术论文 20 余篇，其中 SCI 收录 5 篇次，EI 收录 12 篇次，申请发明专利 6 项。

4. 项目成果

序号	成果名称	类型	完成人
1	Application of DNA Self-assembly on 0-1 Integer Programming problem	奖励	张勋才、牛莹、崔光照、许进
2	Application of 3D DNA Self-Assembly for Graph Coloring Problem	奖励	张勋才、林闽奇、牛莹
3	Fabrication of Logic Circuits Based on DNA Origami	奖励	张勋才、罗东君、牛莹
4	DNA Implementation of Program Structure	奖励	张勋才
5	Application of a Novel IWO to the Design of Encoding Sequences for DNA Computing	奖励	张勋才、王延峰、崔光照、牛莹、许进
6	基于自组装 DNA 计算的 RSA 密码系统破译方案	奖励	张勋才、牛莹、崔光照、许进
7	自治可编程 DNA 分子逻辑电路算法自组装机理研究	奖励	崔光照、张勋才、王子成、黄春、张崇、王春秀、孙军伟、魏东辉、叶盟盟
8	基于热力学属性的 DNA 计算编码序列的研究与应用	奖励	韩琴琴、王延峰、王子成、姚莉娜、陈园、张勋才、王春秀、任静、田桂花
9	Three Dimensional DNA Self-Assembly Model for the Minimum Vertex Cover Problem	会议	张勋才、宋文军
10	3D DNA self-assembly for the maximum clique problem	会议	张勋才
11	Solving graph vertex coloring problem with microfluidic DNA computer	会议	牛莹、张勋才
12	A Molecular Computing Model for Maximal Clique	会议	Yang Jing、Xu Jin
13	Solving minimum vertex cover problems with microfluidic DNA computer	会议	Zhang Xuncai、Niu Ying、Li Fei、Gan Zuoxin
14	DNA computing in microreactors: A solution to the minimum vertex cover problem	会议	Zhang Xuncai、Niu Ying、Wang Yanfeng
15	Solving Maximum Clique Problems with Microfluidic DNA Computer	会议	牛莹、张勋才、崔光照
16	Construction of logic gate based on multi-channel carbon nanotube field-effect transistors	会议	Zhang Xuncai、Luo Dongjun、Cui Guangzhao、Wang Yanfeng、Huang Buyi
17	Fluorescent nanoparticle beacon for logic gate operation regulated by strand displacement	期刊	杨静、张成
18	Application of 3D DNA Self-Assembly for Graph Coloring Problem	期刊	Zhang Xuncai、Lin Minqi、Niu Ying
19	自组装 DNA 链置换分子逻辑计算模型	期刊	张成、马丽娜、董亚非、杨静、许进
20	自组装 DNA/纳米颗粒分子逻辑计算模型	期刊	张成、杨静、许进
21	Fabrication of Logic Circuits Based on DNA Origami	期刊	张勋才
22	DNA Implementation of Program Structure	期刊	Zhang Xuncai、Xi Fang、Li Fei、Xu Jin
23	DNA/AuNP Fluorescent Detecting Nano-Device	期刊	张成、杨静、许进
24	基于杂草算法的 DNA 编码序列研究（英文）	期刊	罗东芳、罗东君
25	三维 DNA 自组装在多维背包问题中的应用研究	期刊	牛莹、张勋才、范瑞丽、崔光照
26	A New Attempt for Satisfiability Problem: 3D DNA Self-Assembly to Solve SAT Problem	期刊	Zhang Xuncai、Fan Ruili、Wang Yanfeng、Cui Guangzhao

（续）

序号	成 果 名 称	类型	完 成 人
27	微流控 DNA 计算的研究进展及展望	期刊	张勋才、郗方
28	基于微流控技术图顶点着色问题的 DNA 计算模型	期刊	张勋才、牛莹、郗方
29	一种新型 DNA 自组装磁珠光电检测系统及其在 DNA 计算机研制中的应用	期刊	李菲、许进

基于 IEC 61850 与云计算的智能电网状态监测集成平台关键问题的研究

1. 基本信息

项 目 名 称： 基于 IEC 61850 与云计算的智能电网状态监测集成平台关键问题的研究

项 目 类 别： 面上项目

项目负责人： 王德文

负责人职称： 副教授

依 托 单 位： 华北电力大学（保定）

研 究 期 限： 2011-01-01 到 2013-12-31

主 题 词： 智能电网；状态监测；云计算；IEC 61850；故障诊断

2. 项目摘要

围绕研发智能电网状态监测数据与通信集成平台，本项目拟进行以下关键技术的研究：①提出智能电网环境下异构的状态在线监测装置与系统的接入与集成方法。研究无缝通用通信网关以及元数据映射方法等问题，解决目前电网状态监测装置局部、孤立运行，所造成的信息无法共享的问题，满足智能电网对全景状态信息监测与故障诊断的需要。②提出基于 IEC 61850 的智能电网状态在线监测的实时数据交换方法。研究 IEC 61850 与制造报文规范的映射机制、缓冲报告以及数据集等问题，建立状态在线监测的数据交换服务模型，实现标准、快速、可靠的通信服务，解决难以互操作的问题。③首次提出智能电网状态监测云计算平台的技术架构，研究单点失效和负载均衡等问题，实现智能电网状态数据的可靠存储与高效管理，并首次提出基于 MapReduce 的状态数据并行处理方法，为故障诊断等应用提供高性能的并行计算能力和通用的并行算法开发环境。

3. 结题摘要

①提出异构在线监测装置的接入方法，解决在线监测装置种类多、孤立运行、通信规约不统一、功能和接口各不相同，造成难以互操作、数据无法共享等问题。②建立了智能电网在线监测 ACSI 通信服务模型，提出了基于 Web 服务的状态监测分布式数据交换方法，满足数据通信的性能要求。提出了底层实时通信协议 MMS 到托管 ACSI 通信服务的封装方法，解决了特定通信服务映射工作量大、效率低的问题。③提出了基于 SCL 的在线监测 IED 建模、Modbus 与 IEC 61850 的模型映射方法，以保障在线监测 IED 的互操作。建立了基于 CIM 的电网结构与一次设备模型，提出了状态监测信息模型的源端维护、变电站与状态监测主站的模型共享方法，以实现整个系统的一体化建模与模型维护。④提出智能电网状态监测云计算平台的技术架构，并给出单点故障解决方案，保证平台的高可用性。研究多 QoS 评价模型，提出了一种基于负载均衡策略的贪心算法，优于普通的贪心算法性能。提出了基于 Hbase 在线监测数据索引建立方法与快速查询方法，具有良好的数据读取性能。建立了基于 Hive 的电力设备状态信息数据仓库，随着查询维数的增加，计算任务都能顺利完成。为了满足电力设备故障诊断与评估对各类并行数据挖掘算法的需要，提出了基于 MapReduce 的朴素贝叶斯并行化方法，随着溶解气体分析数据集规模的增大，并行化的朴素贝叶斯算法加速比显示出了接近线性增长，显示出了较好的加速比性能。⑤利用上述研究成果研发原型系统并测试，验证了上述方法的正确性和可行性。利用本项目的部分研究成果，研发了变电设备在线监测系统测试与校验平台，进行了工业现场实践。

4. 项目成果

序号	成 果 名 称	类型	完 成 人
1	基于 IEC 61850 和 MMS 的网络化电力远动通信系统	奖励	朱永利、王德文、翟学明、邸剑、李源、黄建才、董涛
2	Storage and query of condition monitoring data in smart grid based on Hadoop	会议	WangDewen、Xiao Lei
3	A method of constructing electric power data warehouse based on cloud computing	会议	WangDewen、Xiao Kai、Xiao Lei
4	Condition monitoring information model based on 61850 and 61970	会议	Song Yu、Wang Qian、Wang Dewen
5	Mapping Method of SCL and CIM Model Based on the Semantic Network of Knowledge Representation	会议	Song Yu、Wang Qian、Wang Dewen

（续）

序号	成果名称	类型	完成人
6	The study of smart grid condition monitoring communication based on IEC61850	会议	Song Yu、LU Hongjuan、Wang Dewen
7	Analysis And Compare Of SCL And CIM Information Model	会议	Song Yu、Wang Qian、Wang Dewen
8	Research on Functional Testing of Substation Equipment On-line Monitoring System	会议	Jian Di、Shuo Li、Dewen Wang
9	Integration Method and Test of IEC 61850 Client in Integrated Supervision and Control System of Substation	会议	WangDewen、Ge Liang、Liu Rukun
10	Task Scheduling Mechanism Based on Multi-QoS Genetic Algorithm in Cloud Data Center	会议	WangDewen、Liu Yang
11	基于云计算的电力数据中心基础架构及其关键技术	期刊	王德文
12	基于行为树的 IEC 61850 智能电子设备互操作性描述与验证	期刊	熊海军、朱永利、张凡、王德文
13	输变电状态监测系统的分布式数据交换方法	期刊	王德文、阎春雨、毕建刚、袁帅
14	变电设备在线监测系统中 IEC 61850 的一致性测试	期刊	王德文、阎春雨、毕建刚、袁帅
15	A New Method of Storage and Proc essing for Massive Condition Information in Smart Grid based on Cloud Computing	期刊	Dewen Wang、Lei Xiao、Kai Xiao
16	电力设备状态高速采样数据的云存储技术研究	期刊	宋亚奇、刘树仁、朱永利、王德文、李莉
17	变电站状态监测通信网关中 Modbus 与 IEC 61850 的映射方法	期刊	王德文、阎春雨、毕建刚、袁帅
18	智能变电站状态监测系统的设计方案	期刊	王德文、王艳、邸剑
19	基于多模型的变压器故障组合诊断研究	期刊	赵文清、李庆良、王德文
20	基于 Hive 的电力设备状态信息数据仓库	期刊	王德文、肖凯、肖磊
21	智能变电站海量在线监测数据处理方法	期刊	王德文、肖磊、肖凯
22	The Application of Support Vector Machine in Load Forecasting	期刊	Wenqing Zhao、Fei Wang、Dongxiao Niu
23	智能电网大数据处理技术现状与挑战	期刊	宋亚奇、周国亮、朱永利
24	变电站在线监测系统的一体化建模与模型维护	期刊	王德文、阎春雨
25	变电站状态监测 IED 的 IEC 61850 信息建模与实现	期刊	王德文、邸剑、张长明
26	基于贝叶斯网络的电抗器健康诊断	期刊	赵文清、王强、牛东晓

基于 Tagaki-Sugeno 模糊模型的核反应堆功率控制系统的设计与分析

1. 基本信息

项 目 名 称： 基于 Tagaki-Sugeno 模糊模型的核反应堆功率控制系统的设计与分析

项 目 类 别： 青年科学基金项目

项目负责人： 栾秀春

负责人职称： 副教授

依 托 单 位： 哈尔滨工程大学

研 究 期 限： 2011-01-01 到 2013-12-31

主 题 词： 核反应堆；功率控制；Tagaki-Sugeno 模糊模型；控制系统设计；稳定性分析

2. 项目摘要

核电机组是高度复杂的非线性系统，其参数是运行功率、核燃料燃尽程度和控制棒价值的函数，并随时间变化。在负荷跟随条件下，当出现大的功率变动时，就必须特别考虑这些因素的影响。现有的大部分反应堆的控制采用常规调节系统，按照基本负荷工作点参数设计。然而，常规控制器的调节性能，在大负荷变动条件下受到挑战。Takagi-Sugeno（T-S）模糊模型是一种描述复杂非线性工业过程和动力学系统的非线性数学模型，提供一种很直观的表达形式，将非线性系统表示成多个线性模型的非线性插值。可以应用控制理论中已经很成熟的线性系统理论，来处理这些局部线性模型，再按照并行分布补偿方法设计全局控制器。T-S 模糊模型提供了一条应用线性控制理论解决非线性控制问题的途径。本课题旨在应用 T-S 模糊控制理论进行核反应堆功率控制系统的设计，并就设计中的理论与实践问题进行研究，以期提高在负荷跟随运行模式下的核反应堆功率控制的性能。

3. 结题摘要

核电机组是高度复杂的非线性系统，其参数是运行功率、核燃料燃尽程度和控制棒价值的函数，并随时间变化。在负荷跟随条件下，当出现大的功率变动时，就必须特别考虑这些因素的影响。现有的大部分反应堆的控制采用常规调节系统，按照基本负荷工作点参数设计。然而，常规控制器的调节性能，在大负荷变动条件下受到挑战。Takagi-Sugeno（T-S）模糊模型是一种描述复杂非线性工业过程和动力学系统的非线性数学模型，提供一种很直观的表达形式，将非线性系统表示成多个线性模型的非线性插值。可以应用控制理论中已经很成熟的线性系统理论，来处理这些局部线性模型，再按照并行分布补偿方法设计全局控制器，并就设计中的理论与实践问题进行研究，以期提高在负荷跟随运行模式下的核反应堆功率控制的性能。以上是本项目立项时的思路。据此，首先建立起适用于控制系统设计与分析的被控对象的数学表达形式，作为整个研究工作的基础；进而，针对等效单组缓发中子点堆动态方程，完成了模糊集合决定因素的分析、核反应堆功率调节的T-S模糊积分控制系统的设计和分析、核反应堆功率调节的T-S模糊观测器的设计和分析。鉴于原研究方案中的不足，提出了“基于T-S模糊模型的引入输入增益的状态反馈控制”设计，并对控制系统的设计结果进行了分析；建立了“基于T-S模糊模型的状态微分反馈控制系统”，以及控制系统设计方法、稳定性条件、观测器设计的分离定理。针对具有6组缓发中子的点堆动态方程，在分析额定功率工作点的线性动态方程的研究中发现：核反应堆内瞬发中子和缓发中子在时间效应上的巨大差异，导致6组缓发中子归一化模型可控性矩阵成为矩阵病态，使得原本理论推导上的可控变成数值计算上的不可控。如果没有新的方法和理论的建立，继续讨论针对6组缓发中子的点堆动态方程的控制系统设计已没有意义。鉴于上述结果，为了更有效而全面地描述可控性，提出了一个新的概念——可控度。这是一个定量描述可控性的概念，采用可控性矩阵的范数来描述，可以考虑到研究时采用的计算设备的精度对判别结果的影响，能够提供比定性描述的概念——可控性——更全面的信息。“对于等效单组缓发中子点堆动态方程，控制系统设计参数与核反应堆功率动态方程中物理参数的关系”这部分研究计划的内容，得出了以核反应堆功率动态方程中物理参数表达的可控性矩阵的行列式计算表达式。本项目的研究生在对衍生出来的题目进行了研究。

4. 项目成果

序号	成果名称	类型	完成人
1	Load-following control of nuclear reactors based on Takagi-Sugeno fuzzy model	会议	Luan Xiu-Chun、Young Ai-Guang、Han Wei-Shi、Zhai Yu
2	模糊PID控制在核反应堆功率控制中的研究	期刊	刘磊、栾秀春、沈阳、杨志达
3	模糊鲁棒控制方法在核反应堆功率控制中的应用	期刊	刘磊、栾秀春、饶甦、金光远、余涛
4	基于可视化方法的点堆动力学方程刚性分析	期刊	余涛、栾秀春、刘磊、刘少有
5	基于单组缓发中子模型的反应堆功率T-S模糊控制	期刊	赵伟宁、栾秀春、樊达宜、周杰
6	基于Takagi-Sugeno模糊模型的核反应堆功率积分控制系统	期刊	栾秀春、周杰、杨爱民、翟羽
7	基于模糊状态观测器的核反应堆功率T-S模糊积分控制系统	期刊	韩文伟、栾秀春、杨爱民、周杰

基于电流预测控制的永磁交流伺服系统在线参数自整定控制策略

1. 基本信息

项目名称：基于电流预测控制的永磁交流伺服系统在线参数自整定控制策略
项目类别：青年科学基金项目
项目负责人：杨明
负责人职称：副教授
依托单位：哈尔滨工业大学
研究期限：2011-01-01 到 2013-12-31
主题词：电流环带宽；电流预测控制；惯量辨识；参数自整定；抗积分饱和

2. 项目摘要

通过对永磁交流伺服系统电流环带宽和控制器参数自整定技术的研究，突破现有技术瓶颈，提升国产伺服技术水平。制约电流环频响的主要原因是层叠控制结构中的各种延时因素，例如采样、滤波和运算时间等，综合考虑电流采样技术和PWM调制技术，提出减少延时时间的措施。同时，考虑矢量控制电机交直轴电压耦合、电压限幅和电压输出畸变等非线性因素，建立完备的离散化电流环模型，实现电流预测控制与各种非线性因素补偿算法的统一设计，明确电流环设计带宽，并进行仿真和实验验证。设计一种真正意义上的在线转动惯量辨识策略，使控制器在实际运行中提取相关信息，获得负载转动惯量。结合规则法和模型法的优点，给出控制器在线参数自整定控制策略，获得位置环和速度环的控制参数，使系统始终保持最佳性能响应，同时，突破现有伺服系统对智能性的要求，使伺服控制器具有在线学习、在线提高的能力。

3. 结题摘要

目前，国产交流伺服系统同欧美和日本等发达国家的产品在关键技术上还存在较大的差距，主要体现在伺服系统的动态响应性能和控制的智能性上。为拓宽电流环带宽而进行电流环控制策略研究，可从根本上提高PMSM伺服系统的动态品质，为实现高性能数字化伺服系统奠定重要基础。此外，实现伺服系统在线参数自整定是实际应用的迫切需要，对于提高伺服系统随动性、抗扰性、控制精度及鲁棒性，具有十分重要的意义，也是伺服系统向智能化发展的必然趋势。申请人已对电流环带宽拓展、电流预测控制，在线惯量辨识以及参数自整定等技术进行深入研究，并取得预期的理论及实际应用成果。采用双采样双更新PWM调制技术，在开关频率不变的条件下实现电流环带宽扩展，提高系统的动态响应，电流环频响的提高直接改善了速度控制的响应能力。在此研究的基础上，提出采用电流预测控制策略，可达到电流环带宽的理论极限，即1/6的PWM调制频率。PWM更新维持单采样单更新方式，通过预测下一步电压参考值达到电压动态解耦，实现高性能电流环动静态响应，重点解决其模型鲁棒性差以及由此产生的静差问题。速度环和位置环的控制器参数设置取决于系统负载惯量，因此快速准确的负载惯量辨识技术是参数自整定控制策略的重要基础。研究了多种离/在线惯量辨识技术，提出一种真正意义上的在线惯量辨识技术，自动捕获系统动态信息并不受负载转矩的影响，惯量辨识精度可保证在5%以内，通过大量的实验验证了其有效性与实用性。提出了一种新颖的PMSM伺服系统控制参数自整定及优化方法，利用频域法设计获取控制参数的初始值，然后以ITAE为阶跃响应的评价函数，通过2DOF整定法在初始值附近搜索使系统工作于最佳控制性能的PI参数值。该方法的优点在于整定后系统具有明确的频域指标，而且参数的小范围优化可提高整定过程的鲁棒性。最后，针对PI控制器积分饱和问题，对比分析多种anti-windup控制策略，提出一种最优的anti-windup控制策略，系统实现快速且零超调的阶跃响应，并且不受指令或负载等因素影响。

4. 项目成果

序号	成果名称	类型	完成人
1	Improved deadbeat predictive current control strategy for permanent magnet motor drives	会议	杨明
2	Predictive Current Control for PMSM Based on Deadbeat Control	会议	杨明
3	永磁同步电机电流直接预测控制和直接转矩控制对比研究	会议	杨明、王庚、牛里、郭杨洋、徐殿国
4	永磁同步电机电流预测控制算法	期刊	牛里、杨明、刘可述、徐殿国
5	永磁同步伺服系统速度调节器抗饱和补偿器设计	期刊	杨明、李钊、胡浩、徐殿国
6	Antiwindup design for the speed loop PI controller of a PMSM servo system	期刊	Yang Ming、Niu Li、Xu Dianguo
7	永磁同步电机改进无差拍电流预测控制	期刊	王宏佳、徐殿国、杨明
8	An Adaptive Robust Predictive Current Control for PMSM with Online Inductance Identification	期刊	Niu Li、Yang Ming、Xu Dianguo
9	永磁交流伺服系统机械谐振成因及其抑制	期刊	杨明、胡浩、徐殿国

基于多代理和多模型技术的智能城市电网自愈控制理论研究

1. 基本信息

项目名称：基于多代理和多模型技术的智能城市电网自愈控制理论研究

项目类别：面上项目

项目负责人：陈星莺

负责人职称：教授

依托单位：河海大学

研究期限：2011-01-01 到 2013-12-31

主题词：智能城市电网；自愈控制；多代理；多模型；状态及风险评估

2. 项目摘要

智能电网是未来电网的发展方向，自愈是其最重要的特征，而城市电网在电力系统中的作用决定了建设智能城市电网是实现智能电网的重要内容。通过研究城市电网中负荷与设备参数的变化规律、分布式电源的运行规律以及运行数据中所隐含的状态特征信息，建立智能城市电网的运行状态评估体系，并运用风险理论对城市电网运行风险和故障概率进行评估。针对城市电力负荷、风能和太阳能的变化中包含有一定的规律性和随机性，提出将其解耦形成动态概率潮流模型，并以此为基础设计智能城市电网的调度与控制策略。采用多模型技术处理不同的数据源、不同的计算模型与方法，设计智能城市电网的动态自适应控制策略，并结合多代理技术，形成智能城市电网自愈控制的协调策略和智能城市电网孤岛运行时的安全稳定控制策略，进一步实现城市电网的智能调度与控制。

3. 结题摘要

本课题在项目负责人提出的城市电网自愈控制体系结构和前期研究成果基础上，从2011年1月至2013年12月进行深入的理论研究，所形成的理论成果被引入到国家电网公司和网省公司科技项目中，并进行示范应用，促进了智能电网的建设。在项目组成员6位教师及18名博、硕士的共同努力下，截至目前为止，已发表学术论文27篇，录用1篇，申请受理发明专利8项，其中3项已获授权，包括第一项该领域的授权专利，出版专著2部，其中1部将于2014年出版，获国网陕西省电力公司科技进步二等奖，培养博士3名、硕士15名。本课题对城市电网自愈控制的关键问题进行了研究，包括城市电网运行状态及风险的评估、城市电网自愈控制模型和策略等内容。研究了分布式发电和负荷特性及其对城市电网潮流分布的影响，负荷功率和分布式电源出力的变化存在一定的规律可循，同时也具有一定的随机性，对城市电网造成一定的危害，本课题定义了动态随机变量及其概率模型，并在此基础上，建立城市电网运行状态和风险的评估方法，在负荷重、敏感负荷多时，城市电网将具有较大的运行风险。提出基于多代理的城市电网自愈控制模型，研究了代理及其内部结构，针对城市电网的特点及其自愈控制的要求，采用多代理技术建立集中与分布协调的自愈控制结构，以提高城市电网的安全性、可靠性、优质性和可控性为目标，实现对正常状态、异常状态和紧急状态等各种情况下的城市电网进行智能化的控制，增强城市电网的自愈能力。提出基于多模型的城市电网自适应控制策略，采用多模型技术处理不同的数据源、不同的计算模型与方法，设计智能城市电网的动态自适应控制策略，并结合多代理技术，形成智能城市电网自愈控制的协调策略和智能城市电网孤岛运行时的安全稳定控制策略，进一步实现城市电网的智能调度与控制。

4. 项目成果

序号	成果名称	类型	完成人
1	配电网故障定位与供电恢复	奖励	陈星莺
2	Fast service restoration of distribution system with distributed generations	会议	Chen Xingying[1]、Chen Dan[1]、Liu Jian[2]、Liao Yingchen[1]、Yu Kun[1]、Hu Hexuan1
3	Operation risk analysis of smart distribution network based on dynamic probability power flow	会议	Zhu Wan[1]、Chen Xingying[1]、Yu Kun[1]、Wei Weil
4	Dynamic security analysis of the urban power grid in islanding	会议	Yu Kunl [2]、Chen Xingying[1]、Cao Yijia2
5	Service restoration study of distribution system with distributed generators based on particle swarm optimization	会议	Chen Dan[1]、Chen Xingying[1]、Liu Jian[2]、Dong Xinzhou[3]、Liao Yingchen1
6	Forecasting method of branch power of the urban power grid based on Multi-model technology	会议	WangXiaojing[1]、Chen Xinying[1]、Yu Kunl
7	Distribution network reconfiguration considering the random character of wind power generation	会议	Zhou Suwen[1]、Chen Xingying[1]、Liu Jian[2]、Dong Xinzhou[3]、Liao Yingchen1
8	基于风险分析的城市电网静态安全评价	会议	祝万、陈星莺、余昆、黄建勇
9	考虑负荷特性的城市电网可靠性多模型评估方法	会议	王晓晶、陈星莺、余昆
10	配电网对分布式电源接纳能力的综合评估	会议	马越、陈星莺、史豪杰、陈楷、刘健、余昆
11	基于MAS的城市电网自愈控制模型研究	会议	余昆、陈星莺、陈楷、廖迎晨
12	Coordinated control strategy of distributed photovoltaic generation and load	会议	Zhang Long、Chen Xing Ying、Chen Kai、Ding Xiao Hua、Chen Xing Ying、Liao Yin Cheng、Yu Kun
13	Research on self-healing restoration strategy of urban power grid based on multi-agent technology	会议	WangXiaoJing[1]、Chen XinYing[1]、Hu HeXuan[1]、Yu Kun[1]、Li ZhenKun1
14	The control and analysis of self-healing urban power grid	期刊	LiuHaoming[1]、Chen Xingying[1]、Yu Kun[1]、Hou Yunhe2
15	配电网智能调度模式及关键技术	期刊	陈星莺、陈楷、刘健、丁孝华、余昆
16	含分布式电源的地区电网无功电压优化	期刊	余昆、曹一家、陈星莺、郭创新、董成明
17	恒速风电机组对电网暂态电压稳定性的影响	期刊	马越、陈星莺、余昆、胡鹤轩
18	基于灵敏度分析法的分布式电源准入功率计算	期刊	马越、陈星莺、余昆、陈楷
19	计及分布式发电的城市电网潮流变化规律研究	期刊	余昆、陈星莺、陈楷、朱红、韦磊、祝万
20	城市电网自愈控制的分层递阶体系结构	期刊	余昆、陈星莺、曹一家
21	考虑分布式电源出力不确定性的城市电网模糊最优潮流分析	期刊	廖迎晨、甘德强、陈星莺、余昆
22	基于保护信息的城市电网故障元件定位方法	期刊	陈星莺、常慧、余昆、李振坤、陈旦
23	智能配电网清洁性评估指标研究	期刊	王晓晶、陈星莺、陈楷、丁孝华、蒋宇、余昆
24	含分布式电源的地区电网动态概率潮流计算	期刊	余昆、曹一家、陈星莺、郭创新、郑华

基于多分类器系统的智能电网安全改进

1. 基本信息

项 目 名 称：基于多分类器系统的智能电网安全改进
项 目 类 别：青年科学基金项目
项目负责人：陈百基
负责人职称：副教授
依 托 单 位：华南理工大学
研 究 期 限：2011-01-01 到 2013-12-31
主 题 词：智能电网；多分类器系统；局部泛化误差模型；电荷及价格预测；故障检测

2. 项目摘要

随着变电站自动化系统的发展，基于智能电子装置的保护系统已可以通过通信网络（如基于以太网的局域网）收集整定和测量数据。这一发展虽然能更有效地保护电力系统，但同时也让电力系统面临网络安全的风险。除了传送过程中的数据损坏以外，入侵者有可能在广域宽带网发送恶意虚假数据来误导电力保护系统，使继电器做出错误的操作，造成生命或财产的损失。因此，侦测不良和恶性数据的研究对智能网络的安全将有十分重要的意义。针对这一需求，本项目在多分类器系统（Mwltiple Classifier System，MCS）中引入局部泛化误差模型，以此作为 MCS 泛化能力的度量，使之更为准确合理地反映实际问题。基于局部泛化误差模型，提出在线学习的动态结构 MCS，不但实时更新学习，并且根据问题的复杂程度自动选择基分类器的数目，保持系统的实时更新。将该成果应用于电力系统，可以快速、准确地侦测智能网络内的不良恶性数据，强化电力系统的故障保护，有效制止网络攻击，为社会经济做出贡献。

3. 结题摘要

随着电力系统的发展，基于智能电子装置的保护系统已经可以通过通信网络（如基于以太网的局域网）收集数据。这一发展虽然能更有效地保护电力系统，但同时也让电力系统面临网络安全的风险。因此，检测及预测数据的研究对智能网络的安全将有十分重要的意义。针对这一需求，本项目在多分类器系统（MCS）中引入局部泛化误差模型，以此作为 MCS 泛化能力的度量，使之能更准确合理地反映实际问题。基于局部泛化误差模型，提出在线学习的动态结构 MCS，不但实时更新学习，并且根据问题的复杂程度自动选择基分类器的数目，保持系统的实时更新。将该成果应用于电力系统的检测及预测应用中，可以快速地检测智能网络内的问题、准确地预测系统的变化，强化电力系统的故障保护。输电线路故障会对电网造成极大的影响，通过对相邻的线路建立分类器并使用多分类器的方法进行融合能对电线故障进行快速准确的检测、分类和定位。负载预测能有效地降低发电成本，基于不同间隔的负载数据建立多分类器能进行准确的负载预测。本项目所提出的基于局部泛化误差的多分类器系统能有效地应用在智能电网的不同研究中，并取得了较好的效果，有效地推动智能电网研究的发展。

4. 项目成果

序号	成果名称	类型	完成人
1	Mutivariable Mutual Information Based Feature Selection For Electricity Price Forecasting	会议	Zhi-Wei Qiu
2	Random forest based ensemble system for short term load forecasting	会议	Ying-Ying Cheng、Patrick P. K Chan、Zhi-Wei Qiu
3	Sensitivity Based Growing And Pruning Method For RBF Network In Online Learning Environments	会议	Patrick P. K Chan、Xi-Rong Wu、Wing W. Y. Ng
4	Dynamic Base Classifier Pool For Classifier Selection In Multiple Classifier Systems	会议	Patrick P. K. Chan、Qin-Qin Zhang、Wing W. Y. Ng
5	Comparison of Different Classifiers In Fault Detection In Microgrid	会议	Patrick P. K Chan、JingZhu、Zhi-Wei Qiu、Wing W. Y. Ng
6	Three-Phase Fault Location Based On Multiple Classifier System in Double-Circuit Transmission Lines	会议	Patrick P. K. Chan、Jing Zhu、Zhi-Wei Qiu
7	Multiple Classifier System For Short Term Load Forecast of Microgrid	会议	Patrick P. K Chan、Wei-Chun Chen、Wing W. Y. Ng
8	Dynamic fusion method using Localized Generalization Error Model	期刊	Patrick P. K. Chan、Daniel S. Yeung、Wing W. Y. Ng、Chih Min Lin、James N. K. Liu

基于分数阶微积分的开关功率变换器建模与控制的研究

1. 基本信息

项 目 名 称：基于分数阶微积分的开关功率变换器建模与控制的研究
项 目 类 别：青年科学基金项目
项目负责人：王发强
负责人职称：副教授
依 托 单 位：西安交通大学

研究期限：2011-01-01 到 2013-12-31
主 题 词：开关功率变换器；分数阶微积分；建模；控制

2. 项目摘要

以往开关功率变换器建模与控制的研究主要是基于用整数阶模型描述开关功率变换器。然而，实际电容和实际电感在本质上是分数阶的事实证实了以往采用整数阶模型描述开关功率变换器是不够精确的，也是与开关功率变换器的分数阶本质相违背的。为此，本项目拟从实际电容和实际电感的分数阶模型出发，建立并分析开关功率变换器的分数阶模型，建立开关功率变换器分数阶模型的数值仿真方法；在开关功率变换器分数阶模型的框架下，设计分数阶控制器以实现开关功率变换器的控制，分析系统参数对系统的影响以及系统中出现的各种复杂非线性现象；设计实验电路，验证分数阶控制器的有效性以及理论分析的正确性。本项目的成功实施将有望深刻揭示开关功率变换器的分数阶本质，证实分数阶控制器控制开关功率变换器的优越性，阐明分数阶控制器控制开关功率变换器中各种复杂非线性现象产生的物理机理，从而为开关电源设计提供重要的理论基础和实验依据。

3. 结题摘要

本项目是基于分数阶微积分理论的开关功率变换器建模与控制的研究。在本项目的资助下，首先研究了 PWM 控制开关功率变换器的整数阶建模问题，指出了 PWM 控制开关功率变换器传统整数阶建模中的不足（例如，忽略了开关频率等重要参数的影响），建立了 PWM 控制开关功率变换器的改进模型，分析了开关频率等重要参数对系统动力学行为的影响。然后，在充分了解和掌握开关功率变换器整数阶建模的特点的基础上，从分数阶电容和分数阶电感的数学模型出发，建立了开关功率变换器的分数阶模型（包括分数阶数学模型、分数阶平均模型和分数阶小信号模型），分析了分数阶阶数对开关功率变换器的稳态输出电压、稳态电感电流、电感电流纹波、电感电流峰值等性能指标的影响，并建立了开关功率变换器分数阶模型的数值仿真方法，进一步仿真分析了分数阶阶数对系统动力学行为的影响，理论分析和数值仿真分析后得出的结论是：与整数阶模型相比，开关功率变换器的分数阶模型更能反映开关功率变换器的实际物理本质。最后，设计分数阶电容和分数阶电感的电路实现形式以构建开关功率变换器的仿真实验电路，以电路仿真结果验证理论分析的正确性。本项目建立的开关功率变换器分数阶模型及其数值仿真方法以及设计的开关功率变换器分数阶模型的电路实现形式，将为开关电源设计提供重要的理论基础和实验依据。围绕本项目的研究，已在国内外知名期刊及会议上共发表论文 13 篇，其中 SCI 收录 7 篇、EI 收录 7 篇、ISTP 收录 3 篇，已培养硕士研究生 3 名，正在培养博士研究生 1 名、硕士研究生 3 名。

4. 项目成果

序号	成果名称	类型	完成人
1	Small signal transfer functions modeling and analysis for open loop KY converter	会议	Wang Fa-Qiang、Zhang Yi-Chen、Ma Xi-Kui
2	Low frequency oscillation in the PI type of average current controlled Boost converter	会议	Wang Fa-Qiang、Ma Xi-Kui、Yan Ye
3	Effect of the input filter on the low frequency stability of a Boost PFC converter: Theoretical analysis simulation and experiment	会议	Wang Fa-Qiang、Ma Xi-Kui、Zhang Hao
4	平均电流控制 Boost 功率因数校正变换器中低频振荡现象的数值仿真分析及实验验证	会议	王发强、马西奎
5	Period-doubling bifurcation in two-stage power factor correction converters using the method of incremental harmonic balance and Floquet theory	期刊	Wang Fa-Qiang、Zhang Hao、Ma Xi-Kui
6	Effects of switching frequency and leakage inductance on slow-scale stability in a voltage controlled flyback converter	期刊	Wang Fa-Qiang、Ma Xi-Kui
7	基于分数阶微积分的电感电流断续模式下 Boost 变换器的建模与分析	期刊	王发强、马西奎
8	不同开关频率下电压控制升压变换器中的 Hopf 分岔分析	期刊	王发强、马西奎、闫晔
9	Research on the influence of switching frequency on low-frequency oscillation in the voltage-controlled Buck-Boost converter	期刊	Wang Fa-Qiang、Ma Xi-Kui
10	Transfer function modeling and analysis of the open-loop Buck converter using the fractional calculus	期刊	Wang Fa-Qiang、Ma Xi-Kui
11	电感电流连续模式下 Boost 变换器的分数阶建模与仿真分析	期刊	王发强、马西奎
12	Stability and bifurcation in a voltage controlled negative-output KY Boost converter	期刊	Wang Fa-Qiang、Ma Xi-Kui
13	Modeling and analysis of the fractional order Buck converter in DCM operation by using fractional calculus and the circuit-averaging technique	期刊	Wang Fa-Qiang、Ma Xi-Kui

基于高频隔离和公共直流母线的电池储能电网接入系统

1. 基本信息

项目名称：基于高频隔离和公共直流母线的电池储能电网接入系统

项目类别：面上项目

项目负责人：宋强

负责人职称：副研究员

依托单位：清华大学

研究期限：2011-01-01 到 2013-12-31

主题词：电池储能；能量转换系统；高频隔离；公共直流母线；碳化硅

2. 项目摘要

各种先进的大容量电池技术的发展为电力系统大容量电池储能系统的广泛应用提供了基础。能量转换系统（Power Converter System，PCS）是实现电池组充放电管理和电网接入的重要组成部分。传统的工频隔离升压方式的PCS在占地、效率和可扩展性等方面都存在较大的困难，也是限制大容量储能系统应用的一个瓶颈。申请者针对大容量城网储能系统的发展趋势，提出以高频DC/DC隔离双向变换单元作为直流电池组的接口电路，以链式多电平变流器作为交流侧电网接入电路，研究新型的高功率密度和高效率的大容量电池储能PCS装置，对其拓扑结构、控制技术和应用方式进行研究。在此基础上进一步研究基于直流母线的灵活可扩的电池储能系统构成方式，将储能电池、直流负荷、敏感负载供电、可再生能源等纳入到一个灵活可扩的广义储能系统当中。在节约型、低能耗的可持续发展模式要求下，以及大都市占地资源日益紧张的情况下，本项目的研究内容将为下一代大容量PCS的发展提供一个新的方向。

3. 结题摘要

针对大容量城网储能系统的发展趋势，以高频隔离双向DC/DC变换单元和链式多电平变流器作为核心电路，从拓扑结构、基本特性、控制和管理策略、硬件设计和实现四个方面展开了全面研究。在拓扑结构的研究中，提出了一种新型Z源IBDC电路代替传统的IBDC电路；在此基础上，提出了依托不间断电源的智能功率转换系统概念。在基本特性的研究中，指出了国际上关于DPS原理传输功率特性的错误结论，提出DPS原理与传统SPS原理的最大传输功率能力相同；并且校正了开关和传输功率特性，提出在实际工作中，还存在电压极性反转、电压暂落以及相位漂移等现象。在控制和管理策略的研究中，提出了扩展移相（Extended Phase Shift，EPS）控制方法；给出了效率和电流应力最优模型算法，提出了最优开关策略；并在系统层面提出了分层和分布式控制管理体系和分散逻辑控制策略。在硬件设计和实现的研究中，首次完成了基于Si和SiC功率器件的IBDC和高频隔离PCS的应用特性实验对比；给出了安全工作区的定义，提出了PCS的统一离散化设计策略；在此基础上，完成了基于SiC功率器件的整个电池储能PCS的硬件优化设计和实现，并给出了高频隔离PCS设计和实现的一般化流程与建议。本项目完成了研究计划，取得了一系列创新性成果，推动了基于高频隔离和公共直流母线的电池储能系统的实际应用。三年来，已发表科技论文14篇，另有2篇已录用文章。其中，在国际顶级SCI期刊《IEEE Trans. Power Electronics》和《IEEE Trans. Industrial Electronics》上发表（或录用）论文10篇，国内顶级EI期刊《中国电机工程学报》和《电力系统自动化》上发表论文3篇，国际顶级会议《Annual Conference of the IEEE Industrial Electronics Society》上发表论文1篇；申请中国发明专利3项。在本项目的支持下，共支持研究生参加国际和国内会议2次；共培养研究生6名。

4. 项目成果

序号	成果名称	类型	完成人
1	Characterization and application of next-generation SiC power devices for high-frequency isolated bidirectional dc-dc converter	会议	Zhao Biao、Song Qiang、Liu Wenhua
2	Switched Z-source isolated bidirectional dc-dc converter and its phase-shifting shoot-through bivariate coordinated control strategy	期刊	赵彪、于庆广
3	Power characterization of isolated bidirectional dual-active-bridge dc-dc converter with dual-phase-shift control	期刊	Zhao Biao、Song Qiang、Liu Wenhua
4	Current-Stress-Optimized Switching Strategy of Isolated Bidirectional DC-DC Converter With Dual-Phase-Shift Control	期刊	Zhao Biao、Song Qiang、Liu Wenhua、Sun Weixin
5	双重移相控制的双向全桥DC-DC变换器及其功率回流特性分析	期刊	赵彪、于庆广、孙伟欣
6	Overview of dual-active-bridge isolated bidirectional dc-dc converter for high-frequency-link power-conversion system	期刊	赵彪、宋强、刘文华、孙艳栋
7	Next-Generation Multi-Functional Modular Intelligent UPS System for Smart Grid	期刊	Zhao Biao、Song Qiang、Liu Wenhua、Xiao Yi

（续）

序号	成果名称	类型	完成人
8	应用于链式 PCS 系统的双主动全桥移相控制研究	期刊	孙伟欣、宋强、金一丁
9	Efficiency characterization and optimization of isolated bidirectional dc-dc converter based on dual-phase-shift control for dc distribution application	期刊	Zhao Biao、Song Qiang、Liu Wenhua
10	Experimental comparison of isolated bidirectional dc-dc converters based on all-Si and all-SiC power devices for next-generation power conversion application	期刊	赵彪、宋强、刘文华
11	Extended-phase-shift control of isolated bidirectional dc-dc converter for power distribution in microgrid	期刊	赵彪、于庆广
12	智能直流配电网研究综述	期刊	宋强、赵彪、刘文华、曾嵘
13	新型 SiC 功率器件在 Boost 电路中的应用分析	期刊	王旸文、赵彪、严干贵、宋强
14	无主从自均流并联并网电池储能系统	期刊	赵彪、于庆广、王立雯、肖宜
15	Dead-time effect of the high-frequency isolated bidirectional full-bridge dc-dc converter: comprehensive theoretical analysis and experimental verification	期刊	赵彪、宋强、刘文华、孙艳栋
16	A synthetic discrete design methodology of high-frequency isolated bidirectional dc-dc converter for grid-connected battery energy storage system using advanced components	期刊	赵彪、宋强、刘文华、孙艳栋

基于功率传递电网间同期并列理论与应用研究

1. 基本信息

项目名称： 基于功率传递电网间同期并列理论与应用研究

项目类别： 面上项目

项目负责人： 刘家军

负责人职称： 教授

依托单位： 西安理工大学

研究期限： 2011-01-01 到 2013-12-31

主题词： VSC-HVDC；同期并列；功率传递；复合系统；控制策略

2. 项目摘要

根据电压源型换流器可以同时独立地对有功功率和无功功率进行控制的这一原理，将背靠背电压源型换流器应用于电网间的同期并列操作，从而提出一种基于功率传递方式实现电力系统并网的新方法。研究其同期并网的运行机理及控制策略，同时研究该原理电路在增加一台三相变压器与一台隔离开关或断路器，在完成并网操作退出后，组成统一潮流控制器（Unified Power Flow Controuer，UPFC）的原理与电路实现方法，实现 UPFC 的功能；研究同一套背靠背电压源型换流器装置在控制策略下实现电网之间的同期并列与联络线输送功率的联合控制策略；进一步研究其控制策略实现电网运行控制功能的整合、电路结构优化，达到改变控制策略实现同一装置完成多种功能的效果与应用研究。

3. 结题摘要

电网互联具有许多优势，已被全世界广泛采用。联络线的功率控制及并网的自动化技术研究势在必行，以满足智能电网自愈和可靠控制要求。基金面上项目的研究采用理论分析与仿真验证相结合的研究手段，将背靠背结构的 VSC-HVDC 应用于电网间的同期并列等内容进行了研究，完成了基金项目的全部研究内容，最后依据理论研究结果制作了实验样机，取得主要相应研究成果如下：①依据电网的有功与频率以及无功与电压的关系，通过在待并两电网间调节其负荷的总有功值和无功值，以改变其频率与并列点电压，达到并列条件实现并网的原理，提出了一种基于背靠背 VSC-HVDC 装置通过功率传递实现电网间同期并列的新方法。该方法在电网同期并列时，变电站配合电力调度与调频电厂，在待并网电网间实现功率传递可加快并网速度，缩短并网的时间，提高并网的自动化程度。②研究了基于背靠背 VSC-HVDC 在并网过程中，因传递功率在联络线上引起功率波动的机理与波动峰值的计算方法。研究结论有助于掌握并网过程中联络线功率波动的动态特性，对提高并网装置的安全性和并网操作的可靠性具有指导意义。③研究了将背靠背 VSC-HVDC 并网装置拓展为一复合系统。并网装置在并网完成后实现 UPFC、STATCOM 及 SSSC 等功能的转换电路及实现方法，通过相应倒闸操作，实现了并网与并网后对联络线的综合控制及并网后系统的稳定运行与控制功能的整合，提高了电力系统稳定运行与控制的灵活性。同时定义了功能选择操作开关矩阵及并网系统支路变量，形成了复合系统对应功能实现的开关矩阵，根据开关矩阵形成了选择装置工作模式操作策略的判据，依据判据选择相应的装置操作控制策略实现其对应的功能。④提出一种基于功率传递方式实现电力系统并网与UPFC功能相结合的控制策略，以期达到改变控制策略实现同一装置完成多种功能的效果，拓展装置功能，提高并网设备的利用率。⑤提出了一种基于电网间同期并列的对覆冰线路融冰的新方法。分析了通过功率传递进行线路融冰的原理，建立了融冰的数学模型，仿真实验结果表明进行一定的功率传输后，覆冰线路上的负载电流能够达到融冰效果。这一研究成果对我国冬季出现的输电线路覆冰的情况严重影响的消除具有重要意义。⑥提出了并网装置容量的系统设计和计算方法，以及各参数的选取原则和计算方法，为实际工程运用、设计及经济分析提供依据。

4. 项目成果

序号	成果名称	类型	完成人
1	Study on the Fuzzy Control Strategy Based on Back-to-back Micro Grid Connection	会议	Liu Jia-jun、Yao Li-xiao、Tian Dong-meng、Liu Bo、Liu Dong
2	Control strategy for power grids synchronism parallel based on back-to-back VSC	会议	Liu Jiajun、Tang Yong、Sun Huadong、Xue Meijuan、Liu Bo
3	Research on implementation of compound function based on back-to-back VSC in power grid parallel	会议	Liu Jiajun、Tang Yong、Sun Huadong、Guo Ya
4	Implementation of two-level SVPWM algorithm in PSCAD/EMTDC	会议	Liu Jiajun、Yao Lixiao、Wu Tiansen、An Yuan
5	Application of back-to-back VSC-HVDC in power grids synchronization parallel operation	会议	Liu Jiajun、Yao Lixiao、Wu Tiansen、Guo Ya、An Yuan、He Changhong
6	基于电网间同期并列装置的统一潮流控制器进行联络线融冰的仿真研究	期刊	刘家军、田东蒙、贺长宏、姚李孝、刘博
7	基于功率传递并网方式的联络线功率波动研究	期刊	刘家军、闫泊、姚李孝、刘博、刘栋、薛美娟
8	基于功率传递并网方式的联络线功率波动研究	期刊	刘家军、闫泊、姚李孝、刘博、刘栋、薛美娟
9	Research on the principle and simulation of synchronization parallel between grids by VSC	期刊	Liu Jiajun、Tang Yong、Yao Lixiao、Sun Huadong、Wu Tiansen
10	基于电压型换流器电网间同期并列仿真研究	期刊	刘家军、姚李孝、吴添森、闫泊、刘博
11	农网低电压治理的三级联调方式研究	期刊	刘家军、刘栋、姚李孝、王瑞峰

基于功率预测的集群风电融入大电网的主动运行控制策略研究

1. 基本信息

项目名称：基于功率预测的集群风电融入大电网的主动运行控制策略研究

项目类别：面上项目

项目负责人：鲁宗相

负责人职称：副教授

依托单位：清华大学

研究期限：2011-01-01 到 2013-12-31

主题词：电网友好型集群风电；风功率预测；自动发电控制；自动电压控制；风火互济优化运行

2. 项目摘要

我国风电正在经历由小规模、补充性电源向大规模重要电源的角色转换，风电与薄弱电网之间的“矛盾”不断深化，风电的随机性及可控性较差对电网造成的不利影响随着其渗透率的增加而日益突出，并网问题已成为当前公认的制约风电发展的瓶颈。本研究针对我国大规模风电集群开发、远距离送出这一特殊国情决定的世界性难题，本项目的核心研究内容是建立“电网友好型”集群风电与大电网互动运行的控制策略的理论原型。从我国近年大量翔实的风电运行数据出发，研究大型风电（基地）的集群效应与物理模型，分析其并网后电网的静/动态特性，突破现有风电并网研究仅关注接入点的局限；建立分层、分布式风功率预测系统，结合三北地区电源特点，研究基于预测的电力系统风火互济运行方法；以风电场集控层为主导，将风电场建设为具有与传统能源电厂相似的调节能力可靠电源，实现电网对风电闭环的实时控制与调度。

3. 结题摘要

我国风电正在经历由小规模、补充性电源向大规模重要电源的角色转换，风电与薄弱电网之间的“矛盾”不断深化，风电的随机性及可控性较差对电网造成的不利影响随着其渗透率的增加而日益突出，并网问题已成为当前公认的制约风电发展的瓶颈。本研究针对我国大规模风电集群开发、远距离送出这一特殊国情决定的世界性难题，本项目的核心研究内容是建立"电网友好型"集群风电与大电网互动运行的理论原型和控制策略。主要研究内容和研究成果包括：①从我国近年大量翔实的风电运行数据出发，研究大型风电（基地）的集群效应与整体模型，分析其并网后电网的静/动态特性，稳态仿真模块既能反映风电场内部的风电机组排布及接线方式，又能体现整个风电场的稳态特性；动态仿真模块既包含风电机组的风力机、轴系、发电机及变频控制系统模型，又能体现整个风电场的低电压穿越、功率控制等动态特性。②先进的预测技术是国内外公认应对大规模风电功率波动最有效的方法。目前国内相关研究在自主知识产权的数值天气预报、预测模型与算法适应性、误差校正方法等关键问题上还缺乏系统性讨论。报告建立了分层、分布式风功率预测系统，进行了基于微地形的数值天气预报研究；从实际数据出发，定量分析风速、风向、气温、气压、风机参数等各影响因素对预测模型精度的影响机理；研究不同预测方法的适应性，设计风电功率预测的综合方法。③实现风电场调度控制的自动化和常规化，使之具有（或部分具有）与传统能源电厂相似的调节能力，是其融入现有电网运行管理体系的关键技术。报告提出了一套完整的风电场集控平台设计框架，将风电场内的所有设备（包括风机、升压站、测风塔与风场馈线子网等）组织成一个有机整体，对外可接受电网统一调度，对内可协调监控风场设备，有效提高风场的可预测性、可靠性与可控性，使之能够像常规能源电厂那样融入电网调度体系，促进风电真正成为未来电网的优质电源。④建立考虑风电优先的电网闭环调度体系是实现"电网主动调度风电，风电友好融入电网"的最终载体，要求电网与风电场双方都积极改变现有管理模式，在日前计划与在线调度等各个生产环节都相互配合。报告研究讨论了风电有限的电网调度控制问题。研究风电波动特性对电力系统日前发电计划优化、机组组合的影响；研究如何利用预测信息在现有网架条件下提高风电的接纳能力；研究风电随机性对电力系统频率特性、频率波动性及AGC的影响机理。

4. 项目成果

序号	成果名称	类型	完成人
1	风力发电与电力系统	著作	周双喜、鲁宗相
2	中国大规模风电连锁脱网事故：故障演化分析和仿真研究	会议	叶希、乔颖、鲁宗相
3	双馈风电场无功电压协调控制策略研究	会议	陈惠粉、乔颖、鲁宗相
4	考虑风电效益的风火互济系统旋转备用确定方式	期刊	王彩霞、乔颖、鲁宗相
5	低碳经济下风火互济系统日前发电计划模式分析	期刊	王彩霞、乔颖、鲁宗相、徐飞
6	短期风电功率预测误差综合评价方法	期刊	徐曼、乔颖、鲁宗相
7	Simplified equivalent models of large-scale wind power and their application on small signal stability	期刊	Nan Ding、Zonxiang Lu、Ying Qiao、Yong Min
8	风电功率预测信息在日前机组组合中的应用	期刊	王彩霞、鲁宗相
9	风火协调运行效益评估方法	期刊	乔颖、鲁宗相、徐飞、李兢
10	多时空尺度风电统计特性评价指标体系及其应用	期刊	李剑楠、乔颖、鲁宗相、李兢
11	考虑定子侧暂态过程的双馈感应发电机转子电流解耦控制	期刊	石一辉、乔颖、闵勇、鲁宗相、陈惠粉
12	双馈风电场自动电压控制系统设计及应用	期刊	乔颖、陈惠粉、鲁宗相、徐飞、李兢
13	大规模风电机组连锁脱网事故机理初探	期刊	叶希、鲁宗相、乔颖、李兢、王丰、罗伟
14	基于功率预测的波动性能源发电的多时空尺度调度技术	期刊	鲁宗相、闵勇
15	A Consideration of the Wind Power Benefits in Day-Ahead Scheduling of Wind-Coal Intensive Power Systems	期刊	WangCaixia、Lu Zongxiang、Qiao Ying
16	双馈感应发电机三相短路电流解析计算模型	期刊	石一辉、鲁宗相、闵勇、乔颖、陈惠粉
17	变速风力机稳定性研究	期刊	石一辉、鲁宗相、闵勇、乔颖、陈惠粉
18	Study on Multi-scale Unit Commitment Optimization in the Wind-Coal Intensive Power System	期刊	Xi Ye、Ying Qiao、Zongxiang Lu、Yong Min、Ningbo Wang
19	大规模风电多尺度出力波动性的统计建模研究	期刊	李剑楠、乔颖、鲁宗相、李兢、徐飞
20	集群双馈风电场的分次调压控制	期刊	陈惠粉、张毅威、闵勇、乔颖、鲁宗相

基于广域信息的电网结构脆弱性演变机理与评估方法研究

1. 基本信息

项 目 名 称：基于广域信息的电网结构脆弱性演变机理与评估方法研究

项 目 类 别：青年科学基金项目

项目负责人：刘群英

负责人职称：副教授

依 托 单 位：电子科技大学

研 究 期 限：2011-01-01 到 2013-12-31

主　题　词：结构脆弱性；广域测量信息；能量函数模型；复杂系统理论

2. 项目摘要

针对当前电网结构脆弱性演变机理和评估研究方法的不足，该项目借助广域测量信息，从静态和动态的角度研究电网网架的构成以及不同系统运行方式变化引发的电网结构脆弱性机理及相应的评估方法。研究能量函数模型修正方法，从能量在电网中的保持和流通特性的角度，探索电网中能量保持和转移所映射出的电网静态和动态结构脆弱性机理。同时，结合复杂系统理论剖析电网本身的网架结构以及不同的系统运行方式对电网结构脆弱性的影响，建立能够综合反映网架本身以及多种系统因素影响下的电网结构脆弱性评估指标体系以及电网脆弱区或脆弱点辨识方案。这些关键理论问题的探索和解决，对于客观评价电网的安全程度以及维护电网的安全运行具有重要的理论意义和实用价值。

3. 结题摘要

导致电力系统结构脆弱性的因素不仅仅与网架结构自身的脆弱性相关，还与系统运行状态的影响密不可分。针对该问题，本项目结合广域测量信息，研究了系统本身网架结构的脆弱性和运行方式影响下的结构脆弱性机理，大量的仿真试验结果表明：系统静态结构脆弱性是固有脆弱性，只能在恒定运行方式下分析，在运行方式变化时演变为动态结构脆弱性。基于复杂系统的观点，在广域环境下研究了适合评估电网静态结构脆弱性演变程度和趋势的指标模型构建方法，同时提出了电网静态结构脆弱点辨识方案。同时，进一步研究了连续故障情况下改进能量函数计算效率的方法，大量的仿真计算表明：小扰动情形下，可控不稳定平衡点变化极小，可视为不变，变化的是当前运行轨迹的势能和动能的总和，这为进一步研究基于能量函数模型的结构脆弱性控制方法奠定了理论基础。基于能量函数模型的应用，在考虑多种动态影响因素的基础上，在广域环境下建立了一套适合评估电网动态结构脆弱性的指标体系度量电网结构脆弱化动态演变程度和趋势，给出了电网结构的动态薄弱点识别方案，分析了动态变化因素对电网结构脆弱性的影响，在此基础上，发现预防系统的结构脆弱断面的脆弱化必须依靠功率注入限制，从而提出了能量注入域的观点，进一步丰富了脆弱性研究理论。最后，基于静态结构脆弱性和动态结构脆弱性的评估指标模型，开发了基于复杂系统理论和能量函数模型的电网结构脆弱性评估系统。

4. 项目成果

序号	成 果 名 称	类型	完 成 人
1	Voltage vulnerability coordination strategy under big disturbance	会议	Qunying Liu、Qifang Liu、Yongfeng Liao
2	Dynamic Evolutionary Gaming in Direct Bargaining Market among Large Power Consumers	会议	Qunying Liu、Qifang Liu、Yongfeng Liao
3	Assessment of grid inherent vulnerability considering open circuit fault under potential energy framework	期刊	Liu Qun-ying、Liu Qi-fang、Huang Qi、Liu Jun-yong
4	支路约束优化下的电网结构脆弱性研究	期刊	刘群英、刘俊勇、刘起方、史继莉
5	基于 NARX 神经网络预测及模糊控制的互联电网 CPS 鲁棒控制策略研究	期刊	李挺、雷霞、张学虹、孔祥清、刘庆伟、柏小丽
6	遗传灾变算法在配电网络重构中的应用	期刊	刘斌、雷霞、孔祥清、刘庆伟、刘秋榕
7	微电网联网的购售电优化策略	期刊	严文洁、雷霞、戴诗容、刘斌
8	基于一体化数据平台与改进粒子群算法的配电网重构	期刊	陈树恒、党晓强、李兴源、刘群英
9	换电模式下电动汽车换电充裕度模型及仿真研究	期刊	张昌华、孟劲松、曹永兴、黄琦、井实、刘群英
10	考虑 DG 接入与设备运行成本的配电网无功优化	期刊	陈树恒、党晓强、李兴源、刘群英

基于几何图形分形与重构理论的变流器调制方法

1. 基本信息

项 目 名 称：基于几何图形分形与重构理论的变流器调制方法

项 目 类 别：青年科学基金项目

项目负责人：姜卫东

负责人职称：副教授

依 托 单 位：合肥工业大学

研 究 期 限：2011-01-01 到 2013-12-31

主　题　词：变流器；重构；脉宽调制；序列优化；图形分解

2. 项目摘要

变流器的调制理论来源于通信领域的调制理论，从实现的目的性来说，又存在本质的区别。课题将几何图形的分形与重构理论引入到PWM变流器的调制方法研究中，将二维平面或者三维空间的周期性几何图形分解为一系列基本几何图形，例如圆、椭圆、直线、球、椭球等形状，再对基本形状进行组合得到期望的调制结果，进一步反向映射到PWM的发波方法中，从微观上分析每一种现有发波方法的优缺点，解决变流器PWM发波的准确性控制问题。该方法的现有典型应用为逆变器调制的指定谐波消除发波方法，其几何本质为在周期性地调制结果中不含某些特定次数的圆或者球体。课题的突出点在于通过对变流器的期望调制结果进行微观、周期性分解，建立PWM波形的微观评价体系，从微观和周期性的角度对变流器PWM波形的统一进行研究。课题研究以理论分析和实验验证相结合的方式进行。

3. 结题摘要

变流器的调制理论来源于通信领域的调制理论，从实现的目的性来说，又存在本质的区别。课题将几何图形的分形与重构理论引入到PWM变流器的调制方法研究中，将二维平面或者三维空间的周期性几何图形分解为一系列基本几何图形，例如圆、椭圆、直线、球、椭球等形状，再对基本形状进行组合得到期望的调制结果，进一步反向映射到PWM的发波方法中，从微观上分析每一种现有发波方法的优缺点，解决变流器PWM发波的准确性控制问题。该方法的现有典型应用为逆变器调制的指定谐波消除发波方法，其几何本质为在周期性地调制结果中不含某些特定次数的圆或者球体。课题的突出点在于通过对变流器的期望调制结果进行微观、周期性分解，建立PWM波形的微观评价体系，从微观和周期性地角度对变流器PWM波形的统一进行研究。课题研究以理论分析和实验验证相结合的方式进行。研究了变流器的HFT特性，一方面可以对调制策略的瞬时谐波特性进行有效的评估，另一方面也对改进PWM调制策略具有指导性作用，HFT分布曲面给出了一种综合性的量化因素，具体的HFT还将受到采样周期的影响，采样周期越大，HFT也越大。从HFT分布曲面看来，在某些区域HFT分布较小，而在另外一些区域HFT分布较大，因此可以在HFT较小的区域采用较大的采样周期，而在HFT分布较大的区域采用较小的采样周期，这样可以做到在降低一个周期内等效开关频率的基础上，保证变流器的谐波特性相对较好。针对周期性几何图形的分解与重构方法进行了研究。变流器特别是逆变器在稳态运行时，输出具有时间周期性的特征，因此可以引入二维平面内周期性图形分解的方法来获得其时间谐波特性，为进行基于几何图形分解与重构的变流器调制方法的研究奠定坚实基础。针对几何图形的分解与重构在变流器调制策略中的应用研究，研究了基于HFT的分析方法得到变流器输出的谐波微观特性，为输出波形在谐波方面的优化奠定理论基础；结合周期性几何图形的分解理论，获得谐波最优输出模式下波形的几何重构方法。研究SHEPWM的几何本质问题，对于SHPWM类的调制策略，已揭露了其几何本质，此子目标就是将这种几何本质延伸到SHEPWM调制策略中，将其归结到几何图形分解与重构的应用范围中，运用这种思想，研究SHEPWM方法的在线计算和优化问题。

4. 项目成果

序号	成果名称	类型	完成人
1	直流电容储能反馈和负载功率前馈的PWM整流器控制策略	期刊	姜卫东
2	四象限电机控制器直流侧PWM整流器变系数控制策略的研究	期刊	姜卫东
3	直流电容储能反馈和负载功率前馈的BOOST变换器控制策略	期刊	姜卫东
4	基于电网电压定向的三电平并网逆变器的研究	期刊	姜卫东
5	NPC三电平逆变器供电的永磁同步电动机伺服系统	期刊	姜卫东
6	NPC三电平逆变器PWM时降低损耗的研究	期刊	姜卫东、王非、赵勇、汪正玲
7	基于环路统一设计的永磁同步电动机四象限矢量控制系统	期刊	姜卫东
8	电网不对称时抑制负序电流的并网逆变器的控制策略	期刊	姜卫东
9	基于载波和空间矢量调制之间联系的三电平VSI降低和消除共模电压的PWM策略	期刊	姜卫东
10	不同零序电压注入的NPC三电平逆变器中点电位平衡算法的比较	期刊	姜卫东
11	多电平电压源逆变器降低共模电压的脉宽调制策略的研究	期刊	姜卫东
12	以单相PWM整流器为前端的永磁同步电机背靠背驱动系统	期刊	姜卫东
13	小型直驱式永磁同步风力发电系统双PWM控制策略的研究	期刊	姜卫东

基于可靠性的电网风险评估与控制研究

1. 基本信息

项目名称：基于可靠性的电网风险评估与控制研究
项目类别：面上项目
项目负责人：刁柏青
负责人职称：高级工程师
依托单位：山东科技大学
研究期限：2011-01-01 到 2013-12-31
主题词：电网；经济可靠性；可靠性成本；可靠性评估与控制

2. 项目摘要

电网的可靠性问题一直是人们关注的热点。随着能源和电力供需形势深刻变化，行业监管与社会监督力度的不断加大，对电网的可靠性提出了新的要求：既要具有较高的稳定性和抗灾能力，又要具有经济性。我们通过对电网可靠性及其规律的研究，提出了电网风险评估控制体系研究课题，主要内容有：①电网经济可靠性理论的研究；②通过对自然灾害、环境以及设备运行数据的收集和分析，兼顾经济性和可靠性，建立数学模型，为差异化规划设计提供理论依据；③构建基于资产管理运行系统的经济可靠性模型，研究电网企业成本、风险以及可靠性的动态平衡机制；④通过对两维对标数据和影响电网可靠性的管理因素的分析，研究电网企业风险评估与控制体系的理论和方法。本课题是在大量的数据积累和电网运行实践的基础上，根据电网运行和管理的实际需要提出的，具有现实的指导意义，同时又是在实践基础上的理论创新。

3. 结题摘要

电网的可靠性问题一直是人们关注的热点。随着能源和电力供需形势深刻变化，行业监管与社会监督力度的不断加大，对电网的可靠性提出了新的要求：既要具有较高的稳定性和抗灾能力，又要具有经济性。我国的电力行业正处于高速发展时期，管理手段的发展，具有了汇聚和分析海量数据的能力。云服务、物联网、虚拟化等技术开始得到应用，需要不断发展新的管理理论指导电网可靠性的预测和管理，这对电网安全、可靠、稳定运行重要而且必要。本研究主要完成的工作有：①通过分析电网的可靠性与经济性的协调关系，引入经济可靠性概念。②电网生产维护的精益化管理研究。从提升指标体系的精益化水平、流程管理的精益化提升，以及维修技术体系的精益化提升等手段，形成一体化的管理体系。③区域性供电体系的适应性研究。基本思路是电网的供电能力包括供电能力和电力转移能力两部分组成，提出可通过环路、支路等相互连通性，来适应不断增长的电力需求。④提出电网可靠性成本概念，并对其指标设置、核算方法以及应用等方面做了探讨。电网的可靠性成本是从电网维修过程形成的费用中，分析出对电网可靠性有影响的成本费用，作为内部费用；由于电网的故障而引起的用户的损失作为外部损失。电网可靠性成本可以作为确定电网建设中可靠性水平的决策依据，也可以评价标准，以及电网供电适应性的标准。⑤构造企业资产的安全、效能和成本检测分析体系。这是本课题工作量较大的部分内容，也是提高电网企业运营检测（控）中心的检测能力和数据分析能力的重要内容。本研究从全寿命资产管理的理论出发，融入安全、效能方面的指标，形成新的指标体系。不但能从全方位检测资产的使用情况，和资产价值的变化，而且能从中分析资产价值的变化与电网可靠性之间的关系，设备的运行状况与资产增加值之间的关系等。在大数据时代，开辟了一个新的研究领域。⑥构建了基于 Tobit 的电网损失评估模型。引起电网停电事故的自然因素是不可忽视的，本研究探讨了各种自然因素对电网系统的冲击，而产生的企业的损失和社会方面的损失。基于 Tobit 理论的模型具有对非经常性的事件有较好的拟合性。本项目的研究是在结合技术方面和管理方面的成果的基础上进行的，提出了一些指导性的建议和理论，同时也提出了进一步要解决的问题，我们将继续就这些问题进行探讨。

4. 项目成果

序号	成果名称	类型	完成人
1	电网运行的可靠性、适应性、经济性	著作	麻兴斌、刘晓妍、周在霞、刁柏青
2	基于动力干扰理论的结构可靠性模型研究	会议	刁柏青
3	Optimization design of special steel enterprise JIT procurement based on genetic algorithm	会议	Lv Qiang、Li Jingyin
4	modeling and prediction using process reliability of wire rope	会议	麻兴斌、姜翠平
5	强度、应力设计的动态可靠性研究	期刊	麻兴斌、吕强
6	cycle properties of s-vertex connected graphs	期刊	麻兴斌、刘晓妍
7	基于最短路的设备更新问题的数学建模	期刊	刘晓妍、麻兴斌、王晓明
8	元数据驱动在人力资源管理系统建设中的实现	期刊	刁柏青
9	集团化企业的战略采购整合	期刊	吕强、刘晶、吕晓琳
10	智能电网信息化应用能力指标体系的评估算法	期刊	孟祥君、周长银、赵茂先、刁柏青
11	人力资源数据库建设设计方案与实现	期刊	刁柏青
12	供应链节点企业技术创新合作模式选择的博弈分析	期刊	吕强、周彤、李敬银、王雯

基于链式 CA 理论和潜在电路拓扑的谐振过电压抑制研究

1. 基本信息

项目名称： 基于链式 CA 理论和潜在电路拓扑的谐振过电压抑制研究

项目类别： 青年科学基金项目

项目负责人： 屈志坚

负责人职称： 副教授

依托单位： 华东交通大学

研究期限： 2011-01-01 到 2013-12-31

主题词： 过电压；牵引网；关节式电分相；暂态；阻容保护

2. 项目摘要

潜在谐振过电压是指电路中潜藏着引起谐振过电压的通路，它容易造成电气设备的损坏、跳闸或停电事故，由于潜在谐振过电压的电路具有隐蔽性且常伴随暂态过程，建立高阶微分解析模型较为困难。本项目以高速电力“机车-电分相-牵引网”运行和过渡过程为研究对象，利用复杂性科学中的元胞自动机理论以及拓扑算法对潜在谐振电路和所诱发的过电压及其抑制方法进行基础科学研究。具体内容包括：①机车通过关节式电分相诱发潜在谐振通路产生过电压的模型与仿真；②研究链式元胞自动机模型、演化数值模拟与细胞电路的扩散规律，找出所有潜在谐振通路；③多重因素综合影响下的谐振回路参数特征、模型重构与谐振抑制。本项目旨在试验研究基础上，通过实验室仿真和元胞模拟实验，研究潜在过电压的影响因素，揭示诱发暂态谐振过电压的条件、机理和规律，为抑制高速铁路中的潜在过电压奠定理论与技术基础。

3. 结题摘要

本项目旨在揭示电力机车通过关节式电分相诱发过电压的机理，研究中性线发生电压振荡与机车受电弓上产生过电压的关系，从而通过抑制铁道牵引网中潜藏的振荡电压达到削弱或抑制分相过电压的目的，以防止过电压击穿绝缘、损坏电气设备问题。通过研究电磁暂态的相关理论模型，并针对牵引网和关节式电分相的具体结构，对分布参数和感应残压进行理论计算分析，建立链式电路模型。针对机车在牵引网和电分相中运动和暂态过渡变化的电路形式，利用时序分析法和元胞推演法，考虑机车运动和牵引供电方式的变化对过电压的影响，通过链式网络拓扑分析确定过电压发生时刻牵引供电运行方式和列车运行位置。通过若干时序开关对机车位置的控制，对七跨/八跨锚段关节式电分相单、双中性段的机车-电分相-牵引网联合仿真，观测电分相中性段电压幅值和频率的变化，确定了中性段的振荡残压及其与受电弓接触瞬间的弓网电压相角差，对暂态过渡过程具有较大的影响，并与观测到的现场实验现象、实验数据进行了比较和论证。研究结果表明：通过阻容进行能量吸收，可以削弱机车在中性段惰行滑动时，中性线与受电弓、高压互感器之间的电压振荡；同时将中性导线分段进行隔离，配置双中性段，并构成八跨双中性段的阻容保护，将使由于电压振荡和暂态过渡产生的过电压抑制效果更明显，减小对机车车顶绝缘和牵引供电的过电压冲击，具有重要意义。

4. 项目成果

序号	成果名称	类型	完成人
1	The mechanism research of the potential over-voltage evoked by seven - span articulated high-speed railway electrical sectioning	会议	屈志坚、刘雨欣、郭亮
2	Over-voltage Protection Research of Latent Circuit in SCOTT + AT Traction Power Supply System	会议	屈志坚、郭亮、刘雨欣
3	Transient processes time series analysis of high-speed railway power traction and over-voltage protection	会议	屈志坚、刘明光、郭亮、刘雨欣
4	基于图矩阵的仿生寻迹算法研究与应用	期刊	屈志坚、刘明光、刘莉、王健、杨罡、刘铁
5	电力机车过分相过电压抑制新方法	期刊	李宗垒、刘明光、屈志坚、王海姣
6	牵引网电分相的联合建模与潜在过电压抑制研究	期刊	屈志坚、刘雨欣、郭亮
7	基于元胞自动机演化的环网拓扑着色新算法	期刊	屈志坚、刘明光、刘靖、杨罡、刘铁
8	铁道供电暂态过渡过程时序分析与过电压防护	期刊	屈志坚、刘明光、杨罡、刘铁
9	计算接触网雷击参数的新方法	期刊	刘靖、刘明光、屈志坚、刘铁
10	基于改进最小二乘支持向量机的电力机车牵引电机建模	期刊	李娜、杨恒、屈志坚、杨罡
11	基于 CA 模型的铁道电网运行方式监测集成技术	期刊	刘莉、屈志坚、刘明光
12	牵引网双中性段电分相过电压分析与抑制	期刊	屈志坚、刘雨欣、周敏

基于硫属化合物量子点的新型光伏器件及其能量转换特性的研究

1. 基本信息

项 目 名 称：基于硫属化合物量子点的新型光伏器件及其能量转换特性的研究

项 目 类 别：面上项目

项目负责人：蒋阳

负责人职称：教授

依 托 单 位：合肥工业大学

研 究 期 限：2011-01-01 到 2013-12-31

主 题 词：量子点；太阳电池；绿色化学；肖特基结；全光谱吸收

2. 项目摘要

以能级匹配为出发点，依据量子点的相关物性设计构筑异质结和接触势垒是基于半导体量子点的新型太阳电池研究的关键科学问题。本项目拟根据器件结构的需要和硫属化合物半导体的特性，设计出绿色无膦的液相合成方法和反应体系，获得器件规模的量产量子点。依据金属功函数与半导体能带的匹配以及量子点的带隙特点，研究建立内建能垒的条件和特性，设计构筑肖特基接触和量子点混合体异质结。从基于提高能量转换效率的角度出发指导组分、尺寸、表面态、掺杂态等可调的全光谱吸收的量子点的合成。研究改变激子分离界面与传输通道、迁移率、内建电势以及基于量子点太阳电池的等各种结构参数，研究利用量子点的带隙可变特性进行全光谱光电转换机制，为低成本高效率液相途径量子点太阳电池的研究提供新的思路。

3. 结题摘要

本项目根据光电子器件结构的需要和硫属化合物的特性，设计出绿色无膦的液相合成方法和反应体系。建立了基于电化学途径水相体系合成碲化物量子点的合成装置，避免剧毒有机金属前驱体的应用适合规模化合成。合成的巯基乙酸（TGA）稳定的高度分散的CdTe、CdZnTe，最高量子产率超过60%，荧光发射波长460～700nm可调。发展了一步法制备VI族三元、二元半导体量子点技术路线，获得的CIS，PbS量子点具有从800～1200nm的近红外吸收的特点以及高度的单分散性。采用阳离子交换法制备Zn1-*x*Cd*x*Se量子点，仅需通过控制Cd/Zn比，使荧光发射光谱从410～650nm变化，覆盖整个可见光区域。在有机相体系中利用一个类三元合金包壳的合成方法，成功制备了CdS：Mn^{2+}，CdS：Cu^{2+}掺杂量子点。我们选择PbS，CdSe量子点构建场效应器件研究其电传输特性，研究表明PbS、CdSe量子点分别具有p、n型导电特性，首次直接测量了量子点的输运性质，研究了表面修饰与表面态对量子点特性的影响。在量子点光电转换特性研究方面，本项目研究了系列新型的包括肖特基结、耗尽异质结、耗尽体异质结、多结型等量子点光伏器件结构。构造了ZnO纳米线-PbS体异质结型量子点电池，通过对该体系的优化，我们发现～400nm的纳米线性能最佳，其光电转换效率达到5%以上。构筑了基于PbS量子点的耗尽体异质结型光伏器件，对n型结构电极的开发与制备、电极的界面修饰，结合PbS量子点的能带结构特点，选择n型的ZnO纳米线作为与PbS量子点匹配的结构电极。构筑了TiO_2纳米线网络电极-PbS体异质结型光伏器件，得到的量子点电池开路电压为0.60V，短路电流为22.84mA/cm^2 填充因子达到54.1%，相应的光电转换效率达到7.4%。此外，我们对一维结构的掺杂及基于一维纳米结构的光电转换特性进行研究。成功构建了基于单根n型镓掺杂CdS纳米带、n型镓掺杂CdSe纳米带与p型硅的异质结光伏器件 以及n型掺杂纳米带与Au形成的肖特基型光伏器件。研究表明所制备的器件都展示了良好的二极管整流特性。在光照条件下，这四种光伏器件都能够观察到显著的光伏特性。本项目的研究为硫属化合物量子点的绿色化学合成以及基于该量子点的光伏光电器件奠定了理论与技术基础，为新一代量子电池的发展提供了一条新的思路。

4. 项目成果

序号	成果名称	类型	完成人
1	Large-Scale Growth of a Novel Hierarchical ZnO Three-Dimensional Nanostructure with Preformed Patterned Substrate	期刊	LanXinzheng、Jiang Yang et al
2	Enhanced Field-Emission and Red Lasing of Ordered CdSe Nanowire Branched Arrays	期刊	LiGuohua、Jiang Yang et al
3	基于元素磷源的量子点的制备	期刊	WangBinbin、Jiang Yang et al
4	油酰吗啉溶剂体系中银铟硒纳米颗粒的形貌可控合成	期刊	Wang Wenjun、Yang Jiang et al
5	Luminescence and energy transfer in the Sb3 + and Gd3 + activated YBO_3 phosphor	期刊	Chen Lei、Luo Anqi、Deng Xiaorong、Xue Shaochan、Zhang Yao、Liu Fayong、Zhu Jianyang、Yao Zhuofan、Jiang Yang et al
6	The site-selective excitation and the dynamical electron - lattice interaction on the luminescence of YBO_3：Sb3 +	期刊	Chen Lei、Luo Anqi、Zhang Yao、Chen Xinhui、Liu Hao、Jiang Yang et al
7	Suppressing the phase transformation and enhancing the orange luminescence of (Sr，Ba) 3SiO5：Eu2 + for application in white LEDs	期刊	Chen Lei、Luo Anqi、Jiang Yang et al

（续）

序号	成果名称	类型	完成人
8	Improved efficiency of hybrid solar cell based on thiols-passivated CdS quantum dots and poly（3-hexythiophene）	期刊	Liu Xinmei、Jiang Yang et al
9	One-pot synthesis of CdSe magic-sized nanocrystals using selenium dioxide as the selenium source compound	期刊	Liu Xinmei、Jiang Yang et al
10	Nitrogen doped n-type CdS nanoribbons with tunable electrical and photoelectrical properties	期刊	Wu Bo、Jiang Yang et al
11	Mechanism and growth of flexible ZnO nanostructure arrays in a facile controlled way	期刊	ShengYangping、Jiang Yang et al
12	Self-powered and fast-speed photodetectors based on CdS：Ga nanoribbon/Au Schottky diodes	期刊	Linbao Luo、Yang Jiang、Yugang Zhang、Yongqiang Yu、Zhifeng Zhu、Xinzheng Lan、Fangze Li、Chunyan Wu、Li Wang
13	Magnificent CdS three-dimensional nanostructure arrays：the synthesis of a novel nanostructure family for nanotechnology	期刊	Meng Xiangmin、Jiang Yang、Su Huangming、Li Shanying、Wu Di、Liu Xinmei、Han Tingting、Han Ling、Qin Kaixuan
14	Optimization of the Single-Phased White Phosphor of Li2SrSiO4：Eu2+，Ce3+for Light-Emitting Diodes by Using the Combinatorial Approach Assisted with the Taguchi Method	期刊	Chen Lei、Luo Anqi、Zhang Yao、Liu Fayong、Jiang Yang et al
15	Ca3xBixCo4O9and Ca1ySmyMnO$_3$ thermoelectric materials and their power-generation devices	期刊	SuHuangming、Jiang Yang et al
16	Construction of high-quality CdS：Ga nanoribbon/silicon heterojunctions and their nano-optoelectronic applications	期刊	Wu Di、Jiang Yang et al
17	FACILE SYNTHESIS OF COLLOIDAL PbS QUANTUM DOTS	期刊	Liu Chao、Jiang Yang et al
18	One - pot synthesis of homogeneous CdSexS1- x alloyed quantum dots with tunable composition in a green N - oleoylmorpholine solvent	期刊	WangBinbin、Jiang Yang et al
19	High quantum-yield CdSexS1-x/ZnS core/shell quantum dots for warm white light-emitting diodes with good color rendering	期刊	Duan Hongyan、Jiang Yang et al
20	Structure and electrical properties of p-type twin ZnTe nanowires	期刊	LiShanying、Jiang Yang et al
21	Self-organized CdSe quantum dots onto the low bandgap 3-hexylthiophene/ pyridine copolymers	期刊	Wang Jin、Luo Xiaoxia、Kang Dalian、Zhou Z、Xu W、Jiang Yang et al
22	High-gain visible-blind UV photodetectors based on chlorine-doped n-type ZnS nanoribbons with tunable optoelectronic properties	期刊	Yang Jiang、Jiansheng Jie、Peng Jiang、Li Wang、Chunyan Wu、Qiang Peng、Xiwei Zhang、Zhi Wang、Chao Xie
23	Nonvolatile multibit Schottky memory based on single n-type Ga doped CdSe nanowires	期刊	Wu Di、Jiang Yang et al
24	A NEW RED PHOSPHOR OF THE Mn ACTIVATED NON-STOICHIOMETRIC STRONTIUM ALUMINATE 3SrO5Al2O$_3$ FOR HIGH COLOR RENDERING WHITE LEDS	期刊	Chen Lei、Zhang Yao、Liu Fayong、Deng Xiaorong、Xue Shaochan、Luo Anqi、Jiang Yang et al
25	Device structure-dependent field-effect and photoresponse performances of p-type ZnTe：Sb nanoribbons	期刊	Jiansheng Jie、Yang Jiang、Yugang Zhang、Junwei Li、Yongqiang Yu、Yuping Zhang、Zhifeng Zhu、Li Wang、Chunyan Wu

（续）

序号	成果名称	类型	完成人
26	Large conductance switching nonvolatile memories based on p-ZnS nanoribbon/n-Si heterojunction	期刊	Yu Yongqiang、Jiang Yang et al
27	Ultralow Contact Resistivity of Cu/Au With p -Type ZnS Nanoribbons for Nanoelectronic Applications	期刊	Yu Yongqiang、Jiang Yang et al
28	Synthesis and X-ray responsivity of Zn0. 75Cd0. 25Te nanoribbons	期刊	LiShanying、Jiang Yang et al
29	Synthesis of CuInSe2 monodisperse nanoparticles and the nanorings shape evolution via a green solution reaction route	期刊	Wang Wenjun、Jiang Yang et al
30	Large Stokes Shift of Ag Doped CdSe Quantum Dots via Aqueous Route	期刊	Huang Jian、Jiang Yang et al
31	The red luminescence of Sr4Al14O25：Mn4 + enhanced by coupling with the SrAl2O4 phase in the 3SrO · $5Al_2O_3$ system	期刊	Chen Lei、Zhang Yao、Liu Fayong、Zhang Wenhua、Deng Xiaorong、Xue Shaochan、Luo Anqi、Jiang Yang et al
32	A new green phosphor of SrAl2O4：Eu2 + Ce3 + Li + for alternating current driven light-emitting diodes	期刊	Chen Lei、Zhang Yao、Liu Fayong、Luo Anqi、Chen Zhixin、Jiang Yang et al
33	Highly Luminescent and Quantum-Yielding CdSe/ZnS Core/Shell Quantum Dots Synthesized by a Kinetically Controlled Succession Route In 18DMA	期刊	Duan Hongyan、Jiang Yang et al
34	Facile synthesis of high-quality ZnS CdS CdZnS and CdZnS/ZnS core/shell quantum dots：Characterization and diffusion mechanism	期刊	Liu Xinmei、Jiang Yang et al
35	Aqueous synthesis of high quantum yield and monodispersed thiol-capped CdxZn1-xTe quantum dots based on electrochemical method	期刊	Li Junwei、Jiang Yang et al
36	Controlled nucleation and crystal growth through nano SiO_2 for enhancing the orange luminescence of（SrBa）3SiO5：Eu2 + in white LEDs application	期刊	Chen Lei、Luo Anqi、Chen Xinhui、Liu Fayong、Zhao Erlong、Wang Yu、Jiang Yang et al
37	Highly luminescent blue emitting CdS/ZnS core/shell quantum dots via a single-molecular precursor for shell growth	期刊	Liu Xinmei、Jiang Yang et al
38	The temperature-sensitive luminescence of（YGd）VO4：Bi3 + Eu3 + and its application for stealth anti-counterfeiting	期刊	Chen Lei、Zhang Yao、Luo Anqi、Liu Fayong、Yang Jiang et al
39	Synthesis of p-type ZnSe nanowires by atmosphere compensating technique	期刊	LiShanying、Jiang Yang et al
40	THE GREEN PHOSPHOR SrAl2O4：Eu2 + R3 + （R = Y Dy）AND ITS APPLICATION IN ALTERNATING CURRENT LIGHT-EMITTING DIODES	期刊	Chen Lei、Zhang Yao、Xue Shaochan、Deng Xiaorong、Liu Fayong、Jiang Yang et al
41	Synthesis and nano-field-effect transistors of p-type Zn0. 3Cd0. 7Te nanoribbons	期刊	LiShanying、Jiang Yang et al
42	High temperature thermoelectric properties and energy transfer devices of Ca3Co4-xAgxO9 and Ca1-ySmyMnO_3	期刊	Han Ling、Jiang Yang et al
43	CdS 量子点的一步法合成及量子产率	期刊	Chen Yan、Jiang Yang et al
44	Synthesis of high quality and stability CdS quantum dots with overlapped nucleation-growth process in large scale	期刊	Liu Xinmei、Jiang Yang et al

基于免疫移动多智能体系统的微电网智能控制与互动性研究

1. 基本信息

项 目 名 称：基于免疫移动多智能体系统的微电网智能控制与互动性研究
项 目 类 别：面上项目
项目负责人：艾芊
负责人职称：教授
依 托 单 位：上海交通大学
研 究 期 限：2011-01-01 到 2013-12-31
主　题　词：微电网；多智能体系统；人工免疫；多目标优化；智能控制

2. 项目摘要

微电网作为智能电网组织结构中一个有机组成部分，与外部的互动是不可缺少的。因此既要保证微电网自身的安全性和稳定性，更要体现其与外部电网互动性的优势。现代电网以及相应的组成就像人体一样，不仅需要大脑的宏观调度，而且更需要类似免疫系统的快速应答、安全保护与协调。微电网技术的发展使一些新型能源得到充分利用，这对于实现节能减排、能源多元化发展、低碳经济有着重要的意义，然而分布式发电在微电网的大量渗透也对传统电力系统产生很多问题。微电网的运行特性将显著影响上级配电网的平稳运行，如何解决微电网自身的平稳运行是关键。本课题将基于免疫原理的多智能体系统应用到微电网的控制中，通过构建免疫多智能体系统框架实现智能体之间的自主协调和协作，并通过抗体对抗原以及抗体之间的亲和力作用实现多目标优化，解决微电网协调控制、最优运行和互动性中存在的关键技术问题，并采用移动Agent技术保障该智能控制系统安全运行。

3. 结题摘要

本项目面向微电网，研究了其互动行为及对其的运行控制。项目借鉴人体免疫系统，将其分布性及适应性应用到多智能体，对微电网进行智能体建模并构建其多智能体系统框架，模拟实现微电网智能体之间的自主协调和协作，并通过抗体对抗原以及抗体之间的亲和力作用实现微电网的多目标优化运行。进而提出了微电网协调控制、最优运行和互动的流程及算法实现，并结合移动 Agent 技术实现对微电网的智能控制。针对项目的要求，课题组在以下方面取得了研究成果：①状态认知如负荷建模、参数辨识、需求侧状态评估等；②多目标优化运行及其智能算法；③微电网免疫智能体特性、网络架构及互动模式；④微电网多智能体控制实现（MGCC）及移动性研究。在此基础上，项目进一步进行了拓展，研究了：多微电网多智能体互动及微电网集群运行研究，涉及以下方面：微电网相关基础如光伏特性、柔性直流配网及分布式能源并网；电力市场、VPP等；多智能体的示范应用如电动汽车等。通过以上研究，最终形成一套集协调控制、优化调度及自主学习于一体的能量管理方案。该方案提高了含微电网的配网对突发事件的应答和安全保护速度，进一步提升了其安全性和效率。

4. 项目成果

序号	成 果 名 称	类型	完 成 人
1	分布式发电与智能电网	著作	艾芊
2	现代电力系统辨识人工智能方法	著作	艾芊
3	分布式发电概论	著作	郑志宇、艾芊
4	Further research on load modeling and parameter identification based on online measured data	会议	Yao Yuan、Ai Qian、He Xing、et al
5	The Research on Coordinated Operation and Cluster Management for Multi-Microgrids	会议	He Xing、Ai Qian、Xie Da
6	基于改进的遗传-模拟退火算法和误差度分析原理的PMU多目标优化配置	期刊	袁澎、艾芊
7	微电网仿真与实验系统 Ⅰ-总体设计	期刊	解大、顾羽洁、徐涛、艾芊
8	智能电网用户端 讲座 第五讲 微电网发展及相关技术综述	期刊	艾芊
9	基于多代理技术的电动汽车充电协调控制机制	期刊	骆晓非、艾芊、贺兴、解大
10	基于模拟退火算法的相量测量单元优化配置	期刊	曹亮、赵媛媛、崔勇、贺兴、艾芊
11	太阳能光伏建筑一体化技术的应用分析	期刊	王兆宇、艾芊
12	微电网的仿真与实验系统Ⅱ—建模仿真及实现	期刊	解大、顾羽洁、徐涛、艾芊、张明、金之检、XIE Da-GU Yu-jieXU TaoAI QianZHANG MingJIN Zhi
13	Research on dynamic load modelling based on power quality monitoring system	期刊	Yuan Ren-Feng、Ai Qian、He Xing
14	提高电网输电能力技术概述与展望	期刊	艾芊、杨曦、贺兴

（续）

序号	成果名称	类型	完成人
15	The impact of large-scale distributed generation on power grid and microgrids	期刊	艾芊、王晓虹、贺兴
16	智能电网用户端 讲座 第四讲 间歇式能源并网技术与储能	期刊	艾芊
17	光伏建筑一体化系统中阴影遮蔽问题的研究	期刊	王兆宇、艾芊、万振东
18	智能配电网中微电网的多目标优化配置	期刊	王兆宇、艾芊
19	基于 QPSO 与 BPSO 算法的动态微电网多目标优化自愈	期刊	王兆宇、艾芊
20	直流微电网在配电系统中的研究现状与前景	期刊	王晓虹、艾芊

基于模拟电路信号压缩采样的非线性特征核抽取与鉴别方法

1. 基本信息

项目名称：基于模拟电路信号压缩采样的非线性特征核抽取与鉴别方法
项目类别：青年科学基金项目
项目负责人：袁海英
负责人职称：讲师
依托单位：北京工业大学
研究期限：2011-01-01 到 2013-12-31
主题词：特征提取；压缩感知测量；观测矩阵构造；非线性特征核抽取；测试数据压缩

2. 项目摘要

针对非线性特征容易导致模拟电路故障诊断过程出现维数灾难和小样本问题，本课题基于电路测试、信号处理和模式识别理论，对稀疏信号压缩感知和电路特征提取问题展开深入研究，提出基于模拟信号压缩采样的非线性特征核抽取及鉴别方法。在变换域将模拟信号稀疏化表示后，构造与变换基不相关的观测矩阵，以随机采样方式完成稀疏信号的压缩感知，在压缩域中通过范数优化重构信号来权衡采样效果，从压缩感知后的信号中获取原始样本特征；利用核映射实现原始样本特征线性化，从核类间散布非零空间和核类间散布零空间分别抽取非线性特征核鉴别矢量，在 Fisher 极小准则下提取利于分类的电路特征。本课题通过模拟信号压缩采样降低了硬件开销，利用核技术将 Fisher 线性鉴别分析进行非线性推广实现特征提取，解决了特征非线性可分和线性鉴别分析下的小样本问题，为模拟电路特征提取问题提供新的解决方案和原创性的理论成果，具有重要学术价值和实用性。

3. 结题摘要

本课题运用电路测试与验证理论、信号检测与信息处理技术侧重研究了基于模拟信号压缩采样的非线性特征核抽取及鉴别方法。研究工作围绕如下三个方面展开：①模拟信号压缩感知测量方法研究了两类压缩感知性能良好的测量矩阵构造方法及其硬件实现方案，利用其对稀疏化表示后的稀疏信号进行随机采样，在压缩域中通过范数优化重构测试信号，通过信号恢复率评估压缩感知效果。②特征提取和信号检测方法：利用核映射将原始样本从特征空间映射到观测空间实现特征线性化处理，在 Fisher 线性鉴别分析极小准则下抽取原始特征的最佳非线性特征核矢量；研究了决策树机制下的神经网络集成分类器识别调制信号模式，利用多特征信息融合技术提高低信噪比环境下的信号识别率和抗干扰性；提出了一种联合循环平稳特征的无线信号自适应双门限能量检测方法及其硬件实现方案，提高了无线信号检测率和频谱感知精度；利用提升小波的预测和更新原理与故障信号特征提取过程紧密相关，对响应信号经过时频分析后的高频分量实施 Hilbert 变换，从信号频谱分布定位故障特征频率。③测试数据压缩处理方法研究了一种用于片上系统测试数据压缩的计数兼容模式游程编码方法。将余下模式码与保留模式码进行比较，通过增加一个计数码去统计连续相等或者相反的个数从而避免使用结束码，整体提高了编码效率并简化了解压结构。本课题为模拟电路特征提取、测试和故障诊断问题提供新的解决方案和原创性的理论成果。

4. 项目成果

序号	成果名称	类型	完成人
1	宽带无线接入网络容量增强技术	奖励	黎海涛
2	The fault diagnosis research on nonlinear feature extraction with kernel technology	会议	Yuan Haiying
3	On the mutual information and capacity of coded MIMO with interference alignment	会议	Li Haitao[1]、Yuan Haiying1
4	Uplink cooperative detection for non-binary coded wireless network	会议	Li Haitao[1]、Yuan Haiying1
5	The image compression research on the preprocessing technology of lifting wavelet transform	会议	Yuan Hai Ying

（续）

序号	成 果 名 称	类型	完 成 人
6	Joint beam design and user selection over non-binary coded MIMO interference channel	会议	Li Haitao、Yuan Haiying
7	Moving object detection in complex background for a moving camera	会议	Zhang Hui、Yuan Haiying、Li Jianke
8	Resource allocation for full duplex based cognitive radio network	会议	Li Haitao、Lv Haikun、Yuan Haiying
9	基于提升小波变换和Hilbert调制技术的故障识别方法	期刊	袁海英、黎海涛、梅家平
10	The modulation recognition based on decision-making mechanism and neural network integrated classifier	期刊	Yuan Haiying、Sun Xun、Li Haitao
11	WiMAX上行功率控制中分集合并研究	期刊	黎海涛、吕海坤、袁海英、周艳慧
12	Test Data Compression for System-on-a-Chip Using Count Compatible Pattern Run-Length Coding	期刊	Yuan Haiying、Mei Jiaping、Song Hongying、Guo Kun
13	基于提升小波变换的模拟电路故障特征识别	期刊	袁海英、孙迅、黎海涛
14	结合循环平稳特征和自适应双门限检测的频谱感知算法	期刊	袁海英、胡瑜

基于缺陷接地集成波导的新型微波电路研究

1. 基本信息

项 目 名 称： 基于缺陷接地集成波导的新型微波电路研究
项 目 类 别： 地区科学基金项目
项目负责人： 刘海文
负责人职称： 教授
依 托 单 位： 华东交通大学
研 究 期 限： 2011-01-01 到 2013-12-31
主 题 词： 缺陷接地集成波导；微波电路；多模；互连；损耗

2. 项目摘要

面向微波毫米波集成电路、片上系统等领域，探索综合利用平面集成波导的空间拓扑优点进行RF/微波电路设计的新思路，为无线通信和雷达等应用提供体积小、成本低、性能优的子系统模块。本项目拟研究缺陷接地集成波导的混合模传播特征、传输线理论、不连续性分析、损耗理论、单元谐振器设计原理等内容，探索缺陷接地集成波导与其他平面传输线的互连新方法，阐明缺陷接地集成波导单元部件间耦合机理等重要理论问题。在此研究基础上，运用缺陷接地集成波导等平面导波结构，设计高性能、低成本的微波电路。这些理论研究，有助于我们对缺陷接地集成波导形成一个更全面的认识，为将来的潜在应用打下坚实的理论和实验基础。同时，缺陷接地集成波导具有成本低、功率容量较高、重量轻等诸多优点，可广泛用于单片集成电路、射频微机械加工电路、多芯片模块、低温共烧陶瓷等集成电路系统，在未来微波技术和无线工程实践中具有广阔应用前景。

3. 结题摘要

完成情况：在国家自然科学基金的支持下，通过三年的持续研究，本项目开展了诸多创新工作，取得了较为丰富的成果。不仅完成了对缺陷接地集成波导微波电路的深入分析，推导了一系列十分有用的公式，为缺陷接地集成波导相关电路的设计提供了一定的理论指导，设计了多款基于缺陷接地集成波导的新型微波电路，还进一步在高温超导微波电路设计方面做了一定的研究，研发出了几款新型的高性能高温超导微波电路。自项目开展以来，在国际学术杂志上发表论文37篇（SCI收录32篇），录用5篇，在国际学术会议上发表论文9篇；出版论著1部；以本项目的研究成果获得授权发明专利9项；主持获得各级奖励3项，其中省自然科学奖二等奖1项。项目摘要：本项目主要围绕缺陷接地集成波导技术以及基于缺陷接地集成波导的微波电路设计进行理论和工程方面的研究，研究成果主要包括：分析了缺陷接地集成波导弯曲、宽度突变、中断、T形交接等不连续性场结构的感性和容性效应，建立了具有普适意义的缺陷接地集成波导的传输线模型；建立了二级和三级波导型缺陷阶跃阻抗（Defected SIR）传输线/谐振器的等效电路模型及集总参数提取算法，对其混合模传播特性及电路应用进行了分析，建立了缺陷接地集成波导结构中简并模，非简并模的耦合拓扑模型，提出了单元谐振器小型化和多谐振点的设计方法；在缺陷接地集成波导的互连方法研究方面，探索解决了缺陷接地集成波导连接到微带线、共面波导的阻抗匹配和模式匹配问题，对互连中电场、磁场耦合损耗特性进行了分析，对金属通孔在缺陷接地集成波导三维互连中损耗特性做了探索性的研究分析；提出了如何减小缺陷接地集成波导辐射损耗，降低辐射损耗对临近电路的电磁干扰的方法，推导出了简便有效的缺陷接地集成波导损耗公式；以平面集成波导为研究平台，综合应用不同平面传输线的优点，研制了几种基于缺陷接地集成波导的高性能、低成本的谐振器、滤波器和天线。在国家自然科学基金的支持下 本项目的研究工作取得了很好的成果。在国际杂志上发表期刊论文36篇，录用5篇，国际会议论文9篇；出版论著1部；9项发明专利获得授权；主持获得各级奖励3项，其中省自然科学奖二等奖1

项。培养教师和研究生 12 人。取得的各项成果均超过预定申请指标 而且已经开始以本项目的研究成果为基础向工程应用方面转化。

4. 项目成果

序号	成果名称	类型	完成人
1	高性能小型化微波电路研究	奖励	刘海文、官雪辉、程知群
2	A miniaturized tri-band HTS filter using sextuple-mode stub-loaded resonator	奖励	雷久淮、刘海文
3	基于高性能计算方法的多模多带滤波器研究	奖励	官雪辉、张晓燕、王杉、喻易强、刘海文
4	无线通信微波双频带通滤波器研究	著作	官雪辉、马哲旺
5	Dual-band Superconducting Bandpass Filter Using Embedded Split Ring Resonator (SRR)	会议	H. Liu、Y. Fan、Y. Zhao、W. Xu、X. Guan
6	Compact Superconducting Dual-mode Bandpass Filter Loaded With Step-Impedance Shunt Stub	会议	H. Liu、Y. Zhao、Y. Fan、W. Xu、X. Guan
7	宽频带蝶形天线的研究与进展	会议	任宝平、覃凤、占昕、蒋浩、朱爽爽、刘海文
8	共面波导馈电的宽频带改进型蝶形天线的设计	会议	刘海文、王小妹、王言、李申、雷久淮、任宝平、文品
9	A novel tri-band bandpass filter design using open-loop dual-mode resonators	会议	Haiwen Liu、Jiuhuai Lei、Yulong Zhao、Zhichong Zhang
10	A miniaturized Tri-Band HTS Filter Using Sextuple-Mode Stub-Loaded Resonator	会议	雷久淮、刘海文、蒋浩、占昕、覃凤、李申、官雪辉、孙亮、何豫生
11	一种共面波导蝶形宽带天线的设计研究	会议	刘海文、占昕、李申、雷久淮、王小妹
12	节能型双频段无线视频监控系统	期刊	黄德昌、万晶、张智翀、许文渊、刘海文
13	COMPACT DUAL-BAND BANDPASS FILTER USING OCTAGONAL SPLIT-RING RESONATORS WITH SIDE-COUPLED STUBS	期刊	Liu H. W.、Shen L.、Guan X. H.、Huang D. C.、Lim J. S.、Ahn D.
14	Triple-mode bandpass filter using defected ground waveguide	期刊	Liu H. W.、Shen L.、Jiang Y.、Guan X. H.、Wang S.、Shi L. Y.、Ahn D.
15	Compact dual-band bandpass filter using defected microstrip structure for GPS and WLAN applications	期刊	Liu H. W.、Zhang Z. C.、Wang S.、Zhu L.、Guan X. H.、Lim J. S.、Ahn D.
16	Compact triple-band bandpass filter using multimode stubs loaded resonator	期刊	Haiwen Liu、Jiuhuai Lei、Yulong Zhao、Shen Li、XueHui Guan
17	Single-Feed Slotted Bowtie Antenna for Triband Applications	期刊	Haiwen Liu、Hao Jiang、Jiuhuai Lei、Shen Li
18	Microstrip dual-band bandpass filter with E-shaped multi-mode resonator	期刊	Haiwen Liu、S. Li、B. P. Ren
19	Compact tri-band bandpass filter using short-circuited stub-loaded SIR	期刊	Haiwen Liu、Xiaomei Wang、Yulong Zhao、Yan Wang、Shan Wang
20	A Miniaturized Dual-Mode Bandpass Filter Using Slot Spurline Technique	期刊	Haiwen Liu、Jiuhuai Lei、Jing Wan、Yan Wang、Feng Yang、Suping Peng
21	A novel triple-mode bandpass filter based on a dual-mode defected ground structure resonator and a microstrip resonator	期刊	Xuehui Guan、Ye Yuan、Lan Song、Xiaoyan Wang、Jiuhuai Lei、Peng Cai
22	Novel hybrid four-mode microstrip bandpass filter using two paralleled stub-loaded resonators	期刊	Xuehui Guan、Xiaoyan Wang、Bin Wang、Ye Yuan、Haiwen Liu
23	Design of a bandpass filter using hybrid planar waveguide resonator and stepped-impedance resonators	期刊	Xuehui Guan、Ye Yuan、Haiwen Liu、Lan Song
24	Dual-band bandpass filter using multimode square ring loaded resonators	期刊	Haiwen Liu、Baoping Ren、Shen Li、Jiuhuai Lei

（续）

序号	成果名称	类型	完成人
25	A novel dual-mode bandpass filter using stub-loaded defected ground open-loop resonators	期刊	X. Guan、B. Wang、X. -Y. Wang、S. Wang、H. W. Liu
26	Novel microstrip dualband bandpass filter with wide stopband and high isolation	期刊	Xuehui Guan、Wei Fu、Guohui Li、Shan Jiang、Haiwen Liu
27	Design and implementation of compact hybrid four-mode bandpass filter with multi-transmission zeros	期刊	X. Guan、X. -Y. Wang、B. Wang、Ye Yuan、H. Liu
28	COMPACT DUAL-MODE BANDPASS FILTER USING DEFECTED STEP-IMPEDANCE SHUNT STUB	期刊	LiuHaiwen、Zhang Zhichong、Shen Li、Wan Jing、Shi Liyun、Guan Xuehui
29	Dual-mode dual-band bandpass filter using defected ground waveguide	期刊	Liu H. W.、Shen L.、Zhang Z. C.、Lim J. S.、Ahn D.
30	平面多模带通滤波器的研究进展	期刊	刘海文、万晶、沈溧、张智翀、史丽云、姜杨
31	A Novel Dual-Mode Bandpass Filter Based on a Defected Waveguide Resonator	期刊	GuanXuehui、Fu Wei、Liu Haiwen、Ahn Dal、Lim Jong-Sik
32	节能型双频段无线视频监控系统	期刊	黄德昌、万晶、张智翀、许文渊、刘海文
33	Dual-mode dual-band bandpass filters using open-loop slotline resonators	期刊	Haiwen Liu、Li Shen、LiYun Shi、Yang Jiang、Xuehui Guan
34	Compact Dual-Band Bandpass Filter Using Quadruple-Mode Square Ring Loaded Resonator (SRLR)	期刊	Haiwen Liu、Baoping Ren、Xuehui Guan、Jiuhuai Lei、Li Shen
35	Compact Dual-Band Superconducting Bandpass Filter Using Quadruple-Mode Resonator	期刊	Haiwen Liu、Pin Wen、Yulong Zhao、Baoping Ren
36	Triple-band high-temperature superconducting microstrip filter based on multimode split ring resonator	期刊	Haiwen Liu、Yan Wang、Yi-Chao Fan、Xue-Hui Guan、Yusheng He
37	Compact Triple-Band Bandpass Filter With Multimode Resonator	期刊	Haiwen Liu、J. H. Lei、Y. L. Zhao、W. Y. Xu
38	A novel ultra-wide band bandpass filter with notched band using slotline and microstrip resonators	期刊	Xuehui Guan、Peng Chen、Wei Fu、Haiwen Liu、Guohui Li
39	Compact and high selectivity tri-band bandpass filter using multimode stepped-impedance resonator	期刊	Haiwen Liu、Yan Wang、Xiaomei Wang、Jiuhuai Lei、Xuehui Guan
40	Compact dual-band bandpass filter using meander short-circuit quarter-wavelength resonators	期刊	Liu H. W.、Zhang Z. C.、Wei G. W.、Shen L.、Guan X. H.
41	Compact Dual-Wideband Bandpass Filter With Multimode Resonator (MMR)	期刊	Haiwen Liu、Shen Li、Xuehui Guan、Baoping Ren、Jiuhuai Lei、Yan Wang
42	Tri-band Microstrip Bandpass Filter Using Dual-Mode Stepped-Impedance Resonator	期刊	Haiwen Liu、Jiuhuai Lei、Yulong Zhao、Wenyuan Xu、TianTian Wu
43	COMPACT DUAL-MODE BANDPASS FILTER USING MEANDER DEFECTED GROUND WAVEGUIDE LOOP RESONATOR	期刊	LiuHaiwen、Xu Wenyuan、Shen Li、Jiang Yang、Shi Liyun、Wan Jing、Lim Jongsik、Ahn Dal
44	基于五边形缺陷地波导的双模带通滤波器设计	期刊	刘海文、万晶、沈溧、张智翀、王杉、官雪辉
45	Compact diplexer using slotline stepped impedance resonator	期刊	Haiwen Liu、Wenyuan Xu、Zhichong Zhang、Xuehui Guan
46	Compact dual-mode bandpass filter using slotline resonator and stubs	期刊	Liu H. W.、Fan Y. C.、Wei G. W.、Xu W. Y.、Zhang Z. C.、Gui Z. P.、Huang D. C.
47	Compact Superconducting Bandpass Filter Using Dual-Mode Loop Resonators	期刊	Haiwen Liu、Yulong Zhao、Xiaohua Li、Yichao Fan、Wenyuan Xu、Xuehui Guan、Liang Sun、Yusheng He

（续）

序号	成果名称	类型	完成人
48	Compact Triple-Band High-Temperature Superconducting Filter Using Multimode Stub-Loaded Resonator for ISM WiMAX and WLAN Applications	期刊	Haiwen Liu、Jiuhuai Lei、Xuehui Guan
49	Compact High-Temperature Superconducting（HTS）Filter Using Multi-mode Stub-Loaded Resonator	期刊	Haiwen Liu、Jiuhuai Lei、XueHui Guan、Yulong Zhao、Liang Sun、Yusheng He
50	Dual-mode dual-band bandpass filter design using open-loop resonators	期刊	LiuHaiwen、Zhao Yulong、Shi Liyun、Luo Hui
51	一种采用缺陷微带结构的新型双通带滤波器	期刊	刘海文、张智翀、史丽云、姜杨、王杉、官雪辉
52	Dual-Band Superconducting Bandpass Filter Using Embedded Split Ring Resonator	期刊	LiuHaiwen、Fan Yichao、Zhang Zhichong、Zhao Yulong、Xu Wenyuan、Guan Xuehui、Sun Liang、He Yusheng
53	基于双模开环谐振器的双通带带通滤波器设计	期刊	刘海文、雷久淮、赵玉龙、王杉、彭苏萍

基于热声效应的功率型LED强化散热机理研究

1. 基本信息

项目名称：基于热声效应的功率型LED强化散热机理研究

项目类别：面上项目

项目负责人：孙大明

负责人职称：副教授

依托单位：浙江大学

研究期限：2011-01-01 到 2013-12-31

主 题 词：LED；计算流体动力学；散热；面向对象；热声

2. 项目摘要

本课题以LED芯片、封装结构、散热器、外部气流场构成的整个系统为研究对象，深入探究散热过程机理，致力于全面揭示功率型LED的强化散热机理。在理论方面，基于DES（Detached Eddy Simulation）算法和流固耦合理论，利用计算流体动力学方法建立包含LED模块、散热器和外部气流场的整体数学模型，对模型数值求解，研究LED封装结构、散热器结构型式和外部气流场条件对散热过程的影响规律。拓展微型热声发动机理论，发展面向对象的LED散热策略；在实验方面，搭建功率型LED器件的热管理平台，积极运用面向对象的散热策略，研制“能量转换型”热声散热器，将LED芯片所产生的热量高效转移的同时转换成可直接利用的声场能。通过理论建模、数值计算和实验三种研究手段的有机结合，探索强化功率型LED散热的有效途径，为实现功率型LED器件的高效散热奠定理论基础。

3. 结题摘要

本课题以LED芯片、封装结构、散热器、外部气流场构成的整个灯具系统为研究对象，深入探究LED灯具的散热过程机理，致力于全面揭示功率型LED的强化散热机理。经过三年深入和系统的研究，已取得一系列研究成果，完成了既定研究计划。在理论方面，基于DES（Detached Eddy Simulation）算法和流固耦合理论，利用计算流体动力学方法建立了包含LED模块、散热器和外部气流场的整体数学模型，对模型数值求解，研究了LED封装结构、散热器结构型式和外部气流场条件对散热过程的影响规律。拓展热声热机和微型热声发动机理论，深入研究了热声起振机理，探究了降低热声发动机起振温度的有效途径，使热声系统可以在小温差下工作，为利用热声方法有效控制LED灯具的温升奠定了理论基础。利用热声学、流体力学、电学基本理论，将直线发电机与热声技术结合起来，建立了完整的热声发电系统的数学物理模型。发展了面向对象的LED散热策略。在实验方面，参照欧洲相关测试方法和标准，搭建了一个功率型LED器件的热管理研究平台，测试条件可以与数值仿真条件相对应。对一系列LED灯具开展了系统的实验研究，包括大功率LED球泡灯、LED射灯、LED路灯等，通过对比数值模拟结果与实验测试结果，验证了数值模型的正确性，同时揭示了实验方法无法直接测量的参数变化规律，如LED灯具外部气流的速度分布、密度分布和局部细致的温度场。积极运用面向对象的散热策略，将热声冷却系统小型化，创新性地提出了压电驱动器驱动的热声制冷机原理机，拓展了热声热机的研究和应用领域。本课题通过理论建模、数值计算和实验三种研究手段的有机结合，利用热声理论和技术原理，探索了强化功率型LED散热的有效方法和技术途径，为实现功率型LED器件的高效散热奠定了理论基础。

4. 项目成果

序号	成果名称	类型	完成人
1	文物热湿环境控制技术研究及应用	奖励	张学军、张小斌、孙大明、汤珂、韩晓红等
2	环形分布纵向翅片散热器	会议	沈惬、孙大明

（续）

序号	成果名称	类型	完成人
3	自然对流条件下LED散热器方向性	会议	沈愜、孙大明
4	基于CFD方法的液氢温区Taconis热声振荡研究	会议	郭轶楠、孙大明、王凯
5	热声发电系统中的拍频效应研究	会议	王凯、孙大明、郭轶楠、邱利民
6	百瓦级热声斯特林发电系统输出特性研究	期刊	邱利民、赵益涛、王凯、楼平、孙大明、郭轶楠
7	丝网板叠型驻波热声发动机的工作特性研究	期刊	楼平、刘钰、孙大明、邱利民、王凯、王波
8	斯特林型热声发动机驱动直线发电机的工作特性	期刊	孙大明、王凯、楼平、赵益涛、张学军、邱利民
9	自然对流条件下LED阵列散热器改进研究	期刊	王乐、吴珂、俞益波、孙大明、黄志义、顾培夫
10	基于CFD的LED阵列自然对流散热研究	期刊	王乐、吴珂、俞益波、孙大明、黄志义

基于碳纳米管的高性能CMOS器件和集成电路研究

1. 基本信息

项目名称：基于碳纳米管的高性能CMOS器件和集成电路研究

项目类别：面上项目

项目负责人：张志勇

负责人职称：副教授

依托单位：北京大学

研究期限：2011-01-01 到 2013-12-31

主题词：碳纳米管场效应晶体管；集成电路；高k栅介质；传输晶体管逻辑

2. 项目摘要

碳纳米管能带结构中导带和价带对称使得完全有可能制备出性能完全匹配的n型和p型晶体管，从而构建理想的CMOS电路。本项目的目标在于探索基于半导体碳纳米管的高性能CMOS器件规模集成方法，并详细探讨基于CNT的弹道CMOS器件和电路的特征、优势和应用前景，定位碳基电路未来的地位和应用领域。主要研究内容包括：①解决基于CNT的n型FET和p型FET工艺的兼容性，研究主要结构参数和工艺参数对器件的主要性能的影响，通过缩减沟道长度，制备出弹道CMOS器件，通过优化器件结构和各种重要工艺参数，使两种FET的性能同时达到最佳，并且完全对称，②探索基于CNT的CMOS器件的规模集成方法，在此基础上进一步探索CNT CMOS电路在速度和功耗方面相对于对应硅基CMOS电路的优势。③探索CNT CMOS器件和电路在恶劣环境（高温、极低温或者充斥高能射线环境）的工作能力，充分发掘其潜在的应用领域。

3. 结题摘要

在项目执行三年过程中，我们锁定碳纳米管CMOS器件和电路开展研究，主要成果包括：①找到了更适合碳纳米管器件的规模集成方法，采用传输晶体管逻辑构建了碳纳米管集成电路，实现了全加器电路和8位总线电路，达到了50个晶体管左右的集成规模。②完成了栅长为15nm的碳纳米管CMOS器件，n型和p型器件跨导均达到30μS，亚阈值斜率分别为超额完成了预定目标。③对器件的栅结构、栅介质和加工工艺进行了优化，大大提高了器件的性能和成品率，在一根碳管上制备器件的成品率超过80%。④对碳纳米管器件的优势和潜力进行了探索，特别是碳纳米管集成电路可以工作在0.4V超低的工作电压下，研究了碳纳米管顶栅器件在极端温度环境下的运行情况，发现碳管场效应晶体管在300℃到4.2K的温度范围仍然可以正常工作，探索了碳纳米管器件的交流工作的潜力，研究了碳纳米管器件的可靠性。⑤发表标注了项目基金号（61071013）的SCI论文19篇，其中影响因子大于3的论文16篇，影响因子大于7的论文12篇，Nature Communications（1篇），Nature Photonics（1篇），Nano Lett.（1篇），ACS Nano.（4篇）Adv. Func. Mater.（3篇），Nano Research（2篇）其它论文包括，Appl. Phys. Lett.（4）Chinese Science Bulletin（3）等，获美国专利授权1项、中国专利授权4项，新申请中国专利4项。培养博士生四名（丁力、徐慧龙、王振兴、裴天），硕士生一名（石润伯），其中丁力博士获得了北京市优秀博士论文，王振兴博士获得中国真空学会博士生论文优秀奖，裴天博士获得教育部“学术新人奖”。在项目的支持下，张志勇博士入选了2011年教育部“新世纪优秀人才计划”，2012年中组部“万人计划-青年拔尖人才计划”，2013年国家自然科学基金委“优秀青年人才计划”。在所有组员的共同努力下，本项目超额完成了预期的目标。

4. 项目成果

序号	成果名称	类型	完成人
1	Doping-free fabrication of carbon nanotube thin-film diodes and their photovoltaic characteristics	期刊	Zeng Qingsheng、Wang Sheng、Yang Leijing、Wang Zhenxing、Zhang Zhiyong、Peng Lianmao、Zhou Weiya、Xie Sishen
2	Direct extraction of carrier mobility in graphene field-effect transistor using current-voltage and capacitance-voltage measurements	期刊	Zhang Zhiyong、Xu Huilong、Zhong Hua

（续）

序号	成果名称	类型	完成人
3	Carbon Nanotube Based Multifunctional Ambipolar Transistors for AC Applications	期刊	Wang Zhenxing、Zhang Zhiyong、Zhong Hua、Pei Tian、Liang Shibo、Yang Leijing、Wang Sheng、Peng Lian-Mao
4	High-Performance Carbon Nanotube Light-Emitting Diodes with Asymmetric Contacts	期刊	Peng Lian-Mao、Zeng Qingsheng、Yang Leijing、Zhang Zhiyong、Wang Zhenxing、Pei Tian、Ding Li、Liang Xuelei、Gao Min
5	Efficient photovoltage multiplication in carbon nanotubes	期刊	Yang Leijing、Wang Sheng、Zeng Qingsheng、Zhang Zhiyong、Pei Tian、Li Yan、Peng Lian-Mao
6	Graphene-based ambipolar electronics for radio frequency applications	期刊	Wang ZhenXing、Zhang ZhiYong、Peng LianMao
7	Quantum Capacitance Limited Vertical Scaling of Graphene Field-Effect Transistor	期刊	Xu Huilong、Zhang Zhiyong、Wang Zhenxing、Wang Sheng、Hang Xuelei、Peng Lian-Mao
8	Carbon nanotube based ultra-low voltage integrated circuits: Scaling down to 0. 4V	期刊	Ding Li、Liang Shibo、Pei Tian、Zhang Zhiyong、Wang Sheng、Zhou Weiwei、Liu Jie、Peng Lian-Mao
9	Self-Aligned U-Gate Carbon Nanotube Field-Effect Transistor with Extremely Small Parasitic Capacitance and Drain-Induced Barrier Lowering	期刊	Ding Li、Wang Zhenxing、Pei Tian、Zhang Zhiyong、Wang Sheng、Xu Huilong、Peng Fei、Li Yan、Peng Lian-Mao
10	Doping-free carbon nanotube optoelectronic devices	期刊	Wang Sheng、Zhang ZhiYong、Peng LianMao
11	Top-Gated Graphene Field-Effect Transistors with High Normalized Transconductance and Designable Dirac Point Voltage	期刊	Xu Huilong、Zhang Zhiyong、Xu Haitao、Wang Zhenxing、Wang Sheng、Peng Lian-Mao
12	Carbon Nanotube Field-Effect Transistors for Use as Pass Transistors in Integrated Logic Gates and Full Subtractor Circuits	期刊	Ding Li、Zhang Zhiyong、Pei Tian、Liang Shibo、Wang Sheng、Zhou Weiwei、Liu Jie、Peng Lian-Mao
13	Electronic transport in single-walled carbon nanotube/graphene junction	期刊	Pei Tian、Xu Haitao、Zhang Zhiyong、Wang Zhenxing、Liu Yu、Li Yan、Wang Sheng、Peng Lian-Mao
14	High-performance doping-free carbon-nanotube-based CMOS devices and integrated circuits	期刊	Zhang ZhiYong、Wang Sheng、Peng LianMao
15	Temperature Performance of Doping-Free Top-Gate CNT Field-Effect Transistors: Potential for Low- and High-Temperature Electronics	期刊	Pei Tian、Zhang Zhiyong、Wang Zhenxing、Ding Li、Wang Sheng、Peng Lian-Mao
16	Measurements and microscopic model of quantum capacitance in graphene	期刊	Xu Huilong、Zhang Zhiyong、Peng Lian-Mao
17	Simultaneous Electrical and Thermoelectric Parameter Retrieval via Two Terminal Current-Voltage Measurements on Individual ZnO Nanowires	期刊	Liu Yang、Zhang Zhiyong、Wei Xianlong、Li Quan、Peng Lian-Mao
18	Reliability tests and improvements for Sc-contacted n-type carbon nanotube transistors	期刊	Liang Shibo、Zhang Zhiyong、Pei Tian、Li Ruoming、Li Yan、Peng Lianmao
19	CMOS-based carbon nanotube pass-transistor logic integrated circuits	期刊	Ding Li +、Zhang Zhiyong +（contributed equally）、Liang Shibo、Pei Tian、Wang Sheng、Li Yan、Zhou Weiwei、Liu Jie、Peng Lian-Mao

基于稳定性约束条件的空间电源功率密度优化方法

1. 基本信息

项目名称：基于稳定性约束条件的空间电源功率密度优化方法

项目类别：专项基金项目

项目负责人：张东来

负责人职称：教授

依托单位：哈尔滨工业大学

主题词：稳定性判据；空间电源；功率调节单元

（PCU）；禁区；分布式电源系统（DPS）

2. 项目摘要

可靠性和重量是衡量空间电源系统品质极为重要的指标。本项目根据空间应用特殊性，在保证供配电系统稳定的前提下，以提高功率密度为目标，结合稳定性准则的约束条件，建立优化一次电源与二次电源间滤波器组的目标函数，研究优化功率密度的规律和理论依据。以空间电源功率调节单元（PCU）为中心，研究航天器分流体制下姿控系统引起的太阳电池阵列能量摄动对 PCU 输出的影响机理及应对策略，并针对 PCU 研究 BDR 带宽和差异性对多个 BDR 并联稳定性的影响，还考虑了参数精度易被忽视的测控惯性环节、拍频干扰对环路和稳定性的影响。该研究对提高空间电源系统的可靠性和功率密度具有较重要的理论和工程价值。

3. 结题摘要

本项目达到了预期目标，取得了如下成果：①研究了开关变换器的几种稳定性定义方法，分析了开关变换器的建模方法，给出了从稳态、小信号、大信号等不同角度对系统进行稳定性分析的步骤和方法，并对系统的不稳定现象进行了归纳和总结；②建立了航天器电源系统各部件模型，包括太阳电池阵列、蓄电池组、SR、BCR、BDR 及负载模型，为航天器电源系统的稳定性研究奠定了基础；③提出了阻抗比判定系统小信号稳定的充要条件，该充要条件判据减小了传统禁区理论的保守性；④提出了任意集成的电源系统的阻抗比判据，可以对多源多载等复杂互联方式的系统的小信号稳定性进行判定；⑤研究了系统的相对稳定性问题，即小信号意义下系统的稳定裕度问题；⑥提出了一种适用于负载阻抗设计的阻抗比禁区。在源系统的输出阻抗已知的条件下，使用该方法对负载系统的输入阻抗进行设计，可保证整个级联的系统是小信号稳定的；⑦培养博士生 2 人；⑧已发表和录用学术论文 5 篇。

4. 项目成果

序号	成 果 名 称	类型	完 成 人
1	Impedance stability criterion of complex connected DC distributed power system	会议	Li An Shou、Zhang Dong Lai、Tong Qiang
2	Input Current Ripple Cancellation Technique for Boost Converter Using Tapped-Inductor	期刊	Gu Yu、Zhang Donglai、Zhao Zhongyang
3	Necessary and Sufficient Stability Criterion and New Forbidden Region for Load Impedance Specification	期刊	LiAnshou、Zhang Donglai
4	一种精确计算航天器本体对太阳电池阵遮挡的方法	期刊	李安寿、张东来、杨炀、张亚春、张玥
5	开关变换器的稳定性定义及分析方法	期刊	李安寿、张东来、杨炀

基于新型变压器的电气化铁道负序和谐波统一治理的理论与方法研究

1. 基本信息

项 目 名 称： 基于新型变压器的电气化铁道负序和谐波统一治理的理论与方法研究
项 目 类 别： 面上项目
项目负责人： 张志文
负责人职称： 教授
依 托 单 位： 湖南大学
研 究 期 限： 2011-01-01 到 2013-12-31
主　题　词： 新型变压器；电气化铁道功率调节器；负序和谐波；理论与方法；实验验证

2. 项目摘要

电气化铁道负序和谐波的有效综合治理是一个亟需解决的重大课题和难点问题。本项目基于新型变压器原理，针对电气化铁道负序和谐波统一治理问题开展深入研究：负序和谐波抑制变压器理论；负序和谐波统一分析方法；电气化铁道负序和谐波的基本特征及其检测方法；基于负序和谐波抑制变压器的电气化铁道负序和谐波综合治理方案。主要特色及创新点：1）以变压器的磁特性和不对称非线性负载的功率特征为切入点展开研究，提出了负序和谐波的诸多共性问题，探索了负序和谐波的内在关系；2）充分挖掘了变压器的潜在功能，提出了负序和谐波抑制变压器的理论构想；3）所提方案充分利用了负序和谐波抑制变压器的技术优势，采用了先进的电力电子技术，提高了负序和谐波的综合治理效果，降低了综合治理成本，具有先进性、综合性和实用性等特点。项目研究成果首先有望在电气化铁道上获得应用，继而有望在电力系统负序与谐波统一治理中进一步推广。

3. 结题摘要

提出了基于新型变压器的电气化铁道负序和谐波统一治理的理论、方法和方案。完成了预期研究内容，提交了阶段研究报告，实现了预期研究目标，取得了一系列研究成果。发表论文 22 篇，其中国际刊物论文 6 篇，国内核心刊物论文 16 篇，论文被 SCI 检索 6 篇，EI 检索 14 篇，ISTP 检索 2 篇。申请国家专利 6 项，获得授权专利 10 项。获得软件著作权 2 项。获奖 2 项。培养博士研究生 2 人，硕士研究生 6 人，指导青年学术带头人 2 人。国际合作交流各 1 人次。项目经费开支合理，符合相关规定。主要研究成果概述如下。①研究了负序和谐波抑制变压器原理，形成了相关理论和方法，提出了多种新型平衡变压器结构。②研究了不对称非线性系统的电流实时检测方法，提出了一种基于 FBD 法的电流实时检测方法。该方法可在电压畸变的情况下检测出三相电流基波和谐波，且具有实时性好、运算速度快等特点。③深入研究了负序和谐波综合治理方案，提出了多种负序和谐波综合治理方案，并对方案进行了详细的理论分析、仿真研究和实验验证。基于多功能平衡变压器的负序和谐波综合治理方案特点是：电压配置灵活；结构简单；充分利用了多功能平衡变压器抑制负序的潜能。基于V/v牵引变压器、感应滤波功补装置和RPC（Railway Power Conditioner）的负序和谐波综合治理方案的特点是将RPC技术与感应滤波技术相结合，充分利用了两者的优势。基于三相-两相牵引变压器和LC耦合型RPC负序和谐波综合治理方案中所提的LC-RPC方案充分利用了LC耦合支路的特性，使得有源装置的电压降低、容量减小、成本降低。方案可应用于高速电气化铁道同相供电系统，具有很大的工程应用价值。④搭建了负序和谐波综合治理装置实验平台。搭建了多种负序和谐波综合治理装置实验平台以证实理论分析的正确性。实验结果表明，所提LC-RPC（20kVA/380V）系统一次侧电流的不平衡度由97.72%下降到5.22%，电流THD由15.4%下降到6.7%，功率因数由0.7提高到0.98。与RPC相比，在性能接近的情况下，LC-RPC装置容量仅为RPC的59.8%。

4. 项目成果

序号	成果名称	类型	完成人
1	A NEW PHASE SHIFTING TRANFORMER FOR MULTIPULSE RECTIFIERS	会议	ThanhNgoc Tran、Luo Longfu、Xu Jiazhu、ManhHung Nguyen、Zhang Zhiwen、Dong Shuda
2	Harmonic current detection algorithm based on the improved FBD method and its application in active power filters	会议	LiuWenye、Luo Longfu、Zhang Zhiwen、Lou Yunge
3	新型整流变压器及其滤波系统的运行参数特性分析	期刊	赵志宇、罗隆福、许加柱、陈清玉、张志文
4	新型不对称接线三相变四相平衡变压器	期刊	许志伟、罗隆福、张志文
5	配电网混合接地运行分析	期刊	张志文、申建强、杨俊、许加柱、罗隆福
6	感应滤波器对新型换流变压器短路阻抗的影响	期刊	陈清玉、罗隆福、许加柱、董书大、邓建国、张志文、赵志宇
7	滤波器对新型换流变压器运行参数的影响分析	期刊	陈清玉、罗隆福、许加柱、董书大、邓建国、张志文、赵志宇、赵圣全
8	小电阻接地系统的方案设计及应用	期刊	杨俊、许加柱、车红卫、罗隆福、张志文
9	高速电气化铁路负序和谐波统一治理方法	期刊	张志文、黄际元、罗隆福
10	改进型三相V/v牵引变压器及其综合补偿方法	期刊	许志伟、罗隆福、张志文、李永坚
11	新型农网台变终端无功补偿判据方案的研究	期刊	张志文、张洪浩、黄际元、常敏、罗隆福、王灿
12	基于感应滤波的大功率整流系统原理分析及综合节能设计	期刊	宁志毫、罗隆福、李勇、张志文、Rehtanz C、张杰、赵志宇
13	一种大功率工业整流系统管、变协同控制方法	期刊	刘文业、罗隆福、张志文、黄肇、张小峰
14	节能滤波型变压器及其整流系统关键问题研究	期刊	宁志毫、罗隆福、张志文、许加柱、赵志宇
15	用于SVC数控系统的数字锁相环的设计与实现	期刊	张志文、郭斌、罗隆福、曾志兵、王伟
16	一种滤波整流变压器的数学模型与工作机制	期刊	赵志宇、罗隆福、许加柱、陈清玉、张志文
17	信息融合技术在变压器油气识别故障诊断中的研究	期刊	张志文、乔悦、罗隆福、杨双
18	电气化铁道牵引供电变压器的发展历程与展望	期刊	罗隆福、娄云鸽、张志文、李勇、赵圣全、刘谋君
19	Study on Steady- and Transient-State Characteristics of a New HVDC Transmission System Based on an Inductive Filtering Method	期刊	Li Yong、Zhang Zhiwen、Rehtanz Christian、Luo Longfu、Rueberg Sven、Liu Fusheng
20	新型不对称接线三相变两相平衡变压器	期刊	许志伟、罗隆福、张志文
21	一种考虑排序稳定分析的电能质量综合评估新方法	期刊	刘俊华、罗隆福、张志文、许加柱
22	基于两相电压sin/cos变换的ip-iq检测改进算法	期刊	姚新丽、罗隆福、许加柱、张志文、李晓芳
23	Analysis of the Characteristics of the New Converter Transformer Based on the Matrix Model	期刊	Thanh Ngoc Tran、Luo Longfu、Xu Jiazhu、Dong Shuda、Zhang Zhiwen、Zhao Zhiyu、Manhhung Nguyen
24	基于FBD法的基波正负序电流实时检测方法	期刊	张志文、李晓海、张洪浩、曾刚、杨文
25	Operational characteristics of a filtering rectifier transformer for industrial power systems	期刊	Zhao ZhiYu、Luo LongFu、Xu JiaZhu、ThanhNgoc Tran、Zhang ZhiWen

（续）

序号	成果名称	类型	完成人
26	电力变压器灰色关联故障诊断模型的组合权重法	期刊	刘俊华、罗隆福、张志文、许加柱
27	Operating characteristics of a new filter-commutated converter based on equivalent Graetz bridge circuit model	期刊	Xu J. Z.、Luo L. F.、Li Y.、Rehtanz C.、Zhang Z. W.、Liu F. S.
28	基于模糊集对分析法的电能质量综合评估	期刊	刘俊华、罗隆福、张志文、许加柱
29	A new half-bridge winding compensation based power conditioning system for electric railway with LQRI	期刊	Sijia Hu、Zhiwen Zhang、Yong Li、Longfu Luo、Yijia Cao、Christian Rehtanz
30	A new voltage source converter-HVDC transmission system based on an inductive filtering method	期刊	Li Y.、Zhang Z. W.、Rehtanz C.、Luo L. F.、Rueberg S.、Yang D. C.
31	星形-双梯形接线平衡变压器负序及效率分析	期刊	刘谋君、罗隆福、张志文、宁志豪、黄际元
32	特种电抗器磁场分布与电感的有限元分析计算	期刊	张志文、李高龙、许加柱、申建强
33	三电平与两电平混合静止无功发生器	期刊	张志文、吴兴阳、罗隆福、申建强
34	一种无辅助降压变压器的半桥型绕组补偿式电气化铁道负序和谐波综合治理系统	期刊	胡斯佳、张志文、李勇、罗隆福、彭立英、陈明飞

基于蓄电池和超级电容器的微型电网复合储能系统研究

1. 基本信息

项目名称：基于蓄电池和超级电容器的微型电网复合储能系统研究

项目类别：青年科学基金项目

项目负责人：谢小高

负责人职称：副研究员

依托单位：杭州电子科技大学

研究期限：2011-01-01 到 2013-12-31

主题词：微型电网；复合储能；铅酸蓄电池；超级电容器；系统优化

2. 项目摘要

为促进微型电网顺利接入大电网并发挥其优势，本项目以基于蓄电池和超级电容器的微型电网复合储能系统为研究对象，结合杭州电子科技大学的光伏发电微网技术平台，主要研究两部分内容：混合储能系统的控制技术和复合储能系统的结构优化。其中控制技术一方面研究混合储能系统在并网和孤岛运行时负荷跟随控制技术，目标是实现并网时微网与大电网并网点潮流恒定控制、孤岛运行时微网电压和频率稳定；另一方面研究蓄电池运行技术的优化控制，根据天气预报和负荷预测制定来调整蓄电池运行计划，目标是降低微网内耗能型电源的能耗，实现系统最经济性运行。结构优化研究以蓄电池和超级电容器的容量配置作为变量，以微网系统性能作为约束条件，综合考虑系统初始成本、运行和维护成本，设定系统成本最优目标函数，通过对该目标函数的寻优，实现系统成本最优化。本项目是对基于蓄电池和超级电容器的微型电网复合储能系统的全面研究，研究成果有助微网技术的实用化和推广。

3. 结题摘要

为促进微型电网顺利接入大电网并发挥其优势，本项目以基于蓄电池和超级电容器的微型电网复合储能系统为研究对象，结合杭州电子科技大学的光伏发电微网技术平台，主要研究两部分内容：混合储能系统的控制技术和复合储能系统的结构优化。其中控制技术一方面研究混合储能系统在并网运行时控制技术，目标是实现并网时微网与大电网并网点潮流控制；另一方面研究蓄电池运行技术的优化控制，目标是降低微网内耗能型电源的能耗，实现系统最经济性运行。结构优化研究以蓄电池和超级电容器的容量配置作为变量，以微网系统性能作为约束条件，综合考虑系统初始成本、运行和维护成本，设定系统成本最优目标函数，通过对该目标函数的寻优，实现系统成本最优化。项目通过对若干种协调控制技术的研究，实现了并网点的潮流控制；另外通过结合太阳能发电的预报、负荷预测以及蓄电池运行计划的制定，初步实现了微网系统内各电源容量配置的优化设计。项目资助发表论文 14 篇，其中 SCI 收录论文 5 篇，EI 期刊论文 3 篇，EI 会议论文 3 篇，申请和授权发明专利 4 项，培养研究生 4 名。

4. 项目成果

序号	成果名称	类型	完成人
1	A New Primary Side Controlled High Power Factor Single-Stage Flyback LED Driver	会议	Xie Xiaogao、Lan Zhou、Zhao Chen
2	An adaptive active clamp for secondary circuits	会议	谢小高
3	一种 $dv/dt=0$ 的最大功率跟踪控制策略	会议	荣延泽、刘士荣、毛军科、李松峰

（续）

序号	成果名称	类型	完成人
4	A Novel Integrated Buck-Flyback PFC Converter with High Power Factor	会议	Xiaogao Xie、Lan Zhou、Dong Hanjing、Zhao chen、Shirong Liu
5	一种综合 ANFIS 和 PCA 的光伏发电功率预测新方法	期刊	郑凌蔚、刘士荣、毛军科、谢小高
6	An Improved Buck PFC Converter With High Power Factor	期刊	Xie Xiaogao、Zhao Chen、Zheng Lingwei、Liu Shirong
7	Decision Making and Finite-Time Motion Control for a Group of Robots	期刊	Lu Qiang、Liu Shirong、Xie Xiaogao、Wang Jian
8	A Novel Output Current Estimation and Regulation Circuit for Primary Side Controlled High Power Factor Single-Stage Flyback LED Driver	期刊	Xie Xiaogao、Wang Jian、Zhao Chen、Lu Qiang、Liu Shirong
9	有源钳位正反激变流器的第三绕组与电流型混合同步整流驱动方案	期刊	谢小高、赵晨、郑凌蔚、钱照明
10	高效率二次整流电路	期刊	谢小高、赵晨、刘士荣、钱照明
11	基于改进小波神经网络的光伏发电系统非线性模型辨识	期刊	郑凌蔚、刘士荣、谢小高
12	基于极端学习机的光伏发电功率短期预测	期刊	刘士荣、李松峰、宁康红、周啸波、荣延泽
13	A Novel Integrated Buck-Flyback Nonisolated PFC Converter With High Power Factor	期刊	Xie Xiaogao、Zhao Chen、Lu Qiang、Liu Shirong
14	Multioutput LED Drivers With Precise Passive Current Balancing	期刊	Zhao Chen、Xie Xiaogao、Liu Shirong

基于植物叶脉构形设计高速集成电路电源网络

1. 基本信息

项目名称： 基于植物叶脉构形设计高速集成电路电源网络

项目类别： 面上项目

项目负责人： 黄惠芬

负责人职称： 教授

依托单位： 华南理工大学

研究期限： 2011-01-01 到 2013-12-31

主题词： 电源完整性；构形理论；叶脉；电源网络

2. 项目摘要

微型、高速、大容量、智能、个人化、集成化电子产品要求高速、高密、低压源设计技术，这是减小成本和体积的重要途径，也是现代集成电路设计的趋势，同时也带来电源完整性问题：电阻压降、印制电源板“乳酪”结构效应成为低压源设计瓶颈；高速使得数字电路同时开关噪声变得显著，并波及模拟电源网络。电阻压降和“乳酪”结构效应主要因电源网络电流密度分布不均，在某些区域产生较大压降；电源网络电感是同时开关噪声产生的根源；数/模电源网络间噪声传播是因数/模电源网络间直接连接。本项目以构形理论为理论基础，据植物叶脉构形设计集成电路电源叶脉树网络。目的是设计母女层次叶脉电源树网络，使系统均衡分配电流，从而改善电阻压降、印制电路电源板“乳酪”结构效应；经济的脉网格减小电流路径，从而减小电感，进而改善同时开关噪声；同层芯片数/模电源线不直接连接，其间形成低通滤波结构，以叶脉为骨架的印制电源板具有宽频阻带，数/模间噪声有效隔离。

3. 结题摘要

微型、高速、大容量、智能、个人化、集成化电子产品要求高速、高密、低压源设计技术，这是减小成本和体积的重要途径，也是现代集成电路设计的趋势，同时也带来电源完整性问题：电阻压降、印刷电源板“乳酪”结构效应成为低压源设计瓶颈；高速使得数字电路同时开关噪声变得显著，并波及模拟电源网络。电阻压降和“乳酪”结构效应主要因电源网络电流密度分布不均，在某些区域产生较大压降；电源网络电感是同时开关噪声产生的根源。本项目以构形理论为理论基础，据植物叶脉构形设计集成电路电源叶脉树网络。目的是设计母女层次叶脉电源树网络，使系统均衡分配电流，从而改善电阻压降、印制电路电源板“乳酪”结构效应；经济的脉网格减小电流路径，从而减小电感，进而改善同时开关噪声。

4. 项目成果

序号	成果名称	类型	完成人
1	A Novel Integrated EMI Filter Based on Interleaved Planar PCB Windings and Flexible Foils	会议	黄惠芬、邓良勇
2	Improving the High-frequency Performance of Integrated EMI Filter with Multiple Ground Layers	会议	黄惠芬、邓良勇

（续）

序号	成果名称	类型	完成人
3	Equivalent Parallel Capacitance Cancellation Utilizing Coupling between Integrated EMI Filter Components	会议	黄惠芬、叶茂
4	Equivalent Parallel Capacitance Cancellation of Integrated EMI Filter Using Coupled Components	会议	黄惠芬、叶茂
5	Parasitic Capacitance Cancellation of Integrated EMI Filter by Splitting Ground Windings	会议	黄惠芬、叶茂
6	A Constructal H Shaped Power Distribution Network for EBG Structure Power Plane	会议	黄惠芬、刘诗韵
7	Ferrite Layer and High Dielectric Constant $BaTiO_3$ for Power Integrity	会议	Huang Hui-Fen、Zhang Shao-Fang
8	A Novel Hierarchical Radial Tree Based on Constructal Theory for PCB Power Plane	会议	黄惠芬、郭魏
9	The Constructal Optimization for Tree-shaped Structures on a Disc Power Plane	会议	黄惠芬、刘诗韵
10	A Compact Triple-band Monopole Antenna for WLAN/WIMAX Application	会议	黄惠芬、张少芳
11	A Novel Frequency Selective Surface for Ultra Wideband Antenna Performance Improvement	会议	黄惠芬、张少芳
12	PARASITIC CAPACITANCE CANCELLATION OF INTE-GRATED EMI FILTER USING SPLIT GROUND STRUC-TURE	期刊	黄惠芬、叶茂
13	重叠交错共模绕组布局的高性能小型化 EMI 滤波器	期刊	黄惠芬、邓良勇
14	通过共模绕组优化布局来消取共模滤波器寄生电容	期刊	黄惠芬、叶茂
15	PARASITIC CAPACITANCE CANCELLATION OF INTEGRATED CM FILTER USING BI-DIRECTIONAL COUPLING GROUND TECHNIQUE	期刊	黄惠芬、叶茂
16	Vein Power Plane for Printed Circuit Board Based on Constructal Theory	期刊	Huang Hui-Fen、Wei-Guo、Chu Qing-Xin
17	Techniques for Improving the High Frequency Performance of Planar CM EMI Filter	期刊	黄惠芬、邓良勇
18	REFLECTOR WITH DESIGNED EBG CELLS FOR ULTRA WIDE-BAND ANTENNA PERFORMANCE IMPROVEMENT	期刊	黄惠芬、张少芳
19	A Hierarchical Tree Shaped Power Distribution Network Based On Constructal Theory for EBG Structure Power Plane	期刊	黄惠芬、刘诗韵

基于智能算法的 MPRM 电路极性优化研究

1. 基本信息

项 目 名 称： 基于智能算法的 MPRM 电路极性优化研究
项 目 类 别： 面上项目
项目负责人： 汪鹏君
负责人职称： 教授
依 托 单 位： 宁波大学
研 究 期 限： 2011-01-01 到 2013-12-31
主 题 词： MPRM 电路；极性优化；智能算法；低功耗分解；极性评价

2. 项目摘要

Reed-Muller（RM）逻辑优化是集成电路综合设计的重要方面，当前 RM 逻辑优化主要基于固定极性 RM（FPRM）电路展开，而与其对应的混合极性 RM（MPRM）逻辑电路虽然优化性能更好，但求解难度也更大。鉴于此，本项目研究旨在通过完善 MPRM 逻辑优化理论、发展适合 MPRM 逻辑优化的智能算法、建立全面的极性评价方法，实现电路功耗、面积和速度的综合优化。主要研究内容包括：MPRM 极性优化问题的属性论证及数学模型建立；MPRM 逻辑电路功耗估计及低功耗分解；包含无关项的 MPRM 逻辑电路极性转换；适合 MPRM 逻辑电路优化的智能算法构建；极性评价及 MPRM 逻辑电路的最佳极性搜索。通过基准电路测试，完善优化方案，并用 SIS 工具软件和 FPGA 或多项目流片等方法验证方案的有效性。研究成果将扩充大规模集成电路逻辑综合与优化 CAD 工具的完备性，推进集成电路自动化设计技术的发展。

3. 结题摘要

本项目以混合极性 Reed-Muller 逻辑（MPRM）优化为研究对象，通过完善 MPRM 逻辑优化理论、发展适合 MPRM 逻辑优化的智能算法、建立全面的极性评价方法，实现电路功耗、面积和速度的综合优化。研究内容包括：MPRM 电路的功耗和面积优化，MPRM 逻辑电路的延时优化，包含无关项 MPRM 逻辑电路优化，集成电路的应用开发关键技术研究。项目研究期间完成学术论文 51 篇，其中期刊论文 36 篇，国际学术会议论文 11 篇，国内学术会议论文 4 篇，SCI 收录 4 篇，EI 收录 32 篇；申请专利 9 项，其中已授权 7 项。项目研究期间，1 名中级职称晋升为高级职称；培养博士研究生 1 名，硕士研究生 9 名。相关技术在集成电路设计中得到应用，部分成果获得浙江省科学技术奖二等奖 1 项、宁波市科技进步奖一等奖 1 项、宁波市自然科学优秀论文奖 1 项等。研究成果为扩充大规模集成电路逻辑综合与优化 CAD 工具的完备性，推进集成电路自动化设计技术的发展。

4. 项目成果

序号	成果名称	类型	完成人
1	节能型数字集成电路设计关键技术	奖励	汪鹏君
2	集成电路功耗和面积优化设计关键技术	奖励	汪鹏君
3	基于新型极性转换技术的 XNOR/OR 电路面积优化	奖励	汪鹏君
4	2-4 混值/八值绝热加减计数器开关级设计	会议	高虹、汪鹏君
5	基于免疫遗传算法的动态逻辑 AND/XOR 电路功耗优化	会议	李辉、汪鹏君
6	QC-LDPC 码的低复杂度解码算法研究	会议	伊方龙、汪鹏君
7	Greedy algorithm based XNOR/OR gates decomposition	会议	Zhang Hui-Hong、Wang Peng-Jun
8	Design of resistant DPA three-valued counter based on SABL	会议	Zhang Yuejun、Wang Pengjun、Hao Lipeng
9	Improvement of adiabatic domino circuits and its application in multi-valued circuits	会议	Yang Qiankun、Wang Pengjun、Mei Fengna
10	A novel differential fault analysis on AES-128	会议	Wang Pengjun、Hao Lipeng
11	Polarity optimization of XNOR/OR circuit area and power based on weighted sum method	会议	Zhang Huihong、Wang Pengjun
12	Design of 2-3 mixed-valued/six-valued adiabatic asynchronous up-down counter	会议	Mei Fengna、Wang Pengjun
13	Low complexity decoding algorithm of QC-LDPC code	会议	Yi Fanglong、Wang Pengjun
14	MPRM expressions minimization based on simulated annealing genetic algorithm	会议	WangPengjun、Li Hui、Wang Zhenhai
15	基于种群协同进化算法的动态逻辑 XNOR/OR 电路功耗优化	会议	张会红、汪鹏君
16	Power optimization of incompletely specified fixed polarity Reed-Muller circuits	会议	Wang Di-Sheng、Wang Peng-Jun
17	Design of ternary clocked adiabatic synchronous reversible counter	会议	Mei Fengna、Wang Pengjun
18	Design of ternary adiabatic Domino multiplier	会议	Wang Peng-Jun、Yang Qian-Kun、Zheng Xue-Song
19	Design of a high information-density multiple valued 2-read 1-write register file	期刊	Zhang Yuejun、Wang Pengjun、Xiong Baoyu、Yu Zhiyi
20	基于 OKFDDs 的 Reed-Muller 逻辑混合极性转换算法	期刊	汪鹏君、李辉
21	基于动态逻辑的 MPRM 电路低功耗优化设计	期刊	李辉、汪鹏君
22	Architecture and Physical Implementation of Reconfigurable Multi-Port Physical Unclonable Functions in 65 nm CMOS	期刊	Wang Pengjun、Zhang Yuejun、Han Jun、Yu Zhiyi、Fan Yibo、Zhang Zhang
23	防御差分功耗分析攻击技术研究	期刊	汪鹏君、张跃军、张学龙
24	Design of ternary low-power Domino JKL flip - Flop and its application	期刊	Wang Pengjun、Yang Qiankun、Zheng Xuesong

（续）

序号	成 果 名 称	类型	完 成 人
25	基于 MSMV 的抗差分能量攻击电路设计及其应用	期刊	汪鹏君、郝李鹏
26	Design of Two-phase SABL flip-flop for resistant DPA attacks	期刊	Wang Pengjun、Zhang Yuejun、Zhang Xuelong
27	Design of ternary clocked adiabatic static random access memory	期刊	Wang Pengjun、Mei Fengna
28	基于种群协同进化算法的固定极性动态逻辑电路功耗优化	期刊	张会红、汪鹏君、顾幸生
29	Discrete ternary particle swarm optimization for area optimization of MPRM circuits	期刊	YuHaizhen、Wang Pengjun、Wang Disheng、Zhang Huihong
30	采用 FDD 实现 FPRM 电路延时和面积优化	期刊	汪鹏君、王振海
31	基于动态逻辑的 MPRM 电路低功耗优化设计	期刊	李辉、汪鹏君
32	Model and physical implementation of multi-port PUF in 65 nm CMOS	期刊	Zhang Yuejun、Wang Pengjun、Li Yi、Zhang Xingxing、Yu Zhiyi、Fan Yibo
33	基于 DTPSO 算法的混合极性 XNOR/OR 电路功耗优化	期刊	俞海珍、汪迪生、汪鹏君
34	基于新型极性转换技术的 XNOR/OR 电路面积优化	期刊	张会红、汪鹏君、俞海珍
35	改进型高吞吐率 QC-LDPC 码解码器设计	期刊	伊方龙、汪鹏君
36	基于 PSGA 算法的 ISFPRM 电路面积与功耗优化	期刊	汪鹏君、汪迪生、蒋志迪、张会红
37	固定极性 Reed-Muller 电路最佳延时极性搜索	期刊	汪鹏君、王振海、陈耀武、李辉
38	Low power mapping for AND/XOR circuits and its application in searching the best mixed-polarity	期刊	Wang Pengjun、Li Hui
39	包含无关项逻辑函数的固定极性转换	期刊	汪迪生、汪鹏君、孙飞、俞海珍
40	三值绝热 JKL 触发器的设计	期刊	汪鹏君、梅凤娜
41	Design of Ternary Adiabatic Multiplier on Switch-level	期刊	汪鹏君、李昆鹏、梅凤娜
42	三值绝热多米诺文字运算电路开关级设计	期刊	杨乾坤、汪鹏君、郑雪松
43	三值钟控传输门绝热逻辑电路研究	期刊	高虹、汪鹏君
44	Delay-area trade-off for MPRM circuits based on hybrid discrete particle swarm optimization	期刊	Jiang Zhidi、Wang Zhenhai、Wang Pengjun
45	三值绝热多米诺加法器开关级设计	期刊	汪鹏君、杨乾坤、郑雪松
46	混合极性列表技术及其在 MPRM 电路面积优化中的应用	期刊	李辉、汪鹏君、王振海
47	2-4 混值/8 值绝热加减法计数器开关级设计	期刊	高虹、汪鹏君
48	基于 PSO 算法的 FPRM 电路延时和面积优化	期刊	王振海、汪鹏君、俞海珍、张会红
49	基于多值开关—信号理论的三值低功耗动态异或/同或电路设计	期刊	汪鹏君、曾小旁
50	三值绝热计数器的开关级设计	期刊	汪鹏君、李昆鹏、梅凤娜、陈耀武
51	基于电路三要素理论的三值绝热加法器设计	期刊	汪鹏君、李昆鹏
52	基于遗传算法的三值 FPRM 电路面积优化	期刊	孙飞、汪鹏君、俞海珍、汪迪生
53	四值绝热动态 D 触发器开关级设计	期刊	汪鹏君、高虹
54	防御零值功耗攻击的 AES SubByte 模块设计及其 VLSI 实现	期刊	汪鹏君、郝李鹏、张跃军

交流电机电源快速软切换控制复杂瞬态的建模与解析方法研究

1. 基本信息

项 目 名 称： 交流电机电源快速软切换控制复杂瞬态的建模与解析方法研究

项 目 类 别： 面上项目

项目负责人： 崔学深

负责人职称： 副教授

依 托 单 位： 华北电力大学

研 究 期 限： 2011-01-01 到 2013-12-31

主　　题　词： 空间向量数学模型；模型衔接；解析研究；不对称瞬态；软切换控制

2. 项目摘要

重要负荷的交流电机失电后要求快速地切换至备用电源，在不利条件下所带来的冲击电流和转矩会产生很严重的后果，为消除此电磁瞬态过程的冲击，提出基于电力电子开关的电源快速软切换控制方法，研究其中理论难点问题。针对快速软切换控制中三相不对称与对称交替的复杂瞬态过程，深入研究基于空间向量的建模方法，力图用电流或磁链的空间向量轨迹来揭示复杂瞬态过程的特点和变化规律；为了能够在电源快速软切换控制的每个瞬态模型中快速求解触发控制参数，以适应在单片机在线控制中的快速性要求，深入研究降阶微分方程的解析方法，彻底解决其中三次特征方程的求解难题并找到简化方法。最终确定快速软切换的控制策略，实现各种重要负荷电动机在不同残压和转速等初始条件下都能快速无冲击地切换到备用电源上，几乎无供电中断和电源切换的影响。

3. 结题摘要

本项目研究背景：重要负荷的交流电机失电后要求快速地切换至备用电源，在不利条件下所带来的冲击电流和转矩会产生很严重的后果，为消除此电磁瞬态过程的冲击，提出基于电力电子开关的电源快速软切换控制方法，研究其中理论难点问题。本项目的研究内容和目标是针对电源快速软切换控制中两相不对称与对称交替的复杂瞬态过程，深入研究如何用空间向量对此瞬态过程进行描述和建模，并研究每阶段瞬态数学模型的解析求解方法，得到不同条件下能够有效抑制冲击电流的软切换控制参数和规律，最终实现作为重要负荷的电动机快速无冲击地切换到备用电源上。针对不对称瞬态建模以及与对称瞬态模型衔接和不同条件下解析求解控制参数的难点问题，项目在理论和实践方面取得了以下有科学意义的研究成果：① 利用空间向量及其共轭分量进行感应电动机不对称瞬态面向解析的空间向量建模，进而采用简化卡丹公式法实现了解析方法中不对称瞬态复频域一元三次特征方程的求解；②在统一复坐标下解决了不对称与对称空间向量模型的衔接问题，为触发角的进一步解析计算和预测控制中参数确定方法奠定了理论基础；③改进和完善了电源切换时电动机初始瞬态的分析与触发控制角的计算方法研究，实现了不同残压和不同转速条件下都能统一在单片机中快速计算和确定的无冲击控制策略，改进完善后瞬态冲击电流可以控制在 1.5 倍额定电流以内；④基于理论研究成果完成了一套基于空间向量的感应电动机不对称与对称交替复杂瞬态的解析仿真软件，在同等配置的计算机中计算速度明显快于数值仿真计算，而精确度只是略有降低。这为解决大规模电力电子与电机集成系统的仿真速度慢的问题提供了开拓性的新思路和理论实践基础；⑤基于 DSP 和 ARM 单片机和反并联晶闸管器件开发了双电源软切换控制器、感应电动机断续供电下软投入控制器和电动机星—三角软切换全固态控制装置，分别申请和获得了国家专利。前者应用于任意相角差双电源的重要负荷无缝、无冲击切换，后两种控制装置用于油田抽油机的节能控制，其中基于软投入的电动机断续供电综合节能控制获得省部级鉴定为国际先进。结合该项目的研究，培养硕士 4 名，博士 2 名，在国际学术期刊、国际会议及国内核心期刊上发表论文 10 篇，被 SCI 收录 2 篇、EI 收录 6 篇，申请国家专利 8 项，已授权 5 项。

4. 项目成果

序号	成 果 名 称	类型	完 成 人
1	A SCR-based switch-control strategy of delta/wye switchover for delta connected induction motors	会议	Shi Pengfei[1]、Cui Xueshen[1]、Zhu Liang[1]
2	Research on a novel wye-delta soft start method of three-phase induction motor	会议	Zhang Zili[1]、Cui Xueshen[1]、Zhao Haisen[1]、Yang Yaping[1]
3	Research on control strategy of sequential phase switch with intelligent hybrid switch	会议	Li Weiguo[1]、Cui Xueshen[1]
4	~ Analytical Research on Asymmetrical Transient Model of Induction Motor during a Thyristor-based Bus Transfer	会议	Cui Xueshen、Zhang Zili、Li Heming
5	基于有残压情况下的电源快速无冲击切换的仿真研究	期刊	庞继伟、崔学深
6	中压固态复合开关切除电容器组的建模与分析	期刊	李卫国、肖湘宁、罗应立、邱宇峰、崔学深
7	Performance calculation and improved model research of direct-drive permanent magnet generator based on FEM	期刊	Zhang Jian、LI HeMing、Luo YingLi、DOU Na、Cui XueShen
8	A Multifunction Energy-Saving Device With a Novel Power-Off Control Strategy for Beam Pumping Motors	期刊	Luo Yingli、Cui Xueshen、Zhao Haisen、Zhang Deqing、Luo Yu、Wang Yilong
9	晶闸管-电动机系统不对称瞬态建模及解析	期刊	李和明、张自力、崔学深、罗应立、杨娅萍
10	感应电机快速投入控制参数的解析	期刊	李卫国、崔学深、罗应立、王义龙
11	高压固态切换开关在切换不同属性负载时的残压研究	期刊	李卫国、罗应立、邱宇峰、崔学深
12	感应电机软启动初始两相瞬态电流解析与控制	期刊	周振华、崔学深、王月欣、付永长

交直流混联大电网多直流系统间谐波相互作用机理的研究

1. 基本信息

项目名称：交直流混联大电网多直流系统间谐波相互作用机理的研究
项目类别：青年科学基金项目
项目负责人：李海锋
负责人职称：副教授
依托单位：华南理工大学
研究期限：2011-01-01 到 2013-12-31
主题词：故障分析；交直流混联电网；直流系统等值模型；谐波分析；换相失败

2. 项目摘要

随着坚强国家电网的建设，我国必将成为世界上最为复杂的含高压/特高压直流输电的交直流混联超大规模电网。科学的谐波分析方法与手段对交直流混联电网安全稳定运行具有重要的意义，能为谐波抑制、滤波装置配置和继电保护整定配合以及谐波不稳定分析提供理论依据和强有力分析工具。因此，本项目拟在建立综合考虑直流控制系统动态特性和换流器开关动态特性的精细化换流器动态模型的基础上，基于交流电网等值谐波网络，构建交直流混联电网谐波定量解析分析计算模型；通过模型的代数解析，探明交直流混联电网多直流系统间谐波相互作用机理；建立计及多直流系统间谐波相互作用的换流器等值谐波阻抗计算方法及交直流混联电网谐波不稳定问题的研究方法；建立直流系统谐波保护整定配合原则的理论；利用2010年南方电网详细电磁暂态仿真模型实现理论研究成果验证。从而创立交直流混联电网谐波分析计算的系统理论和实用方法，突破目前直流输电系统谐波研究方法的局限性。

3. 结题摘要

在含多直流馈入的交直流混联大电网中，交直流系统间以及各馈入直流系统间存在极其复杂的故障相互作用关系。本课题围绕交直流系统间故障相互作用分析计算方法及其应用开展研究工作，主要研究成果如下：①在分析交流系统各种故障下换流器动态开关特性基础上，结合直流控制系统的故障响应特性，建立了适用于交直流输电系统故障分析和谐波计算的直流系统等值模型。该模型反映了各种运行工况下由直流系统决定的直流系统注入交流系统电流的工频及各次谐波分量与换流母线电压的工频及各次谐波分量之间的关系，解决了交流电网故障时交直流系统的接口问题。②基于计及直流控制特性的直流系统等值模型，结合受端电网的拓扑结构和交流不对称故障的边界条件，提出了一种多直流馈入交流电网故障分析和谐波计算方法。所提方法充分计及了交直流系统间以及各直流系统间的故障相互作用关系，并且可以通过计及幅值较大的非特征谐波来提高故障分析计算的精度。③基于谐波经换流器及饱和换流变压器在交流侧和直流侧的闭环传变特性，提出了一种换流变压器铁心饱和型谐波不稳定判据。并基于该判据，对换流器运行参数、换流变压器参数和交直流系统等值阻抗等影响因素进行了理论分析。该判据简单，物理意义清晰，参数易得，且可定量评估换流变压器铁心饱和型谐波不稳定发生的程度。④针对直流保护逻辑中存在识别换流阀故障和交流不对称故障的难题，分别研究了换流阀故障和交流不对称故障导致换流器电流开关函数产生工频负序分量的机理，提出了一种利用两种故障换流站6脉动换流器电流开关函数工频负序分量幅值比的不同来识别不同故障的新方法。该方法不仅能正确识别换流阀故障和交流不对称故障，而且能实现换流阀故障时故障桥的定位。⑤在交直流互联电网中，交流电网故障引发的直流换相失败可导致交流保护不正确动作。为此，建立了换相失败情况下逆变器的开关函数模型和直流电流暂态变化模型；根据调制理论及卷积定理，推导出了换相失败情况下直流系统的等值工频及工频变化量电流的动态相量模型；通过分析表明该等值工频及工频变化量电流的变化特性有别于纯交流系统，可能造成交流电网故障引发换相失败时交流电网保护的不正确动作；结合两种具体的交流电网保护，揭示了直流换相失败导致交流电网保护不正确动作的机理。

4. 项目成果

序号	成果名称	类型	完成人
1	高压直流系统100Hz保护动作区域研究	会议	Li Zhikeng[1]、Chen Zhigang[1]、Wang Gang[2]、Li Haifeng[2]
2	一种多馈入直流系统的谐波计算方法	会议	LiuJunlei[1]、Wang Gang[1]、Li Haifeng[1]、Ding Tongle[1]、Li Zhikeng[1]
3	不对称故障下的直流系统建模及其在交直流系统谐波计算中的应用	会议	李海锋
4	基于粒子群的交流不对称故障下高压直流系统谐波计算方法	会议	LiuJunLei[1]、Wang Gang[1]、Li HaiFeng[1]、Ding TongLe[1]、Li ZhiKeng[1]
5	HVDC系统换相失败对交流电网继电保护影响的机理分析	期刊	李海锋

具有高压直流母线的无升压变压器大功率直驱风电系统的研究

1. 基本信息

项目名称：具有高压直流母线的无升压变压器大功率直驱风电系统的研究

项目类别：青年科学基金项目

项目负责人：曾翔君

负责人职称：讲师

依托单位：西安交通大学

研究期限：2011-01-01 到 2013-12-31

主题词：超大功率海上风力发电系统；多相永磁同步发电机；中高压全功率变流器；变速控制；低电压穿越

2. 项目摘要

在超大功率（单机功率 5MW 以上）海上风电系统中通过直驱多相永磁同步发电机和串联式多电平整流器可以将风电机组的直流母线电压等级提高到 10kV，进而直接通过该母线将风能从海上输送到陆地上的集中变流站，这是本项目提出的超大功率海上风电变换新方案。新方案采用 10kV 直驱高压电机，省掉了体积庞大和笨重的变速箱及升压变压器，不仅大大减轻了机舱的重量、节省了成本、提高了效率，并且简化了传统全功率变流器背靠背的结构，在机舱内省掉了电网侧逆变器，而把中间直流环节作为输电母线直接延伸到陆地，这些改进对于海上风电要求的高可靠性和低平均维护时间具有重要意义。本文详细讨论了新方案中需要研究的几个关键的技术问题：①直驱低速多相高压永磁同步发电机的优化设计；②串联多电平整流器和网侧逆变器单元的拓扑结构选择及参数的优化设计；③单个机组的变速控制策略及其实现方案；④多机组并联系统的动态建模和故障穿越技术。

3. 结题摘要

降低风力发电成本的一个重要措施是不断提高风电机组的单机容量并不断改善其平均无故障时间（MTBF）。目前国际上正在开展 10MW 超大型风力发电系统的研究，直驱永磁同步发电机＋全功率变流器技术方案受到普遍重视。但是在超大功率场合，必须研究新型的中高压发电机和变流器技术。本项目提出了基于直驱多相永磁同步发电机＋高压直流母线（HVDC）的无升压变压器风电变换技术方案，并从下面几个方面对所提出的技术思想进行了研究：首先，研究了多相永磁同步发电机的优化设计问题。提出了多相永磁同步发电机的优化设计方法，并建立了发电机的结构模型、磁路模型和有限元验证模型，研制了一台功率等级为 3.5kW 的 12 相永磁直驱同步发电机实验样机。测试表明本项目所提出的多相永磁同步发电机的结构模型和电磁设计模型是正确的，优化设计方法是有效的。其次，研究了发电机和电网侧新型大容量变流器的拓扑结构、调制方式以及中点平衡控制方法。提出了利用多相发电机串联单极性 Vienna 整流器作为发电机侧高压变流器的技术思想，利用 Vienna 整流器的鲁棒性来改善发电机组的 MTBF。对于岸上变电站中的高压逆变器，提出了利用多相变压器串联 3L-NPC VSI 逆变器的高效率技术方案。为了有效克服传统 3L-NPC VSI 的中点电位在低功率因数和低开关频率下的失衡问题，提出了具有飞跨电容辅助桥臂的四桥臂的 3L-NPC VSI 的拓扑结构，并比较了各种平衡控制策略的有效性。另外，提出了一种新型的五电平 back-to-back 中压变流器拓扑结构。新拓扑可以有效简化传统五电平 back-to-back 变流器的结构，另外又比较简单地实现了电容中点的平衡控制。第三，对新型风电机组的变速控制技术进行了研究。由于新型方案中主要采用单极性 Vienna 整流器，因此传统基于同步发电机磁场定向的思想并不适用，本项目提出了基于发电机相电流矢量定向的单位功率因数控制方法，实现了对多相永磁同步发电机的变速控制，仿真和实验验证了这种控制策略的有效性。第四，研究了包含混合连接变流器的风电机组的低电压穿越技术，利用风力涡轮机的惯性可以有效存储电网电压跌落时的过剩能量，在电网电压跌落时，发电机侧变流器从变速控制模式转入直流母线电压抑制模式，利用风力涡轮机的升速有效抑制直流母线的电压的升高。仿真验证了这种控制策略的有效性。

4. 项目成果

序号	成果名称	类型	完成人
1	微型电网的系统结构、控制技术、关键装备及其集成化研究	奖励	曾翔君
2	新型直驱风电系统中 3L-NPC 变流器中点平衡控制的研究	期刊	曾翔君、李迎、张宏韬、刘连照、杨旭
3	基于多相 PMSG 和三电平变流器的风电机组低电压穿越	期刊	曾翔君、张宏韬、李迎、杨永兵、杨旭
4	A Four-leg 3L-NPC Inverter for Offshore Wind Turbine with Light HVDC Transmission	期刊	Xiang-jun Zeng、Xiao Zhang、Fa Chen、Yong-bing Yang、Xu Yang
5	基于 MPPMSG 及混合式 3L 变流器的新型风电变换系统的设计和比较	期刊	曾翔君、张宏韬、李迎、房鲁光
6	Modelling and control of a multi-phase permanent magnet synchronous generator and efficient hybrid 3L-converters for large direct-drive wind trubines	期刊	Xiang-Jun Zeng、Yongbing Yang、Hongtao Zhang、Ying Li、Luguang Fang、Xu Yang
7	具有飞跨电容辅助桥臂的三电平中点钳位逆变器方案	期刊	曾翔君、张晓、杨永兵、陈发、杨旭

开关触发闭合时序对多级串联直线型变压器输出脉冲影响

1. 基本信息

项目名称：开关触发闭合时序对多级串联直线型变压器输出脉冲影响
项目类别：面上项目
项目负责人：孙凤举
负责人职称：研究员
依托单位：西北核技术研究所
研究期限：2011-01-01 到 2013-12-31
主题词：快放电直线型变压器；闭合时序与分散性；开关自放；次级耦合过电压；电路仿真

2. 项目摘要

快放电直线型变压器驱动源（FLTD）是一种可直接获得前沿 100ns 的脉冲功率源新技术，它在闪光照相、Z 箍缩、聚变能源、等熵压缩等领域具有重要应用。为了获得驱动负载需要的快前沿高电压大电流，需要采用多级感应腔串联，FLTD 每级感应腔开关闭合时序对输出脉冲有决定性影响。本课题拟研究数十级感应腔串联 FLTD 脉冲源的全电路模型、多级串联感应腔开关触发闭合时序及其偏差和感应腔串联级数等对 FLTD 输出脉冲及工作状态的影响，获得感应腔开关的优化闭合时序；针对特定负载，探索基于基因遗传算法获得 FLTD 脉冲源多级串联感应腔开关优化闭合时序的方法；研究用于数十级感应腔串联 FLTD 的数百路快前沿电脉冲产生方法，研制 3 级 100kA/100ns 感应腔串联实验平台，实验研究开关闭合时序对多级感应腔串联 FLTD 输出参数和工作状态的影响，验证基因遗传算法和电路模拟获得的感应腔开关闭合时序的计算结果。

3. 结题摘要

快放电直线型变压器驱动源（FLTD）可直接产生前沿 50~200ns 的高功率脉冲，在闪光照相、Z 箍缩惯性约束聚变能源、等熵压缩等领域具有广阔应用前景，感应腔开关闭合时序及分散性对多级串联 FLTD 输出特性有重要影响，是 FLTD 的核心问题。基于 PSPICE 程序中器件参数偏差对电路特性的模特卡罗分析功能，将电容容差转化为开关闭合延时及分散性，建立了 60 级 1MA 感应腔串联 FLTD 电路模型，提出了表征多级 FLTD 开关闭合时序的方法：时序系数 α，获得了开关时序系数 α 在 [-1, 1.5] 对 60 级 1MA 感应腔串联 FLTD 输出特性的影响规律，$\alpha=1$ 时，输出特性与单个感应腔驱动同阻尼系数负载的电流脉冲相同；$\alpha<1$ 时，LTD 输出电流脉冲前沿变缓、峰值下降；$\alpha>1$ 时，输出电流脉冲前沿缩短，峰值提高；下游感应腔开关闭合前承受次级电脉冲耦合的过电压时，用开关闭合击穿电压 VHD 表征闭合时序，VHD = 450kV 时输出电流脉冲前沿缩短 40%，峰值提高 12%。针对电流波形要求，实现了遗传算法对 LTD 开关闭合时序的自动优化。$\alpha=0$，1 算例，遗传算法优化获得的闭合时序与理论分析结果一致。定义了阻尼系数 m 表征负载阻抗与源阻抗的关系，结果：$m=1$，$\alpha=1.2$ 时负载电流最大；$m>3$ 时，电流峰值随 m 提高而降低，且 m 值越大不同触发时序对负载电流峰值影响越小。获得了开关闭合时间分散性对多级串联 LTD 输出脉冲特性、磁心状态、未闭合开关电压等的影响规律。先放电开关造成同级感应腔未闭合开关两端电压先下降再上升，增加开关自放电概率和同步失效概率，以及磁心提前饱和，与单级感应腔实验结果一致。提出了前几级外触发、其余级利用次级耦合过电压自动触发 LTD 的设想，增大磁心等效损耗电阻、磁导率及伏秒数有利于实现该设想。提出了一种利用感应腔 1 个支路实现多级串联 LTD 的新的触发方法：每级 1 路，仅触发前几级，其余级 1 路触发脉冲由上游相应位置感应腔触发支路引出，简化了 LTD 对触发脉冲数和时序要求。研制出 32 路触发系统、LTD 非晶带涂层磁心、磁心复位、开关充放气、充电和触发控制等系统，建立了 7 级串联 LTD 研究平台。充电 ±55kV 和次级为 3 倍阻尼时，输出电压 440kV，前沿 40ns，半高宽 220ns，电流 64kA；连接 100nH 电感和充电 ±70kV 时，电流 184kA，前沿 100ns。研究结果具有重要学术意义和应用价值。

4. 项目成果

序号	成果名称	类型	完成人
1	LTD 开关单间隙电晕放电伏安特性研究	会议	姜晓峰、梁天学、王志国
2	FLTD 用 ±100kV 三电极场畸变开关的实验研究	会议	魏浩、孙凤举、刘鹏
3	10kA/100μs FLTD 磁心复位单极性脉冲电流源	会议	魏浩、孙凤举、尹佳辉
4	直流叠加脉冲电压下 FLTD 开关击穿特性初步实验	会议	魏浩、孙凤举、姜晓峰
5	Influence Factors on the Azimuthally Uniform Feed in Single-Point Feed Induction Voltage Adder	会议	Wei Hao、Sun Fengju、Qiu Aici
6	FLTD 感应腔建模方法研究	会议	刘鹏、孙凤举、魏浩
7	Influences of Switching Jitter on the Operational Performances of Linear Transformer Drivers-Based Drivers	期刊	Liu Peng、Sun Fengju、Wei Hao、Wang Zhiguo、Yin Jiahui、Qiu Aici
8	直线变压器驱动源感应腔电路建模方法	期刊	张众、刘鹏、孙凤举、尹佳辉、王志国、姜晓峰、梁天学、刘志刚、邱爱慈
9	Trigger Method Based on Secondary Induced Overvoltage for Linear Transformer Drivers	期刊	Yin Jiahui、Liu Peng、Wei Hao、Sun Fengju、Qiu Aici

（续）

序号	成果名称	类型	完成人
10	Effect of Cavity-Triggering Sequences on Output Parameters of LTD-Based Drivers	期刊	Liu Peng、Sun Fengju、Yin Jiahui、Liang Tianxue、Jiang Xiaofeng、Liu Zhigang、Qiu Aici
11	低抖动快前沿高电压重复率触发器	期刊	尹佳辉、曾江涛、孙凤举、张众、魏浩、刘志刚、姜晓峰
12	Optimized Design of Azimuthal Transmission Lines for the Cell Driven by Two PFLs in Induction Voltage Adders	期刊	Wei Hao、Sun Fengju、Qiu Aici
13	Simulation Analysis of Transmission-Line Impedance Transformers Petawatt-Class Pulsed Power Accelerators	期刊	Lei Tianshi、Sun Fengju、Huang Tao、Qiu Aici、Cong Peitian、Wang Liangping、Zeng Jiangtao、Li Yan、Zhang Xinjun
14	±100 kV 三电极场畸变气体火花开关	期刊	王志国、孙凤举、刘鹏、姜晓峰、尹佳辉、曾江涛、邱爱慈、梁天学、刘志刚
15	Numerical Analysis of the Output-Pulse Shaping Capability of Linear Transformer Drivers	期刊	Liu Peng、Sun Fengju、Yin Jiahui、Qiu Aici
16	快放电直线型变压器驱动源磁心脉冲损耗特性	期刊	张众、孙凤举、邱爱慈、姜晓峰、梁天学、尹佳辉、刘鹏、魏浩、张鹏飞
17	电容快放电型触发器的电路分析与设计	期刊	尹佳辉、刘鹏、孙凤举、邱爱慈、刘志刚、张众
18	环形电极单间隙电晕放电伏安特性	期刊	姜晓峰、梁天学、王志国、孙凤举、丛培天、尹佳辉、魏浩、张众
19	快脉冲直线型变压器驱动源同步触发系统	期刊	尹佳辉、魏浩、孙凤举、刘鹏、刘志刚、邱爱慈
20	触发时序对直线型脉冲变压器输出参数的影响	期刊	刘鹏、孙凤举、尹佳辉、梁天学、姜晓峰、刘志刚、邱爱慈
21	快放电直线变压器型驱动源用场畸变型低电感气体火花开关	期刊	刘鹏、魏浩、孙凤举、邱爱慈、尹佳辉、刘轩东
22	300kA Fast Linear Transformer Driver Stage	期刊	Liang Tianxue、Jiang Xiaofeng、Sun Fengju、Qiu Aici
23	Optimization of Cavity Combination for 20 MA LTD-Based Accelerators	期刊	Lei Tianshi、Qiu Ai´ci、Zeng Zhengzhong、Huang Tao、Sun Fengju、Wang Liangping、Cong Peitian、Zeng Jiangtao、Zhang Xinjun
24	Effect Analysis of Switch Prefire in Linear Transformer Drivers	期刊	Liu Peng、Sun Fengju、Wei Hao、Jiang Xiaofeng、Liu Xuandong、Wang Zhiguo、Yin Jiahui、Liang Tianxue、Qiu Aici
25	20 MA/300 ns Marx 型直接驱动 Z 箍缩脉冲源	期刊	孙凤举、邱爱慈、姜晓峰、呼义翔、姚伟博
26	同轴型磁绝缘传输线电流损失特性实验研究	期刊	呼义翔、黄涛、曾正中、韩娟娟、曾江涛、丛培天、雷天时
27	磁绝缘传输线电压测量用自积分式电容分压器研制	期刊	呼义翔、郭宁、韩娟娟
28	300kA 直线型变压器驱动源模块实验研究	期刊	梁天学、姜晓峰、孙凤举、王志国、刘志刚、尹佳辉、魏浩、张众、邱爱慈

考虑随机电能变化的光伏电源电磁干扰混沌 PWM 抑制方法研究

1. 基本信息

项 目 名 称： 考虑随机电能变化的光伏电源电磁干扰混沌 PWM 抑制方法研究

项 目 类 别： 青年科学基金项目

项目负责人： 李虹

负责人职称： 副教授

依 托 单 位： 北京交通大学

研 究 期 限： 2011-01-01 到 2013-12-31

主 题 词：混沌 PWM 控制；光伏逆变器；频谱计算方法；双重傅里叶级数；热分析

2. 项目摘要

光伏电源的电磁干扰具有电能随机变化的特殊性，常规方法难以有效降低其电磁干扰。本项目中探讨性地提出一种能随机跟踪系统变化的混沌 PWM 控制方法，实现对光伏电源电磁干扰的抑制。研究内容主要包括：①针对光伏电源的结构及电能随机变化的特点探讨其混沌抑制电磁干扰的机理；②通过频谱分析方法，量化研究混沌 PWM 抑制光伏电源电磁干扰的效果，由此提出最适合的混沌 PWM 策略；③在现有 PWM 控制芯片基础上提出嵌入混沌控制算法的方法，为未来应用奠定基础。本项目的创新之处在于：①提出利用非线性方法控制随机系统电磁干扰的思想，从而有别于现有采用附加无源滤波器抑制电磁干扰的方法；②将现有电力电子变换器混沌抑制电磁干扰的研究，从简单 DC-DC 变换器，发展到光伏电源中具有多开关的 DC-AC 变换器，中。

3. 结题摘要

本项目针对光伏电源的电磁干扰具有电能随机变化的特殊性，为克服常规方法在实际中难以有效降低其电磁干扰、造成成本过高等问题，在本项目中提出一种能随机跟踪系统变化的混沌 PWM 控制方法，实现了对光伏电源电磁干扰的有效抑制；并对采用了混沌 PWM 控制的光伏逆变器进行了全面的分析和测试。主要完成的主要工作如下：①针对光伏电源的结构及电能随机变化的特点，基于不同类型的混沌映射提出了一系列混沌 PWM 控制方法，研究和分析了不同混沌映射以及不同混沌频率调整范围下，混沌 PWM 控制方法对光伏电源电磁干扰的抑制效果。②针对目前对于电磁干扰效果的分析主要以仿真和实验为主 缺乏一种切实可行的量化分析方法。本项目基于双重傅里叶级数，首先给出了多周期及准随机 PWM 控制下输出波形的频谱量化表达式，并对多周期 PWM 进行了频谱计算与仿真的对比验证，然后将提出的频谱计算方法拓展应用到混沌 PWM 中，并分析和验证了提出的混沌频谱计算方法的有效性和精确性。③将提出的混沌 SPWM 控制方法进一步应用于降低光伏逆变器共模电磁干扰，对光伏逆变器的共模干扰通路进行了建模，量化分析了混沌 SPWM 对光伏逆变器共模电磁干扰的抑制效果，并完成了实验验证。④针对采用了混沌 PWM 控制的功率变换器，基于传统的状态空间平均法以及混沌的不变分布密度对其进行了稳定性分析，分析结果表明混沌 PWM 控制不会影响功率变换器的稳定性，可以可靠运行。同时，还对应用了混沌 PWM 控制的功率变换器的输出特性、谐波畸变率、效率等进行了分析和展示。⑤最后，对采用了混沌 PWM 控制的变流器功率开关模块进行了热分析，对功率模块在传统 PWM 控制下和混沌 PWM 控制下的功率损耗进行了详细计算，通过理论分析和仿真及实验表明，在开关频率较低的场合，混沌 PWM 和传统 PWM 下，功率器件的发热有较大差别，随着开关频率的上升，两种控制下的器件损耗趋于一致，但混沌 PWM 控制下的温升略低，这一研究结果有助于混沌 PWM 控制在实际中的推广和应用。

4. 项目成果

序号	成 果 名 称	类型	完 成 人
1	Chaotic SVPWM control and its application in EMI suppression for PV inverters	会议	李虹、林飞、Zhong Li、张波
2	A new Circuitry Design for Memristor Realization	会议	李虹、Zhong Li、Wallace Tang
3	EMI Suppression for Single-phase grid-connected inverter based on chaotic SPWM control	会议	李虹、郑琼林、王凤兰
4	Spectrum Calculation for a PV Inverter with Chaotic SPWM Control	会议	李虹、刘永迪、吕金虎
5	Stability Analysis of the Shunt Regulator in PCU with Describing Function Method	会议	王诗姮、游小杰、李虹、郝瑞祥
6	基于 CSPWM 控制的四象限变流器功率开关器件损耗分析与比较	会议	李虹、王博宇、谭少林、游小杰
7	基于 Chebyshev 映射的混沌 SPWM 频谱特性分析	会议	刘永迪、李虹、游小杰、郑琼林
8	Stability Analysis of Single phase Grid-Connected Inverter with LCL-Filter Based on Harmonic Balance and Floquet Theory	会议	边境、李虹
9	A Novel Power Loss Calculation Method for IGBTs in Power Converters via Chaotic SPWM Control	会议	王博宇、李虹
10	基于 Icepak 混沌 SPWM 变换器功率器件温升研究	会议	张柏华、李虹、王博宇、刘永迪
11	基于混沌 SPWM 控制降低三相并网光伏逆变器电磁干扰研究	会议	李虹、林飞、郝瑞祥、郑琼林
12	The application of chaotic PWM control for EMI suppression	期刊	Li Hong、Lin Fei、Li Zhong、You Xiajie、Zheng Trillion Q.、Zhang Bo
13	Suppressing harmonics in four-quadrant AC-DC converters with chaotic SPWM control	期刊	李虹、林飞

（续）

序号	成果名称	类型	完成人
14	The stability of a chaotic PWM boost converter	期刊	李虹、Zhong Li、张波
15	基于双重傅里叶级数的混沌 PWM 频谱量化分析	期刊	刘永迪、李虹、张波
16	Suppressing EMI in Power Converters Via Chaotic SPWM Control Based on Spectrum Analysis Approach	期刊	李虹、刘永迪、吕金虎、郑琼林
17	混沌 SPWM 功率变换器 IGBT 的 Icepak 温升仿真与实验	期刊	张柏华、李虹、王博宇
18	Design of Analogue Chaotic PWM for EMI Suppression	期刊	李虹、Zhong Li、张波、王凤兰、谭南林

苛刻环境高可靠电子系统的电源健康状况预测机制研究

1. 基本信息

项目名称：苛刻环境高可靠电子系统的电源健康状况预测机制研究

项目类别：面上项目

项目负责人：关永

负责人职称：教授

依托单位：首都师范大学

研究期限：2011-01-01 到 2013-12-31

主题词：健康状况预测与管理；高可靠性；电源；苛刻环境；剩余使用寿命

2. 项目摘要

苛刻环境高可靠嵌入式系统蕴藏着巨大的潜在应用价值，而电子系统中 34% 的故障都是由电源系统的故障所造成，因此，电源健康状况预测机制与算法已成为众多应用的核心支撑技术。为了提高嵌入式系统在恶劣环境中的可靠性、可用性和可维护性，本研究拟通过对电源系统的 FFP 特征、DFP 特征和愈合（缓解）特征进行分析，构建苛刻环境电源系统的故障、劣化与愈合模型；根据对电源系统特征参数和关键状态及其时变率进行瞬时的在线实时监控，捕获系统健康状态的特征信息，从而预测电源系统故障和剩余使用寿命，从根本上解决过去传统方法中依靠“统计方法”而采取的“定时维修”或“事后维修”所带来的灾难性事故等诸多问题。最后，我们将集成阶段性研究成果，设计、建立电源系统健康状况预测机制与测试实验平台，并对故障和剩余寿命预测机制与算法的性能进行实验分析与评价。

3. 结题摘要

苛刻环境高可靠电子系统的电源健康状态预测机制研究是一个崭新的领域，为了提高系统在恶劣环境中的可靠性、可用性和可维护性。本项目成果包括：①基于动力学平衡点理论分析了周期切换分段电路在不同稳定态时系统周期切换的分岔特性 并揭示了其产生机理。②采用开关元件平均模型法，构建了基本拓扑结构电源的等效电路，分析了稳态及动态特性。③基于传递函数和系统零极点的理论推导了电源失效关键器件（滤波电容和 MOSFET）劣化失效对电源健康状况的影响，建立了失效参数与可测特征量的映射关系。④针对电容劣化仅考虑等效串联电阻或容量的不足，提出了电容劣化联合模型，从理论建立了电容劣化过程中电容量和等效串联 ESR 的函数关系。⑤提出了一种基于改进 EMD 和 Hilbert 变换的容等效串联电阻 ESR 值实时估测方法。⑥基于系统幅频特性与滤波电容劣化关系，提出了一种通过黑箱测试获取电源系统的振幅-频率特性及相位频率特性从而确定 ESR 测量方法。⑦基于混杂系统理论构建电源模型，提出了功率模块劣化参数递推最小二乘法和卡尔曼滤波算法的在线辨识方法。⑧利用劣 MOSFET 劣化时，源极振荡信号发生变化的特征，提出了一种在线实时方法预测 MOSFET 的老化状态方法。⑨提出了电源功率模块劣化状态在线判断方法，利用功率模块的驱动信号为非侵入激励，输出信号进行 Volterra 变换，将时域核值与预定的正常值进行比较，判断功率模块的劣化状态。⑩提出了一种电源剩余使用寿命预测算法。以纹波电压为特征参数，在线实时获取特征信号，预测纹波电压的变化率达到预警点时间，即电源剩余使用寿命。⑪提出了一种 DC-DC 电源系统故障监测与预测方法，基于电源系统输出电压的监测和分析，给出了电源系统出现故障时和将要出现故障时的判定标准，并开发了相应的软件。⑫针对电源故障特征参数采集过程中，采集数据缺失的现象，提出了一种新的基于差异性和非差异度的扩充模型。为了进一步提高补齐后的识别率，结合属性重要度和灰色关联度，提出了一种新的数据补齐方法。同时，还提出了一种新的判断数据补齐性能的评价标准。⑬构建了电源系统健康状况预测与测试实验平台，实现了电源系统故障和剩余寿命的实时监测和健康管理。⑭深入分析了超级电容失效模型及机理，设计并实现了超级电容组劣化动态监测器及模组状态在线诊断系统，实现了超级电容模组健康状态在线测试。

4. 项目成果

序号	成果名称	类型	完成人
1	Failure prediction of electrolytic capacitors in switching-mode power converters	会议	Liu Liangmei、Guan Yong、Wu Minhua、Wu Lifeng

（续）

序号	成果名称	类型	完成人
2	The analysis of power fault mode based on discrepancy relation	会议	Pei Yu、Pan Wei、Wu Lifeng、Guan Yong、Jin Shengzhen
3	ESR estimation method for DC-DC converters based on improved EMD algorithm	会议	Guohui Wang、Yong Guan、Jie Zhang、Lifeng Wu、Xueyan Zheng、Wei Pan
4	A survey of fault diagnosis technology for electronic circuit based on knowledge technology	会议	Wu Lifeng、Zheng Xueyan、Guan Yong、Wang Guohui、Li Xiaojuan
5	A research of on-line parameter identification of MOSFET on-resistance based on hybrid system and Kalman filter	会议	Zheng Xueyan、Wu Lifeng、Guan Yong、Wang Guohui、Li Xiaojuan
6	Research on Failure Analysis Method of the Key Conponents in SMPS	会议	Wu Lifeng、Zhou Shihong、Du Yinyu、Guan Yong、Pan Wei
7	电源系统健康状态预测与管理综述	期刊	吴立锋、关永、王国辉、潘巍、李晓娟
8	Analysis of the Degradation of MOSFETs in Switching Mode Power Supply by Characterizing Source Oscillator Signals	期刊	Xueyan Zheng、Lifeng Wu、Yong Guan、Xiaojuan Li
9	A Non-Intrusive Method for Monitoring the Degradation of MOSFETs	期刊	Li-Feng Wu、Yu Zheng、Yong Guan、Guo-Hui Wang、Xiao-Juan Li
10	A new deterioration model for electrolytic capacitors in direct current to direct current（DC-DC）converters	期刊	Yinyu Du、Yong Guan、Lifeng Wu、Wei Pan、Guohui Wang、Shihong Zhou
11	The impact of MOSFET and electrolytic capacitor on the DC-DC converter	期刊	Yinyu Du、Yong Guan、Lifeng Wu、Wei Pan、Guohui Wang
12	超级电容建模现状及展望	期刊	单金生、吴立锋、关永、王国辉、李晓娟
13	Effect of Electrolytic Capacitors on the Life of SMPS	期刊	Wu Lifeng、Du Yinyu、Zhou Shihong、Guan Yong、Pan Wei
14	The supercapacitor degradation state diagnostic system based on labview	期刊	HaoMeijuan、Wu Lifeng、Guan Yong、Pan Wei、Tang Wubing、Li Xiaojuan
15	电容劣化对 DC-DC 电源寿命影响仿真系统	期刊	周士红、吴立锋、关永、杜银瑜、潘巍
16	Design and realization of dc-dc converter life prediction system based on LabView	期刊	Zhou Shihong、Guan Yong、Wu Lifeng、Pan Wei、Wang Guohui
17	超级电容容量动态测试系统设计	期刊	郝美娟、吴立锋、关永、潘巍、唐武兵、李晓娟
18	开关电源功率器件 MOSFET 参数辨识的研究	期刊	郑学艳、吴立锋、关永、潘巍、王国辉
19	分段线性电路切换系统的复杂行为及非光滑分岔机理	期刊	吴立锋、关永、刘勇
20	Deterioration Analysis of Aluminum Electrolytic Capacitor for DC-DC Converter	期刊	Wu Lifeng、Guan Yong、Du Yinyu、Zhou Shihong、Pan Wei
21	Power supply prognostics and health management of high reliability electronic systems in rugged environment	期刊	Guan Yong、Jin Shengzhen、Wu Lifeng、Pan Wei、Wang Guohui

可移动高能脉冲固体激光器直驱式电源系统研究

1. 基本信息

项目名称：可移动高能脉冲固体激光器直驱式电源系统研究

项目类别：面上项目

项目负责人：于克训

负责人职称：教授

依托单位：华中科技大学

研究期限：2011-01-01 到 2013-12-31

主 题 词：移动式高能脉冲固体激光器电源；直接驱动；主动补偿脉冲发电机；设计理论与方法

2. 项目摘要

可移动高能脉冲固体激光系统，面临的一个主要问题是电源小型化。目前激光泵浦氙灯脉冲电源采用电容器储能，包含高压充电机、电容器组、充放电开关等多个部件。由于电容器组式脉冲电源储能密度低、部件多，使装置体积大、重量大，严重制约了其应用和发展。本研究试图以基于波形可以调控的高密度惯性储能的补偿脉冲发电机直驱式电源系统模式取代低密度电场储能、基于电容器组的现有电源系统模式，实现激光器紧凑、小型化、可移动的目标。补偿脉冲发电机集能量存储、能量转换和脉冲成形于一体，可以用单一部件取代常规系统中的高压发电机、高压充电机、电容器组和脉冲成形网络等多个部件，实现由发电机到脉冲氙灯的直接驱动。本质的问题是要研究补偿脉冲发电机与脉冲氙灯负载之间的特性参数匹配关系，建立一套根据固体激光器脉冲氙灯对电源输出参数要求而设计配套补偿脉冲发电机电源系统的理论。最后，通过直驱式模型系统的研制与实验研究，来验证理论研究的结果。

3. 结题摘要

可移动高能脉冲固体激光系统，面临的一个主要问题是电源小型化。目前激光泵浦氙灯脉冲电源采用电容器储能，包含高压发电机、电容器组、充放电开关等多个部件。由于电容器组式脉冲电源储能密度低、部件多，使装置体积大、重量大，严重制约了其应用和发展。本研究试图以基于波形可以调控的高密度惯性储能的补偿脉冲发电机直驱式电源系统模式取代低密度电场储能、基于电容器组的现有电源系统模式，实现激光器紧凑、小型化、可移动的目标。补偿脉冲发电机集能量转换、能量存储和脉冲成形于一体，可以用单一部件取代常规系统中的高压发电机、充电电路、电容器组和脉冲成形网络等多个部件，实现由发电机到脉冲氙灯的直接驱动。经过本项目的研究，详细分析了脉冲氙灯的负载特性及其与其结构参数的关系，研究得出了主动补偿式脉冲发电机比较适合于直接驱动脉冲氙灯，并采取场、路及其相结合的多种分析方法，结合系统模型的构建和电机的设计，进行了全系统的性能仿真研究。在此基础上加工制造出能满足脉冲能量输出要求的主动补偿脉冲发电机样机并搭建了直驱式电源系统，实验结果证明了该方案的可行性。通过该项目的研究，得出了直接驱动脉冲氙灯负载下的脉冲发电机及其脉冲氙灯负载系统的分析与优化设计理论与方法。

4. 项目成果

序号	成果名称	类型	完成人
1	Simulation of the Active CompensatedPulsed Alternator with a Laser Flashlamp Load Based on Simplified Model	会议	于克训、袁培
2	Inductance Mathematic Model of Homopolar Inductor Alternator In A Novel Pulse Capacitor Charge Power Supply	会议	于克训、辛清明
3	10kJ 高能脉冲激光器直驱式电源系统的分析与设计	期刊	于克训、袁培
4	Comparison Between Self-Excitation and Pulse-Excitation in Air-Core Pulsed Alternator Systems	期刊	Ye Caiyong、Yu Kexun、Zhang Hua、Yuan Pei、Xin Qingming、Sun Jianbo
5	Design and Simulation of an Active Compensated Pulsed Alternator for the Flashlamp Load	期刊	Yuan Pei、Yu Kexun、Ye Caiyong

利用线性叠加倍频技术实现硅CMOS太赫兹源单片电路

1. 基本信息

项目名称： 利用线性叠加倍频技术实现硅 CMOS 太赫兹源单片电路

项目类别： 青年科学基金项目

项目负责人： 杨自强

负责人职称： 副研究员

依托单位： 电子科技大学

研究期限： 2011-01-01 到 2013-12-31

主题词： 太赫兹；压控振荡器；薄膜传输线；硅；线性叠加

2. 项目摘要

本课题将研究基于深亚微米硅 CMOS 工艺的太赫兹源单片电路实现技术，建立分布参数硅 CMOS 太赫兹单片电路的 EDA 设计方法，突破线性叠加倍频关键技术，解决 CMOS 器件模型修正及射频 ESD 设计等难点问题，设计硅 CMOS 太赫兹源单片电路，达到国际先进水平，同时为下一步实现太赫兹频段的其他收发单元电路及太赫兹收发 SOC 做技术储备。

3. 结题摘要

传统固态太赫兹源电路采用混合集成电路方式实现，电路结构复杂、体积大、加工精度差、调试工作量大。为解决以上问题，本项目将硅技术引入太赫兹源电路设计中，硅技术不仅具有集成度高、功耗小等优点，并且还有将 RF 前端与后端基带数字信号处理器集成到一块芯片成为 SOC 的巨大潜力。本课题的研究成果主要有：①深入研究了线性叠加倍频机理，并应用于太赫兹源电路设计。②对太赫兹压控振荡器（VCO）低相噪技术进行了研究，结合交叉耦合和 Copitts 电路优点，降低 VCO 相位噪声。③完成了毫米波 VCO 芯片设计，其工作频率高于 Hittite 等公司的商用芯片。④对基于硅工艺的分布参数薄膜传输线（TFMS）进行了深入研究，利用多层结构，构建了多种 TFMS，并评估其性能。⑤对经验建模方法进行了深入研究，并将该方法应用于无源电路建模，相比传统的三维电磁场仿真方法，经验建模可节约大量计算时间。⑥对 ESD 技术进行了研究，充分考虑其对 VCO 电路影响。

4. 项目成果

序号	成 果 名 称	类型	完 成 人
1	Design of C-band Six-Port Junction	会议	Hao Peng、Tao Yang、Ziqiang Yang
2	Phase Measurement Based on the Six-Port Technology	会议	Hao Peng、Tao Yang、Ziqiang Yang
3	K 波段上变频组件的设计	会议	刘文豹、杨自强、刘宇、杨涛
4	An improved broadband waveguide-to-microstrip transition in LTCC	期刊	Hao Peng、Yu Liu、Tao Yang
5	基于超外差结构的 Ka 波段多信道接收机	期刊	刘文豹、杨自强、陈涛
6	Calibration of a Six-Port Position Sensor via Support Vector Regression	期刊	Hao Peng、Tao Yang、Ziqiang Yang
7	AN IMPROVED UWB NON-COPLANAR POWER DIVIDER	期刊	Hao Peng、Ziqiang Yang、Yu Liu、Tao Yang、Ke Tan
8	Ka 频段 0.5W 的毫米波功率放大器的设计	期刊	刘文豹、杨自强、陈涛
9	Design and implementation of an Ultra-wideband six-port network	期刊	Hao Peng、Ziqiang Yang、Tao Yang
10	Design and Implementation of a Practical Direction Finding Receiver	期刊	Hao Peng、Ziqiang Yang、Tao Yang
11	一种基于微带与槽线过渡结构的超宽带功分器	期刊	杨自强、陈涛、彭浩、杨涛
12	一种超宽带宽边耦合微带定向耦合器	期刊	杨自强、郭峥、陈涛、杨涛

脉冲驱动下蓝光 LED 的量子效率和光调制特性的研究

1. 基本信息

项 目 名 称： 脉冲驱动下蓝光 LED 的量子效率和光调制特性的研究

项 目 类 别： 面上项目

项目负责人： 何志毅

负责人职称： 教授

依 托 单 位： 桂林电子科技大学

研 究 期 限： 2011-01-01 到 2013-12-31

主 题 词： 蓝光 LED；脉冲驱动；效率特性；光调制；光通信

2. 项目摘要

基于照明 LED 的可见光通信技术目前正引起广泛的重视，它要求大功率 LED 的发光除具有高量子效率外，还要有良好的调制特性即对驱动电流/电压的快速响应。本项目拟研究 InGaN 蓝光 LED 器件在脉冲驱动下这两方面的特性，并将调制和驱动技术的开发与之相结合。①分析 LED 器件的载流子注入、传输和复合过程及其对发光量子效率和瞬态响应特性的影响和机制；②设计一定输出波形的脉冲驱动电路和高速光电检测系统，考查不同波形脉冲电压/电流驱动下的发光效率和时间响应特性的变化；③通过外部驱动波形的设计来提高 LED 的脉冲响应速度，改善其光调制特性，研究在高频率信号调制（>10 MHz）下同时能保证高效率（包括电功率效率和负载发光效率）的 LED 驱动技术。

3. 结题摘要

以照明 LED 的脉冲驱动技术为基础，对大功率 InGaN 蓝光 LED 的效率特性和光电脉冲响应特性以及光调制技术做了详细的研究。开发了 LED 的效率-电流特性的自动检测系统和脉冲驱动电路。为发挥 LED 作为光通信光源与激光所不同的发射角、发射功率大和驱动电源简单等优势，着重于大功率驱动前提下 LED 脉冲光调制技术的研究，在检测和分析 LED 光脉冲响应特性的基础上，设计了载流子过压注入和抽出的方法来缩短光脉冲上升沿和下降沿，通过驱动调制电路和脉冲整形电路实现了光脉冲信号质量的改善。与小功率（几十 mW 量级）LED 的 QAM 多载波高速调制不同的是，我们所研制的大功率 10W 量级几 MHz 频率范围的脉冲调制方案，是 LED 照明光源兼用于数据传输的室内可见光无线光通信（VLC）更切实可行和具有更广泛实际应用潜力的选择。结合团队的研究基础，也根据蓝光 LED 适合于水下传输的优点，对 LED 在水下光通信和水下成像照明光源的应用进行了探讨，采用新的图形计算方法来处理在动态波动海面三维空间跨界面传输的光折射和水下光场分布问题，由此设计最佳发射光源和接收器阵列布局来降低信号闪烁比。利用 LED 对水下成像进行辅助照明，根据水介质散射与光波长的关系，设计了不同波长 LED 光源照明下成像的灰度值线性差来获得清晰图像，以克服水下吸收散射造成的影响，这种光学处理方法的优点是速度快实时性强，运算对系统性能资源要求低。在项目资助下本团队也开展了太赫兹技术的研究，包括带双缺陷的光子晶体结构的 THz 辐射产生方式及其缺陷结构、光纤波导色散、偏振模色散（双折射）、传输损耗等的影响。同时也注重研究成果转化的实际应用，与企业合作研发了沿单根电力线通信的调光控制系统并获得相关知识产权。

4. 项目成果

序号	成果名称	类型	完成人
1	Refraction analysis of optical wireless channel through air-ocean interface by graphic operations	期刊	He Zhiyi[1]、Qin Xueling[1]、He Ning[1]
2	基于LED光通信的移动电子导览系统研究	期刊	顾元培、何宁、何志毅
3	数模同播FM发射机的设计与实现	期刊	徐文波、赵娟、黎薇、陈明
4	涂层用Al_ 2O_ 3-ZrO_ 2复合浆料的制备	期刊	张法碧、朱景川
5	High birefringence terahertz photonic crystal fiber	期刊	Jian Tang、Zhigang Zhang、Deng Luo、Ming Chen、Hui Chen
6	照明LED语音交通导向系统的研究	期刊	赵晓燕、何宁、何志毅
7	High symmetry of the mode field distribution photonic crystal fiber with high birefringence	期刊	Li Wei[1]、Chen Hui[1]、Chen Ming[1]
8	基于LED辅助照明的水下图像增强算法研究	期刊	康艳梅、陈名松、何志毅
9	紫外LED散射通信信道特性与传输研究	期刊	郭求实、何宁、何志毅
10	Four-wave mixing penalties for dense wavelength division multiplexing passive optical networks	期刊	Wenbo Xu、Hui Chen、Juan Zhao、Wei Li、Xianxu Su、Ming Chen
11	Research on a temperature controlled terahertz birefringence photonic crystal fiber	期刊	Zhigang Zhang、Jian Tang、Jiankun Zhang、Ming Chen、Juan Nie、Hui Chen
12	包含掺铒光纤和微结构光纤的光纤环镜光开关	期刊	赵娟、徐文波、苏贤续、黎薇、杨清、陈明
13	新型溶胶-凝胶法制备Al_2O_3-ZrO_2陶瓷涂层及其组织结构	期刊	张法碧、李明伟、秦祖军、郭其新
14	Image recognition by embedded hopfeld SVM	期刊	ZhaoZhonghua[1]、Xin Haiyan[2]、Liu Tao[3]
15	基于ARM平台的LED光辐射导览系统	期刊	顾元培、何宁、郭求实、何志毅
16	Communication system diagnosis by the embedded passive low-pass filter and SVM	期刊	Li Hong
17	光无线局域网上行链路中的光束对准设计	期刊	唐健琼、何志毅
18	LED的效率-电流特性自动检测系统研制	期刊	骆扬、何志毅、朱艳菊
19	大功率LED无线光通信的高速脉冲调制技术研究	期刊	骆汉光、何志毅、何宁
20	一种乱序PWM控制的LED恒流驱动芯片	期刊	赵肃、王卫东、何志毅
21	Performance improvement of OFDM Radio over Fiber system by employing concatenated codes	期刊	Juan Nie、Wei Li、Ming Chen、Wei Chen、Qian He、Hui Chen
22	基于定时阳光跟踪的LED照明系统	期刊	陈双龙、何宁、何志毅、廖欣
23	基于ActiveX技术的PPT无线演讲新方案的设计与实现	期刊	陈细生、何志毅、陈名松
24	Research on terahertz photonic crystal fiber characteristics with high birefringence	期刊	Qian He、Jian Tang、Deng Luo、Ming Chen、Hui Chen、Haiou Li、Mingsong Chen、Zhiyi He、Ning He
25	Wavelength conversion based on high nonlinear microstructured fiber	期刊	Chen Ming[1]、Zhao Juan[1]、Li Tiansong[1]、Yu Shenyun[1]、Chen Mingsong[1]
26	海面波动对无线光通信的影响	期刊	王彩云、何志毅
27	大功率LED效率特性分析与驱动方案设计	期刊	覃雪玲、何志毅、何宁

脉冲调制射频电源激励下同轴电极中大气压介质阻挡放电的数值模拟研究

1. 基本信息

项 目 名 称： 脉冲调制射频电源激励下同轴电极中大气压介质阻挡放电的数值模拟研究

项 目 类 别： 专项基金项目

项目负责人： 王奇

负责人职称： 讲师

依 托 单 位： 大连理工大学

研究期限：2013-01-01 到 2013-12-31
主题词：介质阻挡放电；同轴电极；脉冲调制射频电源；生物与医学；数值模拟

2. 项目摘要

大气压介质阻挡放电等离子体近期被广泛应用于生物医学、杀菌等领域。其中，常压同轴电极在电化学治疗等方面具有广泛的临床前景，脉冲调制的射频电源可以有效地控制灭菌等过程中产生的热量，但其中的物理机制还需要进一步研究。本课题将开发二维、自洽的流体力学模型，研究脉冲调制射频电源驱动下，同轴电极结构中大气压介质阻挡空气放电的物理特性；研究改变脉冲调制电源占空比、电极尺寸等对放电特性的影响；探索其中的放电模式以及同轴电极中获得高活性、高效率、低温等离子体的方法；分别与其它电极结构和电源类型做比较，研究其优缺点；为其在工业上的进一步应用提供理论指导。

3. 结题摘要

在本基金的资助下，项目组成功地开发出自洽的流体力学模型，研究了脉冲调制射频电源驱动下，同轴电极结构中大气压介质阻挡放电的物理特性；研究改变脉冲调制电源占空比、电极尺寸等对放电特性的影响；研究了脉冲调制电源驱动放电中，亚稳态粒子的作用和特征；探索了其中的放电模式以及同轴电极中获得高活性、高效率、低温等离子体的方法，为其在工业上的进一步应用提供理论指导。已经发表学术论文一篇（Phys. Plasmas 2013 20：043511（6).），接收一篇（JPS Conf. Proc.），在投一篇（J. Phys. D：Appl. Phys.）；并且参加国际会议一次（AP-PC 12），国内会议一次（第16届全国等离子体会议）。

4. 项目成果

序号	成果名称	类型	完成人
1	Numerical investigation on atmospheric-pressure dielectric barrier discharges driven by combined rf and short-pulse sources in co-axial electrodes	期刊	Qi Wang、Jizhong Sun、Tomohiro Nozaki、Dezhen Wang
2	Improving the homogeneity of alternating current-drive atmospheric pressure dielectric barrier discharges in helium with an additional low-amplitude radio frequency power source：A numerical study	期刊	Wang Qi、Sun Jizhong、Zhang Jianhong、Liu Liying、Wang Dezhen

面向智能电网的需求响应资源综合经济评价体系及激励机制设计

1. 基本信息

项目名称：面向智能电网的需求响应资源综合经济评价体系及激励机制设计
项目类别：青年科学基金项目
项目负责人：王蓓蓓
负责人职称：副教授
依托单位：东南大学
研究期限：2011-01-01 到 2013-12-31
主题词：智能电网；需求响应；外部价值评估；激励机制设计

2. 项目摘要

在环境恶化和能源危机的背景下，智能电网的概念应运而生，需求响应项目的推行对于智能电网的建设具有举足轻重的作用，但由于支持需求响应项目运行的技术、设备费用投入巨大，属于“市场失灵”区域和缺乏配套的经济激励政策等因素影响了项目的推进：本申请提出了需求响应项目公共商品属性和正外部贡献特征，并全面系统地对需求响应资源综合效益构成进行了描述，建立了需求响应项目外部价值多维评估体系，分别采用实物期权理论、可持续发展理论、模糊综合评价等方法进行外部价值综合经济评估，设计需求响应项目效益分享机制，构建效益分配模型，保证政府的财政补助建立在以公共商品和正外部贡献为理论基础的研究之上，不仅可以克服项目基础投入缺乏的理论基础不足、项目正外部性贡献价值评估度量公认方法缺乏等问题，还可以形成补偿的动态方法，从而保证补偿的动态可持续性，保证相关利益主体的可持续发展能力，推动我国坚强智能电网的建设工作稳步发展。

3. 结题摘要

在环境恶化和能源危机的背景下，智能电网的概念应运而生，需求响应项目的推行对于智能电网的建设具有举足轻重的作用，但由于支持需求响应项目运行的技术、设备费用投入巨大，属于“市场失灵”区域和缺乏配套的经济激励政策等因素影响了项目的推进：项目申请书提出了需求响应项目公共商品属性和正外部贡献特征，并全面系统的对需求响应资源综合效益构成进行了描述，希望建立需求响应项目外部价值多维评估体系，设计需求响应项目效益分享机制，构建效益分配模型，保证政府的财政补助建立在以公共商品和正外部性贡献为理论基础的研究之上，不仅可以克服项目基础投入缺乏的理论基础不足、项目正外部性贡献价值评估度量公认方法缺乏等问题，还可以形成补偿的动态方法，从而保证补偿的动态可持续性，保证相关利益主体的可持续发展能力，推动我国坚强智能电网的建设工作稳步发展。项目在实施过程中，首先进行国内外需求响应项目实施情况的调查研究和文献分析的基础上，提出了需求响应的作用机理；总结需求响应项目外部性贡献的内涵和外延，进行了需求响应项目外部价值评估的相关要素分析；设计了需求响应项目外部价值评估的指标体系和评估模型；建立了需求响应项目效益分享机制，构建了效益分配模型，形成了贯穿需求响应各参与实体的激励体系，并通过灵敏度分析结论验证了激励机制的有效性。在申请书已列任务的基础上，根据项目需要又额外完成了面向大规模风电接入、考虑需求响应的灵活资源随机优化调度模型研究；考虑分布式储能装置的智能电网下需求响应的综合模型研究；电动汽车充电站的相关模型研究；基于电力供应链的电力市场激励机制相关问题研究。目前已发表学术论文 15 篇，其中 11 篇被 EI 检索，此外有一篇 SCI 期刊论文在投；申请专利 1 项；项目负责人参与撰写相关国家标准 1 项，相关 IEEE 国际标准 1 项；培养毕业博士研究生 1 名，硕士研究生 4 名。

4. 项目成果

序号	成果名称	类型	完成人
1	Flexiramp market design for real-time operations: can it approach the stochastic optimization ideal?	会议	王蓓蓓、Benjamin F. Hobbs
2	Incentive Mechanisms Design of Demand Response Programs in China Based on System Dynamics Modeling	期刊	王蓓蓓、孙宇军、李扬
3	基于多智能体的用户分时电价响应模型	期刊	谈金晶、王蓓蓓、李扬
4	电力供应链的收益风险研究	期刊	窦讯、李扬、王蓓蓓
5	电力供应链的电煤库存研究	期刊	窦迅、李扬、王蓓蓓、薛朝改
6	峰谷分时电价下的用户响应行为研究	期刊	阮文骏、王蓓蓓、李扬
7	智能园区需求响应项目实施效益研究	期刊	李啸宇、谈金晶、王蓓蓓
8	国外需求响应技术及项目实践	期刊	潘小辉、王蓓蓓、李扬
9	智能电网下电力需求侧管理应用	期刊	梁甜甜、高赐威、王蓓蓓
10	考虑集中型充电站定址分容的电网规划研究	期刊	高赐威、张亮、薛飞
11	面向智能电网的电力需求侧管理规划及实施机制	期刊	王蓓蓓、李扬
12	智能电网下计及用户侧互动的发电日前调度计划模型	期刊	刘小聪、王蓓蓓、李扬、姚建国、杨胜春
13	面向大容量风电接入考虑用户侧互动的系统日前调度和运行模拟研究	期刊	王蓓蓓、刘小聪、李扬
14	集中型充电站容量规划模型研究	期刊	高赐威、张亮、薛飞

纳米集成电路的量子混沌及其对电路性能的影响

1. 基本信息

项目名称： 纳米集成电路的量子混沌及其对电路性能的影响

项目类别： 面上项目

项目负责人： 毛凌锋

负责人职称： 教授

依托单位： 苏州大学

研究期限： 2011-01-01 到 2013-12-31

主题词： 混沌；量子尺寸效应；纳米半导体器件；电子输运

2. 项目摘要

介观系统是研究经典与量子世界关联的合适体系。随着微电子器件全面进入纳米（介观）尺度，器件和电路中必然会出现量子混沌。由于量子混沌与尺度相关联，因此，利用量子混沌的研究方法对纳米器件和电路特性的研究，精确表征尺度变化对纳米器件和电路特性的影响，将帮助我们从物理本质理解在经典和量子规律同时作用下的纳米器件和电路特性的变化规律。本课题基于第一性原理研究尺度效应对纳米器件和电路特性的影响；并建立载流子波函数随时间演化的非线性方程，建立器件和电路特性的演化方程；在分析实验数据和第一性原理计算上提取量子混沌特征；最后建立量子混沌对纳米器件暨电路特性的影响模型。本课题充分发挥微电子学、凝聚态物理、非线性系统理论和计算物理等多学科交叉的优势，研究量子混沌对纳米器件和电路特性的影响，为新一代器件和电路的建模提供必要的理论依据。

3. 结题摘要

量子效应成为影响纳米 MOS 器件性能的重要因素，其研究工作成为器件结构改良、能带工程应用以及发展新器件等工作的重要基础。当晶体管全面进入纳米尺度特别是小至几个原子层的尺度时，必然存在尺度关联的量子束缚效应，从而极大影响器件和电路特性。在本项目支持下，研究发现当尺度小于 20nm 后器件特性会随尺度减小迅速变化，并建立了尺度对超低能耗和超快的石墨烯晶体管特性影响的分析物理模型；研究发现其颗粒大小处于纳米尺度特别是小于 10nm 时会强烈影响器件的阈值电压等特性，并建立了多晶硅的尺寸对纳米晶薄膜晶体管的阈值电压影响的分析物理模型；研究发现当纳米晶为几个纳米时充放电流和低场下的栅漏电流会呈现非常强烈的尺度依赖关系，并建立了纳米晶的尺寸对纳米晶存储器的栅漏电流和充放电动态影响的分析物理模型，模型的计算结果和实验结果吻合很好；研究了如何通过引入钳位二极管来减少由纳米CMOS构成的静态随机存储器单元的漏电和功耗问题。纳米体系的标志特征是系统的物理可观测特性呈现量子相位相干效应，电导由其尺度与电子的费米波长，平均自由程和相位相干长度的相对关系决定，而不再仅由材料参数来确定。纳米结构的精细电子结构具有从原子、分子的分立能级到体材料的连续能带的过渡特征并导致电导的新特征。隧穿电子的波函数是以准周期样式围绕平均值涨落的函数。外场等环境因素可破坏量子干涉。综上纳米尺度器件所涉及的基础科学问题的复杂性加剧纳米器件和电路中的非线性特性，并已被实验观察到，这表明其偏离线性系统的基本特征。由此需引入非线性理论和现代通信理论中的数学方法。依托本项目，课题组创新地有机融合非线性理论和现代通信理论来研究器件中的非线性现象。通过利用非线性数学理论来研究从合作单位获取的存储器件的特性及其可靠性数据，计算了诸如嵌入维数、关联维数、李亚普若夫指数、Kolmogorov 熵以及频谱特征等非线性信息，初步发现不同退化阶段的栅漏电流均呈现混沌的特征；而且退化过程中香农熵和界面缺陷密度之间存在关联作用。相关的研究论文整理工作正在进行中。课题组就相关研究结果发表论文 24 篇，其中 SCI 源期刊上 13 篇，Carbon（影响因子 5.868）1 篇，Nanoscale Res Lett（影响因子 2.524）2 篇。申请发明专利 1 项，获授权发明专利 1 项。研究结果有助于更好地预测新一代器件和电路特性并为建模提供必要的理论依据。

4. 项目成果

序号	成果名称	类型	完成人
1	A Low Power Area Efficient Full Custom 3-Read 3-Write General Purpose Register in 65nm Technology	会议	Youzhong Li、Lijun Zhang、Qixiao Zhang、Ziou Wang、毛凌锋
2	Impact of stress on band-to-band tunneling current in SOI MOSFET based on first-principles calculation	会议	Li Y. Z.、Zhang L. J.、Wang Z. O.、Chen Z.、Li Y. Q.、Lu Z. H.、Mao L. F.
3	A theoretical analysis of field emission from graphene nanoribbons	期刊	Mao Ling-Feng
4	Leakage Power Reduction Techniques of 55 nm SRAM Cells	期刊	Zhang Li-Jun、Wu Chen、Ma Ya-Qi、Zheng Jian-Bin、Mao Ling-Feng
5	一种基于全数字锁相环的 SRAM 实速测试方案	期刊	张立军、王子欧、于跃、郑坚斌、毛凌锋
6	Current-voltage Characteristics of Graphene Nanoribbon Schottky Diodes	期刊	Mao Ling-Feng[1]、Wang Zi-Ou[1]、Zhang Li-Jun[1]、Ji Ai-Ming[1]、Zhu Can-Yan[1]、Yang Jianfeng[1]
7	表面粗糙对石墨烯场效应晶体管电流的影响	期刊	陈智、王子欧、李亦清、李有忠、毛凌锋
8	IC 设计综合工具 DC 应用中的混沌现象研究	期刊	喻建军、李文石、李雷
9	微笑、平静、说谎和诚实的人脑蔡氏电路模型	期刊	李雷、李文石
10	Quantum capacitance of the armchair-edge graphene nanoribbon	期刊	Mao Ling-Feng
11	Ge2Sb2Te5 相变存储器导电机制研究	期刊	李亦清、王子欧、李有忠、陈智、毛凌锋
12	Integrated SRAM compiler with clamping diode to reduce leakage and dynamic power in nano-CMOS process	期刊	Zhang Lijun、Wu Chen、Mao Ling-Feng、Zheng Jianbin
13	一种采用钳位二极管的新型低功耗 SRAM 设计	期刊	张立军、吴晨、王子欧、毛凌锋
14	Dot size effects of nanocrystalline germanium on charging dynamics of memory devices	期刊	Ling-Feng Mao
15	Quantum coupling effects on charging dynamics of nanocrystalline memory devices	期刊	Mao Ling-Feng
16	让耳朵说话：基于单通道耳穴近红外谱的脑机接口（英文）	期刊	李文石、钱重阳、李雷、魏锋
17	Study of the conduction band offset alignment caused by oxygen vacancies in sio2 layer and its effects on the gate leakage current in nano-mosfets	期刊	Mao Ling-Feng
18	Mismatch of dielectric constants at the interface of nanometer metal-oxide-semiconductor devices with high-K gate dielectric impacts on the inversion charge density	期刊	Mao Ling-Feng
19	THE KINK EFFECTS IN NANO-GaAs DEVICES DUE TO MULTI-VALLEY ELECTRON TRANSPORT	期刊	Mao Ling-Feng、Ji A. M.、Zhu C. Y.、Wang Z. O.、Zhang L. J.、Li Y. Z.、Wang S. D.、Yan Y.

（续）

序号	成果名称	类型	完成人
20	Interface traps and quantum size effects on the retention time in nanoscale memory devices	期刊	Mao Ling-Feng
21	基于功耗特征的蔡氏电路混沌复杂性研究	期刊	李雷、李文石
22	考虑量子效应的短沟道 n-MOSFET 表面电势分布数值模型	期刊	李亦清、王子欧、李文石、李有忠、陈智、毛凌锋
23	Investigation of Crystal Size Impacts on the Tunneling Current in Germanium Nanocrystal Metal-Oxide-Semiconductor Transistors	期刊	L. F. Mao、C. Y. zhu、L. J. Zhang、A. M. Ji、X. Y. liu
24	Quantum size impacts on the threshold voltage in nanocrystalline silicon thin film transistors	期刊	Mao Ling-Feng

纳米器件的非弹性交流输运

1. 基本信息

项目名称： 纳米器件的非弹性交流输运

项目类别： 面上项目

项目负责人： 卫亚东

负责人职称： 教授

依托单位： 深圳大学

研究期限： 2011-01-01 到 2013-12-31

主题词： 电声耦合；交流输运；非平衡格林函数；电流守恒；规范不变

2. 项目摘要

电声作用对电子输运影响很大，电声作用下的纳米器件输运问题是纳电子学中的一类重要问题。电声耦合引起的非弹性电流不仅对器件功能和器件稳定性有影响，而且能被用来测量声子谱，进而探测器件的微观构型。同时，电声作用也是研究器件内部热耗散所必须考虑的。本项目中，我们将在密度泛函理论和 Keldysh 的非平衡格林函数近似的框架下，在考虑电声相互作用下，研究纳米电子器件的非弹性交流输运特性，探讨交流偏压对声子频率和电声耦合强度的影响，给出电声作用下非弹性电流随交流偏压的变化。作为应用，我们将计算电声作用下，纳米器件（如金属导线夹原子链或金属导线夹有机分子）瞬态响应的动力学行为，计算考虑电声作用后器件对阶跃信号的响应特性，为器件的制造和应用提供理论依据。

3. 结题摘要

电声作用对电子输运影响很大，电声作用下的纳米器件输运问题是纳电子学中的一类重要问题。电声耦合引起的非弹性电流不仅对器件功能和器件稳定性有影响，而且能被用来测量声子谱，进而探测器件的微观构型。同时，电声作用也是研究器件内部热耗散所必须考虑的。本项目中，我们在 Keldysh 的非平衡格林函数近似的框架下，推导了电声作用下的非弹性交流输运的电流表达式，通过引入内势，在理论上证明了电流守恒和规范不变性。我们的理论可以和密度泛函理论相结合，对研究系统进行第一性原理计算，利用从头计算探讨交流偏压对声子频率和电声耦合强度的影响，给出电声作用下非弹性电流随交流偏压的变化。类似电声作用下的直流效应的非弹性电子隧穿谱（Inelastic Electron Tunneling Spectroscopy IETS），我们发现，可以定义非弹性交流输运下的非弹性电子导纳谱（Inelastic Electron Admittance Spectroscopy IEAS），通过计算和测量该物理量，可以研究交流下体系的分子振动性质。

4. 项目成果

序号	成果名称	类型	完成人
1	Dynamic response of silicon nanostructures at finite frequency: An orbital-free density functional theory and non-equilibrium Green's function study	期刊	Fuming Xu、Bin Wang、Yadong Wei、Jian Wang
2	纳米分子器件输运性质研究	期刊	李尧玉、万浪辉、余陨金、卫亚东
3	First-principles calculation of the Andreev conductance of carbon wires	期刊	Wang Bin、Wei Yadong、Wang Jian
4	THE INFLUENCE OF THE COUPLING STRENGTH ON THE ELECTRON TRANSPORT THROUGH THE BENZENE-14-DITHIOLATE MOLECULAR JUNCTION	期刊	Yu Yunjin、Li Yaoyu、Wan Langhui、Wang Bin、Wei Yadong
5	Shot noise of spin current and spin transfer torque.	期刊	Yu Yunjin、Zhan Hongxin、Wan Langhui、Wang Bin、Wei Yadong、Sun Qingfeng、Wang Jian
6	电导涨落的自动图形算法及应用	期刊	万浪辉、余陨金、卫亚东

逆变型分布式电源并网孤岛检测机制研究

1. 基本信息

项 目 名 称：逆变型分布式电源并网孤岛检测机制研究
项 目 类 别：青年科学基金项目
项目负责人：刘方锐
负责人职称：讲师
依 托 单 位：华中科技大学
研 究 期 限：2011-01-01 到 2013-12-31
主　题　词：光伏发电；孤岛检测；主动移相；主动移频；前馈解耦

2. 项目摘要

孤岛检测与保护技术是分布式电源安全并网发电的重要保障措施，它主要通过对并网逆变器的输出施加扰动来实现。目前国内外研究主要集中在单相逆变器单机工作时的孤岛检测技术上。随着分布式电源的大量并入电网，区域系统中出现了不同的并网控制方式和不同的孤岛检测技术。在孤岛检测过程中，并网逆变器所施加的扰动会相互作用，使得系统的孤岛检测有效性更加难以评估与预测。因此，本项目拟从施加扰动量的作用本质出发深入研究各种孤岛检测方法的检测机制与内在联系。从单相并网逆变器的孤岛检测研究扩展到三相并网逆变器的孤岛检测研究，并从建立多个逆变器均采用同一孤岛检测方法与均采用不同孤岛检测方法的并网运行孤岛检测盲区分布模型入手，来研究复杂工作环境下的各种检测方法的有效性，以此来建立较完善的逆变型分布式电源并网安全孤岛检测机制。本项目的研究将为分布式发电系统的安全稳定运行提供重要的理论基础和设计指导。

3. 结题摘要

太阳能光伏并网发电是太阳能利用的重要方式，也是目前世界上增长最快的新能源利用技术。随着光伏并网逆变器的大量应用，孤岛问题将日益突出。基于孤岛的严重危害性以及提高国产光伏并网变换器产品竞争力的迫切需求，本基金对安全可靠的光伏并网系统孤岛检测功能设计展开了深入研究，尤其在复杂环境下多逆变型分布式电源下的孤岛检测机制、相互影响与检测有效性进行深入剖析，主要内容有：①研究各孤岛检测法的检测机理，根据其扰动本质提出改进型带正反馈的主动移频孤岛检测法和改进型滑动移相法。②建立主动移频法与主动移相法在多机并联下的孤岛检测模型，推导出孤岛检测的变化规律。此外，考虑到孤岛检测扰动对并网电流波形的畸变影响，本项目从数字角度入手来改善并网电流的质量。研究包括分析电网扰动与电流控制的耦合机理，找出数字化全前馈解耦控制的实现方法。

4. 项目成果

序号	成 果 名 称	类型	完 成 人
1	Optimized pole and zero placement with state observer for LCL-type grid-connected inverter	会议	Xue Mingyu、Zhang Yu、刘方锐
2	A hybrid strategy of short term wind power prediction	期刊	Peng Huaiwu、Liu Fangrui、Yang Xiaofeng
3	一种评价风电场设计水平的新方法	期刊	彭怀午、刘丰、孙立新、刘方锐
4	Full Grid Voltage Feed-forward for Discrete State Feedback Controlled Grid-connected Inverter with LCL Filter	期刊	Xue Mingyu、Zhang Yu、Kang Yong、Yi Yongxian、Li Shuming、刘方锐
5	基于线性方法的内蒙古地区太阳总辐射月均值估算	期刊	彭怀午、刘方锐
6	主动移频法在光伏并网逆变器并联运行下的孤岛检测机理研究	期刊	刘方锐、余蜜、张宇、段善旭、康勇
7	Investigation and evaluation of active frequency drifting methods in multiple grid-connected inverters	期刊	Liu Fangrui、Zhang Yu、Xue Mingyu、Lin Xinchun、Kang Yong
8	Improved SMS islanding detection method for grid-connected converters	期刊	Liu Fangrui、Kang Yong、Zhang Yu、Duan Shanxu、Lin Xinchun
9	多机光伏并网逆变器的孤岛检测技术	期刊	刘方锐、段善旭、康勇

区域电网电压控制系统模型降阶方法及预测控制算法研究

1. 基本信息

项 目 名 称：区域电网电压控制系统模型降阶方法及预测控制算法研究
项 目 类 别：面上项目
项目负责人：赵洪山
负责人职称：教授
依 托 单 位：华北电力大学（保定）
研 究 期 限：2011-01-01 到 2013-12-31
主　题　词：区域电网；自动电压控制；模型降阶；预测控制

2. 项目摘要

本项目以我国将建设统一坚强智能电网为背景，在大电网电压控制采用多层、多目标、分散控制结构体系下，研究区域电网二级电压全局预测控制策略，以实现整个区域电压最优控制。具体研究内容如下：①由于区域电网电压控制的混杂特性（快、慢、连续和离散控制共存），提出在时间和空间上对区域电压控制进行解耦，建立“自动电压预测控制”和“参考轨迹更新控制”两层电压优化控制模型；②探索区域电网高阶动态模型的降阶方法，解决二级电压在线预测控制的动态模型维数高（可达几千阶）的问题；③研究基于区域电网降阶动态模型的区域电压预测控制快速数值优化计算方法；④研究消除通信延时和噪声等因素影响的用于区域自动电压预测控制的快速广域状态估计算法。课题的开展将为区域大电网实现全局自动电压预测控制奠定理论基础，对建立统一坚强智能大电网、减少大停电事故的发生具有重要意义。

3. 结题摘要

本项目以我国将建设统一坚强智能电网为背景，在大电网电压控制采用多层、多目标、分散控制结构体系下，研究区域电网二级电压全局预测控制策略，以实现整个区域电压最优控制。项目具体研究内容及成果如下：①提出了在时间和空间上对区域电压控制进行解耦，建立了“自动电压预测控制”和“参考轨迹更新控制”两层电压优化控制模型，该模型有良好的控制性能，能够很好地维持机端电压恒定，负荷电压稳定，提高电力系统的稳定性；②提出了利用极大熵理论研究了参考轨迹更新控制优化算法，对线性和非线性两类不等式约束的特点进行了比较和分析，研究表明线性不等式约束并不适用利用极大熵算法处理，优化潮流算法单独处理非线性不等式约束，能够保留内点法较好的全局收敛性，而且能够大大降低数值计算时间；③线性动态模型降阶方面，研究了 Gramian 平衡降阶方法，应用快速迭代 LRCF-ADI 算法求解 Lyapunov 方程，非线性动态模型降阶方面，分析了经验 Gramian 方法中影响可观可控 Gramian 矩阵形成的因素，实现了对区域电网高阶非线性动态模型的降阶；④提出了基于分段逼近预测控制方法，研究了基于区域电网降阶动态模型的电压预测控制快速数值优化计算方法，研究表明，基于经验 Gramian 平衡降阶技术能够很好地适应电力系统动态模型的化简，大大降低在采样间隔内的动态优化计算时间，证实了基于降阶模型预测控制应用于较大规模系统的可行性；⑤研究了变电站电压协调控制方法，提出了一种变电站电压控制的分层结构，使用两种方法来设计协调控制器，分别为基于线性实时逻辑的变电站电压协调控制器设计方案以及基于混杂模型的变电站电压协调控制器设计方案；⑥研究了基于无迹卡尔曼滤波的电力系统状态估计，根据改进的 Sage 和 Husa 自适应卡尔曼滤波算法的原理，对无迹卡尔曼滤波方法进行了改进，提出了一种引入时变噪声统计估值器的自适应无迹卡尔曼滤波器，可处理未知常噪声和时变噪声统计估计问题。

4. 项目成果

序号	成果名称	类型	完成人
1	Excitation prediction control of multi-machine power systems using balanced reduced model	会议	Hongshan Zhao、Xiaoming Lan
2	Nonlinear prediction control of synchronous generator excitation based on subsection approximation	会议	Zhao Hongshan、Lan Xiaoming、Zhao Yusi、Xia Yang
3	Nonlinear dynamic power system model reduction analysis using balanced empirical Gramian	会议	Zhao Hong Shan、Xue Ning、Shi Ning
4	A hybrid predictive control strategy for the coordinated voltage control in substation	会议	Zhao Hong-shan、Xia Yang、Xue Ning
5	基于平衡降阶模型的多机系统非线性励磁预测控制	期刊	赵洪山、兰晓明、周雪青
6	平衡格莱姆方法在电力系统线性模型降阶中的应用	期刊	张喆、赵洪山、李志为、兰晓明、时宁
7	非线性电力系统模型经验 Gramian 平衡降阶	期刊	赵洪山、薛宁、时宁
8	Excitation Prediction Control of Multi-machine Power Systems Using Balanced Reduced Model	期刊	Hongshan Zhao、Xiaoming Lan
9	Short-Term Solar Irradiance Forecasting Model Based on Artificial Neural Network Using Statistical Feature Parameters	期刊	Wang Fei、Mi Zengqiang、Su Shi、Zhao Hongshan
10	An interior-point optimal power flow algorithm using coherent function to surrogate nonlinear inequality constraints	期刊	赵洪山、刘景青、鄢盛腾
11	Nonlinear dynamic model and chaotic characteristics of mechanical thastic energy storage unit in energy storage process	期刊	Yu Yang、Mi Zeng-Qiang
12	同步发电机励磁快速模型预测控制研究	期刊	周雪青、兰晓明、赵洪山
13	基于两种不同内点法的最优潮流建模与仿真	期刊	刘景青、鄢盛腾、周雪青、赵洪山
14	基于自适应无迹卡尔曼滤波的电力系统动态状态估计	期刊	赵洪山、田甜
15	Power forecasting approach of PV plant based on ANN and relevant data	期刊	Wang Fei、Mi Zengqiang、Yang Qixun、Zhao Hongshan

软开关变换电路非线性行为分析与控制

1. 基本信息

项 目 名 称：软开关变换电路非线性行为分析与控制
项 目 类 别：青年科学基金项目
项目负责人：唐春森
负责人职称：副教授
依 托 单 位：重庆大学
研 究 期 限：2011-01-01 到 2013-12-31
主 题 词：软开关电路；非接触电能传输；系统建模；非线性控制；分岔行为

2. 项目摘要

软开关模式的电力电子电路存在分岔、混沌等非线性动力学行为，为了分析和掌握其非线性问题的内在机理以对其进行诱导与控制，建立动力学行为计算模型并提出相应的分岔及混沌分析方法非常必要。但由于软开关电路系统的高维自治分段特性，导致现有的针对非线性系统的建模及分析方法不能很好地适用于软开关电力电子电路。本项目拟提出一套适用于具有自治分段特性的振荡系统的非线性建模及动力学行为分析方法。研究内容包括：建立复杂软开关边界条件的数值求解模式，提出一种半解析、半数值的广义庞加莱截点映射模型及其广义收敛性条件，提出一种广义的李亚普诺夫－施密特方法求取软开关电路的分岔集及分岔解，研究不同分岔的相互作用及向其它非线性动力学行为的转化关系，并提出一种多周期点控制方法，实现高维自治系统非线性行为的诱导控制。将上述成果应用于非接触电能传输系统，以进一步完善理论研究成果，提升系统性能，推动该系统相关实用技术进一步发展。

3. 结题摘要

项目以非接触电能传输（CPT）系统的软开关变换拓扑为主要对象，围绕建模方法、分岔行为分析、非线性行为控制方法等方面展开了系统深入的研究，按照研究计划实现了预期的研究目标，取得了系列理论成果，并在多稳态系统输送控制方法、频率稳定控制方法、功率控制方法等方面申请了若干发明和实用新型专利，在 CPT 系统分析与优化设计方面开发了实用软件，并申请了软件著作权。项目取得的主要成果如下：①提出了软开关电路动力学行为稳态过程建模分析方法。该方法基于频闪映射思想，根据软开关边界条件建立了系统的庞加莱截面映射模型，结合不动点理论及数值分析方法，可准确分析出系统所有可能的软开关工作点的周期、波形及自治稳定性等稳态特性。②提出了软开关电路动力学行为动态过程建模分析方法。该方法在庞加莱截面映射模型基础上，基于变步长离散迭代映射及快速数值求解方法，确定系统反复穿越庞加莱截面的相轨迹流的空间分布特征，认识系统相轨迹流演变规律，进而理解系统复杂动力学行为的产生机理。③提出了多稳态软开关工作点的输送控制方法。该方法基于延时干扰策略，通过干扰系统当前运行状态，使其相轨迹脱离当前极限环吸引子，进入目标吸引子的吸引域，从而在干扰结束后能自治收敛运行到目标软开关工作点上。通过设置不同的扰动控制参数，可实现不同稳态工作点的输送控制。④提出了基于输送控制策略的频率稳定控制方法。该方法采用间歇控制的方式，正常情况下系统自治运行，当工作频率发生漂移，从分岔频率的一个分支跳变到另一分支时，则自动启动输送控制措施，使其回到设定的分岔频率分支上。该方法可有效解决软开关变换电路在频率分岔区的频率控制问题。⑤提出了基于多稳态软开关工作点动态切换的功率控制方法。该方法基于软开关工作点功率特性的差异，仅通过控制方法动态改变系统工作点实现在软开关模式下的实时功率调节，减小了系统损耗，并降低了系统成本。⑥提出了 CPT 系统的双边功率流控制方法。该方法基于系统各运行模态的功率流方向特性，通过建立系统一次侧输入电源到二次侧负载之间的双向能量流动通道，并根据误差实时调整能量流方向，实现功率快速调节，提高了系统的快速性。⑦开发了 CPT 系统参数优化设计软件。通过选取系统拓扑并设置相应的参数，就能计算出系统稳态工作点的频率及雅可比矩阵特征值等信息，还能计算系统最大输出功率，优化互感和原边电容等参数。

4. 项目成果

序号	成 果 名 称	类型	完 成 人
1	Frequency bifurcation phenomenon study of a soft switched push-pull contactless power transfer system	会议	Tang C.、Dai X.、Wang Z.、Sun Y.、Hu A. P.
2	Extended Stroboscopic Mapping (ESM) method: A soft-switching operating points determining approach of resonant inverters	会议	Tang C.、Sun Y.、Dai X.、Su Y.、Wang Z.
3	A bidirectional contactless power transfer system with dual-side power flow control	会议	唐春森、戴欣、王智慧、苏玉刚、孙跃
4	准谐振变换器的双闭环控制方法及实现	会议	唐春森、沈昊
5	Optimal design of electromagnetic coupling mechanism for ICPT system	会议	Hu Chao、Sun Yue、Tang Chun-Sen、Wang Zhi-Hui
6	基于 FPGA 的 AC-AC 谐振变换器实现	期刊	唐春森、周继昆、戴欣、王智慧、孙跃
7	Load detection model of voltage-fed inductive power transfer system	期刊	Wang Zhi-Hui、Li Yu-Peng、Sun Yue、Tang Chun-Sen、Lv Xiao

（续）

序号	成 果 名 称	类型	完 成 人
8	非接触电能传输系统参数非线性规划	期刊	孙跃、赵志斌、苏玉刚、唐春森
9	Shifting stable operating points of bifurcated IPT systems by time delay perturbation	期刊	Tang C.、Sun Y.、Dai X.、Su Y.、Nguang S. K.、Hu A. P.
10	Development of current-fed ICPT system with quasi sliding mode control	期刊	Lv Xiao、Sun Yue、Wang Zhi-Hui、Tang Chun-Sen
11	用于感应电能传输系统的新型软开关电路	期刊	孙跃、赵志斌、王智慧、戴欣
12	Design of magnetic coupler for EVs' wireless charging	期刊	Hu Chao、Sun Yue、Wang Zhihui、Tang Chunsen、Xiong Qingyu
13	mu-Synthesis for Frequency Uncertainty of the ICPT System	期刊	Li Yan-Ling、Sun Yue、Dai Xin
14	具有恒流恒频恒压特性的 IPT 系统参数设计	期刊	孙跃、李玉鹏、唐春森、吕潇
15	非接触电能传输系统参数优化的改进遗传解法	期刊	赵志斌、孙跃、周诗杰、田勇
16	基于推挽拓扑的非接触充电系统设计	期刊	王智慧、胡超、戴欣、唐春森
17	ICPT 系统原边恒压控制及参数遗传优化	期刊	赵志斌、孙跃、苏玉刚、王智慧
18	复合谐振型感应电能传输系统分析及参数优化	期刊	吕潇、孙跃、王智慧、赵志斌
19	A quasi sliding mode output control for inductively coupled power transfer system	期刊	Sun Yue[1]、Lv Xiao[1]、Wang Zhihui[1]、Tang Chunsen[1]
20	电动车无线能量互充系统及其恒流控制	期刊	孙跃、田勇、苏玉刚、王智慧、唐春森
21	基于延时干扰的感应电能传输系统分岔频率输送控制	期刊	唐春森、孙跃、戴欣、王智慧、苏玉刚、呼爱国
22	推挽型软开关感应耦合电能传输变换器	期刊	翟渊、孙跃、苏玉刚、王智慧、唐春森
23	连续时间系统滑模趋近律的改进	期刊	姚中华、孙跃、唐春森、王智慧、戴欣
24	电动车在线供电系统高效配电方案	期刊	孙跃、田勇、苏玉刚、王智慧

数字控制的开关功率变换器的建模、稳定性分析及其应用研究

1. 基本信息

项 目 名 称：数字控制的开关功率变换器的建模、稳定性分析及其应用研究

项 目 类 别：面上项目

项目负责人：陈艳峰

负责人职称：教授

依 托 单 位：华南理工大学

研 究 期 限：2011-01-01 到 2013-12-31

主 题 词：数字控制；开关功率变换器；并联系统；建模；稳定性

2. 项目摘要

数字控制是开关功率变换器的一种新兴的控制方案，因简单可靠，且易实现各种先进控制算法等优点而得以广泛应用。由于受时间延迟、量化误差的影响，此类系统的切换非线性特性变得较为复杂。目前的研究大多限于各种控制策略的数字化实现，对于其非线性运行机理的理论分析及其应用研究，则鲜有文献报道。本项目旨在建立数字控制的开关功率变换器的切换非线性数学模型，发现其潜在的混沌、分岔等非线性现象，揭示系统的非线性运行机理，并进行稳定性分析，得出系统稳定和混沌态工作的参数空间；在此基础上从三个方面研究系统切换非线性的应用：①参数优化设计的方法；②数字化开关功率变换器稳定工作的切换线性控制算法及实现，并分析此算法在抑制电源 EMI 水平方面的性能；③数字化开关功率变换器的混沌调制方案，并分析该方案抑制电源 EMI 水平的机理及实现。这些工作对促进非线性系统和电力电子理论及实用技术的发展，具有重要意义及广阔应用前景。

3. 结题摘要

数字控制技术具有简单可靠、易实现各种先进控制算法等优点，因而近年来数字控制技术取代传统模拟控制技术已成为开关变换器的一种发展趋势。但由于数字控制变换器系统是一类典型的模—数混合系统，除了变换器自身开关的非线性外，还受时间延迟、量化误差的影响，从而展现出较复杂的、无法解释的非线性动力学行为，使其稳定性和动态响应特性受到影响，进而限制了它们的进一步推广应用。本项目旨在建立这类系统的非线性数学模型，发现其潜在的混沌、分岔等非线性现象，揭示系统的非线性运行机理，并进行稳定性分析，得出系统稳定和混沌态工作的参数空间，以对实际数字控制的开关变换器系统的设计和电路参数选择提供参考。项目主要对数字电流模控制的 Boost 变换器和输入串联、输出并联的 DC-DC 变换器的建模与稳定性分析，基于 DSP 数字控制的大功率逆变器关键技术，以及高可靠大功率 LED 驱动电源的关键技术及

其监控系统的设计与实现进行了较为深入的研究。所取得的主要成果有：①建立了数字电流模单环和双环控制的Boost变换器闭环系统的S域和离散Z域数学模型。基于所建立的数学模型，通过仿真分析，发现系统存在低频振荡、分岔及混沌等复杂非线性现象，并确定电路出现分岔、混沌等现象时的临界条件。②对输入串联、输出并联DC-DC变换器进行了深入的理论和仿真分析。通过对系统的建模和稳定性分析，探索了系统潜在的复杂非线性现象，并得出了系统稳定和非稳定工作的参数空间，这些结果对进一步优化电路的参数设计具有重要的参考价值。③针对DSP数字控制的大功率逆变器关键技术进行了深入研究，包括设计并实现了一种基于PI调节的三相数字锁相环，完成了数字控制的UPS并机系统的并联均流控制与三相不平衡输出电压的抑制，研究并实现了三相UPS并机系统的同步控制，以及电源状态在线监测系统的设计。④基于LLC谐振软开关变换，完成了LED驱动电源的设计，和基于ZigBee技术的LED智能监控系统的设计。项目在开关变换器建模和稳定性分析方面所取得的研究成果，对揭示开关变换器的非线性运行机理和优化系统设计具有参考价值；实践方面，项目组与企业合作完成了UPS和LED驱动电源产品样机的开发，目前这两类电源产品已投入生产。

4. 项目成果

序号	成果名称	类型	完成人
1	基于先进控制技术的大功率UPS及并机系统	奖励	廖慧、陈艳峰
2	A Novel Phase-Locked Loop for Three-Phase UPS Under Distorted Utility Conditions.	会议	廖慧、陈艳峰
3	基于混沌振子的微弱生命周期信号频率检测方法	期刊	李义方、陈艳峰
4	大功率不间断电源并机的同步均流控制	期刊	廖慧、张波、李林才、唐向兴
5	三相UPS输出电压不平衡控制的研究与实现	期刊	廖慧、张波、陈艳峰
6	交替分段相互置乱的双混沌序列图像加密算法	期刊	陈艳峰、李义方
7	Bifurcation Investigation and Stability Analysis for Peak Current Mode Input-series Out-parallel DC-DC Converters	期刊	赵益波、冯久超、陈艳峰
8	基于PI调节的三相数字锁相环研究与实现	期刊	李林才、陈艳峰

双频和多频非对称功率分配器的理论及关键技术研究

1. 基本信息

项目名称：双频和多频非对称功率分配器的理论及关键技术研究
项目类别：青年科学基金项目
项目负责人：黎淑兰
负责人职称：讲师
依托单位：北京邮电大学
研究期限：2011-01-01 到 2013-12-31
主题词：双频功率分配器；阻抗变换器；多频功率分配器；微波器件

2. 项目摘要

下一代无线通信系统正朝着多模、宽带、高速方向发展，这对无线通信系统的射频前端提出了更高的要求，传统的单频器件已远远不能满足这些要求。鉴于功率分配器在射频前端的重要作用，因此，本研究旨在对功率分配器的双频化以及非对称化进行深入的研究。通过基础理论研究，将提出新型的双频非对称功率分配器结构并推导出相应的理论设计公式，从而给出双频非对称功率分配器的通用设计方法，解决业界功率分配器的双频化和非对称化设计的共性技术难题。同时多频非对称功率分频器的设计理论将是本课题的扩展研究内容。在此基础上，还将原创性地提出多频带阻抗匹配新结构，并将其应用到多频带功率分配器的原型设计中。通过本课题的研究，将在器件设计的层面上根本性地解决双频带功率分配器设计的共性理论问题，提高我国微波射频器件的设计能力。

3. 结题摘要

下一代无线通信系统正朝着多模、宽带、高速方向发展，这对无线通信系统的射频前端提出了更高的要求，传统的单频器件已远远不能满足这些要求。鉴于功率分配器在射频前端的重要作用，因此，本项目对高性能功率分配器进行了深入研究。通过基础理论研究，提出了新型的双频及三频功率分配器结构并推导出相应的理论设计公式，从而给出此类功率分配器的通用设计方法，同时对Gysel和Bagley Polygon功率分配器进行了理论研究和设计。并原创性地提出了多种阻抗匹配新结构，并将其应用到功率分配器及功率放大器等器件的原型设计中。作为本课题的扩展研究内容，对耦合器、滤波器、移相网络、天线及功率放大器也进行了深入研究，并取得了一系列成果。通过本课题的研究，在微波器件设计的层面上根本性地解决了双频带及三频带功率分配器设计的共性理论问题，并为其他微波器件提出了一系列设计方案，进而提高了我国微波射频器件的设计能力。

4. 项目成果

序号	成 果 名 称	类型	完 成 人
1	An unequal dual-band Wilkinson power divider with slow wave structure	会议	He Q.、Y. Liu、Y. Wu、M. Su
2	一种有效的基于宽带功率放大器强记忆效应特性的 PMEC 预失真方法	期刊	都天骄、于翠屏、刘元安、高锦春、黎淑兰
3	A Novel Dual-Band Bagley Polygon Power Divider with 2-D Configuration	期刊	Liu Xin、Yu Cuiping、Liu Yuanan、Li Shulan、Wu Fan、Wu Yongle
4	NOVEL Pi-TYPE STEPPED-IMPEDANCE-STUB BRANCH LINE AND ITS APPLICATION TO DUAL-BAND POWER DIVIDER WITH HIGH SUPPRESSION OF INTERMEDIATE FREQUENCIES	期刊	Wu Yongle、Liu Yuanan、Li Shulan、Yu Cuiping
5	Miniaturization of Microstrip Planar Bagley Polygon Power Divider with Dual Transmission Lines	期刊	Li J.、Y. Liu、S. Li、C. Yu、Y. Wu
6	A Novel Wide-Stopband Bandstop Filter with Sharp-Rejection Characteristic and Analytical Theory	期刊	Liang L.、Y. Liu、J. Li
7	Design of Linearity Improved Asymmetrical GaN Doherty Power Amplifier Using Composite Right/left Handed Transmission Lines	期刊	Feng Y.、Y. Liu、J. Li
8	移动终端内置天线技术及其进展	期刊	黎淑兰、刘元安、苏明
9	An asymmetric arbitrary branch-line coupler terminated by one group of complex impedances	期刊	Wu Y.、J. Shen、Q. Liu
10	A Novel Compact Tri-Band Wilkinson Power Divider Based on Coupled Lines	期刊	Wu Y.、J. Shen、L. Liang、W. Wang、Y. Liu
11	A novel 180 degrees rat-race hybrid with arbitrary power division for complex impedances	期刊	He Q.、Liu Y. A.、Li S. L.、Su M.、Wu Y. L.
12	Design of a compact wideband circularly polarized microstrip antenna	期刊	Liu Qiang、Liu Yuanan、Wu Yongle、Li Shulan、Yu Cuiping
13	A Novel Multi-Way Power Divider Design with Arbitrary Complex Terminated Impedances	期刊	Li J.、Y. Liu、S. Li、C. Yu、Y. Wu、M. Su
14	A dual-band impedance transformer using Pi-section structure for frequency-dependent complex loads	期刊	Zheng X.、Y. Liu、S. Li
15	A Generalized 90 degrees Impedance Transformer with Improved Spurious Suppression for Arbitrary Real Terminated Impedances	期刊	Wu Yongle、Yu Cuiping、Liu Yuanan、Li Shulan
16	A Simple Microstrip Bandpass Filter with Analytical Design Theory and Sharp Skirt Selectivity	期刊	Y. Wu、Y. Liu、S. Li、C. Yu
17	A Simple Microstrip Bandpass Filter with Analytical Design Theory and Sharp Skirt Selectivity	期刊	Y. Wu、Y. Liu、S. Li、C. Yu
18	A Novel High-Power Amplifier Using a Generalized Coupled-Line Transformer with Inherent DC-Block Function	期刊	Y. Wu、Y. Liu、S. Li、S. Li
19	A Novel Wide-Band Hybrid Coupler Using Coupled-Line Power Divider and Improved Coupled-Line Phase Shifter	期刊	Wu Y.、Q. Liu、J. Shen、Y. Liu
20	改进的干涉式天线阵及其测向误差分析	期刊	贺庆、刘元安、黎淑兰、于翠屏
21	A generalized coupled-line dual-band Wilkinson power divider with extended ports	期刊	Li J.、Y. Wu、Y. Liu、J. Shen、S. Li、C. Yu
22	New coupled-line dual-band DC-block transformer for arbitrary complex frequency-dependent load impedance	期刊	Wu Y.、Y. Liu、S. Li、C. Yu

（续）

序号	成果名称	类型	完成人
23	A New Wide-Stopband Low-Pass Filter with Generalized Coupled-Line Circuit and Analytical Theory	期刊	Y. Wu、Y. Liu、S. Li、C. Yu
24	A compact bandpass filter based on two meandered parallel-coupled lines in different lengths	期刊	Cui D.、Y. Liu、S. Li、Y. Wu
25	Miniaturized dual-band matching technique based on coupled-line transformer for dual-band power amplifiers design	期刊	Li S.、B. Tang、Y. Liu、S. Li、C. Yu、Y. Wu

图形化有源区结构 GaN 基 LED 外延及相关物理问题研究

1. 基本信息

项目名称：图形化有源区结构 GaN 基 LED 外延及相关物理问题研究

项目类别：青年科学基金项目

项目负责人：范亚明

负责人职称：副研究员

依托单位：中国科学院苏州纳米技术与纳米仿生研究所

研究期限：2011-01-01 到 2013-12-31

主题词：氮化镓；图形化有源区；外延生长；发光二极管

2. 项目摘要

针对近年来背光源、照明等高端应用的需求，GaN 基 LED 仍需进一步提高发光效率和可靠性并积极推动白光照明的发展。本项目立足 GaN 基 LED 研究基础，利用图形化 n-GaN 衬底的二次外延，实现有源区非平面图形化的转移，研究图形化有源区阵列的设计、外延以及相关物理问题。图形化有源区结构有助于降低极化电场对量子阱发光效率的影响，提高内量子效率；同时有助于提高 LED 的有源区面积和出光效率。在外延中研究重点首先是图形化有源区不同极性晶面上 III 族氮化物的可控生长以及其宽光谱特性。其次与平面结构不同，引入非平面图形化有源区阵列对 III 族氮化物 MOCVD 外延生长需要新的理论支持，同时还对 LED 器件的制作工艺提出新的要求。展开图形化有源区结构 GaN 基 LED 的研究有助于进一步提高 LED 器件的电光转换效率，且其宽光谱特性对于白光照明也有着重要的理论意义和现实意义。

3. 结题摘要

为满足背光源、照明等高端应用的需求，GaN 基 LED 仍需进一步提高发光效率和可靠性并积极推动白光照明的发展。本项目采用聚苯乙烯球（PS 球）以及微纳加工的方式成功制备了 GaN 图形化基底阵列，在此基础上进行了基于图形化有源区 LED 的外延及器件制备。项目立足于 GaN 基 LED 基础研究，在图形化 n-GaN 衬底进行二次外延，实现有源区非平面图形化的转移，研究了图形化有源区阵列的设计、外延以及相关物理问题。研究结果表明采用微纳加工的方式更有利于制备均匀、排列有序的 GaN 图形化阵列，但是相对而言成本较高。在成功制备图形化 GaN 阵列的基础上，通过研究 InGaN 有源区在图形化 GaN 阵列之上的外延，调节其温度、压力、V/III 以及气流场等参数，实现了 LED 发光光谱在 460nm 发光峰附近的展宽，更有利于提高所制备的白光 LED 的发光性能。研究表明图形化有源区结构借助于半极性面有助于降低极化电场对量子阱发光效率的影响，有助于增大 LED 的有源区面积和提高其出光效率。基于图形化有源区的 GaN LED 相对于平面有源区的 LED 实现了发光峰的展宽，对于白光照明有着重要的理论意义和现实意义。

4. 项目成果

序号	成果名称	类型	完成人
1	Contribution of GaN template to the unexpected Ga atoms incorporated into AlInN epilayers grown under an indium-very-rich condition by metalorganic chemical vapor deposition (MOCVD)	期刊	Yang H.、Fan Y. M.、Zhang H.、Lu G. J.、Wang H.、Zhao D. G.、Jiang D. S.、Liu Z. S.、Zhang S. M.
2	生长压力对 GaN 材料光学与电学性能的影响	期刊	冯雷、韩军、邢艳辉、范亚明
3	AlN 成核层厚度对 Si 上外延 GaN 的影响	期刊	邓旭光、韩军、邢艳辉、汪加兴、范亚明、陈翔、李影智、朱建军
4	Al 组分对 MOCVD 制备的 Al_ xGa_ (1-x) N/AlN/GaNHEMT 电学和结构性质的影响	期刊	陈翔、邢艳辉、韩军、霍文娟、钟林健、崔明、范亚明、朱建军、张宝顺
5	GaN-Based White-Light-Emitting Diodes with Low Color Temperature and High Color Rendering Index	期刊	王峰、黄小辉、王怀兵、刘建平、范亚明、祝运芝、金铮

（续）

序号	成果名称	类型	完成人
6	Improving InGaN-LED performance by optimizing the patterned sapphire substrate shape	期刊	Huang Xiao-Hui、Liu Jian-Ping、Fan Ya-Ming、Kong Jun-Jie、Yang Hui、Wang Huai-Bing
7	预辅 Al 及 AlN 缓冲层厚度对 GaN/Si（111）材料特性的影响	期刊	李林、范亚明、王勇、邓旭光、张辉、冯雷、朱建军、张宝顺
8	AlN 隔离层对 MOCVD 制备的 AlGaN/AlN/GaNHEMT 材料电学性质的影响	期刊	陈翔、邢艳辉、韩军、李影智、邓旭光、范亚明、张晓东、张宝顺
9	高 Al 组分 AlGaN 材料优化生长与组分研究	期刊	冯雷、韩军、邢艳辉、邓旭光、汪加兴、范亚明、张宝顺
10	Effect of Patterned Sapphire Substrate Shape on Light Output Power of GaN-Based LEDs	期刊	Huang Xiao-Hui、Liu Jian-Ping、Fan Ya-Ying、Kong Jun-Jie、Yang Hui、Wang Huai-Bing
11	H_ 2 载气流量对 AlN 缓冲层生长的影响	期刊	邓旭光、韩军、邢艳辉、汪加兴、崔明、陈翔、范亚明、朱建军、张宝顺
12	高阻 GaN 的 MOCVD 外延生长	期刊	邓旭光、韩军、邢艳辉、汪加兴、范亚明、张宝顺、陈翔

微电网变换器间交互影响及多目标协调控制研究

1. 基本信息

项目名称：电网变换器间交互影响及多目标协调控制研究

项目类别：面上项目

项目负责人：李圣清

负责人职称：教授

依托单位：湖南工业大学

研究期限：2011-01-01 到 2013-12-31

主题词：微电网；电能质量；变换器；多目标协调控制；交互

2. 项目摘要

本项目对含电能质量调节装置的微电网电能质量问题进行研究。应用状态模型和传递函数模型相结合的方法分析多变换器系统交互影响机理，提出一种新的变换器交互影响分析和计算方法；基于传统矩阵建模法、连结建模法和最优化理论，提出含电能质量调节装置的微电网电能质量结构优化模型，对模型的基本特征进行分析。用改进型 RGA 方法提出电压、无功及谐波多目标协调控制方法，研究其跟踪调节性能、电压稳定域和稳定条件方法，克服多变换器间的基波环流影响与母线电压波动，抑制谐波叠加和交汇，实现无功及谐波的综合动态补偿；基于二维理论与方法提出多目标协调控制系统设计方法，使系统具有给定响应特性、鲁棒稳定性和鲁棒性能。通过计算机仿真和实验，探讨多目标协调控制的实际应用。通过本项目研究，将为微电网电能质量研究提出一种更加符合其本质特征的全新方法，克服现有方法的局限性，开辟该研究的新思路和新领域，具有重要的科学意义和应用价值。

3. 结题摘要

本项目对含电能质量调节装置的微电网电能质量问题进行研究。研究了基于前向线性预测理论的微电网混合电力滤波器谐波电流预测方法，推导最佳预测系数正则方程、谐波电流最小预测误差和阶更新方程。提出了多岛粒子群优化算法（Multi-Island PSO，MIPSO），将优化种群多岛化，以增加寻优结果的多样性，利用该算法对混合有源电力滤波器中无源滤波器参数进行多目标优化设计。提出一种用于改善微电网电能质量问题的补偿装置设计方案，在原有混合型有源电力滤波器的基础上增加分布式电源及储能元件，采用改进型 id-iq 复合指令电流检测及合成实现方法，实现一机多能。通过建立统一电能质量调节器（Unified Power Quality Conditioner，UPQC）状态方程，提出基于鲁棒 $H2/H\infty$ 的 UPQC 优化控制方法，并推导设计出基于该方法的线性动态反馈控制器。研究基于多目标协调进化算法的微电网无功优化，提出基于多目标协调进化的无功优化算法以及相应的求解步骤。提出风电场环境下级联 STATCOM 的直流侧电容电压控制方法及不平衡工况下级联 STATCOM 的控制方法。提出用于微电网的有源电力滤波器谐波电流检测新方法，构建链式混合形态滤波器取代传统检测算法中的低通滤波器以减小检测延时。针对直流微电网电压稳定性问题，提出一种直流母线电压分层协调控制方法，通过设定合理的电压阈值，对直流母线电压变化量的控制来协调蓄电池储能接口、网侧接口及光伏接口的工作方式，确保在不同工况下都能保持微电网内的有功功率平衡。通过计算机仿真和实验，探讨了电能质量调节装置在微电网的实际应用。本项目的研究，为微电网电能质量研究提出了更加符合其本质特征的全新方法，克服了现有方法的局限性，开辟该研究的新思路和新领域，具有重要的科学意义和应用价值。

4. 项目成果

序号	成果名称	类型	完成人
1	基于菌群_粒子群算法的混合有源滤波器中无源滤波器多目标优化设计	奖励	李永安、李圣清、罗晓东、曾黎琳、何政平
2	2012年株洲市第三批科技领军人才	奖励	李圣清
3	电气节能降耗关键技术及工程应用	奖励	李圣清
4	电能质量控制关键技术与成套装备研制及工程应用	奖励	李圣清
5	电能质量治理技术及应用	著作	李圣清
6	Multi-objective Optimal Design for Passive Power Filters in Hybrid Power Filter System Based on Multi-island Particle Swarm Optimization	会议	李圣清、李永安
7	Harmonic and Reactive Currents Detecting Method of STATCOM Based on Improved ip-iq Algorithm	会议	李圣清
8	Optimal Reactive Power Planning of Radial Distribution Systems with Distributed Generation	会议	李圣清
9	A Simulation Research on Three-Phase Voltage Source Rectifier Based on Double Closed-Loop Feedforward Decoupling Control	会议	李圣清
10	The Direct Current Control Method of STATCOM and it' s simulation	会议	李圣清
11	Wind farm grid voltage stability researching based on Cascade STATCOM	会议	李圣清
12	A harmonic current forecasting method for microgrid HAPF based on the EMD-SVR theory	会议	李圣清
13	The Power Quality Conditioner Customization for Distribution Network with the High Permeability of Micro grid	会议	李圣清、李永安
14	Reactive power optimization of power system based on multi-objective concordance evolutionary algorithm	会议	李圣清
15	Research on Robust H2/H∞ Optimization Control for Unified Power Quality Conditioner in Micorgrid	会议	李圣清、罗晓东、李永安
16	微电网无源电力滤波器的多目标优化设计	期刊	李圣清、李永安、曾黎琳、何政平
17	基于多目标决策协调进化算法的电力系统无功优化	期刊	李圣清、曾黎琳、罗晓东、李永安、何政平
18	一种微电网背景下的新型电能质量调节器	期刊	李圣清、李永安等
19	基于菌群-粒子群算法的混合有源滤波器中无源滤波器多目标优化设计	期刊	李圣清、李永安、罗晓东、曾黎琳、何政平
20	级联STATCOM的直流侧电容电压平衡控制	期刊	李圣清、徐文祥、栗伟周、曾欢悦
21	混合有源电力滤波器中无源滤波器多目标优化设计	期刊	李永安、李圣清
22	微电网储能单元与有源电力滤波器的组合研究	期刊	李圣清
23	微电网背景下UPQC鲁棒H2/H∞优化控制方法研究	期刊	李圣清、罗晓东、李永安等
24	微电网用有源电力滤波器谐波电流检测新方法	期刊	李圣清
25	一种改进型静止同步补偿器补偿电流检测方法	期刊	李圣清、何政平、曾黎琳、李永安
26	DC Capacitor Voltage Balancing Control for Cascaded STATCOM	期刊	李圣清
27	New-type hybrid active power filter of microgrid	期刊	李圣清
28	基于前向线性预测理论的混合电力滤波器谐波电流预测方法	期刊	李圣清、罗晓东、李永安、曾黎琳、何政平
29	基于Simulink的两种单相谐波电流检测方法研究	期刊	李圣清、何政平、李永安、曾黎琳
30	基于级联STATCOM的风电场并网电压稳定性研究	期刊	徐文祥、李圣清
31	风电场中级联STATCOM直流侧电压控制方法	期刊	李圣清、徐文祥、栗伟周、曾欢悦
32	A new Harmonic Current Forecasting Method of Micro-grid	期刊	李圣清

无传感器交流伺服系统高阶非奇异终端滑模控制的研究

1. 基本信息

项 目 名 称：无传感器交流伺服系统高阶非奇异终端滑模控制的研究
项 目 类 别：面上项目
项目负责人：冯勇
负责人职称：教授
依 托 单 位：哈尔滨工业大学
研 究 期 限：2011-01-01 到 2013-12-31
主 题 词：终端滑模控制；奇异性；有限时间控制；柔性机器人

2. 项目摘要

研究基于高阶非奇异终端滑模的无传感器交流伺服系统的动态性能分析和设计方法。主要目标为：①建立新的分析基于高阶非奇异终端滑模观测器的大调速范围无传感器交流伺服系统稳定性和鲁棒性的基础理论；②开发评估基于高阶非奇异终端滑模观测器大调速范围无传感器交流驱动系统性能的技术方法；③提出独创性的无传感器交流伺服系统高阶非奇异终端滑模观测器和控制器的设计策略。无传感器交流伺服系统仍有些问题尚未得到很好解决，包括：对测量噪声的高敏感性，对电动机参数的依赖性较大，较低的观测精度，零速附近时难以观测等。本项目将设法解决这些问题，结合矢量控制方法和直接转矩控制方法，研究基于高阶非奇异终端滑模观测器的无传感器交流伺服系统的分析方法以及观测器和控制器的设计方法，还将研究高阶终端滑模观测器离散化后出现的一些复杂行为，探求保证离散化的观测器稳定性的条件。本项目将对变结构控制理论及其应用具有重要意义。

3. 结题摘要

本项目研究了无传感器交流伺服系统的高阶非奇异终端滑模控制问题，包括了系统的动态性能分析，控制器和观测器的设计方法。首先，本项目研究了高阶终端滑模观测器的设计方法，分析滑模观测器的稳定条件和鲁棒性，并应用于系统的闭环控制。基于高阶终端滑模观测器，研究了感应电机和永磁同步电机伺服系统的分析与设计。采用高阶终端滑模观测器估计电机转速和位置，应用于矢量控制系统和直接转矩控制系统中。分析转速终端滑模观测器对参数摄动和外部扰动的鲁棒性。通过设计高阶终端滑模观测器在线辨识伺服系统的机械参数，如转动惯量、阻尼系数、负载转矩等。一旦这些参数能够准确估计出来，就可以对伺服系统控制器参数的进行自整定，采用最优控制理论对系统进行设计，系统的性能就能得到提高。研究了高阶终端滑模观测器的离散化方法，探求保证离散化的观测器稳定性的条件，研究用于评估由于离散化造成的系统性能降低的方法。分析量化误差以及测量噪声对观测器的影响。构建了无传感器交流伺服系统的实验系统平台，并通过实验验证了所提出的终端滑模控制和观测器的正确性。

4. 项目成果

序号	成 果 名 称	类型	完 成 人
1	Adaptive High-order Terminal Sliding Modes Control with Decoupling Stator Current for Induction Motor	会议	Shi Hongyu、Feng Yong、Yu Xinghuo、Li Lilin
2	Higher-order Nonsingular Terminal Sliding Mode Dead-Time compensation Method in PMSM	会议	Zheng Xuemei、Li Qiuming、Wang Wei、Feng Yong
3	Chattering-free terminal sliding-mode observer for anomaly detection	会议	冯勇
4	High-order terminal sliding-mode observers for anomaly detection	会议	冯勇
5	Terminal sliding mode control of induction generator for wind energy conversion systems	会议	冯勇
6	Sliding mode control of wind energy generation systems using PMSG and input-output linearization	会议	冯勇
7	Sliding-Mode Observer Based Flux Estimation of Induction Motors	会议	冯勇
8	Flux Estimation of Induction Motor Using High-order Terminal Sliding Mode Observer	会议	冯勇
9	High-order terminal sliding-mode observer for speed estimation of induction motors	会议	周铭浩、冯勇
10	High-order sliding-mode based energy saving control of induction motor	会议	冯勇
11	A Multi-Module Anomaly Detection Scheme based on System Call Prediction	会议	Zhenghua Xu、冯勇
12	Chattering-free terminal sliding-mode observer for anomaly detection	会议	冯勇

（续）

序号	成果名称	类型	完成人
13	Terminal Sliding Mode Observer for Anomaly Detection in TCP/IP Networks	会议	Feng Yong、Han Fengling、Yu Xinghuo、Tari Zahir、Li Lilin、Hu Jiankun
14	Terminal sliding mode control for wind energy conversion system based on constant tip speed ratio	会议	Yongming Yang、冯勇
15	用于永磁同步电机的一种非奇异高阶终端滑模观测器	期刊	郑雪梅、李秋明、史宏宇、冯勇
16	On nonsingular terminal sliding mode control of nonlinear systems	期刊	冯勇
17	High-order terminal sliding-mode observer for parameter estimation of a permanent magnet synchronous motor	期刊	冯勇
18	感应电动机全局高阶滑模观测器	期刊	史宏宇、冯勇、张袅娜
19	Chattering Free Full-Order Sliding-Mode Control	期刊	冯勇
20	Time Division Multiplex（TDM）based multiple synchronized chaotic signals transmission	期刊	冯勇
21	感应电动机全局高阶滑模观测器	期刊	冯勇
22	感应电机高阶终端滑模磁链观测器的研究	期刊	史宏宇、冯勇
23	基于 FOC 的永磁同步电机速度控制器参数优化设计	期刊	陈娜、冯勇、史宏宇
24	感应电动机全局高阶滑模观测器	期刊	史宏宇、冯勇、张袅娜
25	基于电流解耦的感应电机高阶终端滑模控制	期刊	史宏宇、冯勇

无工频变压器级联式多电平变换器关键技术研究

1. 基本信息

项目名称：无工频变压器级联式多电平变换器关键技术研究

项目类别：面上项目

项目负责人：王聪

负责人职称：教授

依托单位：中国矿业大学（北京）

研究期限：2011-01-01 到 2013-12-31

主题词：无工频变压器；级联 H 桥整流器；电压平衡控制；双向 DC-DC 变换器；协调控制

2. 项目摘要

研究采用双向高频隔离 DC-DC 变换器取代传统级联式多电平变换器中工频隔离输入变压器的技术关键问题。本课题对新一代能量可双向流动的无工频变压器级联式多电平变换器的整流部分功率模块的拓扑结构、控制方式及电压均衡控制策略、双向 DC-DC 高频变换模块的拓扑结构及其与前后级功率模块的协调控制方式、逆变级功率模块的拓扑结构和 PWM 调制策略优化及其与前级串联整流模块的功率平衡和电压均衡的协调控制、各功率变换级电路结构以及变换器整体结构的优化方案进行研究。通过对变换器整体系统进行数学建模及详细地理论分析与计算机仿真，揭示各级功率变换器对整流功率模块电压均衡产生影响的内在规律，从而为确定各功率级的最优控制方式以及各功率级之间的最佳协调配合方式提供理论依据，探索无工频变压器级联式多电平变换器电路拓扑结构选择和控制策略设计的一般性规律，为新一代级联式多电平大功率变换器的设计与实现奠定理论基础。

3. 结题摘要

无工频变压器级联式多电平变换器由于其在新能源分布式发电系统以及智能电网建设中潜在的巨大应用价值，近年来受到广泛关注。此类变换器的一种典型拓扑结构，由三个主要部分组成：前端级联整流级、中间高频隔离双向 DC-DC 变换级以及后端级联逆变级。课题组在对此类变换器前端级联 H 桥整流级（CHBR）的研究中，提出了一种使单位功率因数运行的级联 H 桥整流级在稳定工作区的优化工作点工作的策略，从而不仅使各级联 H 桥直流侧电压可以达到最快速平衡，而且使各级联 H 桥负载的不平衡程度可以得到最大限度地扩展。在对高频隔离双向 DC-DC 变换级的研究中，为了降低器件的电压应力，课题组提出了一种双三电平半桥（DTHB）双向 DC-DC 变换器拓扑，并对其在双移相控制策略下的软开关特性、功率传输特性、回流功率特性进行了全面分析，提出了实现最小回流功率的最优控制策略。针对目前广泛关注的双相全桥拓扑结构，课题组同样提出了双相全桥变换器采用双移相控制方式时在满足软开关条件下实现最小回流功率的最优控制策略。并给出了具体的闭环控制实现方法。在对各功率级分别研究的基础上，课题组进一步对整体协调控制策略进行了研究，研究了整个变换器系统在两种可能的应用中的整体协调控制策略框架。一种为变换器输入和输出两端都与中压配电网连接的应用场合，另一种为变换器输入侧与中压配电网连接，双向 DC-DC 变换器各模块输出端并联在一起与低压直流微网连接的应用场合。针对这两种应用提出并研究了两种不同的协调控制策略，并验证了两种协调控制策略在完成交流电能质量控制、双向传输电能、电压均衡控制等多方面的可行性、有效性和优越性。在上述研究基础上，课题组设计并制作了一款采用双 DSP 的核心控制板。通过设计合理的算法，将运算任务均衡地分配到不同的 DSP 芯片上，从而减轻了单个控制核心所承担的运算压力，提高了系统的带宽，简化了控制系统实现的复杂性。为了对上述协调控制策略进行实验验证，课题组搭建了一个四模块级联的无工频变压器级联式多电平变换器的实验平台。对于级联式变流器故障检测研究，课题组提出了一种利用数字信号处理技术和神经网络相结合的故障检测方法。并验证了其可行性和有效性。课题组对于能量单方向传输的级联二极管整流 + Boost 电路和级联无桥整流电路也分别进行了研究，并得出了一些明显有意义的结论。

4. 项目成果

序号	成果名称	类型	完成人
1	Optimum design of coupling inductors for magnetic integration in three-phase interleaving Buck DC/DC converter	会议	Guo Rui、Wang Cong、Li Tao
2	Fault detection and remedy of multilevel inverter based on BP neural network	会议	Jiang Wei、Wang Cong、Li Yao-Pu、Wang Meng
3	Output short circuit spark discharging modeling of Quasi-Z-source buck converter	会议	Cheng Hong、Wang Cong、Zhu Jin-Biao、Ge Biao
4	A fast voltage balance curve of duty cycle distribution for cascaded rectifier stage based on two dimensional modulation	会议	Zhang Guopeng、Cheng Hong、Cheng Long、Wang Cong
5	Performance analysis of isolated three-level half-bridge bidirectional DC/DC converter	会议	Jing Penghui、Wang Cong、Jiang Wei、Zhang Guopeng
6	Analysis of isolated three-level half-bridge bidirectional DC/DC converter based on series resonant	会议	Jing Penghui、Wang Cong
7	Research on voltage sharing for input-series-output-series phase-shift full-bridge converters with common-duty-ratio	会议	Lu Qiwei、Yang Zijing、Lin Shuai、Wang Suke、Wang Cong
8	Modified staircase modulation for extending unbalanced loads range of cascaded H-bridge rectifier	会议	Zhang Guopeng、Wang Cong、Cheng Hong、Wang Shuo
9	One statistics-based fault classification technique for cascaded inverter	会议	Wei Jiang、Cong Wang、Meng Wang、Yaopu Li
10	The voltage balance control for new generation of high power cascaded H-bridge rectifier	会议	Zhang Guopeng、Cheng Hong、Wang Cong、Xia Zhichao
11	A novel modulation strategy based on two dimensional modulation for balancing DC-link capacitor voltages of cascaded H-Bridges Rectifier	会议	Wang Cong、Zhang Guopeng、Cheng Hong、Li Yaopu
12	60°坐标系矿用变频器 SVPWM 算法研究	期刊	王畅、王聪、刘建东、程红
13	井下照明电源的新型单级三相高频隔离 AC/DC 变换器设计	期刊	崔义森、李德俊、王聪、党楠、沙广林
14	输出本安型准 Z 源 Buck 变换器 CCM 模式小信号建模与控制	期刊	程红、王聪、葛标、朱锦标
15	准 Z 源 Buck 开关变换器输出短路火花放电模型研究	期刊	程红、李鹤群、王聪
16	一种适用于级联 H 桥整流直流侧电容电压快速平衡的新型调制方法	期刊	王聪、张国澎、王俊、蔡莹莹
17	双向全桥 LLC 谐振变换器的理论分析与仿真	期刊	杨子靖、王聪、辛甜、林帅、杨荣
18	改进型有源均流法及其在多相 Buck 变换器中的应用	期刊	杜炜、王聪、刘昭慧
19	基于双重移相控制的双向全桥 DC-DC 变换器动态建模与最小回流功率控制研究	期刊	程红、高巧梅、朱锦标、杨小康、王聪
20	工作在双移相状态下的隔离式三电平半桥双向 DC-DC 分析	期刊	冯强、董瑞琦、王聪、程红、庄园

小型化无源元件的电热分析与功率容量研究

1. 基本信息

项目名称：小型化无源元件的电热分析与功率容量研究
项目类别：青年科学基金项目
项目负责人：吴林晟
负责人职称：讲师
依托单位：上海交通大学
研究期限：2011-01-01 到 2013-12-31
主题词：小型化无源元件；电热耦合；功率容量；协同设计

2. 项目摘要

随着通信和雷达系统中微波无源元件的不断小型化，元件内电热力混合多物理场的多重兼容性面临的问题越来越严峻，功率承载能力大幅减弱。小型化无源元件的功率容量问题已成为制约其发展和应用的关键因素之一。本项目拟在小型化无源元件的电热分析与仿真、功率容量的预测和改善、电热实验设计与验证等方面进行深入研究。具体包括：①研究小型化无源元件电磁-热混合物理场仿真方法、等效电路-热阻模型，提出面向电磁-热混合问题的场-路结合方法；②采用物理、数学混合建模方法研究微带、共面波导、电磁带隙、基片集成波导等无源元件功率容量的快速、准确预测方法和改善途径；③通过实验验证元件电热分析和功率容量预测结果，检验改善手段的有效性。本项目研究将为高性能小型化无源元件的电热分析和功率容量预测提供一整套建模、仿真和验证技术，定量研究影响其功率承载能力的关键因素，提出有效改善途径，指导无源元件小型化与高性能的平衡发展和应用。

3. 结题摘要

本项目按计划开展研究工作，实施期间取得的主要成果如下：①基于有限元方法研发出小型化无源元件电磁-热混合物理场仿真分析软件，基于等效热导网络提出多层电路结构温度分布快速分析方法，采用电磁场本征模展开法和热导网络实现面向无源电路电磁-热混合问题的场-路结合方法；②采用热传输线、窄带滤波器耦合谐振器等物理模型实现电热混合建模，开发出典型无源元件尤其是带通滤波器的功率容量高效预测方法，并采用针对混合物理问题的场-路结合方法实现无源元件和封装布局的优化，进一步提出降低工作温升、改善功率容量的有效途径；③将滤波、功分、耦合、巴伦等无源元件功能集成为一体，实现多种多功能协同设计的新型高性能小型化无源电路，从另一方面提升其功率承载能力；④搭建微波电路电热测试平台，实现材料特性和滤波器耦合矩阵提取算法，测试和分析部分典型电路的电热耦合特性和平均功率容量。研究成果发表和录用论文20篇，其中SCI论文10篇，IEEE期刊论文6篇，授权发明专利1项、申请2项，项目负责人获国家科技进步二等奖和上海市科技进步一等奖。本项目研究为高性能小型化无源元件电热耦合和功率容量问题提供了较为完整的分析、测试和改善手段。

4. 项目成果

序号	成果名称	类型	完成人
1	射频系统级封装技术及其应用	奖励	吴林晟
2	射频电子系统的三维高密度封装技术及其应用	奖励	吴林晟
3	由一个微带阶梯阻抗谐振器构成的双模双带滤波器	会议	吴林晟、毛军发、尹文言
4	基于缺陷地结构的可调低通滤波器	会议	张海东、吴林晟、毛军发
5	Slow-wave structure to suppress differential-to-common mode conversion for bend discontinuity of differential signaling	会议	Lin-Sheng Wu、Jun-Fa Mao、Wen-Yan Yin
6	Compact quasi-elliptic bandpass filter based on folded ridge substrate integrated waveguide (FRSIW)	会议	Lin-Sheng Wu、Jun-Fa Mao、Wen-Yan Yin
7	Notched ultra-wideband (UWB) bandpass filter with wide upper stop-band based on electromagnetic bandgap (EBG) structures	会议	Ming-Jian Gao、Lin-Sheng Wu、Jun-Fa Mao
8	Multilayered finite-difference method for steady-state thermal analysis of substrate integrated waveguide filter in LTCC	会议	Ang Zhang、Lin-Sheng Wu、Jun-Fa Mao
9	Broadband filter based on stub-loaded ridge substrate integrated waveguide (SIW) in low temperature cofired ceramic (LTCC)	会议	Lin-Sheng Wu、Jun-Fa Mao、Wen-Yan Yin、Xi-Lang Zhou
10	Compact rat-race coupler with double-sided parallel-strip line (DSPSL) for dual-band arbitrary power divisions	会议	Lin-Sheng Wu、Jun-Fa Mao、Wen-Yan Yin
11	Average power handling capability of quarter-wavelength microstrip stepped-impedance resonator bandpass filter	会议	Lin-Sheng Wu、Jun-Fa Mao、Wen-Yan Yin、Min Tang
12	COMPACT NOTCHED ULTRA-WIDEBAND BANDPASS FILTER WITH IMPROVED OUT-OF-BAND PERFORMANCE USING QUASI ELECTROMAGNETIC BANDGAP STRUCTURE	期刊	Gao M. -J.、Wu L. -S.、Mao J. F.

（续）

序号	成果名称	类型	完成人
13	A half-mode substrate integrated waveguide ring for two-way power division of balanced circuits	期刊	Lin-Sheng Wu、Bin Xia、Jun-Fa Mao、Wen-Yan Yin
14	Collaborative design of a new dual-bandpass 180 hybrid coupler	期刊	Lin-Sheng Wu、Bin Xia、Wen-Yan Yin、Jun-Fa Mao
15	Miniaturised dual-band rat-race coupler bansed on double-sided parallel stripline	期刊	Guo-Qing Liu、Lin-Sheng Wu、Wen-Yan Yin
16	Design of a substrate integrated waveguide balun filter based on three-port coupled-resonator circuit model	期刊	Lin-Sheng Wu、Yong-Xin Guo、Jun-Fa Mao、Wen-Yan Yin
17	Miniaturization of rat-race coupler with dual-band arbitrary power divisions based on stepped-impedance double-sided parallel-strip line	期刊	Lin-Sheng Wu、Jun-Fa Mao、Wen-Yan Yin
18	A Balanced-to-Balanced Power Divider With Arbitrary Power Division	期刊	Xia Bin、Wu Lin-Sheng、Ren Si-Wei、Mao Jun-Fa
19	Balanced-to-balanced Gysel power divider with bandpass filtering response	期刊	Lin-Sheng Wu、Yong-Xin Guo、Jun-Fa Mao
20	An ultra-wideband balanced bandpass filter based on defected ground structures	期刊	Bin Xia、Lin-Sheng Wu、Jun-Fa Mao
21	A compact micrstrip rat-race coupler with modified Lange and T-shaped arms	期刊	Guo-Qing Liu、Lin-Sheng Wu、Wen-Yan Yin
22	Steady-state electro-thermal analysis and optimization of multilayer boards and substrate integrated waveguide filters	期刊	Ang Zhang、Lin-Sheng Wu、Liang-Feng Qiu、Jun-Fa Mao

新型高效三相交流变流器拓扑研究

1. 基本信息

项目名称：新型高效三相交流变流器拓扑研究

项目类别：面上项目

项目负责人：刘丛伟

负责人职称：副研究员

依托单位：北方工业大学

研究期限：2011-01-01 到 2013-12-31

主题词：三相交流变流器；拓扑；高效率；谐波；脉冲宽度调制

2. 项目摘要

三相交流变流器（包括交直交或交交变流器）广泛应用在电机驱动，分布式发电系统及不停电电源（UPS）等领域。现存的多种三相变流器拓扑无法同时实现高效率和高性能运行。与仅改进变流器控制方法相比，拓扑上存在着的更大的改进潜力。本申请拟对实现交流到交流转换的拓扑及其控制方式进行研究。以电力电子基本单元为基础，寻求其新的组合方式及常规拓扑结构的化简等方法，设计三相交流变流器的新型拓扑和脉冲调制方式以提高变流器效率性能。本研究具有重要的科学研究意义、工程技术价值和实际应用背景。本项目的预期成果包括设计新型拓扑结构的交直交变流器及其脉冲宽度调制方法以提高变流器性能、效率或减少所需开关器件数量。

3. 结题摘要

三相交流变流器广泛应用于电机驱动、电力系统等领域，本项目的研究方向是寻找具有高效率和高性能的三相交流变流器的拓扑、控制方法，并寻找变流器拓扑的基本规律。我们提出了一种三相交流变流器拓扑的改进 PWM 协调算法，使变流器在任意负载下都可以减少 1/3 逆变侧开关损耗，实验结果验证了该算法的有效性；我们提出了一种新型三相交流变流器拓扑，该拓扑仅需 7 个全控开关，可以大大降低输入电流中的谐波，也实现了输入侧整流器和直流母线开关的软开关运行，大大降低了系统的开关损耗；我们提出了一种基本换流回路模型，该基本换流回路广泛存在于除矩阵式变换器之外的大量的电力电子电路中，反映了这些拓扑之间的内在联系。

4. 项目成果

序号	成果名称	类型	完成人
1	一种用于三相 AC/DC/AC 无直流环节电容变流器的新型同步 PWM 方法	会议	刘丛伟
2	A hybrid voltage balancing method for series connected IGBTs	会议	Xianqing Shao、Congwei Liu、Ping Wang、Zhengxi Li

新型有机电致变色材料的创制及太阳电池驱动的固态有机电致变色器件的研究

1. 基本信息

项 目 名 称： 新型有机电致变色材料的创制及太阳电池驱动的固态有机电致变色器件的研究

项 目 类 别： 面上项目

项目负责人： 刘平

负责人职称： 教授

依 托 单 位： 华南理工大学

研 究 期 限： 2011-01-01 到 2013-12-31

主　题　词： 噻吩类衍生物；共轭聚电解质；电致变色；太阳电池；生物传感器

2. 项目摘要

针对目前国际国内的研究现状，结合我们的前期研究基础，本课题从创制新型有机电致变色材料及制备固态有机电致变色器件的角度出发，设计、合成新型齐聚噻吩衍生物和聚噻吩衍生物作为电致变色材料，同时研究固态有机电致变色器件。研究的基本思路是：所设计、合成的有机电致变色材料不仅具有好的热稳定性、相态稳定性，还具有好的电化学稳定性；所研制的有机电致变色器件不含液体电解质或凝胶电解质，即是固态的。另外，器件可以用太阳电池进行驱动。研究新型有机电致变色材料及固态有机电致变色器件，不仅具有非常重要的学术意义，而且在智能窗、汽车后视镜、平板显示器以及国防军事等领域也具有非常广阔的应用前景，并将在节能降耗和减排方面发挥巨大的作用。

3. 结题摘要

新的功能性有机高分子材料从发现到实际应用是和理论上的理解认识，目标化合物的设计、合成及对其特性的详细研究分不开的。作为应用基础研究项目，本课题所要开展的研究为“新型有机电致变色材料的创制及太阳电池驱动的固态有机电致变色器件的研究”，依据这个研究方向，结合我们已有的研究工作基础，本项目的研究目标是设计、合成新型齐聚噻吩衍生物和聚噻吩衍生物，明确了解和掌握这些新型齐聚噻吩衍生物和聚噻吩衍生物的光、电性质，研究所设计、合成新型齐聚噻吩衍生物和聚噻吩衍生物的电致变色性能，在对电致变色性能充分了解的情况下，进行太阳电池驱动的固态有机电致变色器件的研究。通过本项目的研究，为研制开发太阳电池驱动的新型固态有机电致变色器件提供可行和可靠的基础依据。本项目按计划进行了实施，在研究内容上没有进行调整和变动，实现了本项目的研究目标，且取得了较好的研究结果，发表期刊文章16篇，会议论文8篇，申请专利8件，项目实施期间获授权专利1件，研究成果主要包括以下四个方面。①新型齐聚噻吩衍生物和聚噻吩衍生物的设计、合成：已经设计、合成了系列新型齐聚噻吩衍生物和聚噻吩衍生物，利用核磁共振（1H-NMR和13C-NMR）、质谱（MS）、红外光谱（IR）和元素分析（EA）对所设计、合成的系列新型齐聚噻吩衍生物和聚噻吩衍生物的结构进行了表征。②新型齐聚噻吩衍生物及相应的聚噻吩衍生物的电致变色性能：制备了两种类型的有机电致变色器件，研究了所设计、合成新型齐聚噻吩衍生物和聚噻吩衍生物的电致变色性能，研究结果发现，在电化学掺杂和去掺杂时，这些新型齐聚噻吩衍生物和聚噻吩衍生物均能发生可逆的颜色变化。颜色包括无色、褐色、红色、橙色、蓝色、黄色和橙黄色等。研究中还发现，对于噻吩环 α 位不含取代基的化合物，在进行电化学掺杂时首先发生聚合形成聚合物。③新型齐聚噻吩衍生物的光伏性能：研究中发现，具有液晶性质的有机电子给体材料经真空蒸着成膜后，分子具有好的取向性，有利于载流子的迁移，可以提高器件的光伏性能。④水溶性共轭聚电解质的性能与应用：制备了水溶性共轭聚电解质，研究了其在有机电致变色器件和生物传感器方面的应用。研究中发现，水溶性共轭聚电解质可以作为支持电解质在有机电致变色器件中进行应用。研究中还发现，水溶性共轭聚电解质能够与BSA发生相互作用，有可能作为生物传感器去检测BS。

4. 项目成果

序号	成果名称	类型	完成人
1	Preparation and Application as Biosensor of Water-soluble Conjugated Polyelectrolyte	期刊	Zhong Yiping、Hong Ruibin、Yin Binbin、Liu Ping、Deng Wenji
2	Synthesis and electrochromic properties based on star-shaped oligothiophene derivatives with phenyl core	期刊	Guan Li、Zhao Xue-Quan、Zhong Yi-Ping、Liu Ping、Deng Wen-Ji
3	Synthesis and electrochromic properties of oligothiophene derivatives	期刊	Yin Binbin、Jiang Chuanyu、Wang Yongguang、La Ming、Liu Ping、Deng Wenji
4	新型有机光伏材料的制备及其光伏性能	期刊	刘平、洪锐彬、关丽、梁禄生、陈土华、童真、邓文基
5	Synthesis and electrochromic properties of novel oligothiophene derivatives	期刊	Guan Li、La Ming、Zhong Yiping、Liu Ping、Deng Wenji
6	Influence of the molecular orientation of oligothiophene derivatives in vacuum-evaporated thin films on photovoltaic properties	期刊	Hu Jianhua、Liang Lusheng、Chen Tuhua、LiuPing、Deng Wenji

（续）

序号	成果名称	类型	完成人
7	Synthesis and photovoltaic properties of oligothiophene derivatives with liquid crystal properties	期刊	Guan Li、Wang Juan、La Ming、Liu Ping、Deng Wenji
8	Preparation and Electrochromic Properties of Polythiophene Derivative Films Based on Oligothiophene Derivative Monomers	期刊	Jiang Yue、Wang Juan、Guan Li、Zhong Yiping、Liu Ping、Deng Wenji
9	新型齐聚噻吩衍生物的电致变色和光伏性能	期刊	赵学全、关丽、刘平
10	新型有机电致变色材料的制备及其性能	期刊	刘平、赵学全、关丽、梁禄生、陈土华、童真、邓文基
11	Preparation of Water Soluble Conjugate Polyelectrolyte and Application in Organic Electrochromic Devices	期刊	Hu Jian-Hua、Yin Bin-Bin、Bao Xiang-Jun、Zhong Yi-Ping、Liu Ping、Deng Wen-Ji
12	Preparation and Electrochromic Properties of Polythiophene Derivatives	期刊	Zhong Yiping、Zhao Xuequan、Guan Li、Liu Ping、Deng Wenji
13	Preparation of electrochromic polythiophene and fabrication of corresponding solid-state electrochromic device	期刊	Liu Ping、Wang Juan、Guan Li、La Ming、Jiang Chuan-Yu、Tong Zhen、Deng Wen-Ji
14	Influence of Morphology of Vacuum-evaporated Oligothiophene Derivative Films on Oganic Photovoltaic Performance	期刊	Zhao Xue-quan、Guan Li、Zhong Yi-ping、Liu Ping、Deng Wen-ji
15	SYNTHESIS AND PHOTOVOLTAIC PROPERTIES OF DONOR-ACCEPTOR OLIGOTHIOPHENE DERIVATIVES POSSESSING MESOGENIC PROPERTIES	期刊	Guan Li、Wang Juan、Huang Jiale、Jiang Chuanyu、La Ming、Liu Ping、Deng Wenji

延迟微分代数系统的迭代算法及其在智能电网中的应用

1. 基本信息

项目名称：延迟微分代数系统的迭代算法及其在智能电网中的应用
项目类别：专项基金项目
项目负责人：刘红良
负责人职称：副教授
依托单位：湘潭大学
研究期限：2013-01-01 到 2013-12-31
主题词：延迟；微分代数；波形松弛方法；迭代算法；收敛性

2. 项目摘要

延迟微分代数方程常出现在电力和电路分析、多体动力学、国民经济等许多实际应用问题中。延迟微分代数方程因同时具有约束条件和时滞效应，故其许多特性是微分代数方程和延迟微分方程所不具有的，这给其理论研究和数值计算带来了实质困难。目前针对该问题的经典数值方法主要存在两个不足：一是当系统规模较大时，耗费的计算时间很长；二是系统具有刚性，如果对时间步长加细，对慢变分量未必合适，这浪费了大量的计算时间。为克服上述局限，本项目以“松弛”过程为基础，采用迭代、分裂和并行计算为主要技术，研究并得到延迟微分代数方程的近似解析解。对延迟微分代数方程初值问题做如下研究工作：采用分裂和并行技术来研究求解延迟微分代数方程的波形松弛法，从而构造高效算法，并将上述所获的部分结果应用于电力系统的数值仿真，具有广泛的应用前景。

3. 结题摘要

本课题主要针对二阶延迟微分方程、线性延迟微分代数方程及线性分数阶延迟微分代数方程的迭代求解进行了研究。第一部分工作：二阶延迟微分方程常出现在动力系统和控制等领域中，研究其近似解析解的求解方法具有重要意义。我们利用变分迭代方法分别求解了三类二阶延迟微分方程的近似解析解，并获得了相应的收敛性结果。在求解过程中，通过构造不同的 Lagrange 乘子，提高了算法的迭代效率，数值试验表明了方法的高效性。第二部分工作：利用波形松弛方法求解线性延迟微分代数方程。先利用 BDF 方法对导数进行离散，分别采用约束步长和线性插值对延迟项进行处理，通过不同的分裂技术，构造了几类求解该问题的离散波形松弛方法，获得了相应收敛性结果。数值试验比较了不同算法的迭代效率，表明了方法的高效性。第三部分工作：利用波形松弛方法求解线性 Caputo 分数阶（延迟）微分代数方程。其中分数阶导数采用 Grünwald-Letnikov 格式进行离散，构造了离散波形松弛方法，同样获得了收敛性结果，数值试验说明理论的正确性。

4. 项目成果

序号	成果名称	类型	完成人
1	Convergence of Variational Iteration Method for Second-Order Delay Differential Equations	期刊	Liu Hongliang、Xiao Aiguo、Su Lihong

应力对硅衬底 GaN 基 LED 器件光电性能影响的研究

1. 基本信息

项 目 名 称： 应力对硅衬底 GaN 基 LED 器件光电性能影响的研究
项 目 类 别： 面上项目
项目负责人： 熊传兵
负责人职称： 副研究员
依 托 单 位： 南昌大学
研 究 期 限： 2011-01-01 到 2013-12-31
主　题　词： 氮化镓；发光二极管；硅衬底；应力；垂直结构

2. 项目摘要

尽管硅衬底 GaN LED 在中国率先实现了产业化，并成为半导体照明的重要技术路线之一，然而它还有大量的科学技术问题没有解决，值得多学科交叉融合进行深入研究。无论是哪种衬底上外延的 GaN，将其剥离转移到新基板上制备垂直结构的大功率器件，是实现半导体照明的必由之路。GaN LED 外延生长、芯片制造、器件封装和使用过程中各种应力对器件光电性能影响的研究是当前研究热点，文献中对此现象的研究主要集中在 GaN 没有从外延衬底剥离的同侧结构器件，对垂直结构 GaN LED 器件尤其是硅衬底 GaN LED 器件中各种应力的研究还处于初始阶段。本项目设计和制备多种具有不同应力状态的垂直结构 GaN LED，研究应力与 LED 光电性能之间的关系。期望建立芯片应力状态和基板热膨胀系数的最佳组合，大幅度提升器件光电性能的稳定性和可靠性，为薄膜转移芯片制造工艺技术路线提供科学依据，为半导体照明技术得到更广泛的应用奠定重要基础。

3. 结题摘要

GaN LED 外延生长、芯片制造、器件封装和使用过程中各种应力对器件光电性能影响的研究是研究热点，文献中对此现象的研究主要集中在 GaN 没有从外延衬底剥离的同侧结构器件，对垂直结构 GaN LED 器件尤其是硅衬底 GaN LED 器件中各种应力的研究非常少。本课题对从外延生长到芯片制备诸多环节所涉及的应力问题进行了一定的研究，获得了一些有益的研究结果，对于进一步改善硅衬底 GaN LED 性能起到了一定的指导作用。本项目研究了 Si（111）图形衬底上生长的 GaN LED 外延薄膜应力分布的均匀性，及把外延薄膜从外延衬底转移到新基板并制备成垂直结构芯片的发光均匀性问题。研究了 AlN 插入层厚度对硅衬底上生长 GaN 外延膜晶体质量的影响，结果表明随着 AlN 插入层厚度的增加，外延膜在放置过程中所产生的裂纹密度逐渐减少，当 AlN 层厚度为 30nm 时，外延膜放置过程中不产生裂纹，其原因可归结为：随着 AlN 插入层厚度的增加，GaN 成核层的生长模式由层状生长转变为岛状生长，使 GaN 外延膜在生长过程中积累更多的压应力，从而补偿了外延膜生长后降温带来的张应力。课题组采用在不同垒层重掺杂硅的办法产生不同内建电场来补偿应力导致的极化电场，使得有源层的能带结构发生不同程度的变化，从而导致电子空穴的输运及复合关系发生改变。本课题通过电镀的方法将硅衬底 GaN LED 薄膜分别转移至铜铬基板、铜镍基板上并制备成垂直结构的 LED 芯片，研究结果表明，铜镍基板 LED 芯片较铜铬基板 Droop 效应得到改善。课题组将外延结构相同的 LED 薄膜从硅衬底上分别剥离转移到热膨胀系数比 GaN 小的硅基板上和比 GaN 大的纯铜基板上，制备了垂直结构 LED 芯片。研究结果表明相同绑定转移条件制备的芯片，硅基板芯片与铜基板芯片其发光起始波长有明显区别；当器件的驱动电流加大和环境温度升高时，铜基板芯片的发光波长与硅基板芯片的发光波长差值均会变小；两种基板芯片不同温度下的内量子效率（IQE）随温度变化呈现出一种竞争关系；我们认为这是由铜的热膨胀系数远大于硅，以及器件的自加热效应所导致的。通过优化，本项目制备的 450nm 硅衬底氮化镓功率型蓝光 LED 在 350mA 下（电流密度 35A/cm^2）光输出功率达到 623mW，内量子效率高达 80%，封装成白光色温 6200K 时光效超过 140lm/W。

4. 项目成果

序号	成 果 名 称	类型	完 成 人
1	硅衬底 GaN 基发光二极管	奖励	熊传兵
2	Improving p-type contact characteristics by Ni-assisted annealing and effects on surface morphologic evolution of InGaN LED films grown on Si (111)	期刊	Guangxu Wang、Chuanbiung Xiong、Junlin Liu、Fengyi Jiang
3	AlN 插入层对硅衬底 GaN 薄膜生长的影响	期刊	江风益、熊传兵、程海英、张建立、毛清华、吴小明、全知觉、王小兰、王光绪
4	Stability of Al/Ti/Au contacts to N-polar n-GaN of GaN based vertical light emitting diode on silicon substrate	期刊	Junlin Liu、Feifei Feng、Yinhua Zhou、Jianli Zhang、Fengyi Jiang
5	Influence of miscut angle of Si（111）substrates on the performance of InGaN LEDs	期刊	Li Wang、Zhi-Yong Cui、Fu-Sheng Huang、Qin Wu、Wen Liu、Xiao-Lan Wang、Qing-Hua Mao、Jian-li Zhang、Feng-Yi Jiang

（续）

序号	成果名称	类型	完成人
6	High brightness InGaN-based yellow light-emitting diodes with strain modulation layers grown on Si substrate	期刊	Jianli Zhang、Chuanbing Xiong、Junlin Liu、Zhijue Quan、Li Wang、Fengyi Jiang
7	硅衬底 GaN 基单量子阱绿光 LED 量子效率的研究	期刊	王光绪、熊传兵、刘彦松、程海英、刘军林、江风益
8	Effects of AlN interlayer on growth of GaN-based LED on patterned silicon substrate	期刊	Junlin Liu、Jianli Zhang、Qinghua Mao、Xiaoming Wu、Fengyi Jiang
9	p 层厚度对 Si 基 GaN 垂直结构 LED 出光的影响	期刊	陶喜霞、王立、刘彦松、王光绪、江风益
10	Crystallographic tilting of AlN/GaN layers on miscut Si（111）substrates	期刊	Li Wang、Fusheng Huang、Zhiyong Cui、Qin Wu、Wen Liu、Changda Zheng、Qinghua Mao、Chuanbing Xiong、Fengyi Jiang
11	Si 衬底 LED 薄膜芯片 Ni/Ag 反射镜保护技术	期刊	王光绪、熊传兵、王立、刘军林、江风益
12	Thermal stability of N-polar n-type Ohmic contact for GaN-based light emitting diode on Si substrate	期刊	Junlin Liu、Feifei Feng、Jianli Zhang、Le Jiang、Fengyi Jiang
13	牺牲 Ni 退火对硅衬底 GaN 基发光二极管 p 型接触影响的研究	期刊	王光绪、陶喜霞、熊传兵、刘军林、封飞飞、张萌、江风益
14	Effect of Same-Temperature GaN Cap Layer on the InGaN/GaN Multiquantum Well of Green Light-Emitting Diode on Silicon Substrate	期刊	Changda Zheng、Li Wang、Chunlan Mo、Wenqing Fang、Fengyi Jiang
15	Stress Distribution in GaN Films grown on Patterned Si（111）Substrates and Its Effect on LED Performance	期刊	Chen Danyang、Wang Li、Xiong Chuanbing、Zheng Changda、Mo Chunlan、Jiang Fengyi
16	The effect of silicon doping in the barrier on the electroluminescence of InGaN/GaN multiple quantum well light emitting diodes	期刊	Xiaoming Wu、Junlin Liu、Chuanbing Xiong、Jianli Zhang、Zhijue Quan、Qinghua Mao、Fengyi Jiang
17	Effects of reflector-induced interferences on light extraction of InGaN/GaN vertical light emitting diodes	期刊	Xi-xia Tao、Li Wang、Yan-song Liu、Guang-xu Wang、Feng-yi Jiang

永磁交流伺服驱动精密齿轮传动系统机电耦合振动特性研究

1. 基本信息

项目名称：永磁交流伺服驱动精密齿轮传动系统机电耦合振动特性研究

项目类别：青年科学基金项目

项目负责人：周伟

负责人职称：讲师

依托单位：重庆大学

研究期限：2011-01-01 到 2013-12-31

主题词：精密齿轮传动；永磁交流伺服电机；机电耦合；动力学分析；振动特性

2. 项目摘要

针对永磁交流伺服驱动精密齿轮传动系统涉及学科较广泛且是典型的复杂机电系统，国内外对其整体或综合探讨较少，提出了永磁交流伺服驱动精密齿轮传动系统机电耦合振动特性研究课题。重点进行永磁交流伺服驱动精密齿轮传动系统多参量机电耦合建模与动力学问题研究，开展机电耦合动力学分析、系统振动特性分析以及物理实验研究，探讨系统多物理过程、多参数间多维耦合关系下的动态特性，揭示永磁交流伺服电机的综合参量、精密齿轮传动装置的力学参数、负载子系统的力学参数间的相互影响的机理和规律以及系统多变量机电耦合响应特别是非线性耦合对系统振动的影响机理与规律。为永磁交流伺服驱动精密齿轮传动系统的设计和振动控制提供依据，同时对永磁交流伺服驱动精密齿轮传动系统的参数设计和故障诊断具有重要参考价值，其预期成果不仅在科技层面有重大的学术意义，而且在工程应用层面也有重大的经济社会效益。

3. 结题摘要

针对永磁交流伺服驱动精密齿轮传动系统涉及学科较广泛且是典型的复杂机电系统，国内外对其整体或综合探讨较少，本项目进行了永磁交流伺服驱动精密齿轮传动系统机电耦合振动特性研究。研究内容包括永磁交流伺服驱动精密齿轮传动系统多参量机电耦合建模与动力学问题研究、永磁交流伺服驱动精密齿轮传动系统机电耦合振动特性研究、永磁交流伺服驱动精密齿轮传动系统机电耦合实验与振动测试。①在永磁交流伺服驱动精密齿轮传动系统多参量机电耦合建模与动力学问题研究中，采用机电系统动力学与基于键合图理论两种方法并行对系统进行建模与仿真分析，通过两种方法的求解和比较来求解永磁交流伺服驱动精密齿轮传动系统的机电耦合动力学问题。采用机电系统动力学方法求解，首先是建立各子系统和装置的物理模型和数学模型，然后在此基础上从机电系统全局耦合的角度出发构建整个系统的机电耦合物理模型和数学模型，最后采用 Matlab 软件进行仿真分析证明所建模型的正确性。采用基于键合图理论方法求解，则是先建立各子系统和装置的键合图模型，然后采用 20-sim 软件构建整个系统的全局耦合模型，最后进行仿真分析验证系统耦合模型的正确性。②在系统机电耦合建模及动力学分析的基础上，进行永磁交流伺服驱动精密齿轮传动系统机电耦合振动特性研究，分析多变量机电耦合响应特别是非线性耦合对系统振动特性的影响，主要是研究了传动刚度、间隙、传动装置传动误差、死区非线性、负载阻尼等对系统振动特性的影响。③在系统多参量机电耦合建模及动力学问题求解与系统机电耦合振动特性研究基础上，利用已建成的实验平台“电传动数字控制及仿真实验系统”进行永磁交流伺服驱动精密齿轮传动系统机电耦合实验与振动测试。主要进行了系统过渡过程测试，传动效率测试，系统机电耦合实验研究，系统振动测试等实验研究，并验证仿真分析的结果。本项目探讨了永磁交流伺服驱动精密齿轮传动系统多参量机电耦合关系下的动态特性，揭示了非线性耦合对系统振动特性的影响机理与规律。本项目研究为永磁交流伺服驱动精密齿轮传动系统的设计和振动控制提供了依据，同时对永磁交流伺服驱动精密齿轮传动系统的故障诊断具有重要参考价值，其成果在科技层面有重大的学术意义，在工程应用层面也有重大的经济社会效益。

4. 项目成果

序号	成果名称	类型	完成人
1	Electromechanical coupling modeling in permanent magnet AC servo-driven precision gear transmission system	会议	Zhou Wei、Lin Lihong、Chen Xiaoan
2	Research on Backlash Nonlinearity in Servo Precision Drive System	会议	Wei Zhou、Ling Zhao、Xiaolun Li、Lihong Lin
3	交流伺服精密驱动系统机电耦合精度分析	期刊	周伟、李晓仑、刘俊、林利红
4	基于键合图理论的复杂伺服传动系统的建模与仿真	期刊	周伟、刘俊、李晓仑、林利红
5	Research on Backlash Nonlinearity in AC Servo-driven Precision Transmission System	期刊	Wei Zhou、Ling Zhao、Xiaolun Li、Lihong Lin

用于太阳能光伏器件的表面等离子体理想吸收结构机理、设计与实验研究

1. 基本信息

项目名称：用于太阳能光伏器件的表面等离子体理想吸收结构机理、设计与实验研究

项目类别：面上项目

项目负责人：杜春雷

负责人职称：研究员

依托单位：中国科学院光电技术研究所

研究期限：2011-01-01 到 2013-12-31

主题词：薄膜太阳能电池；表面等离子体；散射效率模型；宽光谱吸收

2. 项目摘要

针对限制太阳能光伏器件效率的能量吸收问题，提出构造表面等离子体理想吸收结构（SPPAS）实现对太阳光能量的宽谱段捕获、局域和理想吸收，以大幅度提高太阳能光伏器件的吸收效率和光电转换效率。本项目以有机太阳能电池为切入点，采用人工结构材料电磁特性分析方法，深入研究可置于光伏器件表面、界面与底层内表面的不同形状与分布的亚波长金属结构与太阳谱段光作用的散射、局域、耦合与谐振等多种效应，建立考虑金属材料色散的等效介电常数和磁导率的 SPPAS 太阳光综合调制模型。进而发展表面等离子体理想吸收结构设计方法，并利用 SPPAS 实现宽光谱、大角度太阳光电磁能量的理想吸收。通过结合实验室对亚波长金属结构微细加工的特色积累，开展基于 SPPAS 的有机光伏器件原理实验与性能测试，验证理论与方法的正确性。本项目发展的方法将为基于各种材料的高效率、低成本薄膜太阳能电池提供一种新的实用方法。

3. 结题摘要

在本项目中，我们针对增强薄膜太阳能光伏器件光吸收关键问题，基于人工结构材料电磁特性分析理论，研究与薄膜太阳能电池一体的表面等离子体理想吸收结构。发展出表面等离子体理想吸收结构设计、制作和表征方法，并开展了实验研究，取得了吸收增强的效果。在有机电池方面，我们提出了基于金属颗粒的表面等离子体电池。建立了散射效率（Scattering efficiency：Qsca）模型，基于该模型，我们对引入有机光伏电池活性层表面的一类 MNPs 结构参数进行了研究，找出了尺寸参数与散射效率的关系，得出了最优颗粒尺寸。数值仿真表明吸收增强达到 26%。我们提出了完整的制备工艺，并实现了电池结构的制作和表征。研究表明，通过选取合适的条件，电池转换效率能够提升超过 13%，验证了我们建立的方法。在非晶硅电池方面，我们提出了一种增宽吸收谱的新思路，即，短波长阻抗匹配联合长波长陷光，并提出了支持这一思路的新电池结构，开展了深入的理论设计、分析与计算，所获得的太阳能电池理论上的吸收效率显著提高。本项目这些研究成果为新一代薄膜太阳能电池技术的开发打下了物理与实验基础。

4. 项目成果

序号	成果名称	类型	完成人
1	Antireflective structures fabricated from silica nanoparticles with regular arrangement	期刊	Yukun Zhang、Yan Liu、Hui Pang、Lifang Shi、Xiaochun Dong
2	Multi-focus plasmonic lens design based on holography	期刊	Hui Pang、Hongtao Gao、Qiling Deng、Shaoyun Yin、Qi Qiu、Chunlei Du
3	General conformal transformation method based on Schwarz-Christoffel approach	期刊	Linlong Tang、Jinchan Yin、Guishan Yuan、Chunlei Du
4	Design and characterization of an axicon structured Lens	期刊	Lifang Shi、Xiaochun Dong、Qiling Deng、Yueguang Lu
5	Analysis of transmittance enhancement for a slab lens formed by sub-wavelength holes array on the metallic film	期刊	Duan Yuan、Yin Shaoyun、Gao Hongtao、Zhou Chongxi、Wei Quanzhong、Du Chunlei
6	Broadband absorption enhancement in a-Si: H thin-film solar cells sandwiched by pyramidal nanostructured arrays	期刊	Li Chuanhao、Xia Liangping、Gao Hongtao、Shi Ruiying、Sun Chen、Shi Haofei、Du Chunlei
7	Resolution and stability analysis of localized surface plasmon lithography on the geometrical parameters of soft mold	期刊	Yukun Zhang、Jinglei Du、Xingzhan Wei、Lifang Shi
8	Surface plasmon resonance imaging biosensor based on silicon photodiode array	期刊	Shaoyun Yin、Xiuhui Sun、Qiling Deng、Liangpin Xia、Chunlei Du
9	Design Method for Light Absorption Enhancement in Ultra-Thin Film Organic Solar Cells with the Metallic Nanoparticles	期刊	Chen Sun、Hongtao Gao、Ruiying Shi、Chuanhao Li、Chunlei Du
10	Theoretical model for manipulating light distribution in the time domain by using a spatially homogenous dynamic medium	期刊	Gao Hongtao、Hu Song、Du Chunlei、Zhang Yudong
11	Fluorescence enhancement of the organic light-emitting material based on the self-assembly technology	期刊	Maoguo Zhang、Jinglei Du、Yidong Hou、Hongtao Gao
12	Tunable I-shaped metamaterial by loading varactor diode for reconfigurable antenna	期刊	Yifu Wang、Jingchan Yin、Guishan Yuan、Xiaochu Dong
13	Design method to enhance the transmittance of a structured lens based on nonperiodic sampling	期刊	Yifu Wang、Xiaochun Dong、Guishan Yuan

优化“基于可获得电路元件的功率电子系统”的区域敏感演化算法的研究

1. 基本信息

项目名称：优化“基于可获得电路元件的功率电子系统”的区域敏感演化算法的研究

项目类别：面上项目

项目负责人：张军

负责人职称：教授

依托单位：中山大学

研究期限：2011-01-01 到 2013-12-31

主题词：演化算法；邻域搜索；功率电子学；优化设计

2. 项目摘要

基于演化算法解的邻域的统计分析、邻域半径的影响分析和演化算法优化过程的动态分析，本课题提出一种新型的区域敏感演化算法。通过统计分析，预测优选解方向；通过自适应调整邻域半径，提高区域敏感演化算法的计算精度。通过分析功率电子系统电路元件误差对系统表现的影响和电路元件可获得参数值的分布特征，本课题将基于电路元件允许误差，提出一种区域敏感演化算法来优化功率电子系统，满足其静态和动态性能的要求。最终，本课题将给出一个优化功率电子系统的新途径：不需要对功率电子电路的数学模型进行求导操作，在允许误差的条件下，区域敏感演化算法能自动选取最佳的可获得电路元件，构成的实用功率电子系统可满足最优的性能要求。预期结果可以解决理论优化参数值在工业生产中无法实用的问题，是区域敏感演化算法在功率电子系统设计和优化领域应用的前瞻性研究。研究成果将在理论和实际应用中取得创新成果，为工业应用奠定坚实基础。

3. 结题摘要

基于演化算法解的邻域的统计分析、邻域半径的影响分析和演化算法优化过程的动态分析，本课题提出一种新型的区域敏感演化算法。通过统计分析，预测优选解方向；通过自适应调整邻域半径，提高区域敏感演化算法的计算精度。通过分析功率电子系统电路元件误差对系统表现的影响和电路元件可获得参数值的分布特征，本课题将基于电路元件允许误差，提出一种区域敏感演化算法来优化功率电子系统，满足其静态和动态性能的要求。最终，本课题将给出一个优化功率电子系统的新途径：在允许误差的条件下，区域敏感演化算法能自动选取最佳的可获得电路元件，构成的实用功率电子系统可满足最优的性能要求。围绕本项目的研究内容和目标，课题组在演化计算领域提出了结合机器学习技术的区域敏感演化算法、基于动态统计分析的区域敏感演化算法、结合寿命和衰老理论的区域敏感演化算法、多种群高效演化计算方法、资源约束环境下的进化计算方法、并行环境下自适应演化算法，并实现了基于演化算法的高效功率电子电路系统设计，提高了演化计算的性能并拓展了算法的新型应用领域，同时为功率电子电路系统设计提供了新型而高效的途径。课题组在项目执行期间共发表标注了本项目基金号的学术论文50篇，其中IEEE Transactions系列国际核心期刊论文11篇，国际会议论文35篇，其他国际期刊论文4篇，获中国发明专利授权2项。其中，课题组在2011年发表的论文“Orthogonal learning particle swarm optimization”入选ESI全球高被引1%论文。培养毕业博士研究生5名，在读研究生8名，1名毕业博士研究生获CCF优秀博士学位论文奖，顺利达到了项目的预期目标。

4. 项目成果

序号	成果名称	类型	完成人
1	SDE：A Stochastic Coding Differential Evolution for Global Optimization	会议	钟竞辉、张军
2	Index-based Genetic Algorithm for Continuous Optimization Problems	会议	陈霓、张军
3	Orthogonal learning particle swarm optimization for power electronic circuit optimization with free search range	会议	詹志辉、张军
4	Energy-efficient local wake-up scheduling in wireless sensor networks	会议	钟竞辉、张军
5	A novel fuzzy model for the traffic signal control of modern roundabouts	会议	龚月姣、张军
6	Adaptive artificial bee colony optimization	会议	余维杰、张军、陈伟能
7	Parameter investigation in brain storm optimization	会议	詹志辉、张军
8	Small-world particle swarm optimization with topology adaptation	会议	龚月姣、张军
9	A novel pheromone-based evolutionary algorithm for solving degree-constrained minimum spanning tree problem	会议	林盈、张军
10	Space-based initialization strategy for particle swarm optimization	会议	尹亮、胡晓敏、张军
11	A novel genetic algorithm based on partitioning for large-scale network design problems	会议	黄小马、龚月姣、詹志辉、张军
12	A novel fuzzy model for the traffic signal control of modern roundabouts	会议	龚月姣、张军
13	Ant colony optimization algorithm for lifetime maximization in wireless sensor network with mobile sink	会议	钟竞辉、张军
14	A preference-based bi-objective approach to the payment scheduling negotiation problem with the extended r-dominance and NSGA-ii	会议	陈伟能、张军
15	Adaptive differential evolution with optimization state estimation	会议	余维杰、张军
16	Adaptive genetic algorithm based on density distribution of population	会议	陈霓、张军
17	Differential Evolution Algorithm with PCA-based Crossover	会议	李元龙、陈伟能、张军
18	Enhance differential evolution with random walk	会议	詹志辉、张军
19	Estimating markov switching model using differential evolution algorithm in prospective infectious disease outbreak detection	会议	徐瑞填、张军
20	Real-time traffic signal control for roundabouts by using a PSO-based fuzzy controller	会议	龚月姣、张军
21	A modified brain storm optimization	会议	詹志辉、张军
22	Enhancing the performance of evolutionary algorithms：A novel maturity-based adaptation strategy	会议	郭雨、陈伟能、张军

（续）

序号	成 果 名 称	类型	完 成 人
23	Guide Mutation Operation Based on Search Degree and Fitness Estimation	会议	尹亮、张军
24	A set-based discrete PSO for cloud workflow scheduling with user-defined QoS constraints	会议	陈伟能、张军
25	Ant Colony Optimization for Enhancing Scheduling Reliability in Wireless Sensor Networks	会议	胡晓敏、张军
26	Application of NSGA-II with local search to multi-dock cross-docking sheduling problem	会议	郭雨、张军
27	Co-evolutionary differential evolution with dynamic population size and adaptive migration strategy	会议	詹志辉、张军
28	Multi-population differential evolution with adaptive parameter control for global optimization	会议	余维杰、张军
29	Adaptive multi-objective differential evolution with stochastic coding strategy	会议	钟竞辉、张军
30	Ant colony optimization for determining the optimal dimension and delays in phase space reconstruction	会议	陈伟能、张军
31	An ant colony optimization approach for efficient admission scheduling of elective inpatients	会议	林盈、张军
32	A multi-objective memetic algorithm for relay node placement in wireless sensor network	会议	钟竞辉、张军
33	A New Differential Evolution Algorithm with Dynamic Population Partition and Local Restart	会议	李元龙、张军
34	Parallel Exploitation in Estimated Basins of Attraction：A New Derivative-free Optimization Algorithm	会议	林盈、张军
35	Ant colony optimization algorithm for design of analog filters	会议	王文冠、张军、林应标
36	Scheduling multi-mode projects under uncertainty to optimize cash flows：A Monte Carlo ant colony system approach	期刊	陈伟能、张军
37	A Survey on Algorithm Adaptation in Evolutionary Computation	期刊	张军、陈伟能、詹志辉、余维杰、李元龙、陈霓、周琦
38	A Differential Evolution Algorithm With Dual Populations for Solving Periodic Railway Timetable Scheduling Problem	期刊	钟竞辉、Meie Shen、张军、Henry Chung、Yu-hui Shi、Yun Li
39	An ant colony optimization approach for maximizing the lifetime of heterogeneous wireless sensor networks	期刊	Ying Lin、Jun Zhang、Henry Chung、Yun Li、Yui-hui Shi
40	Minimum cost multicast routing using ant colony optimization	期刊	胡晓敏、张军
41	Optimal Selection of Parameters for Non-uniform Embedding of Chaotic Time Series Using Ant Colony Optimization	期刊	Meie Shen、陈伟能、张军、Henry Chung、Okyay Kaynak
42	An efficient resource allocation scheme using particle swarm optimization	期刊	龚月姣、张军、Henry Chung、陈伟能、詹志辉、Yun Li、史玉回
43	Ant Colony Optimization for Software Project Scheduling and Staffing with an Event-Based Scheduler	期刊	陈伟能、张军

（续）

序号	成果名称	类型	完成人
44	Evolutionary Computation Meets Machine Learning: A Survey	期刊	Zhang Jun、Zhan Zhi-hui、Lin Ying、Chen Ni、Gong Yue-jiao、Zhong Jing-hui、Chung Henry S. H.、Li Yun、Shi Yu-hui
45	Optimizing the vehicle routing problem with time windows: a discrete particle swarm optimization approach	期刊	Yue-jiao Gong、Jun Zhang、Ou liu、Rui-zhang Huang、Henry Shu-Hung Chung、Yu-hui Shi
46	Differential evolution with two-level parameter adaptation	期刊	余维杰、Meie Shen、陈伟能、詹志辉、龚月姣、林盈、Ou Liu、张军
47	Orthogonal Learning Particle Swarm Optimization	期刊	詹志辉、张军
48	Optimizing RFID Network Planning by Using a Particle Swarm Optimization Algorithm with Redundant Reader Elimination	期刊	龚月姣、Meie Shen、张军、Kaynak、陈伟能、詹志辉
49	Particle Swarm Optimization with an Aging Leader and Challengers	期刊	陈伟能、张军、林盈、陈霓、詹志辉、Henry Chung、Yun Li、史玉回
50	Multiple Populations for Multiple Objectives: A Coevolutionary Technique for Solving Multiobjective Optimization Problems	期刊	詹志辉、Jingjing Li、Jiannong Cao、张军、Henry Chung、史玉回

智能电网背景下的电网风险规划研究

1. 基本信息

项目名称：智能电网背景下的电网风险规划研究
项目类别：面上项目
项目负责人：程浩忠
负责人职称：教授
依托单位：上海交通大学
研究期限：2011-01-01 到 2013-12-31
主题词：电力系统；智能电网；电力市场；不确定性；风险规划

2. 项目摘要

智能电网的一个重要特性是自愈、激励和抵御攻击，即电网的抗风险能力。风险是由不确定性因素引起的不利事件可能性和严重程度的集合，直接影响规划决策的合理性和最优性，研究智能电网背景下的不确定性因素及其产生的风险和对电网规划的影响，建立具有风险抵御能力的电网架构是智能电网发展的基石。风险规划本质上是不确定规划的进一步延伸。在技术、经济和市场机制对电网规划影响的基础上，本课题首先采用可能性、可信性和盲数理论进行智能电网背景下的多种不确定性因素及其产生风险的分析和建模，研究其对电网规划目标函数、约束条件的影响；进而基于不确定信息建模方法并参考其他领域的风险评价指标，建立电网规划风险评价指标和风险控制方法，并将其与规划模型相结合，建立电网风险规划模型；最后针对电网风险规划模型信息数量多、变量维数大、难于求解等特点，研究采用更有效的求解算法；从而建立智能电网背景下的电网风险规划模型及解算方法。

3. 结题摘要

智能电网的一个重要特性是自愈、激励和抵御攻击，即电网的抗风险能力。风险是由不确定性因素引起的不利事件可能性和严重程度的综合，直接影响规划决策的合理性和最优性，研究智能电网背景下的不确定性因素及其对电网规划产生的影响，建立具有风险抵御能力的电网架构是智能电网发展的基石。风险规划本质上是不确定规划的进一步延伸。本项目首先研究了智能电网背景下影响电网规划的各种不确定性因素的分类和数学建模方法，主要包括常规电源装机容量的不确定性、负荷的不确定性、线路故障的不确定性，以及风电出力的不确定性，研究了其对电网规划目标函数、约束条件的影响。在此基础上，提出了有效的智能电网背景下的风险评价指标，包括技术风险评价指标和经济风险评价指标，其中技术风险指标主要包括最小切负荷悲观值和概率可用传输能力，经济风险指标主要包括年阻塞盈余、输电投资收益的条件风险价值 CVaR 和全寿命周期成本。然后综合考虑技术、经济和市场运营机制对电网规划的影响，并采用随机理论、可能性理论和可信性理论等建立了三个电网风险规划模型，分别为基于可信性理论的电网风险规划模型、考虑输电阻塞的电网风险规划模型，以及考虑输电投资收益 CVaR 的电网风险规划模型，同时采用改进小生境遗传算法对模型进行有效求解。最后，通过实际系统算例分析，得出了三个最优规划方案，能够保证电网在未来不确定环境下具备一定的抗风险能力，验证了方法的有效性。此外，本项目还提出了综合评价方法对规划方案进行综合评价和决策。

4. 项目成果

序号	成果名称	类型	完成人
1	特高压直流接入受端交流系统安全性研究	奖励	程浩忠 等

（续）

序号	成果名称	类型	完成人
2	智能电网中输电系统风险规划研究	奖励	程浩忠
3	保障低碳、高可靠供电的世博园智能电网综合示范工程	奖励	程浩忠
4	面向智能电网的多适应性规划体系研究	奖励	程浩忠
5	电网电能质量检测分析模型及其应用	奖励	程浩忠
6	《电力系统规划》	奖励	程浩忠
7	电能质量监测与分析	著作	程浩忠、吕干云、周荔丹
8	电能质量概论（第二版）	著作	程浩忠、艾芊、张志刚、朱子述
9	SCUC with battery energy storage system for peak-load shaving and reserve support	会议	Zechun Hu、Shu Zhang、Fang Zhang、Haiyan Lu
10	Study on energy saving generation dispatch based on improved PSO algorithm	会议	Guo Xian、Cheng Haozhong、Yao Liangzhong、Yao Liangzhong、Bazargan Masoud
11	Reliability and economy evaluation of Microgrid based distribution network connection mode	会议	Miao Yuancheng、Cheng Haozhong、Yao Liangzhong、Bazargan Masoud
12	Research on Unit Commitment Considering Wind Power Accommodation	会议	Wan Zhen-dong、Cheng Hao-zhong、Yao Liang-zhong、Bazargan Masoud
13	Transmission expansion planning considering the deployment of energy storage systems	会议	Zechun Hu、Fang Zhang、Baowei Li
14	Distribution network expansion planning with optimal siting and sizing of electric vehicle charging stations	会议	Zechun Hu、Yonghua Song
15	含微网的配电网接线模式探讨	期刊	缪源诚、程浩忠、龚小雪、王立峰、姚良忠、Bazargan Masoud
16	考虑全寿命周期成本的输电网多目标规划	期刊	柳璐、程浩忠、马则良、姚良忠、Masoud Bazargan
17	考虑电压稳定约束的电力系统无功规划	期刊	程浩忠、顾颖中、熊宁
18	节能发电调度研究综述	期刊	荣芬、朱耀明、姚良忠、辛洁晴、程浩忠、Bazargan Masoud
19	Cost-benefit analyses of active distribution network management，Part Ⅱ：investment reduction	期刊	Zechun Hu、Furong Li
20	Cost-benefit analyses of active distribution network management，Part Ⅰ：annual benefit analysis	期刊	Zechun Hu、Furong Li
21	考虑风电消纳能力单目标及多目标模糊机组组合模型及应用	期刊	万振东、程浩忠、张建平、赵晓莉、姚良忠、Masoud Bazargan
22	含风电场的双层电源规划	期刊	张节潭、苗森、范宏、程浩忠、张洪平、姚良忠、Bazargan Masoud
23	考虑能效电厂影响的含风电电力系统随机生产模拟	期刊	张建平、张翔、程浩忠、马洲俊
24	Multistage transmission network expansion planning in competitive electricity market based on bi-level programming method	期刊	Fan Hong、Cheng Hao-zhong
25	主辅市场联合优化的模糊组合模型	期刊	杨光、顾洁、程浩忠
26	Planning for distributed wind generation under active management mode	期刊	Zhang Jietan、Fan Hong、Tang Wenting、Wang Maochun、Cheng Haozhong、Yao Liangzhong
27	基于随机邻域搜索的含风电配电网优化规划	期刊	万振东、程浩忠、姚良忠、万志刚、俞国勤

（续）

序号	成果名称	类型	完成人
28	Probabilistic Evaluation of Available Load Supply Capability for Distribution System	期刊	Zhang Shenxi、Cheng Haozhong、Zhang Libo、Bazargan Masoud、Yao Liangzhong
29	Evaluation of distributed generation connecting to distribution network based on long-run incremental cost	期刊	Wu Ouyang、Haozhong Cheng、Xiubin Zhang、Furong Li
30	基于熵权与系统动力学的配电网规划动态综合评价	期刊	顾洁、秦玥、包海龙、李学坤
31	考虑电力系统不确定性的机组检修计划安排	期刊	苏运、朱耀明、张节潭、程浩忠、姚良忠、Bazargan Masoud
32	基于全寿命周期成本的电力系统经济性评估方法	期刊	柳璐、王和杰、程浩忠、刘建琴
33	Multi-objective multi-stage transmission network expansion planning considering life cycle cost and risk value under uncertainties	期刊	Liu Lu、Cheng Hao-zhong、Yao Liang-zhong、Ma Ze-liang、Bazargan Masoud
34	含不确定性电源的电力系统柔性生产模拟	期刊	马洲俊、程浩忠、丁昊、张节潭、陈楷、马则良
35	全寿命周期成本（LCC）技术在电力系统中的应用综述	期刊	蔡亦竹、柳璐、程浩忠、马则良、朱忠烈
36	基于改进拉丁超立方抽样的概率潮流计算	期刊	张建平、张立波、程浩忠、马则良、Bazargan Masoud、姚良忠

智能电网实现自愈控制的框架体系结构研究

1. 基本信息

项 目 名 称： 智能电网实现自愈控制的框架体系结构研究
项 目 类 别： 青年科学基金项目
项目负责人： 刘新东
负责人职称： 副教授
依 托 单 位： 暨南大学
研 究 期 限： 2011-01-01 到 2013-12-31
主 题 词： 智能电网；自愈控制；风险驱动

2. 项目摘要

自愈是智能电网最基本的特征，是对传统电网安全运行预防控制的完善和发展，它涵盖内容广、牵涉范围大，包括电力系统数据采集与通信、故障诊断、安全运行分析、各种控制领域以及新的可再生资源等内容。本项目旨在利用多代理技术，研究智能电网实现自愈控制的框架体系结构，统筹电力系统各种信息数据、安全性评估和优化运行控制，构建具有自我感知、自我防御、自我愈合和自我免疫能力的安全防御体系。研究利用多智能体技术，构建具有稳定性、安全性、兼容性和可扩展的智能电网自愈控制框架体系结构，提出双层安全预警系统，分层控制策略，设定特定优化目标，使互联电网具有向更佳运行状态转移的驱动力，即具备自我防御、自我愈合和自我免疫能力的自愈电网。该项目将为大型互联电网实现自愈功能提供了有力的支持，具有重要的理论与现实意义。

3. 结题摘要

自愈是智能电网最基本的特征，是对传统电网安全运行预防控制、紧急控制和恢复控制的完善和发展。项目密切结合我国大力发展智能电网的战略性决策，针对智能电网重要组成部分，特高压电网、大规模间歇性能源、负荷需求响应等，分析了特高压联络线功率波动的抑制方法，大规模间歇性新能源并网下的电力系统消纳能力，计及大容量燃煤机组深度调峰和可中断负荷的风电场优化调度等问题，掌握了构建智能电网实现自愈控制的框架体系结构中各元素的特点与性能；研究了智能电网下电力设备如线路变压器等的故障诊断方法、连锁故障模型与薄弱线路辨识方法，提出了将设备的故障诊断与状态检修应用于电网的自愈控制；含分布式电源的配电网，提出了基于多代理技术的自愈控制策略，最后针对大电网的自愈控制，提出了基于风险驱动策略和双层故障诊断系统的自愈框架体系结构。该项目为大型互联电网实现自愈控制提供强有力的支持，具有重要的理论与现实意义。

4. 项目成果

序号	成果名称	类型	完成人
1	Power system dynamic state estimation based on a new particle filter	会议	Chen Huanyuan、Liu Xindong、She Caiqi、Cheng Yao
2	Fault location for transmission line with shunt reactors	会议	Liu Xin-Dong、Guo Rong、Zeng Rui-Ming
3	A optimization algorithm for the frequency domain fault location	会议	Liu Xindong、Zeng Ruiming、Guo Rong、Shu Xianyu
4	计及大容量燃煤机组深度调峰和可中断负荷的风电场优化调度模型	期刊	刘新东、陈焕远、姚程

（续）

序号	成果名称	类型	完成人
5	基于最优风险指标的连锁故障模型和薄弱线路辨识	期刊	丁雪阳、刘新东
6	基于多代理技术的分布式电网自愈控制策略研究	期刊	刘新东、李伟华、朱勇、王得道、付晓
7	计及风力发电的配电网电压稳定性评估框架研究	期刊	刘新东、郭容、张建芬、曾锐明
8	基于D-S证据理论的变压器故障诊断	期刊	王日彬、佘彩绮、刘新东、周锦龙
9	基于自适应PSO算法的LS-SVM牵引变压器绝缘故障诊断模型	期刊	方科、黄元亮、刘新东
10	利用合理弃风提高大规模风电消纳能力的理论研究	期刊	刘新东、方科、陈焕远、佘彩绮
11	利用负荷需求响应提高大规模风电并网能力	期刊	刘新东、陈焕远、方科
12	基于非线性方法抑制特高压联络线功率波动的控制策略仿真	期刊	刘新东、陈焕远、姚程

智能电网长中短期能源优化调度基础研究

1. 基本信息

项目名称：智能电网长中短期能源优化调度基础研究
项目类别：面上项目
项目负责人：何光宇
负责人职称：副教授
依托单位：清华大学
研究期限：2011-01-01 到 2013-12-31
主题词：长中短期能源优化调度；不确定性；风险评估；半绝对离差

2. 项目摘要

智能电网是电网发展的必然趋势。在智能电网下，由于风、光等可再生能源在能源结构中所占比例较大，且其随机性、波动性和间歇性强，给电网长期、中期、短期能源优化调度都带来较大困难，严重影响可再生能源吸纳与可再生能源产业发展。本质上，上述长中短期能源优化调度可归结为一个如何用不确定性资源满足不确定性需求问题，其数学模型可表征为一系列具有高度不确定性的数学规划问题。为此项目拟基于随机多层规划理论，系统提出解决该问题的新方法，主要研究内容包括：①资源不确定性与需求不确定性表征方法研究；②长、中、短期能源优化调度随机二层规划模型及其求解算法研究；③长、中、短期能源优化调度示范平台建设及其应用研究。开展本项目研究，可为制定长、中、短期能源优化调度策略提供先进的理论工具，有望在未来调度自动化领域产生一个新的学科增长点——资源和需求双重不确定性情形下长中短期能源优化调度理论。

3. 结题摘要

智能电网是电网发展的必然趋势。在智能电网下，由于风、光等可再生能源在能源结构中所占比例较大，且其随机性、波动性和间歇性强，给电网长期、中期、短期能源优化调度都带来较大困难，严重影响可再生能源吸纳与可再生能源产业发展。本质上，上述长中短期能源优化调度可归结为一个如何用不确定性资源满足不确定性需求问题，其数学模型可表征为一系列具有高度不确定性的数学规划问题。本项目所做的主要工作包括：①在不确定性表征方面，基于情景分析方法对能源优化调度中资源与需求的多重不确定性进行了较系统的研究，并基于此提出了机组组合中的决策风险评估方法；②引入半绝对离差模型，研究了在资源与需求双重不确定性情形下，如何进行短期和长期的优化调度决策；③研究了供需两侧协同情况下的经济运行问题，并为此同时研究了用户侧能量管理系统，提出了智能用电网络的概念，并进行了相应功能设计和初步实现；④依据新模型和新算法，开发了相关的软件平台，并取得了相应的软件著作权。

4. 项目成果

序号	成果名称	类型	完成人
1	Evaluation index system for smart grids based on demands from stakeholders	会议	Rui Chen[1]、Guang-Yu He[1]、Wei Tan[1]、Yong Deng[2]
2	Research on Zigbee wireless communication technology	会议	Wang Wei[1]、He Guangyu[2]、Wan Junli[1]
3	含微水电及储能的微电网长期优化运行研究	会议	李嘉、何光宇、余捻宏
4	Economic dispatch considering volatile wind power generation with lower-semi-deviation risk measure	会议	Zhang Xiao[1]、He Guangyu[1]、Lin Shengyao[1]、Yang Wenxuan[1]
5	Security Communication Mechanism Research on Energy Information Gateway in Smart Grid	会议	Wenxuan Yang、Guang Yu He、Xuelin Zhao、Shaohui Duan、Jie Tian
6	Topology error identification with a bounded-error modeling of measurements uncertainty in power system	会议	Bin Wang、Guang Yu He、Bangfeng Li、Tao Xing、Jiaxi Yu

（续）

序号	成果名称	类型	完成人
7	Scenario-based Unit Commitment Considering Uncertainties and Decision Risk	会议	Jia Li、Guang Yu He、Feng Liu、Jianchen Hu、Liangyi Huang、Zhidong Gu
8	智能电网评估指标体系的构建方法	期刊	王彬、何光宇、梅生伟、陈艳波、刘炜
9	用户侧能量管理原型系统的设计与实现	期刊	杨文轩、何光宇、王伟、万钧力、王琼、李嘉
10	基于半绝对离差风险的联合经济调度	期刊	张笑、何光宇、刘铠诚、李嘉、翟海青、闫海荣
11	智能电网评估指标体系中电力用户需求指标集的构建	期刊	王彬、何光宇、陈颖、胡长金、闫海荣
12	基于改进转移潮流法的拓扑错误辨识方法	期刊	何光宇、周京阳、于尔铿、李强、顾志东、潘晓强
13	变压器分接头位置的改进递推贝叶斯估计	期刊	陈艳波、刘锋、何光宇、黄良毅、顾志东
14	智能电网与智能广域机器人	期刊	卢强、戚晓耀、何光宇
15	调度中心智能调度业务成熟度模型及其应用	期刊	刘铠诚、何光宇、王彬、刘锋、顾志东、黄良毅
16	Robust State Estimator Based on Maximum Normal Measurement Rate	期刊	He Guangyu、Dong Shufeng、Qi Junjian、Wang Yating
17	用户侧能量管理系统初探	期刊	王伟、何光宇、万钧力、杨文轩、陈艳波

智能电网知识可视化模型及知识发现策略研究

1. 基本信息

项目名称：智能电网知识可视化模型及知识发现策略研究

项目类别：面上项目

项目负责人：曲朝阳

负责人职称：教授

依托单位：东北电力大学

研究期限：2011-01-01 到 2013-12-31

主题词：电网知识发现；可视化模型；本体；可视化引擎

2. 项目摘要

智能电网建设是必然趋势，伴随其智能量测装置的增加以及电网管控一体化的实现，电网数据量势必会呈几何级数增长。激增的海量电网数据如果处理不当将会导致决策失误或延迟等“信息过载”问题。目前中美欧等国都在积极致力于解决这一难题，但研究重点主要集中在利用三维图形进行电网数据或信息的可视化上，缺少更高层次的电网知识的抽象及可视化研究，无法为电网“自愈”提供全面、智能的决策支持。本项目提出智能电网知识可视化理论，研究电网知识的来源、分类及形式化定义，建立电网知识的关联关系模型，并以此为基础研究电网知识的协同发现策略，设计电网知识的敏捷捕获算法，实现电网知识的高效发现与管理。研究虚拟电力设备与电网知识之间的映射规则，建立智能电网知识可视化模型，并基于该模型研究大规模电网知识展现场景的快速生成及显示算法，力争在基于虚拟现实的电网知识可视化领域取得重大突破，为解决智能电网的“信息过载”问题提供新的、有效的途径。

3. 结题摘要

随着下一代智能化电网的全面建设，其智能量测装置的增加以及电网管控一体化的实现促使了电网数据的快速增长，同时电网运行、检修和管理过程中也产生了海量异构、多态的数据。如何将这些激增的海量数据及信息抽象为更高层次的知识，并通过可视化模型进行展示成为亟待解决的问题。目前电力系统可视化尚处于数据可视化与信息可视化之间，与知识可视化相比，缺少发现规律、共享知识、全局决策等特征。国内外研究重点主要集中在利用三维图形进行电网数据或信息的可视化上，缺少基于虚拟现实的电网知识的可视化研究，不能对电网运行状态进行基于知识的三维立体、沉浸式的展现。本项目围绕高层次电网知识的抽象提取和电网知识的虚拟可视化进行了试验研究和理论分析，通过挖掘电网数据中隐藏的知识，屏蔽了原始电网数据的繁琐细节，同时有效避免了因数据处理不当而导致决策失误或延迟等“信息过载”问题。智能电网知识可视化为电网运行状态提供了实时直观展示，为决策支持和企业协同管理提供有效信息支持。研究的主要成果有：①针对智能电网知识的共享与重用问题，提出了一种基于本体的智能电网文本知识获取方法，采用 OWL 本体语言实现了电网知识内涵的统一、规范描述，形成 OWL 知识文档，构建了基于本体表示的电网知识库；②提出的本体链协同机制可使不同类的相关电网知识动态或静态地连接在一起，实现了电网知识的协同应用；根据电网知识本身的特点和知识表示要求，通过相互融合及协同机制设计完成了基于知识协同的电网知识处理模型；③建立电网知识与虚拟电力设备模型之间映射规则，利用虚拟现实技术将智能电网中的数据以及知识库中的知识融合到相应的虚拟电力设备模型中，生成基于虚拟电力设备的电网知识可视化模型；④设计了基于电气连接特性的空间 N 叉树，对电力虚拟场景进行组织，并提出分层迭代的动态负载平衡算法，有效地缓解了负载的不平衡状况，提高了系统的响应速度，实现了对大规模电网知识展现场景的快速生成及显示；⑤将海量电网数据预处理、知识发现、电力设备一体化建模、电网虚拟现实场景快速显示等智能电网知识可视化的关键技术进行封装集成，构建了智能电网“知识可视化引擎”模型，验证了智能电网知识可视化基础理论。

4. 项目成果

序号	成果名称	类型	完成人
1	智能电网知识处理模型与可视化方法	著作	曲朝阳
2	A network security situation evaluation method based on D-S evidence theory	会议	Zhaoyang Qu、Yaying Li、Peng Li
3	Design and Implementation of Dynamic Incremental Migration Based on Xen.	会议	Zhaoyang Qu、Guangfeng Zhang
4	A high-efficiency algorithm for Mining Frequent Itemsets over transaction data streams.	会议	Zhaoyang Qu、Peng Li、Yaying Li
5	Web Server Optimization Model Based on Performance Analysis	会议	Zhaoyang Qu、Wei Wang、Zhiqian Li
6	Research and application on convex-hull-SVM based on Two-Phase method.	会议	Zhaoyang Qu、Dongru Yi
7	A new node-disjoint multi-path routing algorithm of wireless Mesh network	会议	Zhaoyang Qu、Weiwei Ren、Qianchun Wang
8	A Feature Selection Simultaneously Based on Intra-category and Extra-Category for Text Categorization	会议	Zhiying Liu、Jieming Yang
9	Burst Noise Measuring on the Basis of Wavelet and Fourier Transform	会议	Xiaojuan Chen、Yaru Han、Jie Wu
10	Medical Image Segmentation Based on Threshold SVM	会议	Xiaojuan Chen、Dan Li
11	A new switching strategy for different transfer mode in multi-antenna systems	会议	Zhijun Teng、Juan Yan、Ping He
12	基于 SOM 聚类的电网可视化数据挖掘模型	期刊	郭晓利、曲朝阳、李晓栋、张加玲、孟凡奇
13	A new method of power grid huge data pre-processing	期刊	Zhaoyang Qu、Jingmin Liu
14	The improving pattern matching algorithm of intrusion detection	期刊	Zhaoyang Qu、Xiaobo Huang
15	基于 Hadoop 的广域测量系统数据处理	期刊	曲朝阳、朱莉、张士林
16	变电站电能质量在线监测系统	期刊	滕志军、王中宝、索大翔、李国强
17	A new feature selection algorithm based on binomial hypothesis testing for spam filtering	期刊	Jieming Yang、Yuanning Liu、Zhen Liu、Xiaodong Zhu、Xiaoxu Zhang
18	电网管控任务需求-知识适配通用模型	期刊	曲朝阳、程晓岩、丛鹏
19	基于 ZigBee 的电能质量监测分析系统	期刊	滕志军、王中宝、李国强、屈银龙
20	基于 SQL 的电网海量数据属性约简方法	期刊	孟凡奇、曲朝阳、刘晶敏
21	符合动态演变特性的网格资源发现机制研究	期刊	曲朝阳、王馨莹
22	A new feature selection based on comprehensive measurement both in inter-category and intra-category for text categorization	期刊	Jieming Yang、Yuanning Liu、Xiaodong Zhu、Zhen Liu、Xiaoxu Zhang
23	面向柔性开发模式的变电站虚拟仿真引擎	期刊	孟凡奇、曲朝阳
24	基于 GeoMipMaps 算法的大规模地形优化研究	期刊	曲朝阳、刘学伟、王蕾
25	文本分类中基于综合度量的特征选择方法	期刊	杨杰明、刘元宁、曲朝阳、刘志颖
26	防火墙与入侵检测系统联动的研究与设计	期刊	曲朝阳、崔洪杰、王敬东、孟凡奇
27	基于混合支持度 Apriori 算法的短期负荷预测模型	期刊	曲朝阳、辛红金、陈鹏、辛彩春
28	电弧炉电能质量数据在线监测系统	期刊	滕志军、王中宝、赵龙、李国强
29	基于 ZigBee 的高压带电体温度在线监测系统	期刊	滕志军、屈银龙、王中宝、杨旭
30	一种提高静态负荷模型参数辨识精度方法的研究	期刊	宋人杰、李文明

智能电网中适应不稳定大规模清洁能源发电的联合智能调度管理理论研究

1. 基本信息

项 目 名 称： 智能电网中适应不稳定大规模清洁能源发电的联合智能调度管理理论研究

项 目 类 别： 面上项目

项目负责人： 牛东晓

负责人职称： 教授

依 托 单 位： 华北电力大学

研 究 期 限： 2011-01-01 到 2013-12-31

主 题 词： 智能电网；智能调度；清洁能源；电力预测；智能预测

2. 项目摘要

本项目对智能电网中适应不稳定大规模清洁能源发电的联合智能调度管理理论进行了研究，这对我国大力发展大规模清洁能源和可持续发展具有重要实际意义，同时也是一个至今没有解决的严重制约风电和光伏发电大规模发展的管理理论难题。研究内容：①通过自主提出的拟境知识挖掘，探索气象影响条件下风电和光伏发电的功率形态变化规律；②建立用于智能调度的不稳定大规模风电和光伏功率智能预测模型，称为基于拟境知识挖掘的自适应微分进化寻优神经网络风电和光伏功率智能预测模型；③研究一种改进型智能微分进化方法，用于建立和优化不稳定大规模光、风、火电联合智能调度多目标决策模型，综合考虑成本、环境、收益、稳定等问题的解决；④研究和建立基于拟境知识挖掘技术的联合智能调度运行分析评价指标体系；⑤对不稳定大规模光、风、火电联合智能调度模型进行仿真和实证研究。力争取得突破性成果，建立一套智能调度管理理论，为清洁能源发展做出自己的贡献。

3. 结题摘要

本项目对智能电网中适应不稳定大规模清洁能源发电的联合智能调度管理理论进行了研究，按照项目申请书的立项内容全部完成了研究任务。主要研究工作包括以下五个方面。第一、通过自主提出的拟境知识挖掘，探索了气象影响条件下风电和光伏发电的功率形态变化规律。建立了基于混合模拟退火算法改进 SVM 的风速预测模型；建立了历史气象和输出功率数据库，利用拟境知识挖掘，探索挖掘气象信息、风电和光伏发电功率的潜在规律。第二、在智能预测模型方面，结合风电和光伏发电输出功率形态变化规律，建立了基于拟境知识挖掘的风电场功率预测模型，基于相似日聚类和贝叶斯神经网络的光伏发电功率预测模型和结合拟境知识挖掘的 RBF 神经网络光伏发电预测模型。第三、在联合智能调度方面，建立了基于并行自适应粒子群优化算法的经济环境发电调度模型，建立了基于 KKT 和量子遗传算法的风火电联合上网智能调度模型。建立了不稳定大规模风、光、火电联合运营智能调度多目标优化模型，利用 KKT 框架转化多目标函数，进行多目标决策模型的优化。第四、在联合智能调度运行分析评价指标体系方面，建立了基于 Vague 集和 D-S 证据理论的混合电力系统综合评价模型，研究给出了电网多种发电模式联合运营综合效益评价体系方法、基于绿色经济的风、火电联合运营规划及效益评价体系方法，给出了基于低碳经济的发电行业节能减排路径。第五、对不稳定大规模光、风、火电联合智能调度模型进行仿真和实证研究。签订了 6 项相关实际应用的项目协议，所研究成果已在国务院、广东省、江苏省、浙江省、甘肃省等地应用，开发了相应软件，获得了应用单位的好评，国家电网公司验收意见被评为“国际先进”，并联合申报了 1 项发明专利。项目所取得的成果包括：公开发表并被标注的期刊论文 28 篇，其中，SCI 收录 11 篇，SCI 待收录 1 篇，EI（核心版）收录 7 篇，中文核心期刊论文 9 篇；出版著作 2 部，待出版著作 1 部；所发表的一组相关论文被登载国际顶级尖端研究成果的《Nature》网站和《Nature》的专业期刊《Nature Climate Change》发表专文评论和肯定。共参加国内外学术会议 15 次，应邀做大会或分会场报告 11 次。获得 1 项甘肃省科学技术进步奖二等奖，1 项中国管理科学学会管理科学奖（学术奖），1 项河北省教学成果奖二等奖，1 项浙江省电力公司科学技术进步奖二等奖。培养博士后 4 人，毕业博士 10 人，毕业硕士 12 人。

4. 项目成果

序号	成 果 名 称	类型	完 成 人
1	Knowledge mining collaborative DESVM correction method in short-term load forecasting	期刊	Niu Dong-xiao、Wang Jian-jun、Liu Jin-peng
2	Forecasting of wind velocity：An improved SVM algorithm combined with simulated annealing	期刊	Liu Jin-peng、Niu Dong-xiao、Zhang Hong-yun、Wang Guan-qing
3	中国电力消费与经济增长关系的实证研究	期刊	牛东晓、嵇灵、劳咏昶、路妍
4	风电功率预测方法综述及发展研究	期刊	牛东晓、范磊磊
5	基于 KKT 和量子遗传算法的风火电联合上网最优决策	期刊	魏亚楠、牛东晓
6	智能电网发展影响因素的解释结构模型分析	期刊	李金超、牛东晓、李金颖
7	Forecasting Monthly Electric Energy Consumption Using Feature Extraction	期刊	Meng Ming、Niu Dongxiao、Sun Wei
8	CO_2 emissions and economic development：Chinas 12th five-year plan	期刊	Meng Ming、Niu Dongxiao、Shang Wei

（续）

序号	成 果 名 称	类型	完 成 人
9	基于FHNN相似日聚类自适应权重的短期电力负荷组合预测	期刊	牛东晓、魏亚楠
10	Photovoltaic Power Prediction Based on Scene Simulation Knowledge Mining and Adaptive Neural Network	期刊	牛东晓、魏亚楠、陈延超
11	电力需求侧响应利益联动机制的系统动力学模拟	期刊	王建军、李莉、谭忠富、牛东晓
12	An annual load forecasting model based on support vector regression with differential evolution algorithm	期刊	Wang Jianjun、Li Li、Niu Dongxiao、Tan Zhongfu
13	基于组合权重的火—风—水电联合运营综合效益评价	期刊	魏亚楠、牛东晓、王官庆
14	基于ARDL边限协整检验的中国电力消费与经济增长关系实证研究	期刊	嵇灵、牛东晓、劳咏昶、路妍
15	基于贝叶斯框架和回声状态网络的日最大负荷预测研究	期刊	嵇灵、牛东晓、吴焕苗
16	基于改进灰色关联分析模型的能源消费影响因素计量分析	期刊	牛东晓、刘彤、许晓敏
17	智能电网需求响应与均衡分析发展趋势	期刊	刘壮志、许柏婷、牛东晓
18	A Novel Social-Environmental-Economic Dispatch Model for Thermal/Wind Power Generation and Application	期刊	牛东晓、魏亚楠
19	Echo state network with wavelet in load forecasting	期刊	Niu Dongxiao、Ji Ling、Wang Yongli、Liu Da
20	A Parallel Adaptive Particle Swarm Optimization Algorithm for Economic/Environmental Power Dispatch	期刊	李金超、李金颖、牛东晓
21	Three-dimensional decomposition models for carbon productivity	期刊	Meng Ming、Niu Dongxiao
22	A Novel Evaluation Model for Hybrid Power System Based on Vague Set and Dempster-Shafer Evidence Theory	期刊	Niu Dongxiao、Wei Yanan、Shi Yan、Hamid Reza Karimi
23	Knowledge Mining Based on Environmental Simulation Applied to Wind Farm Power Forecasting	期刊	牛东晓、嵇灵、马庆国、李伟

中/强度混合动力合成系统用双功率流定子永磁型电机基础理论研究

1. 基本信息

项 目 名 称： 中/强度混合动力合成系统用双功率流定子永磁型电机基础理论研究

项 目 类 别： 面上项目

项目负责人： 全力

负责人职称： 教授

依 托 单 位： 江苏大学

研 究 期 限： 2011-01-01 到 2013-12-31

主 题 词： 电机结构；优化设计；电磁性能分析；驱动控制策略；实验研究

2. 项目摘要

混合动力汽车是实现汽车节能减排、缓解能源问题和环境污染的重要手段之一，但轻度混合动力汽车节能减排效果有限。本项目针对中度及强混合动力汽车，提出了一种基于新型双功率流定子永磁型电机的电磁式混合动力合成系统，该系统能显著提高功率密度和能量传输效率。本项目旨在研究双功率流电机及其动力合成系统的基本原理、运行规律和驱动控制策略。提出与发动机输出特性相匹配的双功率流电机结构设计、电磁性能计算、数学建模和分析的一般方法；采用多物理场耦合的建模方法，归纳出不同运行工况下发动机与双功率流电机动力匹配的一般规律；以燃油经济性和排放最小化为目标，制定出多约束条件下多目标最优驱动控制策略，提高混合动力合成系统不同工况下的自适应能力和可控性。本项目的研究，将为新型混合动力合成系统的研究提供理论和实验基础，为提高混合动力汽车整体研究水平和自主创新能力提供有益的帮助。

3. 结题摘要

混合动力汽车是实现汽车节能减排、缓解能源问题和环境污染的重要手段之一，但轻度混合动力汽车节能减排效果有限。本项目针对中度及强混合动力汽车，提出了一种基于新型双功率流定子永磁型电机的电磁式混合动力合成系统，该系统能显著提高功率密度和能量传输效率。本项目的研究内容和目标是：设计与发动机不同运行工况下动力特性相匹配的双功率流定子永磁型电机；建立该双功率流电机结构设计、电磁参数计算的一般方法；揭示该混合动力合成系统中发动机输出机械功率流和内外电机功率流之间的能量动态匹配的一般关系；制定出适合不同运行工况和运行模式下的驱动控制策略，并将其推广到其它电磁式混合动力合成系统。自项目开展以来，本项目紧紧围绕任务书所制定的各项内容开展研究，先后提出了两种结构新颖合理、适合于中度及强混合动力汽车运行特点的双功率流定子永磁型电机。本项目将定子永磁型双凸极电机和磁通切换电机概念引入双转子电机，提出了一类新型双功率流定子永磁型电机，简化了双转子电机内中间转子的结构，解决了中间转子散热难的问题，且该类电机同样具有永磁型电机具备的效率高、功率密度高等优点。针对该类新型双转子电机的设计工作，本项目采用由内而外的原则对该电机结构进行初步分析和设计，借助有限元仿真软件建立电机的参数化模型，应用遗传算法等先进优化控制方法对内外转子齿宽、中间转子轭高和永磁体充磁宽度等重要的结构参数做优化设计，总结了该类新型双功率流定子永磁型电机设计、电磁性能分析、仿真建模的一般方法；本项目利用瞬态联合仿真技术建立双功率流电机的场路耦合模型，进行瞬态联合仿真研究电机的驱动性能；本项目采用MAXWELL与WORKBENCH联合仿真方式，建立了双功率流定子永磁型电机温度场分析模型，并就其对电机电磁性能的影响进行了分析。本项目借助MATLAB以及ADVISOR软件构建该双功率流定子永磁型电机及其混合动力合成系统的模型，分析在不同运行工况下和运行模式下的驱动控制策略。在驱动控制系统构建方面，本项目以高性能数字信号处理器TMS320F28335为控制器核心，构建整个电机驱动系统的硬件平台，搭建基于双功率流定子永磁型电机的动力混合系统实验平台，进行了空载反电势测试、效率测试和HEV应用下多工况运行模拟实验，对系统的控制策略及控制算法的软件与硬件进行了较为深入的研究。

4. 项目成果

序号	成果名称	类型	完成人
1	Development of a new two-rotor doubly salient permanent magnet motor for hybrid electric vehicles	会议	Ding Qian、Quan Li、Zhu Xiaoyong、Liu Juanjuan、Chen Yunyun
2	Modeling and simulation of a new two-rotor doubly salient permanent magnet machine	会议	Liu Juanjuan、Quan Li、Zhu Xiaoyong、Ding Qian、Chen Yunyun
3	Design of a new two-rotor doubly salient permanent magnet motor control system based on TMS320F28335	会议	Zhang Qiang、Quan Li、Zhu Xiaoyong、Chen Yunyun
4	An overview of double power flow motor used in hybrid electrical vehicles	会议	Chen Yunyun、Quan Li、Zhu Xiaoyong、Liu Juanjuan
5	Sandwiched Flux-Switching Permanent-Magnet Brushless AC Machines using V-shape Magnets	会议	Mo Lihong、Quan Li、Chen Yunyun、Qiu Haibing
6	Simulation and Analysis of a Hybrid Electric Vehicle with a Double Rotor Motor	会议	Chen Yunyun、Quan Li、Mo Lihong、Zhu Xianxing
7	Investigation on the Dynamic Performances of a Doubly Salient Flux Memory Motor under On-Line Flux Regulation for Electric Vehicles	会议	Qiao Lei、Zhu Xiaoyong、Quan Li、Kong Fanchen、Ge Yanming
8	Optimizing Design of Magnetic Planetary Gearbox for Reduction of Cogging Torque	会议	Kong Fanchen、Zhu Xiaoyong、Quan Li、Ge Yanming、Qiao Lei
9	A integrated starter-generator based on flux memory machines for hybrid electric vehicles	会议	Zhang Bo、Zhu Xiaoyong、Quan Li、Chen Dajian、Liu Hu
10	A novel magnetic-geared doubly salient permanent magnet machine for low-speed high-torque applications	会议	Zhu Xiaoyong、Sun Yanbiao、Quan Li、Ding Qian
11	Dual-mode operations of new stator-permanent-magnet double salient flux memory motor drive	会议	Liu Hu、Quan Li、Zhu Xiaoyong、Chen Dajian、Zhang Bo
12	Electromagnetic performances analysis of a new magnetic-planetary-geared permanent magnet brushless machine for hybrid electric vehicles	会议	Zhu Xiaoyong、Kong Lingting、Chen Long、Zhao Wenxiang、Quan Li、Chen Ming
13	Electromagnetic performance analysis of double-rotor stator permanent magnet motor for hybrid electric vehicle	期刊	ChenYunyun、Quan Li、Zhu Xiaoyong, et al.
14	Permanent magnet online magnetization performance analysis of a flux mnemonic double salient motor using an proved hysteresis model	期刊	Zhu Xiaoyong、Quan Li、Chen Yunyun、Liu Guoha
15	新型磁通切换电机优化设计与动态建模仿真	期刊	朱孝勇、刘修福、全力、莫丽红、张战超
16	定子永磁式双转子电机多工况运行模式及控制策略研究	期刊	陈云云、全力、朱孝勇、莫丽红

（续）

序号	成 果 名 称	类型	完 成 人
17	混合动力汽车用新型磁通切换双转子电机性能分析	期刊	刘修福、全力、朱孝勇、莫丽红、陈云云
18	新型双凸极永磁双转子电动机的电磁性能分析	期刊	王影星、全力、朱孝勇、陈云云
19	Design and Analysis of a New Flux Memory Doubly Salient Motor Capable of Online Flux Control	期刊	Zhu Xiaoyong、Quan Li、Chen Dajian、Cheng Ming、Wang Zheng、Li Wenlong
20	定子永磁式双转子电机设计与实验研究	期刊	莫丽红、全力、朱孝勇
21	外转子磁通切换永磁电机容错运行转矩脉动抑制研究	期刊	彭雪辰、全力、朱孝勇
22	A new magnetic-planetary-geared permanent magnet brushless machine for hybrid electric vehicle	期刊	Zhu Xiaoyong、Chen Long、Quan Li，et al.
23	定子永磁式双转子电机电磁性能分析	期刊	莫丽红、全力、朱孝勇
24	微型电动汽车用 FSPM 调速系统建模仿真	期刊	刘涛只、全力、朱孝勇
25	Electromagnetic Performance Analysis of a New Stator-Permanent-Magnet Doubly Salient Flux Memory Motor Using a Piecewise-Linear Hysteresis Model	期刊	Zhu Xiaoyong、Quan Li、Chen Dajian、Cheng Ming、Hua Wei、Sun Xikai
26	混合动力汽车用定子永磁型双功率流电机故障分析与容错控制	期刊	火星、全力、朱孝勇
27	双转子电机及其在混合电动汽车中的应用	期刊	莫丽红、全力、朱孝勇、张涛
28	新型定子永磁式双转子电机运行模式分析与实验研究	期刊	全力、陈云云、朱孝勇、火星
29	采用 DSP 和 CPLD 的新型定子永磁型双功率流电机的驱动系统	期刊	姚雪峰、全力、朱孝勇、刘虎、陈云云
30	基于双转子磁通切换电机的混合动力系统分析	期刊	邱海兵、全力、朱孝勇
31	新型永磁磁通切换电机的电磁性能及温度分析	期刊	王萍、全力、朱孝勇
32	磁通切换外转子电机的设计及电磁性能分析	期刊	沈月香、全力、朱孝勇
33	新型永磁型双功率流电机优化设计与动态建模仿真	期刊	朱先鑫、全力、朱孝勇

2014年度国家重点新产品计划电源及相关产品立项项目清单

序号	项目编号	项 目 名 称	承 担 单 位
1	2014GRA00022	基于云计算的智能用电商业智能系统	北京国电通网络技术有限公司
2	2014GRA00029	基于智能穿越技术的新型高效节能SWdrive高压变频器	北京国电四维清洁能源技术有限公司
3	2014GRA00058	区域电网广域保护装置	北京四方继保自动化股份有限公司
4	2014GRA10002	矿用隔爆型干式变压器	天津市特变电工变压器有限公司
5	2014GRA20014	高效节能绿色模块化不间断电源HP200M20	河北实华科技有限公司
6	2014GRA30008	100Ah高能量锂离子储能电池	高平唐一新能源科技有限公司
7	2014GRA40003	锂电池正极材料磷酸铁锂LFP-SN01	内蒙古三信实业有限公司
8	2014GRB00002	ZF15-1100(L)/Y6300-63型气体绝缘金属封闭开关设备	新东北电气集团高压开关有限公司
9	2014GRB00011	能动型电能质量控制装置	辽宁立德电力电子股份有限公司
10	2014GRB01002	BKDFZT-110000/750磁控式可控并联电抗器	特变电工沈阳变压器集团有限公司
11	2014GRB01009	C3S-D中式户内变电站	沈阳昊诚电气股份有限公司
12	2014GRC00022	SFBH15型光伏发电用油浸式非晶合金分裂变压器	上海置信电气股份有限公司
13	2014GRC00042	JSQX2-126型三相共体电磁式电压互感器	上海吴淞电气实业有限公司
14	2014GRC00045	SZ11-63000/110kV电力变压器	上海德力西集团有限公司
15	2014GRC00050	万能式断路器HA60-4000	上海精益电器厂有限公司
16	2014GRC10046	ASCS-8 大功率水冷中压三电平变频调速控制系统	徐州中矿大传动与自动化有限公司
17	2014GRC10056	128kWh储能锂离子蓄电池组	江苏海四达电源股份有限公司
18	2014GRC10058	插电式混合动力客车动力总成系统 GC-6S1000H1D-1	苏州绿控传动科技有限公司
19	2014GRC10074	6MW直驱永磁同步风力发电机	江苏南车电机有限公司
20	2014GRC11009	500kW高效智能型光伏并网逆变电源	南京冠亚电源设备有限公司
21	2014GRC20008	电动汽车用磷酸铁锂电池93140225	浙江超威创元实业有限公司
22	2014GRC20009	高精度锂电池保护芯片用SIP系统	浙江红果微电子有限公司
23	2014GRC20022	地铁及高铁机车用LED照明模块	兰普电器股份有限公司
24	2014GRC22015	新型的分布式并网型风力发电系统(Osiris 10)	宁波锦浪新能源科技有限公司
25	2014GRC30001	HFF6127G03EV轮边驱动纯电动城市客车	安徽安凯汽车股份有限公司
26	2014GRC30023	高光效功率型蓝光LED芯片(S-45BBMUP)	安徽三安光电有限公司
27	2014GRC40002	混合动力汽车带拨叉机构的驱动电机(型号:YHD280)	福建尤迪电机制造有限公司
28	2014GRC40006	超级电容充电器(KHD6080,KHD7570,KHD9080)	漳州科华技术有限责任公司
29	2014GRC41002	薄膜垂直结构氮化镓基LED芯片(S-50VTF)	厦门市三安光电科技有限公司
30	2014GRC41004	新型低功耗高均匀度LED显示屏	厦门强力巨彩光电科技有限公司
31	2014GRC60036	高压智能节电装置	雷奇节能科技股份有限公司
32	2014GRC60055	智能电力变压器SSZ11-ZN-180000/220	山东达驰电气有限公司
33	2014GRC60603	BGD-L65PS智能LED视频同步脉冲频闪补光照明系统	山东海日峰电子科技有限公司
34	2014GRD20005	500kV现场组装式变压器OSFPS-JT-1000000/500	特变电工衡阳变压器有限公司
35	2014GRD20013	镍氢长寿命宽温电池	郴州格兰博科技有限公司
36	2014GRE02007	智能电网在线监控系统	深圳市特发信息股份有限公司
37	2014GRE02020	RISE3501E智能电网载波通信芯片	瑞斯康微电子(深圳)有限公司
38	2014GRF00001	WT389智能电网自动化控制安全防护系统	成都卫士通信息产业股份有限公司
39	2014GRF00012	132kW开关磁阻电机调速系统,SRM-132kW	成都伟瓦节能科技有限公司

（续）

序号	项目编号	项 目 名 称	承 担 单 位
40	2014GRF00019	GZP-Y1 一体化精密电源	四川省科学城帝威电气有限公司
41	2014GRF20007	智能一体化配电网综合管理系统	贵州广思信息网络有限公司
42	2014GRG00008	750kV 和 1000kV 交流有级可控并联电抗器	西安西电变压器有限责任公司
43	2014GRG01008	特变电工 500 千瓦光伏并网逆变器（型号：TBEA-GC-500kTL）	特变电工西安电气科技有限公司
44	2014GRG01011	矿用隔爆型 LED 巷道灯：型号 DGS48/127L（A）	西安奥能电气有限公司
45	2014GRG10010	直流配电智能监控与能耗管理系统	兰州海红技术股份有限公司
46	2014GRG40007	大容量有载调压整流变压器 ZHSFPTK-157700-220	特变电工股份有限公司
47	2014GR025001	适用于 IEC Ⅱ类风区的 GW106/2500 直驱永磁风力发电机组	北京金风科创风电设备有限公司
48	2014GR025004	240V 直流电源系统 DUM-240-40H10	北京动力源科技股份有限公司
49	2014GR025008	三相油浸式立体卷铁芯配电变压器	新华都特种电气股份有限公司
50	2014GR025012	新型阻塞滤波器（BF）	中国电力工程顾问集团华北电力设计院工程有限公司
51	2014GR026001	瞬态电压抑制器 ESD9X5VU	上海韦尔半导体股份有限公司
52	2014GR026013	智能高效 500kW 大功率并网光伏逆变器 CPS SCA 500KTL	上海正泰电源系统有限公司
53	2014GR027008	PD-2000 智能型植物绝缘油配电变压器	国网电力科学研究院武汉南瑞有限责任公司
54	2014GR364029	FTY006（型号） 3MW 半直驱永磁同步风力发电机	南车株洲电机有限公司
55	2014GR364035	有源电力滤波器 XAPF4-200/0.4	北京星航机电装备有限公司

2014年度国家火炬计划电源及相关产品立项项目清单

序号	项目编号	项目名称	承担单位
1	2014GH050059	特高压高精度直流试验装置产业化项目	北京博电新力电气股份有限公司
2	2014GH050064	变压器高压套管	北京国电四维电力技术有限公司
3	2014GH050065	新能源汽车双绕组电机驱动系统	北京中瑞蓝科电动汽车技术有限公司
4	2014GH050069	抽油机用高效节能开关磁阻电机系统产业化	北京中纺锐力机电有限公司
5	2014GH530092	天津市集成电路测试公共服务平台	天大科技园有限公司
6	2014GH710200	天津高新区动力电池和储能技术创新型产业集群	天津滨海高新技术产业开发区管理委员会
7	2014GH710202	高能量密度动力电池产业化及共性技术研究	比克国际(天津)有限公司
8	2014GH710301	混合电动汽车用镍氢电池贮氢合金的产业化	内蒙古稀奥科贮氢合金有限公司
9	2014GH510144	新能源电器(超级电容器)公共技术服务平台	锦州高新技术产业创业服务中心
10	2014GH540145	沈阳输变电与永磁电机技术服务平台建设	沈阳工业大学科技园有限公司
11	2014GH510160	大连集成电路设计公共服务平台建设	大连集成电路设计产业基地管理股份有限公司
12	2014GH040188	医用隔离电源柜	安科瑞电气股份有限公司
13	2014GH040189	全自动缝纫机伺服驱动系统	上海鲍麦克斯电子科技有限公司
14	2014GH540196	分布式光伏发电应用技术推广平台建设	上海电力科技园股份有限公司
15	2014GH590202	集成电路设计技术公共服务平台环境建设	上海集成电路技术与产业促进中心
16	2014GH010233	硅衬底氮化镓基大功率LED发光二极管	晶能光电(常州)有限公司
17	2014GH010235	智能电网用高压大功率薄膜电容器关键技术	扬州凯普电子有限公司
18	2014GH010236	超级247晶闸管器件	江苏捷捷微电子股份有限公司
19	2014GH040338	增安型高压三相异步电动机	江苏航天动力机电有限公司
20	2014GH040339	多振片式驻波型超声波电机	江苏三江电器集团有限公司
21	2014GH040340	KYN61-40.5高原型交流开关设备	江苏大全长江电器股份有限公司
22	2014GH040349	高频高压型电子加速器	江苏海维科技发展有限公司
23	2014GH050418	SCBH15干式非晶合金配电变压器	镇江天力变压器有限公司
24	2014GH050426	JS6126UC超级电容纯电动城市客车	扬州亚星客车股份有限公司
25	2014GH050431	高光效通风式交叉型模组化大功率LED路灯	江苏大秦光电科技有限公司
26	2014GH050441	太阳能槽式热发电采光系统研发及产业化	常州龙腾太阳能热电设备有限公司
27	2014GH050442	光伏发电用双分裂组合式升压变压器	扬州华鼎电器有限公司
28	2014GH050462	高分子聚合物密封免维护胶体储能电池	江苏欧力特能源科技有限公司
29	2014GH050463	园林工具用高容量倍率型锂电池研发及产业化	江苏天鹏电源有限公司
30	2014GH050464	新型智能防热斑交流组件技术研发及产业化	常熟阿特斯阳光电力科技有限公司
31	2014GH050467	BIPV中空光伏组件产业化	江苏晨电太阳能光电科技有限公司
32	2014GH590520	LED驱动电路及IC检测公共服务平台	扬州芯际半导体有限公司
33	2014GH010521	智能变电站保护控制设备产业化	国电南瑞科技股份有限公司
34	2014GH010544	高性能通信用磷酸铁锂电池组产业化项目	浙江超威创元实业有限公司
35	2014GH040645	面向智能电网的人工智能组网数据采集系统	杭州炬华科技股份有限公司
36	2014GH040758	智能型电动自行车用锂电池管理系统	卧龙电气集团股份有限公司
37	2014GH040763	低压智能型交流开关柜	南洋电气有限公司
38	2014GH040764	三相组合式过电压保护器	浙江中能电气有限公司
39	2014GH050776	高效、高可靠性大功率LED驱动电源	英飞特电子(杭州)股份有限公司
40	2014GH050787	大功率光伏并网逆变电源	浙江科瑞普电气有限公司
41	2014GH050790	EE65汽车充电站变压器	平湖华能电子有限公司

（续）

序号	项目编号	项 目 名 称	承 担 单 位
42	2014GH050796	高效节能智能型 LED 照明系统的产业化	长兴科迪光电有限公司
43	2014GH050797	大功率 LED 路灯的开发及应用	湖州巨群光电科技有限公司
44	2014GH050800	高倍率长寿命动力锂离子电池用改性人造石墨	湖州创亚动力电池材料有限公司
45	2014GH050803	S13-M. RL 立体三角形卷铁心变压器	华通机电股份有限公司
46	2014GH010818	新一代小型大功率高可靠性磁保持继电器	宁波福特继电器有限公司
47	2014GH050850	基于动态照度分布优化的高效大功率 LED 灯	宁波耀泰电器有限公司
48	2014GH050894	风电、光伏逆变器用交直流滤波电容器	安徽赛福电子有限公司
49	2014GH050927	大功率倒装红外 LED 芯片的研发及产业化	厦门乾照光电股份有限公司
50	2014GH570930	集成电路出口企业测试服务平台建设	厦门科技产业化开发建设有限公司
51	2014GH050943	2kW 永磁变频柴油发电机组	江西清华泰豪微电机有限公司
52	2014GH050944	太阳能驱动的硅衬底 LED 灯具产业化	中节能晶和照明有限公司
53	2014GH010949	变电站智慧管理系统	山东智洋电气有限公司
54	2014GH010951	智能电网专用连接器	临沂市龙立电子有限公司
55	2014GH041004	S13-M-1600/10 节能电力变压器	山东达驰电气有限公司
56	2014GH041005	E3000 变电站自动化系统	东方电子股份有限公司
57	2014GH051043	容错式永磁同步高效变频电动汽车控制系统	山东美邦电子科技有限公司
58	2014GH051044	再生制动能量吸收逆变装置	山东新风光电子科技发展有限公司
59	2014GH061049	新能源汽车	滨州市大成电动车业有限公司
60	2014GH711102	COH 软共晶智能 LED 灯具研发及产业化	潍坊锐光电子有限责任公司
61	2014GH011069	低成本高性能储能锂离子电池及电池系统	河南环宇赛尔新能源科技有限公司
62	2014GH031148	用于动力电池的高耐蚀性预镀钢壳	株洲永盛电池材料有限公司
63	2014GH711202	城市轨道交通用新型牵引电传动系统	南车株洲电力机车研究所有限公司
64	2014GH031189	孔径可控的功率型锂离子电池隔膜的研制	佛山市金辉高科光电材料有限公司
65	2014GH031190	锂离子动力电池碳负极包覆沥青产业化项目	湛江市聚鑫新能源有限公司
66	2014GH041197	智能电网继电保护及其安全自诊断系统	珠海优特电力科技股份有限公司
67	2014GH051215	基于物联网的智能型 LED 路灯及控制系统	广州广日电气设备有限公司
68	2014GH591216	广州国家现代服务业集成电路设计产业化基地	广州星海集成电路基地有限公司
69	2014GH011219	新型高性能电子元器件	深圳顺络电子股份有限公司
70	2014GH011224	高光效 LED 室内照明产品的研发及产业化	深圳雷曼光电科技股份有限公司
71	2014GH051229	智能化 LED 隧道灯产业化	深圳市斯派克光电科技有限公司
72	2014GH051230	基于分布式能源的智能微电网产业化示范项目	深圳科士达科技股份有限公司
73	2014GH051231	高倍率锂离子动力电池负极材料的产业化	深圳市斯诺实业发展有限公司
74	2014GH511238	国家软件与集成电路公共服务平台北部湾平台	广西北海高新技术产业园区创业服务中心
75	2014GH051242	非晶合金干式变压器研究及制造	海南金盘电气有限公司
76	2014GH581275	国家电子元件高新基地无源元件检测服务平台	中国振华（集团）新云电子元器件有限责任公司（国营第四三二六厂）
77	2014GH721406	西安集成电路产业促进服务平台	西安集成电路设计专业孵化器有限公司
78	2014GH041301	模块并联式大功率直流开关电源装置	西安爱科赛博电气股份有限公司
79	2014GH011310	TO 系列功率器件专用承载带研发	天水华天集成电路包装材料有限公司
80	2014GH051359	有源电力滤波器 APF4-200/0.4	北京星航机电装备有限公司
81	2014GH051373	矿用隔爆兼本质安全型交流变频器	邢台思达电子有限公司

第六篇　电源发明专利
（2014 年授权）

2012 年公开
2013 年公开
2014 年公开

说明：电源专利部分所收录专利均为 2014 年获得授权的电源相关专利，按照专利公开日进行分类。

2012 年公开

移动充电电源装置

申请（专利）号：201110257229. X **公开日：**2012-02-15

申请人：曾国林

发明人：曾国林

摘要：

本发明涉及一种移动充电电源装置，是利用该电源装置内部可拆装电源对外输出充电的装置，确切地说是一种移动充电电源装置。本发明包括电源组和电源组内架，电源组活动连接在电源组内架当中，电池组内架内的电源组通过升降压电路装置和 USB 接口槽连接，电源组内架外部与中架连接，下部与底架连接，中架上部与上盖连接，挂套与中架连接；所述电源组为电池组合；所述电池组为锂电池；所述电源组输出接口为 USB 接口。本发明有效解决现有同类充电装置的不足之处，提供一种结构简单实用，并设有升降压电路，能够使用现有的各种电池或锂电池，采用统一的 USB 输出接口。

电源盒

申请（专利）号：201110246148. X **公开日：**2012-04-25

申请人：西安辉炜信息科技有限公司

发明人：周晓辉 武斌 张娟

摘要：

本发明涉及一种电源盒，包括外壳（1）和一个可滑动的滑盒（2）。其特征在于，滑盒（2）与外壳（1）合围出一个内腔室，内腔室用于放置电源模块；在滑盒（2）的侧面一共安装有至少一个风扇，所述的侧面包括左侧面和右侧面；又，在外壳（1）的左侧面和右侧面都设置有均匀分布的孔或栅格（5）。本发明所提供的技术产品，可以达到预期的技术效果，保证外置于 LED 显示屏体外的电源模块不但美观而且安全。同时结构简单，大大节约的制造成本。

电源转换器

申请（专利）号：201110439577. 9 **公开日：**2012-07-04

申请人：王福起

发明人：王福起

摘要：

本发明涉及一种电源转换器，它是由盒体、连接线、插头、开关及 N 个插座等组成，它简单、实用、成本低，应用十分普遍，适用于各行各业机关团体及民用领域。它克服了现有产品的不足，增加了温控装置，可以避免和减少因电源转换器自身及所连接的电器、设备造成的过载、过电流、过热、氧化、烧熔引发的各种事故。

24V 供电汽车收放音机电源

申请（专利）号：201110167974. 5 **公开日：**2012-12-26

申请人：薛晓添

发明人：薛晓添

摘要：

24V 供电汽车收放音机电源属于汽车电子技术领域，尤其涉及一种 24V 供电汽车收放音机电源系统的改进。本发明包括集成三端稳压器、晶体管和整流二极管；所述的集成三端稳压器的输入端经整流二极管与 24V 直流电源相连，集成三端稳压器的输出端与晶体管 BU406 的集电极相连。

2013 年公开

空心蓝光电源线

申请（专利）号：201110248019. 4 **公开日：**2013-03-06

申请人：南京千灵电器科技有限公司

发明人：杨庆

摘要：

本发明在电源线插头上开孔并嵌入蓝光 LED 驱动电路，构成空心蓝光电源线，电路对市电进行整流、滤波、分压后驱动蓝光 LED 发光环，结构简单、易于实现，LED 灯可在无光照时用作指示灯，也可作为装饰品，美观实用。

一种过电流保护电源电路

申请（专利）号：201110278464. 5 **公开日：**2013-03-27

申请人：郑发明

发明人：郑发明

摘要：

本发明涉及电源电路技术领域，特别涉及一种过电流保护电源电路，能够对电流进行检测，电流过大时断开电源，本发明的目的是这样实现的。过电流保护电源电路，所述电源电路中串联有继电开关和电流检测装置，还设置有控制器，所述电流检测装置的输出端与控制器的输入端电连接，所述控制器的控制输出端与继电开关电连接。本发明有益效果是，能根据电流大小控制继电开关的通断，当电流大于阈值时断开电路，非常安全。

一种低电压 LED 驱动电源

申请（专利）号：201110276185. 5 **公开日：**2013-03-27

申请人：汤征宁

发明人：汤乃申 汤征宁

摘要：

本发明涉及一种低电压 LED 驱动电源，包括基极电容(C)，基极电阻(R)，电源滤波电容(C1)，晶体管(BG1)、(BG2)，变压器(T)，二极管(D1)、(D2)，输出滤波电容(C2)，限流电阻(R1)。整个电路应用锗半导体晶体管组成的罗耶(Royer)电路进行 DC/DC 转换后驱动 LED 灯。由于锗半导体晶体管饱和压降小，开关电压低，因此可在低电压下工作，又因采用了锗半导体二极管，或肖特基管，作输出整流，正向压降小，加上用环形变压器漏感小，损耗就小，效率高，解决了低电压 LED 驱动问题。

过电流保护功能的笔记本电源

申请（专利）号：201110280245. 0 **公开日：**2013-04-03

申请人：严志

发明人：严志

摘要：

本发明涉及电源电路技术领域，特别涉及一种具有过电流保护功能的笔记本电源，能够对电流进行检测，电流过大时断开电源，本发明的目的是这样实现的。具有过电流保护功能的笔记本电源，包括输入电路和输出电路，以及串联于输入电路和输出电路之间的变压电路、稳压电路，所述输入电路和输出电路之间还串联有继电开关和电流检测装置，还设置有控制器，所述电流检测装置的输出端与控制器的输入端电连接，所述控制器的控制输出端与继电开关电连接。本发明有益效果是，能根据电流大小控制继电开关的通断，当电流大于阈值时断开电路，非常安全。

安全型笔记本电源

申请（专利）号：201110280199.4　**公开日：**2013-04-03

申请人：郑发明

发明人：郑发明

摘要：

本发明涉及电源电路技术领域，特别涉及一种安全型笔记本电源，提出一种安全型笔记本电源，能够对电流进行检测，电流过大时断开电源，以及防止浪涌产生，包括依次电连接的输入电路、变压电路、防过电流电路、防浪涌电路和输出电路。所述防过电流电路包括串联于变压电路和防浪涌电路之间的继电开关和电流检测装置，还设置有控制器，所述电流检测装置的输出端与控制器的输入端电连接，所述控制器的控制输出端与继电开关电连接。所述防浪涌电路包括稳压装置、电感、限流电阻和压敏电阻。

基于反激式拓扑的小功率直流电源系统

申请（专利）号：201210182730.9　**公开日：**2013-12-18

申请人：林桂

发明人：林桂　傅洋　任治全　郑耀

摘要：

一种基于反激式拓扑的小功率直流电源系统。其特征在于系统由主控 UC3846 控制模块，开关模块，输入整流模块，变压器功率变换模块，滤波模块，保护模块，功率因数矫正模块，自举式控制芯片电源模块，直流输出模块等模块组成。本发明的优越性在于，1. 本发明采用 UC3846 为主要控制芯片应用广泛，可靠性高，处理速度快；2. 本发明中保护模块采用多种保护方式，包括过电压保护、欠电压保护、过热保护、软启动防浪涌保护、过载保护等保护，大大提高了电源系统的可靠性；3. 整体系统可塑性强；4. 体积小，集成度高，调试方便。

2014 年公开

用于监测消防系统内消防泵电机的电源的方法及系统

申请（专利）号：201310225131.5　**公开日：**2014-01-01

申请人：阿斯科动力科技公司

发明人：道格拉斯 · A · 斯蒂芬斯　哈兰 · A · 罗森塔尔

摘要：

提供了用于操作消防泵控制器的方法及系统。示例方法包括，促使经由消防系统中的消防泵控制器耦接至电动电机驱动的水泵的电源为该水泵提供动力，并通过测量电机负载情况下电源输出的电压和/或电流来监测电机起动时间段期间电源的性能。该方法还可以包括提供可视化指示，如电机起动时间段期间电机电源电压和/或电流的轨迹或起动特征，以用于观察目的或者对电机电源和传动系（powerstrain）性能问题进行故障检修的目的。

电源接线器

申请（专利）号：201210197190.1　**公开日：**2014-01-01

申请人：上海市静安区青少年活动中心

发明人：朱徵羽　管颢然

摘要：

本发明公开了一种电源接线器，包括一圆柱形中空的绝缘外壳及内部电线，绝缘外壳包括一设有开口的周面和两个底面，底面上固设有一中心轴，中心轴外围环设有一轴套，轴套相对于中心轴可环绕转动，轴套上进一步固设有一手动柄穿出底面，电线环绕设于轴套上，电线包括一内部端与一插头端，所述内部端固定于轴套上，且电连接于复数个设于绝缘外壳周面上的插座，插头端设有一插头，可通过绝缘外壳的开口抽拉出来连接外部电源。

一种直流电源输出短路保护装置

申请（专利）号：201310468718.9　**公开日：**2014-01-01

申请人：兰如根

发明人：兰如根

摘要：

一种直流电源输出短路保护装置，由继电器电路、启动保持电路、保险电阻组成。本装置置于直流电源之后，防止直流电源输出短接短路，或用电器短路时，保护直流电源，防止由短路产生的事故，切断速度快，有效防止后端短路对前级电源的影响。短路解除后，重新启动接通输出。并且在接入直流电源时，正负极接反，无法启动接通输出。电路简单，安全可靠，方便实用。

直流电源输出短路自动保护装置

申请（专利）号：201310468741.8　**公开日：**2014-01-01

申请人：兰如根

发明人：兰如根

摘要：

直流电源输出短路自动保护装置，由启动按钮、继电器、保险电阻组成。防止直流电源输出短接短路，或用电器短路时，保护直流电源，防止由短路产生的事故，切断速度快，有效防止后端短路对前级电源的影响。短路解除后，重新启动接通输出。电路简单，安全可靠，方便实用。

一种微网系统中分布式电源选址及保护配置方法

申请（专利）号：201310411760.7　**公开日：**2014-01-01

申请人：国家电网公司 国网青海省电力公司 国网青海省电力公司电力科学研究院 甘肃省电力公司电力科学研究院

发明人：马勇飞 张海宁 孟可风 薛俊茹 吴福保 姚虹春 崔红芬 董开岩 宋锐 丛贵斌 孔祥鹏 王轩 梁英

摘要：

本发明涉及配用电及微网技术，具体地说是涉及微网系统中分布式电源选址与保护配置方法。本发明一种针对微网系统中分布式电源选址与保护配置方法，包括微网系统中分布式电源选址的目标函数和约束条件确定、分布式电源选址目标函数修正及微网与系统接入点的保护配置原则和方法。所述方法包括如下步骤：一、微网系统中分布式电源选址步骤；二、微网与系统接入点的保护配置步骤。本发明一种微网系统中分布式电源选址及保护配置方法与现有技术相比较有如下有益效果：本发明方法可针对微网系统中分布式电源选址和保护配置进行应用，确保微网规划建设的有序开展，本发明方法可应用于微网接入系统规划及保护配置的技术支持。

高效智能开关电源动态无功补偿器

申请（专利）号：201310418838.8 **公开日**：2014-01-01

申请人：南通林诺电子科技有限公司

发明人：吉基祥 张汝林 张汝琴 陈永明 林萍 孙宏国 张春富

摘要：

高效智能开关电源动态无功补偿器，涉及开关电源补偿器技术领域，外壳的前面板上设置有LED显示屏，LED显示屏的一侧设置有输出显示区，LED显示屏的下方设置有参数设置指示区和选择电参数指示区，选择电参数指示区的下方均匀设置有数个状态指示灯，状态指示灯下方横向排列设置有设置键、上翻键、下翻键、手/自动切换键，外壳内部设置有控制电路，外壳后端两侧设置有接线端子。它结构紧凑，体积较小，设计合理，安装、调试方便，且采用单片机控制技术，控制功能齐备，运行稳定性好，能使无功补偿效果达到最佳状态。

新型车载电源设备

申请（专利）号：201310386844.X **公开日**：2014-01-01

申请人：常州能动电子科技有限公司

发明人：吴伟

摘要：

本发明公开了一种新型车载电源设备，包括电源组、输入端和输出端。所述电源组与输入端电性连接，所述输入端和输出端之间依次串联连接有开关稳压电路和防逆流电路，所述输入端和输出端之间并联有检测电路，所述检测电路上并联有保护电路，所述输入端上电性连接有复位电路。通过上述方式，本发明新型车载电源设备，能够保证工作稳定，自我保护能力强，工作稳定。

抗干扰切换式车载电源

申请（专利）号：201310387002.6 **公开日**：2014-01-01

申请人：常州能动电子科技有限公司

发明人：吴伟

摘要：

本发明公开了一种抗干扰切换式车载电源，包括电源外壳、电源组件和电源电路。所述电源组件和电源电路设置在电源壳体内并且电性连接，所述电源电路包括电源切换电路、电源充电电路、滤波整流电路、吸收电路和保护电路，所述电源切换电路分别与整流滤波电路和电源组件电性连接，所述保护电路和吸收电路与整流滤波电路电性连接。通过上述方式，本发明抗干扰切换式车载电源，能够提高电源的安全性，减少外部的干扰，使用效果好。

车载太阳能电源模块

申请（专利）号：201310387070.2 **公开日**：2014-01-01

申请人：常州能动电子科技有限公司

发明人：吴伟

摘要：

本发明公开了一种车载太阳能电源模块，包括车载电池组件、太阳能电池组件和充电电路。所述太阳能电池组件通过充电电路与车载电池组件电性连接，所述车载电池组件和充电电路之间电性连接有保护电路，所述充电电路和太阳能电池组件之间电性连接有整流滤波电路。通过上述方式，本发明车载太阳能电源模块，能够提高使用效率，安全稳定，结构简单，使用寿命长。

电源模组与电池结合的不间断供电方法

申请（专利）号：201310349017.3 **公开日**：2014-01-01

申请人：深圳市智远能科技有限公司

发明人：尹登庆

摘要：

本发明涉及一种将电源模组与电池结合，为负载提供不间断电源的电路，特别是利用先进的设计方法，及时检测电源模组的工作状态，在AC供电切断后，保证负载正常工作的前提下，切换到电池工作。电池在一般情况下处于充电和等待状态，在工作状态能够自动检测放电电流，对电池进行保护。整个电路基于廉价的MCU，具备近程与远程通信能力。

开关电源的负载装置

申请（专利）号：201210196623.1 **公开日**：2014-01-01

申请人：王兴保

发明人：王兴保

摘要：

本发明是一种电器开关电源的负载装置，由输出电压和输出电流组成，输入电压固定，输出电压和输出电流的关系曲线，将原来的剪切式，变为现在的砧切式，能很容易保证输出电压和输出电流的关系曲线，不会造成毛边和点续不断。本发明的优点是，避免了使用昂贵的硬质合金装置，更换更简便，成本更低。

一种设备电源迟滞保护电路

申请（专利）号：201310450706.3　**公开日：**2014-01-01

申请人：厦门雅迅网络股份有限公司

发明人：叶志聪　蔡运文　吴振达　肖振隆　蔡炎平

摘要：

本发明涉及电子电路领域。该设备电源迟滞保护电路是，设备电源的正极和负极之间并联两路电阻分压网络，第一路由电阻R3和电阻R5串联组成；第二路是由电阻R1、电阻R4和电阻R6顺次串联组成，设备电源的正极还串接一电阻R2后，分别连接于晶体管Q1的集电极和晶体管Q2的基极，晶体管Q1和晶体管Q2的发射极均接于设备电源的负极，电阻R3和电阻R5的中间端串接一正向连接的二极管D1后，连接于晶体管Q1的基极，电阻R1和电阻R4的中间端连接于晶体管Q2的集电极，电阻R4和电阻R6的中间端串接一正向连接的二极管D2后，连接于晶体管Q1的基极，晶体管Q2的集电极为该电路的输出控制端，控制设备电源的开启或关闭。本发明实现设备电源的迟滞保护、欠电压保护功能。

多重化可调DC/DC电源

申请（专利）号：201310387004.5　**公开日：**2014-01-01

申请人：常州能动电子科技有限公司

发明人：吴伟

摘要：

本发明公开了一种多重化可调DC/DC电源，包括电源输入端、电源驱动电路、电源调整电路和电源输出端。所述电源输入端、电源调整电路和电源输出端依次电性连接，所述电源驱动电路并联在电源调整电路上，所述电源调整电路和电源输出端之间电性连接有DC/DC斩波转换电路。通过上述方式，本发明多重化可调DC/DC电源，安全可靠，调整范围精确，使用寿命长。

小功率隔离DC/DC电源

申请（专利）号：201310387104.8　**公开日：**2014-01-01

申请人：常州能动电子科技有限公司

发明人：吴伟

摘要：

本发明公开了一种小功率隔离DC/DC电源，包括依次电性连接的输入端、限流电路、全桥整流电路、稳压电路和输出端。所述输出端上电性连接有保护电路，所述输入端和输出端之间电性连接有状态检测电路，所述输入端上连接有输入过滤电路。通过上述方式，本发明小功率隔离DC/DC转换电源，能够具有检测功能，安全可靠，自动调节，使用方便。

小功率高隔离AC/DC电源模块

申请（专利）号：201310387025.7　**公开日：**2014-01-01

申请人：常州能动电子科技有限公司

发明人：吴伟

摘要：

本发明公开了一种小功率高隔离AC/DC电源模块，包括AC端、AC/DC转换电路和DC端。所述AC端和AC/DC转换电路之间依次电性连接有整流滤波电路和启动电路，所述启动电路和AC/DC转换电路之间电性连接有反馈电路，所述AC/DC转换电路上电性连接有保护电路，所述AC/DC转换电路和DC端之间电性连接有干扰吸收电路。通过上述方式，本发明小功率高隔离AC/DC电源模块，能够提高电源的稳定性，抗干扰效果好，结构简单。

微型AC/DC电源模块

申请（专利）号：201310386889.7　**公开日：**2014-01-01

申请人：常州能动电子科技有限公司

发明人：吴伟

摘要：

本发明公开了一种微型AC/DC电源模块，包括AC端、AC/DC电源转换电路和DC端。所述AC端和AC/DC电源转换电路之间电性连接有启动电路，所述启动电路上电性连接有控制电路，所述AC/DC电源转换电路与DC端电性之间电性连接有变压电路，所述AC端和DC端之间电性连接有保护电路。通过上述方式，本发明微型AC/DC电源模块，能够提高转换效率，使用寿命长，安全性好，体积小。

单级高功率因数电源

申请（专利）号：201210203450.1　**公开日：**2014-01-01

申请人：林福泳　林福祥

发明人：林福泳

摘要：

单级高功率因数电源电路中有两变压器，即一正激式变压器，一主变压器。正激式变压器用作PFC功率因数校正，主变压器用作将一次电能转换二次的电能。电感用作限制功率因数校正电流及继流作用。

一种电源插座保护盒

申请（专利）号：201310457693.2　**公开日：**2014-01-08

申请人：徐州金利原创型企业投资发展有限公司

发明人：张帮雷

摘要：

本发明公开了一种电源插座保护盒，属于安全用电领域，包括盒盖（1）、盒身（2）和支撑腿（3）；所述盒身底部开有长方形走线孔（4）。该保护盒可以保护电源插座使免受水浸，归拢走线，安全、美观。

用于通信电源监控系统的蓄电池监控模块

申请（专利）号：201310481185.8　**公开日：**2014-01-08

申请人：李雅帝

发明人：李雅帝

摘要：

本发明公开了一种用于通信电源监控系统的蓄电池监

控模块，包括蓄电池内阻测试电路、微处理器、蓄电池充电控制电路和 GPRS 通信模块。蓄电池内阻测试电路与微处理器相连接，微处理器通过蓄电池充电控制电路对蓄电池进行充电，微处理器还通过 GPRS 通信模块与远程的移动终端进行数据通信。本发明的用于通信电源监控系统的蓄电池监控模块，通过监测蓄电池完全充电和完全放电时内阻变化率来预测其剩余电量，监测精度高，并采用 GPRS 通信模块与移动终端进行通信，无线布线，设计简单，容易实现，保证通信电源监控系统的供电正常，具有良好的应用前景。

一种基于 PLC 低压双电源电路

申请（专利）号：201310479329.6 **公开日：**2014-01-08

申请人：南京欧格节能科技有限公司

发明人：王颐

摘要：

本发明公开了一种基于 PLC 低压双电源电路，包括主电源模块、备用电源模块、PLC 断相检测模块、负载电路模块和过电压与欠电压检测模块。所述的主电源模块的电流输出端与 PLC 断相检测模块的电流输入端连接，备用电源模块的电流输出端与 PLC 断相检测模块的电流输入端连接；所述的 PLC 断相检测模块包括两个信号输出端和一个电流输出端，所述的两个信号输出端分别与过电压与欠电压检测模块的两个信号输入端连接，PLC 断相检测模块的电流输出端与负载电路模块的电流输入端连接。能够实现双电源开关的自投自复，实现断相和过、欠电压保护。

一种低电压大电流开关电源

申请（专利）号：201310495343.5 **公开日：**2014-01-08

申请人：南京欧格节能科技有限公司

发明人：王颐

摘要：

本发明公开了一种低电压大电流开关电源，包括一号整流滤波电路，用于对输入的 220V 交流电压进行整流、滤波，并输出直流电压；高频开关变换器，用于在控制模块的控制下将输入的直流电压逆变为隔离后交流电压，并发送给高频变压器；高频变压器，用于将隔离后交流电压转换为所需交流电压，并发送给二号整流滤波电路；二号整流滤波电路，用于对所需交流电压进行整流、滤波，并输出所需直流电压；分流器，用于对二号整流滤波电路输出的所需直流电压进行采样，并生成采样信号发送给控制模块；控制模块，根据接收到的采样信号对高频开关变换器进行控制。

一种电源线固定片

申请（专利）号：201210214751.4 **公开日：**2014-01-15

申请人：上海市浦东新区惠南第二小学

发明人：庄媛媛

摘要：

本发明公开一种电源线固定片。其中，所述电源线固定片包括多个固定片和连接装置，所述连接装置一侧具有若干连接片，所述固定片底端通过连接片固定在连接装置上。使用本发明的电源线固定片设计简单，操作方便，使用方式灵活，能根据不同的要求做出调整，适用于固定各类电器的电源线。

灯具的电源装置及其采用的电池盒结构

申请（专利）号：201210207966.3 **公开日：**2014-01-15

申请人：海洋王照明科技股份有限公司 深圳市海洋王照明工程有限公司

发明人：周明杰 陈超

摘要：

一种灯具的电源装置及其采用的电池盒结构。该电池盒结构包括，灯具安装架，为长条状的 U 形壳体，U 形壳体的底部开设有卡合孔；电池盒，具有收容电池的电池槽，电池盒设有位于电池槽的开口边缘外侧的第一卡勾及位于电池槽的开口边缘内侧的卡槽，第一卡勾从电池槽的开口外侧朝向电池盒的底面延伸，并突出电池盒的底面，第一卡勾卡持于卡合孔内而将电池盒可拆卸地固定于灯具安装架内；电池盖，边缘设有第二卡勾，第二卡勾与卡槽相卡持而将电池盖可拆卸地固定于电池槽的开口处；其中，电池盒与电池盖固定连接后，可一并收容于灯具安装架内。上述电池盒结构更换电池方便、结构紧凑、固定牢靠。

衰减角度检测电路与方法及含该检测电路的电源设备

申请（专利）号：201310244195.X **公开日：**2014-01-15

申请人：快捷韩国半导体有限公司

发明人：严炫喆 慎容祥

摘要：

本申请涉及衰减角度检测电路与方法及含该检测电路的电源设备。根据本发明的示例性的实施例的衰减角度检测电路针对根据衰减角度产生输入的周期产生源电流，所述源电流取决于在电源开关的导通周期期间根据输入电压的附加电压。所述衰减角度检测电路通过对源电流进行镜像来产生衰减检测电压，并且通过对电源开关的每一个导通周期对衰减检测电压进行采样来产生采样电压。所述衰减角度检测电路根据所述采样电压与参考电压之间的比较结果通过向衰减电阻器和衰减电容器提供衰减电流来产生衰减信号。

短路检测电路与方法以及包含该短路检测电路的电源设备

申请（专利）号：201310243981.8 **公开日：**2014-01-15

申请人：快捷韩国半导体有限公司

发明人：严炫喆 朴仁琪

摘要：

本申请涉及短路检测电路与方法及包含该短路检测电路的电源设备。根据本发明的一个典型实施例的短路检测电路和电源使用了附加电压，所述附加电压是以预定匝数比连接到二次线圈上的附加线圈的两端电压，所述二次线圈连接到输出电压上。在启动周期结束之后，所述短路检测电路对串联到所述附加线圈两端处的第一电阻器与第二电阻器之间的节点处的电压进行采样并且根据短路检测信号来确定短路是否发生，所述短路检测信号取决于采样电压与预定参考电压之间的比较结果。

电源时序控制电路

申请（专利）号：201210220709.3 **公开日：**2014-01-15

申请人：鸿富锦精密工业（深圳）有限公司 鸿海精密工业股份有限公司

发明人：白云 童松林

摘要：

一种电源时序控制电路，包括控制电路、若干电压输出电路及显示电路。该控制电路用于按预设的上电时序间隔输出若干上电控制信号，以及按预设的掉电时序间隔输出若干掉电控制信号。若干电压输出电路用于接收来自控制电路的上电控制信号及掉电控制信号，并在接收到上电控制信号时输出电压及在接收到掉电控制信号时停止输出电压。该显示电路与控制电路相连，所述控制电路还用于侦测电压输出电路所输出的电压值及电流值，并对若干上电控制信号之间的时序、若干掉电控制信号之间的时序、侦测得到的电压值及电流值通过显示电路进行显示。上述电源时序控制电路可调整所输出的各电压之间的时序。

一种用于 PCIE 电源可靠复位的方法

申请（专利）号：201310473341.6 **公开日：**2014-01-15

申请人：江苏华丽网络工程有限公司

发明人：林谷 郑凯 李冰 丁贤根

摘要：

本发明涉及一种用于 PCIE 电源管理的技术。其特征在于，在接收端收到将要进行复位的信号后，与发送端进行握手，通过握手信号来确定发送端正在发送的数据包是否传输完成，若传输完成则进行复位，若传输未完成，发送端停止继续发包，并将记录剩余数据包的发送状态，而接收端则对接收到的数据包进行接收并且对已经接收到的数据包进行存储，然后将握手的响应信号返回给发送端，告知发送端可以对本设备进行复位操作。本发明能够进一步降低功耗，提高对电源管理状态切换的保护。

服务器的电源模组组合

申请（专利）号：201210215067.8 **公开日：**2014-01-15

申请人：鸿富锦精密工业（深圳）有限公司 鸿海精密工业股份有限公司

发明人：李昇鸿 陈丽萍 尹秀忠 李承赫 吴家淦

摘要：

一种服务器的电源模组组合，包括一机壳、一电源模组及一主板。所述电源模组组合还包括一安装架、一转接电路板及一转接卡；所述机壳包括一底板；所述安装架包括两个安装板，所述电源模组包括一电源模组本体及一插接端；所述转接电路板包括一转接电路板本体、一连接插槽及一第一插接头；所述插接端插接于所述连接插槽中；所述主板包括一主板本体及一第二插接头；所述转接卡包括两个连接插座，第一插接头及所述第二插接头插接于所述两个连接插座中；所述插接端、所述转接电路板本体及所述主板本体均平行所述底板。

一种电源系统丧失及后果的分析方法

申请（专利）号：201210219027.0 **公开日：**2014-01-15

申请人：中国核电工程有限公司

发明人：张莉 杨庆明 赵侠 唐涛 杨晓燕 陈超 俞光卫 李军

摘要：

本发明属于核电厂设计技术，具体涉及一种核电厂电源系统丧失及后果的分析方法。该方法首先分析电源系统结构和可能发生的故障，列出电源系统的所有用户，基于供电开关种类设计，获得各用户设备的供电状况，从供电状况得到用户设备运行状况，分析用户设备所在系统或子系统功能由于用户设备运行状况变化的响应和影响，对与关联的众多系统或子系统功能响应和影响进行综合分析和评价，得到该电源系统丧失的关键后果，完善设计方案。本发明可以有效避免各专业之间系统设计和电气设计相对独立而产生的设计考虑不周的情况，可以作为供电设计的一种补充设计方式。并且，该方法可以用于核电站异常处理方法制定的领域，解决运行规程编写依据的问题。

电化学电源隔膜的制备方法

申请（专利）号：201210201702.7 **公开日：**2014-01-15

申请人：海洋王照明科技股份有限公司 深圳市海洋王照明技术有限公司

发明人：周明杰 袁贤阳 王要兵

摘要：

本发明涉及一种电化学电源隔膜的制备方法。该方法通过制备黏结剂及氮化铝的有机溶剂悬浮液，再将所述悬浮液涂布在聚烯烃隔膜基体的两侧，烘干后得到包括聚烯烃隔膜基体及涂布在聚烯烃隔膜基体两侧的氮化铝粉体涂层的电化学电源隔膜。该电化学电源隔膜通过在聚烯烃隔膜基体的两侧涂布导热性能良好的氮化铝粉体，该氮化铝粉体涂层能有效提高电源隔膜乃至整个电化学电源的散热性能，从而可以有效降低因过放、过充或短路造成的温度急剧上升导致的安全隐患，电源的稳定性能得到提高。

电化学电源隔膜及其制备方法

申请（专利）号：201210201107.3 **公开日：**2014-01-15

申请人：海洋王照明科技股份有限公司 深圳市海洋王照明技术有限公司

发明人：周明杰 袁贤阳 王要兵

摘要：

本发明涉及一种电化学电源隔膜及其制备方法。该方法通过制备黏结剂及无机粉体的有机溶剂悬浮液，再将所述悬浮液涂布在制备的复合纤维隔膜基体的两侧，烘干后得到包括复合纤维隔膜基体及涂布在复合纤维隔膜基体两侧的无机粉体涂层的电化学电源隔膜。该电化学电源隔膜通过在复合纤维隔膜基体的两侧涂布导热性能良好的无机粉体，该无机粉体涂层能有效提高电源隔膜乃至整个电化学电源的散热性能，从而可以有效降低因过放、过充或短路造成的温度急剧上升导致的安全隐患，电源的稳定性能得到提高。

电化学电源隔膜及其制备方法

申请（专利）号：201210201706.5 **公开日：**2014-01-15

申请人：海洋王照明科技股份有限公司 深圳市海洋王照明技术有限公司

发明人：周明杰 袁贤阳 王要兵

摘要：

本发明涉及一种电化学电源隔膜及其制备方法。该方法通过制备黏结剂及空心无机的有机溶剂悬浮液，再将所述悬浮液涂布在聚烯烃隔膜基体的两侧，烘干后得到包括聚烯烃隔膜基体及涂布在聚烯烃隔膜基体两侧的空心无机粉体涂层的电化学电源隔膜。该电化学电源隔膜通过在聚烯烃隔膜基体的两侧涂布导热性能良好的空心无机粉体，该空心无机粉体涂层能有效提高电源隔膜乃至整个电化学电源的散热性能，从而可以有效降低因过放、过充或短路造成的温度急剧上升导致的安全隐患，电源的稳定性能得到提高。

电源连接器

申请（专利）号：201210207028.3 **公开日：**2014-01-15

申请人：富士康（昆山）电脑接插件有限公司 鸿海精密工业股份有限公司

发明人：潘锋

摘要：

一种电源连接器，包括本体及固定于本体内的第一导电端子与第二导电端子。两导电端子具有沿纵向延伸一定宽度且横向对齐设置的接触部及自接触部延伸的预压部。第一导电端子与第二导电端子的预压部沿横向的宽度均小于接触部沿横向的宽度，且两预压部沿纵向交错排列，以减小两导电端子沿横向方向占用的宽度。

电源连接器

申请（专利）号：201210197816.9 **公开日：**2014-01-15

申请人：富士康（昆山）电脑接插件有限公司 鸿海精密工业股份有限公司

发明人：柯作锦

摘要：

本发明公开了一种电源连接器（100），包括绝缘本体（3）、收容于绝缘本体内部的中心导体（1）和内导体（2）、包覆在绝缘本体外部按一前一后顺序排列的第一金属壳体（4）和第二金属壳体（5）、包覆在第一、第二金属壳体外部的外壳体（6）及线缆（7）。绝缘本体大致呈中空的圆柱形，包括位于圆柱形外侧的凸肋（31）。

电池组和电源设备

申请（专利）号：201310178661.9 **公开日：**2014-01-15

申请人：三星 SDI 株式会社

发明人：朱利亚 金贤 金锡谦 金承珉

摘要：

本发明提供一种电池组和一种电源设备。所述电池组包括可再充电的电池模块和用于控制电池模块的充电和/或放电的电池管理系统。电池模块可包括在电池模块的至少部分充放电循环内的基本线性的充放电电压-时间分布，电池管理系统可被构造成通过利用电池模块的线性的充电和/或放电特性来计算电池模块的充电状态。

一种电源蓄能与供电装置

申请（专利）号：201210205625.2 **公开日：**2014-01-15

申请人：扬州茂翔机械有限公司

发明人：鲍松来

摘要：

本发明是一种电源蓄能与供电装置，涉及一种电动汽车的电源蓄能与供电装置。本发明提供了一种充电周期短的电源蓄能与供电装置，包括充电插座、工作电机及多个蓄电池，还包括充电供电变换装置。所述充电供电变换装置包括机械驱动杆、换向电刷和变换电路板；所述变换电路板上设有充电极片、供电极片、充电电路和供电电路。与现有技术相比，本发明利用一切换装置在蓄电池与充电端和输出端实现并联充电或串联供电间相互切换。

有源阻尼电路、有源阻尼方法、包括该有源阻尼电路的电源装置

申请（专利）号：201310248015.5 **公开日：**2014-01-15

申请人：快捷韩国半导体有限公司

发明人：严炫喆 慎容祥

摘要：

根据本申请的示例性实施例的有源阻尼电路被应用于使用通过对穿过调光器的 AC 输入进行整流而产生的输入电压的电源。所述有源阻尼电路包括，有源阻尼器，包括与所述输入电压相连的阻尼电阻器及与所述阻尼电阻器并联的阻尼器开关；有源阻尼控制器，使用高压开关控制所述阻尼器开关的切换操作。所述高压开关产生预定的电源电压，以控制所述输入电压的激发期的所述有源阻尼器的电阻值高于其他时段的所述有源阻尼器的电阻值。该其他时段至少不包括所述输入电压的产生期中的所述激发期。

有源泄放器、有源泄放方法及应用有源泄放器的电源设备

申请（专利）号：201310241575.8 **公开日：**2014-01-15

申请人：快捷韩国半导体有限公司

发明人：严炫喆 朴仁琪

摘要：

根据本发明的示例性实施例的有源泄放器包括连接到输入电压上的泄放开关，以及有源泄放控制器。所述有源泄放控制器根据对产生所述输入电压的周期进行计数的结果来产生泄放参考电压，并且根据所述泄放参考电压泄放检测电压之间的比较结果来开关所述泄放开关。其中所述泄放检测电压与流向所述泄放开关的电流相对应。

电源装置

申请（专利）号：201310240525.8　**公开日：**2014-01-15

申请人：快捷韩国半导体有限公司

发明人：严炫喆　金英钟　朴仁琪

摘要：

本申请的示例性实施例涉及一种电源。本申请的示例性实施例的电源包括，与线路相连的滤波电容器，其中向所述线路供应自经调光器传递的 AC 输入整流的输入电压；经所述线路与所述滤波电容器相连的放电开关；接收所述输入电压并控制电力传输的主开关。所述电源进行输入电压控制以便以预定的样式对所述输入电压进行整形，并控制所述主开关的开关操作时间。

电源系统及包括该电源系统的驱动系

申请（专利）号：201310244661.4　**公开日：**2014-01-15

申请人：GE 能源电力转换技术有限公司

发明人：阿尔弗雷德·佩尔穆伊

摘要：

本申请涉及电源系统及包括该电源系统的驱动系，是一种向负载提供电力的电源系统。电源系统将来自于输入电压的输出电压传输到负载，输入电压来自于电力网络。电源系统包括，至少两个输入端和至少两个输出端、转换器及设备；输入端设计为连接到电力网络上并且输出端设计为连接到负载上，转换器能够将输入电压转换为输出电压，转换器连接到输入端与输出端之间；设备用于对有可能在所述电力网络与所述负载之间流动的单极电流进行限制。所述用于对单极电流进行限制的设备包含在输入端与输出端之间关于转换器并联的变压器，变压器具有第一电磁线圈和第二电磁线圈。

一种数字稳压电源

申请（专利）号：201210220283.1　**公开日：**2014-01-15

申请人：俞骥

发明人：俞骥

摘要：

本发明公布了一种数字稳压电源，包括主控制器、PWM 稳压电路、电压电流采样电路、电源滤波电路和触摸屏。所述主控制器通过 PWM 稳压电路分别与电压电流采样电路和电源滤波电路连接，所述电压电流采样电路和触摸屏分别与主控制器双向通信。该数字稳压电源大大减少了在模拟电源中常见的误差、老化、温度漂移、非线性不易补偿等诸多问题，提高了电源的灵活性和适应性。

马达电源控制系统

申请（专利）号：201310258440.2　**公开日：**2014-01-15

申请人：亚太燃料电池科技股份有限公司

发明人：杨源生

摘要：

本发明系关于一种马达（电动机）电源控制系统，用以驱动一马达运作，至少包含，一电源供应单元，系提供一输入电压；一 DC/DC 转换单元，系与电源供应单元相连接，用以将输入电压转换成一驱动电压，以使马达运作；一转速检测单元，系检测马达的转速，以产生一转速信号；一控制单元，系与转速检测单元及 DC/DC 转换单元相连接，用以将转速信号与一预设值进行比较，以产生控制信号，当转速信号大于预设值时，依该转速信号的值来控制 DC/DC 转换单元以线性的方式提升驱动电压的电压值，以增加马达的转速。本发明解决现有技术需使用大体积、重量重、高电压的供电电源，以及当马达处于低转速状态时，仅提供较低的电压，避免多余的能量损耗。

一种无需另设电源的降温服

申请（专利）号：201210225864.4　**公开日：**2014-01-22

申请人：郭夙人

发明人：郭宇称

摘要：

一种无需另设电源的降温服涉及人体降温装置，具体涉及高温工业车间工作人员人体降温保护领域。本发明目的是生产一种可无需另设电源的降温服。其主要实现方法是这样的：首先设冷源与降温服，在其间设导热介质流道，在导热介质流道与冷源之间设温差发电片，所述温差发电片，一面朝向冷源，一面朝向导热介质流道。在导热介质流道中设泵或风扇，所述导述热介质可通过泵或直流风扇输送，所述泵或风扇通过导线与温差发电片所连接，所述泵或风扇推动导热介质的能量由温差发电片提供。本装置能利用冷源与导热介质之间的温差能作为推动导热介质流动的能量，对于使用者而言无需另设电源，非常方便。

一种电源轨道高速公路

申请（专利）号：201310539906.6　**公开日：**2014-01-22

申请人：肖栋

发明人：肖栋

摘要：

本发明是一种电源轨道高速公路，所属道路建设领域。针对现在能源紧缺，环境污染严重，油价太高等问题，设计的一种电源轨道高速公路，可以使车辆行驶更节能，更环保。具体由高速公路，电源轨道，汽车电源连接器，正极电源连接处，负极电源连接处组成。在高速公路上建造一条电源轨道，在电源轨道中有设正极电源连接处和负极电源连接处，使用时，将汽车电源连接器连接在电源轨道上即可。本发明的工作原理是，在高速公路上建造一条带电源的铁轨，车辆在上高速公路行驶时，将车辆与电源由汽车电源连接器相连接，利用电能带动车辆行驶。

一种太阳能路灯的电源控制系统

申请（专利）号：201310402014.1 **公开日：**2014-01-22

申请人：徐州海虹建筑工程机械有限公司

发明人：赵周来

摘要：

本发明公开了一种太阳能路灯的电源控制系统，属于路灯技术领域，包括太阳电池板、蓄电池和灯管。所述太阳电池板通过蓄电池与灯管相连，还包括控制器、继电器和定时器，继电器设在蓄电池与灯管之间的电路上，控制器通过控制电路分别与继电器和定时器相连。本系统通过定时器控制路灯亮与不亮，当时间到达定时器所设定的时间时，定时器将数据传送至控制器，控制器控制继电器断开或闭合，从而控制路灯亮或不亮，有效地节省了能源；设有两块蓄电池，两块蓄电池同时工作，增加了储电量，同时构成冗余结构，一块蓄电池损坏了，另一块可以正常使用，保证了路灯的供电电源的稳定性。本系统结构简单、易于制造，且生产成本低、环保节能。

一种码头智能型高压电源控制系统

申请（专利）号：201310495495.5 **公开日：**2014-01-22

申请人：安徽天沃电气技术有限公司

发明人：李瑜　朱明星　尹陆军　齐东流　吴凤雷

摘要：

本发明公开了一种码头智能型高压电源控制系统，其设置嵌入式主处理器-协处理器-接口模块的三级结构进行脉冲数据的计算、脉冲产生、脉冲发送及各级功率模块组状态监控。该主处理器根据需要根据当前开关周期所处的电压相位及直流电压，计算本周期中的占空比；该协处理器将占空比的数据根据功率模块级联的级数进行移相及同步处理后产生包含时序关系的脉冲序列；该接口模块主要是将上一级协处理器发来的脉冲序列进行死区补偿、窄脉冲消除处理，然后将脉冲序列按通信规约打包后发送至光纤接口，由光纤接口下发至各级功率模组；该接口模块同时接收来自各级功率模组回传的状态数据，将数据解析后供该主处理器读取。

一种智能锂电池备用电源装置的监控管理系统及方法

申请（专利）号：201310477337.7 **公开日：**2014-01-22

申请人：河源新凌嘉电音有限公司

发明人：谭本海

摘要：

本发明公开一种智能锂电池备用电源装置的监控管理系统及方法。其中，该监控管理系统包括，第一电压检测仪、第二电压检测仪及第三电压检测仪；分别连接第一电压检测仪、第二电压检测仪及第三电压检测仪的控制电路板，用于根据检测到的这些电压信息判断智能锂电池备用电源装置的工作状态及分析故障原因；与控制电路板相连的监控服务器，提供有关智能锂电池备用电源装置的工作状态或监控参数的查询服务。本发明可以及时、方便地对智能锂电池备用电源装置进行管理与维护，并提高智能锂电池备用电源装置的工作稳定性。

电磁铁电源结构

申请（专利）号：201310511078.5 **公开日：**2014-01-22

申请人：艾通电磁技术（昆山）有限公司

发明人：龚斌　穆大卫　敬桦

摘要：

本发明公开了一种电磁铁电源结构，包括线圈总成、外壳、固定板、连接片、三个PIN针和连接头。外壳为U形结构，线圈总成固定于该外壳内；固定板置于外壳的中间外侧面上且与外壳卡合连接；连接片为三段式结构，其端部分别与线圈总成中的线圈连接；三个PIN针的一端分别固定于连接片上；连接头为圆柱形结构，具有一个底面，另一端形成开口结构，该连接头的底面上对应设有三个用于放置PIN针的通孔，该连接头的底面与连接片和固定板固连且三个PIN针对应插置于三个通孔内。该电磁铁电源结构结构精简，能够减少多余模具和多余工序，节约成本；采用电阻焊连接，减少人力成本的投入，可以通过生产线半自动化实现加工组装；产品性能稳定，结构可靠，提升产品的优良率。

一种矿井电源监控系统

申请（专利）号：201310516873.3 **公开日：**2014-01-22

申请人：安徽省皖北煤电集团有限公司

发明人：毛传森

摘要：

本发明提供一种矿井电源监控系统，包括市电与用于环境检测、信号传输的供电设备。所述市电的输出端通过稳压器、电源转换器与供电设备电连接，所述电源转换器的输入端电连接有蓄电池，所述蓄电池的输出端电连接有监测设备，所述监测设备的输出端分别与稳压器、电源转换器连接；监测设备的输出端通过网络通信模块与设于监控中心的PC无线通信。本发明的供电设备采用交、直流电两种供电模式，并能对市电进行监控驱动交、直流电的自动切换，保证供电设备的正常使用。

电源装置

申请（专利）号：201310280963.7 **公开日：**2014-01-22

申请人：日立工机株式会社

发明人：铃木利幸

摘要：

本发明公开了一种电源装置，包括多个电池单元。每个电池单元具有保护单元，并且各个电池单元彼此并联连接，来自多个电池单元的输出电压被配置成对电动工具供电。其中，当一行的电池单元的保护单元发出驱动限制信号并且另一行的电池单元的保护单元没有发出驱动限制信号时，来自所述一行的电池单元的供电停止，并且从所述另一行的电池单元来对电动工具进行供电。

不间断电源系统

申请（专利）号： 201210224522.0　**公开日：** 2014-01-22

申请人： 鸿富锦精密工业（深圳）有限公司　鸿海精密工业股份有限公司

发明人： 薛小平　蔡佑淇

摘要：

一种不间断电源系统用于为服务器机柜的交流电源供应单元提供电压，该不间断电源系统包括整流器、直流转换器、电源分配单元、交流电源、电池及电池充放电电路。该交流电源通过该整流器将交流电压转换为直流电压，再通过该直流转换器和该电源分配单元输出适合该交流电源供应单元工作的直流电压至该交流电源供应单元，且同时通过电池充放电电路为电池充电。当该交流电源停止供电时，该电池则通过电池充放电电路提供直流电压给该交流电源供应单元。上述不间断电源系统通过交流电源或电池提供不间断直流电压给该交流电源供应单元，效率高且电路简单。

一种用于电动执行机构的电源电路

申请（专利）号： 201310530887.0　**公开日：** 2014-01-22

申请人： 天津市津达执行器有限公司

发明人： 安文彬　张中远　刘伟　宋喆　张宇

摘要：

本发明提供一种用于电动执行机构的电源电路，包括输入端子J1、三相桥式整流电路和稳压块。所述输入端子J1-1、J1-2和J1-3分别通过变压器T1、T2和T3后再分别接入两路三相桥式整流电路，所述两路三相桥式整流电路的输出端分别并联滤波电容C1和C2，所述滤波电容C1和C2的两端分别与稳压块U1和U2的输入端并联，所述稳压块U1和U2的输出端分别并联滤波电容C3和C4后连接输出端子J2。本发明的有益效果是，输出端子J2输出两路隔离的直流电源，当三相电源断一相时，其余两相可以照常工作并为控制电路提供电源；具有结构简单，使用方便，适用于三相电源且在断相情况下能正常工作等优点。

光伏电源管理模块

申请（专利）号： 201310519901.7　**公开日：** 2014-01-22

申请人： 沈毅

发明人： 沈毅

摘要：

本发明公开了一种光伏电源管理模块，包括板体。该板体的表面上设有二极管芯片和至少2个导电端子。该板体的边侧设有组件线缆和总线，每个组件线缆内均设有光伏线缆，且每个导电端子的两端均连接一个光伏线缆，所述二极管芯片的P结和相对应的导电端子、N结和相对应的导电端子均通过烧结的方式连接在一起。优化后，所述导电端子为4个，与每个导电端子相配的2个组件线缆分别位于该板体的左右两侧，且该总线为分别位于该板体的左右两侧的2个。本发明的优点是，二极管芯片不易损坏，且使用方便。

大型工件修复电磁加热电源及其加热、堆焊方法

申请（专利）号： 201310458437.5　**公开日：** 2014-01-22

申请人： 黑龙江宏宇电站设备有限公司

发明人： 于占军

摘要：

大型工件修复电磁加热电源及其加热、堆焊方法。在堆焊修复过程中，进行工件表面预热时通常采用煤炭加热方式或者电阻式电圈加热两种方式，都存在热能利用率低、环境污染、影响产品质量的缺点。本发明方法包括，支架（1），所述的支架具有X滑道（2）、Y滑道（3）；所述的Y滑道上安装加热针头（4）；所述的支架内安装与控制系统（5）连接的电磁感应加热装置（6）、动力装置（7）和热传感器（8）；所述的电磁加热装置连接感应器漏电保护器（9）、自动识别负载及线圈参数（10）和RISC控制器（11）；所述的支架底部安装一组具有滚轮的支脚（12）。本发明用于堆焊及堆焊修复。

切换加工用电源而用于电极丝切断用的电火花线切割机

申请（专利）号： 201310288204.5　**公开日：** 2014-01-29

申请人： 发那科株式会社

发明人： 吉田正之　川原章义

摘要：

本发明提供一种切换加工用电源而用于电极丝切断用的电火花线切割机。该电火花线切割机使放电加工用电源为输出电压可变。第一供电路径，从该电源向电极丝与被加工物之间施加电压，产生放电而供给脉冲状的放电脉冲电流；第二供电路径，从该加工用电源向上述电极丝供给用于切断电极丝的电流。另外，设置用于切换这两个供电路径的开关。在放电加工时，使用上述第一供电路径向极间供给放电脉冲电流；另一方面，在切断电极丝时，通过第二供电路径向电极丝供给切断电流。

一种弧焊逆变电源控制系统及控制方法

申请（专利）号： 201310493935.3　**公开日：** 2014-01-29

申请人： 无锡利日能源科技有限公司

发明人： 许鹏　张荣光　张莲　李玉虎　许旭

摘要：

本发明涉及焊接技术领域，尤其涉及一种弧焊逆变电源控制系统及控制方法。本发明弧焊逆变电源控制系统，应用于逆变焊机中。该系统包括，主电路模块，用于提供采样电流；恒流控制模块，用于根据输入的所述采样电流得出电流调节原始参数；控制算法模块，用于根据输入的所述电流调节原始参数得出脉冲宽度调节参数；PWM电路模块，用于根据输入的所述脉冲宽度调节参数调节输出脉冲的宽度；驱动电路模块，用于根据所述输出脉冲的宽度来驱动所述主电路模块；传统控制方式的焊逆变电源的反应时间较长，动态响应性较差，主功率开关器件的瞬态过电流；本发明提供的弧焊逆变电源控制系统及控制方法，解决传统的控制方式动态响应性差的问题。

用于车辆中的电源安全断开的接触装置

申请（专利）号：201310170797.5 公开日：2014-01-29

申请人：沃尔沃汽车公司

发明人：O·斯普尤特 P·拉松

摘要：

提供了一种用于将电源连接至车辆中的电部件的接触装置。该接触装置包括，第一机械触头，用于将电源的第一导线连接电部件；第二机械触头，用于将电源的第二导线连接至该电部件，第一和第二机械触头配置为如果发生碰撞事件则断开电源。其中，第一机械触头配置为关于车辆的横向平面基本垂直于第二机械触头。

一种耐低温高弹性氯化聚乙烯电源线护套料及其制备方法

申请（专利）号：201310429315.3 公开日：2014-01-29

申请人：天长市富达电子有限公司

发明人：林文树 林文禄 曹卫明 鲜元兵

摘要：

本发明公开了一种耐低温高弹性氯化聚乙烯电源线护套料及其制备方法，由下列重量份的物质制备而成：氯化聚乙烯70~90、乙烯-醋酸乙烯共聚物20~30、热塑性聚氨酯弹性体10~15、双叔丁基过氧异丙基苯0.4~0.8、三烯丙基异三聚氰酸酯1.5~2.5、二硫化钼4~8、三氧化二锑10~15、硅微粉8~12、聚四氟乙烯微粉5~10、尼龙酸二辛酯10~15、山梨糖醇3~5、癸二酸二辛酯5~10、沉淀白炭黑20~25、柔进剂TMTD2~3、防老剂ODA1~2、防老剂TPPD1~2、复合填料3~5。促料具有耐低温性、高弹性的性能，在-50℃低温条件下，仍保持良好的弹性。本发明护套韧性好，且具有优良的物理机械性能、电绝缘性能、耐老化、耐磨性和抗冲击性，经久耐用，安全可靠，应用前景广阔。

一种高耐候氯化聚乙烯电源线护套料及其制备方法

申请（专利）号：201310430610.0 公开日：2014-01-29

申请人：天长市富达电子有限公司

发明人：林文树 林文禄 曹卫明 鲜元兵

摘要：

本发明公开了一种高耐候氯化聚乙烯电源线护套料及其制备方法，由下列重量份的物质制备而成：氯磺化聚乙烯橡胶70~90、三元乙丙橡胶20~30、SEBS10~15、高活性氧化镁3~5、微晶石蜡2~4、滑石粉15~20、炭黑N55020~30、黑烟胶5~10、三烯丙基异氰脲酸酯2~3、1，3-双（叔丁基过氧化异丙）苯0.5~1、偏苯三酸三辛酯10~15、邻苯二甲酸二辛酯8~12、抗氧剂168 1~2等。本发明护套料耐气候老化性能优异，可以在-50~105℃温度环境下长期使用，不变形、不龟裂，且具有优良的电绝缘性、拉伸强度、耐油性、耐酸碱腐蚀性、环保阻燃性等性能，经久耐用、安全可靠，具有良好的市场前景。

一种耐紫外辐射电源线护套料及其制备方法

申请（专利）号：201310430854.9 公开日：2014-01-29

申请人：天长市富达电子有限公司

发明人：林文树 林文禄 曹卫明 鲜元兵

摘要：

本发明公开了一种耐紫外辐射电源线护套料及其制备方法，由下列重量份的物质制备而成：SG-2型聚氯乙烯树脂80~90、氯醋树脂10~30、硬脂酸钙1~2、硬脂酸锌1~2、硬脂酸2~3、热塑性丁苯橡胶8~12、偏苯三酸三辛酯5~10、癸二酸二辛酯4~8、乙酰柠檬酸三正丁酯3~6、季戊四醇2~3、环氧大豆油4~8、三氧化二锑5~10、氢氧化镁4~8、煅烧陶土10~15、活性碳酸钙5~10、磁粉3~6、紫外线吸收剂UV-531 0.3~0.5、紫外线吸收剂UV-327 0.4~0.8、复合填料3~5。本发明护套料耐紫外线辐射性能优异，柔软性好，且具有优良的物理机械性能和阻燃性能，经久耐用，且符合UL和欧盟ROHS要求，环保完全。

一种耐热阻燃聚氯乙烯电源线护套料及其制备方法

申请（专利）号：201310429211.2 公开日：2014-01-29

申请人：天长市富达电子有限公司

发明人：林文树 林文禄 曹卫明 鲜元兵

摘要：

本发明公开了一种耐热阻燃聚氯乙烯电源线护套料及其制备方法，由下列重量份的物质制备而成：SG-5型聚氯乙烯树脂70~90、聚苯硫醚15~25、N-2-（氨乙基）-3-氨丙基三甲氧基硅烷1~2、氢氧化铝10~15、间苯二酚四苯基二磷酸酯5~10、聚磷酸铵4~8、锡酸锌3~6、石墨8~12、微晶石蜡3~5、邻苯二甲酸二异癸酯5~10、乙撑双硬脂酰胺2~3、三盐基硫酸铅1~2、硬脂酸钙0.5~1.5、硬脂酸锌2~3、碳纤维粉末3~5、纳米珍珠岩8~12、气相白炭黑15~20、复合填料4~6。本发明护套料阻燃效果好，燃烧时发烟量非常少，且可快速自熄灭，不产生有毒气体，不产生腐蚀性气体，完全环保，且耐热性好，可以在105℃下长期使用，不变形，不焦烧，经久耐用。

一种耐磨丁腈橡胶热塑性弹性体电源线护套料及其制备方法

申请（专利）号：201310430651.X 公开日：2014-01-29

申请人：天长市富达电子有限公司

发明人：林文树 林文禄 曹卫明 鲜元兵

摘要：

本发明公开了一种耐磨丁腈橡胶热塑性弹性体电源线护套料及其制备方法，由下列重量份的物质制备而成：丁腈橡胶（N41）60~70、XS-2型PVC树脂15~25、POM树脂10~15、萜烯树脂5~10、三氯乙基磷酸酯8~12、邻苯二甲酸二辛酯5~10、钙锌复合稳定剂1~2、活性氧化锌2~3、硬脂酸1~2、白矿油3~5、炭黑N339 20~25、水镁石粉10~15、煤矸石粉8~12、纳米方解石5~10、防老剂NBC 1~2、防老剂MB 0.5~1、复合填料3~5。本发明护套料柔软度好、弹性好，具有优异的耐刮耐磨性，在耐刮磨检测设备上的刮磨次数大于500次，且具有优良的拉伸强度、耐油性、耐热性、耐老化等性能，完全满足各种电源线护套的要求，具有良好的市场前景。

电源涉网实测参数管理与优化分析系统

申请（专利）号：201310512864.7 **公开日**：2014-01-29

申请人：国家电网公司 国网甘肃省电力公司 国网甘肃省电力公司电力科学研究院 华北电力大学 南瑞（武汉）电气设备与工程能效测评中心

发明人：梁福波 吴晓丹 梁琛 张宇泽 但扬清 马超 郭鹏 郑伟 蔡万通 杨勇 王建波 拜润卿 刘聪 孙亚璐 陈璟昊 刘文颖

摘要：

本发明公开了一种电源涉网实测参数管理与优化分析系统。特征是系统功能包括，数据录入与导出、数据管理与维护、数据查找与分项浏览、试验情况综合管理和记录自动导入PSASP参与仿真计算。具体实施步骤见摘要附图。本发明用于电网部门存储、修改、维护、查询电网内各类发电机组的涉网参数数据。

一种双电源转换开关

申请（专利）号：201310438186.4 **公开日**：2014-01-29

申请人：天津市卓东科技发展有限公司

发明人：王凯

摘要：

本发明提供一种双电源转换开关，包括两台断路器、底座、转轴、转动件、推摆件。所述底座上设置有转轴、转动件、推摆件，转轴连接在底座的中间，转动件嵌套在转轴上，可以做直线往复运动的两个推摆件一端与转动件相连，另一端与断路器相连接，推摆件连接断路器的分合闸手柄，实现对断路器的分合闸动作。本发明提供了一种结构合理，可靠性高的双电源转换开关。

充电器叠式活动电源插头

申请（专利）号：201210239229.1 **公开日**：2014-01-29

申请人：冠德科技（北海）有限公司

发明人：郑淳正

摘要：

本发明公开了一种充电器叠式活动电源插头，包括充电器、充电器输出接口和充电器两个电源插脚。其特征在于，在充电器的平面上设置有比充电器电源插脚稍宽的两个凹槽，该充电器两个电源插脚左旋转九十度正好落在两个凹槽内；还设置有圆形体活动插头、方形体活动插头、多边形体活动插头，该圆形体活动插头、方形体活动插头、多边形体活动插头的插脚背后的平面分别设置有能插入凹槽内的电源插座；该电源插座设置有两个固定在该面的凸起的长方形孔；该两个凸起的长方形孔插入两个凹槽时，正好使该充电器电源插脚插入两个凸起的长方形孔内。本发明具有结构简单、容易制造、成本低廉、携带方便，在不同国家和地区，均能方便使用充电器对手机、平板式计算机等电子产品进行充电的优点。

一种电源供应装置

申请（专利）号：201310477329.2 **公开日**：2014-01-29

申请人：宁波山力士户外用品有限公司

发明人：毛焕军

摘要：

本发明公开一种电源供应装置，包括盒体、与盒体对应的上盖。所述盒体内设有电池夹，所述电池夹内设有接线柱和型号不同的若干种电池插槽，所述若干种电池插槽分别电连接至接线柱，所述接线柱上设有电源输出线，所述电源输出线穿出所述盒体，所述盒体与电池夹之间设有电路板，所述电路板上设有照明灯和照明灯专用电池，所述电池夹上设有弹跳开关。在电池夹内设置若干种型号不同的电池插槽，扩大了本发明的适用范围；电路板上设有照明灯和照明灯专用电池，所述电池夹上设有弹跳开关，打开上盖时，照明灯会发光工作，便于在夜间或光线较差的环境下需要更换电池，操作方便。

双电源控制电路

申请（专利）号：201310438026.X **公开日**：2014-01-29

申请人：天津市卓东科技发展有限公司

发明人：王凯

摘要：

本发明的双电源控制电路，包括两个电源、两个继电器、两个双掷开关。一继电器一常开触头和另一继电器一常闭触头串联成第一支路，其线圈和另一继电器又一常闭触头串联成第二支路，第一支路一端与第一电源、第二支路一端相连，另一端通过一继电器又一常开触头连接手动开关后与电动机相连，第二支路另一端通过第一双掷开关与电动机相连；另一继电器常开触头和一继电器一常闭触头串联成第三支路，其线圈和一继电器另一常闭触头串联成第四支路，第三支路一端与第二电源、第四支路一端连接，另一端通过一继电器另一常开触头连接手动开关后与电动机相连，第三支路另一端通过第二双掷开关与电动机相连。本发明为简单可靠，价格低廉的双电源控制电路。

电源切换电路、实时时钟、电子设备、移动体及控制方法

申请（专利）号：201310251697.5 **公开日**：2014-01-29

申请人：精工爱普生株式会社

发明人：神山正之 木屋洋

摘要：

本发明提供电源切换电路、实时时钟、电子设备、移动体及控制方法，能够在切断了主电源的情况下迅速切换为备用电源。电源切换电路（100）包含，开关电路（10），通过成为连接状态而将VCC端子和VBK端子电连接；开关控制电路（20）；监视VCC端子的电压的电源监视电路（30），该电源切换电路（100）输出VBK端子的电压。开关控制电路（20）根据电源监视电路（30）的输出

信号，从通常模式切换到待机模式，在所述通常模式下，使开关电路（10）间歇地成为连接状态，在所述待机模式下，使开关电路（10）成为断开状态。

电源装置、固体发光元件点灯装置及照明装置

申请（专利）号：201310032519.3　**公开日：**2014-01-29

申请人：东芝照明技术株式会社

发明人：大武宽和　北村纪之　高桥雄治　赤星博

摘要：

本发明提供一种电源装置、固体发光元件点灯装置及照明装置。其中，所述电源装置可以抑制浪涌电流，并且以简单的构成获得高功率因数。电源装置包括全波整流器、电力转换电路及部分平滑电路。电力转换电路包括至少一个开关元件，通过所述开关元件的开关动作将全波整流器的输出转换为直流电压。部分平滑电路串联地包含电容器及与全波整流器的输出极性反极性地连接的第1二极管，并且与电力转换电路并联地设置于全波整流器的输出侧。部分平滑电路根据电力转换电路的开关元件的开关动作对电容器进行充电，并且在全波整流器的输出电压的低谷部分，经由第1二极管将电容器的充电电荷供给至电力转换电路。

准谐振开关电源装置的控制电路

申请（专利）号：201310294311.9　**公开日：**2014-01-29

申请人：富士电机株式会社

发明人：丸山宏志

摘要：

本发明的目的在于提供一种准谐振开关电源装置的控制电路，在轻负荷时能够充分降低开关频率。本发明的准谐振开关电源装置的控制电路，根据波谷检测信号使开关元件进行开关动作。并且，设置虚拟信号产生电路（37），其在谐振波形随着开关频率的降低而衰减导致无法检测到所述波谷的状态时，或在谐振波形的波谷超出所设定的次数时产生虚拟信号来代替所述波谷检测信号，并且通过使用该虚拟信号使波谷跳跃数增加，从而能够降低开关频率。

串行解串发送器上电源引起的抖动的减少

申请（专利）号：201310287887.2　**公开日：**2014-01-29

申请人：德克萨斯仪器股份有限公司

发明人：V·冉文楚粒　D·冉嘉帕沙　H·梅尔

摘要：

本申请涉及串行解串发送器上的电源引起的抖动的减少。在本发明的实施例中，由提供电力给传输电路的电源为PLL（锁相环）电路中的分频器供电。该PLL被配置为接收第一DC（直流电）基准电压、第二DC电压和基准时钟信号。该PLL被配置为产生传输时钟信号。传输电路被配置为接收传输时钟信号、第二DC电压和数据总线，其中该数据总线包括并行的多个数据比特。该传输电路串行传输数据。

一种便于携带电源线的手机

申请（专利）号：201310474936.3　**公开日：**2014-01-29

申请人：淄博斯蒂姆光电科技有限公司

发明人：张勇

摘要：

本发明涉及一种便于携带电源线的手机，属于通信设备制造技术领域。由手机本体、仓口、螺旋伸缩电线、USB头、两向插头、按钮，仓口、按钮位于手机本体上，螺旋伸缩电线一端与仓口内手机电源相连接，螺旋伸缩电线另一端与USB头和两向插头相连接，按钮位于仓口一侧；采用了按钮设置，需充电时按一下旁边的按钮将USB头和两向插头弹出，不用时按下按钮可缩回去；本发明具有良好的市场前景。

一种隐形电源线手机

申请（专利）号：201310474821.4　**公开日：**2014-01-29

申请人：淄博斯蒂姆光电科技有限公司

发明人：张勇

摘要：

本发明涉及一种隐形电源线手机，属于通信设备制造技术领域。由手机本体、仓口、螺旋伸缩电线、USB头、两向插头，仓口位于手机本体上，螺旋伸缩电线一端与仓口内手机电源相连接，螺旋伸缩电线另一端与USB头和两向插头相连接。这款设计只需按一下USB头突出来的部分，螺旋伸缩电线即可弹出；不用时将螺旋伸缩电线顺好把USB头按回去即可。本发明具有良好的市场前景。

带移动电源的手机保护套

申请（专利）号：201210241303.3　**公开日：**2014-01-29

申请人：陈奇

发明人：陈奇

摘要：

本发明公开了一种带移动电源的手机保护套，包括手机保护套主体，所述手机保护套主体上设置有移动电源，所述手机保护套主体上与所述移动电源的充电接口和放电接口相对应的位置设置有开口。通过在手机保护套上设置移动电源，扩展了手机保护套的功能，既能有效保护手机，也能有效提高手机的使用时间。本发明的带移动电源的手机保护套将手机保护套和移动电源结合到一起，利用手机保护套携带方便的优势，克服了移动电源不易携带的缺陷，同时扩展了手机保护套的功能，更加方便用户使用。

高功率因数的LED电源

申请（专利）号：201210246771.X　**公开日：**2014-01-29

申请人：谢树群

发明人：谢树群

摘要：

本发明实施例公开了一种高功率因数的LED电源，包括阻容降压电路、整流桥堆、填谷电路。所述阻容电路串联于输入端上，对输入电压进行降压；所述整流桥堆对降

压后的电压进行整流；所述填谷电路并联于所述整流桥堆的输出端上，提高电路的功率因数。采用本发明，使用阻容电路进行降，避免了使用变压器，节省了空间，使用了填谷电路提高了电路的功率因数。

电源转换插座

申请（专利）号：201310569654.1　**公开日：**2014-02-05

申请人：无锡市华昊热能设备有限公司

发明人：周伟强

摘要：

本发明公开了一种电源转换插座，包括插头、转换盒体和连接线。所述连接线由多根独立导线组成，所述转换盒体内设有一转轴，所述转轴中间开设有开孔，所述转换盒体盒面上设有数据接口，所述连接线一端穿过所述转轴中间的开孔与所述数据接口连接，所述连接线另一端与插头连接，所述转换盒体外还设有一手柄，所述手柄与所述转轴固定连接。通过上述方式，本发明能够通过延长连接线的方式，从而使得插头和数据接口之间距离延长，以适应远距离传输转换的需要，并且本发明设计合理紧凑，收放自如。

零功耗绿色电源综合配电控制箱

申请（专利）号：201310573205.4　**公开日：**2014-02-05

申请人：重庆瑞升康博电气有限公司

发明人：陈军　许祝　冯伟　杨波

摘要：

一种零功耗绿色电源综合配电控制箱，具有防雷电、漏电保护、电能显示、可编程开关定时和无线遥控及人体多普勒感应控制，用电设备负载超过设定值后及用电设备关机后插座会自动断电，使得用电设备待机耗能为零，实现了静态零功耗功能。采用了磁保持继电器、电子分励脱扣器、高效锂电池及低功耗器件，在自身待机工作中用锂电池即可维持其工作真正做到节能；同时具有短路、过载保护功能，每路配电线路具有独立开、停功能，整个控制箱具有总的开、停功能，以确保设备安全。本零功耗绿色电源综合配电控制箱，具有极强实际实用性，可以取代现有家庭或办公场地的电源配电箱，用户可根据自已需求增加或减少开关控制路数。

带电量显示功能的移动电源

申请（专利）号：201310569708.4　**公开日：**2014-02-05

申请人：无锡市华昊热能设备有限公司

发明人：周伟强

摘要：

本发明公开了一种带电量显示的移动电源，包括壳体，所述壳体内设有蓄电池、电量检测电路、主控电路和电量显示屏；所述蓄电池与所述电量检测电路连接；所述电量检测电路上设有充放电电路电压检测模块和电压比较模块；所述充放电回路电压检测模块与所述电压比较模块连接；所述电压比较模块与所述主控电路连接，所述主控电路与所述电量显示屏连接；所述电量显示屏嵌于所述壳体上。通过上述方式，本发明能够不管在使用移动电源充电还是放电时，都能准确检测移动电源的剩余电量值，以便及时为移动电源补充电能，为使用者提供便利，同时避免电力浪费或损坏数码产品。

一种带有多个输出端口的手机电源适配器

申请（专利）号：201310000429.6　**公开日：**2014-02-05

申请人：李家海　罗秀珍

发明人：李家海　罗秀珍

摘要：

本发明提供一种手机电源适配器，尤其是涉及一种带有多个输出端口的手机电源适配器，包括开有两个或多个输出孔的手机电源适配器外壳、手机电源适配器电路、两个或多个手机电源适配器的输出端口。具体的组装方案是，把两个或多个手机电源适配器的输出端口并联后与手机电源适配器电路的输出端电连接，然后打开开有两个或多个输出孔的手机电源适配器外壳，分别把两个或多个手机电源适配器的输出端口对应安装在手机电源适配器外壳上开的两个或多个输出孔上，最后再合上并固定手机电源适配器的外壳和输出端口即可。

一种交流电源并机扩容电路

申请（专利）号：201310539489.5　**公开日：**2014-02-05

申请人：济南诺顿科技有限公司

发明人：王昌烨　朱海波

摘要：

本交流电源并机扩容电路，包括电源主控板、连接于电源主控板的若干光纤发送电路；通过光纤信号线缆连接于光纤发送电路的光纤接收电路；分别连接于光纤接收电路输出端的欠电压保护电路、过热保护电路、启停控制电路及过电流保护电路；连接于欠电压保护电路、过热保护电路、启停控制电路及过电流保护电路输出端的IGBT；连接于IGBT输出端的变压器；连接于变压器输出端的滤波器及连接于滤波器输出端接触器。电源主控板产生的PWM信号分成多路同时通过光纤发送电路发送到每一台电源的光纤接收电路，由于每台电源的PWM信号输入是并联的且采用光纤传输PWM波可保证在较长距离的信号传输不受干扰。因此使每台电源保证输出电压的相位、幅值的一致性。

焊接电源的输出控制方法

申请（专利）号：201310285658.7　**公开日：**2014-02-12

申请人：株式会社大亨

发明人：井手章博

摘要：

本发明在二氧化碳电弧焊接中抑制因来自熔池的气体喷出而导致电弧期间变长。对在焊丝与母材之间反复短路期间和电弧期间的电弧焊接所使用的焊接电源，反馈控制焊接电压来控制焊接电源的输出的焊接电源的输出控制方法中，在时刻t3～t5的电弧期间内，焊接电压（Vw）的变化率成为预先确定的基准值以上的现象（时刻 t41、t42 和 t43）反复2次以上的规定次数时，降低焊接电流（Iw）直到下一次短路期间的开始时间点（时刻 t5）为止。由此，在判定出气体喷出时立刻降低焊接电流（Iw），因此能够抑制电弧期间延长，能够防止溅射产生量的增加。

LED 灯的电源驱动降温装置

申请（专利）号：201210298531.4 **公开日：**2014-02-12
申请人：新乡市久能光电科技有限公司
发明人：赵文明　任林元　李保君
摘要：

本发明公开了一种能够给提高电解电容工作寿命的 LED 灯的电源驱动降温装置。LED 灯的电源驱动降温装置。它包括有电源驱动，电源驱动电路板上设有降温装置，降温装置的电风扇设在电源驱动电路板上，电风扇与设在电源驱动区上的电解电容相对，电源驱动电路板上引出的正负极与电容、电风扇串联在一起，电容与电阻并联在一起。电解电容工作时，通过电风扇将电解电容产生的热量带走，使电解电容的温度降低，确保电解电容的温度保持在正常工作温度范围之内，提高其使用奉命。

电源监控电路及其控制方法、AC/DC 转换装置

申请（专利）号：201310311222.0 **公开日：**2014-02-12
申请人：索尼公司
发明人：渡边裕之　山根满
摘要：

本发明涉及电源监控电路及其控制方法、AC/DC 转换装置。所提供的电源监控电路包括，保持部分，在每次检测到波动的电源电压的极大值时，将该极大值保持为极大电压值；电力停止检测器，基于电源电压的值小于根据极大电压值的第一参考值的状态是否持续了超过预定的期间，来检测电源电压的供给是否停止；参考值控制器，在电源电压的值超过比第一参考值小的第二参考值及检测到电源电压的供给停止的期间，减小第一参考值。

轧花铝板阳极氧化数字化软开关电源及其生产监控系统

申请（专利）号：201310464769.4 **公开日：**2014-02-12
申请人：江苏瑞德铝业科技有限公司
发明人：薛家祥　胡虎生
摘要：

轧花铝板阳极氧化数字化软开关电源及其生产监控系统，由基于 DSP 数字化控制的高频软开关电源和基于 ARM + CPLD + PC 的生产监控系统组成。基于 DSP 数字化控制的高频软开关电源由功率变换主电路、DSP 控制电路、信号处理电路和保护电路组成。基于 ARM + CPLD + PC 的生产监控系统由基于 ARM 的通信监控模块、基于 CPLD + SRAM 的液晶显示模块、移动监控终端和 PC 上位机监控软件组成。数字化控制提高系统的控制精度和智能度；高频软开关技术大大提高系统效率；生产监控系统优化生产资源配置，提高资源利用率。

电源供应电路

申请（专利）号：201210248891.3 **公开日：**2014-02-12
申请人：鸿富锦精密工业（深圳）有限公司　鸿海精密工业股份有限公司
发明人：梁献全　许寿国
摘要：

电源供应电路，包括电源供应单元、微控制器、多个电源管理芯片及多个开关电路。该每个开关电路包括输入端及输出端，该每个开关电路的输入端串联一个电阻后与电源供应单元连接，每个开关电路的输出端连接一个主板，以对该主板进行供电。每个电源管理芯片通过一电源管理总线与微控制器相连，用于实时监测每块主板运行时的实际功耗，并将监测到的结果反馈给微控制器。微控制器通过一条数据线与每块主板连接，用于根据电源供应单元的额定功率及每块主板的实际功耗之和，对每块主板的用电状况进行调节和管理。本发明的电源供应电路可提供多主板间电流和功率的限制功能，为主板提供全面的保护措施。

电源管理系统

申请（专利）号：201210267277.1 **公开日：**2014-02-12
申请人：鸿富锦精密工业（深圳）有限公司　鸿海精密工业股份有限公司
发明人：梁献全　施志忠　陈永杰
摘要：

本发明提供了一种电源管理系统，包括与外部电源相连接的总控制器、由所述总控制器延伸而出且与所述总控制器电连接的一对支撑架及多个可拆卸地安装在所述支撑架上并通过所述支撑架与总控制器电连接的移动模块。所述每一移动模块与一负载相连接。所述总控制器通过与负载对应连接移动模块对该负载供电。所述每一移动模块内针对所连接负载的额定工作参数设置有对应功率监控电路及过载保护电路。

用于诊断机动车辆计算机的电源的不合时切断的机制的方法

申请（专利）号：201310301998.4 **公开日：**2014-02-12
申请人：法国大陆汽车公司　大陆汽车有限公司
发明人：S. 埃洛伊
摘要：

本发明涉及一种用于诊断机动车辆计算机（1）的电源的不合时切断的机制的方法，所述机动车辆计算机被编程为当其被唤醒时执行启动例程并且在使其进入睡眠模式之前执行关闭例程。根据本发明，该方法包括，在每个关闭例程的时候，生成表示所述关闭例程已完成执行的标记并将其存储在存储装置中；在每个启动例程的时候，检查标记的存在，如果标记存在则重新初始化所述标记的存储装置，如果标记不存在则生成表示电源故障的数据元素。

使用电源检测机制的可配置的多级电荷泵

申请（专利）号： 201310309115.4　**公开日：** 2014-02-12

申请人： 飞思卡尔半导体公司

发明人： K·拉曼安　J·C·坎宁安　R·J·西兹代克

摘要：

一种可配置的多级电荷泵（200）包括多个泵单元（208）、至少一个旁路开关（S1-S3）及控制逻辑（204）。泵单元串联耦合在一起，包括接收输入电压（VDD）的第一泵单元（PUMPCELL1）及至少一个剩余的泵单元（PUMPCELL2-PUMPCELL4），至少一个剩余的泵单元包括生成输出电压（MVOUT）的最后的泵单元。每个旁路开关被耦合以给剩余的泵单元中的相应的泵单元的泵单元输入选择性地提供输入电压。控制逻辑被配置为确定（206）输入电压的多个电压范围中的一个，以对于第一电压范围使能每个泵单元及对于至少一个其它电压范围禁用和旁路至少一个泵单元。一种操作多级电荷泵的方法包括检测输入电压，基于输入电压选择电压范围，以及相应于选择的电压范围使能级联泵单元中的若干个。

高磁导低损耗开关电源变压器

申请（专利）号： 201210256698.4　**公开日：** 2014-02-12

申请人： 昆山禾旺电子有限公司

发明人： 谢译贤

摘要：

本发明公开了一种高磁导低损耗开关电源变压器，包括日字型闭磁路磁心、中空骨架和线圈。所述中空骨架包括两个隔板和连接所述两隔板的中空管，所述中空管套设于所述磁心的中柱上，所述线圈包括二次线圈和一次线圈，所述二次线圈和一次线圈沿所述中空管径向依次排布，所述二次线圈和所述一次线圈之间设有第一绝缘层，所述隔板与所述二次线圈和所述一次线圈之间分别设有第二绝缘层，所述隔板上设有若干个引脚，所述二次线圈和所述一次线圈的出线端能够分别与所述若干个引脚相连接，本发明具有高磁通密度、高磁导率、低损耗，效率高、功率损耗小，工作过程中不易发热，在印制电路板上安装简便等多重优点。

一种拨动式电源开关

申请（专利）号： 201310541163.6　**公开日：** 2014-02-12

申请人： 安徽工贸职业技术学院

发明人： 陶钧

摘要：

本发明公开了一种拨动式电源开关，包括外盖、套壳、金属片、拨动杆、绝缘体和减压体。所述外盖与所述套壳卡接固定；所述金属片设置在所述套壳下端；所述金属片上套有所述绝缘体；所述拨动杆与所述套壳拨动连接；所述外盖上设置有供所述拨动杆左右拨动的拨动槽；所述拨动槽的两端分别设置有所述减压体。本发明一种拨动式电源开关，长时间使用磨损度小、经久耐用。

蓄电元件以及电源组件

申请（专利）号： 201310306287.6　**公开日：** 2014-02-12

申请人： 株式会社杰士汤浅国际

发明人： 殿西雅光　雀田彰吾　西川隆太郎

摘要：

本发明提供蓄电元件及电源组件。蓄电元件包括，发电单元；收纳容器，该收纳容器对上述发电单元进行收纳；连接体，该连接体与上述发电单元电连接，且具有外部连接用的端子部件；绝缘部件，该绝缘部件在多个嵌合部位与上述收纳容器嵌合，该绝缘部件供上述连接体固定使用，并且使形成有上述发电单元及上述连接体的导电路，与上述收纳容器绝缘。

电化学电源复合隔膜及其制备方法

申请（专利）号： 201210257525.4　**公开日：** 2014-02-12

申请人： 海洋王照明科技股份有限公司　深圳市海洋王照明技术有限公司

发明人： 周明杰　袁贤阳　王要兵

摘要：

本发明提供一种电化学电源复合隔膜及其制备方法。该电化学电源复合隔膜包括无纺布隔膜层和结合在所述无纺布隔膜层表面的有机-无机复合层；有机-无机复合层包含有机黏结剂、氮化铝、无机纳米纤维和有机溶剂配方组分。其中，有机黏结剂的质量占所述有机黏结剂与有机溶剂总质量的1%～50%，氮化铝、无机纳米纤维的质量分别占所述有机黏结剂、氮化铝、无机纳米纤维和有机溶剂总质量1%～49%，氮化铝与无机纳米纤维的质量之和占所述有机黏结剂、氮化铝、无机纳米纤维和有机溶剂总质量30%～50%。上述电化学电源复合隔膜导热性能和机械强度，提高复合隔膜的安全性能。其制备方法工艺简单、生产效率，适于工业化生产。

电化学电源复合隔膜及其制备方法

申请（专利）号： 201210257647.3　**公开日：** 2014-02-12

申请人： 海洋王照明科技股份有限公司　深圳市海洋王照明技术有限公司

发明人： 周明杰　袁贤阳　王要兵

摘要：

本发明提供一种电化学电源复合隔膜及其制备方法。该电化学电源复合隔膜包括无纺布隔膜层和结合在无纺布隔膜层表面的有机-无机复合层；有机-无机复合层包含有机黏结剂、空心无机粉体、无机纳米纤维和有机溶剂配方组分。其中，有机黏结剂的质量占有机黏结剂与有机溶剂总质量的1%～50%，空心无机粉体、无机纳米纤维的质量分别占有机黏结剂、空心无机粉体、无机纳米纤维和有机溶剂总质量0.5%～25%，空心无机粉体与无机纳米纤维的质量之和占有机黏结剂、空心无机粉体、无机纳米纤维和有机溶剂总质量25.5%～50%。该复合隔的破膜温度和强度高、重量轻、安全性高。其制备方法工艺简单、生产效率，适于工业化生产。

电化学电源复合隔膜及其制备方法

申请（专利）号： 201210257657.7 **公开日：** 2014-02-12

申请人： 海洋王照明科技股份有限公司 深圳市海洋王照明技术有限公司

发明人： 周明杰 袁贤阳 王要兵

摘要：

本发明提供一种电化学电源复合隔膜及其制备方法。该电化学电源复合隔膜包括无纺布隔膜层和结合在所述无纺布隔膜层表面的有机-无机复合层；所述有机-无机复合层包含有机黏结剂、氮化铝和有机溶剂配方组分。其中，所述有机黏结剂的质量占所述有机黏结剂和有机溶剂总质量的1% ~50%，所述氮化铝的质量占所述有机黏结剂、氮化铝和有机溶剂总质量1% ~50%。该电化学电源复合隔膜导热性能好，热稳定性、机械强度高，提高了电化学电源安全性能。其制备方法工艺简单，条件易控，对设备要求低，生产效率，生产成本低，适于工业化生产。

电化学电源复合隔膜及其制备方法

申请（专利）号： 201210257658.1 **公开日：** 2014-02-12

申请人： 海洋王照明科技股份有限公司 深圳市海洋王照明技术有限公司

发明人： 周明杰 袁贤阳 王要兵

摘要：

本发明提供一种电化学电源复合隔膜及其制备方法。该电化学电源复合隔膜包括无纺布隔膜层和结合在所述无纺布隔膜层表面的有机-无机复合层；所述有机-无机复合层包含有机黏结剂、空心无机粉体和有机溶剂配方组分。其中，所述有机黏结剂的质量占所述有机黏结剂和有机溶剂总质量的1% ~50%，所述空心无机粉体的质量占所述有机黏结剂、空心无机粉体和有机溶剂总质量1% ~50%。该电化学电源复合隔膜的破膜温度和强度高、散热性能好，降低了重量，从而延长电化学电源安全性能和循环使用寿命及提高了电化学电源能量密度。

电化学电源复合隔膜及其制备方法

申请（专利）号： 201210257666.6 **公开日：** 2014-02-12

申请人： 海洋王照明科技股份有限公司 深圳市海洋王照明技术有限公司

发明人： 周明杰 袁贤阳 王要兵

摘要：

本发明提供一种电化学电源复合隔膜及其制备方法。该电化学电源复合隔膜包括被氧化的铝网层和结合在所述铝网层表面的聚偏氟乙烯-六氟丙烯共聚物层，所述聚偏氟乙烯-六氟丙烯共聚物层的厚度为5 ~10μm。其制备方法包括，聚偏氟乙烯-六氟丙烯共聚物有机溶液的配制、铝网的氧化处理和涂覆聚偏氟乙烯-六氟丙烯共聚物有机溶液并干燥处理等步骤。本发明电化学电源复合隔膜散热效果好、耐温高，并具有能有效隔绝电极颗粒直接接触且分布均匀的气孔，安全性高。其制备方法工艺简单、条件易控、对设备要求低、生产效率高、生产成本低，适于工业化生产。

一种电化学电源的隔膜及其制备方法

申请（专利）号： 201210266488.3 **公开日：** 2014-02-12

申请人： 海洋王照明科技股份有限公司 深圳市海洋王照明技术有限公司

发明人： 周明杰 袁贤阳 王要兵

摘要：

本发明属于电化学电源技术领域，并公开了一种电化学电源的隔膜及其制备方法。该电化学电源的隔膜包括由聚烯烃形成的隔膜基体，在隔膜基体表面涂覆有含无机粉体的阻燃层；其中该无机粉体是勃姆石和/或氢氧化铝。其制备方法包括，制备含上述无机粉体的涂覆用悬浮液，随后将其均匀涂覆于由聚烯烃形成的隔膜基体两侧，烘干处理后在隔膜基体表面形成含无机粉体的阻燃层，制得所述电化学电源的隔膜。本发明中，隔膜基体表面涂覆的具阻燃效果的无机粉体既可提高隔膜的耐热温度，又可获得阻燃效果，为电化学电源提供双重安全保障。本发明的电化学电源的隔膜制备工艺简单且易于实现、涂覆原料成本低且易于获得，便于在电源制造领域的推广实施。

电化学电源复合隔膜及其制备方法

申请（专利）号： 201210257639.9 **公开日：** 2014-02-12

申请人： 海洋王照明科技股份有限公司 深圳市海洋王照明技术有限公司

发明人： 周明杰 袁贤阳 王要兵

摘要：

本发明提供一种电化学电源复合隔膜及其制备方法。该电化学电源复合隔膜包括无纺布隔膜层和结合在所述无纺布隔膜层表面的聚偏氟乙烯-六氟丙烯共聚物层，所述聚偏氟乙烯-六氟丙烯共聚物层的厚度为5 ~10μm。其制备方法包括，聚偏氟乙烯-六氟丙烯共聚物有机溶液的配制和涂覆聚偏氟乙烯-六氟丙烯共聚物有机溶液并干燥处理等步骤。本发明电化学电源复合隔膜耐热性好、热尺寸稳定，并使得该复合隔膜具有能有效隔绝电极颗粒直接接触且分布均匀的气孔，安全性高。其制备方法工艺简单、条件易控、对设备要求低、生产效率高、生产成本低，适于工业化生产。

电化学电源复合隔膜及其制备方法

申请（专利）号： 201210257635.0 **公开日：** 2014-02-12

申请人： 海洋王照明科技股份有限公司 深圳市海洋王照明技术有限公司

发明人： 周明杰 袁贤阳 王要兵

摘要：

本发明提供一种电化学电源复合隔膜及其制备方法。该电化学电源复合隔膜包括聚烯烃隔膜层和结合在所述聚烯烃隔膜层表面的有机-无机复合层；所述有机-无机复合层包含有机黏结剂、空心无机粉体、无机纳米纤维和有机溶剂配方组分。其中，所述有机黏结剂的质量占所述有机黏结剂与有机溶剂总质量的1% ~50%，所述空心无机粉体、无机纳米纤维的质量分别占所述有机黏结剂、空心无机粉体、无机纳米纤维和有机溶剂总质量0.5%～25%。上述电化学电源复合隔膜有效提高了破膜温度、散热性能和强度及降低了其重量，从而延长电化学电源安全性能和循环使用寿命以及提高了电化学电源能量密度。其制备方法工艺简单、生产效率，适于工业化生产。

电源连接器组件

申请（专利）号：201310309041.4 **公开日：**2014-02-12

申请人：FCI公司

发明人：A·克赖顿 C·热斯莱 H·V·吴

摘要：

一种电连接器组件包括电连接器和导电汇流排。连接器可包括限定出插孔的壳体，至少一个电源触头的第一行，和位于与第一行沿第一方向间隔开的位置的至少一个电源触头的第二行。第一行和第二行中的每个电源触头可限定出至少两个配合端，它们被至少部分地设置在插孔内，以限定出在第一行的配合端和第二行的配合端之间延伸的狭槽。壳体可包括第一附接构件。导电汇流排可包括第一端，与第一端相反的第二端，和被构造成与第一附接构件相配合以将汇流排附接到壳体的附接构件。

一种移动电源组合设备

申请（专利）号：201310542413.8 **公开日：**2014-02-12

申请人：安徽工贸职业技术学院

发明人：陶钧

摘要：

本发明公开了一种移动电源组合设备，包括第一外壳和设置于第一外壳外面的第二外壳。所述第一外壳内部设有电源主体，所述电源主体的外部罩有电源隔离套，所述电源隔离套上设有供高压穿过的圆柱孔；所述第二外壳上设有照明器，所述第二外壳上靠近照明器处设有排热孔。所述第一外壳的上部设有提手，所述提手通过连接栓和固定体与第一外壳固定连接；所述电源隔离套为金属隔离套。本发明一种移动电源组合设备设计合理、结构简单、移动方便。

电源管理

申请（专利）号：201310319573.6 **公开日：**2014-02-12

申请人：德克萨斯仪器股份有限公司 德克萨斯仪器德国股份有限公司

发明人：C·B·格林伯林 M·赫尔佐克

摘要：

本发明涉及电源管理。一种系统，包括电源系统、电源管理系统和模块。模块将指示该模块的功率使用率的变量参数传递到电源管理系统，并且电源管理系统响应于来自模块的传递而改变电源系统的操作范围。

一种环保绿色在线电源装置

申请（专利）号：201210247961.3 **公开日：**2014-02-12

申请人：昕浪（上海）电子有限公司

发明人：不公告发明人

摘要：

本发明公开了一种环保绿色电源装置，包括传感器模组。所述应急平层装置本体内设有直流输入模块，直流输入模块分别与高频调制模块和功率放大模块连接，功率放大模块与初级耦合模块连接，一次耦合模块与二次耦合模块连接。在电梯、医疗、银行、办公、汽车等领域中的设备遇到电网或因其它原因造成停电时，它可在3s之内迅速做出反应切换电源把电能传输给电梯、医疗、银行、办公、汽车等领域中的设备，从而满足电梯、医疗、银行、办公、汽车等领域中的设备的正常工作，以保证生命财产安全。其采用更小容量环保电池来代替以前所用的大功率不环保的铅酸电池，更加节能环保，在不久的将来，将会成为国家强制标配产品。

氢氧制造机的电源供应系统

申请（专利）号：201210279206.3 **公开日：**2014-02-12

申请人：黄金宏

发明人：黄金宏

摘要：

本发明是一种氢氧制造机的电源供应系统，在此专指将AC交流电源或DC直流电源经过电子组件整流器加以整流为固定功率。该固定功率为固定电压及固定电源，且输出至氢氧制造机的功率接收端，并被氢氧制造机的功率接收端所接收，进而将电解槽内的电极片导通电性，使氢氧制造机的电极片产生氢气比重及纯度高，且杂质少的氢氧燃气；不但可达到该氢氧制造机产生质量佳且量能充足稳定的氢氧燃气的最佳功效，有效应用于各种机动车辆；作为替代能源使用，更可延长电极片的使用寿命，增进环保绿能科技产业的利用价值及经济效益。

用于接收来自不同电力事业配置的功率的不间断电源设备

申请（专利）号：201310312405.4 **公开日：**2014-02-12

申请人：通用电气公司

发明人：C. 范卡尔肯 S. 阿格拉瓦尔

摘要：

本发明公开一种能够接收来自不同电力事业配置的功率的不间断电源（UPS）设备。该UPS的输入级包括三相整流桥设计，该三相整流桥设计具有配置用于连接到不同电力事业配置的三个桥臂。在UPS输入级的一些所公开实施例的实施中可实现的优点在于，单个UPS能够具有与具有不同电压和相的不同电力事业配置配合使用的灵活性。

音频设备外围配件中的电源管理电路

申请（专利）号：201310246740.9 **公开日：**2014-02-12

申请人：环汇系统有限公司

发明人：陈荣昌 蔡怀烜 罗志华

摘要：

一种用于外围电子设备的电源管理电路包括电源再生

电路、电源选择器、电源开关及音频信号检测电路。电源再生电路从音频设备接收连续的周期性声波，并将该连续的周期性声波转换成放大的DC电信号。该电源选择器接收放大的DC电信号和来自一次电源的输入，并提供电源信号输出。音频信号检测电路接收放大的DC电信号，并发送唤醒信号到电源开关电路。电源开关电路由唤醒信号接通并将电源选择器连接到外围电子设备主电路，从而将电源信号输出传送到外围电子设备主电路。

具有电源电流控制装置的便携式电灯和控制方法

申请（专利）号：201310322319.1　**公开日：**2014-02-12
申请人：齐德公司
发明人：C. 玛丽　S. 钱赛雷德　N. 弗洛里斯
摘要：

一种便携式电灯包括，照明模块（2）、紧凑外壳（3）。所述紧凑外壳（3）容纳有配置为向照明模块（2）提供电源电流的电力存储单元（4），用于测量照明模块所消耗的电流的装置（12）；配置为生成照明电流设置点的确定装置（22），用于从已消耗电流与参考电流之间的差计算最大允许电流，并用于从照明电流设置点和最大允许电流之间的最小值计算最大允许电流阈值的计算装置（23）；配置为将电源电流限制到低于或等于最大允许电流阈值的值的限流装置（24）。

一种镇流式LED灯的驱动电源装置

申请（专利）号：201210348080.0　**公开日：**2014-02-12
申请人：李顺华
发明人：李顺华
摘要：

本发明公开了一种镇流器式LED灯的驱动电源装置，包括电容器（C）和低耗电感镇流器（L）。其特征在于，所说的电容（C）的两端（L端和结点1）至少接有一路由电容（Ca）和开关（Ka）组成的串联电路；所说的镇流式LED灯的驱动电源装置的电源输入端（L端、N端）还并联有在输入电压变化时驱动开关（Ka）状态转换的电路装置（DJ）。本发明的优点是实现了镇流式LED灯的驱动电源在很宽的输入电压范围（如160～250V）之内，保持LED灯的电流基本恒定，使镇流式LED灯的驱动电源成为理想的LED灯的驱动电源。

一种触感控制式调光驱动电源及其LED灯

申请（专利）号：201210280103.9　**公开日：**2014-02-12
申请人：江苏格曼迪光电科技有限公司
发明人：郑南平　高松光
摘要：

本发明公开的触感控制式调光驱动电源及其LED灯。所述的触感控制式调光驱动电源包括电源电路、调光控制器及调光恒流驱动器，以及与其连接的高功率LED灯组。电路实现了电源的稳定均匀输出从而均衡地改善LED灯的光照效果，实现均衡调光，具有设计合理、电路结构简单，且特性稳定、操作简便、控制灵活、线性调光无闪动、可靠性高、使用寿命长等优点。

电源电路

申请（专利）号：201310325869.9　**公开日：**2014-02-12
申请人：船井电机株式会社
发明人：农端之一
摘要：

本发明公开了一种电源电路和一种照明装置。该电源电路包括整流电路、变压器和电流控制器。整流电路被构造为对AC电源的电力进行整流并将该电力供应到光源。变压器电气布置于AC电源和整流电路之间。变压器包括一次绕组和辅助绕组。电流控制器被构造为通过对辅助绕组的电压信号和基于流入光源的电流的信号进行检测来调节流入光源的电流量。

电源插座

申请（专利）号：201210289707.X　**公开日：**2014-02-19
申请人：鸿富锦精密工业（深圳）有限公司　鸿海精密工业股份有限公司
发明人：韩宇　张汉兵
摘要：

一种电源插座包括，一底座，该底座的顶面设有用以插接一电源插头的一插接部；该电源插头包括一主体、凸设于该主体顶部的一连接部及穿过该连接部电连接于该主体的一线缆；该插接部的后端枢转地装设有一防护盖；该防护盖的前端设有一缺口；该防护盖与该插接部之间连接有驱使该防护盖盖合于该插接部的扭簧，远离插接部转动该防护盖使该电源插头的主体插接于该插接部；该防护盖的缺口在该扭簧的弹力作用下卡置并向下压紧该电源插头的连接部。该电源插座的防护盖的前端设有缺口，该缺口在扭簧的弹力作用下可卡置并向下压紧该电源插头的连接部，防止电源插头松脱。

一种带无线充放电的移动电源

申请（专利）号：201310313960.9　**公开日：**2014-02-19
申请人：深圳市民展科技开发有限公司
发明人：王刚　万四宏　裘伟光
摘要：

一种带无线充放电的移动电源，包括，一线圈单元，用于与其它设备或元器件磁场能量交换；一储能器件，用于储存线圈单元提供的能量或向线圈单元提供能量；一充放电控制模块，其一端与线圈单元相连，另一端分别与充电电路、放电电路相连，充电电路、放电电路分别与所述储能器件相连，充电时充放电控制模块可接受并处理线圈单元接受的能量，并将处理后的能量通过充电电路输送至储能器件，放电时充放电控制模块可将储能器件释放的能量处理后通过线圈单元进行释放。与现有技术相比，本发明所述线圈单元通过无线感应的方式进行充电和放电，结构简单、成本低。

一种提高25Hz电源热备切换可靠性的电路

申请（专利）号： 201310632039.0 **公开日：** 2014-02-19

申请人： 天津铁路信号有限责任公司

发明人： 朱光辉 李同丽 吴庆丰

摘要：

本发明提供一种提高25Hz电源热备切换可靠性的电路。其设置在电源模块上，包括电压电流检测单元、热备转换检测接点单元、连锁控制单元和互锁信号接口。所述电压电流检测单元对电源模块输出的采样电压和采样电流进行检测，并将采样电压、采样电流的状态信号通过所述热备转换检测接点单元传送给所述联锁控制单元。所述联锁控制单元根据所接收的状态信号和互锁信号接口接收到的互锁信号控制所述电源模块是作为输出电源还是作为热备份电源。本发明提高电源模块供电的可靠性；同时具备热备模块状态报警信息，方便随时了解热备模块的状态。

软起动电源水电阻启动器

申请（专利）号： 201210289998.2 **公开日：** 2014-02-19

申请人： 湖北文理学院

发明人： 李杨 李文联

摘要：

本发明提供一种软起动电源水电阻启动器，所述启动器水电阻箱在箱体两侧的两个电极之间设置有一个孔径控制器。通过孔径控制器可以随使用需要，很快捷地调整水柱的直径，使之能方便地改变软起动所需的启动电阻，具有速度快、调整方便和控制精度高的显著特点；同时，还可通过加大水的导电率来减小水电阻箱的体积，有着极好的市场发展前景。

控制电源和感应电能出口的连接的系统和方法

申请（专利）号： 201210287330.4 **公开日：** 2014-02-19

申请人： 鲍尔马特技术有限公司

发明人： A·洛夫 A·本-沙龙姆 O·格林伍德

摘要：

提供一种开关系统，用于控制电源和感应电源插座之间的连接。该系统包括至少一个一次绕组，其感应地耦合至与感应电源接收器相关联的二次绕组。该开关系统包括用于将感应电源插座与电源断开的断路器和当感应电源接收器与感应电源插座接近时用于禁止断路器的触发器开关。

一种电磁超声的电源装置

申请（专利）号： 201310586131.8 **公开日：** 2014-02-26

申请人： 天津工业大学

发明人： 金亮 张献 李劲松 杨庆新 李阳 刘素贞 张闯

摘要：

本发明是一种电磁超声的电源装置，包括信号产生器、功率放大装置、阻抗匹配器、EMAT发射探头、EMAT接受探头。本发明使用普通的EMAT发射探头，可以在缺陷（铁磁材料的金属薄板裂纹型表面缺陷）处激发声发射信号，从而实现缺陷的无损探测和评估。将EMAT发射探头布置在需复检和重点检测区域的上方，通以高频高幅值的脉冲正弦波激励电压，通过能量聚焦的激励电压在待检测区域上激发高能涡流，利用铁磁材料的磁致伸缩力和洛伦兹力激发缺陷自身发出声发射信号实现缺陷的无损探测和评估，此装置可以有效地提高EMAT对活动缺陷、局部闭合缺陷和微细裂纹的检测能力，具有良好的工业应用价值。

一种多功能电源插排

申请（专利）号： 201310599932.8 **公开日：** 2014-02-26

申请人： 国家电网公司 国网河南省电力公司新乡供电公司

发明人： 常习斌 罗涛 李志鹏 苏高峰 王新铭 李佳桐

摘要：

本发明公开了一种多功能电源插排，本发明的目的是设计一种结构合理、使用方便的多功能电源插排。本发明的技术方案是一种多功能电源插排，包括插座体，插座体内设有电压转化器；电压转换器与电源输入端电连接，电压转换器的输出端连接有USB接口；USB接口安装在插座体的正面。本发明结构合理、使用效果好，能够快速便捷地给可以使用USB接口进行充电的用电器进行充电，同时还可以当作普通插座使用，满足了普通用电器的使用，便捷性大大提高。

一种户外电源箱

申请（专利）号： 201310615083.0 **公开日：** 2014-02-26

申请人： 国家电网公司 国网河南省电力公司新乡供电公司

发明人： 郑华伟 卞飞 苏高峰 王新铭 李佳桐 焦潘潘 申中彬

摘要：

本发明公开了一种户外电源箱。它包括一个电源箱，在电源箱的上面安装有一个向周边下方伸出的防雨顶盖，在箱体的底面中部向下引出一对出线口，在箱体底部向下呈八字形安装有四个支腿，在各支腿中下部之间安装有一层电缆托板，在箱体的正面从一侧向另一侧用铰链安装有一个可开关的面板，在面板另一侧安装有一个与箱体配合的防雨锁盒。本发明的户外电源箱，具有结构合理、功能多、防雨效果好，且使用和移动方便，可广泛应用于各种施工用电场所。

一种便于工作的多功能电源箱

申请（专利）号： 201310601745.9 **公开日：** 2014-02-26

申请人： 国家电网公司 国网河南省电力公司新乡供电公司

发明人： 李朝阳 彭飞 丁永康 苏高峰 王新铭 李佳桐 孙银娥 郭复刚

摘要：

本发明公开了一种便于工作的多功能电源箱。它包括小车，小车的底座紧靠小车架上装有电源箱，电源箱上设置有刀开关和插座，照明灯安装在小车架扶手的下面，旋转式接地线盘位于电源箱的后面固定在小车架上，小车底座的一角装有接地线。本发明不用费时设置临时电源，只需启动多功能电源箱便能透入工作，降低劳动强度，工作现场能够提供足够的光源，从而满足工作的需求。

一种两级自动调光的LED路灯驱动电源

申请（专利）号：201310662067.7 **公开日：**2014-02-26

申请人：上思县东崇电子科技有限责任公司

发明人：黄焕珠

摘要：

一种通用自动调光的LED驱动电源，可将其串接在LED驱动电源后面，利用定时器和脉冲调宽式进行调光控制，从而适用于各种LED灯种。一种通用自动调光的LED驱动电源，电路结构简单、功能完善、性能稳定，调光以后能保证LED灯在节能的基础上再节省40%以上的电能。

带电源插座的工具盒

申请（专利）号：201310569655.6 **公开日：**2014-03-05

申请人：无锡市华昊热能设备有限公司

发明人：周伟强

摘要：

本发明公开了一种带电源插座的工具盒，包括盒体和盒盖。所述盒体一端与所述盒盖铰接，所述盒体内通过隔板分为插座区、电源放置区和工具摆放区，所述插座区上端设有插座，所述插座至少设有两个插孔，所述插座与所述电源放置区内的电源装置连接，所述电源放置区前端还设有一充电插孔，所述充电插孔与所述电源装置连接。通过上述方式，本发明能够在特殊情况下为工作提供电力需要，并且本发明将工具盒和电源、插座一体化设计，设计合理紧凑、携带方便、使用安全。

一种语音对讲及在线监测本安电源的矿用安全监控分站

申请（专利）号：201310646130.8 **公开日：**2014-03-05

申请人：北京瑞赛长城航空测控技术有限公司 中航高科智能测控有限公司

发明人：苗丙 郭磊 闫伟峰

摘要：

本发明公开了一种语音对讲及在线监测本安电源的矿用安全监控分站，适用于煤矿安全监控领域，语音对讲及在线监测本安电源的矿用安全监控分站由隔爆外壳及安装在外壳内部的分站主板、液晶显示板、CAN语音通信板、电源转换板、本安电源板及底板组成。本发明不仅实现了采集、控制、显示与通信等煤矿安全监控分站的基本功能，在具有煤尘、瓦斯等爆炸性气体的煤矿井环境中，对环境参数及工况参数进行监测与控制，还在不用额外布线的前提下，实现了煤矿安全监控分站与中心站的语音对讲，并且实现了对每一路本安电源在线监测，为用户在安装使用、调试维护过程中时节省工作时间，进而提高了生产效率。

一种电源电压负载转储保护电路

申请（专利）号：201310599291.6 **公开日：**2014-03-05

申请人：苏州贝克微电子有限公司

发明人：不公告发明人

摘要：

一种电源电压负载转储保护电路，以确保供应电压应用于一个低电流逻辑电路，并且防止超过一个预定的电压而破坏逻辑电路，同样也还出现在一个逻辑电路的输出，保护了三个电路区域。

一种显示用电量的电源插排

申请（专利）号：201310600691.4 **公开日：**2014-03-05

申请人：国家电网公司 国网河南省电力公司新乡供电公司

发明人：罗涛 牛保臣 郭红云 苏高峰 王新铭 李佳桐 秦英

摘要：

本发明公开了一种显示用电量的电源插排。本发明的目的是设计一种结构合理，使用效果好的显示用电量的电源插排。本发明的技术方案是，一种显示用电量的电源插排。它包括电源插座体，电源插座体内设有能耗计量器，能耗计量器与各个插孔座电连接，能耗计量器与显示屏电连接，显示屏安装在电源插座体的正表面。本发明结构合理、使用效果好，能够便捷地统计在使用同一个电源插排的各个用电器的总耗电量，便于使用者进行调整，保证了用电安全。

一种带音频输出的移动电源

申请（专利）号：201310548060.2 **公开日：**2014-03-05

申请人：欧阳学君

发明人：秦振宇

摘要：

本发明公开一种带音频输出的移动电源，包括内设有电池、控制单元和扬声器的壳体。控制单元包括充放电路、磁场转换电路和音频放大电路，以及协调各电路工作的主控制电路。所述音频放大电路输入端和输出端分别与磁场转换电路输出端和扬声器连接，所述壳体上设有用于收纳移动终端的收纳腔。使用时将移动终端放置在收纳腔内，磁场转换电路将移动终端上输出的声音转为与该声音一致的电磁场变化转换为电信号，再由音频放大电路将磁场转换电路输出的信号进行放大后由扬声器进行输出。由于该扬声器是由移动电源独立供电，可以将移动终端输出较小音量进行放大输出，延长移动终端的使用持续的时间；同时可以方便地对移动终端进行供电。

带吸盘的太阳能移动电源

申请（专利）号：201310672118.4 **公开日：**2014-03-05

申请人：张晓辉

发明人：张晓辉

摘要：

本发明公开了一种带吸盘的太阳能移动电源。其特征在于，在外壳一面的四个角处分别安装四个吸盘，并在外壳中间位置安装太阳电池板，在外壳的一侧设置USB接口和电源指示灯，可充电电池安装在外壳的内部，可充电电池分别通过导线与太阳电池板、USB接口和电源指示灯连接。通过以上设置，本发明将吸盘、太阳电池板和移动电源有机地结合在一起，吸盘的应用方便将本发明贴在汽车餐馆等窗户的玻璃上，便于安装太阳能电池板的一面充分接触阳光，不仅提高了太阳能的利用率，而且便于及时充电，大大提高了移动电源的续航力。

一种同步整流降压-反激直流到直流电源转换器

申请（专利）号：201310613135.0　**公开日：**2014-03-05

申请人：苏州贝克微电子有限公司

发明人：不公告发明人

摘要：

一种同步整流降压-反激直流到直流电源转换器，可以提供多个同步控制输出端。该转换器提供主输出端和一个同步转换器，利用降压转换器的一次绕组提供第二级输出。该转换器利用一个分离的反馈信号需要输出电平和负载，其中每个控制输出端提供该信号的一个部分，一个开关控制器根据反馈信号同步使整流交换机激活或失效。这些开关被同步控制，这样电源输入开关为每个控制输出端在反相时变成控制开关。

一种从多元化电源中运行的共发射极放大器

申请（专利）号：201310613603.4　**公开日：**2014-03-05

申请人：苏州贝克微电子有限公司

发明人：不公告发明人

摘要：

一种从多元化电源中运行的共发射极放大器，提供了从多元化电源电压中运行的共发射极放大器的一种技术。在一个实施例中，电流镜包括多元化二极管连接的晶体管连接在源电流和与其相关的电源电压之间。每一个对应的电流反射镜连接在一个输出端相关联的供电电压导线之间，从而提供一个来自电流源的输出电流镜，即使其中的电源电压被激活，无论其特定电平如何。

一种电源和接口可配置的输入输出缓冲器

申请（专利）号：201310616477.8　**公开日：**2014-03-05

申请人：苏州贝克微电子有限公司

发明人：不公告发明人

摘要：

一种电源和接口可配置的输入/输出缓冲器，包括一个双向结点、一个输出级、一个输入级及一个控制电路。输出级具有一个第一N沟道晶体管，耦合在双向结点和电源结点之间以上拉双向结点；并且具有第一和第二P沟道晶体管，耦合到双向结点和电源结点之间以上拉双向结点。输入级具有一个第一反相器极，耦合到双向结点和第一中间结点之间；并且具有一个第二反相器极，耦合到双向结点和第二中间结点之间。

一种输出电压范围超过电源电压的放大器

申请（专利）号：201310616672.0　**公开日：**2014-03-05

申请人：苏州贝克微电子有限公司

发明人：李志鹏

摘要：

一种输出电压范围超过电源电压的放大器。这种放大器可用于电池的供电，以驱动具有低电流的高阻抗负载和适度带宽信号。该放大器电路包括一个用于提供高输出阻抗的跨导放大器和一个给跨导放大器提供高电源电压的电荷泵DC/DC转换器。在本发明中，该放大器的增益是输入电压的函数，以使放大器输入端和放大器输出端负载的相应之间的传递函数线性化。

一种自动调光的太阳能LED照明灯驱动电源模块

申请（专利）号：201310662088.9　**公开日：**2014-03-05

申请人：上思县东崈电子科技有限责任公司

发明人：黄焕珠

摘要：

一种定时自动调光的太阳能LED照明灯模块，利用脉宽可调式的脉冲发生器，通过控制电路作用，输出两种高低两种不同的工作电压。在太阳能LED照明灯刚工作时，首先让太阳能LED照明灯工作在炽亮的工作状况，在LED照明灯工作一个定时时间后，自动将照明灯的亮度由炽亮转变为暗亮状态，在不影响场地照明的前提下，让LED照明灯节省40%以上的电能。这样，除了节省电能之外，还有利于延长太阳能LED照明灯的使用时间。

一种高阻抗电磁线圈的驱动电源装置

申请（专利）号：201310673898.4　**公开日：**2014-03-12

申请人：天津工业大学

发明人：金亮　张献　李劲松　杨庆新　李阳　刘素贞　张闯

摘要：

本发明是一种高阻抗电磁线圈的驱动电源装置，包括信号产生器、功率放大装置、阻抗匹配器、EMAT发射探头、EMAT接收探头。本发明使用普通的EMAT发射探头，可以在缺陷（铁磁材料的金属薄板裂纹型表面缺陷）处激发声发射信号，从而实现缺陷的无损探测和评估。将EMAT发射探头布置在需复检和重点检测区域的上方，通以高频高幅值的脉冲正弦波激励电压，通过能量聚焦的激励电压在待检测区域上激发高能涡流，利用铁磁材料的磁致伸缩力和洛伦兹力激发缺陷自身发出声发射信号实现缺陷的无损探测和评估。此装置可以有效地提高EMAT对活动缺陷、局部闭合缺陷和微细裂纹的检测能力，具有良好的工业应用价值。

二次电池主动式云端电源管理系统

申请（专利）号：201210297540.1 **公开日：**2014-03-12

申请人：低碳动能开发股份有限公司

发明人：陈莆阶

摘要：

本发明公开一种二次电池主动式云端电源管理系统，包括一云端伺服管理模块、至少一安装于使用者的智能型行动装置的使用端管理模块及至少一用以采集二次电池的电性信息的电路监控模块。该云端伺服管理模块和该使用端管理模块具备网络行动传输功能用以彼此相对执行数据的传输和接收；该电路监控模块通过无线传输将电性信息传给该使用端管理模块。本发明可主动掌控二次电池的电性信息，并向使用者提供关于该二次电池的一般状态信息或即时预警信息，期以主动式的监控及提醒服务，维护二次电池的使用效能和安全。

在浮动电势的负载电源

申请（专利）号：201310348823.9 **公开日：**2014-03-12

申请人：意法半导体（鲁塞）公司

发明人：P·比安弗尼

摘要：

本发明提供一种电路，包括旨在与负载在第一直流电压的应用的两个端子之间串联连接的电流源。元件限制跨负载的电压并且电路利用在元件中流动的电流来控制电流源中的电流的值。

一种电源智能节电装置及其工作方法

申请（专利）号：201310549207.X **公开日：**2014-03-12

申请人：王晓东

发明人：王晓东

摘要：

本发明涉及适用于办公电器和家用电器实现节电目的的一种电源智能节电装置及其工作方法。该装置包括交流电源电路、直流稳压电源电路、启动电源转换电路、电源储能转换电路、脉动电源控制电路、红外线接收电路、驱动电路和电流检测电路。该装置能够在电脑主机关机后自动地将电脑主机和电脑外部设备及该装置的交流电源关闭；能够在使用具有红外线遥控接收功能的用电设备遥控关机后，自动地将用电设备和该装置的交流电源关闭。再次使用时只需按动原遥控器上的电源开/关按钮即可，实现了零待机功耗也能启动。该装置能够自动地将已进入待机状态的办公电器或家用电器及该装置本身的交流电源全部关闭，消除了待机功耗。该装置适用于多种用电设备使用。

一种方便携带的电源

申请（专利）号：201210310621.0 **公开日：**2014-03-12

申请人：王颖晖

发明人：王颖晖

摘要：

本发明公开了一种方便携带的电源，包括背带。背带层内部设置有背板层，背带层外表面设置有口袋、太阳电池模块和输出端，太阳电池模块和输出端电路连接，太阳电池模块外表面设置有薄膜保护层。本发明的有益效果是，野外作业时，利用背带层两侧的系带上设置的粘合带，可以将该方便携带的电源绑在身上，携带方便，将充电装置连接在太阳电池模块的输出端上，即可利用太阳能进行充电。背带层上的口袋，可以携带小物品，背带层内部设置的背板层，避免太阳电池模块因折叠而损坏，太阳电池模块外表面设置的薄膜保护层保护其表面不被划伤。

一种异形撬杆式电源插头

申请（专利）号：201210300224.5 **公开日：**2014-03-12

申请人：雷勋学

发明人：雷勋学

摘要：

本发明涉及电器配件，是一种异形撬杆式电源插头，具有绝缘头。绝缘头的底面上插装有2或3个导电插脚，每个导电插脚连接有电源线。其特征是，在绝缘头的两侧设有2个对称布置的销轴，2销轴上铰接有一异形撬杆。该异形撬杆具有左右2个对称的L形拐臂，两个L形拐臂的一端通过连接板连成一体，另一端上各开有一个轴孔与销轴转动连接。本发明克服了现有普通电源插头拔起困难，容易引起插座松脱及造成插座内部的电线松脱或折断出现接触不良或短路事故并存在安全隐患等问题，可用于各种电器与电源的连接。

一种撬动连杆式电源插头

申请（专利）号：201210300221.1 **公开日：**2014-03-12

申请人：雷勋学

发明人：雷勋学

摘要：

本发明涉及电器配件，是一种撬动连杆式电源插头，具有绝缘头。绝缘头的底面上插装有2或3个导电插脚，每个导电插脚接装有电源线。其特征是，在绝缘头的底面沿中心位置开有一段连杆槽，连杆槽的尾端通外部，且在绝缘头底面位于连杆槽尾端开有一卡槽，卡槽与连杆槽垂直布置。位于连杆槽中装有一撬动连杆，撬动连杆上设有转轴，转轴是装在卡槽中，撬动连杆的后段伸出绝缘头外部。本发明克服了现有普通电源插头拔起困难，容易引起插座松脱及造成插座内部的电线松脱或折断出现接触不良或短路事故并存在安全隐患等问题，可用于各种电器与电源的连接。

一种电源插座

申请（专利）号：201210311677.8 **公开日：**2014-03-12

申请人：张博

发明人：张博

摘要：

本发明公开了一种电源插座，包括面板。面板上设有上盖和LED灯，上盖上设有插孔，插孔为两相插孔。本发明在使用时，将插头插入插孔，旋转上盖，LED 灯亮了，表明已接通电源，不使用时旋转上盖至原位，LED 灯灭了，即关闭电源。其结构简单、使用方便，有效地防止了意外的发生。

一种多功能移动电源

申请（专利）号：201210305423.5 **公开日：**2014-03-12

申请人：屈海强

发明人：屈海强

摘要：

一种多功能移动电源，由主 PCB、副 PCB、电池、充电装置、LED 组件、LED 控制器组成。主 PCB 是照明、预警和充电的控制板，与 LED 控制器电连接；副 PCB 是用来调节照明装置、预警装置和充电装置的供电电压及闪灯方式，将电池输入的电压转变成适合手机充电的电压，通过充电装置给手机充电；将 LED 控制器输出的控制旨令转变成 LED 组件的长明与闪烁。

条码扫描系统的电源控制电路

申请（专利）号：201210312405. X **公开日：**2014-03-12

申请人：常州市耀华仪器有限公司

发明人：徐磊

摘要：

本发明涉及电路的技术领域，尤其涉及一种条码扫描系统的电源控制电路，包括锂电池 J5、电容 C1、电容 C2、电容 C3、电阻 R1、电阻 R2、二极管 D1、二极管 D2、二极管 D3 和稳压器 MAX604。所述锂电池 J5 连接电容 C1 的两端，电容 C1 连接稳压器 MAX604，二极管 D1 连接电阻 R1，二极管 D2 连接电阻 R2，电阻 R1、电阻 R2 和二极管 D3 并联连接稳压器 MAX604，电阻 R1、电阻 R2 和二极管 D3 连接电容 C3，稳压器 MAX604 连接电源 VCC 和电容 C2。采用 MAX604 芯片，MAX604 芯片是一种低压差、低功耗线性稳压器，同时可以对锂电池进行充电，保证系统稳定工作，这种结构提高了工作效率。

双输入电源及相应的网络设备

申请（专利）号：201210302661.0 **公开日：**2014-03-12

申请人：深圳市腾讯计算机系统有限公司

发明人：李典林 朱华 杨晓伟

摘要：

本发明涉及一种双输入电源，包括用于主电源的输入的主电源输入端、用于备用电源的输入的备用电源输入端、用于对主电源输入端的输入电流和备用电源输入端的输入电流进行限流处理的软启动电路，以及用于稳定双输入电源的输出电压的母线电容。软启动电路分别与主电源输入端和备用电源输入端连接。本发明还涉及一种网络设备。本发明的双输入电源及网络设备的两路电源输入只使用了一路软启动电路，使得该双输入电源体积小，制作成本低并且可避免备用电源启动时的电流冲击。

一种液晶电视的电源电路

申请（专利）号：201310543543.3 **公开日：**2014-03-12

申请人：康佳集团股份有限公司

发明人：陈立春 林友记

摘要：

本发明公开了一种液晶电视的电源电路，设置在 LED 背光、机芯与外部输入电源之间。所述电源电路包括滤波整流电路、主拓扑电路、负载电压检测与反馈电路、PWM 控制电路和降压电路。外部输入电源通过滤波整流电路进入主拓扑电路后，分为两路：一路输入到 LED 背光；另一路通过降压电路输入到机芯。所述负载电压与反馈电路分别与 LED 背光、PWM 控制电路连接，用于检测 LED 背光的电压并反馈到 PWM 控制电路，调整 PWM 输出进而调整输入到 LED 背光的电压。与现有技术相比，该电路效率大幅度提高，同时功率器件成本有明显降低，具有很好的推广应用前景。

具有自备电源的消防车

申请（专利）号：201310664511.9 **公开日：**2014-03-19

申请人：姚海娟

发明人：姚海娟 岳松敏

摘要：

一种具有自备电源的消防车。在消防车外壳的一边有驾驶室，驾驶室里面还有水泵，旁边有水箱，在消防车的车架上安装直流电动机，直流电动机的一侧安装变速箱，另一侧安装超大容量电容器，紧靠超大容量电容器的是燃料电池和燃料箱，燃料箱上安装有燃料泵，燃料泵定时向燃料电池输送燃料，燃料电池被加入燃料之后，会产生出直流电，充电完成以后，储存的大量电能为水泵提供电源，同时可供直流电动机工作，直流电动机又把动力传给变速箱，变速箱输出的动力又传给消防车的驱动部分，供消防车工作。

液压伺服系统回路自动冲洗方法及电磁换向阀控制电源装置

申请（专利）号：201310702251. X **公开日：**2014-03-19

申请人：衡阳华菱钢管有限公司

发明人：夏文辉 何发明

摘要：

一种液压伺服系统回路自动冲洗方法及装置。它是由一个电磁换向阀控制电源装置作为液压伺服系统回路的自动冲洗外加控制电源，将手动换向阀冲洗改为自动冲洗。自动冲洗前，用自动冲洗伺服阀组件替换现有的伺服油缸和平衡油缸液压回路中的伺服阀，用第一油路块替换现有的伺服油缸和平衡油缸液压回路中的第一液控单向阀，用第二油路块替换现有的伺服油缸和平衡油缸液压回路中的第二液控单向阀。替换完毕后，电磁换向阀控制电源装置上的航空插头通过插头线分别与相对应的自动冲洗伺服阀组件中的电磁换向阀和平衡油缸电磁换向阀的电磁铁插座连接，通过电磁换向阀控制电源装置的控制对液压伺服系统回路进行自动冲洗。

一种用软件控制集成电路中电源关闭的方法

申请（专利）号：201310637524.7 公开日：2014-03-19

申请人：苏州贝克微电子有限公司

发明人：不公告发明人

摘要：

一种用软件控制集成电路中电源关闭的方法。例如数据采集系统，通过软件命令实现集成电路的电源关闭。在一个数据采集系统的实例中，一个8位的数据输入字控制数据采集系统的运作，其中2个字长位用来定义数据输出字的长度。字长各位的组合之一，是用来命令电源关闭。集成电路的一个解码器标识电源关闭命令，产生一个电源关闭信号（PS），在电路不工作时用来最大程度地降低功耗。

一种笔记本用电源

申请（专利）号：201310663687.2 公开日：2014-03-19

申请人：杜国霞

发明人：杜国霞

摘要：

一种笔记本用电源，将变压器、输入线、输出线做成3部分分别连接。本发明的优点：独立方式不可更换。

具有电源电压的稳定化结构的三维集成电路及其制造方法

申请（专利）号：201380002158.6 公开日：2014-03-19

申请人：松下电器产业株式会社

发明人：森本高志

摘要：

本发明提供一种三维集成电路。其将第一半导体芯片和第二半导体芯片进行了层叠，第一半导体芯片及第二半导体芯片，连续设置了具有用于稳定地向各自的内部电路提供电源电压的布线图案结构的电源布线层和接地布线层，并且；第一半导体芯片与第二半导体芯片的任一方的半导体芯片，在与另一方的半导体芯片对置的面上还具有第二接地布线层或第二电源布线层。

一种改进型电泳仪和配套电源的接合装置

申请（专利）号：201310628361.6 公开日：2014-03-19

申请人：中山康方生物医药有限公司

发明人：王谦

摘要：

本发明提供了一种改进型电泳仪和配套电源的接合装置，包括电泳仪和配套电源上各自设置的正极电源插孔和负极电源插孔，以及两条延伸线。延伸线的两端分别设有正极电源插头和负极电源插头，正极电源插头和负极电源插头分别与正极电源插孔和负极电源插孔插合。所述正极电源插孔和负极电源插孔的截面形状不同，所述正极电源插头和负极电源插头的形状分别与正极电源插孔和负极电源插孔相应。本发明通过设置截面形状不同的电源插孔及对应形状的电源插头，使电源插头无法插入极性不相同的电源插孔中，从而保证电泳仪与配套电源接线正确，能够正常通电。

一种车载电源保安控制装置及控制方法

申请（专利）号：201310599593.3 公开日：2014-03-19

申请人：衡阳泰豪通信车辆有限公司

发明人：王建宇 潘庭发 王锋

摘要：

一种车载电源保安控制装置，包括漏电压保护器、交流接触器和保安电路板。所述漏电压保护器连接于市电和交流接触器的主常开触头之间，所述漏电压保护器还连接于市电和保安电路板之间，所述交流接触器的线圈连接于交流接触器的主常开触头和保安电路板之间，所述交流接触器的主常开触头另一端连接负载。本发明还包括一种车载电源保安控制方法。本发明安装便捷，安全可靠，运行稳定。

一种双输入、单输出的电源

申请（专利）号：201310612684.6 公开日：2014-03-19

申请人：苏州贝克微电子有限公司

发明人：李志鹏

摘要：

一种双输入、单输出的电源，提供了调节电路和调节技术可以为一个给定的负载提供足够大的功率，即使在系统中没有单一的供电电源可以满足给定负载的需求。本发明中的电路和技术使用了多个开关稳压器，这些稳压器的输入端具有不同的电压并且都有一个单一的联合输出端。一个电流检测电路通过开关稳压器来分配功率，因此每个开关稳压器都会给一部分输出端提供电流，从而为开关稳压器提供功率。

一种荧光灯的电源供应器

申请（专利）号：201310624551.0 公开日：2014-03-19

申请人：苏州贝克微电子有限公司

发明人：不公告发明人

摘要：

一种荧光灯的电源供应器，提供了一种荧光灯的电源供应器和控制电路，使灯的强度能够调整，从而使灯能够随着使用时间的增长或电源电压的波动以基本恒定的强度照射。

焊接电源以及定位焊接方法

申请（专利）号：201310303296.X 公开日：2014-03-26

申请人：株式会社大亨

发明人：仝红军

摘要：

本发明提供一种焊接电源及定位焊接方法。在定位焊接的点固位置的焊接停止时，即使将焊炬（4）从母材

(2) 提起来也能够使焊丝 (1) 伸出的长度变得适当。焊接电源 (PS) 的电源主电路 (PM) 对焊炬 (4) 和母材 (2) 之间供电，进给速度控制电路FC控制焊丝 (1) 的进给速度，电流下降基准值设定电路 (ITN) 设定在点固位置使焊接结束时将焊炬 (4) 从母材 (2) 提起来时的焊接电流的减少值即电流下降基准值 (Itn)。焊接停止判别电路 (ND) 在电流平滑值 (Iav) 达到电流下降基准值 (Itn) 时判断焊炬 (4) 离开母材 (2) 且焊接已结束，向电源主电路 (PM) 输出停止指令，对进给速度控制电路 (FC) 输出进给停止指令。其结果不会产生焊接缺陷。

具有警报功能的PDU电源

申请（专利）号： 201210346903.6　**公开日：** 2014-03-26

申请人： 天津鑫金维网络技术有限公司

发明人： 郝铁乱　张永花

摘要：

本发明提供一种具有警报功能的PDU电源，包括PDU电源电路。其特征在于，还包括监测模块和警报模块。所述监测模块和所述警报模块均与所述PDU电源电路相连，所述监测模块与警报模块电连接。本发明的有益效果是监测模块可随时监测电路的电压、电流值，超过电路承载量时，警报模块发出警报提示工作人员，有较高的安全性能。

一种仪器仪表电源电量提示装置

申请（专利）号： 201310631390.8　**公开日：** 2014-03-26

申请人： 国网安徽旌德县供电有限责任公司

发明人： 方家文　王泉　齐凌云　潘家寅

摘要：

本发明涉及一种电池用电量提示装置，具体涉及一种仪器电池用电量的提示装置及提示方法。其包括电池和电量显示装置。所述电池与电压检测电路相连；所述电压检测电路与A-D转换器相连；所述A-D转换器与单片机输入端相连，单片机的输出端接液晶显示装置和扬声器。本发明能够在仪器仪表电源电量不足时给与及时的提醒，方便工作人员及时充电，同时显示剩余电量，使工作人员便于计算仪器仪表还可以继续工作的时间，提高了仪器仪表的使用寿命。

一种智能恒温高频电源开关柜

申请（专利）号： 201310649531.9　**公开日：** 2014-03-26

申请人： 四川省华电成套设备有限公司

发明人： 朱颜勇

摘要：

本发明公开了一种智能恒温高频电源开关柜，包括高频开关电源柜柜体及设置在高频开关电源柜柜体内的恒温控制系统。所述恒温控制系统包括温度检测仪、第一继电器、第二继电器、晶体管制冷片、散热片、散热风机、加热电阻和单片机；所述温度检测仪连接至所述单片机，第一继电器和第二继电器的控制端分别经一晶体管连接至单片机，晶体管制冷片与散热片相连接，散热片两侧分别连接两台散热风机；所述第一继电器的常开触头与晶体管制冷片、散热风机的电源端串联，第二继电器与加热电阻的电源端串联。本发明保证了电源柜内的温度始终处于恒温状态，使元器件不易老化，防止不可预测的因素的情况发生，从而保证电力系统的安全运行。

一种远程控制除湿型高频开关电源柜

申请（专利）号： 201310650136.2　**公开日：** 2014-03-26

申请人： 四川省华电成套设备有限公司

发明人： 朱颜勇

摘要：

本发明公开了一种远程控制除湿型高频开关电源柜，包括高频开关电源柜柜体、相对湿度传感器、晶体管、继电器、单片机、半导体制冷片和RS-485通信接口。所述单片机的P0端口接相对湿度传感器的信号输出端，P1端口连接RS-485通信接口，P3端口与所述晶体管的基极相连，晶体管的发射极连接至为继电器的控制线圈；所述继电器的常开触头与为所述半导体制冷片供电的直流电源串联。本发明可以远程控制半导体制冷片，在相对湿度较小时仅通过干燥剂便能除湿，相对湿度较大时，远程中心可以远程控制半导体制冷片的开启或关闭，这样节约了能耗，延长了半导体制冷片的使用寿命。

一种遥控型电源温控连接装置

申请（专利）号： 201310674782.2　**公开日：** 2014-03-26

申请人： 邵应德

发明人： 邵应德

摘要：

本发明提供一种遥控型电源温控连接装置，包括以三环圆心为中心的空心管状接地柱所构成的三环上温控器及一接插在该三环上温控器上形成电源连接的三环下连接器。该三环上温控器的中部设置信号发射器及用于安装信号发射器的信号发射管道。该三环下连接器对应该三环上温控器的底部设置信号接收器及用于安装信号接收器的信号接收管道。该信号发射管道与该信号接收管道相互对接形成信号输送通道，使安装在三环上温控器的信号发射器发射出去的信号能通过该信号输送通道传递到该信号接收器上。通过三环上温控器中部设置的信号发射管道与三环下连接器底部设置的信号接收管道，相互对接形成信号输送通道进行红外线信号或无线电信号的传送。

一种用于含分布式电源配电网的电磁暂态实时仿真方法

申请（专利）号： 201310651746.4　**公开日：** 2014-03-26

申请人： 云南电力试验研究院（集团）有限公司电力研究院　国家电网公司　北京科东电力控制系统有限责任公司

发明人： 罗学礼　穆世霞　周年荣　徐正清　崔玉峰　张明　张林山　王兰香　苏适　于亚伟　严玉廷

摘要：

本发明公开了一种用于含分布式电源配电网的电磁暂态实时仿真方法。该方法通过对配电网和分布式电源进行解耦得到各自的等效模型，确定等效模型的等值参数；结合分布式电源和配电网的暂态时间常数，分布式电源和配电网的等效模型按照各自步长进行仿真计算；利用物理接口，实现分布式电源和配电网接口数据交互，在数据交互完成后进行仿真同步校验。本发明可以模拟含分布式电源配电网的正常运行状态和各种故障，实现系统的闭环仿真和测试，有效实现了含分布式电源配电网的电磁暂态实时仿真，满足对配电网新技术和设备的研究分析和仿真实验、仿真培训等需求。

一种用碳纳米管制作电源线的方法

申请（专利）号：201310644018.0 **公开日：**2014-03-26

申请人：范富仓

发明人：范富仓

摘要：

一种用碳纳米管制作电源线的方法。它是先制取柱状结构阵列碳纳米管膜，再提供一高弹性薄膜，分离碳纳米管阵列与高弹性薄膜，从而得到高密度碳纳米管阵列，利用得到的高密度碳纳米管阵列开始制备CNT/PAN/C复合纤维。聚丙烯腈（PAN）纤维是制备高性能碳纤维的前驱体，用原位聚合法就可制备CNT/PAN/C复合纤维。由于这种复合纤维的导电率大大提高，所以可用这种复合纤维制成电源线。

一种电源、温感混合电缆

申请（专利）号：201210327727.1 **公开日：**2014-03-26

申请人：扬州市凤鸣电缆厂

发明人：杨凤鸣　许跃东

摘要：

一种电源、温感混合电缆，涉及一种电缆，特别涉及一种适用于加热电器的电源和温度控制传感器的引出连接线。它包括多股两两绞合的温感线和多股电源线及一根地线。多股温感线、电源线及地线设置成一根整体的线缆，在成缆的温感线、电源线、地线外设置包带绕包层，在包带绕包层外设置聚氯乙烯外护套层，在各感温线和各电源线上分别设置识别标识。本电缆结构紧凑、组装方便，各温感线和电源线上分别设置识别标识可有效避免混淆、接错的现象。

接触器电源控制装置

申请（专利）号：201210357066.7 **公开日：**2014-03-26

申请人：宝钢不锈钢有限公司

发明人：吴晓东　侯时云　姚忠帮

摘要：

本发明揭示了一种接触器电源控制装置，包括熔断器、自耦变压器、第一整流二极管、时间继电器和接触器。第一整流二极管的阳极与自耦变压器的一次侧及熔断器连接，供以电源，其阴极与时间继电器的常闭辅助触头相连接，常闭辅助触头的另一端连接接触器的线圈和时间继电器的线圈，接触器的线圈和时间继电器的线圈的另一端接零线。采用了本发明的技术方案，电源接通时，大电流吸合延时控制电路向交流接触器线圈控制电路提供交流接触器大电流吸合时所需的延时控制信号；吸合延时过后，小直流电流吸持控制电路提供交流接触器吸持时所需小直流电流的控制信号，交流接触器小直流电流吸持，实现交流接触器节能运行。

凝胶聚合物电解质及其制备方法、电化学电源及其应用

申请（专利）号：201210360661.6 **公开日：**2014-03-26

申请人：海洋王照明科技股份有限公司　深圳市海洋王照明技术有限公司　深圳市海洋王照明工程有限公司

发明人：周明杰　刘大喜　王要兵

摘要：

本发明公开了一种凝胶聚合物电解质及其制备方法、电化学电源及其应用。该凝胶聚合物电解质制备方法包括配制含PMMA聚合物的黏稠液体、流延制备凝胶聚合物电解质膜和浸渍吸附电解液步骤。电化学电源含有该凝胶聚合物电解质。本发明凝胶聚合物电解质制备方法工艺简单，技术成熟，成品率和效率高，有效降低了生产成本。该方法制备的凝胶聚合物电解质的机械强度和导电率高。含有凝胶聚合物电解质的电化学电源成品率高，生产成本低，具有优异的电化学性能，扩大了电化学电源的应用范围。

凝胶聚合物电解质及其制备方法、电化学电源及其应用

申请（专利）号：201210355346.4 **公开日：**2014-03-26

申请人：海洋王照明科技股份有限公司　深圳市海洋王照明技术有限公司　深圳市海洋王照明工程有限公司

发明人：周明杰　刘大喜　王要兵

摘要：

本发明公开了一种凝胶聚合物电解质及其制备方法、电化学电源及其应用。该凝胶聚合物电解质含有质量比为（0.5～1.5）：（0.1～0.3）：1：（0.1～0.2）的哌啶类低温熔盐、锂盐、偏氟乙烯-六氟丙烯共聚物、介孔分子筛SBA-15组分。其制备方法包括获取介孔分子筛SBA-15、配制含偏氟乙烯-六氟丙烯共聚物的第一混合液、配制含介孔分子筛SBA-15的第二混合液和将第二混合液浇铸成膜的步骤。电化学电源含有该凝胶聚合物电解质。本发明凝胶聚合物电解质机械强度和导电率高，制备方法工艺简单、技术成熟、成品率和效率高。含有凝胶聚合物电解质的电化学电源成品率高、生产成本低，具有优异的电化学性能，扩大了电化学电源的应用范围。

凝胶聚合物电解质及其制备方法、电化学电源及其应用

申请（专利）号：201210360673.9　**公开日**：2014-03-26
申请人：海洋王照明科技股份有限公司　深圳市海洋王照明技术有限公司　深圳市海洋王照明工程有限公司
发明人：周明杰　刘大喜　王要兵
摘要：

本发明公开了一种凝胶聚合物电解质及其制备方法、电化学电源及其应用。该凝胶聚合物电解质含有质量比为（0.5～1.5）：（0.1～0.3）：1：（0.1～0.2）的N-甲氧基乙基哌啶类低温熔盐、锂盐、聚醋酸乙烯酯、介孔分子筛SBA-15组分。其制备方法包括获取介孔分子筛SBA-15、配制含聚醋酸乙烯酯的第一混合液、配制含介孔分子筛SBA-15的第二混合液和将第二混合液浇铸成膜的步骤。电化学电源含有该凝胶聚合物电解质。本发明凝胶聚合物电解质机械强度和导电率高，制备方法工艺简单、技术成熟、成品率和效率高。含有凝胶聚合物电解质的电化学电源成品率高、生产成本低，具有优异的电化学性能，扩大了电化学电源的应用范围。

可变直流电源箱

申请（专利）号：201210361143.6　**公开日**：2014-03-26
申请人：山东金王电器有限公司
发明人：温永林
摘要：

可变直流电源箱，箱体内上下设有带纵向伸缩弹簧和正、负极导线的正、负极板、左右设有带横向弹簧的左、右挡板，正、负极板与左右挡板之间是可变电池仓。该可变直流电源箱，可以同时混合或单独使用多种规格的干电池，极大地方便了人们的日常生活。

一种汽车音响的电源插座

申请（专利）号：201210323378.6　**公开日**：2014-03-26
申请人：芜湖市华宏汽车电子有限公司
发明人：李爱华　田学林　储标
摘要：

本发明公开了一种汽车音响的电源插座，所述的电源插座（6）包括多个插针（1）；所述的插针（1）的插接部位宽度方向的两边缘均设有插针倒刺（4）；所述的插针倒刺（4）为多个锯齿形；所述锯齿形的齿形方向为阻止所述的插针（1）拔出的方向；所述的插针（1）的针体设有插针折弯（5），所有插针（1）上的插针折弯（5）的折弯方向一致，折弯后的端部均与PCB（3）连接。采用上述技术方案，通过在插针上设计倒刺，可有效地防止插座掉针现象的发生，提升了产品的质量；通过将插针进行有规律的折弯，可以使得插座插针直接到达PCB，节省了一块转接PCB，有效地降低了成本，且进一步提升了产品的质量。

一种带有保护板的PDU电源

申请（专利）号：201210345307.6　**公开日**：2014-03-26
申请人：天津鑫金维网络技术有限公司
发明人：郝铁乱　张永花
摘要：

本发明提供一种带有保护板的PDU电源，包括开关和插座。其特征在于，所述插座外壳内侧设有一夹层，夹层内设有一保护板；所述插座外壳和所述保护板均在所述插座本体的插孔位置设有通孔；所述插座外壳在所述通孔一侧设有一滑槽；所述保护板在所述通孔一侧设有凸起；所述凸起与所述滑槽滑动连接。本发明的有益效果是为PDU电源提供一个防触电、放落尘的保护板，结构简单、使用方便。

一种带电源插孔的电线

申请（专利）号：201210315758.5　**公开日**：2014-03-26
申请人：张博
发明人：张博
摘要：

本发明公开了一种带电源插孔的电线，包括若干插孔单元和电线。所述插孔单元上部设置有插孔，插孔单元分布在电线的长度方向上；所述电线的一头设置有插头。本发明使得人们可以自由地设置在屋内各个需要使用的位置，使屋内分散布局的电器也可以方便地连接到电路上。

电源端子

申请（专利）号：201210350358.8　**公开日**：2014-03-26
申请人：核特电子（昆山）有限公司
发明人：练润兴
摘要：

本发明公开了一种电源端子，包括料带部、电源线连接部、安装部和接触部。所述电源线连接部、安装部和接触部依次连接，若干电源线连接部、安装部和接触部形成的整体彼此间隔排列于料带部一侧，电源线连接部和安装部为位于同一平面上的平直结构，接触部为一朝向垂直电源连接部和安装部平面弯曲的弹性结构，安装部设有与接触部反向的折弯卡扣；所述电源线连接部上设有与接触部同向延伸的呈V字形的卡爪。本发明通过在电源端子的电源线连接部设置卡爪结构，实现了电源线与电源端子的快速连接，避免了焊接，提高了电源端子与电源线连接的工作效率，降低了连接成本，提高了连接强度，确保电源信号输出的稳定性。

一种设有阵列白光灯的高频开关电源柜

申请（专利）号：201310649290.8　**公开日**：2014-03-26
申请人：四川省华电成套设备有限公司
发明人：朱颜勇
摘要：

本发明公开了一种设有白光灯阵列的高频开关电源柜，包括电源柜柜体、3组白光灯阵列和与白光灯阵列串联的按键开关。所述电源柜柜体整体为密封结构，在电源柜柜体的前面板上设置有盖板，盖板上从外到内依次设有防尘网及风扇罩，盖板内设有风扇；所述3组白光灯阵列分别设置在电源柜柜体的顶面板、左侧板和盖板上。本发明整体为密封结构，并在盖板上设置有防尘网，阻止灰尘进入，能有效防止电路因灰尘过重而引起的电路老化现象，延长使用寿命；其次在柜体上的各个方位设置有白光灯阵列，在检查和维修电源柜时，方便为工作人员照明。

一种由绝缘面板构成的直流电源柜

申请（专利）号：201310649427.X　**公开日：**2014-03-26

申请人：四川省华电成套设备有限公司

发明人：朱颜勇

摘要：

本发明公开了一种由绝缘面板构成的直流电源柜，包括柜体及设置在柜体内的屏蔽盒、充电装置、电池组、逆变器和控制器。所述屏蔽盒由隔板隔成数个相互独立的屏蔽室，所述两个充电装置、电池组、逆变器和控制器单独安装在屏蔽室内。绝缘面板固定在柜体金属操控面板的背面，绝缘面板上由上至下设有一个产品铭牌安装槽、一个显示屏安装槽及至少一个按键安装槽，因此产品铭牌可以直接插入到产品铭牌安装槽内，显示屏直接安装在显示屏安装内，按键直接安装按键安装槽内，可有效防止灰尘通过缝隙进入到柜体，从而保证直流电源柜正常安全运行。

一种除湿型应急电源柜

申请（专利）号：201310649435.4　**公开日：**2014-03-26

申请人：四川省华电成套设备有限公司

发明人：朱颜勇

摘要：

本发明公开了一种除湿型应急电源柜，包括柜体和设置在柜体内的2个充电装置、电池组、逆变器、控制器和用来输入、输出的输入端子和输出端子，还包括除湿装置，所述除湿装置由相对温度传感器、晶体管、继电器、单片机和半导体制冷片。所述相对湿度传感器的信号输出端接单片机P0端口，晶体管的基极连接至单片机P3端口，晶体管的发射极连接至为继电器的控制线圈；所述继电器的常开触头与为所述半导体制冷片供电的直流电源串联。在本发明的柜体内安装有半导体制冷片，使高频开关电源柜柜体内的湿空气只在半导体制冷片的制冷面上冷凝结露、并随之排至箱外，降低柜体内的湿空气的含湿量。

一种绝缘型高频开关电源柜

申请（专利）号：201310649426.5　**公开日：**2014-03-26

申请人：四川省华电成套设备有限公司

发明人：朱颜勇

摘要：

本发明公开了一种绝缘型高频开关电源柜。其特征在于，电源柜柜体的内层和表层均涂敷有一层2mm厚的聚酯漆层；所述电源柜柜体包括前面板，前面板的下部为中空部；所述中空部上设置有盖板；所述盖板从外到内依次设有防尘网及风扇罩，盖板内设有风扇；所述防尘网的里层和表层也涂敷有一层2mm厚的聚酯漆层。本发明中的电源柜柜体和盖板上的里层和表层均涂敷有2mm厚的聚酯漆层，保证了电源柜的绝缘性，防止漏电。

一种直流电源防反接电路及灯具

申请（专利）号：201210314202.4　**公开日：**2014-03-26

申请人：深圳市海洋王照明工程有限公司　海洋王照明科技股份有限公司

发明人：周明杰　孙占民

摘要：

本发明涉及电源防反接领域，公开了一种直流电源防反接电路及灯具。本发明提供的直流电源防反接电路，通过设置继电器、二极管、第一开关管及第二开关管，使得当所述直流电源信号端的正极输入端接收到负电压信号，所述直流电源信号端的负极输入端接收到正电压信号时，所述二极管截止，所述继电器的开关断开，使得所述第一及第二开关管截止，从而使得所述直流电源防反接电路的第一及第二输出端未有电压信号输出至所述负载，达到防反接保护目的。本发明提供的电路结构简单、稳定性高、功耗较小，提高了防反接电路的性能。

一种直流电源防反接电路及灯具

申请（专利）号：201210313928.6　**公开日：**2014-03-26

申请人：深圳市海洋王照明工程有限公司　海洋王照明科技股份有限公司

发明人：周明杰　孙占民

摘要：

本发明涉及电源防反接领域，公开了一种直流电源防反接电路及灯具。本发明提供的直流电源防反接电路，通过设置继电器、二极管及第一开关管，使得当所述直流电源信号端的正极输入端接收到负电压信号，所述直流电源信号端的负极输入端接收到正电压信号时，所述二极管截止，所述继电器的开关断开，使得所述第一开关管截止，从而使得所述直流电源防反接电路的第一及第二输出端未有电压信号输出至所述负载，达到防反接保护目的。本发明提供的电路结构简单、稳定性高、功耗较小，提高了防反接电路的性能。

开关电源过电流保护电路

申请（专利）号：201210364908.1　**公开日：**2014-03-26

申请人：深圳市海洋王照明工程有限公司　海洋王照明科技股份有限公司

发明人：周明杰　邵贤辉

摘要：

一种开关电源过电流保护电路，包括交流整流滤波电路、变压器、直流整流滤波电路、开关电路、控制电路和反馈电路；控制电路包括脉宽调制芯片和采样电阻。当直流整流滤波电路输出的电压高于电压阈值时反馈电路发送反馈信号到脉宽调制芯片的频率补偿端，使所述频率补偿端的电位被拉低，脉宽调制芯片将采样电阻采集的电流信号和频率补偿端的电压进行比较，由输出端输出PWM信号控制开关电路的导通和关断，从而控制变压器的通断状态，达到输出稳压的目的。由于将反馈信号直接发送到脉宽调制芯片的频率补偿端，反馈信号不需要经过脉宽调制芯片内部的高增益误差放大器，缩短了反馈信号的传输时间，具有过电流保护反应灵敏、响应时间短的特点。

电源电路及其控制方法

申请（专利）号：201210326576.8 **公开日：**2014-03-26

申请人：鸿富锦精密工业（深圳）有限公司 鸿海精密工业股份有限公司

发明人：陈开富 曾创炜 陈哲训

摘要：

本发明涉及一种电源电路及其控制方法。该电源电路包括市电供电的主电源电路、太阳能供电的次电源电路及功率控制器。该方法包括，设置主电源电路的初始输出功率并侦测次电源电路的初始输出功率；调整主电源电路的输出功率，使次电源电路的输出功率等于额定功率；保持主电源电路的输出功率第一预定时间；判断次电源电路额定功率的变化情况；当次电源电路额定功率增大时，再次执行额定功率追踪步骤；当次电源电路额定功率变小时，增大主电源电路的输出功率，并使主电源电路的输出功率的增大量等于次电源电路输出功率的减小量；以及当次电源电路额定功率不变时将主电源电路的输出功率增大第三预定阈值。

基于双硅链降压装置的智能恒温直流电源屏

申请（专利）号：201310649994.5 **公开日：**2014-03-26

申请人：四川省华电成套设备有限公司

发明人：朱颜勇

摘要：

本发明公开了一种基于双硅链降压装置的智能恒温直流电源屏，包括由绝缘面板制成的柜体及设置在柜体内的恒温控制系统。所述恒温控制系统包括温度检测仪、第一继电器、第二继电器、晶体管制冷片、散热片、散热风机、加热电阻和单片机；所述温度检测仪连接至所述单片机，第一继电器和第二继电器的控制端分别经一晶体管连接至单片机，晶体管制冷片与散热片相连接，散热片两侧分别连接两台散热风机；所述第一继电器与晶体管制冷片、散热风机的电源端串联，第二继电器与加热电阻的电源端串联。本发明保证了柜体内的温度始终处于恒温状态，使电器元件不易老化，防止不可预测的因素的情况发生，从而保证电力系统的安全运行。

一种基于漏电流检测传感器的直流电源柜

申请（专利）号：201310649284.2 **公开日：**2014-03-26

申请人：四川省华电成套设备有限公司

发明人：朱颜勇

摘要：

本发明公开了一种基于漏电流检测传感器的直流电源柜，包括柜体及设置在柜体内的屏蔽盒、充电装置、电池组、漏电流检测传感器、报警器、逆变器和控制器。所述屏蔽盒由隔板隔成数个相互独立的屏蔽室组成；所述 2 个充电装置、电池组、逆变器和控制器单独安装在屏蔽室内，漏电流检测传感器设置在柜体的面板上，漏电流检测传感器电性连接至控制器；所述报警器也连接至控制器。本发明设有漏电流检测传感器，可以实时检测设备是否漏电，若漏电则可及时报警。

一种设有文件盒的直流电源屏

申请（专利）号：201310649428.4 **公开日：**2014-03-26

申请人：四川省华电成套设备有限公司

发明人：朱颜勇

摘要：

本发明公开了一种设有文件盒的直流电源屏，包括柜体及设置在柜体内的直流稳压装置、充电装置。蓄电池组和两硅链降压装置。所述两硅链降压装置并联连接在蓄电池组和控制母线之间，每一个硅链降压装置由 6 ~ 8 个大功率二极管串联构成，硅链降压装置的输出端还串联有一个发光二极管，硅链降压装置的阳极端与蓄电池组的输出连接，硅链单元的阴极端连接至控制母线；所述充电装置的输出端串联一个二极管，二极管的阴极连接至电池组的输入端，并且所有充电装置的输出端并联连接；所述柜体的左侧板和右侧板上设有文件盒。本发明采用双硅链降压装置并联，当其中一路硅链降压装置损坏时，另一路硅链降压装置仍可用，为电流输出提供了保障。

一种带屏蔽盒的双硅链降压装置的直流电源屏

申请（专利）号：201310649932.4 **公开日：**2014-03-26

申请人：四川省华电成套设备有限公司

发明人：朱颜勇

摘要：

本发明公开了一种带屏蔽盒的双硅链降压装置的直流电源屏，包括柜体以及设置在柜体内的屏蔽盒、直流稳压装置、充电装置、蓄电池组和两硅链降压装置。所述屏蔽盒由隔板隔成数个相互独立的屏蔽室；直流稳压装置、充电装置、蓄电池组和两硅链降压装置均单独安装在各个屏蔽室内。在本发明中所有电子器件单独放置在屏蔽室内，避免了电子器件通电后相互之间存在电磁干扰的现象。

一种直流电源屏

申请（专利）号：201310649948.5 **公开日：**2014-03-26

申请人：四川省华电成套设备有限公司

发明人：朱颜勇

摘要：

本发明公开了一种直流电源屏，包括柜体及设置在柜体内的直流稳压装置、充电装置、蓄电池组和两硅链降压装置。所述两硅链降压装置并联连接在蓄电池组和控制母线之间，每一个硅链降压装置由 6 ~ 8 个大功率二极管串联构成，硅链降压装置的输出端还串联有一个发光二极管，硅链降压装置的阳极端与蓄电池组的输出连接，硅链单元的阴极端连接至控制母线；所述充电装置的输出端串联一个二极管，二极管的阴极连接至电池组的输入端，并且所有充电装置的输出端并联连接；所述柜体由绝缘面板制成，柜体的正面上还粘贴有木质片式长方形装饰条。本发明克服了喷涂油漆污染环境的缺点，柜体由绝缘面板制成，避免了电源屏漏电导致人员触电的危险。

一种运用于电源柜的多回路监控系统

申请（专利）号：201310649865.6 **公开日：**2014-03-26

申请人：四川省华电成套设备有限公司

发明人：朱颜勇

摘要：

本发明公开了一种运用于电源柜的多回路监控系统，包括电能计量芯片、高速信号切换开关、处理器MC9S08AW32、开关量控制模块、存储器、显示屏和RS485通信接口。所述开关量控制模块的输入端经光耦合器连接至处理器MC9S08AW32、输出端经光耦合器连接至输出继电器。本发明采用单个电能芯片来实现对多回路负载的电流、电压、功率、电能等参数的测量，最多可监测9个配电回路，在满足监控智能化和网络化的同时大大降低了投资成本和使用成本。

一种智能恒温直流电源柜

申请（专利）号：201310650151.7 **公开日：**2014-03-26

申请人：四川省华电成套设备有限公司

发明人：朱颜勇

摘要：

本发明公开了一种智能恒温直流电源柜，包括由绝缘面板制成的柜体。在所述柜体内还设置有恒温控制系统；所述的恒温控制系统包括温度检测仪、第一继电器、第二继电器、晶体管制冷片、散热片、散热风机、加热电阻和单片机；所述温度检测仪连接至所述单片机，第一继电器和第二继电器的控制端分别经一晶体管连接至单片机，晶体管制冷片与散热片相连接，散热片两侧分别连接两台散热风机；所述第一继电器与晶体管制冷片、散热风机的电源端串联，第二继电器与加热电阻的电源端串联。本发明保证了电源柜内的温度始终处于恒温状态，使元器件不易老化，防止不可预测的因素的情况发生，从而保证电力系统的安全运行。

一种基于双硅链降压装置的直流电源屏

申请（专利）号：201310649807.3 **公开日：**2014-03-26

申请人：四川省华电成套设备有限公司

发明人：朱颜勇

摘要：

本发明公开了一种基于双硅链降压装置的直流电源屏，包括直流稳压装置、充电装置、蓄电池组，还包括两硅链降压装置。所述两硅链降压装置并联连接在蓄电池组和控制母线之间，每一个硅链降压装置由6~8个大功率二极管串联构成，硅链降压装置的输出端还串联有一个发光二极管，硅链降压装置的阳极端与蓄电池组的输出连接，硅链单元的阴极端连接至控制母线。本发明采用双硅链降压装置并联，当其中一路硅链降压装置损坏时，另一路硅链降压装置仍可用，为电流输出提供了保障；硅链降压装置上串联有发光二极管，当其中某一硅链降压装置被烧坏时，发光二极管不再发光，此举可提醒工作人员及时更换。

一种带密码锁的单回路供电直流电源柜

申请（专利）号：201310649864.1 **公开日：**2014-03-26

申请人：四川省华电成套设备有限公司

发明人：朱颜勇

摘要：

本发明公开了一种带密码锁的单回路供电直流电源柜，包括柜体和设置在柜体内的两个充电装置、电池组、逆变器和控制器。柜体还设置有分别用来输入、输出的输入端子和输出端子。所述柜体的柜门上装有密码读取装置和电子密码锁锁体，所述密码读取装置和电子密码锁锁体都与单片机STC10F12XE连接。本发明避免了充电装置间电流逆向流动的问题，使电流输出更稳定；且用密码控制柜门的打开和关闭，保证了直流电源柜的使用安全。

一种智能高频开关充电电源

申请（专利）号：201310649867.5 **公开日：**2014-03-26

申请人：四川省华电成套设备有限公司

发明人：朱颜勇

摘要：

本发明公开了一种智能高频开关充电电源，包括前级三相无源PFC电路、输助电源、温度检测电路和后级DC/DC电路。所述前级三相无源PFC电路包括输入EMI电路和无源PFC电路，输入EMI电路的输出端与无源PFC电路输入端串联；所述后级DC/DC电路包括DC/DC转换器、DC/DC控制保护电路、整流滤波电路、输出EMI电路；所述温度检测电路连接在输出EMI电路的输入端与DC/DC控制保护电路的输入端间，还包括一输入检测保护电路，该输入检测保护电路连接在输入EMI电路的输出端和DC/DC控制保护电路的输入端之间。本发明设有输入检测保护电路能有效避免输入欠电压和断相带来的易烧坏电源的风险。

一种单回路供电直流电源柜

申请（专利）号：201310650181.8 **公开日：**2014-03-26

申请人：四川省华电成套设备有限公司

发明人：朱颜勇

摘要：

本发明公开了一种单回路供电直流电源柜，包括柜体和设置在柜体内的两个充电装置、电池组、逆变器和控制器。柜体还设置有分别用来输入、输出的输入端子和输出端子。所述电池组的输出连接到逆变器的输入，逆变器的输出连接接触器的其中一个输入上，接触器的另一个输入连接到输入端子，其输出端连接输出端子，接触器的控制端连接到控制器；所述每一个充电装置的输入端连接到输入端子，每一个充电装置的输出端串联一个二极管，二极管的阴极连接至电池组的输入端，并且所有充电装置的输出端并联连接。本发明避免了充电装置间电流逆向流动的问题，使电流输出更稳定。

一种绝缘型直流电源柜

申请（专利）号：201310649429.9 **公开日：**2014-03-26

申请人：四川省华电成套设备有限公司

发明人：朱颜勇

摘要：

本发明公开了一种绝缘型直流电源柜，包括柜体及设置在柜体内的屏蔽盒、充电装置、电池组、逆变器和控制器。所述屏蔽盒由隔板隔成数个相互独立的屏蔽室，所述隔板的两面均涂敷有一层2mm厚的聚酯漆层，所述柜体由聚丙烯绝缘面板构成。本发明中的屏蔽盒使用的隔板上也涂敷有聚酯漆绝缘面料，柜体由聚丙烯绝缘面板构成，保证了直流电源柜的绝缘性，防止漏电。

一种带屏蔽盒的单回路供电直流电源柜

申请（专利）号：201310649866.0 **公开日：**2014-03-26

申请人：四川省华电成套设备有限公司

发明人：朱颜勇

摘要：

本发明公开了一种带屏蔽盒的单回路供电直流电源柜，包括柜体及设置在柜体内的屏蔽盒、充电装置、电池组、逆变器和控制器。所述屏蔽盒由隔板隔成数个相互独立的屏蔽室，所述两个充电装置、电池组、逆变器和控制器单独安装在屏蔽室内。本发明在柜体内设置屏蔽盒，屏蔽盒由隔板隔成数个相互独立的屏蔽室，所有电子器件单独放置在屏蔽室内，避免了电子器件通电后相互之间存在电磁干扰的现象。

不需要电源的充电器

申请（专利）号：201310664821.0 **公开日：**2014-03-26

申请人：姚海娟

发明人：姚海娟

摘要：

一种不需要电源的充电器，是在充电器的外壳里面安装微型感应发电机和超大容量电容器，当要对电池充电时，来回晃动充电器，这时微型感应发电机里面的永久磁钢就在定子线圈内来回穿梭，永久磁钢在来回穿梭的过程中与定子线圈相互作用，就产生电能，产生的电能又对超大容量电容器充电，当超大容量电容器被充电以后，储存的电能就能供人们给电池充电时使用。

汽车电源失能的急救方法及装置

申请（专利）号：201310404396.1 **公开日：**2014-03-26

申请人：黄永升

发明人：黄永升

摘要：

本发明是有关一种汽车电源失能的急救方法及装置，是在汽车电池失能无法启动时，于汽车启动过程中电压值采样时间与波形的电压曲线上设定一电压基准点（Q），外加小电源或手机电池提供短时间大电流的外加电流加入汽车原有的电池两端，即可使汽车失能的状态立即回复到正常启动功能。

车载综合移动不间断电源供给装置

申请（专利）号：201310699207.8 **公开日：**2014-03-26

申请人：重庆市星海电子有限公司

发明人：许祝 蒋学军 何易

摘要：

车载综合移动不间断电源（UPS）供给装置是集一次配电功率变换和对后各蓄电池组充电与维护于一体的交流UPS，既可为交流220V要求的通信车辆进行稳压供电，也可作为其他独立设备或系统的综合电源。除内置后备电源外，还具备综合配电能力，可实现市电或发电机（交流）和汽车充电（直流）混合同时供电模式，并可以随意转换不停机，使车载负载具有多项供电选择性。可对负载进行双系统并机备份供电工作方式，双机工作模式下，不光是交流供电是冗余供电模式，其UPS内置直流充电模块也是冗余备份工作方式，保证储能电池或汽车电瓶都能得到高可靠的电能补充。

一种用于高频开关电源的电源柜

申请（专利）号：201310650161.0 **公开日：**2014-03-26

申请人：四川省华电成套设备有限公司

发明人：朱颜勇

摘要：

本发明公开了一种用于高频开关电源的电源柜，包括电源柜柜体。所述电源柜柜体整体为密封结构，在电源柜柜体的前面板和后面板相对的位置上设置有盖板，盖板上从外到内依次设有防尘网及风扇罩，盖板内设有风扇。本发明整体为密封结构，并在盖板上设置有防尘网，阻止灰尘进入，能有效防止电路因灰尘过重而引起的电路老化现象，延长使用寿命。

电源设备控制电路

申请（专利）号：201310424604.4 **公开日：**2014-03-26

申请人：富士电机株式会社

发明人：薮崎纯

摘要：

本发明提供了一种峰值电流达到时间检测电路。通过抑制在过电流检测后流过开关元件的电流中的波动来执行过电流保护。一种峰值电流达到时间检测电路，检测直到流过开关元件的电流达到峰值为止所需要的峰值电流到达时间。一种电压差检测电路，包括1/2时间检测电路，其检测开关元件的前一个周期的导通时间的1/2时间，所述电压差检测电路检测当检测流向负载的过电流时使用的基准电压和检测到在1/2时间流过该开关元件的电流的信号之间的电压差。一种延迟时间调整电路，基于该峰值电流达到时间和该电压差中的至少一个，该延迟时间调整电路在检测所述过电流后，执行对于所发生的延迟时间的调整与控制，直到开关元件被截止时为止。

电源装置以及照明装置

申请（专利）号：201310021784.1 **公开日：**2014-03-26

申请人：东芝照明技术株式会社

发明人：高桥雄治 大武宽和 北村纪之 赤星博

摘要：

本发明提供一种电源装置及照明装置。实施方式的电源装置具备第1滤波器、第2滤波器及开关电源。所述第1滤波器及所述第2滤波器使共模电流较常模电流更为衰减。所述开关电源连接于所述第1滤波器与所述第2滤波器之间，经由所述第2滤波器来对照明负载供给电力。

放电电路、具有该放电电路的图像形成装置以及电源单元

申请（专利）号：201310390870.X **公开日：**2014-03-26

申请人：三星电子株式会社

发明人：郑安植

摘要：

公开了最小化在待机模式下产生的待机功率并且提高在断电模式下被AC电力充电的电容器的放电速度的放电电路、具有该放电电路的图像形成装置及电源单元。该放电电路连接在接收AC电力的AC电力输入线之间。该放电电路包括，串联连接在AC电力线之间的第一电阻器和第一开关元件，以及串联连接在AC电力线之间的第二电阻器和第二开关元件。当在供应AC电力期间接收到电流时关断第一开关元件，并且响应于AC电力的切断来接通第一开关元件以对第一电容器放电。

开关电源装置

申请（专利）号：201310419715.6 **公开日：**2014-03-26

申请人：富士电机株式会社

发明人：菅原敬人

摘要：

本发明提供一种开关电源装置，在轻负载时对开关频率施加最大频率限制的状态下，也不会导致功率因数下降。它是一种通过开关元件来对输入电压进行开关而得到规定的输出电压的开关电源装置。它包括，导通宽度控制单元，控制上述开关元件的导通宽度；零电流检测单元，接通上述开关元件；频率降低单元，在通过负载状态检测单元检测出轻负载状态时，使上述开关元件的接通时刻延迟，降低该开关元件的开关频率；交流周期检测单元，检测出上述输入电压的周期，在所检测出的每个周期将由上述负载状态检测单元检测出的负载检测状态保持恒定。

具有异常检测功能的数字控制电源

申请（专利）号：201310435027.9 **公开日：**2014-03-26

申请人：发那科株式会社

发明人：五岛数哉

摘要：

本发明涉及具有异常检测功能的数字控制电源，包括，功率部分（3），其输出电压（输出电流）及第一和第二反馈信号；第一A-D转换器（4），输出反馈用数字信号和第一监视信号；第二A-D转换器（11），输出第二监视信号；驱动器（6），根据PWM信号输出门电路信号；电源控制用数字控制器（1），具备输出PWM信号的PWM电路（5）及在第一监视信号的值不在预定的范围内的情况下输出第一异常检测信号的第一异常检测信号输出部；监视用数字控制器（2），具备在第二监视信号的值不在预定的范围内的情况下输出第二异常检测信号的第二异常检测信号输出部（12）；警报输出部分（10），在输出第一异常检测信号和第二异常检测信号中的至少一个的情况下输出警报。

一种保温管无补偿预应力安装高频开关电源

申请（专利）号：201210349930.9 **公开日：**2014-03-26

申请人：天津市信诺创能科技发展有限公司

发明人：安树森

摘要：

本发明提供一种保温管无补偿预应力安装高频开关电源，包括控制单元、功率单元和冷却单元。控制单元包括辅助电源、保护控制系统和信号采集系统；功率单元包括交流输入信号、整流电路、高频逆变电路、高频整流电路和输出负载；保护控制系统控制驱动所述高频逆变电路，交流输入信号先经过整流电路变成直流，然后经由高频逆变电路和高频整流电路变成脉动的直流信号到输出负载上，整流电路、高频逆变电路、高频整流电路和输出负载的信号反馈给保护控制系统。本发明的有益效果是，可以减小开关损耗，降低电磁干扰，提高整机效率和功率密度，实现电源产品的高效节能，使电源装置显著减小了体积和重量，减少成本和占地面积。

降低电源关断时负载功耗的电路

申请（专利）号：201210360477.1 **公开日：**2014-03-26

申请人：郑州单点科技软件有限公司

发明人：王纪云 吴勇 王晓娟

摘要：

本发明公开了一种降低电源关断时负载功耗的电路。该电路的电压源连接至第一PMOS晶体管的源极和第二PMOS晶体管的源极，并通过第一电阻连接至第一PMOS晶体管的栅极和第二NMOS晶体管的漏极；第一PMOS晶体管的漏极和第二PMOS晶体管的栅极连接至第一控制信号输出端；第三PMOS晶体管的栅极和第二NMOS晶体管的源极连接至第二控制信号输出端；第一NMOS晶体管的漏极连接至第三PMOS晶体管的漏极、第一NMOS晶体管的栅极和第二NMOS晶体管的栅极，源极通过第二电阻接地。本发明的有益效果是，降低电源关断时的负载功耗，减小关断时的电流，减小大电流对元器件寿命的影响。

低电源电压的开关架构

申请（专利）号： 201310438529.7　**公开日：** 2014-03-26
申请人： 德克萨斯仪器股份有限公司
发明人： V·米什拉　R·希纳卡兰
摘要：

本发明公开一种低电源电压的开关架构。采样CMOS开关包括串联在输入和输出节点之间的第一和第二NMOS器件。第一和第二NMOS器件由采样信号激活。一对低压DEPMOS器件在输入和输出节点之间以T形结构连接。低压DEPMOS器件由反相采样信号激活。反馈电路包括DEPMOS器件及第三高压NMOS器件和电流源。第三NMOS器件由输入节点的信号控制。开关根据反相采样信号的相位可切换地将模拟电压源与第三NMOS器件的源极和DEPMOS器件的栅极连接。该采样CMOS开关的构造能够保护低压DEPMOS晶体管的栅极氧化物绝缘不受高电压损害。

一种电源的远程操纵开关

申请（专利）号： 201310541138.8　**公开日：** 2014-03-26
申请人： 安徽工贸职业技术学院
发明人： 陶钧
摘要：

本发明公开了一种电源的远程操纵开关，包括内部设置有控制电路的开关主体和远程操纵器。其中，所述开关主体内设置有集成电路组模块和信号接收模块，所述集成电路组模块与所述控制电路连接，所述信号接收模块与所述集成电路组模块连接，所述远程操纵器内设置有信号发出模块，所述信号发出模块与所述信号接收模块传通所述尾翼为一体成型的弧状片体结构。本发明一种电源的远程操纵开关，能够远程操纵、设计合理、使用方便。

一种具有电源传输和数据通信功能的总线系统

申请（专利）号： 201210318385.7　**公开日：** 2014-03-26
申请人： 刘新丽
发明人： 刘新丽
摘要：

本发明公开了一种同时具备电源传输和数据通信功能的总线系统，成本低廉、结构简单，不但能在较远的距离上实现电源传输和数据通信，还支持物理层的总线仲裁。本发明所述的总线系统，由一对差分总线、连接在该差分总线上的一个供电模块及连接在该差分总线上的两个或两个以上的通信模块所组成，不使用终端电阻进行阻抗匹配。

一种恒流电源脉宽调节式的自动调光LED照明灯

申请（专利）号： 201310676823.1　**公开日：** 2014-03-26
申请人： 上思县东崇电子科技有限责任公司
发明人： 黄焕珠
摘要：

一种恒流电源脉宽调节式的自动调光LED照明灯，采用恒流驱动器后串接定时模块和脉宽调节模块，由脉宽调节模块的脉冲串接在发光板上，通过定时器电路控制脉宽调节器的输出脉宽。当脉宽调节器输出的脉宽宽时，发光二极管的平均工作电压高，LED灯炽亮；当脉宽调节器输出的脉宽窄时，发光二极管的平均工作电压低，LED灯暗亮，从而实现自动调光功能。

一种通用自动调光的LED驱动电源

申请（专利）号： 201310674584.6　**公开日：** 2014-03-26
申请人： 上思县东崇电子科技有限责任公司
发明人： 黄焕珠
摘要：

一种通用自动调光的LED驱动电源，将其串接在LED驱动电源后面，利用定时器和脉冲调宽式进行调光控制，从而适用于各种LED灯种。一种通用自动调光的LED驱动电源，电路结构简单、功能完善、性能稳定，调光以后能保证LED灯在节能的基础上再节省40%以上的电能。

照明用电源装置及照明装置

申请（专利）号： 201310102630.5　**公开日：** 2014-03-26
申请人： 东芝照明技术株式会社
发明人： 大武宽和　大户克也
摘要：

本发明提供一种照明用电源装置及照明装置。本发明既改善功率因数，又降低纹波电压。在电源装置（1）中，功率因数改善电路（15、16）连接于外部电源，对驱动电路（19）供给电力，改善对驱动电路（19）的输入电流的功率因数，且进行交错动作。驱动电路（19）对LED（111）进行点灯控制。

电源装置及照明装置

申请（专利）号： 201310102304.4　**公开日：** 2014-03-26
申请人： 东芝照明技术株式会社
发明人： 高桥浩司　中岛启道　坂井健治　工藤启之　大武宽和　寺坂博志　甲佐清辉　斋藤阳介　熊谷昌俊　松本晋一郎　小塚日出夫　佐藤和彦　小西达也
摘要：

本发明提供一种电源装置及照明装置，能够稳定地对发光器件进行调光。本发明的电源装置具备控制电路和检测电路。所述控制电路根据输入的调光信号，切换成将向发光器件供给的输出电流控制成目标电流的电流控制模式与将向所述发光器件供给的输出电压控制成目标电压的电压控制模式，对所述发光器件进行调光。所述检测电路检测所述输出电流及所述输出电压，所述控制电路将在所述电流模式与所述电压模式之间进行切换时的所述目标电压设定作为第一电压。

电源装置

申请（专利）号： 201310101456.2　**公开日：** 2014-03-26
申请人： 东芝照明技术株式会社
发明人： 加藤刚　大武宽和　北村纪之　中村洋人

摘要：

本发明提供一种电源装置。该电源装置包括，开关电路，通过对输入电压的导通断开控制，来调节对照明负载供给的电力；控制电路，以对照明负载供给的电力符合目标电力的方式，来控制开关电路的导通与断开。所述控制电路，其以大于或等于开关电路的开关频率的频率来运作。即，控制电路对开关电路的控制频率大于或等于开关电路的开关频率。本发明的电源装置，即使在具有高频的电压变动的电源电压被供给至照明装置的情况下，也能够将稳定的电力供给至照明负载。

电源装置及照明装置

申请（专利）号：201310098309.4 **公开日：**2014-03-26

申请人：东芝照明技术株式会社

发明人：大武宽和 大户克也

摘要：

本发明提供一种能够对应于多个输入直流电压的电源装置及照明装置。一种电源装置（1），具备开关元件（12）及控制开关元件（12）的控制部分（11）。其中，控制部分（11）输入第1信号与第2信号，并根据第2信号的值到达第1信号的值为止的时间，来控制开关元件（12）的导通或断开，所述第1信号根据电源装置1的输出电压而变动，并且相对于电源装置1的输入电压为固定，所述第2信号的振幅根据电源装置1的输入电压而变动。

一种防火防潮户外电源箱体

申请（专利）号：201310649279.1 **公开日：**2014-03-26

申请人：四川省华电成套设备有限公司

发明人：朱颜勇

摘要：

本发明公开了一种防火防潮户外电源箱体，包括箱体和用于放置无水氯化钙干燥包的隔板。所述箱体和隔板由防火面板制成；所述防火面板为三层结构，里层和表层均为铁皮层，中间层为气凝胶板层；所述铁皮层上涂敷有一层2mm厚的聚酯漆层。本发明箱体和隔板均由防火面板制成，该防火面板的中间层为气凝胶板层，重量更轻、防火性能更好；隔板上放置有无水氯化钙干燥包，可有效吸收箱内潮湿空气中的水分。

具有机柜电源插座的服务器机柜

申请（专利）号：201210357282.1 **公开日：**2014-03-26

申请人：鸿富锦精密工业（深圳）有限公司 鸿海精密工业股份有限公司

发明人：范振炉 陈丽萍

摘要：

一种服务器机柜，包括一机柜本体、一安装架及一机柜电源插座。机柜本体包括一框架及一连接框架的立柱。立柱包括一第一内侧面及一连接第一内侧面的第二内侧面。安装架包括一底板及自底板延伸形成的一第一侧板和一第二侧板。安装架在第一侧板及第二侧板之间设有一收容空间。机柜电源插座收容于收容空间中并固定在底板上，底板固定在第二内侧面上。第一内侧面设有一第一卡扣孔，第一侧板设有一侧板本体及一自侧板本体延伸形成的第一卡钩，第一卡钩卡扣于第一卡扣孔中。

电源分配单元及具有该电源分配单元的机柜

申请（专利）号：201210328550.7 **公开日：**2014-03-26

申请人：鸿富锦精密工业（深圳）有限公司 鸿海精密工业股份有限公司

发明人：梁安刚

摘要：

一种机柜，包括一机架和一电源分配单元。该机架包括一侧板和一安装架。该安装架设有一卡合部。该卡合部包括一侧壁。该侧壁设有一缺口。该侧板设有一突起，突起与该侧板间形成一穿孔。该电源分配单元包括一本体和一定位架。该本体突设一卡块，卡块包括卡置于该缺口的一颈部和设于该颈部的末端的一头部。该头部抵接该侧壁的内侧，定位架固定于该本体并包括邻近该侧板的一定位部。该定位部延伸出一卡挡块，定位部弹性变形地穿过该穿孔后使该卡挡块卡挡于该突起的底部。该电源分配单元的颈部卡入缺口且使定位部变形以将卡挡块穿过穿孔并卡挡于突起即可装上。操作定位部使卡挡块对正穿孔后上移电源分配单元即可拆下，十分方便。

以电容器及二次电池为电源的自行式输送系统

申请（专利）号：201310459486.0 **公开日：**2014-04-02

申请人：中西金属工业株式会社

发明人：松下胜已

摘要：

本发明提供一种即使是长期连休后，也能够通过从地面控制柜的操作再开始的自行式输送系统。它包括，双向DC/DC转换器，连接在电容器及驱动控制装置间；二次电池充电器，在电容器及驱动控制装置间，输出侧经由第1开关连接在上述转换器的输出侧；控制电路，在电容器的输出电压是第1规定电压值以上的情况下使第1开关成为断开，在上述输出电压不到第1规定电压值的情况下，使第1开关成为接通；第2开关，设在二次电池充电器与二次电池之间；无线I/O，设在第2开关与二次电池之间，通过二次电池的电源动作，与地面控制柜进行信号收发；电磁线圈，连接在无线I/O上，使第2开关成为接通/断开。

一种微小型机动应急电源车

申请（专利）号：201310526663.2 **公开日：**2014-04-02

申请人：甄华伟

发明人：甄华伟

摘要：

一种微小型机动应急电源车，解决了大型停车场、修理厂、二手车市场等狭窄空间的机动车应急启动问题。其特点是设置一台宽50~100cm，长150cm，高120cm的微小型机动应急电源车体（1），在微小型机动应急电源车体1

车门口的车座下，设置有型号在120AH至200AH的两台车载电瓶（2），型号在120AH×2、135AH×2、150AH×2、165AH×2、180AH×2、195AH×2均在载电瓶（2）的可适应范围。本发明具有节省人力物力，减轻劳动强度，满足大型停车场车辆亏电启动要求，移动自如操作方便灵活，安全可靠的优点，适应于大型停车场、修理厂、二手车市场等狭窄空间的机动车应急启动应用。

电源转换电路

申请（专利）号：201210368259.2 **公开日：**2014-04-02

申请人：鸿富锦精密工业（深圳）有限公司 鸿海精密工业股份有限公司

发明人：周海清

摘要：

一种电源转换电路，用于将一第一电源转换为一第二电源。该电源转换电路包括一第一电子开关及一第二电子开关，第一电子开关的第一端与一第一二极管的阳极相连。该第一二极管的阴极用于接收一PWROK信号。该第一电子开关的第一端还通过一第一电阻与一第三电源相连；该第一电子开关的第二端接地；该第一电子开关的第三端通过一第二电阻与该第一电源相连，还通过一第三电阻与该第二电子开关的第一端相连。该第二电子开关的第一端通过一第一电容与该第一电源相连；该第二电子开关的第二端与该第一电源相连；该第二电子开关的第三端用于输出该第二电源，还通过一第四电阻接地。该电源转换电路可有效降低电源的制造成本。

电源PCB布线模块化系统及方法

申请（专利）号：201210369722.5 **公开日：**2014-04-02

申请人：鸿富锦精密工业（深圳）有限公司 鸿海精密工业股份有限公司

发明人：杨周 童松林

摘要：

一种电源PCB布线模块化系统及方法，应用于计算机中。该计算机连接有数据库。该方法包括，从电源设计原理图获取电源电路信息；将电源电路信息打包成电源组件模块，并为该电源组件模块定义一个编号；根据PCB的横向空间和大小限定为电源组件模块建立横向电源PCB布线封装；根据PCB的纵向空间和大小限定为电源组件模块建立纵向电源PCB布线封装；将电源组件模块编号与横向及纵向电源PCB布线封装进行关联；在数据库中建立CIS管理库，并将横向和纵向电源PCB布线封装保存在CIS管理库中。实施本发明，在PCB布线时设计电源的电路特性不会因人而异，并能够简化电源PCB布线过程、节约电源PCB布线的时间。

一种开关电源及其过电压保护电路

申请（专利）号：201210374624.0 **公开日：**2014-04-02

申请人：深圳市海洋王照明工程有限公司 海洋王照明科技股份有限公司

发明人：周明杰 邵贤辉

摘要：

本发明涉及一种开关电源及其过电压保护电路。该过电压保护电路包括压敏电阻RV、零序电流互感器T1、电位器RP1、双向晶闸管VS及熔断器F1；零序电流互感器包括第一一次线圈L1、第二一次线圈L2和二次线圈L3；双向晶闸管VS的第一电极串联熔断器F1后连接市电的第一端，第二电极连接市电的第二端，控制极连接电位器RP1的滑动接触端；L1连接在第一电极与整流滤波电路的第一输入端之间，L2连接在第二电极与整流滤波电路的第二输入端之间，L3连接在第二电极与电位器RP1的第一固定端之间；电位器的第二固定端连接第二电极；压敏电阻RV连接在第二电极与整流滤波电路的第一输入端之间。本发明可以在电压持续超标时切断电路。

一种便携式移动直流应急电源

申请（专利）号：201410001611.8 **公开日：**2014-04-02

申请人：江苏九华能源科技有限公司

发明人：赵建华

摘要：

一种多功能便携式移动电源，包括电池模块、电池盒体、电池盖、电路板模块和电路板上盖。电池模块放在电池盒体内，电池盖设置在电池盒体上，电路板模块固定在电路板上盖背面，电路板上盖固定在电池盖的上端。电路板模块与电池盖上端的正负接头相连接。电路板模块包括12V、2A输入端，升压电路，降压电路，不同电压值输出端，容量显示器，显示器延时启闭电路和太阳能漏电保护电路。太阳能漏电保护电路控制电池模块在太阳能充电模式下充到饱和状态时的漏电保护。显示器延时启闭电路控制容量显示器在有输出时自动显示且预定时间后自动关闭。它既能适应太阳能充电模式，又能减少电能不必要的消耗，能作5V、12V和19V直流电器产品的应急电源。

电源适配器的散热装置

申请（专利）号：201210373482.6 **公开日：**2014-04-02

申请人：黄石黄金山创业投资管理有限公司

发明人：不公告发明人

摘要：

本发明公开一种电源适配器的散热装置。该散热装置包括支撑座，支撑座由导热支撑板和支撑脚构成，在导热支撑板的下方安装有多个散热片。本发明具有结构简单、散热效果好、使用方便的优点。本发明能有效给电源适配器散热，保证电源适配器在合适的温度环境下工作，避免因长时间使用发热引起的各种问题，延长使用寿命。

电源电路和迟滞降压变换器

申请（专利）号：201310445499.2 **公开日：**2014-04-02

申请人：三星电子株式会社

发明人：金光镐 许栋勋

摘要：

提供一种电源电路和迟滞降压变换器。一种使用电感器来转换DC电源的电源单元包括，反馈电路，用于对从电感器的第一端输出的输出电压进行分压以将输出电压转换为第一反馈电压；微分器，用于对第一反馈电压进行微分以将第一反馈电压转换为第二反馈电压；迟滞比较器，用于将第二反馈电压的电平与参考电压带进行比较以输出比较信号；开关，用于响应比较信号来执行将利用输入电压对电感器的第二端进行上拉或者将电感器的第二端进行下拉中的至少一个。

一种可放置电源的电动螺丝刀

申请（专利）号：201210369748. X　**公开日：**2014-04-09

申请人：江苏博固机电有限公司

发明人：周宏

摘要：

本发明公开了一种可放置电源的电动螺丝刀（学名螺钉旋具），包括螺丝刀本体。其特征在于，螺丝刀本体前端设有刀轴，刀轴前端可拆卸连接刀头，刀轴的外套接有弹簧，弹簧的末端固定于螺丝刀本体上，弹簧的头端连接保护套，保护套套接在刀头外侧，螺丝刀本体上设有控制开关，螺丝刀本体的末端一侧设有与控制开关连接的电源线，螺丝刀本体的末端的另一侧设有存放电源线的储仓。本发明的优点是，保护套能对刀头进行保护，防止在使用的过程中出现刀头伤人的情况；平时不使用的时候可以把电源线放入螺丝刀本体末端的储仓内保护起来，防止出现电源线上保护皮剥落的情况，严防了因为电源线漏电而出现的触电情况。

避免光伏逆变器辅助电源反复启停的方法及其装置

申请（专利）号：201310640236. 7　**公开日：**2014-04-09

申请人：苏州欧姆尼克新能源科技有限公司

发明人：薛振宇　韩其峰　张治国　赵磊

摘要：

本发明涉及一种逆变器，是一种可避免光伏逆变器辅助电源反复启停的方法及其装置。采用了以下技术方案：一种光伏逆变器，逆变电路，用于将直流电转换为交流电；还包括，检测模块，功率电阻，控制模块，主CPU，副CPU，辅助电源。主CPU，用于执行算法程序；副CPU，用于执行采样，外部通信等指令，也可协助主CPU执行算法程序；检测模块，与滤波电容的输出端BUS先相连，用于检测滤波电容输出的BUS线的电压值；副CPU与检测模块相连，用于接收检测模块检测的数据，并根据检测模块检测的数据发生指令给控制模块和辅助电源；控制模块与副CPU相连，执行副CPU的指令控制功率电阻的接入与移除；功率电阻，所述功率电阻并联在光伏组件的输出端，用于在DC辅助电源未启动时，对光伏组件的输出功率进行吸收。

低压降有源电源滤波器

申请（专利）号：201310714789. 2　**公开日：**2014-04-09

申请人：延锋伟世通电子科技（上海）有限公司

发明人：王其钰　李臣云　朱天朋

摘要：

一种低压降有源电源滤波器，包括一个恒流源电路、一个低通滤波网络电路、一个负反馈电路和一个子系统负反馈电路，采用干净电源提供参考电压。恒流源电路、低通滤波网络电路、负反馈电路和子系统负反馈电路由通用的晶体管、电容器和电阻器构成。负反馈电路由一个对管和两个相同型号的PNP型晶体管构成，对管保证两个相同型号的PNP型晶体管的基极电压一致。电路成本低，在通带内的压降相当小，在阻带内的衰减更大，对于干扰噪声的抑制更好。夹杂在电源输入端中的噪声信号经过低通滤波网络电路后噪声可得到极大的抑制，同时有用信号得到很好保留。此外，对于不同的衰减及带宽的需求，本发明的电路具有更多可调节的参数，可调节的余量更大。

一种使用移动电源加热的奶瓶

申请（专利）号：201310649879. 8　**公开日：**2014-04-16

申请人：南通芯迎设计服务有限公司

发明人：张炎

摘要：

一种使用移动电源加热的奶瓶，包括印制有竖向的容量刻度线及容量标示的瓶体和奶嘴瓶盖；所述奶瓶还包括底座，底座中设置有加热装置，该加热装置一端连接有USB接口，通过该USB接口可插接移动电源。本发明提供使用移动电源加热的奶瓶，针对移动电源设计，保证可以在外出游玩、晒太阳遛弯、去医院打针、行车等过程中，随时对奶瓶中液体进行加热的需求，省去了将奶瓶放在其他加热容器里加热的麻烦，也避免了奶液喝不完浪费。本发明使用方便、无毒卫生，保证小宝宝可以即时喝到适合其肠胃要求温度的奶液。

电源检测电路及方法

申请（专利）号：201210391340. 2　**公开日：**2014-04-16

申请人：鸿富锦精密工业（深圳）有限公司　鸿海精密工业股份有限公司

发明人：曾祥宾　李民伟

摘要：

一种电源检测电路，用以检测一待测电源，有控制器，所述控制器有电源模组，所述电源模组用以提供一输入电压至所述待测电源的输入端；所述控制器还有控制模组、信号模组及检测模组。所述电源检测电路还有电阻及场效应晶体管，电阻的一端连接所述待测电源的输出端，另一端连接所述场效应管场效应晶体管连接所述信号模组；检测模组连接所述待测电源的输出端，控制模组控制所述信号模组产生脉冲信号。所述场效应晶体管在所述脉冲信号为高电平时导通，接通所述电阻与所述待测电源，产生一快速上升电流，所述检测模组检测所述待测电源的输出端的输出电压。本发明还提供一种电源检测方法，用以准确检测电源在电流快速上升时的响应能力。

一种控制多路电源上电顺序的方法及装置

申请（专利）号： 201210383483.9　**公开日：** 2014-04-16

申请人： 杭州华三通信技术有限公司

发明人： 张弛

摘要：

本发明公开了一种控制多路电源上电顺序的方法及装置。当检测到系统上电时，所述可编程逻辑芯片默认与PCB上各芯片二次供电电源相连的使能管脚无效，然后按照预定的芯片上电顺序依次使能所述管脚，进而使各路电源按照预定的上电顺序依次对PCB上的各芯片进行二次电源供电。进一步，所述各路电源上电间隔可以通过所述可编程逻辑芯片计数器来实现。通过本发明，可以在不增加专用上电顺序控制芯片和生产环节的情况下，实现多路电源的上电顺序控制，同时可实现电源间隔和上电顺序的灵活调整。

使用衰变热的备用核反应堆辅助电源

申请（专利）号： 201280039938.3　**公开日：** 2014-04-16

申请人： 西屋电气有限责任公司

发明人： J·温特斯　F·T·维雷布　J·戴德勒

摘要：

一种核设备辅助备用电源系统，所述核设备辅助备用电源系统在设备停机之后使用衰变热，以便通过专用蒸汽涡轮机/发电机组发电。衰变热产生热的工作气态流体，所述热的工作气态流体用作备用物，以便使得尺寸适当的涡轮机运转，所述涡轮机向发电机提供动力。涡轮机构造成使用现有核设备辅助系统的一部分并且将涡轮机废气排出到环境空气。所述系统用于去除反应堆衰变热并且向设备系统提供电力，以便在不能利用传统电源的情况中使得能够有序地停机。

用于运输应用的贝塔伏特电源

申请（专利）号： 201310309113.5　**公开日：** 2014-04-16

申请人： 超科技公司

发明人： A·W·泽菲洛普洛　A·M·霍里鲁克

摘要：

本发明内容涉及用于运输应用的贝塔伏特电源。公开了用于运输装置和应用的贝塔伏特电源，其中所述装置具有同位素层及能量转换层的堆叠配置。同位素层具有约0.5~5年的半衰期，且产生能量在约15~200keV的范围内的辐射。贝塔伏特电源被配置为提供足够的电力以在运输装置的有效寿命内操作该运输装置。

具有发光特性的电源线

申请（专利）号： 201310609971.1　**公开日：** 2014-04-16

申请人： 常州市武进金阳光电子有限公司

发明人： 上官挺

摘要：

本发明公开了一种具有发光特性的电源线，包括线芯、绝缘包裹层、透明保护层、荧光管、发光电解质和连接部。所述线芯外侧包裹有绝缘包裹层，所述绝缘包裹层表面套有透明保护层，所述绝缘包裹层与透明保护层之间设有荧光管，所述荧光管内设有发光电解质，所述线芯两端连接有连接部。通过上述方式，本发明具有发光特性的电源线结构简单、使用方便，在电源流通工作时能产生荧光，直观醒目。

一种防脱落电源插头和插座

申请（专利）号： 201210382722.9　**公开日：** 2014-04-16

申请人： 黄黎安

发明人： 黄黎安

摘要：

一种防脱落电源插头和插座，属于电源插座领域。传统的电源插头存在容易从插座上脱落导致断电而损坏电器等缺陷。本发明包括电源插头和插座，插座包括座体，座体上设置有插孔，插孔对应的座体上设置有导电用金属弹片。其特征是，所述的电源插头包括圆形插头座体，插头座体上设置有金属插脚，所述的插头座体外套可绕座体旋转的圆形外壳，外壳外侧设置有凸台；所述的插座座体上设置有圆形卡槽，圆形卡槽上设置有缺口形成锁槽，所述的电源插头上的凸台卡入所述的锁槽，再旋转外壳，使所述的凸台卡到所述的卡槽内，完成电源插头和插座的锁止。本发明能有效防止电源插头从插座意外脱落造成电器损伤或电子数据的丢失及其它安全事故的发生。

一种具有双重除湿功能的高频开关电源柜

申请（专利）号： 201310649430.1　**公开日：** 2014-04-16

申请人： 四川省华电成套设备有限公司

发明人： 朱颜勇

摘要：

本发明公开了一种具有双重除湿功能的高频开关电源柜，包括高频开关电源柜柜体、相对温度传感器、晶体管、继电器、单片机和半导体制冷片。高频开关电源柜柜体整体为密封结构，高频开关电源柜柜体的左侧板上设置有干燥盒，干燥盒内至少放置有一袋干燥剂；所述相对湿度传感器的信号输出端接单片机P0端口；晶体管的基极连接至单片机P3端口，晶体管的发射极连接至为继电器的控制线圈；所述继电器的常开触头与为所述半导体制冷片供电的直流电源串联。本发明的高频开关电源柜柜体内安装有半导体制冷片，使高频开关电源柜柜体内的湿空气只在半导体制冷片的制冷面上冷凝结露、并随之排至箱外，降低柜体内的湿空气的含湿量，并且高频开关电源柜柜体内还设置有干燥盒，干燥盒内的干燥剂能吸收湿空气内的水分。

半导体装置及包括该半导体装置的电源系统

申请（专利）号： 201280037606.1　**公开日：** 2014-04-16

申请人： 松下电器产业株式会社

发明人： 山本裕雄

摘要：

本发明公开了一种半导体装置。在半导体装置（40）

中，电阻分压电路（43）具有连接供给布线（41）和模拟控制信号（AFB）的输出节点（ND）的第一电阻元件（431）、连接输出节点（ND）和接地布线的第二电阻元件（432）、被控制电路（47）控制通断的第一开关器件（433）及接收大小与供给布线（41）的电压相等的电压而接通的第二开关器件（434）。控制电路（47）在电源电压（VDD）达到规定电压为止的时间内使第一开关器件（433）接通，之后使第一开关器件（433）通断。

信号传输设备和开关电源

申请（专利）号： 201310422131.4 **公开日：** 2014-04-16

申请人： 富士电机株式会社

发明人： 赤羽正志

摘要：

本发明提供了一种信号传输设备和开关电源。本发明的目的在于提供信号传输设备，在通过变压器电隔离地连接的主电路和从电路之间执行同时双向通信。本发明的信号传输设备包括连接至第一和第二变压器的一次侧的主电路和连接至第一和第二变压器的二次侧的从电路。根据控制信号该主电路将第一和第二发射/接收电路中的一个设置为用于发射操作且将另一个设置为用于接收操作，且当检测到控制信号的上升沿和下降沿时，在预定时间段后发射具有变化的脉冲间隔的脉冲信号。从电路检测通过第三和第四发射/接收电路接收到的信号的脉冲间隔的变化且根据检测结果，将第三和第四发射/接收电路中的一个设置为用于接收操作且将另一个设置为用于发射操作。

电源设备

申请（专利）号： 201310410417.0 **公开日：** 2014-04-16

申请人： 富士电机株式会社

发明人： 山田隆二 多和田信幸

摘要：

一种电源设备，包括用于将交流输入电流波形控制为正弦波的第一半导体开关设备、向其输入经整流的电压的平滑电容器和经由升压斩波器将平滑电容器两端的电压从直流转换为交流的逆变器。该升压斩波器包括串联至平滑电容器和逆变器之间的正侧直流总线的电感器和二极管，以及连接在该电感器和电容器的连接点与负侧直流总线之间的第二半导体开关设备。该电源设备还包括瞬时电压降补偿功能，即使当在交流电源电压中存在瞬时电压降时，通过升压斩波器的操作向该逆变器提供平滑电容器的能量。本发明使得具有低于第一半导体开关设备的击穿电压的MOSFET串联在升压斩波器的输入和输出端子之间，因此相比使用旁通二极管时，进一步减少损失。

双辅助电源的直流转交流装置

申请（专利）号： 201410025598.X **公开日：** 2014-04-16

申请人： 苏州欧姆尼克新能源科技有限公司

发明人： 张治国

摘要：

本发明的目的是，针对现有风能、太阳能发电系统中直流转交流装置的不足点，提出采用双CPU设计、双辅助电源架构方案。直流转交流装置中设有，第一辅助电源从直流侧取电，提供主CPU驱动电源，主CPU负责MPPT算法；第二辅助电源从交流侧取电，提供从CPU驱动电源，从CPU负责逆变及外部通信。为实现上述目的，本发明采用了以下技术方案：一种直流转交流装置，直流转直流电路（DC/DC），用于将直流电产生装置生成的直流电转到设计值；逆变电路（DC/AC），用于将从直流转直流电路输入的直流电转换为交流电，主CPU；用于执行算法程序；从CPU；用于执行采样，外部通信等指令；第一辅助电源，从直流侧取电，并给主CPU提供电源；第二辅助电源，从交流侧取电，并给从CPU提供电源。

一种数控加工中心用电源总成

申请（专利）号： 201310651040.8 **公开日：** 2014-04-23

申请人： 沈阳创新设计服务有限公司

发明人： 颉犇

摘要：

一种数控加工中心用电源总成。该数控加工中心用电源总成包括急停装置、整流装置、逆变装置、稳压器。急停装置用于设备发生突发情况下的紧急停车，整流装置用于输出控制系统及微型计算机常用的 + 24V、+ 5V、+110V等直流电，逆变装置可用于停车后动能转化为电能回馈制动，稳压器可用于生产场所电压不稳时进行稳压。本发明的优点：结构简单，工作效率高。

一种带定时功能双电源车载空气净化器

申请（专利）号： 201410051366.1 **公开日：** 2014-04-23

申请人： 熊勇军

发明人： 熊勇军

摘要：

本发明涉及一种带定时功能双电源车载空气净化器。它包括空气净化器本体、进风口、出风口、电源插头、控制电路板、静音风扇、开关、脚垫、定时设定键、液晶显示屏、太阳能接收模块。所述电源插头由导线连接到控制电路板上，进风口、出风口在空气净化器本体一侧，控制电路板安装在空气净化器本体内部，静音风扇安装在进风口一侧，开关安装在空气净化器本体侧面，脚垫安装在空气净化器本体底部，定时设定键安装在空气净化器本体一侧，液晶显示屏内嵌安装在空气净化器本体上，太阳能接收模块安装在空气净化器本体顶部。本发明的产品节能环保，使用和携带方便，净化车内空气，可设定使用时间。

一种带充电及定时功能双电源车载空气净化器

申请（专利）号： 201410051349.8 **公开日：** 2014-04-23

申请人： 熊勇军

发明人： 熊勇军

摘要：

本发明涉及一种带充电及定时功能双电源车载空气净

化器。它包括空气净化器本体、进风口、出风口、电源插头、控制电路板、静音风扇、开关、脚垫、定时设定键、液晶显示屏、标准 USB 座、太阳能接收模块。所述电源插头由导线连接到控制电路板上，进风口、出风口在空气净化器本体一侧，控制电路板安装在空气净化器本体内部，静音风扇安装在进风口一侧，开关安装在空气净化器本体侧面，脚垫安装在空气净化器本体底部，定时设定键安装在空气净化器本体一侧，液晶显示屏内嵌安装在空气净化器本体上，标准 USB 座安装在空气净化器本体一侧，太阳能接收模块安装在空气净化器本体顶部，本发明的产品节能环保，使用和携带方便；可设定使用时间及充电。

一种带手电功能双电源车载空气净化器

申请（专利）号：201410051352. X　**公开日：**2014-04-23

申请人：熊勇军

发明人：熊勇军

摘要：

本发明涉及一种带手电功能双电源车载空气净化器。它包括空气净化器本体、进风口、出风口、电源插头、控制电路板、静音风扇、开关、脚垫、LED 灯、手电开关、锂电池、太阳能接收模块。所述电源插头由导线连接到控制电路板上，进风口、出风口在空气净化器本体一侧，控制电路板安装在空气净化器本体内部，静音风扇安装在进风口一侧，开关安装在空气净化器本体侧面，脚垫安装在空气净化器本体底部，LED 灯安装在空气净化器本体一侧，手电开关内嵌安装在空气净化器本体表面上，锂电池安装在空气净化器本体内部，太阳能接收模块安装在空气净化器本体顶部。本发明的产品节能环保，使用和携带方便，能净化车内空气，可当应急手电使用。

一种带定时及蓝牙功能双电源车载空气净化器

申请（专利）号：201410051359. 1　**公开日：**2014-04-23

申请人：熊勇军

发明人：熊勇军

摘要：

本发明涉及一种带定时及蓝牙功能双电源车载空气净化器。它包括空气净化器本体、进风口、出风口、电源插头、控制电路板、静音风扇、开关、脚垫、扬声器、麦克风、接听键、定时设定键、液晶显示屏、太阳能接收模块。所述电源插头由导线连接到控制电路板上，进风口、出风口、定时设定键在空气净化器本体一侧，控制电路板安装在空气净化器本体内部，静音风扇安装在进风口一侧，开关安装在空气净化器本体侧面，脚垫安装在空气净化器本体底部，扬声器、麦克风、接听键、液晶显示屏内嵌安装在空气净化器本体上，太阳能接收模块安装在空气净化器本体顶部。本发明的产品节能环保，使用和携带方便，能净化车内空气，方便接听电话及可设定时间。

一种带充电功能双电源车载空气净化器

申请（专利）号：201410051358. 7　**公开日：**2014-04-23

申请人：熊勇军

发明人：熊勇军

摘要：

本发明涉及一种带充电功能双电源车载空气净化器。它包括空气净化器本体、进风口、出风口、电源插头、控制电路板、静音风扇、开关、脚垫、标准 USB 座、太阳能接收模块。所述电源插头由导线连接到控制电路板上，进风口、出风口在空气净化器本体一侧，控制电路板安装在空气净化器本体内部，静音风扇安装在进风口一侧，开关安装在空气净化器本体侧面，脚垫安装在空气净化器本体底部，标准 USB 座安装在空气净化器本体一侧，太阳能接收模块安装在空气净化器本体顶部。本发明的产品节能环保，使用和携带方便，能净化车内空气，可充电。

一种带音箱功能双电源车载空气净化器

申请（专利）号：201410051357. 2　**公开日：**2014-04-23

申请人：熊勇军

发明人：熊勇军

摘要：

本发明涉及一种带音箱功能双电源车载空气净化器。它包括空气净化器本体、进风口、出风口、电源插头、控制电路板、静音风扇、开关、脚垫、扬声器、音频接口、太阳能接收模块。所述电源插头由导线连接到控制电路板上，进风口、出风口在空气净化器本体一侧，控制电路板安装在空气净化器本体内部，静音风扇安装在进风口一侧，开关安装在空气净化器本体侧面，脚垫安装在空气净化器本体底部，扬声器内嵌安装在净化器本体上，音频接口内嵌安装在净化器本体上，太阳能接收模块安装在空气净化器本体顶部。本发明的产品节能环保，使用和携带方便，能净化车内空气。

一种带指南针及音箱功能双电源车载空气净化器

申请（专利）号：201410051363. 8　**公开日：**2014-04-23

申请人：熊勇军

发明人：熊勇军

摘要：

本发明涉及一种带指南针及音箱功能双电源车载空气净化器。它包括空气净化器本体、进风口、出风口、电源插头、控制电路板、静音风扇、开关、脚垫、扬声器、音频接口、指南针、太阳能接收模块。所述电源插头由导线连接到控制电路板上，进风口、出风口在空气净化器本体一侧，控制电路板安装在空气净化器本体内部，静音风扇安装在进风口一侧，开关安装在空气净化器本体侧面，脚垫安装在空气净化器本体底部，扬声器内嵌安装在净化器本体上，音频接口内嵌安装在净化器本体上，指南针安装在空气净化器本体顶部，太阳能接收模块安装在空气净化器本体顶部。本发明的产品节能环保，使用和携带方便，能净化车内空气，可辨别方位。

一种基于逻辑芯片 CPLD 的快速定位服务器电源故

障的方法

申请（专利）号：201410021880.0 **公开日：**2014-04-23

申请人：浪潮电子信息产业股份有限公司

发明人：张志安 叶丰华

摘要：

本发明提供一种基于逻辑芯片CPLD的快速定位服务器电源故障的方法，属于服务器维护领域。本发明将电源的PowerGood信号与逻辑芯片CPLD相连接，电源的Enable信号可以连接到逻辑芯片上面。逻辑芯片将根据与电源Enable信号相连接的使能控制模块和与电源PowerGood相连接的数据采集模块的数据进行判断，从而判断出电源是否正常，并将判断结果放到寄存器中进行暂存，然后将通过输入、输出模块传递给服务器的管理芯片，最后管理芯片将通过所支持的相关对外接口将电源的情况传递到用户的接收设备。本发明减少利用电子设备检测定位电源故障问题的这个过程，可直接定位问题。

一种可判断交直流输入并自动开启电源 active + standby 功能的设计方法

申请（专利）号：201410021882.X **公开日：**2014-04-23

申请人：浪潮电子信息产业股份有限公司

发明人：高鹏飞 滕学军 肖波 谷俊杰

摘要：

本发明提供一种可判断交直流输入并自动开启电源active + standby功能的设计方法，属于电源操作领域。该发明在电源的软件设计中增加对交直流输入的识别，并在AC\DC输入状态的时候，自动将DC输入的PSU进入准备（standby）状态。可判断交直流输入并在AC\DC状态下，让DC自动进入standby状态的设计方法，简化对电源的操作，提高了服务器供电的灵活性。

一种电源可拆卸式的LED显示屏

申请（专利）号：201310722193.7 **公开日：**2014-04-23

申请人：北京金立翔艺彩科技股份有限公司

发明人：兰侠 兰明

摘要：

本发明涉及LED显示产品，尤其涉及一种电源可拆卸式的LED显示屏，包括框架和固定在所述框架上的LED灯板组。所述框架包括由四边的碳板围合而成的矩形框，固定在所述矩形框中轴线上的中梁，与所述中梁交叉设置并相互固定的收线槽；所述中梁上设有电源盒和控制盒；所述控制盒内固定有LED控制板；所述电源盒通过可拆卸式连接件固定在中梁上；所述电源盒包括底板、电源和背盖，其中底板和背盖形成一个容腔；所述电源固定在所述容腔内。本发明通过将电源固定在背盖上，通过背盖的拆卸与安装实现了电源的拆卸与安装，当电源出现故障的时候，可以快速地对电源进行拆卸维修，省时省力。

大电流启动电源设备

申请（专利）号：201310656025.2 **公开日：**2014-04-23

申请人：北京中友伟皓科技发展有限公司

发明人：翟顺利

摘要：

本发明公开了一种大电流启动电源设备，包括箱体。所述箱体上设有充电口和第一输出接口，所述箱体内设有变压器、控制装置及电池组，所述充电口连接所述变压器，所述变压器连接控制装置，所述控制装置连接所述电池组，所述电池组连接所述第一输出接口。本发明的大电流启动电源设备具有体积小，携带方便，且能够为直接启动坦克车、战备车的优点。

一种防止电源倒灌的系统及其方法

申请（专利）号：201410019530.0 **公开日：**2014-04-23

申请人：上海斐讯数据通信技术有限公司

发明人：陈满

摘要：

本发明公开了一种防止电源倒灌的方法，包含以下步骤：延迟上电控制模块控制电源模块对逻辑模块和功能模块完成上电；逻辑模块将第一总线及第二总线的电压拉低；逻辑模块向处理器模块发送是否上电完成的询问信息；延迟上电控制模块控制电源模块对处理器模块完成上电；逻辑模块接收到延迟上电控制模块对处理器模块上电完成的信息；逻辑模块将第一总线及第二总线拉低的电压释放。本发明还公开了一种防止电源倒灌的系统。本发明通过逻辑控制来防止电源倒灌，不降低信号驱动能力，信号质量好、布板方便、成本低廉。

监控移动终端的电源状态的方法及移动终端

申请（专利）号：201310643641.4 **公开日：**2014-04-23

申请人：上海斐讯数据通信技术有限公司

发明人：李雅堂

摘要：

本发明提供一种监控移动终端的电源状态的方法及移动终端。根据本发明所述方法，先监测所述移动终端的当前状态为待机状态，并获取所述电源当前的电源信息；再判断所获取的电源信息是否满足预设的关机条件，若是则启动正常的关机操作，若否则根据所获取的电源信息计算所述电源在达到所述关机条件之前的待机时长。并根据所述待机时长启动所述移动终端中的定时器，以设定下一次获取所述电源信息的时间。在所述定时器计时结束时，重复上述步骤。本发明为正常关闭过程中各数据保存提供了充足的时间，有效减少了因异常关机所带来的电池损伤和数据丢失。

一种带充电及蓝牙功能双电源车载空气净化器

申请（专利）号：201410051364.2 **公开日：**2014-04-30

申请人：熊勇军

发明人：熊勇军

摘要：

本发明涉及一种带充电及蓝牙功能双电源车载空气净

化器。它包括空气净化器本体、进风口、出风口、电源插头、控制电路板、静音风扇、开关、脚垫、扬声器、麦克风、接听键、标准USB座、太阳能接收模块。所述电源插头由导线连接到控制电路板上，进风口、出风口、标准USB座在空气净化器本体一侧，控制电路板安装在空气净化器本体内部，静音风扇安装在进风口一侧，开关安装在空气净化器本体侧面，脚垫安装在空气净化器本体底部，扬声器、麦克风、接听键内嵌安装在空气净化器本体上，太阳能接收模块安装在空气净化器本体顶部。本发明的产品使用和携带方便，净化车内空气，能双向供电，可方便接听电话及充电。

一种带充电及音箱功能双电源车载空气净化器

申请（专利）号：201410051360.4 **公开日：**2014-04-30

申请人：熊勇军

发明人：熊勇军

摘要：

本发明涉及一种带充电及音箱功能双电源车载空气净化器。它包括空气净化器本体、进风口、出风口、电源插头、控制电路板、静音风扇、开关、脚垫、扬声器、音频接口、标准USB座、太阳能接收模块。所述电源插头由导线连接到控制电路板上，进风口、出风口在空气净化器本体一侧，控制电路板安装在空气净化器本体内部，静音风扇安装在进风口一侧，开关安装在空气净化器本体侧面，脚垫安装在空气净化器本体底部，扬声器内嵌安装在净化器本体上，音频接口内嵌安装在净化器本体上，标准USB座安装在空气净化器本体一侧，太阳能接收模块安装在空气净化器本体顶部。本发明的产品使用和携带方便，能净化车内空气及充电，并可双向供电。

一种带充电及手电功能双电源车载空气净化器

申请（专利）号：201410051354.9 **公开日：**2014-04-30

申请人：熊勇军

发明人：熊勇军

摘要：

本发明涉及一种带充电及手电功能双电源车载空气净化器。它包括空气净化器本体、进风口、出风口、电源插头、控制电路板、静音风扇、开关、脚垫、LED灯、手电开关、锂电池、标准USB座、太阳能接收模块。所述电源插头由导线连接到控制电路板上，进风口、出风口、标准USB座、LED灯在空气净化器本体一侧，控制电路板、锂电池安装在空气净化器本体内部，静音风扇安装在进风口一侧，开关安装在空气净化器本体侧面，脚垫安装在空气净化器本体底部，手电开关内嵌安装在空气净化器本体表面上，太阳能接收模块安装在空气净化器本体顶部。本发明的产品使用和携带方便，能净化车内空气及双向供电，可当应急手电使用及充电。

新型带LED显示屏及蓝牙功能便携式汽车应急点火电源

申请（专利）号：201410026765.2 **公开日：**2014-04-30

申请人：昆山市圣光新能源科技有限公司

发明人：熊开富

摘要：

本发明涉及新型带LED显示屏及蓝牙功能便携式汽车应急点火电源。它包括电源本体、电瓶线夹、开关、充电接口、电池模组、控制电路板、蓝牙模块，LED显示屏。所述电瓶线夹、开关，充电接口、LED显示屏内嵌安装在电源本体上，电池模组、控制电路板、蓝牙模块安装在电源本体内部。本发明的产品使用更方便。

一种带定时及音箱功能双电源车载空气净化器

申请（专利）号：201410051369.5 **公开日：**2014-04-30

申请人：熊勇军

发明人：熊勇军

摘要：

本发明涉及一种带定时及音箱功能双电源车载空气净化器。它包括空气净化器本体、进风口、出风口、电源插头、控制电路板、静音风扇、开关、脚垫、扬声器、音频接口、定时设定键、液晶显示屏、太阳能接收模块。所述电源插头由导线连接到控制电路板上，进风口、出风口、定时设定键在空气净化器本体一侧，控制电路板安装在空气净化器本体内部，静音风扇安装在进风口一侧，开关安装在空气净化器本体侧面，脚垫安装在空气净化器本体底部，扬声器、音频接口、液晶显示屏内嵌安装在空气净化器本体上，太阳能接收模块安装在空气净化器本体顶部。本发明的产品节能，使用和携带方便，能净化车内空气，可设定使用时间。

一种带蓝牙功双电源能车载空气净化器

申请（专利）号：201410051362.3 **公开日：**2014-04-30

申请人：熊勇军

发明人：熊勇军

摘要：

本发明涉及一种带蓝牙功双电源能车载空气净化器。它包括空气净化器本体、进风口、出风口、电源插头、控制电路板、静音风扇、开关、脚垫、扬声器、麦克风、接听键、太阳能接收模块。所述电源插头由导线连接到控制电路板上，进风口、出风口在空气净化器本体一侧，控制电路板安装在空气净化器本体内部，静音风扇安装在进风口一侧，开关安装在空气净化器本体侧面，脚垫安装在空气净化器本体底部，扬声器内嵌安装在空气净化器本体上，麦克风内嵌安装在空气净化器本体上，接听键内嵌安装在空气净化器本体上，太阳能接收模块安装在空气净化器本体顶部。本发明的产品节能环保，使用和携带方便，能净化车内空气，可方便接听电话。

一种带定时及指南针功能双电源车载空气净化器

申请（专利）号：201410051353.4 **公开日：**2014-04-30

申请人：熊勇军

发明人：熊勇军

摘要：

本发明涉及一种带定时及指南针功能双电源车载空气净化器。它包括空气净化器本体、进风口、出风口、电源插头、控制电路板、静音风扇、开关、脚垫、指南针、定时设定键、液晶显示屏、太阳能接收模块。所述电源插头由导线连接到控制电路板上，进风口、出风口、定时设定键在空气净化器本体一侧，控制电路板安装在空气净化器本体内部，静音风扇安装在进风口一侧，开关安装在空气净化器本体侧面，脚垫安装在空气净化器本体底部，指南针安装在空气净化器本体顶部，液晶显示屏内嵌安装在空气净化器本体上，太阳能接收模块安装在空气净化器本体顶部。本发明的产品节能环保，使用和携带方便，能净化车内空气，可辨别方位及可设定使用时间。

一种带指南针双电源车载空气净化器

申请（专利）号：201410051351.5 **公开日**：2014-04-30

申请人：熊勇军

发明人：熊勇军

摘要：

本发明涉及一种带指南针双电源车载空气净化器。它包括空气净化器本体、进风口、出风口、电源插头、控制电路板、静音风扇、开关、脚垫、指南针、太阳能接收模块。所述电源插头由导线连接到控制电路板上，进风口、出风口在空气净化器本体一侧，控制电路板安装在空气净化器本体内部，静音风扇安装在进风口一侧，开关安装在空气净化器本体侧面，脚垫安装在空气净化器本体底部，指南针安装在空气净化器本体顶部，太阳能接收模块安装在空气净化器本体顶部。本发明的产品节能环保，使用和携带方便，能净化车内空气，可辨别方位。

一种带充电及指南针功能双电源车载空气净化器

申请（专利）号：201410051348.3 **公开日**：2014-04-30

申请人：熊勇军

发明人：熊勇军

摘要：

本发明涉及一种带充电及指南针功能双电源车载空气净化器。它包括空气净化器本体、进风口、出风口、电源插头、控制电路板、静音风扇、开关、脚垫、指南针、标准USB座、太阳能接收模块。所述电源插头由导线连接到控制电路板上，进风口、出风口在空气净化器本体一侧，控制电路板安装在空气净化器本体内部，静音风扇安装在进风口一侧，开关安装在空气净化器本体侧面，脚垫安装在空气净化器本体底部，指南针安装在空气净化器本体顶部，标准USB座安装在空气净化器本体一侧，太阳能接收模块安装在空气净化器本体顶部。本发明的产品使用和携带方便，净化车内空气，能双向供电，可辨别方位及充电。

一种带定时及手电功能双电源车载空气净化器

申请（专利）号：201410051367.6 **公开日**：2014-04-30

申请人：熊勇军

发明人：熊勇军

摘要：

本发明涉及一种带定时及手电功能双电源车载空气净化器。它包括空气净化器本体、进风口、出风口、电源插头、控制电路板、静音风扇、开关、脚垫、LED灯、手电开关、锂电池、定时设定键、液晶显示屏、太阳能接收模块。所述电源插头由导线连接到控制电路板上，进风口、出风口、LED灯、定时设定键、开关在空气净化器本体一侧，控制电路板安装在空气净化器本体内部，静音风扇安装在进风口一侧，脚垫安装在空气净化器本体底部，手电开关、液晶显示屏内嵌安装在空气净化器本体表面上，锂电池安装在空气净化器本体内部，太阳能接收模块安装在空气净化器本体顶部。本发明的产品节能环保，使用和携带方便，可当应急手电使用及可设定使用时间。

电能表数据采集安全电源台

申请（专利）号：201410001696.X **公开日**：2014-04-30

申请人：国家电网公司 国网湖北省电力公司大冶市供电公司

发明人：林红刚 汪勇军 邹利 杜峰 郑强明 程才生

摘要：

本发明涉及一种电能表数据采集安全电源台，包括方形操作台。方形操作台的侧面设置有交流电源线正负插孔和电能表连接插孔，方形操作台的上端面上固定设置有熔丝和漏电保护器。所述交流电源线正负插孔连接熔丝，熔丝串联连接漏电保护器，漏电保护器连接开关按钮，开关按钮连接电能表连接插孔，漏电保护器包括感测元件、放大驱动电路及执行元件，所述感测元件由环形铁心和感应线圈组成，感应线圈缠绕在环形铁心上，所述感应线圈与所述放大驱动电路的输入端连接，放大驱动电路的输出端与所述执行元件连接。本发明可作为电能表采集数据提供一种安全、可靠、携带使用方便的电源供电平台。

一种电源插座通断电遥控系统

申请（专利）号：201310426517.2 **公开日**：2014-04-30

申请人：天津美大科技有限公司

发明人：简大崇

摘要：

本发明提出一种电源插座通断电遥控系统，包括电源插座。所述电源插座上设有控制所述电源插座与主电路导通或断开的接电开关，所述电源插座上设有接收装置、连接所述接收装置的控制芯片、连接所述控制芯片的输出继电器，所述输出继电器控制连接所述接电开关。本发明可对电源插座进行遥控，有效节省电能。

一种可联机的智能遥控电源开关及其通信方法

申请（专利）号：201210031420.7 **公开日**：2014-04-30

申请人：上海爱加科技有限公司

发明人：陈勇 李勤

摘要：

本发明涉及开关插座领域，主要是转换插座、拖线板、墙壁插座等电源开关，特别是一种电子式智能遥控电源开关。在塑壳中，由控制芯片与电源输出控制电路、按键输入电路、显示电路、输入信号识别电路、无线通信电路电连接。主要解决目前可联机的遥控电源开关需要配备中央控制器或协调器、路由器等信息交换设备才能与电脑、手机联机问题。为了克服现有技术的不足，本发明采用声波通信方式使遥控电源开关与手机、电脑等设备直接联机，使遥控电源开关可以在手机或电脑等智能终端上进行各项功能设置。

一种可联机的智能电源开关及其通信方法

申请（专利）号： 201210031415.6　**公开日：** 2014-04-30

申请人： 上海爱加科技有限公司

发明人： 陈勇　李勤

摘要：

本发明涉及开关插座领域，主要是转换插座、拖线板、墙壁插座等电源开关，特别是一种电子式智能电源开关。在塑壳中，由控制芯片与电源输出控制电路、按键输入电路、显示电路、无线通信电路电连接。主要解决目前可联机的电源开关需要配备中央控制器或协调器、路由器等信息交换设备才能与电脑、手机联机问题。为了克服现有技术的不足，本发明采用声波通信方式使电源开关与手机、电脑等设备直接联机，使电源开关可以在手机或电脑等智能终端上进行各项功能设置。

带无级调压消弧开关的大功率功率补偿稳压调容交流电源

申请（专利）号： 201310727548.1　**公开日：** 2014-04-30

申请人： 孙崇山

发明人： 孙崇山

摘要：

带无级调压消弧开关的大功率功率补偿稳压调容交流电源。本发明主要应用于需要电压无级或有级调节的有稳压、调容、无功补偿要求的阻性、阻感性交流负载系统中。当电网二次电压需要调节时系统既可无级调压，也可有级调压，具有调压、调容的功能；当电网电压需要恒定时，在电网电压任意波动的情况下，可以高速维持电网二次侧电压恒定，具有稳压、增容、功率因数调整的功能，最重要的是消除传统的功率因数调整中的马太效应。有自动化程度高、谐波低、节能、免维护的特点。有级调压时输出电压波形为正弦波。无级调压时电压波形在任意周波内由连续的正弦波周波片段组成，电压波形连续，调压范围小时近似正弦波。调压范围为 0～100%。

一种新型带蓝牙功能便携式汽车应急点火电源

申请（专利）号： 201410029245.7　**公开日：** 2014-04-30

申请人： 昆山市圣光新能源科技有限公司

发明人： 熊开富

摘要：

本发明涉及一种新型带蓝牙功能便携式汽车应急点火电源。它包括电源本体、电瓶线夹、开关、充电接口、电池模组、控制电路板、蓝牙模块。所述电瓶线夹、开关、充电接口内嵌安装在电源本体上，电池模组、控制电路板、蓝牙模块安装在电源本体内部。本发明的产品使用更方便。

一种新型带激光灯及收音机功能便携式汽车应急点火电源

申请（专利）号： 201410031408.5　**公开日：** 2014-04-30

申请人： 昆山市圣光新能源科技有限公司

发明人： 熊开富

摘要：

本发明涉及一种新型带激光灯及收音机功能便携式汽车应急点火电源。它包括电源本体、电瓶线夹、开关、充电接口、电池模组、控制电路板、收音机模块、扬声器、激光灯。所述电瓶线夹、开关、充电接口、收音机模块、扬声器、激光灯内嵌安装在电源本体上，电池模组、控制电路板安装在电源本体内部。本发明的产品使用和携带方便，可收听广播及充当指引灯。

新型带 LED 显示屏及求救灯便携式汽车应急点火电源

申请（专利）号： 201410026764.8　**公开日：** 2014-04-30

申请人： 昆山市圣光新能源科技有限公司

发明人： 熊开富

摘要：

本发明涉及新型带 LED 显示屏及求救灯便携式汽车应急点火电源。它包括电源本体、开关、充电接口、电池模组、控制电路板、求救信号灯、LED 显示屏、电瓶线夹。所述开关、充电接口、求救信号灯、LED 显示屏、电瓶线夹内嵌安装在电源本体上，电池模组、控制电路板安装在电源本体内部。本发明的产品使用和携带方便，可发射求救信号及查看电量。

新型带 LED 显示屏及充电功能便携式汽车应急点火电源

申请（专利）号： 201410026766.7　**公开日：** 2014-04-30

申请人： 昆山市圣光新能源科技有限公司

发明人： 熊开富

摘要：

本发明涉及新型带 LED 显示屏及充电功能便携式汽车应急点火电源。它包括电源本体、电瓶线夹、开关、充电接口、电池模组、控制电路板、标准 USB 座、LED 显示屏。所述电瓶线夹、开关、充电接口、标准 USB 座、LED 显示屏内嵌安装在电源本体上，电池模组、控制电路板安装在电源本体内部。本发明的产品使用和携带方便，便于充电及查看电量。

新型带 MP3 及充电功能便携式汽车应急点火电源

申请（专利）号：201410026767.1 **公开日：**2014-04-30
申请人：昆山市圣光新能源科技有限公司
发明人：熊开富
摘要：

本发明涉及新型带MP3及充电功能便携式汽车应急点火电源。它包括电源本体、电瓶线夹、开关、充电接口、电池模组、控制电路板、标准USB座、MP3控制模块、扬声器。所述电瓶线夹、开关、充电接口、标准USB座、扬声器内嵌安装在电源本体上，电池模组、MP3控制模块、控制电路板安装在电源本体内部。本发明的产品使用和携带方便；便于充电及播放歌曲。

新型带LED显示屏及指南针便携式汽车应急点火电源

申请（专利）号：201410026768.6 **公开日：**2014-04-30
申请人：昆山市圣光新能源科技有限公司
发明人：熊开富
摘要：

本发明涉及新型带LED显示屏及指南针便携式汽车应急点火电源。它包括电源本体、电瓶线夹、开关、充电接口、电池模组、控制电路板、指南针、LED显示屏。所述电瓶线夹、开关、充电接口、指南针、LED显示屏内嵌安装在电源本体上，电池模组、控制电路板安装在电源本体内部。本发明的产品使用和携带方便，可辨别方位及电量查看。

新型带LED显示屏及手电功能便携式汽车应急点火电源

申请（专利）号：201410026773.7 **公开日：**2014-04-30
申请人：昆山市圣光新能源科技有限公司
发明人：熊开富
摘要：

本发明涉及新型带LED显示屏及手电功能便携式汽车应急点火电源。它包括电源本体、电瓶线夹、开关、充电接口、电池模组、控制电路板、LED灯、LED显示屏。所述电瓶线夹、开关、充电接口、LED灯、LED显示屏内嵌安装在电源本体上，电池模组、控制电路板安装在电源本体内部。本发明的产品使用和携带方便，可当手电使用及电量显示。

新型带MP3及LED显示屏便携式汽车应急点火电源

申请（专利）号：201410026775.6 **公开日：**2014-04-30
申请人：昆山市圣光新能源科技有限公司
发明人：熊开富
摘要：

本发明涉及新型带MP3及LED显示屏便携式汽车应急点火电源。它包括电源本体、开关、充电接口、电池模组、控制电路板、LED显示屏、电瓶线夹、MP3控制模块、扬声器、标准USB座。所述开关、充电接口、LED显示屏、电瓶线夹、扬声器、标准USB座内嵌安装在电源本体上，MP3控制模块，电池模组、控制电路板安装在电源本体内部。本发明的产品使用和携带方便，电量查看及播放歌曲。

一种新型带充电及激光灯便携式汽车应急点火电源

申请（专利）号：201410029242.3 **公开日：**2014-04-30
申请人：昆山市圣光新能源科技有限公司
发明人：熊开富
摘要：

本发明涉及一种新型带充电及激光灯便携式汽车应急点火电源。它包括电源本体、电瓶线夹、开关、充电接口、电池模组、控制电路板、激光灯、标准USB座。所述电瓶线夹、开关、充电接口、激光灯、标准USB座内嵌安装在电源本体上，电池模组、控制电路板安装在电源本体内部。本发明的产品使用和携带方便，可用于指引及移动设备充电。

一种新型带充电及手电功能便携式汽车应急点火电源

申请（专利）号：201410029243.8 **公开日：**2014-04-30
申请人：昆山市圣光新能源科技有限公司
发明人：熊开富
摘要：

本发明涉及一种新型带充电及手电功能便携式汽车应急点火电源。它包括电源本体、电瓶线夹、开关、充电接口、电池模组、控制电路板、LED灯、标准USB座。所述电瓶线夹、开关、充电接口、LED灯、标准USB座内嵌安装在电源本体上，电池模组、控制电路板安装在电源本体内部。本发明的产品使用和携带方便，可当手电使用及给予外部移动设备充电。

一种新型带充电及收音机功能便携式汽车应急点火电源

申请（专利）号：201410029244.2 **公开日：**2014-04-30
申请人：昆山市圣光新能源科技有限公司
发明人：熊开富
摘要：

本发明涉及一种新型带充电及收音机功能便携式汽车应急点火电源。它包括电源本体、电瓶线夹、开关、充电接口、电池模组、控制电路板、收音机模块、扬声器、标准USB座。所述电瓶线夹、开关、充电接口、收音机模块、扬声器、标准USB座内嵌安装在电源本体上，电池模组、控制电路板安装在电源本体内部。本发明的产品使用和携带方便，可收听广播及给予外部移动设备充电。

新型带LED显示屏及激光灯便携式汽车应急点火电源

申请（专利）号：201410026759.7 **公开日：**2014-04-30
申请人：昆山市圣光新能源科技有限公司
发明人：熊开富

摘要：

本发明涉及新型带 LED 显示屏及激光灯便携式汽车应急点火电源。它包括电源本体、电瓶线夹、开关、充电接口、电池模组、控制电路板、激光灯、LED 显示屏。所述电瓶线夹、开关、充电接口、激光灯、LED 显示屏内嵌安装在电源本体上，电池模组、控制电路板安装在电源本体内部。本发明的产品使用和携带方便，可充当指引灯及查看电量。

一种新型带收音机及手电功能便携式汽车应急点火电源

申请（专利）号：201410053929.0　**公开日：**2014-04-30

申请人：昆山市圣光新能源科技有限公司

发明人：熊开富

摘要：

本发明涉及一种新型带收音机及手电功能便携式汽车应急点火电源。它包括电源本体、电瓶线夹、开关、充电接口、电池模组、控制电路板、LED 灯、收音机模块、扬声器。所述电瓶线夹、开关、充电接口、LED 灯、扬声器内嵌安装在电源本体上，电池模组、控制电路板、收音机模块安装在电源本体内部。本发明的产品使用和携带方便，可当手电使用。

一种新型带激光灯及指南针功能便携式汽车应急点火电源

申请（专利）号：201410031391.3　**公开日：**2014-04-30

申请人：昆山市圣光新能源科技有限公司

发明人：熊开富

摘要：

本发明涉及一种新型带激光灯及指南针功能便携式汽车应急点火电源。它包括电源本体、电瓶线夹、开关、充电接口、电池模组、控制电路板、指南针、激光灯。所述电瓶线夹、开关、充电接口、指南针、激光灯内嵌安装在电源本体上，电池模组、控制电路板安装在电源本体内部。本发明的产品使用和携带方便，可辨别方位及充当指引灯功能。

新型带 MP3 及蓝牙功能便携式汽车应急点火电源

申请（专利）号：201410029265.4　**公开日：**2014-04-30

申请人：昆山市圣光新能源科技有限公司

发明人：熊开富

摘要：

本发明涉及新型带 MP3 及蓝牙功能便携式汽车应急点火电源。它包括电源本体、电瓶线夹、开关、充电接口、电池模组、控制电路板、蓝牙模块、MP3 控制模块、扬声器、标准 USB 座。所述电瓶线夹、开关、充电接口、扬声器、标准 USB 座内嵌安装在电源本体上，MP3 控制模块、电池模组、控制电路板、蓝牙模块安装在电源本体内部。本发明的产品使用更方便，可播放歌曲。

一种新型带充电及求救信号灯便携式汽车应急点火电源

申请（专利）号：201410029246.1　**公开日：**2014-04-30

申请人：昆山市圣光新能源科技有限公司

发明人：熊开富

摘要：

本发明涉及一种新型带充电及求救信号灯便携式汽车应急点火电源。它包括电源本体、电瓶线夹、开关、充电接口、电池模组、控制电路板、求救信号灯、标准 USB 座。所述电瓶线夹、开关、充电接口、求救信号灯、标准 USB 座内嵌安装在电源本体上，电池模组、控制电路板安装在电源本体内部。本发明的产品使用和携带方便，可发射求救信号及给移动设备充电。

新型带液晶显示屏及求救灯便携式汽车应急点火电源

申请（专利）号：201410031350.4　**公开日：**2014-04-30

申请人：昆山市圣光新能源科技有限公司

发明人：熊开富

摘要：

本发明涉及新型带液晶显示屏及求救灯便携式汽车应急点火电源。它包括电源本体、开关、充电接口、电池模组、控制电路板、求救信号灯、液晶显示屏、电瓶线夹。所述开关、充电接口、求救信号灯、液晶显示屏、电瓶线夹内嵌安装在电源本体上，电池模组、控制电路板安装在电源本体内部。本发明的产品使用和携带方便，可发射求救信号及查看电量。

新型带液晶显示屏及手电功能便携式汽车应急点火电源

申请（专利）号：201410031354.2　**公开日：**2014-04-30

申请人：昆山市圣光新能源科技有限公司

发明人：熊开富

摘要：

本发明涉及新型带液晶显示屏及手电功能便携式汽车应急点火电源。它包括电源本体、电瓶线夹、开关、充电接口、电池模组、控制电路板、LED 灯、液晶显示屏。所述电瓶线夹、开关、充电接口、LED 灯、液晶显示屏内嵌安装在电源本体上，电池模组、控制电路板安装在电源本体内部。本发明的产品使用和携带方便，可当手电使用及电量显示。

一种新型带激光灯及液晶显示屏便携式汽车应急点火电源

申请（专利）号：201410031407.0　**公开日：**2014-04-30

申请人：昆山市圣光新能源科技有限公司

发明人：熊开富

摘要：

本发明涉及一种新型带激光灯及液晶显示屏便携式汽车应急点火电源。它包括电源本体、电瓶线夹、开关、充电接口、电池模组、控制电路板、液晶显示屏、激光灯。所述电瓶线夹、开关、充电接口、液晶显示屏、激光灯内嵌安装在电源本体上，电池模组、控制电路板安装在电源本体内部。本发明的产品使用和携带方便，便于查看电量及充当指引灯。

新型带MP3及激光灯便携式汽车应急点火电源

申请（专利）号：201410029264. X **公开日：**2014-04-30

申请人：昆山市圣光新能源科技有限公司

发明人：熊开富

摘要：

本发明涉及新型带MP3及激光灯便携式汽车应急点火电源。它包括电源本体、电瓶线夹、开关、充电接口、电池模组、控制电路板、激光灯、MP3控制模块、扬声器、标准USB座。所述电瓶线夹、开关、充电接口、激光灯、扬声器、标准USB座内嵌安装在电源本体上，电池模组、控制电路板、MP3控制模块安装在电源本体内部。本发明的产品使用和携带方便，可充当指引灯及播放歌曲。

新型带液晶显示屏及激光灯便携式汽车应急点火电源

申请（专利）号：201410031463. 4 **公开日：**2014-04-30

申请人：昆山市圣光新能源科技有限公司

发明人：熊开富

摘要：

本发明涉及新型带液晶显示屏及激光灯便携式汽车应急点火电源。它包括电源本体、电瓶线夹、开关、充电接口、电池模组、控制电路板、激光灯、液晶显示屏。所述电瓶线夹、开关、充电接口、激光灯、液晶显示屏内嵌安装在电源本体上，电池模组、控制电路板安装在电源本体内部。本发明的产品使用和携带方便，可充当指引灯及查看电量。

新型带液晶显示屏及收音机便携式汽车应急点火电源

申请（专利）号：201410031460. 0 **公开日：**2014-04-30

申请人：昆山市圣光新能源科技有限公司

发明人：熊开富

摘要：

本发明涉及新型带液晶显示屏及收音机便携式汽车应急点火电源。它包括电源本体、电瓶线夹、开关、充电接口、电池模组、控制电路板、收音机模块、扬声器、液晶显示屏。所述电瓶线夹、开关、充电接口、收音机模块、扬声器、液晶显示屏内嵌安装在电源本体上，电池模组、控制电路板安装在电源本体内部。本发明的产品使用和携带方便，可收听广播及查看电量。

新型带LED显示屏及收音机便携式汽车应急点火电源

申请（专利）号：201410026762. 9 **公开日：**2014-04-30

申请人：昆山市圣光新能源科技有限公司

发明人：熊开富

摘要：

本发明涉及新型带LED显示屏及收音机便携式汽车应急点火电源。它包括电源本体、电瓶线夹、开关、充电接口、电池模组、控制电路板、收音机模块、扬声器、LED显示屏。所述电瓶线夹、开关、充电接口、收音机模块、扬声器、LED显示屏内嵌安装在电源本体上，电池模组、控制电路板安装在电源本体内部。本发明的产品使用和携带方便，可收听广播及查看电量。

新型带MP3及带手电功能便携式汽车应急点火电源

申请（专利）号：201410029266. 9 **公开日：**2014-04-30

申请人：昆山市圣光新能源科技有限公司

发明人：熊开富

摘要：

本发明涉及新型带MP3及带手电功能便携式汽车应急点火电源。它包括电源本体、电瓶线夹、开关、充电接口、电池模组、控制电路板、LED灯、MP3控制模块、扬声器、标准USB座。所述电瓶线夹、开关、充电接口、LED灯、扬声器、标准USB座内嵌安装在电源本体上，电池模组、控制电路板、MP3控制模块安装在电源本体内部。本发明的产品使用和携带方便，可当手电使用及播放歌曲。

新型带液晶显示屏及充电功能便携式汽车应急点火电源

申请（专利）号：201410031389. 6 **公开日：**2014-04-30

申请人：昆山市圣光新能源科技有限公司

发明人：熊开富

摘要：

本发明涉及新型带液晶显示屏及充电功能便携式汽车应急点火电源。它包括电源本体、电瓶线夹、开关、充电接口、电池模组、控制电路板、标准USB座、液晶显示屏。所述电瓶线夹、开关、充电接口、标准USB座、液晶显示屏内嵌安装在电源本体上，电池模组、控制电路板安装在电源本体内部。本发明的产品使用和携带方便，便于充电及查看电量。

新型带液晶显示屏及手电功能便携式汽车应急点火电源

申请（专利）号：201410031453. 0 **公开日：**2014-04-30

申请人：昆山市圣光新能源科技有限公司

发明人：熊开富

摘要：

本发明涉及新型带液晶显示屏及手电功能便携式汽车应急点火电源。它包括电源本体、电瓶线夹、开关、充电接口、电池模组、控制电路板、LED灯、液晶显示屏。所述电瓶线夹、开关、充电接口、LED灯、液晶显示屏内嵌安装在电源本体上，电池模组、控制电路板安装在电源本体内部。本发明的产品使用和携带方便，可当手电使用及电量显示。

新型带液晶显示屏及蓝牙功能便携式汽车应急点火电源

申请（专利）号：201410031462. X　**公开日：**2014-04-30

申请人：昆山市圣光新能源科技有限公司

发明人：熊开富

摘要：

本发明涉及新型带液晶显示屏及蓝牙功能便携式汽车应急点火电源。它包括电源本体、电瓶线夹、开关、充电接口、电池模组、控制电路板、蓝牙模块、液晶显示屏。所述电瓶线夹、开关、充电接口、液晶显示屏内嵌安装在电源本体上，电池模组、控制电路板、蓝牙模块安装在电源本体内部。本发明的产品使用更方便。

新型带MP3及收音机功能便携式汽车应急点火电源

申请（专利）号：201410029262. 0　**公开日：**2014-04-30

申请人：昆山市圣光新能源科技有限公司

发明人：熊开富

摘要：

本发明涉及新型带MP3及收音机功能便携式汽车应急点火电源。它包括电源本体、电瓶线夹、开关、充电接口、电池模组、控制电路板、收音机模块、扬声器、MP3控制模块、标准USB座。所述电瓶线夹、开关、充电接口、标准USB座、扬声器内嵌安装在电源本体上，电池模组、控制电路板、收音机模块、MP3控制模块安装在电源本体内部。本发明的产品使用和携带方便，可收听广播有播放歌曲。

新型带液晶显示屏及指南针便携式汽车应急点火电源

申请（专利）号：201410031452. 6　**公开日：**2014-04-30

申请人：昆山市圣光新能源科技有限公司

发明人：熊开富

摘要：

本发明涉及新型带液晶显示屏及指南针便携式汽车应急点火电源。它包括电源本体、电瓶线夹、开关、充电接口、电池模组、控制电路板、指南针、液晶显示屏。所述电瓶线夹、开关、充电接口、指南针、液晶显示屏内嵌安装在电源本体上，电池模组、控制电路板安装在电源本体内部。本发明的产品使用和携带方便，可辨别方位及电量查看。

新型带MP3及指南针功能便携式汽车应急点火电源

申请（专利）号：201410029252. 7　**公开日：**2014-04-30

申请人：昆山市圣光新能源科技有限公司

发明人：熊开富

摘要：

本发明涉及新型带MP3及指南针功能便携式汽车应急点火电源。它包括电源本体、电瓶线夹、开关、充电接口、电池模组、控制电路板、指南针、MP3控制模块、扬声器、标准USB座。所述电瓶线夹、开关、充电接口、指南针、扬声器、标准USB座内嵌安装在电源本体上，电池模组、控制电路板、MP3控制模块安装在电源本体内部。本发明的产品使用和携带方便，可辨别方位及播放歌曲。

一种新型带充电及MP3功能便携式汽车应急点火电源

申请（专利）号：201410029247. 6　**公开日：**2014-04-30

申请人：昆山市圣光新能源科技有限公司

发明人：熊开富

摘要：

本发明涉及一种新型带充电及MP3功能便携式汽车应急点火电源。它包括电源本体、电瓶线夹、开关、充电接口、电池模组、控制电路板、MP3控制模块、扬声器、标准USB座。所述电瓶线夹、开关、充电接口、MP3控制模块、扬声器、标准USB座内嵌安装在电源本体上，电池模组、控制电路板安装在电源本体内部。本发明的产品使用和携带方便，可播放音乐及充电。

一种新型带充电及指南针功能便携式汽车应急点火电源

申请（专利）号：201410029248. 0　**公开日：**2014-04-30

申请人：昆山市圣光新能源科技有限公司

发明人：熊开富

摘要：

本发明涉及一种新型带充电及指南针功能便携式汽车应急点火电源。它包括电源本体、电瓶线夹、开关、充电接口、电池模组、控制电路板、指南针、标准USB座。所述电瓶线夹、开关、充电接口、指南针、标准USB座内嵌安装在电源本体上，电池模组、控制电路板安装在电源本体内部。本发明的产品使用和携带方便，可辨别方位及给予外部移动设备充电。

一种新型带求救信号灯便携式汽车应急点火电源

申请（专利）号：201410029249. 5　**公开日：**2014-04-30

申请人：昆山市圣光新能源科技有限公司

发明人：熊开富

摘要：

本发明涉及一种新型带求救信号灯便携式汽车应急点火电源。它包括电源本体、电瓶线夹、开关、充电接口、电池模组、控制电路板、求救信号灯。所述电瓶线夹、开关、充电接口、求救信号灯内嵌安装在电源本体上，电池模组、控制电路板安装在电源本体内部。本发明的产品使用和携带方便，可发射求救信号。

新型带液晶显示屏及MP3功能便携式汽车应急点

火电源

申请（专利）号：201410031485.0 公开日：2014-04-30

申请人：昆山市圣光新能源科技有限公司

发明人：熊开富

摘要：

本发明涉及新型带液晶显示屏及MP3功能便携式汽车应急点火电源。它包括电源本体、电瓶线夹、开关、充电接口、电池模组、控制电路板、MP3控制模块、扬声器、标准USB座、液晶显示屏。所述电瓶线夹、开关、充电接口、MP3控制模块、扬声器，标准USB座、液晶显示屏内嵌安装在电源本体上，电池模组、控制电路板安装在电源本体内部。本发明的产品使用和携带方便，可播放音乐。

一种新型带MP3功能便携式汽车应急点火电源

申请（专利）号：201410029251.2 公开日：2014-04-30

申请人：昆山市圣光新能源科技有限公司

发明人：熊开富

摘要：

本发明涉及一种新型带MP3功能便携式汽车应急点火电源。它包括电源本体、电瓶线夹、开关、充电接口、电池模组、控制电路板、MP3控制模块、扬声器、标准USB座。所述电瓶线夹、开关、充电接口、MP3控制模块、扬声器、标准USB座内嵌安装在电源本体上，电池模组、控制电路板安装在电源本体内部。本发明的产品使用和携带方便，可播放音乐。

新型带MP3及求救信号灯便携式汽车应急点火电源

申请（专利）号：201410029263.5 公开日：2014-04-30

申请人：昆山市圣光新能源科技有限公司

发明人：熊开富

摘要：

本发明涉及新型带MP3及求救信号灯便携式汽车应急点火电源。它包括电源本体、电瓶线夹、开关、充电接口、电池模组、控制电路板、求救信号灯、MP3控制模块、扬声器、标准USB座。所述电瓶线夹、开关、充电接口、求救信号灯、扬声器、标准USB座内嵌安装在电源本体上，电池模组、控制电路板、MP3控制模块安装在电源本体内部。本发明的产品使用和携带方便，可发射求救信号及播放歌曲。

一种新型带充电功能便携式汽车应急点火电源

申请（专利）号：201410029253.1 公开日：2014-04-30

申请人：昆山市圣光新能源科技有限公司

发明人：熊开富

摘要：

本发明涉及一种新型带充电功能便携式汽车应急点火电源。它包括电源本体、电瓶线夹、开关、充电接口、电池模组、控制电路板、标准USB座。所述电瓶线夹、开关、充电接口、标准USB座内嵌安装在电源本体上，电池模组、控制电路板安装在电源本体内部。本发明的产品使用和携带方便，便于充电。

一种新型带LED显示屏便携式汽车应急点火电源

申请（专利）号：201410029254.6 公开日：2014-04-30

申请人：昆山市圣光新能源科技有限公司

发明人：熊开富

摘要：

本发明涉及一种新型带LED显示屏便携式汽车应急点火电源。它包括电源本体、开关、充电接口、电池模组、控制电路板、LED显示屏、电瓶线夹。所述开关、充电接口、LED显示屏、电瓶线夹内嵌安装在电源本体上，电池模组、控制电路板安装在电源本体内部。本发明的产品使用和携带方便，便于查看电量。

一种新型便携式汽车应急点火电源

申请（专利）号：201410029255.0 公开日：2014-04-30

申请人：昆山市圣光新能源科技有限公司

发明人：熊开富

摘要：

本发明涉及一种新型便携式汽车应急点火电源。它包括电源本体、开关、充电接口、电池模组、控制电路板、电瓶线夹。所述开关、充电接口、电瓶线夹内嵌安装在电源本体上，电池模组、控制电路板安装在电源本体内部。本发明的产品使用和携带方便。

一种新型带液晶显示屏便携式汽车应急点火电源

申请（专利）号：201410029256.5 公开日：2014-04-30

申请人：昆山市圣光新能源科技有限公司

发明人：熊开富

摘要：

本发明涉及一种新型带液晶显示屏便携式汽车应急点火电源。它包括电源本体、电瓶线夹、开关、充电接口、电池模组、控制电路板、液晶显示屏。所述电瓶线夹、开关、充电接口、液晶显示屏内嵌安装在电源本体上，电池模组、控制电路板安装在电源本体内部。本发明的产品使用和携带方便，便于查看电量。

一种新型带指南针功能便携式汽车应急点火电源

申请（专利）号：201410029261.6 公开日：2014-04-30

申请人：昆山市圣光新能源科技有限公司

发明人：熊开富

摘要：

本发明涉及一种新型带指南针功能便携式汽车应急点火电源。它包括电源本体、电瓶线夹、开关、充电接口、电池模组、控制电路板、指南针。所述电瓶线夹、开关、充电接口、指南针内嵌安装在电源本体上，电池模组、控制电路板安装在电源本体内部。本发明的产品使用和携带方便，可辨别方位。

一种新型带收音机功能便携式汽车应急点火电源

申请（专利）号：201410029257. X　**公开日：**2014-04-30

申请人：昆山市圣光新能源科技有限公司

发明人：熊开富

摘要：

本发明涉及一种新型带收音机功能便携式汽车应急点火电源。它包括电源本体、电瓶线夹、开关、充电接口、电池模组、控制电路板、收音机模块、扬声器。所述电瓶线夹、开关、充电接口、收音机模块、扬声器内嵌安装在电源本体上，电池模组、控制电路板安装在电源本体内部。本发明的产品使用和携带方便，可收听广播。

一种新型带激光灯便携式汽车应急点火电源

申请（专利）号：201410029260. 1　**公开日：**2014-04-30

申请人：昆山市圣光新能源科技有限公司

发明人：熊开富

摘要：

本发明涉及一种新型带激光灯便携式汽车应急点火电源。它包括电源本体、电瓶线夹、开关、充电接口、电池模组、控制电路板、激光灯。所述电瓶线夹、开关、充电接口、激光灯内嵌安装在电源本体上，电池模组、控制电路板安装在电源本体内部。本发明的产品使用和携带方便，可充当指引灯。

一种新型带充电及蓝牙功能便携式汽车应急点火电源

申请（专利）号：201410029259. 9　**公开日：**2014-04-30

申请人：昆山市圣光新能源科技有限公司

发明人：熊开富

摘要：

本发明涉及一种新型带充电及蓝牙功能便携式汽车应急点火电源。它包括电源本体、电瓶线夹、开关、充电接口、电池模组、控制电路板、蓝牙模块、标准 USB 座。所述电瓶线夹、开关、充电接口、标准 USB 座内嵌安装在电源本体上，电池模组、控制电路板、蓝牙模块安装在电源本体内部。本发明的产品使用更方便及充电。

一种新型带手电功能便携式汽车应急点火电源

申请（专利）号：201410029250. 8　**公开日：**2014-04-30

申请人：昆山市圣光新能源科技有限公司

发明人：熊开富

摘要：

本发明涉及一种新型带手电功能便携式汽车应急点火电源。它包括电源本体、电瓶线夹、开关、充电接口、电池模组、控制电路板、LED 灯。所述电瓶线夹、开关、充电接口、LED 灯内嵌安装在电源本体上，电池模组、控制电路板安装在电源本体内部。本发明的产品使用和携带方便，可当手电使用。

新型带 MP3 及液晶显示屏便携式汽车应急点火电源

申请（专利）号：201410029258. 4　**公开日：**2014-04-30

申请人：昆山市圣光新能源科技有限公司

发明人：熊开富

摘要：

本发明涉及新型带 MP3 及液晶显示屏便携式汽车应急点火电源。它包括电源本体、电瓶线夹、开关、充电接口、电池模组、控制电路板、液晶显示屏、MP3 控制模块、扬声器、标准 USB 座。所述电瓶线夹、开关、充电接口、液晶显示屏、扬声器、标准 USB 座内嵌安装在电源本体上，电池模组、控制电路板、MP3 控制模块安装在电源本体内部。本发明的产品使用和携带方便，便于查看电量及播放歌曲。

应急电源系统

申请（专利）号：201310755989. 2　**公开日：**2014-04-30

申请人：东莞市贻嘉光电科技有限公司

发明人：曹菊萍

摘要：

本发明涉及电源系统技术领域，尤其涉及应急电源系统，包括蓄电池、充放电控制器、电源箱、至少一个 LED 照明灯。蓄电池和充放电控制器固定在电源箱内，电源箱外部设有电源输入接口、至少一个电源输出接口、USB 接口、供电控制开关；蓄电池、电源输入接口、电源输出接口、供电控制开关和 USB 接口分别与充放电控制器电连接；LED 照明灯通过电缆与电源输出接口电连接。本发明利用蓄电池作为电源，通过 LED 照明灯能迅速提供照明，LED 照明灯利用电场发光，具有体积小、光效高、无辐射、寿命长、低功耗的优点，节能环保，可以应急使用很多天，并且 USB 接口能够提供电力给手机或其它数码产品提供充电，操作方便。

一种用于实现多个电源系统切换控制的开关装置

申请（专利）号：201410014795. 1　**公开日：**2014-04-30

申请人：深圳市泰永电气科技有限公司

发明人：黄正乾　高茂勇　张智玉

摘要：

本发明公开了一种用于实现多个电源系统切换控制的开关装置，包括相连接的柜体和柜门。所述柜体内设置有驱动板，用于检测输出电流的电流传感器及多个双向可控硅静态开关，而且每个双向晶闸管静态开关串联在相应电源的供电线路中。所述柜门上设置有主控制器，而且所述主控制器根据各个电源的电压信号和输出电流信号通过所述驱动板驱动相应双向晶闸管静态开关进行相应动作。实施本发明的技术方案，克服了机械式开关或继电器切换时因瞬间断电和拉弧造成的环流，从而保证切换中断时间为毫秒级。

一种伺服天线电源控制电源

申请（专利）号：201310603195. 4　**公开日：**2014-04-30

申请人：西安恒飞电子科技有限公司
发明人：吕景华 康典
摘要：

本发明涉及一种伺服天线电源控制电源。其特征是，至少包括降压变压器 T1、直流稳压电源单元和天线控制单元。380V 交流电进入伺服机柜后，经过空气开关 SA1 后，空气开关 SA1 输出的 A、B、C 三相中任一相和中线作为直流稳压电源的输入；380V 经空气开关 SA1 后通过开关 SA2 及熔丝到直流稳压电源单元的输入端；空气开关 SA1 输出的三相 A、B、C 电压分别进入降压变压器 T1 一次侧，降压变压器 T1 将 380V 降压到 230V，降压变压器 T1 的二次电压通过交流接触器 KM1 供给天线控制单元。本发明具有可靠性好、干扰小、精度高、体积小等特点。

便携式电源

申请（专利）号：201410037077.6 公开日：2014-04-30
申请人：兴安吉阳光伏应用有限公司
发明人：文跃霖 朱建云
摘要：

本发明公开一种便携式电源，包括手提箱。其特征在于，所述手提箱至少一个箱面上设有太阳电池板；所述设有太阳电池板的箱面背部设有逆变器接口；所述手提箱内设有逆变器，逆变器与逆变器接口通过导线连接；所述手提箱内还设有至少一块蓄电池。本发明结构简单，巧妙地利用了便携式的手提箱作为太阳能的蓄电装置，结构简单方便，便于移动使用。可以随时随地利用太阳能进行蓄电池充电。

一种 LED 驱动电源电路

申请（专利）号：201310630383.6 公开日：2014-04-30
申请人：西安恒飞电子科技有限公司
发明人：张建飞 秦为 侯彦
摘要：

本发明涉及一种 LED 驱动电源电路，包括滤波器 HAM 模块（1）、全砖模块 MAXI（2）、PRM 预稳压模块（3）、PRM/VTM 一对多输出控制电路（4）、恒流控制电路（5）、VTM 模块（6）。VTM 模块（6）包括多路，交流 85～264V 全电压输入到滤波器 HAM 模块（1）输入端，滤波器 HAM 模块（1）输出接入全砖模块 MAXI（2）后，由全砖模块 MAXI（2）进行 AC/DC 转换，转换后的电压接入 PRM 预稳压模块（3）的输入端；PRM/VTM 一对多输出控制电路（4）和恒流控制电路（5）分别与 PRM 预稳压模块（3）电连接，控制 PRM 预稳压模块（3）使 PRM 预稳压模块（3）输出端与 VTM 模块（6）的其中一路或多路进行输出。本发明运用模块化搭建，并通过相应的控制电路实现 PRM/VTM 一对多的输出和恒流输出。

具有电源和数据的桌子连接系统

申请（专利）号：201310756898.0 公开日：2014-05-07
申请人：诺曼·R·伯恩
发明人：N·R·伯恩 D·P·伯恩 T·J·沃里克 B·A·里姆 C·齐莫尔曼 W·F·沙赫特 R·E·佩特 R·L·纳普
摘要：

一种具有电源和数据容量的工作台面连接系统，具有伸长的外罩。该外罩限定了内部通道并包括用于连接至一个或更多个工作台面的第一和第二联接区域。该外罩可以为单体件单元或多件组件，并能够支撑至少一个沿其设置的电源或数据插口。该内部通道隐蔽地支撑与电源或数据插口相关的多个电导体。可选的特征包括一个或多个可移除的侧面板、侧向延伸的支承垫、配件安装表面及多种工作台面配件，如搁架、隐藏面板和灯。

一种双电源供电通风机变频电控系统

申请（专利）号：201210406230.9 公开日：2014-05-07
申请人：西安交大京盛科技发展有限公司
发明人：田边
摘要：

一种双电源供电通风机变频电控系统，包括独立的第一电源进线柜和第二电源进线柜。第一电源进线柜和第二电源进线柜均连接至第一变频调速柜、第二变频调速柜、第三变频调速柜和第四变频调速柜，切换为 4 个变频调速柜供电；第一变频调速柜和第二变频调速柜接第一风机，第三变频调速柜和第四变频调速柜接第二电动机，4 个变频调速柜均接可编程控制器，根据可编程控制器的指令控制电动机的运行，可编程控制器接有显示器，可编程控制器还通过无线通信模块与远程服务器通信。本发明采用双电源供电，通过电源切换和联络可以实现多种运行方式，既能够满足矿用风机高可靠性要求，又能够满足煤矿自动化控制要求。

一种 LED 照明灯具的电源安装结构

申请（专利）号：201210396754.4 公开日：2014-05-07
申请人：马少峰
发明人：马少峰
摘要：

本发明涉及照明灯具技术领域，尤其涉及一种 LED 照明灯具的电源安装结构，包括散热基板、LED、电子元器件、导线。所述 LED 设置在所述散热基板的上表面，所述导线和所述电子元器件连接，所述电子元器件焊接在所述散热基板的上表面或下表面，所述散热基板设置有圆孔，所述导线从所述散热基板的下面穿过所述圆孔焊接在所述散热基板的上表面。通过将电子元器件焊接在散热基板的上表面或下表面，不仅节省了原材料，也简化了电源的安装工序，提高了生产效率，降低了生产成本，利于大规模推广应用。

具有时钟电源的电子装置和测试该电子装置的电源的方法

申请（专利）号：201310503834.X 公开日：2014-05-07

申请人：库卡实验仪器有限公司
发明人：米夏埃尔·朗汉斯　塞巴斯蒂安·策厄特鲍尔
摘要：

本发明涉及一种具有时钟电源（21）或其他时钟电路的电子装置（1）和一种用于测试电子装置的电源（21）的方法。电子装置包括电气负载（29）、时钟电源、至少一个脉冲变换器（41～44）和分析装置（10，39）。电源具有包括至少一个功率半导体开关（25，26）的功率部件（23）并通过交替地接通和断开至少一个功率半导体开关而由电压产生用于电气负载的时钟电压。功率部件具有至少一个电流通路（51～54），在电源运行时电流（i1）流经该电流通路。脉冲转换器（41～44）产生与流经电流通路的电流的绝对值和/或方向的变化相对应的信号。分析装置分析来自脉冲转换器的信号，并根据所分析的信号推断功率半导体开关的功能。

一种具有稳压电源的电脑机箱

申请（专利）号：201210400531.0　**公开日**：2014-05-07
申请人：西安优达计算机系统有限责任公司
发明人：不公告发明人
摘要：

一种具有稳压电源的电脑机箱。机箱内的电脑电源通过稳压电源与外部电源连接，稳压电源设置在机箱内。由于稳压电源设置在机箱内，因此本发明具有整齐、美观的优点。

可以遥控操作的电源开关座

申请（专利）号：201210413845.4　**公开日**：2014-05-07
申请人：襄阳市诸葛亮中学
发明人：李哲成
摘要：

本发明提供一种可以遥控操作的电源开关座，所述带有按键开关的开关座体上面设置有一个遥控接收器。通过遥控接收器组合在带按键开关的开关座体上，使之具有可以手动和遥控操作电源开关的两种使用功能，由此可解决远离电源开关无法行走采用手动操作的麻烦，特别适合有行动不方便的人的家庭安装使用，尤其可安装在卧室作为照明灯的电源开关使用，有利上床休息后能远距离操作照明灯的开启和关闭。

电子电源连接系统

申请（专利）号：201210400092.3　**公开日**：2014-05-07
申请人：郑州汉通电子科技有限公司
发明人：万建章
摘要：

本发明涉及一种电子电源连接系统，包括外罩和若干个连接孔单元。连接孔单元固定在外罩内部，相邻的连接孔单元排布方向相反，设置于外罩端部的连接孔单元与相邻的连接孔单元之间的距离大于其它部位的连接孔单元之间的距离。本发明的优点是插在插座上的插头相互之间不会干扰，插的更紧，插座散热性好。

新型带蓝牙及求救信号灯便携式汽车应急点火电源

申请（专利）号：201410031694.5　**公开日**：2014-05-07
申请人：昆山市圣光新能源科技有限公司
发明人：熊开富
摘要：

本发明涉及新型带蓝牙及求救信号灯便携式汽车应急点火电源。它包括电源本体、电瓶线夹、开关、充电接口、电池模组、控制电路板、求救信号灯、蓝牙模块。所述电瓶线夹、开关、充电接口、求救信号灯内嵌安装在电源本体上，电池模组、控制电路板、蓝牙模块安装在电源本体内部。本发明的产品使用和携带方便，可发射求救信号。

一种新型带求救灯及液晶显示屏便携式汽车应急点火电源

申请（专利）号：201410031647.0　**公开日**：2014-05-07
申请人：昆山市圣光新能源科技有限公司
发明人：熊开富
摘要：

本发明涉及一种新型带求救灯及液晶显示屏便携式汽车应急点火电源。它包括电源本体、电瓶线夹、开关、充电接口、电池模组、控制电路板、液晶显示屏、求救信号灯。所述电瓶线夹、开关、充电接口、液晶显示屏、求救信号灯内嵌安装在电源本体上，电池模组、控制电路板安装在电源本体内部。本发明的产品使用和携带方便，便于查看电量及发射求救信号。

一种新型带求救灯及手电功能便携式汽车应急点火电源

申请（专利）号：201410031651.7　**公开日**：2014-05-07
申请人：昆山市圣光新能源科技有限公司
发明人：熊开富
摘要：

本发明涉及一种新型带求救灯及手电功能便携式汽车应急点火电源。它包括电源本体、电瓶线夹、开关、充电接口、电池模组、控制电路板、LED灯、求救信号灯。所述电瓶线夹、开关、充电接口、LED灯、求救信号灯内嵌安装在电源本体上，电池模组、控制电路板安装在电源本体内部。本发明的产品使用和携带方便，可当手电使用及发射求救信号。

一种新型带求救灯及收音机功能便携式汽车应急点火电源

申请（专利）号：201410031652.1　**公开日**：2014-05-07
申请人：昆山市圣光新能源科技有限公司
发明人：熊开富
摘要：

本发明涉及一种新型带求救灯及收音机功能便携式汽车应急点火电源。它包括电源本体、电瓶线夹、开关、充电接口、电池模组、控制电路板、收音机模块、扬声器、求救信号灯。所述电瓶线夹、开关、充电接口、收音机模块、扬声器、求救信号灯内嵌安装在电源本体上，电池模组、控制电路板安装在电源本体内部。本发明的产品还可收听广播。

新型带蓝牙及指南针功能便携式汽车应急点火电源

申请（专利）号：201410031653.6 **公开日：**2014-05-07

申请人：昆山市圣光新能源科技有限公司

发明人：熊开富

摘要：

本发明涉及新型带蓝牙及指南针功能便携式汽车应急点火电源。它包括电源本体、电瓶线夹、开关、充电接口、电池模组、控制电路板、指南针、蓝牙模块。所述电瓶线夹、开关、充电接口、指南针内嵌安装在电源本体上，电池模组、控制电路板、蓝牙模块安装在电源本体内部。本发明的产品使用和携带方便，可辨别方位。

新型带蓝牙及充电功能便携式汽车应急点火电源

申请（专利）号：201410031680.3 **公开日：**2014-05-07

申请人：昆山市圣光新能源科技有限公司

发明人：熊开富

摘要：

本发明涉及新型带蓝牙及充电功能便携式汽车应急点火电源。它包括电源本体、电瓶线夹、开关、充电接口、电池模组、控制电路板、标准USB座、蓝牙模块。所述电瓶线夹、开关、充电接口、标准USB座内嵌安装在电源本体上，电池模组、控制电路板、蓝牙模块安装在电源本体内部。本发明的产品使用和携带方便，便于充电。

一种新型带求救灯及指南针功能便携式汽车应急点火电源

申请（专利）号：201410031658.9 **公开日：**2014-05-07

申请人：昆山市圣光新能源科技有限公司

发明人：熊开富

摘要：

本发明涉及一种新型带求救灯及指南针功能便携式汽车应急点火电源。它包括电源本体、电瓶线夹、开关、充电接口、电池模组、控制电路板、指南针、求救信号灯。所述电瓶线夹、开关、充电接口、指南针、求救信号灯内嵌安装在电源本体上，电池模组、控制电路板安装在电源本体内部。本发明的产品使用和携带方便，可辨别方位及发射求救信号。

新型带蓝牙及激光灯便携式汽车应急点火电源

申请（专利）号：201410031684.1 **公开日：**2014-05-07

申请人：昆山市圣光新能源科技有限公司

发明人：熊开富

摘要：

本发明涉及新型带蓝牙及激光灯便携式汽车应急点火电源。它包括电源本体、电瓶线夹、开关、充电接口、电池模组、控制电路板、激光灯、蓝牙模块。所述电瓶线夹、开关、充电接口、激光灯内嵌安装在电源本体上，电池模组、控制电路板、蓝牙模块安装在电源本体内部。本发明的产品使用和携带方便，可充当指引灯。

新型带蓝牙及手电功能便携式汽车应急点火电源

申请（专利）号：201410031690.7 **公开日：**2014-05-07

申请人：昆山市圣光新能源科技有限公司

发明人：熊开富

摘要：

本发明涉及新型带蓝牙及手电功能便携式汽车应急点火电源。它包括电源本体、电瓶线夹、开关、充电接口、电池模组、控制电路板、LED灯、蓝牙模块。所述电瓶线夹、开关、充电接口、LED灯内嵌安装在电源本体上，电池模组、控制电路板、蓝牙模块安装在电源本体内部。本发明的产品使用和携带方便，可当手电使用。

新型带蓝牙及收音机功能便携式汽车应急点火电源

申请（专利）号：201410031691.1 **公开日：**2014-05-07

申请人：昆山市圣光新能源科技有限公司

发明人：熊开富

摘要：

本发明涉及新型带蓝牙及收音机功能便携式汽车应急点火电源。它包括电源本体、电瓶线夹、开关、充电接口、电池模组、控制电路板、收音机模块、扬声器、蓝牙模块。所述电瓶线夹、开关、充电接口、收音机模块、扬声器内嵌安装在电源本体上，电池模组、控制电路板、蓝牙模块安装在电源本体内部。本发明的产品使用和携带方便，可收听广播。

新型带蓝牙及LED显示屏便携式汽车应急点火电源

申请（专利）号：201410031692.6 **公开日：**2014-05-07

申请人：昆山市圣光新能源科技有限公司

发明人：熊开富

摘要：

本发明涉及新型带蓝牙及LED显示屏便携式汽车应急点火电源。它包括电源本体、开关、充电接口、电池模组、控制电路板、LED显示屏、电瓶线夹、蓝牙模块。所述开关、充电接口、LED显示屏、电瓶线夹内嵌安装在电源本体上，电池模组、控制电路板、蓝牙模块安装在电源本体内部。本发明的产品使用和携带方便，便于查看电量。

新型防滑带液晶显示屏及手电便携式汽车应急点火电源

申请（专利）号：201410045693.6 **公开日：**2014-05-07

申请人：昆山市圣光新能源科技有限公司

发明人：熊开富

摘要：

本发明涉及新型防滑带液晶显示屏及手电便携式汽车应急点火电源。它包括电源本体、电瓶线夹、开关、充电接口、电池模组、控制电路板、LED灯、液晶显示屏、防滑条。所述电瓶线夹、开关、充电接口、LED灯、液晶显示屏、防滑条内嵌安装在电源本体上，电池模组、控制电路板安装在电源本体内部。本发明的产品使用和携带方便，可当手电使用及电量显示。

新型防滑带MP3及充电功能便携式汽车应急点火电源

申请（专利）号：201410045713.X **公开日：**2014-05-07

申请人：昆山市圣光新能源科技有限公司

发明人：熊开富

摘要：

本发明涉及新型防滑带MP3及充电功能便携式汽车应急点火电源。它包括电源本体、电瓶线夹、开关、充电接口、电池模组、控制电路板、标准USB座、MP3控制模块、扬声器、防滑条。所述电瓶线夹、开关、充电接口、标准USB座、扬声器、防滑条内嵌安装在电源本体上，电池模组、MP3控制模块、控制电路板安装在电源本体内部。本发明的产品使用和携带方便，便于充电及播放歌曲。

一种新型带收音机及液晶显示屏便携式汽车应急点火电源

申请（专利）号：201410053927.1 **公开日：**2014-05-07

申请人：昆山市圣光新能源科技有限公司

发明人：熊开富

摘要：

本发明涉及一种新型带收音机及液晶显示屏便携式汽车应急点火电源。它包括电源本体、电瓶线夹、开关、充电接口、电池模组、控制电路板、液晶显示屏、收音机模块、扬声器。所述电瓶线夹、开关、充电接口、液晶显示屏、扬声器内嵌安装在电源本体上，电池模组、控制电路板、收音机模块安装在电源本体内部。本发明的产品使用和携带方便，便于查看电量及收听广播。

新型防滑带收音机及手电功能便携式汽车应急点火电源

申请（专利）号：201410045760.4 **公开日：**2014-05-07

申请人：昆山市圣光新能源科技有限公司

发明人：熊开富

摘要：

本发明涉及新型防滑带收音机及手电功能便携式汽车应急点火电源。它包括电源本体、电瓶线夹、开关、充电接口、电池模组、控制电路板、LED灯、收音机模块、扬声器、防滑条。所述电瓶线夹、开关、充电接口、LED灯、扬声器、防滑条内嵌安装在电源本体上，电池模组、控制电路板、收音机模块安装在电源本体内部。本发明的产品使用和携带方便，可当手电使用。

新型防滑带充电及求救信号灯便携式汽车应急点火电源

申请（专利）号：201410045759.1 **公开日：**2014-05-07

申请人：昆山市圣光新能源科技有限公司

发明人：熊开富

摘要：

本发明涉及新型防滑带充电及求救信号灯便携式汽车应急点火电源。它包括电源本体、电瓶线夹、开关、充电接口、电池模组、控制电路板、求救信号灯、标准USB座、防滑条。所述电瓶线夹、开关、充电接口、求救信号灯、标准USB座、防滑条内嵌安装在电源本体上，电池模组、控制电路板安装在电源本体内部。本发明的产品使用和携带方便，可发射求救信号及给移动设备充电。

新型防滑带充电及收音机功能便携式汽车应急点火电源

申请（专利）号：201410045758.7 **公开日：**2014-05-07

申请人：昆山市圣光新能源科技有限公司

发明人：熊开富

摘要：

本发明涉及新型防滑带充电及收音机功能便携式汽车应急点火电源。它包括电源本体、电瓶线夹、开关、充电接口、电池模组、控制电路板、收音机模块、扬声器、标准USB座、防滑条。所述电瓶线夹、开关、充电接口、收音机模块、扬声器、标准USB座、防滑条内嵌安装在电源本体上，电池模组、控制电路板安装在电源本体内部。本发明的产品使用和携带方便，可收听广播及给予外部移动设备充电。

新型防滑带收音机及液晶显示屏便携式汽车应急点火电源

申请（专利）号：201410045757.2 **公开日：**2014-05-07

申请人：昆山市圣光新能源科技有限公司

发明人：熊开富

摘要：

本发明涉及新型防滑带收音机及液晶显示屏便携式汽车应急点火电源。它包括电源本体、电瓶线夹、开关、充电接口、电池模组、控制电路板、液晶显示屏、收音机模块、扬声器、防滑条。所述电瓶线夹、开关、充电接口、液晶显示屏、扬声器、防滑条内嵌安装在电源本体上，电池模组、控制电路板、收音机模块安装在电源本体内部。本发明的产品使用和携带方便，便于查看电量及收听广播。

新型防滑带充电及MP3功能便携式汽车应急点火电源

申请（专利）号：201410045755.3 **公开日：**2014-05-07

申请人：昆山市圣光新能源科技有限公司

发明人：熊开富

摘要：

本发明涉及新型防滑带充电及MP3功能便携式汽车应

急点火电源。它包括电源本体、电瓶线夹、开关、充电接口、电池模组、控制电路板、MP3控制模块、扬声器、标准USB座、防滑条。所述电瓶线夹、开关、充电接口、MP3控制模块、扬声器、标准USB座、防滑条内嵌安装在电源本体上，电池模组、控制电路板安装在电源本体内部。本发明的产品使用和携带方便，可播放音乐及充电。

一种新型带收音机及指南针功能便携式汽车应急点火电源

申请（专利）号：201410054326.2 **公开日**：2014-05-07

申请人：昆山市圣光新能源科技有限公司

发明人：熊开富

摘要：

本发明涉及一种新型带收音机及指南针功能便携式汽车应急点火电源。它包括电源本体、电瓶线夹、开关、充电接口、电池模组、控制电路板、指南针、收音机模块、扬声器。所述电瓶线夹、开关、充电接口、指南针、扬声器内嵌安装在电源本体上，电池模组、控制电路板、收音机模块安装在电源本体内部。本发明的产品使用和携带方便，可辨别方位及收听广播。

新型防滑带蓝牙及指南针功能便携式汽车应急点火电源

申请（专利）号：201410045737.5 **公开日**：2014-05-07

申请人：昆山市圣光新能源科技有限公司

发明人：熊开富

摘要：

本发明涉及新型防滑带蓝牙及指南针功能便携式汽车应急点火电源。它包括电源本体、电瓶线夹、开关、充电接口、电池模组、控制电路板、指南针、蓝牙模块、防滑条。所述电瓶线夹、开关、充电接口、指南针、防滑条内嵌安装在电源本体上，电池模组、控制电路板、蓝牙模块安装在电源本体内部。本发明的产品使用和携带方便，可辨别方位。

新型防滑带充电及蓝牙功能便携式汽车应急点火电源

申请（专利）号：201410059470.5 **公开日**：2014-05-07

申请人：昆山市圣光新能源科技有限公司

发明人：熊开富

摘要：

本发明涉及新型防滑带充电及蓝牙功能便携式汽车应急点火电源。它包括电源本体、电瓶线夹、开关、充电接口、电池模组、控制电路板、蓝牙模块、标准USB座、防滑条。所述电瓶线夹、开关、充电接口、标准USB座、防滑条内嵌安装在电源本体上，电池模组、控制电路板、蓝牙模块安装在电源本体内部。本发明的产品使用更方便及充电。

新型防滑带蓝牙及液晶显示屏便携式汽车应急点火电源

申请（专利）号：201410045736.0 **公开日**：2014-05-07

申请人：昆山市圣光新能源科技有限公司

发明人：熊开富

摘要：

本发明涉及新型防滑带蓝牙及液晶显示屏便携式汽车应急点火电源。它包括电源本体、电瓶线夹、开关、充电接口、电池模组、控制电路板、液晶显示屏、蓝牙模块、防滑条。所述电瓶线夹、开关、充电接口、液晶显示屏、防滑条内嵌安装在电源本体上，电池模组、控制电路板、蓝牙模块安装在电源本体内部。本发明的产品使用和携带方便，便于查看电量。

新型带蓝牙及液晶显示屏便携式汽车应急点火电源

申请（专利）号：201410031654.0 **公开日**：2014-05-07

申请人：昆山市圣光新能源科技有限公司

发明人：熊开富

摘要：

本发明涉及新型带蓝牙及液晶显示屏便携式汽车应急点火电源。它包括电源本体、电瓶线夹、开关、充电接口、电池模组、控制电路板、液晶显示屏、蓝牙模块。所述电瓶线夹、开关、充电接口、液晶显示屏内嵌安装在电源本体上，电池模组、控制电路板、蓝牙模块安装在电源本体内部。本发明的产品使用和携带方便，便于查看电量。

新型防滑带蓝牙及手电功能便携式汽车应急点火电源

申请（专利）号：201410045730.3 **公开日**：2014-05-07

申请人：昆山市圣光新能源科技有限公司

发明人：熊开富

摘要：

本发明涉及新型防滑带蓝牙及手电功能便携式汽车应急点火电源。它包括电源本体、电瓶线夹、开关、充电接口、电池模组、控制电路板、LED灯、蓝牙模块、防滑条。所述电瓶线夹、开关、充电接口、LED灯、防滑条内嵌安装在电源本体上，电池模组、控制电路板、蓝牙模块安装在电源本体内部。本发明的产品使用和携带方便，可当手电使用。

新型防滑带蓝牙及收音机功能便携式汽车应急点火电源

申请（专利）号：201410045729.0 **公开日**：2014-05-07

申请人：昆山市圣光新能源科技有限公司

发明人：熊开富

摘要：

本发明涉及新型防滑带蓝牙及收音机功能便携式汽车应急点火电源。它包括电源本体、电瓶线夹、开关、充电接口、电池模组、控制电路板、收音机模块、扬声器、蓝牙模块、防滑条。所述电瓶线夹、开关、充电接口、收音机模块、扬声器、防滑条内嵌安装在电源本体上，电池模组、控制电路板、蓝牙模块安装在电源本体内部。本发明的产品使用和携带方便，可收听广播。

新型防滑带 MP3 及带手电功能便携式汽车应急点火电源

申请（专利）号： 201410045710.6　**公开日：** 2014-05-07
申请人： 昆山市圣光新能源科技有限公司
发明人： 熊开富
摘要：

本发明涉及新型防滑带 MP3 及带手电功能便携式汽车应急点火电源。它包括电源本体、电瓶线夹、开关、充电接口、电池模组、控制电路板、LED 灯、MP3 控制模块、扬声器、标准 USB 座、防滑条。所述电瓶线夹、开关、充电接口、LED 灯、扬声器、标准 USB 座、防滑条内嵌安装在电源本体上，电池模组、控制电路板、MP3 控制模块安装在电源本体内部。本发明的产品使用和携带方便，可当手电使用及播放歌曲。

新型防滑带液晶显示屏及激光灯便携式汽车应急点火电源

申请（专利）号： 201410045711.0　**公开日：** 2014-05-07
申请人： 昆山市圣光新能源科技有限公司
发明人： 熊开富
摘要：

本发明涉及新型防滑带液晶显示屏及激光灯便携式汽车应急点火电源。它包括电源本体、电瓶线夹、开关、充电接口、电池模组、控制电路板、激光灯、液晶显示屏、防滑条。所述电瓶线夹、开关、充电接口、激光灯、液晶显示屏、防滑条内嵌安装在电源本体上，电池模组、控制电路板安装在电源本体内部。本发明的产品使用和携带方便，可充当指引灯及查看电量。

新型防滑带 MP3 及指南针功能便携式汽车应急点火电源

申请（专利）号： 201410045712.5　**公开日：** 2014-05-07
申请人： 昆山市圣光新能源科技有限公司
发明人： 熊开富
摘要：

本发明涉及新型防滑带 MP3 及指南针功能便携式汽车应急点火电源。它包括电源本体、电瓶线夹、开关、充电接口、电池模组、控制电路板、指南针、MP3 控制模块、扬声器、标准 USB 座、防滑条。所述电瓶线夹、开关、充电接口、指南针、扬声器、标准 USB 座、防滑条内嵌安装在电源本体上，电池模组、控制电路板、MP3 控制模块安装在电源本体内部。本发明的产品使用和携带方便，可辨别方位及播放歌曲。

新型防滑带充电及激光灯便携式汽车应急点火电源

申请（专利）号： 201410045754.9　**公开日：** 2014-05-07
申请人： 昆山市圣光新能源科技有限公司
发明人： 熊开富
摘要：

本发明涉及新型防滑带充电及激光灯便携式汽车应急点火电源。它包括电源本体、电瓶线夹、开关、充电接口、电池模组、控制电路板、激光灯、标准 USB 座、防滑条。所述电瓶线夹、开关、充电接口、激光灯、标准 USB 座、防滑条内嵌安装在电源本体上，电池模组、控制电路板安装在电源本体内部。本发明的产品使用和携带方便，可用于指引及移动设备充电。

新型防滑带液晶显示屏及蓝牙便携式汽车应急点火电源

申请（专利）号： 201410045701.7　**公开日：** 2014-05-07
申请人： 昆山市圣光新能源科技有限公司
发明人： 熊开富
摘要：

本发明涉及新型防滑带液晶显示屏及蓝牙便携式汽车应急点火电源。它包括电源本体、电瓶线夹、开关、充电接口、电池模组、控制电路板、蓝牙模块、液晶显示屏、防滑条。所述电瓶线夹、开关、充电接口、液晶显示屏、防滑条内嵌安装在电源本体上，电池模组、控制电路板、蓝牙模块安装在电源本体内部。本发明的产品使用更方便。

新型防滑带蓝牙及充电功能便携式汽车应急点火电源

申请（专利）号： 201410045694.0　**公开日：** 2014-05-07
申请人： 昆山市圣光新能源科技有限公司
发明人： 熊开富
摘要：

本发明涉及新型防滑带蓝牙及充电功能便携式汽车应急点火电源。它包括电源本体、电瓶线夹、开关、充电接口、电池模组、控制电路板、标准 USB 座、蓝牙模块、防滑条。所述电瓶线夹、开关、充电接口、标准 USB 座、防滑条内嵌安装在电源本体上，电池模组、控制电路板、蓝牙模块安装在电源本体内部。本发明的产品使用和携带方便，便于充电。

新型防滑带蓝牙及求救信号灯便携式汽车应急点火电源

申请（专利）号： 201410045695.5　**公开日：** 2014-05-07
申请人： 昆山市圣光新能源科技有限公司
发明人： 熊开富
摘要：

本发明涉及新型防滑带蓝牙及求救信号灯便携式汽车应急点火电源。它包括电源本体、电瓶线夹、开关、充电接口、电池模组、控制电路板、求救信号灯、蓝牙模块、防滑条。所述电瓶线夹、开关、充电接口、求救信号灯、防滑条内嵌安装在电源本体上，电池模组、控制电路板、蓝牙模块安装在电源本体内部。本发明的产品使用和携带方便，可发射求救信号。

新型防滑带液晶显示屏及指南针便携式汽车应急点火电源

申请（专利）号： 201410045696.X **公开日：** 2014-05-07
申请人： 昆山市圣光新能源科技有限公司
发明人： 熊开富
摘要：

本发明涉及新型防滑带液晶显示屏及指南针便携式汽车应急点火电源。它包括电源本体、电瓶线夹、开关、充电接口、电池模组、控制电路板、指南针、液晶显示屏、防滑条。所述电瓶线夹、开关、充电接口、指南针、液晶显示屏、防滑条内嵌安装在电源本体上，电池模组、控制电路板安装在电源本体内部。本发明的产品使用和携带方便，可辨别方位及电量查看。

新型防滑带液晶显示屏及收音机便携式汽车应急点火电源

申请（专利）号： 201410045697.4 **公开日：** 2014-05-07
申请人： 昆山市圣光新能源科技有限公司
发明人： 熊开富
摘要：

本发明涉及新型防滑带液晶显示屏及收音机便携式汽车应急点火电源。它包括电源本体、电瓶线夹、开关、充电接口、电池模组、控制电路板、收音机模块、扬声器、液晶显示屏、防滑条。所述电瓶线夹、开关、充电接口、收音机模块、扬声器、液晶显示屏、防滑条内嵌安装在电源本体上，电池模组、控制电路板安装在电源本体内部。本发明的产品使用和携带方便，可收听广播及查看电量。

新型防滑带蓝牙及激光灯便携式汽车应急点火电源

申请（专利）号： 201410045698.9 **公开日：** 2014-05-07
申请人： 昆山市圣光新能源科技有限公司
发明人： 熊开富
摘要：

本发明涉及新型防滑带蓝牙及激光灯便携式汽车应急点火电源。它包括电源本体、电瓶线夹、开关、充电接口、电池模组、控制电路板、激光灯、蓝牙模块、防滑条。所述电瓶线夹、开关、充电接口、激光灯、防滑条内嵌安装在电源本体上，电池模组、控制电路板、蓝牙模块安装在电源本体内部。本发明的产品使用和携带方便，可充当指引灯。

一种新型带充电及蓝牙功能便携式汽车应急点火电源

申请（专利）号： 201410054303.1 **公开日：** 2014-05-07
申请人： 昆山市圣光新能源科技有限公司
发明人： 熊开富
摘要：

本发明涉及一种新型带充电及蓝牙功能便携式汽车应急点火电源。它包括电源本体、电瓶线夹、开关、充电接口、电池模组、控制电路板、蓝牙模块、标准USB座。所述电瓶线夹、开关、充电接口、标准USB座内嵌安装在电源本体上，电池模组、控制电路板、蓝牙模块安装在电源本体内部。本发明的产品使用更方便及充电。

新型防滑带MP3及求救信号灯便携式汽车应急点火电源

申请（专利）号： 201410045700.2 **公开日：** 2014-05-07
申请人： 昆山市圣光新能源科技有限公司
发明人： 熊开富
摘要：

本发明涉及新型防滑带MP3及求救信号灯便携式汽车应急点火电源。它包括电源本体、电瓶线夹、开关、充电接口、电池模组、控制电路板、求救信号灯、MP3控制模块、扬声器、标准USB座、防滑条。所述电瓶线夹、开关、充电接口、求救信号灯、扬声器、标准USB、防滑条座内嵌安装在电源本体上，电池模组、控制电路板、MP3控制模块安装在电源本体内部。本发明的产品使用和携带方便，可发射求救信号及播放歌曲。

新型防滑带液晶显示屏及充电便携式汽车应急点火电源

申请（专利）号： 201410045702.1 **公开日：** 2014-05-07
申请人： 昆山市圣光新能源科技有限公司
发明人： 熊开富
摘要：

本发明涉及新型防滑带液晶显示屏及充电便携式汽车应急点火电源。它包括电源本体、电瓶线夹、开关、充电接口、电池模组、控制电路板、标准USB座、液晶显示屏、防滑条。所述电瓶线夹、开关、充电接口、标准USB座、液晶显示屏内嵌安装在电源本体上，电池模组、控制电路板安装在电源本体内部。本发明的产品使用和携带方便，便于充电及查看电量。

新型防滑带MP3及收音机功能便携式汽车应急点火电源

申请（专利）号： 201410045703.6 **公开日：** 2014-05-07
申请人： 昆山市圣光新能源科技有限公司
发明人： 熊开富
摘要：

本发明涉及新型防滑带MP3及收音机功能便携式汽车应急点火电源。它包括电源本体、电瓶线夹、开关、充电接口、电池模组、控制电路板、收音机模块、扬声器、MP3控制模块、标准USB座、防滑条。所述电瓶线夹、开关、充电接口、标准USB座、扬声器、防滑条内嵌安装在电源本体上，电池模组、控制电路板、收音机模块、MP3控制模块安装在电源本体内部。本发明的产品使用和携带方便，可收听广播有播放歌曲。

新型防滑带MP3及液晶显示屏便携式汽车应急点

火电源

申请（专利）号：201410045704.0　公开日：2014-05-07

申请人：昆山市圣光新能源科技有限公司

发明人：熊开富

摘要：

本发明涉及新型防滑带 MP3 及液晶显示屏便携式汽车应急点火电源。它包括电源本体、电瓶线夹、开关、充电接口、电池模组、控制电路板、液晶显示屏、MP3 控制模块、扬声器、标准 USB 座、防滑条。所述电瓶线夹、开关、充电接口、液晶显示屏、扬声器、标准 USB 座、防滑条内嵌安装在电源本体上，电池模组、控制电路板、MP3 控制模块安装在电源本体内部。本发明的产品使用和携带方便，便于查看电量及播放歌曲。

新型防滑带液晶显示屏及求救灯便携式汽车应急点火电源

申请（专利）号：201410045707.4　公开日：2014-05-07

申请人：昆山市圣光新能源科技有限公司

发明人：熊开富

摘要：

本发明涉及新型防滑带液晶显示屏及求救灯便携式汽车应急点火电源。它包括电源本体、开关、充电接口、电池模组、控制电路板、求救信号灯、液晶显示屏、电瓶线夹，防滑条。所述开关、充电接口、求救信号灯、液晶显示屏、电瓶线夹、防滑条内嵌安装在电源本体上，电池模组、控制电路板安装在电源本体内部。本发明的产品使用和携带方便，可发射求救信号及查看电量。

新型防滑带液晶显示屏及 MP3 便携式汽车应急点火电源

申请（专利）号：201410045708.9　公开日：2014-05-07

申请人：昆山市圣光新能源科技有限公司

发明人：熊开富

摘要：

本发明涉及新型防滑带液晶显示屏及 MP3 便携式汽车应急点火电源。它包括电源本体、电瓶线夹、开关、充电接口、电池模组、控制电路板、MP3 控制模块、扬声器、标准 USB 座、液晶显示屏、防滑条。所述电瓶线夹、开关、充电接口、MP3 控制模块、扬声器、标准 USB 座、液晶显示屏、防滑条内嵌安装在电源本体上，电池模组、控制电路板安装在电源本体内部。本发明的产品使用和携带方便，可播放音乐。

新型防滑带 MP3 及蓝牙功能便携式汽车应急点火电源

申请（专利）号：201410045709.3　公开日：2014-05-07

申请人：昆山市圣光新能源科技有限公司

发明人：熊开富

摘要：

本发明涉及新型防滑带 MP3 及蓝牙功能便携式汽车应急点火电源。它包括电源本体、电瓶线夹、开关、充电接口、电池模组、控制电路板、蓝牙模块、MP3 控制模块、扬声器、标准 USB 座、防滑条。所述电瓶线夹、开关、充电接口、扬声器、标准 USB 座、防滑条内嵌安装在电源本体上，MP3 控制模块、电池模组、控制电路板、蓝牙模块安装在电源本体内部。本发明的产品使用更方便，可播放歌曲。

新型防滑带 MP3 及 LED 显示便携式汽车应急点火电源

申请（专利）号：201410045706.X　公开日：2014-05-07

申请人：昆山市圣光新能源科技有限公司

发明人：熊开富

摘要：

本发明涉及新型防滑带 MP3 及 LED 显示便携式汽车应急点火电源。它包括电源本体、开关、充电接口、电池模组、控制电路板、LED 显示屏、电瓶线夹、MP3 控制模块、扬声器、标准 USB 座、防滑条。所述开关、充电接口、LED 显示屏、电瓶线夹、扬声器、标准 USB 座、防滑条座内嵌安装在电源本体上，MP3 控制模块，电池模组、控制电路板安装在电源本体内部。本发明的产品使用和携带方便，电量查看及播放歌曲。

新型防滑带蓝牙及 LED 显示屏便携式汽车应急点火电源

申请（专利）号：201410045699.3　公开日：2014-05-07

申请人：昆山市圣光新能源科技有限公司

发明人：熊开富

摘要：

本发明涉及新型防滑带蓝牙及 LED 显示屏便携式汽车应急点火电源。它包括电源本体、开关、充电接口、电池模组、控制电路板、LED 显示屏、电瓶线夹、蓝牙模块、防滑条。所述开关、充电接口、LED 显示屏，电瓶线夹、防滑条内嵌安装在电源本体上，电池模组、控制电路板、蓝牙模块安装在电源本体内部。本发明的产品使用和携带方便，便于查看电量。

用于隔离型电源的一次侧调节

申请（专利）号：201310503152.9　公开日：2014-05-07

申请人：德州仪器公司

发明人：埃尔汗·奥扎莱夫林　戴维·丹尼尔斯　卢图利·E·戴克

摘要：

本发明揭示一种 DC/DC 转换器，包含一次侧感测电路。所述一次侧感测电路基于从所述 DC/DC 转换器的二次绕组到所述 DC/DC 转换器的一次绕组的反射电流而检测所述 DC/DC 转换器的负载电流。一次侧二极管模拟从所述 DC/DC 转换器的所述二次绕组驱动的二次侧二极管的效应。输出校正电路基于来自所述一次侧感测电路和所述一次侧二极管的反馈来控制到所述 DC/DC 转换器的所述一次绕组的开关波形。

宽电压输出 LED 驱动电源电路

申请（专利）号： 201210417046.4　**公开日：** 2014-05-07
申请人： 上海边光自动化科技有限公司
发明人： 戴文慧　王翠平　闫重昌　尹起星　梁琦
摘要：

本发明提出一种宽电压输出 LED 驱动电源电路，包括两个占空比为 0.5 互补驱动的开关管构成半桥结构，谐振电感、谐振电容和变压器的励磁电感构成 LLC 谐振网络，变压器二次侧是由整流二极管构成的全桥整流电路。经过本发明的参数优化，半桥 LLC 可作为 LED 驱动的很好的拓扑选择，在全负载范围内均可达到很高效率，在整个输出电压范围内的效率均在 95.5% 以上。

高效高功率因数电源

申请（专利）号： 201210430898.7　**公开日：** 2014-05-07
申请人： 林福泳　林福祥
发明人： 林福泳
摘要：

高效高功率因数电源电路中有两变压器，即一正激式变压器、一主变压器。正激式变压器用作功率因数校正（PFC），主变压器用作将一次电压转换二次电压。电感用作限制功率因数校正电流及继流作用。

一种开关电源硬件休眠节能的方法

申请（专利）号： 201210403563.6　**公开日：** 2014-05-07
申请人： 上海匹克信息科技咨询有限公司
发明人： 于霖
摘要：

本发明涉及节能技术，属于电源硬件休眠节能领域。本发明提供了一种通过外围硬件控制的休眠节能技术，工作原理是，节能控制器不依赖开关电源监控单元，而是独立实现对整流器输出电流总和各模块工作状态的检测，通过预先设定的整流器工作效率区间，判断当前负载情况下需要工作的整流器数量，然后控制加装在整流器交流输入前端的继电器，控制整流器的市电输入通断，通过冷备份方式来达到休眠节能的目的。

一种 LED 正弦脉动式窄脉冲驱动电源

申请（专利）号： 201410039455.4　**公开日：** 2014-05-07
申请人： 樊远征　苏沁阳
发明人： 樊远征
摘要：

本发明提供一种 LED 正弦脉动式窄脉冲驱动电源。其特征是采用功率开关管 V1（V2）直接斩波正弦脉动电压，将其转换成正弦脉动式窄脉冲电流驱动 LED，在保持高光效的基础上大幅度增加“视觉亮度”。有益效果是，LED 实现节能 35%、结温降低 35%、寿命提高 1～2 倍；且电路简单高效，在不使用滤波电路、不使用 PFC 电路和无电解电容的前提下，实现了电流非线性小、谐波小、电流恒定、功率因数大于 0.9、体积小和成本低的效果。

一种小型洗衣机电源板安装结构及洗衣机

申请（专利）号： 201210421606.3　**公开日：** 2014-05-14
申请人： 海尔集团公司　青岛海尔洗衣机有限公司
发明人： 丁志刚　王佑喜　林雪峰　杨丽梅　陈维会
摘要：

本发明涉及一种小型洗衣机电源板安装结构及洗衣机。电源板安装结构包括一用于封装洗衣机箱体开口的后盖板。所述后盖板上设置一电源板，所述电源板固定在所述后盖板上，所述后盖板与洗衣机箱体和/或洗衣机底台连接。本发明公开的一种小型洗衣机电源板安装结构方便小型洗衣机电源板的拆卸、安装，方便对电源板的维修、检修或者更换，减少操作过程所用人力和时间。

一种电源自动测试方法

申请（专利）号： 201410051504.6　**公开日：** 2014-05-14
申请人： 浪潮电子信息产业股份有限公司
发明人： 白文记
摘要：

本发明提供一种电源自动测试方法。其实现过程为，首先安装自动测试系统，该自动测试系统包括数字电源、示波器、电子负载、万用表、频谱分析仪、微处理器处理模块、存储模块、MiniUSB 模块、键盘输入模块、显示模块。其中，数字电源单向连接被测电源和示波器；微处理器处理模块则双向通信连接数字电源、示波器、电子负载、万用表、频谱分析仪、存储模块、MiniUSB 模块、键盘输入模块、显示模块；被测的电源则单向连接示波器、电子负载、万用表、频谱分析仪；电子负载单向连接示波器，通过该自动测试系统，自动完成键入测试过程。该方法和现有技术相比，具有测试速度快、准确度高，可以大大减少工作量和提升工作效率等优点，且实用性强、易于推广。

一种采用数字芯片侦测和控制主板各组电源的方法

申请（专利）号： 201410051235.3　**公开日：** 2014-05-14
申请人： 浪潮电子信息产业股份有限公司
发明人： 逯宗堂
摘要：

本发明提供一种采用数字芯片侦测和控制主板各组电源的方法。其实现过程为，将所有的电源芯片以 I^2C 连接在一起，然后接到 BMC 上，每个芯片都设置一个唯一地址，这样 BMC 通过 I^2C 总线找到电源芯片并进行一系列的操作，BMC 通过编程配置好相应的寄存器，对每个寄存器的设定相应的范围，BMC 会实时排查每个寄存器的状态，当侦测到的值不在范围内时就发出报警信号；将 BMC 连接到网口上，用户使用个人电脑通过网络访问 BMC。该方法和现有技术相比，实时监控电源状态，如果出现故障可及时定位、快速分析解决故障，实用性强、易于推广。

一种地震数据采集器电源监控系统

申请（专利）号：201210435705.7　公开日：2014-05-14

申请人：孙仁

发明人：孙仁　颜桂荣

摘要：

本发明属于监控系统技术领域，尤其涉及一种地震数据采集器电源监控系统。本发明提供了一种实时性好、准确可靠、监控全面的地震数据采集器电源监控系统。本发明包括主机、从机、上位机、数据侦听部分、电压检测部分、交流电检测部分和复位电路。结构要点：主机端口分别与从机端口、上位机端口、数据侦听部分端口、电压检测部分端口、交流电检测部分端口相连，从机端口分别与上位机端口、复位电路端口相连。

电源供应器的过电流保护芯片及其设定方法

申请（专利）号：201210504974.4　公开日：2014-05-14

申请人：伟诠电子股份有限公司

发明人：林恺　江谢伯州　郑健铭

摘要：

一种电源供应器的过电流保护芯片及其设定方法。该电源供应器的过电流保护芯片包含一比较器，其第一输入端用以接收一负载电流检测信号，第二输入端用以接收一基准信号，该比较器用以比较该负载电流检测信号及该基准信号的电平以输出一比较信号；一基准信号调整单元，耦接于该第二输入端，用以一设定状态中根据一组设定数据的多个设定值调整该基准信号的电压电平；一存储单元，耦接于该基准信号调整单元，用以该设定状态中该比较器输出的该比较信号转态时，储存该组设定数据中的一相对应的设定值，并根据该相对应设定值于一工作状态中控制该基准信号调整单元。

含分布式电源的配电网多级可靠性提升方法

申请（专利）号：201310549201.2　公开日：2014-05-14

申请人：国家电网公司　国网甘肃省电力公司　国网甘肃省电力公司经济技术研究院

发明人：范雪峰　付兵彬　夏懿　宋汶秦　张中丹　贾春蓉　杨昌海　杨晶

摘要：

本发明公开了一种含分布式电源的配电网多级可靠性提升方法，包括以下步骤：步骤一，采集含分布式电源配网供电可靠率及用户平均停电时间；步骤二，根据供电可靠率及用户平均停电时间的对电网进行等级划分，将供电可靠率大于99.980%、平均停电时间小于1.8小时的配电网确定为电网结构成熟时期，对供电可靠率大于99.9100%、平均停电时间小于8小时确定为电网结构发展时间，对供电可靠率大于99.8300%、平均停电时间小于15小时确定为电网结构建设时期；步骤三，针对上述三种不同电网结构等级，分别提高网络、设备、技术、管理方面提升电网可靠性。实现节约能源、提到电网运行效率的优点。

一种电源状态显示器

申请（专利）号：201410062096.4　公开日：2014-05-14

申请人：浙江师范大学

发明人：冯祥　刘汉荣　董冰　阮丹丹

摘要：

本发明公开了一种电源状态显示器，包括MCU模块、电源、电源监测模块、温度传感器、输出端电压监测模块、存储器、显示屏、LED驱动电路和LED模块。所述LED模块分别由4个以上红色LED发光管、4个以上黄色LED发光管、四个以上绿色LED发光管组成；所述MCU模块分别连接电源、电源监测模块、温度传感器、输出端电压监测模块、存储器、显示屏、LED驱动电路；所述电源监测模块两端分别连接MCU模块和电源；所述LED驱动电路连接LED模块；本发明的温度传感器监测电源温度，电源监测模块监测电源工作是否稳定，输出端电压监测模块检测输出电压是否正常，LED模块的4种状态显示电源的工作状态，使用者可以直观了解电源工作状态。

一种用于高铁机车辅助电源变流器系统的高频滤波电感

申请（专利）号：201210433429.0　公开日：2014-05-14

申请人：江苏正强电气有限公司

发明人：张中

摘要：

本发明公开了一种用于高铁机车辅助电源变流器系统的高频滤波电感，包括磁罐、线圈、绝缘端圈、引线、灌封料。磁罐为分段式磁罐，由具备高储能、低损耗特性的特殊铁合金粉末冶金的磁粉制成；线圈采用耐高温扁铜漆包线绕制而成，其结构为一体卷绕多层圆筒式线圈，且层数为偶数。线圈的首末端出头引线相邻引出；绝缘端圈采用耐高温工程塑料制成；灌封料采用耐高温兼具弹性的聚氨酯灌封胶。本发明具有无电磁干扰、低噪声、低损耗、低温升、电感量非线性、体积小等电气机械特性，有助于提高高铁机车辅助电源变流器系统的效率及可靠性。

一种锌空气电池UPS电源柜

申请（专利）号：201210433649.3　公开日：2014-05-14

申请人：九能京通（天津）新能源科技有限公司

发明人：刘伟春　刘鹏飞　许文

摘要：

本发明公开了一种锌空气电池UPS电源柜。所述柜体设有逆变电源舱和电池舱；所述逆变电源舱位于所述柜体的上部；所述逆变电源舱的前面为显示器和控制开关，后面是交流电输出；所述电池舱设有多层，每层均为抽屉式结构，能够单独水平抽出；所述电池舱的结构与锌空气电池相配，能容纳一单体锌空气电池。本发明的优点在于，该电源柜能够满足用锌空气电池作为输出电源进行电池的快速更换及内部通风的需要，结构简单、方便实用。

新型防滑带充电及指南针功能便携式汽车应急点火

电源

申请（专利）号：201410045762.3 **公开日：**2014-05-14

申请人：昆山市圣光新能源科技有限公司

发明人：熊开富

摘要：

本发明涉及新型防滑带充电及指南针功能便携式汽车应急点火电源。它包括电源本体、电瓶线夹、开关、充电接口、电池模组、控制电路板、指南针、标准USB座、防滑条。所述电瓶线夹、开关、充电接口、指南针、标准USB座、防滑条内嵌安装在电源本体上，电池模组、控制电路板安装在电源本体内部。本发明的产品使用和携带方便，可辨别方位及给予外部移动设备充电。

便携式太阳能电源箱

申请（专利）号：201210431073.7 **公开日：**2014-05-14

申请人：上海太阳能科技有限公司

发明人：陈冬冬

摘要：

一种便携式太阳能电源箱，用于安装电器元器件，包括由PC/ABS注塑成型的左箱体和右箱体。在右箱体内集成了由PC/ABS注塑成型的各个电器元器件的安装支撑结构，左箱体和右箱体之间卡扣式连接。在右箱体上设有一个斜面操作板，操作板上嵌装有电位指示灯、开关、USB接口、电源外接端口和太阳能电池板端口。本发明便携式太阳能电源箱整体轻便、安全可靠、密闭性能好、检修方便。

新型防滑带充电及手电功能便携式汽车应急点火电源

申请（专利）号：201410045763.8 **公开日：**2014-05-14

申请人：昆山市圣光新能源科技有限公司

发明人：熊开富

摘要：

本发明涉及新型防滑带充电及手电功能便携式汽车应急点火电源。它包括电源本体、电瓶线夹、开关、充电接口、电池模组、控制电路板、LED灯、标准USB座、防滑条。所述电瓶线夹、开关、充电接口、LED灯、标准USB座、防滑条内嵌安装在电源本体上，电池模组、控制电路板安装在电源本体内部。本发明的产品使用和携带方便，可当手电使用及给予外部移动设备充电。

新型防滑带收音机及指南针功能便携式汽车应急点火电源

申请（专利）号：201410045761.9 **公开日：**2014-05-14

申请人：昆山市圣光新能源科技有限公司

发明人：熊开富

摘要：

本发明涉及新型防滑带收音机及指南针功能便携式汽车应急点火电源。它包括电源本体、电瓶线夹、开关、充电接口、电池模组、控制电路板、指南针、收音机模块、扬声器、防滑条。所述电瓶线夹、开关、充电接口、指南针、扬声器、防滑条内嵌安装在电源本体上，电池模组、控制电路板、收音机模块安装在电源本体内部。本发明的产品使用和携带方便，可辨别方位及收听广播。

新型防滑带MP3及激光灯便携式汽车应急点火电源

申请（专利）号：201410045705.5 **公开日：**2014-05-14

申请人：昆山市圣光新能源科技有限公司

发明人：熊开富

摘要：

本发明涉及新型防滑带MP3及激光灯便携式汽车应急点火电源。它包括电源本体、电瓶线夹、开关、充电接口、电池模组、控制电路板、激光灯、MP3控制模块、扬声器、标准USB座、防滑条。所述电瓶线夹、开关、充电接口、激光灯、扬声器、标准USB座、防滑条内嵌安装在电源本体上，电池模组、控制电路板、MP3控制模块安装在电源本体内部。本发明的产品使用和携带方便，可充当指引灯及播放歌曲。

一种新型带激光灯及求救信号灯便携式汽车应急点火电源

申请（专利）号：201410031349.1 **公开日：**2014-05-14

申请人：昆山市圣光新能源科技有限公司

发明人：熊开富

摘要：

本发明涉及一种新型带激光灯及求救信号灯便携式汽车应急点火电源。它包括电源本体、电瓶线夹、开关、充电接口、电池模组、控制电路板、求救信号灯、激光灯。所述电瓶线夹、开关、充电接口、求救信号灯、激光灯内嵌安装在电源本体上，电池模组、控制电路板安装在电源本体内部。本发明的产品使用和携带方便，可发射求救信号及充当指引灯。

一种新型带激光灯及手电功能便携式汽车应急点火电源

申请（专利）号：201410031235.7 **公开日：**2014-05-14

申请人：昆山市圣光新能源科技有限公司

发明人：熊开富

摘要：

本发明涉及一种新型带激光灯及手电功能便携式汽车应急点火电源。它包括电源本体、电瓶线夹、开关、充电接口、电池模组、控制电路板、LED灯、激光灯。所述电瓶线夹、开关、充电接口、LED灯、激光灯内嵌安装在电源本体上，电池模组、控制电路板安装在电源本体内部。本发明的产品使用和携带方便，可当手电使用及充当指引灯。

新型带LED显示屏及MP3功能便携式汽车应急点火电源

申请（专利）号：201410026756.3 **公开日：**2014-05-14

申请人： 昆山市圣光新能源科技有限公司

发明人： 熊开富

摘要：

本发明涉及新型带LED显示屏及MP3功能便携式汽车应急点火电源。它包括电源本体、电瓶线夹、开关、充电接口、电池模组、控制电路板、MP3控制模块、扬声器、标准USB座、LED显示屏。所述电瓶线夹、开关、充电接口、MP3控制模块、扬声器、标准USB座、LED显示屏内嵌安装在电源本体上，电池模组、控制电路板安装在电源本体内部。本发明的产品使用和携带方便，可播放音乐。

15W便携式太阳能电源

申请（专利）号： 201210431789.7　**公开日：** 2014-05-14

申请人： 上海太阳能科技有限公司

发明人： 孙丽兵

摘要：

一种15W便携式太阳能电源，包括15W光[illegible]件和蓄电供电组件。15W光伏组件和蓄电供电组[illegible]体相连组成一个整体。蓄电供电组件包括安装板[illegible]安装在安装板上的充电控制器、储能电池、第一D[illegible]C转换模块和第二DC/DC转换模块。其中，充电控[illegible]器的输入连接15W光伏组件的输出，充电控制器的[illegible]出连接储能电池的输入，储能电池的输出分别连接第一DC/DC转换模块和第二DC/DC转换模块。本发明采用合体式设计，体积小、重量轻，方便携带。用电时直接接输出接口，使用方便。

30W便携式太阳能电源

申请（专利）号： 201210431516.2　**公开日：** 2014-05-14

申请人： 上海太阳能科技有限公司

发明人： 孙丽兵

摘要：

一种30W便携式太阳能电源，包括30W光伏组件和电源箱。30W光伏组件和电源箱为两个相互独立的组件并且通过电线相连。电源箱内安装有充电控制器、储能电池、第一DC/DC转换模块和第二DC/DC转换模块。其中，充电控制器的输入连接30W光伏组件的输出，充电控制器的输出连接储能电池的输入，储能电池的输出分别连接第一DC/DC转换模块和第二DC/DC转换模块。本发明采用分体式设计，体积小、重量轻，方便携带。用电时直接接电源箱的输出接口，使用方便。

电动汽车直流充电桩的电源控制系统

申请（专利）号： 201210421611.4　**公开日：** 2014-05-14

申请人： 北京基业达电气有限公司

发明人： 张登山　张跃林　樊涛

摘要：

针对上述电动汽车所涉及的充电及充电管理问题，本发明提供一种电动汽车直流充电桩的电源控制系统。所述的电动汽车直流充电桩的电源控制系统主要包括，实现充电电流与电池管理系统相匹配的充电功率变换电路及根据充电状态完成充电电流自动变换的充电功率控制电路。其中，所述的充电功率变换电路是由交流输入开关、变压-耦合器、桥式整流器、输出滤波器、输出电压电流数据采集器及充电电流功率控制器所组成，而所述的充电功率控制电路是由主板控制器、液晶显示器、按键输入器、电池管理系统控制器、通信网络接口连接器[illegible]组成。其中，主板控制器采用89C52单片机作为处[illegible]，并选用VK-65型智能液晶LCD作为人机交互[illegible]的显示器。在键盘控制电路，选择4行4列矩阵[illegible]型键盘，用于实现系统中的数据和控制命令的输[illegible]而在所述的控制系统中，网络通信是由第一串行[illegible]和第二串行总线所组成。其中，第一串行总线为[illegible]总线，而第二串行总线为CAN总线。

[illegible]种准谐振反激式电源及其高压启动电路

申请（专利）号： 201310629172.0　**公开日：** 2014-05-14

申请人： 许继电气股份有限公司　许继电源有限公司

发明人： 张滨　常志国　曹亚　张向炜　孔德原　王涵　袁顺刚　郭浩　王锐　王宁

摘要：

本发明涉及一种准谐振反激式电源及其高压启动电路。其高压启动电路包括双向TVS管、准谐振控制器和充电电容。本发明通过恒定的高压启动电流给准谐振控制器的充电电容进行充电，从而实现了准谐振控制器的快速启动，在准谐振控制器实现启动后能有效关断恒定的高压启动电流，提高了准谐振反激式电源的效率，并在准谐振反激式电源待机时减少准谐振反激式电源系统的能量损耗。

一种多级电源应用方法

申请（专利）号： 201410051201.4　**公开日：** 2014-05-14

申请人： 浪潮电子信息产业股份有限公司

发明人： 王武军　逯宗堂　白文记

摘要：

本发明提供一种多级电源应用方法。其具体实现过程为，将AC/DC电源接入一级电源，一级电源将电压降压后送到二级电源；二级电源包括CPU电源和内存电源，其中CPU电源连接CPU，内存电源连接内存。该方法和现有技术相比，线路简单，对LAYOUT布局布线灵活，可以提高电源转化效率1%～2.5%，实用性强，易于推广。

单相和三相交流稳压电源

申请（专利）号： 201410062045.1　**公开日：** 2014-05-14

申请人： 龚秋声

发明人： 龚秋声

摘要：

本发明属于单相和三相交流稳压电源。它由带抽头的单相或三相自耦变压器、感容滤波器、整流二极管和全控器件组成的双向全控电子开关、晶闸管组成的双向半控电子开关、控制触发电路组成。每相2个双向电子开关连接在自耦变压器输入端，用自动调节双向全控开关中的2个全控器件通断比，使输出交流电压达到稳定的交流稳压电源。它具有无触头、反应迅速、电子元器件数量小、成本低、可靠性好等优点。它可替代现有单相、三相补偿式全自动交流稳压电源和单相、三相全自动补偿式电力稳压电源及智能型无触头交流电力稳压电源，有广泛市场开发前景。

无变压器单相和三相降压交流稳压电源

申请（专利）号：201410061700.1 **公开日：**2014-05-14

申请人：龚秋声

发明人：龚秋声

摘要：

本发明属于没有变压器的单相和三相降压交流稳电源。它由感容滤波电路、全控双向电子开关、半控双向电子开关及其控制触发电路组成。双向全控电子开关由整流二极管和全控器件组成，双向半控电子开关由2个反向并联的晶闸管组成，1个双向全控电子开关和1个双向半控电子开关及其触发电路组成1个单相斩控式交流调压电路，自动调节双向全控电子开关中的2个全控器件的通断比信号就能达到降压稳压输出的目的。三相降压交流稳压电源由3个星形连接的单相降压稳压交流电源组成。它与有工频变压器降压稳压交流电源和有高频变压器的降压稳压交流电源相比，具有电路简单、体积小、重量轻和成本低优点，具有较好的经济效益和社会效益。

状态保持电源门控单元

申请（专利）号：201210551411.0 **公开日：**2014-05-14

申请人：飞思卡尔半导体公司

发明人：刘毅峰　陈哲　章沙雁　周建

摘要：

一种状态保持电源门控SRPG单元包括具有输入和输出的输入控制电路。该输入控制电路的输入耦接至输入信号。该输入控制电路包括被配置为第一反相器传输门的多个晶体管。该多个晶体管还串联连接由电源门控信号控制的至少一个晶体管。第一锁存器具有输入和输出，该第一锁存器的输入耦接至该输入控制电路的输出。传输门具有耦接至该第一锁存器的输出的输入和作为SRPG单元的输出的输出。第二锁存器具有耦接至该传输门的输出的输入和也作为SRPG单元的输出的输出。第二反相器传输门具有耦接至该第二锁存器的输出的输入。

电源装置及照明装置

申请（专利）号：201310375578.0 **公开日：**2014-05-14

申请人：东芝照明技术株式会社

发明人：松本晋一郎　高桥浩司　工藤启之

摘要：

本发明提供一种电源装置及照明装置，在将以某一调光度的光输出处于点灯状态的LED元件熄灭时，或者从熄灯状态以某一调光度的光输出点灯时，能够获得演出效果。控制部分（21）在比预先设定的调光度浅的调光度区域通过恒定电流控制机构（19）进行恒定电流控制，在比预先设定的调光度深的调光度区域通过恒定电压控制机构（20）进行恒定电压控制。当在LED器件（11）的点灯状态下输入相当于LED器件（11）熄灯的最深调光度的调光信号时，控制部分（21）从之前的调光度逐渐降低LED器件（11）的光输出并使LED器件（11）熄灭。

一种实现流水化运作的电源测试传输装置

申请（专利）号：201210461543.4 **公开日：**2014-05-21

申请人：西安艾力特电子实业有限公司

发明人：黄柱　郑志军

摘要：

一种实现流水化运作的电源测试传输装置，主要包括传输平台、夹紧头、活动推杆、电源、电源挡板、固定推杆、传动滚轮、同步轮、传动带及同步轮二、电动机减速机及导向片。其中，电动机减速机放置于传输平台的底部，其输出端连接有同步轮，同步轮把运动传递给传动滚轮，滚轮的传动带上放置有待测电源，利用传动带的传递运动使放置于其上的电源流水化的运送到指定位置接受测试，传输平台的前端还设置有电源挡板，传输平台的顶端安装有固定推杆和活动推杆。本发明使电源的测试便捷，实现了流水化作业。

电源在线测试探针的自动压接控制电路

申请（专利）号：201210461443.1 **公开日：**2014-05-21

申请人：西安艾力特电子实业有限公司

发明人：王晓艳　周瑾

摘要：

一种电源在线测试探针的自动压接控制电路。该电路包括CPU控制模块、开关控制模块、位置检测模块、传输模块及定位模块。其中，位置检测模块将检测结果传输到CPU控制模块储存、处理后，CPU控制模块发出控制指令使传输模块及定位模块发生作用，自动传输、定位待测电源并压接检测，从而实现电源的在线式检测。

一种平行透镜闭环电源的控制方法

申请（专利）号：201210444822.X **公开日：**2014-05-21

申请人：北京中科信电子装备有限公司

发明人：万伟

摘要：

本发明公开了一种离子注入机平行透镜闭环电源的控制方法，包括设置平行透镜输入值（1）、PSI1（2）、电源（3）、平行透镜中高斯计（4）、高斯计得到的返回高斯值（5）、PSI2（6）、PID算法（7）、PID算法得到的高斯值（8）。本方法涉及离子注入机，属于半导体制造领域。本方法通过平行透镜PID算法得到的高斯值与输入值的比较，可以使得软件对平行透镜电源的控制更加精确。

压电倾斜镜驱动电源系统

申请（专利）号：201210443521.5 **公开日：**2014-05-21

申请人：牛玉琴

发明人：牛玉琴　钱霞红

摘要：

压电倾斜镜驱动电源系统属于驱动系统技术领域，尤其涉及一种压电倾斜镜驱动电源系统。本发明提供一种高线性度、低线性误差、低静态纹波、动态性能良好的压电倾斜镜驱动电源系统。本发明包括电源模块、功率放大模块、信号调整模块、D-A转换模块、计算机控制模块、PZT、压电倾斜镜。其结构要点电源模块分别与功率放大模块、信号调整模块、D-A转换模块、计算机控制模块相连，计算机控制模块、D-A模块、信号调整模块、功率放大模块、PZT、压电倾斜镜依次相连。

电源启动装置

申请（专利）号：201210437034.8　**公开日：**2014-05-21

申请人：鸿富锦精密工业（深圳）有限公司　鸿海精密工业股份有限公司

发明人：卢世峰　刘家荣　刘书铭

摘要：

一种电源启动装置，包括一壳体底座和一枢转连接所述壳体底座的壳体上盖。所述壳体底座上装设一触发元件和一电源开关，所述触发元件枢转连接所述壳体底座和所述壳体上盖。在所述壳体底座上朝一第一方向水平推动所述壳体上盖时，所述触发元件触动所述电源开关，所述触发部向所述壳体底座上的一电路板发出开机指令；在所述壳体底座上朝与所述第一方向相反的一第三方向水平推动所述壳体上盖时，所述触发元件触动所述电源开关，所述触发部向所述电路板发出关机指令。

电源固定装置

申请（专利）号：201210439935.0　**公开日：**2014-05-21

申请人：鸿富锦精密工业（深圳）有限公司　鸿海精密工业股份有限公司

发明人：施志坤　罗晚成　谢小毛　徐伟　侯涛　潘永贵

摘要：

一种电源固定装置，包括一安装板、一底板、一壳体，所述底板和所述壳体之间安装一电路板和若干固定杆。所述安装板上开设若干安装孔，所述底板上开设若干第一通孔和第二通孔，所述壳体上开设若干第三通孔，所述电路板上开设若干第四通孔。每一固定杆上设有一固定槽和一凸出部，所述凸出部分别穿过相应的第四通孔。若干第一紧固件分别穿过相应的第三通孔和所述固定槽，从而将所述固定杆固定在所述壳体上；若干第二紧固件分别穿过所述第二通孔卡入相应的凸出部，从而将所述壳体和所述电路板固定在所述底板上；若干第三紧固件分别穿过相应的第一通孔和所述安装孔，从而将所述底板、所述壳体和所述电路板固定在所述安装板上。

处理电源状态的方法和支持该方法的终端

申请（专利）号：201310559691.4　**公开日：**2014-05-21

申请人：三星电子株式会社

发明人：洪承秀

摘要：

本发明提供了用于处理电源状态的方法和支持该方法的终端。其中所述终端包括，电源，配置为供应特定的电力；充电器IC，配置为收集从充电器传输至电源的电源信息；计量IC，配置为收集电源的充电信息，并且基于由充电器IC传输的电源信息来产生计量信息，以显示对电源的充电状态加以表示的燃料计；控制单元，配置为基于由计量IC传输的计量信息来显示燃料计；显示单元，配置为显示燃料计。

停电自动断开电路的电源开关

申请（专利）号：201210453058.2　**公开日：**2014-05-21

申请人：湖北文理学院

发明人：解佳亮

摘要：

本发明提供一种停电自动断开电路的电源开关。所述电源开关的一端的电源线缭绕有一个兼作静触头的电磁铁，另一端电源线所连接的开关按键端头上装有一个磁铁头。该磁铁头与兼作静触头的电磁铁构成对应的闭合开关触头，兼作静触头的电磁铁与磁铁头两者之间为“N”极相对设置。使用时，导通电源，电磁铁产生吸力与磁铁头相吸，即导通电源；电磁铁停止吸力，由于与磁铁头同极设置，即产生相斥，使之自动断开电路，由此可提高安全性，并可通过总开关关闭多个此设置的开关。

电源双插头保护装置

申请（专利）号：201210438739.1　**公开日：**2014-05-21

申请人：李亮

发明人：李亮

摘要：

本发明公开了一种电源双插头保护装置，包括插孔和电插头保护装置主体。所述插孔是可以将双电源插头插进插孔中的，插孔的数量为2个；所述电插头保护装置主体采用的是塑料等其他绝缘材料。使用时，将家用电器的插头插进插孔2中即可，这样电源双插头保护装置就能够很好的保护电源插头了。本发明可以保护电源插头，保护人们的生命财产安全。

带有安全护套的电源插座

申请（专利）号：201210439139.7　**公开日：**2014-05-21

申请人：襄阳职业技术学院

发明人：张元泉

摘要：

本发明提供一种带有安全护套的电源插座。所述电源插座在座体外设有一个护套，所设置的护套是一个可将座体遮罩的滑动式套体。通过上述设置，在电源插座闲置或不需全用插孔时，可将护套滑动将座体遮罩，由此避免插孔孔裸露容易引发不安全事故的问题，有利于电源插座在使用时更加安全。

翻折式组合电源插座

申请（专利）号：201210439140. X **公开日：**2014-05-21
申请人：襄阳职业技术学院
发明人：张元泉
摘要：

本发明提供一种翻折式组合电源插座。所述电源插座是两个同等大小的座体通过一个铰链连为整体，均可折叠结构，两个同等大小的座体以插孔相对进行连接设置。通过上述设置，电源插座在闲置时，可相对合拢折叠，即形成较小的占用空间，有利收放和避免插孔裸露在外。

方便使用的电源插座

申请（专利）号：201210439158. X **公开日：**2014-05-21
申请人：襄阳职业技术学院
发明人：何亚男
摘要：

本发明提供一种方便使用的电源插座。所述电源插座在座体的插孔四周设置有向内倾斜的孔边，并在插孔四周设置有荧光层。通过上述设置，插孔四周的倾斜孔边，可让未对准插孔的插头很方便地顺倾斜边向内滑移并插入插孔中，并通过荧光层方便夜晚能准确地辨明插孔位置。此双重设置，让插座在使用上极为方便。

一种带用电功率控制功能的电源插座

申请（专利）号：201210455497. 7 **公开日：**2014-05-21
申请人：西安众智惠泽光电科技有限公司
发明人：侯鹏 王颖
摘要：

本发明公开了一种带用电功率控制功能的电源插座，包括设有若干个电源插孔的插座本体。所述插座本体通过电源线与市电相接，所述插座本体内部设置有用电功率控制电路，所述用电功率控制电路包括单片机模块和交直流转换电路模块，所述单片机模块的输入端接有 A-D 转换电路模块，所述 A-D 转换电路模块的输入端接有电流检测电路模块，所述单片机模块的输出端接有继电器驱动电路模块、供电正常指示灯和供电异常指示灯，所述继电器驱动电路模块的输出端接有串联在通过插座本体给用电器供电的供电电路中的继电器。本发明结构简单、设计合理、使用方便、安全性高、智能化程度高、成本低、实用性强，便于推广应用。

一种移动电源

申请（专利）号：201210444244. X **公开日：**2014-05-21
申请人：比亚迪股份有限公司
发明人：陈强 焦海涛
摘要：

本发明提出一种移动电源，包括，电源模块；充电模块和放电模块，充电模块和放电模块分别与电源模块相连，用于对电源模块进行充电和放电；控制模块，控制模块分别与电源模块、充电模块、放电模块和照明模块相连，控制模块用于控制充电模块和放电模块对电源模块进行充放电，并根据输入的照明指令为照明模块提供控制信号；照明模块，照明模块与控制模块相连，照明模块用于根据控制模块的控制信号提供照明。通过本发明实施例，解决了移动电源不能照明的问题，扩大产品的应用范围尤其在户外的应用。

无线光学充电和电源

申请（专利）号：201310554138. 1 **公开日：**2014-05-21
申请人：香港城市大学
发明人：曾伟明
摘要：

本发明介绍的无线光学充电和电源，是用于给电子设备充电的技术。充电器控制器组件使用光学充电来控制功率到具有太阳电池组件的电子设备的提供。充电器控制器组件探测位于充电器基板组件上的电子设备的形状和位置。充电器控制器组件识别与相应于电子设备的形状和位置的充电器基板组件相关的多个光源的子集，并控制光源的照亮以照亮光源的子集。光源的子集的照亮向电子设备提供光波，其转换成电能给电子设备的电源组件充电。光学处理元件可使用可扩展每个光源的覆盖并增强照亮的区域的均匀性的双凸透镜或微透镜的阵列。

复合电源系统

申请（专利）号：201210443486. 7 **公开日：**2014-05-21
申请人：姜韫英
发明人：姜韫英 傅乃文
摘要：

本发明属于电源技术领域，尤其涉及一种复合电源系统。本发明提供一种效率高、操作简单的复合电源系统。本发明包括太阳电池板、蓄电池、电容器、太阳能控制器（MPPT）、第一 DC/DC 转换电路、第二 DC/DC 转换电路、直流母线和负载。其结构要点：直流母线分别与太阳能控制器、第一 DC/DC 转换电路、第二 DC/DC 转换电路、负载相连，太阳能控制器与太阳电池板相连，第一 DC/DC 转换电路与蓄电池相连，第二 DC/DC 转换电路与电容器相连。

高频开关电源有源 EMI 滤波器

申请（专利）号：201210440654. 7 **公开日：**2014-05-21
申请人：徐世铭
发明人：徐世铭 屠德亮
摘要：

高频开关电源有源 EMI 滤波器属于滤波器技术领域，尤其涉及一种高频开关电源有源 EMI 滤波器。本发明提供一种滤波效果好、体积小的高频开关电源有源 EMI 滤波器。本发明包括运算放大器，结构要点：运算放大器的同相端分别与第一二极管正极端、第二二极管负极端相连，第一二极管负极端与运算放大器的反相端，第二二极管正极端依次通过第一电容、第一电阻、第二电阻、第二电容与运算放大器的输出端相连。

车辆降压式电源转换控制器及方法

申请（专利）号：201310030161.0　**公开日：**2014-05-21

申请人：现代摩比斯株式会社

发明人：方孝振

摘要：

本发明涉及一种车辆降压式电源转换控制器及方法。其利用现有的固定三角波控制脉宽调制信号之外，进一步考虑随负载电流变化的输入电流，在负载电流发生变化时可仍然提升对电源转换控制性能。为解决现有问题，本发明的车辆降压式电源转换控制器作为负载电流上升或下降时控制车辆的降压式电源转换的装置，包括，电源转换部分，将高电压电池的高电压转换成低电压；电压比较部分，将所述电源转换部的低电压输出值与已设定的参考电压进行比较；输出控制部分，基于所述电压比较部分的比较结果生成输出；比较控制部分，对考虑到随所述负载电流上升或下降而变化的输入电流的三角波和所述输出控制部生成的输出进行比较，控制脉宽调制信号的工作。

一种隔离稳压单路/双路输出AC/DC电源模块

申请（专利）号：201210441487.8　**公开日：**2014-05-21

申请人：泰州市华强照明器材有限公司

发明人：陈献华　陈龙　张继勇　陈仁国　栾健

摘要：

本发明公开了一种隔离稳压单路/双路输出AC/DC电源模块，包括电路板、底座和上壳。电路板安装于底座上经上壳封装，电路板上设有稳压模块、转换模块和输入/输出模块；稳压模块和转换模块封装于上壳和电路板内，输入/输出模块设置于上壳外的电路板上，所述上壳上均匀设置多个散热孔。将带有稳压、转换、输入/输出、保护模块的电路板封装于带散热孔的上壳与底座内，有效实现电源模块的稳压、转换、输入/输出、电路保护功能，具有散热效果好，使用性能稳定，使用寿命长等优点。

一种中频400Hz电源

申请（专利）号：201210466747.7　**公开日：**2014-05-21

申请人：西安杰瑞达仪器有限公司

发明人：戴镕冰　温玮华

摘要：

本发明公开一种中频400Hz电源。其特征在于，整流和滤波将交流输入端的交流电变成纯净的直流电输入电解电容，电解电容将处理后的直流电通过叠层功率母线输入绝缘栅双极型晶体管（IGBT）。所述叠层功率母线是以又薄又宽的铜板形式叠放在一体，各层之间用高绝缘强度的材料进行隔离。本发明有效地解决机器直流储能电容至IGBT器件之间直流母线上寄生电感的缺点，使机器的耗散功率减小，散热量减小，效率得到了提高。

一种煤矿用防爆直流稳压电源

申请（专利）号：201210457427.5　**公开日：**2014-05-21

申请人：西安众智惠泽光电科技有限公司

发明人：侯鹏　王颖

摘要：

本发明公开了一种煤矿用防爆直流稳压电源，包括依次相接的输入保护电路、桥式整流滤波电路、漏极钳位保护电路、高频变压器、输出整流滤波电路和短路保护电路，以及与输出整流滤波电路均相接的采样电路和火花抑制电路。采样电路与短路保护电路相接，采样电路的输出端接有光耦反馈电路，光耦反馈电路与短路保护电路和火花抑制电路均相接，光耦反馈电路的输出端接有开关电源电路，开关电源电路与漏极钳位保护电路相接，输入保护电路的输入端接交流输入端，短路保护电路的输出端和火花抑制电路的输出端均接直流输出端。本发明工作可靠性高、工作效率高，具有短路保护功能，能够达到防爆指标，使用寿命长、使用效果好，便于推广使用。

一种逆变电源

申请（专利）号：201210466749.6　**公开日：**2014-05-21

申请人：西安杰瑞达仪器有限公司

发明人：戴镕冰　温玮华

摘要：

本发明公开一种逆变电源，包括直流蓄电池、太阳电池、宽范围电源开关、主板、绝缘栅双极型晶体管（IGBT）、扼流圈和滤波器。其特征在于，所述太阳电池输出两路直流电，一路直流电和直流蓄电池输出给宽范围电源开关，另一路直流电输出给绝缘栅双极型晶体管（IGBT），所述宽范围电源开关将直流电处理后输出给主板，由主板驱动给绝缘栅双极型晶体管（IGBT），所述绝缘栅双极型晶体管（IGBT）将直流电输出给扼流圈和滤波器，然后将得到直流电变成交流电后，提供给逆变系统。本发明有效地解决了由于电压瞬变、欠电压、过电压等造成设备损坏的缺点。

用于灯具的电源及具有该电源的照明系统

申请（专利）号：201210455350.8　**公开日：**2014-05-21

申请人：欧司朗有限公司

发明人：冯祥芬　胡飏　诺贝特·林德

摘要：

本发明公开了一种用于灯具的电源及具有该电源的照明系统。用于灯具的电源包括热存储部分（3、4），热存储部分具有相变材料（4）；热电发生部分（5），具有与热存储部分（3、4）中的相变材料（4）热连通的热侧（51）及与热侧（51）相对的冷侧（52），热电发生部分（5）根据热侧（51）与冷侧（52）的温差而产生电能。根据本发明，可以以低成本利用再生能源来实现对灯具的稳定的且高效率的供电。

一种用微处理器控制霓虹灯电源开关的方法

申请（专利）号：201210448483.2　**公开日：**2014-05-21

申请人：哈尔滨涛艺广告装饰工程有限公司
发明人：不公告发明人
摘要：

本发明公开了一种用微处理器控制霓虹灯电源开关的方法。其特征是先将220V市电经整流滤波电路调制成250V直流电源；在微处理器系统控制下，通过数字开关电路产生12～180V中频低压电源，此电源的信号输出给中频变压器的分配器，分配器有8路输出端口，并将状态实时反馈给微处理器系统；信号在微处理器系统的控制下，将写入到EPROM芯片中的时序开关信号输出给8个高速开关控制器，再经过解码器识别开关信号，输出给霓虹灯管。霓虹灯管在微处理器的控制下，按照时序实现亮与灭的操作，整个控制系统有机地实现了电源与跳机一体化。本发明的优点是可以在恶劣的环境中工作，工作状态检测维修方便，均采用数码显示，扫描方式灵活，可实现常规跳机、音频控制、余辉控制、亮度变换控制等。由于是低压电源供电，使得霓虹灯管寿命延长。

一种电源柜锁

申请（专利）号：201210470094.X　**公开日**：2014-05-28
申请人：大连千格科技有限公司
发明人：谭继浦
摘要：

本发明公开了一种电源柜锁，包括设置在柜门上的插入部和设置在柜体上的插入部配合件。其特征在于，所述插入部上设有3个高低不同的凸起，所述插入部配合件上设有与所述凸起相配合的凹槽。本发明通过3个高低不同的凸起与凹槽的配合，更好地加强柜锁的牢固性，通过磁性材料的吸引，达到锁紧的效果，方便实用。

宽炉腔隧道炉电源线布线结构

申请（专利）号：201210466858.8　**公开日**：2014-05-28
申请人：陕西子竹电子有限公司
发明人：田伟国
摘要：

本发明公开了一种宽炉腔隧道炉电源线布线结构，包括上顶盖电源线布线结构和下箱体电源线布线结构。上顶盖电源线布线结构包括上加热器电源线、传感器电源线一和风机、电机电源线；下箱体电源线布线结构包括下加热器电源线、传输电机电源线和微风风机电源线及传感器电源线二，下加热器电源线接入总线接线盒，传输电机电源线接入总电源线盒，微风风机电源线接入总接线盒，传感器电源线二接入总接线盒，所有下箱体电源线接入电源控制箱。该宽炉腔隧道炉电源线布线结构使各种电器设备的电源线电源线清晰明了，对于电路检修设备维护提供了便利。

具有报警功能的电源故障检测装置

申请（专利）号：201210470404.8　**公开日**：2014-05-28
申请人：拓普盛达信息技术（大连）有限公司
发明人：孙鹏
摘要：

本发明公开了一种具有报警功能的电源故障检测装置，包括，安装在电源上的故障检测单元；与故障检测单元相连接，将电源的电压数据信号转换成模拟信号的数据转换单元；与所述数据转换单元相电连接，接收数据转换单元的信息并将信息上传给外部设备的通信单元，所述通信单元与外部通信；接收通信单元的信息并显示的显示单元；采用此电源故障检测装置，不仅可以第一时间检测到电源出现故障，而且可以搜索到出现故障的位置。

一种电源故障检测装置

申请（专利）号：201210470381.0　**公开日**：2014-05-28
申请人：拓普盛达信息技术（大连）有限公司
发明人：孙鹏
摘要：

本发明公开了一种电源故障检测装置，包括，安装在电源上的故障检测单元；与故障检测单元相连接，将电源的电压数据信号转换成模拟信号的数据转换单元；与所述数据转换单元相电连接，接收数据转换单元的信息并将信息上传给外部设备的通信单元；接收通信单元的信息并显示的显示单元；采用此电源故障检测装置，当电源发生故障时，不仅可以搜索故障位置，而且可以产生报警，来提示危险情况。

一种电脑电源适配器用快速散热装置

申请（专利）号：201210470347.3　**公开日**：2014-05-28
申请人：大连千格科技有限公司
发明人：谭继浦
摘要：

本发明公开了一种电脑电源适配器用快速散热装置，包括壳体和散热风扇。其特征在于，所述壳体为上下分体式可扣合式结构，所述壳体由导热绝缘塑料制成，在所述壳体的一侧壁上有所述散热风扇，所述壳体的上设有多个排风孔，所述壳体内壁表面还涂有绝缘防水层。本发明采用上下分体式设计的散热壳体，具有拆装方便，散热能力强，防止漏电等优点。

电脑电源适配器用散热装置

申请（专利）号：201210468882.5　**公开日**：2014-05-28
申请人：大连千格科技有限公司
发明人：谭继浦
摘要：

本发明公开了一种电脑电源适配器用散热装置，包括壳体和散热风扇。其特征在于，所述壳体为上下分体式可扣合式结构，在所述壳体的一侧壁上有所述散热风扇，所述壳体的上设有多个排风孔，所述壳体内壁表面还涂有绝缘防水层。本发明采用上下分体式设计的散热壳体，具有拆装方便，散热能力强，防止漏电等优点。

检修用电源柜

申请（专利）号：201210472079.9　**公开日：**2014-05-28
申请人：大连千格科技有限公司
发明人：谭继浦
摘要：

本发明公开了一种检修用电源柜，包括柜体和柜门。其特征在于，所述柜体的上端固定有防水盖，所述柜体上部设有电气元件，所述柜体下端设有工业插头和工业插座，所述柜门上设有可观察所述电气元件工作状态的可视窗。本发明防水性能良好，具有防尘，防雨等作用，密封性能良好。

一种检修用电源柜

申请（专利）号：201210468517.4　**公开日：**2014-05-28
申请人：大连千格科技有限公司
发明人：谭继浦
摘要：

本发明公开了一种检修用电源柜，包括柜体和柜门。其特征在于，所述柜体的上端固定有防水盖，所述防水盖为斜坡式结构，所述防水盖的上表面与下表面的夹角为45°~60°，所述柜体上部设有电气元件，所述柜体下端设有工业插头和工业插座，所述柜门上设有可观察所述电气元件工作状态的可视窗。本发明防水性能良好，具有防尘，防雨等作用，密封性能良好。

电源浪涌保护器

申请（专利）号：201410073769.6　**公开日：**2014-05-28
申请人：北京欧地安科技股份有限公司
发明人：佟建勋　牛封　杨成枝
摘要：

本发明涉及雷电电磁脉冲防护技术领域，具体公开了一种电源浪涌保护器，包括浪涌保护模块及连接在浪涌保护模块输入端的检测电路和控制电路。所述检测电路分别连接 L1 线、L2 线、L3 线和 N 线，包括指示灯；所述检测电路用于检测各线路并通过所述指示灯反应各线路是否正常；所述控制电路分别连接 L3 线和 N 线，包括遥信端子；所述控制电路用于在所述浪涌保护模块损毁或失效时通过所述遥信端子输出遥信信号。本发明的电源浪涌保护器实现了电源浪涌保护器在遭受雷击自身损毁或失效时的指示显示功能和遥信报警功能，有效地提高了电源浪涌保护器的使用性能和可靠性。

稳压源启动保护电路及电源板测试电路

申请（专利）号：201210466538.2　**公开日：**2014-05-28
申请人：海洋王（东莞）照明科技有限公司　海洋王照明科技股份有限公司　深圳市海洋王照明技术有限公司
发明人：周明杰　赵永川
摘要：

本发明涉及一种稳压源启动保护电路，包括开关模块、分压模块及延时控制模块。上述稳压源启动保护电路通过分压模块将瞬间启动的稳压源的压降加到延时控制模块时，对延时控制模块进行充电。当延时控制模块达到充电阈值后，才会导通，控制开关模块导通，从而使稳压源与电源板连接。在延时控制模块充电过程中，电源板是没有与稳压源接通的。因此，稳压源的启动瞬间高压都加在了分压模块上对延时控制模块进行充电。从而使电源板避免了启动瞬间高压冲击的损坏。此外还提供一种电源板测试电路。

一种充电输入均衡的直流电源屏

申请（专利）号：201310649868.X　**公开日：**2014-05-28
申请人：四川省华电成套设备有限公司
发明人：朱颜勇
摘要：

本发明公开了一种充电输入均衡的直流电源屏，包括直流稳压装置、充电装置、蓄电池组。其特征在于，还包括两硅链降压装置。所述两硅链降压装置并联连接在蓄电池组和控制母线之间，每一个硅链降压装置由 6~8 个大功率二极管串联构成，硅链降压装的输出端还串联有一个发光二极管，硅链降压装置的阳极端与蓄电池组的输出连接，硅链单元的阴极端连接至控制母线；所述充电装置的输出端串联一个二极管，二极管的阴极连接至电池组的输入端，并且所有充电装置的输出端并联连接。本发明采用双硅链降压装置并联，当其中一路硅链降压装置损坏时，另一路硅链降压装置仍可用，为电流输出提供了保障。

一种笔记本应急电源系统

申请（专利）号：201210466017.7　**公开日：**2014-05-28
申请人：大连世创恒泰科技有限公司
发明人：王永生
摘要：

本发明公开了一种笔记本应急电源系统，包括开关单元Ⅰ、蓄电池、电能管理单元、开关单元Ⅱ、太阳电池板、储能单元、切换单元和开关单元Ⅲ。本发明提供的一种笔记本应急电源系统，通过在市电正常电力供应时蓄电池进行储能，当市电发生中断时蓄电池释放电能提供电力供应，同时设有连接蓄电池的电能管理单元，当蓄电池电能消耗到预定限值时通过切换单元切换到太阳电池板电路，利用太阳电池板输出电能为蓄电池充电，从而既利用了平时储存的太阳能又延长了应急电源的供应时间，节能环保、方便实用。

一种消防应急电源系统

申请（专利）号：201210465991.1　**公开日：**2014-05-28
申请人：大连世创恒泰科技有限公司
发明人：王永生
摘要：

本发明公开了一种消防应急电源系统，包括交流接触器Ⅰ、整流单元、滤波单元、储能单元、逆变单元、变压器、交流接触器Ⅱ、切换单元、应急灯、控制单元、驱动单元、采样单元、保护单元、储能管理单元和显示单元。本发明提供的一种消防应急电源系统，通过在市电正常电力供应时储能单元进行储能，当市电发生中断时储能单元释放电能经过逆变单元进行变换后通过变压器输出给能够照明和标志的应急灯，安全可靠、使用方便，智能稳定。

一种电梯应急电源系统

申请（专利）号：201210466008.8　**公开日：**2014-05-28

申请人：大连世创恒泰科技有限公司

发明人：王永生

摘要：

本发明公开了一种电梯应急电源系统，包括交流接触器Ⅰ、整流单元、滤波单元、储能单元、逆变单元、变压器、交流接触器Ⅱ、切换单元、牵引电动机、门电动机、检测单元、储能管理单元。进一步，所述检测单元通过对轿厢称重判断轿厢负载，所述检测单元利用红外热像仪探测轿厢负载。本发明智能可靠，安全稳定。

一种带UPS的发电机组

申请（专利）号：201210461539.8　**公开日：**2014-05-28

申请人：江苏金润龙科技有限公司

发明人：王泽芳

摘要：

本发明涉及一种带UPS的发电机组，包括UPS和发电机。所述UPS的输入端和发电机的输出端连接。本发明结构简单、使用方便，能够在发电机组停止时，继续为发电机组一些不能停电设备供电，保证它们的正常运作。

一种电源接线机构

申请（专利）号：201210470876.3　**公开日：**2014-05-28

申请人：陕西东显永益机电技术有限公司

发明人：杜录贤

摘要：

一种电源接线机构，包括静音箱发电机外壳。绝缘板连接在静音箱发电机外壳上，绝缘板上设有4个接线柱下部通过导线和静音箱发电机电流输出接口连接，接线柱的上部和外接设备连接，绝缘板、接线柱的外部设有塑料壳，本发明的有益效果是使连接更加安全、方便。

中频电源的逆变电路缓冲结构

申请（专利）号：201410111433.4　**公开日：**2014-05-28

申请人：盐城市广庆电器有限公司

发明人：王军

摘要：

本发明公开了一种缓冲效果好的中频电源的逆变电路缓冲结构，包括直流电源、并接在直流电源两端的滤波电容器、2个串联的缓冲元件及并接在滤波电容器两端的两个串联的控制元件。所述ICBT模块一由IGBT管和反并接在IGBT管上的快速恢复二极管组成；所述IGBT模块二由IGBT管和反并接在IGBT管上的快速恢复二极管组成，在所述缓冲电容器和二极管之间设置有串接点，缓冲电阻的一端与串接点相连接；所述缓冲电阻的另一端与缓冲电容器相连接，在所述缓冲电容器与二极管之间设置有串接点，缓冲电阻的一端与串接点相连接；所述缓冲电阻的另一端与缓冲电容器相连接。

一种高稳定性供电电源电路

申请（专利）号：201210469626.8　**公开日：**2014-05-28

申请人：西安众智惠泽光电科技有限公司

发明人：侯鹏

摘要：

本发明公开了一种高稳定性供电电源电路，包括与外部供电电池相接的电源电路、ATmega128单片机和与ATmega128单片机相接的晶振电路，以及与ATmega128单片机和电源电路均相接的电源监控电路。所述电源电路包括芯片TPS62056，开关S2，用于连接充电器的三脚接插件J6，用于连接电池的两脚接插件CN1和预留的两脚接插件J7，场效应晶体管T1和T2，整流二极管D1，稳压二极管Z4，电感L2，电阻R22、R23、R24和R28，无极性电容C23和C25，以及极性电容C22和C24。本发明结构简单，使用灵活方便，工作可靠性高，故障率低，无需经常维护维修，功耗低，使用效果好，便于推广使用。

基于单片机的稳压开关电源

申请（专利）号：201210465920.1　**公开日：**2014-05-28

申请人：大连金兰电子技术有限公司

发明人：王东斌

摘要：

本发明公开了一种基于单片机的稳压开关电源，包括，整流滤波单元；连接整流滤波单元，用于整流斩波单元输出的直流电进行直流变换的降压斩波单元；连接降压斩波单元，用于对降压斩波单元输出的直流电进行交流变换的半桥逆变单元；连接半桥逆变单元的整流滤波单元；连接整流滤波单元的稳压单元；连接半桥逆变单元，用于对半桥逆变单元输出电压和输出电流进行采样的采样单元；连接采样单元，用于对采样电压和采样电流进行模数转换的A-D转换单元；连接A-D转换单元，用于根据A-D转换单元反馈回来的电压电流信号调节输出PWM信号的单片机；连接单片机，用于对单片机输出的PWM信号进行放大驱动半桥逆变单元的驱动单元；本发明控制简单、可靠实用。

具有交流过电压保护的开关电源

申请（专利）号：201210468892.9　**公开日：**2014-05-28

申请人：拓普盛达信息技术（大连）有限公司

发明人：孙鹏

摘要：

本发明公开了一种具有交流过电压保护的开关电源，包括，连接市电电网，用于输入输出绝缘的隔离变压器；并联在隔离变压器输出侧，用于过电压时将电压箝位的压敏电阻；整流滤波单元；连接整流滤波单元，用于整流斩波单元输出的直流电进行直流变换的降压斩波单元；连接降压斩波单元，用于对降压斩波单元输出的直流电进行交流变换的半桥逆变单元；连接半桥逆变单元的整流滤波单元；连接整流滤波单元的稳压单元；采样单元；控制单元；驱动单元。本发明安全、可靠，不仅便于生产，而且成本非常低廉，适于广泛推广。

一种人体感应智能太阳能LED路灯电源

申请（专利）号：201310544962.9　**公开日：**2014-05-28

申请人：宁波市镇海匡正电子科技有限公司

发明人：匡小红

摘要：

本发明公开了一种人体感应智能太阳能LED路灯电源，包括蓄电池和传感器。所述蓄电池依次连接有滤波及保护电路、信号调制电路和驱动电路；所述传感器依次连接有信号探测电路、延时电路和占空比调制电路；所述信号调制电路还与占空比调制电路相连。当路灯下没有人经过时，路灯的照明强度处于较弱的状态；当传感器检测到路灯下有人经过时，驱动电路将输出较大电流，来提高路灯的亮度，并在保持一段时间后，自动恢复到较暗的状态。本发明很大程度上降低了能源的浪费，同时提高了路灯的智能化程度和实用性。

一种基于LED的太阳光仿制光源用驱动电源

申请（专利）号：201210469540.5　**公开日：**2014-05-28

申请人：飞秒光电科技（西安）有限公司

发明人：张国琦

摘要：

本发明公开了一种基于LED的太阳光仿制光源用驱动电源，包括防浪涌电路、滤波电路一、与滤波电路一相接的变压器、将变压器输出的交流电转换为直流电的整流电路、用于滤除整流电路所输出直流电中的脉动成分的滤波电路二、在控制器的控制下对电路的功率因数进行修正补偿的PFC变换器、将PFC变换器输出的电压进行变换以使被驱动LED光源获得所需电压的DC/DC转换器、与被驱动LED光源相接的电压采样电路、将电压采样电路输出的电压信号转换为电流信号的V/I转换电路和连接在控制器和PFC变换器之间的保护电路。本发明结构简单，接线方便，工作能够持续高效地为大量LED供电。

一种LED电源

申请（专利）号：201210472114.7　**公开日：**2014-05-28

申请人：拓普盛达信息技术（大连）有限公司

发明人：孙鹏

摘要：

本发明公开了一种LED电源，包括可控开关、遥控器、无线接收单元、整流单元、滤波单元、DC/DC转换单元、控制单元、驱动单元、采样单元、保护单元、LED。所述遥控器与无线接收单元之间采用无线信号进行通信。本发明提供的一种LED电源，通过利用输入用户开关操作指令的遥控器及能够接收用户开关操作指令的无线接收单元，并通过无线接收单元根据接收的用户开关操作指令控制可控开关的闭合和断开，从而实现LED供电电源回路的接通和断开，避免了传统LED电源需要人为控制手动开关实现电源回路的接通和断开而带来的操作繁杂的问题。本发明控制简单，利于节能适于广泛推广。

一种强散热通风电源柜

申请（专利）号：201210468692.3　**公开日：**2014-05-28

申请人：大连千格科技有限公司

发明人：谭继浦

摘要：

本发明公开了一种强散热通风电源柜，包括由右侧板、左侧板、上盖板、下底板和后背板围成的柜体以及与所述左侧板活动连接的柜门。其特征在于，所述上盖板上设有散热风机，所述散热风机为吸风风机，所述散热风机上设有防雨罩；所述右侧板和所述左侧板上设有对称的辅助通风扇，所述柜门上设有可视窗，所述可视窗后设置有显示驱动模块和显示屏。本发明设计的电源柜具有上通风，左右辅助进风将热量带走的结构，结构简单、实用性强、耗电量小，同时可视窗的设计方便操作者观察电源柜内个电气元件的工作状态。

一种散热通风电源柜

申请（专利）号：201210469599.4　**公开日：**2014-05-28

申请人：大连千格科技有限公司

发明人：谭继浦

摘要：

本发明公开了一种散热通风电源柜，包括由右侧板、左侧板、上盖板、下底板和后背板围成的柜体及与所述左侧板活动连接的柜门。其特征在于，所述上盖板上设有散热风机，所述散热风机上设有防雨罩。本发明设计的电源柜具有上通风，左右辅助进风将热量带走的结构；同时，在上部的散热风机上设置有防雨罩，可防止雨水进入柜体造成污染柜体内电器元件，结构简单、实用性强、耗电量小。

散热通风电源柜

申请（专利）号：201210469797.0　**公开日：**2014-05-28

申请人：大连千格科技有限公司

发明人：谭继浦

摘要：

本发明公开了一种散热通风电源柜，包括由右侧板、左侧板、上盖板、下底板和后背板围成的柜体及与所述左侧板活动连接的柜门。其特征在于，所述上盖板上设有散热风机。本发明设计的电源柜具有上通风，左右辅助进风将热量带走的结构，结构简单、实用性强、耗电量小。

一种可视型散热通风电源柜

申请（专利）号：201210469965.6　**公开日：**2014-05-28

申请人：大连千格科技有限公司
发明人：谭继浦
摘要：

本发明公开了一种可视型散热通风电源柜，包括由右侧板、左侧板、上盖板、下底板和后背板围成的柜体及与所述左侧板活动连接的柜门。其特征在于，所述上盖板上设有散热风机，所述散热风机为吸风风机，所述散热风机上设有防雨罩；所述柜门上设有可视窗，所述可视窗后设置有显示驱动模块和显示屏。本发明设计的电源柜具有上通风，左右辅助进风将热量带走的结构，结构简单、实用性强、耗电量小，同时可视窗的设计方便操作者观察电源柜内个电气元件的工作状态。

一种新型电源用散热套

申请（专利）号：201210468679. 8　**公开日：**2014-05-28
申请人：大连千格科技有限公司
发明人：谭继浦
摘要：

本发明公开了一种新型电源用散热套，包括套体、散热板和散热片。其特征在于，所述套体为U形套体，所述散热板固定在所述套体的下部，所述散热板上设有多个散热凹槽，所述散热片通过胶垫固定在所述散热凹槽内。本发明通过散热片的设计加大了散热面积，提高了散热效果，方便携带、实用性强。

一种快散热电源用散热套

申请（专利）号：201210468710. 8　**公开日：**2014-05-28
申请人：大连千格科技有限公司
发明人：谭继浦
摘要：

本发明公开了一种快散热电源用散热套，包括套体、散热板和散热片。其特征在于，所述套体为U形套体，所述套体由导热绝缘塑料制成，所述散热板固定在所述套体的下部，所述散热板上设有多个散热凹槽，所述散热片通过胶垫固定在所述散热凹槽内。本发明通过导热绝缘塑料制成的套体设计，提高了散热效果，方便携带、实用性强。

一种防尘型电源用散热套

申请（专利）号：201210468745. 1　**公开日：**2014-05-28
申请人：大连千格科技有限公司
发明人：谭继浦
摘要：

本发明公开了一种防尘型电源用散热套，包括套体、散热板和散热片。其特征在于，所述套体为U形套体，所述套体由导热绝缘塑料制成，所述散热板固定在所述套体的下部，所述散热板上设有多个散热凹槽，所述散热片通过胶垫固定在所述散热凹槽内，所述散热套还设有与所述套体相匹配的防尘盖，将需散热的电源置于所述套体内后将所述防尘盖盖上。本发明通过防尘盖的设计，不仅提高了散热电源的防尘效果，而且提高了散热效果，方便携带、实用性强。

新型电源用散热套

申请（专利）号：201210469848. X　**公开日：**2014-05-28
申请人：大连千格科技有限公司
发明人：谭继浦
摘要：

本发明公开了一种新型电源用散热套，包括套体、散热板和散热片。其特征在于，所述套体为U形套体，在所述套体的下表面上设有多个散热孔，所述散热板固定在所述套体的下部，所述散热板上设有多个散热凹槽，所述散热片通过胶垫固定在所述散热凹槽内，所述散热片上设有可增大散热面积的挡片。本发明通过散热挡片的设计加大了散热面积，提高了散热效果，方便携带、实用性强。

移动电源名片

申请（专利）号：201210469434. 7　**公开日：**2014-06-04
申请人：北京惠尔高科科技有限公司
发明人：刘觉滨　靳霞
摘要：

本发明公开了一种移动电源名片，包含名片板块、名片板芯及内置的超薄移动电源的电源控制板、可充电电池和片状连接器。移动电源名片具有名片的形状尺寸和名片信息传递功能，又是内置连接器的全功能移动电源，可方便地放于口袋、名片盒或钱包中，可以在外出时随时给缺电的手机应急充电，还可具有书写笔、便签板、照明灯、验钞灯等大众常用工具，可以使移动电源名片用户在反复使用中加深对名片介绍者的印象，提升被名片介绍的企业形象，吸引潜在客户。本发明的移动电源名片具有结构简单、小巧紧凑、易于扩展、携带方便、通用性好等特点。

物理学在电源频率不足时解决水泵抽水扬程问题的应用

申请（专利）号：201210526283. 4　**公开日：**2014-06-04
申请人：肖功宽
发明人：肖功宽
摘要：

本发明是一款物理学在电源频率不足时解决水泵抽水扬程问题的应用，将双机串联运行是解决水厂枯水期 $f<48Hz$ 时抽水扬程不足的有效办法，它可以提高水泵的运行效率，降低单位产水量的电力消耗，年节电约 70 万 kW · h 实施例证明；当 $f<48Hz$ 时仍正常抽水，基本解决了县城供水的需要。输水管径已改造为 $\phi300$mm，可使水泵的运行效率增大，最大 $\eta=80\%$，从而使单位产水量的电耗成本减小到最小值。改大管径后，由于原安有“水桶式无针阀”所以 2 号泵进水管闸阀时并联抽水无碍。并联是扬程相等，流量相加。由于产水量增大，夏季县城“水荒”，近年内可以避免。

可组态光隔离电源的插件式面阵光源板

申请（专利）号：201210490071.5 **公开日：**2014-06-04

申请人：西安思能网络科技有限公司

发明人：陈鸿杰

摘要：

本发明涉及一种电源，特别是一种可组态光隔离电源的插件式面阵光源板。插件式面阵光源板包括合金铝框、上面阵光源和下面阵光源。面光源板上有阵列LED，上面阵光源和下面阵光源后端有电极，插件式面阵光源板前面有手柄。

一种带蓝牙及手电功能双电源车载空气净化器

申请（专利）号：201410051355.3 **公开日：**2014-06-04

申请人：熊勇军

发明人：熊勇军

摘要：

本发明涉及一种带蓝牙及手电功能双电源车载空气净化器。它包括空气净化器本体、进风口、出风口、电源插头、控制电路板、静音风扇、开关、脚垫、LED灯、手电开关、锂电池、扬声器、麦克风、接听键、太阳能接收模块。所述电源插头由导线连接到控制电路板上，进风口、出风口、LED灯、开关在空气净化器本体一侧，控制电路板安装在空气净化器本体内部，静音风扇安装在进风口一侧，脚垫安装在空气净化器本体底部，手电开关内嵌安装在空气净化器本体表面上，锂电池安装在空气净化器本体内部，扬声器、麦克风、接听键内嵌安装在空气净化器本体上，太阳能接收模块安装在空气净化器本体顶部。本发明的产品节能环保，使用和携带方便，可当应急手电使用。

一种带手电及音箱功能双电源车载空气净化器

申请（专利）号：201410051356.8 **公开日：**2014-06-04

申请人：熊勇军

发明人：熊勇军

摘要：

本发明涉及一种带手电及音箱功能双电源车载空气净化器。它包括空气净化器本体、进风口、出风口、电源插头、控制电路板、静音风扇、开关、脚垫、扬声器、音频接口、LED灯、手电开关、锂电池、太阳能接收模块。所述电源插头由导线连接到控制电路板上，进风口、出风口、LED灯在空气净化器本体一侧，控制电路板安装在空气净化器本体内部，静音风扇安装在进风口一侧，开关、手电开关安装在空气净化器本体侧面，脚垫安装在空气净化器本体底部，扬声器、音频接口内嵌安装在净化器本体上，锂电池安装在空气净化器本体内部，太阳能接收模块安装在空气净化器本体顶部。本发明的产品使用和携带方便，净化车内空气，可当应急手电使用。

一种双电源车载空气净化器

申请（专利）号：201410051361.9 **公开日：**2014-06-04

申请人：熊勇军

发明人：熊勇军

摘要：

本发明涉及一种双电源车载空气净化器。它包括空气净化器本体、进风口、出风口、电源插头、控制电路板、静音风扇、开关、脚垫、太阳能接收模块。所述电源插头由导线连接到控制电路板上，进风口、出风口在空气净化器本体一侧，控制电路板安装在空气净化器本体内部，静音风扇安装在进风口一侧，开关安装在空气净化器本体侧面，脚垫安装在空气净化器本体底部，太阳能接收模块安装在空气净化器本体顶部。本发明的产品节能环保，使用和携带方便，净化车内空气。

一种带手电及指南针功能双电源车载空气净化器

申请（专利）号：201410051365.7 **公开日：**2014-06-04

申请人：熊勇军

发明人：熊勇军

摘要：

本发明涉及一种带手电及指南针功能双电源车载空气净化器。它包括空气净化器本体、进风口、出风口、电源插头、控制电路板、静音风扇、开关、脚垫、指南针、LED灯、手电开关、锂电池、太阳能接收模块。所述电源插头由导线连接到控制电路板上，进风口、出风口、开关、LED灯在空气净化器本体一侧，控制电路板安装在空气净化器本体内部，静音风扇安装在进风口一侧，脚垫安装在空气净化器本体底部，指南针安装在空气净化器本体顶部，手电开关内嵌安装在空气净化器本体表面上，锂电池安装在空气净化器本体内部，太阳能接收模块安装在空气净化器本体顶部。本发明的产品节能环保，使用和携带方便，可辨别方位及可当应急手电使用。

一种带蓝牙及指南针功能双电源车载空气净化器

申请（专利）号：201410051350.0 **公开日：**2014-06-04

申请人：熊勇军

发明人：熊勇军

摘要：

本发明涉及一种带蓝牙及指南针功能双电源车载空气净化器。它包括空气净化器本体、进风口、出风口、电源插头、控制电路板、静音风扇、开关、脚垫、指南针、扬声器、麦克风、接听键、太阳能接收模块。所述电源插头由导线连接到控制电路板上，进风口、出风口在空气净化器本体一侧，控制电路板安装在空气净化器本体内部，静音风扇安装在进风口一侧，开关安装在空气净化器本体侧面，脚垫安装在空气净化器本体底部，指南针安装在空气净化器本体顶部，扬声器、麦克风、接听键内嵌安装在空气净化器本体上，太阳能接收模块安装在空气净化器本体顶部。本发明的产品节能环保，使用和携带方便，净化车内空气，可辨别方位及接听电话。

分设电源开关的冰箱

申请（专利）号：201210482153.5 **公开日：**2014-06-04
申请人：宜城市第三高级中学
发明人：钱濛雨
摘要：

本发明提供一种分设电源开关的冰箱，所述冰箱在冷藏室和冷冻室的侧边各设有一个可分别通断电源的电源开关。在使用冰箱的过程中，可以根据需要对冷藏室或冷冻室进行电源的通断调控，有利冰箱的节电使用和除霜时能单独关闭冷冻室。

一种老化柜的新型电源电路

申请（专利）号：201210489328.5 **公开日：**2014-06-04
申请人：西安上尚机电有限公司
发明人：李峰
摘要：

本发明提供一种为电子水表老化的电源电路，通过该电路为电子水表提供老化测试时需要的直流电源及控制信号。本发明一种老化柜的新型电源电路，包括直流电源输出电路和控制信号输出电路。直流电源输出两路电路，连接至电子水表的接线端子；控制信号输出三路控制线路，连接至相同电子水表的接线端子；所述电子水表至少为两个，所有电子水表相互并联；上述直流电源为电子水表DC电源，该电源规格为6V、10A，电源输出端分别连接接线端子；上述控制信号由PLC中的脉冲装置接固态继电器产生的两个控制信号和一个公共接线端。上述PLC的电源规格为24V，所述PLC包括启动、复位和中断按钮，还包括计数装置、复位计数器按钮和报警装置。

电源配电箱PE与N母线接触不良的报警方法及装置

申请（专利）号：201210471079.7 **公开日：**2014-06-04
申请人：贵阳铝镁设计研究院有限公司
发明人：罗文
摘要：

本发明公开了一种电源配电箱PE与N母线接触不良的报警方法及装置。其方法是将报警装置中的报警单元两端分别连接在PE母线和N母线上。当PE母线与N母线接触良好时，报警单元被PE母线与N母线短路，报警单元不报警；当PE母线与N母线接触不良或断开时，PE母线与N母线之间的接触电阻增大或趋于无穷大，接触电阻超过设定值后报警单元开始报警。本发明的方法通过将低成本的报警装置连接在PE母线与N母线之间，就实现了对PE母线与N母线连接故障的监控，有效地预防了设备长时间停运及人员触电事故的发生。本发明的装置结构简单、容易实施，实施成本低，具有经济实用的特点。

一种汽车电源老化柜箱体

申请（专利）号：201210488025.1 **公开日：**2014-06-04
申请人：西安正昌电子有限责任公司
发明人：赵明利
摘要：

本发明公开了一种汽车电源老化柜箱体，包括外壳、电源安装板、加热器、聚氨酯保温层一、聚氨酯保温层二、双层中空玻璃前门、双层中空玻璃后门、换风百叶窗、循环风机和换风机。加热器和电源安装板均安装在外壳的内部，电源安装板上安装有待测试汽车电源，聚氨酯保温层一设置在外壳内侧，外壳的四角均设有立柱；双层中空玻璃前门设置在外壳前侧，双层中空玻璃后门设置在外壳后侧，双层中空玻璃前门和双层中空玻璃后门的各自闭合位置处均设有聚氨酯保温层二。换风百叶窗的数量为2个，2个换风百叶窗对称设置在外壳的顶部左右两侧；换风机安装在外壳顶部，循环风机安装在外壳底部前侧。本发明能测试汽车电源的耐热性能并使得电源处于恒温状态，操作方便。

一种流水化检测的电源测试安装机构

申请（专利）号：201210482975.3 **公开日：**2014-06-04
申请人：西安艾力特电子实业有限公司
发明人：韩晓波 王文娟
摘要：

一种流水化检测的电源测试安装机构，包括探针。探针镶嵌于一个金属套内，金属套内底端置有弹簧，金属套的另一端内镶有钢针并兼做钢针的导轨，探针放置在两块大小一样的平板一和平板二中，用螺栓紧固在探针安装块中，探针放置平板的两侧都设置有凸出缘，气缸装置放置在支撑架上，其伸出的活塞杆一端连接着探针安装块，测试探针固定装夹在探针安装块中，支撑架的另一边固定着一根导向杆，导向杆穿过导向板用螺母固定住，使导向板可以在导向杆上来回滑动，同时导向板用螺栓固定在探针固定块上，探针安装块在伸缩杆的带动下往复运动，进行测试。本发明实现了电源的流水化检测，能快速准确地测试电源电压是否在规定范围内。

一种新型电源恒温老化柜

申请（专利）号：201210489327.0 **公开日：**2014-06-04
申请人：西安上尚机电有限公司
发明人：王乐民
摘要：

本发明提供一种布局合理同时能提供稳定老化温度的老化柜。本发明一种新型电源恒温老化柜，柜体的两侧设置推拉柜门，柜门为双层透明隔热玻璃，柜体整体为长方体结构，柜体内部的柜顶设置风道；柜顶中间位置沿着柜体高度方向安装电源安装架，电源安装架将柜体内部分割成对称的两部分，电源安装架的底部和柜体底部之间留有通风孔；上述风道上设置出风口和回风口，出风口和回风口分别位于电源安装架的两侧；上述风道内还安装有用于加热空气的加热器和用于循环柜体内部空气的循环风机。进一步的是，上述的柜体内部还安装有用于测量柜体内部温度的热电偶。更进一步的是，上述的柜体与柜门相邻的侧壁设置有用于散热的百叶窗，百叶窗在老化柜需要降温时打开。

一种电源老化箱的新型控温系统

申请（专利）号： 201210489521.9 **公开日：** 2014-06-04

申请人： 西安上尚机电有限公司

发明人： 王乐民

摘要：

本发明提供一种能进行升温和冷却降温过程的电源老化箱的新型控温系统。本发明包括柜体，柜体顶部设置用于控制老化箱工作的控制面板，柜体内部顶部设置循环风机，循环风机下方固定安装加热器，待老化电源安装在加热器底部的柜内空间；上述的柜体一侧的上方开设上通风孔，另一侧的下方开设下通风孔；上通风孔的风道内安装送风风机，下通风孔的风道内安装抽风风机；柜体内部还安装有用于监控柜体内部温度的热电偶。进一步的是，上述的控制面板上安装有通过 PLC 控制的控制器，还设置有用于显示老化箱内工作状态的显示屏及用于紧急停止老化箱工作的急停开关。

4 路电源并联均衡输出电路

申请（专利）号： 201210489331.7 **公开日：** 2014-06-04

申请人： 西安威正电子科技有限公司

发明人： 李佳

摘要：

一种 4 路电源并联均衡输出电路，电源模块一的输出经电流检测电路一接入负载，电源模块二的输出经电流检测电路二接入负载，电源模块三的输出经电流检测电路三接入负载，电源模块四的输出经电流检测电路四接入负载，电流检测电路一、电流检测电路二、电流检测电路三及电流检测电路四的输出均接比较电路，比较电路的输出接调节电路，调节电路的输出接电源模块一、电源模块二、电源模块三和电源模块四。本发明实现 4 路电源并联输出时，输出的电流一致。

一种基于钳位单元的多电源芯片电压差控制电路

申请（专利）号： 201210489399.5 **公开日：** 2014-06-04

申请人： 西安威正电子科技有限公司

发明人： 杨立斌

摘要：

一种基于钳位单元的多电源芯片电压差控制电路，在任意两路电源端口之间设置钳位单元。该钳位单元包括 6 个二极管 D1、D2、D3、D4、D4、D5 和 D6。其中，二极管 D1 的阴极接二极管 D2 的阳极，二极管 D2 的阴极接二极管 D3 的阳极，二极管 D1 的阳极接二极管 D4 的阴极，二极管 D4 的阳极接二极管 D5 的阴极，二极管 D5 的阳极接二极管 D6 的阴极，二极管 D6 的阳极接二极管 D3 的阴极。二极管 D1 的阳极接的是其中一路电源端口，二极管 D3 的阴极接的是另一路电源端口。本发明通过该电路使得多电源芯片的电压差控制在一定范围内，避免多电源芯片各路电压差太大导致芯片烧毁。

直流稳压电源

申请（专利）号： 201410080823. X **公开日：** 2014-06-04

申请人： 邵振翔

发明人： 邵振翔

摘要：

本发明涉及一种含有输出电流采样电阻的由三端直流稳压电路构成的直流稳压电源（指串联型，包括固定电压输出、手工调压输出、自动调压输出）的易于保证输出电压、输出电流的检测精度，而输出电压的稳定性不受影响的简单、方便的方法和电路，及减少直流稳压电源变压器空载能量损耗和减轻电源输出调整管功率消耗的方法和电路。附图表达了本发明的一种手工调压输出稳压电路。自动调压输出稳压电路及减少直流稳压电源变压器空载能量损耗和减轻电源输出调整管功率消耗的方法和电路详见说明书。

一种内置防爆型 UPS 的电脑主机

申请（专利）号： 201210477173.3 **公开日：** 2014-06-04

申请人： 哈尔滨鑫尔科技开发有限公司

发明人： 王跃才 潘宏昌 程颖 穆维朵

摘要：

一种内置防爆型 UPS 的电脑主机。其组成包括电脑机箱（1），电脑机箱内设置有电脑电源（2），在电脑电源的一侧设置有 UPS（3），且 UPS（3）的输出端与电脑电源（2）连接，UPS（3）的输入端与市电连接。其特征在于 UPS（3）包括锂电池（3-1）、充电模块（3-2）、转换电路（3-3）、控制模块（3-4）及传感器（3-5），在锂电池（3-1）与充电模块（3-2）、转换电路（3-3）之间设置有控制模块（3-4），控制模块（3-4）还连接有传感器（3-5）。通过在电脑主机内增设带有传感器的 UPS（3），可以根据传感器随时感知机箱内部温度情况，当机箱内部温度过高时，及时切断 UPS 电池的充电动作，保护 UPS（3）及电脑主机。

一种电源插排锁扣装置

申请（专利）号： 201210475817.5 **公开日：** 2014-06-04

申请人： 陈永煌

发明人： 陈永煌

摘要：

本发明提供一种电源插排锁扣装置，包括支架、两个锁扣、若干个卡口、吸盘、一壳体。壳体两侧开口贯通形成一内腔。该锁扣滑片的中部开有腰形的导向孔；导向柱，穿过锁扣滑片的腰形孔设置在壳体上；所述两个锁扣分别设置在支架两端；所述卡口设置在支架上；所述夹板的材质可为橡胶。插排底部设有吸盘，使插排能够被方便地固定和转移。壳体为一整体结构，制作方便、成本低、体积小。本发明是一个独立的元件，适合在不同尺寸的电源插排上使用，而且结构简单，使用、安装均很方便，使用寿命长。

带稳压器的电源插排座

申请（专利）号： 201210471303.2 **公开日：** 2014-06-04
申请人： 宜城市第三高级中学
发明人： 蔡颖
摘要：

本发明提供一种带稳压器的电源插排座，在座体上设置有稳压器，在座体底板上分布设置有吸盘。通过稳压器，可在插用电源时，能够确保各种电器的电压使用稳定，避免意外的电压变动带来的损坏，并可用吸盘将插排座固定使用，对安全插拔插头可起到稳固作用。

设置保险装置的电源插排座

申请（专利）号： 201210482160.5 **公开日：** 2014-06-04
申请人： 宜城市第三高级中学
发明人： 朱文庆
摘要：

本发明提供一种设置熔断装置的电源插排座。所述插排座在座体上设置有一个保险装置，所设置的保险装置是一个透明盒体内装有可更换的熔丝管。在使用电源插排座时，如果出现意外短路等现象时，所设置的熔丝管即断开电源，有利电器使用的安全和防止意外事故的发生。

电源钳位 ESD 电路

申请（专利）号： 201210480247.9 **公开日：** 2014-06-04
申请人： 上海华虹集成电路有限责任公司
发明人： 马和良 赵英瑞
摘要：

本发明公开了一种电源钳位 ESD 保护电路，包括一检测电路、一缓存电路、一泄放电路。所述缓存电路，由一个反相器，或三个串接的反相器，或五个串接的反相器组成；在所述缓存电路的第一个反相器的电源端与电源电压的连线中串接一个二极管连接的 NMOS 晶体管，即该 NMOS 晶体管的栅极和漏极与电源电压相连接，其源极与所述第一个反相器的电源端相连接。本发明能在芯片正常工作时，保证 ESD 电路处于关闭状态，不影响芯片正常工作。

卡片式移动电源

申请（专利）号： 201210467755.3 **公开日：** 2014-06-04
申请人： 北京惠尔高科科技有限公司
发明人： 刘觉滨 靳霞
摘要：

本发明公开了一种卡片式移动电源，包含壳座和活动盖的片状外壳，以及内置在片状外壳中的电源控制板、可充电电池和片状连接器。打开片状外壳可取出片状连接器，将手机或外部电源适配器与卡片式移动电源连接；电源控制板还设置有内置电池接口、扩展电池接口和电池自动切换电路，可以根据扩展电池接口是否接有适合的外部电池，自动切换内置电池或外部扩展电池为卡片式移动电源；可以方便地利用扩展电池有效扩大移动电源的电量，内置的片状连接器免去手机移动电源用户要携带传统外置连接器的麻烦。本发明的卡片式移动电源具有结构简单、小巧紧凑、易于扩展、携带方便、通用性好等特点。

电源噪声敏感器件的滤波电路

申请（专利）号： 201210489087.4 **公开日：** 2014-06-04
申请人： 西安威正电子科技有限公司
发明人： 李程
摘要：

一种电源噪声敏感器件的滤波电路，信号输入端通过并联的电容 C2 和极性电容 C1 接地，信号输出端通过并联的电容 C3 和极性电容 C4 接地，信号输入端接晶体管 Q1 的集电极和电阻 R1 的一端，电阻 R1 的另一端接稳压管 D1 的阴极和晶体管 Q1 的基极，稳压管 D1 的阳极接地，晶体管 Q1 的基极通过电容 C5 接地，晶体管 Q1 的发射极接信号输出输出端。本发明可以有效降低该路电源的噪声干扰。

一种稳定双电源芯片电压差的电路

申请（专利）号： 201210488913.3 **公开日：** 2014-06-04
申请人： 西安威正电子科技有限公司
发明人： 杨立斌
摘要：

一种稳定双电源芯片电压差的电路，芯片的 VCC1 管脚接二极管 D1 的阳极和二极管 D2 的阴极，芯片的 VCC2 管脚接二极管 D2 的阳极和二极管 D1 的阴极，由于采用两路电压相互钳位的方式，使得两路之间的电压差在设计范围内。

一种基于 RCD 的减小开关电源 MOS 管电压应力的电路

申请（专利）号： 201210489493.0 **公开日：** 2014-06-04
申请人： 西安威正电子科技有限公司
发明人： 杨立斌
摘要：

一种基于 RCD 的减小开关电源 MOS 管电压应力的电路。电源输出接变压器 T1 一次绕组的一端，变压器 T1 的一次绕组并接由电阻 R1、电容 C1 和二极管 D2 组成的 RCD 电路。其中，电阻 R1 与电容 C1 串联后与二极管 D2 并联，二极管 D2 的阴极接电源输出，二极管 D2 的阳极接变压器 T1 一次绕组的另一端和 MOS 管 U1 的漏极，MOS 管 U1 的栅极接入控制电路，MOS 管 U1 的源极接地，变压器 T1 二次绕组的一端接功率二极管 D1 的阳极，功率二极管 D1 的阴极接控制电路实现输入与输出电压的检测，功率二极管的阴极同时接电容 Cout 的一端，电容 Cout 的另一端与变压器 T1 二次绕组的另一端均接地。本发明可有效降低二极管反向电压，保证二极管可靠性。

一种带吸收回路的开关电源电路

申请（专利）号： 201210489143.4 **公开日：** 2014-06-04
申请人： 西安威正电子科技有限公司

发明人：杨立斌

摘要：

一种带吸收回路的开关电源电路。其特征在于，电源输出接变压器T1一次绕组的一端，变压器T1一次绕组的另一端接MOS管U1的漏极，MOS管U1的栅极接入控制电路，MOS管U1的源极接地，MOS管U1的漏极同时通过串联的电阻R1和电容C1接地，变压器T1二次绕组的一端接功率二极管的阳极，功率二极管的阴极接控制电路实现输入与输出电压的检测，功率二极管的阴极同时接电容Cout的一端，电容Cout的另一端与变压器T1二次绕组的另一端均接地。本发明由于增加吸收回路，会有效降低MOS管的漏电压，保证了MOS的可靠性。

生成电源转换器的参考电压的电路和方法

申请（专利）号：201310617747.7　**公开日：**2014-06-04

申请人：德克萨斯仪器股份有限公司

发明人：T·R·苏利文　I·科恩

摘要：

本发明公开了用于产生电源转换器控制装置（116）的参考电压的电路和方法。电源转换器控制装置（116）在输出端（130）上提供用于对齐电源线（115）上的电压和电流的信号以使它们同相。电路的一个实施例包括电压检测器（160），用于检测电源线（115）上的电压。信号发生器（162，168）产生与电源线（115）上的电压相同波形，该波形独立于电源线（115）上的电压而生成。信号发生器（162，168）的输出是参考电压。

一种采用主功率回路的辅助电源供电电路

申请（专利）号：201210491157.X　**公开日：**2014-06-04

申请人：西安威正电子科技有限公司

发明人：杨立斌

摘要：

一种采用主功率回路的辅助电源供电电路，输入电压通过变压器的一次侧连接到MOS管，MOS管接有控制其占空比小于50%的控制电路，输入电压通过的变换，二次经过二极管和电容的整流，输出稳定的预期电压；输入电压同时通过电阻接晶体管的基极和稳压管的阴极，稳压管的阳极接地，晶体管的集电极通过电阻接输入电压，发射极通过电容接地，所述控制电路根据变压器二次采样电压形成一个闭环回路。本发明采用主功率回路来生成辅助电源，利用了主功率回路电压转换的高效率，避免了串联电阻、晶体管的工作消耗，降低了直流变换器的静态电流、提高了电源效率。

反激式电源调节设备和方法

申请（专利）号：201310589001.X　**公开日：**2014-06-04

申请人：德克萨斯仪器股份有限公司

发明人：R·L·瓦利

摘要：

本发明涉及反激式电源调节设备和方法。在此公开的设备和方法与反激式电源转换器中的二次电压和/或电流调节器（PSR）关联。设备和方法在该PSR的单个端子处感测在反激式变压器的辅助一次绕组中产生的波形特性。分析该波形，并且从其中导出的误差信号用于保持恒定电压和/或恒定电流调节并且产生与电路输入电压无关的峰值电流稳定信号。

一种高压开关电源

申请（专利）号：201410129808.X　**公开日：**2014-06-04

申请人：许昌学院

发明人：蔡子亮　杨飞　白政民　杨晓博　李耀辉

摘要：

本发明提供了一种高压开关电源，包括顺序连接的电源输入端、第一整流滤波电路、谐振DC/DC转换器、第二整流滤波电路、电源输出端。所述第二整流滤波电路为N倍压整流滤波电路，其中N为大于1的自然数。采用上述方案，本发明通过建立谐振网络实现开关电源的零电压开通，从而降低高频引起的开关损耗；并且，有效减小了变压器的升压倍数，降低了变压器的体积和设计难度，进而使电源的体积和重量大大减少，具有很高的市场应用价值。

一种带散热的硅光电池板用于光隔离电源

申请（专利）号：201210490028.9　**公开日：**2014-06-04

申请人：西安思能网络科技有限公司

发明人：王小娜

摘要：

本发明涉及一种电源，特别是一种带散热的硅光电池板用于光隔离电源。在金属板上固定一块硅光电池板。硅光电池板可在金属板的一侧。硅光电池板也可在金属板的两侧，在金属板上固定上硅光电池板，在金属板下固定下硅光电池板。硅光电池板组成并行或串行或串并接合输出，正负输出端在壳体的上端。

可组态式光隔离电源

申请（专利）号：201210489956.3　**公开日：**2014-06-04

申请人：西安思能网络科技有限公司

发明人：王小娜

摘要：

本发明涉及一种电源，特别是一种可组态光隔离电源。至少包括壳体。壳体为铝合金壳体，左右两端有导槽，后端端盖通过螺钉连接，后端端盖内有多层U形导电块，U形导电块与两端导槽槽口中线齐平，插件式面阵光源板通过壳体前端插入导槽槽口后进入U形导电块内，形成并行连接，插件式面阵光源板有多层，分上面阵光源和下面阵光源，上面阵光源和下面阵光源分别直对硅光电池板，硅光电池板组成并行或串行或串并接合输出，正负输出端在壳体的上端。

欠电压锁定电路及开关控制电路、电源装置

申请（专利）号：201310595260.3　**公开日：**2014-06-04

申请人：快捷韩国半导体有限公司
发明人：李圣播 秦宇康
摘要：

本发明涉及欠电压锁定电路及开关控制电路、电源装置。一种根据本发明的实施例的欠电压锁定电路包括，第一欠电压锁定电路，所述第一欠电压锁定电路将驱动电压与第一参考电压进行比较；第二欠电压锁定电路，所述第二欠电压锁定电路基于所述驱动电压与第二参考电压的比较结果来生成欠电压锁定信号。当所述驱动电压低于所述第一参考电压时，所述第一欠电压锁定电路停止所述第二欠电压锁定电路的运行；当所述驱动电压高于所述第一参考电压时，所述第一欠电压锁定电路使所述第二欠电压锁定电路运行。所述第一欠电压锁定电路的功耗受限于生成所述第一参考电压的第一电流。

霓虹灯电源

申请（专利）号：201210471509.5 **公开日**：2014-06-04
申请人：罗爱春
发明人：罗爱春
摘要：

本发明涉及一种霓虹灯电源，特别是电压可调整的霓虹灯电源，包括交流电源、高频电子变压器和整流电路。所述交流电源与高频电子变压器相连接，所述整流电路连接在高频电子变压器的输出端，所述整流电路的输出端与霓虹灯相连接，所述整流电路与高频电子变压器之间连接有电压调整电路。采用上述结构后，本发明的霓虹灯电源可以准确调压，使霓虹灯工作在最佳状态。

带应急电源的灯具

申请（专利）号：201210498634.5 **公开日**：2014-06-04
申请人：新昌县澄潭镇博纳机械厂
发明人：贝立方
摘要：

带应急电源的灯具，适用于大中型灯具。在灯具1上设置一个应急充电模块2，设置一路智能感应电路3，以判断断电的状态与原因。当灯具在亮的状态时，非开关原因导致断电熄灭，应急充电模块2能紧急供电，使灯具持续亮起。应急充电模块2的设置一般采用隐身设置，设置自检电路，能定期测试应急充电模块2是否能正常使用。设置备用灯座，当主灯灯泡失效时，备用灯座及灯泡能应急亮起，备用灯座的数量为主灯灯座的1/2，在灯具非正常关闭而断电时，启动应急电源，提供支持性照明，防止意外事故的发生。

一种用于电源模块的散热装置

申请（专利）号：201210489149.1 **公开日**：2014-06-04
申请人：西安威正电子科技有限公司
发明人：李佳
摘要：

一种用于电源模块的散热装置，包括散热底板。在散热底板上对称分布竖直的左散热齿和右散热齿，在散热底板上位于左散热齿和右散热齿之间的位置开有左条形孔和右条形孔。本发明将散热器直接和电源模块的底部接触，距离热源最近，提高了散热效率。

电饭煲电源线放置装置

申请（专利）号：201210503360.4 **公开日**：2014-06-11
申请人：崔金兰
发明人：崔金兰
摘要：

本发明涉及电饭煲电源线放置装置。在电饭煲主体上安装控制按钮和转轴，控制按钮与转轴和电源线连接。通过在电饭煲主体上安装的转轴和控制按钮，当使用电饭煲时，直接将电源线拉出即可；当不使用电饭煲时，按下控制按钮，电源线就回收到转轴上，很好地解决了电源线不能回收的问题。

一种带蓝牙及音箱功能双电源车载空气净化器

申请（专利）号：201410051347.9 **公开日**：2014-06-11
申请人：熊勇军
发明人：熊勇军
摘要：

本发明涉及一种带蓝牙及音箱功能双电源车载空气净化器。它包括空气净化器本体、进风口、出风口、电源插头、控制电路板、静音风扇、开关、脚垫、扬声器、音频接口、麦克风、接听键、太阳能接收模块。所述电源插头由导线连接到控制电路板上，进风口、出风口在空气净化器本体一侧，控制电路板安装在空气净化器本体内部，静音风扇安装在进风口一侧，开关安装在空气净化器本体侧面，脚垫安装在空气净化器本体底部，扬声器内嵌安装在净化器本体上，音频接口内嵌安装在净化器本体上，麦克风内嵌安装在空气净化器本体上，接听键内嵌安装在空气净化器本体上。本发明的产品节能环保，使用和携带方便，能净化车内空气，便于接听电话。

一种采用恒流源供电的压阻式压力传感器电源电路

申请（专利）号：201210513555.7 **公开日**：2014-06-11
申请人：西安交大京盛科技发展有限公司
发明人：田边
摘要：

一种采用恒流源供电的压阻式压力传感器电源电路，包括同相端接5V电压的运算放大器，运算放大器的反相端接电阻R1的一端和PNP管的发射极，电阻R1的另一端接地，PNP管的基极接电阻R2的一端，电阻R2的另一端接运算放大器的输出端，PNP管的集电极接压阻式压力传感器的电源输入端为其供电。本发明能够消除温度对压阻式压力传感器自身输出数据的影响。

一种 LED 电源测试探针的新型安装装置

申请（专利）号：201210511225.4 **公开日**：2014-06-11

申请人：西安上尚机电有限公司

发明人：王涵钰

摘要：

本发明公开了一种 LED 电源测试探针的新型安装装置，主要包括探针支架、测试探针、导轨、滑动杆和固定装置。探针支架两侧安置两根导轨，滑动杆能够沿着导轨进行滑动，由紧固螺钉固定，两侧滑动杆上分别安装了测试探针，测试探针用固定块固定在滑动杆上，测试探针在滑动杆上的位置是能够移动的，移动后由固定块和螺钉固定。进行测试时，由伸缩杆带动探针支架一起运动。本发明设计了一种 LED 电源测试探针的新型安装装置，可以实现测试探针在探针支架上的灵活安装，以满足不同电源的测试需要。

一种新型在线式 LED 电源测试装置

申请（专利）号：201210511221.6　**公开日：**2014-06-11

申请人：西安上尚机电有限公司

发明人：王乐民

摘要：

本发明公开了一种新型在线式 LED 电源测试装置，主要包括上位机、测试探针、传感器、定位挡板和气缸。传输带将测试电源传输至测试位置，传感器安装在测试台内侧，主控制器控制四个气缸运动，气缸 A 推动挡板 A 水平运动，气缸 B 推动挡板 B 水平运动，气缸 C 推动挡板 C 竖直运动，气缸 D 推动测试探针竖直运动，挡板 A 与挡板 B 呈对称位置，与挡板 C 从三个方向固定测试电源，测试结果有上位机显示。本发明设计了一种新型在线式 LED 电源测试装置，可以实现在线式大规模电源测试，并且测试探针的位置是可调的，以满足不同电源的测试。

一种新型在线式电源测试控制电路

申请（专利）号：201210513165. X　**公开日：**2014-06-11

申请人：西安上尚机电有限公司

发明人：王乐民

摘要：

本发明涉及一种新型在线式电源测试系统，主要包括主控制器、检测模块、传输模块、定位模块和测试模块。所属主控制器与检测模块、传输模块、定位模块和测试模块相连；所述检测模块采用光敏传感器检测被测试电源的位置；所述传输模块由电动机控制滚动轮运转，带动传输带工作；所述测试模块由气缸连接探针支架，为探针支架进行压接过程提供动力；所述定位装置由第一固定挡板、第二固定挡板和第三固定挡板从三个方向固定。本发明提供一种在线式电源测试系统，可以实现自动式的电源测试，大大提高了测试效率。

一种电源老化机柜

申请（专利）号：201210520639. 3　**公开日：**2014-06-11

申请人：西安中科麦特电子技术设备有限公司

发明人：张国琦　李琥

摘要：

一种电源老化机柜，包括柜机及与柜机相配置的老化柜。柜机内有市电输入模块，市电输入模块一端与老化柜的电流输入端相连接，另一端与并网逆变器连接，并网逆变器和汇流器一端相连接，汇流期另一端与老化柜的电流输出端相连接，老化柜内有 3 组并联的多级节点老化系统，多级节点老化系统内有逆变器，逆变器两端分别连接由电源与二极管串联组成的电源组。本装置采用电能回馈的方式，同时采用多级节点方式进行老化，还可对多级节点老化系统实现并联，加大老化数量，实现大量电源的集体老化，提高了效率，提升了电能利用率，同时减少了电能的损耗，达到节电、降低成本的目的。

一种 LED 照明电源节能老化装置

申请（专利）号：201210499029. X　**公开日：**2014-06-11

申请人：西安君协光电科技有限公司

发明人：李诚

摘要：

本发明公开了一种 LED 照明电源节能老化装置，包括交流电源、多个分别由交流电源进行供电且将交流电转换为直流电输出的 LED 照明电源、对多个 LED 照明电源所输出的电流进行汇合的电流汇流器和将电流汇流器汇合后的直流电转换为交流电并将转换后交流电的频率与相位均调整至与交流电源的频率与相位一致后回馈至交流电源与 LED 照明电源供电电路中的并网逆变器。交流电源与多个 LED 照明电源、电流汇流器和并网逆变器连接组成一个同时对多个 LED 照明电源进行老化试验且由交流电源进行供电的电源老化电路。本发明设计合理、接线方便、成本低，且操作简便、使用效果好、能耗低，能有效解决传统电源老化装置对电能的大量浪费问题。

一种在线式测试装置的电源传输装置

申请（专利）号：201210512990. 8　**公开日：**2014-06-11

申请人：西安上尚机电有限公司

发明人：王涵钰

摘要：

本发明公开了一种在线式测试装置的电源传输装置，包括检测装置、传输装置和定位装置。检测装置为位于测试台上的内侧安装的光敏传感器；传输装置包括传输带、带动传输带传送测试电源的滚动轮及传输带下方用来支撑传输带的支柱；定位装置包括挡板 A、挡板 B、挡板 C 及分别带动挡板 A、挡板 B、挡板 C 运动的气缸 A、气缸 B、气缸 C。采用在线式测试可以实现在线式大规模电源测试，并且在测试探针上安装有固定支架可以确保测试探针的压接过程不会发生位置偏差。用 3 个气缸带动 3 个挡板从 3 个方向上固定测试电源更稳固，在测试过程中不会发生位移。

基于电源功耗监控的数据中心管控系统

申请（专利）号：201210496551. 2　**公开日：**2014-06-11

申请人：成都勤智数码科技股份有限公司

发明人：王建军

摘要：

本发明提供了一种基于电源功耗监控的数据中心管控系统，包含有策略数据库、策略引擎、数据处理装置、设备控制装置、监控装置；策略数据库、数据处理装置。设备控制装置均与策略引擎通信连接，监控装置与数据处理装置通信连接，可实现对电源功耗的有效监控，及时、全面、准确地对能耗情况进行监控。以此为基础，进行数据中心工作情况的分析和判断，进而实施管理和控制，以促使数据中心处于更合理的运行状态。

一种基于双温源的 LED 电源老化柜温控系统

申请（专利）号：201210520880.6　**公开日**：2014-06-11

申请人：西安晶捷电子技术有限公司

发明人：白新辉

摘要：

一种基于双温源的 LED 电源老化柜温控系统，主要由加热控制系统和制冷控制系统两大部分组成。加热控制系统主要包括核心器件单片机一、加热器、高温报警器、温度传感器一及循环风机部分，制冷控制系统主要包括单片机二、压缩机、温度传感器二及除霜机。温度传感器一实时采集高温房中的温度，并将信号发送给单片机一，单片机一将接收到的信号与预设温度比较，如果低于预设范围，则发出控制信号启动加热器，如果高于预设范围则启动高温报警器进行告警提示。温度传感器二实时采集低温房中的温度，并将信号发送给单片机二，单片机二将接收到的信号与预设温度比较，如果低于预设范围，则发出控制信号启动除霜机，如果高于预设范围则发出控制信号启动压缩机。

控制 LED 电源老化柜温度的系统

申请（专利）号：201210520507.0　**公开日**：2014-06-11

申请人：西安晶捷电子技术有限公司

发明人：白新辉

摘要：

控制 LED 电源老化柜温度的系统，包括设置于老化柜内的温度传感器。温度传感器的信号输出端接温度变送器，温度变送器的输出接 PID 调节器，调节器的控制信号输出端接加热器，温度传感器检测柜体内实际温度，经过温度变送器转换为电压信号，在 PID 调节器内经过计算采集后与设定温度进行比较，并根据设定温度与实际温度的温差及温度的变化率，输出相应的控制信号量。本发明结构简单、布设方便且使用、操作简单、系统具有较好动态特性。

基于电源功耗监控的数据中心优化方法

申请（专利）号：201210496507.1　**公开日**：2014-06-11

申请人：成都勤智数码科技股份有限公司

发明人：王建军

摘要：

本发明提供了一种基于电源功耗监控的数据中心优化方法，包括如下步骤：1）设定数据中心服务器的电源和功耗的策略；2）在策略引擎的调度下，设备控制装置按照设定的策略对数据中心的运行实施控制；3）实时监控电源模块工作情况，通过数据中心服务器的主板电源接口实施监控；4）对第 3）步中所获取的数据进行分析计算；5）将第 4）步中所得分析结果反馈策略引擎，策略引擎做出判断并通过设备控制装置调整数据中心的设备运行状态。采用这种方法，对数据中心的能耗情况进行了设备级的实时监控，并对监控结果实施分析判断、实施控制，而且分析判断的策略和规则可以自由定制，可有效保障数据中心良好的运行状态。

一种电子交易一体机的新型通信电源接入器

申请（专利）号：201210513974.0　**公开日**：2014-06-11

申请人：西安晶捷电子技术有限公司

发明人：杜贵萍

摘要：

一种电子交易一体机的新型通信电源接入器，包括电源线、电缆、插头、网线、电源线出口、网线出口、转接盒、供电线、直流电源、网线插口和插座。转接盒含有两路电缆接口，供两台电子交易一体机。供电线一端经电源线出口接家用交流电源，另一端接入直流电源，经直流电源变为 36V 直流电。网线经网线出口直接接入转接盒里的转接板上的网线插口。电缆一端的插头与经转接盒底端安装在转接板的插座相接，电缆另一端为接入电子交易一体机的两根电源线和网线。本发明将 220V 家用交流电转换成 36V 直流电以供电子交易一体机，有效地避免了触电的危险，并且集成网线，使系统更加简洁、实用和方便。

一种电源总开关

申请（专利）号：201210497778.9　**公开日**：2014-06-11

申请人：中国重汽集团济南动力有限公司

发明人：张荣华　卢江丽　张研威　王婷萍　孟国龙　时运亭　张玲华　韩庆福　韩大伟　韩慧　谈政　赵杰

摘要：

一种电源总开关，包括开关钥匙和开关主体。所述开关主体包括盖子和底座；所述盖子和底座通过超声波焊固定连接；所述盖子上安装有推杆；所述推杆上固定有触板；所述开关钥匙和开关主体上带有相互配合的螺纹结构；所述螺纹结构与推杆配合实现推杆的轴向移动，实现开关主体上的开关接线柱的触头连接和分离。本发明的有益效果为体积小、结构紧凑，可安装在体积较小的电瓶箱上，开关钥匙装配在开关主体上，通过旋转开关钥匙可实现电源接通和断开，另外在电源开关断开时可将开关钥匙拆下以防止他人随意开关电源总开关。

带定时器的电源开关

申请（专利）号：201210522466.9　**公开日**：2014-06-11

申请人：枣阳市第二实验小学
发明人：潘宇瞳
摘要：

本发明提供一种带定时器的电源开关。所述电源开关是在一个可固定的座体上设置有一个定时开关，所设置的定时开关是在一个开关旋钮的四周设置有定时标示层。使用时，通过定时开关，可设置电灯的开启照明时间，既有利节能用电，又可方便睡觉休息时设定时间使用。

设置遥控开关的电源开关座

申请（专利）号：201210511834. X　公开日：2014-06-11
申请人：枣阳市第二实验小学
发明人：王沂萱
摘要：

本发明提供一种设置遥控开关的电源开关座。所述电源开关座在座体上设置有一个电源旋钮和一个遥控开关接收器。使用时，既可通过旋钮通断室内电灯，又可通过手持遥控器调控电源开关，特别适合安装在卧室墙体上使用，可方便睡觉休息时在床上能调控室内电灯。

防过热电源缆线和方法

申请（专利）号：201310088663. 9　公开日：2014-06-11
申请人：特温斯达国际股份有限公司
发明人：林源丰　伍勇　M·克罗
摘要：

一种具有缆线、插头和热敏电阻器的过热保护装置。所述缆线包括传输电功率的传输导线和传输信号的传感器导线；所述插头附连到所述缆线的一端；所述热敏电阻器可包括在所述插头中，并且连接到所述传感器导线；所述信号可以被感测装置接收和/或分析；所述感测装置可以控制开关装置切断和/或闭合电源电路；所述热敏电阻器可以检测热量水平；所述热量水平可以被作为信号通过所述传感器导线传送；所述信号可以被改变电阻水平的热敏电阻器限定为响应于被检测的热量水平的信号；所述热敏电阻器可以是NTC热敏电阻器，并且可以由热塑性塑料或者陶瓷构成。

可定时的电源插座

申请（专利）号：201210523397. 3　公开日：2014-06-11
申请人：湖北文理学院
发明人：张继冬
摘要：

本发明提供了一种可定时电源插座，特征是在插座电路中安装了定时器，事先可将工作时间设定好，在忘记断电的情况下，不会有意外发生。

设置通断开关的电源插头

申请（专利）号：201210511216. 5　公开日：2014-06-11
申请人：宜城市第三高级中学
发明人：吴家豪
摘要：

本发明提供一种设置通断开关的电源插头。所述电源插头本体上设置有一个电源通断开关。通过通断开关，可以快速方便地实现电源插头的电源通断，由此让电源插头在使用上更方便、更安全，且有利电器在使用时能起到节电作用。

设置开关按键的电火锅电源插头

申请（专利）号：201210504002. 5　公开日：2014-06-11
申请人：宜城市第三高级中学
发明人：吴家豪
摘要：

本发明提供一种设置开关按键的电火锅电源插头，可插接在电火锅锅体上使用的电源插头体上设有一个开关按键。在电火锅插接后使用电能时，可通过开关按键开启或关闭电源，由此可避免频繁插接和拔断电源的麻烦，有利更方便和安全使用电源插头。

电源线插头

申请（专利）号：201210504528. 3　公开日：2014-06-11
申请人：姚典廷
发明人：姚典廷
摘要：

本发明公开了一种电源线插头，包括接插本体、电极插片、过热保护开关及接线组件。所述过热保护开关包括定触片、感温片及高温绝缘垫。本发明结构设计巧妙、紧凑，设有过热保护开关，能有效防止火灾、安全可靠。当电流超过额定电流时，过热保护开关内的感温片受热弯曲变形向上翘升，使其上的动触头自动与定触片上的静触头相脱离，切断电路，保证插头在额定电流下安全工作，起到保护电器的作用。

一种卷线电源盘保护罩

申请（专利）号：201210503787. 4　公开日：2014-06-11
申请人：国家电网公司　河南省电力公司新乡供电公司
发明人：王国峰　杨东　李佳桐　王国庆　于卫华　张洪涛
摘要：

本发明公开了一种卷线电源盘保护罩。本发明的目的是设计一种使用方便，结构合理的卷线电源盘保护罩。本发明的技术方案是一种卷线电源盘保护罩。它包括罩体，罩体上设有出线口，在罩体顶部设有把手，在罩体上设有接地线底座。本发明结构简单、使用方便，能够有效地对卷线电源盘进行防潮。

电源防雷装置

申请（专利）号：201210555177. 9　公开日：2014-06-11
申请人：周进坤
发明人：周进坤
摘要：

本发明公开了一种电源防雷装置，包括模拟音频信号输入装置、无线接收装置、功率放大装置、多媒体播放装置、音频信号处理装置、信号共振装置及分频装置。模拟音频信号输入装置输出端与无线接收装置输入端电连接，无线接收装置输出端与功率放大装置输入端电连接，功率放大装置输出端与多媒体播放装置输入端电连接，多媒体播放装置输出端与音频信号处理装置输入端电连接，音频信号处理装置输出端与信号共振装置输入端电连接，信号共振装置输出端与分频装置输入端电连接。本电源防雷装置可进行模拟音频信号输入，电源能起到很好的防雷作用，同时可通过语音进行播放，且自身还带有发电的功能，避免遇到突然断电的情况时无法使用。

一种不间断充电电池电源

申请（专利）号： 201210498366.7 **公开日：** 2014-06-11

申请人： 西安思能网络科技有限公司

发明人： 陈鸿杰

摘要：

本发明涉及一种电源，特别是一种不间断充电电池电源，包括交流充电电源、第一充电电池和第二充电电池。交流充电电源输入端与交流电源电连接，交流充电电源正负输出端一组继电器两组开关（K1、K2）串接在第一充电电池的正负电源端，交流充电电源正负输出端另一组继电器两组开关（K3、K4）串接在第二充电电池的正负电源端；第一充电电池的正负电源端通过一继电器两组开关（K7、K8）串接在负载 RL 回路中；第二充电电池的正负电源端通过另一继电器两组开关（K5、K6）也串接在负载 RL 回路中，负载 RL 两端有电压检测电路，电压检测电路输出端与单片机的 I/O 口电连接。

一种蓄电池作中间体的新型直流电源老化电路

申请（专利）号： 201210514493.1 **公开日：** 2014-06-11

申请人： 西安晶捷电子技术有限公司

发明人： 杜贵萍

摘要：

本发明涉及一种市电与蓄电池供电的切换电路主要是由市电、AC/DC、蓄电池 1、DC/AC、直流电源、蓄电池 2、充电电路和主控制器组成。所述直流电源由蓄电池 1 经过 DC/AC 逆变后为其供电，并向蓄电池 2 供电；所述主控制器通过电压检测模块与蓄电池 1 和蓄电池 2 相连。本发明主要是大量回收了电能，并且在直流电源老化的过程中，同时还进行蓄电池的老化，并由市电互补供电，不影响其正常老化运行。

一种多功能移动电源的设计方法

申请（专利）号： 201210503684.8 **公开日：** 2014-06-11

申请人： 西安易目软件科技有限公司

发明人： 王莎莎

摘要：

本发明新型公开了一种多功能移动电源，包括本体。所述本体由电源区、香烟储存区和音箱组成，从而使其具备移动电源、香烟盒、音箱三种功能。通过移动电源中的蓄电池可以给电子终端随时充电，以备不时之需，将移动电源内置在香烟盒里，方便了存储，让吸烟的人们不必同时携带香烟盒移动电源，避免需要随身携带多种东西，简单实用、非常方便。

一种火灾报警控制器的控制电源系统

申请（专利）号： 201210501847.9 **公开日：** 2014-06-11

申请人： 西安博康中瑞船舶设备有限公司

发明人： 张浩

摘要：

本发明介绍了一种火灾报警控制器的控制电源系统。该控制电源系统由电压转换电路、输入信号电路、充电监控电路和输出电路组成。外部交流电压通过抗干扰滤波电路进行滤波，通过变压器进行降压，通过整流滤波电路将低压交流电转换为直流电经过整流稳压可以将电压供给用电设备，通过充电电路为电池进行充电，通过输出电路输出电压；通过本发明控制电源为火灾报警器提供正常工作的电压，保证系统的正常运行和火灾报警设备的供电需求。

一种可收缩电源线的手机充电器

申请（专利）号： 201210523440.6 **公开日：** 2014-06-11

申请人： 湖北文理学院

发明人： 康泽杭

摘要：

本发明提供一种收缩电源线的手机充电器，避免使用过程中反复的整理电源线，便于日常生活中使用，避免因电源线缠绕不清而影响人们收藏和使用，并防止因缠绕不当而导致电源线损坏。本发明具有简单易用的特点。

太阳能独立电源系统

申请（专利）号： 201210500524.8 **公开日：** 2014-06-11

申请人： 上海太阳能科技有限公司

发明人： 史君海

摘要：

一种太阳能独立电源系统，包括太阳电池组件、MPPT 功能 DC/DC、储能电池、DC/AC 逆变器和直流母线。太阳电池组件的输出连接 MPPT 功能 DC/DC 的输入，MPPT 功能 DC/DC 的输出通过直流母线分别与储能电池和逆变器 DC/AC 实现电气互相连接。本发明采用 MPPT 功能 DC/DC，可实时跟踪太阳电池组件的最大功率点，最大程度获取太阳能，提高太阳能的利用率。在通过 DC/AC 逆变器向负载供电时，MPPT 功能 DC/DC 能实时跟踪太阳电池组件的最大功率点，更多使用太阳能直接转换的电能，降低电池放电电量。

交流空间隔离电源

申请（专利）号： 201210498449.6 **公开日：** 2014-06-11

申请人： 西安思能网络科技有限公司

发明人：王小娜

摘要：

本发明涉及一种电源，特别是交流空间隔离电源，包括交流充电电源、第一充电电池和第二充电电池。交流充电电源输入端与交流电源电连接，交流充电电源正负输出端一组继电器两组开关（K1、K2）串接在第一充电电池的正负电源端，交流充电电源正负输出端另一组继电器两组开关（K3、K4）串接在第二充电电池的正负电源端；第一充电电池的正负电源端通过一继电器两组开关（K7、K8）串接在负载RL回路中；第二充电电池的正负电源端通过另一继电器两组开关（K5、K6）也串接在负载RL回路中，负载RL两端有电压检测电路，电压检测电路输出端与单片机的I/O口电连接。

一种节能电源

申请（专利）号：201210515442.0　**公开日：**2014-06-11

申请人：大连天翔电器制造有限公司

发明人：郑宸　陈淑娟　徐萌　李明君

摘要：

一种节能电源。主供电源连接AC/DC电源，AC/DC电源连接后级设备，备用供电源通过整流桥连接AC/DC电源输入端，整流桥输出端连接电容。本发明的节能电源，增加了备用供电源和整流桥装置，在后备设备不需大量电能供电的情况下采用备用供电源供电，从而节省大量电能，电路简单、易于实现、节能环保。

一种不间断电源装置

申请（专利）号：201210515965.5　**公开日：**2014-06-11

申请人：大连天翔电器制造有限公司

发明人：郑宸　陈淑娟　徐萌　李明君

摘要：

一种不间断电源装置。电源通过AC/DC转换模块、DC/AC逆变器、切换开关连接负载。电源还连接充电器，充电器通过电池组连接控制中心，控制中心输出端连接切换开关，控制中心还连接面板显示模块和通信模块。本发明的不间断电源装置，加入了只能控制中心和通信模块，实现了电源装置的智能化，增加了电源功能，能够适应不同设备的供电需求，电路简单、易于实现、节能环保。

电源供应模组

申请（专利）号：201210511997.8　**公开日：**2014-06-11

申请人：鸿富锦精密工业（深圳）有限公司　鸿海精密工业股份有限公司

发明人：颜建宗

摘要：

一种电源供应模组，包括第一电压转换单元与第二电压转换单元。第一电压转换单元包括第一接口与第二接口，第一电压转换单元将自第一接口接收的交流电源信号转换为第一直流电源信号，并自第二接口输出。第二电压转换单元包括第三接口与第四接口，第三接口用于与第二接口插接或拔离。当第三接口与第二接口插接时，第二电压转换单元自第一电压转换单元接收第一直流电源信号，第二电压转换单元将第一直流电源信号转换为至少一个第二直流电源信号，并自第四接口输出；当第二接口与第三接口相拔离，第一电压转换单元自第二转换单元分离。

开关电源芯片待机模式控制电路

申请（专利）号：201210520055.6　**公开日：**2014-06-11

申请人：上海华虹集成电路有限责任公司

发明人：葛佳乐

摘要：

本发明公开了一种开关电源芯片待机模式控制电路，包括，第一比较器，用于比较开关电源输出的电压反馈信号与第一基准电压的大小，根据比较结果输出高电平或者低电平；第二比较器，用于比较开关电源的误差放大器输出信号与第二基准电压的大小，根据比较结果输出高电平或者低电平；或非门，对所述第一比较器和第二比较器的输出进行或非运算；SR触发器，R端输入第一使能信号，S端输入所述或非门的运算结果信号，在第一使能信号和所述或非门的运算结果信号控制下得到第二使能信号。本发明能够降低待机模式时开关电源芯片的功耗，提高转换效率，增加电池使用时间。

电气化铁路专用单相变三相电源设备

申请（专利）号：201210511309.8　**公开日：**2014-06-11

申请人：谭协初

发明人：谭协初

摘要：

本发明涉及一种电气化铁路专用单相变三相电源设备，采用以下技术方案：在箱体内设有降压变压器，27.5kV高压电源进线采用电缆连接方式，降压变压器低压侧连接交直交转换器。本发明通过采用交直交转换器，将单相交流高压转换为三相交流低电压，能够为铁路系统的信号、照明提供更加安全稳定、可靠的电源。整体采用箱式变电站的模式设计，体积小、便于运输、安装方便、节约成本，具有较高的使用及推广价值。

中压不间断供电源

申请（专利）号：201310618823.6　**公开日：**2014-06-11

申请人：通用电气公司

发明人：V. 卡纳卡萨白　R. 奈克　S. 科隆比　S. F. S. 埃尔-巴巴里　P. 维查延

摘要：

本发明名称为“中压不间断供电源”，提出了一种中压不间断供电源系统。该系统包括耦合在第一总线与第二总线之间的第一功率变流器。再者，第二功率变流器经由第一总线和第二总线操作地耦合到第一功率变流器，第二功率变流器包括至少3个分支，至少3个分支包括多个开关单元，多个开关单元包括至少2个半导体开关和储能装置。

此外，系统包括耦合在第一总线与第二总线之间的直流链路。系统还包括能量源，该能量源经由第三功率变流器、变压器和第四功率变流器的其中一个或多个耦合到第二功率变流器、直流链路或其组合。本发明还提出了一种操作中压不间断供电源系统的方法。

一种大功率变频逆变电源及其电源柜

申请（专利）号：201310418164.1　**公开日：**2014-06-11

申请人：新乡市夏烽电器有限公司

发明人：李德印　苏子静　范家利　李大鹏　石兴华

摘要：

一种大功率变频逆变电源。整流单元将输入的三相电源整流后输出，整流单元通过滤波单元与逆变单元连接，逆变单元一输入端与逆变驱动电路输出端连接，还包括有特种电容、特种变压器、直流电压采样电路、输出电流采样电路、电源控制核心单元。电源控制核心单元一输入端与直流电压采样电路、输出电流采样电路输出端连接，直流电压采样电路输入端与整流单元输出端连接，输出电流采样电路输入端与逆变单元一输出端连接，逆变驱动电路输入端与电源控制核心单元一输出端连接，显示操作面板与电源控制核心单元信号连接，逆变单元另一输出端与特种变压器一输入端连接，逆变单元一输出端还经特种电容与特种变压器连接。

电源转换器

申请（专利）号：201310647961.7　**公开日：**2014-06-11

申请人：株式会社电装

发明人：冈村诚

摘要：

一种电源转换器具有堆叠本体（10）、电容器（3）及正母线（4a）和负母线（4b），其中堆叠本体通过堆叠多个半导体模块（2）和冷却器（11）而形成。母线（4a、4b）中的每一个分别由两片板构件（40、41）形成。板构件（40、41）具有本体部（42）、多个延伸部（43）及多个端子连接部分（44）。端子连接部分（44）连接至半导体模块（2）的电源端子（21）。每个板构件（40、41）的主本体部分（42）接合至彼此，使得板构件中的一个板构件（40）的端子连接部分（44）和板构件中的另一个板构件（41）的端子连接部分（44）在堆叠本体（10）的堆叠方向上交替地设置。

一种开关电源

申请（专利）号：201210519236.7　**公开日：**2014-06-11

申请人：大连天翔电器制造有限公司

发明人：郑宸　陈淑娟　徐萌　李明君

摘要：

一种开关电源。电源通过整流滤波电路和 PFC 校正电路简练 DC/DC 转换电路，DC/DC 转换电路输出端连接单片机，单片机通过 PWM 控制电路连接 DC/DC 转换电路输入端，单片机还连接保护电路，电源与 PWM 控制电路之间还设有辅助电源。本发明的开关电源，采用单片机进行控制，使电源输出电流更加稳定，并且加入了过电流保护电路。电源在过电流等异常情况下能够实现自身的保护、不易烧毁，延长了电源的使用寿命，能够适应不同设备的供电需求，电路简单、易于实现、节能环保。

一种电源系统

申请（专利）号：201210519251.1　**公开日：**2014-06-11

申请人：大连天翔电器制造有限公司

发明人：郑宸　陈淑娟　徐萌　李明君

摘要：

一种电源系统。工频整流模块通过感容滤波电路和全桥逆变电路连接高频交压器，高频交压器输出端连接高频整流电路，高频整流电路输出端连接电感滤波电路；全桥逆变电路输出端通过 IGBT 驱动电路和 PWM 控制电路连接电感滤波电路输出端，全桥逆变电路输出端与电感滤波电路输出端之间连接过电流保护电路。本发明的电源系统，加入了过电流保护模块和恒流控制模块，在电源在过电流等异常情况下能够实现自身的保护、不易烧毁，延长了电源的使用寿命，能够适应不同设备的供电需求，电路简单、易于实现、节能环保。

太阳能多功能数码移动电源

申请（专利）号：201210513775.X　**公开日：**2014-06-11

申请人：武汉中聚能源科技有限公司

发明人：林建　刘凯　张静

摘要：

太阳能多功能数码移动电源，包括箱体和太阳电池板。安装空腔内设有电池电源、交流充电器、逆变器和控制板。箱体的一端设有 5V 直流电源输出接口、12V 直流电源输出接口、太阳能充电接口，另一端设有交流充电接口、控制交流电输出的交流控制开关、显示系统开关机状态的交流指示灯、交流电源输出接口、5V 直流电源输出接口、12V 直流电源输出接口、逆变器的输入接口、太阳能充电接口、交流充电器的输出接口和电池电源两极均与控制板相连接。交流电源输出接口与逆变器的输出接口相连接。本发明具有电压均衡功能及剩余电量计算功能，大功率输出，全数码液晶显示，并能根据客户需要灵活选择输出电压，非常利于推广实施。

设置电源开关的热水瓶电加热器

申请（专利）号：201210520392.5　**公开日：**2014-06-11

申请人：宜城市第三高级中学

发明人：练诚院

摘要：

本发明提供一种设置电源开关的热水瓶电加热器，所述电加热器在上方的瓶口插塞上方设有一个报警灯，并设有一个控制外接电源线的电源开关。在使用电加热器放在热水瓶内烧开水时，瓶内的水加热为沸腾时，报警灯即闪亮，按下电源开关即可切断电源，有利安全使用电加热器。

集成光源的 LED 驱动电源和 LED 日光灯

申请（专利）号： 201210523562.5　**公开日：** 2014-06-11

申请人： 李文雄　赵依军

发明人： 赵依军　李文雄

摘要：

本发明涉及半导体照明技术，特别涉及集成了光源的 LED 驱动电源，包含该驱动电源的 LED 日光灯。按照本发明实施例的 LED 日光灯包括，管体；位于所述管体两端的端盖，其上设置有适配日光灯座的插脚。LED 驱动电源包括，固定在所述管体内部的条状基板；多个设置在所述条状基板上并串联耦合的 LED 单元；驱动电路模块，其被布置在所述条状基板的一端或两端并且与所述 LED 单元电气连接。

一种具有触发输入功能的电源及其工作方法

申请（专利）号： 201210546250.6　**公开日：** 2014-06-18

申请人： 北京普源精电科技有限公司

发明人： 叶群松　王悦　王铁军　李维森

摘要：

本发明实施例提供一种具有触发输入功能的电源及其工作方法。所述电源包括，至少一 I/O 口，用于接收触发信号；触发输入查询单元，用于在使能所述 I/O 口作触发输入时，根据所述触发信号监测是否满足触发条件；输出状态控制单元，用于在满足所述触发条件后，产生响应操作，以控制相应通道的输出。所述方法包括，通过至少一 I/O 口接收触发信号；在使能所述 I/O 口作触发输入时，利用一触发输入查询单元根据所述触发信号监测是否满足触发条件；在满足所述触发条件后，利用一输出状态控制单元产生响应操作，以控制相应通道的输出。本发明实施例可以在普通线性电源中实现了触发输入功能，使触发输入条件满足后仪器的响应可以改变，从而使多机同步成为可能。

一种具有分析功能的电源

申请（专利）号： 201210537366.3　**公开日：** 2014-06-18

申请人： 北京普源精电科技有限公司

发明人： 叶群松　王悦　王铁军　李维森

摘要：

本发明实施例提供一种具有分析功能的电源。所述电源包括分析装置；所述分析装置包括获取单元，用于获取电源的输出状态的历史数据；所述历史数据包括电压、电流、功率中的至少一个。分析单元用于对所述输出状态的历史数据进行分析，得到分析结果。显示单元用于对所述分析结果进行显示。本发明实施例提出了单机自分析功能的思路，可以单机为用户进行历史输出状态的分析。本发明实施例可以让用户不需要上位机即可了解某段时间内历史输出状态的各种统计特征，从而提取感兴趣的时间段内的电压、电流和功率特征。

一种具有开关延时功能的电源及其工作方法

申请（专利）号： 201210536657.0　**公开日：** 2014-06-18

申请人： 北京普源精电科技有限公司

发明人： 叶群松　王悦　王铁军　李维森

摘要：

本发明提供一种具有开关延时功能的电源及其工作方法。所述电源包括自动开关控制装置；所述自动开关控制装置包括开关状态生成单元，用于生成开关状态表；所述开关状态表包括由多个开状态和多个关状态构成的开关序列，时间序列生成单元用于根据用户设置的延时参数自动生成时间序列表；所述时间序列表包括每一开状态对应的延迟时间长度和每一关状态对应的延迟时间长度，定时单元用于周期性产生中断，输出状态控制单元用于根据所述定时单元产生的中断、所述开关状态表和所述时间序列表，切换所述电源的开关状态。该电源可自动分别精确控制开延时、关延时。

一种对车载电子设备电源的自适应控制方法及其系统

申请（专利）号： 201210534794.0　**公开日：** 2014-06-18

申请人： 厦门雅迅网络股份有限公司

发明人： 陈茹涛　刘燚华　许宁　杨锋

摘要：

本发明涉及一种对车载电子设备电源的自适应控制方法及其系统，步骤如下：1）车载电源并联输出，分别连接至降压模块进行降压，连接至电压比较器进行电压比较，连接至开关电路；电压比较器的输出控制开关电路的导通与截止。所述的电压比较器预定的参考电压高于降压模块的输出电压的最低值。2）如果车载电源输出电压高于电压比较器预定的参考电压，则电压比较器控制开关电路保持截止状态，车载电源输出电压经降压模块输出目标电压；如果车载电源输出电压低于电压比较器预定的参考电压，则电压比较器控制开关电路保持导通状态，直接输出车载电源输出电压，降压电路不工作。本发明解决了现有技术中存在的无条件对进行降压或升压的技术问题，既简单又有效。

一种带 UPS 的平板电脑

申请（专利）号： 201210543517.6　**公开日：** 2014-06-18

申请人： 深圳市鸿瀚信息技术有限公司

发明人： 黄峰

摘要：

一种带 UPS 的平板电脑。它包括外壳（1）、显示屏（2）、电池（3）。显示屏（2）固定安装在外壳（1）上，并形成一个内部空间。在其内部空间设置有电池（3），还设置有 UPS 装置（4）。它能克服现有技术的不足，通过在平板电脑内部增设 UPS 装置，在周围无法提供电源供电，电池电量又用完的情况下，仍可以通过 UPS 装置为其供电，结构简单、实用性强。

一种具有录制功能的电源

申请（专利）号：201210535968.5 **公开日：**2014-06-18

申请人：北京普源精电科技有限公司

发明人：叶群松 王悦 王铁军 李维森

摘要：

本发明实施例提供一种具有录制功能的电源。所述电源包括录制装置；所述录制装置包括输出状态采集单元，用于采集电源工作时的输出状态数据；所述输出状态数据包括电压和电流；输出状态存储单元，用于将采集的输出状态数据及其对应的时间保存在存储设备上。本发明通过在电源中内置了录制器，可以在电源的整个工作期间记录输出状态，包括输出电压、输出电流等，不需响应远程接口命令，用户无需花费时间熟悉仪器的编程手册，编辑上位机控制软件，有利于改善用户体验。

手持设备及其电源电路

申请（专利）号：201210541681.3 **公开日：**2014-06-18

申请人：鸿富锦精密工业（深圳）有限公司 鸿海精密工业股份有限公司

发明人：周海清

摘要：

一种手持设备，包括一电源电路及一背光驱动单元。所述电源电路包括一电源管理单元、一比较器、一第一电子开关、一第二电子开关及一电池。当所述第二电子开关的输出端的电压小于所述电池的电压时，所述第一电子开关导通，所述第二电子开关截止，所述电池给所述背光驱动单元供电。当所述第二电子开关的输出端的电压等于所述电池的电压时，所述第一电子开关截止，所述第二电子开关导通，所述电源管理单元给所述背光驱动单元供电。本发明手持设备能有效地避免所述电源管理单元在所述背光驱动单元产生大电流时进入欠电压保护模式，进而导致所述手持设备无法正常开机的状况发生。本发明还提供一种电源电路。

一种冗余电源供电系统

申请（专利）号：201210547888.1 **公开日：**2014-06-18

申请人：研祥智能科技股份有限公司

发明人：陈志列 陈敬毅 周仕贤

摘要：

本发明适用于供电控制领域，提供了一种冗余电源供电系统。本发明通过在冗余电源供电系统中采用第一供电模块、第二供电模块、第一冗余控制模块、第二冗余控制模块、第一升降压模块、第二升降压模块、第一开关模块及第二开关模块，既能在具备两路供电母线的情况下实现冗余供电，又能在只有一路供电母线时使所述第一供电模块与所述第二供电模块分别采用不同类型的供电电路进行冗余电源混合配置，并同样达到对工业自动化控制设备实现冗余供电控制的目的，从而解决了现有技术在支持两路供电母线以实现冗余供电的同时，无法兼容只有一路供电母线供电的情况下对工业自动化控制设备进行冗余供电的问题。

名片盒式移动电源

申请（专利）号：201210551085.3 **公开日：**2014-06-18

申请人：北京惠尔高科科技有限公司

发明人：刘觉滨 靳霞

摘要：

本发明公开了一种名片盒式移动电源，包含名片盒及内置在名片盒中的电源控制板、可充电电池和超薄手机连接片。打开名片盒的活动盖，可以取出名片盒中的名片及内置的手机连接片，将手机或外部电源适配器与名片盒式移动电源连接；还可以更换不同的手机连接片，适应不同的手机电源接口。本发明的名片盒式移动电源具有结构简单、体积小巧紧凑、可放入钱包随身携带、一物多用、兼有名片盒和移动电源的功能、使用方便、通用性好等特点。

一种具有定时器功能的电源

申请（专利）号：201210530212.1 **公开日：**2014-06-18

申请人：北京普源精电科技有限公司

发明人：石晓明 王悦 王铁军 李维森

摘要：

本发明涉及电源领域，具体涉及一种具有定时器功能的电源。其中所述电源包括，输出状态设置单元，用于由一组内置波形模板中选择一个目标波形模板，并设置与所述目标波形模板相对应的特征参数和输出时间间隔及设置编辑对象，所述编辑对象为电压或者电流；输出状态生成单元，用于根据所述特征参数、目标波形模板和编辑对象，自动生成若干组定时输出状态参数，所述定时输出状态参数包括电压和电流；输出状态控制单元，用于依据每组所述定时输出状态参数和输出时间间隔，在对应的时间输出对应的电压和电流。通过本发明实施例所提供的一种具有定时器功能的电源，用户可以方便、快速地使用，且不需去了解如何设置各种状态参数，方便用户操作。

混合型电荷泵及其操作方法、包括所述泵的电源管理IC

申请（专利）号：201310665339.9 **公开日：**2014-06-18

申请人：三星电子株式会社

发明人：尹齐亨 吴亨锡 李京真 赵翔翼

摘要：

提供了一种混合型电荷泵及其操作方法、包括所述泵的电源管理IC。一种混合型电荷泵包括，混合电路，被配置为如果输入脉冲的电平是第一电平，则在缓冲操作中对输入脉冲中存在的过冲或下冲进行缓冲；如果输入脉冲的电平是与第一电平不同的第二电平，则在充电操作中存储输入脉冲，并且在负电压产生操作中从存储的脉冲产生负电压。

一种线性电源

申请（专利）号：201210539690.9 **公开日：**2014-06-18

申请人：北京普源精电科技有限公司
发明人：李凯　王悦　王铁军　李维森
摘要：

本发明提供一种线性电源，包括市电端口、变压器、整流桥、电容、晶体管、二极管、误差放大器、采样电阻、差分放大器、第一电阻、第二电阻、第三电阻、第四电阻、第五电阻和第六电阻；还提供另一种线性电源，包括市电端口、变压器、整流桥、电容、晶体管、二极管、误差放大器、采样电阻、同相放大器、第一电阻、第二电阻、第五电阻和第六电阻。本发明以采样电阻的两端作为采样点获取电压，将获取的电压输入给差分放大器或同相放大器，由于不是以采样电阻的一端和线性电源的内部参考地作为采样点，因此可屏蔽导线电阻和端子接触电阻形成的误差电阻，准确控制通过采样电阻的电流大小，使得线性电源的输出电流更加精确。

一种输出可控的电源及其控制方法

申请（专利）号：201210530641.9　**公开日：**2014-06-18
申请人：北京普源精电科技有限公司
发明人：石晓明　王悦　王铁军　李维森
摘要：

本发明提供了一种输出可控的电源及其控制方法，通过设置电源输出控制信息，该控制信息包括电源输出终止状态信息和电源输出信息。当电源按照输出信息指定的时间终止输出时，依据所述电源输出终止状态信息输出终止状态，实现了电源输出终止状态可控，节省了人力，避免了人工误操作的可能，达到了时间和终止状态上的精确控制。

一种具有开关控制功能的电源

申请（专利）号：201210537416.8　**公开日：**2014-06-18
申请人：北京普源精电科技有限公司
发明人：叶群松　王悦　王铁军　李维森
摘要：

本发明实施例提供了一种具有开关控制功能的电源。所述电源包括自动开关控制装置。所述自动开关控制装置包括，开关状态编辑单元，用于生成由多组开关状态构成的开关序列，并根据所述开关序列获得开关状态表；时间序列生成单元，用于生成由多组延时时间构成的时间序列，并根据生成的时间序列获得时间序列表；每一组开关状态与每一组延时时间具有映射关系；输出状态控制单元，用于依据所述开关状态表和所述时间序列表中具有映射关系的每一组开关状态与延时时间，在对应的时间控制电源输出信号的开通或关断。该电源可以节约人工，避免手工操作出错，并且实现精确开延时、关延时控制。

一种具有触发输出功能的电源及其工作方法

申请（专利）号：201210545861.9　**公开日：**2014-06-18
申请人：北京普源精电科技有限公司
发明人：叶群松　王悦　王铁军　李维森
摘要：

本发明实施例提供一种具有触发输出功能的电源及其工作方法，所述电源包括输出状态控制单元，设置触发输出信号的触发条件；触发输出控制单元，在使能 I/O 口作触发输出时，判断通道的输出是否满足所述触发条件，并根据判断结果控制相应 I/O 口产生触发输出信号；至少一 I/O 口输出产生的所述触发输出信号。所述方法包括，利用一输出状态控制单元设置触发输出信号的触发条件；在使能 I/O 口作触发输出时，利用一触发输出控制单元判断通道的输出是否满足所述触发条件，并根据判断结果控制相应 I/O 口产生触发输出信号；利用至少一 I/O 口输出产生的所述触发输出信号。本发明可以在普通线性电源中实现触发输出功能，从而使多机同步成为可能。

电源电路及照明装置

申请（专利）号：201310382854.6　**公开日：**2014-06-18
申请人：东芝照明技术株式会社
发明人：加藤刚　大武宽和　北村纪之　中村洋人
摘要：

本发明提供一种能够更加可靠地检测导通角的电源电路及照明装置。根据本发明，提供一种包含电力转换部分、电流调整部分、控制部分的电源电路及具备该电源电路的照明装置。所述电力转换部分将通过电源供给路径供给的导通角控制后的交流电压转换成与负载相应的电压并供给至所述负载。所述电流调整部分具有与所述电源供给路径电连接的分支路径，能够在使所述电源供给路径中流过的电流的一部分流入所述分支路径的导通状态和不使其流入的非导通状态之间进行切换。所述控制部分检测所述交流电压的导通角，根据检测出的所述导通角控制由所述电力转换部分进行的电压转换，并且根据检测出的所述导通角控制所述电流调整部分。

电源电路以及照明装置

申请（专利）号：201310101131.4　**公开日：**2014-06-18
申请人：东芝照明技术株式会社
发明人：加藤刚　大武宽和　北村纪之　中村洋人
摘要：

本发明提供一种电源电路及照明装置。根据实施方式，提供一种电源电路，具备电力转换部分、控制部分及控制用电源部分。所述电力转换部分对经由电源供给路径而供给的经导通角控制的交流电压进行转换，并供给至负载。所述控制部分检测所述交流电压的导通角，并根据所检测的所述导通角，来控制所述电力转换部分对电压的转换。所述电源部分连接于所述电源供给路径，对所述交流电压进行转换并供给至所述控制部。

一种镇流式 LED 灯的驱动电源装置

申请（专利）号：201210591372.7　**公开日：**2014-06-18
申请人：李顺华
发明人：李顺华

摘要：

本发明公开了一种镇流器式 LED 灯的驱动电源装置，包括电容器 C。其特征在于，在开关 Ka 的两端并联电容 CTa。本发明的优点在于控制开关的两端并联电容后，使被控电容在任何时候都能与在路电容 C 的电压同相，且被控电容的连通电压低于在路电容 C 的电压，从而降低了瞬时的充电电流，有效地避免了被控电容的异常工作。

一种镇流式 LED 灯的驱动电源装置

申请（专利）号： 201310057860.4 **公开日：** 2014-06-18

申请人： 李顺华

发明人： 李顺华

摘要：

本发明公开了一种镇流器式 LED 灯的驱动电源装置。该镇流器式 LED 灯的驱动电源装置包括电感镇流器第一绕组 Lz。其特征在于，所说的电感镇流器第一绕组 Lz 的结点（2）通过开关 Ka 的公共端和常闭触头与第二绕组 Lz1 的结点（3）连接，第二绕组 Lz1 的输出端（4）同负载和开关 Ka 的常开触头连接。本发明的优点在于用切换电感镇流器抽头的方法，实现镇流式 LED 灯的驱动电源装置的宽电压工作，这种方法使电路工作时稳定可靠。

电源电路及照明装置

申请（专利）号： 201310104942.X **公开日：** 2014-06-18

申请人： 东芝照明技术株式会社

发明人： 加藤刚 中村洋人 高桥浩司 工藤启之 大武宽和 北村纪之

摘要：

本发明提供一种电源电路及照明装置，具备电力转换部分、控制部分、控制用电源部分的电源电路。所述电力转换部分对经由电源供给路径供给的导通角控制后的交流电压进行转换而向负载供给。所述控制部分检测所述交流电压的导通角，并根据检测到的所述导通角来控制所述电力转换部分的电压的转换。所述控制用电源部分具有与所述电源供给路径电连接的第一分支路径，调整向所述第一分支路径流动的电流的半导体元件，在所述半导体元件的温度为温度上限以上时限制向所述半导体元件流动的电流的感温元件，对经由所述第一分支路径输入的所述交流电压进行转换而向所述控制部供给。

直流电源装置及照明装置

申请（专利）号： 201310369956.4 **公开日：** 2014-06-18

申请人： 东芝照明技术株式会社

发明人： 寺坂博志

摘要：

本发明提供一种直流电源装置及照明装置，能够更加可靠地检测出电弧放电且能提高通用性。直流电源装置（12）具备恒定电流电路（22）、电压检测单元（23）、电流检测单元（24）及控制单元（25）。恒定电流电路（22）由外部电源供电并对 LED（14）输出恒定电流。电压检测单元（23）检测负载电压或与负载电压对应的电性量的任意一个。电流检测单元（24）检测负载电流或与负载电流对应的电性量的任意一个。控制单元（25）在电压检测单元（23）的检测值上升，且电流检测单元（24）的检测值至少不增加的情况下，降低或者停止来自恒定电流电路（22）的输出电流。

可移动小微型大功率启动电源

申请（专利）号： 201410106623.7 **公开日：** 2014-06-25

申请人： 甄华伟

发明人： 甄华伟

摘要：

本发明公开了一种可移动小微型大功率启动电源。其特点是，设置车体宽度为 1.2m、长度为 2m 以上、高度为 1.3m 以上小型电动车体 1，采用普通电动车传动工作系统，在小型电动车体 1 的后部设置一台汽柴油发电机 4，在小型电动车的车座 2 与汽柴油发电机 4 之间设置大功率启动电源 3，车座 2 下设置有 120～200A·H 的两台车载电瓶 5，大功率启动电源 3 的侧顶端设置有输入 220V、380V 的电源输入口 6，大功率启动电源 3 的侧底端设置有电源输出口 7，汽柴油发电机 4 的启动方式采用电启动或手拉启动。本发明具有操作灵活、实用效率高的优点，适应于大型车辆停车场车辆维修和满足野外作业机动设备应急需求。

移动电源充放电容量测试系统

申请（专利）号： 201410140276.X **公开日：** 2014-06-25

申请人： 天宇通讯科技（昆山）有限公司

发明人： 吴祖榆

摘要：

本发明公开了一种移动电源充放电容量测试系统，包括待测量电池组、电池电量监测芯片、MCU、测量电阻、放电单刀双掷开关、充电单刀双掷开关、充电器和放电电阻。电池电量监测芯片有用于连接待测量电池组正负极的正、负接头。该电池电量监测芯片的正、负接头之间依次串接测量电阻、充电单刀双掷开关和充电器。测量电阻同时并联于电池电量监测芯片的负接头和第三端口之间。该电池电量监测芯片又有第四端口连接 MCU，该 MCU 依次有端口连接放电单刀双掷开关和充电单刀双掷开关，放电单刀双掷开关与放电电阻串接后并联与充电单刀双掷开关和充电器串接后的两端。该移动电源充放电容量测试系统简单、操作过程方便，能实时监控电池组的电压、电流和容量。

移动电源测试系统

申请（专利）号： 201410140122.0 **公开日：** 2014-06-25

申请人： 天宇通讯科技（昆山）有限公司

发明人： 吴祖榆

摘要：

本发明公开了一种移动电源测试系统，包括扫码器、PC、转换器、单片机、电池管理模块、移动电源、直流负载器和电源供应器。扫码器连接到 PC，PC 通过转换器连接到单片机，单片机又连接到电池管理模块，电池管理模块和移动电源串接于电源供应器两端，直流负载器并联在该电源供应器两端。该测试系统通过扫码器扫描每个测试产品的条码信息，并录入系统，然后对该产品进行相应的测试，将产品编号和其对应的各项测试结果统一对应起来，大大提高了测试效率，以及排除了测试结果和产品编号的错误对应。

电源转接板、供电系统及具有该供电系统的电子装置

申请（专利）号：201210564786.0　**公开日：**2014-06-25

申请人：鸿富锦精密工业（深圳）有限公司　鸿海精密工业股份有限公司

发明人：周武　尹晓钢

摘要：

本发明涉及一种电源转接板、供电系统及具有供电系统的电子装置。电源转接板包括插槽、第一转换电路和第一电连接器。插槽内具有多个第一导电端子，用于与外部电源具有多个第二导电端子的插槽插接；第一转换电路通过第一导电端子接收从外部电源输出的第一电压与第二电压，转换第一电压为相应的第三电压，转换第二电压为相应的第四电压，并输出第一电压、第三电压与第四电压；第一电连接器包括多个第三导电端子，多个第三导电端子一端与第一转换电路连接，另一端用于与电子装置的主板可分离连接，多个第三导电端子接收从第一转换电路输出的第一电压、第三电压与第四电压，并用于输出第一电压、第三电压与第四电压至电子装置的主板，为电子装置供电。

电源转接板及具有该电源转接板的供电系统

申请（专利）号：201210561785.0　**公开日：**2014-06-25

申请人：鸿富锦精密工业（深圳）有限公司　鸿海精密工业股份有限公司

发明人：冯俊阳

摘要：

本发明涉及一种电源转接板及具有电源转接板的供电系统。供电系统用于将一电源输出的多个相同的驱动电压传输给一电子装置。电源转接板包括，至少 2 个第一电压传输端，用于与电源中用于输出驱动电压的多个电压输出端中的至少 2 个电压输出端电连接；第一接地端，用于与电源中的与地连接的第四接地端相连接；一个第二电压传输端，与至少 2 个第一电压传输端电连接，并进一步用于与电子装置的电压接收端电连接；一个第二接地端，与该第一接地端电连接，并进一步与电子装置中与地连接的第六接地端电连接。其中，电源转接板通过至少 2 个第一电压传输端分别接收从电源的至少 2 个电压输出端所输出的相同驱动电压，并通过第二电压传输端输出驱动电压给电子装置。

一种安全型检修电源箱

申请（专利）号：201210561350.6　**公开日：**2014-06-25

申请人：黄石供电公司变电运行中心

发明人：王小民　吕亮　熊国友　黄治凡

摘要：

本发明公开了一种安全型检修电源箱，具有箱体和箱门。其特征是，所述箱体一侧开有出线口，出线口的前侧和后侧装有伸出箱体的两导轨，导轨上滑动安装有一滑动门。本发明结构简单、使用方便，搭接临时电源时箱门可以关闭，不仅能够防止小动物窜入和雨水侵蚀造成短路，而且还可以避免其他施工人员误操作切断电源，搭接临时电源的电缆连接更加牢固，主要用作变电站落地式检修电源箱。

电源装置

申请（专利）号：201380003516.5　**公开日：**2014-06-25

申请人：松下电器产业株式会社

发明人：远矢正一

摘要：

电源装置（100）具备：与蓄电池包（200）连接的连接部分（40）；将经由连接部分（40）而从蓄电池包（200）输出的直流电转换为第一电力的电力转换部分；与外部电源连接的电力插头（70）；将从电力转换部分输出的第一电力，或作为经由电力插头（70）而从外部电源供给的电力的第二电力供给到外部的设备的、与外部的设备的受电部连接的供电部分（50）；对是将第一电力输出到供电部分（50）还是将第二电力输出到供电部分（50）进行切换的切换部。

冗余电源系统及其控制方法

申请（专利）号：201210562551.8　**公开日：**2014-06-25

申请人：鸿富锦精密工业（深圳）有限公司　鸿海精密工业股份有限公司

发明人：林乐　陈军民　许金华　胡明祥　黄海

摘要：

一种冗余电源系统的控制方法，包括，将输入到电池模块中的交流电经过 AC/DC 转换整流滤波后得到直流电；将所述直流电通过 DC/DC 转换变压，转换成对电子设备的输出电压；测量所述输出电压值 V，将所述电压值 V 与一个用户输入的电压值 R 相比较，在两者不相同的情况下发送一个电压调节的命令；对所述电压调节的命令进行数模转换；根据所述电压调节的命令对所述电压值 V 进行调节。本发明还提供一种冗余电源系统。本发明可以根据用户的需要控制冗余电源系统中每一个电池模块的电源负载。

一种基于 PLC 实现的变电站用电源备投装置

申请（专利）号：201410089409.5　**公开日：**2014-06-25

申请人：国家电网公司　国网甘肃省电力公司　国网甘肃省电力公司天水供电公司

发明人：王少龙　王强　漆柏林　王小举　安贵元　王佩

霞 胡云芳 程华 周泉

摘要：

本发明公开了一种基于 PLC 实现的变电站用电源备投装置，包括，可编程控制器；分别与可编程控制器连接的母线检测电路、进线电源检测电路、断路器控制电路、断路器位置信号采集电路、断路器控制中间继电器电路、断路器分合闸指示电路和备投动作复归电路；与所述断路器控制中间继电器电路连接的断路器电路。本发明所述基于 PLC 实现的变电站用电源备投装置，可以克服现有技术中故障率高、可靠性低和安全性差等缺陷，以实现故障率低、可靠性高和安全性好的优点。

具有高等级 EMC 和安规性能的电源设计电路

申请（专利）号：201210554633.8 **公开日：**2014-06-25

申请人：研祥智能科技股份有限公司

发明人：陈志列 张绪坤

摘要：

本发明适用于轨道交通行业，提供了一种具有高等级 EMC 和安规性能的电源设计电路，包括依次连接的输入单元、隔离滤波保护单元及输出单元。所述隔离滤波保护单元包括电磁抗扰保护电路、电磁干扰滤波电路及隔离电路。电磁抗扰保护电路将输入单元输出的共模干扰信号和差模干扰信号钳位并泄放，电磁干扰滤波电路将所述隔离电路的输入信号和输出信号进行共模滤波及将所述隔离电路的输入信号进行差模滤波。通过设置电磁抗扰保护电路和隔离电路将输入单元与输出单元进行隔离，并且进行 PCB 间距设计，使其满足更大的隔离绝缘电压，提高了耐压性能，同时电磁干扰滤波电路对输入单元输出的干扰信号进行滤波，使得满足电路的辐射和传导的限值要求。

开关模式电源系统和包括该系统的航空器

申请（专利）号：201310717927.2 **公开日：**2014-06-25

申请人：泰利斯公司

发明人：V·拉戈尔斯 C·托朗 F·克莱因

摘要：

一种开关模式电源系统和包括该系统的航空器。该电源系统包括，主开关单元（6），具备第一主分支（14）和第二主分支（16），每个主分支有主开关（T1、T2）；辅开关单元（10），其连接至主开关单元（6）并具备第一次级分支（20）和第二次级分支（22）及连接分支（24），每个次级有次级开关（T3、T4），连接分支（24）将辅开关单元（10）连接至主开关单元（6），连接分支（24）具备开关电感器（L1）；主开关单元（6）和辅开关单元（10）相互级联连接；辅开关单元（10）有至少两个开关电容器（C1、C2），开关电容器（C1）与次级开关（T3、T4）之一并联，开关电容器（C2）与主开关（T1、T2）之一并联。

在从另一个电源汲取电力时的来自受电设备（PD）的维持功率特征（MPS）

申请（专利）号：201310618409.5 **公开日：**2014-06-25

申请人：马克西姆综合产品公司

发明人：A·维尼亚 M·兰扎托 G·马里亚诺 G·佐乌 T·A·哈伊恩

摘要：

本发明涉及在从另一个电源汲取电力时的来自受电设备（PD）的维持功率特征（MPS）。具体而言，公开了一种用于在以太网供电（PoE）网络中将 MPS 电流从 PD 控制器吸收到整流桥中的系统。在一个或多个实施方式中，该系统包括整流桥，其被配置为电连接至以 PoE 设备，以接收来自供电设备的电力。该系统还包括受电设备控制器，其可操作地连接至整流桥，并被配置为控制供给负载的电力。负载被配置为接收来自供电设备和第二电源的电力。受电设备控制器被配置为当第二电源为负载提供电力时，利用整流桥的输入端将维持功率特征电流供应至供电设备。

一种新型无桥 LED 驱动电源

申请（专利）号：201410152719.7 **公开日：**2014-06-25

申请人：杨岳毅 杨飏 张铁竹 宋奇吼

发明人：杨岳毅 杨飏 张铁竹 宋奇吼

摘要：

本发明公开新型无桥 LED 驱动电源，包括储能电感 L、第二快恢复二极管 Do1、输出电容 Co 及依次串联的双向开关管 S、电容 Cr、电感 Lr、第一快恢复二极管 Do2、控制电路。所述储能电感 L 的一端连于双向开关管 S 和电容 Cr 之间，另一端接地；所述第二快恢复二极管 Do1 的一端连于电感 Lr、第一快恢复二极管 Do2 之间，另一端接地；所述输出电容 Co 的一端连于第一快恢复二极管 Do2 和控制电路之间，另一端接地；所述控制电路包括依次串联的比较器、PI 调节环节、PWM 发生器和驱动电路，驱动电路的另一端与双向开关管 S 的控制端连接。该驱动电源减少了电路器件数和二极管整流桥所导致的功率损耗。

带电源的电脑桌

申请（专利）号：201210570936.9 **公开日：**2014-07-02

申请人：璧山县长城幼儿园

发明人：贺开惠

摘要：

本发明提供一种新型带蓄电池的便携式电脑桌。在现有笔记本式计算机电脑桌的基础上，在电脑桌的 4 条腿上安装 4 个轮子，使得电脑桌的移动更加便利；在电脑桌桌面上贴上一层防滑薄膜，可以防止计算机随意滑动；在桌面下方安装有一块大容量的充电锂电池，可以持续给计算机供电 12 小时以上。在使用时，就不再受到电源线的限制，从而可以随意地移动电脑桌。

移动电源笔记本

申请（专利）号：201210591007.6 **公开日：**2014-07-02

申请人：北京惠尔高科科技有限公司

发明人：刘觉滨 靳霞

摘要：

本发明公开了一种移动电源笔记本，包含封皮、移动电源、片状连接器、书写页、书写笔、太阳能充电组件、电源适配器组件等，是一种多功能的实用办公用品。本发明可作为笔记本使用书写记事的同时，又是一台内置多种片状连接器的全功能移动电源，可以在外出时随时给缺电的手机和移动数码产品充电。内置的片状连接器免去移动电源用户要携带传统外置手机连接器的麻烦。本发明还可以使用太阳能及市电给移动电源补充电量。本发明的移动电源笔记本具有结构简单、携带方便、一物多用、通用性好等特点。

一种微小型应急电源车载升降平台

申请（专利）号：201410091216.3　**公开日：**2014-07-02

申请人：甄华伟

发明人：甄华伟

摘要：

一种微小型应急电源车载升降平台，解决了大型、有重量的货物上下装卸的问题。其特点是设置一台宽50~100cm、长150~200cm、高120cm的微小型机动应急电源车体（1）。其特征在于，在微小型机动应急电源车体（1）车门口的底架板上设置有升降平台底座（5），升降平台底座（5）的上平面设置有凹槽（4），凹槽（4）的中部垂直设置一根升降支撑杠（3），在升降支撑杠（3）的另一端头设置有支撑环（2），在支撑环（2）的顶端设置一个平台座（8），在平台座（8）上设置有平台面（6），在平台面（6）与平台座（8）之间设置一块滑动板（7）。本发明具有节省人力物力、减轻劳动强度的优点，适应于车辆设备、物资装卸应用。

电源测试电路

申请（专利）号：201210589439.3　**公开日：**2014-07-02

申请人：鸿富锦精密工业（深圳）有限公司　鸿海精密工业股份有限公司

发明人：周海清

摘要：

一种电源测试电路，用于测试一电源供应器。该电源测试电路包括接口、第一电阻、开关及第一发光二极管。该接口用于插接至电源供应器的输出连接器，该接口中对应于电源供应器的输出连接器中用于接收开机信号的引脚通过该开关接地，该接口中对应于电源供应器的输出连接器中用于输出第一电源信号的引脚通过该第一电阻与该第一发光二极管的阳极相连，该发光二极管的阴极接地；当电源供应器正常输出第一电源信号时，该第一发光二极管发光。本发明电源测试电路可提高电源供应器的测试效率。

三相电源异常侦测装置

申请（专利）号：201210582613.1　**公开日：**2014-07-02

申请人：赐福科技股份有限公司

发明人：李建玄

摘要：

一种三相电源异常侦测装置，用于侦测三相电源的3个相电压输出端所输出的电压是否异常。其中，该三相电源异常侦测装置包括处理单元、报警电路及两个电压侦测电路。其中一个电压侦测电路与三相电源的两相电压输出端连接，另一个电压侦测电路与另一相电压输出端及另两相电压输出端中的一个连接。每一电压侦测电路在侦测所连接的三相电源的两相电压输出端输出的电压幅值不相等时，产生一触发信号。该处理单元在接收到任一电压侦测电路产生的触发信号时，控制该报警电路产生报警。本发明的三相电源异常侦测装置，通过硬件即可侦测三相电源的各相电源输出端所输出的电压是否异常。

高电压电源、其输出电压调整方法和图像形成设备

申请（专利）号：201310722768.5　**公开日：**2014-07-02

申请人：三星电子株式会社

发明人：金润泰

摘要：

本发明提供了一种无需输出电压调整的高压电源（HVPS）、调整HVPS的输出电压的方法和使用该方法的图像形成设备。该图像形成设备包括，高电压输出单元，输出HVPS生成的高电压；标签，存储偏移电压信息，并且被贴附到HVPS；高电压输出控制单元，读取贴附到HVPS的标签以提取偏移电压信息，并通过使用偏移电压信息对高电压输出控制信号进行校正以改变高电压输出单元输出的高电压。因此，不需要调整作为单个组件的HVPS的输出电压的处理。本发明使HVPS的制造成本降低，并且使精密地调整HVPS的输出电压的处理简化。

服务器机柜及其风扇电源连接方法

申请（专利）号：201210573799.4　**公开日：**2014-07-02

申请人：鸿富锦精密工业（深圳）有限公司　鸿海精密工业股份有限公司

发明人：施志忠

摘要：

本发明提供一种服务器机柜。该服务器机柜包括一机架、多层风扇组及两电源。该机架内放置多层服务器。每组风扇包括并排设置于机架背部的两台风扇，每组风扇的一台风扇电连接至其中一电源，另一台风扇电连接至另外一电源。本发明还提供一种应用于服务器机柜的风扇电源连接方法。本发明的服务器机柜提供两个电源给共用风扇组的不同风扇供电，使得其中一电源出现故障时，有效地避免风扇组内两个风扇同时停止转动造成服务器的散热困难甚至不会影响服务器的散热。

电源时序电路

申请（专利）号：201210588576.5　**公开日：**2014-07-02

申请人：鸿富锦精密工业（深圳）有限公司　鸿海精密工业股份有限公司

发明人：周海清

摘要：

一种电源时序电路，包括第一至第三比较器、第一至第五电阻、一电容及一电子开关。该电子开关的第一端用于接收一开机信号。该电子开关的第三端用于输出一电源好信号。该电源时序电路在上电时所有电源都正常输出时访，以控制开机信号输出后一段时间方输出高电平的电源好信号。本发明时序电路可较好地满足了计算机电源与计算机主机之间的时序问题。

电源电路

申请（专利）号：201210588807.2 **公开日：**2014-07-02

申请人：鸿富锦精密工业（深圳）有限公司 鸿海精密工业股份有限公司

发明人：周海清

摘要：

一种电源电路，用于为一电子元件供电。所述电源电路包括一电压转换单元、一过电压保护单元及一电源供应器。所述电压转换单元用于将所述电源供应器提供的第一电压转换成所述电子元件的工作电压，并将转换后的电压从所述电压转换单元的输出端输出。所述过电压保护单元用于在所述电压转换单元的输出端输出的电压大于所述电子元件的工作电压时，控制所述电源供应器停止电压输出。本发明电源电路能有效地避免了因输入电压过高而导致所述电子元件受损的状况发生。

电源时序电路

申请（专利）号：201210588135.5 **公开日：**2014-07-02

申请人：鸿富锦精密工业（深圳）有限公司 鸿海精密工业股份有限公司

发明人：周海清

摘要：

一种电源时序电路包括第一至第五电子开关、第一至第九电阻及一电容。该第五电子开关的第一端用于接收一开机信号，该第四电子开关的第三端用于输出一电源好信号。该电源时序电路在上电时所有电源都正常输出时控制第四电子开关导通，第五电子开关截止，以控制开机信号输出后一段时间方输出高电平的电源好信号。本发明时序电路可较好地满足了计算机电源与计算机主机之间的时序问题。

电源电路

申请（专利）号：201210573279.3 **公开日：**2014-07-02

申请人：鸿富锦精密工业（深圳）有限公司 鸿海精密工业股份有限公司

发明人：周海清

摘要：

一种电源电路，用于为一电子元件供电。所述电源电路包括一电压转换单元及一电压钳位单元。所述电压转换单元将一电源的电压转换成所述电子元件的工作电压，并将转换后的电压从所述电压转换单元的输出端输出。所述电压钳位单元在所述电压转换单元的输出端输出的电压大于所述电子元件的工作电压时，将所述电压转换单元的输出端输出的电压钳位为所述电子元件的工作电压。本发明电源电路能有效地避免了因输入电压过高而导致所述电子元件受损的状况发生。

电源时序电路

申请（专利）号：201210570925.0 **公开日：**2014-07-02

申请人：鸿富锦精密工业（深圳）有限公司 鸿海精密工业股份有限公司

发明人：周海清

摘要：

一种电源时序电路包括第一至第十电阻、一第一电子开关、一第二电子开关、第一至第四二极管及一电容。该第一电子开关的第一端用于接收一开机信号，该第二电子开关的第三端用于输出一电源好信号。该电源时序电路在上电时所有电源都正常输出时控制第一电子开关导通，第二电子开关截止，以控制开机信号输出后一段时间方输出高电平的电源好信号。本发明时序电路可较好地满足了计算机电源与计算机主机之间的时序问题。

一种新型的服务器电源节能供电设计方法

申请（专利）号：201410106105.5 **公开日：**2014-07-02

申请人：浪潮电子信息产业股份有限公司

发明人：高鹏飞 滕学军 肖波 谷俊杰

摘要：

本发明公开了一种新型的服务器电源节能供电设计方法。服务器供电输入模式为分别为 AC 和 AC 或者 AC 和 DC 或者 DC 和 DC 3 种情况。其特征在于，使用定制的通用版电源 Firmware 功能程序，开启电源的 Firmware PMBUS 功能程序，在服务器操作系统下，输入 PMbus 输入指令，自动开启电源的输入 3 种电压模式后，使用定制的通用版电源 Firmware 功能程序通过服务器 BMC 指令，使电源模块根据需要进入 active + standby 一个模块的待机功能。采用本发明方法，可以提高数据中心供电可靠性，同时也已提高能源利用率和电源工作效率，绿色节能，改变了使用传统供电模式效率低下、能源浪费的现状。

一种遥控调光调色电源的遥控器

申请（专利）号：201410079354.X **公开日：**2014-07-02

申请人：安徽天众电子科技有限公司

发明人：徐培旭

摘要：

本发明涉及一种遥控器，具体涉及一种遥控调光调色电源的遥控器，包括壳体、电路板和红外线发射器。壳体上设有按钮，壳体上的按钮与电路板对应。红外线发射器与电路板连接。所述电路板包括亮度调节模块、开关模块、颜色定色模块、颜色渐变模块、颜色跳变模块。本发明的产品通过控制灯具电路上的红外线接收器，将接收到的指令通过自行编写程序的 IC 控制 LED 光源的颜色，遥控器直接与灯座上的控制器配对，通过遥控器进行颜色的选择配合，实现颜色的多彩化；同时可以对灯具的开关、亮度和颜色进行多维度调节，方便了人们对于灯具的开关与调节；遥控器采用红外遥控，避免了与现有电视、空调等遥控器的相互干扰，使控制较为精确。

三相电源供电控制装置

申请（专利）号： 201210589364.9　**公开日：** 2014-07-02

申请人： 鸿富锦精密工业（深圳）有限公司　鸿海精密工业股份有限公司

发明人： 冯文考

摘要：

一种三相电源供电控制装置，包括第一断路器、三相监视器和供电控制器。所述第一断路器的输入端与一个三相电源连接，输出端与一个负载设备连接。所述三相监视器与所述三相电源连接，用于监测到所述三相电源提供的三相交流电存在异常时向所述供电控制器发送警告信号。所述供电控制器用于接收到所述警告信号后使所述第一断路器断开。本发明三相电源供电控制装置，可以提供更高安全性能的三相交流电。

用于不间断电源中的公共冗余旁路馈送路径的系统

申请（专利）号： 201310741417.9　**公开日：** 2014-07-02

申请人： 通用电气公司

发明人： S. 科隆比　L. 朱恩蒂尼

摘要：

本发明公开一种不间断电源（UPS）系统。所述 UPS 系统包括一条逆变器馈送路径和多条旁路馈送路径。所述多条旁路馈送路径经配置连接到 AC 电压源上，以使每条旁路馈送路径包括开关。所述开关配置用于在闭合时将所述 AC 电压源连接到负载上。每条旁路馈送路径中的开关可适用于传导与所述逆变器馈送路径的输出对应的电流。每条旁路馈送路径可彼此和与所述逆变器馈送路径并联连接。所述 UPS 系统还可包括连接到所述逆变器馈送路径中的相应逆变器和相应整流器上的至少一个控制器及多个控制器。每个控制器可连接到相应开关上，以使所述至少一个控制器和所述多个控制器通过至少两条通信总线彼此通信。

一种适用于多节电池组合通用型电源管理均衡器及其工作方法

申请（专利）号： 201310755996.2　**公开日：** 2014-07-02

申请人： 毛勇彪

发明人： 毛勇彪

摘要：

本发明公开了一种适用于多种电池组合通用型电源管理均衡器及其工作方法，主要由工作电源输出模块、充电模块、电池、功率/功能切换模块、防反充电路模块、电源模块、欠电压基准值模块、CPU、工作电压采样模块、驱动模块及欠电压指示报警模块组成。该发明的产品将单节电池串联组合加欠电压保护输出供电；电池按分组并联充电工作，且设置有功率/功能切换模块、防反充电路模块、欠电压基准值、驱动模块及欠电压指示报警模块。这些让产品具有安全性高、使用成本低、稳定性好，且使用寿命长的优点。

一种光伏分布式电源的微电网控制装置

申请（专利）号： 201410123079.7　**公开日：** 2014-07-02

申请人： 青岛创铭新能源有限公司

发明人： 王忠峰　桑瑞芳

摘要：

本发明公开了一种光伏分布式电源的微电网控制装置。它由储能装置控制模块、最大功率点跟踪控制模块、功率测量模块、参数预置模块、PID 运算、PWM 调制模块、电路、壳体构成。壳体内设置了储能装置控制模块、最大功率点跟踪控制模块、功率测量模块、参数预置模块、PID 运算、PWM 调制模块、电路。该装置能够实现电网与储能装置之间的能量双向流动，以及孤岛与并网工作模式之间的自动平滑切换，以保证更高的供电质量和提高更大的供电效率。

不间断供电电源装置

申请（专利）号： 201310733002.7　**公开日：** 2014-07-02

申请人： FDK 株式会社

发明人： 椛泽孝　坂本仁一

摘要：

本发明的不间断供电电源装置包括电池、对电池的电力进行转换的功率转换电路、电压控制电路。该电压控制电路在未从外部电源装置输出停电检测信号的状态下，使功率转换电路的输出电压维持在低于额定电压的待机电压；在从外部电源装置输出停电检测信号的状态下，对功率转换电路进行控制，以使功率转换电路的输出电压达到额定电压。

一种低功耗产生与电源恒定压差的电压源电路

申请（专利）号： 201410076790.1　**公开日：** 2014-07-02

申请人： 东莞博用电子科技有限公司

发明人： 梁思文　刘成军　黄杰忠　唐飞球

摘要：

本发明公开了一种低功耗产生与电源恒定压差的电压源电路，包括齐纳二极管、电容、PMOS 管、恒流源。齐纳二极管的阴极、电容的一端均与电源电压输入端连接；电容的另一端与 PMOS 管的漏极连接，且电容的另一端为电压输出端；齐纳二极管的阳极、PMOS 管的栅极均与恒流源的输入端连接，PMOS 管的源极、恒流源的输出端均与公共接地端连接。其中，本发明只需要齐纳二极管、电容、PMOS 管、恒流源等几个简单的电子元器件构成的电压源电路，即可形成产生与电源恒定压差的电压源，使输出电压与电源电压保持压差恒定。本发明电路结构简单，而且电路功耗较低。

一种新型宽范围电源的设计方法

申请（专利）号： 201410106106. X **公开日：** 2014-07-02

申请人： 浪潮电子信息产业股份有限公司

发明人： 高鹏飞 滕学军 肖波 谷俊杰

摘要：

本发明公开了一种新型宽范围电源的设计方法，所属设计方法包括五个模块：整流模块、继电器模块、迟滞比较器模块、升压模块、反激模块。其中，输入电压经过整流模块、继电器 1、升压模块、继电器 2、反激模块到达负载，迟滞比较器模块与整流模块并联并控制继电器 1 和继电器 2 工作。当输入电压比高时，输入电压直接经过整流桥作为反激电路的输入电压，2 个继电器都工作在常闭状态，中间的升压电路不工作；当输入电压比较低时，通过迟滞比较器的判断，控制 2 个继电器吸合，2 个开关都打到常开状态，输入电压经过整流后变成 V1，再经过升压电路提高电压得到 V2，然后作为反激电路的输入电压。电源的交流输入电压范围可以达到 25 ~ 265V；同时承受 150 ~ 400V 直流电压输入范围的电源。

电源装置及其缺 N 线保护电路

申请（专利）号： 201410099558. X **公开日：** 2014-07-02

申请人： 许继电气股份有限公司 许继电源有限公司

发明人： 陈志雄 丁振伟 王瑞冬 魏众

摘要：

本发明涉及一种电源装置及其缺 N 线保护电路。所以本发明提供的缺 N 线保护电路是基于一个直流母线电压检测电路，在检测到直流母线电压上升超过一定限值时，发出信号，将信号同时送到 3 个子模块，关闭 3 个子模块，从而避免缺 N 线故障导致的换流问题产生。对于整个电源装置来说，为每个子模块均装配上升缺 N 线保护电路。当缺 N 线故障发生时，每个子模块的保护电路均能够将信号发到本身子模块及其他子模块，从而实现对整个电源装置的保护。

一种电源及其充供电方法

申请（专利）号： 201210569967. 2 **公开日：** 2014-07-02

申请人： 周春大

发明人： 周春大

摘要：

本发明涉及一种电源及其充供电方法。其中，电源包括控制模块、电源输出模块、选通网络和复数电极。方法包括将放置用电设备或可充电电池与平面或凹面复数电极对接，控制选通网络内部连通电源输出和用电设备或可充电电池，对所述用电设备供电或充电或者对可充电电池充电。这种电源及其充供电方法，充分利用了用户的使用习惯，在用电设备闲置时即可充电，操作简单且无辐射，同时适合于各种设备。

一种直流模拟电源

申请（专利）号： 201410153076. 8 **公开日：** 2014-07-02

申请人： 姜炳芳

发明人： 姜炳芳

摘要：

本发明涉及光伏发电技术领域，尤其涉及具备光伏组件特性的直流模拟电源技术领域，解决了现有直流模拟电源电路复杂、功率等级低的问题，从简单的电路结构出发，实现对光伏组件特性的曲线模拟，应用于光伏变流器的性能测试。本直流模拟电源由主电路和控制系统两部分组成，主电路采用 PWM 整流器拓扑，实现将交流电能转换为直流电能的功能；控制系统由模拟量信号处理模块、数字量信号处理模块、数据通信接口、电源模块及含核心处理芯片的算法处理模块组成，参照光伏组件曲线特性对直流模拟电源输出进行控制，确保直流模拟电源输出的直流电压和直流电流拟合光伏组件特性曲线。

电源准备好信号产生电路

申请（专利）号： 201210577482. 8 **公开日：** 2014-07-02

申请人： 鸿富锦精密工业（深圳）有限公司 鸿海精密工业股份有限公司

发明人： 周海清

摘要：

一种电源准备好信号产生电路，包括第一及第二电阻、比较器、第一及第二电子开关。一电源依次通过所述第一及第二电阻接地。所述比较器的同相输入端与电源输出电路相连，反相输入端与第一及第二电阻之间的节点相连。所述第一电子开关的控制端与比较器的输出端相连，第一端通过第三电阻与电源相连，第二端接地。所述第二电子开关的控制端与第一电子开关的第一端相连，所述第二电子开关的第一端通过第四电阻与电源相连，还用于输出电源准备好信号，第二端接地。上述电源准备好信号产生电路可再电源输出电路准备好时输出高电平的电源准备好信号。

带有电源管理的听力器件和相关联的方法

申请（专利）号： 201310726392. 5 **公开日：** 2014-07-02

申请人： GN 瑞声达 A/S

发明人： 彼得 · 西格姆费尔特 尼古拉斯 · 保罗 · 贝尔德塞尔

摘要：

本发明涉及带有电源管理的听力器件和相关联的方法。该听力器件包括，外壳；第一天线；第一无线通信单元，该第一无线通信单元耦合到该第一天线并且被配置为经由该第一天线接收和/或发送第一数据；近场通信标签，该近场通信标签包括第二天线并且被配置为经由该第二天线接收和/或发送第二数据；处理单元，该处理单元耦合到该第一无线通信单元和该近场通信标签。该听力器件被配置为检测该近场通信标签的第一激活，并且一旦检测到该第一激活就激活该第一无线通信单元。

电火花加工用电源装置

申请（专利）号：201410007208.6　**公开日：**2014-07-09
申请人：发那科株式会社
发明人：村井正生　古田友之
摘要：

一种电火花加工用电源装置。其中，基于加工间隙是否为打开状态的判别结果、加工时的加工间隙电压的平均值及以相同极性连续的打开状态的连续次数确定要施加的电压的极性。由此，不一定需要将要施加的电压从正到负、从负到正大幅度变动，能够削减加工电源需要的输出能量。

计算机电源的电压测试装置及方法

申请（专利）号：201310002145.0　**公开日：**2014-07-09
申请人：鸿富锦精密工业（深圳）有限公司　鸿海精密工业股份有限公司
发明人：胡浩
摘要：

本发明提供一种计算机电源的电压测试装置及方法。一种计算机电源的电压测试方法，应用于一计算机电源的电压测试装置中，包括如下步骤：计算机设置示波器所需的初始设置参数；计算机接收所述示波器发送的初始测试参数，并根据所述初始测试参数发送一当前电压偏移值及一当前电压波动范围值给示波器；示波器获取计算机电源在一段时间内的电压值，并将根据所获取的电压值生成一电压波形，以及将所述电压波形及所述电压波形对应的波形电压值发送给计算机；及计算机显示所述电压波形及所述波形电压值。

半导体装置、电子设备及电源控制方法

申请（专利）号：201310734029.8　**公开日：**2014-07-09
申请人：拉碧斯半导体株式会社
发明人：齐藤孝之
摘要：

本发明提供一种减少安装了GPS装置的电子设备的消耗电力的半导体装置、电子设备及电源控制方法。电子设备（10）具备传感控制微型计算机（12）、GPS（14）及气压传感器（16）。在传感控制微型计算机（12）中，解析从气压传感器（16）获取到的气压值的恒定期间的波形，并基于预先决定的阈值（基准值）判断是否是隧道内。传感控制微型计算机（12）在判断为是隧道内的情况下断开GPS（14）的电源，在之后判断出已从隧道出来的情况下接通GPS（14）的电源的控制。由于在GPS信号不到达的隧道内断开GPS（14）的电源，所以能够减少GPS（14）的消耗电流，从而抑制消耗电力。

电源控制装置

申请（专利）号：201310000287.3　**公开日：**2014-07-09
申请人：鸿富锦精密工业（深圳）有限公司　鸿海精密工业股份有限公司
发明人：李佳
摘要：

本发明涉及一种电源控制装置。该电源控制装置与一路由器电性连接。该路由器与至少一台计算机连接。该路由器通过该电源控制装置与一电源连接。该电源用于对该路由器供电。该电源控制装置用于侦测该至少一台计算机是否都已关机，当侦测到该至少一台计算机都关机时，切断该路由器与该电源的连接，停止给该路由器供电。

柔性钛基染料敏化太阳电池模块、制作方法和电源

申请（专利）号：201210577014.0　**公开日：**2014-07-09
申请人：凯惠科技发展（上海）有限公司
发明人：黄福新　朱文峰　傅克洪
摘要：

本发明公开了一种柔性钛基染料敏化太阳电池模块、制作方法和电源。该电池模块包括钛基底层、对电极层、第一导电指层、第二导电指层、第一保护层、第二保护层、阻隔层、一光阳极层、电解质。本发明的柔性钛基染料敏化太阳电池模块，在大面积电池上的效率为其在同等条件下的小面积电池的效率的85%。本发明的制作方法能有效地降低大面积电池的面电阻，电池光电转换效率高；电池不会短路，电解质封装后不会泄露；自然放置500小时以上，光电转换效率没有下降，性能稳定性好。其制作工艺简单，设备要求和制作成本低，不仅适合用于实验室制备，也适合用于工业化大量生产。

卡车点火开关的无线束电源转换器

申请（专利）号：201410127675.2　**公开日：**2014-07-09
申请人：江苏凯灵汽车电器有限公司
发明人：徐俊霞　蔡文亮　章瑜　李德民　沈伟
摘要：

一种卡车点火开关的无线束电源转换器，包括连接座、外接插接头、电极铆钉和平面电路板嵌件。各电极铆钉通常平面电路板嵌件与对应电连接插片相通连，连接座和外接插接头通过一体化注塑方式固定连接成一体。这样就不需要电流信号线束，节约了大量的铜质导线，能从结构上杜绝了人为因素导致电极铆钉和电连接插片误连接的缺陷，极大地简化制作工艺，生产效率高；产品的生产工时只有现有技术的1/20，产品的质量稳定可靠，能大幅度降低生产成本；连接座和外接保护套的材料为增强尼龙，材料硬且有韧性，保证了该无线束电源转换器的强度，不易断裂。

电源系统及从输入节点向输出节点供电的方法

申请（专利）号：201410005070.6　**公开日：**2014-07-09
申请人：凌力尔特公司
发明人：赛缪尔·H·诺克
摘要：

本发明公开了电源系统及从输入节点向输出节点供电的方法。所述电源系统包括调节器电路。所述调节器电路响应于在输入节点处的输入信号，以在输出节点处产生在期望电平的输出信号。所述调节器电路具有控制器、电感元件及与所述电感元件耦接并且由所述控制器控制的第一

开关，以产生所述输出信号。而且，所述电源系统还包括库仑计，其产生与从所述输入节点传递到所述输出节点的库仑量成正比的库仑计数信号。所述库仑计通过表示预定时间周期的启用信号启用，以便确定在该预定时间周期期间从所述输入节点传递到所述输出节点的库仑量。

一种基于网络的井下隔爆电源监控系统及其方法

申请（专利）号：201410157859.3　公开日：2014-07-16

申请人：徐州工程学院

发明人：蔺超文　汪菊　侯立兵　唐翔　高明侠　宓国栋

摘要：

本发明公开了一种基于网络的井下隔爆电源监控方法及其系统，包括多个智能隔爆电源节点、多个分布式普通电源、多个电源参数采集器、多个带中继功能的管理节点、多个无线管理节点、多个 CAN 管理节点、多个通信网关、多个矿用光纤环网交换机、矿用以太网交换机、地面监控计算机、UPS。各设备间可通过以太网、CAN 总线和 ZigBee 无线通信灵活的组成三级分布式网络，实时监控井下电源的运行状态，更好地保障井下设备的供电安全，降低安全事故的发生。

双电源转换开关

申请（专利）号：201310009118.6　公开日：2014-07-16

申请人：江苏永迅电气有限公司

发明人：尹赞杰

摘要：

本发明涉及一种双电源转换开关，包括开关主体。所述的开关主体下部固定连接一对输出端接线牌，所述的一对输出端接线牌下表面固定连接一辅助连接牌，所述的辅助连接牌截面呈 L 形。本发明结构简单、接线方便、工作可靠，直接将负载电缆线接到开关上，使得本开关的输出端在出厂时就连接起来，省材料的同时也方便了用户的安装，不需要再使用电缆线短接。

定时电源插排及其定时控制方法

申请（专利）号：201410117098.9　公开日：2014-07-16

申请人：程维成

发明人：程维成

摘要：

一种定时电源插排及其定时控制方法，涉及电工产品技术领域，所解决的是现有插排操作不便的技术问题。该插排包括主电源线、插排底座，以及安装在插排底座上的多个电气插座。各个电气插座各经一插座开关接到主电源线，插排底座内置有用于控制各插座开关通断的定时器，插排底座上置有分别连接定时器的键盘及显示屏，定时器的各个通断信号输出端分别接到各个插座开关的控制端。所述插排底座上置有至少一个快捷按键，定时器具有至少一个快捷信号输入端，插排底座上的各快捷按键分别接到定时器的各个快捷信号输入端。本发明提供的插排，特别适用于需要定时开、关的电器使用。

PC 级永磁式双电源转换开关

申请（专利）号：201310009119.0　公开日：2014-07-16

申请人：江苏永迅电气有限公司

发明人：尹赞杰

摘要：

本发明涉及一种 PC 级永磁式双电源转换开关。所述的开关包括安装支架和推杆，所述的安装支架上设有永磁电动机，所述的开关内还设有齿轮一，所述的齿轮一固定设置在永磁电动机的输出轴上，所述的安装支架上还设有齿轮二，所述的齿轮一与齿轮二相互啮合，所述的齿轮二上连接一连接臂，所述的连接臂与推杆相铰接。本发明结构简单、故障率低、噪声小、生产成本低，本开关采用永磁电动机，并利用两个尼龙齿轮进行传动，因此噪声低、运转电流小、对元器件冲击小、稳定性好。同时，由于永磁电动机温升慢、耗电量极低等，并且取消了变速箱，因此使得整个双电源切换开关的故障点大为减少，工作可靠性显著提高。

电源切换电路及人工心脏系统

申请（专利）号：201380003676.X　公开日：2014-07-16

申请人：株式会社太阳医疗技术研究所

发明人：篠原一人

摘要：

本发明提供一种电源切换电路（100），是用于切换至少一方是蓄电池电源的第 1 电源及第 2 电源并连接于负荷的电源切换电路。其包括，第 1 电源连接部及第 2 电源连接部分，构成为可连接第 1 电源及第 2 电源；负荷连接部分，构成为可连接负荷；第 1 开关部分及第 2 开关部分，设置在各电源连接部分和负荷连接部分之间；切换控制部分，进行各开关部分的开关控制。各开关部分具有沿同一方向串联连接的多个 FET，使体二极管的负极侧为负荷连接侧，其件数是各 FET 的体二极管的正向下降电压的总和超过蓄电池电源的满电电压与放电电压之差的件数。本发明的电源切换电路以高可靠性实现电源的切换。

用于变频驱动装置的热备电源

申请（专利）号：201410011560.7　公开日：2014-07-16

申请人：西门子公司

发明人：J. T. 豪根　H. F. 奥马

摘要：

本发明涉及用于变频驱动装置的热备电源，提供了一种用于浮船的变频驱动装置的热备电源。所述变频驱动装置能够给所述浮船的电动机供电。所述热备电源具有用于从所述浮船的主电源接收电力的电力输入端。它进一步具有配置成以第一电平将电力供应给所述变频驱动装置的转换器电力输入端的第一电连接和配置成以第二电平将电力供应给所述变频驱动装置的控制电力输入端的第二电连接。所述第一电平高于所述第二电平。变压器被进一步提供用于将接收到的电力变换为所述第一电平或者变换为所述第二电平。

用于直流电源的耗能设备

申请（专利）号：201310684091.0 **公开日：**2014-07-16

申请人：安捷伦科技有限公司

发明人：P. 萨法 M. J. 贝尼斯 M. 武洛维克

摘要：

一种耗能设备被配置成与电源连接和响应电源设置或工作特性的变化耗散来自直流（DC）干线的过剩能量。该耗能设备与DC干线连接，该DC干线将AC/DC转换器生成的电流传导到至少一个DC/DC转换器。当DC/DC转换器的电力需求降低时，DC/DC转换器在DC干线上生成补充浪涌电流。干线电流监视器监视DC干线上的电流电平，并生成指示至少一个DC/DC转换器生成的补充浪涌电流电平的DC干线电力信号。该补充浪涌电流用于控制跨接在DC干线上的耗散元件，以便调节跨过DC干线的电流吸收路径来耗散来自DC干线的过剩能量。

LED 电源、LED 灯具及 LED 驱动设备

申请（专利）号：201410178444.4 **公开日：**2014-07-16

申请人：杭州维勘科技有限公司 姚海波

发明人：汪凯巍 吴季倍 姚海波

摘要：

本发明提供一种LED电源。所述LED电源包括用于给LED灯珠供应直流电的交直流转换设备及多通道输出设备；所述多通道输出设备具有两个以上直流输出端口，用于与两组以上LED灯珠电连接；所述多通道输出设备被配置成可选择地从其中一个或者多个直流输出端口输出直流电流以点亮一组或者多组LED灯珠。

一种基于无线电源技术的摄像头识别的智能车

申请（专利）号：201410121901.6 **公开日：**2014-07-23

申请人：高芬

发明人：高芬

摘要：

本发明公开了一种基于无线电源技术的摄像头识别的智能车，包括电源部分、信息获取部分、信息处理部分、控制部分和输入输出部分。信息处理部分为MC9S12XS128单片机；信息获取部分包括摄像头和车速检测器；控制部分包括舵机控制器、转向器、电极驱动器和直流电动机；输入输出部分包括用以显示的显示屏及用以输入命令的输入设备；电源部分包括无线连接的无线电源发生器和无线电源接收器，电源部分为信息获取部分、信息处理部分、控制部分和输入输出部分供电。本发明通过无线连接的无线电源发生器和无线电源接收器，实现了对所述智能车各个部分的供电，供电方便，不易产生损坏等问题，同时也能支持长时间作业。

非易失性存储器件、存储系统及其外部电源控制方法

申请（专利）号：201410024917.5 **公开日：**2014-07-23

申请人：三星电子株式会社

发明人：金兑炫 朴俊泓 徐圣焕 李真烨

摘要：

外部电源控制方法包括，根据第一外部电压的下降确定是否向第一节点施加第二外部电压；当向第一节点施加第二外部电压时根据第二外部电压的下降来生成标志信号；响应于标志信号向第二节点传送第一节点的电压；响应于标志信号对连接至第二节点的内部电路的至少一个电压放电。

一种多用电源插座

申请（专利）号：201310051496.0 **公开日：**2014-07-23

申请人：肖守宇

发明人：肖守宇

摘要：

本发明公开了一种多用电源插座，包括面罩、插夹、电路系统、底座4大部分。本发明改变了传统插座用金属片既作电流传输体又利用自身弹性提供插夹力的一直做法，而改用优质工程塑料制作插夹，用金属片专司电流传输。带来的好处是，插头插得紧不易松动，电流传输顺畅不易发热，使用方便且少后顾之忧，同时减少了有色金属材料的使用，低碳节能环保；因减少了分立元器件数量，主要部件均一模成型，降低了生产成本还提高了产品质量稳定性；成本低、质量佳、用途广，是该发明的最大特点，产品一旦投入市场，必将带来十分可观的经济和社会效益。

电池、电源装置和电子装置

申请（专利）号：201410019326.9 **公开日：**2014-07-23

申请人：三星电子株式会社

发明人：具滋军

摘要：

一种电子装置，包括，RT/CMOS? DATA逻辑单元，存储实时时钟信息和CMOS信息；电池，包括用于提供在电子装置中使用的主电力的电力端子及用于与电子装置进行数据通信的信号端子，当主电力关闭时，所述电池通过信号端子向RT/CMOS? DATA逻辑单元供电以维持RT/CMOS? DATA逻辑单元的操作。

一种可以免除电源适配器的智能放电端及其控制方法

申请（专利）号：201410132926.6 **公开日：**2014-07-23

申请人：孙朋朋

发明人：孙朋朋 戴志勇 郑德涛

摘要：

本发明提供了一种可以免除电源适配器的智能放电端及其控制方法。智能放电端隐藏于墙体内或者地面内，包括控制器、第一级整流电路、逆变电路、高频变压器、第二级整流电路、蓄电池、直流斩波电路、开关S、有线或者无线放电端口、有线或者无线通信口。当移动设备的充电口、通信口与放电端的放电口、通信口相接时，通过判断检测到的用电设备接入信息，智能地给移动设备充电。本

发明免除了传统移动设备的电源适配器的携带，方便了使用；同时，将高压隐藏起来，提高了安全性。

一个高可靠性偏置电源

申请（专利）号：201310016498.6 **公开日：**2014-07-23

申请人：常州隆辉照明科技有限公司

发明人：林峰 华雷

摘要：

本发明提供了一个高可靠性偏置电源，包括输入电源、整流电路一、整流电路二、交流分压电容、偏置电路、控制电路和隔离电路。其中，输入电源的一极同时与整流电路一的输入端和交流分压电容的一端相连接，交流分压电容的另一端与整流电路二的输入端相连；输入电源的另一极同时与整流电路一的另一输入端和整流电路二的另一输入端相连；整流电路一的正极与负极分别与主电路的输入端相连接；整流电路二的输出端经过滤波电容与偏置电路相连，偏执电路的输出端与控制电路输入端相连接，控制电路的输出端与隔离电路的输入端相连接，隔离电路的输出端与主电路的另一输入端相连。本发明消除了由降压引起的功率损耗，也因此提高了电路的可靠性。

电源变换器输出纹波控制电路

申请（专利）号：201310023934.2 **公开日：**2014-07-23

申请人：惠州市天然光电科技有限公司 天宝电子（惠州）有限公司 惠州锦湖电子有限公司

发明人：汤能文 朱昌亚 洪光岱

摘要：

本发明涉及一种电源变换器输出纹波控制电路，包括整流滤波电路单元、BOOST 升压电路单元、脉冲宽度调制控制器单元、波形调制单元、开关元件和电流检测电阻。其中，整流滤波电路单元连接至波形调制单元和 BOOST 升压电路单元，波形调制单元连接至脉冲宽度调制控制器单元，BOOST 升压电路单元连接至电流检测电阻，波形调制单元利用整流滤波电路单元的输出电压波形调制开关电流波形，并输出至脉冲宽度调制控制器单元，脉冲宽度调制控制器单元与 BOOST 升压电路单元连接至开关元件。采用本发明的控制电路，能够在不使用大容量滤波电容的情况下有效降低电源变换器的输出纹波。

电源装置以及电弧加工用电源装置

申请（专利）号：201310681179.7 **公开日：**2014-07-23

申请人：株式会社大亨

发明人：杦村央生

摘要：

提供能响应低输出请求的同时实现逆变器电路的开关元件稳定驱动的电源装置（电弧焊接用电源装置）。电源装置（11）的控制电路（20）在比规定输出请求高的高输出侧，进行对输出至半桥型逆变器电路（13）的开关器件（TR1、TR2）的控制脉冲信号（S1、S2）的导通脉冲宽度进行调整的 PWM 控制。与此相对，在比规定输出请求低的低输出侧，切换至将控制脉冲信号（S1、S2）的导通脉冲宽度设为开关器件（TR1、TR2）能充分导通的规定宽度（最小宽度）并调整该控制脉冲信号（S1、S2）的导通脉冲的密度的 PDM 控制。

一种自发电电源的装置及其制造方法

申请（专利）号：201310023468.8 **公开日：**2014-07-23

申请人：王建成

发明人：王建成

摘要：

一种自发电电源的装置及其制造方法，将各种垃圾及废料按硬度分别粉碎成颗粒状，灌入由单个原子为单位，在强磁场的环境中构成的一级分解器（垃圾分解器）中；然后被分解成气体分子经过分解器通道进入气缸；随后再分别送入二级分解器（电子捕俘器）构成的通道中，使各种气体经过各个电子捕俘器时，外层电子被捕俘后，只剩下 4 个电子，即成为碳原子。将这些碳原子收集后，可根据需要制成各种用途的分解器或优质材料及各种用途的电能转化装置，从而最终彻底解决能源危机和各种废气和垃圾污染等问题。

一种具有内部限流电路的电源开关

申请（专利）号：201310606963.1 **公开日：**2014-07-23

申请人：苏州贝克微电子有限公司

发明人：不公告发明人

摘要：

一种具有内部限流电路的电源开关，在一个快速高侧电源开关上提供一个内部限流电路。

无线灯电源检测系统和方法

申请（专利）号：201280056360.2 **公开日：**2014-07-23

申请人：皇家飞利浦有限公司

发明人：H·J·G·雷德梅切尔 G·绍尔兰德尔

摘要：

提供了一种无线灯检测系统（20，20′），用于无线地确定照明系统（1）的拓扑或电源（3）的类型。该检测系统（20，20′）包括具有至少一个测量探针（22）的探测设备（21，21′），适于无线耦合至灯（2）以提供对应于所述灯电源（3）的至少一个物理参数的探测信号。提供处理单元（29，29′），与所述探测设备（21，21′）相连接以接收所述探测信号并且被配置为从所述探测信号确定灯电源（3）的类型。

一种 LED 路灯驱动电源

申请（专利）号：201410115923.1 **公开日：**2014-07-23

申请人：李雅帝

发明人：李雅帝

摘要：

本发明公开了一种 LED 路灯驱动电源，包括依次连接的防浪涌电电路、第一 EMI 滤波电路、工频整流电路、高频逆变电路、高频整流电路、LC 滤波电路、第二 EMI 滤波电路。第二 EMI 滤波电路与工频整流电路之间还连接有相串联的功率因数校正（PFC）电路、反馈电路，反馈电路的输入端外接第二 EMI 滤波电路的输出，反馈电路的输出端与 PFC 电路的一路输入相连接，工频整流电路的输出端与 PFC 电路的另一路输入相连接，PFC 电路的输出端通过脉宽调整电路与高频逆变电路相连接。本发明能稳压恒流输出，增加负反馈电路，防止 LED 路灯温度过高，具有良好的应用前景。

滚轮式电动车电源电池盒

申请（专利）号：201410116211.1　**公开日：**2014-07-30

申请人：江苏派特科技发展有限公司

发明人：边晓晖　王鹏

摘要：

本发明公开了一种滚轮式电动车电源电池盒，主要用于装载电动车电源，包括盒体。所述盒体的底部设有滚轮，盒体的背部设有盖板和拉杆；所述盖板与盒体相连形成一个可容置拉杆的空腔，拉杆可伸缩式设置于空腔内，该拉杆上部的提手可折叠平放，有效增加拉杆高度，所述电池盒正面还设有提手。诸多设计使消费者在使用过程中最大限度地节省体力，使用时方便灵活。

带电源指示灯的电热水壶底座电源耦合器

申请（专利）号：201410206350.3　**公开日：**2014-07-30

申请人：石海工

发明人：石海工

摘要：

在底盘加热式的电热水壶的底座电源耦合器上，安装一个电源通电指示灯，使人们可以知道这个底座是否通了电，方便人们的使用，也提醒了人们，提高了安全性。

一种分布式电源接入测控保护一体机及方法

申请（专利）号：201310731267.3　**公开日：**2014-07-30

申请人：内蒙古电力（集团）有限责任公司内蒙古电力科学研究院分公司

发明人：刘海涛　邓昆玲　云峰

摘要：

本发明提供一种分布式电源接入测控保护一体机及方法。该一体机包括中央控制器，用于根据并网点的能量参数，利用防逆流控制算法，对分布式电源的发电量进行控制，以防止分布式电源的多余电量反送回电网；还用于根据并网点的电压和频率参数，检测孤岛的发生，并在孤岛发生后在规定的时间内将所述分布式电源与所述电网解列；还用于将监控的并网点的电能质量数据与预先设定的电能质量标准进行比较，通过比较结果控制电能质量单元对电能质量进行调节，以符合预先设定的电能质量标准。本发明将孤岛检测、防逆流控制和电能质量控制进行整合和优化，形成一体机的控制策略，提高了控制的智能化程度，降低了系统的造价成本。

一种单相和三相交流斩控调压补偿式交流稳压电源

申请（专利）号：201410148389.4　**公开日：**2014-07-30

申请人：龚秋声

发明人：龚秋声

摘要：

本发明属于单相和三相交流斩控调压补偿式交流稳压电源，由带中心抽头一次绕组的高频变压器、主控双向全控电子开关和续流双向半控电子开关及其控制触发电路组成，调节主控双向全控电子开关中的全控器件斩控通断比，达到输出交流电压稳压的。与同一发明人发明的斩控交流调压的补偿式交流稳压电源相比成本低、可靠性高。与传统逆变器补偿式交流稳压电源相比具有电路简单、成本低，与传统交流稳压器相比具有无触头、反应迅速、电子元器件数量少、成本低，可靠性好。它可替代现有单、三相补偿式全自动交流稳压电源和全自动补偿式电力稳压电源，智能型无触头交流电力稳压电源，有广泛市场开发前景。

植物生长灯电源控制系统

申请（专利）号：201410209034.1　**公开日：**2014-07-30

申请人：天津工业大学

发明人：杨兰　田会娟　高圣伟　赵鑫　苏政晓　张文彬　陈佳兴　段春剑　李欣　李强　王宏　娄贵鑫　张梦

摘要：

本发明公开一种植物生长灯电源控制系统，包括控制器模块。其特征在于，还设置有隔离模块，用于实现控制器模块发出的控制信号与驱动电源模块的驱动信号的隔离；驱动电源模块，用于发出驱动信号，驱动植物生长灯工作；植物生长灯，用于为植物生长提供光源，该系统可以实现植物生长灯电源控制信号与驱动信号的隔离，减小电磁干扰。本装置结合植物生长灯控制的实际控制需求，克服传统的植物生长灯电源系统电磁干扰严重，控制精度不高，控制系统复杂的缺点，具有广泛的市场价值和应用前景。

辅助电源装置及具备该装置的电动动力转向装置

申请（专利）号：201410039914.9　**公开日：**2014-08-06

申请人：株式会社捷太格特

发明人：杉山丰树　东真康

摘要：

本发明涉及辅助电源装置及具备该装置的电动动力转向装置。辅助电源装置（40）具备与向电动机（21）供给电力的主电源（4）连接且能够向电动机（21）放电的电容器（45）；将主电源（4）的电压升压并施加给电容器（45）的升压电路（43）。辅助电源装置（40）被控制装置（30）控制动作。在电容器（45）的端子间电压（电容器电压 V2）为主电源（4）的电压以上，开始从主电源（4）向电容器（45）供给电力时，随着电容器电压 V2 变大，控制装置（30）使升压电路（43）施加给电容器（45）的电压（升压电压 V3）变大。

数据中心及为该数据中心供电的电源供应系统

申请（专利）号：201310035629.5 **公开日：**2014-08-06

申请人：鸿富锦精密工业（深圳）有限公司 鸿海精密工业股份有限公司

发明人：许寿国

摘要：

一种数据中心，包括若干IT设备、若干散热风扇、交流电源、至少一能量路由器及高压直流输电系统。每一IT设备包括一电源供应器。该能量路由器的输入端用于接收交流电源所输出的电压。该能量路由器的输出端输出电压至IT设备的电源供应器及散热风扇，以为IT设备及散热风扇提供工作电压。上述数据中心的功耗相对较低。本发明还提供了一种电源供应系统。

电源插头

申请（专利）号：201310026738.0 **公开日：**2014-08-06

申请人：鸿富锦精密工业（深圳）有限公司 鸿海精密工业股份有限公司

发明人：肖贵富 傅立仁

摘要：

一种电源插头，插接于一个电源插座上。该电源插头包括一个插头本体及枢接于该插头本体的一个第一旋转件；该第一旋转件包括一个第一抵持部，扳动该第一旋转件，使该第一抵持部抵持该插座，进而使该插头本体脱离与该电源插座的插接。该电源插头的第一旋转件枢接于插头本体，操作该第一旋转件能使该第一转动件的抵持部抵持该电源插座，即能使电源插头脱离与电源插座的插接，从而可方便地将电源插头从电源插座上拔出。

手持设备及其电源电路

申请（专利）号：201310042153.8 **公开日：**2014-08-06

申请人：鸿富锦精密电子（天津）有限公司 鸿海精密工业股份有限公司

发明人：周海清

摘要：

一种手持设备，包括电源电路及背光驱动单元。电源电路包括电源管理单元、第一及第二电子开关、控制单元、倍压整流单元及电池。当第二电子开关的第二端的电压小于控制单元的参考电压时，控制单元使第一电子开关导通第二电子开关截止，电池通过第一电子开关给背光驱动单元供电。当第二电子开关的第二端的电压大于控制单元的参考电压时，控制单元使第一电子开关截止第二电子开关导通，电源管理单元的输出端通过第二电子开关给背光驱动单元供电。本发明手持设备能有效地避免电源管理单元在背光驱动单元产生大电流时进入欠电压保护模式，进而导致手持设备无法正常开机的状况发生。本发明还提供一种电源电路。

电弧切削机床大功率数控脉冲调频电源

申请（专利）号：201310043216.1 **公开日：**2014-08-06

申请人：新疆大学

发明人：周建平 梁楚华 章翔峰 何强 姜宏 许燕 操窘

摘要：

本发明公开了一种电弧切削机床大功率数控脉冲调频电源，包括一级调制单元及与该一级调制单元相连接的二级调制单元。所述一级调制单元包括依次连接的全桥逆变电路、高频变压电路和次级整流滤波电路，所述二级调制单元包括均流斩波电路。本发明电弧切削机床大功率数控脉冲调频电源采用逆变式和斩波式脉冲电源相结合，完成两级调制的数控脉冲调频电源，前级采用逆变式结构，后级采用斩波式结构。该脉冲电源不仅能实现对输出脉冲幅值、频率、占空比、波形的调节，以达到对不同加工条件的需求，适用于短电弧的各种加工条件，而且整机具有体积小、重量轻、效率高等优点，易于实现、成本低，利于广泛推广应用。

一种光伏电源汇流箱性能检测集成接线装置

申请（专利）号：201410142708.0 **公开日：**2014-08-06

申请人：上海新永电源有限公司

发明人：于志宏

摘要：

本发明涉及一种光伏电源汇流箱性能检测集成接线装置，包括集成回流条、断路器、绝缘固定板、汇流排。所述的断路器固定在绝缘固定板上，分别与集成回流条和汇流排连接；所述的集成回流条固定在绝缘固定板上，可以同时分别测量每个回路。与现有技术相比，本发明具有可靠、方便、效果好、应用范围广等优点。

用于中/高电压AC电源线路上的传输系统的线路陷波器

申请（专利）号：201310036266.7 **公开日：**2014-08-06

申请人：贝尔特尔股份公司

发明人：G·贝托里尼

摘要：

本发明提供用于中/高电压AC电源线路上的传输系统的线路陷波器，每个陷波器都包括金属线圈（1）和间隔件（2）。

具有电源模式控制缓冲器的电子器件

申请（专利）号：201310118959.0 **公开日：**2014-08-06

申请人：飞思卡尔半导体公司

发明人：耿晓祥 程志宏 杜华斌 檀苗林

摘要：

本发明涉及具有电源模式控制缓冲器的电子器件。电子器件具有电源控制模块，用于使所选的功能块在低电压工作模式中运行，而保持其它功能块被连续地供应电力。电源模式控制分配网络包括在分配树中的串联连接的缓冲器的链，该分配树用于将在公用输入端处接收电源模式控制信号分配至连接到各个功能块的各个输出端。在低电源工作模式中，电源控制模块使连续供应的电路供应给链的输出端处的输出缓冲器，而使供应至其它缓冲器的电力降低或切断。输出缓冲器包括反馈路径，其用于使在低电源工作模式之前输出缓冲器的状态在低电源工作模式期间锁存。

荧光分析仪紫外光源电源控制装置

申请（专利）号：201310041128.8　**公开日：**2014-08-06

申请人：姜堰市高科分析仪器有限公司

发明人：朱明俊

摘要：

本发明公开了一种荧光分析仪紫外光源电源控制装置，包括与紫外光源、紫外光源电源相连的多个逻辑单元。其特征在于，所述第一逻辑单元输出端与紫外光源电源连接，第一逻辑单元输入端与定时器、第二逻辑单元输出端分别相连，所述第二逻辑单元输入端与多路控制信号相连。本发明特点在于，多路控制信号通过逻辑单元及定时器共同控制紫外光源电源的开关，只有各控制信号符合设定好的逻辑关系时才打开紫外光源电源，这样就避免了误动作和干扰影响紫外光源电源的可能，而且如果在定时器设定时间内没有对仪器进行操作，定时器自动关闭紫外光源电源，有操作时自动清零，重新计时，可靠性好，操作更方便。

一种镇流式 LED 灯的驱动电源装置

申请（专利）号：201310276363.3　**公开日：**2014-08-06

申请人：李顺华

发明人：李顺华

摘要：

本发明公开了一种镇流式 LED 灯的驱动电源装置，包括电感镇流器（Lz）。其特征在于，电感镇流器（Lz）为工作压降为 -24% ≤（镇流器压降 - LED 灯压降）/LED 灯压降 ×100% ≤ +192% 的电感镇流器。在电感镇流器绕组（Lz）之后还设有第一受控绕组（Lz1）第二受控绕组（Lz2）、第三受控绕组（Lz3）、第四受控绕组（Lz4）。在电源的输入端接有电容 CS 和电阻 RU。本发明的优点在于，用电感镇流器来限定 LED 灯的工作电流，从而大大提高了驱动电源的可靠性。本发明使用切换电感镇流器抽头的方法，实现镇流式 LED 灯的驱动电源装置的宽电压工作。用并联电容的方式来提高线路的功率因数。在电源的输入端设置了电阻（RU），从而增强了镇流式 LED 灯的驱动电源装置的抗干扰能力。

电源电压监控电路、车辆的传感器电路及动力转向装置

申请（专利）号：201310369418.5　**公开日：**2014-08-13

申请人：日立汽车系统转向器株式会社

发明人：木村诚　大西辉幸

摘要：

本发明提供一种电源电压监控电路、车辆的传感器电路及动力转向装置，能够检测向将接地线共用化的多个微型计算机供给的电源电压的异常。第一基准电压生成电路，设置于第一传感器电源和第一微型计算机之间，在第一传感器电源的电压高于第一电压时向第一微型计算机供给第一基准电压；第一监控电路，将第一传感器电源和第一微型计算机连接，且将第一微型计算机用于监控第一传感器电源的电压的第一监控电压供给到第一微型计算机；第一电压异常判断部，其设置于第一微型计算机，基于第一基准电压和第一监控电压检测第一传感器电源的电压和第一传感器电源的电压的异常，并且判断哪一个为异常。

一种汽车电源总开关及装有该开关的汽车

申请（专利）号：201410217303.9　**公开日：**2014-08-13

申请人：吴光友

发明人：吴光友

摘要：

一种汽车电源总开关，适用于汽车电源的分合控制。开关装在电源附近，开关的进线端子与电源正极相连，出线端子与汽车所有用电器相连，开关的动触头上绝缘连接着一个传动机构，传动机构的另一端与驾驶人附近的操作开关相连，驾驶人通过操作开关和传动机构，可以对电源总开关进行远程机械操作控制。

一种电源及其开关管保护电路

申请（专利）号：201410227887.8　**公开日：**2014-08-13

申请人：深圳市中兴移动通信有限公司

发明人：李才杰

摘要：

本发明公开了一种电源及其开关管保护电路，属于电子技术领域。本发明的开关管保护电路，包括过电压保护电路及干扰能量吸收元器件。所述干扰能量吸收元器件与所述过电压保护电路并联连接。采用本发明的开关管保护电路，在过电压保护电路上并联一个干扰能量吸收元器件。当电路中某些器件失效、出现电压或能量过高时，一部分干扰能量通过 TVS 管对外泄放，能有效地减少对集成电路及开关管的冲击，保护开关管。并且，电路增加的元器件很少，还可改善电源的电磁兼容性。

一种克服电源低温不启动的方法

申请（专利）号：201410230400.1　**公开日：**2014-08-13

申请人：山东超越数控电子有限公司

发明人：李玉明　张廷银

摘要：

本发明提供一种克服电源低温不启动的方法，具体实现过程如下：增加微分电路，在 PWMMOS 管打开的时候，此信号经过微分电路及肖特基二极管转化为只保留上沿的类三角波，作为触发电流倒灌芯片的驱动信号，经过同步整流控制芯片来强制同步整流 MOS 管来关闭；增加防倒灌电路，PWMMOS 管打开也就是栅极为高电平时，通过此电路产生一个高于 3V 的电平来强制 MOS 管关闭。该一种克服电源低温不启动的方法和现有技术相比，实现温度控制，

克服电源在低温下不启动或输出不稳定的异常问题。

可机动小型升降平台电源车

申请（专利）号：201410219633.1 **公开日：**2014-08-20

申请人：甄华伟

发明人：甄华伟

摘要：

可机动小型升降平台电源车，采用了老年人、残疾人电动车（1）作为载运动力，将小型升降平台（2）（电动型或手动液压型）配备在老年人、残疾人电动车上，在后部后轮车体上设有承载轻型货物的平台（3）。本发明采用老年人、残疾人电动车，车体小再配备小型升降平台，安全绿色环保，在狭窄空间行驶机动性能灵活，造价相对比传统利用一些车型巨大的车拉上小型升降平台去更换机动车电瓶更低，又比当下利用手推移动式的小型升降平台去，更换机动车电瓶更迅速、更省力，而且老年人、残疾人电动车移动灵活、操作安全、方便快捷，适合大型车场等；另外大中小型机动车电瓶更换及小型设备，物资装卸、作业、十分方便。

可拆装机动车电瓶的微型电源车

申请（专利）号：201410190479.X **公开日：**2014-08-20

申请人：甄华伟

发明人：甄华伟

摘要：

可拆装机动车电瓶的微型电源车，采用了老年人残疾人电动车（1）作为载运动力，将12V或24V的悬臂小吊机（3）配备在老年人残疾人电动车上，在后部后轮车体上设有能放置电瓶的承载平台（2），在老年人残疾人电动车驾驶座的后下部设有工具箱（4）。本发明采用老年人、残疾人电动车，车体小再配备2种用电模式的悬臂小吊机，安全绿色环保，行驶在狭窄空间机动性更灵活，造价相对比传统利用一些车型巨大的车拉上悬臂小吊机去，更换机动车电瓶更低，而且老年人残疾人电动车移动灵活、操作方便快捷，针对停、存车场等，大型机动车电瓶更换作业十分方便。

一种抗老化电源线护套料及其制备方法

申请（专利）号：201410163779.9 **公开日：**2014-08-20

申请人：天长市富信电子有限公司

发明人：林文树 鲜元兵

摘要：

本发明公开了一种抗老化电源线护套料及其制备方法，由以下重量份的原料制成：超高分子量聚乙烯45～65、氯丁橡胶25～35、聚对苯二甲酸丁二酯10～20、乙烯基三甲氧基硅烷1.5～2.5、过氧化二异丙苯2～3、碱式碳酸镁4～8、纳米高岭土22～28、玻璃微珠14～26、单蓖麻油酸甘油酯3～6、尼龙酸二正丁酯10～15、邻苯二甲酸二环己酯8～16、间苯二酚双（二苯基磷酸酯）5～10、三（2，3-二溴丙基）异氰脲酸酯5～10、二盐基亚磷酸铅1～2、硬脂酸钙1～2、硬脂酸钡1～2、石蜡油4～6、一硫化四甲基秋兰姆0.5～1.5、2，硫醇基苯并噻唑1～2、助剂20～25。本发明护套料抗老化性能强、化学稳定性好、机械强度高、使用温度范围广，且具有优良的阻燃性、抗冲击性、耐磨性、耐化学腐蚀性等特点、经久耐用、应用前景广阔。

一种电源线用高抗冲聚苯乙烯护套料及其制备方法

申请（专利）号：201410163587.8 **公开日：**2014-08-20

申请人：天长市富信电子有限公司

发明人：林文树

摘要：

本发明公开了一种电源线用高抗冲聚苯乙烯护套料及其制备方法，由以下重量份的原料制成：高抗冲聚苯乙烯45～65、聚丙烯20～30、三元乙丙橡胶10～15、苯乙烯-异戊二烯-苯乙烯嵌段共聚物5～10、石蜡油4～8、乙撑双油酸酰胺3～6、异丙基三（二辛基焦磷酸酰氧基）钛酸酯1～2、滑石粉10～15、纳米氧化铍3～5、硬脂酸锌1～2、氢氧化钙4～6、低分子聚丁烯2～5、炭黑N550 15～25、过氧化二叔丁基2～3、三羟基丙烷三甲基丙烯酸酯1.5～2.5、乙酰柠檬酸三乙酯10～15、亚磷酸二苯一异辛酯5～10、助剂15～20。本发明护套料电绝缘性好、机械强度高、韧性好、高抗冲，且具有优良的耐热、耐腐蚀、耐油、耐水等特点，经久耐用、应用前景广阔。

一种电源线用耐屈挠抗疲劳橡胶护套料及其制备方法

申请（专利）号：201410163597.1 **公开日：**2014-08-20

申请人：天长市富信电子有限公司

发明人：林文树 林文禄

摘要：

本发明公开了一种电源线用耐屈挠抗疲劳橡胶护套料及其制备方法，由以下重量份的原料制成：天然橡胶55～75、丙烯酸酯橡胶20～30、顺丁橡胶10～15、氧化锌2～3、硬脂酸1～2、防老剂TMTM 1.5～2.5、防老剂RD 2～3、N，N'-间苯撑双马来酰亚胺3～4、邻苯二甲酸二异丁酯10～15、马来酸二辛酯5～10、炭黑N330 20～30、气相法白炭黑5～10、微晶石蜡3～6、芳烃油4～8、硫磺2～4、聚磷酸铵12～18、三氧化二锑10～15、纳米蒙脱土10～15、轻钙粉6～12、助剂14～22。本发明护套料具有优良的物理机械强度、耐热老化、耐屈挠、抗疲劳性等特点，拉伸强度为18～21MPa，断裂伸长率为380%～420%，耐屈挠实验达750万次一级龟裂。

一种汽车电源线护套料及其制备方法

申请（专利）号：201410163555.8 **公开日：**2014-08-20

申请人：天长市富信电子有限公司

发明人：林文树 曹卫明

摘要：

本发明公开了一种汽车电源线护套料及其制备方法，由以下重量份的原料制成：氯醇橡胶46～58、聚硫橡胶22

~34、乙烯-三氟氯乙烯共聚物14~26、沉淀硫酸钡10~15、纳米碳化硅5~10、石棉粉8~16、炭黑N88015~20、氧化锌2~3、硬脂酸1~2、硬脂酸铅1~2、偏苯三酸三烯丙酯3~6、过氧化二异丙苯2~4、4，4′-双马来酰亚胺二苯甲烷1.5~2.5、二硬脂酸二甘醇二酯10~15、环氧硬脂酸辛酯5~10、磷酸叔丁苯二苯酯5~10、凡士林3~5、白油4~6、防老剂MMB1~2、防老剂DDM1~2、助剂15~20。本发明护套料综合性能优异，具有优良的机械强度、耐热性、耐油性、耐磨性、耐老化性、耐候性、阻燃性、电绝缘性等特点，经久耐用、应用前景广阔。

一种电源线用尼龙护套料及其制备方法

申请（专利）号：201410163576.X　**公开日：**2014-08-20

申请人：天长市富信电子有限公司

发明人：林文树　鲜元兵

摘要：

本发明公开了一种电源线用尼龙护套料及其制备方法，由以下重量份的原料制成：尼龙6 50~70、聚芳酰胺15~25、丙烯腈-氯化聚乙烯-苯乙烯三元共聚物10~20、三乙酸纤维素5~10、偏苯三酸三辛酯8~14、癸二酸二正己酯6~12、三盐基硫酸铅1~2、二盐基硬脂酸铅0.5~1.5、环烷酸锌1~2、棕榈蜡3~6、三醋酸甘油酯2~4、蓖麻油4~7、包覆红磷5~10、硼酸锌3~6、乙炔炭黑17~23、苯胺甲基三乙氧基硅烷1~2、纳米铝矾土15~20、废陶瓷粉10~15、抗氧剂1010 1~2、助剂12~18。本发明护套料具有优异的耐老化性和耐磨性，且机械强度高、电绝缘性好、韧性好、抗冲性能强、化学稳定性好、收缩率小、吸水率低、不易变形、不易开裂、经久耐用。

一种耐寒电源线护套料及其制备方法

申请（专利）号：201410163778.4　**公开日：**2014-08-20

申请人：天长市富信电子有限公司

发明人：林文树　乔元朝

摘要：

本发明公开了一种耐寒电源线护套料及其制备方法，由以下重量份的原料制成：氟硅橡胶60~80、聚氨酯橡胶10~15、丙烯腈-丁二烯-苯乙烯共聚物10~15、二苯基硅二醇4~7、癸二酸二辛酯10~15、乙烯基三叔丁基过氧硅烷2~3、炭黑N990 20~30、过氧化二异丙苯2~4、二月桂酸二丁基锡1~2、氧化锌2~3、硬脂酸1.5~2.5、轻质碳酸钙16~22、硅微粉12~18、防老剂ODA1~2、促进剂DM1~2、三氧化二锑10~15、硼酸三聚氰胺4~8、氢氧化铝5~10、芳烃油6~12、助剂15~20。本发明护套料耐寒性优异，低温脆化温度达到-40℃，在寒冷条件下仍能保持很好的机械强度、电绝缘性和化学稳定性，且具有优良的耐气候老化、耐臭氧老化、耐油、耐腐蚀、抗辐射等优点，完全满足寒冷地区电源线护套材料的使用要求。

一种耐油耐磨电源线护套料及其制备方法

申请（专利）号：201410163579.3　**公开日：**2014-08-20

申请人：天长市富信电子有限公司

发明人：林文树　乔元朝

摘要：

本发明公开了一种耐油耐磨电源线护套料及其制备方法，由以下重量份的原料制成：丁腈橡胶40~60、顺丁橡胶20~30、乙烯-四氟乙烯共聚物15~25、磷酸三甲苯酯12~18、轻质氧化镁2~4、硬脂酸1~2、过氧化苯甲酰2.5~3.5、三烯丙基异氰脲酸酯2~3、单硬脂酸甘油酯4~8、环氧四氢邻苯二甲酸二辛酯10~15、氢氧化镁16~22、磷酸铝8~14、钼酸铵5~10、硼酸锌4~8、沉淀白炭黑22~28、煅烧陶土15~25、刚玉粉5~10、促进剂TMTM 1~2、防老剂OD 1~2、助剂10~15。本发明护套料具有耐油、耐磨、耐高低温、耐臭氧、耐酸碱，耐老化、耐辐射等特性，是耐油、耐磨电源线最佳护套材料。

一种可编程逻辑电源控制器

申请（专利）号：201410209355.1　**公开日：**2014-08-20

申请人：中国电子科技集团公司第四十五研究所　北京中电科电子装备有限公司

发明人：井海石　李金涛　纪青松　丁毅

摘要：

本发明属于电源控制技术领域，具体涉及一种可编程逻辑电源控制器，包括电源模块、CPLD逻辑器件及与所述CPLD逻辑器件连接的外围电路。所述CPLD逻辑器件的信号输入端通过光耦合单元分别连接面板信号接口与I/O信号接口，所述CPLD逻辑器件的输出端通过电平转换单元连接继电器驱动单元，所述电源模块统一为所述CPLD逻辑器件、面板信号接口、I/O信号接口、光耦合单元、电平转换单元及继电器驱动单元提供相应的直流工作电压。本发明通过采用CPLD逻辑控制器件，可根据实际要求更改电源系统控制方式，实现了对半导体封装设备复杂电源系统的简单、快捷、可靠时序逻辑控制，极大地提高了电源系统控制的可靠性和灵活性。

基于CAN总线的电源控制器模拟量参数标定系统及方法

申请（专利）号：201410178007.2　**公开日：**2014-08-20

申请人：北京航天发射技术研究所　中国运载火箭技术研究院

发明人：李信　许宝立　王凤国　马荣华　刘健

摘要：

本发明公开了一种基于CAN总线的电源控制器模拟量参数标定系统，包括电流、电压基准源，信号采集调理电路，单片机，CAN总线通信电路，铁电存储器及上位机。电流电压基准源连接所述信号采集调理电路的输入端；信号采集调理电路的输出端连接所述单片机的A-D采样通道输入端；单片机的双CAN总线模块输出所述单片机的处理数据，其输出端连接至所述CAN总线通信电路并与其进行双向通信，所述CAN总线通信电路还连接至所述上位机，并与所述上位机进行双向通信。所述单片机通过相应管脚与所述铁电存储器相连。本发明还提供了一种基于 CAN 总线的电源控制器模拟量参数标定方法，简化了参数标定过程，提高了参数标定过程的准确度和智能性。

一种基于 CPLD 的计算机电源管理方法

申请（专利）号：201410247706.8　公开日：2014-08-20

申请人：山东超越数控电子有限公司

发明人：赵鑫

摘要：

本发明提供一种基于 CPLD 的计算机电源管理方法，通过系统桥片发出系统状态信号指示来获取系统当前信息，并根据系统信息完成对电源模块的控制，同时 CPLD 中的风扇管理模块通过 I^2C 总线来获取系统当前温度信息，并通过风扇转速的调整实现主板温度的稳定控制，通过这两个方面来实现计算机整机的电源管理和风扇控制。该发明设计采用 CPLD 芯片为主控制芯片，以一颗芯片来完成对多个电源模块和风扇模块的控制，不但节省了硬件设计空间，而且该实现方法可控性强、配置灵活，不仅增加了企业产品模块化使用率并在一定程度上降低了生产成本。

可调插孔角度的电源插座

申请（专利）号：201310053111.4　公开日：2014-08-20

申请人：襄阳职业技术学院

发明人：何亚男

摘要：

本发明提供一种可调插孔角度的电源插座。所述电源插座上的插孔通过可转动体设置在插座体上，通过可转动体让每个插孔都能随插头的实际角度进行角度调整，以此让电源插座能适应各种不同插头的连接需要，有利电源插座能广泛使用。

一种可折叠太阳能移动电源

申请（专利）号：201410220643.7　公开日：2014-08-20

申请人：徐侠

发明人：徐侠

摘要：

本发明公开了一种可折叠太阳能移动电源，包括太阳电池板（3）、旋转轴（4）、壳体（8）、蓄电池（2）、光伏充电控制器（1）和 AC 电源插口（6）。太阳电池板（3）通过旋转轴（4）与壳体（8）是活动连接的，太阳电池板（3）与光伏充电控制器（1）、蓄电池（2）依次电性连接，蓄电池（2）和光伏充电控制器（1）安装于壳体（8）内，AC 电源插口（6）位于壳体（8）的侧壁上。有益效果是太阳电池板可以通过旋转轴转动，需要利用太阳能进行充电时，将太阳电池板旋转至壳体外侧；当充电完毕正常使用时，可以将太阳电池板旋转至壳体内部的空槽中，有效避免太阳电池板的损坏；而且本发明携带起来也更加方便。

一种输电线路电子设备电源系统

申请（专利）号：201410201551.4　公开日：2014-08-20

申请人：国家电网公司　国网四川省电力公司宜宾供电公司

发明人：李杨　王洪

摘要：

本发明公开了一种输电线路电子设备电源系统，主要由依次相连接的取能线圈、浪涌保护器、整流电路、滤波电路、直流变换器构成。所述直流变换器与电子设备相连接，所述直流变换器还通过充电控制电路与蓄电池相连接，所述蓄电池与电子设备相连接。本发明结构简单、运行成本低，并且便于维护、易于推广；通过设置防雷装置和浪涌保护器，能够减少雷电造成大电流对电子设备的损坏，保障设备使用安全；同时本发明设置有储能电池，能够实现对电子设备的不间断供电，保障电子设备使用和检测的连续性。

应急太阳能多机并联数字电源系统

申请（专利）号：201310053507.9　公开日：2014-08-20

申请人：钱炜　谭卫平

发明人：聂磊　钱峻　薛海波　钱炜　谭卫平

摘要：

本发明公开了一种应急太阳能多机并联数字电源系统。该系统包括一台主太阳能应急电源、n 台从太阳能应急电源和并联控制总线。主太阳能应急电源和从太阳能应急电源均内嵌有控制模块；主太阳能应急电源的控制模块通过并联控制总线分别与从太阳能应急电源的控制模块并联连接。其中，n 为等于或大于 30 的自然数。本发明主太阳能应急电源和从太阳能应急电源并联成更大容量的电源系统。该系统使得电功率得到了很大提高，缩短了充电时间，且能满足大功率输出和长时间用电的需求，以及在各种恶劣天气情况和应急情况下均能及时提供电力。

基于 DSP 的应急电源控制系统及控制方法

申请（专利）号：201410054538.0　公开日：2014-08-20

申请人：重庆荣凯川仪仪表有限公司

发明人：康林祥　张雪林　周凯　李安洪

摘要：

本发明公开了一种基于 DSP 的应急电源控制系统及控制方法，以解决现有应急电源模拟控制系统设计受限、抗干扰性差、精度低、可靠性差的问题。本系统包括控制单元、操作面板、采样电路、通断器和 EPS 主控单元。控制单元采用数字控制，操作面板、采样电路均与控制单元的输入连接，控制单元的输出分别连接通断器、充电 PWM 输出口和逆变 PWM 输出口，充电 PWM 输出口和逆变 PWM 输出口均与驱动电路连接，驱动电路与 EPS 主控单元连接。

整流电路及电源电路

申请（专利）号：201310102338.3　公开日：2014-08-20

申请人：东芝照明技术株式会社

发明人：大武宽和　北村纪之　高桥雄治　赤星博

摘要：

本发明提供一种能够高速动作的整流电路及电源电路。根据实施方式，整流电路具备第1二极管、开关器件和第2二极管。第1二极管在第1端子与第2端子之间将从第2端子朝向第1端子的方向作为正向而连接。开关器件具有与第1端子连接的第1主电极、与第1二极管的负极连接的第2主电极、与第1二极管的正极连接的栅极电极。第2二极管在开关器件的第1主电极与第2主电极之间，将从第1二极管的负极朝向第1端子的方向作为正向而相对于开关器件并联连接。

分体式电泳仪电源

申请（专利）号：201410167577.1　**公开日：**2014-08-20

申请人：北京市六一仪器厂

发明人：王晓平　崔红松

摘要：

一种分体式电泳仪电源，电泳仪电源和电泳仪采用分体式独立设计。电源内部采用模块化设计，包括与主板相互连接的降压模块、升压模块和显示操作模块。主板中包括相互连接的控制模块和调节模块。本发明可兼容传统的管式和卧式等电聚焦槽，也可配套最新的IPG-2-DE技术，克服了现有产品的不适应性。

整流电路及电源电路

申请（专利）号：201310106453.8　**公开日：**2014-08-20

申请人：东芝照明技术株式会社

发明人：北村纪之

摘要：

本发明提供一种整流电路及电源电路。根据本发明，整流电路具备二极管、开关器件、电容器和辅助绕组。二极管在第一端子和第二端子之间将从第二端子朝向第一端子的方向作为正向而连接。开关器件具有与第一端子连接的第一主电极、与二极管的负极连接的第2主电极、与二极管的正极连接的栅极电极。辅助绕组与电感器磁耦合。辅助绕组经由电容器与栅极电极连接，并且与开关器件的第2主电极及二极管的负极连接。

LED电源电路

申请（专利）号：201410156635.0　**公开日：**2014-08-20

申请人：安徽兆利光电科技有限公司

发明人：胡学军　邬国平　江严宝　汪旭　欧阳锋

摘要：

LED电源电路，包括整流滤波电路、驱动电路、芯片控制电路、反激式功率变换电路、LED光源电路和开关电路。所述整流滤波电路的输入端接输入电源，其输出端分别连接驱动电路、反激式功率变换电路、芯片控制电路的输入端；所述芯片控制电路的输出端与驱动电路和开关电路的输入端相连接；所述反激式功率变换电路的输入端与芯片控制电路的输出端相连接；所述开关电路的输出端与LED光源电路的输入端相连接。本发明中设计了驱动电路，可有效稳定地为芯片控制电路提供电流，进而给LED照明提供持续稳定的电流，整个电路效率高，兼容性和可靠性也较高。

一种电源线用聚氯乙烯/聚酰亚胺复合护套料及其制备方法

申请（专利）号：201410163970.3　**公开日：**2014-08-27

申请人：天长市富信电子有限公司

发明人：林文树　林文禄

摘要：

本发明公开了一种电源线用聚氯乙烯/聚酰亚胺复合护套料及其制备方法，由以下重量份的原料制成：聚氯乙烯40~50、聚酰亚胺35~45、双酚A聚碳树脂10~15、菱苦土15~20、火山灰10~15、废砖粉8~16、三巯基乙酸异辛酯锑2.5~4.5、二盐基亚磷酸铅1.5~2.5、偏苯三酸三甘油酯10~15、已二酸二辛酯10~15、半补强炭黑20~25、三聚氰胺磷酸盐12~18、氢氧化镁10~15、氧化钼6~12、山梨醇酐单硬脂酸酯3~6、褐煤蜡2~5、丁腈胶粉5~10、抗氧剂1076 1~2、抗氧剂2246 0.5~1.5、助剂19~27。本发明护套料耐温性好、使用温度范围广，可以在-100~250℃温度范围内长期工作，仍能保持较好的物理机械性能和电绝缘性能，且具有优良的阻燃性、耐辐照性、耐蠕变性、抗冲击性、耐磨性、抗氧化性等特点，应用前景广阔。

一种湿热地区用电源线护套料及其制备方法

申请（专利）号：201410163966.7　**公开日：**2014-08-27

申请人：天长市富信电子有限公司

发明人：林文树　曹卫明

摘要：

本发明公开了一种湿热地区用电源线护套料及其制备方法，由以下重量份的原料制成：聚氯乙烯30~50、聚苯醚25~35、丙烯腈-苯乙烯-丙烯酸酯共聚物10~20、硬脂酸钙1~2、硬脂酸钡1.5~2.5、聚丙烯蜡3~6、纳米氧化铝4~8、混气炭黑15~25、三氧化二锑12~18、氢氧化铝10~15、氢氧化镁5~10、有机膨润土16~28、重质碳酸钙12~24、亚磷酸二苯一异辛酯5~10、柠檬酸三乙酯8~14、抗氧剂1010 1~2、助剂12~18。本发明护套料耐热性和耐水性优异，在湿热条件下仍能保持很好的机械强度和化学稳定性，且具有优良的耐磨性、耐腐蚀性、耐油性和抗蠕变性，使用寿命长，完全适用于湿热地区。

一种基于基本电阻电路的可扩展的简易电源老化测试仪器

申请（专利）号：201410250009.8　**公开日：**2014-08-27

申请人：浪潮电子信息产业股份有限公司

发明人：李诚

摘要：

本发明提供一种基于基本电阻电路的可扩展的简易电源老化测试仪器，属于服务器电源老化领域。本发明采用基本的纯电阻电路，选取不同阻值功耗的水泥电阻（功耗大、散热好）通过简单地并联、串联，搭配出不同的负载电路；通过开关选取不同的负载组合，达到模拟负载环境的效果。如果有需要，还可对原线路进行扩充，从而满足更大负载的需求。这样可以很好地模拟电源的负载环境且操作简单，还可实现可扩展功能。

一种实现刀片服务器中服务器电源功率自动分配的方法

申请（专利）号： 201410262180.0 **公开日：** 2014-08-27

申请人： 浪潮集团有限公司

发明人： 刘强 金长新 于治楼

摘要：

本发明公开了一种实现刀片服务器中服务器电源功率自动分配的方法，属于刀片服务器技术领域。管理模块通过读取系统电源模块信息获得当前系统电源可输出最大功率；然后计算刀片BMC通过读取主板的FRU获得计算刀片型号信息，并获得计算刀片所需要的电源功率。当有电压时，管理模块通过网络传输命令从BMC获得新插入计算刀片所需要的功率，从整机当前可用功率中分配出新设备所需要的电源功率，满足其工作所需。本发明具有设计合理、操作方便、安全可靠等特点。该方法能根据所获得信息为新插入计算刀片分配所需要的功率，从而保证系统电源有足够的供电能力，并确保所插入新设备能分配到其所需要的电源功率。

一种用于配电柜监测装置的辅助电源及配电柜

申请（专利）号： 201410192126.3 **公开日：** 2014-08-27

申请人： 上海银音信息科技股份有限公司

发明人： 潘至平 练东汉 汤恒

摘要：

本发明公开了一种用于配电柜监测装置的辅助电源及配电柜。该辅助电源装设在配电柜内，包括转接板、第一变压器及第一DC/DC转换器。其中，第一变压器和第一DC/DC转换器分别可插拔地与转接板连接。本发明具有以下有益效果：本发明提供的辅助电源可输出24V和±12V两种直流电源，可分别适配监测装置中不同的元器件，使得监测装置中的各元器件无须单独装配专用电源，便于安装和使用；采用转接板将各元器件连接，变压器和DC/DC转换器均为可插拔设计，易于安装及维护；同时，辅助电源还支持备用电源功能；变压器与数据中心服务器系统共用零线和地线，可以防止零地电压对服务器系统工作的影响，有效减少共模杂信。

AC电源装置

申请（专利）号： 201410058521.2 **公开日：** 2014-08-27

申请人： 株式会社高砂制作所

发明人： 石川康弘 本田一晃

摘要：

本发明公开了AC电源装置。该AC电源装置包括，第一AC电源产生单元，产生用于第一端子的对应于U相的第一AC电压；第二AC电源产生单元，产生用于第二端子的对应于V相的第二AC电压；第三AC电源产生单元，产生用于第三端子的对应于W相的第三AC电压；控制单元，从第一至第三AC电源产生单元输出的每个AC电压的相位和幅度，使分别输出到第一至第三端子的第一至第三AC电压中的每一个的幅度和相位与针对每个AC电压预先设定的幅度设定值和相位设定值相匹配。

一种太阳能发电式备用电源

申请（专利）号： 201410259156.1 **公开日：** 2014-08-27

申请人： 鞍钢股份有限公司

发明人： 穆家臣 胡洪旭

摘要：

本发明涉及一种太阳能发电式备用电源，包括太阳能发电装置和备用电源自投装置。太阳能发电装置一端连接电网，一端连接备用电源自投装置，备用电源自投装置一端连接电网，一端连接用电设备。太阳能发电装置包括太阳能板、控制器、蓄电池组、直流汇流箱、直流配电柜、并网逆变器和交流配电柜。太阳能板连接控制器，控制器分别连接蓄电池组和直流汇流箱，直流汇流箱依次连接直流配电柜、并网逆变器和交流配电柜。本发明采用太阳能发电装置作为备用电源，电网正常时可并网发电，电网断电时作为备用电源，并可以长时间供电，改变了UPS受存储能力的限制及蓄电池蓄养浪费。本发明具有无噪声、无污染的特点。

用于混合切换模式电源（SMPS）的转换控制

申请（专利）号： 201410060314.0 **公开日：** 2014-08-27

申请人： 飞思卡尔半导体公司

发明人： 伊万·卡洛斯·里韦罗·纳西门托 小埃德瓦尔多·佩雷拉·席尔瓦

摘要：

用于混合切换模式电源（SMPS）的转换控制的系统及方法。在一些实施例中，混合SMPS可以包括被配置为当所述SMPS以线性模式操作时产生与可变占空比成比例的输出电压的线性电路（301），以及耦合于所述线性电路的迟滞电路（302）。所述迟滞电路被配置为当所述SMPS以迟滞模式操作时使所述占空比采取两个预定值中的一个。所述混合SMPS还可以包括耦合于所述线性电路和所述迟滞电路的转换控制电路（303），所述转换控制电路被配置为响应于所述混合SMPS从所述迟滞模式转换到所述线性模式而旁路所述线性电路的至少一部分。

电源门控电路、半导体集成电路和系统

申请（专利）号： 201410018047.0 **公开日：** 2014-08-27

申请人： 三星电子株式会社

发明人： 申荣敏

摘要：

公开了一种电源门控电路、半导体集成电路和系统。一种电源门控电路被构造成使用施密特触发器电路将第一

电压线连接到第二电压线或者将第一电压线与第二电压线分离，其中所述施密特触发器电路被构造成检测第二电压线的电平。所述电压线是电源线或接地线。

一种双回路电源互投装置

申请（专利）号：201410278076.0　**公开日：**2014-09-03

申请人：天津福海银洋能源科技开发有限公司

发明人：关玉兰

摘要：

本发明提供一种能在常用回路和常备回路切换迅速，避免电路振荡、打火拉弧等现象的双回路电源互投装置，包括切换器件。常用电源回路与常备电源回路分别通过所述切换器件与负载设备连接。其特征在于，常用回路电压检测电路、电流过零触发信号电路和触发控制电路。所述常用回路电压检测电路分别与所述常用电源回路、触发控制电路相连；所述电流过零触发信号电路位于所述常用电源回路与所述负载设备之间，并与所述触发控制电路相连；所述触发控制电路与所述切换器件相连。双回路电源切换时间不大于5ms，不会影响负载设备的正常运转。主电路的切换器件采用晶闸管模块，使得设备体积小、重量轻，在切换过程中不存在打火拉弧现象。

一种移动终端及其共享电源资源状态异常提示方法

申请（专利）号：201410275605.1　**公开日：**2014-09-03

申请人：深圳市中兴移动通信有限公司

发明人：洪丹龙

摘要：

本发明提供一种移动终端，包括，收集模块，用于在移动终端进入休眠状态之前，收集移动终端的组件的共享电源资源状态；比对模块，用于将收集的组件的共享电源资源状态与预设的组件的共享电源资源状态相互比较，得到共享电源资源状态异常对应的组件；提示模块，用于在得到共享电源资源状态异常对应的组件时，做出提示操作。本发明还提供一种移动终端的共享电源资源状态异常提示方法。采用本发明，可以检测到休眠状态下异常耗电的移动终端的组件。

适用于中频电疗仪的电源供给电路

申请（专利）号：201410304020.8　**公开日：**2014-09-10

申请人：成都千里电子设备有限公司

发明人：张文

摘要：

本发明公开了一种适用于中频电疗仪的电源供给电路，包括第一电源电路、第二电源电路和第三电源电路。所述的第一电源电路包括电性连接的第一桥式整流电路和第一三端稳压器，所述的第二电源电路包括电性连接的第二桥式整流电路和第二三端稳压器，所述的第三电源电路包括依次电性连接的第三桥式整流电路、二极管和第三三端稳压器，所述的第一三端稳压器、第二三端稳压器和第三三端稳压器的电压输入端和电压输出端均连接有去耦电路，所述的第一桥式整流电路、第二桥式整流电路和第三桥式整流电路的输入端上均连接有自恢复熔丝，所述的去耦电路包括第一电容和第二电容，所述的第一电容和第二电容相并联且一公共端接地。其可提供多种电压，以使中频电疗仪的各电子元器件性能达到最优。

双向电压定位电路、电压转换器及其电源装置

申请（专利）号：201410078841.4　**公开日：**2014-09-10

申请人：三星电子株式会社

发明人：文诚佑　高命龙　高裕锡　琴东震　刘玄旭　柳华烈

摘要：

公开了一种双向电压定位电路、电压转换器及其电源装置。双向电压定位电路包括电压电流转换器、电流镜电路和开关。电压电流转换器将感测电压转换成第一电流，基于流经在开关节点与输出节点之间连接的输出线圈的电流来感测所述感测电压。电流镜电路反射第一电流以产生第二电流和第三电流，第二电流是第一电流的N倍，第三电流是第一电流的M倍，N和M是大于零的实数。开关响应于开关控制信号来向反馈节点提供第二电流和第三电流中的一个，输出节点的输出电压在反馈节点被划分。

形成用于FO-EWLB中电源/接地平面的嵌入导电层的半导体器件和方法

申请（专利）号：201410085270.7　**公开日：**2014-09-10

申请人：新科金朋有限公司

发明人：林耀剑　包旭升　陈康

摘要：

一种半导体器件具有第一导电层和与所述第一导电层相邻布置的半导体管芯。在所述第一导电层和半导体管芯上沉积密封剂。在所述密封剂、半导体管芯和第一导电层上形成绝缘层。在所述绝缘层上形成第二导电层。将所述第一导电层的第一部分电连接到VSS并形成接地平面。将所述第一导电层的第二部分电连接到VDD并形成电源平面。第一导电层、绝缘层和第二导电层构成解耦电容器。在所述绝缘层和第一导电层上形成包括第二导电层的迹线的微带线。在嵌入虚管芯、互连单元或模块化PCB单元上提供第一导电层。

汽车启动用锂离子电源装置

申请（专利）号：201310067355.8　**公开日：**2014-09-10

申请人：深圳市铂飞特启动电池技术有限公司

发明人：张孝敏　车昭维

摘要：

本发明属于锂电池技术领域，提供一种汽车启动用锂离子电源装置。这种汽车启动用锂离子电源装置包括电池盒、上盖及设置在电池盒中的电芯。上盖上设有正、负极柱。所述电芯由多个锂离子单体电芯串、并联而成，所述正、负极柱间跨接有电解电容。根据本发明的汽车启动用锂离子电源装置，锂离子电池的安全性好，循环次数多；

使电源装置充电容易，并能消除发电机产生的纹波，并能起到很好的稳压作用；瞬间放电电流大，能够使车载电压平稳，适合汽车启动的需要；能量转换效益高，并能节省燃油，减少排放。

一种电动大巴车用电源 Pack

申请（专利）号：201310069539.8 **公开日**：2014-09-10
申请人：万向电动汽车有限公司 万向集团公司
发明人：尉国钢 何亚飞
摘要：

本发明公开了一种电动大巴车用电源 Pack，包括电池盒及设于电池盒内部的若干电源模块。所述的电池盒左右两侧外壁上一侧设有进风道，另一侧设有出风道，进风道通过电池盒上的通风孔与电池盒内部连通，进风道上设有若干用于外部空气进入的进风口。出风道也通过电池盒上的通风孔与电池盒内部连通，出风道上开设有若干出风口，出风口处设有用于往外吹气的风扇。电池盒内壁上往内依次设有防热辐射涂层和保温棉层。电源模块位于保温棉层内部，电源模块底部设有电池加热模块。本发明针对电动汽车电源模块在温度过高或过低环境下使用影响性能与寿命的问题，提出一种具有散热、加热、保温功能的电动大巴车用电源 Pack。

一种便携式电源箱

申请（专利）号：201410239728.X **公开日**：2014-09-10
申请人：国家电网公司 国网吉林省电力有限公司长春供电公司
发明人：李建民 杨宝伟 任宝龙 王迪 衣红印 关大伟 王金山 杨春飞 陈洁 王钦钦 黄大志
摘要：

本发明涉及一种便携式电源箱，属于电力设备领域，包括箱体、开关组、箱门、控制开关、接线板、通用电源插座、组合电源插座、电源接口。所述的箱体与箱门活动连接，箱体顶端安装有电源接口，箱体内部安装有开关组、接线板、电源接口和组合电源插座；所述的开关组安装有控制开关；所述的接线板安装有通用电源插座。相比现有技术，本发明具有带多个电源接口、带多种插座、操作简单、效率高、安全的特点。

电子烟中防止微控制器电源电压跌落的保护装置和方法

申请（专利）号：201310069936.5 **公开日**：2014-09-10
申请人：向智勇
发明人：向智勇
摘要：

本发明公开了一种电子烟中防止微控制器电源电压跌落的保护装置和方法，包括微控制器、电源模块和场效应晶体管。所述电源模块用于为所述微控制器提供电源，还包括储能电路。所述储能电路连接在所述微控制器和所述电源模块之间。所述储能电路用于当发生过电流或短路时，通过储能电路给微控制器供电，使微控制器可在一定时间段内保持正常工作电压；待微控制器确定是过电流或短路后、关闭 MOSFET，停止电流的输出，解决了现有技术中所存在的微控制器不稳定的不可控现象的发生。本发明所设计的电路简单，成本较低。

电子烟的可充电电源保护装置及方法

申请（专利）号：201310069937.X **公开日**：2014-09-10
申请人：向智勇
发明人：向智勇
摘要：

本发明涉及一种电子烟的可充电电源保护装置，包括可充电的电源模块、微控制器、半导体开关、用于接入充电单元的接口模块。接口模块具有第一充电端子及第二充电端子；微控制器具有输入端及输出端；电源模块与接口模块及半导体开关相连，通过接口模块接入充电单元为电源模块充电；电源模块与微控制器相连，向微控制器提供电源；微控制器的输入端及输出端分别与接口模块及半导体开关相连，检测第一充电端子的电压信号，判断电压信号电平的正负并向半导体开关发送控制信号控制半导体开关的通断。本发明的电子烟的可充电电源保护装置可对充电单元或接口模块的短路实施保护和对电源模块在充电过程中的对外部放电实施保护。

一种带 LED 显示屏显示电量双线汽车应急点火电源

申请（专利）号：201410257118.2 **公开日**：2014-09-10
申请人：昆山市圣光新能源科技有限公司
发明人：熊开富
摘要：

本发明涉及一种带 LED 显示屏显示电量双线汽车应急点火电源，包括电源本体、电瓶线夹、开关、充电接口、电池模组、控制电路板、LED 显示屏。所述电瓶线夹、开关，充电接口、LED 显示屏内嵌安装在电源本体上，电池模组、控制电路板安装在电源本体内部。本发明的产品使用和携带方便，便于查看电量。

一种带充电功能双线汽车应急点火电源

申请（专利）号：201410257096.X **公开日**：2014-09-10
申请人：昆山市圣光新能源科技有限公司
发明人：熊开富
摘要：

本发明涉及一种带充电功能双线汽车应急点火电源，包括电源本体、电瓶线夹、开关、充电接口、电池模组、控制电路板、标准 USB 座。所述电瓶线夹、开关、充电接口、标准 USB 座内嵌安装在电源本体上，电池模组、控制电路板安装在电源本体内部，本发明的产品使用和携带方便，便于充电。

新型带液晶显示屏及激光灯双线汽车应急点火电源

申请（专利）号：201410257112.5 **公开日**：2014-09-10

申请人：昆山市圣光新能源科技有限公司

发明人：熊开富

摘要：

本发明涉及新型带液晶显示屏及激光灯双线汽车应急点火电源，包括电源本体、电瓶线夹、开关、充电接口、电池模组、控制电路板、激光灯、液晶显示屏。所述电瓶线夹、开关、充电接口、激光灯、液晶显示屏内嵌安装在电源本体上，电池模组、控制电路板安装在电源本体内部。本发明的产品使用和携带方便，可充当指引灯及查看电量。

新型带MP3及带手电功能双线汽车应急点火电源

申请（专利）号：201410257114.4　**公开日**：2014-09-10

申请人：昆山市圣光新能源科技有限公司

发明人：熊开富

摘要：

本发明涉及新型带MP3及带手电功能双线汽车应急点火电源，包括电源本体、电瓶线夹、开关、充电接口、电池模组、控制电路板、LED灯、MP3控制模块、扬声器、标准USB座。所述电瓶线夹、开关、充电接口、LED灯、扬声器、标准USB座内嵌安装在电源本体上，电池模组、控制电路板、MP3控制模块安装在电源本体内部。本发明的产品使用和携带方便，可当手电使用及播放歌曲。

新型带液晶显示屏及MP3功能双线汽车应急点火电源

申请（专利）号：201410257226.X　**公开日**：2014-09-10

申请人：昆山市圣光新能源科技有限公司

发明人：熊开富

摘要：

本发明涉及新型带液晶显示屏及MP3功能双线汽车应急点火电源，包括电源本体、电瓶线夹、开关、充电接口、电池模组、控制电路板、MP3控制模块、扬声器、标准USB座、液晶显示屏。所述电瓶线夹、开关、充电接口、MP3控制模块、扬声器、标准USB座、液晶显示屏内嵌安装在电源本体上，电池模组、控制电路板安装在电源本体内部。本发明的产品使用和携带方便，可播放音乐。

新型带MP3及蓝牙功能双线汽车应急点火电源

申请（专利）号：201410257125.2　**公开日**：2014-09-10

申请人：昆山市圣光新能源科技有限公司

发明人：熊开富

摘要：

本发明涉及新型带MP3及蓝牙功能双线汽车应急点火电源，包括电源本体、电瓶线夹、开关、充电接口、电池模组、控制电路板、蓝牙模块、MP3控制模块、扬声器、标准USB座。所述电瓶线夹、开关、充电接口、扬声器、标准USB座内嵌安装在电源本体上，MP3控制模块、电池模组、控制电路板、蓝牙模块安装在电源本体内部。本发明的产品使用更方便，可播放歌曲。

新型带LED显示屏及求救灯双线汽车应急点火电源

申请（专利）号：201410257127.1　**公开日**：2014-09-10

申请人：昆山市圣光新能源科技有限公司

发明人：熊开富

摘要：

本发明涉及新型带LED显示屏及求救灯双线汽车应急点火电源，包括电源本体、开关、充电接口、电池模组、控制电路板、求救信号灯、LED显示屏、电瓶线夹、所述开关、充电接口、求救信号灯、LED显示屏、电瓶线夹内嵌安装在电源本体上，电池模组、控制电路板安装在电源本体内部。本发明的产品使用和携带方便，可发射求救信号及查看电量。

一种带激光灯双线汽车应急点火电源

申请（专利）号：201410257187.3　**公开日**：2014-09-10

申请人：昆山市圣光新能源科技有限公司

发明人：熊开富

摘要：

本发明涉及一种带激光灯双线汽车应急点火电源，包括电源本体、电瓶线夹、开关、充电接口、电池模组、控制电路板、激光灯。所述电瓶线夹、开关、充电接口、激光灯内嵌安装在电源本体上，电池模组、控制电路板安装在电源本体内部。本发明的产品使用和携带方便，可充当指引灯。

一种带手电功能双线汽车应急点火电源

申请（专利）号：201410257033.4　**公开日**：2014-09-10

申请人：昆山市圣光新能源科技有限公司

发明人：熊开富

摘要：

本发明涉及一种带手电功能双线汽车应急点火电源，包括电源本体、电瓶线夹、开关、充电接口、电池模组、控制电路板、LED灯。所述电瓶线夹、开关、充电接口、LED灯内嵌安装在电源本体上，电池模组、控制电路板安装在电源本体内部。本发明的产品使用和携带方便，可当手电使用。

新型带MP3及液晶显示屏双线汽车应急点火电源

申请（专利）号：201410257194.3　**公开日**：2014-09-10

申请人：昆山市圣光新能源科技有限公司

发明人：熊开富

摘要：

本发明涉及新型带MP3及液晶显示屏双线汽车应急点火电源，包括电源本体、电瓶线夹、开关、充电接口、电池模组、控制电路板、液晶显示屏、MP3控制模块、扬声器、标准USB座。所述电瓶线夹、开关、充电接口、液晶显示屏、扬声器、标准USB座内嵌安装在电源本体上，电池模组、控制电路板、MP3控制模块安装在电源本体内部。本发明的产品使用和携带方便，便于查看电量及播放歌曲。

一种带有化妆镜和照明灯的移动电源

申请（专利）号： 201310623509.7 **公开日：** 2014-09-10

申请人： 西安三威安防科技有限公司

发明人： 贾卫东 魏军锋

摘要：

本发明属于电子产品领域，具体提供了一种带有化妆镜和照明灯的移动电源，包括壳体和设置在壳体内的蓄电池。所述壳体上嵌入式安装有化妆镜和LED灯，解决了克服现有技术中移动电源没有化妆镜和照明灯的问题。该带有化妆镜和照明灯的移动电源提供了化妆镜的功能，便于使用者节省包内空间，照明灯的设计可供使用者在黑暗环境下应急照明，增强了设计的功能性。

一种带蓝牙功能双线汽车应急点火电源

申请（专利）号： 201410257188.8 **公开日：** 2014-09-10

申请人： 昆山市圣光新能源科技有限公司

发明人： 熊开富

摘要：

本发明涉及一种带蓝牙功能双线汽车应急点火电源，包括电源本体、电瓶线夹、开关、充电接口、电池模组、控制电路板、蓝牙模块。所述电瓶线夹、开关、充电接口内嵌安装在电源本体上，电池模组、控制电路板、蓝牙模块安装在电源本体内部。本发明的产品搜寻更快捷。

一种带指南针功能双线汽车应急点火电源

申请（专利）号： 201410257032.X **公开日：** 2014-09-10

申请人： 昆山市圣光新能源科技有限公司

发明人： 熊开富

摘要：

本发明涉及一种带指南针功能双线汽车应急点火电源，包括电源本体、电瓶线夹、开关、充电接口、电池模组、控制电路板、指南针。所述电瓶线夹、开关、充电接口、指南针内嵌安装在电源本体上，电池模组、控制电路板安装在电源本体内部。本发明的产品使用和携带方便；可辨别方位。

新型带MP3及充电功能双线汽车应急点火电源

申请（专利）号： 201410257028.3 **公开日：** 2014-09-10

申请人： 昆山市圣光新能源科技有限公司

发明人： 熊开富

摘要：

本发明涉及新型带MP3及充电功能双线汽车应急点火电源，包括电源本体、电瓶线夹、开关、充电接口、电池模组、控制电路板、标准USB座、MP3控制模块、扬声器。所述电瓶线夹、开关、充电接口、标准USB座、扬声器内嵌安装在电源本体上，电池模组、MP3控制模块、控制电路板安装在电源本体内部。本发明的产品使用和携带方便，便于充电及播放歌曲。

新型带LED显示屏及指南针双线汽车应急点火电源

申请（专利）号： 201410257024.5 **公开日：** 2014-09-10

申请人： 昆山市圣光新能源科技有限公司

发明人： 熊开富

摘要：

本发明涉及新型带LED显示屏及指南针双线汽车应急点火电源，包括电源本体、电瓶线夹、开关、充电接口、电池模组、控制电路板、指南针、LED显示屏。所述电瓶线夹、开关、充电接口、指南针、LED显示屏内嵌安装在电源本体上，电池模组、控制电路板安装在电源本体内部。本发明的产品使用和携带方便，可辨别方位及电量查看。

一种双线汽车应急点火电源

申请（专利）号： 201410257022.6 **公开日：** 2014-09-10

申请人： 昆山市圣光新能源科技有限公司

发明人： 熊开富

摘要：

本发明涉及一种双线汽车应急点火电源，包括电源本体、电瓶线夹、开关、充电接口、电池模组、控制电路板。所述电瓶线夹、开关、充电接口内嵌安装在电源本体上，电池模组、控制电路板安装在电源本体内部。本发明的产品使用和携带方便。

新型带MP3及求救信号灯双线汽车应急点火电源

申请（专利）号： 201410256995.8 **公开日：** 2014-09-10

申请人： 昆山市圣光新能源科技有限公司

发明人： 熊开富

摘要：

本发明涉及新型带MP3及求救信号灯双线汽车应急点火电源，包括电源本体、电瓶线夹、开关、充电接口、电池模组、控制电路板、求救信号灯、MP3控制模块、扬声器、标准USB座。所述电瓶线夹、开关、充电接口、求救信号灯、扬声器、标准USB座内嵌安装在电源本体上，电池模组、控制电路板、MP3控制模块安装在电源本体内部。本发明的产品使用和携带方便，可发射求救信号及播放歌曲。

新型带蓝牙及手电功能双线汽车应急点火电源

申请（专利）号： 201410315030.1 **公开日：** 2014-09-10

申请人： 昆山市圣光新能源科技有限公司

发明人： 熊开富

摘要：

本发明涉及新型带蓝牙及手电功能双线汽车应急点火电源，包括电源本体、电瓶线夹、开关、充电接口、电池模组、控制电路板、LED灯、蓝牙模块。所述电瓶线夹、开关、充电接口、LED灯内嵌安装在电源本体上，电池模组、控制电路板、蓝牙模块安装在电源本体内部。本发明的产品使用和携带方便，可当手电使用。

带提醒功能的药盒移动电源

申请（专利）号：201310623400.3　**公开日：**2014-09-10
申请人：陕西易阳科技有限公司
发明人：张俊
摘要：

本发明属于智能手机技术领域，具体涉及一种带提醒功能的药盒移动电源，包括壳体、壳体上表面左半部分中部安装有计时器，计时器包括用于定时地加时按钮和减时按钮及显示定时时间的显示屏幕。壳体上表面右半部分中部安装有蜂鸣器，上半部分安装有呈直线排布的 4 个小型药盒和 1 个大型药盒。当使用者生病但要出行时，只需提前将所需使用的药物放置分门别类放置在药盒内，可根据吃药的频率调整计时器的时间，到达指定时间蜂鸣器就会提醒使用者按时吃药，实现了定时提醒病人服药的功能，并可以根据需要存取药物。

新型带 MP3 及指南针功能双线汽车应急点火电源

申请（专利）号：201410257230.6　**公开日：**2014-09-10
申请人：昆山市圣光新能源科技有限公司
发明人：熊开富
摘要：

本发明涉及新型带 MP3 及指南针功能双线汽车应急点火电源，包括电源本体、电瓶线夹、开关、充电接口、电池模组、控制电路板、指南针、MP3 控制模块、扬声器、标准 USB 座。所述电瓶线夹、开关、充电接口、指南针、扬声器、标准 USB 座内嵌安装在电源本体上，电池模组、控制电路板、MP3 控制模块安装在电源本体内部。本发明的产品使用和携带方便，可辨别方位及播放歌曲。

可求救的药盒移动电源

申请（专利）号：201310623095.8　**公开日：**2014-09-10
申请人：陕西易阳科技有限公司
发明人：张俊
摘要：

本发明属于智能手机技术领域，具体涉及一种可求救的药盒移动电源，包括壳体。壳体上表面中部装有 1 个求救按钮，用于控制位于壳体上表面右半部分中部的蜂鸣器。上表面上部设置有呈直线排布的 4 个小型药盒和 1 个大型药盒，大型药盒在右侧，各个药盒上有与其面积相应大小的药盒盖。使用者出行前可将常用药品分门别类放在药盒中，当使用者或使用者的友人突然生病、发病时，可及时从移动电源的药盒中取出药品治病，在使用者孤身一人发病或遇到其他危险情况时，可按下求救按钮，向附近的人求救，方便了外出时存储药品和及时取用药品，并可实现必要时求救的功能。

带笔的显示电量移动电源

申请（专利）号：201310623082.0　**公开日：**2014-09-10
申请人：陕西易阳科技有限公司
发明人：张俊
摘要：

本发明属于智能手机技术领域，具体涉及一种带笔的显示电量移动电源，包括壳体。壳体正面左半部分中部有 1 个电源开关，正面中部有 1 个电量显示格。上表面有 1 个放置写字笔的凹槽，凹槽两侧各有 1 卡扣。壳体右侧面下半部分中部有 1 个照明灯开关，用于控制位于右侧面下半部分下方呈直线排布的 3 个照明灯。外出时，将写字笔放在凹槽内，需要充电时，打开电源开关，电量显示格会根据剩余电量的百分比亮起相应的格数，从而提醒使用者更好的使用智能手机；需进行书写时，只需将写字笔取下即可，简单方便；在黑暗情况下行动时，可打开照明灯开关，根据照明灯的光亮进行活动。这样既方便使用者使用写字笔书写，又可让使用者观察移动电源剩余电量。

带伸缩线的照明移动电源

申请（专利）号：201310623553.8　**公开日：**2014-09-10
申请人：陕西易阳科技有限公司
发明人：张俊
摘要：

本发明属于智能手机技术领域，具体涉及一种带伸缩线的照明移动电源，包括壳体。壳体正面中部安装有开关，以移动电源为电源，用于控制位于壳体正面左半部分呈直线排布的 3 个照明灯。壳体右侧面伸出可伸缩的伸缩线，一端连接在壳体上，另一端装有充电插头，在伸缩线中部装有绕线转盘。使用者需要对手机充电时，只需通过绕线转盘将伸缩线抽出，在充电完成后，再通过绕线转盘对伸缩线进行收卷，这样简单方便，每次使用完成就自动对充电线进行整理，在黑暗情况下需照明时，只需打开开关，是照明灯工作发出光亮即可。这样充电线自动进行整理，也不影响正常使用，并增加了照明功能。

一种便携式移动电源

申请（专利）号：201310620259.1　**公开日：**2014-09-10
申请人：陕西易阳科技有限公司
发明人：张俊
摘要：

本发明属于智能手机技术领域，具体提供了一种便携式移动电源，包括移动电源本体。移动电源本体的两个侧面上安装有宽皮带，移动电源本体的背面安装有支撑架，支撑架的一端固定于所述移动电源本体上；另外一端可沿垂直于移动电源本体的背面活动，宽皮带的可活动端设置有粘贴扣，粘贴扣缝制于宽皮带上。使用时，可将所述便携移动电源上的宽皮带套于手腕上，并用宽皮带上的粘贴扣将两边的皮带黏合，以便与在使用手机时更加方便，避免了双手同时需要拿手机与移动电源的问题，而当使用者在平躺的环境下，需要用移动电源对正在使用的手机充电时，可将设置于移动电源背面的支撑架支撑开，放置于床头，方便实用。

新型带 LED 显示屏及收音机双线汽车应急点火电源

申请（专利）号： 201410257001.4 **公开日：** 2014-09-10
申请人： 昆山市圣光新能源科技有限公司
发明人： 熊开富
摘要：

本发明涉及新型带LED显示屏及收音机双线汽车应急点火电源，包括电源本体、电瓶线夹、开关、充电接口、电池模组、控制电路板、收音机模块、扬声器、LED显示屏。所述电瓶线夹、开关、充电接口、收音机模块、扬声器、LED显示屏内嵌安装在电源本体上，电池模组、控制电路板安装在电源本体内部。本发明的产品使用和携带方便，可收听广播及查看电量。

新型防滑带MP3及求救信号灯双线汽车应急点火电源

申请（专利）号： 201410315057.0 **公开日：** 2014-09-10
申请人： 昆山市圣光新能源科技有限公司
发明人： 熊开富
摘要：

本发明涉及新型防滑带MP3及求救信号灯双线汽车应急点火电源，包括电源本体、电瓶线夹、开关、充电接口、电池模组、控制电路板、求救信号灯、MP3控制模块、扬声器、标准USB座、防滑条。所述电瓶线夹、开关、充电接口、求救信号灯、扬声器、标准USB、防滑条座内嵌安装在电源本体上，电池模组、控制电路板、MP3控制模块安装在电源本体内部。本发明的产品使用和携带方便，可发射求救信号及播放歌曲。

新型防滑带蓝牙及求救信号灯双线汽车应急点火电源

申请（专利）号： 201410303704.6 **公开日：** 2014-09-10
申请人： 昆山市圣光新能源科技有限公司
发明人： 熊开富
摘要：

本发明涉及新型防滑带蓝牙及求救信号灯双线汽车应急点火电源，包括电源本体、电瓶线夹、开关、充电接口、电池模组、控制电路板、求救信号灯、蓝牙模块、防滑条。所述电瓶线夹、开关、充电接口、求救信号灯、防滑条内嵌安装在电源本体上，电池模组、控制电路板、蓝牙模块安装在电源本体内部。本发明的产品使用和携带方便，可发射求救信号。

新型带蓝牙及激光灯双线汽车应急点火电源

申请（专利）号： 201410315046.2 **公开日：** 2014-09-10
申请人： 昆山市圣光新能源科技有限公司
发明人： 熊开富
摘要：

本发明涉及新型带蓝牙及激光灯双线汽车应急点火电源，包括电源本体、电瓶线夹、开关、充电接口、电池模组、控制电路板、激光灯、蓝牙模块。所述电瓶线夹、开关、充电接口、激光灯内嵌安装在电源本体上，电池模组、控制电路板、蓝牙模块安装在电源本体内部。本发明的产品使用和携带方便，可充当指引灯。

新型防滑带MP3及带手电功能双线汽车应急点火电源

申请（专利）号： 201410315047.7 **公开日：** 2014-09-10
申请人： 昆山市圣光新能源科技有限公司
发明人： 熊开富
摘要：

本发明涉及新型防滑带MP3及带手电功能双线汽车应急点火电源，包括电源本体、电瓶线夹、开关、充电接口、电池模组、控制电路板、LED灯、MP3控制模块、扬声器、标准USB座、防滑条。所述电瓶线夹、开关、充电接口、LED灯、扬声器、标准USB座、防滑条内嵌安装在电源本体上，电池模组、控制电路板、MP3控制模块安装在电源本体内部。本发明的产品使用和携带方便，可当手电使用及播放歌曲。

一种新型带激光灯及指南针功能双线汽车应急点火电源

申请（专利）号： 201410315049.6 **公开日：** 2014-09-10
申请人： 昆山市圣光新能源科技有限公司
发明人： 熊开富
摘要：

本发明涉及一种新型带激光灯及指南针功能双线汽车应急点火电源，包括电源本体、电瓶线夹、开关、充电接口、电池模组、控制电路板、指南针、激光灯。所述电瓶线夹、开关、充电接口、指南针、激光灯内嵌安装在电源本体上，电池模组、控制电路板安装在电源本体内部。本发明的产品使用和携带方便，可辨别方位及充当指引灯功能。

新型带LED显示屏及手电功能双线汽车应急点火电源

申请（专利）号： 201410257249.0 **公开日：** 2014-09-10
申请人： 昆山市圣光新能源科技有限公司
发明人： 熊开富
摘要：

本发明涉及新型带LED显示屏及手电功能双线汽车应急点火电源，包括电源本体、电瓶线夹、开关、充电接口、电池模组、控制电路板、LED灯、LED显示屏。所述电瓶线夹、开关、充电接口、LED灯、LED显示屏内嵌安装在电源本体上，电池模组、控制电路板安装在电源本体内部。本发明的产品使用和携带方便，可当手电使用及电量显示。

新型带蓝牙及收音机功能双线汽车应急点火电源

申请（专利）号： 201410315054.7 **公开日：** 2014-09-10
申请人： 昆山市圣光新能源科技有限公司
发明人： 熊开富
摘要：

本发明涉及新型带蓝牙及收音机功能双线汽车应急点火电源，包括电源本体、电瓶线夹、开关、充电接口、电池模组、控制电路板、收音机模块、扬声器、蓝牙模块。所述电瓶线夹、开关、充电接口、收音机模块、扬声器内嵌安装在电源本体上，电池模组、控制电路板、蓝牙模块安装在电源本体内部。本发明的产品使用和携带方便，可收听广播。

一种新型带激光灯及液晶显示屏双线汽车应急点火电源

申请（专利）号：201410303682.3　**公开日：**2014-09-10

申请人：昆山市圣光新能源科技有限公司

发明人：熊开富

摘要：

本发明涉及一种新型带激光灯及液晶显示屏双线汽车应急点火电源，包括电源本体、电瓶线夹、开关、充电接口、电池模组、控制电路板、液晶显示屏、激光灯。所述电瓶线夹、开关、充电接口、液晶显示屏、激光灯内嵌安装在电源本体上，电池模组、控制电路板安装在电源本体内部。本发明的产品使用和携带方便，便于查看电量及充当指引灯。

新型带蓝牙及充电功能双线汽车应急点火电源

申请（专利）号：201410315056.6　**公开日：**2014-09-10

申请人：昆山市圣光新能源科技有限公司

发明人：熊开富

摘要：

本发明涉及新型带蓝牙及充电功能双线汽车应急点火电源，包括电源本体、电瓶线夹、开关、充电接口、电池模组、控制电路板、标准USB座、蓝牙模块。所述电瓶线夹、开关、充电接口、标准USB座内嵌安装在电源本体上，电池模组、控制电路板、蓝牙模块安装在电源本体内部。本发明的产品使用和携带方便，便于充电。

一种新型带求救灯及收音机功能双线汽车应急点火电源

申请（专利）号：201410315048.1　**公开日：**2014-09-10

申请人：昆山市圣光新能源科技有限公司

发明人：熊开富

摘要：

本发明涉及一种新型带求救灯及收音机功能双线汽车应急点火电源，包括电源本体、电瓶线夹、开关、充电接口、电池模组、控制电路板、收音机模块、扬声器、求救信号灯。所述电瓶线夹、开关、充电接口、收音机模块、扬声器、求救信号灯内嵌安装在电源本体上，电池模组、控制电路板安装在电源本体内部。本发明的产品使用和携带方便，可收听广播。

一种新型带求救灯及手电功能双线汽车应急点火电源

申请（专利）号：201410315058.5　**公开日：**2014-09-10

申请人：昆山市圣光新能源科技有限公司

发明人：熊开富

摘要：

本发明涉及一种新型带求救灯及手电功能双线汽车应急点火电源，包括电源本体、电瓶线夹、开关、充电接口、电池模组、控制电路板、LED灯、求救信号灯。所述电瓶线夹、开关、充电接口、LED灯、求救信号灯内嵌安装在电源本体上，电池模组、控制电路板安装在电源本体内部，本发明的产品使用和携带方便，可当手电使用及发射求救信号。

新型带蓝牙及求救信号灯双线汽车应急点火电源

申请（专利）号：201410315067.4　**公开日：**2014-09-10

申请人：昆山市圣光新能源科技有限公司

发明人：熊开富

摘要：

本发明涉及新型带蓝牙及求救信号灯双线汽车应急点火电源，包括电源本体、电瓶线夹、开关、充电接口、电池模组、控制电路板、求救信号灯、蓝牙模块。所述电瓶线夹、开关、充电接口、求救信号灯内嵌安装在电源本体上，电池模组、控制电路板、蓝牙模块安装在电源本体内部。本发明的产品使用和携带方便，可发射求救信号。

新型带液晶显示屏及收音机双线汽车应急点火电源

申请（专利）号：201410315066.X　**公开日：**2014-09-10

申请人：昆山市圣光新能源科技有限公司

发明人：熊开富

摘要：

本发明涉及新型带液晶显示屏及收音机双线汽车应急点火电源，包括电源本体、电瓶线夹、开关、充电接口、电池模组、控制电路板、收音机模块、扬声器、液晶显示屏。所述电瓶线夹、开关、充电接口、收音机模块、扬声器、液晶显示屏内嵌安装在电源本体上，电池模组、控制电路板安装在电源本体内部。本发明的产品使用和携带方便，可收听广播及查看电量。

新型防滑带充电及手电功能双线汽车应急点火电源

申请（专利）号：201410315060.2　**公开日：**2014-09-10

申请人：昆山市圣光新能源科技有限公司

发明人：熊开富

摘要：

本发明涉及新型防滑带充电及手电功能双线汽车应急点火电源，包括电源本体、电瓶线夹、开关、充电接口、电池模组、控制电路板、LED灯、标准USB座、防滑条。所述电瓶线夹、开关、充电接口、LED灯、标准USB座、防滑条内嵌安装在电源本体上，电池模组、控制电路板安装在电源本体内部。本发明的产品使用和携带方便，可当手电使用及给予外部移动设备充电。

新型防滑带显示屏及充电功能双线汽车应急点火电源

申请（专利）号： 201410315059.X **公开日：** 2014-09-10

申请人： 昆山市圣光新能源科技有限公司

发明人： 熊开富

摘要：

本发明涉及新型防滑带显示屏及充电功能双线汽车应急点火电源，包括电源本体、电瓶线夹、开关、充电接口、电池模组、控制电路板、标准USB座、液晶显示屏、防滑条。所述电瓶线夹、开关、充电接口、标准USB座、液晶显示屏内嵌安装在电源本体上，电池模组、控制电路板安装在电源本体内部。本发明的产品使用和携带方便，便于充电及查看电量。

新型防滑带MP3及蓝牙功能双线汽车应急点火电源

申请（专利）号： 201410303693.1 **公开日：** 2014-09-10

申请人： 昆山市圣光新能源科技有限公司

发明人： 熊开富

摘要：

本发明涉及新型防滑带MP3及蓝牙功能双线汽车应急点火电源，包括电源本体、电瓶线夹、开关、充电接口、电池模组、控制电路板、蓝牙模块、MP3控制模块、扬声器、标准USB座、防滑条。所述电瓶线夹、开关、充电接口、扬声器、标准USB座、防滑条内嵌安装在电源本体上，MP3控制模块、电池模组、控制电路板、蓝牙模块安装在电源本体内部。本发明的产品使用更方便，可播放歌曲。

新型带蓝牙及LED显示屏双线汽车应急点火电源

申请（专利）号： 201410315055.1 **公开日：** 2014-09-10

申请人： 昆山市圣光新能源科技有限公司

发明人： 熊开富

摘要：

本发明涉及新型带蓝牙及LED显示屏双线汽车应急点火电源，包括电源本体、开关、充电接口、电池模组、控制电路板、LED显示屏、电瓶线夹、蓝牙模块。所述开关、充电接口、LED显示屏、电瓶线夹内嵌安装在电源本体上，电池模组、控制电路板、蓝牙模块安装在电源本体内部。本发明的产品使用和携带方便，便于查看电量。

新型带LED显示屏及激光灯双线汽车应急点火电源

申请（专利）号： 201410257286.1 **公开日：** 2014-09-10

申请人： 昆山市圣光新能源科技有限公司

发明人： 熊开富

摘要：

本发明涉及新型带LED显示屏及激光灯双线汽车应急点火电源，包括电源本体、电瓶线夹、开关、充电接口、电池模组、控制电路板、激光灯、LED显示屏。所述电瓶线夹、开关、充电接口、激光灯、LED显示屏内嵌安装在电源本体上，电池模组、控制电路板安装在电源本体内部。本发明的产品使用和携带方便，可充当指引灯及查看电量。

一种带MP3功能双线汽车应急点火电源

申请（专利）号： 201410257270.0 **公开日：** 2014-09-10

申请人： 昆山市圣光新能源科技有限公司

发明人： 熊开富

摘要：

本发明涉及一种带MP3功能双线汽车应急点火电源，包括电源本体、电瓶线夹、开关、充电接口、电池模组、控制电路板、MP3控制模块、扬声器、标准USB座。所述电瓶线夹、开关、充电接口、MP3控制模块、扬声器、标准USB座内嵌安装在电源本体上，电池模组、控制电路板安装在电源本体内部。本发明的产品使用和携带方便，可播放音乐。

一种带液晶显示屏显示电量双线汽车应急点火电源

申请（专利）号： 201410257271.5 **公开日：** 2014-09-10

申请人： 昆山市圣光新能源科技有限公司

发明人： 熊开富

摘要：

本发明涉及一种带液晶显示屏显示电量双线汽车应急点火电源，包括电源本体、电瓶线夹、开关、充电接口、电池模组、控制电路板、液晶显示屏。所述电瓶线夹、开关，充电接口、液晶显示屏内嵌安装在电源本体上，电池模组、控制电路板安装在电源本体内部。本发明的产品使用和携带方便，便于查看电量。

一种新型带充电及MP3功能双线汽车应急点火电源

申请（专利）号： 201410315050.9 **公开日：** 2014-09-10

申请人： 昆山市圣光新能源科技有限公司

发明人： 熊开富

摘要：

本发明涉及一种新型带充电及MP3功能双线汽车应急点火电源，包括电源本体、电瓶线夹、开关、充电接口、电池模组、控制电路板、MP3控制模块、扬声器、标准USB座。所述电瓶线夹、开关、充电接口、MP3控制模块、扬声器、标准USB座内嵌安装在电源本体上，电池模组、控制电路板安装在电源本体内部。本发明的产品使用和携带方便，可播放音乐及充电。

新型带LED显示屏及MP3功能双线汽车应急点火电源

申请（专利）号： 201410257251.8 **公开日：** 2014-09-10

申请人： 昆山市圣光新能源科技有限公司

发明人： 熊开富

摘要：

本发明涉及新型带LED显示屏及MP3功能双线汽车应急点火电源，包括电源本体、电瓶线夹、开关、充电接口、电池模组、控制电路板、MP3控制模块、扬声器、标准USB座、LED显示屏。所述电瓶线夹、开关、充电接口、MP3控制模块、扬声器、标准USB座、LED显示屏内嵌安装在电源本体上，电池模组、控制电路板安装在电源本体内部。本发明的产品使用和携带方便，可播放音乐。

新型防滑带显示屏及激光灯双线汽车应急点火电源

申请（专利）号：201410303680.4　**公开日：**2014-09-10

申请人：昆山市圣光新能源科技有限公司

发明人：熊开富

摘要：

本发明涉及新型防滑带显示屏及激光灯双线汽车应急点火电源，包括电源本体、电瓶线夹、开关、充电接口、电池模组、控制电路板、激光灯、液晶显示屏、防滑条。所述电瓶线夹、开关、充电接口、激光灯、液晶显示屏、防滑条内嵌安装在电源本体上，电池模组、控制电路板安装在电源本体内部。本发明的产品使用和携带方便，可充当指引灯及查看电量。

一种带求救信号灯双线汽车应急点火电源

申请（专利）号：201410257269.8　**公开日：**2014-09-10

申请人：昆山市圣光新能源科技有限公司

发明人：熊开富

摘要：

本发明涉及一种带求救信号灯双线汽车应急点火电源，包括电源本体、电瓶线夹、开关、充电接口、电池模组、控制电路板、求救信号灯。所述电瓶线夹、开关、充电接口、求救信号灯内嵌安装在电源本体上，电池模组、控制电路板安装在电源本体内部。本发明的产品使用和携带方便，可发射求救信号。

新型带MP3及激光灯双线汽车应急点火电源

申请（专利）号：201410257285.7　**公开日：**2014-09-10

申请人：昆山市圣光新能源科技有限公司

发明人：熊开富

摘要：

本发明涉及新型带MP3及激光灯双线汽车应急点火电源，包括电源本体、电瓶线夹、开关、充电接口、电池模组、控制电路板、激光灯、MP3控制模块、扬声器、标准USB座。所述电瓶线夹、开关、充电接口、激光灯、扬声器、标准USB座内嵌安装在电源本体上，电池模组、控制电路板、MP3控制模块安装在电源本体内部。本发明的产品使用和携带方便，可充当指引灯及播放歌曲。

新型带LED显示屏及充电功能双线汽车应急点火电源

申请（专利）号：201410257287.6　**公开日：**2014-09-10

申请人：昆山市圣光新能源科技有限公司

发明人：熊开富

摘要：

本发明涉及新型带LED显示屏及充电功能双线汽车应急点火电源，包括电源本体、电瓶线夹、开关、充电接口、电池模组、控制电路板、标准USB座、LED显示屏。所述电瓶线夹、开关、充电接口、标准USB座、LED显示屏内嵌安装在电源本体上，电池模组、控制电路板安装在电源本体内部。本发明的产品使用和携带方便，便于充电及查看电量。

新型防滑带蓝牙及指南针功能双线汽车应急点火电源

申请（专利）号：201410303464.X　**公开日：**2014-09-10

申请人：昆山市圣光新能源科技有限公司

发明人：熊开富

摘要：

本发明涉及新型防滑带蓝牙及指南针功能双线汽车应急点火电源，包括电源本体、电瓶线夹、开关、充电接口、电池模组、控制电路板、指南针、蓝牙模块、防滑条。所述电瓶线夹、开关、充电接口、指南针、防滑条内嵌安装在电源本体上，电池模组、控制电路板、蓝牙模块安装在电源本体内部。本发明的产品使用和携带方便，可辨别方位。

新型带液晶显示屏及指南针双线汽车应急点火电源

申请（专利）号：201410303679.1　**公开日：**2014-09-10

申请人：昆山市圣光新能源科技有限公司

发明人：熊开富

摘要：

本发明涉及新型带液晶显示屏及指南针双线汽车应急点火电源，包括电源本体、电瓶线夹、开关、充电接口、电池模组、控制电路板、指南针、液晶显示屏。所述电瓶线夹、开关、充电接口、指南针、液晶显示屏内嵌安装在电源本体上，电池模组、控制电路板安装在电源本体内部。本发明的产品使用和携带方便，可辨别方位及电量查看。

新型带液晶显示屏及求救灯双线汽车应急点火电源

申请（专利）号：201410303542.6　**公开日：**2014-09-10

申请人：昆山市圣光新能源科技有限公司

发明人：熊开富

摘要：

本发明涉及新型带液晶显示屏及求救灯双线汽车应急点火电源，包括电源本体、开关、充电接口、电池模组、控制电路板、求救信号灯、液晶显示屏、电瓶线夹。所述开关、充电接口、求救信号灯、液晶显示屏、电瓶线夹内嵌安装在电源本体上，电池模组、控制电路板安装在电源本体内部。本发明的产品使用和携带方便，可发射求救信号及查看电量。

新型带LED显示屏及蓝牙功能双线汽车应急点火电源

申请（专利）号：201410257250.3　**公开日：**2014-09-10

申请人：昆山市圣光新能源科技有限公司
发明人：熊开富
摘要：

本发明涉及新型带LED显示屏及蓝牙功能双线汽车应急点火电源，包括电源本体、电瓶线夹、开关、充电接口、电池模组、控制电路板、蓝牙模块、LED显示屏。所述电瓶线夹、开关、充电接口、LED显示屏内嵌安装在电源本体上，电池模组、控制电路板、蓝牙模块安装在电源本体内部。本发明的产品使用更方便。

一种新型带激光灯及手电功能双线汽车应急点火电源

申请（专利）号：201410303546.4 **公开日：**2014-09-10
申请人：昆山市圣光新能源科技有限公司
发明人：熊开富
摘要：

本发明涉及一种新型带激光灯及手电功能双线汽车应急点火电源，包括电源本体、电瓶线夹、开关、充电接口、电池模组、控制电路板、LED灯、激光灯。所述电瓶线夹、开关、充电接口、LED灯、激光灯内嵌安装在电源本体上，电池模组、控制电路板安装在电源本体内部。本发明的产品使用和携带方便，可当手电使用及充当指引灯。

新型防滑带蓝牙及手电功能双线汽车应急点火电源

申请（专利）号：201410303579.9 **公开日：**2014-09-10
申请人：昆山市圣光新能源科技有限公司
发明人：熊开富
摘要：

本发明涉及新型防滑带蓝牙及手电功能双线汽车应急点火电源，包括电源本体、电瓶线夹、开关、充电接口、电池模组、控制电路板、LED灯、蓝牙模块、防滑条。所述电瓶线夹、开关、充电接口、LED灯、防滑条内嵌安装在电源本体上，电池模组、控制电路板、蓝牙模块安装在电源本体内部。本发明的产品使用和携带方便，可当手电使用。

新型带MP3及LED显示屏双线汽车应急点火电源

申请（专利）号：201410258773.X **公开日：**2014-09-10
申请人：昆山市圣光新能源科技有限公司
发明人：熊开富
摘要：

本发明涉及新型带MP3及LED显示屏双线汽车应急点火电源，包括电源本体、开关、充电接口、电池模组、控制电路板、LED显示屏、电瓶线夹、MP3控制模块、扬声器、标准USB座。所述开关、充电接口、LED显示屏、电瓶线夹、扬声器、标准USB座内嵌安装在电源本体上，MP3控制模块、电池模组、控制电路板安装在电源本体内部。本发明的产品使用和携带方便，可以电量查看及播放歌曲。

新型防滑带充电及求救信号灯双线汽车应急点火电源

申请（专利）号：201410303584.X **公开日：**2014-09-10
申请人：昆山市圣光新能源科技有限公司
发明人：熊开富
摘要：

本发明涉及新型防滑带充电及求救信号灯双线汽车应急点火电源，包括电源本体、电瓶线夹、开关、充电接口、电池模组、控制电路板、求救信号灯、标准USB座。所述电瓶线夹、开关、充电接口、求救信号灯、标准USB座内嵌安装在电源本体上，电池模组、控制电路板安装在电源本体内部。本发明的产品使用和携带方便，可发射求救信号及给移动设备充电。

一种带收音机功能双线汽车应急点火电源

申请（专利）号：201410257272.X **公开日：**2014-09-10
申请人：昆山市圣光新能源科技有限公司
发明人：熊开富
摘要：

本发明涉及一种带收音机功能双线汽车应急点火电源，包括电源本体、电瓶线夹、开关、充电接口、电池模组、控制电路板、收音机模块、扬声器。所述电瓶线夹、开关、充电接口、收音机模块、扬声器内嵌安装在电源本体上，电池模组、控制电路板安装在电源本体内部。本发明的产品使用和携带方便，可收听广播。

服务器及其电源管理方法

申请（专利）号：201310071310.8 **公开日：**2014-09-10
申请人：鸿富锦精密工业（深圳）有限公司 鸿海精密工业股份有限公司
发明人：张力文 施志忠
摘要：

本发明提供一种服务器及其电源管理方法。该服务器包括电源和电池。该服务器的电池与其他至少一服务器的电池并联连接。该服务器还包括处理器，用于侦测电源给服务器的供电情况，当侦测到电源不能提供服务器正常工作的电力时，发送一触发信号控制电池及与该电池并联的其他服务器的电池给服务器供电。本发明各个服务器的电池并联连接，一服务器在电源不能提供服务器正常工作的电力时，获取其他服务器电池的电量给服务器供电，实现各个服务器电池电量的合理利用，使得服务器可长时间的正常工作，大大方便了用户。

通信设备的直流电源供给电路

申请（专利）号：201410258460.4 **公开日：**2014-09-10
申请人：四川联友电讯技术有限公司
发明人：王学宗
摘要：

本发明公开了一种通信设备的直流电源供给电路，包括前端的整流电路、变压器、芯片WS106和输出电路。其优点是，电源的输出稳定度高，为通信设备提供稳定的电压，保证通信设备的运行稳定度。

高稳定性适用于通信设备的电源

申请（专利）号： 201410258459.1　**公开日：** 2014-09-10

申请人： 四川联友电讯技术有限公司

发明人： 王学宗

摘要：

本发明公开了稳定性高的适用于通信设备的电源，包括芯片。芯片的 S 引脚与变压器的第二一次电路的一端相连，第二一次电路的另一端与二极管 D2 的阳极相连；二极管 D2 的阴极通过电阻 R5 与芯片的 C 引脚相连，芯片的 D 引脚同时与场效应晶体管的漏极和电阻 R4 相连；电阻 R4 的另一端与变压器的第一原边相连；第一一次电路上连接有电阻 R3；场效应晶体管的源极通过电阻 R1 与电阻 R3 相连；场效应晶体管的栅极和漏极之间连接有电阻 R2；电阻 R1 上并联有电容 C2；变压器的二次侧的一端接地，另一端与二极管 D3 的阳极相连；二极管 D3 的阴极上连接有电感；电感的两端分别连接有接地电容 C4 和接地电容 C5。其优点是，电源输出的电压稳定性高，通信设备运行稳定性高。

稳定性高的发射机合路器电源接口电路

申请（专利）号： 201410258497.7　**公开日：** 2014-09-10

申请人： 四川联友电讯技术有限公司

发明人： 王学宗

摘要：

本发明公开了一种稳定性高的发射机合路器电源接口电路。它包括输入电路，输入电路与倍压电路相连，倍压电路同时与电容 C1 和场效应晶体管的源极相连，电容 C1 的另一端接地；场效应晶体管的源极通过电阻 R1 与栅极相连，场效应晶体管的栅极同时连接在芯片 TL431 的 K 引脚和晶体管的集电极上，晶体管的基极连接在场效应晶体管的漏极上，晶体管的发射极连接在可变电阻 R4 的调节端上，可变电阻上串联有电阻 R3，电阻 R3 的非公共端接地。所述的可变电阻 R4 的非公共端连接在调节端上且通过电阻 R2 与场效应晶体管的漏极相连，芯片 TL431 的 A 引脚接地且 R 引脚连接在可变电阻 R4 和电阻 R3 的公共端上。其优点是电源稳定性高，能保证发射机合路器的运行可靠性。

一种自带移动电源的智能手机

申请（专利）号： 201310620408.4　**公开日：** 2014-09-10

申请人： 陕西易阳科技有限公司

发明人： 张俊

摘要：

本发明具体提供了一种自带移动电源的智能手机，包括手机壳体和手机壳体内部的电源模块。所述的手机壳体上设置有移动电源、电源开关，所述移动电源通过电源开关与电源模块的电源输入端连接。该智能手机结构简单，其上设置有移动电源，储存的电量大，可随时随地给手机供电，方便实用。

图像形成设备、电源管理系统和图像形成方法

申请（专利）号： 201310466852.5　**公开日：** 2014-09-10

申请人： 富士施乐株式会社

发明人： 佐藤英树

摘要：

本发明提供了一种图像形成设备、电源管理系统和图像形成方法。图像形成设备包括打印单元；切断请求接收单元，其从管理电源的管理设备接收切断电力供给的切断请求；通知接收单元，其接收发生预定事件的通知；控制部分，其在切断请求接收单元接收到切断电力供给的切断请求并且通知接收单元接收到发生预定事件的通知的情况下，执行控制操作以在打印单元打印预定数据之后切断电力的供给。

电源相位侦测电路

申请（专利）号： 201310077781.X　**公开日：** 2014-09-17

申请人： 鸿富锦精密电子（天津）有限公司　鸿海精密工业股份有限公司

发明人： 周海清　涂一新

摘要：

一种侦测电路，包括第一至第三电源输入模块、第一至第三电压输入端、一报警模块、第一至第五开关单元及一电源管理模块。电源输入模块用于将多相电源提供的至少一相脉冲信号转化为直流电信号输出；报警模块与所述第二电压输入端相连，用于在侦测到电源缺相时报警；第一至第五开关单元，分别根据电源输入模块提供的信号导通或断开以提供不同电平至电源管理模块；电源管理模块用于判断多相电源工作状况并在异常时停止多相电源的工作。

用于检测远程设备是否与电源相关联的系统和方法

申请（专利）号： 201410092843.9　**公开日：** 2014-09-17

申请人： 力博特公司

发明人： 理查德·J·柴可夫斯基

摘要：

本发明公开了一种用于检测远程设备是否与电源相关联的系统。该系统可以具有其上运行有用于改变施加至电源的信号的特性的机器可读的非暂态可执行代码的控制器。该控制器可以被进一步配置成对从测量子系统获得的与存在于远程设备的被测量信号有关的测量进行比较。该控制器还可以被配置成在施加至电源的信号与在远程设备处获得的被测量信号之间进行比较，并且确定远程设备是否与电源电关联。

一种滚镀电源系统

申请（专利）号： 201310076837.X　**公开日：** 2014-09-17

申请人： 北京中科三环高技术股份有限公司

发明人： 魏群力　李维科　董文雪

摘要：

本发明提供一种滚镀电源系统，包括电源、电流测量

装置和可编程逻辑控制器控制模块。所述电源包括阴极输出，将电流输出并传递给受镀工件。所述电流测量装置测量由所述阴极输出所输出的电流。所述电源为恒流输出模式，所述可编程逻辑控制器控制模块以预定频率记录所述电流并计算所述电流的变化。在预设的时间段内，所述可编程逻辑控制器控制模块计算紧邻的前后两次记录的电流差，当所述电流差小于预设值的次数达到预定次数时，所述滚镀电源系统发出电镀滚筒停转的故障报警提示。当在预定的时间段内所述电流超出预设范围的次数达到预定次数时，所述滚镀电源系统发出脱电故障的报警提示。

一种预防 UPS 用蓄电池倒置使用漏液腐蚀的处理方法

申请（专利）号：201410291777.8 **公开日：**2014-09-17

申请人：山东圣阳电源股份有限公司

发明人：高海洋 马建平 王涛

摘要：

一种预防 UPS 用蓄电池倒置使用漏液腐蚀的处理方法，涉及蓄电池。现在用于备用电源的 UPS 装置蓄电池需求量迅增加，而由于 UPS 装置使用存放位置或蓄电池在装置中的装配方向可能出现倒置，使得蓄电池电池槽内的电解液在重力作用下从电池盖上的注液孔溢出，造成外观或设备腐蚀。目前，解决措施一般是：1. 减少电解液量，但造成蓄电池贫液，容易形成热失控；2. 避免 UPS 装置或蓄电池的倒置使用，但容易限制 UPS 使用，适用性差。其特征是，在蓄电池盖上表面套有胶帽的注液孔内覆盖一片圆形的吸液垫片，吸液垫片可采用 AGM 超细玻璃纤维棉或草板纸材质。其有益效果是，具有成本低廉、操作灵活简单的优点。

电动汽车电源模块及连接方法

申请（专利）号：201310077015.3 **公开日：**2014-09-17

申请人：万向电动汽车有限公司 万向集团公司

发明人：高司利 何亚飞

摘要：

本发明涉及汽车动力电源领域，尤其是一种电动汽车电源模块及连接方法。一种电动汽车电源模块，包括若干个带有固定框架和一端伸出固定框架的一侧边外的两个铝极耳的正电池单元，与正电池单元间隔排列的若干个带有固定框架和一端伸出固定框架的一侧边外的两个铜极耳的负电池单元，用于串接正电池单元和负电池单元的若干个汇流排。两个相邻的正电池单元的一个铝极耳和负电池单元的一个铜极耳分别与一个汇流排焊接。该电动汽车电源模块在连接处接触阻抗小、不易发热、效率较高且在使用过程中不会产生松动安全性好。电动汽车电源模块的连接方法安全可靠。

与精密输入电源保护装置有关的方法和设备

申请（专利）号：201410096271.1 **公开日：**2014-09-17

申请人：快捷半导体（苏州）有限公司 快捷半导体公司

发明人：阿德里安·米科莱扎克

摘要：

本申请涉及与精密输入电源保护装置有关的方法和设备。在一个总的方面，一种设备可包括输入端子及连接至所述输入端子且被配置成经由所述输入端子接收能量的过电压保护装置。所述过电压保护装置在环境温度下可具有低于源的目标最大工作电压的击穿电压。所述源被配置成在所述输入端子处被接收。所述设备还可包括连接至所述过电压保护装置及负载的输出端子。

新型带 MP3 及收音机功能双线汽车应急点火电源

申请（专利）号：201410261490.0 **公开日：**2014-09-17

申请人：昆山市圣光新能源科技有限公司

发明人：熊开富

摘要：

本发明涉及新型带 MP3 及收音机功能双线汽车应急点火电源，包括电源本体、电瓶线夹、开关、充电接口、电池模组、控制电路板、收音机模块、扬声器、MP3 控制模块、标准 USB 座。所述电瓶线夹、开关、充电接口、标准 USB 座、扬声器内嵌安装在电源本体上，电池模组、控制电路板、收音机模块、MP3 控制模块安装在电源本体内部。本发明的产品使用和携带方便，可收听广播有播放歌曲。

一种新型带激光灯及求救信号灯双线汽车应急点火电源

申请（专利）号：201410303347.3 **公开日：**2014-09-17

申请人：昆山市圣光新能源科技有限公司

发明人：熊开富

摘要：

本发明涉及一种新型带激光灯及求救信号灯双线汽车应急点火电源，包括电源本体、电瓶线夹、开关、充电接口、电池模组、控制电路板、求救信号灯、激光灯。所述电瓶线夹、开关、充电接口、求救信号灯、激光灯内嵌安装在电源本体上，电池模组、控制电路板安装在电源本体内部。本发明的产品使用和携带方便，可发射求救信号及充当指引灯。

一种新型带手电及液晶显示屏双线汽车应急点火电源

申请（专利）号：201410303690.8 **公开日：**2014-09-17

申请人：昆山市圣光新能源科技有限公司

发明人：熊开富

摘要：

本发明涉及一种新型带手电及液晶显示屏双线汽车应急点火电源，包括电源本体、电瓶线夹、开关、充电接口、电池模组、控制电路板、液晶显示屏、LED 灯。所述电瓶线夹、开关，充电接口、液晶显示屏、LED 灯内嵌安装在电源本体上，电池模组、控制电路板安装在电源本体内部。本发明的产品使用和携带方便，便于查看电量。

新型防滑带 MP3 及指南针功能双线汽车应急点火

电源

申请（专利）号：201410303853.2 **公开日：**2014-09-17

申请人：昆山市圣光新能源科技有限公司

发明人：熊开富

摘要：

本发明涉及新型防滑带 MP3 及指南针功能双线汽车应急点火电源，包括电源本体、电瓶线夹、开关、充电接口、电池模组、控制电路板、指南针、MP3 控制模块、扬声器、标准 USB 座、防滑条。所述电瓶线夹、开关、充电接口、指南针、扬声器、标准 USB 座、防滑条内嵌安装在电源本体上，电池模组、控制电路板、MP3 控制模块安装在电源本体内部。本发明的产品使用和携带方便，可辨别方位及播放歌曲。

新型带液晶显示屏及蓝牙功能双线汽车应急点火电源

申请（专利）号：201410257275.3 **公开日：**2014-09-17

申请人：昆山市圣光新能源科技有限公司

发明人：熊开富

摘要：

本发明涉及新型带液晶显示屏及蓝牙功能双线汽车应急点火电源，包括电源本体、电瓶线夹、开关、充电接口、电池模组、控制电路板、蓝牙模块、液晶显示屏。所述电瓶线夹、开关、充电接口、液晶显示屏内嵌安装在电源本体上，电池模组、控制电路板、蓝牙模块安装在电源本体内部。本发明的产品使用更方便。

一种新型带充电及蓝牙功能双线汽车应急点火电源

申请（专利）号：201410303329.5 **公开日：**2014-09-17

申请人：昆山市圣光新能源科技有限公司

发明人：熊开富

摘要：

本发明涉及一种新型带充电及蓝牙功能双线汽车应急点火电源，包括电源本体、电瓶线夹、开关、充电接口、电池模组、控制电路板、蓝牙模块、标准 USB 座。所述电瓶线夹、开关、充电接口、标准 USB 座内嵌安装在电源本体上，电池模组、控制电路板、蓝牙模块安装在电源本体内部。本发明的产品使用更方便及充电。

电源装置及其制造方法

申请（专利）号：201310077805.1 **公开日：**2014-09-17

申请人：天津普兰纳米科技有限公司

发明人：陈永胜 侯栋 马春印

摘要：

公开了电源装置，包括至少一个超级电容器、至少一个二次电池及双向 DC/DC 转换器，其中所述超级电容器通过所述双向 DC/DC 转换器与所述二次电池以并联形式连接。还公开了制造电源装置的方法、安装了该电源装置的机动车及启动该机动车的方法。

一种电源控制系统及其实现方法

申请（专利）号：201310080404.1 **公开日：**2014-09-17

申请人：国民技术股份有限公司

发明人：李晨 谢华 梁洁

摘要：

本发明公开了一种电源控制系统及其实现方法，包括第一输入端、第二输入端、输出端、第一开关模块、第二开关模块、第三开关模块和第四开关模块。第一开关模块连接于第一输入端与输出端之间，第二开关模块连接于第二输入端与输出端之间，第三开关模块连接于第一输入端与第二开关模块之间，第四开关模块连接于第二开关控制模块与第二开关模块之间。第一开关控制模块控制第一开关模块、第三开关模块及第四开关模块的通断，第二开关控制模块根据唤醒信号及第四开关模块的通断控制第二开关模块的通断，从而控制电源控制系统的供电方式。通过上述方式，能够实现在内部电源与外部电源之间进行无缝切换，避免外部电源与内部电源之间互相灌电。

新型大功率开关电源

申请（专利）号：201410295703.1 **公开日：**2014-09-17

申请人：南京冠超工业自动化有限公司

发明人：唐辉

摘要：

本发明公开了一种开关电源，特别是涉及一种新型大功率开关电源。本发明的新型大功率开关电源散热效果较好，可以有效提高可支持的最大额定功率，使用安全稳定性较高。本发明包括壳体、主散热组件和辅助散热组件，壳体包括顶盖、斜板、套筒和底板，顶盖和套筒的内侧设置有安装座和固定座；主散热组件包括塞体、支撑板和散热风扇，塞体可拆卸连接在安装座上，支撑板和压片之间顶压有大功率电子元件，支撑板与固定座之间设置有弹簧，散热风扇可拆卸连接在套筒的底部；辅助散热组件包括连接板及散热片，连接板的内侧面固定有小功率电子元件，连接板的顶部和底部分别固定在顶盖和底板上；斜板和套筒上设置有第一通风孔，斜片和顶片上均设置有第二通风孔。

具有滤波器的电源系统

申请（专利）号：201410089085.5 **公开日：**2014-09-17

申请人：雅达电子国际有限公司

发明人：弗朗茨·卡尔·福尔 马丁·卡尔·菲塞尔

摘要：

本发明公开提供了一种具有滤波器的电源系统，还提供了一种用于电源的滤波器，包括至少 2 个输入、至少 2 个输出及耦接在所述至少 2 个输入与所述至少 2 个输出之间的共模扼流圈。每个输入包括 1 对输入端子及每个输出包括 1 对输出端子。所述共模扼流圈包括磁心和绕所述磁心延伸的至少 4 个绕组。所述滤波器还可以包括耦接在所述至少 2 个输入与所述至少 2 个输出之间的 X 电容器。所述电源系统包括 1 个或更多个电源及与所述电源耦接的滤波器。

单极性开关电源续流降噪及其参数计算方法

申请（专利）号：201310083964.2 公开日：2014-09-17

申请人：浙江海洋学院 陈庭勋

发明人：陈庭勋

摘要：

本发明单极性开关电源续流降噪及其参数计算方法以降低单极性开关电源的电磁噪声为目标，从降低开关电源电磁噪声激发能量上着手，采用正、反激励共用方式，通过滤波电感与变压器的同步续流，抑制激励脉冲关闭瞬间加在开关器件上电流、电压跃变量，减缓其变化速度，使得开关器件平稳地实现开与关的转换，有效防止了开与关快速转换所造成的振铃现象。如果配合单极性开关电源准谐振工作方式，可以全面地抑制开关噪声电压，所设计的开关电源样品输出口差模噪声电压可以达到2mV以下。

用于电源集成电路的数字电压补偿

申请（专利）号：201310464431.9 公开日：2014-09-17

申请人：英特赛尔美国有限公司

发明人：R·H·爱沙姆

摘要：

本发明提供了用于电源集成电路中的数字电压补偿的系统和方法。在至少一个实施方案中，方法包括接收数字电压码，所述数字电压码对应于输出电压值；在第一计数器上设置输出计数使其从对应于当前电压码值的当前第一数字计数向对应于新电压码值的目标第一数字计数改变；当接收到所述新电压码值时在第二计数器上将第二计数设置成偏移计数值。所述方法还包括组合所述第二计数与所述输出计数来形成组合计数值；当所述第一计数器达到所述目标第一数字计数时，使所述第二计数值从所述偏移计数值递减到零。

电源管理集成电路的内部补偿

申请（专利）号：201410092975.1 公开日：2014-09-17

申请人：英特赛尔美国有限公司

发明人：R·H·爱沙姆

摘要：

本发明涉及电源管理集成电路的内部补偿，并且公开了一种稳压器集成电路，包括：控制电路，驱动至少一个电源开关以在耦接到至少一个电源开关的电感器/电容器（LC）电路的输出端处提供稳定电压；误差放大器，具有耦接到表示稳定输出电压的反馈信号的第一输入端和耦接到参考信号的第二输入端；补偿网络，其耦接到所述误差放大器的输出端且被配置来提供补偿电压。补偿网络包括至少一个数字化可编程电阻器阵列和至少一个数字化可编程电容器阵列。每个阵列提供多个用户可选择组件值。控制电路包括被配置来基于补偿电压调制输入电压的脉冲调制器。

用于补偿电源内电压不平衡的设备及方法

申请（专利）号：201410083327.X 公开日：2014-09-17

申请人：阿斯科动力科技公司

发明人：马修·阿瑟·史考特 格伦·爱德华·威尔森

摘要：

本发明提供用于补偿电源内电压不平衡的示例设备和方法。在一个示例中，设备包括多个变压器，串联耦接且具有耦接在一起的各自的输出，并且所述多个变压器配置为接收输入电压。所述多个变压器的变压器配置为接收电容电压作为所述输入电压。所述设备还包括控制模块，配置为接收所述输入电压作为所述多个变压器中的每一个的输入及包括所述串联变压器的输出的反馈信号，并且所述控制模块配置为控制所述多个变压器中的每一个的开关设备以控制所述多个变压器的操作，从而补偿穿过所述电容器的所述电压的电压不平衡。本发明提供的用于补偿电源内电压不平衡的示例设备和方法，能够获得期望的输出电压及补偿电容电压的电压不平衡。

数据被保持的电源选通电路和包括所述电路的设备

申请（专利）号：201410099071.1 公开日：2014-09-17

申请人：三星电子株式会社 加利福尼亚大学圣地亚哥分校

发明人：朴琫一 A.B.康 姜锡亨 李宰坤

摘要：

提供电源选通电路和包括所述电路的设备。所述电源选通电路包括：触发器，被配置为接收第一供电电压和选通时钟信号以便进行操作；开关电路，连接在第一供电电压源和第二供电电压源之间，第一供电电压源被配置为供应第一供电电压，而第二供电电压源被配置为供应第二供电电压。所述开关电路包括第一开关和第二开关，第一开关被配置为连接在第一供电电压源和第二供电电压源之间，并且响应于时钟使能信号而操作；第二开关被配置为连接在第一供电电压源和第二供电电压源之间，并且响应于第一供电电压而操作。

电弧焊接用电源装置及电弧焊接用电源装置的控制方法

申请（专利）号：201410087855.2 公开日：2014-09-24

申请人：株式会社大亨

发明人：田中利幸

摘要：

本发明提供一种电弧焊接用电源装置及电弧焊接用电源装置的控制方法，能适当地控制焊丝的给进速度从而良好地进行电弧焊接。作为焊丝（12）的进给控制，使焊丝（12）的进给速度（Vft）周期性地变化以使在从焊丝（12）的正送向逆送的切换附近切换至电弧期间，并在所述焊丝的逆送期间进行焊丝（12）的进给速度（Vft）的调整。而且，在判定为表示焊丝（12）的进给速度（Vft）慢这一进给速度失步时，实施包含逆送方向上的加速在内的加速控制；在判定为焊丝（12）的进给速度（Vft）快的进给速度失步时，实施包含逆送方向上的减速在内的减速控制。

电弧焊接用电源装置及电弧焊接用电源装置的控制方法

申请（专利）号： 201410105177.8　**公开日：** 2014-09-24
申请人： 株式会社大亨
发明人： 田中利幸
摘要：

本发明提供一种适当地控制焊丝的进给速度来良好地进行电弧焊接的电弧焊接用电源装置及电弧焊接用电源装置的控制方法。作为焊丝（12）的进给控制，使焊丝（12）的进给速度（Vft）发生周期性的变化，以使在焊丝（12）处于正向进给且进给速度（Vft）处于变化曲线的减速区域时切换到短路期间，在该减速区域中进行焊丝（12）的进给速度（Vft）的调整。并且，如果完成了表示焊丝（12）的进给速度（Vft）慢的进给速度同步偏差的判定，则实施包括暂时加速在内的加速控制；如果完成了表示焊丝（12）的进给速度（Vft）快的进给速度同步偏差的判定，则实施使进给速度进一步减速的减速控制。

一种动力源外接压缩储冷便携式无电源制冷装置

申请（专利）号： 201410301727.3　**公开日：** 2014-09-24
申请人： 苏州征之魂专利技术服务有限公司
发明人： 陈巧云　征建高　征茂德
摘要：

本发明公开了一种动力源外接压缩储冷便携式无电源制冷装置，包括外接驱动装置、制冷相变处理器、指示控制装置、热交换管路组和热交换包裹板箱。所述外接驱动装置可拆卸并连接所述制冷相变处理器设置的气液输送泵；所述气液输送泵的一端通过低压单向阀与低压气液仓连接，另一端通过高压单向阀与高压气液储冷仓连接；所述制冷相变处理器通过所述热交换管路组与所述热交换包裹板箱连接，构成封闭回路。本发明方便拆装、方便携带，需要有外界动力源，转动驱动和直线驱动皆可，在任何环境和地点，在任何需要的时候即时制冷、安全环保、成本低廉，能够自动适合被制冷物形状大小，制冷直接而效率高。

供电系统和电源设备

申请（专利）号： 201380006518.X　**公开日：** 2014-09-24
申请人： 索尼公司
发明人： 高木和贵
摘要：

一种供电系统，包括，蓄电装置；电力转换电路，被配置为将来自蓄电装置的电力转换成转换的DC电力；电力控制单元，被配置为接收所转换的DC电力并且输出AC电力。控制所转换的DC电力使得输出的AC电力是预定AC电力。

物联网智能终端的省电电源管理系统

申请（专利）号： 201310092998.8　**公开日：** 2014-09-24
申请人： 周杨一帆
发明人： 周杨一帆
摘要：

本发明公开了一种物联网智能终端的省电电源管理系统，电感谐振网络的两个输出端分别与全波整流电路的输入端连接，同时该两个输出的与限幅稳幅电路连接。所述全波整流电路输出的电源端分别与稳压调节电路的两个输入端连接。本发明的电源管理模块采用低功耗耦合技术进行优化设计，通过控制电路中差模辐射、共模辐射和合理布局走线，缩小单元电路的尺寸，减少单元版图面积，经过最优化最简单的逻辑实现电路功能，使得RFID智能终端拥有低功耗、低成本、稳定的电源产生电路，并且能够良好的对功耗进行严格控制。

一种智能型节能电源插座

申请（专利）号： 201410328660.2　**公开日：** 2014-09-24
申请人： 上海先控信息技术有限公司
发明人： 罗建初　华军
摘要：

本发明公开了一种智能型节能电源插座，包括通断电部分、辅助通电部分、供电部分、执行部分、电压检测部分、电流检测部分和单片机运算部分。所述通断电部分上端连接市电，下端连接供电部分、电压检测部分、电流检测部分；所述供电部分分三路供电；电压检测部分是从通断电部分的下端取得检测电压值送至单片机运算处理；电流检测部分是从通断电部分的下端串接的电流互感器上取得插座上用电设备的电流值，并送至单片机运算处理，单片机运算部分对执行部分发出通、断电指令。本发明与现有技术相比的优点是，可避免电源插座上的用电设备关机后仍在消耗待机电能，起到节能的效果；当电源电压高于设定值时迅速切断市电电源，起到了雷击时的保护作用。

自锁式安全电源插座

申请（专利）号： 201410311907.X　**公开日：** 2014-09-24
申请人： 张行钢
发明人： 张行钢
摘要：

本发明公开了一种自锁式安全电源插座，主要由核心体、压簧、旋转式棘齿自锁机构、上壳和下壳组成。核心体具有插头孔、载流簧片、自润滑楔形块、动触点和行程限位杆，压簧安装在核心体轴心部位。核心体可按轴线做上下有限制的运动。旋转式棘齿自锁机构由旋转棘轮、固定棘轮、中心轴和核心体的内圆棘齿组成，在插头插入后继续按压或压簧弹力的作用下，可解锁核心体将其释放到朝向上方的使用状态或者锁定核心体将其锁止在偏下方的待用状态。本发明具有防止使用时插头因不确定的外力导致脱开、防止金属物件意外插入插头时导致触电和电源短路故障的功能，安全性高。

电源保护电路

申请（专利）号：201310084968.2 公开日：2014-09-24
申请人：鸿富锦精密电子（天津）有限公司 鸿海精密工业股份有限公司
发明人：周海清
摘要：

本发明公开了一种电源保护电路，包括电压输入端、第一分压模块、第二分压模块、比较模块、电子开关及电源模块。第一分压模块分压后输出第一电压；第二分压模块分压后输出第二电压，第二电压值高于第一电压，所述第二电压值将随温度的升高而减小，随温度的降低而升高；比较模块用于比较第一电压及第二电压，当第一电压值高时输出第一信号；当第一电压值低时输出第二信号；所述电子开关接收第一信号时电子开关导通电源模块停止工作，接收第二信号时电子开关断开电源模块正常工作；所述电源保护电路可在电源温度高于正常工作温度时保护电源。

一种电源输入保护电路及方法

申请（专利）号：201310092373.1 公开日：2014-09-24
申请人：昂纳信息技术（深圳）有限公司
发明人：郭心亮 虞爱华 王惊伟
摘要：

本发明提供一种电源输入保护电路及方法。其电路包括输入单元、监测单元、设置单元、控制单元、开关单元和输出单元。其中，控制单元和开关单元均包括限流电阻和MOS管，且限流电阻的一端均连接于MOS管的栅极；上述输出单元设置为一端接地的极性电容，检测单元获取输入单元当前的电压状态；电压状态决定控制单元的MOS管的导通状态，开关单元的MOS管不导通，解决了EDFA模块输入电源电压过高或过低造成功能失效的问题，降低了电路复杂性、提高电路可靠性及降低生产成本。

一种光伏分布式电源的微电网控制装置

申请（专利）号：201410318316.5 公开日：2014-09-24
申请人：青岛创铭新能源有限公司
发明人：王忠峰 桑瑞芳
摘要：

本发明涉及一种光伏分布式电源的微电网控制装置，由储能装置控制装置、最大功率点跟踪控制装置、功率测量装置、参数预置装置、PID运算装置、PWM调制装置、电路、壳体构成。壳体内设置了储能控制装置、最大功率点跟踪控制装置、功率测量装置、参数预置装置、PID运算装置、PWM调制装置、电路。该装置能够实现电网与储能控制装置之间的能量双向流动，以及孤岛与并网工作模式之间的自动平滑切换，以保证更高的供电质量和提高更大的供电效率。

一种新型带求救灯及指南针功能双线汽车应急点火电源

申请（专利）号：201410303266.3 公开日：2014-09-24
申请人：昆山市圣光新能源科技有限公司
发明人：熊开富
摘要：

本发明涉及一种新型带求救灯及指南针功能双线汽车应急点火电源，包括电源本体、电瓶线夹、开关、充电接口、电池模组、控制电路板、指南针、求救信号灯。所述电瓶线夹、开关、充电接口、指南针、求救信号灯内嵌安装在电源本体上，电池模组、控制电路板安装在电源本体内部；本发明的产品使用和携带方便，可辨别方位及发射求救信号。

一种移动电源的APP管理方法以及设有该移动电源的箱包

申请（专利）号：201410259958.2 公开日：2014-09-24
申请人：文创科技股份有限公司
发明人：陈文良 陈达腾 郑鑫森 曾华艇
摘要：

本发明涉及移动电源技术领域，提供了一种可以实现智能匹配输出和能准确为使用者提供充放电各项参数，完善移动电源管理形式的移动电源的APP管理方法，通过在移动设备上建立对应移动电源的应用管理APP，能够对移动设备进行自动识别，修改移动电源输出电流，完成移动电源与移动设备之间的匹配充电，实现对移动电源的蓄电池的有效管理，可以很直观地了解并管理移动电源的充放电情况，从而提高移动电源的工作效率。

一种新型带充电及收音机功能双线汽车应急点火电源

申请（专利）号：201410303394.8 公开日：2014-09-24
申请人：昆山市圣光新能源科技有限公司
发明人：熊开富
摘要：

本发明涉及一种新型带充电及收音机功能双线汽车应急点火电源，包括电源本体、电瓶线夹、开关、充电接口、电池模组、控制电路板、收音机模块、扬声器、标准USB座。所述电瓶线夹、开关、充电接口、收音机模块、扬声器、标准USB座内嵌安装在电源本体上，电池模组、控制电路板安装在电源本体内部。本发明的产品使用和携带方便，可收听广播及给予外部移动设备充电。

一种新型带收音机及指南针功能便携式汽车应急点火电源

申请（专利）号：201410303229.2 公开日：2014-09-24
申请人：昆山市圣光新能源科技有限公司
发明人：熊开富
摘要：

本发明涉及一种新型带收音机及指南针功能便携式汽车应急点火电源，包括电源本体、电瓶线夹、开关、充电接口、电池模组、控制电路板、指南针、收音机模块、扬声器。所述电瓶线夹、开关、充电接口、指南针、扬声器内嵌安装在电源本体上，电池模组、控制电路板、收音机模块安装在电源本体内部。本发明的产品使用和携带方便，可辨别方位及收听广播。

一种新型带充电及激光灯双线汽车应急点火电源

申请（专利）号：201410303264.4　**公开日：**2014-09-24

申请人：昆山市圣光新能源科技有限公司

发明人：熊开富

摘要：

本发明涉及一种新型带充电及激光灯双线汽车应急点火电源，包括电源本体、电瓶线夹、开关、充电接口、电池模组、控制电路板、激光灯、标准USB座。所述电瓶线夹、开关、充电接口、激光灯、标准USB座内嵌安装在电源本体上，电池模组、控制电路板安装在电源本体内部。本发明的产品使用和携带方便，可用于指引及移动设备充电。

新型防滑带收音机及液晶显示屏双线汽车应急点火电源

申请（专利）号：201410303265.9　**公开日：**2014-09-24

申请人：昆山市圣光新能源科技有限公司

发明人：熊开富

摘要：

本发明涉及新型防滑带收音机及液晶显示屏双线汽车应急点火电源，包括电源本体、电瓶线夹、开关、充电接口、电池模组、控制电路板、液晶显示屏、收音机模块、扬声器、防滑条。所述电瓶线夹、开关、充电接口、液晶显示屏、扬声器、防滑条内嵌安装在电源本体上，电池模组、控制电路板、收音机模块安装在电源本体内部。本发明的产品使用和携带方便。便于查看电量及收听广播。

新型防滑带MP3及激光灯双线汽车应急点火电源

申请（专利）号：201410303331.2　**公开日：**2014-09-24

申请人：昆山市圣光新能源科技有限公司

发明人：熊开富

摘要：

本发明涉及新型防滑带MP3及激光灯双线汽车应急点火电源，包括电源本体、电瓶线夹、开关、充电接口、电池模组、控制电路板、激光灯、MP3控制模块、扬声器、标准USB座、防滑条。所述电瓶线夹、开关、充电接口、激光灯、扬声器、标准USB座、防滑条内嵌安装在电源本体上，电池模组、控制电路板、MP3控制模块安装在电源本体内部。本发明的产品使用和携带方便，可充当指引灯及播放歌曲。

一种新型带收音机及液晶显示屏双线汽车应急点火电源

申请（专利）号：201410303333.1　**公开日：**2014-09-24

申请人：昆山市圣光新能源科技有限公司

发明人：熊开富

摘要：

本发明涉及一种新型带收音机及液晶显示屏双线汽车应急点火电源，包括电源本体、电瓶线夹、开关、充电接口、电池模组、控制电路板、液晶显示屏、收音机模块、扬声器。所述电瓶线夹、开关、充电接口、液晶显示屏、扬声器内嵌安装在电源本体上，电池模组、控制电路板、收音机模块安装在电源本体内部。本发明的产品使用和携带方便，便于查看电量及收听广播。

一种新型带充电及手电功能双线汽车应急点火电源

申请（专利）号：201410303334.6　**公开日：**2014-09-24

申请人：昆山市圣光新能源科技有限公司

发明人：熊开富

摘要：

本发明涉及一种新型带充电及手电功能双线汽车应急点火电源，包括电源本体、电瓶线夹、开关、充电接口、电池模组、控制电路板、LED灯、标准USB座。所述电瓶线夹、开关、充电接口、LED灯、标准USB座内嵌安装在电源本体上，电池模组、控制电路板安装在电源本体内部。本发明的产品使用和携带方便，可当手电使用及给予外部移动设备充电。

新型防滑带MP3及LED显示屏双线汽车应急点火电源

申请（专利）号：201410303346.9　**公开日：**2014-09-24

申请人：昆山市圣光新能源科技有限公司

发明人：熊开富

摘要：

本发明涉及新型防滑带MP3及LED显示屏双线汽车应急点火电源，包括电源本体、开关、充电接口、电池模组、控制电路板、LED显示屏、电瓶线夹、MP3控制模块、扬声器、标准USB座、防滑条。所述开关、充电接口、LED显示屏、电瓶线夹、扬声器、标准USB座、防滑条座内嵌安装在电源本体上，MP3控制模块、电池模组、控制电路板安装在电源本体内部。本发明的产品使用和携带方便，电量查看及播放歌曲。

新型防滑带MP3及收音机功能双线汽车应急点火电源

申请（专利）号：201410303407.1　**公开日：**2014-09-24

申请人：昆山市圣光新能源科技有限公司

发明人：熊开富

摘要：

本发明涉及新型防滑带MP3及收音机功能双线汽车应急点火电源，包括电源本体、电瓶线夹、开关、充电接口、电池模组、控制电路板、收音机模块、扬声器、MP3控制模块、标准USB座、防滑条。所述电瓶线夹、开关、充电接口、标准USB座、扬声器、防滑条内嵌安装在电源本体上，电池模组、控制电路板、收音机模块、MP3控制模块安装在电源本体内部。本发明的产品使用和携带方便，可收听广播有播放歌曲。

新型防滑带显示屏及收音机双线汽车应急点火电源

申请（专利）号：201410315051.3 **公开日：**2014-09-24

申请人：昆山市圣光新能源科技有限公司

发明人：熊开富

摘要：

本发明涉及新型防滑带显示屏及收音机双线汽车应急点火电源，控制电路板、收音机模块、扬声器、液晶显示屏、防滑条。所述电瓶线夹、开关、充电接口、收音机模块、扬声器、液晶显示屏、防滑条内嵌安装在电源本体上，电池模组、控制电路板安装在电源本体内部。本发明的产品使用和携带方便，可收听广播及查看电量。

新型防滑带 MP3 及充电功能双线汽车应急点火电源

申请（专利）号：201410303330.8 **公开日：**2014-09-24

申请人：昆山市圣光新能源科技有限公司

发明人：熊开富

摘要：

本发明涉及新型防滑带 MP3 及充电功能双线汽车应急点火电源，包括电源本体、电瓶线夹、开关、充电接口、电池模组、控制电路板、标准 USB 座、MP3 控制模块、扬声器、防滑条。所述电瓶线夹、开关、充电接口、标准 USB 座、扬声器、防滑条内嵌安装在电源本体上，电池模组、MP3 控制模块、控制电路板安装在电源本体内部。本发明的产品使用和携带方便，便于充电及播放歌曲。

新型防滑带充电及收音机功能双线汽车应急点火电源

申请（专利）号：201410303335.0 **公开日：**2014-09-24

申请人：昆山市圣光新能源科技有限公司

发明人：熊开富

摘要：

本发明涉及新型防滑带充电及收音机功能双线汽车应急点火电源，包括电源本体、电瓶线夹、开关、充电接口、电池模组、控制电路板、收音机模块、扬声器、标准 USB 座、防滑条。所述电瓶线夹、开关、充电接口、收音机模块、扬声器、标准 USB 座、防滑条内嵌安装在电源本体上，电池模组、控制电路板安装在电源本体内部。本发明的产品使用和携带方便，可收听广播及给予外部移动设备充电。

一种移动电源的 APP 管理系统和方法以及设有该移动电源的箱包

申请（专利）号：201410259851.8 **公开日：**2014-09-24

申请人：文创科技股份有限公司

发明人：陈文良 陈达腾 胡明元 卢千

摘要：

本发明涉及移动电源技术领域，提供了一种通过在移动负载设备上建立 APP 客户端。通过该 APP 客户端，可以准确直观地将移动电源内部的具体参数表示出来，并且通过 APP 客户端的操作对移动电源进行有效管理，提高移动电源的实用性的移动电源的 APP 管理系统和方法。

一种双电源耦合装置及其混合动力电动汽车

申请（专利）号：201410190795.7 **公开日：**2014-09-24

申请人：上海浩锐动力科技有限公司

发明人：苗华强

摘要：

本发明公开了一种双电源耦合装置，包括蓄电池、状态控制设备、充电控制设备、超级电容和用电设备。其中，所述状态控制设备，用于控制混合动力电动汽车处于静止、驱动、制动或充电状态；所述充电控制设备，用于检测到混合动力电动汽车处于静止状态时，控制所述超级电容给所述蓄电池充电；用于检测到混合动力电动汽车处于驱动状态时，控制所述超级电容和所述蓄电池给所述用电设备供电。本发明还提供一种混合动力电动汽车，包括双电源耦合装置。本发明与现有的 DC/DC 转换器相比较，所能实现的有益效果为体积缩小、结构简单、效率提高及成本降低；且对于混合动力电动汽车的特殊用途，其效率也非常高。

一种改进供电可靠性的不间断电源

申请（专利）号：201410250367.9 **公开日：**2014-09-24

申请人：深圳微网能源管理系统实验室有限公司

发明人：秦毅

摘要：

一种改进供电可靠性的不间断电源，包括第一套 UPS，设有依次连接的第二 EMI 滤波器、双向 AC/DC 变换器、第二 DC/AC 逆变器、三极双位选择开关及双极一位静态开关；第二 EMI 滤波器、双向 AC/DC 变换器、第二 DC/AC 逆变器与光伏阵列、DC/DC 变换器及储能电池组成第二套 UPS。三极双位选择开关和双极一位静态开关均由能量管理系统控制选通断，分别相应进入正常工作、第一、二、三种故障工作模式。本发明组成简单、性能优良，只要对现有的在线式 UPS 进行简单的扩充，增加一套共用储能电池的 UPS 及旁路支路，就可以显著提高供电可靠性，在市电网检修或发生故障，且逆变器也发生故障时，能够维持对交流负载不间断供电。

电源转换装置和包括该电源转换装置的光伏设备及制造电源装置的方法

申请（专利）号：201310092846.8 **公开日：**2014-09-24

申请人：道康宁（中国）投资有限公司 陶氏康宁公司

发明人：邹鲁 金弘燮 K·R·拉森 N·L·莫里斯

摘要：

公开了一种电源转换装置和包括该电源转换装置的光伏设备及制造电源装置的方法。电源转换装置包括印制电路板（PCB）、PCB 上的电子元器件、分隔物和灌封胶。每个分隔物在其边缘处与 PCB 接触，使得 PCB 的至少一个区域被一个或多个分隔物围绕以形成一个或多个隔离区域，每个隔离区域在PCB的不同区域之上限定分隔空间并且仅在与PCB的相对的一侧敞开，PCB的每个此类区域支承一个或多个电子元器件，每个此类分隔空间至少部分地填充有灌封胶，使得灌封胶完全包覆位于区域中的所有电子元器件，并且在未被分隔物围绕的PCB的部分中，PCB被灌封胶完全覆盖。

电源电路及照明装置

申请（专利）号： 201310422930.1　**公开日：** 2014-09-24

申请人： 东芝照明技术株式会社

发明人： 赤星博　北村纪之　大武宽和　高桥雄治

摘要：

本发明提供一种电源电路及照明装置，能够进行更可靠的电流控制及过电流保护。根据本发明，提供具备DC/DC转换器和过电流保护部分的电源电路。DC/DC转换器将第一直流电压转换成第二直流电压向直流负载供给。过电流保护部分基于在直流负载流通的电流来对DC/DC转换器进行反馈控制。DC/DC转换器具有常通型的开关器件。开关器件包含第一电极、第二电极、用于控制在第一电极和第二电极之间流动的电流的第三电极，且具有第一状态和在第一电极与第二电极之间流动的电流比第一状态小的第二状态。过电流保护部分在流向直流负载的电流比基准值大时，将开关器件设为第二状态。

电源装置以及电弧加工用电源装置

申请（专利）号： 201410102385.2　**公开日：** 2014-09-24

申请人： 株式会社大亨

发明人： 杁村央生

摘要：

本发明提供一种电源装置（电弧焊接用电源装置），在相移（PSM）控制中，尤其能够实现在成对的控制脉冲信号的相位差变大、成对的开关器件的接通期间的偏离变大的低输出要求时的动作改善。电源装置（11）的控制电路（20），在与规定输出要求相比位于高输出侧时，进行PSM控制，对在电力传递中成对的开关器件TR1、TR2的控制脉冲信号S1、S2之间，以及开关器件TR3、TR4的控制脉冲信号S3、S4之间的相位差α进行调整。若与规定输出要求相比位于低输出侧，则切换至PDM控制，对控制脉冲信号S1～S4的导通脉冲的密度进行调整。

电源装置及照明装置

申请（专利）号： 201310388702.7　**公开日：** 2014-09-24

申请人： 东芝照明技术株式会社

发明人： 北村纪之　大武宽和　高桥雄治　赤星博　大崎肇　铃木浩史

摘要：

本发明提供一种电源装置及照明装置，可实现安装了高频工作的开关器件的基板的绝缘劣化的抑制及提高绝缘性能。本发明的实施方式的电源装置具有，开关器件，包含第一端子及第二端子；电感器，包含第三端子及第四端子；第一基板，连接有所述开关器件的所述第一端子及所述电感器的所述第四端子；导电路径，将所述开关器件的所述第二端子和所述电感器的所述第三端子电性连接，并且与所述第一基板隔开地设置。

无桥式PFC交流直流电源转换器

申请（专利）号： 201410323190.0　**公开日：** 2014-09-24

申请人： 苏州奥曦特电子科技有限公司

发明人： 范剑平

摘要：

一种高效率的单级式AC/DC电源转换器电路。该电路省去传统电路中所使用的整流桥，而且仅使用一级变换电路直接把单相或者三相工频交流输入转换成对称的高频激励信号来驱动变压器，再通过次级整流和滤波电路转换成直流输出。在转换的过程中通过特定的开关控制方法使得交流输入电流跟随正弦输入电压波形同步变化，在控制输出调节的过程中同时实现功率因数调整功能。

电源电路及照明装置

申请（专利）号： 201310415724.8　**公开日：** 2014-09-24

申请人： 东芝照明技术株式会社

发明人： 高桥雄治　北村纪之　大武宽和　赤星博

摘要：

本发明提供一种降低电磁干扰的电源电路及照明装置。本发明电源电路具备基板、斩波电路、导电性部件、第一电容元件和第二电容元件。基板具有安装面。斩波电路设置于安装面上，具有输入端、输出端和开关器件，通过开关器件的开关驱动，将从输入端输入的电压进行转换并从输出端输出。导电性部件与斩波电路的至少一部分相邻。第一电容元件电连接于输入端和导电性部件之间，使输入端和导电性部件电容耦合。第二电容元件电连接于输出端和导电性部件之间，使输出端和导电性部件电容耦合。

电源电路及照明装置

申请（专利）号： 201310430926.X　**公开日：** 2014-09-24

申请人： 东芝照明技术株式会社

发明人： 赤星博　大武宽和　北村纪之　高桥雄治

摘要：

本发明提供一种能够抑制电力损失的电源电路及照明装置。所述电源电路提供具备电力转换部分、电流调整部分、控制部分和控制用电源部分。电力转换部分将经由电源供给路径供给的被导通角控制的交流电压进行转换而向负载供给。电流调整部分具有与电源供给路径连接的分支路径，且对使电源供给路径的电流的一部分流向分支路径的第一状态和向分支路径流动的电流比第一状态小的第二状态进行切换。控制部分检测交流电压的导通角，且根据该导通角控制电流调整部分的切换。控制用电源部分与分支路径连接，将供给的电压进行转换而供给于控制部分。控制部分在检测出的导通角的导通区间的至少一部分，使电流调整部分为第二状态，在检测出的导通角的截止区间中，使电流调整部分为第一状态。

检测电路、电源电路及照明装置

申请（专利）号：201310421732.3　公开日：2014-09-24

申请人：东芝照明技术株式会社

发明人：北村纪之

摘要：

本发明提供一种能够利用简单电路来辨别导通角控制的有无及导通角控制的种类的检测电路、电源电路及照明装置。根据实施方式，提供一种检测电路，包括第1比较器及第2比较器及辨别部分。第1比较器包括，第1输入端子，用于输入第1检测用电压；第2输入端子，用于输入第1阈值电压；第1输出端子，输出第1输出信号。第2比较器包括，第3输入端子，用于输入第2检测用电压；第4输入端子，用于输入高于第1阈值电压的第2阈值电压；第2输出端子，输出第2输出信号。辨别部分根据第1输出信号与第2输出信号的时间差，辨别交流电压的导通角控制的有无及导通角控制是相位控制方式还是反相位控制方式。

照明用电源及照明装置

申请（专利）号：201310422036.4　公开日：2014-09-24

申请人：东芝照明技术株式会社

发明人：北村纪之　赤星博　大武宽和　高桥雄治

摘要：

本发明提供一种对输入电压的畸变所导致的亮度的变化进行抑制的照明用电源及照明装置。根据实施方式，提供具备恒流元件、分压电阻的照明用电源。恒流元件具有，第一主电极、与照明光源串联连接的第二主电极、用于控制在第一主电极和第二主电极之间流动的电流的控制电极（对向照明光源供给的电流进行控制）。分压电阻与照明光源并联连接，并且与控制电极连接，将对照明光源的电压分压后的电压输入控制电极。

电源电路及照明装置

申请（专利）号：201310426352.9　公开日：2014-09-24

申请人：东芝照明技术株式会社

发明人：赤星博　北村纪之　高桥雄治　大武宽和　加藤刚　中村洋人

摘要：

本发明提供一种电源电路及照明装置。本发明的电源电路具备电力转换部分、控制部分、集成电路。电力转换部分将经由电源供给路径供给的交流电压转换成不同的电压而向负载供给。控制部分控制电力转换部分进行的电压的转换。集成电路包括输入端子、电流调整部分、控制用电源部分、连接端子、保护电路，输入端子与电源供给路径电连接。电流调整部分能够切换第一状态与第二状态。该第一状态是使流过电源供给路径的电流的一部分流向输入端子的状态。该第二状态是流向输入端子的电流比第一状态小的状态。控制用电源部分将经由电流调整部分供给的电压转换而向控制部供给分，连接端子用于将在驱动电压的生成中使用的电容器连接，保护电路在电容器的阻抗下降时，使流向输入端子的电流截止或减少。

一种人力压缩储冷便携式无电源制冷装置

申请（专利）号：201410301982.8　公开日：2014-10-01

申请人：苏州征之魂专利技术服务有限公司

发明人：陈巧云　征建高　征茂德

摘要：

本发明公开了一种人力压缩储冷便携式无电源制冷装置，包括人力驱动座、制冷相变处理器、指示控制装置、热交换管路组和热交换包裹板箱。所述人力驱动座可拆卸，并连接所述制冷相变处理器设置的往复柱塞。所述往复柱塞的一端通过低压单向阀与低压气液仓连接，另一端通过高压单向阀与高压气液储冷仓连接。所述制冷相变处理器通过所述热交换管路组与所述热交换包裹板箱连接，构成封闭回路。所述指示控制装置设置于高压气液储冷仓与热交换管路组连接的初始位置附近。本发明方便拆装、携带，不需要电源，无外界环境约束，可在任何环境和地点，在任何需要的时候即时制冷，安全环保、成本低廉，能够自动适合被制冷物形状大小，制冷直接而效率高。

开关电源防水测试仪及其测试方法

申请（专利）号：201410295335.0　公开日：2014-10-01

申请人：深圳市瑞必达科技有限公司

发明人：韩地元　郭贵元　刘有亮　曾松标　赵素芳

摘要：

本发明涉及防水测试技术领域，具体涉及开关电源防水测试仪及其测试方法。所提供的开关电源防水测试仪包括，壳体、设置于壳体内的真空泵、与真空泵的抽气孔连接的抽气管、抽气管延伸出壳体外、与真空泵的排气孔连接的排气管、与抽气管连接的接头、设置于真空泵的抽气孔内、检测抽气管内的气压大小的负压传感器、设置于壳体内的电源以及控制电路板、设置于壳体上的显示屏及开关。控制电路板的第一信号端接负压传感器，第二信号端接显示屏，电源端接电源；真空泵通过开关接电源。本发明提供的开关电源防水测试仪，在测试时不会对开关电源造成损坏，从而节约生产成本，而且测试简单、方便、效率高，可以重复测试。

一种新型带收音机及手电功能双线汽车应急点火电源

申请（专利）号：201410303852.8　公开日：2014-10-01

申请人：昆山市圣光新能源科技有限公司

发明人：熊开富

摘要：

本发明涉及一种新型带收音机及手电功能双线汽车应急点火电源，包括电源本体、电瓶线夹、开关、充电接口、电池模组、控制电路板、LED灯、收音机模块、扬声器。所述电瓶线夹、开关、充电接口、LED灯、扬声器内嵌安装在电源本体上，电池模组、控制电路板、收音机模块安装在电源本体内部。本发明的产品使用和携带方便，可当手电使用。

一种自备电源系统

申请（专利）号：201410243954.5 **公开日：**2014-10-01
申请人：华中科技大学
发明人：于克训 马志源 潘垣 杨小川 林菊平 韦忠朝 叶才勇
摘要：

本发明涉及一种自备电源系统，包括柴油机中频发电机组、高压储能发电机、高压充电器、电力电子变换器、自备电源分系统控制器和电网充电器。所述柴油机中频发电机组输出端连接高压储能发电机，所述高压储能发电机输出端连接高压充电器；所述高压充电器输出端连接电力电子变换器；所述电力电子变换器输出端连接电网充电器；所述柴油机中频发电机组、高压储能发电机、高压充电器、电力电子变换器、电网充电器分别于自备电源分系统控制器相连接，自备电源系统由机组供电或者由电网供电。本发明体积小、重量小、信号可靠，能满足电源系统要求。

适用于开关电源的高稳定性内部供电电路

申请（专利）号：201410345306.0 **公开日：**2014-10-01
申请人：许昌学院
发明人：邵珠雷 张元敏 罗书克 方如举 郭利辉
摘要：

本发明提供了适用于开关电源的高稳定性内部供电电路，包括降压模块、稳压模块、输出模块、模拟电路供电端口和数字电路供电端口。其中，电源直接供电给降压模块，降压模块将降低后的电压输入到稳压模块，稳压模块输出稳定电压到输出模块，输出模块通过隔离的不同端口为模拟电路和数字电路供电。本发明适用于开关电源内部电路系统的工作供电，其包含的降压模块和稳压模块允许输入电压在很大范围内变化，并且使供电电路的输出不受温度变化的影响。在本发明的输出模块中采用数模系统隔离供电方式，有效降低了两系统工作时相互间的干扰。可见，本发明能够为开关电源内部电路系统稳定供电，并表现出良好的电源性能。

带有独立直流电源的堆叠电压源逆变器

申请（专利）号：201380006787.6 **公开日：**2014-10-01
申请人：恩宝微系统有限公司
发明人：米兰·伊利奇 米卡·诺奇奥
摘要：

此处描述的是一种具有独立的直流电源的堆叠电压源逆变器。该逆变器适用于低或中电压、低到中电力应用如光伏通用接口系统。电池存储应用如可再生能源峰值调节。电动机驱动应用及用于电动车辆驱动系统。该堆叠的逆变器由至少一个相位组成，每个相位具有装配了独立电压源的多个低压全桥逆变器。该逆变器发展了一个具有快速转换和小的低通交流输出滤波器的接近正弦曲线近似电压波形。系统控制器控制每个逆变器的运行参数。该逆变器可以具有在星形或三角形配置中连接的单相位或多相位实施例。

用于脉冲电源的任意波形发生与显示的实现方法及装置

申请（专利）号：201410295203.8 **公开日：**2014-10-01
申请人：东莞中子科学中心
发明人：沈莉
摘要：

本发明涉及一种用于脉冲电源的任意波形发生与显示的实现方法及装置。该实现方法包括以下步骤：生成任意给定波形的波形数据文件；读取所述波形数据文件中的波形数据，将所述波形数据下载并缓存生成波形数字信号；对所述波形数字信号进行D-A转换生成波形模拟信号；根据所述波形模拟信号控制所述脉冲电源生成脉冲电流模拟信号；采集所述脉冲电流模拟信号进行A-D转换，将转换后的脉冲电流数字信号缓存生成脉冲电流数据；将所述脉冲电流数据上传并显示为脉冲电流波形。本发明采用基于DSP加FPGA架构及互联接口的技术实现了易于编辑控制的任意给定波形的发生与显示，实现了波形发生与显示的实时性、可重复性、高准确度、高稳定性和易于操作性。

小型快捷式大功率启动电源载运车

申请（专利）号：201410276340.7 **公开日：**2014-10-08
申请人：甄华伟
发明人：甄华伟
摘要：

一种小型快捷式大功率启动电源载运车，采用了老年人电动车双人双排四轮车（1）作为载运动基础；将输入220V或380V的小型大功率启动电源（3）配备在老年人电动双人双排四轮车上在原有坐人的第二排取消座位后，在后部后轮车体上设有小型大功率启动电源（3）；在驾驶座（2）的后下部设有设备工具箱（4）。本发明采用老年人双人双排电动四轮车车体小，再配备小型大功率启动电源，绿色环保。在狭窄空间内穿行机动性能更灵活，如遇大的汽车停置场所，它的优越运送性能更佳。本发明造价比一些车型巨大的车载运大功率启动电源到达待修的机动设备及车辆前更低，而且老年人四轮电动车移动自如，操作相对方便灵活，针对大型车辆停车场等场所，小型大功率启动电源运送作业十分方便。

一种电源管理芯片的保护电路

申请（专利）号：201410346866.8 **公开日：**2014-10-08
申请人：TCL通讯（宁波）有限公司
发明人：章金玉
摘要：

本发明公开了电源管理芯片的保护电路。所述电源管理芯片用于给移动终端的各个功能模块和I^2C信号供电。

所述的保护电路包括，用于稳定电源管理芯片输出的电压的稳压模块；用于当移动终端的 I²C 信号线产生电流脉冲时阻断电流脉冲通过电源线输入电源管理芯片的保护模块；所述稳压模块的输入端连接电源管理芯片，稳压模块的输出端通过所述保护模块连接所述各个功能模块和 I²C 信号线。本发明提供的保护电路，由稳压模块稳定电源管理芯片输出的电压，并且由保护模块在移动终端的 I²C 信号线产生电流脉冲时阻断电流脉冲通过电源线输入电源管理芯片，从而在移动终端的各功能模块和 I²C 信号工作不稳定时，防止造成对电源管理芯片的损坏。

新型防滑带显示屏及蓝牙功能双线汽车应急点火电源

申请（专利）号：201410303406.7 **公开日：**2014-10-08

申请人：昆山市圣光新能源科技有限公司

发明人：熊开富

摘要：

本发明涉及新型防滑带显示屏及蓝牙功能双线汽车应急点火电源，包括电源本体、电瓶线夹、开关、充电接口、电池模组、控制电路板、蓝牙模块、液晶显示屏、防滑条。所述电瓶线夹、开关、充电接口、液晶显示屏、防滑条内嵌安装在电源本体上，电池模组、控制电路板、蓝牙模块安装在电源本体内部。本发明的产品使用更方便。

一种直流输电换流阀水冷控制系统及交流双电源切换装置

申请（专利）号：201410292992.X **公开日：**2014-10-08

申请人：许昌许继晶锐科技有限公司

发明人：姚为正 景兆杰 郑安邦 刘长运 马根坡 于敏华 李云龙 廖杨

摘要：

本发明涉及一种直流输电换流阀水冷控制系统及交流双电源切换装置，属于直流输电技术领域。本发明在交流双电源的母线上设置 2 个三相电源检测元件 KVM1 和 KVM2。检测母线上的交流电源检测元件 KVM1 和 KVM2 及处于投入状态的一路交流电源进线上电源检测元件状态，以检测交流母线电压为主，进线电压为辅对双电源进行切换控制。本发明结构简单，能够有效避免以检测进线电源为依据来进行电源切换所带来事故，提高电源系统的稳定性。

一种交流双电源切换方法

申请（专利）号：201410292764.2 **公开日：**2014-10-08

申请人：许昌许继晶锐科技有限公司

发明人：姚为正 景兆杰 郑安邦 刘长运 马根坡 于敏华 李云龙 廖杨

摘要：

本发明涉及一种交流双电源切换方法，属于直流输电技术领域。本发明通过在交流双电源的母线上设置 2 个三相电源检测元件 KVM1 和 KVM2。检测母线上的交流电源检测元件 KVM1 和 KVM2 及处于投入状态的一路交流电源进线上电源检测元件 KV1 或 KV2 的状态。若上述 3 个元件有任意 2 个元件状态为 1 时，认为母线带电，保持当前路进线电源的投入；若上述 3 个元件有任意 2 个元件状态为 0 时，切换至另一路进线电源。本发明以检测交流母线电压为主，进线电压为辅的方式进行切换控制，逻辑控制元件采用 3 取 2 原则，有效避免因个别元器件故障造成切换装置误动。

集成 LED 驱动电源的灯头

申请（专利）号：201310120047.7 **公开日：**2014-10-15

申请人：赵依军

发明人：赵依军

摘要：

本发明涉及半导体照明技术，特别涉及集成 LED 驱动电源的灯头。按照本发明一个实施例的灯头包括，壳体，由绝缘材料制成的底座；固定于所述底座上的侧壁，至少一部分由导电材料制成；电接触部件，固定于所述底座的底部；LED 驱动电源，包含基板，固定于由所述底座与侧壁限定的空间内；设置在所述基板上的 LED 驱动电路；设置在所述基板上的第一和第二输入电极，分别与所述侧壁的导电部分和电接触部件电气连接。

一种方便型电子镇流器或 LED 电源驱动器

申请（专利）号：201310118245.X **公开日：**2014-10-15

申请人：王跃农

发明人：王跃农

摘要：

目前市场上的电子镇流器或 LED 电源驱动器，特别是安装在吸顶灯内部的电子镇流器或 LED 电源驱动器，安装和拆卸都非常不方便。为了克服上述缺点，本发明提供一种方便型电子镇流器或 LED 电源驱动器。该方便型电子镇流器或 LED 电源驱动器，采用特殊的连接机构，安装和拆卸仅需要几秒钟，所以非常方便。而且不需要花钱请电工，自己就可以搞定，非常节省。其技术方案关键性的特征是，在电路板盒子的凹形空间里面安装一个连接用的螺口灯头。下面的附图是本发明的一个实施例。

高性能电流源电源

申请（专利）号：201410144209.5 **公开日：**2014-10-15

申请人：基思利仪器公司

发明人：K. 考利 W. 格克 G. 索波莱夫斯基

摘要：

本发明涉及高性能电流源电源。一种系统可以包括，具有 DUT 电压的被测设备（DUT）；连接到 DUT 的电缆，该电缆具有电缆电感；电源，其被配置为电流源以向 DUT 提供宽带宽的电压源。其中，该 DUT 电压与电缆电感无关。

电源电路

申请（专利）号： 201310128693.8　**公开日：** 2014-10-15

申请人： 鸿富锦精密电子（天津）有限公司　鸿海精密工业股份有限公司

发明人： 周海清

摘要：

一种电源电路，包括一欠电压保护模块及一电压转换模块。所述欠电压保护模块包括一比较器、一第一电子开关、一稳压单元、一第一电阻及一第二电阻。所述欠电压保护模块与第一及第二电源相连。所述电压转换模块与所述第一电源相连。当所述第一电源的电压在正常范围内时，所述欠电压保护模块用所述第二电源给所述电压转换模块供电。所述电压模块将所述第一电源的电压转换成一工作电压后输出。当所述第一电源的电压低于一阈值电压时，所述欠电压保护模块不给所述电压转换模块供电，所述电压转换模块不工作。上述电源电路具有欠电压保护的功能。

一种使用新的二级电源系统架构提高效率的设计方法

申请（专利）号： 201410324600.3　**公开日：** 2014-10-15

申请人： 浪潮电子信息产业股份有限公司

发明人： 吴福宽　廖明超

摘要：

本发明提供一种使用新的二级电源系统架构提高效率的设计方法，其结构中 AC/DC 电源模块通过 12V 电压与开环的 DC 电源模块连接，开环的 DC 电源模块通过 4～6V 电压与闭环的 DC/DC 电源模块连接，闭环的 DC/DC 电源模块通过 1V 电压与 VRM 连接。本发明的一种使用新的二级电源系统架构提高效率的设计方法和现有技术相比。其第一级的转化使用开环的设计，这样可以使转换效率达到 99%，但不足之处是输出的电压不够稳定。所以这就需要在第二级的电源设计中选用允许输入电压波动范围大的解决方案。可以算出本发明的效率在 94% 左右，比现行的方案大概提高效率 2%。

电源电路容差设计最佳化系统及方法

申请（专利）号： 201310119538.X　**公开日：** 2014-10-15

申请人： 鸿富锦精密工业（深圳）有限公司　鸿海精密工业股份有限公司

发明人： 许崇伦

摘要：

本发明提供一种电源电路容差设计最佳化系统及方法。该方法包括以下步骤：检索数据库中 BOM 表，该 BOM 表内包含若干不同电路对应的不同类型的元器件，及每一元器件对应的参数，该检索模块从该 BOM 表中获取一电路采用的元器件的全部类型并在其中进行筛选，确定符合条件的元器件；根据分别将以上元器件的参数值代入一电压计算公式中进行计算，并得到若干待定输出电压值；将这些待定输出电压值与该电路对应的计划输出电压值进行比较，确定最接近该电路的计划输出电压值的一待定输出电压值；将该待定输出电压值所采用的元器件类型及参数输出至输出单元。该系统及方法利用可编程软件完成数据查找、输入及计算，有效节约了人力及时间，并提高了准确度。

电源电路容差设计最佳化系统及方法

申请（专利）号： 201310119341.6　**公开日：** 2014-10-15

申请人： 鸿富锦精密工业（深圳）有限公司　鸿海精密工业股份有限公司

发明人： 许崇伦

摘要：

本发明提供一种电源电路容差设计最佳化系统及方法。该方法包括以下步骤：根据不同的电路设置对应的传输函数及需要计算之参数；获取电路对应的若干种类的元器件，及每一种类的元器件所具有的全部型号及对应的参数；根据标准误差值计算公式计算每一种类的元器件内的全部型号的元器件所对应的标准误差值；比较每一种类的元器件内的全部型号的元器件所对应的标准误差值，确定具有误差值最大者；将全部种类的具有误差值最大者的型号的元器件所对应参数带入传输函数进行计算，判断这些元器件是否符合规范；输出判断结果。本发明的电源电路容差设计最佳化系统及方法，利用可编程软件完成数据查找、输入及计算，有效节约了人力及时间，并提高了准确度。

一种剩余电流式电气火灾监控器电源电路

申请（专利）号： 201410301947.6　**公开日：** 2014-10-15

申请人： 苏州原点工业设计有限公司

发明人： 汪雨

摘要：

剩余电流式电气火灾监控器电源电路，特征在于，转换电源与电容 Cin 接入开关稳压芯片 K1 的 VIN 脚，K1 的 OUT 脚接线圈 L1 后接入线性稳压芯片 K2 的 IN 脚，电阻 R17、R18 串联后接入 K2 的 IN，电容 Cf 与 R18 并联后接入 K1 的 FB，在 K1 与 L1 之间接有正极接地的二极管 D3，在 L1 与 K2 的 IN 脚之间有接地电容 C10、C11，在 K2 的 OUT 输出线路上有接地的电容 C12、C13。本设计电路简单、性能可靠，可有效满足电气火灾监控探测器的稳压供电要求。

设置定时开关的电源插头

申请（专利）号： 201310126627.7　**公开日：** 2014-10-15

申请人： 南漳县职业教育中心

发明人： 陈龙

摘要：

本发明提供一种设置定时开关的电源插头。所述电源插头在插头体的背面设置有一个可控制内部电源的定时开关，通过定时开关，可让电源插头在使用时在设定的开启时间内有效使用，超过定时即自行关闭断开电源，有利电源插头在接通电源使用后，忘记断开而离开时间过长容易导致不安全的问题。

一种电源管理芯片的温度保护装置和移动终端

申请（专利）号： 201410349312.3　**公开日：** 2014-10-15

申请人： TCL 通讯（宁波）有限公司
发明人： 章金玉
摘要：

本发明公开了一种电源管理芯片的温度保护装置和移动终端。所述温度保护装置包括，检测比较模块、互补模块和控制模块。检测比较模块、互补模块、控制模块、电源管理芯片依次连接。本发明通过检测比较模块检测电源管理芯片的温度并转换为比较电压，将比较电压与基准电压比较并输出对应的电平信号；互补模块对所述电平信号进行反相滤波输出稳定的使能信号，控制模块根据所述使能信号产生对应的中断信号和控制信号、控制电源管理芯片工作或停止；这样就能使电源管理芯片在其温度过高时停止工作，避免被高温烧毁；温度恢复正常后继续工作，以延长电源管理芯片的使用寿命、提高使用安全。

电源保护电路

申请（专利）号： 201310120361.5　**公开日：** 2014-10-15
申请人： 鸿富锦精密电子（天津）有限公司　鸿海精密工业股份有限公司
发明人： 周海清
摘要：

一种电源保护电路，包括电源、转换模块、分压模块、比较模块及控制开关。转换模块用于将电源转换为二次电源电压并输出；分压模块用于将对应二次电源电压分压为相同电压值的电压并输出，所述分压模块的输出电压将随温度升高而升高；比较模块用于比较分压模块的输出电压及 1 个对比电压，并依据结果输出不同信号，所述对比电压等于分压模块在允许的最高工作温度下输出的电压；比较模块通过所述控制开关连接电源，依据比较模块输出的信号控制开关控制电源工作。电源保护电路可对不同二次电源进行统一监控，当二次电源过热时停止电源的工作。

一种简单可靠的储能电源电路

申请（专利）号： 201410310000.1　**公开日：** 2014-10-15
申请人： 安徽国科电力设备有限公司
发明人： 王笄　陈巍
摘要：

一种简单可靠的储能电源电路，涉及电力系统技术领域，包括光耦合器 U2、MOS 管 Q1、充电控制芯片 U6。所述光耦合器 U2 内部的发光二极管经电阻 R6 连接至电源输出端；所述充电控制芯片 U6 的第 7 脚上并联有电阻 R10 和二极管 D15；所述二极管 D15 正极分成两路，一路经电阻 R9 和电阻 R14 连接至光耦合器 U2 和 MOS 管 Q1 的栅极；所述 MOS 管 Q1 的漏极连接在二极管 D15 和电阻 R9 之间的电路上；所述 MOS 管 Q1 的源极连接至光耦合器 U2；所述 MOS 管 Q1 的源极与二极管 D15 负极之间并联有电容 C18；所述电阻 R10 一端接交流输入端。储能电源放电部分的电容电压通过线性光耦合器 U2 反馈到充电控制芯片 U6，充电控制芯片 U6 通过 PWM 控制反激充电的 IGBT 器件，从而控制充电速度。

电源侧混合储能电站平抑可再生能源功率波动的方法

申请（专利）号： 201210578822.9　**公开日：** 2014-10-15
申请人： 国网安徽省电力公司电力科学研究院　合肥工业大学
发明人： 罗亚桥　郑国强　高博　丁明　林根德　程旭东　吴建锋
摘要：

本发明公开了一种电源侧混合储能电站平抑可再生能源功率波动的方法。为最大化地降低可再生能源输出功率的波动程度，优化混合储能系统的运行，采用一阶低通滤波方法制定平抑目标功率值，根据混合储能系统的荷电状态改变低通滤波器的时间常数；根据蓄电池和超级电容的荷电状态，采用模糊控制理论将可再生能源功率与平抑目标功率之间的差值在两种储能介质之间进行分配，以避免储能介质出现荷电状态越限现象，并达到延长蓄电池使用寿命的目的。

仿真火车模型的双电源供电系统

申请（专利）号： 201310112347.0　**公开日：** 2014-10-15
申请人： 许刚
发明人： 许刚
摘要：

本发明涉及通过铁轨供电的仿真火车模型，提供了一种仿真火车模型的双电源供电电路。仿真火车模型的电器部分在铁轨供电的前提下，增加了第二套充电电池电源供电，解决了仿真火车模型在行驶时出现短暂断电现象所引起的问题。当铁轨供电正常工作时，充电电池供电被截止，充电电池不输出电流；如果充电电池的电压低于额定的电压，充电电池将被充电，充到额定的电压时，充电停止。当铁轨供电发生短暂的断电现象时，仿真火车模型电器部分由充电电池供电。当铁轨供电中断超过一定时间后，被认为是全部系统的供电被切断，系统已经停止工作，电池开关控制电路将切断电池开关，电池开关处于非导通状态，充电电池停止输出电流。

一种通过增加一个二极管来提高轻载电源效率的设计方法

申请（专利）号： 201410388153.8　**公开日：** 2014-10-15
申请人： 浪潮电子信息产业股份有限公司
发明人： 吴福宽　孔财
摘要：

本发明提供一种通过增加一个二极管来提高轻载电源效率的设计方法。其中，控制芯片把反馈回路的电流信息以电压的形式反馈到开关，从而控制开关的打开和闭合。当电流小于某个设定值时候，控制开关关闭，下场效应晶体管不工作，有并联的二极管完成续流作用，电源工作在非同步状态，保持较高的效率；当电流大于设计值得时候，开关打开，下场效应晶体管工作，提供大电流通道，从而保持大电流时的高效的状态。与现有技术相比，本发明是通过针对不同的负载状况，以让PWM电源可以工作在非同步的状态。本方法会根据负载电流的不同选择合适的工作状态，从而保证电源整个过程中的高效率，克服了在轻载状态下效率难以提高的困难。

开关电源滤波电路

申请（专利）号：201410353617.1　**公开日：**2014-10-15

申请人：孟加顷

发明人：孟加顷

摘要：

本发明公开一种开关电源滤波电路。所述开关电源滤波电路在电流的输入端设置用于抑制浪涌电流冲击的电感器抑制电路，在电流的变换环节设置用于对来自交流市电部分与高低压直流变换部分所产生的谐波等干扰进行抑制的谐波吸收电路，在电流的输出端设置用于将可能出现并输出给供电设备对象的高频干扰进行过滤的低压高频滤波电路。也就是说，开关电源滤波电路在输入端、输出端及变换环节都采取了对干扰的抑制措施，从而使得整个开关电源滤波电路处于非常安全的工作环境中，无论是对开关电源设备自身而言，还是对被充电的便携式移动设备而言，都提供了非常稳定、可靠、安全及纯净的电源。

用于500kW、630kW光伏逆变器欠电压保护的电源储能模块

申请（专利）号：201410320762.X　**公开日：**2014-10-15

申请人：安徽金峰新能源股份有限公司

发明人：方勇　孙长山　黄平

摘要：

本发明公开了用于500kW、630kW光伏逆变器欠电压保护的电源储能模块，包括并联的开关电源和接触器线圈。所述开关电源上还并联有电容C1、电容C2和电容C3，所述开关电源和桥式整流电路构成闭合回路，所述桥式整流电路和开关电源的正极之间依次串联有导通方向和电流同向的第一二极管VD1和电阻R1，所述桥式整流电路和开关电源的负极之间串联有导通方向和电流同向的第二二极管VD2。本发明结构简单、成本低廉，利用特定大小的电容和桥式整流电路组合实现对欠电压状态时的变压器的稳压功能，可以适用于不同的环境，耐候性强、使用寿命长。

开关电源装置

申请（专利）号：201410134741.9　**公开日：**2014-10-15

申请人：富士电机株式会社

发明人：薮崎纯

摘要：

本发明提供一种开关电源装置。该开关电源装置通过对于开关频率的抖动控制，来降低噪声的产生。该开关电源装置包括，使用开关器件来对输入交流电压进行开关，获得规定的输出直流电压的开关电源装置主体；根据表示输出设定电压与输出直流电压之间的差的反馈电压控制开关频率，使所述输出直流电压为恒定的开关控制单元；将抖动提供给所述开关频率，从而降低伴随开关动作而产生的噪声；根据所述反馈电压来改变由所述抖动控制单元所产生的抖动振幅，对噪声降低效果进行补偿。

太阳能电源注锁发光二极管LED阵列灯

申请（专利）号：201310160064.3　**公开日：**2014-10-15

申请人：张根清

发明人：阮树成　张根清

摘要：

本发明涉及电光源照明技术领域，具体是一种太阳能电源注锁发光二极管LED阵列灯，包括发光二极管LED阵列灯、太阳能电源、基准晶振、振荡驱动芯片、推挽放大器、推挽振荡器、相加耦合器、全波整流电路、灯管异常电流检测器。振荡驱动芯片输出接推挽放大器，经输出功率变压器T1与推挽振荡器输出功率变压器T3相加耦合器功率合成，经全波整流电路接灯管，基准晶振信号经分频器注入振荡驱动芯片RC振荡器锁定相位，推挽放大器变压器T1与推挽振荡器变压器T3功率合成互耦注锁频率牵引相干同步锁定相位获取大功率照射。避免器件温升过高振荡频率变化功率失衡灯光下降。本发明适用于太阳能电源低电压、大电流供电的大功率发光二极管LED阵列灯商业装饰照明。

太阳能电源双全桥注锁发光二极管LED阵列灯

申请（专利）号：201310155145.4　**公开日：**2014-10-15

申请人：阮树成

发明人：阮树成

摘要：

本发明涉及电光源照明技术领域，具体是一种太阳能电源双全桥注锁发光二极管LED阵列灯。2个RC振荡器共接电阻R3、电容C4同步振荡，自振荡芯片4及全桥逆变器A输出功率变压器T1与自振荡芯片6及全桥逆变器B输出功率变压器T2反相馈入相加耦合器，功率合成馈送灯管，基准晶振信号经分频器注入2个自振荡芯片4、6的RC振荡器锁定相位，获取大功率照明避免器件温升过高振荡频率变化功率失衡灯光下降，灯管异常电流检测器信号经晶体管接入2个自振荡芯片振荡器SD端，控制振荡快速停振关断全桥逆变器功率MOS管。本发明适用于太阳能电源大功率LED阵列灯照明场合。

太阳能电源双半桥注锁发光二极管LED阵列灯

申请（专利）号：201310160033.8　**公开日：**2014-10-15

申请人：张根清

发明人：阮树成　张根清

摘要：

本发明涉及电光源照明技术领域，具体是一种太阳能电源双半桥注锁发光二极管LED阵列灯，包括太阳能电源、发光二极管LED阵列灯管、基准晶振、分频器、2个自振荡芯片4和6、半桥逆变器A、半桥逆变器B、相加耦合器、全波整流电路、灯管异常电流检测器。2个自振荡芯

片4和6的RC振荡器共接电阻R3、电容C5同步振荡，自振荡芯片4及半桥逆变器A输出功率变压器T1与自振荡芯片6及半桥逆变器B输出功率变压器T2馈入相加耦合器，功率合成全波整流驱动发光二极管LED阵列灯，基准信号经分频器注入2个自振荡芯片4和6的RC振荡器锁定相位获取大功率照明，避免器件温升过高振荡频率变化功率失衡灯光下降。本发明适用于太阳能电源供电的大功率发光二极管LED阵列灯照明。

直流低压电源四推挽注锁发光二极管LED阵列灯

申请（专利）号：201310155489.5 **公开日：**2014-10-15

申请人：阮树成

发明人：阮树成

摘要：

本发明涉及电光源照明技术领域，具体是一种直流低压电源四推挽注锁发光二极管LED阵列灯。自振荡芯片A推挽逆变器A′输出功率变压器T1与自振荡芯片B推挽逆变器B′输出功率变压器T2馈入相加耦合器TB1，自振荡芯片C推挽逆变器C′输出功率变压器T3与自振荡芯片D推挽逆变器D′输出功率变压器T4馈入相加耦合器TB2，相加耦合器TB1与相加耦合器TB2馈入相加耦合器TB3，功率合成全波整流接入灯管，基准晶振信号经分频器注入4个自振荡芯片锁定相位稳定输出功率，避免器件温升过高振荡频率变化功率失衡灯光下降，灯管异常电流检测器信号接4个自振荡芯片SD端保护功率管。本发明适用于直流低压电源大功率发光二极管LED阵列灯照明场合。

直流低压电源注锁发光二极管LED阵列灯

申请（专利）号：201310155135.0 **公开日：**2014-10-15

申请人：阮小青

发明人：阮树成　阮小青

摘要：

本发明涉及电光源照明技术领域，具体是一种直流低压电源注锁发光二极管LED阵列灯，包括发光二极管LED阵列灯、直流低压电源、基准晶振、振荡驱动芯片、推挽放大器、推挽振荡器、相加耦合器、全波整流电路、灯管异常电流检测器。振荡驱动芯片输出接推挽放大器，经变压器T1与推挽振荡器变压器T3反相馈入相加耦合器，功率合成经全波整流电路接灯管，基准晶振信号经分频器注入振荡驱动芯片RC振荡器锁定相位，推挽放大器变压器T1与推挽振荡器变压器T3功率合成互耦注锁频率牵引相干同步锁定相位获取大功率照射，避免器件温升过高振荡频率变化功率失衡灯光下降。本发明适用于直流低电压、大电流供电的大功率发光二极管LED阵列灯商业装饰广告照明。

太阳能电源双推注锁功率合成卤钨灯

申请（专利）号：201310155136.5 **公开日：**2014-10-15

申请人：阮小青

发明人：阮树成　阮小青

摘要：

本发明涉及电光源照明技术领域，具体是一种太阳能电源双推注锁功率合成卤钨灯。两个自振荡芯片4、6共接定时电阻R2、电容C4同步振荡，自振荡芯片4及推挽逆变器A输出功率变压器T1与自振荡芯片6及推挽逆变器B输出功率变压器T2由相加耦合器功率合成，馈送灯管电路点燃卤钨灯，基准晶振信号经分频器注入两个自振荡芯片4、6的RC振荡器锁定相位，避免器件温升过高振荡频率变化功率失衡灯光下降。本发明适用于太阳能电源低电压、大电流供电卤钨灯照明场合。

太阳能电源四全桥注锁功率合成卤素灯组

申请（专利）号：201310155426.X **公开日：**2014-10-15

申请人：阮树成

发明人：阮树成

摘要：

本发明涉及电光源照明技术领域，具体是一种太阳能电源四全桥注锁功率合成卤素灯组。自振荡芯片A全桥逆变器A′输出功率变压器T1与自振荡芯片B全桥逆变器B′输出功率变压器T2馈入相加耦合器TB1，自振荡芯片C全桥逆变器C′输出功率变压器T3与自振荡芯片D全桥逆变器D′输出功率变压器T4馈入相加耦合器TB2，相加耦合器TB1与相加耦合器TB2馈入相加耦合器TB3功率合成，馈送灯管电路匹配卤素灯组点燃，基准晶振信号经分频器注入4个自振荡芯片锁定相位稳定输出功率，避免器件温升过高振荡频率变化功率失衡灯光下降，灯管异常电流检测器信号接4个自振荡芯片SD端保护功率管。本发明适用于大功率卤素灯组商业装饰照射场合。

太阳能电源注锁功率合成双卤素灯

申请（专利）号：201310160063.9 **公开日：**2014-10-15

申请人：张根清

发明人：阮树成　张根清

摘要：

本发明涉及电光源照明技术领域，具体是一种太阳能电源注锁功率合成双卤素灯，包括卤素灯管、太阳能电源、基准晶振、振荡驱动芯片、推挽放大器、推挽振荡器、相加耦合器。振荡驱动芯片输出接推挽放大器，经输出功率变压器T1与推挽振荡器输出功率变压器T3反相馈入相加耦合器功率合成、升压接灯管电路启辉，基准晶振信号经分频器注入振荡驱动芯片RC振荡器锁定相位，推挽放大器变压器T1与推挽振荡器变压器T3功率合成互耦注锁频率牵引相干同步锁定相位获取大功率照射。避免器件温升过高振荡频率变化功率失衡灯光下降。本发明适用于太阳能低电压、大电流供电的卤素灯照射场合。

太阳能电源双全桥注锁功率合成黑光灯组

申请（专利）号：201310155742.7 **公开日：**2014-10-15

申请人：梅玉刚

发明人：阮树成　梅玉刚

摘要：

本发明涉及电光源技术领域，具体是一种太阳能电源双全桥注锁功率合成黑光灯组。2个RC振荡器共接电阻R3、电容C4同步振荡，自振荡芯片4及全桥逆变器A输出功率变压器T1与自振荡芯片6及全桥逆变器B输出功率变压器T2反相馈入相加耦合器，功率合成匹配黑光灯管组，基准晶振信号经分频器注入2个自振荡芯片4、6的RC振荡器锁定相位，获取大功率照明避免器件温升过高振荡频率变化功率失衡灯光下降，灯管异常电流检测器信号经晶体管接入2个自振荡芯片振荡器SD端，控制振荡快速停振关断全桥逆变器功率MOS管。本发明适用于农村田间、果园黑光灯诱杀害虫。

直流低压电源四推挽注锁功率合成金卤灯

申请（专利）号：201310155490.8　**公开日：**2014-10-15

申请人：阮树成

发明人：阮树成

摘要：

本发明涉及电光源照明技术领域，具体是直流低压电源四推挽注锁功率合成金卤灯。自振荡芯片A推挽逆变器A′输出功率变压器T1与自振荡芯片B推挽逆变器B′输出功率变压器T2馈入相加耦合器TB1，自振荡芯片C推挽逆变器C′输出功率变压器T3与自振荡芯片D推挽逆变器D′输出功率变压器T4馈入相加耦合器TB2，相加耦合器TB1与相加耦合器TB2馈入相加耦合器TB3功率合成、升压馈送灯管触发电路灯管启辉，基准晶振信号经分频器注入4个自振荡芯片锁定相位稳定输出功率，避免器件温升过高振荡频率变化功率失衡灯光下降，调频信号发生器三角波接4个自振荡芯片调频抑制灯光闪烁，灯管异常电流检测器信号接4个自振荡芯片的SD端保护功率管。本发明适用于直流低压电源大功率金卤灯照明场合。

太阳能电源注锁功率合成霓虹灯

申请（专利）号：201310160062.4　**公开日：**2014-10-15

申请人：张根清

发明人：阮树成　张根清

摘要：

本发明涉及电光源照明技术领域，具体是一种太阳能电源注锁功率合成霓虹灯，包括霓虹灯管、太阳能电源、基准晶振、振荡驱动芯片、推挽放大器、推挽振荡器、相加耦合器、灯管异常电流检测器。振荡驱动芯片输出接推挽放大器，经输出功率变压器T1与推挽振荡器输出功率变压器T3馈入相加耦合器功率合成、升压接灯管启辉，基准晶振信号经分频器注入振荡驱动芯片RC振荡器锁定相位，推挽放大器变压器T1与推挽振荡器变压器T3功率合成互耦注锁频率牵引相干同步锁定相位获取大功率照明，避免器件温升过高振荡频率变化功率失衡灯光下降。本发明适用于太阳能低电压、大电流供电的霓虹灯商业装饰广告照明。

太阳能电源双半桥注锁功率合成霓虹灯

申请（专利）号：201310160034.2　**公开日：**2014-10-15

申请人：张根清

发明人：阮树成　张根清

摘要：

本发明涉及电光源照明技术领域，具体是一种太阳能电源双半桥注锁功率合成霓虹灯，包括太阳能电源、霓虹灯管、基准晶振、分频器、两个自振荡芯片4和6、半桥逆变器A、半桥逆变器B、相加耦合器、灯管异常电流检测器。2个自振荡芯片4、6的RC振荡器共接电阻R3、电容C5同步振荡，自振荡芯片4及半桥逆变器A输出功率变压器T1与自振荡芯片6及半桥逆变器B输出功率变压器T2反相馈入相加耦合器，功率合成升压接入灯管启辉，基准晶振信号经分频器注入两个自振荡芯片4、6的RC振荡器锁定相位，获取大功率照明避免器件温升过高振荡频率变化功率失衡灯光下降。本发明适用于太阳能供电的大功率霓虹灯商业装饰广告照明场合。

直流低压电源四推挽注锁功率合成无极灯组

申请（专利）号：201310155488.0　**公开日：**2014-10-15

申请人：阮树成

发明人：阮树成

摘要：

本发明涉及电光源技术领域，具体是一种直流低压电源四推挽注锁功率合成无极灯组。自振荡芯片A推挽逆变器A′输出功率变压器T1与自振荡芯片B推挽逆变器B′输出功率变压器T2馈入相加耦合器TB1，自振荡芯片C推挽逆变器C′输出功率变压器T3与自振荡芯片D推挽逆变器D′输出功率变压器T4馈入相加耦合器TB2，相加耦合器TB1与相加耦合器TB2馈入相加耦合器TB3功率合成、升压馈送灯管电路点燃无极灯组，基准晶振信号经分频器注入4个自振荡芯片锁定相位稳定输出功率，避免器件温升过高振荡频率变化功率失衡灯光下降，灯管异常电流检测器信号接4个自振荡芯片的SD端保护功率管。本发明适用于直流低压电源供电的会议室、客厅及居家照明。

太阳能电源双推注锁功率合成金卤灯

申请（专利）号：201310155143.5　**公开日：**2014-10-15

申请人：阮小青

发明人：阮树成　阮小青

摘要：

本发明涉及电光源照明技术领域，具体是一种太阳能电源双推注锁功率合成金卤灯。2个自振荡芯片4、6共接定时阻容同步振荡，自振荡芯片4及推挽放大器A输出功率变压器T1与自振荡芯片6及推挽放大器B输出功率变压器T2反相馈入相加耦合器功率合成、升压馈送灯管电路触发启辉，基准晶振信号经分频器注入2个自振荡芯片4、6的RC振荡器锁定相位，避免器件温升过高振荡频率变化功率失衡灯光下降，调频信号发生器输出三角波低频信号接入两个自振荡芯片4、6的RC振荡器调频抑制灯光闪烁。

本发明适用于太阳能电源、大电流供电的金卤灯照明场合。

直流低压电源注锁功率合成双黑光灯

申请（专利）号：201310155134.6　**公开日：**2014-10-15

申请人：阮小青

发明人：阮树成　阮小青

摘要：

本发明涉及电光源照明技术领域，具体是一种直流低压电源注锁功率合成双黑光灯，包括黑光灯管、直流低压电源、基准晶振、振荡驱动芯片、推挽放大器、推挽振荡器、相加耦合器，振荡驱动芯片输出接推挽放大器。经变压器T1与推挽振荡器变压器T3由相加耦合器功率合成、升压接灯管启辉，基准晶振信号经分频器注入振荡驱动芯片RC振荡器锁定相位，推挽放大器变压器T1与推挽振荡器变压器T3功率合成互耦注锁频率牵引相干同步锁定相位获取大功率照明，避免器件温升过高振荡频率变化功率失衡灯光下降。本发明适用于直流低电压、大电流供电的黑光灯田间、果园诱杀害虫。

直流低压电源注锁功率合成金卤灯

申请（专利）号：201310155131.2　**公开日：**2014-10-15

申请人：阮小青

发明人：阮树成　阮小青

摘要：

本发明涉及电光源照明技术领域，具体是一种直流低压电源注锁功率合成金卤灯，包括金卤灯管、直流低压电源、基准晶振、振荡驱动芯片、推挽放大器、推挽振荡器、相加耦合器、灯管触发电路、调频信号发生器、灯管异常电流检测器。振荡驱动芯片接推挽放大器，输出功率变压器T1与推挽振荡器输出功率变压器T3由相加耦合器功率合成、升压馈送灯管触发电路引燃金卤灯启辉，基准晶振信号经分频器注入振荡驱动芯片锁定相位，推挽放大器输出功率变压器T1与推挽振荡器输出功率变压器T3功率合成互耦注锁频率牵引相干同步锁定相位，获取大功率照明避免器件温升过高振荡频率变化功率失衡灯光下降。本发明适用于直流低电压、大电流供电的金卤灯照明场合。

太阳能电源注锁功率合成金卤灯

申请（专利）号：201310160061.X　**公开日：**2014-10-15

申请人：张根清

发明人：阮树成　张根清

摘要：

本发明涉及电光源照明技术领域，具体是一种太阳能电源注锁功率合成金卤灯，包括金卤灯、太阳能电源、基准晶振、振荡驱动芯片、推挽放大器、推挽振荡器、相加耦合器、灯管触发电路、调频信号发生器、灯管异常电流检测器。振荡驱动芯片接推挽放大器，输出功率变压器T1与推挽振荡器输出功率变压器T3由相加耦合器功率合成、升压馈送灯管触发电路引燃金卤灯启辉，基准晶振信号经分频器注入振荡驱动芯片锁定相位，推挽放大器输出功率变压器T1与推挽振荡器输出功率变压器T3功率合成互耦注锁频率牵引相干同步锁定相位，获取大功率照明避免器件温升过高振荡频率变化功率失衡灯光下降。本发明适于太阳能电源低电压、大电流供电的金卤灯照明场合。

太阳能电源四全桥注锁功率合成无极灯组

申请（专利）号：201310155148.8　**公开日：**2014-10-15

申请人：阮树成

发明人：阮树成

摘要：

本发明涉及电光源技术领域，具体是一种太阳能电源四全桥注锁功率合成无极灯组。自振荡芯片A全桥逆变器A′输出功率变压器T1与自振荡芯片B全桥逆变器B′输出功率变压器T2馈入相加耦合器TB1，自振荡芯片C全桥逆变器C′输出功率变压器T3与自振荡芯片D全桥逆变器D′输出功率变压器T4馈入相加耦合器TB2，相加耦合器TB1与相加耦合器TB2馈入相加耦合器TB3功率合成，馈送灯管电路匹配灯组点燃，基准晶振信号经分频器注入4个自振荡芯片锁定相位稳定输出功率，避免器件温升过高振荡频率变化功率失衡灯光下降，灯管异常电流检测器信号接4个自振荡芯片的SD端保护功率管。本发明适用于太阳能电源供电的会议室、客厅及居家等场合照明。

直流低压电源四推挽注锁功率合成高压钠灯

申请（专利）号：201310155487.6　**公开日：**2014-10-15

申请人：阮树成

发明人：阮树成

摘要：

本发明涉及电光源照明技术领域，具体是直流低压电源四推挽注锁功率合成高压钠灯。自振荡芯片A推挽逆变器A′输出功率变压器T1与自振荡芯片B推挽逆变器B′输出功率变压器T2馈入相加耦合器TB1，自振荡芯片C推挽逆变器C′输出功率变压器T3与自振荡芯片D推挽逆变器D′输出功率变压器T4馈入相加耦合器TB2，相加耦合器TB1与相加耦合器TB2馈入相加耦合器TB3功率合成、升压馈送灯管触发电路灯管启辉，基准晶振信号经分频器注入4个自振荡芯片锁定相位稳定输出功率，避免器件温升过高振荡频率变化功率失衡灯光下降，调频信号发生器锯齿波信号接入4个自振荡芯片调频抑制灯光闪烁，灯管异常电流检测器信号接4个自振荡芯片的SD端保护功率管。本发明适用于直流低压电源高压钠灯照明场合。

太阳能电源注锁功率合成高压钠灯

申请（专利）号：201310160050.1　**公开日：**2014-10-15

申请人：张根清

发明人：阮树成　张根清

摘要：

本发明涉及电光源照明技术领域，具体是一种太阳能电源注锁功率合成高压钠灯，包括高压钠灯、太阳能电源、基准晶振、振荡驱动芯片、推挽放大器、推挽振荡器、相加耦合器、灯管触发电路、调频信号发生器、灯管异常电流检测器。振荡驱动芯片接推挽放大器，输出功率变压器T1与推挽振荡器输出功率变压器T3由相加耦合器功率合成、升压馈送灯管触发电路引燃高压钠灯启辉，基准晶振信号经分频器注入振荡驱动芯片锁定相位，推挽放大器输出功率变压器T1与推挽振荡器输出功率变压器T3功率合成互耦注锁频率牵引相干同步锁定相位，获取大功率照明避免器件温升过高振荡频率变化功率失衡灯光下降。本发明适于太阳能电源低电压、大电流供电的高压钠灯照明场合。

直流低压电源四推注锁功率合成低压钠灯组

申请（专利）号：201310160079. X　**公开日：**2014-10-15

申请人：张妙娟

发明人：阮树成　张妙娟

摘要：

本发明涉及电光源照明技术领域，具体是一种直流低压电源四推注锁功率合成低压钠灯组。自振荡芯片A推挽逆变器A′输出功率与自振荡芯片B推挽逆变器B′输出功率馈入相加耦合器TB1，自振荡芯片C推挽逆变器C′输出功率与自振荡芯片D推挽逆变器D′输出功率馈入相加耦合器TB2，相加耦合器TB1与相加耦合器TB2馈入相加耦合器TB3功率合成、升压接灯管电路引燃低压钠灯管组，基准信号分别注入4个自振荡芯片CT端锁定相位，灯管异常电流检测器信号接入4个自振荡芯片SD端，快速停振关断推挽逆变功率MOS管，获取大功率照明避免器件温升过高振荡频率变化功率失衡灯光下降。本发明适用于直流低压电源大功率低压钠灯组照明场合。

太阳能电源双推注锁功率合成荧光灯

申请（专利）号：201310155137. X　**公开日：**2014-10-15

申请人：阮小青

发明人：阮树成　阮小青

摘要：

本发明涉及电光源照明技术领域，具体是一种太阳能电源双推注锁功率合成荧光灯。2个自振荡芯片4、6共接定时电阻R2、电容C4，同步振荡，自振荡芯片4及推挽放大器A输出功率变压器T1与自振荡芯片6及推挽放大器B输出功率变压器T2由相加耦合器，功率合成馈送灯管启辉，基准晶振信号经分频器注入两个自振荡芯片4、6的RC振荡器锁定相位，避免器件温升过高振荡频率变化功率失衡灯光下降。本发明适用于太阳能电源低电压、大电流供电的荧光灯照明场合。

太阳能电源四全桥注锁功率合成荧光灯组

申请（专利）号：201310155427. 4　**公开日：**2014-10-15

申请人：阮树成

发明人：阮树成

摘要：

本发明涉及电光源技术领域，具体是一种太阳能电源四全桥注锁功率合成荧光灯组。自振荡芯片A全桥逆变器A′输出功率变压器T1与自振荡芯片B全桥逆变器B′输出功率变压器T2馈入相加耦合器TB1，自振荡芯片C全桥逆变器C′输出功率变压器T3与自振荡芯片D全桥逆变器D′输出功率变压器T4馈入相加耦合器TB2，相加耦合器TB1与相加耦合器TB2馈入相加耦合器TB3功率合成，馈送灯管电路匹配灯组点燃，基准晶振信号经分频器注入4个自振荡芯片锁定相位稳定输出功率，避免器件温升过高振荡频率变化功率失衡灯光下降，灯管异常电流检测器信号接4个自振荡芯片的SD端保护功率管。本发明适用于太阳能电源供电的会议室、客厅及居家等场合照明。

太阳能电源四推挽注锁功率合成荧光灯组

申请（专利）号：201310155951. 1　**公开日：**2014-10-15

申请人：阮雪芬

发明人：阮树成　阮雪芬

摘要：

本发明涉及电光源技术领域，具体是一种太阳能电源四推挽注锁功率合成荧光灯组。自振荡芯片A推挽逆变器A′输出功率变压器T1与自振荡芯片B推挽逆变器B′输出功率变压器T2馈入相加耦合器TB1，自振荡芯片C推挽逆变器C′输出功率变压器T3与自振荡芯片D推挽逆变器D′输出功率变压器T4馈入相加耦合器TB2，相加耦合器TB1与相加耦合器TB2馈入相加耦合器TB3功率合成、升压馈送灯管电路点燃荧光灯组，基准晶振信号经分频器注入4个自振荡芯片锁定相位稳定输出功率，避免器件温升过高振荡频率变化功率失衡灯光下降，灯管异常电流检测器信号接4个自振荡芯片的SD端保护功率管。本发明适用于会议室、客厅及居家照明。

太阳能电源注锁功率合成调光荧光灯

申请（专利）号：201310160049. 9　**公开日：**2014-10-15

申请人：张根清

发明人：阮树成　张根清

摘要：

本发明涉及电光源照明技术领域，具体是一种太阳能电源注锁功率合成调光荧光灯，包括荧光灯管、太阳能电源、基准晶振、相位调光芯片、推挽放大器、推挽振荡器、功率合成耦合器，相位调光芯片压控振荡器VCO输出接推挽放大器。经输出功率变压器T1与推挽振荡器输出功率变压器T3馈入相加耦合器功率合成、升压匹配灯管启辉，基准晶振信号经分频器注入压控振荡器VCO锁定相位，推挽放大器变压器T1与推挽振荡器变压器T3功率合成互耦注锁频率牵引推挽振荡器相干同步锁定相位，获取大功率照明避免器件温升过高振荡频率变化功率失衡灯光下降。本发明适用于太阳能电源低电压、大电流供电的调光荧光灯照明场合。

直流低压电源四推注锁功率合成荧光灯组

申请（专利）号：201310160086. X　**公开日：**2014-10-15

申请人：张妙娟
发明人：阮树成　张妙娟
摘要：

本发明涉及电光源技术领域，具体是一种直流低压电源四推注锁功率合成荧光灯组。自振荡芯片 A 推挽逆变器 A′输出功率变压器 T1 与自振荡芯片 B 推挽逆变器 B′输出功率变压器 T2 馈入相加耦合器 TB1，自振荡芯片 C 推挽逆变器 C′输出功率变压器 T3 与自振荡芯片 D 推挽逆变器 D′输出功率变压器 T4 馈入相加耦合器 TB2，相加耦合器 TB1 与相加耦合器 TB2 馈入相加耦合器 TB3 功率合成、升压馈送灯管电路点燃荧光灯组，基准晶振信号经分频器注入 4 个自振荡芯片锁定相位稳定输出功率，避免器件温升过高振荡频率变化功率失衡灯光下降，灯管异常电流检测器信号接 4 个自振荡芯片的 SD 端保护功率管。本发明适用于直流低压供电荧光灯照明场合。

太阳能电源双推注锁功率合成无极灯

申请（专利）号：201310155142.0　**公开日**：2014-10-15
申请人：阮小青
发明人：阮树成　阮小青
摘要：

本发明涉及电光源照明技术领域，具体是一种太阳能电源双推注锁功率合成无极灯。2 个自振荡芯片 4、6 共接定时电阻 R2 电容 C4 同步振荡，自振荡芯片 4 及推挽逆变器 A 输出功率变压器 T1 与自振荡芯片 6 及推挽逆变器 B 输出功率变压器 T2 由相加耦合器功率合成、升压经灯管电路磁环电感磁路耦合到无极灯管启辉发光，基准晶振信号经分频器注入两个自振荡芯片 4、6 的 RC 振荡器锁定相位，避免器件温升过高振荡频率变化功率失衡灯光下降。本发明适用于太阳能电源低电压、大电流供电无极灯照明场合。

一种无电源照明隧道用延时反光材料及其喷涂方法

申请（专利）号：201410335366.4　**公开日**：2014-10-22
申请人：张敏　张宬　张羿
发明人：张敏　张宬　张羿
摘要：

本发明涉及一种无电源照明隧道用延时反光材料及其喷涂方法。该反光材料由夜光粉、乳胶漆、清漆、玻璃珠、水按一定重量份组成。在对隧道进行喷涂时，先用乳胶漆调和液对隧道受光面进行打底处理，其次用乳胶漆、夜光粉与清水调和后的混合调和液对从隧道拱脚起控制在 1m ~ 2m 高度范围喷涂，形成夜光延时面，然后将剩余乳胶漆在已经打底的隧道仰拱的表面进行 2mm 喷涂，形成受光反射面，最后喷射玻璃珠、喷涂清漆，得到的喷涂于隧道内表面的延时反光材料。这种喷涂材料强度高、韧性好，当车辆夜晚经过时，反光性能好，当夜晚车辆经过后仍能保持自发光 2 ~ 5 小时。本发明彻底实现了隧道无电源照明，绿色环保，从根本上改变了隧道照明方式，大大降低了隧道照明和维护成本。

显示器电源控制系统

申请（专利）号：201310137089.1　**公开日**：2014-10-22
申请人：鸿富锦精密电子（天津）有限公司　鸿海精密工业股份有限公司
发明人：肖贵富　尹晓钢
摘要：

一种显示器电源控制系统，包括一个主板、一个开关模块及一个显示器。所述开关模块与主板相连，用于控制主板输出电源控制信号；所述显示器与主板相连，显示器接收所述电源控制信号并依据该信号开关显示器电源。使用者可以通过所述开关模块远程控制主板发送控制信号以开启或关闭显示器的电源。

检测电路板上芯片电源引脚布线的方法和装置

申请（专利）号：201310140251.5　**公开日**：2014-10-22
申请人：鸿富锦精密工业（深圳）有限公司　鸿海精密工业股份有限公司
发明人：林有旭　欧光峰
摘要：

一种检测电路板上芯片电源引脚布线的方法。所述方法包括，获取印制电路板的版图；查找所述印制电路板的芯片的电源引脚；查找连接到所述电源引脚且位于所述印制电路板外层的传输线；计算这些位于外层的传输线的总长度，将所述传输线的总长度与一总长度限定值进行比较而得到检测结果；根据检测结果生成对应的检测报告。本发明还包括一种检测电路板上芯片电源引脚布线的装置。

一种新型电源插座

申请（专利）号：201410297286.4　**公开日**：2014-10-22
申请人：王利敏
发明人：王利敏
摘要：

本发明涉及一种新型电源插座，包括插板和导电片。所述导电片等间距设置在插板上，在导电片的一端设有倒角，倒角上设有倒钩。本发明提高了工作效率，减少了整台榨油机组装的劳动强度，提高了榨油机的综合性能，使用时整机的操作方便简捷、安全可靠。

中频电源柜

申请（专利）号：201410387379.6　**公开日**：2014-10-22
申请人：盐城市广庆电器有限公司
发明人：王军
摘要：

本发明公开了一种开关控制方便、能够在恒温环境下工作的中频电源柜，包括柜体和柜门。在所述柜体内设置有控制开关，在所述控制开关上设置有旋钮，在所述柜门上设置有观察窗，在所述柜体的内部上端设置有上隔板和制冷装置，在所述柜体的内部下端设置有下隔板和制热装置，在所述上隔板和下隔板上均匀设置有若干透气孔，所述制冷装置和制热装置分别通过线缆与温度传感器相连接，所述温度传感器与控制开关相连接，在所述柜门上设置有与旋钮相互配合的旋钮窗口，所述旋钮伸出旋钮窗口。

自备电源控制器

申请（专利）号：201410243916. X　**公开日：**2014-10-22

申请人：华中科技大学

发明人：于克训　马志源

摘要：

本发明涉及一种自备电源控制器，包括控制柜、开关柜和储能仓配电箱。所述控制柜包括 CPU 核心板、显示操作板、继电器板、转接板、UPS 和蓄电池，所述显示操作板、继电器板、转接板、UPS 和蓄电池分别与所述 CPU 核心板连接，所述 UPS 的输出端与蓄电池输入端连接，所述 CPU 核心板还分别与所述开关柜、储能仓配电箱连接。本发明的开关柜是自备电源系统各个分系统开关的汇总点，将开关集总到开关柜中，外线先进入柜内主控开关，然后进入分控开关，各分路按其需要进行设置，储能仓配电箱也是由控制柜控制，实现了集中控制和分散管理，实现了管理实现集中控制。

开关电源装置

申请（专利）号：201410150316. 9　**公开日：**2014-10-22

申请人：富士电机株式会社

发明人：陈建

摘要：

本发明提供一种开关电源装置，具备不会导致电路结构大规模化且能高精度地检测出过载情况的过载检测电路。该开关电源装置具备，电流谐振型的功率转换装置主体，该功率转换装置主体通过第 1 开关器件对直流输入电力进行开关并存储在电感器中，并利用电感器的谐振通过第 2 开关器件将存储在上述电感器中的电力传输至输出电容器以获得直流输出电力；驱动控制电路，该驱动控制电路交替地对所述第 1 及第 2 开关器件进行导通驱动来使所述电感器发生谐振；过载检测电路，该过载检测电路根据通过所述电感器的谐振生成的谐振电压的峰值或实际值对所述功率转换装置主体的负载状态进行检测，从而对所述驱动控制电路的动作进行控制。

用于故障检测的并联电源系统及其电源模块

申请（专利）号：201410290815. 8　**公开日：**2014-10-22

申请人：许继电气股份有限公司　许继电源有限公司

发明人：朱子庚　邓长吉　李彩生　黄栋杰　单栋梁　刘嫄嫄　刘向立　王攀攀

摘要：

本发明涉及一种用于故障检测的并联电源系统及其电源模块。每个电源模块包括，一个移相全桥电路，移相全桥电路的输出端连接主变压器（Tr）一次侧，主变压器（Tr）二次侧连接整流输出电路，各电源模块的整理输出电路的输出端并联；还包括一个故障检测电路，故障检测电路包括一个电压检测电路，用于检测移相全桥电路的输出电压。一个驱动电路，用于改变电压反馈网络的反馈电阻；所述电压检测电路输出控制连接所述驱动电路。电压检测电路检测到输出电压较小，输出调整反馈网络，调整电压闭环，使输出电压升高，模块将重新启动抬高电压，使输出电压达到平衡，以实现电源模块的启动。

军事装备 UPS 供电系统

申请（专利）号：201410252664. 7　**公开日：**2014-10-22

申请人：南光日　王亚洲　万金林

发明人：万金林　南光日　王亚洲

摘要：

一种军事装备 UPS 供电系统，它是采用“逐级相互给力和循环补能恒动的逐力恒动动力原理”实现了恒动运动作业。该军事装备 UPS 供电系统是一种非燃料的非外接电力的非充电的逐力恒动动力的军事装备 UPS 供电系统；是一种尤其适合军队作战、军事基地、车辆、军事装备、岛屿、船舶、军事医院、军事工厂、机房、山区、野外作业等领域配套使用，而且不需外接电力和充电，不使用任何化石燃料和化学燃料，无污染无公害和零排放，能自身产生持久机械能和电力，不缺电和不停电，绿色和环保，最完善的军事装备 UPS 供电系统。该军事装备 UPS 供电系统具有用之不完的新能源，极其完善。

用于放大器的电源电压的可调节旁路电路

申请（专利）号：201380010005. 6　**公开日：**2014-10-22

申请人：高通股份有限公司

发明人：C · D · 普莱斯蒂

摘要：

公开了用于放大器的电源电压旁路技术。在示例性设计中，一种装置包括放大器和可调节旁路电路。所述放大器（如功率放大器）接收来自电源的电源电压。所述可调节旁路电路耦合到所述电源，并且提供对所述电源电压的旁路。所述可调节旁路电路包括可调节电容器或耦合到可调节电阻器的固定电容器。所述电源可以是，（i）为所述放大器提供固定电源电压的电源，（ii）为所述放大器提供可变电源电压的包络跟踪器。

对无负载条件使用智能输出复位电路的用于 LED 应急照明的恒定电源

申请（专利）号：201310347758. 8　**公开日：**2014-10-22

申请人：艾奥塔工程有限责任公司

发明人：王介东

摘要：

公开了一种用于 LED 照明灯具的恒定功率备用电源。该电源包括在 AC 电源处于 ON 条件时充电的蓄电池。当 AC 功率过渡到 OFF 条件时，由电池充电的电容器组向工作在断续导通模式的反激式转换器的一次侧供给电流。对于预定范围内的任意输出电压，反激式转换器的二次侧向 LED 照明灯具供给恒定的输出功率。

电源固定装置

申请（专利）号：201310139827.6 **公开日：**2014-10-22
申请人：鸿富锦精密工业（深圳）有限公司 鸿海精密工业股份有限公司
发明人：张德铭
摘要：

一种电源固定装置，包括一用于收容一电源模组的安装框、一连接件及一锁固件。该安装框开设一锁固孔，该连接件开设一通孔，该锁固件穿过该通孔锁固于该安装框的锁固孔内，该连接件设有一卡固于该安装框上的定位部。该电源固定装置的连接件通过锁固件及定位部固定于该安装框上，从而可牢固固定电源模组。

一种自备电源系统中央控制器

申请（专利）号：201410243878.8 **公开日：**2014-10-29
申请人：华中科技大学
发明人：于克训 马志源 林菊平
摘要：

本发明涉及一种自备电源系统中央控制器，包括作为主处理器的DSP和作为协处理器的FPGA。所述DSP和FPGA之间通过地址总线和数据总线进行通信，所述DSP通过SPI串口通信端口外接EEPROM，所述DSP通过总线连接有外扩SRAM，所述DSP还设置有扩展端口和仿真接口，所述DSP分别通过总线及驱动连接有CAN1和CAN2，所述DSP连接有A-D转换检测模块和PWM，所述FPGA外接有拨码按钮、指示灯、发光二极管、激光电源、继电器驱动、液晶屏和键盘，所述FPGA通过总线与上位PC进行I/O通信。本发明的抗干扰能力强，能够对整个自备电源系统的集中控制和分散管理。

电源电路

申请（专利）号：201310155048.5 **公开日：**2014-10-29
申请人：鸿富锦精密电子（天津）有限公司 鸿海精密工业股份有限公司
发明人：周海清
摘要：

一种电源电路，包括一欠电压保护单元及一电压转换单元。所述欠电压保护单元包括一块控制芯片、第一至第三NMOS场效应晶体管及第一至第四电阻。所述欠电压保护单元与所述电压转换单元相连。所述欠电压保护单元及所述电压转换单元均与一电源相连。当所述电源的电压在正常范围内时，所述欠电压保护单元输出一第一控制信号给所述电压转换单元，所述电压转换单元将所述电源的电压转换成工作电压后输出。当所述电源的电压低于阈值电压时，所述欠电压保护单元输出一第二控制信号给所述电压转换单元，所述电压转换单元不工作。上述电源电路具有欠电压保护的功能。

电源电路

申请（专利）号：201310155035.8 **公开日：**2014-10-29
申请人：鸿富锦精密电子（天津）有限公司 鸿海精密工业股份有限公司
发明人：周海清
摘要：

一种电源电路，包括一欠电压保护单元及一电压转换单元。所述欠电压保护单元包括一块控制芯片、一NPN型晶体管、一PNP型晶体管及第一至第四电阻。所述欠电压保护单元与所述电压转换单元相连。所述欠电压保护单元及所述电压转换单元均与一电源相连。当所述电源的电压在正常范围内时，所述欠电压保护单元输出一第一控制信号给所述电压转换单元，所述电压转换单元将所述电源的电压转换成工作电压后输出。当所述电源的电压低于阈值电压时，所述欠电压保护单元输出一第二控制信号给所述电压转换单元，所述电压转换单元不工作。上述电源电路具有欠电压保护的功能。

电源电路

申请（专利）号：201310148341.9 **公开日：**2014-10-29
申请人：鸿富锦精密电子（天津）有限公司 鸿海精密工业股份有限公司
发明人：周海清
摘要：

本发明的电源电路包括一个电压转换模块、过电压保护模块、电源供应器及一个导通元件。所述过电压保护模块连接于电压转换模块与电源供应器之间，用以根据电压转换模块的输出电压来控制电源供应器是否向电压转换模块提供电压。所述导通元件连接于电压转换模块与过电压保护模块之间，用以在电压转换模块的输出电压值超出正常工作电压值的上限时，将电压转换模块的输出电压进行放电。

内部串联染料敏化太阳电池、制作方法及电源

申请（专利）号：201310159016.2 **公开日：**2014-10-29
申请人：凯惠科技发展（上海）有限公司
发明人：黄福新 朱文峰 林逍 惠永正 傅克洪
摘要：

本发明公开了一种内部串联染料敏化太阳电池、制作方法及电源。该电池包括，工作电极基底层及与所述工作电极基底层对置的对电极基底层，位于工作电极基底层表面的第一导电面；位于对电极基底层底面的第二导电面；位于工作电极基底层导电面的第一绝缘部；位于对电极基底层导电面的第二绝缘部；位于工作电极基底层表面的第一导电指；位于对电极基底层底面的第二导电指；形成于工作电极基底层表面的光阳极层；形成于对电极基底层底面的光催化层；连接第一导电指和相邻电池单元的第二导电指的低温固化导电连接单元。本发明的染料敏化太阳电池电极连接性能好，制作工艺简单，对设备精度要求低，有利于工业化的批量生产和降低成本。

无线供电电源控制系统和方法

申请（专利）号： 201310156881.1　**公开日：** 2014-10-29
申请人： 海尔集团技术研发中心　海尔集团公司
发明人： 李聃　孙伟　李明　鄢海峰　龙海岸
摘要：

本发明公开了一种无线供电电源控制系统和方法。所述系统包括无线供电发射端装置、无线供电接收端装置。所述无线供电发射端装置对所述无线供电接收端装置无线供电，所述无线供电接收端装置检测自身工作状态。当检测工作在待机状态时，所述无线供电接收端装置发送控制信号，控制所述无线供电发送端装置进行断续供电。本发明提供的系统和方法可使无线电力控制系统中的无线供电接收端工作在待机状态时，减小整个无线电力传输系统的功耗。

一种用于读卡器退卡备用电源装置

申请（专利）号： 201310154227.7　**公开日：** 2014-10-29
申请人： 恒银金融科技有限公司
发明人： 江浩然
摘要：

本发明涉及自助设备领域，更具体地说，是涉及一种用于读卡器退卡备用电源装置，包括外部电源、控制器及读卡器。所述外部电源，用于为控制器充电；所述控制器，由均压稳压电路和超级电容组组成，用于当外部电源掉电时，作为后备电源为读卡器供电。充电次数可达10万次以上远远高于常规镍氢充电电池500次的上限，且成本低、无镉污染，温度使用范围广，具有良好的快充电性能，无记忆效应，可以随充随用。适合与读卡器配合安装在自助设备中，用于在自助设备异常掉电时，读卡器利用超级电容组供电退出用户卡片。

单相和三相斩波工变补偿交流稳压电源

申请（专利）号： 201410397377.5　**公开日：** 2014-10-29
申请人： 龚秋声
发明人： 龚秋声
摘要：

单相和三相斩波工变补偿交流稳压电源，由1个或3个工频补偿变压器、滤波电容、滤波电感、2个或6个主控双向全控电子开关、2个或6个续流双向半控电子开关及其控制电路组成。它与单相或三相智能无触头补偿式交流稳压电源相比，用2块或6块IGBT功率模块替代5块或15块晶闸管模块，因此功率模块由单相7块或三相21块减少为单相4块或三相12块，模块总成本降低。用单相1个或三相3个一次绕组带有中心抽头的工频补偿变压器替代了单相2个或三相6个工频变压器（调压和补偿变压器各3个），变压器总成本也大幅降低、利润高，并且准确度超越智能型，可达到1级准确度。它是现有智能型无触头补偿式交流稳压电源的更新换代产品，有很大经济效益和社会效益。

包括印制电路板、单独电路板和电源连接器的电气和/或电子电路

申请（专利）号： 201380009735.4　**公开日：** 2014-10-29
申请人： 伊莱克斯家用产品股份有限公司
发明人： 劳伦特·让纳托　蒂鲍特·里戈莱　亚历克斯·维罗利　安德烈亚·法托里尼
摘要：

本发明涉及一种电气和/或电子电路。该电路包括一个印制电路板（20）、至少一个单独电路板（10）和用于所述印制电路板（20）的至少一个电源连接器（12）。该至少一个电源连接器（12）被连接到了或者可连接到一个相应配对物上。多个电气和/或电子部件（22）被焊接在该单独电路板（10）处。该至少一个单独电路板（10）通过多个焊接头（16）被连接到该印制电路板（20）上。这些焊接头（16）通过通孔插装技术被连接到该单独电路板（10）上。这些焊接头（16）通过SMD（表面贴装器件）技术被连接到该印制电路板（20）上。至少一个电源连接器（12）通过该通孔插装技术被紧固在该单独电路板（10）处。

具有安全定型台主电源开关的塑钢型材生产系统

申请（专利）号： 201310158497.5　**公开日：** 2014-11-05
申请人： 天津实德新型建材科技有限公司
发明人： 李楠
摘要：

本发明涉及一种具有安全定型台主电源开关的塑钢型材生产系统。该塑钢型材生产系统包括挤出机、定型台、牵引机及成品卸料台。其挤出机、定型台、牵引机及成品卸料台从右到左依次设置形成生产系统。在定型台侧面的主电源开关外部加装一不锈钢防护罩。该不锈钢防护罩上方开孔。本发明结构简单、设计科学合理，提高了生产的安全性，有效降低事故发生率。

用于中频电源和工频电源的测试加载试验装置

申请（专利）号： 201410406997.0　**公开日：** 2014-11-05
申请人： 威海广泰空港设备股份有限公司
发明人： 杨飞　梁吉军　姚有刚
摘要：

本发明涉及电源加载系统，具体地说是一种中频电源和工频电源的加载试验装置，包括工频电源、中频电源、负载箱。其特征在于设有总接触器、中频电输入接触器、工频电输入接触器、负载分配接触器、连接铜排，中频电源输出端经连接铜排与中频电输入接触器相连接，工频电源输出端经连接铜排与工频电输入接触器相连接，中频电输入接触器和工频电输入接触器分别经连接铜排与总接触器输入端相连接，总接触器输出端通过连接铜排一路经负载分配接触器连接到负载箱，另一路经负载分配接触器连接负载箱。本发明具有结构合理、操作简单、维护和维修方便、降低成本等优点。

电源管理系统和方法

申请（专利）号：201310158137.5　**公开日：**2014-11-05
申请人：鸿富锦精密工业（深圳）有限公司　鸿海精密工业股份有限公司
发明人：曹伟华
摘要：

一种电源管理系统，用来管理一台服务器中的多个电源。所述电源管理系统包括一台可编程控制器。所述可编程控制器包括一个电源优先等级定义模块和一个电源启动控制模块。所述电源优先等级定义模块根据每一电源的效率为这些电源定义不同的优先等级。所述电源启动控制模块根据服务器消耗的总功率优先启动优先等级较高的电源为服务器供电。本发明还包括一种电源管理方法。

电源电路

申请（专利）号：201310155151.X　**公开日：**2014-11-05
申请人：鸿富锦精密电子（天津）有限公司　鸿海精密工业股份有限公司
发明人：周海清
摘要：

一种电源电路包括一个电压转换模块及一个过电流保护模块。所述过电流保护模块包括一个控制模块、一个第一选择单元及一个第二选择单元。所述第一选择单元及第二选择单元分别包括一个过电流保护电阻，所述电压转换模块包括一个处理芯片及与处理芯片的每一相位引脚相连的电感。所述控制模块包括一个负温度系数热敏电阻，所述控制模块通过负温度系数热敏电阻感测一个相位引脚连接的电感的温度，并输出相应的逻辑控制信号，以将第一选择单元或第二选择单元的过电流保护电阻相应地提供给处理芯片，实现对电路中相关元器件的过电流保护。

防蓄电池组硫化的智能化不间断电源系统

申请（专利）号：201410268874.5　**公开日：**2014-11-05
申请人：扬州一为自动化设备有限公司
发明人：薛剑鸿　张坚　徐浩
摘要：

本发明涉及防蓄电池组硫化的智能化不间断电源系统，包括电池巡检模块、数据传输模块、精确对时模块和网络接口模块。所述电池巡检模块包括，A-D 转换器、检测电池组电流方向的电流检测装置、检测各电池端电压的电压检测装置，以及检测电池组充电、放电时间的时间检测装置。数据传输模块包括和协议适配的串行接口，以及接收控制信号的接收装置。精确对时模块包括时间服务器，时间服务器设置适配的 B 码时间接口，通过接口发出的数据继而和系统的日历时间芯片对时。网络接口模块包括 TCP/IP 模块和网卡驱动模块。人机界面模块包括 LCD 显示模块和键盘操作处理模块。本发明提供了一种建立一个既稳定可靠又便于维护升级的直流电源精细化管理系统。

电源电路和具有该电源电路的空气调节机

申请（专利）号：201380011054.1　**公开日：**2014-11-05
申请人：夏普株式会社
发明人：菅原有理　甲斐岛良次
摘要：

本发明可以提供提高轻负载时的效率的电源电路和具有该电源电路的空气调节机。所述电源电路包括，功率因数改善电路（PFC 电路 130）；旁路电路（RY1），用于使功率因数改善电路（130）成为旁路；控制部分（微处理器 120），根据负载的状态切换第一控制状态和第二控制状态。所述第一控制状态下使功率因数改善电路（130）动作，并且控制旁路电路（RY1）成为断开状态。所述第二控制状态下使功率因数改善电路（130）停止，并且利用旁路电路（RY1）使功率因数改善电路（130）成为旁路。优选的是，控制部在第一负载状态下选择第一控制状态，在与第一负载状态相比为轻负载的第二负载状态下选择第二控制状态。

一种用于智能电能表自隔离 485 电源电路

申请（专利）号：201410356661.8　**公开日：**2014-11-05
申请人：江阴长仪集团有限公司
发明人：朱国富　曹晓峰　吴懋珏　何志超　陶英浩　顾舜孝
摘要：

本发明公布了一种用于智能电能表自隔离 485 电源电路，包括依次电连接的输入保护电路、线性变压器、桥式整流电路、滤波电路、DC/DC 降压电路和主电源。所述主电源的输出端通过内置隔离电路与 RS485 电源电路连接。所述内置隔离电路由反馈高频振荡电路配合其控制的高频变压器 T2 形成。在本发明的电路中使用自隔离电路，能有效减少线性变压器隔离绕组数量，降低变压器绕制难度，解决因受空间和体积限制的线性变压器加工难度，同时提供了一种内部电源隔离的手段，保证了电能表电源的稳定性和可靠性。

电源主电路

申请（专利）号：201410348437.4　**公开日：**2014-11-05
申请人：奉化市宇创产品设计有限公司
发明人：卓朝旦
摘要：

本发明给出了一种电源主电路，包括第一二极管 D1 至第八二极管 D8、第一电容 C1 至第六电容 C2、第一电阻 R1 至第三电阻 R3、第一 MOS 管 S1 和第二 MOS 管 S2。本发明提出的主电源电路，能够适用较大的功率范围的要求且电路结构较为简单，功率开关组件较少，成本较低。

大功率风机变桨控制器中电源监控单元

申请（专利）号：201310170382.8　**公开日：**2014-11-12
申请人：上海电气自动化设计研究所有限公司
发明人：张志华　陆汛弘　柳琪　邵茂祥
摘要：

一种大功率风机变桨控制器中电源监控单元，包括风机主控制器（1）。所述风机主控制器（1）连接电源状态控制模块（2），电源状态控制模块（2）连接手动控制模块（3）和电源（4）。本发明提供大功率风机变桨控制器中电源监控单元，能够实现对风机的消耗电量进行监控，从而实现根据风机的实时状态控制变桨控制器的电能消耗。整个装置准确度高、响应快速、性能优越，并且同步齐、一致性好，性能稳定，结构合理接口标准便于产业化，性价比合理成本低廉。

一种 PCIE 管理网卡电源的设计方法

申请（专利）号： 201410388061. X　**公开日：** 2014-11-12

申请人： 浪潮电子信息产业股份有限公司

发明人： 廖明超

摘要：

本发明提供一种 PCIE 管理网卡电源的设计方法。当主板开机时，标准 PCIE 中 PREST _ N 信号会立即有低电平变化成高电平并且一直维持高电平，而当主板关机时 PREST _ N 会由高电平变成低电平并维持低电平。P3V3 _ AUX 是主板的一个 STBY 电，P3V3 _ PCIE、P12V _ PCIE 是 PCIE 槽上的电都是在主板开机以后生成的。PCIE _ PREST _ N 就是标准 PCIE 中的 PREST _ N 信号。本发明的一种 PCIE 管理网卡电源的设计方法和现有技术相比，有效利用 PCIE 中 PERST _ N 信号的变化设计出一种电源切换线路实现了对现有管理网卡供电线路的优化。

一种线性直流电源及测量装置

申请（专利）号： 201310170323. 0　**公开日：** 2014-11-12

申请人： 苏州普源精电科技有限公司

发明人： 谭灵焱　王悦　王铁军　李维森

摘要：

本发明提供了一种线性直流电源，包括限流熔断器温度保护单元、变压器。所述的限流熔断器串联接在所述变压器的一个输入端上。所述的温度保护单元并联在所述变压器的两个输入端之间。所述的温度保护单元具有一个额定温度。当所述的变压器的温度小于所述的额定温度时，所述的温度保护单元处于开路状态。当所述的变压器的温度大于等于所述的额定温度时，所述的温度保护单元处于闭路状态，所述的限流熔断器处于开路状态。本发明所述的直流电源，不仅具有温度保护功能，而且还可以节约成本，维护更方便，提高工作效率。

含分布式电源的配电网中的距离保护装置和方法

申请（专利）号： 201310172769. 7　**公开日：** 2014-11-12

申请人： 株式会社日立制作所

发明人： 白日欣　张靖　张婧晶

摘要：

本发明提供一种含分布式电源的配电网中的距离保护方法。在故障发生时，若第 1 段距离保护没有动作，比较设置距离保护的第 1 馈线的负序电流和下一级的第 2 馈线的负序电流的幅值，将幅值大的一方判定为故障线路。若故障线路为第 1 馈线，根据第 1 馈线两端的对地负序阻抗确定故障位置；或者若故障线路为第 2 馈线，根据第 2 馈线的两端的对地负序阻抗确定故障位置，且在确定的故障位置位于第 2 段距离保护的范围内的情况下，延迟规定时间后实施第 2 段距离保护。

低输入电压电源

申请（专利）号： 201410370543. 2　**公开日：** 2014-11-12

申请人： 奉化市宇创产品设计有限公司

发明人： 卓朝旦

摘要：

本发明给出了一种低输入电压电源，包括第一变压器绕组 N1、与所述第一变压器绕组 N1 串联的第三变压器绕组 N3、第二变压器绕组 N2、与所述第二变压器绕组 N2 串联的第四变压器绕组 N4、第一开关 S1、第二开关 S2、第一电容 C1、第二电容 C2、第一二极管 VD1、第二二极管 VD2、电感 L。本发明提出的开关电源电路，具有双向激磁，通态损耗较小，驱动简单的优异性能。

一种模拟电网特性的交流电源

申请（专利）号： 201310615691. 1　**公开日：** 2014-11-12

申请人： 周细文

发明人： 周细文

摘要：

本发明提供一种模拟电网特性的交流电源，由 G 整流装置、三相 H 桥结构变流器、三相变压器依次连接构成。采用此电路的模拟交流电源，可以模拟电网的各种工况，包括零低穿、电网谐波、电网电压和频率波动及闪变和瞬变等，性能指标更完善，更接近被测试设备的实际工况。采用此电路的电网模拟交流电源可省掉 3 台单相变压器，重量较轻、成本较低。

具有移动电源的薄膜太阳电池

申请（专利）号： 201310165871. 4　**公开日：** 2014-11-12

申请人： 潘钦陵

发明人： 潘钦陵

摘要：

本发明是有关一种具有移动电源的薄膜太阳电池。其可挠式薄膜太阳电池，用以接收太阳能转换成非稳压 DC 电源，并通过 DC/DC 直流变压器，将非稳压 DC 电源转换成稳压 DC 电源至可充式移动电源进行充电，使可充式移动电源能提供 DC 电源至碳晶电热片。借此，薄膜太阳电池不占空间，且方便收纳而具有可携代性，也能轻松定位于预定处撷取户外的太阳能，使太阳能的光能转换成 DC 电源的电能，并将 DC 电源的电能供应于碳晶所制造保温杯垫或电热床垫而产生热能。

一种电源连接器前壳体钻孔工装

申请（专利）号： 201410371456. 9　**公开日：** 2014-11-19

申请人： 江苏莫仕天安连接器有限公司

发明人： 徐江银　阳旭　王志坚　刘伟　孙平

摘要：

本发明公开了一种电源连接器前壳体钻孔工装，包括上、下两部分，上半部分包括压紧块和调节块；压紧块分为左、右压紧块，压紧块上方设置有连接块；连接块上设有通孔，调节块通过轴销穿过连接块安装在压紧块正上方；压紧块与调节块之间设有 0.6～1mm 的间隙。调节块长度为压紧块长度的 1/2；调节块上方中间设有圆弧；左、右压紧块上分别设有 2 个不规则通孔。下半部分包括底座、安装柱；安装柱通过螺栓固定在底座上，安装柱一侧设有凹槽二，安装柱前端两侧设有引导孔；底座后端有水平块。本发明结构精巧，压紧块分开，压紧块与调节块之间的间隙，通过圆弧的转动可以使压紧块有转动的角度，对每个前壳体都能够夹紧，保证打孔准确，没有安全隐患。

一种用于水泥预制件生产线的电源在线式自动插拔机构

申请（专利）号：201310178052.3 公开日：2014-11-19

申请人：上海庄辰机械有限公司

发明人：鲍贤国

摘要：

本发明涉及一种用于水泥预制件生产线的电源在线式自动插拔机构，包括接线插座、接线插座体、接线插头体、接线插座导轨、外部导轨、撞击式开关、开关撞块和磁铁块。所述的接线插座体可移动地设在接线插座导轨上，所述的接线插头体可移动地设在外部导轨上，所述的撞击式开关和接线插座设在接线插座体内，所述的开关撞块与接线插头体连接，所述的磁铁块设在接线插座上。与现有技术相比，本发明具有安全性高、可靠稳定、维修简单，可提高流水线自动化程度等优点。

多重保护、实时监测功能的光伏移动电源

申请（专利）号：201410445280.7 公开日：2014-11-19

申请人：上海太阳能科技有限公司

发明人：卢光伟 李达非 李梦义 张敏玲

摘要：

本发明公开了便携式光伏移动电源，属于光伏技术领域。其结构主要由 PV 组件、锂电池、人机交互模块、电池管理模块、ARM 核心控制板、市电充电模块、笔记本电源输出模块、光伏充电模块、USB 电源输出模块。适配器构成。其 PV 组件、适配器分别通过专用电缆与 ARM 核心控制板连接，ARM 核心控制板设置有 USB 电源输出模块、笔记本电源输出模块，人机交互模块与 ARM 核心控制板相连接，锂电池通过电池管理模块与 ARM 核心控制板连接。本发明增加光伏充电部分电路，而且可以通过软件更新的模式，能适应其它新型能源，如风能。通过模拟各个厂商的适配器来适应市面上的各种手机，做到能够给市面上 99% 的手机充电；杜绝了手机电池爆炸，造成人身伤害等安全隐患的发生。

开关电源电路

申请（专利）号：201410378505.1 公开日：2014-11-19

申请人：奉化市宇创产品设计有限公司

发明人：卓朝旦

摘要：

本发明给出了一种开关电源电路，包括第一变压器绕组 N1、与所述第一变压器绕组 N1 耦合的第二变压器绕组 N2、第一二极管 VD1、第二二极管 VD2、第三二极管 VD3、第四二极管 VD4、电感 L、第一电容 C1、第二电容 C2、第一开关 S1、第二开关 S2、第三开关 S3、第四开关 S4。本发明提出的开关电源电路，利用电容对直流电流进行隔断，避免了电压直流分量的产生。

一种无外接电源可移动式家用电器供电装置

申请（专利）号：201310192797.5 公开日：2014-11-19

申请人：许少君

发明人：许少君

摘要：

本发明创造的无外接电源可移动式家用电器供电装置，主要由量子库热光装置、镁基电源、家用电器、组合箱等组成。其主要结构在于滚摆式压缩机与量子库热光装置及镁基电源和家用电器组合装配成一体，配置有无外接电源的供电装置和储能装置，彻底解决了家用电器的电力供给问题，取得了节能的巨大效果。家用电器中耗能最多的空调与冰箱不再需要外接电源，减少了能源消耗节省了能源。

模块化可扩展电源装置及光波信号发射装置

申请（专利）号：201410442132.X 公开日：2014-11-19

申请人：陈思源

发明人：陈思源

摘要：

本发明涉及一种模块化可扩展电源装置和光波信号发射装置，包括电源输入端、稳压模块、恒流源模块、功率开关模块、隔离电路和 I/O 接口。I/O 接口具有数字信号输入接口、载波信号输入接口及直流输出接口，载波信号输入接口通过隔离电路与电源输入端连接；数字信号输入接口与功率开关模块控制端连接，通过数字信号控制功率开关模块的开关频率，使功率开关模块输出按预定规则开关的电脉冲信号，并控制 LED 光源开关使数字信号通过光波信号发射出去。本发明可以在现有稳压或恒流电路基础上，增加少量元器件并通过插入不同的功能模块，对电源输出的调制，控制 LED 光源的开关达到将数据信号以光波发射的目的。

一种直流电源用电线路电气火灾危险性装置及实现方法

申请（专利）号：201410341211.1 公开日：2014-11-26

申请人：公安部四川消防研究所

发明人：阳世群 黄涵煜 王泽民 王立芬 祝兴华 彭波 陈承 陈鹏 李卓

摘要：

本发明公开了一种直流电源用电线路电气火灾危险性装置及实现方法，包括开关（1）、直流电源（2）、直流用电器（5）、铜导线（3）、铜导线（4）。本发明根据直流电源正极直接接通负极或直流电源正极通过用电器接通负极放电，产生超强电流或放电电弧和电火花的原理；直流电路接触部位熔化痕迹和放电电弧痕迹能有力证明起火部位的直流电路是否发生过两极异常放电的事实，为判定直流异常放电电气火灾提供客观科学依据；为电气火灾发生后，提供证明直流电路正负极间发生异常放电的起火原因的证据；揭示了汽车等使用直流电源场所快速引发电气火灾的原理，填补了此类火灾物证的提取、鉴定和判断技术的国内外空白。

数据中心电源控制系统及方法

申请（专利）号： 201310185872.5　**公开日：** 2014-11-26

申请人： 鸿富锦精密工业（深圳）有限公司　鸿海精密工业股份有限公司

发明人： 黄嘉庆

摘要：

一种数据中心电源控制系统及方法。所述数据中心包括计算设备及多个为计算设备供电的电源。该系统包括，设置模块，用于设置第一功耗P1及第二功耗P2；获取模块，用于获取电源的额定功率P、数据中心当前处于工作状态的电源的数目N和数据中心的总实时功耗；第一控制模块，用于当数据中心的总实时功耗持续第一时间小于（（N－1）×P－P1）时，将一个处于工作状态的电源变为休眠状态；第二控制模块，用于当数据中心的总实时功耗持续第二时间大于（N×P－P2）时，将一个处于休眠状态的电源变为工作状态。本发明能够动态调整数据中心中处于工作状态的。

一种无需电源的RFIC卡门锁

申请（专利）号： 201410335344.8　**公开日：** 2014-11-26

申请人： 安徽原创科普技术有限公司

发明人： 王超　周嵬

摘要：

本发明公开了一种无需电源的RFIC卡门锁，涉及生活机械领域，包括门把手。其特征在于，门把手内部设有RFIC读卡器单元；所述RFIC读卡器单元连接有储能电路单元和手把发电机构、所述储能电路单元连接有门锁伺服机构；所述门锁伺服机构连接有锁芯，通过RFIC读卡器单元读取信息，并通过储能电路单元分析处理，推动和手把发电机构运作，产生电能，驱动门锁伺服机构，从而控制锁芯，解决了宾馆常遇到因为门锁电源未能及时更换或充电导致客人无法开锁而带来不便的问题。

电动车电源短路保护电路

申请（专利）号： 201310207021.6　**公开日：** 2014-11-26

申请人： 黄三元

发明人： 黄三元

摘要：

本发明涉及一种电动车电源短路保护电路，包括采样元件（1）、开关组件（2）、电锁开关控制（3）、采样比较（4）、过载控制和自锁（5）、故障指示（7）和电锁开关（8）。采样元件（1）与开关组件（2）串接在电瓶负极GND与负载地线LGND之间，用增强型NMOS场效应晶体管作电子开关，栅极分别接电锁开关控制（3）和过载控制和自锁（5）的输出。负载短路，过载控制和自锁（5）输出低电平，使电子开关关断，点亮故障指示LED，并自锁状态。清除故障，通过关断和接通电锁开关（8）可解锁，恢复正常工作。本发明具有分类保护、关断保护速度快、解锁方便简单等优点。

用于为MRI梯度线圈供电的电源转换器以及操作电源转换器的方法

申请（专利）号： 201380013933.8　**公开日：** 2014-11-26

申请人： 皇家飞利浦有限公司

发明人： H·胡伊斯曼　M·L·A·卡里斯

摘要：

一种用于为磁共振检查系统的梯度线圈（22）供电的电源转换器，包括，多个基本上相同的开关单元（14、16、18），每个开关单元（14、16、18）具有多个开关构件（52），所述多个开关构件（52）被提供为在导通状态配置和基本上非导通状态配置之间切换，并且所述开关单元（14、16、18）被提供为以至少基础开关频率fSW并且以相对于彼此的预定时间关系切换；脉冲控制单元（20），被提供为通过将开关脉冲提供给所述开关单元（14、16、18）的所述开关构件（52）来控制所述开关单元（14、16、18）的开关的所述预定时间关系，其中所述脉冲控制单元（20）被提供为依据至少一个电学量来确定针对所述开关单元（14、16、18）的切换的所述预定时间关系的校正，所述至少一个电学量每个为所述多个开关单元（14、16、18）中的每个的电学量，并且所述脉冲控制单元（20）被提供为根据所确定的校正来调节所述预定时间关系，使得电源转换器输出的至少一个电学量在基础开关频率fSW基本上具有零幅值；一种操作电源转换器以补偿电感不对称性的方法，所述电源转换器特别地用于为磁共振检查系统的梯度线圈（22）供电。

一种开关电源双电流控制电路

申请（专利）号： 201410397551.6　**公开日：** 2014-11-26

申请人： 南京创佳通讯电源设备厂

发明人： 彭宪奇

摘要：

本发明公开了一种开关电源双电流控制电路。开关管电流采样装置设于一次电路上；输出电流采样装置设于二次电路上；误差放大器比较输出电压经采样网络后与参考电压产生的一级误差信号，与输出电流采样装置检测的副边输出电流和开关管电流采样装置检测的开关电流一起接入误差放大器，产生二级误差信号；二级误差信号接入

PWM 脉冲宽度调制比较器，产生 PWM 脉冲，调节电路输出。本发明在平均电流控制模式中简单引入原边开关管的开关电流信号来控制开关电源，使得控制环路既可以因平均电流控制模式使控制环路降阶，又能即时控制原边开关电流，且无需额外引入斜率补偿，使得控制更及时、准确。

交流斩波电路调节补偿电压的交流稳压电源

申请（专利）号： 201410397539.5 **公开日：** 2014-11-26

申请人： 龚秋声

发明人： 龚秋声

摘要：

交流斩波调节补偿电压的交流稳压电源，由滤波电感、滤波电容、自耦升压变压器、补偿变压器，主控双向电子开关、续流双向开关、倒相双向电子开关及其控制电路组成。产品有单相和三相两类，三相由 3 个单相星形联结组成。其特征是斩波调节电路是交流调压电路，即用 2 个单向晶闸管反并联做续流双向电开关，成本降低了 50% ~ 60%，倒相开关由 2 个单向晶闸管反并联或者双向晶闸管，倒相开关兼做补偿变压器一次绕组短路开关，自耦升压变压器升高单相斩波电压，使器件电流容量减少。它与智能无触头补偿式交流稳压电源相比，具有模块数量小、准确度高、性价比高、连续无级调节补偿电压的优点，是智能型无触头补偿交流稳压器更新换代产品，有很大经济效益和社会效益。

机动车辆车载电源和相关运行方法及实现该方法的装置

申请（专利）号： 201410201990.5 **公开日：** 2014-11-26

申请人： 罗伯特·博世有限公司

发明人： P. 梅林格

摘要：

机动车辆车载电源和相关运行方法及实现该方法的装置。本发明提出了一种机动车辆车载电源，具有，有源桥式整流器，其通过一定数目的相接线端子连接到发电机并且具有直流电压侧接线端子；装置，其被设立为识别有源桥式整流器处的负载下降并在识别到负载下降时以发出时钟脉冲的方式使相接线端子短路，由此将脉冲电流馈入机动车辆车载电源中。设置至少一个车载电源电容，被设立为使脉冲电流平滑化；并且机动车辆车载电源具有电压限制装置，被设立为将有源桥式整流器的直流电压侧接线端子之间的电压钳位到预先给定的最大电压。相应的运行方法和用于实现该运行方法的装置同样是本发明的主题。

智能多媒体电源监控管理系统

申请（专利）号： 201310418021.0 **公开日：** 2014-12-03

申请人： 深圳市金威源科技股份有限公司

发明人： 曾冬平

摘要：

本发明提供了智能多媒体电源监控管理系统，包括一组电源模块和电源系统监控器。所述的电源模块为数字电源模块，所述的电源系统监控器为智能多媒体控制管理器；所述的数字电源模块通过远程通信系统与所述的智能多媒体监控管理器通信联系，所述的数字电源模块将其工作状态参数发送到智能多媒体控制管理器，智能多媒体控制管理器利用远程通信系统对所述的数字电源模块进行监控。本发明利用通信接口技术，实现多种模块串行通信信号到监控层通信信号的标准统一，解决了不同类型串行通信的互联问题，增强了通信兼容性。

服务器电源模组

申请（专利）号： 201310191915.0 **公开日：** 2014-12-03

申请人： 鸿富锦精密工业（深圳）有限公司 鸿海精密工业股份有限公司

发明人： 蔡佑淇

摘要：

本发明涉及一种服务器电源模组，用于为一台服务器提供工作电压。服务器电源模组包括至少一个电源供应器与电源分配板，电源供应器与电源分配板为分别独立的电路模组。电源供应器用于接收一个外部的交流电源信号并转换为第一直流电源信号，电源分配板用于将该第一直流电源信号转换为至少一个第二直流电源信号。电源供应器包括一台变压器，用于接收该交流电源信号，并转换为位于第一电压范围内的第一直流电源信号。电源分配板包括至少一个电压变换电路，用于接收第一直流电源信号，并转换为该至少一个第二直流电源信号并输出至该服务器。

电源电路

申请（专利）号： 201310195487.9 **公开日：** 2014-12-03

申请人： 鸿富锦精密工业（深圳）有限公司 鸿海精密工业股份有限公司

发明人： 陈群博

摘要：

一种电源电路，包括一台热交换控制器、第一及第二电子开关、一只二极管、第一至第四电阻及一只第一电容。所述热交换控制器连接于电源与第一及第二电子开关之间，所述第一电子开关通过所述第二电子开关与所述二极管相连，所述二极管还通过所述第一电容接地。上述电源电路可实现当主板断电时供电给主板以存储系统数据。

电源检测系统及方法

申请（专利）号： 201310194552.6 **公开日：** 2014-12-03

申请人： 鸿富锦精密工业（深圳）有限公司 鸿海精密工业股份有限公司

发明人： 喻明

摘要：

一种电源检测系统。该电源检测系统包括一逻辑单元，该逻辑单元用于获取一待测电源的健康状态；该电源检测系统还包括一基板管理控制器，该基板管理控制器连接该逻辑单元，该基板管理控制器用于判断该待测电源的电源输入状态。该基板管理控制器能在该待测电源具有输入电源时通知该逻辑单元获取该待测电源的健康状态，该逻辑单元能将该待测电源的健康状态反馈给该基板管理控制器。本发明还涉及一种电源检测方法。该基板管理控制器可在逻辑单元判断待测电源的健康状态之前确保待测电源的电源接通，以防止该逻辑单元在无输入电源时对电源健康状态的误判。

功率放大器的电源管脚的布线结构及布线方法

申请（专利）号：201310188601.5 **公开日：**2014-12-03

申请人：深圳市共进电子股份有限公司

发明人：王达国

摘要：

本发明涉及一种功率放大器的电源管脚的布线结构，包括至少两级功率放大器。每级所述功率放大器包括至少一个电源管脚，还包括，支流电源线，数量与所述电源管脚相等，长度大于或等于 200 密耳，与所述电源管脚一一对应并将对应的所述电源管脚电连接至干流电源线上；干流电源线，与所有的所述支流电源线电连接。本发明还涉及一种功率放大器的电源管脚的布线方法。本发明中电路噪声必须沿着支流电源线和干流电源线传播，由于电源线的阻抗远远大于平面阻抗，这样就有效地阻碍了噪声的传播，降低了噪声干扰。

电源组合式监控同轴电缆

申请（专利）号：201310195306.2 **公开日：**2014-12-03

申请人：江苏宝华电线电缆有限公司

发明人：花宝众

摘要：

本发明公开了一种使用方便的电源组合式监控同轴电缆，包括同轴电缆线、设置在同轴电缆线外侧的同轴电缆线护套、2 根电源线和设置在 2 根电源线外侧的电源线护套。所述的同轴电缆线护套与所述的电源线护套之间通过连接带连接。本发明的优点是结构简单、使用方便，提高了工作效率，解决了施工中另放电源线的问题，降低了使用成本。

用于在隔离的 DC-DC 开关电源中使用的隔离变压器

申请（专利）号：201410220687.X **公开日：**2014-12-03

申请人：基思利仪器公司

发明人：W.C. 格克 J.C. 吉邦斯

摘要：

一种隔离的 DC-DC 开关电源包括隔离变压器，具有磁心、环绕磁心的第一绕组、环绕磁心的第一绕组屏蔽、第一绕组屏蔽内的第二绕组屏蔽及第二绕组屏蔽内的第二绕组。由于第二绕阻被围绕在第二绕组屏蔽内，且第二绕组屏蔽被围绕在第一绕组屏蔽内，因此在第一绕组和第二绕组之间不存在直接耦合。

移动电源

申请（专利）号：201310188138.4 **公开日：**2014-12-03

申请人：鸿富锦精密工业（深圳）有限公司 鸿海精密工业股份有限公司

发明人：赖志成

摘要：

本发明涉及一种移动电源，用于为一便携式电子产品充电。所述移动电源包括一基板、一支撑座、一连接器及一锂电池。所述基板包括一个第一表面、一个与所述第一表面相背的第二表面及一个下表面，所述下表面连接所述第一表面和第二表面。所述锂电池设置于所述基板内。所述第一表面靠近所述下表面的一端设置有所述支撑座。所述连接器设置于所述支撑座内。所述基板设置有多个第一收容槽。所述移动电源进一步包括多个夹持机构，所述多个夹持机构分别能转动地收容于其中一所述第一收容槽内，用于收容并固定所述便携式电子产品。本发明的便携式充电装置能随时充电，便于携带且，能适应具有不同的接口位置的便携式电子产品。

带插座的电源适配器

申请（专利）号：201310194481.X **公开日：**2014-12-03

申请人：湖北文理学院

发明人：刘彬彬

摘要：

本发明是一种带插座的电源适配器，所述的电源适配器的输入接口为安卓接口，设有 2 个 USB 接口和 2 个插头。它不仅能同时给 2 个 USB 接口的电器供电，还带有 2 个插口，可以充当额外的插座，供其他设备同时使用。这样，即使房间里面只有一个电源插口，也可以免去接插线板的烦恼了。由于 USB 接口非常普及，旅行途中带上它，就不用带各种充电器了。

一体式端子框架及包括该一体式端子框架的电源模块

申请（专利）号：201310359327.3 **公开日：**2014-12-03

申请人：三星电机株式会社

发明人：梁时重 金泰贤 孙莹豪 柳钟仁

摘要：

本发明提供了一种一体式端子框架及具有该一体式端子框架的电源模块，所述一体式端子框架能够方便地装配并优化用于传递信号的端子框架的电感。所述电源模块包括，模块基底，在所述模块基底上安装有至少一个电子器件；壳体，在所述壳体中容纳模块基底；至少一个端子框架，所述端子框架的一端结合到模块基底，另一端暴露于壳体的外部。其中，端子框架包括多个连接框架及结合到连接框架以使连接框架彼此一体地形成的框架固定部。

供应功率转换装置的栅极驱动电源的供电电路

申请（专利）号：201410199234.3 **公开日：**2014-12-03

申请人：富士电机株式会社

发明人：泷泽聪毅

摘要：

在使用飞跨电容器的高压功率转换电路中，连接有多个作为半导体开关器件的低耐压品，但由于主电路部分和控制电路部分之间的电位差较大，因此各栅极驱动电路的电源电路需要使用变压器进行绝缘。因而在使用多个高压变压器的装置存在大型且高价的问题。作为在向驱动飞跨电容型功率转换电路的半导体开关器件的栅极驱动电路供电的电源电路中所使用的绝缘器件，将使用变压器的电路串联连接，并将串联连接电路的中间连接点与飞跨电容器的中间电位点或主电路直流部的电位被固定的固定电位点相连接。

在显示装置中供应电源的设备

申请（专利）号：201410057502.8 **公开日：**2014-12-03

申请人：三星显示有限公司

发明人：蔡世秉

摘要：

本发明公开了一种在显示装置中供应电源的设备。本发明的示例性实施例涉及一种显示装置的电源，所述电源包括驱动电路和根据从所述驱动电路传输的输出数据显示图像的显示面板。电源包括设置在驱动电路中的第一升压器和第二升压器，第一升压器产生供应给驱动电路的源输出电路的运算放大器的第一输出电压，并且第二升压器产生供应给驱动电路的源输出电路的缓冲器的第二输出电压。

交流斩波双向调节补偿电压的交流稳压电源

申请（专利）号：201410450037.4 **公开日：**2014-12-03

申请人：龚秋声

发明人：龚秋声

摘要：

交流斩波双向调节补偿电压的交流稳压电源，由滤波电容、滤波电感、补偿变压器、倒相变压器、主控双向电子开关、续流双向电子开关及其控制电路组成。其特征在于，倒相变压器有 2 个串联绕组，其串联端与补偿变压器一次绕组一端连接，调节补偿电压和补偿电压的极性转换都由主控双向电子开关中的全控器件控制信号通断比完成。它与智能型无触头补偿式交流稳压电源相比，用 1 个双 IGBT 模块替代 6、7 个双单向晶闸管模块，成本大幅度降低，而且实现真正意义上的连续无触头调节补偿电压。它的性能和性价远高于智能型无触头补偿式交流稳压电源，能替代智能型无触头补偿式交流稳压电源。现有生产智能型无触头补偿式交流稳压电源厂商很多，实施本发明有大经济效益和社会效益。

网络设备及其管理电源的方法

申请（专利）号：201310189818.8 **公开日：**2014-12-03

申请人：富鸿康科技（深圳）有限公司 建汉科技股份有限公司

发明人：王奕翔

摘要：

本发明提供一种网络设备，与用户终端连接，用户终端通过网络设备连接到因特网。网络设备包括中央处理器、第一接收单元、第二接收单元、控制单元及开关电路。中央处理器在处理重要程序时会输出重要信号。第一接收单元用于在网络设备与用户终端已连线时，传输网络设备发出的上网连接信号。第二接收单元用于接收供电端设备提供的电源信号。控制单元用于检查是否接收到上网连接信号或接收到中央处理器输出的重要信号，并经过逻辑运算输出控制信号。开关电路用于根据控制信号控制是否对中央处理器供电。本发明还提供一种网络设备管理电源的方法，可管理网络设备的电源。

一种方便拆卸更换的电动车电源装置

申请（专利）号：201410355075.1 **公开日：**2014-12-10

申请人：李晓静

发明人：罗怀科 李予江 魏玉梅 罗羽

摘要：

本发明涉及一种方便拆卸更换的电动车电源装置，包括多个抽屉。所述抽屉插在安装槽内，所述抽屉后部圆孔，所述圆孔后部与插头相接触；所述抽屉上盖中部设有保护装置，所述抽屉上盖前部设有显示电量的显示屏，所述抽屉正面设有拉手。本发明所述的用于电动汽车的蓄电池抽屉的有益效果为，通过使用抽屉来安装蓄电池，拆装方便快捷，时时监控蓄电池情况，牢固耐用等诸多优点。

核电站 380V 移动应急电源的可靠性验证方法

申请（专利）号：201410411958.X **公开日：**2014-12-10

申请人：中广核工程有限公司 中国广核集团有限公司

发明人：沈锦峄 章松林 张学文 周洪军 石全建 胥跃 周李伟

摘要：

本发明涉及核电站 380V 移动应急电源的可靠性验证方法，包括以下步骤：进行带载主泵轴封注水泵可行性分析，输出可行性分析判断结果；进行带额定负载的试验，输出带载能力试验参数；根据带载能力试验参数判断 380V 移动应急电源的带载能力；进行带载安注泵轴封注水试验，输出带载安注泵轴封注水能力试验参数；根据带载安注泵轴封注水能力试验参数判断 380V 移动应急电源的带载安注泵轴封注水能力。通过对 380V 移动应急电源进行带额定负载的试验，以及模拟事故工况，进行带载安注泵轴封注水试验，全面验证 380V 移动应急电源的各项性能是否满足设计要求，加强了核电站 380V 应急电源的可靠性，提高了核电站纵深防御能力。

核电站 6.6kV 移动应急电源的可靠性验证方法

申请（专利）号：201410411996.5 **公开日：**2014-12-10

申请人：中广核工程有限公司 中国广核集团有限公司

发明人：沈锦峄 章松林 张学文 周洪军 石全建 胥跃 周李伟

摘要：

本发明涉及核电站6.6kV移动应急电源的可靠性验证方法，包括以下步骤：对6.6kV移动应急电源进行带载辅助给水泵可行性分析，判断6.6kV移动应急电源是否满足带载辅助给水泵的试验条件；对6.6kV移动应急电源组进行带额定负载的试验，输出带载能力试验参数；根据带载能力试验参数判断6.6kV移动应急电源的带载能力；进行带载辅助给水泵给水试验，输出带载辅助给水泵给水试验参数；根据带载辅助给水泵给水试验判断6.6kV移动应急电源的辅助给水泵给水能力。采用本发明方法可全面验证6.6kV移动应急电源的各项性能是否满足设计要求，加强了核电站应急电源的可靠性，提高了核电站纵深防御能力。

一种基于单片机的智能恒温高频电源开关柜

申请（专利）号：201410368473.7 **公开日：**2014-12-10

申请人：四川省华电成套设备有限公司

发明人：朱颜勇

摘要：

本发明公开了一种基于单片机的智能恒温高频电源开关柜，包括高频开关电源柜柜体，以及设置在高频开关电源柜柜体内的恒温控制系统。所述恒温控制系统包括温度检测仪、第一继电器、第二继电器、晶体管制冷片、散热片、散热风机、加热电阻和单片机，所述温度检测仪连接至所述单片机，第一继电器和第二继电器的控制端分别经一晶体管连接至单片机。晶体管制冷片与散热片相连接，散热片两侧分别连接2台散热风机。所述第一继电器的常开触头与晶体管制冷片、散热风机的电源端串联，第二继电器与加热电阻的电源端串联。本发明保证了电源柜内的温度始终处于恒温状态，使电器元件不易老化，防止不可预测的因素的情况发生，从而保证电力系统的安全运行。

保护型多路充电式频开直流电源屏

申请（专利）号：201410361934.8 **公开日：**2014-12-10

申请人：四川省华电成套设备有限公司

发明人：朱颜勇

摘要：

本发明公开了一种保护型多路充电式频开直流电源屏，包括柜体及设置在柜体内的充电装置、蓄电池组、上母线、下母线、直流稳压装置和两硅链降压装置。所述两硅链降压装置并联连接在蓄电池组和下母线之间，每一个硅链降压装置由6~8只大功率二极管串联构成，硅链降压装的输出端还串联有一只发光二极管，硅链降压装置的阳极端与蓄电池组的输出连接，硅链单元的阴极端连接至下母线。所述充电装置至少为一组，每组充电置经开关连接至下母线，蓄电池组也经负荷开关连接到下母线上。本发明设置有数组充电装置，可快速为蓄电池组充电且当其中某一组充电装置损坏时，也能保障直流电源屏的正常使用。

低温环境下的具备后备电源系统的配电自动化终端

申请（专利）号：201410408046.7 **公开日：**2014-12-10

申请人：国家电网公司 国网吉林省电力有限公司长春供电公司 国电南瑞科技股份有限公司

发明人：张喜林 杨松 夏燕东 淦克亮 班伟 张志华 孙建东 芦城

摘要：

本发明涉及一种低温环境下的具备后备电源系统的配电自动化终端。其特征在于，电源控制模块为高效抗低温电源模块，其电源转5V、DC装置CPU供电；配电自动化终端核心单元采用双CPU设计，两块CPU芯片BF518和BF533均为工业级芯片，两块CPU芯片嵌入工业级设计电路中，温度采集模块中的R11、R12、R13和PT100组成传感器测量电桥，电桥输入端通过TL431稳压；调整桥臂电阻R13，改变输入到运放的差分电压信号大小，用于调零。本发明具有循环寿命长、高低温性能好、低温下容量高的优点，在环境-40℃条件下，容量仍可保持在80%以上；在-40℃~70℃范围内可正常工作，使其具备温度补偿的功能，即能在-50℃~70℃范围内正常工作。

用于配置电源分配单元的系统和方法

申请（专利）号：201380013150.X **公开日：**2014-12-10

申请人：服务器技术股份有限公司

发明人：卡尔文·尼科尔森 迈克尔·戈登

摘要：

用于多个电源分配单元（PDU）的配置的方法、系统和设备以有效地被描述。电源分配单元可以在网络上被发现，并根据一个特定位置定义的配置而被自动配置。位置可以是，如地理地区、数据中心、数据中心内的区域、机柜或单个PDU。与特定位置相关联的所有PDU可以被提供通用配置文件以定义所述PDU的运行参数。以这种方式，用户可以简单地将所述PDU连接到网络，获得适当的配置而无需所述用户的额外干涉。

一种具有电磁屏蔽功能的直流电源屏

申请（专利）号：201410368570.6 **公开日：**2014-12-10

申请人：四川省华电成套设备有限公司

发明人：朱颜勇

摘要：

本发明公开了一种具有电磁屏蔽功能的直流电源屏，包括柜体及设置在柜体内的屏蔽盒、直流稳压装置、充电装置、蓄电池组和两硅链降压装置。所述屏蔽盒由隔板隔成数个相互独立的屏蔽室，直流稳压装置、充电装置、蓄电池组和两硅链降压装置均单独安装在各个屏蔽室内。在本发明中所有电子器件单独放置在屏蔽室内，避免了电子器件通电后相互之间存在电磁干扰的现象。

在-40℃环境下直接应用的智能配电终端后备电源系统

申请（专利）号：201410408308.X **公开日：**2014-12-10

申请人：国家电网公司 国网吉林省电力有限公司长春供电公司 国电南瑞科技股份有限公司

发明人：张树东 孙琰 张晔 陈世英 王晓岩 于洪涛

王东亮 纪平 蔡月明 刘明祥 岳仁超

摘要：

本发明涉及一种在 -40℃环境下直接应用的智能配电终端后备电源系统。其特征在于，电源通过温度采集电路中的温度传感器将外部温度信号线性转化为电信号，然后将此信号反馈给 PWM 控制部分，PWM 控制部分根据此信号调整功率变化与输出整流滤波。其针对配电自动化终端在北方等高寒地区设备后备电源系统无法正常启动导致配电网络出现大规模终端掉线的状况，采用全工业设计的电源管理模块和新型乳体硅能蓄电池设计，选取抗低温能力强的工业级芯片及复合硅盐用为蓄电池的电解质，保证蓄电池在 -40℃时容量仍能保持在 80% 以上，同时在 -40℃ ~60℃的户外环境中工作使用寿命不小于 5 年。

一种恒定误差放大信号的电压模 BUCK 型开关电源电路

申请（专利）号：201410420080.6 **公开日：**2014-12-10

申请人：长沙瑞达星微电子有限公司

发明人：李亚

摘要：

电压模开关电源是电源应用的常用结构，其中误差放大器是电压模开关电源的核心电路之一。误差放大器输出的误差放大信号连接下一级的 PWM 比较器，该电压影响着 PWM 比较器的设计指标。本发明公开了一种恒定误差放大信号的电压模 BUCK 型开关电源电路结构，通过产生幅值与输入、输出电压相关的锯齿波，使误差放大信号保持不变。本发明中的电路由 DC/DC 主电路、反馈电阻串、误差放大器、锯齿波发生器、PWM 比较器、驱动电路组成。

控制开关模式电源中的最小脉宽的方法

申请（专利）号：201310474468. X **公开日：**2014-12-10

申请人：弗莱克斯电子有限责任公司

发明人：R·S·G·贝格希格

摘要：

一种功率转换器电路包括变压器和在一次电路控制器旁边的主开关控制器。感测电路被实现用于当主开关接通时感测变压器的辅助绕组处的电压。辅助绕组是变压器的另一个一次绕组，磁耦合至二次绕组并且与一次绕组电隔离。当跨辅助绕组的电压达到预定阈值电压电平时，主开关被断开。阈值电压电平被设置为这样的值，使得每个脉冲传送至二次电路的能量最小化，而维持最小量的能量传送以实现在辅助绕组处的输出电压感测。

用于具有低空载功率的切换模式电源的负载改变检测

申请（专利）号：201310474469.4 **公开日：**2014-12-10

申请人：弗莱克斯电子有限责任公司

发明人：R·S·G·贝格希格

摘要：

一种用于在具有低空载功率消耗的切换模式电源中负载改变检测的脉冲方案。该脉冲方案包括用于确定在输出处的负载状况或空载状况的测量脉冲。生成测量脉冲导致去往二次侧的充分能量传送以经由在一次侧上的反射电压精确地测量输出电压。一旦处于空载操作模式，则使用具有比测量脉冲更低的能量传送的参考脉冲来确定对应于空载状况的基线反射电压。继而生成相继的检测脉冲并且测量对应的反射电压并且将其与基线反射电压进行比较。反射值中超出阈值的改变指示空载状况的改变。

一种可与传统荧光灯镇流器兼容的 LED 电源电路

申请（专利）号：201310730418.3 **公开日：**2014-12-10

申请人：王兴利

发明人：王兴利

摘要：

本发明公开了一种可与传统荧光灯镇流器兼容的 LED 电源电路，包括输入端子 Ta1、Ta2、Tb1、Tb2、电容 C1、C2、C3、二极管 D1、D2、D3、D4、D5、D6 和 LED 阵列。所述电容 C1 并联在端子 Ta1、Ta2 之间，二极管 D1 的阴极与二极管 D2 的阳极连接后与输入端子 Ta1 连接，二极管 D1 阳极分别与二极管 D3 的阳极、二极管 D6 的阳极连接，二极管 D2 的阴极分别与二极管 D4 的阴极、二极管 D5 的阴极连接，二极管 D5 的阳极与二极管 D6 的阴极连接后与电容 C3 的一端连接，电容 C3 的另一端分别与输入端子 Tb1、Tb2 连接。本发明可与传统荧光灯镇流器兼容的 LED 电源电路实现 LED 阵列与传统 CFL 荧光灯使用的镇流器的对接兼容，免去烦琐的重新接线改线过程。

一种便于检修的高频开关电源柜

申请（专利）号：201410368711.4 **公开日：**2014-12-10

申请人：四川省华电成套设备有限公司

发明人：朱颜勇

摘要：

本发明公开了一种便于检修的高频开关电源柜，包括电源柜柜体、3 组白光灯阵列和与白光灯阵列串联的按键开关。所述电源柜柜体整体为密封结构，在电源柜柜体的前面板上设置有盖板，盖板上从外到内依次设有防尘网及风扇罩，盖板内设有风扇；所述 3 组白光灯阵列分别设置在电源柜柜体的顶面板、左侧板和盖板上。本发明整体为密封结构，并在盖板上设置有防尘网，阻止灰尘进入，能有效防止电路因灰尘过重而引起的电路老化现象，从而延长使用寿命；其次在柜体上的各个方位设置有白光灯阵列，在检查和维修电源柜时，方便为工作人员照明。

一种开关电源供电的血氧值监控手环

申请（专利）号：201410486528.4 **公开日：**2014-12-17

申请人：青岛蓝图文化传播有限公司市南分公司

发明人：田海红 王海伟

摘要：

本发明提出了一种开关电源供电的血氧值监控手环，整体为环状，外表面为 EVA 材质包覆，环中位置内嵌仪表盘，仪表盘和连接到仪表盘两端的拼接而成的链带构成环形主体。所述仪表盘还包括微型振动器、音频播放器和血氧计，血氧计设置在仪表盘背面与皮肤接触面，通过GPRS模块将血氧数据传输到定点手机端；所述血氧计包括在皮肤接触部设置的2个LED灯和第二感光器件，2个LED灯输出固定波长的光束，第二感光器件对经过皮肤、组织、血液漫反射回的光进行采集，将代表血氧饱和度值的光强度转换为电信号；DSP处理器对血氧饱和度值进行处理，输出经过调制的标准格式的血氧饱和度数据。

焊接电源的缩颈检测控制方法

申请（专利）号： 201410216350.1　**公开日：** 2014-12-17
申请人： 株式会社大亨
发明人： 井手章博
摘要：

本发明的目的在于在同时使用多个焊接电源时防止缩颈检测控制的误动作。因此，本发明提供一种由多个焊接电源（PS1、PS2）在共同的工件（2）上分别产生电弧（31、32）来进行焊接，且焊接电源内的至少1台（PS1）通过缩颈检测控制来进行焊接的焊接电源的缩颈检测控制方法。在该缩颈检测控制方法中，焊接电压检测值Vd1包括因流动进行了总计所得到的焊接电流Ig的共同通电路径的电感值L所产生的电压值（噪声），检测进行了总计所得到的焊接电流Ig，计算出焊接电压修正值 $Vf1 = Vd1 - L \cdot dIg/dt$，使用该焊接电压修正值Vf1来进行缩颈的检测。由此，能够除去在用于检测缩颈的电压上重叠的噪声，因此能够防止缩颈检测控制的误动作。

车载电源欠电压提醒装置

申请（专利）号： 201310216370.4　**公开日：** 2014-12-17
申请人： 赵莹莹
发明人： 赵莹莹
摘要：

一种车载电源欠电压提醒装置，包括电瓶和开关。电瓶电连接开关；开关电连接集成块；集成块电连接显示屏，集成块电连接绿灯、橙灯、黄灯和红灯，集成块电连接扬声器；扬声器、显示屏和绿灯、橙灯、黄灯、红灯电连接电瓶。本发明能够通过显示屏显示和语音来提醒车主汽车电瓶电量还有多少，减少因电瓶电量不足而给车主带来的不便。

直流电源模拟接地测试仪

申请（专利）号： 201410387612.0　**公开日：** 2014-12-17
申请人： 国家电网公司　国网山西省电力公司晋中供电公司
发明人： 杨爱晟　白更生　王卯生　郭伟　刘学强　冯晓军　王立新
摘要：

本发明涉及电力用直流接地测试装置，具体为直流电源模拟接地测试仪。解决目前市场上没有专用的直流电源模拟接地测试装置的问题。该测试仪包括盒体，盒体内有测试电路，测试电路包括型号为stc12c5a60s2的单片机、控制电路和电阻切换电路，单片机的输入端子连接开关组Z1～Z9。所述控制电路包括7个控制支路，每个控制支路包括1个晶体管、1个继电器。晶体管的发射极接地，各控制支路中的晶体管的基极分别与单片机的输出端子相连。电阻切换电路包括6个相互并联的电阻支路，每1个电阻支路由电阻和继电器的常开触头串联而成。本发明结构设计新颖、独特，是现场作业人员进行电力用直流源模拟接地测试的得力助手。

分布式多通道可编程测试用线性电源的结构及装置

申请（专利）号： 201310220041.7　**公开日：** 2014-12-17
申请人： 长春迪派斯科技有限公司
发明人： 赵孔新
摘要：

本发明公开的分布式多通道可编程测试用线性电源的结构及装置。所述的分布式多通道可编程测试用线性电源由变压器、一个主控制器通道子系统、N个电源通道子系统和一个通道控制通信子系统组成。通道控制通信子系统包括总线及N个总线隔离模块；主控制器通道子系统作为管理层，N个电源通道子系统作为执行层，形成分布式控制系统体系结构。主控制器通道字系统通过通道控制通信子系统向电源通道子系统发布命令和数据；主通道控制器包括主控制器、I/O模块和辅助直流电源；I/O模块包括触摸屏、LCD单元、键盘单元、数字编码开关单元等；每个电源通道子系统包括电源主电路模块、通道控制器模块、通道设定模块和辅助直流电源模块。

用于恒定电流恒定功率控制的电源控制方法

申请（专利）号： 201380016320.X　**公开日：** 2014-12-17
申请人： 德克萨斯仪器股份有限公司
发明人： X·善光　Z·叶
摘要：

本发明提供了一种数字电源控制器（2），包括电压控制回路（10）及电流控制回路（20）且具有控制器（30）。控制器用于根据电压控制回路占空比输出（18）或电流控制回路占空比输出（28）对开关电源（4）进行脉宽调制。其中，在从电流回路控制切换到电压回路控制之前，控制器选择性地将电压控制回路占空比输出（18）预设成预定值（92）；和/或在电流回路控制期间，控制器抑制电压回路积分器值（66a）的增加以减轻电压过冲。

电源故障侦测装置及方法

申请（专利）号： 201310206021.4　**公开日：** 2014-12-17
申请人： 鸿富锦精密工业（深圳）有限公司　鸿海精密工业股份有限公司
发明人： 孙金艳
摘要：

一种电源故障侦测装置，包括一个可编程逻辑器件、一个比较电路及一个基板管理控制器。所述比较电路用于与 ATX 电源的 P12V 针脚相连，并判断所述 P12V 针脚输出的电压是否为 12V，若否，则向所述可编程逻辑器件输出一电源故障通知信号。所述可编程逻辑器件用于在接收到所述电源故障通知信号后，向所述基板管理控制器发送电源故障信息。本发明还公开了一种电源故障侦测方法。

电源芯片检测装置及方法

申请（专利）号：201310215839.2　**公开日：**2014-12-17

申请人：鸿富锦精密工业（深圳）有限公司　鸿海精密工业股份有限公司

发明人：陈振宇

摘要：

本发明提供一种电源芯片检测装置及方法。所述电源芯片检测装置包括一块电源芯片、一个电源时序控制模块、一个基板管理控制器、一个信号检测模块及一个 GPIO 模块。电源时序控制模块用于在服务器开机后发送一个初始电源使能信号给电源芯片，电源芯片用于反馈一个初始 powergood 信号给电源时序控制模块，信号检测模块用于在判断初始电源使能信号及初始 powergood 信号发出的时间差小于一个预设值后发送一个时间差检测异常结果给 GPIO 模块，GPIO 模块用于将检测结果发送给基板管理控制器。所述电源芯片检测装置及方法能准确地检测所述电源芯片的状态。

一种开关电源供电的行为数据监控装置

申请（专利）号：201410486265.7　**公开日：**2014-12-17

申请人：青岛蓝图文化传播有限公司市南分公司

发明人：王秀珍　田海红　王海伟

摘要：

本发明提出了一种开关电源供电的行为数据监控装置，整体为环状。其外表面为 EVA 材质包覆，环中位置内嵌仪表盘，仪表盘和连接到仪表盘两端的拼接而成的链带构成环形主体。所述仪表盘内嵌入 GPRS 通信模块。仪表盘还包括三轴重力加速度传感器、陀螺仪和 DSP 处理器。DSP 处理器包括积分器和滤波及优化模块。所述三轴重力加速度传感器输出 X、Y、Z 轴加速度数据信息。陀螺仪输出人体转角的角速率信息，DSP 处理器的积分器将陀螺仪输出的角速率信息积分得到人体的相对转角，并根据所述相对转角输出运动状态。运动状态包括运动、跌倒和静止。所述 GPRS 模块将 DSP 处理器输出的运动状态信号通过 GPRS 通信模块传输到定点手机端。

一种用于电源分配单元的定位装置

申请（专利）号：201310209713.4　**公开日：**2014-12-17

申请人：伊顿制造（格拉斯哥）有限合伙莫尔日分支机构

发明人：陈家智

摘要：

本发明提供一种用于止挡滑轨件与滑架（3）的相对移动的定位装置（1），包括，第一构件（11），具有适于可脱离地接合所述滑轨件的第一侧的第一接合部分；第二构件（12），具有适于可脱离地接合所述滑轨件的相对的第二侧的第二接合部分；手柄件（13），通过一枢轴（14）枢转安装至所述第一构件（11）。第二构件（12）具有止挡部分（121），手柄件（13）具有通过手柄件（13）的枢转而选择性地抵接所述止挡部分（121）的第一接触边缘部分（131）和第二接触边缘部分（132）。第二接触边缘部分（132）距枢轴（14）的距离大于所述第一接触边缘部分（131）至枢轴（14）的距离，从而在第二接触边缘部分（132）接触该止挡部分（121）时第一和第二接合部分的间距小于第一接触边缘部分（131）接触该止挡部分（121）时第一和第二接合部分的间距，以将所述定位装置（1）可拆卸地夹紧固定在所述滑轨件上。本发明还提供一种电源分配单元组件。

电源转换电路及电子装置

申请（专利）号：201310206070.8　**公开日：**2014-12-17

申请人：鸿富锦精密工业（深圳）有限公司　鸿海精密工业股份有限公司

发明人：聂强

摘要：

一种电源转换电路，包括输入端、输出端及电源转换芯片。该电源转换芯片用于将输入端接入的电源电压进行转换得到输出电压，并将输出电压输出至输出端而为电子元器件供电。其中，该电源转换电路还包括路径开关及保护模块。该路径开关包括受控端、第一导通端、第二导通端。该第一导通端与输入端连接，第二导通端与电源转换芯片连接。该保护模块用于在输出端的电压超过一个预定值时，产生一个关闭控制信号至路径开关的受控端，从而切断输入端与电源转换芯片的电压输入端的连接。本发明还提供一种电子装置。本发明的电源转换电路及电子装置，无论电源转换芯片是否损坏，均能实现对过电压的保护。

一种电源输入过电压关断保护电路

申请（专利）号：201410527451.0　**公开日：**2014-12-17

申请人：上海斐讯数据通信技术有限公司

发明人：王玉娟

摘要：

本发明提供一种电源输入过电压关断保护电路，包括电压比较单元、稳压单元和开关单元。所述稳压单元用于提供一个稳定的参考电压。所述电压比较单元用于比较自身的输入电压与所述参考电压的大小。所述开关单元用于在所述输入电压小于等于所述参考电压时，导通输入至后级电路的电源输出电压；在输入电压大于参考电压时，断开输入至后级电路的电源输出电压。本发明的电源输入过电压关断保护电路能够在电源输入过电压时能够控制对后级电压输入的开启和关闭，且过电压保护值可以设定为某一固定的值，比较精确，而且能够切断所有后级输入电压，不会对后级电路和芯片造成损坏。

可防止充电电源反接的充电电路及方法

申请（专利）号： 201310277452. X　**公开日：** 2014-12-17

申请人： 惠州市吉瑞科技有限公司

发明人： 向智勇

摘要：

本发明公开了一种可防止充电电源反接的充电电路及方法，用于电子烟或电子烟盒。所述可防止充电电源反接的充电电路包括直流输入端（101）、与所述直流输入端（101）电性连接的防反接单元（102）、与所述防反接单元（102）电性连接的充电管理单元（103）、与充电管理单元（103）电性连接的充电电池（104）。实施本发明的有益效果是，有效防止电子烟或电子烟盒因为充电电源反接造成的风险，且具有低压降和低功耗的优点。

直流电源防雷电路

申请（专利）号： 201410518069. 3　**公开日：** 2014-12-17

申请人： 成都思迈科技发展有限责任公司

发明人： 徐晓青

摘要：

本发明公开了一种直流电源防雷电路，包括并联的第一级防护电路和第二级防护电路。本发明的有益效果是，包括并联的第一级防护电路和第二级防护电路。沿电流方向，第一级防护电路位于第二级防护电路的前方，第一级防护电路包括压敏电阻 R1、压敏电阻 R2 和放电管 GDT。压敏电阻 R1 和压敏电阻 R2 串联后两端分别连接到电源输入的正极和负极。放电管 GDT 的一端连接到压敏电阻 R1 和压敏电阻 R2 的连接处，另一端接地。所述的第二级防护电路包括瞬态二极管 D1 和瞬态二极管 D2。所述的瞬态二极管 D1 和瞬态二极管 D2 串联后的电路两端分别连接到电源输入的正极和负极，且瞬态二极管 D1 和瞬态二极管 D2 的连接处接地。

通信系统、充电控制装置、车辆和电源装置

申请（专利）号： 201380018402. 8　**公开日：** 2014-12-17

申请人： 住友电气工业株式会社　住友电装株式会社　株式会社自动网络技术研究所

发明人： 冈田辽　萩原刚志　泉达也　二井和彦　高田阳介

摘要：

本发明提供了通信系统、充电控制装置、车辆和电源装置。它们在其中所述车辆与所述电源装置经包含电源线、接地线和控制线的充电线缆连接，并且通过将所述接地线和所述控制线用作介质来发送和接收通信信号的如带内通信之类的通信中，能够防止噪声流入发送和接收所述通信信号的通信装置。提供了以下部件：充电控制装置（13），其连接至接地线（33）和控制线（34）并发送和接收控制信号；通信装置（14），其连接至分别从接地线（33）和控制线（34）分支的两根分支线（35a，35b）；共模扼流线圈（16），其被插入接地线（33）和控制线（34）中，并位于充电控制装置（13）与两根分支线（36a，36b）之间。

电源供应装置

申请（专利）号： 201310286592. 3　**公开日：** 2014-12-17

申请人： 新普科技股份有限公司

发明人： 李宗融　陈泰宏　林佑儒　黄国彰　陈明达

摘要：

本发明公开了一种电源供应装置。在电源供应装置中，由控制单元控制切换电路，在进行充电时将储能单元模块切换为并联电路，在进行放电时则切换为串联电路，使得电源供应装置在充电端及放电端均使用降压电路。利用切换电路配合降压电路所输出的充电电压及放电电压，让电源供应装置具有稳定、效率高、低损耗的表现。

开关电源设备、开关电源控制方法和电子装置

申请（专利）号： 201410220018. 2　**公开日：** 2014-12-17

申请人： 索尼公司

发明人： 渡辺裕之

摘要：

一种开关电源设备，包括被提供有直流输入的开关器件、控制所述开关器件的开关频率的频率控制电路、检测所述开关器件的开关频率的频率检测电路，以及基于所述频率检测电路所检测的开关频率控制开关占空比的占空比控制电路。所述占空比控制电路控制所述开关占空比，以使所述开关频率变为约最大频率。

一种开关电源供电的心率监控手环

申请（专利）号： 201410487024. 4　**公开日：** 2014-12-24

申请人： 青岛蓝图文化传播有限公司市南分公司

发明人： 王秀珍　王海伟　郇文杰

摘要：

本发明提出了一种开关电源供电的心率监控手环。所述仪表盘包括微型振动器、音频播放器和心率计。心率计设置在仪表盘背面与皮肤接触面，通过蓝牙模块将心率数据传输到智能手机。心率计包括设置在所述仪表盘外壳下表面的绿光二极管、接收反射光的光敏器件和对光敏器件输出的电信号的频率进行检测的 DSP 处理器。GPRS 模块将 DSP 处理器输出的心率检测信号通过 GPRS 网络传输到定点手机端。GPRS 模块接收定点手机端的请求信号，并通过微型振动器和音频播放器进行提示。仪表盘上还设置有正常和紧急报警按键，通过 GPRS 模块将相应按键操作发送到定点手机端。

一种开关电源供电的行为监控手环

申请（专利）号： 201410491066. 5　**公开日：** 2014-12-24

申请人： 青岛蓝图文化传播有限公司市南分公司

发明人： 田海红　王海伟　郇文杰

摘要：

本发明提出了一种开关电源供电的行为监控手环，整体为环状。其外表面为 EVA 材质包覆，环中位置内嵌仪表盘，仪表盘和连接到仪表盘两端的拼接而成的链带构成环形主体。所述仪表盘内嵌入 GPRS 通信模块、微型振动器

和音频播放器。仪表盘还包括三轴重力加速度传感器、陀螺仪和DSP处理器。DSP处理器包括积分器和滤波及优化模块。所述三轴重力加速度传感器输出X、Y、Z轴加速度数据信息。陀螺仪输出人体转角的角速率信息。DSP处理器的积分器将陀螺仪输出的角速率信息积分得到人体的相对转角，并根据所述相对转角输出运动状态。运动状态包括运动、跌倒和静止。

一种开关电源供电的健康监控装置

申请（专利）号：201410487741.7 **公开日：**2014-12-24

申请人：青岛蓝图文化传播有限公司市南分公司

发明人：郇文杰 田攀

摘要：

本发明提出了一种开关电源供电的健康监控装置。仪表盘还包括微型振动器、音频播放器、心率计和血氧计。心率计和血氧计设置在仪表盘背面与皮肤接触面，通过GPRS模块将心率和血氧数据传输到定点手机端。所述心率计和血氧计采用同一结构分时复用的方式，设置在仪表盘背面与皮肤接触面。该结构包括在皮肤接触部设置的2个LED灯和光敏器件。DSP处理器对血氧饱和度值和计数器输出的心率值进行处理，输出经过调制的标准格式的心率数据和血氧饱和度数据。

焊接电源的缩颈检测控制方法

申请（专利）号：201410253095.8 **公开日：**2014-12-24

申请人：株式会社大亨

发明人：井手章博

摘要：

本发明提供一种焊接电源的缩颈检测控制方法，通过多个焊接电源对共同的工件分别产生电弧来进行焊接。焊接电源内的至少2台焊接电源使用焊接电压检测信号（Vd1）来检测从短路状态再次产生电弧的前兆现象，即熔滴的缩颈（Nd）。若检测到该缩颈，则减少焊接电流（Iw1）来再次产生电弧。其中，上述的焊接电压检测信号（Vd1）包括因相加后的焊接电流（Ig）流动的共同通电路径的电感值而产生的电压值。在短路状态中判别出所述熔滴的电阻值减少的情况（St）时，禁止缩颈的检测（Nd）。由此，无需在焊接电源间互相通知焊接电流的急剧减少时刻，能够防止缩颈的误检测。因此，在同时使用多个焊接电源时，本发明能够防止缩颈检测控制的误动作。

用于具有燃料电池的厨房的电源管理

申请（专利）号：201380013666.4 **公开日：**2014-12-24

申请人：戴森航空宇宙集团有限公司

发明人：R·布达格希安斯 Y·布鲁瑙克斯 A·艾杰克伦布姆 A·胡格文 J-P·利比斯 F·马塞特 A·梅茨 F·穆雨 L·纳斯泰斯 A·雷布

摘要：

本发明描述了一种电源管理系统。该电源管理系统具有至少一个燃料电池系统、配电单元、至少一个厨房插入件、厨房网络控制器、控制面板和/或至少一个电池组。电源管理系统比较来自配电单元的功率输出与最大负荷水平和/或最小负荷水平，当功率输出接近和/或高于最大负荷水平时，指示厨房网络控制器循环关闭厨房插入件和/或将厨房插入件的操作设置到更低的功率消耗水平；并且当功率输出接近和/或低于最低负荷水平，指示厨房网络控制器循环打开厨房插入件和/或将厨房插入件的操作设置到更高的功率消耗水平。

一种开关电源的节能老化测试和仓储物流一体化系统

申请（专利）号：201410425292.3 **公开日：**2014-12-24

申请人：苏州市职业大学

发明人：季翼鹏 姚文贤

摘要：

本发明公开了一种开关电源的节能老化测试和仓储物流一体化系统，包括电动自行小车、单轨轨道、机箱和机笼。所述电动自行小车上设有滚轮和辅助滚轮；所述电动自行小车通过滚轮及辅助滚轮安装在单轨轨道上，并通过行走电机带动机箱整体移动；所述机箱通过提升电动机及滑轮连接设置在电动自行小车底部；所述机笼设置在机箱内。本发明通过将电动自行小车设置在单轨轨道上，并通过行走电动机带动机箱整体移动，机箱内部设置机笼来对电源进行老化测试，利用第二直流母线将并网逆变器的直流侧和伺服电机驱动器的直流侧连接起来，这样不仅减少了伺服电动机驱动器的整流电路和功率因数校正电路，起到一个综合节能的效果。

一种自动力且无电源借用草坪、树间空位液压停车装置

申请（专利）号：201410492674.8 **公开日：**2014-12-24

申请人：上海元力液压件有限公司

发明人：陆耀

摘要：

本发明涉及一种自动力且无电源借用草坪、树间空位液压停车装置，包括停车装置、蓄能组合。所述停车装置由移动托架、固定托架及托臂组成。所述移动托架内部设置油泵，并且该油泵与所停车辆的车轮相连接，此移动托架外端通过托臂与固定托架相接。其中，托臂上增设执行油缸组，油泵分别与自车轮及移动托架内部的阀组相接。本发明有益效果为，停车位置上设有可移动托架，托架内部包含液压元件，通过自车轮子的转动，经传动轴带动油泵产生压力油，经连锁阀组后，推动执行油缸组分别执行托架的上升、平移，将车辆停放在设定位上；取车及停车时间分别小于等于100秒，安全性优良、使用操作非常简单、无需电源等外动力。

具辅助电源的燃烧及紧急起动操控装置及系统

申请（专利）号：201410266429.5 **公开日：**2014-12-24

申请人：杨泰和

发明人：杨泰和

摘要：

本发明公开了具辅助电源的燃烧及紧急起动操控装置及系统。设置直流升压电路装置，将直流电源的电压作升压运作电压的提升优化其起动。在引擎后续运转中，维持直流升压电路装置提升电压利于引擎后续运转。设置紧急启动电能的辅助蓄电装置，设置充电隔离二极管以隔离启动电瓶，在启动机启动引擎时，直流升压电路装置将直流电源的电压作升压，以使点火装置及喷油装置通过运作电压的提升优化其起动功能，并于引擎后续运转中，维持直流升压电路装置提升电压状态利于引擎后续运转。在启动电瓶电力不足时，紧急启动开关，由蓄电装置电池的电能驱动启动机以启动引擎。在启动引擎时，通过直流升压电路装置的升压以使点火装置可作升压以增强其起动。

分离式辅助电源的燃烧及紧急起动操控装置及系统

申请（专利）号：201410269282.5　公开日：2014-12-24

申请人：杨泰和

发明人：杨泰和

摘要：

本发明公开了一种分离式辅助电源的燃烧及紧急起动操控装置及系统，为设置紧急启动开关装置及/或直流升压电路装置。在启动电瓶电力不足时，借紧急启动开关装置操作，由蓄电装置电池的电能驱动启动机以启动引擎；在启动引擎时，借直流升压电路装置的升压以使点火装置及/或喷油装置可作升压以增强其起动功能。

带应急电源的灯具

申请（专利）号：201310224957.X　公开日：2014-12-24

申请人：新昌县约客机械有限公司

发明人：储晓东

摘要：

带应急电源的灯具，包括一个大型灯具（1）。在灯具上设置充电模块（2），在灯具开启时充电模块（2）自动运行。在突然发生停电事故时充电模块（2）自动启动向灯具提供电源。设置远程通信模块（3），当发生停电事故时远程通信模块（3）向指定的电工的手机号码发送停电信息。充电模块（2）同步检测灯具失效损坏的状态，同步向电工发送维修信息。充电模块（2）设置于灯座（4）内，可以在大型活动中大型灯具遇到停电等紧急情况时继续提供照明，防止意外事故的发生。

LED日光灯驱动电源和LED日光灯

申请（专利）号：201310230836.6　公开日：2014-12-24

申请人：赵依军

发明人：赵依军

摘要：

本发明涉及半导体照明技术，特别涉及LED日光灯驱动的电源及包含该驱动电源的LED日光灯。按照本发明实施例的LED日光灯驱动电源包括端盖，其外表面上设置一对插脚。该对插脚是空心的，并且与所述端盖内部连通。所述端盖内有基板，所述基板的其中一个表面上设置一对引线，每个引线插入各自对应的插脚内并且固定于插脚的内壁。设置在所述基板上的LED驱动电路模块，其与所述引线电气连接。

基于以太网的AC/DC开关电源控制管理器

申请（专利）号：201310238818.2　公开日：2014-12-24

申请人：重庆瑞升康博电气有限公司

发明人：陈军　许祝

摘要：

本发明涉及一种基于以太网的开关电源控制管理器，包括AC/DC开关电源、接口控制模块、以太网控制模块。采用以太网接口通过以太网传递数据，通过以太网对AC/DC开关电源系统进行远程监视，能实现AC/DC开关电源的远程操作与管理；对AC/DC开关电源运行情况实时监测；当AC/DC开关电源出现异常或故障时，及时通知管理人员。满足互联网的不断发展和信息安全技术的不断完善需要，对传统的技术管理、商务运营业务等均实现网络化、信息化，实现AC/DC开关电源的网络化远程监控功能。

电源电路

申请（专利）号：201310221701.3　公开日：2014-12-24

申请人：鸿富锦精密电子（天津）有限公司　鸿海精密工业股份有限公司

发明人：周海清

摘要：

本发明的电源电路包括一种电源电路。其中包括一个第一电压切换单元。所述第一电压切换单元连接在第一电压源及一个第一电压备用电源与第一辅助电压输出端之间，所述第一电压切换单元用以接收一个电源准备好信号，并根据电源准备好信号的状态选择将第一电压源或第一电压备用电源的提供的电压输出至第一辅助电压输出端。本发明的第一辅助电压输出端的电压由第一电压源或第一电压备用电源提供，不受其它辅助电压输出端的影响，从而满足更多电子设备的需求。

一种笔记本式计算机电源适配器

申请（专利）号：201310223142.X　公开日：2014-12-24

申请人：李兆源

发明人：李兆源

摘要：

本发明公开了一种笔记本式计算机电源适配器。它由一连接电源适配器与交流电的电源线、电源适配器及设于电源适配器内的锂离子电池组成。单波段笔记本式计算机充电器与锂离子电池连接。所述电源适配器分为单波段笔记本式计算机充电器和锂离子电池两大部分，并以笔记本式计算机自带可拆装锂离子电池的方式内置于笔记本式计算机的机身中。本发明所述的电源适配器由于是内置于笔记本式计算机机身中的，在携带计算机时不必再携带外置的电源适配器，具有方便携带等特点。

电源电路

申请（专利）号： 201310230230.2 **公开日：** 2014-12-24

申请人： 鸿富锦精密电子（天津）有限公司 鸿海精密工业股份有限公司

发明人： 周海清 涂一新

摘要：

本发明的电源电路包括第一至第三电子开关及一块开关芯片。所述电源电路通过第一至第三电子开关的连接，将与所述开关芯片相连的第一电压备用电源及第一电压源的电压交替切换为电压输出端的电压。从而，使电压输出端无论在开机前还是开机后均可以输出稳定、可靠的辅助电压，从而满足更多负载的需求。

电源电路

申请（专利）号： 201310248837.3 **公开日：** 2014-12-24

申请人： 鸿富锦精密电子（天津）有限公司 鸿海精密工业股份有限公司

发明人： 周海清

摘要：

本发明的电源电路包括一个电源供应器及与电源供应器相连的第一电压转换电路。所述第一电压转换电路用以将电源供应器的电源引脚的电压转换为电源供应器的备用电源引脚的第一备用电压。同时，通过改变第一电压转换电路的电感值及电容值而提升第一电压转换电路输出的第一备用电压的电流值，从而提高第一备用电压的带负载能力。

一种开关模式电源用八卦扇形八分式组合铁氧体磁心

申请（专利）号： 201410451277.6 **公开日：** 2014-12-24

申请人： 隆回县新四海磁芯科技有限公司

发明人： 邹洪辉

摘要：

本发明公开了一种开关模式电源用八卦扇形八分式组合铁氧体磁心。它由 4 个紧固包框（1）、组合铁氧体磁心（2）组成。组合铁氧体磁心（2）成对组合安装，紧固包框（1）安装在组合铁氧体磁心（2）组合件外部。本磁心能够提供一种即使在连续地励磁那样的环境下也能够充分地抑制磁心温度上升而且饱和磁通量密度充分高的铁氧体磁心。其磁导率较高，漆包线用线少，节约了成本。铁氧体磁心的晶间发生高电阻化，从而能够进一步降低电力损失。本发明达到了国外同类产品的先进水平，价格却比国外同类厂商便宜50%以上，且可以根据国内实际市场对铁氧体软体磁心的材料配比和电磁性能进行调整，产品适应性很好。

一种安全电源开关

申请（专利）号： 201310252623.3 **公开日：** 2014-12-24

申请人： 奉化市天元精密铸造厂

发明人： 钱辉 张士明 陈朝泳

摘要：

本发明涉及一种安全电源开关，包括壳体。所述壳体内设有整体横置的隔离层。该隔离层将壳体分为主动内腔和从动内腔。所述主动内腔内安装有主动摇摆装置。所述从动内腔内安装有与主动摇摆装置相对应的从动摇摆装置。所述从动摇摆装置一端固定有摇板导电片。所述从动内腔内固定有与摇板导电片相对应的线路导电片，通过主动摇摆装置带动从动摇摆装置实现电源开关的开、关状态。本发明从结构上进行改造，能彻底地对水或者烟雾进行隔离，也防止漏电现象的发生，安全性能大大提高，适合大规模的工业生产。

一种室外用电源专用功率模块

申请（专利）号： 201410518279.2 **公开日：** 2014-12-24

申请人： 湖南德海通信设备制造有限公司

发明人： 宋静 宋淑伟 江志勇

摘要：

一种室外用电源专用功率模块，塑封材料将引线框架、控制芯片、热敏电阻、功率芯片、二极管、金属线一次性塑封为一个专用功率整体模块。散热基板位于封装的底部，热敏电阻、功率芯片和二极管通过焊料焊接在该基板上。用金属线将功率芯片、二极管与引线框架通过超声键合连接，引线框架分布在散热基板两侧，金属线将控制芯片连接到引线框架上。本发明的有益效果是，采用塑封一次成型技术，从根本上改变了传统的二次封装模式，模块强度高、密封特性非常好，整个功率模块的使用寿命长。本发明模块周边仅需少量电阻、电容元件，整个系统尺寸应用会更小，因此综合成本更低。

扩散泵加热炉专用电源线接线端子防护罩

申请（专利）号： 201410462267.2 **公开日：** 2014-12-24

申请人： 青岛润鑫伟业科贸有限公司

发明人： 王明刚 王雪梅

摘要：

本发明涉及扩散泵加热炉专用电源线接线端子防护罩，包括框架、出线口、凹槽和进线口。所述框架前端设有凹槽，凹槽四边向内斜面延伸至凹槽底部，凹槽底部中心打有出线口，框架后端设有进线口。本发明杜绝对地和相间短路及人员安全事故的发生，还防护了电源线端绝缘外胶皮，拆卸电源线时直接拔出防护罩即可，使用轻巧简洁、安全可靠。

一种通过电路板作为接线供电方式的模块式电源插座及其制作方法

申请（专利）号： 201410475859.8 **公开日：** 2014-12-24

申请人： 上海华东计算机系统工程有限公司

发明人： 孙杰 莫儒鸣

摘要：

本发明提供一种通过电路板作为接线供电方式的模块式电源插座，包括一带有多个插孔的插座壳体。所述插孔中设置有导电簧片。其特征是，所述导电簧片连接一供电路板；所述插座壳体设置有一后盖板；所述壳体与后盖板组成插座绝缘外壳；所述供电电路板位于插座绝缘外壳内。本发明所述的电源插座，电源插座上的插座模块采用供电板的方式进行连接供电，接触更加可靠。使用供电板连接后，相比传统多股铜条的形式对插座内部使用空间的要求降低，因此可以较小插座的外壳体积。并且供电板的散热面积大、温升低，使插座能在更好的环境下运作。采用电路板供电大大加快插座的生产速度，提高生产效率。

一种新型电子计算机电气电源线及加工设备和加工工艺

申请（专利）号：201410419372.8　**公开日：**2014-12-24

申请人：李大才

发明人：李大才

摘要：

一种新型电子计算机电气电源线及加工设备和加工工艺。本发明提供一种新型电子计算机电气电源线，包括电线（8）、网管（9）、端子（10）、第一连接器本体（20）、第二连接器本体（30）。所述电线（8）穿设于所述网管（9）中。其特征在于，所述网管（9）、电线（8）和裸露的内芯（82）直接铆压在端子（10）中；所述电线（8）的两端分别与所述端子（10）电连接；所述端子（10）分别插入所述第一连接器本体（20）、第二连接器本体（30）中；同时提供了新型电子计算机电气电源线的裁线、剥皮、打端一体机及加工工艺。该新型电子计算机电气电源线的裁线、剥皮、打端一体机及加工工艺能实现新型电子计算机电气电源线自动化生产，工序少、节约工时、成本低，生产出来的产品外观简洁美观，编织的网管紧密、均匀、不会松散。

用于电驱动工作机器的便携式电源系统和配备这种电源系统的工作机器

申请（专利）号：201380021278.0　**公开日：**2014-12-24

申请人：布鲁克有限公司

发明人：贡纳尔·比斯泰特

摘要：

本发明涉及一种便携式电源系统（30），旨在为远程控制的电驱动工作机器（1）供应电力。其中，该工作机器是以下类型的工作机器，示范有包括连续履带（8b）的推进器械并配备有，旨在承载其自由端的工具的可操纵臂（10），以及连接至液压泵（20）并旨在为机器的操作器械（8c，10a）供应液压介质的电动机（19）。其中，该工作机器旨在在正常操作下经由电缆（2′）连接至主电力源（30a）。该主电力源包括所在位置的固定的交流电流配电电网。该电源系统包括次电力源（30b），为了能够供应所需的电流。该次电力源包括 DC 储能装置（29）。该装置能存储能量并在需要时供应电形式的能量。耦接装置（31，33，34，34′），使得可以选择主电力源（30a）或次电力源（30b）来连接至电动机，以驱动该电动机。

一种双向智能电源管理逆变系统

申请（专利）号：201410294288.8　**公开日：**2014-12-24

申请人：济宁圣翔新能源科技有限公司

发明人：王有林　李震球　王水林

摘要：

本发明是一种双向智能电源管理的逆变系统，既可满足简单的光伏并网、离网的储能和供电需求，又为未来的智能家居管理系统提供了电源管理的接口，实现了小机器、多功能及高价值的产品实际应用。离并网一体化逆变器主要功能有，①接收光伏电能板直流的直流控制电路；②对电能进行储存的储能控制装置；③对电能输出进行控制的输出逆变并网控制功能；④直流开关电源的多电压等级输出；⑤多组独立控制（定时及多种通信方式控制）的交流电源输出功能；⑥对用户发用电进行计量的发用电计量单元；⑦输出控制电路与外部用户负荷相连的同时与电网连接，多余电量直接上网。

电源系统及电源系统的充放电控制方法

申请（专利）号：201480000968.2　**公开日：**2014-12-24

申请人：三洋电机株式会社

发明人：山口昌男　原田贵功　濑尾和宏

摘要：

电源系统具备外部电源（3）、多个电池组件（2）和连接组件（1）。从外部电源（3）向各电池组件（2）供给电力来进行充电。在外部电源（3）的输出下降状态下，从电池组件（2）向驱动对象设备（40）供给电力。连接组件（1）具备将多个电池组件（2）并联连接的并联线（8）、将各电池组件（2）与并联线（8）连接的连接部分（9）和对连接部分（9）的连接状态进行控制的控制部分（10），经由外部连接开关（7）与外部电源（3）的电力供给线（5）连接。控制部分（10）对如下模式进行切换来对多个电池组件（2）进行充放电：一边使各电池组件（2）均匀化一边进行预充电的平衡充电模式；通常充电模式；充满电模式；从各电池组件（2）向电力供给线（5）供给电力的通常放电模式；放电停止模式；驱动停止模式。

新型多能源多模式智能不间断电源

申请（专利）号：201310252308.0　**公开日：**2014-12-24

申请人：湖南心澄新能源研究所　湘潭市心澄电子软件开发有限责任公司

发明人：颜浙德　胡健　李祥来　李延平　何为

摘要：

本发明所述的一种新型多能源多模式智能不间断电源。其特征在于，由输入输出信号检测模块、输入切换装置、输出控制装置、大功率整流模块、智能充电模块、免维护蓄电池、逆变模块、隔离滤波模块、新能源发电模块（风电智能功率模块、太阳能智能功率模块）、辅助工作电源模块、系统中央控制模块组成。本发明优点在于提供一种智能切换能源方案，将各能源优化分配，清洁能源的优先级最高，其次是蓄电池、市电，提高了系统实际运行的经济性和环保性。以优化能源为目标的智能不间断电源使其可工作于各种场合、各类负载。本发明内部各模块间采用总线控制技术、稳定度高、便于扩展。本发明可应用于单相与三相供电，采用全数字智能化设计，大大降低人力维护。

一种电源充放电电路

申请（专利）号：201310254871.1　**公开日：**2014-12-24

申请人：天津市海天量子科技发展有限公司

发明人：王涛　齐则利

摘要：

本发明要解决的问题是提供一种封闭壳体内，无外置开关启动或者关闭设备的电路。技术方案如下：一种电源充放电电路，包括电源、充电电路、放电电路，其特征在于还包括水银开关；所述水银开关串联在电源的正极上；所述充电电路为太阳能充电电路，包括太阳能收集电路。有益效果在于，解决了在没有外置开关的前提下，对于电路开关控制的问题，使得不会再出现设备到了安装现场，由于内置电源没有能源而无法启动的事件，提高了工作的效率，降低了工作和施工的成本。

双电源切换装置

申请（专利）号：201410441864.7　**公开日：**2014-12-24

申请人：江苏华鹏智能电气股份有限公司

发明人：王城　江华　陈云华　周伟　郭娅琴

摘要：

本发明涉及一种双电源切换开关装置，包括一个由底板和固定板组成的固定架、一块拔盘和左右两块叉形拔板。拔盘通过一根方轴和一只轴套固定在固定架上，拔盘可与方轴一起旋转，拔盘上固定分布左右两只凸起点；左右两块叉形拔板通过固定销轴固定在固定架上，并可绕销轴旋转。通过操作旋转手柄转动方轴和拔盘，拔盘上的左右凸起点分时段进入左右叉形拔板叉口推动左右叉形拔板转动，利用杠杆原理使得左右叉形拔板尾部叉口分别推动主备电源开关手柄进行分合闸动作。本发明采用分时段控制叉形拔板转动，左叉形拔板旋转，主电源开关分、合闸时，右叉形拔板与备用电源开关不做任何动作。

开关电源电压调节器

申请（专利）号：201310245100.6　**公开日：**2014-12-24

申请人：天钰科技股份有限公司

发明人：蓝瑞立

摘要：

本发明提供一种开关电源电压调节器，包括脉宽调制信号产生电路、输出电路及反馈控制电路。脉宽调制信号产生电路包括电容及第一比较器。反馈控制电路包括开关及第二比较器。电容接收电源输出的电源电压用以充电。第一比较器比较电容上的电压与第一参考电压以产生所述脉宽调制信号。输出电路根据该脉宽调制信号对应产生输出电压。开关用于重设电容两端的电压。第二比较器比较该输出电压与第二参考电压，并根据比较结果控制开关的通断，来调整该脉宽调制信号的导通时间或截止时间。该开关电源电压调节器能够使得负载的工作性能稳定。

以最大功率效率控制开关式电源

申请（专利）号：201280072487.3　**公开日：**2014-12-24

申请人：瑞典爱立信有限公司

发明人：M·卡尔森　O·珀森

摘要：

控制电路（200）可操作为生成用于控制开关式电源（100）的占空比的控制信号（D）。控制电路（200）包括，参考信号生成器（210），可操作为接收指示开关式电源（100）的输入电压（Vin）的信号，并且生成参考信号（VR），该参考信号（VR）是输入电压（Vin）的函数；偏移参考信号生成器（220），可操作为通过组合参考信号（VR）和偏移信号（Voffset）来生成偏移参考信号（VR_offset），该偏移参考信号（VR_offset）独立于输入电压（Vin）。控制电路（200）还包括误差信号生成器（230），被布置成接收指示开关式电源（100）的输出电压（Vout）的信号，并且可操作为基于偏移参考信号（VR_offset）并基于输出电压（Vout）来生成误差信号（VE）。控制电路（200）还包括占空比控制信号生成器（250），可操作为根据误差信号（VE）来生成用于控制开关式电源（100）的占空比的控制信号（D）。

开关电源设备、开关电源控制方法和电子装置

申请（专利）号：201410242737.4　**公开日：**2014-12-24

申请人：索尼公司

发明人：古贺智博

摘要：

本发明提供了一种临界模式的开关电源设备，包括检测负载的负载检测部。当检测到的负载比设定值轻时，逐级降低开关频率的上限。

应用于氦氖激光器的双路输出开关电源

申请（专利）号：201410560267.6　**公开日：**2014-12-24

申请人：许昌学院

发明人：邵珠雷　张元敏　罗书克　方如举　郭利辉

摘要：

本发明提供了一种适用于激光器的供电电源，包括整流滤波电路、基于TNY256的变换器主电路、采样反馈电路。其中，整流滤波电路对输入的交流市电进行整流和滤波，并输出直流电到基于TNY256的变换器主电路。基于TNY256的变换器主电路对输入直流电进行变换，并形成两路稳压输出。采样反馈电路在输出端口采样，并输出反馈控制信号到基于TNY256的变换器主电路。本发明的电路

参数根据氦氖激光器的电源指标设定，完全适用于氦氖激光器的工作供电。在系统电路设计中，本发明基于单片开关电源芯片TNY256设计，具有高集成度、最简单外围电路及完全电气隔离等优点。

多电源型电平转换器

申请（专利）号： 201410280981. X　**公开日：** 2014-12-24

申请人： 美格纳半导体有限公司

发明人： 薛正训　权五俊

摘要：

本发明提供了一种多电源型电平转换器。所提供的多电源型电平转换器包括两级架构的第一电平转换器和第二电平转换器，使得甚至当以与正常上电序列不同的序列应用第一至第三电源时选择性地接收第一至第三电源并且改变信号电平。在电平没有改变的情况下输出电压，并且在第一电平转换器和第二电平转换器中未生成短路电流。

单端接收机中用于电源抑制的阻抗平衡

申请（专利）号： 201380020100. 4　**公开日：** 2014-12-24

申请人： 高通股份有限公司

发明人： O·M·乔克斯　W·卓

摘要：

描述了通过阻抗平衡在单端接收机中进行电源抑制。该单端接收机包括第一低噪声放大器和第二低噪声放大器。该单端接收机还包括输出差分信号的多端口耦合变压器。该多端口耦合变压器包括耦合至第一低噪声放大器的输出的第一一次绕组及第二一次绕组。该单端接收机还包括这些低噪声放大器中的每一个的输出处的平衡阻抗。这些阻抗可被配置成使得第一低噪声放大器的接通阻抗等于第二低噪声放大器的关断阻抗和平衡阻抗的组合阻抗。第一一次绕组和第二一次绕组上的阻抗的此平衡造成噪声和毛刺信号的电源抑制。

一种用于混光LED遥控控制装置的电源供应模块

申请（专利）号： 201310229476. 8　**公开日：** 2014-12-24

申请人： 上海高禹信息科技有限公司

发明人： 李启林　张群

摘要：

本发明涉及LED技术电源供应领域，尤其涉及一种用于混光LED遥控控制装置的电源供应模块。其特征在于所述的电源供应模块包括电容降压电路及桥式整流电路，采用电容式降压电路将交流电转成直流电；所述的电容式降压电路用一个无极性塑胶电容C1并联一个放电电阻R1，输出端连接至桥式全波整流D1的输入端；桥式整流输出端一端连接至稳压IC U1的输入端1号引脚，输出端3号引脚连接微控制器、接收器及解码器以提供5V电压，并抽头一端连接稳压二极管D2负端及电容C2，提供24V电压给各串联LED驱动电路使用，2号引脚接地。本发明与现有技术相比，具有以下优点：采用电容式降压电路，体积小且成本低。

电子装置及其电源固定装置

申请（专利）号： 201310235411. 4　**公开日：** 2014-12-24

申请人： 鸿富锦精密电子（天津）有限公司　鸿海精密工业股份有限公司

发明人： 江铁珊　彭文堂　张广艺

摘要：

电子装置及其电源固定装置。一种电源固定装置包括一个收容架及一块固定于该收容架内的电路板，该收容架内设有一个用于收容一电源本体的收容槽。该电路板设有一个正对该收容槽的连接器。该收容架的一端枢接于一个机箱，该收容架的另一端可卡固于该机箱。该电源固定装置的收容架能收容电源本体，且该收容架可旋转地安装于机箱外侧，不需占用机箱内部空间。

LED驱动电源外壳

申请（专利）号： 201310262360. 4　**公开日：** 2014-12-31

申请人： 黄钰川

发明人： 黄钰川

摘要：

本发明涉及一种LED驱动电源外壳，包括外壳主体。所述的外壳主体上设有多个端盖固定孔，所述的端盖固定孔开口朝向外壳主体外侧。本发明结构简单、防止丝孔进水、防水性能好、散热效果好。

具有逻辑能力的电源模块

申请（专利）号： 201410181254. 8　**公开日：** 2014-12-31

申请人： 罗斯蒙特公司

发明人： 查德·迈克尔·麦克盖尔　凯利·迈克尔·奥什获奥多·亨利·施奈尔

摘要：

一种无线现场设备组件包括过程传感器、外壳、变送器和电源模块。过程传感器被构造成监控过程变量并产生传感器信号。外壳将无线现场设备的内部空间封闭。变送器被封闭在内部空间中，并被构造成处理传感器信号。电源模块被构造成被容纳在内部空间中，并且包括能量存储设备，至本地电源的连接件和处理器。所述处理器被构造成为变送器提供能量存储设备和本地电源的诊断报告。

电源保护电路

申请（专利）号： 201310265659. 5　**公开日：** 2014-12-31

申请人： 鸿富锦精密电子（天津）有限公司　鸿海精密工业股份有限公司

发明人： 周海清

摘要：

本发明的电源保护电路与一电源供应器的备用电压输出端相连，包括一个过电压保护单元及第一电子开关。所述过电压保护单元与备用电压输出端相连，以向第一电子开关的控制端发送一个控制信号，所述第一电子开关的第一端与备用电压输出端相连，第二端连接一个负载。所述过电压保护单元根据备用电压输出端的实际电压及电流情况使第一电子开关导通或截止，进而控制备用电压输出端向相应负载供电或停止供电。

一种智能水表的电源装置

申请（专利）号：201410359509.5 **公开日：**2014-12-31

申请人：安徽恩米特微电子股份有限公司

发明人：张逸轩

摘要：

本发明涉及一种智能水表的电源装置。其特征在于，所述电源装置位于智能水表的外表面，所述电源装置包括由4节电池组成的主电源和副电源、形状为U形槽的基座A和基座B，所述主电源和所述副电源分别位于所述基座A和所述基座B内部，所述基座A和所述基座B分别连接到所述外表面，所述基座A和所述基座B上分别设有盖子A和盖子B。

新型滑线电源指示装置

申请（专利）号：201310267327.0 **公开日：**2014-12-31

申请人：扬州市顺驰电气有限公司

发明人：乐效忠 昌文静

摘要：

本发明涉及一种新型滑线电源指示装置，包括两组并联设置的指示灯。本发明具有结构简单、使用方便，同时既能保证滑线正常运行，又能保证其安全运行，具有非常强的实用性。

创新型车载多功能智能后备电源

申请（专利）号：201310259462.0 **公开日：**2014-12-31

申请人：重庆市星海电子有限公司

发明人：蒋学军 许祝

摘要：

创新型车载多功能智能后备电源，包括手提箱。手提箱设置有车载输入、太阳能输入及交流适配器输入插头；手提箱上设有LED照明灯输出、车充输出、USB输出、交流输出及汽车启动输出插座；手提箱盖上设有警示和照明灯；手提箱上设有操作面板及电量显示；有指示灯和报警器及控制开关；手提箱里面装有微处理器电路、蓄电池及微型气泵。由于采用了上述的结构，本发明集成了车载充电器、移动电源、照明、警示、气泵、纯正弦波交流输出等多种功能，可以为数码产品充电；可以提供48小时不间断照明，可以为汽车轮胎等充气和为汽车临时抛锚提供安全警示，可以提供纯正弦波交流电源。该产品具有款式新颖、功能齐全、携带方便等优点，具有很强的实用性与推广价值。

电源切换电路、电子装置以及电源切换电路的控制方法

申请（专利）号：201410281451.7 **公开日：**2014-12-31

申请人：索尼公司

发明人：曙佐智雄 牧川洁志 广野大辅 郑文在 井口大辉

摘要：

本发明涉及电源切换电路、电子装置及电源切换电路的控制方法。提供一种电源切换电路，包括第一控制信号输出单元，当主电源的电源电压超过预定参考电压时，使用主电源输出超过预定电位的信号作为第一控制信号；第二控制信号输出单元，当第一控制信号的电位不超过预定电位时使用来自电池的备用电源输出超过预定电位的信号作为第二控制信号；电源输出单元，当第一控制信号超过预定电位时输出主电源并且当第二控制信号超过预定电位时输出备用电源。

电动车用驱动电源系统

申请（专利）号：201310263566.9 **公开日：**2014-12-31

申请人：殷天明 王艳

发明人：殷天明 王艳

摘要：

本发明公开了一种电动车用驱动电源系统，包括，电源；变压器，包括一次绕组和多路二次绕组，所述一次绕组连接至所述电源，用于将所述电源电压转换为多路输出电压；IGBT单元，分别连接至由所述变压器的多路副边与驱动模块形成的驱动电路。每个所述变压器的二次输出电压用于向各所述IGBT单元提供独立的驱动电压。

一种开关电源控制芯片的补偿电路

申请（专利）号：201310263776.8 **公开日：**2014-12-31

申请人：比亚迪股份有限公司

发明人：王文情 李芳 杨小华

摘要：

本发明提供了一种开关电源控制芯片的补偿电路，包括，充电电流产生模块，用于产生与控制芯片的峰值比较电压VOCP成正比的充电电流信号；补偿电压产生模块，用于产生与开关电源中功率管的导通时间TON成反比且与所述充电电流信号成正比的补偿电压信号；补偿电流产生模块，将补偿电压信号转换成补偿电流信号IFF以对控制芯片进行前馈补偿，且用于产生反馈电流I4反馈至补偿电压产生模块以防止补偿电压产生模块产生正反馈，补偿电流信号IFF与VIN/LP成正比，VIN为外部输入的线电压，LP为开关电源中变压器一次绕组电感量，反馈电流I4与补偿电流信号IFF成正比。本发明提供的补偿电路能使控制芯片控制开关电源输出准确度较高、稳定性较好的恒定电流。

一种LED恒流电源

申请（专利）号：201310257480.5 **公开日：**2014-12-31

申请人：华东理工大学 上海制高景观科技发展有限公司

发明人：陆元成 沈晓明

摘要：

本发明涉及电源技术领域，尤其涉及一种LED电源。一种LED恒流电源包括，一个晶闸管调光器，晶闸管调光

器的输入端连接交流电源电压，晶闸管调光器的输出端连接一整流滤波电路；整流滤波电路的信号输出端连接一稳流电路；稳流电路设有一控制信号输入端，控制信号输入端连接一用于根据基准电压产生控制信号的控制电路；稳流电路输出直流电源电压用于为 LED 提供可调节的驱动电源。本发明由晶闸管调光器输出的相位角稳定控制其电流输出，达到对 LED 的调光效果，且可以实现对 LED 的线性调光和柔性调光。

第七篇　电 源 标 准

2014 年终止标准

2014 年新实施标准

电工

电气照明

旋转电机

输变电设备

电气设备与器具

电工综合

能源、核技术

能源

能源、核技术综合

电力

通信、广播

通信设备

工程建设

原材料工业及通信、广播工程

冶金

有色金属及其合金产品

金属化学分析方法

车辆

车用电子、电气设备与仪表

汽车

机械

机械综合

电子元器件与信息技术

半导体分立器件

航空、航天

航空运输与地面设备

船舶

船舶电气、观通、导航设备

建材

公用与市政建设器材设备

轻工、文化与生活用品

家用电器、日用机具

2014 年延续实施标准

电工

输变电设备

电气照明

电源

旋转电机

低压电器

电工综合

发电用动力设备

电工材料和通用零件

其它

通信、广播

通信设备

广播、电视设备

通信、广播综合

电子元器件与信息技术

电子元件

微电路

电子元器件与信息技术综合

光电子器件

电子测量与仪器

电真空器件

电子工业生产设备

能源、核技术

电力

能源

能源、核技术综合

核仪器与核探测器

核反应堆

铁路

机车车辆通用标准

铁路通信

机车

仪器、仪表

仪器、仪表综合

工业自动化仪表与控制装置

电工仪器仪表

试验机与无损探伤仪器

电影、照相、缩微、复印设备

车辆

车用电子、电气设备与仪表

汽车

专用汽车

工程建设

工业与民用建筑工程

交通运输工程

原材料工业及通信、广播工程

机电制造业工程

石油

石油综合

冶金

金属化学分析方法

工艺设备
有色金属及其合金产品
冶金综合

综合

计量
基础学科
标准化管理与一般规定

船舶

船舶电气、观通、导航设备
船舶综合

轻工、文化与生活用品

文教、体育、娱乐用品
钟表、自行车、缝纫机
家用电器、日用机具

机械

通用机械与设备
通用零部件
机械综合
金属切削机床

其它

2014 年终止标准

静态备用电源自动投入装置技术条件
标准编号：DL/T 526-2002
实施日期：2002-12-01 作废日期：2014-04-01
发布部门：中华人民共和国国家经济贸易委员会
替代情况：代替 DL/T 526-1993

静态继电保护装置逆变电源技术条件
标准编号：DL/T 527-2002
实施日期：2002-12-01 作废日期：2014-04-01
发布部门：中华人民共和国国家发展和改革委员会
替代情况：代替 DL/T 527-1993

环境标志产品技术要求 充电电池
标准编号：HJ/T 238-2006
实施日期：2006-03-01 作废日期：2014-03-01
发布部门：国家环境保护总局
替代情况：代替 HJBZ 7-1994

弧焊设备 第 1 部分：焊接电源
标准编号：GB 15579. 1-2004
实施日期：2004-08-01 作废日期：2014-08-07
发布部门：中华人民共和国国家质量监督检验检疫总局
中国国家标准化管理委员会
替代情况：代替 GB 15579-1995

电力变压器、电源装置和类似产品的安全 第 18 部分：开关型电源用变压器的特殊要求
标准编号：GB 19212. 18-2006
实施日期：2007-03-01 作废日期：2014-11-14
发布部门：中华人民共和国国家质量监督检验检疫总局
中国国家标准化管理委员会
替代情况：被 GB 19212. 17-2013 代替

电力变压器、电源装置和类似产品的安全 第 6 部分：剃须刀用变压器和剃须刀用电源装置的特殊要求
标准编号：GB 19212. 6-2006
实施日期：2007-03-01 作废日期：2014-11-14
发布部门：中华人民共和国国家质量监督检验检疫总局
中国国家标准化管理委员会
替代情况：被 GB 19212. 6-2013 代替

单路输出式交流-直流和交流-交流外部电源能效限定值及节能评价值
标准编号：GB 20943-2007
实施日期：2007-12-01 作废日期：2014-09-01
发布部门：中华人民共和国国家质量监督检验检疫总局
中国国家标准化管理委员会
替代情况：被 GB 20943-2013 代替

电气装置安装工程电力变流设备施工及验收规范
标准编号：GB 50255-1996
实施日期：1996-12-01 作废日期：2014-10-01
发布部门：国家技术监督局 中华人民共和国建设部
替代情况：代替 GBJ 232-1982

风力发电机组电能质量测量和评估方法
标准编号：GB/T 20320-2006
实施日期：2007-01-01 作废日期：2014-10-01
发布部门：中国国家标准化管理委员会
替代情况：被 GB/T 20320-2013 代替

移动通信电源技术要求和试验方法
标准编号：GB/T 13722-1992
实施日期：1993-06-01 作废日期：2014-08-15
发布部门：国家技术监督局
替代情况：被 GB/T 13722-2013 代替

半导体设备电源接口
标准编号：GB/T 15872-1995
实施日期：1996-08-01 作废日期：2014-05-15
发布部门：国家技术监督局
替代情况：被 GB/T 15872-2013 代替

电力工程直流电源设备通用技术条件及安全要求
标准编号：GB/T 19826-2005
实施日期：2006-07-01 作废日期：2014-10-28
发布部门：中华人民共和国国家质量监督检验检验总局
中国国家标准化管理委员会
替代情况：被 GB/T 19826-2014 代替

电动工具电源线护套
标准编号：JB/T 9605-1999
实施日期：2000-01-01 作废日期：2014-07-01
发布部门：国家机械工业局
替代情况：代替 ZB K64010-1988

电动工具用变频机组
标准编号：JB/T 9607-1999
实施日期：2000-01-01 作废日期：2014-07-01
发布部门：国家机械工业局
替代情况：代替 ZB K64012-1989

YVF2 系列（IP54）变频调速专用三相异步电动机 技术条件（机座号 80～315）
标准编号：JB/T 7118-2004
实施日期：2004-06-01 作废日期：2014-10-01
发布部门：中华人民共和国国家发展和改革委员会
替代情况：代替 JB/T 7118-1993

飞机地面电源机组

标准编号：MH/T 6019-1999
实施日期：2000-03-01 作废日期：2014-12-01
发布部门：中国民用航空局
替代情况：被 MH/T 6019-2014 代替

地面静态电源
标准编号：MH/T 6018-1999
实施日期：2000-03-01 作废日期：2014-12-1
发布部门：中国民用航空局
替代情况：被 MH/T 6018-2014 代替

通信局（站）电源、空调及环境集中监控管理系统 第1部分：系统技术要求
标准编号：YD/T 1363.1-2005
实施日期：2005-11-01 作废日期：2014-10-14
发布部门：中华人民共和国信息产业部
替代情况：代替 YDN 023-1996

通信局（站）电源、空调及环境集中监控管理系统 第2部分：互联协议
标准编号：YD/T 1363.2-2005
实施日期：2005-11-01 作废日期：2014-10-14
发布部门：中华人民共和国信息产业部
替代情况：代替 YDN 023-1996

通信局（站）电源、空调及环境集中监控管理系统 第3部分：前端智能设备协议
标准编号：YD/T 1363.3-2005
实施日期：2005-11-01 作废日期：2014-10-14
发布部门：中华人民共和国信息产业部
替代情况：代替 YDN 023-1996

通信局（站）电源、空调及环境集中监控管理系统 第4部分：测试方法
标准编号：YD/T 1363.4-2005
实施日期：2005-11-01 作废日期：2014-10-14
发布部门：中华人民共和国信息产业部
替代情况：代替 YDN 023-1996

室外型通信电源系统
标准编号：YD/T 1436-2006
实施日期：2006-10-01 作废日期：2014-10-14
发布部门：中华人民共和国信息产业部
替代情况：被 YD/T 1436-2014 代替

传输设备用电源分配列柜
标准编号：YD/T 939-2005
实施日期：2005-12-01 作废日期：2014-10-14
发布部门：中华人民共和国信息产业部
替代情况：代替 YD/T 939-1997

2014 年新实施标准

电工

电气照明

普通照明用 LED 系列室内灯具
标准编号：DB21/T 2136-2014
实施日期：2014-05-07
发布部门：辽宁省质量技术监督局
标准简介：暂无

室内照明用白光 LED 球泡灯
标准编号：DB35/T 1402-2013
实施日期：2014-03-10
发布部门：福建省质量技术监督局
标准简介：暂无

照明用多芯片集成封装 LED 筒灯
标准编号：DB35/T 1403-2013
实施日期：2014-03-10

发布部门：福建省质量技术监督局
标准简介：暂无

室内照明 LED 筒灯
标准编号：DB36/T 740-2013
实施日期：2014-02-01
发布部门：江西省质量技术监督局
标准简介：暂无

反射型自镇流 LED 灯
标准编号：DB36/T 741-2013
实施日期：2014-02-01
发布部门：江西省质量技术监督局
标准简介：暂无

LED 投光灯
标准编号：DB44/T 1161-2013
实施日期：2014-11-24
发布部门：广东省质量技术监督局
标准简介：暂无

LED 路灯、隧道灯用驱动电源 电气性能要求
标准编号：DB44/T 1217-2013
实施日期：2014-03-06
发布部门：广东省质量技术监督局
标准简介：暂无

道路灯 LED 模块互换规范
标准编号：DB51/T 1794-2014

实施日期：2014-08-01
发布部门：四川省质量技术监督局
标准简介：暂无

数字可寻址照明接口　第205部分：控制装置的特殊要求 白炽灯电源电压控制器（设备类型4）
标准编号：GB/T 30104.205-2013
实施日期：2014-11-01
发布部门：中华人民共和国国家质量监督检验检疫总局 中国国家标准化管理委员会
标准简介：

GB/T 30104的本部分规定了与白炽灯相关的、电子控制装置的数字信号控制协议和测试程序。

数字可寻址照明接口　第207部分：控制装置的特殊要求 LED模块（设备类型6）

标准编号：GB/T 30104.207-2013
实施日期：2014-11-01
发布部门：中华人民共和国国家质量监督检验检疫总局 中国国家标准化管理委员会
标准简介：

GB/T 30104的本部分规定了与LED模块相关的，使用AC/DC电源供电的电子控制装置的数字信号控制协议和测试程序。

嵌入式LED灯具性能要求
标准编号：GB/T 30413-2013
实施日期：2014-12-01
发布部门：中华人民共和国国家质量监督检验检疫总局 中国国家标准化管理委员会
标准简介：

本标准规定了以LED为光源、电源电压不超过250V的室内一般照明用嵌入式灯具的性能要求。本标准适用于使用一体化LED模块、半一体化LED模块、非一体化LED模块、半一体化LED灯或非一体化LED灯的灯具，也标准不适用于使用一体化LED灯的灯具，也不适用于嵌入式LED筒灯。

进出口照明器具检验规程　第2部分：普通照明用LED模块
标准编号：SN/T 3325.2-2013
实施日期：2014-03-01
发布部门：中华人民共和国国家质量监督检验检疫总局
标准简介：

SN/T 3325的本部分规定了进出口普通照明用LED模块的要求、抽样、检验及判定。本部分适用于在恒定电压、恒定电流或恒定功率下工作的不带整体式控制装置的LED模块，以及采用250V以下直流或1 000V以下50Hz或60Hz交流电源的自镇流LED模块。

进出口照明器具检验规程　第3部分：自镇流LED灯
标准编号：SN/T 3325.3-2013
实施日期：2014-06-01
发布部门：中华人民共和国国家质量监督检验检疫总局
标准简介：

SN/T 3325的本部分规定了进出口自镇流LED灯的抽样、检验及判定。本部分适用于如下范围的普通照明用自镇流LED灯：a）额定功率60W以下；b）额定电压大于50V且小于或等于250V；c）灯头规格为B15d、B22d、E11、E12、E14、E17、E26、E27、GU10、GZ10、GX53。

进出口照明器具检验技术要求 第5部分：LED灯的能效
标准编号：SN/T 3326.5-2013
实施日期：2014-06-01
发布部门：中华人民共和国国家质量监督检验检疫总局
标准简介：

SN/T 3326的本部分规定了进出口LED灯的能效要求、检验方法及结果判定。本部分适用于家庭和类似场所作为普通照明用的LED灯。在中国，适用范围如下：额定电压AC/DC 250V及以下；额定功率60W以下。

电工

旋转电机

起重及冶金用变频调速三相异步电动机技术条件 第3部分：YZP系列起重及冶金用变频调速三相异步电动机（离心风机冷却）
标准编号：GB/T 21972.3-2013
实施日期：2014-05-10

发布部门：中华人民共和国国家质量监督检验检疫总局 中国国家标准化管理委员会
标准简介：

GB/T 21972的本部分规定了YZP系列起重及冶金用变频调速三相异步电动机（离心风机冷却）的型式、基本参数与尺寸、技术要求、检验规则、试验方法、标志、包装及保用期的要求。本部分适用于变频器供电的各种起重机械及冶金辅助设备电力传动用离心风机冷却型三相异步电动机（以下简称电动机）。

YZP-H系列船用起重用变频调速三相异步电动机技术条件
标准编号：GB/T 30144-2013
实施日期：2014-05-10
发布部门：中华人民共和国国家质量监督检验检疫总局 中国国家标准化管理委员会
标准简介：

本标准规定了YZP-H系列船用起重用变频调速三相异步电动机的型式、基本参数与尺寸、技术要求、检验规则、试验方法以及标志、包装及保用期的要求。本标准适用于YZP-H系列船用起重用变频调速三相异步电动机（以下简称电动机）。

YZP 系列起重及冶金用变频调速三相异步电动机技术条件（机座号 450～500）

标准编号： GB/T 30145-2013

实施日期： 2014-05-10

发布部门： 中华人民共和国国家质量监督检验检疫总局 中国国家标准化管理委员会

标准简介：

本标准规定了 YZP 系列起重及冶金用变频调速三相异步电动机的型式、基本参数与尺寸、技术要求、检验规则、试验方法、标志、包装及保用期的要求。本标准适用于变频器供电的各种起重机械及冶金辅助设备电力传动用三相异步电动机。

旋转电机　电压型变频器供电的旋转电机耐局部放电电气绝缘结构（Ⅱ型）的鉴别和认可试验

标准编号： GB/Z 22720. 2-2013

实施日期： 2014-05-10

发布部门： 中华人民共和国国家质量监督检验检疫总局 中国国家标准化管理委员会

标准简介：

GB/Z 22720 的本部分规定了由产生重复冲击电压的脉宽调制（PWM）变频器供电并在运行期间承受局部放电的单相或多相交流电机定子/转子绕组绝缘结构的评估标准。本部分适用于电压型变频器供电下典型试样的鉴别和认可试验。本部分不适用于：仅在起动时使用变频器的旋转电机；牵引用电气设备和结构。

YZP 系列起重及冶金用变频调速三相异步电动机（离心风机冷却）技术条件

标准编号： JB/T 11628-2013

实施日期： 2014-07-01

发布部门： 中华人民共和国工业和信息化部

标准简介：

本标准规定了 YZP 系列起重及冶金用变频调速三相异步电动机（离心风机冷却）的型式、基本参数与尺寸、技术要求、检验规则、试验方法、标志、包装及保用期的要求。本标准适用于变频器供电的各种起重机械及冶金辅助设备电力传动用离心风机冷却型三相异步电动机。

YZPE 系列起重及冶金用电磁制动变频调速三相异步电动机技术条件

标准编号： JB/T 11629-2013

实施日期： 2014-07-01

发布部门： 中华人民共和国工业和信息化部

标准简介：

本标准规定了 YZPE 系列起重及冶金用电磁制动变频调速三相异步电动机的型式、基本参数与尺寸、技术要求、检验规则、试验方法、标志、包装及保用期的要求。本标准适用于变频器供电的各种起重机械及冶金辅助设备电力传动用电磁制动三相异步电动机。

变频调速带式输送机系统能效测试及节能量计算方法

标准编号： JB/T 11704-2013

实施日期： 2014-03-01

发布部门： 中华人民共和国工业和信息化部

标准简介：

本标准规定了变频调速带式输送机系统能效测试现场条件、项目及仪表要求，测试方法，系统运行效率的计算方法，调速节能及节能量计算的原则，节能量计算方法。本标准适用于输送煤炭、散粮、矿石、化肥等物料的变频调速带式输送机系统。

YVF3 系列（IP55）变频调速三相异步电动机技术条件（机座号 355～450）

标准编号： JB/T 11710-2013

实施日期： 2014-07-01

发布部门： 中华人民共和国工业和信息化部

标准简介：

本标准规定了 YVF3 系列（IP55）变频调速三相异步电动机（机座号 355～450）的型式、基本参数与尺寸、技术要求、检验规则、标志、包装及保用期的要求。本标准适用于 YVF3 系列（IP55）变频调速低压笼型三相异步电动机（机座号 355～450）。凡属本系列电动机所派生的各种电动机也可参照执行。

YVF2 系列（IP54）变频调速专用三相异步电动机技术条件（机座号 80～355）

标准编号： JB/T 7118-2014

实施日期： 2014-10-01

发布部门： 中华人民共和国工业和信息化部

标准简介：

本标准规定了 YVF2 系列（IP54）变频调速专用三相异步电动机的型式、基本参数与尺寸、技术要求、检验规则以及标志、包装及保用期的要求。本标准适用于 YVF2 系列（IP54）变频调速专用三相异步电动机（机座号 80～355）。凡属本系列电动机所派生的各种系列电动机也可参照执行。

电工

输变电设备

继电保护及控制装置电源模块（模件）技术条件

标准编号： DL/T 527-2013

实施日期： 2014-04-01

发布部门： 国家能源局

标准简介： 暂无

**电源电压为 1 100V 及以下的变压器、电抗器、电源装置和类似产品的安全　第 17 部分：开关型电源装置和开关型电

源装置用

标准编号： GB 19212.17-2013

实施日期： 2014-11-14

发布部门： 中华人民共和国国家质量监督检验检疫总局
中国国家标准化管理委员会

标准简介：

GB 19212.1-2008 的该章用下列内容来代替：本部分规定了开关型电源装置和开关型电源装置用变压器的安全方面的要求。带有电子电路的变压器也包括在本部分中。注1：包括电气、温度和机械方面的安全。本部分适用于：a）内装安全隔离变压器，提供符合 IEC 61140 和 IEC 60364-4-41 规定的交流或直流 SELV、PELV 或 FELV 输出电压或其中的某种组合的输出电压，用于家用和其它消费类产品的开关型电源装置，但 IEC 60065、IEC 61347 系列、IEC 61204-7 和 IEC 60950-1 包含的产品除外；b）最高输出电压不超过交流 1 000V 或无纹波直流 1 414V、用于家用和其它消费类产品的开关型电源装置，但在 a）中包含的产品和 IEC 60065、IEC 61347 系列、IEC 61204-7 和 IEC 60950-1 包含的产品除外；c）本部分可用于开关型电源装置内使用的变压器（见附录 BB）。本部分包含的安全要求用于：对应于 IEC 61558-2-1 的一般用途分离 SMPS；对应于 IEC 61558-2-4 的一般用途隔离 SMPS；对应于 IEC 61558-2-6 的一般用途安全隔离 SMPS；对应于 IEC 61558-2-13 的一般用途自耦 SMPS。对应于 IEC 61558 系列其它第 2 部分的特定应用的 SMPS，其相应第 2 部分的必需的要求适用。此外，本部分列出的要求也适用。如果这两个要求有冲突，优先考虑最严酷的要求。注2：由于内部变压器的最高额定电源电压为 1 000V，因为整流方式的原因，开关型电源最高额定电源电压可能低一些。本部分包含驻立式或移动式、单相或多相、空气冷却（自然冷却或强制冷却）、独立用或配套用开关型电源装置，其额定电源电压不超过交流 1100V，额定电源频率不超过 500Hz，额定内部运行频率超过 500Hz，但不超过 100MHz，额定输出不超过 1kV · A 或 1kW，内装包封绕组或非包封绕组的干式变压器。本部分附录 BB 所包括的开关型电源装置的配套用变压器，其额定输出不应超过：对单相变压器，为 25kV · A；对多相变压器，为 40kV · A。注3：对更高的频率需要附加要求，但本部分可以作为导则使用。开关型电源装置的空载输出电压或额定输出电压不应超过：当使用分离变压器或自耦变压器时，为交流 1 000V或无纹波直流 1 415V；当使用隔离变压器时，为交流 500V 或无纹波直流 708V；当使用安全隔离变压器时，为交流 50V 或无纹波直流 120V。

变压器、电抗器、电源装置及其组合的安全　第 6 部分：剃须刀用变压器、剃须刀用电源装置及剃须刀供电装置的特殊要求和试验

标准编号： GB 19212.6-2013

实施日期： 2014-11-14

发布部门： 中华人民共和国国家质量监督检验检疫总局
中国国家标准化管理委员会

标准简介：

GB 19212.1-2008 的该章用下列内容代替：GB 19212 的本部分规定了剃须刀用变压器、内装剃须刀用变压器的电源装置和剃须刀供电装置的安全要求。带有电子电路的剃须刀用变压器也包括在本部分中。注1：安全要求包括电气、温度、机械和化学方面。除非另有规定，以下“变压器”包括剃须刀用变压器、内装剃须刀用变压器的电源装置和剃须刀供电装置。本部分适用于驻立式、单相空气冷却（自冷或风冷）、独立用或配套用的干式变压器。其绕组可以是包封式或非包封式。本部分适用于内部工作频率不超过 500Hz 的变压器和电源（线性）。本部分也适用于内部工作频率超过 500Hz 的电源，应与 GB 19212.17 结合使用。当两项标准要求产生矛盾时，优先采用最严格的标准。

调压器　第 6 部分：感应稳压器

标准编号： JB/T 8749.6-2014

实施日期： 2014-10-01

发布部门： 中华人民共和国工业和信息化部

标准简介：

本部分规定了感应稳压器的术语和定义、产品型号、冷却方式、产品规格、性能参数、使用条件、技术要求、试验、标志、包装、运输、贮存和随机技术文件等。本部分适用于电压等级为 10kV 及以下、额定频率为 50Hz、连续工作、无级调节的干式自冷和油浸式自冷感应稳压器。额定容量或电压规格未列入本部分的感应稳压器可参照使用本部分的有关条款。

调压器　第 7 部分：接触稳压器

标准编号： JB/T 8749.7-2014

实施日期： 2014-10-01

发布部门： 中华人民共和国工业和信息化部

标准简介：

本部分规定了接触稳压器的术语和定义、产品型号、冷却方式、产品规格、性能参数、使用条件、技术要求、试验、标志、包装、运输、贮存和随机技术文件等。本部分适用于电压等级为 500V 及以下、额定频率为 50Hz、连续工作、无级调节的干式自冷接触稳压器（环形铁心）。额定容量或电压规格未列入本部分的接触稳压器，可参照使用本部分的有关条款。

调压器　第 8 部分：柱式稳压器

标准编号： JB/T 8749.8-2014

实施日期： 2014-10-01

发布部门： 中华人民共和国工业和信息化部

标准简介：

本部分规定了柱式稳压器的术语和定义、产品型号、冷却方式、产品规格、性能参数、使用条件、技术要求、试验、标志、包装、运输、贮存和随机技术文件等。本部分适用于电压等级为 500V 及以下、额定频率为 50Hz、连续工作、无级调节的干式自冷和油浸式自冷柱式稳压器（柱式铁心）。额定容量或电压规格未列入本部分的柱式稳压器，可参照使用本部分的有关条款。

高压变频调速用干式变流变压器

标准编号： NB/T 42021-2013

实施日期： 2014-04-01

发布部门： 国家能源局

标准简介：

本标准适用于高压变频调速系统输入侧用的三相干式变流变压器，其网侧绕组的电压等级一般为3～35kV，阀侧单个绕组的电压一般不超过2.5kV。

高压变频调速用油浸式变流变压器

标准编号： NB/T 42022-2013

实施日期： 2014-04-01

发布部门： 国家能源局

标准简介：

本标准适用于高压变压频调速系统输入侧用的三相油浸式变流变压器，其网侧绕组的电压等级一般为3～35kV，阀侧单个绕组的电压一般不超过2.5kV。

电工

电气设备与器具

锂离子蓄电池汽车应急启动电源

标准编号： CAB 1022-2014

实施日期： 2014-12-31

发布部门： 中华人民共和国国家质量监督检验检疫总局
中国国家标准化管理委员会

标准简介：

本标准规定了设备互连用单模光纤（C类单模光纤）的几何、光学、传输、机械、环境性能的要求和测量方法。本标准适用于光通信系统中设备内部或设备之间连接用的单模光纤。

旋转牵引电机基本技术条件　第1部分：除电子变流器供电的交流电动机之外的电机

标准编号： JB/T 6480.1-2013

实施日期： 2014-07-01

发布部门： 中华人民共和国工业和信息化部

标准简介：

本部分规定了电力传动的非干线轨道机车车辆和非公路车辆上，除电子变流器供电的交流电动机之外的旋转牵引电机的技术要求。本部分适用于安装在由电力传动机车车辆牵引的拖车上的电机。本部分不适用于由蓄电池供电的工业用电动车辆（搬运车、叉车、工厂运货车等）用的电机，也不适用于各种车辆上的微型电机，如刮雨器电动机等。

电动工具电源线护套

标准编号： JB/T 9605-2013

实施日期： 2014-07-01

发布部门： 中华人民共和国工业和信息化部

标准简介：

本标准规定了电动工具电源线护套的型式与连接尺寸、技术要求、试验方法、检验规则。本标准适用于电动工具电源线进线处保护用的独立护套。

电动工具用变频机组

标准编号： JB/T 9607-2013

实施日期： 2014-07-01

发布部门： 中华人民共和国工业和信息化部

标准简介：

本标准规定了电动工具用同轴旋转式变频机组的基本参数、型式、技术要求、试验方法和检验规则。本标准适用于将三相50Hz交流电能转换为三相150Hz、200Hz、300Hz、400Hz交流电能的同轴旋转式变频机组。

电动汽车充电设备检验试验规范　第2部分：交流充电桩

标准编号： NB/T 33008.2-2013

实施日期： 2014-04-01

发布部门： 国家能源局

标准简介：

本标准规定了电动汽车交流充电桩（以下简称交流充电桩）试验条件、检验仪器、检验规则、检验项目、试验方法。本标准适用于交流充电桩型式试验、出厂检验、到货验收等。

电动汽车充电站及电池更换站监控系统技术规范

标准编号： NB/T 33005-2013

实施日期： 2014-04-01

发布部门： 国家能源局

标准简介：

本规范规定了电动汽车充电站及电池更换站监控系统构成、功能要求及技术指标。本规范适用于电动汽车充电站及电池更换站监控系统（以下简称“监控系统”）。

电动汽车充电站/电池更换站监控系统与充换电设备通信协议

标准编号： NB/T 33007-2013

实施日期： 2014-04-01

发布部门： 国家能源局

标准简介：

本标准规定了电动汽车充电站/电池更换站内监控系统与充换电设备通信的接口和报文规范。本标准适用于电动汽车充电站和电池更换站监控系统。

电动汽车充电设备检验试验规范　第1部分：非车载充电机

标准编号： NB/T 33008.1-2013

实施日期： 2014-04-01

发布部门： 国家能源局

标准简介：

本标准规定了电动汽车非车载充电机（以下简称充电机）试验条件、检验仪器、检验规则、检验项目、试验方法。本标准适用于充电机型式试验、出厂检验、到货验收等。

电工

电工综合

电能质量 电压暂降与短时中断

标准编号： GB/T 30137-2013

实施日期： 2014-05-10

发布部门： 中华人民共和国国家质量监督检验检疫总局 中国国家标准化管理委员会

标准简介：

本标准规定了电压暂降与短时中断的指标及测试、统计和评估方法。本标准适用于 AC 50Hz 电力系统。

电能质量控制设备通用技术要求

标准编号： NB/T 41005-2014

实施日期： 2014-08-01

发布部门： 国家能源局

标准简介： 暂无

能源、核技术

能源

风力发电机组 电能质量测量和评估方法

标准编号： GB/T 20320-2013

实施日期： 2014-10-01

发布部门： 国家质量监督检验检疫总局、国家标准化管理委员会

标准简介：

本标准规定了风力发电机组电能质量特性参数的定义、测量程序和评估方法。内容包括：对并网型风力发电机组电能质量特性参数的定义和定量描述；量化特性参数的测量程序；电能质量符合性评估程序，包括评估安装在某一场地，可能为机群中某型风力发电机组的电能质量。

并网光伏发电专用逆变器技术要求和试验方法

标准编号： GB/T 30427-2013

实施日期： 2014-08-15

发布部门： 中华人民共和国国家质量监督检验检疫总局 中国国家标准化管理委员会

标准简介：

本标准规定了并网光伏发电专用逆变器的术语和定义、产品分类、技术要求、试验方法、检验规则及标志、包装、运输和贮存等。本标准适用于交流输出端电压不超过 0.4kV 的并网光伏发电专用逆变器。

光伏发电站电能质量检测技术规程

标准编号： NB/T 32006-2013

实施日期： 2014-04-01

发布部门： 国家能源局

标准简介：

本标准规定了光伏发电站电能质量的检测条件、检测设备和检测方法。本标准适用于通过 35kV 及以上电压等级并网，以及通过 10kV 电压等级与公共电网连接的新建、扩建和改建的光伏发电站。

光伏发电站逆变器电能质量检测技术规程

标准编号： NB/T 32008-2013

实施日期： 2014-04-01

发布部门： 国家能源局

标准简介：

本标准规定了光伏发电站逆变器交流侧电能质量的检测条件、检测设备和检测方法等。本标准适用于并网型光伏逆变器，不适用于离网型光伏逆变器。

光伏发电站逆变器电压与频率响应检测技术规程

标准编号： NB/T 32009-2013

实施日期： 2014-04-01

发布部门： 国家能源局

标准简介：

本标准规定了光伏发电站逆变器接入电网运行电压与频率响应的检测条件、检测设备和检测方法等。本标准适用于并网型光伏逆变器，不适用于离网型光伏逆变器。本标准规定了光伏发电站逆变器接入电网运行电压与频率响应的检测条件、检测设备和检测方法等。本标准适用于并网型光伏逆变器，不适用于离网型光伏逆变器。

分布式电源接入配电网技术规定

标准编号： NB/T 32015-2013

实施日期： 2014-04-01

发布部门： 国家能源局

标准简介：

本标准适用于通过 35kV 及以下电压等级接入电网的新建、改建和扩建分布式电源。

便携式太阳能光伏电源

标准编号： NB/T 32020-2014

实施日期： 2014-11-01

发布部门： 国家能源局

标准简介：

本标准规定了便携式太阳能光伏电源及其部件的分类与配置、技术要求、试验方法、检验规则、标志和使用说明书、包装、运输和贮存等。本标准适用于峰值功率小于 1 000W的可移动太阳电池组件组成的便携式太阳能光伏电源。

能源、核技术

能源、核技术综合

电力通信站光伏电源系统技术要求
标准编号： DL/T 1336-2014
实施日期： 2014-08-01
发布部门： 国家能源局
标准简介： 暂无

单路输出式交流－直流和交流－交流外部电源能效限定值及节能评价值
标准编号： GB 20943-2013
实施日期： 2014-09-01
发布部门： 中华人民共和国国家质量监督检验检疫总局
中国国家标准化管理委员会
标准简介：

本标准规定了在220V、50Hz供电条件下将交流电压转换为固定的、单路低压直流（不大于36V）或低压交流（不大于36V）输出电压的外部电源能效限定值、节能评价值、试验方法和检验规则。本标准适用于额定输出功率不大于250W的产品。本标准不适用于直流-直流的电源，也不适用于给工业用设备、医疗器械等供电的特殊用途的产品。

普通照明用非定向自镇流LED灯能效限定值及能效等级
标准编号： GB 30255-2013
实施日期： 2014-09-01
发布部门： 中华人民共和国国家质量监督检验检疫总局
中国国家标准化管理委员会
标准简介：

本标准规定了普通照明用非定向自镇流LED灯的能效等级、能效限定值、节能评价值和试验方法。本标准适用于额定功率为2～60W，额定电压为220V、频率为50Hz的不具有外加光学透镜的普通照明用非定向自镇流LED灯。

核电厂仪表和控制设备可靠性及老化检测 第3部分：电源
标准编号： NB/T 20197.3-2014
实施日期： 2014-11-01
发布部门： 国家能源局
标准简介：

NB/T 20197的本部分规定了核电厂仪表和控制系统使用电源（为仪表和控制设备提供稳定交流或直流电能的转换装置）的特性参数、可靠性及老化检测方法。本部分适用于核电厂仪表和控制系统设备电源，不适用于不间断电源。

光伏发电站逆变器防孤岛效应检测技术规程
标准编号： NB/T 32010-2013
实施日期： 2014-04-01
发布部门： 国家能源局
标准简介：

本标准规定了光伏发电站逆变器孤岛防护措施有效性的检测条件、检测设备和检测方法。本标准适用于通过380V电压等级接入电网，以及通过10（6）kV电压等级接入用户侧的新建、改建和扩建的光伏发电系统所配的光伏逆变器。

宽压输入稳压输出隔离型直流-直流模块电源
标准编号： NB/T 42039-2014
实施日期： 2014-11-01
发布部门： 国家能源局
标准简介：

本标准规定了宽压输入稳压输出隔离型直流-直流模块电源的术语和定义、规格、技术要求、试验方法、检验规则、标志、包装、运输与贮存等。本标准适用于宽压输入稳压输出隔离型直流-直流模块电源。本标准按照GB/T 1.1—2009给出的规则起草。本标准由中国电器工业协会提出。本标准由全国电器附件标准化技术委员会（SAC/TC 67）归口。

能源、核技术

电力

电能质量监测系统技术规范
标准编号： DL/T 1297-2013
实施日期： 2014-04-01
发布部门： 国家能源局
标准简介：

本标准参考了国内外电能质量监测技术相关标准、规定，重点对电能质量监测系统的组成、性能要求、应具备的功能和测试方法做出了规定，可指导公用电网及其它类型电网电能质量监测系统的建设，对电网的电能质量状况实施有效的监测，对监测信息进行有效的管理、分析与评估。本标准目前尚无对应的国际标准。

备用电源自动投入装置技术条件
标准编号： DL/T 526-2013
实施日期： 2014-04-01
发布部门： 国家能源局
标准简介：

本规范适用于锅炉主蒸汽压力不低于3.8MPa（表压）的火力发电机组的水汽化学监督。

电能质量现象分类
标准编号： NB/T 41004-2014
实施日期： 2014-08-01
发布部门： 国家能源局
标准简介： 暂无

通信、广播

通信设备

移动通信电源技术要求和试验方法
标准编号：GB/T 13722-2013
实施日期：2014-08-15
发布部门：中华人民共和国国家质量监督检验检疫总局
中国国家标准化管理委员会
标准简介：

本标准规定了移动通信电源的技术要求和试验方法。本标准适用于供地面、内河或沿海作移动业务使用的，其额定输出电压为48V及以下的直流稳压电源。

通信局（站）电源、空调及环境集中监控管理系统第1部分：系统技术要求
标准编号：YD/T 1363. 1-2014
实施日期：2014-10-14
发布部门：中华人民共和国工业和信息化部
标准简介：

本部分规定了通信局（站）电源、空调及环境集中监控管理系统的系统组成、监控内容、系统管理、硬件配置、软件功能、系统维护等要求。本部分技术要求适用于通信局（站）单独设置的通信电源、空调及环境集中监控管理系统以及在此基础上构成的不同规模的监控系统网络。采用通信网元提供的干接点传输进行监控系统组网时，除传输组网方式外，其它功能应遵循本部分规定。

通信局（站）电源、空调及环境集中监控管理系统 第2部分：互联协议
标准编号：YD/T 1363. 2-2014
实施日期：2014-10-14
发布部门：中华人民共和国工业和信息化部
标准简介：

本部分规定了通信局（站）电源、空调及环境集中监控管理系统（以下简称监控系统）的互联通信协议接口。本部分适用于通信局（站）电源、空调及环境集中监控管理系统不同厂家监控中心之间的互联接口协议。

通信局（站）电源、空调及环境集中监控管理系统 第3部分：前端智能设备协议
标准编号：YD/T 1363. 3-2014
实施日期：2014-10-14
发布部门：中华人民共和国工业和信息化部
标准简介：

本部分规定了通信局（站）内为实现集中监控而使用的电源、空调等设备在设计、制造中应遵循的通信协议，同时规定了通信局（站）电源、空调及环境集中监控管理系统中监控模块和监控单元之间的通信协议。本部分适用于各类通信局（站）电源、空调及环境集中监控系统和在此基础上构成的不同规模的监控系统。

通信局（站）电源、空调及环境集中监控管理系统 第4部分：测试方法
标准编号：YD/T 1363. 4-2014
实施日期：2014-10-14
发布部门：中华人民共和国工业和信息化部
标准简介：

本部分规定了通信局（站）电源、空调及环境集中监控管理系统的测试方法。本部分适用于各类通信局（站）单独设置的通信电源、空调及环境集中监控管理系统以及在此基础上构成的不同规模监控系统的测试。

通信局（站）电源、空调及环境集中监控管理系统 第5部分：门禁集中监控系统
标准编号：YD/T 1363. 5-2014
实施日期：2014-10-14
发布部门：中华人民共和国工业和信息化部
标准简介：

本部分规定了通信局（站）电源、空调及环境集中监控管理系统中门禁集中监控系统的系统组成、监控内容、系统管理、硬件配置、软件功能和系统维护等要求。本部分适用于通信局（站）单独设置的门禁集中监控系统及以此为基础构成的不同规模的门禁集中监控系统网络。

室外型通信电源系统
标准编号：YD/T 1436-2014
实施日期：2014-10-14
发布部门：中华人民共和国工业和信息化部
标准简介：

本标准规定了室外型通信电源系统的定义、分类、技术要求、防雷要求、环境适应性要求、试验方法、检验规则以及标志、包装、运输和贮存。本标准适用于放置在室外固定地点的，由高频开关电源、不间断电源（UPS）、蓄电池、配电装置、温度调节装置和机柜组成的通信电源系统。本标准不适用于室外型柴油发电机组、车船载移动电源系统及利用自然环境能量发电的电源系统。

通信局（站）电源系统维护技术要求 第9部分：光伏及风力发电系统
标准编号：YD/T 1970. 9-2014
实施日期：2014-10-14
发布部门：中华人民共和国工业和信息化部
标准简介：

本部分规定了通信局（站）用光伏及风力发电系统的使用条件、维护项目及要求、维护周期、技术指标和检测方法。本部分适用于通信局（站）用光伏发电系统、风力发电系统及风/光互补发电系统的维护与管理。

无线电源设备电磁兼容性要求和测量方法
标准编号：YD/T 2654-2013
实施日期：2014-01-01
发布部门：中华人民共和国工业和信息化部
标准简介：

本标准规定了无线电源设备的电磁兼容性（EMC）要求，包括限值、性能判据和测量方法等。本标准适用于各种无线电源设备。

基于240V/336V直流供电的通信设备电源输入接口技术要求与试验方法
标准编号：YD/T 2656-2013
实施日期：2014-01-01
发布部门：中华人民共和国工业和信息化部
标准简介：
本标准规定了基于240V/336V直流供电的通信设备电源输入接口技术要求、试验方法与检验规则。本标准适用于基于240V/336V直流供电的通信设备电源输入接口。

通信电源用交联聚烯烃绝缘电缆
标准编号：YD/T 2761-2014
实施日期：2014-10-14
发布部门：中华人民共和国工业和信息化部
标准简介：
本标准规定了通信电源用交联聚烯烃绝缘电缆的产品标记、要求、试验方法、检验规则、包装、运输和贮存。本标准适用于通信枢纽、通信局站、数据中心及通信设备内部电源配电系统用、额定电压为600V/1 000V及以下的通信电源用无卤低烟交联聚烯烃绝缘电缆。

传输设备用电源分配列柜
标准编号：YD/T 939-2014
实施日期：2014-10-14
发布部门：中华人民共和国工业和信息化部
标准简介：
本标准规定了传输设备用电源分配列柜（以下简称配电列柜）和电源分配单元的术语和定义、分类与命名、要求、试验方法、检验规则、标志、包装、运输和贮存。本标准适用于传输设备配套使用的配电列柜和配电单元，与其它设备配套使用的配电列柜和配电单元也可参照使用。

工程建设

原材料工业及通信、广播工程

LED照明工程安装与质量验收规程
标准编号：DB21/T 2205-2013
实施日期：2014-01-12
发布部门：辽宁省质量技术监督局
标准简介：暂无

抽水蓄能机组静止变频装置运行规程
标准编号：DL/T 1302-2013
实施日期：2014-04-01
发布部门：国家能源局
标准简介：
本标准规定了抽水蓄能机组静止变频装置运行技术条件、运行操作、巡视检查、运行监视、运行分析、不正常运行和故障处理等要求。本标准适用于抽水蓄能机组抽水方向起动的静止变频装置。

电气装置安装工程 电力变流设备施工及验收规范
标准编号：GB 50255-2014
实施日期：2014-10-01
发布部门：中华人民共和国住房和城乡建设部
标准简介：
本规范由住房和城乡建设部第320号公告发布，自2014年10月1日实施。本规范共7章，主要内容包括：总则、术语、基本规定、电力变流设备的安装、冷却系统的安装、电力变流设备的试验、工程交接验收。本规范适用于除电力系统高压直流输电和柔性交流输电以外的电力变流设备的施工、调试及验收。

电动汽车充电站设计规范
标准编号：GB 50966-2014
实施日期：2014-10-01
发布部门：中华人民共和国住房和城乡建设部
标准简介：
本规范共12章和1个附录，主要内容包括：总则，术语和符号，规模及站址选择，总平面布置，充电系统，供配电系统，电能质量，计量系统，监控及通信系统，土建，消防给水和灭火设施，节能与环保等。本规范适用于采用整车充电模式的电动汽车充电站的设计。适合广大设计、施工、科研、学校等单位有关人员。

冶金低压变频传动成套设备规范
标准编号：YB/T 4389-2013
实施日期：2014-03-01
发布部门：中华人民共和国工业和信息化部
标准简介：
编制本标准的目的是为冶金低压变频传动成套设备规定术语和符号，并阐明其使用条件、成套设备的分类、电气参数、技术要求、检验规则、标志及使用说明书、包装运输及贮存等。本标准的适用范围为额定电压交流不超过1000V、额定频率不超过1000Hz、额定直流电压不超过1500V的冶金低压变频传动成套设备。

冶金

有色金属及其合金产品

LED用稀土氮化物红色荧光粉
标准编号：GB/T 30075-2013
实施日期：2014-09-01
发布部门：中华人民共和国国家质量监督检验检疫总局
中国国家标准化管理委员会
标准简介：
本标准规定了LED用稀土氮化物红色荧光粉的产品分类、要求、试验方法、检验规则及标志、包装、运输、贮存及质量证明书。本标准适用于经高温反应制得的 Eu2-激活的氮化物红色荧光粉，其在 300 ~ 550nm 激发下发出红光，主要用于紫外或蓝光 LED 芯片激发的 LED 发光器件。

LED 用稀土硅酸盐荧光粉

标准编号： GB/T 30076-2013

实施日期： 2014-09-01

发布部门： 中华人民共和国国家质量监督检验检疫总局
中国国家标准化管理委员会

标准简介：

本标准规定了 LED 用稀土硅酸盐荧光粉的要求、试验方法、检验规则及标志、包装、运输、贮存及质量证明书。本标准适用于经高温反应制得的稀土硅酸盐体系荧光粉，该体系荧光粉在 250 ~ 500nm 的紫外光、蓝光激发下发出绿光、黄绿光、黄光、橙色光，与 440 ~ 500nm 的蓝光激发光源能够复合出各种色温的白光，主要用于紫外或蓝光 LED 芯片激发的 LED 灯。

冶金

金属化学分析方法

LED 用稀土硅酸盐荧光粉试验方法

标准编号： GB/T 30454-2013

实施日期： 2014-10-01

发布部门： 中华人民共和国国家质量监督检验检疫总局
中国国家标准化管理委员会

标准简介：

本标准规定了 LED 用稀土硅酸盐荧光粉的相对亮度、光谱性能、色品坐标及热稳定性的测定方法。本标准适用于 LED 用稀土硅酸盐荧光粉的相对亮度、光谱性能、色品坐标及热稳定性的测定。

车辆

车用电子、电气设备与仪表

电动汽车非车载充电设备

标准编号： DB34/T 2043-2014

实施日期： 2014-03-17

发布部门： 安徽省质量技术监督局

标准简介： 暂无

车载 LED 显示屏通用技术规范

标准编号： DB35/T 1373-2013

实施日期： 2014-03-01

发布部门： 福建省质量技术监督局

标准简介： 暂无

车辆

汽车

电动汽车充电站通用要求

标准编号： GB/T 29781-2013

实施日期： 2014-02-01

发布部门： 中华人民共和国国家质量监督检验检疫总局
中国国家标准化管理委员会

标准简介：

本标准规定了电动汽车充电站（以下简称充电站）的选址原则、供电系统、充电系统、监控系统、电能计量、行车道、停车位、安全要求、标志和标识。本标准适用于采用整车充电方式为电动汽车动力蓄电池进行传导式充电的充电站。

机械

机械综合

弧焊设备 第 1 部分：焊接电源

标准编号： GB 15579. 1-2013

实施日期： 2014-08-07

发布部门： 中华人民共和国国家质量监督检验检疫总局
中国国家标准化管理委员会

标准简介：

GB 15579 的本部分规定了弧焊电源以及等离子切割系统的安全要求和性能要求。本部分适用于为工业和专业用途而设计的由不超过 IEC 60038 中表 1 规定的电压供电或由机械设备驱动的弧焊和类似工艺所用的电源。本部分不适用于主要为非专业人员使用的限制负载的手工电弧焊电源。本部分不适用于正处于维护保养周期内或维修后的焊接电源的检测。

电力工程直流电源设备通用技术条件及安全要求

标准编号： GB/T 19826-2014

实施日期： 2014-10-28

发布部门： 中华人民共和国国家质量监督检验检疫总局
中国国家标准化管理委员会

标准简介：

本标准规定了电力工程用直流电源设备、一体化电源设备的通用技术条件和安全要求以及试验方法、检验规则、标志、包装、运输和贮存等方面的要求。本标准适用于电力工程中的直流、一体化电源设备（以下简称产品），并作为产品设计、制造、检验和使用的依据。对于未涵盖的其它电源设备可参照使用。

起重机械用电动机能效测试方法 第 1 部分：YZP 系列变频调速三相异步电动机

标准编号： GB/T 29562. 1-2013

实施日期： 2014-01-01

发布部门：中华人民共和国国家质量监督检验检疫总局
　　　　　中国国家标准化管理委员会
标准简介：

GB/T 29562 的本部分规定了 YZP 系列起重及冶金用变频调速三相异步电动机的能效测试方法。本部分适用于 YZP 系列起重及冶金用变频调速三相异步电动机，凡属本系列电动机所派生的各种系列电动机均可参照执行。

电子元器件与信息技术

半导体分立器件

LED 显示屏现场测量方法
标准编号：DB35/T 1369-2013
实施日期：2014-03-01
发布部门：福建省质量技术监督局
标准简介：暂无

微显示投影用 LED 光源
标准编号：DB41/T 848-2013
实施日期：2014-02-25
发布部门：河南省质量技术监督局
标准简介：暂无

半导体设备电源接口
标准编号：GB/T 15872-2013
实施日期：2014-05-15
发布部门：中华人民共和国国家质量监督检验检疫总局
　　　　　中国国家标准化管理委员会
标准简介：

本标准规定了半导体设备电源接口的供电类别，选择电器附件、导线和电缆的要求等。本标准适用于半导体设备的电源接口。

航空、航天

航空运输与地面设备

飞机地面静变电源
标准编号：MH/T 6018-2014
实施日期：2014-12-01
发布部门：中国民用航空局
标准简介：暂无

飞机地面电源机组
标准编号：MH/T 6019-2014
实施日期：2014-12-01
发布部门：中国民用航空局
标准简介：暂无

船舶

船舶电气、观通、导航设备

额定电压 0.6/1kV 及 1.8/3kV 船舶和近海设施变频传动用电力电缆
标准编号：CB/T 4396-2014
实施日期：2014-10-01
发布部门：中华人民共和国工业和信息化部
标准简介：

本标准规定了额定电压 0.6/1kV 和 1.8/3kV 交联聚乙烯或乙丙橡皮绝缘（3+3E 型）无卤阻燃船舶和近海设施变频传动用电力电缆的型号、规格、材料、技术要求、试验方法与标志等。本标准适用于具有无卤阻燃特性要求的船舶和近海设施中变频器与电机之间的连接电缆。

额定电压 6kV（$U_m=7.2$kV）至 30kV（$U_m=36$kV）船舶和近海设施变频传动用电力电缆
标准编号：CB/T 4405-2014
实施日期：2014-10-01
发布部门：中华人民共和国工业和信息化部
标准简介：

本标准规定了额定电压为 3.6/6（7.2）kV、6/10（12）kV、8.7/15（17.5）kV、12/20（24）kV 和 18/30（36）kV 的船舶和近海设施变频传动用电力电缆的术语和定义、规格和标记、要求、试验和检验、标志、包装、运输和贮存等。本标准适用于额定电压 3.6/6（7.2）kV、6/10（12）kV、8.7/15（17.5）kV、12/20（24）kV 和 18/30（36）kV 船舶和近海设施变频传动用电力电缆的设计、生产和检验。

建材

公用与市政建设器材设备

LED 街巷导向标志
标准编号：MZ/T 055-2014
实施日期：2014-07-07
发布部门：民政部
标准简介：暂无

轻工、文化与生活用品

家用电器、日用机具

空调器室内外机电源连接线技术要求
标准编号：QB/T 4677-2014
实施日期：2014-11-01
发布部门：中华人民共和国工业和信息化部
标准简介：

本标准规定了空气调节器室内外机电源连接线的术语

和定义、型号与规格、标志、绝缘线芯识别、外观要求、电缆结构及性能要求、试验、验收规则、包装、运输和贮存。本标准适用于额定电压450/750V及以下空调器用电源连接橡套软电缆。

2014年延续实施标准

电工

输变电设备

高原型高压变频装置
标准编号：DB53/T 495-2013
实施日期：2013-10-01
发布部门：云南省质量技术监督局
标准简介：暂无

微灌用自动稳压器
标准编号：DB65/T 3054-2010
实施日期：2010-03-01
发布部门：新疆维吾尔自治区质量技术监督局
标准简介：暂无

火电厂风机水泵用高压变频器
标准编号：DL/T 994-2006
实施日期：2006-10-01
标准简介：

本标准根据《国家发展改革委办公厅关于下达2004年行业标准项目补充计划的通知》（发改办公业［2003］873号文）的要求制定的。风机水泵类等采用变频率调速技术实现节能运行是我国节能的一项重点推广技术。火电厂风机水泵用电动机多为6kV及以上高压大功率电机，国内外厂家生产的高压变频器已在我国火电厂开始投入运行。由于火电厂生产流程、操作规则以及环境要求均具有一定的特殊性，有必要对电力行业用高压变频器的生产、技术要求和试验内容等进行相应的规定。

电力变压器、电源装置和类似产品的安全　第10部分：Ⅲ类手提钨丝灯用变压器的特殊要求
标准编号：GB 19212.10-2007
实施日期：2008-04-01
发布部门：中华人民共和国国家质量监督检验检疫总局
中国国家标准化管理委员会
标准简介：

本部分规定了变压器各个方面的安全要求本部分适用于驻立式或移动式、单相、空气冷却、配套用Ⅲ类手提钨丝灯用的安全隔离变压器。

电力变压器、电源、电抗器和类似产品的安全　第1部分：通用要求和试验
标准编号：GB 19212.1-2008
实施日期：2009-06-01
发布部门：中华人民共和国国家质量监督检验检疫总局
中国国家标准化管理委员会
标准简介：

GB 19212的本部分规定了电力变压器、电源、电抗器和类似产品的安全方面的要求，如电气、温度和机械等方面的安全要求。

电力变压器、电源装置和类似产品的安全　第13部分：恒压变压器的特殊要求
标准编号：GB 19212.13-2005
实施日期：2006-08-01
发布部门：中华人民共和国国家质量监督检验检疫总局
中国家标准化管理委员会
标准简介：

GB 19212.1-2003的该章用下列内容来代替：本部分规定了其各个方面（例如：电气、温度和机械方面）的安全要求。本部分适用于驻立式或移动式、单相或多相、空气冷却（自然冷却或强制冷却）、配套用或独立的：恒压白耦变压器；恒压分离变压器；恒压隔离变压器；恒压安全隔离变压器。

电源电压为1 100V及以下的变压器、电抗器、电源装置和类似产品的安全　第14部分：自耦变压器和内装自耦变压器的电源装置的特殊要求和试验
标准编号：GB 19212.14-2012
实施日期：2013-05-01
发布部门：中华人民共和国国家质量监督检验检疫总局
中国国家标准化管理委员会
标准简介：

GB 19212.1—2008的该章用下列内容代替：本部分规定了一般用途自耦变压器和内装一般用途自耦变压器的电源装置的安全方面的要求。带有电子电路的变压器也包括在本部分中。本部分适用于驻立式或移动式、单相或多相、空气冷却（自冷却或风冷）独立用和配套用的干式变压器。绕组可以是包封式的或非包封式的。

电力变压器、电源装置和类似产品的安全　第16部分：医疗场所供电用隔离变压器的特殊要求
标准编号：GB 19212.16-2005
实施日期：2006-08-01
发布部门：中华人民共和国国家质量监督检验检疫总局
中国国家标准化管理委员会
标准简介：

GB 19212.1-2003的该章用下列内容代替：本部分规定了变压器各个方面（例如：电气、温度和机械方面）的安全要求。本部分适用于驻立式、单相或多相、空气冷却（自然冷却或强制冷却）的组别Ⅱ医疗场所供电用隔离变压器。它与IT电源系统固定导线呈永久性连接，其额定电源电压不超过交流1 000V、额定频率不超过500Hz，额定输出不应小于3kVA且不应超过10kVA。

电力变压器、电源装置和类似产品的安全　第20部分：干扰衰减变压器的特殊要求

标准编号： GB 19212.20-2008

实施日期： 2009-01-01

发布部门： 中华人民共和国国家质量监督检验检疫总局
中国国家标准化管理委员会

标准简介：

GB 19212 的本部分的全部技术内容为强制性。GB 19212《电力变压器、电源装置和类似产品的安全》目前拟分为24个部分，本部分为GB 19212的第20部分。本部分是在GB 19212.1—2003的基础上制定的，需与GB 19212.1—2003配合使用。本部分根据IEC61558-2-19：2000重新起草。本部分规定了各个方面的安全要求。本部分适用于驻立式或移动式、单相或多相、空气冷却、独立或配套用的隔离或安全隔离变压器，其额定电源电压不超过交流1 000V，额定频率不超过500Hz，额定输出不超过10kVA。

电力变压器、电源装置和类似产品的安全　第21部分：小型电抗器的特殊要求

标准编号： GB 19212.21-2007

实施日期： 2008-04-01

发布部门： 中华人民共和国国家质量监督检验检疫总局
中国国家标准化管理委员会

标准简介：

本部分适用于驻立式或移动式、单相或多相、空气冷却、独立或配套用的通用小型电抗器，包括交流、预励磁和电流补偿电抗器，也适用于无额定容量限制的小型电抗器。

电力变压器、电源、电抗器和类似产品的安全　第2部分：一般用途分离变压器和内装分离变压器的电源的特殊要求和试验

标准编号： GB 19212.2-2012

实施日期： 2013-05-01

发布部门： 中华人民共和国国家质量监督检验检疫总局
中国国家标准化管理委员会

标准简介：

GB 19212.1—2008的该章用下列内容代替：GB 19212的本部分规定了一般用途分离变压器和内装分离变压器的电源的安全规定，例如关于电气、温度和机械方面的安全规定。本部分适用于分离变压器和内装分离变压器及电子线路的电源。本部分不适用于预定要与变压器和电源的输入和输出端子或输出插座连接的外部电路及其元器件。本部分不适用于IEC 60076-11所包括的变压器。本部分适用于驻立式或移动式、单相或多相、空气冷却（自冷或风冷）、独立或配套用分离变压器和内装分离变压器的电源，其额定电源电压不超过交流1 000V，额定电源频率和内部运行频率不超过500Hz。额定输出不超过：对单相分离变压器和内装分离变压器的单相电源，为1kVA；对多相分离变压器和内装分离变压器的多相电源，为5kVA。如果采购方和制造方另有协议时，则本部分也适用于对额定输出不限制的分离变压器和内装分离变压器的电源。本部分适用于干式变压器，其绕组可以是包封式或非包封式。空载输出电压或额定输出电压不超过交流1 000V或无纹波直流1 415V。对独立的分离变压器和内装分离变压器的独立的电源，其空载输出电压和/或额定输出电压不低于交流50V或无纹波直流120V。

电力变压器、电源装置和类似产品的安全　第24部分：建筑工地用变压器的特殊要求

标准编号： GB 19212.24-2005

实施日期： 2006-08-01

发布部门： 中华人民共和国国家质量监督检验检疫总局
中国国家标准化管理委员会

标准简介：

GB 19212.1-2003的该章用下列内容来代替：本部分规定了变压器各个方面（例如：电气、温度和机械方面）的安全要求。本部分适用于驻立式或移动式、单相或多相、空气冷却（自然冷却或强制冷却）、配套或独立、建筑工地用的隔离或安全隔离变压器，其额定电源电压不超过交流1 000V、额定频率不超过500Hz。额定输出不应超过：25kVA，对单相变压器；40kVA，对多相变压器。建筑工地用隔离变压器的空载输出电压和额定输出电压超过交流50V但不超过交流250V。建筑工地用安全隔离变压器的空载输出电压和额定输出电压不超过交流50V。按安装规程或设备规范，建筑工地用变压器用于要求保护的场合。当变压器装入如GB 7251.4-1998规定的建筑工地用低压成套开关设备和控制设备中时，GB 7251.4-1998中的附加要求也适用于成套设备。本部分适用于干式变压器。其绕组可以是密封或非密封的。本部分适用于包含有电子电路的变压器。本部分不适用于拟接到变压器输入端子和输出端子或插座的外部电路及其器件。

电力变压器、电源、电抗器和类似产品的安全　第3部分：控制变压器和内装控制变压器的电源的特殊要求和试验

标准编号： GB 19212.3-2012

实施日期： 2013-05-01

发布部门： 中华人民共和国国家质量监督检验检疫总局
中国国家标准化管理委员会

标准简介：

GB 19212的本部分规定了控制变压器和内装控制变压器的电源的安全规定，例如关于电气、温度和机械方面的安全规定。本部分适用于控制变压器和内装控制变压器及电子线路的电源。本部分不适用于预定要与变压器和电源的输入和输出端子或输出插座连接的外部电路及其元器件。本部分不适用于IEC 60076-11所包括的变压器。本部分适用于驻立式或移动式、单相或多相、空气冷却（自冷或风冷）、独立或配套用控制变压器和内装控制变压器的电源，其额定电源电压不超过交流1 000V，额定电源频率和内部运行频率不超过500Hz。

电力变压器、电源装置和类似产品的安全 第4部分：燃气和燃油燃烧器点火变压器的特殊要求

标准编号：GB 19212.4-2005

实施日期：2006-08-01

发布部门：中华人民共和国国家质量监督检验检疫总局
中国国家标准化管理委员会

标准简介：

GB 19212.1-2003 的该章用下列内容来代替：本部分规定了变压器各个方面（例如：电气、温度和机械方面）的安全要求。本部分适用于固定式、单相、空气冷却（自然冷却或强制冷却）、配套用（内装式或非内装式）燃气和燃油燃烧器点火系统用的变压器，其额定电源电压不超过交流 1 000V、额定频率不超过 500Hz，额定输出电流不超过交流 500mA。空载输出电压和额定输出电压不应超过交流 15 000V。本部分适用于按安装规程或设备规范，不要求电路之间采用双重绝缘或加强绝缘的变压器。本部分适用于干式变压器。其绕组可以是密封或非密封的。本部分适用于包含有电子电路的变压器。本部分适用于拟接到变压器输入端子和输出端子或插座的外部电路及其器件。

电源电压为 1 100V 及以下的变压器、电抗器、电源装置和类似产品的安全 第5部分：隔离变压器和内装隔离变压器的电源装置的特殊要求和试验

标准编号：GB 19212.5-2011

实施日期：2012-05-01

发布部门：中华人民共和国国家质量监督检验检疫总局
中国国家标准化管理委员会

标准简介：

GB 19212.1-2008 的该章用下列内容代替：本部分规定了一般用途隔离变压器和内装一般用途隔离变压器的电源装置的安全方面的要求。带有电子电路的变压器也包括在本部分中。本部分适用于驻立式或移动式、单相或多相、空气冷却（自冷或风冷）、独立用和配套用的干式变压器。其绕组可以是包封式或非包封式。额定电源电压不超过交流 1 100V，额定频率及内部运行频率不超过 500Hz。额定输出不超过：对单相变压器，25kVA；对多相变压器，40kVA。如果采购方和制造方另有协议时，本部分也适用于对额定输出不限制的变压器。本部分不适用于预定要与变压器的输入和输出端子连接的外部电路及其元器件。

电源电压为 1 100V 及以下的变压器、电抗器、电源装置和类似产品的安全 第7部分：安全隔离变压器和内装安全隔离变压器的电源装置的特殊要求和试验

标准编号：GB 19212.7-2012

实施日期：2013-05-01

发布部门：中华人民共和国国家质量监督检验检疫总局
中国国家标准化管理委员会

标准简介：

GB 19212 的本部分规定了一般用途安全隔离变压器和内装一般用途安全隔离变压器的电源装置的安全方面的要求。带有电子电路的变压器也包括在本部分中。本部分适用于驻立式或移动式、单相或多相、空气冷却（自冷或风冷），独立用和配套用的干式变压器。其绕组可以是包封式或非包封式。

电力变压器、电源、电抗器和类似产品的安全 第8部分：玩具用变压器和电源的特殊要求和试验

标准编号：GB 19212.8-2012

实施日期：2013-05-01

发布部门：中华人民共和国国家质量监督检验检疫总局
中国国家标准化管理委员会

标准简介：暂无

电力变压器、电源装置和类似产品的安全 第9部分：电铃和电钟变压器的特殊要求

标准编号：GB 19212.9-2007

实施日期：2008-04-01

发布部门：中华人民共和国国家质量监督检验检疫总局
中国国家标准化管理委员会

标准简介：

本部分规定了变压器各个方面的安全要求。本部分适用于固定式、单相、空气冷却、独立或配套用供电铃和电钟用的安全隔离变压器。

半导体变流器与供电系统的兼容及干扰防护导则

标准编号：GB/T 10236-2006

实施日期：2007-04-01

发布部门：中华人民共和国国家质量监督检验检疫总局
中国国家标准化管理委员会

标准简介：

本标准规定了半导体变流器与供电系统兼容问题，并提供相互干扰的处理原则和方法。本标准是 GB/T 3859 在半导体变流器与供电系统兼容方面的补充。本标准适用于电网换相半导体变流器，其它类型的半导体变流器可以参考使用。

半导体变流器 电气试验方法

标准编号：GB/T 13422-2013

实施日期：2013-12-02

发布部门：中华人民共和国国家质量监督检验检疫总局
中国国家标准化管理委员会

标准简介：

本标准规定了半导体变流器的一般电气试验方法。本标准适用于各种普通变流器，包括整流器、逆变器、兼有整流和逆变两种运行方式的变流器以及各种电力电子开关。专用变流器也可参照使用。本标准不适用于机动车用变流器和航空电器用机载变流器。

量度继电器和保护装置 第11部分：辅助电源端口电压暂降、短时中断、电压变化和纹波

标准编号：GB/T 14598.11-2011

实施日期：2011-12-01

发布部门： 中华人民共和国国家质量监督检验检疫总局
中国国家标准化管理委员会

标准简介：

本部分规定了对电力系统保护所用的量度继电器和保护装置，包括与这些装置一起使用的控制、监视和过程接口设备的交流和直流电源的一般要求。本部分基于：IEC 61000-4-11 交流电压暂降、短时中断、电压变化；IEC 61000-4-17 电压纹波；IEC 61000-4-29 直流电压暂降、短时中断、电压变化。试验的目的是验证被试装置在被激励并受到由诸如电压暂降、短时中断、电压变化和纹波时能否正确工作。本部分的各项要求适用于新的量度继电器和保护装置，所规定的所有试验仅为型式试验。本部分的目的是规定：所用术语的定义；试验严酷等级；试验设备；试验配置；试验程序；验收准则；试验报告。

阀器件堆、装置和电力变流设备的端子标记

标准编号： GB/T 16859-1997

实施日期： 1998-03-01

发布部门： 国家技术监督局

标准简介：

本标准适用于阀器件堆、装置及由工厂组装的整体变流设备的主电路的端子标记。端子标记是针对由半导体阀器件构成的堆、装置及设备的。

半导体变流器　第 6 部分：使用熔断器保护半导体变流器防止过电流的应用导则

标准编号： GB/T 17950-2000

实施日期： 2000-08-01

发布部门： 中华人民共和国国家质量监督检验检疫总局

标准简介：

本标准作为应用导则，适用于带有熔断器的半导体变流器，熔断器用来保护构成变流器主臂的半导体。本标准限于单拍或双拍联结的电网换相变流器，也适用于满足 GB/T 13539.1 和 GB 13539.4 要求的熔断器。适当时，本标准的通用条款也对第 2 章引用标准 GB/T 3859 和 IEC 1287-1 所包括的变流器给出了指导。

变流变压器　第 1 部分：工业用变流变压器

标准编号： GB/T 18494.1-2014

实施日期： 2015-02-01

发布部门： 中华人民共和国国家质量监督检验检疫总局
中国国家标准化管理委员会

标准简介：

GB/T 18494 的本部分规定了组装在半导体变流器设备内的电力变压器和电抗器的技术要求、设计和试验，本部分不适用于常规交流配电变压器。本部分适用于任何容量的电力变流器，典型应用有：电解用晶闸管整流器、电解用二极管整流器、大功率驱动用晶闸管整流器、废料熔炉用晶闸管整流器及变速驱动变频器用二极管整流器。本部分也适用于降压调压器或自耦变压器的调压单元。阀侧绕组的设备最高电压不超过 40.5kV。本部分不适用于高压直流输电用变压器。虽然成套变流器设备标准（如 GB/T 3859 或其它有关特殊应用场合的标准）可能包括变流变压器、辅助变压器和电抗器在内的整个设备的各种性能保证和试验方面的要求（如绝缘、损耗），但本部分仍适用于作为变流设备中的变压器本身的性能保证和试验要求。本部分所规定的保证值、运行和型式试验，既适用于作为变流设备中一个组件的变压器，也适用于变流设备用的单独订购的变压器。任何补充的保证值或特殊验证等均应在变压器订货合同中予以特别说明。本部分涉及的变流变压器可以是液浸式也可以是干式。除了要满足本部分规定外，对于液浸式变压器还应符合 GB 1094 系列标准；对于干式变压器还应符合 GB 1094.11。注：在某些变流设备中可能使用标准设计的常规配电变压器，在使用中可能需要降低容量。此涉及对专门设计的装置的技术要求，本部分不作专门的规定。但可以从 6.2 中给出的公式以及按 GB/T 13499 来计算常规变压器的容量降低值。本部分适用于同一个油箱中有一个或多个器身［如调压（自耦）变压器和一台（或两台）整流变压器］的变压器。也适用于带一个（或多个）饱和电抗器和（或）相间变压器的变压器。对于上文中未列出的其它组合形式，总损耗的确定和测量需由供需双方商定。本部分适用于 Y 结、D 结和其它移相联结的变压器（如 Z 结、延边三角形联结、多边形联结等）。移相绕组可以设置在调压变压器或整流变压器中。

变流变压器　第 2 部分：高压直流输电用换流变压器

标准编号： GB/T 18494.2-2007

实施日期： 2007-08-01

发布部门： 中华人民共和国国家质量监督检验检疫总局
中国国家标准化管理委员会

标准简介：

GB/T 18494 的本部分适用于具有两个、三个或多个绕组的高压直流输电用三相和单相油浸式换流变压器。

变流变压器　第 3 部分：应用导则

标准编号： GB/T 18494.3-2012

实施日期： 2012-11-01

发布部门： 中华人民共和国国家质量监督检验检疫总局
中国国家标准化管理委员会

标准简介：

GB/T 18494 由三部分组成：第 1 部分适用于一般“工业”用的变流变压器（如：制铜、铝熔炼和某些气体电解）；第 2 部分适用于高压直流输电用的换流变压器；第 3 部分即本应用导则，适用于 0.2 至 0.12 节所涉及的内容。GB/T 18494.1 适用于“工业”用变流变压器，适用于铝熔炼、铜精炼及生产某些气体的电源变压器，也适用于轧钢机和船舶驱动系统。第 1 部分不适用于安装在电机车上的牵引用电力拖动装置，但仍适用于固定式牵引系统中的变流器应用装置。此外，对于范围广泛的较小容量的变流器，本部分及第 1 部分均同样适用。GB/T 18494.2 适用于高压直流（HVDC）输电用的换流变压器。高压直流输电系统有两种类型：一种为“背靠背”型；另一种为“输电”

型。在这两种系统中运行的变压器，其运行和评估是包括在 GB/T 18494.2 和本部分之内的。

半导体变流器　变流联结的标识代号

标准编号： GB/T 21226-2007

实施日期： 2008-05-20

发布部门： 中华人民共和国国家质量监督检验检疫总局
中国国家标准化管理委员会

标准简介：

本标准规定的仅仅是最主要和最常用的、由阀器件构成的变流联结，并可用于作为堆和装置整个额定值代号的一部分。适用于 GB/T 3859 所包括的变流器设备的二极管、变流器装置的变流联结。

变压器、电抗器、电源装置及其组合的安全　电磁兼容（EMC）要求

标准编号： GB/T 21419-2013

实施日期： 2013-12-02

发布部门： 中华人民共和国国家质量监督检验检疫总局
中国国家标准化管理委员会

标准简介：

本标准规定了频率范围为 0～400GHz 的发射与抗扰度的电磁兼容要求。没有规定限值的频段无需进行测试。本标准适用于 GB 19212 系列标准所包括的变压器、电抗器、电源装置及其组合。对于做成随同电器或电气设备一起供给的或者与电器或电气设备配套使用的变压器、电抗器、电源装置及其组合，应满足适用于该电器或电气设备的相关 EMC 标准要求。但是对于这些配套用变压器、电抗器、电源装置及其组合，在其装入电器或电气设备之前的单独试验，本标准可作为导则使用。本标准仅涉及性能。变压器、电抗器及电源装置的其它运行情况（例如，为了试验目的，在电路中模拟故障或由于电磁现象对功能安全性的影响，或对暴露在电磁场中人的评估）不在本标准中考虑。

1kV 以上不超过 35kV 的通用变频调速设备　第 1 部分：技术条件

标准编号： GB/T 30843.1-2014

实施日期： 2015-01-22

发布部门： 中华人民共和国国家质量监督检验检疫总局
中国国家标准化管理委员会

标准简介：

GB/T 30843 的本部分规定了调速设备的分类、使用条件、技术要求、试验项目及标志、包装，运输与贮存。本部分适用于额定输入电压在交流 1～35kV 之间，额定输入频率为 50Hz 或 60Hz，输出电压不超过 35kV，输出频率小于 120Hz 的通用变频调速设备。

1kV 以上不超过 35kV 的通用变频调速设备　第 2 部分：试验方法

标准编号： GB/T 30843.2-2014

实施日期： 2015-01-22

发布部门： 中华人民共和国国家质量监督检验检疫总局
中国国家标准化管理委员会

标准简介： 暂无

1kV 及以下通用变频调速设备　第 1 部分：技术条件

标准编号： GB/T 30844.1-2014

实施日期： 2015-01-22

发布部门： 中华人民共和国国家质量监督检验检疫总局
中国国家标准化管理委员会

标准简介：

适用于额定输入电压为交流 1kV 等级及以下，额定输入频率为 50Hz 或 60Hz，输出电压不超过 1kV，输出频率小于 600Hz 的通用变频调速设备。

1kV 及以下通用变频调速设备　第 2 部分：试验方法

标准编号： GB/T 30844.2-2014

实施日期： 2015-01-22

发布部门： 中华人民共和国国家质量监督检验检疫总局
中国国家标准化管理委员会

标准简介：

本部分规定了调速设备的试验方法。本部分适用于额定输入电压为交流 1kV 等级及以下，额定输入频率为 50Hz 或 60Hz，输出电压小于 1kV，输出频率小于 600Hz 的通用变频调速设备（以下简称调速设备）。

半导体变流器　通用要求和电网换相变流器　第 1-1 部分：基本要求规范

标准编号： GB/T 3859.1-2013

实施日期： 2013-12-02

发布部门： 中华人民共和国国家质量监督检验检疫总局
中国国家标准化管理委员会

标准简介：

GB/T 3859 的本部分规定了使用可控和（或）不可控电子阀器件的所有半导体电力变流器和半导体电力开关的性能。电子阀器件主要有半导体器件，包括不可控器件（即整流二极管）和可控器件（即各种晶闸管和功率晶体管）。可控器件可反向阻断或反向导通，可借助电流、电压或光控制。假设非双稳器件在开关状态下工作。本部分主要从总体上规定对变流器的基本要求，以及适用于把交流电变换为直流电或把直流电变换为交流电的电网换相变流器的要求。假如其它类型的电力电子变流器尚无产品标准，本部分的内容也适用。这些特定的要求适用于进行功率变换、换相（例如：半导体自换相变流器）或特殊用途（例如：直流电动机传动用半导体变流器）的半导体电力变流器，或已知特性的组合（例如：电传动机车车辆用直接直流变流器）。本部分适用于未被专用产品标准涵盖或特殊性能未被专用产品标准涵盖的所有电力变流器。电力变流器的专用产品标准应参考本部分。注 1：本部分不试图定义 EMC 要求。本部分涵盖了所有现象，因而给出在其范围适用的专用标准。注 2：有关变流变压器的规定见 GB/T 3859.3 或 GB/T 18494.1。

半导体变流器　通用要求和电网换相变流器　第1-2部分：应用导则

标准编号：GB/T 3859.2-2013

实施日期：2013-12-02

发布部门：中华人民共和国国家质量监督检验检疫总局
中国国家标准化管理委员会

标准简介：

本部分给出GB/T 3859.1涵盖的基本要求规范在不同情况下的应用导则，以使GB/T 3859.1中的规定以可控的形态适应于特殊应用。为便于使用GB/T 3859.1，在技术关键点处给出了背景信息。本部分主要涵盖电网换相变流器。就现行标准不可能提供必要的资料而言，本部分本身不是规范（除非涉及某些辅助部件）。

半导体变流器　通用要求和电网换相变流器　第1-3部分：变压器和电抗器

标准编号：GB/T 3859.3-2013

实施日期：2013-12-02

发布部门：中华人民共和国国家质量监督检验检疫总局
中国国家标准化管理委员会

标准简介：

GB/T 3859的本部分规定了变流变压器不同于通用电力变压器的特性。应注意到，整流变压器运行时，通常流通着非正弦波电流。在单拍联结中，每个阀侧绕组的电流均含有直流分量，在设计和试验时应特别注意。在某些情况下，外部短路和元件故障会产生异常的应力，因而有必要进行特殊设计。一些类型的变压器正常运行时的电压波形是非正弦波。其铁心损耗以具有与运行时的电压半周期算术平均值和基波频率相等的正弦波电压确定。本部分适用于与GB/T 3859.1中规定的电力变流设备配套使用的变流变压器和电抗器。在其它各方面，如果国家标准《电力变压器》与本部分不矛盾，其规定的规则也适用于变流变压器。

半导体变流器　包括直接直流变流器的半导体自换相变流器

标准编号：GB/T 3859.4-2004

实施日期：2004-12-02

发布部门：中华人民共和国国家质量监督检验检疫总局
中国国家标准化管理委员会

标准简介：

本部分适用于电力变流器中至少有一部分是自换相型的所用类型半导体自换相变流器。例如：交流变流器、间接直流变流器、直接直流变流器。GB/T 3859.1中的要求只要不与本部分相矛盾，也同样适用于自换相变流器。对于某些特殊应用，如不间断电源设备（UPS），交、直流调速传动和电气牵引设备，可使用另外的标准。

工业电池用充电设备

标准编号：JB/T 10095-2010

实施日期：2010-07-01

发布部门：中华人民共和国工业和信息化部

标准简介：

本标准规定了工业电池用充电设备的术语、定义、基本参数、技术要求、检验和试验、标志、包装、运输和贮存等内容。本标准适用于直流功率1kW以上、直流电压等级1 000V以下，被充电电池可以是铅酸蓄电池，也可以是锂电池或者其它具有相同特性的蓄电池，为电动搬运车、电动汽车等类似设备提供动力的电池充电的设备。电力工程及邮电、通信用电池的充电、浮充电用整流设备也可参照使用。合适时，该设备也可作为一般工业用直流电源。本标准不适用于码头、船坞和其它海上用途的电池充电，家用电器和应急照明用电池充电，也不适用于消防泵和消防车的电池充电。本标准中的快速充电设备不适用于铅酸贫液蓄电池的充电。

小功率电流电压变换器　通用技术条件

标准编号：JB/T 10635-2006

实施日期：2007-04-01

发布部门：国家发展和改革委员会

标准简介：

本标准规定了小功率电流电压变换器的技术要求、试验方法、检验规则、标志、包装、运输、贮存、供货的成套性及质量保证等。本标准适用于电力系统继电保护及自动化装置中使用的小功率电流电压变换器。本标准适用于感应式的电流-电流、电流-电压及电压-电压变换器，其它类型的小功率电流电压变换器可参考采用。

低压有源电力滤波装置

标准编号：JB/T 11067-2011

实施日期：2012-04-01

发布部门：中华人民共和国工业和信息化部

标准简介：

本标准规定了低压有源电力滤波装置的术语和定义、技术要求、试验方法、检验规则、标志、包装、运输、贮存等要求。本标准适用于50Hz，额定工作电压不超过1 000V的低压配电系统，采用三相三线电压源型逆变器结构的并联型滤波装置。

半导体电力变流器　型号编制方法

标准编号：JB/T 1505-1975

实施日期：1975-07-01

发布部门：中华人民共和国机械工业部

标准简介：

本标准适用于符合78种电力变流器产品。

电力变流器用水冷却设备

标准编号：JB/T 5833-2013

实施日期：2013-09-01

发布部门：中华人民共和国工业和信息化部

标准简介：

本标准规定了电力变流器用水冷却设备的术语和定义、

产品型号及分类、技术要求、试验方法、检验规则以及标志、包装、运输、贮存要求。本标准适用于热转移媒质为去离子水的电力变流器冷却设备，也适用于对热转移媒质为去离子水的其它电气设备的冷却设备。用于直流输电工程的冷却设备也可参照使用。

补偿式交流稳压器

标准编号：JB/T 7620-1994

实施日期：1995-06-01

发布部门：中华人民共和国机械工业部

标准简介：

本标准规定了补偿式交流稳压器的型号、基本参数、技术要求、试验方法和检验规则。本标准适用于由补偿变压器和调压变压器及其控制电路构成的干式交流稳压器。

电力变流变压器

标准编号：JB/T 8636-1997

实施日期：1998-01-01

发布部门：沈阳变压器研究所

标准简介：

JB/T 8636-1997 本标准是对 JB 2530-79《电力变流变压器》的修订。其技术性能参数有如下变化：1. 有关型谱和技术要求详细内容均引相应标准，不重复叙述；2. 删除了"型式容量"章节；3. 提出基波电压、基波电流等新概念；4. 对温升试验提出了限值和要求，规定了试验等效电流计算公式，规定了试验方法。本标准规定了网侧系统标称电压 220kV 及以下的油浸式、干式电力变流变压器的参数，试验和试验方法，标志、包装等通用技术要求。本标准适用于半导体电力变流器中的变压器，包括内附的平衡电抗器、饱和电抗器等。本标准不适用于高压直流输变电用的变压器和单相牵引变压器。本标准只对变压器的通用部分提出要求，各类型的变压器应根据其自身的特点，在本标准的基础上编制相应标准籍此对特殊部分作出补充规定。注：对采用其它冷却介质的变压器，可参照采用本标准。本标准于 1997 年 9 月 5 日首次发布。

中频感应加热用半导体变频装置

标准编号：JB/T 8669-1997

实施日期：1998-02-01

发布部门：湘潭牵引电气设备研究所

标准简介：

JB/T 8699-1997 本标准是对 ZB K46 001-87 进行的修订。本标准规定了感应加热用半导体变频装置的技术要求、检验、标志、包装、运输与贮存。本标准适用于以半导体器件（晶闸管或功率晶体管）所构成的感应加热用半导体变频装置。其频率范围从 50Hz 以上至 10 000Hz。对 10 000Hz以上的感应加热用半导体变频装置亦可参照采用。

双馈风力发电机变流器制造技术规范

标准编号：NB/T 31014-2011

实施日期：2011-11-01

发布部门：国家能源局

标准简介：

本标准规定了双馈风力发电机变流器的术语和定义、技术要求、试验方法、检验规则及其产品的相关信息等。本标准适用于连接双馈风力发电机转子绕组的电压源型变流器。

永磁风力发电机变流器制造技术规范

标准编号：NB/T 31015-2011

实施日期：2011-11-01

发布部门：国家能源局

标准简介：

本标准规定了永磁风力发电机变流器的术语和定义、技术要求、试验方法、检验规则及其产品的相关信息等。本标准适用于连接永磁风力发电机定子绕组的电压源型变流器。

海上双馈风力发电机变流器

标准编号：NB/T 31041-2012

实施日期：2013-03-01

发布部门：国家能源局

标准简介：

本标准规定了海上双馈风力发电机变流器的术语和定义、技术要求、试验方法、检验规则及其产品的相关信息等。本标准适用于安装在海上风场连接双馈风力发电机转子绕组的电压源型变流器。

海上永磁风力发电机变流器

标准编号：NB/T 31042-2012

实施日期：2013-03-01

发布部门：国家能源局

标准简介：

本标准规定了海上永磁风力发电机变流器的术语和定义、技术要求、试验方法、检验规则及其产品的相关信息等。本标准适用于安装在海上风电场连接永磁风力发电机定子绕组的电压源型变流器。

永磁风力发电机-变流器组技术规范

标准编号：NB/T 31044-2012

实施日期：2013-03-01

发布部门：国家能源局

标准简介：

本标准规定了永磁风力发电机（以下简称发电机）-变流器组的相关术语及定义、技术要求、试验方法等。本标准适用于永磁风力发电机-变流器组。对特殊要求，可由用户与制造商协商。

光伏发电并网逆变器技术规范

标准编号：NB/T 32004-2013

实施日期：2013-08-01

发布部门：国家能源局

标准简介：

本标准规定了光伏（PV）并网系统所使用逆变器的产品类型、技术要求及试验方法。本标准适用于连接到PV源电路电压不超过直流1 500V，交流输出电压不超过1 000V的并网逆变器。

单相R型铁心电源变压器

标准编号：SJ/T 11245-2001

实施日期：2002-05-01

标准简介：

本标准规定了R型铁心电源变压器的技术要求、检验规则及标志、包装、运输贮存等要求。本标准适用于工作电压不高于500V、电源频率为1 000Hz以下、重量不大于12kg的电子设备用干式R型铁心电源变压器。

进出口电力变压器、电源、电抗器和类似产品检验规程 通用要求

标准编号：SN/T 0811-2012

实施日期：2013-05-01

发布部门：国家质量监督检验检疫总局

标准简介：

本标准规定了进出口电力变压器、电源、电抗器和类似产品的抽样、检验及判定。本标准包括了干式变压器、电源（包括开关型电源）和电抗器，其绕组可以是包封式或非包封式。

电工

电气照明

水景用发光二极管（LED）灯

标准编号：CJ/T 361-2011

实施日期：2011-08-01

发布部门：中华人民共和国住房和城乡建设部

标准简介：

本标准规定了水景用发光二极管灯的术语和定义、缩略语、要求、试验方法、检验规则、标志、包装、运输和贮存。本标准适用于水景、音乐喷泉、瀑布等场所使用的发光二极管灯。不适用于游泳池、浴室等与人体直接接触的场所。

LED路灯

标准编号：CJ/T 420-2013

实施日期：2013-06-01

发布部门：中华人民共和国住房和城乡建设部

标准简介：

本标准规定了LED路灯的要求、试验方法、检验规则、标志、包装、运输和贮存等。本标准适用于道路和街路照明的LED灯具。

LED系列户外灯具

标准编号：DB21/T 2135-2013

实施日期：2013-07-25

发布部门：辽宁省质量技术监督局

标准简介：暂无

大功率LED路灯

标准编号：DB35/T 1296-2012

实施日期：2013-02-01

发布部门：福建省质量技术监督局

标准简介：暂无

LED室内照明产品 总要求

标准编号：DB35/T 1303-2012

实施日期：2013-03-01

发布部门：福建省质量技术监督局

标准简介：暂无

LED道路照明驱动电源

标准编号：DB35/T 1305-2012

实施日期：2013-03-01

发布部门：福建省质量技术监督局

标准简介：暂无

LED手电筒

标准编号：DB35/T 1306-2012

实施日期：2013-03-01

发布部门：福建省质量技术监督局

标准简介：暂无

公路隧道照明用LED灯具

标准编号：DB35/T 1307-2012

实施日期：2013-03-01

发布部门：福建省质量技术监督局

标准简介：暂无

便携式移动电源

标准编号：DB35/T 1314-2013

实施日期：2013-05-20

发布部门：福建省质量技术监督局

标准简介：暂无

景观装饰用LED灯具

标准编号：DB35/T 811-2008

实施日期：2008-07-10

发布部门：福建省质量技术监督局

标准简介：暂无

投光照明用LED灯具

标准编号：DB35/T 812-2008

实施日期：2008-07-10

发布部门：福建省质量技术监督局

标准简介：暂无

道路照明用 LED 灯具
标准编号：DB35/T 813-2008
实施日期：2008-07-10
发布部门：福建省质量技术监督局
标准简介：暂无

太阳能 LED 路灯
标准编号：DB36/T 653-2012
实施日期：2012-06-01
发布部门：江西省质量技术监督局
标准简介：暂无

室内照明 LED 面板灯
标准编号：DB36/T 654-2012
实施日期：2012-06-01
发布部门：江西省质量技术监督局
标准简介：暂无

太阳能 LED 灯具通用技术条件
标准编号：DB37/T 1181-2009
实施日期：2009-03-01
发布部门：山东省质量技术监督局
标准简介：暂无

LED 道路照明灯具
标准编号：DB42/T 566-2009
实施日期：2009-10-24
发布部门：湖北省质量技术监督局
标准简介：暂无

LED 路灯
标准编号：DB43/T 672-2012
实施日期：2012-04-08
发布部门：湖南省质量技术监督局
标准简介：暂无

LED 筒灯
标准编号：DB43/T 680-2012
实施日期：2012-06-08
发布部门：湖南省质量技术监督局
标准简介：暂无

LED 日光灯
标准编号：DB43/T 681-2012
实施日期：2012-06-08
发布部门：湖南省质量技术监督局
标准简介：暂无

双端自镇流 LED 管型灯
标准编号：DB44/T 1042-2012
实施日期：2012-10-15
发布部门：广东省质量技术监督局
标准简介：暂无

LED 路灯
标准编号：DB44/T 609-2009
实施日期：2009-07-01
发布部门：广东省质量技术监督局
标准简介：暂无

LED 灯泡通用接口
标准编号：DB52/T 791-2013
实施日期：2013-02-05
发布部门：贵州省质量技术监督局
标准简介：暂无

公路隧道照明用 LED 灯具通用技术条件
标准编号：DB61/T 549-2012
实施日期：2012-05-10
发布部门：陕西省质量技术监督局
标准简介：暂无

LED 隔爆型防爆灯
标准编号：DB65/T 3371-2012
实施日期：2012-02-20
发布部门：新疆维吾尔自治区质量技术监督局
标准简介：暂无

灯具用电源导轨系统
标准编号：GB 13961-2008
实施日期：2009-09-01

发布部门：中华人民共和国国家质量监督检验检疫总局
中国国家标准化管理委员会
标准简介：

本标准适用于包括用二极或多极导体将灯具连接到电源的导轨系统，导轨系统可以提供灯具的机械支承。本标准适用于设计成普通室内使用的导轨系统，导轨安装在、或嵌装在、或悬吊在墙上和天花板上。

灯的控制装置 第 11 部分：高频冷启动管形放电灯（霓虹灯）用电子换流器和变频器的特殊要求
标准编号：GB 19510. 11-2004
实施日期：2005-02-01
发布部门：中华人民共和国国家质量监督检验检疫总局
中国国家标准化管理委员会
标准简介：

本部分规定了高频工作的管形冷阴极放电灯用电子换流器和变频器的特殊要求，这种换流器和变频器用于信号设备和发光放电管装置，并可直接连接在 50Hz 或

60Hz1000V 以下的交流或 1 000V 直流的电源电压上工作，其输出电压为 1 000～10 000V。

灯的控制装置　第 14 部分：LED 模块用直流或交流电子控制装置的特殊要求

标准编号： GB 19510. 14-2009

实施日期： 2010-12-01

发布部门： 中华人民共和国国家质量监督检验检疫总局
中国国家标准化管理委员会

标准简介：

GB 19510 的本部分规定了使用 250V 以下直流电源和 1000V 以下、50Hz 或 60Hz 交流电源的 LED 模块用电子控制装置的特殊安全要求，该电子控制装置的输出频率不同于电源频率。本部分中规定的 LED 模块控制装置是设计在安全特低电压或等效安全特低电压或更高的电压下能够为 LED 模块提供恒定的电压或电流的控制装置。非纯电压源和电流源类型控制装置也包括在本部分之内。适用于本部分的 GB 19510. 1-2009 的附录和所使用的名词灯也理解为包含 LED 模块。

杂类灯座　第 2-2 部分：LED 模块用连接器的特殊要求

标准编号： GB 19651. 3-2008

实施日期： 2010-04-01

发布部门： 中华人民共和国国家质量监督检验检疫总局
中国国家标准化管理委员会

标准简介：

GB 19651 的本部分适用于杂类内置式连接件（包括 LED 模块（模块）内部连接用连接件），该连接件和基于 LED 模块的 PCB（印制电路板）一起使用。

普通照明用 LED 模块　安全要求

标准编号： GB 24819-2009

实施日期： 2010-11-01

发布部门： 中华人民共和国国家质量监督检验检疫总局
中国国家标准化管理委员会

标准简介：

本标准规定了普通照明用发光二极管（LED）模块的一般要求和安全要求：在恒定电压、恒定电流或恒定功率下工作的不带整体式控制装置的 LED 模块；采用 250V 以下直流或 1000V 以下 50Hz 或 60Hz 交流电源的自镇流 LED 模块。

普通照明用 50V 以上自镇流 LED 灯　安全要求

标准编号： GB 24906-2010

实施日期： 2011-02-01

发布部门： 中华人民共和国国家质量监督检验检疫总局
中国国家标准化管理委员会

标准简介：

本标准规定了在家庭和类似场合作为普通照明用的、把稳定燃点部件集成为一体的 LED 灯（自镇流 LED 灯）。本标准对该种灯规定了安全和互换性要求、试验方法和检验其是否合格的条件。本标准适用于如下范围：额定功率 60W 以下；额定电压大于 50V 且小于或等于 250V；灯头符合要求。本标准的要求只涉及型式试验。关于全部产品的检验和批量产品的检验方法将在 GB 24819-2009 的附录 C 中定义。

灯具　第 2-12 部分：特殊要求　电源插座安装的夜灯

标准编号： GB 7000. 212-2008

实施日期： 2010-02-01

发布部门： 中华人民共和国国家质量监督检验检疫总局
中国国家标准化管理委员会

标准简介：

GB 7000 的本部分规定了使用电光源、电源电压不超过交流 250V 50/60Hz 电源插座安装的夜灯的要求。本部分应与 GB 7000. 1 一起使用。

灯用附件钨丝灯用直流/交流电子降压转换器性能要求

标准编号： GB/T 19654-2005

实施日期： 2005-08-01

发布部门： 中华人民共和国国家质量监督检验检疫总局
中国国家标准化管理委员会

标准简介：

本标准规定了使用 250V 以下直流电源和 50Hz 或 60Hz、1 000V 以下交流电源，其工作频率不同于电源频率的电子降压转换器的性能要求，此种转换器应与 IEC 30657 所规定的卤钨灯及其它钨丝灯一起使用。

普通照明用 LED 模块　性能要求

标准编号： GB/T 24823-2009

实施日期： 2010-05-01

发布部门： 中华人民共和国国家质量监督检验检疫总局
中国国家标准化管理委员会

标准简介：

本标准规定了普通照明用 LED 模块的分类、技术要求、试验方法、检验规则、标志、包装、运输、贮存等。其模块形式有各种发光单件方式（例如对称、非对称、矩形、椭圆）及组合方式。其 LED 可安装在平面上，也可安装在曲面上。本标准适用于在恒定电压、恒定电流或恒定功率下工作的、不带整体式控制装置的 LED 模块及采用 250V 以下直流或 1 000V 以下 50Hz 或 60Hz 交流电源的自镇流 LED 模块。注 1：不带整体式控制装置的 LED 模块简称为“LED 模块”，不带整体式控制装置的 LED 模块及自镇流 LED 模块统称为“模块”。注 2：本标准中的“镇流”术语泛指变压、限流或稳流，这与气体放电光源正常工作所需的“镇流”含义有所不同。

普通照明用 LED 模块测试方法

标准编号： GB/T 24824-2009

实施日期： 2010-05-01

发布部门： 中华人民共和国国家质量监督检验检疫总局
中国国家标准化管理委员会

标准简介：

本标准规定了普通照明用 LED 模块的基本性能的测量方法。本标准适用于功率大于或等于 1W，在恒定电压、恒定电流或恒定功率下稳定工作的、外置控制的 LED 模块，以及采用直流 250V 以下或交流 50Hz 或 60Hz、1 000V 以下电源供电的稳定工作的自镇流 LED 模块。非本标准范围内的 LED 产品，如有需要，也可以参考本标准。

LED 模块用直流或交流电子控制装置 性能要求

标准编号：GB/T 24825-2009

实施日期：2010-05-01

发布部门：中华人民共和国国家质量监督检验检疫总局
中国国家标准化管理委员会

标准简介：

本标准规定了使用 250V 以下直流电源和 50Hz 或 60Hz、1 000V 以下交流电压，其工作频率不同于电源频率的电子控制装置的性能要求，此控制装置与 GB 24819 所规定的 LED 模块一起工作。本标准规定的 LED 控制装置设计提供恒定电压和电流。不符合纯电压和电流类型不被排除本标准之外。

普通照明用 LED 和 LED 模块术语和定义

标准编号：GB/T 24826-2009

实施日期：2010-05-01

发布部门：中华人民共和国国家质量监督检验检疫总局
中国国家标准化管理委员会

标准简介：

本标准规定了普通照明用 LED 和 LED 模块及相关的术语和定义。本标准适用于编写有关普通照明用 LED 的各类标准及其有关的技术文献。

道路照明用 LED 灯　性能要求

标准编号：GB/T 24907-2010

实施日期：2011-02-01

发布部门：中华人民共和国国家质量监督检验检疫总局
中国国家标准化管理委员会

标准简介：

本标准规定了道路照明用 LED 灯的术语和定义、分类与命名、技术要求、试验方法、检验规则、标志、包装、运输和贮存。本标准适用于集 LED 器件及其控制驱动电路和灯具于一体、采用交流 220V/50Hz 电源供电的道路照明用 LED 灯。符合本标准的灯，在额定电源电压的 92%～106% 以及 -30～45℃ 范围内，应能正常启动和燃点。

普通照明用自镇流 LED 灯　性能要求

标准编号：GB/T 24908-2010

实施日期：2011-02-01

发布部门：中华人民共和国国家质量监督检验检疫总局
中国国家标准化管理委员会

标准简介：

本标准规定了普通照明用自镇流 LED 灯的性能要求、试验方法、检验规则及标志、包装、运输、贮存等。本标准适用于在家庭和类似场合作为普通照明用的、把稳定燃点部件集成为一体的 LED 灯（自镇流 LED 灯）。

装饰照明用 LED 灯

标准编号：GB/T 24909-2010

实施日期：2011-02-01

发布部门：中华人民共和国国家质量监督检验检疫总局
中国国家标准化管理委员会

标准简介：

本标准规定了额定电源电压 250V 以下频率为 50Hz 交流或直流的装饰照明用 LED 灯的产品分类、技术要求、检验规则、标志、包装运输和贮存的要求。本标准适用于由 LED 及相关附件组成的灯。该产品适用于室内或室外装饰照明。

LED 筒灯性能测量方法

标准编号：GB/T 29293-2012

实施日期：2013-09-01

发布部门：中华人民共和国国家质量监督检验检疫总局
中国国家标准化管理委员会

标准简介：

本标准规定了以 LED 为光源、电源电压不超过 250V 的一般照明用 LED 筒灯性能的测量方法。本标准适用于使用一体化 LED 模块、半一体化 LED 模块、非一体化 LED 模块、半一体化 LED 灯或非一体化 LED 灯的筒灯。本标准不适用于使用一体化 LED 灯的筒灯。本标准与 GB/T29294-2012 一起使用。

LED 筒灯性能要求

标准编号：GB/T 29294-2012

实施日期：2013-09-01

发布部门：中华人民共和国国家质量监督检验检疫总局
中国国家标准化管理委员会

标准简介：

本标准规定了以 LED 为光源、电源电压不超过 250V 的一般照明用 LED 筒灯的性能要求。本标准不包括使用一体化 LED 灯的筒灯。

反射型自镇流 LED 灯性能测试方法

标准编号：GB/T 29295-2012

实施日期：2013-09-01

发布部门：中华人民共和国国家质量监督检验检疫总局
中国国家标准化管理委员会

标准简介：

本标准规定了反射型自镇流 LED 灯性能参数的测试方法，其中包括适用工作条件测试、光电参数测试和寿命试验相关指标测试等测试方法。本标准适用于外形类似反射型卤钨灯的，在家庭、商业和类似场合作为普通照明、局部照明或定位照明用的，把稳定燃点部件集成为一体的 LED 灯。适用范围如下：额定电压 AC 220V 频率 50Hz；符合 GU10、B22、E14 或 E27 灯头要求；PAR16、PAR20、PAR30、PAR38 系列 LED 灯。注 1：PAR××（PAR××代表 PAR16、PAR20、PAR30、PAR38）系列灯对应直径尺寸为××/8in1）。注 2：在本标准中出现的“灯”代表“反射型自镇流 LED 灯”，除非有特别指明是其它类型的灯。

反射型自镇流 LED 灯 性能要求

标准编号： GB/T 29296-2012

实施日期： 2013-09-01

发布部门： 中华人民共和国国家质量监督检验检疫总局
中国国家标准化管理委员会

标准简介：

本标准规定了反射型自镇流 LED 灯的术语和定义、产品分类和命名、技术要求、试验方法、检验规则、标志、包装、运输和贮存。本标准适用于外形类似反射型卤钨灯的、在家庭、商业和类似场合作为普通照明、局部照明或定位照明用的、把稳定燃点部件集成为一体的 LED 灯。适用范围如下：额定电压 AC220V 频率 50Hz；符合 GU10、B22、E14 或 E27 灯头要求；PAR16、PAR20、PAR30、PAR38 系列 LED 灯。注 1：PARxx 系列灯对应直径尺寸为 xx/8in1）。注 2：本标准中出现的“灯”代表“反射型自镇流 LED 灯”，除非有特别指明是其它类型的灯。

整体式 LED 路灯的测量方法

标准编号： LB/T 001-2009

实施日期： 2009-09-01

发布部门： 国家半导体照明工程研发及产业联盟

标准简介：

本推荐技术规范规定了整体式 LED 路灯基本性能的测量方法。本推荐性技术规范适用于交流 50Hz/220V 电源供电的并在内置控制器（自镇流）或外置控制器驱动下稳定工作的用于道路和街路照明的整体式 LED 路灯。超出本推荐性技术规范范围的 LED 路灯或类似产品的测量可参考其它推荐性技术规范。

矿灯用 LED 及 LED 光源组技术条件

标准编号： MT/T 1092-2008

实施日期： 2010-07-01

发布部门： 国家安全生产监督管理总局

标准简介：

本标准规定了矿灯用 LED 及 LED 光源组的术语和定义、符号、要求、试验方法、检验规则及标志、运输和贮存。本标准适用于矿灯用 LED 及 LED 光源组。

电源插座安装的夜灯

标准编号： QB 2908-2007

实施日期： 2008-06-01

发布部门： 中华人民共和国国家发展和改革委员会

标准简介：

本标准规定了使用电光源、电源电压不超过 AC 250V 50/60Hz 的电源插座安装的夜灯的要求。本标准应与 GB 7000.1 一起使用。

灯用附件 高频冷启动管形放电灯（霓虹灯）用电子换流器和变频器性能要求

标准编号： QB/T 2986-2008

实施日期： 2008-12-01

发布部门： 中华人民共和国国家发展和改革委员会

标准简介：

本标准规定了高频冷启动管形放电灯（霓虹灯）用电子换流器和变频器的性能要求。电源包括 50Hz/60Hz、1 000V以下的交流电源或者 1 000V 以下的直流电源。此类换流器和变频器是一种装有触发和稳定部件的转换器，这种转换器能在直流与电源频率不同的频率下使霓虹灯工作。与转换器匹配的霓虹灯是辉光放电灯管，本标准不包括弧光放电的低气压荧光灯用电子镇流器。

彩色双端荧光灯

标准编号： QB/T 4059-2010

实施日期： 2010-10-01

发布部门： 中华人民共和国工业和信息化部

标准简介：

本标准规定了低气压汞蒸气放电彩色荧光灯的要求、试验方法和检验规则。本标准适用于根据使用各类彩色荧光粉而设计的具有预热式阴极的灯、采用交流电源频率带启动器工作的及采用高频工作的预热阴极灯、采用高频（电源）工作的预热阴极灯。

风光互补供电的 LED 道路和街路照明装置

标准编号： QB/T 4146-2010

实施日期： 2011-04-01

发布部门： 工业和信息化部

标准简介：

本标准规定了采用风能和太阳能互补发电、蓄电池储能供电、以 LED 为光源的道路和街路照明装置的安全和性能要求。本标准适用于离网型、以风光互补供电的照明装置。

进出口照明器具检验规程 第 1 部分：LED 光源

标准编号： SN/T 3325.1-2012

实施日期： 2013-07-01

发布部门： 中华人民共和国国家质量监督检验检疫总局

标准简介：

SN/T 3325 的本部分规定了进出口 LED 光源的抽样、检验及结果判定。本部分适用于普通照明用 LED 光源的进出口检验。LED 光源包括以下产品：a）单一的 LED 灯泡；b）封装于 PCB 的 LED 阵列；c）除了以一个或多个 LED 作为光源发光外还包括光学、机械、电子、散热等其它元件的 LED 模块。

电工

电源

不间断电源节能产品认证技术要求
标准编号：CSC/T 43-2006
实施日期：2006-02-28
标准简介：

本技术要求规定了不间断电源（UPS）的节能产品认证技术要求和试验方法。本技术要求适用的 UPS 电源为在线式不间断电源。本技术要求不适用于后备式不间断电源、在线互动式不间断电源以及由发电设备组成的不间断电源系统。

电动自行车用锂离子蓄电池组和充电器通用技术条件
标准编号：DB12/T 246-2012
实施日期：2013-02-15
发布部门：天津市质量技术监督局
标准简介：

本标准规定了电动自行车用锂离子电池组及充电器的术语、命名、要求、试验方法、检验规则及标志、包装、运输、贮存。本标准适用于电动自行车用锂离子电池组及其所用充电器。

蓄电池智能快速充电机
标准编号：DB13/T 1464-2011
实施日期：2011-11-30
发布部门：河北省质量技术监督局
标准简介：暂无

直流电源系统绝缘监测装置技术条件
标准编号：DL/T 1392-2014
实施日期：2015-03-01
发布部门：国家能源局
标准简介：暂无

电力直流电源系统用测试设备通用技术条件 第 1 部分：蓄电池电压巡检仪
标准编号：DL/T 1397. 1-2014
实施日期：2015-03-01
发布部门：国家能源局
标准简介：暂无

电力直流电源系统用测试设备通用技术条件 第 2 部分：蓄电池容量放电测试仪
标准编号：DL/T 1397. 2-2014
实施日期：2015-03-01
发布部门：国家能源局
标准简介：暂无

电力直流电源系统用测试设备通用技术条件 第 3 部分：充电装置特性测试系统
标准编号：DL/T 1397. 3-2014
实施日期：2015-03-01
发布部门：国家能源局
标准简介：暂无

电力直流电源系统用测试设备通用技术条件 第 4 部分：直流断路器动作特性测试系统
标准编号：DL/T 1397. 4-2014
实施日期：2015-03-01
发布部门：国家能源局
标准简介：暂无

电力直流电源系统用测试设备通用技术条件 第 5 部分：蓄电池内阻测试仪
标准编号：DL/T 1397. 5-2014
实施日期：2015-03-01
发布部门：国家能源局
标准简介：暂无

电力直流电源系统用测试设备通用技术条件 第 6 部分：便携式接地巡测仪
标准编号：DL/T 1397. 6-2014
实施日期：2015-03-01
发布部门：国家能源局
标准简介：暂无

电力直流电源系统用测试设备通用技术条件 第 7 部分：蓄电池单体活化仪
标准编号：DL/T 1397. 7-2014
实施日期：2015-03-01
发布部门：国家能源局
标准简介：暂无

电力工程交流不间断电源系统设计技术规程
标准编号：DL/T 5491-2014
实施日期：2015-03-01
发布部门：国家能源局
标准简介：暂无

不间断电源设备 第 1-1 部分：操作人员触及区使用的 UPS 的一般规定和安全要求
标准编号：GB 7260. 1-2008
实施日期：2009-04-01
发布部门：中华人民共和国国家质量监督检验检疫总局
中国国家标准化管理委员会
标准简介：

GB 7260《不间断电源设备（UPS）》分为 3 个部分，本部分为 GB 7260 的第 1-1 部分。本部分是首次发布。本部分适用于直流环节具有储能装置的电子式不间断电源设备。本部分包括的不间断电源设备（UPS）的主要功能是保证交流电源输出的连续性。UPS也可使电源保持规定的特性，从而提高电源质量。本部分适用于预定安装在操作人员触及区内、用于低压配电系统的移动式、驻立式、固定式或嵌装式的UPS。本部分规定了保证操作人员和可能触及设备的外行人员安全的要求。当特别说明时，也适用于维修人员。

不间断电源设备（UPS） 第2部分：电磁兼容性（EMC）要求

标准编号： GB 7260.2-2009

实施日期： 2010-02-01

发布部门： 中华人民共和国国家质量监督检验检疫总局
中国国家标准化管理委员会

标准简介：

《不间断电源设备（UPS）》的本部分适用于安装在下述场所的UPS：单台UPS或由数台UPS互连与相关控制器/开关装置构成单一电源组成的UPS系统；连接至工业、住宅、商业和轻工业的低压供电系统的任何操作者可触及区或独立电气场所。本部分拟作为下述定义的C1类、C2类和C3类产品在投放市场前进行EMC合格评定的产品标准。本部分考虑了UPS的物理尺寸和功率额定值范围涉及的不同的试验条件。本部分不覆盖特殊安装环境，也未考虑UPS故障情况。本部分不覆盖直流供电的电子镇流器或基于旋转式机组的UPS。本部分规定了：EMC要求；试验方法；最低性能的电平。

不间断电源设备 第1-2部分：限制触及区使用的UPS的一般规定和安全要求

标准编号： GB 7260.4-2008

实施日期： 2009-04-01

发布部门： 中华人民共和国国家质量监督检验检疫总局
中国国家标准化管理委员会

标准简介：

GB 7260《不间断电源设备（UPS）》分为3个部分，本部分为GB 7260的第1-2部分。本部分的全部技术内容为强制性。本部分是首次发布。本部分适用于直流环节具有储能装置的电子式不间断电源设备。本部分包括的不间断电源设备（UPS）的主要功能是保证交流电源输出的连续性。UPS也可使电源保持规定的特性，从而提高电源质量。本部分适用于预定安装在限制触及区内、用于低压配电系统的移动式、驻立式、固定式或嵌装式UPS。本部分规定了保证维修人员安全的要求。

低压直流电源设备的性能特性

标准编号： GB/T 17478-2004

实施日期： 2005-02-01

发布部门： 中华人民共和国国家质量监督检验检疫总局
中国国家标准化管理委员会

标准简介：

本标准规定了输出直流电压在250V以下，功率小于30kW，由600V以下交流或直流源电压供电的低压电源设备（包括开关型）确定技术要求的方法。该电源在Ⅰ类设备中使用，或者在有足够电气、机械保护条件下独立运行。本标准适用于有任何输出路数，由交流或直流供电的所有类型的电源以及为其它未知应用定制的产品。对于那些作为已有专门产品标准的设备的一部分而开发的电源，这些专门产品标准同样适用于这类电源。尤其当产品标准不足以覆盖这些电源的某些性能特性时，补充采用本标准可作为一种有用的选择。本标准允许规定满足特定用途的电源设备所需的性能水平的技术参数，建立与该类设备有关的基本定义，并确定具体的技术要求。这些使制造商及用户能够根据规定的技术要求，选择和确定其电源设备的适用范围。

质子交换膜燃料电池 第3部分：质子交换膜测试方法

标准编号： GB/T 20042.3-2009

实施日期： 2009-11-01

发布部门： 中华人民共和国国家质量监督检验检疫总局
中国国家标准化管理委员会

标准简介：

GB/T 20042的本部分规定了质子交换膜燃料电池用质子交换膜测试方法的术语和定义、厚度均匀性测试、质子传导率测试、离子交换当量测试、透气率测试、拉伸性能测试、溶胀率测试和吸水率测试等。本部分适用于各种类型的质子交换膜。

质子交换膜燃料电池 第4部分：电催化剂测试方法

标准编号： GB/T 20042.4-2009

实施日期： 2009-11-01

发布部门： 中华人民共和国国家质量监督检验检疫总局
中国国家标准化管理委员会

标准简介：

GB/T 20042的本部分规定了质子交换膜燃料电池电催化剂测试方法的术语和定义、铂含量测试、电化学活性面积测试、比表面积、孔容、孔径分布测试、形貌及粒径分布测试、晶体结构测试、催化剂堆密度测试以及单电池极化曲线测试等。本部分适用于各种类型的质子交换膜燃料电池铂基（Pt基）电催化剂。

质子交换膜燃料电池 第5部分：膜电极测试方法

标准编号： GB/T 20042.5-2009

实施日期： 2009-11-01

发布部门： 中华人民共和国国家质量监督检验检疫总局
中国国家标准化管理委员会

标准简介：

GB/T 20042的本部分规定了质子交换膜燃料电池膜电极（MEA）测试方法的术语和定义、厚度均匀性测试、Pt担载量测试、单电池极化曲线测试、透氢电流密度测试、活化极化过电位与欧姆极化过电位测试、电化学活性面积测试。本部分适用于各种类型的质子交换膜燃料电池。

逆变应急电源

标准编号：GB/T 21225-2007
实施日期：2008-05-20
发布部门：中华人民共和国国家质量监督检验检疫总局
中国国家标准化管理委员会
标准简介：

本标准规定了逆变应急电源的定义、产品分类和特征参数、技术要求、试验方法、检验规则及标志、包装、运输和贮存。本标准适用于一般工业、民用等场所在应急状态向照明、动力等及其混合负载提供交流电能的 EPS。

低压直流电源 第 3 部分：电磁兼容性（EMC）
标准编号：GB/T 21560. 3-2008
实施日期：2008-11-01
发布部门：中华人民共和国国家质量监督检验检疫总局
中国国家标准化管理委员会
标准简介：

本部分为首次发布。GB 21560《低压直流电源》分为 7 个部分，本部分为 GB 21560 的第 3 部分。本部分规定了功率等级不超过 30kW、交流输入或直流输入电压不超过 660V、直流输出电压不超过 250V 的各种电源装置的电磁兼容性要求。本部分适用于作为具有直接功能的单而开发的电源装置。本部分与 IEC 612040-3：2000 相比，存在如下技术性差异：根据我国标准，本部分第 1 章将输入电源电压范围上限从 IEC 61204-3 规定的不超过 600V 改为不超过 660V，输出电压范围上限则从 IEC 61204-3 规定的不超过 200V 改为不超过 250V。

低压直流电源 第 6 部分：评定低压直流电源性能的要求
标准编号：GB/T 21560. 6-2008
实施日期：2008-11-01
发布部门：中华人民共和国国家质量监督检验检疫总局
中国国家标准化管理委员会
标准简介：

本部分为首次发布。GB/T 21560《低压直流电源》分为 7 个部分，本部分为 GB/T 21560 的第 6 部分。本部分适用于一般用途电源。这些电源进行交流到直流或直流到直流的变换。输入特性，本部分适用于额定值 660V 及以下的所有交流或直流电源。输出特性，本部分仅适用于直流电压低于 250V，且功率 2. 5kW 及以下的电源。本部分与 IEC 612040-6：2000 相比，存在如下技术性差异：根据我国标准，本部分第 1 章将输入电源电压范围上限从 IEC 61204-6 规定的不超过 600V 改为不超过 660V，输出电压范围上限则从 IEC 61204-6 规定的不超过 200V 改为不超过 250V。

电动汽车非车载传导式充电机与电池管理系统之间的通信协议
标准编号：GB/T 27930-2011
实施日期：2012-03-01
发布部门：中华人民共和国国家质量监督检验检疫总局
中国国家标准化管理委员会
标准简介：

本标准规定了电动汽车非车载传导式充电机与电池管理系统质检基于控制器局域网的通信物理层、数据链路层及应用层的定义。本标准适用于采用传导式充电方式的电动汽车非车载充电机与电池管理系统（或具有充电控制功能的其它车辆控制单元）之间的通信协议。

电动汽车交流充电桩电能计量
标准编号：GB/T 28569-2012
实施日期：2012-11-01
发布部门：中华人民共和国国家质量监督检验检疫总局
中国国家标准化管理委员会
标准简介：

本标准规定了电动汽车交流充电桩电能计量的技术要求及电能计量装置的配置安装要求、试验方法和检验规则。本标准适用于交流充电桩的电能计量。

不间断电源设备（UPS） 第 3 部分：确定性能的方法和试验要求
标准编号：GB/T 7260. 3-2003
实施日期：2003-08-01
发布部门：中华人民共和国国家质量监督检验检疫总局
标准简介：

本标准修改采用 IEC 62040-3：1999，本标准规定了确定不间断电源设备（UPS）性能的方法和试验要求。本标准为 UPS 的基础标准，所有 UPS 产品符合其规定，其它 UPS 相关标准亦应以本标准的规定为准。

锂离子蓄电池总成接口和通信协议
标准编号：JB/T 11138-2011
实施日期：2011-08-01
发布部门：中华人民共和国工业和信息化部
标准简介：

本标准规定了锂离子蓄电池总成的接口和协议、通信协议、数据格式及充电设备与锂离子蓄电池总成的工作状态转换。本标准也适用于组成锂离子蓄电池总成的锂离子蓄电池模块的接口和通信协议。

锂离子蓄电池充电设备通用要求
标准编号：JB/T 11142-2011
实施日期：2011-08-01
发布部门：中华人民共和国工业和信息化部
标准简介：

本标准规定了锂离子蓄电池充电设备的术语和定义、型号和基本参数、技术要求、试验、标志、包装、运输和贮存。本标准适用于由大于或等于 6Ah 的锂离子蓄电池组成的锂离子蓄电池模块或锂离子蓄电池总成的充电设备，也可用于镍基蓄电池及铅酸蓄电池模块和总成的充电设备，以及采用电缆与蓄电池模块或总成连接，交流额定电压不超过 660V、直流额定电压不超过 1 000V 的充电设备。

锂离子蓄电池充电设备接口和通信协议

标准编号：JB/T 11143-2011
实施日期：2011-08-01
发布部门：中华人民共和国工业和信息化部
标准简介：

本标准规定了锂离子蓄电池充电设备接口和通信协议的术语和定义、拓扑结构和接口、通信协议、数据格式和状态转换。本标准适用于由大于或等于6Ah的锂离子蓄电池组成的锂离子蓄电池模块或锂离子蓄电池总成的充电设备，也可用于镍基蓄电池及铅酸蓄电池模块和总成的充电设备以及采用电缆与蓄电池模块或总成连接，交流额定电压不超过660V、直流额定电压不超过1 000V的充电设备。

煤矿防爆特殊型电源装置用铅酸蓄电池

标准编号：JB/T 8200-2010
实施日期：2010-07-01
发布部门：中华人民共和国工业和信息化部
标准简介：

本标准规定了防爆特殊型电源装置用铅酸蓄电池的产品品种和规格、技术要求、试验方法、检验规则、标志、包装、运输和贮存。本标准适用于煤矿蓄电池式电力机车用防爆特殊型电源装置中的铅酸蓄电池的检验之用。

电控设备用低压直流电源

标准编号：JB/T 8948-1999
实施日期：2000-01-01
发布部门：国家机械工业局
标准简介：

本标准规定了电控设备用低压直流电源的产品型号、技术要求、试验方法、检验规则、产品包装、运输及贮存的要求等。本标准适用于额定频率为50Hz或60Hz、400Hz，额定电压不超过1 000V及额定电压为直流不超过400V供电的、输出额定直流电压不超过400V、额定功率不大于30kW的低压开关成套设备及电气传动控制设备用的低压直流电源。本标准适用于自成一体的组件（单元）。本标准不适用于充电、浮充电整流器（直流电源）。

矿灯充电架

标准编号：MT 68-2002
实施日期：2002-09-01
发布部门：国家经济贸易委员会
标准简介：

本标准第4章第4.3.8条、第4.4.2条、第4.4.5条为强制性的，其余为推荐性的。本标准是根据矿灯制造技术、矿灯充电控制技术的不断发展，对MT/T 68-1992《自动电压控制型酸性矿灯充电架通用技术条件》和MT 129-1985（碱性矿灯充电架通用技术条件》进行修订的。本标准将各类矿灯（酸性、碱性）充电架归入，标准名称相应改为《矿灯充电架》，提高了标准的适用性。在MT/T 68-1992和MT 129-1985的基础上增加了产品型号编制方法、湿热性能试验、充电指示器的防尘抗静电试验。

煤矿铅酸蓄电池防爆特殊型电源装置

标准编号：MT/T 334-2008
实施日期：2009-01-01
发布部门：国家安全生产监督管理总局
标准简介：

本标准规定了煤矿铅酸蓄电池防爆特殊型电源装置的产品分类、要求、试验、方法、检验规则、标志、包装、运输和贮存。本标准适用于在具有甲烷或煤尘爆炸危险的煤矿井下使用的电源装置。

电动汽车非车载传导式充电机技术条件

标准编号：NB/T 33001-2010
实施日期：2010-10-01
发布部门：国家能源局
标准简介：

本标准规定了电动汽车用非车载传导式充电机（以下简称充电机）的基本构成、功能要求、技术要求、试验方法、检验规则及标识。本标准适用于采用传导式充电方式的电动汽车用非车载充电机。

电动汽车交流充电桩技术条件

标准编号：NB/T 33002-2010
实施日期：2010-10-01
发布部门：国家能源局
标准简介：

本标准规定了电动汽车交通充电桩（以下简称充电桩）基本构成、功能要求、技术要求、试验项目、产品资料等方面的要求。本标准适用于采用传导式充电的充电桩选型、配置和检验。

电动汽车非车载充电机监控单元与电池管理系统通信协议

标准编号：NB/T 33003-2010
实施日期：2010-10-01
发布部门：国家能源局
标准简介：

本规范规定了电动汽车非车载充电机监控单元与电池管理系统（Battery Management System，BMS）之间的通信协议。本规范适用于采用传导式充电方式的电动汽车用非车载充电机。

ZR6型碱性锌-羟基氧化镍电池

标准编号：QB/T 4080-2010
实施日期：2011-03-01
发布部门：中华人民共和国工业和信息化部
标准简介：

本标准规定了ZR6型碱性锌-羟基氧化镍的电池的定义、型号命名、技术要求、检验方法、检验规则、标志、包装、运输和贮存。本标准适用于供数码相机、便携式音视频产品、电子器具、仪器仪表等电器具作电源的ZR6型碱性锌-羟基氧化镍电池的生产、检测和验收。

军用装备直流供电电源总规范
标准编号： SJ 20825-2002
实施日期： 2003-03-01
标准简介：

本规范规定了军用装备直流供电电源总规范的技术要求、质量保证规定和交货准备等，对特殊电源的详细要求应在产品规范中规定。本规范适用于军用装备常用的直流供电电源，是该类电源产品研制、设计、生产和验收的主要技术依据，也是制定相关电源产品规定和其它技术文件应遵循的原则和基础。

镉镍密封碱性蓄电池充电器总规范
标准编号： SJ/T 10289-1991
实施日期： 1992-01-01
发布部门： 国家机械电子工业部
标准简介：

本标准规定了各种镉镍密封碱性蓄电池用充电器的一般技术要求、试验方法、检验规则和标志、包装、运输、贮存。本标准适用于交流电源供电的各种镉镍密封碱性蓄电池用充电器。本标准不适用于作为一个部件安装在其它设备内的充电器，专用于为工业用途设计的充电器。

方形密封镉镍可充电单体蓄电池
标准编号： SJ/T 10621-1995
实施日期： 1995-10-01
发布部门： 中华人民共和国电子工业部
标准简介：

本标准规定了方形密封镉镍可充电单体蓄电池的试验和要求。

直流稳定电源通用规范
标准编号： SJ/T 11432-2012
实施日期： 2012-06-01
发布部门： 中华人民共和国工业和信息化部
标准简介：

本标准适用于从交流或直流源取得电能，提供直流输出功率的稳定电源，规定了直流稳定电源的术语、性能要求、电磁兼容性要求以及除电磁兼容性以外的试验等。

刷镀电源完好要求和检查评定方法
标准编号： SJ/T 31056-1994
实施日期： 1997-01-01
标准简介： 暂无

进出口电力系统直流电源设备检验规程
标准编号： SN/T 1412-2004
实施日期： 2004-12-01
发布部门： 中华人民共和国国家质量监督检验检疫总局
标准简介：

本标准规定了进出口电力系统直流电源设备的抽样、检验及检验结果的判定。本标准适用于电力系统中直流电源设备。该设备用于电力系统发电厂、变电站等电气设备、安全自动监控装置和通信电路中的直流电源系统，是作为控制、信号、通信、保护及直流事故照明、动力装置等的直流电源设备。本标准也适用于其它行业，如冶金、化工、铁路等系统中厂内变电站等的直流电源设备。

电气化铁道用中倍率镉镍蓄电池直流电源装置
标准编号： TB/T 2892-1998
实施日期： 1998-09-01
发布部门： 中华人民共和国铁道部
标准简介：

本标准规定了电气化铁道用中倍率镉镍蓄电磁直流电源装置的使用环境条件、技术要求、结构、试验方法及检验规则及铭牌标字、包装、运输、贮存的要求。本标准适用于电气化铁道的牵引变电所、开闭所、电力系统 110kV 以下的变电站、工矿企业配电装置和其它自动化铁道的牵引变电所、开闭所。电力系统 110kV 以下的变电站、工矿企业配电装置和其它自动化装置的户内式直流电源装置。

移动通信手持机锂电池充电器的安全要求和试验方法
标准编号： YD 1268. 2-2003
实施日期： 2003-06-05
发布部门： 中华人民共和国信息产业部
标准简介：

本部分规定了移动通信手持机锂电池充电器的安全特性的技术要求，并规定了相应的试验方法。本部分适用于移动通信手持机锂电池充电器。

电工

旋转电机

电机变频调速装置节电量评价方法
标准编号： DB43/T 461-2009
实施日期： 2009-08-01
发布部门： 湖南省质量技术监督局
标准简介： 暂无

转子侧变频调速节能装置通用技术规范
标准编号： DB44/T 747-2010
实施日期： 2010-07-14
发布部门： 广东省质量技术监督局
标准简介： 暂无

普通电源或整流电源供电直流电机的特殊试验方法
标准编号： GB/T 20114-2006
实施日期： 2006-06-01
发布部门： 中华人民共和国国家质量监督检验检疫总局
中国家标准化管理委员会
标准简介：

本标准适用于额定输出 1kW 及以上的普通电源或整流

电源供电的直流电机，但其它 IEC 标准所涵盖的电机除外，如 IEC 60349。本标准的目的是制定用于测试普通电源或整流电源供电的直流电机特性参量的试验方法。本标准所描述的任一项或全部试验项目都不应理解为对任何指定电机都要求执行。特定试验应依据制造商和用户之间的协议进行。

变频器供电的笼型感应电动机应用导则

标准编号： GB/T 20161-2008

实施日期： 2009-10-01

发布部门： 中华人民共和国国家质量监督检验检疫总局
中国国家标准化管理委员会

标准简介：

本标准仅涉及间接型变频器。此类变频器包括带中间回路的外施直流电流的变频器（电流型变频器）和外施直流电压的变频器（电压型变频器），或为方波型或为脉冲控制型，没有限制脉冲的数量、宽度或脉冲频率。本标准适用于 GB/T 21210-2007 规定范围内的笼型感应电动机由变频器供电时在速度设定范围内的稳态运行，不包括起动或瞬态现象。

变频器供电笼型感应电动机设计和性能导则

标准编号： GB/T 21209-2007

实施日期： 2008-05-01

发布部门： 中华人民共和国国家质量监督检验检疫总局、
中国国家标准化管理委员会

标准简介：

本标准描述了 1 000V 及以下电压源型变频器供电专用多相笼型感应电动机的性能特征和设计特点。本标准还规定了作为电气传动系统一部分的电动机和变频器之间的接口参数和相互作用，包括安装指南。

变频调速专用三相异步电动机绝缘规范

标准编号： GB/T 21707-2008

实施日期： 2008-12-01

发布部门： 中华人民共和国国家质量监督检验检疫总局
中国国家标准化管理委员会

标准简介：

本标准为首次制订。本标准的制定参照了 IEC 62068-1. Ed. 1、IEC 60034-25 和 IEC 60034-18-41。本标准中规定了由变频调速专用三相异步电动机的绝缘结构规范。本标准适用于电压等级为 1 140V 及以下采用散绕组的变频调速专用三相异步电动机。

YGP 系列辊道用变频调速三相异步电动机技术条件

标准编号： GB/T 21969-2008

实施日期： 2009-03-01

发布部门： 中华人民共和国国家质量监督检验检疫总局
中国国家标准化管理委员会

标准简介：

本标准规定了 YGP 系列辊道用变频调速三相异步电动机的型式、基本参数与尺寸、技术要求、检验规则、试验方法以及标志、包装及保用期的要求。本标准适用于各种辊道用变频调速三相异步电动机。凡属本系列电动机所派生的各种系列电动机均可参照执行。

起重及冶金用变频调速三相异步电动机技术条件　第 1 部分：YZP 系列起重及冶金用变频调速三相异步电动机

标准编号： GB/T 21972. 1-2008

实施日期： 2009-03-01

发布部门： 中华人民共和国国家质量监督检验检疫总局
中国国家标准化管理委员会

标准简介：

GB/T 21972 的本部分规定了 YZP 系列起重及冶金用变频调速三相异步电动机的型式、基本参数与尺寸、技术要求、检验规则、试验方法以及标志、包装及保用期的要求。本部分适用于变频器供电的各种起重机械及冶金辅助设备电力传动用三相异步电动机，凡属本系列电动机所派生的各种系列电动机均可参照执行。

起重及冶金用变频调速三相异步电动机技术条件　第 2 部分：YZP 系列起重及冶金用变频调速三相异步电动机（轴流风机冷却）

标准编号： GB/T 21972. 2-2012

实施日期： 2013-06-01

发布部门： 中华人民共和国国家质量监督检验检疫总局
中国国家标准化管理委员会

标准简介：

本部分规定了 YZP 系列起重及冶金用变频调速三相异步电动机（轴流风机冷却）的型式、基本参数与尺寸、技术要求、检验规则、试验方法以及标志、包装及保用期的要求。本部分适用于变频器供电的各种起重机械及冶金辅助设备电力传动用轴流风机冷却型三相异步电动机（以下简称电动机）。

变频器供电三相笼型感应电动机试验方法

标准编号： GB/T 22670-2008

实施日期： 2009-11-01

发布部门： 中华人民共和国国家质量监督检验检疫总局
中国国家标准化管理委员会

标准简介：

本标准规定了变频器供电三相笼型感应电动机试验方法。本标准适用于变频器供电的三相笼型感应电动机。本标准不适用于牵引电机。

变频电机用 G 系列冷却风机技术规范

标准编号： GB/T 22712-2008

实施日期： 2009-10-01

发布部门： 中华人民共和国国家质量监督检验检疫总局
中国国家标准化管理委员会

标准简介：

随着变频电机应用的日益广泛，冷却风机作为变频电机的配件，市场也日趋增大，且规格品种繁多，迫切需要制定一个《变频电机用G系列冷却风机技术规范》规范市场，以利于国民经济的发展。由于目前市场上变频电机品种繁多，性能指标和安装尺寸有较大的不同，在本标准中难以统一，所以本标准以YVF2（IP54）变频调速专用变频电机三相异步电动机所配用的G系列冷却风机作为基本系列。其它的变频调速专用三相异步电动机可参照本标准选用冷风机。凡属该风机所派生的各种风机也可参照执行。本标准为首次发布。本标准规定了变频器供电的YVF2（IP54）变频调速专用三相异步电动机用G系列冷却风机的型式、基本参数与尺寸，技术要求，检验规则，标志、包装及保用期的要求。本标准适用于变频器供电的YVF2（IP54）变频调速专用三相异步电动机用G系列冷却风机（轴流式），由变频器供电的其它系列的变频调速专用三相异步电动机也可参照此标准选用风机。凡属该风机所派生的各种风机也可参照执行。

旋转电机　电压型变频器供电的旋转电机　Ⅰ型电气绝缘结构的鉴别和型式试验

标准编号： GB/T 22720.1-2008

实施日期： 2009-10-01

发布部门： 中华人民共和国国家质量监督检验检疫总局
中国国家标准化管理委员会

标准简介：

《电压型变频器供电的旋转电机电气绝缘结构》分为两个部分，本部分为GB/T 22720的第1部分。本部分为首次发布。GB/T 22720的本部分规定脉宽调制变频器供电的定子/转子绕组绝缘结构的评估标准。本部分适用于变频器供电的单相或多相交流电机定子/转子绕组绝缘结构。本部分阐述了用典型试样或完整电机进行的鉴别或型式试验，以验证与电压型变频器的匹配程度。本部分不适用于：仅由变频器起动的旋转电机；额定电压有效值≤300V的旋转电机；牵引电气设备和结构。

变频器供电同步电动机设计与应用指南

标准编号： GB/T 24625-2009

实施日期： 2010-04-01

发布部门： 中华人民共和国国家质量监督检验检疫总局
中国国家标准化管理委员会

标准简介：

本标准规定了变频器供电的三相或多相同步电动机定额、结构型式、性能要求、冷却方式、试验方法及验收规则，同时包含对变频器的要求。本标准适用于变频电源驱动的同步电动机。本标准未规定者，均应符合GB 755中的有关规定。

YVF系列变频调速高压三相异步电动机技术条件（机座号355～630）

标准编号： GB/T 28562-2012

实施日期： 2012-11-01

发布部门： 中华人民共和国国家质量监督检验检疫总局
中国国家标准化管理委员会

标准简介：

本标准规定了YVF系列变频调速高压三相异步电动机的型式、基本参数与尺寸、技术要求、检验规则、试验方法，以及标志、包装及保用期的要求。本标准适用于由变频器供电的、变频调速运行的高压笼型三相异步电动机，机座号355～630，电动机适用于拖动一般用途的恒转矩和二次方转矩特性的负载。

隔爆型变频调速三相异步电动机技术条件　第1部分：YBBP系列隔爆型变频调速三相异步电动机（机座号80～355）

标准编号： JB/T 11201.1-2011

实施日期： 2012-04-01

发布部门： 中华人民共和国工业和信息化部

标准简介：

本标准规定了YBBP系列隔爆型变频调速三相异步电动机的型式、基本参数与尺寸、技术要求、试验方法与检验规则及标志、包装的要求。本标准适用于YBBP系列隔爆型变频调速三相异步电动机（机座号80～355）。凡属本系列电动机派生的其它要求的电动机也可参照本标准执行。

船用充电发电装置　技术条件

标准编号： JB/T 7596-2010

实施日期： 2010-07-01

发布部门： 中华人民共和国工业和信息化部

标准简介：

本标准规定了船用充电发电装置的分类、型式和基本参数、试验方法、检验规则、标志及包装储运等。本标准适用于额定功率为1.2～18kW，由柴油机驱动，对蓄电池充电及其它电阻性负荷供电的船用充电发电装置。

三相交流稳频稳压电源机组及系统技术条件

标准编号： JB/T 8982-2011

实施日期： 2012-04-01

发布部门： 中华人民共和国工业和信息化部

标准简介：

本标准规定了三相交流稳频稳压电源机组及系统的基本参数、技术要求、试验方法、检验规则以及标志、包装等。本标准适用于电动机拖动的同步发电机组及其稳频稳压装置的整套系统。电源系统作为小型三相交流电机及其它电器试验用的低波动率、宽调节范围的电源设备，也可作为符合本标准技术指标的其它用电器的电源设备，或作为变频电源设备。

电工

低压电器

工商业电力用户应急电源配置技术导则

标准编号： DL/T 268-2012

实施日期：2012-07-01
发布部门：国家能源局
标准简介：

本标准规定了工商业电力用户应急电源配置原则和技术要求。本标准适用于对供电连续性要求高，断电可能会造成人身安全、经济损失及社会影响的工商业电力用户应急电源配置。

家用和类似用途的不带过电流保护的剩余电流动作断路器（RCCB） 第21部分：一般规则对动作功能与电源电压无关的RCCB的适用性

标准编号：GB 16916.21-2008
实施日期：2009-06-01
发布部门：中华人民共和国国家质量监督检验检疫总局
中国国家标准化管理委员会
标准简介：

本部分等同采用IEC 61008-2-1：1990《家用和类似用途的不带过电流保护的剩余电流动作断路器（RCCB）第2.1部分：一般规则对动作功能与电源电压无关的RCCB的适用性》。本部分使用时应和GB 16916.1-2003《家用和类似用途的不带过电流保护的剩余电流动作断路器（RCCB）第1部分：一般规则》一起使用。本部分是对GB 16916.21-1997的修订。本部分适用于交流额定电压不超过440V，额定电流不超过125A的主要用于防电击保护的动作功能与电源电压无关的家用和类似用途的不带过电流保护的剩余电流动作断路器（RCCB）。

家用和类似用途的不带过电流保护的剩余电流动作断路器（RCCB） 第22部分：一般规则对动作功能与电源电压有关的RCCB的适用性

标准编号：GB 16916.22-2008
实施日期：2009-06-01
发布部门：中华人民共和国国家质量监督检验检疫总局
中国国家标准化管理委员会
标准简介：

本部分适用于交流额定电压不超过440V，额定电流不超过125A的主要用于防电击保护的动作功能与电源电压有关的家用和类似用途的不带过电流保护的剩余电流动作断路器（RCCB）。

家用和类似用途的带过电流保护的剩余电流动作断路器（RCBO） 第21部分：一般规则对动作功能与电源电压无关的RCBO的适用性

标准编号：GB 16917.21-2008
实施日期：2009-06-01
发布部门：中华人民共和国国家质量监督检验检疫总局
中国国家标准化管理委员会
标准简介：

本部分适用于交流50Hz或60Hz，额定电压不超过440V，额定电流不超过125A，额定短路能力不超过25 000A的动作功能与电源电压无关的家用和类似用途的带过电流保护的剩余电流动作断路器（RCBO）。

家用和类似用途的带过电流保护的剩余电流动作断路器（RCBO） 第22部分：一般规则对动作功能与电源电压有关的RCBO的适用性

标准编号：GB 16917.22-2008
实施日期：2009-06-01
发布部门：中华人民共和国国家质量监督检验检疫总局
中国国家标准化管理委员会
标准简介：

本部分适用于交流50Hz或60Hz，额定电压不超过440V，额定电流不超过125A，额定短路能力不超过25000A的动作功能与电源电压有关的家用和类似用途的带过电流保护的剩余电流动作断路器（RCBO）。

煤矿通风机用隔爆兼本质安全型变频调速控制器

标准编号：GB/T 28556-2012
实施日期：2012-11-01
发布部门：中华人民共和国国家质量监督检验检疫总局
中国国家标准化管理委员会
标准简介：

本标准规定了Ⅰ类煤矿通风机用隔爆兼本质安全型变频调速控制器的术语和定义、型式和基本参数、技术要求、试验方法、检验规则以及标志、包装、运输、贮存等要求。本标准适用于Ⅰ类煤矿通风机用隔爆兼本质安全型变频调速控制器。

低压交流电源（不高于1 000V）中的浪涌特性

标准编号：GB/Z 21713-2008
实施日期：2008-11-01
发布部门：中华人民共和国国家质量监督检验检疫总局
中国国家标准化管理委员会
标准简介：

本指导性技术文件为首次发布。本指导性技术文件描述低压交流电源中的浪涌电压、浪涌电流环境，不包括其它的电能质量问题。标准中所考虑的浪涌持续时间不超过半个工频周期，这些浪涌可以是周期性的，也可以是随机事件，可以出现在相线、零线以及地线之间。

煤矿铅酸蓄电池防爆特殊型电源装置

标准编号：MT/T 334-2007
实施日期：2008-11-19
标准简介：暂无

煤矿电机车电源装置用隔爆型插销连接器

标准编号：MT/T 875-2000
实施日期：2001-05-01
发布部门：国家煤炭工业局
标准简介：

本标准规定了煤矿电机车电源装置用隔爆插销连接器的产品分类与基本参数、技术要求、试验方法、检验规则、标志、包装、运输和贮存。本标准适用于煤矿电机车电源装置用隔爆插销连接器。

家用和类似用途固定式电气装置的电器附件安装盒和外壳 第24部分：住宅保护装置和类似电源功耗装置的外壳的特殊要求

标准编号：GB 17466. 24-2008

实施日期：2010-02-01

发布部门：中华人民共和国国家质量监督检验检疫总局
中国国家标准化管理委员会

标准简介：

GB 17466. 1 的本条款被替代为 GB 17466 的本部分适用于预期使用的额定电压不超过400V，输入总负载电流不超过125A，家用和类似用途固定式电气装置的电器附件的空壳体和其部件，在正常使用中的最大功耗容量由制造商声明。

电热装置基本技术条件 第32部分：电压型变频多台中频无心感应炉成套装置

标准编号：GB/T 10067. 32-2013

实施日期：2013-12-02

发布部门：中华人民共和国国家质量监督检验检疫总局
中国国家标准化管理委员会

标准简介：

GB/T 10067 的本部分规定了电压型变频多台中频无心感应炉成套装置的产品分类、技术要求、试验方法、检验规则、标志、包装、运输、贮存以及订购和供货。本部分适用于由电压型多路输出半导体变频装置供电的，由工作频率高于工频50Hz，低于或等于10 000Hz，额定容量范围为0. 1～120t 的多台相同的中频无心感应熔炼炉组成的，用于熔炼黑色和有色金属及其合金的成套装置。本部分也适用于由不同中频无心感应熔炼炉组成的上述成套装置。

调速电气传动系统 第2部分：一般要求低压交流变频电气传动系统额定值的规定

标准编号：GB/T 12668. 2-2002

实施日期：2003-04-01

发布部门：中华人民共和国国家质量监督检验检疫总局

标准简介：

GB/T 12668 的本部分适用于一般用途的交流调速传动系统，该系统包括电力交流器、控制设备和一台或数台电动机。不适用于牵引传动和电动车辆传动。本部分适用于连接交流电源电压1kV 以下、50Hz 或60Hz，负载侧频率达600Hz 的电气传动系统（PDS）。IEC 61800-3 中包括了电磁兼容性（EMC）特性。本部分给出了变流器的特性及其与整个交流传动系统的关系。同时说明了关于变流器额定值、正常使用条件、过载情况、浪涌承受能力、稳定性、保护、交流电源接地和试验等性能的要求。此外，本标准还论述了诸如控制方案、诊断和拓扑的应用指南。本部分的意图是通过 PDS 的性能来定义整个交流 PDS，而不是依据各个子系统功能单来定义。

半导体变流串级调速装置总技术条件

标准编号：GB/T 12669-2012

实施日期：2012-11-01

发布部门：中华人民共和国国家质量监督检验检疫总局
中国国家标准化管理委员会

标准简介：

本标准规定了半导体变流串级调速装置的术语和定义、技术要求、试验、标志、包装、运输和贮存。本标准适用于利用半导体电力变流器调节交流绕线转子感应电动机、内馈混极式无刷交流电机和混极式无刷双馈交流电机速度的串级调速装置。

感应加热用变频机组电控设备

标准编号：JB/T 4086-1997

实施日期：1998-02-01

发布部门：湘潭牵引电气设备研究所

标准简介：

JB/T 4086-1997 本标准是根据中频电热行业研究、设计、制造和使用的实际需要，对 JB 4086-85 进行的修订。本标准规定了变频机组供电的中频感应加热用电控设备的要求、试验方法、抽样与检验、标志、包装、运输与贮存。本标准适用于变频机组供电的中频感应熔炼、透热、淬火、烧结、焊接等工况的电控设备。其频率范围为高于工频 50（60）Hz，低于或等于10 000Hz。

真空管式高频感应加热电源装置

标准编号：JB/T 5267-1991

实施日期：1992-07-01

发布部门：全国工业电热设备标准化技术委员会

标准简介：

本标准规定了对真空管式高频感应加热电源装置的各项要求，包括产品分类、技术要求、试验方法、检验规则、等级划分、标志、包装、运输、贮存、订购和供货等。本标准适用于真空管式高频感应加热电源装置，该装置可作为表面与局部加热淬火、透热、熔炼和焊接等高频感应加热设备的电源。

煤矿蓄电池式电机车用防爆特殊型电源装置

标准编号：JB/T 7568-1994

实施日期：1995-06-01

发布部门：中华人民共和国机械工业部

标准简介：

本标准规定了煤矿蓄电池式电机车用防爆特殊型电源装置（以下简称电源装置）的规格参数、技术要求、试验方法、检验规则等。本标准适用于有沼气或煤尘爆炸危险的井下煤矿铅酸蓄电池式电机车用电源装置。

电热器具用电源开关

标准编号：JB/T 8440-1996

实施日期：1997-01-01

发布部门：中华人民共和国机械工业部

标准简介：

本标准规定了电热器具用电源开关的分类、基本要求、试验方法、检验规则、包装、贮存等技术规范。本标准适用于供家用和类似用途电阻性发热源的电热器具使用的由手、脚或其它人体动作驱动的电源开关，开关额定电压不超过440V，额定电流不超过63A。本标准不适用于与电自动控制器结合成一体的组合开关。

电热器具用电源开关

标准编号： JB/T 8840-2013

实施日期： 2013-09-01

发布部门： 中华人民共和国工业和信息化部

标准简介：

本标准主要规定了家用和类似用途电热器具用电源开关的分类、安全与性能的基本要求及相应的试验方法和检验规则。本标准适用于供家用和类似用途电阻性发热源的电热器具使用，由手、脚或其它人体动作驱动的电源开关，开关额定电压不超过480V，额定电流不大于63A。与电自动控制器组合的开关，也可参照本标准规定。

电工

电工综合

电能质量术语

标准编号： DL/T 1194-2012

实施日期： 2012-12-01

发布部门： 国家能源局

标准简介：

本标准规定了与电能质量有关的基本名词、术语及定义。本标准适用于电力行业电能质量技术和管理的有关领域。

电力系统电能质量技术管理规定

标准编号： DL/T 1198-2013

实施日期： 2013-08-01

发布部门： 国家能源局

标准简介：

本标准规定了电力系统电能质量技术管理的内容、流程和方法。本标准适用于标称频率为50Hz的交流电力系统。

电能质量评估技术导则　供电电压偏差

标准编号： DL/T 1208-2013

实施日期： 2013-08-01

发布部门： 国家能源局

标准简介：

本标准规定了供电系统和电力用户接入电网的供电电压偏差评估指标、评估流程和方法。本标准适用于交流50Hz电力系统在正常运行条件下供电电压对系统标称电压的偏差评估。输电系统的电压偏差评估可参照本标准。

电能质量评估技术导则　三相电压不平衡

标准编号： DL/T 1375-2014

实施日期： 2015-03-01

发布部门： 国家能源局

标准简介： 暂无

发电厂、变电站电子信息系统220/380V电源电涌保护配置、安装及验收规程

标准编号： DL/T 5408-2009

实施日期： 2009-12-01

发布部门： 国家能源局

标准简介：

本规程规定了发电厂、变电站（含箱式变电站）电子信息系统220/380V电源电涌保护器的选择、配置原则。本规程适用于发电厂、变电站（含箱式变电站）电子信息系统220/380V电源电涌保护器的选择、配置、安装及验收。

电气设备电源特性的标记　安全要求

标准编号： GB 17285-2009

实施日期： 2010-02-01

发布部门： 中华人民共和国国家质量监督检验检疫总局
中国国家标准化管理委员会

标准简介：

本标准规定了标记电气设备电源额定值及其它相关特性的最低要求和一般规则，以正确而安全地选择和安装与任一供电电源相连的电气设备。本标准的目的是为标记与任意电源系统的有关特性，如电压、电流、频率及功率，提供一般要求；为各类产品标准提供标记产品电气额定值的统一方法。各有关产品标准在对与任一供电电源相连接的电气设备、附件及元件的额定值规定标记的最低要求时，可一般性地应用本基础安全标准。各有关产品标准对供电特性的标记可规定一些补充要求。

电能质量　供电电压偏差

标准编号： GB/T 12325-2008

实施日期： 2009-05-01

发布部门： 中华人民共和国国家质量监督检验检疫总局
中国国家标准化管理委员会

标准简介：

本标准代替GB/T 12325-2003《电能质量　供电电压允许偏差》。本标准规定了电网供电电压偏差的限值、测量和合格率统计。本标准适用于交流50Hz电力系统在正常运行条件下供电电压对系统标称电压的偏差。本标准与GB/T 12325-2003相比主要变化如下：--标准名称改为《电能质量　供电电压偏差》；为便于理解和实施，前三个术语与GB 156协调一致，修改了“电压偏差”的定义，增加了“电压合格率”术语；增加20kV电压等级的电压偏差限值；正文增加“供电电压偏差的测量”，以增强标准的可操作性；增加了“附录A　电压合格率统计”、“附录B　电网电压监测及地区电网电压合格率的统计”。

电能质量 三相电压不平衡
标准编号：GB/T 15543-2008
实施日期：2009-05-01
发布部门：中华人民共和国国家质量监督检验检疫总局
中国国家标准化管理委员会
标准简介：

本标准规定了三相电压不平衡的限值、计算、测量和取值方法。本标准适用于标称频率为50Hz的交流电力系统正常运行方式下由于负序基波分量引起的公共连接点的电压不平衡及低压系统由于零序基波分量而引起的公共连接点的电压不平衡。瞬时和暂时的不平衡问题不适用于本标准。

电能质量 公用电网间谐波
标准编号：GB/T 24337-2009
实施日期：2010-06-01
发布部门：中华人民共和国国家质量监督检验检疫总局
中国国家标准化管理委员会
标准简介：

本标准规定了公用电网谐波电压的允许阻值及测量取值方法。本标准适用于交流额定频率为50Hz，标称电压220kV及以下的公用电网。

军用电子设备电源模块灌封工艺规程
标准编号：SJ 20596-1996
实施日期：1997-01-01
标准简介：暂无

电工

发电用动力设备

电厂厂用电源快速切换装置通用技术条件
标准编号：DL/T 1073-2007
实施日期：2008-06-01
发布部门：中华人民共和国国家发展和改革委员会
标准简介：

本标准规定了电厂厂用电源快速切换装置的基本技术要求、技术参数、试验方法、检验规则、标志、包装、运输及贮存。本标准适用于发电厂数字式厂用电源快速切换装置，作为该装置设计、生产、试验和应用的依据。

低压变频调速装置技术条件
标准编号：DL/T 339-2010
实施日期：2011-05-01
发布部门：国家能源局
标准简介：

本标准规定了低压变频调速装置的技术要求、试验方法、检验规则及标志、包装、运输、贮存、运行与维护。本标准适用于660V及以下电压，50Hz/60Hz三相交流电源供电的变频调速装置。

往复式内燃机驱动的交流发电机组 第11部分：旋转不间断电源 性能要求和试验方法
标准编号：GB/T 2820.11-2012
实施日期：2013-02-01
发布部门：中华人民共和国国家质量监督检验检疫总局
中国国家标准化管理委员会
标准简介：

GB/T 2820的本部分规定了由机械和电气旋转设备组合而成的旋转不间断电源（UPS）的性能要求和试验方法。本部分适用的电源，主要为用户提供不间断交流电。当无市电输入运行时，输入能量由储存的能量或者往复式内燃机提供，由一台或多台旋转电机输出电能。本部分适用的交流电源，主要为固定陆用和船用设施提供不间断电能。不包括为航空、陆上车辆和机车供电的电源。也不包括通过静态变换产生输出电能的电源。本部分对使用旋转UPS改善交流供电品质、实现电压和/或电流变换及削减峰值等情况进行了描述。对于某些特殊用途（例如医院、近海岸、非固定应用、高层建筑及核设施等），可能需要附加一些其它的要求，本部分的规定应作为基础。

电工

电工材料和通用零件

聚烯烃绝缘铝-聚烯烃粘结护套高频农村通信电缆 铜芯非填充电缆
标准编号：GB 11326.2-1989
实施日期：1990-03-01
发布部门：信息产业部（通信）
标准简介：

本标准适用于铜芯，实心型、泡沫型、泡沫皮型或绳管型聚烯烃绝缘，非填充，铝-聚烯烃粘结护套高频对称农村通信电缆。主要应用于本地网中。传输最高频率123kHz、156kHz或252kHz，电缆系列除应符合本标准的规定外，还应符合GB 11326.1-1989《聚烯烃绝缘铝-聚烯烃粘结护套高频农村通信电缆一般规定》的要求。电缆用于架空敷设，使用环境温度为 –20 ~ +60℃；敷设温度一般不低于 –5℃。

聚烯烃绝缘铝-聚烯烃粘结护套高频农村通信电缆 铜芯填充电缆
标准编号：GB 11326.4-1989
实施日期：1990-03-01
发布部门：信息产业部（通信）
标准简介：

本标准适用于铜芯，实心型或泡沫皮型聚烯烃绝缘，填充式，铝-聚烯烃粘结护套高频对称农村通信电缆。主要应用于本地网中，传输最高频率123kHz、156kHz或252kHz。

电工

其它

变频调速节能改造技术规范
标准编号：DB37/T 1107-2008
实施日期：2009-01-15
发布部门：山东省质量技术监督局
标准简介：暂无

集中式蓄电池应急电源装置
标准编号：JG/T 371-2012
实施日期：2012-08-01
发布部门：中华人民共和国住房和城乡建设部
标准简介：

本标准规定了集中式蓄电池应急电源装置的术语和定义、分类、代号和标记、一般要求、要求、试验方法、检验规则、标志和铭牌、包装、运输和贮存。本标准适用于一般工业与民用建筑中，输出交流单相或三相工频正弦波，额定电压不超过1 000V，额定输出功率0.5～400kVA的集中式蓄电池应急电源装置（以下简称装置）。

通信、广播

通信设备

卫星通信地球站无线电设备测量方法 第二部分：分系统测量 第四节：上变频器和下变频器
标准编号：GB/T 11299.8-1989
实施日期：1990-01-01
发布部门：中华人民共和国电子工业部
标准简介：

本标准规定了卫星通信地球站发射机和接收机内上、下变频器电性能的测量适用于本系列标准 GB 11299.1《卫星通信地球站无线电设备测量方法》"总则"的分系统。

移动通信手持机用锂离子电源充电器
标准编号：GB/T 21544-2008
实施日期：2008-11-01
发布部门：中华人民共和国国家质量监督检验检疫总局、国家标准化管理委员会
标准简介：

本标准规定了移动通信手持用锂离子电源充电器的要求、试验方法、检验规则和标志、包装、贮存、运输。本标准适用于移动通信手持机用锂离子电源的充电器。

接入网设备与远端模块电源系统的综合再利用
标准编号：GB/T 26260-2010
实施日期：2011-06-01
发布部门：中华人民共和国国家质量监督检验检疫总局
中国国家标准化管理委员会
标准简介：

本标准规定了接入网设备与远端模块电源系统进行综合再利用的技术要求、试验方法及判定与原则。本标准适用于接入网设备与远端模块等配套电源系统的综合再利用。

通信用风能电源系统
标准编号：GB/T 26263-2010
实施日期：2011-06-01
发布部门：中华人民共和国国家质量监督检验检疫总局
中国国家标准化管理委员会
标准简介：

本标准规定了通信用风能电源系统的定义、组成、要求、试验方法、检验规则和包装储运。本标准适用于向通信设备供电的风能发电系统或混合发电系统，不适用于向电网送电的风能发电系统和柴油发电机组等发电装置。

通信用太阳能电源系统
标准编号：GB/T 26264-2010
实施日期：2011-06-01
发布部门：中华人民共和国国家质量监督检验检疫总局
中国国家标准化管理委员会
标准简介：

本标准规定了通信用太阳能电源系统的定义、组成、要求、试验方法、检验规则和包装储运。本标准适用于向通信设备供电的离网型光伏发电系统或混合发电系统，不适用于向电网送电的光伏发电系统和柴油发电机组等发电装置。

无线双工移动通信系统 中心台发射机电源通用规范
标准编号：SJ 20504-1995
实施日期：1995-12-01
发布部门：中华人民共和国电子工业部
标准简介：

本规范规定了无线双工移动通信系统中心台发射机电源的要求、质量保证规定、交货准备和说明事项。本规范适用无线双工移动通信系统中心台发射机电源。

移动通信手持机锂电池及充电器的安全要求和试验方法
标准编号：YD 1268-2003
实施日期：2003-06-05
发布部门：中华人民共和国信息产业部
标准简介：

本标准规定了移动通信手持机锂电池的安全性能要求，包括正常使用及可能发生误操作时的安全性要求和试验方法。本标准适用于移动通信手持机锂电池和锂电池芯。本部分规定了移动通信手持机锂电池充电器的安全特性的技术要求，并规定了相应的试验方法。本部分适用于移动通信手持机锂电池充电器。

通信用电源设备抗地震性能检测规范
标准编号：YD 5096-2005

实施日期：2006-10-01
标准简介：

本规范规定了通信用高频开关电源设备、通信用阀控式密封铅酸蓄电池设备、通信用不间断电源设备抗地震性能检测的技术性能检测项目、指标要求、检测方法和评估方法。本规范适用于进入抗震设防烈度为7～9度地区的通信用高频开关电源设备、通信用阀控式密封铅酸蓄电池设备、通信用不间断电源设备（UPS）的抗地震通信技术性能的考核和评定，其它类型开关电源设备、蓄电池设备及不间断电源设备可参照本规范执行。

通信局（站）电源系统总技术要求
标准编号：YD/T 1051-2010
实施日期：2011-01-01
发布部门：工业和信息化部
标准简介：

本标准规定了通信局（站）电源系统的结构形式、交流供电系统、直流供电系统、防雷接地、主要电源设备技术性能要求和电源系统的监控、环境条件等要求。

通信用高频开关电源系统
标准编号：YD/T 1058-2007
实施日期：2007-12-01
发布部门：中华人民共和国信息产业部
标准简介：

本标准规定了通信用高频开关电源系统的组成、系列、要求、试验方法、检验规则、标志、包装、运输和贮存。本标准适用于直流输出电压为－48V（24V）的通信用高频开关电源系统。

通信用太阳能供电组合电源
标准编号：YD/T 1073-2000
实施日期：2000-09-01
发布部门：中华人民共和国信息产业部
标准简介：

本标准规定了通信用太阳能供电组合电源的要求、试验方法、检验规则和标志、包装、运输、贮存。本标准适用于以太阳能光伏电池作主供电源，由交流配电单、直流配电单、整流器、监控器和太阳能光伏电池电压稳定装置等构成的向通信设备供电的组合电源设备。本标准不包含对太阳能光伏电池的要求。

通信用交流稳压器
标准编号：YD/T 1074-2000
实施日期：2000-09-01
发布部门：中华人民共和国信息产业部
标准简介：

本标准规定了通信用交流稳压器的要求、试验方法、检验规则和标志、包装、运输、贮存。本标准适用于由补偿变压器和接触调压器以及低压电器和电子器件组成的向通信设备供电的干式交流稳压器。

通信用不间断电源（UPS）
标准编号：YD/T 1095-2008
实施日期：2008-11-01
发布部门：工业和信息化部
标准简介：

本标准规定了通信用在线式、互动式与后备式静止型不间断电源（UPS）的技术要求、试验方法、检验规则和标志、包装、运输、贮存。本标准适用通信用在线式、互动式与后备式输出电压为正弦波的静止型不间断电源。

通信用开关电源系统监控技术要求和试验方法
标准编号：YD/T 1104-2001
实施日期：2001-03-21
发布部门：中华人民共和国信息产业部
标准简介：

本标准规定了通信用开关电源系统监控模块的监控内容、技术要求、通信协议、试验方法等。本标准适用于各类通信局（站）单独设置的通信用开关电源系统监控模块及以此为基础构成的不同规模的监控系统网络。微波、光缆、移动通信等通信局（站）中纳入通信设备监控系统的通信智能电源监控可参照本标准有关部分执行。

通信电源用阻燃耐火软电缆
标准编号：YD/T 1173-2010
实施日期：2011-01-01
发布部门：工业和信息化部
标准简介：

本标准规定了通信电源用阻燃耐火软电缆的分类与命名、要求、试验方法、检验规则、标志、包装、运输及贮存。

接入网电源技术要求
标准编号：YD/T 1184-2002
实施日期：2002-02-01
发布部门：中华人民共和国信息产业部
标准简介：

本标准规定了接入网电源的技术要求。本标准适用于接入网用户端、网络端及以下的交换和业务终端设备的电源设备和系统。

无触点补偿式交流稳压器
标准编号：YD/T 1270-2003
实施日期：2003-06-05
发布部门：中华人民共和国信息产业部
标准简介：

本标准规定了无触点补偿式交流稳压器的技术要求、试验方法、检验规则和标志、包装、运输、贮存。本标准适用于采用低压电器及电子器件组成的无触点补偿式交流稳压器。

无触点感应式交流稳压器

标准编号：YD/T 1325-2004
实施日期：2005-03-01
发布部门：中华人民共和国信息产业部
标准简介：

本标准规定了无触点感应式交流稳压器的定义、分类与命名、技术要求、试验方法、检验规则、标志、包装、运输和贮存。本标准适用于交流电压为500V以下稳压器。

通信用直流—直流模块电源
标准编号：YD/T 1376-2005
实施日期：2005-12-01
发布部门：中华人民共和国信息产业部
标准简介：

本标准规定了通信用直流-直流模块电源的要求、试验方法、检验规则和包装贮存。本标准适用于非独立使用、板上安装的通信用直流-直流模块电源。

移动通信终端电源适配器及充电/数据接口技术要求和测试方法
标准编号：YD/T 1591-2009
实施日期：2010-01-01
发布部门：工业和信息化部
标准简介：

本标准规定了移动通信终端充电/数据接口、交流电源适配器及线缆的技术要求和测试方法，包括所涉及的物理特性、电气特性、安全特性、电磁兼容性、环境适应性和识别标识等。本标准适用于采用有线供电方式的终端、交流电源适配器及其连接线缆；不适用于需要特殊供电和应用的移动终端，如仅用于企业、行业的特殊移动设备等。其它便携式或家用小型电子设备的供电或充电也可以参照使用。

通信设备用直流远供电源系统
标准编号：YD/T 1817-2008
实施日期：2008-11-01
发布部门：工业和信息化部
标准简介：

本标准规定了通信设备用直流远供电源系统的定义、分类、要求、测试方法及设备的标志、包装、运输和存储。本标准适用于通过通信线缆进行直流电能远距离传送和接收的供电系统。本标准不适用于TNV电路的远供系统。

数据通信用电源系统
标准编号：YD/T 1818-2008
实施日期：2008-11-01
发布部门：工业和信息化部
标准简介：

本标准规定了数据通信用电源系统的定义、分类、系统组成、技术及系统配置要求。本标准适用于数据通信机房电源系统及进入数据通信机房的各类数据通信设备的电源系统。

通信局（站）电源系统维护技术要求　第10部分：阀控式密封铅酸蓄电池
标准编号：YD/T 1970.10-2009
实施日期：2009-09-01
发布部门：工业和信息化部
标准简介：

本部分规定了通信局（站）用阀控式密封蓄电池使用条件、维护项目、周期、指标要求和检测方法。本部分规定了通信局（站）中直流系统、交流不间断电源UPS系统、逆变系统、发电机组系统、光伏与风力发电系统等供电系统所配置的铅酸蓄电池。

通信局（站）电源系统维护技术要求　第1部分：总则
标准编号：YD/T 1970.1-2009
实施日期：2009-09-01
发布部门：工业和信息化部
标准简介：

本部分规定了通信局（站）电源系统结构组成、维护原则、维护技术目标、主要设备的有效使用年限和检测方法。本部分适用于通信局（站）中的高、低压变配电系统、直流系统、交流不间断电源UPS系统、逆变系统、发电机组系统、接地系统、动力环境监控系统、光伏与风力发电系统、蓄电池等系统设备。

通信局（站）电源系统维护技术要求　第2部分：高低压变配电系统
标准编号：YD/T 1970.2-2010
实施日期：2011-01-01
发布部门：工业和信息化部
标准简介：

本部分规定了通信局（站）高低压变配电系统的使用条件、维护项目、周期、指标要求和检测方法。

通信局（站）电源系统维护技术要求　第3部分：直流系统
标准编号：YD/T 1970.3-2010
实施日期：2011-01-01
发布部门：工业和信息化部
标准简介：

本部分规定了通信局（站）直流系统的使用条件、维护项目、周期、指标要求和检测方法。

通信局（站）电源系统维护技术要求　第4部分：不间断电源（UPS）系统
标准编号：YD/T 1970.4-2009
实施日期：2009-09-01
发布部门：工业和信息化部
标准简介：

本部分规定了不间断电源（UPS）系统的使用条件、维护和现场验收项目、周期、指标要求及检测方法。本部分适用于通信局（站）中UPS系统。

通信局（站）电源系统维护技术要求 第6部分：发电机组系统

标准编号：YD/T 1970.6-2009
实施日期：2009-09-01
发布部门：工业和信息化部
标准简介：

本部分规定了通信局（站）发电机组系统的使用条件、维护项目、周期、指标要求和检测方法。本部分适用于通信局（站）发电机组系统中的发电机设备、机组控制屏、转换设备、配电设备、启动系统、通风排烟系统、燃油系统等设备。

通信用应急电源（EPS）

标准编号：YD/T 2062-2009
实施日期：2010-01-01
发布部门：工业和信息化部
标准简介：

本标准规定了通信用应急电源（EPS）的定义、分类、要求、试验方法、检验规则及标志、包装、运输、贮存。本标准适用于输出容量为0.5～10kVA，应用于微机站、直放站等场所的EPS设备。

通信设备用电源分配单元（PDU）

标准编号：YD/T 2063-2009
实施日期：2010-01-01
发布部门：工业和信息化部
标准简介：

本标准规定了通信设备机柜内部使用的交流电源分配单元的定义、分类和规格、要求、试验方法、检验规则及标志、包装、运输、贮存等。本标准适用于局站通信设备用电源分配单元。

通信用模块化不间断电源

标准编号：YD/T 2165-2010
实施日期：2011-01-01
发布部门：工业和信息化部
标准简介：

本标准规定了通信用模块化不间断电源的术语和定义、要求、试验方法、检验规则和标志、包装、运输、贮存等。

无线射频拉远单元（RRU）用线缆 第2部分：电源线

标准编号：YD/T 2289.2-2011
实施日期：2011-06-01
发布部门：中华人民共和国工业和信息化部
标准简介：

本部分规定了无线射频拉远单元（RRU）用电源线的分类与命名、要求、试验方法、检验规则、标志、包装、运输及贮存。本部分适用于交流额定电压为600/1 000V的通信局（站）无线射频拉远单元（RRU）用电源线。

移动通信终端车载直流电源适配器及接口技术要求和测试方法

标准编号：YD/T 2306-2011
实施日期：2011-06-01
发布部门：中华人民共和国工业和信息化部
标准简介：

本标准规定了移动通信终端车载直流电源适配器及接口的技术要求和测试方法，包括车载直流电源适配器及其接口的物理特性、电气特性、安全特性、电磁兼容性、环境适应性等。本标准适用于在供电系统为直流12V或24V，具有点烟器接口的车辆环境内使用的，为移动通信终端供电的电源适配器。

通信用铜包铝电源线

标准编号：YD/T 2320-2011
实施日期：2011-06-01
发布部门：中华人民共和国工业和信息化部
标准简介：

本标准规定了交流额定电压600/1 000V及以下通信用铜包铝电源线的分类与命名、要求、试验方法、检验规则、标志、包装、运输和贮存。本标准适用于通信局（站）、建筑物等电源输、配电系统中的通信用铜包铝电源线。

通信用变换稳压型太阳能电源控制器技术要求和试验方法

标准编号：YD/T 2321-2011
实施日期：2011-06-01
发布部门：中华人民共和国工业和信息化部
标准简介：

本标准规定了通信用变换稳压型太阳能电源控制器的定义、分类、要求、试验方法、检验规则、标志、包装、运输、贮存等。本标准适用于采用DC/DC变换稳压控制技术的太阳能电源控制器，不适用于并网太阳能电源控制器。

数据设备用交流电源分配列柜

标准编号：YD/T 2322-2011
实施日期：2011-06-01
发布部门：中华人民共和国工业和信息化部
标准简介：

本标准规定了数据设备用交流电源分配列柜的系统结构、电源配置、监控测量、防雷与接地等方面的性能要求和技术指标，以及定义、分类、命名、试验方法、检验规则和标志、包装、运输和贮存。本标准适用于数据设备用网络机柜配套使用的交流电源分配列柜，与其它设备配套使用的电源配电柜、交流电源列柜以及直流电源列柜也可参照执行。

通信电源用光伏电缆

标准编号：YD/T 2337-2011
实施日期：2012-02-01
发布部门：中华人民共和国工业和信息化部
标准简介：

本标准规定了太阳能通信电源用光伏电缆的要求、试验方法、检验规则、标志、包装、运输和贮存。本标准适用于连接太阳能通信电源光伏组件之间、电池阵列之间及阵列与光伏逆变器直流端之间直流额定电压为1.8kV、交流额定电压U_0/U为0.6kV/1kV的电缆。

通信用电源线端子

标准编号： YD/T 2345-2011

实施日期： 2012-02-01

发布部门： 中华人民共和国工业和信息化部

标准简介：

本标准规定了额定电压600/1 000V及以下通信用电源线端子的分类与命名、要求、试验方法、检验规则、标志、包装、运输和贮存。本标准适用于额定电压600/1 000V及以下通信用电源线导体用过渡接线端子。

通信电源和机房环境节能技术指南　第1部分：总则

标准编号： YD/T 2435.1-2012

实施日期： 2013-03-01

发布部门： 中华人民共和国工业和信息化部

标准简介：

本标准规定了通信电源和机房环境节能总体要求。本标准适用于通信电源和机房环境的节能。

通信电源和机房环境节能技术指南　第3部分：电源设备能效分级

标准编号： YD/T 2435.3-2012

实施日期： 2013-03-01

发布部门： 中华人民共和国工业和信息化部

标准简介：

本标准规定了通信电源设备的能效分级和试验方法。本标准适用于通信电源设备。

通信电源和机房环境节能技术指南　第4部分：空调能效分级

标准编号： YD/T 2435.4-2012

实施日期： 2013-03-01

发布部门： 中华人民共和国工业和信息化部

标准简介：

本标准规定了通信用空调设备的能效分级原则、空调设备的能效比限值、能效等级指标、试验方法、检验规则、能效等级标志等。本标准适用于通信用空调设备。不适用于各类变频空调机。

卫星通信地球站设备　上下变频器技术要求

标准编号： YD/T 2474-2013

实施日期： 2013-06-01

发布部门： 中华人民共和国工业和信息化部

标准简介：

本标准规定了卫星通信地球站设备上下变频器的技术要求，包括环境条件、电气性能、机械结构、安全要求、电磁兼容等内容。本标准适用于工作在C波段、Ku波段及Ka波段的上下变频器。

卫星通信地球站设备　低噪声变频放大器技术要求

标准编号： YD/T 2475-2013

实施日期： 2013-06-01

发布部门： 工业和信息化部

标准简介：

本标准规定了卫星通信地球站设备低噪声变频放大器技术要求，包括环境条件、电气性能、机械结构、安全要求、电磁兼容等内容。本标准适用于工作在C波段、Ku波段及Ka波段的低噪声变频放大器（LNB）等同类产品。

卫星通信地球站设备　高功率变频放大器技术要求

标准编号： YD/T 2476-2013

实施日期： 2013-06-01

发布部门： 中华人民共和国工业和信息化部

标准简介：

本标准规定了卫星通信地球站设备高功率变频放大器技术要求，包括环境条件、电气性能、机械结构、安全要求、电磁兼容等内容。本标准适用于工作在C波段、Ku波段及Ka波段的高功率变频放大器。

微波无人值守电源技术要求

标准编号： YD/T 501-2000

实施日期： 2000-03-31

发布部门： 中华人民共和国信息产业部

标准简介：

本标准规定了微波无人值守站电源系统及设备的技术要求。本标准适用于无人值守站电源系统设计、设备选型等。

通信电源设备安装工程设计规范

标准编号： YD/T 5040-2005

实施日期： 2006-10-01

发布部门： 中华人民共和国信息产业部

标准简介：

本规范适用于新建通信电源设备安装工程。扩建和改建工程可参照执行。

电报电源设备技术条件

标准编号： YD/T 512-1992

实施日期： 1992-12-01

发布部门： 中华人民共和国邮电部

标准简介：

本标准规定了电报电源设备为适应电报通信设备的发展、更新和配套所必须具备的技术条件。本标准适用于向电报通信设备供电的电源设备，不适用于电报设备的机内电源单元。

通信用逆变设备

标准编号： YD/T 777-2006

实施日期：2006-10-01
发布部门：中华人民共和国信息产业部
标准简介：

本标准规定了通信用直流—交流正弦波逆变设备（以下简称逆变设备）为适应通信设备的特殊要求所必须具备的技术条件、试验方法和检验规则。本标准适用于向通信设备供电的正弦波逆变设备。

数字微波传输系统中所用设备的测量方法　第3部分：卫星通信地球站的测量　第5节：上/下变频器

标准编号：YD/T 828.35-1996
实施日期：1996-03-12
发布部门：中华人民共和国邮电部
标准简介：

本标准规定在数字调制情况下，卫星通信地球站发信机和收信机中所用的上变频器和下变频器电气特性的测量方法。

通信电源设备的防雷技术要求和测试方法

标准编号：YD/T 944-2007
实施日期：2007-12-01
发布部门：中华人民共和国信息产业部
标准简介：

本标准规定了通信电源防雷的定义、分类、技术要求、试验方法及检验规则。本标准适用于通信局（站）用交流配电设备、油机控制系统、通信用交流不间断电源设备、通信半导体整体设备和通信用高频开关整流设备。

移动通信手持机用锂离子电源及充电器　锂离子电源

标准编号：YD/T 998.1-1999
实施日期：1999-06-01
发布部门：中华人民共和国信息产业部
标准简介：

本标准规定了移动通信手持机用锂离子电源的技术要求、试验方法、检验规则及包装、标志、贮存、运输。本标准适用于移动通信手持机用锂离子电源，用于其它用途的锂离子电源也可参考使用。

移动通信手持机用锂离子电源及充电器　充电器

标准编号：YD/T 998.2-1999
实施日期：1999-06-01
发布部门：中华人民共和国信息产业部
标准简介：

本标准规定了移动通信手持机用锂离子电源充电器的技术要求、试验方法、检验规则和标志、包装、贮存、运输。本标准适用于移动通信手持机用锂离子电源的专用充电器。其它对锂离子电源充电的充电器也可参照使用。

移动通信手持机用锂离子电源及充电器

标准编号：YD/T 998-1999
实施日期：1999-07-01
发布部门：中华人民共和国信息产业部
标准简介：

本标准规定了移动通信手持机用锂离子电源的技术要求、试验方法、检验规则及包装、标志、贮存、运输。本标准适用于移动通信手持机用锂离子电源，用于其它用途的锂离子电源也可参考使用。

通信电源和机房环境节能技术指南　第1部分：总则

标准编号：YDB 071.1-2011
实施日期：2011-08-05
发布部门：中国通信标准化协会
标准简介：

本部分规定了通信电源和机房环境节能总体要求，包括：节能原则、通信电源节能要求、空调节能要求和通信机房环境节能要求。

通信电源和机房环境节能技术指南　第2部分：应用条件

标准编号：YDB 071.2-2012
实施日期：2012-03-25
发布部门：中国通信标准化协会
标准简介：

本部分规定了通信电源和机房环境的节能原则、各项节能技术的定义、基本原理、技术特性与应用条件。本部分适用于通信电源和机房环境节能。

通信电源和机房环境节能技术指南　第3部分：电源设备能效分级

标准编号：YDB 071.3-2011
实施日期：2011-08-05
发布部门：中国通信标准化协会
标准简介：

本部分规定了通信电源设备的能效分级和试验方法。

通信电源和机房环境节能技术指南　第4部分：空调能效分级

标准编号：YDB 071.4-2011
实施日期：2011-08-05
发布部门：中国通信标准化协会
标准简介：

本部分规定了通信用空调设备的能效分级原则、空调设备的能效比限值、能效等级指标、试验方法、检验规则、能效等级标志等。

通信电源及机房环境节能技术指南　第5部分：气流组织

标准编号：YDB 071.5-2012
实施日期：2012-09-07
发布部门：中国通信标准化协会
标准简介：

本部分规定了通信机房的气流组织基本原则和要求。本部分适用于新建的需要安装大型专用空调设备并提供适宜工作环境的通信及IT设备机房，也适用于现有机房的改造及扩建。本部分不适用于超高密度机房（ >10kVA/柜）。

电信终端设备用电源适配器的节能分级

标准编号： YDB 126-2013

实施日期： 2013-03-06

发布部门： 中国通信标准化协会

标准简介：

本标准规定了电信终端设备用的外接电源适配器的节能限值和节能分级的要求以及测试方法。该类电源适配器主要针对将交流电网转为固定的、单路低压直流或低压交流的外部电源适配器。本标准适用于额定输出功率不大于250W 的电源适配器。本标准不适用于直流-直流转换的电源适配器。

邮电通信电源设备安装设计规范

标准编号： YDJ 1-1989

实施日期： 1990-01-01

发布部门： 中华人民共和国邮电部

标准简介：

本规范适用于电信枢纽、综合通信局站、市话局、卫星通信、地球站、移动通信基站，电（光）缆干线有人站、微波站和大中型天线电台等的新建和扩建工程。改建工程可视具体情况参照执行。

通信电源设备安装工程施工及验收技术规范

标准编号： YDJ 31-1983

实施日期： 1984-07-01

发布部门： 中华人民共和国邮电部

标准简介：

本规范是通过电源设备安装工程施工质量检查、随工检验和竣工验收等工作的技术依据，适用于新建和扩建工程。改建工程和无线电台的工程可视具体情况参照执行。电力变压器、调压器、油浸电力电缆及高压配电设备的安装方式和标准应按《电气装置安装工程施工及验收规范》的有关规定办理。

通信、广播

广播、电视设备

电视和声音信号的电缆分配系统设备与部件　第 9 部分：电源设备通用规范

标准编号： GB/T 11318. 9-1996

实施日期： 1997-05-01

发布部门： 国家广播电影电视总局

标准简介：

本标准规定了 5 ~ 1 750MHz 电视和声音信号的电缆分配系统中电源设备的产品分类、要求、试验方法、检验规则以及标志、包装、运输和贮存等。本标准适用于 5 ~ 1 750MHz电视和声音信号的电缆分配系统中的电源设备。

Ku 频段卫星电视地球接收站通用规范

标准编号： GB/T 16954-1997

实施日期： 1998-05-01

发布部门： 国家技术监督局

标准简介：

本标准规定了 Ku 频段卫星电视地球接收站的要求、试验方法、检验规则、标志、包装、运输和贮存等。本标准适用于传输彩色电视制式 PAL-D 制的 Ku 频段卫星电视地球接收站。

视听设备和系统　标牌——电源标志

标准编号： GB/T 18122-2000

实施日期： 2000-10-01

发布部门： 中华人民共和国国家质量监督检验检疫总局

标准简介：

本标准适用于音频、视频、电视和视听工程领域的电子设备及系统，特别是对使用人员无需进行技术培训的设备。本标准仅适用于使用不超过单相 250V 交流电压或不超过 50V 的直流电压，通过插头和插座连接电源的设备。

有线电视系统接收机变换器入网技术条件和测量方法

标准编号： GY/T 125-1995

实施日期： 1996-01-01

发布部门： 广播电影电视部

标准简介：

本标准规定了有线电视接收机变换器的性能参数要求和测量方法，对于能确保同样测量准确度的任何等效测量方法也可以应用。有争议时，应以本标准为准。本标准适用于入网的有线电视接收机变换器电性能参数的检测，并作为入网评价的技术依据。

多路微波分配系统（MMDS）下变频器技术要求和测量方法

标准编号： GY/T 173-2001

实施日期： 2001-10-01

发布部门： 国家广播电影电视总局

标准简介：

本标准规定了采用多路微波分配方式、工作在 2 500 ~ 2 700MHz 频率范围内的广播电视系统用 MMDS 下变频器的技术要求和测量方法。对于能够确保同样测量不确定度的任何等效测量方法也可以采用。有争议时，应以本标准为准。

卫星直播系统一体化下变频器技术要求和测量方法

标准编号： GY/T 232-2011

实施日期： 2011-10-11

发布部门： 国家广播电影电视总局

标准简介：

本标准规定了卫星直播系统一体化下变频器的技术要求和测量方法。对于能够确保同样测量不确定度的任何等效测量方法也可采用。有争议时，应以本标准为准。本标准适用于广播电视卫星直播系统一体化下变频器的研发、生产、使用和运行维护。

通信、广播

通信、广播综合

通信电源设备型号命名方法
标准编号：YD/T 638. 3-1998
实施日期：1999-04-01
发布部门：中华人民共和国信息产业部
标准简介：

本标准规定了通信电源设备的型号组成、型号组成内容的代号及意义。本标准适用于通信电源设备的型号命名。

低压电源线和信号线上短持续时间瞬变信号的测量方法导则
标准编号：SJ/Z 9032-1987
实施日期：1987-10-19
标准简介：

本文件意在给出低压电源线和信号线上短持续时间瞬变信号测量方法的指导性规范。

电子元器件与信息技术

电子元件

调频、电视广播接收机用 300Ω/75Ω 平衡-不平衡阻抗变换器
标准编号：GB 8977-1988
实施日期：1989-01-01
发布部门：中华人民共和国电子工业部
标准简介：

本标准适用于 300Ω 平衡输入端与 75Ω 不平衡输出端的阻抗变换器。该产品供黑白、彩色电视接收机及调频广播接收机用。

通信用电感器和变压器磁心 第四部分：分规范 电源变压器和扼流圈用磁性 氧化物磁心（可供认证用）
标准编号：GB 9628-1988
实施日期：1989-02-01
发布部门：中华人民共和国电子工业部
标准简介：

本分规范规定了有质量评定的磁性氧化物磁心的性能、额定值及检验要求。

通信用电感器和变压器磁心 第四部分：空白详细规范 电源变压器和扼流圈用磁性氧化物磁心评定水平 A
标准编号：GB 9629-1988
实施日期：1989-02-01
发布部门：中华人民共和国电子工业部
标准简介：

本规范规定了评定水平为 A 的电源变压器和扼流圈用磁性氧化物磁心的额定值、性能、检验要求和补充资料。

电子设备用固定电容器 第 14 部分：分规范 抑制电源电磁干扰用固定电容器
标准编号：GB/T 14472-1998
实施日期：1998-09-01
发布部门：国家技术监督局
标准简介：

本标准适用于抑制电磁干扰用固定电容器和电阻器-电容器的组件，这些电容器和电阻器-电容器组件将用于电气和电子设备，并跨接到电源线，且电源线之间的电压不超过 500V 直流或交流有效值，或任一电源线与地之间的电压不超过 250V 直流或交流有效值，频率不超过 100Hz。本标准规定了适用于连接电源的抑制干扰电容器的各项试验。有关设备规范也可以规定应使用符合本规范要求电容器的其它电路位置。本标准也适用于在一个外壳内装有两个或多个电容器的组合电容器。本标准也适用于电阻器-电容器的串联组件，但组合件的等效串联电阻应不超过 1kΩ。本标准也适用于电阻器-电容器的并联组件，但此电阻器是作为电容器的放电电阻。

电子设备用固定电容器 第 14 部分：空白详细规范 抑制电源电磁干扰用固定电容器评定水平 D
标准编号：GB/T 14473-1998
实施日期：1998-09-01
发布部门：国家技术监督局
标准简介：

空白详细规范是分规范的一种补充文件。

电子和通信设备用变压器和电感器 第 3 部分：按能力批准程序评定质量的电源变压器分规范
标准编号：GB/T 14860. 3-2012
实施日期：2013-06-01
发布部门：中华人民共和国国家质量监督检验检疫总局
中国国家标准化管理委员会
标准简介：

GB/T 14860 的本部分规定了按 GB/T 14860. 1—2012 规定的能力批准程序放行的电源变压器详细规范编制方法。本部分包括空白详细规范（BDS）。空白详细规范规定了格式并指出了适合于这类元件的试验，而最终选择列入检查一览表的试验是由该规范的编写者决定的。此规范还规定了相应的额定值和特性。本部分规定的元器件与基频基本对称波形下的最大传输功率有关。

电子和通信设备用变压器和电感器 第 4 部分：按能力批准程序评定质量的开关电源变压器分规范
标准编号：GB/T 14860. 4-2012
实施日期：2013-06-01
发布部门：中华人民共和国国家质量监督检验检疫总局

中国国家标准化管理委员会

标准简介：

GB/T 14860 的本部分规定了按 GB/T 14860. 1—2012 规定的能力批准程序放行的开关电源变压器详细规范编制方法。本部分包括空白详细规范（BDS），空白详细规范规定了格式并指出了适合于这类元件的试验，而最终选择列入检查一览表的试验是由该规范的编写者决定。此规范还规定了相应的额定值和特性。本部分规定的元件与工作在开关状态的半导体器件连在一起用以传输功率，其输入波形为正弦或非正弦、对称或非对称的波形。

电子设备用电源变压器和滤波扼流圈总技术条件

标准编号： GB/T 15290-2012

实施日期： 2013-02-15

发布部门： 中华人民共和国国家质量监督检验检疫总局
中国国家标准化管理委员会

标准简介：

本标准规定了电子设备用电源变压器、滤波扼流圈的技术要求、试验方法、检验规则及标志、包装、运输、贮存。本标准适用于工作电压不高于 5 000V、电源频率不高于 1 050Hz、重量不大于 70kg 的电子设备用干式电源变压器、滤波扼流圈。

STZ3 型电子测量仪器用电源连接器

标准编号： GB/T 9393-2012

实施日期： 2013-06-01

发布部门： 中华人民共和国国家质量监督检验检疫总局
中国国家标准化管理委员会

标准简介：

本标准规定了 STZ3 型电子测量仪器用单相两极带接地电源连接器（以下简称连接器）的技术要求、试验方法和包装、标志、运输、贮存要求等。本标准适用于电子测量仪器及类似用途的计算机、办公电器所使用的电源连接器。

LC410-9005-E-E-1E-B-3、LC410-9007-H-E-1E-B-3 型电源滤波器详细规范

标准编号： SJ 51518/1-2004

实施日期： 2004-12-01

标准简介：

本规范规定了 LC410-9005-E-E-1E-B-3、LC410-9007-H-E-1E-B-3 型电源滤波器的详细要求。

CS42 型电源用矩形电连接器规范

标准编号： SJ/T 11323-2006

实施日期： 2006-02-01

标准简介：

本规范规定了 CS42 型电源用矩形电连接器的型号命名、技术要求、质量评定程序、标志、包装、运输和贮存等要求。本规范适用于 CS42 型电源用矩形电连接器。

电源用磁性氧化物磁心（EC 磁心）的尺寸

标准编号： SJ/T 2743-2013

实施日期： 2013-12-01

发布部门： 中华人民共和国工业和信息化部

标准简介：

本标准规定了磁性氧化物制成的适用于高磁通密度的优选系列 EC 型磁心在机械互换性方面的主要尺寸和用于该类磁心的线圈骨架的基本尺寸以及计算这类磁心所用的有效参数值。这个系列的磁心明确规定用于电源变压器。

铁氧体磁心的尺寸　第 13 部分：电源用 PQ 型磁心

标准编号： SJ/T 3172. 13-2013

实施日期： 2013-12-01

发布部门： 中华人民共和国工业和信息化部

标准简介：

本标准规定了用铁氧体制成的 PQ 磁心及低矮型 PQI 磁心在机械互换性方面的主要尺寸，以及在间距为 2. 54mm 印制电路板网格上与磁心底部轮廓有关的线圈骨架末端插针位置。

电子元器件与信息技术

微电路

半导体器件　集成电路　第 2-11 部分：数字集成电路 单电源集成电路电可擦可编程只读存储器　空白详细规范

标准编号： GB/T 17574. 11-2006

实施日期： 2007-05-01

发布部门： 中华人民共和国国家质量监督检验检疫总局
中国国家标准化管理委员会

标准简介：

本空白详细规范是半导体器件的一系列空白详细规范之一，本规范等同采用 IEC 60748-2-11：1999《半导体器件 集成电路 第 2-11 部分：数字集成电路 单电源集成电路电可擦可编程只读存储器 空白详细规范》英文版。

混合集成电路 DC/DC 变换器测试方法

标准编号： SJ 20646-1997

实施日期： 1997-10-01

标准简介：

本标准规定了混合集成电路 DC/DC（直流/直流）变换器的主要性能参数的测试方法。本标准适用于各类军用电子设备中混合集成电路 DC/DC 变换器的参数测试。

混合集成电路系列与品种 DC/AC 变换器系列的品种

标准编号： SJ 20759-1999

实施日期： 1999-12-01

发布部门： 中华人民共和国信息产业部

标准简介：

本标准规定了输入电压为 28V 的脉宽调制式厚膜混合集成 DC/DC 变换器系列及其品种，并给出了每一品种的主要电参数、外形图、引出端系列的主要方式以及选择和应用导则。本指南适用于DC/DC变换器生产、研制、开发时系列和品种的选择，也适用于电子设备在设计和制造时对DC/DC变换器的选型。

微波电路变频测试方法
标准编号：SJ 20938-2005
实施日期：2006-06-01
标准简介：

本标准规定了微波电路上变频器、下变频器电参数的测试方法。

混合集成电路　HMSF-600型电源滤波器详细规范
标准编号：SJ 52438. 10-2001
实施日期：2002-01-01
发布部门：中华人民共和国信息产业部
标准简介：

本规范规定了混合集成电路HMSF-600型电源滤波器的详细要求。该电路的质量保证等级为H级和H1级。

混合集成电路HDCD2812D15型DC/DC变换器详细规范
标准编号：SJ 52438. 9-2001
实施日期：2002-01-01
发布部门：中华人民共和国信息产业部
标准简介：

本规范规定了混合集成电路HDA2812D15型DC/DC变换器的详细要求。该电路的质量保证等级为H和HI级。本规范适用与电路的研制、生产和采购。

混合集成电路HMSF-600型电源滤波器详细规范
标准编号：SJ 52438/10-2001
实施日期：2002-01-01
发布部门：中华人民共和国信息产业部
标准简介：

本规范规定了混合集成电路HMSF-600型电源滤波器的详细要求。该电路的质量保证等级为H级和H1级。本规范适用于电路的研制、生产和采购。

混合集成电路HDCD2815S15型DC/DC变换器详细规范
标准编号：SJ 52438/6-2000
实施日期：2000-10-20
发布部门：中华人民共和国信息产业部
标准简介：

本标准规定了混合集成电路HDCD2815S15型DC/DC变换器的详细要求。本标准适用于电路的研制、生产和采购。

混合集成电路HDCD2812D15型DC/DC变换器详细规范
标准编号：SJ 52438/9-2001
实施日期：2002-01-01
发布部门：中华人民共和国信息产业部
标准简介：

本规范规定了混合集成电路HDCD2812D15型DC/DC变换器的详细要求。该电路的质量保证等级为H级和H1级。本规范适用于电路的研制、生产和采购。

电子元器件与信息技术

电子元器件与信息技术综合

智能变频电磁感应加热节能设备通用技术条件
标准编号：DB37/T 2313-2013
实施日期：2013-05-01
发布部门：山东省质量技术监督局
标准简介：暂无

电磁兼容　试验和测量技术　交流电源端口谐波、谐间波及电网信号的低频抗扰度试验
标准编号：GB/T 17626. 13-2006
实施日期：2007-07-01
发布部门：中华人民共和国国家质量监督检验检疫总局
中国国家标准化管理委员会
标准简介：

GB/T 17626的本部分规定了低压电网中每相额定电流小于等于16A的电气和电子设备对骚扰频率高至2kHz的谐波、间谐波的抗扰度试验方法，并提出了基本试验等级的范围。

电磁兼容　试验和测量技术　直流电源输入端口纹波抗扰度试验
标准编号：GB/T 17626. 17-2005
实施日期：2005-12-01
发布部门：中华人民共和国国家质量监督检验检疫总局
中国国家标准化管理委员会
标准简介：

本部分规定了电气和电子设备的直流电源输入端口的纹波抗扰度试验方法。本部分适用于由外部整流系统或正在充电的蓄电池供电的设备的低压直流电源端口。本部分的目的是建立一个通用的和可重现的基准，以在试验室条件下对电力和电子设备进行来自于如整流系统和/或蓄电池充电时叠加在直流电源上的纹波电压的抗扰度试验。本部分规定了：试验电压的波形；试验等级范围；试验发生器；试验配置；试验程序。

电磁兼容　试验和测量技术　直流电源输入端口电压暂降、短时中断和电压变化的抗扰度试验
标准编号：GB/T 17626. 29-2006
实施日期：2007-09-01
发布部门：中华人民共和国国家质量监督检验检疫总局
中国国家标准化管理委员会
标准简介：

GB/T 17626的本部分规定了在电气和电子设备的直流电源输入端口对电压暂降、短时中断和电压变化的抗扰度试验方法。

电磁兼容 试验和测量技术 电能质量测量方法

标准编号：GB/T 17626.30-2012

实施日期：2013-02-01

发布部门：中华人民共和国国家质量监督检验检疫总局
中国国家标准化管理委员会

标准简介：

GB/T 17626 的本部分规定了 50Hz 交流供电系统中电能质量参数测量方法及测量结果的解释。各有关参数的测量方法均采用能提供可靠的、可重复结果的术语描述，但不涉及测量方法的实现手段。本部分涉及的是现场测量方法。本部分适用于所指的参数测量仅限电力系统中能处理的电压现象。本部分涉及的电能质量参数是指电网频率、供电电压幅值、闪烁、供电电压暂降和暂升、电压中断、瞬态电压、供电电压不平衡、电压谐波和间谐波、供电电压中的载波信号以及快速电压变化。根据测量目的的不同，可能需要对上述全部参数或部分参数进行测量。注 1：有关电流的参数信息见 A.3 和 A.6。本部分仅提供测量方法以及相应的性能要求，并不设置阈值。供电系统和仪器之间传感器的作用众所周知，因此在本部分中没有详细叙述，仅对带电电路安装监测器的注意事项作出规定。注 2：可在 IEC 61557-12 中查询关于传感器作用的说明。

电磁兼容 试验和测量技术 主电源每相电流大于 16A 的设备的电压暂降、短时中断和电压变化抗扰度试验

标准编号：GB/T 17626.34-2012

实施日期：2012-09-01

发布部门：中华人民共和国国家质量监督检验检疫总局
中国国家标准化管理委员会

标准简介：

本部分规定了与低压供电网连接的电气和电子设备对电压暂降、短时中断和电压变化抗扰度试验方法和优选的试验等级范围。本部分适用于主电源每相额定电流超过 16A 的电气和电子设备（每相额定电流超过 200A 的电气和电子设备的指南见附录 E）。本部分适用于安装在居民区和工业区的连接到 50Hz 或者 60Hz 交流网络的可能发生电压暂降和短时中断的单相和三相设备。本部分不适用于连接到 400Hz 交流网络的电气和电子设备。与这些网络连接的设备的试验将在以后的标准中涉及。

电磁兼容 环境 工业设备电源低频传导骚扰发射水平的评估

标准编号：GB/Z 18039.2-2000

实施日期：2000-12-01

发布部门：中华人民共和国国家质量监督检验检疫总局

标准简介：

本指导性技术文件推荐了评估工业环境中安装在非公用电网中的装置、设备和系统发射所产生的骚扰水平的程序，并只限于供电电源中的低频传导骚扰。

通信电源设备电磁兼容性要求及测量方法

标准编号：YD/T 983-2013

实施日期：2013-06-01

发布部门：中华人民共和国工业和信息化部

标准简介：

本标准规定了通信电源设备（简称 TPE，不包括发电机和电池）的电磁兼容性要求，包括限值、性能判据和测量方法等。本标准适用于电信交换设备、电信传输设备、电信终端设备及无线通信设备的供电电源设备。

电子元器件与信息技术

光电子器件

气体激光器电源系列

标准编号：GB/T 12083-2012

实施日期：2013-02-15

发布部门：中华人民共和国国家质量监督检验检疫总局
中国国家标准化管理委员会

标准简介：

本标准规定了连续工作状态的气体激光器电源输出电压和输出电流值的系列、调节范围和允许的波动范围，同时规定了输出电压和输出电流之间的允许配伍。本标准适用于连续工作状态的气体激光器的固定的和可调节的直流电流源和直流电压。

半导体光电子器件 GF1121 型 LED 指示灯详细规范

标准编号：SJ 50033/147-2000

实施日期：2000-10-20

发布部门：中华人民共和国信息产业部

标准简介：

本规范规定了 GF1121 型固态指示灯的详细要求。本规范适用于器件的研制、生产和采购。

GS1113 型 LED 红色数码管详细规范

标准编号：SJ 52146/1-1996

实施日期：1997-01-01

发布部门：中华人民共和国电子工业部

标准简介：

本标准适用于军用 GS1113 型 LED 红色数码管的研制、生产和采购。

混合集成电路 HDC28D15/1000 型 DC/DC 变换器详细规范

标准编号：SJ 52438/1-1997

实施日期：1997-10-01

发布部门：中华人民共和国电子工业部

标准简介：

本标准规定了混合集成电路 HDC28D15/1000 型 DC/DC 变换器的详细要求。本标准适用于电路的研制、生产和采购。

混合集成电路 HDC28S5/1000 型 DC/DC 变换器详细规范
标准编号： SJ 52438/2-1997
实施日期： 1997-10-01
发布部门： 中华人民共和国电子工业部
标准简介：

本标准规定了混合集成电路 HDC28S5/1000 型 DC/DC 变换器的详细要求。本标准适用于电路的研制、生产和采购。

混合集成电路 B—DTV3 温度 - 电压变换器详细规范
标准编号： SJ 52438/4-1997
实施日期： 1997-10-01
发布部门： 中华人民共和国电子工业部
标准简介：

本标准规定了混合集成电路 B-DTV3 温度-电压变换器的详细要求。本标准适用于电路的研制、生产和采购。

公共场所发光二极管（LED）显示屏最大可视亮度限值和测量方法
标准编号： DB31/T 708-2013
实施日期： 2013-09-01
发布部门： 上海市质量技术监督局
标准简介： 暂无

LED 显示屏
标准编号： DB35/T 1304-2012
实施日期： 2013-03-01
发布部门： 福建省质量技术监督局
标准简介： 暂无

普通照明用 LED 灯具（固定式、可移式、嵌入式）
标准编号： DB35/T 810-2008
实施日期： 2008-07-10
发布部门： 福建省质量技术监督局
标准简介： 暂无

LED 背光源测试方法
标准编号： DB35/T 969-2009
实施日期： 2010-01-30
发布部门： 福建省质量技术监督局
标准简介： 暂无

液晶显示背光组件用 LED 性能规范
标准编号： SJ/T 11458-2013
实施日期： 2013-12-01
发布部门： 中华人民共和国工业和信息化部
标准简介：

本标准规定了液晶显示背光组件用 LED（发光二极管）的术语和定义、分类、性能要求、检验方法和检验规则的相关内容。

液晶显示用背光组件 第 3-2 部分：显示器用 LED 背光组件空白详细规范
标准编号： SJ/T 11460. 3. 2-2013
实施日期： 2013-12-01
发布部门： 中华人民共和国工业和信息化部
标准简介：

本部分规定了显示器用 LED 背光组件的技术要求，以及质量评定程序、检验和试验方法、包装、运输和贮存的空白详细要求。

电子元器件与信息技术

电子测量与仪器

信息技术设备用不间断电源通用技术条件
标准编号： GB/T 14715-1993
实施日期： 1994-06-01
发布部门： 国家技术监督局
标准简介：

本标准规定了信息技术设备用不间断电源通用技术条件。本标准适用于信息技术设备用不间断电源，其它场合使用的不间断电源可参照本标准，本标准是制定型号产品标准的依据。

通信用电源设备通用试验方法
标准编号： GB/T 16821-2007
实施日期： 2007-09-01
发布部门： 中华人民共和国国家质量监督检验检疫总局
中国国家标准化管理委员会
标准简介：

本标准规定了通信用电源设备通用试验项目试验的一般规定：试验用仪器仪表设备及要求、试验部位、试验条件和方法、计算方法。本标准适用于通信用的整流器、高频开关组合电源、直流-直流变换设备、逆变设备、配电设备等。

400Hz 静止变频电源通用规范
标准编号： SJ 20915-2004
实施日期： 2004-12-30
标准简介：

本规范适用于电子装备所使用的各种静止变频电源，是产品研制、生产和验收的主要技术依据，也是制定相关产品规范和其它技术文件应遵循的原则和基础。

电子电源术语及定义
标准编号： SJ/T 1670-2001
实施日期： 2002-01-01
标准简介：

本标准规定了电子电源常用名词术语的定义。本标准适用于电子电源专业范围内制定各种标准、编制各类技术文件，也适用于科研、科学等方面。

微小型计算机系统设备用开关电源通用规范
标准编号： GB/T 14714-2008
实施日期： 2008-12-01
发布部门： 国家标准化管理委员会
标准简介：

本标准规定了微小型计算机系统设备用开关电源的技术要求、试验方法、检验规则、标志、包装、运输、贮存等。本标准适用于微小型计算机系统设备用开关电源，是制定产品标准的依据。本标准代替 GB/T 14714-1993《微小型计算机系统设备用开关电源通用技术条件》。本标准与 GB/T 14714-1993 的主要区别如下：标准名称修改为“微小型计算机系统设备用开关电源通用规范”；表 1 中关于电压分类，电压分类增加 3.3V 和负电压，取消 24V，将大于 60V 的电压并入“其它”；将“最小调节范围”修改为“稳压范围”；其它各项指标也做了部分修订；增加电源适应能力的要求；电磁兼容增加抗扰度限值和谐波电流限值的要求；可靠性要求由 3 000h 更改为 4 000h；主要性能试验增加测试电流计算方法，确定了额定负载的计算方法，并在相关的试验中做了修订。

LED 显示屏通用规范
标准编号： SJ/T 11141-2012
实施日期： 2012-06-01
发布部门： 中华人民共和国工业和信息化部
标准简介：

本标准规定了 LED 显示屏的术语和定义、分类、技术要求、检验方法、检验规则，以及标志、包装、运输和贮存要求，适用于 LED 显示屏产品。本标准是我国自主制定的电子行业标准。

发光二极管（LED）显示屏测试方法
标准编号： SJ/T 11281-2007
实施日期： 2008-01-20
发布部门： 中华人民共和国信息产业部
标准简介：

本标准规定了发光二极管（LED）显示屏的机械、光学、电学等主要技术性能指标的分级和测试方法。本标准适用于各类发光二极管（LED）显示屏的测试。

体育场馆用 LED 显示屏规范
标准编号： SJ/T 11406-2009
实施日期： 2010-01-01
发布部门： 中华人民共和国工业和信息化部
标准简介：

主要规定了体育场馆用 LED 显示屏的定义、分类与分档、技术要求、试验方法、检验规则及标志、包装、运输、贮存要求等内容。适用于体育场馆用 LED 显示屏的设计、制造、质量检验、安装和验收。

电子元器件与信息技术

电真空器件

CKM-198 型系列捷变频磁控管详细规范
标准编号： SJ 20480/1-1996
实施日期： 1997-01-01
发布部门： 中华人民共和国电子工业部
标准简介：

本规范规定了 CKM-198 型系列捷变频磁控管的详细要求。本规范适用于 CKM-198 型系列捷变频磁控管。

CKM-709、709A 型捷变频脉冲磁控管详细规范
标准编号： SJ 20480/6-1998
实施日期： 1998-05-01
发布部门： 中华人民共和国电子工业部
标准简介：

本规范规定了 CKM-709、709A 型捷变频脉冲磁控管的性能要求、质量保证、交货准备等的详细要求。本规范适用于 CKM- 709、709A 型磁控管。

电子元器件与信息技术

电子工业生产设备

交流电容器老化电源完好要求和检查评定方法
标准编号： SJ/T 31381-1994
实施日期： 1994-06-01
发布部门： 中华人民共和国电子工业部
标准简介：

本标准规定了交流电容器老化电源的完好要求和检查、评定方法。本标准适用于 P80-1/HM 型和 P80-4/HM 型交流电容器老化电源，类似型式的交流电容器老化电源亦可参照执行。

VYJ9S 系列野战电源电缆规范
标准编号： SJ 20988-2008
实施日期： 2008-06-30
标准简介：

本规范规定了 VYJ9S 系列野战电源电缆的要求、质量保证规定和交货准备等。本规范适用于 VYJ9S 系列野战电源电缆的研制、生产、订货和验收。

能源、核技术

电力

电能质量监测装置技术规范
标准编号： DB32/T 1841-2011
实施日期： 2011-08-20
发布部门： 江苏省质量技术监督局

标准简介：暂无

电能质量技术监督规程
标准编号：DL/T 1053-2007
实施日期：2007-12-01
发布部门：中华人民共和国国家发展和改革委员会
标准简介：

本标准规定了公用电网电能质量技术监督的任务、方法和技术管理内容。本标准适用于电网企业、并网运行的发电企业、电力用户以及相关的规划设计、建设施工、试验调试、科研开发和管理部门单位和电能质量技术监督。

电力用直流和交流一体化不间断电源设备
标准编号：DL/T 1074-2007
实施日期：2008-06-01
发布部门：中华人民共和国国家发展和改革委员会
标准简介：

本标准规定了电力用直流和交流一体化不间断电源设备的型号和额定值、技术要求、检验规则和试验方法、标志、包装、运输和贮存等的要求。本标准适用于发电厂、变（配）电所和其它电力工程直流和交流一体化不间断电源设备的设计、制造、选择、订货和试验。也适用于电力用交流不间断电源、电力用逆变电源、小型变电站的通信用直流变换电源的设计、制造、选择、订货和试验。

火电厂高压变频器运行与维护规范
标准编号：DL/T 1195-2012
实施日期：2012-12-01
发布部门：国家能源局
标准简介：

本标准规定了火电厂高压变频器成套设备的基本要求、使用条件、运行与维护方法。本标准适用于火电厂高压变频器成套设备的运行和维护。本标准中高压变频器的额定输入频率为50Hz，额定输入电压为1～10kV，输出电压为交流0～10kV。

电能质量监测装置技术规范
标准编号：DL/T 1227-2013
实施日期：2013-08-01
发布部门：国家能源局
标准简介：

本标准规定了电能质量监测装置的基本技术要求、试验方法、检验规则及对标志、包装、运输、贮存的要求。本标准适用于固定安装在现场的电能质量监测装置，其它具有类似功能的装置可参照本标准执行。

电能质量监测装置运行规程
标准编号：DL/T 1228-2013
实施日期：2013-08-01
发布部门：国家能源局
标准简介：

本标准规定了电能质量监测装置的安装、投运、使用、维护、检定、巡检、通信和异常处理的基本要求。本标准适用于各级电网中发、供电单位及电力用户的电能质量监测装置。

电能质量标准源校准规范
标准编号：DL/T 1368-2014
实施日期：2015-03-01
发布部门：国家能源局
标准简介：暂无

基于DL/T860的变电站低压电源设备通信接口
标准编号：DL/T 329-2010
实施日期：2011-05-01
发布部门：国家能源局
标准简介：

本标准适用于变电站低压电源设备之间及与变电站其它部分进行通信的智能电子设备的设计、制造和试验要求。变电站用各种电源设备的技术要求已在DL/T 5044、DL/T 1074、DL/T 459和DL/T 856等标准中明确，这些标准加上本标准所增补的技术要求广泛适用。

电力系统直流电源柜订货技术条件
标准编号：DL/T 459-2000
实施日期：2001-01-01
发布部门：中华人民共和国国家经济贸易委员会
标准简介：

本标准是根据我国电力工业的发展现状，对DL/T 459-1992《镉镍蓄电池直流屏（柜）订货技术条件》进行修订。修订后的标准名称为《电力系统直流电源柜订货技术条件》。本标准在对DL/T 459-1992修订时，保留了仍适用电力系统直流电源柜要求的内容，修改了部分条款。因新技术、新器件、新装置的引入，根据它们的特性，增加了新的内容。增加内容如下：a. 阀控式密封铅酸蓄电池的技术要求及试验；b. 高频开关电源充电浮充电装置的技术要求及试验；c. 微机控制器的技术要求及自动转换程序试验；d. 抗高频干扰试验；e. 静电放电干扰度试验；f. 谐波测量测试；g. 三遥功能试验。

电力系统用蓄电池直流电源装置运行与维护技术规程
标准编号：DL/T 724-2000
实施日期：2001-01-01
发布部门：中华人民共和国国家经济贸易委员会
标准简介：

本标准规定了电力系统用蓄电池直流电源装置（包括蓄电池、充电装置、微机监控器）运行与维护的技术要求和技术参数，适用于电力系统各部门直流电源的运行和维护。

电力用直流电源监控装置
标准编号：DL/T 856-2004

实施日期： 2004-06-01
发布部门： 中华人民共和国国家发展和改革委员会
标准简介：

本标准规定了电力用直流电源监控装置的使用条件、术语和定义、基本功能要求、电气与安全性能要求、设计和结构、检验规则和试验方法、标志、包装和贮运。本标准适用于电力用直流电源监控装置的设计、生产、选择、订货和试验。

发电厂、变电所蓄电池用整流逆变设备技术条件
标准编号： DL/T 857-2004
实施日期： 2004-06-01
发布部门： 中华人民共和国国家发展和改革委员会
标准简介：

本标准规定了发电厂、变电所蓄电池用整流逆变设备的技术要求、试验方法、包装及贮运条件。本标准适用于直流电源系统中的蓄电池用整流逆变设备的试验、选择和订货。

电能质量 电压波动和闪变
标准编号： GB/T 12326-2008
实施日期： 2009-05-01
发布部门： 国家标准化管理委员会
标准简介：

本标准代替 GB/T 12326-2000《电能质量 电压波动和闪变》。本标准规定了电压波动和闪变的限值及测试、计算和评估方法。本标准适用于交流 50Hz 电力系统正常运行方式下，由波动负荷引起的公共连接点电压的快速变动及由此可能引起人对灯光闪烁明显感觉的场合。

电能质量 公用电网谐波
标准编号： GB/T 14549-1993
实施日期： 1994-03-01
发布部门： 国家技术监督局
标准简介：

本标准规定了公用电网谐波的允许值及其测试方法。本标准适用于交流额定频率为 50Hz、标称电压 110kV 及以下的公用电网。本标准不适用于暂态现象和短时间谐波。

远动设备及系统 第 2 部分：工作条件 第 1 篇：电源和电磁兼容性
标准编号： GB/T 15153. 1-1998
实施日期： 1999-06-01
发布部门： 国家质量技术监督局
标准简介：

本标准适用于对地理上广布的生产过程进行监视和控制，并以串行编码方式进行数据传输的远动设备及系统。本标准也可供远方保护设备及系统，以及支持配电自动化系统的配电线载波系统参考采用。

电能质量 电力系统频率偏差
标准编号： GB/T 15945-2008
实施日期： 2009-05-01
发布部门： 中华人民共和国国家质量监督检验检疫总局
中国国家标准化管理委员会
标准简介：

本标准规定了标称频率为 50Hz 的电力系统频率偏差限值、测量及合格率的统计方法。本标准不适用于电气设备的频率偏差限值。

电能质量 暂时过电压和瞬态过电压
标准编号： GB/T 18481-2001
实施日期： 2002-04-01
发布部门： 中华人民共和国国家质量监督检验检疫总局
标准简介：

本标准规定了交流电力系统中作用于电气设备的暂时过电压和瞬态过电压要求、电气设备的绝缘水平，以及过电压保护方法。当涉及过电压方面电能质量问题时，应根据本标准的规定，结合电网、设备特点和使用环境参照相关的专业标准执行。本标准不适用于因静电、触及高压系统以及稳态波形畸变（谐波）引起的过电压。

电能质量监测设备通用要求
标准编号： GB/T 19862-2005
实施日期： 2006-04-01
发布部门： 中华人民共和国国家质量监督检验检疫总局
中国国家标准化管理委员会
标准简介：

本标准规定了电能质量监测设备的通用要求。本标准适用于户内使用的、对交流电力系统及其设备进行电能质量监视测量的下述设备：-固定式监测设备；-便携式监测设备。

重要电力用户供电电源及自备应急电源配置技术规范
标准编号： GB/Z 29328-2012
实施日期： 2013-06-01
发布部门： 中华人民共和国国家质量监督检验检疫总局
中国国家标准化管理委员会
标准简介：

本指导性技术文件规定了重要电力用户的界定和分级、供电电源和自备应急电源的配置原则和主要技术条件。本指导性技术文件适用于重要电力用户的供电电源及自备应急电源的配置。其它电力用户的供电电源和自备应急电源配置可参照执行。

能源、核技术

能源

太阳能光伏移动充电系统技术要求
标准编号： DB35/T 1090-2011
实施日期： 2011-02-20

发布部门：福建省质量技术监督局
标准简介：暂无

并网型光伏逆变器技术条件
标准编号：DB42/T 862-2012
实施日期：2013-04-24
发布部门：湖北省质量技术监督局
标准简介：暂无

户外太阳能光伏电源照明系统技术要求和试验方法
标准编号：DB63/T 811-2009
实施日期：2009-08-01
发布部门：青海省质量技术监督局
标准简介：暂无

光伏并网逆变器技术规范
标准编号：DB65/T 3463-2013
实施日期：2013-02-01
发布部门：新疆维吾尔自治区质量技术监督局
标准简介：暂无

离网型风能、太阳能发电系统用逆变器　第1部分：技术条件
标准编号：GB/T 20321.1-2006
实施日期：2007-01-01
发布部门：中国国家标准化管理委员会
标准简介：

本部分规定了离网型风能、太阳能发电系统用逆变器的术语、基本参数及型号编制、技术要求、试验方法、检验规则和标志、包装、运输及贮存等内容。

离网型风能、太阳能发电系统用逆变器　第2部分：试验方法
标准编号：GB/T 20321.2-2006
实施日期：2007-01-01
发布部门：中国国家标准化管理委员会
标准简介：

本部分规定了离网型风能、太阳能发电系统用逆变器工作性能的试验条件、试验内容和试验方法。本标准适用于离网型风能、太阳能发电系统用逆变器的工作性能试验。

风力发电机组　全功率变流器　第1部分：技术条件
标准编号：GB/T 25387.1-2010
实施日期：2011-03-01
发布部门：中华人民共和国国家质量监督检验检疫总局
中国国家标准化管理委员会
标准简介：

本部分规定了风力发电机组全功率交直交电压型变流器的相关术语和定义、通用要求、试验方法、检验规则等。本部分适用于风力发电机组全功率交直交电压型变流器。

风力发电机组　全功率变流器　第2部分：试验方法
标准编号：GB/T 25387.2-2010
实施日期：2011-03-01
发布部门：中华人民共和国国家质量监督检验检疫总局
中国国家标准化管理委员会
标准简介：

本部分规定了风力发电机组全功率交直交电压型变流器的试验条件和试验方法。本部分适用于风力发电机组用全功率交直交电压型变流器的试验和检验。

风力发电机组　双馈式变流器　第1部分：技术条件
标准编号：GB/T 25388.1-2010
实施日期：2011-03-01
发布部门：中华人民共和国国家质量监督检验检疫总局
中国国家标准化管理委员会
标准简介：

GB/T 25388的本部分规定了双馈式变速恒频风力发电机组交直交电压型变流器的相关术语和定义、通用技术要求、试验方法、检验规则及其产品的相关信息等。本部分适用于双馈式变速恒频风力发电机组交直交电压型变流器，即双馈式变流器。

风力发电机组　双馈式变流器　第2部分：试验方法
标准编号：GB/T 25388.2-2010
实施日期：2011-03-01
发布部门：中华人民共和国国家质量监督检验检疫总局
中国国家标准化管理委员会
标准简介：

GB/T 25388的本部分规定了双馈式风力发电机组交直交电压型变流器工作性能的试验条件、试验内容和试验方法。本部分适用于双馈式风力发电机组交直交电压型变流器性能试验。

风电场电能质量测试方法
标准编号：NB/T 31005-2011
实施日期：2011-11-01
发布部门：国家能源局
标准简介：

本标准规定了风电场电能质量测试的基本要求、测试项目、测试设备、测试方法和测试结果的评价。本标准适用于通过110（66）kV及以上电压等级线路接入电网的、装机容量大于40MW的风电场。其它的风电场可以参照执行。

分布式电源接入电网运行控制规范
标准编号：NB/T 33010-2014
实施日期：2015-03-01
发布部门：国家能源局
标准简介：暂无

分布式电源接入电网测试技术规范

标准编号：NB/T 33011-2014
实施日期：2015-03-01
发布部门：国家能源局
标准简介：暂无

分布式电源接入电网监控系统功能规范
标准编号：NB/T 33012-2014
实施日期：2015-03-01
发布部门：国家能源局
标准简介：暂无

分布式电源孤岛运行控制规范
标准编号：NB/T 33013-2014
实施日期：2015-03-01
发布部门：国家能源局
标准简介：暂无

分布式电源接入电网技术规定
标准编号：Q/GDW 480-2010
实施日期：2010-08-24
发布部门：国家电网公司
标准简介：

本标准规定了新建和扩建分布式电源接入电网运行应遵循的一般原则和技术要求，改建分布式电源、分布式自备电源可参照本标准执行。

分布式电源接入配电网测试技术规范
标准编号：Q/GDW 666-2011
实施日期：2011-11-14
发布部门：国家电网公司
标准简介：

本标准适用于国家电网公司经营区域以内同步电机、感应电机、交流器形式接入10kV及以下电压等级配电网的分布式电源。

分布式电源接入配电网运行控制规范
标准编号：Q/GDW 667-2011
实施日期：2011-11-14
发布部门：国家电网公司
标准简介：

国家电网公司生产技术部组织编写了《分布式电源接入配电网运行控制规范》。本标准是国家电网公司智能电网配电环节系列标准之一，是智能电网标准体系的重要组成部分。

能源、核技术

能源、核技术综合

逆变式弧焊电源能效评价
标准编号：DB37/T 1373-2009
实施日期：2010-01-01
发布部门：山东省质量技术监督局
标准简介：暂无

家用太阳能光伏电源系统技术条件和试验方法
标准编号：GB/T 19064-2003
实施日期：2003-09-01
发布部门：中华人民共和国国家质量监督检验检疫总局
标准简介：

本标准规定了定义、分类与命名、技术要求、文件要求、试验方法、检验规则及标志、包装。本标准适用于太阳能电池方阵、蓄电池组、充放电控制器、逆变器及用电器等组成的家用太阳能光伏电源系统。

风机、泵类负载变频调速节电传动系统及其应用技术条件
标准编号：GB/T 21056-2007
实施日期：2008-02-01
发布部门：中华人民共和国国家质量监督检验检疫总局
中国国家标准化管理委员会
标准简介：

本标准规定了风机、泵类负载变频调速节电传动系统的应用条件、技术要求、试验方法及判别与评价。本标准适用于660V及以下电压，50Hz三相交流电源供电，电动机额定功率315kW及以下的风机、泵类负载变频调速节电传动系统。

核电厂安全级充电器鉴定规程
标准编号：NB/T 20210-2013
实施日期：2013-10-01
发布部门：国家能源局
标准简介：暂无

机载火控雷达低压开关电源通用规范
标准编号：SJ 20351-1993
实施日期：1993-07-01
标准简介：暂无

机载火控雷达低压串联稳压电源通用规范
标准编号：SJ 20352-1993
实施日期：1993-07-01
标准简介：暂无

低压直流电源通用规范
标准编号：SJ 20365-1993
实施日期：1993-07-01
发布部门：中华人民共和国电子工业部
标准简介：

本规范规定了低压直流电源的通用技术要求、质量保证规定以及交货准备要求。本规范适用于军用电子设备的低压直流稳压电源。本规范是制定各种特定电源产品规范的依据。

2CW50～149 型硅半导体稳压二极管
标准编号： SJ 909-1974
实施日期： 1975-10-01
标准简介： 暂无

3DW50～202 型硅半导体稳压二极管
标准编号： SJ 910-1974
实施日期： 1975-10-01
标准简介： 暂无

2DW230～236 型硅平面温度补偿稳压二极管
标准编号： SJ 911-1974
实施日期： 1975-10-01
标准简介： 暂无

进出口信息技术设备检验技术要求　第 3 部分：外部电源的能效
标准编号： SN/T 3324.3-2012
实施日期： 2013-07-01
发布部门： 中华人民共和国国家质量监督检验检疫总局
标准简介：

本部分规定了进出口外部电源的能效的要求、检验及结果判定的方法。本部分适用于进出口或出口到欧盟、美国或其它国家（地区）的外部电源。

能源、核技术

核仪器与核探测器

核辐射探测器用直流稳压电源
标准编号： GB/T 10261-2008
实施日期： 2009-04-01
发布部门： 中华人民共和国国家质量监督检验检疫总局
中国国家标准化管理委员会
标准简介：

本标准于 1988 年 12 月第一次发布。本标准代替 GB/T 10261-1988《核仪器用高、低压直流稳压电源测试方法》。本标准规定了核辐射探测器用直流高压稳压电源的产品分类、要求、试验方法、检验规则以及标志、包装、运输和贮存。本标准适用于由交流或直流供电的室内核辐射探测器用直流高压稳压电源。本标准与 GB/T 10261-1988 相比主要变化如下：增加前言；引用新的规范性文件；增加"遥控控制率"等术语；增加技术要求、检验规则等产品标准的内容；增加资料性附录 A，内容是核仪器用直流稳压电源的特定测试方法。

时（间）-幅（度）变换器测试方法
标准编号： GB/T 12129-1989
实施日期： 1990-07-01
发布部门： 国家技术监督局
标准简介：

本标准规定了时（间）-幅（度）变换器主要参数的测试方法，并给出了与其基本特性有关的术语。本标准适用于时幅变换器的测试，TAC 与多道幅度分析器（MCA）连接可以测量时间间隔。

核电厂优先电源
标准编号： GB/T 13177-2008
实施日期： 2009-08-01
发布部门： 中华人民共和国国家质量监督检验检疫总局
中国国家标准化管理委员会
标准简介：

本标准代替 GB/T 13177-2000《核电厂优先电源》。本标准规定了核电厂优先电源（PPS）和优先电源与安全级（1E 级）电力系统、开关站、输电系统及替代交流电源（AAC）接口的设计准则。本标准适用于核电厂优先电源。本标准与 GB/T 13177-2000 相比主要有以下变化：修改了 4.4、5.1.2、5.1.4.1、5.3.3.3、5.3.4.4、6.3.2、7.2 的部分内容。

核电厂安全级静止式充电装置及逆变装置的质量鉴定
标准编号： GB/T 15473-2011
实施日期： 2012-06-01
发布部门： 中华人民共和国国家质量监督检验检疫总局
中国国家标准化管理委员会
标准简介：

本标准规定了安装在核电厂安全壳外的安全级静止式充电装置及逆变装置的质量鉴定方法，以保证其在规定的工作条件下能执行预定的功能。本标准不适用于指导充电装置及逆变装置在电厂电力系统中的应用，也不规定这些装置的具体性能要求。

核电厂不间断电源系统蓄电池组
标准编号： NB/T 20062-2012
实施日期： 2012-04-06
发布部门： 国家能源局
标准简介：

本标准规定了核电厂不间断电源（UPS）系统蓄电池组的选择、安装设计、安装、维护和试验的方法，并给出了 UPS 蓄电池充电、整流装置与蓄电池设备选型之间的关系。本标准适用于核电厂 UPS 系统蓄电池组的选型、安装、维护和试验。本标准不适用于 UPS 元器件的设计，也不适用于直流输出整流装置的后背蓄电池。

能源、核技术

核反应堆

压水堆核电厂棒电源系统安装技术规程
标准编号： NB/T 20114-2012
实施日期： 2012-04-06
发布部门： 国家能源局

标准简介：

本标准规定了压水堆核电厂建造期棒电源系统安装及检查的基本要求。本标准适用于压水堆核电厂建造期棒电源系统的电动发电机组的安装、电气盘柜的安装、电缆敷设于端接。

铁路

机车车辆通用标准

轨道交通　机车车辆　组合试验　第1部分：逆变器供电的交流电动机及其控制系统的组合试验

标准编号： GB/T 25117. 1-2010

实施日期： 2011-02-01

发布部门： 中华人民共和国国家质量监督检验检疫总局
中国国家标准化管理委员会

标准简介：

GB/T 25117 的本部分适用于机车车辆上电动机、逆变器及其控制系统所构成的组合系统，其目的是规定：机车车辆逆变器、交流电动机和相关控制系统所组成的电传动系统的性能特性；验证这些性能特性的试验方法。组合系统分为以下两种类型：a）由逆变器供电的交流电动机（主要是辅助电动机，例如冷却通风电动机），其机械输出（转矩、转速）和逆变器之间无任何控制，可视为电动机通过汇流排（变频变压或定频定压）供电工作。b）在机械输出和逆变器之间存在受控的（并联或非并联）交流电动机。

轨道交通　机车车辆　组合试验　第3部分：间接变流器供电的交流电动机及其控制系统的组合试验

标准编号： GB/T 25117. 3-2010

实施日期： 2011-02-01

发布部门： 中华人民共和国国家质量监督检验检疫总局
中国国家标准化管理委员会

标准简介：

GB/T 25117 的本部分适用于机车车辆上电动机、间接变流器及其控制系统所构成的组合系统，其目的是规定：机车车辆变流器、交流电动机及其控制系统所构成的电传动系统的性能特性；验证这些性能特性的试验方法。

轨道交通　机车车辆用电力变流器　第1部分：特性和试验方法

标准编号： GB/T 25122. 1-2010

实施日期： 2011-02-01

发布部门： 中华人民共和国国家质量监督检验检疫总局
中国国家标准化管理委员会

标准简介：

GB/T 25122 的本部分规定了机车车辆用电力电子变流器的术语和定义、使用条件、一般特性和试验方法。本部分适用于为机车车辆（电力机车、内燃机车、动车、客车及拖车等）牵引电路与辅助电路供电的电力电子变流器。本部分也适用于其它牵引机车车辆（例如有轨电车、地铁、城市轨道交通车辆）的电力电子变流器。本部分适用于完整的变流器机组及其配置，包括：半导体器件组件；集成冷却系统；中间直流环节的部件，包括与直流环节相连的滤波器；半导体驱动单元（SDU）及有关传感器；保护电路。本部分不适用于为半导体驱动单元（SDU）提供电气控制电源和变流器工作有关的其它设备（如传感器）供电的变流器。

轨道交通　机车车辆用电力变流器　第2部分：补充技术资料

标准编号： GB/T 25122. 2-2010

实施日期： 2011-02-01

发布部门： 中华人民共和国国家质量监督检验检疫总局
中国国家标准化管理委员会

标准简介：

GB/T 25122 的本部分说明了机车车辆电力电子变流器（例如外部换相整流器、自换相整流器、斩波器和逆变器）的基本电路结构、控制方法、工作方式和性能。本部分列出了典型的图表和例子进行论述，但并没有论述变流器的所有方面。本部分是 GB/T 25122. 1—2010 的补充技术资料。

电力牵引　轨道机车车辆和公路车辆用旋转电机　第1部分：除电子变流器供电的交流电动机之外的电机

标准编号： GB/T 25123. 1-2010

实施日期： 2011-02-01

发布部门： 中华人民共和国国家质量监督检验检疫总局
中国国家标准化管理委员会

标准简介：

GB/T 25123 的本部分规定了电力传动的轨道机车车辆和公路车辆上，除电子变流器供电的交流电动机之外的旋转电机。这些机车车辆可从外部电源或内部电源获得动力。本部分的目的是通过试验确认电机的性能，并为评定电机对某一规定负载的适应性以及与其它电机进行比较提供依据。

电力牵引　轨道机车车辆和公路车辆用旋转电机　第2部分：电子变流器供电的交流电动机

标准编号： GB/T 25123. 2-2010

实施日期： 2011-02-01

发布部门： 中华人民共和国国家质量监督检验检疫总局
中国国家标准化管理委员会

标准简介：

GB/T 25123 的本部分适用于驱动轨道机车车辆和公路车辆的由电子变流器供电的交流电动机。本部分为通过试验确定电动机的性能并评定该电动机对某一规定工作制的适应性以及与其它电动机进行比较提供依据。

电力牵引　轨道机车车辆和公路车辆用旋转电机　第3部分：用损耗总和法确定变流器供电的交流电动机的总损耗

标准编号： GB/T 25123. 3-2011

实施日期：2012-06-01
发布部门：中华人民共和国国家质量监督检验检疫总局
中国国家标准化管理委员会
标准简介：

GB/T 25123 的本部分适用于符合 GB/T 25123.2 的电动机。变流器供电的电动机的总损耗可用损耗总和法来确定，这些损耗由负载试验和空载试验得到。总输入功率等于基波频率的输入功率和其它所有频率的输入功率之和。实际上，其它所有频率的输入功率包括了由变流器电源中电压和电流谐波所产生的损耗，它可以通过采用适当的测量仪表，测量电动机负载状态时的总输入功率和基波频率的输入功率来求得。由于基波频率所产生的损耗不能直接测量，因此需通过测量基波频率的负载电流和基波频率的空载输入功率来求得。

煤矿蓄电池电机车用隔爆型充电机
标准编号：MT 1093-2008
实施日期：2010-07-01
发布部门：国家安全生产监督管理总局
标准简介：

本标准规定了煤矿蓄电池电机车用隔爆型充电机的产品分类、要求、试验方法、检验规则、标志、包装、运输和贮存。本标准适用于煤矿蓄电池电机车用隔爆型充电机（以下简称充电机）。

机车用直流开关电源柜
标准编号：TB/T 1395-2011
实施日期：2013-01-01
发布部门：中华人民共和国铁道部
标准简介：

本标准规定了机车用直流开关电源柜的技术条件、试验方法及验收规则等。本标准适用于机车用直流开关电源柜，也可作为客车和动车组直流开关电源柜的参考。

铁道客车车厢用灯　第 2 部分：卧铺车厢用 LED 床头阅读灯
标准编号：TB/T 3085.2-2003
实施日期：2004-04-01
发布部门：中华人民共和国铁道部
标准简介：

本部分规定了 LED 系列床头阅读灯的技术要求、试验方法、检验规则、标志、包装、运输、贮存等。本部分适用于铁道客车卧铺车厢用 LED 系列床头阅读灯。

铁路应用　机车车辆　逆变器供电的交流电动机及其控制系统的综合试验
标准编号：TB/T 3117-2005
实施日期：2005-12-01
发布部门：中华人民共和国铁道部
标准简介：

本标准规定了机车车辆逆变器、交流电动机和相关控制系统所组成的电传动系统的性能、特性和用试验来检验其性能、特性的方法。本标准适用于机车车辆上电动机、逆变器及其控制的组合系统。

机车空调电源
标准编号：TB/T 3141-2006
实施日期：2007-05-01
标准简介：暂无

交-直传动电力机车电力变流器动态负荷试验台技术条件
标准编号：TB/T 3186-2007
实施日期：2008-05-01
标准简介：

本标准规定了交-直传动电力机车电力变流器动态负荷试验台的技术要求、试验方法、检验规则、包装、标志及贮存等。本标准适用于交-直传动电力机车电力变流器试验用动态负荷试验台。

电力机车控制电源柜试验台
标准编号：TB/T 3214-2009
实施日期：2010-05-01
发布部门：中华人民共和国铁道部
标准简介：

本标准规定了电力机车控制电源柜试验台的技术要求、试验方法、检验规则、标志、包装、运输和贮存等。本标准适用于直流 110V 机车控制电源柜试验用试验台。

电力机车辅助变流器
标准编号：TB/T 3215-2009
实施日期：2010-05-01
发布部门：中华人民共和国铁道部
标准简介：

本标准规定了交-直传动电力机车辅助变流器的使用条件、特性、技术要求、试验项目、试验方法及检验规则等。本标准适用于交-直传动电力机车上使用的辅助变流器。

机车车辆电气设备供电地面电源
标准编号：TB/T 3331-2013
实施日期：2013-09-01
发布部门：中华人民共和国铁道部
标准简介：

本标准规定了机车车辆电气设备供电地面电源的环境条件、系统组成、技术要求、检验方法、检验规则、标志、包装、运输和贮存。本标准适用于铁道机车车辆在检修、检查、整备及存库时，对其辅助电气系统进行供电的地面电源，不包括对机车车辆的主牵引系统进行供电的地面电源。

铁路

铁路通信

铁路信号电源屏 第1部分：总则
标准编号：TB/T 1528.1-2002
实施日期：2003-02-01
发布部门：中华人民共和国铁道部
标准简介：

本部分规定了铁路信号电源屏的术语和定义、产品分类、技术要求、检验规则、标志、包装、运输、贮存等。本部分适用于铁路信号继电联锁、计算机联锁、驼峰信号、25Hz相敏轨道电路、区间自动闭塞等设备的供电电源。

铁路信号电源屏 第2部分：试验方法
标准编号：TB/T 1528.2-2005
实施日期：2005-12-01
标准简介：

本部分规定了铁路信号电源屏（以下简称受试设备）的术语和定义、试验要求和试验方法等。本部分适用于铁路继电联锁信号电源屏、计算机联锁信号电源屏、驼峰信号电源屏、区间信号电源屏、25Hz信号电源屏等受试设备。但各类受试设备需要进行的试验项目和技术指标应在各自技术标准的检验规则中作出规定。

铁路信号电源屏 第3部分：继电联锁信号电源屏
标准编号：TB/T 1528.3-2002
实施日期：2003-02-01
发布部门：中华人民共和国铁道部
标准简介：

本部分规定了继电联锁电源的术语和定义、产品分类、技术要求、检验规则、标志、包装、运输、贮存等。本部分适用于继电联锁信号设备的供电电源设备。

铁路信号电源屏 第4部分：计算机联锁信号电源屏
标准编号：TB/T 1528.4-2002
实施日期：2003-02-01
发布部门：中华人民共和国铁道部
标准简介：

本部分规定了计算机联锁信号电源屏的术语和定义、产品分类、技术要求、检验规则、标志、包装、运输、贮存等。本标准适用于计算机联锁信号设备的供电电源设备。

铁路信号电源屏 第5部分：驼峰信号电源屏
标准编号：TB/T 1528.5-2005
实施日期：2005-12-01
标准简介：

本部分规定了驼峰信号电源屏的术语和定义、产品分类、技术要求、检验规则、标志、包装、运输、贮存等。本部分适用于驼峰信号设备的供电电源设备。

铁路信号电源屏 第6部分：区间信号电源屏
标准编号：TB/T 1528.6-2002
实施日期：2003-02-01
发布部门：中华人民共和国铁道部
标准简介：

本部分规定了区间信号电源屏的术语和定义、产品分类、技术要求、检验规则、标志、包装、运输、贮存等。本部分适用于区间信号设备的供电电源设备。

铁路信号电源屏 第7部分：25Hz信号电源屏
标准编号：TB/T 1528.7-2002
实施日期：2003-02-01
发布部门：中华人民共和国铁道部
标准简介：

本标准规定了25Hz信号电源屏的术语和定义、产品分类、技术要求、检验规则、标志、包装、运输、贮存等。本标准适用于25Hz信号设备的供电电源设备。

铁路中间站通信电源设备技术条件
标准编号：TB/T 2169-2002
实施日期：2002-07-01
发布部门：中华人民共和国铁道部
标准简介：

本标准规定了铁路中间站用通信电源设备及铁路通信站用组合电源设备的通用技术要求。本标准适用于交流标称电压为220V/380V、标准频率为50Hz，交流输出电流不大于100A，直流额定电压为-48V，直流输出电流不大于200A，以低压电器和电子器件组成的铁路中间站电源柜。本标准可作为“铁路中间站电源柜”及“铁路通信站组合电源柜”产品设计、制造、采购、使用及质量检验的依据。

铁路450MHz机车电台电源技术要求和试验方法
标准编号：TB/T 2677-1995
实施日期：1996-10-01
标准简介：

本标准规定了铁路450MHz机车电台电源的适用范围、基本性能、技术要求及试验方法。本标准适用于铁路450MHz机车电台电源的产品设计、生产及检验。

铁路450MHz车站电台电源技术要求和试验方法
标准编号：TB/T 2678-1995
实施日期：1996-10-01
标准简介：

本标准规定了铁路450MHz车站电台电源的适用范围、基本性能、技术要求及试验方法。本标准适用于铁路450MHz列车无线调度通信设备车站电台电源的产品设计、生产及检验。

铁路

机车

电力机车、电力动车组主变流器用水散热器
标准编号：GB/T 25331-2010
实施日期：2011-03-01

发布部门：中华人民共和国国家质量监督检验检疫总局
中国国家标准化管理委员会
标准简介：

本标准规定了电力机车、电力动车组主变流器用水散热器的技术要求、试验方法、检验规则以及标志、包装、贮存等要求。本标准适用于电力机车、电力动车组主变流器用新造水散热器的设计、制造和验收。

LED 铁路信号机构通用技术条件
标准编号：TB/T 3242-2010
实施日期：2011-04-01
发布部门：中华人民共和国铁道部
标准简介：

本标准规定了 LED 铁路信号机构（以下简称机构）的产品型号、产品分类、技术要求、试验方法、检验规则及标志、包装、运输、贮存。本标准适用于机构的设计、制造、检验和维修。

仪器、仪表

仪器、仪表综合

直热式稳压型负温度系数热敏电阻器
标准编号：JB/T 9477. 3-1999
实施日期：2000-01-01
发布部门：国家机械工业局
标准简介：

本标准规定了直热式稳压型负温度系数热敏电阻器（以下简称电阻器）的产品分类、技术要求、试验方法、检验规则、标志、包装、运输、贮存。本标准适用于稳压型直热式负温度系数热敏电阻器。该电阻器用于频率在150Hz 以下的交流和直流电路中，作为稳压或稳幅的自动调节元件。

电子设备用稳压变压器总技术条件
标准编号：SJ 2605-1985
实施日期：1986-07-01
标准简介：暂无

雷达用高压充电电感通用技术条件（可供认证用）
标准编号：SJ 2697-1986
实施日期：1987-01-01
标准简介：

本标准适用于雷达发射机和其它类似设备中带有铁心的充电电感（Charging Inductor，CI）。其充电电压为 1 ~ 50kV，重量在数公斤至数百公斤之间。

400Hz 三相 E 型铁心电源变压器典型计算
标准编号：SJ/Z 1758-1981
实施日期：1981-10-01
标准简介：暂无

单相 50Hz C 型铁心电源变压器和滤波阻流圈典型计算
标准编号：SJ/Z 1762-1981
实施日期：1981-10-01
标准简介：暂无

50Hz 三相 E 型铁心电源变压器典型计算
标准编号：SJ/Z 1763-1981
实施日期：1981-10-01
标准简介：暂无

单相 C 型铁心电源变压器和滤波阻流圈典型计算
标准编号：SJ/Z 2165-1982
实施日期：1983-01-01
标准简介：暂无

GE、GEB 型铁心单相 50Hz 电源变压器典型计算
标准编号：SJ/Z 2556-1984
实施日期：1985-10-01
标准简介：暂无

仪器、仪表

工业自动化仪表与控制装置

工业自动化仪表通用试验方法　第 2 部分：电源电压频率变化抗扰度试验
标准编号：JB/T 6239. 2-2007
实施日期：2008-03-01
发布部门：中华人民共和国国家发展和改革委员会
标准简介：

JB/T 6239 的本部分规定了工业自动化仪表电源电压频率变化抗扰度试验的试验方法，包括试验设备、试验配置、试验程序及试验结果和试验报告。本部分适用于交流或直流供电的工业电动化仪表电源电压低降抗扰度的性能评定。

工业自动化仪表通用试验方法　第 3 部分：电源电压低降抗扰度试验
标准编号：JB/T 6239. 3-2007
实施日期：2008-03-01
发布部门：中华人民共和国国家发展和改革委员会
标准简介：

JB/T 6239 的本部分规定了工业自动化仪表电源电压低降抗扰度试验的试验方法，包括试验设备、试验配置、试验程序及试验结果和试验报告。本部分适用于交流或直流供电的工业电动化仪表电源电压低降抗扰度的性能评定。

工业自动化仪表通用试验方法　第 4 部分：电源短时中断抗扰度试验
标准编号：JB/T 6239. 4-2007
实施日期：2008-03-01
发布部门：中华人民共和国国家发展和改革委员会

标准简介：

JB/T 6239 的本部分规定工业自动化仪表电源短时中断抗扰度试验的试验方法，包括试验设备、试验配置、试验程序及试验结果和试验报告。本部分适用于工业自动化仪表电源短时中断抗扰度的性能评定。

工业自动化仪表通用试验方法 第 5 部分：电源快速瞬变单脉冲抗扰度试验

标准编号：JB/T 6239.5-2007

实施日期：2008-03-01

发布部门：中华人民共和国国家发展和改革委员会

标准简介：

JB/T 6239 的本部分规定了工业自动化仪表电源快速瞬变单脉冲抗扰度试验的试验方法，包括试验设备、试验配置、试验程序及试验结果和试验报告。本部分适用于交流或直流供电的工业自动化仪表电源快速瞬变单脉冲抗扰度的性能评定。本部分不包括直接参与或不参与过程测量、信号传输和控制的端口及功能接地端口试验，也不适用于连接电池或再充电时必须从装置上拆下的可充电电池输入端口。

工业自动化仪表用电源电压

标准编号：JB/T 8207-1999

实施日期：2000-01-01

发布部门：国家机械工业局

标准简介：

本标准规定了由外界供电的工业自动化仪表的交流电源电压、频率和直流电源电压的公称值。本标准适用于工业自动化仪表。电源电压和频率的允差由 JB/T 9237.2-1999 工业自动化仪表工作条件 动力》规定。

仪器、仪表

电工仪器仪表

磁放大式电子交流稳压器可靠性要求与考核方法

标准编号：JB/T 5409-1991

实施日期：1992-07-01

发布部门：中华人民共和国机械电子工业部

标准简介：

本标准规定了单相工频输入和输出的电子控制磁放大调整形式电子交流稳压器的可靠性要求与考核方法。本标准适用于 ZBN25001—1987《磁放大式电子交流稳压器》的规定范围，并假设相邻失效间时间的统计分布规律。

测量用交流稳压电源装置

标准编号：JB/T 6786-1993

实施日期：1994-01-01

发布部门：中华人民共和国机械电子工业部

标准简介：

本标准规定了测量用交流稳压电源装置（以下简称装置）的技术要求、试验方法、检验规则及包装等。本标准适用于在电测量时能提供交流电压校准值的装置，也适用于这些装置的附件。

交流输出稳定电源

标准编号：JB/T 7397-1994

实施日期：1995-05-01

发布部门：中华人民共和国机械工业部

标准简介：

本标准规定了交流输出稳定电源的术语、技术性能和试验方法等。

磁放大式电子交流稳压器

标准编号：JB/T 9299-1999

实施日期：2000-01-01

发布部门：国家机械工业局

标准简介：

本标准适用于单相工频输入和输出的电子控制磁放大调整形式的电子交流稳压器。本标准不包括测量用交流稳压电源（校准源）。本标准是电源设计、生产、质量检验和使用的共同技术依据，也是制订符合本标准范围的产品企业标准的依据，相应产品企业标准的规定要求不应低于标准的要求。

仪器、仪表

试验机与无损探伤仪器

无损检测仪器 工业软 X 射线探伤机

标准编号：JB/T 11234-2011

实施日期：2012-04-01

发布部门：中华人民共和国工业和信息化部

标准简介：

本标准规定了软 X 射线探伤机的主参数系列、型号编制方法、技术要求、试验方法和检验规则等。本标准适用于采用铍窗外封接的软 X 射线管，管电压为 10 ~ 100kV，额定电源电压为 220V，频率为 50Hz 完全防电击软 X 射线探伤机。

无损检测仪器 工业 X 射线探伤机 通用技术条件

标准编号：JB/T 11278-2012

实施日期：2012-11-01

发布部门：中华人民共和国工业和信息化部

标准简介：

本标准规定了工业 X 射线探伤机通用技术要求、检查与试验方法。本标准适用于额定电源电压为交流 220V、380V 或 220V/380V，频率为 50Hz 的工业 X 射线探伤机。

无损检测仪器 工业 X 射线探伤机电气通用技术条件

标准编号：JB/T 6221-2012

实施日期：2012-11-01

发布部门：中华人民共和国工业和信息化部
标准简介：

本标准规定了工业 X 射线探伤机电气系统通用技术要求、检查与试验。本标准适用于额定电源电压为交流 220 V、380 V 或 220 V/380 V，频率为 50 Hz 的工业 X 射线探伤机的电气系统。

仪器、仪表

电影、照相、缩微、复印设备

电影放映用整流器
标准编号：JB/T 11090-2011
实施日期：2012-04-01
发布部门：中华人民共和国工业和信息化部
标准简介：

本标准规定了电影放映用整流器的术语和定义、型号规格与基本参数、技术要求、试验方法、检验规则及标志、包装、运输、贮存。本标准适用于晶闸管整流式和开关电源式的负载为高压短弧氙灯的电影放映用整流器。

车辆

车用电子、电气设备与仪表

汽车用 LED 前照灯
标准编号：GB 25991-2010
实施日期：2012-01-01
发布部门：国家质量监督检验检疫总局　国家标准化管理委员会
标准简介：

本标准规定了汽车用 LED 光源/模块或含有 LED 光源/模块的前照灯配光性能、光色、温度循环等试验方法和检验规则等。本标准适用于 M、N 类汽车使用的 LED 前照灯或主要由 LED 光源或 LED 模块形成远光或近光的 LED 前照灯。

电动车辆传导充电系统一般要求
标准编号：GB/T 18487. 1-2001
实施日期：2002-05-01
发布部门：中华人民共和国国家质量监督检验检疫总局
标准简介：

本标准适用于交流标称电压最大值为 660V，直流标称电压最大值 1 000V（根据 GB 156-1993）的电动车辆充电设备。本标准适用于电动道路车辆充电的设备。本标准不适用于发动机起动、照明和点火装置或类似用途的，家用或其它类似的蓄电池充电系统的充电设备。本标准也不适用于轮椅、室内电动汽车、有轨电车、无轨电车、铁路交通工具以及工业用载重车（如叉式起重车）等非道路用蓄电池充电系统的充电设备。本标准不涉及Ⅱ类车辆。本标准规定了对充电设备的基本结构要求，即对供电装置和车辆连接的特性及操作环境的要求；对充电设备的技术要求及针对此要求电动车应有的特性；对供电电压和电流的要求。对充电模式功能的要求；电动车辆连接及对其接口的要求；对专用的插孔、连接器、插头、插座和充电电缆等的要求。本标准还规定了防电击保护等安全要求，但不包括与维护有关的其它安全要求。

电动车辆传导充电系统　电动车辆与交流/直流电源的连接要求
标准编号：GB/T 18487. 2-2001
实施日期：2002-05-01
发布部门：中华人民共和国国家质量监督检验检疫总局
标准简介：

本标准连同 GB/T 18487. 1 给出了电动车辆与交流或直流电源的连接要求。当电动车辆与供电电网连接时，根据 GB/T 156-2007，交流电压最大值为 660V，直流电压最大值为 1 000V。本标准不涉及Ⅱ类车辆。本标准不覆盖保养维修方面的所有安全事项。本标准不适用于无轨电车、铁路机车、工业卡车和原设计为非道路用的车辆。

电动车辆传导充电系统　电动车辆交流/直流充电机（站）
标准编号：GB/T 18487. 3-2001
实施日期：2002-05-01
发布部门：中华人民共和国　国家质量监督检验检疫总局
标准简介：

本标准与 GB/T 18487. 1 结合，给出传导连接到电动车辆的交流/直流充电机（站）的具体要求。对于交流充电站，本标准不包括不具有充电控制功能的盒式装置，它配有给电动车辆提供能源的插座。

电动汽车传导充电用连接装置　第 1 部分：通用要求
标准编号：GB/T 20234. 1-2011
实施日期：2012-03-01
发布部门：中华人民共和国国家质量监督检验检疫总局
中国国家标准化管理委员会
标准简介：

GB/T 20234 的本部分规定了电动汽车传导充电用连接装置的定义、要求、试验方法和检验规则。本部分适用于电动汽车传导式充电用的充电连接装置，其：交流额定电压不超过 690V，频率 50Hz，额定电流不超过 250A；直流额定电压不超过 1 000V，额定电流不超过 400A。如果充电连接装置的供电接口使用了符合 GB 2099. 1—2008 的标准化插头插座，则本部分不适用于这些插头插座。

电动汽车传导充电用连接装置　第 2 部分：交流充电接口
标准编号：GB/T 20234. 2-2011
实施日期：2012-03-01
发布部门：中华人民共和国国家质量监督检验检疫总局
中国国家标准化管理委员会
标准简介：

GB/T 20234 的本部分规定了电动汽车传导充电用交流充电接口的通用要求、功能定义、型式结构、参数和尺寸。本部分适用于电动汽车传导充电用的交流充电接口，其额定电压不超过 440V（AC），频率 50Hz，额定电流不超过 32A（AC）。如果交流充电接口的供电接口使用了符合 GB 2099.1 的标准化插头插座，则本部分附录 B 和附录 C 规定的结构尺寸和安装尺寸不适用于这些插头插座。

电动汽车传导充电用连接装置 第 3 部分：直流充电接口

标准编号： GB/T 20234.3-2011

实施日期： 2012-03-01

发布部门： 中华人民共和国国家质量监督检验检疫总局
中国国家标准化管理委员会

标准简介：

GB/T 20234 的本部分规定了电动汽车传导充电用直流充电接口的通用要求、功能定义、型式结构、参数和尺寸。本部分适用于充电模式 4 及连接方式 C 的车辆接口，其额定电压不超过 750V（DC）、额定电流不超过 250A（DC）。充电模式和连接方式的定义参见 GB/T 20234.1—2011 的附录 A。

道路车辆 由传导和耦合引起的电骚扰 第 2 部分：沿电源线的电瞬态传导

标准编号： GB/T 21437.2-2008

实施日期： 2008-09-01

发布部门： 中华人民共和国国家质量监督检验检疫总局、
中国国家标准化管理委员会

标准简介：

本部分规定了安装在乘用车及 12V 电气系统的轻型商用车或 24V 电气系统的商用车上设备的传导电瞬态电磁兼容性测试的台架试验，包括瞬态注入和测量。本部分还规定了瞬态抗扰性失效模式严重程度分类。本部分适用于各种动力系统（例如火花点火发动机或柴油发动机，或电动机）的道路车辆。

道路车辆 由传导和耦合引起的电骚扰 第 3 部分：除电源线外的导线通过容性和感性耦合的电瞬态发射

标准编号： GB/T 21437.3-2012

实施日期： 2013-06-01

发布部门： 中华人民共和国国家质量监督检验检疫总局
中国国家标准化管理委员会

标准简介：

GB/T 21437 的本部分建立了一种台架试验方法，用以评价被测装置（DUTs）对耦合到非电源线路的电瞬态发射的抗干扰性能。试验瞬态脉冲模拟快速电瞬态骚扰和慢速电瞬态骚扰，例如感性负载切换、继电器触点跳起等引起的瞬态骚扰。本部分提供了三种试验方法：容性耦合钳（CCC）方法；直接电容器耦合（DCC）方法；感性耦合钳（ICC）方法。

电动汽车充换电设施电能质量技术要求

标准编号： GB/T 29316-2012

实施日期： 2013-06-01

发布部门： 中华人民共和国国家质量监督检验检疫总局
中国国家标准化管理委员会

标准简介：

本标准规定了电动汽车充换电设施电能质量相关标准及检测的要求。本标准适用于电动汽车充换电设施，包括交流充电桩，充、换电站。

电动汽车非车载充电机电能计量

标准编号： GB/T 29318-2012

实施日期： 2013-06-01

发布部门： 中华人民共和国国家质量监督检验检疫总局
中国国家标准化管理委员会

标准简介：

本标准规定了电动汽车非车载充电机（以下简称充电机）计量用直流电能计量装置的配置安装要求、技术要求、试验方法和检验规则，规定了充电机计量技术要求。本标准适用于充电机的电能计量。

汽车用电源总开关技术条件

标准编号： QC/T 427-2013

实施日期： 2013-09-01

发布部门： 中华人民共和国工业和信息化部

标准简介：

本标准规定了汽车用电源总开关的定义、要求、试验方法、检验规则、标志、包装、运输及贮存。本标准适用于额定电压 12V、24V 的汽车用机械式或电磁式电源总开关。

电动汽车用传导式车载充电机

标准编号： QC/T 895-2011

实施日期： 2012-07-01

发布部门： 中华人民共和国工业和信息化部

标准简介：

本标准规定了电动汽车传导式车载充电机的基本构成、参数、功能、要求、试验方法、包装、储运方法及标志与标识。本标准适用于纯电动汽车及可外接充电式混合动力电动汽车的车载充电机。

车辆

汽车

电动汽车充电站安全要求

标准编号： DB44/T 1188-2013

实施日期： 2013-12-16

发布部门： 广东省质量技术监督局

标准简介： 暂无

电动汽车用充电设备谐波干扰限值和检测方法

标准编号：DB44/T 1192-2013
实施日期：2013-12-16
发布部门：广东省质量技术监督局
标准简介：暂无

电动汽车 DC/DC 变换器

标准编号：GB/T 24347-2009
实施日期：2010-02-01
发布部门：中华人民共和国国家质量监督检验检疫总局
中国国家标准化管理委员会
标准简介：

本标准规定了电动汽车 DC/DC 变换器的要求、试验方法、检验规则、标志、包装、运输、贮存等。本标准适用于电动汽车动力电源系统用 DC/DC 变换器。附件和控制系统低压（12V、24V）电源系统使用的 DC/DC 变换器可参照本标准相关内容。本标准中涉及的 DC/DC 变换器的功率等级为千瓦级（1～200kW）；不包括模块式小功率 DC/DC 变换器。

超级电容电动城市客车

标准编号：QC/T 838-2010
实施日期：2011-03-01
发布部门：中华人民共和国工业和信息化部
标准简介：

本标准规定了超级电容电动城市客车的术语和定义、型号、要求、试验方法、检验规则、标志、运输和保管。本标准适用于采用超级电容器作为动力电源或以超级电容器作为主要动力电源的各种电动城市客车。

电动汽车传导式充电接口

标准编号：QC/T 841-2010
实施日期：2011-03-01
发布部门：中华人民共和国工业和信息化部
标准简介：

本标准规定了电动汽车传导式充电接口的术语与定义、技术参数、充电模式、分类及功能定义、结构尺寸、性能要求、试验方法和检验规则。该标准规定了两种充电接口，一种是为车载充电机提供交流电能的接口，另一种是为电动汽车提供直流电能的接口。本标准适用于交流额定电压为 220V 和直流额定电压不超过 750V 的电动汽车用传导式充电接口。

电动汽车电池管理系统与非车载充电机之间的通信协议

标准编号：QC/T 842-2010
实施日期：2011-03-01
发布部门：中华人民共和国工业和信息化部
标准简介：

本标准规定了电动汽车电池管理系统（简称 BMS）与非车载充电机（简称充电机）之间的通信协议。本标准适用于电动汽车非车载充电。该标准的 CAN 标识符为 29 位，通信波特率为 250kbit/s，但该标准不限于 29 位标识符和 250kbit/s 通信波特率，如使用其它格式，可参照该标准制定其 CAN 标识符。标准数据传输采用低位先发送的格式。

车辆

专用汽车

电源车

标准编号：QC/T 911-2013
实施日期：2013-09-01
发布部门：中华人民共和国工业和信息化部
标准简介：

本标准规定了电源车的术语和定义、技术要求、试验方法、检验规则、标志、包装、运输和贮存。本标准适用于采用定型汽车底盘改装的，装备有 8～1250kW、额定电压为 400V 的工频三相交流柴油发电机组的电源车。其它燃料发电机组以及中频或双频的柴油发电机组式电源车可以参考此标准。

工程建设

工业与民用建筑工程

LED 道路照明产品寒地安装与验收要求

标准编号：DB23/T 1442-2011
实施日期：2011-04-03
发布部门：黑龙江省质量技术监督局
标准简介：暂无

采用 LED 技术的照明工程施工与验收规范　第 1 部分：施工规范

标准编号：DB31/T 468. 1-2009
实施日期：2009-05-01
发布部门：上海市质量技术监督局
标准简介：暂无

采用 LED 技术的照明工程施工与验收规范　第 2 部分：验收规范

标准编号：DB31/T 468. 2-2009
实施日期：2009-05-01
发布部门：上海市质量技术监督局
标准简介：暂无

体育场馆设备使用要求及检验方法第 1 部分：LED 显示屏

标准编号：TY/T 1001. 1-2005
实施日期：2005-12-01
发布部门：中华人民共和国国家体育总局
标准简介：

TY/T 1001 的本部分规定了体育场馆用 LED 显示屏的定义、分类、使用要求、检验方法及合格判定规则。本部分适用于田径场综合体育馆、游泳馆、跳水馆的 LET 显示屏。其他体育场馆可参考执行。本部分不包括计时记分系统内的显示屏和场馆内引导方向的显示屏。

建筑物低压电源电涌保护器选用、安装、验收及维护规程（附条文说明）
标准编号： CECS 174-2004
实施日期： 2005-06-01
发布部门： 中国工程建设标准化协会
标准简介：

本规程是为了更好地限制雷电电涌，保证雷电时建筑物内低压电源系统和与其连接的电气、电子设备的安全，规范电涌保护措施而制定的。

电力工程直流电源系统设计技术规程
标准编号： DL/T 5044-2014
实施日期： 2015-03-01
发布部门： 国家能源局
标准简介：

本标准规定了直流系统接线、设备选择及布置、直流系统的对外接口及对相关专业的要求。

电气装置安装工程　质量检验及评定规程　第 13 部分：电力变流设备施工质量检验
标准编号： DL/T 5161. 13-2002
实施日期： 2002-12-01
发布部门： 中华人民共和国国家经济贸易委员会
标准简介：

本章适用于需要安装基础的整流逆变类盘、蓄电池柜、稳压器柜、隔离变压器等的基础安装。

火力发电厂热工电源及气源系统设计技术规程
标准编号： DL/T 5455-2012
实施日期： 2012-12-01
发布部门： 国家能源局
标准简介：

本标准由国家能源局 2012 年公告第 6 号批准发布，自 2012 年 12 月 1 日起施行。本标准适用于汽轮发电机组容量为 125MW 级至 1 000MW 级机组的凝汽式火力发电厂和 50MW 级及以上供热式机组的热电厂仪表与控制电源系统及气源系统的设计。

工程建设

交通运输工程

LED 车道控制标志
标准编号： JT/T 597-2004
实施日期： 2005-02-01
发布部门： 中华人民共和国交通部
标准简介：

本标准规定了 LED 车道控制标志产品（以下简称标志）的组成与分类、技术要求、试验方法、检验规则以及标识、包装、运输与贮存等内容。本标准适用于公路上 LED 车道控制标志，其它道路可参照使用。

高速公路监控设施通信规程　第 3 部分：LED 可变信息标志
标准编号： JT/T 606. 3-2004
实施日期： 2005-02-01
发布部门： 中华人民共和国交通部
标准简介：

JT/T 606 的本部分规定了 LED 可变信息标志的通信规程，并给出了通信过程中采用的数据格式。本部分适用于高速公路监控系统中的上位机与安装于路侧的 LED 可变信息标志之间的数据通信过程。

铁路通信电源设计规范（附条文说明）
标准编号： TB 10072-2000
实施日期： 2001-04-01
发布部门： 中华人民共和国铁道部
标准简介：

本规范适用于铁路通信站、中间站通信机械室等固定站的新建、改建铁路通信电源设计。

通信电源设备安装工程验收规范
标准编号： YD 5079-2005
实施日期： 2006-10-01
发布部门： 中华人民共和国信息产业部
标准简介：

本规范是通信电源设备安装工程施工质量检查、随工检验和工程竣工验收等工作的技术依据，适用于新建工程。对于改建、扩建工程可参照执行。

通信电源设备安装工程施工监理暂行规定
标准编号： YD 5126-2005
实施日期： 2006-10-01
标准简介：

本规定适用于新建通信电源设备安装工程施工监理工作，改建、扩建通信电源设备安装工程参照执行。

上海市建筑产品推荐性通用图集 33 XZW 系列消防自检和稳压给水设备 XW 消防稳压设备安装
标准编号： 沪 S/T 102-2000
实施日期： 2001-07-01
标准简介： 暂无

工程建设

原材料工业及通信、广播工程

通信电源集中监控系统工程设计规范
标准编号： YD/T 5027-2005

实施日期：2006-10-01
发布部门：中华人民共和国信息产业部
标准简介：

本规范适用于新建的通信电源集中监控系统的工程设计。改扩建工程可参照执行。

通信电源集中监控系统工程验收规范
标准编号：YD/T 5058-2005
实施日期：2006-10-01
发布部门：中华人民共和国信息产业部
标准简介：

本规范是通信电源集中监控系统工程施工质量检查、工程初验、工程试运行和工程终验的依据。本规范适用于新建的通信电源集中监控系统工程，对于改建、扩建工程验收可参照本规范执行。

分体先导式减压稳压阀
标准编号：CJ/T 256-2007
实施日期：2007-12-01
发布部门：中华人民共和国建设部
标准简介：

本标准规定了分体先导式减压稳压阀（以下简称减压阀）的术语和定义、结构型式、产品型号、技术特性要求、检验方法、检验规则、标志、产品说明书、包装、贮运等基本要求。本标准适用于公称压力小于或等于 PN2. 5MPa，公称通径小于或等于 DN800mm，介质为水，温度不高于 80℃，用于给水、空调、消防等管道系统的减压阀。

稳压补偿式无负压供水设备
标准编号：CJ/T 303-2008
实施日期：2009-06-01
发布部门：中华人民共和国住房和城乡建设部
标准简介：

本标准规定了稳压补偿式无负压供水设备的分类、要求、试验方法、检验规则、标志、包装、运输、贮存。本标准适用于民用及工业建筑中生活或生产给水系统的稳压补偿式无负压供水设备。

工程建设

机电制造业工程

电能质量测试分析仪检定规程
标准编号：DL/T 1028-2006
实施日期：2007-05-01
发布部门：中华人民共和国国家发展和改革委员会
标准简介：

本标准规定了电能质量测试分析仪的技术要求及检定方法等。本标准适用于新生产和使用中的电能质量测试分析仪和多功能测量仪器的电能质量测量功能部分的检定。本标准也适用于电压检测仪测量误差的检定。本标准不适用于暂态谐波的检定。

石油

石油综合

变频变压电源通用技术条件
标准编号：DB37/T 727-2007
实施日期：2007-12-01
标准简介：暂无

电子设备用低压直流稳压电源系列
标准编号：SJ 1500-79
实施日期：1979-10-01
标准简介：

本标准规定了电子设备用48V以下的低压直流稳压电源系列。

半导体集成电路 JW117、JW117M、JW117L 型三端可调整输出稳压器详细规范
标准编号：SJ 20297-1993
实施日期：1993-07-01
发布部门：中华人民共和国电子工业部
标准简介：

本规范规定了半导体集成电路 JW117、JW117M、JW117L 型三端可调整输出稳压器（以下简称器件）的详细要求。本规范适用于器件的研制生产和采购。

半导体集成电路 JW1930－12、JW1930－15、JW1932－5 型三端低压差固定正输出稳压器详细规范
标准编号：SJ 20302-1993
实施日期：1993-07-01
发布部门：中华人民共和国电子工业部
标准简介：

本规范规定了半导体集成电路 JW1930-12、JW1930-15、JW132-5 型三端低压差固定正输出稳压器（以下简称器件）的详细要求。本规范适用于器件的研制生产和采购。

半导体集成电路 JW7905、JW79M05 等型三端固定负输出稳压器详细规范
标准编号：SJ 20304-1993
实施日期：1993-07-01
发布部门：中华人民共和国信息产业部
标准简介：

本规范规定了硅单片 JW7905、JW7906、JW7909、JW7912、JW7915、JW7918、JW7924、JW79M05、JW79M06、JW79M12、JW79M15、JW79M18、JW79M24 型三端固定负输出稳压器（以下简称器件）的详细要求。本规范适用于器件的研制生产和采购。

半导体集成电路 JW723 型多端可调精密稳压器详细规范

标准编号：SJ 20305-1993
实施日期：1993-07-01
发布部门：中华人民共和国电子工业部
标准简介：

本规范规定了硅单片 JW723 型多端可调精度稳压器（以下简称器件）的详细要求。本规范适用于器件的研制生产和采购。

彩色电视广播接收机用 KDC－A02 型按钮式电源开关详细规范

标准编号：SJ 3132-1988
实施日期：1988-10-01
发布部门：中华人民共和国电子工业部
标准简介：

适用于本规范的电源开关的全部要求由本详细规范和 SJ 3129—1988《彩色电视广播接收机用电源开关总规范》组成。

彩色电视广播接收机用 KDC－A03 型按钮式电源开关详细规范

标准编号：SJ 3133-1988
实施日期：1988-10-01
发布部门：中华人民共和国电子工业部
标准简介：

适用于本规范的电源开关的全部要求同本详细规范和 SJ 3129—1988《彩色电视广播接收机用电源开关总规范》组成。

彩色电视广播接收机用 KDC－A04 型按钮式电源开关详细规范

标准编号：SJ 3134-1988
实施日期：1988-10-01
发布部门：中华人民共和国电子工业部
标准简介：

适用于本规范的电源开关的全部要求由本详细规范和 SJ 3129—1988《彩色电视广播接收机用电源开关总规范》组成。

抗干扰型交流稳压电源通用技术条件

标准编号：SJ/T 10541-1994
实施日期：1994-12-01
发布部门：中华人民共和国电子工业部
标准简介：

本标准规定了具有抗干扰功能的交流稳压电源的术语、技术要求、试验方法、检验规则以及标志、包装、运输、贮存等。本标准是抗干扰型交流稳压电源设计、生产、质量检验和使用的共同技术依据，也是制定本类产品标准的依据。本标准适宜和于单相或多相工频输入、单相或多相工频输出的抗干扰型交流稳压电源。本标准不适用于测量用交流校准仪。

抗干扰型交流稳压电源测试方法

标准编号：SJ/T 10542-1994
实施日期：1994-12-01
发布部门：中华人民共和国电子工业部
标准简介：

本标准规定了抗干扰型交流稳压电源的稳态性能、动态性能、抗干扰性能的测试方法。本标准适用于单相或多相工频输入、单相或多相工频输出的抗干扰型交流稳压电源的性能测试。

变频变压电源通用规范

标准编号：SJ/T 10691-1996
实施日期：1996-11-01
发布部门：中华人民共和国电子工业部
标准简介：

本规范规定了变频变压电源的要求、试验方法、检验规则和标志、包装、运输、贮存要求。本规范适用于电子设备进行电源频率与电压试验用的变频变压电源；亦适用于进行电磁兼容性试验的各种专用和通用的变频变压电源。

调频、电视广播接收机用 300Ω/75Ω 平衡-不平衡阻抗变换器质量分等标准

标准编号：SJ/T 9562. 7-1993
实施日期：1994-01-01
标准简介：暂无

测量用稳定电源装置

标准编号：SJ/Z 9035-1987
实施日期：1987-10-19
发布部门：中华人民共和国电子工业部
标准简介：

本推荐标准适用于以下装置：稳定的电源装置，提供电气测量用的电压与电流的校准值。与该装置连用的附件。

变频调速拖动装置节能测试方法与评价指标

标准编号：SY/T 6834-2011
实施日期：2011-10-01
发布部门：原子能出版社
标准简介：

本标准规定了变频调速拖动装置运行效率、功率因数及谐波含量的测试方法与评价指标。本标准适用于交流电源电压 10（6）kV 及以下、输入频率为 50Hz、输出频率小于或等于 50Hz 的变频调速拖动装置的节能测试和评价。输出频率大于 50Hz 的变频调速拖动装置的节能测试和评价可参照使用。

冶金

金属化学分析方法

白光 LED 灯用稀土黄色荧光粉试验方法　第 1 部分：光谱

性能的测定

标准编号：GB/T 23595.1-2009
实施日期：2010-02-01
发布部门：中华人民共和国国家质量监督检验检疫总局
中国国家标准化管理委员会
标准简介：

本部分规定了440~480nm蓝光激发白光LED灯用稀土黄色荧光粉光谱性能的测定方法。本部分适用于440~480nm蓝光激发白光LED灯用稀土黄色荧光粉光谱性能的测定。

白光LED灯用稀土黄色荧光粉试验方法　第2部分：相对亮度的测定

标准编号：GB/T 23595.2-2009
实施日期：2010-02-01
发布部门：中华人民共和国国家质量监督检验检疫总局
中国国家标准化管理委员会
标准简介：

本部分规定了440~480nm蓝光激发白光LED灯用稀土黄色荧光粉相对亮度的测定方法。本部分适用于440~480nm蓝光激发白光LED灯用稀土黄色荧光粉相对亮度的测定。

白光LED灯用稀土黄色荧光粉试验方法　第3部分：色品坐标的测定

标准编号：GB/T 23595.3-2009
实施日期：2010-02-01
发布部门：中华人民共和国国家质量监督检验检疫总局
中国国家标准化管理委员会
标准简介：

本部分规定了440~480nm蓝光激发稀土黄色荧光粉色品坐标的测定方法。本部分适用于440~480nm蓝光激发稀土黄色荧光粉色品坐标的测定。

白光LED灯用稀土黄色荧光粉试验方法　第4部分：热稳定性的测定

标准编号：GB/T 23595.4-2009
实施日期：2010-02-01
发布部门：中华人民共和国国家质量监督检验检疫总局
中国国家标准化管理委员会
标准简介：

本部分规定了440~480nm蓝光激发白光LED灯用稀土黄色荧光粉热稳定性的测定方法。本部分适用于440~480nm蓝光激发白光LED灯用稀土黄色荧光粉热稳定性的测定。

白光LED灯用稀土黄色荧光粉试验方法　第5部分：pH值的测定

标准编号：GB/T 23595.5-2009
实施日期：2010-02-01
发布部门：中华人民共和国国家质量监督检验检疫总局
中国国家标准化管理委员会
标准简介：

本部分规定了440~480nm蓝光激发白光LED灯用稀土黄色荧光粉pH值的测定方法。本部分适用于440~480nm蓝光激发白光LED灯用稀土黄色荧光粉pH值的测定。测定范围：pH0~pH14。

白光LED灯用稀土黄色荧光粉试验方法　第6部分：电导率的测定

标准编号：GB/T 23595.6-2009
实施日期：2010-02-01
发布部门：中华人民共和国国家质量监督检验检疫总局
中国国家标准化管理委员会
标准简介：

本部分规定了440~480nm蓝光激发白光LED灯用稀土黄色荧光粉电导率的测定方法。本部分适用于440~480nm蓝光激发白光LED灯用稀土黄色荧光粉电导率的测定。测定范围：0~100μS/cm。

白光LED灯用稀土黄色荧光粉试验方法　第7部分：热猝灭性的测定

标准编号：GB/T 23595.7-2010
实施日期：2011-05-01
发布部门：中华人民共和国国家质量监督检验检疫总局
中国国家标准化管理委员会
标准简介：

GB/T 23595的本部分规定了440~480nm蓝光激发白光LED灯用稀土黄色荧光粉热猝灭性的测定方法。本部分适用于440~480nm蓝光激发白光LED灯用稀土黄色荧光粉热猝灭性的测定。

冶金

工艺装备

压水堆核电厂用合金钢　第10部分：稳压器和蒸汽发生器接管嘴及盖板用锰-镍-钼钢锻件

标准编号：NB/T 20006.10-2010
实施日期：2010-10-01
发布部门：国家能源局
标准简介：暂无

压水堆核电厂用合金钢　第11部分：稳压器筒体、封头用锰-镍-钼钢锻件

标准编号：NB/T 20006.11-2010
实施日期：2010-10-01
发布部门：国家能源局
标准简介：暂无

压水堆核电厂用合金钢　第16部分：稳压器支承构件用锰-镍-钼钢厚钢板

标准编号：NB/T 20006. 16-2013
实施日期：2013-10-01
发布部门：国家能源局
标准简介：暂无

冶金

有色金属及其合金产品

可充电电池用冲孔镀镍钢带

标准编号：GB/T 20253-2006
实施日期：2006-10-01
发布部门：中华人民共和国国家质量监督检验检疫总局、中国国家标准化管理委员会
标准简介：

本标准规定了可充电电池用冲孔镀镍钢带的要求、实验方法、检验规则、标志、包装、运输、储存及合同内容。本标准适用于金属氢化物-镍、镉-镍、锌-镍碱性可充电电池正极、负极骨架材料所使用的冲孔镀镍钢带。

白光 LED 灯用稀土黄色荧光粉

标准编号：GB/T 24982-2010
实施日期：2011-05-01
发布部门：中华人民共和国国家质量监督检验检疫总局 中国国家标准化管理委员会
标准简介：

本标准规定了白光 LED 灯用稀土黄色荧光粉的要求、试验方法、检验规则及标志、包装、运输、贮存。本标准适用于经高温反应制得的铝酸盐及相关体系的荧光粉，该荧光粉在 440～480nm 蓝光激发下发出黄光，黄光与激发源蓝光形成白光，主要用于由蓝光 LED 芯片激发的白光 LED 灯。

冶金

冶金综合

充电电池废料废件

标准编号：GB/T 26932-2011
实施日期：2012-05-01
发布部门：中华人民共和国国家质量监督检验检疫总局 中国国家标准化管理委员会
标准简介：

本标准规定了充电电池废料废件的分类、要求、试验方法、检验规则、包装、标志、运输、贮存及合同（或订货单）等。本标准适用于各生产工序、使用过程及流通领域产生的充电电池废料废件。

可充电电池用镀镍壳

标准编号：YS/T 877-2013
实施日期：2013-09-01
发布部门：中华人民共和国工业和信息化部
标准简介：

本标准规定了可充电电池用镀镍壳的要求、试验方法、检验规则、标志、包装、运输、贮存、质量证明书和合同（或订货单）内容。本标准适用于各种镍-氢（镍-镉）、碱性锌-锰、锂离子电池的圆柱形后镀镍钢壳的生产、检验和验收。

综合

计量

磁耦合直流电流测量变换器校准规范

标准编号：JJF 1047-1994
实施日期：1994-08-01
发布部门：国家技术监督局
标准简介：

本规范为推荐指导性校准技术文件，适用于新制造、使用中和修理后的测量用磁耦合直流电流测量变换器的校准。控制用磁耦合直流电流测量变换器的校准可参照使用。

ПАП-33 型电源故障传感器校验仪检定规程（试行）

标准编号：JJG（民航）012-1995
实施日期：2002-05-01
标准简介：

本标准适用于使用中和修理后的 ПАП-33 型电源故障传感器校验仪的检定。

BJ2912（QE7）型稳压二极管测试仪（试行）

标准编号：JJG（电子）04013-1988
实施日期：1996-04-01
标准简介：暂无

PDW-1 型稳压二极管快速筛选仪试行检定规程

标准编号：JJG（电子）04051-1995
实施日期：2004-07-01
标准简介：暂无

直流标准电源检定规程

标准编号：JJG（航天）5-1984
实施日期：1999-08-31
标准简介：暂无

直流稳压电源检定规程

标准编号：JJG（航天）6-1999
实施日期：1999-08-31
发布部门：中国航天工业总公司
标准简介：

本检定规程规定了直流稳压电源的技术要求、检定条件、检定项目、检定方法、检定结果的处理和检定周期。

综合

基础学科

短消息 LED 屏气象信息显示规范
标准编号：QX/T 171-2012
实施日期：2013-03-01
发布部门：中国气象局
标准简介：

本标准规定了气象信息短消息 LED 显示屏（以下简称短消息屏）的分类、组成和技术要求等。本标准适用于短消息屏的设计、制造及应用。

电动汽车充电机（桩）
标准编号：JJG（粤）015-2011
实施日期：2011-12-30
发布部门：广东省质量技术监督局
标准简介：

本规程适用于电动汽车非车载充电机和交流充电桩电能计量性能的现场首次检定、后续检定和使用中的检查。

包装　运输包装件基本试验　第 10 部分：正弦变频振动试验方法
标准编号：GB/T 4857. 10-2005
实施日期：2005-11-01
发布部门：中华人民共和国国家质量监督检验检疫总局
中国国家标准化管理委员会
标准简介：

GB/T 4857 的本部分规定了对运输包装件和单货物进行正弦变频振动试验时所采用试验设备的主要性能要求、试验程序及试验报告的内容。本部分适用于评定运输包装件和单货物在正弦变频振动或共振情况下的强度及包装对内装物的保护能力。它既可以作为单项试验，也可以作为一系列试验的组成部分。

警用电源车
标准编号：GA 1042-2013
实施日期：2013-04-01
发布部门：中华人民共和国公安部
标准简介：

本标准规定了警用电源车的术语和定义、分类和代号、技术要求、试验方法、检验规则、标志、运输与贮存。本标准适用于汽车整车或二类底盘改装的输出工频（50Hz）三相交流电的警用电源车。

综合

标准化管理与一般规定

WY－2P 型辉光放电稳压管
标准编号：SJ 871-74
实施日期：1975-03-01
标准简介：暂无

WY－3P 型辉光放电稳压管
标准编号：SJ 872-74
实施日期：1975-03-01
标准简介：暂无

WY－4P 型辉光放电稳压管
标准编号：SJ 873-74
实施日期：1975-03-01
标准简介：暂无

电子管电性能的测试　第 12 部分：电极电阻、跨导、放大系数、变频电阻和变频跨导的测试方法
标准编号：SJ/Z 9010. 12-1987
实施日期：1987-09-14
发布部门：中华人民共和国电子工业部
标准简介：

本标准是以测试电极电阻、跨导、放大因数、变频电阻和变频跨导的现行实践为基础的。它并不作为标准性质的推荐文件，因为如果要以这些原理为基础的测试结果必须在限定的公差以内进行比较，对测试方法则需要有更加详细的说明。

船舶

船舶电气、观通、导航设备

舰用电源汇流排自动转换装置通用规范
标准编号：CB 1264-1995
实施日期：1996-04-01
标准简介：

本规范规定了舰用电源汇流排自动转换装置的要求、质量保证规定和交货准备等内容。本规范适用于舰艇交流 50Hz、380V（或 60Hz、440V）电力系统中的电源转换装置。

舰用直流不间断电源规范
标准编号：CB 1290-1996
实施日期：1997-04-01
标准简介：

本规范规定了舰用直流不间断电源的技术要求，质量保证规定和交货准备等内容。本规范适用于舰船用交流 380V、50Hz 电力系统转换为低压直流电力系统的不间断电源的设计、制造和验收。

电源防护滤波器
标准编号：CB＊ 3018-77
实施日期：1978-6-1
标准简介：

本标准规定的电源防护滤波器，用于直流和交流（50Hz）电网中，抑制0.15～175MHz频率范围内的工业无线电干扰。

船用电源插座箱

标准编号：CB/T 3091-1994

实施日期：1995-08-01

发布部门：中国船舶工业总公司

标准简介：

本标准规定了船用电源插座箱的产品分类、技术要求、试验方法、检验规则等内容。本标准适用于插座额定电流不超过10A，额定电压不超过AC 250V，频率为50Hz或60Hz的插座箱。

水声设备用低压直流稳压电源

标准编号：CB/T 4320-2013

实施日期：2013-12-01

发布部门：工业和信息化部

标准简介：

本标准规定了水声设备用低压直流稳压电源的要求、检验方法、检验规则及包装、运输和贮存。本标准适用于船用水声设备低压直流稳压电源的设计、生产、试验和验收。

电力直流电源系统用测试设备通用技术条件　第5部分：蓄电池内阻测试仪

标准编号：DL/T 1397.5-2014

实施日期：2015-03-01

发布部门：国家能源局

标准简介：

本标准规定了水声设备用低压直流稳压电源的要求、检验方法、检验规则及包装、运输和贮存。本标准适用于船用水声设备低压直流稳压电源的设计、生产、试验和验收。

船用半导体变流器通用技术条件

标准编号：GB/T 14548-1993

实施日期：1994-02-01

发布部门：国家技术监督局

标准简介：

本标准规定了船用半导体变流器的技术要求、试验方法和检验规则等。本标准适用于半导体整流二极管、各种类型的晶闸管以及其它电力电子器件所构件的船用静止变流器。

船舶电气设备　设备　半导体变流器

标准编号：GB/T 22193-2008

实施日期：2009-04-01

发布部门：中华人民共和国国家质量监督检验检疫总局
中国国家标准化管理委员会

标准简介：

本标准适用于使用如二极管、反向阻塞三端晶闸管等半导体整流件的船用静止变流器。变流可以是交流变直流、直流变交流、直流变直流及交流变交流。

舰船扩声系统电源通用规范

标准编号：SJ 20576-1996

实施日期：1997-01-01

标准简介：

本规范规定了直流稳压电源的要求、质量保证规定和交货准备等。本规范适用于舰船电子设备用直流稳压电源（以下简称电源），本规范是制定电源产品规范的依据。

舰船电子设备不间断电源通用规范

标准编号：SJ 20735-1999

实施日期：1999-12-01

发布部门：中华人民共和国信息产业部

标准简介：

本规范规定了舰船电子设备不间断电源的要求、质量保证规定和交货准备等。本规范适用于舰船电子设备用各类不间断电源。本规范是制定不间断电源产品规范的依据。

舰船电子设备直流稳压电源通用规范

标准编号：SJ 20736-1999

实施日期：1999-12-01

发布部门：中华人民共和国信息产业部

标准简介：

本规范规定了直流稳压电源的要求、质量保证规定和交货准备等。本规范适用于舰船电子设备用直流稳压电源（以下简称电源），本规范是制定电源产品规范的依据。

船舶

船舶综合

鱼雷电源组件规范

标准编号：CB 1332-1998

实施日期：1998-08-01

标准简介：

本规范规定了鱼雷电源组件的技术要求、质量保证规定和交货准备等。本规范适用于各型鱼雷电源组件的设计、生产和使用。

轻工、文化与生活用品

文教、体育、娱乐用品

体育场馆 LED 显示屏使用要求及检验方法

标准编号：GB/T 29458-2012

实施日期：2013-05-01

发布部门：中华人民共和国国家质量监督检验检疫总局
中国国家标准化管理委员会

标准简介：

本标准按照 GB/T 1.1-2009 给出的规则起草。本标准主要参考了国际游泳运动联合会、国际田径运动联合会和国际篮球运动联合会等国际单项运动组织的竞赛规则、相关技术文件对显示屏的要求。

激光打印机充电辊　技术条件

标准编号： JB/T 10741-2007

实施日期： 2007-11-01

发布部门： 中华人民共和国国家发展和改革委员会

标准简介：

本标准规定了激光打印机充电辊的分类、技术要求、试验方法、检验规则及标志、包装、运输和贮存等。本标准适用于个人和办公用激光打印机、普通纸传真机、激光多功能一体机用接触带电方式的充电辊。

教学电源

标准编号： JY 0361-1999

实施日期： 2000-06-01

发布部门： 中华人民共和国教育部

标准简介：

本标准适用于中学教学中分组和演示实验用的电源。

直流高压电源

标准编号： JY 16-1988

实施日期： 1994-06-01

标准简介： 暂无

实验室设备　电源系统

标准编号： JY/T 0374-2004

实施日期： 2005-04-01

发布部门： 中华人民共和国教育部

标准简介：

本标准规定了学校实验室设备电源系统（简称电源系统）的分类与命名、要求、试验方法、检验规则、标志、标签、使用证明书、包装、运输、贮存。本标准适用于小学实验室中固定在实验台（桌）上教师可控制的电源系统，不适用于中小学实验室中独立使用的电源。

电鸣乐器电源适配器通用技术条件

标准编号： QB/T 4491-2013

实施日期： 2013-12-01

发布部门： 工业和信息化部

标准简介：

本标准规定了电鸣乐器电源适配器的术语和定义、分类、要求、测试方法、检验规则及标志、包装、运输、贮存。本标准适用于电鸣乐器用电源适配器。

轻工、文化与生活用品

钟表、自行车、缝纫机

轮椅车　第 21 部分：电动轮椅车、电动代步车和电池充电器的电磁兼容性要求和测试方法

标准编号： GB/T 18029.21-2012

实施日期： 2013-02-01

发布部门： 中华人民共和国国家质量监督检验检疫总局
中国国家标准化管理委员会

标准简介：

GB/T 18029 的本部分规定了最大速度不超过 15km/h 残疾人用室内和（或）室外型电动轮椅车和电动代步车电磁辐射和电磁抗扰度的要求和测试方法。GB/T 18029 的本部分也适用于外接电驱动助力套件的手动轮椅车，不适用于能乘载 1 人以上的交通工具。GB/T 18029 的本部分也规定了与电动轮椅车和电动代步车一起使用的电池充电器的电磁兼容性要求和测试方法。为便于通过试验结果进行性能比较，对于可调轮椅车和代步车，给出了参考配置。

电动自行车用蓄电池及充电器　第 1 部分：密封铅酸蓄电池及充电器

标准编号： QB/T 2947.1-2008

实施日期： 2008-07-01

发布部门： 中华人民共和国国家发展和改革委员会

标准简介：

本部分规定了电动自行车用蓄电池及充电器的术语、代号、要求、试验方法、检验规则及标志、包装、运输和贮存。本部分适用于 GB 17761-1999《电动自行车通用技术条件》中规定的电动自行车用蓄电池及其所用充电器。

电动自行车用蓄电池及充电器　第 2 部分：金属氢化物镍蓄电池及充电器

标准编号： QB/T 2947.2-2008

实施日期： 2008-07-01

发布部门： 中华人民共和国国家发展和改革委员会

标准简介：

本部分规定了电动自行车用金属氢化物镍蓄电池及充电器的术语和定义、型号命名、要求、试验方法、检验规则及标志、包装、运输和贮存。本部分适用于 GB 17761-1999《电动自行车通用技术条件》中规定的电动自行车用金属氢化物镍蓄电池组及其所用充电器。

电动自行车用蓄电池及充电器　第 3 部分：锂离子蓄电池及充电器

标准编号： QB/T 2947.3-2008

实施日期： 2008-07-01

发布部门： 中华人民共和国国家发展和改革委员会

标准简介：

本部分规定了电动自行车用锂离子蓄电池及充电器的术语和定义、型号命名、要求、试验方法、检验规则及标志、包装、运输和贮存。本部分适用于 GB 17761-1999《电动自行车通用技术条件》中规定的电动自行车用锂离子蓄电池组及其所用充电器。

轻工、文化与生活用品

家用电器、日用机具

家用和类似用途电器的安全 电池充电器的特殊要求

标准编号： GB 4706.18-2005

实施日期： 2006-09-01

发布部门： 中华人民共和国国家质量监督检验检疫总局
中国国家标准化管理委员会

标准简介：

本部分全部技术内容为强制性。GB 4706 是家用和类似用途电器的安全的系列标准，分为以下几部分：第一部分：通用要求；第二部分：特殊要求。本部分是电池充电器的特殊要求部分。

家用和类似用途变频控制器 术语

标准编号： GB/T 29486-2013

实施日期： 2013-07-01

发布部门： 中华人民共和国国家质量监督检验检疫总局
中国国家标准化管理委员会

标准简介：

本标准界定了家用和类似用途变频控制器的术语和定义。本标准适用于额定电压不超过 690V、额定电流不超过 63A 的家用和类似用途变频控制器。一般来说，本标准适用于家用和类似用途的电器中的或随这些电器一起使用的变频控制器，变频控制器可以是独立的组件，亦可以是独立控制系统的一部分，但变频控制器本身必须通过逆变单元来实现电机调速功能。

机械

通用机械与设备

弧焊电源 防触电装置

标准编号： GB 10235-2012

实施日期： 2013-12-01

发布部门： 中华人民共和国国家质量监督检验检疫总局
中国国家标准化管理委员会

标准简介：

本标准规定了弧焊电源防触电装置的产品型式、基本参数、结构及安全要求、检验方法、检验规则和铭牌信息等。本标准适用于 GB 15579.1-2013 所规定的各种类型的弧焊电源用的防触电装置。

弧焊设备 第 6 部分：限制负载的手工金属弧焊电源

标准编号： GB 15579.6-2008

实施日期： 2009-06-01

发布部门： 中华人民共和国国家质量监督检验检疫总局
中国国家标准化管理委员会

标准简介：

本标准为条文强制性标准。《弧焊设备》涉及的范围为电弧焊机及其辅机具，预计结构是分为 12 个部分，本部分为《弧焊设备》的第 6 部分。本部分等同采用 IEC 60974-6：2003《弧焊设备 第 6 部分：限制负载的手工金属弧焊电源》。本部分规定了额定最大焊接电流不超过 160A 的弧焊电源的结构安全要求和性能要求，适用于带热切断装置的、限制负载的手工金属弧焊电源。这些弧焊电源主要由非专业人员使用。本部分不适用于：旋转式弧焊电源；带遥控的弧焊电源；变频式的弧焊电源。本部分与 IEC 60974-6：2003 的差异：取消了国际标准的前言；在 3.3 的 E 43R 后面增加我国对应的焊条型号 E 4303。

一般用变频喷油螺杆空气压缩机

标准编号： JB/T 10972-2010

实施日期： 2010-07-01

发布部门： 中华人民共和国工业和信息化部

标准简介：

本标准规定了一般用变频喷油螺杆空气压缩机的术语和定义、基本参数、要求、试验方法、检验规则、标志、包装及贮存。本标准适用于驱动电动机功率为 2.2～315kW、额定排气压力为 0.7（0.8）MPa、1.0MPa 和 1.25MPa 的一般用固定的风冷和水冷变频螺杆空压机。

电除尘用三相高压整流电源

标准编号： JB/T 11395-2013

实施日期： 2013-09-01

发布部门： 中华人民共和国工业和信息化部

标准简介：

本标准规定了电除尘用工频、晶闸管移相调压控制三相高压整流电源的产品型号、性能参数、技术要求、试验分类及项目、试验方法、标志、包装、运输及贮存。本标准适用于电除尘用三相高压整流电源。

空气压缩机用低压变频器

标准编号： JB/T 11420-2013

实施日期： 2013-09-01

发布部门： 中华人民共和国工业和信息化部

标准简介：

本标准规定了空气压缩机用低压变频器的技术特性、制造、安全要求、试验方法、检验规则及标志、包装、运输和贮存等。本标准适用于驱动功率为 2.2～315kW 的空气压缩机用低压变频器。

等离子喷焊电源

标准编号： JB/T 9192-1999

实施日期： 2000-01-01

标准简介： 暂无

机械

通用零部件

液力变矩器 性能试验方法
标准编号：GB/T 7680-2005
实施日期：2006-01-01
发布部门：中华人民共和国国家质量监督检验检验总局
中国国家标准化管理委员会
标准简介：

本标准规定了液力变矩器在台架上测定性能的试验条件、方法和数据处理方法。本标准适用于各种液力变矩器的性能试验。液力机械变矩器应参照执行。

电除尘用恒流高压直流电源
标准编号：JB/T 11074-2011
实施日期：2011-08-01
发布部门：中华人民共和国工业和信息化部
标准简介：

本标准规定了电除尘用工频恒流高压直流电源的型谱、技术要求、试验方法、检验规则、标志、包装、运输和贮存。本标准适用于电除尘用工频恒流高压直流电源。

电除尘用晶闸管控制高压电源
标准编号：JB/T 9688-2007
实施日期：2007-09-01
发布部门：中华人民共和国国家发展和改革委员会
标准简介：

本标准规定了电除尘用工频、晶闸管移相调压控制高压电源的型谱、技术要求。本标准适用于电除尘用工频、晶闸管移相调压控制高压电源，不适用于其它半导体电力变流器。

机械

机械综合

彩色电视机广播接收机用电源开关空白详细规范
标准编号：SJ 3130-1988
实施日期：1988-10-01
发布部门：中华人民共和国机械电子工业部
标准简介：

适用于本规范规定的彩色电视广播接收机用电源开关的全部要求由本规范和 SJ 3129《彩色电视广播接收机用电源开关总规范》组成。

彩色电视广播接收机用 KDC – A01 型按钮式电源开关详细规范
标准编号：SJ 3131-1988
实施日期：1988-10-01
发布部门：中华人民共和国电子工业部
标准简介：

适用于本规范的开关的全部要求由本详细规范和 SJ 3129-1988《彩色电视广播接收机用电源开关总规范》组成。

机械

金属切削机床

电火花加工机床可靠性试验规范　第 1 部分：脉冲电源
标准编号：JB/T 6559. 1-2006
实施日期：2007-05-01
发布部门：国家发展和改革委员会
标准简介：

本部分适用于电火花加工机床脉冲电源的可靠性测定试验。

其它

矿用变频调速装置
标准编号：MT 1099-2009
实施日期：2010-07-01
发布部门：国家安全生产监督管理总局
标准简介：

本标准规定了煤矿具有爆炸性危险气体环境用变频调速装置（以下简称变频调速装置）的型式、规格、技术要求、试验方法、检验规则、标志、包装和储运。本标准适用于 1 140V 及以下煤矿用变频调速装置。

采煤机变频调速装置用　YBVF 系列行走电动机 技术条件
标准编号：MT/T 1040-2007
实施日期：2008-01-01
发布部门：国家安全生产监督管理总局
标准简介：

本标准规定了采煤机变频调速装置用 YBVF 系列行走电动机的型式和基本参数、要求、试验方法、检验规则、标志、包装和贮运。本标准适用于采煤机变频调速装置用 YBVF 系列行走电动机。凡属本系列电动机所派生的其它电动机也可参照执行。

采煤机电气调速装置技术条件　第 2 部分：变频调速装置
标准编号：MT/T 1041. 2-2008
实施日期：2009-01-01
发布部门：国家安全生产监督管理总局
标准简介：

MT/T 1041 的本部分规定了采煤机行走部变频调速装置的要求、试验方法、检验规则、标志。本部分适用于采煤机行走部变频调速装置。

矿用本质安全输出直流电源
标准编号：MT/T 1078-2008
实施日期：2010-01-01
发布部门：国家安全生产监督管理总局
标准简介：

本标准规定了矿用本质安全输出直流电源的产品分类、技术要求、试验方法、检验规则、标志、包装、运输和贮存。本标准适用于矿用安全输出直流电源。

矿用本质安全输出直流电源
标准编号：MT/T 1078-2008
实施日期：2010-01-01
标准简介：

本标准规定了矿用本质安全输出直流电源的产品分类、技术要求、试验方法、检验规则、标志、包装、运输和贮存。本标准适用于矿用安全输出直流电源。

煤矿用直流稳压电源
标准编号：MT/T 408-1995
实施日期：1995-10-01
发布部门：中华人民共和国煤炭工业部
标准简介：

本标准规定了煤矿用直流稳压电源的产品分类、技术要求、试验方法、检验规则、标志、包装、运输和贮存。本标准适用于单相交流供电，额定输出电压60V以下的煤矿用直流稳压电源。

矿灯充电架型号编制方法
标准编号：MT/T 455-2006
实施日期：2006-12-01
发布部门：中华人民共和国国家发展改革委员会
标准简介：

本标准规定了矿灯充电架型号的编制原则、型号的组成和排列方式、编制方法和管理及申报办法。本标准适用于煤矿地面室内用的充电架，不适用于单个矿灯充电器。

矿用直流电源变换器
标准编号：MT/T 863-2000
实施日期：2000-05-01
发布部门：国家煤炭工业局
标准简介：

本标准规定了煤矿架线电机车车灯，电笛及通信信号用直接电源变换器的分类与型号、技术要求、试验方法、检验规则、标志、包装、运输和贮存。

分布式电源接入配电网监控系统功能规范
标准编号：Q/GDW 677-2011
实施日期：2011-11-14
发布部门：国家电网公司
标准简介：

本标准规定了矿用本质安全输出直流电源的产品分类、技术要求、试验方法、检验规则、标志、包装、运输和贮存。本标准适用于矿用本质安全输出直流电源。

直流充电法技术规程
标准编号：DZ/T 0186-1997
实施日期：1998-01-15
发布部门：中华人民共和国地质矿产部
标准简介：

本标准适用于金属、非金属、能源矿产勘查中的充电法勘查，其中的技术规则也适用于水文、工程、环境、灾害等地质问题的充电法勘查。

电源中减小电磁干扰的设计指南
标准编号：SJ 20156-1992
实施日期：1993-05-01
发布部门：中国电子工业总公司
标准简介：

本指导性技术文件规定了抑制电源传导干扰和辐射干扰的方法。本指导性技术文件适用于电源的电磁兼容性设计，旨在降低电源的传导和辐射干扰。

通道级电源控制接口
标准编号：SJ 20153-1992
实施日期：1993-05-01
发布部门：中国电子工业总公司
标准简介：

本标准规定了设计生产的设备在电源时序和控制方面能兼容的电源控制接口，其中包括电源控制接 n 线和可选的紧急断电特性的定义和描述。本标准适用于军用计算机与外围设备。

程控电话交换机电源通用技术条件
标准编号：SJ/T 10693-1996
实施日期：1996-11-01
发布部门：中华人民共和国电子工业部
标准简介：

本标准规定了程控电话交换机电源系统的技术要求、试验方法、检验规则及标志、包装、运输、贮存等。本标准适用于各类程控电话交换机的基础电源系统和设备。

无线电和电视设备用跨电源线、天线耦合和旁路电容器
标准编号：SJ/Z 9041-1987
实施日期：1987-10-20
标准简介：暂无

固定消防给水设备　第3部分：消防增压稳压给水设备
标准编号：GB 27898.3-2011
实施日期：2012-06-01
发布部门：中华人民共和国国家质量监督检验检疫总局
中国国家标准化管理委员会
标准简介：

GB 27898 的本部分规定了消防增压稳压给水设备的术语和定义、分类、要求、试验方法、检验规则、标志牌和操作指导书、包装、运输和贮存。本部分适用于消防增压稳压给水设备。工作原理类似的增压稳压给水设备可参照采用。

消防设备电源监控系统

标准编号：GB 28184-2011
实施日期：2012-08-01
发布部门：中华人民共和国国家质量监督检验检疫总局
中国国家标准化管理委员会
标准简介：

本标准规定了消防设备电源监控系统的术语和定义、要求、试验方法、检验规则、标志和使用说明书。本标准适用于在一般工业与民用建筑中安装使用的消防设备电源监控系统，其它环境中安装的消防设备电源监控系统亦可参照本标准。

变频式风选机
标准编号：JB/T 20052-2005
实施日期：2005-08-01
发布部门：中华人民共和国国家发展和改革委员会
标准简介：

本标准规定了变频式风选机的术语和定义、分类和标记、要求、试验方法、检验规则和标记、使用说明书、包装、运输与贮存。

牙科·光固化机　第2部分：发光二极管（LED）灯
标准编号：YY 0055. 2-2009
实施日期：2010-12-01
发布部门：国家食品药品监督管理局
标准简介：

YY 0055 的本部分规定了以蓝光波长的发光二极管为光源，在牙科临床用于对以聚合物为基底的修复材料进行照射使之固化的光固化机（以下简称 LED 光固化机）的要求和试验方法。本部分不适用于牙科技工室使用的，用于间接修复物、牙片、义齿和其它口腔科应用的 LED 光固化机。当本部分有规定时，本部分优先于 GB 9706. 1-2007。

高速公路隧道 LED 照明灯具
标准编号：DB34/T 1543-2011
实施日期：2011-12-15
发布部门：安徽省质量技术监督局
标准简介：暂无

高速公路 LED 可变限速标志
标准编号：GB 23826-2009
实施日期：2009-12-21
发布部门：中华人民共和国国家质量监督检验检疫总局
中国国家标准化管理委员会
标准简介：

本标准规定了发光二极管（LED）可变限速标志的分类与组成、技术要求、试验方法、检验规则和标识、包装、运输、贮存。本标准适用于高速公路以 LED 为发光单元的可变限速标志，其它道路可参照使用。

高速公路 LED 可变信息标志
标准编号：GB/T 23828-2009
实施日期：2009-07-01
发布部门：中华人民共和国国家质量监督检验检疫总局；
中国国家标准化管理委员会
标准简介：

本标准规定了发光二极管（LED）可变信息标志的分类与组成、技术要求、试验方法、检验规则和标识、包装、运输、贮存。本标准适用于高速公路以 LED 为发光单元的可变信息标志，其它道路可参照使用。

LED 发光强度测试仪
标准编号：JT/T 832-2012
实施日期：2013-02-01
发布部门：交通运输部
标准简介：

本标准规定了 LED 发光强度测试仪的术语和定义、结构与定义、技术要求、试验方法、检验规则以及标志、包装、运输和贮存。本标准适用于单管 LED 器件发光强度测试仪产品。

船用通信导航设备的安装、使用、维护、修理技术要求　第11部分：蓄电池与充电设备
标准编号：JT/T 680. 11-2007
实施日期：2007-08-01
标准简介：

本部分规定了船舶电台的蓄电池和充电设备的安装、使用、维护、修理技术要求。本部分适用于 JT/T 680. 1 所规定的范围。

燃气燃烧器具使用交流电源的安全通用要求
标准编号：CJ 3062-1996
实施日期：1997-05-01
发布部门：中华人民共和国建设部
标准简介：

本标准规定的是以液化石油气、天然气、人工煤气为燃料的燃具。在使用电压不超过 250V 单向交流电源驱动或控制时，有关电气安全的通用要求。

微机控制变频调速给水设备
标准编号：CJ/T 352-2010
实施日期：2011-05-01
发布部门：中华人民共和国住房和城乡建设部
标准简介：

本标准规定了微机控制变频调速给水设备的术语和定义、分类和型号、工作条件、要求、试验方法、检验规则、标志、包装、运输和贮存。本标准适用于工作压力不大于 2. 5MPa、水温不大于 80℃的生活、生产给水系统用微机控制变频调速给水设备。本标准不适用于采用变频电机或水泵集成变频器及消防给水设备。

LED 道路交通诱导可变信息标志
标准编号：GA/T 484-2010

实施日期：2011-03-01

发布部门：中华人民共和国公安部

标准简介：

本标准规定了LED道路交通诱导可变信息标志的分类、命名、技术要求、试验方法、检验规则、标识、包装、运输与贮存。

建筑物电气装置　第7-712部分：特殊装置或场所的要求　太阳能光伏（PV）电源供电系统

标准编号：GB/T 16895.32-2008

实施日期：2010-02-01

发布部门：国家标准化管理委员会

标准简介：

GB（/T）16895的本部分的特殊要求适用于光伏（PV）电源供电系统（包括带交流模块的系统）。注1：光伏（PV）设备的标准，正由TC82制定。注2：单独运行的光伏（PV）电源供电系统的要求，尚在研究中。

机载雷达用栅控行波管组合高压电源通用规范

标准编号：SJ 20396-1994

实施日期：1994-12-01

标准简介：

本规范规定了机载雷达栅雷达栅控行波管组合高压电源（以下简称高压电源）的通用要求、质量保证规定以及交货准备要求。本规范适用于机载雷达栅控行波管组合高压电压，其它机载电子设备的组合高压电源也可参照采用。本规范是制定高压电源产品规范的基本依据。

机载雷达用栅控行波管钛泵电源通用规范

标准编号：SJ 20398-1994

实施日期：1994-12-01

标准简介：

本规范规定了记载雷达用栅控行波管钛泵电源的通用技术要求、质量保证规定及交货准备要求。本规范适用于机载雷达用栅控行波管钛泵电源（以下简称电源），其它机载电子设备的行波管钛泵电源也可参照采用。本规范是制定机载雷达用栅控行波管钛泵电源产品规范的基本依据。

电源装置维护检修规程

标准编号：SHS 06006-2004

实施日期：2004-06-21

标准简介：暂无

环境保护产品技术要求 电除尘器高压整流电源

标准编号：HJ/T 320-2006

实施日期：2007-02-01

发布部门：国家保护总局

标准简介：

本标准适用于高压静电除尘器的整流电源（以下简称整流电源），也适用于除雾、除焦油及其它环境保护用途的高压整流电源。

环境保护产品技术要求　电除尘器低压控制电源

标准编号：HJ/T 321-2006

实施日期：2007-02-01

发布部门：国家环境保护总局

标准简介：

本标准适用于电除尘器所配套的低压控制电流。

渔船电子设备电源的技术要求

标准编号：GB/T 3594-2007

实施日期：2008-03-01

发布部门：农业部

标准简介：

本标准规定了渔船电子设备电源设计的基本技术要求。本标准适用于各种作业方式渔船上安装的电子设备，如各种无线电通信设备、无线电导航设备、电子助渔仪器、船内通信及报警系统、自动控制设备及电源变换装置等。

LG2型行电源滤波电感器详细规范

标准编号：SJ 20096-1992

实施日期：1993-05-01

发布部门：中国电子工业总公司

标准简介：

本规范规定的LG2型行电源滤波电感器，其全部要符合由本规范和SJ 20037-92《射频固定和可变电感器总规范》作出的规定。本规范适用于机敏雷达光栅显示器及同类显示器行电源滤波用LG2型电感器。

机载电源变换设备通用规范

标准编号：SJ 20799-2001

实施日期：2002-01-01

标准简介：

本规范规定了机载电源变换设备的要求、质量保证规定和交货准备等要求。本规范适用于机载电子设备用AC-DC、DC-DC和DC-AC电源变换设备。

民用航空器维修标准　地面维修设施　第7部分：电瓶充电修理作业场所

标准编号：MH/T 3012.7-2008

实施日期：2009-02-01

发布部门：中国民用航空局

标准简介：

本部分规定了民用航空器电瓶维修及充电厂房设施、设备的安全技术要求。本部分适用于航空器电瓶充电修理作业场所的建设和维护。

第八篇　与电源相关高等院校和科研机构简介

（按单位名称汉语拼音字母顺序排列）

1. 北方工业大学
2. 北京航空航天大学
3. 重庆大学
4. 电子科技大学
5. 东南大学
6. 福州大学
7. 复旦大学
8. 广东工业大学
9. 广西大学
10. 哈尔滨工业大学
11. 合肥工业大学
12. 湖南工程学院
13. 华南理工大学
14. 华中科技大学
15. 辽宁工业大学
16. 南京工程学院
17. 南京航空航天大学
18. 清华大学
19. 山东大学
20. 山东劳动职业技术学院
21. 上海大学
22. 上海电力学院
23. 上海海事大学
24. 上海应用技术学院
25. 深圳航天科技创新研究院
26. 四川大学
27. 苏州市职业大学
28. 天津大学
29. 同济大学
30. 武汉大学
31. 西安交通大学
32. 西安理工大学
33. 西北工业大学
34. 燕山大学
35. 漳州职业技术学院
36. 浙江大学
37. 中国兵器工业集团第二〇六研究所
38. 中国兵器装备集团兵器装备研究所
39. 中国科学院等离子体物理研究所
40. 中国矿业大学（北京）

1. 北方工业大学

高校介绍：

北方工业大学坐落在北京风景秀丽的西山脚下，是一所以工为主，理、工、文、经、管、法相结合的多科性大学。校园占地 32.05 万平方米，环境优美，交通便利，是一所花园式的文明校园。

信息工程学院

北方工业大学信息工程学院设有计算机科学与技术、电子信息工程、通信工程、微电子学和数字媒体艺术 5 个一本招生的本科专业，计算机应用技术、信号与信息处理、计算机软件与理论和电路与系统 4 个硕士学位授予点，现有全日制在校学生近 1900 人。

学院具有一支优秀的师资队伍，教学科研能力强。学院的实验中心设备先进，已具备了开设大型实验、综合性实验的能力。学院重视学生的创新能力、自学能力和工程素质能力的培养，注重学生良好学习习惯和优良学风的培养，管理严格，教学严谨，每年都有几十名毕业生考取全国著名大学的研究生。

学院现有计算机科学与技术、电子信息工程、通信工程、微电子学四个系，北京市重点建设学科 1 个，北京市人才十大培养基地 1 个，北京市品牌建设专业 2 个。学院积极开展科研活动，近年来承担国家自然科学基金等国家纵向课题及横向课题几十项，并在模糊控制、集成电路设计、计算机应用、绿色电源、信号处理等方面取得重大科研成果，多次获得国家科技进步奖和省、部级科技进步一、二、三等奖，多项成果处于国内领先水平。

学院重视国际交流和合作，与英国、德国、日本、美国等多所大学开展了联合办学和学术交流，建立了良好的合作关系。

地址：北京市石景山区晋元庄路 5 号北方工业大学信息工程学院

邮编：100041

电话：010-88803797

邮箱：xinxi@ ncut. edu. cn

网 址：http：//cie. ncut. edu. cn/xueyuan/chinese/index. asp

2. 北京航空航天大学

高校介绍：

北京航空航天大学（简称北航）成立于 1952 年，是一所具有航空航天特色和工程技术优势的多科性、开放式、研究型大学。学校现隶属于工业和信息化部，是国家“211 工程”和“985 工程”建设的重点高校。

学校现有院系 26 个，本科专业 52 个，硕士学位授权点 144 个，一级学科博士学位授权点 14 个，二级学科博士学位授权点 49 个。学科涵盖理、工、文、法、经济、管理、教育、哲学 8 个门类，在航空、航天、动力、信息、材料、制造、交通、仪器和管理等领域形成明显的比较优势。北京航空航天大学原有的 11 个国家重点学科，9 个进入全国前 5 名，2 个名列全国第 7 名。2007 年新一轮国家重点学科评审和增补，有 8 个一级学科被评为国家重点学科，位于全国高校第 7 名，国家重点二级学科由 11 个增加到 28 个。

学校现有教职工 3803 人，其中专任教师 2230 人，1640 人具有高级职称。学校现有院士 17 人，中组部“千人计划”10 名，长江学者 35 人，国务院学科评议组成员 11 人，博士生导师 583 人，国家杰出青年基金获得者 30 人，973 计划首席科学家 18 名，跨世纪优秀人才 13 人，新世纪优秀人才 112 人；国家级教学名师 3 人，国家自然科学基金委创新研究群体 4 个，教育部创新团队 9 个，国家级教学团队 1 个，国防科技创新团队 6 个。

建校以来，北京航空航天大学共培养 11 万余名毕业生。目前，全日制在校生总数为 22856 人，其中本科生 12616 人，硕士研究生 6808 人，博士研究生 3432 人，研究生和本科生的比例为 1∶1.23。在校攻读学位的外国留学生 534 人，是国内接收外国工科研究生最多的高校之一。

学校科研实力雄厚。2006 年，获批筹建航空科学与技术国家实验室，成为我校航空航天特色和研究型大学的重要标志。同时，学校还拥有航空发动机气动热力实验室、软件开发环境实验室、虚拟现实技术与系统重点实验室、飞行器控制一体化技术实验室、可靠性与环境工程实验室、国家计算流体力学实验室和国家空管新航行系统技术重点实验室 7 个国家级重点实验室，25 个省部级重点实验室，3 个国家级工程中心以及 3 个省部级工程中心。

自动化学院

北京航空航天大学自动化科学与电气工程学院（简称自动化学院）的前身是北京航空学院飞机设备系，始建于 1954 年 8 月。在五十多年的发展过程中，自动化学院教师秉承了学院奠基者敢为人先的开拓精神、百折不挠的顽强意志、求真务实的工作作风、钩深驭远的师者风范，在教学和科学研究方面均取得了优异的成绩。学院作为主要完成单位曾先后研制成功我国第一架轻型旅客机“北京一号”、第一架高空高速无人侦察机、靶机、蜜蜂系列轻型飞机和第一架共轴式双旋翼直升机、我国第一台歼击机飞行模拟器和第一台民用飞机飞行模拟器等，创造了多项全国第一。学院获国家科技进步一等奖 1 项、二等奖 5 项、三等奖 1 项，国家技术发明一等奖 1 项、二等奖 1 项，省部级一等奖 13 项，其他各种奖励百余项。

学院现有教师 161 人，其中教授 39 个、副教授 77 个、院士 1 人、千人计划 1 人、国家级突出贡献专家 1 人、教育部长江学者创新团队 1 支、长江学者特聘教授 3 人、讲座教授 1 人、国家杰出青年基金获得者 2 人、新世纪百千万人才工程人选 2 人、北京市教学名师 1 人、享受政府特殊津贴人员 4 人、新（跨）世纪优秀人才 6 人。学院承载 3 个一级学科和 9 个二级学科，其中 2 个国家重点一级学科、5 个国家重点二级学科；拥有 7 个博士点，9 个硕士点和 1 个工程硕士专业学位点。获国家教学成果一等奖 2 项、二等奖 1 项，北京市教学成果一等奖 4 项，二等奖 4 项。

学院师资雄厚，教学设备精良，拥有北京市教学示范中心1个，北京市优秀教学团队2个，国家级精品课1门，北京市精品课3门，国家级双语示范课程1门，北京航空航天大学“十佳”优秀教师6人。学院为学生进行科学研究与创新实践提供条件完善和设备先进的基地。

北京航空航天大学自动化学院已经成为我国重要的航空航天自动化领域高素质人才培养基地和科研基地。学院以学科建设为主线、以创新人才引育为核心、以科研创新为引领、以教学创新为根本、以创新基地建设为基础、以机制创新为驱动、以国际合作交流为参照、以加强党的建设与思想政治工作为保证，努力打造空天信融合特色的国际知名自动化学院。

学院坐落在北京航空航天大学新主楼E座，院机关位于8层，学院教职员工将竭诚为校友、同学和朋友提供优良的服务，为打造国内一流国际知名的自动化学院而努力!

地址：北京市海淀区学院路丁11号

网址：http://dept3. buaa. edu. cn：81/templates/T_ index/index. aspx? nodeid = 1

3. 重庆大学

高校介绍：

重庆大学是教育部直属的全国重点大学，是国家“211工程”和“985工程”重点建设的高水平研究型综合大学。

重庆大学创办于1929年，早在20世纪40年代就成为拥有文、理、工、商、法、医6个学院的国立综合性大学。马寅初、李四光、何鲁、冯简、柯召、吴宓、吴冠中等大批著名学者曾在学校执教。经过1952年全国院系调整，重庆大学成为国家教育部直属的、以工科为主的多科性大学，1960年被确定为全国重点大学。改革开放以来，学校大力发展人文、经管、艺术、教育等学科专业，促进了多学科协调发展。2000年5月，原重庆大学、重庆建筑大学、重庆建筑高等专科学校三校合并组建成新的重庆大学，使得一直以机电、能源、材料、信息、生物、经管等学科优势而著称的重庆大学，在建筑、土木、环保等学科方面也处于全国较高水平，奠定了高水平大学建设的坚实基础。

电气工程学院

重庆大学电气工程学院（原电机系）创建于1936年。1940年电机系分为电机、机械两系。1953年学校将电机系更名为电信系。1955年电信系全体学生和大部分专业课教师调往北京，与天津大学无线电系合并组建北京邮电学院；重庆大学又恢复电机系，除发电厂、电力网及电力系统专业外，增设电机及电器专业。

在历届系主任税西恒、冯简、闵启杰、吴大榕、刘宜伦、王际强、江泽佳等一大批著名学者的引领下，奠定了今天电气工程学院坚实的学术基础，形成了严谨的治学传统。在电气工程领域享有很高声誉的江泽佳先生，1951～1982年一直担任电机系主任。他的教育思想和治学态度对历届电机系的师生有重大而深远的影响。

改革开放后，电机系先后更名为电气工程系、电气工程学院，并增设高电压与绝缘技术、电工理论与新技术、电力电子与电力传动3个专业方向。2000年，学院与原重庆建筑大学电气工程系合并组建成新的电气工程学院，增设建筑电气与智能化专业方向。徐国禹、杨顺昌、曾祥仁、孙才新、舒立春、周雒维先后任系主任、院长，为学院的发展做出了重要贡献。

学院现有教职工180余人，其中中国工程院院士1名、外聘院士7名、国务院学位委员会学科评议组召集人1人、国家自然科学基金工程与材料学部专家咨询委员会成员及专家评审成员1人、教育部科技委学科组成员1人、教育部教学指导委员会成员2人、国家创新研究团队1个、长江学者特聘教授4人、国家杰出青年基金获得者1人、全国百篇优秀博士学位论文获得者3人、教育部跨（新）世纪优秀人才6人，博士生导师28人、教授38人、副高职称教师40人。学院现有在读博士生、硕士生、本科生3200余人。

学院拥有电气工程国家一级重点学科、输配电装备及系统安全与新技术国家重点实验室、电气工程一级学科博士学位授权点和博士后流动站、国家工科电工电子基础课程教学基地和国家级示范中心。在2006年学科评估中电气工程一级学科名列全国前五名。

学院下设建筑电气与智能化、电机与电器、电力系统及其自动化、高电压与绝缘技术、电力电子与电力传动、电工理论与新技术6个系及建筑电气与楼宇智能化、电工技术、电力系统、高电压技术及系统信息监测、电机与电器、电力电子与电力传动6个研究所。

近年来，学院荣获国家级科技进步奖、教学成果奖5项，省部级科技、教学成果奖40余项；承担国家级研究项目50余项，省部级研究项目100余项；发表高水平论文1300余篇；获专利20余项；出版学术著作40余本。

重庆大学电气工程学院已经成为国家“211工程”、“985工程”重点建设单位。

电力电子与电力传动系

电力电子与电力传动系是依托电气工程二级学科电力电子与电力传动组建的。本系拥有1个博士点、1个硕士点，目前有教授6人、副教授3人、讲师3人，高级工程师及工程师各1人，其中博士生导师4人。与国际著名公司建立了3个联合实验室：重庆大学-美国TI公司DSP实验室、重庆大学-日本OMRON-PLC实验室，以及重庆大学-美国MicroChip的PIC单片机实验室。此外，在“211”二期建设中将建成电能质量监控实验中心和电气传动综合测试实验中心，配备有试验台和各种测试分析仪器。

主要研究方：现代输变电系统电力电子装置及其智能控制技术，电力电子电路的拓扑变换与应用；电力电子装置与系统；电力系统谐波治理；电气传动与智能控制技术，交流传动及控制技术；电动汽车驱动控制技术等。

地址：重庆市沙坪坝区沙正街174号

邮编：400030

电话：023-65102434

传真：023-65102434

邮箱：zhangbin4288@ cqu. edu. cn

网址：http：//www. cee. cqu. edu. cn

4. 电子科技大学

高校介绍:

电子科技大学是教育部直属全国重点大学，坐落于四川的省会，西南经济、文化、交通中心——成都市。

学校占地4000余亩，设有研究生院和15个学院（部），另有示范性软件学院、继续教育学院、职业技术学院和网络教育学院及电子科技大学成都学院、电子科技大学中山学院两个独立学院。全校教职工3400余人，其中专任教师2000余人，教授343人，中国科学院、中国工程院院士7人，国家“千人计划”入选者3人，国务院学位委员会学科组委员3人，长江学者特聘教授、讲座教授20人，国家杰出青年科技基金获得者12人，国家级教学名师奖获得者2人，全国优秀教师4人，全国师德先进个人2人，国家自然科学基金委创新群体1个，教育部创新团队2个，国防科技创新团队1个。全校现有各类全日制在读学生25000余人，其中博士、硕士研究生9000余人。

学校现有一级学科国家重点学科2个（含6个二级学科国家重点学科），国家重点（培育）学科2个，一级学科省级重点学科12个，二级学科省级重点学科3个；国家级重点实验室5个，部省级重点实验室36个。学校现有一级学科博士学位授权点8个，二级学科博士学位授权点36个，硕士学位授权点62个，MBA、MPA和工程硕士（含13个工程领域）3种专业学位授权点；博士后流动站10个；本科专业44个，其中国家级特色专业建设点10个，省级特色专业19个。学校承担了国家科技攻关、国家自然科学基金及国务院有关部委、四川省和国内大中型企业委托的各级各类科研项目，“十五”期间年度科技经费以年均26%的速度递增，2008年达到5.5亿元。50多年来，学校科技成果获国家级奖励50项、部省级奖励600余项，发表论文（专著）3.3万余篇（部），申请专利1000余项。

随着全球经济信息化及我国电子信息产业的蓬勃发展，电子科技大学的建设和发展跨入新的历史阶段。学校将秉承“求实、求真，大气、大为”的精神，毫不动摇地以人才培养为根本，坚定不移地走内涵式发展道路，以服务国家、地方经济建设和国防建设为己任，锐意创新，携手奋进，努力把电子科技大学建设成为在电子信息学科领域具有世界先进水平的一流大学。

物理电子学院

电子科技大学物理电子学院成立于2001年10月，现设有应用物理系、电子信息科学与技术系、真空电子技术系、高能电子学研究所、应用物理研究所和现代物理研究所。学院现有教职工198人，拥有一支以中科院院士刘盛纲教授为学术带头人，3位“千人计划”入选者、1位长江学者讲座教授、1位国家杰出青年基金获得者、33位博士生导师、40位教授、55位副高级专业技术职称人员为核心，在国内外具有一定影响的师资队伍。拥有教育部新世纪优秀人才支持计划入选者6位，四川省“百人计划”入选者1位，四川省学术和技术带头人6位，78%的教师具有博士学位。

学院在“电子科学与技术”、“物理学”2个一级学科博士学位授予权点中设有博士后流动站，还设有“物理电子学”（国家重点学科）、“无线电物理”、“光学”、“等离子体物理”、“凝聚态物理”、“理论物理”6个二级学科点。学院目前在7个学科点招收硕士和博士研究生。现有在校博士研究生169人，硕士研究生521人。

学院在“应用物理学”（四川省特色专业）、“电子信息科学与技术”（四川省特色专业）、“真空电子技术”（国防特色紧缺专业）3个本科专业有在校学生1116人。2008年，新增“核工程与核技术”本科专业。学院实施了学生工作指导委员会、班导师制等学生管理机制，学生工作的各项指标（英语四六级、毕业率、就业率等）一直名列学校前茅。多年来，学院为国家培养了一大批优秀人才，深受用人单位欢迎。

学院拥有微波电真空器件国家级重点实验室、国家“863计划”强辐射重点实验室、太赫兹科学技术四川省重点实验室、中国科学院太赫兹科学与技术发展战略研究基地、激光与毫米波系统实验室等多个国家和省部级研究室，拥有国内高校中唯一能进行大功率微波、毫米波器件的理论研究、计算模拟、制管到测试的系统研制基地。微波电真空器件国家级重点实验室进入了国家的“拓展提高序列”。

学院在太赫兹研究、微波电真空器件、等离子体电子学、新型受激辐射器件、毫米波理论与技术、计算电磁学及应用、固体光学和热学、空间光学等研究领域具有明显的特色优势，承担了国家重大专项、国家973计划、国家863计划、ITER计划、国家支撑计划、国家自然科学基金、国家重点基础研究和攻关项目及对外引进等大量高水平科研项目。“十一五”期间，承担了我国第一个太赫兹技术的“973”项目，独立承担国家重大专项1项，多学科参与国家重大专项5项，参与国家支撑计划2项，参与国际ITER计划，科研项目类型多样化，在国内已具有较好的影响力。学院科研总经费近2亿元，获得省部级科技奖励10项，申请和授权专利74项，发表科技论文1354篇，其中3大检索收录论文966篇。2003年，刘盛纲院士获得了毫米波、红外线领域的国际最高奖K. J. Button大奖，成为我国第一位获此殊荣的科学家。学院还获批教育部创新团队1个。研制出了国内第一支220GHz太赫兹回旋管、ϕ8mm高功率回旋行波管、ϕ3mm二次谐波渐变复合腔回旋管和ϕ8mm高功率回旋速调管，研制的微波管CAD软件已成为我国微波管CAD设计的首选软件。

学院重视校企合作，建有电子科技大学•美的微波管技术及微波能应用联合实验室、电子科技大学•宇光电子器件工程中心、电子科技大学•宝通天宇超宽带电子学联合实验室、电子科技大学•雷奥风电传感器新能源技术应用联合实验室、电子科技大学CST培训中心等校企联合实验室。

学院十分重视与国内外相关机构的交流与合作，举办了中国-英国/欧洲毫米波与太赫兹技术学术研讨会（2008年）、首届IEEEMTT-S（微波理论与技术协会）国际微波研讨会（2008年）、国际微波毫米波技术会议（ICMMT）

(2010年) 等国际会议。2010年，举办了由16位院士、国内众多科研院所的学者及企业界人士等参加的中国太赫兹科学技术及应用发展研讨会。派出骨干教师出国进修、合作研究、考察访问达100余人次，参加国内外大型学术会议500余人次，邀请美国、俄罗斯、德国、英国、日本等国家及国内相关专家来短期讲学、交流100余人次。

沧桑巨变，风雨彩虹。物理电子学院将继承和发扬“求真，求实，大气，大为”的“成电精神”，把握机遇，开拓进取，为把学院建成为国内一流、国际知名的高水平研究型二级学院而努力奋斗。

地址：四川省成都市建设北路二段四号

邮编：610054

电话：028-83202590

传真：028-83202009

网址：http：//202.115.12.8/default.aspx

5. 东南大学

高校介绍：

东南大学是中央直管、教育部直属的全国重点大学，是“985工程”和“211工程”重点建设的大学之一。学校坐落于历史文化名城南京，占地面积5880亩，建有四牌楼、九龙湖、丁家桥等校区。东南大学前身是创建于1902年的三江师范学堂，1921年经近代著名教育家郭秉文先生竭力倡导，以南京高等师范学校为基础正式建立国立东南大学，成为当时国内仅有的两所国立综合性大学之一。1928年学校改名为国立中央大学，设理、工、医、农、文、法、教育七个学院，学科之全和规模之大为全国高校之冠。1952年全国院系调整，学校文理等科迁出，以原中央大学工学院为主体，先后并入复旦大学、交通大学、浙江大学、金陵大学等校的有关系科，在中央大学本部原址建立了南京工学院。1988年5月，学校复更名为东南大学，校庆日为每年6月6日。2000年4月，原东南大学、南京铁道医学院、南京交通高等专科学校合并，南京地质学校并入，组建了新的东南大学。

目前，学校设有29个院（系），拥有75个本科专业，29个博士学位一级学科授权点，49个硕士学位一级学科授权点，5个国家一级重点学科（涵盖15个二级学科），5个国家二级重点学科，1个国家重点（培育）学科，11个江苏高校优势学科建设工程一期项目立项学科（群），14个江苏省一级学科重点学科，28个博士后科研流动站。学校还有3个国家重点实验室，3个国家工程研究中心，2个国家工程技术研究中心，1个国家专业实验室，11个教育部重点实验室，5个教育部工程研究中心。

电气工程学院

东南大学电气工程学院历史悠久，可追溯到1923年成立的国立东南大学电机系。从中央大学、南京工学院，到今天的东南大学，都一直设有电气工程相关学科和专业。曾经有大批国内外学术界知名的专家、学者在学院工作，如吴玉麟、陈章、吴大榕、程式、杨简初、严一士、闵华、周鹗、陈珩等。电气工程学院现设有电气工程一级学科博士学位授权点，含电机与电器、电力系统及其自动化、电力电子与电力传动、高电压与绝缘技术、电工理论与新技术、应用电子与运动控制、电气信息技术和新能源技术等二级学科。其中，电机与电器、电力系统及其自动化两个二级学科为江苏省重点学科。设有电气工程博士后流动站和电气工程及其自动化本科专业。电气工程学院是国家“211工程”、“985工程”一期、二期的重点建设单位，是教育部电气工程及其自动化专业教学指导分委员副主任单位。电气工程及其自动化本科专业是江苏省高等学校品牌专业，2006年6月又首个通过教育部工程教育专业认证。

学院拥有罗克韦尔（Rockwell）自动化实验室、电力电子实验室、电机实验室、微特电机实验室、电力系统仿真实验室、计算机实验室等设备先进的实验室。近年新建了伺服控制技术教育部工程研究中心、南京市电气设备与自动化工程技术中心、东南大学-香港德昌电机联合研究中心、东南大学电力需求侧管理研究所、东大-中电联合研发中心、东大-金智联合研发中心、东大-南自通华电力电子研究中心、东南大学风力发电研究中心等，强化了科研与经济建设的结合。

目前，电气工程学院有专任教师50余人，其中教授22人（含博士生导师19人）、副教授和高级工程师20人。专任教师中有博士学位的教师占70%，另有在职攻读博士学位的教师8人。博士后流动站有博士后研究人员10人。学院有兼职院士1名、长江学者1名、国家杰出青年基金获得者2名、省级优秀骨干教师4名，省“333工程培养对象”2名，省“六大人才高峰”学术带头人2人，省“青蓝工程学术带头人”2名，国家教育部优秀骨干教师1名，享受国务院“政府特殊津贴”的有12名。

科研团队或重点实验室介绍

东南大学电气工程学院的电气工程学科现为国家“211”和“985”重点建设学科，江苏省一级重点学科和江苏省的国家一级重点学科培育建设点；自主设立的新能源发电和利用学科为江苏省优势学科。电气工程学科是教育部电气工程及其自动化专业教学指导分委员副主任单位，在2003年和2006年的全国一级学科评估中。电气工程学科的综合排名均位列全国前十。

近年来，学科承担了国家863规划高技术项目、国家科技支撑项目、国家自然科学基金重点项目、国家海洋局重大项目专项等省部级以上项目100余项，取得了一批达到国内外领先水平的重要研究成果，科研经费每年以30%的速度增长，近三年科研经费总量达到7355万元；申请发明专利近180项，获发明专利授权50余项。2001年以来，学科获得国家级教学成果奖3项、省部级教学成果奖3项，发表SCI论文65篇，EI论文398篇，出版“十一五”国家规划教材6部，出版专著6部，译著两部；近年获全国优秀博士学位论文提名2人，江苏省优秀博士学位论文5篇，2012年江苏省优秀硕士学位论文4篇。此外，学科还有省级优秀骨干教师3名、省“333工程培养对象”3名、省“六大人才高峰”学术带头人6名、省“青蓝工程学术带头人”6名、教育部优秀青年教师资助获得者2名，先后有25人次入选长江学者、国家杰出青年基金（B类）等各项国家级和省部级人才工程。学科建设有伺服控制技术教育部工程研究中心、江苏省智能电网技术与装备重点实验室、国家级工程实践教育中心、电力工程江苏省实验中心及一批企业联合研究中心，强化了教学、科研与经济建设的结合。

地址：江苏省南京市四牌楼2号

邮编：210096

电话：025-83792260

传真：025-83791696

网址：www.seu.edu.cn

6. 福州大学

高校介绍：

福州大学是福建省和教育部共建的国家"211工程"重点大学。现有国家级重点学科和重点（培育）学科各1个，国家"211工程"重点学科7个，省级特色重点学科和省级重点学科近30个；博士后流动站8个，一级学科博士点9个、二级学科博士点54个。学校现有教职工3000多人。其中，院士5人（含双聘院士3人），国家千人计划特聘教授、国家科技三大奖获得者、长江学者、国家杰出青年基金获得者、新世纪百千万人才工程国家级人选、闽江学者等领军人才近40人。学校正朝着建设我国东南强校的奋斗目标迈进，努力为国家和海峡两岸经济区建设做出更大的贡献。

电力电子与电力传动研究所

福州大学电力电子与电力传动研究所，主要从事电力电子变流技术、电力电子高频磁技术、电力传动系统、新能源发电技术、航空航天电源系统等本学科领域的创新性研究。福州大学电力电子与电力传动学科，是该校省特色电气工程重点学科、一级学科博士点和博士后流动站中研究力量最为强大的二级学科，培养本学科博士后、博士生、硕士生和本科生等各层次的高级专门人才。该所是福建省电源学会的支撑单位，现任所长是陈道炼教授。

电力电子与电力传动学科是电力技术、电子技术、电机技术和控制技术四者结合的新兴交叉学科。一方面，电力电子与电力传动学科的发展与高效节能、新能源发电、电机控制、电网谐波治理、智能电网等密切相关，对民用工业和国防工业（如飞机、导弹和舰艇）的发展具有十分重要意义；另一方面，电力电子与电力传动学科的发展对电气工程其它二级学科的发展起到了重要的推动作用。

科研团队或重点实验室介绍

福州大学电力电子与电力传动研究所的师资力量雄厚，已经形成一支强年龄结构和知识结构合理的研究团队。该研究团队由10多名具有博士学位的研究人员组成，其中教授3人、副教授4人。研究所主要从事电力电子变流技术、电力电子高频磁技术、电力传动系统、新能源发电技术、航空航天电源系统等本学科领域的创新性研究。

陈道炼教授担任该所团队负责人。陈道炼教授，1964年8月出生，曾在南京航空航天大学电力电子与电力传动专业获学士、硕士、博士学位和博士后，曾任南京航空航天大学电力电子与电力传动学科教授（博导），自2005年10月任福州大学闽江学者特聘教授（博导）；主持国家和省部级科技项目20余项和一批科技成果转化项目，培养博士和硕士生50余人，发表学术论文100余篇，以第一成果完成人获国家技术发明二等奖1项、省部级科学技术一等奖2项、二等奖1项，获授权发明专利14项，出版专著3部；兼任国家和省部级科技项目评委，任国内外权威期刊特约审稿人和多种期刊编委；现为IEEE高级会员、新世纪百千万人才工程国家级人选、福建省高校领军人才，兼任中国电源学会常务理事及其专家委员会副主席、中国电工技术学会电力电子学会常务理事和福建省电源学会理事长，获全国优秀科技工作者、享受国务院政府特殊津贴专家、卢嘉锡优秀导师奖和江苏省优秀博士后等荣誉称号。

福州大学电力电子与电力传动研究所的科研成果颇丰。该所先后承担国家自然科学基金4项、教育部高校博士点基金2项、省自然科学重点基金1项、省科技计划重大项目和重点项目3项、省自然科学基金和省高新技术项目近20项、科技开发项目30余项，获国家技术发明二等奖1项、省部级技术发明一等奖1项和其他省部级科技进步奖多项，获国家发明、实用新型专利30余项，在国内外重要期刊发表学术论文200余篇，出版学术专著与教材近10部。

依托国家"211工程"、省特色重点学科建设项目、中央财政支持地方高校发展专项资金电力电子与电力传动研究生教育创新创业实践公共平台，福州大学电力电子与电力传动研究所具备了充分的软硬件研究条件。现拥有多种通用电路仿真和绘图软件、单相与三相功率分析仪、高频数字示波器、多频率RLC测试仪、频谱分析仪、动态信号分析仪、线性阻抗稳定网络、宽频带大功率放大器、雷击浪涌模拟发生器、多功能信号发生器、可编程电子负载、精密阻抗分析仪、电力质量分析仪、智能电量测量仪、三相干式隔离变压器、工频磁场发生器、周波跌落发生器、信号发生器、变频电源、绝缘测试仪、电工仪表等一批先进的科研仪器设备。

地址：福建省福州市大学新区学园路2号

邮编：350108

电话：0591-22866597

传真：0591-22866581

邮箱：chendaolian@sina.com

网址：http://dqxy.fzu.edu.cn/dq/

7. 复旦大学

高校介绍：

复旦大学是中央部属高校，首批全国重点大学，国家"985工程"和"211工程"首批重点建设高校，是国家"111计划"和"珠峰计划"首批大学，东亚研究型大学协会、环太平洋大学联盟、九校联盟（c9）、21世纪国际大学联盟的成员；综合实力在亚洲名列前茅，在全球也享有较高声誉。学校设有直属院（系）30个，本科专业70个，一级学科博士学位授权点29个，博士学位授权学科、专业点154个（其中自设30个，专业学位1个），硕士学位授权学科、专业点229个（其中自设51个，专业学位10个），并设有29个博士后科研流动站；设有11个一级学科国家重点学科、19个二级学科国家重点学科，3个国家重点（培育）学科、上海市重点学科20个；有国家重点实验室5个，教育部工程研究中心4个，教育部重点实验室12个，卫生部重点实验室9个，总后卫生部重点实验室1个，上海市重点实验室7个；“985工程”科技创新平台5个，“985工程”哲学社会科学创新基地7个。学校专利申请情况为，外观设计13项，实用新型413项，发明专利4793项；专利授权情况为外观设计7项，实用新型331项，发明专利1421项；软件著作权或集成电路布图设计版权申请148项，版权登记9项。

信息科学与工程学院光源与照明工程系

复旦大学光源与照明工程系是国内外知名的从事光源与照明教学科研的专门机构，同时在光伏并网接入领域也声誉显赫，与国内外学术界有着广泛的交流和合作。

目前该系主要从事光源、光源光学、光源电子学、照明与视觉及光伏发电并网等研究。“八五”、“九五”、“十五”期间，该系承担的照明电器领域的开发任务一直处于国内同行业领先地位，先后完成了几十项重大项目，获得包括国家科技进步一等奖、二等奖在内的国家级、省部级的发明奖和科技进步奖15项。近年该系开展光伏发电前沿技术研究及产业化、LED的驱动电路设计、光源测试方法等工作，取得多项专利，并发表多篇国内外优秀论文。

在光伏发电接入领域，目前光源与照明工程系已经设计出10kW逆变器、250kW逆变器、500kW逆变器，三相逆变器产品通过TUV认证和德国电网入网许可，2kW逆变器通过了奥地利奥森纳国际权威试验室7国入网标准的认证检测，设计满足IEC 62109、VDE 0126、EN 50178等多项国际标准和欧洲低电压指令认证要求，入选国家教委重大项目成果，各项指标达到国际先进水平，并且已经通过了国家工信部的国家级检测和德国TUV/VDE等国际认证。目前拥有1500m^{2}的光伏并网逆变器实验室。同时与中国电科院新能源所、国家太阳能光伏产品质量监督检验中心合作，在系统优化与控制技术上展开了深入的合作。

科研团队或重点实验室介绍

科研带头人为孙耀杰博士和林燕丹博士。

孙耀杰，博士，教授，毕业于西安交通大学机械电子工程系，现任复旦大学信息学院电光源系副主任，复旦大学电光源所副所长，曾任日本MywayLabs电力电子实验室高级研究员。孙教授是中国电源学会理事、中国电源学会学术委员会委员、国家光伏发电及产业化标准推进组成员、江苏省创新团队领军人才、江苏省高层次创新创业人才，长期从事电力电子与自动控制技术方面研究和工程实践，是国内较早从事新能源并网发电控制技术与系统检测技术研发工作的研究人员。其研究方向为，光伏发电与风力发电的智能控制，电气系统功能安全评估与系统检测，智能电网中新能源接入与传感网多尺度数据融合技术等。

林燕丹，博士，副教授，2005年获复旦大学与德国达姆斯塔特技术大学（TU-Darmstadt）联合培养博士学位，现任职于复旦大学信息科学与工程学院；主要从事新型光源的应用、评估和优化设计的研究，智能照明控制和驱动电路的视觉理论基础研究；发表论文70余篇，其中SCI、EI收录19篇；获得发明专利1项，实用新型专利6项。

邱婧婧，硕士，科研助理，研究方向为LED照明人体工效学中照明环境的评估与评价，心理学。

马磊，硕士，科研助理，研究方向为光伏并网逆变器新技术、接入电网安全技术等。

主要学术成果

1）利用大功率电力电子技术和光伏发电并网逆变控制技术的研究成果，成功研制出兆瓦级大功率并网装置，获江苏省科技进步二等奖；中、小功率分布式并网逆变器在国际权威机构德国PHOTON的测评中，排名亚洲第一，全球第11，最重要的两项指标——电能转换效率和最大功率跟踪精度——获“双A”最高等级评价。上述两项成果均达到了国际一流技术水平，创造经济效益9亿元人民币，形成了一系列核心专利技术和学术论文，部分成果和研究结论也成为国家标准/行业标准制定的依据。

2）客舱LED情景照明智能控制技术研究，已经成功应用到ARJ21和C919的工程样机中，成为中国商飞宣传的四项重要技术特点之一，增强了复旦大学在该领域的影响力。

3）入选国家“光伏发电及产业化标准推进工作组”，主编/参与4项国家/行业标准的编写，多项标准的审定，推动了行业的技术进步和规范化。

在研项目

1）半导体照明与智能照明控制系统获国家“973计划”和“863计划”等多个项目的支持。

2）用户侧智能用电与分布式发电系统的研究，获国家专项基金、上海市和江苏省多项基金的支持。

3）联合中国电科院，开展智能电网研究和相关传感技术、设备技术、控制技术及决策支持系统技术的研究与应用，以及与光伏发电、风电、用户直流用电的整合研究与应用等。

科研条件

团队长期从事电力电子与自动控制技术方面研究和工程实践，是国内较早从事新能源综合利用与分布式发电控制技术研发工作的研究团队；研究方向涉及光伏发电与风力发电的智能控制技术，智能电网中新能源接入与传感网多尺度数据融合技术；通过项目的积累建立了光伏系统并网控制与能量变换实验室、智能电网接入控制实验室、PV电弧检测实验室和太阳电池表面涂层实验室。

团队与国际上知名企业德国英飞凌科技公司在光伏并网逆变器的功IGBT率器件、控制芯片等基础项目研究等方面的合作，建立复旦大学英飞凌新能源联合实验室；现有荷兰TASKING公司的Safety Function专用软件内部安全评估系统5套，各类专用软件若干。

实验室设备包括，大功率光伏并网电气测试系统、照明电器与控制综合测试系统。具体包括以下几项：

①IGBT短路与瞬态特征测试台

②直流电弧实验系统

③30kW 微电网模拟用可编程 DC 源，电网模拟 AC 源

④横河功率计与数字录波仪

⑤多台深存储数字示波器、信号发生器、专用高压探头等常用仪器

⑥半物理仿真软件开发平台

⑦视觉疲劳与照明工效测试半物理仿真系统

⑧500W 线性化光源电器功率信号发生系统

地址：上海市杨浦区邯郸路220号兴业光学楼323室

邮编：200433

电话：021-55665508

传真：021-55664542

邮箱：yjsun@ fudan. edu. cn

8. 广东工业大学

高校介绍：

广东工业大学是一所以工为主、工理经管文法结合协调发展的省属重点大学。学校坐落于广州，校园占地面积为3348亩；有19个学院，5个博士后科研流动站，5个一级学科博士学位授权点，21个二级学科博士学位授权点，17个一级学科硕士学位授权点，3个省攀峰重点学科一级学科，7个省优势重点学科一级学科；部分学科为广东省“211工程”三期重点建设学科；在校生约为47000人。

学校有1个国家级工程中心，1个教育部重点实验室，6个省级重点实验室，2个省级工程中心，组建省部院产学研创新联盟19个，1个省发改委工程实验室，1个省经信委工程中心。学校还与地方政府和工业界联合建立了“广州国家现代服务业集成电路设计产业化基地”、“华南工业设计创新园”等多个跨学科创新平台，每年到校科研经费约3亿元。

学校现有7个国家级特色专业，16个省级特色专业，13个广东省名牌专业，1门国家级精品课程，21门省级精品课程，1门国家级双语教学示范课程，1个国家级实验教学示范中心，10个省级实验教学示范中心，1个国家级教学团队。

学生在科技创新、文化体育活动取得较好成绩；2011年，获省“挑战杯”竞赛桂冠；第十二届“挑战杯”全国大学生课外学术科技作品竞赛中，获一等奖2项，二等奖2项，在全国500多所参赛高校中排名第28名；学校篮球队连续三年获全国大超联赛总冠军，2011年获第八届亚洲大学篮球锦标赛冠军等；舞蹈节目获全国大学生艺术展演一等奖等。

自动化学院

广东工业大学自动化学院现有教职工128人，专任教师99人，全国优秀教师1人，获国家杰出青年科学基金1人，教育部跨世纪优秀人才培育对象1人，全国高校优秀骨干教师1人，教育部创新团队1个，新世纪优秀人才支持计划1人；博士生导师13人，硕士生导师53人，教授26人，副教授52人，有博士学位的教师62人。学院有全日制在校生3600多人；其中，本科生3170多人，硕士研究生390多人，博士研究生40多人。

学院拥有“控制科学与工程”博士后科研流动站；“控制科学与工程”一级学科博士学位授权点；“控制科学与工程”和“电气工程”两个一级学科硕士学位授权点；广东省首批名牌、特色专业两个。

学院拥有省特色重点学科1个，省级重点学科1个，省级重点课程4门，省级精品课程5门；并被列入广东省“211工程”三期重点建设学科。

学院拥有教育部重点实验室——机械装备制造与控制技术实验室，广东省重点实验室——广东省物联网信息技术重点实验室，广东省高等学校重点实验室自动化装备与集成，广东省高等学校重点实验室电力节能与新能源，广东省高等学校教学重点实验室先进控制技术，以及广东省高等学校实验教学示范中心电气与控制。

学院承担大量国家、省部级科研项目，每年到校科研经费逾2000万元。近3年获得教育部自然科学一等奖1项、广东省科学技术一等奖2项、二、三等奖各2项、广州市科学技术奖一等奖1项，以及东莞市科学技术奖特等奖1项。

科研团队或重点实验室介绍

电力电子技术研究团队在科研带头人章云、张淼等教授的带领下，现有核心研究成员6人。其中，教授3人、副教授2人、讲师1人，获博士学位6人。团队主要从事电力电子技术的研究工作。

近5年来，团队成员主持和参与国家级自然科学基金重点项目和国家863计划项目、国家自然科学基金等国家级项目8项，广东省重大科技专项、省部产学研、广东省自然科学基金、广东省科技攻关项目和粤港招标等一批省部级项目，完成多项企业委托项目的研发，部分已产生经济效益逾2000万；在国内外权威期刊发表论文100多篇，其中30余篇被三大索引收录，获广东省科技进步二等奖1项。

目前团队拥有科研实验室300多平方米，教学、科研仪器设备200余万元，同时团队承建了拥有广东省高等学校电力节能与新能源重点实验室，在实验室构建了多台套电力电子设备，可开展控制理论、电力电子与电力拖动、新能源发电控制技术、电力节能新技术等的研究工作。

地址：广东省广州市番禺区大学城外环西路100号

邮编：510006

电话：020-39322552

邮箱：dgx@ gdut. edu. cn

网址：http：//automation. gdut. edu. cn/

9. 广西大学

高校介绍：

广西大学创办于1928年。1939年广西大学成为国立大学，是国内有较大影响的综合性大学。1952年，毛泽东主席亲笔为广西大学题写了校名。1953年，在全国高校院系调整中广西大学停办，师生及设备和图书资料被调整到中南和华南地区的19所大学。1958年，广西大学恢复重建。

1997 年，广西大学与广西农学院合并，组建新的广西大学。新的广西大学在 1999 年成为国家“211 工程”学校。

现在的广西大学已发展成为一所区域特色研究型大学，设有 30 个学院，学科涵盖哲、经、法、文、理、工、农、管、教、艺 10 大学科门类，有 97 个本科专业，36 个一级学科硕士点，186 个二级学科硕士点，8 个一级学科博士点，58 个二级学科博士点和 9 个博士后科研流动站。全校现有在职教职工 3596 人，其中专任教师 2064 人。全校有全日制在校生 29680 人，其中博士研究生 434 人、硕士研究生 6523 人、本科生 22723 人；有来自 30 多个国家的留学生 1022 人，成人教育学历生 2 万人。

学校坚持以学科建设为核心，以“211 工程”建设为载体，不断加大学科建设的力度。学校现有 2 个国家重点学科，1 个国家重点（培育）学科，7 个国家“211 工程”重点建设学科群，21 个自治区重点学科；有 1 个国家重点实验室和 1 个省部共建国家重点实验室培育基地，15 个省部级重点实验室、工程研究中心和研究基地，20 个自治区高校重点实验室和研究基地。

电气工程学院

广西大学电气工程学院成立于 1997 年 4 月，前身可追溯到 1938 年广西大学理工学院创建的电机工程学系。经过多年的建设，学院得到了很大的发展，目前设有两个系（电气工程系和自动化系）和四个本科专业［电力系统及其自动化（1938）、农业电气化与自动化（2000）、电力工程与管理（2003）、自动化（1971）］；一个区级电气工程实验中心，一个区级电力系统优化与节能技术重点实验室；一个自动化研究所；一个电气工程博士后流动站。2011 年教育部批准学院设立了电气工程一级学科博士点和控制科学与工程一级学科硕士点。

电气工程学院现有教职工 105 人，专任教师 74 人。其中，教授 16 人，副教授、高工和副研究员共 25 人，讲师 33 人。教师中具有博士学位的 21 人，具有硕士学位的 35 人；博士生导师 9 人，硕士生导师 28 人。

学院针对电气工程和自动化领域的新趋势、新问题，紧密结合西部大开发和广西地方经济建设与社会发展的实际，进行深入的理论研究和技术辐射与支撑，取得了丰硕的成果。在电力系统最优化理论、电力系统广域保护、电力系统自动化技术、工业企业智能控制技术、现代防雷接地技术等方面，已经成为学院科学研究和技术开发的重点和特色，学院正在成为广西电气工程与自动化领域的技术难题研究中心、学术与资料交流中心。

科研团队或重点实验室介绍

1. 团队简介

广西大学电气工程学院“电力电子系统分析与控制”研究团队共有 4 名教师，其中教授 2 人、副教授 1 人、讲师 1 人，团队负责人陆益民教授。本研究团队一直致力于电力电子系统基础理论及其应用技术的研究。近年来围绕电力电子系统的拓扑结构、控制方法、电气检测技术等方面开展了大量的研究工作，并取得了一系列的研究成果。

2. 主要研究方向

电力电子变换器拓扑分析及控制，工业特种电源，电气精密测量技术。

3. 已完成成果

团队已完成 1 项国家自然基金项目、1 项国家科技型中小企业技术创新基金项目、3 项广西自然科学基金项目、1 项广西区科技攻关项目、1 项广西高校优秀人才资助计划项目、1 项南宁市科学研究与技术开发计划项目、1 项广西教育厅科研项目以及多项企业横向项目。团队研制了医用 X 射线机电源、通信电源、焊接电源、冲击接地电阻、电气设备介质损耗测量装置、无功补偿装置快速复合继电器等电力电子装置；获得国家专利多项。团队负责人为广西青年科技奖获得者。在《中国电机工程学报》、《电工技术学报》、《控制理论与应用》、《机械工程学报》等学术刊物和 IEEE 等重要国际会议下，共发表论文 50 余篇。

4. 在研项目

（1）国家自然科学基金项目：忆阻器的动力学特性及其在电力电子软开关中的应用，2012. 1—2015. 12。

（2）教育部留学回国人员科研启动基金：自由活塞能量转换器的运动控制与优化，2010. 5—2013. 5。

（3）南宁市科技攻关与新产品试制项目：5kW 单相高功率因数医用 X 射线机的研制。

5. 科研条件（实验设备等）

与伟创力深圳有限公司共建电力电子与电力传动实验室。

地址：广西省南宁市大学路 100 号
邮编：530004
电话：0771-3232264
网址：http：//www. ee. gxu. edu. cn/

10. 哈尔滨工业大学

高校介绍：

哈尔滨工业大学隶属于工业和信息化部，是由工信部、教育部、黑龙江省共建的国家重点大学，是首批进入国家“211 工程”和“985 工程”建设的若干所大学之一。

1920 年，中东铁路管理局为培养工程技术人员创办了哈尔滨中俄工业学校，即哈尔滨工业大学的前身。学校成为中国近代培养工业技术人才的摇篮。2000 年，同根同源的哈尔滨工业大学、哈尔滨建筑大学合并组建新的哈尔滨工业大学；同时在威海市和深圳市分别设有哈尔滨工业大学（威海）和哈尔滨工业大学深圳研究生院，形成了“一校三区”的办学格局。

学校以“规格严格，功夫到家”为校训，以朴实严谨的学风培养了大批优秀人才，以追求卓越的创新精神创造了丰硕的科研成果。学校以适应国家需要、服务国家建设为己任，形成了以航天特色为主，拓宽通用性为准则，充分发挥学科交叉、融合的优势，形成了由重点学科、新兴学科和支撑学科构成的较为完善的学科体系，涵盖了哲学、经济学、法学、教育学、文学、历史学、理学、工学、管理学 9 个门类。学校坚持“面向国家重大需求，面向国际学术前沿”，为工业化、信息化和国防现代化服务，为地方经济社会发展服务，突出国防、航天优势，紧密结合工业、信息、机电、能源、材料、资源环境、土木建筑等领域国民经济和社会发展的重大国家需求，不断提高学术研究水平、科研创新能力和科研竞争力，解决了国内外相关领域内一系列创新性好、探索性强的前沿基础科学问题，取得了一批具有世界领先水平的原创性科研成果。

电气工程及自动化学院电气工程系/电力电子与电力传动研究室

哈尔滨工业大学电气工程及自动化学院设有 2 个系（自动化测试与控制系、电气工程系）；9 个研究所，7 个研究室，4 个面向全校开课的技术基础课教研室，5 个实验中心；11 个与国际和国内著名公司建立的联合实验室或实验中心；1 个图书资料室。学院现有教职工 282 人，其中国家工程院院士 2 人、博士导师 50 人、基础教学带头人 6 人，45 周岁以下获得博士学位的教师占全院教师的 53.8%。

学院有 2 个博士后流动站、2 个一级学科博士点、5 个二级学科博士点、6 个硕士点、3 个本科专业；有学生近 3000 人，其中博士研究生 200 余人、硕士研究生 400 余人、本科生 2000 余人，另有工程硕士 200 余人。

学院重视培养学生的全面素质，提高学生的动手能力。为学生创造了多学科交叉的学习条件和环境。逐步淡化专业界限，拓宽学生视野使毕业生适应社会发展需要。达到基础知识扎实、知识面宽广、综合素质高、创新能力强。因此，毕业生倍受各行业青睐，学院为鼓励学生努力学习还设置了多项奖学金。

学院同国内外有广泛的交流与合作。已与美、英、法、俄、日及我国香港和台湾等地区的几十所著名大学或公司建立了密切的学术交流与长期的合作关系。

学院具有很强的科研实力，5 年来累计科研经费达 3 亿多元，获科研成果奖 120 余项，发表学术论文 3000 余篇，其中被 SCI、EI、ISTP 检索 300 余篇，出版学术专著、教材 60 余部；获教学成果奖 50 余项；资料室藏书 26000 余册。

科研团队或重点实验室介绍

研究室在国家“211 工程”和“985 工程”及学校和学院的支持下，建设了“电气节能新技术科技创新研究平台”、“超精密测试科技创新平台”“高性能伺服数字控制技术科技创新研究平台”。在这些平台建设基础上，研究室分别在如下几个方向上建立了试验模拟测试系统：

1. 照明电源方向

组建了光电色综合测试系统，并添置了高档数字示波器 DSO7104A、DPO4104、FLUKE190C、TPS2024、TDS3032C，功率分析仪 HIOKI3193，HID 电子镇流器测试仪，多台数字电参数测试仪，RCL 参数测试仪 PM6304，可编程交流电源供应器 61705，可编程电子负载 63202，温度巡检仪 JK8/16，红外成像仪 T360 等设备。

2. 现代变频控制方向

组建了感应电机控制试验平台，并添置了高档示波器 DL850、DPO4104、DL2054、TPS2024、TDS3034，数字功率计 WT1600，dSpace 实时快速原型及硬件在回路仿真一体化系统等，同时还自制多台同步电动机变频调速实验平台。

3. 新能源方向

组建了双馈风力发电系统模拟试验平台和永磁直驱风力发电模拟试验系统，并添置了高档示波器 DL2054、DPO4104A、TDS3034C、TPS2024、DL1640，示波记录仪 DL850，多通道功率分析仪 WT1800，可编程交流电源供应器 61512，可编程直流电源供应器 62150H-600S，可编程直流负载 63210，多台单相光伏发电并网逆变器 Sunny boy5000TL，防孤岛检测装置 ACLT-3803M，风电主控装置开发系统等。

4. 高效伺服系统方向

组建了交流伺服系统先进控制策略研发平台，添置了高档示波器 DPO4104、TDS3032B、TPS2024，高精度功率分析仪 NORMA5000，频率响应分析仪 FRA5022，脉冲/函数/信号发生器 81150A，功率分析仪 WT3000，测试系统 HD-815-8NA 等。

5. 电能质量管理方向

自制了电压跌落发生器、SVG、APF 试验系统，购置了高档示波器 DPO4104、TDS3032B、TPS2024，功率分析仪 HIOKI3194、3196，发电机在线线圈电阻温度测试仪，专家型功率分析仪 F1760，示波记录仪 DL750。

6. 运动控制和微网研究方向

组建了小型风光互补发电试验系统，添置了高档示波器 DPO4104、TDS3034C、TPS2024，可编程直流电源供应器 62150H-600S，可编程直流电源 62120-100-50，手持式数字示波表 F199C，示波记录仪 DL850，数字功率计（多通道功率分析仪）WT1800，台式频谱仪 ESL3，超级电容储能装置 SP-2R5-J3070Y，太阳能电池板 BP3160，太阳能电池板 BP3160，太阳能电池板 BP3160，任意波形发生器 AFG3022B，任意波形发生器 AFG3022B 等。

7. 网络与控制技术方向

组建了电力线载波通信试验系统，添置了高档示波器 MSO7104A、DL1640、DPO4104、TDS3032、TPS2024，网络/频谱/阻抗分析仪 4396B，AFDX 网络分析仪 HWA-ATAP-4，航电交换机 CAV-AFOXSW-24P-C，航电接口卡 CNIL-A2PX 等。

8. 电磁兼容实验室

构建了由 TRA2000 为主体的 EMS 测试系统和以 ER55C 为主体的射频传导及辐射骚扰测量系统，为了更好地测试和分析噪声，还添置了由 EMI 分析仪 EA-2100 和人工电源网络 LN2-16 组成的共差、模分离测试系统，该实验室还将继续进行建设。

地址：黑龙江省哈尔滨市南岗区西大直街 92 号哈尔滨工业大学电机楼 10032 室

邮编：150001

电话：0451-86413420

传真：0451-86413420

邮箱：哈尔滨工业大学 354 信箱

11. 合肥工业大学

高校介绍：

合肥工业大学是教育部直属的全国重点大学、国家

"211 工程"重点建设高校和"985 工程"优势学科创新平台建设高校，创建于 1945 年，1960 年批准为全国重点大学。学校设有 19 个学院、3 个联合共建的国家级科研基地、1 个国家技术转移示范中心、40 多个省部级重点科研基地、1 个国家甲级综合建筑设计研究院。学校有 3 个国家重点学科、27 个省级重点学科；有 10 个博士后科研流动站、40 个博士学位授权点、139 个硕士学位授权点。

电气与自动化工程学院

合肥工业大学电气与自动化工程学院设有电力电子与电力传动国家级重点学科、电气工程一级学科博士点和博士后流动站；设有 5 个二级学科博士点，6 个硕士专业和 2 个工程硕士专业；设有自动化、电气工程及其自动化 2 个本科专业。学院拥有国家"111 引智项目工程"可再生能源并网发电科学与技术创新基地、教育部光伏系统工程研究中心、安徽省工业自动化工程研究中心、安徽省新能源与节能重点实验室、安徽省飞机雷电防护重点实验室等国家和省部级科研基地。目前，全院有教职工 147 人，其中专任教师105 人。教师中教授21 人，副教授71 人，长江学者1 人，国家杰出青年科学基金获得者 1 人，国家"百千万人才工程"人选 1 人，教育部新世纪优秀人才 3 人；另现已聘任长江学者讲座教授1 名，兼职教授24 名。在科学研究方面，学院形成了基础研究的高水平和科研成果的高转化率的明显特色。依托国家重点学科，学院建设了可再生能源并网发电创新引智基地和教育部光伏系统工程中心；以光伏利用、风力发电、基于可再生能源的分布式发电技术、柔性输配电技术、特种电源、新型电气传动为主要研究方向，在太阳能和风能并网发电技术、基于可再生能源的分布式发电技术、高低压变流与特种电源技术、特种永磁电机设计、新型电力传动、等离子体的电磁场约束技术、电能质量控制等方面已经形成明显优势和特色。自 2006 年以来，学院教师共承担科研项目 500 多项，其中国家和省部级项目 88 项；获省部级科学技术一等奖 2 项，二等奖 4 项，三等奖 5 项；完成科研纵向项目合同经费 3000 余万元，横向项目合同经费约 1.2 亿元；发表学术论文 1100 余篇，被 EI/SCI 收录 350 余篇；出版著作 30 部；获发明专利 14 项。

重点实验室介绍

教育部光伏系统工程研究中心；国家可再生能源并网发电科学与技术创新引智基地（"111"基地）；安徽省新能源与节能重点实验室；安徽省飞机雷电防护重点实验室（与企业共建）；安徽省工业自动化工程研究中心。

地址：安徽省合肥市包河区屯溪路 193 号

邮编：230009

电话：0551-2901408

12. 湖南工程学院

高校介绍：

湖南工程学院初创于 1951 年，坐落在一代伟人毛泽东的故乡湘潭市。2000 年 6 月，经教育部批准，由湘潭机电高等专科学校与湖南纺织高等专科学校合并组建成湖南工程学院。学校实行中央与湖南省共建，以湖南省管理为主的管理体制。2011 年 10 月，经国务院学位委员会批准，学校成为硕士专业学位研究生授权单位。

学校工程应用型人才培养特色鲜明，已形成了电气、机械、化工、管理、纺织等优势专业群，是教育部确定的首批"卓越工程师教育培养计划"实施单位。学校现有 1 个国家级特色专业、7 个省级特色专业、11 门省级精品课程，6 个省级示范实验室（中心），9 个省级优秀实习基地，1 个国家大学生文化素质教育基地（联合），3 个省级教学团队。金工实习基地是教育部确定的全国高校金工实习教学指导人员培训与考试中心。

学校以"锲而不舍，敢为人先"为校训，贯彻落实科学发展观，坚持质量立校、人才强校、特色兴校。全校师生员工在"三步走"战略目标和"十二五"规划蓝图的指引下，积极进取，开拓创新，努力把学校建设成为位居全国同类院校先进行列的特色鲜明的高水平工程应用型大学。

电气信息学院电气工程教研室

电气信息学院已有 60 余年的专业办学历史，其前身是创办于 1951 年的隶属于机械工业部的湘潭电器工程学校，当时就设有电机制造、电器制造、电瓷等专业。学校曾相继更名为湘潭电机学院（本科）、湘潭电机制造学校（简称湘潭电校）、湘潭机电高等专科学校（专科），2000 年湘潭机电高等专科学校和湖南纺织高等专科学校合并为湖南工程学院，组建电气信息学院。多年来，电气信息学院为社会输送了 1 万多名毕业生，他们中的大多数成为企业的技术骨干和中、高层管理人员，在电气行业中享有盛誉。

电气信息学院设有自动化、电气工程及其自动化、电子信息工程、电子科学与技术、测控技术与仪器 5 个本科专业和电机与电器等专科专业。其中，自动化专业、电气工程及其自动化 2 个专业为湖南省重点专业。控制理论与控制工程学科为湖南省"十一五"重点建设学科。

电气信息学院拥有较为完备的实验设备和优良的实验实习条件，拥有中央与地方共建的电气与信息基础实验中心，此外还包括电机原理与电机控制实验室、电力电子技术室、新能源实验室、电器原理实验室、继电保护实验室、电器智能化实验室、电机电器型式试验室、高压电器与电气绝缘实验室、PLC 及控制网络实验室、自控原理实验室、过程控制实验室、通信原理与高频电路实验室、集成电路 CAD 实验室、光电检测实验室及自动化工程实训中心等 10 多个专业实验室。实验设备总值3000 多万元。电气与信息基础实验中心为"十一五"湖南省高等学校基础课示范实验室。

科研团队或重点实验室介绍

带头人：颜渐德，本科研团队包含两位博士、四位硕士研究生。电力电子变换技术、新能源控制、并网等。

已完成成果：大功率隔爆型矿用变频器、新型 EPS 电源。

在研项目：分布式微电网并网技术。科研条件：投入为400 万的新能源实验室，配有 FLUKE 系列电能质量、电参数表；Agilent 的万用表、示波器等；系类智能电子负载等。

地址：湖南省湘潭市书院路17号

邮编：411101

电话：0731-58688935

传真：0731-58688935

邮箱：Xianglai0502@163. com

网址：www. hnie. edu. cn

13. 华南理工大学

高校介绍：

华南理工大学是直属教育部的全国重点大学，坐落在南方名城广州，占地面积294多万平方米。校园分为两个校区：北校区位于广州市天河区石牌高校区，校园内湖光山色、绿树繁花，民族式建筑与现代化楼群错落有致，文化底蕴深厚，是教育部命名的“文明校园”；南校区位于广州市番禺区广州大学城内，是一个环境优美、设施先进、管理完善、制度创新的现代化校园。南北校区交相辉映，是莘莘学子求学的理想之地。

电力学院

华南理工大学电力学院前身为中山大学工学院电机系，1952年划归华南理工大学，1994年华南理工大学开始与当时的广东省电力工业局联合共建。学院设有电力工程系、电力电子工程系、动力工程系3个系，设有电工理论新技术中心、广东省电力工程技术研究开发中心、新能源中心、电力实验中心、电力系统工程研究所、能源洁净利用研究所、电力经济与电力市场研究所7个中心（研究所）。学院现有1个广东省重点学科，1个博士后科研流动站，1个一级学科博士点，6个博士点和10个硕士点。学院共有学生3260人，其中博士后10人、博士研究生102人、硕士研究生387人、工程硕士479人、本科生1117人，成人教育学生1165人。

学院现拥有一支学术水平较高、结构合理、力量雄厚的师资队伍，现有教职工110人，其中专任教师87人（教授26人，博士生导师20人，副高职称36人，高级职称占教师总数的67%），拥有博士学位的67人，博士学位的教师占76%；45岁以下的中青年教师约占62%。教师队伍中有中国工程院院士1人，双聘院士5人，国家“千人计划”特聘教授1人，“长江学者奖励计划”特聘教授1人，享受国务院政府特殊津贴专家6人，霍英东青年教师基金获得者2人。多名中青年教授是教育部“新世纪优秀人才支持计划”资助对象、广东省“千百十工程”培养人选。

近年来，学院共获得国家自然科学基金重点项目及面上项目、973计划国家重点基础研究子项目、863计划课题及广东省自然科学基金重点及面上项目等几十个纵向项目，并获得南方电网公司、广东电网公司和粤电集团公司的几百个横向科技项目。近年科研经费达1.2亿元，在核心期刊发表论文近600篇，被3大检索机构收录近300篇次，申请专利200多项，专利授权100多项，出版专著20多部。

学院以九号楼、电力实验楼和热工实验楼作为办公、科研和实验基地，用房面积约有5600平方米；现有3个创新学科平台（电力系统交直流混合实验研究基地、广东省电力电子重点实验室、高效低污染燃烧实验室）；4个特色实验室（雅达电源实验室、新能源中心、HyperSim交直流数字仿真系统、高效低污染燃烧实验室）；7个校外实习基地（葛洲坝水电厂、沙角发电总厂、广州黄埔发电厂、韶关发电厂、广州科琳电源设备有限公司、云浮火力发电厂、广州微型电机厂）。这些给学院的教学实践活动带来了极大的便利，学生的实践教学效果明显提高。

学院坚持育人为本、质量第一的办学指导思想，将人才培养、专业改革和学科建设紧密结合，努力推进课程建设和教材建设，重视教学改革与教学研究。长期以来，学院形成了严格管理、从严治院的优良传统，积极实践优良学风和教风建设，获得了社会的高度评价，毕业生以其专业基础扎实、动手能力强、综合素质高而受到社会及用人单位的厚爱，供需比约为1:6，毕业生一次就业率一直排在各学校前列。

地址：广州市天河区五山路381号/广州市番禺区广州大学城

邮编：510640

电话：020-87110613

传真：020-87110613

电子邮箱：service@ scut. edu. cn

网址：http：//202. 38. 194. 204/

14. 华中科技大学

高校介绍：

华中科技大学是国家教育部直属的全国重点大学，由原华中理工大学、同济医科大学、武汉城市建设学院于2000年5月26日合并成立，是首批列入国家“211工程”重点建设和国家“985工程”建设高校之一。

学校学科齐全、结构合理，基本构建起研究型大学的学科体系；拥有哲学、经济学、法学、教育学、文学、历史学、理学、工学、农学、医学、管理学11大学科门类；设有93个本科专业，291个硕士学位授权点，238个博士学位授权点，31个博士后科研流动站；现有一级国家重点学科7个，二级国家重点学科15个（内科学、外科学按三级），国家重点（培育）学科7个。

电气与电子工程学院

电气与电子工程学院是国内电气工程学科领域实力最雄厚的教学科研单位之一，其历史源于原武汉大学、湖南大学、中山大学、南昌大学、广西大学等南方主要大学的电机学科，于1953年全国院系调整时合并组成华中工学院电机系，1988年改称华中理工大学电力工程系，2001年建制华中科技大学电气与电子工程学院。2007年，学院获得人事部、教育部授予的“全国教育系统先进集体”称号。

学院师资力量雄厚，有中国工程院院士2人、中国科学院院士1人、国家海外高层次人才引进计划（千人计划）学者5人、长江学者5人、博士生导师43人、教授52人、副教授61人。学院设有电机及控制工程系、电力工程系、高电压工程系、应用电子技术系、电工理论与新技术系、电磁新技术系、电气测量技术系和国家级电工电子实验教学示范中心（电工）、国家电工电子工科基础课程教学基地（电工）。目前学院拥有本科生1900余人、研究生1000余人。2009年以来，学院获得国家科技进步二等奖1项，省部级科技奖励6项，全国百篇优秀博士学位论文1项、提名1项，年到校科研经费过亿元。

学院是国内首批硕士点、博士点、博士后流动站和一级学科博士学位授权单位，所属的“电气工程”一级学科为国家首批一级学科重点学科，电机与电器、电力系统及其自动化和电工理论与新技术3个学科为国家二级学科重点学科，电力电子与电力传动为湖北省重点学科。本科生招生和培养专业为电气工程及其自动化；研究生招生和培养学科覆盖了国务院学位办在电气工程一级学科下设立的所有5个二级学科，即电机与电器、电力系统及其自动化、高电压与绝缘技术、电力电子与电力传动、电工理论与新技术，并在国内率先获准设立了脉冲功率与等离子体和电气信息检测技术2个二级学科。学院主要研究方向覆盖了电能生产、传输、应用、变换、检测、控制和调度、管理等的全过程。

学院拥有强电磁工程与新技术国家重点实验室（筹）、国家脉冲强磁场科学中心（筹），新型电机国家专业实验室、聚变与电磁新技术等教育部重点实验室，以及电力安全与高效湖北省重点实验室、电力安全与高效教育部工程研究中心、新型电机与特种电磁装置教育部工程中心等多个国家及省部级研究基地。学院正在牵头建设的国家重大科技基础设施项目——脉冲强磁场实验装置，建成后将成为世界4大脉冲强磁场科学中心之一。学院拥有国内高校唯一的J-TEXT托克马克磁约束聚变实验装置，也是“磁约束核聚变教育部研究中心”的挂靠单位。

学院每年招收计划内博士研究生50余名，硕士研究生200余名，本科生400余名。学院以“一流教学、一流本科”为目标，坚持把人才培养质量放在第一位，努力办人民满意的尽可能好的教育，大力培养具有创新精神与合作意识、具有国际视野与国际意识的国际型人才。学院拥有“电工电子系列课程”和“电机系列课程”2个国家级教学团队，《电机学》《电力电子学》《电气工程基础》3门国家级精品课程和《电路理论》国家级网络精品课程，建设了电工电子首批国家级实验教学示范中心、“电气工程及其自动化”国家第一类特色专业建设点、“具有国际竞争力的电气学科创新人才培养实验班”国家级人才培养模式创新实验区。据不完全统计，多年来，学院已累计培养各类高级专门人才逾万人，获国家科技进步奖及省部级以上科研奖励200余项，出版学术著作200多部，为我国电气科学技术与教育事业的发展做出了重大贡献。

学院全体师生员工以建设国际一流的电气工程学科为目标，以发展电工高新技术和电力技术为主导，凝炼学科方向，汇聚学术队伍，构筑学科基地，醇化学术氛围，团结务实，求真创新，共创电气工程学科更美好的未来。

地址：湖北省武汉市珞瑜路1037号 华中科技大学主校区西九楼

邮编：430074

电话：027-87543228

传真：027-87545438

邮箱：ceee@ mail. hust. edu. cn

网址：http：//ceee. hust. edu. cn

15. 辽宁工业大学

高校介绍：

辽宁工业大学位于依山傍海、交通发达的辽宁西部中心城市——锦州。校园占地面积1000余亩，建筑面积36万多平方米，各类在校学生18000余人，是一所以工为主，理、工、经、管、文协调发展的省属全日制多科性大学。

学校现有21个教学院、部、中心，一级学科硕士学位授权点7个，二级学科硕士学位授权点35个，工程硕士授权领域9个，47个本科专业；形成了以本科教育为主，兼有研究生教育、留学生教育等多层次的办学格局。

学校拥有省重点实验室5个；省高校重点实验室3个；中央与地方共建高校特色优势学科实验室5个；省级工程技术研究中心2个。“材料物理与化学”是辽宁省特色学科项目；“控制理论与控制工程”是辽宁省培育学科项目；思想政治教育是辽宁省哲学社会科学重点建设学科。车辆工程、材料科学与工程、机械设计制造及其自动化为国家高校特色专业建设点；车辆工程、材料科学与工程、机械设计制造及其自动化、自动化为辽宁省示范专业；艺术设计、电气工程及其自动化为省特色专业。材料科学与工程学院为辽宁省高等学校重点学科领域研究生培养基地；汽车与交通工程学院是辽宁省汽车制造紧缺人才培养基地；“光伏材料工程研究中心”是辽宁省高等学校对接产业集群协同创新基地。

电子与信息工程学院

电子与信息工程学院现有本科专业——电子信息工程、通信工程、计算机科学与技术；留学生专业——电子信息工程、通信工程、计算机科学与技术；硕士研究生专业——电力电子与电力传动、通信与信息系统、计算机科学与技术（一级学科）。

科研团队或重点实验室介绍

团队主要研究方向为高效率功率变换、高效能电子照明、电力半导体器件及应用、电力电子电容器及应用、感应加热、光伏逆变及风电逆变等。

团队参加国家“863计划”电动汽车重大专项“解放牌混合动力城市可车用超级电容器”（项目编号2003AA501234、2005AA1560），承担2项子课题；国家自然科学基金3项；辽宁省自然科学基金10余项。

团队出版学术专著16部。

近年来团队在国内外学术期刊发表学术论文200余篇。

地址：辽宁省锦州市士英街169号

邮编：121001

电话：0416-4198700

邮箱：13841685729@ 163. com

网址：http：//www. lnit. edu. cn

16. 南京工程学院

高校介绍：

南京工程学院前身是始建于1946年的南京电力高等专科学校，学校具有鲜明的电力行业特色。办学以来，学校电力系统、继电保护、电网监控等专业已为江苏、浙江、安徽、河南、山东、福建等电力公司培养电力专门人才5万余名。同时，学校电气工程与继电保护专业毕业生广泛分布于南京南瑞继保有限公司、国电南京自动化有限公司、许继集团、四方继保有限公司等行业知名企业，校友中涌现出中国工程院院士沈国荣（现南瑞继保董事长）及一大批省、市级电力公司高管和骨干技术人员。

学校十分强调应用型人才的培养，电气工程及其自动化是国家特色专业建设点，也是江苏省特色专业，电网保护与监控工程中心由江苏省重点建设资助。另外，学校联合国内7所电气龙头企业和科研院校共同成立的“配电网智能技术与装备协同创新中心”，是江苏省首批高校2011协同创新工程培育资助项目。

电力工程学院/江苏省配电网智能技术与装备协同创新中心/新型电力控制技术研究室

团队专注于电力电子技术在电力系统中的应用研究，围绕飞轮储能、风力发电、光伏并网、海上直流汇聚、电能质量补偿控制、微电网保护等方面开展研究。

科研团队或重点实验室介绍

1. 孙玉坤教授

研究方向为特种电力传动及应用、功率变换与电能质量；主持完成和正在完成的国家自然科学基金、国家“863”项目5项，省部级项目10余项；获得国家技术发明奖二等奖1项，国家教学成果二等奖1项；获得省部级科技进步奖一、二等奖5项，省部级教学成果特等奖3项；授权和受理发明专利8项；发表研究论文120余篇，其中SCI、EI收录70余篇。

2. 张亮博士，讲师

研究方向为大功率电力电子在电力系统中的应用，参与863计划、国基自然科学基金等课题5项；主持在研纵向、横向课题3项；发表论文15篇，其中EI收录10篇。

地址：南京市江宁科学园弘景大道1号
邮编：211167
电话：025-86118400
传真：025-86118400
邮箱：zhldream@126.com
网址：www.njit.edu.cn

17. 南京航空航天大学

高校介绍：

南京航空航天大学创建于1952年10月，是新中国自己创办的第一批航空高等院校之一。1978年被国务院确定为全国重点大学；1981年经国务院批准成为全国首批具有博士学位授予权的高校；1996年进入国家“211工程”；2000年经教育部批准设立研究生院；现隶属于工业和信息化部。

经过50多年的建设，学校已基本形成以工为主，理工结合，工、管、理、经、文、法、哲、教等多学科协调发展，具有航空、航天、民航特色的研究型大学学科体系。学校现设有航空宇航学院、能源与动力学院、机电学院、民航学院等14个学院；设有无人机研究院、直升机技术研究所等112个科研机构，其中国家重点实验室1个、国防科技重点实验室1个、国防科技工业技术研究应用中心1个、省部级重点实验室8个、省部级研究中心和科研基地9个；建有教学机构16个，其中国家工科基础课程教学基地2个、国家级实验教学示范中心3个、省级实验教学示范中心11个。学校现有本科专业50个、硕士学科点127个、博士学科点52个（其中一级学科博士学位授权点10个）、博士后流动站12个。学校有飞行器设计、工程力学、机械制造及其自动化等9个国家级重点学科，导航制导与控制、电力电子与电力传动2个国家重点（培育）学科，以及15个国防特色学科和14个江苏省重点学科。

自动化学院电气工程系

南京航空航天大学自动化学院前身航空仪表制造、飞机电气设备安装与测试两个专科成立于1952年，发展至今已成为一个在控制科学与工程、电气工程、仪器科学与技术、生物医学工程、武器系统与运用工程等领域具有广泛影响、多学科的教学、科研群体。2000年10月20日新成立的自动化学院是全院教职工经过艰苦奋斗和开拓发展的一个新的里程碑。学院下属四系一所两中心：自动控制系、电气工程系、测试工程系、生物医学工程系、飞行控制研究所及电子教学中心、电工教学中心。中国工程院院士冯培德教授为我院名誉院长。

经过多年的建设和发展，学院现拥有3个博士后流动站，3个一级博士学位授予权学科（含11个二级博士学位点），13个硕士学位授予权学科，5个本科专业；2个国家重点（培育）学科，2个江苏省一级重点学科，2个国防重点学科；拥有1个国家级高等学校优秀教学团队，1个国防科工局国防科技创新团队，1个江苏省高等学校优秀科技创新团队。学院现建有1个部级航空科技重点实验室，2个教育部工程研究中心，1个江苏省高校重点实验室，1个江苏省实验教学示范中心，联合建设了1个国家级教学基地和1个国家级实验教学示范中心。

自动化学院师资力量雄厚，已经形成一支结构合理、团结奋进、富于开拓创新精神的高水平学术梯队。近年来，教学和科研硕果累累，每年承担国家863计划、973计划项目、国家自然科学基金、国防预研项目、航空基金、博士点基金及省部委下达项目、横向合作项目和各类攻关项目几十项，近两年的年科研经费到款超过6000万元。目前已形成若干有特色、处于国内领先地位或具有国际水平的研究领域，多次获得国家级、省部级教学成果和科研成果奖，在国内航空航天界同行中获得很好的声望。

学院十分重视学术交流和国际合作。1981年以来，陆续向国外派出访问学者或留学人员160余人，许多留学人员已学成回国，成为科研教学的骨干力量。学院主办过多次国际和国内学术会议，邀请外国专家、教授来校讲学，并且与多所国外大学建立了富有成效的合作关系。

学院现有在校学生3200多人。多年来，学院已培养一万多名本科生和千名研究生，他们中有的已经成为院士、学科带头人、国内外知名专家，有的成为企业或科研院所的技术骨干，为我国的国民经济与国防建设做出了重要的贡献。

电气工程系建设有航空电源航空科技重点实验室、教育部航空航天电源技术工程研究中心、江苏省新能源发电与电能变换重点实验室、南京市模块电源工程中心等省部级重点实验室和工程中心，在航空电源研究方面处于国内领先水平。

电气工程学科为江苏省重点一级学科。电力电子与电力传动学科1994年、2001年和2006年连续3次被评为江苏重点学科；2002年被评为国防科工委国防重点学科，是我国电气工程领域仅有的两个国防重点建设学科之一；2007年被评为国家重点（培育）学科。学科团队被评为“国防科技创新团队”及“江苏省高校优秀科技创新团队”。

近年来电气工程系承担了国家“973计划”项目、“863计划”项目，国家自然科学基金重点项目、国防863子专题、总装备部项目、国家高新工程项目等重要国家及省部级项目；获得国家技术发明二等奖1项，省部级科技进步一等奖2项，二等奖15项，三等奖多项；获得国家授权发明专利100余项，申请发明专利220多项。

地址：南京市御道街29号南京航空航天大学自动化学院

邮编：210016

电话：025-84893500

传真：025-84893500

邮箱：nhcaedw@ nuaa. edu. cn

网址：http：//cae. nuaa. edu. cn/ee

18. 清华大学

高校介绍：

清华大学是中国综合实力最强的大学之一，工学、理学、经济学、管理学、法学、医学、文学、艺术学、历史学等都是它的强项。清华大学是国家重点支持建设的两所大学之一，国家首批“211工程”和“985工程”系列的重点大学，九校联盟（C9）的成员。清华大学设有建筑学院、土木水利学院、机械工程学院、航天航空学院、信息科学技术学院、理学院、生命科学学院、医学院、地球科学学院（筹）、人文社会科学学院、新闻与传播学院、法学院、马克思主义学院、经济管理学院、公共管理学院、美术学院、应用技术学院等，以及生命科学学院、生物信息与系统生物学、医学系统生物学研究中心等院系。清华大学已成为一所具有理、工、文、法、医学、经济、管理、艺术等学科的综合性大学。

自动化系

早在20世纪50年代，清华大学就设置了与自动化学科有关的一批专业。1970年5月，学校将有关的专业联合归并，组建了国内第一个自动化系。经过40多年的发展，自动化系在教学和科研上取得了丰硕的成果，为我国培养了大批的学士、硕士和博士，成为我国自动化科学与技术的重要研究和开发基地、培养自动化领域各层次高级专门人才的摇篮，在我国现代化建设中发挥了重要作用。

自动化系的一级学科为“控制科学与工程”。在2001年全国重点学科评审中，“控制理论与控制工程”和“模式识别与智能系统”2个二级学科均排名第一。在2006年全国一级学科的评估中该系“控制科学与工程”一级学科名列全国第一。目前，该一级学科下设“控制理论与控制工程”、“模式识别与智能系统”、“系统工程”、“检测技术与自动装置”、“导航、制导与控制”、“企业信息化系统与工程”、“生物信息学”7个二级学科。研究生按二级学科招生，按一级学科培养。高年级本科生可根据需要自主选修相关学科方向的专业课程。

自动化系有多位教师从事电源相关的教学与科研，开设《电力电子技术基础》、《电力拖动与运动控制》、《电力电子电路的微机控制》等相关课程，近年相关的科研项目有大型风电场并网与传输的关键技术、风电场微观选址、智能型电储能装置电能的高效利用与节电、智能决策支持系统中的多技术集成框架、变电站综合自动化系统、双馈式和直驱式风力发电机组用电源的研制、大功率直流压缩机驱动系统。

地址：北京市海淀区清华园1号

邮编：100084

电话：010-62770559

传真：010-62786911

19. 山东大学

高校介绍：

山东大学是一所历史悠久、学科齐全、学术实力雄厚、办学特色鲜明，在国内外具有重要影响的教育部直属重点综合性大学，是国家“211工程”和“985工程”重点建设的高水平大学之一。

山东大学是我国近代高等教育的起源性大学。其医学学科起源于1864年，为我国近代高等教育历史之最。其主体是1901年创办的山东大学堂，是继京师大学堂之后创办的第二所国立大学，也是第一所按章程办学的大学。从诞生起，学校先后历经了山东大学堂、国立青岛大学、国立山东大学、山东大学以及由原山东大学、山东医科大学、山东工业大学三校合并组建的新山东大学等几个历史发展时期。百余年间，山东大学秉承“为天下储人才”、“为国家图富强”的办学宗旨，踔厉奋发，薪火相传，为国家和社会培养了40余万各类人才，为国家和区域经济社会发展做出了重要贡献。

控制科学与工程学院

控制科学与工程学院前身是创建于1949年的原山东工学院电机工程系，是山东大学工科类创建最早的学院之一，至今已有60多年的历史。1989年，电机工程系更名为自动化工程系，新山东大学成立后，于2001年1月更名为控制科学与工程学院。

控制科学与工程学院跨仪器仪表类和电气信息类2大学科，拥有控制科学与工程、生物医学工程2个一级学科博士学位授权点和控制理论与控制工程、电力电子与电力传动、检测技术与自动化装置、模式识别与智能系统、系统工程、生物医学工程、物流工程等7个二级工学博士与硕士学位授权点，并有控制工程、仪器仪表工程、生物医学工程和物流工程等4个工程硕士学位授权点和控制理论与控制工程教育硕士学位授予权。“控制理论与控制工程”二级学科是国家重点学科，另外学院还建有“电力电子节能技术与装备”教育部工程研究中心、2个省级重点学科、2个省级重点实验室和1个国家特色专业、2个省级品牌专业。

控制科学与工程学院建有学士-硕士-博士完整的人才培养体系；建立了教学-科研-产业协调发展的工作体系；建立了一支高水平、高质量、结构合理、力量雄厚的师资队伍，在人才培养、科学研究、学科建设、科技成果转化等方面都得到很大发展。学院目前有教职工152人，其中教授42人、博士生导师28人、教育部长江学者特聘教授2人、国家杰出青年基金获得者1人、“新世纪百千万人才工程”国家级人选1人、泰山学者岗位2个、有一年以上海外经历的教师占30%以上。近年来，学院教师承担国家重大专项、国家863计划、973计划、国家自然科学基金重点项目等40余项，获国家级科技进步奖4项、省部级科技进步奖30余项；在国内外著名学术期刊上发表学术论文1300余篇，出版学术著作、教材40余部。

学院下设自动化、测控技术与仪器、生物医学工程和物流工程4个本科教学系并有设备先进的计算中心和实验中心。拥有自动控制、电力电子与电力传动、过程控制等8个研究所。还设有物流工程研究中心、机器人研究中心、控制论研究中心及集产、学、研于一体的高技术产业——山东山大奥太电气技术有限公司。目前，控制科学与工程学院在校本科生1500余人，硕士、博士生500余人。

学院按自动化类和生物医学工程专业招收本科生。自动化类包括自动化、测控技术与仪器、物流工程3个专业。

地址：山东省济南市经十路17923号

邮编：250061

电话：0531-88395114

传真：0531-88565167

邮箱：webmaster@ sdu. edu. cn

网址：http：//control. sdu. edu. cn/default. aspx

20. 山东劳动职业技术学院

高校介绍：

山东劳动职业技术学院（山东劳动技师学院）是山东省人力资源和社会保障厅直属的全日制普通高等院校，也是全省办学历史悠久、实力雄厚、底蕴深厚、规模较大、特色鲜明的高职院校。2012年，被人社部等十部委授予“国家技能人才培育突出贡献奖”。

学院位于山东省省会济南市，现有槐荫和长清两个校区，总占地面积1050亩，总建筑面积28万平方米；拥有实习工厂，机械制造、数控技术、电气技术、焊接技术、计算机应用、汽车工程、经济管理等实训中心（场地），各类实习、实训和生产设备3000余台（套）；资产总值4.5亿元。学院设有机械工程系、机制工艺系、电气及自动化系、汽车工程系、信息工程与艺术设计系、经济管理系和基础部7个教学系部。

学院现有一支高素质的教师队伍，“双师型”教师达60%以上。有一批在教学、科研等方面成果显著，在职业教育界有一定影响的专业和学科带头人，有“全国技术能手”2名，有“山东省技术能手”24名。国家批准高职教育办学规模为1.2万人，技工教育办学规模为8000人。学院现有在校学生1.8万名。

学院拥有“全国职业教育先进单位”、“国家高技能人才培养示范基地”、“山东省高校首批技能型特色名校”、“国家重点技工院校”、“国家职业技能鉴定所”、“国家级数控技术实训基地”、“全国技工院校骨干师资培训基地”、“国家级高等职业教育机电类实训基地”、“山东省骨干示范性职业技术学院建设单位”、“山东省职业教育先进集体”、“山东省技师培训基地”、“山东省高校文明校园”、“山东省高校平安校园”、“山东省德育工作优秀高校”、“山东省大学生创业教育示范院校”、“山东省高校毕业生就业工作先进集体”称号。

电气及自动化系

该系现有教职员工63人，目前有全日制在校生2600余人，设有三年制大专、三年制技师、两年制高技和三年制中级4个层次。

三年制大专层次：设置电气自动化技术、应用电子技术、楼宇智能化工程技术、机电一体化技术、生产过程自动化技术5个专业。电气自动化技术专业2004年被确立为山东省教育厅示范专业。楼宇智能化工程技术和生产过程自动化技术2个专业是教育部2009年和2010年公布的薪资、就业率持续走高的需求增长型专业。应用电子技术被评为校级特色专业。

三年制技师层次：设置电气自动化技术、机电一体化技术、楼宇自动控制设备安装与维修、农业电气化及自动化4个专业。

两年制高技层次：电气自动化设备安装与维修专业2009年被评为山东省技工院校名牌重点专业。农业电气化及自动化专业是山东省技能扶贫专业之一。

科研团队或重点实验室介绍

1. 师资队伍

全系现有教职员工63人，其中拥有高级职称8人、博士学位2人、硕士学位19人，具有技师和高级技师职业资格证书35人，国家职业资格技能鉴定高级考评员5人。3人获得“山东省技术能手”，1人获得“济南市技术能手”，1人获得“济南市技工院校优秀教师”，1人“山东省省直机关优秀青年岗位能手”，2人获得“山东省高校十佳百优辅导员”。教师先后承担完成省、部级科研项目十余项，出版教材40余部。电气自动化一体化教学团队被评为校级优秀教学团队。

2. 实训科研条件

电气及自动化系现有济南和长清两处实训中心。长清实训中心是由专业教学团队和校外专家共同设计建成的，实验、实训场所的建设融入了现代职业教育教学理念，兼顾了“行动导向”教学方法的运用，主要实验实训设备为行业企业广泛应用的真实设备。在“理论实习技术一体化”的专业建设框架下，采用德国最新职教理念“教学环境一体化”，使实训培养环节构建成为生产过程导向的实训环境。同时电气实训中心也是企业培训、师资培训和技能鉴定的场所。

3. 服务社会

2005 年至今，完成 7 届金蓝领维修电工技师、高级技师培训，完成山东省技工院校骨干师资培训、中国重汽员工技能提升培训等社会培训工作，并多次承担山东省乃至全国技能竞赛裁判工作。

4. 就业与社会声誉

毕业生就业率达 95% 以上，在各大装备制造企业从事设备维护修理、售后服务等工作。该系与齐鲁电机制造有限公司、山东安迪斯电梯工程公司等多家单位开展订单培养。

2004 年山东省技工院校维修电工技能大赛中，3 名教师分别获得教师组 1、2、8 名。4 名学生获得学生组 1、2、3、4 名。

2004 年“广州数控杯”全国技工院校维修电工技能大赛高级组 3 名学生选手分别获得全国第 2、3、7 名，中级组选手获得第 9 名。

2009 年该系学生选手获省职业院校技能大赛电子产品设计与制作一等奖。

2010 年该系学生选手获省职业院校技能大赛嵌入式电子产品开发三等奖。

2011 年该系学生选手获得省职业院校技能大赛电子产品设计与制作二等奖；获得山东省机电产品创新设计竞赛中 2 个二等奖，1 个三等奖。

2012 年 4 月该系学生选手在山东职业院校技能竞赛电气产品设备安装与调试项目中获二等奖；在山东职业院校技能竞赛电子产品设计与制作项目中获三等奖。

地址：山东省济南市经十路 23266 号

邮编：250022

网址：http：//www. sdlvtc. cn/

21. 上海大学

高校介绍：

上海大学是上海市属、国家“211 工程”重点建设的综合性大学；现设有 27 个学院和 2 个校管系；设有 71 个本科专业、42 个硕士学位一级学科授权点、166 个硕士学位二级学科授权点、20 个博士学位一级学科授权点、72 个博士学位二级学科授权点、19 个自主设置二级学科博士点、13 个博士后科研流动站；拥有 4 个国家重点学科、9 个上海市重点学科；拥有 2 个科技部与上海市共建的国家重点实验室培育基地，1 个国家体育总局体育社会科学重点研究基地，1 个教育部重点实验室，1 个教育部省部共建重点实验室，1 个教育部工程研究中心，并拥有多个上海市重点实验室及国家级实验教学示范中心等。上海大学积极实施人才强校战略，初步形成了由名师领衔、层次清晰、结构合理的国际化、高素质、基本满足学校发展需要的师资队伍，并已在多数学科领域中形成了若干有特色、有影响、有潜力的学科团队。

机电工程与自动化学院

机电工程与自动化学院是一个机、电、测、控多学科交叉的学院，下设精密机械工程系、机械自动化工程系、自动化系和工程技术训练中心。

学院的教学科研涵盖机械工程、控制科学与工程、仪器科学与技术、电气工程 4 个一级学科，并在以上大多数学科领域内实现了博士后、博士、硕士、本科各级各类人才培养的全覆盖。学院拥有 7 个本科专业；3 个一级学科硕士点（涵盖多个二级学科硕士点）及 3 个二级学科硕士点；2 个一级学科博士点（涵盖多个二级学科博士点）及 2 个二级学科博士点；3 个博士后科研流动站。学院现有在校本科生近 3000 名，硕士研究生、博士研究生 1000 余名。

学院拥有教育部新型显示技术与系统集成重点实验室、上海市机械自动化及机器人重点实验室、上海市电站自动化重点实验室、上海市教委自动化制造装备及驱动技术工程研究中心、上海机器人研究所、上海大学计算机集成制造与机器人中心、上海大学精密机械研究所、上海电机与控制工程研究所、上海大学-华中科技大学联合快速制造中心、上海大学机电工程设计院、上海大学微电子研究与开发中心、上海大学中瑞微系统集成技术中心、上海大学警用装备与公共安全工程研究中心，以及教育部、上海市教委工程训练实验教育示范中心等基地。学院先后建成了机械基础实验平台、数字化设计制造教学实验平台和机电一体化产品综合实验平台等 5 个本科教学专业实验平台、1 个自动化信息与网络控制实验中心和 1 个大学生创新中心。

20 世纪 80 年代以来，学院所属的多个学科先后得到了国家及上海市政府的支持。“十五”期间，机械电子工程被列入第一期上海市重点学科，先进机器人技术与现代制造系统、仪电自动化分别被列入第二期上海市重点优势学科和重点特色学科。1998 年起，先进制造及自动化学科连续三期被列入国家“211 工程”重点建设学科。“十一五”期间，学院所属的能源工程优化调控技术被列入国家“211 工程”重点学科“能源工程与新技术”学科 3 大方向之一。2001 年机械电子工程学科被列为国家重点学科。

重点实验室介绍

上海市电站自动化技术重点实验室是由上海大学、上海电力学院、上海自动化仪表股份有限公司和上海外高桥电厂联合成立的产学研一体的综合实验室。实验室通过上海大学自动化系提供应用基础研究、人才培养及对外开放平台，通过上海电力学院提供应用研究支撑平台，通过上海自动化仪表股份有限公司提供产业化研发支撑平台，通过上海外高桥电厂提供产业应用技术需求平台。实验室通过特色鲜明的“四位一体”的模式搭建了以社会应用需求和产业化为导向，以高校基础研究和技术开发为主要形式，以对外平台开放交流为辅助方法的产学研平台。

地址：上海市延长路149号
邮编：200072
电话：021-56331562
传真：021-56331183
邮箱：yraun@ mail. shu. edu. cn
网址：http：//www. auto. shu. edu. cn/

22. 上海电力学院

高校介绍：

上海电力学院是中央与上海市共建、以上海市管理为主的全日制普通高等院校。学校分设两个校区：杨浦校区位于上海市区东部长阳路；浦东校区位于浦东新区学海路。学校全日制在校生规模1万余人。学校现有教职工1千余人，专任教师7百余人。

学校创建于1951年，目前已经发展成为以工为主，兼有管、理、经、文等学科，主干学科电力特色明显的高等学校。学校设有能源与机械工程学院、环境与化学工程学院、电气工程学院、自动化工程学院、计算机科学与技术学院、电子与信息工程学院、经济与管理学院、数理学院等12个二级学院，以及2个直属学部。

学校现有热能与动力工程、电气工程及其自动化、电子信息工程、计算机科学与技术、工商管理、信息与计算科学、英语等29个本科专业及电气自动化技术高职专业。学校目前在动力工程及工程热物理、电气工程、化学工程与技术3个一级学科共8个硕士点独立招收和培养硕士研究生。

电气工程学院/电力电子技术研究中心

上海电力学院电气工程学院电子工程系，也冠名为电力电子技术研究中心。该中心拥有先进的实验设备，优良的学术环境，是上海电力学院办学的重要成果之一。其电力电子与电力传动学科是上海市教委重点学科，自2011年开始招收电力电子与电力传动专业硕士研究生，研究目标立足于先进的电能变换技术，主要研究方向有新型电力电子器件及应用、新型电能变换技术、电力传动系统、可再生能源利用中的电力电子技术等电力生产、传输及应用中的电能变换技术。

科研团队或重点实验室介绍

1. 科研带头人

赵晋斌，男，1972年出生。博士、教授。1999年赴日本国立大分大学工学研究科电力电子与电力传动专业留学，师从中野忠夫教授和锅岛隆教授，从事开关电源控制策略和拓扑结构的研究。2005年3月获得博士学位后，以研究员身份进入日本三大通信电源公司之一的欧利生电气公司研究开发本部研究开发室工作，从事分布式并网发电系统，数据中心用直流开关电源和混合动力车载电源的研究。在13年海外的学习和工作中，参与日本瑞萨科技公司、日本丰田汽车公司、日本电信电话（NTT）公司、东京电力公司等著名公司及日本新能源·产业技术开发机构（NEDO）等国家研究机构开展的多项重大研究项目，积累了丰富的经验。此外，与日本大分大学、长崎大学、大阪大学、NTT设施公司研究开发本部、富士电机等建立了长期、密切的合作关系。

赵晋斌教授现为IEEE会员、日本电气学会会员和日本电子情报通信学会会员，电源学会高级会员。《IEEE Transactions on Industry Applications》、《IEEE Industrial Electronics Magazine》、《IEEE ECCE》和《IEEE APEC》等国际杂志和会议审稿人。2011年9月作为上海市东方学者特聘教授被上海电力学院引进。

赵晋斌教授主要研究方向为电力电子电路、装置与系统，电力电子电路的智能化及模块化控制技术，现代电力电子技术在电力系统中的应用，新能源发电技术。

2. 团队简介

2011年9月由赵晋斌教授牵头，带领以米阳教授、屈克庆副教授、李芬老师和硕士研究生为主的团队，建立了电力电子研究中心。主要师资队伍如下：

赵晋斌，男，1973年生，博士、教授、硕士生导师、上海市东方学者

米阳，女，1972年生，博士、教授、硕士生导师、新加坡访问学者

屈克庆，男，1970年生，博士、副教授、硕士生导师，德国访问学者

李芬，女，1985年生，博士、讲师

3. 主要研究方向

（1）开关电源及其拓扑研究

（2）新能源发电及并网逆变技术

（3）电能与电能质量

（4）微电网稳定与控制

4. 科研概况

迄今为止，团队在IEICE TRANS、IEICE EXPRESS ELECTRONICS、IEEE ECCE、IEEE APEC、PESC、INTELEC、EPE和PEDS等杂志及会议上发表学术论文40篇（SCI收录4篇、EI收录20篇）；申请日本发明专利12项（4项授权）、美国发明专利3项、欧洲发明专利2项和中国发明专利14项；完成了上海市教委东方学者课题资助、上海市科委重点科技攻关、上海市科委浦江计划、上海市教委科研创新、上海市人才发展资金等重大项目，参与了上海空间电源研究所等相关项目，并取得相应成果。

5. 实验室建设

在学校和相关合作企业的大量经费的支持下，已基本建成电力电子研发实验室，购置了一批包括NFES2000模拟交流电网、WT1804数字功率分析仪和DLM2024数字示波器等电力电子试验及测试设备和专用仪器。目前学科已初步形成了具有优势和特色的稳定研究方向，以及一只具有良好发展潜力的高水平学术梯队，具备良好的学术氛围和研究条件，未来的发展道路会越远越好。

地址：上海市杨浦区长阳路2588号
邮编：200090
电话：021-35305346
传真：021-35305346

23. 上海海事大学

高校介绍：

上海海事大学是一所以航运技术、经济与管理为特色，具有工学、管理学、经济学、法学、文学和理学等学科门类的多科性大学。

中国高等航海教育发轫于上海，1909 年晚清邮传部上海高等实业学堂（南洋公学）船政科开创了我国高等航海教育的先河。1912 年成立吴淞商船学校，1928 年更名为吴淞商船专科学校。1959 年交通部在沪组建上海海运学院。2004 年经教育部批准更名为上海海事大学。

电力电子与电力传动学科

自 1995 年起，电力电子与电力传动学科通过十余年上海市教委重点学科建设，建立了重点学科的主要研究基地，1999 年建立了“航运技术与控制工程”交通部重点实验室，2001 年获得“电力电子与电力传动”博士点，2007 年建立了“电气工程”博士后流动站，为学科的进一步发展提供良好的研究环境和开发平台，形成了将电力电子与电力传动技术应用于港口、船舶和航运系统的鲜明特色，使本学科在目前国内港口和船舶电力传动与控制领域处于领先水平，在国际船舶电工界也有一定影响和知名度。

现该学科目前是上海市教委“港航电力传动与控制工程”重点学科，拥有电气工程及其自动化、自动化、检测技术 3 个本科专业；电气工程一级学科硕士点，控制理论与控制工程、检测技术与自动化装置 2 个二级学科硕士点，以及中法联合硕士项目；1 个博士点和 1 个博士后流动站。

在科学研究方面，建立了电力传动与控制研究所。已逐步形成了电力拖动与控制系统研究以港航运输设备的传动控制为主线，计算机仿真技术研究以港航模拟器的开发为主线，智能信息与智能控制研究以港航系统状态监测、故障诊断与容错控制为主线的研究特色。自主研发了船舶电力推进模拟器，构建了船舶电力推进研究的先进平台；研制成功国内第一条燃料电池试验船“天翔 1 号”，于 2005 年 11 月在上海市第 6 届国际工业博览会上正式亮相，宣告我国第一条燃料电池电力推进船的诞生，填补了国内空白，并达到国际先进水平。该成果具有开拓意义，为未来中国新能源在船舶中的应用和“全电船”的研究引领新的方向。上海市登山计划项目“临港新城可再生能源发展应用研究”的研究成果分别在上海国际工业博览会和北京国际节能减排和新能源科技博览会成功展出。

在研究基地建设方面，2001 年建成电工、电子实验中心；2005 年建成“电气传动控制系统实验室”、“微机网络型自动化电站实验中心”、“电力电子装置与仿真实验研究室”等一批研究性实验室；2008 年与法国施耐德电气（Schneider Electric）公司建立了“船舶电站”联合实验室；目前，正在建设上海市教委重点学科研究基地“海上清洁能源综合发电系统”。

学科与上海振华港机（集团）公司、上海国际港务（集团）股份有限公司、法国施耐德电气公司等国内外著名企业建立了战略联盟，为产、学、研相结合承接重大项目搭建了广阔的舞台。与法国施耐德电气公司联合研发智能化的船舶电能管理（PMS）系统，具有自主知识产权的船舶 PMS 装置已于 2005 年 12 月在中国国际海事展览会成功展出，并列入法国施耐德电气公司 2006 年的新产品目录，成为产、学、研相结合成功的范例。学科始终如一地坚持港口机械和电气设备的研究方向，为企业的产品更新和技术进步提供强有力的前期预研和技术支持，形成了港口机电设备设计、研发与运行监测和管理一体化的研究体系和人才队伍，为上海建设国际航运中心服务。

学科具有广泛的国际联系和合作关系。多年来，该学科的中波国际合作项目研究卓有成效，与法国中央理工大学、法国海军学院、布莱斯特海洋科技园区等建立了中法国际合作关系，建立了中法联合伽利略系统与海上安全智能交通研究所，开展科学研究和学术交流，与波兰和法国联合培养博士和硕士研究生。连续 6 届主办国际电工学术会议 IMEDCE，具有国际影响力。

本学科目前设有以下 3 个研究方向：

（1）新能源电力电子装置与船舶电力系统研究方向，主要从事电力电子变流技术在可再生能源电能变换及电能质量控制等方面的研究与开发。本研究方向以应用基础研究为特征，以海上清洁能源发电为主要领域，建立了一个起点高、特色明、研究开发能力强的教学科研基地，在应用基础理论研究、应用技术开发、学术交流和产学研联合、人才培养等方面发挥引领性和关键性的作用；根据国家科技发展方针和上海市科技发展战略，面向科技前沿，海上清洁能源及船舶电力传动的重大科技问题，开展创新性研究，获取原创新成果，取得自主知识产权，在海洋新能源开发、电力电子变流新拓扑，混合可再生电源并网技术等方面形成了特色和优势。

（2）港航传动控制技术及应用研究方向，具有鲜明的港航特色，在港口与船舶大型机电设备技术改造方面具有良好的研究基础和发展前景，特别是近年来在港口设备节能技术，如开展了多电机共直流母线交流传动系统建模、节能控制与能量管理方面的研究。目前与法国施耐德电气公司建立了“国际海事效能管理及安全系统设计与研究中心”进一步开展港航系统节能及安全控制的联合研究。

（3）信息处理与港航系统仿真技术研究方向，主要是运用计算机技术、控制技术，仿真技术、局域网技术和多媒体技术推进船舶、港口与航运技术的信息化、自动化和智能化发展。目前，已在复杂系统的状态监测、集成智能故障诊断与容错控制技术研究方面取得了多项创新性研究结果。上述研究成果与方法可以推广应用于解决当前可再生能源分布式发电与智能电网问题。

本学科将进一步完善师资队伍的学术梯队结构，提高教育水平，培养各类企业，特别是港、航企业急需的电气工程高级技术人才；提升科研实力和学术水平，促进产、学、研相结合，为国家建设提供技术支撑作用，特别是更好地为上海市建设国际航运中心服务。

地址：上海市浦东大道 1550 号

邮编：200135

电话：021-58855200

网址：http：//www. shmtu. edu. cn/

24. 上海应用技术学院

高校介绍：

上海应用技术学院是由全国示范性高工专——上海轻工业高等专科学校、上海冶金高等专科学校、上海化工高等专科学校，以及原国家轻工业部所属上海香料研究所合并组建而成，是一所有60年办学历史的以工为主、特色鲜明的多科性全日制普通本科高等学校。在多年的办学实践中，学校坚持以“应用技术”为本，强化内涵建设，走出了一条应用技术型本科院校的特色发展之路。2007年，学校顺利通过了教育部本科教学工作水平评估；2010年10月，占地面积近1500亩的奉贤校区正式落成，学校主体搬迁至新校区。近年来，学校的内涵建设和外延拓展均实现了跨越式发展。学校已连续6次获得“上海市文明单位”称号。

学校现有奉贤新校区和市区老校区2个校区，占地面积共1106870.2平方米，校舍建筑面积为649309.25平方米，徐汇老校区位于上海漕河泾新兴技术开发区内，奉贤新校区坐落于奉贤海湾地区。学校实行校、院两级管理体制，现设有材料科学与工程学院、机械工程学院、电气与电子工程学院、计算机科学与信息工程学院、城市建设与安全工程学院、化学与环境工程学院、香料香精技术与工程学院、艺术与设计学院、经济与管理学院、外国语学院、人文学院、思想政治学院、生态技术与工程学院、理学院、轨道交通学院、工程创新学院、高等职业学院、继续教育学院、体育教学部19个二级学院（部）。学校以全日制本科教育为主，积极发展技术型、工程型研究生教育和留学生教育，现有全日制学生18148人，其中本科生15640人、研究生861人。学校现有教学科研仪器设备总值2.59亿元；图书馆纸质藏书146.06万册，电子图书67.39万册，中外文网络数据库37个；拥有完善的计算机网络服务体系，建成了“万兆主干、千兆汇聚、百兆桌面”的三层校园网络架构，提供视频课程点播570个。

工程创新学院

为了实践学校的办学理念——“培养具有创新精神和实践能力的具有国际视野的以一线工程师为主的高层次应用技术人才”，拟在实现学校办学定位和人才培养规格的前提基础上，依照国际上合作开发的最新工程教育模式和教学大纲，通过较完整的四年工程专业教育体系的培养，以使学生具有富有理想具有较强的事业心、责任感、充满活力，较强的项目开发、设计和构造能力，较强的团队精神和领导能力，较强的中、英语语言表达和沟通能力；较强的创新和创业能力，实现在校期间获得国际国内职业资格认证证书的目标。学校创建了工程创新学院。

上海应用技术学院副校长刘宇陆教授兼任工程创新学院首任院长，现任院长由副校长陈东辉教授兼任，教务处长周小理教授兼任副院长，常务副院长由电气与电子工程学院常务副院长、工程实训中心主任、电气工程学科带头人钱平教授出任。教师及教学管理人员92%以上为硕士、博士。

工程创新学院创办以来，开办了电气工程及其自动化专业和自动化（机电一体化），被学校确定为工程创新实验班。头两届共招生160名，从2009年和2010年各专业入学新生中择优录取。

2009年加入教育部CDIO工程教育模式改革试点学校，2011年学校成为教育部卓越工程师培养计划试点学校。工程创新学院成为实施这两项试点工作的主要平台，参与试点的专业扩大到电气工程及自动化、化学工程与工艺、轻化工程、软件工程，从2011年开始招收4个专业的卓越班。学校为此制定了一系列的配套政策，为卓越班学生的成长、成才创造最好的条件。

在学校领导的重视和各兄弟二级学院的支持配合下，工程创新学院卓越班均配备教学水平高、教学能力强、教学经验丰富的教师。学校将不断地在师资配置、教学资源、实践环境投入大量人力、物力，搭建宽松、和谐、有利于个性发展的人才成长平台，努力培养高层次应用技术工程人才。

科研团队或重点实验室介绍

1. 团队成员

科研带头人：叶银忠，工学博士，教授。

团队主要成员：钱平教授，吴梦初高工等。

2. 主要研究领域

故障诊断与容错控制，电力电子与电力传动，工程系统测量与控制，电源。

课题组负责人对电力电子技术、电源技术、故障诊断与容错控制技术做出了长期的研究。1985年以论文“线性系统参数故障检测与诊断的两级Kalman滤波算法”获工学硕士学位，同年发表的论文“动态系统的故障检测与诊断技术综述”得到了广泛引用；1989年以论文“关于容错控制技术的研究”获工学博士学位。已在控制理论与控制工程、电力电子与电力传动、工程系统测量与控制等领域主持或作为主要参加者完成了10多项国家级和部级、市级科研项目，发表论文90余篇、出版著作2部。专著《现代故障诊断与容错控制》（周东华、叶银忠著）2002年获国家新闻出版总署全国优秀科技图书三等奖，科研成果“生产过程的故障检测与容错控制”1995年获国家教委科技进步三等奖，“网络型集装箱船舶轮机模拟器”2001年获上海市科技进步二等奖，“散货港口自动化运输系统容错控制”2004年获上海市科技进步奖三等奖。现为上海应用技术学院副院长、教授、硕士生导师，上海海事大学电力电子与电力传动学科博士生导师，自2001年以来担任中国自动化学会技术过程的故障诊断与安全性专业委员会副主任委员。

在故障诊断领域的主要学术成果包括，提出了多种基于模型的动态系统故障诊断方法、以小波分析为主体的基于信号处理的故障诊断方法和以神经网络为主体的智能化诊断方法，并研究开发了船舶拖轮舵桨装置控制系统、船舶柴油主机、水下机器人、动车组NPC逆变器等工程系统的故障诊断技术。

3. 科研条件

已经建立了分布式电源实验室和现代供配电综合控制

实验室，拥有一套微电网实验装置；具备了风光互补LED照明控制系统、2kW太阳能自动跟踪电源系统、1kW太阳能发电系统、1kA时蓄电池储能系统、供配电技术综合实训系统。

地址：上海市海泉路100号
邮编：201418
电话：021-60873226
传真：021-60873226
邮箱：qping@ sit. edu. cn
网址：www. sit. edu. cn

25. 深圳航天科技创新研究院

研究院介绍：

深圳航天科技创新研究院为中国航天科技集团公司直属研究院，由集团公司、深圳市人民政府和哈尔滨工业大学共同出资组成。拥有哈尔滨工业大学的人才优势，依靠深圳电力电子类产品成熟的加工、制造、物流体系及完善的科研及管理机制，服务于航天电源类产品的开发，并向普通军用及民用产业拓展。所研发的产品覆盖了分布式电源系统的各个组成部分，具备研究分布式电源系统稳定性所需的软硬件条件。已成功完成基于S3R和S4R的航天一次电源、数字DC/DC变换器、包络跟踪电源、行波管电源、光伏逆变器、卫星电源地面仿真评测系统等一系列研发，部分产品正走向航天应用阶段。

研究院致力于电力电子领域前沿技术的研究，与中国空间技术研究院总体部成立“航天器供配电系统技术评测联合实验室”，与中国空间技术研究院通信卫星事业部成立“空间电源系统技术创新联合实验室”。在已建成的5个市级重点实验室和1个市级公共技术平台的基础上，继续拓展和提升其发展。在建好现有市级重点实验室的基础上加强规范管理制度，注重后续提升发展，使得所支持的重点实验室更好地服务于技术创新和发展。

电力电子与电力传动中心

DC/DC项目组产品有数字DC/DC电源模块、模拟DC/DC电源模块、高压输出电源模块、高压配电器等。其中，数字DC/DC电源模块具有自主知识产权的数字DC/DC核心控制芯片已成功流片。应用该芯片，研制的高功率密度星载数字DC/DC电源模块，有利于替代进口，实现航天产业自主可持续发展。目前已通过国军标鉴定试验和空间环境考核，以及搭载验证。模拟DC/DC电源模块有100V、42V、28V多种输入母线，单路、双路、多路输出模式，集成了输入滤波器，型谱化、定制化，采用自主研发的高可靠磁反馈控制技术，各路输出纹波小，具有上电时序控制功能。高压输出电源模块有离子泵高压电源和电子倍增器高压电源2种。其中离子泵高压电源28V输入母线，输出电压0~6000V连续可调，对负载电流检测准确度高，具有过电流保护自恢复功能。电子倍增器高压电源28V输入母线，输出电压-3000V~0V连续可调，输出电压纹波小，具有高压开关放电功能，迅速放电。高压配电器实现8路高压输出，3个电压等级，最高为-2400V，交叉备份，并能通过RS422协议对各路工作状态进行控制和读取。

科研团队或重点实验室介绍

研究院致力于电力电子领域前沿技术的研究，与中国空间技术研究院、哈尔滨工业大学深圳研究生院的电力电子学科密切合作，积极开展前沿性科研工作，拥有一批博士后及博士、硕士研究生组成的科研骨干力量。深航院拥有深圳市电力电子重点实验室，占地约1000平方米，共有员工65人，其中具博士学位人员11人、硕士学位人员27人。研究所学术带头人张东来教授，为总装863专家组专家。外聘合作教授包括加拿大工程院院士、IEEE院士吴斌教授，丹麦奥尔堡大学陈哲教授等，拥有哈尔滨工业大学的人才优势，依靠深圳电力电子类产品成熟的加工、制造、物流体系及完善的科研及管理机制，服务于航天电源类产品的开发，并向工业及民用产业拓展。

地址：广东省深圳市南山区科技园科技南十路深圳航天科技创新研究院
电话：0755-26727059
传真：0755-26727199
网址：http：//www. chinasaat. com/

26. 四川大学

高校介绍：

四川大学是教育部直属全国重点大学，是“985工程”和“211工程”重点建设的高水平研究型综合大学。四川大学地处中国历史文化名城——“天府之国”的成都，有望江、华西和江安3个校区，占地面积7050亩，校舍建筑面积254.6万平方米。四川大学由原四川大学、原成都科技大学、原华西医科大学3所全国重点大学合并而成。四川大学学科门类齐全，覆盖了文、理、工、医、经、管、法、史、哲、农、教、艺12个门类，有30个学科型学院及研究生院、海外教育学院等学院。现有博士学位授权一级学科44个，博士学位授权点277个，硕士学位授权点361个，是国家首批工程博士培养单位。截至2012年年底，有专任教师4292人，具有正高级职称的1188人，有中国科学院和中国工程院院士12人。现有全日制普通本科生4万余人，硕博士研究生2万余人，外国留学生及港澳台学生2000余人。

电气信息学院

四川大学电气信息学院由原成都科技大学电力工程系、自动化系、应用电子技术系合并组建而成，其核心实体已有60多年的办学历程。学院设有6个教学研究单位：电气工程系、自动化系、通信工程系、医学信息工程系、电工电子基础教学实验中心和电气信息工程专业实验中心。学院拥有智能电网四川省重点实验室；已形成本科、硕士、博士等多层次的办学体系；现有教职工143人，其中博士生导师7人、教授18人。

科研团队或重点实验室介绍

张代润教授研究团队长期保持在10~12名研发人员，主要研究方向有交流调压技术、电能质量控制技术、高频开关电源技术、电机传动控制理论和技术、非线性电路功率理论及其应用等。研究项目包括，有源电力滤波器（APF）、静止无功补偿器（SVC——TCR & TSC）、静止无功发生器（SVG）、晶闸管控制串联补偿器（TCSC）、动态电压恢复器（DVR）、统一电能质量调节器（UPQC）、特种电源及其控制技术、特种电机及其控制技术、非线性电路功率理论等。研究团队在电力电子技术、电力传动技术方向的研究与开发工作，特别是在电能质量控制技术和交流调压技术方面有自己的特色。团队获原建设部“中联重科杯”2004年华夏建设科学技术二等奖；获发明专利2项，新型实用专利1项，另已申请发明专利5项；参编“电力电子技术”和“电机学学习指导”教材。研究团队拥有从事电力电子与电力传动研究的基本软件和硬件条件，同时依托四川大学智能电网四川省重点实验室、四川大学电能质量与电磁环境学四川省重点实验室、四川大学电力电子技术实验室、四川大学电机及拖动实验室，拥有大容量可编程电源、大容量可编程负载、大容量电机、大容量负载等各种测试设备。研究团队有电机设计方面的工作经验，熟悉电机制造工艺；有电力电子装置和系统的分析、设计、调试和实验方面的工作经验，熟悉电力电子技术的相关工艺。

地址：四川省成都市一环路南一段24号

邮编：610065

电话：028-85469866

传真：028-85400976

邮箱：zhgdr@126.com

27. 苏州市职业大学

高校介绍：

苏州市职业大学成立于1981年5月，是经教育部批准，由苏州市人民政府主办的一所公办全日制普通高等专科学校。作为江苏省办学历史最悠久的职业大学之一，学校的办学历史可追溯到创办于1911年的苏州工业专科学校。

电子信息工程学院

电子信息工程学院现有普通全日制学生2000余人，教职工80余人，其中有江苏省教学名师1人、教授5人、硕士生导师2人、副高职称教师30多人、省优秀教学团队1个。江苏省电子信息与智能控制技术实验实训基地、江苏省光伏发电工程技术研究开发中心建在该院。

电子信息工程学院设有应用电子技术、电气自动化技术、电子信息技术、通信技术、微电子技术5大专业。应用电子技术专业为国家级教学改革试点专业、省级品牌专业；电气自动化技术专业为省级品牌专业；应用电子、微电子和电子信息专业为省“十二五”高等学校重点建设专业群。近三年教师发表论文近400余篇，被三大检索收录90多篇。学生在全国和省、市级技能比赛中频频获奖，获得全国大学生电子设计大赛、智能机器人大赛一等奖。

科研团队或重点实验室介绍

“江苏省光伏发电工程技术研究开发中心”于2010年9月经江苏省教育厅批准，以苏州市职业大学为依托单位，以苏州汉达工业自动化有限公司为合作单位，以浙江大学为技术支持单位设立的省级光伏工程中心。

光伏工程中心以高效硅薄膜电池及其生产工艺、大容量光伏并网逆变器、分布式太阳能光伏并网系统及BIPV电站、光伏发电配套产品生产工艺及其检测装置技术等为研究方向，结合国家和江苏省在光伏发电方面的重大需求，建立以“学产研一体化”为基本特征的光伏发电利用和光伏产品公共服务平台，为促进光伏产业的发展和相关企业的迅速成长，解决光伏发电相关企业在开发生产过程中遇到的技术难题和困难，向企业提供技术研究信息、产品的技术认证、科技成果的转换、技术交流、技术培训、人才培养、市场对接等，为光伏发电产业的发展提供优质高效的服务。

光伏工程中心有光伏薄膜电池研究团队和光伏逆变系统研究团队，团队研究人员近20人，其中教授2人、副教授5人、博士2人、硕士17人。光伏工程中心拥有600多平方米的实验室，15kW光伏电池阵列。经过几年的建设，已购置了较完备的光伏发电研究所需的仪器设备，如多功能数字示波器、智能电子式负载、大功率模拟电源、DSP控制系统、光伏发电实验平台、电能质量分析仪、光伏逆变器自动测试仪、防孤岛试验台等，还有镀膜、光刻、测试等薄膜电池开发设备，具有良好的软硬件条件。

中心负责人曹丰文，现任苏州市职业大学电子信息工程学院教授、高级工程师，苏州大学硕士生导师，江苏省级教学名师，省级优秀教学团队带头人，江苏省高等职业教育实训基地“电子信息与智能控制实验实训基地”负责人，江苏省光伏发电工程技术研究中心负责人，省级品牌专业“应用电子技术专业”负责人，省级品牌专业“电气自动化专业”负责人；兼任苏州市电子学会副理事长、中国电源学会电力传动专委会理事；曾获省级优秀教学成果一、二等奖4项；获教育部高职高专电子信息教指委精品课程1项，省级精品课程（排名第二）1项，省级精品教材1部；在本项目中负责总体规划、设计与实施。

曹丰文教授，2000年2月~2001年1月，作为国内高级访问学者在浙江大学电气工程学院师从IEEE会士、IET会士何湘宁教授进行光伏发电领域关键技术的研究；2007年4月~2007年10月，在美国俄亥俄州立大学进行访问研究，在IEEE会士Longya Xu教授的指导下，进行高效光伏系统（High Efficiency Photovoltaic Systems）的项目研究；曾参加过国家自然科学基金和省自然基金项目研究，主持完成了江苏省教育厅自然科学基金项目及多个市级、校级和横向课题研究；获市级科技进步奖1项、双杯奖2项；共发表论文60余篇，其中SCI、EI收录20余篇。

地址：苏州市致能大道106号

邮编：215104

电话：0512-66503386

传真：0512-66506691

网址：http://www.jssvc.edu.cn/

28. 天津大学

高校介绍：

天津大学是教育部直属国家重点大学，前身为北洋大学，始建于1895年10月2日，是中国第一所现代大学，素以“实事求是”的校训、“严谨治学”的校风和“爱国奉献”的传统享誉海内外。1951年经国家院系调整定名为天津大学，是1959年中共中央首批确定的16所国家重点大学之一，是“211工程”、“985工程”首批重点建设的大学。

电气与自动化工程学院

天津大学电气与自动化工程学院素以严谨治学、务实求真而闻名，先后培养出以原清华大学校长高景德院士、北京邮电大学名誉校长叶培大院士、著名华人企业家荣智健先生等为代表的一大批各类杰出人才。

学院现设2个系、5个中心、2个研究所。学院2个一级学科电气工程和控制科学与工程均具有博士学位授予权和设有博士后流动站。学院的8个二级学科（电力系统及其自动化、电机与电器、高电压与绝缘技术、电力电子与电力传动、电工理论与新技术、控制理论与控制工程、检测技术与自动化装置和模式识别与智能系统）均具有博士和硕士学位授予权；其中电力系统及其自动化和检测技术与自动化装置为国家重点建设学科。学院设有电气工程及其自动化、自动化2个宽口径的本科生专业和1个高等职业技术教育专业楼宇自动化技术。

学院有一支高效、精干、勇于开拓的师资队伍，现有中国工程院院士1人、俄罗斯工程院院士1人、长江学者特聘教授2人、长江学者讲座教授2人。

在实验教学方面，学院具有各类专业实验室近50个，各类实验仪器设备约为2500台套，设备总值为2529万元人民币，实验室总面积为5500m^2。其中与国内外各大公司企业合作建立的专业实验室为4个，国家“211工程”项目资助建设与改造实验室8个，如EDA、CAI、CAD、电工电子等实验室。另外，学院还设立了开放实验室，以培养学生的创新能力。

学院具有雄厚的科研实力，近5年，共完成科研项目300余项，获国家级和省（部）级科学技术进步奖30余项，发表科技论文1000多篇，取得了丰硕的科技开发成果。2009年全院承担的科研项目经费已超过2600万元，在天津大学名列前茅。而且已形成多个在国内很有影响、具有自己特色的研究方向，如电力系统规划、运行与控制理论，电力系统微机保护与变电站综合自动化，新型电机及其控制技术，交、直流传动及调速技术，两相/多相流检测技术，计算机工业控制技术等。所完成的科研项目，已在全国多个相关生产技术领域推广应用，受到实际应用部门的高度评价。

学院坚持走产学研相结合、多种渠道办学的道路，先后同大庆油田、天津电力局、华北电力集团公司、大港电厂、海尔集团、渤海石油集团公司、华北油田、山西电力局、西安仪表厂、天津高频设备厂、胜利油田、建设部人事劳动教育司、河南电力局、美国霍尼韦尔公司及我国香港理工大学、我国台湾中原大学、英国曼彻斯特大学、美国康奈尔大学、俄国彼得堡工业大学、俄国莫斯科大学、日本九州工业大学等几十家中外企业和高校建立了长期合作伙伴和学术交流关系。尤其是同美国霍尼韦尔公司合作，由公司投资130万美元建立的楼宇自动化中心，其实验室规模和软硬件装备水平达到同行业国际领先、亚太地区第一。同天津电力局、河南电力局、天津大港电厂合作，筹措资金400万元人民币建立的电力研究与培训中心，内设教室、学生宿舍、教师公寓等配套设施，总面积达3300m^2。所有这些都为学院的学科建设、教学与科研的发展奠定了良好基础。

地址：天津市南开区卫津路92号天津大学电气与自动化工程学院

邮编：300072

电话：022-27405477

传真：022-27406272

邮箱：autju@ 163. com

网址：http：//www2. tju. edu. cn/colleges/automate/

29. 同济大学

高校介绍：

同济大学创建于1907年，是教育部直属全国重点大学，国家“211工程”和“985工程”重点建设高校，也是首批经国务院批准成立研究生院的高校。在百余年的办学历程中，同济大学始终注重“人才培养、科学研究、社会服务、国际交往”四大功能均衡发展，综合实力位居国内高校前列。

目前，同济大学已基本构建起了“综合性、研究型、国际化知名高水平大学”的整体框架，学科设置涵盖工学、理学、管理学、医学、经济学、文学、法学、哲学、艺术、教育学10大门类。

学校拥有3个国家重点实验室、1个国家工程实验室、3个国家工程（技术）研究中心及24个省部级重点实验室和工程（技术）研究中心；承担了一系列国家重大科研专项、重大工程，取得了大跨度桥梁关键技术、燃料电池轿车研发、耦合式城市污水处理、城市交通智能诱导、结构抗震防灾技术、软土盾构隧道设计等一大批标志性科研成果。

在日常教学实践中，同济大学始终坚持“通识教育与专业教育结合，理论教学与实践教学”并重，努力使每一位进到同济的学生，经过大学阶段的学习、熏陶以后，具有鲜明的“同济特色”，即具有“工程基础、科学精神、人文素养、国际视野”4个方面的综合特质。

2010年，作为国内首批试点高校，同济大学开始实施“卓越人才培养计划”，积极致力于“卓越工程师”、“卓越医师”、“卓越律师”等培养模式的实践与探索。担任“中欧工程教育平台”中方秘书处，并作为主要单位发起成立了“卓越人才培养合作高校”联盟。

电子与信息工程学院

同济大学电子与信息工程学院电气工程系是由上海交通大学原机车车辆工程系电力机车专业发展而来。电气工程系包括“电气工程”一级学科硕士点，“电机与电器”、“电力系统及其自动化”、“电力电子与电力传动”3 个二级学科硕士学位授权点，“电气工程”工程硕士学位授权点；并在“控制科学与工程”（一级学科）、“载运工具运用工程”（二级学科）博士点，培养博士生；拥有一批优秀的研究生导师队伍，具有较完善的科研、实验条件。

学院为适应智能电网、清洁能源、新能源汽车、轨道交通等领域的需求，在新能源利用及电气装备、电气绝缘与电力设备诊断、电力系统保护与监控、电力电子与牵引自动化、传动控制与系统仿真、智能配电网与微网等方向开展了研究，取得了一批具有国际、国内先进水平的研究成果；目前承担国家级和省部级项目近 20 项，包括国家自然科学基金、国家 863 计划电动汽车重大专项、国家科技支撑计划、国际合作项目、国家火炬计划、上海市科委科技项目、上海市经委科技项目、上海市教委科技项目、铁道部科技发展计划、国家电网公司科技项目、浙江省科技计划项目、上海市轨道交通科研专项等。

近年来学院在《IEEE Transactions on Power Delivery》、《Journal of Electrical Engineering and Technology》、《中国电机工程学报》、《电工技术学报》、《铁道学报》、《电力系统自动化》等国内外重要学术刊物上发表学术论文 300 余篇，其中被 SCI、EI、ISTP 检索 100 余篇；出版学术专著和教材 10 余部；申请国家发明专利近 20 项。

学院的主要研究方向为新能源利用与新型电气装备、电气绝缘与电力设备诊断、电气设备检测与控制、电器智能化、电力系统保护与监控、分布式发电与微电网、智能配电网、牵引供电与仿真、电能质量分析与控制；新能源控制技术、电力电子与牵引自动化、电力电子与电源技术、新能源变换与系统集成技术、电气系统的智能控制与应用技术、传动控制与系统仿真、列车网络与牵引控制、计算机仿真与控制等。

科研团队或重点实验室介绍

团队带头人康劲松，男，2003 年获得同济大学博士学位；同济大学教授，博士生导师；2007 年作为国家公派访问学者在加拿大瑞尔森（Ryerson）大学的 LEADER 学习一年，现一直保持着密切的合作关系。科研团队现有教师 3 人，研究生 13 名。

长期从事电力电子与电力传动学科的教学和科研工作。研究方向为电力牵引与传动控制、新能源变换与控制、现代电源技术。研究领域有轨道车辆、电动汽车的电力牵引与传动控制技术，风能、太阳能等高效能量变换与控制技术，新型高效大功率电源技术，系统监控与节能技术等。

康劲松教授现作为电气工程系学科委员会成员负责电力电子与电力传动学科发展与规划等相关工作；现为中国电源学会变频专委会委员，上海电源学会理事；作为期刊审稿人，审稿期刊包括《Journal of Engineering and Computer Innovation》、《Vehicle Technology》、《电机工程技术学报》、《电工技术学报》、《同济大学学报》、《华中科技大学学报》等。

作为主编完成了普通高等教育“十一五”国家级规划教材《电力电子技术》。

作为骨干技术人员完成了国家“八五”、“九五”铁道车辆领域重大专项项目。

作为第二负责人完成了国家“十五”、“十一五”863 电动汽车重大专项子项目科技攻关项目。作为项目合作单位负责人，完成了国家自然基金项目。

作为项目负责人，完成了教育部、军工合作、山东省高速集团重大项目等科研攻关项目。

作为项目负责人，目前正承担“十二五”863 计划电动汽车重大专项子项目、国际合作项目、铁道部重点课题等科研攻关项目。

在国内外学术期刊和学术会议上发表 50 余篇论文，其中 SCI/EI/ISTP 检索 30 篇，获得国家实用新型专利 2 项，正申请国家发明专利 3 项，软件著作权 1 项。研究成果曾获上海市科技进步奖三等奖，已培养硕士 20 余人。

在科学研究与合作方面，研究室特别注重理论与工程实际相结合的研究理念，先后与中国铁道科学研究院机车车辆所、同济大学铁道与轨道交通研究院、株洲南车时代电气股份有限公司、汇川技术有限公司、上海燃料电池汽车动力系统有限公司、上海电驱动有限公司等部门建立了良好的合作关系，共同承担科研项目，为研究室学生实习和就业奠定了良好的基础。

在实验设备方面，实验室拥有电气工程学科试验研究平台、新能源利用与新型电气装备研究平台、电力系统保护与监控研究平台、车辆电力电子与传动系统研究平台、轨道涡流制动试验研究平台、轨道交通仿真驾驶与控制研究平台、基于 RT-LAB 仿真器的牵引供电系统-列车牵引传动系统-列车运行控制系统综合仿真平台等学科支撑平台。

在学术交流与合作方面，研究室鼓励学术参加国内、国际学术会议与交流，先后在电工技术前沿问题学术论坛、中国高校电力电子年会、中国控制会议等国内会议，以及 IEEE 协会的 PEAM、IPEMC 等国际会议上发表论文。

地址：上海市嘉定区曹安公路 4800 号电信楼 352
邮编：201804
电话：021-69589870
邮箱：jinsongkang@163.com
网址：http://blog.sina.com.cn/u/2239276440

30. 武汉大学

高校介绍：

武汉大学是国家教育部直属重点综合性大学，是国家“985 工程”和“211 工程”重点建设高校；学校占地面积 5166 亩，建筑面积 256 万平方米。

武汉大学学科门类齐全、综合性强、特色明显，涵盖了哲、经、法、教育、文、史、理、工、农、医、管理 11 个学科门类。学校设有人文科学、社会科学、理学、工学、信息科学和医学 6 大学部 37 个学院（系）；有 114 个本科专业；5 个一级学科被认定为国家重点学科，共覆盖了 29 个二级学科，另有 17 个二级学科被认定为国家重点学科；6 个学科为国家重点（培育）学科；36 个一级学科具有博士学位授予权；250 个二级学科专业具有博士学位授予权，

347 个学科专业具有硕士学位授予权；有 32 个博士后流动站；设有 3 所三级甲等附属医院。

武汉大学名师荟萃，英才云集。学校现有专任教师 3600 余人，其中正、副教授 2400 余人，有 7 位中国科学院院士、9 位中国工程院院士、3 位欧亚科学院院士、8 位人文社科资深教授、15 位 973 计划首席科学家（含国家重大基础研究计划）、4 位 863 计划领域专家、4 个国家创新研究群体、37 位国家杰出青年科学基金获得者、15 位国家级教学名师。

武汉大学科研实力雄厚，成就卓著。学校有 5 个国家重点实验室、2 个国家工程技术研究中心、2 个国家野外科学观测研究站、12 个教育部重点实验室和 5 个教育部工程研究中心；还拥有 7 个教育部人文社会科学重点研究基地、10 个国家基础科学研究与人才培养基地、8 个国家级实验教学示范中心和 1 个国家大学生文化素质教育基地。

电气工程学院

武汉大学电气工程学院发源于 1934 年成立的武汉大学电机工程系。学院前身为 1959 年武汉水利电力学院成立的电力工程系，是我国电力工业高级人才培养的摇篮，在国内外电气工程领域一直享有很高的知名度。

学院目前已建成较为完整的学科体系，包括电气工程博士后流动站，电气工程一级学科博士学位授权点，高电压与绝缘技术、电力系统及其自动化、脉冲功率与等离子体技术、电力电子与电力传动、汽车电子工程、电力建设与运营和电工理论与新技术 7 个博士学位授权点，高电压及绝缘技术、电力系统及其自动化、电力电子与电力传动、电工理论及新技术、测试计量技术及仪器、脉冲功率与等离子体技术 6 个硕士学位授权点，电气工程专业学位工程硕士点，教育部第一类特色专业电气工程与自动化本科专业；现有“高电压与绝缘技术”、“电力系统及其自动化”及“电力电子与电力传动” 3 个省部级重点学科和湖北省电气工程一级重点学科，“国家电工电子实验教学示范中心”、“国家工科基础课程电工电子教学基地”等教学平台，以及“雷电防护与接地技术教育部工程研究中心”、“高电压与绝缘技术重点实验室（部级）”、“武汉雷电防护设备质量监督检验中心（省级）”“高电压大容量开关电器研究开发平台”和“武汉大学智能电网研究院”等科研平台。

学院下设高电压技术研究中心、电力系统研究中心、电机与电力电子研究中心、基础教学与实验研究中心；现有在岗教职工 146 人，其中教授 31 人、副教授 43 人、讲师 25 人。学院有双聘院士 3 人，长江学者特聘教授 1 人，国家杰出青年获得者 1 人，国务院学位委员会学科评议组成员 1 人，教育部高等学校教学指导委员会委员 2 人，教授享受政府特殊津贴 9 人。80% 的在职教师具有博士学位。此外，另有一大批国内外知名学者被聘为学院客座教授或兼职教授。学院每年招收计划内博士研究生 40 余名，硕士研究生 220 余名，本科生 340 余名。

2007 ~ 2011 年，学院主持国家自然科学基金重大项目 1 项，主持和参与 973 计划课题 5 项，主持和参与支撑计划课题 2 项，参与 863 计划重大专项 2 项，主持面上基金项目 26 项，国防 973 计划、863 计划、预研基金和其它国防项目 10 余项；承担了科研和服务项目 1000 余个，科研经费 2.15 亿元，获省部级及以上科技进步奖 18 项，发明专利 24 项；出版教材和专著 18 本，发表论文 2000 余篇，其中三大检索收录 719 篇。100 多项科研成果被转换为现实生产力，一大批研究成果在国内占据于领先地位，有些科研成果已达到国际领先水平。

近八十年来，学院在科学研究方面为国家的科技进步作出了自己的贡献，累计为国家培养了各类、各层次毕业生 3 万余名，他们大都成为电力行业技术骨干、领导者、实业家或成为高校及科研院所学术带头人，包括有被誉为“中国计算机之父”的张孝祥院士，我国第一个自行设计建造的核电站——秦山核电站的总设计师欧阳予院士，我国核武器引爆控制系统和遥测系统的开拓者之一俞大光院士，以及我国核聚变电磁工程和大型脉冲电源技术的主要开拓者潘垣院士等。

科研团队或重点实验室介绍

武汉大学电气工程学院大功率电力电子技术课题组是电气工程学院重点培养的科研团队，团队包括有教授 1 名、副教授 2 名、讲师 2 名、博士后 2 名、博士研究生 10 名、硕士研究生 19 名。团队学术带头人查晓明是武汉大学电气工程学院教授、博士生导师，电气工程学院副院长，电机与电力电子中心主任，武汉大学“卓越工程师教育培养计划”专家委员会委员；也是 IEEE 会员，中国电源学会理事，武汉市电源学会副理事长，《电源学报》、《电力电子》期刊编委会委员，中国电力电子与电力传动学科高校学术年会组织委员，全国变频调速设备标准化技术委员会委员，电力行业电能质量与柔性输电标准化委员会委员，IPEMC2009 等多个国际学术会议技术程序委员会委员，国家自然科学基金、教育部科技奖励等评议专家。

课题组主要研究方向有电力系统中大功率电力电子控制技术、高压大功率电机的变频调速技术。近年来，团队发表论文 50 余篇，其中被 SCI 等三大检索收录 10 余篇。获得湖北省技术进步二等奖 1 项、军队科技进步一等奖 1 项、科技部“十一五”科技计划执行优秀团队奖 1 项、申请国家发明专利 10 余项。目前，课题组承担的主要科研任务有国家自然科学基金面上项目 2 项、国家自然科学基金青年基金 2 项、国家自然科学基金重大基金子课题一项、国家科技部“973 计划”子课题一项、湖北省科技攻关计划项目 1 项。

地址：武汉市武昌区珞珈山
邮编：430072
电话：027-68775879
传真：027-86651507
邮箱：xmzha@ whu. edu. cn
网址：http：//dqgcxy. whu. edu. cn/

31. 西安交通大学

高校介绍：

西安交通大学是国家教育部直属重点大学，为我国最早兴办的高等学府之一。其前身是1896年创建于上海的南洋公学，1921年改称交通大学，1956年国务院决定交通大学内迁西安，1959年定名为西安交通大学，并被列为全国重点大学。西安交通大学是"七五"、"八五"首批重点建设项目学校，是首批进入国家"211工程"和"985工程"建设，被国家确定为以建设世界知名高水平大学为目标的学校。2000年4月，国务院决定，将原西安医科大学、原陕西财经学院并入原西安交通大学组建新的西安交通大学。

电气工程学院

西安交通大学电气工程学院前身是创建于1908年邮传部上海高等实业学堂（交通大学前身）电机专科，是中国高等教育创办最早的电工学科；是全国电工二级学科设置齐全、师资力量雄厚、实验设备先进的电气工程学院之一。历经百年沧桑，经过几代人的努力，今天学院已成为我国电气工程领域人才培养和研究创新重要基地。

学院目前主体学科为电气工程一级国家重点学科，并涵盖控制科学与工程、仪器科学与技术2个一级学科；拥有电力设备电气绝缘国家重点实验室、国家工科基础课程电工电子教学基地、陕西省智能电器及CAD工程研究中心；现有教职工190人，其中院士2名、国家教学名师1名、"长江学者"4名、"国家杰出青年"2名、陕西省教学名师3名、教育部新世纪人才15名、教授51名（其中博士生导师34名）、研究员2名、副教授及高级工程师75名；拥有教育部创新团队1个、国家级教学团队2个、陕西省优秀教学团队1个；另聘有双聘院士3名、海外兼职教授4名。

学院设有电气工程与自动化、测控技术与仪器2个本科专业，其中电气工程与自动化专业在全国排名第一，在国际上享有盛誉。目前学院有在校本科生1679名，各类研究生1688名，其中博士生209名、工学硕士生770名。

百年来，学院本着兴学强国，尚实严谨的精神，以育人为本，历经几代电气人的传承与创新，形成了"起点高、基础厚、要求严、重实践"的办学特色。迄今，已为国家培养本专科生18000余名，硕士研究生2909名，博士研究生398名。其中包括钱学森、邱爱慈等30位两院院士和邹韬奋、江泽民、陆定一、蒋正华、王安等众多著名的专家和杰出人物。

学院教学改革成绩显著。10余年来编写出版各类教材、科研专著、译著150余种，建成国家级电工电子教学示范中心，获国家精品课程5门、国家教学成果奖8项、优秀教材4部；陕西省精品课程3门、陕西省教学成果奖29项、省部级优秀教材11部。学院是教育部全国高校电气工程及其自动化专业教学指导分委员会主任单位，也是电气工程领域工程硕士教育协作组的组长单位。

电气工程学科紧紧围绕国家重大需求和学科创新开展科学研究，2003年以来电气工程学科承担国家级科研项目79项、国家电网公司和国家南方电网公司有关特高压输电项目15项。制定了国家电网公司750kV系统用主设备技术规范Q/GDW103～108—2003共6项标准，为世界第一套高海拔750kV输变电主设备技术规范；制定了国家电网公司1000kV交流特高压输变电设备试验规范，为国际首创。2009年学院被评为"特高压交流试验示范工程"建设特殊贡献单位，邱爱慈院士和彭宗仁、马志瀛、李盛涛、郭洁4位教授被评为特殊贡献专家。

2005年以来，电气工程学科获国家科学技术进步奖二等奖4项，省部级奖20项；授权发明专利181项。在国内核心期刊发表学术论文1800余篇，其中SCI收录论文385篇、EI收录论文910余篇。在电工学科领域主办的国际学术会议共3次，在国际上产生了重大的影响。学科已与美国、日本、加拿大、法国、德国、英国、瑞典、荷兰、波兰、韩国、新加坡等14个国家近60所大学和研究机构建立了长期科技协作关系，在国际上已有较高的学术地位。

地址：陕西省西安市咸宁西路28号
邮编：710049
电话：029-82668621
邮箱：xueping@mail.xjtu.edu.cn
网址：http://ee.xjtu.edu.cn/new_ee/index.php

32. 西安理工大学

高校介绍：

西安理工大学属中央和陕西省共建、以陕西省管理为主的高校。学校建校于1949年5月1日，前身是北京机械学院和陕西工业大学于1972年合并组建的陕西机械学院，1994年1月经批准更名为西安理工大学 。

学校现设材料科学与工程学院、机械与精密仪器工程学院、印刷包装工程学院、自动化与信息工程学院、计算机科学与工程学院、水利水电学院、经济与管理学院、艺术与设计学院、理学院、人文与外国语学院、土木建筑工程学院、高等技术学院、继续教育学院、国防生教育学院等15个学院和体育教学部、思想政治理论课教学科研部；设有23个实验教学中心，其中有1个国家实验教学示范中心、5个陕西省高等学校实验教学示范中心，1个国家技术推广中心、1个国家地方联合工程研究中心、1个省部共建国家重点实验室培育基地，2个教育部重点实验室，7个陕西省重点实验室、7个陕西省工程研究中心。

电气工程系

西安理工大学有关电源技术的科研与教学主要设置在自动化与信息工程学院的电气工程系。

电气工程系现设有电气工程博士后流动站（2000年1月设立）、电力电子与电力传动博士点（1993年4月设立）电气工程一级学科硕士点（2011年1月设立，其中最早的二级学科硕士点1983年设立）；已培养博士50余名（其中获全国优秀博士论文1人、陕西省优秀博士论文5人），培养硕士300余名，培养学士3000余名。

电力电子与电力传动学科是陕西省重点学科，电气工程及其自动化专业是国家级特色专业。

电气工程学科现有教授（或相当专业技术职务）16人，副教授（或相当专业技术职务）11人，讲师（或相当专业技术职务）15人；近5年来发表学术论文450篇，被SCI、EI、ISTP等3大检索收录150余篇，出版学术专著6

部，获国家级科技奖 1 项，省部级奖 5 项，发明专利合计 15 项。

学科近年来完成了一批高水平的科研项目，目前在研科研项目 56 项，其中国家及国务院各部门项目 1 项、国家自然科学基金 6 项、省部级项目 10 项，目前承担的科研经费合计 1000 余万元。

科研团队或重点实验室介绍

学科与电源技术相关的研究方向及研究内容包括以下 6 项：

1. 交流电机变频调速技术

在交流变频技术研究尤其是交流变频调速装置国产化方面，科研团队是工作开展最早、走在全国技术前沿的院校之一。科研成果已技术转让国内外 10 余个厂家，所培养的研究生在多家知名企业担任交流变频调速器的研发负责人，在全国具有较大影响力。目前，科研团队与企业合作开发新一代工业用变频调速器，也在进行矩阵变频器等新型变频器的开发。

2. 用于材料大面积特种功能表面改性的特种电源

（1）“镁铝合金微弧氧化系列设备的研究开发”获 2005 年国家科技进步二等奖，现已有 30 余条生产线正式投入产业化应用。

（2）大功率液态等离子复合脉冲抛光工业电源的技术性能处于国内领先地位，已获多项省部级工业攻关项目资助。

（3）高性能闭合场非平衡磁控溅射特种高频开关电源已通过中试，将投入产业化应用。

（4）新型复合电镀特种电源进入中试阶段。

3. 静止型无功功率补偿装置

该方向是 20 年来一贯的研究方向之一，始终结合电力电子技术的最新发展和电力系统的工程实际应用，开展了 SVC、STATCOM 和 MCR 等新型无功补偿技术和装置的研究；开发的 SVC 全数字控制系统已在国内多家钢厂应用并出口。

4. 电力谐波滤波器的研究

针对电力电子设备的非线性特性给电力系统造成的谐波污染，开展了电网谐波的测试分析和治理工作，完成了国家“产业化前期关键技术与成套装置研制开发项目”中的子项目“交流连续可调滤波器的研究”，在有源调谐型混合滤波器方面开展了一定的开创性工作。

5. 新能源发电与储能技术

该方向主要研究内容有光伏发电与风力发电并网技术、超级电容器储能技术、超导储能技术、微电网中的微源控制技术等。

与企业合作开发的三相光伏并网逆变器已通过金太阳认证，并已在甘肃、陕西等省市并网发电。

6. 谐振型电力电子变换器

该方向围绕高频软开关技术、PWM 优化技术、IGBT 串并联技术和电磁兼容技术等展开研究，完成了陕西省自然科学基金“高频链软开关逆变器的研究”、省级重点工程配套项目 60kW/20kHz 中频电源、10kW/80kHz 感应加热电源等多个项目。

西安理工大学电气工程系在办学上注重学生综合素质的培养，特别是工程实践和创新能力的培养，鼓励和支持学生积极参加全国、市省和知名企业举办的科技竞赛。近年来，在电源行业知名的“英飞凌杯”全国大学生科技竞赛中，电气系学生都取得了第一、二名的好成绩。

西安理工大学电气工程系愿与电源行业的朋友在人才培养和技术开发各方面广泛合作，共同推动我国电源技术进步和产业发展。

地址：西安市金花南路 5 号 110 信箱
邮编：710048
电话：029-82312461 转各分机 82312223（直拨）
传真：029-82312650
邮箱：duanjd@ xaut. edu. cn
网址：http：//zdh. xaut. edu. cn/

33. 西北工业大学

高校介绍：

西北工业大学坐落于古都西安，是我国唯一一所以同时发展航空、航天、航海工程教育和科学研究为特色，以工理为主，管、文、经、法协调发展的研究型、多科性和开放式的科学技术大学，隶属工业和信息化部。

学校占地面积 5100 亩，其中友谊校区 1200 亩、长安校区 3900 亩。设有 15 个专业学院，58 个本科专业，101 个硕士点，57 个博士点和 14 个博士后流动站。学院现有 2 个一级国家重点学科，7 个二级国家重点学科，2 个国家重点培育学科，20 个博士学位一级授权学科；建有 7 个国家重点实验室，27 个省部级重点实验室和 19 个省部级工程技术研究中心。到 2011 年 3 月，学校共有研究生 10861 人，其中全日制博士研究生 2782 人、硕士研究生 6018 人、专业学位研究生 2061 人、本科生 14183 人、留学生 178 人。

学校现有教职工 3600 余人，其中教授、副教授等高级职称人员 1500 余人，博士生导师 478 人，中国科学院、中国工程院院士 15 人，“千人计划”入选者 5 人，“长江学者”重大成就奖、特聘教授、讲座教授 17 人，国家级突出贡献专家 7 人，全国模范教师、优秀教师 5 人，国家教学名师奖获得者 3 人，国家杰出青年基金获得者 10 人，“中国青年科技奖”获得者 10 人，入选国家“百千万人才工程”18 人、“新世纪优秀人才”64 人。学校现有 7 个国家级教学团队，4 个教育部创新团队，1 个国家自然科学基金委创新研究群体，8 个国防创新团队和 1 个国防优秀创新团队。

电子信息学院

西北工业大学电子信息学院的前身是创建于 1958 年电子工程系。1970 年哈尔滨军事工程学院空军工程系航空武器控制、航空武器设计专业并入该系。2003 年更名为电子信息学院。

学院现有 136 名教职工，专任教师 108 人，其中教授 32 人（含博士生导师 25 人）、副教授 36 人；实验技术人员 19 人，其中高级工程师 11 人。教师博士率达到 61.5%。

教职工中获国家政府特殊津贴 4 人，全国高等学校优秀骨干教师1人，部级“突出贡献专家”1人，国防科工委“511人才工程”1人，教育部新世纪优秀人才支持计划4人，教育部教学指导委员会分委员会委员2人，陕西省师德标兵1人，陕西省教学名师2人，陕西省高校优秀青年教师标兵1人，中国教育工会陕西省委员会“先进女职工”1人，陕西省先进工作者1人，陕西高等学校优秀党员2人。学院聘有22名海内外著名专家学者为兼职、客座教授。

目前学院有学生2150余人，其中本科生1260余人，硕士、博士生863人，留学生近30人。建院6年来，培养航空航天等领域和国民经济主战场各层次优秀电子信息技术人才8500余名。研究生就业率始终为100%，本科生就业率稳定在98%以上。

目前学院设有5个本科专业、10个硕士点、7个博士点及3个博士后流动站。拥有“电路与系统”国家重点学科；“电子科学与技术”、“信息与通信工程”博士授予权一级学科；1个陕西省名牌专业，1个教育部一类特色专业；1门国家精品课程，4门陕西省精品课程。学院建设有“航空火力与指挥控制系统”航空科技重点实验室和“信息获取与处理”陕西省重点实验室及中俄、中法等5个国际合作实验室和陕西省电子实验教学示范中心。

近5年，承担国家自然科学基金、“863计划”、“973计划”等各类科研项目70余项，科研经费总额近亿元；有30余项教学、科研成果获国家、省部级优秀成果奖；共计发表学术论文950余篇，被SCI、EI、ISTP收录的论文达330余篇。

地址：西安市友谊西路127号

邮编：710072

34. 燕山大学

高校介绍：

燕山大学位于河北省秦皇岛市，前身为1958年哈尔滨工业大学重型机械系及相关专业成建制迁至齐齐哈尔市的东北重型机械学院，1978年被确定为全国重点高等院校。1985～1997年学校整体南迁秦皇岛市，1997年1月经原国家教委批准，更名为燕山大学。学校占地面积4000亩，建筑面积100万平方米；现有教职工3000人，其中专职教师2000人、教师中教授367人（含博士生导师171人）、副教授509人。学校有国务院政府特殊津贴专家88人，长江学者奖励计划特聘教授4人，国家杰出青年基金获得者8人，国家有突出贡献专家1人，国家“百千万人才工程”人选9人，国家“973计划”项目首席科学家1人；现有普通高等教育本硕博在校生39000人。

学校现设有研究生院和20个学院，11个博士后流动站，11个博士学位授权一级学科；有27个硕士学位授权一级学科，18个工程硕士专业学位授权领域和工商管理硕士、公共管理硕士等专业硕士学位授予权；有62个本科专业，已呈现出以工为主，文、理、经、管、法、教等多学科共同发展的学科格局。

学校拥有5个国家重点学科、4个国防重点学科和13个省级重点学科；建有“亚稳材料制备技术与科学”国家重点实验室、“冷轧板带装备及工艺”国家工程技术研究中心、“先进制造成型技术及装备”国家地方联合工程研究中心、国家大学科技园、24个省部级重点实验室和工程技术研究中心。1996年以来，学校连续获得国家科技奖励20项，其中国家科技进步一等奖3项、二等奖11项、三等奖2项、国家技术发明二等奖2项、国家自然科学二等奖2项。承担973计划、863计划、国家自然科学基金和国家社会科学基金项目500余项。

电气工程学院

电气工程学院源于1960年成立的东北重型机械学院自动控制系，现有教职工227人（教师166人，实验员38人，行政和辅导员23人），其中教授57人（含博士生导师32人，长江学者特聘教授1人，国家杰出青年基金获得者2人，教育部新世纪人才3人，德国洪堡学者3人）、副教授53人。学院现有学生3858人，其中博士研究生110人、硕士研究生948人、本科生2800人。

电气工程学院现有“控制科学与工程”、“仪器科学与技术”和“电气工程”3个博士后科研流动站，3个博士学位授权一级学科（16个博士学位授权二级学科），4个硕士学位授权一级学科（14个硕士学位授权二级学科），4个工程硕士专业学位授予权领域，4个本科专业；1个河北省强势学科，2个河北省重点学科，3个河北省重点实验室；1个河北省实验教学示范中心，1个国家级特色专业，1个国防主干学科，1个河北省本科教育创新高地，1个河北省教学团队。

科研团队或重点实验室介绍

燕山大学电力电子与电力传动学科是国内最早开展该领域研究的院校之一。学科具有电气工程一级学科博士学位授予权和硕士学位授权，设有电气工程博士后科研流动站。该学科是河北省重点学科，建有“电力电子节能与传动控制”河北省重点实验室。学科曾承担国家“八五”、“九五”科技攻关项目、国家自然科学基金重点项目及面上项目、省部级项目40多项，其中承担的2项国家自然科学基金重点项目为“新型中小功率高频逆变电源的控制技术和拓扑技术研究”和“基于可再生能源的分布式发电系统能量变换、控制与并网运行研究”。近30年来，在高频功率变换及控制、交直流传动控制、逆变电源及其控制、可再生能源发电及应用技术、开关电源、电能质量控制、电气节能技术、电力电子系统故障诊断与可靠性等方面研究成果丰富。尤其在大功率功率变换拓扑及控制、逆变电源及其控制、可再生能源发电及应用技术方面形成了特色。

地址：河北省秦皇岛市河北大街西段438号

邮编：066004

电话：033-58057041

传真：033-58072979

网址：http://ysu.edu.cn

35. 漳州职业技术学院

高校介绍：

漳州职业技术学院前身为创办于1984年的漳州职业大

学，是由漳州市人民政府举办的一所全日制公办普通高职院校。2002年4月，经福建省人民政府批准，更名为漳州职业技术学院。学院坐落于漳州市区风景秀丽的马鞍山麓，是漳州市高校园区的主体学校。近年来，学院找准培养一线高技能人才的办学定位，适时抓住福建省建设海峡西岸经济区、漳州市实施“工业强市”发展战略的良机，确立了“规模适度，夯实基础，强化特色，争创一流”的办学思路，办学质量和办学水平不断提高，各方面成效显著。学院占地1250亩，建筑面积33万平方米；现有全日制在校生14000多人；专兼职教师900多人，其中高级职称教师210多人、“双师”素质教师350多人；设置了10个系和公共教学部、成教部等教学单位；开设了电子应用技术、计算机网络技术、食品加工技术、物流管理、数控技术、建筑工程技术等66个以工科为主，农、文、经、管应用科类协调发展，紧密对接经济发展的高职专业；有国家示范性高等职业院校建设计划项目重点专业8个，省级精品专业7个，省级精品课程29门，省级高职教学改革综合试验项目2个，中央财政支持的实训基地1个，高等职业学校骨干教师国家级培训基地2个，省级实训基地3个，省级教育改革试点项目6个，省级教学团队7个。学院构建了基于工作过程的系统化课程体系，建有以生产性实践教学为主线的CAD设计实训室、CAI仿真实训室、数控实训中心、机械实训鉴定中心、汽车实训鉴定中心等功能齐全的实验实训室及校外实习实训基地280多个；配置图书资料113万册，教学仪器设备总值1.07亿元；拥有的福建省规模最大、鉴定工种最全、鉴定人数最多，并具有高级技师鉴定资格的国家职业技能鉴定站，鉴定项目和鉴定工种分别达34个和73个，涵盖了学院所有专业领域。

目前，学院正以国家支持海峡西岸经济发展和建设百所示范高职为契机，进一步推进人才培养模式改革，致力于校企紧密合作，服务区域经济，力争把学院建成东南沿海高职名校。

电子工程系

电子工程系设有应用电子技术、电子信息工程技术、电气自动化技术、计算机控制技术、液晶显示与光电技术5个专业，其中应用电子技术专业是国家示范性高等职业院校重点建设专业和福建省重点专业、精品专业，拥有一支稳定的“双师”素质教师队伍。成立了电子产品研发生产部，建有实验实训室14个、校内实训基地5个、电子产品生产线5条、校外实训基地41个。目前，已形成万利达班、科能班等“订单”式人才培养模式，学生在全国电子设计大赛中多次获一二等奖。多年来毕业生一次就业率均达95%以上，许多已成为企业的技术骨干。

科研团队或重点实验室介绍

电子信息工程专业是培养具备电子技术和信息系统的基础知识，具备设计、开发、应用和集成电子设备和信息系统的基本能力，能从事各类电子设备和信息系统的研究、设计、制造、应用和开发的高等技术应用人才；可面向高新技术企业中的电子信息类、电子与计算机类生产企业，流通领域中的电子信息类产品的销售与售后服务部门、各企事业单位中电子信息类产品的使用和维护等部门。

教学团队现有专任教师13人，其中副教授（高级工程师）6人、讲师（工程师）2人、硕士（含在读）及以上学位教师7人、教学名师2人。团队聘请15位高级工程技术人员及能工巧匠作为本专业的兼职教师，教师队伍中具备“双师”素质的占专业课教师总数的80%。

教学团队教师具有较强的教研和科研能力，结合教学实践，开展教研和科研活动。近5年来，教学团队承担了国家教研子课题2项、省级教研课题2项、省级科研课题2项、院级科研课题6项，在国家级、省、市级的学术刊物上发表论文20多篇，出版教材10多部。

团队拥有电子电工实验实训室、高频电子线路实验实训室、电气实验实训室、单片机实训室、电子工艺实训室、移动通信实训室、程控交换实训室、光纤通信实训室等近10个实训室，其中电子电工实验室在2000年通过了省教育厅组织的专家评估，程控交换实训室和移动通信实训室、单片机实训室是在示范性建设期间建立的；现有实验室总面积800m^2，仪器设备总值400万元，本专业所有教师均参加了各种技能培训，有80%的教师具有双师素质。

电子实训基地拥有一个800平米的校内实训车间，车间的布局仿造工厂实际生产环境布置，用于给学生提供校内进行工厂实训的场所，实训期间学生分别扮演流水线操作工、质检、调试、维修、仓管等角色，采用企业的管理制度进行管理，让学生在校内就能体验真实的工作环境。此外，电子实训基地还有26间实训室，这些实训室可以为应用电子、电子信息、自动化等专业的学生开设30多门专业课和基础课的实训。除了校内实训场所以外，还与漳州周边的众多相关企业建立的良好的合作关系，为学生提供实训和工厂见习、顶岗实习等机会。灿坤电子有限公司每年为我系学生安排了十几个班级的企业实习岗位。

科研带头人张建国副教授，西北工业大学航天系自动控制专业本科毕业，漳州市政协委员，中国农工民主党漳州市委委员、参政议政专委会副主任、漳州职业技术学院支部主任委员，漳州市电子协会常务理事、秘书长、学术工作委员会主任。

张教授现任漳州职业技术学院电子工程系副主任，专业领域是电子信息技术、自动化技术及计算机应用的教学和科研；在国内专业刊物发表教学和科研论文30多篇，主编出版高职高专教材3部，主持完成省级科研项目3项；获得江西省5小成果先进个人、南昌飞机制造公司革新能手、新长征突击手，福建省青年科技博览会金奖、福建省自然科学优秀论文奖2项，漳州市青年科技博览会金奖，漳州市自然科学优秀论文奖4项，漳州市“漳州市优秀教师”及漳州职业技术学院“名师”称号。

地址：福建省漳州市马鞍山路1号

邮编：363000

电话：0596-2660203

传真：0596-2660262

网址：http：//fjzzy. org

36. 浙江大学

高校介绍：

浙江大学是教育部直属、省部共建的普通高等学校，是首批进入国家“211 工程”和“985 工程”建设的若干所重点大学之一。浙江大学的前身求是书院成立于 1897 年，为中国人自己最早创办的新式高等学府之一。1952 年，在全国高等院校调整时，曾被分为多所单科性学校，部分系科并入兄弟高校。1998 年，同根同源的浙江大学、杭州大学、浙江农业大学、浙江医科大学合并组建新的浙江大学。经过一百多年的建设与发展，学校已成为一所基础坚实、实力雄厚，特色鲜明，居于国内一流水平，在国际上有较大影响的研究型、综合型大学。

电气工程学院

电气工程学院（简称电气学院）由原浙江大学电机工程学系发展而来。该系历史悠久，始建于 1920 年，是我国创建最早的电机系之一。

电气学院位于浙江大学玉泉校区，设置有电机工程学、系统科学与工程学、应用电子学 3 个系和电工电子基础教学中心，3 个系下设有电气工程及其自动化、自动化、电子信息工程、系统科学与工程 4 个本科专业。学院所属专业学科主要领域涉及电气工程、控制科学与工程、系统科学、电子科学与技术 4 个一级学科。学院设有“电气工程”、“控制科学与工程（共享）”、“电子科学与技术（共享）”3 个学科博士后科研流动站，具有“电气工程”一级学科博士学位授予权，拥有 10 个二级学科，其中 9 个博士点、10 个硕士点。学院拥有电气工程一级学科国家重点学科，覆盖电机与电器、电力系统及其自动化、电力电子与电力传动、电工理论与新技术、高电压与绝缘技术、电力工程管理与信息化、航天电气技术 7 个二级学科，另有系统分析与集成为省重点学科，电工理论与新技术为省重点扶植学科。电气工程学科先后被列入国家“211 工程”和“985 工程”重点建设项目。

历年来，学院为社会培养了大批基础扎实、知识面广、适应能力强的人才，计本科毕业生 16699 名，授予硕士学位 2591 名，授予博士学位 522 名，出站博士后 98 名，毕业外国留学生 91 名。在学院学习或工作过的两院院士共 21 名。目前在校本科生 1280 名，硕士研究生 1843 名（其中工程硕士研究生 1190 名），博士研究生 313 名，在站博士后 41 名。

学院师资力量雄厚，既有资深博学的知名教授，如首批中国工程院院士汪槱生教授，中国科学院院士、原浙江大学校长韩祯祥教授，也有一批朝气蓬勃的中青年学术骨干。学院现有教职工 179 名，其中教授 43 名（含博士生导师 37 名）、副教授（副研究员）65 人、高级工程师（高级实验师）14 人、讲师 24 人。教学科研岗位人数 121 人，其中具有博士学位的比例为 76.9%。

浙江大学电力电子与电力传动学科是全国首批设立的国家重点学科，设有首批博士学位（1981 年）和硕士学位（1981 年）授予点和电气工程一级学科博士后流动站，建有电力电子技术国家专业实验室和电力电子应用技术国家工程研究中心，并连续被列为国家“九五”、“十五”、“十一五”“211 工程”重点建设学科。30 多年来，研究成果丰硕，尤其在大功率中、高频谐振变换器、感应加热及其成套技术、高频开关功率变换电路拓扑和软开关技术、谐波治理及电磁兼容方面的研究水平已接近或达到国际水平，在国际同行中已具有较高的学术声誉。学科主要研究方向有高压高功率电力电子器件、感应加热电源及其成套系统、电力电子先进控制技术与网络化技术、高频功率变换拓扑与特种电源系统、电力电子系统集成与模块化技术、电力电子在电力系统中的应用及电力电子传动技术等。在新能源电力电子技术方面，已建成燃料电池发电系统、光伏发电系统、风力发电系统、新能源发电微网等多个试验平台。

地址：浙江大学玉泉校区电气工程学院
邮编：310027
电话：0571-87952707
传真：0571-87951625
邮箱：party@ zju. edu. cn
网址：http：//ee. zju. edu. cn/index. php

37. 中国兵器工业集团第二〇六研究所

研究所介绍：

中国兵器工业集团第二〇六研究所，是中国兵器工业集团公司所属的国家重点电子工程技术开发、研制及批量生产的整机研究所；主要从事电子工程、通信、微波、毫米波、自动控制、信号处理、计算机、无线电计量、电子结构、高精度传动结构等高新技术领域的开发应用研究工作。

特种电源部

特种电源部主要为本所电子工程、通信、微波、毫米波、自动控制、信号处理、计算机、无线电计量等产品配套研发生产所用的特种电源。

特种电源部也为国家相关部门、科研院所配套研发生产特种电源。开发生产的产品已广泛应用于雷达、导航、加速器、电子束焊机、试验基地、军工科研院所及其它企事业单位的电子系统中，并在国家大科学系列工程中开发提供了国内稀缺的相关特种电源设备，为国家填补了空白，也为相关系统安全稳定运转提供了良好的保障。

科研团队或重点实验室介绍

特种电源部的科研带头人为史平君，本部共有职工 63 人，其中高级工程师以上职称 17 人、工程师 24 人；设有低压特种电源组、高压电源组、脉冲电源组、特种变压器设计组、电源结构组和系统控制组，还附设一个有 20 多人的特种变压器生产车间。供特种电源研发的各种仪器仪表齐套，各种实验配套设施齐备完好。

已研发并生产的产品有以下 12 种：

1. Kicker 电源

输出电压为 5 ~ 100kV

脉冲高压稳定性为 1‰

2. -150kV 电子束焊机高压电源及高电位灯丝电源

输出电压为直流电压 0 ~ -150kV 连续可调

输出电流为直流电流 0 ~ 200mA 随负载自动变化

输出电压纹波≤0.1%

电压稳定度≤0.1%

3. 导航雷达发射机高压电源级高及高电位灯丝电源

脉冲电压为 6 ~ 11kV

稳定度≤0.1%

4. 雷达发射机电源及高电位灯丝电源

输出为 0 ~ -32kV

最大输出功率为 66kW

5. 磁刺激充放电装置

输出电压为直流 2 ~ 3kV，电流为 3A，输出电压可调，最大输出功率应达到 10000W 以上

磁场强度为线圈表面处测量峰值 1 ~ 2T

6. 脉冲功率源

高压电压为 0 ~ 30kV（连续可调）

脉冲宽度为 600 ~ 1100μs（连续可调）

工作频率为 10Hz/100Hz 两档可选

脉冲前后沿为≤500ns

7. 四相等离子电源

输出电压 U_{pp} = 64kV

输出频率为 0 ~ 50kHz，四相

8. 切束高压脉冲电源

输出电压为 0 ~ 6kV

上升、下降沿 < 10ns

脉冲形式为慢频率 25Hz（脉宽约 600μs），快频率约 1MHz（脉宽约 530ns）

9. 50kV、30kW 低温等离子电源

输出电压为直流 10 ~ 50kV 连续可调

输出电流≤600mA

10. 医用加速器二极枪老练系统

灯丝电源输出为交流，灯丝端最大容量 11V/4.5A

真空电源输出为，+4.5kV 条件下，负载短路带载能力不小于 8mA。

11. CSNS 离子源脉冲电源

CSNS 离子源脉冲电源用于离子源引出负氢离子，该电源可采用固态开关充放电方式产生脉冲高压，容性负载。由于离子源工作的需要，整个电源电路悬浮在 -50kV 高压上工作。

1）输出脉冲高压 25kV，脉冲电流 600mA，脉冲上升时间≤5μs，脉宽 10 ~ 900μs。

2）脉宽、重复频率连续调。

3）具备充电电源过电流、过电压保护功能。出现过电流、过电压及真空不好时，切断充电电源。

4）具备本地和远程两种控制方式。

12. 微波机电源及高电位灯丝电源

工作方式为高压电源有直流和脉冲两种工作方式，可切换使用。

主高压电源技术参数如下：

脉冲高压为 -8.0kV 连续可调

工作电压为 -5.0kV 连续可调

脉冲电流为 10 ~ 500mA 连续可调

脉冲后沿≤1μs

灯丝电源技术参数如下：

灯丝电压为交流 5.5V 范围内微调

灯丝电流为启动时 12A，工作时≤10A

隔离度为 20kV

灯丝电压及电流在灯丝变压器后级测量。

地址：西安市 132 信箱（长安区凤栖东路）

邮编：710100

电话：029-85616213

传真：029-85616213

邮箱：Sw5880@ 126，com

网址：www. bq206. com. cn

38. 中国兵器装备集团兵器装备研究所

研究所介绍：

中国兵器装备集团兵器装备研究所位于北京市昌平区，是以军工研究为主的科研单位，已有 40 多年的历史；改革开放以来，逐渐发展成为以军为主、军民结合的综合科研部门。研究所具有雄厚的科研、生产、检测实力，建立了先进、完善的质量管理体系，1996 年就通过了 GJB/Z 9001—1996 质量体系认证。研究所响应装备集团“军品立位，民品兴业”的方针，发展民用产品，服务经济发展。

兵装系列电源是众多军转民品产品中的主要产品之一，已有 10 多年的科研生产历史。研究所研制、生产的系列电源有激光电源、大功率电源、医疗电源、矿山电源近 100 多个品种，广泛应用于军工产品、工业控制、通信、医疗设备、电子仪器等领域，中国电源学会团体会员单位（中源团字 817 号），是全国具有开发和规模生产开关电源产品实力的少数单位之一。由研高工带队的技术部全部具有本科以上学历，瞄准国外领先水平，全力打造中国的电源精品，可为用户提供全面合理的电源解决方案。

研究所质量保证体系对研制、生产的开关电源产品进行严格质量控制，质量方针是“应用先进技术，精心设计、精心生产，质量第一、信誉第一，用户至上、服务周到。以管理求效益，以质量求生存”。研究所产品性能稳定、质量可靠，具有完善的售后服务保障能力，典型产品通过了北京市电子产品质量监督站的检验，产品远销全国及世界，深受广大客户信赖。

地址：北京市昌平区南口镇马坊 1 号（102202）

电话：010-69785164 69773296

传真：010-80190320

邮箱：shf26@ sina. com. cn

网址：http：//www. coapower. cn

39. 中国科学院等离子体物理研究所

研究所介绍：

中国科学院等离子体物理研究所从事核聚变装置研制，

总职工人数650人左右，硕博研究生350人左右。现正在承担的项目主要有国家“十二五”大科学工程一项、国家大科学装置实验研究一项、国家“973计划”项目7项、国家“973计划”项目课题9项，科技部国际合作项目3项，平均科研经费每年5～6亿元左右。

电源及控制研究室

电源及控制研究室主要从事各种大功率电源的研制和直流设备相关测试，可以研制大功率晶闸管变流器、基于IGBT的大功率中性束电源和微波电源，以及相关的大功率特种电源和实时控制系统。大功率直流测试包括各种直流开关、大功率变流电源。

科研团队或重点实验室介绍

电源研究室是由中国科学院电工所20世纪70年代在合肥基地相关人员组建，现有职工60人，在读硕博研究生40人。

研究室成功研制出亚洲最大的电感线圈，基于IGBT技术的100kV/100A高压微波电源、基于晶闸管技术的210MW四象限变流电源、15kA/2.4kV双向直流晶闸管开关，获得中科院科技进步一等奖的国防项目303电磁轨道炮和503电磁轨道炮。

研究室主要科研试验平台有4台500V/50kA直流飞轮发电机、120MW交流飞轮发电机组、我国最大的直流测试平台（最大直流电流400kA，最高电压2000V，稳态直流120kA/500V）、200MW/110kV，66kV高压变电站。

研究室现主要承担了国家大科学工程中性注入电源和微波电源研制（30MW），“973计划”项目、国际合作项目ITER变流电源系统（1312MW）；现有总经费11.5亿元。

地址：合肥市1126信箱，合肥市蜀山湖路350号

邮编：230031

40. 中国矿业大学（北京）

高校介绍：

中国矿业大学是教育部直属的全国重点大学，由地处北京和徐州的两个办学实体组成。中国矿业大学（北京）是在原北京矿业学院基础上发展起来的一所研究型大学。1978年，经国务院批准，中国矿业学院北京研究生部成立，恢复招收和培养研究生；1997年7月，经原国家教委和北京市批准，成立了中国矿业大学（北京），1998年恢复招收本科生。学校位于北京市高校云集的海淀区学院路，东眺国家奥林匹克公园，西望颐和园、圆明园与香山，学校占地面积24万平方米，总建筑面积34万平方米，图书馆藏书60余万册，电子图书40万册。

中国矿业大学是一所具有矿业和安全特色，以工为主，理、工、文、管、法、经相结合的全国重点大学，是列入国家“211工程”、“985工程”“优势学科创新平台”建设及全国首批具有博士和硕士授予权的高校之一，是全国首批产业技术创新战略联盟高校。学校的前身是创办于1909年的焦作路矿学堂；1950年学校由焦作迁至天津，更名为中国矿业学院；1952年全国高校院系调整时，清华大学、原北洋大学和唐山铁道学院的相关科系调整到中国矿业学院，为学校的发展奠定了良好的基础；1953年学校迁至北京，更名为北京矿业学院；“文革”期间学校搬迁、更名，形成异地办学格局；1978年经国务院批准，学校恢复中国矿业学院校名，成立中国矿业学院北京研究生部；1988年更名为中国矿业大学。1960年和1978年，学校先后两次被确定为全国重点高校。2000年2月，学校整体成建制划归教育部管理，成为教育部直属高校。

机电与信息工程学院

机电与信息工程学院下设有4个系和1个研究所：机械电子工程系、信息与电气工程系、计算机科学与技术系、材料科学与工程系和信息工程研究所。该系现有2个国家重点学科（电力电子与电力传动、机械设计与理论），3个博士后流动站（电气工程、机械工程、控制科学与工程），1个一级博士学科点（机械工程），9个二级博士学科点（机械制造及自动化、机械工程电子、机械设计与理论、车辆工程、电力电子与电力传动、通信与信息系统、控制理论与控制工程，检测技术自动化装置、计算机应用技术），19个硕士点（流体机械制造及自动化、机械工程电子、机械设计与理论、车辆工程、测试计量技术及仪器、材料物理与化学、材料学、材料加工工程、电机与电器、电力系统与自动化、电力电子与电力传动、电路与系统、通讯与信息系统、信号与信息处理、控制理论与控制工程、检测技术与自动化装置、计算机系统结构、计算机软件与理论、计算机应用技术）。学院本科专业目前设有机械工程及自动化、测控技术与仪器、材料科学与工程、电气工程及其自动化、计算机科学与技术、信息工程、工业设计7个本科专业。其中，机械工程及其自动化专业为国家级特色专业，电气工程及其自动化专业为北京市市级特色专业，电气工程实验室为北京市实验教学示范中心。学院与中煤集团北京煤机制造有限责任公司合作申报成功了北京市高等学校市级校外人才基地。

学院具有一批学术造诣较高、教学经验丰富的老教师和富有朝气、学历较高的中青年教师；现有在职教职工共计79人，其中教授15人（博导12人）、副教授22人、高级工程师7人。中青年教师中有近70%拥有博士学位。长期以来学院在机械、自动控制、电气与电子、通信、计算机和材料等领域为国家培养大批高级技术人才，完成了国家“十五”科技攻关、国家“863计划”重点及一般项目、国家自然科学基金项目、“973计划”等较高级别的科研课题若干项，取得了很多较高水平的研究成果，获得国家级和省部级科技进步奖多项，机械工程及其自动化专业教学团队获得北京市优秀教学团队。

学院目前拥有在校研究生、本科生近1700名。学生中近年来先后有个人和集体获省部级以上奖项多次，其中获得“北京市三好学生”称号4人、北京市大学生数学竞赛三等奖以上20人、全国大学生英语竞赛三等奖以上7人、北京市物理竞赛三等奖以上8人、全国大学生数学建模大赛二等奖以上6人、全国大学生电子设计大赛三等奖6人、全国ITAT教育工程就业技能大赛三等奖4人、首都大学生“挑战杯”系列竞赛三等奖以上15人；1人获首都高校英

语风采大赛网络翻译第一名、全国周培源大学生力学竞赛优胜奖1人、全国大学生“飞思卡尔”杯智能汽车竞赛3人、首都高校第四届“亿维讯-CAI杯”机械创新设计大赛10人；有4个团体获得北京市先进班集体、优秀团支部等团体奖项；20余人次还获得校董事会、IET、邝寿堃奖学金，在校各类文体比赛活动中更是夺得多项冠军。学院还积极配合建立国外联系，每年培养本科留学交换生2或3名，公派出国留学博士生若干名。

10年来学院毕业生就业状况良好，如2009届本科生274人，一次性就业率达到97.45%，本科生读研102人。其中，推荐免试研究生42人，包括清华大学2人、北京大学3人、中科院电工所1人、北京航天航空大学2人、北京理工大学1人、北京科技大学1人、本校32人；考上研究生60人，包括清华大学2人、中科院5人、上海交通大学1人、东南大学1人、海军工程大学1人、北京航天航空大学4人、北京邮电大学2人、北京科技大学3人、北京理工大学1人、北京有色金属研究总院1人、吉林大学1人、西南交通大学1人、中北大学1人、本校36人。部分学生就业于国家安监局、广东出入境检验检疫局、中国神华神东公司、中煤华宇公司、太原煤科院、西安煤科院、中铁工程设计咨询集团公司、新浪公司、三一重装、京东方、各大矿业集团等。

学院将以科学发展观为指导，坚持以学科建设为龙头，以人才培养为根本，加强教学和科研工作，为学校以跨越式发展做出应有的贡献。

地址：北京市海淀区学院路丁11号

邮编：100083

电话：010-62331257-8344

传真：025-83791696

邮箱：jdxy@ cumtb. edu. cn

网址：http：//jdxy. cumtb. edu. cn/

第九篇　会员企业简介目录

（同类企业按单位名称汉语拼音字母顺序排列）

副理事长单位

1. 艾默生网络能源有限公司
2. 佛山市禅城区华南电源创新科技园投资管理有限公司
3. 广东易事特电源股份有限公司
4. 广东志成冠军集团有限公司
5. 茂硕电源科技股份有限公司
6. 深圳市航嘉驰源电气股份有限公司
7. 台达电子企业管理（上海）有限公司
8. 厦门科华恒盛股份有限公司
9. 阳光电源股份有限公司

常务理事单位

10. 安泰科技股份有限公司非晶金属事业部
11. 北京动力源科技股份有限公司
12. 北京中大科慧科技发展有限公司
13. 东莞市石龙富华电子有限公司
14. 佛山市柏克新能科技股份有限公司
15. 佛山市新光宏锐电源设备有限公司
16. 广东新昇电业科技股份有限公司
17. 广州金升阳科技有限公司
18. 合肥华耀电子工业有限公司
19. 先控捷联电气股份有限公司
20. 鸿宝电气集团股份有限公司
21. 华东微电子技术研究所
22. 宁波赛耐比光电有限公司
23. 深圳华德电子有限公司
24. 深圳科士达科技股份有限公司
25. 深圳市英威腾电源有限公司
26. 深圳索瑞德电子有限公司
27. 石家庄通合电子科技股份有限公司
28. 温州现代集团有限公司
29. 浙江东睦科达磁电有限公司

理事单位

30. 北京泛华恒兴科技有限公司
31. 北京新创四方电子有限公司
32. 成都金创立科技有限责任公司
33. 大连宝士达电源股份有限公司
34. 佛山市众盈电子有限公司
35. 广东意壳电子科技有限公司
36. 杭州池阳电子有限公司
37. 合肥博微田村电气有限公司
38. 河北奥冠电源有限责任公司
39. 江苏宏微科技股份有限公司
40. 南通新三能电子有限公司
41. 宁夏银利电器制造有限公司
42. 赛尔康技术（深圳）有限公司
43. 三科电器集团有限公司
44. 陕西柯蓝电子有限公司
45. 上海超群无损检测设备有限责任公司
46. 深圳古瑞瓦特新能源股份有限公司
47. 深圳可立克科技股份有限公司
48. 深圳桑达国际电源科技有限公司
49. 深圳市铂科磁材有限公司
50. 深圳市迪比科电子科技有限公司
51. 深圳市汇川技术股份有限公司
52. 深圳市金宏威技术股份有限公司
53. 深圳市京泉华科技股份有限公司
54. 深圳市晶福源电子技术有限公司
55. 深圳市科瑞爱特科技开发有限公司
56. 深圳市智胜新电子技术有限公司
57. 深圳市中电熊猫展盛科技有限公司
58. 四川长虹欣锐科技有限公司
59. 苏州东山精密制造股份有限公司
60. 太仓电威光电有限公司
61. 田村（中国）企业管理有限公司
62. 无锡新洁能股份有限公司
63. 西安爱科赛博电气股份有限公司
64. 西安龙腾新能源科技发展有限公司
65. 西安伟京电子制造有限公司
66. 厦门埃尔华进出口有限公司
67. 厦门市爱维达电子有限公司
68. 英飞凌科技（中国）有限公司
69. 英飞特电子（杭州）股份有限公司
70. 浙江矛牌电子科技有限公司
71. 浙江特雷斯电子科技有限公司
72. 中国长城计算机深圳股份有限公司

会员单位

广东省
73. TÜV 南德意志集团
74. 潮州市金刚眼电子有限公司
75. 东莞宏强电子有限公司
76. 东莞华兴电器有限公司
77. 东莞立德电子有限公司
78. 东莞市金河田实业有限公司
79. 东莞市锐源仪器股份有限公司
80. 东莞市友美电源设备有限公司
81. 佛山市宝星科技发展有限公司
82. 佛山市迪智电源有限公司
83. 佛山市哥迪电子有限公司
84. 佛山市汉毅电脑设备有限公司
85. 佛山市凯拓电源设备有限公司
86. 佛山市力迅电子有限公司
87. 佛山市南海区平洲广日电子机械有限公司
88. 佛山市南海区泰琪丰电子有限公司
89. 佛山市南海赛威科技技术有限公司
90. 佛山市顺德区冠宇达电源有限公司
91. 佛山市顺德区扬洋电子有限公司
92. 广东创电科技有限公司
93. 广东大比特资讯广告发展有限公司
94. 广东丰明电子科技有限公司
95. 广东和昌电业集团有限公司
96. 广东金华达电子有限公司
97. 广东乐科电力电子技术有限公司
98. 广东省佛山科星电子有限公司
99. 广东顺德三扬科技股份有限公司
100. 广州安的电子技术有限公司
101. 广州东芝白云菱机电力电子有限公司
102. 广州广日电气设备有限公司
103. 广州华工科技开发有限公司
104. 广州凯盛电子科技有限公司
105. 广州科欣仪器有限公司
106. 广州市白云化工实业有限公司
107. 广州市宝力达电气材料有限公司
108. 广州市昌菱电气有限公司
109. 广州市华德电子电器设备有限公司
110. 广州市锦路电气设备有限公司
111. 广州市力索能电子有限公司
112. 广州市凝智科技有限公司
113. 广州市维能达软件科技有限公司
114. 广州市先锋电镀设备制造有限公司
115. 广州市昱诚电子技术有限公司
116. 海丰县中联电子厂有限公司
117. 华为技术有限公司
118. 江门市安利电源工程有限公司
119. 理士国际技术有限公司
120. 汕头华汕电子器件有限公司
121. 深圳安固电子科技有限公司
122. 深圳奥特迅电力设备股份有限公司
123. 深圳博科源科技有限公司
124. 深圳华意隆电气股份有限公司
125. 深圳蓝信电气有限公司
126. 深圳麦格米特电气股份有限公司
127. 深圳欧陆通电子有限公司
128. 深圳市爱维达新能源科技有限公司
129. 深圳市安科讯实业有限公司
130. 深圳市安托山技术有限公司
131. 深圳市比亚迪锂电池有限公司
132. 深圳市长运通光电技术有限公司
133. 深圳市东辰科技有限公司
134. 深圳市港泰电子有限公司
135. 深圳市港特科技有限公司
136. 深圳市好科星电子有限公司
137. 深圳市皓文电子有限公司
138. 深圳市核达中远通电源技术有限公司
139. 深圳市汇业达通讯技术有限公司
140. 深圳市坚力坚实业有限公司
141. 深圳市捷益达电子有限公司
142. 深圳市金顺怡电子有限公司
143. 深圳市金威源科技股份有限公司
144. 深圳市金元电子技术有限公司
145. 深圳市巨鼎电子有限公司
146. 深圳市科陆电源技术有限公司
147. 深圳市库马克新技术股份有限公司
148. 深圳市华天启科技有限公司
149. 深圳市南方默顿电子有限公司
150. 深圳市帕瓦科技有限公司
151. 深圳市鹏源电子有限公司
152. 深圳市锐能微科技有限公司
153. 深圳市瑞必达科技有限公司
154. 深圳市瑞晶实业有限公司
155. 深圳市三和电力科技有限公司
156. 深圳市思凡贝特科技有限公司
157. 深圳市威日科技有限公司
158. 深圳市威泰隆电源电气有限公司
159. 深圳市西格玛泰变压器有限公司
160. 深圳市希顺有机硅科技有限公司
161. 深圳市新能力科技有限公司
162. 深圳市新未来电源技术有限公司
163. 深圳市兴龙辉科技有限公司

164. 深圳市雄韬电源科技股份有限公司
165. 深圳市英可瑞科技开发有限公司
166. 深圳市正能实业有限公司
167. 深圳市中科源电子有限公司
168. 深圳市中兴昆腾有限公司
169. 深圳市卓越至高电子有限公司
170. 深圳唐微科技发展有限公司
171. 拓哲（广州）电子科技有限公司
172. 协丰万佳科技（深圳）有限公司
173. 伊戈尔电气股份有限公司
174. 中山市横栏镇阿瑞斯电子厂
175. 中山市万科电子有限公司
176. 中山市卓锋电子有限公司
177. 中兴通讯股份有限公司
178. 珠海金电电源工业有限公司
179. 珠海科达信电子科技有限公司
180. 珠海山特电子有限公司
181. 珠海泰坦科技股份有限公司
182. 专顺电机（惠州）有限公司

上海市

183. 昂宝电子（上海）有限公司
184. 美尔森电气保护系统（上海）有限公司
185. 美国国家仪器有限公司（简称“NI”）
186. 上海百纳德电子信息有限公司
187. 上海德创电器电子有限公司
188. 上海光泰电气有限公司
189. 上海豪远电子有限公司
190. 上海厚国电气有限公司
191. 上海华翌电气有限公司
192. 上海吉电电子技术有限公司
193. 上海科梁信息工程有限公司
194. 上海科泰电源股份有限公司
195. 上海雷诺尔科技股份有限公司
196. 上海诺易电器有限公司
197. 上海潘登新电源有限公司
198. 上海全力电器有限公司
199. 上海赛特康新能源科技有限公司
200. 上海松丰电源设备有限公司
201. 上海泰可金属制品有限公司
202. 上海伟浩机电设备有限公司
203. 上海稳利达科技股份有限公司
204. 上海稳压器厂
205. 上海新康电器制造有限公司
206. 上海阳顿电气制造有限公司
207. 上海鹰峰电子科技有限公司
208. 上海宇帆电气有限公司
209. 上海灼日精细化工有限公司
210. 上海作永电气有限公司
211. 晟朗（上海）电力电子有限公司
212. 时冠电气（上海）有限公司
213. 中达电通股份有限公司

江苏省

214. 艾普斯电源（苏州）有限公司
215. 安伏（苏州）电子有限公司
216. 常州瑞华电力电子器件有限公司
217. 常州市超顺电子技术有限公司
218. 常州市创联电源有限公司
219. 常州市武进红光无线电有限公司
220. 江苏爱克赛电气制造有限公司
221. 江苏禾力清能电气有限公司
222. 江苏坚力电子科技股份有限公司
223. 江苏上能新特变压器有限公司
224. 江苏英尔特光电科技有限公司
225. 金海新源电气江苏有限公司
226. 昆山渝科电子科技有限公司
227. 雷诺士（常州）电子有限公司
228. 溧阳市华元电源设备厂
229. 南京冠亚电源设备有限公司
230. 南京时恒电子科技有限公司
231. 苏州能讯高能半导体有限公司
232. 苏州市电通电力电子有限公司
233. 苏州市申浦电源设备厂
234. 苏州台智源电子有限公司
235. 无锡东电化兰达电子有限公司
236. 无锡海德电子有限公司
237. 无锡市迈杰电子有限公司
238. 无锡市星火电器有限公司
239. 扬州凯普电子有限公司
240. 扬州双鸿电子有限公司
241. 扬州裕红电源制造厂
242. 越峰电子（昆山）有限公司
243. 张家港市电源设备厂

北京市

244. 北京大华无线电仪器厂
245. 北京航天星瑞电子科技有限公司
246. 北京航星力源科技有限公司
247. 北京恒电电源设备有限公司
248. 北京汇众电源设备厂
249. 北京机械设备研究所
250. 北京京仪椿树整流器有限责任公司
251. 北京纽绅埔科技有限公司
252. 北京普罗斯托国际电气有限公司

253. 北京群菱能源科技有限公司
254. 北京韶光科技有限公司
255. 北京世科伟业电气有限公司
256. 北京索英电气技术有限公司
257. 北京天创汇智科技有限公司
258. 北京通力盛达节能设备股份有限公司
259. 北京维通利电气有限公司
260. 北京新雷能科技股份有限公司
261. 北京亚澳博信通信技术有限公司
262. 北京一峰电子制作中心
263. 北京银星通达科技开发有限责任公司
264. 北京宇翔电子有限公司
265. 北京中天汇科电子技术有限责任公司
266. 伊顿电源（上海）有限公司
267. 中科航达科技发展（北京）有限公司

浙江省

268. 杭州奥能电力设备制造有限公司
269. 杭州奥能电源设备股份有限公司
270. 杭州易泰达科技有限公司
271. 杭州远方仪器有限公司
272. 杭州中恒电气股份有限公司
273. 康舒电子（东莞）有限公司杭州分公司
274. 乐清市永茂电源有限公司
275. 宁波金源电气有限公司
276. 宁波南车时代传感技术有限公司
277. 衢州三源汇能电子有限公司
278. 上海弘乐电气有限公司
279. 温州华高电气有限公司
280. 温州松特电器有限公司
281. 浙江创力电子股份有限公司
282. 浙江海利普电子科技有限公司
283. 浙江宏胜光电科技有限公司
284. 浙江省海宁市海整整流器有限公司
285. 浙江腾腾电气有限公司
286. 浙江西奥根电气有限公司
287. 浙江正泰电源电器有限公司
288. 中川电气科技有限公司

山东省

289. 海湾电子（山东）有限公司
290. 济南朗瑞电气有限公司
291. 济南芯驰能源科技有限公司
292. 临沂昱通新能源科技有限公司
293. 青岛航天半导体研究所有限公司
294. 青岛晶鑫伟业高磁材料科技有限公司
295. 青岛云路新能源科技有限公司
296. 山东山大华天科技集团股份有限公司
297. 山东圣阳电源股份有限公司
298. 山东泰开电源有限公司
299. 山东新风光电子科技发展有限公司
300. 威海东兴电子有限公司
301. 威海文隆电池有限公司

湖北省

302. 空军预警学院电子技术研究所
303. 武汉泓承科技有限公司
304. 武汉瑞源电力设备有限公司
305. 武汉泰可电气股份有限公司
306. 武汉新瑞科电气技术有限公司
307. 武汉永力科技股份有限公司
308. 武汉中磁浩源科技有限公司

四川省

309. 成都普斯特电气有限责任公司
310. 成都顺通电气有限公司
311. 四川厚天科技股份有限公司
312. 四川省科学城帝威电气有限公司
313. 四川斯维奇电气科技有限公司
314. 四川依米康环境科技股份有限公司
315. 四川英杰电气股份有限公司

河北省

316. 保定科诺沃机械有限公司
317. 河北汇能欣源电子技术有限公司
318. 河北远大电子有限公司
319. 任丘市先导科技电子有限公司
320. 唐山尚新融大电子产品有限公司

天津市

321. 天津市环瑞金属材料技术有限公司
322. 天津市津铝工贸有限公司
323. 天津市九荣鑫电源技术有限公司
324. 天津市鲲鹏电子有限公司
325. 天津市蓝丝莱电子科技有限公司

福建省

326. 福建联晟捷电子科技有限公司
327. 福建省瑞盛电力科技有限公司
328. 福州福光电子有限公司
329. 厦门蓝溪科技有限公司
330. 厦门兴厦控恒昌自动化有限公司

安徽省

331. 安徽首文高新材料有限公司
332. 合肥科威尔电源系统有限公司
333. 合肥联信电源有限公司
334. 合肥通用电子技术研究所
335. 中国科学院等离子体物理研究所

湖南省

336. 湖南长沙阳环科技实业有限公司
337. 湖南东方万象科技有限公司
338. 湖南丰日电源电气股份有限公司
339. 湖南科明电源有限公司
340. 湖南省湘潭市华鑫电子科技有限公司

甘肃省

341. 兰州精新电源设备有限公司
342. 天水七四九电子有限公司
343. 中国科学院近代物理研究所

陕西省

344. 陕西长岭光伏电气有限公司
345. 陕西赛雷博瑞新能源科技有限公司
346. 陕西拓普索尔电子科技有限责任公司

河南省

347. 洛阳隆盛科技有限责任公司
348. 许继电源有限公司

黑龙江省

349. 哈尔滨光宇集团股份有限公司
350. 哈尔滨九洲电气股份有限公司

其它

351. 桂林斯壮微电子有限责任公司
352. 广西吉光电子科技股份有限公司
353. 勤发电子股份有限公司
354. 重庆汇韬电气有限公司
355. 南昌大学教授电气制造厂
356. 航天长峰朝阳电源有限公司
357. 贵州航天林泉电机有限公司

副理事长单位

1. 艾默生网络能源有限公司

地址：广东省深圳市南山区科发路 1 号
邮编：518057
电话：400-887-6510
传真：0755-86010112
网址：www. emersonnetwork. com. cn

简介：

总部位于美国圣路易斯市的 EMERSON（纽约证券交易所股票代码：EMR）是一家全球领先的公司，该公司将技术与工程相结合，通过网络能源、过程管理、工业自动化、环境优化技术及商住解决方案五大业务为全球工业、商业及消费者市场客户提供创新性的解决方案。公司 2013 财年的销售额达 247 亿美元。艾默生网络能源是 EMERSON 所属业务品牌，为数据中心关键基础设施、通信网络、医疗和工业设施提供保护和优化。艾默生网络能源在交直流电源和可再生能源、精密制冷、基础设施管理、嵌入式计算和电源、一体化机架和机柜、电源开关与控制，以及连接等领域为客户提供全球领先的解决方案以及专业的技术和灵活的创新。

作为在智能基础设施技术领域可信赖的行业领导者，艾默生网络能源所提供的创新数据中心基础设施管理解决方案，消除了 IT 和设施管理之间的断层，能够在所有容量需求的情况下提升效率并确保可用性。

所有的解决方案在全球范围内均能得到本地的艾默生网络能源专业服务人员的全面支持。如欲了解艾默生网络能源的产品和服务详情，请访问 www. emersonnetwork. com. cn。

主要产品介绍：

艾默生全系列 UPS

艾默生网络能源有限公司，是全球主流 AC UPS 供应商，提供功率等级从 1kVA 到 800kVA 的全系列 UPS。掌握业界领先的 DSP 数字控制、数字并联、网络监控、电池管理、功率保护等技术。在全球范围内有超过 1 000 000 套 UPS 系统高效可靠地运行在通信及网络领域，艾默生的 UPS 在工业、医疗、金融等领域也有广泛的应用，提供实现数据中心、医疗和工业设施的可用性、容量和效率最大化的软件、硬件和服务。

2. 佛山市禅城区华南电源创新科技园投资管理有限公司

地址：广东省佛山市禅城区张槎一路 127 号 1 座 3 层
邮编：528000
电话：0757-82208102
传真：0757-82503337
邮箱：hndyscpcs@ 163. com
网址：www. hndy. gd. cn

简介：

华南电源创新科技园地处广佛都市圈及珠三角的核心区域——佛山市（国家）高新区禅城园内，是“国家现代电源高新技术产业化基地培育单位”、“中国电源学会副理事长单位”、“中国电源学会现代电源产业基地”、“佛山中德工业服务区生产基地”、“禅城区低碳试点园区”，大力发展开关电源、逆变器、UPS、EPS 等电源电子产业，打造现代电源及节能技术科技园区的标杆，推动电源产业精细化、集约化、国际化，建设集产品研发、生产、检测、展示、交易、人才培训、孵化中心等为一体的电源产业创新基地，成为汇集金融、科技、项目、商务会展等多位一体的电源产业综合体。

园区启动区总占地面积约 330 亩，总建筑面积约 42 万 m^2。其中都市型厂房 23 栋，面积约 31 万 m^2；总部办公及商业配套建筑 7 栋，面积约 9. 5 万 m^2；车位约 1500 个；员工公寓、饭堂、图书馆、超市、篮球场、公园等配套设施齐备。

园区已引入科技服务平台、金融服务平台、人才服务平台、招商服务平台、园区合作平台五大平台，为入园企业提供技术升级、人才培养、金融支持、政策引导扶持、合作交流等一体化专业服务。

园区情况简介：

总部大楼定位为电源企业总部办公、园区服务平台及产业商务配套的功能，将于今年年中完成验收并交付使用；核心区一期厂房、二期工程、外延区厂房及商业配套建筑的外立面改造工程，将相继完成并陆续投入使用。

企业入园面积约 13.62 万 m^2，在谈面积约达 3.9 万 m^2。累计入园企业 50 家，包括：厦门科华、湖南科力远、柏克、新光宏锐、众盈等；在谈企业 31 家，包括：菱冠科技电子、宏立信电子、艾普电子等。

园区内总部大楼、2#商业办公楼、都市型厂房都是独立产权（厂房分层办证，办公楼按单元办证），可租、可售、可按揭，目前正在火热招商中。

3. 广东易事特电源股份有限公司

EAST®易事特

地址： 广东省东莞市松山湖工业园区工业北路 6 号
邮编： 523808
电话： 0769-22897777
传真： 0769-87882853
邮箱： info@ eastups. com
网址： www. eastups. com

简介：

广东易事特电源股份有限公司（以下简称“易事特”）创立于 1989 年，是国家火炬计划重点高新技术企业、全球电能质量解决方案供应商和绿色能源制造商，长期致力于不间断电源、应急电源、通信电源、数据中心集成系统、光伏逆变器、分布式光伏发电电气设备与系统、新能源汽车智能充电系统、智能微电网等高科技产品的研发、制造、销售和服务。历经 20 多年的艰苦创业和睿智经营，易事特已发展成为中国电源、光伏和新能源汽车充电桩（站）领域龙头企业，于 2014 年 1 月 27 日在深圳证券交易所成功上市（股票代码：300376）。

易事特长期着力开展科技创新平台建设和领军人才引进及培育工作，先后组建起行业内首个博士后科研工作站、广东省院士专家企业工作站、广东省现代电能变换与控制工程研究院、广东省省级企业技术中心、教育部光伏系统工程研究中心产业化基地等科学研究及技术开发机构，组建起由全球著名轨道交通电气专家钱清泉院士、全球著名新能源专家张榴晨院士率领的教授、专家、博士、博士后及高级工程师组成的强大科技攻关团队，与清华大学、浙江大学、华中科技大学、合肥工业大学、西南交通大学、华南理工大学、暨南大学等全国 20 多所高校建立起长期的战略合作关系，参与起草及制定 15 项国家及行业技术标准，构筑起易事特在业界领先的强大技术优势、人才优势、品牌优势和综合资源优势。

易事特建立起独具特色的庞大的市场网络、完善的客户服务体系，在国内组建起 206 个客户中心、七大区域服务中心，在海外建立起五大营销中心，产品远销全球 100 多个国家及地区。

国家副主席李源潮、国务院副总理刘延东、国务院副总理汪洋，北京市委书记郭金龙、广东省委书记胡春华、前党和国家领导人贾庆林、李长春，全国人大常委会副委员长成思危、陈昌智，全国政协副主席马培华，广东省省长朱小丹、新疆建设兵团党委书记车俊、青海省委书记骆惠宁、江西省委书记强卫、甘肃省委书记王三运等党政领导先后莅临易事特考察和指导，亲切勉励易事特继续发奋践行科学发展观，争创世界知名品牌。

面向未来，易事特坚定秉承“国家、荣誉、诚信、创新”企业核心价值观和“技术创新、自主品牌”发展理念，胸怀“百年东方，百年品牌”愿景，持续强化科技创新和自主品牌建设力度，力争成为优秀上市公司典范，为全球电源和新能源产业发展及民族品牌建设做出突出贡献。

主要产品介绍：

EA660（20-500KVA）高频模块化 UPS 电源

EA660 系列是易事特推出第三代三进三出高频模块化 UPS 电源，产品采用全数字化控制技术，单机柜最大可扩容到 500kVA/400kW。整机采用模块化设计，包含功率模块、充电模块以及监控模块，所有模块均支持热插拔操作。整机各模块均采用模组化设计，既保证了布局的紧凑性又增加了整机的可靠性；并且功率模块和充电模块内部均实现易损元件和风道的完全隔离，进一步提升整机的可靠性；

另外，整机还采用了先进的“N+X”无线并联冗余技术，最大程度降低了UPS单点故障的概率，使整机的可靠性设计趋于完美。

4. 广东志成冠军集团有限公司

地址：广东省东莞市塘厦镇田心工业区
邮编：523718
电话：0769-87725486
传真：0769-87927259
邮箱：tc60-sc3@ zhicheng-champion. com
网址：www. zhicheng-champion. com

简介：

广东志成冠军集团有限公司（简称志成冠军集团）位于毗邻深圳特区的东莞市塘厦镇，是一家集科、工、贸、投资于一体的国家火炬计划重点高新技术企业，始创于1992年8月，注册资金1亿元人民币，占地15万m^2，自有资产逾6亿元。

公司设有3个研发机构，4个生产厂区，32个分公司办事处，有员工700余名，其中各类专业人才300多名。技术上以国内多所著名高校为依托，致力从事于电子信息、光机电一体化、能源与高效节能、软件四大高新技术领域的自主创新，研发、生产、销售不间断电源（UPS）、逆变电源（INV）、应急电源（EPS）、高压直流电源、电动汽车充电站及管理系统、太阳能光伏并网发电系统、新型阀控密封式免维护铅酸蓄电池、嵌入式多媒体软件、网络安防监控系统等，广泛应用于上层建筑和经济基础的各个领域，覆盖国内和40多个国家与地区市场，是广东省20家装备制造业重点企业之一。

近年来，公司的不间断电源产品成功地应用于武警部队、西昌卫星发射基地、北京地铁工程、北京奥运新闻中心和奥运鸟巢场馆、世博会、第21届世界大学生运动会、第十届全国运动会、广州亚运会场馆、广州超级计算中心等重大项目。安防产品在东莞市的科技强警工程和广东省公安厅交通管理系统的车载移动报警设备招标中相继中标。

公司通过自主创新，构建和完善了以企业为主体、市场为导向、产学研相结合的技术创新体系，并成功地组建了“广东省企业技术中心”、“广东省大功率不间断电源工程研究开发中心”、“博士后科研工作站”，先后填补了国家10项产品空白，其中有9项产品被列入国家火炬计划和国家重点新产品，并率先将国内电源产品的生产规模化，将设计、生产、经营及售后服务等各个环节逐步进行专业化的改革和优化，在提升产品质量的同时，又以合理的价格定位开拓出更大的市场空间，为持续健康发展奠定了坚实的基础。在短短的几年间，作为国内电源研发制造的领军企业，以非凡的业绩赢来了数不胜数的荣誉。

公司先后被认定为“国家高新技术企业”、“国家火炬计划重点高新技术企业”、“国家级创新型试点企业”、首批29家“广东省创新型企业”、50家“广东省装备制造业骨干企业”、“广东省百强民营企业”及4A级“标准化良好行为企业”等。2000年获得国家广播电影电视总局“广播电视入网设备器材认定”和中国人民解放军总参谋部“国际通信设备器材进网许可证”，此外，产品还获得了欧盟的CE、美国的UL和FCC，德国的TüV、澳大利亚的AS/NZS等国际认证，并拥有近百项专利及软件著作权。

公司大力推广品牌战略。为了培育属于自己的品牌，公司提出了“质量第一，信誉为本”的质量方针，在国内同行业中首批通过了ISO9001质量管理体系认证和ISO14001环境管理体系认证。连续7年被广东省工商行政管理局评定为“守合同重信用”企业，不间断电源、应急电源、蓄电池产品被评为“广东省名牌产品”，企业注册商标被评为“广东省著名商标”，2010年又被国家工商总局商标局认定为“中国驰名商标”。

发展历程：

2014年 集团公司通过ISO18001职业健康安全管理体系；GJB9001B武器装备质量管理体系认证。

2013年 获得武器装备科研生产许可证。

2012年 集团公司注册资本由5000万元增至1亿元；企业被评为“广东省知识产权示范企业”。

2011年 获批成为三级军工保密资格单位。

2010年 企业注册商标被评为“中国驰名商标”；企业被评选为“国家创新型试点企业”。

2009年 企业再次被授予“国家火炬计划重点高新技术企业”称号；企业被评为50家“广东省装备制造业骨干企业”之一；企业被授予“广东省先进企业”称号。

2008年 发明专利大功率不间断电源荣获“中国专利金奖”；企业被任命为“全国电力电子学标准化技术委员会不间断电源分技术委员会”承担单位；企业评为AAAA级“标准化良好行为企业”；志成冠军博士后科研工作站成立。

2007年 不间断电源产品通过“中国节能产品认证”；安防视频监控联网系统平台被评为“国家火炬计划项目”；公司被评为“广东省优秀企业”。

2006年 企业通过“ISO10012计量保证体系论证”；被评为“广东省知识产权优势企业”，“广东省最佳诚信企业”。

2005年 企业通过“ISO14001环境管理体系认证”；高频模块化不间断电源被认定为“国家重点新产品”；企业注册商标被评为“广东省著名商标”。

2004年 公司被评为“广东省优秀高新技术企业”、“中国优秀民营科技企业”；被认定为“广东省装备制造业重点企业”；不间断电源被评为“广东省名牌产品”；注册商标首次被评为“广东省著名商标”。

2003年 被认定为“国家重点高新技术企业”；在线式三相大容量不间断电源被评为“国家优秀火炬计划项目”；公司先后被评为“广东省百强民营企业”、“广东省优秀民营企业”、“广东省采用国际标准先进企业”。

2002年 不间断电源N+1并联系统被认定为“国家重点新产品”；被评为“广东省优秀民营企业”。

5. 茂硕电源科技股份有限公司

MOSO® 茂硕电源

股票代码：002660

地址：广东省深圳市南山区西丽松白路茂硕科技园

邮编：518108

电话：0755-27657000

传真：0755-27657908

网址：www.mosopower.com

简介：

茂硕电源科技股份有限公司（简称“茂硕电源”，股票代码：002660）是国家级高新技术企业；是国家十二五规划鼓励发展的节能减碳新能源企业；也是国内有相当影响力的电源制造企业。公司2006年成立以来，经过几年的快速发展，得到多家世界500强公司的认可，并与其结成战略合作伙伴关系。

技术和品质是茂硕电源的核心优势。茂硕电源与全国多所重点高校进行多项产学研合作，投入大量研发资金，建立了具有超强研发能力的茂硕电源技术研究院；同时还拥有行业内先进的可靠性安规试验室，采用全自动电脑测试仪等先进生产和检验设备，已开发出多款具世界领先水平的高效率开关电源和LED智能驱动。短短几年间，茂硕电源已取得近两百项国家专利。

茂硕电源集产品研发、制造、销售及服务于一体，已在美国、日本、韩国、新加坡、欧洲、中国香港、中国台湾等国家或地区设有分公司或办事处，能够为国内外客户提供迅捷的专业服务。优秀的人才、先进的技术、科学的管理，以及务实、进取的创业精神使得茂硕电源能够持续处于行业领先地位，是茂硕电源真正的核心竞争力。茂硕电源产品已涵盖机顶盒、ADSL、手机、平板电脑、医疗、电动工具、电梯及LED室内、外照明产品驱动等多个领域。公司愿与各界客商携手共进、互利共赢、共同发展，为全球的节能减排事业出一份绵薄之力！

主要产品介绍：

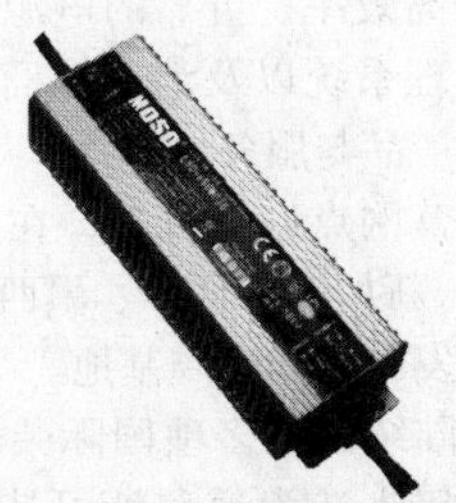

第五代恒流源35～200W二合一调光系列

（1）安全低电压输出（V_o≤DC60V）；

（2）二合一调光（兼容0～10V和PWM两种调光信号）；

（3）可工作于恒压（CV）或恒流（CC）两种驱动模式；

（4）高功率密度设计（体积小型化）；

（5）超宽恒流范围（3V～V_o）。

注：V_o为额定输出电压。

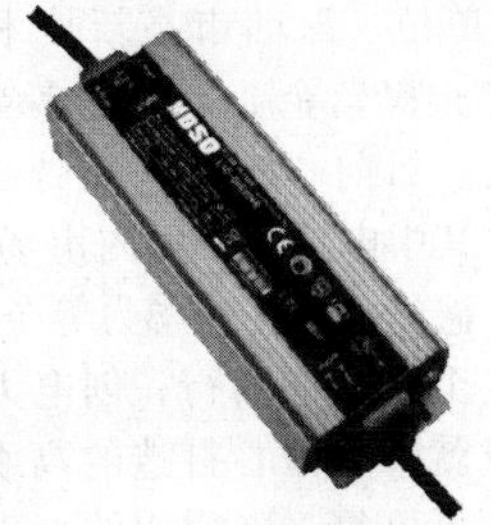

第五代恒流源35～200W电压、电流可调系列

（1）安全低电压输出（V_o≤DC60V）；

（2）输出电压、电流可调；

（3）可工作于恒压（CV）或恒流（CC）两种驱动模式；

（4）高精度（±3%）；

（5）超宽恒流范围（3～V_o）。

注：V_o为额定输出电压。

第五代恒流源35～200W智能时控系列

（1）安全低电压输出（V_o≤DC60V）；

（2）智能时控（通过程序实现电流调节及定时调光）；

（3）程序可离线烧录，可根据需要随时修改；

（4）工作时段及亮度可自定义；

（5）PWM数字调光。

注：V_o为额定输出电压。

6. 深圳市航嘉驰源电气股份有限公司

Huntkey 航嘉

地址：广东省深圳市龙岗区坂田坂雪大道航嘉工业园

邮编：518129

电话：0755-89606666

传真：0755-89606333

邮箱：secy@huntkey.net

网址：www.huntkey.com

简介：

航嘉企业机构（Huntkey）总部位于深圳，设有深圳市航嘉驰源电气股份有限公司、航嘉电器（合肥）有限公司、嘉源锐信软件公司等主导企业，产品服务涉及电源、电脑、家电、通信、消费电子、LED、管理软件等多个领域。

深圳市航嘉驰源电气股份有限公司创立于1995年，是国家高新技术企业。航嘉拥有100万m^2，三个工业园，是中国大陆地区最大的电源制造基地。航嘉20年来致力于电源供应器和电源系统的产品设计、研发、生产和销售，是国际电源制造商协会（PSMA）会员、中国电源行业学会

(CPSS) 副理事长单位、深圳市高新技术产业协会副会长单位、深圳首届优秀民营企业。经过多年的发展，航嘉取得了业界非凡成就：目前“航嘉”品牌已成为电源行业最具竞争力的品牌，其中电脑电源国内市场占有率稳居第一。主要客户有联想、戴尔、惠普、华为等企业。

此外航嘉成立至今一路前行，创电力、电子行业多项中国第一的辉煌成就。其精心打造的高水平研发团队，致力于创造更安全、更可靠、更耐用的电工产品。航嘉电源转换器（俗称电源插座或排插），以USB外观为代表的多项设计获得国家专利。航嘉电工产品以其可靠的品质，独特的造型和功能设计，产品远销海内外，已成功进驻各大商超及电商平台，成为安全家居的必备品。

主要产品介绍：

MVP600 电源

X7-1000 电源

45W MINI 笔记本电脑适配器电源

X-MAN 笔记本电脑适配器

航嘉电源旨在为最广泛的电脑DIY爱好者提供合适满意的产品，一直以来通过不断的感悟发现需求，创造产品，成功地为用户提供了例如冷静王系列、WD系列、磐石系列、X7系列、MVP系列等众多的经典产品，今后也将继续探索如何进一步贴近用户，了解需求，铸造更多的经典。

航嘉适配器电源之中包括笔记本电脑、POS机电源等，系列有迷你系列 、时尚型系列、超薄型系列、X-MAN系列，其中一些功率还配有多个型号的转接端子，可以兼容目前市场上超过96%以上的笔记本电脑型号（苹果系列除外），而且还有部分型号可以支持USB接口进行充电功能。

7. 台达电子企业管理（上海）有限公司

地址：上海市浦东新区民雨路182号
邮编：201209
电话：021-58635678
传真：021-68723996
邮箱：sophia. zhou@ deltaww. com. cn
网址：www. deltaww. com

简介：

台达集团创立于1971年，为电源管理与散热管理解决方案的领导厂商，并在多项产品领域居世界级重要地位。面对日益严重的气候变迁议题，台达秉持“环保 节能 爱地球”的经营使命，运用电源设计与管理的基础，整合全球资源与创新研发，深耕三大业务范畴，包含“电源及元器件”、“能源管理”与“智能绿生活”。

基于对环境保护的承诺，台达不断提高电源产品的转换效率，并成为全球电源及可再生能源整合方案的领导者。目前产品转换效率都已达90%以上，其中先进的通信电源效率超过97%，光伏逆变器效率高达98.7%。我们坚信，发展环保节能产品，对台达的业务成长与环境保护的实践均具有正面助益。

2010~2013年，台达在高效节能产品与解决方案的整体节能成果卓著，共为客户节省了119亿度电，相当于638万吨二氧化碳排放量。在众多的节能产品中，台达亦研发出全球首款符合“80 PLUS”钛金级服务器电源，效率高达96%。提供环保、洁净与更具能源效率的解决方案，是台达企业发展的愿景，台达期待通过世界级的电力电子核心技术与能力，让未来更美好。

台达持续通过多元方式应对不断变化的世界，并积极落实品牌承诺：“Smarter, Greener, Together”，这不只象征了台达对自身的要求，也代表对股东、客户与员工的承诺。“Smarter”代表台达在电源效率与可再生能源的核心技术能力，“Greener”则是台达创立以来所坚持的“环保、节能、爱地球”的企业经营使命，“Together”是台达的经营哲学，与客户建立长期伙伴关系。

我们深信技术与合作的重要性，通过领先的技术与客户合作，持续创造高效率、可靠的电源及元器件产品、工业自动化、能源管理系统以及消费性商品，为工业客户与消费者提供多元的产品与服务。

台达集团的运营网点遍布全球，在中国（包括台湾地区）、美国、泰国、新加坡、日本、墨西哥、印度、巴西以及欧洲等地设有研发中心和生产基地。

近年来，台达陆续荣获多项国际荣耀与肯定。自2011年起，台达连续三年入选为道琼斯可持续发展指数（Dow Jones Sustainability Indexes）之世界指数；2011~2013年连续三年入选“中国台湾二十大国际品牌”；2010~2013年连续四年荣登“中国绿色公司”百强榜民营企业五十强；2012~2013年蝉联《第一财经》中国企业社会责任榜“杰出企业奖”；入选中国社科院“2013企业社会责任”外企百强前十强等。

台达电子企业管理（上海）有限公司是台达集团的全资子公司，主要从事电能有效利用，及计算机、信息、通信、网络、机电、光电、汽车电子领域，以及太阳能、风能等绿色能源的研究开发和技术支持，配合集团整体策略，运用电源设计与管理的基础，结合相关领域创新技术及软硬件开发，深耕三大业务范畴，使台达逐步从产品制造商转型成为整体节能解决方案的提供商。

主要产品介绍：

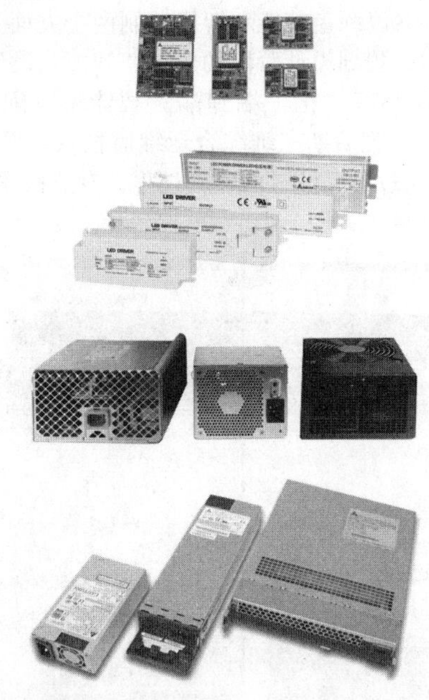

嵌入式电源供应器

台达于20世纪80年代初期，推出第一款开关电源，到2002年，台达已经成为世界最大的商用开关电源供应商，高端服务器电源市场的份额超过50%。台达将节能技术导入产品设计，持续致力于提升电源产品能效，包括LED照明电源、电子式镇流器、直流电源转换器，以及用于电视背光源的LED驱动器。

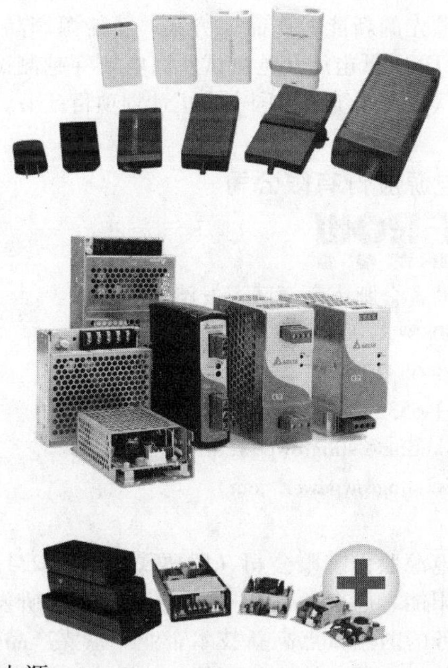

移动电源

台达是移动电源的世界级领导厂商，为笔记本电脑、便携式电子设备及其它外接式电源电器设备提供可靠、精巧、高效能的电源供应器。运用环保的设计概念，与全球各大知名品牌合作，每年生产超过八千万个笔记本电脑电源适配器。另外，台达的工业电源同样也在市场上深受欢迎。

通信电源系统

通信电源系统能在电网电力中断或波动的情况下确保通信服务正常运行。台达的电源系统可用无线宽带和固网接入，也可用于骨干网和数据中心。我们提供高可靠、高效节能的通信电源解决方案，帮助电信运营商降低运营成本及碳足迹。台达所开发的交流/直流电源模块转换效率高达97.2%，为业界领先。

不间断电源系统及数据中心

为确保客户的关键任务（Mission Critical）能持续运作，同时降低总持有成本，台达提供从UPS（不间断电源系统）到数据中心解决方案InfraSuite等各种高可靠度、高效率的产品、解决方案，以及多元化服务。

8. 厦门科华恒盛股份有限公司

地址：福建省厦门火炬高新区火炬园马垄路457号
邮编：361006
电话：0592-5160516
传真：0592-5162166
邮箱：kehuamedia@ kehua. com
网址：www. kehua. com. cn

简介：

智能电能领导者——厦门科华恒盛股份有限公司（以下简称科华恒盛），创立于1988年，2010年深圳A股上市（股票代码002335），拥有27年电源研发制造经验，是

"重点国家级火炬计划项目"承担者、行业首家"国家级重点高新技术企业"、行业首家"国家认定企业技术中心",拥有高端电源、新能源、数据中心三大产品方案体系,广泛应用于金融、工业、交通、通信、政府、国防、教育、医疗、电力、新能源、数据中心等行业,服务于全球80多个国家和地区、20多万用户,致力于打造生态型能源互联网企业。

科华恒盛本着"自主创新,自有品牌"的发展理念,始终专注电源研发生产,相继在漳州、厦门、深圳设立了国内最大的UPS电源研究机构,组建了以自主培养的3名享受国务院特殊津贴的专家为核心的200人研发团队。公司先后承担国家级、省部级火炬计划,国家重点新产品计划,863计划等项目30余项,参与了40多项国家和行业标准的制定,获得国家专利、软件著作权等知识产权200余项。

公司销售额连续16年位居国产UPS品牌首位,并保持每年50%的业绩增长。产品广泛应用于工业、交通、金融、通信、政府、新能源、数据中心等领域,奥运鸟巢、上海世博、三峡枢纽、金税工程、首都机场、广电总局、广州亚运等一系列重点工程都选择KELONG。

科华恒盛在全国建立了9大技术服务中心、近50个直属服务网点,300余位技术工程师组成专业服务团队。新型的3A服务,从传统的应急维修转变为以预防为主的本地化主动服务模式。

主要产品介绍:

高端电源产品与解决方案

作为中国领先的高端电源解决方案提供商,在UPS电源领域,科华恒盛拥有从低端到高端的电源产品数十个系列,功率覆盖0.5~1200kVA。行业领先的电源产品构筑绿色高效的电源解决方案,可为工业、交通、金融、通信、政府、互联网等领域提供高可靠电源保障。

云动力数据中心产品与解决方案

科华恒盛"云动力"生态节能型数据中心解决方案,采用国内领先的环保节能技术,实现辅助设施充分利用自然能源,配套设施用电以太阳能发电幕墙和蓄能系统实现自给,冬季供暖全部由机房余热提供,达到冬季供暖零能耗、零排放,并以绿色节能和智能控制两个方面为突破口,从初期数据中心规划设计阶段的仿真"智能化设计",中期提供自主研发的模块化"端到端"智能精密配电系统等"智能化产品",到后期三维综合运维监控软件系统的"智能化管理";通过循序渐进的实施过程,专业构建生态节能型数据中心机房。

新能源产品与解决方案

科华恒盛自主研发并推出了光伏逆变器、风电变流器(风冷双馈)、小型风力发电系统和风光互补发电系统等一系列技术领先的新能源产品及方案。新能源产品通过CE、金太阳、TUV、低电压穿越测试及高电压穿越测试等认证,太阳能光伏发电系统获得国家火炬计划项目证书。

9. 阳光电源股份有限公司

SUNGROW
阳光电源

地址: 安徽省合肥市高新区习友路1699号
邮编: 230088
电话: 0551-65327878
传真: 0551-65327800
邮箱: marketing@ sungrowpower. com
网址: www. sungrowpower. com

简介:

阳光电源股份有限公司(股票代码:300274)是一家专注于太阳能、风能、储能等新能源电源的研发、生产、销售和服务的国家重点高新技术企业。主要产品有光伏逆变器、风能变流器、储能电源等,并致力于提供全球一流的光伏电站解决方案。

自1997年成立以来,公司始终专注于新能源发电领域,坚持以市场需求为导向、以技术创新作为企业发展的动力源，培育了一支研发经验丰富、自主创新能力较强的专业研发队伍；先后承担了近 20 项国家重大科技计划项目，主持起草了多项国家标准，是行业内为数极少的掌握多项自主核心技术的企业之一。

近年来，公司先后荣获“国家重点新产品”、“中国驰名商标”、中国新能源企业 30 强、全球新能源企业 500 强、安徽“最佳雇主”等荣誉，是国家级博士后科研工作站设站企业、国家高技术产业化示范基地、国家认定企业技术中心、国家级守合同重信用企业、《福布斯》2010 ~ 2012 年“中国潜力企业榜”上榜企业等，综合实力跻身全球新能源发电行业第一方阵。

未来，阳光电源将秉承“致力于清洁高效，让更多人享用绿色电力”的发展使命，立足光伏、风电业务，创新拓展新能源发电与电力电子技术紧密结合的新业务，积极参与全球竞争，努力将公司打造成为受人尊敬的全球一流企业。

主要产品介绍：

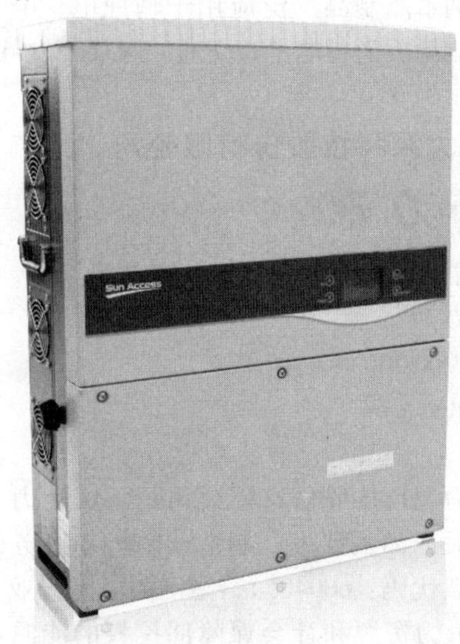

SG30 40KTL

SG500MX

SG1000TS

WG2000KFP

公司主要产品光伏逆变器，符合各国电网接入标准，具有高转换效率、便于安装维护、适应高海拔、低温、盐雾风沙等各种自然环境，主要产品型号包括 SG30KTL、SG500MX、SG1000TS 等。SG30KTL 获得权威检测机构 Photon“双 A”评价，具备重量轻可人工安装、双 MPPT 转换效率高等特点；SG500MX 是唯一通过新国标 GB/T 19964-2012《光伏发电站接入电力系统技术规定》测试的光伏逆变器，是第一个通过国网高电压穿越检测的光伏逆变器，达到高电压耐受最高标准要求；SG1000TS 是兆瓦级系统解决方案，占地面积仅 5m^2，可叉车转运更灵活节省，四面开门设计安装维护更方便。WG2000KFP 风能变流器，低风速下保持较高的能量转换效率，额定功率时能量转换效率 >97%，适应较宽温度范围。

产品先后成功应用于北京奥运鸟巢、上海世博会、西部大型光伏电站、国家“送电到乡”工程、南疆铁路、福建沿海风电场、陕西榆林风电场等众多重大的光伏和风力发电项目，开发建设了甘肃酒泉、合肥国家分布式光伏发电示范等诸多优质的光伏电站项目。光伏逆变器市场占有率连续多年位居国内第一，并先后通过 TÜV、CE、Enel-GUIDA、AS4777、CEC、CSA、VDE 等多项国际权威的认证测试，已批量销往德国、意大利、法国、比利时、澳大利亚、美国、加拿大等 50 多个国家，出口量全球前二。

常务理事单位

10. 安泰科技股份有限公司非晶金属事业部

地址：北京市海淀区永丰产业基地永澄北路10号B区
邮编：100094
电话：010-58712643
传真：010-58712642
邮箱：zhaole@ atmcn. com
网址：www. atmcn. com www. atm-amorphous. com

简介：

非晶金属事业部隶属于安泰科技股份有限公司，从事非晶金属材料及制品的产业化及研究开发。非晶金属事业部依托于国家非晶微晶合金工程技术研究中心（国家科委1995年12月批准建立的国家级非晶中心），是国内非晶、纳米晶软磁材料研发先驱。国家非晶微晶合金工程技术研究中心拥有专业全面、结构合理的研发团队，立足于自主研发，突破非晶纳米晶材料制备核心技术，共取得50余项科技成果，荣获国际科技进步二等奖两项，授权专利31项。

非晶金属事业部包含安泰南瑞非晶科技有限责任公司、非晶制品分公司、上海安泰至高非晶金属有限公司以及非晶材料研究所，分别在北京、河北、天津、上海建有生产基地，是世界三大非晶、纳米晶软磁材料供应商之一。

非晶金属事业部主要产品为非晶、纳米晶带材及制品。铁心制品及磁性元件，广泛应用于输配电、电力电气、工业电源、新能源、消费电子、航空航天、交通等领域，为客户提供先进的节能材料及解决方案。

主要产品介绍：

Antaimo®非晶带材

Antainano®功率变压器铁心

Antainano®共模电感及铁心

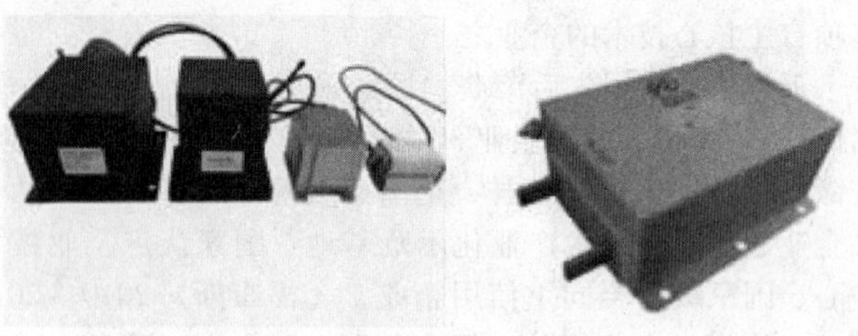

Antaimo®电抗器及 natainano®滤波器

非晶、纳米晶制品

非晶、纳米晶带材及制品具有高饱和磁感应强度，可有效缩小变压器体积；具有高磁导率、低矫顽力，可提高变压器效率、减小励磁功率、降低铜损；具有低损耗，可降低变压器的温升；具有优良的温度稳定性，可在－55～130℃长期工作；具有优异的性能价格比。

非晶、纳米晶制品广泛应用于输配电、电力电气、工业电源、新能源、消费电子、交通、医疗等领域。

11. 北京动力源科技股份有限公司

动力源

地址：北京市丰台区科技园区星火路8号
邮编：100070
电话：010-83682266
网址：www. dpc. com

简介：

北京动力源科技股份有限公司是一家致力于电力电子技术及其相关产品的研发、制造、销售和服务的高科技上市公司（股票代码：600405），是国内电源行业首家上市企业，是国家人力资源和社会保障部授权的能源审计师和能源管理培训单位，也是国家发改委批准并第一批公布、面向全社会的节能服务公司之一。

公司总部坐落于北京中关村科技园丰台园区，旗下拥有全资子公司北京迪赛奇正科技有限公司、安徽动力源科技有限公司、深圳动力聚能科技有限公司及控股子公司北京科耐特科技有限公司。

动力源获得科技部、中科院、北京市政府联合颁发的“百强创新企业”称号；国家五部委联合颁发的“国家重点新产品”称号；北京市“诚信纳税企业”、“守信企业”称号；中关村企业信用促进会优秀会员称号；中国技术监督情报协会通信电源类“全国用户产品质量满意、售后服务满意十佳企业”；中国电源行业“诚信企业”、“中国电信行业通信工程优秀服务商”等称号。

动力源是中国电源产业技术创新联盟会员单位；中国电源学会常务理事单位；全国高科技健康产业空气净化专业委员会会员；中国电子学会洁净技术分会、中国制冷空调工业协会洁净技术委员会会员；中国节能协会节能服务产业委员会会员。北京市工业促进局授予的“北京市技术中心”的称号。

动力源目前拥有三处生产基地和多条生产流水线，在30个省市设有办事处，形成了遍布全国的营销和服务网络，及时、全面地为客户提供技术支持和培训、远程技术诊断、物流配送、现场技术服务和工程建设等。公司在全国建立了一个一级备件储备库和30余个二级备件储备库，24小时的服务热线保障了公司与客户的信息沟通。

经过十几年的发展，动力源已经形成直流电源、交流电源、高效模块电源、低压配电产品、逆变电源、应急电源、动力环境监控系统、机房新风及热交换系统、高压变频器、空气净化机、新能源储能设备、农村饮用水处理及粮储设备、太阳能光伏逆变系统等近百种产品，拥有全部产品的知识产权；公司的各类产品遍布全国30多个省、市、自治区和欧美及东南亚市场，产品广泛应用在中国移动、中国电信、中国联通等国家公网以及石油石化、军队、公安、铁路、交通、地铁、水利电力、冶金矿山、建材水泥、石油石化等行业专网上。同时，动力源每年投入超过年营业额5%的资金，对研发项目给予全方位的支持，一批电力电子业界精英的技术骨干保障了强大的电力电子技术及其相关产品的研发实力。

主要产品介绍：

动力源已经形成直流电源、交流电源、高效模块电源、低压配电产品、逆变电源、应急电源、动力环境监控系统、机房新风及热交换系统、高压变频器、空气净化机、新能源储能设备、农村饮用水处理及粮储设备、太阳能光伏逆变系统等近百种产品，拥有全部产品的知识产权，是国内通信电源行业主流供应商；其中通信电源通过工业和信息化部检测中心的“泰尔认证”；应急电源系列产品通过了国家消防电子产品质量监督检验中心的检测，获得公安部消防产品评定中心颁发的“产品型式认可证书”和CE认证，并获得多项国家专利；HINV系列高压变频器产品通过了国家电控配电设备质量监督检验中心的型式实验，成为“中国电器工业协会变频器分会理事单位”。

12. 北京中大科慧科技发展有限公司

IDP® Internet Data Power

中大科慧

地址：北京市海淀区上地三街金隅嘉华大厦F904

邮编：100085

电话：010-82484848

传真：010-82484848-8006

邮箱：zdkh@ zdkh. net

网址：www. zdkh. net

简介：

北京中大科慧科技发展有限公司成立于2000年，是专注从事数据中心领域技术研究的国家高新技术企业，为中国电子工程协会会员、中国电源学会常务理事单位、国家“十二五”规划型研单位，是国内数据中心领域电能质量管理设备供应商、信息安全服务商以及IT运维管理解决方案提供商，是IDP数据中心管控系统开拓者。

技术研发中心：中科院、北京邮电大学、河北科技师范学院，为公司产品技术创建了良好的技术平台和保障。

公司在十余年的发展中，一直关注金融行业的技术安全，致力于数据中心的综合安全运营。在发展过程中，全面研发并成功应用的技术与设备有：

IDP（Internet Date Power）数据中心动力管控系统，是一款为保障数据中心动力安全管理为核心技术的设备，通过对支撑数据中心运行的动力电源的全面监控与治理，在运用数据挖掘分析等技术上，实现从多因素监控、全程控制，转化为及时的触发信号，实现及时、全范围的动态的治理，营造动力源的安全、稳定环境，确保关键线路、关键设备以及系统的可靠运行。

数据中心动力系统安全检测技术，是中大科慧公司独有的技术创新。根据动力环境的运行特征和数据，实现对数据中心系统运行的实时情况的评估，以确诊数据中心系统运行的现状，并提供专业的检测报告，确保数据中心能有效保障其系统的持续平衡运行。

移动数据中心、移动银行、移动电源车、数据中心机房验收、分析、评估、检测服务是公司集目前公司的核心技术和力量，全面系统设计，服务于金融行业的技术空白缺项产品，以全方位实现银行服务社会经济的无所不在、无所不能的服务标准。

公司产品及方案已通过中国科学院、中国科学技术信息研究所、中国计量科学研究院、中国电力科学研究院等多家权威机构检验认证，拥有多项国家专利技术和软件著作权，为各行业的数据中心安全与运行发挥着重要的作用。为金融、政府、通信、能源、医疗等行业客户合作奠定了坚实的基础。拥有四个唯一：资质唯一，方案唯一，产品唯一，成功案例唯一。

目前，公司在行业内拥有着极高的口碑，且是国家电源学会、国家质量协会的常务理事单位，也获得中关村管委会“信誉双百企业”等多项荣誉称号。继往开来，公司将在国家相关政策的指引下，在国家相关部门的领导下，为金融系统乃至所有的数据中心提供更加优质、全面的服务。

主要产品介绍：

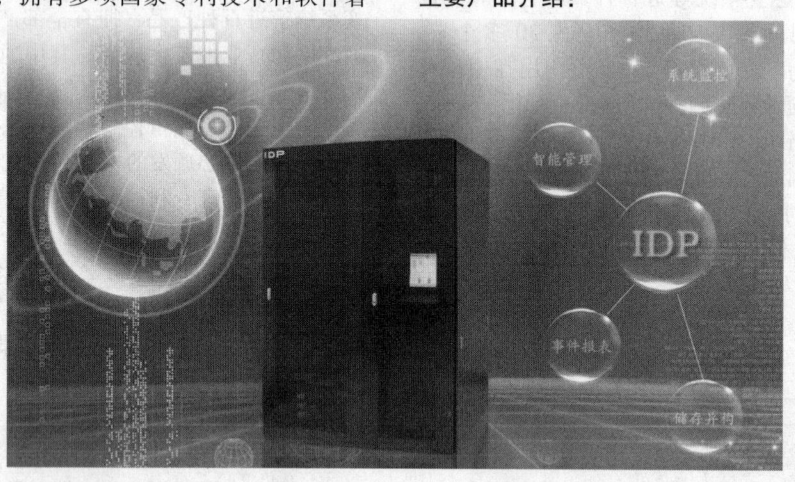

IDP 数据中心动力管控系统

IDP 数据中心动力管控系统是对数据机房动力系统进行在线预警、在线评估、在线治理、在线管理四大模块全面管理数据中心的用电环境，评估数据中心的运营风险，真正做到数据中心动力系统的智能管理，从根本上改变了数据中心供电环境深层数据不可视的现状。IDP 全方位、多层次地保护数据中心的动力安全；深层次的数据挖掘及分析预警、治理和管理功能、多角度和多层次的人机互动管理，有效地实现了智能化动力管理的目标。

13. 东莞市石龙富华电子有限公司

地址：广东省东莞市石龙镇新城区黄州祥龙路富华电子工业园

邮编：523326

电话：0769-86022222

传真：0769-86023333

邮箱：fuhua@ fuhua-cn. com

网址：www. fuhua-cn. com

简介：

东莞市石龙富华电子有限公司（UE Electronic）创立于 1989 年，为国家火炬计划重点高新技术企业。它坐落于东莞市石龙镇新城区黄洲祥龙路富华电子工业园内，园区为现代化的智能型花园式工业园区。

UE Electronic 于 1999 年取得了 ISO9001 体系认证，2008 年取得了 ISO14001 体系认证，2013 年取得了 OHSAS 18001：2007 职业健康体系认证。同时，公司先后获得了东莞市专利试点企业、慧聪网电源高峰论坛十大品牌、中国电子行业知名品牌、2001 ~ 2003 年中国行业质量优秀产品、2011 ~ 2014 年广东省民营科技企业、国家高新科技企业、广东省名牌产品、东莞市民营企业 50 强、2013 年东莞市科技进步一等奖、2013 年广东省科学技术奖二等奖、广东省著名商标、2014 年东莞市政府质量奖等荣誉称号，并且先后承担了国家火炬计划产业化示范项目、2009 年省部产学研合作引导项目、广东省战略性新兴产业发展专项资金（LED 产业）推进类计划项目、2009 年粤港关键领域重点突破项目（东莞专项）、2011 年广东省科技成果登记等项目。

UE Electronic 拥有庞大的研发队伍，现有研发人员近 160 人，并且长期以来与华南理工大学合作。UE Electronic 的产品主要分为 LED、I. T. E. 、医疗和消费类电子电源，大部分产品已获得 UL、CSA、TUV-GS、CE、BEAB、C-TICK、PSE-JET、K-MARK、TLC、CCC、IRAM、CB、EMC、FCC 以及可靠度评定证书等各种认证。

UE Electronic 的愿景：成为世界最具竞争力的电源供应商！

UE Electronic 的使命：为客户提供更多的增值服务！UE Electronic 因你而变！

主要产品介绍：

UEL066-A1Z

输出 DC27～188V，0.35～1.83A，适用于路灯、隧道灯、工矿灯、探照灯等，获得 CQC、TUV、CE 等认证。

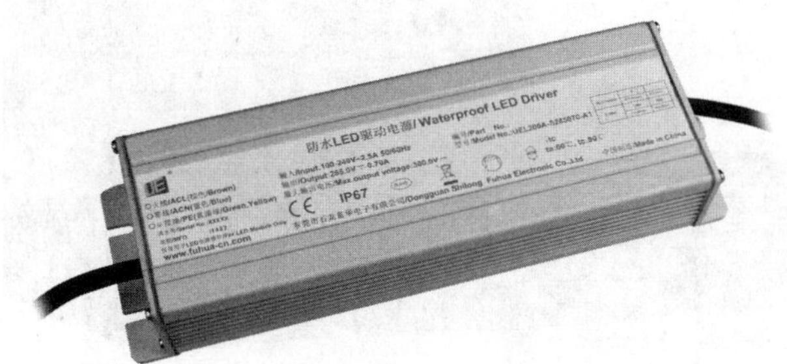

UEL240-A1Z

输出 DC24～56V，0～10.0A，适用于 LED 路灯、工矿灯、隧道灯、投光灯、景观灯，获得 CQC、CE、TUV-GS、UL 认证。

14. 佛山市柏克新能科技股份有限公司

BAYKEE 柏克新能
智 领 全 球 产 业 源 动 力

地址：广东省佛山市禅城区张槎一路 115 号华南电源创新科技产业园
邮编：528051
电话：0757-82207158
传真：0757-82207159
邮箱：lxd@ baykee. ne
网址：www. baykee. net

简介：

佛山市柏克新能科技股份有限公司（以下简称“柏克”）初创于 2007 年，每年以不低于 50% 的速度发展，是中国电源行业内最具成长性的公司。柏克于 2011 年完成了股份制改造，注册资本 6000 万元人民币，是中国民族品牌中数家具有大功率电源研发与制造能力的国家高新技术企业、广东省民营科技企业之一。

自主创新能力是柏克在市场竞争中长盛不衰的不竭动力，也是柏克作为一个高端技术品牌的核心竞争力。柏克技术团队自成立以来，在技术开发及产业化领域实现了非凡的突破。柏克拥有 5 项发明创造专利和 30 项实用新型专利，参与了住房和城乡建设部《集中式 EPS 应急电源》、《客专信号设备电源系统技术方案研究》等五项行业标准的制定。柏克还与中国科学院广州能源研究所、东南大学、中山大学等建立了长期合作关系，有望实现柏克在新能源领域多项关键技术的重大突破及产业化发展的战略目标。

柏克的生产基地导入了先进的管理体系，五个大区服务中心和覆盖全国主要市县的完善服务网络全天候检测用户信息，并即时提供优质服务。柏克凭借自主创新技术、优异品质及优质服务，成功服务于武广高铁全线、京沪高铁全线、广州亚运会 80% 场馆、上海世博会法国馆、广州电视塔、阳江核电站、广州白云机场、海南文昌卫星发射基地、粤赣高速、中国大飞机项目、歼 20 飞机研发项目及国内其他诸多重大工程。柏克始终力求为客户提供高效、可靠、安全的先进技术和产品，产品广泛应用于钢铁、机械、冶金、石化、港口、石油和天然气、电力、银行等诸多领域，应对诸多能源与环境挑战。

柏克非常重视人力资源的科学化管理，建立了完善的、以培训为导向的人才队伍建设机制，是中国 UPS 行业为数不多的将培训导入公司日常管理的企业之一。柏克建立了“宽容、坚忍、进取、严谨、善学、感恩”的企业文化，并开创了电源行业第一本高端企业文化杂志——《大格局》，现已发行 25 期。稳定的团队结构、具有超强凝聚力的团队、开放的学习精神是柏克缔造卓越品质的基石。

主要产品介绍：

EPS

高频在线式 UPS

中大功率 UPS、EPS

柏克拥有 800kVA 以上大功率 UPS/EPS 生产能力，数字化控制技术及并机技术均居于行业领先水平。公司开发的节能型多功能 UPS 为行业首创，整机效率高达 98% 以上。柏克在全国自建营销网 70 家，致力于向用户提供最优品质的不间断电源、应急电源、稳压电源、变频电源、逆变电源、蓄电池、精密空调、智能配电、动力环境监控系统、光伏逆变器系统、移动基站电源等电源一体化产品及各种解决方案。柏克全线产品均严格按照国际标准生产，通过了 ISO9001、ISO14001、OHSAS18000、节能认证、泰尔认证等系列认证，品质优异。

15. 佛山市新光宏锐电源设备有限公司

金武士
KINGCHEVALIER

地址： 广东省佛山市国家高新技术开发区禅城园区张槎街道塱沙路塱宝工业园西区三路 8 号 3 楼
邮编： 528000
电话： 0757-82236302
传真： 0757-82305809
邮箱： sun@ sunshineups. com
网址： www. sunshineups. cm

简介：

佛山市新光宏锐电源设备有限公司成立于 2002 年，制造基地设于广东省佛山市高新区禅城园区，系国家高新技术企业。新光宏锐一直致力于电源产品的设计、制造、销售和服务，为用户提供全面的电源解决方案。

十多年来，新光宏锐生产的“金武士”电源系列产品为国内众多行业和用户提供了优质服务，产品线齐全。新光宏锐还着力打造核心供应链：变压器、电池等关键部件自行研发和生产，为“金武士”产品量身定做，确保产品质量精益求精。同时新光宏锐还招贤纳士，打造高效的管理团队、销售团队和研发团队，为公司的健康运营保驾护航。努力跻身于电源行业的第一方队，为客户提供最佳服务，是新光宏锐孜孜以求的企业梦。

新光宏锐秉承“有品质才有市场，有创新才有永续经营”的品质政策，赢得了客户的认可，公司已通过 ISO9001、ISO14001 认证，并引入先进的信息化管理系统，达到高效管理的目的。

新光宏锐坚信只有不断地创新，才能使企业持续健康地发展，才能长久地服务客户，实现共赢。公司研发团队实力雄厚，每年都会投入大量经费用于新产品的开发，2009 年“佛山市 UPS 电源与新能源工程技术研究开发中心”在新光宏锐成立。在不断充实自己研发实力的同时，新光宏锐也与国内外院校及科研机构开展了行业前沿的技术开发与合作。

新光宏锐研发成果丰硕，先后取得多项国家授权专利：计算机软件著作权、广东省自主创新产品以及广东省高新技术产品认定，顺利地完成了产品技术研究成果的转型。“REINFORCEMENT”技术作为新光宏锐的技术核心，应用于新光宏锐的自主研发产品，以其独特性和差异性在业界独树一帜。产品逐步通过中国节能认证、CE 认证、TUV 认证、泰尔认证等专业认证。

2009 年公司被认定为国家高新科技企业、广东省民营科技企业；2012 年公司当选为佛山市电源行业协会会长单位、佛山市禅城区高新区商会会长单位、中国电源学会常务理事单位。

主要产品介绍：

金武士 ST 系列高频在线式 UPS

应用先进的 DSP 数字控制技术，装载了有源输入功率因数校正（PFC）技术、供电模式零切换、频率自己适应等智能保护系统，有力确保关键设备电源的持续与稳定性，体积小巧，使用方便。

金武士 TD 系列工频在线式 UPS

采用先进的全 DSP 数字化控制技术，实现了从模拟到数字化的跨越。可为严苛环境下经常出现的电网断电或过高或过低、电压瞬时低落或减幅振荡、高压脉冲、浪涌电压、谐波失真、杂波干扰、频率波动等状况提供安全可靠的电源保障，结合高频机的成熟技术，进一步提升产品性能，同时提高了 UPS 的可靠性和稳定性，即使面对恶劣环境也能稳定运行。

16. 广东新昇电业科技股份有限公司

地址： 广东省佛山市三水区乐平工业园创新大道东 5 号
邮编： 528137
电话： 0757-87362222

传真：0757-87362828
邮箱：2668495124@ qq. com
网址：www. fsnre. net
简介：

广东新昇电业科技股份有限公司创建于 1994 年 11 月 8 日，现坐落于佛山市三水工业园。公司厂房面积 82700m²，现有员工 1000 多人。公司主要产品有各类变压器、逆变器、电子变压器、LED 驱动及灯饰灯具等。

2006 年公司被评为广东省优秀企业；2008 年又被评为广东省民营科技企业；2009 年 12 月，公司获得“高新技术企业”称号，2012 年通过复审；2010 年 5 月，公司的测试中心获得了中国合格评定国家认可委员会颁发的实验室认可证书；2010 年 6 月，公司获广东省科技厅、发改委、经信委等政府部门批准组建广东省绿色电子照明工程技术研究开发中心。为了全面提升企业管理水平，适应市场的需要，促进公司生产经营全面与国际接轨，公司先后通过了 ISO9001：2008 质量管理体系、ISO14001：2004 环境管理体系认证，以及 GB/T28001：2001 职业健康安全管理体系；产品通过了 CQC、3C、TUV、VDE、UL、SGS、CE 等国内外权威机构的安全认证。公司品牌“NRE”在国内外业界享有很高的声誉，已经申请欧盟、美国等国际商标注册。

2008 ~ 2013 年，公司连续六年成为佛山市超 1000 万元的纳税企业。未来，公司将继续追求提高技术与注重细节的品质管理原则，保持并扩大在业界的领先地位，为国家和社会做出应有的贡献。

主要产品介绍：

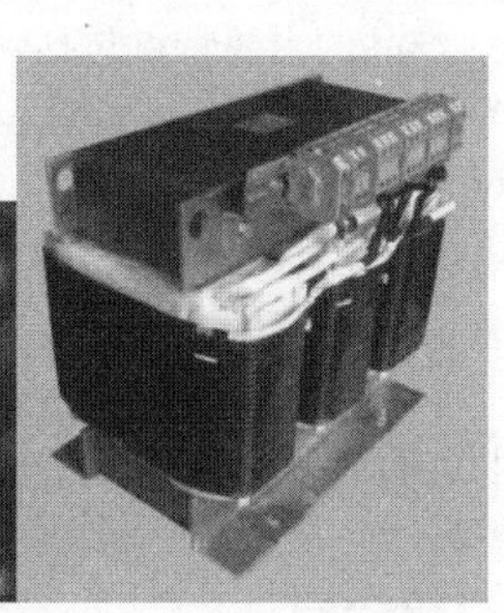

公司通过自主创新，成功开发出环形变压器、EI 变压器、电子变压器、LED 驱动器、逆变变压器、LED 灯饰等六大类几十款产品，主要用于家用电器、专业舞台灯光音响、稳压电源及新能源领域等。公司的太阳能逆变变压器、直流电子变压器、新型节能灯产品获得了广东省高新技术产品认定。

17. 广州金升阳科技有限公司

MORNSUN®

地址：广东省广州市萝岗区科学城科学大道中科汇发展中心科汇一街 5 号
邮编：510000
电话：020-38601850
传真：020-38601272
邮箱：mornsun@ mornsun. cn
网址：www. mornsun. cn
简介：

广州金升阳科技有限公司，作为国家级高新技术企业，本着敢为人先的精神，历经 16 年的发展，成为国内集生产、研发和销售为一体的规模最大、品种最全的工业电源模块制造商之一。

金升阳人以稳健和踏实的经营作风，坚韧不拔、不屈不挠的开拓精神，图创百年企业之大策。矢志于磁电隔离技术和产品的研究与应用，创造了高品质的 AC-DC、DC-DC、隔离变送器、IGBT 驱动器、LED 驱动器等系列产品，其中多个产品系列已经顺利通过了 UL、CE、EN60601-1、[Exia] IIC 等认证。与此同时金升阳公司在行业内率先通过了 ISO9001：2008 质量管理体系认证、TS16949 汽车行业质量管理体系、ISO14001 环境管理体系认证、OHSAS18001 职业健康安全管理体系认证。金升阳产品远销世界各地，并获得了包括 GE、SIEMENS、Honeywell、艾默生等在内的众多行业领袖企业的赞誉。

自创立伊始，金升阳便一直在国内微功率电源领域扮演着行业“开拓者”与“领跑者”的角色。金升阳的成长是一个不断自我超越的历程。回首过去，我们踏着快速、稳健的步伐，坚持“致力于开发、生产微功率 DC-DC 电源模块，推动并领导中国电子业微功率电源模块的发展”为目标。金升阳是以领先的技术实力为起点，以持续的创新为发展动力，立足于全球化工业电源市场的高科技企业。时至今日，金升阳已申请专利 312 项，其中发明专利 171 项。随着金升阳海外分公司相继不断地建立，金升阳人将一如既往地践行“值得信赖”的服务宗旨，走向广阔的国际市场大舞台，实现新的超越、新的腾飞。

金升阳以“为社会、员工、客户和股东创造最大利益，实业报国”作为核心价值观，以“不懈追求卓越，为社会的发展和人类的进步贡献力量”作为我们的使命。我们肩负历史使命，注重团队合作，坚持走集体奋斗的道路。

金升阳公司拥有独特的企业文化——骆驼文化。正如您所知，骆驼是行走于人迹罕至的条件异常艰苦的茫茫戈壁沙漠上的寂寞行者，金升阳公司一贯秉承并追求的正是这种卓而不凡的骆驼精神。我们有理由相信，处于骆驼文化熏陶之下的金升阳人，将自始至终扮演着一名先驱者的角色，老老实实做人，踏踏实实做事，艰苦奋斗，坚韧不拔，行走于新的丝绸之路上，不会停留，也从不停留，努力实现从优秀到卓越的新跨越！

主要产品介绍：

URF1DXXQB-100W 系列

URF1DXXQB-100W 系列是为铁路机车系统设计的一款高效率 DC-DC 电源转换器。产品的主要特点包括：

①空载功耗低至 0.55W；

②输入电压范围：DC66～160V；

③输入欠电压保护，输出过电压、短路、过电流保护、过温保护；

④标准 1/4 砖封装；

⑤满足 EN50155 铁路机车标准。

18. 合肥华耀电子工业有限公司

地址：安徽省合肥市高新区天智路 41 号华电大厦

邮编：230088

电话：400-665-9997

传真：0551-65324417-0

邮箱：sales@ ecu. com. cn

网址：www. ecu. com. cn

简介：

合肥华耀电子工业有限公司（ECU ELECTRONICS INDUSTRIAL CO.，LTD.）成立于 1992 年，由中国电子科技集团公司第 38 研究所全资创办。合肥华耀（ECU）专注于电源类产品的研发、生产和销售，为国内知名国企电源品牌。

以国家节能低碳产业政策为引导，凭借多年的电源关键技术积累和勇于创新进取的高效团队，合肥华耀（ECU）已形成三大事业部、六大主营产品线、千余种规格电源产品的运营规模。依托 38 所资源平台及西安交通大学、南京航空航天大学的科研支持，合肥华耀（ECU）构建了业内领先的研发能力，公司已建成院士工作站、博士后工作站、省级企业技术中心等科研平台，已获得安徽省科技进步奖 2 项、9 项省级新产品、10 项高新技术产品，累计申请专利 67 项（其中发明类 21 项）。

合肥华耀（ECU）已通过 ISO9001、ISO14001、OHSAS18001、GJB9001 等多项体系认证和 CQC、CB、UL、CSA、CE、TUV、KEMA 等国内国际标准产品认证。成立 20 多年以来，产品应用领域遍布电力通信、公共安全、新能源、医疗电子、航空航天、高能物理等行业。公司已与很多世界 500 强企业结成了良好的合作伙伴关系，将继续秉承“制造安全产品，驱动绿色世界”的企业使命，为全球客户提供全方位系统解决方案。

主要产品介绍：

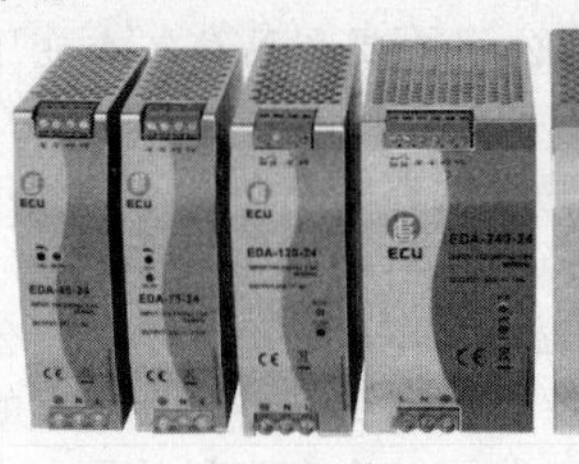

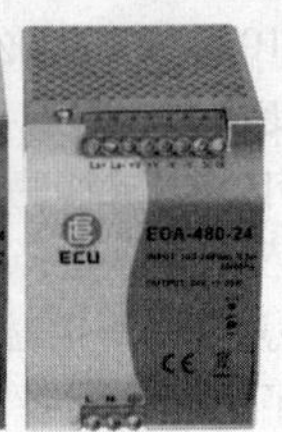

导轨开关电源——EDA 系列

高效率，高达 94%；

150% 峰值耐受负载 3s；

内置 DC OK 继电器链接，主动式抑制冲击电流；

并联冗余功能（仅 480W）；

高功率密度：超窄设计，最高功率密度达 5.8W/in^3；

高功率因数控制：高达 0.99；

过载/过电压/过温/短路保护；

105℃长寿命电容；

质保 3 年。

PFC 开关电源——ESF 系列

高效率：最高效率达 92%，高于同类产品 2%～3%；

小体积：提高集成化设计，体积仅相当于同规格通用产品 3/4；

高可靠性：长寿命电容，元器件降额设计，最优电路设计；

过载/过电压/短路/过温保护功能、安规设计、全系列通过 EMC 标准测试；

低待机功耗≤0.5W；

内置远程遥控 ON/OFF 功能；

3 年质保。

平板开关电源——EPR 系列

高可靠性，长寿命；

耐受 AC300V 输入电压 5s 不损坏；

100% 满载老化测试；

保护功能：过载/过电压/短路；

质保：2 年。

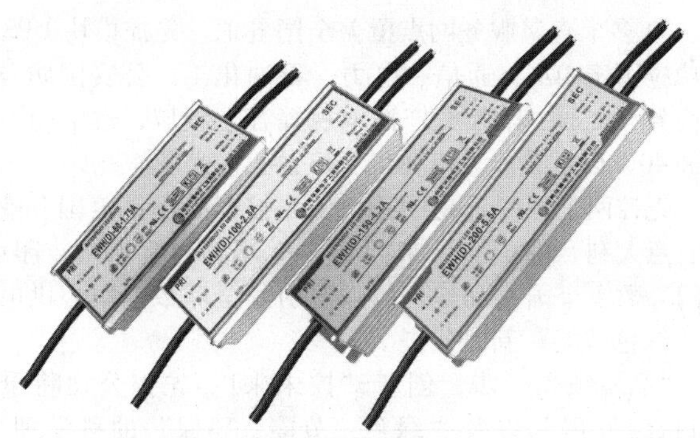

LED 驱动电源——EWH 系列

高效率，高可靠性；

无频闪；

三合一调光、定时控制、电流可调功能可选；

内置主动式 PFC，PF 可达 0.95；

符合 6kV 雷击标准，符合各国安规及电磁兼容标准；

IP67 或 IP65；

5 年质保。

DC-DC 模块电源——1/16 砖、1/8 砖、1/4 砖、1/2 砖、全砖

高功率密度：达 200W/in^3；

高可靠性：MTBF≥100 万 h；

-55～100℃的工作温度范围；

4∶1 宽范围输入；

全系列灌胶封装，良好的散热和抗振性能；

全系列逻辑控制功能；

引脚和兼容进口模块；

工业级和军工级可选。

AC-DC 模块电源——EM 系列

高效率、小体积；

稳定输出，低纹波、低噪声；

塑壳封装；

空载消耗<0.5W。

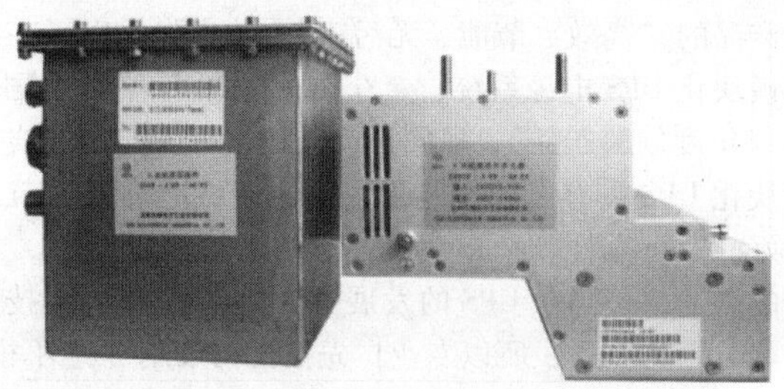

特种电源及元件——X 光机高压电源

功率：4kW；电压：20～40kV；频率：40kHz；

再现性变异系数：<0.5%；输出纹波：≤4%；输出过冲值：≤4%；

电流输出范围：0～140mA；

最大曝光：600mAs，准确性：<10%；曝光时间范围：最大 10s，准确性：<10%，再现性：<5%；输入：220（1±10%）V，单相 50/60Hz。满足 IEC60601-1，IEC60601-1-2 等级 B，IEC60601-1-2-45，GB9706.1-2007 等法规要求。

19. 先控捷联电气股份有限公司

SICON CHAT UNION

地址：河北省石家庄市高新区湘江道 319 号第 14、15 幢

邮编：050035

电话：0311-85903698

传真：0311-85903718

邮箱：Dongmei.li@scupower.com

网址：www.scupower.com

简介：

先控捷联电气股份有限公司是全球领先的数据中心供电系统设计和制造公司之一，目前公司销售中心设立在北京、研发中心位于深圳、生产中心建于石家庄，先控公司是世界前沿 UPS 电源品牌拥有者，值得信赖的供电解决方案供应商。拥有数十年研发、制造、销售机房供电系统的专业经验，创造行业领先的技术和产品，为客户提供更安全、更节能、更环保的整体供电解决方案。

先控公司拥有一支一流的研究、设计、生产技术人员和服务团队，拥有世界前沿的电子技术、生产技术和完善的服务体系，拥有完全的自主知识产权和核心技术，先后取得数十项实用新型专利、多项发明专利和外观设计专利，模块化 UPS 产品的多项软件著作权等，是绿色节能模块化 UPS 的专业领航者。先控公司现为高新技术企业、中国电源学会常务理事单位、信息产业部标准化协会会员单位、工信部“模块化 UPS 行业标准 YD/T 2165”的主要起草单位之一。公司全面通过了英国劳氏 ISO9001（国际标准化委员会）-2008 质量体系认证和 ISO14001 环境体系认证，系列模块化 UPS 产品获得了泰尔认证、CE 认证及 CQC 节能认证和 9 烈度抗震测试的认证。

作为行业的领导者，先控始终关注、引导产品的发展方向，率先提出了产品“绿色、节能、环保”的新理念，重视产品的“高效、节能、无污染”，并率先推出了在线补偿式模块化 UPS 电源系统，荣获 2014—2015 年度中国 UPS 市场“年度创新产品”，居同行业领先水平。先控在线补偿式模块化 UPS 具有电能可利用率高、带载能力强、节能效果更好，及可靠性、稳定性极高、扩展性强等优点，深受用户的欢迎，是当今 UPS 的发展方向，将引领 UPS 技术的新高峰。因为专注，所以专业！先控公司秉承“绝不模仿、唯有创新”的发展理念，数十年来，为全球军事机构和特殊需求用户研制和生产了大量的电源设备和优质完善的服务，丰富的实践经验使其开发的系列产品在国际上久负盛名。

先控拥有完善的销售和服务体系，在北京、上海、沈阳、西安、成都、武汉、广州建立了 7 大区域销售服务中心、30 多个直属服务网点覆盖全国各地。先控模块 UPS 已成功应用于 IDC、通信、电力、石油化工、公安国防、工商税务、交通、医疗、广播电视等各个领域，占中国市场份额 40% 以上，成为模块化 UPS 的第一品牌。

先控两个国际贸易中心，使先控产品远销美国、俄罗斯、意大利、韩国、马来西亚、土耳其、新加坡、印度、也门等数十个国家和地区。创造引领全球数据中心供电系统“绿色节能”新时代。

“品质领先一步，创新掌控未来！”先控公司将秉承“可持续发展”以及“绿色、节能、环保”的科学理念，携手社会，共创人类美好家园。

主要产品介绍：

CMS 系列模块化 UPS 组合

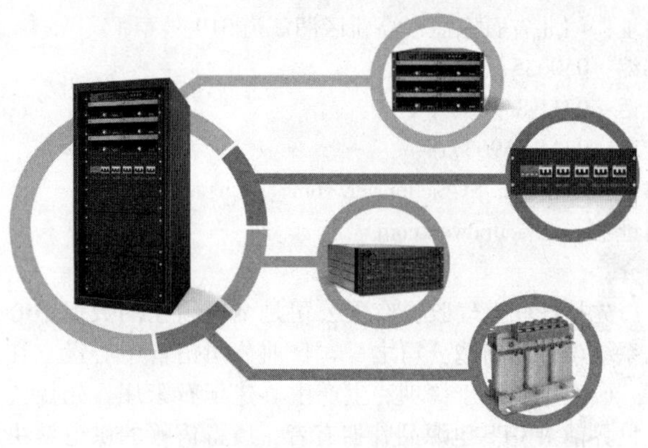

ERMS-36kVA

IMS-120kVA

在线补偿式模块化 UPS 系统

先控模块化 UPS 产品的主要优势：

• 产品种类最多、品种最全：

有隔离型和非隔离型两大系列产品，单台模块容量有 3kVA、5kVA、6kVA、10kVA、15kVA、20kVA、25kVA、40kVA 多种品种，系统容量从 3kVA 到 640kVA 多种产品一应俱全。

• 推广使用范围最广：

现已成功应用于通信、电力、IT 行业、石油化工、公安国防、工商税务、交通、医疗、广播电视、工厂自动化控制等各个行业的领域。

• 运行使用年限最长：

2002 年即在行业内率先推出了隔离型模块化 UPS 电源，2005 年又推出了非隔离型模块化 UPS 电源，2007 年成功研制出业内体积最小、效率最高、功率密度最大的 CMS 系列产品，并成功的推向市场。

• 完善的服务体系：

已在全国 27 个省市设立了办事处或维护中心，可及时向用户提供优质的产品售前、售中、售后服务。

• 国际优秀品牌：

先控是一家专业制造 UPS 的公司，数十年来，在中、大功率 UPS 领域有许多成功案例，深受用户青睐，确立了先控国际品牌的地位，并在北京奥运会的比赛场馆、APEC 会议各机房配电间、首都机场、三大运营商等多个项目中广泛应用。

20. 鸿宝电气集团股份有限公司

HOSSONI 鸿宝®

地址： 浙江省乐清市柳市镇车站路 198 号
邮编： 325604
电话： 0577-62762615
传真： 0577-62777738
邮箱： hongbaohui@ 163. com
网址： www. hossoni. com

简介：

鸿宝电气集团股份有限公司是电源领域专业从事研发、制造、销售、信息及服务为一体化的大型高新技术企业。公司拥有 16 家专业分公司，300 多家专业协作厂，并在全国各地设有 500 余家销售公司和特约经销处。在国外设有十多家分公司和 50 多家销售代理。主要生产的产品有稳压电源、EPS、UPS、风力发电机、风光互补并网逆变系统、光伏供电系统、光伏控制器、LED 路灯、蓄电池、变频器、软起动器、充电器、逆变器、变压器、断路器、建筑电气等 50 多个系列，3000 多个品种的电源产品，是中国电源行业"龙头"企业之一。

鸿宝电气集团股份有限公司是中国电源学会常务理事单位，公司在同行业中率先通过 ISO9001 质量管理体系、ISO14001 环境管理体系认证、OHSAS18001 职业健康安全管理体系认证。所生产的产品先后获得国际 CE、CB、SEMKO、SASO 质量认证以及国内 CCC 、CQC 、信息产业部 TLC 等质量认证 。产品连续被省 、市评为"质量连续稳定产品"、"质量信得过产品"，"鸿宝"牌商标被评为"中国驰名商标"、"浙江出口名牌产品"，"鸿宝"牌不间断电源荣获"产品质量国家免检"等多项荣誉，成为品质保证和优质服务体系的象征 ，在国内外赢得广泛的信誉和褒奖 。多年来 ，公司连续被省、市人民政府评定为明星企业、出口创汇十强企业 、重合同守信用企业 、银行 AAA 信用业 、百强纳税大户和质量管理先进企业。

一个对电源技术富有前瞻性理解，以完善的工艺和对产品质量的孜孜追求，不断推出各种优质产品的电源企业；一个致力于满足用户不断变化的需求，致力于服务用户、社会、员工，创造共赢价值，享有国内、国际市场良好形象的电源企业；始终坚持"以科技求发展，以质量求效益"，技术、制度、管理创新体系日臻完善的高科技数字化新鸿宝，正在跨越式发展的道路上向世界名牌挺进，逐步成为一个管理科学、技术先进、规模宏大、高效益的现代化名牌企业。

主要产品介绍：

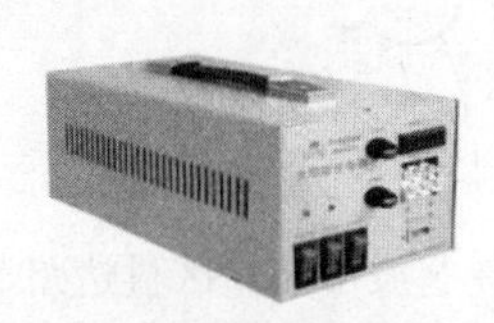

HOSSONI 鸿宝®

PNS 光伏控制器

PNS 光伏控制器是我公司开发的一种绿色能源控制器，应用在太阳能光伏系统中，协调光伏板、蓄电池和负载的工作。采用微电脑和无触点控制，其具有完善的保护功能。在无电地区的光伏系统和道路绿色照明中得到广泛应用。

系统电压：12/24V（自适应），36/48V（自适应）；

控制电流：10/15/20/30/40/50A（最大值）；

电池类型：液体/胶体（内设置）；

负载控制：光感控制。

21. 华东微电子技术研究所

地址： 安徽省合肥市蜀山区高新合欢路 19 号
邮编： 230088
电话： 0551-65743712
传真： 0551-63637579
邮箱： info@ cetc43. com. cn
网址： www. cetc43. com. cn

简介：

华东微电子技术研究所创建于 1968 年，是我国最早从事微电子技术研究的国家一类研究所，也是我国唯一定位于混合微电子的专业研究所。该所数十年如一日，致力于混合集成电路（HIC）及相关产品的研制与生产，为电子信息系统提供小型化解决方案，先后主持制定了《混合集成电路通用规范》等 30 余项国家及行业通用规范和标准，已成为我国高端混合集成电路领域的领军者，为推动国内混合集成电路行业的发展做出了贡献。

该所坐落于合肥市，下辖东、西两区，占地 170 亩，固定资产 5 亿元。在册员工 1250 人，本、硕学历以上人员超过50%。5名国家级专家、67名集团公司级专家、160余名高级技术人员引领着我国高端混合集成电路领域。

2002年，华东微电子技术研究所的研发制造体系同时通过了ISO9001-2000及GJB9001A-2001认证。近年来，该所不仅建成了国内唯一一条宇航混合集成电路研制线，还拥有国内领先的多芯片组件（MCM）、厚膜混合集成电路、薄膜混合集成电路以及金属封装外壳研制等4条生产线，并设有EDA设计、可靠性研究与检测、技术情报和标准化4个中心。其中，厚膜、薄膜及金属外壳生产线均通过国军标认证；可靠性研究与检测中心也于2010年通过国家认可，作为“军用混合集成电路及电子元器件检测实验室”正式成为国家注册认证实验室。

多年来，华东微电子技术研究所始终牢记“国家利益高于一切”这一使命，以提高产品质量和技术水平为已任，为国家提供了大量高可靠精品：功率电路（DC-DC、AC-DC、DC-AC、EMI滤波器、脉宽调制放大器）、转换器电路（SDC-RDC、DRC-DSC、F-V变换）、精密电路（电压基准源、精密恒流源）、信号处理电路、放大器电路、专用混合集成电路和多芯片组件等，已广泛应用于航空、航天、船舶、电子、通信、雷达、兵器等高可靠电子设备及工业领域。在“长征”系列火箭、“神舟”系列飞船、“天宫”飞行器、“飞天”宇航服等百余项国家重点工程研制生产任务中，部分产品和技术已接近或达到国际先进水平，并荣获百余项省部级以上科技奖项。

该研究所除了5个事业部外，还拥有3个全资子公司——合肥恒力、合肥圣达、深圳华微元能，在新材料、新能源、LED绿色照明、光电通信、新能源汽车等领域开拓进取，获得国内外市场认可，产品出口欧美、日韩等20多个国家和地区。

“十二五”期间，该所将秉承“创新发展、开放发展、和谐发展”理念，加强科技创新步伐，培育发展新型产业，实现“强人才、强科技、强产业、强经济”目标，为我国高新技术持续发展做出贡献。

主要产品介绍：

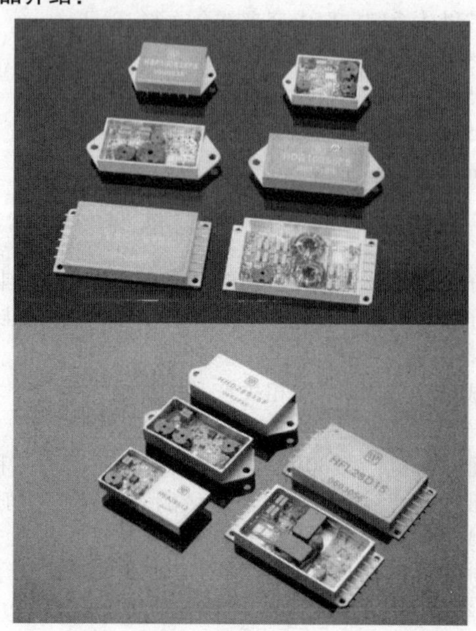

DC-DC电源模块

华东微电子技术研究所是我国唯一定位于混合集成微电子的国家一类研究所，目前拥有年产20万只DC-DC电源模块的H级国军标生产线，国内唯一的宇航混合集成电路研制线，以及正在建设中的全球领先的混合集成电路自动化生产线。电源产品的类别包括四大主导方向，具体产品系列及特点包括：

空间电源系列：总剂量指标：≥200krad（si）；

单粒子指标：≥75Mev. cm^2/mg；

抗浪涌电源系列：满足80V，1S的浪涌电压要求，80V/50mS、8V/50mS浪涌电压维持模块；

常规电源系列：2～200W全系列产品覆盖，可以与国外对标公司产品实现插拔式互换；

自主大功率电源系列：100～150W大功率输出、高功率密度，数字化控制及并联使用功能。

22. 宁波赛耐比光电有限公司

地址： 浙江省宁波市高新区科达路56号
邮编： 315000
电话： 0574-26266222
传真： 0574-27902805
邮箱： tuciyi@ snappy. cn
网址： www. snappy. cn

简介：

SNAPPY，一个平均年龄只有35岁的管理团队，积极的、向上的、团结的、合作的，这就是我们！

我们拥有一支创新型的技术团队，LED驱动和LED灯具设计是我们的技术核心竞争力。我们企业的核心竞争力是拥有完整的现代的管理经验，并不断推出新的产品，所以我们的合作伙伴都是GE、OSRAM等知名企业。

我们企业的精神口号是，为美好生活而快乐工作着，为绿色光明而努力奋斗着！

主要产品介绍：

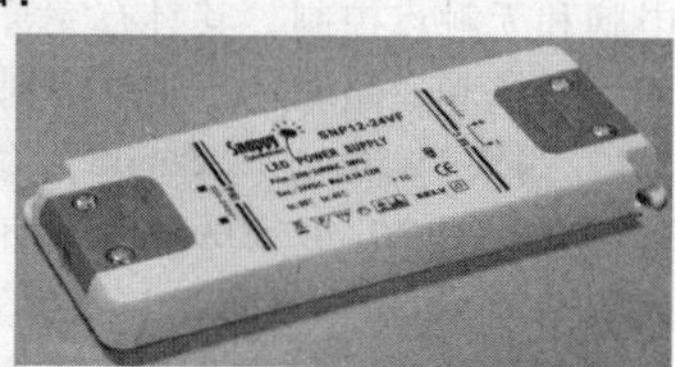

12W-24VF

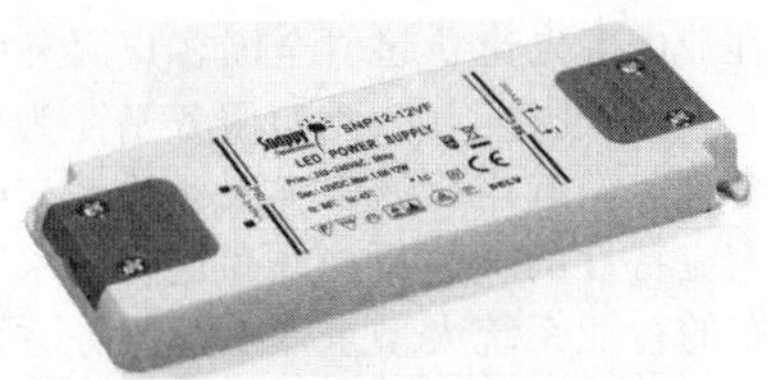

SNP12-12VF

我公司专业生产 LED 驱动电源，该产品涵盖 6～200W、室内以及室外，同时还拥有 IP67、IP44 等防水电源。产品广泛应用于商业、家居等领域。现阶段我公司通过了 TUV、CUL、SAA、PSE 、KC 等认证。产品远销欧美市场，销售近十年来受到广大用户的肯定和赞赏。

23. 深圳华德电子有限公司

WATT

地址： 广东省深圳市蛇口兴华大厦五栋 A 座 6 楼

邮编： 518066

电话： 0755-26693168

传真： 0755-26693918

邮箱： wangg@ watt. com. cn

网址： www. watt. com. cn

简介：

深圳华德电子有限公司建立于 1987 年，是随经济特区共同发展成长的专业电源技术公司。

公司注重高端电源产品及技术的开发研究，已成规模的电源产品涵盖了数据通信、医疗设备、工业设备、测量仪器、汽车及工程机械动力控制系统、高端计算机及服务器、民用航空飞行器等领域。

在不断发展和完善产品研发及销售平台的基础上，公司积极地引进国内外先进技术和专利技术，采取自主设计、定制、合作开发等灵活的方式，为全球的客户提供最佳的解决方案、高可靠产品及优质服务。

公司不断强化企业的现代化管理水准和体系建设，重视人才，重视质量。以自动化的生产能力和先进的生产工艺使产品品质得到有效的保证。

主要产品介绍：

2″×4″160W 系列电源模块

WP2162R 系列 PCB 敞开型单通道电源模块

尺寸 2in×4in×1. 3in（51cm×101cm×33cm）；

输入电压 90～264V/47～64Hz；

额定输出功率 160W；

直流输出电压 12V、24V、48V 可选；

另附 12V/1A 风扇通道；

整机效率大于 90%；

具有输出过电流和过电压保护；

安规符合 IEC60601/IEC60950；

EMC 传导符合 EN55022 ClassB。

3″×5″360W 系列电源模块

WP3362R 系列 PCB 敞开型单通道电源模块

尺寸 3in×5in×1. 3in（76cm×127cm×33cm）；

输入电压 90～264V/47～64Hz；

额定输出功率 360W；

直流输出电压 12V、24V、48V 可选；

另附 12V/1A 风扇通道；

整机效率大于 90%；

具有输出过电流和过电压保护；

安规符合 IEC60601/IEC60950；

EMC 传导符合 EN55022 ClassB。

24. 深圳科士达科技股份有限公司

KSTAR 科士达

地址： 广东省深圳市南山区高新中区科技中二路软件园 1 栋 4 楼

邮编： 518057

电话： 0755-86169858

传真： 0755-86168482

邮箱： chenglc@ kstar. com. cn

网址： www. kstar. com. cn

简介：

【综合介绍】

深圳科士达科技股份有限公司（股票代码：002518）成立于 1993 年，国家火炬计划重点高新技术企业，中国大陆地区 UPS 产业领导者、数据中心关键基础设施整体解决方案提供商、中国领先的太阳能光伏逆变器系统解决方案提供商，致力于数据中心关键基础设施产品线（UPS、精密空调、精密配电、蓄电池、网络服务器机柜、动力环境监控等）和太阳能光伏发电系统产品（光伏逆变器、智能汇流箱、防逆流箱、直流配电柜、太阳能深循环蓄电池、监控等）的研发、制造及一体化解决方案应用，为包括中国在内的全球90多个国家和地区提供优质产品及全方位服务，以创新动力不断引领行业发展。

【市场业绩】

根据中国电子信息产业发展研究院赛迪顾问（CCID）统计，2000年起科士达国内UPS销量市场占有率稳居国产品牌第一位。

根据国家商务部研究院快睿咨询（ChinaQuery）《中国UPS配套铅酸电池产品市场报告》统计，科士达在中国UPS配套阀控式密封铅酸蓄电池市场上，市场占有率居本土品牌第一。

科士达是中央国家机关、国家教育部、国家税务总局、中国气象局、国家新闻出版广电总局、国家海关总署、解放军总参、中国电信、中国移动、中国联通、中国石化、中国石油、中国银行、中国工商银行、中国农业银行、中国建设银行、中国人寿等众多大型机构产品选型入围供应商。为国家三峡工程、青藏铁路、西气东输工程、2008年北京奥运会、2010年上海世博会等在内的一大批国家重点工程提供高可靠电力保护，全力护航中国信息化建设事业。

【资质认证】

科士达公司通过ISO9001国际质量体系认证、ISO14001国际环境体系认证、OHSAS18001职业健康安全管理体系认证、IECQ QC080000有害物质过程管理体系认证。产品取得泰尔认证、CCC认证、节能认证、生产许可证、欧洲CE认证、美国UL认证、TUV认证、澳大利亚SAA认证、意大利ENEL、英国G83/1、法国BV认证、金太阳认证、国家电网零地电压穿越认证等多项国内外产品质量/安规认证，是业内认证最为齐全的全线产品供应商之一。

【服务体系】

科士达在业内率先建立起“全国客户服务中心－大区技术支持中心—省区服务中心-地市服务站”为架构的覆盖广泛、布局合理、贴近用户的多级服务体系，可为用户提供基于快速响应特性的全方位现场和远程技术服务，在全国性区域分布的行业系统大型重点工程服务方面，拥有丰富成熟经验、确保用户关键应用系统可靠运行。

【研发与创新】

科士达公司自成立以来，始终坚持“市场导向＋技术驱动”的技术开发方向，于2000年在原有技术开发部基础上组建了科士达研发中心，目前研发中心有300余位专业研发技术工程师，拥有业界领先的专业试验室，已取得100多项国家专利（其中核心技术发明专利30余项），参与20多项国家和行业标准起草/参与修订，是国内电源和数据中心关键基础设施行业标杆性企业级研发中心。

【发展规划】

自2005年起，科士达开始在全球92个主要国家和地区注册KSTAR商标，不断加大海外营销服务网络建设力度，加速布局全球营销网络体系，致力通过技术创新和品牌全球化运营，迈进全球领先的数据中心关键基础设施和新能源电力转换领域产业链领先供应商之列，成长为电力电子行业领域具有全球产业影响力的世界级企业。

主要产品介绍：

科士达光伏逆变器产品线

科士达数据中心关键基础设施产品线

25. 深圳市英威腾电源有限公司

地址： 深圳市南山区龙井高发科技园1栋5楼东
邮编： 518055
电话： 0755-26784847
传真： 0755-26782664
邮箱： shangyating@ invt. com. cn
网址： www. invt-power. com. cn

简介：

深圳市英威腾电源有限公司是深圳市英威腾电气股份有限公司（股票代码：002334）的下属子公司，同时也是国内领先的电源解决方案供应商。公司致力于向全球客户提供高性能、高品质的产品与全方位的服务。公司凭借研发，产品，服务，产能规模等方面的综合优势，始终处于业界的领先地位。

公司的主要产品包括UPS电源、EPS电源、逆变电源等。产品广泛应用于政府、金融、通信、教育、交通、气象、广播电视、工商税务、医疗卫生、能源电力等各个行业领域。公司掌握了产品的核心技术，拥有完全自主知识产权，公司产品以高可靠性，高性价比，赢得了广大客户的一致赞誉。快速为客户提供全方位、个性化的解决方案是公司的经营宗旨，持续创新是公司追求的目标。不断推出的具有竞争力的电源产品满足了各行各业用户对于供电系统高可靠性和高智能化的需求。我们将致力于通过技术创新和品牌全球化运营，成长为电源及电力电子相关领域令国人骄傲的世界级企业。

公司是国家级高新技术企业，已全面通过ISO9001国际质量体系认证、ISO14001国际环境体系认证、OH-SAS18001职业健康安全管理体系认证、中国泰尔认证、产品节能认证、欧洲CE认证、TUV认证等多项国内外产品资质认证外，在中国大陆市场上，是多个政府机构或大型行业系统UPS设备全国统一选型入围品牌或集中采购中标品牌厂商。

成功的管理经验以及我们持续不断的对标准化管理工作的建设，使我们具备打造高端产品和成本控制的能力。我们拥有一支专业的能提供各类专项工程设计的优秀科技团队，能有效服务客户帮助客户实现其根本利益和最高满意度。

企业愿景：

成为全球领先、受人尊敬的工业自动化和能源电力领域的产品和服务提供者。

企业价值：

诚信：始终以诚信的心态面对所有的人。

创新：我们不断求索行业技术的发展趋势，不断创新产品为客户带来更大的价值。

坚持：不论商业环境如何快速多变，我们始终坚持对客户、合作伙伴、员工的承诺。

互信：我们致力于与所有的客户达成互信的原则，所有员工的互信亦是企业发展的源动力。

企业使命：

引领电源及电力电子领域科技发展，为创造更可靠、高效、节能的产品而不懈努力。

主要产品介绍：

RM系列模块化UPS电源

RM600系列模块化UPS电源

全家福

英威腾电源主要产品：

RM系列10~900kVA模块化UPS电源

HT33系列10~200kVA塔式UPS电源

LT33系列20~200kVA在线工频式UPS电源

HT31/11系列6~20kVA在线式UPS电源

HT11-TX系列6~10kVA在线式UPS电源

HT11系列1~3kVA在线式UPS电源

HR11系列1~10kVA在线机架式UPS电源

OT1101S系列户外UPS电源

BU系列600~2000VA后备式UPS电源

DIV系列500~6000VA数字化逆变电源

DR系列通信直流电源

MF系列7~3000AH阀控式免维护铅酸蓄电池

MI Mate全系列6~100KW智能精密空调

INSPD系列精密智能配电柜

C 系列电池

26. 深圳索瑞德电子有限公司

SOROTEC®
Power Solutions Expert

地址：广东省深圳市宝安区松岗潭头西部工业区 B22 栋
邮编：518105
电话：0755-81495850
传真：0755-81495855
邮箱：15818635356@ 139. com
网址：www. soroups. com

简介：

索瑞德是高新技术企业，公司总部设在深圳，在南宁、北京、新疆、长沙、西安、上海、成都成立办事处/省区售后服务中心。公司内部机构包括：总经理办公室、技术开发部、原料采供部、品质保证部、工程部、产品部、售前技术部、客户服务部、国内销售部、市场部、财务部、人力资源部、国际业务部。

公司员工共计 310 人，厂房面积达 15408.66m^2，注册资金 5010 万元。深圳索瑞德电子有限公司在国内电源产品及技术解决方案等领域占据领先地位，公司产品已达到国内、国际同类产品的领先水平。公司率先通过了 ISO9001、ISO14001、OHSM18000 体系认证，并且建立了完整的质量监控体系，从产品的来料、加工、组装到测试等重要环节严格监控。产品均通过泰尔认证、节能认证、CE 认证、UL 认证。公司产品应用于全国各地的政府、金融、通信、交通、电力、工业控制、军事、医疗等重要领域，同时出口到欧洲、北美、南美、非洲、中东、西亚、东南亚、澳大利亚等市场区域。

深圳索瑞德电子有限公司作为通信行业的设备供应商，消化吸收国内先进的通信电子信息技术，投入大量的研发经费并对产品的应用技术领域进行不断优化，完全贴近通信用电的需求，并可能过个性化设备设计生产，满足通信电用不同场合对 UPS 系统的要求。另外索瑞德公司一系列对源材料来料的管控及生产制成过程中的管控及相对完善的售后服务措施保障索瑞德出厂的设备质量可靠稳定，用户无后顾之忧。

索瑞德室外 UPS 系统均通过第三方权威质量监督检测中心的检验。至今已广泛应用在广东移动、河北移动、济南联通、青岛联通、西安联通以及其他行业用户，深受用户的赞誉。

经过多年的积累，索瑞德拥有一支经验丰富、不断创新的高素质科研开发队伍和勇于拼搏、开拓进取的营销队伍以及专业、成熟、高效的技术支持工程师服务队伍，不断在电源领域刷新成绩。今后，索瑞德将一如既往地坚持“技术领先、品质优良、服务到位”的经营理念，努力实现“电源领域世界级企业”的长远目标!

主要产品介绍：

HP9115

第五代新户外机 S

索瑞德室外一体化通信电源是专门为无线通信系统的户外微蜂窝基站而设计的高性能综合型户外在线式不间断电源系统，具有很高的技术先进性和实用性。

特点与优点：

提供纯净的不间断的交流正弦波电源；

双转换在线设计，耐高温，抗严寒，密封等级为 IP55；

具有宽输入电压范围、输入频率窗口；

具有智能型无人值守功能；

环境适应性强。

27. 石家庄通合电子科技股份有限公司

地址：河北省石家庄高新区湘江道 319 号天山科技园 12 号楼
邮编：050035
电话：0311-86967416
传真：0311-86080936
邮箱：thdz@ sjzthdz. com
网址：www. sjzthdz. com

简介：

石家庄通合电子科技股份有限公司是一家致力于电力

电子功率变换技术创新，以高频功率变换及相关电子产品研发、生产、销售、服务于一体，为客户提供系统能源解决方案的国家级高新技术企业。公司成立于 1998 年，历经十多年的发展，公司已开发出了多个系列百余种产品，涉及电力、高速列车、通信、广播电视、消防及火灾报警、电动汽车充电厂站、风能、太阳能发电并网技术、船舶、军工等多个领域。销售网络遍及全国 20 多个省市自治区，拥有合作客户 600 余家。领先的技术优势、可靠的质量保证和卓越的服务品质得到了客户的一致好评。

作为一家秉持“技术立企”的创新型企业，我公司一直专注于前沿技术发展平台，在功率变换技术领域拥有多项国家专利技术，特别是公司首创的“谐振电压控制型功率变换器”技术使谐振式开关电源的全程软开关技术进入了产业化阶段，引领了行业技术潮流。我公司注重将现代科技融入企业技术生产经营全过程，把市场、设计、制造、管理等整个生产经营过程视为整体，推行数字化管理，利用计算机信息技术改造生产、销售、管理各环节，引进 ERP 管理系统实现信息集成，优化决策管理能力，提高企业的市场应变能力和竞争力。

随着绿色能源和低碳经济的兴起，我公司已在新能源领域上取得了重大突破，电动汽车充换电系统、车载充电设备等领域已经投产并取得不错的经济效益，在国家支持的光伏逆变上网系统的研发已进入投产阶段，为公司开辟了新的利润增长点。

主要产品介绍：

高频开关电源

我公司自主研发的 TH 系列智能型高频开关电源，具有“四遥”功能的高频开关电源，模块采用世界领先的“谐振电压型双环控制的谐振开关电源技术”，具有体积小、重量轻、效率高、可靠性高等优点。产品包括 220V 和 110V 两大系列，十几个品种，配有标准 RS485 接口，易于与自动化系统对接。

THJK004G-3S

监控类产品

我公司开发的电力监控系统充分考虑到了电力系统应用的多样性，监控主机与底层数据采集单元采用了模块化设计思想，主机与底层模块可以自由组合。所有底层模块外形尺寸一致，便于安装。监控主机包括 THJK001G-3S、THJK002G-3S、THJK004G-3S。底层模块包括综合测量模块、电池巡检模块、开关量模块、绝缘检测模块。

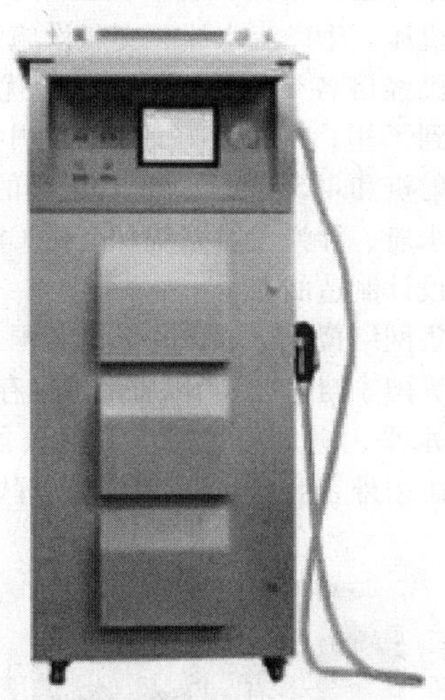

电动汽车充电一体机

为电动汽车提供智能充电的一体式充电机。该充电机包括功率转换模块、电能计量表、监控器、刷卡机。功率转换模块、电能计量表和刷卡机分别与监控模块通过 RS485 通信连接。功率转换模块把交流电转换成直流电，给电池充电。监控模块与电能计量表和刷卡机通信完成刷卡计费工作。该一体式充电机可对电动汽车进行智能化充电，防护等级为高，环境适应范围较宽，具有安全、可靠、易于操作等特点。

28. 温州现代集团有限公司

电能质量优化专家

地址：浙江省温州市鹿城区金丝桥路 20 号
邮编：325000
电话：0577-55582016
传真：0577-88838732
邮箱：modern@ wz. zj. cn
网址：www. wzmodern. com

简介：

温州现代集团有限公司坐落于中国民营经济发源地——温州，原创办于 1979 年的温州市精密电子仪器厂经公司化改制，在 1994 年组建成立了温州现代集团有限公司，下辖温州现代电力成套设备有限公司、温州现代电器制造有限公司、上海华陶电器有限公司、苏州现代电工仪器有限公司等几个全资分公司。

我公司是电能质量产品（谐波治理/滤波补偿装置、稳压（节电）电源/变频电源、干式变压器/电抗器等电能质量综合治理产品）的开发、设计和生产制造专业厂家，JB/T7620-1994 标准起草单位，ISO9001：2008 质量体系认证，信息产业部通信设备进网许可认证，美国通用电气（GE）公司中国地区稳压电源唯一供应商，美国 EMERSON 公司稳压电源 OEM 商，航天科技集团环境试验认证，军用抗干扰电源定点生产厂家，是浙江省区外高新技术企业。

公司产品已广泛应用于冶金、通信、国防军工、医疗设备、大型数据中心、精密仪器、实验室、广播电视、楼宇电梯、数控机床、生产流水线、交通设施、金融、教育、工矿企业等国民经济各个领域。所提供的优质设备和完善的售后服务得到了用户的一致好评。如为中央电视发射台进口全固态发射机和 405m 的高层电梯配套的专用稳压电源及为国防部潜水艇、导弹发射系统配套的 CVT 抗干扰电源都是由我公司设计制造的。

公司的销售网络覆盖全国，并出口美国、欧洲、非洲、中东、东南亚等国家与地区。“以质量求生存，以创新求发展，提高管理水平，满足顾客需求”是公司的质量方针，我公司愿诚交国内外客商，互利互惠共创辉煌业绩。

主要产品介绍：

LBJ 滤波节电柜

针对直流轧机和中频炉等产生大量谐波、污染电网的设备。本公司专业生产滤波节电柜既可提高功率因数，又能抑制谐波，使系统运行稳定，节能效果明显。

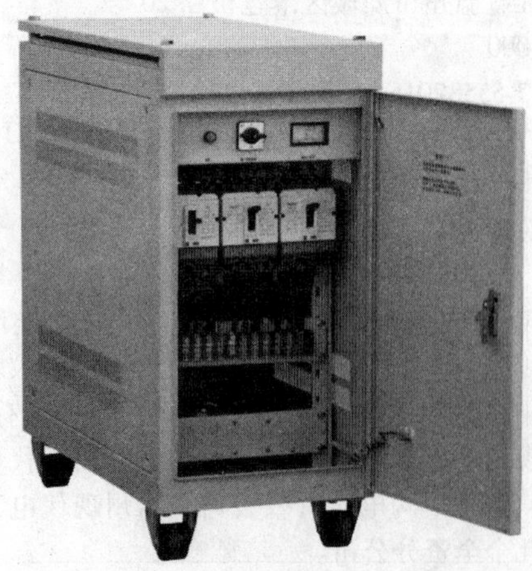

DFC-CW 零线电流消除器

大型场所由于大量使用节能照明灯具、计算机、变频空调、UPS、EPS 等负荷，在节能的同时会产生大量的三次谐波，本公司开发生产的零线电流消除器是解决各行业电气设备在零线电流过大引起的设备故障和安全隐患的高科技产品。

SJD-Z 智能化照明稳压节电柜

本公司开发生产的新型智能化照明稳压节电柜是根据照明的特性而设计的理想节电产品，大大地减少了照明系统的维护费用。节电率均达 15% ~25% 以上，节电效果显著，一次投资长期受益。

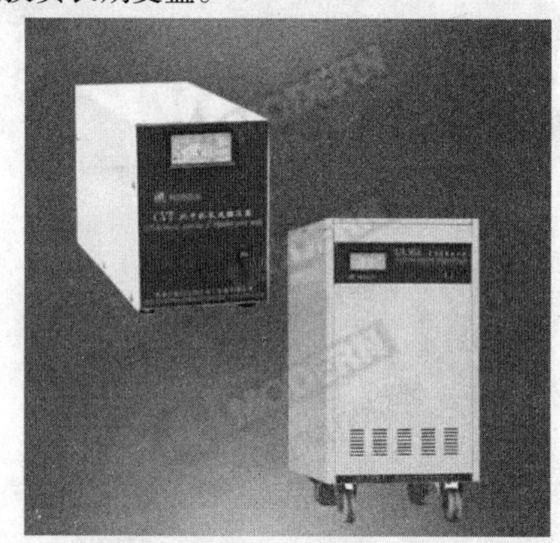

TJA 抗干扰电源-CVT

TJA 抗干扰电源-CVT 电源集隔离变压器、双向滤波器、宽范围稳压器优点于一体，输入输出隔离，对电网中的 3 ~ 13 次谐波、浪涌冲击、尖峰脉冲、雷击等干扰具有良好的抗干扰能力。目前已广泛应用于航天、航空、核工业、铁路、医院、金融、证券、军工、通信、公安、工矿等需要更高可靠性电源的场合，特别适用于电网谐波污染严重的配电线路中的仪器设备配套使用。

本系列电源产品质量通过中国航天科技集团公司（原航天部）检测及产品环境试验，为军用定点专配电源。

29. 浙江东睦科达磁电有限公司

地址：浙江省德清县武康镇曲园北路 525 号
邮编：313200

电话：0572-8085881 8085882
传真：0572-8085880
邮箱：kda@ kda. com. cn
网址：www. kdm-mag. com
简介：

浙江东睦科达磁电有限公司（KDM）成立于2000年9月，位于杭州北郊，离上海150km，占地面积40000m²，是中国最具规模的软磁金属磁粉心制造商，也是国家高新技术企业。

公司通过了ISO9001：2008和ISO14001：2004体系认证，所有产品均符合欧盟RoHS规范。目前公司年产能5亿只金属磁粉心，主要产品有：铁硅铝磁粉心（Sendust Cores）、硅铁磁粉心（Si-Fe Cores）、铁硅镍磁粉心（Neu Flux Cores）、铁镍磁粉心（High Flux Cores）、铁镍钼磁粉心（MPP Cores）、铁粉心（Iron Powder Cores）及纳米晶磁粉心（Nanodust Cores）、低成本铁硅（KW Cores）、超级铁硅铝（KS-HF Cores）等。产品主要应用于高效率电源、太阳能、风能、新能源汽车等领域。

主要产品介绍：

Nanodust™ Cores（KAM/KAH系列）

是由公司于2011年研发的新一代合金磁粉心。产品主要特点：饱和磁感应强度13000Gs，磁导率26～125，磁心损耗低，同时具有良好的直流偏置能力，无噪声。Nanodust™ Cores目前有两大系列，分别是KAM系列和KAH系列。KAM系列磁心损耗与MPP接近，KAH系列是替代High Flux Cores的低成本选择。同时也是非晶粉末磁心理想的替代者，能有效解决非晶粉末磁心噪声及温度稳定性差的问题。

低成本硅铁磁粉心（KW系列）

是由公司研发的新一代低成本磁粉心。它的主要特点是，饱和磁感应强度为14000Gs，磁导率范围为26～60，磁心损耗低，良好的直流偏置能力，优越的耐热性和高储存能力。KW系列主要适用于大电流的应用，如UPS、光伏逆变器、APF。

超级铁硅铝磁粉心（KS-HF系列）

是公司推出的一款新型磁性材料。该磁粉心损耗低，直流偏置能力好。KS-HF磁粉心（75-125μ）是高磁导率应用的经济之选，如低功率开关电源、服务器电源、汽车行业及太阳能。KS-HF磁粉心（26-60μ）拥有较低的磁心损耗，更好的直流偏置能力，因此它适用于大多数高电流的应用，如UPS、逆变器、工业电源等。

理事单位

30. 北京泛华恒兴科技有限公司

泛华测控 PANSINO　泛华恒兴 PANSINO SOLUTIONS

地址：北京市海淀区西小口路66号东升科技园A4楼
邮编：100192
电话：010-82156688
传真：010-82156006
网址：www. pansino-solutions. com
简介：

北京泛华恒兴科技有限公司（以下简称“泛华恒兴”）在2010年9月成立于北京，以“柔性测试”技术为支撑，致力于测试测量领域，专业为用户提供生产过程的测试测量解决方案和成套检测设备。泛华恒兴是通过认定的“高新技术企业”，拥有多项自主知识产权（包括：发明专利、实用新型专利、外观设计专利、计算机软件著作权、注册商标权等），围绕着帮助用户完成更精准、更高要求的测试测量任务，泛华恒兴提供专业和完善的测控产品开发、销售、集成、校准和培训服务，为客户提供本地化支持。

主要产品介绍：

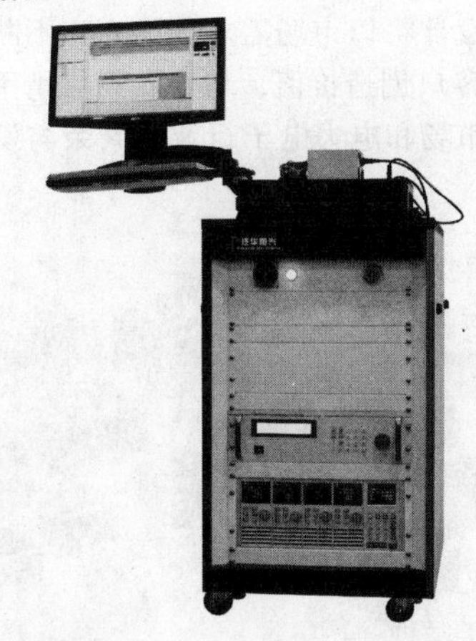

电源自动化测试台

模块化的硬件架构能够提供灵活多变的硬件组合，平台化软件结合专业工具包，适用于研究开发人员产品设计优化、质量部门质量验证、生产线大量终检测试等多个领域。

31. 北京新创四方电子有限公司

地址：北京市朝阳区酒仙桥北路甲 10 号 201 号楼 C3
邮编：100015
电话：010-57589018
传真：010-80115555-405362
邮箱：bingzi@ bingzi. com
网址：www. bingzi. com

简介：

北京新创四方电子有限公司是一家专业致力于各类小型精密电磁器件、精密电压、电流传感器以及新能源电抗器和特种变压器的高新技术企业，公司位于北京市朝阳区中关村电子城 IT 产业园，集开发、生产和销售及配套为一体，拥有“BingZi 兵字”和“TransFar 创四方”两大自有品牌，产品覆盖全国并远销海外。公司自从 1992 年诞生中国第一款全封闭式变压器以来，产品品种和业务规模得到快速的发展，今天“BingZi 兵字”已成为业界知名品牌。公司投资兴建的占地面积 60 余亩（40000m^2），建筑面积 12000m^2 的福建生产基地一期工程已建成投产，二期工程 4000m^2 的厂房已落成竣工，公司将以崭新的风貌展现在广大客户面前。公司系中国电源学会理事单位，中国电子商会电源专业委员会暨北京电源行业协会常务理事单位，北京福建企业总商会常务副会长单位，ISO9001-2008 质量体系认证单位，中国电子行业用户满意企业、用户满意产品单位。

经过多年的发展，公司汇聚了一批高素质的专业技术人才，在各类产品上都能实现有针对性的专业性设计和高品质制造。所有产品都具有结构布局合理、隔离耐压高、散热好、环境适应能力强等显著优点，可广泛应用于工业控制系统、电力电子装置、智能仪器仪表、通用电器设备以及光伏、铁路、电力等不同行业复杂的使用环境中。

我公司的设计将以市场需求为导向，不断创新，关注客户并努力为客户创造价值，与业界同仁携手并进，共同为电子元器件市场和电力电子行业的繁荣与发展做出应有的贡献。

主要产品介绍：

BingZi 兵字灌封变压器

BingZi 兵字灌封变压器最大特点是电磁特性指标好，输入过电压能力高（高至 +25% 即可达 275V），环境适应范围宽，安全性能好，绕组间抗电强度承受 50Hz、3750V 有效值/1min），内部安装有温度保护器，即使在变压器负载出现短路的恶劣情况下，也能有效切断电源，防止设备烧坏，是生产工业级设备和军用级产品客户的最佳配套选择。

32. 成都金创立科技有限责任公司

地址：四川省成都市新都区班竹园镇鸦雀口社区
邮编：610506
电话：028-83988111 13658068539
传真：028-83989066
邮箱：jcl. cdjcl@ 163. com
网址：www. cdjcl. com

简介：

成都金创立科技有限责任公司是一家以等离子技术产业化推广为目标的高科技公司。公司依托大型科研院校和控股企业，科研开发能力强、技术积累深厚。通过几年的努力，全面掌握了“等离子体发生器技术”及大功率脉冲电源技术。在环保领域实施“电弧等离子体技术应用开发”为专项的高科技项目、高压静电除尘专用电源及控制技术；在材料表面改性领域实施真空镀膜电源技术、等离子表面处理专用电源技术，形成了一定的研发能力和生产能力。

公司现有环保、物理、材料、机械、真空、电气、电子等学科各类技术人员多人，是专业从事低温等离子体技术应用、材料表面改性处理技术设备、大功率开关电源和专用脉冲电源研究生产型高科技企业。

公司成功开发生产大功率开关电源和专用脉冲电源、高压电源、工业生产用微弧氧化设备、等离子抛光技术和成套表面处理设备。可根据用户对材料表面处理的需求，提供整套解决方案或研制非标设备。

公司遵从平等互利、友好合作、坚持服务至上、信誉第一的宗旨，竭诚为科技界、实业界提供技术产品和各种形式的技术服务和合作。

主要产品介绍：

镀膜电源系列及等离子体系列产品

1. 镀膜电源系列：
- 直流磁控溅射电源
- 直流偏压电源
- 单极脉冲磁控溅射电源
- 单极脉冲偏压电源
- 双极脉冲磁控溅射电源
- 双极脉冲偏压电源
- 非对称双极脉冲磁控溅射电源
- 直流叠加脉冲偏压电源
- 全数字大功率中频溅射电源
- 高功率镀膜电源

2. 等离子体系列：
- 等离子体发生器（电弧炬）电源
- 微弧氧化电源
- 等离子体电浆抛光电源
- 电子枪电源
- 直流高压电源

33. 大连宝士达电源股份有限公司

POWERSTAR®宝士达
network power systems

地址： 辽宁省大连市高新园区高能街 26 号-1
邮编： 116025
电话： 0411-84820118
传真： 0411-84820868
邮箱： dlyaoxue@ 163. com
网址： www. powerstarups. com

简介：

宝士达公司作为行业领先的高品质 UPS 电源生产商，长期致力于电源保护系统的设计、制造、销售及服务，为客户提供可靠的电源系统解决方案。

宝士达公司坚持高技术与高可靠并重的原则，始终倡导引入绿色节能环保理念来开发未来的 UPS 产品，宝士达公司生产的 UPS 电源容量从 500VA ~ 1200kVA，分别为 FREE、HR、GP、HPOWER、EPOWER、SPOWER、MP 等多种系列，可实现单机运行、冗余并联、多机并联、模块化系统等。宝士达公司的产品已广泛应用于军事、宇航、电信、医疗、金融、证券、科研、制造业、商业、传播等领域。

宝士达公司始终把为用户提供优质、迅速的服务作为一种不懈的追求，并以其完善的技术服务网络系统，为用户提升价值！

34. 佛山市众盈电子有限公司

众盈电子
UNIPOWER ELECTRONIC

地址： 广东省佛山市张槎一路华南电源创新科技园北区 2 座
邮编： 528000
电话： 0757-82962331
传真： 0757-82021699
网址： www. svcpower. com. cn

简介：

佛山市众盈电子有限公司建立于 2002 年，现有生产场地 16000m^2，企业员工规模 400 多人，配置 3 套全自动贴片线；十多套自动插件设备；ICT 电路板测试设备；ATE 整机自动测试中心；老化车间等为所有产品保驾护航，我们力求出品精良，精益求精。

非凡十年，专注研发，高效生产。众盈公司已经从一间专业生产后备式 UPS 的工厂蜕变成一家集中、小功率后备式 UPS，中、大功率在线式 UPS 以及家用逆变器、太阳能逆变器、稳压器等多样化电源产品的企业，并逐步向生活类电源产品方向迈进。打造节能环保产品是众盈公司的发展方向。我们在积极推广自身产品的同时，也为全球客户提供优质的 OEM 服务。我们为客户提供高质量的产品和极具竞争力的价格。因此，我们赢得了客户的信任和持续的订单。

“诚信、负责”是我们获得持续良好口碑的基石，我们欢迎各界朋友加入众盈的行列，共同推动民族品牌的建设，为我们的幸福生活添砖加瓦，无论是合作还是意见，我们需要您们！

主要产品介绍：

GP33 系列 UPS 电源

GP33 系列采用了在线双向转换结构，逆变基于 IGBT，输出为由高频 PWM 逆变器产生的正弦波；本产品适用于中小型数据中心、网络管理中心、企业服务器机房等，对电压瞬时跌落或减幅振荡、高压脉冲、电压波动、浪涌电压、谐波失真、频率波动等状况可提供良好的解决方案；可扩展电源、与另一相同容量及品牌的 UPS 并联、强制通风冗余、免疫相旋转输入、双输入型输入（可选择），为用户的负载提供安全可靠的电源保障。

35. 广东意壳电子科技有限公司

EACO

地址： 广东省佛山市顺德区容桂容里天富来国际工业城三期四座 401
邮编： 528305
电话： 0757-22301650
传真： 0757-22301658
邮箱： ren. tong@ eaco. com

网址： www. eaco. com

简介：

EACO 专注于电力电子电容，一直走在工业应用的金属化薄膜电容器领域的最前沿，专注于电力电子电容器的设计与制造。2007 年起，中国大陆市场已是 EACO 定位的主要市场，在中国大陆投资开设了工厂，投入更多的技术和销售支持，与中国的电力电子行业共同进步。

EACO 电容的标准品涵盖了广泛的系列、强大的开发设计能力、快速的交货方式、具有竞争力的价格，为电力电子行业的产品设计工程师提供灵活、多方面的薄膜电容解决方案 。主要应用领域有：智能电网、新能源行业（太阳能/风力发电并网变流器）、新能源汽车（纯电动汽车/混合动力汽车控制器）、高频开关电源、变频器、UPS/EPS、感应加热电源、逆变电源等。

主要产品介绍：

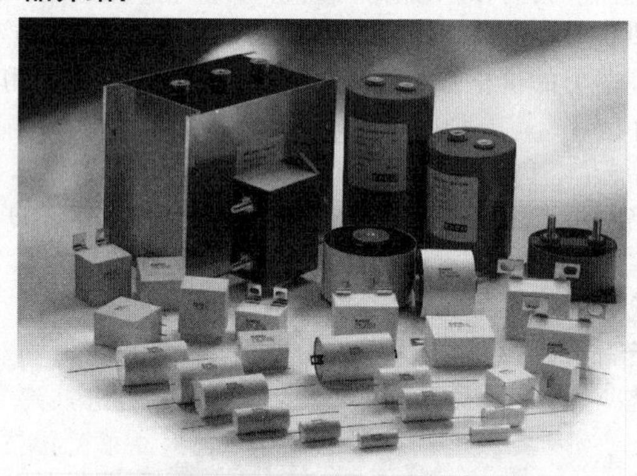

EACO 的整个产品系列分为四大类：DC-LINK 电容、IGBT 保护电容（Snubber）、交流滤波电容（AC_ Filter）和其他场合使用的电容（General Application Series）。EACO 电容具有同容量体积小、稳定性强、寿命长的特点，能适合各种 DC-AC 滤波、DC-Link（直流链支撑）、功率开关器件的缓冲、电压钳位、大电流耦合隔直、高频谐振、纹波吸收、高脉冲、储能等电路。

36. 杭州池阳电子有限公司

地址： 浙江省杭州市萧山经济开发区高新十路 118 号

邮编： 311231

电话： 0571-22868392

邮箱： amberwang@ acepower. com. cn

网址： www. link-power. cn

简介：

杭州池阳电子是一家专业从事电源适配器、LED 驱动及照明产品研发、生产、销售及提供技术服务的整体方案供应商。公司于 2013 年创建 LED 照明产品品牌——“菜鸟”。

公司 LED 照明产品，坚持自主创新，力求通过新技术的成熟应用，推动高效节能、绿色环保照明产品的快速发展；以向客户提供节能、环保、经济、安全、便捷的综合照明解决方案，为用户提供全方位专业服务。公司高亮度半导体照明产品已涵盖专业 LED 工厂照明、办公照明及户外照明等应用领域。

公司拥有一支配备精良的高素质研发队伍，研发人员由专业电源适配器设计师、LED 驱动研发工程师、光学设计工程师及工业设计工程师组成。研发队伍具备快速开发优质、性价比高的电源驱动、LED 照明产品的能力。

公司视产品品质为企业的生命，产品从原材料、制作过程至最终产品的检验均经过严格的监控和检测，以确保提供给客户高品质、高性能的产品。

主要产品介绍：

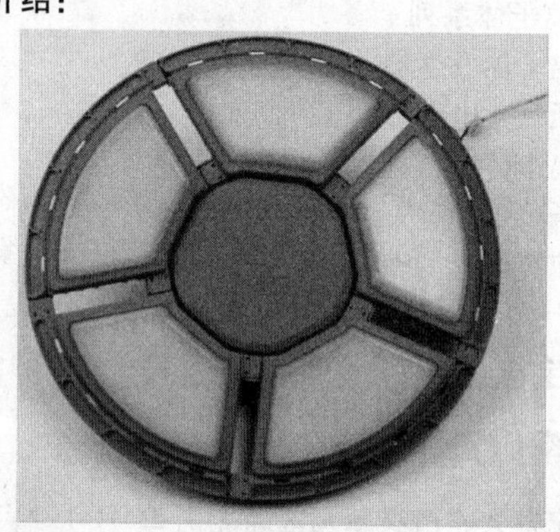

150W 工矿灯

LED 驱动：

1. 额定输入：AC100 ~ 240V，瞬态输入：85 ~ 305V；

2. 安全保护机能：OVP、OCP、OTP、SCP；

3. 采用软开关电源技术：100 ~ 240W，效率可高达 94%，60 ~ 100W，效率可高达 92%；

4. 安全标准：遵循全球照明法规；

5. 调节控制：支持输出电流、电压调整；支持 PWM、0 ~ 10V、电阻外部信号调光。

LED 灯具特征：

1. 长寿命：LED 工矿灯寿命长达 50000h，为金属卤素灯、汞灯的 4 倍，减少维护次数及费用；

2. 色温可选：2800K、3500K、4000K、6000K；

3. 高灯具效率：采用高品质 LED 光源，灯具效率高于 80Lm/W，远高于高压汞灯的灯具效率。采用光源类型：SMD5630LED；

4. 发光角度可选；

5. 节约能源：90W LED 工矿灯与 250W 高压汞灯相比，节能及 CO_2 排放量均减少约 60%。节能及环保效果显著；

6. 减少害虫损害：LED 工矿灯热量低，同时光谱在紫外线和红外线功率分布概率小，减少了害虫损害；

7. 软启动：设置单片机，控制驱动器，使灯光缓慢启动，对用户心理无刺激，实现“软启动”功能；

8. 智能调光：LED 照明易实现调光控制；

9. 模组化设计，可随意拆卸：采用模组化设计，方便拆卸与安装，重量轻，安装的操作性及安全性增强。此外灯具高度仅为 100mm，结构更紧凑；

10. 电源内置，具有防水功能。

37. 合肥博微田村电气有限公司

CETC 38所 | 博微电气
磁性元件 創新引領
Magnetic component Leading innovation
共同参与/共同思考/共同成就/共同分享

地址： 安徽省合肥高新区天智路41号
邮编： 230088
电话： 0551-62724766
传真： 0551-65323118
邮箱： lql@ecthf. com
网址： www. ecthf. com

简介：

合肥博微田村电气有限公司是中国电子科技集团第38所和日本田村株式会社共同成立的高新技术企业，2000年成立，2014年销售6亿，拥有1000名员工，专业研发、设计和生产各种变压器、电抗器、EMI滤波器、智能配电单元，主要应用于太阳能、风力发电设备、医疗器械设备、工业自动化设备以及家用电器等行业。公司通过了ISO9001：2000、ISO14001认证，同时取得了CB、德国莱茵TUV、美国UL以及欧盟的CE等安全认证及EMC认证。

主要产品介绍：

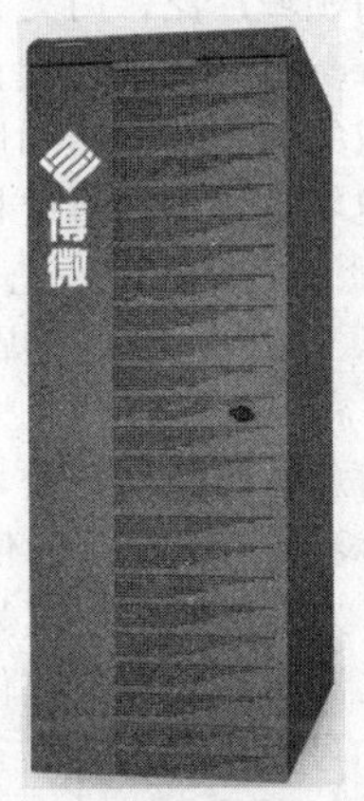

公司自主研发了高频双转换在线式UPS全系列产品。产品基于DSP技术、自动控制技术、电力电子技术以及半导体应用技术，产品的可靠性和适用性均居于世界前列。

产品取得了泰尔证书，成功应用于公共安全、政府、军队、金融、通信、电力、交通等行业，为用户提供安全可靠、无污染的电力保障和一体化配电解决方案。

38. 河北奥冠电源有限责任公司

地址： 河北省衡水市故城县衡德工业园
邮编： 253800
电话： 400-807-8811
传真： 0534-2469588
邮箱： aoguan@126. com
网址： www. aoguan. com

简介：

奥冠集团是一家集胶体电池、锂电池研发、生产、销售、服务于一体的高科技集团企业。下设河北奥冠电源有限责任和山东奥冠新能源科技有限公司，集团成立于1987年，位于冀鲁交界处的河北省故城县衡德工业园，山东奥冠位于山东德州经济技术开发区东方红路东首，高铁站西侧。

公司主打产品为电动汽车用、太阳能风能发电用、电动助力车用、固定阀控密封式等用途的动力型、储能型胶体电池和锂电池，包括五大类一百多个品种和规格。广泛应用于动力能源、新能源储能、通信、电力等领域。

公司引进德国胶体技术和自动化生产设备，并进行了升级改进，使技术更加先进，电池性能更加稳定、可靠。

公司为中国电源学会长期会员、中国电源学会理事、中国电器工业协会会员、中国化学与物理电源行业协会会员。先后通过了ISO9001质量管理体系、ISO14001环境管理体系和OHSAS18001职业健康安全管理体系认证，产品获得了欧盟CE认证、泰尔认证、金太阳认证、北方车辆研究所权威认证。

公司始终坚持“科技兴企，人才强企”发展战略，与德国艾诺斯电池公司、华南师范大学、山东大学以及多家科研院所建立了长期的产学研合作关系，通过共建平台、项目合作研发和人才培养等形式，大大提高了公司技术研发实力。先后获得“国家高新技术企业”、“河北省著名商标”、“河北科技型中小企业”、“河北中小企业名牌产品”、“省消费者满意单位”等荣誉称号。获得省市级科技成果鉴定5项、国家专利8项。

我们以为客户提供专业化、现场化、主动化、超值化服务为宗旨，满足客户现实和潜在需求，努力与客户结成战略合作伙伴关系，实现合作共赢。公司销售网络覆盖全国，并出口美国、韩国、东南亚国家。

未来，我们将致力于新能源电池研发、可再生能源的开发和循环经济的推进，从“传统的蓄电池供应商”向“新能源系统解决方案提供商”全速升级，开启人类绿色能源开发、利用新纪元。

主要产品介绍：

电动车电池

电动汽车电池

光伏储能电池

备用电源电池

胶体电池

采用德国进口的 Gel 胶体材料，以及自主研发的外导包封式蓄电池极板、防水端子和防水蓄电池专利技术、无镉内化成技术、真空反流灌胶技术等，确保了电池的大容量、高耐寒、强动力和长寿命。

锂电池

采用 $LiFePO_4$ 正极材料和石墨烯负极复合材料为原料，自主研发的新型的高效导电剂、变间距极耳激光成型技术、双防爆阀设计，大大提高了电池的安全性，同时具有容量大、动力强劲等特点。

39. 江苏宏微科技股份有限公司

地址：江苏省常州市新北区华山中路 18 号三晶科技园
邮编：213022
电话：0519-85166088
传真：0519-85162291
网址：www. macmicst. com

简介：

江苏宏微科技股份有限公司是由一批长期在国内外从事电力电子产品研发和生产，具有多种专项技术的科技专家组建的高科技企业，企业的宗旨是自主创新，设计、研发、生产国际一流的 IGBT、FRD、VDMOS 分立器件及其模块，打造民族品牌，成为提供绿色高效节能电子产品和电力电子系统解决方案的专家。

公司被认定为国家高新技术企业、国家高新技术产业化基地，企业院士工作站、国家 IGBT 和 FRD 标准起草单位之一，承担多项国家项目、2 项省级项目，已获得 8 项国家发明专利、6 项实用新型专利。

公司自主研发生产的 FRED、VDMOS、IGBT 等电力半导体器件及模块多项填补国内空白，广泛应用于电焊机、变频器、UPS、逆变电源、电动汽车等行业，并出口欧洲、美国、韩国和东南亚等国家和地区；公司自主研制的具有国内首创、国际领先的动态节能电源在广东、广西、江苏和上海等地的城市道路、超市、工厂和办公楼宇照明中应用，节电率均达到 30% 以上。由于在新型电力电子技术方面取得的卓越成绩，公司获得了温家宝总理的殷切寄语“大胆创新、不怕失败、超越前进”。

40. 南通新三能电子有限公司

THREECON
新三能电子 SUNION ELECTRONIC

地址：江苏省南通市通州区兴仁工业园区
邮编：226371
电话：0513-86561333（总机）
邮箱：market@ sunion. cc
网址：www. sunion. cc

简介：

南通新三能电子有限公司成立于 1995 年，是专业从事电容器研发、制造和销售的国家级高新技术企业，也是东南大学产学研合作伙伴，合作开发了多项用于工业电源、新能源领域及绿色节能照明专用的电容器。

我公司产品运用领域广泛，门类齐全，性能优异，质量可靠。目前“Threecon”品牌共分为两大系列产品，分别是用于电力电子领域的薄膜电容器和用于节能照明、工业控制等领域的电解电容器，均已形成相当规模。主要为工业变频器、电能质量、UPS 电源、光伏风能、轨道交通、通信电源、电力机车、电梯、逆变电焊机、LED 照明、CFL 照明等提供配套服务。

优质的品质和满意的服务使我公司成功通过 OSRAM、PHILIPS、GE 等国际著名跨国公司的供应商认证，成为全球供应链采购合格供方。我公司还成为中国电源学会的理事单位和中国工业电器协会的会员单位，其产品被授予质量可信产品等荣誉称号，公司严格实行 ISO9001 质量保证体系、ISO14000 环境保证体系和 QC080000 有害物质控制体系，完全符合 RoSH 环保标准、CE 欧盟电工委员会安全标准，公司获得了“国家科技部创新基金”，拥有自主知识产权和多项发明专利，获得“江苏省电容器工程技术研发中心”的光荣称号。

我们的目标是，成为国内外工业控制、新能源产业及绿色节能照明专用电容器的首选品牌。

主要产品介绍：

41. 宁夏银利电器制造有限公司

地址：宁夏回族自治区银川（国家级）经济开发区光明路45号
邮编：750021
电话：0951-5045200 5041081
传真：0951-5045200-8012
邮箱：sales@ yinli. com. cn
网址：www. yinli. com. cn

简介：

宁夏银利电器制造有限公司成立于1992年，现位于银川国家级经济开发区，注册资本2000万元，占地面积2万多平方米，员工人数166人，是国家级高新技术企业。公司已全面建立健全了科学完善的综合管理QES体系，并于2012年取得了轨道交通国际质量IRIS认证，2014年通过了国际焊接认证EN15085CL4。

公司拥有国家专利16项；拥有多台全套先进的变压器、电感的生产和检测设备；拥有线绕、箔绕和VPI真空压力浸漆等先进的专业生产设备，拥有雄厚的技术研发基础及强大的科学生产能力，拥有具备国家级权威检验认可资质的“国家联合地方工程实验室”。

公司自主研发设计生产的产品品种丰富、系列健全、涵盖面广。自1999年起，公司先后涉足于轨道交通、新能源、电能质量、航天航空、船电等行业，并在技术条件要求苛刻的新兴工业环境中不断地取得经验、获得成果、赢得声誉。为国内外诸多客户提供质量保障的产品，及时完善的售后服务。

银利公司始终检查以市场为导向，以客户为中心，2008年全资注册深圳银利电器制造有限公司，并于2012年分别在北京、上海、武汉、深圳等地分别成立华北、华东、华中、华南办事处。在全国范围内围绕着有价值的客户群，建立并发展着互惠互利的良好合作关系。

主要产品介绍：

我公司加工的产品频率段宽，功率段广，广泛应用于大功率不间断电源、变频器、光伏逆变器、风电变流器、滤波器、谐波抑制和补偿功率、充电站等工业技术领域。公司主要产品包含干式变压器、干式电抗器、空心电抗器，应用于可再生能源领域的大电流水冷式电抗器，以及高效率的变压器。

42. 赛尔康技术（深圳）有限公司

地址：广东省深圳市宝安区沙井镇新桥芙蓉工业区赛尔康大道赛尔康技术（深圳）有限公司
邮编：518125
电话：0755-27255111
传真：0755-27255255
邮箱：East. cao@ salcomp. com
网址：www. salcomp. com

简介：

赛尔康技术（深圳）有限公司是一家芬兰独资企业。赛尔康成立于1975年，公司总部位于芬兰。赛尔康在全球各地设有销售中心，在芬兰、中国深圳和中国台北设有研发中心，在中国、巴西和印度设有生产基地。

赛尔康致力于开发和提供最具创新和绿色环保的手机电源适配器产品及其它电源方案。赛尔康在全球手机电源适配器行业处于世界领先地位，公司年度总业绩达到6.8亿美元，主要客户涵盖了排名世界前列的手机制造商。赛尔康自主研发的电源产品适用于各类手机（包括智能手机）、无绳电话、蓝牙耳机、平板电脑、数码相框、路由器、机顶盒、POS机、笔记本电脑等。

赛尔康技术（深圳）有限公司位于深圳市宝安区沙井芙蓉工业区，是国家评定的“高新技术企业”，同时赛尔康深圳的研发中心是深圳市评定的“企业技术中心”。赛尔康深圳现有6000多名员工，主要从事销售、研发和制造工作。

主要产品介绍：

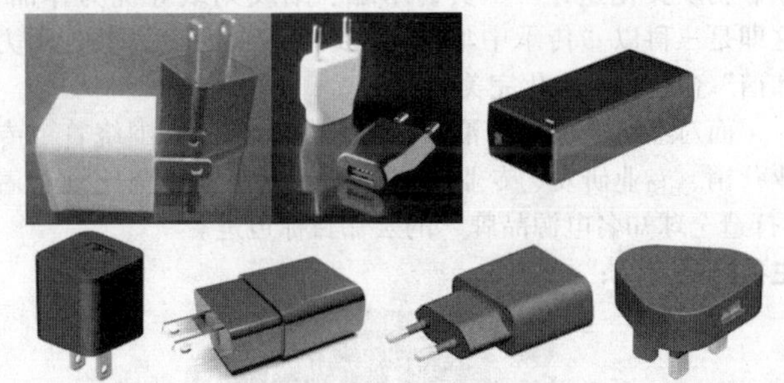

赛尔康的产品主要包括各功率范围的手机电源适配器和充电器，适用于各种移动式和家用的消费类产品。产品主要特征包括节能、高效率、低待机功耗、产品体积小、质量优良、可靠性高、符合各国目前有效和即将生效的能源规范。

以下为赛尔康主要产品类别和功率等级：

-手机充电器：5V/500mA ~ 5V/850mA，5V/1A，5V/1.2A；

-平板电脑充电器：5V/2A，5V/2.4A，5V/3A；

-路由器、机顶盒适配器：12V/1A，12V/1.5A，12V/2A，12V/2.5A，12V/3A，12V/4A，12V/5A；

-笔记本电脑适配器：19V/2.1A（40W），19V/3.42A（65W），19V/4.74A（90W）。

43. 三科电器集团有限公司

SAKO三科®

地址：浙江省乐清市经济开发区纬十一路258号三科科技园

邮编：325600

电话：0577-62666888

传真：0577-62666022

邮箱：sako@ sako. cn

网址：www. sako. cn

简介：

三科集团是一家现代化的专业电源制造商，创办于1997年。目前已拥有深圳、杭州、温州三大制造基地，专业研发、制造、销售、服务UPS、EPS、稳压电源、变频器、直流电源屏、LED驱动电源、光伏发电系统等系列产品，销售网点遍及全国100多个城市、全球30多个国家和地区，是高新技术企业、中国电源学会理事单位、浙江省电源学会理事单位。

三科集团先后通过了ISO9001质量管理体系、ISO14001环境管理体系、OHSMS28001职业健康安全管理体系等国际标准管理体系认证，主要产品取得了3C产品认证、CQC产品认证、CE认证、ROHS认证等，公司始终坚持自主研发的创新之路，目前已荣获70多项国家专利。

三科集团坚持“诚信待人、踏实做事、追求卓越、共同成长”的精神，以“致广大而尽精微”作为经营理念，确立“为投资者创造回报，为用户创造价值，为员工创造利益，为社会创造文明”的使命观。在保持企业健康快速发展的同时，为保护民族的传统文化，集团斥巨资兴建了首家企业“三科非物质文化博物馆”，收藏并展示了首批国家非物质文化遗产——黄杨木雕、细纹刻纸等优秀作品，这即是三科以“传承中华文化，致力科技创新，共建活力和谐”企业核心文化完美体现。

面对经济全球化的浪潮，三科集团正紧紧围绕着“专业营销、专业研发、专业制造”的经营战略，坚定地朝着“打造全球知名电源品牌”的宏伟目标迈进。

主要产品介绍：

三科数字EPS

三科数字EPS主要部件包括：蓄电池组、IGBT、充电器、主控板、液晶（LCD）显示屏、电流/电压/温度等检测电路、投掷切换电路、报警电路等。

三科数字EPS可为人防通道、地下设施、医院、手术室、政府机关、大型超市、商场、学校、广场、车站、公园、体育场馆、会展中心证券交易大厅等公共场所的提供消防应急照明电源，及为电梯、喷淋泵、卷帘门、水泵、风机、监控装置、军用雷达、车载移动电话、金融机构的系统设备等提供应急动力电源。

44. 陕西柯蓝电子有限公司

CRIANE 柯蓝电子

地址：陕西省西安市高新区草堂科技产业基地秦岭大道西2号科技企业加速器11号楼3C

邮编：710075

电话：029-65659350

传真：029-65659354

邮箱：criane@ criane. com

网址：www. criane. com

简介：

陕西柯蓝电子有限公司成立于2004年，是一家集产品开发、生产、销售及技术支持服务为一体，专注于电子测试测量领域的专业化公司。公司的产品功能涉及蓄电池的充电、放电、检测、活化以及UPS、接地电阻的测试与维护、交直流负载等仪器仪表。

公司已通过了ISO9001-2008质量体系认证，GJB 9001B-2001质量管理体系，是经西安市科学技术委员会认定的高新技术企业，并荣获陕西省信息产业厅颁发的“软件企业认证证书”及“软件产品认证证书”，并已获得中国人民解放军物资供应商资格和国家三级保密单位资格，

公司倡导专业选择，秉承“合适的，才是最好的”产品设计理念，不仅为用户提供性价比优良的专业仪器仪表和解决方案，更为用户提供了完善的售前、售中、售后全方位服务。

相信通过我们的创新和努力，将更好地为客户提供优质的产品、先进的技术和全面服务。

主要产品介绍：

CR-ZC 系列蓄电池组在线充放电测试仪集充电、放电、在线监测功能为一体，一机多用。减少企业成本，降低维护人员劳动强度，为电池和 UPS 电源维护提供全面科学的检测手段。

CR-ZC 系列蓄电池组在线充放电测试仪采用全在线放电技术，电池组通过在线串接"在线充放电测试仪"提升在线供电电压，并以自动稳流或恒流功率控制输出，使被测电池组对在线负载设备进行供电，从而实现被测电池组恒流放电测试或恒功率放电测试，达到安全节能维护效果。

45. 上海超群无损检测设备有限责任公司

地址： 上海市松江区九亭镇松江高科技园区洋河浜路 188 号
邮编： 201615
电话： 021-37633088
传真： 021-37633078
邮箱： sales@ sandt. com. cn
网址： www. sandt. com. cn

简介：

上海超群无损检测设备有限责任公司是在国内外具有领先地位的专业 X 光设备制造商，在 X 光领域有超过 50 年的经验。本公司与电源相关的技术产品为高压电源（30 ~ 450kV）。

本公司专业设计、制造的主要产品包括 X 光实时成像系统、X 光实时线扫描系统、高精度高稳度高频 X 射线源、专用中高频 X 射线源、X 射线管、气绝缘便携式 X 射线探伤机、油绝缘移动式 X 射线探伤机、移动式金属陶瓷管 X 射线探伤机、工业用电子源等。

产品应用和销售的领域涵盖航空航天、兵器工业、安全检查、骑车摩托车、铸件、医疗卫生、印刷、压力容器管道耐火材料等行业。本公司多数产品远销欧美市场，并在某些领域领先欧美竞争对手，获得好评。

主要产品介绍：

X 光实时成像系统、X 光实时线扫描系统、高精度高稳度高频 X 射线源、专用中高频 X 射线源、X 射线管、气绝缘便携式 X 射线探伤机、油绝缘移动式 X 射线探伤机、移动式金属陶瓷管 X 射线探伤机、工业用电子源。

46. 深圳古瑞瓦特新能源股份有限公司

powering tomorrow
Growatt

地址： 广东省深圳市宝安区石岩街道办龙腾社区光明路 28 号
邮编： 518108
电话： 0755-29515888
传真： 0755-27471406
网址： www. growatt. com

简介：

古瑞瓦特新能源成立于 2010 年 5 月，是一家专注于光伏逆变器事业且充满活力的新能源公司。自成立至今，古瑞瓦特已累积安装在全球超过 60 个国家及地区，是以高转换率和高性价比著称的世界领先逆变系统供应商。

我们的产品

古瑞瓦特自主研发的 1kW ~ 1MW 的全系列逆变器机型，配合其智能监控系统，完全适用于家用屋顶、商业屋顶及地面电站等各类光伏项目。其中 Growatt5000TL 是首款获得 Photon A + 评定的亚洲逆变器；Growatt5000MTL 在 2012 年 12 月的 Photon 测试中也一举斩获双 A 评定。

作为高效率逆变器的代表，Growatt 逆变器符合了全球近 60 个国家在安全、功率等级、电网法规等方面要求。2014 年古瑞瓦特全球销售额近 3 亿元人民币，位列中国逆变器厂商前茅，并连续四年盘踞中国同行业出口第一的位置。

我们的成绩

2012 年初，古瑞瓦特战略性引入红杉资本及招商局集团投资，为其高速稳定的发展奠定了基础。依托国内外市场的优异表现，古瑞瓦特先后获得了权威机构颁发的"中国逆变器 10 大品牌供应商"、"2012 中国创新成长企业 100 强"、"2012 最具成长性企业"、" 2013 中国最具竞争力光伏逆变器公司"、" 2014 十大创新逆变器企业" 等多个荣誉称号。

主要产品介绍：

Growatt TL3 系列光伏逆变器

用于把光伏电池板产生的直流电转换成交流电，并以三相方式输送给电网。Growatt TL3 系列逆变器拥有多个组串输入，多个最大功率追踪点跟踪器，因此适用于连接多个不同的电池板阵列。

47. 深圳可立克科技股份有限公司

地址： 广东省深圳市宝安区福永街道桥头社区正中工业厂区 7 栋 1-5 层厂房、8 栋 2 层

邮编：518103
电话：0755-29918540
传真：0755-29918005
邮箱：licheng@ clicktec. net
网址：www. clickele. com
简介：

深圳可立克科技股份有限公司（下称可立克）成立于2004年，是一家在电源和磁性元件领域内具有高增长性的高新技术企业，专业从事LED照明电源、动力电池充电器、通信电源、适配器、磁性元件等产品的研发设计、生产、销售和服务。公司已拥有数十条电源产品制造生产线和百条以上磁性元件产品生产线，年产电源3000万只以上、磁性器件1.5亿只以上的生产能力。

公司自成立以来，保持了快速发展的态势。产品畅销国内外市场，70%产品远销欧美、澳大利亚、南美及亚洲等国家和地区，是亚太地区乃至国际市场有影响力的电源和磁性元件厂商之一。公司产品获得全球各国的安规认证，并取得ISO9001 TS16949、QC080000国际质量体系、ISO14001国际环境体系及BABT的认证。2011年还获得了ISO14064低碳环保认证，同时在公司内部推行OHSAS18001、EDS系统、MES系统、集成产品开发（IPD）管理及EICC准则。

在技术研发和工艺工程方面，可立克紧跟行业技术前沿，坚持自主创新，兼收并蓄，不断引进吸收先进技术和设计理念，现拥有200多人的研发队伍，拥有一整套现代化的电源验证和检测实验室（如EMI、EMS、HALT等）；研发中心已成为市级技术中心，每年获得多项专利。公司于2010年已获得广东省著名商标企业，品牌价值在不断提升。

主要产品介绍：

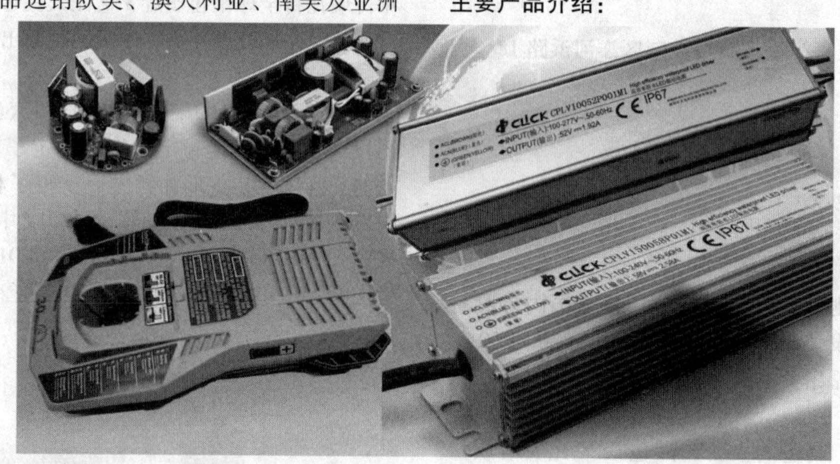

可立克公司现有高可靠的LED照明电源，主要包括30~480W户外抗强雷击、防水型恒压、恒流LED电源系列及智能可控光电源系列；户内3~30W紧凑型高能效LED电源系列；200~300W超薄高效高功率密度的LED显示屏电源；15~30W高效紧凑型T8管驱动电源系列，其核心技术获得专利保护。通信电源的工作电压范围广，可靠性高，在电压不稳定地区、操作温度-45~65℃、5000m海拔的高原地区都能正常工作；而且抗强雷击技术已获得专利保护。动力电池充电器具有安全、快速、高效充电技术，公司自主开发的多个平衡充电管理方案分别适用于动力镍氢电池、动力锂离子电池的快速充电系统。适配器电源有6W/12W/24W/36W/48W/65W系列产品，通过世界多个国家的安全与EMC认证，能效指标满足美国能源之星最新的能效VI级要求及欧洲最新ERP环保指令的要求，处于同行业领先水平。

48. 深圳桑达国际电源科技有限公司

地址：广东省深圳南山区科技园桑达工业大厦7楼
邮编：518057
电话：0755-86316420
传真：0755-86316446
邮箱：sales@ sed-ipd. com
网址：www. sed-ipd. com
简介：

深圳桑达国际电源科技有限公司是专业从事可靠、优质环保LED驱动电源、客户定制电源、BMS及锂电池后备电源、BMS检测仪、光伏控制器、便携式发电系统、家用光伏发电系统、光伏并网逆变器等产品的研发、制造、技术服务的高新技术企业、全国外商投资双优企业、深圳市高新技术产业协会会员单位及中国电源学会会员单位。公司研发、测试设备在国内同行处于领先地位，研发流程管理和项目管理水平与跨国公司全面接轨，现已发展成为可再生能源行业内颇具影响力的企业之一，拥有中国新能源电力电子技术专家、教授、博士及资深工程师20多人，还与清华大学深圳研究院、天津大学、华南理工大学、东南大学、西安理工大学等国内各著名高等院校开展深度合作。与华南理工大学和西安理工大学结成“产学研”战略联盟，共同组建可再生能源联合实验室及研究生实习基地，实现优势互补，促进企业技术创新及产业升级。

49. 深圳市铂科磁材有限公司

地址：广东省深圳市南山高新产业园北区2栋三楼
邮编：518052

电话：0755-26654881
传真：0755-29574277
邮箱：sales@ pocomagnetic. com
网址：www. pocomagnetic. com

简介：

深圳市铂科磁材专业从事金属软磁磁心的研发与生产，拥有先进的设备、雄厚的资金、强大的技术研发与销售团队。我们主要开发金属软磁高端磁心，产品广泛应用在电感器、变压器、滤波器中。

铂科磁材公司经过在金属磁粉心行业多年的研发、应用磨砺，现已成为知名磁性材料解决方案供应商，目前已构架完成海外基础研发，中国深圳应用方案、销售，惠东制造的完善产业布局。

我们基于客户的需求持续创新，在通信电源、太阳能、风能、逆变电源、电动车充电电源、UPS 等不同领域，深圳市铂科磁材有限公司均有不同系列的特性产品，满足客户的应用需求，协助客户找到更优的磁心材料解决方案。

主要产品介绍：

金属软磁粉心

金属软磁粉心是一种软磁材料，它是用金属或合金软磁材料制成的粉末，通过特殊的工艺生产出来的一种磁心。

铂科磁材生产的金属粉心具有良好的温度特性、高饱和磁通密度以及良好的直流偏置，损耗小。

50. 深圳市迪比科电子科技有限公司

地址：广东省深圳市龙华新区龙华街道华联社区龙观路北侧迪比科工业园
邮编：518109
电话：0755-61569366
传真：0755-61569399
邮箱：jituan@ dbk. com. hk
网址：www. dbk. com. hk

简介：

深圳迪比科电子科技有限公司成立于2004 年8 月，注册资金人民币5000 万元，是一家集研发、生产、销售、自主品牌运营于一体的高新科技企业。迪比科以“成为一个具有生命力的、持续发展的绿色智能生活高科技企业”为愿景，在十年时间里，践行“高效率、快领先”的竞争策略，实现了从行业中二级市场向一级市场的战略转移，产品品质从中、下游水平跃居行业领先地位。成立至今，迪比科始终秉持“人人都是人才，人人都可成才，爱才惜才用好人才 ”的理念，凝聚了一批志同道合的高素质人才，他们以不断的创新和勤勉的努力开拓出了一条具有迪比科特色的“以电池及电源上下游产品为核心、以配件为辅”的全配件产业化道路，形成了以聚合物电芯系列、消费类电池系列、电源系列、动力储能系列、摄影光学系列及智能生活与可穿戴设备系列等六大系列、总计五千多款产品，获得超过180 项专利技术（含已授权，不含正在申请的）。现量产的六大类产品中，约千余个产品获得 CE、UL、CCC 等十余种国际认证证书及 PSE/VCCI/QI 等协会标准的认定或认可。2007 年引入 ISO 质量体系的理念后，迪比科于2009 年先后通过 ISO9001、ISO14001 的认证，于2007 年和2009 年被授予“深圳市高新技术企业”和“国家级高新技术企业”的荣誉称号，于2015 年荣获“深圳市知名品牌”称号。长路漫漫，迪比科将“优质严谨、至诚守信、团结奋进、务实创新、感恩共赢”放在心里，用每一个脚印去实践每一个理念。

主要产品介绍：

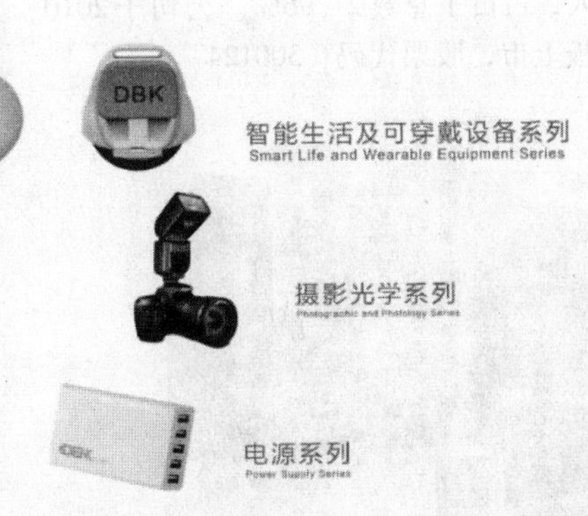

迪比科公司产品已形成上述六大系列，总计五千多款产品，获得超过180 项专利技术。现量产的六大类产品中，约千余个产品获得 CE、UL、CCC 等十余种国际认证证书、及 PSE/VCCI/QI 等协会标准的认定或认可。且在2007 年和2009 年被授予“深圳市高新技术企业”和“国家级高新技术企业”的荣誉称号，于2015 年荣获“深圳市知名品牌”称号。更获得 CNAS 认证资质实验室的检测及验证流程。且公司产品在批量生产中从上游工模注塑、SMT 贴片、后焊、组装、检测及包装等全流程严格把关产品品质，质量信得过。

51. 深圳市汇川技术股份有限公司

地址：广东省深圳市宝安区宝城 70 区留仙二路鸿威工业区 E 栋
邮编：518101
电话：0755-29799595
传真：0755-29619897
网址：www. inovance. cn

简介：

汇川技术专注于工业自动化控制产品的研发、生产和销售，定位服务于中高端设备制造商，以拥有自主知识产权的工业自动化控制技术为基础，以快速为客户提供个性化的解决方案为主要经营模式，实现企业价值与客户价值共同成长。

公司是专门从事工业自动化控制产品的研发、生产和销售的高新技术企业。主要产品有低压变频器、高压变频器、一体化及专机、伺服系统、PLC、HMI、永磁同步电机、电动汽车电机控制器等；主要服务于装备制造业、节能环保、新能源三大领域，产品广泛应用于电梯、起重、机床、金属制品、电线电缆、塑胶、印刷包装、纺织化纤、建材、冶金、煤矿、市政、汽车等行业。公司在低压变频器市场的占有率在国产品牌厂商中名列前茅，其中一体化及专机产品在多个细分行业处于业内首创或领先地位。

公司是国家高新技术企业，掌握了高性能矢量变频技术、PLC 技术、伺服技术和永磁同步电机等核心平台技术。截至 2014 年 12 月 31 日，公司及控股子公司拥有已获证书的专利 309 项，其中发明专利 31 项，实用新型 229 项，外观专利 49 项；公司已向国家知识产权局申报，但尚未获得证书的专利申请 267 项，其中发明专利申请 228 项，实用新型专利申请 36 项，外观专利申请 3 项；公司及其控股子公司共取得 91 项软件著作权。公司拥有员工 3015 人，其中专门从事核心平台技术的研究、应用技术的研究和产品开发的研发团队 662 人，占员工总数 21.96%。公司于 2010 年 9 月在深交所创业板上市，股票代码：300124。

主要产品介绍：

公司的变频器、伺服驱动器、PLC、HMI、伺服/直驱电机、传感器、一体化控制器及专机等产品属于传统的工业自动化控制领域产品（简称工控产品），其所服务的下游市场为 OEM（设备制造业）和 EU（最终用户，也称为项目型市场）两大类市场。OEM 市场包括纺织机械、起重设备、电梯、机床、包装机械、暖通设备、塑料机械、电子生产、空压机等设备制造行业；EU 市场包括化工、冶金、石油、市政、石化、电力、建材等行业。

52. 深圳市金宏威技术股份有限公司

地址：广东省深圳市南山高新南九号 9 号威新软件园 8 号楼
邮编：518000
电话：0755-21506655 400-888-0018
传真：0755-26955898
邮箱：jhw@ jhw. com. cn
网址：www. jhw. com. cn

简介：

深圳市金宏威技术股份有限公司成立于 2001 年，注册资金 14763. 6 万元人民币，公司运营总部位于深圳，常驻销售机构遍布全国，是集研发、生产、销售与服务为一体的国家火炬计划重点高新技术企业。

公司致力于电网智能化、信息系统集成、电子电源三大业务领域，主要为电力行业提供电网信息化建设解决方案、配电自动化系统解决方案、用电信息采集系统、变电站辅助监控系统、10kV 智能化开关设备等电网智能化产品，金宏威还提供应用于变电站、发电厂、机房的直流电源系统及动力环境综合解决方案；同时，金宏威亦为广播电视、石油石化等行业客户提供信息系统集成服务。

53. 深圳市京泉华科技股份有限公司

地址：广东省深圳市龙华新区观澜街道陂头吓社区新圩龙工业区 1 号京泉华工业园
邮编：518110
电话：0755-27040111
传真：0755-27040555
邮箱：everrise@ everrise. net
网址：www. jqh. cc

简介：

深圳市京泉华科技股份有限公司成立于 1996 年 06 月，注册资本：6000 万元人民币，是国家和深圳市高新技术企业。公司为客户提供自行研制的电源、磁性器件、特种变压器等产品，同时，还为客户提供上述产品的 ODM 服务和专用产品的开发、研制及配套服务。产品广泛应用于商业和个人电子设备上，客户包括 APC、施耐德、伟创力、GE、SONY 等国际知名企业。

公司技术研发中心具有行业内领先的独立 EMI 实验室、传导实验室等，同时拥有如 Chroma 的电子负载仪、变频器、功率分析仪等，美国安捷伦的示波器、数据采集器、EMI测试仪、3C test的自动群脉冲发生器、自动周波跌落测试仪器、ESD静电测试仪器等先进的可靠性测试设备，完整的实验设施及高素质高技术的研发团队保证了能为顾客提供物超所值的一流产品。

十多年来公司以“开拓进取，诚信务实，树品牌”的经营理念，秉承“公平、公正、合理、竞争”的原则，以满足用户需求为宗旨，先后荣获“国家高新技术企业”、“第24届中国电子元件百强企业”、“广东省著名商标”、“深圳市知名品牌”、“深圳市高新技术企业”、“深圳市企业技术研究中心”、“深圳市自主创新百强民营中小企业”、“深圳市鹏城减废行动先进企业”等荣誉称号。

主要产品介绍：

公司主要产品分为三大类别：

1. 电源类：包括LED Driver、SMPS Series、Battery Charger、Adaptor Series以及超薄LED驱动Max120W、无线充电器、动力电池管理、微型逆变器等新产品；

2. 磁性器件类：包括高频变压器、低频变压器、电感、滤波器、互感器以及立绕共模电感、三相立绕共模电感、非晶类电抗器等新产品；

3. 特种变压器类：包括三相变压器、三相电抗器、立绕电抗器以及硅钢、铁硅混合电抗器、铝线立绕电抗器、方形立绕电抗器等新产品。

54. 深圳市晶福源电子技术有限公司

地址：深圳市南山区西丽镇松白路南岗第二工业区12栋

邮编：518360

电话：0755-26632536

传真：0755-26505986

邮箱：support@ jfy-tech. com

网址：www. jfy-tech. com

简介：

深圳市晶福源电子技术有限公司创建于2003年，总部坐落于深圳特区，拥有16000m^2的标准生产厂房和先进的研发实验室，是国家认定的高新技术企业，ISO9001：2008国际质量体系认证通过企业。晶福源以十年的专业电源产品设计、生产经验向客户提供中高端电源产品与一体化电源系统解决方案，产品包括系列齐全的太阳能并网逆变器、UPS不间断电源、通信电源、太阳能离网混合动力电源等；产品出口到包括北美和欧盟在内的50多个国家和地区。其稳定的表现和优异的性能得到用户的普遍认可。

主要产品介绍：

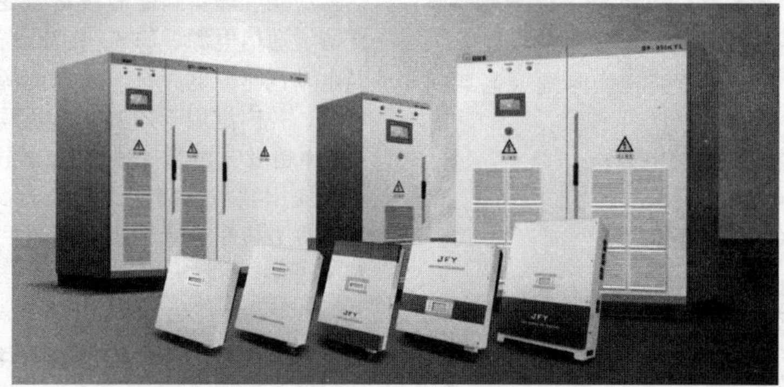

晶福源产品主要包括：光伏并网逆变器、光伏配套设备、太阳能离网控制逆变电源、UPS电源、EPS应急电源、通信电源和模块电源6大类100多个产品。

产品种类齐全、性能优异、稳定可靠，并通过多项国际权威的认证测试，已批量销往德国、意大利、法国、比利时、澳大利亚、美国、加拿大等30多个国家。

55. 深圳市科瑞爱特科技开发有限公司

地址： 广东省深圳市宝安区西乡镇固戍南昌健裕第二工业区 B 栋
邮编： 518216
电话： 0755-26414938
传真： 0755-26522816
邮箱： 631045164@ qq. com
网址： www. szcreate. com

简介：

深圳市科瑞爱特科技开发有限公司是一家专业从事电源类产品的研发、生产、销售的厂商。目前主导产品有逆变器、通信电源和直流变换器三大类，产品广泛应用于大中型电厂、变电站、冶金、石化、纺织、铁路、交通、金融、通信等各个领域。

公司是中国电源协会理事单位、武汉大学电子信息学院产学研基地和武汉大学学生社会实践基地、深圳市中小企业合作促进会常务理事单位、深圳市高新技术企业、深圳市双软企业。研发的新产品已获得软件著作权 4 项，专利 4 个。

公司坚持以“绿色环保、节能高效、低功耗、新技术”为发展方向。拥有精湛的研发队伍、先进的检测设备、完善的品质管理体制和良好的售后服务，并导入 ISO9001 质量管理体系和 ISO14000 环境管理体系。

主要产品介绍：

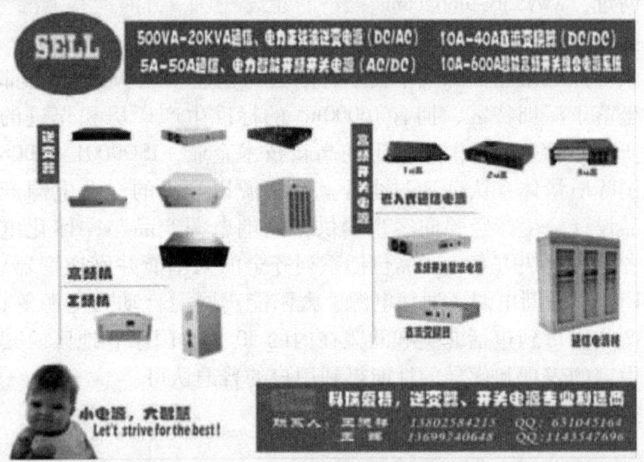

科瑞爱特公司产品主要有：

500VA ~ 20kVA 通信、电力正弦波逆变电源（高频机和工频机）；

5 ~ 50A 通信、电力智能高频开关电源；

10 ~ 40A 直流变换器；

10 ~ 600A 智能高频开关组合电源系统。

56. 深圳市智胜新电子技术有限公司

 ZEASSET

地址： 广东省深圳市宝安区西乡固戍航城大道安乐工业区 B1 栋
邮编： 518000
电话： 0755-83526100
传真： 0755-83526199
邮箱： zeasset@ zeasset. com
网址： www. zeasset. com

简介：

深圳市智胜新电子技术有限公司成立于 2004 年。企业系工业控制领域的铝电解电容器和超级电容器研发、生产与销售为一体的科技企业。本企业先后荣获“深圳市高新技术企业”和“国家高新技术企业”称号，并获得深圳市政府“民营成长工程计划企业”称号。

企业设有研发中心，研发工程师占企业总人数的 25%，平均具有 15 年研发工作经验。企业拥有包括发明专利、实用新型专利及软件著作权共 20 项；同时承接深圳市科创委 2013 年新能源用铝电解电容器关键技术的研发项目，并获得深圳市中小企业服务中心的项目支持。

企业引进欧美、日本、中国台湾等国家和地区的先进生产设备，配备齐全与精密的检测和试验设备；通过了 ISO9001 质量管理体系和 ISO14001 环境管理体系的权威认证，所有产品均满足 RoHS 和 SGS 环保认证标准；同时结合企业 7S 系统的工作落实，在管理环节、制造环节、服务环节等诸多方面实现了标准化、数据化、制度化，确保产品品质的保障。

企业在以国内为主要销售市场外，已先后与欧美、亚洲很多厂商保持着长期与良好的合作关系，获得了客商的一致好评。

主要产品介绍：

铝电解电容器及超级电容器

●大型铝电解电容器（螺栓型、焊针型）

应用领域：新能源设备、变频器、伺服驱动、光伏逆变器、通信电源、UPS、医疗设备、电焊机、变频家电，以及电动汽车、电力机车及新能源（太阳能、风能）等众多领域，并广泛用于开关电源等军工及民用产品。

●超级电容器（螺栓型、焊针型、引线型）

应用领域：新能源设备（太阳能、风能等）、电动汽车、电力机车、变频器、能量回收装置设备、通信电源及军工设备。

57. 深圳市中电熊猫展盛科技有限公司

 展盛科技 JENSIN TECHNOLOGY

www.jensin.cn

地址： 广东省深圳市坪山新区大工业区青兰二路 6 号兰亭科技工业园 C 栋 3-4 楼
邮编： 518188

电话：0755-86238746
传真：0755-86238829
邮箱：webmaster@ jensin. cn
网址：www. jensin. cn

简介：

深圳市中电熊猫展盛科技有限公司集研发、生产、销售为一体的高新技术企业，经过十几年来的积淀升腾，始终致力于提供办公类电源、金融设备类电源、动力电池智能充电电源以及LED照明与电视电源四大领域的优质产品。尤其是大功率锂电池智能充电技术和高性能、高可靠性、高稳定性金融机电源产品，成为公司得以快速发展的基石。凭借在设备、管理、创新等环节的综合竞争优势，展盛现已成为办公设备和金融类产品开关电源领域的领跑者。

多年来，展盛科技充分利用丰富资源，积极开拓国内、外市场，产品70%以上销往日本、欧美等国家。依托强大的研发实力、过硬的产品质量和完善的售后服务，赢得了广大客户的一致认可。

立足更高，追求更好，展盛将秉承"持续改进，品质再超越；关注顾客，满意常在心"的宗旨，为客户创造价值和成功，做您身边最坚实有力的合作伙伴。

主要产品介绍：

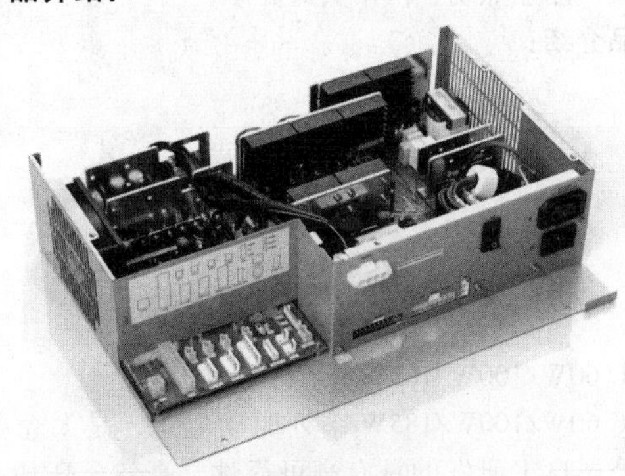

金融ATM设备一体化供电电源

金融ATM设备一体化供电电源，集AC-DC转换技术、DC-DC转换技术、智能化电池充放电管理、高功率PFC技术及MCU程序管理功能，满足设备各种使用环境条件要求的高可靠、长寿命、24h不间断供电的要求。功率模组输出达1000～1200W。

AC(90～264V)输入时，DC24V 18.6A、5V 3.5A、12V 10A、－12V 0.3A、3.3V 3.5A、5V 2A、24V CABCPOW 1P；

电池（14V～22V）供电时，5V 3.5A、12V 10A、－12V 0.3A、3.3V 3.5A、5V 2A、24V CRWOUT 1A。

58. 四川长虹欣锐科技有限公司

CHANGHONG长虹

地址：四川省绵阳市高新区绵兴东路35号
邮编：621000
电话：0816-2416807
传真：0816-2417198
邮箱：Liusong. yang@ changhong. com
网址：www. changhong-sinew. com

简介：

四川长虹欣锐科技有限公司始建于2007年6月，注册资本1.5亿元人民币，属四川长虹电子集团旗下全资控股子公司。公司主要从事标准开关电源、平板电视电源、冰箱电控板、冰箱变频板及一体板、空调电控板、适配器、办公设备电源、投影仪电源、工业特种电源、LED驱动/照明电源、各类定制电源、逆变器、变频器等电源产品的研发、生产、销售和服务。

公司位于广元市经济技术开发区长虹工业园内，园区占地20万m^2，按照分期推进的建设规划，目前拥有电源生产线16条，年生产能力600万台（套）。

传承长虹50年军工品质、用户至上的优良传统，公司通过内引外联，先后与日本Sanken、Renesas，美国Fairchild、Onsemi、TI、O2、Microsemi和四川大学等企业和高校建立了长期技术合作关系，并与美国Fairchild、Onsemi和日本Sanken公司建立了联合实验室。同时，按照"全面质保，客户信赖"的要求，公司从市场规划、设计开发、生产制造、品质检测到售后服务都建立了完善的质量管理体系。截至目前，公司拥有国家发明专利12项。凭借强大的综合实力，公司通过了ISO9001、ISO14001体系认证，被授予国家高新技术企业和四川省知识产权试点企业等称号。

主要产品介绍：

公司现有平板电视电源产品涵盖 CCFL 和 LED 背光等各主流尺寸的二合一及单体电源，是至今唯一一家实现 PDP 模组电源批量生产的中国电源公司。此外，长虹欣锐在白电电控、变频领域和工业新能源领域也已经建立起完整的产品体系，实现了对终端企业的完美配套。

59. 苏州东山精密制造股份有限公司

DSBJ

地址： 江苏省苏州市吴中区东山镇石鹤山路 8 号
网址： www. sz-dsbj. com

简介：

公司成立于 1998 年，位于苏州市吴中区，注册资本 19200 万元。2011 年总资产 194986 万元、销售收入 117944 万元、入库税收总额 3800 万元、净利润 6347 万元。公司为高新技术企业，拥有市级企业技术中心，已获得专利 2 项，已受理的专利申请 12 项。2011 年，公司对研发的投入经费占销售的比例为 3. 72%；

公司主营业务目前为通信与 LED 背光及 LED 照明项目，其中通信项目客户是华为、爱立信等国际知名公司；LED 直下式背光是国内最大的直下式 LED 背光制造商。LED 照明品牌为东山照明。

公司连续多年获得资信等级 AA 级，被苏州银行业协会被为信贷诚信企业，先后荣获江苏省技术改造先进企业、江苏省十佳民营企业、苏州市科技创新示范企业，优秀民营创新型企业、苏州市吴中区劳动关系和谐企业等称号，2010 年 6 月获得江苏省《高新技术企业》证书，近年来有 3 项自主创新产品被认定为江苏省高新技术产品。2010 年 4 月公司股票在深交所挂牌上市，股票代码：002384。

主要产品介绍：

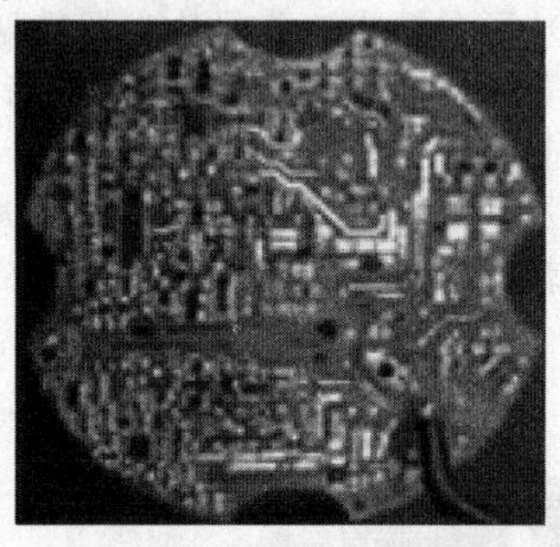

该产品用于 100 ~ 200W 工矿灯（LED），其特点为：全电压，高效率，高可靠性，并通过了 CCC，UL，TUV 认证。

60. 太仓电威光电有限公司

EPE
電威光電有限公司
ETHER POWER

地址： 江苏省太仓市城厢镇新毛区新港西路 66 号
邮编： 215400
电话： 0512-82775558
传真： 0512-82776898
邮箱： epe@ powerepe. com
网址： www. powerepe. com

简介：

太仓电威光电有限公司于 1999 年在台北成立，专业从事各类电子式安定器的研发与生产，应市场需求，于 2000 年在江苏太仓设立工厂，本着“专业研发、专业生产、共享市场、创造双赢”的发展策略全方位满足客户需求，提供客户最可靠的品质与服务。

太仓电威光电有限公司是第一家完成数字电路超薄化安定器的华人企业，拥有专用芯片，产品畅销全球。

太仓电威光电有限公司于 2004 年通过 ISO/TS16949 品质保证系统的认证，确保产品通过 FCC、CE/CB、TUV、UL、CQC 等权威国际认证，符合 RoHS 法规中产品有害物质使用禁令限制，维护环境。

公司主要产品：

1）LED 驱动电源：室内、室外照明；

2）CDM 陶瓷金卤灯电子式安定器：路灯、商业空间照明，民用照明；

3）HID 石英金卤灯电子式安定器：舞台演出灯具，摄影棚灯具，船舶照明，汽车头灯。

主要产品介绍：

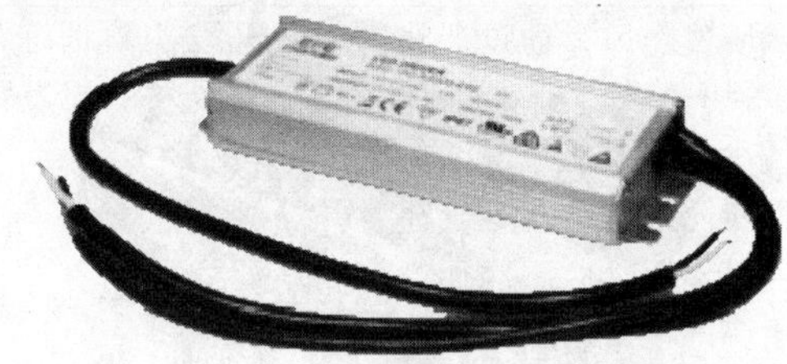

RAC 60W/100W/185W 系列驱动电源

RAC 60W/100W/185W 系列驱动电源，是太仓电威光电有限公司自主研发的具有高可靠性、高效、高功率因数的专用 LED 驱动电源；整机采用全数字智能控制，超薄、长寿命和高可靠设计，完全能够满足适配 LED 负载的要求。

国际通用交流输入（高达 AC305V）；

具有主动式 PFC 功能；

效率可高达 94%；

保护种类：短路/过电流/过电压/过温度；

自然风冷；

可通过输入线和控制线调整参数；

IP67 防护等级，户内户外安装均可；

可选调光功能（DC1 ~ 10V 或 PWM 信号或电阻或数字控制）；

适合于 LED 照明和电子字幕屏等应用；

符合世界照明设备安全规范；

可应用于干燥/潮湿/淋雨环境下。

61. 田村（中国）企业管理有限公司

地址： 上海市淮海中路527号锦江国际购物中心A座13楼
邮编： 200020
电话： 021-63879388
传真： 021-63879268
邮箱： sales. shanghai@ tamura-ss. co. jp tech. support@ tamura-ss. co. jp
网址： http：//tamurash. com

简介：

田村（中国）企业管理有限公司成立于2003年（原"田村电子（上海）有限公司"），是日本田村集团海外最重要的产品研发和市场营销基地，现有员工近百名，其中研发中心员工占人数一半以上。

田村（中国）企业管理有限公司研发中心成立于2006年，主要从事高频开关电源、电感变压器等电子元器件的研发及市场开拓。主要客户遍及全球国际性知名企业，如三菱电机、索尼、丰田、欧姆龙、施耐德、牧田、FANUC、珠海格力等。根据田村集团的战略定位，上海研发中心与日本技术总部具有同等技术研发资质，是日系公司在中国展开高水平技术研发的少数公司之一；特别是通过不断的技术创新，上海技术研发中心正逐步成为国际新能源电源磁元件技术领域研发的开创者和领导者。

公司具有完善的职业培训制度，坚持严谨、规范、高效的技术研发作风，通过严格的OJT开发实战训练，给本地员工提供与国际著名企业的世界一流研发队伍进行定期交流的技术平台。

田村集团的母公司——日本田村制作所是一家拥有90年历史，早于20世纪70年代在东京证券交易所上市的机电制造业国际性公司，田村集团在中国主要从事电子材料、电子元件、电路板焊接设备等业务，目前在台湾、香港、深圳、惠州、东莞、上海、苏州、常熟、合肥、北京等地方分别设立了大型生产基地、营业部、办事处及上海和台北两个研发机构。

主要产品介绍：

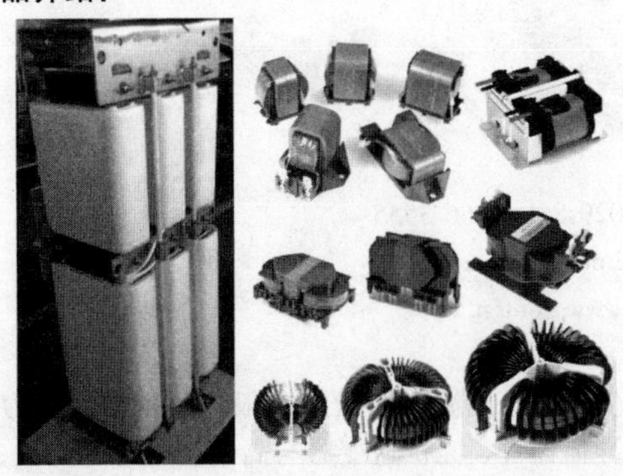

主要产品覆盖全部功率等级的PV光伏逆变器、变频空调、UPS、服务器电源等各种Boost电感、PFC电感、逆变滤波电感、EMC共模扼流圈等。通过对磁材料、磁元件技术的不断创新，形成了领先世界的独特的磁集成技术、混合磁路技术、L-I Trimming技术、电磁静音技术、Spike Blocker®技术等一系列磁元件设计技术。

62. 无锡新洁能股份有限公司

地址： 江苏省无锡市高浪东路999号（与华清路交叉口）无锡（滨湖）国家信息传感中心B1号楼东侧2楼
邮编： 214131
电话： 0510-85629718
传真： 0510-85627839
邮箱： zhuyz@ ncepower. com
网址： www. ncepower. com

简介：

无锡新洁能股份有限公司（NCE Power）专业从事各种大功率半导体器件与功率集成器件设计、生产和销售，是中国现代大功率半导体器件的领航设计与销售企业。

目前（20～250V）大功率Trench-MOS器件、（75～150V）Super-Trench-MOS器件、（600～900V）SJ-MOS器件、（1200～1350V）IGBT已量产与销售，并获得多项国家和国际专利。公司产品已获多家国际知名公司的认证和大批量使用。公司成功的秘诀是利用自身融会贯通器件与工艺设计的技术优势，专注与国际领先的八英寸芯片代工厂、封装和测试代工厂的精诚合作，通过保证产品在生产和测试过程中的参数质量控制，确保大批量生产中，产品的持续优质和稳定供货。

公司是中国功率MOS器件研发能力与实力最强、功率MOS器件品种最齐全、代工生产量（按八英寸晶圆统计）最大的设计公司，同时也是国内第一家研发成功并上量销售超结-MOSFET（SJ-MOSFET）的设计公司，采用双栅结构的Super- Trench-MOS器件，其开关特性优异，国内独一无二。公司是江苏省重点支持的半导体大功率器件设计高新技术企业。目标成为客户全球最具价值的功率半导体器件与服务供应商。

产品注重发展大功率器件、功率模块和集成器件；性能与可靠性超越同行；应用偏向高端；注重品牌和信誉。

公司在中国大陆、香港分别建立了设计与运营中心、销售公司。

公司以诚信对待、忠诚服务一路相伴走来的客户和合作者为理念，致力于建立合作共赢的长期协作关系。

主要产品介绍：

新洁能全系列MOSFET

无锡新洁能致力于推广性能卓越、质量稳定并且极具价格竞争力的全系列MOSFET产品，击穿电压覆盖－200～200V，配合最先进的封装技术，提供100mA～400A的电流选择范围。专注于持续改进MOSFET在电能转换过程中的系统效率和功率密度以及在苛刻环境下开关过程中的抗冲击雪崩耐量，实现快速、平稳、高效的电源管理。

Super Trench MOSFET 系列产品采用了具有电荷平衡功能的屏蔽栅深沟槽技术，全面提升了器件的开关特性和导通特性，同时降低了器件的特征导通电阻和栅极电荷。通过采用这一先进技术，最新的 75～150V 中压 MOSFET 产品的 FOM（Rdson * Qg）比上一代产品降低了 45%。新款 Super Trench MOSFET 的软体二极管性能可以有效降低同步整流中的电压尖峰，实现在 AC-DC 电源的同步整流中快速开关。

第二代超结 MOSFET 系列产品，电流密度、导通电阻、开关损耗和总能效均有大幅优化，提供 600～900V、4～20A 的多样选择。产品适用于电脑和服务器电源、适配器、照明和电视等消费电子产品。

新一代 1350V IGBT 器件功率损耗大幅降低，对比上一代产品，器件功率损耗降低了 33%，配合搭载独立的等电压快速恢复二极管（FRD），适宜于电磁加热等各类软开关应用。

63. 西安爱科赛博电气股份有限公司

爱科赛博 ACTIONPOWER

地址： 陕西省西安市高新区信息大道 12 号
邮编： 710119
电话： 029-88887953
传真： 029-85692080
邮箱： sales@ cnaction. com
网址： www. cnaction. com
简介：

西安爱科赛博电气股份有限公司创业成立于 1996 年，位于国家级西安高新技术产业开发区，占地面积 20 亩，厂房面积 18000m²，员工人数 420 人。2012 年成立全资子公司苏州爱科博瑞电源技术有限责任公司。

公司是陕西省第一批国家高新技术企业、国家火炬计划和重点新产品支持企业、陕西省电能质量工程技术研究中心、陕西省企业技术中心和西安市电力电子产业联盟核心成员。具有国军标质量体系、三级保密和武器装备科研生产、装备承制单位等资质。

公司专注于电力电子电能变换和控制领域，为用户提供电源、电能质量控制、新能源并网变流产品和解决方案，覆盖发电、供配电、用电环节，涉及新能源、电力、交通、航空军事、工业、科学研究诸多领域。公司从事特种电源和先进工业电源业务已有 18 年，为航空军工、加速器、特种工业领域提供先进可靠的大功率电源设备和定制化解决方案，已形成系列产品和通用共享产品平台，参与过多项国家大科学工程和军工重点型号工程，是相关领域的领先企业。公司在国内最早推出工业应用的有源电力滤波器（APF）产品，已经形成有源电力滤波器和中低压静止无功发生器系列产品，成功应用于电力、石油、冶金、交通等行业，是先进电能质量控制设备领域的领先企业。

主要产品介绍：

全系列先进电能质量控制产品

爱科赛博为客户提供采用电力电子技术的全系列先进电能质量控制产品，包括有源电力滤波器、中/低压静止无功发生器产品，通过贴身式现场服务充分了解客户需求，应用领先的系统仿真分析和设计能力，为客户提供最佳电能质量控制解决方案。

64. 西安龙腾新能源科技发展有限公司

LONTEN 龙腾 Power the Future

地址： 陕西省西安市凤城十二路 1 号出口加工区
邮编： 710021
电话： 029-86658666
传真： 029-86658666-5555
邮箱： info@ lonten. cc
网址： www. lonten. cc
简介：

西安龙腾新能源科技发展有限公司是一家致力于新型功率半导体器件、光伏逆变器与高性能电源的研发、生产、销售及服务的高新技术企业。

公司位于西安出口加工区，由一批在半导体、电力电子、太阳能光伏等相关行业的资深从业人员创立。管理团队由具备国际化视野及上市公司管理背景的专业化人员组成。公司将技术创新视为企业发展的核心竞争力，建有国内一流水准的研发中心及试验室。

公司推出的 600V/650V/700V 高压超结场效应晶体管（Super Junction MOSFET）系列产品具有高能效、高可靠性及高性价比的优点，已在充电器、TV电源、PC及服务器电源、LED照明系统等多个领域得到应用。

公司的长期发展目标是成为全球功率半导体器件重要供应商与光伏逆变器重要厂商。

主要产品介绍：

LONTEN^{TM}超结MOSFET基于先进的沟槽工艺，是新一代高压超结MOSFET产品。与传统MOSFET相比较，产品的特征导通电阻大大降低，兼具低$R_{DS(on)}$和低总栅极电荷。通过利用先进的制造技术以及精确的工艺控制，LONTEN^{TM}超结MOSFET产品具有优越的开关特性和可靠性，具有更好的品质因数（Figure of Merit，FOM），产品100%经过UIS雪崩能力测试，符合绿色环保产品相关规定。

65. 西安伟京电子制造有限公司

Weiking 伟京

地址：陕西省西安市高新区草堂科技产业基地秦岭大道西2号科技企业加速器9号楼1C

邮编：710304

电话：029-65660060

传真：029-65660061

邮箱：sales@ weiking. com

网址：www. weiking. com

简介：

西安伟京电子制造有限公司于2004年成立，是一家集电源模块和厚膜混合集成电路类产品研发、生产、销售和服务为一体的高新技术企业。

公司产品主要依据GJB2438A-2002和SJ20668-98等军用标准研制和生产，现已形成了DC-DC电源模块、开关放大器及无刷电机驱动器等上百种产品，为客户提供小功率军用直流变换的全套解决方案和小功率直流无刷电机驱动解决方案，产品广泛应用于地面车载、航空、航天、船舶和高可靠用途的工业领域。

公司建有SMT电装和厚膜混合集成电路封装生产线，配有全自动贴片机、金丝键合机、平行缝焊机等先进设备，以及全自动电源测试系统等行业先进的测试和试验设备，满足批量生产及测试、试验的要求。

公司已获得ISO9001质量管理体系认证、GJB9001军工产品质量体系认证、军工三级保密资格认证和AS9100C国际航空、航天和国防组织的质量管理体系认证，通过了武器装备科研生产许可认证现场审核。

公司坚持“为顾客创造价值，为员工提供舞台”的企业使命，为客户提供品质一流的小功率电源和驱动解决方案，力争成为国内外知名的军用功率电子提供商。

主要产品介绍：

WKI28＊＊＊-5H系列DC-DC电源模块

WKI28＊＊＊-5H系列DC-DC电源模块采用混合集成工艺、浅腔式双列直插式金属全密封结构，是航空、航天、军用电子等高可靠应用领域的理想选择。本系列包含单路输出：5V、5.2V、12V、15V；双路输出：±5V、±12V、±15V；共计7个型号，输出功率均为5W。输入电压范围为DC16～40V，工作频率约为430kHz。有禁止、输出过电流/短路保护等功能。

产品的设计与制造符合SJ 20668-1998《微电路模块总规范》和Q/WK 20119-2012《微电路模块WKI2805S-5H、WKI285R2S-5H、WKI2812S-5H、WKI2815S-5H型电源模块详细规范》、Q/WK 20120-2012《微电路模块WKI2805D-5H、WKI2812D-5H、WKI2815D-5H型电源模块详细规范》的要求。

66. 厦门埃尔华进出口有限公司

中国一级代理商

埃尔华企业

地址：福建省厦门市湖滨南路51号名官大厦20楼B座

邮编：361004

电话：0592-2237175

传真：0592-2237170

邮箱：kschoi@ almar. com. cn

网址：www. almar. com. cn

简介：

埃尔华企业有限公司成立于1987年，在1990年埃尔华企业有限公司被日本RUBYCON公司任命为中国（包括香港地区）一级代理商。专业代理日本RUBYCON公司生产的红宝石铝电解电容器、塑料薄膜电容、PC-CON固体电容等。

埃尔华企业有限公司有20多年扎根在电源行业经历，积累了宝贵的经经历。

“以客为本，成就客户”是我们的关键成功要素之一。从产品技术咨询及售后服务，我们能实时提交优化评估方案，帮助客户第一时间了解产品特性，让客户收益最大化。

主要产品介绍：

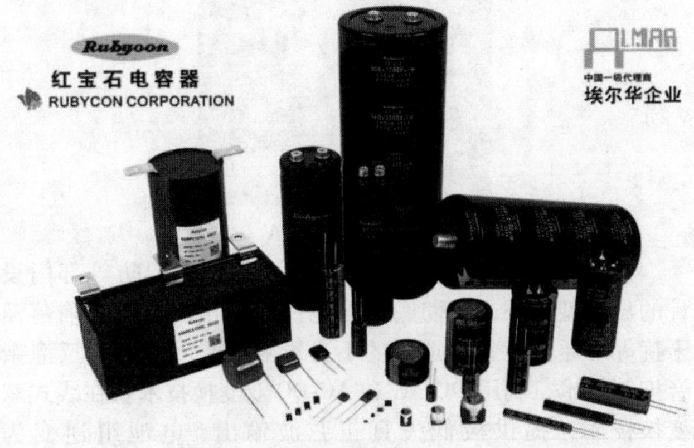

1. 导电性高分子铝固体电解电容器。
2. 铝电解电容器。
3. 塑料薄膜电容器。
4. 薄膜高分子积层电容器。
5. 双电层电容器（超级电容）。

67. 厦门市爱维达电子有限公司

地址：福建省厦门市海沧新阳工业区霞阳路 39 号
邮编：361026
电话：0592-8105999
传真：0592-5746808
邮箱：market@ evadaups. com
网址：www. evadaups. com
简介：

厦门市爱维达电子有限公司是一家总部位于福建省厦门市的提供全面电源解决方案及电源保护产品的设计、开发、生产和销售的高科技公司。主要产品有 UPS 电源、太阳能、风能、光伏逆变器、LED 驱动电源、通信电源、氢燃料电池逆变器等，产品功率容量从 0.5 ~ 6400kVA。公司已获得“厦门市著名商标”、“福建省著名商标”、“中国 UPS 电源十强企业”、“中国通信市场最有影响力行业品牌”、“2010 年中国行业信息化值得信赖品牌”等称号并且已连续 6 年被评为厦门市成长型中小企业和纳税大户。

已通过了 ISO9001 质量管理体系认证和 ISO14001 环境管理认证以及 ISO18000 职业健康安全管理体系。爱维达公司现有厂房面积 10000m^2，现有员工 175 人，研究开发人员 36 人。

公司在北京、天津、沈阳、乌鲁木齐、西安、西宁、兰州、济南、太原、武汉、长沙、郑州、杭州、南京、南昌、福州、广州、南宁、成都、重庆、昆明、海口等 25 个地方设有驻外分公司或办事处，组成了全国营销、服务网络。

主要产品介绍：

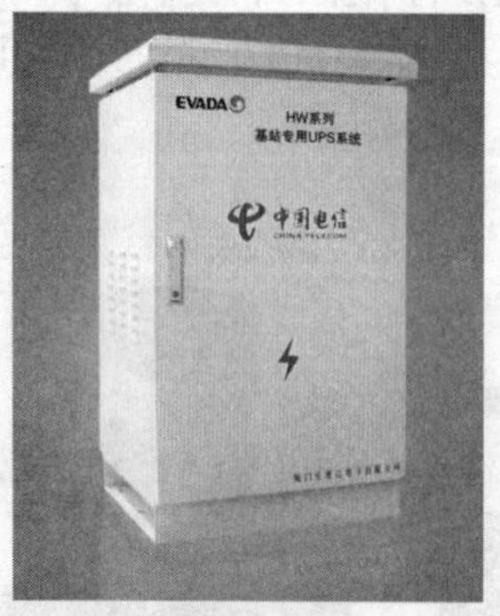

HW 系列基站专用电源 1 ~ 6kVA

本产品专为通信、电力、铁路、机场、国防等部门设计的户外型 UPS，可彻底消除电网的冲击、浪涌、陷落及干扰等对通信设备所造成的不良影响。采用独特的反灌杂音抑制技术，利用 DC-AC 和 AC-DC 双变换技术及在线式双变换技术，提供极低失真正弦波输出。电池组逆变为 AC220V 正弦波时，不会影响其它通信设备运行是通信设备最为理想的“保护神”。

68. 英飞凌科技（中国）有限公司

地址：上海市浦东新区松涛路 647 弄 7-8 号
邮编：201203
电话：021-61019100
传真：021-61649802
网址：www. infineon. com
简介：

关于英飞凌

总部位于德国纽必堡的英飞凌科技股份公司，为现代社会的三大科技挑战领域——高能效、移动性和安全性提供半导体和系统解决方案。2012 财年（截至 9 月 30 日），公司实现销售额 39 亿欧元，在全球拥有约 26700 名雇员。英飞凌科技公司的业务遍及全球，在美国苗必达、亚太地区的新加坡和日本东京等地拥有分支机构。英飞凌公司目前在法兰克福股票交易所（股票代码：IFX）和美国柜台交易市场（OTCQX）International Premier（股票代码：IFNNY）挂牌上市。更多信息可在以下网站找到：www. infineon. com 。

英飞凌在中国

英飞凌科技股份公司于 1995 年正式进入中国市场。自 1996 年在无锡建立第一家企业以来，英飞凌的业务取得非常迅速的增长，在中国拥有 1300 多名员工，已经成为英飞凌亚太乃至全球业务发展的重要推动力。英飞凌在中国建立了涵盖研发、生产、销售、市场、技术支持等在内的完整的产业链，并在销售、技术研发、人才培养等方面与国内领先的企业、高等院校开展了深入的合作。

69. 英飞特电子（杭州）股份有限公司

INVENTRONICS
英飞特电子

地址：浙江省杭州市滨江区六和路 368 号海创基地
邮编：310053
电话：0571-56565800
传真：0570-86601139
邮箱：lilizeng@ inventronics-co. com
网址：www. inventronics-co. com
简介：

英飞特电子（杭州）股份有限公司是一家从事 LED 驱动电源的研发、生产、销售和技术服务的国家火炬计划重点高新技术企业，LED 驱动电源销售规模位居全球前列。

公司董事长 Guichao Hua 先生是国家“千人计划”引进人才，在电源行业具有国际影响力。公司具有较强的自主创新能力，公司设有省级高新技术企业研究开发中心、省级企业技术中心和企业博士后科研工作分站，并承担和参与了“2011 年国家科技支撑计划”、“国家高技术研究发展计划（国家 863 计划）”等重点研究开发项目。截至 2015 年 1 月 31 日，公司及子公司共拥有授权专利 54 项，其中包括 12 项美国发明专利和 76 项中国发明专利。

公司品牌被评为“浙江省著名商标”、“浙江省名牌产品”以及“浙江省出口名牌产品”产品销往中国内地、北美、欧洲、日韩、南美、东南亚、中东等全球 50 多个国家和地区，在国内外市场上享有较高的品牌知名度和美誉度。公司的 LED 驱动电源产品成功应用于重庆大剧院 LED 照明系统、当今世界上最长的跨海大桥青岛胶州湾大桥 LED 照明系统、重庆市渝武高速公路北碚至北环路段 LED 路灯改造项目、旧金山—奥克兰海湾大桥 LED 照明系统等照明工程。

主要产品介绍：

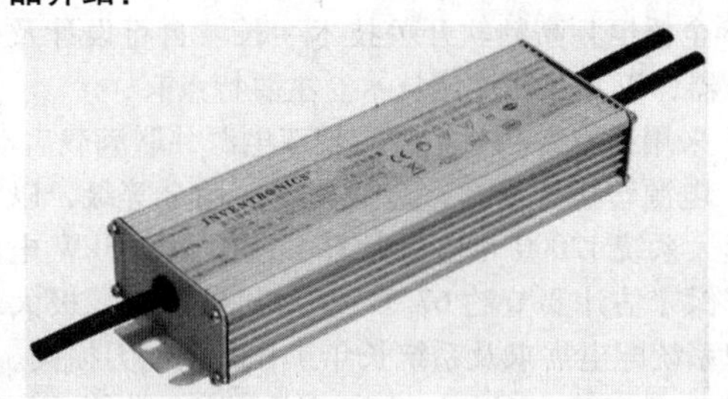

LED 驱动电源

英飞特拥有丰富、健全的 LED 驱动电源产品库，横跨小、中、大三大功率区间，为全球范围的各地客户提供室内照明、户外照明以及智能控制等领域的全面 LED 驱动解决方案。公司领先技术体现在输出电流智能可调、高效率 LED 驱动、多路 LED 均流、480V 高压输入、时控技术、光衰补偿等 LED 驱动技术。

70. 浙江矛牌电子科技有限公司

地址：浙江省丽水市水阁工业区成大街 10 号
邮编：323000
电话：0578-2553355
传真：0578-2553355
邮箱：jmli@ spearpower. com
网址：www. spearpower. com

简介：

浙江矛牌电子科技有限公司是一家集电源/智能控制产品研发设计、生产制造和产品销售为一体的新兴节能产业型高新技术规范企业。公司不仅拥有一支对充电器、适配器、开关电源、LED 驱动电源、工业和医疗电源、健身控制板等有多年设计和管理经验的资深团队，还拥有全自动插件流水线、进口全自动贴片机、波峰焊、回流焊、智能电子老化负载及训练有素的一线员工，生产能力强，技术开发力量雄厚。

本公司严格贯彻 ISO9001/ISO14000 国际管理体系，全面导入 6S 管理理念及先进的可靠性智能测试系统，使公司的品牌知名度和产品品质均得到了客户的高度评价及业界的充分肯定。产品广泛应用于健身器材、民用、工业、医疗、通信、安防、监控、照明、电力电子等领域。

本公司生产的开关电源及各类智能控制板具有价格低、性能稳定、转换效率高、安全可靠、使用寿命长等特点，是取代传统控制型线性电源等的理想升级换代产品。

公司的所有产品均已通过中国质量认证中心的 CQC、CCC 国内系列认证，还通过了 GS/VDE、UL、CUL、CE、CB、PSE、SAA、KC、BSMI、PSB、巴西等国际安规认证及能效认证。本公司所有产品均符合 ROSH、REACH、PAHS 等国际环保指令，产品远销国内外多个国家和地区。

主要产品介绍：

产品类别包括：医疗电源；开关电源适配器、充电器；LED 电源；工控电源；通信类开关电源；控制板类等。

71. 浙江特雷斯电子科技有限公司

TRESS®
特雷斯

地址：浙江省温州市乐清柳市镇排岩头工业区
邮编：325604
电话：0577-61677775
传真：0577-62715225
邮箱：tresstech@ tresstech. cn
网址：www. tress-power. com

简介：

“特雷斯”专业从事新能源、电源领域科研、开发、生产、信息及服务一体化的高新技术企业。公司经过不懈努力，以品种全、质量高、服务优为广大客户所认可，多次获得市政府“优秀企业”、“先进企业”、“诚信民营企业”等光荣称号。

目前公司研发的产品基本涵盖了国内外最优秀的产品，它们代表了当今世界电源制造的最高水平。公司拥有海归博士后、博士领衔的研发团队组成的产品研发中心，并坚持以科技为先导与各大高校保持长期、良好的研发合作，以引进吸收国际先进技术，建立严格的质量控制体系。在上海、湖北分别建立研发设计中心。

公司以代理分销的经营方式，以多层次、多方式开展“决战终端”的战略。“特雷斯”以优良的产品品质、完善的服务体系、高效的广告策划、快捷的物流保障，赢得了越来越多的用户对“特雷斯”产品的友好、支持和信赖。

主要产品介绍：

EPS 应急电源、EPS 专用逆变器、EPS 专用变压器、太阳能/风能并网逆变器、纯正弦波逆变器等。

72. 中国长城计算机深圳股份有限公司

地址：广东省深圳市南山区科技园长城计算机大厦
邮编：518058
电话：0755-26639997-8637
传真：0755-29519395
邮箱：yaokw@ greatwall. com. cn
网址：www. greatwall. cn

简介：

中国长城计算机深圳股份有限公司成立于1986年，注册资本13.2亿元，1997年在深交所上市（股票简称长城电脑；代码000066），是中国电子信息产业集团有限公司通过长城科技股份有限公司控股的骨干企业。公司在深圳市南山区、宝安区、龙岗区、广西北海市建有自己的研发、生产基地，总面积达128万 m^2，拥有员工达3万余人。

公司业务涵盖计算机整机及关键零部件、信息安全与自主可控产品、云计算及数据存储系统、新兴能源等，目前是全球最大的显示器研发制造商、全球第三大液晶电视研发制造商、国内最大的计算机电源研发制造商、国内领先的云计算解决方案提供商和服务商。

在电源领域，公司自1989年开始从事开关电源的生产制造。经过20余年的积累沉淀，目前全系列产品通过CCC认证，并在国内电源行业中率先通过了ISO9001质量体系认证，荣获首张节能证书，同时长城电源也是中国电源国家标准的主要起草单位。长城电源凭借优良的产品质量、贴心的服务深受广大消费者的青睐，牢牢占据国内近35%的市场份额，多年来一直稳居国内电源第一品牌。其产品已被方正、清华同方、清华紫光、海尔、神舟、浪潮、曙光、联想等国内外著名品牌计算机所选用，产品远销欧美、日韩等国家和地区。

主要产品介绍：

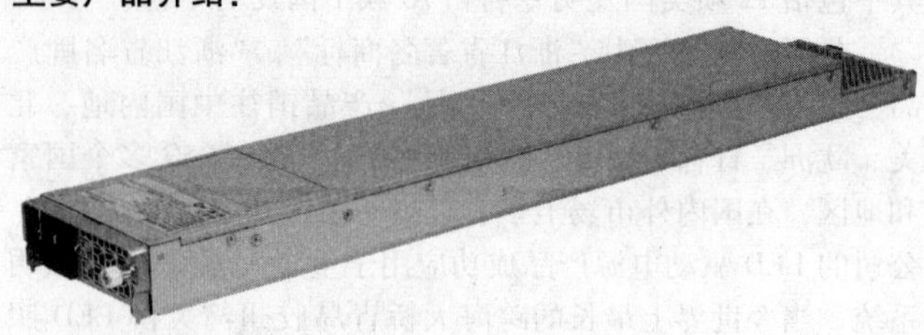

3kW 服务器电源

3kW服务器电源成功为“天河二号”超级计算机配套，标志着长城大功率、高效率电源达到了国际先进水平。

3kW服务器电源融汇了长城众多独创的专利技术，采用ZVS全桥恒频高频软开关技术+长城自行设计及开模订制变压器，以及并联均流技术。主要特点有：

1. 采用独有专利技术，实现双电源并联满载启动性能。

2. 电源转换效率高，达到80plus铂金等级，以目前客户整套大系统12000台电源计算，使用长城3kW电源，输入功率保守估计要节约67.52万W，长城电源极大地降低了客户系统配电需求及系统长年工作时的电力损失。

3. 软件支持PMBUS1.0和PMBUS1.2功能，如系统可实时查询电源的各种工作参数（输入电压、电流、功率、温度、风扇转速等）与状态（过电流、过电压、过温、风扇故障等），能进行远程电源开、关机、OCP点设置、故障保护、故障恢复、风机转速设置等智能控制。

会员单位

广东省

73. TÜV 南德意志集团

Choose certainty.
Add value.

地址：广东省深圳市南山区南头关口二路智恒战略新兴产业园12&13栋
邮编：518052
电话：0755-33323274
传真：0755-88285299
邮箱：esther. yao@ tuv-sud. cn
网址：www. tuv-sud. cn

简介：

150多年前诞生于德国，TÜV南德意志集团是业内领先的技术服务公司，为您提供资讯、检验、测试、专家指导、认证和培训服务。23000多名员工遍及全球800多个办事处，着力为您提供技术、体系和实际运作中的优化服务。

TÜV南德意志集团大中华区的总部设在上海，其主要分公司分布在北京、广州、深圳、香港和台北，以及超过40个贯穿整个区域的分支机构及办事处。TÜV南德意志集团大中华区拥有约3000多名专注于各个领域的专家和训练有素的工作人员。截至目前，TÜV南德意志集团大中华区已与超过20000家公司有过合作，包括政府机构、中小型企业和跨国公司。

74. 潮州市金刚眼电子有限公司

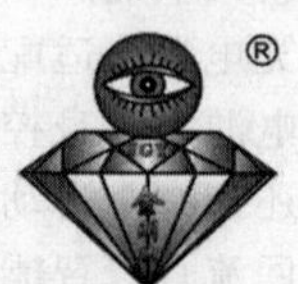

地址：广东省广东省潮州市湘桥区浮陇山工业区24号
邮编：521000

电话：0768-2206660
传真：0768-2201292
邮箱：jgykj888@ 163. com
网址：www. jgykj. com
简介：

潮州市金刚眼电子有限公司成立于2001年，公司主营品牌——金刚眼和KKE已被列入中国著名品牌，并通过了3C认证、CE认证、FCC认证、RoSH认证。金刚眼（KKE）是专业从事监控摄像机电源、电源适配器、LED灯电源、视频分配器及监控周边器材的研发、生产、销售和OEM、ODM服务的高科技制造商。

金刚眼（KKE）以“品质第一、诚信为本、服务至上、不断创新、共创双赢”为经营理念。我们拥有高素质的研发队伍，创新能力强，具备完善的质量保证体系，拥有一支岗位技能精、质量意识强、纪律性好的生产队伍，为生产高品质的产品打下良好的基础。

经过十多年来的发展，我们积累了丰富的开发经验和扎实的质量基础，如今拥有厂房总面积约10000m^2的生产基地。目前，我们产品拥有280个品种。

此外，我们拥有280名的生产工人、高级工程师3名、35台自动绕线机、2台大型精密的全自动贴片机和1台全自动波峰焊焊锡机。如今，我们日产量每天达到25000个以上的电源、5000台以上的视频分配器等产品。

客户是我们的“上帝”，金刚眼人承诺售后及时和准确，金刚眼人有信心为客户提供优质、优价的产品。金刚眼（KKE）产品已被客户广泛应用于各行各业中，在国内市场和国际市场的份额不断增加，包括广东、沈阳、上海、昆明、成都、西安、乌鲁木齐和其它地区，我们不断扩大国际市场，稳步在中东、东南亚、东欧、北美和其它地区等。我们的产品深受客户的好评，欢迎各位客户前来咨询和索取相关资料，我们将很乐意与您建立良好的合作关系。

75. 东莞宏强电子有限公司

地址：广东省东莞市南城区宏远路22号
邮编：523087
电话：0769-22414096
传真：0769-22414097
邮箱：sj_zhang@ decon. com. cn
网址：www. decon. com. cn
简介：

广东宏远集团公司电子事业部成员单位东莞宏强电子有限公司，是一家以研发、制造和销售铝电解电容器为主营业务的大型港资企业，公司年产12亿只各种型号电子装置用高品质铝电解电容器；扬州宏远电子有限公司及新疆西部宏远电子有限公司是原材料化成铝箔的生产基地，产量位居我国前列，其产品也供应其它电容器生产商，电容器材料的研发能力实现了产品的高品质与高可信。

我们的优势：

（1）多元化且完整的产品线，覆盖了所有形式和型号的铝电解电容器，垂直整合的营运模式令产品更具竞争优势；

（2）我国高分子化学专家主管研发工作，品质技术主管拥有逾40年电容器制造的理论和经验，长期与国内科研单位开展合作和交流，通过ISO9001和IECQ认证，整个运作流程导入ERP管理；

（3）全面采用符合RoHS规范的材料，通过ISO14001认证成为绿色企业，为创造美好的生活环境贡献一分力量；

（4）新产品试制时间3～5天，正常交货时间7～15天，迅速响应的全方位客户服务充分体现了以客为尊的服务理念。

真诚希望能与尊贵的客户一同携手合作，提升产业竞争力，共创美好前景！

76. 东莞华兴电器有限公司

地址：广东省东莞市清溪镇三中金龙工业区
邮编：523651
电话：0769-82995698
传真：0769-82995693
邮箱：info@ wahhing. com. hk
网址：www. wahhing. com. hk
简介：

东莞华兴电器有限公司创建于1997年，位于中国最发达的制造业基地——广东省东莞市清溪镇，占地面积110000m^2，现有员工1500余人。

本公司是一家专业从事电源变压器、电源转换器、环型变压器、灌注型变压器、开关电源和充电器等产品，自主研发、制造和销售的大型港资企业。公司在东莞、深圳、厦门和香港建有多家生产和销售基地，奉行国际化的品牌战略，客户均为世界著名电器制造商，如CASIO、PHILIPS、SONY、iRobot、THOMSON、PANASONIC、OMRON、SAMSUNG等。

77. 东莞立德电子有限公司

地址：广东省东莞市塘厦镇第一工业区
邮编：523710
电话：0769-87727748
传真：0769-87922625
邮箱：Galen. yu@ l-e-i. com
网址：www. lei. com. tw

简介：

东莞立德电子有限公司位于东莞市塘厦镇第一工业区，公司注册资本 8050 万港币，员工总人数近 4000 人。总公司于 2002 年 12 月于台北交易所正式公开上市，全球事业处分布在 10 个不同的地点，遍及 6 个国家和地区。东莞立德电子有限公司主要生产和销售变压器、整流器、充电器、电源供应器、半导体、元器件专用材料（多层电路板）、新型电子元器件（电力电子器件，电子安定器，不间断电源）、锂离子电池、数字放声设备（激光唱机）、宽带接入网通信系统设备（网络卡）、交换设备（交换机）、高端路由器（路由器）、数字音/视频编译码设备、电子专用设备（电源供应器，电磁锁）等各类电子元器件系列产品。

78. 东莞市金河田实业有限公司

地址：广东省东莞市厚街镇科技工业城

邮编：523943

电话：0769-85585691-8012

传真：0769-85587456-8012

邮箱：iso@ goldenfield. com. cn

网址：www. goldenfield. com. cn

简介：

东莞市金河田实业有限公司成立于 1993 年，是一家集研发、生产、销售、服务于一体的民营高新技术企业。主要产品有电脑机箱、开关电源、多媒体有源音箱、键盘、鼠标等，是国内主要的“电脑周边设备专业制造商”之一。

金河田是国家高新技术企业，是中国优秀民营科技企业、广东省民营科技企业、广东省知识产权优势企业、广东省创新型试点企业和东莞市工业龙头企业等。金河田公司自主品牌“金河田”商标是中国驰名商标和广东省著名商标；金河田主导产品电脑机箱、开关电源、多媒体有源音箱均为广东省名牌产品。

金河田产品销售和服务网点已覆盖全国各大中城市，并进入了韩国、印度、俄罗斯、阿联酋、德国、巴西、澳大利亚等 40 多个国家和地区。

79. 东莞市锐源仪器股份有限公司

地址：广东省东莞市松山湖高新技术产业开发区松科院 9 号楼 216 室

邮编：523808

电话：0769-22761001

传真：0769-22761006

邮箱：sales@ dectech. cn

网址：www. dectech. cn

简介：

东莞市锐源仪器股份有限公司成立于 2000 年，多年以来以“厚德创新，自强不息”为宗旨，以强大的技术力量为依托，专业从事 FRIENDS / DECTECH 品牌测试系统与电子仪器的研发、设计、生产、销售、服务、钣金的设计生产（仪器机箱、标准机柜（19in），以及世界品牌仪器的代理与服务。公司自成立以来，已向国内企业客户提供了大量的测试解决方案。服务代表性企业客户有：台达电子、光宝集团、康舒电子、三星电子、比亚迪、TCL 集团、康佳电子、LG 电子、中兴通讯等。公司的合作伙伴遍布全球，与世界著名品牌仪器厂商，如泰克、华仪、太平洋、日置、安捷伦等有着长期战略合作伙伴关系。公司不仅有电子测量仪器的销售与服务上的长期优势，同时公司的自动测试系统在电源行业的测试领域中，还为用户提供了比较完善的测试解决方案。

80. 东莞市友美电源设备有限公司

友美电源设备有限公司
WOOMI POWER TECH CO.,LTD.

地址：广东省东莞市寮步镇凫山村长富工业区兴山路 27 号

邮编：523401

电话：0769-88953166

传真：0769-83239410

邮箱：hsk@ woomijn. com

网址：www. woomijn. com

简介：

东莞市友美电源设备有限公司是专业从事电源及节能设备研发、制造、销售的综合型高科技企业。公司已通过 ISO9001：2000 国际质量体系认证，是中国电源学会会员单位、中国节能协会理事单位。公司系列产品在国内、国际上获得了多项专利和中国节能产品认证（CSC 认证）。公司自主研发的数控式路灯节能控制系统荣获广东省科技进步一等奖，并被授予“广东省高新技术企业”称号。

在 ISO9001：2000 国际质量体系认证的保障下，本公司凭借丰富的经验及精湛的技术制造的 AVR 数控式稳压器、智慧型 SBW 稳压器、变压器、全数字化不间断电源、直流开关电源、线性电源、调压器等特种电源产品一直深受广大客户的青睐。

友美电源产品已被国防科研单位指定为供应厂家。在市政、金融、医疗、铁路、邮电、广播电视等需要高品质电源的领域都有相当好的口碑，并多次获到政府部门颁发的嘉奖和荣誉。

友美人的奋斗目标：制造中国电源、节能行业第一品牌！

友美人的企业宗旨：诚信、创新、服务、共赢。

81. 佛山市宝星科技发展有限公司

地址：广东省佛山市南海区罗村联和工业西二区石碣朗大道 1 号

邮编： 528000
电话： 0757-81285481
传真： 0757-81285480
邮箱： info@ prostar-cn. com
网址： www. prostar-cn. com
简介：

佛山市宝星科技发展有限公司主要从事不间断电源（UPS）、消防应急电源（EPS）、专用逆变器、蓄电池等电源产品以及太阳能光伏发电系统、风力发电系统等可再生能源发电产品的专业设计、研发、制造公司，自主运营并全权负责 Prostar 全球业务的推广和服务。经过十多年的市场开拓，宝星公司业务迅速发展，销售、物流、服务等机构日益完善。凭借雄厚的技术研发实力，可靠的产品品质，完备、快捷、高效的售后服务，得到了国内各行业用户的一致肯定和好评，产品广泛应用在政府、金融、电信、电力、财税、制造等系统，尤其是 2008 年北京奥运会的竞赛场馆项目，Prostar UPS 系统相继中标北京老山自行车场馆、五棵松篮球场馆、奥林匹克公园网球中心等奥运场馆项目，以优质、可靠的电力安全保护系统为北京奥运会保驾护航。宝星公司本着"以专业诚恳的态度，造世界一流品质"目标为己任，坚持不断学习和勇于创新的精神，勇攀事业新高峰。

82. 佛山市迪智电源有限公司

地址： 广东省佛山市顺德区容桂容里天富来国际工业城二期 4 座 702
邮编： 528306
电话： 0757-26123605
传真： 0757-22905246
邮箱： dss@ dss-power. com，dsspower@ 163. com
网址： www. dss-power. com，www. dsspower. com. cn
简介：

佛山市迪智电源有限公司是一家专业从事 AC-DC、DC-DC 系列开关电源研究、开发和制造的高新技术企业，公司位于广东省佛山市顺德区，公司面积 3000 多 m^2，拥有专业的研发队伍，多年的设计研发、生产、销售经验，可以灵活高效地根据客户的要求为客户提供全面的电源解决方案，公司产品类型包括：电源适配器，各种电池充电器，标准化工业电源，RO 纯水机变压器，LED 防水、防雨、LED 灯条电源，裸版型电源灯等，所有产品经过全电脑测试，100% 满负载老化，广泛应用于显示屏、净水器、RO 纯水机、空气净化器、空气雾化器、香薰机、邮电、通信、电力、仪器仪表、半导体制冷制热、医疗设备、监控系统及铁路信号等领域。

公司推行"8S"管理，以"质量求生存、效率求发展"为宗旨，以"科技领先、品质至上"为方针，率先通过了 ISO9001 国际质量认证体系，八大系列产品通过 3C、CE、CB、GS、TUV、PS、SAE 等认证，部分产品正在申请 UL 的认证。

公司在北京、上海、杭州等全国各大中城市建立了几十个销售网点，建立了完善的质量跟踪与售后服务体系，能快捷、周到地为客户提供全方位的服务。公司总部以及各销售网点保持一定量的标准产品库存，能及时满足您的需要。如果您不能找到合适的型号，我们的工程师在了解您的需求后，能够迅速提出相应的电源解决方案，为您定制出特殊规格的电源。希望我们能够成为长期的合作伙伴。

83. 佛山市哥迪电子有限公司

地址： 广东省佛山市禅城区江湾二路 34 号
邮编： 528000
电话： 0757-82724179
传真： 0757-82721428
邮箱： market02@ gedi-lighting. com
网址： www. gedi-lighting. com
简介：

佛山市哥迪电子有限公司是一家专门从事照明产品研发、生产、销售的综合性合资企业。公司创办于 1987 年，是最早进入照明行业的企业之一。

公司一直信奉"以质量求生存，以信誉求发展，以管理求效益"管理理念。在充分引进吸收国内外先进技术的基础上，哥迪电子不断与国内多个科研机构交流合作，使技术更成熟，产品更稳定。产品全部采用高品质原辅材料，采用先进的生产设备、检测设备及仪器，保证了前期研发的准确性和先进性。以严格的生产管理体系为保障，使产品质量达到了国际先进水平。

公司质量管理体系顺利通过了 TUV 德国莱茵公司的 ISO9000：2001 认证，关键产品取得了 VDE、UL、CUL、GS、SAA、TUV、CE、EMC 等各种认证。

20 年风雨兼程，哥迪一路走来，以诚立商，在竞争日益激烈的电子市场立于不败之地。今后，哥迪将以更高的效率研发新品，以更大的诚意谋求与海内外客户的合作。

84. 佛山市汉毅电脑设备有限公司

汉毅
Han Yi

地址： 广东省佛山市禅城区汾江南路里水大道 11 号综合楼
邮编： 528000
电话： 0757-83835908
传真： 0757-83835018
邮箱： hanny@ hanny. com. cn
网址： www. hanny. com. cn
简介：

佛山市汉毅电脑设备有限公司，创建于 1997 年，现有生产基地5处，分别位于佛山市禅城区、佛山市顺德区陈村镇、佛山市顺德区伦教镇、东莞市长安镇、江西省南昌市。现有员工100余人。

公司主导产品为开关电源，开关电源年产量2000万件。

公司拥有高速插件机8台、一个电磁干扰测量室，拥有波峰焊机、红外线温度测试仪、RoHS光谱扫描仪、耐压测试仪、电参数测量仪、高频示波器、漏电流测试仪、晶体管多功能筛选仪、数字电桥等一大批电子电气测量设备。

公司产品全部为自主研发，自有知识产权，拥有发明专利、实用新型专利30余件。

公司产品主要用于电子制冷饮水机、净水机、电子冰箱、超声波雾化器、数字音响等领域。

公司主要客户有美的水家电、沁园水处理、安吉尔等。产品同时出口到德国、荷兰、美国、日本等发达国家。

公司自1999年以来，一直是美的优秀供应商，同时多次获得沁园优秀供应商、质量优胜奖、安吉尔优秀供应商、质量优胜奖等荣誉。

85. 佛山市凯拓电源设备有限公司

Kaitop

地址： 广东省佛山市禅城区张槎街道大富村大南中街工业楼东座五楼
邮编： 528000
电话： 0757-82662728
传真： 0757-82662727
邮箱： info@ kaitop. com
网址： www. kaitop. com
简介：

佛山市凯拓电源设备有限公司是美国、中国大陆地区和中国台湾地区三方合作的专业设计、制造不间断电源（UPS）和全密封免维护电池的公司，全权负责中国大陆地区的业务推广和服务。公司主要产品：在线式UPS、电力/通信专用逆变电源、应急电源、开关电源、蓄电池，功率容量2～400kVA。采用当今世界最先进的IGBT和DSP技术，更有高性能CPU芯片与智慧型、远程监控管理软件的完善结合，为广大客户提供了高品质的电力保障，满足了不同客户的需求。

佛山市凯拓电源设备有限公司拥有众多的经验丰富的工程技术人员，全员经过专业技术培训和考核。公司通过国际ISO9001国际认证联盟Iqnet（世界30多个成员国）认证，严格、细致的品质管理，给予客户极大的信心。多年来，产品不断出口到欧美、中东、东南亚等地区。凯拓UPS已广泛应用于机关、公安、交警、广电、税务、医院、金融、证券、邮政、电信、电力、石化、机场、铁路、高速公路及其它大型工矿企业。

“技术巩固、技术创新、服务至上、价格合理”是我们与客户合作的基础，也是我们对客户的郑重承诺。我们将不断通过技术创新，给更多的用户创造高科技带来的效益，为电源事业做出应有的贡献。

86. 佛山市力迅电子有限公司

Netion®

地址： 广东省佛山市三水区范湖工业园
邮编： 528138
电话： 0757-87360282
传真： 0757-87360189
网址： www. netion. com. cn
简介：

力迅电子有限公司成立于2001年，公司位于佛山市三水区乐平镇范湖工业区，总资产5500多万元。是专注于电源、电子电力及新能源电力转换领域的高新技术企业。主营业务是为全球用户提供高端的电源、电子电力产品和全套电源及电力转换系统集成解决方案，产品涵盖全系列不间断电源（UPS），各种逆变电源、专用电源、蓄电池、机房监控系统、机房温控系统、机房配电系统等。

力迅至今已经通过ISO9001国际质量体系认证、ISO14001国际环境体系认证、OHSAS18001职业健康安全管理体系认证，多个系列产品荣获中国泰尔认证、欧洲CE认证、ROHS认证、美国UL认证、FCC认证，也取得了国内多个行业入围进网许可。

力迅拥有覆盖全国的营销网络和专业团队，力迅产品至今已在多个政府机构和大型行业成功中标、入围或采用。力迅同时承接着某些国际知名品牌的OEM/ODM指定任务，产品畅销欧洲、美洲、东南亚、中东、非洲等世界各地。

力迅秉承“领先的技术，钻石的品质，心级的服务”的一贯理念，以“创新不断，动力无限”的专业精神，致力成为全球用户心目中最可信赖的“世界领先的电源专家”。

87. 佛山市南海区平洲广日电子机械有限公司

廣日電子機械

地址： 广东省佛山市南海区平洲夏西工业区一路3号
邮编： 528251
电话： 0757-87691200
传真： 0757-86791244
邮箱： windingchina@ 126. com
网址： www. windingchina. com
简介：

广日电子机械有限公司是中国最大的环形绕线机械制造商之一。专业生产环形变压器绕线机、环形电感线圈绕线机、稳压器、调压器专用绕线机、矩形绕线机/包带机、环形小孔包带机、电力变压器绕线机、EI型变压器绕线机、环形包绝缘胶带机以及环形线圈匝数/匝比测量仪等产品。

本公司已通过德国TUV9001（2000）国际质量体系，

良好的品质和完善的售后服务已赢得了众多客户的青睐和支持，产品远销东南亚及欧美等国家和地区。

88. 佛山市南海区泰琪丰电子有限公司

Techfine

地址：广东省佛山市南海区罗村佛罗路6号一之3号厂房

邮编：528226

电话：13923179435

传真：0757-81809896

邮箱：995991210@ qq. com

简介：

佛山市南海区泰琪丰电子有限公司位于经济发达、交通便利、美丽的珠江三角洲——佛山市南海区罗村，是一家专业生产、加工、产销不间断电源的企业。公司创建于2003年，拥有各类专业人才200余人，厂房面积3000多平方米，产品远销海内外。

为进一步提供产品质量和本公司质量管理水平，本公司依据GB/T 19001—2008、IDT ISO9001：2008标准要求制定《质量手册》，建立高效的质量保证体系。自该质量保证体系建立运行以来，本公司的产品质量比往年明显提升。

89. 佛山市南海赛威科技技术有限公司

SiFirst®

地址：广东省佛山市南海区桂城深海路17号瀚天科技城A区7号楼6楼

邮编：528200

电话：0757-81068581

传真：0757-81220912

邮箱：vivian@ sifirsttech. com

网址：www. sifirsttech. com

简介：

佛山市南海赛威科技技术有限公司成立于2009年，是由佛山市南海区高技术产业投资有限公司投资的佛山市首家集成电路设计企业。

公司总部位于佛山市南海瀚天科技城。在上海设有50人团队的研发中心。在深圳设有30人团队的商务中心，在台湾设有办事处。业务覆盖全国，辐射全球。

赛威科技拥有一支由留美博士、硕士及国内顶尖半导体设计公司的资深专家组成的创新型精英团队，他们曾在国内外著名半导公司工作十年以上，具有广泛的理论基础和丰富的实践经验，在模拟与数字混合电路芯片设计领域里领导开发出多款世界一流的芯片产品。

赛威科技致力于高性能高品质绿色电源、数字电源、照明电源三大领域芯片的开发、销售、服务。

赛威科技始终坚持自主创新，致力于全面打造卓越的绿色节能技术平台，在技术、品质和服务上追求至善至美，引领绿色节能“芯”时代。

90. 佛山市顺德区冠宇达电源有限公司

GVE®

地址：广东省佛山市顺德区伦教熹涌工业区

邮编：528308

电话：0757-27736306

传真：0757-27725706

邮箱：ouzhixiong@ 126. com

网址：www. gve-cn. com

简介：

佛山市顺德区冠宇达电源有限公司是专业多年生产开关电源的中型厂商，工厂面积12000m^2，员工500多人，月产量80万台，品种多（5大系列：电源适配器5～250W、充电器5～250W、LED电源、工业内置电源、大功率电源500～5000W），产品通过UL、FCC、CCC、CE、GS、CB、PSE、KETI、SAA等各国认证，产品三年质保，年返修率小于0.1%，长期供货于美的、格力、海尔等各大企业客户。

91. 佛山市顺德区扬洋电子有限公司

地址：广东省佛山市顺德区陈村工业园西区广隆中路8号

邮编：528313

电话：0757-23303066

传真：0757-23303063

邮箱：sales@ umgz. com

网址：www. umgz. com

简介：

佛山市顺德区扬洋电子有限公司成立于2002年，经过10年的努力奋斗，取得了辉煌的业绩。公司设有电源事业部和电感元器件事业部。

电源事业部致力于LED驱动电源方案的提供及LED驱动电源的生产与销售。电感元器件事业部专注于生产高频变压器、滤波器及电感类等产品。

公司一直坚持“务实进取，学习创新，团队合作，注重分享，诚实守信，互相尊重”的经营理念和“客户至上，精益求精”的质量方针，充分发挥产业链的优势，以专心、专业、专注的精神，致力于向社会各界提供环保、安全的LED驱动电源及电感类产品。

公司拥有精干的技术团队，先进的自动化仪器设备，完善的生产和检测设备，并配备了可靠性试验设备，为产品的质量保证提供了坚实的基础。目前已通过了ISO9001：2008质量管理体系认证及UL绝缘系统认证，全部产品承诺符合欧盟ROHS指令和REACH要求，部分产品通过了CQC、CE等认证。我们密切与各大高校及研究院合作，以获得最大的技术支持。

我们坚持质量第一，信誉第一，服务第一。我们孜孜不倦地努力，期待着与广大客户一道追求卓越，共创辉煌。请关注我们的产品，关注我们的品牌。

92. 广东创电科技有限公司

地址：广东省佛山市南海区桂城街道深海路17号瀚天科技城A区2号门4楼
邮编：528200
电话：0757-85133800
传真：0757-85133800
邮箱：lzq301@ vip. 163. com
网址：www. chadi. com. cn
简介：

广东创电科技有限公司成立于1997年，是国家高新技术企业。公司原名广东创电电源有限公司，坐落于佛山市南海区瀚天科技城内，是国内较早从事电源系统设备研制和工程服务的专业厂家。2012年3月公司更名为广东创电科技有限公司，注册资本3010万元，其中核心产品为UPS、EPS、LED驱动电源、蓄电池和智能LED照明系统，单台UPS功率可达到500kVA，并可实现10台以上UPS并机。公司现拥有近6000m^2的现代化生产厂房，现有员工120人。公司多年来一直积极进取，不断创新，于2000年全面通过了德国泰尔认证和ISO 9001体系认证。公司被评定为南海区“雄鹰计划重点扶持企业”、“选种育苗行动重点扶持企业”和“南海区科技型企业”。2012年12月，“佛山市智能控制电源工程技术研究开发中心”在公司批准组建，2012年4月，公司的“基于先进控制技术的大功率UPS及并机系统”项目获得佛山市科技进步二等奖。2014年10月，公司在广东省高新区股交中心OTC市场挂牌上市。公司高度重视研发，长期与华南理工大学、广东工业大学等高校合作，目前拥有专职研发工程师20余人，发明及实用新型专利20余件。

创电/CHADI牌电源在国内外市场已拥有众多用户，享有较高的声誉。用户已遍布全国各地，主要用户包括地铁、部队、化工、油田、公安、金融、电信、邮政、广电、医疗等各大领域。公司自行设计和制造地铁信号电源系统和大功率冗余并机型UPS近年在北京地铁、天津地铁、香港地铁机场线、北京奥运会、哈尔滨世界大学生冬运会、上海世博会、空军空管、大庆油田等国家重点工程中多次中标，所有设备均稳定可靠运行，获得了用户的高度评价；在国际市场上，已开拓了德国、孟加拉国、西班牙、法国、澳大利亚、印度、南非、巴西等国家市场。

93. 广东大比特资讯广告发展有限公司

Big-Bit 大比特资讯 Big-Bit Information

地址：广东省广州市天河区黄埔大道西翠园街36号2楼
邮编：510630
电话：020-37880700
传真：020-37880701
邮箱：isc@ big-bit. com
网　址：www. big-bit. com，www. globalsca. com，www. globalsca. com
简介：

历经12年的创业发展，大比特资讯已成长为中国电子制造业优秀的资讯提供商。

业务范围涉及行业门户网站、平面媒体宣传、市场调查、行业专题研讨会策划、展览展示、人力资源服务等一系列围绕中国电子制造业提升竞争力的服务举措。

大比特资讯旗下拥有以下成熟媒体：

- 大比特商务网　http：//www. big-bit. com/
- 磁性元件与电源网　http：//mag. big-bit. com/
- 半导体器件应用网　http：//ic. big-bit. com/
- 电源供应器网　http：//power. big-bit. com/
- 传感器应用网　http：//sensor. big-bit. com/
- 微电机世界网　http：//emotor. big-bit. com/
- 连接器世界网　http：//conn. big-bit. com/
- 中国电子制造人才网　http：//www. emjob. com/
- 《磁性元件与电源》杂志（月刊）

94. 广东丰明电子科技有限公司

地址：广东省佛山市顺德区北滘镇工业园环镇东路1号
邮编：528311
电话：0757-26601282 18928664200
传真：0757-23608828
邮箱：bmsales@ fm-cap. com
网址：www. bm-cap. com
简介：

广东丰明电子科技有限公司是一家2004年成立的港资企业，位于经济发达的珠江三角洲黄金腹地——顺德北滘工业园。公司拥有现代化的工业生产基地，占地面积3万多平方米，设备原值近9000万元，总投资规模过亿元，员工共有1000多名，电容器年产能约7亿只，公司后续还将不断投资完善生产设备的自动化、技术更新及提升，力争公司人均产能再上新台阶。

公司目前主要生产电力电子电容、交直流滤波电容、高频高压谐振电容、IGBT吸收电容、CBB60、CBB61、CBB65、CBB20、CBB21、CBB80、MKP-X2型金属化薄膜电容器，产品广泛应用于各类电子设备、变频器、电源、光伏风电新能源行业、工业感应加热设备、照明灯具、空调器、电冰箱、洗衣机、电磁炉等家用电器及电力系统中。其中，风扇用电容器、空调风机用电容器、电磁炉专用电容器三大主导产品的产销量连续多年领先业界，稳居全国第一。

为了增强客户对公司产品的信心，我们已经获得了CQC、UL、CUL、TUV、VDE、CB等多项国内外产品认证，通过丰明人倾力打造的"BM"商标电容器现正销往全国各地电机、电器制造商，远销东南亚、非洲及欧美等国。公司后续还计划专项增资实验室检测硬件的扩充与完善，建立起行业内具有先进水平的产品实验室。

公司以"科技、品质、环保"为核心，秉承"研发的产品市场满意、制造的产品我们满意、交付的产品顾客满意"的质量方针，以"顾客满意"为宗旨，坚持严格的质量管理，全面建立和执行 ISO9001 国际质量管理体系和 ISO14001 国际环境管理体系，现已发展成为品种齐全、质量可靠、绿色环保、技术先进、配套能力强的规模性企业，赢得了众多合作伙伴的一致好评，并被多家客户评为优秀供应商。

全体丰明人竭诚欢迎广大用户的来电垂询和莅临，我们一定向您提供最优质的产品、最合理的价格、最佳的合作方式、最热情的服务，为我们共同的利益而真诚合作！

95. 广东和昌电业集团有限公司

地址：广东省广州市黄埔区黄埔东路 1401 号亚纲大厦 1410 室

邮编：510530

电话：020-62958188

传真：020-62958882

邮箱：it@ hichain. com. cn

网址：www. hichain. com. cn

简介：

广东和昌电业集团有限公司（简称和昌集团）是一家集环保 PVC、低烟无卤电缆料、铜导体、电线电缆、成套电缆及电气控制设备研发、制造、销售、服务为一体的现代化高新技术企业，总部设在广州黄埔区，生产基地位于肇庆高新区。

产品通过中国 3C、德国 VDE、美国 UL、CE 认证，取得 ISO9001：2008 质量管理体系、ISO10012：2003 测量管理体系认证、ISO14001 环保认证，符合欧盟 ROHS、REACH 环保标准，广泛运用于电梯、通信系统、轨道交通、后备电源、数控机床、医疗设备等行业，同时为客户提供全方位的低压弱电类线缆整体解决方案。凭借着雄厚的资金，精锐的管理与营销团队，坚强的技术后盾，完善的服务体系以及良好的用户信誉，和昌立足于国内，同时不失时机地深入拓展国际市场，倾力打造行业领先品牌，多次被客户评为优秀供应商、优秀质量奖，取得广东省著名商标、先进单位等荣誉称号。今后，和昌将全力推进企业文化建设，进一步完善企业管理，深挖内部潜力，促进企业与员工的共同发展，树百年和昌以回馈社会。

集团成员：广州市和昌线缆有限公司、肇庆中乔电气实业有限公司、中乔（香港）有限公司。

96. 广东金华达电子有限公司

地址：广东省广州市天河区棠下涌东路大地工业区 C 栋 5 楼

邮编：510665

电话：020-61031498

传真：020-61031481

邮箱：13922298699@ 139. com

网址：www. 020k. net

简介：

广东金华达电子有限公司成立于 1995 年 7 月，总部设于中国广州市，是一家中外技术合作高新科技企业，主要从事通信电源、电力电源、汽车照明等电源，防雷配电设备研发、生产、销售、工程设计施工等业务。公司自成立以来致力于打造"金华达"品牌，严格执行"技术领先、质量可靠、服务满意，客户至上"的经营方针，经过近年来的努力，金华达通信、电力电源产品广泛应用于通信、电力、铁路、军队等行业，并以优良的品质和服务，赢得了广大客户信赖。

2003 年金华达与欧州企业合作共同开发了高级时尚车灯系列——金华达 HID 高压氙气车灯系列。主要用于奔驰、宝马、奥迪等高级汽车前车灯。目前金华达 HID 高压氙气车灯系列的各项技术指标及品质达国际中高、国内领先地位，并符合 ECE R98 的近光配光性能要求，为国内车灯的发展注入了新的活力。产品热销海内外，并已在全国大部分地区拥有销售、服务网络。

97. 广东乐科电力电子技术有限公司

地址：广东省东莞市塘厦镇科苑城鹿苑路 168 号乐科工业园

邮编：523718

电话：0769-87289666

传真：0769-87288518

邮箱：sales@ dgleke. com

网址：www. lekeups. com www. leke. com. cn

简介：

广东乐科电力电子技术有限公司（原东莞市乐科电子有限公司）是一家专业从事电源系统和电力电子设备研发、制造、销售和服务的高新技术企业，专注于电力电子前沿技术的研究与应用，以绿色节能模块化不间断电源为主流产品和研究方向，致力于为客户提供完善的电源产品和解决方案。

广东乐科自 1997 年成立以来，一直朝着成为技术领先的创新型企业目标不断迈进。通过了 ISO9001：2008 质量体系认证，ISO14001：2004 环境管理体系认证，获得了 20

余项国家专利及“东莞市民营科技企业”、“广东省高新技术企业”、“广东省守合同重信用企业”等资质认定。拥有 $20000m^2$ 的自主厂房和1500名员工，组建了一支由博士带领的500余人的技术团队，组建了博士后创新实践基地，拥有业界最完整的电子线路和电线电缆连接器生产系统，及保障研发、生产、检验、电子线路、整机特性和环境可靠性试验所需的专业精密仪器，打造了高效可靠的供应链系统。

广东乐科以品质、诚信、奉献、团队的核心价值观为行为准则，以市场为导向，以服务为宗旨，开展售前、售中和售后一体化业务，努力为客户提供更专业、更快捷、更满意的服务。

98. 广东省佛山科星电子有限公司

KVR®

地址： 广东省佛山市南海区平洲工业园环胜路2号
邮编： 528251
电话： 0757-81285150
传真： 0757-81285189
邮箱： lcr@ kestar. com. cn
网址： www. kestar. com. cn
简介：

广东省佛山科星电子有限公司是一家大型开发、生产全系列氧化锌压敏电阻器（Varistor）、SPD浪涌抑制防护器和防雷产品等保护元器件的专业企业。公司通过了ISO9001质量管理体系和ISO14001环境管理体系认证。全系列产品通过UL、CE、VDE、CSA等多项国际安全认证。公司产品类型丰富，应用广泛，主要产品有MYG通用型压敏电阻、MYL防雷型压敏电阻、MYE高负荷型压敏电阻、MYP高能压敏电阻银片、TMOV、MYN以及拥有独立知识产权的SPD防雷装置器件等。公司技术力量雄厚，拥有本科以上文化程度的技术人员数十人，其中有从事本行业研究工作数年到几十年的多名高级职称人员及硕士以上研究人员。企业的品牌在市场上有着良好的美誉度，国内外有较为完善的市场网络和客户群体。

99. 广东顺德三扬科技股份有限公司

Samyang
三扬股份

地址： 广东省广东省佛山市顺德区勒流街道富安工业区30-3号
邮编： 528322
电话： 0757-25563570
传真： 0757-25566961
邮箱： sales@ samyang. cc
网址： www. samyang. cc，www. kingsunny. com
简介：

广东顺德三扬科技股份有限公司（原广东金顺怡科技有限公司），经过多年的市场砥砺，如今，其三大类型产品——电源设备、电镀生产线和拉链机械设备，涵盖电力电子整流、电镀行业和金属拉链行业，在业内树起品牌，形成口碑。

通信电源产品凭借过硬的品质长期服务于公安、三防、消防、远洋通信等领域，市场覆盖全国各地，电镀电源产品在表面处理行业享有高效、节能、质量稳定的赞誉。全自动电镀生产线广泛应用于五金、塑胶、电路板、电子电镀等行业；全自动电镀生产线、半自动电镀生产线、手动电镀线、废气处理系统等产品均可根据客户要求设计、制造，并提供整厂交付服务。拉链机械设备应用在金属拉链生产的企业，下游配套服装业、箱包业和体育用品业的产品，产品较国外进口设备具有极强的价格优势，是同类进口设备的首选替代品。

三大产品，三箭齐发，源于强大的创新能力。公司历来重视产品信息化、自动化和智能化的研发，在微电子技术与精密机械制造领域具有多年行业经验，设立有工程技术研发中心，并获得多项国家专利。优良的品质、精湛的工艺、全面的售后服务、优惠的价格、现代化的管理是三扬股份公司对您的保证。

100. 广州安的电子技术有限公司

SAFTTY OVERHEAT UNDER CONTROL
SAFTTY ELECTRONIC TECHNOLOGY
安的電子

地址： 广东省广州市番禺区新造镇海景路石角咀街4号2楼
邮编： 511436
电话： 020-34826856
传真： 020-62351066-807
邮箱： 2850173608@ qq. com
网址： www. saftty. com
简介：

1999年安的成立于香港港岛北角，2004年在广州设立办事处，2008年成立广州安的电子技术有限公司，同年在扬州投资设立工厂，2011年在番禺新造设立新工厂，2013年在扬州建立生产二厂。安的电子是中国家用自动控制器标准技术委员会委员企业，拥有十多项国家专利。

安的主要研发生产销售各类热保护器、温控开关，产品广泛应用于电机、水泵、风机、散热风扇、电源、电焊机、电机、变压器、照明设备、家用电器电加热产品的过电流、过热保护领域。

安的在广州设有研发试验室，拥有多名有着十多年研发生产经验的工程师和管理技术人才。

安的旨在提供安全可靠的产品，严格按照ISO9001质量体系进行品质管理，产品通过CQC、UL、TUV、VDE认证。

安的为客户提供高效、专业的服务，当天之内必须发样，定制样品3~5天内发出；销售部配有技术支持人员，能及时为客户提供选型、使用、测试等方面的技术支持。不设最小订单量，提供定制化服务，切实满足客户要求。

101. 广州东芝白云菱机电力电子有限公司

GTMBU

地址：广东省广州市白云区江高镇神山管理区大岭南路18号
邮编：510460
电话：020-26261623
传真：020-26261285
邮箱：gtmbusg@126.com
网址：www.gtmbu.com.cn

简介：

广州东芝白云菱机电力电子有限公司成立于2004年2月，是由广州白云电器设备股份有限公司和东芝三菱电机产业系统株式会社共同出资组建的中外合资公司。公司注册资金3510万元，位于广东省广州市白云区江高镇神山管理区大岭南路18号。主要设计、制造不间断电源系统、传动装置及变频器、直流电源柜等电源产品。

公司被认定为高新技术企业，2013年广东省自主创新示范企业，广州市安全生产标准化达标企业。

荣获广州市白云区2010年度促进专利授权奖二等奖，2011、2012年度促进专利授权奖三等奖。高压IGBT变频器被评为2013年中国质量评价协会科技创新奖——科技创新产品优秀奖。高压IGBT变频器被认定为广东省自主创新产品、广东省高新技术产品。

先后承担了广东省教育厅“变电站交直流一体化电源”产学研结合项目；广州市“起重机用变频器”产学研协同创新重大专项，广州市“6.6kV高压IGBT变频器”科技攻关计划项目，“广州市高低压电源工程技术研究开发中心”工程技术研究开发中心专项，广州市“高效节能型高压变频器”专利技术产业化示范项目；白云区“10kV大容量高压IGBT变频器产业化”科技支撑项目。

102. 广州广日电气设备有限公司

EFG 广州广日电气设备有限公司 Electricity Facilities Guangri Guangzhou Co.,Ltd.

地址：广东省广州市番禺区石楼镇国贸大道南636号之五
邮编：511447
电话：020-84654222
传真：020-84654898
邮箱：te@efg.cn
网址：www.efg.cn

简介：

广州广日电气设备有限公司成立于1998年10月，是广州广日股份旗下一家台港澳与境内合资的国有控股企业。公司作为广东省高新技术企业，拥有总面积约6万m^2的现代化厂房和花园式的工业园区。此外，公司还在上海青浦、天津北辰、广州大石、广州东圃、成都郫县、广州从化设立了分公司和生产基地。

公司建有先进的自动化生产线、SMT防尘防静电生产车间、国内一流的大型配光实验室、完善的产品质量检测体系和一系列先进的试验设备。公司全面实行无纸化绿色办公和ERP系统管理以及制度化、规范化与人性化管理。

公司集研发、生产于一体，主要产品包括：电梯配件类产品、LED照明类产品、矿用类产品，以及电子类产品，其中电源类产品作为电子类产品的重要组成部分，在我公司有一个专业的、高素质的开发团队。我公司开发的开发电源产品包括LED驱动电源、工业电源以及其他各类客户定制电源。

公司以“顾客至上，精益求精；诚信企业，服务百年”作为质量方针，一直保持着良好的市场信誉和行业领先地位，并连续数年被选为日立电梯、奥的斯电梯、广日电梯及约克空调等知名企业的主要供应商和长期合作伙伴。通过了德国莱茵TUV认证审核，并获得ISO9001、ISO14001、OHSAS18001国际质量认证体系证书，优质的产品和良好的售后服务得到社会各界的一致认可和好评，公司也因此获得了国家高新技术企业、全国用户满意企业、中国质量过硬知名品牌、社会突出贡献奖、广东省工程技术研究开发中心、AAAA级标准化良好行为企业等荣誉。

“诚信企业、服务百年”是我们的宗旨，我们将以优质的产品、良好的服务来回馈广大客户的信赖和支持，迈向更广阔的市场。

103. 广州华工科技开发有限公司

地址：广东省广州市五山华南理工大学28号楼西侧二楼
邮编：510641
电话：020-85511281
传真：020-85511287
邮箱：gqgong@32163.com
网址：www.32163.com

简介：

广州华工科技开发有限公司是直属华南理工大学的全民所有制企业，承办学校的科研成果项目转让、技术服务等对外业务，是对外进行技术开发和成果转化的重要窗口，实行科、工、贸结合，具有法人资格。公司自1986年以来，率先引进国外先进的电力电子器件。特别自1992年3月以来，本公司作为日本富士电机公司功率半导体器件中国代理，多次与日本富士电机公司的工程技术人员组织应用技术交流会，为各单位提供了大量的技术资料和应用技术，并为各生产厂家和科研单位提供了大量的富士电机电力电子器件，对促进电力电子技术的发展作出积极的贡献。

本公司是日本富士电机电子设备技术株式会社功率半导体器件中国代理、日本日立AIC有限公司电容器中国代理、日本三社电机株式会社整流模块中国代理。本公司引进、开发、经营日本等国外的先进电力电子元器件和节电装置，积极向国内高等院校、研究院及国内变频器生产企业推介上述公司最新器件和技术。本公司实力雄厚，重守信誉，每种元件皆为原厂定购，质量保证。始终保持“库存最多、交货最快、价格最低”的宗旨为广大用户提供优质服务。欢迎各界人士前来选购和洽谈业务、开展联营业务。

104. 广州凯盛电子科技有限公司

Kaisen 凯盛科技
—创造节能环保新生活—

地址：广东省广州市黄浦区浦南路沧联工业园 C、D 栋
邮编：510760
电话：020-62958818 62958815
传真：020-62958809
邮箱：gzkaisen@ gzkaisen. com
网址：www. gzkaisen. com
简介：

广州凯盛电子科技有限公司成立于 2000 年，前身是广州市黄埔威格电器设备厂，于 2006 年更名为广州凯盛电子科技有限公司。公司坐落在环境优美、名企云集的广州市黄埔区埔南路沧联工业园内，拥有 800 多名员工。公司坚持严格的质量管控，为世界各地客户提供多种规格的电源，树立以人为本的企业文化。

公司一直专注于 PC 电源、LED 电源，以及特殊规格电源的开发、生产、销售与服务。产品广泛应用于诸多著名的电脑、家具、建筑、商业照明、户外发光广告字、显示屏等 IT 行业。

公司目前不仅具有标准的无尘车间、先进的生产技术、进口自动化生产设备、检测仪器，还拥有从事研发设计、产品验证、生产管理、品质控制、专业维护等各类高级专业人才 120 余名，在产品研发、生产制造和品质管理等方面有雄厚的实力。公司通过了 ISO9001 质量管理体系和 ISO14001 环境管理体系认证，产品通过了 UL、CE、ROSH、SEMKO、CCC 认证。

目前公司已建立了完善的营销网络和服务平台，通过提升产品品质和服务水平，强化服务意识，不断满足客户的各类产品需求。广州凯盛电子科技有限公司正处于飞速发展的阶段，相信通过我们的不懈努力，能向世界各地的朋友提供节能环保的绿色电源产品，成为世界一流水准的电源企业。

105. 广州科欣仪器有限公司

地址：广东省广州市天河区东圃二马路大埔商贸园 6 栋一楼 115 室
邮编：510310
电话：020-38695149
传真：020-34395932
网址：http：//gzkexin. com. cn
简介：

广州科欣仪器有限公司，总部座落于环境优美的广州市海珠区艺景路 234 号。与电子业界著名企业中国电子科技集团第七研究所毗邻而居，交通便利、电子科技氛围浓郁。下设深圳、东莞、中山三个分公司及惠州、南宁两个办事处，注册资金 1000 万元，2012 年被广州市国家税务局、广州市地方税务局联合评定为 2010-2011 年度 A 级纳税人纳税信用等级。

广州科欣仪器有限公司，是全球测量领域的领导者美国安捷伦（Agilent）科技公司华南区最大授权代理商。从 1993 年至今，我公司已成为安捷伦公司最为重要的合作伙伴，是安捷伦科技“年度优秀业绩分销商”。

经过多年的发展，近年来我公司也成为日本 HIOKI、日本 NF、瑞典红外热成像仪 FLIR、北京普源、TDK、台湾巨浮、台湾骅仪、深圳稳科、广州致远、德国 R&S、上海蓝菲、上海创远、快克锡焊、埃德克斯、罗森伯格等仪器授权代理商。

106. 广州市白云化工实业有限公司

地址：广东省广州市白云区广州民营科技园云安路一号
邮编：510540
电话：020-36703113
传真：020-36703110
邮箱：huangshaoyuan@ china-baiyun. com
网址：www. china-baiyun. com
简介：

广州市白云化工实业有限公司（原广州白云粘胶厂，以下简称白云化工）主要从事各类建筑密封胶和高分子新材料的研究开发及生产经营。公司成立于 1985 年，位于广州市高新技术产业开发区民营科技园内，占地面积 4 万多平方米。现有员工 186 人，其中博士后 3 人，博士 5 人，硕士 17 人，具有高中级职称的有 30 多人，大专以上学历的员工占 65%。

白云化工是国内同行业中唯一通过英国 BSI 公司 ISO9001/ISO14001/OHSAS18001 质量环境安全健康管理体系国际认证的企业，是住建部唯一的建筑密封胶技术产业化示范建设基地、人社部授予的博士后科研工作站、广东省工程技术研究开发中心、广东省技术创新优势企业、广州市高新技术及科技示范型企业。2002 年，建成我国第一条达到世界先进水平的硅酮密封胶连续化生产线。公司产品检测中心设备先进完善，能按中国、美国、欧洲、日本等标准进行产品的性能检测。公司是 GB/T14683-2003《硅酮建筑密封胶》、GB/T16776-2005《建筑硅酮结构胶》、JCT486-2001《中空玻璃用弹性密封胶》等国家和行业标准主要起草单位。

公司奉行“科技兴企、以人为本”的方针，立足“国内第一，国际领先”。遍布全国 30 多个城市的服务网点，是我们“质量第一，服务领先”的有力保证。展望未来，我们将一如既往地服务社会，“把最好的产品贡献给人类”。

107. 广州市宝力达电气材料有限公司

Bothleader®

地址：广东省广州市花都区花山镇南村

邮编： 510880
电话： 020-86947862
传真： 020-86947863
邮箱： info@ gzbld. com
网址： www. gzbld. com
简介：

广州市宝力达电气材料有限公司是电气绝缘漆的专业研发和制造厂家，是中国电器工业协会绝缘材料分会及中国电源学会会员单位，是全国绝缘材料标准化技术委员会成员，是我国绝缘漆行业国家标准和行业标准的主要起草单位。

本公司具有丰富的生产制造经验及各类中高级技术人才，拥有强大的研制开发能力，通过精心的设计，先进的生产工艺及完善的检测手段，确保产品性能优异，质量稳定，完全能满足用户的特殊要求。

本公司注重产品质量及职业健康安全管理，先后取得了 ISO9001：2008 质量管理体系认证证书、危险化学品生产企业安全生产许可证、危险化学品从业单位安全标准化二级企业证书、广东省环保慈善单位称号。

广州市宝力达电气材料有限公司是广州市守合同重信用企业，以“专业、诚信”为宗旨，以顾客要求为最高标准，以用户满意为最终目的，以严格管理创最佳产品，竭诚为国内外用户提供优质产品和服务。

108. 广州市昌菱电气有限公司

地址： 广东省广州市天河北路 900 号高科大厦 A410 房
邮编： 510630
电话： 020-22233181
传真： 020-22233183
邮箱： lee@ cl-ele. com
网址： www. cl-ele. com
简介：

广州市昌菱电气有限公司是一家以供应 UPS 为核心的电源综合解决方案供应商，是日本三菱 UPS 中国总代理，东芝三菱 TMEIC 品牌 UPS 中国全国代理，日本共立（KYORITSU）双电源转换开关中国代理。

广州市昌菱电气有限公司的主要成员由三菱电机（香港）有限公司原三菱 UPS 中国事业部人员组成。公司拥有包括多名留学生在内的博士、硕士等高级人才，公司董事长原在三菱 UPS 的基干工厂——神户工厂从事技术工作，后调任三菱电机（香港）有限公司三菱 UPS 中国事业部经理，统管三菱 UPS 在中国的销售和服务工作。其他工程技术人员也在日本三菱 UPS 神户工厂接受过严格的专业训练，多年来一直负责三菱 UPS 在中国的技术支持工作，在三菱 UPS 中国事业的发展过程中发挥了重要作用。

2008 年 5 月，广州市昌菱电气有限公司获得 ISO 认证机构颁发的 ISO9001：2008 质量管理体系认证证书（证号：11408Q10251R0S），成为 UPS 销售与服务行业少有的通过 ISO 认证的企业。引入国际标准的 ISO 质量管理体系，使昌菱电气的管理水平迈上了一个新台阶，为企业提高核心竞争力和进入国际竞争创造了有利的条件。

公司非常重视可持续发展。在提供销售和技术服务的同时，非常重视技术研发工作，目前已在 UPS 技术、LED 照明和其它电源技术领域取得了多项国家专利。

109. 广州市华德电子电器设备有限公司

Wate®华德　广州市华德电子电器设备有限公司 Guangzhou Wate Electron and Wiring Equipment Co.,Ltd.

地址： 广东省广州市白云区石井镇横沙村黄丽路 18 号
邮编： 510180
电话： 020-81970003 81799770
传真： 020-81970003
邮箱： cgz@ huadedianzi. com
网址： www. wate. com. cn
简介：

广州市华德电子电器设备有限公司，前身是国有大型计算机公司开关电源厂，建立于 1985 年，具有十几年开关电源的设计和生产经验。

本公司是集开发、设计、生产、销售、服务为一体的企业。工艺精湛，并通过 ISO9001 体系认证、CE、CCEE（长城）、CCC 认证。我公司的产品有 AC-DC、DC-DC、DC-AC 开关电源，包括工业电源、通信电源、电脑电源。本公司有设计生 15 ~ 2000W 电源的能力，现成标准产品 15 ~ 1500W 的电源，也可根据用户特殊要求，设计、生产、各类开关电源。

本公司凭先进的技术，多年的开发生产经验，先进的检测设备，完善的品质管理体制，及完善的售服务，在国内同类产品中处于领先地位，赢得了广大客户的信赖与支持。我们真诚地感谢各客户对我公司帮助和支持，欢迎各行各业与我们合作，让我们共同创造优质产品。

110. 广州市锦路电气设备有限公司

KINGROAD 锦路电气

地址： 广东省广州市天河区中山大道 89 号 C211 房
邮编： 510665
电话： 020-85566613
传真： 020-85565253
邮箱： cici@ gzkingroad. com
网址： www. gzkingroad. com
简介：

广州市锦路电气设备有限公司努力融合创新，不断开拓进取，永续稳健运营，自 2004 年成立以来，长期致力于 UPS、EPS、机房通信产品及机房节能产品的研发、生产、销售及服务，是国内领先的绿色电源系统集成供应商之一，同时还和国际著名品牌：美国 3M 公司、美国 PROTEK 公司、法国 SOCOMEC 公司等展开了深入、密切的合作。

公司产品品质卓越，性能稳定，优质服务于广州亚运会主会场、亚运场馆、广州塔、广州地铁、武汉地铁等标志性行业客户，并荣获客户的一致好评。

公司坚持于“大行业、大客户、大项目、大团队”的营销理念，秉承“开拓、进取、创新”的创业精神，保证产品从研发到售后服务整个环节的高质高效地运转，最大限度地满足客户发展与改进的需求，以“科技创新”的观念不断提升客户的竞争力和赢利能力。

111. 广州市力索能电子有限公司

地址：广东省广州市番禺区桥南街陈涌村兴业大道东五横路 7 号 101

邮编：511486

电话：020-34730284

传真：020-34730284

网址：resonant-pws. com

简介：

广州市力索能电子有限公司，是一家专注研究、开发高功率因数、高效率、高低压大功率电源，及其它特殊专用电源的厂家，生产、进口、销售电源、电子产品、环境污染防治专用设备。

112. 广州市凝智科技有限公司

RICHCOMM 凝智科技

机房与UPS动力环境监控管理专家

地址：广东省广州市萝岗区科学城科学大道中 99 号科汇金谷科汇三街 10 号 C1-8 楼

邮编：510660

电话：400-606-9106

传真：020-82306916

邮箱：service@ richcomm. com. cn

网址：www. richcomm. com. cn

简介：

广州市凝智科技有限公司是机房与 UPS 动力系统安全管理产品专家。自 1999 年创立以来一直致力于智能 UPS 监控管理产品及机房动力环境与设备监控管理的软硬件系统的研制和开发。经过多年的努力和专注发展，公司已成为国内领先的智能 UPS 监控管理产品及机房监控管理解决方案产品的开发商和提供商。

113. 广州市维能达软件科技有限公司

VNATA

——维能达科技——

地址：广东省广州市萝岗区科学城香山路 17 号办公楼 4 层

邮编：510000

电话：400-6689-533

传真：020-87589980

邮箱：sale@ vnata. com

网址：www. vnata. com

简介：

广州市维能达软件科技有限公司从 2009 年成立以来，一直专注于 UPS 监控、机房环境监控等软件服务，重视产品质量和技术含量，目前可为用户定制从硬件设计到软件开发的整体解决方案，产品通过了 ISO9001 国际质量认证以及中国强制性产品认证（3C 认证）；其中部分产品于 2013 年获得外观设计专利证书。

维能达争做 UPS 管理领航者，深入了解广大用户的实际需求，为不同行业的用户量身定做合适的 UPS 监控解决方案，利用客户现有的设备资源、网络资源等，做出具有成本低、技术成熟、远程集中监控、可扩展性强、安全性高、人性化、智能化等特点的优秀监控系统。

产品基于机房现场数据采集、分析、管理，极大地提高 UPS 的使用效率，为用户节约大量资源提供了良好的解决途径。主打产品已经兼容 APC、MGE、Emerson、Eaton、Powerware、Delta、Santak 等国外品牌，以及 Kstar、East、Kelong 等国内品牌。

公司倡导以客户为本，把“客户需求就是我们努力方向”作为公司服务宗旨。公司拥有一批管理经验丰富、技术水平精湛的工程队伍，为提供专业、先进、高可靠性的产品和优质、高效、全方位的服务提供了保证，深受广大客户的赞誉和好评，与众多知名公司保持良好的合作关系。维能达的 UPS 监控产品被广泛用于政府、金融、电力、交通、电信、广电、医疗、军事等国家重点工程。

114. 广州市先锋电镀设备制造有限公司

地址：广东省广州市南沙区横沥镇前进村（原前进村小学旧址）

邮编：511466

电话：020-84961566 84873354

传真：020-84961455

邮箱：xianfeng@ pyxianfeng. com，xianfeng. 8hy@ 126. com

网址：www. pyxianfeng. com

简介：

广州市先锋电镀设备制造有限公司（原番禺先锋电镀设备二厂）位于珠江三角洲中心地带的广东省广州市南沙区。本公司成立于 1986 年，是早期引进国外先进技术，集设计、开发、制造于一体的专业生产各种电源及其它配套设备的生产厂家，为多个行业开发生产行业所需的特种电源及设备，1986 年开始将大功率晶闸管用在整流设备，在表面处理行业推广，代替直流发电机及硒整流设备，取代价格较贵的进口设备，使表面处理行业生产质量及效率得到大大提高；与稀土电解行业的专家一同，了解稀土电解特性，为稀土行业研制出加热及电解一体的稀土电解电源；后开发了大功率的开关电源，当时在国内处于领先的地位，使电镀表面处理，及其它大功率电解行业得到推广应用，促进了行业的节能减排。产品提供给多个行业并销往全国各地及东南亚、南美等国家。

115. 广州市昱诚电子技术有限公司

地址：广东省广州市白云区机场路棠景街 6 号寓景大厦 505
邮编：510403
电话：020-37157272 36137270
传真：020-86311921
邮箱：scg7201@ 163. com
网址：www. yuchengnet. com
简介：

广州市昱诚电子技术有限公司成立于 2000 年，运营总部设于广州，是专门从事民航空管专网通信设备、导航系统的集中监控设备及动力机房一体化解决方案的研究、开发与销售的高科技企业。公司注册资金 1010 万元，现有员工 35 人。经营产品涵盖光传输网络、程控电话交换机网络、多媒体通信网络、呼叫中心网络、数据网络、动力机房一体化产品等众多领域，是一家在民航行业经验丰富、实力雄厚、信誉卓著的信息网络解决方案提供商。

昱诚公司一直致力于为民航提供最优良的网络信息化系统建设方案，不断整合公司产品优势、技术优势及服务优势，还与华为、艾默生、H3C、IBM、DELL、SUN 等多家行业领航者保持长期紧密的合作关系，成为华为公司民航行业授权代理商及系列产品工程资格，艾默生公司民航行业高级授权代理商及系列产品工程资格，H3C 公司银牌代理商及在民航行业的唯一合作伙伴，从 2005 年 8 月起，历时两年时间我公司与 H3C 公司共同成功开发了适合民航业务传输的 FA36 设备，解决了雷达信号及甚高频电台信号的 IP 网络传输问题，实现了雷达信号在 FA36 传输网内广播，获得了中国民用航空局空中交通管理局颁发的《使用许可证》，还得到了民航局、民航中南空管局等各级领导的一致好评。

经过数年的飞速发展，昱诚已经拥有超前的设计理念、高超的技术能力和丰富的务实经验，能为客户提供多样化、个性化、多层次的服务，量身定制的解决方案。作为专业的信息网络系统集成公司，昱诚秉诚“以质为根，以诚为本，以德为先，以信为生”的理念，高质量地满足客户的需求。昱诚以强大的企业凝聚力，以客户为中心的服务宗旨以及开放合作、自主创新的企业文化，推动着公司在激烈的市场竞争中持续高速发展。今后，昱诚继续以高品质的技术、产品、解决方案和服务推动中国民航网络信息化的建设，并致力于成为通信行业一流的信息网络解决方案提供商。

116. 海丰县中联电子厂有限公司

地址：广东省海丰县金园工业区 A 六座
邮编：516411
电话：0660-6400997
传真：0660-6405708
邮箱：eee@ zldyc. com
网址：www. zldyc. com
简介：

公司成立于 1991 年，位于海丰县城金园工业区，拥有自己的工业园区，占地面积为 14600m^2。自建厂房建筑面积为 4000 多平方米；拥有现代化生产流水线 4 条，具有完善的生产、研发和检测设备。公司目前有员工 100 多人，其中科研、工程技术人员 30 多名。

公司为国内电源行业知名高新技术企业及国内最早进入开关电源领域的专业研发生产厂家之一。专业从事各类开关电源、充电机等电源设备的研发、生产、销售，可为客户度身定制各种开关直流稳压电源和充电机等系列产品（电压 1000V 内，电流 6000A 内）。公司推出的系列开关电源和系列充电机已在 UPS/EPS、电力自动化、广播电视、仪器仪表、通信系统和工业控制、电镀氧化、元器件老化、军事等邻域广泛应用，用户遍及全国各地。

公司的产品品种多、种类全，产品详情请登录公司的网站查看。

117. 华为技术有限公司

地址：广东省深圳市龙岗区坂田华为基地
邮编：518129
电话：0755-28780808
传真：0755-89550100
邮箱：fumoli@ huawei. com
网址：www. huawei. com
简介：

华为是全球领先的信息与通信解决方案供应商。华为于 1987 年成立于中国深圳，发展到 2011 年已经有将近 12 万员工。华为围绕客户的需求持续创新，与合作伙伴开放合作，在电信网络、终端和云计算等领域构筑了端到端的解决方案优势。华为致力于为电信运营商、企业和消费者等提供有竞争力的综合解决方案和服务，持续提升客户体验，为客户创造最大价值。目前，华为的产品和解决方案已经应用于 140 多个国家，服务全球 1/3 的人口。

华为以丰富人们的沟通和生活为愿景，运用信息与通信领域专业经验，消除数字鸿沟，让人人享有宽带。为应对全球气候变化挑战，华为通过领先的绿色解决方案，帮助客户及其他行业降低能源消耗和二氧化碳排放，创造最佳的社会、经济和环境效益。

118. 江门市安利电源工程有限公司

地址：广东省江门市新会经济开发区银海大道 6 号
邮编：529141
电话：0750-6192880
传真：0750-6192881
邮箱：7506192880@ 163. com
网址：www. jmanli. com
简介：

江门市安利电源工程有限公司是专业从事大功率变频电源设备的研发设计、生产制造、销售、安装调试一条龙服务的电源设备工程公司。公司本着"专业、专心、专注、专一"的工作态度，提供技术先进、性能可靠的大功率变频电源设备系列产品及提供最完整的端到端一体化整体大功率变频电源解决方案及服务。

我公司的变频电源设备产品广泛应用在各大工业制造工厂、码头、修造船厂、浮船坞、海洋钻井平台及外国轮船上。目前已生产出单台功率容量由 50～3000kVA 大功率变频电源设备系列产品，并采用我公司自主研发具有世界最高水平的大功率变频电源同步并联运行技术——模块驱动信号主从同步并联技术，实现最多达 4 台大功率变频电源无环流可靠并联运行，总功率容量达 12MW，是我国目前单台功率容量以及并联总功率容量最大的变频电源设备。

119. 理士国际技术有限公司

地址：广东省肇庆国家高新开发区理士电池工业园
邮编：526238
电话：0758-3103299
传真：0758-3103300
邮箱：domestic@ leoch. com
网址：www. leoch. com
简介：

理士国际技术有限公司始于 1999 年，是专门从事铅酸蓄电池的研发、制造和销售的国际化新型高科技企业，于 2010 年 11 月 16 日在香港联交所主板上市（股票代码：00842. HK），是中国最大的铅酸蓄电池制造商及出口商。

现已在国内建立广东、江苏、安徽三个区域性生产基地和国外马来西亚、斯里兰卡两个区域性生产基地，占地面积 920000m^2。在美国、欧洲、中国香港及新加坡建立了销售公司及仓库，拥有国内外 30 多个销售公司及办事处，产品销往全球 100 多个国家和地区。建有肇庆、安徽、江苏三个专门的蓄电池研究开发中心和博士后研究工作站。

目前共拥有职工 10000 余人，国内外技术研发人员 400 余人，生产全系列铅酸蓄电池，包括：AGM 阀控式密封铅酸蓄电池，胶体（GEL）电池，纯铅电池，OPzV、OPzS、PzS、PzV、PzB 管式极板电池，汽车用蓄电池，摩托车用蓄电池，高尔夫球车用蓄电池，电动助力车用蓄电池等系列产品，年生产能力总和超过 20000000kWh。

120. 汕头华汕电子器件有限公司

HUASHAN

地址：广东省汕头市兴业路 27 号
邮编：515041
电话：0754-88324709
传真：0754-88630152
邮箱：jay@ huashan. com. cn
网址：www. huashan. com. cn
简介：

汕头华汕电子器件有限公司是创建于 1983 年 11 月的汕头华汕电子器件公司经改制后设立的有限责任公司，专业生产和销售半导体器件及其芯片。

公司生产用地 20000m^2，其中厂房面积 10000m^2，现有资产 3. 1 亿元，专业技术人员占公司员工 30% 以上。

公司制造和检测设备绝大部分从先进国家和地区引进，高度自动化，技术先进，是国家机电产品出口基地之一，也是广东省确认的高新技术企业，多次荣获信息产业部优秀质量管理小组一等奖，拥有国家外经贸部授予的中华人民共和国进出口企业资格证书和挪威船级社（DNV）颁发的 ISO9001 质保体系国际认证证书。产品全部采用 IEC 标准，性能优越，质量可靠。

自 1993 年以来，先后与韩国三星电子株式会社、美国快捷半导体公司、中国台湾华昕电子股份有限公司、飞利浦公司建立合作伙伴关系。

121. 深圳安固电子科技有限公司

ANDGOOD®

地址：广东省深圳市龙岗区坂田街道东村十四巷一号
邮编：518129
电话：0755-28896787
传真：0755-28894255
邮箱：andgood@ 188. com
网址：www. andgood. cn
简介：

深圳市安固电子科技有限公司（注册商标：ANDGOOD）成立于 2005 年 6 月，是一家集 LED 照明、LED 驱动电源、安防监控电源、车载电源等产品研发、制造、销售及服务于一体的高科技企业。公司拥有一批在节能高效开关电源领域有丰富经验和技术专长的专业技术人才。为适应 LED 照明事业的发展需要，公司注资 3300 万元人民币在福建购买了近 50 亩土地投建工业园，并于 2011 年 6 月成立安上（漳州）科技有限公司，工业园投产后将成为现代化的后方生产基地。

公司主要产品：LED 照明灯具、LED 驱动电源、安防监控系统后备专用电源、城市公交 IC 卡车载读卡机专用电源。

公司产品种类齐全，LED 照明系列主要有：路灯、隧道灯、荧光灯、射灯、洗墙灯等；生产的 LED 驱动恒流恒压电源具有高效率、高功率因数、高可靠性等特点。安防监控后备电源是最早在国内考勤门禁系统及监控报警系统中推广应用开关电源的成功案例，其高效节能的特性、合理的结构、稳定可靠的品质，得到客户的广泛赞誉，产品92%以出口为主；公司开发生产的城市公交IC卡车载读卡机专用电源系列在北京公交、北京地铁、深圳公交及澳门公交等全国各大城市中得到了广泛的应用。

本公司所有电源产品符合CE、UL安规认证及电磁兼容要求，我们不但有自己研发的众多通用型优良产品，更可以为客户量身定做多款物美价廉的产品，为客户赢得更多利润空间。

我们本着“优良的产品品质、合理的价格、迅速的交期及完善的售后服务”为宗旨。重质量、重人才、重研发、重管理、重服务，力争在本行业中创出优秀品牌和佳绩。

122. 深圳奥特迅电力设备股份有限公司

 奥特迅

地址： 广东省深圳市南山区高新技术产业园南区南一道29号南座

邮编： 518057

电话： 0755-26520500

传真： 0755-26615880

邮箱： atcsz@ 163. net

网址： www. atc-a. com

简介：

深圳奥特迅电力设备股份有限公司，是大功率直流设备整体方案解决商，是直流操作电源细分行业的龙头企业。公司成立于1998年，位于深圳高新技术产业园区，是国家级高新技术企业，于2008年在深圳证券交易所成功上市，公司销售额连续九年位居同业榜首，并负责起草或参与制定了多项国家及电力行业标准。

奥特迅秉持“拥有自主知识产权，独创行业换代产品”之理念，致力于新型安全、节能电源技术的研发，创新新型电源技术在多领域的应用，研究开发的多项技术填补国内空白，产品有直流操作电源系列，核电安全电源系列，电动汽车充电站完整解决方案，通信高压直流电源系列。主要应用在电动汽车、通信、核电、智能电网、太阳能储能、水电、风能等新能源领域，如在举世瞩目的长江三峡工程、西电东送工程、南水北调工程、岭澳核电站、大亚湾核电站以及全国最大规模的深圳大运中心充电站均有奥特迅的产品在运行。

123. 深圳博科源科技有限公司

地址： 广东省深圳市宝安区沙井街道万安路马鞍山工业区C2栋3楼

邮编： 518104

电话： 0755-27438239

传真： 0755-27438229

邮箱： bkypower@ 163. com

网址： www. bky-power. com

简介：

深圳博科源科技有限公司是一家集开发、生产、销售服务于一体的高科技企业，主要专业生产大、中、小功率（300W～500kW）可调直流稳压恒流开关电源、DC-DC电源、充电机、稳压电源、线性电源、应急电源、UPS及变压器等产品。深圳博科源科技有限公司还系中国电源学会、中国电子学会会员。

公司本着“科技为本、质量至上、精益求精、优质服务”的质量方针与经营理念，严谨的工作态度，严格执行ISO 9001-2000质量管理体系，建立并完善了质量保证体系，为产品的销售奠定了坚实的基础。

公司拥有一批先进的生产设备，现有员工100多名，40余名是具有从事多年电源行业经验的研发工程师、生产管理、销售人员。产品主要应用于通信、电台、国防、科研、电力电子、电镀电解、蓄电池充电、器件老化、工控设备及工具电源等。

公司急顾客所急、忧顾客所忧，在不断提高产品质量的同时并以最实惠的价格、完善的售后服务、准时的交货承诺服务于广大客户。我公司可根据客户要求快速定制各类特殊规格用于不同功能用途的大功率电源及充电机等产品（电压0～3000V，电流0～3000A内可定制）。

本公司为了充分发挥其在各方面的优势并考虑满足广大用户的最大实际需要，现在各主要省市自治区诚征经销商，在您了解我们公司情况后，如有意向成为我们的合作伙伴，欢迎来电来函洽谈具体事宜。深圳博科源科技有限公司是您值得信赖的合作伙伴！

124. 深圳华意隆电气股份有限公司

HYL® 华意隆

地址： 广东省深圳市南山区西丽镇红花岭工业南区五区三栋

邮编： 518055

电话： 0755-86000398，86007952

传真： 0755-86000571

邮箱： sz@ szhuayilong. com

网址： www. szhuayilong. com

简介：

深圳华意隆电气股份有限公司是一家集研发、生产、销售、服务为一体的专业从事逆变焊割设备制造的高新技术企业，拥有自营进出口权。

经过多年的技术创新和品牌经营，公司先后被授予“中国名优品牌”、“质量、服务、信誉AAA级企业”。

目前公司在职员工近1000名，具有雄厚的自主研发、设计和生产制造能力。拥有的和正在申请的国家专利共计90余项，并荣获多种奖项。

公司主要产品有：全数字化多功能逆变焊机、逆变直流手工弧焊机系列、逆变手工/氩弧焊机系列、逆变等离子切割机系列、逆变二氧化碳气体保护焊机系列、逆变埋弧焊机系列、数字化脉冲氩弧焊机、数字化单管逆变气体保护焊机系列等26大系列，共计200余种产品，涵盖了民用型、工业型、数字化、经济型焊机四大类，广泛应用于建筑、桥梁、钢筋架构、火电厂、汽车、造船以及五金加工等各大行业。工程案例遍及全国各地，同时建立物流配送、售后服务中心，及时有效地为客户提供服务与技术保障。

125. 深圳蓝信电气有限公司

地址：广东省深圳市宝安区沙井街道南浦路531号汇景源大厦9层E办公区

邮编：518104

电话：0755-23311001

传真：0755-23068500

邮箱：Lxpower809@163. com

网址：www. lxpower. com. cn

简介：

深圳蓝信电气有限公司是一家专业从事电力系统操作电源及电力自动化设备研发、生产、销售和服务的创新型高新技术企业。公司的主要产品有：交直流一体化电源、小容量直流电源、多功能直流电源、电力专用UPS、蓄电池在线监测系统及变电站综合自动化设备，可应用于各级变电站、开闭所、环网柜、柱上开关和箱式变电站等场合。

公司秉承“诚信、创新、专业、共赢”的理念，始终坚持“质量立企，塑造精品，为顾客创造价值”的经营战略。经过多年的积累和发展，公司拥有一批电源及电力自动化领域的技术精英，在国内电源和电力自动化产品等领域占据领先地位，公司产品已达到国内、国际同类产品的领先水平。

公司拥有完整的产品系列，能满足从小容量客户终端到大容量变电站、发电厂的需求。公司自主研发生产的小容量直流电源、多功能直流电源、电力专用UPS等产品，具有节约资源、小型化、智能化和高可靠性等特点，获得了广大客户的欢迎和认可，已广泛应用于全国各大电力、铁路、钢铁、煤炭、化工、石油、矿山、交通运输等行业，用户遍及全国各地并出口到海外。

公司在科研和开发方面的投资占年营业额的10%以上，拥有先进的研发、测试、生产仪器设备，集中了电源和电力自动化领域最优秀的行业专家，并与国内多家科研单位和高等院校建立了良好的合作关系，产品不断创新，目前在智能电网相关领域进行了大量科研并取得了丰硕的成果。

我们诚邀合作伙伴，共同为广大用户提供优质的产品和服务。

126. 深圳麦格米特电气股份有限公司

MEGMEET

地址：广东省深圳市南山区科技园北区朗山路紫光信息港5楼

邮编：518057

电话：0755-86600500

传真：0755-86600999

邮箱：frank. dai@megmeet. com

网址：www. megmeet. com

简介：

深圳麦格米特电气股份有限公司成立于2003年，注册资本金1.33亿，是中国定制电源、电机驱动变频器和PLC的领导品牌制造商之一。麦格米特致力于电力电子技术及相关控制技术平台的建立，为客户提供核心部件及全面解决方案。

麦格米特全球分支机构：

中国深圳：深圳麦格米特电气股份有限公司，深圳市麦格米特驱动技术有限公司，深圳市麦格米特控制技术有限公司，深圳麦格米特电气股份有限公司。

制造中心南京：南京麦格米特驱动软件技术有限公司，南京麦格米特控制软件技术有限公司。

株洲：株洲麦格米特电气有限责任公司。

美国加州硅谷：MEGMEET USA INC.

中国香港：Megmeet Hong Kong Limited。

同时在中国深圳建有以下资源：

◆国际一流公司的管理团队；

◆业界最高水平的300多位工程师的研发团队；

◆50000多平方米先进制造中心，月产100余万件产品的产能；

◆投资4000多万建立的完整电力电子产品测试及技术评估平台；

◆超过200项电力电子技术专利；

◆在全球拥有500多家客户，有1500多万件产品被不同用户使用，应用领域涵盖铁道、交通、电力、风能、通信、计算机、医疗、军工、汽车、工业自动化及平板显示技术。

127. 深圳欧陆通电子有限公司

欧陆通 HONOTO

地址：广东省深圳市宝安区西乡街道洲石路111号富源工业城C7、C8栋

邮编：518126

电话：0755-33857166（20线）

传真：0755-81453115

邮箱：honor@honor-cn. com

网址：www. honor-cn. com，www. honoto. com

简介：

深圳欧陆通电子有限公司（HONOR）由香港达信（Maxjade）投资创办于1995年，是国内南部最大电源供应

器生产商之一。已在美国、韩国、中国台湾、中国北京及欧洲设立分公司或办事处。

总公司坐落于深圳，深圳工业园成产占地 25000m²，员工 2500 人，月产量达 350 万台。赣州工业园占地 40000m²，员工 1500 人，月产量 150 万台。

公司产业结构及定位：

1. 基础产业：欧陆通品牌（HONOTO）——消费类电子设备电源供应器，19 年沉淀的研发技术和生产技术已达到行业领先水平。

2. 技术升级产业：ASPOWER 品牌——云计算领域服务器存储器冗余电源及智能家居集中供电系统。

3. 商业模式升级产业：M-iPAL 猫派品牌——无线 3G 路由器、移动电源及智能家居产品，开发市场终端需求的时尚且高档的数码产品，建立新时代 B2C、O2O 商业模式。

128. 深圳市爱维达新能源科技有限公司

地址：广东省深圳市宝安区沙井街道新玉路北侧圣佐治科技工业园 A3 栋 4 楼

邮编：518104

电话：0755-23123688

传真：0755-23123698

邮箱：hjg@ evadasz. com

网址：www. evadaups. com

简介：

深圳市爱维达新能源科技有限公司为厦门市爱维达电子有限公司控股子公司，爱维达是一家致力于提供全面电源解决方案及电源保护产品的设计、开发、生产和销售的高科技公司，是科技部认定的高新技术企业和市重合同守信用单位，是福建省电源学会常务理事单位，厦门电力电器产业联盟理事单位，厦门光电协会理事单位。承担过八项市科技计划和三项国家重点新产品计划。

作为爱维达在深圳的子公司，将从事新能源产品的研发、销售、服务为一体的高新技术企业，生产产品有太阳能光伏控制器、风能控制器、LED 驱动电源、各种通信订制电源，覆盖全国各地的 28 个办事处为用户提供全方位的售前、售后服务体系。

注重客户利益和满足客户的需要是爱维达公司的一贯宗旨，爱维达人将以“敬业，诚信，合作，创新”经营理念，一如既往地向广大用户奉献出优质的产品和服务。爱维达公司将以“成为行业规模化、专业化的制造企业，新技术、新产品的研发中心”为目标，向国际型企业迈进。

129. 深圳市安科讯实业有限公司

ACT®

地址：广东省深圳市盐田区北山大道北山工业区 5 号楼

邮编：518083

电话：0755-25552808

传真：0755-25558229

邮箱：info@ szaction. com，support@ szaction. com

网址：www. szaction. com

简介：

深圳市安科讯实业有限公司成立于 1999 年，是一家集产品研发、生产和销售为一体的高新技术企业。依靠多年积累的行业技术经验和自身强大的研发创新能力，在彩色平板显示领域不断取得突破，现有产品包括：数字电视、数码相框、手机、笔记本电脑、电源等。产品主要销往欧美、澳大利亚、亚洲等 20 多个国家和地区。

公司通过 ISO9001：2008、TS16949：2002 及 ISO14001：2004 体系认证，建立了一套从产品研发、生产、到出货的全过程品质管理体系，产品取得了 CCC、CE、FCC、UL 等产品认证证书。

130. 深圳市安托山技术有限公司

地址：广东省深圳市宝安区沙井镇新沙路安托山高科技工业园 6 栋

邮编：518104

电话：0755-33842888

传真：0755-33923833

邮箱：market@ atstek. com. cn

网址：www. atstek. com. cn

简介：

深圳市安托山技术有限公司是深圳市安托山投资发展有限公司下属的一家致力于逆变器、光伏发电系统、电子电控产品的开发、生产、销售的高科技企业，产品辐射新能源、通信、电力、工业控制及其他高科技领域，属国家高新技术企业和深圳市高新技术企业。公司已通过 ISO9001-2008 质量体系认证和 ISO14001-2004 环境体系认证。

公司位于深圳市沙井安托山高科技工业园内。安托山集团投资 10 多亿元人民币建造的安托山沙井高科技工业园，占地 28 万 m²，总建筑面积 86 万 m²，有商住楼 4 栋 13 单元，高标准工业厂房 21 栋，是集工业、研发、商住、商务酒店为一体的大型综合性高科技工业园区。

公司拥有数位享受国务院政府特殊津贴的专家，聚集了电力电子、热学、结构、硬件、软件等多学科的一支梯次配置合理的技术骨干队伍，整个团队具有强大的新产品开发和快速响应能力。

公司在设计、工艺和设备等方面均达到国际先进水平，生产工艺机械化、自动化程度高；并配备有一级实验室，引进国际先进检测设备，建立完备的试验、检测系统，确保产品保持国际国内领先水平。产品选用经过长期验证的、高可靠性的元器件，以精细的工艺流程，100% 的受控过程，经过严格完备的测试与评审，制造出高品质和高可靠性的 ATSTEK 精品。

我们本着精益求精的原则，顺应产品绿色潮流，响应人类社会与自然环境的和谐发展，走可持续性发展之道路，在规范的管理体系运行下，以良好的质量、合理的价格来满足专业用户的需求。根据客户提出的产品性能指标，我们会以最快、最好、最到位的解决方案，为客户提供优质的服务。

131. 深圳市比亚迪锂电池有限公司

地址：广东省深圳市龙岗区宝龙工业城宝坪路1号

邮编：518116

电话：0755-89888888

传真：0755-89643262

邮箱：rita. he@ byd. com

网址：www. byd. com. cn

简介：

深圳市比亚迪锂电池有限公司（以下简称比亚迪锂电池公司或公司），成立于1998年，是比亚迪股份有限公司（以下简称比亚迪股份）的全资子公司。2001年，比亚迪股份启用事业部制管理，遂将比亚迪锂电池公司内部命名定为第二事业部。目前，第二事业部拥有深圳、上海、惠州、商洛四大生产基地，下设深圳锂电工厂、上海锂电工厂、网络能源工厂、太阳能电源工厂、工具电池工厂、储能电池及汽车电池厂、设备与工程厂等9个生产部门及人力资源部、财务部、项目管理部等10个职能部门，拥有员工2万余人。

公司产品规划由生产单一的锂离子电池，逐渐转向为客户提供全套能源解决方案。现有产品主要包括铁电池、锂离子电芯、电池Pack、聚合物电池，以及新兴产品电动自行车电池、EV/HEV电池、硅铁模块、UPS、DPS、太阳能电池片、太阳能电池模组等，主要应用于手机、无绳电话、笔记本电脑、数码产品、电动工具、后备电源、通信设备备用电源、太阳能路灯及照明设备、电动车船、各类储能电站等领域。

132. 深圳市长运通光电技术有限公司

地址：广东省深圳市南山区科技中二路深圳软件园4栋201

邮编：518057

电话：0755-86168222

传真：0755-86168622

邮箱：cyt@ szcyt. cn

网址：www. szcyt. com

简介：

深圳市长运通光电技术有限公司（CYT）于2003年诞生于深圳，是一家集研发、生产和销售为一体的国家高新技术企业，国家集成电路设计深圳产业化基地重点企业，深圳市自主创新行业的龙头企业和广东省半导体照明产业联合创新中心发起企业。

公司坚持以“核心技术，尽显价值；开拓创新，引领潮流”为技术发展理念，以电源管理IC和LED照明解决方案为核心，充分发挥电源管理IC的技术优势，把电源管理技术与LED技术完美结合，开发具有自主知识产权、国际先进水平的LED照明光电解决方案——“双核三高”核心技术，即以去电源化驱动和高压LED芯片为核心技术，以高光效、高寿命、高性价比为产品标准。

公司坚持以“市场导向、质量第一”为产品制造理念，先后通过了ISO9001：2008、ISO 14001等质量体系认证。公司自主品牌“Doton”LED系列照明产品，通过了CCC、CQC、UL、CE、SAA、ROHS等认证。公司以客户需求为导向，为客户提供差异化的产品和解决方案。市场营销网络覆盖中国、欧美、大洋洲、东南亚等100多个国家和地区。

公司坚持以“专业、专心、专注、诚信赢未来”为经营理念，实施以技术创新和客户需求为导向的双轮驱动战略。公司拥有完整的研发体系架构，以专业创造价值。2012年5月28日，广东省省长朱小丹在全省推广应用LED照明产品工作会议上指出：“去电源化高压LED芯片等关键核心技术攻关取得阶段性进展，为全面降低LED生产成本提供坚实支撑”。

133. 深圳市东辰科技有限公司

地址：广东省深圳市宝安区宝城68区留仙二路鸿辉工业区2号厂房

邮编：518101

电话：0755-26632038

传真：0755-26633000

邮箱：market@ dctec. com. cn

网址：www. dctec. com. cn

简介：

公司成立于2004年，注册资本3068万元，是专注于Dctec品牌高频开关电源的研发、生产与销售的高科技企业。东辰科技坚持以服务客户为己任，立足于自主研发，专业从事高频开关电源的定制服务。

东辰聚集和培养了大量电源行业的精英，组成了强大的研发、生产、品控和管理队伍。拥有10000多平方米的研发与生产基地，员工近300人。于2005年3月顺利通过ISO9001质量体系认证，从2006年3月开始导入ROHS管理体系，多数产品通过了UL、TUV、CE 、CSA、CCC、PCT、EK、IRAM、NOM等多项认证，并获得了数十项产品发明专利。

现有600余种AC-DC、DC-DC、DC-AC客户定制产品的种类和系列，功率覆盖2～10000W等级，广泛应用于移动通信、网络通信、服务器、金融ATM、工业控制、医疗设备、高速铁路、新能源以及其他高科技领域。欢迎广大客户来电咨询，我们将为您提供专业的参考建议和解决方案。

134. 深圳市港泰电子有限公司

KNT

地址：广东省深圳市宝安区松岗街道东方大道田洋二路金石 B 栋
邮编：518052
电话：0755-27139706/9708/9136
传真：0755-27139137
邮箱：13923890887@139.com
网址：www.kntecn.com
简介：

深圳市港泰电子有限公司成立于 2000 年，多年来致力于研发和生产各种类型的工频、高频变压器及电抗器，是一家技术实力雄厚的专业生产企业。公司拥有一支专业、稳定、高素质的研发队伍，主要核心技术人员和管理者都具备多年的变压器行业工作经验。公司一贯坚持“质量第一，顾客至上”的方针，以满足用户需求为宗旨，积极开拓国内、国际市场。产品严格执行中国 CQC、美国 UL、欧洲 CE 等认证要求，建立了完善的品质保证体系，并获得 ISO9001：2008 国际质量体系认证。

公司主要产品有：逆变电源变压器、自耦变压器、隔离变压器、控制变压器、电抗器以及高频电子变压器、开关电源变压器、驱动变压器、通信器材变压器、PFC 功率因数变压器、SMD 贴片变压器、电源滤波器、电感线圈等。

135. 深圳市港特科技有限公司

港特科技 KTRANSFORMERS

地址：广东省深圳市宝安区松岗街道燕川社区广田路永建鸿工业园 2 栋
邮编：518105
电话：0755-29095011，29095012，29095055
传真：0755-29095058
邮箱：ktt@kttchina.com
网址：www.kttchina.com
简介：

港特公司具有十余年丰富的变压器研发、生产经验的积累，已成为电源行业知名的优质供应商，公司始终坚持“诚信是企业的生命，创新是公司的灵魂”的企业发展理念。本公司引进了先进的生产与检测设备，以完善的品质管理、严格的生产工艺要求以及优质的售后服务，更以专业的技术研发使之不断地创新突破。

136. 深圳市好科星电子有限公司

地址：广东省深圳市宝安区福永和平村和秀西路 68 号
邮编：518103
电话：0755-33813990，33813991
传真：0755-33813989
邮箱：hkxdz@hkxdz.com
网址：www.hkxdz.com
简介：

深圳市好科星电子有限公司是专业研发，制造大、中、小功率（150W～100kW）开关直流稳压、恒流电源及全自动充电机的生产厂家，集设计、开发、生产、销售为一体的企业。公司本着“科技为本，质量至上，精准求精，优质服务”的质量方针与经营理念，严谨的工作态度，建立并完善了质量保证体系，为产品的销售奠定了坚实的基础。公司拥有先进的生产设备和现代化的生产流水线。公司的每一个产品从研发、元器件筛选、生产调试、整机测试老化、质量检测等各环节均有专门的流程规则，并执行严格把关，绝不让有质量隐患的产品出厂。产品主要应用于通信、电台、国防、科研、电力电子、电镀电解、蓄电池充电、器件老化工控设备及工具电源等。公司急顾客之所急，忧顾客之所忧，在不断提高产品质量的同时并以最实惠的价格、完善的售后服务、准时的交货承诺服务于广大客户。我们可以根据您的要求度身定做各种规格的开关电源及充电机。好科星电源将是您值得信赖的合作伙伴。DC-DC 电源广泛应用于电力直流屏系统、工控、通信、科研、蓄电池充电等设备。

137. 深圳市皓文电子有限公司

HAWUN 皓文电子

地址：广东省深圳市南山区蛇口海滨东路 38 号综合工厂续建楼 3 栋 2 层
邮编：518067
电话：0755-26805439
传真：0755-26696592
邮箱：cherry.chen@hawun.com
网址：www.hawun.com
简介：

深圳市皓文电子有限公司是一家专业从事开关电源及各类功率变换产品的设计、生产和销售的高新技术企业。2010 年通过 GJB9001B-2009 质量管理体系认证，总部位于广东深圳。产品广泛应用于军工、铁路、通信、工业控制及新能源等领域。

皓文电子经过多年的技术积累，拥有高素质的专业设计团队和先进的技术开发平台。设计和生产的电源具有高可靠、高效率、高功率密度、宽范围、高电压输入、系列化等特点，能与国际主流电源厂商竞争，并在国家多个重点项目上批量生产装备，达到国内外领先水平。皓文电子还可根据客户的定制要求，在成熟的标准品技术平台上，为客户提供经济、快速的个性化设计和服务。皓文电子经过自身不断创新，努力成为提供高端开关电源产品和服务的领先供应商。

138. 深圳市核达中远通电源技术有限公司

地址：广东省深圳市南山区桃源街道留仙大道 1268 号众冠红花岭工业北区 1 栋

邮编：518055

电话：0755-26515709

传真：0755-26515601

邮箱：wangyong@ vapel. com

网址：www. vapel. com

简介：

深圳市核达中远通电源技术有限公司隶属广东核电集团，是国家核准认定的高新技术企业，专业致力于 VAPEL 品牌高频开关电源的研发、生产和销售。公司已通过 ISO9001 国际质量体系认证和 ISO14001 国际环境体系认证，是诺基亚西门子、爱立信、摩托罗拉、华为、中兴等国内外知名企业的优秀供应商。

总部设在深圳，现有员工 1500 余人，拥有 50000 多平方米的开发和生产基地。公司拥有 400 多名的研发人员，具有强大的新产品开发和快速响应能力。电源通过 UL、TUV、CE、CSA、CCC、TLC 等国内外的产品安规认证。现有 8000 余种 AC-DC、DC-DC、DC-AC 标准产品、非标准产品、客户定制产品的种类和系列，单电源功率覆盖 2 ~ 15000W 等级，广泛应用于通信、电力、工业控制、仪器仪表、医疗、铁路、军工、光伏、电动车充电及其他高科技领域。

139. 深圳市汇业达通讯技术有限公司

地址：广东省深圳市宝安区观澜环观南路高新技术产业开发区泰豪科技园

邮编：518110

电话：0755-89800910

传真：0755-27521017

邮箱：huiyeda0239@ 163. com

网址：www. huiyeda. com

简介：

深圳市汇业达通讯技术有限公司是专业从事高频模块化交直流电源系统与模块的研发、生产及销售的高科技企业。

公司成立于 1996 年，严格按照 ISO9001：2008 及现代企业模式管理，有一支经验丰富且高素质的研发团队：70% 以上具有本科以上学历，由博士、硕士及重点大学优秀本科生组成。在国内率先研发出具有自主知识产权的以 DSP 为主控芯片的数字模块化电源技术，已拥有智能高频开关直流电源系统、模块化 UPS 和 EPS、模块化逆变电源、一体化数字电源、轨道交通专用电源、通信电源、新能源汽车充电站电源以及其他多种功率等级的工业电源产品，所有产品均通过了国家权威部门的检测和电磁兼容（EMC）测试。

公司通过多年来的努力，产品广泛应用于电力、电厂、轨道交通、石化、冶金、新能源等领域，同时还出口到南美、东南亚、中东、东欧以及非洲等国家和地区，赢得了良好的声誉，得到用户的一致好评。

140. 深圳市坚力坚实业有限公司

CHNKONGFU®

地址：广东省深圳市宝安区沙井街道蚝乡路教师村 3 栋 102 室

邮编：518104

电话：0755-27722489

传真：0755-27722739

邮箱：sz27727887@ 126. com

网址：www. china-jlj. com

简介：

自主研发系列高效开关电源厚膜集成电路。自制半导体封装设备，产能为每月 28 万片，涵盖 PFC、BUCK、BOOST、RD、PP、BTL、SR 等拓扑，供电源整机选配。

141. 深圳市捷益达电子有限公司

Jeidar UPS systems

地址：广东省深圳市宝安区固戍东方建富愉盛工业园 12 栋 2 楼

邮编：518126

电话：0755-26696338

传真：0755-26811099

邮箱：jeidar@ 163. com

网址：www. jeidar. com

简介：

成立时间：1993 年 7 月。

公司性质：研发、生产、销售、服务为一体的电源专业制造商。

项目经营：产品涵括了商用及电力不间断电源（UPS）、逆变电源（INV）、EPS 应急照明电源、蓄电池及相关的设备管理软件，以及为不间断电源提供的专业技术咨询与支持服务。

市场地位：中国电源行业的领先者。

发展目标：实现 UPS 产业化，成为具有国际竞争力的中国电源专业企业。

发展战略：追求名品牌战略，持续推动品牌建设。

确保公司在市场价值链中的地位，建立和不断调整适合市场竞争的经营组合体制，以建立终端用户为基础，依托渠道经销商为节点的营销模式。

立足拥有自主知识产权和拥有核心技术：

按照国际、国家标准建立规范的制造业体制。推行适合公司发展的管理模式。

142. 深圳市金顺怡电子有限公司

地址：广东省深圳市南山区西丽镇官龙工业区东区 A15 号
邮编：518055
电话：0755-26749900
传真：0755-26749903
邮箱：plan@ szjsy. com. cn
网址：www. szjsy. com. cn
简介：

深圳金顺怡电子有限公司创立于 1995 年 8 月。专业化生产各类型的电子变压器、电源变压器、电抗器、电感等，应用于光伏逆变器、UPS、EPS、逆变电焊机、电力操作电源、高频智能开关电源等电子产品。

本公司具有丰富的制造特种变压器的经验和完善的生产工艺。能够完全达到欧盟的 ROHS 要求。测试手段齐全，技术力量雄厚，产品质量可靠。深得广大客户的信赖！每年给世界五百强企业艾默生提供大量的变压器、电感、电抗，凭借可靠的品质，工艺手段，已成为艾默生、华为、山特、科华等最终实的供应商。

143. 深圳市金威源科技股份有限公司

地址：广东省深圳市坪山新区大工业区聚龙山片区金威源工业厂区 A 栋 1-3 层，B2 栋 1-5 层
邮编：518101
电话：0755-83433146
传真：0755-29799837
邮箱：cehua@ gold-power. com
网址：www. gold-power. com
简介：

金威源是全球领先的电源解决方案服务商，具有高度自主知识产权的高科技信息核心骨干企业，集产品研发、生产及销售为一体，拥有世界领先的产品研发平台、可靠性测试平台和现代化自动生产制造平台。针对通信、太阳能绿色环保、汽车应用电子和新能源领域形成了六大核心产品系列——标准通信电源、远供电源、高压直流电源、太阳能光伏、LED 电源、汽车充电控制电源，产品广泛应用于通信、电力电子、自动化控制、铁路、军工、医疗、LED、太阳能发电和汽车充电控制系统。客户已遍布欧美、日本、印度、中东、巴西、非洲等国家和地区。

凭着快捷、创新、卓越，为用户增值的经营理念，为全球用户提供完善的电源解决方案。已成为中国移动、中国电信、中国联通、Indonesia PT. TELKOM、India Reliance、华为、中兴、京瓷、阿朗、大唐电信等国内外著名企业的优选服务商。

我们为客户在特定领域或行业提供创新性、个性化的解决方案和产品服务，快速、准确地为您提供产品技术支持，提供全方位、多元化的解决方案，高效全面地解决用户需求。

144. 深圳市金元电子技术有限公司

地址：广东省深圳市宝安区松岗街道罗田第三工业区象山大道 462 号浦京华茂工业园
邮编：518105
电话：0755-88210315-823
传真：0755-88210211
邮箱：Lyxj. 888@ 163. com
网址：www. ucon100. com
简介：

深圳市金元电子技术有限公司成立于 2003 年 9 月，经过 8 年艰苦卓绝的研发与不断创新，在长期从事军用铝电解电容研发与生产的不断总结的基础上，对从德国、日本、意大利、韩国引进的先进设备与一流技术进行了充分吸收、消化和革新，于 2011 年在中国深圳建成投产了国内一流、世界先进的年产量 2000 万颗新能源、变频节能专用的螺栓型、焊针（片）型铝电解电容器生产线。产品性能与质量达到世界一流同行的先进水平，完全可以全部替代进口。金元在对新能源、变频节能专用螺栓型铝电解电容器进行全面开发与研究的基础上，我们对其专用材料也进行了开发与研究，并且成功开发出新能源、变频节能专用螺栓型铝电解电容器专用的高压化成铝箔与高压长寿命耐大纹波电流的电解液专用电解质，为在新能源、变频节能专用的螺栓型铝电解电容器领域全面赶超世界一流水平打下了坚实基础。掌握核心技术，造世界一流的节能元件，为节能减排多做贡献，是金元公司的企业价值，也是金元人不断奋斗的目标。

金元公司自 2003 年 9 月成立以来，U-CON 品牌的高品质螺栓型铝电解电容器在各个领域得到广泛应用，并为中国的国防建设做出了自己的努力。U-CON 品牌的高品质螺栓型铝电解电容器主要应用于新能源领域（风能发电系统、光伏发电系统等新能源发电系统）、清洁能源应用领域（高铁、混合动力汽车、纯电动汽车等清洁能源运输系统）、节能设备等工业应用领域（变频器、频闪器、储能焊机、激光焊机、UPS 和 EPS 等工业储能设备）、医疗领域（X 光机、MRI 机、美容仪、生命监护系统和医疗检查系统），U-CON 品牌的高品质螺栓型铝电解电容器得到市场一致好评与钟爱，正在完全替代进口品牌。

金元以创新求发展、以诚信谋天下，金元热诚欢迎各位新老朋友、各兄弟单位、业界同仁、商界精英亲临金元参观指导、洽谈合作，共创幸福美好的未来！

145. 深圳市巨鼎电子有限公司

深圳市巨鼎電子有限公司
SHENZHEN JUDING ELECTRONICS CO.,LTD.

地址：广东省深圳市宝安区宝田一路 231 号凤凰岗第三工业区 B5 栋 5 楼

邮编：518102

电话：0755-26974799

传真：0755-26974522

邮箱：sales@ judingpower. com

网址：www. judingpower. com

简介：

我公司是一家专业的高频开关电源制造商，成立于 1998 年，一直专注于开关电源的研发、生产、销售与服务，致力于为客户提供高品质的、高可靠的电源产品和完美的电源解决方案。

我们的产品包括 AC-DC 一次电源、DC-DC 二次电源、ADAPTER 适配器电源、DC-AC 逆变电源、PFC 功率因数校正电源及 UPS 不间断电源等六大系列、一千多种标准与非标电源产品，单机电源功率涵盖 0.5～5000W。

我公司产品目前在国内电子检测设备和银行监控等应用领域处于领先地位，其中集中供电电源成为唯一一家入围多家银行监控工程的产品。

“高质求生存，低价赢客户，优服促发展”是我公司的经营宗旨。制造高品质、高可靠性的电源产品仅仅是我们迈出的第一步，为每一个客户提供最完美的电源解决方案才是我们的最终目标。

“创新源于专业制造，放心自在‘巨鼎电源’”！

每一个产品，我们巨鼎人都将为您精诚打造！

146. 深圳市科陆电源技术有限公司

地址：广东省深圳市南山区科技园北区宝深路科陆大厦 21 楼电源公司

邮编：518055

电话：0755-36901166

传真：0755-26632050

邮箱：wangwencheng@ szclou. com

网址：www. szclou-power. com

简介：

深圳市科陆电源技术有限公司（以下简称科陆电源），是一家专业从事电力电源产品（直流操作电源设备、不间断电源设备、电力用直流和交流一体化不间断电源设备、电力专用电源设备等）的研发、生产、销售与服务的公司，成立于 2005 年，其前身是深圳市科陆电子科技股份有限公司的电源事业部。

科陆电源自成立以来，紧密依托高新技术，以发展民族工业为己任、创造国际品牌、永居电力行业高峰为目标，得以持续快速发展；其产品先后在 1000MW 及以下的发电行业、750kV 及以下等级的变电站行业，以及在轨道交通、石油化工、水利行业都得以广泛使用。产品具备的技术先进性、安全可靠性、易操作性、抗干扰性、可扩展性、开放性、适用性的特点，得到广大的用户一致好评。

目前，公司拥有几十项国家专利及软件著作权，其电力电源产品全部具有自主知识产权，使用“科陆”商标。

科陆电源是中国电源学会、全国电力系统直流电源委员会委员单位，也是广东省电机工程学会交直流电源专业委员会常务委员会委员。

科陆电源的愿景：“打造世界级能源服务商”。

147. 深圳市库马克新技术股份有限公司

CMK
Cumark New Tech.

地址：广东省深圳市宝安区石岩镇宏发工业园三栋二楼

邮编：518108

电话：0755-81785111

传真：0755-81785108

邮箱：business@ cumark. com. cn

网址：www. cumark. com. cn

简介：

深圳市库马克新技术股份有限公司成立于 2001 年 3 月 19 日，注册资本 5740 万，证券代码 831251。公司专注于能源管理和工业自动化产品的研发、生产和销售。公司依靠其优异的电力电子及自动化控制技术和多年积累行业应用经验，根据各行各业工艺需求，为工业级用户提供高效可靠的自动化及能源管理完整解决方案。

公司主要产品有高压变频器、低压变频器、防爆变频器、电力滤波器等；主要服务于装备制造业、节能环保、新能源三大领域，产品广泛应用于起重、机床、金属制品、电线电缆、塑胶、印刷包装、纺织化纤、建材、冶金、煤矿、市政、汽车等行业。

公司是一家专注于电力电子和自动化控制技术研究的国家级高新技术企业。目前拥有自主知识产权的工业自动化控制技术，掌握了高性能矢量（闭环、开环）变频技术、PLC 技术、防爆变频器等核心平台技术。截至 2014 年 12 月 31 日，公司拥有已获证书的专利 24 项，各种技术资格或荣誉 42 项；公司拥有一支人数众多、经验丰富、技术领先的研发团队，专门从事核心平台技术的研究、应用技术的研究和产品的开发。

148. 深圳市华天启科技有限公司

地址：广东省深圳市松岗镇罗田井山路 14 号

邮编：518105

电话：0755-27103658

传真：0755-81732210

邮箱： szhuaqi@ 163. com
网址： www. huatianqi. com
简介：

深圳市华天启科技有限公司是一家民营高新科技企业，专业从事有机胶粘剂产品的开发，生产和销售。公司坐落在美丽的鹏城-深圳。公司产品类型有：粘接密封类胶粘剂、敷形类胶粘剂、灌封类胶粘剂、导热类胶粘剂等。产品囊括了单组分室温硫化硅橡胶、双组分室温硫化硅橡胶、双组分加成型硅橡胶、导热硅脂（散热膏、传温油）、有机硅树脂、环氧树脂灌封胶等胶粘剂。主要应用于电子、电器、通信、IT、灯饰、汽车、航空等领域。随着全球电子电器及IT电路高集成、高精密的发展，对其相应配套的化工材料提出了更高的要求。为满足其要求，我公司在原材料采购、产品测试、产品批量生产、产品销售以及售后服务都严格按照ISO9001质量管理体系执行，确保了产品的稳定性和可靠性。在产品研发方面不断加强同国内多家知名的研究所及大学开展合作，拥有独立的3个实验室和检测中心。雄厚的技术实力、完善的生产销售管理、先进的生产工艺、齐全的检测手段使我公司产品有了坚固的质量保证，并不断扩展产品应用领域。

一直以来，“华天启”都怀着一颗感恩的心，怀着冷静的思考，怀着一种深刻的行业责任，并以这种专业而锐意进取的精神创造出优质、安全、高效的产品回报给社会。我们固执地坚信：我们完全能为阁下提供尽善尽美、安全高效的产品及服务。

149. 深圳市南方默顿电子有限公司

Erdn

地址： 广东省深圳市宝安区松岗街道东方社区大田洋工业区东方华丰工业园（华美路段）D栋4楼1号
邮编： 518105
电话： 0755-27143393
传真： 0755-27143830
邮箱： merdn@ merdn. com
网址： www. merdn. com
简介：

深圳市南方默顿电子有限公司是一家自研发、生产、销售到售后服务一体化的专业UPS生产制造公司。公司一贯秉承“品质第一，客户至上，追求卓越”的经营理念与奋斗目标，长期致力于科技研发与技术创新，以给消费者提供更合适的产品；完整的系统技术，优异的产品品质，以给客户提供完整的电力解决方案。

南方默顿生产基地坐落于经济优越、科技领先的广东深圳。公司品牌与OEM并行，在印度、泰国、日本等地都有极佳的品牌知名度与市场占有率，并为各国知名度品牌OEM生产。

南方默顿生产通过了ISO9001国际质量管理体系认证以及ISO14001国际环境体系认证，所生产的UPS产品也通过了CE、CQC等产品品质认证，未来的南方默顿公司更会致力于技术的创新与服务的提升，援引学术高端科技与力量，奔向国际电源行业新标航。

150. 深圳市帕瓦科技有限公司

Pawasz
帕瓦科技

地址： 广东省深圳市龙岗区龙岗街道龙东社区爱南路78号利好工业园5栋5楼
邮编： 518116
电话： 400-863-6588
传真： 0755-28968689
邮箱： root@ szpower-tech. cn
网址： www. szpower-tech. cn
简介：

深圳市帕瓦科技有限公司是专业从事电源及节能设备研发、制造、销售的综合性高科技企业。帕瓦产品已在市政、金融、医疗、广播电视等需要高品质电源的领域都有相当好的口碑，深受广大客户的青睐，自2006年成立以来，先后获得“电源学会会员单位”、“高新技术企业”等荣誉称号。

帕瓦科技运用丰富的电能效率管理经验及现代化的电能损耗诊断分析手段，从低压电网侧入手，对客户的电效和降耗的管理结构、配电系统、动力设备、照明系统以及产品流程等方面，进行系统的综合性分析和诊断，为客户提供系统的电能损耗现场诊断和分析评估，从而帮助客户有效地降低电能消耗和设备故障率，提高产品品质和设备利用效益，降低直接和间接运作成本，提升企业的盈利能力和市场竞争能力。

我们的企业目标：“提升电能质量”和“降低用电成本”。

我们的服务承诺：“让我们尽心尽力，让客户称心如意”。

151. 深圳市鹏源电子有限公司

深圳市鹏源电子有限公司
Forever Power　Shenzhen Advantage Power Limited

地址： 广东省深圳市福田区新闻路侨福大厦4F
邮编： 518034
电话： 0755-82947272
传真： 0755-82947262
邮箱： sales@ szapl. com
网址： www. szapl. com
简介：

鹏源电子是一家专业为新型能源产品提供核心电子零件的代理商，既提供包括各类IGBT、MOSFET、快速二极管、整流桥、晶闸管、碳化硅二极管和场效应晶体管及控制IC等关键的半导体器件，也提供薄膜电容器、铝电解电容器和滤波器等产品，能为功率变换的各个环节提供关键的元器件。

我们拥有专业的销售工程师团队，能为客户提供准确、高效和经济的元器件方案，让客户的设计处于业界前沿。

在通信电源、UPS、电力电源、变频器、电焊机、风能、太阳能、SVG 等领域，我们都有成熟和领先的元器件方案，能有效减少工程师挑选元器件的时间，缩短产品开发的周期。

产品众多、现货充足是我们的优势之一，无论是跨国企业还是国内厂家，都能得到我们迅速、可靠和专业的服务。

我们代理的产品包括 IXYS、Westcode、CREE、icel、Panjit、CET、NEM、Wavefront、擎力科技等，服务的客户包括 Emerson、Siemens、GE、Philips、中兴通讯、中国南车等。我们致力于为客户提供一站式的服务，是电力电子行业首选的供应商。

152. 深圳市锐能微科技有限公司

地址：广东省深圳市南山区海天一路 13 号深圳市软件产业基地 5B-401
邮编：518057
电话：0755-86221680
传真：0755-26400023
邮箱：wuxiaoli@ renergy-me. cn
网址：www. renergy-me. cn
简介：

锐能微成立于 2008 年 5 月，是一家高科技半导体技术公司，专业从事集成电路的研发、生产和销售。具有完整的集成电路设计队伍，公司现有员工 66 名。锐能微现属国家高新技术企业，深圳市高新技术企业，国家软件企业和集成电路设计企业，为深圳市半导体行业协会会员单位，深圳市软件行业协会会员单位，软件企业及软件产品认定企业。2012 年及 2013 年连续两次通过了国家发改委等五部委的“国家规划布局内重点集成电路设计企业”认定。

153. 深圳市瑞必达科技有限公司

地址：广东省深圳市宝安区福永桥头富桥二区北 A3 栋
邮编：518057
电话：0755-33981668 33981458
传真：0755-83475180
邮箱：sales@ ritarpower. com
网址：www. rbdpower. com
简介：

深圳市瑞必达电源有限公司是成立于 2006 年，是瑞达国际全资子公司，专业从事各类开关电源、充电器等相关产品研发、生产、销售及服务于一体的公司。拥有一流的生产、检测、试验设备及仪器：采用全自动开关电源测试系统、AT 插件机、贴片机、波峰焊、回流焊、AOI、RoHS 光谱分析仪、EMC 测试系统、环境试验箱、高温老化房、数据采集等先进生产和检验设备。为产品的优良品质提供了有效保证，公司生产的系列电源，已广泛地应用于航空航天、电信、电动车、医疗、多功能家具、体育娱乐设备、工厂设备及 LED、电动工具等领域。工厂已通过了 TUV ISO19001-2000 质量体系认证，产品通过了 TUV、CB、CE、UL、FCC、PSE、C-Tick、Gost、CCC、能源之星等质量安全认证，产品销往欧洲、美洲、大洋洲等 40 多个国家和地区。

154. 深圳市瑞晶实业有限公司

深圳市瑞晶实业有限公司

地址：广东省深圳市南山区西丽镇丽山路民企科技园 3 栋 6 楼
邮编：518055
电话：0755-88860609
传真：0755-26515068
邮箱：zhen. xiuping@ rjsz. net
网址：www. rjsz. net
简介：

公司成立于 1997 年，是一家集科、工、贸于一体的民营股份制企业，坐落于深圳市内著名的大型工业区——西丽红花岭工业区，毗邻深圳著名学府——深圳大学城，以及西部风景旅游点：西丽湖度假村、动物园等。工业区内配套完善，交通十分便利。

公司目前主要从事开关电源类产品的研制、开发、生产。现公司拥有 10000m^2 生产平台，1000 名员工和一批专业技术骨干，生产装配线 20 条及 4 台 SMT 自动贴片机，各种专业电子测试仪器，信赖性测试设备，及可同时 BURN—IN 7200Pcs 的老化室。日平均产能 35kPa，峰值产能可达到 50kPcs。2005 年的年产值已超过亿元大关。

1999 年开始为国外内主流通信设备及相关厂商提供各类规格的开关电源、工业电源、LED 驱动电源。主要客户包括了深圳中兴通讯股份有限公司、福建星网锐捷通讯股份有限公司、德赛电子（惠州）有限公司、韩国 LG 等大型厂商。

2006 年中国电子科技集团公司（CETC）第九研究所（原信息产业部电子九所）与我公司合资合作，资产整合后注册资本为 959 万元，现今公司是国有控股的军转民形式的股份制科技企业，依托于九所这一强大技术后盾，致力于发展成为国内一流的电源产品研制、生产、销售一体化的专业公司。

2009 年，深圳市瑞晶实业有限公司成为深圳市 LED 产业标准联盟核心会员单位（该联盟是深圳市计量院与标准局牵头创建），积极参加深圳市 LED 产业标准的制定工作，并已成为深圳市有关 LED 产业中电源产品核心生产厂家。

155. 深圳市三和电力科技有限公司

地址：广东省深圳市南山区西丽镇官龙村第二工业区 6 号厂房 1-3 楼
邮编：518000
电话：0755-26749992
传真：0755-26749991
邮箱：samwha2002@ vip. 163. com
网址：www. samwha-cn. com
简介：

深圳市三和电力科技有限公司是一家立足于深圳的高科技企业，主要从事以电力节能为中心的高科技产品的研发、制造，同时与大专院校联合承担科研开发课题。凭借多年的研发和生产经验，我们在无功补偿、滤波方面积累了丰富的经验，多项技术引领行业发展，我公司受国家委托参与了多个国家行业标准起草和制定工作。

我们的核心技术：供电系统的无功补偿技术和智能型控制；供电系统高、低压谐波治理；供电系统的稳定性分析；电容器装置的安全运行；柔性输电技术 SC、SVC、SVG、APF、UPFC 系统稳定的产品质量、专业化的咨询、一流的服务，使我们每天都迈向新的高度。

156. 深圳市思凡贝特科技有限公司

地址：广东省深圳市光明新区公明汉海达高新科技园 C 栋 8 楼
邮编：518106
电话：0755-27639970
传真：0755-27639971
邮箱：307241364@ qq. com
网址：www. safebata. com
简介：

德国贝特国际集团是一家致力于 UPS 不间断电源、逆变电源、清洁能源、阀控免维护电池等技术领域，集研发、生产、销售、服务于一体的全球电源领导厂商，其卓越的产品品质、创新的技术以及完善的售后服务体系都已成为业界的标准。

德国贝特国际集团在全球拥有国际先进的生产和检测设备，及完整的销量网络和售后服务体系。其产品销售及服务网络遍布全球，广泛应用于通信系统、电力系统、金融系统、紧急供电系统以及安全系统等。德国贝特不间断电源是最值得依赖的国际知名品牌产品，在国际上被誉为“全球电源解决之道”的专业电源解决方案专家。

深圳思凡贝特科技有限公司依托德国贝特国际集团的先进技术、品牌销售和服务网络，其设计生产的贝特品牌产品采用国际上更为先进的设计理念，具有更长的使用寿命及稳定可靠的卓越品质，是保护网络设备稳定运行的首选品牌。其研发和生产的所有产品都有严格的质量保证，符合 ISO9001 国际标准。

思凡贝特科技凭借 20 多年的专业经验和对行业发展的敏感预测，不断投入在新技术、新应用和新概念的研发，不仅提高了产品的可靠性，而且随着新技术的应用同时降低了产品的成本，大大提升了产品的性价比，得到更为广泛的市场认可。

思凡贝特科技还致力于为客户提供全方位的专业电源管理服务，以及一体化的动力系统解决方案。贝特科技不仅注重硬件的研发，其设计开发的专业管理软件更具有强大的兼容性，可以应用于多种操作平台，使系统管理更为简捷及时，令管理人员真正体会到“运筹帷幄，决胜千里”之感。

157. 深圳市威日科技有限公司

地址：广东省深圳市龙华新区大浪街道英泰工业园 5 栋三楼 A 区
邮编：518109
电话：0755-28133003
传真：0755-29787957
邮箱：vr2008@ 126. com
网址：www. weiri. net. cn
简介：

深圳市威日科技有限公司/深圳市兆伟科技开发有限公司位于深圳宝安区龙华二线拓展区内，是以开发生产电子元件检测仪器和元件数控自动生产设备为主的高科技型公司。现公司有九大类别 30 余种型号产品：精密 LCR 测试仪、精密直流电阻测试仪、变压器综合参数测试仪、直流叠加程控恒流源、磁性材料功耗测试仪、绝缘耐压安规测试仪器、无刷电机程控绕线机、CNC 自动排线式绕线机、无刷电机数控驱动器，威日公司还正在研制开发电容纹波测试仪、精密电解电容测试仪、高频功率计、开关电源综合参数测试仪等新产品。公司所投产的所有产品都要收集国内外最新的相关产品进行详细研究，综合各家之所长，并加上本公司独创的电路及根据从广大用户收集来的意见改进的电路，形成既有先进性又符合用户需求的独创产品。

158. 深圳市威泰隆电源电气有限公司

地址：广东省深圳市宝安区龙华镇大浪浪口工业园 10 栋
邮编：518109
电话：0755-28177558 28177216
传真：0755-28177548
邮箱：szwtl@ 126. com
网址：www. weitailong. cn
简介：

深圳市威泰隆电源电气有限公司始建于 1996 年，是中国电源学会会员单位，国家行业标准《家电家流自动调压器》（SB/T10266-1996）起草组专业成员单位。公司自创办以来，坚持以质量为本，以科技为先导，不断引进国内外先进技术，研究开发以电力电子为核心技术的高精度稳压器、补偿式电力稳压器、变压器、配电箱、配电柜、低压开关柜等产品。产品以其卓越的品质、完善的性能而畅销国内外。公司于2003年通过ISO9001：2000国际质量体系认证。

公司继续秉持“客户至上、质量第一”的经营理念，“知识加胆量、求实加创新、团结加拼搏”的企业精神，“以品质求生存、以信誉求发展”的经营方针，始终不断地追求“优质产品、优质服务、顾客满意”创造威泰隆品牌为宗旨。面对新经济的挑战，公司全体员工正满怀信心、积极开拓、全面推进以战略人力资源管理为重点，从传统产业向高新技术产业转移，以国内外市场为主逐步向国内与国际市场并重转移的战略指导思想，以实现公司集团化、实体化、规范化的目标而不断努力。

公司主营生产定制：DG/SG自耦变压器、DGG/SGG隔离变压器、BK控制变压器、DG单相变压器、SG三相变压器、干式变压器、油浸式变压器、印刷机变压器、贴片机变压器、机床变压器、单相稳压器、三相稳压器、交流稳压器、全自动稳压器、家用稳压器、380V稳压器、TND/TNS小功率稳压器、SBW大功率稳压器、补偿式稳压器、智能稳压器AVR、环保补偿式稳压器CUS、定制稳压器、电抗器、进线电抗器、出线电抗器、滤波电抗器、串联电抗器、限流电抗器、启动电抗器、UPS、配电箱等产品。

159. 深圳市西格玛泰变压器有限公司

地址：广东省深圳市宝安区石岩街道办光明路36号西格玛泰工业大厦（石岩汽车站后侧，泉宝工业区）
邮编：518108
电话：0755-29827108
传真：0755-29827008
邮箱：cgsb1@ szxgmt. com
网址：www. szxgmt. com

简介：

深圳市西格玛泰变压器有限公司成立于2003年6月28日，专业从事高低压空心电抗器、高低压铁心电抗器、各类干式变压器的研发、设计、制造、营销和技术服务。

现有员工100余人，厂房4300m^2，经营管理和工程技术人员全部具备大专以上学历或中级以上职称，部分人员从事本行业超过19年。

与华中科技大学、厦门大学、沈阳变压器研究所长期进行技术合作。

空心电抗器的研发、制造处于国内行业前列。

产品已销往京、津、沪、渝、港、澳、台等20多个省、市、自治区和加拿大、澳大利亚、西班牙、阿联酋、意大利、新加坡等国家与地区。

成交客户超过400户，已为艾默生电气、清华紫光、科陆电子、骆驼股份等多家上市公司供应各类电抗器、变压器30余万台套。

自行设计、制造的变压器，配套客户产品安装在人民大会堂和钓鱼台国宾馆，已安全、高效运行9年。

160. 深圳市希顺有机硅科技有限公司

地址：广东省深圳市光明新区塘家社区塘家南路A28号
邮编：518000
电话：0755-29596265，13823101696
传真：0755-29596296
邮箱：liuhuafang@ sisun. cn
网址：www. sisun. cn

简介：

深圳市希顺有机硅科技有限公司是一家研发、生产、销售电子胶粘剂的国家高新技术企业，公司成立于1999年，产品以有机硅胶粘剂为主导，配套有环氧胶、塑料胶、快干胶、UV胶、厌氧胶及多种特殊胶粘剂，产品广泛应用于电源工业制造领域。

公司总部设在深圳，在成都、上海、浙江等全国多地设置分公司或分支机构，业务范围遍布全球。

公司目前与康佳、TCL、JVC、三星、伟创力、富士康、华龙、九洲、阿特斯、长城电源、珈伟、湖南兴业、冠德、富华、佛山照明、生辉照明、立达信、南玻集团等国内外知名企业建立了长期合作伙伴关系，是中国电子电器、照明、太阳能、汽车制造业用胶粘剂最大供应商之一。

161. 深圳市新能力科技有限公司

地址：广东省深圳市宝安区新安街道留仙一路67区甲岸科技园3号厂房6楼（北区）
邮编：518000
电话：0755-83409828
传真：0755-83417632
邮箱：sinoly@ sinoly. com
网址：www. sinoly. com

简介：

深圳市新能力科技有限公司成立于1999年5月，一直以来致力于大功率高频开关变流技术及计算机控制技术的研究、开发和生产，是国家科技部、财政部、深圳市科技局、财政局重点扶持的高科技企业。

公司产品现包括电力高频开关电源模块，微机高频开关电源监控器，智能电力参数仪表，智能电能表，电能质量谐波分析仪表，电力操作电源小系统，BZW系列壁挂电源，GZDW微机控制高频开关直流系统，并分别通过了原电力工业部电力设备及仪表检测中心和国家继电器检测中心的严格检验。

公司秉承“创新、合作、服务、双赢”的经营理念，坚持“全员参与，制造优质产品，持续改进，满足客户需求”的方针，坚持“求实创新，质量第一；用户至上，服务社会”的服务宗旨，以可靠的质量、优良的性能、互惠的价格、殷实的服务，与社会各界广大用户同发展、共进步！

162. 深圳市新未来电源技术有限公司

地址：广东省深圳市南山区西丽镇珠光村第二工业区4栋1楼115室
邮编：518055
电话：0755-26589529
传真：0755-26951925
邮箱：nfcsw2008@ vip. 163. com
网址：www. nfcszb. com

简介：

深圳新未来电源技术有限公司是广西新未来信息产业股份有限公司的全资子公司，2001年迁至深圳，2006年改制后成立深圳新未来电源技术有限公司，公司注册资本为1000万元。公司成立伊始，即以“科技创造新未来”的理念，立足于高端电源产品的研发。逐渐形成了模块化并联技术为主的系列电源产品，其中又以并联模块化逆变电源和模块化UPS翘楚同业，并被国家科技部认定为“2004年国家级火炬计划产品”、“2005年国家级重点新产品”等。公司通过了ISO9001：2000质量体系认证，建立了完善的质量管理体系。电源产品已通过泰尔认证，电力、铁路等电源产品也通过了相关国家级检测。所有指标均已达到并超过国家标准和相关行业标准。

广西新未来信息产业股份有限公司成立于1997年，是一家集模块化电源、软件开发、安防智能化、GPS监控及压敏电阻等于一体的大型集团公司，公司注册资本为4558万元，经政府认定为高新技术企业，是国家“863”计划信息技术领域课题的承担单位。

深圳新未来电源技术有限公司本着打造一流产品，追求产品的新技术、高质量，不断研究开发高可靠性的电源产品，始终与世界最先进的技术保持同步。公司从2002年开始销售并联电源，有16年的电力电源和铁路信号电源研发、生产、销售经历。电源产品已经系列化，涵盖电力、铁路等并联交流电源/并联UPS电源等，在铁路和电力行业有超过五万台以上的电源模块在线运行，为电力、铁路系统提供最可靠的整套电源应用解决方案，为客户创建竞争优势。

163. 深圳市兴龙辉科技有限公司

地址：广东省深圳市龙岗区横岗镇西坑村西湖工业区19栋
邮编：518002
电话：0755-89737829，89737228，89737666
传真：0755-89737108，89737118
邮箱：admin@ unitefortune. com
网址：www. gd-battery. com

简介：

兴龙辉科技有限公司成立于1998年，是一家专门从事设计、制造镍氢电池、锂电池、聚合物电池的生产企业。产品广泛应用于数码/摄像机、PDA、手机、无绳电话等。

自公司成立以来，我们始终坚持“技术第一，品质卓越，顾客至上”的原则。其先进的品质检测设备及严格的质量管理体系确保金龙电池在生产过程中品质更完善，性能更稳定。

经过多年的研究与发展，凭借良好的产品品质与不断的技术创新，我们金龙品牌电池已逐渐成为国内电池业最畅销产品。其产品同时远销美国、欧洲、东南亚、中东等国家与地区。

我们热烈欢迎新老客户莅临我公司参观与指导，并期待着与您进一步的合作！

164. 深圳市雄韬电源科技股份有限公司

地址：广东省深圳市大鹏镇同富工业区雄韬科技园
邮编：518120
电话：0755-84318700
传真：0755-84318700
邮箱：sales@ vision-batt. com
网址：www. vision-batt. com

简介：

雄韬电源是全球最大的蓄电池生产企业之一，成立于1994年。现有员工3500人，两大生产基地——深圳雄韬科技园及越南雄韬总占地面积260000m²。在中国（包括香港地区）、越南、欧洲、美国、印度拥有制造基地或销售中心，分销网络遍布全球100多个国家和地区。

公司产品涵盖密封铅酸、锂电子电池两大品类：密封铅酸蓄电池包括AGM、深循环、胶体、纯铅四大系列；锂电子电池包括钴酸锂、锰酸锂、磷酸铁锂。

公司在全球100多个国家和地区的通信、电动交通工具、光伏、风能、电力、UPS、电子及数码设备等领域为客户提供完善的产品应用与服务。目前，在全球的主要合作伙伴有艾默生（EMERSON）、沃达丰（VODAFONE）、APC-MGE、伊顿（EATON）、中国移动、中兴、南方电网等。

165. 深圳市英可瑞科技开发有限公司

地址：广东省深圳市南山区马家龙工业区77栋

邮编：518052
电话：0755-26586000
传真：0755-26545384
邮箱：increase@ increase-cn. com
网址：www. increase-cn. com
简介：

深圳市英可瑞科技开发有限公司成立于2002年，是一家总部设立在深圳市的民营国家级高新技术企业。公司从成立之初就立足于电力电子领域，走自主研发、技术创新的道路，专业从事于电力电子产品的研发、生产、销售。公司业务范围包括电力电源、通信电源、大功率可并联逆变电源、汽车充电站用电源、电力UPS、EPS及其他特殊工业电源等。

自公司成立以来，在全体员工的共同努力下，英可瑞公司在技术研发能力、产品品质和市场占有率几方面在电源行业内已经占有一定的地位。合作的国内企业已经多达数百家，生产的电源产品已经大量运行在国内及世界各地，广泛地应用于电力、铁路、城市交通、冶金、能源等多种行业。生产的产品先后参与保障了青藏铁路、北京奥运会、上海世博会、广州亚运会相应电源设备的顺利平稳运行。

公司有着一支高素质的研发队伍，这使我们成为技术和革新的先锋，在公司各部门人员的配合下，我们不仅为客户提供我们现有的产品和经验，同时我们也能提供解决问题的新产品和新方案。

166. 深圳市正能实业有限公司

地址：广东省深圳市南山区西丽留仙洞工业区顺和达厂区2栋2楼西
邮编：518067
电话：0755-26698797
传真：0755-26698765
邮箱：zhengneng@ zhengneng. com
网址：www. zhengneng. com
简介：

深圳市正能实业有限公司成立于1999年，是一家民营高新技术企业。公司总部员工80余人，其中研发人员40余人，生产基地800余人。多年来主要从事功率电子学、电气控制及相关成套设备的研究、开发和生产，尤其擅长于高频开关电源微机控制技术；从而在电力和通信高频开关电源以及智能监控领域，有很强的市场竞争能力，其主要产品有：分布式电源、电力操作电源、通信直流电源、电力充电模块、通信智能高频开关充电模块、小系统监控模块、直流变换器、工频高频逆变器、UPS、EPS等。2008年，公司成立新能源事业部，以实力雄厚的专业技术人员，结合高等院校的专家、教授，共同研制、开发的主要产品都通过微处理控制、采用智能化、数字化、PWM调制、SPWM调制及无触点静态控制等技术，达到国内技术领先水平。其主要产品有：太阳能系列离网/并网逆变器、太阳能充放电控制器、风光互补控制器、太阳能控制一体机、风光互补系统（路灯、家庭用电）、太阳能电池及组件、太阳能光伏系统集成等。

167. 深圳市中科源电子有限公司

地址：广东省深圳市光明新区公明楼村社区世峰工业园F栋3楼
邮编：518100
电话：0755-23429958
传真：0755-23429958-808
邮箱：sean@ szcpet. com
网址：www. szcpet. com
简介：

CPET致力于电源、家电、灯具老化设备、自动化设备、测试仪器、软件产品等多类相关产品的研发、制造、销售与服务，在华东与华南设有营销服务机构，国内拥有40多家合作伙伴，是业界典范的老化测试设备制造商。

CPET始终以技术创新为发展的源动力，我们非常重视对研发的投入，现已获得发明专利与软件著作权50多项，获得了深圳市双软企业、深圳市优秀软件类企业、深圳市高新技术企业、国家级高新技术企业等殊荣。

CPET产品广泛应用于电源的研发设计、生产测试、电池、LED照明、家电、光伏、电力新能源等产业。

CPET已服务于全球上千家客户，如Philips飞利浦、SAMSUNG三星、Panasonic松下、CVTE视源、NVC雷士、三雄极光、MTC兆驰、MOSO、茂硕、BYD比亚迪、Inventronics英飞特、MOONS鸣志等知名企业，CPET在国内外市场上享有较高的品牌知名度和美誉度。

现在CPET在产品创新上不断获得成功，但CPET人从未停下前进的脚步，以客户为中心，我们不断追求着更好的技术、品质、服务、价值为经营理念。

让我们共同见证中国创造。

168. 深圳市中兴昆腾有限公司

地址：广东省深圳市宝安区67区留芳路6号庭威工业区二期厂房8楼
邮编：518000
电话：0755-86296585
传真：0755-86296063
邮箱：quantumService@ zte. com. cn
网址：www. ztequantum. com
简介：

深圳市中兴昆腾有限公司成立于2011年9月8日，总部设在深圳，产品覆盖新能源光伏产品、矿山避险和通信产品、自助机类产品等多个领域。

公司前身为中兴新通讯设备有限公司（ZTEHoldings）机械事业部。中兴新通讯设备有限公司，是国务院确定的520家全国重点国有企业之一，是高科技上市公司中兴通讯（SZ000063）的控股母公司。

中兴昆腾现有员工300人，拥有一批经验丰富的产品研发和生产管理队伍。同国内一流院校、研究所建立联合实验室，注重产品研发和创新。目前公司已累计获得专利45项，其中申报发明专利11项、取得实用新型专利27项、外观专利7项，软件著作权8项。

承载着中兴集团28年的研发、生产制造经验。公司成立后第一年，2012年即实现产品的批量销售，实现收入1.5亿。

公司全面通过了ISO9001质量管理体系认证，相关产品取得日本JET认证、欧洲TUV认证、中国金太阳认证、中国煤矿产品安标认证等。

中兴昆腾以诚信经营、回报社会为理念，不断追求卓越，为客户提供最优的产品和服务。

169. 深圳市卓越至高电子有限公司

地址：广东省深圳市龙岗区坂田街道雪象社区在茂工业厂2号厂房

邮编：518129

电话：0755-89395358

传真：0755-22640117

邮箱：ad@ excellenttop. com. cn

网址：www. etopower. com

简介：

深圳市卓越至高电子有限公司是一家优秀的电源解决方案供应商，拥有十余年的电源研发、制造经验，我们致力于以最优的价格、最准时的交货时间为客户提供最优质的产品与服务。经原国家对外贸易经济合作部批准，拥有对外经营权。公司电源产品系列包括：标准通信系统电源产品、标准嵌入式系统电源产品、定制电源产品、标准模块电源产品、标准工业电源产品、标准仪器电源系统产品、交直流配电系统产品等，产品广泛用于通信、电力电子、自动化控制、铁路、军工、医疗等行业，并大量销往欧美、日本、印度、中东等国家和地区；公司重视技术、重视人才，不断强化内部管理，狠抓产品质量。我们的产品100%经过高温老化，符合CCC、CE、UL多个国家权威机构的安全认证的标准。公司以“卓越质量，高效服务”为宗旨，竭诚为您提供最优质的服务。

为了保证及时交货，我们一直保持标准品库存，为您解决燃眉之急。如果您不能从我们的产品展示上找到合适的机型，或者您无法在市场上找到合适您规格的产品，请联系我们，我们强大的研发队伍一定能按您的需求为您开发定制出您满意的产品。

奉行“诚信、严谨、创新、高效”的理念，坚持以顾客满意为中心、以环境友好为己任、以安全健康为基点、以品牌形象为先导的价值观，一如既往地为国内外顾客提供优质的技术服务和工程产品。

170. 深圳唐微科技发展有限公司

地址：广东省深圳市南山区高新南区粤兴三道中国地质大学产学研基地B701-709

邮编：518057

电话：0755-86147770

传真：0755-86147707

网址：www. tomwell. cn

简介：

深圳唐微科技发展有限公司是一家自主型专业电源转换、智能控制、科技创新的设计研发企业。作为一家具有高度责任感的企业，唐微公司坚持以“踏实、进取、创新、敬业”为创业原则，以“节能减排，绿色照明”为发展方向，致力于为世界各地的人们带来优秀的产品和服务，以及全新的生活方式。

凭借着“可靠、节能、精确控制、智能、易于维护”的产品品质，深圳唐微公司得到了众多灯具厂商的青睐，同时吸引了来自世界各地相关领域领先者的关注，并且得到了全球智能网络控制系统的领导者、LonWorks网络技术平台的创立者——美国埃施朗（Echelon）公司和欧洲最专业的智能控制系统应用软件开发咨询公司Streetlight. Vision（SLV）的技术支持，在三方强强联手通力合作下推出了物联网智能照明控制方案，能够满足各类的复杂照明节能需求，同时还能扩展环境监测、实时监控等“智慧城市”信息化管理功能。

171. 拓哲（广州）电子科技有限公司

地址：广东省广州市广州经济开发区东区宏明路271号1栋4楼

邮编：510530

电话：020-82068466

传真：020-82181182

邮箱：sales@ tozerpower. com

网址：www. tozerpower. com. com

简介：

拓哲（广州）电子科技有限公司是专业设计、生产及销售电能转换设备和变频系统的科技公司。历史可以追溯到世界上第一家提供IC封装微功率DC-DC转换器系列的Newport Components Ltd（建立于20世纪80年代初期）。经多年的努力经营，拓哲已经成功延续了 Newport 时代的电源技术创新优势，并逐步成为电源行业领先的制造服务公司。

拓哲（广州）电子科技有限公司是 Tozer Technologies 在中国投资的全资子公司。

拓哲产品范围涵盖了 DC-DC 转换器、AC-DC 电源、定制磁性器件和 LED 驱动器等电源相关设备。

172. 协丰万佳科技（深圳）有限公司

地址： 广东省深圳市龙岗区平湖街道良安田社区良白路 179 号
邮编： 518111
电话： 0755-84687559
传真： 0755-84688817
邮箱： carlxiao@ hipfung. com. cn
网址： www. hipfung. com. hk
简介：

本公司是香港协丰公司在内地投资兴建的企业，本公司在中国的加工生产基地主要向客户提供各种电子产品加工生产服务，完全有能力满足各种 OEM 客户的需求和各种复杂产品的加工要求。

本公司于 2002 年 5 月积极地引进无铅焊接技术，现今完全有能力生产无铅产品，目前公司的生产设备可以满足欧洲市场。

此外，本公司还加强了环境管理体系，参与了一些客户的“绿色伙伴”计划，并根据 ROHS 指示减少、逐渐停止或随后禁止采购和使用破坏环境的物质。

本公司在亚洲和美国都设有采购办事处，在中国澳门设立了一个办事处以满足一些特别客户的需求，具有稳定的人力资源、国际最新和专门的生产设备、良好的质量控制、准时交货，与相关方保持互利的合作与信任，使公司与来自日本、美国、欧洲及澳大利亚等大型电子公司客户保持着良好的商业合作关系。

173. 伊戈尔电气股份有限公司

地址： 广东省佛山市顺德区北滘镇环镇东路 4 号
邮编： 528311
电话： 0757-86256888
传真： 0757-86256886
邮箱： riyun. liao@ eaglerise. com
网址： www. eaglerise. com
简介：

伊戈尔电气股份有限公司（原日升电业）始创于 20 世纪 90 年代，现有标准厂房 9 万平方米，员工 2100 余人，是一家致力于向全球市场提供变压器产品、成套电源产品及变压器铁心组件的专业供应商，主要产品系列有电感模式电源产品、电子模式电源产品、特种变压器、电力变压器及变压器铁心组件等五大类，300 余个品种，广泛应用于照明、电力、新能源、工控等行业。伊戈尔电气坚持以市场为导向，以客户为中心，在中国北京、上海，以及日本、美国、德国、孟加拉、巴基斯坦分别设有驻外机构，在全球范围内围绕着有价值的客户群，建立并发展着互惠互利的良好合作关系。

174. 中山市横栏镇阿瑞斯电子厂

地址： 广东省中山市横栏镇贴边村西边路 30 号
邮编： 528400
电话： 0760-87615167，86906235
传真： 0760-87615167
邮箱： ktj7210@ yahoo. com. cn
简介：

阿瑞斯电子厂位于珠江三角腹地，中山市横栏镇紧邻中国灯饰之都——古镇，地理位置优越，交通运输便捷，是一家专业从事开发设计及制造各类灯饰配套电器的企业，主营电子变压器、LED 变压器、电子镇流器、数码遥控分段开关等产品。

自创办至今，经过多年的积累，阿瑞斯已拥有科学的设计理念、先进的生产工艺、资深的工程技术人员和优秀的管理人员，确保了产品的品质。优质的产品、合理的价格、热忱的服务使阿瑞斯的产品深受客户的信任和青睐，不仅销往全国各地，还销往欧洲、中东、中国台湾、香港等地。

“质量至上，信誉第一”是阿瑞斯不变的理念，“诚信经营，优质服务”是阿瑞斯的经营原则，您的满意、我们的好“芯”是阿瑞斯永远的承诺！

175. 中山市万科电子有限公司

Iscon®

地址： 广东省中山市东区白沙湾工业区
邮编： 528403
电话： 0760-88280321
传真： 0760-88280320
邮箱： ming@ wanko. cn
网址： www. wanko. cn
简介：

万科电子有限公司创建于 1997 年，位于伟人孙中山的故乡中山市。公司创建至今，始终坚持“以科技开拓未来，用质量创造价值”为经营理念，严格按照 ISO-9001 标准体系，对所有产品进行质量管理与控制，在全体员工团结一致不断努力下，经过十年的稳步发展，已跃居为国内著名的铝电解电容器专业生产厂，公司占地面积 15000m^2，拥有现代化的标准厂房，先进的生产线，整套的生产技术及专业技术管理人才和完善的生活配套设施。

公司生产的产品主要是为开关电源、显示器、电脑、音响、灯饰等工业和家用电器提供电子元器件和附件的配套服务。产品的工作电压范围为4～500V、容量范围为0.1～100000μF、外形尺寸为ϕ3mm×5mm～ϕ72mm×120mm产品类型有无极性、导针式、焊针式、焊片式、螺栓式等20余种型号规格，可以满足所有电子电路和整机的使用要求。公司年产能量高达15亿只，产品超过1000多种，产品远销海内外，客户数量多达200多个。各种不同类型的整机产品，均得到了广大用户的一致好评。

新世纪、新阶段、新征程，务实、创新、奋进的万科人愿意与海内外客商一道，携手开创美好的未来。

176. 中山市卓锋电子有限公司

地址：广东省中山市东凤镇东凤翔大道31号
邮编：528425
电话：0760-22783498，4000682862
传真：0760-22611689
邮箱：zhuofeng@ zhuo-feng. com
网址：www. zhuo-feng. com. cn
简介：

中山市卓锋电子有限公司（品牌：天龙电源）成立于2007年，公司致力于电源产品的研发、生产、销售，以打造最具性价比的电源品牌企业，争创电源行业一流品牌为目标。多年来，一直以来致力于中高端开关电源、恒压防水电源、LED路灯防水电源、LED驱动电源、DC-DC电源、大功率开关电源智能充电机的研发、生产、销售及品牌打造为一体的经营模式。目前公司产品被用于LED灯具厂家配套、城市照明亮化工程、酒店装修、珠宝照明、游戏动漫设备、美容设备和工业自动化控制等行业中，并出口到俄罗斯、土耳其、以色列、韩国、意大利、波兰等国家。

177. 中兴通讯股份有限公司

ZTE

未来，不等待

地址：广东省深圳市南山区高新技术产业园科技南路55号中兴通讯大厦
邮编：518057
电话：0755-26770000
网址：www. zte. com. cn
简介：

中兴通讯是全球领先的综合通信解决方案提供商。公司通过为全球160多个国家和地区的电信运营商和企业网客户提供创新技术与产品解决方案，让全世界用户享有语音、数据、多媒体、无线宽带等全方位沟通。公司成立于1985年，在香港和深圳两地上市，是中国最大的通信设备上市公司。

中兴通讯拥有通信业界最完整的、端到端的产品线和融合解决方案，通过全系列的无线、有线、业务、终端产品和专业通信服务，灵活满足全球不同运营商和企业网客户的差异化需求以及快速创新的追求。

中兴通讯能源产品部已成为通信能源全球市场最为成功的中国企业和具有全球服务能力的综合动力解决方案提供商。中兴通讯能源产品部以“绿色能源专家，最佳合作伙伴”为目标，持续围绕市场与客户需求进行创新，为客户提供具有竞争力的能源产品和解决方案。目前，中兴通讯能源产品在中国移动、中国电信、中国联通、Telefonica、Telenor、AM、MTN、Bharti、Teliasonera、ET、T-Mobile（USA）等大公司中有广泛大量的应用；可再生能源在52个国家为超过75个运营商及其它行业市场客户服务。中兴通讯能源及POWER类产品国内电力、铁路、交通、金融、国际铁路、安全网、农网、教育等领域有广泛应用，同时努力拓展盈利空间，持续盈利。

178. 珠海金电电源工业有限公司

地址：广东省珠海市港昌路256号
邮编：519020
电话：0756-3883366
传真：0756-3883366-8012
网址：www. gep-power. com
简介：

珠海金电电源工业有限公司是一家专业从事高频开关电源的研发、生产、销售和技术服务的具有独立法人资格的高科技企业。自1992年公司创立时起，我们就一直致力于高频开关电源的开发、研制与生产。公司创始人曾先后为清华大学物理系、北京迪赛通用技术研究所、山东烟台计算机公司、珠海通用电源厂、深圳华为技术有限公司等单位主持电源产品设计，其电源技术对中国电源产业的发展产生过巨大的影响。

公司具有现代化企业创新经营意识，采用硅谷高科技创新机制，以人为本，注重人才。目前已经发展成为拥有员工260余名，其中技术人员占60%以上，11000多m^2生产厂地和成套的生产和科研设备，具有年生产电源能力达2700余套的现代生产型科技企业。长期以来公司坚持“以技术为先导，以质量、服务为保证”的经营方针，采用国际上先进的电源工作模式，结合我国国情，独具匠心，设计、开发出性能卓越、功能完备的高频开关电源系统，在我国高频开关电源工业发展中占据着重要地位。

如今，公司产品已被广泛应用于电力、电信、国防、水利、石化、银行、铁路、广播电视等领域。经过多年的不断发展与稳步成长，产品遍布全国各省、市、自治区，并以性能优良、运行可靠赢得了广大用户的信任和认同。

179. 珠海科达信电子科技有限公司

地址：广东省珠海市香洲区梅华西路 1089 号 2 栋 601
邮编：519070
电话：0756-8658523
传真：0756-8620978
邮箱：marinasun@ qq. com
网址：www. zhcodasun. com
简介：

珠海科达信电子科技有限公司是专业致力于交流稳压器及相关动力设备的研制、生产和销售的高新技术企业，拥有着一大批多年从事电源开发的专业技术人员，不断创新，为用户提供最符合国情电网环境的优质电源产品，提供动力系统的全方位技术解决方案。

秉承“科技为先，诚信为本”的企业理念，以满足用户的需求为己任。1997 年自主研制开发出国内第一台“晶闸管步进调压式无触点电力稳压器”，先后获得八项国家专利。该产品一经推出，其卓越的技术性能即受到广大用户的认可和欢迎，并得以迅速推广使用。几年来，它倡导了“无触点”稳压技术新概念，在工信部及各省份的选型检测中连续名列榜首，一度成为替代传统机械稳压器的最佳产品。

多年来，我公司不仅重视产品的质量，更看重对用户的服务，为用户提供技术咨询、产品配套、精心选型及完善的售前、售中、售后全方位的服务，用优异的产品质量和完善的售后服务来赢得各方用户的信赖。

目前我公司生产的稳压器在全国 20 几个省、市、自治区应用于国防、广电、通信、金融、民航、医疗、厂矿等不同行业。

180. 珠海山特电子有限公司

地址：广东省珠海市唐家湾镇哈工大路 1 号-1-C102
邮编：519000
电话：0756-3388866
传真：0756-3388877
邮箱：ata@ ataups. com
网址：www. ataups. com
简介：

珠海山特电子有限公司是目前国内具有较完整产品系列的不间断电源（UPS）和免维护蓄电池生产制造企业之一。

ATA 是珠海山特电子有限公司的自主品牌。

公司的产品主要有不间断电源（UPS）、逆变器、稳压电源以及免维护蓄电池。其中不间断电源有后备式、高频在线式、工频在线式、在线互动式等几大系列 100 余种规格；免维护蓄电池有世界各种型号汽车电池以及广泛用于通信、电力、消防等各个行业用的 2 ~ 24V 电池。以上产品能够满足世界不同用户的要求，并可根据客户要求设计生产，接受 OEM 订单。

公司采用先进的设备进行生产，产品质量的管理体系通过 ISO9001 国际质量管理体系认证，并大力引进世界著名企业的管理理念，以满足用户对高品质产品的要求。

ATA 品牌的系列产品广泛用于金融证券、医疗、通信、教育、交通等各个领域，并大量出口至东南亚、中东、南非和欧美等世界各个地区。

181. 珠海泰坦科技股份有限公司

地址：广东省珠海市石花西路 60 号泰坦科技园
邮编：519015
电话：0756-3325899
传真：0756-3325889
邮箱：titans@ titans. com. cn
网址：www. titans. com. cn
简介：

泰坦全称为“中国泰坦能源技术集团有限公司”，为香港联交所主板上市企业（股票代码 2188），包括珠海泰坦科技股份有限公司、珠海泰坦自动化技术有限公司、珠海泰坦新能源系统有限公司、北京优科利尔能源设备公司等企业，公司以电力电子为主要行业定位，集科研、制造、营销一体化，围绕发电、供电、用电的各类用户，运用先进的电力电子和自动控制技术，解决电能的转换、监测、控制和节能的需求，通过技术创新和新技术新产品的推广应用取得企业的发展。公司成立于 1992 年 9 月，总部设在风景优雅的珠海市石花西路泰坦科技园。公司拥有专业化、高素质的员工团队和雄厚的研发实力，以及覆盖全国的营销和技术服务网络。

公司研制和营运的主要产品有：电力直流产品系列、电动汽车充电设备、电网监测及治理设备、风能太阳能发电系统等产品。

182. 专顺电机（惠州）有限公司

CSE power

地址：广东省惠州市博罗县石湾镇科技产业园科技大道一号
邮编：516127
电话：0752-6928301
传真：0752-6928311
邮箱：csc@ csepower. com
网址：www. csepower. com
简介：

专顺电机在中国台湾成立于 1978 年，是一家致力于变压器设计和制造的专业厂商，并在变压器行业取得了骄人的成绩。2002年成立了专顺电机（惠州）有限公司，工厂位于中国惠州市石湾镇，占地面积60000多m^2，现有员工1500多人。为更好服务客户需求，还在中国苏州、菲律宾、印度设立生产服务点。我们的主要产品包括：电源变压器，UPS变压器，环形变压器，自耦变压器，三相变压器，高频变压器，线圈，非晶电抗器等。经过多年的努力我们已成为许多全球知名品牌客户的一级供货商。

我们始终以质量和创新的理念来经营管理。通过了UL认证（Class B. F. H. N. R）及TUV ISO9001质量认证，并且我们全面执行RoHS标准。我们的欧洲研发团队，及经验丰富的管理人员和高效熟练的员工，公司现代化设备使我们成为变压器行业的先驱，并为客户提供物美价廉的产品。

完善的质量体系、严格的原材料和生产质量检测以及优质的售后服务，树立了客户对公司产品的信心，在国际及国内市场享有较好信誉，期待与您的真诚合作！

上海市

183. 昂宝电子（上海）有限公司

昂宝电子（上海）有限公司

地址：上海市张江高科技园区华佗路168号商业中心3号楼

邮编：201203

电话：021-50271718

传真：021-50271680

网址：www. on-bright. com

简介：

昂宝电子（上海）有限公司坐落在中国国家级信息技术产业基地——上海浦东张江高科技园区，是一家从事高性能模拟及数模混合集成电路设计的企业。

公司专注于设计、开发、测试和销售基于先进的亚微米CMOS、BIPOLAR、BICMOS、BCD等工艺技术的模拟及数字模拟混合集成电路产品，以通信、消费类电子、计算机及计算机接口设备为市场目标，致力成为世界一流的模拟及混合集成电路设计公司。

昂宝电子拥有一批来自国内外顶尖半导体设计公司的资深专家组成核心技术团队，既有在模拟及混合集成电路领域多款成功产品的开发经验，也带来了新的创新思维。核心技术团队的数位成员来自美国的著名半导体公司，拥有超过40项美国专利。通过将这支资深的技术专家队伍与本地优秀的设计人才相结合，昂宝电子为客户提供高品质、具有成本竞争力的半导体精品芯片、解决方案以及优良的服务。在这竞争日益激烈的市场，昂宝电子坚持以创新、务实、高效、共赢为经营理念，为您提供最适合的半导体解决方案，是您最佳的策略合作伙伴。

主要产品涵盖：

-电源管理集成电路。

-高速、高精度数模/模数转换器。

-无线射频集成电路。

-混合信号的系统级芯片（SOC）。

184. 美尔森电气保护系统（上海）有限公司

MERSEN
Eldre | Ferraz Shawmut | m.schneider | R-Theta

地址：上海市松江区书山路55弄6、7、8号

邮编：201611

电话：021-67602388

传真：021-67760722

邮箱：liuxiong. mao@ mersen. com

网址：www. ep-cn. mersen. com

简介：

美尔森作为世界领先的电气保护专家，为市场提供高品质的、安全可靠且不断创新的产品和符合客户需求的解决方案，从而帮助客户优化他们的电力效率，满足不同客户的需求。美尔森拥有世界上最全面的中低压熔断器产品及熔断器底座、浪涌保护器、散热冷却产品、大电流隔离开关、低压接触器以及叠层母排等，广泛应用于电力控制、输配电、大功率低压配电和电力电子等领域。

185. 美国国家仪器有限公司（简称“NI”）

NATIONAL INSTRUMENTS

地址：上海市浦东新区张东路1387号张江集电港二期45栋

邮编：201203

电话：021-50509800

传真：021-68795615

邮箱：china. info@ ni. com

网址：www. ni. com/china

简介：

自1976年以来，美国国家仪器一直致力于为工程师和科学家提供各种工具来提高效率、加速创新和探索，为现代测试、测量、控制和设计提供最先进的技术。NI的平台被广泛用于智能电网和新能源领域核心关键设备的设计、研发以及现场应用，为电力电子、数字化变电站、分布式电源接入和智能用电等领域提供技术基础。

如今，对于电力尤其是智能电网领域，NI图形化系统设计平台被国内外的著名厂商及研究机构在多个研究方向广泛使用，包括电力电子控制、逆变器控制、电力系统的实时仿真、微网主控及监测系统、输变电设备状态监测、远程智能终端、储能系统监控以及数字化变电站的监控等。

NI中国在能源电力领域已经涵盖市场、销售、技术支持和售后全方位业务，并在全国各地相继开设培训教室或派驻技术咨询工程师，更好地为能源电力行业客户提供服

务。

186. 上海百纳德电子信息有限公司

地址：上海市普陀区祁连山南路 2891 弄 100 号鑫盛科技园 2 号楼 4 楼
邮编：200331
电话：021-66166126-815
传真：021-66166126-822
邮箱：976377277@ qq. com
网址：www. bnd-ups. com

简介：

上海百纳德电子信息有限公司是德国百纳德（国际公司）在中国的合作公司。在中国有 30 多个分公司（办事处）及五大片区用户服务中心。上海百纳德是致力于电子、电源事业发展的高新科技企业，主要从事不间断电源、稳压电源及电源相关产品、电气设备的生产和销售，通信设备、通信器材、电子产品、仪器仪表、机电设备、计算机软硬件的生产和销售，计算机软件的开发等。

经过多年的发展，百纳德荟萃了一批行业顶尖的人才，为更好地服务市场需求，2008 年在扬州首期投资人民币 3000 万元建立了工业园区，实现国际化的一流企业。正凭着我们的热情、我们的努力，使得百纳德在业界树立起了良好的企业形象，成为受人尊重，值得信赖的品牌。

上海百纳德是一个具备人才、资金及现代化管理模式的多元化发展公司。本着以“勤奋、务实、创新、坚持”为精神，以“海纳百川、以德为先”为企业文化，以“重视人才、培养人才、追求高效团队”为管理理念，以“诚信服务”为宗旨，以“客户的满意是我们追求的目标”为产品营销理念，重视科学管理和对优秀人才的任用，对员工长期实行能力开发和培训。为顺应社会的需求，上海百纳德引进德国先进电源科技产品及生产技术，致力于投入大量资金精细研发高效节能的模块化产品、绿色环保的太阳能产品，制造出满足不同客户需求的多规格品种，为客户关键设备提供稳定可靠的动力保障。

187. 上海德创电器电子有限公司

地址：上海市普陀区同普路 1225 弄 16 号
邮编：200333
电话：021-52704506
传真：021-52700380
邮箱：edetron@ intech-tron. com
网址：www. e-detron. com

简介：

上海德创电器电子有限公司是一个具有近 20 年历史的专业电源供应公司，位于上海市长征经济开发区。厂房面积近 3000m^2，现有员工 300 多人，是国内最早也是最大的电力系统自动化装置开关电源供应商之一，在电力系统自动化领域极具影响力，其品牌和产品得到了业界和电力系统自动化专业市场的肯定及认可。德创电源集自主研发设计与生产制造于一体，公司不仅拥有一支具有多年丰富电力系统自动化装置电源设计经验的设计团队，并且有多条配备先进的制造和检测设备的生产线。德创电源以可靠电源供应作为公司的立命之本，可靠是电源最基本的要求，也是赖以生存和发展的保障。因此，德创电源始终把建立、健全质量管理体系作为质量管理的重点，根据质量管理体系，从原材料检验到样品检验、生产过程巡检、测试中心例行试验、成品检验等，建立了完整的品质保证流程，确保给客户最可靠的电源供应。公司通过 ISO9000 质量管理体系认证、CCC、ESD、UL、TUV 工厂认证，部分产品远销欧美市场，是上海地区最具规模的专业电源公司之一。

188. 上海光泰电气有限公司

地址：上海市黄浦区西藏南路 1200 弄 8 号楼 1502 室
邮编：200011
电话：021-63455204，63458359
传真：021-63450312，63698155
邮箱：sales@ cnguangtai. com
网址：www. cnguangtai. com

简介：

上海光泰电气有限公司是专门从事电源领域产品（变压器，稳压器等）的科研、开发、生产、销售及技术服务于一体的外向型企业。公司现有员工 1300 多人，其中科技人员 300 多人，拥有资产 1. 8 亿元，生产厂房 38000 多平方米，2000 年实现产值 2. 7 亿多元。多年来连续荣获市人民政府明星企业、出口创汇优胜企业、创税大户和银行黄金客户、重合同守信用企业等荣誉称号。

本公司是中国电源学会会员单位，是 1996 年参与原国内贸易部起草制定国家《家用稳压电源》的标准的单位。1998 年取得了 ISO9001 国际质量体系认证、中国电工产品认证和 CE、UL 等国际质量认证（我们的变压器、稳压器及其它所有产品均通过上述认证）。

产品创新是本公司孜孜以求的长期目标，公司电源研究所一直注重新产品（尤其在稳压器、变压器方面）的开发研制，取得了 153 项产品专利，涉及电力应用的各个领域，大规模集成电路、微处理器、单片机在生产中得到广泛的应用，在产品研发和生产中运用了计算机辅助设计技术、智能化电源监控技术，处于国内领先地位。同时，与中科院电子学研究所、复旦大学、浙江大学、福州大学分别建立了长期研发合作的关系。

公司生产的产品有：交流稳压电源、直流稳压电源、逆变电源、免维护电池、净化电源、抗干扰电源、不间断电源、微电脑无触点补偿式稳压电源、充电器、调压器、变压器、稳压器、变频器、开关电源、GE 智能节电王等 30 多个系列，800 多个品种，所有产品均由中国人民保险公司承保。

近年来，公司决策层调整思路，将敏锐的目光投注于国际市场，为最终实现公司经营的国际化迈出了坚实的一步。稳压器、变压器及多种其它产品现已远销到北美、西欧、中东和北非等50多个国家和地区，取得了国际贸易占总销售三分之一的骄人业绩。

面对未来，我们决心不负众望，不懈努力，不断应用高新技术开发出更多的新品种，站在行业最前列，一步一个脚印，为提高中国的电网质量做出更大的贡献。在不断开拓创新中使公司发展成为高科技与高经济效益相结合的现代化企业。

189. 上海豪远电子有限公司

地址：上海市宝山区呼兰路515弄3号A区

邮编：200431

电话：021-66213593

传真：021-66213591

邮箱：hy1288@126.com

网址：www.haoyuandianzi.com

简介：

豪远电子有限公司是一家致力于各类电源变压器、稳压电源、逆变电源、开关电源等产品的开发、设计、制造、销售、服务于一体的民营高科技企业。公司自1997年成立至今，一直秉承以客户为中心、以产品质量为根本的指导思想，在激烈的市场竞争中站稳了脚跟，取得了骄人的成绩。公司先后通过了ISO9001：2000国际质量管理体系认证、中国质量认证中心CQC认证、欧盟CE认证、环保认证，部分产品已通过UL认证，并荣获国家“3.15诚信承诺单位”、“2006年全国产品质量稳定合格企业”、“百家知名品牌企业”等，经过公司员工的辛勤努力，公司赢得了海内外客商的一致赞誉和好评，产品出口世界各地。

根据公司发展需要2003年10月公司投资1000多万元在安徽马鞍山建成了占地22亩规模庞大的马鞍山豪远电子工业园，形成了以上海总公司为窗口，以马鞍山为生产基地的集团化发展模式。

我们不仅仅是生产产品，更着重于品质与信誉，“以客户为中心，以品质为先驱”是我们的宗旨，希望我们能成为您信赖的合作伙伴。

190. 上海厚国电气有限公司

地址：上海市闵行区浦江竹园路518号8208室

邮编：201112

电话：021-34718986

传真：021-51685595

邮箱：hggchina@126.com

网址：www.shhgdq.com

简介：

上海厚国电气有限公司系电力电源领域产品生产、销售的高新技术企业，具有独立的法人资格及生产资质。专业从事于各系列稳压器、变压器、变频电源、UPS及电气自动化系列设备的生产、研发与销售。公司拥有业内大型生产基地及先进生产设备，深入研发、精良制作、严谨质控、完善售后，力求为用户提供最为优质的电力电源产品及高标准化的服务。

目前，厚国公司产品销售及服务至国内近100多个城市，已荣誉成为中国移动、三一重工、长城汽车、东方明珠、群升集团、日升集团、中兴通讯、ABB中国、上海虹桥机场、长虹集团、日立电梯、东芝医疗等企业的合格供应商，并在全球市场上已有广泛的配套应用，已配套出口至北美洲古巴、非洲尼日利亚、埃塞俄比亚、坦桑尼亚、乌干达、肯尼亚等国家和地区。

发展理念：厚积薄发、追求卓越、思索创新、持续发展、打造高端产品品质 。

服务宗旨：真诚的用户沟通，完善的售后保障，建立高效、标准服务体系。

团队精神：理解、沟通、支持、配合、共同学习、共同成长 。

191. 上海华翌电气有限公司

地址：上海市虹口区三门路760号

邮编：200439

电话：021-65445708

传真：021-56688889

邮箱：13901680595@139.com

网址：www.huayi-power.com

简介：

上海华翌电气有限公司，是一家专业生产逆变应急电源、UPS、电力直流操作电源、仪表电源、通信电源、交流稳压电源、智能照明控制电源、电机分批自启动柜和低压开关柜产品的企业，公司总部位于上海市恒丰路218号上海现代交通商务大厦20层，制造技术中心位于上海市虹口区三门路760号和上海市德力西路128号，制造采用日本进口的数控冲床、数控折弯机、数控剪板机、数显铜排加工机、模拟负载箱、温度控制箱、低压开关实验台、耐压试验仪、CL312三项电能表现场校验仪、CHXLW微电阻测试仪、LBO-522日本LEADER示波器、HSI801电涌绝缘测试仪、QT2型半导体管特性图示仪、HF2811C型LCR数字电桥等先进加工、检测设备。具有中、高级职称的专业技术人员55人，从事电源设备、低压配电柜的开发、研究、设计和制造。

企业具有先进的生产、监测手段和国内一流的制造技术，企业一直以“质量为本，科技立业”为宗旨，把产品的质量视为企业的生命，2003年7月获得中国国家强制性产品3C认证证书，本公司按ISO9001标准建立了质量管理体系，并于2002年获得了该质量体系认证证书，开发的GZTW智能型系列直流电源柜1998年在香港获得世界华人发明博览会银质奖，并获得公安部消防设备的照明EPS应急电源CCC证书。企业生产逆变应急电源、UPS、电力直流操作电源、仪表电源、通信电源、交流稳压电源、智能照明控制电源、电机分批自启动柜、与德国西门子公司合作生产的SIVACON8PT及MNS低压开关柜在燕山石化、中原油田、安庆石化、塔河石化、青岛石化、扬子石化、镇海石化、中化泉州石化、四川维尼纶厂、青岛大炼油、海宁供电局、上海南桥50万伏变电站、宝钢、武钢、水钢、广西钢铁集团防城港项目、宝钢湛江项目、上海国际博览中心等国家重点工程中获得一致的好评，被中石化、中华集团、中海油及冶金、电力等国家重点企业选为资源市场成员，2003年加入中石化战略合作伙伴。

192. 上海吉电电子技术有限公司

地址：上海市纪展路288号
邮编：201107
电话：021-52964208
传真：021-52964207
邮箱：samson_ au@ shanghai-jidian. com
网址：www. shanghai-jidian. com
简介：

上海吉电电子技术有限公司成立于2001年，是全球十数家著名半导体企业在亚太地区的重要代理商，同时也是众多知名电子制造和研发企业的重要合作伙伴，供应产品广泛应用于电力电子、仪表仪器、新能源、汽车电子、工业自动化、通信工程集成配套、电梯制造、机器人、大型计算机中心、轨道交通等领域。

“吉电电子”拥有与国际接轨的服务系统、强大的销售与专业技术支持团队，及优秀的研发设计人员，集代理、科研、开发、制造为一体。为客户需求“量身定制”提供多种方案选择，支持供应商库存管理服务，还与科技机构及大学建立了长期的战略发展合作关系。

“吉电电子”坚持“品质第一、诚信服务”的经营方针，获得ISO9001认证。在北京、深圳、沈阳、南京、株洲、武汉、成都、香港等主要城市，以及新加坡等地都设有分公司。创造了销售额连续多年递增的业绩。多次被评为上海民营百强企业、上海市先进企业。

193. 上海科梁信息工程有限公司

地址：上海市宜山路829号海博新大楼2楼
邮编：200233
电话：021-54234718/19/20
传真：021-54234721
邮箱：marketing@ keliangtek. com
网址：www. keliangtek. com
简介：

上海科梁信息工程有限公司（简称科梁）是一家主要为高端科研机构提供研发测试产品、系统、服务完整性解决方案的高科技公司。公司成立于2007年，注册于上海漕河泾新兴技术开发区，是上海市高新技术企业、GJB9001B-2009质量管理体系认证企业、“双软”认证企业、上海市科技小巨人培育企业。

科梁致力于为军工、电力、车辆以及教育等行业的高科技装备提供世界一流的仿真测试解决方案和交钥匙工程服务。我们专注于提供面向先进电力电子应用的仿真测试系统解决方案，典型的解决方案包括：电力电子控制器仿真测试系统、功率硬件在环系统、SVG入网测试系统、光伏逆变器并网测试系统等。

194. 上海科泰电源股份有限公司

地址：上海市青浦区天辰路1633号
邮编：201712
电话：021-59758500
传真：021-69758500
邮箱：gaowenjuan@ cooltechsh. com
网址：www. cooltechsh. com
简介：

上海科泰电源股份有限公司于2002年在上海市青浦工业园区成立，是一家专业从事智能环保电源设备的开发、设计、生产和销售，并为客户提供技术咨询、培训、安装、维修等售前、售后服务的高新技术企业。公司下辖全资子公司三家，分公司两家，拥有总资产11.5亿元，员工总数290人，年生产各类智能环保集成电站5000多台套。公司于2010年12月29日在深圳交易所上市，股票代码为300153。公司募集资金建设的新工厂已于2013年年底正式投入使用。

公司主要产品为智能环保集成电站，包括标准型机组、静音型电站、车载电站、挂车电站、方舱电站以及电源一体化解决方案。

目前，公司拥有9项发明专利，21项实用新型和外观设计专利，2项计算机软件著作权。通信基站电源一体化系统、核安全级柴油发电机组、低噪声车载电站3项发明专利是公司集成创新的重要成果，并且公司是国内制造企业中首个对核安全级电站系统进行独立设计、制造的企业。

公司目前拥有国内最先进的柴油发电机组性能实验室，拥有高压机组（10.5kV）测试房，极高温与极低温测试方舱，可模拟 -30 ~ 70℃环境温度。公司参与GB/T2820等多项国家柴油发电机组行业有关标准的制定，并先后获得英国劳氏（LRQA）ISO9001质量体系认证、ISO14001环境体系认证、OHASA18001 职业健康和安全体系认证、比利时安普（APRAGAZ）CE 认证等。

195. 上海雷诺尔科技股份有限公司

RENLE

雷诺尔

地址：上海市嘉定区城北路 3988 号

邮编：201807

电话：021-39538087，13761222202

传真：021-39538104

邮箱：renle-power@ 163. com

网址：www. renle. com

简介：

上海雷诺尔科技股份有限公司成立于 2008 年，坐落在上海市嘉定区国家级高新技术产业园区内，占地面积 100000m²，厂房 85000m²，总投资 2. 5 亿元。公司专业生产高中低压电机软起动器、高中低压变频调速器、消防应急电源、不间断电源、直流屏、智能化电气和高低压输变电成套设备，是集贸易、科研、生产为一体的高科技企业，是国内智能化电气传动行业的龙头企业，具有颇具实力的新产品开发研究机构，产品技术一直处于国内领先地位。建立健全了质量管理体系和 CAD、CAM 技术中心，行业内率先通过了 ISO9001 质量管理体系认证、ISO14001 环境体系认证，公司所有产品均获得原国家质检总局颁发的生产许可证，并全部通过“CCC”认证。

公司消防应急电源先后为上海世博会配套项目、北京奥运会配套项目、上海虹桥机场、石家庄机场、厦门机场、哈尔滨西客站、贵广高铁、甘肃卫星发射中心等国家重点项目配套，在化工、钢铁、医药、石油、民用建筑等领域都有良好业绩，优质的服务和售后技术赢得了一致的好评。用品质征服世界，立志成为享誉全球的智能电气专业供应商。

196. 上海诺易电器有限公司

Nooyi® 诺易

地址：上海市宝山区城银路 555 号 12 栋 1705

邮编：200444

电话：021-69173140，69173141

传真：021-36385001

邮箱：sales@ shnuoyi. com

网址：www. shnuoyi. com

简介：

上海诺易电器有限公司是专业从事电源、工业控制领域产品的科研、开发、生产、销售及技术服务于一体的生产型实体企业。公司拥有一个销售、研发和服务总部，位于上海宝山城市工业园，两个生产基地坐落于风景秀丽的江南历史文化古镇——上海南翔和江苏昆山。

诺易的产品规格多达八大类 530 多种规格，产品被广泛地用于国防、医疗、机械加工、交通、通信、科研、新能源等各个领域。主要产品有交流稳压电源、变频电源、直流电源、UPS、EPS、并网逆变器、智能照明稳压节电系统等产品，取得欧盟 CE 认证、非盟 SONCAP 认证、广电入网许可证等。诺易公司的产品在国内拥有高端客户群体，并批量出口国外，优越的性能、可靠的质量、贴心的服务博得用户的一致好评。

诺易本着“一诺千金，知难行易”的行销与创新理念，使得诺易品牌逐步走向世界，诺易产品独树一帜。

诺易的宗旨：质量是企业的生命！ISO-9001 质量管理体系的规范化管理保证了黄金般的产品质量，科技是企业的动力！优秀杰出的科研人才使我们的产品独树一帜，信誉是企业的基石！高素质的服务团队使您无后顾无忧。管理是企业的根本！数字化的管理使我们的团体高效廉洁。

质量是企业的生命！科技是企业的动力！信誉是企业的基石！管理是企业的根本！

我们的行销宗旨：一诺千金。一诺千金，使命必达的行销宗旨，为您提供优质高效的服务，让您买得放心，用得顺心。

我们的创新理念：知难行易。不断探索、勇于创新、知难行易、乐观向上的创新理念，使诺易的产品独树一帜、永葆青春。

197. 上海潘登新电源有限公司

地址：上海市长寿路 285 号恒达广场 23 楼

邮编：200060

电话：021-62766276

传真：021-62773534

邮箱：sbw562996588@ 126. com

网址：www. pandeng. com

简介：

上海潘登新电源是电源稳压、调压产品研发、制造、销售为一体的专业公司。20 多年岁月的发展中，生产的无触点稳压器、照明稳压节电柜、稳压调压电源柜与变压器等产品畅销国内外，为各行业用电设备的安全使用及电能节约带来最直观的经济效益。

公司系上海市高新技术企业，守合同重信誉 AAA 级企业，节能产品生产企业。拥有教授级高工及大批有经验的电气工程人员，曾多次参与无触点稳压器和浪涌防护器的部标与国标的制定。拥有多项电源稳压调压的专利技术，可为用户制造各类电源稳压、调压、变压器等设备。公司实力雄厚，多项产品在行业中一直处于领先地位。

公司专利技术生产的无触点稳压器。采用电力电子技术调压，产品无机械、无电刷、无噪声、无触点调压，响应速度极快，容量高达 2000kVA，补偿范围可达 ±50%，是传统机械电刷稳压器的更新换代产品。现已在各行业应用十几年，效果良好。经中科院情报中心确认，该产品多项技术属国内外首创，其整体技术达到了国际同类产品的先进水平，率先填补了国内无触点稳压器的空白，被上海市科委确定为“高新技术成果转化项目”。

根据“中国绿色照明工程”的要求，公司综合路灯与各种照明的供电方式，及照明灯具的发光特点，研发生产的 GGDZ 照明稳压节电柜，以智能稳压调压、时间控制、提高功率因数等；多种专利节电技术相结合的、高效安全的照明节电产品，大大提高电源使用效率，降低电能损耗。节电率普遍可达 25% 以上，同时灯具寿命延长 2 倍以上。上海宝钢、国际博览中心等均已采用，效益可观。被上海市科委确定为“高新技术成果转化项目”。

公司系 ISO9001 国际质量体系认证企业。我们遵照“求精创新，勇于攀登、务实稳发，永无止境”的经营理念，质量尽善尽美！服务至诚至周！相信我们的真诚会使您成为潘登永远的朋友。

198. 上海全力电器有限公司

全力电源

地址：上海市静安区新闸路 568 弄 445 号
邮编：200041
电话：021-62535836
传真：021-62558838
邮箱：querli@ querli. com
网址：www. querli. com
简介：

上海全力电器有限公司坐落于上海市嘉定区南翔蓝天开发区，占地面积 2 万 m^2，建筑面积 1.2 万 m^2，属中国电源学会会员单位，是一家专业从事各种交直流电源研究、开发、生产、销售于一体的综合性企业。

公司创办以来，一贯坚持“以质量求生存，以科技求发展”的发展纲领，不断引进和吸收国内外新技术、新工艺、新器件，产品品质不断提高，功能不断完善，性能更加可靠。全力人本着“追求永无止境”的理念，不断创新、努力开拓，先后取得中国电工产品安全认证（长城认证）、ISO9001 国际质量体系认证，并由中国人民保险公司承担质量责任保险。经过十年拼搏、奋斗，现已发展成为具有多项国内领先技术，以高科技为基础的初具规模的电源生产基地。目前公司生产的产品主要有精密净化交流稳压器、直流稳压电源、逆变电源、各种充电机、调压器、变压器等十大系列 300 多种规格，年产各种产品达十万台（套），产品畅销全国近 100 个城市，部分产品远销国际市场，深受国内外用户的好评。

199. 上海赛特康新能源科技有限公司

STGCON
上海赛特康新能源科技有限公司
Shanghai STGCON New Energy Science & Technology Co., Ltd.

地址：上海市松江区三浜路 469 号赛特康工业园区
邮编：201611
电话：021-57600066
传真：021-57802306
网址：www. stgcon. com. cn
简介：

上海赛特康新能源科技有限公司始终致力于工业用高端铝电解电容器、薄膜电容、超级电容的生产以及专为新能源汽车充电配套的智能充电站（桩）的研发及制造企业。在使用的新材料铝箔、电解液和化学材料及工艺制造方面都有全球领先的技术和专利，利用我们在电力电子领域及能源行业的资源积累和在全球高端工业客户的大量使用，我们的产品已被大量电源行业、工业变频以及新能源等领域的高端客户所认可。公司永远秉承“创新、超越、睿智”的发展信念！

200. 上海松丰电源设备有限公司

地址：上海市普陀区胶州路 941 号 1703 室
邮编：200060
电话：021-62271666
传真：021-62669111
邮箱：fyl@ shsongfeng. com
网址：www. shsongfeng. com
简介：

上海松丰电源设备有限公司是国内知名的稳压电源、不间断电源、变压器、变频电源、配电柜等制造商和供应商，是集科研、生产、销售、服务于一体的现代化经济实体。我公司生产的稳压器及不间断电源均获得原国家广电总局入网许可证（编号：031130809996-8）。公司已通过 ISO9001（2012）质量管理体系及 ISO14001（2012）环境管理体系国际标准，并获得认证证书；是中国电源学会会员单位、中国电源行业诚信企业、上海市价格诚信企业、2008 年荣获上海青浦区百强企业、2008 年荣获广电行业“十大创新品牌”30 强企业；在中央广播电视无线覆盖工程中被山西省广播电视局评为优秀供货商，2010 年松丰牌稳压器荣获“中国著名品牌”称号，2011 年松丰牌稳压器被推介为“绿色环保首选品牌”，2011 年荣获广电行业“十大传输民族品牌”20 强企业，2010—2011 年度被评为上海市合同信用等级 AAA 级企业，2012 年荣获上海市“重合同，守信用”企业称号，2012 年、2013 年均荣获广电行业十大优秀企业品牌，2014 年荣获广电行业最具用户满意度品牌。公司秉承“以一流的产品，满意的服务，持续提升的质量水准，满足客户的要求”的质量方针，赢得了客户，创造了显著的业绩。

松丰公司产品远销菲律宾、柬埔寨、古巴、朝鲜、日本、加拿大、塔吉克斯坦、泰国、老挝、巴基斯坦、西班牙、苏丹、马绍尔、利比亚、越南、埃塞俄比亚、利比里亚、肯尼亚、尼日利亚、马达加斯加、赞比亚等国家。

201. 上海泰可金属制品有限公司

地址：上海浦东新区川沙镇川南奉公路551号
邮编：201201
电话：021-50135980
传真：021-51862803
邮箱：info@ megelectronic. com
网址：www. megelectronic. com
简介：

上海泰可金属制品有限公司是一家由中方和意方共同出资、按照ISO2001：2008体系进行管理的合资企业。凭借意方投资商将近30年的丰富经验，我们致力于EI变压器、环形变压器、三相变压器、电感、互感器以及相关电磁元器件的生产。经过3年的共同努力，我们逐步发展成为具有一定规模和经验的电器产品供应商。无论是生产流程管控，还是质量管理体系，我们秉承持续更新的理念，改进技术水平，以满足不同客户的需求。而且，公司毗邻上海自贸区，拥有十分便利的交通条件，10分钟可达上海机场，30分钟可达上海港口。

我们将继续创新，努力进取，以值得信赖的质量和服务，竭诚欢迎海内外客户。

202. 上海伟浩机电设备有限公司

地址：上海市松江工业区松胜路355号2号楼
邮编：201600
电话：021-57715555
传真：021-37831846
邮箱：weho@ chinaweho. com
网址：www. chinaweho. com
简介：

上海伟浩机电设备有限公司是专业从事电源领域科研、开发、生产、销售、信息及产品保养为一体的电源制造企业。公司拥有一支现代化的管理队伍和科研人员，在同行业中公司率先通过ISO9001：2000质量管理体系认证、欧盟CE认证，具备雄厚的技术力量和完善的质量管理体系，严格按照国家标准和国际标准组织生产。公司形成以科技研发中心为主体的集科研、教育、培训、创新于一体的科技开发网络。公司在吸收和利用国内外先进技术基础上，充分开发具有本公司特色的工艺和工装，通过不断优化创新，主要经济、技术指标均居国内领先水平，达到国际领先水平。公司不断加强对原材料质量和工艺过程的控制，保证产品质量的稳定性。

公司生产的隔离变压器、进出口设备专用变压器、机床控制变压器、照明变压器、电抗器、交流稳压器、直流电源、净化交流电源、抗干扰交流参数电源、不间断电源、微电脑无触点补偿式电力稳压器、感应调压器、接触式调压器等十多个系列，100多种产品。产品以远销国内外80多个国家和地区，得到了广大用户的信赖和好评。

面对新的市场竞争势态和全球经济一体化的格局。伟浩将始终站在用户的角度来考虑用户的问题，不断地完善和研发用户满意的、价格实惠的产品。

203. 上海稳利达科技股份有限公司

地址：上海市嘉定区高石公路2439号
邮编：201816
电话：021-63534701，63534702
传真：021-63533418
邮箱：sales@ wenlida. com
网址：www. wenlida. com
简介：

上海稳利达科技股份有限公司（以下简称“稳利达”）成立1995年，是专业生产稳压器、变压器、节电器、无源（有源）谐波滤除装置、太阳能逆变器等系列产品的大型生产基地及电源系统服务供应商。目前公司正致力于发展绿色、环保、节能、安全等新能源产品的开发。以“行业专用稳压器”、“变压器”、“谐波滤除装置”、“节能产品”为基础，努力将公司创建为国内新能源产品制造现代企业。多年来，公司以先进技术、优异产品、稳定质量和一流的服务，在市场上赢得了良好的美誉度。产品远销欧美、东南亚、南美洲、中东、非洲等世界各地。

公司现有上海嘉定和浙江嘉善两处标准型生产基地和研发中心。先后成立北京、广州、青岛、济南、长春、沈阳、西安、重庆、成都、苏州、新疆分公司与办事处。公司荣获泰尔产品认证证书、国家广播入网认定证书、CCC认证、ISO14001环境认证、ISO9001体系认证、太阳能产品认证 证书、高新成果转化证书、CE证书、SGS认证供应商、SONCAP认证等一系列认证。

我们是华为、中兴、海尔、海信、中国移动、中国石油、百超、斗山、三菱重工、海德堡、梅兰日兰、上海明珠、娃哈哈、胜利油田、中国英利、时风集团、临工机械、正泰集团、朝阳轮胎、上海宝钢等知名企业指定供应商。

企业资质：工信部“稳压器”行业标准起草单位。

204. 上海稳压器厂

上海稳压器厂
SHANGHAI
VOLTAGE REGULATOR PLANT

地址：上海市松江区文翔东路58号2号楼
邮编：200023
电话：021-64108585
传真：021-64543587
邮箱：sales@ csvrp. com
网址：www. csvrp. com
简介：

上海稳压器厂是国家稳压器定点生产厂家，长期从事电力稳压器等电源产品的生产和研究。凭借多年的生产研发经验，独具前瞻的技术观念和功能设计，为各行业提供高品质的电源产品。多年来承担了国家军用、民用、重大工程项目所需稳压电源的研制和生产任务，为各行业的发展提供强劲的推动力。

从单一的订单式设备制造，到为客户提供个性化系统解决方案，上海稳压器厂实现了打造中国稳定电源专家的这一核心理念。

今后，上海稳压器厂仍会坚持以专业成就高品质的理念，致力于新产品、新技术、新工艺的不断创新和开拓！

中国第一台SBW型自动补偿式稳压器的诞生地。

中国唯一经过部级鉴定的稳压器生产厂家。

中国科委发文推荐的稳压器生产厂家。

国家电力电子产品质量监督检验中心检验产品。

ISO9001国际质量管理体系标准认证企业。

205. 上海新康电器制造有限公司

地址： 上海市青浦区沪青平公路2933弄17幢

邮编： 201703

电话： 021-69755111，69755193，69755333

传真： 021-69755116

邮箱： xinkang@ online. sh. ch

网址： www. xinkang. com

简介：

上海新康电器制造有限公司，是我国从事电力稳压器制造的专业生产企业，是中国电源学会的会员单位。随着现代科技的发展，工矿企业、科研、邮电、医院及国防等部门对电网供电质量的要求越来越高。为确保工业生产的正常进行、科研工作的顺利开展，迫切需要容量大、损耗低、波形失真小及稳压精度高的优质稳压电源。

公司现在生产场地13000多平方米，从事稳压器生产的员工218人，其中科研及工程技术人员占35%；齐全的工装设备，使新康公司的产品一直处于行业领先地位，并多次在国际上获得金奖；为使新康的产品让用户更加放心，我们除免费对设备安装督导，负责设备的开通调试，免费保修一年及实行终身维修之外，并在全国各地分布有16个办事机构，以确保我们的售后服务工作能及时到位，充分满足对用户的承诺。

1999年，上海新康电器制造有限公司通过了ISO9001质量体系国际认证，同时新康的稳压器还获得原信息产业部电信设备进网许可，为新康电器提高市场竞争力及同国际接轨打下了坚实的基础。集新康电器十余年丰富的生产经验和雄厚的科研力量，新康的电力稳压器销量已逾80000台，安全可靠地运行于全国各地的不同行业，深受用户的赞誉。新康电器不仅遍销全国各地，而且已有销往印度尼西亚、马来西亚国外之业绩。

总之，新康公司本着“以质量求生存，靠管理降成本”这一宗旨，让新康的产品更好地服务于社会，新康愿与您共创新世纪的辉煌。

206. 上海阳顿电气制造有限公司

YUTTON® 阳顿

地址： 上海市嘉定区江桥镇曹丰路618号

邮编： 201824

电话： 021-33519445，33519447

传真： 021-33519449

邮箱： 576025192@ qq. com

网址： www. yutton. com

简介：

上海阳顿电气制造有限公司总投资5080万元，是一家专业从事于电源领域产品研发、生产和销售的高新技术企业。通过多年的积累与发展，现已发展成为一家专业生产不间断电源（UPS）、应急电源（EPS）、电力直流操作系统、电力专用UPS的专业工厂。

阳顿电气自主研发生产的金刚系列大型UPS，单机最大容量12脉冲400KVA。首次将高可靠性、高效、节能、环保、低碳的设计理念集于一体，填补了国内大型高端UPS的空缺，改变了众多洋品牌在国内大功率UPS市场的垄断状况。

我公司通过了ISO9001质量体系认证和ISO14001环境管理体系认证。在努力拓展市场的同时，坚持“专业营销，精品研发，专注制造，完善售后”的总体战略，恪守“专注电源，绿色环保，节能高效，合作双赢”的质量环境方针，履行“全年无休，及时响应，快速维护，保障有力”的服务承诺。公司注重开发，拥有国际先进的研发，生产和测试仪器，集中了国内最优秀的电源界技术精英，并与国内知名科研单位和高等院校建立了良好的合作关系，巩固了公司在国内电源行业的领先地位。

我公司生产的电源系列产品，是严格按照国家相关标准生产的，技术成熟，选材精良，完全符合国家标准YD/T1095—2008《通信用不间断电源技术条件》。特别是金刚系列UPS电源产品，通过了电源行业内的泰尔认证。公司产品应用于全国各地的建筑智能化，电力，通信，交通，医疗，教育，工业控制等重要领域。

上海阳顿电气制造有限公司是中国电源学会会员，上海市工商联合会会员，在上海，南京，镇江，苏州，杭州，武汉，南昌，喀什及其它主要城市均设有办事处或服务网点。

207. 上海鹰峰电子科技有限公司

EAGTOP

地址： 上海市松江区石湖荡工业园唐明路258号

电话： 021-57842298

传真： 021-57847517

邮箱： zhaozhanglong@ eagtop. com

网址：www. eagtop. com
简介：

上海鹰峰电子科技有限公司，是以专业研发、生产电力电子无源器件为发展方向的高新技术企业，是国内领先的无源器件解决方案供应商。主要产品包括电抗器、叠层母线、薄膜电容器、水冷散热器、功率电阻器、制动单元、电力滤波器等。公司先后通过了 SQC ISO9001：2008 质量管理认证体系和 ISO/TS16949-2009 质量管理认证体系。

鹰峰科技不断致力于产品的开拓与创新，为工业传动、新能源、轨道交通、电能质量等行业客户提供极具竞争力的无源器件综合解决方案和服务，持续了解客户需求，配合客户共同研发，提升用户体验，为用户创造最大价值。

208. 上海宇帆电气有限公司

地址：上海市南翔蕴北路 1755 弄 26 号楼
邮编：201802
电话：021-63638888
传真：021-39125597
邮箱：yifine@ yifine. com
网址：www. yifine. com
简介：

上海宇帆电气有限公司是中国电源学会会员单位，十几年来专业制造电力电子控制设备及各种工业配套电源，主要产品有微控智能充电机、风光能充电控制器、直流电源、大功率开关电源、纯正弦波逆变器、风光能离网逆变器、并网逆变器、变频电源、交流稳压稳频电源等。公司拥有雄厚的技术实力，严格的质量控制方式和先进的生产检测设备，已通过 ISO9001 国际质量体系认证。我公司本着“质量、科技、真诚、拼搏”的企业精神，竭力向市场提供各种高品质的电源产品。

209. 上海灼日精细化工有限公司

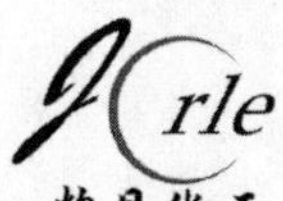

地址：上海市松江区长塔路 85 号
邮编：201617
电话：021-51872995
传真：021-51872995-802
邮箱：jorle@ jorle. net
网址：www. jorle. net
简介：

上海灼日精细化工有限公司致力于环氧树脂、有机硅、聚氨酯新材料的研发、生产和销售，一直以电子封装材料为主要研发方向，着重开发电子、电气、电力、太阳能及其他行业所需要的各类特殊封装材料。

“科技，点燃灼日的魅力”，灼日化工是勇于追求、不断超越、积极创新的企业，我们将始终不渝地以诚信为纽带，建构信任的桥梁，与您携手，同步世界。

210. 上海作永电气有限公司

地址：上海市中山北路 1759 号浦发广场 D 座 11 层
邮编：200061
电话：021-60492298，60492299
传真：021-60917727
邮箱：shzuoyongdq@ 163. com
网址：shzuoyongdq. jdzj. com
简介：

上海作永电气有限公司是一家专业从事各类稳压器、变压器、隔离变压器、电抗器、变频电源、配电柜、旁路柜、UPS、直流电源、调压器及相关行业电气的研发、生产、销售服务于一体的综合性企业和行业著名企业，系中国电源学会会员单位，并通过了 ISO9001 质量管理体系认证。

2014 年新落成的国际化标准厂房，占地面积 20000 平方米，现有员工 300 多人，其中电气工程师技术人员 25 名，大专以上学历占 30% 以上。上海作永电气有限公司拥有雄厚的专业技术团队，全新的设计理念，先进的制造工艺和科学高效的管理，生产出具有全新思维的优秀产品。

公司产品主要应用于数控机床，机械加工，印刷设备，医疗器械，广播电视，通信通信以及科研院所等设备与场所。公司产品热销全国各地，并大量出口东南亚，非洲和欧洲等地。上海作永电气有限公司已为国内外众多知名，企业用户配套产品：沈阳机床，上海机床，昆明机床，DMG，台湾亚崴机床，台中精机，上海电气，中国有色金属，东风汽车，一重集团，中航工业，中船重工，河南中轴集团，三菱电梯，ASABA，西门子医疗，东方刀模，三铭重工，宁波宏盛等等，得到用户一致好评。

公司从成立之初就秉承重视服务，客户的满意是我们上海作永电气有限公司不变的宗旨。

上海作永电气有限公司将不断努力创新，精益求精，致力于成为国际化要求的中国制造企业！好电源，专业造，上海作永电气有限公司一路伴随您！

热忱欢迎各位新老用户选购我公司产品，上海作永电气有限公司将有效地保护好您的设备，让您更好驾驭电力。

211. 晟朗（上海）电力电子有限公司

地址：上海市钦州北路 1089 号 53 幢 4F
邮编：200233
电话：021-64857422
传真：021-64857433
邮箱：infor@ slpower. com

网址：www. slpower. com

简介：

SLPE 隶属美国上市公司 SL 实业集团公司（AMEX：SLI）。SL 公司是全球最大的独立医用电源提供者，也是产品线覆盖最广的世界一流电源供应商。凭借高超的设计制造能力及完善的售后服务体系，我们不仅能为客户提供优质可靠的高端产品，而且能提供整体的系统集成解决方案。良好的客户服务使公司在医疗和工业客户群中享有极高的声誉。公司的电源产品涉及的领域包括医疗仪器、工业设备、军用电源，网端电源（POE）、通信产品以及其他市场。

公司的产品包括各种内/外置开关电源、线性电源、充电器等，电源功率从 1～6000W 以满足不同的客户需求。

212. 时冠电气（上海）有限公司

地址：上海市松江区南乐路 8 号

邮编：201611

电话：021-57609501

传真：021-37601484

邮箱：sgbyq@ sgbyq. com. cn

网址：www. sgbyq. com

简介：

时冠电气（上海）有限公司是集科研、制造、销售，以及产品保养为一体的综合性电源公司。公司拥有雄厚的技术开发力量和一流的检测试验设备。公司在吸收和利用国内外先进技术基础上，充分开发具有本公司特色的工艺和工装，通过不断优化创新，主要经济、技术指标均居国内领先水平，达到国际领先水平。公司不断加强对原材料质量和工艺过程的控制，保证产品质量的稳定性。

公司所生产的变压器、稳压器、调压器、电抗器、逆变电源、变频电源、EPS、UPS、以及配电箱等，十多个系列，100 多种产品，产品已远销北美、西欧、中东、北非等 50 多个国家和地区，得到了广大用户的一致好评。

公司始终贯彻“技术创新，品质求精，诚信为本，追求卓越”的质量方针，力求使出厂的每一台产品都成为精品。2005 年公司率先在全国同行业中通过 ISO9001：2000 质量体系认证，全面提高企业综合管理水平。

213. 中达电通股份有限公司

地址：上海市浦东新区民夏路 238 号

邮编：201209

电话：021-58635678

传真：021-58630003

邮箱：li. qi-pd@ delta. com. cn

网址：www. deltagreentech. com. cn

简介：

1992 年中达电通成立于上海，自营业以来，保持着年均增长 35. 5% 的高速发展，为工业级用户提供高效可靠的动力、视讯、自动化及能源管理解决方案。在通信电源的市场占有率位居全国第一，同时也是视讯显示及工业自动化方案的领导厂商。

中达电通整合母公司台达集团优异的电力电子及控制技术，持续引进国内外性能领先的产品，在深入了解中国客户营运环境下，依据各行各业工艺需求，提出完整解决方案，为客户创建竞争优势。秉持“环保、节能、爱地球”的经营使命，成为中国移动的绿色行动战略伙伴，在节能减排、楼宇节能的技术上，陆续开展多项新应用。

为满足客户对不间断运营的需求，中达电通在全国设立了 41 个分支机构、64 个技术服务网点与 12 个维修网点。依靠训练有素的技术服务团队，中达得以为客户提供个性化、全方位的售前、售中服务和最可靠的售后保障。

20 年深耕，在近 2000 名员工的努力下，中达电通 2011 年的营业额超过 36 亿人民币。未来，中达更将不断推陈出新，通过与客户的紧密合作，共同开创更智能、更环保的未来。

中达电通——可靠的工业伙伴！

江苏省

214. 艾普斯电源（苏州）有限公司

地址：江苏省苏州市新区科技工业园火炬路 39 号

邮编：215009

电话：0512-68098868

传真：0512-68083816

邮箱：service@ acpower. net

网址：www. acpower. cn

简介：

艾普斯电源 1989 年创立于台北，现已发展成为拥有完备的研发、制造、销售、技术支持服务体系的著名专业电源企业。除掌握优良的交流与直流产品技术之外，更具备技术整合能力，创造产品的多样化与独特性。目前设有台北、天津、苏州三个制造工厂及研发中心，拥有雄厚的技术实力，工程技术人员占员工总数的 40% 以上。公司在销售及服务领域积累了丰富的经验，在亚太、北美等地区逾 20 个中心城市设有销售及服务分支机构，更好地满足各地顾客的需求，全方位为客户提供各类电源项目的设计方案、安装、调试、维护及培训等专业服务。

艾普斯电源在中国（包括台湾地区）、欧美等国家和地区拥有数十项专利，曾先后获得原外经贸部“外商投资先进技术企业”、省级“高新技术企业”等称号，并在业内率先通过ISO9001国际质量体系认证，以及CE、EMC、信息产业部电信设备进网许可证、中国民用航空局航空静变电源生产许可证等多项认证。

215. 安伏（苏州）电子有限公司

地址：江苏省苏州市工业园区星龙街428号21幢A&B
邮编：215126
电话：0512-67671500
传真：0512-62833080
邮箱：vivian. liu@ efore. com
网址：www. efore. com

简介：

安伏（苏州）是Efore集团在中国的全资子公司，总部位于芬兰Espoo，是专业设计、制造和销售电源相关产品的国际化公司。创立于1975年，在欧洲、亚洲、非洲设有工厂，在芬兰、瑞典、中国、意大利设有技术研发中心。安伏集团利用先进的全球物料系统、优秀的设计、制造能力为通信、照明、工业、电子行业客户提供产品设计及制造服务。

安伏专注于一流设计的一体化定制电源解决方案、直流电源系统以及产品维护，密切配合客户需求，为客户提供有效的电源产品以及电子产品。

安伏在产品的研发中致力于减少能耗，提高效率，以及环境友好。

多年的专注经营与管理，如今，安伏已成为众多知名企业的合作伙伴。

216. 常州瑞华电力电子器件有限公司

地址：江苏省金坛市社头工业园区8号
邮编：213231
电话：0519-82711101，68080102，68080103
传真：0519-82711121
邮箱：sales@ ruihuaelec. com
网址：www. ruihuaelec. com

简介：

常州瑞华电力电子器件有限公司始建于1984年3月，注册资金2000万元，属国内最早也是最具实力的专业化、规模化电力半导体模块制造企业之一，是一家拥有自主知识产权的国家级高新技术企业，江苏省著名商标，常州市电力半导体模块工程技术研究中心的独家依托单位，同行业中首批通过了ISO9000质量管理体系认证及ISO14000环境体系认证。

目前畅销国内外市场的产品主要有：晶闸管、快速晶闸管、整流管和超快恢复二极管等各种桥臂模块、单（三）相整流桥模块、单（三）相交流开关模块、绝缘型降压硅堆模块以及三相整流桥与晶闸管集成的模块、NBC焊机及充电机专用硅整流组件、IGBT单管、MDST组合模块以及IPM智能功率模块等，产品均通过了国家电力电子产品质量监督检验中心的测试，部分产品通过了UL认证和CE认证。

公司与西安电力电子技术研究所、清华大学、燕山大学等知名院校签署了长期产学研合作协议，成立了浙江大学汪槱生院士工作站以及燕山大学研究生工作站，与国外专家团签订了长期的技术合作协议，全面引进国外知名公司的封装工艺、设计理念以及品质管理等相关技术。拥有一支由教授、高工、硕士等高级专业技术人员组成的研发团队。

217. 常州市超顺电子技术有限公司

地址：江苏省常州市新北区春江镇百丈工业区港口大道10号
电话：0519-85914838
传真：0519-85911248
邮箱：sjl@ csdztech. com
网址：www. csdztech. com

简介：

本公司是一家专业从事研发、生产金属基覆铜箔层压板（铝基、铁基、铜基）的民营科技企业。公司位于常州市新北区百丈工业区，公司面积18000m^2，员工280人，年生产能力800000m^2，产品具有高散热、低热阻的特点，广泛应用于大功率LED景观照明、各种模块电源、电机及电机驱动器、太阳能电站和军工产品等。

218. 常州市创联电源有限公司

地址：江苏省常州市钟楼区童子河西路8号
邮编：213023
电话：0519-85215050，400-111-2099
传真：0519-85215252
邮箱：Chen. yj@ cl-power. com
网址：www. cl-power. com

简介：

创联电源成立于2000年3月，专业从事开关电源的研发与制造，是国内最具规模的著名品牌电源制造商之一。产品系列从5～2000W，有2000余种规格供您选择，远销欧美、日韩及中国香港等多个国家和地区。

公司在行业内率先通过权威认证机构英国 NQA 公司的 ISO9001 国际质量体系认证，部分产品通过了 UL、TUV、CB、CE、CCC 认证，并通过了欧盟 SGS 环保检测，符合 ROHS 认证。

公司拥有自动插件机、SMT 贴片机、全自动波峰焊机、自动电源测试系统、ROHS 光谱分析仪等先进的生产设备与检测设备。关键元器件均采用世界一流品牌，以确保电源性能的高可靠性，100% 满负载高温老化确保年故障率低于 2‰。

综合实验室配备了一整套国际先进的进口测试仪器与设备。创联电源在行业内率先建立了自己的 EMC 实验室，可以完成 EMC 传导、辐射等一系列测试指标，我们可以根据客户的需求，定制开发出特殊规格的电源。

219. 常州市武进红光无线电有限公司

HGPOWER® 红光

地址：江苏省常州市武进区礼嘉镇蒲岸村
邮编：213165
电话：0519-86732495
传真：0519-86731270
邮箱：ww@ hgpower. com
网址：www. hgpower. com
简介：

常州市红光无线电有限公司成立于 1998 年，一直致力于交换式电源产品的开发及生产。

目前公司已成为国内知名的开关电源生产基地，拥有先进的生产工艺和完善的品质保证体系，主要产品全部通过 CCC、UL、CE、GS、FCC 认证，并通过国际 ISO9001 质量体系认证。

目前公司产品广泛应用于家电、计算机、通信网络、工业设备等领域，公司现有固定资产 8000 万元，厂房及宿舍面积达 50000m^2，月生产开关电源 82 万台。

公司拥有一支作风严谨、高素质的研发队伍，可以灵活高效地为客户提供全面的电源解决方案。

创一流品质，持续不断推出高效、节能、绿色电源产品，打造中国电源品牌是我们的宗旨。

220. 江苏爱克赛电气制造有限公司

EKSI
Electrical Powerware

地址：江苏省扬州经济技术开发区金山路 142 号
邮编：225131
电话：0514-87525888
传真：0514-87526268
邮箱：webmaster@ eksi. cn
网址：www. eksi. cn
简介：

江苏爱克赛电气制造有限公司坐落在风景秀丽的江苏省扬州经济技术开发区，是国内大型专业研发、生产 UPS、电力专用 UPS、EPS 消防应急电源、光伏控制器、太阳能并网、离网逆变器、通信电源、交直流稳压电源、铅酸免维护蓄电池、变压器、电抗器等产品的科技型股份制企业。

公司是高新技术企业，中国电源学会会员单位，在同行业中率先通过 ISO9001：2008 质量管理体系、ISO14001：2004 环境管理体系认证、中国节能认证、泰尔认证、欧洲 CE 认证、德国 TUV 认证、澳大利亚 AS4777 认证等国际产品认证。产品连续获得“质量信得过”及“江苏省名牌”产品等荣誉称号。

公司设有 30 多个分公司（办事处）和 100 多家销售代理，拥有较为完善的产品销售服务网络。产品广泛应用于金融、银行、证券、交通、民航、海关、税务、教育、邮电、电信、石油等国内重要领域，并出口西班牙、德国、美国等 30 几个国家和地区。凭着一流的技术优势、过硬的质量水平、优质的服务体系，赢得电源保护服务专家的赞誉。

221. 江苏禾力清能电气有限公司

禾力清能 HELINICE

地址：江苏省宜兴市经济开发区创业园二期 C2
邮编：214213
电话：0510-87868659
传真：0510-87868609
邮箱：seanjiang@ 126. com
网址：www. helinice. com
简介：

江苏禾力清能电气有限公司成立于 2011 年，地处太湖之滨江苏宜兴，为江浙沪三大都市圈的中心区域，地理位置优越，周边交通发达。公司一期注册资金 1000 万元，办公与生产面积共计 6000m^2。2012 年公司入选无锡市引进领军型海外留学归国创业人才“530”企业，江苏省可再生能源行业协会理事单位，并通过国家太阳能产品认证，属无锡市重点高新技术企业。

公司长期致力于太阳能发电、光伏并网逆变系统、稳压系统、UPS 及光伏并网发电相关电气产品的研发、制造、销售与技术服务并提供一体化的整体解决方案。

公司现有行业专家十多名，行业领先的研发实力。公司拥有光伏并网逆变器、UPS、EPS 的自主开发平台和中试基地，华东地区最具现代化的电力电子专业实验室，及多项相关发明专利。公司自主研发生产的 500kW 大功率逆变器、模块化 UPS 产品获得市场一致好评。

222. 江苏坚力电子科技股份有限公司

地址：江苏省常州市钟楼区香樟路 52 号

邮编：213023
电话：0519-86972136
传真：0519-86960580
邮箱：jianli@ cnfilter. com
网址：www. czjianli. com
简介：

江苏坚力电子科技股份有限公司（原常州坚力电子）创立于1993年，坐落于江苏省常州高新技术开发区，地理位置优越，处于长三角经济圈内，物流发达。

江苏坚力电子科技股份有限公司是中国规模和研发实力并举的EMI/EMC电源滤波器制造商。自20世纪60年代生产滤波器以来，积累了50多年的专业制造经验。在国内同行业中率先通过了ISO9001质量体系认证，先进的测试设备和严格的品质管理形成了我们的独特优势。历年来坚力电源滤波器主要品种已先后通过了UL、CSA、VDE等安规认证。

本公司电源滤波器广泛用于各种仪器仪表、医疗设备、电力设备、通信电源、UPS、变频空调及电梯设备等。产品曾多次为国家重点工程——洲际火箭、电子方舱、运载火箭、考察船以及飞船系列等配套。本公司产品畅销海内外，拥有国内外各领域优秀客户。本公司能在4~6周内为您提供0.5A~1600A的各种规格的单相、三相交流电源滤波器和直流电源滤波器。专业的研发团队，可以为有特殊要求的客户设计和制造各种特殊规格滤波器，以帮助您的设备有效抑制沿电源线传输的电磁干扰，满足电磁兼容（EMC）规范的要求。

223. 江苏上能新特变压器有限公司

地址：江苏省常州市天宁经济开发区北塘河东路9号
邮编：213022
电话：0519-81080505
传真：0519-81080509
邮箱：xufeng5529@ sina. com
网址：www. sunel. com. cn
简介：

江苏上能新特变压器有限公司，主导产品覆盖330kV及以下电压等级的油浸式电力变压器和特种变压器、35kV以下电压等级的干式电力变压器和特种变压器。

公司前身为江苏上能变压器有限公司，始建于1999年，在2005年被评定为“江苏省高新技术企业”。“特种变压器”作为企业差异化发展战略的“上能”，以专而强的技术、及时快速的交付，在中国变压器行业中独树一帜，成为中国特种变压器的重要门户，被中国特种变压器门户网、中国工业电器品牌网联合命名为中国特种变压器制造基地，成为“中国蓝海战略”的一个标杆。

2009年9月26日，超高压新厂房开工典礼在常州北塘河东路的新厂址举行。在常州这块全球最大变压器制造基地的热土上，江苏上能即日起正式进入超高压电力变压器和特种变压器制造领域！

未来，上能新特将为国电南自的“智能一次设备产业”发展竭尽己能！

224. 江苏英尔特光电科技有限公司

地址：江苏省阜宁县经济开发区泰山路1号
邮编：224400
电话：0515-87202302
传真：0515-87202336
邮箱：yingerte2012@ 163. com
网址：www. yingerte. com
简介：

我公司是专业生产LED驱动电源与LED灯具的企业。目前拥有自动化插件线3条，波峰焊3台，高速贴片机2台，自动电子老化车与老化房，以及各种检测设备与仪器，月生产能力为160万台LED驱动电源。

研发团队大专以上为12人，本科以上为6人，生产员工为240人。

225. 金海新源电气江苏有限公司

地址：江苏省扬中市经济开发区港隆路558号
邮编：212215
电话：0511-88205918
传真：0511-88205985
邮箱：info@ ksnr. cn
网址：www. ksnr. com
简介：

金海新源电气集团坐落于江苏省扬中市经济开发区，是一家高科技企业集团，旗下有金海新源电气江苏有限公司、江苏金源腾峰换热设备有限公司、江苏金迪电子子科技有限公司等核心子公司。

金海新源电气集团其前身为镇江市金默电器设备厂，2010年3月经增资扩股、产品结构调整，更名为金海新源电气集团，注册资本10888万元，厂区建筑面积28000多m^2，二期建设厂房40000m^2，现有员工约300人，其中大专及以上学历人员占比70%以上，研发团队有博士3人、高级工程师15人。公司产业涉及输配电设备、光伏发电系统电气设备、分布式光纤传感系统设备三大板块。

金海新源人将始终贯彻“团结、勤奋、节俭、责任、创新、奉献”的核心价值观，并致力于客户的满意与成功，向着一流企业的目标迈进，这是我们的追求，也是我们的责任。

226. 昆山渝科电子科技有限公司

KAIVIEW

地址：江苏省昆山市千灯镇曼氏路 200 号
邮编：215341
电话：0512-81861622
传真：0512-57477375
邮箱：kaiview_ power@ yeah. net
网址：www. kaiview. cn

简介：

昆山渝科电子科技有限公司位于中国苏州著名的历史文化古镇——千灯镇，依靠沪宁和苏沪高速公路，交通便捷。公司成立于 2009 年，专业研发生产高频逆变电源、开关电源、非标电源模块，并参与光伏发电等新能源应用领域。公司系列产品通过相关国家机构检验并获得认证，满足出口条件。电源产品广泛应用于通信电力、光伏发电、航空航天、军工、车载船舶、监控医疗、自动化控制等领域，在国内发展建立了区域销售网络，能快捷方便地为客户提供安装、售后服务。公司自成立以来不断改进优化产品性能，提高产品质量，完善售后服务体系，得到了广大新老客户的高度认可。

227. 雷诺士（常州）电子有限公司

Reros®

地址：江苏省常州市新北区华山中路 38 号
邮编：213022
电话：0519-85190886
传真：0519-88220368
邮箱：reros@ rerosups. com
网址：www. rerosups. com

简介：

雷诺士（常州）电子有限公司是外商独资企业，创建于 2003 年，是大型专业研发、制造、销售、服务不间断电源（UPS）的高科技企业。工厂占地面积 13000m²，建筑面积 10000m²，新建有现代化的 4 条电源生产流水线及 1 条电路板生产流水线，主导产品雷诺士牌 UPS。功率容量覆盖 1 ~720kVA，拥有百余种型号和规格。

我公司生产的 UPS 产品采用当今世界最先进的 DSP（数字信号处理）技术处理器芯片与智慧型电源管理软件的完美结合，使用 IGBT 及高频 PWM 技术，并且具备功能强大、友好的液显式人机界面。产品体积轻巧，外观美观，轻松实现全数字化、智能化、网络化控制和管理。广泛应用于国外与国内金融、财税、邮政、电信、交通、医疗、保险、国防等国民经济领域，在各个行业发挥着电力保护神的重要作用。产品已在全球使用。

在新的一年，公司将继续秉承专注、沉稳、可靠、至善的理念和质量第一、用户至上、开拓创新、永不间断的质量方针，竭诚为广大客户和合作伙伴提供优质的产品和专业的服务。

228. 溧阳市华元电源设备厂

华元电源——高可靠的绿色电源

地址：江苏省溧阳市经济开发区民营路 3 号
邮编：213300
电话：0519-87383088
传真：0519-88306606
邮箱：lyhydy_ hj400@ 163. com
网址：www. huayuan-power. com. cn

简介：

我厂专业从事高频开关电源的新技术研发及新产品的生产，拥有高频开关电源的自主发明专利和多项专有技术，是省级科技型民营企业。

本厂研发生产的氙灯、汞氙灯、金卤灯等多种大功率电光源电源，高可靠，节能环保效果明显高于目前市售的国内外同类产品，而且价格比进口同类产品低。该类产品已被国内许多内资、外资、中外合资光学及光学应用企业采用，有的运用于军事；研发生产的电动汽车智能化充电机，2005 年起配套国内锂电池生产厂商的电池远销欧美、日本、中东及东南亚许多国家和地区，从未有质量性的返修。目前我厂正在研发和生产电池组充放电主动均衡模块，决心以快捷、高效、可靠的实效，攻克这一世界性难题，为新能源及电动汽车产业的发展做出贡献。

本厂应用自主专利技术研发生产的特大功率高频开关电源、低压大电流高频开关电源，具有高效率、高可靠、均流好、环保等特色，可应用于太阳能、风能、谷电等特大功率的充电储能，还可应用于高能物理、化工冶炼、航天航海、军事等领域。

229. 南京冠亚电源设备有限公司

Guanya Power

地址：江苏省南京市高新技术开发区裕西路 2 号
邮编：210031
电话：025-66607770
传真：025-58842492
邮箱：gy@ guanyapower. com
网址：www. guanyapower. com

简介：

冠亚电源成立于 2001 年，是中国最早独立研发、生产、销售并网逆变器、离网逆变电源、控制器、户用电源等新能源产品的企业之一。经过 13 年的发展，已成为国内技术水平最高、品种最齐全、单机功率最大、客户最信赖的电源生产企业。目前公司成功申请国家专利 20 多项，研制出各种光伏逆变器 39 类、各种光伏控制器 37 类，主持起草国家光伏行业标准 4 部，是国家首部强制标准《并网光伏系统安全要求》的第一起草人。

公司技术力量雄厚，具有很强的新产品开发能力。积极运用产、学、研结合的模式开展技术研发，目前已与南京航空航天大学、东南大学、南京工业大学等高校建立了战略合作伙伴关系，曾先后承担了国家科技部科技创新项目、国家863计划项目、国家发改委CGF项目、江苏省科技厅重大科技成果转化等重大科研项目，产品广泛应用于珠穆朗玛峰、上海世博会、国家“金太阳”示范工程、光明工程、三江源工程、青藏铁路、中国移动、中国联通、中国电信等项目中，目前运行稳定，得到客户好评。

未来，冠亚电源将快速夯实产业基础，扩大产业规模，充分发挥公司在光伏行业发展经验、技术积累、经营业绩及品牌优势，运用现代的企业经营管理模式、先进的技术，依靠高效可靠的产品质量，确保公司在光伏行业的优势地位，同时为提高中国产品在国际上的竞争力，为中国及世界的环境改善及低碳经济的建立做出更多贡献。

230. 南京时恒电子科技有限公司

地址： 江苏省南京市江宁区湖熟镇金阳路18号
邮编： 211121
电话： 025-52121868
传真： 025-52122373
邮箱： export@ shiheng. com. cn
网址： www. shiheng. com. cn
简介：

南京时恒电子科技有限公司（SHIHENG）为国家高新技术企业，专业生产全系列NTC热敏电阻器、NTC温度传感器、PTC热敏电阻器和氧化锌压敏电阻器等敏感元器件，是国内最大的敏感元器件专业生产企业之一。公司通过了ISO9001质量管理体系认证、TS16949质量管理体系认证、ISO14001环境管理体系认证，并先后被认定为“南京市民营科技企业”、“南京市高新技术企业”、“江苏省民营科技企业”、“国家高新技术企业”。公司还是中国电子元件协会（CECA）会员单位和中国电源学会会员单位。

公司不断研发出具有国际先进水平的新产品，多项科技项目获得包括国家火炬计划、国家科技部创新基金在内的各级政府的立项和资助。

主要产品均通过了CQC标志认证、美国UL、C-UL安全认证和德国TUV认证，产品广泛应用于工业电子设备、通信、电力、交通、医疗设备、汽车电子、家用电器、测试仪器、电源设备等领域。

231. 苏州能讯高能半导体有限公司

Dynax 能讯半导体 Semiconductor Inc.

地址： 江苏省昆山市高新区晨丰路18号
邮编： 215300
电话： 0512-36886888
传真： 0512-36835030
邮箱： info@ dynax-semi. com
网址： www. dynax-semi. com
简介：

苏州能讯高能半导体有限公司是由获得中国第一批“千人计划”支持的海外归国人员创办的高新技术企业。公司创立于2007年，目前注册资本为2.79亿元，公司在苏州市昆山高新区建设了中国第一家氮化镓电子器件工厂，设计产能为年产3寸氮化镓晶圆6000片，其技术力量和生产规模位于国际前列。

能讯半导体采用了整合设计与制造（IDM）的商业模式，其产品应用涵括了射频电子和电力电子两大领域。公司曾经在2009年生产出第一个2000V高压开关功率器件产品，并在2010年完成了中国第一个通信基站用120W氮化镓功放芯片的开发，2014年面向全球发布业界领先的量产氮化镓射频微波器件。

能讯半导体已拥有39项中国发明专利和10项国际发明专利，其技术水平和产品指标均已达到国际先进水平。公司有员工150余人，50%以上拥有本科学历，其中包括海外归国博士8名、硕士40余名。公司先后承担了科技部863重大项目、中小企业创新基金以及江苏省重大科技成果转化项目等省市级重大科技产业项目。

能讯以成为国际领先的高能半导体供应商为使命。

232. 苏州市电通电力电子有限公司

地址： 江苏省苏州市高新区竹园路209号
邮编： 215001
电话： 0512-68410244
传真： 0512-68410338
邮箱： sales@ szdt. com. cn
网址： www. szdt. com. cn
简介：

一直以来，电通人本着“求实、求新、求精”的精神，着力开创电子材料科学新愿景。在压敏陶瓷材料制造、过电压测试、产品设计和技术应用等方面取得了一系列开创性的成果，由此获得国家多项发明和实用新型专利，2009年“纳米掺杂高能氧化锌压敏电阻阀片及其专用添加剂的制造”项目又被列入苏州高新区创新领军人才计划。

截至目前广泛应用于冶金、化工、能源、交通、航空航天等领域的公司产品有：SVP系列吸能型过电压保护器、保护箱、DSP差模电涌保护器、CSP共模电涌保护器、DCP复合式电涌保护器、SVP电压限制型电涌保护箱、SEID系列对地绝缘在监控仪、多功能防雷器、灭磁单元等。其中SVP系列吸能型过电压保护器，继成为我国自行研制的韶九型电力机车整流电源过电压保护定型装置后，又作为中科院托科马克项目、国防科大磁悬浮工程中心自行研制的磁悬浮列车、胜利油田海上钻井、西康卫星发射中心风洞实验装置、西门子传动系统、ABB传动系统、西门子风电系统等项目领域过电压保护的首选配套产品。

233. 苏州市申浦电源设备厂

地址：江苏省苏州市吴中区角直镇凌港村角胜路（胜浦大桥南 100 米）
邮编：215126
电话：0512-65043983
传真：0512-65044693
邮箱：webmaster@ sz-spdy. com
网址：www. sz-spdy. com

简介：

公司坐落于美丽富饶的长江三角洲，南临苏沪机场路，北靠 312 国道，交通便利，环境优美，本厂技术先进，实力雄厚，是集科研生产一体化的专业企业。

本厂专业生产 BT-33 型多功能大功率晶闸管触发板、BT-1 型多功能恒流压调节板、整流器、晶闸管调压器、直流调速器、电子负载、充电机、恒流源及各种规格晶闸管调压变流设备、普通硅整流设备、大功率高频开关电源、贵金属电镀用脉冲电源、铝氧化用大功率脉冲电源、蓄电池生产测试用大功率充放电电源、大功率直流电机调速装置及其它蓄电池生产测试用相关设备。

公司的市场营销策略是，优质低价，服务快捷，相同档次的产品我们的价格达到最低。

我们将以一流的创业精神、全新的质量观念、优质的服务态度和精诚的团结信念广交中外朋友，共谋事业发展。

234. 苏州台智源电子有限公司

地址：江苏省昆山市陆家镇泗桥村 312 国道往北 100 米
邮编：215300
电话：0512-57691662
传真：0512-57691602
邮箱：taizhiyuanzd@ 126. com
网址：www. cectzy. com

简介：

台智源电子有限公司是经政府注册和中国电源工业协会及多家行业协会认可，并通过 ISO9001-2008 质量管理体系认证的高新、智能、环保电子科技企业。

公司坐落在江苏省昆山市花桥国际城商务城。下设昆山天恩达自动化设备有限公司、台智源电子宁波分公司和重庆台智源自动化设备有限公司及地区服务处。公司特聘科研院校教授、国内外高级工程师为技术顾问和专业的研发团队共同研发、生产高新、节能环保的智能电源设备、高频电源、电解电源和机器人远程控制通信系统设备，服务于航空设备、兵器制造、PCB、汽车配件、电子元器件、灯具卫浴、五金配件、稀土冶炼、环境治理等行业。

我们承诺秉承科技、环保和创新作为企业经营理念，坚信在精益求精及严格科学的管理下，用心制造出优质产品和完善的管理服务为客户事业发展竭尽全力。

235. 无锡东电化兰达电子有限公司

TDK

地址：江苏省无锡市行创二路 6 号
邮编：214028
电话：0510-85281029
传真：0510-85282585
邮箱：david. wei@ cn. tdk-lambda. com
网址：www. cn. tdk-lambda. com

简介：

1993 年 11 月，成立了“上海联美兰达电子有限公司”，专门从事开关稳压电源的研发、生产和销售业务。

1995 年 5 月，随着生产量销售业绩的扩大，在江苏省无锡市成立了“无锡联美兰达电子有限公司”。

2008 年 10 月，公司名称正式变更为“无锡东电化兰达电子有限公司”。向着继续保持中国工业电源行业先锋和进一步的发展前进！

公司在上海设有研发中心，实力雄厚。同时把市场和销售总部设在上海，并且在北京、上海、大连、无锡、深圳、成都、香港、台北设有销售分公司，销售网点遍布全国。

我们通过针对中国市场的深入调研活动，规划性价比适合中国市场的新产品，在中国开发、生产，进而在全国范围内销售。同时为了加强对客户和市场的服务，在无锡和上海成立了售后服务中心和技术支持团队，配备了资深的技术人员以及先进的设备，实现了在中国国内可以对所有 TDK-Lambda 品牌的电源产品进行维护。

我们将继续专注基础设施相关市场，进一步加强交通、能源、环境、医疗等与百姓生活直接相关行业的电源产品和服务的提供。

此外，TDK-Lambda 集团作为 TDK 集团的一员，在日本、美国、欧洲、以色列、新加坡、马来西亚、印度等有完善的研发、生产、销售、售后服务网络，可以对客户就地提供全方位的电源解决方案，使顾客可以长期安全和放心地使用我们的产品。

今后，我们将更加努力，作为工业电源的先锋持续提供高可靠性、高质量、革新性技术的产品和服务以满足顾客的需求。

欢迎登录公司中文网站，一定能找到您所需要的电源产品和解决方案。

236. 无锡海德电子有限公司

地址：江苏省宜兴市丁蜀镇工业园区
邮编：214221
电话：0510-87408878

传真：0510-87418078

邮箱：haider@ haider. net. cn

网址：www. haider. net. cn

简介：

无锡海德电子有限公司系香港海达电子有限公司与宜兴市海德电子有限公司合资成立的集研发、生产、销售于一体的专业电源企业。

公司自2000年成立以来，产品结构及客户结构不断优化。产品有电源供应器、锂电池充电器等。产品应用领域：液晶电视、数字机顶盒、POS机、金融终端锂电池电动工具、园林工具、电动自行车、微型电动小汽车、LED照明等。

公司自有厂房20000m²。现有ISO9001质量保证体系认证，产品获多国系列安规认证。

公司致力于持续改善研发创新和质量保证体系，追求高品质、适宜价格和优质服务，为顾客创造价值。

237. 无锡市迈杰电子有限公司

地址：江苏省无锡市新区菱湖大道228号天安智慧城A1-702

邮编：214028

电话：0510-85362001

传真：0510-85363001-818

邮箱：michaelxjliu@ 163. com

网址：wxmjdz. cn alibaba. com

简介：

无锡迈杰电子有限公司是专业开关电源研发和制造商。公司主要产品有各种功率和电压输出的通用工业恒压电源、LED恒流驱动电源等。产品主要用于LED发光字牌、LED数码管（护栏管）、LED电子显示屏、LED路灯、LED照明设备及其它工业应用场合。所生产的电源以内销为主，已经广泛应用于国内各个领域的数十家客户。部分产品已经通过UL认证和CE认证，并为出口企业和欧美客户长期提供贴牌和OEM服务。

公司技术力量雄厚，拥有一支包括专家、硕士、高级工程师在内的研发队伍。公司严格按照ISO9000质量管理体系运营，多年的生产经验和先进的管理体系使我们建立了一整套确保产品质量的方法和措施。所生产电源产品100%经过满负荷老化，出厂检验严格按照国标和行标进行，以确保出厂产品的合格率。

迈杰电子始终坚持塑造以人为本、打造精品的企业形象。产品开发以市场为导向，以降低客户使用成本为宗旨。为提高企业市场竞争力，致力于开发实用、低成本和高性价比的产品。打造一流的质量，最大限度降低客户使用成本是我们的奋斗目标。公司注重培养员工的服务意识，奉行客户为上帝的服务原则，不断提高自身修养，努力以一流的服务做到让客户满意!

238. 无锡市星火电器有限公司

地址：江苏省无锡市杨市镇镇北工业园

邮编：214154

电话：0510-83551406

传真：0510-83556447

邮箱：wxxh@ wxxh. com

网址：www. wxxh. com

简介：

无锡市星火电器有限公司位于无锡城西，近有沪宁高速公路、锡宜高速、沿江高速、312国道、342省道，交通便利；拥有自建厂房5000多m²。本公司是生产电力半导体器件的专业企业，主要生产直流屏用电力半导体模块、2CWL系列降压硅链、DJ系列电压调节器、闪光继电器、绝缘监察仪等，创建于1988年，多年来与全国直流屏行业及电源厂家合作、配套，如许继电源（OEM合作）、杭州中恒电气、南京南瑞集团、合肥阳光集团、深圳艾默生等，我们有着丰富的经验、良好的服务和稳定的产品品质。

239. 扬州凯普电子有限公司

地址：江苏省高邮市高邮镇工业园

邮编：225600

电话：0514-84540882/1/0

传真：0514-84540883

邮箱：service@ yzkprdz. com. cn

网址：www. yzkprdz. com. cn

简介：

扬州凯普电子有限公司是一家专业从事薄膜电容器制造和研发的公司，通过引进国内外最先进的制造和试验设备，研发生产各类介质的薄膜电容器，并可以根据客户需求定制个性化产品，满足消费类电子及工业类客户的需求。

公司完全按照ISO9001：2008、TS16949：2009等标准体系构建并有效运行，采用自主知识产权的国家发明专利技术（5项）与高校科研合作，创新研发高可靠性的电力电子薄膜电容器，获省高新技术产品（3项）进步奖等多项，系列产品均通过专业机构的认证。

凯普电子将以市场需求与科技发展为导向，以稳定的品质、高可靠性和一流的服务为依托继续努力，力争成为一流企业的主力供应商。

240. 扬州双鸿电子有限公司

地址：江苏省扬州市维扬经济开发区小官桥路20号

邮编：225008
电话：0514-87639993
传真：0514-87638829
邮箱：sales@ shek. cn
网址：www. shek. cn
简介：

扬州双鸿电子有限公司成立于1999年，集设计、开发、生产、销售于一体，是国家级高新技术企业。主要产品为特种大功率直流稳定电源、各种变频电源以及用于航空航天原子能试验、新型汽车制造、LED产业配套等领域的专用电源和测试仪器等，主要用于科研单位、大专院校、工厂企业、星空探测、航空舰艇、国防、污水处理等单位。在同行业率先通过ISO9001：2000国际质量体系认证，WWL全系列直流电源已通过国际知名检测机构SGS的严格检测，获得欧盟CE认证证书，是中国直流电源市场的主要供应商之一，并已成功进入欧美市场。

技术进步和高素质的人才是双鸿始终坚持的发展之路，我们每年将不少于销售收入的10%投入研发，并注重自主知识产权的积累和保护，拥有10项实用新型专利，2项发明专利，3项计算机软件著作权，1项国家重点新产品，5项江苏省高新科技产品。

241. 扬州裕红电源制造厂

地址：江苏省扬州市经济开发区施桥镇
邮编：225100
电话：0514-87586586
传真：0514-87584618
邮箱：664222884@ qq. com
网址：www. yzyuhong. com
简介：

扬州开发区裕红电源制造厂，位于扬州经济开发重镇施桥，与风景秀丽的历史文化名城扬州紧紧相连，美丽的长江孕育了勤劳的扬州人。多年来，我们一直致力于各种电源的研制、开发和生产，对产品的提高投入巨大的人力物力，不断引进新技术、新产品，吸收大量优秀人才加入，取得了骄人的业绩，并通过ISO9001国家质量体系认证。

本厂产品广泛应用于工业、交通、科研、军事、航空、邮电、通信等各个领域。特别在电容器、直流电机、继电器、电镀、氧化、电泳、电解、腐蚀、赋能、水处理以及其它仪器、仪表生产厂家得到了极为广泛的推广，在各大专院校、科研院所也赢得了众多好评。

质优价廉是我们的经营宗旨，欢迎来电咨询。

242. 越峰电子（昆山）有限公司

地址：江苏省昆山市黄浦江北路533号
邮编：215337
电话：0512-57932888
传真：0512-57664667
邮箱：info@ acme-ks. com. cn
网址：www. acme-ferite. com. tw
简介：

越峰电子（昆山）有限公司成立于2000年，为台聚关系企业。本公司主要业务为锰锌和镍锌软性铁氧磁铁心的制造及销售，产品属于电感类被动电子组件，为功率变压器、负载线圈、扼流圈、消磁线圈、感应天线棒/平板等的原材料，应用于交换式电源供应器、电脑显示器、笔记本电脑、宽频网络系统、车用电力电子、车用天线棒/感应钥匙、无线充电器、电话交换机、中继站、移动电话、PDA、液晶电视、数码相机、数码摄影机、掌上游戏机以及扫描器等3C产品。

243. 张家港市电源设备厂

地址：江苏省张家港市长安中路599号
邮编：215600
电话：0512-58683869
传真：0512-58674019
邮箱：zjgpower@ hotmail. com
简介：

江苏省张家港市电源设备厂位于风景秀丽、美丽富饶的长江三角洲畔的新兴城市——张家港市，这里紧靠苏锡常沪等发达地区，交通便捷。

我厂始创于1983年，主要生产通信电源、高频开关稳压电源、直流稳压恒流电源、逆变电源、变频电源、交流稳压电源、不间断电源和中频电源等各种电源的开发、生产、销售、工程设计施工等多种业务于一体的专业工厂。我们的产品以体积小、重量轻、效率高、智能化程度高、维护操作方便等诸多优点赢得了用户的一致好评。

本厂通过了ISO9001质量体系认证，形成了完备的质量管理体系（原材料采购、物料管理、产品制造与质量控制、生产技术工艺与设备管理、产品储运等）。我们将紧随国际电力电子技术的发展步伐，不断研发更高性能的电源系列产品，以高标准、高品质、高性价比来满足广大用户的要求，同时我们也为客户量身定做电源产品来满足用户的特殊需求。

北京市

244. 北京大华无线电仪器厂

地址：北京市海淀区学院路5号
邮编：100083
电话：010-62937102，62937111
传真：010-62921303
邮箱：dhelec@ dhelec. net，dhtech@ dhtech. com. cn
网址：www. dhelec. com. cn，www. dhtech. com. cn
简介：

北京大华无线电仪器厂（768厂）建于1958年，是我国最早建成的微波测量仪器大型军工骨干企业，企业通过了GJB9001、ISO9001质量管理体系认证，拥有武器装备科研生产许可证、军工电子装备科研生产许可证和装备承制单位认证，近年来，企业主持或参与编写了多个行业标准。

企业主要产品有新能源装备、电源、微波仪器、微波应用四大类产品。其中新能源装备涵盖锂电池化成设备、Module和Pack检测设备、充放电机、充电桩等相关产品；电源涵盖交直流稳压稳流电源、开关电源、电子负载及模块电源测试系统、LED电源测试系统等相关产品。广泛应用于各军兵种、科研院所、高等院校及各类工业企业，为提高企业生产效率提供了高稳定度、高可靠性的优秀产品。

245. 北京航天星瑞电子科技有限公司

航天星瑞 XRPOWER

地址：北京市经济技术开发区万源街18号四层425室
邮编：100176
电话：010-67878915
传真：010-67888906
邮箱：sale@ xrpower. com
网址：www. xrpower. com
简介：

北京航天星瑞电子科技有限公司是一家高新技术企业，位于北京经济技术开发区。公司致力于航空航天及各种军用领域测控电源设备以及民用测控电源的设计、开发、生产、服务，是中国电源学会会员单位。

公司主要产品包括程控直流电源系列、程控交流电源系列、大功率直流电源系列、军品定制电源系列，还可以根据用户需求设计专用电源，提供军用测控系统供配电解决方案。

公司通过了GJB 9001B-2009国军标质量管理体系认证以及国家三级保密资格单位认证；具有丰富的军用电源研制经验，产品涉及海军、陆军、空军及二炮的多种武器系统。

246. 北京航星力源科技有限公司

地址：北京市昌平区白浮泉路10号兴业大厦七层
邮编：102200
电话：010-69700498
传真：010-69700196
邮箱：hangxingliyuan@ 163. com
网址：www. hisoon. com
简介：

北京航星力源科技有限公司位于北京市中关村科技园昌平园区，是一家专业从事大功率高频开关电源模块、高精度恒流源、智能化电源系统、UPS、逆变电源、太阳能并网设备等系列产品的研发、生产、销售和服务的高科技工业企业。作为电源行业的大型龙头企业，正处于引领国内市场、步入国际化的发展阶段。

公司拥有自己的现代化标准工业厂房、先进的研发和生产设备，通过了ISO9001：2008国际管理体系认证。公司拥有产品的全部自主知识产权和十余项专利技术，技术水平处于国际前沿水平。“航星电源”为绿色节能产品，在业界以“八高一低”而著称，即高可靠性、高性价比、高适应性、高合格率、高转换效率、高负载率、高功率因数、高功率密度及低返修率。

公司为“北京市高新技术企业”，“航星电源”至今已具有19年的历史，为电源行业的知名品牌，“航星电源”广泛应用于军工、航空、航天、广电、铁路、电力、医疗、通信、科研等领域，并出口到日本、德国和亚洲、南美洲、非洲等国家。

247. 北京恒电电源设备有限公司

恒电 HENDAN

地址：北京市海淀区温泉路26号
邮编：100086
电话：010-62451119
传真：010-62451121
邮箱：wuchao@ hendan. com. cn
网址：www. hendan. com. cn
简介：

北京恒电电源设备有限公司成立于1990年，是北京恒电创新科技有限公司全资子公司，是中国北部知名的电源研制、开发和制造基地，是我国最早生产UPS的高新技术企业，也是我国最早生产新能源电源的企业之一。公司注册资金2000万，在中关村科技园区拥有近万平方米的生产基地，员工200多人，配备一流的专业生产及检测设备。

主要产品为UPS、特种电源、逆变器、新能源控制器、新能源逆变器及新能源一体机。

恒电电源自创立以来，一直保持自己的专业研发队伍，并与国内一些知名院校建立并保持着良好的合作关系。依托雄厚的技术实力，自主研制、开发、制造恒电牌（HEN-DAN）系列电源产品并获得德国莱茵公司ISO9001、TUV、CE等国际认证，并在2003年被国家发改委列入“可再生能源项目”合格供应商名单。产品各项技术指标均通过国家级质量检测中心的检测。多种产品取得国家“金太阳”认证，中国电信设备进网许可证，并被中国电子商会授予名牌产品及售后服务信誉单位称号。

系列产品通过工信部产品质量检测中心的检测，同时还获得发改委“新能源项目”合格供应商和世界银行新能源产品合格供应商。产品广泛应用于银行、证券、通信、国防、医疗、铁路、交通、电力、水力等国内外重点行业领域。

弘扬民族工业，打造国际品牌。恒电电源要以高品质的产品、系统化的管理、周到全面的服务成为中国及世界电源品牌的佼佼者。

248. 北京汇众电源设备厂

地址： 北京市海淀区上地七街一号
邮编： 100085
电话： 010-62974051
传真： 010-62974057
邮箱： huizhong_ gyj@163. com
网址： www. huizhong. com. cn
简介：

北京汇众电源设备厂始建于1986年，近30年来一直以民用、军用和特种电源的研制、生产和销售为主。

北京汇众电源设备厂位于北京市海淀区上地七街一号，拥有员工200多人，资产规模1亿多元，办公和厂房面积2万多m^2，现已形成了DC-DC、AC-DC、DC-AC三大系列1000多个型号的产品。

北京汇众电源设备厂服务的行业涉及通信、电力、铁路、兵器、航空、航天、船舶等领域，产品类型包括：模块电源、高压交流输入电源、逆变电源、车载电源、军用微电路电源和高精度定制电源等。

汇众在国内率先获得了下面几项电源方面的关键资质和获奖证书：

资质：

1）武器装备质量管理体系认证证书；
2）质量管理体系认证证书；
3）军工保密资格证书；
4）武器装备科研生产许可证；
5）信息安全管理体系认证证书；
6）武器装备承制资格单位证书；
7）系列模块电源获国际TUV认证。

获奖证书：

1）荣获国家科技进步特等奖；
2）被北京质量协会授予质量标杆企业；
3）被中国电子商会授予“中国电源行业诚信企业。

249. 北京机械设备研究所

地址： 北京市海淀区永定路50号（142信箱208分箱）
邮编： 100854
电话： 010-88527004
传真： 010-68386215
邮箱： m15027842488@163. com
简介：

航天科研系统是我国最大的科研系统之一。中国航天科工集团（即原中国航天工业总公司）第二研究院是航天科研系统中的一个重要的、多学科及专业的综合性科研单位，有两弹一星功勋奖章获得者黄纬禄、有6名中国工程院院士、2000多名高级科研人员和4000多名中级科研人员。其中既有我国电子界、宇航界的老前辈，又有实践经验十分丰富的中、青年科技专家。

我院不仅承担多种类型飞行器系统的总体、控制、制导、探测、跟踪、动力及地面系统的设计与生产，还承担空间高科技产品的研制；不仅承担国内的重大科研项目，还承担着外贸出口任务。研究院采用现代科学的系统工程管理方法，把众多的研究所与生产厂有机地组成一体。近年来，共获国家与国防科工委各种发明奖以及重大科技成果奖数千项。

我院拥有现代化的科学研究设备，尤其是电子和光学仪器设备大都是全国第一流的；拥有世界先进水平的计算机系统与控制系统仿真实验室；有863高科技技术等多个国家重点实验室，可为从事科研工作提供先进的研究与测试手段。

250. 北京京仪椿树整流器有限责任公司

地址： 北京市丰台区三顷地甲3号
邮编： 100040
电话： 010-88680221
传真： 010-88681899
网址： www. chunshu. com
简介：

北京京仪椿树整流器有限责任公司始创于1960年，总部位于北京市丰台区，隶属于北京控股集团有限公司，注册资金7284万元，资产总额超过2.2亿元，是中国最早生产电力电子器件和电力电子变流装置的高新技术企业。

公司目前拥有市级企业技术中心、博士后科研工作站，以及北京市优秀创新工作室，与清华大学、北京交通大学联合研制开发产品，与西安理工大学联合开展工程硕士培养。拥有国内一流的半导体器件生产超净车间及防静电电源生产车间。2000年通过ISO9001质量体系认证，2008年通过 GJB/Z 9001A-2001 军工质量管理体系认证。

公司产品秉承“优质环保、高效节能”的发展方向，电源产品主要有电解电镀电源、LED 用蓝宝石炉电源、电弧炉电源、中频感应加热电源、多晶硅还原炉电源、氢化炉电源、单晶炉电源、铸锭炉电源等系列装置。近年来，致力于开关电源、有源滤波器、静止无功发生器、PWM 整流器、直流斩波电源等产品领域的研究与开发。

公司为航天科技集团提供了世界最大的单套电源系统；在国内首创实现了 MW 级开关电源在多晶制备直流系统的应用，并推广到多个行业；多个产品获得德国、英国、美国等装备厂家认可，近几年出口额增幅巨大；拥有自主知识产权十余项；连续三年获得北京市科学技术奖。

251. 北京纽绅埔科技有限公司

地址： 北京市海淀区白塔庵 5 号汉荣家园 1 号楼 507 号
邮编： 100098
电话： 010-82822323 82821187
传真： 010-82821187
邮箱： info@ ncpups. com
网址： www. ncpups. com
简介：

北京纽绅埔科技有限公司位于北京中关村科技园区，成立于 1999 年 1 月 6 日，本公司具有多年电源设备及蓄电池的设计、研发和市场推广的历史，以及拥有一大批年轻化、高科技、高素质的专业技术人才。它是一家高新技术企业；中关村创新企业发展促进会副理事会员；中国电源学会会员单位；本公司已通过 ISO 9001：2008 国际质量管理体系认证。

公司针对中国电力发展现状及需求以 ODM 的生产方式，采用先进的技术，自 2000 年纽绅埔电源及蓄电池系列产品先后进入了各行业所需的特异 UPS 及蓄电池领域，如铁道部户外轨道衡系统、全国第一条大秦线 GSM-R 铁路通信基站、直放站及一体化基站系统、中国地震局地震监测系统、公安部系统、中国人民解放军及中国航天部系统等。由于公司经营水平的不断提高和行业市场的不断扩大，公司在产品的生产和研发方面投入了更大的力度，并且在产品的发展方向上最大限度地满足行业用户对特殊行业、特殊环境、特殊条件的不同要求。

公司将继续坚持服务于用户的原则，以行业为依托，充分利用公司的整体优势，生产出技术先进、工艺精湛、安全可靠的高品质新品，以满足广大行业用户的需求。当前公司在国内设有多家营销总部及技服中心，纽绅埔系列产品已逐步进入国际市场。公司高品质的产品以及优质及时到位的售后服务已赢得了广大用户的一致认可与好评。

252. 北京普罗斯托国际电气有限公司

地址： 北京市通州区马驹桥联东 U 谷工业园 15 号 9D
邮编： 101102
电话： 010-88861981
传真： 010-88861976
邮箱： market@ prostarele. com
网址： www. prostarele. com
简介：

普罗斯托国际电气有限公司坐落于日新月异的国家级开发区——亦庄开发区（联东 U 谷），是一家专业致力于研发设计、制造太阳能逆变器、太阳能离网发电系统、太阳能控制器、不间断电源、隔离变压器、稳压电源产品的国际化集团公司。以其享誉全球的电源产品和尖端技术，为世界工业和电力等行业客户提供完善全面的电力解决方案。

作为电源领域的专家，普罗斯托国际电气拥有强大的产品研发及制造能力。普罗斯托除了提供标准配置的电源产品，其主要竞争优势还在于能够根据用户的不同要求，提供满足客户要求的“非标”特殊产品。

普罗斯托国际电气率先通过 ISO9001 国际质量体系认证，产品通过严格的欧盟 CE、ROHS 产品质量认证。其产品具有高可靠性、稳定性、耐用性及适用性。

普罗斯托建立了完整的销售及售后服务网，产品已出口世界 50 多个国家，并拥有多个服务机构，为所有普罗斯托产品提供快速方便的服务。

253. 北京群菱能源科技有限公司

群菱能源
Qunling Energy Resources

地址： 北京市经济技术开发区科创十四街 99 号汇龙森科技园 33 号楼 B 座 6 层
邮编： 100176
电话： 010-56290111
传真： 010-56532088
邮箱： innet@ china. com
网址： www. qunling. cc
简介：

北京群菱能源科技有限公司专业致力于新能源检测及系统集成、电动汽车充电站检测及系统集成、电源测试设备研发与制造的高新技术生产型企业，公司注册资金 10888 万。得益于多年能源检测领域不断的研究与探索，公司在光伏逆变器检测等相关行业拥有核心竞争力。

群菱公司是中国从事新能源检测的先导者之一，拥有自主知识产权，可提供 10kW ~ 3MW 光伏并网逆变器的出厂检测、车载电站验收等相关的设备。主线产品有：光伏方阵测试仪、并网逆变器防孤岛检测设备、电动汽车充电站（BMS）检测平台、后备电源检测设备、微网及储能检测设备等。公司产品先后获得金太阳、CQC、CE 等认证，并成功应用于国内各逆变器生产企业、科研机构和实验室等。为中国新能源领域的相关用户提供全面的系统解决方案。

群菱公司具备高效、卓越的系统集成能力，能够引领国内外一流新能源行业尖端厂商承接并已经顺利通过验收的项目有：国网电力科学研究院防孤岛车载移动检测平台、国家风电研究检测中心试验基地1MW检测平台、中国电力科学研究院兆瓦级并网逆变器测试系统、微网逆变器检测系统、储能逆变器检测系统、北京理工大学充电站检测实验室、上海电力储能并网检测设备实验检测平台等。

254. 北京韶光科技有限公司

地址： 北京市海淀区知春路108号豪景大厦B座2002室
邮编： 100086
电话： 010-62105512
传真： 010-62101976
邮箱： xuyp@ shaoguang. com. cn
网址： www. shaoguang. com. cn
简介：

北京韶光科技有限公司成立于1998年，是国内最早从事代理仙童功率器件产品的公司，公司主要致力于半导体器件的推广，如MOSFET，IGBT单管及模块，超快恢复二极管。同时公司还代理韩国半导体大卫、美格纳的功率模块并向客户提供一流的服务。

公司的产品主要应用于AC-DC开关电源、逆变电源、UPS/EPS、通信电源、车载电源、电焊机、特种电源、马达控制器、高频感应加热、纺织机械、仪器仪表等。

本公司备有大量的现货库存，价格具有竞争性，并且可为客户配套服务。

公司在北京、深圳、南京、上海、佛山、成都设有办事处。

以质量和诚信占有市场是我们公司始终坚持的宗旨。以创新和共赢求发展。光阴如织，时间似箭，世界在变，商海也在剧变，唯一不变的是，我们对事业永恒的追求。挑战与机遇同在，我们时刻充满自信。

255. 北京世科伟业电气有限公司

GODPOWER

地址： 北京市通州区聚富苑工业区
邮编： 101105
电话： 010-80529083
传真： 010-80529083
邮箱： Skwy010@ 126. com
网址： www. skwy. cn
简介：

北京世科伟业电气有限公司是国内大型专业研究、开发、生产、经销不间断电源、全自动交直流稳压电源、消防应急电源、密封免维护蓄电池、电力专用UPS逆变器、变压器、LED照明等新型绿色节能产品的高科技企业。本公司以卓越的产品先进的技术和优良的服务赢得用户的广泛赞誉。

北京世科伟业电气有限公司创建于2000年，坐落在美丽的首都北京，以国际先进的设计理念和生产技术为指导，精益求精专业生产新型环保节能电子及电气产品，品种全、规格多样化，并能够根据客户的要求设计生产，接收国内、国际OEM订单。公司自有品牌GODPOWER神力现已广泛运用于金融、通信、邮电、电力、广播电视、交通、航天、石化、军工、医疗、工矿、新能源、教育等各个领域。产品远销俄罗斯、蒙古、朝鲜、印度、阿富汗等几十个国家和地区。

北京世科伟业电气有限公司是一家充满生机与活力，具备凝聚力和竞争意识的企业，本着“严谨、务实、拼搏、创新”的工作精神，创建了以“客户至上、质量为本、求精创新、遵信守约”的经营理念。以满足客户需求为己任，为其提供完整的全方位的电源解决方案。注重品牌价值，与时俱进、全力以赴发展绿色能源事业！公司全体员工愿与国内外各界朋友精诚合作，共创美好未来。

为世界奉献绿色能源是我们的最高目标，北京世科伟业电气有限公司欢迎您的光临指导。

256. 北京索英电气技术有限公司

索英电气 SOARING

地址： 北京市海淀区永丰产业基地永捷北路3号永丰科技企业加速器（一区）A座
邮编： 100094
电话： 010-58937312
传真： 010-58937315
邮箱： soaring@ soaring. com. cn
网址： www. soaring. com. cn
简介：

索英电气创立于2002年，是国内最早专注于电能回收和可再生能源发电设备及系统自主研发、生产和销售的国家级高新技术企业。

凭借十几年扎根节能回馈技术和三相逆变技术领域的研发优势，索英电气已为全球各顶级电源企业提供一体化的适合多种电源产品的节能回馈型老化测试系统。有效实现企业生产线智能化管理的同时，可极大降低测试环节的电能开销（节能效率最高达95%以上），降低生产成本、提高老化产能、降低火灾隐患。

公司自2003年便率先推出中国第一套自主研发并实现商业化应用的三相节能回馈负载，其先进的技术、较高的回馈效率、智能化的应用设计得到了众多国际大型电源企业的一致好评，且已成为艾默生、华为、中兴、GE、Power-One等全球知名企业的长期独家供应商，至今已连续10年保持国内市场占有率第一，是中国电源老化节能测试领域名副其实的市场开拓者和教育者！

通过索英电气提供的电源老化测试系统及产品，每年为这些关注节能减排的电源厂商减少1亿多度电力消耗，相当于减排1亿多吨CO_2，节约上亿元电费开销，极大地降低了成本，提升了品质，真正实现了绿色电源制造。

未来，公司将继续秉承“专业、价值、服务、创新”的精神，致力于为客户提供更节能、更精准、更智能的产品和服务。

257. 北京天创汇智科技有限公司

地址：北京市海淀区海淀大街3号鼎好大厦A座1726室
邮编：100080
电话：010-62604402
传真：010-62604102
邮箱：glf@ tchuizhi. com
网址：www. tchuizhi. com
简介：

公司是目前国内最专业从事“微型模块电源”研发、生产、销售为一体的高新技术企业。公司通过了ISO9001质量管理体系认证，拥有多项技术专利。公司汇集了一批高素质专业技术人才，具有雄厚的技术实力及开发能力，可定制最优的电源设计方案。

258. 北京通力盛达节能设备股份有限公司

TONLIER

地址：北京市经济技术开发区科创14街9号
邮编：101111
电话：010-81508899
传真：010-81508855
邮箱：sales@ tonlier. com
网址：www. tonlier. com
简介：

北京通力盛达节能设备股份有限公司是集节能产品研发、生产、销售及服务为一体的综合型高新技术企业，是中国最早研制智能通信电源、最早参加起草技术标准和最具专业实力的企业。公司以节能减排、保护环境理念为核心，努力成为中国节能环保产业的领军企业。

公司主营产品有通信用高频开关电源系统（包括室内型、室外一体化型、室内外壁挂型、嵌入型）、机房智能换热空调、LED路灯、LED驱动电源等，是北京市认定的质量AAA级单位。

公司先后通过了ISO9001质量管理体系认证、ISO14001环境管理体系认证和GB/T28001职业安全管理体系认证，不断引进先进的ERP（企业资源管理系统）和CRM（客户管理系统），使企业运营管理效率和市场竞争力不断提升。

公司技术一直瞄准国际先进水平，奉行生产一代、研制一代的产品创新策略，确立市场化的设计思想，组建了一支敬业、团结、奋进的研发队伍。公司现拥有专利几十项、多项软件著作权证书，是北京市专利工作试点单位，被评为国家级高新技术企业。

259. 北京维通利电气有限公司

地址：北京市通州区聚富苑民族发展产业基地聚富南路8号
邮编：101105
电话：010-81556123
传真：010-81583804-8005#
邮箱：victory@ beijingvictory. com. cn
网址：www. beijingvictory. com. cn
简介：

北京维通利电气有限公司创建于1994年，专业制造各类高中低压电气铜、铝导电连接件和触头系统。

北京维通利坚持走“柔性制造、专业化生产”的道路，围绕特种焊接工艺，逐步开发形成了“软连接、编织线、触头系统、母排、柔性触指及散热器和旋转变压器”等六大系列、20000多个规格品种的导电连接件专业制造商。产品广泛应用于电力电工、输配电、新能源、高速轨道交通和冶金等行业。

公司经营面积55000m^2，在北京和无锡分别建立了生产基地；公司目前拥有成熟的大功率分子扩散焊、银钎焊、感应焊、米格焊、亚弧焊、摩擦焊、真空焊等焊接设备和工艺，先进的软连接生产线20多条，各类特种焊接设备80多台套，配套的加工中心、水切割机、线切割机等加工设备达到400多台，拥有配套的模具制造中心和电镀厂。

目前公司已成为国内最具技术实力、生产规模、品牌知名度的铜、铝导电连接件的专业制造企业，在行业内享有较高知名度。为国内外300多家电气制造企业提供配套服务，并与ABB、GE、SIEMENS、AREVA、SCHNEIDER、EATON等世界500强建立起长期的战略合作关系。

260. 北京新雷能科技股份有限公司

SUPLET®

地址：北京市西三旗东路新雷能大厦
邮编：100096
电话：010-82912892
传真：010-82912862
邮箱：webmaster@ suplet. com
网址：www. suplet. com
简介：

北京新雷能科技股份有限公司是北京市“高新技术企业”，创立于1997年，专业从事高可靠性电源产品研制、生产和销售，是中国电源产业“十大知名品牌企业”。公司员工总数合计900余人，厂房及办公面积24000余m^2。

公司电源产品涵盖DC-DC、AC-DC、DC-AC三大系列，产品输出功率1W~100kW范围，包括微功率电源、模块电源、厚膜混合集成DC-DC变换器、特种定制电源、铁路专用电源、电力专用电源、LED电源、电力操作电源、光伏变换器、整流器、嵌入式电源及系统等。产品广泛应用于航空、航天、车载、船舶、通信、铁路、电力、工控及新能源等领域。

公司通过了ISO9001质量管理体系、TL9000电信行业质量管理体系、ISO14001环境管理体系、OHSAS18001职业健康安全管理体系、GJB9001B-2009军工产品质量管理体系的认证，通过保密资质认证。

261. 北京亚澳博信通信技术有限公司

北京亚澳博信通信技术有限公司
Beijing ASAU BoXin Communication Technologies Co.,Ltd.

地址：北京市顺义区林河工业开发区林河大街21号
邮编：101300
电话：010-89496341
传真：010-89496346
网址：www.bjasau.com
简介：

北京亚澳博信通信技术有限公司是由河北亚澳通讯电源有限公司与北京顺义林河开发区合资组建的股份制软件科技型高新技术企业，是一家集研发、制造、销售为一体的开关电源生产厂家，拥有业界领先的电源技术、研发、产品制造及服务平台。主营业务为通信用开关电源系统、开关电源模块、直流远供系统、机房监控产品、新能源汽车、节能节电产品（高效电源）及其他电子产品。公司产品广泛应用于通信、铁通、军网、电力、广电、石油和金融等行业领域，并出口至法国、俄罗斯、印度、南非、古巴、孟加拉、中东等国家和地区。

262. 北京一峰电子制作中心

地址：北京市海淀区西北旺镇小牛坊456号
邮编：100094
电话：010-82824615，57158331
传真：010-82824617
邮箱：yifengfy@yahoo.com.cn
网址：www.yfdianzi.com
简介：

北京一峰电子制作中心是一家专业设计生产各类高频变压器、电感器的企业，生产全程贯彻GB/T19001-2000和ISO9001：2000质量管理要求，建立质量保证体系。本公司已经形成一个完善的研发、生产、销售系统，拥有了一支熟悉军用标准、行业标准的工程技术队伍。

目前主要产品有：

高频变压器系列：开关电源变压器、脉冲变压器等；

电感器系列：APFC电感器、谐振电感器、共模/差模电感器、开关电源输出电感器等以及各种滤波用电感器及磁珠。

军用产品广泛应用于航空、航天、船舶、兵器等军工领域；民用产品广泛应用于各种电子线路中，传统型变压器、电感器产品主要应用在一次通信电源、充电器等大功率电源中，SMD类产品和新型平面变压器电感器主要应用于二次电源模块和网络产品中；设计生产的大功率（工作频率20kHz左右，10~50kW）充电器、逆变器用变压器、电感器产品受到用户的一致好评。月生产3~5万只。

全体员工秉承质量和诚信就是持续发展的命脉！

以顾客满意作为中心的出发点和归宿点，持续改进是全体员工永恒的追求！

263. 北京银星通达科技开发有限责任公司

银星通达
SILVER STAR SCIENCE & TECHNOLOGY

地址：北京市西城区北三环中路甲29号华尊大厦A座403室
邮编：100029
电话：010-82021883
传真：010-62034689
邮箱：silverst_1@163.com
网址：www.silverst.com
简介：

北京银星通达科技开发有限责任公司是专业从事各行业数据中心机房建设及UPS供配电系统、制冷系统的方案和产品供应商，并为用户提供监控系统、机柜、蓄电等整体解决方案。本公司自成立以来，始终致力于国际著名品牌产品在国内市场的推广和引介工作。多年来，在广大用户的支持与帮助下，公司同仁不断开拓进取，凭借良好的敬业精神、过硬的专业技术及竭诚服务于用户的意识，现已成为国内知名的电源、空调及外设产品代理商。公司现已通过ISO9000质量管理体系认证，并被北京市工商行政管理局评为“守信企业”、被中国电子商会电源专业委员会评为“中国电源行业诚信企业”。

本公司为施耐德旗下的APC高级认证合作伙伴（金牌代理），代理其全系列产品，同时是中达电通（台达）、美国艾默生克劳瑞德UPS、伊顿旗下的Powerware系列及山特电子、广东易事特、厦门科华、美国力登、深圳科士达等品牌的代理商，在业内享有极高的企业信誉度。

本公司自成立以来，以优质的售前售后服务和精湛的专业技术为保障客户的网络畅通创造了良好的环境和无限的商机，至今在全国各地已拥有上千家客户，售出上万台UPS，工程师的足迹遍布全国，公司力争实现客户满意度达到百分之百。

264. 北京宇翔电子有限公司

地址： 北京市朝阳区东直门外西八间房万红西街2号
邮编： 100015
电话： 010-64320432-2076
传真： 010-64320432-8082
邮箱： anhuali789@ 163. com

简介：

北京宇翔电子有限公司是一家专业从事半导体集成电路和分立器件设计制造的企业。该公司于2012年由宇翔公司（原北器三厂）、北器五厂、北器六厂以及莎威公司（原国营878厂）等几家企业整合重组而成，具有40余年研发、生产半导体器件的悠久历史。

公司建有一条4英寸铝栅CMOS集成电路制造线和一条6英寸双极集成电路制造线；具备军（民）用集成电路和分立器件三大类、数百种型号、上千种规格产品的设计、研发、生产和服务的能力。

公司产品包括：数字集成电路：CC4000系列、C000系列、54HC系列、BH系列专用集成电路等；电源管理电路：CW7800/CW7900固定正/负压电压调整器系列、CW117/CW137可调正/负压电压调整器系列、LDO低压差电压调整器系列、PWM脉冲宽度调制器、精密电压基准电路等；半导体分立器件：PN硅单结晶体管、开关/稳压/恒流二极管、SBD-SiC二极管、TVS瞬态电压抑制二极管、JFET、MOSFET等及SOT/SOD/DFN/QFN等多种封装形式产品。

公司执行GB/T19001质量管理体系和IECQ-HSTM QC080000控制要求，产品质量安全可靠。

顾客的想法就是我们的目标，本公司将一如既往地为新老客户提供高品质的产品和优质的服务。

265. 北京中天汇科电子技术有限责任公司

中天汇科

地址： 北京市昌平区沙河镇七里渠育荣教育园区（北门）
邮编： 102206
电话： 010-80707609
传真： 010-80707609-8009
邮箱： sun-zthk@ sohu. com
网址： www. zthk. com. cn

简介：

北京中天汇科电子技术有限责任公司系一家专业的电力电子制造企业，具有18年生产开关电源的历史。产品累计生产达数万余台，广泛应用于通信设备、广播发射、电力自动化、应急电源等多个行业。

中天汇科公司注册于北京中关村昌平科技园区，是中国电源学会的团体会员，并取得了高新技术企业认证。本公司下设开发部、生产部、销售部、质管部等职能部门，并拥有一批高新技术人才，其中具有大专学历以上的人员（含高级职称）占员工的60%。

我公司自创业以来以诚为本，坚持以科技为先导。与中国矿业大学紧密合作，采取校企协作，以知名教授及高级工程师为技术后盾，不断地研制出各种新型的电力、电子产品。

我公司已通过IS09001-2000质量体系认证，产品安全及电气性能完全符合信息产业部YD/T 731-2000《高频开关整流器标准》，并通过了北京市产品质量监督检验所及中国电力科学研究院等权威部门的检测。

266. 伊顿电源（上海）有限公司

EAT·N
Powering Business Worldwide

地址： 北京市朝阳区建国门外大街甲8号IFC大厦9层
邮编： 100022
电话： 010-59259325
传真： 010-59259211
邮箱： lynnewei@ eaton. com
网址： www. eaton. com. cn

简介：

伊顿公司是一家拥有超过103年历史的全球领先的动力管理公司，2014年销售额达226亿美元。伊顿致力于提供各种节能高效的解决方案，以帮助客户更有效、更安全、更具可持续性地管理电力、流体动力和机械动力。伊顿在全球拥有约10.2万名员工，产品销往超过175个国家和地区。

267. 中科航达科技发展（北京）有限公司

地址： 北京市大兴区黄村镇兴华大街绿地财富中心D座712
邮编： 100085
电话： 010-82758895
传真： 010-82758895-8002
邮箱： xy@ bjzkhd. com wxq@ bjzkhd. com
网址： www. bjzkhd. com

简介：

中科航达科技发展（北京）有限公司（以下简称中科航达）注册于北京市海淀区中关村科技园北区，依托于中科院以及中关村科技园强大的科研平台，以及多年积淀的雄厚技术背景，专注于铁路、电力、军工以及公网、专网等高端通信设备所需要的整体化电源提供方案的设计、研发、生产以及产品销售。为信息产业、国防电力以及铁路系统提供全方位、高品质的电源方案。

主要产品包括：研制应用满足于通信交换、基站、电源系统、监控传输设备、铁路信号、铁路通信、工业自动化控制、电力监控以及传输系统的自动化控制、航空、航天和军工等领域特殊要求的高功率密度模块电源以及模块拼装化多输出系统电源产品。

一体化、智能化、低能耗是中科航达电源产品发展的终极目标，通过为铁路、电力以及军工行业服务所积累的近20年的设计经验，目前已为国内主流设备厂家提供了全面、系统、智能化的电源解决方案。凭借强大的技术创新以及强大的市场开发能力，树立 GJB9001B－2009 质量体系思想作为管理核心，以完备的市场体系作为技术支持和服务保障，为客户提供全面、迅捷、智能化的电源解决方案。

浙江省

268. 杭州奥能电力设备制造有限公司

地址： 浙江省杭州市拱墅区康桥工业园康政路 30 号
邮编： 310015
电话： 0571-88182145
传真： 0571-88090507
邮箱： aoneng2008@163. com
网址： www. aoneng. cc
简介：

杭州奥能电力设备制造有限公司位于高新技术开发区，是一家高科技股份制集团企业。公司成立至今，经过奥能人的艰苦创业、奋发图强，经营规模不断扩大，经济实力不断增强，逐步形成了一个日益完善的经营服务体系，目前奥能公司已在南京、鞍山、成都、武汉、长春、乌鲁木齐等城市设立办事机构，是集科研、生产、销售、服务为一体的集团公司。公司承接各种自动化成套设备的制造、安装、调试以及软件开发、技术培训和新产品开发等项目，技术力量雄厚，生产设备齐全，制造工艺先进，测试手段和检测设备均符合国家标准要求。公司已获得 ISO9001 国际质量体系认证证书。

269. 杭州奥能电源设备股份有限公司

地址： 浙江省杭州市西湖区科技经济园区振中路 202 号 1 号楼
邮编： 310030
电话： 0571-88966622
传真： 0571-88966986
邮箱： on@on-eps. com
网址： www. on-eps. com
简介：

杭州奥能电源设备股份有限公司位于有着天堂硅谷之称的杭州高新技术开发区，是一家专业制造逆变电源、开关电源的高新技术企业。公司创建以来秉持研究开发为导向，不断地创新与坚持品质，以建立自我品牌立足于国内电源领域。如今凭借着强大的研发阵容、高品质的制造能力及严格的品质掌控，我们自行研发的产品已广泛应用于各种领域（如电力、邮电、铁路、航运、油田、金融等），在与国内外众多著名企业的合作中，我们的产品受到一致的好评与信赖。

“质量第一，客户至上”是公司的经营理念，我们奉献给用户的不仅是品质优良的产品，同时也是我们优质、可靠、及时的服务。随着企业的不断发展，公司已全面贯彻实施 ISO9001 质量管理体系并顺利通过认证。

客户的满意是我们永远的追求！

创一流企业是我们最终的目标！

270. 杭州易泰达科技有限公司

地址： 浙江省杭州市上城区钱江路 58 号太和广场 3 号 15 楼
邮编： 310008
电话： 0571-85464125
传真： 0571-85464128
邮箱： sales@easi-tech. com
网址： www. easi-tech. com
简介：

杭州易泰达科技有限公司是一家为国防军工、航空航天、铁道船舶、汽车、电机电器、电气传动、天线雷达等机电行业提供产品设计分析、仿真验证软硬件解决方案以及咨询服务的专业技术公司。我们坚持以电磁场、温度场、结构应力场多场耦合技术为核心，以系统建模与仿真技术为纽带，以员工和公司的持续学习能力为保障，以切实解决用户难题并不断改进用户体验为目标，通过专业的技术知识和服务流程，为客户提供经济、高效、可靠的解决方案和专业的咨询服务，以帮助客户实现技术创新、提高效益和增强竞争力。

271. 杭州远方仪器有限公司

EVERFINE远方

地址： 浙江省杭州市滨江区滨康路 669 号
邮编： 310053
电话： 0571-86699998
传真： 0571-86673318
邮箱： emc@emfine. cn
网址： www. emfine. cn
简介：

杭州远方仪器有限公司是远方光电（股票代码：300306）的全资子公司，专业从事电磁兼容（EMC）和电子测量仪器的研发及 EMC 实验室整体解决方案的提供，是国内最早独立进行全系列电磁兼容测试仪器研发的国家重点高新技术企业。建有企业院士工作站、博士后工作站、省企业技术中心、省研发中心等科研平台，并多次承担国家高技术研究发展计划（863 计划）课题和省市级重大科技攻关项目，拥有国内外发明专利 30 余项。2013 年被评为福布斯潜力上市公司 100 强企业（排名第四）。

经过多年的技术发展与积累，远方公司的 EMC 和电子测量仪器已远销全球 70 多个国家和地区，应用于 LED 和照明、家用电器、电动工具、低压电器、医疗器械、电力、通信、广播音视频、汽车电子、军工等领域，客户包括中国科学院、中国计量科学研究院（NIM）、ETL 国际认证实验室、中检集团、深圳计量院、广东省出入境检验检疫局、清华大学、浙江大学、四川大学、飞利浦、三星、松下、西门子、海尔、美的、TCL 等著名国际检测认证机构、跨国企业、研究所及高校。

272. 杭州中恒电气股份有限公司

地址： 浙江省杭州市国家高新技术产业开发区东信大道 69 号

邮编： 310053

电话： 0571-86698999

传真： 0571-86698777

邮箱： hzzh@ hzzh. com

网址： www. hzzh. com

简介：

杭州中恒电气股份有限公司（股票代码：002364，简称“中恒电气”），坐落于素有“天堂硅谷”之称的杭州国家高新技术产业开发区内。成立于 1996 年，是一家集科研开发、生产经营、技术服务为一体的民营股份制高新技术企业，也是中国智能高频开关电源行业的龙头企业。成立十多年来，公司一直秉承“至诚至精，中正恒久”的价值观，始终处于稳健发展态势。2010 年 3 月中恒电气在深圳证券交易所公开上市。

中恒电气专注于电力电子领域，是专业从事通信电源系统、高压直流电源（HVDC）系统、电力操作电源系统、新能源电动汽车充电系统及充换电站完整解决方案、新能源储能系统等系列产品研发、生产销售和服务的高新技术企业，是国内 48V 通信电源、240V 数据机房直流电源、电力操作电源产品的主流供应商，也是国内少数几家能满足客户个性化定制需求，提供成套电源系统产品及综合解决方案的企业之一。2012 年，随着北京中恒博瑞数字电力科技有限公司重组成为中恒电气的全资子公司，公司业务涉及面延伸到电力系统软件产品和智能电网建设等领域。

经过十几年的潜心发展，中恒电气业务涉及通信网络、电网电厂、冶金、石油化工、IT、金融、新能源等行业和领域，拥有中国移动集团、中国电信集团、中国联合通信集团、国家电网公司、南方电网公司、中国国电集团、腾讯等长期稳定的核心客户。公司产品已畅销国内 30 多个省、市、自治区以及海外地区，售后服务网络遍布全国。

做行业内最受尊敬的科技企业是中恒电气的愿景目标。公司始终坚持技术驱动，做精做强，赢得客户尊敬；关爱员工，共享成长，赢得员工尊敬；中恒电气积极践行企业公民责任，赢得社会尊敬。

273. 康舒电子（东莞）有限公司杭州分公司

地址： 浙江省杭州市西湖科技园区西园八路 11 号杭州数字信息产业园 D 座 3 楼

邮编： 310013

电话： 0571-87997535，87997536

传真： 0571-87963179

邮箱： hr_ hz@ apitech. com. tw

网址： www. acbel. com

简介：

康舒科技创立于 1981 年，一直谨守创新、和谐、超越的经营理念，并以客户满意为目的行事，经过持续不断的技术创新及客户开拓，以电源管理技术为核心的康舒科技已成为众多世界一级大厂的主要合作伙伴，并进入全球电源供应器产业的领导厂商之列。

康舒科技目前以中国台湾地区为全球研发总部，在中国、美国及马来西亚等地亦设有专业研发团队。近年来，康舒科技有感于地球暖化情形日益显著，除了积极改进产品设计以提高电源供应器产品的电力转换效率，协助客户的终端系统节能减排外，也积极投入照明、能源及电力通信等新触角，期以电源管理的核心技术为基础，发展出整体解决方案。

杭州分公司作为康舒科技的车用电子事业处，主要围绕电动汽车用各类电源开展应用：客户遍及整车厂、动力电池厂及国家电网等，产品包括车载产品、非车载产品和动力电池的管理与均衡系统等。公司为优秀人才搭建了良好的发展平台，在这里，您将接触到业界领先的技术和富有激情的工作团队。

274. 乐清市永茂电源有限公司

地址： 浙江省乐清市大林工业园区

邮编： 325609

电话： 0577-62216128

传真： 0577-62122938

邮箱： yongmaoinverter@ 163. com

网址： www. power-ok. com

简介：

乐清市永茂电源有限公司创建于 2008 年，地处于浙江省乐清市天成工业区，依山傍水，交通便利，紧靠风景秀丽的国家级旅游胜地——雁荡山，与开放中的港口城市——温州隔江相望。公司生产的产品被广泛应用于电力、电信、航空航天、国防、交通、科研机构及大中型厂矿企业等领域。

本公司是专业从事正弦波逆变电源、不间断电源等产品的研发、生产、销售及服务的创新型科技企业。在电源产品的技术研究、设计、制造工艺、质量管理、售前售后服务等方面都有丰富的经验，是国内外电源产品生产的重要基地，享有很高的声誉和知名度。

公司一直坚持“以人为本”的人才战略，吸纳了具有经验丰富的工程技术人员和专业管理人才，以严管理、高技术、先进的生产设备及完善的检测手段，生产高品质的产品，提供优质的售后服务。产品配套国内知名企业，并成为国外著名品牌 OEM 合作伙伴，畅销全国、远销海外。

275. 宁波金源电气有限公司

地址：浙江省宁波余姚市新建北路 485 号
邮编：315400
电话：0574-62533257，62537292，62534287
传真：0574-62533688
邮箱：jyb@ jinyuan. com
网址：www. jinyuan. com
简介：

金源集团公司是一家专业从事电源领域，集产品开发、生产销售及技术服务于一体的规模化、实业化企业。公司的前身是余姚市调压器厂，创办于 1989 年 10 月。公司创办 20 多年来，始终坚持“一诺千金、源于品质”的企业宗旨，以雄厚的经济实力、灵活的经营体制，实现了规模经营、以质取胜和市场多元化的战略目标。良好的企业文化、精湛的生产工艺、创新的管理制度保证了企业长期高速、稳健发展。公司先后被授予农业部中型一档企业、全国出口创汇先进企业、浙江省诚信民营企业、宁波市三星级企业、余姚市一级工业规模企业、余姚市十佳现代管理示范企业、余姚市二十强企业等荣誉。

公司生产的主要产品有稳压电源、调压器、变压器、开关电源、逆变电源、转换电源、不间断电源、国际通用插座、功放、发电机、电动车辆、卫星接收无线等 20 大类、50 多个系列、300 多种产品。其中调压器产品是宁波市名牌产品、浙江省地方名牌产品。ST 型升降变压器、DF 型直流稳压电源等多个产品还先后被授予国家专利。

276. 宁波南车时代传感技术有限公司

CSR 中国南车

地址：浙江省宁波市江北区振甬路 138 号
邮编：315021
电话：0574-87354108
传真：0574-87131583
邮箱：csrsensor@ csrzic. com
网址：www. nbteg. cn
简介：

宁波南车时代传感技术有限公司（原株洲电力机车研究所宁波分所，以下简称“宁波时代”）始创于 1990 年，隶属于株洲南车时代电气股份有限公司（H 股），是宁波市首批成建制引进两家部属科研院所之一，2006 年 6 月更名为宁波南车时代传感技术有限公司。

公司历经 20 多年的发展，围绕行业领先的测控技术业已形成四大产业板块，包括：以电流、电压、压力、速度、位移、温度为主的传感器产业；以站台屏蔽门、安全门为主的门产业；以真空集便器、整体卫生间以及感应洁具为主的洁卫产业。产品出口欧洲、北美、中东、东南亚等国家和地区，并逐步将产品应用领域拓展至工业和民品控制领域。目前，公司已成为中国南车在长三角经济区域的重要产业化基地和出口基地。

277. 衢州三源汇能电子有限公司

HN® 汇能 www.syhn.com.cn

地址：浙江省衢州市东港工业园区东港八路 20 号
邮编：324000
电话：0570-3666078
传真：0570-3666096
邮箱：syhn@ syhn. com. cn
网址：www. syhn. com. cn
简介：

衢州三源汇能电子有限公司，是一家专业从事电源产品研究、开发、生产制造的股份制企业。公司坐落于四省通衢的浙江省衢州市东港开发区，是中国电源学会会员单位。

经过十余年的不懈努力，奋发向上的三源汇能员工在 ISO9001（2000）质量管理体系模式的引领下，“001”系列、“HY”系列、“Byuan”系列电源产品以其可靠的质量、完善周到的售后服务取得了用户的信赖，产品畅销全国并远销世界多个国家。

公司拥有团结敬业、业务精湛的研发团队，建有防潮、防震、耐高压低温等一整套的专业实验室，率先装备拥有自主知识产权、行业领先的稳压电源自动检测、老化生产线，稳压电源产品的主要核心部件均实现自给；用真空工艺实现变压器铁心部件的无氧退火，自行研发的铁心参数分析设备和完善的变压器绝缘处理设备，为每一个电源产品的完美品质打下了坚实的基础。

以严谨铸品质，用质量求发展。三源汇能 300 余名员工竭诚期待您的光临。

278. 上海弘乐电气有限公司

HONLE®

地址：浙江省乐清市柳市镇象阳产业功能区
邮编：325604
电话：0577-61762777

传真：0577-61755177

邮箱：linfor@ honle. com

网址：www. honle. com

简介：

上海弘乐电气有限公司是国内知名的电源供应商，是中国电源学会会员。公司自创立以来，一贯坚持“科技是第一生产力”的理论导向，以品牌战略为先导，凭着对电源技术前瞻性理解，以完善的工艺和对品质的孜孜追求，为各行各业的精密设备提供安全稳定的电力供给保障，在国内外市场上树立了美好形象。

公司以“弘扬和谐，乐享世界”的企业精神为核心，先后推出稳压电源、精密净化电源、直流电源、逆变电源、调压器等系列多种电源产品，实行供、销一体化。公司在电源的品种、质量、规模和管理模式等方面已得到了完善，使公司产品质量达到先进技术水平，畅销全国，部分出口国外，深受广大客户的好评。

本公司产品由中国人民保险公司承保。公司始终以“质量求生存，创新求发展”的方针，通过了ISO9001质量管理体系认证。

279. 温州华高电气有限公司

HAGOE

地址：浙江省温州市龙湾区状元街道横街工业区1幢18号

邮编：325011

电话：0577-86509098

传真：0577-86509068

邮箱：hagoe@ 163. com

网址：www. hagoe. com

简介：

华高电气有限公司是集科研、设计、开发为一体的高新技术企业。公司下设华高电源、华高自动化。华高电源是一家专业从事电力操作电源（直流屏）、直流通信电源、高频整流模块、模块化逆变器、模块化EPS及工业定制电源研究、开发、生产的公司，并被中国电源学会纳为会员单位。产品通过了国家权威部门的检测检验。

企业借助不断创新所带来的管理、技术整合优势，以“高技术求发展、高质量求信誉”作为经营理念，努力进取，以一片至诚服务于客户，以高质量的产品奉献给社会。

“创新科技，服务社会，立足中华，高瞻全球”为公司发展方针。公司一直致力于研发力量的建设，现已组成由硕士及国家重点大学优秀本科生组成的研发队伍，凭借高素质研发队伍、丰富的现场使用经验，开发出电源领域新产品及污水处理、微机控制；公司管理严格按照ISO9001：2000及现代化管理模式，从元器件的采购、生产、调试、销售及售后等已形成严格、严谨、规范化的管理程序，从而保证了公司产品品质的优异性，得到了广大客户的一致好评。

对于客户在使用产品的过程中，公司有完整的解决方案，售前的答疑、售中的指导及售后的技术支持与服务，均有专业工程技术人员负责，解决了客户的后顾之忧，使客户能放心使用。

华高人以智慧的眼光注视着未来，并以科技创新、发展高新技术为源动力，走向企业今后发展的成功之路。华高人的目光投向世界，华高人正朝着美好的未来奋进。

微信公众账号：华高直流屏。

280. 温州松特电器有限公司

SOTER 松特

地址：浙江省乐清市柳市镇西兴路182号

邮编：325604

电话：0577-62760666

传真：0577-62760665

邮箱：1846093846@ qq. com

网址：www. soter. com. cn

简介：

松特电器有限公司是生产各种稳压电源、不间断电源、净化电源、逆变器、充电器、通信电源、交直流稳压器、开关电源、仪器仪表、电焊机、机电一体化产品的专业性生产公司，系中国电源学会的会员单位。

本公司始终坚持“科技创新、以人为本”的宗旨，以雄厚的科技力量为基础，应用领先的科学技术，不断研发适应市场的新产品，提高产品档次，并采用先进的检测设备，旨在拓宽国内市场的同时，把目光瞄准国际市场，其产品销往全国各省、市外，还远销西欧、中东、南非、东南亚等国家和地区，取得了可喜的成果。公司现有员工300多人，生产用房5000多平方米。公司已通过ISO9001质量体系认证，成为跨地区、创品牌的电源专业制造公司。

281. 浙江创力电子股份有限公司

地址：浙江省温州市龙湾区高新技术产业园区F幢2楼

邮编：325013

电话：0577-86557922

传真：0577-86557923

邮箱：gulitao@ makepower. cc

网址：www. makepower. cc

简介：

作为行业领先的通信应用系统支持服务供应商，温州市创力电子有限公司自1996年成立以来，长期专注于各类数据测量、传输、设备自控、信息技术等产品的设计、开发、生产及系统整合。目前，创力电子是一家集科、工、贸为一体的国家高新技术企业。创业十余载，创力不断开拓、努力拼搏，企业茁壮成长，产品涵盖全国20多个省市。

我公司生产的主要产品涵盖了一个物联网综合监控管理平台和四个系列产品，包括用电量管理系统、智能门禁及动力环境监测系统、综合节能系统和E卡通系统等产品。

实现了“工业化”、“信息化”的融合，为节能减排提供了有力保障。我公司产品广泛应用于通信机房、基站、广电、电力、码头、企业、校园等。

公司拥有核心研发、设备生产线，现有近500多名员工，属于国家高新技术企业、国家信息产业部计算机信息系统集成三级资质以及ISO9001质量管理体系认证企业。创力坚持以一流的技术、最佳的产品质量、完善的售后服务来满足用户日益增高的要求，坚持以高水平的科技产品为载体，以优质的售前、售后为纽带，与用户实现“双赢”局面。

282. 浙江海利普电子科技有限公司

地址：浙江省海盐县武原镇新桥北路339号
邮编：314300
电话：0573-86169999
传真：0573-86158001
邮箱：xuliqun@ danfoss. com
网址：www. holip. com
简介：

浙江海利普电子科技有限公司成立于2001年，于2005年被丹佛斯纳入旗下，成为其全资子公司，丹佛斯是丹麦最大的跨国工业制造公司，创立于1933年，丹佛斯以推广应用先进的制造技术，并关注节能环保而闻名于世，是制冷和空调控制，供热和水控制，以及传动控制等领域处于世界领先地位的产品制造商和服务供应商。

海利普共有员工600余人，是一家集研发、生产、销售于一体的国家级高新技术企业，同时也是国内唯一一家拥有省级变频研发中心的企业，其核心产品HLP系列变频器，广泛应用于纺织、化工、机床、塑料等行业，先后被列入“国家重点新产品”、“国家火炬计划项目”，并于2004年被授予“浙江省名牌产品”、“国内最具有竞争力的产品”，同时海利普也是国内最大的变频器生产厂家之一。

为迎合丹佛斯在中国建立第二家乡市场的战略，海利普依靠丹佛斯的强大支持，寻求高速发展。更加巩固海利普在国产变频器领域的领先地位，同时逐渐成为丹佛斯旗下的传动控制部在亚太地区的制造和物流中心。

283. 浙江宏胜光电科技有限公司

地址：浙江省乐清市柳市镇柳黄路2285号5楼
邮编：325604
电话：0577-61676211
传真：0577-61676212
邮箱：9029226@ qq. com
网址：http：//hosgd. 1688. com
简介：

浙江宏胜光电科技有限公司创立于2010年3月，是一家集开发、设计、生产、销售、服务于一体的高科技专业化电源制造企业。

公司重视人才的培养与引进，拥有一批高素质专业人才。公司员工200余人，其中高级技术人员10多人，专业管理人员20余人，质检人员10余人；年产量达200多万台电源，厂房面积5000余 m^2；公司注册资金1020万元，是国内最具规模的开关电源专业制造企业。本公司以产品质量为方针，注重产品的研发，技术的更新；同时公司引进全自动插件机、自动化生产流水线，采用精确完善的检测设备，筛选优质的进口电子元件；产品经过100%烧机老化、耐压检测，合格率高达99%以上，通过先进的管理和流程，铸就高品质的电源产品。

公司主要产品：防水电源、防雨电源、AC-DC单组、多组开关电源、超薄型、小体积、导轨型、大功率开关电源、DC-DC开关电源、充电开关电源、适配器开关电源、逆变器开关电源等上千种电源规格产品。另外，公司可快速开发各种非标电源及特殊定做规格电源产品，来满足客户对不同产品的需要。产品广泛应用于LED亮化工程、LED显示屏、监控设备、医疗设备、工控自动化、电力通信等领域。

企业宗旨：服务员工、服务顾客、服务社会。

企业方针：技术创新，质量创新，服务创新。

企业口号：全力打造中国电源第一品牌。

本公司竭诚欢迎各界朋友前来考察、洽谈、合作、共图发展！

284. 浙江省海宁市海整整流器有限公司

地址：浙江省海宁市庆云庆建路9号
邮编：314416
电话：0573-87788141
传真：0573-87788695
简介：

本公司前身是创办于1974年6月的浙江省海宁市整流器厂。近40年来与浙大、上海电器科学研究所等大专院校、科研究院所实现校企联盟，目前高频开关电源、可控电源、脉冲电源都已实现了标准化、微机化、系列化。设计创造的系列直流电源最大输出额定电流50000A，最高输出额定电压600V。实现PC控制换向时间、电流、电压等有关参数，并记录打印。系列脉冲电源最高额定电压400V，最大额定电流1000A，分单脉冲、双脉冲两种。

本公司拥有AAA资信等级。购买直流或脉冲电源，请认证“海整”商标。

285. 浙江腾腾电气有限公司

地址：浙江省温州市鹿城轻工产业园区创达路28号
邮编：325019

电话： 0577-56968888
传真： 0577-56556999
邮箱： hr@ ttnpower. com
网址： www. tinglang. cn www. ttnpower. com
简介：

浙江腾腾电气有限公司系国家高新技术企业、浙江省科技型中小型企业、浙江省级企业技术研究开发中心、温州市专利示范企业，是中国电源学会会员单位、中国电器工业协会会员单位。公司成立于 1994 年，是一家集研发、生产、销售各种规格光伏离网发电系统、智能交直流稳压电源、UPS、EPS、电脑万年历等产品为一体的现代化电气行业翘楚。在公司 100 多类 1000 余种研发产品中，共覆盖家庭、工业、农业、消防、通信、医疗等诸多领域，销售网点 500 多处，遍及全国各地，办事机构延伸到莫斯科、法兰克福、洛杉矶、迪拜、拉各斯等国际大都市，产品畅销全球 50 多个国家和地区。目前，新研发的 3D 打印设备即将投产，产品系列包含从单头单色打印到多头多色打印，材质包含打印塑料及打印金属；GPRS 智能路灯控制系统，通过网络控制调节，为现在普遍使用的路灯系统节省 40%以上的电能；IGBT 智能高频电子式稳压电源产品为各领域高、精、尖设备的必备配套产品，此项科技产品的研发成功将是国际上高端电源产品中的一次革命；此外，公司正在与西北工业大学合作研发大功率激光电源、伺服电机等高科技系列产品。

286. 浙江西奥根电气有限公司

SIGA® 西奥根

地址： 浙江省乐清市柳市镇新光大道 26-28 号
邮编： 325604
电话： 0577-62798358
传真： 0577-62790118
邮箱： chinasiga@ chinasiga. com
网址： www. chinasiga. com
简介：

浙江西奥根电气有限公司，创建于 1994 年 9 月，坐落于乐清市柳市镇新光工业园区新光大道 28 号，注册资金 800 万元，现有员工 120 多人，其中科技人员 20 多人，厂房面积 6000m^2，2010 年创产值近 2000 万元，出口创汇 40. 31 万美元。

公司是以生产稳压器（交流稳压器、精密净化稳压器、大功率稳压器、微电脑无触点大功率稳压器）、变压器（控制变压器、干式变压器、油浸变压器）、自耦式启动器、充电机、逆变器、不间断电源、消防应急电源等电源类产品为主，其它电器产品为辅，集产品设计、开发、生产贸易为一体的国内先进企业，公司为“中国电源学会会员”、“家用交流自动调压器”专业委员会成员单位。

公司管理制度健全，2004 年 7 月顺利通过了 ISO9001 国际质量体系认证，2006 年 6 月通过了国家公安消防“CCC”质量体系认证。公司技术力量雄厚，积极创新，质量一流，拥有多项国家专利证书，国家电力电子检测中心合格证书，电工产品安全认证，SIGA 西奥根产品已经成为电源行业知名品牌。

公司拥有自营进出口权，积极开展国际化经营，组建了国际营销网络，产品远销欧美、中东、东南亚、非洲等十几个国家和地区。公司知名度不断提高，国际市场占有率不断扩大，每年参加“广交会”和上海举办的“华东交易会”等。产品质量深受国内外用户和客商的好评。

公司所取得的成绩也得到了上级政府的肯定，先后被乐清市政府和部门授予文明私营企业、先进私营企业、明星企业、诚信民营企业、重合同守信用单位、稳压电源专家、中国 EPS 应急电源十强企业，并荣获中国产品质量协会产品质量“AAA”级证书等光荣称号。连续多年被中国农业银行浙江省分行评为“AAA”级信用企业。

公司坚持以科技为先导、以客户需求为重点，不断改进，努力提高产品质量。以人力资源为第一要素，先后与浙江大学、重庆大学建立了长期研发合作关系。面对经济全球化、市场信息化的挑战，西奥根人将以“改善电源，追求无止境”为目标而努力奋斗！

287. 浙江正泰电源电器有限公司

CHNT

地址： 浙江省温州经济开发区滨海 2 道 1318 号
邮编： 325000
电话： 0577-62785196
传真： 0577-62785196
邮箱： wwb@ chint. com
网址： www. chint-e. com
简介：

浙江正泰电源电器有限公司专业从事低压变压器、调压器、稳压电源、互感器、起动器、电力保护继电器和限流电抗器的研发和生产，产品达 70 多个系列，7000 多种规格。公司属“浙江省高新技术企业”，是国内最大的电源电器生产供应商之一。

公司通过自主研发等途径，不断加快现有产品的更新换代及新技术、新材料、新工艺的研究和运用，共获得各类专利 40 多项。正泰牌变压器获浙江省名牌产品，正泰牌互感器获温州市名牌产品。

公司在行业内率先通过了 ISO9001 质量管理体系认证、ISO14001 环境管理体系认证、OHSAS18001 职业健康安全管理体系认证。需强制性认证产品全部通过 3C 认证，部分产品通过了国内 CQC、欧盟 CE、凯码（KEMA）、俄罗斯 PCT 等认证，产品远销亚洲、非洲、美洲、欧洲、中东等 30 多个国家和地区。

288. 中川电气科技有限公司

地址： 浙江省乐清市经济开发区纬六路 219 号

邮编：325600
电话：0577-62772888
传真：0577-62779168
邮箱：china8007@163.com
网址：www.jonchan.com
简介：

中川电气科技有限公司成立于1997年，前身为创立于1988年的乐清市振华稳压器厂，下属企业有温州中川电子科技有限公司、新加坡中川电子科技有限公司。专业从事应急电源、消防应急照明与疏散指示系统、电气火灾监控系统、不间断电源、稳压电源等相关产品的研发、生产、销售和服务。经过20几年的发展，现已成为国内电源行业的龙头企业之一。

自2004年以来公司先后荣获“浙江省著名商标”、“浙江省名牌产品”、“国家火炬计划项目”、“浙江省高新技术企业”、“浙江省科技进步三等奖”等荣誉称号，2012年被评为“国家高新技术企业”。2014年“JONCHN中川”商标被国家工商总局评为“中国驰名商标”。企业通过自主研发等途径，不断加快现有产品的更新换代及新产品、新材料、新工艺的研究和运用，共获得各类专利50多项。

山东省

289. 海湾电子（山东）有限公司

地址：山东省济南市高新技术开发区孙村片区科远路1659号
邮编：250104
电话：0531-83130301
传真：0531-83130303
邮箱：mk_king@gulfsemi.com
网址：www.gulfsemi.com
简介：

海湾电子（GULF）是以专业玻璃钝化及玻璃球封装技术，提供电子照明、LED照明、LCD电源供应器、工业类电源、仪器仪表等业界广泛使用的整流器件；10多年来直接服务于各领域的国际知名公司（Samsung、Philips、GE、Emerson、Delta、Panasonic、Sharp等）。

长期以来，海湾电子依托二极管最先进的玻璃球钝化工艺技术，已完整开发了PHILIPS原BYV、BYM、BYT等系列产品，满足业界对高性能、高可靠性产品的需求；海湾电子近年来又相继引进了外延、玻璃钝化技术，已替代原SANKEN、ON SEMI、TOSHIBA、IR等知名公司的系列产品，满足业界对高频率、低VF、高效整流的需求；海湾电子还大量开发了肖特基二极管、高性能桥堆等系列产品，满足各个领域的整流方案。

290. 济南朗瑞电气有限公司

地址：山东省济南市历城区花园路35号
邮编：250000
电话：0531-55711025/26/27/28/29
传真：0531-55711026
邮箱：sdlangrui@126.com
网址：www.sdlangrui.com
简介：

济南朗瑞电气有限公司是一家专业设计研发、生产销售各类军用、工业用和民用高性能交直流电源产品及电力电气系统集成设备的山东省高新技术企业，是国内外一流的电源行业系统解决方案及产品提供商。公司以市场需求为导向，以技术创新为宗旨，与高校研发资源及企业追求创新理念相结合，不断探索开发新技术、新产品。主要产品有：交流变频电源，稳压稳频电源，行业专用UPS，电力专用UPS，船舶岸电电源，直流电源，电力、通信、机车、光伏、风力发电专用逆变电源，单、三相应急电源，动力型应急电源，快速切换型应急电源，消防疏散指示系统，航空航天军事400Hz中频电源，36V/1000Hz中频电源，军用逆变电源，270V直流电源，28.5V直流电源，以及根据用户需求特殊订制产品。产品广泛应用于航空航天领域、飞机船舶制造与维修、家电电子制造、电机测试、电力通信、高低压配电、铁路机车、医疗器械、新能源以及国家机关、科研院所等，获得众多客户认可并取得长期的信赖与认可。

公司致力于正规化管理、标准化生产、规范化操作，拥有完善的检测设备，确保产品质量，秉承“技术创新、品牌优良、服务完善”的企业价值理念，注重公司长远发展，并以开放的心态，灵活的经营模式和真诚负责的态度为新老用户提供长期优质服务。

“科技创新、技术领先，为用户提供可靠、高效、绿色、安全的电源产品”是朗瑞电气永远的追求，朗瑞电气将凭借充满活力的企业文化、高素质的人才、一流的设备、先进的技术和管理，更充分、更完美地服务社会，专业守护，成就用户价值！

291. 济南芯驰能源科技有限公司

SINCHIP

地址：山东省济南市历城区开源路189号
邮编：250100
电话：0531-81901565
传真：0531-81901527
邮箱：sinchip@163.com
网址：www.sinchip.com
简介：

济南芯驰能源科技有限公司，地处山东省济南市高新技术产业开发区，是一家专业研制、生产及销售电力电子产品的股份制企业，公司致力于节能新技术和能源治理技术的开发与应用，经过我们的努力，业已发展成为交流稳压稳频电源、25Hz～1kHz 不间断电源（UPS）、应急电源（EPS）、变频电源、航空/军事专用中频静变电源、直流电源、逆变电源、能馈式电子负载、无功补偿电源及开关电源（SMPS）等产品范围广泛的综合性电源厂商。公司拥有一批专业从事电力电子产品的高素质科技人员及领导管理人才，强大的研发投入使得新产品不断推出，以满足用户的不同需求，做国际领导品牌是芯驰人坚持不懈的奋斗目标。

292. 临沂昱通新能源科技有限公司

地址：山东省临沂市高新区新华路中段
邮编：276000
电话：0539-7109391
传真：0539-7109391
邮箱：wsc76821@ 163. com
网址：www. ytxny. cn
简介：

临沂昱通新能源科技有限公司是以生产电子变压器、滤波器、电感、锰锌软磁铁氧体为主的高新技术企业。产品主要应用于家电、通信、绿色照明、汽车电子、太阳能等领域。

293. 青岛航天半导体研究所有限公司

地址：山东省青岛市福州北路 10 号
邮编：266071
电话：0532-85718548
传真：0532-85718548
邮箱：qsi@ qdsri. com
网址：www. qdsri. com
简介：

青岛航天半导体研究所有限公司，原为创建于 1965 年的青岛半导体研究所，2011 年年底，青岛市国资委与中国航天科工集团对其进行了重组，性质为全资国有。

公司现有职工 310 人，占地面积 $9550m^2$，拥有 $11000m^2$ 的工业厂房（含净化厂房 $2000m^2$）和 $3600m^2$ 的科研办公综合楼。公司是我国高可靠电子元器件研究与生产定点单位，为国家重点工程承担配套研制生产任务已有 50 年的历史，产品主要用于航空、航天、兵器、船舶、电子、石油和工业控制等领域。

公司通过了 GJB9001A-2001 质量管理体系认证，被认定为高新技术企业、青岛市企业技术中心等。厚膜混合集成电路生产线年生产能力为 5 万只；微电路模块（SMT）生产线年生产能力为 5 万只；电力电子器件生产线年生产能力为 50 万只。

（1）信号变换类混合集成电路产品：（V/F、I/F、F/V、V/I、C/V）转换器、滤波器、加速度计伺服电路、陀螺解调电路、单片集成电路、运算放大器等。

（2）电源功率类产品：中小功率 DC-DC、DC-AC、高低压电源模块；Interpoint、Victor 兼容产品；二、三相陀螺电源、功率模块、尖峰浪涌抑制器等。

（3）电力电子类产品：中小功率整流器件、晶闸管、MOSFET 功率器件、晶体管、IGBT 模块、固态继电器等。

（4）压力、振动、温度传感器等。

294. 青岛晶鑫伟业高磁材料科技有限公司

地址：山东省青岛市李沧区金水路 1057 号
邮编：266000
电话：0532-80930595
传真：0532-87658828
邮箱：1664729055@ qq. com
网址：www. jingxinweiye. com
简介：

创立于 2009 年的青岛晶鑫伟业高磁材料科技有限公司坐落于美丽的滨海城市——青岛，是一家集科研、开发、销售、服务为一体的高科技企业。从最初非晶带材剪切和直喷带材，发展到现在的各类非晶磁心、非晶电感器、非晶电抗器、变压器、逆变电源、不间断电源的生产，已达到质的飞跃。

公司拥有雄厚的技术力量，先进的检测设备，专业的研发队伍。公司的非晶、纳米晶材料及其衍生品广泛服务于航空航天、信息通信、电力电子、冶金机械、能源交通等领域。非晶产品具有损耗低、寿命长、性价比高的优点，可取代传统硅钢片、铁氧体等材料，性能大大提高，是国家大力扶持的高科技技术产品。

企业的宗旨是科技先导，产品创新，信誉至上，质量保障。

295. 青岛云路新能源科技有限公司

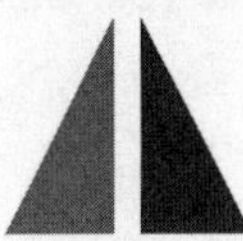

地址：山东省青岛市即墨兰村火车站西
邮编：266232
电话：0532-82599910
传真：0532-82593000
邮箱：kaifa-ht@ yunlu. com. cn

网址：www. yunlu. com. cn

简介：

青岛云路新能源科技有限公司成立于1996年，前身是青岛云路电气有限公司，自2008年起成为中航黎明与云路电气合作的央企控股企业，专业生产微波炉用高压电源变压器，变频空调电抗器、PFC电感及共模电感，医疗器械专用变压器，电梯专用变压器，工业微波炉专用变压器，UPS专用线性变压器，风力发电机专用变压器和电抗器等产品。微波炉变压器产量世界前三名，份额占20%，变频空调电抗器产量连续8年排名世界第一，份额占40%。为了把企业做大做强，公司从2008年开始研制高科技产品非晶带材，依托中航工业技术和品牌优势，已形成了千吨级生产能力，非晶磁粉心也已验证合格，实现量产。

296. 山东山大华天科技集团股份有限公司

HOTEAM山大华天

地址：山东省济南市千佛山路5号华天大厦
邮编：250061
电话：0531-82959900 82670000
传真：0531-82952200
邮箱：huatianwth@ 126. com
网址：www. huatian. com. cn

简介：

华天公司创立于1991年，2000年改制为由山东大学产业集团控股的股份制企业，注册资本6000万元，正式职工500余人。

华天公司依托山东大学的人才和技术优势，致力于电力电子产品的开发、制造、销售与服务，主导产品包括有源电力滤波器、静止同步补偿器、高速动态消谐无功补偿器、应急电源、稳压电源等；华天公司是国家级重点高新技术企业，并拥有省级企业技术中心、山东省电能质量控制工程中心以及山东省电能质量控制工程实验室；公司承担多项国家级、省市级科技项目，拥有数十项国家专利，多次荣获国家科技进步奖和山东省科技进步奖，公司产品获国家重点新产品、山东名牌等荣誉；公司被评为山东省创新型企业、山东省质量管理先进企业、山东省管理创新优秀企业等，“山大华天”被认定为山东省著名商标。

297. 山东圣阳电源股份有限公司

圣阳电源
SACRED SUN

地址：山东省曲阜市圣阳路1号
邮编：273100
电话：0537-4438666
传真：0537-4411980
邮箱：gongjianbo@ sacredsun. cn
网址：www. sacredsun. cn

简介：

山东圣阳电源股份有限公司（简称圣阳股份，股票代码：002580）创建于1991年，2011年5月6日在深交所中小板成功上市，是国内最早研发、制造铅酸蓄电池的企业之一，是国家高新技术企业，中国铅酸蓄电池行业首家通过出口免验企业，中国首家电源系统定制方案供应商，绿色能源的倡导者。产品门类涵盖铅酸蓄电池和锂电池以及新能源系统集成系列产品，公司目前拥有50项AGM和GEL铅酸蓄电池专利技术，现有5大类、21个系列、400多种规格产品，是通信、电力、UPS、EPS、光伏和风力发电储能等领域的主要供应商，产品出口近30个国家和地区。公司先后通过了ISO9001质量管理体系、ISO14001环境管理体系、OHSAS18001职业健康安全体系的认证。圣阳品牌先后荣获“山东省名牌”、“山东省著名商标”、等多项荣誉。

298. 山东泰开电源有限公司

地址：山东省泰安市高新区龙潭南路10号泰开南区工业园
邮编：271000
电话：0538-8933789
传真：0538-8933789
邮箱：yimulei@ 163. com
网址：www. tkzdh. cn

简介：

山东泰开电源有限公司成立于2014年8月5日，注册资金2000万元。公司在智能直流电源、智能一体化电源、装置电源等领域有近十年的生产和运行经验，用户遍及全国，涵盖了电力、冶金、煤炭、化工、环保、石油等各个领域，并出口俄罗斯、印度、哈萨克斯坦、越南、刚果、乌克兰、苏丹等国家。

为适应国际、国内经济贸易的需求，公司严格ISO9001—2008质量管理体系、GB/T 24001—2004环境管理体系和GB/T 28001-2011职业健康安全管理体系的要求建立体系，并进行产品设计、生产、销售和服务。坚持“质量第一、用户至上”的原则，奉行“正直、诚信、务实、创新”的企业精神和“追求卓越、回报社会”的企业宗旨，积极引进和吸收国内外先进技术和管理经验，开拓创新，与时俱进，以优良的产品性能、优异的产品质量、合理的产品价格服务于电力事业。

299. 山东新风光电子科技发展有限公司

地址：山东省汶上县经济开发区
邮编：272500
电话：0537-7220735
传真：0537-7222900
邮箱：info@ fengguang. com
网址：www. fengguang. com

简介：

山东新风光电子科技发展有限公司是由兖矿集团投资控股，公司研发生产基地位于文明古城山东省汶上县，现有厂房面积80000m²。

公司是变频调速器国家标准起草审定单位，中国电器工业协会变频器分会副理事长单位，建有山东省变频调速技术研究推广中心、山东省电力电子与变频工程技术研究中心、山东省企业技术中心、山东省电力电子技术及能源装备院士工作站、山东省软件工程技术中心等科技创新平台。

公司产品主要为各类高、中、低压变频器、高压动态无功补偿装置（SVG）、再生制动能量吸收逆变装置、特种电源等，广泛应用于电力、煤炭、冶金、采矿、水泥、石油、化工、市政、风力发电、轨道交通等领域。

公司通过了ISO9001质量管理体系、ISO14001环境管理体系、OHSAS18001职业健康安全管理体系认证。

2009年，公司被授予“中国电器工业最具影响力品牌”称号。

2009～2012年，公司连续四年被行业权威机构评为“中国变频器用户满意十大品牌”。

2014年公司获得2013～2014年中国变频器行业年度评选“成长力十强”。

2013年10月公司获得双软企业认证。

2015年1月18日通过标准化良好行为企业AAAA级认证。

公司产品先后获得1项国家发明奖，4项山东省科技进步奖，5项国家重点新产品，1项国家火炬计划项目，2项科技部中小企业技术创新基金项目。

面对未来，公司秉承“创新、品质、服务”的理念，并将其融入企业经营的血脉之中，不断追求成长与突破，努力实现“节约能源，服务社会，打造中国节能产品制造基地”的长远目标。

300. 威海东兴电子有限公司

地址：山东省威海市高区科技路212号
邮编：264209
电话：0631-3658305
传真：0631-3658555
邮箱：zxj@bddsea.com
网址：www.e-dongxing.com www.bddlight.com
简介：

东兴电子1996年成立于威海市高技术产业开发区。公司专注于工矿企业照明产品的研发、制造与销售，现有员工500多名，是山东省重点电子企业，无极灯、LED灯、LED电源是公司的主要产品。公司产品研究所拥有技术开发人员50多名，拥有照明方面专利65项，其中发明专利34项。拥有省级无极灯技术研发中心和市级LED电源技术研发中心，是高新技术企业。公司拥有ROHS产品检测室、产品信赖性实验室、电磁传导检测室、光源检测实验室、光强分布曲线检测室。公司客户遍及全球。公司是无极灯中国国家标准起草单位，致力于为工矿企业提供整套最佳工矿照明方案和优质工矿照明产品。其中无极灯、LED照明已注册BDD商标，现面向海内外诚招代理商。生产的无极灯是中国唯一能做到不附加任何外在条件在－50～70℃之间随意瞬间开启正常使用的无极灯。

301. 威海文隆电池有限公司

地址：山东省文登市葛家镇大英村北
邮编：264423
电话：0631-8849087
传真：0631-8842068
邮箱：wenlongbattery@163.com
网址：www.wenlong.cc
简介：

威海文隆电池有限公司成立于1991年10月，是集研发设计、生产制造及销售服务于一体的各类阀控式铅酸蓄电池、高速动车组电气控制柜、微机监控高频开关直流电源柜、EPS、UPS专业制造商。

公司设有省级山东特种电源工程技术研究中心和省级认定企业技术中心，通过了ISO9001、ISO14001、OHSAS18001职业健康安全管理体系认证、全国工业产品生产许可证、泰尔产品认证、中铁铁路产品认证以及美国UL、欧洲CE标志认证等，产品获得国家免检、山东名牌，有利牌商标为山东省著名商标。

公司研发生产的“固定型阀控式密封铅酸蓄电池”、“CA型储能用铅酸蓄电池”、“GZDW型微机监控高频开关直流电源柜”三种主要产品先后皆被列为“国家重点新产品”，产品广泛用于国内通信、电力、新能源及各类UPS领域，并出口美国、韩国、印度、尼日利亚等国家和地区，创造了一定的社会和经济效益。

湖北省

302. 空军预警学院电子技术研究所

地址：湖北省武汉市黄浦大街288号（空军预警学院内）
邮编：430010
电话：027-85990787
传真：027-85990787
邮箱：13607167688@139.com
简介：

空军预警学院电子技术研究所是国内最早研制与生产静止变频电源及大功率直流稳压电源的专业厂家。产品电气性能指标达到或超过国家军用标准（GJB181-86）、航标（HB5962-86）和美军标（MIL-STD-704E）的要求，可与飞机、舰船、雷达、火炮和计算机等需要400Hz电源或大功率直流稳压电源供电的设备配套使用。工厂开发的第四代SFC型静止变频电源，采用了正弦脉宽调制（SPWM）的控制方式、最新型的智能模块以及集成电感变压器和微处理器。产品技术指标不断提高，性能不断完善，赢得了广大用户的信赖和赞誉，并多次获得国家颁发的荣誉证书及表彰。

303. 武汉泓承科技有限公司

泓承科技

地址：湖北省武汉市东湖新技术开发区大学园路20号普天工业园1栋4楼

邮编：430233

电话：027-86774565，87751017

传真：027-86633682

邮箱：wuhanhchy@163. com

网址：www. whhckj. com. cn

简介：

武汉泓承科技有限公司是集研发、生产于一体的高新科技型企业，主要产品可分为五大类：AC-DC系列开关电源、DC-DC系列开关电源、DC- AC系列逆变电源、有源功率因数校正模块、特种电源。通过了GJB 9001A-2001和GB/T 9001-2000质量管理体系，拥有完善的质量管理体系，产品设计、生产完全按照军品标准进行实施，确保了每台产品的可靠性和质量稳定性。产品主要面向航空航天、舰船雷达、通信指挥、军用车载及地面控制等军用领域和高端的工控、铁路、电力、通信等工业领域，公司已累计向国内100多家用户提供了万余台（套）电源产品，承担并完成多项国防重点工程型号的电源研发、生产任务，性能卓越、质量稳定，获得了广大客户的认同。

304. 武汉瑞源电力设备有限公司

GOLD RAIN®

地址：湖北省武汉市东西湖区高桥经济开发区台中大道特1号（神州通物流园内）

邮编：430040

电话：027-83266481

传真：027-83266481

邮箱：whruiy@163. com

网址：www. whruiy. com

简介：

武汉瑞源电力设备有限公司是湖北省一家专门生产直流电源屏的厂家。公司产品主要销售在煤炭、化工、机电设备等行业。产品质量优良，运行稳定可靠，深受用户好评。

305. 武汉泰可电气股份有限公司

地址：湖北省武汉市洪山区珞狮南路519号明泽丽湾1栋C单元14层

邮编：430070

电话：027-87227071/2

传真：027-87227071/2

邮箱：gba8786@163. net 124707646@qq. com

网址：www. tkdl. net

简介：

武汉泰可电气股份有限公司（简称泰可电气）是在2015年1月新三板上市企业（证券代码：831921）、国家级高新技术企业、软件企业，从事电力行业高压输电线路在线监测系统、感应电源及通信系统、无线能量传输系统、变电站微机防误闭锁系统、配网设备等电力装备的生产制造、安装调试服务，是集研发、生产、销售和服务为一体的经济实体。泰可电气自2000年成立以来，依托武汉大学等多所国内一流高等院校的支持，自主研发多项新型高科技产品并拥有完全的知识产权，企业已通过了ISO9001-2008国际质量管理体系认证。企业目前拥有员工30多人，50%的员工为技术研发人员，90%的员工具备大学以上学历，在经营实践中立足电力行业、服务电力生产，积累了丰富的行业经验，赢得了业内普遍赞誉和客户信赖。

306. 武汉新瑞科电气技术有限公司

地址：湖北省武汉市东湖高新技术开发区东二产业园财富一路8号

邮编：430205

电话：027-87166123

传真：027-87166933

邮箱：Bob_wang@126. com

网址：www. newrock. com. cn

简介：

武汉新瑞科电气技术有限公司成立于2000年，位于武汉市东湖开发区东二产业园内，是集研发、生产、销售为一体的高新技术企业。公司占地13亩，拥有现代化的生产厂房和专业的生产及检验设备，现有员工70余人，是中国电源学会会员单位，武汉电源学会秘书处挂靠单位，拥有ISO9001-2000质量管理体系认证，是多家军工企业的合格分承制方。公司设有三个事业部：电子元器件事业部、特种变压器事业部及电源事业部。公司在温州、深圳等地设立办事处，并在香港成立子公司，服务遍及全球客户。

电子元器件事业部一直致力于功率半导体及其配套的电力电子元器件的代理销售，包括 IGBT 模块、晶闸管、整流桥、LEM 传感器、台湾 SUNON 风扇、铃木电解电容等；特种变压器事业部长期为广大科研院所及电源设备厂家设计、生产多种特殊用途和特殊要求的变压器和电感产品；电源事业部主要生产特种用途的逆变电源、充电机等电源产品。

307. 武汉永力科技股份有限公司

地址：湖北省武汉市东湖新技术开发区武大园一路 9-2 号
邮编：430223
电话：027-87927990，87927991，87927992
传真：027-87927916
邮箱：yl@ ylpower. com
网址：www. ylpower. com
简介：

武汉永力科技股份有限公司成立于 2000 年 9 月，位于武汉的中国光谷，是一家专业从事电源技术的研究和应用的高新技术企业。公司拥有移相式全桥软开关变换技术、三相有源功率因数校正技术、大功率恒流并联均流技术、射频环境的抗干扰技术、计算机控制技术等多项核心技术及专利，可为客户量身定制 AC-DC、DC-DC、DC-AC 系列电源产品。

公司产品具有体积小、重量轻、效率高、可靠性强、绿色环保等显著特点，特别是大功率通信发射机电源、干扰发射机电源、雷达发射机电源、船舶压载水环保处理设备配套电源等产品，其电磁兼容性、抗干扰能力和环境适应性方面，多项指标优于国内同类产品，获得了用户的广泛好评，被重点应用于军队武器装备系统、重大国防科研项目及中央预算内投资项目。

公司是多家科研院所及企业的军用装备、民用设备配套物资合格供方。公司致力于将科技与应用工程完美结合，为客户提供最有竞争力的产品技术解决方案。

308. 武汉中磁浩源科技有限公司

CMGS
中磁浩源

地址：湖北省武汉新技术开发区光谷大道黄龙山南路 5 号科锐工业园
邮编：430074
电话：027-83820662
传真：027-84812691
邮箱：cmgs-inc@ cmgs-inc. com
网址：www. cmgs-inc. com
简介：

武汉中磁浩源科技有限公司是一家集软磁材料的研发、生产、销售及应用服务于一体的高新技术企业，主要生产金属粉末磁性材料、特种粉末等功能型新材料，涉及军事国防、电子通信、计算机、自动控制、电力输送、新能源、家电、汽车、LED 设备、仪器仪表等众多领域。

公司前身浩源磁材科技发展有限公司是由武汉冶金研究所软磁材料研究室的一批技术骨干创立于 1999 年，公司现有的技术骨干自 20 世纪 70 年代起就开始金属软磁粉心的研究工作，当时研发的产品主要用于航天 、航空、军事等国防重点项目，如东方红一号、东风、巨浪等。目前公司还组建了来自国内外软磁用方面的专家团队，具有较强的创新及研制能力。同时，本公司是武汉光谷第一批瞪羚企业及武汉 3551 人才引进项目。

公司在山西省总投资达 2000 万元成立控股子公司以实现产能扩充，目前已实现产能规模达 1200 吨/年。

展望未来，我们将以软磁材料为基础，共同为人类的节能环保事业、人类最美好的未来继续努力！

四川省

309. 成都普斯特电气有限责任公司

PULSETECH
普　斯　特

地址：四川省成都市双流航空港经济开发区西航港大道二段 219 号
邮编：610207
电话：028-82820918
传真：028-82820920
邮箱：huangyu@ pulsetech. com. cn
网址：www. pulsetech. com. cn
简介：

成都普斯特电气有限责任公司是由核工业西南物理研究院成都同创材料表面新技术工程中心、香港进科研发有限公司、成都鑫创源电气有限责任公司共同出资组建的合资企业。公司成立的宗旨是凭借先进的开关电源、脉冲电源、自动控制技术，以长期研究的等离子体应用领域为突破口，集研发、生产、销售、服务于一体，专业生产销售大功率开关电源和专用脉冲电源、专用自动控制系统等设备。本公司以诚信为本，视提高中国特种电源及相关控制系统技术水平为己任，锐意进取、力求技术创新，以具有自主知识产权的高价值、高效率、小体积特种开关电源为主要产品，凭借不断创新的技术形成核心竞争力，以完善的产品质量和售后服务立足于市场并发展壮大。公司发展的战略目标是力争成为国内有特色的特种电源和专用控制系统的主要供应商。

310. 成都顺通电气有限公司

地址：四川省成都市龙泉驿区界牌工业园区
邮编：610100
电话：028-84854598
传真：028-84859059
邮箱：cdstdq@ vip. 163. com

简介：

顺通公司坐落在国家级成都经济技术开发区内，是一家通过了ISO9001质量管理体系认证，并专业致力于直流电源系统、低压成套开关设备、消防应急电源系统的研究、开发、生产和销售的高新技术企业。本公司与电子科大、佛山大学等高校紧密长期合作，成立了“电子科大顺通电气技术研发中心”。现拥有了成熟的产品研发、生产组织、市场营销和服务的能力，并能根据顾客的要求提供个性化的产品解决方案。

顺通公司自行研发的具有自主知识产权的消防应急电源系统已一次性通过了国家消防电子产品质量监督检验中心（沈阳）的型式检验，并取得了国家公安部消防评定中心（北京）颁发的产品型式认可证书；公司生产的低压成套开关设备（SP系列产品）已通过了中国质量认证中心的型式检验，并取得了中国国家强制性产品认证证书（CCC产品认证）；公司生产的GZDW微机型高频开关直流电源系统也已一次性通过了国家继电器质量监督检验中心的型式检验，并取得了GZDW微机型高频开关直流电源系统产品型号使用证书、四川省经委颁发的产品鉴定证书及国家知识产权局的专利证书，同时被艾默生网络能源有限公司认证为电力电源合作厂，这些使得顺通公司的电源产品具备了推向市场、服务社会的良好条件。

311. 四川厚天科技股份有限公司

地址：四川省天府新区仁寿视高经济开发区
邮编：610200
电话：028-85186517
传真：028-85186517
邮箱：hdn@ sc-hdn. com
网址：www. sc-hdn. com

简介：

四川厚天科技股份有限公司致力于电力电子技术研究，专注于电能质量治理领域和新能源领域，公司聚集了一批国内电力系统及自动化、计算机和自动控制领域的专家和研究人员。公司立足于自主开发，积极跟踪和掌握电力电子技术的发展，与国内相关高校和研发机构、团体有良好的合作关系。

公司是高新技术企业，研发团队由研发经验丰富的教授、博士、硕士、专业研发人员等组成。在大功率电力电子应用和供配电成套设备领域不断创造佳绩，并不断成长和壮大。产品涉及电力、石油、煤炭、机械、冶金等行业的电能质量服务和供配电成套设备等。

公司产品涉及35kV及以下配电、电能质量、优化控制与节能降耗整体解决方案；柔性交流输配电装置技术；输配电系统稳定性分析、电能质量咨询、治理服务；电动汽车的整体充电方案和太阳能逆变设备的研发和制造。

公司有较强的成套配套能力，有先进的调试、测试仪器、高压试验设备和数控冲、剪、切等机床，可以完整地完成从研发、设计、生产、调试、测试、成套等所有的产品制作流程。

312. 四川省科学城帝威电气有限公司

地址：四川省绵阳市科创园区园兴街26号
邮编：621000
电话：0816-2545193，2276372，2276872
传真：0816-2543937
邮箱：dwpower@ 126. com
网址：www. dwpower. cn

简介：

四川省科学城帝威电气有限公司属国家高新技术企业，是依托中国工程物理研究院（核九院）的国家重点创新型企业，公司位于中国科技城的科学城内。

公司专业从事GZP-Y1系列智能交直流一体化电源系统、GZGW智能直流电源系统、GZGW智能交流配电系统、GT特种电源、PLC控制系统和进口弧光保护设备及其软硬件配套产品的研发、生产、销售、安装和服务。

公司已通过GJB国军标体系认证、ISO质量体系认证、中国工程物理研究院测试报告、国家继电器检测中心型式实验、产品型号使用证书、银行资信、电源学会、高企认证、3C认证及国家项目立项等认证，公司获得国家专利及软件著作版权20余项。

公司聚集了一批科技精英，博士3名，硕士6名，学士10名，其余人员都是大专以上的学历，同时，公司与科研院所紧密结合，外聘专家教授10名，已形成产、学、研一体的高科技企业。

公司始终以满足客户的需要为宗旨，为客户量身定制有创造力的、高品质的优质产品和服务，产品广泛应用于国内外。帝威员工将创新视为连接未来的桥梁，并积极主动不断地发展我们的团体。公司致力于在所进入的领域中取得技术和市场领先地位，因此，帝威人精诚团结，勇于开拓，敢于创新，同时致力于与科研院校的全面合作，使公司迅速成长为人才荟萃、技术领先、市场知名度较高的创新科技企业。

公司的质量方针："零缺陷"是我们永恒的追求，"万无一失"是必达的目标。

公司的理念：诚信、品质、服务、创新。

企业愿景：做智能电源领域的"零缺陷"供应商。

企业追求：更安全、更可靠、更智能、更高效。

视用户为上帝，树立品牌之威。公司愿意与社会各界人士真诚合作，为共创美好未来贡献自己的一份力量。

313. 四川斯维奇电气科技有限公司

CNSIWQ

地址：四川省成都市郫县成都现代工业港北片区港通北四路 850 号

邮编：610073

电话：028-87607788

传真：028-87627788

网址：www. switch. com

简介：

四川斯维奇电气科技有限公司是一家以制度创新、优化组合、产学研相结合组建的专业从事消防电气的高新技术企业。

公司组建实力强大的研发团队，以电力电子技术、通信技术、微处理技术为基础，构建业界领先的消防电气技术研发、软件开发、产品制造和服务平台，致力于将消防电气控制科技与应用工程技术完美结合，为客户提供优质的消防电气产品及消防智能控制的一体化解决方案。

公司在 ISO9001 质量保证体系的基础上结合自身实际，采用先进科学的内部管理，以市场为导向，以品质作保障，以创新促发展，整合资源，强化服务，不断提高企业的核心竞争力，努力打造行业领军品牌。

公司生产的消防应急电源、数字智能消防巡检控制设备、电气火灾监控系统、智能开关配电箱系统、网络智能电力仪表，以独到的设计理念、外观造型及过硬的品质在业界颇受推崇。

斯维奇公司将立志"技术创新，制度创新"的经营理念；树立"人才为支柱、质量拓市场"的指导思想；坚持"科技创新、专业生产、优质服务"的理念；秉承"成功源于进取、创新成就辉煌"的创业精神，在市场经济的海洋里乘风破浪、昂首前行！

314. 四川依米康环境科技股份有限公司

地址：四川省成都市高新区科园南二路二号

邮编：610041

电话：028-82001888

传真：028-82001888-1

邮箱：yimikang@ sunrisegroup. com. cn

网址：www. sunrisegroup. com. cn

简介：

依米康创立于 2002 年，一直恪守"创建世界级品牌"信念，坚持"开创和创新"精神，经过十年锲而不舍的努力，从默默无闻到 2011 年在深交所创业板上市，已经成为行业最具竞争力公司。

依米康致力于成为行业引领者。目前，依米康拥有专利超过 20 多项，居国内精密环境行业领先水平，拥有系列化核心产品、高效节能技术、专业项目管理和最佳项目实践，能够为客户提供从产品、项目实施、运营管理、基础设施外包服务、专业培训等全面服务，已经完成从提供产品到提供服务转型。

依米康致力于开创和创新。依米康构建了"技术研发、产品制造、营销服务、工程服务、外包服务"五位一体服务模式，满足信息化时代客户化服务需求，同时，通过五位一体的差异化服务模式，构建依米康核心技术体系和竞争优势，创建世界级一流品牌。

依米康致力于成为国内第一竞争力服务商。依米康质量标准是"客户满意"，服务标准是"零距离"本地化服务。依米康已经建立了覆盖全国的营销网络、服务中心网络和物流网络，能够确保服务承诺，依米康已经成为广大客户值得信赖和托付的服务商。

依米康致力于技术和产品领先战略。依米康在成都建立了企业技术中心和产品制造基地，以技术和产品领先为核心价值，关注未来客户的需求，坚持开创和创新，不断开发新技术和新产品，成为行业领先者，并引领行业发展。

在中国，依米康是唯一能同时为不同行业提供全方位精密环境整体解决方案的服务商，服务内容包括规划、设计咨询、系统方案、项目管理、工程技术与实施、运维、节能科技、精密空调与净化设备等。

315. 四川英杰电气股份有限公司

INJET 英杰电气

地址：四川省德阳市金沙江西路 686 号

邮编：618000

电话：0838-2900585，2900586

传真：0838-2900985

邮箱：injet@ injet. cn

网址：www. injet. cn

简介：

四川英杰电气股份有限公司，是一家专业从事电子、微电子及电力电子等控制设备研发、生产与销售的国家认定的高新技术企业，2002 年通过 ISO9001 质量管理体系认证，2011 年公司技术中心被认定为省级企业技术中心。2012 年"英杰"牌功率控制器荣获四川省名牌产品称号，2014 年"英杰"获得中国驰名商标称号。

公司主要产品有：多晶硅还原电源及控制系统（还原电源、高压启动电源、氢化炉电源等）、多晶铸锭炉电源、单晶炉电源、宝石炉电源、系列功率控制器及控制系统、系列有源电力滤波器、电机控制器及控制系统、核电功率控制系统等。产品广泛应用于太阳能光伏、玻璃玻纤、钢铁冶金、石油化工、机械制造、核电等多个行业。经过多年的努力，公司已发展成为国内功率控制、工业电源设备的强势品牌和优秀供应商。

公司产品已覆盖了全国，并且出口到美国、日本、韩国、俄罗斯等多个国家。

目前，公司员工350余人，拥有各类专业技术人员150余名。公司建立了完整的科技创新体系，至今已取得49项专利。

公司坐落于四川省德阳市经济技术开发区，占地面积46000多平方米。

公司处于中国重大技术装备制造业基地，我们以基地为依托，把产品质量摆在首位，持续开展管理优化，提升公司综合实力和核心竞争力，将努力把英杰电气建成管理和技术领先的国际化、现代化、专业化的一流设备制造企业！

河北省

316. 保定科诺沃机械有限公司

地址：河北省保定市高阳县庞口农机市场中区14栋10号
邮编：071504
电话：0312-6854777，6856777
传真：0312-6853699
邮箱：pangdun_ pd@163. com
网址：www. pdnjpj. cn
简介：

保定科诺沃机械有限公司是专业生产充电机、蓄电池、起动机的企业，公司已通过ISO9001：2008国际质量体系认证，由清华大学电力系教授指导研究，拥有先进的检测和生产设备，与国内众多电动三轮车厂配套，产品行销国内27个省市及中东、东南亚等国家和地区。我们以优异的质量、合理的价格、良好的服务赢得了海内外广大客户的青睐。

多年来公司被评为中国电源学会会员单位，省、市消费者信得过单位，省、市守合同、重信用单位等众多荣誉称号。

大鹏一日同风起，扶摇直上九万里！跨入新世纪，我公司全体员工以不断创新、赶超一流的气势，奋力开拓、积极进取，为您创造更满意的产品，提供更优质的服务。我们愿与广大新老朋友携手发展、共创辉煌！

317. 河北汇能欣源电子技术有限公司

地址：河北省石家庄市新华区合作路113号
邮编：050051
电话：0311-87040435
传真：0311-87040436
邮箱：hnxy04@163. com
网址：www. xypower. net
简介：

河北汇能欣源电子技术有限公司（以下简称欣源公司）成立于2004年8月，注册资金750万元。公司位于中集团第十三研究所院内，是一家以研发、生产、销售特种电源为主的高新技术企业。

欣源公司通过了双软认证，是软件企业，拥有多项软件产品，通过ISO9001：2008质量体系认证和GJB9001B-2009质量管理体系认证，具备三级保密单位资格，取得武器装备科研生产许可证。

在发展的道路上，荣获省、市多项荣誉：石家庄市信息产业化暨信息产业工作先进单位，河北省信息产业先进单位，河北省信息产业科技创新先导型企业，河北省信息产业与信息化首批诚信单位，河北省优秀软件企业等。

欣源公司致力于高频开关电源的研制和生产。多年来，公司承担了国家自然科学基金计划、国家中小企业技术创新基金项目、省市科技攻关计划和省信息发展计划。

在企业自主知识产权基础上，引进国内、国际先进技术并进行消化吸收，开发生产了7个系列、500余种电源产品，拥有1项专利和6项软件著作权，产品处于国内领先和国际先进水平，其中高功率脉冲电源、大功率密封防水电源分别获得石家庄市科学技术进步二、三等奖。

欣源公司电源产品广泛用于军民两用领域，取得较好的社会效益和经济效益。

经过多年的培养和积累，今天的欣源公司已经拥有了职业化的管理团队、专业的研发团队、高素质的生产团队和市场销售团队，是一家极具发展潜力的智力和知识密集型企业。

318. 河北远大电子有限公司

地址：河北省沧县薛官屯乡工业园
邮编：061037
电话：0317-4888136
传真：0317-4889185
邮箱：ydgs8@163. com
网址：www. czyuanda. com
简介：

河北远大电子有限公司始建于1996年，位于河北省沧州市薛官屯乡工业园区，是生产各种非标准电源、电子变压器、电源变压器、煤矿防爆变压器、变频变压器、电抗器、交流电源、交流稳压电源的专业公司。厂区面积 $23300m^2$，厂房建筑面积 $16800m^2$。7 个车间，1 个研发中心。

公司拥有变压器、电源专业人才，员工 130 人，其中研发人员 18 人，技术人员 20 人，销售人员 8 人，拥有先进的设备和雄厚的技术力量，以及遍及山东、山西、河南、河北、北京、上海、陕西、东北三省等十几个省市的销售网络，煤矿防爆变压器已占到全国市场 65% 的份额。

公司荣获“纳税功臣”称号，获得河北省科技型中小企业称号，并于 2002 年获得了 ISO9001：2000 质量管理体系认证，2009 年获得了 CE 产品质量认证，公司生产的电源变压器、牵引变压器、控制变压器、高压限流变压器、变频变压器、煤矿防爆变压器、电抗器等产品，随设备销往美国、日本、中东等地，并获得了广泛认可和赞誉。创造 100% 高可靠、高品质产品是远大公司的质量方针。

公司广交各界朋友，竭诚为客户服务，为客户加工定制特殊产品。

我公司正在进行的技术开发的新产品主要有三大项：

1）SH15 系列非晶合金铁心电力变压器；

2）SHM 系列全密封电力变压器；

3）干式电力变压器。

其空载损耗比普通变压器的降低约 70%，节能效果十分显著。干式电力变压器也获得了广泛的应用，既环保又安全。该项目 2014 年 1 月份正式投产。

我们与客户共同努力，创造一个实现双赢的美好合作环境！

319. 任丘市先导科技电子有限公司

地址：河北省任丘市城东津保南路北张工业区
邮编：062562
电话：0317-2968283
传真：0317-3369058
邮箱：hbxdkj@126.com
网址：www.xdkjw.com
简介：

任丘市先导科技电子有限公司始建于 2001 年，是一家集科研、生产、销售于一体的现代化科技型企业。公司技术力量雄厚，生产设备先进，专业生产蓄电池充放电设备和电动车充电机。蓄电池充放电设备以其独特的功能设计，新型的专利技术，广泛应用于蓄电池生产企业；“征程”牌系列电动车充电机现已行销全国各地，为国内众多电动车生产厂家选为优质配套产品，深受广大消费者的青睐，并已成功打入韩国及东南亚市场。

2005 年先导公司正式加入中国电源学会，成为优秀会员单位。在有关专家的精心指导和公司全体员工的不懈努力下，公司产品质量和管理水平突飞猛进，于 2006 年顺利通过 ISO9001：2000 国际质量管理体系认证。为企业进一步发展奠定了坚实的基础。

“铸诚信、保质量”乃企业发展之根本，我们将一如既往地为您提供一流的产品和完善的服务。先导人愿与各位同仁携手，共同步入更加辉煌的明天！

320. 唐山尚新融大电子产品有限公司

地址：河北省唐山市滦南县职业教育中心实训基地
邮编：063500
电话：0315-4166302
传真：0315-4166301
邮箱：creativemix@126.com
网址：www.creativemix.cn
简介：

唐山尚新融大电子有限公司，创立于 2008 年 4 月。公司分为电力电子事业部、军品及标准事业部、定制批产事业部三大事业部。尚新融大致力于为军用电源电路、UPS、智能电网、轨道交通、光伏并网逆变器、通信电源提供磁性元器件系统化解决方案，是国内少数同时具备金属磁粉心、非晶纳米晶磁心、平面变压器、电感器、MIL-STD-1553B 总线变压器、平面磁集成滤波器研制、生产能力的综合性科技企业。公司已通过 ISO9001 及 GJB9001B-2009 国军标质量体系认证，通过武器装备制造单位三级保密认证。公司依托磁电结合核心竞争力，为广大客户提感性器件解决方案！

天津市

321. 天津市环瑞金属材料技术有限公司

地址：天津市西青区芥园西道 46 号
邮编：300112
电话：022-27534293
传真：022-27534245
邮箱：jianzhong.dong@huan-rui.com，yonglei.tian@huan-rui.com
网址：www.huan-rui.com
简介：

天津市环瑞金属材料技术有限公司是国内生产制造铝合金散热器的专业厂家，铝合金散热器产品主要用于电力电子、通信、开关电源、国防和车辆等诸多电源控制行业，我公司拥有先进的生产设备和技术人员，可根据客户需求进行设计、制作，具备较强的加工实力，为客户提拱全方位的服务。

我公司将不负各界同仁的众望，不断提高技术做到精益求精！

322. 天津市津铝工贸有限公司

地址：天津市河北区南口西路4号（天动工业园内）
邮编：300230
电话：022-26263152，13352072696
传真：022-26262903
邮箱：tjjinlv@ 126. com
网址：www. tjjinlv. cn
简介：

天津市津铝工贸有限公司是国内有色金属生产制造铝合金电力电子散热器的专业厂家，是电动汽车冷却器及控制器壳体生产研发基地。我公司集中了很多专业水平的研究人员。构思、设计符合厂家要求的各种工业用和民用铝合金型材散热器，所生产的JLD、DXC电力、电子用铝合金散热器型材断面近千种，广泛应用于诸多行业。其中电动汽车冷却器、控制器底盖配合式壳体、大截面粘片、镶片、焊接超大截面散热器是我公司的拳头产品，达到了国际先进水平。

我公司2007年通过ISO9001：2008质量体系认证，并将此质量体系贯穿生产经营等各项工作的全过程。我公司为用户提供全方位的服务，满足用户各种不同加工要求。我们将不负各界同仁的厚望，不断提高技术，做到精益求精。以真诚才能永远、诚信才能永久的经营理念和科学的管理、先进的技术、可靠的质量、周到的服务，一如既往地为广大用户提供更好的服务。

全国免费服务热线：400-090-8618。

323. 天津市九荣鑫电源技术有限公司

地址：天津市华苑物华道8号增2-301
邮编：300384
电话：022-83714416，83714416
传真：022-83714446
邮箱：yaorong69@ 163. com
网址：www. tj9r. com
简介：

企业主要生产开关电源、变频电源、大功率恒压、恒流源、军品电源、等离子体电源、微弧氧化电源及各种非标电源。

324. 天津市鲲鹏电子有限公司

地址：天津市静海经济开发区金海道18号
邮编：301600
电话：022-68687673
传真：022-68680568
邮箱：kunpeng_ vip@ 126. com
网址：www. tj-kp. cn
简介：

天津市鲲鹏电子有限公司创建于1984年，厂区面积23000余平方米，建筑面积15000余平方米，毗邻京沪高速，环境优美，交通便利。

公司现有资深设计人员12人，其中高级人才6名。具有国内、国外同行业先进生产设备100余台套，其中电脑自动绕线机28台，R型绕线机6台，大型自动箔式绕线设备5套，真空浸漆流水线2条，全自动真空环氧浇注设备、干燥设备2套及与生产配套机械冲压设备18台套，各种检测仪器55台套。

公司主要产品有电抗器、EPS、UPS、变频电源、专用单相、三相变压器（其中SB三相隔离变压器最大可做到25000kVA）、单相、三相电源变压器、R型变压器、环型变压器、单相、三相C型变压器、各种高频开关变压器和电感器，及按客户要求加工定制各种特殊变压器。

公司生产电力系统配电变压器已获得国家认证，生产SB10、S11、S13、S15等系列油浸变压器、干式变压器、非晶合金变压器和配套电抗器，功率30～25000kVA。在2012年国家质检总局的质量抽查中，产品质量全部达标，获得好评。

公司年产各类变压器、电源模块、稳压电源55万台套以上，铁路智能综合信号电源系统1200台套，产品行销全国。广泛应用于科研、电子、能源、交通、医疗、安防，家用电器、节能产品、光伏风能发电等领域。

企业通过ISO9000：2008质量管理体系认证和ISO14000：2004环境管理体系认证。产品通过CQC认证和CE认证，及国家大型企业优秀供应商认证。

2011年公司获得科技型企业称号，2013年获得国家高新技术企业称号，承接国家科技研发项目，已获得专利11项。多次为国家重点工程和出口项目配套，在国内同行业中居领先地位。

鲲鹏人愿与您携手共进，创造美好未来！

服务QQ：1439368570

325. 天津市蓝丝莱电子科技有限公司

地址：天津市南开区科研西路12号
邮编：300192
电话：022-87891548
传真：022-87890535
邮箱：hyn@ lslai. com
网址：www. lslai. com

简介：

天津市蓝丝莱电子科技有限公司是从事特种高压电源、高压电源模块，以及相关仪器设备开发、制造的高科技企业。专为工业、科研、国防提供安全可靠、精确的高压电源产品。蓝丝莱是高压电源的专业生产企业，倡导先进工艺、模块化的设计。通过辛勤耕耘，蓝丝莱高压电源拥有小型化、高精度、抗干扰、高质量、高可靠性的众多优点。

蓝丝莱以大学和科研所为依托，拥有一批经验丰富的研发工程师，具有设计、生产各种高压电源的雄厚实力。多年来，为国内科研院所、大专院校以及军工、国防、通信、医疗、电力、铁路、化工、仪器仪表、工业控制、光学、光谱、高能物理、科研等行业开发出数百种高压模块、高压电源产品。

福建省

326. 福建联晟捷电子科技有限公司

地址： 福建省福州市华林路 338 号锦绣福城 2 座 25 层 1913 室

邮编： 350013

电话： 0591-87516665

传真： 0591-87515299

网址： www. lsjie. com

简介：

福建联晟捷电子科技有限公司是一家以机房动力一体化设备、机房建设、暖通空调、视频会议系统、工业照明为主营，集设计、销售、安装维护于一体的综合性公司。公司自 2004 年 3 月 30 日成立以来，相继成为法国梅兰日兰、伊顿爱克赛、法国 CHLORIDE、法国索克曼、美国海志、日本大金、美国库柏电气、美的、中达电通等国内外知名企业在国内的合作伙伴。

我们秉承着“依靠科学管理，创建一流工程，提供优质服务”的质量方针，承接了众多项目，使我们的业务在政府、金融、能源、电力、化工、电信、交通、公安、工矿企业等多个领域取得了良好的发展。

面对未来，福建联晟捷电子科技有限公司的奋斗目标是，本着“坚持不懈，将科技与应用完美结合，为用户提供最有利的应用解决方案，为客户创建竞争优势”的理念，为用户提供全线高科技产品和专业化服务。

327. 福建省瑞盛电力科技有限公司

地址： 福建省闽侯县上街镇科技东路 8 号高新区“海西高新技术产业园”创业大厦 B 区 14 层

邮编： 350100

电话： 0591-87667370

传真： 0591-87538390

邮箱： razens@ 163. com

网址： www. razens. com

简介：

福建省瑞盛电力科技有限公司成立于 2006 年，是一家集科研、设计、生产、维修、销售和系统集成为一体的技术型生产企业。目前公司业务领域涉及功率电子、在线监测、电力仪表和现代输变电技术产品开发、制造和营销。在充分引进吸收国内外先进技术的基础上，本公司已成功开发出智能交直流一体化电源、高频开关直流电源、继电保护试验电源、通信电源、分布式智能配网直流小电源、UPS、高压直流电源、微机保护装置、用户分界负荷开关控制器、35kV 及以下高压元件（含真空断路器、隔离开关、高压熔断器）、高低压成套开关设备、机柜加工及各类仪器仪表等一系列电力生产、维护、检测设备，广泛应用于电力、通信、金融等重要领域。

公司通过了 ISO9001：2008 质量管理体系认证，并正式导入企业资源计划系统，对各项工作集中管理，全面提升公司综合实力。本公司还与国内多所科研机构、高等院校保持交流合作，研发、设计、制造能力得到迅速提高，生产规模不断扩大。目前，已成长为综合型的技术实体，形成了研发、设计、生产、工程维护、贸易等多个专业团队。

本公司重视加强企业技术创新与技术改造。迄今为止，公司获得 9 项国家实用新型专利、1 项发明专利、1 项外观专利及 14 项软件著作权。

公司拥有福州市软件园 E 区 14 号楼 3-4 层 2000 余平米的生产场所和海西高新区创业楼 14 楼全层 1500 平米的经营办公场所。公司在武夷新区购地 50 余亩，建设厂房面积超 30000 平方米的瑞盛科技园，为瑞盛公司集团化打下坚实的基础。

328. 福州福光电子有限公司

地址： 福建省福州台江区广达路 68 号金源大广场东区 24 层

邮编： 350005

电话： 0591-83305858

传真： 0591-83375868

邮箱： cailei@ fuguang. com

网址： www. fuguang. com

简介：

福光电子成立于 1993 年，注册资本 1000 万元，是一家专注于仪器仪表和测试维护解决方案的研究、开发、生产和销售的高新技术企业。产品涉及电源、传输、无线、数据、交换等各个专业，销售服务网络覆盖全国各个省份和地市，客户遍及移动、电信、联通、电力、部队、广电、铁路、石化及各企业专网等，自主研发产品还出口到欧美及东南亚等国际市场。十几年来，福光电子秉承贴近客户、服务客户的原则，专注于为行业客户导入或研发出更加安全、便捷、经济的仪器仪表和测试维护解决方案，并大力在行业内推广应用。不断挖掘和提升企业核心竞争力，不断坚持创新以超越竞争对手，从而赢得了广大客户的认可与良好口碑，并逐渐在行业内树立起标杆地位。目前在中国电源维护测试仪器仪表和测试维护解决方案领域，福光电子已成为行业客户首选的供应商。

329. 厦门蓝溪科技有限公司

LANXI 厦门蓝溪科技有限公司 XIAMEN LANXI TECHNOLOGY CO., LTD

地址：福建省厦门火炬高新区创业园伟业楼 N508
邮编：361006
电话：0592-5730682
传真：0592-5734682
网址：www. xmlanxi. com

简介：

厦门蓝溪科技有限公司系一家国家级高新技术型企业、2012—2013 年度国家科技部火炬计划单位，公司由归国留学人员创立，拥有强大的自主创新研发能力，是“分布式直流电源装置”、“隔离故障的直流电源供电系统”、“便携式直流操作电源”等产品专利的发明者与拥有者。截至 2014 年 1 月，公司共取得自主知识产权专利 28 项，其中发明专利 6 项目，涉及电力电源领域 10 项。拥有蓝溪电力操作电源软件著作权证。公司自 2001 年取得分布式直流电源发明专利以来，结合国内外先进技术，不断地升级、完善电力电源模块及模块软件的自主研发与创新技术，系国家电力电子学标准委员会《模块式不间断电源》标准制定单位，中国电源学会会员单位，福建省电源协会创始会员单位，并多次被列入“全国电网建设与改造所需产品选型选厂推介企业”。

公司所有产品均通过了中国电科院及许继开普实验室等国家权威检测机构的检验和鉴定，直流电源产品覆盖 24V、48V、110V、220V。目前已广泛应用于全国各大电力、通信、铁路、高速公路、机场、矿山、境外电站等系统，用户数多达 20000 多个，公司于 2011 年注册蓝溪（美国）有限责任公司，产品远销欧美、东南亚及非洲。

330. 厦门兴厦控恒昌自动化有限公司

地址：福建省厦门市集美区汽车工业城（三期）灌口南路 598 号
邮编：361023
电话：0592-6368300
传真：0592-6368308
邮箱：liping-feng@ hcxec. com
网址：www. hcxec. com

简介：

厦门兴厦控恒昌自动化有限公司是一家致力电力系统配网自动化设备研发、生产、销售和服务的高新技术企业。公司汇聚了各类专业人才，吸收消化国内外先进技术，将专注于在智能电网、节能减排等绿色能源建设方面提供更先进、更环保、更可靠完善的全套智能电气解决方案。自公司成立以来，致力于持续自主研发创新，先后开发了拥有自主知识产权，并获得多项国家专利的各类产品，如户外柱上智能断路器、户外智能分界负荷开关、智能交直流一体化电源系统、新型插框式直流电源屏、小微分布式电源装置、基于总线布置方案的电动机保护装置等。目前广泛应用在各类发电厂、冶金、石化、矿山、电网、城镇建设等领域。公司严格按照 ISO9001 质量管理体系和 ISO14000 环境管理体系要求运作，良好的企业信誉、产品质量和售后服务深得用户信赖，赢得了许多中外客商的好评。厦门兴厦控恒昌自动化有限公司将秉承“科技创新，顾客满意”的理念，以新技术、高质量的产品和服务为客户创造价值。

安徽省

331. 安徽首文高新材料有限公司

地址：安徽省宿州市经济开发区金泰二路
邮编：234000
电话：0557-3250935
传真：0557-3256788
邮箱：sales@ swmagnetic. com
网址：www. swmagnetic. com

简介：

安徽首文高新材料有限公司，是一家专业从事金属磁粉心系列产品研发、生产和销售的高新技术企业。首文公司由中国首钢国际贸易工程公司（简称中首）和安徽博文集团共同出资成立，并由中首公司控股。公司成立于 2010 年 6 月，项目整体规划占地面积约 240 亩，其中包括一期厂房 $7000m^2$、办公楼 $6000m^2$、科研楼等。公司位于安徽省宿州市经济技术开发区，公司配备了一流的生产、研发和检测设备，并拥有一支经验丰富、技术实力雄厚的科研队伍，核心技术人员均在磁性材料领域工作多年。公司采用现代化的管理体系，按照国际化标准进行生产过程中的管控，从而保证了产品的稳定性和先进性，并先后顺利通过了 RoHS 认证以及 ISO9001 认证。同时，首文公司与宿州市人民政府、合肥工业大学于 2011 年 6 月合作成立了“磁性材料工程技术研究院”。

我公司所有产品均符合国际质量标准，并始终致力于为用户提供高性能的产品以及优质的服务，满足用户的不同需求。我们期待与您携手，共创未来。

332. 合肥科威尔电源系统有限公司

Kewell

地址：安徽省合肥市高新技术产业开发区潜水东路 88 号盛烨工业园 2 栋

邮编：230088

电话：0551-65837951

传真：0551-65837953-6006

邮箱：sales@ kewell. com. cn

网址：www. kewell. com. cn

简介：

合肥科威尔电源系统有限公司是专业从事于交直流电源和仪器开发的科技创新型公司。公司拥有一支由博导、博士、硕士为主的研发团队，团队主要成员长期从事电力电子专业工作并拥有多年在外资电源企业的工作背景。公司和合肥工业大学能源研究所（教育部光伏系统工程研究中心）长期合作，是“产、学、研”合作的典范。

公司的主要产品有：可编程交流电源、双向可编程交流电源（10 ~ 2000kVA）、可编程直流电源（高频开关式单机 10kW ~ 40kW）、大功率 IGBT 式可编程直流电源（100kW ~ 1. 5MW）、双向直流电源（100kW ~ 630kW）等电源产品。

面向新能源行业（光伏、电动汽车等）公司推出 IVS 系列光伏阵列 IV 模拟器、双向交流模拟电网电源、双向直流电源（电池模拟器）以及专业光伏阵列测试仪器——光伏阵列 IV 测试仪。面对军工行业，公司推出了 400Hz/800Hz 系列交流电源及 28V/270V 系列直流电源。

公司的多款产品，成功在多家国家重点实验室运用，推出的产品填补了国内空白。2013 年 5 月光伏阵列 IV 模拟器及光伏阵列 IV 曲线测试仪产品参加 SNEC（2013）国际太阳能产业及工程展会，在 2000 多家的展商产品评比中获得了“十大亮点”荣誉。2013 年公司和中科院电工研究所就新能源行业的相关测试达成战略合作。

“专业、价值、服务”是公司核心的文化，科威尔公司将以专业的产品和服务为客户、公司和员工创造价值。

333. 合肥联信电源有限公司

地址：安徽省合肥市高新区玉兰大道 61 号

邮编：230088

电话：0551-65317588，65323322

传真：0551-65313339

邮箱：hflx88@ 163. com

网址：www. lianxin. net

简介：

合肥联信电源有限公司，是安徽省高新技术企业，成立于 1997 年 9 月，注册资金为 5100 万元人民币。联信电源通过 ISO9001、ISO14001、OHSAS18001 质量、环境、安全三体系认证，为“中国电源学会”和“中国消防协会”成员单位。

联信电源公司始终坚持走自主研发与科技创新的道路，一直致力于应急电源（EPS）、不间断电源（UPS）、交直流电源屏、并网回馈电源等电力电子产品专业研发、制造与服务。10 多年来，联信电源不断用优秀的产品和高质量的服务，为客户提供技术咨询、现场安装及调试、产品保修及维护、培训等全方位管家服务。公司集结了众多科技人才，储备了多项核心技术，获得了多项国家专利，先后应用于首都体育馆、安徽省奥体中心、安徽大剧院、首都医科大学、海军总医院、广州地铁、上海地铁、南京机场、无锡硕放机场、京化高速、黔大高速、广东二广高速、黔西煤化、晋城煤化等场馆、高校、地铁、医疗、机场、高速、煤化行业国家重点项目。

联信人秉承“以人为本，规范管理，质量第一，顾客至上”的企业宗旨，积极推行现代企业管理制度，不断推陈出新，竭诚为广大客户提供不间断电源产品和永不间断的服务，为做电源行业引领者一路奋进！

334. 合肥通用电子技术研究所

地址：安徽省合肥市高新区玉兰大道机电产业园

邮编：230088

电话：0551-65842896

传真：0551-65317880

邮箱：api_power@ 126. com

网址：www. apii. com. cn

简介：

合肥通用下辖通用电子技术研究所和通用电源设备有限公司，位于合肥市高新区机电产业园内，本公司采用科研和生产相结合的方式，科技研发有效地保证了产品技术的领先地位，专业化的生产及时高效地将研发成果转化为电源产品。

我公司坚持走“专业定制”之道，秉承“造电源精品，创世界品牌”的企业目标，致力于解决系统设备的馈电问题，为广大客户提供性能稳定的开关电源。从研发生产到服务一次性通过了 GJB9001A-2001 标准的认证，目前电源在业内以性能稳定而著称，并受到广大客户的青睐和好评，通用电源已广泛应用到自动控制、军工兵器、智能办公、医疗设备以及科研实验等领域，并累计向业界提供了 120 多万台高品质电源。

通用电源拥有两条生产线、两条装配线、两条产品老化线、一条产品测试线和高低温老化房等，引进国外先进的测试仪、频谱分析仪、多功能电子负载、存储示波器等检测仪器。本着“效益源于质量，质量源于专注”的企业宗旨，严把质量关，强化细化过程管理，精雕细琢，成就完美。

335. 中国科学院等离子体物理研究所

地址：安徽省合肥市蜀山区蜀山湖路350号（合肥市1126信箱）
邮编：230031
电话：0551-65591322
传真：0551-65591310
邮箱：shyhuang@ipp.ac.cn
网址：www.ipp.ac.cn
简介：

中科院等离子体物理研究所电源及控制研究室主要从事脉冲电源的研究、开发、运行和维护工作，并为托卡马克核聚变装置的运行提供电源。

近年来，本研究室致力于高功率脉冲电源技术、超导储能技术、二次换流技术、大功率直流发电机励磁控制等方面的研究，并取得了较为成熟的研究成果和实践经验。本室主要承担了EAST、HT-7、HT-6B、HT-6M等托卡马克装置的磁体电源及辅助加热电源的设计、运行和维护等课题。

目前，本研究拥有一套自主设计的直流断路器型式试验设备，该试验系统主要由四台脉冲发电机组成，该发电机单台额定输出电流50kA，额定电压500V。多年来，我们已依据国家标准、欧洲标准和IEC标准，多次为众多国内及国外断路器厂家进行型式试验。

本研究室拥有一支非常专业的科研团队，主要从事大功率变流技术、电力电子技术、高压绝缘技术、自动控制、电磁兼容和接地技术等方面的研究。截至目前，本室曾先后获得46次国家科技奖，22项国家技术专利。此外，本室还招收相关专业的硕士和博士研究生，至今已培养出51位硕士、博士毕业生，他们大都在国内外高新技术领域的科研院校和企业表现出色。本室现有在读研究生24名。

同时，本研究室还与众多企业、国际科研院所和组织保持着紧密的交流和合作，如ABB变流器公司、中日核心大学项目、美中磁约束装置研讨组、德国马普学会、通用原子能公司核聚变工作组等。

湖南省

336. 湖南长沙阳环科技实业有限公司

地址：湖南省长沙市芙蓉中路2段200号新世纪花苑红龙居1405
邮编：410015
电话：0731-85179118
传真：0731-85179118
邮箱：pyk4956@163.com
网址：www.yangwhuan.com
简介：

湖南长沙阳环科技实业有限公司是湖南省专业研发、生产及销售各类稳压电源、UPS的骨干企业，公司于2001年在湖南省同行业中率先通过ISO9001国际质量管理体系认证。公司生产的SH1791-15kVA、20kVA精密净化交流稳压电源系目前国内唯一通过国家质量中心3C（CQC）认证的净化电源，并且公司还是净化电源专利的持有者。公司自2003年以来连续五年是“教育部农村中小学现代远程教育项目工程”的入围企业，而且公司还是“教育部农村党员干部现代远程教育项目工程”的入围企业。产品遍布全国各地，广泛应用于教育、电力、通信、高速公路、银行、医院等高要求领域。

337. 湖南东方万象科技有限公司

地址：湖南省长沙市芙蓉区万家丽北路569号银港水晶城E4栋304房
邮编：410015
电话：0731-88156696
传真：0731-88156697
邮箱：470798290@qq.com
简介：

湖南东方万象科技有限公司是一家面向湖南、湖北、广西、江西、贵州、广东等省市专门从事机房设备代维及维护的专业公司。

从成立至今，公司不断发展壮大，现有专业维护人员21名，全部为大专以上学历，既有理论知识丰富的研究生、本科生，又有长期从事电气维护的专家。涉足的领域包括通信、邮政、银行、电力、公安、机场、证券及钢铁和石化等行业。公司代维的精密空调包括力博特、海洛斯、佳丽图、梅兰日兰、阿尔西、爱斯威尔及丹科等产品；UPS包括力博特、梅兰日兰、爱克塞、Best、APC等产品；开关电源包含对整流模块及监控模块的应急维修及代维服务，所包含的品牌有珠江电源、艾默生、华为、东方电子、顺达、亚澳、中兴、洲际、动力源、斯威特克、中达等。

通过十几年的不懈努力，公司赢得了客户的信任，每年的续保率在98%以上。公司的服务宗旨永远是客户第一。

338. 湖南丰日电源电气股份有限公司

地址：湖南省浏阳市工业园
邮编：410331
电话：0731-83281148
传真：0731-83281113
网址：www. fengri. com
简介：

湖南丰日电源电气股份有限公司是国内最早生产蓄电池和直流电源、电气成套设备的专业企业之一。产品注册“丰日”牌，为中国驰名商标。

公司是国家高新技术企业，成立了化学电源研发中心，并与中南大学等高等院校长期合作，共同进行电池、电源新产品的开发创新。拥有56项国家级专利，3项国际专利。

丰日产品经全国20余省市通信、电力、铁路、广电、部队、工矿等行业数千家单位的多年使用，并与德国西门子、日本东芝公司、美国GE公司、法国阿尔斯通、美国EMD公司、加拿大庞巴迪等大公司长期合作配套，以其质量稳定、价格合理、服务周到赢得了用户的一致好评和信赖。

公司坚持贯彻“诚信服务顾客、产品件件质优、管理持续改进、铸造丰日品牌”的质量方针，致力于不断革新产品技术，优化生产工艺，严格产品的过程控制。公司通过了ISO9001质量体系、ISO14001环境体系、GB/T28001-2001职业健康安全管理体系认证。

339. 湖南科明电源有限公司

地址：湖南省长沙市麓谷工业园桐梓坡西路183号
邮编：410205
电话：0731-88996378
传真：0731-88996468
邮箱：keming@ sina. com
网址：www. hnkmdy. com
简介：

湖南科明电源有限公司是以国家大型企业湖南仪器仪表总厂为中方于1994年11月在长沙高新开发区成立的高新技术企业，是从事各种交、直流电源装置的专业厂家。产品获得国家级新产品证书及国家新技术新产品金奖。本公司全部产品均通过了国家权威检测机构的型式试验和省（部）级鉴定。

公司主要产品有通信电源屏、电力用交直流电源屏（高频开关电源、晶闸管全控桥整流电源）、电力、通信用高频开关直流电源及高频模块、晶闸管全控桥智能充电机、直流系统微机监控系统、蓄电池自动巡检装置、蓄电池综合测试系统（恒流放电、容量及内阻检测）、微机绝缘在线监测装置、绝缘、电压、闪光多功能继电器、低压配电成套设备等，是国内配套最为齐全的直流电源生产专业厂家之一。

本公司1999年就通过了ISO9001国际质量体系认证，拥有先进的设备和检测仪器及雄厚的技术力量，并有专门的训练有素的技术服务队伍。本公司生产的直流电源屏及低压配电成套设备已广泛用于全国各省市铁路、电力、冶金化工等系统，享有良好声誉。在铁路近年的国家重点工程高铁、客运专线、货运专线建设中多次中标，设备运行良好。

本公司的交、直流电源产品曾多次在国际招标和国内重大项目招标中中标，并有部分产品销往白俄罗斯、越南、印度、巴基斯坦、巴西等国外市场。

本公司为中国直流电源十佳企业。

340. 湖南省湘潭市华鑫电子科技有限公司

鑫威達®电源

地址：湖南省湘潭市雨湖区二环线工贸学校实训大楼
邮编：411100
电话：0731-52338368，52338338
传真：0731-52328738
邮箱：272750400@ qq. com
网址：www. hnhxdz. com
简介：

华鑫公司位于风景秀丽的湘江河畔湖南湘潭大学科技园内，是一家集电子产品研究、开发、生产、销售于一体的科技实体；公司拥有一支年轻精干、极富战斗力和拼搏精神的骨干团队。华鑫人奉行着诚信、敬业、拼搏、创新的经营理念，在短短几年时间内迅速崛起，现已拥有知名度非常高的“湘大华鑫”、“鑫威达”两大注册品牌，旗下产品有“开关电源适配器系列”、“开关电源模块系列”、“全瓷、塑料管座系列”，公司充分利用丰富、雄厚的技术力量，专业致力于开关电源的研究与生产，现拥有一套完善的“品质保证”管理体系和生产队伍及设备，拥有遍布全国的营销网络体系。

公司坚持以“诚信开拓市场、品质巩固市场”的发展方针，与您真诚携手，共创未来。

甘肃省

341. 兰州精新电源设备有限公司

地址：甘肃省兰州市城关区雁西路1376号工业城北五区10栋
邮编：730010
电话：0931-2186797

传真：0931-2186976
邮箱：jxps126@126. com
网址：www. jxps. com
简介：

兰州精新电源设备有限公司位于兰州国家高新技术开发区内，是专业从事电力电子技术及其相关产品研发、生产和销售的高新技术企业。

公司拥有一批实力雄厚的专业技术人员，并以高等院校、科研院所的专家、教授为技术后盾。凭借先进的开关电源、脉冲功率技术、自动控制技术，以长期研制生产核物理加速器、高稳定度、高频、高压、高功率脉冲、三角波扫描、超导电源为基础，研发出一批具有国内领先水平、具有自主知识产权并获得多项国家专利的高、精、新电力电子产品。本公司特种电源在材料改性、表面处理、废水、废气、烟尘治理、电化学领域都发挥着不可替代的作用。公司以诚信为本，视提高中国特种电源，高频、高压、高功率、快脉冲电源技术为己任，锐意进取、精益求精、不断创新，形成核心竞争力，以完善可靠的产品质量和优良售后服务立足于市场。

342. 天水七四九电子有限公司

地址：甘肃省天水市泰州区双桥路 14 号
邮编：741000
电话：0938-8631053
传真：0939-8214627
网址：www. ts749. cn
简介：

天水七四九电子有限公司是由原天水永红器材厂改制重组的高新技术企业。公司前身国营永红器材厂 1969 年始建于甘肃省秦安县，1995 年整体搬迁至甘肃省天水市。公司占地面积 16675m^2，总资产 1. 15 亿元，拥有各种仪器仪表 768 台套。现有职工 306 人，专业技术人员 95 人。公司是国内最早研制生产集成电路的企业之一，主要产品有单片集成电路 、混合集成电路、电源模块（包括厚膜化电源）三大类产品、600 多个品种，产品以其优良的品质广泛应用于航空、航天、兵器、船舶、电子、通信及自动化领域。曾为“长征系列”火箭、“风云”卫星、“嫦娥”探月工程、“神舟” 号宇宙飞船等多个重点工程提供过高质量的产品，曾荣获“省优”、“ 部优”及“国家重点新产品”称号。

343. 中国科学院近代物理研究所

地址：甘肃省兰州市南昌路 509 号
邮编：730000
电话：0931-4969563
传真：0931-4969560
网址：www. impcas. ac. cn
简介：

中国科学院近代物理研究所创建于 1957 年，以重离子核物理基础研究和相关领域的交叉研究为主要方向，相应发展加速器物理与技术及核技术。50 多年来，中科院近代物理研究所已成为国际上有较高知名度的中、低能重离子物理研究中心之一。与此同时，兰州重离子加速器（HIRFL）也发展成为我国规模最大、加速离子种类最多、能量最高的重离子研究装置，主要技术指标达到国际先进水平。

中国科学院近代物理研究所电源室负责兰州重离子加速器（HIRFL）励磁电源系统以及供配电系统的设计、运行、维护工作。50 多年来，近代物理研究所电源技术在大功率高稳定度直流稳流电源技术、大功率脉冲开关电源技术，以及特种电源技术方面形成自己鲜明的特色。我所电源技术由直流输出发展到脉冲输出，由慢脉冲发展到快脉冲，由模拟控制发展到全数字控制，电源性能不断提高，满足了重离子加速器的发展需要。

陕西省

344. 陕西长岭光伏电气有限公司

长岭光伏

地址：陕西省宝鸡市清姜路 75 号
邮编：721006
电话：0917-3607661
传真：0917-3607650
邮箱：13772662816@163. com
网址：www. changlingpv. com
简介：

陕西长岭光伏电气有限公司（以下简称长岭光伏电气公司）由陕西长岭电气有限责任公司和陕西光伏产业有限公司共同出资组建。公司注册资本 2 亿元人民币。公司主要从事光伏逆变器、控制器、汇流箱、配电柜、安装支架、追日系统等光伏发电相关配套产品的开发、生产、销售、服务及以上产品的进出口业务。

陕西长岭电气有限责任公司的前身国营第七八二厂是国家“一五”期间投资建设的 156 项重点工程之一，国家军工骨干企业。经过 50 多年的发展，已形成以军工电子产品、纺织机电产品、家用电器产品和太阳能光伏产品为支柱的大型国有企业。公司总资产 16. 8 亿元，在职员工 4300

余人，其中各类专业技术人员1000余人。公司拥有先进的电子产品装联生产线、家用电器产品生产线和大批性能优良的机械加工设备、齐全的环境实验设备和先进的精密检测设备，先后通过了GJB/9001质量管理体系认证、ISO10012计量体系认证和ISO14001环境管理体系认证，是国家质检总局批准的一级计量单位，荣获全国电子行业用户满意先进单位，全国诚信企业，陕西省质量服务双满意企业等荣誉称号。

长岭光伏电气公司可为用户提供BIPV、BAPV、LSPV、CPV等光伏发电系统的整体解决方案，提供逆变器、汇流箱、配电柜、电站监控系统、安装支架、追日系统等产品及光伏电站设计、施工、安装调试、系统检测、软件升级、技术咨询、人员培训等多方面的服务。

公司坚持“品质第一，规范管理，持续改进，用户满意”的质量方针，通过了GB/T28001-2011/OHSAS18001：2007职业健康安全管理体系认证、GB/T19001-2008/ISO9001：2008标准质量管理体系认证、GB/T24001-2004/ISO14001：2004环境管理体系认证，建立了完善的质量管理体系。

345. 陕西赛雷博瑞新能源科技有限公司

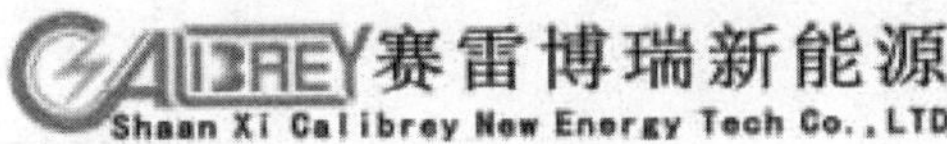

地址：陕西省西安市高新区锦业路69号创业公寓2号楼11305室
邮编：710000
电话：029-81870206
传真：029-81870206-603
邮箱：info@ calibrey. com
网址：www. calibrey. com
简介：

陕西赛雷博瑞新能源科技有限公司位于陕西省西安市高新区创业研发园，专注于储能系统、新能源汽车、太阳能照明设备及风光互补发电系统技术研发和项目建设。公司拥有先进的测试设备、严格的测试标准以及完善的质量管理体系，已通过ISO9001：2008品质管理体系认证。同时，产品已获得CE、IEC等多项国际认证。

公司致力于为客户提供储能系统及新能源机车的完整解决方案，专注于BMS、大功率器件集成以及PACK整体方案的产品开发、生产制造、管理销售以及工程实施，产品广泛应用于储能电站、新能源汽车、家庭储能、锂电池UPS后备电源、太阳能照明及风光互补发电系统等不同领域，全方位满足全球客户的多元化需求。

作为行业内优秀的储能系统能源解决方案专家，公司拥有雄厚的研发实力、高素质的人才队伍、核心的科研技术以及成熟的产业化成果。

346. 陕西拓普索尔电子科技有限责任公司

地址：陕西省西安市碑林区太白路立交瑞鑫摩天城2栋4单元21层
邮编：710068
电话：029-89198658
传真：029-89198658
邮箱：4008278008@ b. qq. com
网址：www. topsail-tech. com
简介：

陕西拓普索尔电子科技有限责任公司成立于2010年9月，总部位于陕西省西安市。公司目前拥有以博士、硕士为核心的产品研发队伍30余人，其中核心研发人员均具有8年以上研发经验，保证了公司产品研发水平的先进性。公司成立至今本着“质量为本，诚信为德，开拓发展，争创品牌”的企业宗旨，时刻铭记“用户是上帝，质量是根本，服务是命脉”的服务方针。全心全意为行业用户提供各类高品质的产品和服务，我们管理高效，产品创新，质量优秀，团队尽职。

公司主要从事自动化仪器仪表与控制系统、自动贴片机等非标自动化设备、机器人、无损检测技术、智能传感器网络以及无线传输产品的研发、生产、销售、组建和工程服务，其中以自动贴片机、自动化仪器仪表、无线传输产品和智能传感器网络组建等产品为核心，立足电子、石油、天然气、水利、电力、气象、交通运输、环境保护等领域。公司已拥有多项自主核心知识产权，已通过西安市民营科技企业和陕西省民营科技企业认证，正在申请国家高新技术企业。目前公司质量控制已严格按照ISO9001质量体系标准执行，保证产品质量及产品的先进性。

河南省

347. 洛阳隆盛科技有限责任公司

隆盛科技
ROSEN
ROSEN TECHNOLOGY

地址：河南省洛阳市凯旋西路25号
邮编：471009
电话：400-0379-613
传真：0379-63917137
邮箱：rosen. rosen@ 163. com
网址：www. rosen-tech. com
简介：

洛阳隆盛科技有限责任公司成立于1996年4月，总部位于牡丹花城——洛阳，直属于中航工业洛阳电光设备研究所（613所）。公司专业从事各类电源产品的设计、开发、生产和服务，并代理销售Vicor、GAIA、COSEL等世界著名品牌的电源模块。

公司自主设计开发的“Rosen”军用模块化电源和“Vcan”工业用模块化电源系列品牌，可靠性高、体积小、重量轻、效率高，具有多种保护功能，并能满足各种环境要求，产品性能处于行业领先地位。目前，面向航空航天、舰船雷达、指挥通信、军用车载及地面控制等军用领域和高端的工控、铁路、电力、通信等工业领域，公司已向国内200多家用户提供了数万余台套电源产品，承担并完成多项国防及民生重点工程型号的电源研发生产任务，被誉为“身边的模块化电源专家”。

公司拥有大型的生产、研发基地和试验检验中心；集聚了设计经验丰富的电源专家和专业技术高超的工程技术人员；配备了包括全自动电源测试系统在内的精良先进的测试仪器；配备了全套的电源加工生产和各种环境筛选试验设备。公司通过了GJB9001B质量管理体系认证，拥有完善的质量管理体系，被中国电源学会评为“理事单位”，中国电子商会评为“中国电源行业诚信单位”。作为美国Vicor公司授予的“中国地区经销商”和“产品应用开发中心”，公司还不断地为用户提供着最优秀的电源解决方案和强大的技术支援。在北京、上海、南京、西安、成都、武汉等地，公司都设有专门的销售和服务机构，建立了完整的服务保障体系。

348. 许继电源有限公司

地址：河南省许昌市中原电气谷许继新能源产业园
邮编：461000
电话：0374-3219505
传真：0374-3215203-678
邮箱：weizhong dy@ 126. com
网址：www. xjpower. com
简介：

许继电源有限公司是国家电网许继集团有限公司下属的子公司，是专业从事电力电子产品研发、生产及系统设计的厂商，主要产品涵盖电动汽车充换电系统、电力电源、电能质量控制设备、军工特种电源、光伏发电并网逆变电源产品等高新技术领域。这些产品已广泛应用于在电力、石化、煤炭、水利、环保、国防、轨道交通和公共事业中。

许继电源有限公司秉承“尊重、超越、共赢”的企业核心价值观，以“推进绿色电能变换技术，美好我们的生活和工作”为使命，以“成为中国领先的电力电子电能变换设备供应商及系统集成商”为愿景，许继电源有限公司将携同客户及合作伙伴一起开拓中国电力电子产品的美好未来。

黑龙江省

349. 哈尔滨光宇集团股份有限公司

地址：黑龙江省哈尔滨市南岗区学府路电缆街68号
邮编：150086
电话：0451-86677970
传真：0451-86678032
邮箱：448153847@ qq. com
网址：www. cncoslight. com
简介：

光宇国际集团科技有限公司创建于1994年，1999年在香港联交所主板上市。集团在国内拥有哈尔滨光宇蓄电池股份有限公司、哈尔滨光宇电源股份有限公司等23家子公司，在欧美、俄罗斯、日本、东南亚设有19家海外营销子公司或办事机构。集团现有员工11000余人，2010年总资产42亿元人民币，销售额44亿元人民币。

经过20余年的高速发展，现已形成制造业、矿产业及互联网产业等三大类产业群。第一大类是以工业用铅酸蓄电池、便携类锂离子电池、车用铁锂动力电池和电池储能系统为主体的制造业；第二大类是矿产业，开采作为铅酸蓄电池原材料的铅锌矿；第三大类是网络游戏的运营、研发及制作。

阀控密封铅酸蓄电池为公司第一核心产品，年生产能力可达380万kVA时，从1999年以来一直是中国最大的阀控式铅酸蓄电池制造商。锂离子电池是公司第二大主要产品，年生产液态锂离子电池可达8000万只、聚合物锂离子电池可达3000万只，磷酸铁锂动力电池是公司主要研发的新产品，可年产40万kWh。

公司先后通过了ISO9001、ISO14001、OHSAS18001、TS16949等管理体系认证，UL、CE、RHOS等产品认证，以及英国沃达丰、俄罗斯通讯等入网认证。

历经十几年的持续稳定发展，光宇取得了非凡的发展业绩，获得社会各界广泛的肯定与好评。追求品质、超越非凡、立足中国、走向世界，光宇国际致力成为拥有顶级高新技术的大型国际化企业集团。

350. 哈尔滨九洲电气股份有限公司

地址：黑龙江省哈尔滨市南岗区哈平路162号
邮编：150081
电话：0451-87969243
传真：0451-86696792
邮箱：market@ jze. com. cn
网址：www. jze. com. cn
简介：

哈尔滨九洲电气股份有限公司（简称九洲电气）成立于2000年，注册资本27780万元人民币，是以“高压、大功率”电力电子技术为核心技术，以“高效节能、新型能源”为产品发展方向，从事电力电子成套设备的研发、制造、销售和服务的高科技上市公司。

九洲电气是国家发改委、国家科技部、国家财政部、国家海关总署、国家税务总局认定的企业技术中心，是国家火炬计划重点高新技术企业，是国家科技部评定的实施火炬计划十五周年火炬计划优秀高新技术企业，是国家发改委审批的三个“国家高技术产业化示范工程项目”的实施基地，九洲电气还是黑龙江省科技厅、财政厅、国家税务局和地方税务局认定的高新技术龙头企业。

公司产品主要分为四大类：第一类为高压电机起动、补偿类产品，第二类为直流电源产品，第三类为电气控制及自动化产品，第四类为新型能源类产品等。

“九洲电气”作为国内电力电子行业的龙头企业，是中国高压电机调速产品的开拓者和领先者，也是中国兆瓦级风力发电变流器产品的奠基者。

2009 年 12 月，经中国证券监督管理委员会核准，公司于 2010 年 1 月 8 日在深圳证券交易所创业板上市，股票简称“九洲电气”，股票代码“300040”。

其　它

351. 桂林斯壮微电子有限责任公司

地址：广西壮族自治区桂林市国家高新区信息产业园 D-8 号
邮编：541004
电话：0773-5858088，5852696，5825199，5852939
传真：0773-5855299，2183788
邮箱：gsme@ gsme. com. cn，sales@ gsme. com. cn
网址：www. gsme. com. cn
简介：

桂林斯壮微电子有限责任公司以设计、开发、生产各种高性能半导体功率器件为主营业务，目前主要产品有低导通电阻和低栅电荷密度的功率场效应晶体管（Low Rdson、LowQg MOSFET）及低导通电压的肖特基二极管（LowVF）、开关二极管、稳压二极管等桂微牌产品，产品广泛应用于开关电源适配器 UPS、逆变器变频器、移动通信基站、智能家居产品、物联网硬件产品、汽车电子产品、安防系统、智能手机及其附属产品、计算机及其附属产品、小型视听多媒体终端产品等消费类电子信息产品、家用电器、工业自动化控制设备等。

“桂微牌”产品不断提高专业水平，为客户提供高性能和低成本的优质产品，推行“精益求精、卓越品质、客户满意”的品质政策，努力成为客户必备的优质供应链伙伴。

352. 广西吉光电子科技股份有限公司

JICON 吉光电子 ELECTRONICS TECHNOLOGY

地址：广西省贺州市平安东路吉光工业园
邮编：542899
电话：0774-5132000
传真：0774-5132111
邮箱：jicon@ jicon. net
网址：www. jicon. net
简介：

广西吉光电子科技股份有限公司前身是原深圳吉光电子有限公司，创建于 1985 年，于 2006 年 10 月在贺州市注册成立，注册资金 5500 万元。2013 年 1 月 8 日贺州投资集团有限公司受让了特发信息持有吉光电子的股份，标志着吉光电子正式列入到铝电子产业链中。公司主要生产高品质铝电解电容器，产品可广泛用于通信、空调、彩电、计算机、UPS、变频器、焊机、节能灯等各种电器设备，经过 20 多年的努力，先后从日本、意大利、中国台湾等地引进了先进的生产线、试验设备，在引进吸收先进技术的同时，发展自己的优势技术，目前已形成专业从事各种高品质铝电解电容器的研制、开发和生产企业，在国内电容器行业中排名居前，公司秉承“诚信、执着、创新、卓越”的企业精神和倡导为“顾客创造价值”的经营理念。

公司位于贺州市平安东路贺州市吉光工业园内，占地 102 亩。项目总投资 1.35 亿。公司在行业中有良好的口碑，在客户中有很高的信誉，在国内电容器行业中排位居前。其产品被康佳、创维、TCL、长虹、长城、美的、海信、三洋、同州电子等国内外大型著名企业所采用，是国内铝电解电容器的主要生产厂家。

353. 勤发电子股份有限公司

地址：台湾省新北市汐止区大同路一段 239 号 11 楼
邮编：221
电话：+886-2-26478100
传真：+886-2-26478200
邮箱：sales@ chinfa. com
网址：www. chinfa. com
简介：

勤发电子自 1985 年创立以来，是一家取得 ISO9001、UL、TUV 认证的公司，秉持着不断地创新思考、成为世界级全方位解决方案的翘楚、满足客户的需求及长期经营的理念。所有交换式电源供应器产品皆自行研发设计与生产，不论在技术研发、质量稳定度或降低成本上，以多年的经验来满足客户对于交换式电源供应器的各种要求，并追求更卓越效能的交换式电源供应器。

Isolated DC-DC converter：1 ~ 100W；
AC-DC power module：3 ~ 40W；
AC-DC DIN Rail mountable power supply：5 ~ 960W；
DC-DC DIN Rail mountable power supply：15 ~ 40W；
AC-DC DIN Rail compact size power supply：120 ~ 240W；
AC-DC enclosed power supply：20 ~ 150W；
Battery charger：30W&60W；
DC UPS controller：30A；
Redundant module：10A&20A。

354. 重庆汇韬电气有限公司

地址：重庆市两江新区水土高新技术产业园区云汉大道5号附23号
邮编：400714
电话：023-68204158
传真：023-68204198
邮箱：hwyton@ 163. com
网址：www. hwyton. com
简介：

重庆汇韬电气有限公司成立于2007年，工厂位于重庆市两江新区水土高新技术产业园，是一家专业从事电源及消防电子产品的研发、生产、销售和服务的高新技术企业。公司通过了ISO9001质量管理体系认证，并先后获得了重庆市高新技术企业、全国消防标准化技术委员会通讯委员、中科院重庆绿色智能研究院工业设计平台会员单位、中国消防协会单位会员、创新基金重点培育企业（四星级）、中国电源学会会员单位和“全国质量诚信承诺优秀企业”称号。

公司建有国内一流的电源产品和消防灯具生产线，专业的调试检测设备、实验室和智能老化运行系统，能生产制造九大类上千种规格的电源和消防产品。公司从引进美国先进技术的Hwyton工业级UPS，到自主开发的应急电源，以及和中科院合作开发的EIS8000智能疏散系统，采用了最先进的DSP数字化技术和工业产品的生产工艺，并不断进行技术革新，致力保持技术先进、质量可靠和用户满意。公司产品已拥有11项专利技术，消防产品通过了国家公安部的CCC认证和型式认可，获得了“重庆市高新技术产品”、“重庆市重点新产品”、“重庆市名牌产品”和“全国质量检验稳定合格产品”等称号。

我们一直遵循“精心制造，持续创新，优质高效，顾客满意”的质量方针，并通过客户服务中心及各地办事处来提供最优质的“5 + X”服务。多年来，在广大用户朋友的支持和帮助下，公司产品在工业、能源、交通、商业、医院、酒店、学校、政府和公用工程等行业已得到广泛应用，产品遍布全国以及南美、非洲和东南亚等国家。

我们本着“诚信、和谐、高效、创新”的公司经营理念，竭诚希望与广大新老客户携手奋进、共同发展！

355. 南昌大学教授电气制造厂

地址：江西省南昌市南京东路351号教授科技楼
邮编：330029
电话：0791-88301618
传真：0791-88332483
邮箱：chinaprofessor@ alibaba. com. cn
网址：www. chinaprofessor. com
简介：

南昌大学教授电气制造厂是由南昌大学教师、教授创办的科技型企业，主要从事电脑、通信设备、机床设备精密交流稳压电源、家用冰箱空调稳压器、UPS、逆变电源、充电器充电机、太阳能光伏发电系统等多系列电源类产品的研发和制造，已有20年的制造历史，产品畅销国内各省，并远销非洲、印度、中东等电压特别不稳定地区。教授电气是国内最大家用电源生产企业之一。

教授电气依托南昌大学的研发力量，有能力不断创新，因此产品更新换代非常快，总是以最新最适合消费者的产品，为各级经销商创造新的商机，为终端用户提供更好的产品。

教授电气2001年就通过了ISO9000质量管理体系，有着严格的质量控制程序，因此产品质量一直深受用户信赖，在市场有着良好的口碑。

教授电气的核心价值观是，以科技让人们生活得更好！教授电气全心全意以客户为中心，依靠自己的技术优势和勤奋工作，努力创造更好、更多的新产品，与消费者共享科技成果带来的快乐。

356. 航天长峰朝阳电源有限公司

地址：辽宁省朝阳市电源路1号
邮编：122000
电话：0421-2732351
传真：0421-2828501
邮箱：50hz@ vip. sina. com
网址：www. 4nic. com. cn
简介：

航天长峰朝阳电源有限公司是经中国航天科工集团批准，由中国航天科工防御技术研究院和朝阳市电源有限公司于2007年9月5日投资组建的国有控股公司，注册资金11760万元。

公司前身为朝阳市电源有限公司，成立于1986年，是国内第一家专业电源公司，具有27年的电源设计制造和测试经验，是当前国内最大的专业电源生产基地。以

“4NIC”、“航天电源”及“CASIC 中国航天科工集团”为品牌，生产30多个系列30余万品种稳压电源、恒流电源、UPS、脉冲电源、滤波器等各种电源和电源相关产品。应用领域覆盖航空、航天、兵器、机载、雷达、船舶、机车、通信及科研等领域，尤其是在需要高可靠性的军工领域发挥着不可替代的作用，为国家的国防建设和经济建设做出了卓越贡献。

公司位于辽宁省朝阳市电源路1号，现址占地20多万 m^2，建筑面积15万 m^2。新厂区占地面积42万 m^2，建筑面积20万 m^2。公司在国内30多个主要城市设有办事处，履行“航天电源就在您身边”的承诺。企业奉行“以顾客为关注焦点，量体裁衣做电源”的经营战略，满足个性化需求。

357. 贵州航天林泉电机有限公司

地址：贵州省贵阳市长岭南路89号

邮编：550008

电话：0851-4842807

传真：0851-4849008

邮箱：htlq@ lqmotor. cn

网址：www. lqmotor. cn

简介：

林泉电机厂隶属于中国航天科工集团公司，是中国航天微特电机、二次电源及小型化遥测设备的专业研制生产单位，是航天微特电机专业技术中心和检测中心，是国家批准的自营进出口权单位，也是国家批准的航天电机硕士研究生培养点和博士后科研工作站（微特电机专业站）。通过了GJB9001A-2001质量保证体系、ISO9001质量保证体系的认证。

工厂始建于1965年，1966年内迁至贵州省桐梓县，1987年调迁至贵州省贵阳市。工厂占地面积10万 m^2，现有职工710人，其中工程技术人员351人。建厂40多年来，共为300多种型号研制生产了上千种产品，有86项获国家、省部级科技进步奖。

会员企业按主要产品索引

不间断电源（99）

艾默生网络能源有限公司
艾普斯电源（苏州）有限公司
北京恒电电源设备有限公司
北京纽绅埔科技有限公司
北京普罗斯托国际电气有限公司
北京韶光科技有限公司
北京世科伟业电气有限公司
北京银星通达科技开发有限责任公司
大连宝士达电源股份有限公司
东莞市友美电源设备有限公司
佛山市柏克新能科技股份有限公司
佛山市宝星科技发展有限公司
佛山市凯拓电源设备有限公司
佛山市力迅电子有限公司
佛山市南海区泰琪丰电子有限公司
佛山市新光宏锐电源设备有限公司
佛山市众盈电子有限公司
福建省瑞盛电力科技有限公司
广东创电科技有限公司
广东和昌电业集团有限公司
广东乐科电力电子有限公司
广东新昇电业科技股份有限公司
广东易事特电源股份有限公司
广东志成冠军集团有限公司
广州东芝白云菱机电力电子有限公司
广州市昌菱电气有限公司
广州市锦路电气设备有限公司
广州市凝智科技有限公司
广州市维能达软件科技有限公司
广州市昱诚电子技术有限公司
杭州奥能电力设备制造有限公司
杭州奥能电源设备股份有限公司
杭州中恒电气股份有限公司
航天长峰朝阳电源有限公司
合肥联信电源有限公司
河北先控捷联电源设备有限公司
鸿宝电气集团股份有限公司
湖南长沙阳环科技实业有限公司
湖南东方万象科技有限公司
湖南丰日电源电气股份有限公司
湖南科明电源有限公司
华为技术有限公司
济南朗瑞电气有限公司
江苏爱克赛电气制造有限公司
江苏禾力清能电气有限公司
乐清市永茂电源有限公司
雷诺士（常州）电子有限公司
理士国际技术有限公司
茂硕电源科技股份有限公司
宁波金源电气有限公司
三科电器集团有限公司
上海百纳德电子信息有限公司
上海弘乐电气有限公司
上海厚国电气有限公司
上海华翌电气有限公司
上海雷诺尔科技股份有限公司
上海诺易电器有限公司
上海松丰电源设备有限公司
上海伟浩机电设备有限公司
上海稳压器厂
上海阳顿电气制造有限公司
深圳安固电子科技有限公司
深圳奥特迅电力设备股份有限公司
深圳科士达科技股份有限公司
深圳蓝信电气有限公司
深圳市比亚迪锂电池有限公司
深圳市迪比科电子科技有限公司
深圳市汇业达通讯技术有限公司
深圳市捷益达电子有限公司
深圳市金宏威技术股份有限公司
深圳市晶福源电子技术有限公司
深圳市科陆电源技术有限公司
深圳市科瑞爱特科技开发有限公司
深圳市南方默顿电子有限公司
深圳市帕瓦科技有限公司
深圳市思凡贝特科技有限公司
深圳市西格玛泰变压器有限公司
深圳市新能力科技有限公司
深圳市新未来电源技术有限公司
深圳市雄韬电源科技股份有限公司
深圳市英威腾电源有限公司
深圳市正能实业有限公司
深圳索瑞德电子有限公司
四川厚天科技股份有限公司
四川省科学城帝威电气有限公司
四川斯维奇电气科技有限公司
温州松特电器有限公司
厦门科华恒盛股份有限公司
厦门市爱维达电子有限公司
许继电源有限公司
伊顿电源（上海）有限公司
浙江特雷斯电子科技有限公司
浙江腾腾电气有限公司
中川电气科技有限公司

中达电通股份有限公司
中兴通讯股份有限公司
重庆汇韬电气有限公司
珠海金电电源工业有限公司
珠海山特电子有限公司

新能源电源（光伏逆变器、风力变流器等）(96)

艾默生网络能源有限公司
北京动力源科技股份有限公司
北京航星力源科技有限公司
北京恒电电源设备有限公司
北京汇众电源设备厂
北京纽绅埔科技有限公司
北京普罗斯托国际电气有限公司
北京群菱能源科技有限公司
北京索英电气技术有限公司
常州市武进红光无线电有限公司
佛山市柏克新能科技股份有限公司
佛山市宝星科技发展有限公司
佛山市众盈电子有限公司
广东顺德三扬科技股份有限公司
广东新昇电业科技股份有限公司
广东易事特电源股份有限公司
广州广日电气设备有限公司
广州金升阳科技有限公司
广州市先锋电镀设备制造有限公司
哈尔滨九洲电气股份有限公司
杭州中恒电气股份有限公司
合肥科威尔电源系统有限公司
河北奥冠电源有限责任公司
华为技术有限公司
济南朗瑞电气有限公司
济南芯驰能源科技有限公司
江苏爱克赛电气制造有限公司
金海新源电气江苏有限公司
康舒电子（东莞）有限公司杭州分公司
昆山渝科电子科技有限公司
乐清市永茂电源有限公司
理士国际技术有限公司
临沂昱通新能源科技有限公司
茂硕电源科技股份有限公司
美国国家仪器有限公司（简称“NI”）
南昌大学教授电气制造厂
南京冠亚电源设备有限公司
青岛晶鑫伟业高磁材料科技有限公司
衢州三源汇能电子有限公司
三科电器集团有限公司
山东泰开电源有限公司
山东新风光电子科技发展有限公司
陕西长岭光伏电气有限公司
陕西赛雷博瑞新能源科技有限公司
上海诺易电器有限公司
上海稳利达科技股份有限公司
上海宇帆电气有限公司
深圳古瑞瓦特新能源股份有限公司
深圳科士达科技股份有限公司
深圳欧陆通电子有限公司
深圳桑达国际电源科技有限公司
深圳市爱维达新能源科技有限公司
深圳市安托山技术有限公司
深圳市比亚迪锂电池有限公司
深圳市迪比科电子科技有限公司
深圳市东辰科技有限公司
深圳市核达中远通电源技术有限公司
深圳市汇川技术股份有限公司
深圳市汇业达通讯技术有限公司
深圳市捷益达电子有限公司
深圳市金宏威技术股份有限公司
深圳市金威源科技股份有限公司
深圳市金元电子技术有限公司
深圳市晶福源电子技术有限公司
深圳市科瑞爱特科技开发有限公司
深圳市威日科技有限公司
深圳市西格玛泰变压器有限公司
深圳市希顺有机硅科技有限公司
深圳市雄韬电源科技股份有限公司
深圳英威腾电源有限公司
深圳市正能实业有限公司
深圳市中兴昆腾有限公司
深圳索瑞德电子有限公司
石家庄通合电子科技股份有限公司
四川长虹欣锐科技有限公司
四川厚天科技股份有限公司
苏州市电通电力电子有限公司
台达电子企业管理（上海）有限公司
天津市环瑞金属材料技术有限公司
温州华高电气有限公司
温州松特电器有限公司
无锡东电化兰达电子有限公司
无锡新洁能股份有限公司
武汉泰可电气股份有限公司
西安龙腾新能源科技发展有限公司
厦门科华恒盛股份有限公司
厦门蓝溪科技有限公司
厦门市爱维达电子有限公司
扬州双鸿电子有限公司
阳光电源股份有限公司
伊戈尔电气股份有限公司
浙江特雷斯电子科技有限公司
浙江腾腾电气有限公司
浙江正泰电源电器有限公司
中达电通股份有限公司

中国长城计算机深圳股份有限公司
中兴通讯股份有限公司

通用开关电源（82）

北京大华无线电仪器厂
北京航天星瑞电子科技有限公司
北京航星力源科技有限公司
北京通力盛达节能设备股份有限公司
北京新雷能科技股份有限公司
北京中天汇科电子技术有限责任公司
常州市创联电源有限公司
常州市武进红光无线电有限公司
成都普斯特电气有限责任公司
东莞华兴电器有限公司
东莞立德电子有限公司
东莞市石龙富华电子有限公司
佛山市迪智电源有限公司
佛山市汉毅电脑设备有限公司
佛山市南海赛威科技技术有限公司
佛山市顺德区冠宇达电源有限公司
广东金华达电子有限公司
广州市华德电子电器设备有限公司
广州市力索能电子有限公司
广州市维能达软件科技有限公司
广州市先锋电镀设备制造有限公司
贵州航天林泉电机有限公司
海湾电子（山东）有限公司
杭州奥能电源设备股份有限公司
杭州池阳电子有限公司
合肥博微田村电气有限公司
合肥华耀电子工业有限公司
合肥科威尔电源系统有限公司
合肥通用电子技术研究所
河北汇能欣源电子技术有限公司
湖南省湘潭市华鑫电子科技有限公司
华东微电子技术研究所
昆山渝科电子科技有限公司
溧阳市华元电源设备厂
茂硕电源科技股份有限公司
宁波金源电气有限公司
勤发电子股份有限公司
任丘市先导科技电子有限公司
上海德创电器电子有限公司
上海吉电电子技术有限公司
深圳安固电子科技有限公司
深圳华德电子有限公司
深圳可立克科技股份有限公司
深圳蓝信电气有限公司
深圳麦格米特电气股份有限公司
深圳欧陆通电子有限公司
深圳市比亚迪锂电池有限公司
深圳市迪比科电子科技有限公司
深圳市航嘉驰源电气股份有限公司
深圳市好科星电子有限公司
深圳市皓文电子有限公司
深圳市核达中远通电源技术有限公司
深圳市坚力坚实业有限公司
深圳市京泉华科技股份有限公司
深圳市巨鼎电子有限公司
深圳市瑞必达科技有限公司
深圳市瑞晶实业有限公司
深圳市威日科技有限公司
深圳市卓越至高电子有限公司
晟朗（上海）电力电子有限公司
石家庄通合电子科技股份有限公司
四川长虹欣锐科技有限公司
苏州市申浦电源设备厂
苏州台智源电子有限公司
台达电子企业管理（上海）有限公司
太仓电威光电有限公司
天津市九荣鑫电源技术有限公司
田村（中国）企业管理有限公司
拓哲（广州）电子科技有限公司
威海东兴电子有限公司
温州松特电器有限公司
无锡东电化兰达电子有限公司
武汉泓承科技有限公司
武汉永力科技股份有限公司
协丰万佳科技（深圳）有限公司
扬州裕红电源制造厂
张家港市电源设备厂
浙江宏胜光电科技有限公司
浙江矛牌电子科技有限公司
浙江省海宁市海整整流器有限公司
中山市卓锋电子有限公司
珠海泰坦科技股份有限公司

通信电源（70）

艾默生网络能源有限公司
安伏（苏州）电子有限公司
北京动力源科技股份有限公司
北京恒电电源设备有限公司
北京汇众电源设备厂
北京纽绅埔科技有限公司
北京新雷能科技股份有限公司
北京亚澳博信通信技术有限公司
北京中天汇科电子技术有限责任公司
东莞市石龙富华电子有限公司
佛山市南海赛威科技技术有限公司
佛山市顺德区冠宇达电源有限公司
福建省瑞盛电力科技有限公司
广东金华达电子有限公司

广东顺德三扬科技股份有限公司
广东易事特电源股份有限公司
广州科欣仪器有限公司
广州市锦路电气设备有限公司
广州市昱诚电子技术有限公司
海湾电子（山东）有限公司
杭州奥能电力设备制造有限公司
河北奥冠电源有限责任公司
河北先控捷联电源设备有限公司
湖南丰日电源电气股份有限公司
华为技术有限公司
江苏禾力清能电气有限公司
乐清市永茂电源有限公司
雷诺士（常州）电子有限公司
理士国际技术有限公司
山东泰开电源有限公司
深圳奥特迅电力设备股份有限公司
深圳博科源科技有限公司
深圳华德电子有限公司
深圳可立克科技股份有限公司
深圳市爱维达新能源科技有限公司
深圳市安托山技术有限公司
深圳市东辰科技有限公司
深圳市航嘉驰源电气股份有限公司
深圳市皓文电子有限公司
深圳市核达中远通电源技术有限公司
深圳市汇业达通讯技术有限公司
深圳市金宏威技术股份有限公司
深圳市金威源科技股份有限公司
深圳市晶福源电子技术有限公司
深圳市巨鼎电子有限公司
深圳市科瑞爱特科技开发有限公司
深圳市瑞晶实业有限公司
深圳市威泰隆电源电气有限公司
深圳市新能力科技有限公司
深圳市新未来电源技术有限公司
深圳市雄韬电源科技股份有限公司
深圳市英可瑞科技开发有限公司
深圳英威腾电源有限公司
深圳市中电熊猫展盛科技有限公司
深圳市中兴昆腾有限公司
深圳市卓越至高电子有限公司
深圳索瑞德电子有限公司
晟朗（上海）电力电子有限公司
四川省科学城帝威电气有限公司
台达电子企业管理（上海）有限公司
温州华高电气有限公司
武汉永力科技股份有限公司
厦门科华恒盛股份有限公司
厦门蓝溪科技有限公司
厦门市爱维达电子有限公司
浙江矛牌电子科技有限公司
中达电通股份有限公司
中国长城计算机深圳股份有限公司
中科航达科技发展（北京）有限公司
中兴通讯股份有限公司

照明电源、LED驱动电源（67）

安伏（苏州）电子有限公司
北京通力盛达节能设备股份有限公司
常州市武进红光无线电有限公司
潮州市金刚眼电子有限公司
东莞立德电子有限公司
东莞市石龙富华电子有限公司
东莞市友美电源设备有限公司
佛山市哥迪电子有限公司
佛山市汉毅电脑设备有限公司
佛山市南海赛威科技技术有限公司
佛山市顺德区扬洋电子有限公司
佛山市众盈电子有限公司
福建联晟捷电子科技有限公司
广东创电科技有限公司
广东和昌电业集团有限公司
广东金华达电子有限公司
广东新昇电业科技股份有限公司
广州广日电气设备有限公司
广州凯盛电子科技有限公司
海湾电子（山东）有限公司
杭州池阳电子有限公司
合肥华耀电子工业有限公司
河北奥冠电源有限责任公司
湖南省湘潭市华鑫电子科技有限公司
华东微电子技术研究所
江苏英尔特光电科技有限公司
昆山渝科电子科技有限公司
茂硕电源科技股份有限公司
宁波赛耐比光电有限公司
上海豪远电子有限公司
上海稳利达科技股份有限公司
深圳安固电子科技有限公司
深圳可立克科技股份有限公司
深圳麦格米特电气股份有限公司
深圳欧陆通电子有限公司
深圳桑达国际电源科技有限公司
深圳市爱维达新能源科技有限公司
深圳市安托山技术有限公司
深圳市比亚迪锂电池有限公司
深圳市长运通光电技术有限公司
深圳市东辰科技有限公司
深圳市金威源科技股份有限公司
深圳市京泉华科技股份有限公司
深圳市巨鼎电子有限公司

深圳市科陆电源技术有限公司
深圳市希顺有机硅科技有限公司
深圳市中电熊猫展盛科技有限公司
深圳市卓越至高电子有限公司
深圳唐微科技发展有限公司
晟朗（上海）电力电子有限公司
四川长虹欣锐科技有限公司
苏州东山精密制造股份有限公司
拓哲（广州）电子科技有限公司
威海东兴电子有限公司
无锡东电化兰达电子有限公司
无锡海德电子有限公司
无锡市迈杰电子有限公司
无锡新洁能股份有限公司
厦门市爱维达电子有限公司
伊戈尔电气股份有限公司
英飞特电子（杭州）股份有限公司
浙江矛牌电子科技有限公司
中达电通股份有限公司
中国长城计算机深圳股份有限公司
中山市横栏镇阿瑞斯电子厂
中山市卓锋电子有限公司
重庆汇韬电气有限公司

稳压电源（器）(61)

艾普斯电源（苏州）有限公司
北京大华无线电仪器厂
北京普罗斯托国际电气有限公司
北京世科伟业电气有限公司
大连宝士达电源股份有限公司
东莞市友美电源设备有限公司
佛山市汉毅电脑设备有限公司
佛山市顺德区冠宇达电源有限公司
佛山市新光宏锐电源设备有限公司
佛山市众盈电子有限公司
广州金升阳科技有限公司
海丰县中联电子厂有限公司
杭州远方仪器有限公司
航天长峰朝阳电源有限公司
合肥通用电子技术研究所
河北汇能欣源电子技术有限公司
鸿宝电气集团股份有限公司
湖南长沙阳环科技实业有限公司
江苏爱克赛电气制造有限公司
江苏宏微科技股份有限公司
空军预警学院电子技术研究所
南昌大学教授电气制造厂
宁波金源电气有限公司
宁波赛耐比光电有限公司
衢州三源汇能电子有限公司
三科电器集团有限公司
山东山大华天科技集团股份有限公司
上海百纳德电子信息有限公司
上海光泰电气有限公司
上海豪远电子有限公司
上海弘乐电气有限公司
上海厚国电气有限公司
上海华翌电气有限公司
上海诺易电器有限公司
上海潘登新电源有限公司
上海全力电器有限公司
上海松丰电源设备有限公司
上海伟浩机电设备有限公司
上海稳利达科技股份有限公司
上海稳压器厂
上海新康电器制造有限公司
上海作永电气有限公司
深圳安固电子科技有限公司
深圳博科源科技有限公司
深圳市好科星电子有限公司
深圳市巨鼎电子有限公司
深圳市南方默顿电子有限公司
深圳市帕瓦科技有限公司
时冠电气（上海）有限公司
天津市鲲鹏电子有限公司
温州松特电器有限公司
温州现代集团有限公司
协丰万佳科技（深圳）有限公司
扬州双鸿电子有限公司
张家港市电源设备厂
浙江特雷斯电子科技有限公司
浙江腾腾电气有限公司
浙江西奥根电气有限公司
浙江正泰电源电器有限公司
中川电气科技有限公司
珠海科达信电子科技有限公司

模块电源（50）

安伏（苏州）电子有限公司
北京航天星瑞电子科技有限公司
北京汇众电源设备厂
北京韶光科技有限公司
北京天创汇智科技有限公司
北京新创四方电子有限公司
北京新雷能科技股份有限公司
北京宇翔电子有限公司
常州市武进红光无线电有限公司
广东乐科电力电子有限公司
广州金升阳科技有限公司
贵州航天林泉电机有限公司
杭州池阳电子有限公司
航天长峰朝阳电源有限公司

合肥华耀电子工业有限公司
河北汇能欣源电子技术有限公司
华东微电子技术研究所
华为技术有限公司
江苏禾力清能电气有限公司
昆山渝科电子科技有限公司
兰州精新电源设备有限公司
雷诺士（常州）电子有限公司
洛阳隆盛科技有限责任公司
勤发电子股份有限公司
青岛航天半导体研究所有限公司
山东泰开电源有限公司
深圳蓝信电气有限公司
深圳市安托山技术有限公司
深圳市皓文电子有限公司
深圳市核达中远通电源技术有限公司
深圳市科陆电源技术有限公司
深圳市新未来电源技术有限公司
深圳市卓越至高电子有限公司
石家庄通合电子科技股份有限公司
四川英杰电气股份有限公司
天津市环瑞金属材料技术有限公司
天津市鲲鹏电子有限公司
天水七四九电子有限公司
拓哲（广州）电子科技有限公司
无锡东电化兰达电子有限公司
武汉泰可电气股份有限公司
武汉永力科技股份有限公司
西安伟京电子制造有限公司
厦门蓝溪科技有限公司
协丰万佳科技（深圳）有限公司
扬州双鸿电子有限公司
扬州裕红电源制造厂
浙江矛牌电子科技有限公司
中科航达科技发展（北京）有限公司
中兴通讯股份有限公司

应急电源（48）

北京动力源科技股份有限公司
北京普罗斯托国际电气有限公司
成都顺通电气有限公司
大连宝士达电源股份有限公司
佛山市柏克新能科技股份有限公司
佛山市宝星科技发展有限公司
佛山市凯拓电源设备有限公司
广东创电科技有限公司
广东易事特电源股份有限公司
广东志成冠军集团有限公司
广州东芝白云菱机电力电子有限公司
广州市昌菱电气有限公司
广州市锦路电气设备有限公司
杭州奥能电力设备制造有限公司
合肥联信电源有限公司
河北远大电子有限公司
鸿宝电气集团股份有限公司
湖南科明电源有限公司
济南朗瑞电气有限公司
江苏爱克赛电气制造有限公司
江苏禾力清能电气有限公司
赛尔康技术（深圳）有限公司
三科电器集团有限公司
山东山大华天科技集团股份有限公司
上海百纳德电子信息有限公司
上海华翌电气有限公司
上海雷诺尔科技股份有限公司
上海阳顿电气制造有限公司
深圳华德电子有限公司
深圳市汇业达通讯技术有限公司
深圳市捷益达电子有限公司
深圳市晶福源电子技术有限公司
深圳市科瑞爱特科技开发有限公司
深圳市南方默顿电子有限公司
深圳市新能力科技有限公司
深圳市英威腾电源有限公司
深圳市正能实业有限公司
深圳索瑞德电子有限公司
四川厚天科技股份有限公司
四川斯维奇电气科技有限公司
温州华高电气有限公司
武汉瑞源电力设备有限公司
厦门科华恒盛股份有限公司
浙江特雷斯电子科技有限公司
浙江腾腾电气有限公司
浙江西奥根电气有限公司
中川电气科技有限公司
重庆汇韬电气有限公司

电子变压器（43）

北京新创四方电子有限公司
北京一峰电子制作中心
东莞华兴电器有限公司
东莞立德电子有限公司
佛山市哥迪电子有限公司
佛山市顺德区扬洋电子有限公司
佛山市新光宏锐电源设备有限公司
广东新昇电业科技股份有限公司
合肥博微田村电气有限公司
河北远大电子有限公司
江苏宏微科技股份有限公司
江苏上能新特变压器有限公司
临沂昱通新能源科技有限公司
美国国家仪器有限公司（简称“NI”）

宁波金源电气有限公司
宁波赛耐比光电有限公司
宁夏银利电器制造有限公司
青岛晶鑫伟业高磁材料科技有限公司
青岛云路新能源科技有限公司
衢州三源汇能电子有限公司
上海光泰电气有限公司
上海豪远电子有限公司
上海厚国电气有限公司
上海全力电器有限公司
上海松丰电源设备有限公司
上海泰可金属制品有限公司
上海伟浩机电设备有限公司
上海稳压器厂
上海新康电器制造有限公司
上海作永电气有限公司
深圳市港泰电子有限公司
深圳市港特科技有限公司
深圳市金顺怡电子有限公司
深圳市京泉华科技股份有限公司
深圳市帕瓦科技有限公司
时冠电气（上海）有限公司
唐山尚新融大电子产品有限公司
天津市鲲鹏电子有限公司
田村（中国）企业管理有限公司
武汉新瑞科电气技术有限公司
浙江西奥根电气有限公司
中山市横栏镇阿瑞斯电子厂
专顺电机（惠州）有限公司

特种电源（42）

北京航天星瑞电子科技有限公司
北京航星力源科技有限公司
北京恒电电源设备有限公司
北京汇众电源设备厂
北京京仪椿树整流器有限责任公司
潮州市金刚眼电子有限公司
成都金创立科技有限责任公司
东莞市友美电源设备有限公司
佛山市顺德区冠宇达电源有限公司
广东顺德三扬科技股份有限公司
广州金升阳科技有限公司
广州市力索能电子有限公司
广州市先锋电镀设备制造有限公司
贵州航天林泉电机有限公司
杭州远方仪器有限公司
杭州中恒电气股份有限公司
航天长峰朝阳电源有限公司
合肥华耀电子工业有限公司
合肥科威尔电源系统有限公司
河北汇能欣源电子技术有限公司
河北远大电子有限公司
湖南省湘潭市华鑫电子科技有限公司
济南芯驰能源科技有限公司
兰州精新电源设备有限公司
溧阳市华元电源设备厂
山东新风光电子科技发展有限公司
深圳华德电子有限公司
深圳市好科星电子有限公司
四川省科学城帝威电气有限公司
四川英杰电气股份有限公司
苏州台智源电子有限公司
天津市九荣鑫电源技术有限公司
天津市蓝丝莱电子科技有限公司
武汉泰可电气股份有限公司
武汉新瑞科电气技术有限公司
武汉永力科技股份有限公司
西安爱科赛博电气股份有限公司
西安伟京电子制造有限公司
许继电源有限公司
扬州裕红电源制造厂
伊戈尔电气股份有限公司
中科航达科技发展（北京）有限公司

变频电源（器）（37）

艾普斯电源（苏州）有限公司
北京大华无线电仪器厂
北京动力源科技股份有限公司
北京航天星瑞电子科技有限公司
北京京仪椿树整流器有限责任公司
广州东芝白云菱机电力电子有限公司
哈尔滨九洲电气股份有限公司
杭州远方仪器有限公司
合肥科威尔电源系统有限公司
济南朗瑞电气有限公司
济南芯驰能源科技有限公司
江门市安利电源工程有限公司
空军预警学院电子技术研究所
勤发电子股份有限公司
山东新风光电子科技发展有限公司
上海厚国电气有限公司
上海雷诺尔科技股份有限公司
上海诺易电器有限公司
上海松丰电源设备有限公司
上海稳压器厂
深圳麦格米特电气股份有限公司
深圳市汇川技术股份有限公司
深圳市库马克新技术股份有限公司
深圳市帕瓦科技有限公司
深圳市西格玛泰变压器有限公司
四川长虹欣锐科技有限公司
苏州市电通电力电子有限公司

苏州台智源电子有限公司
台达电子企业管理（上海）有限公司
天津市环瑞金属材料技术有限公司
天津市九荣鑫电源技术有限公司
天津市鲲鹏电子有限公司
温州现代集团有限公司
西安爱科赛博电气股份有限公司
张家港市电源设备厂
浙江海利普电子科技有限公司
珠海泰坦科技股份有限公司

其他（37）

TÜV 南德意志集团
保定科诺沃机械有限公司
北京机械设备研究所
北京群菱能源科技有限公司
北京索英电气技术有限公司
北京维通利电气有限公司
北京中大科慧科技发展有限公司
常州市超顺电子技术有限公司
成都金创立科技有限责任公司
佛山市禅城区华南电源创新科技园投资管理有限公司
福建省瑞盛电力科技有限公司
广东大比特资讯广告发展有限公司
广州安的电子技术有限公司
广州广日电气设备有限公司
杭州易泰达科技有限公司
湖南东方万象科技有限公司
美尔森电气保护系统（上海）有限公司
美国国家仪器有限公司（简称“NI”）
南昌大学教授电气制造厂
宁波南车时代传感技术有限公司
赛尔康技术（深圳）有限公司
山东新风光电子科技发展有限公司
上海超群无损检测设备有限责任公司
上海科梁信息工程有限公司
深圳市安科讯实业有限公司
深圳市金威源科技股份有限公司
深圳市三和电力科技有限公司
深圳市兴龙辉科技有限公司
四川斯维奇电气科技有限公司
四川依米康环境科技股份有限公司
苏州市申浦电源设备厂
太仓电威光电有限公司
无锡海德电子有限公司
武汉泰可电气股份有限公司
浙江创力电子股份有限公司
中国科学院等离子体物理研究所
中国科学院近代物理研究所

直流屏、电力操作电源（37）

北京新雷能科技股份有限公司
成都顺通电气有限公司
福建省瑞盛电力科技有限公司
广州东芝白云菱机电力电子有限公司
广州科欣仪器有限公司
哈尔滨光宇集团股份有限公司
杭州奥能电力设备制造有限公司
杭州奥能电源设备股份有限公司
合肥联信电源有限公司
湖南丰日电源电气股份有限公司
湖南科明电源有限公司
江苏上能新特变压器有限公司
理士国际技术有限公司
美尔森电气保护系统（上海）有限公司
勤发电子股份有限公司
山东泰开电源有限公司
上海雷诺尔科技股份有限公司
上海阳顿电气制造有限公司
深圳奥特迅电力设备股份有限公司
深圳博科源科技有限公司
深圳蓝信电气有限公司
深圳市皓文电子有限公司
深圳市金宏威技术股份有限公司
深圳市科陆电源技术有限公司
深圳市新能力科技有限公司
深圳市新未来电源技术有限公司
深圳市英可瑞科技开发有限公司
深圳市正能实业有限公司
石家庄通合电子科技股份有限公司
四川省科学城帝威电气有限公司
温州华高电气有限公司
武汉瑞源电力设备有限公司
厦门蓝溪科技有限公司
厦门兴厦控恒昌自动化有限公司
许继电源有限公司
珠海金电电源工业有限公司
珠海泰坦科技股份有限公司

蓄电池（34）

保定科诺沃机械有限公司
北京纽绅埔科技有限公司
北京群菱能源科技有限公司
北京世科伟业电气有限公司
北京银星通达科技开发有限责任公司
大连宝士达电源股份有限公司
佛山市柏克新能科技股份有限公司
佛山市宝星科技发展有限公司
佛山市力迅电子有限公司
佛山市新光宏锐电源设备有限公司
福州福光电子有限公司
广东创电科技有限公司
广东乐科电力电子有限公司

广东志成冠军集团有限公司
广州市昌菱电气有限公司
广州市锦路电气设备有限公司
广州市维能达软件科技有限公司
广州市昱诚电子技术有限公司
哈尔滨光宇集团股份有限公司
河北先控捷联电源设备有限公司
鸿宝电气集团股份有限公司
湖南丰日电源电气股份有限公司
湖南科明电源有限公司
山东圣阳电源股份有限公司
上海百纳德电子信息有限公司
上海阳顿电气制造有限公司
深圳科士达科技股份有限公司
深圳市迪比科电子科技有限公司
深圳市南方默顿电子有限公司
深圳市雄韬电源科技股份有限公司
威海文隆电池有限公司
中川电气科技有限公司
珠海山特电子有限公司
珠海泰坦科技股份有限公司

电焊机、充电机、电镀电源（19）

保定科诺沃机械有限公司
北京韶光科技有限公司
广东顺德三扬科技股份有限公司
广州市先锋电镀设备制造有限公司
海丰县中联电子厂有限公司
兰州精新电源设备有限公司
溧阳市华元电源设备厂
南昌大学教授电气制造厂
任丘市先导科技电子有限公司
上海全力电器有限公司
上海宇帆电气有限公司
深圳博科源科技有限公司
深圳华意隆电气股份有限公司
深圳麦格米特电气股份有限公司
深圳市好科星电子有限公司
深圳市中电熊猫展盛科技有限公司
四川英杰电气股份有限公司
苏州市申浦电源设备厂
扬州双鸿电子有限公司

电抗器（22）

安泰科技股份有限公司非晶金属事业部
北京新创四方电子有限公司
河北远大电子有限公司
江苏上能新特变压器有限公司
宁夏银利电器制造有限公司
青岛晶鑫伟业高磁材料科技有限公司
青岛云路新能源科技有限公司
上海豪远电子有限公司
上海稳利达科技股份有限公司
上海鹰峰电子科技有限公司
深圳市铂科磁材有限公司
深圳市港泰电子有限公司
深圳市金顺怡电子有限公司
深圳市三和电力科技有限公司
深圳市威泰隆电源电气有限公司
深圳市西格玛泰变压器有限公司
唐山尚新融大电子产品有限公司
田村（中国）企业管理有限公司
温州现代集团有限公司
伊戈尔电气股份有限公司
浙江正泰电源电器有限公司
专顺电机（惠州）有限公司

功率器件（20）

安泰科技股份有限公司非晶金属事业部
北京京仪椿树整流器有限责任公司
北京韶光科技有限公司
北京宇翔电子有限公司
常州瑞华电力电子器件有限公司
广州华工科技开发有限公司
桂林斯壮微电子有限责任公司
江苏宏微科技股份有限公司
南京时恒电子科技有限公司
青岛航天半导体研究所有限公司
汕头华汕电子器件有限公司
上海吉电电子技术有限公司
深圳市汇川技术股份有限公司
深圳市鹏源电子有限公司
苏州能讯高能半导体有限公司
唐山尚新融大电子产品有限公司
无锡市星火电器有限公司
无锡新洁能股份有限公司
武汉新瑞科电气技术有限公司
西安龙腾新能源科技发展有限公司

电源配套设备（自动化设备、SMT 设备、绕线机等）（19）

北京银星通达科技开发有限责任公司
东莞宏强电子有限公司
东莞市锐源仪器股份有限公司
佛山市南海区平洲广日电子机械有限公司
广东和昌电业集团有限公司
广州市维能达软件科技有限公司
杭州中恒电气股份有限公司
陕西长岭光伏电气有限公司
陕西拓普索尔电子科技有限责任公司
上海科泰电源股份有限公司
上海伟浩机电设备有限公司
深圳市汇川技术股份有限公司
深圳市鹏源电子有限公司

深圳市瑞必达科技有限公司
深圳市中科源电子有限公司
四川英杰电气股份有限公司
苏州市电通电力电子有限公司
苏州台智源电子有限公司
无锡海德电子有限公司

磁性元件/材料（15）

安徽首文高新材料有限公司
安泰科技股份有限公司非晶金属事业部
临沂昱通新能源科技有限公司
宁夏银利电器制造有限公司
青岛晶鑫伟业高磁材料科技有限公司
衢州三源汇能电子有限公司
上海灼日精细化工有限公司
深圳可立克科技股份有限公司
深圳市铂科磁材有限公司
深圳市威日科技有限公司
田村（中国）企业管理有限公司
拓哲（广州）电子科技有限公司
武汉中磁浩源科技有限公司
越峰电子（昆山）有限公司
浙江东睦科达磁电有限公司

半导体集成电路（14）

昂宝电子（上海）有限公司
北京宇翔电子有限公司
东莞立德电子有限公司
佛山市南海赛威科技技术有限公司
桂林斯壮微电子有限责任公司
江苏宏微科技股份有限公司
青岛航天半导体研究所有限公司
上海吉电电子技术有限公司
深圳市长运通光电技术有限公司
深圳市坚力坚实业有限公司
深圳市锐能微科技有限公司
无锡新洁能股份有限公司
西安龙腾新能源科技发展有限公司
英飞凌科技（中国）有限公司

电容器（14）

东莞宏强电子有限公司
广东丰明电子科技有限公司
广东意壳电子科技有限公司
广西吉光电子科技股份有限公司
广州华工科技开发有限公司
南通新三能电子有限公司
上海吉电电子技术有限公司
上海赛特康新能源科技有限公司
上海鹰峰电子科技有限公司
深圳市三和电力科技有限公司
深圳市智胜新电子技术有限公司
厦门埃尔华进出口有限公司
扬州凯普电子有限公司
中山市万科电子有限公司

电源测试设备（13）

艾普斯电源（苏州）有限公司
北京大华无线电仪器厂
北京泛华恒兴科技有限公司
北京群菱能源科技有限公司
北京索英电气技术有限公司
东莞市锐源仪器股份有限公司
杭州远方仪器有限公司
美国国家仪器有限公司（简称“NI”）
陕西长岭光伏电气有限公司
陕西柯蓝电子有限公司
深圳市中科源电子有限公司
西安爱科赛博电气股份有限公司
西安龙腾新能源科技发展有限公司

PC、服务器电源（13）

东莞市金河田实业有限公司
广东乐科电力电子有限公司
广州凯盛电子科技有限公司
海湾电子（山东）有限公司
雷诺士（常州）电子有限公司
深圳欧陆通电子有限公司
深圳市东辰科技有限公司
深圳市航嘉驰源电气股份有限公司
深圳市中电熊猫展盛科技有限公司
四川斯维奇电气科技有限公司
协丰万佳科技（深圳）有限公司
浙江省海宁市海整整流器有限公司
中国长城计算机深圳股份有限公司

滤波器（10）

安泰科技股份有限公司非晶金属事业部
佛山市顺德区扬洋电子有限公司
华东微电子技术研究所
江苏坚力电子科技有限公司
青岛云路新能源科技有限公司
山东山大华天科技集团股份有限公司
上海鹰峰电子科技有限公司
四川厚天科技股份有限公司
温州现代集团有限公司
西安爱科赛博电气股份有限公司

电感器（9）

北京新创四方电子有限公司
北京一峰电子制作中心
合肥博微田村电气有限公司
临沂昱通新能源科技有限公司

宁夏银利电器制造有限公司
深圳市铂科磁材有限公司
深圳市京泉华科技股份有限公司
唐山尚新融大电子产品有限公司
武汉新瑞科电气技术有限公司

电阻器（5）

广东省佛山科星电子有限公司
南京时恒电子科技有限公司
上海鹰峰电子科技有限公司
深圳市金元电子技术有限公司
苏州市电通电力电子有限公司

机壳、机柜（4）

北京银星通达科技开发有限责任公司
河北先控捷联电源设备有限公司
陕西长岭光伏电气有限公司
上海弘乐电气有限公司

胶（4）

广州市白云化工实业有限公司
上海灼日精细化工有限公司
深圳市蓝禾照明有限公司
深圳市希顺有机硅科技有限公司

绝缘材料（3）

广东和昌电业集团有限公司
广州市宝力达电气材料有限公司
上海灼日精细化工有限公司

风扇、风机等散热设备（1）

天津市津铝工贸有限公司

第十篇　电源新产品介绍

240V 高压直流电源
（厦门科华恒盛股份有限公司）

通信用直流供电系统
（广东志成冠军集团有限公司）

智能模块化 UPS 电源 EA660 500kVA 系统
（广东易事特电源股份有限公司）

在线补偿式模块化 UPS
（河北先控捷联电源设备有限公司）

RM300 系列（25kVA～900kVA）模块化 UPS 产品
（深圳市英威腾电源有限公司）

SG-1000TS
（阳光电源股份有限公司）

PNS 光伏控制器
（鸿宝电气集团股份有限公司）

太阳能混合动力离网逆变器
（佛山市新光宏锐电源设备有限公司）

MVP600PC 电源
（深圳市航嘉驰源电气股份有限公司）

LED 户外驱动电源 LSP-120M
（茂硕电源科技股份有限公司）

UEL150B-A1Z LED 电源
（东莞市石龙富华电子有限公司）

SPH 系列电源
（宁波赛耐比光电有限公司）

15kW 三相无零高压直流电源模块
（北京动力源科技股份有限公司）

DC-DC 脉冲电源 –3kW
（合肥华耀电子工业有限公司）

100W 铁路电源 URF1DXXQB-100W
（广州金升阳科技有限公司）

摄像机电池充电器（BP-002）
（深圳市迪比科电子科技有限公司）

建筑设备自动化交流转直流轨道式配电系统
（勤发电子股份有限公司）

LBJ-T（F）滤波节电柜
（温州现代集团有限公司）

APF 有源滤波器
（佛山市柏克新能科技股份有限公司）

电源 EMC 滤波器
（安泰科技非晶金属事业部）

SVG 入网检测系统
（上海科梁信息工程有限公司）

电抗器及变压器
（深圳市港特科技有限公司）

新型组合式三相防水控制变压器
（广东新昇电业科技股份有限公司）

EMS61000-5 智能雷击浪涌发生器
（杭州远方仪器有限公司）

铝电解电容器
（深圳市智胜新电子技术有限公司）

低成本铁硅磁粉芯
（浙江东睦科达磁电有限公司）

厦门科华恒盛股份有限公司
地址：厦门火炬高新区火炬园马垄路457号
邮编：361006
电话：0592-5160516
传真：0592-5162166
网址：www.kehua.com.cn

240V高压直流电源

产品简介：

随着信息技术的发展与数据业务的迅速扩大，尤其是高功率密度设备的大量应用，使得“建设节约又安全的通信供电系统”成为各大通信运营企业关注的焦点，对通信电源也提出了新的运用要求。科华公司生产的ZL304系列通信用240V直流供电系统，是结合多年技术经验积累、生产体系管理的高可靠性产品，可以广泛应用于IDC数据中心、互联网等数据通信机房，银行及其它使用直流240V电源的设备。

本产品主要部件采用科华公司自主研发的高频开关电源及微机监控模块，高频开关电源整流模块采用国际先进的谐振软开关三电平电源技术，并结合全数字控制技术，具有效率高、体积小、重量轻等优越特点。

功能特点：

- 智能化程度高
  整流模块为自主研发的智能型高频开关电源，可实现模块智能调度、输出电压智能调节、输出电流智能调节、模块功率限制等。
- 可靠性高
  模块间采用数字化均流，支持带电热拔插，系统具有稳定性和可靠性。
- 显示、报警功能完善
  监控功能完善，断电后运行记录和历史故障不丢失。
- 完善的电池管理
  系统对电池实现智能充电管理和自动维护保养。
- 高效率、高功率因数
  电源满载效率＞95%；采用有源功率因数校正技术，满载功率因数PF≥0.999, 电流谐波THDi≤3%，整流模块稳压、稳流精度高
- 采用CAN总线设计
  整流模块与配电模块采用CAN总线设计，其余模块采用RS485总线扩展设计方案，系统可根据实际需求灵活配置。

主要参数：

指标	型号	ZL304-G400	ZL304-G600	ZL304-G800	ZL304-G1200	ZL304-G1600
输入特性	电压范围/V	AC 260~530（304V以上可带满载）				
	电压谐波含量(%)	≤5%				
	电流谐波含量(%)	≤3%（100%负载），≤5%（50%负载）				
	缺相工作情况	缺相保护				
	频率范围/ Hz	40~66				
	相数	三相三线				
	电池电压/Vdc	240				
	适用电池容量/Ah	100~2000（可根据用户需求配置）				
输出特性	功率/kVA	120	180	240	360	480
	额定输出电压/V	240				
	输出电压范围/V	185~290 连续可调				
	输出电流/A	400	600	800	1200	1600
	输出限流	额定电流×（20% ~110%）				
	绝缘监测	直流母线以及直流支路均设置绝缘监测 直流配电列头柜内各个支路的绝缘监测由绝缘监测模块进行监测				
	稳压精度(%)	≤±0.2				
	稳流精度(%)	≤±1				
	纹波系数(%)	≤±0.13				
	效率(%)	≥94.5				
	并机性能(%)	≤±1				

通信用直流供电系统

广东志成冠军集团有限公司
地址：广东省东莞市塘厦镇田心工业区
邮编：523718
电话：0769-87282699
传真：0769-87927259
网址：www.zhicheng-champion.com
E-mail：yjs@zhicheng-champion.com

产品简介：

CPHVN系列通信用直流电源系统适用于通信信息化设备系统等能耗大、机房密度大的场合。系统采用240V、336V电池组系统；整流模块采用高效、高频、全桥三电平软开关技术、全数字化控制；系统监控模块智能化程度高、功能完善、接口齐备；配电开关模块扩展容易、维护方便。

功能特点：

- 整流模块采用有源功率因数校正技术，功率因数值达0.99。
- 交流输入电压正常工作范围宽至304~456V。
- 整流模块采用全面软开关技术，效率最高时可达96%以上。
- 完善的电池管理：过欠电压告警；充电温度补偿、自动恒流、自动调压、无级限流；电池容量计算、寿命预估；在线实时电池监测、均衡、维护；定期自动充、放电管理。
- 历史告警记录可达5000条；电池测试数据记录可达8组。
- 整流模块采用无损伤插拔技术，即插即用，更换时间小于1min。
- 网络化设计，提供多种通信接口（如：RS232/RS485、CAN2.0、SMS短信、TCP/IP局域网），组网灵活。
- 完备的系统及模块防雷设计。
- 完善的故障保护、故障告警功能。
- 良好的电磁兼容设计，保证整流模块满足YD/T983对传导和辐射干扰的要求。
- 整个电源系统运行节能、环保；操作方便、直观；安装简单、轻便；维护容易、快捷；扩容即插、即用。

主要参数：

项目		技术指标
交流输入特　性	三相三线输入VinNOM	AC380V/50Hz
	电压变化范围VinF	AC 323～418V
	频率变化范围FinF	40~70Hz
	功率因数PF	≥0.99
	交流输入电流谐波	≤3%，（满载）
直流输出特　性	直流输出标称电压VN	240V、336V
	输出电压范围VoutF	DC204~288V\DC 300~400V
	输出限流范围IoutF	(10%～110%)×IN额定电流
	稳压精度Wv	≤±0.3%
	稳流精度Wi	≤±1%
	纹波系数	≤0.5%
	整机效率	≥96%
	动态响应	≤200μs
	电压上升时间（软启动）	3～15 s
	可闻噪声	≤55dB/风冷;
抗电强度	IVP：输入对输出、输入对外壳	AC2000V，1Min，无击穿无飞弧
	IVS：输入输出短接后对外壳	AC1000V，1Min，无击穿无飞弧
绝　缘	绝缘电阻IR	DC1000V，>10MΩ
防护等级	外壳安全防护	IP21
四遥功能	遥控YK	关/开机、离/在线、均/浮充、遥控/调
	遥调YT	输出电压、输出限流点均连续可调
	遥测YC	输出电压、输出电流、工作温度
	遥信YX	开/关机状态、故障、保护类型
环境要求	工作环境温度WT	－5℃～＋40℃
	储存温度	－40℃～＋65℃
	相对湿度	工作≤90%，储运≤95%
	大气压	70～106kPa
安规认证	安规认证	符合泰尔等认证
电磁干扰滤波标准EMC/EMI	传导/辐射/骚扰/静电/跌落/抗扰电磁干扰	EN55022－A，YD/T 983-1998 DLT78－2001，GB/T17194 GB/T17626-1998
使用寿命	MBTF	>100000小时

EAST® 易事特

广东易事特电源股份有限公司
地址：广东省东莞市松山湖工业园区工业北路6号
邮编：523808
电话：0769-22897777
传真：0769-87882853
网址：www.eastups.com
E-mail：info@eastups.com

智能模块化UPS电源 EA660 500KVA系统

产品简介：

智能模块化UPS电源EA660 500kVA系统是易事特全新推出的三进三出大功率高频模块化UPS电源，单机柜功率容量500kVA/500kW，占地面积仅为0.54平方米，单模块功率50kVA/50kW，高度仅为3U。整机主要由功率模块及监控模块组成，所有模块均支持热插拔操作。每个功率模块内部均包含控制、整流、逆变、充电、旁路等所有单元，每个模块就是一台完整的UPS并可独立工作。硬件和软件独立分散式设计理念提高了系统的冗余性能，降低了系统发生单点故障的概率，最大限度提升了UPS系统的可靠性。同时整机还采用了先进的“N+X”无均流线冗余并联技术，使整机的可靠性设计更加完善。

功能特点：

- 每个功率模块都是一台完整的UPS，包含控制、整流、逆变、充电、旁路等所有单元，可独立工作也可互为冗余。
- 硬件和软件均采用独立分散式设计理念，最大限度提高了系统的冗余性能，降低了系统发生单点故障的概率。
- 单模块功率50kVA/50kW，3U高度。
- 单柜功率容量500kVA/500kW，占地面积0.54平方米。
- ECO模式、睡眠模式以及变频模式，满足客户多样化需求。
- 标配LBS功能，满足双母线配电需求。
- 采用“N+X”无均流线冗余并联技术，可靠性高。
- 灵活的充电参数设定以及电池节数配置，先进的电池智能管理技术，有效延长电池使用寿命。

主要参数：

输入	
额定输入电压	380Vac
输入方式	三相五线
输入功率因素	≥0.99
额定频率	50Hz/60Hz自适应
市电输入频率范围	40 ~ 70 Hz
旁路电压范围	上限：0~+20%可调，默认：+20% 下限：-40%~0可调，默认：-20%
输出	
单柜最大输出功率	500kVA/500kW
额定电压	380 Vac
输出方式	三相五线
输出频率	市电模式：与市电同步；电池模式：50Hz/60Hz
系统	
最大转换效率	95.5%
电池节数	默认40节（节数可选）
控制面板	10.4英寸多功能LCD触摸宽屏
接口	输入干接点，输出干接点，USB,RS232，RS485等

在线补偿式模块化UPS

河北先控捷联电源设备有限公司
地址：河北石家庄高新区湘江道319号第14、15幢
邮编：050035
电话：0311-85903698
传真：0311-85903718
网址：www.scupower.com
E-mail：Dongmei.li@scupower.com

产品简介：

先控在线补偿式模块化UPS，荣获2014-2015年度中国UPS市场“年度创新产品”，其本身采用的交流补偿式变换技术中，通过主逆变器直流母线电压的控制完成对输入电压幅值和波形畸变的补偿，所以交流补偿式变换器相当一个产生补偿电压的执行部件，它补偿的最大幅度是输入电压值±15%，因此，它的功率容量设计是UPS输出额定容量的20%就足以满足要求。使得大大降低了设备中交流补偿式变换器的器件成本。

高性能的在线补偿式模块化UPS配合功能强大的监控软件及全面的通信界面，适用于政府机关、军队、通信、电力、交通、广电、金融、税务、医疗、教育、科研、石化等关键行业数据中心机房，尤其适用于国防的应用。且因雷达、通信、航空航天各种信息及数据的重视程度非常高，对供电系统的可靠性、冗余性和系统性有着更高的要求，采用在线补偿式模块化UPS性能可完全满足。

由于在线补偿式模块化UPS具有电能可利用率高，带载能力强，节能效果更好及可靠性、稳定性极高、扩展性强等优点，深受用户的欢迎，是当今UPS的发展方向，将引领UPS技术的新高峰。

功能特点：

- 高可靠、高安全

  先控在线补偿式模块化UPS采用模块化设计理念，各功率模块均为内置冗余的智能型独立个体，当任何模块(包括系统控制模块、静态开关模块)发生故障后，该设计将会实现最大程度的冗余保护，使系统可靠运行。模块设计可实现根据实际负载量合理配置系统容量，以N+X并联冗余方式工作，保留1个或多个冗余功率模块作为备份，即可保证供电系统的安全性和可靠性。
- 优异的性能

  先控在线补偿式模块化UPS具有优异的性能，其整机效率大于98%，逆变电流谐波（THDI）小于3%，输入功率因数（PF）大于0.99，绿色节能；且带载能力强，峰电流峰值系数高于5:1，过载时间200%额定负载时可达1min；交流补偿式变换器承担的功率强度极小，仅有15%，利用率极高。
- 冗余容错功能，在线扩容、维护—零风险

  先控在线补偿式模块化UPS采用模块化设计理念，具有热插拔修复功能。当系统中某一模块损坏时，其自动退出系统，其他模块平均分担负载，在冗余度允许氛围内不影响负载运行。更换维修时无需停机等待修复，无需专业技术人员在场，用户在线状态下对故障模块进行更换即可，及时获取备用模块的情况下，修复时间仅5分钟左右。
- 低成本

  先控在线补偿式模块化UPS采用模块化设计理念，系统容量可随着业务发展逐步扩容，降低了初期建设投资压力。

  低谐波、高效率、强大的带载能力，降低了运营成本。

主要参数：

- 系统容量为600kVA，功率模块为60kVA（分为两个模块单元，方便用户搬运、插拔等操作），用户可根据负载大小随意选择配置。
- 系统为模块式结构，由静态开关模块、监控模块和1到10个功率模块并联组成。
- 标准配置输入输出配电开关。
- 监控模块、静态开关模块和功率模块均可在线热插拔。
- 为冗余可升级系统，N+X冗余，可根据用户需求进行在线升级扩容。
- 采用无主从并联、多级分散式控制技术，无运行瓶颈、性能可靠。
- 整机效率大于98%，逆变电流谐波（THDI）小于3%，输入功率因数（PF）大于0.99。
- 带载能力强，峰电流峰值系数高于5:1，过载时间200%额定负载时可达1min。
- 交流补偿式变换器承担的功率强度极小，仅有15%。
- 任一功率模块均具有输入、输出和充电功率的平衡分配功能。
- 所有功率模块共享电池组。
- 具有完善的电池管理功能：电池自放电功能、自动均浮充转换功能、温度补偿功能、自动均流功能。

SG-1000TS

阳光电源股份有限公司
地址：安徽省合肥市高新区习友路1699号
邮编：230088
电话：0551-65327878
传真：0551-65327800
网址：www.sungrowpower.com
E-mail：marketing@sungrowpower.com

产品简介：

阳光电源SunAccess系列光伏逆变器，功率从3~1260kW不等，满足各种类型光伏组件和电网并网要求，广泛应用于国内外商用、住宅光伏电站。

阳光电源SunAccess系列光伏逆变器应用于德国、意大利、西班牙、美国、澳大利亚等十几个国家和地区，是全球市场占有率最高的亚洲第一品牌。在中国，阳光电源凭借绝对领先的技术优势和市场优势，保持三分之一以上的市场占有率。

其中，集中式光伏逆变器包括户内型、户外型、集装箱型产品设计；适用于大中型电站项目，具有适应各种自然环境、符合各项并网要求、发电量高、可靠稳定的特点。

功能特点：

- 超小体积
  兆瓦级设备5平米占地面积
  叉车即可转运安装，更灵活更节省
- 散热、防尘、隔热
  高效散热专利设计
  专利进出风口结构设计，有效防尘
  高效的保温隔热层
- 运营维护便利
  四面开门设计，方便安装维护
  内置设备可方便整体更换

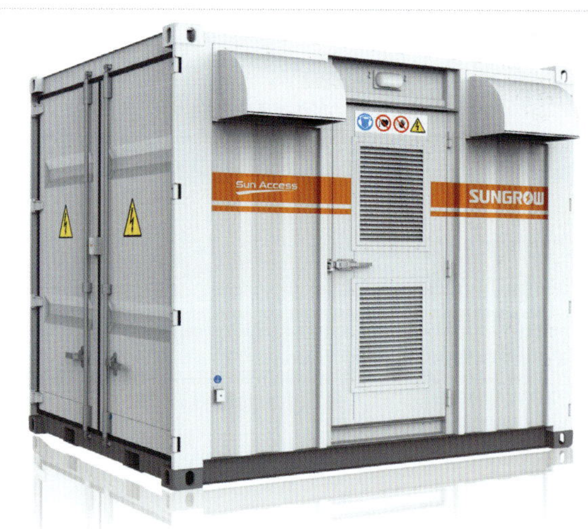

主要参数：

输入（直流）	
最大直流功率（cos φ =1 时）/ kW	1120
最大输入电压/ V	1000
启动电压/ V	500
最低工作电压/ V	460
最大输入电流/ A	2240
MPPT电压范围/ A	460~850V
输入连接端数	16/32
输出（交流）	
额定功率/ kW	1000
最大交流输出功率/ kVA	1100
最大输出电流/ A	2016
最大总谐波失真	<3%(额定功率时)
额定电网电压/ V	315
允许电网电压范围/ V	252~362（可设置）
额定电网频率/ Hz	50
允许电网频率范围/ Hz	47~52（可设置）
额定功率下的功率因数	>0.99
直流电流分量	<0.5%额定输出电流
功率因数可调范围	0.9（超前）~0.9（滞后）
效率	
最大效率	98.70%
欧洲效率	98.50%

保护	
直流过电压保护	具备
交流过电压保护	具备
电网监测	具备
接地故障监测	具备
过热保护	具备
绝缘监测	具备
常规数据	
尺寸(宽×高×深)/ mm	2050*2591*2552
重量/kg	4200
运行温度范围	-35~50℃
外部辅助电源电压/ V（可选）	380
冷却方式	温控强制风冷
防护等级	IP54
相对湿度（无冷凝）	0~95%，无冷凝
最高海拔	6000m(超过3000m需降额)
通信接口/协议	标准：RS485/Modbus、以太网； 可选： CDT、DNP3.0、101、103、104、GPRS/CDMA 通信模块

鸿宝电气集团股份有限公司
地址：浙江省乐清市柳市镇车站路198/208号
邮编：325604
电话：0577-62762615
传真：0577-62777738
网址：www.hossoni.com
E-mail：hongbao@hossoni.com

PNS光伏控制器

产品简介：

PNS光伏控制器是我公司开发的一种绿色能源控制器，应用在太阳能光伏系统中，协调光伏板、蓄电池和负载的工作。采用微电脑和无触点控制，其具有完善的保护功能。在无电地区的光伏系统和道路绿色照明中得到广泛应用。

功能特点：

系统结构简单，智能化程度高，液晶显示各种性息；体积小巧，可便携使用，安装维护方便；稳定可靠，环保高效,可有效延长光伏系统的使用寿命。

主要参数：

- 系统电压：12/24V（自适应），36/48V（自适应）。
- 控制电流：10/15/20/30/40/50Amax。
- 电池类型：液体/胶体（内设置）。
- 负载控制：光感控制。

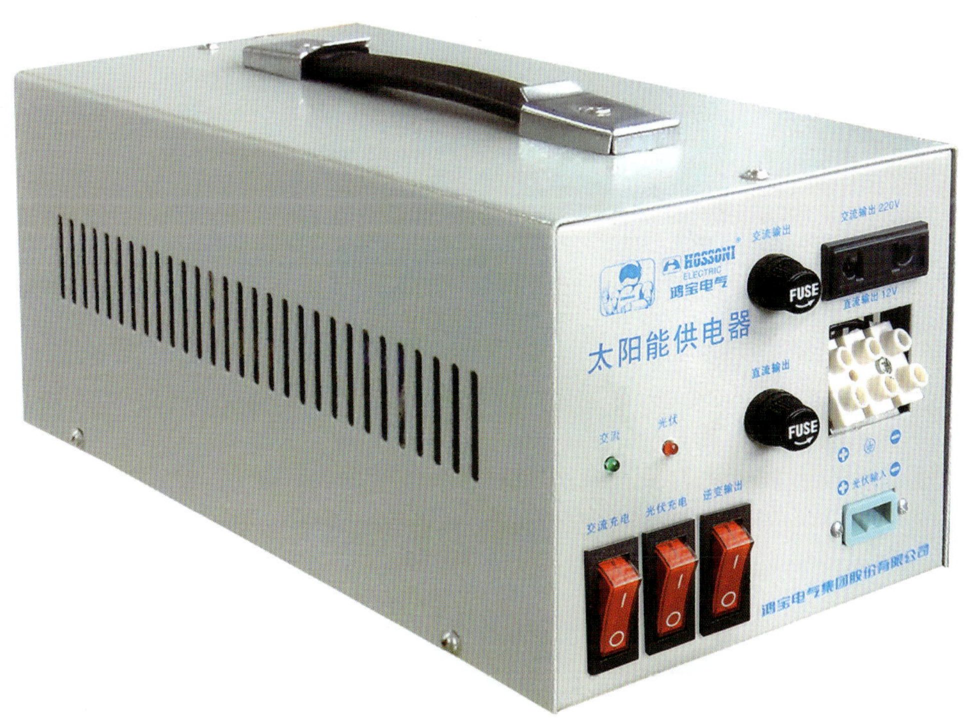

太阳能混合动力离网逆变器

佛山市新光宏锐电源设备有限公司
地址：广东省佛山市国家高新技术开发区禅城园区塱沙路塱宝工业园西区三路八号
电话：0757-82321152
传真：0757-82305809
网址：www.sunshineups.com
E-mail：sun@sunshineups.com

产品简介：

本产品主要由最大功率点跟踪MPPT模块、IGBT高频整流模块、空间矢量控制逆变模块、蓄电池组成。可实现太阳能、市电、蓄电池混合供电，其控制方案：当负载功率小于太阳能提供的最大功率时，太阳能提供的能量通过MPPT控制模块供给空间矢量控制逆变模块，最后供给负载，另外一部分能量对蓄电池充电；当负载功率大于太阳能提供的最大功率时，太阳能提供其最大功率，能量通过MPPT控制模块供给空间矢量控制逆变模块，另一部分所需的能量由电市经整流模块或蓄电池供给空间矢量控制逆变模块，最后供给负载。和传统的离网逆变器相比，蓄电池不会频繁充放电，且保持良好的浮充状态。

功能特点：

在同时拥有太阳能，市电，电池的情况下优先使用太阳能，其次为市电，最后为电池的能量使用。

IGBT高频整流，使输入电流正弦化，并与电网电压同相，输入功率因数大于0.99，谐波电流<3%，减少对电网的谐波“污染”，大幅度减少无功损耗，降低运行成本，达到节能环保的目的。

最大功率点跟踪，使太阳能系统以其最大功率输出，MPPT转换效率为98%，充电效率大于90%。

主要参数：

MPPT转换效率为98%，充电效率大于90%。
输入功率因数大于0.99。
谐波电流<3%。

Huntkey 航嘉
深圳市航嘉驰源电气股份有限公司
地址：广东省深圳市龙岗区坂田坂雪大道航嘉工业园
邮编：518129
电话：0755-89606509
传真：0755-89606333
网址：www.huntkey.com
E-mail：zhoujuan2@huntkey.net

MVP600PC电源

产品简介：

MVP600是航嘉2014年岁末重磅推出的一款新电源，这款电源额定功率为600W，主要服务于高端游戏玩家人群，采用高品质磁芯和电圈以及高品质PFC电感等设计，强大且稳定的电力供应，保证了高端玩家在享受大型游戏的同时，能够获得高端显卡稳定高效的支持。

作为一款转换效率达到了86%的电源，其拥有极佳的转换能力，同时在玩家激战关机后还会提供60秒的风扇延时散热运转，避免内部元器件在高温状态下造成的老化。此外，为保证游戏显卡的高效工作，该电源针对显卡强化了主路输出和模组输出的滤波设计，单路+12V的总电流输出能力达45A，保证了显卡的寿命。可以说，航嘉MVP600电源以其强悍的性能成为玩家们最应该关注的机电类产品。

功能特点：

航嘉 MVP600电源的额定功率是600W，对于现时的中高端配置而言，可以说是十分主流。电源拥有半模组设计，支持走背线，而且还支持休眠省电，而且在散热方面做得非常不错。

主要参数：

基本参数

- 电源类型台式机电源。
- 出线类型模组电源。
- 额定功率600W。
- 风扇描述14cm。
- 电源尺寸160×150×85mm。

电源接口

- 主板接口20+4pin。
- CPU接口（4+4pin）1个。
- 显卡接口（6+2Pin）3个。
- 显卡接口（6pin）1个。
- 硬盘接口7个。
- 软驱接口（小4pin）1个。
- 供电接口（大4pin）4个。

性能参数

- 交流输入100-240V，5-9A，50-60Hz。
- 3.3V输出电流18A。
- 5V输出电流18A。
- 5Vsb输出电流2.5A。
- 12V输出电流45A。
- 多路+12V输出电流45A。
- -12V输出电流0.3A。

其它参数

- PFC类型主动式。
- 转换效率86%。
- 安规认证3C。

电源附件

- 包装清单电源本机 x1电源线 x1说明书 x1。

保修信息

- 保修政策全国联保，享受三包服务。
- 质保时间3年。
- 质保备注1年包换，3年质保。
- 客服电话400-678-8388。
- 电话备注 周一至周五：8:30-17:30（节假日休息）。

LED户外驱动电源LSP-120M

MOSO® 茂硕电源
股票代码：002660

茂硕电源科技股份有限公司
地址：深圳市南山区西丽茂硕科技园
电话：0755-27657000 400-889-0018
网址：www.mosopower.com
E-mail：Chunxiao.wu@mosopower.com

产品简介：

道路照明用LED驱动电源，主要用于LED路灯、隧道灯、景观灯等

功能特点：

技术创新性：指产品在技术开发中解决关键技术难题并取得技术突破，掌握核心技术及创新的程度，如有专利需提供专利证书	HSP-120M系列为一代电源产品，创新的将恒功率、0-10V/PWM调光、时间控制等功能集成在一起，采用了专利软开关技术，使得产品具有较高的效率指标。输出电流可通过软件编程设定，配合可视化的软件界面，可轻易实现改变输出电流规格，具有宽负载适应性。超强的兼容性可以满足市场上灯具规格多样性的要求。全方位的保护功能使得产品始终处于稳定工作状态。新增调光关断功能，待机功耗小于1W，进一步节省能耗
技术先进性：指与国内外最先进技术相比其总体技术水平、主要性能等指标所处的位置	该电源为智能可调型，具有很强的兼容性，各项技术指标均处于国内领先水平，同时满足全球主流市场对LED电源的标准要求
市场竞争力：指自主研发的关键技术在市场竞争中发挥作用的情况，如适应市场需求、具有竞争实力、替代进口产品或突破技术壁垒进入国际市场等	恒功率宽负载适应性智能可调电源，电源与负载灯具的匹配范围更宽，解决了市场上灯具模组化、规格多样化的问题。同时兼容多种调光信号，易于标准化。超强的兼容性使得客户对电源规格的需求大大减少，方便集中采购和库存管理
市场领先性：2013年度产品销售量以及在同类产品中的市场占有率	该产品从2013年10月份开始进入产品送样试销阶段，通过分析近8个月的市场反馈，该产品可满足市场绝大部分的功能需求

主要参数：

- 输出功率：120W。
- 恒流范围：50%~100%。
- 高效率：91%@230Vac，满载。
- 功率因数：0.96@230Vac，满载。
- 控制方式：兼容0~10V/PWM调光信号，具备时间控制及调光关断功能。
- 输出电流可调：电源恒功率，输出电流可根据实际需要通过可视化软件界面任意设置。
- 线性调光范围：10%~100%。
- 保护功能：输入欠电压保护、输入过电压保护、输出过电压保护、输出过电流保护、短路保护、过温保护、防雷等。
- 防护等级：IP67（采用非灌封工艺，突破传统）。
- 全球安规：CQC, UL, FCC, CE, CB。

UE Electronic

东莞市石龙富华电子有限公司
地址：广东省东莞市石龙镇新城区黄洲祥龙路富华电子工业园
邮编：523320
电话：0769-86022222
传真：0769-86023333
网址：www.fuhua-cn.com
E-mail：fuhua@fuhua-cn.com

UEL150B-A1Z LED电源

产品简介：

输出DC22~214V，0.70~4.17A，输入AC85V~AC305V，涵盖短路、过电流、过电压、过载、过温等保护，防水等级为IP67，待机功耗<0.5W，符合Erp2016要求，满足6kV浪涌抗扰度水平（IEC6100-4-5），可外部调节电流，平均寿命50,000h，适用于LED路灯、隧道灯、工矿灯、投光灯、景观灯等室外LED照明灯具。

功能特点：

- 有源功率因数校正。
- 涵盖短路保护、过电流保护、过载保护、过电压保护、过温保护。
- 产品实现模块化、标准化、安装和维护。
- 适用于LED路灯、隧道灯、工矿灯、投光灯、景观灯等室外LED照明灯具。

主要参数：

系列	型号	输出	电流范围	效率	纹波
C.C. 模式	UEL150B-S036417-A1Z	22~36V, 4.17A	±3%	92.5%	2‰
	UEL150B-S048313-A1Z	29~48V, 3.13A	±3%	92.5%	2‰
	UEL150B--S107140-A1Z	65~107V, 1.40A	±3%	92.5%	2‰
	UEL150B--S143105-A1Z	86~143V, 1.05A	±3%	93.0%	2‰
	UEL150B--S214070-A1Z	129~214V, 0.70A	±3%	93.5%	2‰

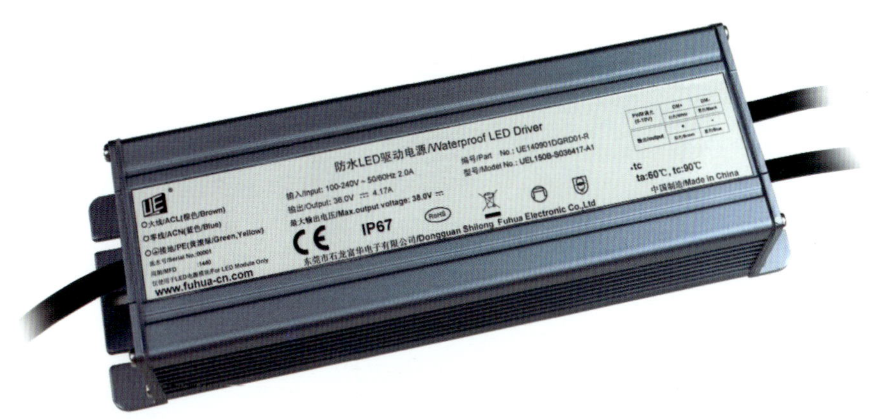

SPH系列电源

宁波赛耐比光电有限公司
地址：宁波国家高新区科达路56号
邮编：315040
电话：0574-27902725
传真：0574-27902805
网址：www.snappy.cn
E-mail：jili@snappy.cn

产品简介：

40W～600W全系列户外LED驱动电源，内置有源功率因数校正，超宽的输入电压范围，可工作于零下-40℃到70℃的环境，有多种输出规格，并有多种调光模式可供选择。适用于各种恶劣的场合。

功能特点：

- 国际通用交流输入范围（可高达AC305V）。
- IP67等级，金属外壳。
- 保护种类：短路/过负载/过电压/过温度。
- 具有主动式PFC功能。
- 自然风冷，高可靠性。
- A系列可通过内部调整电压和电流;B系列具有三合一调光功能D系列定时调光,可根据客人要求设定。
- 符合世界照明设备安全规范。

主要参数：

输入:90～305V AC 47～63Hz。
输出功率:40W～600W多款。
输出电压:12V/15V 、24V/36V、48V/54V。
电磁发射:符合EN55015，Fcc par15 ClssB。
安全规范:EN61347-1，EN61347-2-13,UL8750。
电磁兼容抗扰度:符合EN61000-4-2、3、4、5、6、8、11，EN55024，EN61547。
谐波电流:符合EN61000-3-2 CLASS C。

北京动力源科技股份有限公司
地址：北京丰台区丰台科技园星火路8号
邮编：100070
电话：010-83682266
网址：www.dpc.com.cn

15kW三相无零高压直流电源模块

产品简介：

15kW三相无零高压直流电源模块主要采用三相交错DCM PFC技术、谐振软开关及其数字控制方式实现整流、功率因数校正、降压工作，多模块在系统中输出并联工作。该产品专为高压直流电源设计，目前本模块由系统控制工作，可并联运行，该电源模块将三相输入交流电整流稳压为标称电压的直流电，与电池并联后，在系统控制器的控制下为系统供电。电源支持热拔插，单个电源发生故障时不影响整个系统正常工作。根据不同功率等级配置模块数量。此产品可根据其他工作环境要求更改控制方案实现利用。

功能特点：

- 输入功率因数高，总谐波失真度小，无需无功补偿。
- 输出精度高、纹波小。
- 高效率。
- 保护功能齐全：安全、可靠、维护成本低。
- 系统采用冗余设计，多模块并联，方便更换及维修。
- 可根据用户个性化需求配置不同功率等级产品。
- 体积小、功率密度高。

主要参数：

- 输入额定电压：三相380V，整流器输入接线要求三相无中线。
- 输入电压范围：230Vac~530Vac；230Vac~320Vac降额至75%负载；320Vac~475Vac 满载输出；475Vac~530Vac降额至50%负载。
- 输入电压频率：45Hz~65Hz；对应的电压等级的直流输入时，模块可以正常工作，指标满足规格书要求。
- 功率因数：380~475Vac输入额定输出时≥0.99@100%负载；≥0.98@50%负载；≥0.95@30%。
- 输出电压范围：通过控制器或集中监控系统在300V～400V范围连续可调，最小调节步进不大于0.1V；整流器输出电压为336.0V～400.0V范围时应能以100%额定功率输出。
- 效率：100%负载率时效率≥95%；30%～70%负载率时效率≥96%。
- 功率密度：32.68W/in^3。
- 纹波：≤1000mV。
- 保护及告警功能：包括输出短路保护、输入过电压关机保护、输入欠电压关机保护、输入缺相保护、输出过电压保护、熔断器保护、过温保护、防雷保护风扇故障、空载输出。

DC-DC脉冲电源-3kW

合肥华耀电子工业有限公司
地址：安徽省合肥市高新区天智路41号华电大厦
邮编：230088
电话：400-665-9997
网址：www.ecu.com.cn
E-mail：sales@ecu.com.cn

产品简介：

华耀电子自主研发生产的超薄DC-DC模块电源，具有脉冲输出功能。采用超薄设计，厚度仅有20mm，高压输入、低压输出，可使用与TR组件雷达系统。

功能特点：

●一般输出功率1.6kW，脉冲输出功率3kW（占空比1ms 20%）。
●高效率可达92%。
●高可靠性，-0.3~400Vdc非工作输入电压范围电源不损坏。
●高功率密度、低纹波噪声。

主要参数：

类别	项目名称	单位	参数
输入	输入电压范围	Vdc	270～330
	输入电压变化率	V/ms	500
	输入外接电容容值（视输入源阻抗而定）	μF	100
输出	典型效率（输入电压：300V，输出：满载）	%	92
	输出电压设定值	Vdc	11.0
	额定输出电压可调范围	Vdc	10.5～12.5
	输出直流电流	A	140
	输出峰值电流		0～390
	输入电压调整率	%	0.5
	负载调整率（0%-100% 负载）	V	-0.1～0.1
	输出纹波噪声峰峰值	mV_{pp}	80
	容性负载电容值	μF	0～250000
	动态响应（25%-50%-75%额定负载阶跃di/dt=1A/μs输出端接10000μF高频电解电容）	V	1
	输出过电压保护（锁死，复位后重新工作）	Vdc	14
	输出过电流保护（恒流+打嗝）	A	390～450
	启动延时	s	3.0
	输出启动上升时间（输出无外接电容）	ms	300

MORNSUN®

广州金升阳科技有限公司
地址：广州市萝岗区科学城科学大道中科汇发展中心科汇一街5号
邮编：510000
电话：020-38601850
传真：020-38601272
网址：www.mornsun.cn
E-mail：mornsun@mornsun.cn

100W铁路电源 URF1DXXQB-100W

产品简介：

金升阳URF1DXXQB-100W系列是为铁路机车系统设计的一款高效率DC-DC电源转换器。该系列产品采用了1/4砖国际标准封装；输入电压DC66~160V，可提供DC12V、15V、DC24V三种标准输出电压类型；具有输入欠电压、输出过电压、短路、过电流、过温、远程关断等多种保护功能，可极大地保障系统的安全。URF1D_QB-100W系列产品最大亮点是高效率、低空载功耗。产品满载效率高达92%，在同行业的同功率段产品中处于领先水平；空载功耗低至0.55W，可极大地降低系统的空载能耗。该系列产品满足UL60950安全认证要求，配合我司EMC模块可满足EN50155认证，适合应用于地铁屏蔽门系统、城轨辅助电源系统、列车照明系统等各种轨道交通相关系统。

功能特点：

- 空载功耗低至0.55W。
- 输入欠电压保护，输出过电压、短路、过电流保护、过温保护。
- 标准1/4砖封装。
- 满足EN50155铁路机车标准。

主要参数：

输入电压范围	DC66~160V
空载电流（标称输入）	5mA
工作温度范围	-40~100℃
效率	92%
隔离电压	DC3000V
典型纹波（20MHz）	100mVp-p

摄像机电池充电器（BP-002

深圳市迪比科电子科技有限公司
地址：深圳市龙华新区龙华街道华联社区龙观路北侧迪比科工业园
邮编：518109
电话：0755-61569366
传真：0755-61569399
网址：www.dbk.com.hk
E-mail：jituan@dbk.com.hk

产品简介：

- 设计理念：打造摄影界super baterry
- 基本特色：既可为两组专业广播级摄像机锂电池同时充电，又可作为适配器直接给摄像机供电，目前是市场上独有的摄影机电池充电器。

工艺特征：

- 适用电池：SONY广播级摄录机锂离子电池；松下广播级摄录机锂离子电池。（依据充电座类型，需另开，该部件可更换。）
- 拨动开关：三档。中间为电源关闭，上面为开启电池充电，下面为开启适配（适配功能需用专用适配线连接本产品和摄像机，接通交流电源即可给摄像机供电）。
- 充电指示灯显示：给电池充电亮红色LED，充满电亮绿色LED。LR分别对应该方向电池座上的电池充电状态。
- 适配指示灯显示：开启显示红色。
- 市场价值:将会成为专业摄影师最受追捧、喜爱、信任的一款摄影机电池。

功能特点：

超强充电：可同时为两组专业广播级摄像机锂电池充电。
充电持久度高：可作为适配器直接给摄像机供电，电量持久度极高。
市场潜力非凡：本产品仅为市面上独家研发、设计、生产，具有不可预见性市场。

主要参数：

输入：AC 90~240V，50~60Hz，交流电源线。
输出：电池充电座*2 DC 16.8V/3A； 4PIN端口 DC 12V/4.5A。
配件：交流电源线*1，专用适配线*1。

勤发电子股份有限公司
地址：台湾新北市汐止区大同路一段239号11F
邮编：221
电话：886-226478100
传真：886-226478200
网址：www.chinfa.com
E-mail：sales@chinfa.com

建筑设备自动化交流转直流轨道式配电系统

产品简介：

AMR 1 ~ 5 系列适用于建筑设备自动化系统

功能特点：

- 通过海拔 4850 米测试。
- 通过RoHS 2 验证。
- 具UL, cUL, TUV, CE & CCC 等认证。
- 工作温度范围 −40 ~ +710℃。
- 3 年保固。

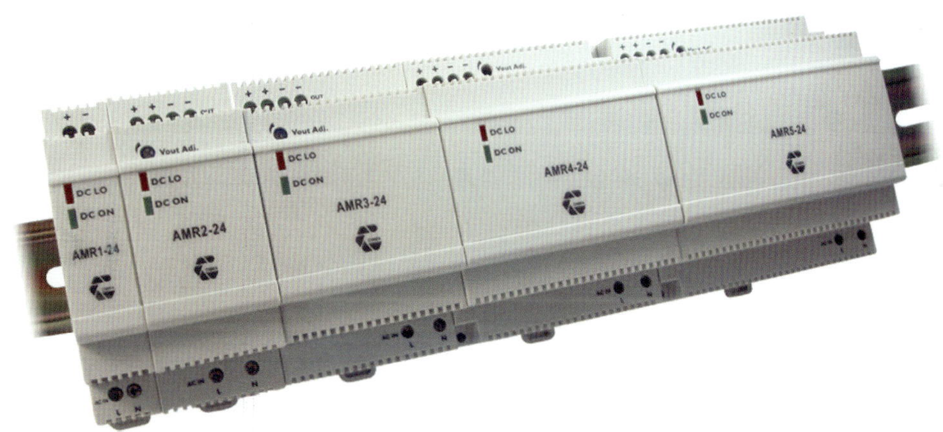

LBJ-T(F)滤波节电柜

温州现代集团有限公司
地址：浙江温州鹿城区金丝桥路20号
邮编：325000
电话：0577-88823874
传真：0577-88838732
网址：www.wzmodern.com
E-mail：modern@wz.zj.cn

产品简介：

LBJ-T(F)滤波节电柜根据电感和电容L-C串联谐振原理，对某次谐波呈现低阻抗，使该次谐波电流流入滤波回路，滤除电力谐波。典型谐波滤波回路有5次、7次、11次、13次，而电容器产生基波无功电流补偿无功功率，使电网的功率因数和注入电网的谐波电流及谐波电压达到国家标准。LBJ-T(F)滤波节电柜已广泛应用于冶金、矿山、建材、港口、石化、汽车制造、橡胶厂、公共事业、金属压延厂、电解行业、水泥厂、医疗等等行业。

功能特点：

- 采用智能型控制，实现自动投切，响应速度快，投切精度高。
- 对控制回路电源加装特殊滤波单元，保证控制回路电源长期稳定可靠。
- 采用干式自愈全膜滤波专用电容器。
- 采用“滤波回路单元”组合结构，柜内布置合理。
- 电压等级：0.4~1kV。
- 谐波电流滤除率≥60%~90%。
- 母线电压谐波总畸变率THDv<5%，达国家规定。
- 功率因数cosΦ≥0.91~0.95。
- 降低谐波电流可节约电费7%~8%，而提高功率因数降低线损，不但减少电费支出，还得到奖励。

主要参数：

- 额定电压：0.4~1.5kV。
- 基波频率：50Hz/60Hz。
- 滤除谐波次数：2次、3次、5次、7次及以上次数。
- 滤波效率：谐波滤除率一般大于70%。
  无功补偿功率因数0.95以上，或按合同规定。
- 工作制：连续工作。
- 结构型式：柜式。
- 环境温度：户内型-5℃~40℃。
- 保护：过电压、欠电压、过电流、过热保护。
- 接线：△或Y。

BAYKEE 智领全球产业源动力

佛山市柏克新能科技股份有限公司
地址：广东省佛山市禅城区张槎一路115号华南电源创新科技产业园
邮编：528051
电话：0757-82207158
传真：0757-82207159
网址：www.baykee.net
E-mail：lxd@baykee.net

APF有源滤波器

产品简介：

有源电力滤波器，是采用现代电力电子技术和基于高速DSP器件的数字信号处理技术制成的新型电力谐波治理专用设备。其应用可克服LC滤波器等传统的谐波抑制和无功补偿方法的缺点，实现了动态跟踪补偿，而且可以既补谐波又补无功。主要是治理电流谐波，并联有源滤波器主要是治理电流谐波等引起的问题。

有源电力滤波器可广泛应用于工业、商业和机关团体的配电网中，如：电力系统、电解电镀企业、水处理设备、石化企业、大型商场及办公大楼、精密电子企业、机场 /港口的供电系统、医疗机构等。根据应用对象不同，有源电力滤波器的应用将起到保障供电可靠性、降低干扰、提高产品质量、增长设备寿命减少设备损坏等作用。

功能特点：

- 同时滤除2~50次谐波或补偿用户指定次数谐波。
- 响应时间<100μs，全响应时间＜10ms。
- 25~600A全系列。
- 产品模块、整机两种产品模式。
- 可选择特定次数谐波补偿谐波。
- 无功及不平衡负载三种补偿模式。
- 工作效率>97%，损耗小，绿色节能。
- 采用3DSP+CPLD全数字控制方式，精确滤除谐波。
- 模块化设计，系统稳定，可承受-40%~+20%电压波动，更出色质量保证减少系统单故障点灵活并联，适应不同工况。

主要参数：

	产品型号	APF-200A	APF-300A	APF-600A
基本参数	补偿容量/ A	200	300	600
	电气接线	三相三线/三相四线		
	支持电压等级/V	380~690		
	输入电压围/V	380/690 -40%~+20%（三相电压）		
	输入频率范围/Hz	50/60Hz +/-5%		
	尺寸（mm,宽×高×深）	600*900*1600/600*900*2000		
	多机并联	不限		
	净重/kg	240	280	430
	安装方式	立柜		
	进线方式	上进线/下进线		
	噪声/dB/	<60	<65	<70
	冷却方式	智能风冷，600L/Sec		
	运行温度	-5℃~+45℃		
	储存温度	-40℃-+70℃		
	户内空气相对湿度	≤95%（无凝露）		
	海拔/m	1500m,1500~4000m之间，根据国际GB/T3859.2每增加100m，功率降低1%		
	防护等级	IP20,其余IP等级可定制		
	MTBF（平均无故障时间）	≥10万小时		
	CT接线方式	支持源侧、负载侧		
关键指标	滤波范围	2~50次，并且2~50次同时进行		
	特定谐波次数补偿	2~50次任意选择，在液晶监控及后台软件监控均可实现		
	开关频率	平均20kHz		
	控制方法	快速傅立叶变换FFT和瞬时无功		
	拓扑结构	三电平逆变		
	整机效率	≥97%		
	响应时间	快速响应≤100us,全响应≤10ms		
	无功补偿	有		
	补偿三相不平衡负载	有		
	过载保护	有，自动限流在100%额定输出		
扩展功能	人机界面	3.8英寸LCD，12行，并且可以显示谐波波形		
	通信协议	以太网、RS485；Modbus/电总协议；干接点		
	PC端软件	有，所有参数设置交互		
	故障记录	有，500条		

电源EMC滤波器

AT&M 安泰科技

安泰科技非晶金属事业部
地址：北京市海淀区学院南路76号
邮编：100081
电话：010-62182423
传真：010-62182220
网址：www.atmcn.com www.atm-amorphous.com

产品简介：

相对于传统铁氧体磁性材的电源EMC滤波器而言，安泰电源EMC滤波器的共模电感铁芯采用高性能纳米晶材料，系列产品已经取得TUV Mark认证（EN 61642、EN 60939，≥ 1000V）；符合低压设备指令： 2006/95/EC要求；满足ROHS指令：2002/95/EC要求。安泰电源EMC滤波器能够解决各种复杂电磁环境下的传导干扰，为客户提滤波器供定制服务，根据客户选择的不同型号，可分别满足标准Class A 或者ClassB等级的要求。

功能特点：

安泰电源EMC滤波器在满载荷条件下设计,采用高性能的纳米晶材料做共模电感铁芯，有很好的抗饱和能力，且具有电感量高、漏电流低、高频插入损耗高等优势；其结构紧凑，体积小，重量轻，更便于安装。

主要参数：

最大连续工作电压/ V	DC1200~DC2000、AC220~ AC 520
额定工作电流	6A ~2500A @50℃
耐压数值	P→E, P→P DC 6000V @10mA 2s
防护等级	IP20
过载能力	在瞬间开关冲击电流为4倍额定电流；一般情况下1.5倍额定电流1min
环境温度	-40° C~ +100° C (40/100/21)，(IEC/CEI60068-1) 21 天湿热测试
耐燃等级	UL94V-2
设计标准	UL1283 CSA22.2 NO.8 1986, IEC/EN60939
MTBF @50℃/DC1200V	≥130,000 hours
绝缘电阻	≥6000MΩ
直流电阻	@25℃ 2*0.017Ω
温升	≤40℃（以UL1283标准测量或额定功率下温度稳定后测量）

KeLiang 科梁
上海科梁信息工程有限公司
地址：上海市宜山路829号海博新大楼2楼
邮编：200233
电话：021-54234718
传真：021-54234721
网址：www.keliangtek.com
E-mail：Guofang.zhu@keliangtek.com

SVG入网检测系统

产品简介：

这是一套基于高性能的RT-LAB实时仿真器的SVG控制保护半实物仿真测试系统，具有经实际工程验证的SVG数字仿真模型库、灵活多样的I/O或光线通信接口和专门针对SVG入网检测开发的自动化测试软件。可以非常灵活方便地实现各种类型或容量的SVG控制器的半实物测试。

功能特点：

在整体规划和参数设计阶段，能使用详细的SVG模型做研究与分析，完善SVG的工程参数。

在设计开发阶段，能使用模型做各种控制性能的测试，完善控制逻辑和算法。

在完成控制保护设计后，能按照国家电网公司企业标准Q/GDW241-2008《链式静止同步补偿器》，手动或自动对SVG控制器做完整的入网性能测试。

主要参数：

系统组成	功能	简介
试验管理分系统（上位机系统）	具备模型开发、试验管理、自动测试和图形监控等功能	● 详细易用的模型库 ● 高效准确的自动化测试，有效提高测试质量 ● 专业的图形化监控界面
实时仿真分系统（下位机系统）	具备系统数学模型实时运行以及实时I/O端口配置等功能。	● 三相交流系统的主电路模型，在OP5600的CPU中运行。 ● 级联H桥构成的SVG模型，步长<25μs时在OP5600的CPU中运行；步长<1μs时，在OP7020的FPGA中运行。 ● PCIe总线完成它们之间的数据交互。
信号接口分系统	具备与SVG控制柜、智能光纤接口箱和功率放大器等实物的物理连接等功能。	● 把I/O输出的模拟量值输入到控制器中，用于控制算法。 ● 控制器发出各个H桥子模块IGBT的开关等信号，同时接收各个子模块的电容电压大小和故障标志等信号。并满足控制系统中的阀基控制器（VBC）与仿真器要有智能光纤接口箱和高速光纤通信的需要。

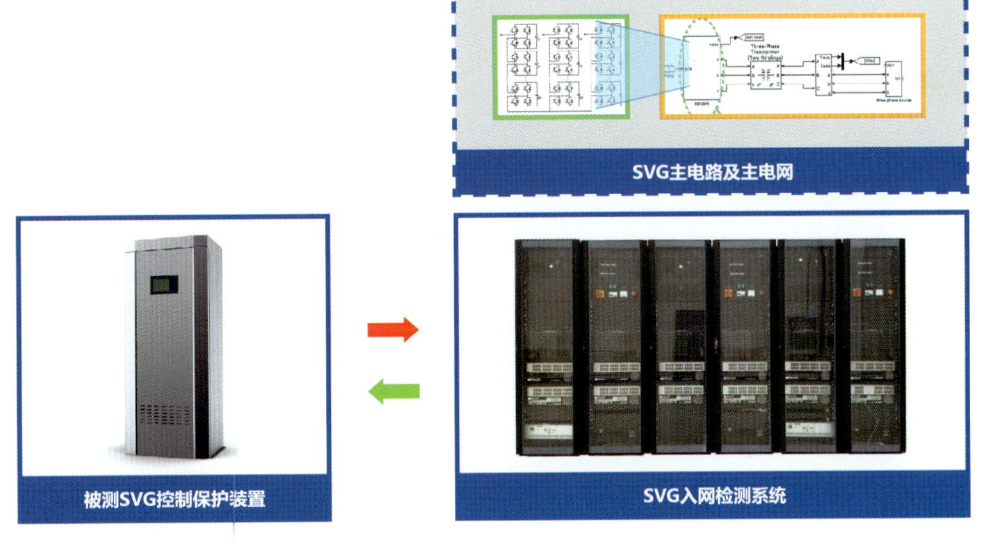

电抗器及变压器

深圳市港特科技有限公司
地址：深圳市宝安区松岗街道燕川社区广田路永建鸿工业园2栋
邮编：518105
电话：0755-29095011 29095012
传真：0755-29095058
网址：www.kttchina.com
E-mail：ktt@kttchina.com

产品简介：

公司专业设计制造应用于大功率电力电子行业的电抗器，变压器等电磁设备并提供电能质量综合解决方案。

公司产品广泛应用于UPS，EPS，变频传动，光伏，风力发电，APF，SVC，SVG，混合动力汽车等领域。

功能特点：

- 对于2MW及以上全功率及双馈式风电变流器，公司提供水冷式散热电抗器，该电抗器具有体积小，温升低，噪声低特点。
- 针对500kW及以下光伏逆变输出与UPS输入和逆变输出，公司采用变压器内置电抗器方式，该产品具有体积小，温升低，成本低。
- 高频电抗器，适用于交直流1~20(kHz)高频电路中，高频电抗器可采用纳米晶磁芯及铁硅，磁芯具有低剩磁、低损耗、低磁滞伸缩系数等优良特性。温升相对较低，对周围的电器元件影响较小。
- 特殊产品：带二极管嵌位DV/DT滤波器，LCR DV/DT滤波器，LC滤波器，防爆电抗器等，针对重载和轻载及传输距离特殊设计。

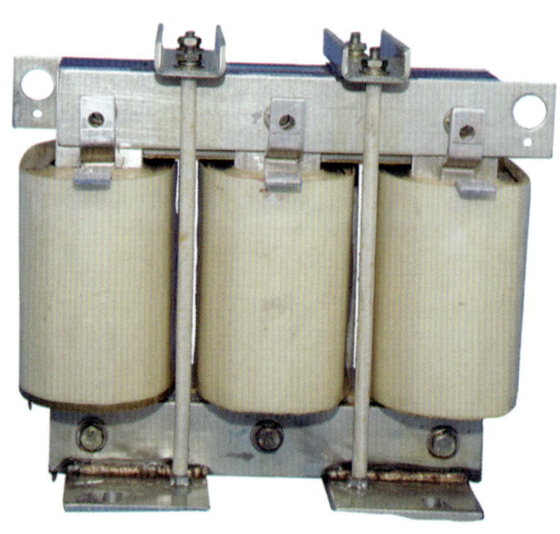

NRE

广东新昇电业科技股份有限公司
地址：佛山市三水区乐平镇创新大道东5号
邮编：528137
电话：0757-87362807
传真：0757-87362855
网址：www.fsnre.com

新型组合式三相防水控制变压器

产品简介：

本产品用于1.5WM以上的风能发电机组；对于此类产品，外资企业多采用进口的方式，产品价格高昂，性能一般；而国内企业多为自主生产，产品抗饱合能力弱、局部放电量大、瞬时涌流高，导致产品绝缘老化加速，影响产品性能与安全，产品寿命也达不到行业要求的20年，致使后期维护困难，维护费用高等问题。应GE能源公司要求，对风能发电机组控制变压器进行设计、工艺改进，将原有使用的9只变压器变为3只，使其损耗更低、性能更可靠、寿命更长久，后期会将产品推广到更多的风电企业。

功能特点：

- 原使用9只变压器，分3组进行Y/△连接，失效点多，安装复杂。新设计将9只变压器整合为3只，采用非传统三相变压器铁心结构（三相X柱），减少三相不平衡。
- 铁心退火后，铁心应力得到了非常好的改善，但应力还是存在的，传统的线切割方式导致铁心松散、产品出现震动、噪声等不良。非对称线切割是根据铁心应力特点，在降低瞬时涌流的同时保证铁心结构的整体性。
- 变压器的灌封工序完全在类真空状态进行，保证树脂流动性及均匀，减少气泡的产生，使树脂的辅助绝缘效果得到保障，也降低了局部放电量。

主要参数：

防护等级：IP65。
工作条件：温度-20～75℃、频率45～65Hz、电压0.4kV±50%。
励磁涌流：≤70 A（10ms），≤30 A（100ms）。
局部放电：≤10pc（1500V RMS）。
其他特性：短路阻抗≤3.0%、分布电容≤2nF、输出漏感40-120μH。

EMS61000-5
智能雷击浪涌发生器

杭州远方仪器有限公司
地址：浙江省杭州市滨江区滨康路669号
邮编：310053
电话：0571-86699998
传真：0571-86673318
网址：www.emfine.cn
E-mail：emc@emfine.cn

产品简介：

EMS61000-5智能雷击浪涌发生器用于各类电源产品的浪涌（SURGE）抗扰度试验，模拟自然界的雷击（间接雷击）以及供电线路中因大型开关切换瞬态引起的电压变化对电源供电线路、通信线路的影响。仪器产生高能量（高电压、大电流）干扰，完全满足IEC61000-4-5、GB/T 17626.5等国内外标准，是电磁兼容EMC试验的理想干扰源。

功能特点：

- 可输出1.2/50μs、10/700μs波形，适用于电源线端口、信号线端口，通信线端口等。
- 7寸彩色触摸屏显示与操控，智能高效。
- 用户可自编辑测试程序组，仪器自动按照预定程序完成测试，并支持USB导入导出，保存、修改、调用测试程序组功能。
- 试验电压、相位自动巡航设置，自动检测，便于寻找受试样品失效敏感点。
- 阀值预设并判限，可自动判定受视样品是否失效，并自动报警。

主要参数：

脉冲电压峰值（开路）/ kV	7.0、10.0、15.0
脉冲电流峰值（短路）/ kA	3.5、5.、7.5
输出波形	标准组合波：电压波1.2/50μs、电流波8/20μs
	通信波：10/700μs
浪涌触发方式	手动或自动
脉冲极性	正、负或自动交替
内置单相耦合/去耦网络	交流AC：0~260V（50Hz/60Hz）最大允许持续电流20A 直流DC：0~220V，最大持续电流4A

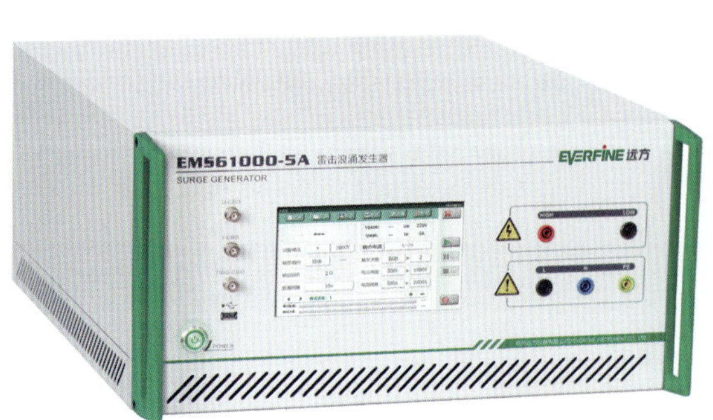

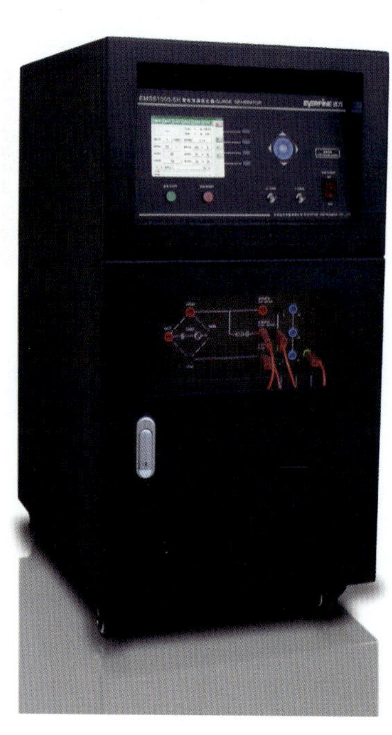

ZEASSET

深圳市智胜新电子技术有限公司
地址：广东深圳市宝安区西乡固戍航城大道安乐工业区B1栋
邮编：518000
电话：0755-83526100
传真：0755-83526199
网址：www.zeasset.com
E-mail：easset@zeasset.com

铝电解电容器

产品简介：

企业在完成焊针型Snap-in 500V，螺栓型Screw 600V的生产转化及市场销售以外，在今年又相继研发并通过产品试验的Snap-in 630V和螺栓型Screw 700V的超高电压铝电解电容器。

功能特点：

超高电压产品，同时具备长寿命和耐高温的特性，满足客户及市场特定的需求。

主要参数：

500V1000uF，500V390uF…
600V6800uF…
630V4700uF…

低成本铁硅磁粉芯

浙江东睦科达磁电有限公司
地址：浙江省德清县武康镇曲园北路525号
邮编：313200
电话：0572-8085881
传真：0572-8085880
网址：www.kdm-mag.com
E-mail：kda@kdm-mag.com

产品简介：

低成本铁硅磁粉芯（KW系列）是东睦科达于2014年新开发的新一代金属磁粉芯。产品在传统的铁硅基础上，进行工艺改进，大大降低了成本，同时又具有很好的性能，主要适用于大电流的应用，如UPS，光伏逆变器、APF等。

功能特点：

它的主要特点是：饱和磁感应强度为14000高斯，磁导率范围为26~ 60之间，磁芯损耗低，良好的DC偏置能力，优越的耐热性和高储存能力。在功率应用中，相比于传统铁硅铝、铁硅磁粉芯，KW系列具有更高的性价比。

主要参数：

以60μ为例：
饱和磁通密度Bs:1.4T。
磁导率μ:26~60。
直流偏置能力%μ：60%(@100Oe)。
磁芯损耗Pv：500mW/cm^3(@50kHz/1000Gs)。

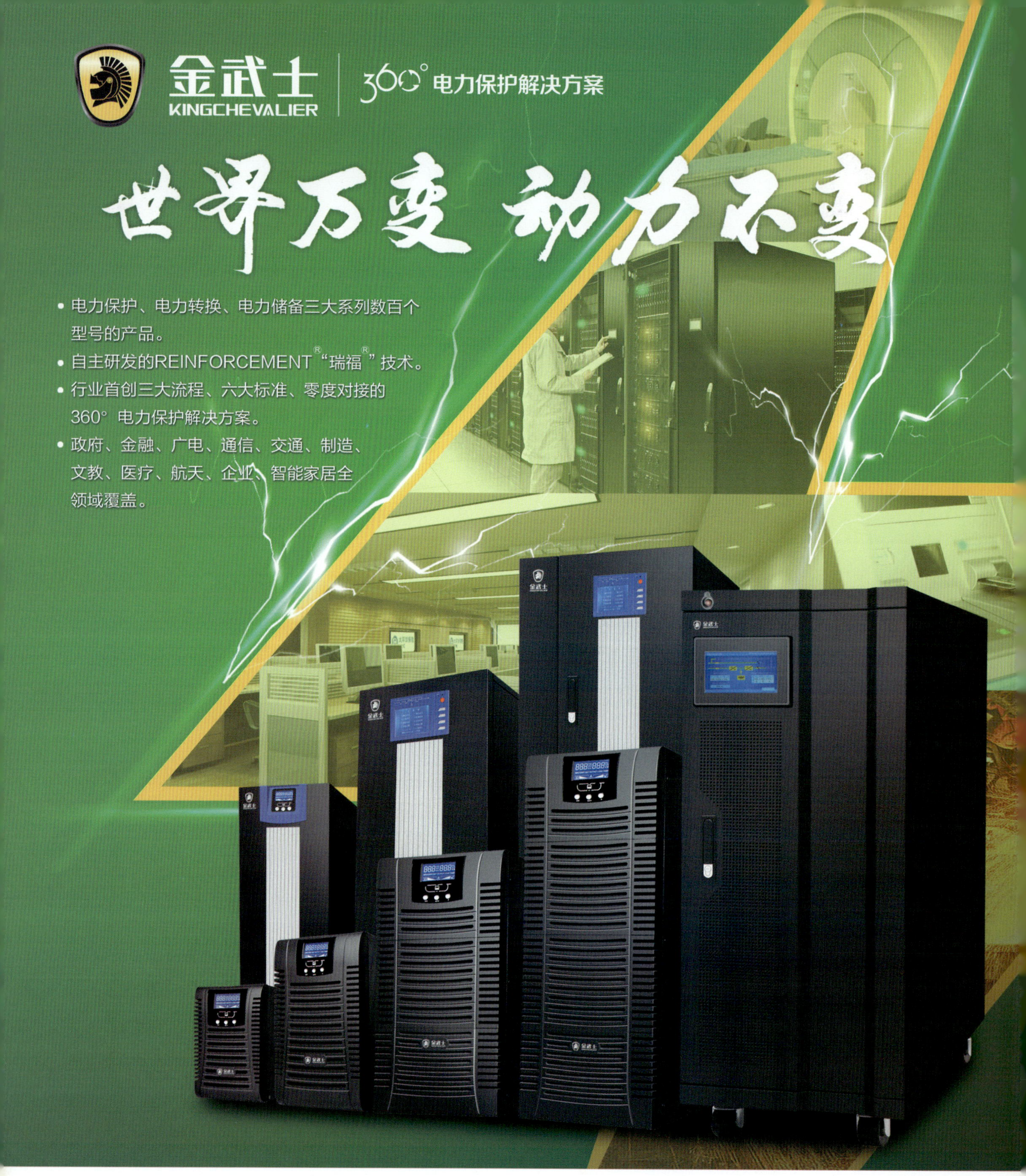

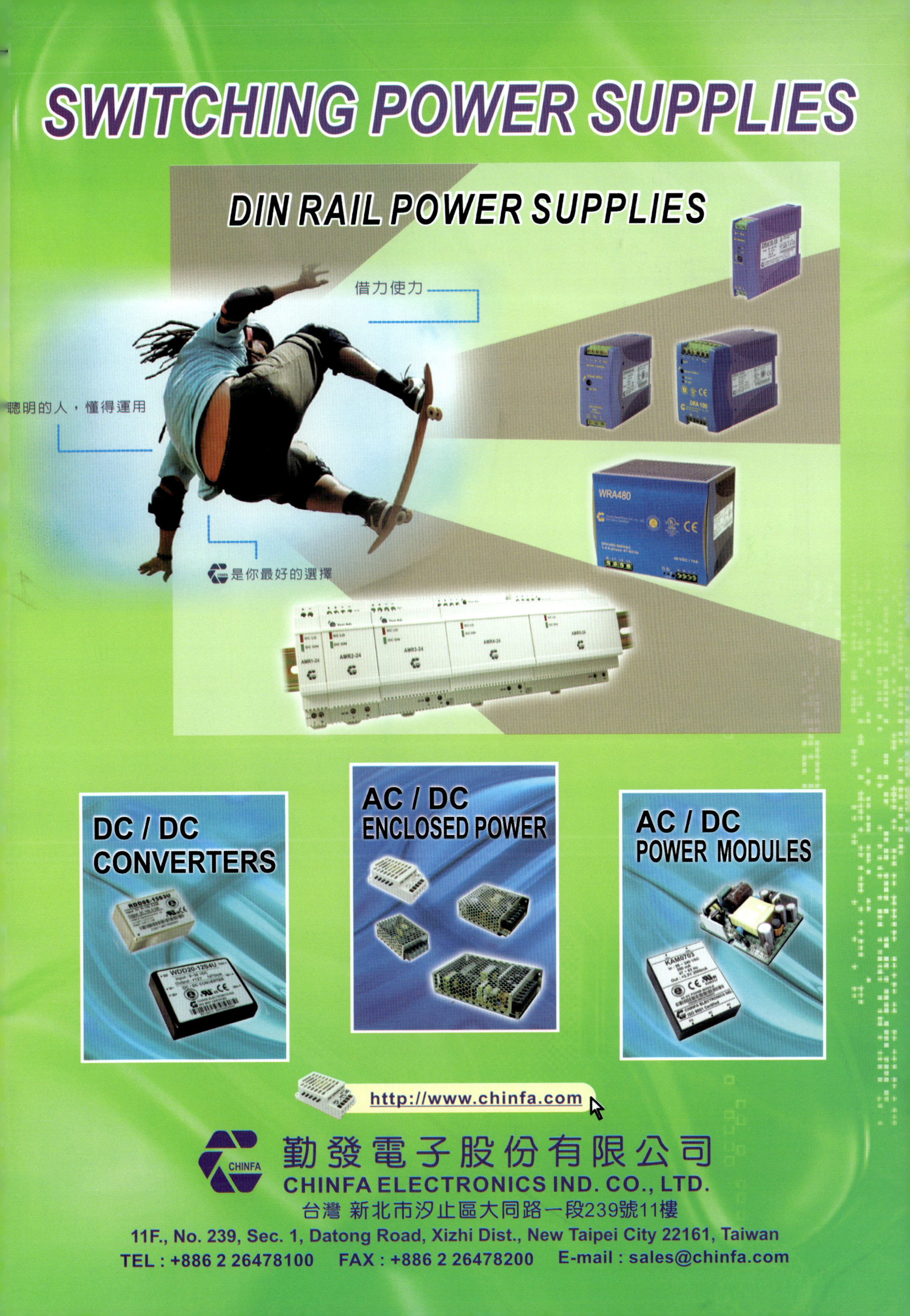
SWITCHING POWER SUPPLIES
DIN RAIL POWER SUPPLIES
借力使力
聰明的人，懂得運用
是你最好的選擇
WRA480
DC / DC
CONVERTERS
AC / DC
ENCLOSED POWER
AC / DC
POWER MODULES
http://www.chinfa.com
CHINFA
勤發電子股份有限公司
CHINFA ELECTRONICS IND. CO., LTD.
台灣 新北市汐止區大同路一段239號11樓
11F., No. 239, Sec. 1, Datong Road, Xizhi Dist., New Taipei City 22161, Taiwan
TEL : +886 2 26478100 FAX : +886 2 26478200 E-mail : sales@chinfa.com